宏大爆破技术丛书

Hongda Blasting Technology Series

宏大爆破论文集

A Collection of Papers by Hongda Blasting

——拆除爆破、井下爆破、企业管理

—Demolition Blasting，Underground Blasting and Enterprise Management

黄明健 主编

Huang Mingjian Editor in Chief

北京

冶金工业出版社

2023

内容提要

本论文集收录的是自宏大爆破公司创建以来在科技期刊和相关专业会议论文集公开发表过约1280篇科技论文中的500余篇。论文集分为三册出版，主要内容包括岩土爆破、硐室爆破、城市控制爆破、现场混装炸药、矿山治理、拆除爆破、井下爆破和企业管理等。本论文集集中反映了30多年来宏大爆破公司在经济建设的诸多领域所取得的创新成果，可为相关领域从业人员提供借鉴。

本书可供矿山企业的技术和管理人员、科研院所的技术人员和高校师生参考使用。

图书在版编目(CIP)数据

宏大爆破论文集：拆除爆破、井下爆破、企业管理／黄明健主编．—北京：冶金工业出版社，2022.10（2023.5 重印）

（宏大爆破技术丛书）

ISBN 978-7-5024-9292-2

Ⅰ.①宏… Ⅱ.①黄… Ⅲ.①爆破技术—文集 Ⅳ.①TB41-53

中国版本图书馆 CIP 数据核字(2022)第 176990 号

宏大爆破论文集——拆除爆破、井下爆破、企业管理

出版发行	冶金工业出版社	**电　话**	(010)64027926
地　址	北京市东城区嵩祝院北巷 39 号	**邮　编**	100009
网　址	www. mip1953. com	**电子信箱**	service@ mip1953. com

责任编辑　王　双　美术编辑　彭子赫　版式设计　孙跃红

责任校对　石　静　责任印制　窦　唯

北京捷迅佳彩印刷有限公司印刷

2022 年 10 月第 1 版，2023 年 5 月第 2 次印刷

880mm×1230mm　1/16；66.5 印张；2146 千字；1034 页

定价 398.00 元

投稿电话　(010)64027932　投稿信箱　tougao@cnmip. com. cn

营销中心电话　(010)64044283

冶金工业出版社天猫旗舰店　yjgycbs. tmall. com

《宏大爆破论文集》
编 委 会

序　言

欣然接受为《宏大爆破论文集》作序。广东宏大爆破股份有限公司三十三年内在科技期刊和相关会议公开发表的科技论文达1280余篇，平均每月发表论文3篇，对于一个爆破企业实属难能可贵，可喜可贺！

科技创新是企业发展的驱动力。论文集的出版从一个侧面反映出宏大爆破对科技创新的重视程度和实实在在取得的成果，也是宏大爆破能从一个产值几百万元的爆破公司发展到如今市值达260亿元并涵盖民爆产品、爆破工程和军工产品的综合性上市公司的重要原因。

中国爆破行业协会成立近30年来，我国爆破行业在新技术、新工艺、新材料、新设备的研发与应用获得了突破，取得了举世瞩目的成就，得益于像宏大爆破一样的全国爆破行业的科技工作者的努力和奋斗。我真诚希望工程爆破企业、科研院所和相关学校不断加强加大对爆破行业科技创新的投入，勇于探索和创新，为推动我国工程爆破行业的发展做出更大的贡献。

本论文集反映了宏大爆破在经济建设诸多领域取得的成果和应用实例。本论文集包含了爆破理论、爆破技术、爆破实践和爆破管理等方面的内容，是一部兼专业性、针对性和实用性的论文集，可为爆破行业的从业人员、在校大学生提供参考和借鉴。

中国工程院院士 

2022年6月18日

Foreword

I am glad to write a foreword to "A Collection of Papers by Hongda Blasting". In the past 33 years, Guangdong Hongda Blasting Co., Ltd. has published more than 1280 scientific and technological papers in scientific journals and blasting related conferences, with an average of 3 papers published every month. This is remarkable and gratifying for a blasting enterprise!

Sci-tech innovation is the driving force of enterprise development. The publication of the Collection reflects Hongda Blasting has been focusing attention on sci-tech innovation and has achieved tangible achievements, which is an important reason for Hongda Blasting's developing from a blasting company with an output value of several million yuan to a comprehensive listed enterprise with a market value of 26 billion yuan, covering civil explosive products, blasting engineering and military products.

Since the establishment of China Society of Explosives and Blasting nearly 30 years ago, China's blasting industry has made remarkable breakthroughs and achievements in the research, development and application of new technologies, new crafts, new materials and new equipment. It is thanks to the efforts and struggles of sci-tech workers in the national blasting industry like those in Hongda Blasting. I sincerely hope that engineering blasting enterprises, research institutes and related universities and colleges will constantly increase the investment in sci-tech innovation in the blasting industry, and be bold in exploring and blazing new trails so as to make greater contributions to the development of the engineering blasting industry in our country.

This Collection reflects the achievements and application examples of Hongda Blasting in many fields of economic construction. It covers blasting theory, blasting technology, blasting practice and blasting management, and is a professional, targeted and practical paper collection, which can provide a reference for practitioners in the blasting industry and college students.

Academician of Chinese Academy of Engineering

Wang Xuguang

June 18, 2022

前　言

正值全国人民喜迎中国共产党的二十大胜利召开之际，《宏大爆破论文集》公开出版了！本论文集是广东宏大爆破股份有限公司（以下简称“宏大爆破”）从1988年到2021年年底期间经过科研创新和现场实践后在科技期刊和相关会议文集中公开发表的1280余篇科技论文中精选出512篇编辑出版发行。

本论文集展示了宏大爆破三十多年参与国家建设，在硐室爆破、城市爆破、露天矿山爆破、地下矿山爆破、智能爆破等领域的理论研究、技术创新和施工管理方面取得的重要成果。经过同仁们的共同努力，宏大爆破先后获得了国家技术进步奖3项，省部级科技进步奖30余项，获得国家级工法2项、省部级工法30余项，获授权发明专利180余项；完成包括惠州港爆破定向填海工程、广州旧体育馆爆破拆除工程、沈阳五里河体育场爆破拆除工程、大型防波堤采石场工程等在内的国内外具有广泛影响的典型工程数百项。这些成果的取得和普遍推广应用不仅极大地提升了公司的科学技术和管理水平，也有力地推动了我国爆破行业技术进步。

我相信本论文集的出版必将激励年轻一代爆破工作者更加自信并积极地投身到科技创新中去，将科技成果转化成现实生产力，为国家经济建设服务。本论文集的出版也是与同行兄弟单位交流合作的载体，必将推动爆破行业科学技术和管理水平的进一步提升与发展。

本论文集由郑炳旭担任编委会主任、郑明钗担任编委会副主任，按爆破工程类型和论文发表大致顺序分三部出版，为便于交流增加了英文目录、英文篇名和英文摘要。论文集第一部由谢守冬任主编，内容以岩土爆破为主；第二部由李萍丰任主编，内容以岩土爆破、硐室爆破、城市控制爆破、现场混装炸药和矿山治理等内容为主；第三部由黄明健任主编，内容以拆除爆破、井下爆破和企业管理等内容为主。

由于时间跨度较大、作者水平所限，论文集时效问题及缺点错误难免，恳请专家、同仁批评指正。

在本论文集的搜集和编辑过程中得到了宏大爆破同仁和相关兄弟单位论文合作者的大力支持，在此表示衷心感谢！

对长期关心和支持宏大爆破科技进步的国内外同仁致以崇高的敬意！

广东宏大爆破股份有限公司董事长
中国爆破行业协会轮值会长
《宏大爆破论文集》编委会主任

2022年6月10日

Preface

Just as the whole nation is welcoming the successful opening of the 20th National Congress of the Communist Party of China, " A Collection of Papers by Hongda Blasting" is published! The Collection is a selection of 512 scientific and technological papers published by colleagues of Guangdong Hongda Blasting Co., Ltd. ("Hongda Blasting" for short) in scientific journals and related conference proceedings from 1988 to the end of 2021.

The Collection shows the important achievements of Hongda Blasting in the theoretical research, technological innovation and construction management of chamber blasting, urban blasting, open-pit mine blasting, underground mine blasting, intelligent blasting, etc. For the national construction in the past 33 years. Through the joint efforts of colleagues, Hongda Blasting has won 3 National Science and Technology Progress Awards and more than 30 Provincial and Ministerial Science and Technology Awards, and has been granted 2 National Construction Methods, more than 30 Provincial and Ministerial Construction Methods, and more than 180 invention patents. Additionally, it has completed hundreds of typical projects with a wide national and international influence, such as the directional reclamation project of Huizhou Port, the blasting demolition project of Guangzhou Old Gymnasium, the blasting demolition project of Shenyang Wulihe Stadium, and the quarry project of some large breakwater. The achievements and their widely application not only greatly enhance the scientific technology and management level of the company, but also greatly promote the technical progress of the national blasting industry.

I believe that the publication of this Collection will encourage the younger generation of blasting workers to be more confidently and actively participate in scientific and technological innovation, and transform scientific and technological achievements into real productive forces so as to serve the national economic construction. The publication is also the medium of exchange and cooperation with peer organizations, which will promote the further development of science, technology and management level of the blasting industry.

I serve as the director of the editorial board of the Collection, and Zheng Mingchai as the deputy director of the editorial board. The Collection is published into three books based on the types of the blasting projects and the publication sequence of the papers, and English contents, English titles and English abstracts are added for the convenience of international communication. The first book focusing on rock blasting is edited by Xie Shoudong, the second with rock blasting, chamber blasting, urban control blasting, site mixing for explosives and mine treatment as the main content is by Li Pingfeng, and the third, which mainly covers demolition blasting, underground blasting and enterprise management, is by Huang Mingjian.

Due to a long-span publication time of the papers and the limitation of the authors' knowledge, being behind time and shortcomings in the Collection are inevitable. We sincerely invite experts and colleagues to criticize and correct it.

In the process of collecting and editing the papers, we have received great support from our colleagues of Hongda Blasting and peers in other organizations. Here we would like to express our heartfelt thanks to them!

The highest respect to the peers at home and abroad for the long-term care and support to the technology progress of Hongda Blasting!

Chairman of the Board of Directors of Hongda Blasting

Rotating Chairman of China Society of Explosives and Blasting

Director of the Editorial Board of the Collection

Zheng Bingxu

June 10, 2022

目　录

拆除爆破

井下爆破

企 业 管 理

国企重组并购案例实战与剖析

拆除爆破

Demolition Blasting

近十余年我国拆除爆破技术新进展

郑炳旭　顾毅成　宋锦泉　赵博深

（广东宏大爆破股份有限公司，广东 广州，510623）

摘　要：对近十多年来我国拆除爆破技术的主要进展做了回顾和简要介绍：包括拆除爆破理论的新进展、高层建筑物、高耸构筑物、灾后受损结构及桥梁、挡水围堰、支撑梁拆除爆破在设计施工方面的新技术，还有拆除爆破在振动控制与环保防护技术方面的新成果，并对拆除爆破发展趋势提出了建议。

关键词：拆除爆破；拆除爆破理论；拆除爆破技术；拆除爆破发展

The New Progress of Demolition Blasting Technology in China in Recent Ten Years

Zheng Bingxu　Gu Yicheng　Song Jinquan　Zhao Boshen

（Guangdong Hongda Blasting Co.，Ltd.，Guangdong Guangzhou，510623）

Abstract: This paper has reviewed and introduced the main progress of our demolition blasting technology in recent decades，including：new development of our demolition blasting technology，the damaged structure of tall building，high-rising building after disaster and new technology of bridge，water-retaining cofferdam，support beams in aspect of design and construction，the paper also introduces new achievement of demolition blasting in aspect of the technology of vibration control and environmental protection，and the paper has raised the suggestion about the shortcoming and development tendency of demolition blasting.

Keywords: demolition blasting; demolition blasting theory; demolition blasting technology; demolition blasting development

1 引言

建（构）筑物拆除主要有人工、机械和爆破等方法，其中爆破拆除的特点为高效、经济、低耗、安全、环保。进入21世纪以来，随着我国工业技术升级换代、城市改扩建工作的快速推进以及节能减排和环保的需要，建（构）筑物拆除爆破得到迅速发展，同时，工程周边环境复杂程度、拆除难度和安全环保要求也进一步增大。

在国家城镇化战略目标要求下，我国一些营业性爆破公司，为了进一步提高拆除爆破理论与技术水平，以安全、环保和高效为理念，发展自主创新的爆破理论与关键技术，进行了拆除爆破理论、关键技术及应用创新的研究，在实现爆破倒塌过程和范围、爆破振动的预测与控制以及实现环保降尘等方面，取得了一批科技新成果，使我国的建（构）筑物拆除爆破技术居于国际先进地位。

2 拆除爆破理论的新进展

十余年来，拆除爆破的主要理论研究进展有：

原载于《中国工程爆破协会成立周年学术会议论文集》，2014：3-11。

（1）武汉爆破公司等单位，为了解决拆除爆破爆高计算误差大、整体失稳无理论判据的难题、首次建立了不同结构形式、不同倒塌方式的整体失稳模型，对拆除爆破中结构失稳、倾倒与触地解体等过程进行连续模拟，实现建（构）筑物拆除定向爆破仿真模拟与智能化设计，研发了拆除爆破计算机辅助设计系统，可实现砖混、框架、框剪、桥梁、筒形等结构的拆除爆破设计，智能快捷地完成总体方案的选择以及拆除爆破设计参数的设计，并在多项建（构）筑物拆除爆破工程中得到成功应用。

（2）广东宏大爆破股份有限公司在多体-离散体动力学和变拓扑多体系统理论指导下，通过揭示爆炸荷载作用下结构塑性铰形成和演化规律，对建（构）筑物的折叠拆除爆破进行模拟研究，提出了多体、非完全离散体和离散体的三阶段倒塌解体动力学模型，通过数值模拟爆破拆除建筑物倒塌的全过程，由计算机分析绘制成时间-位移、时间-速度图，可以计算出结构的势能、动能、总能量、建筑物爆破高度上部作用力和塌落荷载，其研究成果指导了高耸构筑物定向、双向或三向折叠控制爆破技术[1-5]。

（3）解放军理工大学工程兵学院发现线型聚能材料存在“最大能量密度均衡射流段”，提出均衡段长度和能量密度的精确控制原理，创建了钢结构物可靠失稳的聚能切割爆破模型，指导优化钢结构物爆破拆除设计。

（4）为了揭示薄壁高烟囱爆破倾倒时，支撑部的压塌、拉伸破坏，烟囱下坐、后剪的支撑部破坏，以及相应破坏点和基础筒壁的应变状态，广东宏大爆破股份有限公司对拆除爆破动态实时监测技术也开展了研究，并在多项建（构）筑物拆除爆破工程中应用。

3 拆除爆破设计与施工技术的新进展

3.1 高层建筑物爆破拆除

诸多城市的高大建（构）筑物都是采用爆破技术进行拆除的。据不完全统计，我国拆除16层以上的高层楼房已达40座以上，多数周围环境复杂[6,7]。如2001年北京中大爆破技术公司完成的北京东直门22层三叉式塔楼爆破拆除[8]，2004年广东中人集团建设有限公司完成的温州市高93m的中银大厦爆破拆除[9]，2008年上海同济爆破工程有限公司完成的上海四平大楼爆破拆除，2012年重庆爆破界完成的高107.2m的重庆港客运大楼、三峡宾馆等的爆破拆除，2013年福建高能爆破公司完成的高95m的青岛海天大酒店两座大楼等[10,11]。

高层建筑结构已从框架结构逐渐发展成框架-剪力墙、剪力墙结构等，针对高层建筑物造型复杂、结构形式多样、允许倒塌范围不足以及拆除倒塌冲击地压增大等特点、在设计与施工技术中采用了增加爆破缺口、重力弯矩空中解体缓冲坍塌拆除爆破新技术和综合时差起爆技术等技术方案和措施，以克服不对称结构带来的影响，有效控制其倒塌方向、爆堆范围及楼体落地的冲击振动，保证了周围环境的安全[12,13]。

3.2 高耸构筑物的爆破拆除

近10多年来，随着电厂改扩建工程的实施，国内掀起了高烟囱和冷却塔爆破拆除热潮。据不完全统计，我国已成功拆除了高100m以上的钢筋混凝土烟囱和高60m以上的大型冷却塔各100多座，其中200m以上高烟囱近10座，高90m以上的冷却塔30多座。

不少高耸构筑物位于复杂环境中，场地窄、空间小，爆破拆除难度大。例如，2005年广州造纸厂100m烟囱爆破拆除，倒塌空间最宽只有40m，最窄仅15m，广东宏大爆破股份有限公司首创高耸建（构）筑物三向折叠爆破技术（见图1），揭示铰链点的位置、形成与发展过程；精确控制折叠爆破倒塌方向、范围和解体程度，为我国高耸建（构）筑物多向折叠爆破拆除奠定了技术基础。我国已成功地在复杂环境中采用双向折叠、三向折叠等控制爆破方法拆除了10多座高100m以上的钢筋混凝土烟囱[16,17]。解放军理工大学工程兵学院、深圳市和利爆破技术工程有限公司、河南迅达爆破有限公司、河南省现代爆破技术有限公司等单位针对小长径比薄壁筒体结构，为合理调控筒体荷载分布和弱化筒体局部刚度[18,19]，提出薄壁筒体高卸荷槽复合切口爆破等设计方法与施工技术，实现了对塌落解体过程和触地状态的有效控制[20]。

图 1 广州造纸厂百米烟囱三向折叠爆破瞬间
（广东宏大爆破股份有限公司，2005）
Fig. 1 The 100 meters chimney demolition blasting of Guangzhou paper mill
(Guangdong Hongda Blasting Co., Ltd., 2005)

3.3 灾后受损结构快速拆除爆破技术

2008 年、2012 年我国相继在汶川、雅安发生大地震，城镇中到处是废墟、危房，水塔、烟囱裂口、倾斜，而且余震不断，随时都可能给人民的安全造成威胁。工程爆破作为一种重要的技术手段，在抢险救灾过程中发挥了重大的作用。四川省工程爆破协会、解放军理工大学工程兵学院、武警水电第三总队、四川雅化实业集团股份有限公司等单位在保证灾区人民的生命财产安全和重建家园中建功立业。

一些爆破公司十分重视灾后受损结构快速拆除爆破技术。广东宏大爆破股份有限公司通过对危楼建筑物的施工安全分析，研制了结构裂缝破坏位移监测报警系统，提出了结构变形允许施工的警报值，开发出了“结构计算和裂缝、变形监测监控相结合”的技术，确保爆破前建筑内一切爆破作业工序顺利地进行。该技术在汕头市澄海区利嘉织艺有限公司由于火灾变成危楼仓库、海员宾馆等多项危楼建筑物爆破抢险拆除中成功应用，对爆破技术在防灾抢险中的应用有重要的意义。

武汉爆破公司实施的汉口桥苑新村 18 层倾斜大楼，是在每小时 2cm 的倾斜速度并可能自然坍塌的情况下，冒着生命危险紧急施工，仅用三个昼夜抢在自然坍塌前控爆拆除，创造了大楼结构、高度、层数和时间四项爆破全国第一，结构和时间两项世界第一的奇迹，解除了全市瞩目的心腹大患。

3.4 城市复杂环境桥梁、新型结构桥梁的爆破拆除

近 10 多年来、几十座废旧桥梁采用控制爆破成功拆除，其典型工程有：解放军理工大学工程兵学院 2012 年承担完成的南京城西干道高架桥爆破拆除工程[21]，包括总长度达到 2078m 的 4 座高架桥、2 座匝道桥，时为国内外最长和拆除难度最大的城区高架桥，采用精确爆破设计、多体复合防护和分次卸载、顺序塌落爆破技术，确保了距爆破点 30m 的全国重点保护文物“明城墙”和最近 5m 处住宅的安全，也未影响到地下 14.5m 的地铁 2 号线的运行，创新提出了以炸点萃取、构件通透度控制和非对称非均衡分级传递为核心的爆破设计体系和基于地下浅埋管线保护的城区桥梁爆破方法。

2013 年，武汉爆破公司承担完成的全长 3476.50m 的武汉沌阳高架桥爆破拆除[22]，在精细爆破理论的指导下、通过对桥梁爆破破碎范围、破坏程度的控制以及对炸药单耗、装药结构、合理起爆时序的科学设计，首创城区特大型桥梁阶梯式顺序塌落精细爆破方法。为确保此次爆破的成功，公司采用 1：1 模型试验和数值仿真技术，对倒塌方式、延期时间、炸药单耗、防护形式和地下管线保护等内容进行了研究，为科学合理的爆破设计奠定了基础。

3.5 场馆拆除大规模的可靠起爆技术

在大面积建筑物拆除爆破方面，由于药包多，起爆网路复杂，可靠的起爆技术是关系爆破成败的关键。1999 年由贵州新联爆破工程有限公司爆破拆除的贵阳市工人文化宫，由结构不同而又互相关联的综合楼、联系体、影剧院三栋主建筑物和一些附属建筑物组成，总建筑面积 $20281m^2$。该工程采用交叉复式起爆网路和闭合网路，合理安排起爆点和网路闭合点，使建筑群按设计要求的各种倒塌形式和顺序爆破，保证了 37562 个炸药包、45129 发导爆雷管的百分百准爆，爆破效果令人满意。

广东宏大爆破股份有限公司 2007 年实施的沈阳五里河体育馆爆破拆除工程[23]，建筑面积 $40000m^2$，一次准确起爆超过 1.2 万个炮孔，使用炸药 2.568t，雷管 14000 枚，采用精确延时、逐跨接力、顺序塌落爆破技术，成功爆破世界一次性爆破中面积最大的建筑物，展示了可靠、先进的起爆技术，爆破取得了预期的效果（见图 2）。

图 2　五里河体育场爆破瞬间
（广东宏大爆破股份有限公司，2007）
Fig. 2　Wulihe Stadium demolition blasting
（Guangdong Hongda Blasting Co.，Ltd.，2007）

近 10 多年来，拆除爆破采用以导爆管并簇联和闭合网路相结合为基础的起爆方法，可以进一步设计毫秒或秒延时起爆网路，2010 年爆破拆除的郑州亚细亚大酒店，还使用了近 3000 枚我国自行研制生产的隆芯 1 号数码电子雷管，爆破非常成功。研究和工程实践表明，该技术极大地提高了拆除爆破起爆技术的可靠性。

3.6 挡水围堰及支撑梁的拆除

挡水围堰是水利水电、港口和大型船坞修建主体工程时必不可少的关键性临建工程，著名的葛洲坝水电站上游混凝土心墙土石围堰、云南大朝山水电站尾水隧道出口混凝土围堰及岩埂以及河南鸭河口电厂进水口复式深水围堰等，都是技术难度高的拆除工程。

2006 年 6 月，长江三峡水利枢纽三期上游碾压混凝土围堰拆除爆破总长度为 480m，爆破水深最大 38m，总方量 $18.6\times10^4m^3$，三峡三期 RCC 围堰爆破拆除举世瞩目（见图 3）。长江科学院爆破与振动研究所等单位对其拆除爆破方案进行了大量试验研究，包括爆破器材及起爆网路可靠性试验、爆破地震效应研究、定向倾倒可能性及触地震动研究等，并进行了 1∶100 围堰模型倾倒试验和 1∶10 围堰模型倾倒爆破试验等，为项目实施提供科学依据，保证了爆破拆除顺利进行。

在船坞挡水围堰及岩坎的爆破拆除方面，浙江省高能爆破工程有限公司、浙江大昌爆破工程有限公司等单位因地制宜地采用竖直孔充水开门爆破、倾斜孔不充水关门爆破、倾斜孔不充水开门爆破等技术成功爆破拆除了舟山永跃船厂、中远船务、金海湾等 30 余座船坞围堰，为这些大型工程项目按期投产作出了重要贡献[24-27]。其中，2008 年 9 月成功爆破拆除的浙江半岛船业有限公司船坞围堰，首次使用了由北京北方邦杰科技发展有限公司研发，辽宁华丰民用化工发展有限公司生产，完全拥有自

图 3　三峡三期上游碾压混凝土围堰拆除爆破（2006）

Fig. 3　Roller compacted concrete cofferdam demolition blasting of the three gorges project (2006)

主知识产权的国产电子雷管。

在沿海城市高层楼宇建设中，遇有软土地基时，在基础工程中要采用基坑支撑结构，在基坑开挖过程中及完毕后需对其围护结构进行拆除。采用爆破方法对基坑支撑结构进行拆除，在加快施工进度方面具有独特优势。近 10 年来，仅天津市，上海同济爆破工程有限公司、上海消防技术工程有限公司、北京中科力爆炸技术工程有限公司、北京北阳爆破工程技术有限责任公司等单位在天津地铁 Z1 线、5~6 号线盾构穿越地下结构工程和高层建筑基坑完成的支撑结构爆破拆除就有 30 多项，都取得了良好效果。

综上所述，拆除控制爆破技术在我国各个建设工程领域得到了广泛的应用，成为城市建设和土木工程中不可缺少的施工技术。

4　振动控制与环保防护技术的新成果

4.1　爆破振动控制技术新成果

在爆破振动控制技术方面，中国铁道科学研究院、广东宏大爆破股份有限公司、解放军理工大学工程兵学院等多个单位合作创建了爆破振动控制的“解体、吸能和调峰”三步法。第一，提出多结构段、多切口和精确延时起爆的集成减振技术，实现结构物有序解体、顺序塌落，有效降低冲击振动的能量；第二，创新设计的新型减振装置可最大限度地吸收塌落冲击能，由钢丝绳减振器、软钢阻尼器、贝雷钢构架以及散体材料等构成减振复合防护体系；第三，研发基于神经网络技术的爆破振动预报平台和振动波精确干扰减振技术。通过上述综合技术，振动幅值综合削减 60% 以上[28-30]。

近 10 多年来的工程实践表明，在拆除爆破设计中实施毫秒或半秒差爆破，在建筑物倒塌方向上各排立柱间合理选择爆破延迟时间，在高耸构筑物倾倒方向设置减振堤，在被保护的建筑物和爆源之间开挖减振沟等技术措施，都有利于控制和减少爆破和触地震动。采用这些措施后，由拆除爆破振动引发的诉讼大大减少。

4.2　清洁环保爆破

拆除爆破在钻孔施工及爆破过程中，往往有大量的生产性粉尘弥散，污染生产场所的空气及周围环境。开展防尘降尘工作，往往成为拆除爆破工程的环保要求。

一些爆破公司，在爆前将拆除建筑物楼顶的储水池（罐）装满水，在坍塌过程中，大量储水从上而下形成水幕，对降尘起到较好效果。

贵州省新联爆破工程有限公司在实施贵阳市中心第一商场建筑楼房（总建筑面积 1200m^2）拆除爆破施工中[31]，采用水幕帘综合降尘爆破技术，包括采用湿式凿岩钻孔、预拆除施工淋湿减尘、爆破部位水幕帘防尘、楼房浸水润湿等，设计思想先进实用，施工技术操作简单，防尘效果显著。

广东宏大爆破股份有限公司对拆除爆破粉尘控制技术开展了专项研究，揭示了扬尘规律和湿法降尘机理，发明了泡沫黏尘剂、发泡乳化剂及其制备方法，研制了泡沫发生装置，首创泡沫捕捉爆破粉尘的新方法及装备[32,33]。2007年，广东宏大爆破股份有限公司在广州天河城西塔楼爆破拆除中应用该项技术，爆破过程中，各储水池中的含有泡沫黏尘剂的水迅速起泡，形成片片白沫，迅速吸附建筑解体时产生的少量灰尘及爆破部位产生的爆尘，整个爆破过程清晰可见，周围花草及距现场6m的柏油马路和路边的白色灯罩上也不见灰尘。经广东省广州市环保监测中心现场测定，此次爆破产尘量为上风侧47m处0.354mg/m^3；下风侧46m处1.65mg/m^3。这是世界首次采用环保清洁拆除法对商业中心高大建筑进行爆破（见图4），被中央电视台报道称为“中国环保第一爆”。

图4 广州天河城西塔楼爆破拆除
（广东宏大爆破股份有限公司，2007）
Fig. 4 Guangzhou Tianhe West Tower demolition blasting
（Guangdong Hongda Blasting Co., Ltd., 2007）

5 拆除爆破的发展趋势

今后拆除爆破应从以下几方面重点发展：

（1）深入研究基于建（构）筑物结构特征的拆除爆破原理及相应的爆破新工艺、新技术。

（2）对爆破安全技术加强研究，加快建（构）筑物倒塌冲击地压及地震波对周围环境影响的控制研究。

（3）增强城市综合减灾的大安全观念，加强爆破行业集约化管理；加快拆除爆破规范的制定，提高技术，加强科学管理，建立爆破专家系统。

（4）加强环保爆破拆除的研究，减小爆破有害效应及爆后建筑垃圾的综合处理。

参考文献

[1] 魏挺峰，魏晓林，郑炳旭．摄影测量在建筑拆除力学研究中的应用［J］．中山大学学报（自然科学版），2008，47（Z2）：34-38.

[2] 魏晓林，郑炳旭，傅建秋．爆破拆除高耸建筑定轴倾倒动力方程解析解［J］．合肥工业大学学报（自然科学版），2009，32（10）：1466-1468.

[3] 崔晓荣，郑炳旭，沈兆武，等．建筑爆破倒塌过程的摄影测量分析系统［J］．测绘科学，2011，36（5）：111-119.

[4] 魏挺峰，魏晓林，郑炳旭．摄像测量在建筑拆除力学研究中的应用［J］．中山大学学报（自然科学版），2008，47（Z2）：34-37.

[5] Wei Xiaolin, Fu Jianqiu, Wamg Xuguang. Numerical modeling of demolition blastng of frame structure by varying -

topological multibody dynamics [C]//New Development on Engineering Blasting. Metallurgical Industry Press, 2007: 333-339.

[6] 马洪涛，孟样栋，毕卫国．复杂环境下异形框架楼的爆破拆除 [J]．爆破，2011，3：66-70.

[7] 谢先启．桥苑新村十八层倾斜大楼控爆拆除方案与技术设计 [J]．爆破，1996，1：96-99.

[8] 刘殿书，北京东直门16号楼爆破拆除成功 [J]．工程爆破，2001，4：91.

[9] 朱朝祥．中银大厦烂尾楼爆破拆除成功 [J]．工程爆破．2004，2：86.

[10] 汪浩，徐建勇．上海长征医院16层病房大楼爆破拆除 [J]．工程爆破，1999，4：30-35.

[11] 齐世福，龙源．高大楼房控制爆破技术 [J]．解放军理工大学学报（自然科学版），2004，5（1）：68-72.

[12] 张家富，池恩安，温远富，等．市中心高大建筑物群的定向爆破拆除 [J]．工程爆破，2000，1：36-39.

[13] Zheng Bingxu, Wei Xiaolin. Modeling studies of high-rise structure demolition blasting with multi-folding sequences [C]//New Development on Engineering Blasting. Metallurgical Industry Press, 2007: 326-332.

[14] 郑炳旭，傅建秋，等．150m高钢筋混凝土烟囱双向折叠爆破拆除 [J]．工程爆破，2004，10（3）：34-36.

[15] 郑炳旭，魏晓林，陈庆寿．钢筋混凝土高烟囱爆破切口支撑部破坏观测研究 [J]．岩石力学与工程学报，2006，25（Z2）：3513-3517.

[16] 郑炳旭，魏晓林，陈庆寿．钢筋混凝土高烟囱切口支撑部失稳力学分析 [J]．岩石力学与工程学报，2007，26（Z1）：3354-3548.

[17] 郑炳旭，魏晓林，陈庆寿．多折定落点控爆拆除钢筋混凝土高烟囱设计原理 [J]．工程爆破，2007，13（3）：1-7.

[18] 郑炳旭，魏晓林，傅建秋，高烟囱爆破拆除综合观测技术 [C]//中国爆破新技术，北京：冶金工业出版社，2004：859-867.

[19] 齐世福，阎家良．高耸建筑物定向爆破倾倒时的后坐及其对策 [J]．爆炸与冲击，1989，9（4）：318-327.

[20] 杨年华，张志毅，陆鹏程．120m不对称烟囱定向拆除爆破技术 [J]．中国铁道科学，2002，23（3）：104-107

[21] 龙源，季茂荣，金广谦，等．南京城西干道高架桥控制爆破与安全防护技术 [C]//中国爆破新技术Ⅲ．北京：冶金工业出版社，2012：602-613.

[22] 贾永胜，刘昌邦．3.5km武汉沌阳高架桥成功爆破拆除 [J]．工程爆破，2013，4：62.

[23] 崔晓荣，李战军，周听清，等．拆除爆破中的大规模起爆网络的可靠性分析 [J]．爆破，2012，29（2）：110-113.

[24] 张中雷，冯新华，管志强，等．大神洲船坞围堰爆破拆除安全防护技术 [J]．爆破，2011，3：106-111.

[25] 宋志伟，陈锋华，汪竹平，等．船坞围堰爆破拆除过流控制研究及工程应用 [J]．工程爆破，2010，1：52-54.

[26] 王宗国，王斌，张正忠．船坞围堰拆除爆破技术研究及工程应用 [C]//中国爆破新技术Ⅱ [M]．北京：冶金工业出版社，2008：382-387.

[27] 管志强，张中雷，冯新华，等．50万吨级船坞复合围堰爆破拆除设计施工技术 [C]//中国爆破新技术Ⅱ [M]．北京：冶金工业出版社，2008：388-393.

[28] 王希之，王自力，龙源，等，高层建筑物爆破拆除塌落震动的数学模型 [J]．爆炸与冲击，2002，22（2）：188-192.

[29] 龙源，娄建武，徐全军，等．爆破拆除烟囱时地下管道对烟囱触地冲击振动的动力响应 [J]．解放军理工大学学报，2000，1（2）：38-42.

[30] 韦林，朱金龙，汪浩．上海四平大楼爆破拆除中环境振动监测的分析 [J]．爆破，2006，4：74-77.

[31] 池恩安，温远富，罗德丕，等．拆除爆破水幕帘降尘技术研究 [J]．工程爆破，2002，3：25-28.

[32] 郑炳旭，魏晓林．城市爆破拆除的粉尘预测和降尘措施 [J]．中国工程科学，2002，4（8）：69-73.

[33] 李战军，汪旭光，郑炳旭．水预湿降低爆破粉尘机理研究 [J]．爆破，2004，21（3）：21-39.

120m 钢筋混凝土烟囱定向倒塌爆破拆除

郑炳旭　高金石　卢史林

（广东宏大爆破股份有限公司，广东 广州，510623）

摘　要：本文对两座高 120m 钢筋混凝土烟囱定向倒塌控爆设计施工观测进行综述。提出一些有益的经验及相应观测结果，可供类似工程参考。

关键词：定向倒塌；爆破切口；定向口；背部断裂；触地效应

The Controlled Blasting & Demolition of the 120m Reinforced Concrete Chimney

Zheng Bingxu　Gao Jinshi　Lu Shilin

(Guangdong Hongda Blasting Co., Ltd., Guangdong Guangzhou, 510623)

Abstract: In this article, the design, operation and observation of the controlled blasting of the directional collapse of two 120m reinforced concrete chimneys were reviewed. Some useful experiences and the corresponding observation results were presented as well, which could serve as a reference for similar engineering.

Keywords: directional collapse; blasted-hole; directional cut; back fracture; effects of contact to earth

1995 年 12 月和 1996 年 1 月，我公司成功地对茂名石化公司两座高 120m 钢筋混凝土烟囱实施了定向倒塌爆破，进行了初步的观测与分析，为推动高烟囱定向倒塌控爆项目的进一步研究。现予综述，以供参考。

1　设计与施工要点

1.1　基本条件

三、四部炉 120m 钢筋混凝土烟囱底部外径 10m，顶部外径 5m。壁厚 50cm，底部 40m 为双筋，外立筋 ϕ25mm，内立筋 ϕ14mm。40~120m 高程为单筋。内衬为单层耐火砖，隔热层厚 5cm。自重 4809t，重心高度 45m。

沸腾炉 120m 钢筋混凝土烟囱底部外径 12m，顶部外径 3.2m。壁厚 50cm，全高为双筋，底部外立筋 ϕ25mm，内立筋 ϕ14mm。内衬为单层耐火砖，隔热层厚 5cm。自重 3725t，重心高度 38m。筒体 20m 处上下不同坡度。

两座烟囱整体良好，无腐蚀开裂现象。经经纬仪观测，烟囱顶部未见自振摆动，三级风以上时偶见几至十几厘米摆动。两烟囱均有全高一侧定向倒塌场地，但偏转不能超过 10°。

1.2　设计要点

120m 高钢筋混凝土烟囱全高定向倒塌爆破拆除国内尚无先例，设计与施工时听取了国内许多著名专家的意见与建议。

原载于《工程爆破文集》，1997：149-153。

三、四部炉烟囱采用正梯形爆破切口，切口对应的圆心角为 231°，切口高度 3m。切口两端预开定向口，定向口夹角因筒壁原有孔洞及倒塌方向限制，只能为 38°。定向口内立筋切除。眼深 37~38cm，眼距 30cm，排距 30cm，每眼装药 150g。导爆管雷管同段起爆，导爆管三通交叉闭合网路。

在分析三、四部炉烟囱施爆资料基础上，为使后一座烟囱倒塌更平稳、落点更准确，将沸腾炉烟囱切口对应圆心角减至 220.4°，定向口夹角减至 20°，如图 1 所示。切口高度、形状及爆破参数和起爆方法与前一座相同。

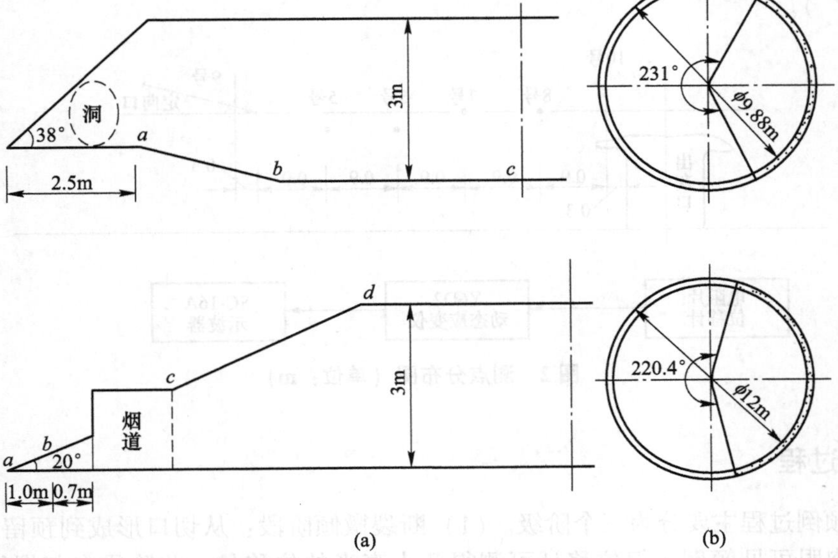

图 1　爆破切口图

预留支撑部位在一定长度内的外立筋，隔一根切断一根。施爆前，在倒塌中心部位进行试爆。

经计算，开设定向口、倒塌中心部位试爆、切断筒体预留支撑部位的一部分外立筋后，烟囱的稳定性有充分保证。

1.3　施工要点

严格按设计施工，各参数经反复测量验收。施工程序如下：切口部位打眼、验收——开设定向口——倒塌中心部位试爆——切断预留支撑部位部分外立筋——装药联线、防护与起爆。后两项工作应在同一天进行。

开设定向口较困难。采用密集打眼、微量装药爆破、风镐修整的方法。切除定向口内钢筋，要求边沿平整，定向口端部平滑。每座烟囱从布眼、机具进场到烟囱倒塌落地，施工期为 5~6d。

2　烟囱倾倒过程

2.1　观测

本次爆破对烟囱倾倒过程进行了以下观测与分析：

（1）电视摄像——编辑机毫秒分幅，观测筒体预留部位断裂过程；

（2）电视摄像——编辑机 0.1s 分幅，观测筒体倒塌过程；

（3）动应变、位移计测定预留部位切口底边水平面上各点的应力状态及破坏时序。

2.2　预留部位断裂过程

预留部位断裂过程综合摄像毫秒分幅和应变两种观测方法进行分析。观测结果是：

沸腾炉烟囱起爆后 210ms，定向口端部首先下沉，下沉量几毫米，1720ms 时下沉量 12mm，到

2000ms 时下沉量达 57mm。离定向口端部 0.9m 处的 5 号测点（见图 2），在 1396ms 前处于微受压或零应力状态，1400ms 后开始受拉，1706ms 应变片失效。离背部受拉中心线 3.73m 处的 8 号测点，460ms 开始受拉，1180ms 应变片失效。

三、四部炉烟囱 1702ms 定向口端部出现裂纹，慢慢向背部发展，预留部位受拉中心在 3013ms 出现可见水平裂纹，最早可见 2~3 条，裂纹短而窄，其后以 41m/s 的速度向两侧扩展，同时，裂纹条数增多，裂纹宽度增大，在 3105ms 时和定向口端部发展过来的裂纹连成一片，形成一个断裂面，断裂面的标高在背部切筋部位的下方。此时，筒体出现可见的倾倒。（详见本书“120m 烟囱背部断裂及倾倒过程的观测分析”）。

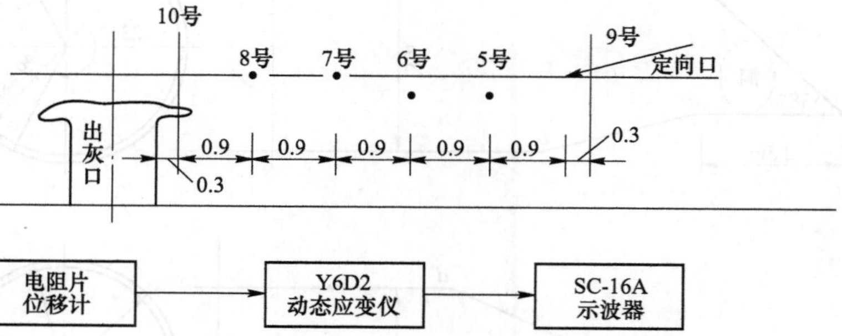

图 2　测点分布图（单位：m）

2.3　筒体倾倒过程

摄像结果，倾倒过程主要分为三个阶级。(1) 断裂微倾阶段：从切口形成到预留支撑部位开裂贯通。此阶段虽无肉眼可见倾倒，但位移计可测得几十毫米的位移量。此阶段自起爆算起历时 3080ms（三、四部炉）和 4200ms（沸腾炉）。(2) 初始倾倒阶段：从预留支撑部位开裂贯通到切口闭合。此阶段筒体可见倾倒，速度由小到大，但受切口形状及尺寸影响，出现过减速。此阶段历时 2170ms（三、四部炉）和 2100ms（沸腾炉）。(3) 加速倾倒阶段：从切口闭合到筒体触地。此阶段是一个加速过程，但筒体产生折断时，顶部会出现减速现象，折断部位以下筒体仍为加速过程。此阶段历时 6630ms（三、四部炉）和 6600ms（沸腾炉）。

微倾阶段时间长短，取决于材质、切口圆心角、自重及重心高度。材质强度高、圆心角小、自重轻、重心高度低，则时间长。初倾阶段加速度大小受定向口夹角大小影响，夹角大则加速度也大。当夹角过大，在闭合瞬间产生减速，可能产生倒向偏转。（详见本书“120m 烟囱背部断裂及倾倒过程的观测分析”）。

3　触地效应

3.1　震动

对两座 120m 烟囱倒塌震动进行观测的结果是：

三、四部炉烟囱水平径向震速大于垂直震速，而沸腾炉烟囱无此规律。主震相频率大多在 10Hz。最大震速 0.8cm/s，远比爆前用参考算式估算的震速小。因筒体触地为一条线，不是一个点；各点又不是同时触地；触地速度各部位都不同。以总质量、质心高度为基本参量估算震速与烟囱触地的实际物理过程相差很大。

两座 120m 烟囱均没有可见的“下坐”，切口上下沿闭合也较平稳，震动测试时，只测到爆破、触地两段，这与有些烟囱测出“三段”震动不同。表明这两座 120m 烟囱倒塌是平稳的。（详见本书“120m 烟囱定向倒塌触地效应的观测分析”）。

3.2　筒体破裂

两座 120m 烟囱倒塌触地后，筒体破坏程度与其倒塌速度、筒体结构、强度有关。可分为三个区。

（1）筒体底部变形区，该处由于壁厚大、结构强度高、倒塌速度小，故只产生 2~4 条裂缝或折断成四片，整体性尚好，内衬落地，该区长度约 40m。

（2）筒体中部大块破坏区，破裂成四至八片，外层钢筋部分露出，出现较多裂纹，个别内衬飞出，该区长约 60m。

（3）筒体顶部碎裂破坏区，该区呈碎块状，外层钢筋全部露出，钢筋与混凝土分离，内衬飞出，筒体侵入地面以下，该区长约 20m。（详见本书“120m 钢筋混凝土烟囱定向倒塌触地效应的观测分析”）。

3.3 碎石飞溅

筒体以每秒数十米的速度冲击地面，除产生震动、筒体破裂外，还会使触地点的泥土、杂物等产生飞溅，威胁邻近人员及建筑物。

三、四部炉烟囱触地处有一部分是含水堆积土，触地时溅起物横向飞散近 240m。沸腾炉烟囱顶部触地时，原地面上残留的一个 2m×1.0m×0.7m 铁配电柜受冲击飞上邻近二楼阳台，ϕ200mm 长 1.8m 的钢管及长 2.5m 的 200×200mm 角钢飞上三楼阳台，部分泥土、碎块飞上三楼顶。

由此可见，在确定安全范围时，对保护目标的防护措施等均应予以重视。（详见本书“120m 钢筋混凝土烟囱定向倒塌触地效应的观测分析”）。

4 切口形式与尺寸对倒塌影响

4.1 切口长度的影响

切口长度的长短，决定了倾覆力矩的大小，切口偏长，倾覆力矩偏大，支铰易于破坏，不利平稳倾倒。切口长度的长短，在保证一定倾覆力矩的前提下，应根据筒体的结构强度来考虑，对一般钢筋混凝土烟囱，切口对应圆心角以 220°左右为宜。

4.2 定向口夹角的影响

定向口夹角的大小，直接影响筒体倾倒是否平稳。大夹角时，筒体初始倾倒阶段加速度较大，切口中心部位首先撞击闭合，使筒体突然减速，这会造成筒体折断或偏移。

采用小夹角（20°以下）逐步过渡到大夹角的定向口，可以使筒体从初始倾倒阶段平稳过渡到加速倾倒阶段。筒体在倾倒过程中，首先从定向口夹角端部闭合，然后依次逐点向中方向过渡闭合，此过程较缓慢，切口上下面连续接触、逐渐闭合，促使筒体倒塌更平稳。（详见本书“120m 钢筋混凝土烟囱爆破切口的试验分析”）。

5 结论

两座 120m 钢筋混凝土烟囱的定向爆破拆除成功，在设计、施工、安全等各方面为我们积累了十分重要的经验，而且在科学观测和分析研究上，得到许多有价值的结果，主要有：

（1）烟囱起爆后，首先出现裂纹是在定向口处，逐渐向后发展，稍后，支撑中心部位出现开裂，其裂隙发展速度大于前者，之后贯通形成断裂面。从应变量测可知，在支撑部位切口面上部主要受拉，下部主要受压。

（2）烟囱爆破倾倒过程可以分为三个阶段：断裂微倾、初始倾倒和加速倾倒。初始倾倒阶段是烟囱是否平稳倒塌的关键阶段，而这取决于爆破切口长度与定向口的夹角。爆破切口长度用其圆心角表示时以 220°为宜；定向口夹角应从小于 20°逐渐向大角度过渡为宜。

（3）烟囱落地破坏状况可分三个区：底部变形区、中部大块破坏区和顶部碎裂破坏区。

（4）烟囱触地冲击震动要高于爆破震动。而触地震动的计算，应考虑烟囱分段落地成线状，逐点连续接触的过程，才能更符合实际。

（5）烟囱落地的飞溅物应慎重考虑，这对保证烟囱定向倒塌爆破的安全十分重要。

参考文献

[1] 冯叔瑜，等. 城市控制爆破 [M]. 北京：中国铁道出版社，1907.
[2] 高金石，等. 爆破理论与爆破优化 [M]. 西安：西安地图出版社，1992.
[3] 龙源，等. 高耸筒形结构物爆破切口计算原理研究 [J]. 工程爆破，1995，1 (2)：16-21.
[4] 花刚，等. 高耸钢筋混凝土烟囱拆除爆破 [J]. 爆破，1996，3：36-38.
[5] 吴剑峰，等. 80m 高烟囱拆除爆破研究 [C]//工程爆破论文集（第五辑）[M]. 北京：中国地质大学出版社，1993.

120m 钢筋混凝土烟囱背部断裂及倾倒过程的观测分析

付建秋　高金石　唐　涛

（广东宏大爆破股份有限公司，广东 广州，510623）

摘　要：本文以两座 120m 钢筋混凝土烟囱定向倾倒过程及背部囱壁断裂的观测资料为基础，对筒壁断裂及筒体倾倒过程进行了分析研究，提出了一些观测数据与成果，发表了一些初步见解。

关键词：定向倾倒；背部断裂；倾倒速度；拉裂

The Observation & Analysis of the Back Fracture and Collapse Process of the 120m Reinforced Concrete Chimney

Fu Jianqiu　Gao Jinshi　Tang Tao

(Guangdong Hongda Blasting Co., Ltd., Guangdong Guangzhou, 510623)

Abstract: In this article, the fracture of the chimney wall and the collapse process of chimney were analyzed and studied, based on the observed information concerning the directional collapse process and back fracture of the chimney wall of two 120m reinforced concrete chimneys. Some observed data, results, as well as some preliminary views were presented.

Keywords: directional collapse; back fracture; collapse speed; abruption

揭示与研究钢筋混凝土烟囱在爆破切口形成后，预留支撑部位是怎样破坏的，破坏如何发展，以及筒体倾倒的物理过程，是烟囱定向倒塌控爆技术中最基本、最关键的问题。在施爆茂名石化公司两座 120m 钢筋混凝土烟囱时，进行了观测。提出了一些观测结果，并进行了初步分析。

1　筒体预留支撑部位的断裂

1.1　摄像显示的断裂时序及特征

预留支撑部位的筒壁断裂，是筒体产生倾倒的前提；筒壁断裂的时序及力学特征，是研究、分析与计算有关参数的基础。因此，专门设置了固定式摄像机，拍摄预留支撑部位的断裂状况。

为便于判读、分析与计算，爆前在此部位筒壁表面画出明显的标记及纵向、横向标尺多组。

起爆时间信号由串联于同一起爆网路的一个药包爆炸发光获得。采用摄像编辑机分幅手段，取得 10ms 以上任意间隔时间一幅的连续图像。这种观测方法无论是现场测试，还是室内处理，都很简便、经济。

对三、四部炉 120m 烟囱预留部位的观测结果，以 23ms 一幅的连续图像进行判读与分析，部分图幅如图 1 所示。

三、四部烟囱预留部位断裂时序是：起爆后 1702ms 右侧定向口端部出现可见裂纹，裂缝逐渐向斜下方发展，1748ms 时裂纹长度发展到 1.0m，1771ms 时裂纹长达 13m。左侧定向口端部也有一条相同性质的裂纹。显然，此裂纹是由于筒体自重而产生的压裂裂纹。

原载于《工程爆破文集》，1997：159-163。

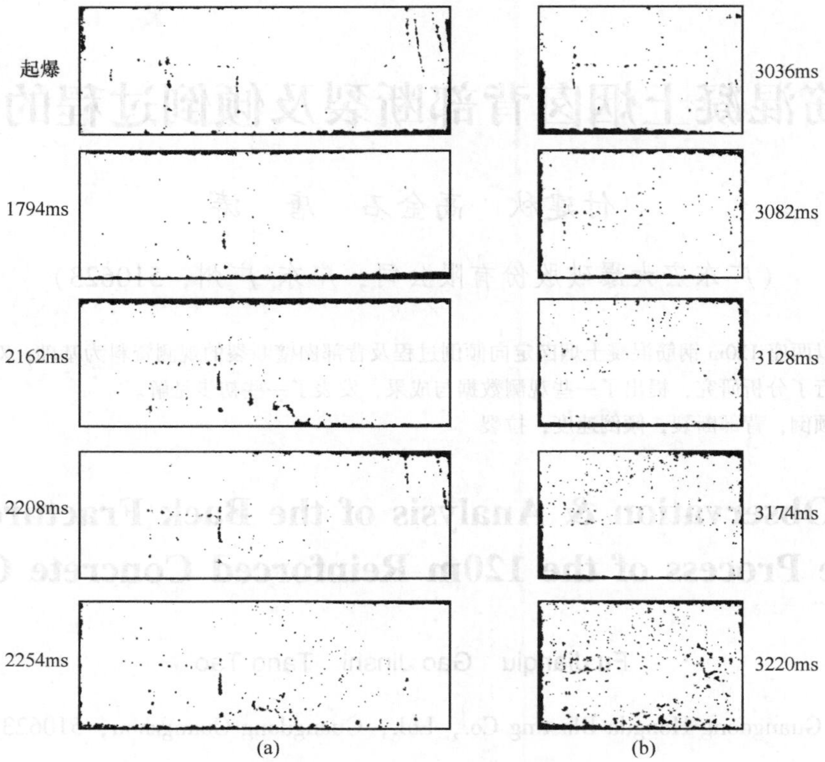

图 1 三、四部炉 120m 烟囱预留部位断裂图

3013ms 时，预留支撑部位中心处，在背部切筋位置下部出现水平方向的可见裂纹，裂纹的数目、长度及宽度随时间的推移而逐渐增多、加长及加宽，同时伴有纵向裂纹，3105ms 时发展成一个水平的断裂面。该断裂面形成到一定程度后，筒体开始出现可见偏斜，然后筒体倾倒。显然，此水平裂纹是受拉作用的结果。

1.2 应变测试显示的断裂时序与特性

对沸腾炉 120m 钢筋混凝土烟囱预留支撑部位进行了应变及位移计观测。测点布置及测试系统如图 2 所示。

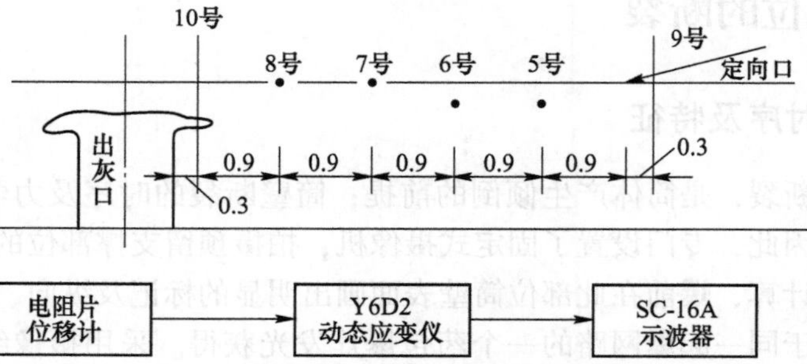

图 2 测点分布图（单位：m）

用电阻应变片——动态电阻应变仪测定筒体预留支撑部位各点的应力状态及其与时间的关系，对揭示预留部位受力性质及其断裂时序是很有意义的。

实测结果如下：

起爆后 210ms，定向口端部的 9 号位移计首先测到下沉位移 10mm 左右，其后下沉位移逐渐增大，但增速缓慢。2000ms 时，下沉位移达 57mm。

5 号测点自起爆后 1396ms 由微受压状态改变为受拉状态。1396ms 时受拉强烈，1706ms 时应变片失效。

6、7、8 号测点一直处于受拉状态。各点自 370~440ms 应变值开始上升，但各点的应变上升速度不同，以 8 号测点上升最快，1180ms 时应变片失效；6 号测点和 7 号测点分别在 1722ms 和 2445ms 相继失效。

1.3 初步分析

据上述观测结果，认为筒体预留支撑部位的受力及其断裂过程比较复杂。

从纵向应变测试分析，爆破切口底面上的预留支撑部位主要是受拉。受压是次要的，无论是区域的大小或是作用时间的长短，都是很小的，这可以从应变测试结果说明。但爆破切口底面以下的预留支撑部位，则受压是主要的，作用的区域与时间都比较长。

从时间上看，起爆后至爆破切口形成，需要一段时间；爆破切口形成到预留支撑部位出现破坏又需要一段较长时间。由应变波形拉断时间测试分析，这个过程需要一段时间；爆破切口形成到预留支撑部位出现破坏又需要一段较长时间。由应变波形拉断时间测试分析，这个过程需要 1000ms 或更长时间。这与钢筋混凝土受静力破坏的模式相吻合。

从断裂部位分析，预留支撑部位首先产生开裂的点不是发生在预留支撑部位的中心，而是在最前端，即靠近定向口处。无论从应变、位移计以及摄像观测结果都是如此。其后，裂缝向后部发展。与此同时，在预留支撑部位中心出现开裂，并逐渐向前端发展，该裂缝扩展速度大于由前端向后部的扩展速度。

从测点分析，如图 2 所示断裂首先从 5 号点开始，这是应力集中所致。定向口施工是否会造成囱体损伤而导致 5 号点先断裂，我们认为这一可能很小，因为定向口尾端仅是一个 ϕ38mm 的炮眼，而且此炮眼是轻打慢凿而成的。

据上述初步分析，我们觉得这些问题还值得进一步探讨。

2 筒体倾倒过程

预留支撑部位断裂后，筒体开始倾倒。

2.1 摄像观测及其结果

对两座 120m 钢筋混凝土烟囱的定向倒塌过程进行了摄像观测。观测囱体倾倒过程及其是否会产生横向摆动与偏转等现象。经分幅、判读与计算，可得筒体在倾倒过程中任一部位、任一时刻的倾倒速度与加速度。图 3 为两座烟囱顶部经每幅 100ms 求得的速度曲线图。由此可反映烟囱倾倒的物理过程。

2.2 倾倒过程分析

筒体倾倒过程分为断裂微倾、初始倾倒及加速倾倒三个阶段。

（1）断裂微倾阶段：爆破切口形成至预留支撑部位开裂贯通。此阶段筒体虽无肉眼可见的倾倒，但从位移计等仪器可测得微小的位移（倾斜或下沉）。此阶段两座烟囱经历的时间分别为 3080ms 及 4200ms。

（2）初始倾倒阶段：自预留支撑部位断裂至爆破切口闭合完毕。此阶段筒体出现可见倾倒，但倾倒速度不均匀。这与爆破切口的形状、尺寸以及切口范围内原有孔、洞的形状、尺寸等因素有关。

（3）加速阶段：爆破切口闭合后至筒体触地。如图 3 所示，三、四部炉烟囱在此阶段中部筒体产生折断，顶部出现相对减速现象，折断部位以下仍为加速运动；沸腾炉烟囱因筒体上部与原锅炉房渣堆、办公楼接触而减速，如图 3 中 c、d 点。

两座烟囱自起爆开始至筒体触地，总计时间分别为 11.8s 与 12.9s。

两座 120m 烟囱倾倒的总体过程是相同的。但各个阶段的开始时间与持续时间不同；初始阶段的运动状态也有所不同。

断裂微倾阶段持续时间的长短，主要取决于预留支撑部位的尺寸、结构强度及切口以上筒体的自重与重心高度。这两座烟囱相比，尽管两座烟囱底部壁厚与钢筋布置相同，但由于沸腾炉烟囱爆破切口角小，即预留支撑部位长度相对较长，再加之筒体自重较轻，重心高度较小，故使支撑部位全面断

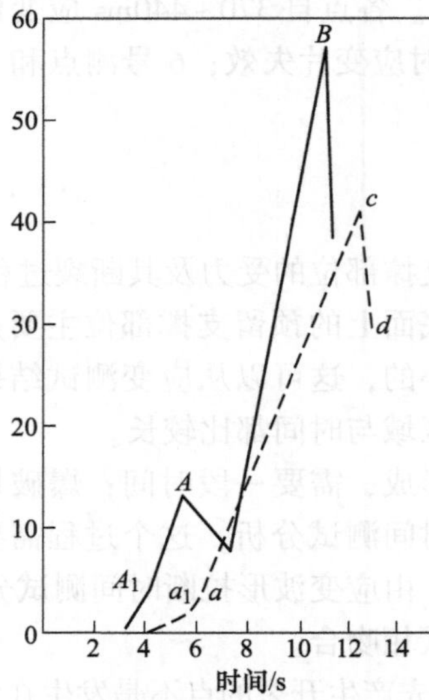

图 3 两座 120m 钢筋混凝土烟囱顶部倾倒速度图

（实线为三、四部炉烟囱；虚线为沸腾炉烟囱）

裂需要时间较长。

初始倾倒阶段是定向倒塌控爆的关键。此阶段烟囱倾倒运动状况受爆破切口形状、尺寸以及筒壁上原有孔洞的位置、尺寸等因素的影响，其速度是不相同的。如图 3 所示，三、四部炉烟囱此阶段的加速度很大，沸腾炉烟囱的加速度很小。这是由于前者的定向口夹角过大而造成的。

在初始倾倒阶段，三、四部炉烟囱加速度很大，又由于爆破切口尺寸等关系，在图中 A 点，是爆破切口闭合瞬间，产生减速，由于惯性作用，上部筒体出现裂隙，导致以后进一步断裂。

沸腾炉烟囱由于定向口夹角很小，爆破切口首先从切口尾端开始闭合，由于上下沿闭合而产生摩擦阻力，故加速度较小。从图 3 中可以看出倾倒速度图上的 a_1a 与爆破切口图上的 a_1a 是相对应的。a_1—a 为原囱壁上烟道，故在此处倾倒有一个很短的加速段。

置于烟囱倾倒正前方与正后方的几台摄像观测表明，沸腾炉烟囱在倾倒过程中没有产生横向摆动与偏转现象。

3 结论

（1）用电视摄像——编辑机分幅观测方法研究烟囱预留支撑部位的断裂及倾倒的物理过程，是一种简便、经济有效的方法。同时也是观测各种控爆过程的有效方法。应变测试有于观测研究预留支撑部位断裂力学行为与过程。

（2）观测预留支撑部位的受力状态及断裂过程，是研究烟囱定向倒塌的基础。本次测试分析得到：在爆破切口面以上为受拉区。开裂首先从定向口处开始，向后发展；其后，预留部位中心出现拉裂，向前扩展，其裂隙扩展速度大于前者；二者贯通形成断裂面。

（3）烟囱倾倒可分为三个阶段：断裂微倾、初始倾倒和加速倾倒。其中初始倾倒是烟囱能否平稳、准确倾倒的关键，主要取决于爆破切口的形状与大小。

参 考 文 献

[1] 龙源，等．高耸筒形结构物爆破切口计算原理研究［J］．工程爆破，1995，1（2）：16-21.

[2] 高金石，等．爆破理论与爆破优化［M］．西安：西安地图出版社，1992.

[3] 花刚，等．高耸钢筋混凝土烟囱拆除爆破［J］．爆破，1996，3：36-38.

[4] 吴剑峰，等．80m 高烟囱拆除爆破研究［C］//工程爆破论文集（第五辑）［M］．北京：中国地质大学出版社，1993.

120m 钢筋混凝土烟囱定向倒塌触地效应的观测分析

宋常燕　高金石　陈焕波

（广东宏大爆破股份有限公司，广东 广州，510623）

摘　要：本文以两座 120m 高烟囱定向倒塌筒体触地时地面产生震动、筒体破裂和碎块飞溅等观测资料为基础，进行了分析研究，提出了自己的观点和见解，可供类似工程参考。

关键词：触地效应；冲击震动；筒身破裂；碎块飞溅；安全距离

The Observation & Analysis of the Effects of the Directional Collapse to Earth of the 120m Reinforced Concrete Chimney

Song Changyan　Gao Jinshi　Chen Huanbo

(Guangdong Hongda Blasting Co., Ltd., Guangdong Guangzhou, 510623)

Abstract: The analysis in this paper was based on the observed information concerning the vibration of the earth, fracture of the chimney wall, splashing of fragments and etc. caused by the directional collapse to earth of two 120m chimneys. Some unique ideas and views were presented as well, which could serve as a reference for similar engineerings.

Keywords: effects of contact to earth; impact vibration; barrel fracture; splashing of fragments; safety distance

触地效应，是指烟囱定向倒塌触地时，引起地面震动，筒身碎裂、碎块飞溅等效应的总称。

1　概况

1995 年 12 月和 1996 年 1 月我们在茂名石化公司炼油厂内，定向爆破了两座 120m 钢筋混凝土烟囱，并对烟囱触地效应进行了观测与分析，这对类似工程确定安全范围采取相应的安全技术措施，以及预测筒身碎裂程度等皆有一定的意义。该烟囱的基本参数见表 1。

表 1　两座 120m 烟囱的基本参数

烟囱的基本参数	沸腾炉 120m 烟囱	三、四部炉 120m 烟囱
底部外径/m	12	9.88
顶部外径/m	3.2	5.0
底部混凝土横断面积/m^2	18.85	15.7
总质量/t	3725	4809
钢筋尺寸/mm	外立筋 ϕ25 内立筋 ϕ14	外立筋 ϕ25 内立筋 ϕ14
重心高度/m	38	45

原载于《工程爆破文集》，1997：164-169。

续表 1

烟囱的基本参数	沸腾炉 120m 烟囱	三、四部炉 120m 烟囱
布筋情况	从 0~120m 全部双层筋	+40m 以上单层钢筋
壁厚/cm	50	50
囱体坡度	两种坡度，在+20m 分界	一种坡度

2 触地震动

2.1 测试方法及结果

对茂油公司两座 120m 烟囱定向倒塌触地震动的测试系统及测点布置如图 1 所示。

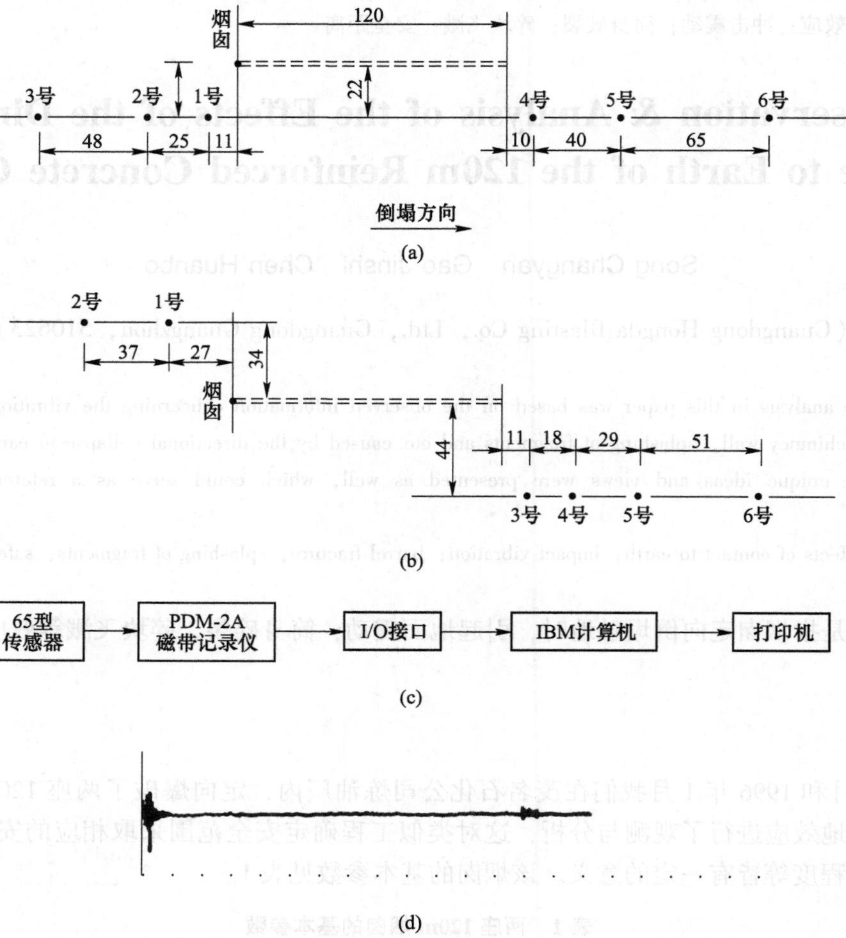

图 1 120m 烟囱倒塌震动观测（单位：m）

（a）三、四部炉烟囱测点布置；（b）沸腾炉烟囱测点布置；（c）测试系统；（d）震动波形

沸腾炉 120m 烟囱爆破震动观测有关数据见表 2。

表 2 沸腾炉 120m 烟囱震动观测表

测点			2 号	1 号	3 号	4 号	5 号	6 号
爆破震动	最大震速 /cm·s^{-1}	垂直	0.11	0.48				
		水平径向	0.10	0.31				
	主震相频率/Hz	垂直	141.6	170.9				
		水平径向	39.1	59.1				

续表 2

测　点			2号	1号	3号	4号	5号	6号
倒地冲击震动	最大震速 /cm·s⁻¹	垂　直	0.11	0.14	0.55	0.88	0.39	0.19
		水平径向	0.17	0.39	0.32	0.42	0.79	0.28
	主震相频率/Hz	垂　直	14.7	14.7	29.3	15.7	19.5	15.9
		水平径向	13.4	15.9	17.1	6.10	5.5	18.9

三、四部炉 120m 烟囱爆破震动测定结果见表 3。

表 3　三、四部炉 120m 烟囱爆破震动测试结果

测　点			3号	2号	1号	4号	5号	6号
震动爆破	最大震速 /cm·s⁻¹	垂　直		0.13	0.71			
		水平径向		0.11	0.51			
	主震相频率/Hz	垂　直		104.2	89.3			
		水平径向		104.2	156.3			
倒地冲击震动	最大震速 /cm·s⁻¹	垂　直	0.06	0.18	0.20		0.32	0.11
		水平径向	0.07	0.53	0.50		0.52	0.21
	主震相频率/Hz	垂　直	13.4	7.40	10.8		19.5	26.0
		水平径向	11.2	9.50	5.4		9.80	7.80

注：4 号测点由于采集仪被砸坏，未能采集到数据。

2.2　初步分析

如上表所示，这两座 120m 烟囱筒身触地产生的震动有如下特点：

（1）从所测得的波形图可知，只测到爆破震动波形和筒身触地产生的两段波形。没有出现烟囱下坐及切口冲击闭合的震动波形。说明这两座烟囱倒塌是平稳的，尤其是沸腾炉烟囱。

（2）实测震速比预先估计的震速要小。爆前我们根据有关建筑物失稳倒塌落地所引起地面震动的计算式：

$$V = 0.08\,\frac{I^{1/3}}{R}$$

式中，V 为触地震速，cm/s；I 为触地冲量 $I = m(2gh)1/2$；m 为烟囱质量，kg；h 为重心高度，m；R 为质心倒地时距测点距离，m。

如以各测点的实际距离及各烟囱实际情况进行计算，计算震速皆大于实测震速。

（3）实测数据表明，倒地冲击震速比爆破震速要大，倒地冲击主震相频率比爆破主震相频率要小 10 倍左右，它更接近于建筑物的自震频率，对附近建筑物的危害程度更大。

我们认为，烟囱触地震动有以下特点：由于烟囱较长，触地时呈一条线，而不是一个点；而且筒身在全长上不是同时触地，也并非质心点先触地，所以烟囱触地所产生的震动与前述计算式的基本条件不同，结果使计算震速与实际震速相差较大。从上述烟囱触地特点分析，触地震动应是烟囱筒身各分段体触地震动的合成，它与各分段体质量有关；与各分段体的高度、触地速度有关。

3　筒身破裂

烟囱倒塌时以较大速度冲击地面，筒身撞击地面时产生碎裂，这对确定安全范围、估计爆后工作量等皆有较重要的意义。为此，我们对它进行了较详细的观测工作。

3.1　碎裂观测结果

两座烟囱筒身倒塌后的碎裂状况如图 2 与图 3 所示。由于两座烟囱倒塌速度等因素不同，其筒身碎裂情况有所不同；在不同部位，碎裂有不同规律。可分以下三个区：筒体下部发生变形破坏；筒体中部呈大片状破裂；筒体上部呈碎渣块状破坏。显然，筒身上部由于触地速度大，达到 56m/s，因此这一区域的筒体被摔成碎块和碎渣。沸腾炉烟囱顶部 15m 的筒身砸进混凝土地坪下深达 1.4m，钢筋全部脱落。烟囱中部触地速度较上部要小，筒体破裂成片状大块。筒体下部倒塌速度最小，因此只发生破裂变形。

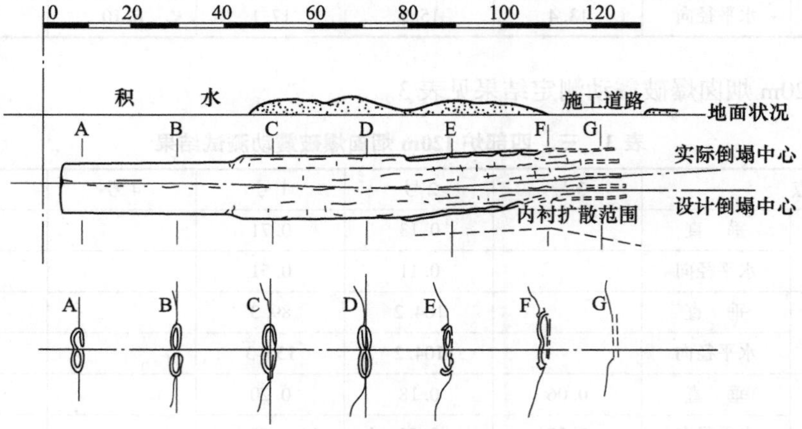

图 2　三、四部炉烟囱倒塌后囱体破坏示意图

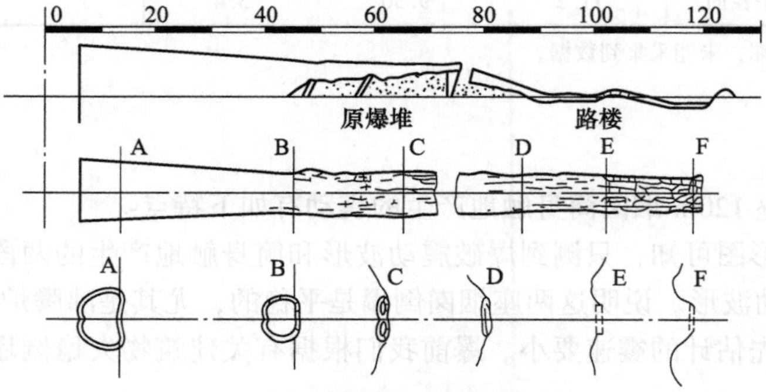

图 3　沸腾炉烟囱倒塌后囱体破坏示意图

在沸腾炉倒塌时，其倒向线上有锅炉房渣堆及待拆的原车间办公楼，如图 4 所示。我们有意保留让烟囱倒塌冲击，观测其冲击情况，爆后发现该处筒体以 25.3m/s 的速度冲击高约 8m 的锅炉房渣堆时，壁厚 28cm 的筒身被切断。原车间办公楼两层钢筋混凝土梁、板被切断，而且切口很平整。

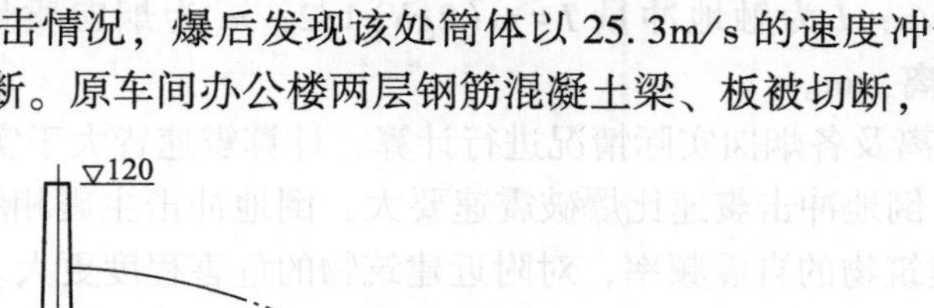

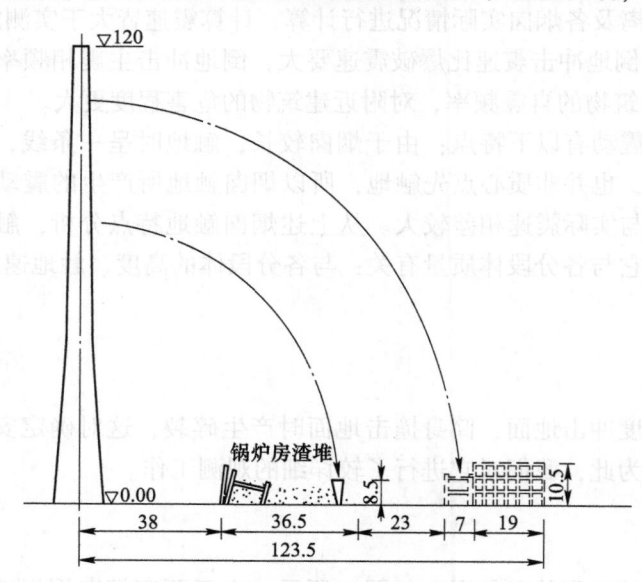

图 4　沸腾炉烟囱倒塌与地面目标（单位：m）

3.2 筒身碎裂分析

烟囱筒体某部位以一定的速度冲击地面时，其受力模型简化为如图 5 所示。

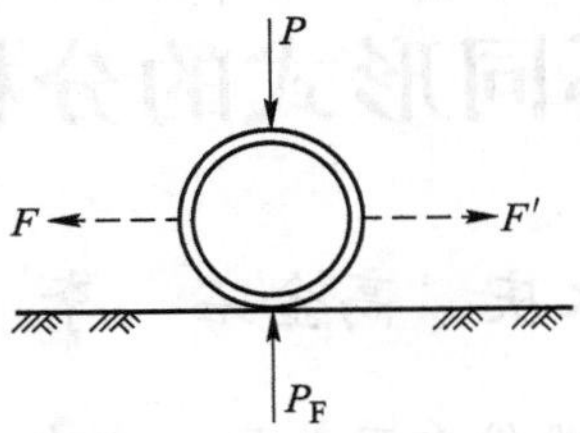

图 5 囱体触地受力模式

P—冲击力；P_F—地面支撑力；F，F′—衍生拉应力

已知筒体某段下落冲击速度及质量，可算出该段的冲击力或冲量；已知烟囱材质强度与钢筋布设情况，则可计算出其抗冲击强度，这样可以估算出筒身破裂状况。据我们实测的倒塌速度及筒体实际参数反算，证明这种计算模式是可行的。

4 碎块飞溅

烟囱以每秒数十米的速度冲击地面，除产生震动和筒体破裂外，着地点的地面泥土和杂物会在一定程度上产生飞溅。地面会被砸出深坑，这对确定安全范围及采取何种安全技术措施有着重要意义。我们对此进行了一些观察和统计。

三、四部炉烟囱着地处前部是饱和水的软质堆积土，根部是堆积土且有表面积水，筒身触地时溅起许多稀泥，飞溅高度最高达 30m，飞溅最远距离约 240m。

沸腾炉烟囱顶部冲击地面时，将 25cm 厚的混凝土地坪砸碎并穿入其底部泥土中达 1.4m 深，距筒体边缘 7m 远处混凝土表面有裂缝。原地面上堆放的 2m×1m×0.7m 的铁皮配电柜因受冲击而飞上邻近 3m 远的二层楼阳台上，地面的一些角钢和直径 20cm、长 18m 的钢管以及泥土混凝土碎块等飞上了三层楼。

产生大量碎块飞溅主要是筒体触地速度大，直接撞击地面或压缩筒身下面空气对地面泥土碎块等做功，另外筒体摔裂后，筒体内气体受压从裂缝逸出，裹携周围泥土及碎块飞散。

5 结论

（1）120m 烟囱爆破倒塌触地时呈线状接触，且筒身在全长上不是同时触地。筒身触地所产生的震动是各段筒体所产生的震动的合成，它与筒体触地时的冲量大小、材质强度等因素有关。

（2）筒身倒塌触地后，其破坏状况可划分为三个区域：筒体下部为变形破坏区；筒体中部为片状破裂区；筒身上部为碎碴块状破坏区。

（3）烟囱倒塌着地时，会使周围地面渣土产生一定程度的飞溅，飞散高度和飞散距离与着地点的地质情况及烟囱体触地速度有关。对于倒塌线两侧环境复杂的区域，应对飞溅进行防护，可在两侧垒砂包，用一定高度的砂包坝阻挡泥土或杂物飞溅，警戒范围要适当增大。

参 考 文 献

［1］何广沂，朱忠，等．拆除爆破新技术［M］．北京：中国铁道出版社，1988.
［2］陈寿如，等．砖结构烟囱的拆除爆破［J］．爆破，1995，12（2）：33-35.
［3］花刚，等．高耸钢筋混凝土烟囱拆除爆破［J］．爆破，1996，3：36-38.

两座120m钢筋混凝土烟囱爆破切口不同形式的分析研究

王永庆　高金石　李　峰

（广东宏大爆破股份有限公司，广东 广州，510623）

摘　要：本文以两座120m钢筋混凝土烟囱不同的爆破切口尺寸的定向倒塌观测资料为基础，分析了爆破切口尺寸对倒塌过程及其参数的影响，提出了一些见解，可供类似工程参考。

关键词：爆破切口角；定向口夹角；切口闭合；偏转；下坐

The Analysis & Study of Various Blasted-hole Patterns of Two 120m Reinforced Concrete Chimneys

Wang Yongqing　Gao Jinshi　Li Feng

（Guangdong Hongda Blasting Co., Ltd., Guangdong Guangzhou, 510623）

Abstract: In this article, the effects of the blasted-hole dimension on the collapse process and its parameters were analyzed, according to the observed information concerning the actual directional collapse of two 120m reinforced concrete chimneys with different dimensions of blasted-holes. Some views were presented as well, which could serve as a reference for similar engineering.

Keywords: blasted-hole angle; the included angle of directional cut; closing of the blasted-hole; deflection; caving

在茂名石化公司拆除工程中，有两座120m钢筋混凝土烟囱需要拆除。这两座烟囱不仅高度相同，壁厚皆为50cm；底部双层钢筋，钢筋尺寸及布筋参数也基本相同；这两座烟囱皆有全高定向控爆倒塌的场地条件。根据对先爆倒的三、四部炉烟囱倒塌过程的分析，我们有意在爆破切口的形状尺寸上作了一些改变，以探求其对倒塌过程的影响。实践证明，改变爆破切口形状尺寸后，可使烟囱倒塌更平稳，落点更准确。

1　两种参数

1.1　三、四部炉烟囱

爆破切口为正梯形。爆破切口长度对应的圆心角为231°，爆破切口高3m。爆破切口底面两端预开定向口，由于烟囱壁上原有孔洞的影响，定向口夹角38°。如图1所示。

该烟囱倒塌方向准确。筒体肉眼可见倾倒自起爆后3s开始，倒塌加速度较大。筒体倾倒15°角时，即爆破切口闭合瞬间，倾倒速度减速，筒体在单双层钢筋结合部位出现断裂。然后再一次加速倾倒，顶部微向上翘。至起爆后11.8s筒体触地。顶部最大倒塌线速度达56m/s，顶部落点偏6.8°。

原载于《工程爆破文集》，1997：170-173。

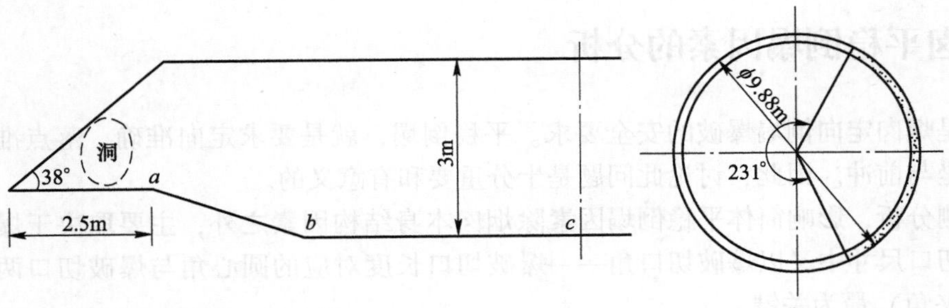

图1　三、四部炉120m烟囱爆破切口纵、横断面图

1.2　沸腾炉烟囱

爆破切口也为正梯形。爆破切口长度对应圆心角为220.4°。爆破切口高3m。爆破切口底面两端预开定向口，定向口夹角为20°逐步扩大至25°。如图2所示。

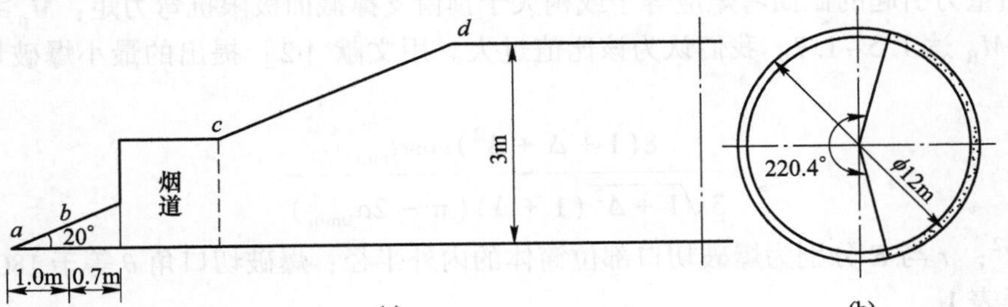

图2　沸腾炉120m烟囱爆破切口纵、横断面图

该烟囱倒塌方向准确，落点也十分准确。自起爆后4.2s开始肉眼可见筒体倾倒。由整个倒塌速度曲线可以看出，倒塌加速度比较缓慢、均匀，除倒塌发生在原烟道口部位加速度较大外，筒体一直平稳倒塌，筒体也未出现断裂现象。自起爆至筒体触地历时12.9s。顶部最大线速度42m/s。

两座烟囱倒塌速度曲线如图3所示。该曲线是由实测录像—编辑机分幅—分幅量测与计算而求得。

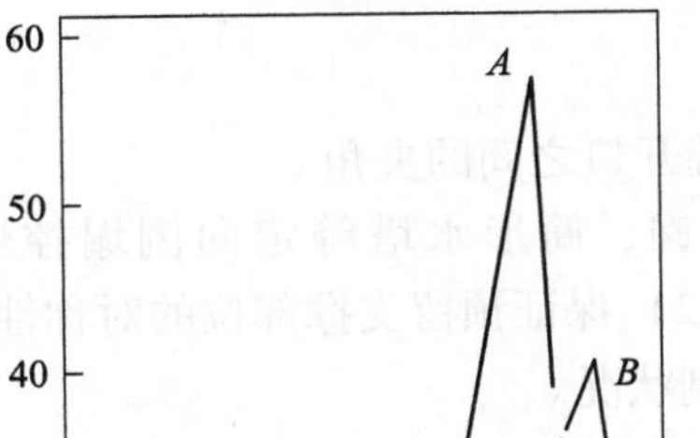

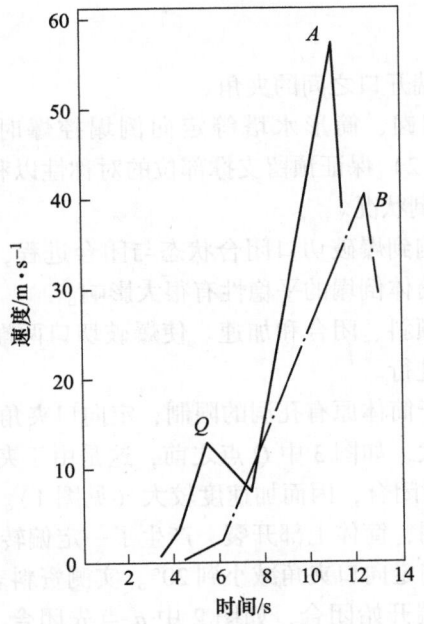

图3　两座120m砼烟囱顶部倾倒速度图

A—三、四部炉烟囱；B—沸腾炉烟囱

2 影响烟囱平稳倒塌因素的分析

平稳倒塌是烟囱定向倒塌爆破的安全要求。平稳倒塌，就是要求定向准确、落点准确，不产生偏转、折断、后坐与前冲。因此，讨论此问题是十分重要和有意义的。

由实际观测分析，影响筒体平稳倒塌因素除烟囱本身结构因素之外，主要取决于爆破切口的形状与尺寸。爆破切口尺寸中又以爆破切口角——爆破切口长度对应的圆心角与爆破切口两端开口角的夹角（或定向口夹角）最为关键。

2.1 爆破切口角

爆破切口角是指爆破切口长度对应的圆心角。

我们认为，爆破切口角的大小即爆破切口长度的大小，直接影响到筒体的倒塌状况。爆破切口角的取值，应在满足筒体能够倾倒的前提下，取其偏小值。这利于控制筒体平稳倒塌。

爆破切口长度的确定，在许多文献中有所论述，文献［1］~［3］虽然表达式各异，但基本条件是一致的，即烟囱重力引起的截面弯矩应等于或稍大于预留支撑截面极限抗弯力矩：$M_p \geqslant M_R$。在许多实际工程中，M_p/M_R 达 1.5~1.7。我们认为该比值过大。用文献［2］提出的最小爆破切口长度的分析式较合适。

$$\frac{8(1+\Delta+\Delta^2)\cos\alpha_{\min}}{3\sqrt{1+\Delta^2}(1+\Delta)(\pi-2\alpha_{0\min})} \tag{1}$$

式中，$\Delta^2 = r^2/R^2$；r 与 R 分别为爆破切口部位筒体的内外半径；爆破切口角 θ 等于 $180°+2\alpha$。

上式求解得表 1。

表 1 求解结果

$\Delta = r/R$	0.2	0.3	0.4	0.5	0.6	0.7	0.8
$\frac{L_{\min}}{L}$/%	58.5	57.8	57.2	56.7	56.2	56.0	55.8
θ/(°)	210.6	208.1	206	204.1	202.3	201.6	201

2.2 定向口夹角

定向口夹角，即爆破切口两端开口之间的夹角。

我们认为，在钢筋混凝土烟囱、筒形水塔等定向倒塌控爆时应设定向口。定向口的作用是：(1) 隔断爆破区与预留支撑区；(2) 保证预留支撑部位的对称性以利于定向准确；(3) 减少一次爆破量；(4) 影响切口闭合及筒体倾倒状况。

定向口夹角的大小，直接影响到爆破切口闭合状态与闭合进程，是定向口能否可靠、有效、全面地完成上述作用的关键。因而对筒体倒塌的平稳性有很大影响。

筒体平稳倒塌，要求缓慢地倾斜、闭合和加速。使爆破切口两端首先闭合，依次逐渐向定向中心闭合，闭合应是缓慢地，连续地进行。

茂名石化三、四部炉烟囱由于筒体原有孔洞的限制，定向口夹角取 38°，无法再小。经施爆观测表明，最初阶段筒体倒塌加速度较大，如图 3 中 Q 点之前，这是由于夹角过大，爆破切口尾部空距较高，爆破切口 a、b、c 各部位几乎同时闭合，因而加速度较大（见图 1）。此时实测倾倒速度曲线上出现了一个明显的减速段，由于惯性作用，筒体上部开裂，产生了一定偏转。

针对上述情况，将后一座烟囱定向口夹角减小到 20°。实测资料表明，爆破后烟囱倒塌平稳。这是因为爆破切口首先是从定向口尾端开始闭合，如图 2 中 a 点先闭合，然后是 b，c，d 依次相互接触，逐渐闭合。由于摩擦阻力作用减缓了倒塌加速度，且对筒体倾倒起到导向作用。因而该烟囱倒塌平稳，定向准确。

我们认为，为达到上述切口闭合由尾端开始依次逐渐闭合，则以三角形爆破切口为优。三角形底角为定向口夹角。矩形切口必然是尾部空距较高，初始加速度较大，切口前端首先闭合。故倒塌平稳性不好。

定向口夹角的计算，文献［4］提出：

$$\alpha_0 = 10° + \tan \frac{R}{H_c} \tag{2}$$

式中，R 为烟囱半径；H_c 为烟囱重心高度。

我们认为，爆破切口最大高度（倒塌中心线处的切口高度）确定后，定向口夹角 α_0 可求。然而，当烟囱直径较小时，α_0 值偏大。在一般条件下，α_0 以20°~25°较为适合。过大，有前述弊病；过小，施工不便，倒塌阻力也随之增大。

2.3　其他因素

影响筒体平稳倒塌，除上述两个因素外，还有爆破切口形状，筒体结构、内衬、倒塌时风向及风力等许多因素。因本文仅以两座120m烟囱爆破为例，故不再进行分析。

爆破切口的形式从理论分析上，以小底角的三角形为佳，但受筒体直径限制及失稳倒塌可靠性的要求，实际施工上三角形切口是难以采用的。故采用梯形与小底角三角形相结合的形式，如图2所示。这对利用原有孔洞、化解原有孔洞对定向倾倒的不利影响，是比较灵活方便的。

3　结论

（1）以爆破切口角表示爆破切口长度更为直观、方便。爆破切口角的大小应在满足筒体可以倾倒的前提下，尽量减小，不要过大。

（2）爆破切口高度与爆破切口角之间有一定联系，在满足倒塌基本条件下，可以根据筒体实际情况互相调节，综合优选。

（3）定向口夹角不宜过大。原则是使爆破切口从切口两端开始，依次逐渐向中心闭合。切口逐渐闭合过程中，其上下沿间摩擦力使加速减缓，且起到一定的导向作用。这是保证筒体平稳、准确倾倒的关键所在。

（4）爆破切口形式一般以梯形为宜，定向口形式以三角形为优。

参 考 文 献

［1］龙源，等．高耸筒形就结构物爆破切口计算原理研究［J］．工程爆破，1995，1（2）：16-21.

［2］高金石，等．爆破理论与爆破优化［M］．西安：西安地图出版社，1992.

［3］花刚，等．高耸钢筋混凝土烟囱拆除爆破［J］．爆破，1996，3：36-38.

［4］吴剑峰，等．80m高烟囱拆除爆破研究［C］//工程爆破论文集（第五辑）［M］．北京：中国地质出版社，1993.

栈桥的定向倒塌控爆

高金石　宋常燕

（广东宏大爆破股份有限公司，广东 广州，510623）

摘　要：本文以较多的实例分析总结了栈桥定向倒塌控爆的多种方案，并对各种方案的设计要点及倒塌堆积作了相应的分析。可供在方案选择、技术设计时参考。

关键词：栈桥；原地坍塌；侧向倒塌；多向倒塌；纵向倒塌

The Controlled Blasting of the Directional Collapse of Trestle Bridge

Gao Jinshi　Song Changyan

（Guangdong Hongda Blasting Co.，Ltd.，Guangdong Guangzhou ，510623）

Abstract：In this paper，various schemes for the controlled blasting of the directional collapse of trestle bridge were analyzed and reviewed by using many examples. Several schemes for the key points of design and the collapse accumulation were analyzed accordingly. These analyses could serve as a reference for similar engineering.

Keywords：trestle bridge；in-situ collapse；lateral collapse；multi-directional collapse；longitudinal collapse

我公司于1995年9月至1996年2月在茂名石化公司拆除工程中，有16座高度由数米至30余米的栈桥需要控爆拆除。类型很多，环境各异。我们在原有几座栈桥控爆拆除经验的基础上，有意地试验了多种不同的爆破倒塌方案：原地坍塌、侧向倒塌、多向倒塌和纵向倒塌，取得了有益的经验。

1　栈桥及其特点

栈桥结构，由支柱与上廊两大部分组成。上廊由底梁、底板、墙、顶及支座构成。支柱以钢筋混凝土双立柱居多，也有单柱、砖柱、复合柱。支柱与上廊的连接以铰接为多，也有钢构件拉接。

整座栈桥有单跨或多跨。大多在纵向有一定坡度。

栈桥上廊两端与建（构）筑物的连接，有用钢筋、钢构件相联；也有上廊底梁与建（构）筑物钢筋混凝土梁联为一体；还有的是上廊底梁坐落于建（构）筑物之上。

综上，栈桥结构有如下特点：

（1）重心较高，底面积不大；

（2）呈跨形式，跨间联系较弱；

（3）有一定坡度，向下方作用力较大；

（4）两端连接形式多样，连接牢固程度不同。

2　控爆方案及其设计要点

栈桥定向倒塌控爆基本方案有原地坍塌、侧向倒塌、多向倒塌及纵向倒塌四种，如图1所示。

原载于《工程爆破文集》，1997：228-232。

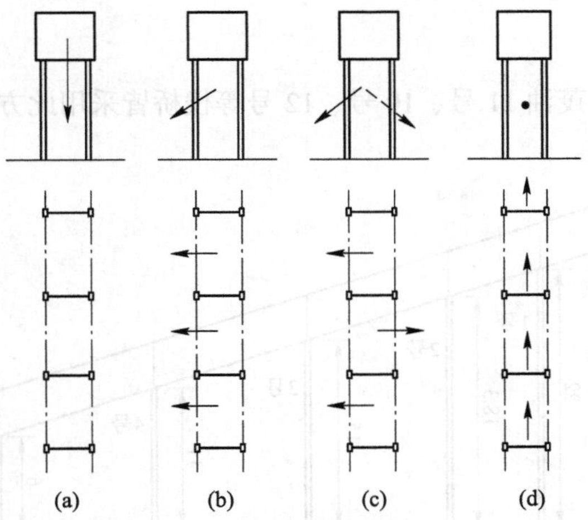

图 1 栈桥定向倒塌控爆方案

(a) 原地坍塌；(b) 侧向倒塌；(c) 多向倒塌；(d) 纵向倒塌

2.1 原地坍塌方案

茂油 4 号栈桥（两座）、5 号栈桥（两座）、西安钢厂东栈桥及北栈桥等，我们采用此方案。现以茂油 5 号栈桥为例。

该栈桥结构尺寸如图 2 所示。该栈桥两侧场地均不够宽，无侧向倒塌条件；该栈桥是由两座相互平行相距很近的栈桥所组成。两栈桥同时施爆；栈桥前端上廊的底梁与一转运楼的横梁连接很牢固。栈桥宽 5m，1 号、3 号柱为双柱型钢筋混凝土立柱；2 号柱为单柱型，砖混结构。

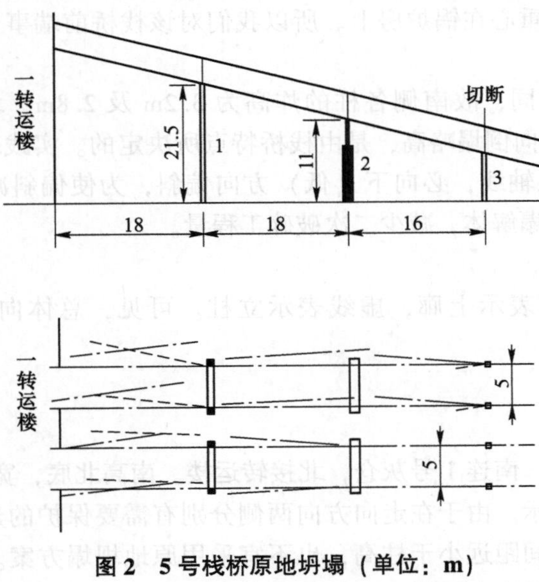

图 2 5 号栈桥原地坍塌（单位：m）

因 1~3 号柱断面尺寸不同，故各柱的炸高不同，分别为 4.2m、3.0m 和 2.5m。各柱的起爆可为同段起爆，也可用延时起爆。

爆破后，立柱均向栈桥较低端倒塌；上廊部分原地向下坍塌。柱、廊偏斜不大，最大偏出 1.5m。落地各个构件除 1 号柱外不需再进行二次破碎。

5 号栈桥 0~1 号上廊底梁有六根 $\phi18$ 钢筋与一转运楼相连，爆前计算该上廊自重下落可以拉断此连接钢筋。爆后，四根底梁的联接钢筋全都拉断，但有一组底梁下部落在碴堆上，顶部靠在一转运楼上，呈 45°。给清运工作带来不便。为克服此缺欠，对前端连接牢固的底梁设置炮眼等技术措施，取得了良好的坍落效果。

2.2 侧向倒塌方案

整座栈桥向其某侧倒塌。茂油11号、10号、12号等栈桥皆采用此方案。现以11号栈桥为例。该栈桥主要结构尺寸如图3所示。

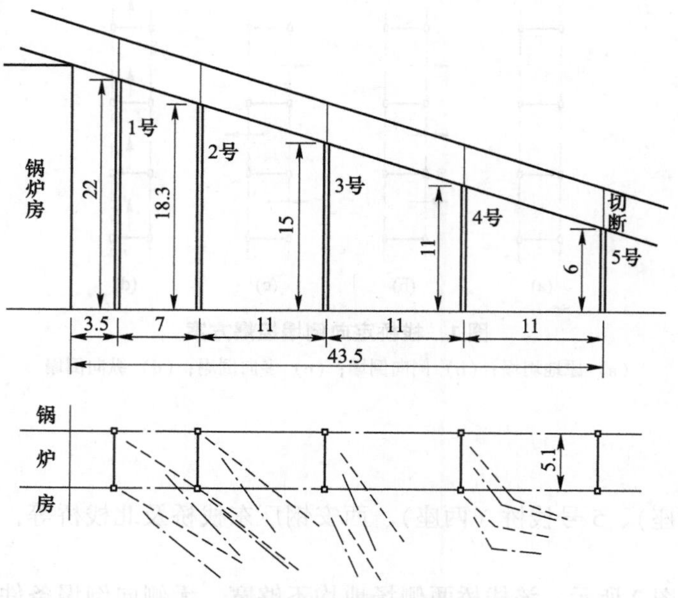

图3 11号栈桥侧向倒塌（单位：m）

11号栈桥南侧有倒塌的场地，栈桥宽5.1m，钢筋混凝土立住，属双柱型。前端上廊底梁很长一段坐于锅炉房顶，最前一跨上廊重心在锅炉房上。所以我们对该栈桥前端事先没作处理，最前一跨待拆锅炉时自然会随之倒塌。

由于各组立柱断面尺寸不同，故南侧各柱的炸高为3.2m及2.8m；北侧各柱的炸高为1.6m及1.2m。各炸高均比一般框架侧向倒塌略高，是由栈桥特点所决定的。实践表明，栈桥的一组双柱，侧向倒塌不可能垂直于栈桥的纵轴线，必向下（低）方向偏斜，为使偏斜减小，增加炸高是其措施之一。此外，增加炸高有利于倒塌解体，减少二次破碎工程量。

南、北各柱半秒间隔起爆。

爆堆如图3所示，点划线表示上廊，虚线表示立柱。可见，总体向南一侧倒塌，同时向低端偏斜。

2.3 多向倒塌方案

茂油公司西栈桥南北走向，南连1号灰仓，北接转运楼。南高北底，宽5m，钢筋混凝土立柱，双柱型。主要结构尺寸如图4所示。由于在走向方向两侧分别有需要保护的建筑物、设施及道路，不能采用侧向倒塌方案；又由于跨间距远小于柱高，也不宜采用原地坍塌方案。故采用多向倒塌方案。即1号、2号柱向东倒，3号、4号柱向西倒，5~8号柱向东倒。这既可保护各建筑物及设施，又尽量减少了碴堆压占道路。

多向倒塌爆破参数如表1所示。设计时应充分考虑两个相邻的不同倒向的柱、上廊的处理。倒向方向的炸高应予增大，以克服其间的上廊的牵制力；上廊底梁应事先在此处截断。

表1 西栈桥爆破参数表

柱号	断面积/cm×cm	倒向	最小抵抗线/cm	眼距/cm	眼深/cm	眼数(东/西)/个	每眼药量/g	爆高/m	段别(东/西)
1	40×90	东	20	30	70	8/3	2×40	2.4/0.9	6/8
2	40×80	东	20	30	60	8/3	2×40	2.4/0.9	6/8
3	40×70	西	20	30	50	4/8	2×40	1.2/2.4	3/1

续表 1

柱号	断面积/cm×cm	倒向	最小抵抗线/cm	眼距/cm	眼深/cm	眼数(东/西)/个	每眼药量/g	爆高/m	段别(东/西)
4	40×60	西	20	30	40	2/8	2×40	1.6/2.4	3/1
5	40×40	东	20	30	24	11/8	40	3.3/2.4	6/8
6	40×40	东	20	30	24	11/8	40	3.3/2.4	6/8
7	35×55	东	17.5	30	32	13/8	40	3.9/2.4	6/8
8	35×50	东	17.5	30	30	8/4	40	2.4/1.2	6/8

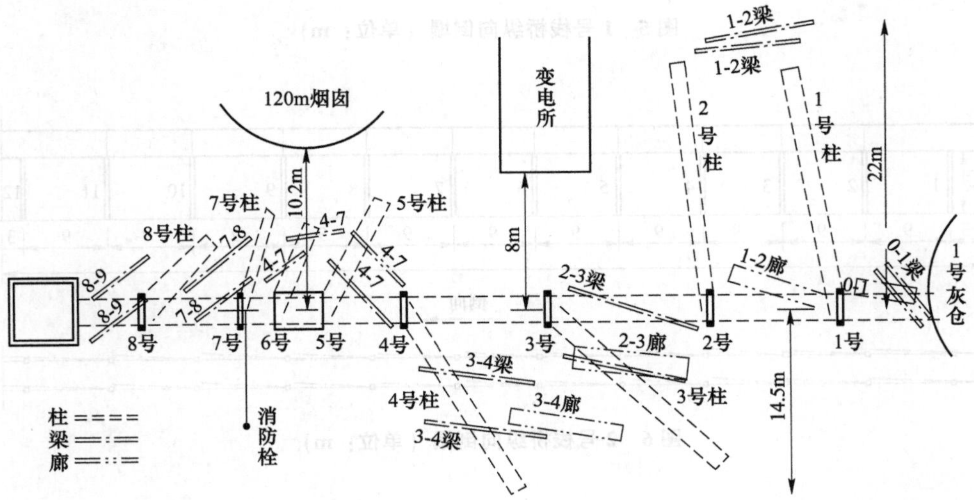

图 4　西栈桥多向倒塌平面图

设计时还应处理好起爆次序及间隔时间。对于同一组两根立柱采用延时间隔起爆；对于同一倒向的各侧立柱可以同时也可以延时起爆；对于相邻两个不同倒向立柱的起爆，以低端先于高端起爆较宜。

该栈桥爆堆如图 4 所示。可见，起爆次序决定了各组立柱的主导倒向；不同倒向的相邻两组立柱的倒向又向对方偏斜，这是其上廊牵制作用的结果。

2.4　纵向倒塌方案

茂油公司 1 号、2 号和 8 号栈桥采用纵向倒塌控爆方案。该方案实质与原地坍塌相似，上廊与立柱皆沿栈桥走向方向倒塌。

当栈桥两侧可供倒塌场地较小时，采用该方案。采用该方案时应处理好以下几点：

（1）当栈桥的立柱高度小于该跨的跨度时较好。否则相邻立柱倒塌后可能搭接，导致爆堆过高。

（2）向栈桥低的方向依次纵向倒塌最为有利，采用等炸高、依次间隔起爆即可。

（3）向栈桥高的方向纵向倒塌，必须加大各组立柱间的起爆间隔时间。待与该柱相连高方向的上廊脱离该柱，该柱起爆，才能达到目的。一般起爆间隔时间要大于 1.0~1.5s。

（4）当栈桥坡度较大时，有些栈桥低方向端立柱间设有抗下推作用的砖墙，采用该方案应事先将柱间的墙体拆除一部分或全部。

（5）栈桥两端上廊与建（构）筑物连接部位应事先进行适当处理。

（6）对于单柱型栈桥实现纵向倒塌，应以一根柱体定向倒塌的有关技术进行对待。例如，茂油公司 1 号栈桥 2 号柱，柱高 18.5m，断面为 1.2m×9.8m。北侧 6m 为正在运营的铁路，故只能往南倒。该柱控爆炮眼布置如图 5 所示。为防止上廊损坏铁路，采用砂包、枕木给予防护。爆后，压在铁路砂包上的上廊一个小时就清理完毕，恢复通车。爆堆如图 5 所示。

西安钢铁厂 2 号栈桥亦采用纵向倒塌方案，如图 6 所示。爆破采用等炸高柱间延时起爆。爆破效果良好。

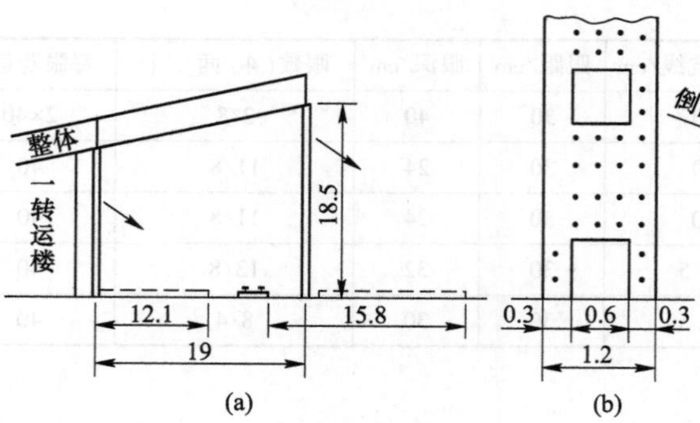

图 5　1 号栈桥纵向倒塌（单位：m）

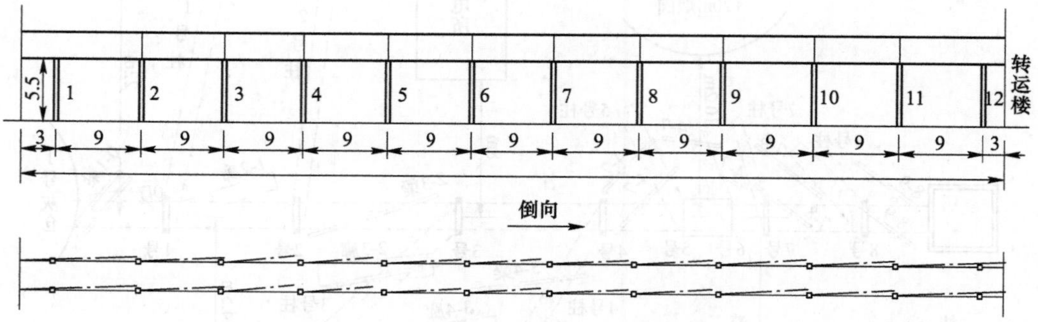

图 6　2 号栈桥纵向倒塌（单位：m）

3　结论

（1）栈桥定向控爆倒塌，皆向栈桥较低的方向有所偏斜。偏斜的大小与栈桥的坡度、宽度、起爆次序与时差等因素有关。跨间起爆间隔时间越大、坡度越小、宽度越小，则偏斜越大。

（2）实施栈桥定向倒塌之前，视其两端的连接方式不同，应慎重对待。整体式连接必须事先截断或部分截断；钢筋联接可切断部分钢筋；跨间铰接可不予处理。

（3）多向倒塌时，不同倒向分界部位的上廊的底梁最好要预先截断。起爆间隔时间应加长。

（4）栈桥定向倒塌因其结构特点，爆破切口高度较烟囱、框架要高，方能充分解体。

（5）单柱型栈桥，以纵向、原地倒塌较优；双柱型栈桥任何方案皆可。

（6）跨度大于高度时，选用向低方向纵向依次倒塌方案较优。

（7）栈桥定向倒塌方案相对较多，可在不同条件下进行优选，以适应不同的场地条件与爆破要求。

上重偏心框架结构定向倒塌控爆实例分析

高金石　付建秋

（广东宏大爆破股份有限公司，广东 广州，510623）

摘　要：本文以实例介绍与分析了框架结构在其上部有漏斗、矿仓、水箱等上重偏心时定向倒塌物理过程及爆堆状况。从中得出一些有益的经验与结论。可供类似工程设计施工时参考。

关键词：爆破切口；起爆时差；后坐；折断

The Controlled Blasting of the Directional Collapse of the Framed Structures with Upper Off-centre Gravity

Gao Jinshi　Fu Jianqiu

（Guangdong Hongda Blasting Co.，Ltd.，Guangdong Guangzhou，510623）

Abstract：In this thesis，the physical process of the directional collapse and blasting accumulation of the framed structures which had funnel，ore storage bin or water tank and etc. on the top were introduced and analyzed with living examples. Some useful experiences and conclusions were obtained from the analysis，which could serve as a reference for the design and operation of similar engineering.

Keywords：blasted hole；detonating time difference；backlash；break off

在拆除工程中经常会遇到建（构）筑物上部有漏斗、矿仓、机座、水箱等，这就使该框架结构的重心上移、载荷不均。这对定向倾倒将产生明显的影响，或者后坐严重，或者原地下落，或者前冲加大。我们从几个典型实例的倒塌过程及爆堆状况进行分析，以期总结出有益的经验。

1　实例一

茂名石化公司沸腾炉锅炉房为一钢筋混凝土框架结构，东西长24m，四排立柱；南北宽42m，8排立柱；最大高度29.5m，东侧4层，西侧2层。在东侧第二跨上部设有一排高达12m的贮煤漏斗6个。如图1所示。

据场地条件及建筑物结构特点，采用东侧两跨向东倾倒、西侧一跨原地下塌方案。

为实现上述倒塌方案，A排立柱爆高一、二层计10m，瞬发；B排立柱爆高一、二层计10m，延迟500ms；C、D排立柱一层爆高4m、二层爆高2m，延迟1500ms。

观测结果显示，起爆后约390ms开始A排立柱有下沉及倾倒现象；600ms倾倒加速，但加速很慢；约1250ms框架停止向东倾斜；其后，框架向下沉落的同时又反向西摆动。最终爆堆如图1中实线所示。东侧爆堆高达8.1m，贮煤漏斗均未破坏且斜立于地面，给二次破碎带来较大的困难。

我们认为该工程倒塌解体不充分的原因是：

（1）煤漏斗位于倾倒方向的后部，尽管A、B排立柱爆高很高，也仍未能使B-C跨的重心移出B柱之外。如能在A、B柱的第三层增加一段爆高，则效果会大为改观。

原载于《工程爆破文集》，1997：233-237。

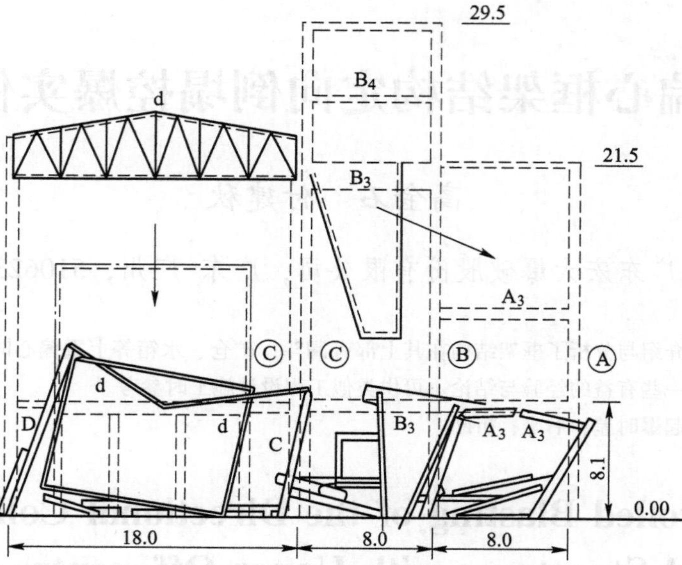

图 1 沸腾炉锅炉房及其爆堆（单位：m）

（2）C 柱底部的起爆延迟时间 1.5s，过长。从观测资料分析可见，相当于 C 柱牵着煤漏斗阻止它向东倾倒；此时，A 柱一层爆破切口上端已触地。如延迟时间改为 1s 效果会有所改善。间隔时间还不能太短，太短则易变成原地塌落。如 A、B 两排立柱同时起爆，C 柱延迟 1s，更有利于倾倒解体。

（3）由于施工原因，横梁未作处理。尤其是 A_2、A_3、B_2、B_3 如设炮眼炸断，倒塌效果会有改善，爆堆高度可以降低。

2 实例二

茂名石化公司二破碎室（见图 2）为一钢筋混凝土框架结构，东西长 33m，6 排立柱；南北宽 24m，4 排立柱，南跨高 28.65m，跨距 9m；中跨高 25m，跨距 8m；北跨高 9m。南跨上层有一排钢筋混凝土料斗及破碎机座。中跨下部 12.5m 标高以下 B、C 柱扩大为 2m×8m 的破碎机座。

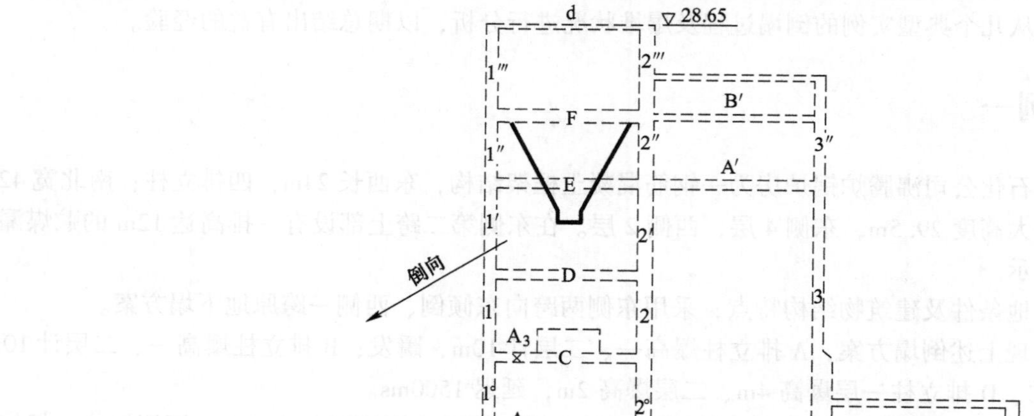

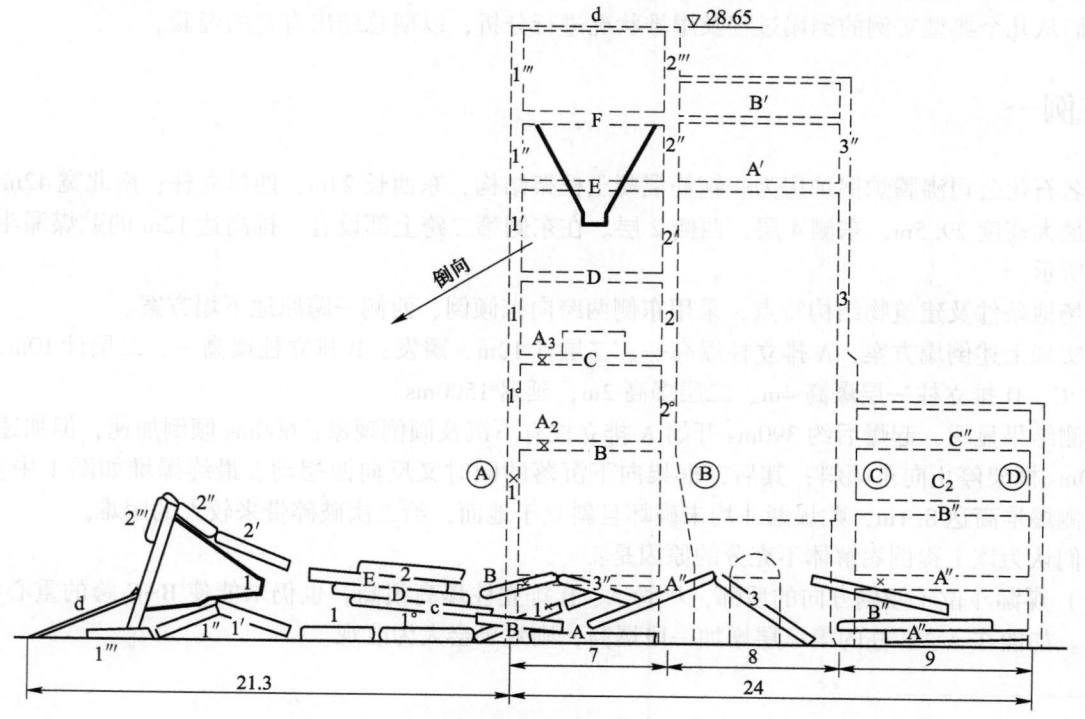

图 2 二破碎及其爆堆（单位：m）

据场地条件及结构特点，以向南定向倒塌方案最优。

为实施向南定向倒塌，爆倒前必须将五个 2m×8m×12m 的机座爆破成 1m×1m×12m 的 10 根立柱。否则，柱体宽大难于倾倒，而且一次药量太大。

A 排立柱爆高一、二层计 8m，即发。B 排立柱爆高与 A 柱相同，延迟 1s 起爆。C、D 排立柱一层爆高 15m，为使 C-D 跨充分解体，在二层也设有 1.5m 的爆高，C 柱与 D 柱同段起爆，延迟 0.5s。

起爆后，向南倒塌速度很快，无明显下沉现象。各梁、柱解体很充分，爆堆最大高度为 4.5m。各梁、柱倒后排列有序。原高与爆堆高之比为 6.37。

我们认为该工程倒塌解体充分的原因是：

(1) 漏斗位于倾倒方向的第一跨，而且位置高，A 柱爆破切口形成，则产生较大的倾覆力矩，获得较大的加速度。

(2) 对原五个 2m×8m×12m 的钢筋混凝土柱进行预处理是必要的；处理成 1m×1m×12m 虽仍显得断面尺寸较大，但为保证整个框架稳定、保证施工安全，经计算还是需要的；对这些大断面柱体，为使其可靠地爆出爆破切口，炸药单耗应适当增大。

(3) C、B 柱同段，因柱体断面较大，且经预处理后有的部位 B-C 柱仍有一定的联系。如不同段，B-C 会牵制 A 柱，使 A 柱倾倒速度下降、下沉趋势增大。

(4) 各排立柱在二层设 1.5m 爆高的同时，设炮眼将二层横梁两端截断，A_2、A_3、C_2 亦设置 6 个炮眼。

3 实例三

茂名石化公司原 6 号、7 号灰仓（见图 3）下部 0~10m 标高为八根 0.8m×0.8m 钢筋混凝土立柱，立柱之间用纵横梁联系；中部 10~34m 标高为内径 8m、外径 8.6m 的钢筋混凝土圆仓，双层钢筋。上部为高 4m、宽 3m 的砖结构皮带廊。圆仓顶、底均有加固圈梁。因无原始资料，钢筋尺寸及布置无据可查。

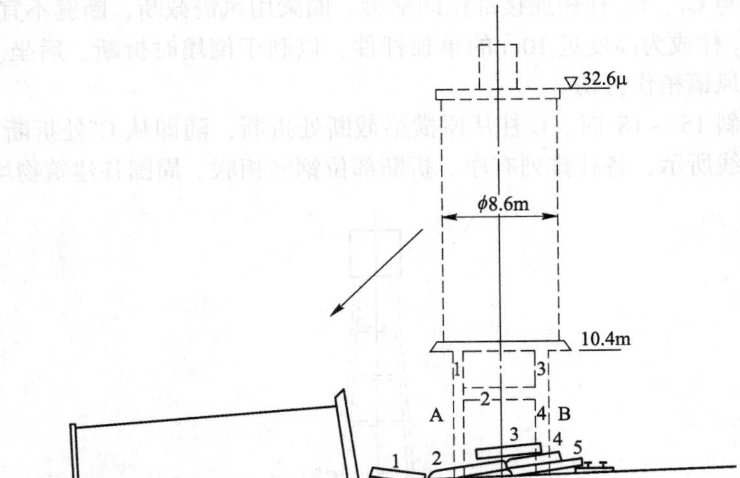

图 3 6 号、7 号灰仓及其爆堆

灰仓东侧 15m 及南侧 1.3m 为铁路专用线，北侧 40m 为动力车间厂房。故只能向北倒塌。

灰仓总高 36.6m，场地宽 40m。灰仓顶部皮带廊为砖结构，为防止倒地时碎砖块损坏动力车间门窗，爆倒前将皮带廊拆除。

设计时，为防止向南产生大的后坐，A 排立柱的爆高定为 2.2m；B 排立柱底部设两个炮孔，且炮孔偏向北，以求 B 柱北侧炸松、南侧完整或微裂，以防后坐。

施爆前，为探明底部立柱的钢筋状况，经风镐剥皮，断面为 80cm×80cm 的立柱，仅布置 ϕ12mm

钢筋 4 根，ϕ10mm 钢筋 8 根，含钢量出乎意料之少。在此情况下，我们取消了 B 排柱底的两个偏心炮眼，在柱底用风镐打了一条凹槽，以控制 B 柱从此处被拉断。

观测表明，起爆后灰仓没有下沉现象，直接向北倾倒，灰仓倾倒至 10°~12°时，B 立柱底部断裂，倾倒加速；灰仓倾倒至 19°~20°时，B 立柱又在稍上部产生折断；A 立柱爆破切口上端触地瞬间，B 柱两段折断部位上翘，同时向后推移，形成后坐。爆堆如图 3 中实线所示。

我们认为：(1) 该灰仓立柱布筋太轻，实属少见。爆前探清钢筋情况是十分必要的；经计算与实践表明，B 排柱不设炮眼，仅依靠上部产生的力矩足可拉断 B 柱；在 B 排柱底欲控制断裂部位，用风镐打一凹槽，造成一个损伤部位，是可行的。(2) A 排力柱爆破高度对于保证灰仓顺利倾倒来说是适宜的。但从观测资料分析来看，切口上端触地是导致后坐的重要原因，本灰仓如果爆破切口增大至 4m，则切口上端触地时灰仓已倾斜至 30°，则导致后坐的水平分力减小，又由于折断的立柱段已近于水平状，故后坐将有较大的减轻。

4 实例四

691 厂支柱型水塔（见图 4），塔高 35m，底部为六根钢筋混凝土立柱，立柱间每隔 5~6m 用横梁及圈梁联系。水箱高 5m，直径 5m。

该水塔四周均有需保护的楼房：南、北侧 6~7m 均为宿舍楼；西侧 29.8m 为职工食堂，东侧 21m 为新建大楼。全高一次定向倒塌场地不够。

设计时考虑两段折叠向西定向倒塌方案及在 8~10m 标高处爆破向西倒塌方案。认为这两个方案在施工难度与技术可靠性两方面都不如利用后坐争取场地，向西倒塌、向东后坐的定向倒塌方案。

为实现该方案，采取了以下技术措施：

西侧两立柱（A_1、A_2）爆高 1.8m，中间两立柱 B_1、B_2 爆高 1.4m，后部两立柱 C_1、C_2 爆高 0.6m。

起爆次序及时差，A、B 四柱同段即发起爆，C_1、C_2 两柱延迟 1s。

起爆前，将底层与 C_1、C_2 柱相连接部位的横梁、圈梁用风镐截断，断缝不宜太宽，切断梁顶面的钢筋。这就使 C_1、C_2 柱成为高度近 10m 的单独杆件，以利于倒塌时折断、后坐。另外，在图中 C″处将柱、梁结合部位用风镐稍作打伤。

起爆后，水塔偏斜 15°~18°时，C 柱从原横梁截断处折断，随即从 C″处折断，并向后部移动及下落。爆堆如图 4 中实线所示，各柱排列有序。折断部位钢筋相联。周围各建筑物均安全无损。

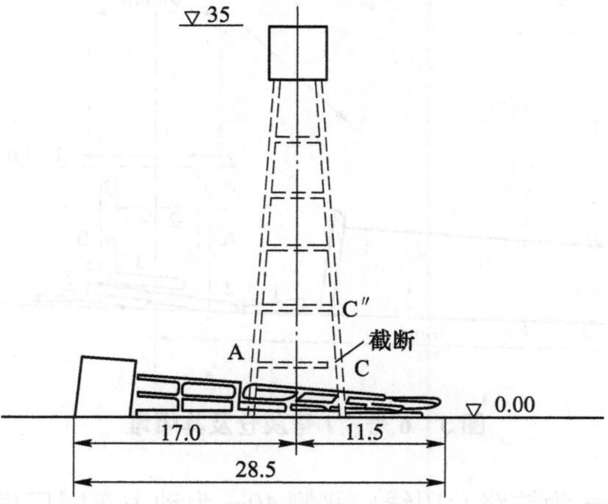

图 4 691 水塔及其爆堆（单位：m）

我们认为，后坐是一种力学行为。在某些工程中不允许有后坐，如果产生后坐则是有害的。但在某些工程中还希望产生后坐，则后坐又是有利的。后坐根据其结构特征，采取相应的技术措施是可以计算与控制的。

5 结论

(1) 在框架结构中有大的料仓、漏斗等附加物时，使框架载荷不均或重心上移，将对框架定向倒塌带来明显的影响。

(2) 作为单跨，如支柱型水塔、灰仓等，因重心上移，框架倒塌容易。但往往容易产生后坐或前冲。

为避免后坐，后排立柱视其具体尺寸，强度进行计算，决定是否需要爆破。需要爆破，其爆高应低，只作松动或偏炸；前排立柱爆高不应过高；前后排起爆间隔时间要适当增大，不应小于500ms。

为争取产生后坐，采取实例四的几项技术措施是有效的。

(3) 多跨时，附加物位于倾倒方向第一跨，有利于倾倒；越往后，越不利于倾倒。增加爆高及缩小起爆时差在一定范围内可改善爆堆效果。

(4) 如有容水、排水条件或条件允许时，采用水压爆破与框架定向倒塌控爆同时进行，可获得良好的技术、经济效果，爆堆低、二次破碎量小、工期短、爆破材料省。茂油公司废页岩楼长118m，宽14m，高23.6m，上部为36个钢筋混凝土漏斗料仓，采用此法效果良好。

多体-离散体动力学分析及其在建筑爆破拆除中的应用

傅建秋　刘　翼　魏晓林

（广东宏大爆破股份有限公司，广东 广州，510623）

摘　要：建筑结构爆破拆除的倒塌过程，经历初始失稳、倾倒（或下落）、运动（或撞地）解体和塌落堆积等过程，即建筑物初始失稳后，由建筑机构及塑性铰组成的多体倒塌过程可以用变拓扑多体系统来研究；构件在空中解体和撞地解体时塑性铰断裂失效，但构件间存在钢筋拉应力时用非完全离散体研究；塑性铰失效并且构件间钢筋全部拉断的离散构件及其塌落堆积用离散体来研究。应用多体-离散体动力学分析对建筑机构倒塌过程进行模拟，模拟结果与实际观测相吻合。

关键词：建筑结构；爆破拆除；极限分析；变拓扑多体系统动力学；离散体；近似解；解析解

Dynamic Analysis of Multibody-discretebody and Applying to Demolishing Structure by Blasting

Fu Jianqiu　Liu Yi　Wei Xiaolin

（Guangdong Hongda Blasting Co.，Ltd.，Guangdong Guangzhou，510623）

Abstract：Toppling of demolishing structure by blasting consists of initial instability，topple or fall，disintegrate moved and collect collapsed. That process consists of whirling after initial instability and toppling of building mechanism，which is made up of beams，posts and plastic joints，that movements can be described by vary topological multibody system，disintegrating in the sky，crashing to ground and losing efficacy of plastic joints but existing plastic force of steel bars between structural elements can be described by incomplete discrete bodies，till to the time that plastic joints are destroyed，its all steel bars are broken and discrete structural elements are fallen down on ground can be described by discrete bodies. It is demonstrated by surveying that dynamic analysis and analog toppling of structure can be carried out and are right.

Keywords：building structure；demolition blasting；extreme analysis；varying topological multibody dynamics；discrete body；approximate solution；analytic solution

1　引言

建筑物拆除爆破的模拟是一个复杂问题。近年来国内外学者采用了DDA方法[1,2]、离散单元法[3]等数值方法进行了数值模拟，也提出了有限单元法和多刚体动力学[4]相结合数值仿真技术，但是大多应用缺乏动力方程数值解与实际观测的对照分析。本文提出多体-离散体动力分析，尝试对建筑结构爆破失稳倒塌的各拓扑过程进行数值解算，并将数值模拟结果总结归纳为近似解和解析解，并将模拟结果与实际观测进行对比和分析，证明了用多体-离散体动力学分析能正确、简便地计算建筑结构爆破拆除的倒塌解体姿态、着地堆积范围和时程。

原载于《中国力学学会学术会议论文集》，2007：393-401。

2 多体-离散体动力分析

建（构）筑物的各梁、柱等构件以节点相连而成稳定体，其间没有相对运动，则构件组合体称为结构。当爆破拆除了部分构件，结构中部分构件端点的广义力超过极限强度，其端点转变为铰点，而允许构件间发生非变形引起的相对运动，则这时的构件组合体称为建筑机构。铰点将结构分割成构体，这种多体间的连系方式称为拓扑构型，简称拓扑[5]。爆破拆除时建筑机构倒塌运动由初始失稳、倾倒（或下落）、运动（或撞地）解体和塌落堆积等过程组成。

2.1 建筑结构的初始失稳

初始失稳的拓扑为初始拓扑。爆破拆除建筑的应变观测表明[6]，结构体局部爆破拆除是结构失稳的诱因，而结构自重是最终失稳的直接原因。因此，可以用建筑结构失稳的一般方法来研究初始失稳。结构失稳由切口内爆破支撑构件的炸高部分而形成，其构件炸高裸露钢筋可看作主筋的压杆，可利用传统压杆失稳理论分析确定。初始失稳前的应力、应变历程，大多数拆除工程并不关心，因此可以采用刚塑体结构的极限分析来确定极限载荷，由此决定的初始拓扑是唯一的，并且与理想弹塑性分析的结果完全一致，但是采用刚塑体模型由于不涉及体内的应变，其极限分析比弹性分析和有限元方法要简单、方便。确定极限荷载的方法有静力法、机动法及其结合的试算法和增量变刚度法[10,11]，尤其是机动法分析最为简捷，其确定的破损机构正是初始拓扑[7]。

2.2 变拓扑多体系统动力学

当建筑结构转变为破损机构即塑性机构后，可采用多体系统动力学描述，其组成建筑机构的构件及分结构体称作体，体间由“塑性铰”连接，形成运动约束的铰，特别是拉、剪约束，即存在铰连接的体为多体系统。在多体系统中，如果任意两个体之间仅有一条通路存在，称为树形系统。而树形系统没有分支通路，仅有首尾单一通路为单开链系统。如果多体系统中的某两个刚体之间存在一条以上的通路，则称该多体系统为非树形系统。建（构）筑物是众多梁、柱、墙组成的结构，当转化为机构时，梁、柱形成塑性铰后可抽象为若干多体构成的非树系统。由于这些同跨梁、同层柱作平行运动，存在很多冗余约束，因此平行梁、柱的非树多体可简化为同一自由度的虚拟等效体来代替，由此建筑机构就可大大简化为单开链的数个体来处理。多体系统中某个体与运动规律已知的体相连（相铰接），这类系统称为有根系统；另一类系统是系统中没有任何一个体同运动规律已知的其他体相连，这类系统称为无根系统。大多数建（构）筑物爆破拆除时，都有构件与基础相连，或与地面相接触，因此它们为有根系统；也有将建（构）筑物支撑构件全部爆破，其上的结构体在空中下落阶段即为无根系统。因此，建筑机构在系统上都可以用多体来描述。

当采用多体系统动力学描述时，其构件端塑性区的残余抵抗弯矩和剪力采用钢筋混凝土结构中成熟而广泛应用的概率极限分析方法[8]，其对建筑机构的正确模拟，已为现场观测所证实。由于拆除工程多不关心比构体间位移小几个数量级的体内应变，因而在多数体内也不必做有限元分析，仅以多刚体系统动力学分析，已能正确、简单、方便地模拟建筑机构的运动姿态，直至完全解体。

2.2.1 多刚体系统动力学方程

低层和大多数的多层建（构）筑物爆破拆除时形成多刚体树系统。Roberson-Witten-Burg 法是建立多刚体系统动力学方程的普遍方法，包括适合多刚体树系统。该法的特点是应用图论中的关联矩阵和通路矩阵等概念来描述多刚体系统的机构，选用系统中各对相邻刚体之间的相对定位参数作为描述系统位形的广义坐标，最终导出适用于任意结构类型的多刚体系统的动力学方程[12]。

建筑机构树系统中，大部分是单开链系统，高耸建筑如烟囱、剪力墙及筒式结构也为单开链多刚体系统，其有根体的动力学方程[13]为

$$\{\boldsymbol{B}^{\mathrm{T}}\mathrm{diag}\boldsymbol{mB}+\boldsymbol{C}^{\mathrm{T}}\mathrm{diag}\boldsymbol{JC}\}\ddot{\boldsymbol{q}}+\{\boldsymbol{B}^{\mathrm{T}}\mathrm{diag}\boldsymbol{m}\dot{\boldsymbol{B}}+\boldsymbol{C}^{\mathrm{T}}\mathrm{diag}\boldsymbol{J}\dot{\boldsymbol{C}}\}\dot{\boldsymbol{q}}-\{\boldsymbol{B}^{\mathrm{T}}\boldsymbol{F}+\boldsymbol{C}^{\mathrm{T}}\boldsymbol{M}\}=0 \tag{1}$$

式中，$\boldsymbol{B}=\mathrm{jacobian}(r_{su},\ q)$；$\boldsymbol{C}=\mathrm{jacobian}(\varphi,\ q)$；jacobian 为 q 的雅可比矩阵；$\dot{\boldsymbol{B}}=\frac{\mathrm{d}}{\mathrm{d}t}(\mathrm{jacobian}(r_{su},$

$q)$)；$\dot{C}=\frac{\mathrm{d}}{\mathrm{d}t}(\text{jacobian}(\varphi,\ q))$；$\text{diag}\boldsymbol{m}$ 为多体的质量对角矩阵；$\text{diag}\boldsymbol{J}$ 为多体的惯性主矩对角矩阵；$\boldsymbol{F}$ 为多体所受外力主矢矩阵；$\boldsymbol{M}$ 为多体所受切口断面残余抵抗主矩和外力主矩矩阵，烟囱体上下都有切口时，断面残余抵抗弯矩应相加。

其中，$\boldsymbol{q}=[q_1,q_2,\cdots,q_f]^{\mathrm{T}}$，则系统中体 u 的质心（或任一点）的位置矢量 $\boldsymbol{r}_{\mathrm{su}}$ 和构件 u 的角位置矢量 $\boldsymbol{\varphi}_{\mathrm{u}}$ 为 $[\boldsymbol{q}]$ 的函数。

$$\begin{cases}\boldsymbol{r}_{\mathrm{s}}=\boldsymbol{r}_{\mathrm{su}}(q_1,\ q_2,\ \cdots,\ q_f)\\ \boldsymbol{\varphi}=\boldsymbol{\varphi}_{\mathrm{u}}(q_1,\ q_2,\ \cdots,\ q_f),\ u=1,\ 2,\ \cdots,\ n\end{cases}\tag{2}$$

式中，f 为自由度；n 为单开链体系统的独立广义坐标，即构体数。当 $n=1$，$f=1$ 时，为 $\boldsymbol{\varphi}_1$ 转角的单体单向倾倒拓扑；当 $n=2$，$f=2$ 时，若 $\boldsymbol{\varphi}_1$ 和 $\boldsymbol{\varphi}_2$ 方向相反为双体双向倾倒拓扑，而 $\boldsymbol{\varphi}_1$ 和 $\boldsymbol{\varphi}_2$ 同向则为双体同向倾倒拓扑；当 $n=3$，$f=3$ 时，$\boldsymbol{\varphi}_1$、$\boldsymbol{\varphi}_2$ 与 $\boldsymbol{\varphi}_3$ 若有方向相反，机构为 3 体反向倾倒拓扑；当 $n\geqslant 4$，$f\geqslant 4$ 时，机构为 4 体以上系统的各种拓扑。

2.2.2 变拓扑多体系统

建筑爆破拆除时，立柱、支撑部切口多是按顺序爆破，节点上的广义力也会跟随变化。当部分支撑拆除或节点转为铰点，或因撞地构件局部破坏转为铰点，其构体的变化与划分及其相互联系方式也跟随改变，即多体系统的自由度发生改变。因此结构在倒塌过程中，所形成的机构是拓扑变化的系统，称为变拓扑多体系统。

这种拓扑构型的切换取决于系统的运动性态，拓扑切换与时间、运动学和动力学条件因素相关。时间条件多以起爆时差 t_{u} 判断，当计算时间满足约束 $t\leqslant t_{\mathrm{u}}$，为原拓扑状态，否则进入方程下一拓扑，这是人为可以干预的切换；然而多数的拓扑切换却不能预见切换时刻，它是由系统的瞬时运动状态决定的，即由运动学条件和动力学条件形成。运动学条件可分位置量 q 和速度量 $\dot{q}$ 条件，当由切口位置、尺寸、炸高计算的极限 q_{u}，而约束方程 $q\leqslant q_{\mathrm{u}}$ 为原始拓扑状态，否则进入下一拓扑。动力学切换条件，将比以上条件更复杂，有铰点条件和体内结构强度条件，它们可以按极限分析，从外接体依次向内接铰点，按动静法建立广义力的平衡方程式计算，如果满足约束方程 $F\leqslant F_{\mathrm{u}}$（铰的摩擦稳定条件或强度条件及塑性变形条件，或结构的强度条件）为原始拓扑，否则为另一拓扑。

2.3 多体离散动力学分析

运动解体是各构件或子结构从建筑机构逐个解体离散的过程，从“塑性铰”连接解体为非完全离散体直至完全离散体，和从多体逐步解体出离散个体与剩余多体并存，直至全部离散。这种离散化过程的接触状况，在钢筋混凝土构件间又有钢筋牵拉脱黏和混凝土压剪接触两类。单个现浇钢筋混凝土构件或子结构体的脱离，在非完全离散体的接触中有钢筋的牵拉脱黏而拔出，也可能同时存在体间的压、剪接触；完全离散体则可能仅有压、剪接触。本文将体间存在可再牵拉塑性伸长的约束，称为非完全离散。离散构件在空中的接触状况，多是时接时离的动态变化过程，此时多体系统已不能模拟这种状况，但是用弹性刚度接触的离散体描述却较合适。从多体系统离散为单体的过渡过程，需要处理离散体和多体运动的相互关系，需要相应地调整力学模型加以衔接，完善计算方法和充实部分程序，采用多体离散动力分析来描述。

2.4 完全离散体动力学分析

不可能存在拉约束的物体，称为完全离散体。多体系统解体为完全离散体，其动力学方程和计算方法，实质为多体离散动力分析在没有多体和非完全离散体时的特殊情况，因此仍可按 2.2 节的程序计算。完全离散体，其物理方程、动力学方程和计算方法及程序，可参阅参考文献［14］。

2.5 小结

将上述的初始失稳的极限分析、变拓扑多体系统动力学分析、多体离散动力学分析和离散体动力学结合起来，可以描述建筑机构的整个倒塌过程。建筑机构倒塌全过程的动力学分析称为多体–离散体动力分析。

3 多体动力方程的近似解和解析解

拆除建筑为多体非树系统，可以近似简化为单开链的多体系统，单开链多体的动力学方程为二阶常微分方程组，迄今为止，一般没有解析解，而只能数值求解。但是建筑机构的多体方程，一般由1~3体所组成，在重力场的倒塌运动有限域内。本节利用平均速度与瞬时速度的关系，将数值解归纳为近似解；在有限域内提出了将可积分的幂函数代替角函数，形成近似动力学方程，计算出各种建筑拆除倒塌1~3体方程的解析解、近似解。本节举以下两例，说明求解近似解和解析解的过程。

3.1 单跨框架梁倾倒近似解和解析解

设 n 层单跨框架楼，如图1所示。当各梁端都出现塑性铰后，各梁开始平行按同一自由度 $q(R^{\circ}=\text{rad})$ 倾旋，而柱则平行刚性柱而平动。该多体非树系统可简化为具有单自由度 q 的端塑性铰的有根悬臂梁，即动力学方程为：

$$J_{\mathrm{d}}\frac{\mathrm{d}^2q}{\mathrm{d}t^2}=mgr\cos q-M\cos\frac{q}{2} \tag{3}$$

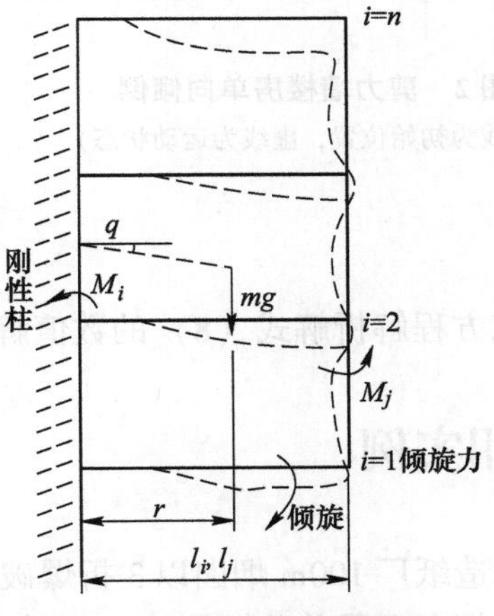

图1　框架单跨倾旋力图

式中，m 为梁和柱的质量，10^3kg，r 为梁和柱的重心距，m；J_{d} 为梁和柱对固定端的转动惯量，$10^3\text{kg}\cdot\text{m}^2$；$M\cos(q/2)$ 为梁两端的“塑性铰”弯矩之和，kN·m；$q/2$ 为梁轴与端钢筋的最大夹角；$M=n(M_i+M_j)$，M_i 为固定端梁的残余抵抗弯矩，M_j 为倾旋端梁、柱的残余弯矩，由于现浇钢筋混凝土框架为T型梁，则 $M_i>M_j$；t 为梁倾旋的时间，s。

初始条件：$t=0$，$q=0$，$\dot{q}=0$，则解析解

$$\dot{q}=\sqrt{\frac{2mgr\sin q}{J_{\mathrm{d}}}-\frac{4n(M_i+M_j)\sin\frac{q}{2}}{J_{\mathrm{d}}}} \tag{4}$$

令

$$q_{\mathrm{s}}=\frac{q}{\operatorname{acos}(M/mgr)} \tag{5}$$

以方程（3）数值解归纳平均角速度 $\dot{q}_{\mathrm{c}}$，其 $\dfrac{\dot{q}_{\mathrm{c}}}{\dot{q}}$ 的近似值为

$$P_{\mathrm{q}}=\frac{\dot{q}_{\mathrm{c}}}{\dot{q}}\approx 0.095q_{\mathrm{s}}^2-0.024q_{\mathrm{s}}+0.5 \tag{6}$$

则近似解

$$t=\frac{q}{\dot{q}_{\mathrm{c}}}\approx q/P_{\mathrm{q}}\dot{q} \tag{7}$$

当 M/mgr 在0.95~0.095之间时，其引起 t 平均误差为0.64%。

3.2 烟囱和剪力墙的单向倾倒解析解

剪力墙等高耸建筑，单向倾倒如图2所示，其多体系统可简化为具有单自由度 q，底端塑性铰的有根竖直体，即动力方程为

$$J_{\mathrm{b}}\times\frac{\mathrm{d}^2q}{\mathrm{d}t^2}=Pr\sin q-M \tag{8}$$

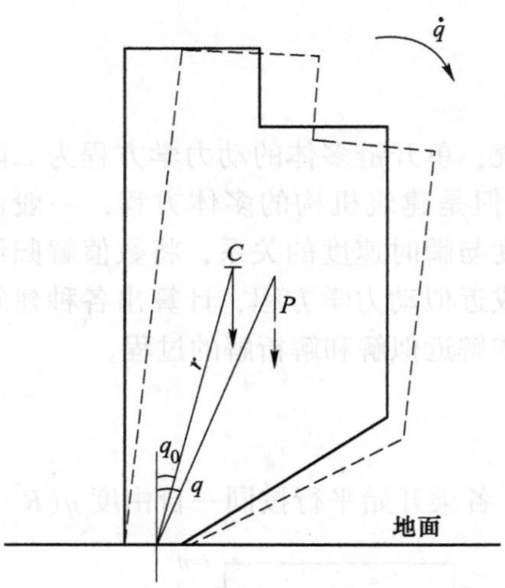

图 2　剪力墙楼房单向倾倒

（实线为初始位置，虚线为运动状态）

式中，P 为单体的重量，kN，$P = mg$，m 为单体的质量，10^3kg；r 为重心到底支铰点的距离，m；J_b 为单体对底支点的惯性矩，10^3kg · m^2；M 为底塑性铰的抵抗弯矩，kN · m；q 为重心到底铰连线与竖直线的夹角，R°。

爆破拆除时的初始条件是 $t = 0$ 时，$q = q_0$，$\dot{q} = \dot{q}_0$，解析解

$$\dot{q} = \sqrt{\frac{2Pr(\cos q_0 - \cos q)}{J_b} + \frac{2M(q_0 - q)}{J_b} + \dot{q}_0^2} \tag{9}$$

当 $\dot{q}_0 = 0$，如烟囱，式（8）可简化为近似动力方程：$J_b \times$

$$\frac{d^2q}{dt^2} = Prq - M \tag{10}$$

有近似方程的解析解

$$t = \frac{ln\ (q_{mr} + \sqrt{q_{mr}^2 - 1})}{p_j} \tag{11}$$

式中，$q_{mr} = (q - M/(Pr))/(q_0 - M/(Pr))$；$p_j = \sqrt{Pr/J_b}$。

近似方程解析解式（8）的数值解在 $q = 1.57$ 时误差最大，接近5%。

4　应用实例

广州造纸厂100m烟囱以3折爆破拆除，如图3所示。运动可简化为5个拓扑阶段，即：（1）上切口爆破，烟囱上段单独倾倒；（2）中切口爆破，烟囱上、中段双向折叠同时倾倒；（3）下切口爆破，烟囱上、中、下段连续双向多折倾倒，端弯矩简化为零；（4）烟囱上、中切口闭合，上“铰点”前移至前壁，中“铰点”后移至后壁；（5）烟囱上、中段端剪力大于摩擦力和端强度，钢筋拉出而空中解体。各拓扑的切换点和动力方程初始条件见表1。

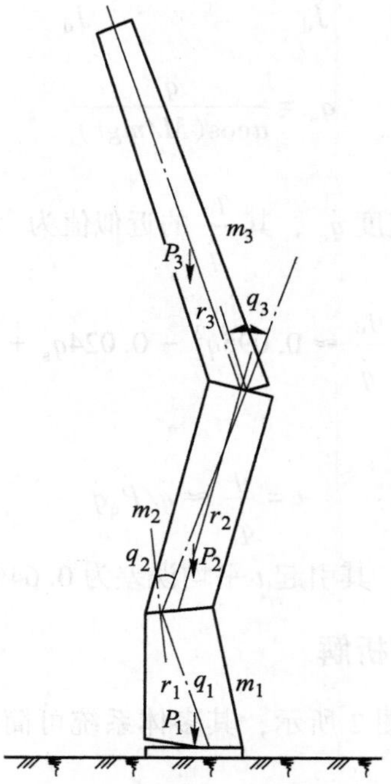

图 3　烟囱三折倾倒图

表 1　纸厂烟囱拓扑切换点和动力方程初始条件

拓扑构型	切换点	初始条件	切换点类型
上切口爆破烟囱上段单独倾倒（拓扑 1）	$t=0$	$q_3(t) = q_{3,0}$， $q'_3(t) = 0$	时间
中切口爆破烟囱上、中段同时双向折叠倾倒（拓扑 2）	$t = t_1$，$q_{3,1} = q_3(t_1)$， $q'_{3,1} = q'_3(t_1)$	$[q(t)] = [q_{2,0}, q_{3,1}]$， $[q'(t)] = [0, q'_{3,1}]$	时间
下切口爆破烟囱上、中、下段同时多折双向连续折叠倾倒（拓扑 3）	$t = t_2$，$q_{3,2} = q_3(t_2)$， $q'_{3,2} = q'_3(t_2)$， $q_{2,1} = q_2(t_2)$，$q'_{2,1} = q'_2(t_2)$	$[q(t)] = [q_{1,0}, q_{2,1}, q_{3,2}]$， $[q'(t)] = [0, q'_{2,1}, q'_{3,2}]$	时间
上、中切口闭合，上“铰点”前移至前壁，中“铰点”后移至后壁（拓扑 4）	$t = t_3$，$q_{3,3} = q_3(t_2) - q_{f3}$，$q'_{3,3} = q'_3(t_2)$ $q_{2,3} = q_2(t_2) - q_{f2}$，$q'_{2,3} = q'_2(t_2)$， $q_{1,3} = q_1(t_2)$，$q'_{1,3} = q'_1(t_2)$	$[q(t)] = [q_{1,3}, q_{2,3}, q_{3,3}]$， $[q'(t)] = [q'_{1,3}, q'_{2,3}, q'_{3,3}]$	空间
上、中切口剪力大于摩擦力和端强度，钢筋拉出，空中解体，段间非完全脱离至完全脱离（拓扑 5）	$t = t_4$， $[q(t_4)] = [q_{1,4}, q_{2,4}, q_{3,4}]$， $[q'(t_4)] = [q'_{1,4}, q'_{2,4}, q'_{3,4}]$	离散体： $[q(t)] = [q_{2,4}, q_{3,4}]$， $[q'(t - \Delta t/2)] = [q'_{2,4}, q'_{3,4}]$。 多体系统： $[q_1(t)] = q_{1,4}$，$[q'_1(t)] = q'_{1,4}$	段间相互作用力

注：Δt 为离散运动动力分析法的时间步长；拓扑 5 的多体系统可以为 2 体折叠或有根单体倾倒；q_{f3}、q_{f2} 分别为“铰点”移动引起质心与“铰点”、上“铰点”与下“铰点”连线改变的倾角量；$q_{3,0}$、$q_{2,0}$、$q_{1,0}$、q_{f3}、q_{f2} 计算见参考文献［9］。

计算所需原始数据见参考文献［15］，仿真结果与烟囱倾倒过程摄像测量[16]比较，见图 4~图 6。

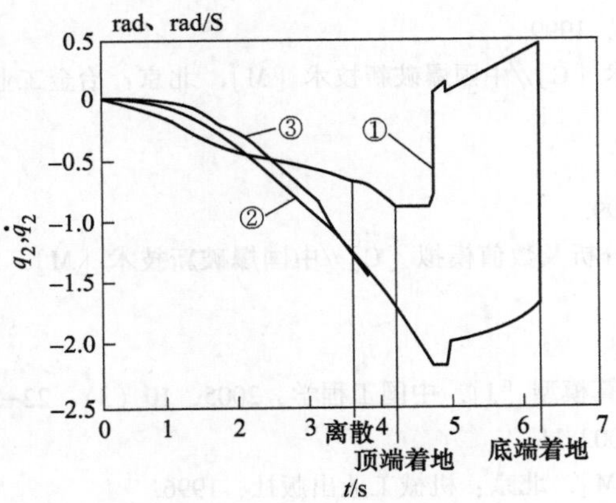

图 4　上段烟囱计算转速 $\dot{q}_3$（①线）、倾倒角 q_3（②线）、实测 q_3（③线）

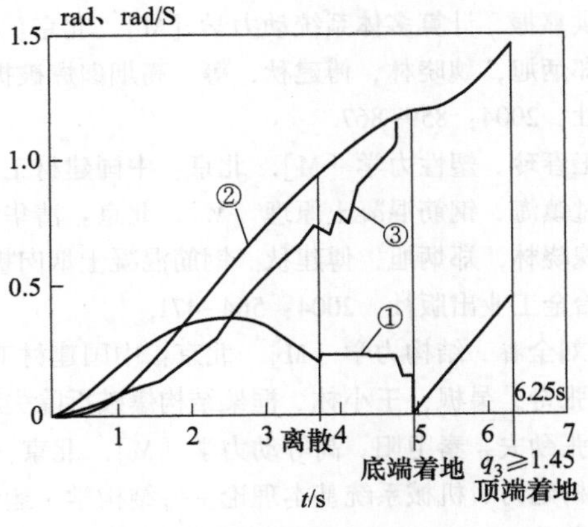

图 5　中段烟囱计算转速 $\dot{q}_2$（①线）、倾倒角 q_2（②线）、实测 q_2（③线）

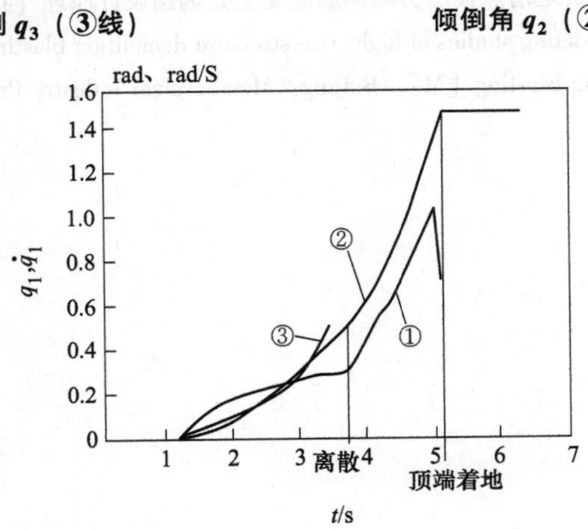

图 6　下段烟囱计算转速 $\dot{q}_1$（①线）、倾倒角 q_1（②线）、实测 q_1（③线）

由图中可见，烟囱各段的转角误差在上段的初期最大，上段个别误差为25%，一般为11%，但转角变化趋势是一致的。这是因为在拓扑3过程中，过早地将各段烟囱端弯矩不恰当地简化为零，造成上段烟囱引起的误差较大，上段后期和中、下段计算与观测误差较小。由此说明，多体-离散体动力分析和数值模拟是正确的、可行的；而改进端弯矩和材料塑性动力学参数的取值后，误差就可以减少。

5 结论

爆破拆除建筑物的倒塌过程是由建筑结构转变为建筑机构乃至解体的过程，是经历初始失稳、倾倒（或下落）、运动（或撞地）解体和塌落堆积等过程。反映各个过程不同的力学特征，应采取不同的力学分析方法。初始失稳可用刚塑性体结构的极限分析来判断；失稳的塑体机构可用变拓扑多体系统动力学来描述；运动中多体解体，其生成的离散体可用离散体动力学模拟。在解体过程中，包括从铰连接解体为非完全离散体到完全离散体，从离散个体与其余多体并存到全部离散体。实际拆除工程观测证明，用多体-离散体动力分析描述建筑物倒塌过程是可行的，可以在爆破拆除工程中应用。本文提出的单开链多体的近似解和近似方程解析解，其与数值解的误差较小，在工程应用允许范围内。

参考文献

[1] [日] 小林茂雄，等．RC制御发破解体时の倒坏举动の预测．土木学会第48次学术讲演会（平成5年9月）：10-11.

[2] 贾金河，于亚伦．应用有限元和DDA模拟框架结构建筑物拆除爆破 [J]．爆破，2001，18（1）：27-30.

[3] Gu Xianglin，Li Chen. Computer Simulation for Reinforced Concrete Structures. Demolished by Controlled Explosion [C]// Computing in Civil and Building Engineering. Stanford，CA，United Sates 2000，82-89.

[4] 孙金山，卢文波．框架结构建筑物拆除爆破模拟技术研究 [J]．工程爆破，2004，10（4）：1-4.

[5] 洪嘉振．计算多体系统动力学 [M]．北京：高等教育出版社，1999.

[6] 郑炳旭，魏晓林，傅建秋，等．高烟囱爆破拆除综合观测技术 [C]//中国爆破新技术 [M]．北京：冶金工业出版社，2004：859-867.

[7] 王春玲．塑性力学 [M]．北京：中国建材工业出版社，2005.

[8] 过镇海．钢筋混凝土原理 [M]．北京：清华大学出版社，1999.

[9] 魏晓林，郑炳旭，傅建秋．钢筋混凝土烟囱折叠倾倒的力学分析及数值模拟 [C]//中国爆破新技术 [M]．北京：冶金工业出版社，2004：564-471.

[10] 刘全春．结构力学 [M]．北京：中国建材工业出版社，2003.

[11] 张奇，吴枫，王小林．框架结构爆破拆除失稳过程有限元计算模型 [J]．中国工程学，2005，10（3）：22-28.

[12] 张劲夫，秦卫阳．高等动力学 [M]．北京：科学出版社，2002.

[13] 杨廷力．机械系统基本理论——结构学·运动学·动力学 [M]．北京：机械工业出版社，1996.

[14] 蔡美峰，何满潮，刘东燕．岩石力学与工程 [M]．北京：科学出版社，2002.

[15] 郑炳旭，魏晓林，陈庆寿．多折定落点控爆拆除钢筋混凝土高烟囱设计原理 [J]．工程爆破，2007，13（3）：1-7.

[16] Zheng Bingxu，Wei Xiaolin. Modeling studies of high-rise structure demolition blasting with multi-folding sequences [A]// New Development on Engineering Blasting [M]．Beijing：Metallurgical Industry Press，2007：326-332.

广州市旧体育馆爆破拆除工程

郑炳旭　傅建秋

（广东宏大爆破股份有限公司，广东　广州，510623）

摘　要：本文介绍了在广州市闹市区的旧体育馆用爆破拆除的实施过程，首次使用四周安装喷淋管和空中直升机洒水降尘的环保爆破，爆破取得圆满成功。

关键词：闹市区；拆除爆破；环保爆破

Guangzhou Old Gymnasium Blasting Demolition

Zheng Bingxu　Fu Jianqiu

（Guangdong Hongda Blasting Co.，Ltd.，Guangdong Guangzhou，510623）

Abstract：This paper introduces the demolition process of the old gymnasium in downtown Guangzhou by blasting. The project applies the environmental protection method by arranging surrounding sprinkling pipes and airborne helicopter sprinkling water to reduce dust for the first time，and the blasting has achieved complete success.

Keywords：downtown；demolition blasting；environmental protection blasting

1　工程概况

广州旧体育馆位于解放北路和流花路交汇处，与中国大酒店、中国出口商品交易会和越秀公园毗邻，东距解放北路 30m，西距锦汉大厦 10m，南距地铁工地基坑 25m，北距广州兰圃 30m。周围环境是车多、人多、建筑物多，施工场地狭窄而复杂，环境平面见图 1。

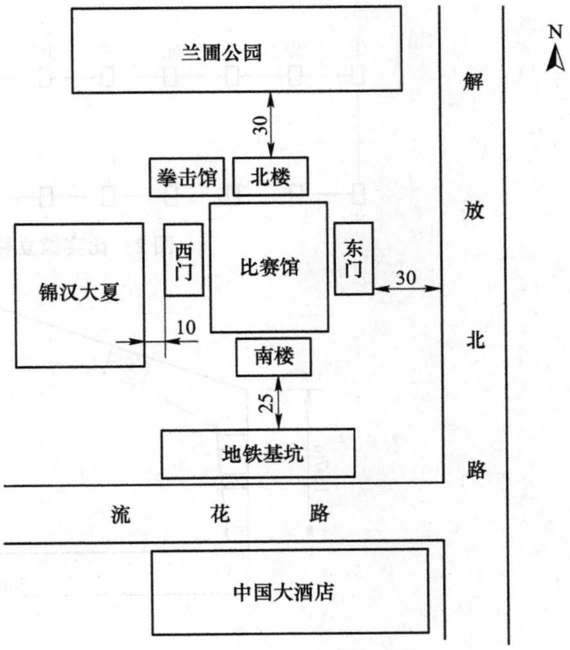

图 1　体育馆平面布置及周围环境示意图（单位：m）

广州旧体育馆是新中国成立后广州首批标志性建筑之一，占地 11000 多平方米，总建筑面积 43215m^2，它的中部是比赛馆，四周紧接南楼、北楼、东门楼、西门楼及西北加建的拳击馆六部分。

比赛馆高 23m、长 91.5m、宽 56.4m，钢筋混凝土薄壳结构，由 11 排重各 227t、跨度 50m 的钢筋混凝土拱梁撑起整个馆架。南楼长 83.25m、宽 24.75m，三层砖混结构，是休息场馆，有 5 排立柱，由 24 根钢筋混凝土柱和 38 根砖柱组成。北楼长 83.25m，宽 39.27m，

原载于《中国典型爆破工程与技术》，2006，560-565。

三层砖混结构和钢筋混凝土人字架屋顶结构，是训练场馆，有6排共60根立柱，其中40根钢筋混凝土柱。东、西门楼均为三层砖混结构，与比赛馆相连的拱形东、西山墙高23m。拳击馆为三层钢筋混凝土结构，爆破前已人工拆除。

2 爆破方案

2.1 爆破拆除的关键问题

比赛馆立柱平面布置见图2。比赛馆拱架立面见图3。在四周无倒塌场地的情况下，采取内向倾倒爆破拆除，即比赛馆各拱架向馆中轴坍塌，南楼、北楼、东门楼和西门楼向比赛馆倾倒。内倾倒爆破存在以下几个难点：

（1）立柱混凝土爆破后，裸露钢筋能支撑馆屋顶和柱而不倒。体育馆的大跨薄壳结构顶薄梁轻，能承受大弯矩的立柱钢筋多，纵筋面积在爆破处可达23636mm^2，当立柱混凝土炸出后，其钢筋支撑力可达23636×400=9454.4kN，大于屋顶及梁给柱的竖直载荷1245kN，加之ϕ28~36筋间不可能全部炸出混凝土，立柱很难倒塌。

（2）炸断后的柱、梁还可能成拱而支撑。当炸断后柱梁的总长大于拱架的跨度，其在向馆中心倾斜时，还可能因相互接触、支撑而成拱。

（3）比赛馆各拱架及东、西山墙的外阳台形成向外倾覆的力矩，很容易向外倒塌，危及锦汉大厦安全。

（4）振动控制。锦汉大厦距比赛馆仅10m，比赛馆爆破拆除时，飞石及倒塌触地冲击振动是对锦汉大楼的最大威胁。

（5）粉尘控制。广州体育馆地处闹市区，爆破的扬尘将直接威胁正在营业的广州交易会和中国大酒店，因此要求严格控制爆破粉尘。

由此可见，闹市区薄壳大跨体育馆的爆破拆除，必须解决炸而不垮、垮中成拱、倒而向外和控制振动、降低粉尘等五个中心问题，这也是此项工程成败的关键。

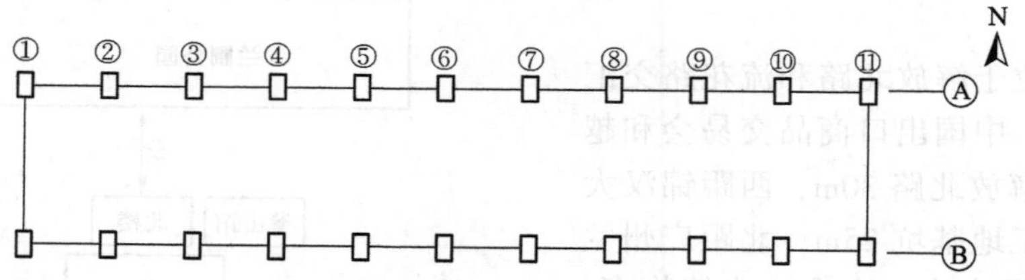

图2 比赛馆立柱平面布置示意图

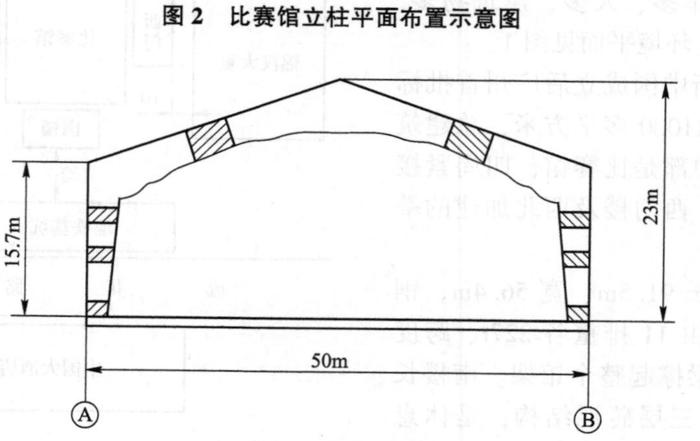

图3 比赛馆拱架立面

2.2 爆破方案

针对以上这些难题的解决，爆破方案的要点如下：

（1）防止立柱混凝土炸抛而不垮。采取少炸梁、多炸柱，分段加大立柱爆高，立柱爆高总长达11m，充分利用梁重，迫使裸露钢筋失稳；同时预切割部分钢筋，削弱钢筋裸露后的支撑力，由此确保立柱顺利垮塌。

（2）在比赛馆爆破拆除时，防止柱在向馆中倾覆中相互支撑而成拱。将梁两处炸断，让其先于柱下落，避免了柱与梁、梁与梁在垮塌中接触，防止相互支撑，消除成拱（见图3）。

（3）避免比赛馆向外倾倒。在起爆次序上，比赛馆中轴4拱架首先起爆，然后分别按架次延时半秒起爆东、西各拱架及山墙，使拱架依次序相互拖动向馆中轴倾倒，同时屋顶及拱架间连系梁进行不对称预切割，使其在垮塌过程中形成向中倾覆力矩。预拆除东、西山墙的外阳台，消除一切向外倾倒的力矩；由此防止比赛馆在垮塌中各拱架和山墙向外倾倒，保证锦汉大厦的安全。在比赛馆向内倒塌时，其余四个爆区的东门楼、西门楼及南楼、北楼同时起爆，实现内向倾覆爆破拆除。

（4）减轻爆破振动对周围环境的危害。根据爆源距离和单响药量，在馆中轴首次起爆4拱架，单段药量达124.6kg，以后各拱架及东门楼、西门楼和南楼、北楼以半秒差依次爆破，单响药量减少至31.2kg，由此分区、分拱架依次爆破，并向周边减少单响药量，从而极大地减轻周围环境的爆破振动；与以上相仿，爆破垮塌物也分区、分拱架、分别触地，并且拱架又炸为三段依次着地冲击，因此可减轻触地振动。

（5）在实践中探索爆破防尘措施。由于没有经验可借鉴，我们首先在理论上分析了尘源、烟尘体积、爆破气浪和建筑物倒塌风流规律，结合矿山、建材相关行业的降尘经验，采取“清理积尘、路面蓄水、预湿墙体、屋面敷水袋、建筑外设高压管网喷水、搭设防尘排栅和直升机投掷水弹”等综合防尘措施。

3 爆破参数设计

3.1 钻孔与炸药单耗

比赛馆拱架混凝土立柱和梁为变断面，断面宽0.5m，长1.2~2.3m。为方便施工，均沿截面长边钻孔，比赛馆与其他楼房的炮孔布置及炸药单耗见表1。

钻孔数量由设计立柱的爆高来确定，总共钻孔8300个，总计装525.6kg乳化炸药。

表1 钻孔参数及单耗

地点	结构	布孔方式	排距/mm	孔距/mm	孔深/mm	最小抵抗线/mm	单耗/g·m^{-1}	单孔药量/g
比赛馆	钢筋混凝土拱架柱	多排	400	400	300	250	940	75
	钢筋混凝土拱架梁	多排	400	400	300	250	940	75
	350mm×350mm 钢筋混凝土柱	单排		300	220	175	1360	50
	500mm×500mm 砖柱	单排		400	300	250	750	75
南、北楼，东、西山，墙门楼	南楼 ϕ600mm 钢筋混凝土柱	单排		400	350	300	660	75
	500mm×1200mm 砖柱	双排	400	400	300	250	830	100
	北楼 ϕ450mm 钢筋混凝土柱	单排		400	300	175	1180	75

3.2 爆破延期设计

为保证内向倾倒爆破拆除，比赛馆中轴4拱架0s爆破，间隔1s后分别以0.5s延时爆破东西相邻拱架，使各拱架向中轴倒塌，3.0s时，南、北楼和东、西门楼依次向比赛馆倾倒。

本延时设计，保证了分区、分拱架爆破，保证了各结构分别塌落，最大限度地减少了爆破振动。

3.3 网路连接

全部采用孔内延期非电起爆系统，每孔一管，自炮孔向起爆站连接顺序如下：

（1）每柱不同标高爆破段，按 20 管为一扎形成“大把抓”，每“大把抓”由 2 发瞬发非电导爆雷管引爆。

（2）将同一轴线“大把抓”的 2 发引爆导爆管按左右分开成两扎，形成新的两个“大把抓”，新“大把抓”同样由 2 发瞬发非电导爆雷管引至该爆区集中点处。

（3）在爆区集中点处，将各轴线引出来的 2 根导爆管再次按左右分开原则分成两“把”，每“把”之间用 4 发瞬发非电导爆雷管引至主起爆网集中处。

（4）在主起爆网集中处，将各独立爆区引出的 8 根导爆管抓成一“把”，各“把”之间用 4 发瞬发非电导爆雷管左右互相交叉搭接，形成一个闭合非电起爆网路。

（5）在闭合非电起爆网上多处绑上起爆电雷管，电导线引至总起爆电开关。共计使用了 10542 个非电雷管，导爆管总长 70km。如此复杂的网路，稳妥可靠地起爆是关键，为此，在爆破拆除前，特地在市郊白云山某石场进行了模拟起爆实验，整个网路达到了全部准爆。

3.4 安全验算

（1）爆破振动。

爆破振动速度
$$v = KK'\left(\frac{Q^{\frac{1}{3}}}{R}\right)^{\alpha}$$

式中，R 为爆源中心到建筑物边（测定点）距离，m；Q 为与 R 对应的最大单响药量，kg；K、K'、α 分别为与爆破点地形、地质条件有关的系数和衰减指数，K 取 50，K' 取 0.33，α 取 1.3。周边主要建筑计算和实测爆破振动振速均小于 1cm/s。

（2）塌落振动。

振动速度
$$v = KK'\left[\frac{(GH/4.1\times10^5)^{\frac{1}{3}}}{R}\right]^{\alpha}$$

式中，G 为同次塌落构件的重量，kg；H 为同次塌落构件重心落差，m。计算的塌落振动数据见表 2。从表中可见，构件塌落振动速度均符合爆破安全规程的允许值 1cm/s。因此，是安全的。

表 2 理论计算塌落振动值与实测垂直振动速度值

目标点	距离/m	质点振速（垂直分量）/cm·s^{-1}		目标点	距离/m	质点振速（垂直分量）/cm·s^{-1}	
		理论	实测			理论	实测
锦汉大厦	23	0.73	1.5	地铁基坑	80	0.13	

4 安全技术措施

4.1 减少爆破拆除引起振动的措施

爆破拆除方案，采取了分区、分拱架依次爆破，特别是减少了边界单响药量，同时，拱架又被炸成三段，减少了结构物单体触地的冲量，因此，爆破振动和触地振动都极大地减小，从而保护了周围的建筑物。

4.2 飞石防护措施

本次拆除爆破采用了全封闭的综合防飞石技术，即室内采用了竹笆、铁皮在构件爆破处绑扎多层覆盖，屋顶爆破处炮孔最小抵抗线和孔口不朝向四周，其上加压一层钢板三层沙包袋。整个爆破区外 3.5m 处，再架设 8m 高的双层排架排栅，在排栅上绑上一层竹笆，既阻挡了飞石，又削减了冲击波。

4.3 粉尘防范措施

爆破粉尘主要来源于预拆除时留在楼面和地面的碎渣、爆破部位粉碎的建筑体和结构塌落着地时冲击破坏的建筑物。产尘最多的是砖砌体和抹灰，爆前将其尽可能预拆除。爆破的墙体预先洒水，楼面砌筑的水池以保持墙体湿润。装药前，将楼面、墙壁的积尘清洗干净，预拆除的碎渣全部清走。比赛馆的天窗全部打开，屋顶面拆除一定空间，以减轻屋顶塌落时压缩室内空气，形成高速风流扬起粉尘。建筑物着地冲击破坏产生的粉尘，由屋顶 3000 个水袋着地破裂洒水和四周高压管网喷嘴形成水幕除尘。四周的排架阻止粉尘迅速扩散，使其尽可能在原地沉降落地。

4.4 施工中结构的安全监控

广州体育馆是中国九大薄壳建筑的第一个，在这样的薄壳结构中进行预拆除，国内尚属首例。为了确保建筑物在施工中的安全稳定，除了进行预拆除、预切割钢筋的结构应力计算和变形估计外，还实施了结构变形和裂缝监测监控，并根据监测结果校核计算的结构应力变化，合理安排预拆除部位和顺序，保证了钢筋进入塑性变形后仍维持结构稳定，确保了馆内一切爆破作业顺利进行。

5 爆破效果分析

2001 年 5 月 18 日 12 时 09 分，广州体育馆在 7s 内夷为平地。爆炸 10s 后直升机定点投下水弹，四周的消防水喉向爆炸中心喷雾洒水。3min 后，眼看将要弥漫开来的烟尘得到控制，变得清晰起来。实测距体育馆 10m 的锦汉大厦边地震振速最高达 1.5cm/s，爆破飞石限制在 5m 范围，冲击波和倒塌气浪被控制在防护排栅内，没有引起四周玻璃幕墙损坏；锦汉大厦 15m 处 4 楼的爆破噪声 117.2dB（未扣除本底值 63dB）；距体育馆边 100m 的越秀公园警戒线爆破噪声 117.2dB（未扣除本底值 68dB）；爆破后 10min 在中国大酒店顶上风侧粉尘浓度最高达 0.94mg/m^3，30s 后越秀公园下风侧粉尘平均浓度最高达 4.04mg/m^3，60min 后恢复到本底值（城市粉尘环保标准浓度 1.0mg/m^3）。馆南地铁工地安然无恙，低矮的爆堆均匀集中在原馆址内，长 5m、高 3m 的解体梁柱有序地平卧在爆堆中，实现了预期的爆破效果。

茂名两座120m钢筋混凝土烟囱拆除爆破

郑炳旭　傅建秋　宋常燕

（广东宏大爆破股份有限公司，广东 广州，510623）

摘　要：本文介绍了国内首例100m以上烟囱定向爆破拆除的实施过程，并采用摄影技术观测倒塌全过程，通过对爆破效果进行分析，认为可划分为：底部变形区、中部大块破坏区和顶部碎裂破坏区，爆破效果良好，为类似工程的应用提供了有力的支撑。

关键词：烟囱；定向爆破拆除；摄影技术

Demolition Blasting of Two 120m Reinforced Concrete Chimneys in Maoming

Zheng Bingxu　Fu Jianqiu　Song Changyan

（Guangdong Hongda Blasting Co., Ltd., Guangdong Guangzhou, 510623）

Abstract: This paper introduces the implementation process of the first domestic directional blasting demolition of two chimneys above 100m, and applies the photographic technique to observe the whole process of the collapse. Through the analysis of blasting effect, the blasted chimney can be divided into the deformation zone at the bottom, the big lump zone in the central and the fragmentation zone at the top, revealing a good blasting effect. The project could provide a strong support for the similar engineering.

Keywords: chimney; directional blasting demolition; photography technology

1　工程概况

茂名石油化工公司改建工程需要将厂内三、四部炉及沸腾炉用120m烟囱进行拆除，两座烟囱高度相同，为钢筋混凝土结构。

在三、四部炉烟囱东面55m为厂内输油管线及栈桥，南面60m处为生产装置，北面25m处为厂区铁路，西面空旷，烟囱只能向西倒塌（见图1）。沸腾炉120m烟囱北面40m为厂区围墙，围墙外面有砖混结构民房，南面80m为生产车间，西面65m为油罐区，东面环境较好，烟囱只能向东倒塌（见图2）。

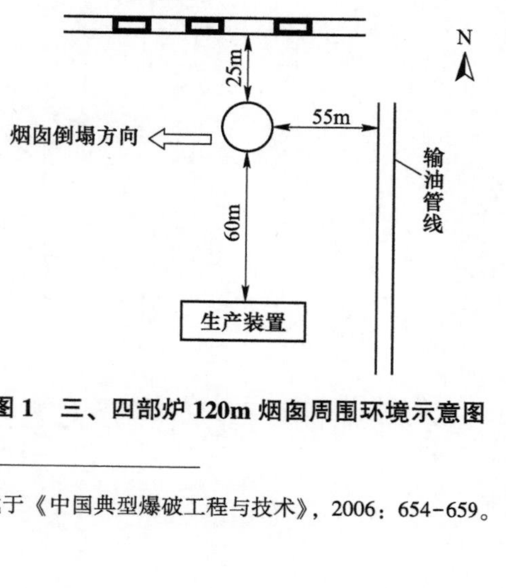

图1　三、四部炉120m烟囱周围环境示意图

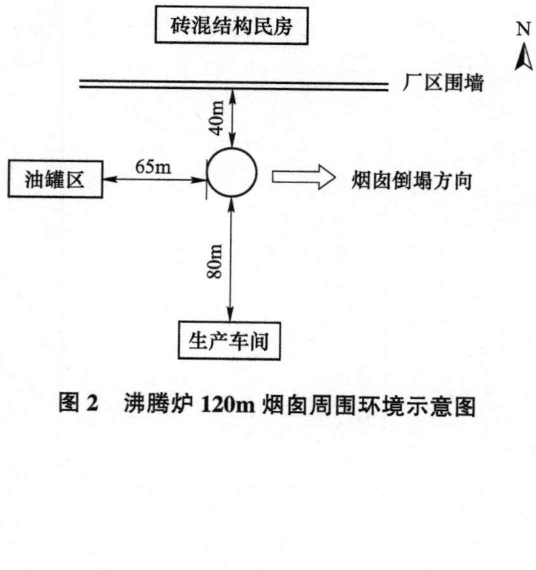

图2　沸腾炉120m烟囱周围环境示意图

原载于《中国典型爆破工程与技术》，2006：654-659。

两座烟囱壁厚均为50cm；底部双层钢筋，钢筋尺寸及布筋参数也基本相同，基本参数见表1。

表1　两座120m烟囱的基本参数

烟囱的基本参数	沸腾炉120m烟囱	三、四部炉120m烟囱
底部外径/m	12	9.88
顶部外径/m	3.2	5.0
底部混凝土横断面积/m²	18.85	15.7
总重量/t	3725	4809
钢筋尺寸/mm	外立筋 φ25	外立筋 φ25
	内立筋 φ14	内立筋 φ14
重心高度/m	38	45
布筋情况	从0~120m全部双层筋	+40m以上单层钢筋，+40m以下双层钢筋
壁厚/cm	50	50
囱体坡度	两种坡度，在+20m分界	一种坡度
内衬	单层耐火砖，隔热层厚5cm	单层耐火砖，隔热层厚5cm

两座烟囱整体良好，无腐蚀开裂现象。周围环境说明两烟囱均有全高一侧定向倒塌场地，但倒塌方向偏转不能超过10°。

2　工程特点

这两座120m钢筋混凝土烟囱全高定向倒塌爆破拆除是国内首例100m以上烟囱定向爆破拆除。两座烟囱均采用正梯形爆破缺口，缺口两端预开定向口。

三、四部炉烟囱爆破缺口长度对应圆心角为231°，缺口高3m。爆破缺口面两端预开定向口，由于受烟囱壁上原有孔洞及倒塌方向的限制，定向口夹角38°（见图3）。定向口内立筋切除。炮孔深37~38cm，孔距30cm，排距30cm，每孔装药150g。导爆管雷管同段起爆，导爆管三通交叉闭合网路。

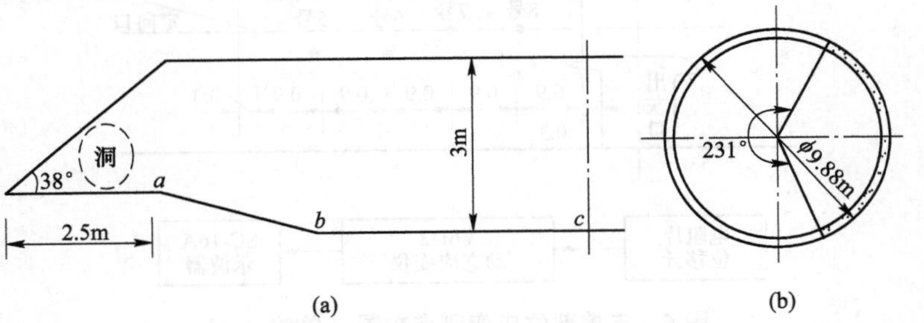

图3　三、四部炉烟囱爆破部位及定向口

在分析三、四部炉烟囱施爆资料的基础上，为使沸腾炉烟囱倒塌更平稳，落点更准确，将沸腾炉烟囱缺口对应圆心角减至220.4°，定向口夹角减至20°（见图4）。缺口高度、形状及爆破参数和起爆方法与前一座相同。

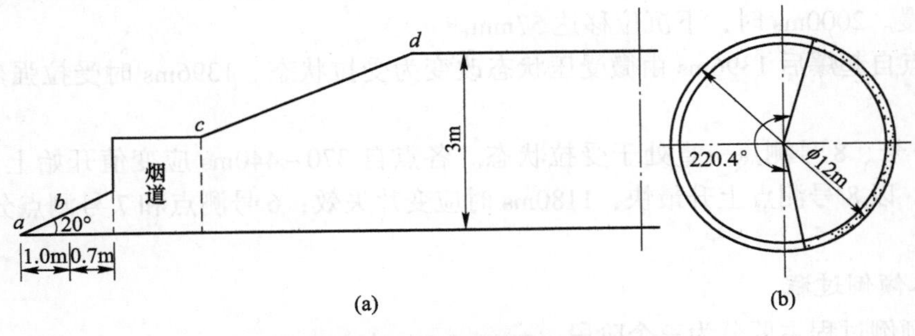

图4　沸腾炉烟囱爆破部位及定向口

预留支撑部位在一定长度内的外立筋，隔一根切断一根。施爆前，在倒塌中心部位进行试爆。

经计算，开设定向口、倒塌中心部位试爆、切断筒体预留支撑部位的一部分外立筋后，烟囱的稳定性有充分保证。

3 爆破效果

3.1 烟囱倾倒过程

3.1.1 观测

本次爆破对烟囱倾倒过程进行了以下观测与分析：

(1) 电视摄像。编辑机毫秒分幅，观测筒体预留部位断裂过程。

(2) 电视摄像。编辑机 0.1s 分幅，观测筒体倒塌过程。

(3) 动应变、位移计测定预留部位缺口底边水平面上各点的应力状态及破坏时序。

3.1.2 预留部位断裂过程

预留部位断裂过程可综合摄像毫秒分幅和应变两种观测方法进行分析。

三、四部炉 120m 烟囱预留部位的观测结果，以 23ms 一幅的连续图像进行判读与分析。

三、四部炉烟囱预留部位断裂时序是：起爆后 1702ms 右侧定向口端部出现可见裂纹，裂缝逐渐向斜下方发展，1748ms 时裂纹长度发展到 1.0m，1771ms 时裂纹长达 1.3m。左侧定向口端部也有一条相同性质的裂纹。显然，此裂纹是由于筒体自重而产生的压裂裂纹。3013ms 时，预留支撑部位中心处，在背部切筋位置下部出现水平方向的可见裂纹，裂纹的数目、长度及宽度随时间的推移而逐渐增多、加长及加宽，同时伴有纵向裂纹；3105ms 时发展成一个水平的断裂面。该断裂面形成到一定程度后，筒体开始出现可见偏斜，然后筒体倾倒。显然，此水平裂纹是受拉作用的结果。

对沸腾炉 120m 钢筋混凝土烟囱预留支撑部位进行了应变及位移计观测。测点布置及测试系统如图 5 所示。

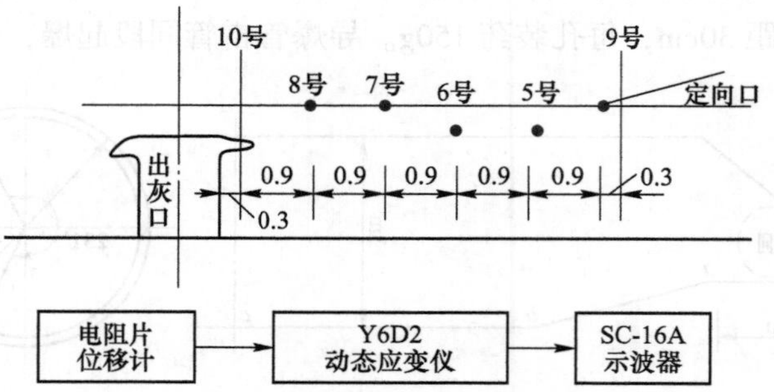

图 5 支撑部位应变测点布置（单位：m）

用电阻应变片—动态电阻应变仪测定筒体预留部位各点的应力状态及其与时间的关系，对揭示预留部位受力性质及其断裂时序是很有意义的。

实测结果如下：

(1) 起爆后 210ms，定向口端部的 9 号位移计首先测到下沉位移 10mm 左右，其后下沉位移逐渐增大，但增速缓慢。2000ms 时，下沉位移达 57mm。

(2) 5 号测点自起爆后 1396ms 由微受压状态改变为受拉状态。1396ms 时受拉强烈，1706ms 时应变片失效。

(3) 6 号、7 号、8 号测点一直处于受拉状态。各点自 370~440ms 应变值开始上升，但各点的应变上升速度不同，以 8 号测点上升最快，1180ms 时应变片失效；6 号测点和 7 号测点分别在 1722ms 和 2445ms 相继失效。

3.1.3 筒体倾倒过程

摄像结果，倾倒过程主要分为三个阶段：

（1）断裂微倾阶段。从缺口形成到预留支撑部位开裂贯通。此阶段虽无肉眼可见的倾倒，但位移计可测得几十毫米的位移量。此阶段自起爆算起历时3080ms（三、四部炉）和4200ms（沸腾炉）。

（2）初始倾倒阶段。从预留支撑部位开裂贯通到缺口闭合。此阶段筒体可见倾倒，速度由小到大，但受缺口形状及尺寸影响，出现过减速。此阶段历时2170ms（三、四部炉）和2100ms（沸腾炉）。

（3）加速倾倒阶段。从缺口闭合到筒体触地。此阶段是一个加速过程，但筒体产生折断时，顶部会出现减速现象，折断部位以下筒体仍为加速过程。此阶段历时6630ms（三、四部炉）和6600ms（三、四部炉）。

微倾阶段时间长短，取决于材质、缺口圆心角、自重及重心高度。材质强度高、圆心角小、自重轻、重心高度低，则时间长。初倾阶段加速度大小受定向口夹角大小影响，夹角大，则加速度也大。但夹角过大时，在闭合瞬间产生减速，可能产生倒向偏转。

3.2 分析

3.2.1 筒体预留支撑部位的受力及其断裂过程的分析

从纵向应变测试分析，爆破切口底面上的预留支撑部位主要是受拉。受压是次要的，无论是区域的大小或是作用时间的长短，都是很小的，这可以从应变测试结果说明。但爆破缺口底面以下的预留支撑部位，则受压是主要的，作用的区域和时间都比较长。

从时间上看，起爆后至爆破缺口形成，需要一段时间；爆破缺口形成到预留支撑部位出现破坏需要一段较长时间。由应变波形拉断时间测试分析，这个过程需要一段时间；爆破缺口形成到预留支撑部位出现破坏又需要一段较长时间。由应变波形拉断时间测试分析，这个过程需要1000ms或更长时间。这与钢筋混凝土受静力破坏的模式相吻合。从断裂部位分析，预留支撑部位首先产生开裂的点不是发生在预留支撑部位的中心，而是在最前端，即最靠近定向口处。无论从应变、位移计以及摄像观测结果都是如此。其后，裂缝向后部发展。与此同时，在预留支撑部位中心出现开裂，并逐渐向前端发展，该裂缝扩展速度大于由前端向后部的发展速度。

3.2.2 筒体倾倒过程的分析

筒体倾倒过程分为断裂微倾、初始倾倒及加速倾倒三个阶段。采用监测烟囱顶部位移的方法，分析筒体倒塌过程。

（1）断裂微倾阶段。爆破缺口形成至预留支撑部位开裂贯通。此阶段筒体虽无肉眼可见的倾倒，但从位移计等仪器可测得微小的位移（倾斜或下沉）。此阶段两座烟囱经历的时间分别为3080ms及4200ms（图6）。

（2）初始倾倒阶段。自预留支撑部位断裂至爆破缺口闭合完毕。此阶段筒体出现可见倾倒，倾倒速度不均匀。这与爆破缺口的形状、尺寸以及缺口范围内原有孔、洞的形状、尺寸等因素有关。

（3）加速倾倒阶段。爆破缺口闭合后至筒体触地。如图6所示，三、四部炉烟囱在此阶段中部筒体产生折断，顶部出现相对减速现象，折断部位以下仍为加速运动；沸腾炉烟囱因筒体上部与原锅炉房渣堆、办公楼接触而减速（图6中的*A*、*B*点）。

两座烟囱自起爆开始至筒体触地，总计时间分别为11.8s与12.9s。

两座烟囱倾倒的总体过程是相同的。但各个阶段的开始与持续时间不同，初始阶段的运动状态也有所不同。

断裂微倾阶段持续时间的长短，主要取决于预留支撑部位的尺寸、结构强度及缺口以上筒体的自重与重心高度。这两座烟囱相比，尽管两座烟囱底部壁厚与钢筋布置相同，但由于沸腾炉烟囱爆破缺口角较小，即预留支撑部位长度相对较长，加之筒体自重较轻，重心高度较小，故使支撑部位全面断裂需要时间较长。

初始倾倒阶段是定向倒塌控爆的关键。此阶段烟囱倾倒运动状态受爆破缺口形状、尺寸以及筒壁上原有孔洞的位置、尺寸等因素的影响，其速度是不相同的。如图6所示，三、四部炉烟囱此阶段的加速度大，沸腾炉烟囱的加速度小。其原因是前者的定向口夹角过大。

在初始阶段，三、四部炉烟囱的加速度很大，又由于爆破缺口尺寸等的关系，在图中 A 点，是爆破缺口闭合瞬间，产生减速，由于惯性作用，上部筒体出现裂隙，导致以后进一步断裂。

沸腾炉烟囱由于定向夹角很小，爆破缺口首先从缺口尾端闭合，由于上下沿闭合而产生摩擦阻力，故加速度较小。

置于烟囱倾倒正前方与正后方的几台摄像机的观测表明，沸腾炉烟囱在倾倒过程中没有产生横向摆动与偏转现象（见图7）。

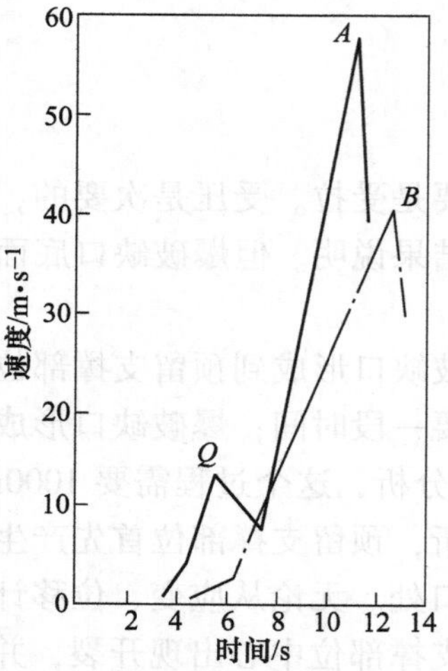

图6 烟囱顶部倾倒速度–时间曲线

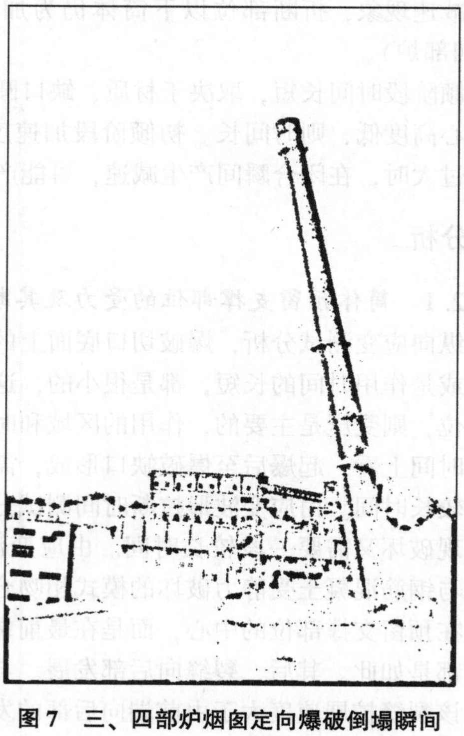

图7 三、四部炉烟囱定向爆破倒塌瞬间

3.3 爆破效果

起爆后，无明显下坐现象，按设计方向倒塌，最终落地点偏离 6.8°。

两座 120m 钢筋混凝土烟囱的定向爆破拆除是成功的，这是国内首次对 100m 以上烟囱实施爆破拆除。在设计、施工、安全等方面积累了重要的经验，而且在科学观测和分析研究的基础上，得到了许多有应用价值的结果：

（1）烟囱起爆后，首先出现裂纹是在定向口端部，并逐渐向后发展，稍后，支撑中心部位出现开裂，其裂纹发展速度大于前者，之后贯通形成断裂面。从应变量测可知，在支撑部位缺口上部主要受拉，下部主要受压。

（2）烟囱爆破倾倒过程可以分为三个阶段：断裂微倾、初始倾倒和加速倾倒。初始倾倒阶段是烟囱是否平稳倒塌的关键阶段，而这取决于爆破缺口长度与定向口的夹角。爆破缺口长度用其圆心角表示时，以 220°为宜；定向口夹角应从小于 20°逐渐向大角度过渡为宜。

（3）烟囱落地破坏可分为三个区：底部变形区、中部大块破坏区和顶部碎裂破坏区。

广州造纸厂 100m 烟囱多段连续折叠爆破拆除工程

傅建秋　邢光武

（广东宏大爆破股份有限公司，广东 广州，510623）

摘　要：本文介绍了世界上首例 100m 烟囱三段折叠爆破拆除的实施过程，详细进行了爆破缺口参数设计及时差选择，并制定了周密的安全防护措施，爆破效果表明，爆破振动和粉尘极小，现场周边建构筑物未受到损伤。

关键词：100m 烟囱；三段折叠爆破；爆破缺口；时差；安全防护

Multi-section Continuous Folding Blasting Demolition of a 100m Chimney in Guangzhou Paper Mill

Fu Jianqiu　Xing Guangwu

（Guangdong Hongda Blasting Co.，Ltd.，Guangdong Guangzhou，510623）

Abstract：This paper introduces the world's first three-section folding blasting demolition process of a 100m chimney. The project carefully chooses the designed parameters of blasting cuts and delay intervals，and makes thorough safety protection measures. The blasting effect shows that the blasting vibration is small，the dust is few，and the surrounding structures keep undamaged.

Keywords：100m chimney；three-section folding blasting；blasting cut；delay interval；safety protection

1　工程概况

100m 高烟囱为整体现浇钢筋混凝土筒体结构，±0.0m 外直径为 8.0m，壁厚为 40cm；+0.0～+6.0m 壁厚为 40cm，+6.0～+20.0m 壁厚为 35cm，+20.0～+30.0m 壁厚为 25cm，+30.0～+100m 壁厚为 22cm；烟囱顶部外直径 3.5m。烟囱耐火砖内衬厚度 12cm，筒壁与耐火砖之间的空隙 5cm。烟囱混凝土体积 435.1m^3，红砖内衬 208.85m^3，整体重量 1399t。

烟囱底部正东和正西方向各有一个宽×高＝1.6m×2.5m 的出灰口，正东+5.4～+9.4m 有一个宽×高＝1.5m×4.0m 的烟道口，正西+5.4～+7.4m 有一个宽×高＝1.5m×2.0m 的烟道口（本设计中取东西烟道口、出灰口的方向为正东正西方向）。

烟囱布筋情况：±0.0～+4.0m，双层钢筋网，外侧竖筋 ϕ16@150，环筋 ϕ14@150，内侧竖筋 ϕ12@150，环筋 ϕ10@150。+4.0m 以上为单层钢筋网。

烟囱四周环境是：北离锅炉房 24m，东离冷却塔 49m，冷却塔以东是热电厂，东离造纸大道地下两条钢筋混凝土方形水管处分别为 37.3m 和 45.7m，东侧 15～30m 之间有一条电缆沟；南离地下水管 5m，南离油罐及油管 40m，油罐以南是污水处理厂；西离架空管架 33m，离化水车间 43m。周围环境如图 1 所示。

原载于《中国典型爆破工程与技术》，2006：747-752。

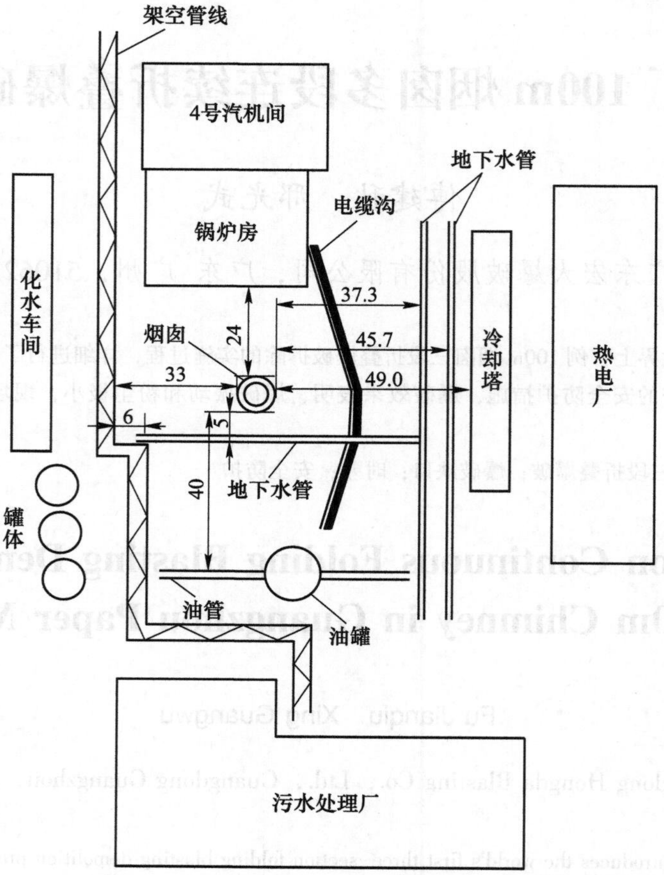

图 1 周围环境示意图（单位：m）

2 总体拆除方案

2.1 折叠方向的选择

从烟囱周围要保护的建（构）筑物的距离分析，烟囱东侧和西侧可利用的塌落范围大于南侧和北侧可塌落的范围，烟囱根部的烟道口和出灰口位于正东和正西向。受烟囱根部出灰口的影响，结合考虑烟囱可塌落的范围，为确保各个折叠段倒塌方向在同一条直线上，决定选择各个折叠段向正东和正西倒塌。

2.2 折叠段数的选择

本次 100m 烟囱爆破拆除，可以采用两段或三段折叠爆破方案。

两段折叠爆破方案是烟囱上段 60m 向西倒塌，烟囱下段 40m 向东倒塌。

三段折叠爆破方案是烟囱上段 40m 向东倒塌，中段 30m 向西倒塌，下段 30m 向东倒塌。

三段折叠爆破方案比两段折叠爆破方案施工难度大，综合考虑烟囱周围环境因素，采用三段折叠爆破方案更安全，最后确定选择三段折叠爆破方案。

3 多段连续折叠爆破参数选择

100m 烟囱三段折叠爆破，分别在+60. 2m、+30. 2m、+0. 5m 处开设 3 个爆破缺口，对 3 个爆破缺口分别做爆破设计。

3.1 +60.2m缺口爆破技术设计（上段：+60.2～+100.0m）

（1）缺口角。缺口对应圆心角 $\alpha=230°$。

（2）炸高。$h=1.25$m。

（3）缺口形状。正梯形，梯形底角为30°；下底长 $L=$（230°/360°）×5×3.14=10.0m；上底长 $S=$5.7m。

（4）缺口内定向窗和中间窗的布置。分别在缺口左右两侧各开一个定向窗，在缺口中央开设一个中间窗。定向窗为直角三角形，宽2.0m，高1.15m，中间窗宽1.0m，高1.25m。

（5）爆破参数：

1）孔距 $a=18$cm；

2）排距 $b=18$cm；

3）孔深 $L=13$cm；

4）炸药单耗 $K=5.6\text{kg/m}^3$；

5）单孔装药量 $q=40$g；

6）共布置8排炮孔，炮孔个数为208个。

3.2 +30.2m缺口爆破技术设计（中段：+30.2～+60.2m）

（1）缺口角。缺口对应圆心角 $\alpha=230°$。

（2）炸高。$h=1.6$m。

（3）缺口形状。正梯形，梯形底角为30°；下底长 $L=$（230°/360°）×6.75×3.14=13.5m；上底长 $S=$8.3m。

（4）缺口内定向窗和中间窗的布置。分别在缺口左右两侧各开一个定向窗，在缺口中央开设一个中间窗。定向窗为直角三角形，宽2.6m、高1.6m，中间窗宽1.3m、高1.6m。

缺口内扣除中间窗、定向窗的宽度以后，缺口内爆破区域的宽度为13.5−2.6−2.6−1.3=7m。

（5）爆破参数：

1）孔距 $a=20$cm；

2）排距 $b=20$cm；

3）孔深 $L=16$cm；

4）炸药单耗 $K=5\text{kg/m}^3$；

5）单孔装药量 $q=50$g；

6）共布置9排炮孔，炮孔个数为306个。

3.3 +0.5m缺口爆破技术设计（下段：+0.5～+30.2m）

（1）缺口角。缺口对应圆心角 $\alpha=240°$。

（2）炸高。$h=4.0$m。

（3）缺口形状。正梯形，梯形底角为45°；下底长 $L=$（240°/360°）×8×3.14=16.75m；上底长 $S=$8.75m。

（4）缺口内定向窗和中间窗的布置。分别在缺口左右两侧各开一个定向窗，在缺口中央开设一个中间窗。定向窗为直角三角形，宽2.5m、高2.5m，中间窗宽2.0m、高4.0m。

缺口内扣除中间窗、定向窗的宽度以后，缺口内爆破区域的宽度为16.75−2.5−2.5−2.0=9.75m。

（5）爆破参数：

1）孔距 $a=30$cm；

2）排距 $b=30$cm；

3）孔深 $L=25$cm；

4）炸药单耗 $K=2.1\text{kg/m}^3$；

5）单孔装药量 $q=75$g；

6）共布置 14 排炮孔，炮孔个数为 406 个。

3.4 三个缺口之间时差的选择

可由烟囱多体运动数值模拟计算结果来确定起爆时差。选择上缺口起爆时刻为 0s，中缺口起爆时刻为 1.35s，下缺口起爆时刻为 2.40s，不同缺口起爆时刻及相应的烟囱倾倒角见表 1。从表 1 可见，+30.2m 中缺口 1.35s 起爆时，烟囱上段倾倒已大于 1.5°，而+0.5m 下缺口 2.4s 起爆时，中段已反向倾倒 4.09°。当下缺口起爆时，烟囱的倾倒角均在 4.0°以上，烟囱上段和中段支撑部“塑性铰”均不会剪坏。

表 1 烟囱缺口起爆时差及其上段倾倒角

起爆后不同时刻/s	烟囱倾倒角/(°)		起爆后不同时刻/s	烟囱倾倒角/(°)	
	上 段	中 段		上 段	中 段
0	0	0	2.4	10.35	-4.09
1.35	1.55	0			

4 安全防护措施

4.1 爆破缺口作业安全措施

自±0.0～+60.2m 沿烟囱四周搭设脚手架，铺设+60.2m 和+30.2m 作业平台，其宽度不小于 2.0m，平台外侧设有 3m 高的护栏，并且用安全防护网和彩条布围住。人员通往+60.2m 平台和+30.2m 平台采用“之”字形楼梯。

4.2 烟囱爆破瞬间个别飞石防护的安全措施

缺口部位爆破飞石必须加强防护，同时为了防止烟囱倒塌过程中支撑部位破坏时产生碎石飞溅，因而在缺口四周全部进行防护，特别是+60.2m 和+30.2m 平台处要做重点防护，防止高空飞石飞散距离太远，缺口部位采取防护措施后，可以将爆破产生的飞石控制在 20m 范围内。

+60.2m 和+30.2m 缺口采用三道防护体：第一层为稻草，第二层为双层竹笆，第三层为安全网。防护体离烟囱外壁 2.0m，高度为 4.5m。

地面爆破缺口采用双层竹笆或密竹排栅进行防护。

4.3 烟囱囱体着地倒塌时，防止泥土及碎块侧向飞溅的措施

烟囱囱体倾倒水平着地时，对地面的冲击力很大，导致烟囱上半部分破碎较充分，地面松软时，泥土易被侧向抛出，且抛距较大，若不采取措施，着地时烟囱囱体变形所形成的压缩空气可能将囱体混凝土碎块抛出。因此设计中在烟囱的倒塌中心线方向，每隔 8～10m 铺设一道用沙包垒成的缓冲带，沙包宽度 1.0～2.0m，高度 1.0～2.0m，每条沙包带长度 20m。这样可以使囱体塌落着地时不会直接与地面接触，而是经过了沙包缓冲带，可以大大减少泥土和碎块侧向飞溅距离，使侧向飞溅距离控制在 20m 内。

4.4 冷却塔和架空管道防护措施

为了防止产生的碎块飞石对冷却塔和架空管道的破坏，在这两个构（建）筑物前方搭设排栅，排栅挂竹笆等防护材料。冷却塔防护长度为 40m（烟囱倒塌方向中心线左右各 20m），防护高度为 10m；西侧架空管线防护长度为 40m（烟囱倒塌方向中心线左右各 20m），防护高度为 6m。

4.5 烟囱东侧电缆沟和南侧地下水管防护措施

烟囱东侧电缆沟的防护措施是：取出电缆沟盖板，往电缆沟中充填砂，再垒上高 2.0m，宽 2.0m

的沙包，防护长度是30m（烟囱倒塌方向中心线左右各15m）。

烟囱南侧地下水管防护措施：在地面上垒沙包，宽2.0m，高2.0m，防护长度60m（烟囱东西各30m）。

4.6 造纸大道地下水管防护措施

造纸大道地下有2条矩形钢筋混凝土水管，需对西面的一条地下水管进行防护。其防护措施是在水管处地面垒沙包，宽2.0m，高2.0m，防护长度是30m（烟囱倒塌中心线方向左右各15m）。

5 爆破网路设计

考虑到杂电及射频电干扰因素，决定本工程全部采用四通连接非电起爆网路。

6 安全警戒范围

爆破警戒范围以爆破振动、冲击波、飞石、噪声和粉尘对人体影响半径为限界，将人员疏散到限界外。本次爆破，爆破振动、冲击波、噪声比较容易得到有效控制。由于爆破部位高，要对爆破飞石作重点加强防护，使爆破飞石控制在20m左右。

本次爆破警戒范围是烟囱四周200m。

7 爆破效果

按设计烟囱为“之”字形倒塌，在世界上首次实现了高烟囱多段连续定向定点折叠爆破拆除。由于采取了一系列的安全技术措施，爆破产生的振动及地面冲击振动很小，在烟囱北面24.7m处测得爆破振动速度为0.46cm/s，在烟囱东面49m处测得烟囱头部着地冲击振动速度为1.74cm/s。经爆后检查，烟囱按设计方位折叠倒塌（见图2），倒地后爆堆最大高度4.5m；自烟囱中心线计算，烟囱向东倒塌长度为28m，向西倒塌长度为22.5m，筒体破碎充分；飞石控制在设计范围内，没有粉尘和噪声危害；四周厂房的所有设备生产线安全运行，周边各类建（构）筑物及地下管线安然无恙。爆破效果见图3。

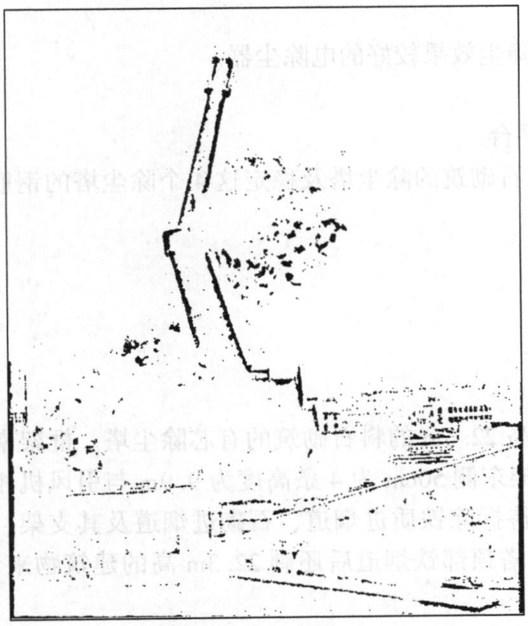

图2 烟囱折叠倒塌

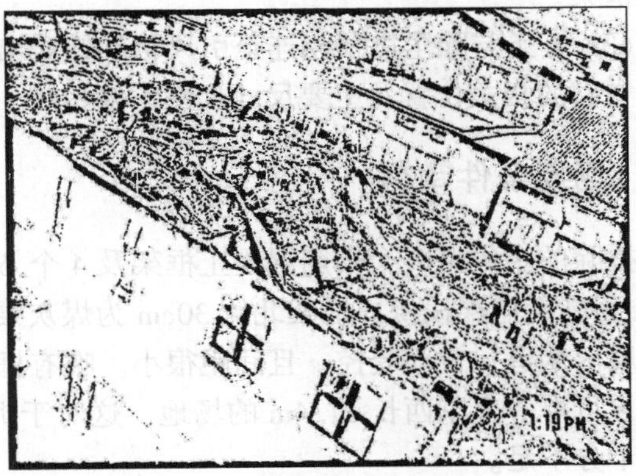

图3 爆破效果

云浮电厂1号水幕除尘器定向爆破拆除工程

高金石　傅建秋　邢光武

（广东宏大爆破股份有限公司，广东 广州，510623）

摘　要：本文介绍了框架结构定向爆破拆除的实施过程，先进行烟道及砌石塔的人工拆除，通过分析框架的结构特点，以起爆顺序及间隔时间为基础，有效确定了炸高位置，现场爆破定向拆除实施效果良好。

关键词：框架结构；定向爆破拆除；起爆顺序；炸高

Directional Blasting Demolition of No. 1 Waterwall Dust Collector in Yunfu Power Plant

Gao Jinshi　Fu Jianqiu　Xing Guangwu

(Guangdong Hongda Blasting Co., Ltd., Guangdong Guangzhou, 510623

Abstract: This paper introduces the directional blasting demolition process of a frame structure. Firstly, the flue and masonry tower were demolished manually. Then, the blasting height was effectively determined based on the analysis of the structural characteristics of the frame, the initiation sequence and the delay interval. The onsite directional blasting achieves good demolition effect.

Keywords: frame structure; directional blasting demolition; initiation sequence; blasting height

1　工程概况及特点

云浮电厂1号水幕除尘器需拆除，并在其原址新建降尘效果较好的电除尘器。

拟拆除的1号水幕除尘顺路包括：

（1）4条铁质进烟道，4条砌石进烟道及其支架、平台。

（2）4个ϕ4.5m、高22.3m、内有ϕ1.2m内芯的料石砌筑的除尘塔及稳定这4个除尘塔的钢筋混凝土框架。

（3）4条与除尘塔顶相连至引风机的铁质出烟道。

它们的相关位置及主要尺寸如图1所示。

1.1　场地条件苛刻

拆除的主体是一个钢筋混凝土框架及4个ϕ4.5m，高22.3m的料石砌筑的有芯除尘塔。框架南侧30cm为高架输煤栈桥；框架北侧30cm为煤灰泵房；框架东侧50cm为4条高度为9.9m与引风机相连的铁质出烟道。三面受控，且间距很小。唯有框架西侧待拆除铁质进烟道、石砌进烟道及其支架、平台后，可有一个东西长11.4m的场地，这对于拆除砌石塔顶部铁烟道后还剩22.3m高的建筑物来说，显得十分不足。

原载于《中国典型爆破工程与技术》，2006：660-664。

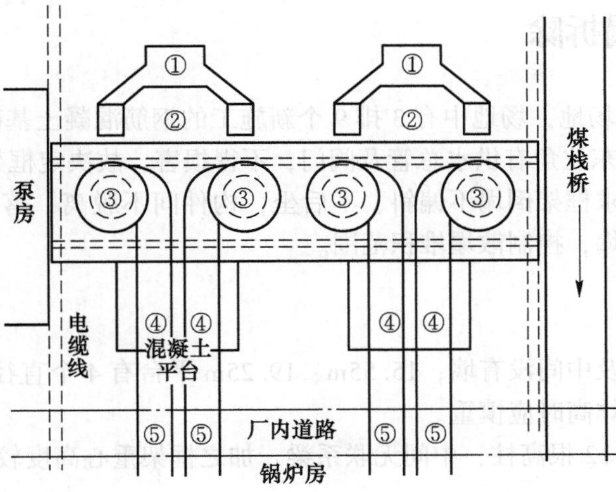

图1 除尘器结构及场地条件平面图

西侧场地不足，东侧只有0.5m的空隙，南、北两侧只有0.3m的空隙，在框架的下侧还有油管沟、水阀门、电缆沟等需要保护的设施。

1.2 拆除物介质性质差异地很大

拆除物有钢筋混凝土框架、料石砌筑的除尘塔，二者强度差异很大。更主要的是二者爆破倒塌物理过程及堆积状况不同。砌石体的定向倒塌过程中原地坍塌较重，砌石块体就近散塌较多，必将对钢筋混凝土的定向、定位倒塌造成负面的影响。

1.3 要求保护的设施多

南北两侧距框架30cm的输煤栈桥及煤灰泵房不得受损，南北两侧框架之下有油管沟及电缆沟，也不能受损，否则会导致全电厂停产；东侧距框架50cm有4条铁质烟道，高9.935m，不能损坏；框架一层下部有一供水总管及阀门，不得损坏；西侧地下有消防水沟，锅炉房。在仅有的11.4m可供倒塌的场地上，厂方为保证本技改工程工期，新建了9个钢筋混凝土基础，各基础除留有钢筋外，还都预埋了4个地脚螺栓，基础高于地面，也要求不能损坏。

这么多设施需要保护，显然拆除方案和施工方法比较复杂、增大了施工技术的难度，必须慎重对待。

1.4 工期紧

要求在13天内，完成全部拆除与清运工作。

2 拆除方案选择

2.1 烟道

金属进、出烟道用气割分段，40t吊车配合12m平板车，将其分段吊运。

砌石进烟道及支架平台用液压破碎机打碎。

2.2 砌石塔

4个砌石塔高22.3m，外直径4.5m，内部中心有一$\phi1.2$m的芯，由料石砌成，每块料石重约120kg。由于塔高22.3m而场地只有11.4m，砌石塔定向倒塌爆破必然要有较多的料石块堆积在塔身附近并涌入灰泵房或冲砸栈桥，因此，采用人工方法拆除。

3 框架定向爆破倒塌拆除

仅西侧有一个 11.4m 的场地，场地中有 3 排 9 个新施工的钢筋混凝土基础需要保护。

在框架+3.3m 平台下方东北角有供水总管及阀门，不得损害，故决定框架自+3.3m 以上施爆。

基于框架四周环境，要求框架倒塌不偏斜、不后坐，构件间不脱离，落地点准确，不前冲。即不仅要求定向，还要求定位倒塌，控制散塌堆积范围。

3.1 框架特点

本框架重量较轻。四周及中间没有墙；15.55m、19.25m 平台有 4 个直径 4.7m 的大洞，所以重量较轻，不利于倒塌，在确定炸高时应慎重。

3.3m 至 15.55m 平台是 12 根高柱，中间无联系梁，加之框架重心高度较高，准确定向、定位倒塌难度很大。

3.2 起爆次序及间隔时间

根据场地条件要求框架爆破只能向西倒塌，考虑框架的结构尺寸，分析柱、梁在倒塌过程中是否会产生折断、断裂的可能性，经多种方案比较，确定起爆次序与间隔时间，如图 2 所示。

（1）A_3、A_4 立柱，采用 HS1 段半秒差延时雷管；

（2）A_2、A_5 立柱，采用 HS2 段半秒差延时雷管；

（3）A_1、A_6 立柱，采用 HS3 段半秒差延时雷管；

（4）B_2、B_3、B_4、B_5（图中略）立柱，采用 HS3 段半秒差延时雷管；

（5）B_1、B_6（图中略）立柱，采用 HS4 段半秒差延时雷管。

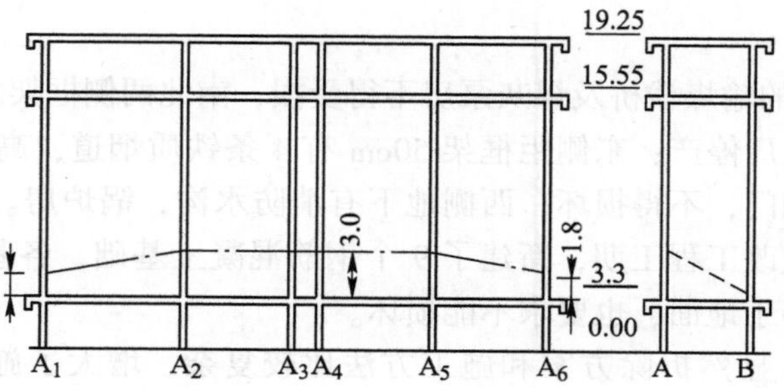

图 2 炸高（单位：m）

3.3 炸高的确定

对于本工程，炸高不仅与可靠倒塌、定向准确有关，还关系到定位倒塌、落点准确。经多方案计算分析，其炸高如下：

（1）A_2、A_3、A_4、A_5 立柱炸高为 3.0m。若再小，倒塌场地不够，且框架顶部平台要倒到新的基础之上。A_2、A_5 炸高再小，除上述不利之外，还对控制框架可靠倒塌不利。炸高过大，B_2、B_3、B_4、B_5 柱易产生后坐，危及东侧烟道的安全；B_1、B_6 柱也易向斜后方伸展，危及泵房的安全；框架顶部平台要倒到另一组新基础之上。

（2）A_1、A_6 即前排两个边柱，决不允许向外偏移，倒塌时应稍向中部收敛，考虑场地条件，炸高定为 1.8m。若过高，柱底易产生向外侧后坐，危及泵房的安全。若过小，倒塌场地不够，且顶部要倒到新基础之上。

（3）后排立柱 B_1~B_6 炸高均为 0.9m。若过大，产生后坐，或场地条件不允许；若过小，因框架很轻或倒塌不彻底或后排柱产生中间折断现象。

3.4 炸药量

A_2、A_3、A_4、A_5 立柱下部按炸碎、碎块抛出钢筋笼，但主筋不得炸断用药。

后排立柱 B_1~B_6 按只炸松混凝土用药。A_1、A_6 立柱用药量稍小于 A_2~A_5 立柱。

爆破效果分析：A_3、A_4 立起爆后，框架中部微有下沉；A_2、A_5 立柱爆后，框架中部下沉、微向西倾；A_1、A_6 及 B_2~B_5 起爆后，框架向西明显倾倒，前排中部倒塌最快，带动两侧向西倾倒；前排立柱倒塌至+3.3m 平台后，框架向西明显倾倒，前排中部倒塌最快，带动两侧向西倾倒；前排立柱倒塌至+3.3m 平台边沿时，有一撞击，前排立柱折断；顶部平台着地时，又有一撞击，前排立柱 15.5m 处与平台断裂脱离，后排立柱 15.5m 处与平台断裂但未脱离。在南北方向上①、②及⑤、⑥柱 15.5m、19.25m 处的横梁节点均有断裂。框架倒地位置如图 3 所示。A_1、B_1 及 A_6、B_6 立柱均向中部偏移 0.6~0.8m；后排立柱均无后坐。故所有要求保护的建筑物及设施无一损坏，实现了定向、定位倒塌。

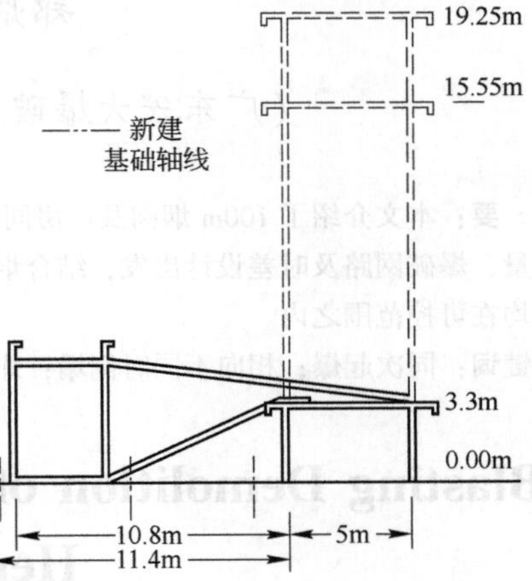

图 3 框架倒地位置

4 讨论

定位倒塌，不仅要定向，还要控制落点的位置。这是对控爆拆除的更高要求，也是控爆技术发展的必然。

烟囱、水塔、单根立柱的定位倒塌，只要在保证定向准确的前提下，控制其筒身（或柱）在倒塌过程中及触地时不断脱，即可实现定位倒塌。这对钢筋混凝土构筑物来说，较为简单，易于控制。但对砖、料石砌体，则难以控制不断裂。

框架实现定位倒塌，受框架结构、尺寸、构件强度及场地条件等多因素的影响。

定位倒塌的前提是定向，定向的关键是正确确定炸高及起爆次序与时差。

定位倒塌不仅要准确定向，还要落点准确。这就要求框架各主要构件在倒塌过程中按预定的状态进行倒塌、触地，不能在倒塌过程中出现偏移、断脱及解体等现象。所以，定位倒塌技术要分析主要构件在倒塌过程中的受力状态，并判断其后果；计算与判断各主要构件的触地点，并使之与场地条件相适应。由此可见，定位倒塌技术比较复杂。

定位倒塌的炸高是在满足可靠倒塌的前提下，在一定的范围内结合场地条件及框架主要构件的尺寸选定的。当炸高值偏大时，可采取“弱炸”（即装药量小、炸碎程度减弱）来补救。如本工程中 A_2~A_5 柱上部及 A_1、A_6 柱。

本工程 A_2~A_5 柱炸高均取 3m，这一方面是由场地与框架尺寸所决定的，另一方面又可保证触地由中部开始依次向两侧发展，使其倒塌更平稳，否则将会产生较多的负面效果。

选取偏大的炸高，是否会因倒塌加速度很大而产生构件在空中出现断脱、解体等现象，则应进行必要的力学分析与计算。

对于定位倒塌的起爆次序与时差，要依据框架的结构尺寸及倒塌的物理过程，来选取。本工程 A_3、A_4 与 A_2、A_5 不在同一段起爆，是因为炸高已偏高，如同段起爆，可能引起 A_1、A_6 柱被拉断，倒塌过快会引起框架空中解体。

B_2~B_5 同一段起爆，有利于倒塌进行得平稳。

恒运电厂 100m 烟囱及厂房爆破拆除工程

郑炳旭　傅建秋　王永庆

（广东宏大爆破股份有限公司，广东 广州，510623）

摘　要：本文介绍了 100m 烟囱及厂房同次起爆及相向不同时倒塌的实施过程，从厂房的炸高、炮孔布置及装药量、爆破网路及时差设计出发，结合烟囱爆破技术设计，成功完成了定向相向不同时拆除，且爆破有害效应均在可控范围之内。

关键词：同次起爆；相向不同时倒塌；炸高；爆破有害效应

Blasting Demolition of a 100m Chimney and Workshops in Hengyun Power Plant

Zheng Bingxu　Fu Jianqiu　Wang Yongqing

（Guangdong Hongda Blasting Co.，Ltd.，Guangdong Guangzhou，510623）

Abstract: This paper introduces the blasting progress of a 100 m chimney and workshops initiated at the same time and falling towards each other with a delay interval. With the careful consideration of the blast height, blast hole pattern and charges, blasting network and delay intervals of the workshops, and the blasting design of the chimney, the project is successfully completed as designed, and the harmful effect of blasting is under control.

Keywords: simultaneous initiation; collapse towards each other with a delay interval; blast height; blasting harmful effect

1　工程概况

广州经济开发区内的恒运热电厂因改造扩建的需要，决定将 A 厂发电机组的厂房建筑物及构筑物拆除。

待拆的 A 厂周围用塑料波形板围住，工地西侧与正在运转的 B 厂相邻，东侧为恒运热电厂的附属设施，中间有一条宽 20m 的厂区主干道和绿化带，工地最北侧为待拆主控楼，距单身宿舍楼 36m，南侧以干煤棚为界。

烟囱位于拆除区中部偏南，其北侧为待拆除的汽机间和锅炉房，距锅炉房 40m，南为干煤棚，东西各 40m 的建筑物为本次拆除范围。

本次爆破的 A 厂厂房（汽机间和锅炉间）及烟囱周围环境如图 1 所示。

汽机间和锅炉间是钢筋混凝土框架结构的大型厂房建筑物，其建筑物结构连成一体，因此要一起爆破处理。两厂房占地面积分别为 42. 06m×29m 和 72. 12m×29m，共计 3311. 22m^2，其高度为 17. 10~27. 80m，按照高 4. 5m 为一层计算，建筑面积为 15538m^2。

该厂房横向共有 4 跨，按其建筑图纸自北向南分为 A、B、C、D、E 共 5 排立柱，其中 A、B、C 轴各有 14 条结构柱，D、E 轴各有 8 条结构柱，结构柱截面尺寸见表 1，A~E 轴立柱分布排列示意图见图 2 和图 3。

原载于《中国典型爆破工程与技术》，2006：672-677。

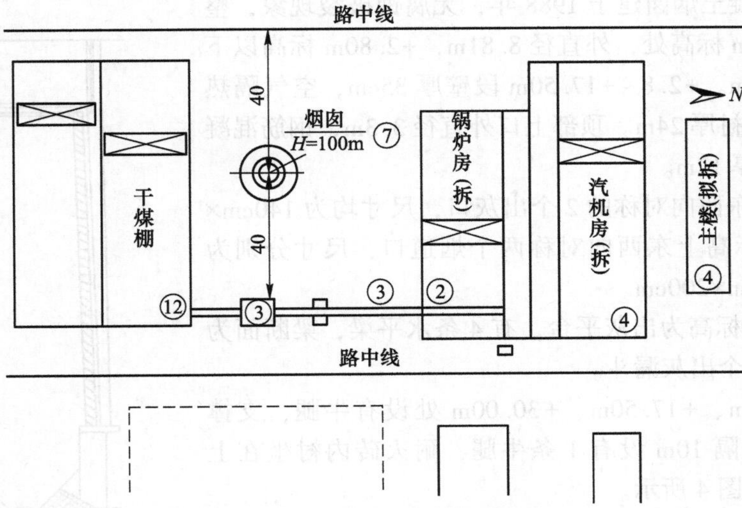

图 1　烟囱、A 厂厂房周围环境示意图

表 1　各轴结构柱截面尺寸

柱轴号	立柱条数	截面/mm×mm	柱轴号	立柱条数	截面/mm×mm
A	14	1240×500	D	8	1000×500
B	14	900×600	E	8	1240×500
C	14	1100×500			

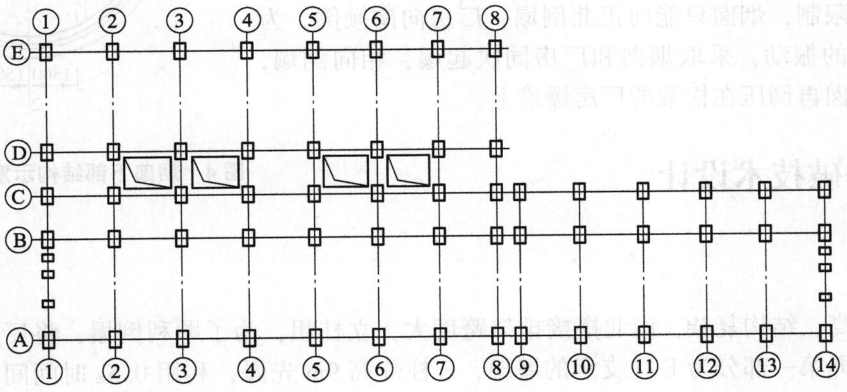

图 2　厂房立柱分布示意图

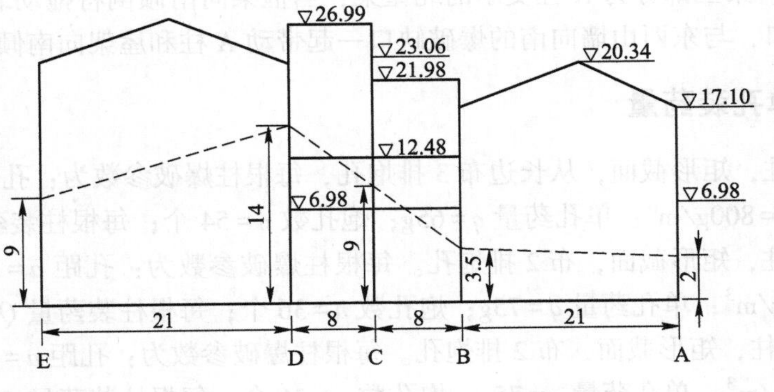

图 3　汽机房、锅炉房横向剖面及炸高示意图（单位：m）

100m 高钢筋混凝土烟囱建于 1988 年，无腐蚀破裂现象，整体性好，底部±0. 00m 标高处，外直径 8. 81m，+2. 80m 标高以下钢筋混凝土壁厚 40cm。+2. 8～+17. 50m 段壁厚 35cm，空气隔热层厚 8cm，耐火砖内衬厚 24m。顶部上口外直径 3. 3m，钢筋混凝土壁厚 16cm，内衬厚 12m。

在±0. 00m 处有东西向对称的 2 个出灰口，尺寸均为 140cm×200cm；在±4. 20m 标高上东西向对称两个烟道口，尺寸分别为 220cm×260cm，160cm×200cm。

+2. 80～+3. 65m 标高为出灰平台，有 4 条水平梁，梁断面为 40cm×85cm，内含 1 个出灰漏斗。

沿纵向在+2. 80m、+17. 50m、+30. 00m 处设有牛腿，支撑耐火砖内衬，其后每隔 10m 设有 1 条牛腿，耐火砖内衬坐在上面。烟囱下部结构如图 4 所示。

布筋状况：+2. 80m 以下双层钢筋网。外层网的竖筋 ϕ20mm@200，环筋 ϕ12mm@100；内层网的竖筋 ϕ12mm@150，环筋 ϕ12mm@150。

+2. 80m 以上是单面钢筋网，竖筋 ϕ20mm@200，环筋 ϕ16mm@100。

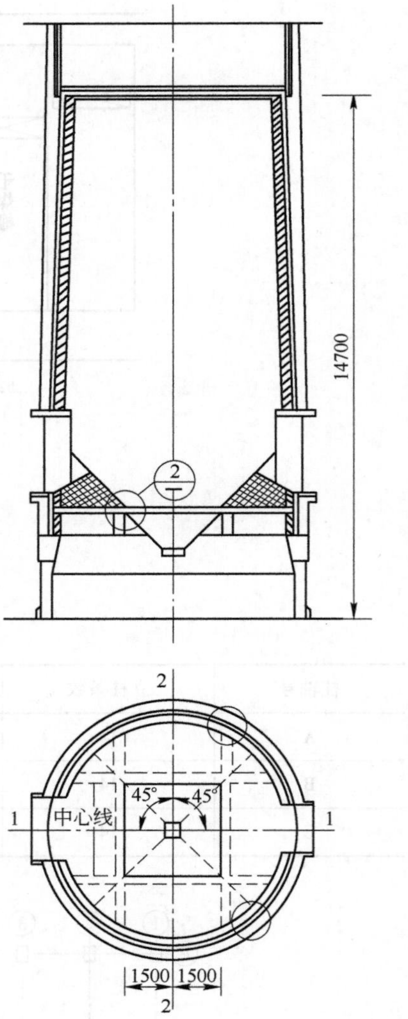

图 4 烟囱下部结构示意图（单位：mm）

2 爆破拆除方案

为不影响电厂正常运转，工程要求必须保证附近地区的人员安全和建筑物及设施的安全。

因爆区环境限制，烟囱只能向正北倒塌，厂房向南倾倒。为了减小烟囱倒地的振动，采取烟囱和厂房同次起爆，相向倒塌，厂房先着地，烟囱再倒压在松散的厂房爆堆上。

3 主厂房爆破技术设计

3.1 炸高

厂房中框架高，结构复杂，南北搭接排架跨度大，立柱粗，为了顺利倒塌，将厂房看成相互联系的三个独立体，即第一部分为 E 柱支承的屋架，E 柱炸高 9m 先爆，利用 0.5s 时间间隔，尽可能让南屋架从框架搭接处脱落。第二部分为 D、C、B 柱构成的框架，其 D 柱炸高已加大到 14m，与 C、B 柱炸高形成大缺口，框架及支承在其上的煤斗在自重作用下，以较大的倾覆力矩向南倒塌，并推动仍搭接的南屋架向南倒塌。第三部分为 A 柱支承的北屋架，当框架向南倾倒将拖动北屋架南移，同时 A 柱炸出 2m 高南偏心缺口，与东西山墙向南的爆破缺口一起带动 A 柱和屋架向南倾倒。厂房炸高见图 3。

3.2 炮孔布置及单孔装药量

（1）E 轴：8 条柱，矩形截面，从长边布 3 排炮孔，每根柱爆破参数为：孔距 $a=300\sim320$mm；排距 $b=400$mm；单耗 $k=800$g/m^3；单孔药量 $q=65$g；炮孔数 $n=54$ 个；每根柱装药量 $Q=3.51$kg。

（2）D 轴：8 条柱，矩形截面，布 2 排炮孔。每根柱爆破参数为：孔距 $a=300\sim400$mm；排距 $b=400$mm；单耗 $k=750$g/m^3；单孔药量 $q=75$g；炮孔数 $n=36$ 个；每根柱装药量 $Q=2.7$kg。

（3）C 轴：14 条柱，矩形截面，布 2 排炮孔。每根柱爆破参数为：孔距 $a=350\sim400$mm；排距 $b=400$mm；单耗 $k=750$g/m^3；单孔药量 $q=75$g；炮孔数 $n=36$ 个；每根柱装药量 $Q=2.7$kg。

（4）B 轴：14 条柱，矩形截面，布 2 排炮孔。每根柱爆破参数为：孔距 $a=300$mm；排距 $b=$

400mm；单耗 $k=700g/m^3$；单孔药量 $q=75g$；炮孔数 $n=36$ 个；每根柱装药量 $Q=2.7kg$。

（5）A~B 轴：有 6 条门柱，矩形断面尺寸为 1240mm×500mm，炮孔布置同 E 轴，爆破时用的雷管段数与 B 轴同段。

（6）A 轴：共 14 条，矩形断面尺寸为 500mm×1240mm，每根柱的爆破参数为：炮孔深度 $L=300$；孔距 $a=300mm$；排距 $b=400mm$；每条柱炮孔数 12 个，让柱南侧爆出大缺口，北侧炸碎混凝土即可，令它向南倒。单孔药量 $q_1=60g$，$q_2=50g$，$q_3=30g$，每根柱总装药量 $Q=590g$。南侧箍筋起爆前切断。

3.3 爆破网路及时差

A、B、C、D、E 共 5 排立柱，均采用半秒差非电雷管，E 排柱先响，A 排柱最后响，段数分别为 HS3、HS4、HS5、HS6、HS7，门柱与 B 轴同段用 HS6 段的雷管。

起爆网路采用塑料四通连接，每条柱为小循环回路，每一排柱为一中循环回路，两个车间合为一个大循环回路，小循环之间、中循环之间、大循环之内多处互相搭接，形成复式交叉网路。

4 烟囱爆破技术设计

4.1 爆破缺口

爆破缺口形状为正梯形。

爆破缺口角度为 230°，则爆破缺口尺寸为：爆破缺口底长 $L=17.6m$；保留支撑部位长 $S=10.0m$；梯形底角 $\alpha=51°$；爆破缺口顶长 $L'=15.20m$；缺口高度 $H=2.90m$。

爆破缺口底线位置在标高+0.5m 处，其形状和尺寸如图 5 所示。

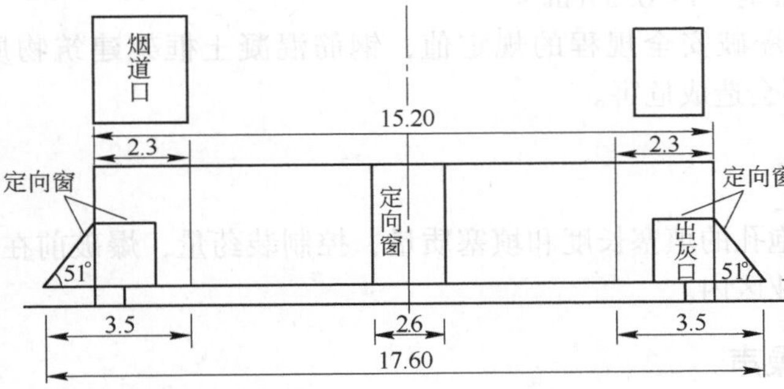

图 5 爆破缺口形状尺寸示意图（单位：m）

4.2 定向窗口

在爆破缺口两侧预设两个梯形定向窗。其尺寸为：上底宽 2.3m，下底宽 3.5m，高 2.9m。

在爆破梯形缺口正中心预开宽 2.6m、高 2.9m 的窗口。因此，扣除窗宽度，在缺口内爆破部分宽度为 8m。

4.3 爆破参数

在爆破缺口范围内布设水平炮孔，炮孔与烟囱壁垂直。炮孔呈排布设，相邻两排炮孔交错布置。

在+2.80 标高下，壁厚为 40cm，炮孔深度 $L=25cm$，炮孔间距 $a=30cm$，共 11 排炮孔。每排炮孔 26 个，共计 286 个。

在 4、5 排炮孔因壁厚增加，故炮孔深度要增加 5~10cm，即 $L=30cm$ 和 35cm。单孔装药量 $q=Habk$，式中 H 为壁厚，$H=0.4m$；$k=2.0kg/m^3$，则计算得 $q=0.072kg$，取 $q=75g$。

第 4、5 排炮孔因壁厚加大，需增大药量。经计算，第 4 排每孔要增加 50g 炸药，即单孔药量 $q=$

125g，第 5 排每孔药量增加 25g，即单孔药量 $q=100$g。

炮孔总数为 286 个，总装药量 $Q=23400$g，即 23.4kg。

4.4 爆破网路

孔内安装非电毫秒雷管，每排用塑料四通串联成一个小闭合回路，再将 11 排炮孔的 11 个小闭合回路用四通串成一个大循环回路，保证了网路双保险，可靠性更高。

考虑到炸药总量少，爆破振动不致影响到邻近建筑物，采取同段起爆，炮孔内装毫秒 2 段非电雷管。

将烟囱和主厂房的大循环网路用导爆管连接，同时击发，引爆烟囱和主厂房的爆破网路。

5 爆破安全

5.1 爆破振动分析

按常用的垂直振动速度公式计算：

$$v = K'K\left(\frac{Q^{\frac{1}{3}}}{R}\right)^{\alpha}$$

式中，v 为垂直振动速度，cm/s；K、α 为与地形、地质因素有关的系数，取 $K=150$，$\alpha=1.6$；$K'=0.3$；Q 为单段最大药量，kg，B 轴有 14 条立柱，另有 6 条门柱，均用同段的雷管起爆，其总用药量 $Q=58.86$kg；R 为测点到爆源中心的距离，m。

依照恒运热电厂提供的厂区平面图，B 轴立柱最西侧距 B 厂炉控室有 75m，距 B 厂 3 号汽轮机组有 65m，距 B 厂厂房最近距离为 45m，分别核算其振动速度：当 $R=45$m 时，$v=0.88$cm/s；当 $R=65$m 时，$v=0.49$cm/s；当 $R=75$m 时，$v=0.39$cm/s。

计算结果，振速都小于爆破安全规程的规定值，钢筋混凝土框架建筑物质点振动安全临界值 5cm/s，所以爆破振动效应不会造成危害。

5.2 个别飞石防护

通过合理的设计，保证炮孔的填塞长度和填塞质量，控制装药量，爆破前在爆破部位进行覆盖防护，飞石完全可以控制在作业区内。

5.3 爆破空气冲击波及噪声

这次爆破是在立柱上多点分散装药，药量有限，孔口用炮泥填塞严密，工地空间大，有利于冲击波和噪声的衰减和扩散，不会造成危害。

6 爆破效果分析

本次爆破厂房及烟囱完全准确地倒塌在预定位置，烟囱倒塌着地时，完全按设计预想倒在倒塌的厂房上。烟囱着地时未产生飞溅物，爆破获得成功。

厂房解体破碎，不需要二次改爆，飞石都控制在防护的范围内，附近的 B 厂、C 厂、干煤棚、高压电线杆以及与厂房只有 2m 之隔的一排槟榔树都安然无恙；爆破振动小，周围厂房的电气设备无一跳闸。爆破效果及安全达到设计及预期目标。

本次爆破实践表明：

(1) 将连体厂房按独立三个单元考虑设计是非常必要的，否则 D、C、B 倒塌不会充分。

(2) 半秒时差较合适，大部分构件能前冲 15m，给后倒塌者创造空间，后排 A 轴几乎不后坐。

(3) A 轴按单排立柱的倒塌设计，倒向极好，两端山墙完全内折，A 轴两端头立柱向内呈现 45°折倒，主要是山墙有内飘台，影响山墙内折，带动 A 轴端头柱内折。

（4）烟囱起爆后，在倒塌过程中（约15°时），后支座发生不对称剪切破坏，后支座东南侧先受压剪切破坏，并稍微后坐，分析可能是当天刮西北风的风载偏心所致。

（5）起爆后初始倒向准确平稳，虽在稍后的后支座不对称剪切破坏，造成烟囱囱体扭转，但定向准确性不受影响，烟囱还是准确倒在倒塌中心线上。由此可见，确保烟囱起爆后初始阶段支座不破坏，是准确定向的关键。

（6）烟囱顶部的铁件在倒塌过程中被甩出，落地点远离烟囱头部12m。

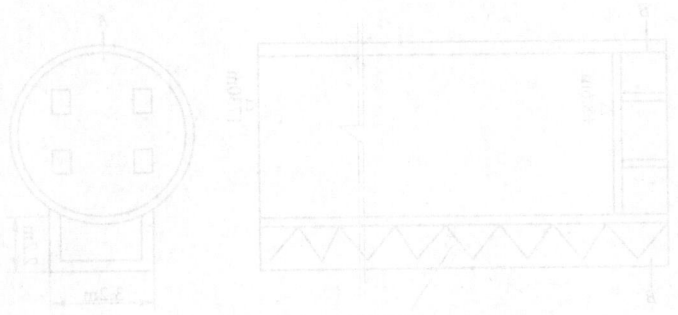

广州氮肥厂 73m 高造粒塔爆破拆除

郑炳旭

（广东宏大爆破股份有限公司，广东 广州，510623）

摘　要：本文介绍了广州氮肥厂 73m 高造粒塔爆破拆除的实施过程，周边环境复杂，采用“加大炸高，适当增大缺口圆心角，预处理壁筒”的爆破方案，详细制定了爆破设计方案，爆破振动效应在可控范围之内，成功实现了安全拆除。

关键词：爆破拆除；炸高；预处理；爆破设计；爆破振动效应

Blasting Demolition of a 73m High Granulating Tower in Guangzhou Nitrogen Fertilizer Plant

Zheng Bingxu

（Guangdong Hongda Blasting Co.，Ltd.，Guangdong Guangzhou，510623）

Abstract：This paper introduces the blasting demolition process of a 73m high granulating tower in the Guangzhou Nitrogen Fertilizer Plant. Considering the complex surrounding environment，the project applies the blasting plan of “increasing the blast height，enlarging the cut central angle appropriately，and pretreating the tower wall”. With the detailed blasting design，the tower is safely demolished and the blasting vibration effect is under control.

Keywords：blasting demolition；blast height；pretreatment；blasting design；blasting vibration effect

1　工程概况

广州氮肥厂内 73m 高的造粒塔，因影响广东奥林匹克体育中心景观，由市政府委托广东宏大爆破股份公司控爆拆除。造粒塔为钢筋混凝土结构，外径 ϕ17m，钢筋混凝土量 1484.7m^3。

造粒塔+20.0m 以下壁厚为 0.4m，双层钢筋网，+20.0m 以上壁厚为 0.25m，双层钢筋网，造粒塔南侧凸出一个壁厚 0.2m 的剪力墙结构楼梯间。+7.5～+8.6m 为整体现浇钢筋混凝土平台，该平台由筒壁及 4 根 0.5m×0.5m 的钢筋混凝土立柱支撑，如图 1 所示。

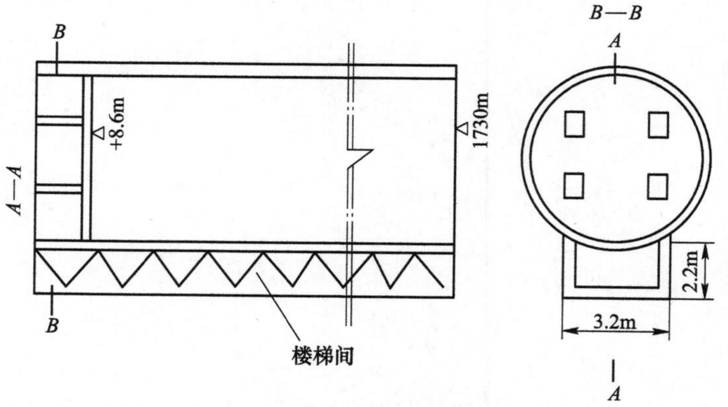

图 1　造粒塔平剖面示意图

原载于《中国典型爆破工程与技术》，2006：695-698。

2 周围环境

造粒塔北面30m为厂区铁路，西北角45m处为变压器，南面较空旷，造粒塔只能从净空距离只有18.6m的两栋5层钢筋混凝土框架楼的夹缝中穿过倒塌，扣除造粒塔直径，造粒塔东西框架楼只有0.8m，如图2所示。

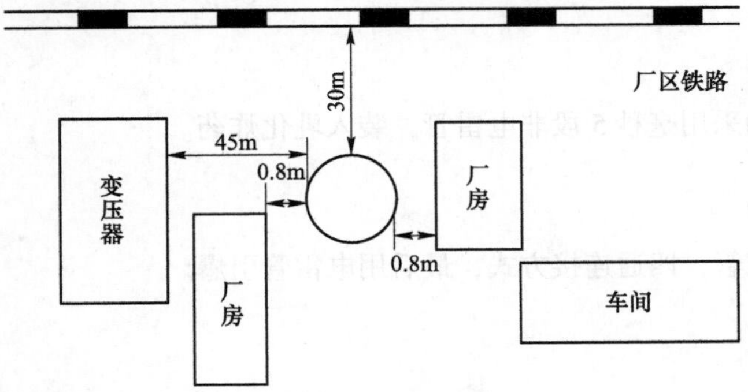

图2 造粒塔周围环境示意图

3 爆破方案

由于造粒塔高直径特大，长细比仅为4.3，属“又高又胖”的筒形构筑物。若采用常规的筒形构筑物爆破方案，爆高低、缺口、圆心角小，塔体不容易翻转倒塌，或者爆后倾斜而不倒。因此，对造粒塔的爆破采用“加大炸高，适当增大缺口圆心角，预处理筒壁”的爆破方案。

3.1 爆高

将最大爆高提高到10m，使塔体下落速度大，有利于筒体翻转倒塌。

3.2 缺口形状及尺寸

为减少爆破工作量，采用阶梯形正梯形缺口。缺口圆心角为240°，梯形底角51.3°，缺口形状及尺寸如图3所示。

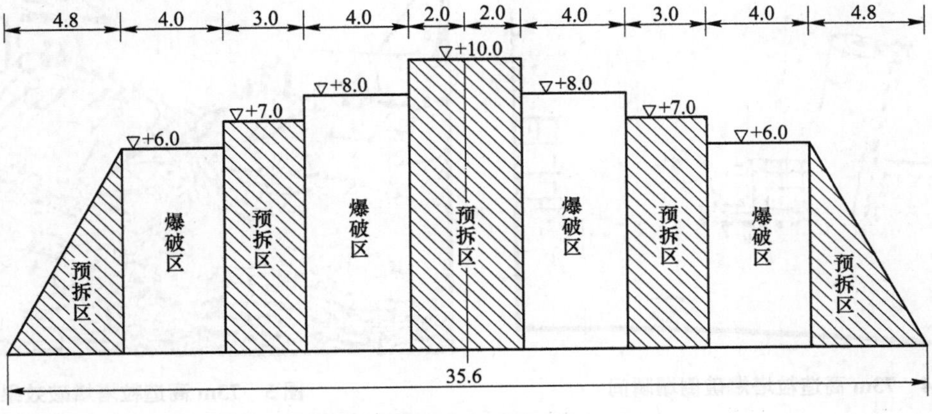

图3 爆破缺口形状示意图（单位：m）

3.3 预处理

为减少爆破工作量，获得较好的爆破效果，对筒壁做出预处理：

（1）对塔体南侧10m以下的壁厚0.2m的剪力墙结构楼梯间采用机械拆除。

（2）筒体内C_1、C_2立柱在爆破前采用机械拆除，拆除高度为6m。

（3）将缺口内部分筒壁先采用机械拆除(图3中的阴影部分)，保留4根宽4m的筒壁“柱”，进行爆破。

3.4 炮孔参数及装药量

（1）筒壁炮孔孔距 $a=0.3$m，排距 $b=0.3$m，孔深 $L=0.25$m，炸药单耗 $K=2000\text{g/m}^3$，单孔药量 $q=75$g，筒壁共炮孔 1248 个，共装药 93.6kg。

（2）筒体内 C_3、C_4 立柱，每根柱布孔 6 个，孔距 $a=0.4$m，孔深 $L=0.3$m，炸药单耗 $K=1000\text{g/m}^3$，单孔装药量 $q=100$g，2 根立柱共布孔 12 个，药量 1.2kg。

3.5 雷管、炸药选择

筒壁及 2 根立柱炮孔均采用毫秒 5 段非电雷管，装入乳化炸药。

3.6 爆破网路

采用非电毫秒导爆管雷管，四通连接方式，最后用电雷管引爆。

4 安全措施

本次爆破主要是防止飞石对四周建筑物的危害，因此采取了两项措施：其一是在爆破缺口外搭上竹排栅，在排栅上挂上双层毛竹片，其二是在西北侧变压器的东西搭设一道长 30m，高 5m 的排栅，在该排栅上挂单层竹笆，阻挡从第一道防护逸出的飞石。

5 爆破效果

经本公司精心设计和严格施工，于 2001 年 11 月 4 日准时施爆，造粒塔完全按设计预定方向倒塌，倒塌长度 70m，造粒塔倾倒时未碰到两侧的 5 层框架楼。造粒塔倒塌场地地面坚实，爆破时未见飞散物。实测距造粒塔中心 54.7m 处，爆破最大振动速度为 9mm/s，距塔倒塌轴线 27.3m 处，塌落触地最大振速 24.2mm/s，距塔 250m 的变电站处，爆破最大振速 0.226mm/s，塌落触地最大振速 0.205mm/s。因此，爆破安全，拆除顺利，获得了圆满成功（见图 4、图 5）。

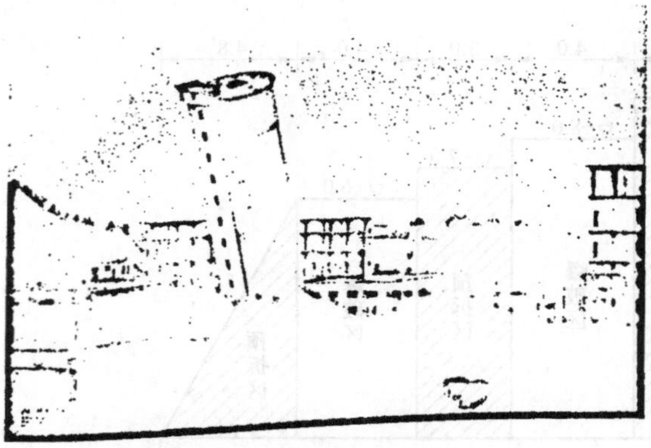

图 4 73m 高造粒塔爆破倒塌瞬间

图 5 73m 高造粒塔爆破效果

6 推广应用情况

该工程爆破方案，对大直径的“高胖”筒体构筑物具有借鉴意义。本公司随后在广州恒运电厂 2 个直径 13m、壁厚 0.4m、高 27m 的灰库以及在镇海电厂一个直径 12m、壁厚 0.4m、高 24m 的灰库爆破中，均参考了本工程的爆破方案。

镇海电厂 150m 高烟囱双向折叠爆破拆除工程

郑炳旭　傅建秋　魏晓林

（广东宏大爆破股份有限公司，广东 广州，510623）

摘　要：本文介绍了 150m 高烟囱双向折叠爆破拆除的实施过程，从上缺口及下缺口的预拆除位置、参数确定、时差选择等方面出发，并制定了详细可靠的安全防护措施，现场爆破效果较好，有效地控制了爆破振动效应。

关键词：150m 烟囱；双向折叠爆破；时差；安全防护

Two-way Folding Blasting Demolition of a 150m High Chimney in Zhenhai Power Plant

Zheng Bingxu　Fu Jianqiu　Wei Xiaolin

（Guangdong Hongda Blasting Co., Ltd., Guangdong Guangzhou, 510623）

Abstract: This paper introduces the double folding blasting demolition process of a 150 m high chimney. With the thorough consideration of pre-treatment locations of the upper and lower cuts, parameters, and delay intervals, the project achieves good blasting effect and effectively controls the blasting vibration by working out detailed and reliable safety protection measures.

Keywords: 150m chimney; two-way folding blasting; delay interval; safety protection

1　工程概况

150m 高烟囱为整体现浇钢筋混凝土筒体结构，底部外径 11.66m，壁厚 400mm；顶部外径 6.54m，壁厚 150mm，混凝土标号 300 号，混凝土体积 1053.47m^3，粒状炉渣隔热层 112m^3，红砖内衬 454.4m^3，整体重量 3400t。

烟囱底部正北方向有一个宽×高＝1.8m×2.5m 的出灰口，正东和正西+5.0～+12.5m 各有一个宽×高＝3.42m×7.5m 的烟道口。

烟囱四周环境是：北离 1 号、2 号机主厂房 9.2m，东离振电路 120m，离变压器 130m，南离金海路 68m，西离中电路 60m。周围环境如图 1 所示。安镇路上位于振电路东侧电缆沟处于运行状态，金海路上的电缆沟全部处于运行状态。

本工程的特点：其一，该烟囱是迄今为止亚洲地区爆破拆除的最高烟囱；其二，环境复杂，四周均为生产厂房及电厂电缆沟，倒塌范围狭小，仅限于东偏南 18°范围内倒塌；其三，烟囱壁薄，根部壁厚仅 40cm。

2　方案选择

2.1　150m 烟囱爆破拆除

有以下两种拆除方案：

原载于《中国典型爆破工程与技术》，2006：720-725。

（1）150m 高一次爆倒方案，从烟囱根部开缺口，一次爆倒 150m 高烟囱，倒塌方向是安镇路和金海路之间一条狭长地带，倒塌范围仅 18°。

（2）双向折叠爆破方案：利用+30.0m 的工作平台，在+30.0m 处开设一个缺口；在地面开设一个缺口，实现双向折叠倒塌。+30.0m 以上的烟囱向东倒塌，+30.0m 以下烟囱向西倒塌，倒塌在变压器以西金海路以北的范围内，倒塌范围增大到 29°。

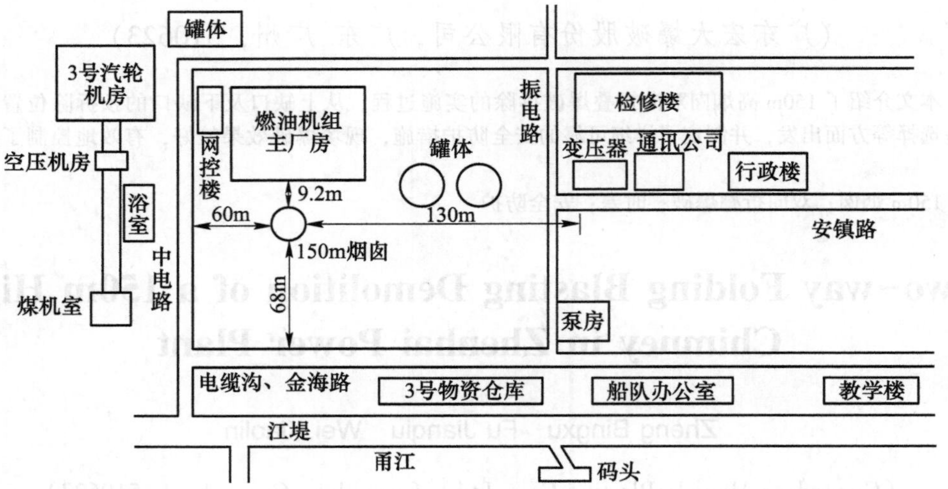

图 1 烟囱周围环境图

2.2 方案比较

2.2.1 方案一的优缺点

（1）优点：从烟囱底部开缺口，施工简单，造价低。

（2）缺点：

1）需要拆除排涝泵房；

2）倒塌范围小，由于受安镇路和金海路上两条正在运行的电缆沟的限制，烟囱只能向东南方向、金海路和安镇路之间的一条狭长地带倒塌，拆除排涝泵房以后，倒塌范围只有 18°；

3）从理论上分析，可以实现 150m 全高一次性定向倒塌，但是由于筒身导致的不确定因素太多，因而倒向容易发生偏转，定向不准确，风险大；

4）对变压器及安镇路、金海路上的电缆沟均构成严重威胁。

2.2.2 方案二的优缺点

（1）优点：

1）倒塌范围大；

2）不需拆除排涝泵房；

3）可以在电厂运行状态下实施爆破；

4）不波及到电缆沟、变压器的安全，风险小，安全性高；

5）缺口位置离烟道口的高度为 17.5m，排除了烟囱底部烟囱口、出灰口、缺口区结构不对称这些不利因素的影响，定向准确；

6）工程造价适中。

（2）缺点：

1）需要搭设 30m 高的工作平台；

2）30m 高爆破缺口处，要对爆破飞石进行加强防护。

从以上分析比较可以看出，方案二为最优方案，最终选择方案二，即在+30.0m 和+0.6m 处各开一个爆破缺口的双向折叠爆破方案。上下缺口倒塌方向中心线在一条直线上。

3 双向折叠爆破方案

3.1 上缺口爆破设计

3.1.1 倒塌方向

上部120m高烟囱倾倒方向为东偏南12°（东西烟道轴线为正东、正西方向）。

3.1.2 缺口位置

缺口位于+30.0m处。

3.1.3 爆破缺口数据

（1）缺口区结构尺寸：+30.0m处，壁厚30cm，外半径508cm，内半径478cm；外周长3190cm，单层钢筋网布置在筒体外侧，竖筋$\phi 20@165$，环筋$\phi 18@200$；耐火砖内衬厚12cm，与筒内壁混凝土间隙5cm。

（2）缺口区以下重量：缺口区以上烟囱钢筋混凝土体积597.36m^3，耐火砖体积320.6m^3，总重量1978.7t。

（3）缺口形状：正梯形，梯形底角30°。

（4）缺口高度：2.0m。

（5）尺寸：缺口对应圆心角$\alpha=210°$，梯形下底长$L=18.6m$，上底长$S=10.0m$。

3.1.4 预处理及定向窗的开设

分别在缺口左右两侧各开一个定向窗，在缺口中央开设一个中间窗。定向窗为直角三角形，宽2.5m，高1.5m，中间窗宽3.0m，高2.5m。缺口尺寸、形状及定向窗、中间窗如图2所示。

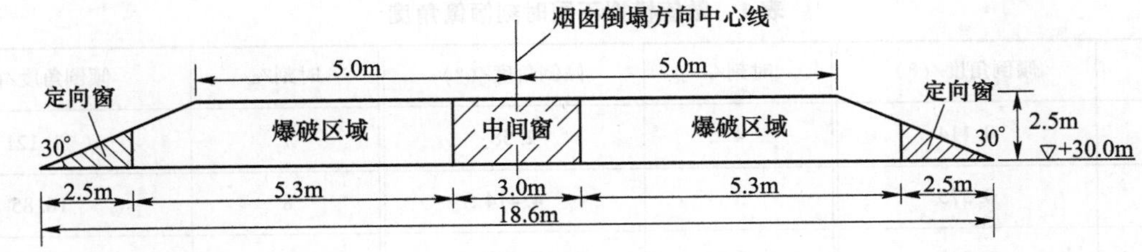

图2 上缺口尺寸、形状示意图

3.1.5 爆破参数

孔距$a=25cm$，排距$b=25cm$，孔深$L=15cm$，炸药单耗$K=3600g/m^3$，单孔药量$q=67g$，炮孔共352个，炸药23.6kg。

3.2 下缺口爆破设计

3.2.1 倒塌方向

下部30m高烟囱倾倒方向为西偏北12°。

3.2.2 缺口位置

缺口位于+0.6m处。

3.2.3 爆破缺口数据

（1）缺口区尺寸：+0.6m处：壁厚40cm，外半径576cm，内半径536cm；外周长1808cm。

（2）布筋情况：双层钢筋网。外层钢筋网：竖筋$\phi 25@180$，环筋$\phi 20@200$。内层钢筋网：竖筋$\phi 25@180$，环筋$\phi 20@200$。

（3）缺口形状：正梯形，梯形底角45°。

（4）缺口高度：4.8m。

（5）尺寸：缺口对应圆心角$\alpha=240°$，梯形下底长$L=24m$，上底长$S=14.4m$。

3.2.4 预处理及定向窗的开设

分别在缺口左右两侧各开一个定向窗，在缺口中央开设一个中间窗。定向窗为直角三角形，宽2m、高2m；中间窗宽3.44m，高4.4m，加上烟道口高7.5m，中间窗高达11.9m。

缺口尺寸、形状及定向窗、中间窗如图3所示。

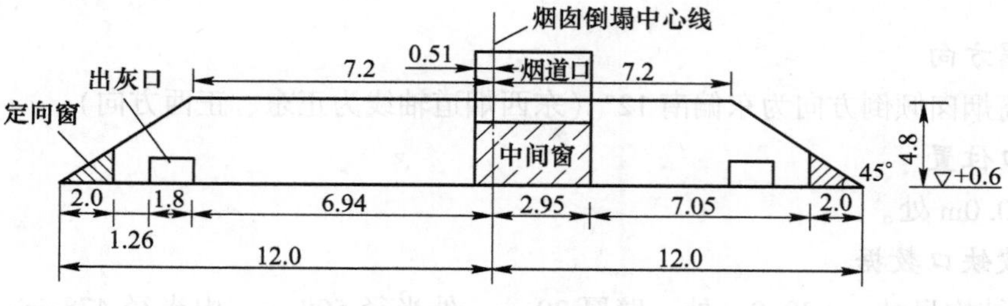

图3 下缺口形状、尺寸示意图（单位：m）

3.2.5 爆破参数

孔距 $a=30$cm，排距 $b=30$cm，孔深 $L=25$cm，炸药单耗 $K=2700g/m^3$，单孔药量 $q=100$g，共布置18排炮孔：炮孔共738个，药量73.8kg。

3.3 上下缺口之间时间差的选择

3.3.1 烟囱倒塌过程数值模拟计算结果

假设地面不开缺口，+30.0m以上120m高烟囱倒塌过程数值模拟计算得出不同时刻烟囱倾倒角度见表1。

表1 数值模拟不同时刻倾倒角度

时刻/s	倾倒角度/(°)	时刻/s	倾倒角度/(°)	时刻/s	倾倒角度/(°)
1	0.114	4	2.58	7	11.121
2	0.573	5	4.414	8	16.85
3	1.318	6	7.165	9	23.96

3.3.2 以往120m高烟囱爆破倾倒过程实测结果

根据本公司以前对两座120m烟囱爆破摄像观测结果，倾倒过程主要分为以下三个阶段：

（1）断裂微倾阶段。从缺口形成到预留支撑部位开始贯通，此阶段无肉眼可见倾倒，此阶段自起爆算起历时2080ms（三、四部炉）和4200ms（沸腾炉）。

（2）初始倾倒阶段。从预留支撑部位开始贯通到缺口闭合，此阶段筒体可见倾倒，速度由小到大，此阶段历时2170ms（三、四部炉）和2100ms（沸腾炉）。

（3）加速倾倒阶段。从缺口闭合到筒体触地，此阶段历时6630ms（三、四部炉）和6600ms（沸腾炉）。

因此，这两条烟囱倾倒的前两个阶段，即断裂微倾阶段和初始阶段，共历时5250ms（三、四部炉）和6300ms（沸腾炉）。

3.3.3 本次150m烟囱折叠爆破上下缺口时差选择

上下缺口时差的选择从两个方面考虑：一是上缺口支撑部位已断裂，二是上段烟囱已倾倒一定的角度，下缺口才能开始起爆。根据烟囱倾倒过程数值模拟计算结果及参照以往120m烟囱倾倒过程实测结果，选择上下缺口之间的时差为7.0s。

当下缺口起爆时，上缺口以上120m烟囱已倾倒11.12°，烟囱顶部已平移23.1m。此时烟囱倒向大局已定，可完全保证上部120m烟囱的倒塌方向。

4 安全防护措施

4.1 爆破缺口作业安全措施

自±0.00～+30.0m沿烟囱四周搭设脚手架，铺设+30.0m作业平台，平台宽度不小于3.0m，平台外侧设有2m高的护栏，护栏用安全防护网围住。

人员通往+30.0m平台的上下采用旋转楼梯或“之”字形楼梯。

4.2 烟囱爆破瞬间个别飞石防护的安全措施

采用三层防护体：第一层为密竹排栅，第二层为双层竹笆，第三层为尼龙安全网。

4.3 烟囱囱体着地倒塌时，防止泥土及碎块侧向飞溅的措施

烟囱囱体倾倒水平着地时，对地面的冲击作用很大，地面松软时，泥土易被抛出，且抛距较大，若不采取措施，烟囱上半部分着地时破碎较充分，烟囱囱体内的压缩空气可能将囱体混凝土碎块抛出。因此，本方案设计在烟囱的倒塌中心线方向左右9°范围内，从根部50m开始，每隔8～10m铺设一道用沙包、稻草垒成的缓冲带，并且在缓冲带两端设高4.6m高的排栅，这样可以使囱体塌落着地时不会直接与地面接触，而是经过了沙包缓冲带，可以大大减小泥土和碎块侧向飞溅距离。

4.4 对电缆沟、变压器房、3号物资仓库、船队办公楼的防护措施

为了防止烟囱倒塌时飞溅的石块对设备设施的威胁，对变压器、3号物资仓库、船队办公楼均要进行遮挡，在上述设施外墙搭设密竹排栅，排栅上挂竹笆，对2条电缆沟的防护措施是：在电缆沟上盖2cm厚的钢板，再在钢板上叠4层沙包。

4.5 防护飞溅物前冲的措施

为了防止烟囱倒塌时砸到地面飞溅物往前冲，在烟囱倒塌方向烟囱顶部落点前方搭设一道密竹排栅，排栅长40m，高8m。

5 爆破网路设计

5.1 起爆器材

本工程考虑到杂电及射频电干扰因素，决定采用先进和安全性最优的塑料非电爆管起爆系统。

5.2 起爆能及起爆方法

（1）起爆能：电火花击发枪。

（2）起爆方法：用发爆器引爆导爆管雷管→孔内延时非电雷管→炸药。

5.3 起爆网路设计

全部采用四通连接形式。

6 全警戒范围

爆破警戒范围以爆破振动，冲击波、飞石、噪声和粉尘对人体影响半径为界，将界内人员疏散到界外。本次爆破的爆破振动、冲击波、飞石及噪声比较容易得到有效控制。

本次爆破警戒范围是：东350m，西、南、北各250m。

起爆站位置位于烟囱北侧约 350m 处。

7　爆破效果

烟囱按设计方向倾倒，上段倾倒方向向北偏离 1.5°，根部下坐向南外移 8.5m，爆堆长 -10~+94.3m。可分为四段：

（1）残留下段筒体整体变形、破裂区，在-10~+5m 范围。

（2）上段筒体下坐破碎区，在+5~+28.5m。

（3）上段筒体大块破坏区，在+28.5~+88.5m，该段筒体压扁，横向破裂为 4~5 块，钢筋外露，大块砸入地下 0.5~1.3m。

（4）筒体顶部碎裂区，在+88.5~+94.5m 顶部碎裂成小块，内衬飞出。

飞石分两类：一类是囱壁压扁高压气体携带混凝土块和内衬砖，其抛角较小，约 12°，用高 4.6m 的竹排栅已经防护，在未防护处，这类飞石沿地抛射 40~50m；另一类是烟囱触地飞溅物，其抛角较大，40°~25°，但沙袋墙、稻草层和沙垫层缓冲了烟囱砸入地下的速度，降低了飞溅物的射速，在排栅内溅起泥土最高达 9m，射程在 20m 内。因此，在排栅外没有飞石。

8　结论

（1）150m 高烟囱在倒塌场地狭窄，允许偏转限于 18°以内，倒塌长度范围不足 150m 条件下，成功实施爆破拆除，烟囱安全落地，倒塌中心线与设计仅偏差 1.5°。

（2）地震监测表明，距爆点 80m 的网控楼，质点峰值振速小于 1.03cm/s，达到了确保电厂安全运行的目的。

（3）沙袋墙和稻草层缓冲安全措施，缓和烟囱倾倒触地的冲击，控制了飞石和飞溅，地震监测证明，削弱了触地振动。因此，它是高烟囱爆破拆除时有效的减振措施，可以在类似工程中推广。

（4）鉴于爆前对支撑部大偏心受压破坏机理认识不足，由于下缺口起爆延时过长，造成起爆后烟囱上段压塌下坐。摄像观测烟囱上段下坐在 4.39s。

水压爆破拆除大型钢筋混凝土罐体

郑炳旭

（广东宏大爆破股份有限公司，广东 广州，510623）

摘　要：本文试图用水下爆炸原理说明水压爆破拆除钢筋混凝土罐体的机理。提供“多层群药包水压爆破拆除”实例，供同行参考。

关键词：水下爆炸原理；水压爆破；多层群药包

Demolition of the Large Reinforced Concrete Tank by Hydraulic Blasting

Zheng Bingxu

（Guangdong Hongda Blasting Co.，Ltd.，Guangdong Guangzhou，510623）

Abstract：This paper explains the demolition mechanism of a reinforced concrete silo by hydraulic blasting and provides an example of hydraulic blasting demolition with multilayer group charges for reference.

Keywords：underwater explosion principle；hydraulic blasting；multilayer group charges

1　工程概况

广州黄埔新港，因港口建设需要拆除六个大型钢筋混凝土酒精罐。此批罐 1972 年建成，至今未曾使用，罐体完好。6 个罐结构相同。罐体高 8m，净空内径 10m，钢筋混凝土壁厚 0.3m。罐体内有钢筋混凝土立柱 2 根，截面为 48cm×48cm；顶有钢筋混凝土梁 4 根，截面为 50cm×25cm，搭接于立柱及罐壁上。顶盖四周为现浇盖板，中间为预制板，厚度均为 0.1m。罐体内壁、底板及立柱的表面贴有 2cm 厚的瓷砖。罐体结构如图 1 所示。

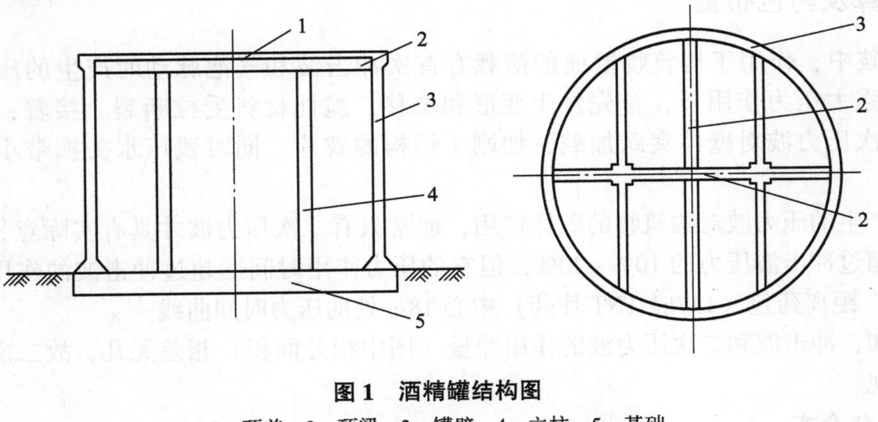

图 1　酒精罐结构图

1—顶盖；2—顶梁；3—罐壁；4—立柱；5—基础

原载于《爆破器材》，1990（6）：25-27，37。

罐体结构牢固，混凝土标号高，布筋密集，系双筋截面。纵向钢筋直径 16mm，间距 15cm；环向钢筋直径分别是罐体下半部分为 16mm，上半部分为 10mm，间距均 20cm，与纵向钢筋用铁丝捆绑。

罐体周围环境较为复杂。仅东侧为空地，其余三面为平房，南面、西面间距为 1m，北面间距为 4m，如图 2 所示。因建设需要，平房也需拆除，故在爆破前将罐体附近的平房予以拆除。

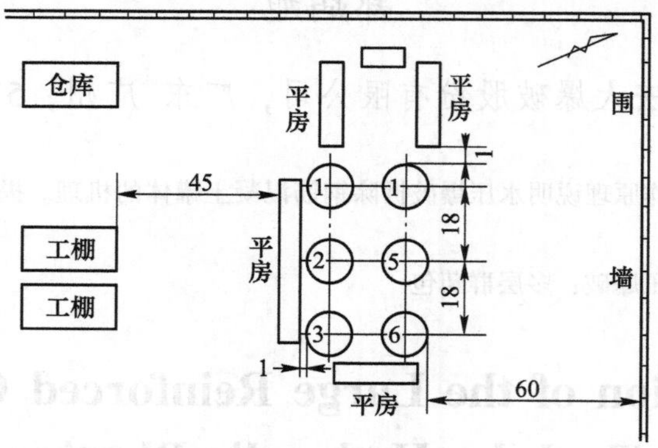

图 2 酒精罐平面及周围环境图（单位：m）

2 爆破设计

2.1 方案选择

此批酒精罐系双筋截面的钢筋混凝土圆筒状薄壁结构，采用钻孔法控制爆破或静态破碎剂进行破碎，虽可达到拆除要求，但炮孔密度受到严格限制，钻孔和爆破工作量相当大，难以取得好的经济效益。水压控制爆破比上述两种方法具有省工省料省设备，施工进度快，且震动和噪声小，基本上没有飞石等优点。故本工程采用水压控制爆破拆除方案，以充分显示其良好的经济技术效果。

采用水压控制爆破技术拆除钢筋混凝土薄壁容积结构，根据环境需要，可采取原位解体（爆破后解体块原位站立不倒塌）、偏炸解体（爆破后解体块部分站立、部分倒塌）及外倒解体（爆破后解体块全部向外倒塌）等多种方案。原位解体及偏炸解体清渣都比较费工，特别是对较高的构筑物，还会给清渣过程带来不安全因素。因此，除非环境特别恶劣，否则应尽量采用外倒解体的形式。本工程由于场地较宽，环境稍好，因此各项控制指标（地震速度、飞石距离、音响强度等）不难满足要求，故宜采用外倒解体的方案。

2.2 药量计算及药包布置

在水压爆破中，作用于构筑物壁面的荷载有首次冲击波和气泡脉动时产生的压力波。壁体在首次冲击波的强大压力作用下，首先发生变形和位移，脆性材料受拉断裂。接着，气泡第二次膨胀时产生的二次压力波对壁体突跃加载，加剧了结构的破片。同时残压水头携带小量的碎块冲出一定距离。

气泡脉动产生的压力波对构筑物的破坏作用，通常只有二次压力波才具有实际意义。二次压力波最大压力虽不超过冲击波压力的 10%～20%，但它的压力作用时间远超过冲击波的作用时间。图 3 是在水深 15m 处，距离药包（137kg TNT 炸药）中心 18m 处的压力时间曲线[1]。

由图 3 可知，冲击波和二次压力波的作用冲量（图中积分面积）相差无几，故二次压力脉冲的破坏作用不可忽视。

2.2.1 药包分布

实践证明，要使壁体破碎均匀，则壁面上的荷载分布应尽量均匀。有关试验表明，水压爆破中，中心集中药包和分层群药包的压力荷载分布见图 4。

由图 4 可知，分层群药包压力分布较均衡，只要适当调整药量，就可使压力分布趋于合理。因此，

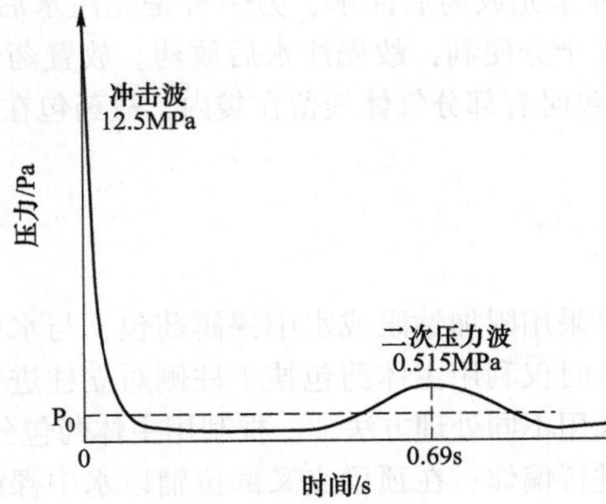

图 3　压力–时间曲线

本工程采用分层群药包布置形式。分三层布置，每层 8 个药包；层间距 2.5m，药包沿圆周均匀布置，药包中心距壁面 2m，如图 5 所示。

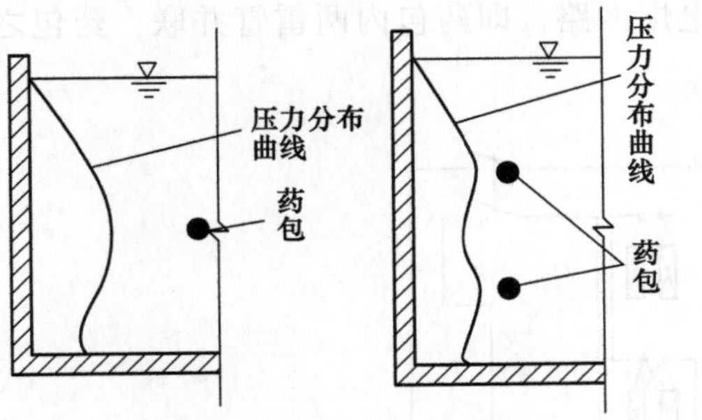

(a) 中心集中药包　(b) 分层群药包

图 4　中心集中药包和分层群药包压力分布曲线比较

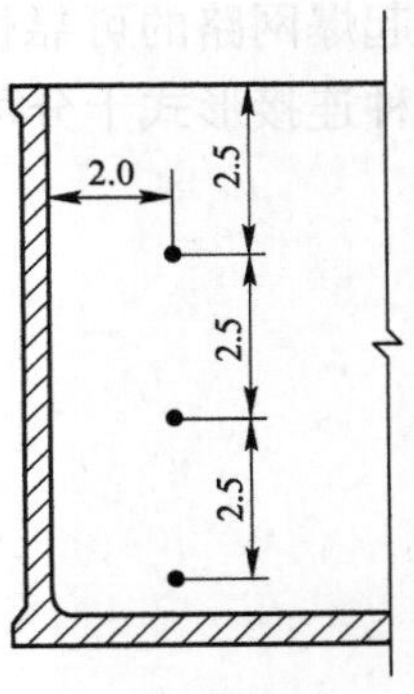

图 5　药包分布（单位：m）

2.2.2　药量计算

水压爆破的药量计算公式很多。参照有关工程实例，选用冲量准则简化公式[2]。

$$Q = K_e \delta R_\omega^2$$

式中，Q 为单个药包质量，kg；δ 为壁厚，$\delta = 0.3$m；R_ω 为药包中心到壁面距离，$R_\omega = 2.0$m；K_e 为药量系数，为确保罐壁向外侧倒塌并破碎充分，取 $K_e = 1.6$。

因此
$$Q = 1.6 \times 0.3 \times 2.0^2 \text{kg} = 1.92\text{kg}$$

实际取 $Q = 2.0$kg。故每个罐的总装药量为

$$Q_{总} = 24 \times 2\text{kg} = 48\text{kg}$$

3　爆破施工

3.1　药包制作及放置

水压爆破的药包制作与炸药的抗水性能密切相关。在城市控制爆破中，特种炸药不易索取，一般都用岩石硝铵炸药。因而药包的防水问题显得特别重要，我们采用食品袋制作防水药包，既简单又经济可靠。在制作药包时，将插有雷管的炸药装入袋内，把雷管脚线引出袋外，接线时要注意油污、蜡及硝铵炸药对接头的影响。芯线搭接长度不小于 5cm，搭接要可靠，包扎要紧，避免虚接。接线后紧扎袋口，外涂黄油，倒置入第二层袋中，重复上述工序，经四层食品袋加工，基本可满足防水要求。

水压爆破不宜在水中出现接头，以防短路拒爆，所以雷管脚线和引出线的接头应置入袋内。为避免一旦接头接触不良而过多地拆开食品袋，接头宜置其最外层食品袋内。经导通过的药包，用网兜兜住，系在预先准备好的绳子上，以便悬挂。

药包放置常有两种方法，一种是先放药后注水，另一种是先注水后放药。本工程罐体顶盖较薄，从顶盖打洞下放药包，对爆破施工十分便利，故先注水后放药。放置药包时，因岩石硝铵炸药本身密度低（0.95~1.1g/cm^3），加工药包时有部分气体残留在袋内，故药包在水中会漂浮，为此，药包应加挂重物以便定位。

3.2 罐体内特殊结构的处理

对构筑物内特殊结构，一般是采用附加钻眼或水中裸露药包，与水中主体药包同时起爆。本工程罐内特殊结构有立柱和顶梁。爆破时仅利用主体药包挂于柱侧对立柱进行偏炸，不另设辅助药包。我们在5号罐试爆中，对两根立柱采用不同处理方法，一根利用主体药包分挂其两侧对其进行剪切破坏，另一根用主体药包挂于一侧对其进行偏炸；在顶梁交叉部位辅以水中裸露药包。实践证明，不论偏炸还是剪切均可炸断立柱，但药包位置不当，会影响壁体倒塌；顶梁不需要设辅助药包，依靠主体药包能量完全可将其炸断。

3.3 起爆网路

为了增加起爆网路的可靠性，采用串并联复式电爆网路，即药包内两雷管并联，药包之间串联，实践证明，这种连接形式十分可靠。起爆网路见图6。

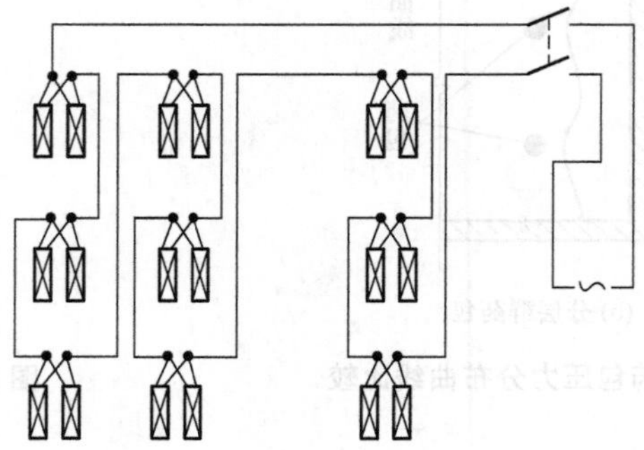

图6 起爆网路连接图

4 爆破效果分析

随着一声闷响，只见几股水柱上冲，盖板掀起，紧接着四壁破裂，残压水外泄，几秒钟后，罐体塌倒在地。

六座罐施爆结果，全部符合设计要求。每一个罐体分解成大小不等的若干宏观大块，均向外倾倒。每一宏观大块上都有许多裂隙，但上段破碎效果较差，裂隙稀少；中下段破碎效果十分理想，钢筋外露，混凝土呈钢筋网格一样大小的块度；壁根外移10~20cm。可见边界条件的影响不可忽视。

爆破时未见明显飞石，但个别碎块在残压水带动下冲出二十几米。爆破震动微弱，离爆源26m有一刚卸模的混凝土水沟，处于地表以下2m深，爆破时丝毫未受影响。可见大型水压爆破作业是十分安全的。

5号罐试爆时，由于一侧立柱采用剪切药包，使主体药包远离壁面。另外，由于立柱柱面的刚壁反射作用，减弱了炸药能量对壁面的作用，如图7所示。致使5m长的壁体站立不倒。可见均质结构内能量作用的偏差，对宏观破坏效果的影响很大。

本次爆破特邀武汉铁四院控爆所金人夔工程师等三位同志来穗参加部分罐体的设计和施工，在此表示感谢。

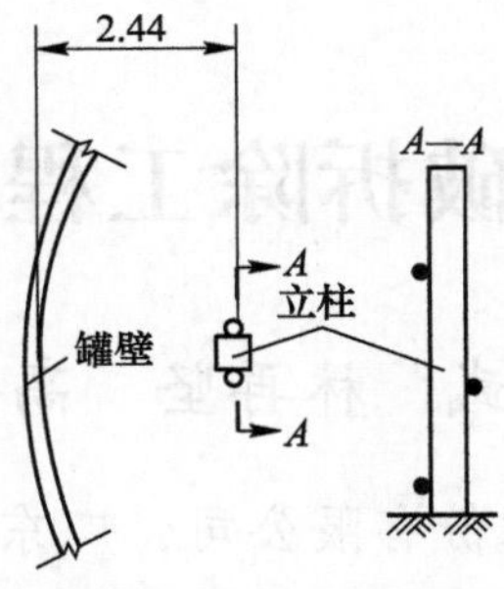

图 7 剪切药包布置图（单位：m）

参 考 文 献

[1] 周光泉，等．爆炸动力学基础［M］．合肥：中国科学技术大学出版社，1984.

[2] 杨人光，等．建筑物爆破拆除［M］．北京：中国建筑工业出版社，1985.

难度很大的爆破拆除工程——定位倒塌

邢光武　林再坚　高金石

（广东宏大爆破股份有限公司，广东 广州，510623）

摘　要：本文介绍了云浮热电厂1号除尘器拆除工程中所遇到的种种难题及其解决的技术措施，可供类似工程参考，并为钢筋混凝土框架定向、定位倒塌提供了经验。

关键词：控制爆破；定向倒塌；定位倒塌；框架结构

A Difficult Demolition Blasting Project—Positioning Collapse

Xing Guangwu　Lin Zaijian　Gao Jinshi

（Guangdong Hongda Blasting Co., Ltd., Guangdong Guangzhou, 510623）

Abstract: Various difficulties in demolishing a dust extractor in Yunfu Thermoelectrical Plant and the technological measures for solving these problems are introduced. The measures can be used as references in directionally and positionally collapsing reinforced concrete frames.

Keywords: controlled blasting; directional collapse; positioning collapse; frame structure

1　难度很大

云浮热电厂1号水幕除尘器需拆除，并在其原址新建除尘效果较好的电除尘器。

拟拆除的1号水幕除尘器包括：（1）4条铁质进烟道，四条砌石进烟道及其支架、平台；（2）4个ϕ4.5m高22.3m内有ϕ1.2m内芯的料石砌筑的除尘塔及稳定这四个除尘塔的钢筋混凝土框架；（3）四条与除尘塔顶相连至引风机的铁质出烟道。它们的相关位置及主要尺寸如图1所示。

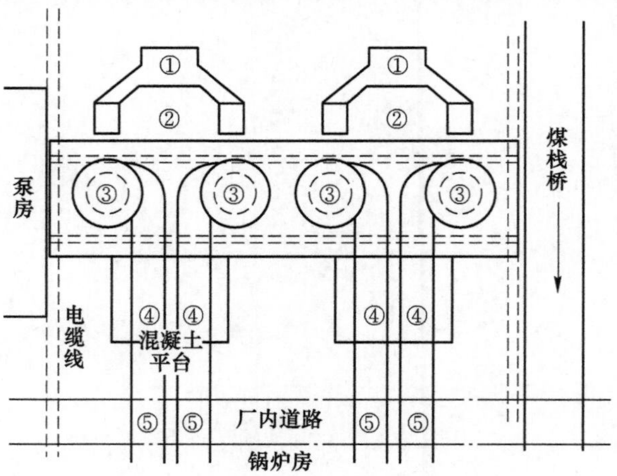

图1　结构及场地条件

原载于《爆破》，1998，15（4）：42-46。

由图1可知，采用爆破拆除具有很大的难度。

1.1 场地条件苛刻

拆除的主体是一个钢筋混凝土框架及四个 $\phi4.5$m，高22.3m的料石砌筑的有芯除尘塔。框架南侧30cm为高架输煤栈桥；框架北侧30cm为煤灰泵房；框架东侧50cm为四条高度为9.935m与引风机相连的铁质出烟道。三面受控，且间距很小。唯有框架西侧待拆除铁质进烟道、石砌进烟道及其支架、平台后，可有一个东西长11.4m的场地，这对于拆除砌石塔顶部铁烟道后还剩22.3m高的建筑物来说，显得十分不足。

西侧场地不足，东侧只有0.5m的空隙，南、北两侧只有0.3m的空隙，在框架的下侧还有油管沟、水阀门、电缆沟等需要保护的设施，故该工程场地条件苛刻。

1.2 拆除物介质性质差异很大

拆除物有钢筋混凝土框架、料石砌筑的除尘塔，二者强度差异很大。更主要的是二者爆破倒塌物理过程及堆积状况不同。砌石体在定向倒塌过程中原地坍塌较重，砌石块体就近散坍较多，必将对钢筋混凝土的定向、定位倒塌造成负面的影响。

1.3 要求保护的设施多

南北两侧距框架30cm的输煤栈桥及煤灰泵房不得受损，否则会导致全电厂停产；南北两侧框架之下有油管沟及电缆沟也不能受损，否则全电厂停产；东侧距框架50cm有四条铁质烟道，高9.935m，不能损伤；框架一层下部有一供水总管及阀门，不得损坏；西侧地下有消防水管沟，锅炉房。在仅有的11.4m可供倒塌的场地上，厂方为保证本技改工程工期，新建了9个钢筋混凝土基础，各基础除留有钢筋外，还都预埋了4个地脚螺栓，基础高于地面，也要求不能损坏。

这么多设施需要保护，必然使拆除方案和施工方法复杂，增大了施工技术的难度，必须慎重对待。

1.4 工期紧

要求在13天内，完成全部拆除与清运工作。在这13天内，爆后第二天清通西侧道路，爆后三天内清理出框架东部的场地。

2 拆除方案

2.1 烟道

金属进、出烟道用气割分段，40t吊车配12m平板车将其分段吊运。

砌石进烟道及支架平台用液压破碎机打碎。

2.2 砌石塔

四个砌石塔高22.3m，外直径4.5m，内部中心有一 $\phi1.2$m的芯，由料石砌成，每块料石重约120kg。按常规，砌石塔可以实现定向倒塌控爆。但由于塔高22.3m而场地只有11.4m；砌石塔定向倒塌爆破必然要有较多的料石块堆积在塔身附近并涌入灰泵房或冲砸栈桥；砌石塔定向倒塌的背部还要有一定的砌体，这四个砌体和塌落无序的料石块，必然要使框架后排立柱顶偏或使立柱高高翘起，危及南、北、东侧的建筑物及金属烟道。再加上料石质脆、厚度仅25cm，给施爆增加了困难。

曾考虑预拆塔顶至框架顶，加固灰泵房墙体等措施，但均不能解决砌石堆积体对框架后排立柱倒塌准确性的影响，故最终采用人工加机械法将砌石塔拆至+3.3m平台。

3 框架定向倒塌控爆

只有西侧有一个11.4m的场地，场地中有3排9个新施工的钢筋混凝土基础需要保护。

在框架+3.3m 平台下方东北角有供水总管及阀门不许伤害，故决定框架自+3.3m 以上施爆。

基于框架四周环境，要求框架倒塌不偏斜、不后坐，构件间不脱离、落地点准确、不前冲。即不仅要定向，还要求定位倒塌。

3.1 本框架的特点

本框架重量较轻。四周及中间没有墙；15.55m 及 19.25m 平台有四个直径 4.7m 的大洞，所以重量较轻，不利于倒塌，在确定炸高时应慎重。

3.3~15.55m 是 12 根高柱，中间无联系梁，再加之框架重心高度较高，这对柱体及框架倒塌而不偏斜难度很大，不利于定向准确，更不利于定位倒塌。

3.2 起爆次序及间隔时间

据场地具体条件，本框架向西倒塌，不得向南、北偏斜的定向要求，再据框架倒塌的物理过程，考虑框架的结构尺寸，分析柱、梁在倒塌过程中是否会产生折断、断裂的可能性，经多方案分析比较，其起爆次序与间隔时间如下。如图 2 所示。

A_3、A_4 立柱，半秒雷管 1 段；

A_2、A_5 立柱，半秒雷管 2 段；

A_1、A_6 立柱，半秒雷管 3 段；

B_2、B_3、B_4、B_5 立柱，半秒雷管 3 段；

B_1、B_6 立柱，半秒雷管 4 段。

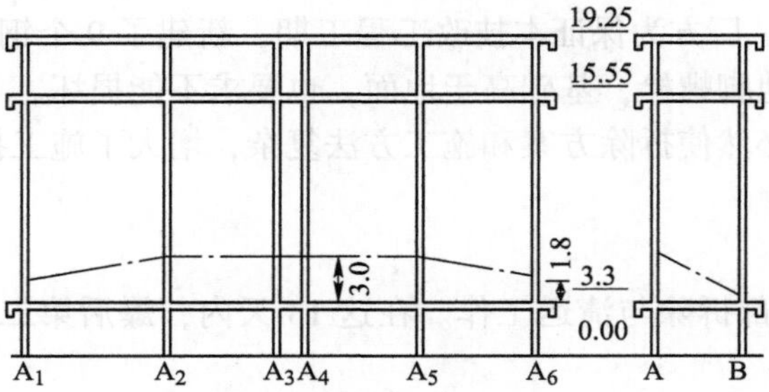

图 2 炸高（单位：m）

3.3 炸高的确定

对于本工程，炸高不仅与可靠倒塌、定向准确有关，还关系到定位倒塌、落点准确。

计算确定炸高，是以保证可靠倒塌、定向准确的前提下，在一定幅度内调整炸高，使其定位倒塌落点准确。经多方案计算分析，其炸高如下：

A_2、A_3、A_4、A_5 立柱炸高定为 3.0m。再小，倒塌场地不够，且框架顶部平台要倒到新的基础之上。A_2、A_5 炸高再小，除上述不利之外，对控制框架可靠倒塌不利。炸高过大，B_2、B_3、B_4、B_5 柱易产生后坐，危及东侧烟道的安全；B_1、B_6 柱也易向斜后方伸展，危及泵房的安全；框架顶部平台要倒到另一组新基础之上。

A_1、A_6 即前排两个边柱，决不允许向外偏移，倒塌时应稍向中部收敛，在此前提下，考虑场地条件，炸高定为 1.8m。过高，柱底易产生向外侧后坐危及泵房的安全。过小，倒塌场地不够，且顶部要倒到新基础之上。

后排立柱 B_1~B_6 炸高均为 0.9m。过大，产生后坐或场地不允许；过小，因框架很轻或倒塌不彻底或后排柱产生中间折断现象。

3.4 炸药量

A_2、A_3、A_4、A_5 立柱下部按炸碎、碎块抛出钢筋笼，但主筋不得炸断用药。

后排立柱 $B_1 \sim B_6$ 按只炸松混凝土用药。A_1、A_6 立柱用药量稍小于 $A_2 \sim A_5$ 立柱。

4 爆破效果讨论

A_3、A_4 立柱起爆后，框架中部微有下沉；A_2、A_5 立柱爆后，框架中部下沉、微向西倾；A_1、A_6 及 $B_2 \sim B_5$ 起爆后，框架向西明显倾倒，前排中部倒塌最快，带动两侧向西倾倒；前排立柱倒塌至 +3.3m 平台边沿时，有一撞击，前排立柱折断；顶部平台着地时，又有一撞击，前排立柱 15.5m 处与平台断裂脱离，后排立柱 15.5m 处与平台断裂但未脱离。在南北方向上①、②及⑤、⑥柱 15.5m、19.25m 处的横梁节点均有断裂。倒地位置如图 3 所示。A_1、B_1 及 A_6、B_6 立柱均向中部偏移 0.6~0.8m；后排立柱均无后坐。故所有要求保护的建筑物及设施无一损害，实现了定向、定位倒塌。

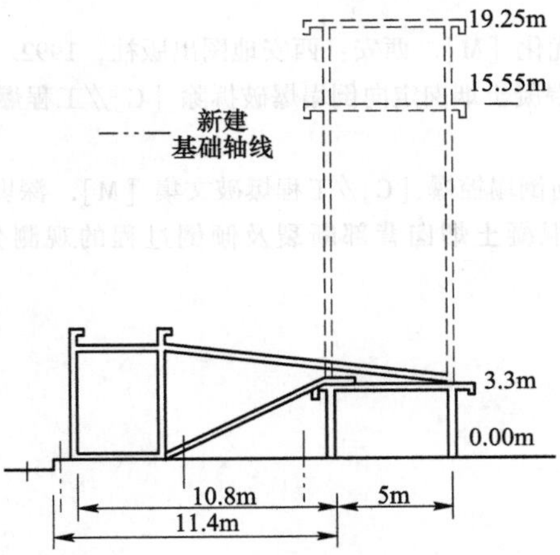

图 3 倒后位置

定位倒塌，不仅要定向，还要控制落点的位置。这是对控爆拆除的更高要求，也是控爆技术发展的必然。

作者虽做过一些工程，都没有本工程这么难。由于工程实践不多，加之类型不同，故难于总结出一套完整的经验。

烟囱、水塔、单根立柱的定位倒塌，只要在保证定向准确的前提下，控制其筒身（或柱）在倒塌过程中及触地时不断脱（水箱不脱离），即可实现定位倒塌。这对钢筋混凝土构筑物来说，较为简单，易于控制。但对砖、料石砌体，则难以控制不断裂。

框架实现定位倒塌，受框架结构、尺寸、构件强度及场地条件等多因素的影响，故不能一概而论。我们结合本工程予以讨论。

定位倒塌的前提是定向，定向的关键技术是正确确定炸高及起爆次序与时差。所以，定位倒塌的关键技术也包括这些。

定位倒塌不仅要准确定向，还要落点准确。这就要求框架各主要构件在倒塌过程中按预定的状态进行倒塌、触地，不能在倒塌过程中出现偏移、断脱及解体等现象。所以，定位倒塌技术还包括：结构物倒塌的物理-力学过程；分析计算主要构件在倒塌过程中的受力状态，并判断其后果；计算与判断各主要构件的触地点，并使之与场地条件相适应。由此可见，定位倒塌技术比较复杂。

本工程最高炸高 3.0m，显然比只要求炸倒的炸高要大。否则，场地尺寸不够。炸高过大，也会产生前述的问题。所以，定位倒塌的炸高，是在满足可靠倒塌的前提下，在一定的范围内结合场地条件及框架主要构件的尺寸在此范围内选定。当炸高值偏大时，可采取“弱炸”，即装药量小、炸碎程度减弱来补救。如本工程中 $A_2 \sim A_5$ 柱上部，A_1、A_6 柱。

本工程 $A_2 \sim A_5$ 柱炸高皆取 3m，一方面是由场地与框架尺寸所决定，另一方面又可保证触地由中部开始依次向两侧发展，使其倒塌更平稳，否则将会产生较多的负面效果。

选取偏大的炸高，是否会因倒塌加速度很大而产生构件在空中出现断脱、解体等现象，则应进行必要的力学分析与计算。

对于定位倒塌的起爆次序与时差，也要依据框架的结构尺寸及倒塌的物理过程，结合初定的炸高来选取。

本工程 A_3、A_4 与 A_2、A_5 不同一段起爆，是因炸高已经偏高，如同段起爆，可能引起 A_1、A_6 柱被拉断，倒塌过快会引起框架空中解体。

B_2~B_5 同一段，既为它们在爆前共同稳住框架，又有利于倒塌进行得平稳。

定位倒塌是控制爆破发展的必然结果。本工程成功地实现了定位倒塌，但目前研究得还很不充分，还有待于用多学科的研究成果来充实、完善。

参考文献

[1] 高金石，张奇．爆破理论与爆破优化 [M]．西安：西安地图出版社，1992.

[2] 郑炳旭，高金石，等．120m 钢筋混凝土烟囱定向倒塌爆破拆除 [C]//工程爆破文集（第六辑）[M]．深圳：海天出版社，1997.

[3] 高金石，宋常燕，等．栈桥的定向倒塌控爆 [C]//工程爆破文集 [M]．深圳：海天出版社，1997.

[4] 付建秋，高金石，等．120m 钢筋混凝土烟囱背部断裂及倾倒过程的观测分析 [C]//工程爆破文集（第六辑）[M]．深圳：海天出版社，1997.

100m 高烟囱定向爆破拆除

吕 义 唐 涛 傅建秋

（广东宏大爆破股份有限公司，广东 广州，510623）

摘 要：较详细地介绍了广州恒运电厂 100m 高钢筋混凝土烟囱的定向爆破设计与施工，并对爆破过程中的支座破坏及爆破效果进行了分析，对如何确保高烟囱准确定向提出了自己的看法，对于类似工程的设计与施工具有一定的参考价值。

关键词：烟囱；定向；爆破拆除

Directional Explosive Demolition of a 100m Chimney

Lü Yi　Tang Tao　Fu Jianqiu

（Guangdong Hongda Blasting Co.，Ltd.，Guangdong Guangzhou，510623）

Abstract：The design and implementation of directinal blasting of a 100m reinforced concrete chimney in the Hengyun Heat and Power Plant is introduced in details. The abutment destruction and explosive effectiveness in the course of blasting are analyzed，and some viewpoints of ensuring the accurate direction is put forward.

Keywords：chemney；directional；demolition blasting

1 工程概况

恒运热电厂钢筋混凝土烟囱建于 1988 年，无腐蚀破裂现象，整体性好。烟囱高 100m，底部 ±0. 00m 标高处，外直径 8. 81m，+2. 80m 标高以下钢筋混凝土壁厚 40cm。+2. 8～+17. 50m 段壁厚 35cm，空气隔热层厚 8cm，耐火砖内衬厚 24cm。顶部上口外直径 3. 3m，钢筋混凝土壁厚 16cm，内衬厚 12cm。

在±0. 00m 处有东西向对称的 2 个出灰口，尺寸均为 140cm×200cm；在±4. 20m 标高上东西向对称两个烟道口，尺寸分别为 220cm×260cm，160cm×200cm。

+2. 80～+3. 65m 标高为出灰平台，有 4 条水平梁，梁断面为 40cm×85cm，内含 1 个出灰漏斗。

沿纵向在+2. 80m、+17. 50m、+30. 00m 处，设有牛腿，支撑耐火砖内衬，以后每隔 10m 设有 1 条牛腿，耐火砖内衬坐在其上。烟囱下部结构如图 1 所示。

布筋状况：+2. 80m 以下双层钢筋网。外层网的竖筋 ϕ20mm@ 200，环筋 ϕ12mm@ 100；内层网的竖筋 ϕ12mm@ 150，环筋 ϕ12mm@ 150。

+2. 80m 以上是单面钢筋网，竖筋 ϕ20mm@ 200，环筋 ϕ16mm@ 100。

该烟囱位于拆除区中部偏南，其北侧为待拆除的汽机间和锅炉房，南为干煤棚，东西各 40m 的建筑物为本次拆除范围，烟囱周围环境如图 2 所示。

要求在电厂正常运转，保证人员及邻近建筑物及设施安全的前提下将其爆倒并解体外运。

原载于《爆破》，2000，17（4）：35-39。

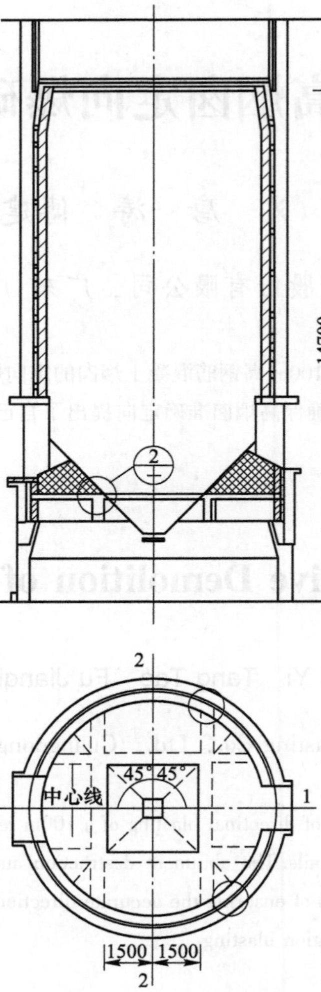

图 1 烟囱下部结构示意图（单位：mm）

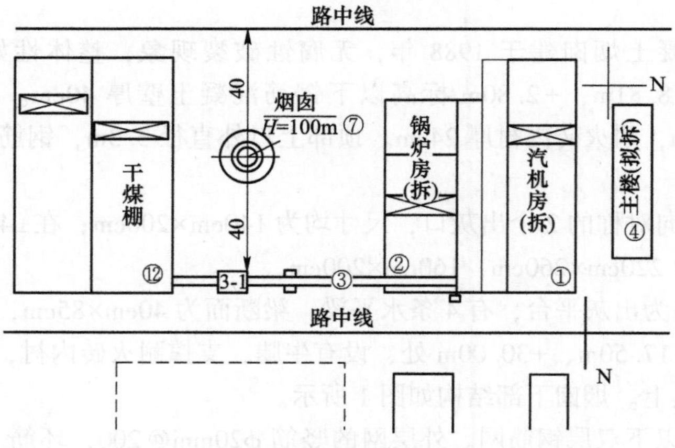

图 2 烟囱周围环境

2 爆破方案选择

烟囱正北面范围宽阔，距离主控楼 110m，有全高一次定向倒塌的场地，且烟囱整体性好，所以拟采用安全、快速的底部爆开切口，一次定向爆破倒塌方案。设计倒塌方向为正北，倒塌方向中心线垂直于汽机间和锅炉房的长轴方向。

烟囱定向倒塌后，用液压破碎机进行破碎解体，用挖掘机将碎渣装车运走。

3　爆破技术设计

3.1　爆破切口

爆破切口形状为正梯形。

爆破切口角度为230°，则爆破切口尺寸为：

爆破切口底长 $L=17.6\text{m}$；保留支撑部位长 $S=10.0\text{m}$；梯形底角 $\alpha=51°$；爆破切口顶长 $L'=15.2\text{m}$；切口高度 $H=2.9\text{m}$。

爆破切口底线位置在标高+0.5m 处，其形状和尺寸如图 3 所示。

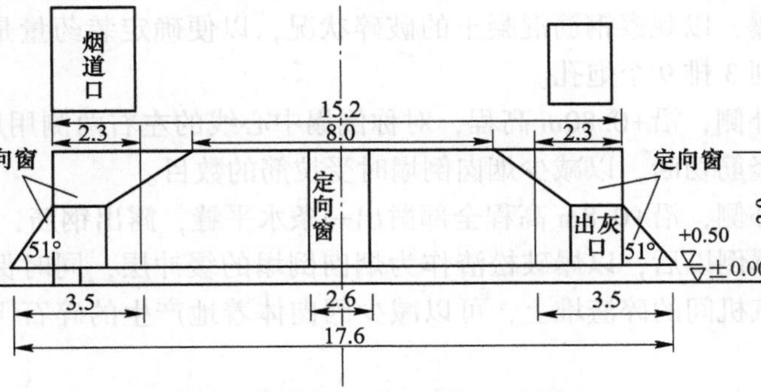

图 3　爆破切口形状尺寸示意图（单位：m）

3.2　定向窗口

在爆破切口两侧预设两个梯形定向窗。其尺寸为：上底宽 2.3m，下底宽 3.50m，高 2.9m。

在爆破梯形切口正中心预开宽 2.6m、高 2.9m 的窗口。因此，扣除窗宽度，在切口内爆破部分宽度为 8m。

经验算不影响烟囱的稳定性。

3.3　爆破参数

在爆破切口范围内布设水平炮孔，炮孔与囱壁垂直。炮孔呈排布设，相邻两排炮孔交错布置。

在+2.80m 标高下，壁厚为 40cm，炮孔深度 $L=25\text{cm}$，炮孔间距 $a=30\text{cm}$，排距 $b=30\text{cm}$，共 11 排炮孔。每排炮孔 26 个，共计 286 个。

第 4、5 排炮孔，因壁厚增加，故炮孔深度要增加 5~10cm，即 $L=30\text{cm}$ 和 35cm。单孔装药量 $q=Habk$（式中 H 为壁厚，$H=0.4\text{m}$；k 为炸药单耗，$k=2.0\text{kg/m}^3$，则计算得 $q=0.072\text{kg}$，取 $q=75\text{g}$）。

第 4、5 排炮孔因壁厚加大，需增大药量。经计算，第 4 排每孔要增加 50g 炸药，即单孔药量 $q=125\text{g}$，第 5 排每孔药量增加 25g，即单孔药量 $q=100\text{g}$。

炮孔总数为 286 个，总装药量 $Q=23400\text{g}$，即 23.4kg。炮孔布置如图 4 所示。

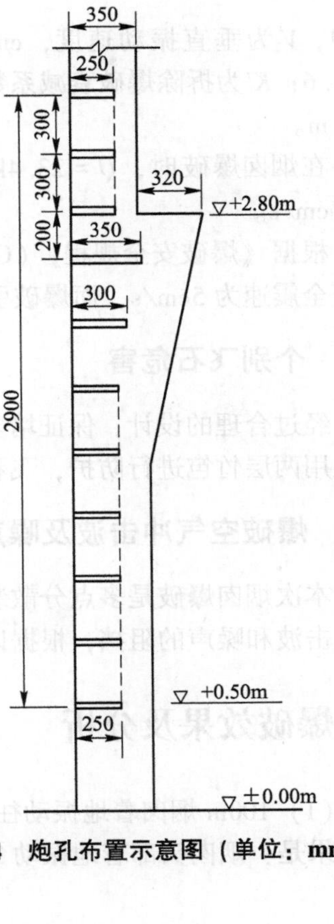

图 4　炮孔布置示意图（单位：mm）

3.4　起爆方法

孔内安装非电毫秒雷管，每排用塑料三通串联成一个小闭合回路，再将 11 排炮孔的 11 个小闭合回路用三通串成一个大循环回路，保证了网路双保险，可靠性更高。从大循环闭合回路两端引出2根非电导爆管，用2发串联电雷管引爆。

考虑到炸药总量少，爆破震动不致影响到邻近建筑物，采取同段起爆。

4 施工

施爆前按设计标出倒塌中心线、爆破切口周边线及各炮孔位，并将烟囱内可能影响倒塌的出灰漏斗和倒塌方向的出灰平台预先拆除。

按设计孔位打眼，每个炮孔要进行验收，如遇钢筋可移眼位，但移距不得超过5cm。定向窗口用爆破方法开凿，风镐修边，并割除钢筋，要保证两窗口的对称性。

开完定向窗口，炮孔验收合格之后，进行装药连线和爆破。

在开窗口时进行试爆，以观察钢筋混凝土的破碎状况，以便确定装药量是否需要调整。试爆位置在倒塌中心线处，用3列3排9个炮孔。

在保留部位，烟囱外侧，沿+0.80m高程，对称倒塌中心线的左右两侧用风镐开凿一条总长4m的水平缝，露出钢筋，将竖筋切断，以减少烟囱倒塌时受拉筋的数目。

在爆破部位，烟囱外侧，沿+0.8m高程全部凿出一条水平缝，露出钢筋，全部切断。

在锅炉间和汽机间爆倒以后，以爆破松渣作为烟囱倒塌的缓冲层，同时保留主控楼，这样烟囱主体是逐渐倒在锅炉间和汽机间的碎渣堆上，可以减少因囱体着地产生的碎石飞块，保留主控楼可以阻挡碎石向正北方向飞溅。

5 爆破安全

5.1 爆破振动分析

按常用的垂直振动速度计算公式，结合实测拆除爆破振速衰减规律进行计算：

$$V = K'K(Q^{1/3}/R)^{\alpha}$$

式中，V为垂直振动速度，cm/s；K、α为与地形、地质因素有关的系数和指数，这里取$K=150$，$\alpha=1.6$；K'为拆除爆破衰减系数，这里取$K'=1/3$；Q为单段最大药量，kg；R为测点到爆源中心的距离，m。

在烟囱爆破时，$Q=23.4$kg，东西两面离烟囱最近点建筑物至少45m，即$R=45$m，那么$V=0.61$cm/s。

根据《爆破安全规程》（GB 6722—1986）的规定，电厂厂内钢筋混凝土框架结构类型建筑物允许的安全震速为5cm/s，而爆破引起的震速仅为0.61cm/s，可以保证周围建筑物不受影响。

5.2 个别飞石危害

经过合理的设计，保证堵塞长度和堵塞密实，控制炮孔炸药量并按设计进行埋放，另外在爆破体部位用两层竹笆进行防护，飞石距离可以控制在10m内，不会造成危害。

5.3 爆破空气冲击波及噪声危害

本次烟囱爆破是多点分散装药，每个炮孔仅75g炸药，并且有炮泥的严密堵塞，还有防护体对空气冲击波和噪声的阻挡，根据以往的施工实践，不会造成危害。

6 爆破效果及分析

（1）100m烟囱着地振动往往比爆破振动大，本次爆破利用正在倒塌的厂房作烟囱的冲击对象，测试结果是：烟囱头部着地振动3.6cm/s，比烟囱爆破振动0.61cm/s大5倍。测点布置线平行烟囱倒塌中心线 56m，但离烟囱头部着地点不到 10m 的主控楼未见任何开裂，按推算该处的振动速度应在 20cm/s 以上，由于主控楼完好无损，厂方决定暂不拆，留作它用。

（2）烟囱起爆后，在倒塌过程中（约 15°时），后支座发生不对称剪切破坏，后支座东南侧先受压剪切破坏，并稍微后坐。分析可能是当天刮西北风的风载偏心所致。

（3）起爆后初始段倒向准确平稳，虽在稍后的后支座不对称剪切破坏，造成烟囱筒体扭转，但定向准确性不受影响，烟囱还是准确倒在倒塌中心线上。由此可见，确保烟囱起爆后初始阶段支座不破坏，是准确定向的关键。

（4）烟囱顶部的铁件在倒塌过程中被甩出，落地点远离烟囱头部 12m。

大跨度厂房定向爆破拆除

傅建秋　刘英德　宋常燕

（广东宏大爆破股份有限公司，广东 广州，510623）

摘　要：详细介绍了广州恒运电厂大跨度厂房定向爆破设计及施工特点，通过对倒塌过程的分析研究，提出解决多排大跨度厂房大时差爆破倒塌及防止后坐的初步见解。

关键词：大跨度厂房；爆破拆除；爆高

Demolition of a Long-span Workshop by Directional Blasting

Fu Jianqiu　Liu Yingde　Song Changyan

（Guangdong Hongda Blasting Co.，Ltd.，Guangdong Guangzhou，510623）

Abstract: The design and implementation of the direetional blasting for demolishing a long - span workshop in Guangzhou Hengyun Power Plant are introduced in detail. Some preliminery viewpoints about solving the problems of high stepout collapse and recoil of mucti-row long-span workshop are put forward.

Keywords: long-span workshop; blasting demolition; blasting heigth

1　工程概况

广州经济技术开发区内的恒运热电厂因改造扩建，决定将A厂2×12MW发电机组的厂房建筑物及构筑物进行拆除。

待拆的A厂周围用塑料波形板围住，工地西侧与正在运转的B厂相邻，东侧为恒运热电厂的附属设施，中间有一条宽20m的厂区主干道和绿化带，工地最北侧为待拆主控楼，它距单身宿舍楼36m，南侧以干煤棚为界。

汽机间和锅炉间是一座钢筋混凝土框架结构的大型厂房建筑物，其建筑结构连成一体，因此要一起爆破处理。两个厂房占地面积分别为42.06m×29m和72.12m×29m，共计3311.22m^2，其高度在17.10~27.80m，按照高4.5m为一层计算，建筑面积为15538m^2。

该厂房横向共有4跨，按其建筑图纸自北向南分为A、B、C、D、E共5排立柱，其中A、B、C轴各有14条结构柱，D、E轴各有8条结构柱，结构柱截面尺寸见表1，A~E轴立柱分布排列示意图见图1和图2。

表1　各轴结构柱截面尺寸

柱轴号	立柱条数	截面/mm×mm
A	14	1240×500
B	14	900×600
C	14	1100×500
D	8	1000×500
E	8	1240×500

原载于《爆破》，2001，18（1）：46-48。

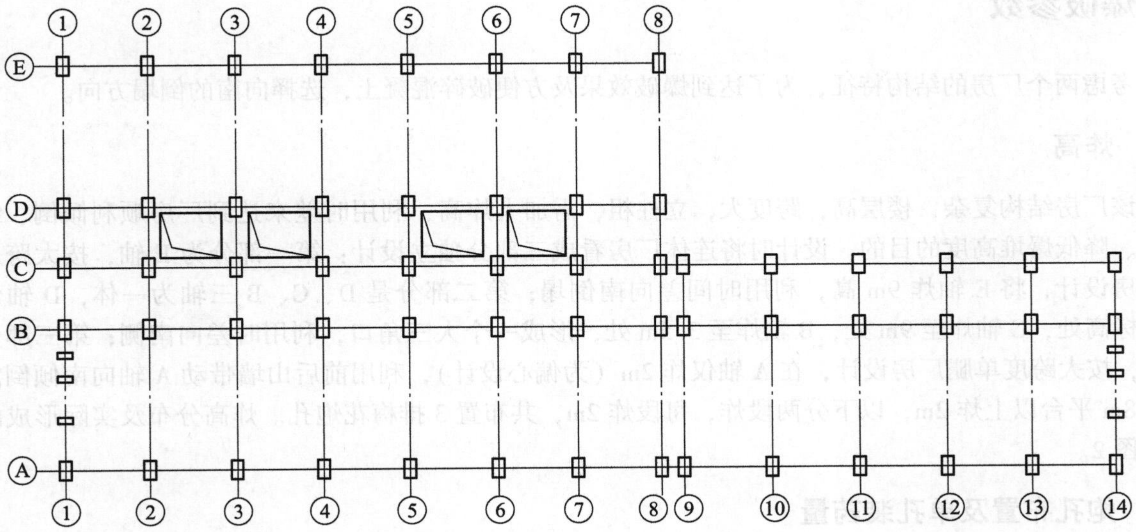

图 1　拟爆立柱分布示意图

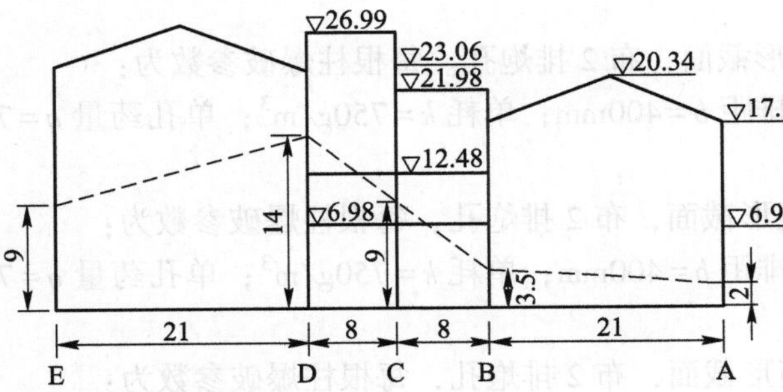

图 2　汽机间、锅炉房横向剖面及炸高示意图（单位：m）

恒运热电厂 A 厂周围环境见图 3 所示。

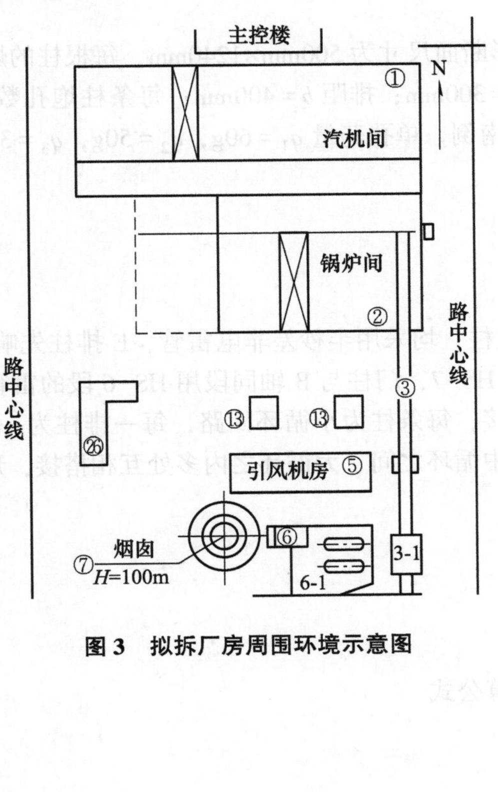

图 3　拟拆厂房周围环境示意图

2 爆破参数

考虑两个厂房的结构特征，为了达到爆破效果及方便破碎混凝土，选择向南的倒塌方向。

2.1 炸高

该厂房结构复杂，楼层高，跨度大，立柱粗，需加大炸高，利用时差来达到厂房顺利倾倒、结构散体、降低爆堆高度的目的。设计时将连体厂房看成三部分独立设计：第一部分为E轴，按大跨度单腿厂房设计，将E轴炸9m高，利用时间差向南倒塌；第二部分是D、C、B三轴为一体，D轴炸至14m标高处，C轴炸至9m处，B轴炸至3.5m处，形成一个大三角口，利用时差向南侧；第三部分为A轴，按大跨度单腿厂房设计，在A轴仅炸2m（为偏心设计），利用前后山墙带动A轴向南倾倒。在+6.98m平台以上炸2m，以下分两段炸，每段炸2m，共布置3排梅花炮孔。炸高分布及实际形成的缺口见图2。

2.2 炮孔布置及单孔装药量

（1）E轴：8条柱，矩形截面，从长边布3排炮孔，每根柱爆破参数为：

孔距 $a=300\sim320$mm；排距 $b=400$mm；单耗 $k=800$g/m^3；单孔药量 $q=65$g；炮孔数 $n=54$ 个；每根柱装药量 $Q=3.51$kg。

（2）D轴：8条柱，矩形截面，布2排炮孔。每根柱爆破参数为：

孔距 $a=300\sim400$mm；排距 $b=400$mm；单耗 $k=750$g/m^3；单孔药量 $q=75$g；炮孔数 $n=36$ 个；每根柱装药量 $Q=2.7$kg。

（3）C轴：14条柱，矩形截面，布2排炮孔，每根柱爆破参数为：

孔距 $a=350\sim400$mm；排距 $b=400$mm；单耗 $k=750$g/m^3；单孔药量 $q=75$g；炮孔数 $n=36$ 个；每根柱装药量 $Q=2.7$kg。

（4）B轴：14条柱，矩形截面，布2排炮孔，每根柱爆破参数为：

孔距 $a=300$mm；排距 $b=400$mm；单耗 $k=700$g/m^3；单孔药量 $q=75$g；炮孔数 $n=36$ 个；每根柱装药量 $Q=2.7$kg。

（5）A~B轴间有6条门柱，矩形断面尺寸为1240mm×500mm，炮孔布置同E轴，爆破时用的雷管段数与B轴同段。

（6）A轴：共14条，矩形断面尺寸为500mm×1240mm，每根柱的爆破参数为：

炮孔深度 $L=300$；孔距 $a=300$mm；排距 $b=400$mm；每条柱炮孔数12个，让柱南侧爆出大缺口，北侧炸碎混凝土即可，令它向南倒。单孔药量 $q_1=60$g，$q_2=50$g，$q_3=30$g，每根柱总装药量 $Q=590$g。南侧匝筋起爆前切断。

3 爆破网路及时差

A、B、C、D、E共5排立柱，均采用半秒差非电雷管，E排柱先响，A排柱最后响，段数分别为HS-3、HS-4、HS-5、HS-6、HS-7，门柱与B轴同段用HS-6段的雷管。

起爆网路采用塑料四通连接，每条柱为小循环回路，每一排柱为一中循环回路，两个车间合为一个大循环回路，小循环之间、中循环之间、大循环之内多处互相搭接，形成复式交叉网路。

4 爆破安全

4.1 爆破振动分析

按常用的垂直振动速度计算公式

$$V = K'K(Q^{1/3}/R)^{\alpha}$$

式中，V为垂直振动速度，cm/s；K、α为与地形、地质因素有关的系数，取$K=150$，$\alpha=1.6$；K'为控制爆破减振系数，这里取$K'=0.3$；Q为单段最大药量，kg，B 轴有 14 条立柱，另有 6 条门柱，均用同段的雷管起爆，其总用药量$Q=58.86$kg；R为测点到爆源中心的距离，m。

依照恒运热厂提供的厂区平面图，B 轴立柱最西侧距 B 厂炉控室有 75m，距 B 厂 3 号汽轮机组有 65m，距 B 厂厂房最近距离为 45m，分别核算其振动速度为：

当$R=45$m，$V=0.88$cm/s；当$R=65$m，$V=0.49$cm/s；当$R=75$m，$V=0.39$cm/s。

计算结果的振速都小于《爆破安全规程》规定的，钢筋混凝土框架建筑物质点振动安全临界值 5cm/s，所以爆破地震效应不会造成危害。

4.2 个别飞石防护

通过合理的设计，保证炮孔的堵塞长度和堵塞质量，控制装药量，爆破前在爆破部位进行覆盖防护，飞石完全可以控制在作业区内。

在烟囱北侧 4m 处立高 3m 宽 10m 排栅，防止锅炉间爆破时的个别飞石砸坏烟囱的爆破网路。

4.3 爆破空气冲击波及噪声

这次爆破是在立柱上多点分散装药，药量有限，孔口用炮泥堵塞严密，工地空间大，有利于冲击波和噪声的衰减和扩散，不会造成危害。

5 爆破效果

从爆破现场及现场拍摄的录像来看，2 个厂房都向南倒塌，位置准确，与设计一致。

梁、顶板解体破碎，不需二次改爆，飞石都控制在防护的范围内，附近的 B 厂、C 厂、干煤棚，高压电线杆以及与厂房只有 2m 之隔的一排槟榔树都安然无恙；爆破震动小，周围厂房的电气设备无一跳闸。爆破效果及安全达到设计及预期目标。

本次爆破实践表明：将连体厂房按独立三个单元考虑设计是非常必要的，否则 D、C、B 倒塌不会充分；半秒时差较合适，大部分构件能前冲 15m，给后倒塌者创造空间，后排 A 轴几乎不后坐；A 轴按单排立柱的倒塌设计，倒向极好，两端山墙完全内折，A 轴两端头立柱向内呈现 45°折倒，主要是山墙有内飘台，影响山墙内折，带动 A 轴端头柱内折。

参 考 文 献

[1] 范学臣，姜华，余信武，等．大型环体封闭楼群一次性爆破拆除技术 [J]．爆破，2000 (1)：20-23.

[2] 何广沂，朱忠节．拆除爆破新技术 [M]．北京：中国铁道出版社，1998.

减小高烟囱定向倒塌着地振动的一种尝试

李萍丰　成永华　刘　畅

（广东宏大爆破股份有限公司，广东 广州，510623）

摘　要：介绍 100m 高烟囱和厂房一起爆破拆除，通过时差控制，使烟囱倒塌在尚未完全着地的厂房上，振动测试表明 100m 高烟囱的着地振动大大小于预计着地振动。

关键词：100m 高烟囱；定向倒塌；着地振动；减振设计

An Attempt at Lowering the Vibration in Directional Blasting High Chimney

Li Pingfeng　Cheng Yonghua　Liu Chang

（Guangdong Hongda Blasting Co.，Ltd.，Guangdong Guangzhou，510623）

Abstract：A 100m high chimney and a workshop were simultaneously blasting demolished. Through controlling the time difference of collapse，the chimney was controlled to collapse on a collapsing workshop，the vibration test showed that the surface vibration caused by the chimney collapsed in such way is remarkably lowered than that in ordinary way.

Keywords：100m high chimney；directional collapse；surface vibration；lowering vibration design

1　工程概况

广州市经济技术开发区内的恒运热电厂因改扩建工程，需对烟囱、汽机间、锅炉间等建筑物爆破拆除。

烟囱为钢筋混凝土结构，高 100m，底部外径 8.8m，顶部外径 3.3m。汽机间和锅炉间连成一体，为钢筋混凝土框架结构，高度在 17.0～27.8m 之间，南北宽度为 58m，最南墙体距烟囱 40m。环境情况如图 1 所示。

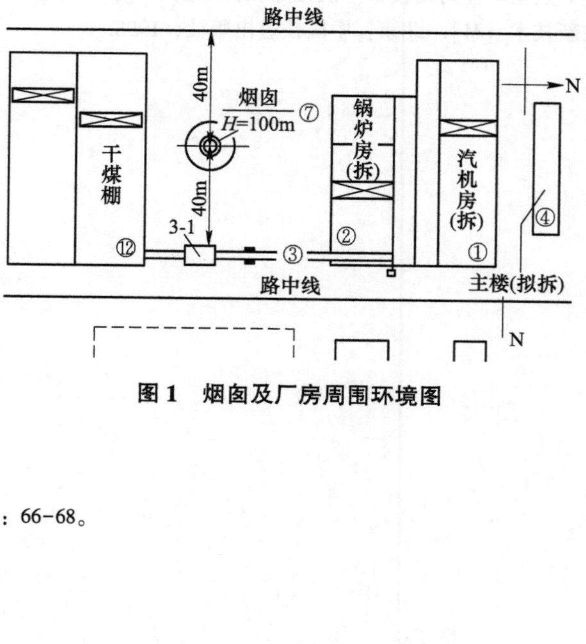

图 1　烟囱及厂房周围环境图

原载于《爆破》，2001，18（1）：66-68。

2 爆破设计

设计要求为不影响热电厂正常运转，保证附近地区人员和建筑物及设施的安全。

考虑到烟囱与汽机间和锅炉间的距离以及烟囱倒地等一系列振动问题，设计的方案定为：烟囱与汽机间和锅炉间一次起爆，相向倒塌，利用对爆破时差的控制，烟囱倒塌在即将着地的汽机间和锅炉间上。

2.1 爆破倒塌方向

（1）烟囱的倒塌方向：采用底部开切口，向正北方向全高一次倒塌，爆破切口为正梯形，顶长15.2m，底长17.6m，高2.9m，在切口两侧预先开两个上宽为2.3m，下宽为3.5m，高为2.9m的定向窗及在切口正中心开一个宽2.6m，高2.9m的掏槽窗。实际爆破宽度为8m。

（2）汽机间和锅炉间倒塌方向：选择整体向南倒塌。汽机间和锅炉间的立柱自北向南共5排，各排的结构柱数及结构柱截面尺寸见表1。

表1 结构柱数及结构柱截面尺寸表

轴	A	B	C	D	E
结构柱数	14	14	14	8	8
截面尺寸/mm×mm	1240×500	900×600	1100×500	1000×500	1240×500

2.2 爆破参数

（1）烟囱在爆破切口范围内布设水平炮孔，炮孔与囱壁垂直，炮眼呈排布设，相邻两排炮孔交错布置，炮孔参数见表2。

表2 炮眼参数表

壁厚/cm	眼深/cm	间距/cm	排距/cm	单孔药量/g	总孔数/个
40	25	30	30	75	234
55	30	30	30	100	26
65	35	30	30	125	26

（2）汽机间和锅炉间：其结构复杂，楼层高，跨度大，立柱粗，为了顺利向南倒塌，要加大炸高，各立柱爆破参数见表3。

表3 各位柱爆破参数表

立柱轴	E	D	C	B	A
炸高/m	9.0	14.0	9.0	3.5	2.0
孔距/mm	300~320	300~400	330~400	300	300~400
排孔/mm	400	400	400	400	400
单耗/$g \cdot m^{-3}$	800	750	750	700	700
单孔药量/g	65	75	75	75	30~60
每柱炮孔数/个	54	41	36	24	12

2.3 爆破网路及时差

烟囱及厂房同次起爆，烟囱用非电毫秒雷管，不分段厂房5排柱均采用半秒非电雷管，段数分别为：E柱HS-3，D柱HS-4，C柱HS-5，B柱HS-6，A柱HS-6。起爆网路：烟囱每排用塑料三通连成一个小回路，11排孔再用塑料三通连成一个中循环回路。厂房每柱为一小循环，每排柱为一中循环。小循环之间、中循环之间均采用塑料四通连接，烟囱及厂房连成一个大循环回路，并设置若干瞬发电雷管起爆点。

起爆的时差为：烟囱 0s，厂房五排柱分别为：E 柱 1s，D 柱 1.5s，C 柱 2s，B 柱 2.5s，A 柱 3.0s。

3 爆破效果及测试分析

本次爆破厂房及烟囱完全准确地倒塌在预定位置，并且烟囱倒塌着地时完全按设计倒地正倒塌的厂房上。爆破非常成功。

为了考察能否利用烟囱及厂房各柱爆破的时差，使烟囱倒塌在尚未完全着地的厂房上，从而降低烟囱着地的振动。采用测震仪（测点布置见图 1）记录了烟囱及厂房 5 排柱爆破着地与烟囱着地全过程 5 个测点的地震资料，测试结果分别给出烟囱爆破（0s），厂房第一排柱 E 爆破 1s，厂房第二排柱 D 爆破 1.5s，厂房第三排柱 C 爆破 2s，厂房第四排柱 B 爆破 2.5s，厂房第五排柱 A 爆破 3.0s，厂房第一排柱着地 3.32s，烟囱着地 7.28s 引起各测点的地震速度。各工况下 5 个测点的地震速度见表 4。从表中可以看出，爆破振动和厂房着地振动、烟囱着地振动大致相同。烟囱高空坠落正常振动速度为：

$$V = K\{[Gh/(4.1 \times 10.5)]^{1/3}/R\}^2$$

式中，G 为烟囱质量，kg；h 为烟囱质心高度，m；R 为离爆心的距离，m；1kg 标准炸药能量为 43.05，kg · m。

表 4　各工况下 5 个测点的地震速度　（cm/s）

测点号	1	2	3	4	5	计算机采集时间/s
烟囱爆破	0.65	0.62	0.49	0.44	0.32	3.33
E 柱爆破	0.27	0.72	2.60	0.56	0.43	4.34
D 柱爆破	0.38	1.80	0.86	0.62	0.48	4.84
C 柱爆破	0.62	2.40	1.60	0.74	0.52	5.35
B 柱爆破	0.43	0.90	2.40	0.76	0.54	5.80
厂房着地	0.27	0.77	0.53	0.32	0.22	6.65
烟囱着地	0.31	0.57	0.83	1.20	3.60	11.01

计算得 V=3~4.3cm/s，比实测数据大得多，可见烟囱倒塌在爆堆上，减振效果十分明显。

参考文献

[1] 郭兆生．高耸建筑物定向拆除方法 [J]．爆破，1999（4）：54-56.
[2] 王玉杰，曹跃，梁开水，等．苛刻条件下 50m 高砖混烟囱的控制爆破 [J]．爆破，2000（2）：11-14.
[3] 中国力学学会工程爆破专业委员．爆破工程 [M]．北京：冶金工业出版社，1996.
[4] 刘殿中．工程爆破实用手册 [M]．北京：冶金工业出版社，1999.

外敷药包爆破拆除石砌除尘塔

吕 义 成永华

（广东宏大爆破股份有限公司，广东 广州，510623）

摘 要：采用外敷药包爆破方法拆除薄壁石砌体结构具有安全和经济的优点，其关键是装药量。通过一个实例分析阐述其装药量的计算方法。

关键词：外敷药包爆破；爆炸空腔；爆炸冲量

Demolishing the Rock-built Dedust Tower by Means of External-application Changes Blasting

Lü Yi Cheng Yonghua

(Guangdong Hongda Blasting Co., Ltd., Guangdong Guangzhou, 510623)

Abstract: It is more safe and more economic destroying thin workbuilt construction by means of external-application changes blasting. The key matter is the calculation of charge weight in the case. In this paper, a charge calculation model that can be used on the similar condition is introduced by analysing a case.

Keywords: extevnal-application charges blasting; explosion cavity; explosion impulsion

1 工程概况

需拆除的除尘塔共为2组4个园塔，建于1988年，现已停止使用。控爆拆除除尘塔是广州某电厂A厂改建系列拆除爆破项目之一，要求用较短时间完成。

1.1 周围环境

拟拆的两组除尘塔位于在使用的干煤棚和后续拆除的锅炉间之间。北距锅炉间7.5m，南距干煤棚53m。东距厂内绿化带14m，距路灯15m，西距变控楼45m。周围环境详见图1。

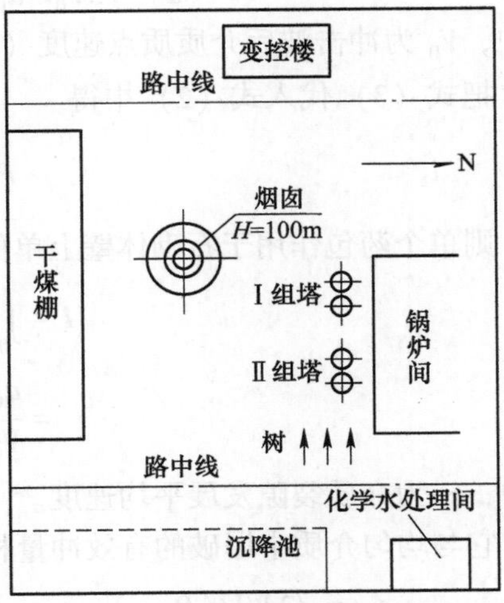

图1 爆破周围环境图

1.2 除尘塔塔体结构及特征

每组塔由Ⅰ型（外径2.60m）和Ⅱ型（外径3.00m）组成，塔高20.5m，距地18m有圈梁使两塔相连。塔体由高×宽（弧长）×厚为0.45m×0.5m×0.25m的致密花岗岩砌石块浆砌而成，属于典型的薄壁石砌体结构。Ⅰ型塔中有堆高2.25~2.5m即5块砌石块高的湿性煤灰，塔体正南向距地2.25m有一个高1.8m，宽1.2m的出灰口。Ⅱ型塔北向东侧离地2.25m处有一个高×宽为1.8m×1.2m的进灰口。

原载于《爆破》，2001，18（1）：62-65。

2 爆破方案

对薄壁石砌体结构如采用钻眼爆破，钻眼工作量大，眼浅不易堵塞，再加上石砌体无砂浆的空隙较大，渗流现象严重，往往影响爆破效果。如采用水压爆破，因塔体中很难装水，所以决定采用外敷药包爆破原地倒塌方案。即在Ⅰ型塔中，将炸药装在石砌体和湿性煤灰界面上，以湿性煤灰作为惯性约束，利用爆炸空腔的膨胀破坏石砌体结构。Ⅱ型塔中则将药包贴在砌石块中间部位，覆盖土质砂袋作为惯性约束，利用爆炸能破坏石砌体结构，塔体靠本身重力势能冲击地面解体。

3 爆破设计

3.1 爆高的确定

根据低矮楼房爆破拆除的经验，原地坍塌要达到较好的塌散效果，爆高 $h \geqslant 6\delta$（δ 为壁厚）[3]。除尘塔壁厚 0.25m，所以取 $h=1.8\text{m}$，即 4 块砌石块高。

3.2 装药量计算

3.2.1 Ⅰ型塔装药量计算

如图 2 所示，由于砌石块强度比土质介质的强度大得多，如果土质介质足够厚，在爆破裂隙扩展传播到自由面前，可以认为爆炸是在半无限土中进行的，因此可以用土质爆炸空腔状态方程来估算装药对砌石体的作用。土质爆炸空腔状态方程为：

$$P_a = P_m\left(\frac{1-\alpha\beta_b}{(a/a_0)^3-\alpha\beta_b}\right)^{\gamma} \tag{1}$$

式中，a、P_a 分别为爆炸空腔初期扩大半径及相应的空腔气体压力；a_0 为空腔的初始半径；α 为爆炸气体余容；β_b 为实际装药密度；P_m 为爆炸气体压力峰值；γ 为气体绝热指数。

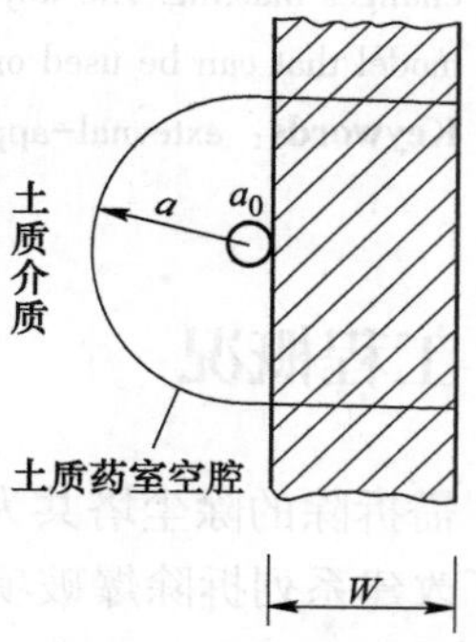

图 2 土质介质中的空腔

对于 2 号岩石硝铵炸药 $\gamma=4/3$ 时，$\alpha\beta_b=0.556$ 代入式（1）可得

$$P_a = P_m\left(\frac{0.444}{(a/a_0)^3-0.556}\right)^{4/3} \tag{2}$$

根据土质介质中的爆炸空腔试验[1] 有

$$a = (3V_0t/a_0+1)^{1/3}a_0 \tag{3}$$

式中，V_0 为冲击波后介质质点速度（空腔膨胀速度）；t 为空腔膨胀时间。

把式（3）代入式（2）中得

$$P_a = P_m\left(\frac{0.444}{3V_0t/a_0+0.444}\right)^{4/3} \tag{4}$$

则单个药包作用于石砌体壁上单位面积的冲量：

$$\begin{aligned} I &= \int_0 P_a\,\mathrm{d}t = \int_0 \sqrt{2}w/(c_sP_a)\,\mathrm{d}t \\ &= \frac{a_0}{V_0}P_m\cdot 0.444\left(1-\left(\frac{0.444}{3V_0\sqrt{2}W/(ac_s)+0.444}\right)^{1/3}\right) \end{aligned} \tag{5}$$

式中，c_s 为介质裂隙发展平均速度。

它与均匀介质中爆破的有效冲量相比

$$\begin{aligned} \xi_2 &= \sqrt{2}WI/(P_mc_s) \\ &= \frac{a_0}{\sqrt{2}W}\cdot\frac{c_s}{V_0}\cdot 0.444\left(1-\left(\frac{0.444}{3V_0\sqrt{2}W/(a_0c_s)+0.444}\right)^{1/3}\right)\bigg/\left(\frac{0.444}{(a/a_0)^3-0.556}\right)^{4/3} \end{aligned} \tag{6}$$

所以外敷药包与均匀介质爆破单耗相比为

$$q_2/q = \xi_2^{-3/2} \tag{7}$$

根据爆破试验压碎圈实测数据[1]，$a_m/a_0 \approx 1.4$；$c_s = 800\text{m/s}$；$V_0 = 400\text{m/s}$；a_m 为爆破阶段空腔扩大的最大半径。代入式（6）得

$$\xi_2 = 3.7226a_0^2\left(1-\left(\frac{0.444}{2.121W/a_0+0.444}\right)^{1/3}\right)/W^2 \tag{8}$$

单个药包负担一个砌石块，$\beta_B = 1000\text{kg/m}^3$，则有（4/3）$\cdot \pi a^3 \cdot \beta_B = q_2 \cdot V$，而 $V = 0.45\times0.5\times0.25 = 0.05625\text{m}^3$，则

$$q_2 = 4/3\pi a^3 \cdot \beta_B/V = 74429.630a^3 \tag{9}$$

将式（8）代入式（7）并令 $W = 0.25\text{m}$，$q = 1.2\text{kg/m}^3$，再将式（7）与式（9）联立解方程组得数值解 $a_0 = 0.03520\text{m}$，$q_2 = 3.25\text{kg/m}^3$。

因此得负担单个砌石块（单个药包）的药量

$$Q_s = q_2 \cdot V = 0.183\text{kg} = 183\text{g}$$

则每孔装药量

$$Q = 4Q_s = 732\text{g}，取整为 750\text{g}$$

3.2.2 Ⅱ型塔装药量计算

长条形药包贴在砌石块上，它作用到每块砌石块上的总冲量：

$$I = iL = \mu_x Q_s \mu' \tag{10}$$

式中，μ_x 为爆炸气体的喷出速度，m/s；Q_s 为药包药量，kg；i 为单位长度条形装药作用在障碍物上的冲量，N · t/m；μ'为系数，对于截面为半圆形的条码装药，$\mu' = 2/\pi$；L 为条形装药长度，m。

则单个砌石块所获得的假想能量

$$W_{ks} = 0.5M_sV_0^2 = 0.5M_s \cdot (I/M_s)^2 = 4UQ^2/(\pi^2 M_s) \tag{11}$$

式中，U 为炸药的比能，J/kg；ρ_s 为砌石块密度，kg/m³；M_s 为砌石块的质量，kg。

此处 $\rho_s = 3000\text{kg/m}^3$，2 号岩石硝铵炸药 $U = 4018000\text{J/kg}$，代入式（11）得

$$W_{kn} = 9659.771Q_s^2 \tag{12}$$

砌石块要离开石砌体使之破坏，根据宏观的能量守恒方程有

$$W_{ks} = W_G + W_f = M_sV_t^2/2 \tag{13}$$

式中，W_G 为克服砌石块间水泥砂浆所需的总的应变功。W_f 为砌石块克服摩擦力所做的功。

$$W_G = S_t \cdot G_{IC} = S_t \cdot K_{IC}^2/E \tag{14}$$

式中，K_{IC} 为断裂应力强度因子，对混凝土，$K_{IC} = 882\times10^3\text{N}\cdot\text{m}^{-3/2}$；$E$ 为弹性模量，对混凝土，$E = 2.6\times10^9\text{N/m}^2$；$S_t$ 为错动面积，为 0.475m^2。

代入式（4）得 $W_G = 142.03\text{J}$。

$$W_f = N \cdot f \cdot W \tag{15}$$

式中，N 为作用在砌石块上的压力；f 为摩擦系数，现场试验 $f = 0.577$；W 为砌石块离开石砌体运动的路程，0.25m。

如图 3 所示，可算得 $N_1 = 75337.50\text{N}$，$N_2 = 68722.50\text{N}$。

把上述数据代入式（15），可得 $W_{f1} = 10867.43\text{J}$，$W_{f2} = 9913.22\text{J}$。

式（13）中 $M_sV_t^2/2$ 为砌石块抛掷功能，令它为零，则得爆高范围内石砌体临界破坏的能量守恒方程

$$W_k = 4W_{ks} = 4W_G + W_{f1} + W_{f2} = 21348.77\text{J}$$

把 $W_{ks} = 5337.19\text{J}$ 代入式（12）求得

$$Q_s = 743\text{g}，取整为 750\text{g}$$

3.3 药包布置

Ⅰ型塔在湿性煤灰中插孔放入塑料管，孔距 0.5m，孔深 2m，共布 10 个孔，分上、下两层装药，每孔装药量 750g，堵塞 0.4m，总装药量 7.5kg，见图 4。

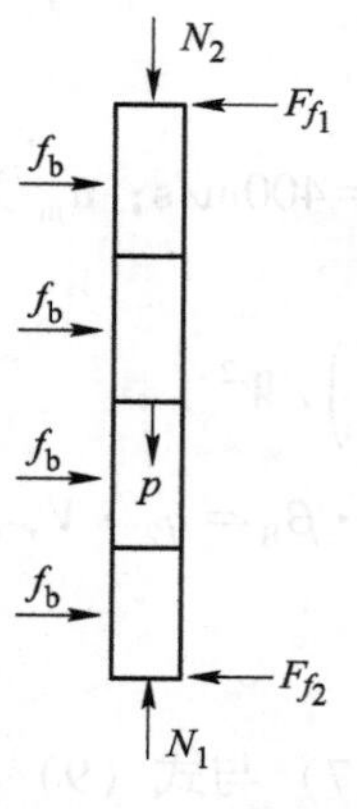

图 3 爆高范围内石砌体受力图

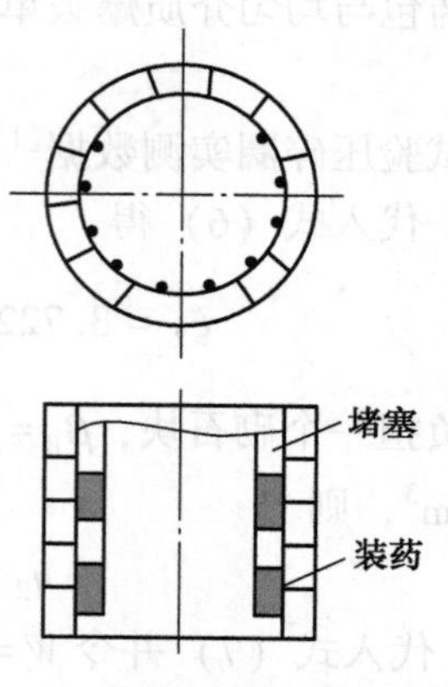

图 4 Ⅰ型塔药包布置图

Ⅱ型塔每个砌石块贴一个药包，然后覆盖 2 层土质沙袋，上 2 层砌石块贴 600g，下两层砌石块贴 900g，总装药量 43. 5kg，采用同段非电导爆系统，药包布置如图 5 所示。

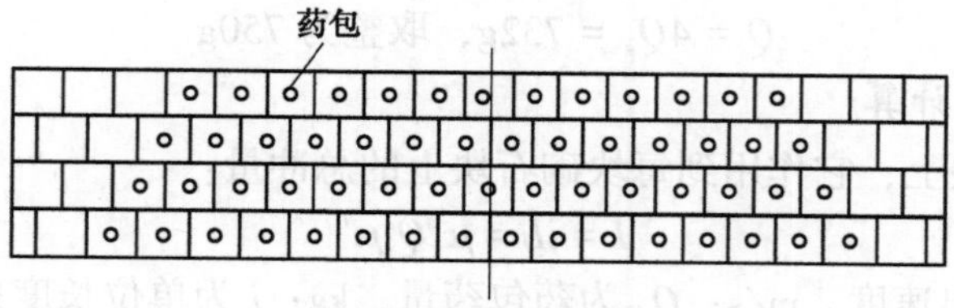

图 5 Ⅱ型塔药包布置内展开图

4 爆破效果及分析

每组塔中的Ⅰ型、Ⅱ型除尘塔同时起爆，起爆后除尘塔原地坍塌，坍散效果良好，塔体充分解体，但声响较大。塔体解体破坏面均在砌石块间的水泥砂浆粘接处，没有发现砌石块本身破坏，说明本文计算假设砌石体断裂在砌石块间的水泥粘接处是正确的。

爆破时产生的粉尘很大，爆破砌石和塔体坍散大部分在 10m 范围内。Ⅰ组的Ⅰ型塔爆破时，有一飞石向南飞出 30m 左右，该飞石高度与厚度都同正常砌石块，宽度约为正常砌石块的 1/3，上面未发现新鲜断裂痕迹。笔者分析认为，因装药是按高×宽×厚为 0. 45m×0. 5m×0. 25m 砌石块设计的，装药在小砌石块处的集中是产生个别飞石过远的主要原因。因此，在爆破第Ⅱ组塔时，在小砌块处不装药或不贴药，爆破时再没有产生较远抛距的个别飞石。

本次爆破对变控楼、沉降地、化学水处理间正对爆点的玻璃窗户，用铁皮防护飞石和空气冲击波，对塔体处未作防护。在东边椰树与被拆厂区间有一高约 3m 的施工场地塑料围板栏，阻挡了空气冲击波直接作用到椰树和路灯上，原来估计会全部损坏的路灯灯罩只损坏了最近的两个，玻璃门窗未见有损坏。

5 结语

采用外敷药包爆破拆除薄壁石砌体结构是可行的，在爆破环境不好时，应对飞石和空气冲击波采取适当的防护措施，本文所述的药量计算方法在同类条件下可以借鉴。

参 考 文 献

[1] 杨人光，史家育．建筑物拆除爆破［M］．北京：中国建筑工业出版社，1984.
[2] 亨利奇 J. 爆炸动力学及其它应用［M］．熊建国，译．北京：科学出版社，1987.
[3] 刘殿中．工程爆破实用手册［M］．北京：冶金工业出版社，1999.

五层危楼的控爆拆除

宋常燕

（广东宏大爆破股份有限公司，广东 广州，510623）

摘　要：介绍了一座5层框架结构危楼的爆破拆除方案，技术参数，爆破安全及防护措施。

关键词：危楼；爆破拆除；安全与防护

Demolition of a Five-storey Dangerous Building by Controlled Blasting

Song Changyan

（Guangdong Hongda Blasting Co.，Ltd.，Guangdong Guangzhou，510623）

Abstract：The demolition program，technological parameters，safety and protection measures of the controlled blasting for demolishing a five-storey dangerous framed building are introduced.

Keywords：dangerous building；explosive demolition；safety and protection

1　工程概况

广东省鹤山市一栋高17.1m的新建5层楼建在防洪堤边，为钢筋混凝土框架结构。该楼房由于基础不牢固，2000年10月20日下午2点开始沿防洪堤坡下滑，由于下滑时速度不大，里面50多名工人全部安全撤出，经过2h下滑和下沉，楼房的第一层下陷了4m，楼房向南整体倾斜，倾角为6°，楼顶偏斜1.8m，成了危楼，业主请求爆破拆除。

危楼东面有一栋5层居民楼需要保护，两者相距仅1.5m，危楼南面8m是防洪堤马路，有高压线和通信光缆通过，电缆距路面6m；危楼西边40m远建有1万伏高压变压器，北边为养鱼塘，施爆时对居民楼、高压线和变压器必须重点保护。爆区环境如图1所示。

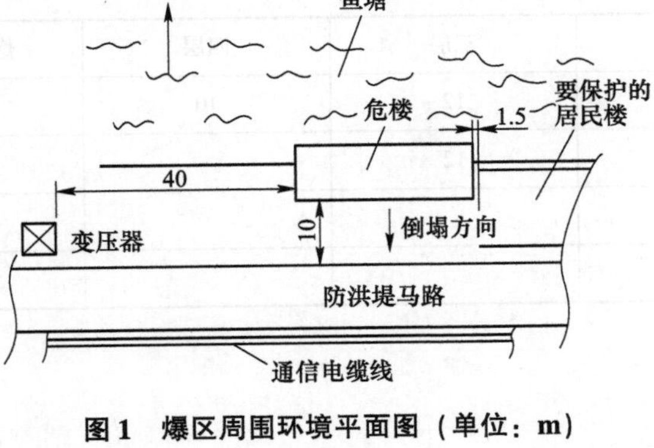

图1　爆区周围环境平面图（单位：m）

原载于《爆破》，2001，18（2）：70-71。

2 爆破方案

危楼沿东西向长30m，宽10m，每层分A、B、C三排立柱，每排立柱有9根。由于楼房第一层已陷入泥中，且第一层A排立柱已被南面河堤挡住，只能将第一层作为支撑平台，从第二层开始施爆。通过广东省公安厅和鹤山市公安局组织专家论证，该危楼由于整体下坐，梁柱节点处没见折断，墙体出现的裂隙较小，又由于一层A排立柱中有4根被河堤挡住，极大地减慢了楼下倾速度，通过测点观测，楼顶平均每天位移2cm，10d之内危楼自行倾覆的可能性不大，因此可以施爆。从楼房结构分析，其长宽比为3∶1，且楼房已向南倾斜6°，南边河堤斜坡有足够的倒塌空间，因此设计倒塌方向为正南方向。

3 爆破技术设计

3.1 爆破缺口的设计

为了保证楼房能充分解体，以便二次破碎清理，前排A柱炸高8.3m，炮眼分布在二、三、四层立柱上，B轴立柱炸高5.2m，炮眼分布在二、三层立柱上，C轴立柱炸高0.6m，只在二层上钻眼。

使A、C轴立柱炸高的最高点连成一斜线，形成爆破楔形缺口（见图2）。

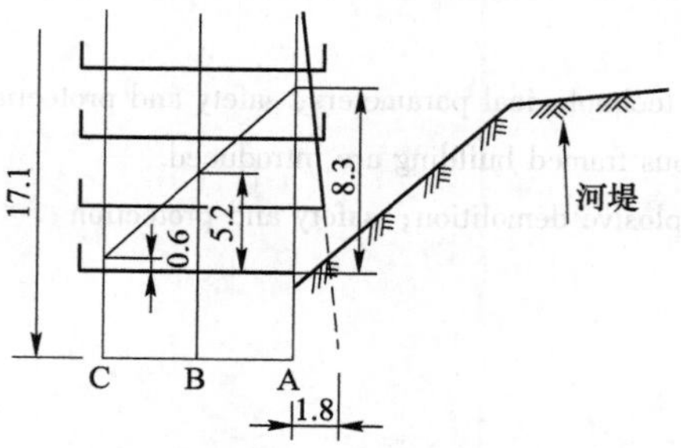

图2 危楼爆破楔形缺口图（单位：m）

3.2 爆破参数

危柱每根立柱截面尺寸均为35cm×35cm，根据其配筋情况，宽边立筋稀少，可从宽边布置双排炮孔（见表1）。最小抵抗线$w=16$cm，孔距$a=32$cm，排距$b=23$cm，孔深$l=21$cm。

单孔炸药量可根据立柱布筋情况和周围环境决定选取炸药单耗$q=1\text{kg/m}^3$，每孔炸药量Q取30g。

表1 危楼立柱炮孔数量及炸药量

立 柱	二层	三层	四层	炮孔数/个	炸药量/kg
A轴	12	12	10	306	9.18
B轴	12	12		216	6.48
C轴	4			36	1.08
总 计				558	16.74

3.3 时差选择

由于危楼周围环境条件限制，为防止楼房倒塌时向东侧偏斜或向北边后坐，A、B、C轴分两段爆破，A轴为1段，B、C轴同为11段（490ms），这样可保证A轴爆后还没触地时B、C轴起爆，在联合力矩作用下以二层C轴为铰结点向南倾倒。

4 起爆网路

每个炮孔内装一发非电毫秒雷管，孔外用“一把抓”的联结方式，每把导爆管数量控制在24发以内，用2发瞬发电雷管串联引爆，共用70发电雷管，电雷管层间串联，整栋形成一个大串联网路，爆破时用GM-1000型起爆器引爆。

5 预处理

楼房1~2轴，8~9轴之间为楼梯间，南北方向刚度大，直接影响楼房倾倒，为了安全起见，采用风镐将2~4层之间的楼梯凿断。楼体东西方向外墙为12cm厚的砖墙，为了防止倾倒时墙体侧向倒塌对相距1.5m远的居民楼墙壁和玻璃窗和管线构成危害，事先用人工拆去2~4层之间东、西侧外墙。另外屋顶上有20cm厚的钢筋混凝土遮雨板向东面居民楼伸出50cm，也用人工敲掉伸出部分。

6 爆破安全和防护措施

6.1 震动防护

本次爆破最大一响炸药量约9kg，分散在306个炮孔中，且爆破部位在二楼以上，爆破地震波所引起的震动比较小，但楼房倒塌触地时的震动要大得多，因此为保护东侧的居民楼，在预定的触地点旁沿楼间夹巷挖出了一道宽0.5m深1m的减震沟。

6.2 飞石防护

为防止个别飞石飞出，除严格控制装药量和炮眼位置外，还采用了三级防护。一级防护是在每根立柱爆破部位用铁皮包住，用细铁丝绑扎。二级防护就是在楼房东西面搭设高18m，宽40m的竹排，竹排上贴双层竹笆，三级防护就是在居民楼玻璃窗上和变压器旁铺双层竹笆来重点保护。

7 爆破效果

进行爆破后，楼房完全向正南方向倾塌，东面居民楼完好无损，变压器和通信电缆没有破坏，二级防护的竹笆外侧没有飞石出现，爆破取得了成功。

对危楼拆除爆破之前，必须对危楼作全面的安全评估，确保施工人员的安全。在施工过程中，密切监视危楼倾斜速度，一旦出现异常，立即撤出所有施工人员。

这次爆破虽然成功了，但如何从定量角度来判断危楼的危险程度及在爆前采取有效的防护方式还需要进一步探讨。

爆破拆除砖烟囱内力分析

宋常燕　魏晓林　郑炳旭

（广东宏大爆破股份有限公司，广东 广州，510623）

摘　要：本文分析了砖烟囱倾倒运动规律和倾倒过程的内力分布。由实例计算可知，砖烟囱倾倒初期的下坐和后坐破坏，是切口过大导致内力较大造成的。

关键词：烟囱；拆除爆破；内力

Mechanics Analysis and Calculation For Chimney Toppling Project

Song Changyan　Wei Xiaolin　Zheng Bingxu

（Guangdong Hongda Blasting Co., Ltd., Guangdong Guangzhou, 510623）

Abstract: In this paper, the motional regulation and the distribution of internal forces of chimney are analyzed, when it is toppling. The calculation example shows that the lower part with siting down and behind in period of the chimney collapse is resulted from over large circular angle of cut.

Keywords: chimney; demolition blasting; internal force

1　烟囱倾倒规律

烟囱爆破拆除的关键是保证定向及坍落范围的准确性，烟囱的下坐和后坐，对倾倒定向及垮落范围又至关重要，为了了解下坐和后坐必须研究烟囱的倾倒运动规律和倾倒过程的内力分布。如图 1 所示，烟囱在爆炸形成切口后，在重力矩 MC 作用下，使保留支承部中性轴 C 的倒向侧砌体受压而反倒向侧出现受拉区。当拉应力大于砌体抗拉强度 $[\sigma_t]$ 时，受拉区产生水平张拉裂隙，与以上过程同时，保留支承部从弹性状态迅速向极限压缩状态转化，受压面向倾倒侧缩小，受压区压应力相互接近并直至达到极限抗压强度 $[\sigma_c]$。若烟囱对支承部所剩受力区应力中心轴 A 的重力矩 M_A 不能为 A 轴前移所平衡，烟囱绕支轴 A 转动而倾倒。设初始倾角为 φ_0，瞬时倾角为 φ，所受重力 P 而倾倒，支座径向反力 N，切向反力 R 和单位面积的空气阻力

$$F_0 = 0.7\gamma_0 V_r^2/(2g)$$

式中，γ_0 为空气重率，在标准状态下 $\gamma_0/(2g) = 0.000646\text{kN}\cdot\text{s}^2/\text{m}^4$，$V_r$ 为距支点高 r 处筒体的线速度，m/s。

烟囱倾倒运动方程为：

$$m \cdot \mathrm{d}V_c/\mathrm{d}t - R - P \cdot \sin\varphi + \int_0^H 0.7\gamma_0 \cdot V_r^2 \cdot 2R_{av} \cdot \mathrm{d}r/(2g) = 0 \quad (1)$$

$$m(v_c^2/r_A) + N - P \cdot \cos\varphi = 0 \quad (2)$$

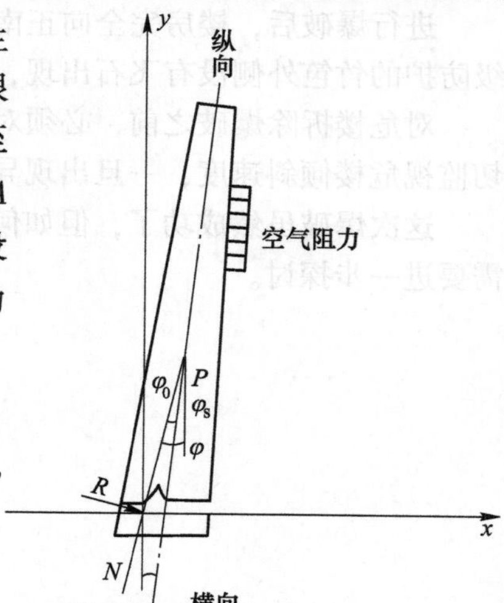

图 1　烟囱倾倒力

Fig. 1　Toppling force of chimney

原载于《第七届工程爆破学术会议论文集》，2001：433-436。

$$J_A(d^2\varphi/dt^2) - r_A \cdot P \cdot \sin\varphi + \int_0^H 0.7\gamma_0 \cdot V_r^2 \cdot 2R_{av} \cdot r \cdot dr/(2g) = 0 \tag{3}$$

式中，m 为烟囱质量，kg；r_A 为烟囱质心到支轴 A 的距离，m；v_c 为烟囱质心速度，m/s；J_A 为烟囱绕 A 轴的转动惯量，kg/m^2；R_{av} 为烟囱上下平均外半径，m；r 为烟囱纵向坐标，m；H 为切口以上烟囱高度，m。

由式（3）令 $\omega_0^2 = r_A \cdot P/J_A$，$\zeta = 0.7\gamma_0 \cdot 2R_{av} \cdot H^4/(8g)$，并考虑初始条件有

$$d^2\varphi/dt^2 + \zeta(d\varphi/dt)^2 - \omega_0^2\sin\varphi = 0 \tag{4}$$

$$\varphi(0) = \varphi_0,\ \varphi(0) = 0$$

解方程式（4）得

$$\omega = d\varphi/dt = \omega_0 F(\varphi)\zeta \tag{5}$$

$$d^2\varphi/dt^2 = \omega_0^2(\sin\varphi - F^2(\varphi)) \tag{6}$$

$$F^2(\varphi) = 2\zeta^2[e^{-2\zeta \cdot \varphi_s}(\cos\varphi_0 - 2\zeta \cdot \sin\varphi_0) - (\cos\varphi - 2\zeta \cdot \sin\varphi)]/(1 + 4\zeta^2) \tag{7}$$

由式（1）和式（2）得烟囱倾倒时的径向反力。

径向反力 $$N = P \cdot \cos\varphi - m \cdot r_A \cdot (d\varphi/dt)^2 \tag{8}$$

切向反力 $$R = P \cdot \sin\varphi - m \cdot r_A \cdot d^2\varphi/dt^2 - \zeta \cdot (d\varphi/dt)^2 \tag{9}$$

式中，$\zeta_s = 0.7\gamma_0 \cdot 2R_{av} \cdot H^3/(6g)$；倾倒转动角 $\varphi_s = \varphi - \varphi_0$。

支座竖向反力 $N_H = N \cdot \cos\varphi - R \cdot \sin\varphi$

支座水平向反力 $R_H = N \cdot \sin\varphi + R \cdot \cos\varphi$

烟囱纵向支座反力 $N_c = N \cdot \cos\varphi_0 - R \cdot \sin\varphi_0$

烟囱横向支座反力 $R_c = N \cdot \sin\varphi_0 + R \cdot \cos\varphi_0$

2 烟囱中的弯矩

假设烟囱从下到上内外径均匀变化，壁厚连续收缩，烟囱倾倒支轴 A 偏离纵轴距离 Z，烟囱下截体如图 2 所示，由 $\Sigma M_A = 0$ 得弯矩。

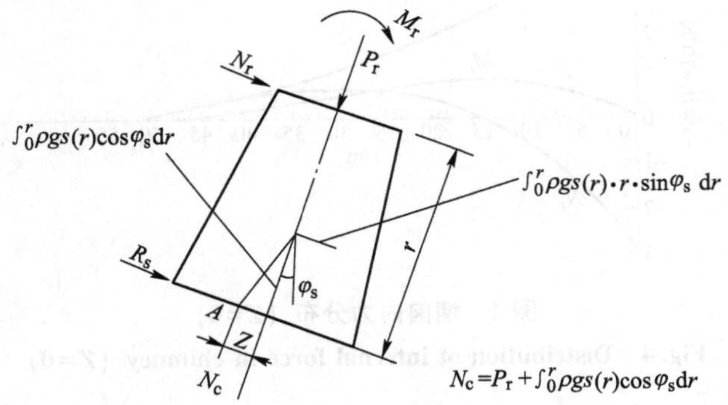

图 2 烟囱内力

Fig. 2 Internal force in chimney

$$M_r = J_A(r) \cdot d^2\varphi/dt^2 - Nr \cdot r - \int_0^r \rho gs(r) \cdot r \cdot \sin\varphi_s \cdot dr - N_c \cdot Z \tag{10}$$

式中，ρ 为烟囱材料密度，取 1940kg/m^3；g 为重力加速度，9.8m/s^2；$s(r)$ 为单元体截面积，m^2；$J_A(r)$ 为烟囱下截体对 A 轴的惯性矩，kg · m^2。

$$J_A(r) = Z^2\int_0^r s(r) \cdot dr + \int_0^r r^2 s(r) \cdot dr$$

轴压力 P_r 和横向剪切力 ——N_r 计算式见文献[1]。P_r、N_r、M_r 和压力偏心距 $e = M_r/P_r$，经实例计算，结果见图 3。

计算参数如下，H=55m，上、下外半径分别为 R_4 = 1.2m、R_2 = 2.5m，上下内半径分别为 R_3 =

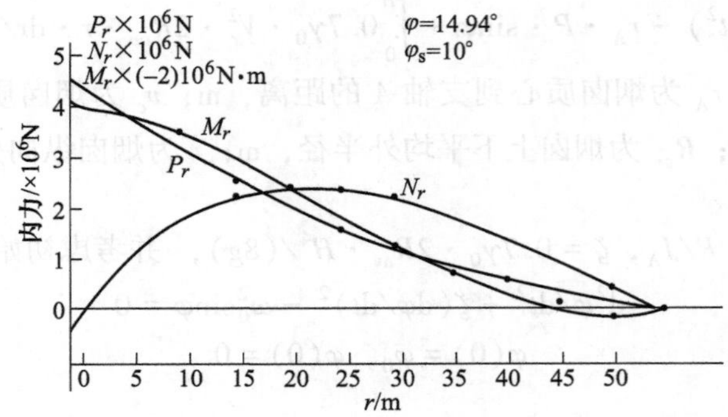

图 3 烟囱内力分布（Z=1.761m）

Fig. 3 Distribution of internal force in chimney（Z=1.761m）

0.96m、$R_1=1.88$m。烟囱自重 $P=4925$kN，对支承面的转动惯量 $J_O=318113\text{kN}\cdot\text{m}^2$，质心高度 $h_c=20.35$m，$Z=1.761$m、$\varphi_0=14.94°$，$\rho_s=10°$。从图中可见，当瞬时倾角 $\varphi=14.94°$时，烟囱底部弯矩 M_r 最大，M_r 和偏心距 e 促使筒体倒向侧拉应力 $\sigma_t=M_r/W_r-P_r/s(r)$ 大于砌体抗拉强度［σ_t］时（W_r—r 处截面的抗弯矩量，m^4），筒体在倒向侧裂开。而筒体反倒向侧受压面积缩小，而压应力 σ_c 在受压区相互接近极限抗压强度［σ_c］当 e 上作用的 P_r 形成的 $\sigma_c>$［σ_c］时，烟囱丧失极限抗弯能力而折断，压坏，如文献［3］表 1 例 2、例 8、例 11。随切口圆周角减小，Z 距也减小，弯矩 M_r 和偏心距 e 也随之减小。当 $Z=0$ 时，P_r、N_r、M_r 见图 4，从图中可见，筒体下段 M_r 极大减小，最大弯矩发生在 $H/3$，中上段最大剪力发生在 $2H/3$。因此减小切口角是防范烟囱下部破坏的关键措施。当支座破坏或切口闭合，纵向支座反力 N_c 会移至倒向侧 Z，将促使筒体倒向侧受压，反倒向侧受拉，特别是切口闭合产生冲击荷载 N_c 时，烟囱筒体内可能出现较大剪力、弯矩，而剪切、折断，如文献［2］所述。

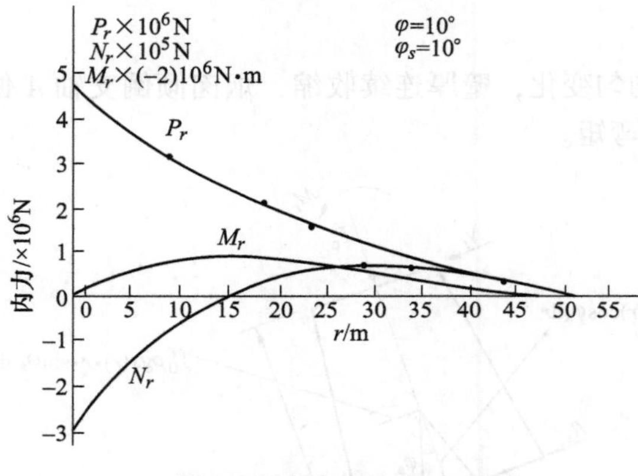

图 4 烟囱内力分布（Z=0）

Fig. 4 Distribution of internal force in chimney（Z=0）

3 结语

通过对烟囱倾倒过程的力学分析与计算可知，烟囱中的轴向力、剪力和弯矩均随倾角和烟囱高度位置的不同而改变，特别是切口大小，导致支承部支点距烟囱纵轴距离变化，而较大地影响烟囱下部弯矩，当它与烟囱支承部反力结合便形成砖烟囱倾倒初期的各种破坏。

参 考 文 献

［1］高金石，等．爆破理论与爆破优化［M］．西安：西安地图出版社，1993.

［2］郭志兴．爆破烟囱、水塔技术简介及烟囱下部座落原因分析［J］．爆破，1989（1）：40-45.

［3］傅建秋，等．拆除砖烟囱爆破切口范围分析［C］//第七届工程爆破学术会议论文集，2001.

电厂大跨度厂房及100m高烟囱爆破拆除

郑炳旭　傅建秋

（广东宏大爆破股份有限公司，广东 广州，510623）

摘　要：介绍了100m烟囱和厂房爆破相向倒塌拆除。厂房中框架高，结构复杂，前后两侧排架跨度大，立柱粗，采用加大炸高，形成大三角口，利用顺序爆破立柱时差形成的框架倾覆力矩，带动排架向烟囱倒塌，并且排架也采取其他同倒向的爆破措施。而烟囱在底切口爆开后，则向厂房倾倒，并压在松散的厂房爆堆上，从而减轻了着地振动。

关键词：拆除爆破；大型厂房；烟囱

Demolishing Large-spaned Building of Power Plant & 100m Reinforced Concrete Chimney by Blasting in Guangzhou

Zheng Bingxu　Fu Jianqiu

（Guangdong Hongda Blasting Co., Ltd., Guangdong Guangzhou, 510623）

Abstract: This paper describes that a 100m chimney and a power plant were demolished toppleing toward each other by blasting. Due to the structural specialty of plant. It was divided in three separate parts, using controlled blasting, toppled the medial part, frame construction. Then it pushes front part, framed bent, pulls back that and together collapses toward chimney. However, chimney topples toward plant and pressures on pile of broken plant, so that shock of chimney collapsing to ground is reduced.

Keywords: demolition blasting; power plant; chimney

1　工程概况

广州市经济技术开发区的恒运电厂，因改扩建需要，对烟囱、汽机间和锅炉间等厂房结构物爆破拆除，结构物及环境平面见图1。

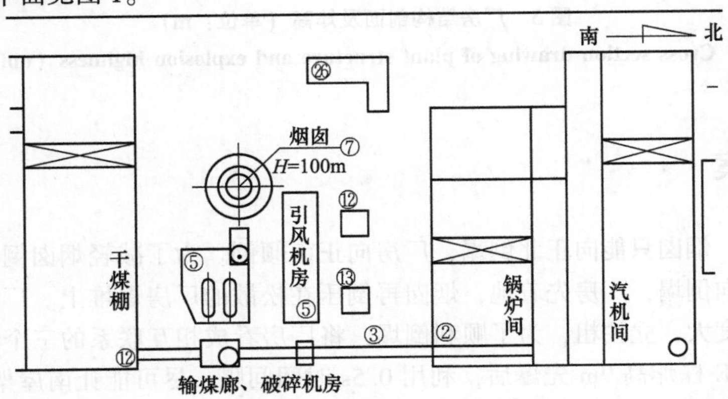

图1　烟囱、汽机间和锅炉间厂房及环境平面

Fig. 1　Surroundings of chimney and plant

原载于《第七届工程爆破学术会议论文集》，2001：470-474。

烟囱是钢筋混凝土结构，高100m，底外径8.8m，壁厚0.35m；顶外径3.3m，壁厚0.16m。在地面±0m东西向有对称两个（高）1.40m×（宽）2.0m的出灰口，在+4.2m东西对称处还有两个烟道口。+2.8m以下有双层钢筋网，外层网竖筋$\phi20$@200mm，环筋$\phi10$@100mm，内层网竖、环筋$\phi12$@150mm。

烟囱正北，范围宽阔，距离40mm是锅炉间和汽机间厂房，共四跨五排立柱，由北向南分别为A、B、C、D、E柱，结构柱尺寸见表1。其中B、C、D柱组成3~4层框架，高26.99m；南北各搭21m跨钢屋架分别与E、A柱相连，柱网平面见图2，结构物剖面见图3。

表1 结构柱数及结构柱截面尺寸表

Table 1 Number and cross section dimension of columns

轴	A	B	C	D	E
结构柱数/根	14	14	148	8	
截面尺寸/mm	1240×500	900×600	1100×500	1000×500	1240×500

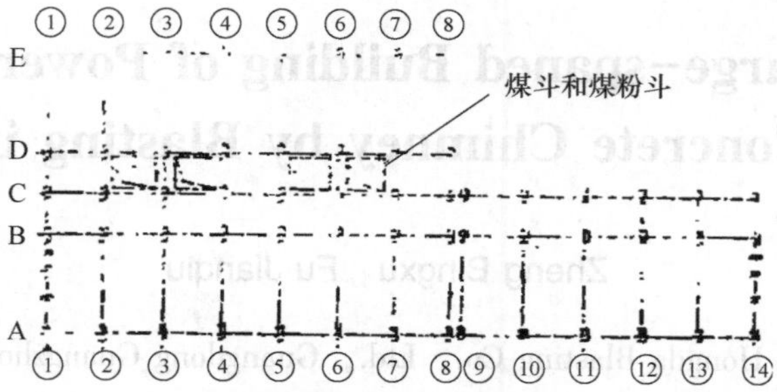

图2 A~E轴立柱分布排列示意图

Fig. 2 Arraying of columns of axie A~E

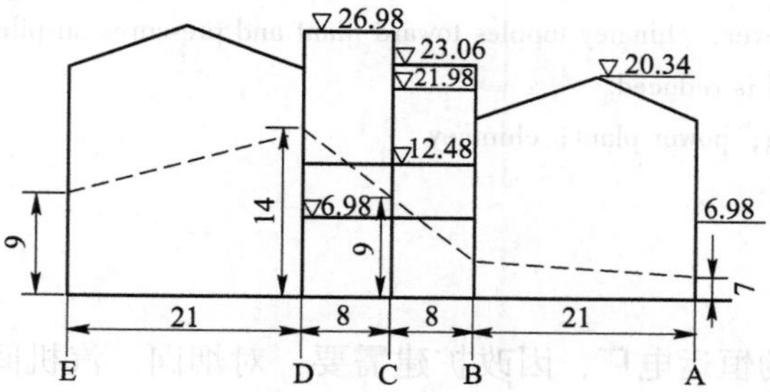

图3 厂房结构剖面及炸高（单位：m）

Fig. 3 Cross section drawing of plant structure and explosion highness (unit: m)

2 爆破拆除方案

因爆区环境限制，烟囱只能向正北倒塌，厂房向正南倾倒。为了减轻烟囱倒地的振动，采取烟囱和厂房同次起爆，相向倒塌，厂房先着地，烟囱再倒压在松散的厂房爆堆上。厂房中框架高，结构复杂，南北搭接排架跨度大，立柱粗，为了顺利倒塌，将厂房看成相互联系的三个独立体，即第一部分为E柱支承的屋架，E柱炸高9m先爆后，利用0.5s时间间隔，尽可能让南屋架从框架搭接处脱落。第二部分为D、C、B柱构成的框架，其D柱炸高已加大到14m，与C、B柱炸高形成大切口，框架及支承在其上的煤斗在自重作用下，以较大的倾覆力矩，向南倾倒，并推动仍搭接的南屋架向南倒塌。第三部分为A柱支承的北屋架，当框架向南倾倒将拖动北屋架南移，同时A柱炸出2m高南偏心切口，与东西山墙向南的爆破切口一起带动A柱和屋架向南倾倒。厂房炸高见图3。

3 爆破参数

3.1 爆破切口形状尺寸

在烟囱+0.5m处爆破正梯形切口，切口角230°，其底长17.6m，顶长15.2m，高2.9m，保留支撑部周长10.0m，爆破切口见图4。爆破切口两侧开两个定向窗，尺寸为上宽2.3m，下宽3.5m，高2.9m。爆破切口正中预开（宽）2.6m×（高）2.9m中间窗口。

切口炮眼排距0.3m，间距0.3m，单孔装药75g，炸药单耗2.0kg/m^3，总装药量23.4kg。

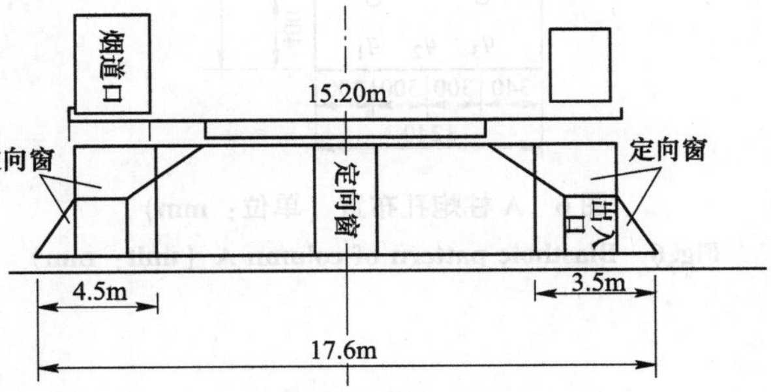

图4 爆破切口形状尺寸示意图

Fig. 4 Stretchout view of blasting cuts

3.2 厂房爆破参数

厂房立柱当炸高9~14m时，分三段爆破，即+6.98m平台以上炸2m，以下分两段炸，每段炸2m，三花孔布置，如图5所示。厂房各立柱爆破参数见表2。

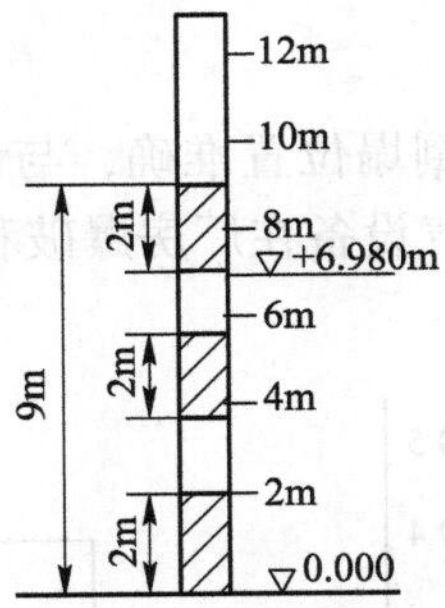

图5 3排炸高分布图

Fig. 5 Arrange of explosion highness of three parts of columns

表2 各立柱爆破参数表

Table 2 Blasting parameters of columns

立柱轴	E	D	C	B	A
炸高/m	9	14	9	3.5	2
孔距/mm	300~320	300~400	330~400	300	300~400
排距/mm	400	400	400	400	400
单耗/g·m^{-3}	800	750	750	700	700
单孔药量/g	65	75	75	75	30~60
每柱炮孔数/个	54	41	36	24	12

A 柱矩形断面 0.5m×1.24m，炮孔布置如图 6 所示，炮孔深 0.3m，每条柱 12 个炮孔，单孔药量 $q_1=60g$，$q_2=50g$，$q_3=30g$ 炸出南侧大缺口，北侧混凝土仅炸碎，南侧箍筋起爆前切断。

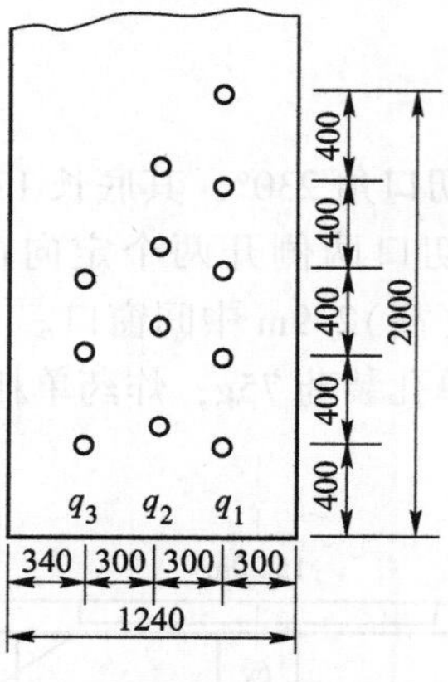

图 6 A 柱炮孔布置（单位：mm）

Fig. 6 Blasthole pattern of column A (unit: mm)

3.3 爆破网路及时差

烟囱及厂房同时起爆，烟囱用非电毫秒雷管，不分段；厂房五排柱均采用半秒非电雷管，段数分别为：E 柱 HS-3、D 柱 HS-4、C 柱 HS-5、B 柱 HS-6、A 柱 HS-7。起爆网路：烟囱每排用塑料三通串联成一个小回路，十一排孔（十一个小回路）再用塑料三通串联成一个中环回路；厂房每柱为一小环、每排柱为一中环，小环之间、中环之间均采用塑料四通连接，烟囱及厂房串联成一个大环回路，并设置若干瞬发电雷管起爆点。

起爆的时差为：烟囱 0s，厂房五排柱分别为：E 柱 1s、D 柱 1.5s、C 柱 2s、B 柱 2.5s、A 柱 3.0s。

4 爆破效果及测试分析

从爆破现场观察和录像看，厂房向南倒塌位置准确，与设计一致。梁、顶板解体充分，不需二次改爆，飞石控制在防护范围内，周围的电气设备在厂房爆破和着地时振速小于 26mm/s，无一跳闸，见图 7 和表 3。

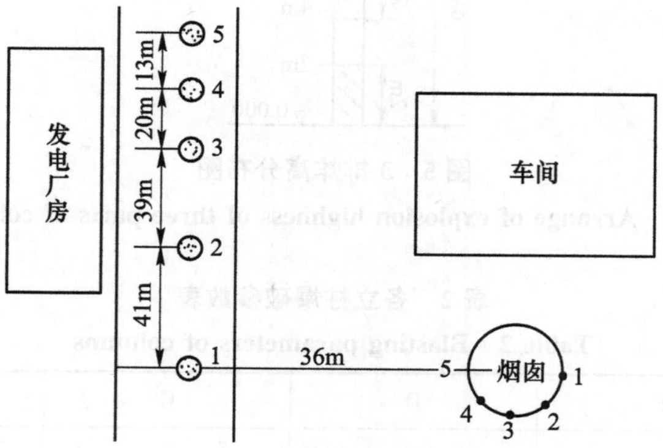

图 7 测点布置简图

Fig. 7 Arrange of monitoring points

表 3 五个测点的振速

Table 3 Crest values of ground vibration velocity (cm/s)

测点号	1	2	3	4	5	计算机开始采集时间/s
烟囱爆破	0.65	0.62	0.49	0.44	0.32	3.33

续表 3

Continues Table 3

测点号	1	2	3	4	5	计算机开始采集时间/s
厂房E柱爆破	0.27	0.27	2.60	0.56	0.43	4.34
厂房D柱爆破	0.38	1.80	0.86	0.62	0.48	4.84
厂房C柱爆破	0.62	2.40	1.60	0.74	0.52	5.35
厂房B柱爆破	0.43	0.90	2.40	0.76	0.54	5.80
厂房着地	0.27	0.77	0.53	0.32	0.22	6.65
烟囱着地	0.31	0.57	0.83	1.20	3.60	11.01

由此可以认为：

（1）将连体厂房按框架和排架不同结构特点分成相互连系的三个独立单元设计，考虑爆破方案是恰当的。

（2）厂房各排立柱顺序爆破时差0.5s是合适的，大部分构件能前冲15m，给后排立柱倒塌创造了空间。

（3）A柱按单排独立柱设计，倒向好。山墙有内飘台，使其内折倒塌和A排柱东西两立柱向内转45°折倒。

烟囱倒塌着地时，正压在倒塌的厂房上。由于厂房爆堆的缓冲，使烟囱着地引起5号测点最大振速仅36mm/s，大大小于预计振速，振速见表3，测点位置见图7。

十三层楼定向倒塌控爆爆堆分析

高金石[1]　朱振海[2]

（1. 广东宏大爆破股份有限公司，广东　广州，510623；
2. 深圳市公安局三处，广东　深圳，518008）

摘　要：以东莞贸易大厦定向倒塌控爆爆堆实测资料为依据，对爆后残碴堆积情况进行了分析，从中总结了一些经验，可供类似工程参考。

关键词：爆堆；定向倒塌；偏转；后坐

The Analysis of the Pile Shape of the 13-storied Building Demolished by Controlled Blasting

Gao Jinshi[1]　Zhu Zhenhai[2]

(1. Guangdong Hongda Blasting Co., Ltd., Guangdong Guangzhou, 510623;
2. Public Security Bureau of Shenzhen City, Guangdong Shenzhen, 518008)

Abstract: The pile shape of the demolished building were analysed according to the data of the blasted-pile with a13-stage building demolished by controlled blasting in Dongguan City, Guangdong Privince. Much of experience was obtained, which can be used as a reference for similar projects and further research.

Keywords: blasted-pile; directional collapsing; deflection; recoil

1　概况

东莞贸易大厦定向爆破拆除工程由广州军区中人爆破工程公司设计、施工，广东宏大爆破工程公司参与施工。施爆后，邻近建筑物、设施均无损害，安全、高效地完成了控爆工作，为高层建筑纵向定向倒塌控爆积累了经验，也为控爆拆除带来了良好声誉。

该楼南端正厅 13 层，高 50.4m；北部主楼 11 层。框剪结构。南北走向共有①~⑱排立柱，正厅与主楼有一拐角。东西向两跨，每列 3 根立柱，两跨跨距不等。大楼 7~11 层东侧有宽度 2.0m 的贯通阳台。电梯间、楼梯间等部位有剪力墙。主要结构尺寸如图中虚线所示。

据场地条件，只能向南端四条道路交汇处倒塌。为有利于倒塌及降低爆堆高度，采取了以下技术措施：将⑧~⑨轴间预先用人工切开，分成与 1 号与 2 号两个互不相联的楼；部分剪力墙及电梯间用油炮打掉；采用导爆管半秒与毫秒延期雷管起爆，每个楼分Ⅰ~Ⅳ个起爆时区，各时间间隔半秒，1 号与 2 号楼间隔 2.0s 孔外延时。爆破切口及辅助爆破部位如图 1 中点划线所示。

2　爆堆及其分析

实测爆堆宏观形状、尺寸如图 1 中实线所示。

原载于《第七届工程爆破学术会议论文集》，2001：490-493。

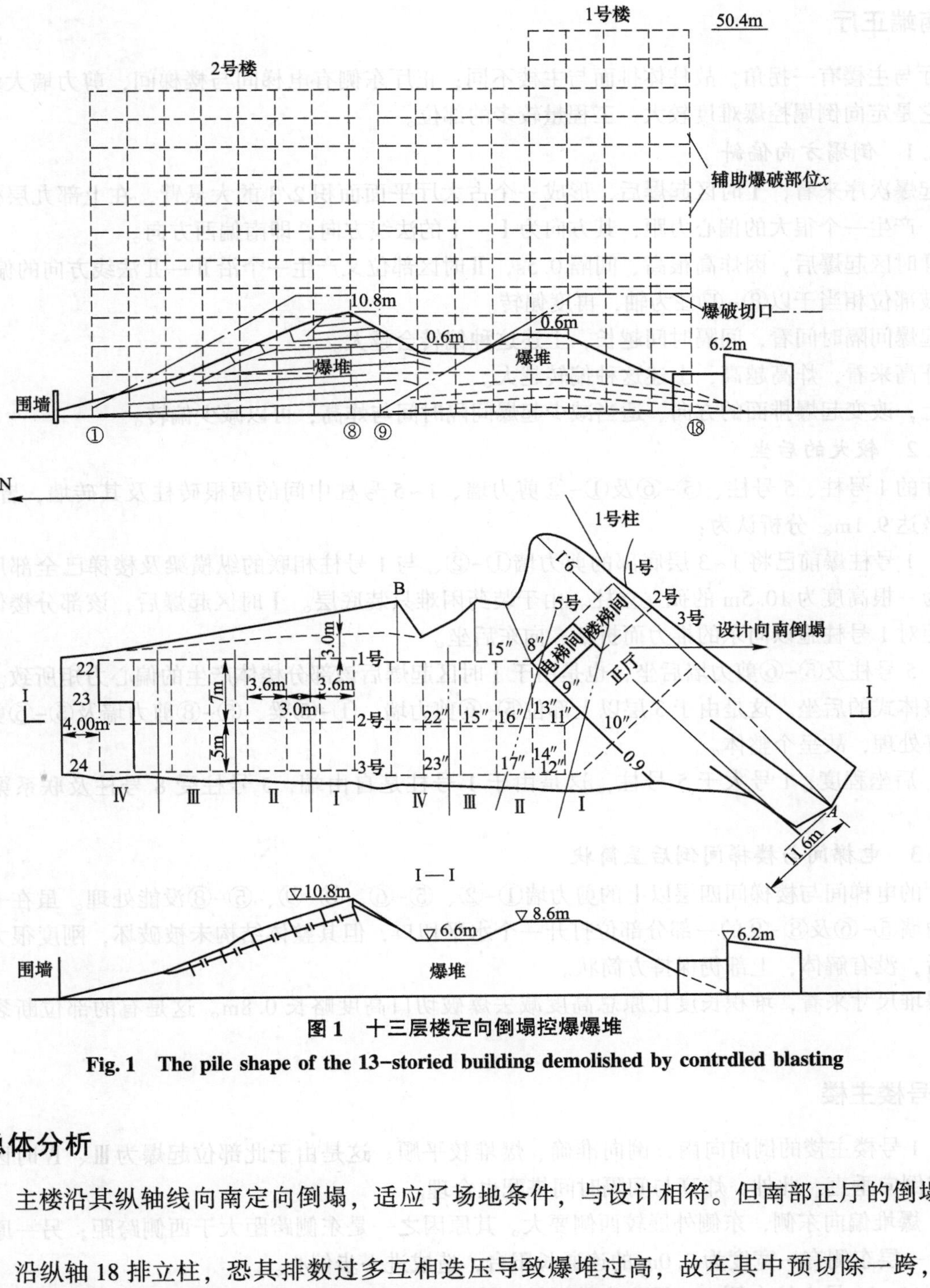

图 1　十三层楼定向倒塌控爆爆堆

Fig. 1　The pile shape of the 13-storied building demolished by contrdled blasting

2.1　总体分析

（1）主楼沿其纵轴线向南定向倒塌，适应了场地条件，与设计相符。但南部正厅的倒塌以向西为主。

（2）沿纵轴 18 排立柱，恐其排数过多互相迭压导致爆堆过高，故在其中预切除一跨，分割成 1 号、2 号两个楼，依次倒塌，以降低爆堆高度。实践表明该预切割是有效的。

（3）1 号楼 1～13 层基本上全部解体，立柱与纵横梁断裂脱离，上层压下层，爆堆密实。2 号楼除 11 层外，也基本上全部解体，爆堆不高、堆积密实。

（4）1 号楼北端、2 号楼南端的东西向隔墙没有预先打掉，并进行了必要的封堵，对保护孔外延时 2s 的 2 号楼起爆网路，是有益和有效的。

（5）爆堆中没有因楼梯而出现支、棚、翘等不良现象。这是由于南楼梯爆前一、二层全部打掉、三、四层每组打断两个踏步；北楼梯一层全部打掉，二至四层每组打断两个踏步所致。

（6）正厅倒向偏西；东部有较大的后坐；电梯间与楼梯间未预处理部位倒地后呈筒状，未解体。2 号楼北端有一定的后坐，而 11 层解体不充分。东侧坍塌宽度远大于西侧。下面将对这些现象进行分析。

2.2 南端正厅

正厅与主楼有一拐角，故柱体排面与主楼不同；正厅东侧有电梯间与楼梯间，剪力墙大多布于正厅。故它是定向倒塌控爆难度较大、工程量较多的部位。

2.2.1 倒塌方向偏斜

从起爆次序来看，Ⅰ时区起爆后，形成一个占大厅平面面积2/3的大悬臂，在上部九层楼重量的压力下，产生一个很大的偏心力距，其方向为Ⅰ—Ⅰ的法线方向，即南偏西方向。

第Ⅱ时区起爆后，因炸高很高、间隔0.5s，Ⅱ时区部位又产生一个沿Ⅱ—Ⅱ法线方向的偏心力距，使已爆破部位相当于以⑧~⑰柱为轴，再度偏转。

从起爆间隔时间看，间隔时间越长，上述这种偏转会越大。

从炸高来看，炸高越高，上述这种偏转越大。

综上，改变起爆排面的方向、适当减少起爆间隔时间与炸高，可以减少偏转。

2.2.2 较大的后坐

正厅的1号柱、5号柱、⑤-⑥及①-②剪力墙、1~5号柱中间的两根砖柱及其砖墙，皆有后坐，最大后坐达9.1m。分析认为：

（1）1号柱爆前已将1~3层底部的剪力墙①-②、与1号柱相联的纵横梁及楼梯已全部用炮机打掉，成为一根高度为10.5m的孤立立柱。由于装药困难只装底层。Ⅰ时区起爆后，该部分楼体产生的偏心力距对1号柱施以向东的推力而折断、向东后坐。

（2）5号柱及⑤-⑥剪力墙后坐，也是由于Ⅰ时区起爆后该部分楼体产生的偏心力矩所致。但这种后坐是整体式的后坐。这是由于3层以上部位⑤-⑥剪力墙、①-⑤梁、⑤-⑧剪力墙及⑤-⑥剪力墙都没有很好处理，故呈个整体。

（3）后坐程度，1号大于5号柱，这是由于1号柱是自由端，5号柱受8号柱及联系梁约束的结果。

2.2.3 电梯间与楼梯间倒后呈筒状

正厅的电梯间与楼梯间四层以上的剪力墙①-②、⑤-⑥、⑧-⑨、⑤-⑧没能处理。虽在七层、十层在剪力墙⑤-⑥及⑧-⑨的一部分部位打开一个水平切口，但其整体结构未被破坏，刚度很大，故倒塌落地后，没有解体，上部仍保持方筒状。

从爆堆尺寸来看，堆积长度比原总高度减去爆破切口高度略长0.8m。这是有的部位断裂而使之增长。

2.3 1号楼主楼

（1）1号楼主楼的倒向向南，倒向准确、爆堆较平顺。这是由于此部位起爆为Ⅲ、Ⅳ时区，其起爆排面与倒向垂直。此外，炸高与间隔时间搭配也合理。

（2）爆堆偏向东侧，东侧外展较西侧要大。其原因之一是东侧跨距大于西侧跨距；另一原因是本楼七至十一层东侧有一宽度为2.0m的连通长阳台，造成进一步偏心。

（3）15~18号立柱东侧有一堆突出的爆堆。该堆有15号柱、15-18-21边墙有其七至十一层东阳台而组成。分析原因是由于正厅在向西偏转倒塌时，挤压其后部8号和15号柱及其墙体；另一原因是七至十一层东阳台使其偏心。

此部位两侧没有随之向东，是由于13-16-17剪力墙起了稳定作用。

2.4 2号楼

（1）2号楼总体向南倒塌，定向准确。这说明起爆次序及间隔时间与炸高的匹配是合理的；2号楼与1号楼之间预先用人工分开是可行与有效的。

（2）爆堆向南延伸，两侧外展东侧大于西侧，其原因已分析。爆堆外展南端大于北端，其原因是：南端炸高高，北端炸高低；南端先爆，相当于“自由段端”，北端后爆，相当于“固定端”；再加之南端无剪力墙，北端有 17-20-21 及 23-20 剪力墙。

(3) 最顶端到地后解体较差，立柱、顶梁与楼板仅折断而未脱离、解体，形成一连串“冖”字型立于爆堆上。分析认为，这是 2 号楼倒塌时受 1 号楼爆堆的影响而倒塌速度减少、触地动量不够。由此也可以推论：如果 1 号楼正厅向正南倒塌，减少对 2 号楼堆积的阻截，则 2 号楼爆堆可望进一步降低；1 号与 2 号楼之间预先切开一跨，如切缝宽度再增大一些，或者 2 号楼炸高再增大一些，也可能使 2 号楼爆堆进一步降低。

(4) 后坐。2 号楼 22 号、23 号、24 号立柱后坐 1.6~2.0m；①轴至围墙 4m，碎砖被围墙阻挡，堆高 0.8~1.4m。①轴的三根立柱炸高均为 0.8m。一层高 4.5m，剩余的 3.7m 立柱在倒塌的过程中被折断成三段。应当说对于十一层的楼房且多排立柱纵向倒塌来说，这个后坐量不算太大。如无 21-20-17 及 22-20 剪力墙，后坐将会更大。

3 结语

(1) 本工程在安全的前提下实现了定向倒塌，解体充分、碴堆很低，是一次成功的拆除工程。

(2) 多排立柱纵向倒塌，为降低后部碴堆高度，在其中部预切割一跨是行之有效的；间隔 2s 起爆是适宜的。

(3) 当结构对称时，起爆排面的法线方向是倒塌方向；当结构不对称时，倒塌方向偏向重心方向。

(4) 剪力墙的处理至关重要，它影响到倒塌方向、倒塌距离、倒塌后解体状况与程度；50m 高的电梯井切口以上未处理时，倒地后无明显破损。

拆除砖烟囱爆破切口范围分析

傅建秋 魏晓林 张中宏

（广东宏大爆破股份有限公司，广东 广州，510623）

摘 要：结合拆除爆破实例，建立了砖烟囱支承部应力以及各种下坐和后坐破坏的计算式。计算结果表明：烟囱倾倒时，爆破切口必须使支承部倒向侧极限压缩，切口圆心角必须大于 π 减极限压缩区圆心角之半。切口圆心角大于220°将导致砌体沿切口两侧垮落而支承部失稳压垮，支座剪切烟囱后滑，支承部向上剪切烟囱前滑，筒体偏心压断以及由以上破坏导致烟囱下坠冲击形成的剪断和弯断等各种过早下坐和后坐破坏。砖烟囱的爆破切口圆心角应在180°~210°。

关键词：拆除爆破；砖烟囱；爆破切口圆心角；烟囱下坐和后坐

Analysis on Cut-out Length of Brick Chimney in Demolition Blasting

Fu Jianqiu Wei Xiaolin Zhang Zhonghong

（Guangdong Hongda Blasting Co.，Ltd.，Guangdong Guangzhou，510623）

Abstract：Combining with the demolition engineering examples，when chimney topples，the internal forces of its support part and several breakings of the lower part with sitting down and behind have been calculated. The calculating results indicate that frontl support part has to be pressed terminally and circular angle of blasting cut - out is larger than substraction of half circular angle of terminally pressed area from π. Larger circular angle of cut - out results in that of several breakings early with sitting down and behind，brick body collapses from edges of cut - out and support part early loses stability，base is shorn down and chimney slides behind，support part is shorn up and chimney slides front，its body is pressed partially and breaks. The circular angle of blasting cut -out of brick chimney demolition changes from 180 degree to 210 degree.

Keywords：demolition blasting；brick chimney；circular angle of blasting cut；chimney lower part breaks with sitting down and behind

1 引言

砖烟囱的定向爆破拆除，爆破切口过小和过大都会降低准确定向倾倒，过大的切口还会导致过早下坐、后坐，筒体折断和前冲等问题。我宏大爆破工程公司，经过近20座砖烟囱拆除爆破，虽然基本定向倒塌，但也存在上述下坐、后坐等问题，见表1。因此，为了改进爆破拆除，我们从力学来分析烟囱倾倒，从而改善了切口设计，确保烟囱倒塌和倒向，防止了过早下坐和后坐，获得满意的效果。

2 烟囱下坐和后坐的切口角

烟囱爆破切口形成后，当切口过大，可使筒体下坐和后坐。如表1所见，用表中实例之一参数分

原载于《第七届工程爆破学术会议论文集》，2001：458-463。

析，即烟囱高 $H=55\text{m}$，上、下外半径分别 $R_4=1.2\text{m}$，$R_2=2.5\text{m}$，上下内半径为 $R_3=0.96\text{m}$，$R_1=1.88\text{m}$，烟囱自重 $P=4925\text{kN}$，对支承面的转动惯量 $J_0=318113\text{kN}\cdot\text{m}^2$，质心高度 $h_c=20.35\text{m}$。筒体下坐和后坐原因如下。

表 1 烟囱爆破拆除情况

Table 1 Situation of blasting and demolishing of chimney

例序	烟囱位置	外半径 /m	壁厚 /m	烟囱高度 /m	爆破圆心角/(°)	切口底高 /m	切口高 /m	倒塌情况	倒向
1	高步护安围	2.25	0.72	52	230	0.3	2.0	切口上方筒体垮落约 10m 高后，支撑部垮塌，垮堆向后 2m 小砖块多	方向正确
2	望牛墩一厂	2.5	0.75	54	240	0.5	2.4	底座剪切后滑 2.5m 插入土中，土体上凸 1m，筒体在向前 5m 处，斜插入土中，深 2m，泥土凸起高 1m	方向正确
3	麻涌一厂	2.5	0.62	55	240	0.5	2.4	后坐 2.0m，可见底座剪切后滑面，筒体剪切大块 1.5m×3.0m	方向正确
4	麻涌川槎二厂	2.5	0.66	55	220	0.5	2.0	剪切 3.0m 大块，后坐 1.0m	方向正确
5	平山厂	2.5	0.62	55	240	0.5	2.0	下坐 1.0m 后，随倾倒不断下坐	方向正确
6	漳膨	2.5	0.62	55m 再加高 25m	240	0.5	2.4	剪切 3.0m 大块，后坐 1.0m 烟囱顶加高 25m，反向滑倒	方向正确
7	望牛墩杜屋	1.25	0.58	28	240	0.5	2.0	后坐 2.0m	方向正确
8	望牛墩官州	2.5	0.62	55	240	0.3	2.0	后坐 2~3m，筒体 20m 向前折断，插入 15m 远处，折断筒体地面上 3m 再折断，上段掉入河中	方向正确
9	万江新和	2.1	0.48	55	216			筒壁上有 2 道竖直裂缝，爆破时切口上垮落，支撑处压垮，下坐 28m	方向正确
10	林村	2.5	0.48	55	240			后坐 3.0m，筒体下坐并前移	方向正确
11	朱村	2.25	0.6	58	210①	0.45	2.0	切口向上垮高 2m，筒体在 5~20m 处受弯压坏，垮落 2.5m 大块，后坐 2.5m	方向正确
12	镇龙镇	2.4	0.75	58	207①	0.65	2.0	底座见剪切向后滑面，后坐 2.0m，3.5m 高两大块压在底座剪切面上	方向正确
13	宁西	1.45	0.45	15	228①	0.35	1.5	支撑面断裂为水平面，没有后坐	方向正确
14	永和	1.5	0.49	27	227①	0.9	1.8	后坐 2.5m	方向正确

①未开定向窗。

2.1 砌体沿切口上方两侧垮落，引发支撑部失稳压垮，或切口支撑部压塌

力学条件是支座的纵向压力 N_p 大于支撑部的支撑力，即

$$N_p > \Phi_{sc} S_s \cdot [\sigma_c] \tag{1}$$

式中，S_s 为切口支撑部面积，m^2；Φ_{sc} 为受压影响下的纵向弯曲系数[3]；$[\sigma_c]$ 为砌体的抗压强度，kN/m^2，如图 1 所示，当支撑部的高宽比 $h/b\leqslant 4$ 时（h 为切口高度，m；b 为横断面砌体宽度，m），

Φ_{sc} 接近于1，当增大切口，缩小 S_s，满足 $S_s<N_p/\Phi_{sc}\ [\sigma_c]$ 时，支撑部将向外鼓出而压塌，砌体破坏多成1/2砖块。有些砖烟囱年久失修，在外没有钢箍，砌体内不配钢筋，在内外温差作用下，生成纵向裂隙，砌体纵向粘连面积减小可达50%。经计算，当砌体灰缝抗剪强度 $[\tau_s]$ 为 $175kN/m^2$、$200kN/m^2$ 时，切口圆心角 α 分别大于240°、275°，可引发切口上方砌体垮落，从而增大切口高度 h，当 $h/b>4$ 时，Φ_{sc} 将依不同砂浆标号，随 h/b 增大而减小，当切口上方砌体垮落满足式（1）时，支撑部将失稳而垮塌（见图1），如表1例1、例9等。上述两种原因导致支撑部破坏，都将造成烟囱下坐，严重时倒向失稳，甚至反倒。

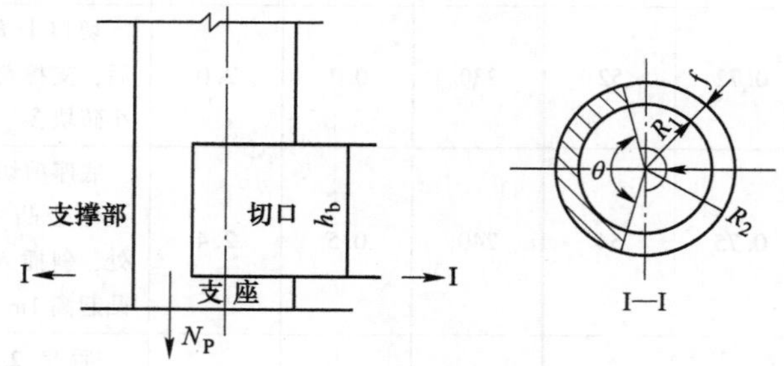

图1 支撑部压塌

Fig. 1 Supporting part pressured

2.2 支座剪切烟囱后滑

烟囱支座砌体的抗剪强度一般小于抗压强度，因此当支撑部还未压坏，支座有可能已剪切破坏，如图2所示。假设剪切面为平面，则支座剪坏的力学条件是

$$N_H \cdot \sin\alpha_s + R_H \cdot \cos\alpha_s > (N_H \cdot \cos\alpha_s - R_H \cdot \sin\alpha_s) \cdot f + \tau_o \cdot S_{sf} \quad (2)$$

[3]

式中，N_H 为支座竖向压力，kN；R_H 为水平向剪力，kN，仅与文献［1］N_H 和 R_H 方向相反但数值相同；α_s 为剪切面的倾角，度；f 为砌体间的摩擦系数，取0.7；S_{sf} 为支座的剪切面面积，m^2；S_{sf} 外围可近似认为是长半轴为 $R_2(1-\cos(\theta/2))/\cos\alpha_s$ 短半轴为 $R_2\sin(\theta/2)$ 的半椭圆，即

$$S_{sf} = \pi(R_2^2 - R_1^2) \cdot (1 - \cos(\theta/2)) \cdot \sin(\theta/2)/(2\cos\alpha_s) \quad (3)$$

式中，θ 为支撑部对应圆心角，$\theta = 2\pi - \alpha$，(°)；τ_o 为斜切砖块的初始抗剪强度，对M7.5砖取 $700kN/m^2$。

当式（2）满足支座烟囱向下前切，则烟囱后滑，形成下坐和后坐，如表1例2、例3、例12。

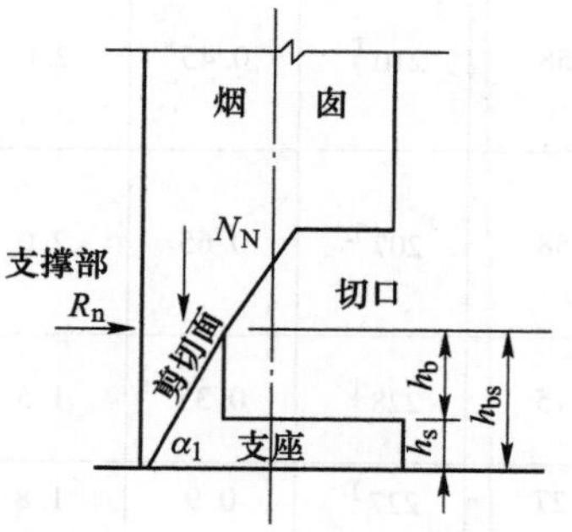

图2 支座剪切烟囱后滑

Fig. 2 Shear amd sliding behind of Chimney support

从文献［1］的式（10）和本文式（2）可计算出切口角 α 与支座剪切的关系，及其对应的最小剪切角 α_s 和最大切口侧边上部距地高 h_{bs}（$h_{bs}=h_b+h_s$，h_b 为切口侧边高度，m；h_s 为切口下缘距地高，m），见表2。从表中可见，为防止支座剪切后滑而下坐和后坐，当切口角 $\alpha=240°$ 时，切口边上部距地高 h_{bs} 应小于1.2m；当 $\alpha \leq 220°$ 支座就不会剪切下滑。当烟囱倾倒，重心移出底座，即倾倒转动角 $\varphi_s=7°$[1] 时，支座烟囱发生剪切的切口角 α，切口边上缘距地高 h_{bs} 见表2，当 h_{bs} 大于表中值时，烟

囱虽发生下坐和后坐，但烟囱重心已移出支座之外，能顺利向前倾倒，爆堆比较集中在支座前面附近，并向后溢出。

表 2　切口圆心角与支座剪切角关系

Table 2　Relationship between shear angle and circular angle of cut -out

切口圆心角 α/(°)	初始倾倒角[1] φ_0/(°)	倾倒转动角[1] φ_s/(°)	支座剪切角 α_s/(°)	切口侧边上缘距地高 h_{bs}/m
266	5.6	24.5	>29.4（最小）	>0.57
		7	>35.4	>0.72
260	5.5	23.3	>31.5（最小）	>0.67
		7	>37.3	>0.83
240	5.0	19.6	>41.2（最小）	>1.23
		7	>46.2	>1.47
220	4.2	不发生剪切		

2.3　支撑部向上剪切烟囱前滑

烟囱下端支撑面较小时，在烟囱纵向反力 N_c 和横向反力 R_c[1] 作用下，支撑面上方筒体也可能沿后上方剪切，如图 3 所示。假设剪切面为平面，倾角 α_c，即当力学条件

$$(N_c\sin\alpha_c - R_c\cos\alpha_c) - (N_c\cos\alpha_c + R_c\sin\alpha_c)f > \pi\tau_o(R_2^2 - R_1^2)\cdot(1 - \cos(\theta/2))\sin(\theta/2)/(2\cos\alpha_c) \tag{4}$$

则支撑部上方烟囱剪切下坐前滑，如表 1 例 4、例 6、例 10 等都可见剪切下的 2.0m（宽）×3.0m（高）的砌体掩盖在底座上。由文献［1］的式（11）和本文式（4）可算出发生剪切的支撑面圆心角 θ 和对应的 α_c，见表 3。从表中可见，当切口角 α 在 240°以下时，筒体是不会剪切前滑的，只有 α 在 260°以上烟囱才可能在 α_c>51.1°斜切面前滑。

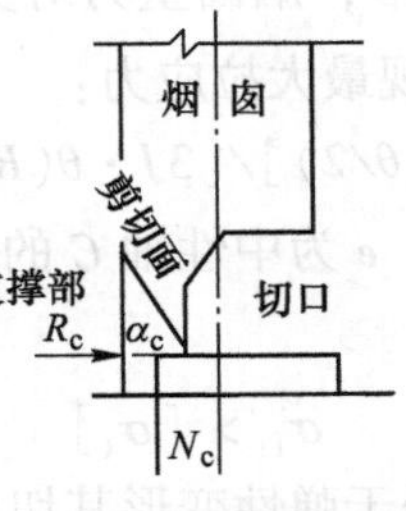

图 3　支撑部上剪烟囱前滑

Fig. 3　Shearing up and sliding front of supporting part

表 3　切口圆心角与支撑部上剪角关系

Table 3　Relationship between the angle shearing up and circular angle of cut-out

切口圆心角 α/(°)	初始倾角 φ_0/(°)	上剪切角 α_c/(°)	备　注
266	5.6	>48.9	
260	5.5	>51.1	
240	5.0	不发生剪切	

2.4　筒体偏心受压折断

切口爆破形成后，烟囱支撑反力 N_c 偏离轴心 Z[1]，大大增加了烟囱下部的弯矩。以文献［1］的式（12）计算，当烟囱重心移到支座边，倾倒转动角 φ_s 为 7°时，切口角 α 与最大弯距 M_{max}、最大偏心距 e_{max} 和偏心受压面积上的平均压力在烟囱高度上的最大值 σ_{cm}，列于表 4。从表中可见，当 α 增

加，M_{max}、e_{max}、σ_{max} 均增加；当 $\alpha \geqslant 240°$ 时，σ_{cm} 已大于 M7.5 砖砂浆 M2.5 的砌体抗压强度 $[\sigma_c]$ =2.2MPa，烟囱在 r=12.5m 处偏心压断下坐；当 $\alpha \leqslant 220°$时，烟囱重心在支座内时，σ_{cm} 小于砌体抗压强度 $[\sigma_c]$，烟囱不会偏心压断而过早下坐。

表 4 切口圆心角和内应力关系（倾倒转动角 $\varphi_s=7°$）

Table 4 Relationship between internal stress and circular angle of cut-out (on angle of slope $\varphi_s=7°$)

切口圆心角 α/(°)	支座纵向反力偏心距 Z/m	最大弯矩 M_r/高度 r[1] /(kN·m/m)	* σ_{cm}/高度 r /(MPa/m)	压力最大偏心距 e/高度 r[1] /(m/m)
266	2.01	−9068/2.5	大大超过极限抗压强度	2.35/15
260	1.96	−8872/2.5	>4.033/12.5	2.35/15
240	1.76	−8049/2.5	2.794/12.5	2.35/15
220	1.51	−6988/2.5	1.436 * */12.5	1.901/17.5

2.5 烟囱下坠冲击引发筒体剪断和弯断

当支座剪切烟囱后滑，支撑部上剪烟囱前滑，支撑部压塌等导致切口闭合冲击，或筒体偏心受压折断后，筒体下端着地冲击，都会引起烟囱下部产生较大剪力和弯矩，而将筒体再次沿斜面剪断和弯断，形成烟囱倾倒过程中不断地下坐，如表 1 例 5。因此，为防止烟囱下坠过早冲击，据以上 2.1~2.4 节切口角 α 应小于 220°。

(1) σ_{cm} 为偏心受压横切面积上的平均压力在烟囱高度上 r 的最大值，MPa；

(2) 小于砖的极限抗压强度，部分砌体处于弹性变形。

3 确保烟囱倾倒的切口角

爆破切口形成后，支撑面首先弹性变形，烟囱重力对支撑面中性轴 C 的倾倒力矩 $M_c>O$，促使支撑部反倒向侧受拉，如图 4 所示。F 点出现最大拉应力：

$$\sigma_f = 4P(R_2 - e)[(R_2^3 - R_1^3)\sin(\theta/2)]/[3J \cdot \theta(R_2^2 - R_1^2)] - 2P/[\theta(R_2^2 - R_1^2)]^{[2]} \tag{5}$$

式中，J 为截面对形心主轴的惯性矩，m^4；e 为中性轴 C 的偏心距，m；$[\sigma_t]$ 为砌体的弯曲抗拉强度，kN/m^2。

当

$$\sigma_f > [\sigma_t] \tag{6}$$

f 点出现水平张拉裂缝，若支撑面仍处于弹性变形其切口角由式 (5) 和式 (6) 计算，见表 5。

表 5 切口圆心角与烟囱支撑部拉裂关系

Table 5 Relationship between stretching off of support part and circular angle of cut-out

砂浆标号	弯曲抗拉强度 $[\sigma_t]$/kN·m^{-2}	切口圆心角 α/(°)	备 注
M2.5	200	>116	
M5.0	300	>122	
M7.5	400	>127	

支撑部拉裂后，由于倒向受压区的抵抗，烟囱并不一定倾倒，而支撑部也向极限压缩状态转变。在倾倒力矩作用下，受压面积往倒向侧缩小，压应力 σ_c 增大，并相互接近，直至达到极限抗压强度 $[\sigma_c]$，如图 4 所示，设 σ_c 近似以 $[\sigma_c]$ 均匀分布，其两侧最小受压面积对应圆心角之和 $\theta_c = 2P/\{[\sigma_c]\cdot(R_2^2 - R_1^2)\}$。当烟囱对受压区压应力中心（近似看作受压区形心主轴）A 的重力矩 $M_A>0$，即 A 轴对应倒向侧圆心角 $\alpha + \theta_c/2 > \pi$，烟囱开始绕 A 轴倾倒，由此切口角

$$a > \pi - P/\{[\sigma_c]\cdot(R_2^2 - R_1^2)\} \tag{7}$$

经式 (7) 计算的最小切口角 α_{min} 见表6。比较表 5 可见，满足支撑部拉裂的式 (6)，对抗拉强度

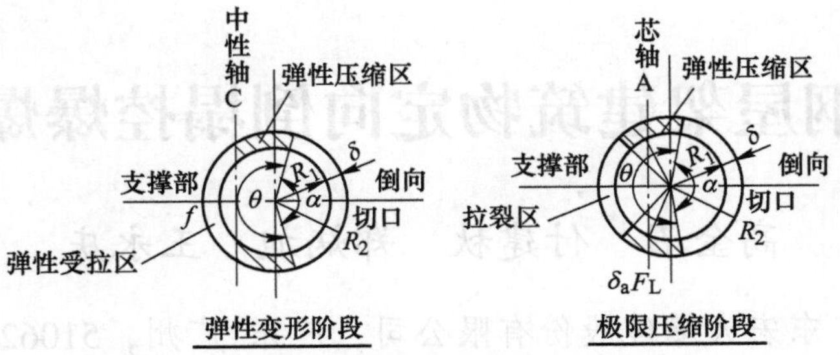

图4 切口支撑部受力

Fig. 4 forcing of suppot

低抗压强度较高的砖烟囱，并不一定倾倒，只有支撑部倒向侧进入极限压缩状态，并同时满足式(7)，保留部耗尽了支撑能力，烟囱才按设计方向倾倒。

从式(7)可知，砌体抗压强度$[\sigma_c]$越高，最小切口角α_{min}就越大，为确保烟囱在任何情况倾倒切口角应接近180°。同时为了保证倒向，必须适当增大倾倒力矩M_A，也需加大切口角α。因此，最小切口角应为180°。

表6 支撑部极限压缩时烟囱倾倒的切口圆心角

Table 6 The angle of cut-out of chimney toppling with support terminally pressed

砖标号	砂浆标号	抗压强度$[\sigma_c]$/MPa	切口圆心角/(°)
M7.5	M2.5	2.2	>133
M10	M5.0	3.1	>146
M15	M10	4.7	>158

4 结论

(1) 砖烟囱自抗拉强度较低，为确保定向倾倒，爆破切口使支撑部倒向侧极限压缩时，切口角应大于180°减极限压缩圆心角之半。为稳定倒向，切口角可取180°以上。

(2) 过大的切口角将导致砌体沿切口两侧垮落而支撑部失稳压垮或支撑部过早压塌，支座剪切烟囱后滑，支撑部向上剪切烟囱前滑，筒体偏心受压折断以及由以上破坏导致的烟囱下坠冲击形成烟囱剪断和弯断等各种下坐，理论计算和实践证明，对M7.5砖M2.5灰浆的砖烟囱切口角小于210°，切口底高小于0.4m，切口净高小于2.0m等，可以防范过早下坐和后坐。

参考文献

[1] 宋常燕，等．爆破拆除砖烟囱倒塌运动和内力分析［C］//第七届工程爆破学术会议论文集，2001.
[2] 李守巨，等．爆破拆除砖烟囱爆破切口范围的计算［J］．工程爆破，1999，2.
[3] 南京工学院．砖石结构［M］．北京：中国建筑工业出版社，1981.

大跨度钢屋架建筑物定向倒塌控爆爆堆分析

高金石　付建秋　郑炳旭　王永庆

（广东宏大爆破股份有限公司，广东 广州，510623）

摘　要：本文以笔者设计施工工程为例，对大跨度钢屋架这类建筑物定向倒塌控爆的倒塌物理过程及爆堆进行了实测分析，得出了一些有益的经验与教训，可供类似工程参考。

关键词：大跨度；钢屋架；定向倒塌；原地倒塌；反向倒塌

Analysis of Blasted-pile about a Large-spaned Steel-roofed Building Demolished by Directional Blasting

Gao Jinshi　Fu Jianqiu　Zheng Bingxu　Wang Yongqing

（Guangdong Hongda Blasting Co., Ltd., Guangdong Guangzhou, 510623）

Abstract: According to some examples of blasting engineering, the authors analysed the collapsing process and the shape of blasted-pile about some large-span stele-roof buildings demolished by directional blasting. Much of helpful experience and lesson were obtained, which can be used as a refrence for similar projects.

Keywords: large-span; steel-roof; directional collapsing; on the post collapsing; reversed collapsing

大跨度两排立柱，其间无结构梁联系，仅靠立柱顶端的钢屋架相联，这类建筑物在拆除爆破中经常遇见，诸如锅炉房、汽机间、灰渣处理厂、库房、娱乐场等。这类建筑物在实施定向爆破时，由于其结构的特殊性，则在设计施工时必须给以重视。现以几个实例进行分析。

1　实例一

茂名石化公司原灰碴处理厂，长 60m，宽 16.0m，高 13.0m，11 列钢筋混凝土立柱，柱间距 6m。各立柱之间无钢筋混凝土梁连接，仅靠柱顶钢屋架相连，其结构如图 1（a）所示。

据爆破要求及场地条件，设计向南定向倒塌，A 排立柱炸高 3.0m，B 排立柱炸高 0.8m；A 排立柱采用 1 段毫秒雷管，B 排立柱采用 4 段毫秒雷管，间隔 75ms。

爆破时明显听到 A、B 两排立柱爆破时差很长，A 排立柱触地后，B 排立柱才爆，其顶部开始向北

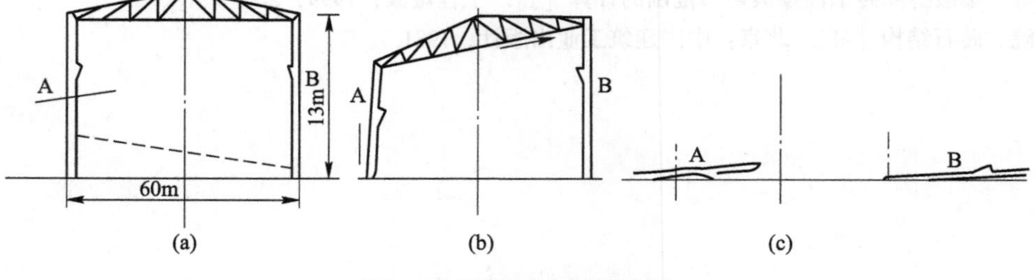

图 1　灰渣处理厂倒塌过程

Fig. 1　The collapse process of the ash residue treatment building by blasting

原载于《第七届工程爆破学术会议论文集》，2001：516-519。

倒塌。爆破产生了反向倒塌，爆堆如图 1（c）所示。

经现场检测，爆破部位的爆破效果良好；反思爆破设计，亦无什么问题；查看爆破摄像（影），A 排立柱下沉、触地时钢屋架与 A、B 柱未脱离，则钢屋架斜支 B 柱顶端，给 B 柱顶部一个向北的推力，如图 1（b）所示，此后 B 柱底部才爆，故 B 柱向北倾倒。经查，施工时将四段毫秒雷管错用成四段半秒雷管。

时差过大，A 排立柱触地、钢屋架尚未脱离给 B 排立柱以阻力（推力），致使反向倒塌。

2 实例二

茂名石化公司沸腾炉锅炉房东西长 24m，四排立柱；南北宽 42m，八列立柱；东侧四层，西侧两层，最大高度 29.5m。钢筋混凝土框架结构。东侧第二跨上部有一排高度 12m 的钢筋混凝土煤漏斗。主要结构如图 2 所示，爆破部位如图 2 所示。

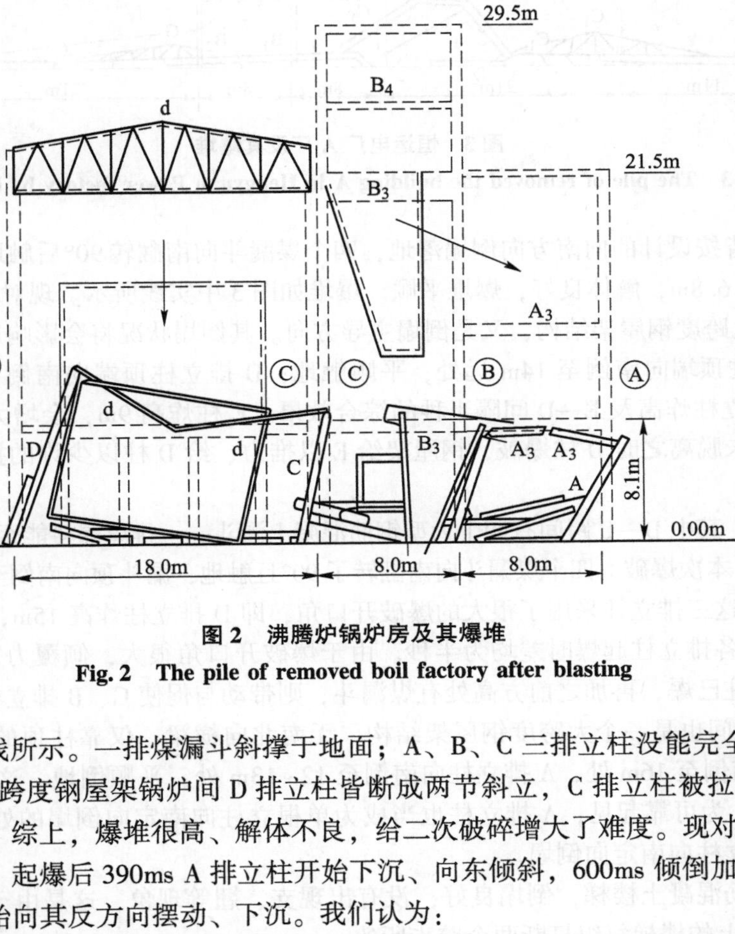

图 2 沸腾炉锅炉房及其爆堆

Fig. 2 The pile of removed boil factory after blasting

爆堆如图 2 中实线所示。一排煤漏斗斜撑于地面；A、B、C 三排立柱没能完全向东倒塌，近似原地坍塌；C—D 这一大跨度钢屋架锅炉间 D 排立柱皆断成两节斜立，C 排立柱被拉断也斜依在碴堆上，基本上属于原地下落。综上，爆堆很高、解体不良，给二次破碎增大了难度。现对此爆堆作如下分析。

从摄像结果可见，起爆后 390ms A 排立柱开始下沉、向东倾斜，600ms 倾倒加速，但到 1250ms 停止向东倾斜，反而开始向其反方向摆动、下沉。我们认为：

（1）要想向东定向倒塌，必须重视该建筑物的重心在 B—C 之间，一排煤漏斗能否向东翻转是关键，如能翻转 90 度落地，则成功。尽管 A、B 排立柱爆高已达 10m，但未能达到使煤漏斗部位的重心移出 B 柱外；再加之 A—B 间的横梁大多未处理，也有阻于煤漏斗向东翻转。如加高 A、B 柱的炸高及 A—B 间横梁处理充分，可使煤漏斗翻转，从而降低爆堆高度。

（2）C 柱起爆间隔时间 1.5s，过长。虽 A 立柱总炸高 10m，但一层炸高不足 6.5m，且横梁未处理。所以 A 排立柱底部触地时，C 柱仍牵住煤漏斗，不呈翻倒运动，而呈向下沉落且向 C 柱摆动，好似绕固定端向北偏转沉落。如加大 A 排立柱炸高或缩短起爆间隔时间，则有利于向东倒塌、降低爆堆高度。

（3）A_2、A_3、B_2、B_3 等大型主要横梁未作处理。如能将横梁两端炸断，则不会造成横梁支撑立柱，倒塌会彻底，解体会充分。

3 实例三

恒运热电厂A厂拆除包括锅炉房、汽机间，皆属钢筋混凝土框架结构。四跨，A~E五排立柱。南北两跨各宽21.0m，钢屋架，除东西两端山墙外，各列立柱无梁、墙联系；中间两跨各宽8m，偏南的一跨上部有一排四个大型煤漏斗。主要结构及尺寸如图3所示。各立柱炸高及起爆次序如图所注。

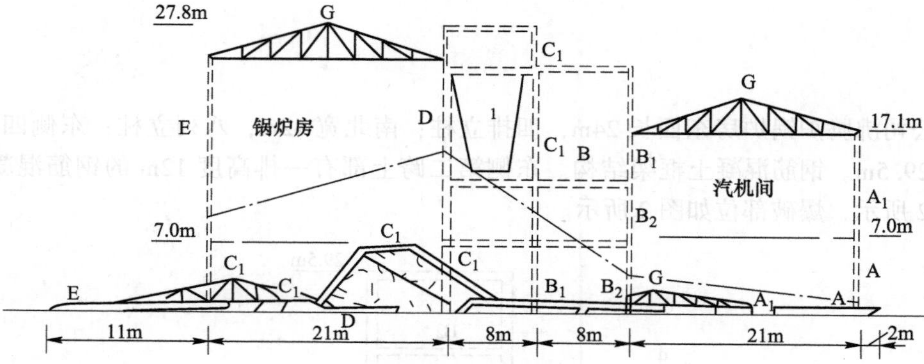

图3 恒运电厂A厂及其爆堆

Fig. 3 The pile of removed the building A in Hengyuan Power factory by blasting

爆后各排立柱皆按设计的向南方向倒塌落地，四个煤漏斗向南翻转90°后触地，爆堆高度大多不超过3.5m，最高部位6.8m，解体良好，爆堆平顺。爆堆如图3中实线所示。现对此爆堆作如下分析。

（1）E—D属大跨度钢屋架结构，又是倒塌主导方向。其倒塌状况将会影响后部C、B、A排立柱，必须重视。E排立柱顶端向南倒至14m远处，平顺触地；D排立柱顶端向南倒至14~16m处的地面，这是由于加大E排立柱炸高及E—D间隔半秒的综合效果。E柱炸高9m，会增大其倾覆速度，E柱在未触地、钢屋架尚未脱离之时D柱爆破，钢屋架给E以推力、给D柱以少许的拉力，故E、D排立柱向南倒塌良好。

（2）D—C—B，其中D—C跨间有四个大型钢筋混凝土漏斗。一排煤漏斗能否向南翻转90°，将是降低爆堆高度的关键。本次爆破，四个煤漏斗向南翻转了90°且触地，漏斗顶向南倒至12.5m处。我们认为这是由于D—C—B这三排立柱采用了很大的爆破开口角，即D排立柱炸高15m，C排立柱炸高9m，B排立柱炸高3.5m。各排立柱起爆时差均为半秒。由于爆破开口角很大，倾覆力矩加大，D、C排立柱都在倾覆过程中B柱已爆，再加之前方高处有煤漏斗，则带动与促使C、B排立柱向南顺利倒塌。

（3）B—A汽机间也是一个大跨度钢屋架结构，无南北向横梁，仅靠柱顶的钢屋架相连。本次爆破，B排立柱顶向南倒至16m处，A排立柱向南倒至12~13m处，平顺倒地。这是由于B排立柱有较大的倾覆力矩所致。为可靠起见，A排立柱也当成为单根立柱向南定向倒塌的处理方式——爆成斜切口。则有助于A排立柱向南定向倒塌。

（4）所有的钢筋混凝土楼梯，倒塌良好，没有出现支、翘等现象，这是由于爆前将7m以下的楼梯全部打掉；7m以上的楼梯每组打断两个踏步所致。

4 结语

（1）对于大跨度钢屋架各列立柱间无结构梁这类建筑物，为实现定向倒塌，必须搭配好爆破切口高度与起爆间隔时间。

（2）加大炸高、减少起爆时差，有利于定向倒塌及触地后充分解体。

（3）这类建筑物中如有钢筋混凝土漏斗，如便于预处理，则先行处理更好。

（4）两排立柱同段起爆，仅以炸高不同来控制定向是可行的。后排立柱炸成斜口则更有利于定向。

广州体育馆爆破拆除的粉尘控制

陈颖尧　吴健光

（广东宏大爆破股份有限公司，广东 广州，510623）

摘　要：介绍了广州体育馆控制爆破拆除中采取的防尘措施，建立410m的喷水管网，应用高压喷水系统形成的水幕墙和直升飞机投水弹等综合防尘、除尘措施，有效地控制粉尘的形成和扩散，减少了粉尘对市区的污染。

关键词：控爆拆除；粉尘控制；环保

Dust Controlling in Demolition Blasting of Guangzhou Gymnasium

Chen Yingyao　Wu Jianguang

（Guangdong Hongda Blasting Co.，Ltd.，Guangdong Guangzhou，510623）

Abstract：A serise technical measurements of dust-layer in demolition blasting of building of sport center in Guangzhou are introduced in this paper. The comprehensive measurements involve in high pressure sprinkling water film，which is produced by pipe network of 410m in length，extinguishing water bomb dropping from helicopter. Therefore，dust occurring and its diffusion have been efficiently controlled. Dust pollution to down-town district has been reduced.

Keywords：demolition blasting；dust controlling；environment protection

1　引言

爆破拆除时产生的粉尘是影响人民生活环境的重要因素，扬起的粉尘严重污染周围环境，这成了爆破工程技术人员的一块心病。

2001年5月，我公司承接的位于广州市中心原广州体育馆的爆破拆除，要求有效控制粉尘，避免粉尘严重污染中国大酒店、东方宾馆等涉外酒店，波及广交会和越秀公园，及影响民航航线。针对这一情况，在无章可循的条件下，进行了高压喷水等综合防尘措施的尝试。

2　工程概况

广州体育馆占地11000m^2，总建筑面积43215m^2，为苏式大跨度薄壳拱结构，由比赛馆、南楼、北楼、东门楼和西门楼等部分组成。比赛馆为高23m、长91.5m、宽56.4m钢筋混凝土结构，由11排重量各227t、跨度56m的钢筋混凝土大拱梁组成骨架，由168根钢筋混凝土立柱支起整个看台。南楼是休息场馆，长83.25m、宽24.75m，三层混合结构，有5排共62根立柱。北楼是训练馆，长83.25m、宽39.27m，三层混合结构为钢筋混凝土“人”字架结构，有6排共60根立柱。体育馆东临解放北路约30m，隔街75m是越秀公园，西邻锦汉大厦和中国出口商品交易会，距锦汉大厦最近处为10m，南隔流花路与中国大酒店相距110m，北距兰圃路30m。

原载于《爆破》，2001，18（4）：66-68。

3 除尘措施

粉尘除了来自预拆除的堆积于楼面、地面的碎渣外，还有炸药爆炸时直接破碎梁、柱、墙以及建筑物倒塌时形成的粉碎物。建筑物倒塌过程中产生的强大冲击气浪将粉尘扬起，造成污染。为此，从内外两方面分析解决问题，提出清理残渣、淋湿地面、预浸墙体、天面敷水袋、楼地面蓄水、建筑物外围设高压喷水系统、搭设防尘排栅、直升飞机投水弹的综合除尘方案。

3.1 清理残渣、淋湿地面

将预拆除时堆积于楼、地面的残渣碎块清理掉，爆破前淋湿地板，使得倒塌过程中产生的气浪无粉尘可扬。

3.2 预湿墙体

对待拆除建筑物，特别是批挡物及砖砌墙体，用淋水、喷洒的方法使其湿透，甚至揭开部分批挡层对砖砌体淋水，让水充分渗入墙体，达到预湿的目的，这样墙体爆破倒塌时产生的粉尘便大大减少了。

3.3 天面敷设水袋

天面除淋水预湿外，还在拱形结构的比赛馆天面敷设了3000个水袋，起爆后天面着地，水袋破裂时水能直接快速地流进断裂部位，抑制粉尘扬起；同时利用其着地时溅出的水形成局部稀疏的“水网”，阻隔上扬的粉尘。

3.4 楼、地面蓄水

在楼面、地面进行蓄水，在楼、地面周围砌10~15cm高的埂，灌深5~10cm水。目的是用水润湿楼板，其次使得建筑物倒塌碰撞地面时产生的粉尘能够及时得到水湿处理。所蓄的水还能在建筑物倒地时因产生的气浪而形成水花，起到撒水除尘的作用。

3.5 建筑物外围设高压喷水系统

建筑物特别是占地面积较大的建筑物倒塌时，落地产生的冲击波会瞬间将拆除范围内的粉尘向四周喷出。为此采用了“水幕墙阻隔法”——在待拆建筑物四周筑起一道“水幕墙”，阻止爆破产生的粉尘扩散。沿建筑物四周挂设水管，在水管上隔一定距离安装高压喷嘴，通高压水喷出的水射流连成一片，形成“水幕墙”。

3.5.1 水力供应

待拆的主体建筑物——比赛馆的高度为23m，要形成较高的水幕墙才有阻隔作用，这就要求有较大的供水压力、较大的流量和较大直径的喷嘴。采用圆形喷嘴时，射高（S_B）与水压（H）及喷嘴直径（d）存在如下关系[1]：

$$S_B = \frac{H}{1 + \alpha H} \tag{1}$$

$$\alpha = \frac{0.25}{d + \sqrt[3]{0.1d}} \tag{2}$$

式中，S_B为垂直射流时射流总高度；H为喷头入口处水压；d为喷嘴内径。

本工程采用的喷嘴直径d=4mm，由式（2）可得，a=0.062，代入式（1）得

$$H = \frac{S_B}{1 - 0.062S_B} \tag{3}$$

由式（3）可知，$1 - 0.062S_B > 0$才有意义，即S_B应小于16.129m，设定射高为14m，则由式

(3) 可得 $H=106$m，于是选择了灵活机动的消防车作为高压水源。

考虑到流量等因素，用6台消防车作为高压水源，每台车2个供水口，总共12个供水口连接长达410m的管网。水头损失忽略不计，并视消防车为恒压供水，所以各喷头入口处的水压按消防车供水口的压力计算。水管布设及消防车位置见图1。

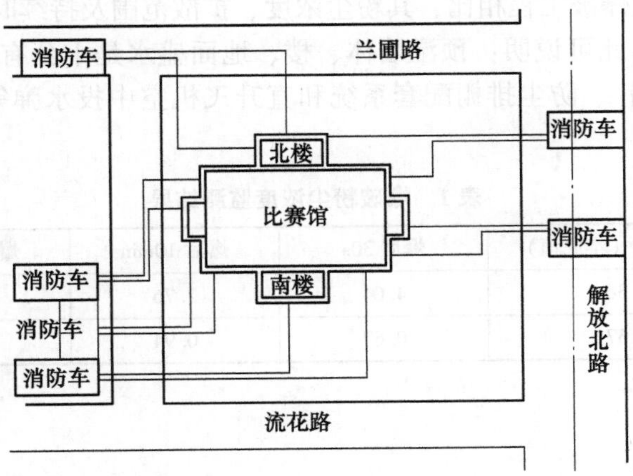

图1 水管布设及消防车位置示意图

3.5.2 水管、喷嘴、喷头密度

理论上，喷水系统的管径较大有利于保证和满足出水量的需要，考虑到施工操作等因素，本工程选用 $\phi75.5$mm 的镀锌管作为喷水系统用管。圆形铜喷嘴、直径4mm，喷嘴角度可调。为形成“水幕墙”，安装前通过试喷，确定喷嘴间距为0.15m。

3.5.3 架设高度

消防车的供水压力相当于100~120m水柱压力，视喷嘴的入口处水压为100m水柱压力，喷嘴直径 $d=4$mm，由式（1）、式（2）可得射高 $S_B=13.8$m。

比赛馆的高度为23m，水幕墙高度显得矮了，不利于阻隔粉尘，为此将水管架设在离地面6m处，固定在排栅上，此时“水幕墙”高度可达20m，与比赛馆高度相当。

3.6 搭设防尘排栅

为了弥补水幕墙的不足，在待拆建筑物周围搭设了防护排栅，在防飞石的同时，进一步阻止粉尘向外扩散。排栅由钢管和毛竹组成，高8~12m，设两层，里层挂建筑防护网，外层挂三色塑料彩布。

建筑防护网为小孔网，当建筑物倒塌引起粉尘向外飞扬时，没有被“水幕墙”阻隔的粉尘在此再受到阻止、缓冲，然后再由外层防护排栅及彩布阻隔，逼其向上而不往外扩散。

3.7 直升飞机投水弹

这是一项大胆的尝试，目的是利用水弹将上扬的粉尘下压，是“水幕墙”和防尘排栅防尘的配套措施。本工程租用“米-171”型直升飞机，载水约2.5t，起爆前直升飞机飞临体育馆上空200m高处待命，起爆后释放水弹，水带着一股气流将向上扬起的粉尘遏制住，并将部分粉尘吹向水幕墙。

3.8 启动喷水系统时间

起爆前3s，启动喷水系统。不能太早是为了避免喷水时可能引起起爆网路受损，又因消防车要达到预先供水压力需一定的加压时间，所以也不能太迟。

4 防尘效果

起爆后在瞬间倒塌所产生的强大冲击气流的作用下，卷起的粉尘沿排栅范围向上扩散，长宽范围小于高度，比较集中的烟尘高度约50m，整体来看，粉尘没有四处扩散，而呈向上的趋势，说明“水幕墙”、排栅起到了一定的导向作用；约3min后，烟尘散去，倒塌现场清晰可见，四邻建筑物受粉尘污染较轻。

根据广州市环境监测站设在越秀公园和中国大酒店楼顶的监测结果显示（见表1），粉尘得到了较好的控制，与以往类似拆除爆破工程相比，其粉尘浓度、扩散范围及持续时间均小得多。在现场可见，倒塌的墙体大都是湿的。由此可说明：预湿墙体、楼、地面盛水是十分有效且简单可行的防尘措施，加上高压喷水形成“水幕墙”、防尘排栅配套系统和直升飞机空中投水弹等综合防尘除尘措施，粉尘得到控制，效果是显著的。

表1 爆破粉尘浓度监测结果

（mg/m^3）

地 点	爆前0.5h（本底值）	爆后30s	爆后10min	爆后30min	爆后60min
越秀公园	0.36	4.04	2.76	2.87	0.87
中国大酒店楼顶	0.57	0.67	0.94	0.87	0.69

注：测量时间为10min。

参考文献

[1] 陈耀宗，姜文源，胡鹤均，等．建筑给水排水设计手册［M］．北京：中国建筑工业出版社，1992.

城市爆破拆除的粉尘预测和降尘措施

郑炳旭　魏晓林

（广东宏大爆破股份有限公司，广东 广州，510623）

摘　要：提出了正态分布无边界扩散模式粉尘浓度预测法，介绍了广州体育馆爆破拆除时的降尘措施，即清理积尘、楼面蓄水、预湿墙体、屋面敷水袋、建筑外设高压管网喷水、搭设防尘排栅和直升机投水弹并产生下向风流等综合防尘技术，实施后减轻了粉尘危害。

关键词：控爆拆除；粉尘预测和控制；高压喷水降尘；环保

Forecast and Measurements for Reduction of Dust in Demolition Blasting

Zheng Bingxu　Wei Xiaolin

(Guangdong Hongda Blasting Co., Ltd., Guangdong Guangzhou, 510623)

Abstract: A series of technical measurements for dust-laying in demolition blasting of building of a sport center in Guangzhou are introduced in this paper. The comprehensive measurements involve clearage of surface dust, storing up water on floors moistening walls, water bags on roof, high pressure sprinking water film, smoke controlled by dust barreir and helicopter ventilation. Forecasting dust with diffusion model of normal distribution and non-border was proposed. Harm of dust pollution to urban district has been reduced ever since the application of the model.

Keywords: demolition blasting; dust forecasting and reducing dust; high pressure sprinking water film; environment protection

1　前言

随着社会的发展，人们日益关注城市建筑物爆破拆除中粉尘对环境的污染问题。2001 年 5 月，广东省宏大爆破工程公司，在地处闹市的广州旧体育馆的爆破拆除中，首次应用降尘和粉尘预测技术，取得良好效果。

2　爆破拆除粉尘预测

2.1　尘源量

爆破拆除的粉尘量 Q（g），来自爆破直接破碎建筑物的粉尘 Q_b、建筑物倒塌粉碎的粉尘 Q_d 和扬起爆破前堆积在地面、楼面的积尘 Q_w，即：

$$Q = Q_b + Q_d + Q_w \tag{1}$$

2.1.1　爆破粉尘

爆破直接破碎建筑物粉尘：

原载于《中国工程科学》，2002，4（8）：69-73。

$$Q_b = q_b v_b \tag{2}$$

式中，v_b 为爆破结构的体积，m^3；q_b 为单位体积结构物产生的粉尘量，g/m^3。

参照文献［1］：

$$q_b = 149(ak_1)^2 k_2 \tag{3}$$

式中，a 为结构物单位炸药消耗量，kg/m^3；k_1 为结构物炸药能量利用系数，地上混凝土结构 k_1 应小于土岩，取 0.95~0.98，钢筋混凝土因炸药部分能量要破坏钢筋作功，k_1 取 0.56~0.62，加密钢筋混凝土取 0.26~0.32，砖块间的空隙漏了爆生气体，而减少爆炸对砖砌体的破碎功，砖砌体取 0.3~0.35；k_2 为材料产尘系数，混凝土和钢筋混凝土取 1，砖砌体取 1.5~3.0。

2.1.2　坍塌粉尘

建筑物坍塌破坏产生的粉尘：

$$Q_d = q_d v_d \tag{4}$$

式中，v_d 为倒塌建筑构件的体积，m^3；q_d 为单位体积建筑构件的产尘量，g/m^3。

$$q_d = 149(a_d k_1)^2 k_2 \tag{5}$$

式中，a_d 为单位体积建筑构件落地的冲击功相当的炸药单耗，

$$a_d = w/J \tag{6}$$

式中，w 为建筑构件落地势能，kg · m；J 为炸药的爆热，2 号岩石硝铵炸药取 3655kJ/kg = 373×10^3kg · m/kg。塌落破坏时用于破碎的能量利用率大于爆破，对钢筋混凝土 k_1 提高到 0.95~1.0，加密钢筋混凝土提高相同倍数到 k_1=0.45~0.5，对砖砌体 k_1 取 1.5~1.75。

2.1.3　扬尘

积尘飞扬的粉尘量：

$$Q_w = q_w s_w \tag{7}$$

式中，s_w 为楼面和地面积尘面积，m^2；q_w 为单位面积的扬尘量，g/m^2。

当建筑物坍塌产生的风速 u_w 大于扬尘风速 3~6m/s 时，将积尘吹起。当建筑物的运动速度小于音速的 1/3 或者建筑物内风速小于 20m/s，可假设空气为不可压缩流体进行计算，u_w 可以用气流出口局部阻力和沿程阻力计算。广州旧体育比赛馆塌落 2s 内，在 1.755s 时风速达最大，u_w 约可达 7.65m/s，因此，足以将积尘扬起。

2.2　爆破拆除的烟云

拆除时的烟云 V（m^3）可由建筑周边构件爆破直接产生的烟云 V_s、建筑物内的尘云 V_{in} 和倒塌时带动的后方气流尘云 V_{ou} 组成。即

$$V = V_s/2 + V_{in} + V_{ou} \tag{8}$$

周边构件爆破烟云体积

$$V_s = 44000A^{1.08} \text{[1]} \tag{9}$$

式中，A 为周边构件爆破的炸药量，10^3kg。

当建筑物周边构件爆破时，在建筑物外形成的烟云为爆破烟云体积 V_s 的一半，而另一半则混入建筑物内空间并占用了 V_{in} 中的部分体积；建筑物内爆破的烟云计入建筑物空间体积 V_{in} 之中。一般来说，V_{in} 为建筑物内空间体积，m^3。而 V_{ou} 由后方气流结构形成，当建筑物塌落运动行程大于运动横截面积 S_u 半径的 6.0 倍时，后方涡流区可充分形成，V_{ou} 为涡流区体积；但建筑物倒塌时往往行程短，涡流区并未充分形成，因而，在建筑物完全破坏时 $V_{ou}+V_{in}$ 可按建筑物行程 h（m）的 K_s 倍计，$K_s<6$，广州体育馆 K_s 取 3.2，即

$$V_{ou} + V_{in} = S_u K_s \cdot h \tag{10}$$

2.3　烟云浓度扩散

烟云的扩散规律可按正态分布无边界扩散模式计算，见文献［2］。粒径小于 10μm 的尘粒基本上

不沉降，其地面浓度（$z=0$，$H=0$）

$$C_1(x,\ y,\ z,\ t,\ H) = C_1(x,\ y,\ 0,\ t,\ 0) = \frac{2Q(d_2)\varphi_1}{(2\pi)^{1.5}\sigma_x\sigma_y\sigma_z}\exp\{-(x-ut)^2/(2\sigma_x^2)\}\exp\{-y^2/2\sigma_y^2\} \tag{11}$$

式中，x、y、z 分别为空间坐标点，m；H 为粉尘排放高度，m；t 为粉尘扩散时间，s；σ_x、σ_y、σ_z 分别为 x、y、z 方向上的扩散参数，$\sigma_x = \sigma_y(x + x_o)$，$\sigma_y = \sigma_y(x + x_o)$，$\sigma_z = \sigma_z(x + x_z)$，$x_o$、$x_z$ 为计算初始水平和垂直扩散参数时，面单元中心到虚拟点源距离，m；$\sigma_x = \sigma_y$，σ_y、σ_z 按国家标准 GB 3840—1983 规定取值计算：

$$\sigma_{yo} = B/4.3^{[2]},\ \sigma_{zo} = H_{平均}/2.15^{[2]} \tag{12}$$

$$x_0 = (\sigma_{y0}/r_1)^{1/\alpha_1},\ x_z = (\sigma_{z0}/r_2)^{1/\alpha_2} \tag{13}$$

式中，r_1、α_1、r_2、α_2 为扩散系数，见 σ_y、σ_z 计算。B 为烟云团初始平均宽度，m；$H_{平均}$ 为烟云团初始高度的平均值，m；φ_1 为粒径 10μm 以下尘粒在烟尘 Q 中所占质量比；u 为风速，m/s；$Q(d_2)$ 为最大粒径 d_2 以下的粉尘量，g。

对大于 10μm 以上尘粒，因有明显的重力沉降，其地面浓度：

$$C_2(x,\ y,\ 0,\ t,\ 0) = \int_{d_1}^{d_2} CF(d)\mathrm{d}d = \int_{d_1}^{d_2} \frac{Q(d_2)\varphi(1+\alpha_h)}{(2\pi)^{1.5}\sigma_x\sigma_y\sigma_z}\exp\{-(x-ut)^2/(2\sigma_x^2)\}\cdot$$
$$\exp\{-(u_s x/u)^2/(2\sigma_z^2)\}\exp\{-y^2/(2\sigma_y^2)\}\mathrm{d}d \tag{14}$$

式中，α_h 为地面的反射系数[3]，因地面下垫层不是全反射，$0<\alpha_h<1$；φ 为各粒径的尘粒频度，$\varphi = \mathrm{d}\Phi/\mathrm{d}d$，$\Phi$ 为各粒径以下的尘粒累计重量比例，按高登-安德列耶夫-舒曼粒度特征方程，$\Phi = (d/d_2)^\alpha$ 近似描述，α 为系数，本例取 1.12；d_2 为最大粒径，m；d 为尘粒径，m；

u_s 为粒子沉降速度（m/s），按斯托克斯公式：

$$u_s = g(\rho_p - \rho_g)d^2/(18\mu) \tag{15}$$

式中，ρ_p 为尘粒物密度，取 2400kg/m^3；ρ_g 为空气密度，1.25kg/m^3；g 为重力加速度，9.81m/s^2；μ 为空气动力黏度，1.715×10^{-5}kg/(m·s)；d_1 为粒径下限取 0.00001m；u_s 按式（15）计算，以下风向警戒线距爆破拆除中心距离 x_w，计算 $ux_w/u_s = H_{平均}$ 确定 d_2。而 $Q(d_2) = (d_2/d)^\alpha Q$，$Q$ 是粒径 d 以下的粉尘量。由式（14）和式（15）可预计地面粉尘浓度

$$C = C_1 + C_2 + C_3 \tag{16}$$

式中，C_3 为外围流入爆区粉尘浓度，g/m^3。

3 降尘措施

广州旧体育馆爆破拆除时，采取了清理残渣积尘、淋湿地面、预湿墙体、屋面敷水袋、楼面蓄水、建筑物外设压力喷水系统、搭设防尘排栅、直升飞机投水弹等综合除尘措施。

3.1 清理残渣积尘和淋湿地面

将预拆除时堆积在楼面、地面的残渣碎块、积尘清理干净，爆破前淋湿地板，尽量减少扬起积尘，$q_w = 8\times10^{-3}$g/m^2。

3.2 预湿墙体

在爆破前 5 天，向披挡物、砖墙和砖柱不断淋水，在楼面砌 10~15cm 高的埂以蓄水，并往下墙滴水，以使其湿透。该措施能降低砖砌体的粉尘量达 75%，体育馆采取本措施的降尘率 $r_2 = 20\%$。今后应改进为提前浸水，多用蓄水下漏湿墙。

3.3 馆外压力喷水降尘

在馆外四周离地面 6m 高挂设 ϕ75mm 水管，沿管每 0.15m 装喷嘴，以 1.0~1.2MPa 水压，喷射形

成“水雾膜墙”。普通喷雾洒水降尘率可达50%，由于馆南、东管网，在爆破建筑倒塌时损坏，因此，本馆喷水降尘率取 $r_3=20\%$。今后改进应提高水压到10MPa，水管可埋在地沟从下向上喷水，水也可顺排栅防护网从顶流下形成水膜。

3.4 屋面水袋降尘

比赛馆屋面放置了3000个水袋，当屋面着地后破裂，让水流入构件破碎部位，以减少倒塌后方风流带起的粉尘。本措施降尘率取 $r_4=10\%$。

3.5 防尘排栅

排栅高8~12m，设两层，里层挂防护网，外层挂三色塑料彩布，可防飞石，也能阻止粉尘向外扩散。本馆爆破时因北、东和西面排栅部分倒塌，因此，阻止粉尘扩散作用减小，计算时忽略。今后改进要防止建筑物倒塌时，后坐推倒排栅。

3.6 直升飞机投水弹

本次爆破租用米-171型直升飞机，装载水约 2.5×10^3kg，爆破瞬间在馆上空200m高，投放水弹降尘。该措施降尘不明显，降尘率取 $r_6=3.4\%$。今后改进应水泡沫降尘，增加水的表面积以增大降尘效果。直升机要适当低飞，在不吹倒排栅条件下，以下向风流控制粉尘向上扩散。

4 计算结果

本馆爆破粉尘量计算参数见表1，建筑周边炸药量441.8kg，总炸药量525.5kg。

表1 爆破参数

Table 1 Blasting coefficients

材料及强度	钢筋混凝土柱 C14	梁 C17	加密钢筋混凝土 C20	砖 M10	灰浆 M2.5
爆破体积/m^3	29.40	4.30	371.60	92.40	15.50
炸药单耗/$kg\cdot m^{-3}$	1.36	1.05	1.03	0.938	0.75

经式（2）~式（6）计算爆破混凝土粉尘量 $Q_{bc}=7048$g，砖砌体 $Q_{bb}=19262$g；建筑物塌落混凝土粉尘 $Q_{dc}=1004$g，砖砌体 $Q_{db}=3630$g，爆破时加密钢筋混凝土 $k_1=0.27$，钢筋混凝土 $k_1=0.57$，砖 $k_1=0.315$，坍落时加密钢筋混凝土 $k_1=0.45$，钢筋混凝土 $k_1=0.95$，砖 $k_1=1.62$；砖的 $k_2=1.58$；经式（6）计算，地面扬尘 $Q_w=0.008\times7335=58.7$g，以上粉尘量为对应粒径 $d_2=112\mu$m 以下的粉尘量。

采取降尘措施后粉尘量

$$Q(d_2)=[(Q_{bb}+Q_{db})(1-r_2)+(Q_{bc}+Q_{dc}+Q_w)](1-r_3)(1-r_4)(1-r_6)=18374\text{g}$$

烟云体积计算如下：建筑物周边炸药爆炸烟云体积 $V_s=4400\times0.4418^{1.08}=18209.40\text{m}^3$，建筑物内体积 $V_{in}=85145.5\text{m}^3$，建筑物运动后方风流区体积 $V_{ou}=V_{in}\times(3.2-1)=187320\text{m}^3$，总计烟云体积 $V=V_s/2+V_{in}+V_{ou}=281570\text{m}^3$；排栅面积 $S_w=7335\text{m}^2$，烟云高度 $H_{平均}=V/S_w=38.4$m，与摄像记录烟云高是一致的；排栅面积长宽平均 $B=104$m。

越秀公园1号监测点粉尘浓度计算如下：爆破拆除时风向西偏南30°，从图1中算得1号坐标 $x=151$m，$y=5$m；风速 $u=3.76$m/s；阴天间小雨天气稳定度D级，查GB 3840—1983标准，得 $\sigma_y=r_1x_y^{\alpha_1}$；$\sigma_z=r_2x_z^{\alpha_2}$；$r_1=0.110726$，$\alpha_1=0.929418$，$r_2=0.104634$，$\alpha_2=0.826212$，$x_y=x-ut+x_o=151+[B/(r_1 4.3)]^{1/\alpha_1}-ut$；$x_z=151+[H_{平均}/(r_2\times2.15)]^{1/\alpha_2}-ut$。

$\alpha=1.12$，α_h 取0.2，$d_2=0.000112$m，$d_1=0.00001m$，以式（11）、式（14）和式（15）计算 C_1、C_2，当爆后 $t=30$s，1号测点外区吹入爆区粉尘浓度取 $C_3=0.15\text{mg/m}^3$ 时，粉尘浓度 $C=28.25\text{mg/m}^3$；$t=600$s，$C=0.15\text{mg/m}^3$；见图2。从图2中可见 C 超过 1mg/m^3 的时间 t 约在第17~57s。

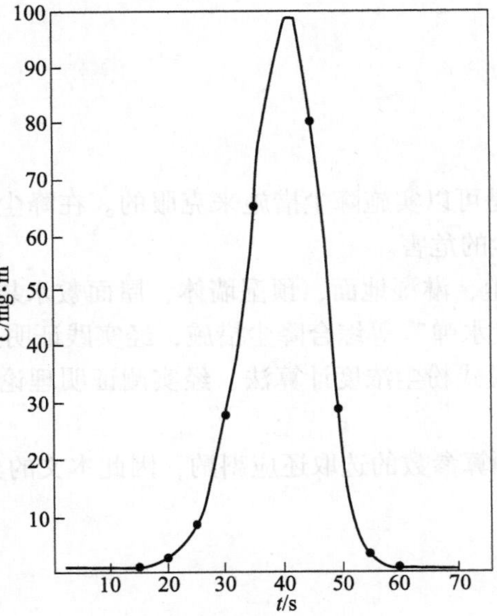

图 1　爆区周围环境平面

Fig. 1　Environment around sport building

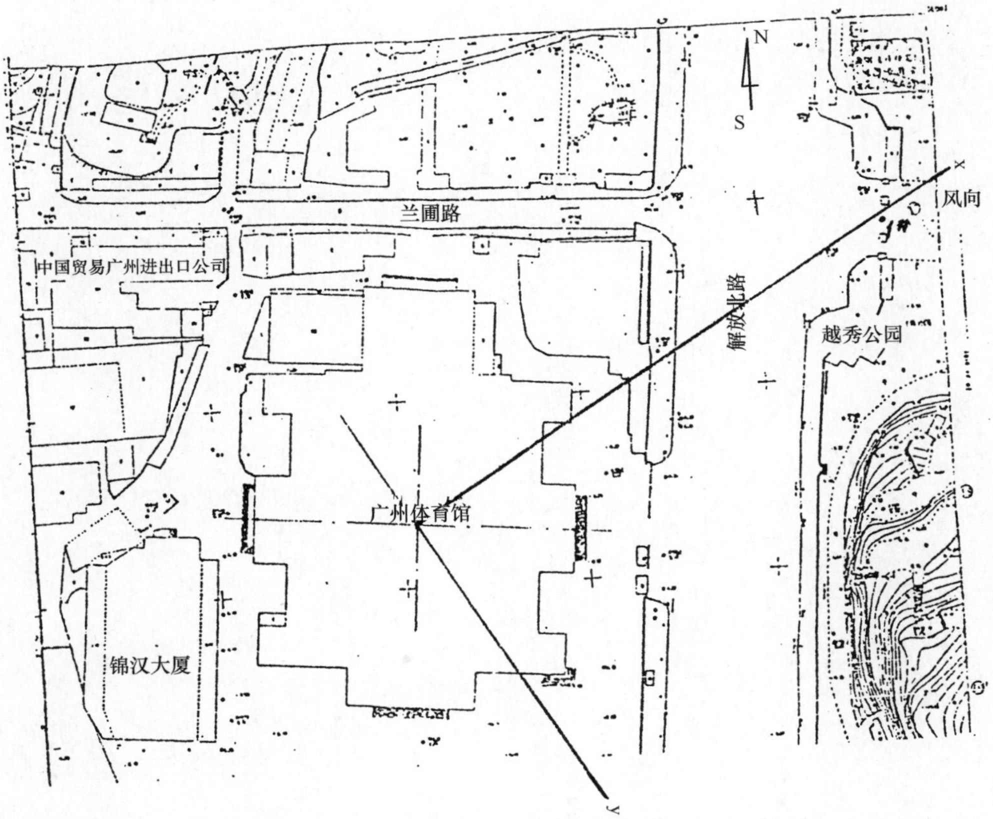

图 2　1 号测点粉尘全浓度

Fig. 2　Dust concentration of point 1

计算平均粉尘浓度 C_c：

爆后 $t=30$s，1 号测点

$$C_c = C_3 + t^1 \cdot \int_o^t C_1(t)\,d_t + t^{-1} \cdot \int_o^t \int_{d_1}^{d_2} CF(d,\ t)\,d\,d\,dt = 0.15 + 0.57 + 3.32 = 4.04mg$$

爆后 $t=600s$，$C_c(t) = 0.15 + 0.4 + 2.23 = 2.78mg/m^3$ 均与广州环境监测中心实测数据相同，可见作者的预测是正确的。

5 结论

（1）爆破拆除的粉尘灾害是可以实施降尘措施来克服的。在降尘措施还不完善情况下，可以进行粉尘预测预报，以减轻爆破粉尘的危害。

（2）作者提出的“清理积尘、淋湿地面、预湿墙体，屋面敷水袋、楼面蓄水、建筑外设高压喷水系统、搭设防尘排栅和直升机投水弹”等综合降尘措施，经实践证明是有效的，可行的。

（3）正态分布无边介扩散模式粉尘浓度计算法，经实测证明理论上是正确的，可以用作爆破拆除的粉尘浓度扩散的预测预报用。

由于粉尘实测数据还少，预算参数的选取还应斟酌，因此本文的具体计算仅是抛砖引玉。

参 考 文 献

[1] 时裕谦．实用露天矿通风学［M］．北京：煤炭工业出版社，1990.
[2] 林肇信．大气污染控制工程［M］．北京：高等教育出版社，1991.
[3] 吴方正．大气污染概论［M］．北京：农业出版社，1992.

广州旧体育馆预拆除时的结构安全性监控

郑炳旭　魏晓林

（广东宏大爆破股份有限公司，广东 广州，510623）

摘　要：介绍了广州旧体育馆爆破拆除前，大跨薄壳拱架钢筋混凝土结构的预切割。利用简化的结构模型进行构件受力的分析和计算，以此指导钢筋的预切割。实践表明，在具有延性破坏特征的结构中，预切割混凝土中的钢筋时，采用本文介绍的结构计算和变形、裂缝监测等安全技术是可行的，能够保证预拆除作业的顺利进行。

关键词：爆破拆除；预拆除；结构计算；安全性监控

Monitoring of Structural Safety in Pretreatmnt of Old Guangzhou Gymnasium Building

Zheng Bingxu　Wei Xiaolin

(Guangdong Hongda Blasting Co., Ltd., Guangdong Guangzhou, 510623)

Abstract: This paper introduces the precutting of reinforced concrete structure of long-span and thin-shell roof before blasting demolition of old Guangzhou Gymnasium Building. The simplified structural models were used for analysis and calculation of structural stress. so as to guide the precutting of reinforced bars. Practice shows that the safety techniques presented in this paper, such as structure calculation, monitoring of deformation and fractures, are feasible to precutting of the reinforced bars in the structural members having a feature of ductile fracture, and can ensure smoothly carrying the precutting operation out.

Keywords: blasting demolition; pret reatment; structure calculation; safety monitoring

1　引言

广州旧体育馆的比赛馆是钢筋混凝土薄壳结构，整个馆架由 11 排重量各 227t、跨度 49.8m 的钢筋混凝土拱梁撑起。由于顶薄梁轻，能承受大弯矩的立柱钢筋众多，纵筋面积在立柱拆除爆破处达 23636mm^2，当立柱混凝土炸出后，其钢筋支撑力可达 8982kN，大于屋顶及梁在该断面施加给立柱的竖直载荷 1245kN，加上受拉侧纵筋间的 0.104m^2 混凝土很难炸出，因此，立柱难于爆破坍塌。为了迫使立柱爆破后裸露钢筋失稳，宏大爆破工程公司在拆除爆破前对柱梁的部分钢筋进行预切割，削弱钢筋裸露后的支撑力，以此确保爆后立柱顺利垮塌。但为了确保拱架在施工中安全稳定，爆前进行了预切割钢筋的结构计算和裂缝、变形监测监控，并根据监测结果，校核计算的结构应力变化，合理安排预拆除部位和顺序，保证了钢筋局部进入塑性变形后仍维持结构稳定，确保了馆内一切爆破作业工序顺利地进行。

2　按设计强度预切割

为简化计算，拱架近似看作等截面“⌒”形刚架，如图 1 所示[1]。预拆除天窗和吊挂后，屋顶和

原载于《工程爆破》，2002，8（3）：71-73。

顶梁的重量折算成均布恒载荷 $q=45.5\text{kN/m}$，如图 2 所示。爆破时屋顶的覆盖和水袋重量折算成集中力 $P=100\text{kN}$，如图 3 所示，对称分布在梁的两端。现计算钢筋较多的+8.8m 层断面 C 平面的切割钢筋量。断面 C 的弯距 $M_c=(M_{q1}+M_{p1}+M_{p2})h_c/h=5231\text{kN}\cdot\text{m}$，轴向压力 $N_c=V_{qA}+P+P_s=1455\text{kN}$（式中 P_s 为+8.8m 层以上柱重，222kN）。断面 C 钢筋布置如图 4 所示，当切割受压区钢筋后，受拉区还有钢筋面积 $A_{y1}=15560\text{mm}^2$，钢筋设计强度 f_{y1} 按设计图为 250MPa，C15 混凝土设计强度 $f_{c1}=8.5\text{MPa}$，按文献［2］大偏心受压构件计算混凝土受压区高度系数：

$$\xi=-(e/h_0-1)+\sqrt{(e/h_0-1)^2+2f_{y1}A_{y1}e/(f_{c1}bh_0^2)}=0.6296 \tag{1}$$

式中，e 为许可轴向力 N_v 作用点至受拉钢筋 A_{y1} 合力点距离，4600mm；h_0 为受拉钢筋 A_{y1} 合力点到受压混凝土边缘距离，2129mm；b 为构件宽，500mm。

得许可轴向压力 $N_v=f_{c1}bh_0\xi-f_{y1}A_{y1}=1807\text{kN}>N_c$，因此许可切割受压区钢筋。

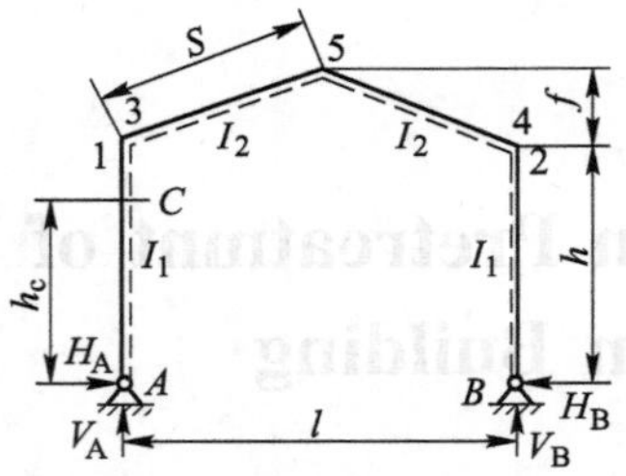

$l=49.8\text{m}$; $h=17.4\text{m}$; $f=7.0\text{m}$; $S=25.8\text{m}$;

$h_c=11.4\text{m}$; $I_1=0.395\text{m}^4$; $I_2=0.242\text{m}^4$;

$\lambda=l/h$; $\psi=f/h$; $K=h/s\times(I_2/I_1)$;

$\mu=3+K+\psi(3+\psi)$

图 1　结构计算模型

Fig. 1　Model for structural calculation

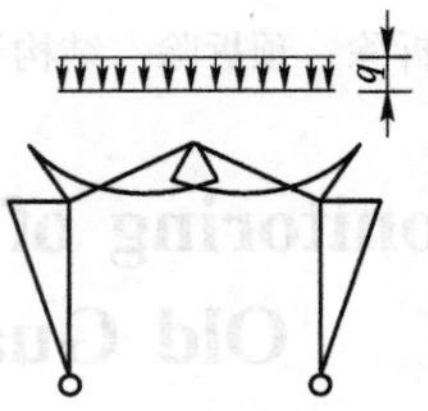

$\Phi=(8+5\psi)/(4\mu)$; $q=45.5\text{kN/m}$;

$v_{qA}=v_{qB}=ql/2$;

$H_{qA}=H_{qB}=ql/8\times(\lambda\Phi)$;

$M_{q1}=M_{q2}=-ql^2/8\times\Phi$;

$M_{q5}=ql^2/8\times[1-(1+\psi)\Phi]$

图 2　均匀载荷示意图

Fig. 2　Schematic diagram of even loading

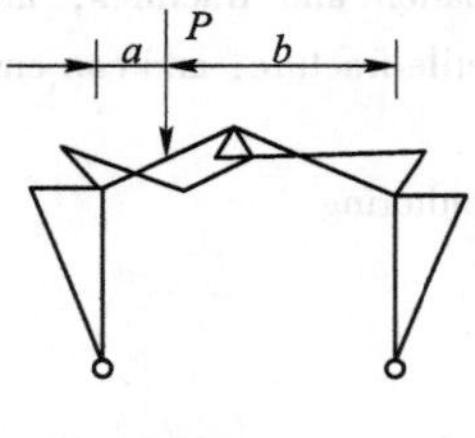

$\Phi=\alpha/\mu\times[3/2\times(2+\psi)-\alpha(3+2\alpha\psi)]$

$V_{PB}=P\alpha$; $a=11.05\text{m}$;

$V_{PA}=P\beta$; $\alpha=a/l$; $\beta=b/l$;

$H_{PA}=H_{PB}=P/2\times\lambda\Phi$;

$M_{P1}=M_{P2}=-pl/2\times\Phi$;

$M_{P5}=pl/2\times[\alpha-(1+\psi)\Phi]$

图 3　集中载荷示意图

Fig. 3　Schematic diagram of concentrated loading

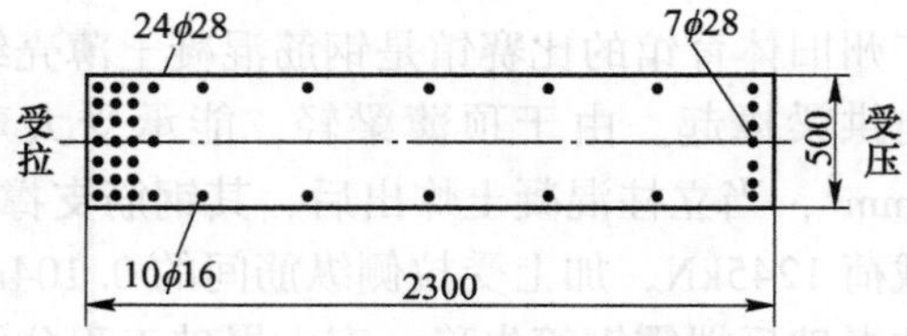

图 4　断面 C 上的钢筋布置（单位：mm）

Fig. 4　Arrangement of reinforced bars on section C (unit: mm)

3　结构塑性时的预切割

仅切割受压区钢筋是不够的，还需切割受拉区钢筋，若先切割一排钢筋，结构计算表明刚架在 C 和 5 点均进入塑性。现计算 5 点进入塑性时的最大弯矩 M_{5b}，因拆除期安全等级下降，安全储备可以减少，因此断面 5 的混凝土取标准强度 $f_{c2}=11\text{MPa}$，钢筋布置见图 5，轴向压力 $T=(ql^2/8+pa)/(h+f)=623\text{kN}$，钢筋极限抗拉强度标准值（强度保证率 95%）$f_{y2}$ 取 380MPa，由于受压区混凝土未破坏，受

压区钢筋抗压强度 f_{y1} 仍取 250MPa，计算对形心轴的弯矩[2]：

$$M_{5b}=f_{c2}bx(h/2-x/2)+f_{y2}A_{y2}(h_0-h/2)+f_{y1}A_s(h/2-a_s)=6257\text{kN}\cdot\text{m}$$

式中，A_s 为受压区钢筋面积，3478.7mm²；$h_0=1720$mm；a_s 为受拉区钢筋 A_s 合力点到受压区混凝土边缘距离，39mm；x 为混凝土受压区高度，mm，$x=(T+f_{y2}A_{y2}-f_{y1}A_s)/(f_{c2}h)=706$mm；$A_{y2}$ 为受拉钢筋面积，10862.2mm²；$h=1800$mm。

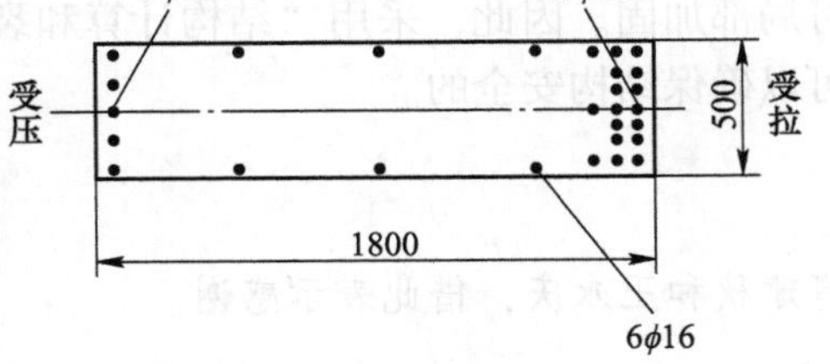

图 5　断面 5 上的钢筋布置（单位：mm）

Fig. 5　Arrangement of reinforced bars on section 5（unit：mm）

但未切割钢筋时断面 5 的弯矩 $M_5=M_{q5}+2M_{P5}=4016\text{kN}\cdot\text{m}$，因此断面 5 还可多承受弯矩 $\Delta M=M_{5b}-M_5=6257-4016=2241\text{kN}\cdot\text{m}$，也即 M_c 还能减少 ΔM。当断面 C 受拉区切割三排钢筋时，图 4 的构件高 $h=2088$mm，$h_0=2049$mm，轴向力 N_v 作用点至形心轴距离 $e_i=(M_c-\Delta M)/N_c=2055$mm，$e=3060$mm，钢筋面积 $A_{y2}=2650\text{mm}^2$，按大偏心受压构件计算，钢筋塑性抗拉极限强度标准值 f_{y2} 取 380MPa，C15 混凝土仍取标准强度 $f_{c2}=11$MPa，同理按式（1）结构计算[2] 得 $\xi=0.223$，$N_v=1507\text{kN}>N_c=1455\text{kN}$，因此受拉区在切割三排钢筋后，结构在断面 C 和断面 5 处接近塑性断裂。因此，受拉区可切割二排加第三排 5 根钢筋，以在可承受弯矩上留有 10%的富余。

4　裂缝和变形的监测监控

当结构局部钢筋进入塑性变形，混凝土将产生明显裂缝，对这些裂缝进行监测，将有助于了解钢筋的强度和监视应力的发展。体育馆拱架柱，在断面 C 受压受拉区各切除一排钢筋后，结构计算表明已进入塑性，监测到只在抹灰剥落处混凝土出现微细裂缝（应当直接监测未切割钢筋的相对变形），由此可见，钢筋进入屈服。当受拉区切割到二排钢筋时，监测混凝土柱出现 1～2 道裂缝，总宽在 2mm 内，表明结构进一步塑性变形，以上监测与结构计算较好相符。因此，可以利用结构计算来指导钢筋的预切割。对于具有延性破坏特性的结构和构件，当切割受拉区钢筋后，构件在失效前，将存在较大变形。因此，为了确保结构的安全，可以边切割钢筋，边监测钢筋变形和裂缝发展。由于 A_3 钢钢筋的相对塑性变形可达 21%，因此可以由钢筋相对变形估计强度余地，从而有控制地继续切割钢筋。

个别拱架受拉区切割完第三排钢筋后，断面 C 处混凝土出现明显裂缝，有的裂缝大到 4.25mm 宽、1.75m 长，但监测表明，裂缝还可稳定，不再持续地发展，然而钢筋按极限强度标准值计算已几乎没有安全储备，应尽量避免这种情况。另外，当屋顶覆盖移除后，裂缝宽略为变小。在用挖掘机油压锤冲击预拆除的梁、板时，监测到在巨大的冲击载荷下，裂缝快速增宽，这时应立即停止油压锤作业。如果裂缝过宽，还可以将已割断的钢筋再焊接起来进行加固。由此可见，进行裂缝监控和结构计算是能确保预拆除施工时整个结构的安全的。

5　结论

通过广州旧体育馆预拆除、预切割钢筋，可以得到如下体会：

（1）“结构计算和裂缝、变形监测监控相结合”的技术，可以保证预拆除、预切割结构的安全。

（2）拆除爆破施工时，结构的活载部分取消，结构的重量也因预拆除而部分减轻，在类似广州的地区，当拆除时没有地震和台风的情况下，可以用设计强度计算，是允许部分结构预拆除的。

（3）结构在预拆除和爆破前施工期，因安全等级要求下降，安全储备可以减少，结构计算可以采用标准强度。为了充分利用结构强度潜能，对具有延性破坏特征的结构和构件还可以使结构处于局部塑性变形状态，采用极限强度标准值进行结构计算并留有10%的可承受弯矩富余，是可以指导预切割、预拆除的。

（4）实施拆除时，预拆除、预切割必须在裂缝和结构变形监测监控下，逐步试行。对具有延性破坏特征的结构，用此技术可以判断预拆除结构的强度富裕和核对结构计算结果，并对预拆除工序实行监控。万一结构变形加剧，还可局部加固。因此，采用“结构计算和裂缝、变形监测监控相结合”的技术进行预切割、预拆除，是可以确保结构安全的。

致　谢

该工程的主要参加者还有傅建秋和王永庆，借此表示感谢。

参考文献

[1] 林锺琪，等．建筑结构静力计算手册［M］．北京：中国建筑工业出版社，1975.
[2] 丁大钧，等．混凝土结构学［M］．北京：中国铁道出版社，1988.

广州体育馆爆破拆除的飞石控制措施

卢史林 陈焕波

（广东宏大爆破股份有限公司，广东 广州，510623）

摘　要：介绍了广州体育馆爆破拆除的周边环境，体育馆内梁、柱爆破时的飞石控制措施及建筑物倒塌后产生二次飞石的防护措施，减少了对周边环境的影响。

关键词：拆除爆破；环境；飞石防护措施

Measures of Controlling Fly Rocks in Blasting Demolition of the Guangzhou Gymnasium

Lu Shilin　Chen Huanbo

(Guangdong Hongda Blasting Co., Ltd., Guangdong Guangzhou, 510623)

Abstract: The circumstance round the Guangzhou Gymnasium to be demolished is intoduced. The measures of controlling fly rocks when column and girder are blasted and of controlling secondary flying rocks after the building collapses are analyzed to decrease the impact on surroundings around the Guangzhou Gymnasium.

Keywords: demolition blasting; circumstance; measures of controlling fly rocks

1 引言

爆破拆除时产生的飞石是严重影响邻近建筑物安全的重要因素，故需采取切实有效的安全防护措施以减少飞石的危害。

2001年5月，我公司承接的位于广州市繁华地区的原广州体育馆的爆破拆除，要求严格控制爆破飞石，避免对邻近的中国大酒店、锦汉大厦等建筑物造成伤害。因此，采取了多种防护措施以减少飞石的产生。

2 工程概况

广州体育馆占地11000m^2，总建筑面积为43215m^2，为苏式大跨度薄壳拱结构，由比赛馆、南楼、北楼、东门楼和西门楼等部分组成。体育馆东30m为解放北路，隔街75m是越秀公园，西邻锦汉大厦，距锦汉大厦最近处为10m，且锦汉大厦为玻璃幕墙装饰结构，南隔流花路与涉外酒店——中国大酒店相距110m，北距兰圃路30m，环境非常复杂。

3 防护措施

建筑物的爆破拆除是在承重的钢筋混凝土梁、柱上进行钻眼，装上适量的炸药使混凝土破碎，钢

原载于《爆破》，2002，19（3）：49-50。

筋难以承载上部重量，而造成混凝土梁、柱失稳，最终使整栋建筑失稳倒塌。而飞石主要是在梁、柱爆炸时产生的，部分是由于建筑物倒塌到地面相互撞击而产生。因此，对装药的梁、柱进行有效防护，且在建筑物外围增加近体排架防护，阻止飞石的危害。

3.1　拱梁的防护

因广州体育馆为跨度长 49.5m 的薄壳拱结构，为使双侧拱断裂以抵消互相支撑作用，需在宽 1.3m 的拱梁上进行钻眼爆破，拱梁离地面 23m，若该处产生飞石则对四周影响非常大，故采用严密的覆盖防护，其方法为：在拱梁上部先压一层沙袋（内装沙石），其上压薄铁板，然后在薄铁板上盖压四层重叠的沙袋。为防止拱梁侧边产生飞石，采用侧边挂高为 1.2m、厚度为 4mm 的钢板，外侧堆压沙袋固定的方法。

3.2　立柱的近体防护

对于体育馆的承载总体重量的钢筋混凝土立柱采用近体防护，用毛竹在距立柱 1m 处搭排架，在排架上捆绑薄铁板，将立柱包裹住，其高度高过立柱顶端炮眼 2m，采取这样的方法可以减少立柱爆破时产生的飞石。

3.3　建筑物的近体防护

在体育馆外侧 2m 处用毛竹搭建二排排架，高度为 20m，靠近锦汉大厦的西侧和中国大酒店的南侧用毛竹在已搭好的排架内侧一根根密集排列，以阻挡飞石的逸出，形成第一道屏障，然后在内排架外侧挂纤维网，形成第二道屏障，在外排架外侧挂三色尼龙布，形成第三道屏障。采用这样的方法其一可阻挡立柱爆破时产生的个别飞散飞石，降低噪声；其二可阻挡体育馆倒塌后产生的二次飞石、粉尘，减少爆破对周边环境的危害。

4　效果

广州体育馆爆破后，西侧锦汉大厦的玻璃幕墙完好无损，东侧有个别飞石飞散到解放北路，距最近的爆破点 12m。南侧未见飞石飞出外侧排架，北侧有飞石飞散到兰圃路上，距最近的爆破点 26m。总体来说，在广州体育馆的爆破拆除中，采用上述飞石控制措施能有效地降低飞石对周围环境的影响，产生了很好的社会效应，减少了市民对城市控制爆破的诸多疑虑，为城市大型控制爆破提供了很好的范例。

参 考 文 献

[1] 龙维祺，冯叔瑜，汪旭光，等．爆破工程（下）[M]．北京：冶金工业出版社，1992.
[2] 康宁．工程爆破中的飞石预防和控制 [J]．爆破，1999，16（1）：80-87.
[3] 李友志．拆除爆破中覆盖材料及覆盖防护方法 [J]．爆破，2001，18（4）：72-74.

广州体育馆爆破施工预拆除

陈焕波　卢史林

（广东宏大爆破股份有限公司，广东 广州，510623）

摘　要：针对广州体育馆的定向爆破拆除，阐述了预拆除的意义、原则和方法。

关键词：拆除爆破；预拆除；意义

Predemolition and Explosive Implementation of Guangzhou Gymnasium

Chen Huanbo　Lu Shilin

（Guangdong Hongda Blasting Co.，Ltd.，Guangdong Guangzhou，510623）

Abstract：The significance，principle and method of predemolition by directional blasting of Guangzhou Gymnasium are expounded. The blasting was implemented.

Keywords：demolition blasting；predemolition；significance

2001 年 5 月，我公司承接的位于广州市中心原广州体育馆的爆破拆除工程工期紧、任务重，且比赛馆属特大跨度特大空间建筑，为确保主体建筑顺利定向倒塌，减少钻眼工程量，缩短爆破施工工期，在爆破前，对部分楼房的墙、柱以人工和机械方法进行了预拆除。

1　工程概况

广州体育馆占地 $11000m^2$，总建筑面积为 $43215m^2$，为苏式大跨度薄壳拱梁结构，由比赛馆和南北两楼及西北角加建的三层钢筋混凝土框架结构房组成。比赛馆为东西长 91.5m，南北宽 56.4m，高 23m 的钢筋混凝土结构，由 11 排跨度 56m 的钢筋混凝土大拱梁组成骨架，168 根钢筋混凝土立柱支起整个看台。南楼是休息馆，东西长 83.3m，南北宽 24.8m，三层砖混结构，有 5 排共 62 根立柱。北楼是训练馆，东西长 83.3m，南北宽 39.3m，由 40 根钢筋混凝土立柱、20 根砖柱及部分承重墙支撑。体育馆东距解放北路约 30m，西邻锦汉大厦和中国出口商品交易会，距锦汉大厦最近处为 10m，南隔流花路与中国大酒店相距 110m，北距兰辅路 30m。

2　预拆除的意义

（1）在不破坏建筑物整体稳定性的情况下，对体育馆的部分墙、柱实施预拆除，有利于体育馆内的比赛馆内向折叠倒塌；东门向西倒塌；西门向东倒塌；南楼向北倒塌；北楼向南倒塌。

（2）在预拆除的位置上不必钻孔和装药，减少了钻孔数量，相应减少了雷管和炸药的使用量，简化了爆破网路。

（3）可以减少爆破飞石和空气冲击波的危害。

（4）缩短施工工期，提高劳动效率。

原载于《爆破》，2002，19（4）：41-42。

3 预拆除的原则

3.1 安全性原则

（1）对承重部位的预拆除应确保建筑物的稳定。

（2）对非承重部位的预拆除应考虑建筑物倒塌的充分性，防止建筑物受楼梯间、梁等的拉扯而不能完全倒塌。

（3）在保证大跨度拱架梁稳定时，可切割梁、柱部分钢筋。本馆拱架梁预切割钢筋时，实施了结构计算和裂缝、变形监测监控相结合，并根据监测结果来校核计算结构应力变化，合理安排预拆除部位和顺序，保证了当结构部分进入塑性变形时，拱架仍维持稳定，确保了馆内一切爆破作业工序顺利进行。

3.2 定向准确性原则

为了保证广州体育馆的各个部分按预定方向倒塌，预拆除应从两个方面考虑：（1）应保证立柱和拱梁在结构上的对称性，防止建筑物因受力不均衡而不能按照预定方向倒塌；（2）应保证立柱在承重方面的一致性。

4 预拆除的方法

（1）对比赛馆内的看台，采用人工风镐（或大锤）敲击破碎混凝土，暴露出的钢筋用氧焊切除，碎渣在爆破前清理出比赛馆。

（2）对比赛馆 11 跨的立柱之间的联系梁，采用人工风镐敲击混凝土，露出钢筋用电焊切断钢筋。

（3）对楼梯，采用人工大锤破碎混凝土，露出钢筋，对于与倒塌方向相反的楼梯的钢筋用电焊切断；与倒塌方向一致的，保留受力负筋。

（4）对承重墙，应自上而下拆成门洞形，上部保留半圆拱或三心拱形态，门洞跨度不大于 1.5m。

（5）对非承重墙，应自上而下用人工风镐（或大锤）敲击破碎，留下需要钻眼的柱和砖墙。以免阻碍建筑物的充分倒塌。

5 结语

（1）预拆除对于建筑物的爆破拆除具有十分重要的意义，能够有效地提高爆破安全和建筑顺利定向倒塌的可靠度。

（2）预拆除必须依照一定的顺序来进行，以防引发意外事故。

（3）对不同部位的预拆除应采用不同的方法和形式，应根据建筑物的情况灵活实施。

参 考 文 献

[1] 刘殿中．工程爆破实用手册［M］．北京：冶金工业出版社，1999.

[2] 傅建秋．大跨度厂房定向爆破拆除［J］．爆破，2001（1）：46-48.

[3] 谢先启．同济医院老门诊楼控爆拆除设计与施工［J］．爆破，2001（2）：63-66.

韶关电厂 A 厂厂房定向爆破拆除

陈迎军 付建秋

（广东宏大爆破股份有限公司，广东 广州，510623）

摘 要：拟拆除的韶关电厂 A 厂厂房面积大，结构复杂，毗邻着众多重点设施，爆破难度很大。采用非电导爆管网路、多段秒量微差起爆技术，控制最大一段起爆药量，严密防护措施，一次性将厂房及烟囱安全爆破，工程达到了预期效果。

关键词：电厂厂房；拆除爆破；爆破参数；爆破安全

Demoliton of Workshops in A Plant by Directional Blasting

Chen Yingjun Fu Jianqiu

（Guangdong Hongda Blasting Co.，Ltd.，Guangdong Guangzhou，510623）

Abstract: It is difficult to blast the workshops in Shaoguan Power Plant due to their spacious area，complicated structure，and the numberous key facilities nearby. The technologies，such as the non electric detonating circuit，multistage millisecond detonation，controlling the dose at the maximum detonation space and protective measures are adopted to blast the workshops and chimney safely in one move.

Keywords: workshops in a power plant；demolition blasting；blasting parameters；blasting safety

1 工程概况

广东省韶关市韶关发电厂 A 厂的 1 号、2 号机组发电功率为 1.25×10^4kW，营运几十年，设备到了报废期。为了整个韶关发电厂生产的正常、安全、高效、经济、环保，决定将 A 厂及其烟囱爆破拆除。

待拆除 A 厂的四周在施工前期用安全网及密集排栅围住，进行封闭式文明施工。爆区周围环境复杂：北面 45m 为重点保护的 110kV 升压站和控室；南面 15m 为不间断生产的 B 厂的输煤桥；西面 22m 为正在运转的起重机班房和 110kV 升压站；东面 22m 为高速工作的泵机泵房，38m 处为正在发电的 8 号机组厂房，具体爆区环境见图 1。

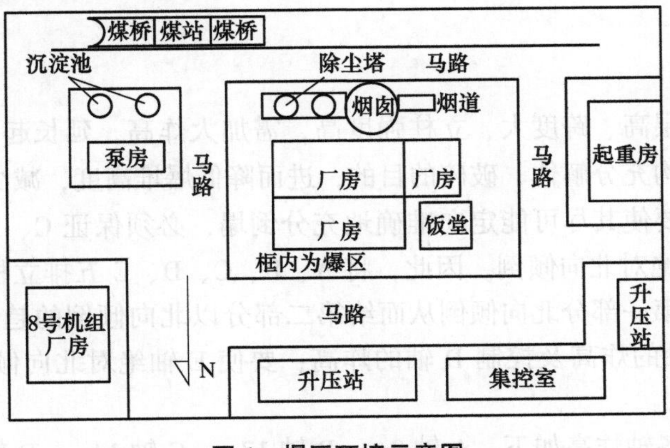

图 1 爆区环境示意图

原载于《爆破》，2002，19（4）：27-29。

主要爆破拆除的对象分两类：一类是厂房内先期逐步爆破拆除的结构，包括1号、2号、7号炉及1号、2号机组厂房内的7个钢筋混凝土平台、汽轮发电机基础平台、辅机平台及大量粗大的钢筋混凝土支柱；另一类是最后一次性爆破拆除的结构，即厂房框架。1号、2号机厂房内及其炉厂房东西总长为64.6m，南北总宽33.7m，高28.5m，7号炉厂房高28.5m，东西长39.4m，南北宽29.3m。

厂房框架自北向南有四跨，A、B、C、D、E五排立柱。A轴含A_1、A_2两排相距2m的立柱，A、B之间和D、E之间还在东西两侧有少量立柱。各排立柱的数据见表1。A~E轴立柱排列见图2。

表1 A~E轴立柱结构数据表

轴 号	A_1	A_2	B	C	D	E	A~B之间		D~E之间	
							钢筋混凝土柱	砖柱	钢筋混凝土柱	砖柱
立柱根数	6	6	11	11	11	11	3	6	4	8
截面尺寸/cm×cm	50×120	50×120	50×120	50×120	50×120	50×120	50×120	50×50	50×120	50×50

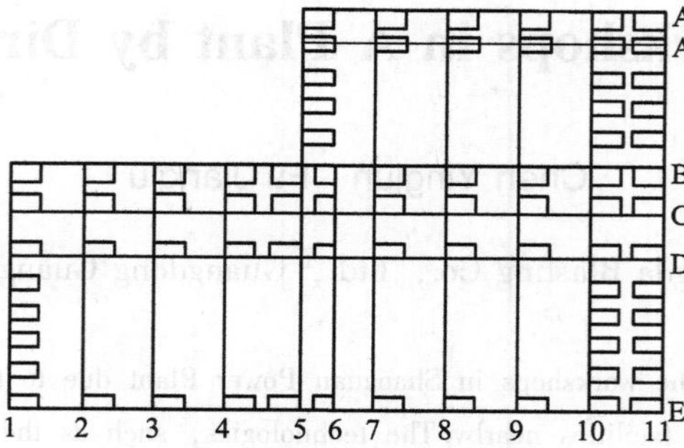

图2 厂房立柱分布排列示意图

2 定向爆破拆破的方向及顺序

厂房内先期逐步爆破拆除的钢筋混凝土平台结构不进行叙述，这里只讨论最后一次性爆破拆除的厂房及烟囱，依据爆区周围环境条件，确定向北作为爆破倾倒方向，并且将烟囱和厂房作为一个整体，一次性起爆向北倾倒，充分体现爆破的高效、经济，同时减少烟囱的触地震动[3]。

确定倾倒方向也即确定A、B、C、D、E各轴的延时顺序。A轴先起爆，然后B轴、C轴、D轴、E轴顺序起爆。A、B之间的立柱与A轴同段起爆，D、E轴之间的立柱与D轴同段起爆。

3 爆破参数

3.1 厂房炸高

该厂房结构复杂，楼层高、跨度大、立柱强度高，需加大炸高，延长起爆后厂房结构运动及解体的时间，从而达到厂房结构充分解体、破碎的目的，进而降低爆堆高度，减少二次破碎工作量[3]。

依据该厂房的结构，要使其尽可能定向准确地充分倒塌，必须保证C、D排立柱之间的煤漏斗大角度翻侧以及E排立柱的绝对北向倾倒。因此，将A、B、C、D、E五排立柱分成3个部分：A排柱；B、C、D排柱；E排柱。第一部分北向倾倒从而给第二部分以北向倾倒的趋势；要使第二部分充分北向倾倒，必须提高B、C轴的炸高及控制D轴的炸高；要使E轴绝对北向倾倒且即使反倒亦无危害，必须适当增加E轴的炸高。

经综合考虑后，确定各轴炸高如下：A轴9m，B轴17m，C轴14m，D轴5m，E轴10m，炸高分布及实际形成的缺口见图3。

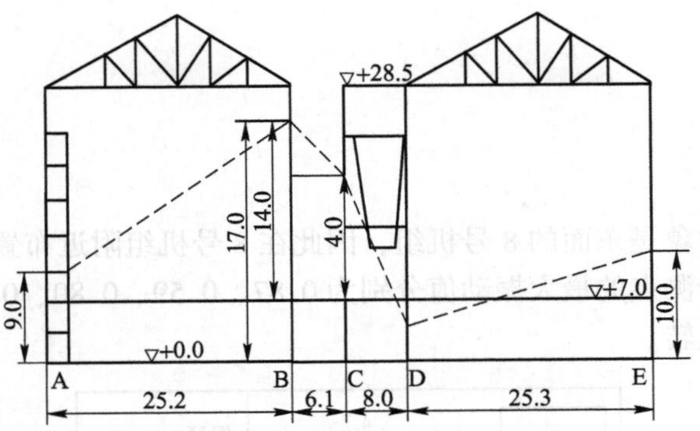

图3 爆破高度布置示意图（单位：m）

3.2 厂房炮孔布置及单孔装药量

布孔规则为：矩形截面的柱沿长边布4排炮眼，各排立柱参数见表2。整座厂房立柱，总计钻凿炮孔4176个，总装药量313.20kg。

表2 各立柱参数

立柱排号	立柱根数	孔距/m	孔距/m	孔深/m	单耗/kg·m^{-3}	单孔药量/g	炸高/m ±0.0	+7.0	+12	+15	单柱炮孔数/个	单柱药量/kg
A	12	30	30	30	1.66	75	3	2	—	—	56	4.200
B	11	30	30	30	1.66	75	3	2	—	2	84	6.300
C	11	30	30	30	1.66	75	3	2	2	—	84	6.300
D	11	30	30	30	1.66	75	4	—	—	—	44	3.300
E	11	30	30	30	1.66	75	3	3	—	—	64	4.800
A、B之间砖柱	6	40	—	30	0.75	75	—	—	—	—	6	0.450
A、B之间钢筋混凝土柱	3	30	30	30	1.66	75	2	2	—	—	56	4.200
D、E之间砖柱	8	40	—	30	0.75	75	—	—	—	—	11	0.825
D、E之间钢筋混凝土柱	4	30	30	30	1.66	75	—	—	—	—	44	3.300

4 爆破网路

A、B、C、D、E五排立柱及烟囱爆破延时见表3。

表3 A、B、C、D、E各轴及烟囱延时表

轴 号	雷管段别	延期时间/s
A	HS-2	0.5
B	HS-3	1
C	HS-4	1.5
D	HS-5	2
E	HS-6	2.5

本次爆破装药施工分5组，即A、B、C、D、E轴各为1组。每个组起爆网路为：单根立柱大把抓，每24根为1扎，接双发非电雷管起爆；然后起爆雷管交叉，分成两把，每把不超过10根为1扎，每一扎再用双发非电雷管起爆；起爆雷管再交叉，每把再绑双发非电雷管，这样每组出来4根导雷爆管。每组的4根导爆管分到4个人手中，最后这4人手中每人5根导爆管，然后4人各用2发串联电雷管起爆各人手中的5根导爆管，最后电雷管串联，由电起爆器起爆。

5 爆破安全

5.1 爆破震动测试

这次爆破的重点保护对象是东面的8号机组，因此在8号机组附近布置了4个测点，安装拾震器，测点布置见图4。1号~4号测点的最大振动值分别为0.87、0.59、0.80、0.28cm/s，爆破振动值很小，不会影响8号机组的正常运转。

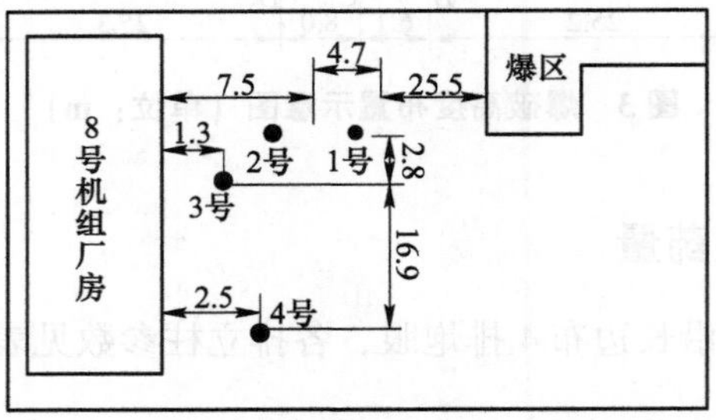

图4 爆破振动测点布置示意图（单位：m）

5.2 飞石防护措施

本次工程采用了严密的防护措施和严格的装药措施。单个炮孔装药量要求精确，保证堵塞长度和堵塞质量。厂房外围立柱均采用铁皮包裹的近距离防护。整个爆区四周距待爆结构5m处用密集排栅外加一层防护网围住，排栅高度达12m。

5.3 喷雾除尘措施

（1）在爆区四周布设喷雾管道。喷雾主管道沿爆区东、西、南三面距爆区边缘15m的地面铺设，北面距爆区30m铺设。在主管道上安装1.5m长的斜向上空的2分小水管，小水管上装喷头，称为喷雾管。喷雾管与地面夹角为50°。起爆后，由消防车向喷雾主管输送高压水。

（2）消防车流动作业，洒水除尘。起爆后，由3台消防车的高压水直接向爆区喷射，压住灰尘。

6 爆破效果

起爆后厂房向北倒塌，爆区腾起巨大烟尘，但烟尘几乎没有扩散、飘移，这说明喷雾除尘系统充分发挥作用。走近爆堆可观察到沉降烟尘范围比较集中，尘厚较大，对电厂的环境污染控制到了最小。

爆区周围排栅全部倒塌，厂房准确向北倒塌，达到设计要求。

厂房的梁、顶板充分解体破碎，最后倾倒的E排立柱整整齐齐地压在爆堆上；C、D排立柱之间的2个煤漏斗较大角度倾斜。

爆破对四周的设施无任何影响，电厂生产运转正常，爆破效果及安全达到设计及预期目标，厂方非常满意。

参考文献

[1] 刘殿中．工程爆破使用手册［M］．北京：冶金工业出版社，1999：653-671.
[2] 徐颖，宗琦，傅菊根．大跨度砖混框架房的爆破拆除［J］．爆破，2001（3）：42-43.
[3] 费鸿禄，范大海，高海贤，等．砖混结构楼房控爆拆除及其过程与分析［J］．爆破，2002（2）：69-71.
[4] 袁绍国．低矮框架结构锅炉房的定向倾倒爆破［J］．爆破，2001（专辑）：59-60.
[5] 傅建秋，刘英德，宋常燕．大跨度厂房定向爆破拆除［J］．爆破，2001（1）：46-48.

拆除爆破综合技术

汪 浩[1] 郑炳旭[2]

（1. 同济大学爆破工程技术公司，上海，200092；
2. 广东宏大爆破股份有限公司，广东 广州，510623）

摘 要：在建筑物爆破拆除方面，以某些实例论述了定向倒塌、定向折叠、原地坍塌、逐跨坍塌、内折倒塌等5种常用的爆破拆除方式。在构筑物爆破拆除方面，讨论了基坑支撑、薄壁筒仓以及烟囱和水塔等高耸构筑物的拆除方法，并以实例论证了水压爆破拆除薄壁容器状构筑物的优越性。在爆破安全方面，强调了预防飞石、爆破降震、防尘以及准确定向的重要性。作者认为，只有解决好上述安全问题，拆除爆破在城市的建设和改造中才能发挥更大的作用。

关键词：拆除爆破；定向倾倒；水压爆破；爆破安全技术

Comprehensive Technology of Demolition Blasting

Wang Hao[1] Zheng Bingxu[2]

（1. Tongji University Blasting Engineering and Technology Co.，Shanghai，200092；
2. Guangdong Hongda Blasting Co.，Ltd.，Guangdong Guangzhou，510623）

Abstract：In the aspect of blasting demolition of buildings，some practical examples were taken to expound five kinds of conventional demolition modes such as directional collapsing，directional folding，in - situ collapsing，piecewise collapsing and introversive collapsing. In the field of blasting demolition of structures，the methods of demolishing pit shoring，thin-wall silos and towered structures such as chimnevs and water towers are discussed and the advantage of demolishing thin-wall container-like structures by water-pressure blasting was demonstrated in a practical example. For blasting safety，authors stressed the importance of flying-rock protection，blasting vibration reduction，dust prevention and correct orientation. Authors think that only by well solving the abovementioned safety problems can the demolition blasting play more important role in construction and reform of cities.

Keywords：demolition blasting；directional collapsing；water-pressure blasting；blasting safety technique

1 概述

随着我国经济建设的高速度发展，随着我国城市改扩建工程的大规模实施，我国的城市拆除爆破，不管是技术上还是规模上，都得到了飞速发展。世界上最早的拆除爆破始于二次世界大战之后，而我国的拆除爆破最早可追溯到20世纪70年代初北京饭店新楼基础施工中2200m^3混凝土结构地下室的控制爆破拆除，这可能是国内有记载的大城市中控制爆破拆除的早期实例。随着城市建设的发展，城市中的拆除爆破得到新的发展。拆除内容涉及各类建筑物、防汛墙、码头、地铁、人防、烟囱、水塔、筒仓等，几乎无所不包，从单一楼房爆破到群楼一次爆破（上海华骥园8栋联体楼几万平方米一次性爆破），从单个结构到十几种结构一次爆破，从多层到高层（长征医院），从十几米高的水塔到120m高的烟囱，从室外到室内，从地面到地下，从陆地到水下。拆除爆破之所以日益广泛被采用，是因为

原载于《工程爆破》，2003，9（1）：27-31。

它与人工、机械拆除方法相比具有很大的优越性，拆除速度快、省时、省力、安全可靠，特别是对高耸建筑物更具有不可取代的优点，它可以变高空作业为地面机械破碎，大大减轻了劳动强度，也大大提高了安全程度。工程爆破技术主要要解决好炸药能量的控制问题，它不同于一般的土岩爆破，对于爆破的效果和爆破可能产生的影响都必须精心且严格地加以控制。因此，爆破拆除技术本身是在现有爆破技术的基础上，结合结构力学、材料力学、断裂力学等相关学科的知识，逐步完善起来的。

2 建筑物拆除爆破技术

拆除爆破是将控制爆破引入城市的一种成功尝试，在人口稠密和建筑物密集的城市中进行爆破拆除，应该对控制爆破技术有更高更严的要求，也就是说必须把爆破产生的负面效应减至最低，或直接予以消除，否则就无法在城市中推广应用爆破拆除技术。

2.1 定向倾倒

城市拆除爆破应用得最为广泛的应该是定向倾倒，特别是对于场地条件允许的地方，定向倾倒具有工作量小、解体充分和风险性小的特点。例如 2002 年 9 月份进行的上海华骥园 12 栋六层、七层新楼的爆破工程，要求 9 月 4 日进场，16 日就要爆破 8 栋住宅楼，时间紧、任务重，经组织精干队伍进场突击，仅用了 8 天时间，钻孔 1.6 万余个，做好了所有爆前处理和相关防护工作，16 日上午 10 时准时起爆，8 栋住宅楼分四次，两两间隔 2s 定向倾倒，一次爆破成功，场面非常壮观。由于措施得当，飞石控制得好，倒向准确，对周边居民房及高压电线、电杆没有造成任何影响。随后又加班突击，将余下 4 栋于 9 月 20 日下午 3 时准时爆除，创造了二周完成爆破拆除 12 栋 3 万余平方米住宅楼的新速度，充分体现了爆破拆除的优势。

2.2 定向折叠

由于场地的限制，不可能有足够的场地供建筑物倒塌，或建筑物比较高（如高层建筑），这就可以采取一种折叠的方法，使结构在空中解体，尽量减小倒塌距离，限制碴堆在一个允许的范围内。上海长征医院 16 层病房楼，高 67m，框剪结构，可能是目前国内爆破拆除最高的楼房。该楼前方倒塌场地只有 40m，采用定向倾倒方式，显然是不现实的，而该楼又不能采用其他方法拆除，因为两侧只有 12.5m 间距，后部只有 15m 宽的空间，该大楼的爆破在设计上是颇费一番心思的。最后采用折叠式定向倾倒，即在炸倒过程中，利用层间折叠空中解体，将堆碴人为控制在 40m 允许的范围内而不影响前面的临街商铺。折叠式爆破具有触地震动小、场地要求较小、解体充分等优点，但对高空飞石防护的要求很高，倒塌的风险程度也较高，对设计施工有特别的要求，采用起来必须特别慎重。

2.3 原地坍塌

当环境进一步受到限制，四边没有足够距离供倒塌时，采用原地坍塌是可行的方法。上海交通机械厂七层框架厂房拆除时，南距延安路高压线、电杆仅 3.5m，西距保留古树 3m，北距保留厂房、车棚、变电所 5m，东距保留厂房 6m，而被爆厂房高 21.6m，在这样的环境下，爆破拆除具有相当的难度。该次爆破是延中高架第一炮，要求拆除速度快，必须保证绝对安全，因此采取了垂直原地塌落，又称为叠合式原地塌落方法，并于 1998 年 4 月 19 日凌晨爆破获得了成功。爆后 7 层楼板整齐地叠合在一起，没有偏离原位，周边碎砖块、混凝土块只占地 2~3m，所有需保留的建、构筑物，包括古树、高压电线杆均完好无损，距离仅 7m 的高层建筑玻璃也没有碎一块，开创了狭窄环境下爆破拆除的范例。

2.4 逐跨坍塌

拆除爆破中往往因为场地的限制，逐跨坍塌也是比较常用的一种形式，特别是砖混住宅楼、工业厂房。采用逐跨坍塌爆破拆除不仅堆碴范围小、解体充分，而且触地震动也较小，对周边建、构筑物影响也减小许多。尤其对于附近有保护建筑、有一定防震要求的爆破拆除，逐跨坍塌的减震效果是十分明显的。2002 年在金山石化地区闹市中心（号称金山南京路）纬零路上 5 栋居民楼的拆除爆破，因为周围都是百货商场、居民区，又沿马路，防震要求高，区政府要求尽量减少对居民、游客、行人的影响，因此采用逐跨坍塌与定向倾倒相结合的爆破方案。中间 3 栋逐跨坍塌，两边 2 栋采用向内定向倾倒，成包饺子形式，$15000m^2$ 的 5 栋居民楼一次爆破成功，对周边没有造成任何影响，得到一致好评。1994 年广东茂名石化炼油设备拆除，该设施长 216m、宽 14.5m、高 38m（局部 54m），共 $28000m^2$，分 32 跨，采用秒差逐段弯矩坍塌，破碎效果好，触地震动小，确保了四周特别是一侧 7m 处输油管线的安全。

2.5 内折倒塌

一般场馆的拆除，四周空间小，中央空间大，适合内折倒塌。广州体育馆由 6 座楼馆组成，总面积达 $43000m^2$。中部先行原地坍塌，紧接着四周一起向中间倾倒，形成内向折叠倒塌，确保四邻安全。爆后 9m 处一栋大厦玻璃幕墙丝毫未损，测得振速为 1.5cm/s。

上述五种拆除爆破形式只是众多拆除爆破方式中使用较多的方法，这些方式经实践验证是十分行之有效的，也解决了复杂环境下建筑物拆除的安全可靠性问题。当然，拆除爆破形式的确定，最终取决于环境条件。在复杂环境下，有时可能需要几种方法合并使用，才能达到安全拆除的目的。

3 构筑物拆除爆破技术

城市拆除工程中涉及大量构筑物需要爆破，其中包括大量的基础及混凝土地坪、地铁端头井、地下支撑、码头、烟囱、水塔、弹药库、人防、碉堡、筒仓、防汛墙、船台等。这些构筑物种类繁杂，结构形式十分复杂，爆破拆除时，有些比建筑物爆破拆除更困难，这里举一些工程实例。

3.1 水压爆破

水压爆破是构筑物拆除爆破较常用的一种方法，拆除物体是薄壁容器，采用水压爆破是一种省时省力的方法。一般来说，水压爆破小块飞石少，不用钻孔，劳动强度低，装药方便，拆除速度快。2001 年拆除的上海松江 702 粮库，系地下拱顶战备粮库，共 7 座（$2000m^2$），用机械开挖周边掩土后，注水一次性爆破拆除，使用炸药 628kg，装药连线起爆半天时间，既快又省，充分体现了水压爆破拆除的优越性。90 年代初，上海外高桥前沿弹药库拆除混凝土 $300m^3$，壁厚达 1.4m，顶盖 4 层 ϕ18mm 钢筋网片，间距 10cm×10cm。原先外高桥电厂采用人工风镐拆除，白天黑夜加班，人累倒了，设备也损坏了，半个月只打掉边上一角。后来采用水压爆破，封堵入口，用半天时间，60kg 炸药分几个药包，一次爆破解体，破碎程度很好，钢筋与混凝土剥离很方便，大大加快了施工进度。

3.2 地下支撑爆破

随着高层深基坑的开挖，钢筋混凝土支撑被广泛地应用于地下基坑。混凝土支撑的特点是强配筋、大面积、多斜撑，深基坑几道支撑混凝土量非常之大，给拆除带来很大困难。不解决支撑拆除的速度问题，混凝土支撑的推广使用就受到很大限制，上海每年有近 10 万 m^3 的支撑、广州每年也有近 2 万 m^3 的支撑需要拆除。支撑爆破最主要的是解决飞石和震动问题。高层一般建在市中心，周边环境十分复杂，除了药量精确控制以外，更需专门设计双层封闭式防护，保证飞石不出基坑，使支撑拆除危害降到最小。震动问题，一般支撑爆破每次要达到 $400m^3$ 左右，也就是说一次拆除要用到 300kg 以上的炸药，支撑周边有保护建筑、重点文物、科研中心、高架地铁等，比如上海圣爱广场边 2.5m 的藏书楼是市重点文物保护建筑，又如 110 地块，中国共产党一大会址是国家级重点文物保护单位，这就需要采取有效的减震措施。一方面我们切断纵向支撑，阻断爆破震动的传播，另一方面采用串联延期“鞭炮式”起爆技术，控制一段起爆药量在 1～2kg 上下，一次起爆 300kg 炸药，就要分成 200 余段，而 200 余段延期要保证顺利传爆是一项技术要求很高的事情，由于精心组织，每次爆破都能获得成功。

3.3 高耸筒仓（薄壁结构）的定向倾倒

随着城市改造工程的开展，国内的粮库、水泥仓库、化工厂造粒塔频频被拆除。这类结构都有相当的高度（北京某化工厂 82m、广州氮肥厂 73m、上海面粉厂 50 余米），有些多个联体（上粮四库 32 个联体），因为是薄壁结构（18~20cm），爆破拆除有很大的难度，采用水压爆破会由于爆后大量废水涌出造成局部地区水患，这在市内是不允许的。有些粮库、水泥仓库由于防水性能很差，虽是薄壁容器，但存水水位一高就到处渗水，也不适宜采用水压爆破。因此，对于高大筒仓的拆除，通常采用机械预处理、然后爆破倾倒的方法，获得了成功。如上海面粉厂 12 个 52m 高筒仓的爆破拆除，先用机械将筒仓前壁打空，高度达到筒仓重心外移的倾覆要求，然后在余下筒壁的设计位置上密集布孔，起爆后使筒仓失稳而准确地倾倒在前面空地上，然后再用机械破碎。对于多联体筒仓，如上粮四库 32 个联体，因为其高宽比的关系，重心很难移出，倾倒是十分困难的；采用人工切开一条缝将前二排和后二排人为切开，然后用上述方法机械处理后，分两次爆破倒地，取得了很好的效果。广州也有这样的实例，先由机械将筒壁预拆除，有意使保留部分形成四条腿（弧形），再按框架结构定向倾倒进行设计。

3.4 烟囱、水塔爆破拆除

烟囱、水塔等高耸构筑物人工拆除，要将全封闭脚手架搭设到顶，拆除速度缓慢，只有在周边确实没有倒向场地的情况下才采用。一般来说，只要有倒向场地，采用爆破拆除是最佳的方案。然而，爆破拆除烟囱等高耸结构物时，准确定向是至关重要的，其次才是触地震动和碎石的飞溅。为确保烟囱定向准确，首先应确保倒塌中心线两侧的烟囱结构要对称，其次应确保开切口的形状和方式要对称，再次应确保形成爆破切口的对称和均匀性，最后要确保支撑部位或受拉筋要对称。为降低触地震动，可以采用铺垫砂包或土堆的方式来吸收冲击能量，达到减小震动的目的。防止碎石飞溅的措施有：在坚硬的地板上铺垫砂包软层，或使倒塌中心避开淤泥和饱和土地基，以免造成软泥受冲击飞溅伤人。国内最早拆除 120m 高烟囱的单位是广东茂名炼油厂，2001 年广西合山发电厂 120m 烟囱倾倒范围只有 ±8°，上海水工机械厂 35m 砖烟囱倒塌范围只有 ±1°，爆破都取得成功。

4 拆除爆破安全技术

在城市中进行拆除爆破，安全技术总是放在首位的。我国和国外拆除爆破的区别在于人口的密集程度不同，因此难度也大不相同。城市拆除爆破首先应该控制的就是爆破产生的负面效应，例如飞石、震动、粉尘等。

4.1 飞石危害的消除

虽然上海的拆除爆破中至今飞石伤人的恶性事故还没有发生过，但是飞石的防护却时刻在引起人们的重视。一种观点是降低炸药单耗，让钢筋混凝土立柱、大梁仅仅是破碎松动而没有飞石，即所谓“松而不飞”，这种说法理论上是可行的。炸松就是解除了一个节点的刚性，但根据多年实践，仅仅炸松往往是不够的，要想利用降低单耗来控制飞石，可能会造成炸而不倒的事故，对工程很不利。如果没有足够的药量将立柱的混凝土从钢筋笼子里抛出，立柱完全有可能在轻微变形后重新站住，因此不能单纯依靠降低单耗来控制飞石，而必须利用加强防护来控制飞石。公安机关要求我们最好连玻璃也不要打碎一块，因此上海对拆除爆破的飞石防护是极为重视的。一般都采用近体与远体相结合的双重防护。近体防护就是对被爆物体贴近防护，一般用草包、竹笆、麻袋、铁丝网等包裹严实；远体防护是在要保护的物体前搭设防护脚手架，再用帆布、绿网、竹笆等封挡。这种远、近体双重防护系统目前在上海的爆破拆除工程中使用比较广泛，其对飞石的控制效果是十分明显的，如上海长征医院病房大楼、上海东安路地铁车站多栋居民楼的爆破拆除，周边都是要保护的居民楼和重要建、构筑物，由于采用了这种防护形式，做到了基本无飞石，周边玻璃窗没有一块损坏。

4.2 爆破震动

爆破震动，或者确切地说触地震动，是城市拆除爆破的关键，因为在闹市中心，往往保护建筑多、古老建筑多、精密仪器多，震动一大将会造成被保护建筑的损坏。令人欣慰的是，目前拆除爆破在减震方面已取得了卓有成效的进展，如 16 层的长征医院病房楼，67m 高，面积 $13200m^2$，质量达 1.8 万吨，虽然用炸药 73kg，但分布在 1464 个孔内，起爆又分成 2 个区、7 个段别、4 个高程，在设计上爆破震动的衰减已经得到充分考虑，但整座大楼倒地时的触地震动还是非常可观的，边上 12m 就有 1920 年建造的砖木结构三层楼，直接的触地震动很可能会将该 3 栋居民楼震裂、震歪，甚至可能震塌，因此对这座大楼的爆破拆除必须充分考虑减震的问题。除了在技术设计上采用了空中解体、分片塌落等措施以减小一次触地冲量外，我们在大楼前垫 2m 高渣土，并在周围挖掘深 1. 5m、宽 1m 的隔震沟，使整座大楼倒塌时的触地冲量得到多重衰减，实测居民房中部的瞬间垂直振速为 2. 76cm/s，使这些砖木结构得到了良好的保护。

4. 3 准确定向

高耸构筑物如烟囱、水塔的定向问题也是一个非常关键的问题。因为爆破拆除烟囱等高耸结构，定向倾倒是最佳的方法，但有时往往由于环境的限制，只能利用一条通道或两楼之间的空地倒塌，这就对定向提出很高要求。在烟囱、水塔爆破拆除中得出的经验表明，除了开口形式、开口高度和保留部分要设计准确之外，整个烟囱的对称性是极其重要的环节，特别是对于钢筋混凝土烟囱。对砖烟囱，一般爆破定位偏差可以控制在 1°以下，如水工机械厂，烟囱就倒在设计确定位置，几乎没有偏差，但对于钢筋混凝土烟囱的处理就应当格外小心。2000 年爆破拆除上钢二厂一座 40m 高的混凝土烟囱时，虽然设计时慎重考虑了混凝土烟囱的对称性，也注意到了距地 8m 以上（距切口上沿 2m 以上）倾倒方向有一废烟道口已用钢板螺栓封闭，但还是忽略了这一烟道口可能产生的影响，爆破结果是该烟囱在初始阶段定向准确，但在倾倒过程中产生了 3°偏转。事后分析，原因就出在废烟道口上，当倾倒一定角度后，上部筒体受力，此时由于封闭用的钢板与烟囱壁混凝土强度不同，封口周围混凝土首先剪碎，而造成局部失稳，引起烟囱整体偏转。因此，准确定向问题应从技术上和各位同行共同引以为戒。

4. 4 粉尘影响

爆破粉尘也是拆除爆破的一个严重弊端。在当前城市生态环境不断改进、环保意识不断增强的前提下，一炮过后，遮天蔽日的烟尘给城市环境带来很大的影响，给行人、交通带来不便，给市容、道路带来危害。虽然我们早在 20 世纪 80 年代末、90 年代初已尝试用水袋、喷洒、爆前浇水等手段降尘，但都没有取得明显的降尘、防尘效果。国内广东宏大爆破公司和贵州新联爆破公司在这方面做了不少工作，他们的共同特点是采取主动降尘措施，即在爆前清洗楼层和地面、墙体浸湿、楼板储水、爆破部位包水袋、室内吊挂爆破水桶、四周喷淋等，使拆除爆破时的粉尘危害大为减少，粉尘基本消失。这一问题的解决，有助于拆除爆破在城市建设中进一步推广应用。

5 城市拆除爆破的展望

从 20 世纪 70～80 年代引入控制爆破技术开展城市拆除爆破以来，该项技术已经有了长足的发展，应该说已经是一项很成熟的爆破技术了。拆除爆破速度快、安全、变高空作业为地面机械作业，解决了高大建筑物拆除的难题。目前在上海，再保守的人都知道爆破拆除的优越性，而对于人工拆除的风险性也已是有目共睹的了。上海每年爆破拆除几十万乃至上百万平方米的建、构筑物，还从没发生过一起因爆破拆除造成人身伤亡的事故，这也说明了拆除爆破的确是一种行之有效、快速安全的实用技术。当然，就像再好的工艺也有缺陷一样，当前拆除爆破技术也还有许多不确定的因素，还有很多值得改进的地方，比如建筑物拆除爆破的后坐问题，同样的楼房、同样的结构、同样的布孔装药，往往会造成不同距离的后坐，这固然是因为结构自身的差异而造成的，但也说明我们还没有真正掌握控制后坐的技术。今后，只有在实践中研究摸清了后坐形成的原理，才能应用相应的技术和方法解决后坐问题，也只有解决了这个问题，我们才有可能在城市这样复杂的环境中，对被保护物体的安全距离建立起真正的信心。同样，我们对于拆除爆破产生的震动也还有好多没有认识清楚的因素，例如现有计算爆破震动和触地震动的公式是否合理？参数怎样选取？减震措施到底能降低多少震动？目前这些都还未能得到满意的解答。更有一些拆除爆破工程，附近影响不大，而 1km 以外倒产生了明显的震感，是震动频率的关系还是地下水系的影响，也还有待我们去探讨研究。因此，目前对震动的防护只能是几种减震措施的综合。在没有明确原因的情况下，只有加大安全系数，因此具有一定的盲目性，不利于拆除爆破技术在城市中的全面展开。当然还有上面提到的粉尘控制，没有较好的防尘降尘措施，今后在上海这样的环境中进行爆破作业，一定会受到更大的限制，也许会被驱逐出环线以外，这对拆除爆破无疑是一个灾难。因此必须尽快想出解决办法，我们都在着手这方面的研究。在目前这种情况下，拆除爆破将还会有一定的市场，但是随着时代的前进，被拆除的结构越来越复杂，拆除空间越来越受限制，环境要求、防震要求越来越高，如果不开展深入的理论研究和实测分析，不解决诸如飞石、后坐等问题，不减小震动和粉尘的影响，这项技术肯定会越来越受到限制。好在我们已经或正在开展这些方面的研究，各地也有许多宝贵的经验可供借鉴，相信城市拆除爆破这一新兴技术必然会得到进一步的完善和发展，为城市的建设和改造发挥更大的作用。

参考文献

[1] 冯叔瑜，吕毅，杨杰昌，等．城市控制爆破［M］．北京：中国铁道出版社，1985.

[2] 杨人光，史家堉．建筑物拆除爆破［M］．北京：中国建筑工业出版社，1985.

[3] 汪浩，徐建勇．上海长征医院 16 层病房大楼爆破拆除［J］．工程爆破，1999，5（4）：30-35.

[4] 郑炳旭，魏晓林．广州旧体育馆拆除时的结构安全性监控［J］．工程爆破，2002，8（3）：71-73.

尘粒起动机理的初步研究

李战军[1]　郑炳旭[2]

（1. 北京科技大学 土木与环境工程学院，北京，100083；
2. 广东宏大爆破股份有限公司，广东 广州，510623）

摘　要：分析了尘粒起动过程，研究了尘粒粒径对爆破扬尘的影响，提出了爆破降尘措施。

关键词：尘粒；尘粒运动；拆除爆破

Mechanism of the Movement of Dust Particles

Li Zhanjun[1]　Zheng Bingxu[2]

（1. Civil and Environment Engineering School，USTB，Beijing，100083；
2. Guangdong Hongda Blasting Co.，Ltd.，Guangdong Guangzhou，510623）

Abstract：The paper analyzes the movement of dust particles ，studies the effect of dust particle size on dust dispersion and puts forward the measures of dust control.

Keywords：dust particles；movement of dust particles；demolition blasting

1　前言

爆破所致扬尘是城市拆除爆破工程的危害之一。随着社会的进步和人民生活水平的提高，人们日益关注爆破粉尘对环境的污染问题。为此，对粉尘起动机理进行了一点探索，以期对爆破扬尘控制有所参考。

2　尘粒的起动

2.1　湍流中尘粒受力分析

建筑物在爆破作用下失稳倒塌所产生的风力种强弱受塌落体总量、建筑物高度和塌落场环境等多因素制约，但其强度足以将塌落场地附近的灰尘激起，这是大家有目共睹的。据广东省宏大爆破工程公司测量数据：2001 年 5 月该公司在拆除广州旧体育馆时，建筑物倒塌所产生的最大风速为 7. 65m/s，此数据远大于尘粒起动风速 3~6m/s[1]。

根据布伦特（Brunt D）的估算[2]；当风速超过 1m/s 时，空气的流动必然为湍流。据此，建筑物倒塌所引起的扬尘可看作湍流对尘粒的搬动。

在湍流作用情况下，气流作用于单颗尘粒上的力主要有：迎面阻力或拖曳力、上升力、冲击力和尘粒的重力。

2. 1. 1　迎面阻力或拖曳力（F_D）

该力由两部分组成：第一部分为气流和尘粒表面摩擦而产生的摩擦力 F_{D1}。由于只有一部分尘粒

原载于《爆破》，2003，20（4）：17-19，23。

表面直接和气流相接触，摩擦力 F_{D1} 并不通过尘粒重心，方向也不与气流方向相同，如图 1 所示。第二部分为作用于尘粒上的风压力，即由于尘粒顶部的流线发生分离，在尘粒背风面产生涡流，因而在其前后产生了压力差所造成的压差阻力，又称形状阻力 F_{D2}，如果尘粒接近球体则形状阻力将通过尘粒重心。

迎面阻力的一般表达式为：

$$F_D = \frac{\pi}{8}\rho u_r^2 d^2 C_D \tag{1}$$

式中，ρ 为空气密度，g/cm^3；u_r 为气流与尘粒的相对速度，cm/s；d 为尘粒粒径，cm；C_D 为阻力系数，决定于雷诺数及颗粒形状。

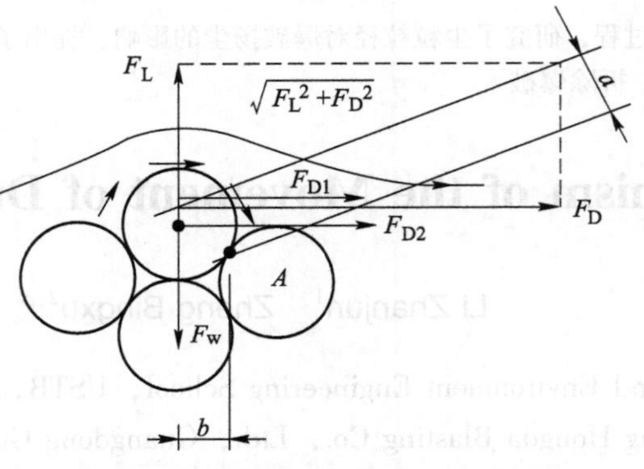

图 1　作用于床面松散颗粒上的拖曳力及上升力

2.1.2　上升力（F_1）

该力源于尘粒的旋转和气流速度的切变，表达式为：

$$F_L = \frac{\pi u_r \times \Omega d^2 \rho}{8} \tag{2}$$

式中，Ω 为尘粒旋转速度，r/s；u_r 为气流与尘粒的相对速度，cm/s；d 为尘粒的粒径，cm；ρ 为空气密度，g/cm^3。

2.1.3　冲击力（F_m）

此力由尘粒碰撞引起。

根据动量定理可知，在某一时间间隔内，质点的动量变化等于该时间内作用力的冲量，即：

$$S = mu_2 - mu_1 = \int_0^t F_m \mathrm{d}t \tag{3}$$

考虑到研究范围内冲击力为不变力，采用平均理论，则有

$$\Delta S = F_m \Delta t = mu_2 - mu_1 \tag{4}$$

或

$$F_m = \Delta S / \Delta t = \frac{mu_2 - mu_1}{\Delta t} \tag{5}$$

式中，S 为冲量；t 为力作用的时间；m 为颗粒质量；u_2、u_1 为碰撞前后颗粒速度。

2.2　使尘粒起跳的主作用力

根据上述公式，运用高速摄影资料，计算 7 颗砂粒的有关数值[3]，计算结果见表 1。

表 1　沙粒碰撞起跳时，冲击力 F_m，迎面阻力 F_D 上升力 F_L 及它们与重力 F_W 的比值

项目	Ⅰ	Ⅱ	Ⅲ	Ⅳ	Ⅴ	Ⅵ	Ⅶ	平均
F_m	2.12×10^3	1.81×10^3	1.30×10^3	1.44×10^3	1.72×10^3	1.6×10^3	1.6×10^3	1.66×10^3
F_D	4.89×10^0	5.26×10^0	3.94×10^0	5.12×10^0	4.89×10^0	4.89×10^0	4.89×10^0	4.84×10^0
F_L	4.37×10^{-1}	5.66×10^{-1}	4.88×10^{-1}	5.58×10^{-1}	4.37×10^{-1}	5.48×10^{-1}	5.44×10^{-1}	5.11×10^{-1}

续表 1

项目	Ⅰ	Ⅱ	Ⅲ	Ⅳ	Ⅴ	Ⅵ	Ⅶ	平均
F_m/F_W	3.14×10^2	2.68×10^2	1.92×10^2	2.12×10^2	2.54×10^2	2.37×10^2	2.37×10^2	2.45×10^2
F_D/F_W	7.30×10^{-1}	7.81×10^{-1}	5.83×10^{-1}	7.58×10^{-1}	7.3×10^{-1}	7.23×10^{-1}	7.3×10^{-1}	7.19×10^{-1}
F_L/F_W	6.44×10^{-2}	8.36×10^{-2}	7.22×10^{-2}	8.26×10^{-2}	6.44×10^{-2}	8.11×10^{-2}	8.04×10^{-2}	7.55×10^{-2}

由表 1 可以看出，砂粒冲击力量级为 10^3，超过重力（$F_W=mg$）的几十倍至几百倍；其次为迎面阻力（拖曳力），可大于或等于砂粒的重量；上升力仅为砂粒重量的几十分之一至几百分之一。

由此可以肯定尘粒碰撞所产生的冲击力在尘粒起跳中起主导作用。

2.3 尘粒的起动过程

通过高速摄影，能清楚地看到，在风力作用下，尘粒脱离地表进入气流的微观运动过程。在风力作用下，当平均风速约等于某一临界值时，个别突出的尘粒受湍流流速和压力脉动的影响开始振动或前后摆动，但并不离开原来位置；当风速增大超过临界值之后，振动也随之加强，迎面阻力和上升力相应增大并足以克服重力的作用。较大的旋转力矩（见图 2）促使一些最不稳定的尘粒首先沿着床面滚动或滑动。由于尘粒几何形状和所处空间位置的多样性以及受力状况的多变性，在滚动过程中，一部分尘粒当碰到地表凸起尘粒或被其他运动尘粒冲击时，会获得巨大的冲量。获得巨大冲量的尘粒会迅速改变自己的运动方式，由水平运动急剧地转变为垂直运动，骤然向上起跳进入气流开始运动。尘粒在气流作用下，由静止状态到起跳的过程见图 2[2]。

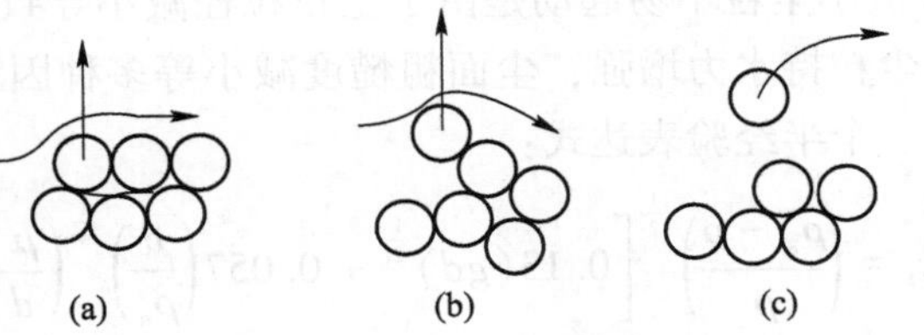

图 2 尘粒的起动过程

（a）滚动砂粒受撞击；（b）滚动砂粒变为向上的垂直运动；（c）滚动砂粒进入气流运动

3 尘粒粒径对起动风速的影响

在近地层，风受地面摩擦阻力的影响而降低。一般而言，因摩擦力随高度增加而减少，风速随高度而增大。

由普朗特混合长度理论可导出如下速度对数分布律[4]：

$$u = 5.75u_* \times \lg\frac{z}{z_0} \tag{6}$$

式中，u 为高度 z 处的风速；u_* 为摩阻速度；z_0 为光滑床面与空气的黏滞性有关的参数。

由式（6）看出，风速与高度的对数值成正比。

拜格诺（Bagnold）认为[3,5]，流体起动时，作用在流体中粒子上的迎面阻力和重力应平衡。据此可导出尘粒开始移动的临界速度与粒径的关系式：

$$u_{*t} = A\sqrt{\frac{\rho_s-\rho}{\rho}gd} \tag{7}$$

式中，u_{*t} 为临界摩阻速度；ρ_s 为尘粒密度；d 为尘粒粒径；g 为重力加速度；A 为经验系数。

用式（7）取代式（6）中的 u_* 可导出任何高程 z 上流体起动速度：

$$u_t = 5.75A\sqrt{\frac{\rho_s-\rho}{\rho}gd}\lg\frac{z}{z_0} \tag{8}$$

根据实验，对粒径大于 0.25mm 的尘粒，A 接近于一个常数。

在式（7）和式（8）中，若设系数 A 是一个常数，则起动风速和尘粒粒径的平方根成正比。我国新疆的观测资料[2]（见表 2）可证实这一结论。

表 2 扬尘风速与尘粒粒径之间关系

尘粒粒径/mm	0.1~0.25	0.25~0.5	0.5~1.0	>1.0
扬尘风速/$m\cdot s^{-1}$	4.0	5.6	6.7	7.1

但这种平方根关系具有一定的适用范围，拜格诺（Bagnold）在实验中发现粒径小于 0.08mm 的石英砂粒随着粒径的减小起动风速反而增大[5]。2003 年 6 月广东省宏大爆破工程公司在海南省铁炉港工地进行了一项实验。实验时在两块相邻的平台上分别撒上 500 号水泥（粒径约为 50μm）和粒径为 4.00mm 的小砾石。然后用将高压风机产生的气流通过一扁平气嘴吹向这两平台，当风速达到某一值时两平台上均有浮尘扬起。然后继续加大风速，当风速将 4.00mm 的小砾石移动时，撒布水泥的平台上的水泥几乎没有移动，这说明 500 号水泥粒的起动风速大于 4.00mm 的小砾石的起动风速。

有关较细尘粒的起动风速反而增大的原因有多种解释。用空气动力学的观点解释：尘粒变小，床面变"光滑"，靠近床面尘粒附近的流动条件发生了重要变化，个别尘粒不再放射小漩涡，紧贴着尘粒四周有一层半黏性的。非紊动的流层，这一流层起隐蔽作用，空气的阻力不再为少数几颗更为暴露的尘粒所承担而是或多或少的均匀分布在全部桌面上，因而相对的说来要有较大的拖曳力才能使第一颗尘粒发生运动。

按物理化学的观点[2]：极小尘粒不易起动是由于尘粒粒径减小导致尘粒间内聚力增加，颗粒之间微弱化学键的内聚力增大，尘粒持水力增强，尘面粗糙度减小等多种因素造成的。1976 年弗莱彻通过量纲分析和一系列实验得出一个半经验表达式：

$$u_{*t}=\left(\frac{\rho_s-\rho}{\rho}\right)^{\frac{1}{2}}\left[0.13(gd)^{\frac{1}{2}}+0.057\left(\frac{c}{\rho_s}\right)^{\frac{1}{4}}\left(\frac{\mu}{d}\right)^{\frac{1}{2}}\right] \tag{9}$$

式中，c 为粒间内聚力；ρ_s 为砂粒密度；ρ 为空气密度；μ 为动力学黏度；g 为重力加速度；u_{*t} 为临界摩阻速度。

该式量化了粒间的内聚力和临界摩擦速度之间的关系。

但尘粒减小至某一限度，起动风速反而增大的原因有待进一步研究。

4 结论

（1）冲击力是尘粒起跳的主作用力，为减少扬尘应尽量避免外冲击力激起"第一颗"尘粒。为达到这一目的，在爆破工作中，应严格遵守微分原理：均衡原理，尽量避免爆破富余能量对尘源的冲击。此外，在安全、经济的情况下，应尽量延缓建筑物坍塌速度，以减缓建筑物坍塌诱导风的威力，从源头上控制扬尘。

（2）采用经济可行的办法增大尘粒，增强尘粒的抗风能力，避免尘粒扬起。

近几年，笔者和广东省宏大工程公司的有关人员在爆破扬尘控制方面进行了一些探索，取得了一些成绩。在城市拆除爆破方面，广东省宏大爆破工程公司采用多段微差爆破和铺设缓冲带的办法，减小建筑物对地面的冲击，降低建筑物倒塌所产生诱导风的强度，减小了扬尘。2001 年 5 月，在拆除广州旧体育馆时，广东省宏大爆破工程公司采用预湿地面，预湿坍落体等措施，利用尘粒在湿润情况下，其黏滞性增加，粒间团聚能力增强的特点，将小尘粒积聚成大尘团。从而使扬尘起动风速增大，基本控制了扬尘，降尘效果明显[1]。上述措施及其产生的效果，也证实了上述关于尘粒起动机理分析的正确性。

爆破扬尘控制是广大爆破工作者在前进过程中遇到的新问题。在这方面，有许多问题有待去探索研究。但愿此文能起到些抛砖引玉作用。

参 考 文 献

[1] 郑炳旭．城市爆破拆除的粉尘预测和降尘措施［J］．中国工程科学，2002（8）：69-73.
[2] 张洪江．土壤侵蚀原理［M］．北京：中国林业出版社，2000.
[3] 吴正．风沙地貌与治沙工程学［M］．北京：科学出版社，2002.
[4] 陈东．风沙运动规律的初上研究［J］．泥沙研究，1999（12）：84-89.
[5] Bagnold R A. The Physics of Blown Sand and Desert Dunes［M］．New York：William Morrow & Company，1941.

可靠性理论在建筑爆破拆除抑尘分析中的应用

李战军[1,3] 汪旭光[2] 郑炳旭[3] 孟海利[1,2]

(1. 北京科技大学 土木与环境工程学院，北京，100083；
2. 北京矿冶研究总院，北京，100044；
3. 广东宏大爆破股份有限公司，广东 广州，510623)

摘　要：在对广州市旧体育馆爆破拆除的抑尘系统进行可靠性评价时，应用了可靠性理论。本文简介了该工程抑尘系统的构成，概述了该系统故障树的构建。通过计算，得出了基本事件的重要度次序。同时，分析了理论结果与实际结果不同的原因。文章认为，运用可靠性理论有助于决策者全面了解抑尘系统的情况和找出主要矛盾，减少系统失效的可能性。

关键词：可靠性；可靠性理论；故障树；爆破拆除；粉尘控制

Application of Reliability Theory in Evaluation of a Dust-control System Used in Blasting Demolition of Buildings

Li Zhanjun[1,3] Wang Xuguang[2] Zheng Bingxu[3] Meng Haili[1,2]

(1. School of Civil and Environment Engineering, Beijing University of Science and Technology, Beijing, 100083; 2. Beijing General Research Institute of Mining and Metallurgy, Beijing, 100044; 3. Guangdong Hongda Blasting Co., Ltd., Guangdong Guangzhou, 510623)

Abstract: Reliability theory was used to evaluate the reliability of a dust-control system applied in the blasting demolition of old Guangzhou Gymnasium Building. In this paper, the composition of this system was briefly introduced and the establishment of fault tree was outlined. Through the calculation. a sequence of basic events according to their importance degree was gained. At the same time, the causes for the difference between theoretical and practical results were analyzed. It was considered that application of reliability theory is helpful for a policymaker to know the condition of a system completely and find out the key factors of an object system, decreasing the possibility of system failure.

Keywords: reliability; reliability theory; fault tree; blasting demolition; dust control

1 引言

可靠性是指部件、元件、产品或系统在规定的环境下、规定的时间内、规定的条件下无故障地完成其规定功能的概率[1]。可靠性工程的诞生最早可追溯至20世纪40年代的二战时期，当时主要用于军事目的，后来，逐步进入其他领域。20世纪80年代，可靠性理论和工程在深度和广度方面都获得了巨大发展，如今，它的应用已遍及电子、机械、化工、自动化及航空、航天领域，并已取得了巨大的社会效益和经济效益。

2001年5月广东省宏大爆破工程公司在爆破拆除广州旧体育馆的粉尘治理中运用了可靠性理论。本文介绍了该工程中粉尘控制的原设计及按国标[2,3]要求简化的分析过程，并对可靠性理论的运用作出了评价。

原载于《工程爆破》，2004，10（2）：5-7。

2　工程概况及可靠性框图

广州旧体育馆爆破拆除时主要用水作抑尘剂降尘，降尘措施由四部分组成：直升飞机空中投水弹；爆破前用水预湿墙体；屋顶和爆破部位压水袋；在被爆建筑周围搭排栅，其上装有喷嘴的水管，爆破时用消防车压水通过喷嘴形成水幕。

通过功能分析，该工程以水为主线形成的抑尘系统可靠性框图见图 1。

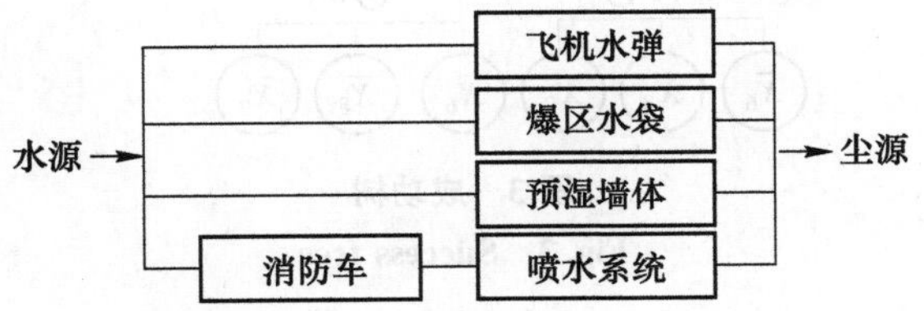

图 1　抑尘系统可靠性框图

Fig. 1　Reliability block diagram of the dust-control system

3　故障树及成功树的构造

根据该系统特点，将“抑尘系统无水”作为顶事件，并作如下假设：（1）水源供水不间断；（2）系统工作不受外部影响。

根据有关理论[4] 和图 1，构造该系统的故障树如图 2 所示。

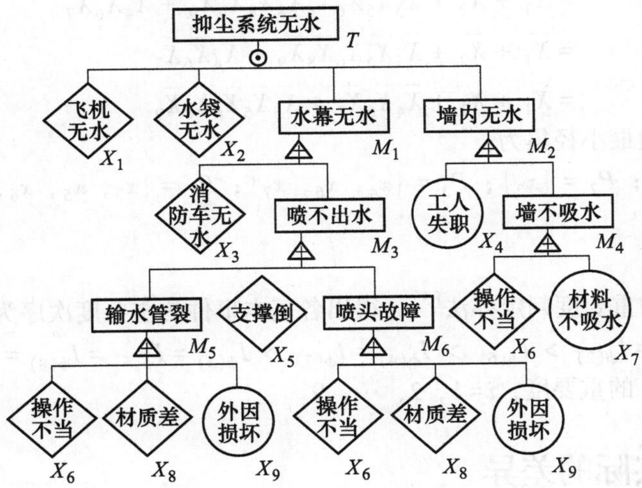

图 2　抑尘系统故障树

Fig. 2　Fault tree of the dust-control system

为简化问题，将故障树中的未探明事件均作为基本事件对待。这样，该故障树可视为规范化故障树。用“加乘法”判别最小割（径）集数目法，判得该故障树的最小割集可达 24 个，且该故障树或门多，与门少，故可断定此故障树割集多，径集少。为减少计算工作量，从成功树着手解决此问题。据图 2 构造该故障树的对偶树如图 3 所示。

由此成功树可以算出该问题的最小径集为 4。

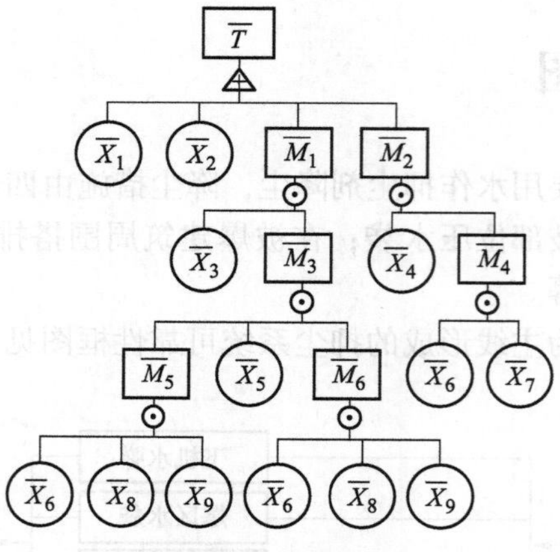

图 3　成功树

Fig. 3　Success tree

4　结构函数及结构重要度

4.1　结构函数

$$
\begin{aligned}
\overline{T} &= \overline{X}_1 + \overline{X}_2 + \overline{M}_1 + \overline{M}_2 \\
&= \overline{X}_1 + \overline{X}_2 + \overline{X}_3\overline{M}_3 + \overline{X}_4\overline{M}_4 \\
&= \overline{X}_1 + \overline{X}_2 + \overline{X}_3\overline{M}_5\overline{X}_5\overline{M}_6 + \overline{X}_4\overline{X}_6\overline{X}_7 \\
&= \overline{X}_1 + \overline{X}_2 + \overline{X}_3\overline{X}_6\overline{X}_8\overline{X}_9\overline{X}_5\overline{X}_6\overline{X}_8\overline{X}_9 + \overline{X}_4\overline{X}_6\overline{X}_7 \\
&= \overline{X}_1 + \overline{X}_2 + \overline{X}_3\overline{X}_5\overline{X}_6\overline{X}_6\overline{X}_8\overline{X}_8\overline{X}_9\overline{X}_9 + \overline{X}_4\overline{X}_6\overline{X}_7 \\
&= \overline{X}_1 + \overline{X}_2 + \overline{X}_3\overline{X}_5\overline{X}_6\overline{X}_8\overline{X}_9 + \overline{X}_4\overline{X}_6\overline{X}_7 \\
&= \overline{X}_1 + \overline{X}_2 + \overline{X}_4\overline{X}_6\overline{X}_7 + \overline{X}_3\overline{X}_5\overline{X}_6\overline{X}_8\overline{X}_9
\end{aligned}
$$

故该抑尘系统的四组最小径集为：

$$P_1 = \{x_1\};\ P_2 = \{x_2\};\ P_3 = \{x_4,\ x_6,\ x_7\};\ P_4 = \{x_3,\ x_5,\ x_6,\ x_8,\ x_9\}$$

4.2　结构重要度

根据最小径集和结构重要度判定办法[5]，得出各基本事件的重要度次序为：

$$I_{\phi(1)} = I_{\phi(2)} > I_{\phi(6)} > I_{\phi(4)} = I_{\phi(7)} > I_{\phi(3)} = I_{\phi(5)} = I_{\phi(8)} = I_{\phi(9)}$$

式中，$I_{\phi(i)}$ 为基本事件 x_i 的重要度，$i = 1,\ 2,\ \cdots,\ 9$。

5　结果分析及与实际的差异

5.1　结果分析

（1）由图 1 看出，该抑尘系统主要采用并联连接，系统的可靠度高于各单元的可靠度，系统的失效概率低于各单元的失效概率[4]。

（2）由图 2 看出，“抑尘系统无水”通过与门与下层连接，说明该系统出现无水的可能性较小。

（3）由计算可知，导致该系统无水的可能组合有 24 种，实现抑尘系统有水的渠道有 4 条。这 4 条渠道分别为：通过直升机空中投水；通过工人不失职和正确操作、材料吸水；通过消防车有水、支撑不倒塌、正确操作、保证材质和避免损坏。

（4）就各基本事件的重要性而言，直升机投水与水袋有水并列为第一重要事件；正确操作属第二重要事件；工人不失职和让墙体材料吸水并列为第三重要事件；消防车供水、支撑不倒、保证材质和避免损坏列为同等第四重要事件。

5.2 实际情况及差异原因

根据分析结果，广东省宏大爆破工程公司采用了如下措施：增加水袋装水量；保证直升机准确投水弹，增大水弹容积；保证工人操作到位；增加消防车数量以保证消防车供水等，从而大大提高了广州旧体育馆拆除爆破时抑尘系统的可靠性，而抑尘系统可靠性的提高产生了良好抑尘效果，爆破拆除时砖砌体的产尘量降低了75%[6]。

但理论分析结果和实际有一定的差距，这些差异主要表现在以下两方面：

（1）在结构重要度分析中，直升机供水和水袋有水被并列为首要事件。实际上由于运水量有限，直升机供水不可能成为抑尘系统的主力。出现这一结果的原因是：1）在分析问题之初，我们进行的假设“系统供水不间断”；2）我们对问题进行了简化，将原中间事件“飞机无水”和“水袋无水”作为基本事件处理；3）从故障树结构看，距离顶事件越近的层次其重要性越大。

（2）在5.1节中有让“材料吸水”这一结论，这显然与实际差距较大。得出这一结论的原因在于：故障树分析的理论基础是建立在系统单调关联和基本事件只有非此即彼的两种状态的假定上，也就是说假定材料只有“吸水”和“不吸水”两种状态。

6 结语

（1）运用可靠性理论，特别是通过构造故障树，可以全面了解系统的组成，全面掌握系统失效原因。在广州旧体育馆的拆除爆破抑尘系统设计中，原来准备采用以并联为主的抑尘系统，经可靠性分析对比后，决策者决定采用以串联为主的抑尘系统，此举大大减少了抑尘系统失效的可能性。

（2）运用故障树可以对系统进行定性或定量评价，进行重要度分析，这有助于决策者抓主要矛盾。广州旧体育馆爆破拆除抑尘系统由50余个基本事件组成，运用故障树分析方法，进行重要度分析，得出了各基本事件的重要性次序。根据计算结果，决策者从50余个基本事件中选出正确操作、水袋有水等9个事件作为工作重点，既保证了抑尘效果，又做到了事半功倍。

（3）在应用可靠性理论时，应充分了解理论的立论基础和其局限性，并结合实际正确运用分析结果，不可一味照搬。

（4）用故障树方法分析受众多因素影响的大系统时应慎之又慎，以免遗漏信息，得出错误结论。

参 考 文 献

[1] 郭永基．可靠性工程原理［M］．北京：清华大学出版社，2002.

[2] GB 3187—1985 可靠性、维修性术语［S］．北京：中国国家标准局，1985.

[3] GB 4888 故障树名词术语和符号［S］．北京：中国国家标准局，1985.

[4] 高社生，张玲霞．可靠性理论与工程应用［M］．北京：国防工业出版社，2002：166-176.

[5] 郭波，吴小悦，张秀斌，等．系统可靠性分析［M］．长沙：国防科技大学出版社，2002：79-92.

[6] 郑炳旭，魏晓林．城市爆破拆除的粉尘预测和降尘措施［J］．中国工程科学，2002，4（8）：69-73.

水预湿降低爆破粉尘机理初探

李战军[1,3]　田会礼[1,2]　孟海利[1]　施建俊[1]

（1. 北京科技大学 土木与环境工程学院，北京，100083；
2. 河北建筑科技学院，河北 邯郸，056038；
3. 广东宏大爆破股份有限公司，广东 广州，510623）

摘　要：研究了水预湿被爆破体降尘法降尘机理，提出了预湿法降尘的改进措施。

关键词：降尘；爆破；预湿降尘

Discussion on Blasting Dust Reduction Mechanism with Pre-wetting

Li Zhanjun[1,3]　Tian Huili[1,2]　Meng Haili[1]　Shi Jianjun[1]

（1. School of Civil and Environment Engineering，Beijing University of Sciene and Technology，Beijing，100083；2. Hebei University of Engineering，Hebei Handan，056038；3. Guangdong Hongda Blasting Co.，Ltd.，Guangdong Guangzhou，510623）

Abstract：The paper studies the mechanism of dust reduction by water pre-wetting of the structure to be blasted，and puts forward the improvement measures for dust reducing by pre-wetting.

Keywords：dust reducing；blasting；dust reduction by pre-wetting

随着社会的进步和城市建设的发展，我国城市旧建筑拆除量逐年增加。爆破拆除在城市发展中的作用越来越大，但爆破拆除产尘量大，严重影响人们生活，爆破产尘治理问题日益受到人们关注。为解决这一问题，近年来多采用水预湿爆破体降尘的办法，收到了一些成效。但由于对水预湿降尘的机理缺乏认识，使该法难于进一步完善提高，也难免出现投入大、收效不理想现象。为此，本文就水预湿被爆破体降尘的机理进行一些探讨。

1　爆破扬尘的粒度分布及尘粒运动特性

1.1　爆破扬尘的尘粒粒径分布

实践和研究都证明，在开放的空间，钻孔爆破破碎介质时，在爆破作用下，爆区除产生大量气体外，还产生大量粉尘。这些粉尘分散度高，可长时间悬浮于空气中，随风流迁移。但在爆破现场，爆破尘气迅速进入空气中，迅速向四周扩散，定量测出其粉尘分布情况十分困难。在实验室中，爆后75s，爆破现场尘粒粒径分布情况见表1[1]。

表1　爆后75s爆区尘粒粒径分布

项　目	粒径/μm			
	>10	10~5	5~2	<2
分散度/%	0	4	11.7	84.2

原载于《煤炭科学技术》，2004，32（6）：68-70。

由表 1 可以看出，爆后 75s，爆破颗粒物中尘粒粒径小于 5μm 的颗粒数约占总颗粒数的 96%。

1.2 单颗尘粒在气流中的运动情况

尘粒在气体中的运动一般由 2 部分组成：一是随气流一起运动；二是在重力作用下向地面沉降。图 1 为 2 种气流流动形态及其尘粒的运动情况[2]。图 1（a）表示尘粒沿平板层流的运动状态，粒径 d_p>10μm 的粒径几乎成直线地落在平板上；粒径 d_p = 5～10μm 的细尘粒则不呈直线而是呈抛物线落在平板上；粒径小于 0.5μm 的尘粒在层流中漂移。图 1（b）表示在湍流情况下，粒径 d_p>10μm 的粒径根据其时均速度和脉动速度呈直线或抛物线的落在平板上；粒径小于 10μm 的尘粒则要继续地随湍流气流移动。

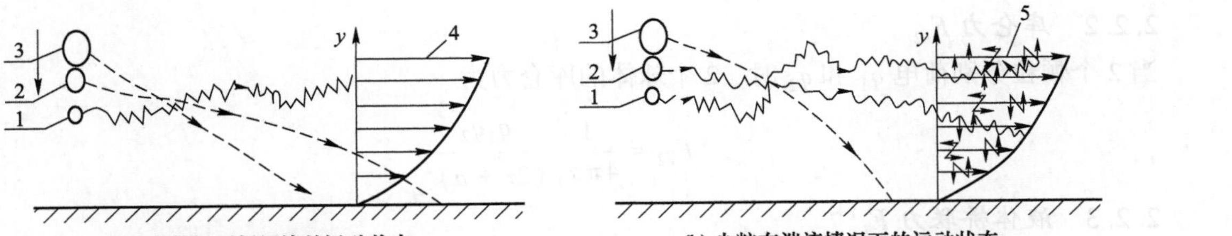

(a) 尘粒沿平板层流的运动状态　(b) 尘粒在湍流情况下的运动状态

图 1　尘粒在气体中的运动状态

1—亚微尘粒（d_p<0.5μm）；2—细尘粒（d_p = 5～10μm）；3—粗尘粒（d_p>10μm）；
4—层流流动的速度分布；5—紊流流动的速度分布

进一步的研究表明，尘粒在紊流中的沉降与流体的黏性无关，与粒径有密切关系，对粒径小于 50μm 的尘粒，其沉降速度随粒径的减小而急剧降低。对于粒径小于 10μm 的尘粒，仅靠重力使尘粒与周围气流分离是十分困难的，它们的运动受周围气流的控制，不得不“随波逐流”。如粒径 1μm 的石英尘粒从 1.5m 的高处降落到地面大约需 6h。对于粒径 1～50μm 的尘粒，其沉降速度与其粒径有如下关系[3]：

$$v_f = \frac{\rho_s g}{18\mu} d^2 \tag{1}$$

式中，v_f 为尘粒沉降速度；d 为粒径；ρ_s 为尘粒密度；g 为重力加速度；μ 为空气动力学黏度。

由式（1）可知，任何 2 个小尘粒的凝（并）聚，将使其沉降速度提高 3 倍。

由 1.1 节可知，爆后 75s 的爆尘粒径 d_p<10μm，也就是说爆尘运动主要受周围气流控制，其自身很难依靠其重力从空气中分离，为使其从气流中分离或加速其沉降，设法使小尘粒凝聚是可行的。

2　尘流中尘粒间的作用力

尘流中尘粒间的接触和碰撞是不可避免的，因此，研究尘流不能忽视尘粒间的相互作用。粉体力学研究证明，尘粒间有以下几种作用力。

2.1　尘粒间的分子作用力——范德华力

范德华力由原子核周围的电子云涨落引起，是一种短程力，但其作用范围大于化学键力，根据伦敦—范德华微观理论，在两颗球体颗粒之间，范德华力 F_M 表达式为

$$F_M = -\frac{AR_1R_2}{6h^2(R_1 + R_2)} \tag{2}$$

式中，h 为两颗粒间距；R_1、R_2 为颗粒半径；A 为哈马克（Hamaker）常数。哈马克常数是物质的一种特征常数，各种物质的哈马克常数不同，在真空中，A 的波动范围介于（0.4～4.0）×10^{-19}J。

2.2 静电力 F_e[5]

2.2.1 电位差引起的静电力 F_{e1}

2 种导体颗粒相接近，由于彼此的功函不同而导致电子转移，平衡后产生接触电位差（U），其大小随物质种类、杂质、表面吸附等不同情况而变化，半径为 r 的导电球形颗粒相互接近时因电位差而相互吸引，其作用力 F_{e1} 为

$$F_{e1} = \varepsilon_0 \pi \frac{U^2 r}{a^2} \tag{3}$$

式中，ε_0 为气体的介电常数；a 为 2 个球形离子表面间距离；r 为球形颗粒半径；U 为粒子间接触电位差。

2.2.2 库仑力 F_{e2}

当 2 个颗粒分别荷电 q_1 和 q_2 时，2 个球体的库仑力为

$$F_{e2} = \frac{1}{4\pi\varepsilon_0} \frac{q_1 q_2}{(2r + a)^2} \tag{4}$$

2.2.3 液体桥联力 F_L[4]

液桥力主要由液桥曲面产生的毛细压力及表面张力引起的附着力组成，其表达式为

$$F_L = 2\pi R\sigma \left[\sin(\alpha + \theta)\sin\alpha + \frac{R}{2}\left(\frac{1}{r_1} - \frac{1}{r_2}\right)\sin^2\alpha \right] \tag{5}$$

式中，σ 为气液界面张力。

其余符号意义如图 2 所示。

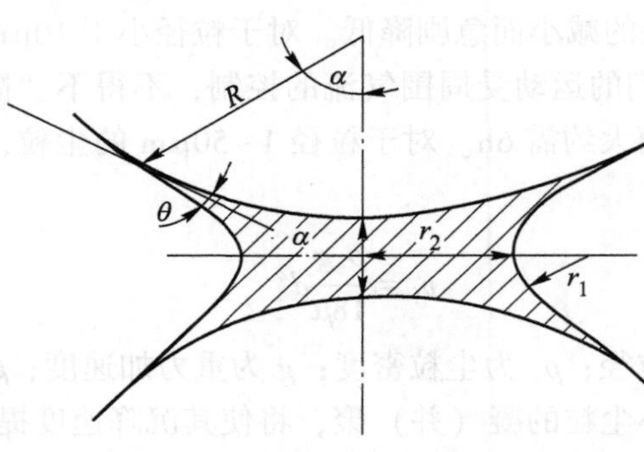

图 2 颗粒间的液桥

尘粒间的上述 3 种力都有促进尘粒相互吸引、吸附并凝聚成大颗粒的作用，且它们的大小都随尘粒半径的增大呈线性增大关系。因此，一旦尘粒间的凝聚开始，可以想象在一定条件下这种凝聚趋势是逐步增强的。

3 水预湿降尘机理

研究表明[5]，在干燥尘粒流和湿润尘粒流中起主导作用的颗粒间作用力是不同的。在干燥情况下，尘粒间不存在液桥力，起主导作用的是范德华力。在湿润情况下，液桥力起主导作用，并且液桥力比静电力和范德华力要大得多。表 2 是在一定的假设情况下，对尘粒间 4 种粒径尘粒液桥力、范德华力、静电力与其自身质量的量级分析结果。从表 2 中看出，液桥力均比静电力、范德华力大 10^4 倍以上。液桥力的产生，将促进尘粒间的凝聚，使小尘粒积聚成大尘粒，加速尘粒的沉降，从而起到降尘作用。同时由于液桥力较大，通过液桥力被黏结起来的粉尘的起动风力增强，与干燥尘粒相比，不易被扬起，这就是水预湿降尘的原因所在。

表 2　尘粒间液桥力、范德华力、静电力与其自身质量的量级比较[6]

尘粒粒径/μm	静电力/N	范德华力/N	液桥力/N	自身质量/N
0.1	6×10^{-15}	4×10^{-12}	1.7×10^{-8}	5×10^{-35}
1	6×10^{-13}	4×10^{-11}	1.7×10^{-7}	5×10^{-15}
10	6×10^{-11}	4×10^{-10}	1.7×10^{-6}	5×10^{-12}
100	6×10^{-9}	4×10^{-9}	1.7×10^{-5}	5×10^{-9}

2001 年 5 月 18 日，广东宏大爆破工程公司在拆除广州旧体育馆时，利用爆前提前预湿砖砌体的办法，使砖砌体爆破产尘量比没做处理降低了 75%[7]。2002 年 2 月 28 日，贵州新联爆破工程公司在拆除贵阳市闹市区一楼房时，用预湿墙体的办法抑尘与不做防尘处理的拆除爆破相比，爆后粉尘减小 80%以上[8]。2003 年 9 月 9 日，北京某公司在拆除中华全国总工会旧办公大楼时，由于工期紧，任务大，拆除时未进行预湿处理，结果 15min 后浓烟渐渐散开，长安街的车道线被厚厚的尘土遮盖[9]。这正反两方面的例子证明了水预湿降尘中液桥力的主导作用。

4　结论和建议

（1）由于液桥力的作用，在对物体进行破碎时，尤其是爆破破碎时，采用水预湿法降尘是可行的有效的。在一定范围内，被爆破体含水率越高，降尘效果越好。但并不是被爆体含水率越高，降尘效果越好。图 3 为煤的含水率与其被爆后降尘率的关系[10]。

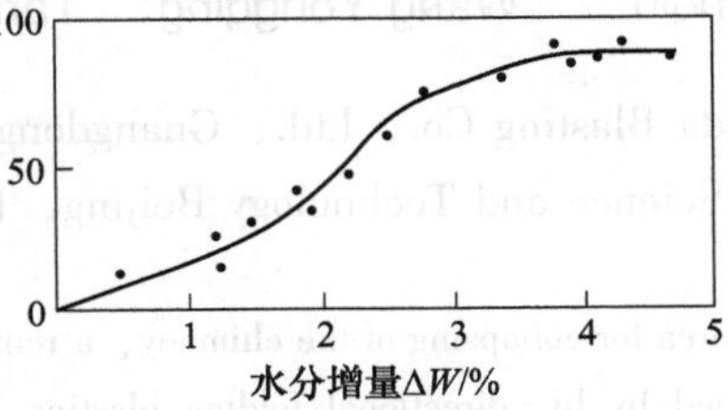

图 3　降尘率随水分增量变化

由图 3 可知，当煤体水分达到 4%以上时，降尘率不再提高。因此，应该找出被爆体含水率与降尘效果间的最佳点，以避免投入大　收效微。

（2）水预湿法降尘，主要是通过液桥力的作用降低爆尘，若能增大液桥力，就能提高降尘效果。由式（5）可以看出，在其他条件不变的情况下，液桥力与气液界面的张力成正比。若能在水中加入添加剂提高其张力，这种水溶液的降尘效果势必更显著。但水溶液表面张力的提高，势必降低尘粒表面的润湿性。尘粒表面润湿性的降低对降尘有负面作用。因此，在添加剂的选择及其溶液浓度的确定方面，应综合考虑，以免顾此失彼。

参 考 文 献

[1] 张兴凯．爆破烟尘行为理论及测试 [D]．北京：北京科技大学，1995.

[2] [日] 小川明．气体颗粒的分离 [M]．周世辉，译．北京：化学工业出版社，1991.

[3] 吴正．风沙地貌与治沙工程学 [M]．北京：科学出版社，2002.

[4] 卢寿慈．粉体加工技术 [M]．北京：中国轻工业出版社，1999.

[5] 曾凡，胡永平，杨毅，等　矿物加工颗粒学 [M]．徐州：中国矿业大学出版社，2001.

[6] 金龙哲．粘结式除尘技术与应用 [D]．北京：中国矿业大学北京校区，1997.

[7] 郑炳旭，魏晓林．城市爆破拆除的粉尘预测及降尘措施 [J]．中国工程科学，2002 (8)：69-73.

[8] 池恩安，温远富，罗德丕，等．拆除爆破水幕帘除尘技术研究 [J]．工程爆破，2002 (3)：25-28.

[9] 陶澜．不到 10 秒工会大楼爆破拆除 [N]．北京青年报，2003-09-09.

[10] 吴中立．矿井通风与安全 [M]．徐州：中国矿业大学出版社，1989.

150m 高钢筋混凝土烟囱双向折叠爆破拆除

郑炳旭[1]　傅建秋[1,2]　王永庆[1]　唐　涛[1]　钟伟平[1]

（1. 广东宏大爆破股份有限公司，广东 广州，510623；
2. 北京科技大学，北京，100083）

摘　要：在倒塌场地狭小的条件下，采用双向折叠定向爆破的方法成功地拆除了 150m 高的钢筋混凝土烟囱。文中讨论了上、下爆破切口形状、位置和参数的选择，根据以往对两个 120m 烟囱倾倒过程图像资料的分析，确定了上、下爆破切口起爆时差。通过设置缓冲层和竹排栅，减小了烟囱触地震动，并控制了飞石和飞溅物。由于所选择的上、下爆破切口起爆时差过长，上段烟囱下坐时间为 4. 39s。

关键词：烟囱；双向折叠；定向爆破；拆除爆破；安全措施

Demolition of a Reinforced Concrete Chimney with a Height of 150m by Bidirectional Folding Blasting

Zheng Bingxu[1]　Fu Jianqiu[1,2]　Wang Yongqing[1]　Tang Tao[1]　Zhong Weiping[1]

（1. Guangdong Hongda Blasting Co., Ltd., Guangdong Guangzhou, 510623;
2. University of Science and Technology Beijing, Beijing, 100083）

Abstract: In the condition of narrow area for collapsing of the chimney, a reinforced concrete chimney with a height of 150 meters was successfully demolished by bi－directional folding blasting. In this paper, selection of the shape, position and parameters of upper and down blasting cuts was discussed. Based on analyzing previous image materials about collapsing process of two chimneys with a height of 120 meters, the delayed timing of the down cut relative to the upper cut was determined. By the set-up of buffering dams and bamboo barriers, touch down vibration of the chimney was reduced, and the flying rocks and spattering substances were under control. Due to overlong delayed timing of the down cut, the down sitting of the upper chimney section was for 4. 39 seconds.

Keywords: chimney; bidirectional folding; directional blasting; demolition blasting; safety precautions

1　工程概况

浙江温州镇海电厂 150m 高的烟囱为整体现浇钢筋混凝土筒体结构，底部外直径 11. 66m，壁厚 400mm；顶部外径 6. 54m，壁厚 150mm，混凝土标号 300 号，混凝土体积 1053. 47m^3，粒状炉渣隔热层 112m^3，耐火砖内衬 454. 4m^3，整体质量 3400t。

烟囱底部正北方向有一个宽×高＝1. 8m×2. 5m 的出灰口，正东和正西+5. 0m 以上各有一个宽×高＝3. 42m×7. 5m 的烟道口（本设计取东西烟道口的方向为正东、正西方向）。

烟囱四周环境是：北离 1 号、2 号机主厂房 9. 2m；东离振电路 120m，离变压器 130m；南离金海路 68m；西离中电路 60m。周围环境如图 1 所示。振电路东侧电缆沟和金海路上的电缆沟处于运行状态。

本工程的特点是：（1）迄今为止亚洲地区爆破拆除的最高烟囱；（2）环境复杂，四周均为生产厂房及电厂电缆沟，可供倒塌的范围狭小，没有整体倾倒的条件；（3）烟囱壁薄，根部壁厚仅 40cm。

原载于《工程爆破》，2004，10（3）：34-36，78。

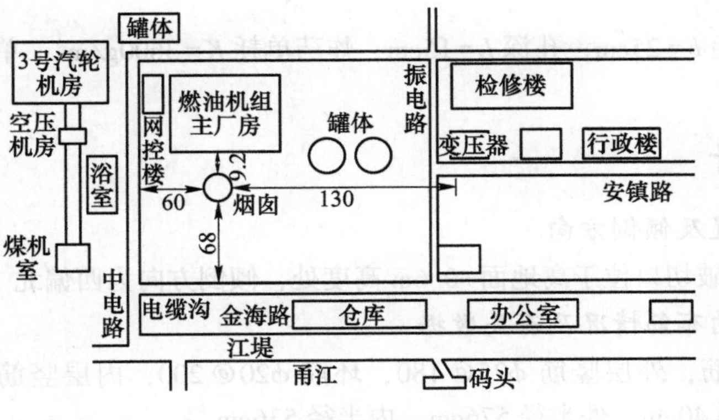

图 1 烟囱的周围环境（单位：m）

Fig. 1 Surroundings of the chimney（unit：m）

2 总体爆破方案选择

由于没有可使烟囱整体倾倒的条件，只有采用双向折叠爆破方案：在+30.0m 高度处烟囱的东侧开设一个切口；在西侧接近地面处开设另一个切口，实现双向折叠倒塌。+30.0m 以上的烟囱向东倾倒，+30.0m 以下烟囱向西倾倒，倒塌在变压器以西、金海路以北的范围内。

3 双向折叠方案爆破设计

3.1 上爆破切口设计

3.1.1 上切口位置及倾倒方向

上段 120m 烟囱的爆破切口位于+30.0m 高度处，倾倒方向为东偏南 12°（东西烟道轴线为正东、正西方向）。

3.1.2 上段烟囱的布筋情况及有关数据

上段烟囱为筒体外侧单层布筋，竖筋 $\phi20@165$，环筋 $\phi18@200$。+30.0m 高度处烟囱的壁厚 30cm，外半径 508cm，内半径 478cm。切口以上部分烟囱的钢筋混凝土体积 597.36m^3，耐火砖体积 320.6m^3，总质量 1978.7t。

3.1.3 切口的形状和尺寸

上切口为正梯形，其底角 30°；切口高度 2.0m；切口对应圆心角 $\alpha=210°$，梯形下底长 18.6m，上底长 10.0m。

3.1.4 预处理及定向窗的开设

在切口左右两侧各开一个定向窗，在切口中央开设一个中间窗。定向窗为直角三角形，宽 2.5m、高 1.5m，中间窗宽 3.0m、高 2.5m。上切口的尺寸、形状及定向窗、中间窗如图 2 所示。

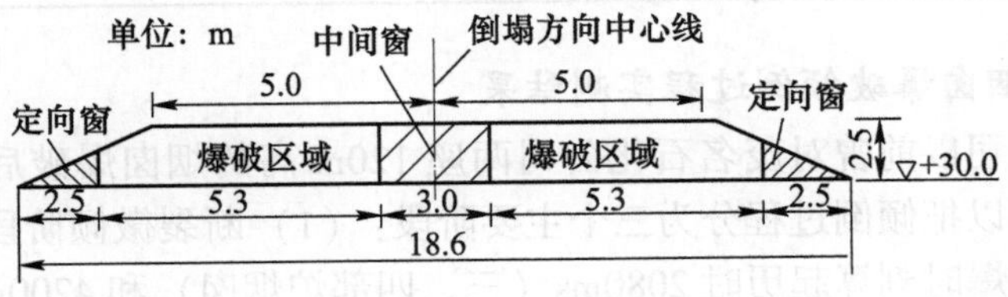

图 2 上切口的形状尺寸（单位：m）

Fig. 2 Configuration of upper-cut（unit：m）

3.1.5 爆破参数

孔距 $a=25\text{cm}$，排距 $b=25\text{cm}$，孔深 $L=15\text{cm}$，炸药单耗 $K=3600\text{g/m}^3$，单孔药量 $q=67\text{g}$，炮孔 352 个，炸药 23.6kg。

3.2 下爆破切口设计

3.2.1 下切口位置及倾倒方向

下段 30m 烟囱的爆破切口位于离地面+0.6m 高度处，倾倒方向为西偏北 12°。

3.2.2 下段烟囱的布筋情况及有关数据

下段烟囱为双层布筋，外层竖筋 $\phi25@180$，环筋 $\phi20@200$，内层竖筋 $\phi25@180$，环筋 $\phi20@200$。+0.6m 处烟囱壁厚 40cm，外半径 576cm，内半径 536cm。

3.2.3 切口的形状和尺寸

下切口为正梯形，其底角 45°；切口高度 4.8m；切口对应圆心角 $\alpha=240°$，梯形下底长 24.0m，上底长 14.4m。

3.2.4 预处理及定向窗的开设

在切口左右两侧各开一个定向窗，在切口中央开设一个矩形中间窗。定向窗为直角三角形，底宽 2m、高 2m；中间窗宽 3.44m、高 4.4m。下切口的尺寸、形状及定向窗、中间窗如图 3 所示。

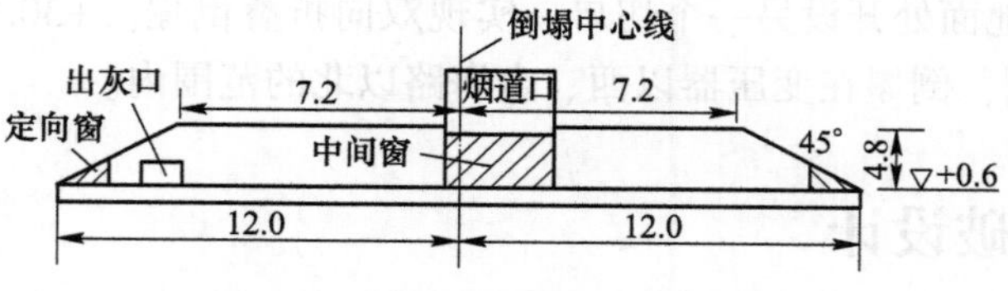

图 3 下切口形状尺寸（单位：m）

Fig. 3 Configuration of down-cut（unit：m）

3.2.5 爆破参数

孔距 $a=30\text{cm}$，排距 $b=30\text{cm}$，孔深 $L=25\text{cm}$，炸药单耗 $K=2700\text{g/m}^3$，单孔药量 $q=100\text{g}$，炮孔 738 个，药量 73.8kg。

3.3 上下切口之间起爆时差的选择

3.3.1 烟囱倒塌过程数值模拟结果

假设近地面处不开切口，+30.0m 以上 120m 这段烟囱倾倒过程数值模拟得出的不同时刻烟囱倾倒角度见表 1。

表 1 烟囱倾倒角度

时刻/s	1	2	3	4	5
倾倒角度/(°)	0.114	0.573	1.318	2.580	4.414
时刻/s	6	7	8	9	
倾倒角度/(°)	7.165	11.121	16.850	23.960	

3.3.2 以往 120m 烟囱爆破倾倒过程实测结果

广东宏大爆破工程公司以前曾对茂名石化公司两座 120m 高的烟囱爆破后的倾倒过程进行了摄像观测，根据图像分析，可以把倾倒过程分为三个主要阶段：（1）断裂微倾阶段：从切口形成到预留支撑部位断裂面贯通，自起爆时刻算起历时 2080ms（三、四部炉烟囱）和 4200ms（沸腾炉烟囱）。此阶段无肉眼可见的倾倒趋势。（2）初始倾倒阶段：从预留支撑部位断裂面贯通到切口闭合，历时 2170ms（三、四部炉）和 2100ms（沸腾炉）。此阶段可见筒体倾倒，速度由小到大。（3）加速倾倒阶段：从切口闭合到筒体触地，历时 6630ms（三、四部炉）和 6600ms（沸腾炉）。

两座烟囱倾倒的前 2 个阶段，即为断裂微倾阶段和初始倾倒阶段，共历时 4250ms（三、四部炉）和 6300ms（沸腾炉）。

3.3.3 本次 150m 烟囱折叠爆破上下切口时差选择

上下切口时差的选择从两个方面考虑：一是上切口支撑部位已断裂；二是上段烟囱已倾倒一定的角度。根据烟囱倾倒过程数值模拟结果，并参照以往两座 120m 烟囱倾倒过程实测结果，选择上下切口之间的时差为 7.0s。

当下切口起爆时，上切口以上 120m 这段烟囱已倾倒 11.12°，烟囱顶部已平移 23.1m。此时烟囱倒向大局已定，可完全保证上部 120m 这段烟囱的倒塌方向。

3.4 爆破网路设计

本工程考虑到杂电及射频电干扰因素，决定采用先进和安全性最优的非电导爆管雷管起爆系统。起爆方法是：电火花激发枪→导爆管→+30m 切口瞬发雷管→±0.0m 延时雷管。起爆网路全部采用四通连接。

4 安全防护措施

4.1 上爆破切口施工的安全措施

自±0.00m 至+30.0m 高度，沿烟囱四周搭设脚手架，在+30.0m 高度处铺设作业平台，其宽度不小于 3.0m，四周设有 2m 高的护栏，并用安全防护网围住。人员通过螺旋楼梯或之字形楼梯上下+30.0m 平台。

为防止支坐过早破坏，对+30.0m 以下的一段烟囱外壁用宽 1.2m、厚 3mm 的钢板加固。

4.2 防止个别飞石的安全措施

采用三层防护体：第一层为密竹排栅，第二层为双层竹笆，第三层为尼龙安全网。

4.3 防止烟囱倒地时泥土及碎块侧向飞溅的措施

烟囱筒体倒地时，对地面的冲击作用很大，松软地面的泥土易溅起，飞溅距离较大，且抛距较大。烟囱上半部分着地时破碎较充分，筒体内的压缩空气可能将混凝土碎块抛出。因此，在烟囱倾倒中心线方向左右 9°范围内，从距烟囱根部 50m 开始，每隔 8~10m 铺设一道用沙包、稻草垒成的缓冲带，并且在缓冲带两端设 4.6m 高的排栅，这样可以使筒体落地时不直接与地面接触，而是经过了沙包缓冲，从而大大减小泥土和碎块侧向飞溅距离。

4.4 对重要设施的保护措施

为了防止烟囱倒塌时飞溅的石块损坏变压器、3 号物资仓库、船队办公楼等重要设施，通过在这些设施外搭设密竹排栅，外挂竹笆，进行遮挡；在 2 条电缆沟上覆盖 2cm 厚的钢板，再在钢板上铺设 4 层砂包。

4.5 防护飞溅物前冲的措施

为了阻挡烟囱倒地时其头部碎块或地面飞溅物的前冲，在烟囱顶部落点前方搭设一道长 40m、高 8m 的密竹排栅。

5 爆破效果

烟囱按设计方向倾倒，上段倾倒方向向北偏离 1.5°，上段根部下坐向南外移 8.5m。爆堆长度范围：-10~+94.3m，分为 4 段：（1）残留下段筒体整体变形、破裂段，其范围为-10~+5m；（2）上段筒体下坐破碎段，其范围为+5～+28.5m；（3）上段筒体大块破坏段，其范围为+28.5～+88.5m，该段筒体压扁，横向破裂成4～5块，钢筋外露，大块砸入地下0.5～1.3m；（4）筒体顶部碎裂区段，其范围为+88.5～+94.5m，顶部碎裂成小块，内衬飞出。

飞石分两类，一类是筒壁压扁时由高压气抛出的混凝土块和内衬砖，抛角较小，12°以内，由高4.6m的竹排栅阻挡，未被阻挡住的这类飞石，沿地抛射40～50m；另一类是烟囱触地飞溅物，其抛角较大，25°～40°，但经沙袋墙、稻草层和沙垫层缓冲，飞溅物的抛速降低，在排栅内溅起泥土最高达9m，抛距在20m内。因此，在排栅外没有飞石。

6 结语

（1）在倒塌场地狭窄、倒塌长度范围不足的条件下，成功地实施了150m烟囱的爆破拆除，烟囱安全落地，爆堆成线状分布在-10～+94.3m范围内，倒塌中心线与设计仅偏差1.5°。在我国乃至亚洲，创造了爆破拆除烟囱高度的新纪录，同时在国内率先实现百米以上烟囱双向折叠爆破，创造了国内高烟囱折叠定向爆破的新技术。

（2）地震监测表明，150m高烟囱爆破拆除触地震动控制得当，振速较小，距爆点80m的网控楼，质点峰值振速小于1.03cm/s，达到了爆破拆除烟囱的同时电厂不中断运行的目的，减震技术达到国内先进水平。

（3）摄像观测和地震监测证明，沙袋墙和稻草层缓冲有效地降低了触地加速度，降低幅度达54%；同时减弱了烟囱倾倒触地时的冲击，控制了飞石和飞溅。因此，构筑沙袋墙和稻草层是高烟囱爆破拆除时有效的安全措施，可以在类似工程中推广。

（4）鉴于爆前对支撑部大偏心受压破坏机理认识不足，所选择的下切口起爆延时过长，造成起爆后烟囱上段压塌下坐。经摄像观测，烟囱上段下坐时间为4.39s。

（5）对多个烟囱的综合观测，初步揭示了高烟囱支座破坏的规律，可确保高烟囱定向准确，综合观测技术达到了国际领先水平。

参 考 文 献

[1] 付建秋，高金石，唐涛．120m钢筋混凝土烟囱背部断裂及倾倒过程的观测分析［C］//工程爆破文集（第六辑）［M］．深圳：海天出版社，1997.

[2] 郑炳旭，高金石，卢史林．120m钢筋混凝土烟囱定向倒塌爆破拆除［C］//工程爆破文集（第六辑）［M］．深圳：海天出版社，1997.

[3] 潘常洪，鹿智勇．鞍钢第二发电厂120m钢筋混凝土烟囱爆破拆除［J］．工程爆破，2002，8（2）：20-22.

钢筋混凝土框架厂房的定向爆破拆除

傅建秋[1,2] 林再坚[2] 邢光武[2] 罗伟涛[2]

（1. 北京科技大学 土木与环境工程学院，北京，100083；
2. 广东宏大爆破股份有限公司，广东 广州，510623）

摘 要：介绍了钢筋混凝土框架厂房的定向爆破拆除方法。通过合理的预处理、准确的装药量和爆破时差，保证了建筑物的定向爆破安全。

关键词：拆除爆破；定向倒塌；预处理

Directional Demolition of a Frame-structured Reinforced Concrete Workshop

Fu Jianqiu[1,2] Lin Zaijian[2] Xing Guangwu[2] Luo Weitao[2]

（1. School of Civil and Environment Engineering，Beijing University of Science and Technology，Beijing，100083；2. Guangdong Hongda Blasting Co.，Ltd.，Guangdong Guangzhou，510623）

Abstract：The technique of directional demolition blasting for a frame-structured reinforced concrete workshop is introduced. The reasonable pretreatment，accurate explosive quantity and half second delay interval of blasting ensure the safety of structure in directional blasting.

Keywords：demolition；directional collapse；pretreatment

1 工程概况

山东电力管道工程公司热电分厂（新汶电厂）的主厂房外形尺寸为76.9m×104.7m，自南至北共4跨。锅炉间高24.90m，汽机房高16.05m。周围环境比较复杂，东侧35m为磅秤房，西侧46m为办公楼，南侧为已爆破拆除的烟囱，西南侧28m为办公楼，北侧20m为主控楼和变电站。爆破周围环境如图1所示。

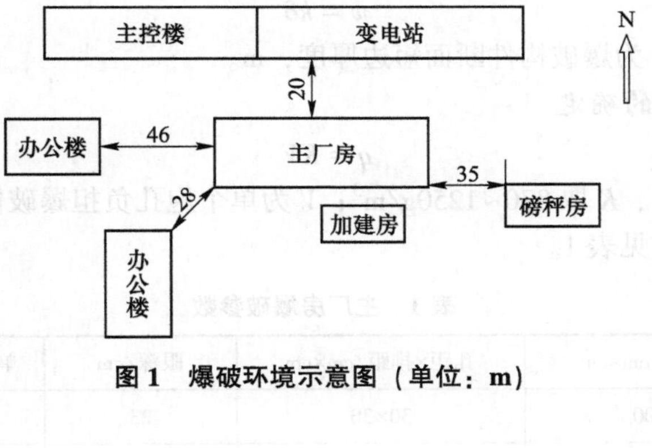

图1 爆破环境示意图（单位：m）

原载于《爆破》，2005，22（2）：67-69。

2 爆破设计

2.1 爆破总体方案

考虑到主厂房的结构特征，周边倒塌环境，为了达到较好的爆破效果方便爆后钢筋混凝土的破碎，选择向南方向（烟囱一侧）倒塌。为了保证主厂房倾倒方向准确，需采取如下措施：

（1）将加建厂房及主厂房与加建厂房之间的斜撑输煤廊道的预拆除；

（2）汽机房内整体现浇钢筋混凝土汽机座用浅眼控制爆破法拆除；

（3）锅炉房内的锅炉基座用浅眼控制爆破法拆除；

（4）主厂房部分楼梯预拆除。

进行以上预拆除之后，主厂房内留下5排立柱，自南向北的立柱编号为A、B、C、D、E排，爆破此5排立柱，即可使主厂房顺利倒塌。

2.2 爆破技术设计

2.2.1 炸高的确定

主厂房主要承重构件是立柱，一旦承重结构破坏一定高度，厂房即会整体失稳并在重力作用下倒塌或定向倾倒。主厂房长轴方向达104m，跨度多，而短轴方向仅4跨，为了顺利倒塌，要保证足够大炸高，利用时差来达到厂房定向倒塌，使结构散体，降低爆堆高度。B轴炸高11.5m，A、C、D、E轴炸高均为6.5m，如图2所示。

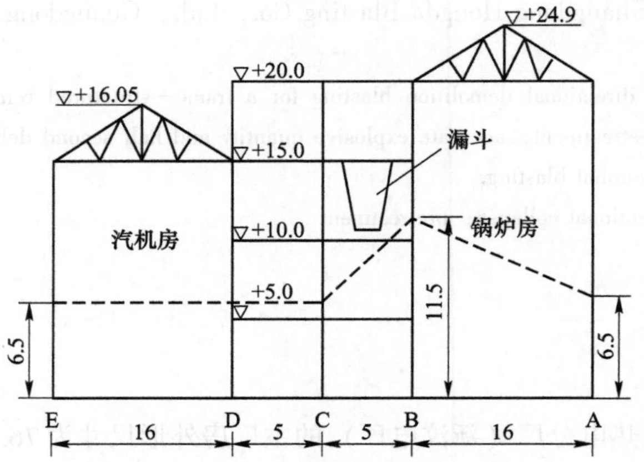

图2 厂房爆破切口（单位：m）

2.2.2 最小抵抗线 w

$$w = k\delta$$

式中，k为系数，取1/2；δ为爆破构件断面短边厚度，m。

2.2.3 单孔装药量 q 的确定

$$q = KV$$

式中，K为炸药单耗，g/m^3，K取870~1250g/m^3；V为单个炮孔负担爆破体积，m^3。

厂房立柱的爆破参数，见表1。

表1 主厂房爆破参数

名 称	断面尺寸/cm×cm	孔距×排距/cm×cm	眼深/cm	单孔装药量/g	布眼位置
K_E轴	40×100	30×30	23	75	长边布眼
K_D轴	50×80	40×20	30	100	长边布眼

续表 1

名 称	断面尺寸/cm×cm	孔距×排距/cm×cm	眼深/cm	单孔装药量/g	布眼位置
K_C 轴	50×100	40×30	30	100	长边布眼
K_B 轴	50×80	40×20	30	100	长边布眼
K_A 轴	50×70	33×20	25	50	长边布眼

主厂房爆破时共使用导爆管雷管 2920 发，乳化炸药 259.5kg，塑料导爆管约 8000m。

3 起爆网路

采用导爆管非电起爆系统，炮孔内用半秒导爆管雷管，孔外导爆管雷管用塑料导爆管和四通连接，每条柱为一小循环，每一排柱为一中循环，排柱与排柱形成一个大循环，循环之间多点搭接，形成闭合复式交叉网路，外接导爆管至起爆站，用激击发枪起爆导爆管。

4 安全防护措施

4.1 立柱防护措施（近体防护）

在爆破立柱四周用竹笆围蔽，用铁线捆绑，以阻挡飞石，控制飞散距离。

4.2 爆区四周的隔离防护（远体防护）

距主厂房外墙 3m 搭设排栅，排栅上挂竹笆，竹笆之间的搭接长度不少于 10cm，将主厂房四周进行围蔽，排栅高度 12m，确保主厂房周围建筑物及设备设施的安全。

5 爆破安全

5.1 爆破震动

采用质点垂直振动速度来计算：

$$V = KK'(Q^{1/3}/R)^{\alpha}$$

式中，V 为垂直振动速度，cm/s；K、K'、α 为系数，K 取 150，K'取 0.25，α 取 1.5；Q 为微差爆破最大一段药量，本次爆破 Q 取 85kg；R 为爆源中心到测点距离，R 取 45m。代入上式得 $V=0.8\text{cm/s}<2\text{cm/s}$，因此爆破对最近的主控楼及其设备是安全的[1,2]。

5.2 触地震动

主厂房离周边的磅秤房、办公楼、网控楼最近，建筑物倒塌时对网控楼产生的最大冲击振动速度最危险，可用下式预测：

$$V = KK'[(Gh/4.1\times10^{5})^{1/3}/R]^{\alpha}$$

式中，V 为冲击振动速度，cm/s；K、K'、α 为系数，K 取 150，K'取 0.33，α 取 1.6；G 为主厂房切口以上重量，G 取 8000000kg；h 为重心高度，h 取 10m；R 为爆源中心到测点的距离，R 取 41m；代入上式得 $V=1.6\text{cm/s}<2\text{cm/s}$，对主控楼是安全的[1,2]。

6 爆破效果

爆破后主厂房按照预定的方向向南倒塌，最高爆堆高度 4.6m，防护措施得当，飞石飞散距离控制在 15m 以内，对四邻的建筑物没有损坏。爆破时的振动和倒塌均未对主控楼及其设备造成损害。

7 体会

（1）立柱近体防护与厂房远体防护相结合可有效地控制爆破飞石。

（2）立柱炸高较大，爆堆高度低，爆破效果好，便于钢筋混凝土的机械破碎施工，降低了机械施工危险性，加快了二次破碎进度，缩短了清运施工的时间。

（3）因天气寒冷，无法采用喷淋水降尘措施，建筑物爆破及倒塌时粉尘较大。

参考文献

[1] 刘殿中. 工程爆破实用手册［M］. 北京：冶金工业出版社，1999.
[2] 何广沂，朱忠节. 拆除爆破新技术［M］. 北京：中国铁道出版社，2001.

水泥厂异形柱转窑机架控制爆破拆除

郑宋兵　刘　畅　杨作生

（广东宏大爆破股份有限公司，广东 广州，510623）

摘　要：介绍了高 64m 的异形柱框架转窑机架定向控制爆破拆除。通过对异形柱的预处理，使其成为规则方形柱，避免了异形柱拐角处钢筋密难打孔、爆破后碎碴难以出笼的情况发生，使机架能顺利倒塌。为了控制转窑机架倒塌时的触地震动，采取了秒差延期爆破、增加缓冲层等技术措施，使控爆拆除完全达到了预期的效果。

关键词：异形柱；控制爆破；预处理；触地震动

Controlled Blasting Demolition of Special Shaped Columns Rotary Kiln of Cement Factory

Zheng Songbing　Liu Chang　Yang Zuosheng

（Guangdong Hongda Blasting Co.，Ltd.，Guangdong Guangzhou，510623）

Abstract：The frame of the rotarv kiln with special - shaped pillar of 64m was demolished by directional blasting. Pretreatment of the special-shaped pillar was taken so as to make it into regular square shape，to avoid the difficulty of drilling holes at the section of dense steel bars at the corner of the pillar，which may result that the collapsing fragments are hard to come out the frame，to achieve the frame to collapse smoothly. For controlling the touchdown vibration delay millisecond blasting together with the measures like using vibration damper was taken. The blasting demolition reached completely the expected effect.

Keywords：special shaped pillar；controlled blasting；pretreatment；touchdown vibration

1　工程概述

拟拆除的转窑机架位于广州市花都区原新华水泥一厂内，由于城市建设的需要，水泥厂需整体拆除。厂区四周有砖围墙，机架距北侧围墙 58m；距东围墙 90m，围墙外有一趟高压输电线路和一条河流；距南围墙 84m，墙外是空旷地；西侧 200m 留有一座水泥厂的办公楼和厂大门，门外是马路；西偏北 160m 处有居民房。

拟拆除转窑机架由 6 根钢筋混凝土立柱构成，立柱分别由 4 根 L 字形和 2 根 T 字形柱组成，底呈 13.60m×13.60m 方形布置，机架总高度 64m，共 9 层，第 1 层高 7m、第 2 层高 6.6m、其他层高 6~8m 不等；柱间用连接梁和层板连接起来，形成稳定的框架结构，每根立柱含有 42 根 $\phi 25$ 钢筋。立柱分布平面图如图 1 所示。

2　爆破方案与参数选择

根据被拆除机架的结构尺寸及爆区周围环境，西侧场地比较开阔，故选择西面作为倒塌方向。

原载于《工程爆破》，2005，11（3）：30-31，37。

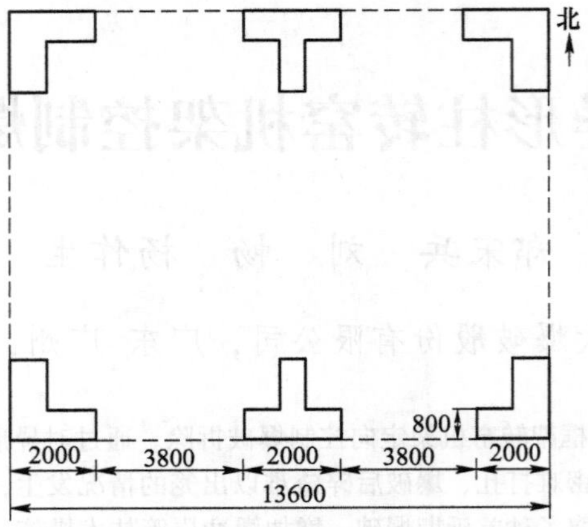

图1 立柱分布平面图（单位：mm）

Fig. 1 Plan view of column layout (unit: mm)

2.1 炸高

正确选择立柱的炸高是取得理想爆破效果的关键，由于立柱尺寸较大，按公式确定爆高，虽然会使建筑物失稳倒塌，但解体不一定充分。为解体充分、便于破碎和清运，西侧两根L形柱第1层炸高为3.0m，第2层炸高2.0m；中间两根T形柱第1层炸高2.5m，第2层炸高1.5m，东侧两根L形柱第1层炸高为0.5m，使之形成铰支。

2.2 炮孔参数与药量

最小抵抗线 $h=B/2$，B 为立柱截面边长，炮孔间距 $a=(1.2\sim1.5)h$，炮孔排距 $b=a$，深度 $L=h+\Delta h/2$，其中 Δh 为装药长度。

根据立柱的最小抵抗线、材料强度、配筋率和破坏程度来确定单位用药量，K 取 1.5kg/m^3。

根据体积原理，对正方形或矩形截面的钢筋混凝土梁、柱，单孔药量按公式计算后，再应用其他公式进行计算校核，经计算得单孔药量为300g。表1为异形柱炮孔布置及装药量。

表1 异形柱炮孔布置与装药量

Table 1 Borehole layout and charge of special shaped column

序号	立 柱	数目	第1层		第2层		炮孔数合计/个	总装药量/kg
			炸高/m	炮孔数/个	炸高/m	炮孔数/个		
1	西侧L字形	2	3.0	2×3×7=42	2.0	2×3×5=30	72	21.6
2	中间T字形	2	2.5	2×3×6=36	1.5	2×3×4=24	60	18.0
3	东侧L字形	2	0.5	2×3×2=12			12	3.6
	小计	6		90		54	144	43.2

3 爆破网路及时差

机架西侧2根L字形立柱和中间两根T字形立柱，采用半秒非电雷管同段起爆；东侧2根L形立柱间隔1s起爆。也就是西侧和中间的立柱用HS-2段；东侧的立柱用HS-4段。

非电导爆管雷管采用大把抓的形式，将20根导爆管扎成一捆，共计8捆，每捆再绑上2发同段非电雷管，最后引出16根导爆管，绑上2发电雷管，最后将电雷管串联起来，形成爆破网路。

4 施工技术及预处理

（1）对于L形和T形柱，将其先进行爆破预处理，割断钢筋，使其成为方形规则柱，这样可以避免异形柱拐角钢筋密难打眼及爆后难以充分破碎的情况发生，使楼房能顺利倒塌。

（2）对于1层、2层的内部楼梯及砖墙预先拆除并清理，使其倒塌顺利、解体充分。

（3）由于转窑机架高且跨度小，为防止在倒塌着地时飞石飞溅，对于倒塌方向已拆除的厂内楼房，只清理距离机架3m的范围，其余不予以清理，可起缓冲作用，减小机架倒塌时的触地震动。

（4）1、2层间的连接梁，对东西向柱间梁，在与柱结合处用风镐打开40cm的缺口，露出钢筋。

（5）用风镐对东侧两根柱倒塌背向凿开一条口子，露出钢筋并割断，以减小倒塌时的阻力，加快倒塌速度。

5 安全防护措施

（1）飞石防护。为防止飞石，在爆破的立柱打孔部位，先用竹笆两层围护，再用铁皮包起来用铁丝捆紧，能有效地防止飞石，使飞石控制在10m以内。

（2）爆破震动。对位于地表上的拆除爆破，爆破所引起地震动是通过被拆建筑物传入地下的，用萨道夫斯基经验公式计算位于地表之上的建筑物的爆破震动比较接近实际。故有

$$v = KK_1(Q^{1/3}/R)^{\alpha}$$

式中，v为爆破振速；K、K_1、α分别为与爆破条件、方法、爆破震动传播介质等有关系数和指数，本工程选取$K=150$、$\alpha=1.6$；Q为爆破时最大一段起爆药量，$Q=39.6\text{kg}$；R为爆心与建筑物的距离，$R=160\text{m}$；K_1为爆源位于地表之上建筑物拆除修正系数，取$K_1=0.33$。

通过计算得$v=0.10\text{cm/s}$，小于《爆破安全规程》对砖房的最小安全振速$v=2\text{cm/s}$，爆破震动是安全的。

6 爆破效果

爆破后，装药部位完全粉碎出笼，未装药的钢筋混凝土梁柱全部断裂，梁柱接口部位松动，机械处理非常容易，清碴十分方便。爆堆最大高度6m，倒塌方向上爆堆边缘距西侧立柱58m，两侧爆堆距机架南北侧柱3m，背向侧距最后一排立柱1.5m，个别飞石的距离未超出10m，周围建筑物、高压线路和人员未受任何影响。160m处居民房内震动相当轻微，说明爆破震动及触地震动都得到了有效控制，完全达到了预期的爆破效果。

7 结语

（1）通过对异形柱的处理，使爆破施工非常简便，避免了因钢筋密集拐角处打孔难、爆后碎碴难于出笼的麻烦，从而达到降低施工难度的效果。

（2）对于高大建筑物的定向爆破，在预期落地部位的地面上增加缓冲层，可以明显削减落地时冲击力，降低触地震动。

（3）由于受工期和经费的条件限制，本次爆破基本未采取防尘措施，虽然爆破尘烟在5min内全部消散，但对居民仍造成了影响。降尘问题仍有待进一步研究。

参考文献

[1] 冯叔瑜，吕毅，杨杰昌，等．城市控制爆破［M］．2版．北京：中国铁道出版社，1996.

[2] 刘殿中，杨仕春．工程爆破实用手册［M］．2版．北京：冶金工业出版社，2003.

[3] 史雅语，金骥良，顾毅成．工程爆破实践［M］．合肥：中国科学技术大学出版社，2002.

加速粉尘凝聚减少爆破拆除扬尘的理论与实践

李战军[1,2]　田运生[1]　郑炳旭[2]　汪旭光[3]

（1. 北京科技大学 土木与环境工程学院，北京，100083；
2. 广东宏大爆破股份有限公司，广东 广州，510623；
3. 北京矿业研究总院，北京，100044）

摘　要：通过对尘粒起动风速与尘粒粒径之间关系的研究，认为可以通过加速粉尘颗粒凝聚，从而生成大尘粒的办法来减少爆破拆除中的扬尘。通过对尘粒间物理凝聚力的大小及其生成条件的研究，发现在干燥情况下促使尘粒凝聚的主导作用力是范德华力；在湿润条件下促使尘粒凝聚的主导作用力是液体桥联力，并且液体桥联力比范德华力要大得多。因而认为用物理方法创造液体桥联力发挥作用的条件，生成大而牢固的尘粒，减少爆破拆除中的扬尘是合适的。通过对尘粒间化学作用力的研究，认为用化学方法增大尘粒间的凝聚力，减少爆破拆除中的扬尘是可行的和重要的。用现场实践数据支持了上述结论。

关键词：降尘；粉尘凝聚；扬尘；爆破拆除

Theory and Application of Dust Suppression in Blasting Demolition by Facilitating Dust-particle Cohesion

Li Zhanjun[1,2]　Tian Yunsheng[1]　Zheng Bingxu[2]　Wang Xuguang[3]

(1. School of Civil and Environment Engineering, Beijing University of Science and Technology, Beijing, 100083; 2. Guangdong Hongda Blasting Co., Ltd., Guangdong Guangzhou, 510623; 3. Beijing General Research Institute of Mining and Metallurgy, Beijng, 100044)

Abstract: Based on analyzing the relationship between the dust size and the starting wind velocity, the conclusion is drawn that flying dust induced by blasting demolition can be reduced by enlarging the dust particle size. Through analyzing of the physical cohesive forces and their occurring conditions among dust particles, it is found that the main acting force among dust particles is the vander Waals force under the drying condition and the liquid-bridging force under the wetting condition, and the latter is rather stronger than the former. It is believede that facilitating dust particle cohering for enlarging dust - particle size by physical methods is rational in order to reduce blasting demolition dust. Further, the feasibility and importance of dust suppression by chemicalmeasures to strengthen cohesive force among dust particles are emphasized in blasting demolition. The conclusions ahove are verified by experimental data in situ.

Keywords: dust suppression; dust cohesion; flaying dust; blasting demolition

1　前言

为减少爆破拆除时的扬尘，近年来，人们想了许多办法，收到了一些成效。但由于人们对粉尘的凝聚机理等缺乏认识，使爆破拆除的粉尘治理工作一直在方法粗放、手段单一的低水平上徘徊，也难免出现投入大、收效不理想的结果。为此，就利用粉尘凝结机理降低爆破拆除粉尘问题进行一些探讨。

原载于《爆破》，2005，22（4）：14-17。

2 尘粒粒径影响尘粒的起动风速

(1) 理论[1]：尘粒的粒径与其扬尘风速之间有一定关系，根据风沙动力学有关理论，起动风速和尘粒粒径的平方根成正比。这种比例关系在一定范围内成立，且已得到反复的证实。

(2) 实验结论[2]：我国科研工作者在新疆塔里木盆地布古里沙漠地区，用染色沙进行多次实验观测，得出了表1所示结果。

表1 沙粒粒径与起动风速的关系

Table 1 Relationship between sand sizes and their starting velocity

砂粒粒径/mm	起动风速/$m \cdot s^{-1}$
0.10~0.25	4.0
0.25~0.50	5.6
0.50~1.00	6.7
>1.0	7.1

由表1的数据可以看出，沙粒的粒径越大，所需的扬起风速越大。综合理论与实验两方面的结论，可以通过促使尘粒凝聚，增大尘粒粒径，增加其起动风速的办法，减少扬尘。

3 尘粒间的物理凝聚力

粉体力学研究证明，集聚在一起的固体颗粒间有各种各样的吸引力，在促进颗粒集聚方面最基本的是以下几种作用力。

3.1 尘粒间的分子作用力——范德华力[3,4]

(1) 范德华力：范德华力由原子核周围的电子云涨落引起，是一种短程力，但其作用范围大于化学键力。

(2) 作用范围：分子作用力是吸力，并与分子间距的7次方成反比，故作用距离极短（1nm），是典型的短程力。但是由极大量分子组成的集合体构成的体系，随着颗粒间距离的增大，其分子作用力的衰减程度则明显变缓，颗粒间的分子作用力的有限间距可达50nm，这是因为存在着多个分子的综合相互作用之故。因此在多个分子综合作用下范德华力又成为长程力。

3.2 静电作用力[5,6]

静电作用力产生条件。空气中颗粒的荷电途径有三：颗粒在其生产过程中荷电，例如在干法研磨中颗粒靠表面摩擦而带电；与荷电表面接触可使颗粒接触荷电；气态粒子的扩散作用使颗粒带电。

颗粒获得的最大电荷受限于周围介质的击穿强度，在干空气中，每平方厘米约为1.7×10^7电子，但实际观测的数值要低得多。气体中粒子间静电吸引力主要有以下两种表现形式。

(1) 接触电位差引起的静电引力及其大小。颗粒与其他物体接触时颗粒表面电荷等电量的吸引对方等电量的异号电荷，使物体表面出现剩余电荷，从而产生接触电位差。接触电位差引起的静电吸力F_e可通过下式计算：

$$F_e = 4\pi q^2/s \tag{1}$$

式中，q为实测单位电量，C；s为接触面积，cm^2。

用直径为40~60μm的玻璃球做实验，测得它黏附油漆板时：$q=1.9\times10^{-15}$C；$s=2\times10^{-10}cm^2$，静电力$F_e=1\times10^{-5}$N。

可见由接触电位引起的静电作用力是很小的。

(2) 由镜像力产生的静电引力及其大小。镜像力实际上是一种电荷感应力。其大小由式（2）

确定：

$$F_j = Q^2/l^2 \tag{2}$$

式中，F_j 为镜像力，N；Q 为颗粒电荷，C；l 为电荷中心距离，μm。

对于粒径为 10μm 的各类颗粒（如白垩、煤烟、石英、粮食及木屑等）的测量表明，颗粒在空气中的电荷在 600~1100 单位范围之内。据此可以计算得镜像力为 $(2\sim3)\times10^{-12}$N。

因此，在一般情况下，颗粒与物体间的镜像力可以忽略不计。

3.3 液体桥联力[7,8]

（1）粉体与固体或者粉体颗粒相互间的接触部分或者间隙部分存在液体时，称为液体桥。由液体桥曲面产生的毛细压力及表面张力引起的尘粒间附着力称为液体侨联力。

（2）产生条件：由于蒸汽压的不同和颗粒表面不饱和力场的作用，大气中的水会凝结或吸附在粒子表面，形成了水化膜。其厚度视粒子表面的亲水程度和空气的湿度而定。亲水性越强，湿度越大，则水膜越厚。当表面水多到粒子接触处形成透镜形状或环状的液相时，开始产生液桥力，加速颗粒的聚集。

当空气的相对湿度超过 65%时，水蒸气开始在颗粒表面及颗粒间聚集，颗粒间因形成了液桥而大大增强了黏结力。

4 尘粒间物理凝聚力的大小比较

（1）研究表明，颗粒间的上述 3 种力都有促进颗粒相互吸引，吸附并凝聚成大颗粒的作用。且它们的大小都随颗粒半径的增大呈线性增大关系。

在干燥尘粒流和湿润尘粒流中起主导作用的颗粒间作用力是不同的。在干燥情况下，尘粒间不存在液桥力，起主导作用的是范德华力。在湿润情况下，液桥力起主导作用，并且液桥力比静电力和范德华力要大得多[9]。

表 2[10] 是在一定的假设情况下，对尘粒间 4 种粒径尘粒液桥力、范德华力、静电力与其自身重量的量级分析结果。

表 2 尘粒间液桥力、范德华力、静电力与其自身重量的量级比较

Table 2 Liquid-bridging force, vander Waals force and electrostatic force among particles versus particle gravity

尘粒粒径/μm	静电力/dyn	范德华力/dyn	液桥力/dyn	重量/dyn
0.1	6×10^{-10}	4×10^{-7}	1.7×10^{-3}	5×10^{-30}
1	6×10^{-8}	4×10^{-6}	1.7×10^{-2}	5×10^{-10}
10	6×10^{-6}	4×10^{-5}	1.7×10^{-1}	5×10^{-7}
100	6×10^{-4}	4×10^{-4}	1.7×10^{0}	5×10^{-4}

注：$1\text{dyn}=10^{-5}$N。

从表 2 中可以看出，液桥力均比静电力、范德华力大 10^4 倍以上。因此，液桥力的产生，将促进尘粒间的凝聚，使小尘粒积聚成大尘粒。同时由于液桥力较大，通过液桥力黏结起来的粉尘的起动风力大大增强，与干燥尘粒相比，不易被扬起。

（2）实验研究[11]：在实验室中，对不同含水率的沙层进行起动风速风洞实验研究，试验结果（表 3）显示起动风速随沙子湿度的增加而明显增大，同时也说明，液桥力的确能在减少扬尘方面扮演重要角色。

表 3 沙子含水率对起动风速的影响

Table 3 Relationship between sand water content and its starting velocity

粒径/mm	起动风速/m·s^{-1}							
2.0~1.0	9.9	15.1	23.5					

续表 3

粒径/mm	起动风速/m·s^{-1}								
0.5~0.2		6.7	8.4	10.1	11.9	14.2	15.9	17.5	18.9
0.2~0.1		5.2	8.1	9.8	11.3	13.7	15.1	16.6	17.8
0.1~0.05		9.4	14.2						
含水率/%	0.3	0.5	1.0	1.5	2.0	3.0	4.0	5.0	6.0

5 颗粒间的化学凝聚力

（1）理论[8]：由于化学反应、烧结、熔触和再结晶而产生的固体桥联力是很强的结合力。固体桥联力也是颗粒聚集的重要因素，但通常难以计算，而是靠实验测得。

（2）实验研究：用 0.8%的成膜剂、2%的天然多糖高分子化合物、2%的吸湿剂和 0.1%的表面活性剂与水混合制成黏结式抑尘剂。此种抑尘剂喷洒到散体物料上后，在空气蒸发和化学反应共同作用下能将散体板结起来，使散体间的结合力大大增强，散体间的牢固结合力能使散体在强风作用下不被扬起。

分别在装有沙土介质的培养皿上洒上黏结式抑尘剂溶液和清水，待干燥后用医用天平称样品的质量，做沙土抗风吹试验。实验时，将培养皿放置在离心风机出风口，用数字风速仪测定风速。在培养皿中心风速达到 8m/s 时，连续吹风 10min，然后测定样品的损失量，结果见表 4。

表 4　化学作用力的实验研究

Table 4　Comparison between chemical acting force and physical acting force

抑制剂	洒黏结抑尘剂样品	洒清水样品
培养皿质量/g	73.5	72.7
吹风前沙土样品质量/g	280.0	308.3
吹风前样品质量/g	280.0	230.8
沙土损失量/g	0	67.5
沙土损失率/%	0	21.9

从表 4 中数据可以看出，黏结式抑尘剂与沙子起化学反应后形成的新物质足可以抵抗 8m/s 的强风吹，而保证物料不被扬起。而由洒水形成的物理力结合体（沙团），在同样的风力作用下被吹走了 21.9%，可见化学作用力的强大。

6 实际应用

根据上述理论，广东宏大爆破工程有限公司在爆破拆除广州市某机关 3 号楼时进行了大胆的降尘尝试。广东宏大在爆破拆除时所采用的主要降尘措施有：爆破前对建筑物的所有部分进行充分的洒水、浸水，充分发挥物理凝聚力的作用。在采用物理方法降尘的基础上，还首次采用化学方法增强降尘效果。采用的主要化学降尘方法有：往建筑上洒化学保湿剂，减少水分的蒸发，节约用水；在建筑周围和建筑上的积尘上面洒化学黏尘、板结剂固结小粉尘，增大积尘的起动风速；在建筑的倒塌场地、露面和楼房天面上砌筑水池，在水池中加入化学物品制造泡沫液，运用泡沫黏结建筑倒塌解体时产生的粉尘。这些物理和化学降尘方法的综合运用，收到了良好的效果。

2005 年 1 月 20 日 18 时该楼所装炸药被引爆，只见各楼层水池中和倒塌场地上储水池中的含有泡沫黏尘剂的水在建筑残骸的冲击下迅速起泡；楼顶水池中的含有泡沫的水在被高速摔下的时候形成片片白沫。这些泡沫迅速吸附了建筑解体时产生的少量灰尘，爆破部位产生的爆尘也被泡沫吸收，整个爆破过程清晰可见，不见烟尘滚滚。爆后 2min，整个爆破现场恢复平静，周围花草上一尘不染；距爆破现场只有 6m 的柏油马路和其路边的白色灯罩上也不见灰尘。经广东省广州市环保监测中心现场测定此次爆破产尘量为上风侧 47m 处 0.354mg/m^3；下风侧 46m 处 1.65mg/m^3（均为 30min 内平均）。

7 结语

由上述分析可以得出以下结论：

（1）尘粒聚集体的直径越大越不易被风扬起。

（2）在不对尘粒进行化学处理、干燥情况下，促使尘粒凝聚的主作用力是尘粒间的范德华力；在湿润情况下，液桥力是促使尘粒凝聚的主作用力，并且液桥力比静电力和范德华力要大得多。在爆破拆除时若能加速尘粒的凝聚，从而生成大量的大尘粒，定能达到降低扬尘目的。目前各家爆破公司在进行爆破拆除所采用的洒水降尘法就是利用尘粒间的液桥力来促使小尘颗粒凝聚成大颗粒，并利用尘粒间的液桥力远大于范德华力这一特性来减少粉尘被风流扬起的可能。实践证明，洒水降尘具有显著效果。

（3）颗粒间的化学作用力——固体桥联力在促使尘粒凝聚方面也能发挥重要的作用。除了利用尘粒间的物理作用力，加速尘粒凝聚来达到降尘目的外，也可以利用尘粒间的化学作用力（固桥力）来降低爆破拆除时的扬尘问题。相信物理和化学降尘方法的综合应用，将会改写爆破拆除时浓烟滚滚的历史。

参考文献

[1] 李战军，郑炳旭．尘粒起动机理的初步研究［J］．爆破，2003，20（4）：17-23.
Li Zhanjun，Zheng Bingxu. Mechanism of the Movement of Dust Particles［J］. Blasting，2003，20（4）：17-23.

[2] 张洪江．土壤侵蚀原理［M］．北京：中国林业出版社，2000.
Zhang Hongjiang. Soil Erosion Principles［M］. Beijing：China Forestry Publishing House，2000.

[3] 卢寿慈．粉体加工技术［M］．北京：中国轻工业出版社，2003.
Lu Shouci. Powder Processing Technology［M］. Beijing：China Light Industry Press，2003.

[4] 李战军，汪旭光，郑炳旭．水预湿被爆体降低爆破粉尘机理研究［J］．爆破，2004，21（3）：21-39.
Li Zhanjun，Wang Xuguang，Zheng Bingxu. Mechanism of Blasting Dust Control by Prewetting Demolished Buildings［J］. Blasting，2004，21（3）：21-39.

[5] Israelachivili J N. Intermolecular and Surface Forces［M］. 2nd Ed. London：Academic Press，1991.

[6] 张国权．气溶胶力学［M］．北京：中国环境科学出版社，1987.
Zhang Guoquan. Aerosol Mechanics［M］. Beijing：China Environmental Science Press，1987.

[7] 陆厚根．粉体技术导论［M］．2 版．上海：同济大学出版社，2003.
Lu Hougen. Introducion to Powder Technology［M］. 2nd Ed. Shanghai：Tongji University Press，2003.

[8] 曾凡，胡永平，杨毅，等．矿物加工颗粒学［M］．2 版．徐州：中国矿业大学出版社，2001.
Zeng Fan，Hu Yongping，Yang Yi，et al. Particle Technology of Mineral Processing［M］. 2nd Ed. Xuzhou：China University of Mining and Technology Press，2001.

[9] Hans Rumpf. Particle Technology［M］. NewYork：Chapman & Hall，1990.

[10] 金龙哲．粘结式防尘技术的研究与应用［D］．北京：中国矿业大学（北京），1997.
Jin Longzhe. Research and Application on Technology of Cohesion-style Dust Suppression［D］. Beijing：Beijing Graduate School，China University of Mining and Technology，1997.

[11] 吴正．风沙地貌与治沙工程学［M］．北京：科学出版社，2003.
Wu Zheng. Geomor phology of Wind-drift Sands and Their Controlled Engineering［M］. Beijing：Science Press，2003.

爆破拆除危楼安全施工的报警系统设计

刘　翼　温建平　魏晓林

（广东宏大爆破股份有限公司，广东 广州，510623）

摘　要：在爆破拆除楼房工程中，有部分楼房在爆破前已经受到不同程度的损坏，严重地威胁到施工人员的生命安全。通过对危险构件的准静态裂缝位移监测，探索了保证施工人员作业时绝对安全的报警机制，并设计了一套危险楼房爆破拆除安全施工的报警系统，为爆破施工提供了安全保证，在实际施工中起到了良好的效果。

关键词：危险楼房；爆破拆除；报警系统；准静态裂缝位移；监测

Design of Alarm System on Danger Building Demolition by Blasting

Liu Yi　Wen Jianping　Wei Xiaolin

（Guangdong Hongda Blasting Co., Ltd., Guangdong Guangzhou, 510623）

Abstract: In the building blasting demolition field some building components have been destroyed before they are blasted it is very dangereous to the construction worker. This paper has explored a way to keep worker away from danger and has also designed an alarm system in the danger building demoelition by blasting through monitoring the quasi-static state displacement of break. This alarm system provides the worker safety and has a good result in practice.

Keywords: dangereous building; blasting demolition; alarm system; quasi - static state; displacement of break; monitor

1　设置报警系统的必要性

爆破安全技术包括爆破施工中的安全问题和爆破对周围建筑与环境安全影响两大部分[1]。在爆破拆除楼房工程中，对后者的安全问题考虑的比较多，而实际上，前者的安全问题有时也不得不首先考虑。如广东宏大公司在广州海员宾馆和澄海火烧楼的爆破拆除中，除了要保证周围建筑和设施完好无损外，主要的安全技术问题是要保证在楼房爆破前施工人员自身的安全，因为这两栋楼房都存在同样一个全新的问题：楼房在爆破前结构已经受到严重的损坏。广州海员宾馆楼房受周围地基开挖影响，梁柱结合处出现了剪切破坏；而共6层的汕头市澄海利嘉工艺厂则是在楼板堆积的棉纱大火中燃烧了24h，其中有一跨一、二、三楼已烧垮，其他楼层的梁柱结合处有的出现剪切破坏产生裂缝，有的次梁底层钢筋全部暴露，更为严重的是：7800mm×250mm×600mm 的次梁挠度达 310mm。如图 1 所示。在这种楼房构件严重受损的情形下，施工人员作业时是否安全，如何确保施工人员作业时的安全，是爆破拆除前必须考虑的问题。

2　报警系统工作原理及设计

为保证施工人员作业时的安全，必须随时掌握外部载荷（包括机具施工、人员走动、杂物堆卸

原载于《爆破》，2006，23（2）：111-113。

图 1 澄海利嘉织艺厂原料仓库火灾后的变形结构

等）对楼房构件稳定性的影响，出现异常变化及时反馈给现场作业人员，并使他能够在有限的时间内逃离危险区。那么怎样才能随时掌握外部载荷对楼房构件稳定性的影响呢。常规方法之一是通过监测构件应力应变来预测构件的安全性。然而对于受损构件，混凝土已经破坏，并出现了裂缝，这种微观的测试手段没有作用。是通过对构件裂缝位移变化的监测来实现对构件的安全监控的[2]。为了保证监测结果准确、可靠，实际监测系统操作中要注意以下几点：首先要选准最可能出现破坏的构件作为监测对象，如果器材充足可以多选择几处构件设置观测点以保证监测全面、准确。其次是要正确安装测试裂缝变化的位移传感器。位移传感器必须跨越裂缝安装，两端分别固定在裂缝的两侧，且位移传感器的安装方向要与裂缝开合方向一致。最后位移传感器要进行初始标定，并要设置初始位移，注意位移传感器要免受外力干扰以免产生大的误差。为了把安全信息及时地反馈给现场施工人员，还须安装报警器。警报系统工作原理如图 2 所示。

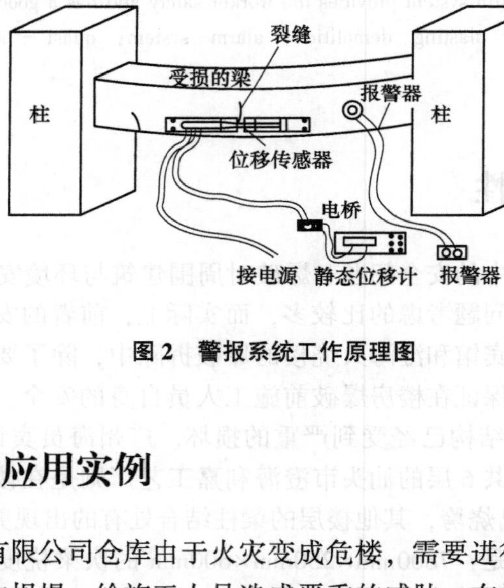

图 2 警报系统工作原理图

3 安全施工报警系统应用实例

汕头市澄海区利嘉织艺有限公司仓库由于火灾变成危楼，需要进行爆破拆除。在爆破拆除施工过程中，危楼随时都有可能再次坍塌，给施工人员造成严重的威胁。在施工中，为了保证人员的绝对安全，利用设计的警报系统对其进行实时监测，并把工作状况和裂缝位移每 2h 作一次的记录。当监测点的裂缝张开大于危险值时，立即进行报警。记录见表 1。本次监测所用位移传感器的灵敏度为 1/200mm 和 1/400mm 2 种。准静态裂缝位移监测点布置如图 3 所示。从记录表 1 可以看出，当用 12 磅大锤进行打墙、清渣等施工时裂缝张开最大值为 0.11mm，用压力 8kg 空气压缩机钻孔时裂缝张开变化最大值为 1.08mm，用油炮打右后坐三、四层楼的梁时裂缝张开变化最大值为 0.27mm，用油炮拆二层楼板时的梁时裂缝压缩变化最大值为 1.79mm。本次爆破拆除施工，进行 5d 的实时监测，工人按常规施工直至成功爆破，无发生意外事故，表明本监测系统是实用可靠的。

表 1 原料仓库准静态裂缝位移观测记录表

观测记录时间	测点序号	裂缝位移/mm		施工状况
		变化值	累计值	
2005-08-25 7:00~18:00	1	-0.04~0.03	-0.04~0.03	清渣、用 12 磅锤打墙
	2	-0.11~0.21	-0.11~0.21	
	3	0.06~0.15	0.06~0.15	
	4	-0.68	-0.68	
2005-08-26 9:00	1	-0.11	-0.15	清渣、用 12 磅锤打墙
	2	0.46	0.67	
	3	1	1.06	
	4	0.06	-0.62	
2005-08-26 17:00	1	0.03	-0.12	用压力 8kg 空气压缩机钻孔，三楼清渣
	2	0.37	1.04	
	3	-1.08	-0.02	
	4	0	-0.62	
2005-08-27 10:40	1	-0.25	-0.37	钻孔 20 多人施工
	2	0.15	1.19	
	3	0.13	0.11	
	4	-0.06	-0.68	
2005-08-27 18:06	1	-0.27	-0.39	用油炮打与三、四层楼相连接的梁（后坐）
	2	-0.19	1.0	
	3	-0.05	-0.07	
	4	0	-0.62	
2005-08-28 12:50	1	0.23	-0.16	用油炮拆二层楼楼板
	2	1.79	2.79	
	3	-0.03	0.08	
	4	0	-0.68	
2005-08-28 13:27	1	-0.05	-0.21	停工
	2	2.74	5.53	
	3	0	0.08	
	4	0	0.68	
2005-08-28 18:00	1	0	-0.21	停工
	2	-0.39	2.44	
	3	0	0.08	
	4	0	0.68	
2005-08-29 6:00~8:30	1	-0.11	-0.32	装药、连接网路
	2	-1.03	1.41	
	3	1.03	1.11	
	4	-0.02	-0.66	

注：负号表示裂缝张开，正号表示裂缝闭合。

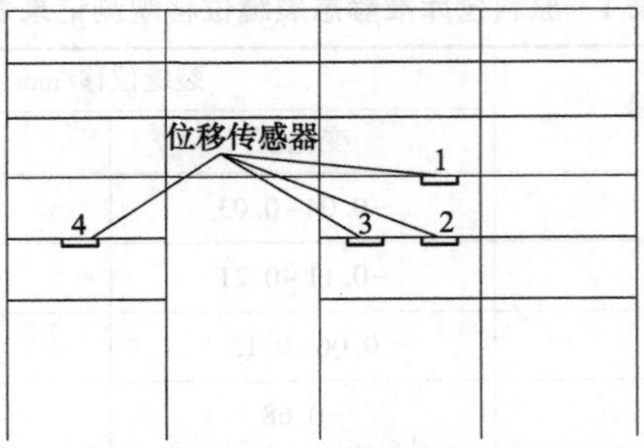

图3 准静态裂缝位移监测点布置（正立面图）

4 结论

本监测报警系统多次在实际工程中的成功运用表明，本监测系统是实用可靠的，可为施工提供安全保证，值得在危险楼房安全施工中推广使用。值得注意的是，报警系统的报警标准还无法统一，由于构件的破坏程度不一，就不能按照构件的标准强度来预计构件的破坏形变，所以，本监测报警系统的报警值具有很大的主观性，这一点还值得深入研究。然而，从实测记录来看，只要施工方法得当，而且为减轻结构载荷还采取了措施，很大程度上构件裂缝位移张开变化很小（毫米级，变形用经纬仪或全站仪无法监测到），而且有的构件由于上部卸载裂缝还会闭合，因此，尽管本监测报警系统的报警值还不是非常完善，但是根据裂缝位移变化趋势快慢来报警在现有的条件下是可行的。

参考文献

[1] GB 6722—2003 爆破安全规程［S］.
[2] 李福安．力学测量技术［M］．北京：机械工业出版社，1997.

剪力墙结构原地坍塌爆破分析

崔晓荣[1,2]　沈兆武[1]　周听清[1]　傅建秋[2]

（1. 中国科学技术大学 力学和机械工程系，安徽 合肥，230027；
2. 广东宏大爆破股份有限公司，广东 广州，510623）

摘　要：以某17层剪力墙高层建筑的原地坍塌爆破拆除为例，分析了剪力墙结构爆破坍塌、冲击解体的受力机理。分析结果表明：剪力墙结构的爆破坍塌、冲击解体，需要削弱结构的整体性，并有一定的自重和落差高度；此外，宜采用从下至上的起爆顺序，以便充分利用冲击荷载作用使结构充分解体，起到降低爆堆高度的作用。

关键词：拆除爆破；剪力墙结构；原地坍塌；冲击荷载

Blasting Collapse Analysis of Shear-wall Structures

Cui Xiaorong[1,2]　Shen Zhaowu[1]　Zhou Tingqing[1]　Fu Jianqiu[2]

(1. Department of Modern Mechanics, University of Science & Technology of China, Anhui Hefei, 230027;
2. Guangdong Hongda Blasting Co., Ltd., Guangdong Guangzhou, 510623)

Abstract: Taking the demolition of a 17-story tower-building as an example, the paper analyzed blasting collapse of shear-wall structure and mechanical mechanism in impacting disaggregation. The analysis showed that self-weight, fall-height and weakening of structure were the preconditions of blasting collapse, and furthermore, suggested that the blasting should be in the sequence of from bottom to ceiling for making good use of impact load, and hence, controlling the height of muck-pile.

Keywords: demolition blasting; shear-wall structures; collapse in situ; impact load

1　工程概况

1.1　结构特点

"维也纳森林花园"一期高层公寓1号楼，因合肥市新的城市规划理念的提出，决定采用控制爆破技术进行拆除。此高层建筑为剪力墙结构，内部有电梯、楼梯作为核心筒，采用抗震设计，抗震设防烈度为7度，总建筑面积18860余平方米。待爆破大楼从左到右依次为A、B、C三单元；其中A、B单元16层，结构主体全部相连；C单元17层，1~2层与B单元相连，3~17层独立。

1.2　周围环境

待爆破大楼周围环境复杂，东西两侧距离道路只有5m左右，北侧距离黄山路10m左右，南面和西南面20多米处为同期工程的2号~4号楼、2号~4号楼正在施工，主体结构仍然在浇筑混凝土。1号楼起爆的前几天，可以要求暂停浇筑混凝土，但2号~4号楼新浇筑的混凝土的养护时间较短且因气

原载于《工程爆破》，2006，12（2）：52-55。

温较低，混凝土达不到结构的设计强度，抵抗爆破地震，特别是触地冲击振动的能力不强。黄山路为合肥的“生命线”，沿线有煤气管道、自来水管道、高压电线、通信电缆等公共设施。其中，煤气管道埋置于大楼北侧 7m 处，埋深 1m；自来水管道距离大楼北侧 10m，为合肥市的供水干线，直接连接水库。待爆大楼周围环境如图 1 所示。

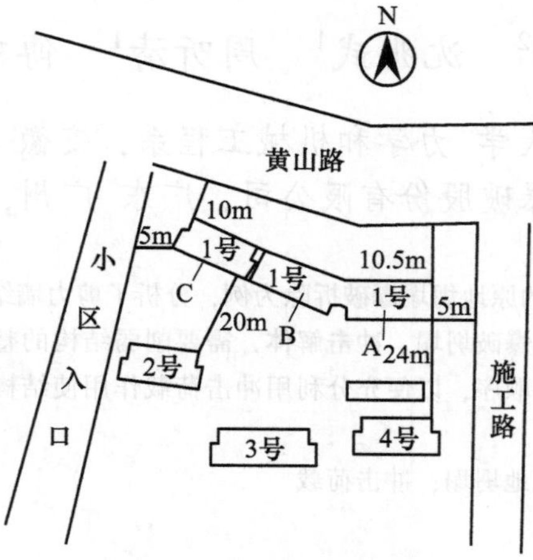

图 1　周围环境

Fig. 1　Surroundings of the blasting engineering

1.3　爆破方案简述[1]

根据工程的结构和周围环境特点，综合考虑论证会爆破专家的建议，最终决定采用“主体结构原地坍塌、上部部分楼层向南微倾”的总设计方案。“主体结构原地坍塌”，是为了控制爆堆范围和爆堆高度、避免爆堆不稳定引起的危害，“上部部分楼层向南微倾”，主要为了控制大楼北侧即靠近黄山路一侧的爆堆堆积范围，充分利用 1 号楼南侧 20m 的空地。此方案可以防止爆堆过高，避免发生二次倾倒，危害大楼北侧的煤气管道等公共设施的安全。爆破网路采用非电导爆管雷管，孔内半秒延期、孔外毫秒延期，从下至上、从左到右的起爆顺序，从空间和时间上分散一次齐爆药量，以便有效控制爆破产生的冲击波、地震波和坍塌引起的触地振动。

由于 C 单元与 A、B 单元相对独立，影响因素少，便于爆堆分析、总结出剪力墙结构高层建筑原地坍塌爆破拆除的效果。表 1 列出了 C 单元布孔及装药情况和起爆顺序，表中 2~4 层的“2-1-2”表示 2~4 层的各剪力墙均布置 5 排炮孔，其中前面的“2”表示在楼层底部布置两排炮孔、“1”表示在楼层中间布置 1 排炮孔、后面的“2”表示在楼层上部布置两排炮孔。其余楼层的布孔情况根据表中的数据类推。

表 1　C 单元爆破设计方案

Table 1　Blasting parameters

楼 层	布 孔	布孔备注	起 爆 顺 序
1	0-3-0	利用自重冲击解体，布孔相对较少	采用从下到上的起爆顺序；1~3 层、4~6 层、7~9 层、10~11 层、12~15 层依次为 1~5 段别，采用孔内半秒延期；相同段别的不同楼层，采用孔外毫秒延期分散一次齐爆药量
2~4	2-1-2	重炸楼层，原地坍塌	
5~7	2-0-2	原地坍塌	
8、9	0-1-0	爆破解体	
10、11	南侧：2-0-2	设置南向微倾的爆破定向切口	
	北侧：2-0-0		
12~15	2-0-2	降低爆堆高度	
16、17		没有布孔	

2 爆破效果分析

2.1 爆堆测量

从爆破效果看，正如爆破设计方案所预期的一样，主体结构原地坍塌、上部部分楼层向南微倾，爆堆如图2所示。C单元的爆堆高度12m左右，其中16、17层完好无损，占爆堆高度的50%强。坍塌范围与建筑的覆盖面积相比，南侧拓展了6m、北侧拓展了4.5m，爆堆范围和爆堆高度均比较理想。

图2 南向微倾的爆堆

Fig.2 South-oblique blasting muckpile

2.2 坍塌机理分析

综合分析C单元的具体设计参数（包括炮孔布置、装药情况、起爆顺序）和爆堆测量结果，认为如此理想的爆堆，主要体现在以下两个方面：

（1）合理的布孔方式使剪力墙失稳折叠。根据剪力墙高层建筑的特点，将各剪力墙墙肢分为单向剪力墙和多向剪力墙两类[2,3]；其中单向剪力墙包括没有拐角的墙肢和为满足抗震设计要求而设置小拐角的墙肢，而多向剪力墙包括较大的“丁”字墙和核心筒。对多向剪力墙的某一方向进行加强爆破或预处理，削弱该方向的约束，使其变为单向剪力墙墙肢。原地坍塌的单向剪力墙墙肢，上下各两排炮孔爆炸后，形成两个爆破切口。在上部结构和下部结构的夹击冲击作用下，两个爆破切口中间未爆破带的墙体变为不稳定体，不再能够承受竖向荷载，而发生扭转、折叠，发生如图3所示的受力状况及变形运动状态。其中I_1表示由分析体下部爆堆的反作用力产生的冲击载荷，I_2表示因分析体上部结构的自重而产生的冲击载荷。

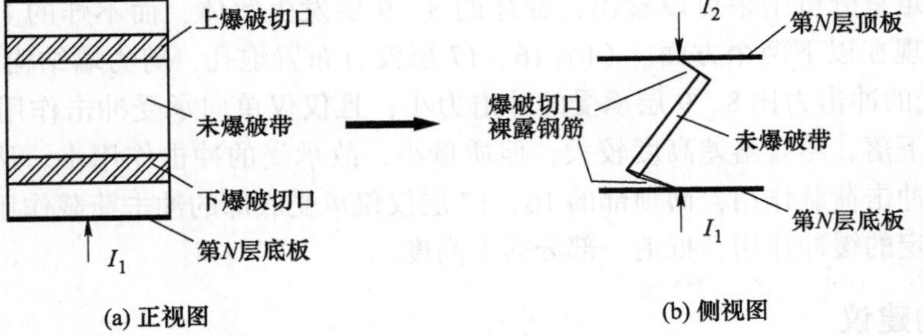

图3 单向剪力墙墙肢的折叠

Fig.3 Collapse process of shear-wall

从上述受力状况及其作用效果图可以看出，在保证起爆可靠和布孔质量的前提下，在楼层的层底、层顶（布孔位置要满足施工方便）各布置1排炮孔，即可达到原地坍塌的效果。从受力分析结果看，布孔方式为“2-1-2”的重炸楼层、布孔方式为“2-0-2”的坍塌爆破楼层和假想的优化后的“1-0-

1”楼层，其受力原理类似。上部坍塌爆破楼层与底部的重炸楼层相比，承受上部结构的冲击作用减小，且有下部的爆堆作为缓冲，但由于落差高度增加致使爆破解体效果差不多。

（2）从下至上的起爆顺序起到充分利用冲击作用。从下至上的起爆顺序，提高了结构坍塌产生的冲击力，有利于原地坍塌。剪力墙结构高层建筑，墙体作为竖向承重构件，与相应的框架结构相比，剪力墙结构的竖向承载横截面积大、分布均匀、彼此相互连接、房间的跨度较小，不利于结构失稳坍塌或定向倾倒。从下至上的起爆顺序，充分利用了上部结构自重的冲击作用，迫使构件解体降低爆堆的高度。本工程1~4层为重炸部位，但考虑到底层承受上部构件的冲击作用最大，反而减少了炮孔数量。从爆堆形状可以看出，爆破解体、削弱剪力墙结构的整体性以后，其不足以承载上部结构的冲击荷载作用。

从爆破解体部位的效果可以看出，在保证上部结构有足够的自重和较大落差的前提下，布置1排炮孔足以大大削弱剪力墙结构的整体性，使其在冲击作用下解体。本工程的8、9层为爆破解体部位，其上部结构（10~17层）有足够的自重、下部形成较大的落差高度（1~4层的重炸部位，5~7层的原地坍塌部位），在满足这两个条件的情况下，冲击力较大，使其充分解体。

3 坍塌冲击作用的力学分析

3.1 坍塌冲击解体受力分析

1、2层层高4m，3~17层层高3m。假设标准层（层高3m）的质量为m，标准层落差高度为h（h为层高减去本层残碴的高度）；由于1、2层的部分填充墙进行了预处理，外围填充墙的砖块抛出建筑，故仍将1、2层的质量近似为m，落差也近似为h。

将轻炸的8、9两层作为整体考虑，其坍塌过程中承受两面夹击的冲击荷载作用。由于底部的反作用，第8层底板承受的上部荷载为8~17层的质量和，共10层，$M_1=10m$，落差高度为1~7层，$H_1=7h$；第9层顶板承受的上部荷载为10~17层的质量和，共8层，$M_2=8m$，落差高度为1~9层，$H_2=9h$。因此，第8层底板承受的冲击荷载为：

$$I_1 = M_1 v_1 = M_1\sqrt{2gH_1} = 10\sqrt{14}\cdot m\sqrt{gh} \approx 37.4m\sqrt{gh}$$

第9层顶板承受的冲击荷载：

$$I_2 = M_2 v_2 = M_2\sqrt{2gH_2} = 24\sqrt{2}\cdot m\sqrt{gh} \approx 33.9m\sqrt{gh}$$

同理，将不炸的16、17层作为整体分析。对于16层底板来说，承受上部荷载的质量为$M_1=2m$，落差高度$H_1=15h$；17层层顶没有上部结构，$M_2=0$。因此，第16层地板承受的冲击荷载为：

$$I_1 = M_1 v_1 = M_1\sqrt{2gH_1} = 2\sqrt{30}\cdot m\sqrt{gh} \approx 11.0m\sqrt{gh}$$

第17层地板承受的冲击荷载为：$I_2=0$

从上述受力的定量分析结果可以看出，轻炸的8、9层发生解体，而不炸的16、17层完好无损，分析其原因主要体现在以下两个方面：（1）16、17层没有布置炮孔，剪力墙结构的整体性没有削弱；（2）16、17层承受的冲击力比8、9层承受的冲击力小，且仅仅单向承受冲击作用。16、17层在自身的重力荷载作用下下落，尽管落差高度较大，但质量小，故承受的冲击作用小。从受力方式看，8、9层承受两面夹击的冲击荷载作用，而顶部的16、17层仅仅承受底部的冲击荷载作用。另外，下部结构的爆堆对坍塌有一定的缓冲作用，抵消一部分落差高度。

3.2 优化分析的建议

由于条件受限，未能精确测量坍塌过程，故上述分析采取了一些合理的近似，没有对坍塌过程进行详尽分析。

建议利用近景测量系统对倒塌过程进行摄影测量，对采集到的图片进行处理，得出无方位坐标系下（无方位坐标避免了摄影测量近大远小而引起的误差）建筑坍塌运动的过程[4]。通过对坍塌过程的分析，得出结构坍塌运动的速度、加速度、动能、势能等的变化。冲击荷载可以从两个方面得到进一步优化：

（1）不再仅仅用重力来粗略衡量冲击力大小，考虑加速度 a 的影响。冲击作用荷载其实是下部爆堆对上部结构的反作用力 ΣP（见图4），受力情况如下：$\Sigma m(g-a)-\Sigma P=0$。

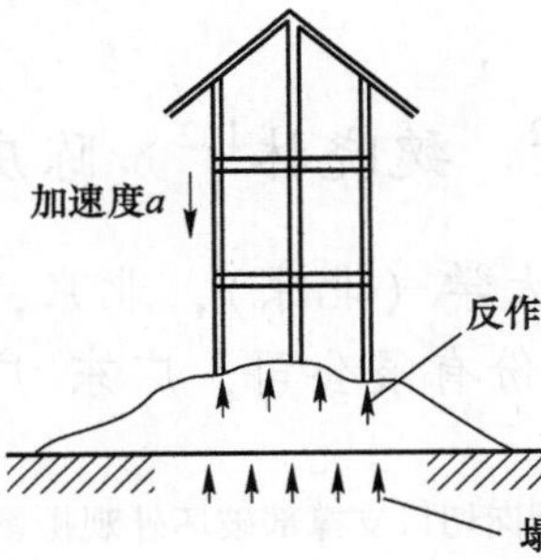

图4　塌落分析[5]

Fig. 4　Analy sis of collapse[5]

（2）结构的运动速度为实测值，而非由机械能能量守恒定律简单计算得到。实测的运动速度考虑了结构坍塌解体过程中能量损耗的影响。

进行上述优化以后，根据钢筋混凝土的性能，可以比较精确地对结构能否冲击解体进行判别，更好地总结经验。

4　经验总结

（1）剪力墙结构的原地坍塌爆破，宜将各剪力墙墙肢分为单向剪力墙和多向剪力墙。将多向剪力墙的某一方向进行加强爆破或预处理，削弱该方向的约束，使其变为单向剪力墙，促进墙肢的折叠坍塌。

（2）剪力墙结构原地坍塌爆破宜采用从下至上的起爆顺序，充分利用自重和落差冲击解体，达到控制爆堆高度、减小钻孔工作量的目的。

（3）剪力墙结构的重炸部位，分别在楼层的上下部位各布置两排炮孔，足以保证爆破效果。

（4）剪力墙结构的坍塌部位，在保证可靠起爆的前提下，可在楼层的上下部位各布置一排炮孔，能够达到结构折叠坍塌的效果。

（5）爆破解体部位，满足上部结构的自重和落差高度较大这两个前提条件，也可以布置一排炮孔，用以削弱结构的整体性，利用其自重和落差冲击使结构解体，从而控制爆堆高度。这样，可以有效地减少钻孔数量，并期待在工程中进一步地验证和深入分析研究。

参 考 文 献

[1] 周听清，郑德明，崔晓荣，等．“维也纳森林花园”一期高层公寓1号楼爆破设计方案［R］．中国科学技术大学爆破公司，2005.

[2] 中华人民共和国建设部，国家质量监督检查检疫总局．GB 50010—2002 混凝土结构设计规范［S］．北京：中国标准出版社，2003.

[3] 黄本才．高层建筑结构计算与设计［M］．上海：同济大学出版社，1998.

[4] 顾孝烈．测量学［M］．上海：同济大学出版社，1990.

[5] Conny Sjöberg，Uno Dellgar. 拆除爆破高层建筑倒塌过程的研究［C］//罗斯马尼思 H P. 第四届国际岩石爆破破碎学术会议论文集［M］．北京：冶金工业出版社，1995.

钢筋混凝土高烟囱爆破切口支撑部破坏观测研究

郑炳旭[1,2]　魏晓林[1,2]　陈庆寿[1]

（1. 中国地质大学（北京），北京，100083；
2. 广东宏大爆破股份有限公司，广东 广州，510623）

摘　要：描述 6 座 100m 以上钢筋混凝土高烟囱切口支撑部破坏外观摄影监测、应力-应变和大变形电测以及破坏响应，对观测系统、仪器以及观测结果进行分析。观测结果与流行观点相悖的有：切口支撑部在爆破后立即承受自重突加载荷；烟囱倾倒时支撑部失稳破坏始于大偏心脆性断裂；烟囱自重和拉区弯矩形成的载荷与压区抗力的纵向平衡决定中性轴后移。

关键词：混凝土结构；钢筋混凝土烟囱；切口支撑部；拆除爆破；自重突加载荷；大偏心脆性断裂；中性轴

Study on Damage Surveying of Cutting-support of High Reinforced Concrete Chimney Demolished by Blasting

Zheng Bingxu[1,2]　Wei Xiaolin[1,2]　Chen Qingshou[1]

（1. China University of Geosciences（Beijing），Beijing，100083；
2. Guangdong Hongda Blasting Co.，Ltd.，Guangdong Guangzhou，510623）

Abstract：This photogrammetric monitoring，electronic measure of stress-strain，deformation and damaging dynamic responses of cutting-support of 6 reinforced concrete chimneys，which are not lower than 100m，are described. The surveying system，apparatus and results are presented. Computer apparatus with many photogrammetric monitors are first adopted. Image edition with supplementary processing of misadjust，denoise and amplifying can be processed by the computer. Its apparatus is simple，and software is mature and technique can be applied to observing outward appearance of construction unit damaged during demolishing high rise buildings by blasting. The achieved results of survey that are different with popular opinions are，during chimney collapsing，initial stability of cutting-support is lost since pliable fracture is conformed to large eccentric center appears，and neutral axis is static or in front. The resistance force of damaged concrete restrained by steel bar is lost completely. It can be recognized by analyzing survey that after blasting，cutting-support is suddenly loaded with weight during collapsing，and cutting-support of chimney will lose initial stability since brittle fracture with large eccentric center appears. Therefore，the neutral axis moving backward is formed from lengthwise balance of resistance force on pressure region，which includes the damaged concrete restrained by steel bar with loadings from chimney weight and moment of tensile region.

Keywords：concrete structure；reinforced concrete chimney；cutting-support；demolition blasting；sudden load with weight；brittle fracture with large eccentric center；neutral axis

1　引言

自 20 世纪 60 年代，随着我国社会经济建设飞速发展，大量城建和工矿企业的改、扩建工程中，许多高烟囱需用爆破拆除。长期以来，烟囱爆破拆除时切口的破坏状态一直缺乏系统的研究，以致国

原载于《岩石力学与工程学报》，2006，25（22）：3513-3517。

内外在爆破拆除烟囱时，相继发生工程事故。如 1994 年南非某工厂烟囱及 1995 年英国某电厂烟囱拆除时，均在起爆后烟囱侧歪，甚至反向倾倒。国内对切口设计原理大都基于支撑部破坏失稳的静固中性轴“塑性铰”模型假设，工程实践表明这一设计原理对某些烟囱是可行的。但是，对于一些钢筋混凝土高烟囱，当切口爆破后，其预留支撑部会出现压溃、下坐偏转甚至反向倾倒情况，存在不安全因素，故不太适用。近年来，国内烟囱倒塌的环境要求越发苛刻，迫使工程界采用多种拆除方案，而切口支撑部破坏形成的“塑性铰”则成为必须认清的关键，必须认识切口支撑部破坏失稳的作用机制，并结合工程实践进行科学观测，探索其破坏发展规律。为此，本文作者在 1995 年以来的近 10 年间，结合茂名石化厂三、四部炉 120m 烟囱[1]、沸腾炉 120m 烟囱、恒运电厂 100m 烟囱、新汶电厂 120m 烟囱[2]、镇海电厂 150m 烟囱[2] 和广州造纸厂 100m 烟囱等一系列爆破拆除工程进行系统的科研观测。就上述高烟囱爆破切口后方预留支撑部受载荷变形的破坏实测资料进行综合分析，探讨其破坏发生与发展过程的基本规律和破坏失稳机制，为发展高烟囱爆破拆除设计提供理论依据。

2 仪器观测系统及测点布置

2.1 仪器观测系统

为加深拓宽对高烟囱爆破切口支撑部的动态受力和破坏认识，在上述多座高烟囱的支撑部及其附近筒体布置相应观测点，以观测筒壁和钢筋的应力-应变及其破坏情况，支撑部背面裂缝发生和发展规律以及烟囱失稳倾倒过程。采用的 3 种观测系统[2] 为：

（1）动态应力-应变仪，应变计[3,4] 和大变形计组成的应力-应变及大变形观测系统。

（2）近距离固定式监视烟囱支撑部背面裂缝发生与发展的摄像系统。

（3）远距离观测烟囱失稳倾倒过程的三维摄像与计算机观测处理系统。

2.2 观测点布置原则

烟囱支撑部测点布置原则：为认识定向窗口受压区和中轴拉区破坏的时序，沿水平各高程在切口定向窗两侧附近至支撑部背面中轴不同距离处内外混凝土表面及纵、横钢筋上布设应变计和大变形计。同时，配设近距离摄像头和拾振器，以获取支撑部爆破动力响应和压区、拉区裂缝形成过程、分布范围和移动中性轴的状态。定向窗压区测点较高，中轴拉区布置较低测点，以观察囱壁向后下方剪切；在混凝土和钢筋纵、横向布置测点，以确认在钢筋约束下的损伤，以至断裂混凝土的应变性状。观测中，起爆零时的确定方法是：对于电测记录系统是在起爆网路中接入一条串有电雷管的回路至电测记录仪上，从而获得起爆零时信息，作为参照时刻；对于近距离摄像观测和远距离观测烟囱爆破失稳及倾倒过程的三维摄像与计算机记录处理系统的起爆零时，则在高烟囱顶部和支撑部表面布设一爆破发光体回路与起爆网路相连，从而可在摄像画面上确定起爆零时。

2.3 典型百米级钢筋混凝土高烟囱爆破拆除观测具体布置情况

以镇海电厂 150m 高烟囱为例，该工程属双向倾倒折叠爆破拆除，上切口预留支撑部弧形截面的圆心角为 150°，外壁弧长为 13.3m，外径 5.08m，壁厚 0.3m，钢筋混凝土结构（混凝土强度等级 C30，HRB335 Ⅱ级钢筋，配置单层竖筋 ϕ20mm，环向筋 ϕ18mm），上切口+30m 以上烟囱筒体质量为 1978.7t。下切口+0.6m，但上下切口起爆时间相差 7.0s，故上切口支撑部的观测资料不受下切口爆破影响。该烟囱支撑部观测，共安装 12 个大变形计，8 个应变计，其中 6 个应变计观测定向窗口内壁混凝土双向应变，另 2 个测点布置于支撑部背面的纵，环钢筋上。另外，在+30m 平台上距支撑部外壁 0.6~0.9m，分 2 组布设 11 个摄像头，摄像分幅速度为 30 帧/s，以摄录分辨为 1mm 的裂纹发生和发展过程。镇海电厂高烟囱+30.0m 切口支撑部观测布置情况见图 1。此外，还采用三维摄像与计算机观测处理系统，远距离观测烟囱爆破失稳倾倒过程状态。

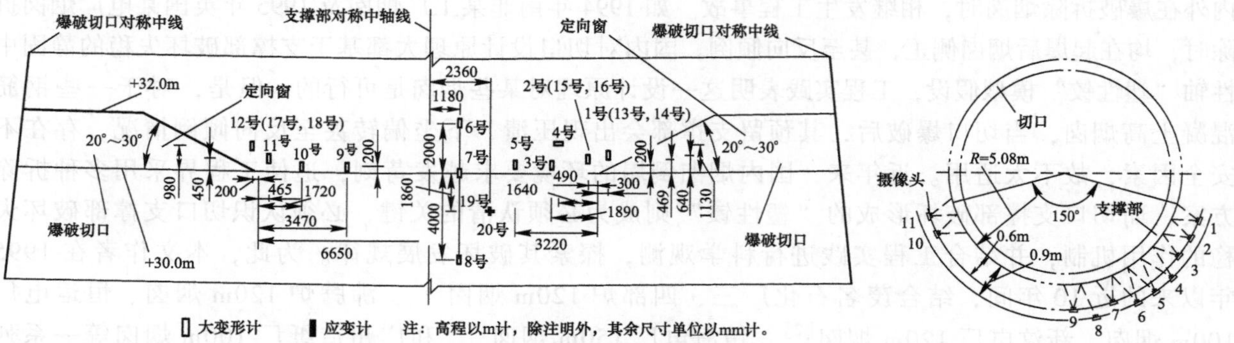

(a) 支撑部测点布置展示图(括号内为内壁安装应变计)　　(b) 支撑部背面摄像头布置

图 1　镇海电厂高烟囱+30.0m 切口支撑部观测布置情况

Fig. 1　Observation layout for the cutting-support of Zhenhai power plant at level +30.0m

3　观测结果与分析

3.1　自重突加载荷

烟囱切口起爆后，各大变形计均测到爆破初至振波，其爆破振波最大位移幅值 1mm，频率 200Hz，延时 90ms 后衰减。随着切口区筒壁混凝土因爆破抛出，钢筋炸弯，烟囱上段重力突加在支撑部，各大变形计均测到突加载荷振波，其位移幅值为爆破振波的 8~10 倍，最大幅值 8mm，频率 100Hz，延时到 280ms，显示烟囱上切口产生大于 0.5mm 位移振幅的振动，如图 2 和图 3 所示。

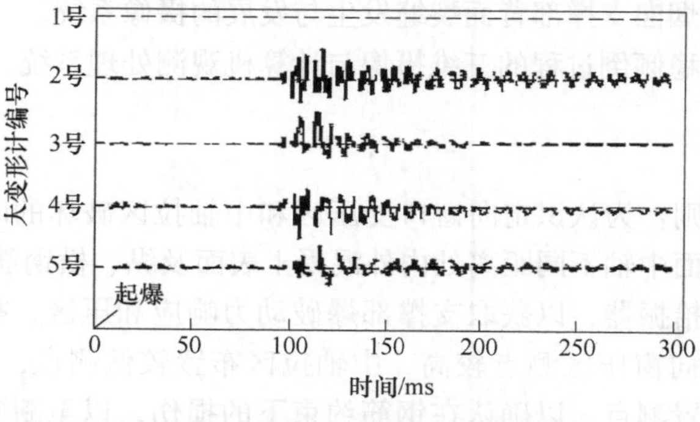

图 2　镇海电厂烟囱 1~5 号大变形计记录波形

Fig. 2　Recorded waveforms of large deformation gauge No. 1–No. 5 for reinforced concrete chimney of Zhenhai power plant

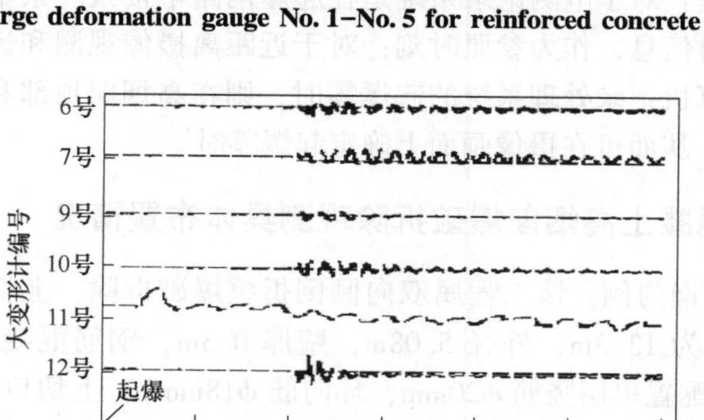

图 3　镇海电厂烟囱 6~12 号大变形计记录波形

Fig. 3　Recorded waveforms of large deformation gauge No. 6–No. 12 for reinforced concrete chimney of Zhenhai power plant

从以上观测记录看，起爆 90ms 后，烟囱上段突加载荷在切口引发为爆破振动 5~10 倍振幅的震波，水平震波与竖直震波幅值相当，其震动应力均小于支撑部混凝土的抗压强度，但大于混凝土的抗剪强度，从而削弱钢筋的抗拔力、焊接力和混凝土抗剪能力。当切口角偏大，切口高度偏高时，烟囱高度越高其突加载荷越明显，因此极易引发起爆后支座瞬时破坏，烟囱立即下坐，引发反向倾倒或偏转的不利情况，而一般观点多回避突加载荷[5,6]。

3.2 大偏心受压脆性断裂

从摄像观测来看，0.74s 在定向口端外壁受大偏心压力的作用下，开始出现水平裂纹，起爆后 0.74s 摄像图（切口处出现水平向裂缝）见图4（a），并很快转为45°倾斜裂纹；1.11s 后裂纹迅速分岔，且裂纹成片发展成 X 状，起爆后 2.54s 摄像图（切口后方 X 状压剪裂纹沿水平向后发展）见图4（b）；在 2.28~2.55s 期间，这种压剪裂纹迅速沿水平且向支撑部中间扩展，裂缝宽达 8~30mm，外壁混凝土保护层挤出、垮落。由此显示混凝土压剪破坏向支撑部中间发展；2.93s 支撑部中轴受拉出现水平裂纹，并迅速与定向窗口裂纹在 3.27s 贯通于6号、7号测点之间，起爆后 3.276s 摄像图（7号、8号测点间水平、斜裂缝贯通）见图4（c）。切口爆破支撑部背面各测点裂缝发展时间见表1。由表1可知，囱壁切口端先受压破坏，而后中轴受拉，显现钢筋混凝土大偏心受压脆性断裂特征。一般观点却认为，首先中轴钢筋受拉屈服、混凝土开裂，即为钢筋混凝土大偏心延性断裂而开始破坏，以此作为烟囱失稳判据[5,7]，因此与本文观测结果有一定差异。

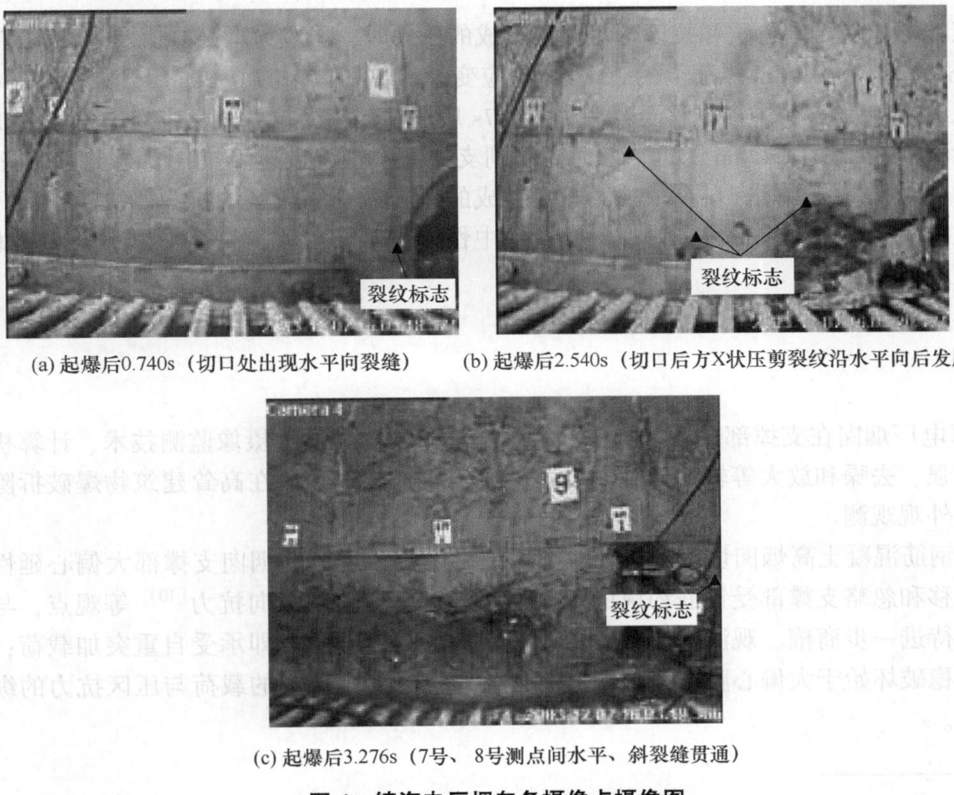

(a) 起爆后0.740s（切口处出现水平向裂缝） (b) 起爆后2.540s（切口后方X状压剪裂纹沿水平向后发展）

(c) 起爆后3.276s（7号、8号测点间水平、斜裂缝贯通）

图4 镇海电厂烟囱各摄像点摄像图

Fig. 4 Recorded photos of reinforced concrete chimney of Zhenhai power plant

表1 切口爆破支撑部背面各测点裂缝发展时间

Table 1 Crack propagation in cutting-supporting for various measurement points

测点编号	裂缝发展时间/s	测点编号	裂缝发展时间/s
1号	0.74	6号	2.85
2号	1.99	7号	3.09
3号	2.34	8号	3.07
4号	2.67	9号	2.93
5号	2.63		

3.3 压区混凝土为双向应力状态

烟囱定向窗切口上方混凝土内壁13、17号水平应变计分别在0.10s、0.15s后，随竖向受压而分别显示水平受拉，应变值ε为0.2×10^{-3}，而环钢筋也跟随受拉，如19号环筋应变计。在2~6区（见图1(b)），其在3.06~4.31s摄像可见，环筋从4，3，2，5，6区相继拉断，可见支撑部的混凝土受环筋约束，处于双向应力状态。摄像7、8、9区未见环筋拉断，因而是拉应力区，混凝土仍受环筋横向约束。由此可见，混凝土压区环筋受拉约束着竖压混凝土的横胀，支撑筒壁混凝土呈现双向应力状态，发挥其“套箍效应”[8]的抗压潜力，增大抗压塑性，一旦环筋拉断，混凝土抗压强度将立即衰减。

3.4 中性轴后移为主

从烟囱摄像观测可看出切口端压区在烟囱倾倒时，压剪X裂隙区向支撑部中间发展，因此可推论当压应力极限平衡区和压应力增高峰值区无法承受烟囱自重和拉区弯矩共同形成的压力时，压应力增高区峰值将后移，即中性轴随烟囱倾倒而向后移动。迄今为止，普通接受的观点认为，中性轴是支撑部截面面积矩所决定[9]，当烟囱纵向自重恒定时，中性轴是不移动的或前移的，因而观测结果与流行观点相异。

当受压区能够承受烟囱自重和拉区弯矩共同形成的压力时，压应力增高峰值及中性轴将停止后移。如烟囱+28.1m距切口端4.8m纵筋上的20号竖向应变计，在切口爆破0.80s后开始受压，2.00s达最大应变ε为1.3×10^{-3}，表明中性轴移至其后方；2.7s后逐渐转为受拉，最大应变ε为4.2×10^{-3}，表明中性轴不再后移而在距切口4.8m附近，此时观测到支撑部中轴将迅速受拉，混凝土和纵筋急速拉坏。由此可见，中性轴位置是由烟囱自重、拉区弯矩形成的压力载荷和压区的抗力所决定，而压区损伤和断裂的混凝土抗力大减，如果抗力最终小于载荷，中性轴将不断后移，直至支撑部全部压塌，形成烟囱下坐的原因之一。

4 结论

（1）镇海电厂烟囱在支撑部破坏观测中首次采用计算机辅助群组摄像监测技术、计算机能编辑图像，可进行增强、去噪和放大等辅助处理，设备简单、软件成熟，可在高耸建筑物爆破拆除中对断裂破坏构件进行外观观测。

（2）6座钢筋混凝土高烟囱切口支撑部的观测结果说明，现行的烟囱支撑部大偏心延性断裂、中性轴静止或前移和忽略支撑部受钢筋约束的混凝土损伤、断裂后的纵向抗力[10]等观点，与观测事实有所出入，有待进一步商榷。观测分析认为：切口支撑部在爆破后立即承受自重突加载荷；烟囱倾倒时，支撑部失稳破坏始于大偏心脆性断裂；烟囱自重和拉区弯矩形成的载荷与压区抗力的纵向平衡决定中性轴后移。

参考文献

[1] 傅建秋，高金石，唐涛．120m钢筋混凝土烟囱背部断裂及倾倒过程的观测分析［A］//工程爆破文集（第六辑）［M］．深圳：海天出版社，1997：159-163.

Fu Jianqiu，Gao Jinshi，Tang Tao. Observation and analysis of the back fracture and collapse the 120m reinforced concrete chimney［A］//Proceedings of Engineering Blasting（Volume 6）［M］．Shenzhen：Haitian Press，1997：159-163.

[2] 郑炳旭，魏晓林，傅建秋，等．高烟囱爆破拆除综合观测技术［A］//中国爆破新技术［M］．北京：冶金工业出版社，2004：857-867.

Zheng Bingxu，Wei Xiaolin，Fu Jianqiu，et al. Comprehensive surveying techniques in blasting demolition of high chimney［A］//New Techniques in China［M］．Beijing：China Metallurgical Industry Press，2004：857-867.

[3] 张永哲，付海峰．120m钢筋混凝土烟囱倾倒过程动态应变观测［A］//中国爆破新技术［M］．北京：冶金工业出版社，2004：603-607.

Zhang Yongzhe, Fu Haifeng. Observation of dynamic strain variation in the collapse of a 120m reinforced concrete chimney [A]//New Techniques in China [M]. Beijing: China Metallurgical Industry Press, 2004: 603-607.

[4] 兰琪，叶建新，黄虬，等. 100m 烟囱定向爆破应变观测分析 [J]. 爆破，2001，18 (1)：21-23.
Lan Qi, Ye Jianxin, Huang Qiu, et al. Analyses of strain observation in directionally blasting a 100m high chimney [J]. Blasting, 2001, 18 (1): 21-23.

[5] 金骥良. 高耸建筑定向爆破倾倒设计参数的计算公式 [A]//工程爆破文集（第七辑）[M]. 乌鲁木齐：新疆青少年出版社，2001：416-421.
Jin Jiliang. The computation formula of the direction blasting collapsing on the towering constructions [A]//Proceedings of Engineering Blasting (Volume 7) [M]. Urumqi: Xinjiang Juvenile Publishing House, 2001: 416-421.

[6] 金骥良. 高层建（构）筑物整体定向爆破倒塌的切口参数 [J]. 工程爆破，2003，9 (4)：1-6.
Jin Jiliang. Parameters of blasting cut for directional collapsing of high rise buildings and towering structures [J]. Engineering Blasting, 2003, 9 (4): 1-6.

[7] 史雅语，金骥良，顾毅成. 工程爆破实践 [M]. 合肥：中国科学技术大学出版社，2002：227-230.
Shi Yayu, Jin Jiliang, Gu Yicheng. Practice of Engineering Blasting [M]. Hefei: University of Science and Technology of China Press, 2002: 227-230.

[8] 过镇海. 钢筋混凝土原理 [M]. 北京：清华大学出版社，1999.
Guo Zhenhai. Theory of Reinforced Concrete [M]. Beijing: Tsinghua University Press, 1999.

[9] 孙金山，卢文波，谢先启，等. 钢筋混凝土烟囱拆除爆破双向折叠定向倾倒方案关键技术探讨 [J]. 爆破，2004，21 (2)：6-9，24.
Sun Jinshan, Lu Wenbo, Xie Xianqi, et al. Discussion on key technology of bidirectional folded blasting demolition of reinforced concrete chimney [J]. Blasting, 2004, 21 (2): 6-9, 24.

[10] 齐世福. 100m 高烟囱定向爆破拆除技术研究 [J]. 工程爆破，1996，2 (3)：23-28.
Qi Shifu. Research on a 100m high chimney demolished by directional blasting [J]. Engineering Blasting, 1996, 2 (3): 23-28.

爆破拆除工程工期与进度管理探讨

李战军　郑炳旭　魏晓林

（广东宏大爆破股份有限公司，广东 广州，510623）

摘　要：为了提高爆破拆除工程工期与进度管理水平，基于多年的工程实践经验，总结出了制约爆破拆除项目工期的主要因素和爆破拆除进度管理应注意的问题，指出爆破拆除项目的进度管理应抓住主要制约因素，主次兼顾，措施得当，才能达到预期目的。

关键词：爆破拆除；进度；工期；管理

Progress and Time Limit Control of Blasting Demolition Project

Li Zhanjun　Zheng Bingxu　Wei Xiaolin

（Guangdong Hongda Blasting Co., Ltd., Guangdong Guangzhou, 510623）

Abstract: Based on the several years'practice in building blasting demolition, the key factors restricting the time limit for blasting demolishing projects and some sides supposed to be given enough attention are summarized in order to improve the progress management of blasting demolishing projects; furthermore it is emphasized that the planned time limit management should firstly find out the main restricting factors, secondly give the appropriate response to the sorted factors according to their importance, finally take effective measures.

Keywords: blasting demolition; rate of progress; time limit for a project; management

1　引言

爆破拆除技术在社会发展，特别是城市建设方面有着极其重要的作用。爆破拆除的主要优势之一是施工周期短，在与其他拆除手段竞争拆除项目时，工期短是爆破企业的主要卖点之一。同时，由于现代生活节奏极快，节省时间就意味着财富，业主在选择施工手段时，工期也是业主在方案选择时的主要考虑因素之一。因而抓工程进度，尽量缩短爆破拆除工程项目的工期，是工程甲、乙双方共同期待的。

根据多年的工程实践，认为爆破拆除项目的工期与进度管理要对以下几个问题给予足够重视。

2　影响爆破拆除项目工期的主要因素

对影响爆破拆除项目进度和工期因素的了解和把握，是进行爆破拆除项目工期和进度管理的基础。爆破拆除项目的工期和进度受多种因素制约，但主要受制于以下几种因素。

2.1　建筑规模与结构特点

爆破拆除项目的建筑面积是影响工程进度的主要因素之一，一般情况下规模大的爆破拆除项目的工期大于规模小的建筑。但由于被拆除建筑的结构千差万别，面积相同的建筑的施工工期不一定相同，显然普通框架结构楼房的施工工期小于具有剪力墙和核心筒结构的相同规模的建筑。

原载于《爆破》，2006，23（4）：63-65。

2.2 项目周围环境

爆破拆除所使用的火工品是瞬间高功率释能材料，它不仅是爆破拆除工程能够高效实施的基础，也是诱发爆破灾害的主要原因之一，因此，预拆除爆破在最终爆破前需要做大量的防护工作。因此，被拆建筑的周围环境直接影响防护工作量，被拆建筑的周围环境空旷，周围没有需重点保护的设施，防护量就小，施工期就短；反之就长。

2.3 队伍技术水平和设备能力

爆破拆除项目的成功完成，需要管理者与被管理者，施工队伍与施工机械的良好配合才能达到。管理团队的协调能力、驾驭能力；管理团队、施工队伍的管理水平、技术水平和设备能力直接影响着工期。

2.4 业主和周围居民的态度

爆破拆除项目在实施过程中，会产生施工噪声、粉尘等污染，会对周围居民的生活、工作带来一定的影响。因而业主和周围居民的支持程度，以及业主的协调能力，对工期有极大的影响。

2.5 后勤供应

爆破拆除项目需要大量的防护材料；一些爆破器材需要提前预订；爆破拆除时机械经常处于超负荷工作状态，机具（如钻头、钻杆，机械易损件等）消耗很大。这些物品的供应若无保障，定会影响工期。

2.6 工程价格

若爆破拆除工程项目价格太低，就难以找到合适的防护材料，难于找到高水平的队伍和设备，难以保证后勤供应，难以组织大规模攻坚战，因而也难以保证预计工期。

2.7 天气状况

爆破行业是高危特种行业。为确保安全，国家对爆破作业的天气条件有严格要求。按照《爆破安全规程规定》（GB 6722—2003）：热带风暴或台风即将来临时，雷电、暴雨雪来临时，大雾天气，能见度不超过100m时等，停止爆破作业[1]。

在掌握了爆破拆除项目工期和进度的主要制约因素的基础上，爆破拆除工程的项目和进度管理，应从以下几方面着手。

3 进度管理首先要熟悉项目情况

这项工作，要求管理者对爆破拆除项目的所有环节做到心中有数，主要包括以下几方面的内容。

3.1 弄清对象基本情况

爆破拆除工程是一个物质分解过程，具体表现为一个建、构筑物，从结构完整状态到破碎状态，最终解体的过程。爆破拆除工程具有不可逆转性，试验性极差。摸清被拆建筑的基本情况，既是抓工程进度的基础，也是确保爆破拆除项目成功的关键。对象的基本情况主要包括：待拆建筑物周边环境、需要保护设施的情况、结构牢固程度、配筋状况、是否改建过、实际情况与图纸是否一致、建筑的关键点、爆破的危害范围、警戒范围、防护部位和需要加强的防护部位等。

3.2 预拆除工作量

从表面上看爆破拆除是在瞬间、一次完成的，实际上爆破拆除的成功实施需要大量预拆除工作打基础。预拆除工作，不但影响工程进度，也影响爆破拆除效果。为确保工程进度和爆破效果，现场管理人员应对建筑的楼梯间、电梯井、屋顶水箱、影响倒塌的建筑承重墙、剪力墙、核心筒、钢筋预切割位置、建筑的“切缝分割”位置与工作量、施工队伍能力、机械设备能力、预拆除的“卡脖子”部位等给予高度重视，以免影响爆破拆除工期与爆破拆除效果。

3.3 人、材、机状况

人员、机械和材料是实现爆破拆除预期目的的必备要素，人、材、机的和谐配合是实现预期目标的关键。现场管理人员应对现场各工种人员（包括钻工、炮工、机修工、杂工等）的数量、技术水平、思想状况、工作态度，各工序管理人员之间的协调关系等动态准确把握。此外，还应准确掌握爆破器材，防护材料和消耗品的来源、价格、质量和供求状况等方面的信息。对现场设备状况、数量、效率、完好率、备品备件库存与供货状况等，现场管理人员也要做到心中有数。

3.4 现场布阵情况

爆破拆除工程需要在有限的时间和空间内完成大量艰巨工作，各工序之间存在许多交叉作业。准确掌握现场布阵情况，是高效有序指挥的基础。这些情况包括：现场机具、人员的摆布情况，预拆除进度，预拆除与其他工序的协调，钻孔与预拆除的接续情况，预拆除与安全防护工作的衔接情况等。

3.5 安全状况

抓工程进度绝不能忘掉安全工作。现场管理人员应对以下问题给予足够重视：是否存在安全隐患（比如是否有高空作业、是否有隐蔽空洞、爆破部位是否有缺陷、有无冲炮的可能等）；安全制度是否健全，安全制度落实情况，安全监管人员够不够，安全人员的监管是否到位，施工人员的安全防护措施是否到位；安全警示标记是否健全；周围居民的走访是否到位等。

3.6 经济状况

工程进度的实现离不开资金保证，但任何工程项目都是在有限的资金支持下完成的，因而，现场管理人员要随时进行经济核算，掌握动态成本和资金状况，分轻、重、缓、急恰当使用资金，把有限的资金用到刀刃上。

3.7 工程关键点

要掌握工程项目有哪些施工关键问题，对这些关键问题能采取什么措施，在解决这些关键问题时，可能会遇到那些困难，现有资源有无潜力可以挖掘，何时解决这些关键问题。

4 进度管理要主次兼顾

任何爆破拆除项目都是一项艰巨的任务，需要处理一大批事务，克服一系列困难，进行爆破拆除的每一项工作都很重要，这就是经常说的：爆破拆除无小事。在这种千头万绪的情况下，管理者不可乱了章法，要在复杂情况下，把各种因素按照轻、重、缓、急分类，按照急、重、轻排序，主次兼顾，确保工期。

（1）急事：这类问题需要马上解决，解决不了就可能影响下一环节的正常工作。有时，这类问题可能是一件小事，比如某爆破拆除工地，曾因小直径的钻头供应不及时，改用大直径钻头代替，恰遇建筑物上的钢筋太密，大钻头很难钻进去，使钻孔速度跟不上，差点耽误了工期。这类问题应该想尽办法尽快解决，以保证工程正常进行。

（2）重要的事：凡是影响到合同执行，影响工程进度，影响工程质量，关系到重大经济效益的技术问题、安全问题等都属于重大问题。这类问题，要有针对性地进行专题研究、试验、整理，要投入较多的精力，力求得到圆满的解决。一般情况下，爆破拆除项目的预处理进度、钻孔进度与质量、安全防护工作的进度与质量、爆破前的起爆网路联网及其警戒工作都是重要的事。

（3）一般性事务：这类工作对工程的正常进行有影响但影响不大，为确保重要事情的按期完成，可以缓一下处理，但需要认真对待，不能掉以轻心。比如：机具的日常维护，施工人员的住宿等，正常情况下应属一般性事务。

但是，由于爆破拆除工程经常伴随有一些事先未曾估计到的或者不确定的因素，在爆破拆除项目进行过程中，事情的急、重、轻并不是一成不变的。某一阶段时间，十万紧急的事情在另一时期，可能就变成了小事情；随着时间的推移，原来的小事情也有可能变成难题。因而，现场进度管理要及时调整工作重点，及时调整战略部署，以利工程的正常进行。

5 进度管理要措施得力

在充分了解现场情况，对各类事情按照轻、重、缓、急分类后，接下来的工作，就是拿出解决问题的对策。就爆破拆除工程而言，解决问题的办法主要有以下几种手段。

（1）目标规划。拆除爆破工程预期目标的实现不能随遇而安，要将拆除爆破工程进行阶段划分，进行目标规划。目标规划是将实现总体目标的办法、措施和过程的组织安排进行细化，是将整个工程进度目标分解到各个工序上，作为对该部分工作进行进度目标管理的依据。如：将爆破拆除项目的整个工作分为预处理、钻孔、安全防护等部分，对每个部分的工期提出规划，首先确保各部分工期的按期实现，最终保证总工期的实现。

（2）动态控制。爆破拆除工程具有极强的动态性，进度目标需要根据实际情况经常调整。在爆破拆除工程的进行过程中，现场管理人员需要对爆破拆除工程的整个施工过程进行跟踪，及时收集有关信息，然后对比目标和现有状态的差距，及时纠正和调整进度保证方案。如，在爆破拆除项目的预处理工作提前完成的情况下，可以调整接续时间，提前展开安全防护工作，以避免工期浪费。

（3）组织协调。组织协调工作贯穿于整个爆破拆除工程的实施过程，是实现预期目标的主要手段。组织协调常采用以下几种手段。

1）行政手段。对因组织管理疏漏而发生的问题，可以通过调整机构、制定制度、加强管理来解决。对人为因素导致的问题可以通过解聘和调整人员，更换施工队伍来尽快解决。

2）关系手段。爆破拆除工程实施一处，骚扰一方，应该提前处理好工地与甲方、当地政府、监理、周围居民等的各类关系，防患于未然，尽量减少“临时抱佛脚”的事。

3）经济手段。通过奖、惩措施调动员工的工作积极性，花小钱，保大局。

6 结语

爆破拆除工程的实践性极强，各个工程项目的差别很大。不同项目的技术措施不同，施工方案也有很大差异，因而难以将用于此工程有效的技术手段、措施，完全照搬到彼工程。同样，爆破拆除工程的工期与进度管理也不可能有统一的模式。以上所谈是基于多年来的工程实践经验，将此提供给大家的目的是为“抛砖引玉”，以期有利于整个行业管理水平的提高。

参 考 文 献

［1］中国质量监督检验检疫总局．GB 6722—2003 爆破安全规程［S］．北京：中国标准出版社，2003.

广州体育馆爆破网路可靠性分析

谭敏钊　钟伟平

（广东宏大爆破股份有限公司，广东 广州，510623）

摘　要：以广州体育馆爆破拆除为例，从爆破网路设计出发，包括“大把抓”、爆破时差、主起爆网路，并进行了爆破网路模拟试验，未出现任何拒爆现象，减少了由于操作人员的漏连、错连等方面造成的失误，从而有效地保证了网路准爆的可靠性。

关键词：爆破拆除；爆破网路设计；可靠性；模拟试验

Reliability Analysis of Blasting Network for Guangzhou Gymnasium Demolition

Tan Minzhao　Zhong Weiping

(Guangdong Hongda Blasting Co., Ltd., Guangdong Guangzhou, 510623)

Abstract: The paper explains the blasting network design for the demolition of Guangzhou Gymnasium, on the connection of the shock tube detonators, the delay interval, and the main detonating network, whose reliability is verified by simulation tests before the application. The demolition result shows that the designed network causes no misfire, and reduces the missing and fault connection due to operating personnel's mistakes, effectively ensuring the reliability of the network.

Keywords: blasting demolition; blasting network design; reliability; simulation test

1　工程概况

广州体育馆位于广州市解放北路和流花路交汇处，与中国大酒店、交易会和越秀公园遥相呼应，因市政建设的需要，须爆破拆除。

广州体育馆占地面积11000m²，总建筑面积43000m²。它由比赛馆、南楼、北楼、东门楼、西门楼及加建的拳击馆等部分组成。其中比赛馆高23m、长91.5m、宽56.4m，纯钢筋混凝土结构，有11排重量各227t、跨度56m的钢筋混凝土大拱梁撑起整个馆架，有168根钢筋混凝土立柱支起整个观看台。南楼长83.5m、宽24.75m，三层混合结构，是休息场馆，有5排共62根立柱。北楼长83.25m、39.27m，三层混合结构及钢筋混凝土人字架结构，是训练场馆，有6排共60根立柱。根据工程要求只能采用内叠式拆除爆破。为此，工程分五个爆区，共钻8628个炮孔，共装8628个炸药包，总炸药量486kg乳化炸药，须在4s内完成起爆。

2　爆破网路设计

面对需要一次起爆8600多个炮孔庞大且繁复的爆破网路，确实是摆在我们每一个从事爆破工作者

原载于《广东科技》，2006（162）：65-66。

面前的重大难题。我们首先试图采用驾轻路熟的电爆网路进行设计，这从纯技术的角度来说是可行的，但实际操作起来就困难重重了。其一这一万多发的电雷管的电阻检测工作量就非常繁重；其二要保证一万多发电雷管的脚线不出现漏连、错连，准确地连接到主网路上就非常困难，这是一个庞大的系统工程，稍有不慎就可能酿成重大工程事故；其三受地下高压线的影响大，这对主、支网路的铺设要求很高，施工难度大；其四要尽量避开雷雨天气，这对五月的南方很难做到这一点。为此，我们摒弃了电爆网路，大胆地采用半秒差非电雷管"大把抓"起爆网路技术。

2.1 "大把抓"

首先把 8628 个炮孔都装上 5m 长管线的非电瞬发雷管，而后把从炮孔中出来的导爆管每 20 根左右抓在一起成一扎，绑上两发中继非电雷管（中继非电雷管的管线长度视下一抓的位置而定，如比赛馆的立柱我们采用了 10m、15m、20m、25m、35m 的管线），用胶布外加橡皮水管捆在一起，形成第一抓。从第一抓出来 2 根导爆管，再把它分开，其中的一根与相邻的另一抓的一根（同段起爆的）再抓在一起，绑上两发中继非电雷管同样用胶布外加橡皮水管捆在一起并固定在安全位置，形成第二抓。由此继续下去，直到每个爆区同段雷管出来两根导爆管为止，这两根导爆管是按设计时差装上的半秒差非电雷管，它最终与主爆网路相连。这就完成了整个大把抓的过程，如图 1 和图 2 所示。

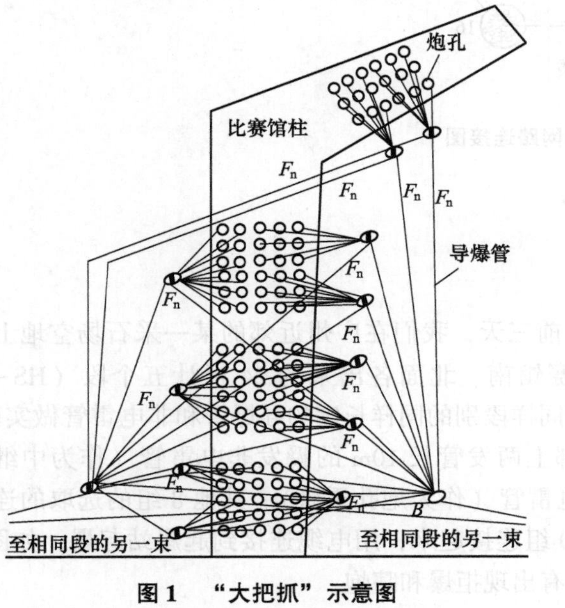

图 1 "大把抓"示意图

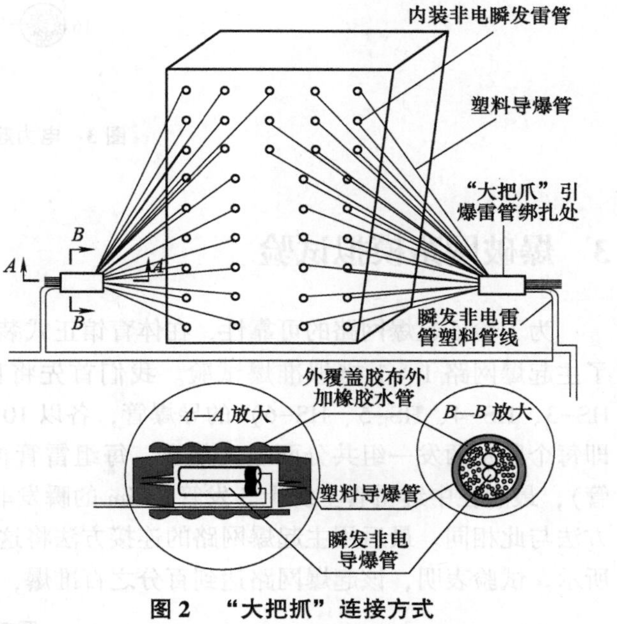

图 2 "大把抓"连接方式

2.2 爆破时差

整个体育馆爆破均采用半秒非电雷管，段数分别为：比赛馆 21、28、23 轴 HS-1，30 轴 HS-3，15、32 轴 h、HS-4，11、36 轴 HS-5，40 轴 HS-6；西山墙混凝土立柱 HS-6，西山墙砖柱、砖墙 HS-7，西山墙门楼的山墙砖柱 HS-7，门楼的砖柱及砖墙 HS-8；南楼西塞轴 HS-6，黄轴及内外墙 HS-7，立轴砖柱及砖墙 HS-8；南楼西塞轴 HS-6，黄轴及内外墙 HS-7，立轴砖柱及砖墙 HS-8；北楼的金、霜、为、结、露柱 HS-6，雨砖柱 HS-7，一共为 7 段。

2.3 主起爆网路

经大把抓分段出来的导爆管以体育馆中轴线为界，其中从比赛馆北面出来 24 根，东、西门楼各 4 根，比赛馆南面出来 24 根，东、西门楼各 4 根，南、北楼各 8 根，一共是 64 根，形成最后的 10 把，由图 3 所示。每一把绑上 4 发瞬发非电雷管和 2 发经严格检查的同段毫秒电雷管，其中的 2 根导爆管与左邻的把绑在一起，另外 2 根与右邻的把绑在一起。电雷管在把内串联后与相邻的把再串在一起，最后出来 2 根脚线与起爆电缆线相连至起爆站，最终完成了双回路、双保险的复式起爆网路。

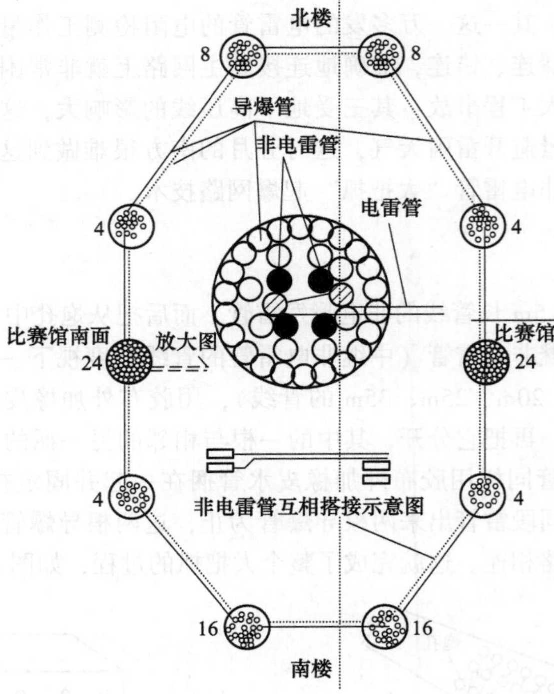

图 3　电力起爆网路连接图

3　爆破网路模拟试验

为了验证起爆网路的可靠性，在体育馆正式装药前三天，我们在广州近郊的某一采石场空地上作了主起爆网路 1：1 措拟准爆试验。我们首先将比赛馆南、北面各出来的 24 根计五个段（HS-1、HS-3、HS-4、HS-5、HS-6）的导爆管，各以 10 根同样段别的同样长度的导爆管和非电雷管做实验，即每个段别两发一组共分两组，其次，每组雷管再绑上两发管长 10m 的瞬发非电雷管（作为中继雷管），最后在中继雷管上绑上 5 发管长 5m 的瞬发非电雷管（作为炮孔雷管）。其他 8 组的选取的连接方法与此相同。最后用主起爆网路的连接方法将这 10 组连接起来，用电缆连接到起爆站起爆，如图 4 所示。试验表明，该起爆网路达到百分之百准爆，没有出现拒爆和瞎炮。

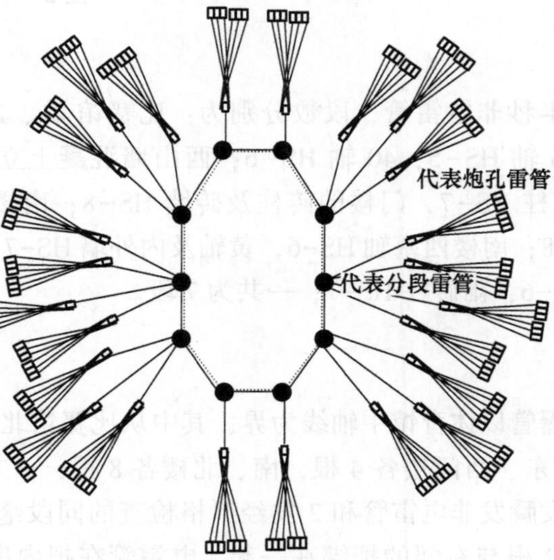

图 4　爆破网路模拟起爆试验

4 几点体会

广州体育馆拆除爆破取得一次成功，没有出现任何拒爆和瞎炮现象，这与整个爆破网路设计的正确性是密不可分的。通过这次爆破，我们的体会比较深的有以下几点：

（1）用“大把抓”的方法设计的起爆网路，解决了用电雷管难于实现的复杂网路的连接和设计问题。它使复杂网路的设计和施工变得简单、条理、系统、可靠和安全。

（2）它不需要花费大量的人力和物力对雷管进行检测和筛选，节省了成本，提高了效率，最大限度地减少了由于操作人员的漏连、错连等方面造成的失误，从而有效地保证了网路准爆的可靠性。

（3）起爆网路简单明了，操作人员容易熟练掌握，不需要花费大量的时间对操作人员进行培训和讲解。

（4）整个起爆网路比较简单明了，对网路设计人员来说，容易检查、复核。

（5）减少了电力和雷雨天气对起爆网路的干扰，确保了整个网路的安全。

（6）它适合于大多数复杂网路的设计和施工，适应性强。

不允许后坐的建筑物爆破拆除

叶图强[1]　刘　畅[2]　蔡进斌[3]

（1. 北京科技大学 土木与环境工程学院，北京，100083；
2. 广东宏大爆破股份有限公司，广东 广州，510623；
3. 广东云浮硫铁矿企业集团公司，广东 云浮，527343）

摘　要：待拆除的合山电厂废栈道为钢筋混凝土框架结构，周围环境十分复杂，综合运用了控制爆破技术，在建筑物的拆除中借鉴了高耸构筑物的拆除方法，避免拆除物的后坐，确保了4号、5号炉炉后系统和新栈道的安全。文中介绍了待拆物东西两部分倾倒方向、立柱爆高和爆破参数的选择、预处理、爆破网路的设计和安全防护措施。

关键词：拆除爆破；避免后坐；拆除方法；定向爆破

Blasting Demolition of a Building Without Backlash

Ye Tuqiang[1]　Liu Chang[2]　Cai Jinbin[3]

（1. School of Civil & Environmental Engineering，Beijing University of Science and Technology Beijing，100083；2. Guangdong Hongda Blasting Co.，Ltd.，Guangdong Guangzhou，510623；3. Guangdong Yunfu Pyrite Group Co.，Guangdong Yunfu，527343）

Abstract：The abandonment plank road of Heshan electric plant is a reinforced concrete frame structure with complicated surroundings environment. By using controlled blasting technology and using the method of demolition of tower buildings for reference，the blasting avoided the happening of backlash of the object to be demolished，and hence ensured the safety of 4# and 5# boiler systems and the new plank road. The present paper introduced blasting parameter selection，the pretreatment，the blasting network and proteetion measures.

Keywords：demolition blasting；avoiding backlash；demolition method；directional blasting

1　工程概况

1.1　建筑物结构

合山电厂始建于1967年，为进行技术改造，现将4号、5号炉炉后的废栈道进行拆除。废栈道为框架结构，南北长59.2m、东西宽15m、高14m，轴1~4横楼面为整体现浇，轴4~7为预制沟槽板，轴7~11斜面部分为整体现浇混凝土，轴7~16平面部分为预制沟槽板。轴1~16有：28根截面为500mm×400mm的立柱，柱内分布有8根ϕ25mm螺纹钢筋；12根截面为700mm×400mm的立柱，柱内分布有12根ϕ25mm螺纹钢筋；6根截面为700mm×500mm的立柱，柱内分布有12根ϕ28mm螺纹钢筋；梁截面分别为300mm×400mm和300mm×500mm。

1.2　周围环境

废栈道位于合山电厂厂区内，处于4号、5号炉后，周围环境十分复杂，东侧与新栈道相连，待

原载于《工程爆破》，2007，13（1）：69-72。

拆物主体距正在使用的新栈道7m；南侧距厂房5m；西侧：部分与4号炉炉后系统相连，部分距4号炉炉后系统0.35~0.40m，部分距5号炉炉后系统0.1~0.2m；北侧与5号炉炉后系统相连，周围环境如图1所示。

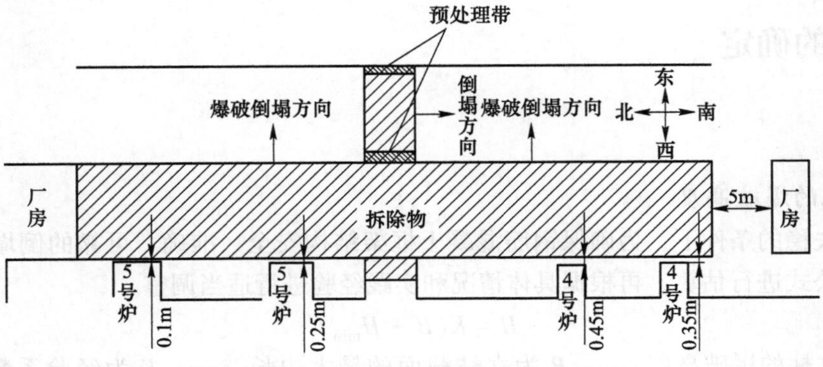

图1 待拆建筑物的周围环境

Fig. 1 Scheme of blasting surroundings

1.3 工程要求

爆破产生的震动、飞石、空气冲击波不得影响周围设施及建筑物的安全；要求爆破拆除废栈道时不能产生后坐，倒塌时不能向北偏斜及挤压，不得对4号、5号炉的生产和新栈道的运行造成影响，并且倒塌后应充分解体，爆堆不宜过高，以利于二次破碎和废渣清运。

2 爆破方案的选择

2.1 倾倒方向的选择

待拆物整体没有倒塌的场地，我们将待拆物分为东、西两个部分，这样东部分的南侧和北侧均为空旷地，考虑东部和西部两部分的结构特征和爆破周围环境，东部分的拆除是为西部分的拆除创造空间的，我们选定东部分的倒塌方向为南向；西部分只有东侧有较为开阔的场地，选择倾倒的方向为正东。

2.2 爆破方案的选择

依照工程要求，根据待拆物周边的建筑物平面位置及结构情况，为确保建筑物及设备的安全，综合各方面的因素，利用人机结合的方法拆除与新栈道相连的部分、与4号、5号炉相连部分，并将待拆物分离成东、西两部分，先爆破拆除废栈道的东部分，由于废栈道西部分有两面与厂房相连，定向的准确性和避免后坐是拆除废栈道成功的关键。而定向的准确性和避免后坐的决定因素是预处理、爆高和分段延时起爆。

先爆破的东部分拟采用由南向北逐排柱延时起爆，依次向南倒塌的方案。西部分拟采用由东向西逐排柱延时起爆，依次向东倒塌的方案。一次定向倒塌爆破技术是在最底层的各排立柱上，沿倒塌方向爆破出不同高度的缺口，将立柱的混凝土炸松并使其失去强度，从而使钢筋成为框架倾倒时的铰链，在倾覆力矩或重力矩的作用下达到定向倾倒的目的。

3 预处理

（1）利用人机结合的方法将废栈道与新栈道、4号炉、5号炉相连的部分开凿出一条隔离缝，使废栈道与新栈道、4号炉、5号炉分离，分离间距不小于0.3m。

（2）对斜坡面楼板进行预处理：3m以下的斜坡面楼板全部处理掉，3m以上至7m高以下的斜坡面楼板，在靠东侧和中间的地方，沿南北方向，利用人机结合的方法各开凿出一条缝，缝宽不小于 0.1m。

(3) 将废栈道底层的墙体进行预处理：对于倒塌方向即纵向墙全部处理掉，对于垂直于倒塌方向即横向墙则根据爆破切口确定，在爆破切口以内的立柱两侧墙要全部处理掉。

4 爆破参数的确定

4.1 立柱炸高

4.1.1 立柱的爆破高度

在保证立筋失稳的条件下，为确保钢筋混凝土框架结构安全、准确、可靠的倒塌，倒塌方向立柱的炸高可按以下公式进行估算，再根据具体情况和实践经验进行适当调整。

$$H = K(B + H_{min})$$

式中，H 为承重立柱的爆破高度，m；B 为立柱截面的最大边长，cm；K 为经验系数，$K=1.5\sim2.0$；H_{min} 为立柱最小破坏高度，一般取 $H_{min}=12.5d$（d 为钢筋直径）。

由于各排柱的断面尺寸、布筋情况不同，我们用最大截面和最粗的配筋来计算 H，即取 $B=70$cm、$d=28$mm，经计算取 $H=2.1$m。即前排取爆破高度为 2.1m，每根立柱 8 个炮孔；待拆物的东部分后排立柱的爆破高度为 0.4m，每根立柱 2 个炮孔。

4.1.2 西部分后排立柱的爆破切口

为了减小后坐甚至避免后坐的可能性，在后排柱爆破时，我们在定向爆破拆除的基础上借鉴了烟囱拆除爆破的原理。根据定向爆破对立柱只要形成铰链的要求，$H'=(1.0\sim1.5)B$，其中 B 为立柱截面沿倒塌方向的边长；根据烟囱拆除爆破的原理，开口弧长 $L>(1/2\sim2/3)C$（C 为烟囱的周长）。综合各方面的因素取后排爆破高度为 $H'=0.3$m、爆破切口长 $L=2C/3$，每根立柱 4 个炮孔。

4.2 爆破参数

4.2.1 一般立柱的爆破参数

最小抵抗线 $W=B_{z1}/2$，其中 B_{z1} 为立柱截面的短边长，cm；炮孔深度 $L=C'B_{z2}$（式中，B_{z2} 为立柱断面的长边长度，cm；C'为边界条件系数，取 0.65~0.75）；孔间距 $a_z=30$cm。根据实践经验，单位炸药消耗量 $q=800\text{g/m}^3$；截面为 400mm×500mm 的布单排孔，单孔装药量 $Q_{柱单}=qB_{z2}a_zB_{z1}=48$g，为了便于施工取 50g（即 1/4 卷，每卷炸药为 200g）；截面为 400mm×700mm 的布双排孔，单孔装药量 $Q_{柱单}=qB_{z2}a_zB_{z1}/2=33.6$g，为了便于施工取 40g；截面为 500mm×700mm 的布双排孔，单孔装药量 $Q_{柱单}=qB_{z2}a_zB_{z1}/2=42$g，为了便于施工取 40g。爆破参数及药量列于表 1。

表 1 立柱的爆破参数

Table 1 Blasting parameters of pillars

立柱	断面/m×m	爆高/m	抵抗线/cm	孔距/cm	排距/cm	孔深/cm	单孔药量/g	排数	炮孔数/个	药量/kg
东部前排	0.5×0.7	2.1	25	30	20	33	40	2	30	1.20
东部后排	0.5×0.7	0.4	25	30	20	33	40	2	9	0.36
西部前排	0.5×0.7	2.1	25	30	20	33	40	2	30	1.20
	0.4×0.7	2.1	20	30	20	26	40	2	75	3.00
	0.4×0.5	2.1	20	30	20	26	50	1	80	4.00
西部后排	0.5×0.7	0.3	13.3	30	20	17.4	16	2	12	0.19
	0.4×0.7	0.3	13.3	30	20	17.4	13	3	30	0.39
	0.4×0.5	0.3	13.3	30	20	17.4	14	3	40	0.56
合计										10.9

4.2.2 待拆物西部分后排立柱的爆破参数

最小抵抗线 $W=B_{z1}/4$（B_{z1} 为立柱截面的短边长，cm）；炮孔深度 $L=C'B_{z1}$（C' 为边界条件系数，取 0.65～0.75）；孔间距 $a_z=15$cm。根据实践经验，单位炸药消耗量 $q=1400\text{g/m}^3$；截面为 400mm×500mm 的布双排孔，排距 $b=20$cm，单孔装药量 $Q_{柱单}=qB_{z2}a_zB_{z1}/3=14$g；截面为 400mm×700mm 的布三排孔，排距 $b=20$cm，单孔装药量 $Q_{柱单}=2qB_{z2}a_zB_{z1}/9=13$g；截面为 500mm×700mm 的布三排孔，排距 $b=20$cm，单孔装药量为 $Q_{柱单}=2qB_{z2}a_zB_{z1}/9=16$g。爆破参数及药量列于表 1。

4.2.3 梁和柱的节点爆破参数

在倒塌方向的梁即纵向梁与柱的相交节点处布置措施孔。抵抗线 $W_L=B_{L1}/2=15$cm，B_{L1} 为纵梁断面的短边长度；炮孔深度 $L_L=0.70B_{L2}=35$cm，B_{L2} 为纵梁断面的长边长度；孔间距 $a_L=20$cm；炸药单耗 $q=1000\text{g/m}^3$；单孔装药量 $Q_{梁单}=qB_{L2}a_LB_{L1}=30$g，为了便于施工取 33g。节点措施孔共有 114 个，故 $Q_{梁总}=3.66$kg。

单排炮孔布置考虑立柱中布筋情况，沿中心立筋左右交错布孔。既要减少后排的爆破高度减小后坐，又要确保后排形成铰链以确保厂房的顺利倒塌，前排立柱均从地面±0cm 起布孔，为确保厂房的顺利倒塌，在二层所有的纵向梁和柱节点形成铰链。

5 毫秒延时与起爆网路

根据文献资料及经验，采用塑料导爆管非电起爆系统，利用毫秒雷管控制各部位炮孔起爆时间和间隔。

炮孔内装 1、3、5 段雷管，1 段先爆前排立柱上部梁头节点措施孔，然后爆后排下部立柱和后排上部梁头节点措施孔，炮孔装单雷管，簇联用两发雷管，采用孔内毫秒延时孔外瞬发、复式非电起爆网路。

待拆物的东部和西部两部分之间采用 9 段非电雷管连接。

6 爆破震动安全

6.1 最大一段药量计算

理论与实践证明，装药起爆时差超过 20ms，每次爆破形成的地震波可视为独立作用的波，因此大于该时差爆破的地震强度可按最大一段药量计算。

本设计装药起爆最小时差为 50ms，最大一段药量（3 段）为 9.88kg，离爆区几何中心最近的是 6.8m。

根据修正的萨道夫斯基公式来计算最大一段药量：

$$Q=R^3([v]/KK')^{3/\alpha}$$

式中，Q 为允许的最大一段药量，kg；R 为爆源中心至被保护物的距离，$R=6.8$m；$[v]$ 为爆破地震安全速度，要确保周围建筑物的安全，通常取 $[v]\leqslant 5$cm/s；K、α 为与爆破地点的地形、地质等条件有关的系数，本工程 K 取 32.1、α 取 1.36；K' 为 K 的修正系数，$K'=0.25\sim1.00$，距爆源中心近时取大值，反之取小值，本工程取 $K'=1.00$。计算得 $Q=5.2\text{kg}<9.88\text{kg}$。

采用以下技术措施：将第 2 时段起爆的 3 段分成 3、5、6 段三个段别，其中立柱分为 3、5 两段，药量分别为 4kg 和 4.2kg；后排上部梁头节点措施孔为 6 段一个段别，药量为 1.68kg；并将后排下部立柱的时间向后延时为 7 段。此时最大的一段药量为 4.2kg（<5.2kg），通过分段和延时减小了爆破震动，可以保证周围建筑物的安全。

6.2 爆破施工与安全防护

（1）钻孔。采用 YT-24 风钻、直径 38mm 钻头，尽量保证钻孔垂直于混凝土面。钻孔后测量孔深，截面为 500mm×400mm 和截面为 700mm×400mm 的立柱，孔深应在 26~28cm 范围内，截面为 700mm×500mm 孔深应在 32~34cm 范围内，不合乎设计要求的应进行及时处理，以确保孔深符合设计要求，保证药柱位于立柱截面中心。

（2）装药填塞。采用乳化炸药，药卷直径 32mm，根据重量切割合适的炸药长度，装入炮孔后，先装入少量的干沙，然后填塞一定湿度的黄土至孔满。

（3）起爆网路连接。采用黑胶布包扎，连线后按设计要求检查线路，防止漏连、错连。

（4）安全防护。将双层草袋捆绑在立柱上，然后用一层竹跳板围柱捆紧；对梁上炮孔和孔外的导爆管雷管用草袋盖上、压好。用竹跳板对门窗设施等进行覆盖防护。

7 爆破效果与体会

废栈道按预定方向倾倒，未发生偏斜和后坐；严格控制了爆破产生的振动和飞石的危害，4 号、5 号炉的生产和新栈道正常运行；爆后周围建筑物的门窗、玻璃完好；爆堆最高点约 4m。

本工程拆爆成功有以下几点体会：

（1）首先是做好预处理工作，在确保待拆建筑物安全稳定的前提下，应尽量把影响倒塌方向准确性的结构预拆除掉，特别是倒塌方向的纵向梁与立柱的交叉点，要形成铰链节点。

（2）本次爆破尽管环境条件要求较高，由于采用控制爆破技术并借鉴了烟囱拆除的技术措施，达到了很好的爆破效果，避免拆除物的后坐，确保了倒塌反方向建筑物的安全。

（3）防护除了近体防护，还应进行重点防护，以确保需保护物的安全。

参考文献

[1] 叶图强，陆鹏程，潘朋坤．转运站框架式厂房的爆破拆除［J］．工程爆破，2002，8（2）：33-35.
[2] 商键，林大泽．拆除爆破与安全管理［M］．北京：兵器工业出版社，1993.
[3] 冯叔瑜，吕毅，杨杰昌，等．城市控制爆破［M］．北京：中国铁道出版社，1985.
[4] 李守巨．拆除爆破中的安全防护技术［J］．工程爆破，1995，1（1）：71-75.

拆除爆破工程安全管理的特点与对应措施

李战军　郑炳旭　魏晓林

（广东宏大爆破股份有限公司，广东 广州，510623）

摘　要： 总结了拆除爆破工程安全管理的特点，指出爆破拆除工程的安全管理应有风险意识，给出了爆破拆除项目风险管理的方法，提出了爆破拆除工程实施过程中应注意的安全问题。

关键词： 爆破拆除；安全管理；风险管理

Characteristics and Corresponding Measures of Safety Management in Blasting Demolition Projects

Li Zhanjun　Zheng Bingxu　Wei Xiaolin

（Guangdong Hongda Blasting Co.，Ltd.，Guangdong Guangzhou，510623）

Abstract： The characteristics of the safety management in blasting demolition projects are summarized，the safety management of the projects needs risk consciousness is emphasized，the methods used in the risk management of the projects are presented，and some sides supposed to be given enough attention are given in the safety management of the project progress.

Keywords： blasting demolition；safety management；risk management

1　引言

近几年来，随着一大批复杂建（构）物爆破拆除的成功实施，爆破行业既赢得了经济效益又赢得了社会效益。与此同时，一些爆破拆除安全事故屡见报端，这无疑给爆破拆除行业的发展带来了诸多不利。因而，弄清爆破拆除工程安全管理的特点，采取相应的措施，使爆破拆除行业健康发展，值得爆破行业从业人员进行深入探索与研究。

2　爆破拆除工程安全管理的特点

爆破拆除项目安全管理的特点主要表现在以下几个方面。

2.1　安全管理是全过程管理

一般的建筑工程，设计、施工、监理各司其职，从设计至工作完成的整个工作过程的分工明确，工地安全管理的阶段性明显，通常所讲的建筑工程安全管理主要是指建筑施工阶段的安全管理。

拆除爆破工程的设计与施工一般由同一家爆破公司完成，工作内容包括爆破前预拆除、安全防护、装药连线、爆破、直至建筑被爆倒后的处理。因而爆破拆除工程的安全管理工作从设计开始直至建筑的残骸被处理完毕，这一系列工作的安全责任都由一家单位承担，爆破拆除工程的安全管理是从爆破设计开始的全过程管理。

原载于《爆破》，2007，24（1）：97-100。

2.2 常在多工序交替情况下进行

一般建筑工程施工的计划性很强，建筑自下往上按计划一层一层进行，工程的平行作业较多，在时间与空间上的交叉较少。爆破拆除工程的工期往往较紧，预处理、钻孔、防护往往在楼上楼下多点同时进行，工程在时间和空间上的频繁交叉，这不利于安全管理。

2.3 经常在突击的情况下实施

爆破拆除的主要优势之一是施工周期短，在与其他拆除手段竞争拆除项目时，工期短是爆破企业的主要卖点之一。同时，由于现代生活节奏极快，节省时间就意味着财富，业主在选择施工手段时，工期也是业主在方案选择时的主要考虑因素之一。因而抓工程进度，尽量缩短爆破拆除工程项目的工期，是工程甲、乙双方共同期待的。因此，爆破拆除项目经常是在突击的情况下进行，忙中易出乱。

2.4 安全管理须在工地内外进行

一般建筑工程的重点主要是做好工地内部的安全管理。爆破拆除工程往往在城市复杂环境下进行，爆破拆除又会产生飞石、振动等公害，因而进行爆破拆除工程的安全管理时，既要考虑工地内又要照顾到工地周围居民和有关设施的安全，因而爆破拆除安全管理既要顾及工地内又要顾及工地外，安全管理的范围要比一般建筑业大得多。

2.5 被管理对象安全意识低

爆破拆除工程的连续性差、随意性强，干了这一单爆破拆除工程还不知下一单在哪里。随着市场经济的发展，企业不断转换经营机制，为了降低成本，爆破公司不愿养人，有工程时将工人请来，干完活就将工人打发走，导致爆破作业人员频繁更换，这些人员均没进行过系统的专业培训，专业知识和安全意识较差，管理稍有疏忽，他们就可能捅出乱子。再加上周围居民的构成复杂，个人素质千差万别，安全管理工作既要严格要求，又要耐心细致。

2.6 在缺少严格标准的情况下进行

一般建筑行业的技术规范、标准等健全，安全管理主要是严格按规范办事，安全管理的可操作性很强。爆破拆除行业各种规范、规定较少，安全管理的可操作性较差，主要凭经验进行安全管理，这要求现场管理人员既要有一定的理论知识又要有扎实的实践功底。

3 爆破拆除的安全管理要有风险意识

风险管理理念和技术的引入是现代管理与传统管理的不同之处之一。工程项目的风险管理强调对项目的预期目标进行主动控制，对项目实现过程中遭遇的风险因素做到防患于未然，以避免和减少财物损失[1]。

爆破拆除项目可能会由于管理、技术或不可预见的原因，使爆破效果达不到预计的目标，造成经济或人身损失。因而爆破拆除工程具有一定的风险，爆破拆除从业人员要有一定的风险意识，要学会风险处理。

爆破工程风险处理主要有以下几种方式。

3.1 回避

当某项爆破拆除工程风险较大，价格又较低，进行此项工程的预期效益与承担的风险不呈比例时，可以拒绝进行此项工程。回避虽是一种消极的经营手段，但在某些情况下，采用这种手段不失为一种上策，切不可凭侥幸而为之，最终导致赔钱、赔名誉。

3.2 损失控制

风险损失控制是一种具有积极意义的风险处理手段，这一方法通过事先控制或者应急预案使风险不发生，或者使风险发生后的损失最低。损失控制方案有3种：

（1）预控方案。预控方案的核心是通过控制风险产生的条件，使风险不发生。爆破拆除工程的预控方案应从爆破拆除工程的设计阶段就开始考虑，通常的做法是选择科学的爆破拆除方案、控制同段起爆药量、加强防护、采取完备的防震及减震措施等。预控方案的实施只有在预先对风险做出辨认，了解风险产生的原因、条件、环境和后果的情况下，才能达到预期目的。

（2）应急预案。应急预案的目的是使风险损失最小化，应急预案在损失发生时起作用。爆破拆除工程应在爆破方案的安全评估时，对爆破灾害的可能影响范围和损失进行充分估计，对潜在的、危害较大的风险制定出应急预案，比如应该设想被拆除的建筑物炸而不倒后怎么办；爆破对周边的水、气、电、通信等设施造成伤害怎么办；爆破拆除时出现飞石伤人怎么办等，并拿出相应的措施。

（3）挽救方案。挽救方案的目的是将风险发生所致损失的财物修复到最高可以使用的程度。一般而言，挽救方案是不能预先制定的，因为在风险发生之前不知道损害的部位和程度，因此不需要在风险发生前制定详尽的挽救方案，只需在进行工程谈判报价时考虑这笔费用，在应急预案中规定损失发生后挽救方案的人员名单和工作内容。

3.3 风险的分散

风险的分散是常用的风险控制对策，它的主要思路是将企业或者项目的风险因素分散开。进行爆破拆除工程前，应该明确业主、施工、监理等有关单位的风险责任。这样既有利于明确各自职责，降低风险发生的可能性，又可在风险发生后，分散风险损失。爆破拆除工程项目进行风险的分散与转移时，常用的手段有：工程项目谈判时，给业主讲明现有的工程价格，施工方承担什么责任，业主承担什么责任；工程项目施工过程中与分项工程单位签订安全风险责任状，明确彼此的责任，以便事故发生后，减少自身损失等。

4 拆除爆破各阶段安全管理应注意的问题

根据经验，爆破拆除工程的安全管理应注意做好以下几方面的工作。

4.1 现场勘察要仔细

爆破现场的详尽勘察是爆破设计的基础，爆破现场的详尽勘察应注意以下几个方面。

（1）环境勘察中：既要重视表面目标，又要重视隐藏目标，如弄清是否有地下电缆、地下通信设施；既要注意可见目标，又要注意不可见目标，如确定是否有危及爆破安全的杂散电流、射频电流和易燃、易爆气体；既要重视外部情况，又要重视内部设施，如需保护建筑内是否有需要保护的精密仪器，建筑内有无行走不便的卧床病人等。

（2）结构勘察时：应结合图纸进行现场核实，并应注意结构钢筋是否受到腐蚀；不仅要观察结构的形式，还要了解结构的坚固程度和承载力（进行爆破拆除设计时，容易仅顾及建筑的结构形式，而忽视了其坚固性和承载力，从而导致事故）；深入了解结构的稳定性，这样做既是为了保证爆破效果，也可防止预处理过多，出现安全问题。

其他应注意的事项还有需保护设施的情况，警戒范围，关键防护部位和警戒点等。

4.2 方案和参数选择要慎重

爆破方案的合理与否直接关系到爆破效果和爆破安全。爆破方案的选择要兼顾理论与实际经验数据，这主要是因为爆破工程学科的理论研究不够深入，纯理论公式都是在理想条件下推导出来的，将此类公式用于实际工作，爆破效果会有一定差距。因理论研究不够，爆破拆除常用的公式许多是经验公式，这类公式繁多，每个公式都有一定的使用范围，带有很强的局限性。这些经验公式对技术人员确定一些爆破参数有帮助，但应注意其使用条件和范围，否则难以达到预期目的。

爆破方案的选择要根据周围场地情况，建筑的结构，周围需保护目标的情况来确定。爆破方案应尽量具体，过于粗糙的方案无法细化量化，容易造成现场施工的灵活性过大，为今后的安全管理埋下隐患。爆破方案形成前，设计者应该对以下问题深入研究，这些问题包括：方案选择的依据和主要考虑、爆破切口的高度与大小、爆破危害的类型与危害范围、建筑的稳定情况与失稳条件、预处理的部位、爆破器材的选择、防护量与防护部位、特殊部位的处理措施等。合理的爆破参数是避免爆破安全事故的前提，如炸药单耗合理，发生飞石伤人、伤物和冲炮的可能就会降低。

4.3 对预处理时的安全要给予高度重视

爆破拆除的成功实施需要大量预拆除工作打基础。一般情况下，爆破拆除工程的预拆除工作量，占整个工程总工作量的1/3以上。预拆除工作不但影响工程进度，也是安全管理的重点部位之一。近几年来，某些爆破公司在进行爆破前预处理时发生的血的教训，提醒对建筑爆破前预处理时的安全管理不可轻视。

导致爆破前预拆除安全事故的原因主要有：对建筑未作结构受力分析或者结构分析失误，误将承重受力构件破坏，造成结构失稳；对承重墙处理过多，或者处理位置不当，造成结构整体失稳。砖结构楼房是近几年预处理安全事故的高发区。

同时，还应注意预处理不到位是爆破拆除炸而不倒，或者倒塌效果不理想的重要原因之一。为确保安全，现场管理人员应对预处理建筑的楼梯间、电梯井、影响倒塌的建筑承重墙、剪力墙、核心筒的预拆除等给予高度重视。

4.4 要随时收集预拆除和试爆反馈的信息

进行爆破设计时主要采用业主提供的资料和设计者现场勘查看到的表面情况，被拆的建筑的建设年代往往较久远，这些信息的可靠性和完整性较差。预拆除时揭露出的信息是建筑真实情况的准确反映，试爆时的数据是调整爆破参数的重要依据，这些信息现场管理者应该及时了解、掌握，并据此进一步完善方案。

4.5 严格按照设计施工

许多爆破安全事故的发生都是施工人员不按设计施工造成的。工程施工中此类现象有：增加或者减少炮孔药量或者漏装药；钻孔深度不合要求；孔距与设计差别过大；预处理不到位；雷管段数搞错；堵塞不合格；防护不到位等。现场施工人员要严格按照设计方案进行施工，设计方案是现场施工的主要依据，若需变更设计参数等必须事先征得现场主管工程技术人员同意。

4.6 安全防护必须到位

有些工程为了节约开支，对爆破体的主动（近体）防护不严密，对被保护对象的防护也是草率遮盖。在防护用材上图方便，所用防护材料质量差，没有防护作用；有些防护不讲究科学，防护工作简单化，形式化，这些都是安全工作的隐患。安全防护资金应该尽量保证，用于安全防护的钱省不得。

4.7 爆破作业前的周围居民走访必不可少

爆破拆除工程是典型的扰民工程，爆破拆除的成功实施需要周围居民的积极配合和支持。爆破前应按照规定对爆破区域内居民进行走访，将爆破拆除的潜在危害等讲清楚，使居民充分了解爆破前警戒撤离的必要性，这不但可以消除居民的侥幸心理，也可取得周围居民的谅解与支持，为确保爆破的安全进行打下基础。

4.8 堵塞联网等一切按照规定进行

堵塞质量影响爆破效果，在工程施工过程中，堵塞出现的问题主要是堵塞不够密实和堵塞物过软起不到应有作用。

为了确保安全，爆破拆除起爆最好全部采用非电起爆系统（击爆点除外）。爆破网路连接时，要注意网路的层次性和清晰性，为网路的检查提供方便。联网过程中，因大型爆破拆除项目的爆破网路往往比较复杂，容易出现漏连，最好进行分工，联网与网路检查指派不同的人分别进行。接力（延时）雷管上的胶布包扎层数不足，容易产生传爆失效；下雨时，导爆管沾水会影响网路传爆效果，这些问题都应给予足够重视。

4.9 爆破时的安全警戒要到位

爆破时的警戒工作十分重要。爆破警戒容易出现联络不畅通、协调不够、警戒现场混乱的现象。经验是爆破前一定要提前开会安排，让大家认识到警戒的重要性。爆破前要根据现场实际情况，定岗、定人、定责任。在条件允许的情况下，爆破警戒范围宁愿适当大一点，不能怕麻烦，不能有侥幸心理。

4.10 爆破后要进行认真检查

一般情况下，建筑被爆破倒后，就标志着爆破拆除工作的结束。但有时，可能发生会出现以下极端事例，如建筑倒塌后产生具有安全隐患的堆积物，周围建筑受损或有盲炮留在废墟等。因而，爆破后应对爆破区域认真检查。经检查后，确认没有安全隐患后，才可以解除警戒；若存在安全隐患，应派专人警戒危险区，并组织机械、人员等进行处理，待隐患处理完毕，确认安全后才准许人员进入警戒区域。爆破后未使用完的火工品等要按照规定进行销毁。

5 结语

安全是一切工作的前提，高风险的爆破拆除工程更是如此[2]。经过爆破界从业人员多年的努力，爆破拆除工程的安全管理正在逐步完善，并取得了显著成绩。爆破拆除工程的实践性极强，各个工程项目的差别很大，因而，爆破拆除工程的安全管理也不可能有统一的模式。将此提供给大家的目的是为了方便大家对此类问题进行探讨，以期进一步提高爆破拆除行业安全管理的整体水平。

参考文献

[1] 梁世连，惠恩才．工程项目管理学［M］．2版．大连：东北财经大学出版社，2004：319-347.
[2] 冯叔瑜，顾毅成．安全：爆破工程永恒的主题［J］．爆破，2002，19（1）：1-4.

不对称厂房的爆破拆除

刘　畅[1]　叶图强[2]　蔡进斌[3]

（1. 广东宏大爆破股份有限公司，广东 广州，510623；
2. 北京科技大学 土木与环境工程学院，北京，100083；
3. 广东云浮硫铁矿企业集团公司，广东 云浮，527343）

摘　要：待拆除厂房为不平衡的 6 层钢筋混凝土框架结构，周围环境较复杂。通过采取预处理方式将需保留的筒体与厂房相连部分进行分离，由于精心设计爆破切口和起爆网路，使结构不平衡厂房的重心按预想的方向倾斜，按设计方向倒塌，确保了两筒体的安全。

关键词：爆破拆除；结构不平衡；爆破切口；起爆顺序

Blasting Demolition of a Factory in Asymmetry

Liu Chang[1]　Ye Tuqiang[2]　Cai Jinbin

（1. Guangdong Hongda Blasting Co., Ltd., Guangdong Guangzhou, 510623;
2. School of Civil & Environmental Engineering, Beijing University of Science and Technology, Beijing, 100083;
3. Guangdong Yunfu Pyrite Group Co., Guangdong Yunfu, 527343）

Abstract: The demolished factory workshop is a six storey and reinforced concrete frame one imbalanced in weight. The surroundings of the workshop was very complicated, with a tubby building nearby it and needed to be protected. The demolition started with the isolation of the tubby building from the connecting section of the workshop through pretreatment, and following the employment of carefully designed blasting cut and ignition network successfully made the collapse of the workshop along the anticipated direction. The blasting demolition of the factory workshop successfully protected the security of the tubby building.

Keywords: blasting demolition; imbalance in weight; blasting cut; ignition sequence

1　工程概况

1.1　厂房结构

某县水泥厂因技术改造需要将一厂房拆除，该厂房南北长 23m、东西宽 11.5m，厂房由南北两部分组成：南半部分 6 层，高 30m，顶层上有 150t 水泥的半成品；北半部分 5 层，高 22.7m；厂房为钢筋混凝土框架结构。从南至北，第 1、3 跨的跨距为 3.3m，第 2 跨的跨距为 5m，每层 16 根截面为 500mm×650mm 的立柱，柱内分布有 12 根 ϕ25mm 螺纹钢筋；横梁截面为 400mm×600mm，纵梁截面为 400mm×800mm，每层由 100mm 的楼板及纵、横梁组成，梁、板、柱为混凝土整体浇注，如图 1 所示。

原载于《工程爆破》，2007，13（2）：54-56，70。

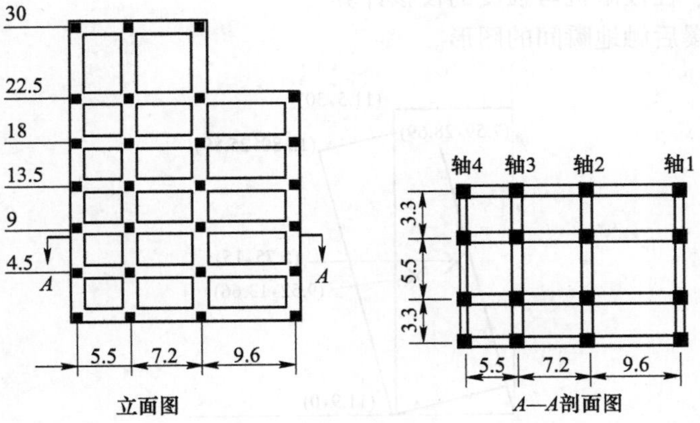

图1 厂房结构示意图（单位：m）

Fig. 1 Scheme of factary structure（unit：m）

1.2 周围环境

厂房周围环境较复杂，东侧为空旷地，南侧与水泥厂筒体建筑物相连，与轴4线相距0.1m，水泥厂筒体建筑物需要保护；西侧为厂区公路，距厂房3m内有多根悬空输配电线，距配电房12m，要求厂房不能后坐；北侧与一厂房相连，距水泥厂筒体建筑物3m。周围环境如图2所示。

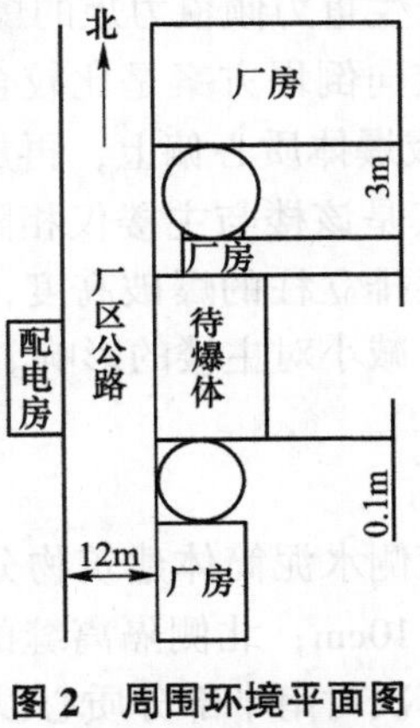

图2 周围环境平面图

Fig. 2 Scheme of surroundings

1.3 工程要求

爆破产生的振动、飞石、空气冲击波不得影响周围设施及建筑物的安全；要求被爆厂房不能产生后坐，倒塌时不能向南有丝毫偏斜及挤压；不得对配电房造成影响，并且倒塌后应充分解体，爆堆不宜过高，以便二次破碎和废渣清运。

2 爆破方案

2.1 倾倒方向的选择

根据该厂房不对称的结构特征及爆区周围环境，考虑只有东侧有较为开阔的场地，由于厂房不平衡，为了减少对南侧的挤压和破坏，选择倾倒方向为东偏北15°。

2.2 爆破方案的选择

在有配筋的框架结构厂房的解体中，弯矩破坏是解体的主要形式。选择倒塌方案需要进行倾覆力矩或重力矩以及梁、板、柱极限抗弯强度的校核计算。

图 3 是框架爆前、爆后触地瞬间的图形。

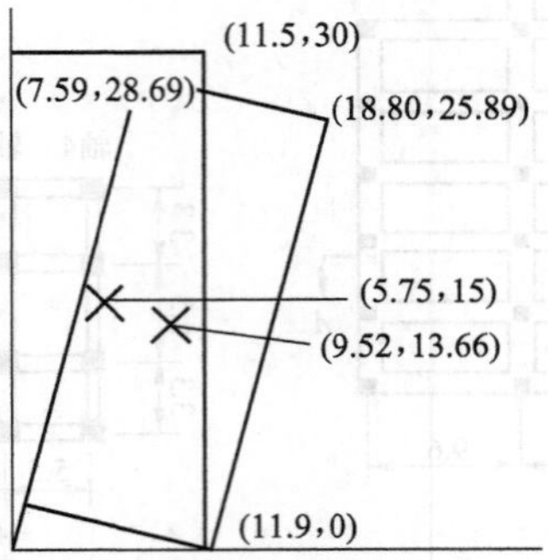

图 3 框架爆前、爆后触地瞬间图形（单位：m）

Fig. 3 Scheme of frame in unexploded and in exploded（unit：m）

经计算知，未爆之前的框架质心为坐标为（5. 75m，15m），爆后框架质心坐标为（9. 52m，13. 66m），瞬间触地点坐标（13. 9m，0m），即爆后框架触地瞬间的质心位于触地垂线以外，呈不稳定状态。

如图 3 所示，框架触地瞬间爆体产生的重力倾覆力矩为 M_Q，则：

$$M_Q = eP_1$$

式中，e 为爆体质心水平偏移量；P_1 为产生重力倾覆力矩的爆体重。

从确保大楼倾倒的角度考虑，一次定向倒塌方案是比较合理的，较适合于本工程。由于该楼的高宽比为 2. 59，且 2 层底板已被拆除，造成爆体质心偏上，再加上楼内砖墙的拆除，这些因素给设计和梁上炮孔的防护增加了一定的难度。尤其是该楼与主楼仅相隔 5cm，保证主楼不受损伤是本项工程的重点。在设计中，我们由北向南加大了逐排立柱的爆破高度，并采用自下而上的起爆顺序，这样可以形成足够的倾覆力矩，以确保大楼失稳，减小对主楼的影响。实践证明，采用这种方法是可行的。

2. 3 预处理

首先开凿出一条隔离缝，将厂房与南侧水泥筒体建筑物分离，由于厂房与水泥筒体建筑物两轴线仅有 10cm 宽，因此南侧隔离缝的宽度为 10cm；北侧隔离缝的宽度不小于 100cm，以确保厂房的顺利倒塌而不会影响两侧水泥筒体建筑物；其次对南半部分质心以上即 5、6 层楼板、设备基础及南半部分 6 层的水泥半成品处理掉，减轻南半部分上部的重量，以便减轻因南北两部分重量不平衡影响爆破的定向、形成倒塌偏移、造成对南侧水泥筒体建筑物的危害。

2. 4 爆破参数的确定

2. 4. 1 立柱爆高

在保证立筋失稳的条件下，为确保钢筋混凝土框架结构安全、准确、可靠地倒塌，倒塌方向立柱的炸高 H 可用经验公式计算：

$$H = K(B + H_{\min})$$

式中，K 为经验系数，1. 5~3. 0，取 $K=3.0$；B 为立柱截面的最大边长，$B=65$cm；$H_{\min}$ 为立柱最小炸高，一般取钢筋直径的 12. 5 倍，实际取 $H=3.2$m。

倒塌背向立柱形成铰链部位的爆破高度：$H=(1.0 \sim 1.5)B = 65 \sim 98$cm，为减少后坐，实际取 $H=30$cm。

为确保南侧筒体建筑物的安全，厂房倒塌后应距离南侧筒体建筑物不小于 0. 5m，因南侧筒体建筑物与厂房紧邻处距最后一排距离为 3m，则有：$\sin\alpha=0.5/3=0.1667$，则 $\alpha=9.6°$。

根据倒塌方向为东偏北 9. 6°，在设计高度上要采取同排不同的爆破高度以及起爆时差来控制倒塌的偏斜。

由于上部的重量不平衡影响爆破的定向，为了减小不平衡造成的影响，采用提高爆破高度、减少厂房滞空时间，使厂房爆破后按设计方向迅速坍塌。

本设计选取的承重立柱爆破高度如表1所示。

表1　承重立柱的爆破破坏高度

Table 1　Damage height of bearing pillar in blasting

部　位	立柱爆高/m（孔数/个）			
	第1排	第2排	第3排	第4排
轴1	5.7（19）	5.4（18）	5.1（17）	4.8（16）
轴2	4.2（14）	3.9（13）	3.6（12）	3.3（11）
轴3	2.1（7）	1.8（6）	1.5（5）	1.2（4）
轴4	1.2（4）	0.9（3）	0.6（2）	0.3（1）

2.4.2　爆破参数

（1）立柱的爆破参数。最小抵抗线 $W=B_{z1}/2$（B_{z1} 为立柱截面的短边长，cm）；炮孔深度 $L=CB_{z2}$（B_{z2} 为立柱断面的长边长度，cm；C 为边界条件系数，取0.65~0.75）；孔间距 $a_z=30$cm。根据实践经验，单位炸药消耗量 $q=750\text{g/m}^3$；单孔装药量 $Q_{柱单}=qB_{z2}a_zB_{z1}=73$g。

（2）梁和柱的结点爆破参数。梁在东西向与柱的相交结点处布置措施孔。抵抗线 $W_L=B_{L1}/2=20$cm，为东西向梁断面的短边长度；炮孔深度 $L_L=0.75B_{L2}=60$cm，B_{L2} 为东西向梁断面的长边长度；孔间距 $a_L=30$cm；炸药单耗 $q=750\text{g/m}^3$；单孔装药量 $Q_{柱单}=qB_{L2}a_LB_{L1}=72$g，分两层药包装药。

（3）炮孔布置应考虑立柱布筋情况，沿中心立筋左右交错布孔。既要减小后排的爆破高度减少后坐，又要确保后排形成铰链以确保厂房的顺利倒塌，每排的立柱均从地面±0cm起布孔，为确保厂房的顺利倒塌，在爆破切口内所有的梁和柱结点形成铰链，我们在爆破切口内每个梁和柱的结点进行布孔，共布孔36个、装药量2.6kg。

2.5　延期时间与起爆网路

采用塑料导爆管非电起爆系统，利用毫秒雷管控制各部位炮孔起爆时间和间隔。炮孔内装1、3、5、6、7、8、9段雷管，用1段连接。梁和柱的结点炮孔装单发雷管，立柱炮孔中均装双发雷管，簇联用两发雷管复式网路连接。

3　爆破震动安全校核

3.1　最大一段药量计算

理论与实践证明，装药起爆时差超过20ms，每次爆破形成的地震波可视为独立作用的波，因此大于该时差爆破的地震强度可按最大一段药量计算。

本设计装药起爆最小时差为50ms，最大一段药量为2.8kg，离爆区几何中心最近的是6m。

根据修正的萨道夫斯基公式来计算最大一段药量：

$$Q=R^3([v]/KK')^{3/\alpha}$$

式中，Q 为允许的最大一段药量，kg；R 为爆源中心至被保护物的距离，$R=6$m；$[v]$ 为爆破地震安全速度，要确保周围建筑物的安全，应取 $[v]\leqslant 5$cm/s；K、α 为与爆破地点的地形、地质等条件有关的系数，本工程 K 取32.1，α 取1.36；K' 为 K 的修正系数，$K'=0.25\sim1.0$，距爆源中心近时，取大值，反之取小值，本工程取 $K'=1.0$。计算得 $Q=3.57$kg，实际最大一段药量为2.8kg，可保证周围建筑物安全。

3.2　塌落震动

用中国科学院工程力学所的公式 $v=0.08[(M\sqrt{2gH})^{1/3}/R]^{1.67}$ 计算，M 是总质量，1387.82t；H 为质心高度，15.6m；$R=6$m。计算得 $v=1.11$cm/s。

3.3 爆破施工与安全防护

（1）钻孔：采用 YT-24 风钻、直径 38mm 钻头，尽量保证钻孔垂直于混凝土面，钻孔后测量孔深，孔深应在 43~45mm 范围内，不合乎设计要求的应进行及时处理，以确保孔深符合设计要求，保证药柱位于立柱截面中心。

（2）装药填塞：采用乳化炸药，药卷直径 32mm、根据重量切割合适的炸药长度，装入炮孔后，填塞一定湿度的黄土至孔满。

（3）起爆网路连接：采用黑胶布包扎，连完线后按设计要求检查线路，防止漏连、错连。

（4）安全防护：采用草袋双层捆绑在立柱上，然后用一层竹跳板围绕柱上捆紧。对梁上炮孔和孔外的导爆管雷管用草袋盖上、压好。

4 爆破效果

爆破后周围建筑物上的门窗、玻璃完好，厂房倒塌未与两侧筒体建筑物产生接触和碰撞，两侧筒体建筑物未受到任何影响；西侧的配电房和输电线无损，控制了碎石对周围环境的危害。厂房按预期方向倾倒，爆堆最高点约 3.5m。

5 结语

对于重量不平衡的厂房的拆除爆破，在施工上是做好预处理工作，在确保建筑物安全稳定的前提下，应尽量把可能影响倒塌方向准确性的结构都处理掉，特别是倒塌方向的纵向梁要形成铰链结点。

在设计及施工中采取了以下两项措施：

（1）在爆破切口上抬高重量轻的一侧爆破切口高度，通过爆破切口使厂房的重心向重量轻的一侧偏斜；

（2）在分段上先爆重量轻的一侧立柱后爆破重量重的一侧厂房，使厂房的重心向轻的一侧偏斜。

参 考 文 献

[1] 叶图强，陆鹏程，潘朋坤．转运站框架式厂房的爆破拆除［J］．工程爆破，2002，8（2）：33-35.
[2] 商键，林大泽．拆除爆破与安全管理［M］．北京：兵器工业出版社，1993.
[3] 冯叔瑜，吕毅，杨杰昌，等．城市控制爆破［M］．北京：中国铁道出版社，1985.
[4] 李守巨．拆除爆破中的安全防护技术［J］．工程爆破，1995，1（1）：71-75.
[5] 张云鹏，甘德清，郑瑞春．拆除爆破［M］．北京：冶金工业出版社，2002.

定向爆破前沿抛距与药包间距研究

高荫桐[1,2]　李战军[1]　王代华[1]　璩世杰[2]

（1. 广东宏大爆破股份有限公司，广东 广州，510623；
2. 北京科技大学，北京，100083）

摘　要：前沿抛距是抛掷堆积计算的关键，而抛掷堆积计算又是定向爆破设计的核心。为了更加准确、客观地计算定向爆破前沿抛距，通过设计不同的爆破参数、布药结构，进行大量现场模拟试验，总结并分析抛掷堆积规律，找到影响定向爆破前沿抛距的主要因素，进一步完善前沿抛距计算方法，更好地指导定向爆破设计与施工。

关键词：定向爆破；抛掷距离；爆破参数；布药结构

Research on Front Casting Distence and Interval of Charge of Directional Blasting

Gao Yintong[1,2]　Li Zhanjun[1]　Wang Daihua[1]　Qu Shijie[2]

（1. Guangdong Hongda Blasting Co., Ltd., Guangdong Guangzhou, 510623;
2. Beijing University of Science and Technology, Beijing, 100083）

Abstract: The front casting distance is the key to the throw pile calculation which is the core of directional blasting design. In order to calculate the front casting distance exactly and objectively, a series of field simulation tests have been conducted by blasting parameters and layout of charge, thus dominant factors of the throw pile law have been discovered that are useful to deepening and improving the method of front casting distance calculation, which could serve as a better guide to the directional blasting of damp construction.

Keywords: directional blasting; casting distance; blasting parameter; layout of charge

1　前言

定向爆破要求将破碎岩石按设计抛掷到预定地点并堆积成形，其中，抛掷堆积设计是核心，而抛掷距离计算则是关键。因此，需要根据具体的地形、地质条件，合理选取爆破参数、布药形式和结构，实现定向抛掷堆积并确保周围建（构）筑物安全。

体积平衡法以宏观爆破效果的统计资料为基础，提出了斜坡地形条件下抛掷堆积的设计方法。认为群药包爆破形成的堆积体是由每一个药包形成的堆积体的叠加，堆积体的前沿抛距正比于药包最小抵抗线、炸药量等参数，即 $L_m \propto f(K, W, \cdots, Q)$。

2　研究目的和意义

体积平衡法确定多排群药包前沿抛距的原则是：以前排药包的前沿抛距作为群药包的前沿抛距。

原载于《爆破》，2007，24（2）：22-24。

爆破研究发现，群药包前沿抛距实测值往往大于理论计算值。

为了研究群药包前沿抛距的计算方法，验证采用前排药包前沿抛距作为群药包前沿抛距的准确性及偏差范围，通过现场定向抛掷爆破模拟试验，利用统计规律原理，提出了群药包爆破共同作用修正系数，并进一步完善群药包前沿抛距计算公式。

3 群药包前沿抛距计算与分析

3.1 试验数据收集与整理

试验研究在红色黏土砂砾岩渣中进行，选取试验区段长度18m、宽度10m，人工修整为25°左右的坡度。介质含水率适中，容重1.8~2.0g/cm^3，采用2号岩石乳化炸药。爆破时摄像、摄影与测振，爆后测量爆破漏斗及爆堆形态。试验实测数据列入表1。

表1 实测试验数据

Table 1 Measured experimental data

组数	序号	药包形态	Q/kg	W/m	$a(b)$/m	a/W	L_m/m	L_b/m	b_1/m	b_2/m
一	1	合药包	2.80	1.0	0	0	6.50	5.60	4.00	3.90
	2	双药包	2×1.4	1.0	0.50	0.50	8.00	5.40	3.80	3.80
	3		2×1.4	1.0	1.00	1.00	7.80	7.20	4.20	4.00
	4		2×1.4	1.0	1.50	1.50	6.70	7.60	4.20	3.80
二	5	合药包	2.80	1.0	0	0	10.00	8.80	4.80	4.40
	6	双药包	2×1.4	1.0	0.50	0.50	13.00	10.6	4.00	3.90
	7		2×1.4	1.0	1.00	1.00	10.60	8.20	3.70	4.10
	8		2×1.4	1.0	1.50	1.50	9.80	9.40	3.30	4.20
三	9	合药包	5.60	1.0	0	0	10.40	8.80	4.60	4.80
	10	群药包	4×1.4	1.0	0.50	0.50	15.30	15.8	4.50	4.20
	11		4×1.4	1.0	1.00	1.00	12.10	8.80	4.20	4.20
	12		4×1.4	1.0	1.50	1.50	9.80	9.90	4.20	4.40
四	13	合药包	1.20	0.6	0	0	6.70	7.60	2.70	2.80
	14	群药包	4×0.3	0.6	0.30	0.50	10.50	9.00	3.00	2.90
	15		4×0.3	0.6	0.60	1.00	8.60	7.30	2.50	2.50
	16		4×0.3	0.6	0.90	1.50	6.60	6.70	2.50	2.40

注：Q为药包药量，kg；W为最小抵抗线，m；a、b为药包间、排距，m；L_m为前沿抛距，m；L_b为爆堆宽度，m；b_1、b_2为爆破漏斗纵、横向开度，m。

3.2 前沿抛距计算

研究发现：药量相同、介质相似条件下，前沿抛距与布药结构有关[1-3]：

(1) 即合药包（$a=b=0$）的前沿抛距小于双（或群）药包（$a>0$、$b>0$）的前沿抛距；

(2) 双（或群）药包存在一个最有利于抛掷堆积的“最佳间距”，即群药包的前沿抛距与药包之间的间、排距有关。

前沿抛距计算式为

$$L_m = K_p W^3 \sqrt{k_0 f(n)}\,[1 + \sin(2\varphi)] \tag{1}$$

式中，K_p为抛掷系数，$K_p=3.0$；k_0为标准单位耗药量，kg/m^3；$f(n)$为爆破作用指数函数，$f(n)=0.4+0.6n^3$；n为爆破作用指数，$n=1.0$；φ为抛角，$\varphi=25°$。

3.2.1 合药包前沿抛距

表1中1号、5号、9号、13号试验为群药包特例，即$a_1=0$时的合药包，前沿抛距为：

$$L_m = K_p W^3 \sqrt{k_0 f(n)}[1 + \sin(2\varphi)] = K_p \sqrt[3]{Q}[1 + \sin(2\varphi)] \quad (2)$$

将表1中相关参数代入式（2）得：$L_{m1}=L_{m5}=7.46\text{m}$、$L_{m9}=9.41\text{m}$、$L_{m13}=5.63\text{m}$。

3.2.2 双药包前沿抛距

（1）爆破漏斗体积。

表1中2号~4号、6号~8号试验为双药包，当药包间距$a<2W$时，爆破漏斗存在重叠，根据初等几何面积、体积计算方法，则重叠体积为

$$V_c = \frac{1}{3}h \cdot r^2(\alpha - \sin2\theta) \quad (3)$$

式中，h为重叠锥体高，m；α为重叠扇形弧度数，弧度；θ为扇形对应圆心角的二分之一度数，(°)；r为爆破漏斗底面积半径，m，$r=W$。

双药包爆破漏斗总体积$V_z = \frac{2}{3}\pi W^3$，而实际体积

$$V_s = V_z - V_c = \frac{1}{3}W^2[2\pi W - H(\alpha - \sin2\theta)] \quad (4)$$

计算知，当$a_2=0.5W$时，$\alpha_2=\frac{5}{6}\pi$、$\theta_2=75°$、$h_2=\frac{3}{4}W$；当$a_3=1.0W$时，$\alpha_3=\frac{2}{3}\pi$、$\theta_3=60°$、$h_3=\frac{1}{2}W$；当$a_4=1.5W$时，$\alpha_4=\frac{1}{2}\pi$、$\theta_4=45°$、$h_4=\frac{1}{4}W$。此结构同样适合于群药包爆破漏斗实际体积的计算。

分别代入式（4）得到：$V_{s2} = V_z - V_{c2} \approx \frac{1}{2}\pi \cdot W^3$，同理，$V_{s3} \approx 1.89W^3$、$V_{s4} \approx 2.05W^3$。

（2）实际单耗。

每个集中药包单耗$k_0=1.4\text{kg/m}^3$，双药包实际爆破漏斗体积小于2个独立爆破漏斗体积之和，而炸药量相同，则实际单耗可由式（5）计算

$$Q = V_z \cdot k_0 = V_s \cdot k_i \quad (5)$$

分别将V_2、V_3、V_4代入得：$k_2=1.33k_0$、$k_3=1.17k_0$、$k_4=1.02k_0$。

（3）前沿抛距。

将计算得到的实际单耗代入式（6），分别得到2号~4号和6号~8号试验的前沿抛距

$$L_m = K_p W^3 \sqrt{k_i f(n)}(1 + \sin2\varphi) \quad (6)$$

$L_{m2}=L_{m6}=6.52\text{m}$、$L_{m3}=L_{m7}=6.25\text{m}$、$L_{m4}=L_{m8}=5.97\text{m}$。

3.2.3 群药包前沿抛距

（1）爆破漏斗体积。

与双药包原理相同，表1中10号~12号、14号~16号试验为群药包，爆破漏斗重叠体积为

$$V_c = \frac{1}{3}h \cdot 4r(\alpha - \sin2\theta) \quad (7)$$

爆破漏斗实际体积为

$$V_s = V_z - V_c = \frac{4}{3}W^2[\pi W - h(\alpha - \sin2\theta)] \quad (8)$$

从而求得：$V_{s10}\approx 2W^3$，同理，$V_{s11}\approx 2.87W^3$、$V_{s12}\approx \frac{23}{6}W^3$。

（2）实际单耗。

按照式（5）计算得到群药包实际单耗：$k_{10}=2.10k_0$、$k_{11}=1.46k_0$、$k_{12}=1.10k_0$。

（3）前沿抛距。

将实际单耗k_i代入式（8），分别得到6号~8号和10号~12号试验的前沿抛距。

$L_{m10}=7.59\text{m}$、$L_{m11}=6.72\text{m}$、$L_{m12}=6.12\text{m}$；$L_{m14}=4.55\text{m}$、$L_{m15}=4.03\text{m}$、$L_{m16}=3.67\text{m}$。

3.3 前沿抛距分析

（1）前沿抛距实测值均大于理论计算值，集中药包实测值接近理论值；当 $0W \leqslant a \leqslant 1.5W$ 时，前沿抛距理论值呈现递减趋势，当 $a=0.5W$ 时，前沿抛距实测值取得最大值。

（2）前沿抛距误差范围：双药包实测值与理论值误差范围为 $1.10 \leqslant \delta_s \leqslant 1.60$，平均为 $\bar{\delta}_s = 1.35$；群药包实测值与理论值误差范围为 $1.10 \leqslant \delta_q \leqslant 2.30$，平均为 $\bar{\delta}_q = 1.70$。

（3）双（或群）药包前沿抛距实测值，当 $a=0.5W$ 时，分别为 $\bar{L}_{ms} = 10.5\text{m}$、$\bar{L}_{mq1} = 15.3\text{m}$、$\bar{L}_{mq2} = 10.5\text{m}$，取得最大值。

4 完善群药包前沿抛距公式

4.1 完善群药包前沿抛距公式

对比分析认为，计算群药包前沿抛距时应考虑群药包共同作用影响，群药包共同作用系数 $\delta = 1.10 \sim 1.60$ 比较合理，则前沿抛距计算式为[1-3]

$$L_m = \delta K_p W^3 \sqrt{k_0 f(n)} (1 + \sin 2\varphi) \tag{9}$$

式中，δ 为群药包共同作用系数，与介质和布药结构有关，当布置双药包或介质闭气性差时取小值，当布置群药包或介质闭气性好时取大值。

4.2 验证群药包计算公式

为进一步验证群药包共同作用系数 δ 是否具有客观性、普遍性，还需要通过工业试验求证。1∶1 工业试验炮设计为双药包，a 为药包间距，$a = W = 6.0\text{m}$；φ 为抛角，$\varphi = 70°$；$n = 1.0$；$k_0 = 1.4\text{kg/m}^3$；e 为炸药换算系数，对于铵油炸药 $e = 1.0 \sim 1.15$，$eK = 1.5$。

将上述爆破参数代入式（8）得：$L_m = 29.50\text{m}$。

前沿抛距实测值为 $L_m = 36\text{m}$，考虑双药包共同作用系数 $\delta = 1.10 \sim 1.40$。则试验炮前沿抛距合理范围为：$32.50\text{m} \leqslant \delta L_m \leqslant 41.30\text{m}$，理论值与实测值相吻合。

5 研究结论

（1）进行定向抛掷爆破时，群药包共同作用对前沿抛距具有重要影响。

（2）计算前沿抛距时，需要在原计算式中增加一个群药包共同作用系数，即群药包前沿抛距计算公式应修正为

$$L_m = \delta K_p W^3 \sqrt{k_0 f(n)} (1 + \sin 2\varphi)$$

参 考 文 献

[1] 刘殿中．工程爆破实用手册［M］．北京：冶金工业出版社，1999.

[2] 冯叔瑜．体积平衡法［C］//冯叔瑜爆破论文选集［M］．北京：科学技术出版社，1994.

[3] 高荫桐．群药包定向爆破抛掷距离计算研究［J］．有色金属，2004（9）：21-24.

防护条件下爆破冲击波衰减规律研究

傅建秋[1,2]　胡小龙[2]　刘　翼[2]

（1. 北京科技大学，北京，100083；
2. 广东宏大爆破股份有限公司，广东 广州，510623）

摘　要：在广州天河城西塔楼爆破之前，对近在 10m 的玻璃幕墙安全性问题进行了论证。在目前还没有准确可行的计算爆破冲击波方法的条件下，从爆破冲击波对附近目标物的破坏机理入手，在室内对爆炸冲击压力进行了测试，模拟了在防护条件下爆破冲击波的衰减变化情况，并与在无防护条件下爆破冲击波衰减变化进行了同步对比，得到了在防护条件下爆破冲击波的衰减规律，指出近体防护材料的强度只要能够高出爆破冲击波的最大峰值，就能够有效地保护防护对象，这一结论在广州天河城西塔楼爆破拆除防护实践中得到了验证。

关键词：冲击波；超压；破坏

Study of the Decay Law of Blasting Shock Wave under Protection

Fu Jianqiu[1,2]　Hu Xiaolong[2]　Liu Yi[2]

（1. Beijing University of Science and Technology，Beijing，100083；
2. Guangdong Hongda Blasting Co.，Ltd.，Guangdong Guangzhou，510623）

Abstract：The glass sheet which was far away 10m from the blasting site was used to verify whether or not the safety before the west towerwas demolished by blasting in Tianhe district of Guangzhou. Due to the lack of accurate and reliable method for calculation of the blast shock wave，the paper started with destroy mechanism of blast shock wave on nearby objectives，simulated the attenuation situation of blast shock wave under the protection condition through testing the pressure of blast shock wave，and contrasted it to the attenuation situation of blast shock wave without protection. The paper also pointed out that the protected objective would be in good condition as long as the protection material is stronger than the maximum strength of blast shock wave，the conclusion was tested and verified in the practice of protection on the west tower blasting demolition in the Tianhe district of Guangzhou.

Keywords：shock wave；over pressure；damage

1　引言

在对广州天河城西塔楼进行爆破拆除之前，首先要考虑的是距离爆破点只有 10m 的 2 层楼高 200m^2 玻璃幕墙的安全。为了评估爆破冲击波对玻璃幕墙的影响，在爆破实践中还没有有效的计算方法的情况下，通过模拟实验，获得了在防护条件下爆破冲击压力的衰减规律，为玻璃幕墙采取保护措施提供科学依据。

2　爆破冲击波的伤害–破坏作用

爆破空气冲击波，也就是爆破气浪，它是在进行爆破时产生的高温、高压气体随着矿（岩）块冲

原载于《爆破》，2007，24（2）：14-17。

出，在空气中形成冲击波。冲击波是由压缩波迭加形成的，是波阵面以突进形式在介质中传播的压缩波。爆破时产生的高压气体大量冲出，使它周围的空气受到冲击而发生扰动，使其状态（压力、密度、温度等）发生突跃变化，其传播速度大于扰动介质的声速，这种扰动在空气中传播就成为冲击波。在离爆破中心一定距离的地方，空气压力会随时间迅速发生悬殊的变化。开始时，压力突然升高，产生一个很大的正压力，接着又迅速衰减，在很短时间内正压降至负压。如此反复循环数次，压力渐次衰减下去[1]。在爆破点附近的一定范围内，对周围的目标物（如建筑物、各种装备和人员等），产生不同程度的破坏和损伤。

冲击波伤害-破坏作用可归纳为 3 种：超压准则、冲量准则、超压-冲量准则[2]。超压准则认为，只要冲击波超压达到一定值时，便会对目标造成一定的伤害或破坏；冲量准则则是以单位面积上的最大冲量作为评价破坏程度的依据。而目前研究最多最常用的则是以最大超压作为评价破坏程度依据的超压准则。国内许多爆破工作者在大量的动物和结构实验研究基础上，总结得出超压波对人体的伤害和对建筑物的破坏作用的一个大致范围，如表 1 和表 2 所示。

表 1　冲击波超压对人体的伤害作用

超压 Δp/MPa	0.02~0.03	0.03~0.05	0.05~0.10	>0.10
伤害作用	轻微损伤	听觉器官损伤或骨折	内脏严重损伤或死亡	大部分人员死亡

表 2　冲击波超压对建筑物的破坏作用

超压 Δp/MPa	破坏作用	超压 Δp/MPa	破坏作用
0.005~0.006	门窗玻璃部分破碎	0.05~0.07	木建筑厂房房柱折断，房架松动
0.006~0.015	受压面的门窗玻璃大部分破碎	0.07~0.10	砖墙倒塌
0.015~0.02	窗框损坏	0.10~0.20	防震钢筋混凝土破坏，小房屋倒塌
0.02~0.03	墙裂缝	0.20~0.30	大型钢架结构破坏
0.03~0.05	墙大裂缝，屋瓦掉下		

3　对爆破冲击波进行安全计算的难点

各种目标在爆炸冲击波作用下的破坏和损伤是一个复杂的问题，它不仅与冲击波的作用情况有关，而且与目标物的形状、强度、弹性等因素有关。主要取决于下面的因素[3]：冲击波阵面上超压峰值的大小；冲击波的作用时间及作用压力随时间变化的性质；目标物所处的位置，即目标物与冲击波阵面的相对关系；目标物的形状和大小；目标物的动力学性质，如自振周期、阻尼系数等。

到目前为止，对爆破冲击波的安全计算，国内外还没有一个简洁有效的计算方法，即使有，大多数也是在实验的基础上总结出的一些经验公式，而且这些公式的使用需要满足一定的爆炸状态条件，其中有 4 个比较典型的公式[4]

$$\Delta p = 0.84\left(\frac{\sqrt[3]{W}}{R}\right) + 2.7\left(\frac{\sqrt[3]{W}}{R}\right)^2 + 7\left(\frac{\sqrt[3]{W}}{R}\right)^3 \tag{1}$$

$$\Delta p = 1.06\left(\frac{\sqrt[3]{W}}{R}\right) + 4.3\left(\frac{\sqrt[3]{W}}{R}\right)^2 + 14\left(\frac{\sqrt[3]{W}}{R}\right)^3 \tag{2}$$

$$\Delta p = 1.02\left(\frac{\sqrt[3]{W}}{R}\right) + 3.99\left(\frac{\sqrt[3]{W}}{R}\right)^2 + 12.6\left(\frac{\sqrt[3]{W}}{R}\right)^3 \tag{3}$$

$$\Delta p = 0.95\left(\frac{\sqrt[3]{W}}{R}\right) + 3.9\left(\frac{\sqrt[3]{W}}{R}\right)^2 + 13.0\left(\frac{\sqrt[3]{W}}{R}\right)^3 \tag{4}$$

式中，Δp 为超压，kg/cm^2；W 为炸药的质量，kg；R 为距离装药中心的距离，m；H 为装药爆炸时的高度，m。

其中式（1）适合于$\frac{H}{\sqrt[3]{W}}\geqslant 0.35$，以及$1\leqslant\frac{R}{\sqrt[3]{W}}\leqslant 10\sim15$空爆冲击波超压计算；式（2）适合于$\frac{H}{\sqrt[3]{W}}\leqslant 0.35$，以及$1\leqslant\frac{R}{\sqrt[3]{W}}\leqslant 10\sim15$刚性地面冲击波超压计算；式（3）适合于$\frac{H}{\sqrt[3]{W}}\leqslant 0.35$，及$1\leqslant\frac{R}{\sqrt[3]{W}}\leqslant 10\sim15$普通土壤地面冲击波超压计算；式（4）适合于无限空间爆炸超压计算。

以上计算公式往往由于爆炸状态条件的不同如装药结构、防护条件、结构空间变化多样等不适合于爆破拆除的超压计算。所以，必须从实验中寻找适合工程使用的爆破冲击波安全检验方法。

4 在防护条件下爆破冲击波衰减规律的实验研究

为了得到爆破冲击波对玻璃幕墙的影响大小，实验中对爆破条件作了简化，主要考虑在防护条件下爆破冲击波的衰减规律，从而为防护提供依据。具体操作如下。

4.1 试验方案

试验方案如图1~图3所示。采用电雷管在传感器附近爆炸，模拟爆破产生的空气冲击波。在距爆源等距离处放置2个相同的冲击波压力传感器（圆盘半径35mm）[5]，然后在其中一个的前方放置一块地毯模拟防护。在试验过程中，改变爆源与传感器测量平面的垂直距离 D，以及测点2距离地毯的防护距离 h，考察不同强度冲击压力和不同防护条件下的爆炸冲击压力的衰减规律。

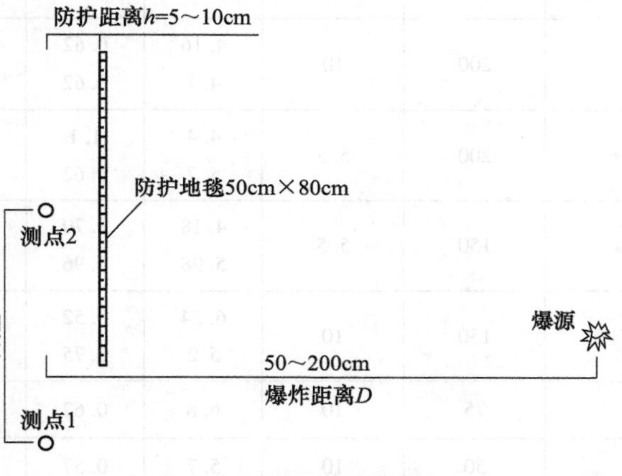

图1 试验方案布置图

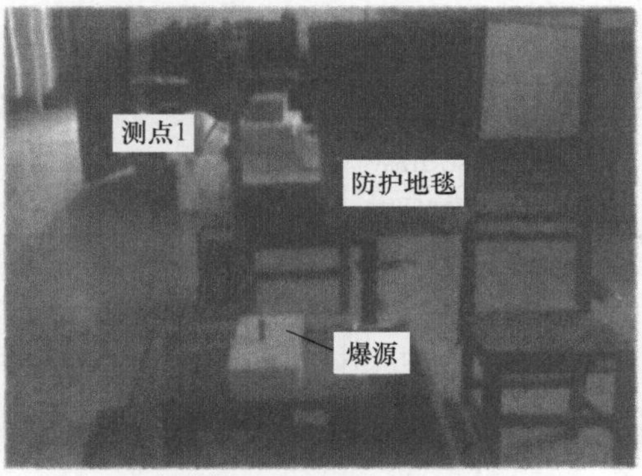

图2 试验方案正视图

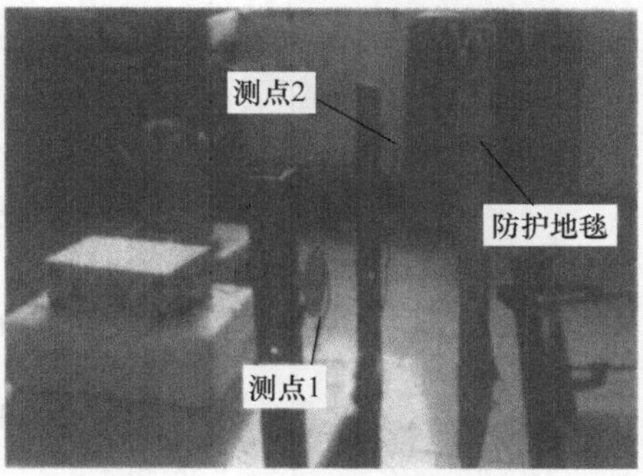

图3 测试装置侧视图

4.2 测试系统

测试系统如图4所示，在各测点分别装上高性能压电式压力传感器（CA-YD-302），空气冲击压力信号由传感器感应后，经电荷放大器再送至INV、DASP系统进行数据采集及分析处理。

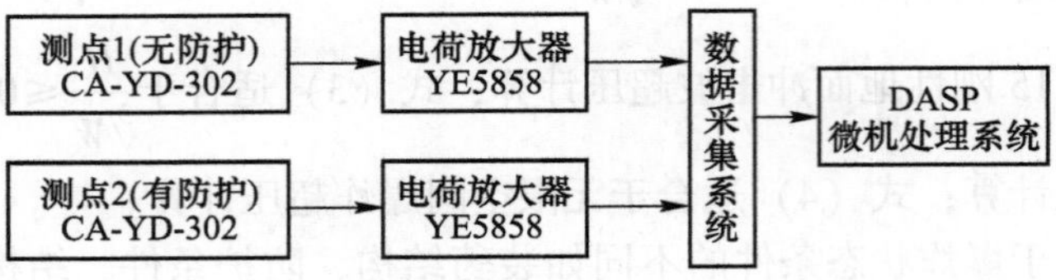

图4 测试系统

4.3 波形记录及结果分析

测试结果见表3、图5和图6。

表3 正反射面上空气冲击压力实验测试结果

试验序号	时间/(h:min)	D/cm	h/cm	冲击压强/kPa		衰减率β	
				测点1	测点2	衰减率	平均衰减率
1	14:48	100	5.5	8.3	0.88	9.432	10.516
2	14:52			3.6	0.31	11.6	
3	15:00	100	10	8.3	0.96	8.676	8.671
4	15:04			6.5	0.75	8.667	
5	15:06	200	10	4.16	0.62	6.710	7.145
6	15:11			4.7	0.62	7.581	
7	15:15	200	5.5	4.4	1.1	4（爆源倾倒）	6.597
8	15:18			5.7	0.62	9.194	
9	15:22	150	5.5	4.18	0.70	6.297	6.263
10	15:25			5.98	0.96	6.229	
11	15:29	150	10	6.24	0.52	12	9.47
12	15:32			5.2	0.75	6.93	
13	15:43	75	10	6.8	0.62	10.97	10.97
14	15:55	50	10	5.7	0.57	10	10
15	15:58	50	5.5	5.7	0.44	12.95	12.95

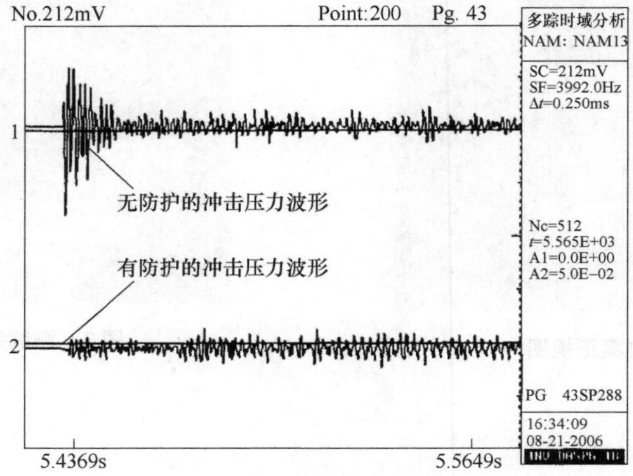

图5 有无防护条件下冲击压力波形对比

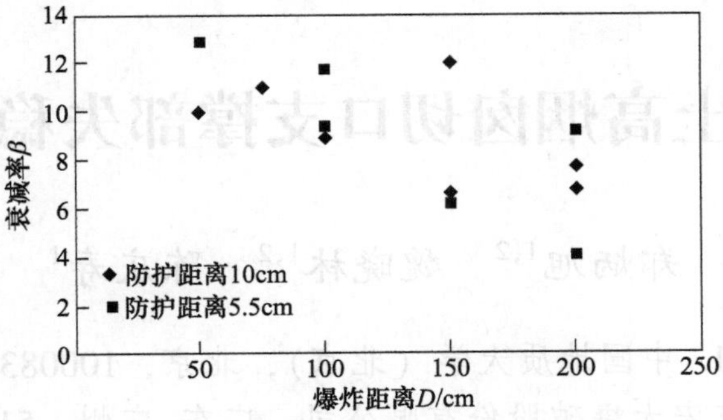

图6　防护条件下冲击压力衰减与爆炸距离的关系

从实验结果可以得出如下结论：

（1）在有防护的条件下，可以明显地降低最大冲击压力；

（2）在防护距离 h 相同的条件下，衰减率 β 随测点距爆炸中心的距离 D 增大而减少；

（3）在爆炸距离 D 相同的条件下，衰减率 β 随防护距离 h 增大而减少；

（4）在本次实验条件下，衰减率 β 主要受爆炸距离的影响，衰减率在 1/6～1/13 之间，而防护距离没有爆炸距离对衰减率影响显著。

5　结论

通过本次防护条件下的爆炸冲击压力衰减实验，可以得到如下启示：在爆炸距离无法改变的情况下，为了确保防护对象的安全，增加保护对象的近体防护特别重要，近体防护材料的强度只要能够抵挡爆破冲击波的最大峰值，就能够有效地保护防护对象。基于这点认识，在天河城爆破时，玻璃幕墙前面架起了 3 层楼高的双层竹排栅，实践证明，这种方法最大限度地降低了爆破冲击波，玻璃幕墙得到了有效的保护。

参 考 文 献

［1］刘建亮．工程爆破测试技术［M］．北京：北京理工大学出版社，1994：76-113.

［2］邹定祥．毗邻高层居民楼的爆破工程产生的空气冲击波超压的研究和探讨［J］．工程爆破，2006，12（3）：79-83.

［3］陈宝心，杨勤荣．爆破动力学基础［M］．武汉：湖北科学技术出版社，2005：78-101.

［4］李翼祺，马素贞．爆炸力学［M］．北京：科学出版社，1992：254-266.

［5］都的箭，杨文贵，刘志杰．爆炸冲击波作用下管道穿墙板防护密闭性破坏研究［J］．爆破，2006，23（3）：13-17.

钢筋混凝土高烟囱切口支撑部失稳力学分析

郑炳旭[1,2]　魏晓林[1,2]　陈庆寿[1]

（1. 中国地质大学（北京），北京，100083；
2. 广东宏大爆破股份有限公司，广东 广州，510623）

摘　要： 根据烟囱自重纵向平衡，分析切口爆破后自重突加载荷在支撑部的受压范围，并以突加载荷受压区高度系数 $k_\lambda \geqslant 0.85$ 判断支撑部被突加载荷破坏；在烟囱倾倒时支撑部受大偏心受压脆性破坏而形成“塑性铰”，其倾倒失稳的名义保证率 $k \geqslant 1.5$ 判断确保烟囱倾倒；烟囱自重和拉区弯矩形成的载荷与压区抗力的纵向平衡，也决定了后移中性轴的极限位置，若其保持在筒腔内，支撑部的“塑性铰”在烟囱微倾阶段将保持；而此时支撑部前剪区的破坏状况，决定倒向偏差，当定向窗口角在30°以下，切口高在2.4m以下，其引起的倒向偏离仅在2°以内；支撑部的后剪滑动失稳系数 K_s 决定初倾阶段的后坐，K_s 估算和实例说明高位切口50m以上烟囱支撑部有后剪可能。为保证烟囱在纵向稳定下的倾倒，切口圆心角宜取210°～230°；为防止高位切口后剪，下切口宜在该切口爆破后1.5～4.0s前起爆。

关键词： 爆炸力学；混凝土结构；钢筋混凝土烟囱；切口支撑部；失稳

Mechanical Analysis of Cutting-support Destabilization of High Reinforced Concrete Chimney

Zheng Bingxu[1,2]　Wei Xiaolin[1,2]　Chen Qingshou[1]

（1. China University of Geosciences（Beijing），Beijing，100083；
2. Guangdong Hongda Blasting Co.，Ltd.，Guangdong Guangzhou，510623）

Abstract：According to longitudinal balance of own weight of chimney，the compressive region by sudden load of its own weight on cutting-support after blasting is analyzed；and the damage of the support from sudden load can be estimated by $k_\lambda \geqslant 0.85$，which is height coefficient of the compressive region. While the chimney breaks down，brittle failure will be seen in the support position with large eccentric pressure；and plastic joint is formed. According to the nominal ensure coefficient $k \geqslant 1.5$，it can be judged that the chimney falls in. The limit position of backward moving neutral axis is determined by longitudinal balance of chimney weight and moment formed by loads in tensile region and resistance force on compressive region. If the limit position of the neutral axis is in the canister，the plastic joint of the support will remain when the chimney tilts slightly. At the time the damage of front shear region of support determines the dipping direction of chimney. When the angle of direction window is not greater than 30°and height of cutting is less than 2.4m，the error of dipping direction will not be more than 2°. The initial dipping backward sitting is estimated by sloping coefficient K_s of backward shear of support. It is demonstrated by practical examples and estimation that backward shear is able to take place above the cutting on high chimney，which is higher than 50m. In order to ensure the chimney not to tilt in longitudinal direction，the radius angle of the cutting is 210°-230°. To prevent the cutting on high site from backward shear，lower cutting should be blasted after 1.5-4.0 seconds when the cutting blasts.

Keywords：blasting mechanics；concrete structure；reinforced concrete chimney；cutting-support；destabilization

---

原载于《岩石力学与工程学报》，2007，26（1）：3348-3354。

1 引言

自20世纪60年代起，随着我国社会经济建设飞速发展，在大量城建和工矿企业的改、扩建工程中，许多高烟囱需用爆破拆除。长期以来，烟囱爆破拆除时，切口的破坏状态一直缺乏系统的研究，以致国内外在爆破拆除烟囱时相继发生事故。如1994年南非某工厂及1995年英国某电厂在拆除烟囱时，烟囱均在起爆后发生侧歪，甚至反向倾倒。国内对切口设计原理大都基于支撑部破坏失稳的静固中性轴“塑性铰”模型假设，工程实践表明，这一设计原理对某些烟囱是可行的，但对于一些钢筋混凝土高烟囱而言，当切口爆破后，其预留支撑部会出现压溃、下坐偏转甚至反向倾倒情况，存在不安全因素，故不太适用。近年来，国内烟囱倒塌环境越发苛刻，迫使工程界采用多折拆除方案，而切口支撑部破坏形成的“塑性铰”则关键，必须认识切口支撑部的破坏失稳机制。为此，众多学者[1,2]对切口支撑部的破坏进行了应变观测，但是对支撑部破坏机制的认识还有待深化。因此，作者在1995年以来的近10年间，曾数次对切口爆破以后支撑部的应变、大变形位移、筒壁破坏外观及破坏振动响应等问题进行了多方面、全方位的观测。所观测的钢筋混凝土烟囱有：茂名石化三、四部炉120m高烟囱（简称烟囱1）[3]和沸腾炉120m高烟囱，恒运电厂100m高烟囱（简称烟囱2）[4]，山东新汶电厂120m高烟囱（简称烟囱3），镇海电厂150m高烟囱（简称烟囱4）[5]和广州纸厂100m高烟囱（简称烟囱5）。以上对支撑部破坏的研究[6]表明，切口支撑部在爆破后立即承受自重突加载荷，烟囱倾倒时，支撑部在大偏心受压下发生脆性断裂，烟囱自重和拉区弯矩形成的载荷与压区抗力的纵向平衡决定了中性轴后移，从中而深化了对支撑部破坏机制的认识。同时总结出结构失稳的一些规律，为今后设计爆破切口奠定了技术基础。

2 高烟囱的特点

钢筋混凝土烟囱高度多在60m以上。随着烟囱从80m增高到达150m，其底外半径也从3.5m加大到5.8m，壁厚与半径之比都相对从大于0.1减小到0.075。从结构上看，烟囱增高，自重加大，但烟囱却没相应增厚，成为薄壁结构。从拆除环境看，近年来国内高烟囱倒塌的环境越发苛刻，要求烟囱的倒向应越来越准。由此，迫使人们缩小切口圆心角，以减小自重大的高烟囱过多、过快地破坏相对壁薄的支撑部，防止可能过大的偏离倒向。但是，缩小切口圆心角却减慢了烟囱的初始倾倒，甚至可能停倒。因此，迫切需要弄清高烟囱倾倒失稳和支撑部破坏中的纵向稳定，增强准确倒向措施，特别是高烟囱大自重引发的突加载荷破坏支撑部、引起倒向偏离现象更是不容忽视。近年来，苛刻环境下所采用的多折烟囱拆除，必须维持支撑部的“塑性铰”，因此也提出了研究后剪支撑部的难题。

3 切口支撑部破坏失稳

从研究中可知，爆破切口后，随着烟囱失稳和倾倒，支撑部从大偏心受压转为大偏心剪压的塑性状态，构件破坏复杂，已很难从钢筋混凝土结构学和前人有关烟囱切口支撑部受力分析研究[7,8]中找到现成的结论以供借鉴，只能从支撑部破坏的观测中汲取经验，深化研究，形成认识。

为了便于研究，根据支撑部的破坏状况，将支撑部从切口向后分为残余压应力极限平衡区（简称2区）、压应力增高峰值区（简称1区）和拉应力区（简称3区）。从应变和位移测量可知，支撑部中轴区受拉，如图1中3区所示，跨过中性轴为1区，切口及支撑部前段因烟囱倾倒受压破坏，其所能承载的压应力下降，处于残余压应力极限平衡状态，为2区。在该区，X向压剪裂纹形成前剪面，为前剪区。若1区向后剪坏，其压剪斜裂缝延伸到拉区的开裂纹，可能延长为后剪面，该区本文又称后剪区。各区的划分由烟囱自重和筒壁的弹塑性应力-应变关系和带钢筋的损伤混凝土决定，2区的应力还由带钢筋的断裂混凝土决定。

3.1 倾倒失稳

切口爆破形成后，支撑部在大偏心受压下脆性断裂，首先表现在定向窗口破坏，截面上1区混凝

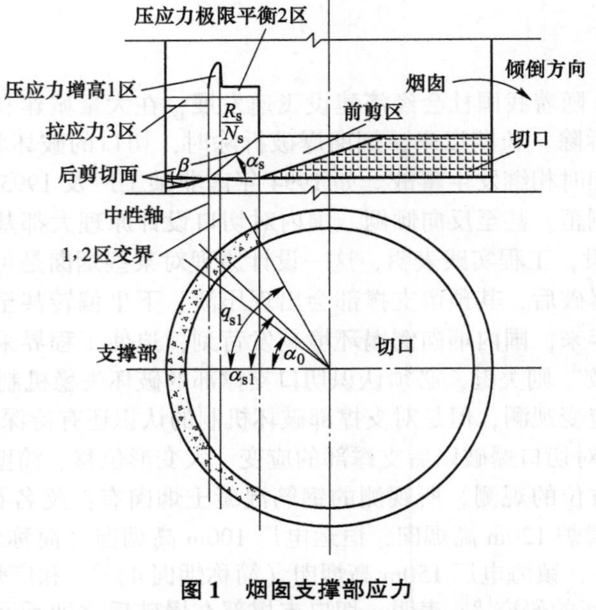

图1　烟囱支撑部应力

Fig. 1　Stresses in support region of chimney

土达到极限强度，受压钢筋达到屈服，压应力为矩形分布；由于是脆性破坏，3 区钢筋平均强度小于屈服限，但是在判断倾倒失稳时，可留有富余，设 3 区钢筋达到极限抗拔强度，拉应力为矩形分布；切口支撑部破坏从定向窗口受压开始而形成残余压应力 2 区。根据烟囱纵轴（Y 向）力平衡条件，在支撑部截面内有 $\Sigma Y=0$，见图 2，因此，拉、压区边界（中性轴）1/2 圆心角 q_s 为

$$q_s=\frac{(\delta\sigma_{cd}\lambda r_{cs}r_e+s_p)q_{s1}-p/2}{\delta\sigma_{cd}\lambda r_{cs}r_e+s_p+s_{ap}} \tag{1}$$

式中，q_{s1} 为 1/2 保留支撑部圆心角，rad，且 $q_{s1}=\pi-\alpha/2$，α 为切口圆心角，rad；r_e 为切口断面平均半径，m；r_{cs} 为混凝土在筒壁温度作用后的强度折减系数[9]；σ_{cd} 为 1、2 区混凝土破坏时的平均抗压强度，MPa，且 $\sigma_{cd}=\xi_c\sigma_c$，其中 σ_c 为混凝土的弯曲抗压标准强度，MPa，ξ_c 为混凝土压区破坏的受压不均匀系数，取值 1.00～0.32；λ 为纵向弯曲系数[10]；s_p 为每弧度圆心角的钢筋抗压强度标准值，kN/rad，且 $s_p=n_s\sigma_t\lambda$，其中 σ_t 为钢筋抗拉标准强度，MPa，n_s 为单位弧度圆心角对应的钢筋面积，$10^3\text{mm}^2/\text{rad}$；$s_{ap}$ 为单位弧度圆心角对应的钢筋抗拉强度，kN/rad，中性轴后移过程中 $s_{ap}=n_s(\sigma_t\sim\sigma_{ts})$，$\sigma_{ts}$ 为钢筋极限抗拔强度，MPa，应小于钢筋极限抗拉强度 σ_{tp}；δ 为烟囱切口处壁厚，m；p 为烟囱自重，kN。

烟囱倒向“受压区高度系数”[10] 为

$$\xi=(\cos q_s-\cos q_{s1})/(1-\cos q_{s1})$$

考虑到 3 区钢筋按圆周分布连接中性轴，应调整 $\xi\geqslant0.4$ 时，属于大偏心受压破坏，即烟囱失稳由受压区破坏引起。

在中性轴后移过程中，由于无法确认 ξ_c 和 s_{ap}，在分析确保倾倒失稳时可留有足够的保证余地，而设 $\xi_c=1$ 和 $s_{ap}=\sigma_{tp}n_s$，则 1/2 截面倾倒力矩为

$$M_{sp}=(p/2)r_e\cos q_s \tag{2}$$

1/2 截面抵抗力矩为

$$M_{sc}=\sigma_c\lambda(q_{s1}-q_s)\delta r_{cs}r_e(r_e\cos q_s-y_c)+\sigma_t n_s\lambda(q_{s1}-q_s)(r_e\cos q_s-y_c)+\sigma_{tp}n_s q_s(y_g-r_e\cos q_s) \tag{3}$$

受压区形心对烟囱中心的距离[9] 为

$$y_c=r_e(\sin q_{s1}-\sin q_s)/(q_{s1}-q_s)$$

受拉区钢筋形心至烟囱中心距离[9] 为

$$y_g = r_e \sin q_s / q_s$$

令 $\xi_c = 1$ 和 $s_{ap} = n_s \sigma_{tp}$ 的倾倒失稳名义保证率 $k = M_{sp}/M_{sc}$，$k \geqslant 1.5$ 可确保烟囱顺利倾倒。

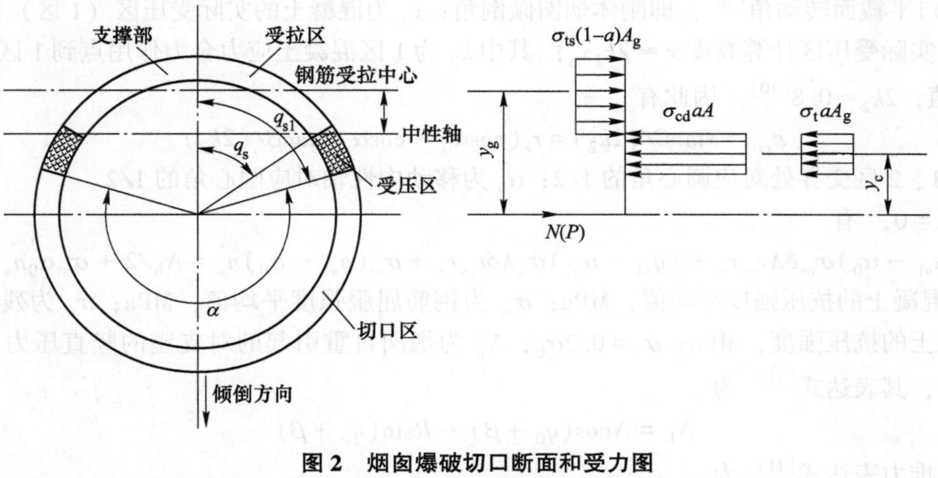

图 2 烟囱爆破切口断面和受力图

Fig. 2 Cross-section of chimney cutting-support and its force diagram

A—全截面面积；aA—受压区面积；A_g—钢筋总面积；aA_g—受压区钢筋面积；$(1-a)A_g$—受拉区钢筋面积

以切口以上 120m 镇海电厂烟囱为例，其切口圆心角 α 与 k 的关系见表 1。从表中可见，当 $\alpha \geqslant 205°$，烟囱于纵向力平衡下，在支撑部形成“塑性铰”，可顺利实现倾倒。

表 1 120m 烟囱切口圆心角 α 与倾倒失稳保证率 k 和施加突加载荷后受压高度系数 k_λ 对应关系

Table 1 Relationship among radius angle of cut α, ensure coefficient of topping k and height coefficient of compressive region k_λ for a chimney with height of 120m

α/(°)	k	k_λ
190	1.075	0.5962
200	1.373	0.6292
210	1.731	0.6639
220	2.192	0.7008
230	2.755	0.7397
240	3.477	0.7811
260	5.619	0.8697

3.2 突加载荷

切口爆破瞬间，根据郑炳旭等人[6] 的研究，还存在突加载荷，切口上方的烟囱会以突加载荷的方式迭加在支撑部上，有可能压塌支撑部。其施加突加载荷后的峰值载荷与原烟囱自重引起的载荷比值为

$$\lambda_p = [2(\pi - q_{s1}) + q_{s1}]/\pi = 2 - q_{s1}/\pi$$

对应不同的切口圆心角 α，施加突加载荷后的峰值载荷 $p\lambda_p/2$ 引起的受压区 q_{s1}-q_s 的高度系数为

$$k_\lambda = (\cos q_s - \mathrm{co} q_{s1})/(1 - \cos q_{s1})$$

当 $k_\lambda \geqslant 0.85$ 时，支撑部的受压区高度已接近支撑部全断面，为了安全不可再大。

从表 1 中可见，当 $\alpha \geqslant 260°$时，$k_\lambda > 0.85$，由此可见，要在安全上留有余地时，α 应不大于 240°。

3.3 中性轴后移

随着高烟囱倾倒，支撑部处于大偏心受压破坏，根据郑炳旭等人[6] 的研究，其特征是中性轴向后移动。设烟囱系由切口弹塑性体和切口上方的刚体组成，切口截面遵从平截面假设[10]，则 1 区混凝

土边缘的极限压应变为

$$\varepsilon_{cu} = x_a \tan\beta \tag{4}$$

式中，β 为切口平截面转动角[10]，即刚体烟囱倾倒角；x_a 为混凝土的实际受压区（1 区）高度。

混凝土的实际受压区计算高度 $x \approx 2k_2 x_a$，其中 k_2 为 1 区混凝土应力合力作用点到 1 区外边缘的距离与 x_a 的比值，$2k_2 \approx 0.8$[10]。因此有

$$\varepsilon_{cu} = x\tan\beta/(2k_2) = r_e(\cos\alpha_0 - \cos\alpha_{s1})\tan\beta/(2k_2) \tag{5}$$

式中，α_{s1} 为 1、2 区交界处对应圆心角的 1/2；α_0 为移动中性轴对应圆心角的 1/2。

根据 $\Sigma Y = 0$，有

$$(\alpha_{s1} - \alpha_0)\sigma_{cs}\delta\lambda r_{cs} r_e + (q_{s1} - \alpha_{s1})\sigma_a \lambda\delta r_{cs} r_e + \sigma_{st}(q_{s1} - \alpha_0)n_s = N_h/2 + \sigma_{st}\alpha_0 n_s \tag{6}$$

式中，σ_{cs} 为混凝土的抗压强度平均值，MPa；σ_{st} 为钢筋屈服强度平均值，MPa；σ_a 为残余压应力极限平衡区混凝土的抗压强度，MPa；$\sigma_a = 0.2\sigma_0$；N_h 为烟囱自重引起的对支座的竖直压力，kN，当烟囱单体倾倒时，其表达式[11] 为

$$N_h = N\cos(q_0 + \beta) - R\sin(q_0 + \beta) \tag{7a}$$

此时水平推力表达式[11] 为

$$R_h = N\sin(q_0 + \beta) + R\cos(q_0 + \beta) \tag{7b}$$

式中，N、R 分别为径向反力和切向反力。其表达式[11] 分别为

$$\left.\begin{aligned} N &= P\{\cos(q_0 + \beta) - (2mr_c^2/J_b)[\cos q_0 - \cos(q_0 + \beta)]\} \\ R &= P(1 - mr_c^2/J_b)\sin(q_0 + \beta) \end{aligned}\right\} \tag{7c}$$

式中，m 为烟囱质量，10^3kg；J_b 为烟囱对切口支点的转动惯量，$10^3 \mathrm{kg \cdot m^2}$；$q_0$ 为烟囱的初始倾倒角，且 $q_0 = \arctan(r_e \cos q_s / r_c)$ [11]；r_c 为烟囱重心高，m。混凝土的抗压强度 σ_{uc} 和 σ_{dc} 应根据考虑环向筋侧限影响的 Kant-Park 的 $\sigma_c(\varepsilon)$ 的表达式[12] 给出：

上升段：

$$\sigma_{uc} = [2\varepsilon/\varepsilon_0 - (\varepsilon/\varepsilon_0)^2]\sigma_0 \quad (0 \leqslant \varepsilon \leqslant \varepsilon_0) \tag{8a}$$

下降段：

$$\sigma_{dc} = [1 - 0.5(\varepsilon - \varepsilon_0)/(\varepsilon_{50c} - \varepsilon_0)]\sigma_0 \quad (\varepsilon_0 \leqslant \varepsilon) \tag{8b}$$

其中

$$\varepsilon_{50c} = \frac{3 + 0.29\sigma_0}{145.1\sigma_0 - 1000} + (3/4)\rho''(b''/s)^{0.5} \tag{8c}$$

式中，ρ''为箍筋的体积比；s 为箍筋间距；b''为受侧限混凝土的宽度，对烟囱取壁厚 δ；σ_0 为应力峰值，且 $\sigma_0 = 1.35\sigma_{cs}$；$\varepsilon_0$ 为应变峰值，且 $\varepsilon_0 = 0.002$。

由于烟囱倾倒时，切口逐渐闭合，定向窗口角端混凝土不断压坏，而其上部损伤较小混凝土下移补充，因而使 1、2 区的范围以及混凝土丧失全部抗力的极限范围 ε_p 均增大，经观测中性轴后移推断，1、2 区交界处 ε_{cu} 增大为 ε_{50c} 的近 6 倍，而 $\varepsilon_p/\varepsilon_0$ 可取 30[5]。

为简化分析，可近似认为 $\varepsilon_{cu} = 6\varepsilon_{50c}$，联立方程解式（6）和式（8）可得切口上倾倒角 β 与移动中性轴 1/2 圆心角 α_0 的关系，见图 3。

从图 3 可见，α_0 随 β 增大而减小，并逐渐趋近极限值（本文称极限中性轴），表明 1、2 区的总抗力已能支撑烟囱自重和 2 区拉应力弯矩所形成的载荷；这与烟囱 1~5 的观测一致，由此说明以上分析正确地反映了烟囱倾倒时切口支撑部应力重新分布的过程。中性轴停止后移表明，烟囱在倾倒初期，暂时性纵向平衡，由此保证了在微倾阶段[3]（倾倒角为 1.5°~2.0°）烟囱的倒向，并顺利进入初始倾倒阶段。但当倾倒角在 1.5°以上时，如果 α_0 减小到 $r_e(1 - \cos\alpha_0) < \delta/2$，则支撑部将无力支撑烟囱自重而被竖直压力 N_h 压塌。以切口以上为 120m 高的镇海电厂烟囱为例，极限中性轴 1/2 圆心角 α_0 与切口 1/2 圆心角 α 的关系见表 2。从表中可见，当 $\alpha = 260°$时，中性轴已使受拉区缩小到壁厚 δ 之内，故难以承受压力 N_h。从安全上留有余地考虑，α 不应大于 235°。计算和观测都显示，伴随中性轴后移，1 区压应力缩小，而 2 区压应力增大，两者之比可小于 1/9。

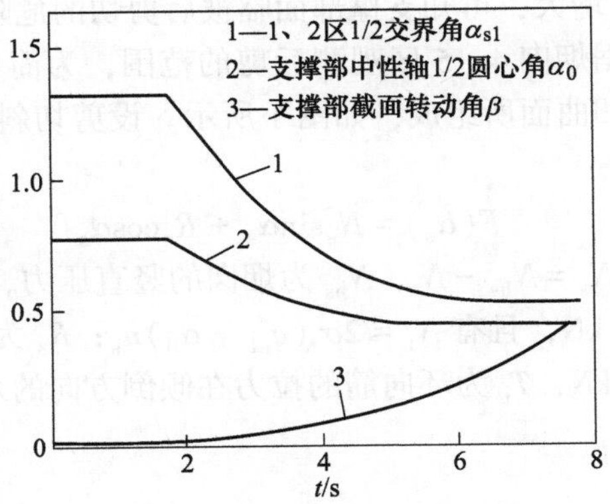

图3 镇海电厂150m高烟囱30m支撑部中性轴及其参数

Fig. 3 Neutral axis and parameters of 30m-high support of 150m-high chimney of Zhenhai power plant

表2 极限中性轴1/2圆心角α_0与切口1/2圆心角α关系

Table 2 Relationships between half of radius angle of limit neutral axis α_0 and half of cutting radius angle α

α/(°)	α_0/(°)	$r_e(1-\cos\alpha_0)$
200	29.2	0.6286
210	25.9	0.4942
220	22.6	0.3779
230	19.4	0.2804
240	16.3	0.1994
260	10.6	0.0844

注：$\delta=0.3$。

3.4 前剪区压剪

高烟囱在极大的自重压力下，随着向前倾倒，中性轴后移，切口前方烟囱壁将在前剪区被压剪破坏，这是必然的。但前剪区的压剪力随烟囱倾倒角增大而减少，因此引起的下坐是有限的，改善切口前方烟囱壁的强度可以限制这种有限的下坐。当切口两端不对称，出现不平衡压碎时，由于它多发生在微倾或初倾早期，发生越早越易引起倒向偏离。加强切口前方强度，采取减小定向窗夹角和切口高度，同时加强环向筋对混凝土的横向约束等措施，均可推迟、延缓、限制这种压剪作用。因此定向窗口不仅在切口闭合时有均匀支撑烟囱的可能，更重要的是在微倾和初倾阶段前期，较小的定向窗口角加强了前剪区的强度。烟囱倒向观测结果（见表3）表明，定向窗口角在30°以下，切口高在2.4m以下时，前剪区的压剪破坏可引起的倒向偏离只在2°以内，这已经可以满足拆除工程的要求。

表3 钢筋混凝土高烟囱倒向偏离观测

Table 3 Observation of offset direction of high reinforced concrete chimney

名 称	切口以上烟囱高/m	切口圆心角/(°)	定向窗口角/(°)	切口高/m	倒向偏离/(°)
茂名三、四部炉烟囱1	120	231.0	38	3.0	9.0
茂名沸腾炉烟囱	120	220.4	20~25	3.0	1.0
新汶电厂烟囱3	120	220.0	25	2.4	1.9
镇海电厂上切口烟囱4	120	210.0	20~30	2.0	1.5
广州纸厂中切口烟囱5	70	230.0	30	1.8	<1.0

3.5 支撑部后剪

随着烟囱的倾倒，β的增大，根据3.4节所叙，前剪区已破坏，支撑部中性轴后移到极限中性轴部位，由于烟囱水平后推力 R_h 增大，可知支撑部面临被后剪切的危险，从3.3节分析结果可知，其大偏心压剪破坏主要在2区。根据烟囱4、5区观测后剪的范围，为简化分析，设后剪切面由1、2区切口高度内的斜平面和3区的上凹曲面所组成，如图1所示。设剪切斜面的水平角 α_s，则斜平面的下滑力为

$$F(\alpha_s) = N_s \sin\alpha_s + R_s \cos\alpha_s \tag{9}$$

式中，N_s 为1、2区竖向压力，$N_s = N_{hs} - N_t$，N_{hs} 为烟囱的竖直压力，kN，包括烟囱自重和3区纵筋拉力，N_t 为1、2区纵筋支撑力，kN，且有 $N_t = 2\sigma_t(q_{s1} - \alpha_0)n_s$；$R_s$ 为支撑部的水平推力，kN，且 $R_s = R_h - T_t$，R_h 为烟囱水平推力，kN，T_t 为环向筋的拉力在倾倒方向的水平分量的总和，kN，为 α_s 的函数，即 $T_t(\alpha_s)$。

滑动面抗滑力 $R(\alpha_s)$ 为

$$R(\alpha_s) = [N_c f_2 + (N_s - N_c) f_1]\cos\alpha_s - R_s f_2 \sin\alpha_s + t_f + t_\tau \tag{10}$$

式中，N_c 为2区的支撑力，kN，$N_c = 2\sigma_a(q_{s1} - \alpha_{s1})\delta r_e r_{cs}$；$f_1$ 为1区混凝土的摩擦因数，可取0.6；f_2 为2区破坏混凝土的摩擦因数；t_f 为支撑部纵向钢筋的暗锁抗力，kN；t_τ 为1区和部分3区混凝土的初剪力和骨料咬合力，kN。则剪切滑动失稳系数为

$$K_s = \max[F(\alpha_s)/R(\alpha_s)] \tag{11}$$

当 $K_s>1$ 时，支撑部将后剪失稳破坏。

由于 f_2、t_f、t_τ 很难准确计算[10,13,14]，因此 K_s 也难准确算出。从部份烟囱以式（11）估算可知，120m，70m乃至高位切口以上40m高烟囱支撑部都可能发生后剪破坏。观测烟囱后剪实况见表4。

表4　部分钢筋混凝土烟囱后剪状况

Table 4　Situation of backward shear in some reinforced concrete chimneys

名　称	切口以上烟囱高/m	切口圆心角/(°)	切口高/m	后剪状况	备　注
镇海电厂烟囱3+30m切口烟囱上段	120	210	2.00	明显后剪	
兰州西固电热厂100m高烟囱[15]	74	232	1.85	明显后剪	
恒运电厂100m高烟囱2	99	237	2.00	拉区钢筋有后剪断裂现象	高位切口80m高烟囱可能会有后剪
广州纸厂60m高烟囱	60	235	3.00	半个支撑部滑离基础	高位切口50m高烟囱可能后剪

从表4中可见，高位切口50m高以上烟囱有可能后剪破坏，因此在混凝土烟囱多折爆破时，下切口应在相应上切口爆破后1.5~4.0s内起爆，以便在后剪未发生时，使下段烟囱向后运动卸除后剪力，上段烟囱即使很短，起爆时差也应缩短。

4　结论

综上所述，对爆破拆除钢筋混凝土高烟囱的研究表明：

（1）根据烟囱自重突加载荷的纵向平衡可知，切口爆破后，突加载荷在支撑部的受压范围可以由突加载荷受压区高度系数 k_λ 表示，当 $k_\lambda \geqslant 0.85$ 后，支撑部有可能破坏，这种情况较多发生在切口圆心角 $\alpha \geqslant 260°$ 时。

（2）烟囱倾倒时，支撑部在大偏心受压下脆性破坏，而形成“塑性铰”，倾倒力矩大于支撑部破坏截面的抵抗弯矩，其大于的程度在留有足够余地后，可用倾倒失稳名义保证率 k 来表示，当 $k \geqslant 1.5$ 后，确保烟囱倾倒，此时切口的圆心角 $\alpha \geqslant 205°$。

（3）烟囱自重和拉区弯矩的载荷与压区抗力的纵向平衡，决定了后移中性轴的极限位置，若其稳定在筒腔内，则烟囱微阶段（倾倒角在1.5°内）可保持支撑部的“塑性铰”；若其后移至壁体内，则支撑部很可能压塌，切口圆心角 $\alpha<240°$ 可防止压塌破坏。

（4）在烟囱的微倾阶段，支撑部前剪区的破坏状况决定烟囱倒向的误差，当定向窗口角在30°以下，切口高在2.4m以下，可推迟、延缓、限制前剪破坏，由此引起的倒向偏离可在2°以内。

（5）在烟囱的初倾阶段，沿支撑部的后剪面有可能滑动剪切，对此可以用后剪滑动失稳系数K_s来表示，K_s的估算和后剪失稳的实例说明高位切口以上50m钢筋混凝土烟囱支撑部有后剪可能。

（6）为了保证高烟囱在纵向稳定下倾倒，圆心角宜取210°~230°，为防止初倾阶段后剪，下切口宜在上切口起爆后1.5~4.0s内起爆。

参考文献

[1] 兰琪，叶建新，黄虬，等.100m烟囱定向爆破应变观测分析［J］.爆破，2001，18（1）：21-23.

Lan Qi，Ye Jianxin，Huang Qiu，et al. Analyses of strain observation in directionally blasting a 100m-high chimney［J］. Blasting，2001，18（1）：21-23.

[2] 张永哲，付海峰.120m钢筋混凝土烟囱倾倒过程动态应变观测［C］//中国爆破新技术［M］.北京：冶金工业出版社，2004：603-607.

Zhang Yongzhe，Fu Haifeng. Observation of dynamic strain variation in the collapse of a 120m reinforced concrete chimney［C］// New Blasting Techniques in China［M］. Beijing：China Metallurgical Industry Press，2004：603-607.

[3] 傅建秋，高金石，唐涛.120m钢筋混凝土烟囱背部断裂及倾倒过程的观测分析［C］//工程爆破文集（第六辑）［M］.深圳：海天出版社，1997：159-163.

Fu Jianqu，Gao Jinshi，Tang Tao. Observation and analysis of the back fracture and collapse process of the 120m reinforced concrete chimney［C］//Proceedings of Engineering Blasting（Vol.6）［M］. Shengzhen：Haitian Press，1997：159-163.

[4] 郑炳旭，傅建秋.电厂大跨度厂房及100m高烟囱爆破拆除［C］//工程爆破文集（第七辑）［M］.乌鲁木齐：新疆青少年出版社，2001：470-474.

Zheng Bingxu，Fu Jianqiu. Demolishing large-span building of power plant and 100m reinforced concrete chimney by blasting in Guangzhou［C］//Proceedings of Engineering Blasting（Vol.7）［M］. Urumchi：Xinjiang Teenager Press，2001：470-474.

[5] 郑炳旭，魏晓林，傅建秋，等.高烟囱爆破拆除综合观测技术［C］//中国爆破新技术［M］.北京：冶金工业出版社，2004：857-867.

Zheng Bingxu，Wei Xiaolin，Fu Jianqiu，et al. Comprehensive surveying techniques in blasting demolition of high chimney［C］// New Blasting Techniques in China［M］. Beijing：China Metallurgical Industry Press，2004：857-867.

[6] 郑炳旭，魏晓林，陈庆寿.钢筋混凝土烟囱爆破切口支撑部破坏观测研究［J］.岩石力学与工程学报，2006，25（Z2）：3513-3517.

Zheng Bingxu，Wei Xiaolin，Chen Qingshou. Study on damage surveying of cutting-support of high reinforced concrete chimney demolished by blasting［J］. Chinese Journal of Rock Mechanics and Engineering，2006，25（Z2）：3513-3517.

[7] 杨人光，史家育.建筑物爆破拆除［M］.北京：中国建筑工业出版社，1985.

Yang Renguang，Shi Jiayu. Demolishing construction by blasting［M］. Beijing：China Architecture and Building Press，1985.

[8] 金骥良.高耸建筑定向爆破倾倒设计参数的计算公式［C］//工程爆破文集（第七辑）［M］.乌鲁木齐：新疆青少年出版社，2001：416-421.

Jin Jiliang. The computation formula of the direction blasting collapsing on the towering constructions［C］// Proceedings of Engineering Blasting（Vol.7）［M］. Urumchi：Xinjiang Teenager Press，2001：416-421.

[9] 曹祖同，王玲勇，陈云霞.钢筋混凝土特种结构［M］.北京：中国建筑工业出版社，1987.

Cao Zutong，Wang Lingyong，Chen Yunxia. Special structure of reinforced concrete［M］. Beijing：China Architecture and Building Press，1987.

[10] 丁大钧.混凝土结构学［M］.北京：中国铁道出版社，1988.

Ding Dajun. Concrete structure［M］. Beijing：China Railway Publishing House，1988.

[11] 魏晓林，郑炳旭，傅建秋.钢筋混凝土烟囱折叠倾倒的力学分析及数值模拟［C］//中国爆破新技术［M］.北京：冶金工业出版社，2004：564-571.

Wei Xiaolin，Zheng Bingxu，Fu Jianqiu. Mechanical analysis and numerical simulation of reinforced concrete chimney folding collapse［C］// New Blasting Techniques in China［M］. Beijing：Metallurgical Industry Press，2004：564-571.

[12] 过镇海．钢筋混凝土原理［M］．北京：清华大学出版社，1999.

Guo Zhenhai. Principle of reinforced concrete［M］. Beijing：Tsinghua University Press，1999.

[13] Macgregor J G. Reinforced concrete-mechanics and design［M］. 2nd ed. New Jersey，USA：Prentice Hall，Englewood Cliffs，1998.

[14] Bungale S T. Steel，concrete and composite design of tall building［M］. New York：McGran-Hill，1998.

[15] 齐世福，龙源，徐全军，等．100m 高烟囱高位切口定向爆破效果分析［C］//工程爆破文集（第七辑）［M］．乌鲁木齐：新疆青少年出版社，2001：437-443.

Qi Shifu，Long Yuan，Xu Quanjun，et al. The effect analysis of 100m high chimney directional blasting of cutting at a high altitude［C］// Proceedings of Engineering Blasting（Vol. 7）［M］. Urumchi：Xinjiang Teenager Press，2001：437-443.

合山电厂住宅楼的爆破拆除

叶图强[1]　刘　畅[2]

（1. 北京科技大学 土木与环境工程学院，北京，100083；
2. 广东宏大爆破股份有限公司，广东 广州，510623）

摘　要：介绍无倒塌场地的4层砖混结构楼房拆除爆破的设计和施工，内容包括方案选择：采用双向倒塌的定向爆破方案；受力分析：承重墙和非承重墙；预处理：假柱的保留；爆破切口高度的设计，爆破参数的选取，爆破延时的选择，爆破网路的设计和安全防护措施。

关键词：倒塌场地；拆除爆破；双向倒塌；定向爆破

Blasting Demolition of a Building in Heshan Power Plant

Ye Tuqiang[1]　Liu Chang[2]

（1. School of Civil and Environmental Engineering，Beijing University of Science and Technology，Beijing，100083；2. Guangdong Hongda Blasting Co.，Ltd.，Guangdong Guangzhou，510623）

Abstract：A four-storey brick structure was demolished by blasting at the instance of non-space to collapse. The bi-directional controlled blasting was adopted，and the mechanics of load-bearing walls and non-load-bearing walls，the pre-processing，the design of height of blasting cut，the election of blasting parameters，the ignitong delay，the design of igniton web and the security measures are analyzed in the paper.

Keywords：collapse field；demolition blasting；bi-directional collapse；directional blasting

1　工程概况

1.1　楼房结构

合山电厂始建于1967年，为进行技术改造，欲将菜市旁的住宅楼进行拆除。待拆物为4层砖混结构，共5个单元的住宅楼：东西长48m，南北宽14m，高12m；底层的承重墙墙体厚为40cm，卫生间和厨房承重墙墙体和待拆物所有非承重墙墙体厚为28cm；二层和四层各有一圈30cm×40cm的钢筋混凝土圈梁；卫生间和厨房的楼面及楼梯为现浇混凝土板，住房的楼面均为预制板，房屋平面布置图如图1所示。

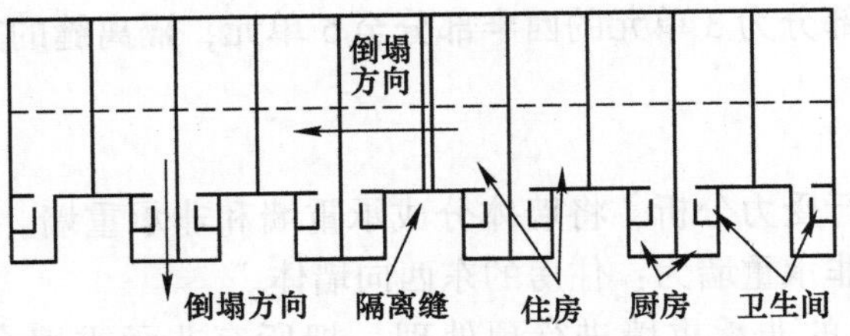

图1　房屋平面示意图

Fig. 1　Layout of building structure

原载于《爆破》，2007，24（3）：55-57，61。

1.2 周围环境

待拆物周围环境较复杂，东侧与厂区公路紧邻，距饭店 8m；南侧距一排街道门面 4.0m；西侧与菜市紧邻，距菜市建筑物 3.5m；4—5 单元的北侧距修理车间 3m。1—3 单元的北侧是空旷地，距电影院 25m。周围环境见图 2。

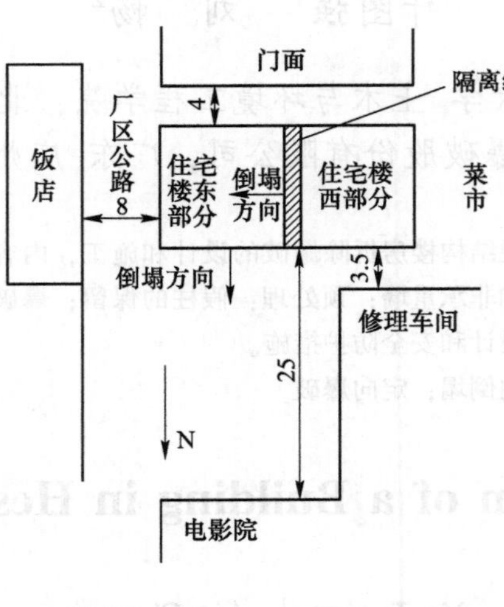

图 2 周围环境图（单位：m）

Fig. 2 Surrounding of blasting area（unit：m）

1.3 工程要求

爆破产生的震动、飞石、空气冲击波不得影响周围设施及建筑物的安全；要求爆破拆除厂房倒塌时不得对饭店、门面、菜市及修理车间造成影响，爆堆不宜过高，以利建筑垃圾的清理。

2 爆破方案的确定

待拆物东侧的 1 单元至 3 单元只有北向有较为开阔的场地，而 4 单元至 5 单元没有倒塌的场地。根据待拆物的结构特点、四周设施分布情况及有关安全技术，利用微差爆破技术，先使 1 单元至 3 单元的厨房和卫生间原地坍塌，住房向北倾倒，而后 4 单元至 5 单元向东倾倒的双向倾倒的定向爆破方案。

3 预处理

3.1 分离预处理

首先在 3 单元的楼梯通道上，从下至上开凿出一条隔离缝，将住宅楼分成两部分：东部分为 1 单元至 3 单元的东半单元；西部分为 3 单元的西半部分至 5 单元，隔离缝的宽度不小于 100cm 宽。

3.2 墙的预处理

首先对待拆物的结构进行受力分析，将墙体分成承重墙和非承重墙。承重墙为：卫生间和厨房的墙体，住房的南北向墙体；非承重墙为：住房的东西向墙体。

对于非承重墙：将一层的非承重墙进行预处理，把所有非承重墙全部敲掉，以确保住宅楼按预定方向倒塌。对于承重墙：进行预留假柱的处理，预留假柱部分的最小宽度为 1.0~1.5m，厨房转角部分为 0.5m；预处理掉的墙体宽度为 2m，高度根据爆破切口确定，不同的位置有不同的切口高度。

3.3 楼梯预处理

楼梯往往是影响拆除物倒塌方向的很重要因素。待拆物的1单元和2单元的楼梯预处理为1层和2层楼；因为要进行分离处理，3单元的楼梯预处理为1层和4层楼；4单元和5单元的楼梯预处理为1层和2层楼。

4 爆破参数的确定

4.1 爆破切口高度

由于楼房的绝大部分为砖混结构，刚度小，整体性较差，只要一层倒塌，整幢楼都会全部倒塌，因此决定只在底层布置爆破孔[1-5]。

4.1.1 住宅楼的东部分

由于倒塌方向较长，且倒塌方向与住房部分的承重墙平行，为了确保有一定的爆破切口角度，在厨房和卫生间的爆破切口高度为1.8m，住房部分前排爆高不低于1.8m，后排爆高为0.3m，如图3和表1所示。

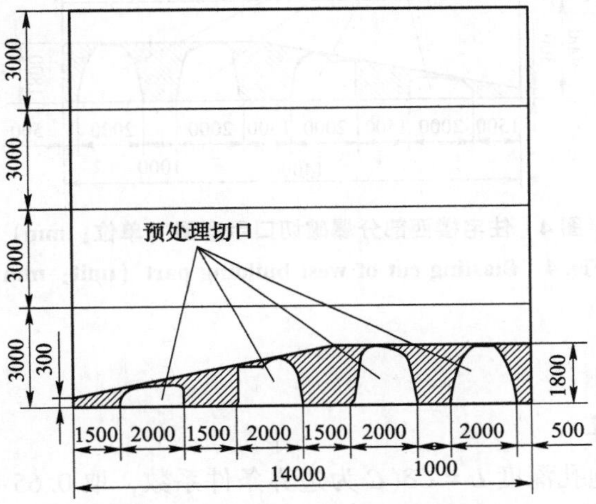

图3 住宅楼东部分爆破切口示意图（单位：mm）
Fig. 3 Blasting cut of east building part (unit: mm)

表1 住宅楼东部分爆破切口参数（孔距 $a=30$cm）
Table 1 Blasting parameters of east building part ($a=30$cm)

孔部位	设计爆破高度/m	炮孔孔位数/个	实际爆破高度/m
住房前排部分与厨房、卫生间	180	7	180
住房中间部分	110	5	120
住房后排部分	30	2	30

4.1.2 住宅楼的西部分

由于倒塌方向较长，且倒塌方向与住房部分的承重墙垂直，承重墙为6排，为了确保有一定的爆破切口角度，前排爆高为2.0m，后排爆高为0.3m，如图4和表2所示。

表2 住宅楼西部分爆破切口参数（孔距 $a=30$cm）
Table 2 Blasting parameters of west building part ($a=30$cm)

孔部位	设计爆破高度/m	炮孔孔位数/个	实际爆破高度/m
承重墙第一排	200	8	210

续表 2
Continues Table 2

孔部位	设计爆破高度/m	炮孔孔位数/个	实际爆破高度/m
承重墙第二排	169	7	180
承重墙第三排	128	5	120
承重墙第四排	87	4	90
承重墙第五排	46	3	60
承重墙第六排	30	2	30

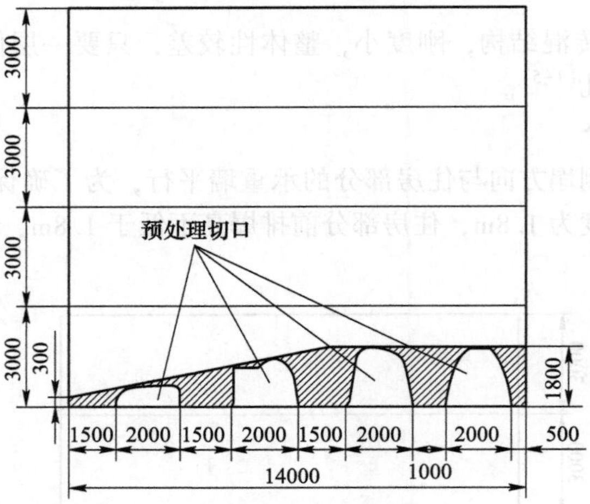

图 4 住宅楼西部分爆破切口示意图（单位：mm）
Fig. 4 Blasting cut of west building part（unit：mm）

4.2 爆破参数[1-5]

4.2.1 爆破参数的计算

最小抵抗线 $W=\delta/2$；炮孔深度 $L=C\delta$（C 为边界条件系数，取 0.65～0.75）；孔间距 $a=(1.5\sim1.8)W$；排距 $b=(0.8\sim1.0)a$；根据资料及实践经验，住房承重墙单位炸药消耗量取 $q=1100\text{g/m}^3$，厨房和卫生间承重墙单位炸药消耗量取 $q=1300\text{g/m}^3$；单孔装药量 $Q=qab\delta$。计算结果见表 3。

表 3 爆破参数
Table 3 Blasting parameters

承重墙体部位	墙厚/cm	最小抵抗线/cm	孔深/cm	孔间距/cm	排距/cm	单孔装药量/g	实际装药量/g
住房	40	20	26	30	30	39.4	40
厨房和卫生间	28	14	18	30	30	32.8	33

4.2.2 药量的确定

为了保证爆破效果，在定向爆破装药之前进行试爆，经过试爆，确定单孔药量为：墙厚 $\delta=40\text{cm}$，$Q=40\text{g}$；墙厚 $\delta=28\text{cm}$，$Q=33\text{g}$。

5 延期时间与起爆网路

采用塑料导爆管非电起爆系统，利用毫秒雷管控制各部位炮孔起爆时间和间隔。

5.1 待拆物的东部分

炮孔内装 1，3，5 段雷管，厨房和卫生间及住房的前部墙体装 1 段，住房的中部墙体装 3 段，住房的后部墙体装 5 段。由于楼房的绝大部分为砖混结构，刚度小，整体性较差，为了在东部分爆破时确保西部分的安全。每单元采用 1 段连接。单元之间采用孔外延时起爆，使东部分爆破向北倾倒时向东有少许偏斜。炮孔中均装单雷管，簇联用 2 发雷管，复式网路连接。

5.2 待拆物的西部分

炮孔内装 1，3，5，6，7，8 段雷管，从东往西依次爆破各排承重墙所形成的假柱，厨房和卫生间的承重墙体的分段跟东侧的住房承重墙所形成的假柱的爆破段别相同。全部采用 1 段连接，西部分与东部分的联接采用孔外延时起爆，使东部分爆破倾倒后，西部分才倾倒，用 7 段连接。炮孔中均装单雷管，簇联用 2 发雷管，复式网路连接。

6 爆破震动安全

6.1 最大一段药量计算

理论与实践证明，装药起爆时差超过 20ms，每次爆破形成的地震波可视为独立作用的波，因此大于该时差爆破的地震强度可按最大一段药量计算。

本设计装药起爆最小时差为 50ms，最大一段药量为 3.28kg，离爆区几何中心最近的是 9m。

根据修正的萨道夫斯基公式来计算最大一段药量。

$$Q = R^3([v]K/K')^{3/\alpha}$$

式中，Q 为允许的最大一段药量，kg；R 为爆源中心至被保护物的距离，$R=9$m；$[v]$ 为爆破地震安全速度，要确保周围建筑物的安全，应取 $[v]\leqslant 5$cm/s；K、α 为与爆破地点的地形、地质等条件有关的系数，本工程 K 取 32.1，α 取 1.36；K'为 K 的修正系数，$K'=0.25\sim1.0$，距爆源中心近时，取大值，反之取小值，本工程取 $K'=1.0$。计算得 $Q=12.19$kg，实际最大一段药量为 3.28kg。可以保证周围建筑物的安全。

6.2 爆破施工与安全防护

（1）钻孔。采用 YT-24 风钻、直径 38mm 钻头，尽量保证钻孔垂直于墙面，钻孔后测量孔深，孔深误差应在±1cm 范围内，不合乎设计要求的应进行及时处理，以确保孔深符合设计要求，保证药柱位于墙厚的中心。

（2）装药填塞。采用乳化炸药，药卷直径 32mm，根据重量切割合适的炸药长度，装入炮孔后，先装入少量的干沙，然后填塞一定湿度的黄土至孔满。

（3）起爆网路连接。采用黑胶布包扎，连完线后按设计要求检查线路，防止漏联、错连。

（4）安全防护。采用脚手架和竹跳板对待拆物的东、西及南面进行隔离防护。

7 爆破效果

爆破后周围建筑物上的门窗、玻璃完好；控制了飞石对周围环境的危害；待拆物东部分倒塌方向为北稍偏东未对西部分造成影响；西部分倒塌在东部分的爆堆上爆破效果很好；东部分待拆物从东往西如波浪式按预期方向倾倒，爆堆最大高度为 3.5m。

8 结语

对于砖混结构的拆除爆破，首先是对整个待拆物进行受力分析，将墙体分成承重墙和非承重墙；其次要做好预处理工作，在墙体的处理上特别注意，处理多了会使拆除物失稳出安全事故，处理少了增加了钻孔的工作量，增加爆破的不安全因素。因此在确保建筑物安全稳定的前提下，应尽量把可能影响倒塌方向准确性的结构都处理掉，为减少倒塌方向的偏斜，在预处理时应使倒塌方向的左右侧构件尽量在重量上平衡。

参考文献

[1] 叶图强，陆鹏程，潘朋坤．转运站框架式厂房的爆破拆除［J］．工程爆破，2002，8（2）：33-35.
[2] 张云鹏，甘德清，郑瑞春．拆除爆破［M］．北京：冶金工业出版社，2002.
[3] 冯叔瑜．城市控制爆破［M］．北京：中国铁道出版社，1985.
[4] 李守巨．拆除爆破中的安全防护技术［J］．工程爆破，1995，1（1）：71-75.
[5] 温良全，文家贵．多栋异型砖混结构楼房的爆破拆除［J］．爆破，2006，23（3）：56-58.

建筑爆破拆除动力方程近似解研究

傅建秋[1,2] 魏晓林[1,2] 汪旭光[1]

（1. 北京科技大学，北京，100083；
2. 广东宏大爆破股份有限公司，广东 广州，510623）

摘　要：研究了框架的单跨及逐跨倾旋的端塑性铰悬臂有根体、剪力墙和烟囱的底端塑性铰有根竖直体单向倾倒等动力方程的数值解、速度解析解和广义位移近似解，比较近似解组与数值解，两者误差在5%以内，近似解组可在不同的初始条件下方便应用，由此解决了框架单跨倾旋、逐跨倾旋断裂、剪力墙及烟囱单向倾倒的运动姿态及相关问题，以公式直接显示出建筑机构运动姿态与各参量的关系，便于探索运动姿态的规律和拆除方案的手算优选。

关键词：爆破拆除；动力方程；近似解

Study on Dynamics Equation Approximation of Blasting Demolition of Structures

Fu Jianqiu[1,2]　Wei Xiaolin[1,2]　Wang Xuguang[1]

(1. Beijing University of Science and Technology, Beijing, 100083;
2. Guangdong Hongda Blasting Co., Ltd., Guangdong Guangzhou, 510623)

Abstract: The numerical solution, velocity analytical solution and approxinative solution of dynamics equation, which describe that over hanging rooted body with plastic joint end is whirled and vertical rooted body with basis plastic joint is sloped down, are studied in this paper. The different between numerical and approxim ative solution is about 5%. Analytical and approximative solution formulas can be applied in different initial condition. It is solved in moving above and on ground that the beam is whirled in single span, the beam sare sloped down and disintegrated by gradual span, the shearwall and chimney are topped by blasting demolition. The relationship among moving posture of building and its coefficients is presented. Consequently, the principle of moving posture of building is easy to be explored and demolishing scheme can be optimized and calculated conveniently.

Keywords: blasting demolition; dynamics equation; analytical and approximative solutions

1　引言

随着我国城市化进程的加快，爆破方法快速拆除建（构）筑物日益受到重视并被广泛采用。然而，在当前的爆破设计中，主要是依靠工程师的工程经验来预测结构的倒塌过程。随着计算机技术的发展，已对少数建筑物的拆除利用数值模拟成功预计了倒塌姿态和范围。计算机数值模拟虽然能从整体上准确仿真建筑物倒塌的过程，乃至各个构件的运动，但是计算非常复杂，运算量大，难以在每项建筑拆除设计中实施，特别是在众多方案的优先中运用。

建筑结构爆破拆除中的机构运动，可以用多体系统动力学方程[1,2]来描述[3-5]，一般来说，该方程为二阶常微分方程组，迄今为止，还没有得到完全解析解，也没有相应的近似解，因此无法解决与

原载于《爆破》，2007，24（3）：1-6。

运动姿态相关的爆破拆除难题。对于多数建筑结构，按自由度可以将梁、柱、墙、筒等构件组成的机构，去掉冗余约束后，把该动力学方程适当简化。如高宽比小的多跨框架，可简化为同一自由度梁组成的端塑性铰悬臂有根体；对烟囱和剪力墙结构，当单向倾倒拆除时，可简化为底端塑性铰悬臂有根竖直体；框架、其上的罐体和排架，当前、中排支柱爆破拆除后所形成的多体运动，切口层对应的后排柱可简化为一个自由度体，而其上的结构可视为另一自由度体。以上 3 类建筑结构的拆除运动，前两类方程中的广义速度，当前可以推导[6]出解析解[7]，但是后类却没有。至于广义位移，他们均没有解析解，而方程的近似解迄今为止则都没有。因此，尝试将前 2 类拆除的结构，以典型工程参数为基础，经计算机数值模拟，将仿真结果归纳，尽可能采用解析表达式，或使用一定范围的近似式表示，由此获得建筑拆除多体系统动力方程组的近似解组，在应用时可不用计算机，由此直接手算出建筑结构爆破拆除的倒塌姿态、范围和时程。

2 单跨框架梁的倾倒

设 n 层单跨框架楼，如图 1 所示。当各梁端都出现塑性铰后，各梁开始平行按同一自由度 q（$R°=$ rad）倾旋，而柱则平行刚性柱而平动。该多体系统可简化为具有单自由度 q 的端塑性铰的有根悬臂梁，即动力学方程：

$$J_{\rm d}\frac{{\rm d}^2q}{{\rm d}t^2}=mgr\cos q-M\cos(q/2) \tag{1}$$

式中，m 为梁、柱的质量，10^3kg，$m=nm_i+(n-1)m_j$，m_i 为梁的质量，10^3kg，m_j 为柱的质量，10^3kg；n 为楼梁数；r 为梁、柱的重心距，m，$r=\left[\frac{nm_il_i}{2}+m_j(n-1)l_j\right]\Big/m$，$l_i$ 为梁的跨长，m；l_j 为柱的质心水平距，m；$J_{\rm d}$ 为梁、柱对固定端的转动惯量，$10^3{\rm kg\cdot m^2}$，$J_{\rm d}=\frac{nm_il_i^2}{3}+m_j(n-1)l_j^2$；$M\cos(q/2)$[6] 为梁两端的"塑性铰"弯矩之和，kN · m，$M=n(M_i+M_j)$，M_i 为固定端梁的初始弯矩，M_j 为倾旋端梁柱的初始弯矩，由于现浇钢筋混凝土框架为 T 型梁，则 $M_i>M_j$；$q/2$ 为梁轴与端钢筋的最大夹角，$R°$；t 为梁倾旋的时间，s。

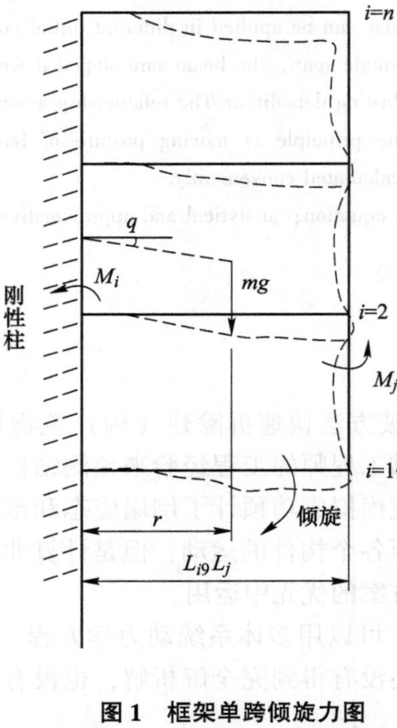

图 1 框架单跨倾旋力图

Fig. 1 The collapsed-whirled force of a span

初始条件：$t=0$，$q=0$，$\dot{q}=0$，

则

$$\dot{q} = \sqrt{\frac{2mgr\sin q}{J_{\rm d}} - \frac{4n(M_i + M_j)\sin\dfrac{q}{2}}{J_{\rm d}}} \tag{2}$$

令

$$q_{\rm s} = \frac{q}{a\cos[M/(mgr)]} \tag{3}$$

以方程（1）数值解归纳平均角速度 $\dot{q}_{\rm c}$，其$\dfrac{\dot{q}_{\rm c}}{\dot{q}}$的近似值

$$P_{\rm d} = \frac{\dot{q}_{\rm c}}{\dot{q}} = \frac{\int_0^t \dot{q}{\rm d}t/t}{\dot{q}} = \frac{\int_0^t \left[\sin q - \dfrac{2M}{mgr}\sin(q/2)\right]^{\frac{1}{2}} {\rm d}t}{t} \Bigg/ \left[\sin q - \frac{2M}{mgr}\sin(q/2)\right]^{\frac{1}{2}}$$

$$\approx 0.095q_{\rm s}^2 - 0.024q_{\rm s} + 0.5 \tag{4}$$

而

$$t = \frac{q}{\dot{q}_{\rm c}} \approx q/P_{\rm d}\dot{q} \tag{5}$$

现将近似式（5）与式（1）q 的数值解对比见图 2。

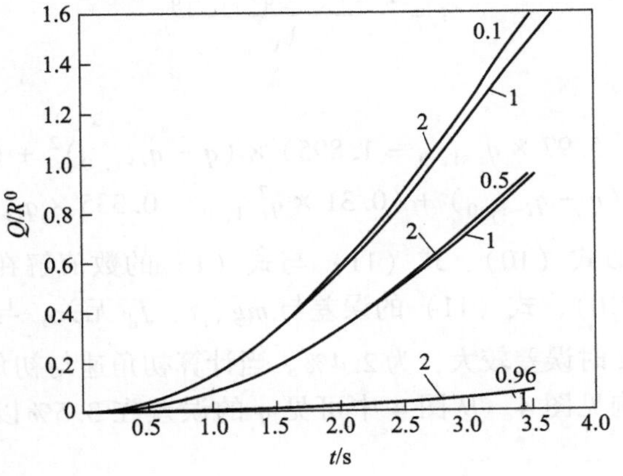

图 2　单跨框梁 q 近似解（1 线）与数值解（2 线）

Fig. 2　The appromim ative solution q and numerical solution of a span beam

（图中数为 $M/(mgr)$ 值）

从图 2 可见，当 $q<1.2$ 时，其 q 最大误差为 4.7%。从式（4）分析，当 $M=0$ 时，$P_{\rm q}$ 只是 q 的函数，而与 mgr 无关；当 $mgr>M>0$ 时，虽然 $\dot{q}_{\rm c}/q$ 随 $M/(mgr)$ 而变，但变化很小。当 $M/(mgr)$ 在 0.95~0.095 范围内时，其引起的 t 平均误差为 0.64%，因此，由式（2）和式（5）组成的解析-近似解组，可以代替数值解，其误差为工程所容许。

3　多跨框架梁的逐跨断裂倾倒

弯矩逐跨解体法是利用建筑物自身的重力产生弯矩，即利用延时逐次起爆，在水平方向实现逐跨断裂。首次起爆的第一跨，梁的倾倒近似解组如第 2 节所述，而逐次起爆的后跨，因前跨的断裂运动，获得了初始速度 $\dot{q}_{i+1,0}$ 和初始位移 $q_{i+1,0}$，使动力方程（1）的初始条件 $t=0$ 时，

$$q = q_{i+1,\ 0},\ \dot{q} = \dot{q}_{i+1,\ 0} \tag{6}$$

由于前跨（i）、后跨（$i+1$）的动能相等，即：

$$\dot{q}_{i+1,\ 0} = \dot{q}_i\sqrt{J_{{\rm d}i}/J_{{\rm d}i+1}} \tag{7}$$

而势能相等，即：

$$q_{i+1,\ 0} = a\tan(m_i r_i \tan q_i (m_{i+1} r_{i+1})) \tag{8}$$

式中，q_i、$q_{i+1,0}$ 分别为前跨末期及后跨初始的转角；$\dot{q}_i$、$\dot{q}_{i+1,0}$ 分别为前跨末期及后跨初始的角速度；J_{di}、J_{di+1} 分别为前跨及后跨加前跨对固定端的转动惯量；m_i、m_{i+1} 分别为前跨及后跨加前跨的质量；r_i、r_{i+1} 分别为前跨及后跨加前跨的质心水平距。

由于初始条件式（6）不为零，则 $i+1$ 后跨的

$$\dot{q} = \sqrt{\frac{2m_{i+1}gr_{i+1}}{J_{di+1}}(\sin q - \sin q_{i+1,\ 0}) - \frac{4n(M_i + M_j)}{J_{di+1}}\left(\sin\frac{q}{2} - \sin\frac{q_{i+1,\ 0}}{2}\right) + \dot{q}_{i+1,\ 0}^2} \tag{9}$$

将式（9）经式（3）和式（4）可将式（5）扩展应用范围，即当 $q_{i+1,0} \leqslant 0.2$ 时，

$$t = (q/(\dot{q} \times P_q) - 2 \times q_{i+1,\ 0}/\dot{q}_0)/\lambda_V \tag{10}$$

式中，$\dot{q}_0$ 为初角速度计算值，以 $q=q_{i+1,0}$ 计算式（2）的 $\dot{q}$ 值 $\dot{q}_{(2)}$，即 $\dot{q}_0=\dot{q}_{(0)}$；$d\dot{q}_0$ 为计算初角速度与实际角速度差值，$d\dot{q}_0 = \dot{q}_{i+1,\ 0} - \dot{q}_0$；$P_q$ 以式（4）计算；λ_V 为初角速度调整系数，$\dot{q}_{(2)}/q_{i+1,\ 0} = 0.75 \sim 2.0$ 时，$\lambda_V = 1 + 0.6d\dot{q}_0(\dot{q} \times P_q)$，从式中可见，多数情况下式（10）的 $\lambda_V \approx 1$，而当 $0.4 > q_{i+1,0} > 0.2$，$q<(q_{i+1,0}+0.6)$ 时，t 按式（11）计算

$$t = \frac{q/(\dot{q} \times P_q) \times \lambda_q}{\lambda_V} \tag{11}$$

式中，λ_q 为初位角调整系数。

$$\lambda_q = (-7.55 \times q_{i+1,\ 0}^2 + 5.97 \times q_{i+1,\ 0} - 1.895) \times (q - q_{i+1,\ 0})^2 + (5.64 \times q_{i+1,\ 0}^2 - 5.163 \times q_{i+1,\ 0} + 2.226) \times (q - q_{i+1,\ 0}) + (0.31 \times q_{i+1,\ 0}^2 - 0.335 \times q_{i+1,\ 0} + 0.0925) \tag{12}$$

现将初值不为零时，近似式（10）、式（11）与式（1）的数值解在不同初位角时进行对比，如图 3。与式（5）同理，式（10）、式（11）的误差与 mg、r、J_d 无关，与 $M/(mgr)$ 关系较小。因此，从图 3 中可见，当 $q_{i+1,0}=0.2$ 时误差较大，为 2.4%。当计算初角速与初角速之比 $\dot{q}_{(2)}/q_{i+1,\ 0}$ 在 0.75~2.0 时，对近似值误差的影响见图 4。从图 4 中可见 q 的误差在 3.5%以内。图 3、图 4 的 $mgr/J_d = 0.319$，$m/J_d = 0.2454$。

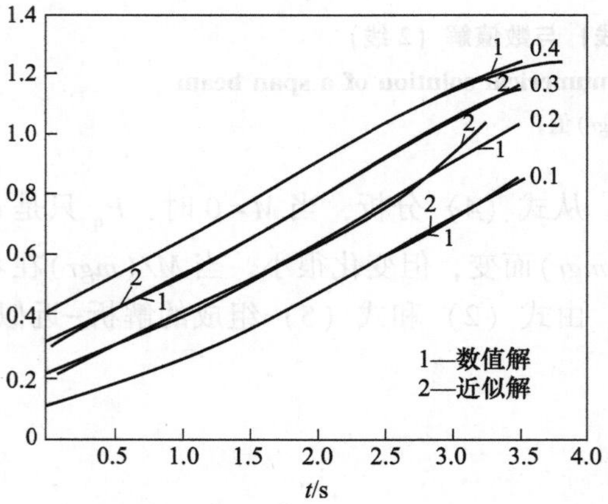

图 3　多跨架梁不同初始角 $q_0(\mathring{q}_0 = \mathring{q}_{(2)})$ 时 q 近似解

Fig. 3　The approm im ative solution q at different in itial angles of multiple-span beams

（图中数为 $\mathring{q}$ 值，当 $\mathring{q}$=0.2 时，2 线由式（11）计算）

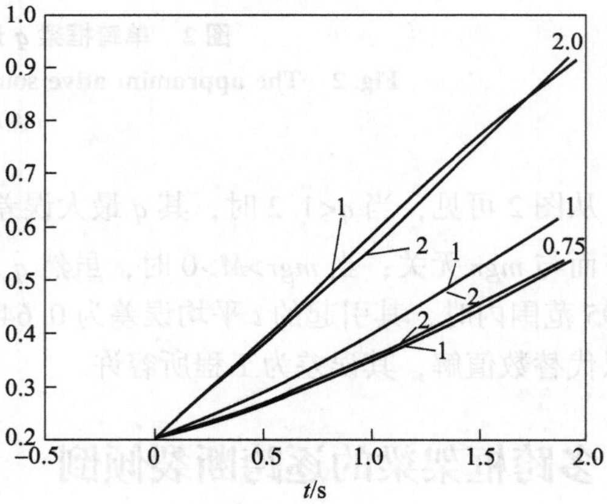

图 4　多跨架梁 $q_{i+1,0}$=0.2，不同初始角速比 $\mathring{q}_{(2)}/\mathring{q}_{(i+1),0}$ 时的 q 近似解（2 线）与数值解（1 线）

Fig. 4　The appromim ative solution q and numerical solution at different in itial angle ratios and q_{i+1}=0.2

（图中数为 $\mathring{q}_{(2)}/\mathring{q}_{(i+1),\ 0}$，2 线由式（10）计算）

4 高耸建筑的单向倾倒

烟囱、剪力墙等高耸建筑物的单向倾倒如图5所示，其多体系统可简化为具有单自由度 q，底端塑性铰的有根竖直体，即动力方程为：

$$J_b \times \frac{d^2 q}{dt^2} = Pr\sin q - M \tag{13}$$

式中，P 为单体的重量，kN；$P = mg$，m 为单体的质量，10^3kg；r 为重心到底支铰点的距离，m；J_b 为单体对底支点的惯性矩，$10^3\text{kg}\cdot\text{m}^2$；$M$ 为底塑性铰的抵抗弯矩，kN·m；q 为重心到底铰连线与竖直线的夹角，rad。

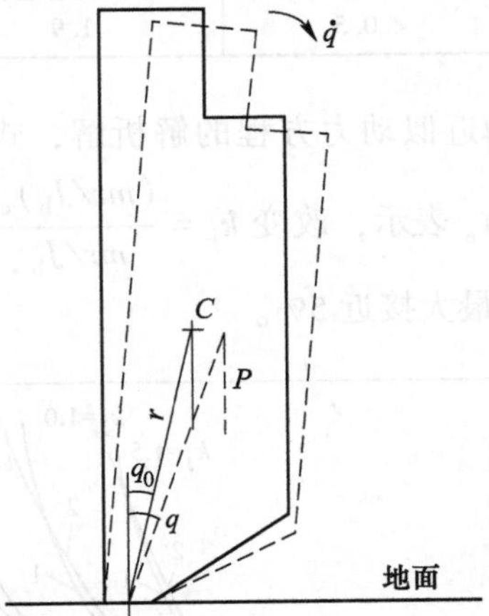

图5 剪力墙楼房单向倾倒

Fig. 5 Directional collapse of sheared wall building

（实线为初始位置，虚线为运动状态）

爆破拆除时的初始条件是 $t=0$ 时，$q = q_0$，$\dot{q} = \dot{q}_0$

$$\dot{q} = \sqrt{\frac{2Pr(\cos q_0 - \cos q)}{J_b} + \frac{2M(q_0 - q)}{J_b} + \dot{q}_0^2} \tag{14}$$

$$t \approx \frac{q_{ds}}{P_{dq} \times (\dot{q} - \dot{q}_0) + \dot{q}_0} \tag{15}$$

式中，P_{dq} 为平均角速度增量与角速度增量比；$q_{ds} = q - q_0$；

当 $q_0 \geqslant 0.2$，$\dot{q}_0 \leqslant 0.3$，

$$P_{dq} = \lambda_V \times \exp(a_1 q_{ds}^2 + a_2 q_{ds} + a_3) \tag{16}$$

式中，$a_1 = 0.909q_0^2 - 1.07q_0 + 0.424$；$a_2 = -1.99q_0^2 + 2.51q_0 - 1.02$；$a_3 = -0.6971$；$\lambda_V$ 为初速度修正系数，当 $\dot{q}_0 = 0$，$\lambda_V = 1$，而 $\dot{q}_0 \geqslant 0.1$，$\lambda_V = b_1 q_\delta^2 + b_2 q_\delta + b_3$，$b_1 = -0.094\dot{q}_0 - 0.0772$；$b_2 = 0.259\dot{q}_0 + 0.101$；$b_3 = 0.9933$；$q_\delta = q_{ds} = -0.3$。

当 $\dot{q}_0 = 0$，如烟囱，式（13）可简化为近似动力方程

$$J_b \times \frac{d^2 q}{dt^2} = Prq - M \tag{17}$$

有近似方程的解析解：

$$t = \frac{\ln(q_{mr} + \sqrt{q_{mr}^2 - 1})}{p_j} \tag{18}$$

式中，$q_{mr} = [q - M/(pr)]/[q_0 - M/(pr)]$；$p_j = \sqrt{pr/J_b}$。

数值解所依据的典型建筑为青岛远洋宾馆，剪力墙结构，第（17）轴楼高 13 层，49m 高，宽 16.6m，炸高 7.2m，计算参数见表 1。

表 1　有根竖直单体典型建筑参数及近似式误差

Table 1　Parameters and approximate errors of a straightmonom eric typical building with roots

项　目	m	J_b	r	M	q_0
单位	10^3kg	10^3kg · m^2	m	kN · m	rad
参数	956.7	641070	23.1678	192	0.2333
项　目	$k_j=\dfrac{(mr/J_b)_c}{mr/J_b}$	$\dfrac{(M/J_b)_c}{M/J_b}$	$k_q=\dfrac{(q_0)_c}{q_0}$	$\dot{q}_0$	
范围	0.7~1.5	0~10	0~3	0~0.3rad/s	
最大误差/%	1.6	< 0.5	1.9	1.5	

式（14）为解析解，式（18）为近似动力方程的解析解，式（15）为近似解，现将式（15）的误差列于表 1，改变计算参数以（　）$_c$ 表示，改变 $k_j=\dfrac{(mr/J_b)_c}{mr/J_b}$ 引起的近似式误差见图 6。式（18）在 $k_q=1\sim3$，$q=1.5$ 时，q 的误差最大接近 5%。

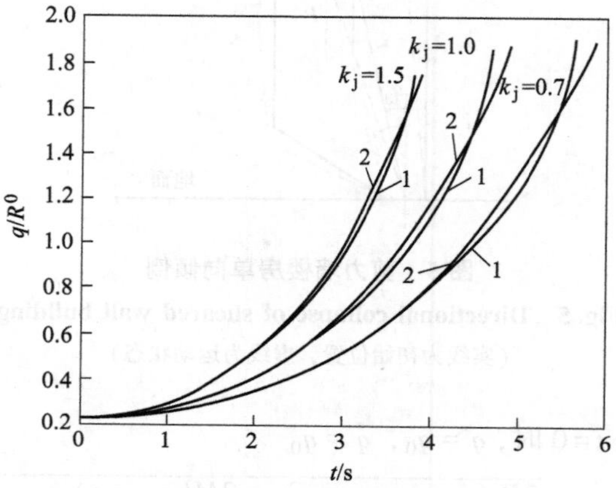

图 6　剪力墙不同 k_j 时 q 近似解（1 线）与数值解（2 线）

Fig. 6　The approm im ative solution q and numerical so lution of sheared wall at different k_j

（图中数为 $k_j=(mr/J_b)_c/(mr/J_b)$ 的值）

5　近似式组的应用

通过以上各节的研究，可见利用近似式组，可以手算框架单跨断裂、多跨框架的逐跨断裂、单向倾倒烟囱、单向倾倒剪力墙结构的速度、位移及其时间，也可以方便地将以上梁、柱、烟囱姿态的公式组合，手算建筑机构的变拓扑[2] 运动的姿态。由此，可以方便地计算折叠烟囱上段单向倾倒下切口起爆时差，同向及反向折叠倾倒的剪力墙单向倾倒后切口起爆时差，以及框架前跨倾斜后，后跨柱起爆时差。

以新汶电厂 120m 高钢筋混凝土烟囱为例，计算爆破拆除时单向倾倒的姿态。计算条件为烟囱底部切口平均半径 $r_e=5.3$m，壁厚 0.5m，自重 $p=2017.5\times9.81=19791.7$kN，烟囱重心高 $r_c=42.68$m，重心对切口前支点距 $r_c=40.63$m，切口高 $h_b=2.4$m，烟囱对切口平面惯性矩 $J_b=77566\times10^5$kg · m^2，对切口前支点惯性矩 $J_b=735489210^3$kg · m^2，烟囱材料强度采用强度平均值，受压区压力不均系数 0.4[8]，其他计算条件见文献［9］。根据文献［3］第 565-566 页（原文式（3）的第 2 圆括号有误，应移至"="后），可算出中性轴的圆心角之半 $q_s=0.7166$rad，初始倾倒角 $q_0=0.0934$rad，切口拉区钢筋对切口中性轴平均弯矩 $m_p = 13707\text{kN}\cdot\text{m}$。

当烟囱倾倒纵轴水平时，倾倒角 $q=\pi/2+q_0=1.6644$，以式（18）计算单拓扑倾倒时间 t_{e1} 如下：

$$m_p/(pr_c) = 13707/(19791.7 \times 42.68) = 0.0162$$

$$q_{mr} = [q - m_p/(pr_c)]/[q_0 - m_p/(pr_c)] = (1.6644 - 0.0162)/(0.0934 - 0.0162) = 21.3652$$

$$p_j = \sqrt{pr/J_b} = \sqrt{2017.5 \times 9.81 \times 42.68/77556600} = 0.33$$

$$t_{e1} = \ln(q_{mr} + \sqrt{q_{mr}^2 - 1})/p_j = \ln(21.3652 + \sqrt{21.3652^2 - 1})/0.33 = 11.377\text{s}$$

而单拓扑倾倒着地数值解时间 11.593s，式（18）解与数值解相差 1.86%，可见式（18）的误差较小。而以 2 拓扑计算[3]，切口闭合支点前移为后拓扑，烟囱着地时间数值解 12.324s，而实测烟囱着地时间为 12.3s。烟囱单拓扑倾倒式（18）解、倾倒实测、2 拓扑倾倒数值解和 2 拓扑倾倒近似解等的姿态见图 7。从图 7 中可见，式（18）单拓扑计算与实测的误差在烟囱着地时为 7.5%，为工程所容许。而 2 拓扑的后拓扑以式（15）、式（14）、式（16）近似计算，由于切口闭合时初始倾倒角 $q_{so}=0.1218<0.2$，不符合近似式的应用范围，引起的误差增大到 11.5%。设后拓扑初始倾倒角 $q_{so}=0.2$ 切口才闭合，对应前拓扑的倾倒角 $q=q_{oh}+q_{ohs}=0.4242$，式中 q_{oh} 为切口闭合角，$q_{oh}=\text{artan}[h_b/(r_e+r_e\cos q_s)]$；$q_{ohs}$ 为切口真实闭合后转到 q_{so} 的转动角，$q_{ohs}=q_{so}-(q_{oh}-q_{ob})$，式中，$q_{ob}$ 为烟囱前支点至烟囱质心线与纵轴夹角，$q_{ob}=\text{artan}(r_e/(r_e-h_b))$；而前拓扑的角速度 $\dot{q}$ 以式（14）计算为

$$\dot{q} = \sqrt{\frac{2pr_c(\cos q_0 - \cos q)}{J_b} + \frac{2m_p(q_0 - q)}{J_b}}$$

$$= \sqrt{\frac{2 \times 19191.7 \times 42.68(\cos 0.0934 - \cos 0.4242)}{77556600} + \frac{2 \times 13707(0.0934 - 0.4242)}{77556600}} = 0.0873\text{s}$$

对应前拓扑的时间 t_1 与前述单拓扑同理，以式（18）计算，$q=0.4242$ 时得 $t_1=7.1202\text{s}$；而后拓扑支撑部钢筋已拉断 $m_p=0$，而烟囱倾倒纵轴水平时，对 q_{so} 开始计算时倾倒角

$$q = \pi/2 - q_{ob} - q_{ohs} = 1.362$$

对应倾倒角速度

$$\dot{q} = \sqrt{\frac{2 \times 19191.7 \times 40.63(\cos 0.2 - \cos 1.362)}{7354892} + 0 + 0.0873^2} = 0.4202/\text{s}$$

$q_{ds} = q - q_0 = 1.362 - 0.2 = 1.162$，因为 $\dot{q} < 0.1/\text{s}$，$\lambda_V = 1$，p_{dq} 以式（16）计算为 0.3468，后拓扑所需时间 $t_2 = q_{ds}/[p_{dq}(\dot{q} - \dot{q}_0)] + \dot{q}_0 = 1.162/[0.3468(0.4202 - 0.0873) + 0.0873] = 5.73095\text{s}$，总倾倒时间 $t=t_1+t_2=7.1202+5.7309=12.8511\text{s}$。

2 拓扑计算与观测值误差 4.4%，为工程所容许。2 拓扑近似计算时间见图 7，误差稍大的原因是，真实切口闭合比假设的 q_{so} 早，若剪力墙、烟囱切口闭合的初始倾倒角在 0.2 以上，近似计算误差将在 3%以内。

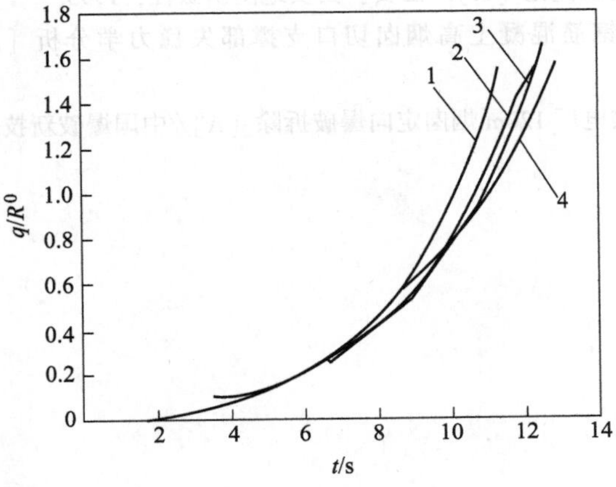

图 7 烟囱倾倒姿态

Fig. 7 The situation of collapsed chimneys

1—单拓扑式(18)值；2—观测值；3—2 拓扑数值解；4—2 拓扑近似解

6 结论

将建筑物爆破拆除倾倒时，用多体系统动力方程数值解所描述的运动姿态，经归纳形成的近似解，与原数值解比较，可以得到以下结论：

（1）对于单跨框架梁，当前排柱爆破，其爆破柱上的框架沿后排刚性柱倾旋而失稳，梁间的前排柱平行刚性柱而平动，其梁的转动角速度可由解析式（2）计算，位移所需的时间可由近似式（4）、近似式（5）计算，其近似值与数值解间的误差为工程所容许。

（2）多跨框架梁逐跨断裂倾倒，是初位移和初速度不为零的框架梁逐跨倾旋，其梁的转动角速度可由解析式（9）计算，位移所需的时间可由近似式（10）或近似式（11）、近似式（12）计算，其近似值与数值解间的误差小于 3.5%，为工程所容许。

（3）烟囱、剪力墙等高耸建筑的单向爆破拆除，其倾倒角速度可由解析式（14）计算，其位移所需时间，对零初速的烟囱和剪力墙，当转动角 $q<0.2$rad 时，可用解析式（18）表示，误差将小于 1%，当 q 增至 1.57rad 时，与单拓扑数值解的误差也仅在 5%内。实际烟囱、剪力墙单向倾倒切口闭合时，支点要前移，因此适用 2 拓扑数值计算。

当 $q\geqslant 0.2$rad 时，再以切口闭合条件近似计算式（15）、式（16），当 $\dot{q}\leqslant 0.3/$s 时，其 2 拓扑近似解与 2 拓扑数值解在倾倒 1.57 时，误差仅为 4.2%，与实测值的误差为 4.4%，因此，其近似值与数值解间的误差为工程所容许，近似式（15）、近似式（16）和解析式（18）是可以在工程中应用的。

框架及其上方的罐体和排架，当前、中排支柱爆破拆除后，所形成的 2 体运动，其广义速度和广义位移的近似解，参见“建筑爆破拆除动力方程近似解研究（2）”。

参 考 文 献

[1] 洪嘉振．计算多体系统动力学［M］．北京：高等教育出版社，1998.

[2] 洪嘉振，倪纯双．变拓扑多体系统动力学的全局仿真［J］．力学学报，1996，28（5）：633-636.

[3] 魏晓林，郑炳旭，傅建秋．钢筋混凝土烟囱折叠倾倒的力学分析及数值模拟［A］//中国爆破新技术［M］．北京：冶金工业出版社，2004：564-571.

[4] Zheng B X，Wei X L. Modeling Studies of High-rise Structure Demolition Blasting with Multi-folding Sequences［A］//New Development on Engineering Blasting［M］．Beijing：Metallurgical Industry Press，2007：326-332.

[5] Wei X L，Fu J Q，Wang X G. Numerial Modeling of Demolition Blasting of Frame Structures by Varying Topo-logical Multibody Dynamics［A］//New Development on Engineering Blasting［M］．Beijing：Metallurgical Industry Press，2007：333-339.

[6] 杨人光，史家堉．建筑物爆破拆除［M］．北京：中国建筑工业出版社，1985.

[7] 高金石，张奇．爆破理论与爆破优化［M］．西安：西安地图出版社，1993.

[8] 郑炳旭，魏晓林，陈庆寿．钢筋混凝土高烟囱切口支撑部失稳力学分析［J］．岩石力学与工程学报，2007（Z）：1.

[9] 罗伟涛，王铁，邢光武．新汶电厂 120m 烟囱定向爆破拆除［A］//中国爆破新技术［M］．北京：冶金工业出版社，2004：590-593.

建筑爆破倒塌过程的摄影测量分析
——运动过程分析

崔晓荣[1,2]　郑炳旭[2]　魏晓林[2]　傅建秋[2]　沈兆武[1]

（1. 中国科学技术大学 力学系，安徽 合肥，230026；
2. 广东宏大爆破股份有限公司，广东 广州，510623）

摘　要：以某一爆破拆除工程为例，通过近景摄影测量系统（包括近景摄影和图像处理），对建筑爆破拆除倒塌过程进行了定量分析，获得建筑倒塌运动过程中位移、转角、平动速度、转动角速度等参数。摄影测量数据与建筑倒塌过程的各受力状态进行了对比分析，提出将建筑物的倒塌过程分为爆破切口形成阶段、自由落体阶段、冲击撞地阶段和转动坍落阶段。

关键词：拆除爆破；近景摄影测量；定量分析；运动分析

Close Range Photogrammetry Analysis of Building-collapse
—Movement of Building During Blasting Demolition

Cui Xiaorong[1,2]　Zheng Bingxu[2]　Wei Xiaolin[2]　Fu Jianqiu[2]　Shen Zhaowu[1]

(1. China University of Science and Technology, Anhui Hefei, 230026;
2. Guangdong Hongda Blasting Co., Ltd., Guangdong Guangzhou, 510623)

Abstract: Through using the measurement system of close range photogrammetry, including photography and image processing, the movement of building collapse during blasting demolition was quantitatively analvzed. Based on the obtained results, such as displacement, rotation angle, movement velocity and rotation velocity, the rule of building collapse due to blasting demolition was discussed. By comparing analysis of measuring data with the force involving in the process of collapse, the building collapse was suggested to be divided into four periods. namely, the formation of blasting cut, free dropping of structure, impact to the earth and rotation collapse.

Keywords: blasting demolition; close range photogrammetry; quantitative analysis; movement analysis

1　引言

建筑物爆破拆除倒塌过程中，各构件的位移、速度、加速度、动能、势能等物理量的变化过程是力学机理分析、工程经验总结、科学模拟计算的重要依据。基于工程实践的摄影测量分析是获得这些参数的最有效方法之一。过去摄影测量系统包括高速摄影、编辑、数字化仪和判读系统等[1,2]，设备系统庞大、价格昂贵、机械化程度低，很难将此系统引入爆破拆除工程中。因此，以往通常基于现场观看或者简易的摄影设备，对建筑物倒塌过程进行定性分析。

随着科技的发展，在硬件方面，数码摄像机的性价比越来越高；在软件方面，计算机图像处理技术，特别是图像批处理技术的发展，促使摄影测量系统得到快速发展和普遍应用[3]。经济可行、方便快捷的摄影测量系统，能够方便地获得建筑物倒塌过程的各力学参数（包括位移、速度、加速度、动

原载于《工程爆破》，2007，13（3）：8-13，17。

能、势能等)，为分析力学机理、总结工程经验和科学模拟计算提供了评判和比较的依据，促进其进一步发展和完善。

本文通过摄影测量系统，获得建筑物倒塌过程中的姿态及力学参数，并与建筑倒塌过程的各受力状态进行了对比分析，提出将建筑物的倒塌过程分为爆破切口形成阶段、自由落体阶段、冲击撞地阶段和转动坍落阶段。

2 工程概况及爆破方案

2.1 工程概况

恒运电厂为了生产发展的需要，拟将厂区的办公楼（2号楼）、3号、4号单身宿舍楼等建筑物进行爆破拆除。其中办公楼为框架结构，东西长36.4m、南北宽12.2m、高26.4m，共8层，总建筑面积约3500m^2。办公楼的结构平面布置如图1所示。南北向、中间部分为3排立柱（A、B、D轴），两端为4排立柱（A、B、C、D轴），东西向共11排立柱（1~11轴），立柱截面均为40cm×60cm。

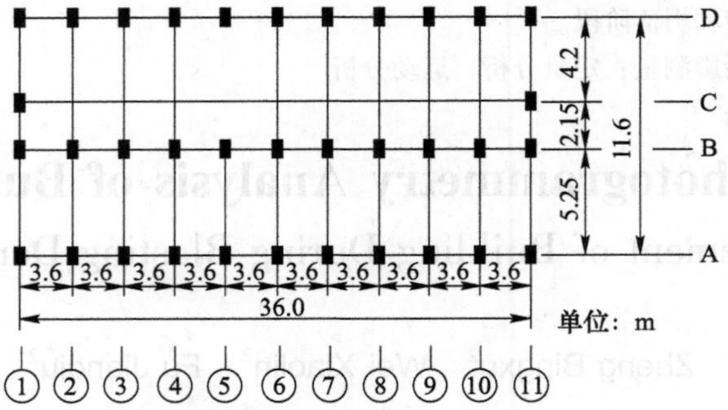

图1 办公楼结构平面示意图（单位：m）

Fig. 1 Scheme of structure for office-building (unit: m)

2.2 爆破方案

各轴立柱的炸高和起爆顺序见表1，形成如图2所示的爆破切口[4]。合理的爆破切口、起爆顺序和起爆时差，保证了办公楼顺利定向倾倒。爆破时采用半秒非电导爆管雷管。

表1 爆破参数

Table 1 Blasting parameters

立柱位置	炸高/m	雷管时段	爆破延时/s
D轴	8.0	HS2	0.5
C轴	8.0	HS2	0.5
B轴	4.8	HS3	1.0
A轴	0.8	HS4	1.5

3 近景摄影测量系统

近景摄影测量，亦称非地形摄影测量，是在近距离、一般指100m以内拍摄目标的图像，通过加工处理确定静态目标的表面形状和动态目标的活动轨迹。近景摄影测量包括近景摄影和图像处理两个过程。

3.1 摄影系统

近景摄影一般使用量测摄影机，它是框标、内方位元素已知并且物镜畸变小的专用仪器，有的还

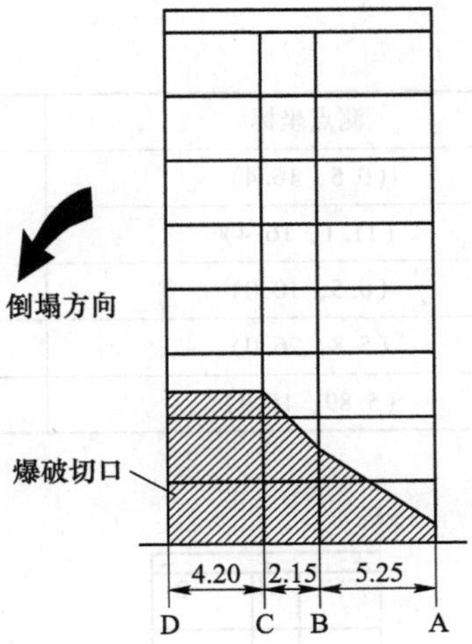

图 2 爆破切口设计图（单位：m）

Fig. 2 Design of blasting cut（unit：m）

备有外部定向、同步摄影、连续摄影等设备；也可以使用非量测摄影机，如电影摄影机、高速摄影机、全息摄影机、显微摄影机、数字摄影机、X 光摄影机等[1,5]。专用的量测摄影机及其图像处理系统价格昂贵，尤其是能够处理爆炸等瞬间过程的量测摄影系统，故选择非量测摄影机[6]。

本爆破工程中，考虑到结构体系规则，采取表 1 所示的定向爆破拆除方案，结构倾倒时不会发生扭转现象，因此可以将建筑物的倒塌过程简化成为二维运动，将摄影机的镜头垂直对准如图 2 所示的侧面拍摄其倒塌过程。

3.2 图像处理

图像处理同通常的摄影测量类似，分为模拟法和解析法，可以获得平面图、立体图、断面图、透视图、等值线图以及包括物点坐标在内的多种物理参数。

由于采用非量测摄影机，需要面对自己编写图像处理程序的问题。根据航空摄影测量系统原理，对于某二维平面图片，如果给定 5 个参考点的空间坐标，就可计算出空间变换矩阵，进而获得图片中各点的无方位坐标。此空间变换矩阵与摄影点距离拍摄物体的远近无关，消除了摄影测量图片中的畸变效应（例如“近大远小”现象），准确测量建筑物的倒塌过程，从而对倒塌过程进行系统的、可靠的定量分析。

拍摄过程中，摄影机的定位不变，故不必每一幅图片都指定 5 个参考点并给出其空间坐标，就可计算出建筑物倒塌过程中的任意一张图片的无方位坐标。基于上述图像处理原理以及非量测用摄影机采集到的一系列建筑物倒塌过程的图片的特点——摄影坐标定位相同，故可以编写图像批处理程序[7]，对建筑倒塌过程的运动轨迹进行测量[8]。

3.3 摄影测量布置

根据摄影测量原理，任意选取其中一张图片并给定 5 个参考点，就可以利用此系统计算出建筑倒塌过程的活动轨迹；但是建筑倒塌过程中的参考点的坐标不便给出，所以在未起爆时的图片中给定参考点。摄影机的镜头对准如图 2 所示的侧面，建立如图 3 所示的无方位坐标系统，并在初始时刻（未起爆时）设置了 5 个测量参考点，用“红十字”标记，各点初始时刻的无方位坐标见表 2。

表 2 参考点坐标

Table 2 Coordinate of reference point

测点标号	测点坐标	备 注
1	(0.5, 26.0)	1~5 点均用“红十字”标记
2	(11.1, 26.0)	

续表 2

Continues Table 2

测点标号	测点坐标	备　注
3	(0.5，16.4)	1~5 点均用“红十字”标记
4	(11.1，16.4)	
5	(0.5，10.0)	
A	(5.8，26.0)	1、2 两点连线的中点
F	(5.89，16.9)	爆破切口上部结构的质心

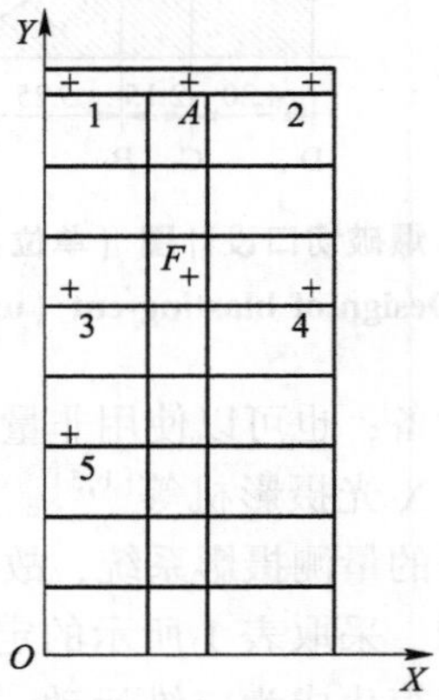

图 3　无方位坐标系统

Fig. 3　Reference frame

4　摄影测量分析

建筑物的倒塌过程是平移-塌落过程和转动过程的联合，为了考虑问题方便，将建筑物的倾倒塌落过程分解为质心的平动和绕质心的转动。根据 5 个参考点的布置情况，不难看出转动过程很好分析。初始时刻处于同一水平位置的 1、2 点或者 3、4 点的连线与水平轴（X 轴）的夹角和初始时刻处于同一竖直位置的 1、3、5 点或者 2、4 点的连线与竖直轴（Y 轴）的夹角均代表着建筑物倒塌过程的转动情况。但是，建筑物的倒塌过程的各个阶段，例如爆破切口形成阶段、随后的自由落体阶段、撞地冲击阶段，其质心相对于结构体是不断变化的，故摄影测量时不便对质点进行标记并追踪。为了分析问题方便，我们考虑爆破切口以上部分，则在上部结构解体之前（包括爆破切口形成阶段、随后的自由落体阶段、撞地冲击阶段），其质心位置基本不变。

测量分析时，选取图 3 中 1、2 两点作为倒塌过程的追踪点，主要考虑到以下两个方面：(1) 初始位置高的点，倾倒塌落过程所经历的时间长；(2) 爆破切口处的灰尘向上扩散，而建筑结构向下倾倒塌落，故初始位置高的点最后淹没在灰尘中。1、2 两点的连线与水平轴（X 轴）的夹角 θ，代表着建筑物倒塌过程的转动分量，也是爆破切口以上部分结构体绕其质心的转动分量。

由于质心的位置没有用“红十字”标记，需要通过几何关系及结构布置进行计算。从结构布置上看，AB 跨大于 CD 跨，在图 3 所示的无方位坐标系统中表现为左右不对称，整体结构重心偏向中心线（$x=5.80$）的左侧。通过计算，未起爆时，结构质心位于（5.4583，13.9426）处。定向爆破切口形成以后，左端的 D 轴柱炸高 8.0m，右端的 A 轴柱炸高 0.8m，导致爆破切口以上部分的质心在水平方向上向右侧移动，竖直方向上向上移动。经过计算，爆破切口以上部分的质心 F 位于（5.8914，16.9015）处。结构的不对称性和爆破定向切口的影响相互抵消，使得爆破切口以上部分的质心非常靠近结构的中心线。将 1、2 两点连线的中点标记为 A 点（实验中没有对 A 点进行标记），根据 1、2 两点的在无方位坐标系统中的运动轨迹可计算出 A 点的运动轨迹；再根据初始时刻 A 点与爆破切口以上部分的质心（F 点）的几何关系和 A 点的运动轨迹，可以计算出 F 点在无方位坐标系统中的运动轨迹，即爆破切口以上部分的质心的平动过程。为了计算简便，我们取 3 位有效数字，并假设爆破切口以上部分的质心 F 位于中心轴（直线 $x=5.80$）上，即初始时刻 A 点和 F 点处于同一竖直线上，由此带来的误差可以忽略不计。F 点在无方位坐标中的运动轨迹计算原理如图 4 所示。

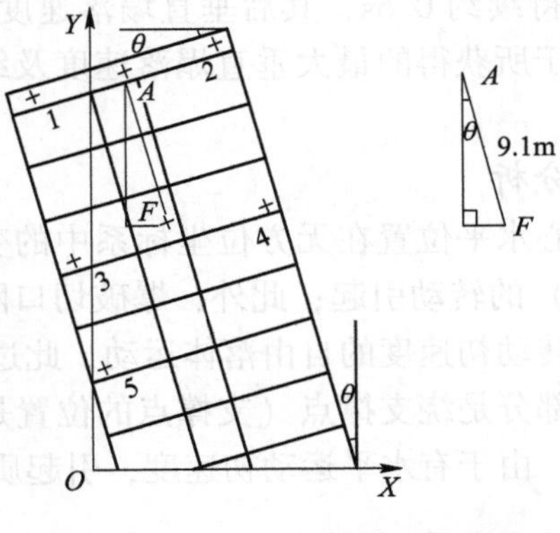

图 4　点 A 和点 F 的几何换算关系

Fig. 4　Geometric relation of point A & point F

摄影测量采集到建筑倒塌过程的一系列图片，任取其中一张（例如第 i 张），可由追踪点（1 点和 2 点）的无方位坐标计算出两者中点 A 点的无方位坐标。同理处理其他图片，便可获得 A 点在无方位坐标系统中的运动轨迹。假设第 i 张图片的 A 点的无方位坐标为 $(X_A(i),\ Y_A(i))$，则根据 A 点和 F 点之间的距离 $l=9.1\text{m}$ 和建筑的转动角度 $\theta(i)$，计算 F 点的无方位坐标为：

$$X_F(i)=X_A(i)+l\sin(\theta(i))$$
$$Y_F(i)=Y_A(i)-l\cos(\theta(i))$$

同理，对图像进行批处理，可计算出的各张图片的 F 点的无方位坐标；再根据图片的采集频率，将图片序号（i）换算成时间（t/s），即获得爆破切口以上部分质心的平动轨迹。其中，时间从起爆开始计时，即 $t=0$ 时，获取第 1 张图片（$i=1$），此时结构姿态同未爆破时的初始姿态。

4.1　质心的平动分析

对摄影测量采集到的建筑物倒塌过程的图片进行批处理，得到无方位坐标系下建筑物的运动过程；其中质心的平移运动又可分解为竖直运动和水平运动。

4.1.1　质心平动的竖直分量分析

质心平动的竖直分量表现为质心高度坐标随时间的变化（见图 5(a)）和质心竖向下落速度的变化（见图 5(b)）。

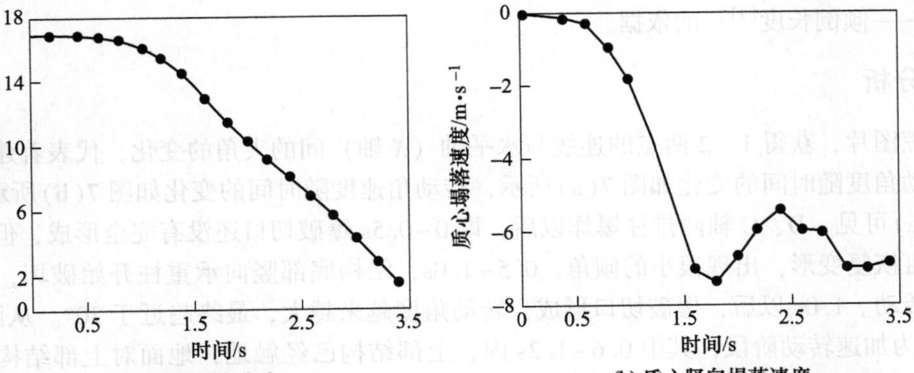

图 5　质心竖向高度和塌落速度随时间变化

Fig. 5　Changing of vertical height and velocity of centroid with time

从图5(a)可以看出：从第1排柱（D轴）起爆开始计时，0~0.5s内，建筑物垂直塌落很小。0.5s以后，建筑物的垂直塌落越来越大。由图5(b)可见，0~0.5s内，建筑物垂直塌落速度基本为0，增长缓慢。0.5~1.0s段，垂直塌落开始有明显的加速，但速度仍然比较小。1.0s以后，垂直塌落速度增加较快，加速度达到8m/s^{2}左右，并于1.8s时垂直塌落速度达到最大值，约7.5m/s。1.8s以后，垂直塌落进入减速阶段。减速阶段持续约0.6s，其后垂直塌落速度变化缓慢，但有微弱的加速趋势，最后呈微弱的减速趋势。这里，基于所获得的最大垂直塌落速度及结构的强度等，可统计分析结构的冲击解体判据[9,10]。

4.1.2 质心平动的水平分量分析

质心的水平运动过程表现为质心水平位置在无方位坐标系中的变化，如图6所示。质心的水平运动主要由于上部结构绕支撑点（面）的转动引起；此外，爆破切口刚刚形成时，地面对上部结构没有支撑作用，发生带有水平初速度和转动初速度的自由落体运动，此过程也导致质心的水平运动。所以，质心的水平运动由两部分组成，一部分是绕支撑点（支撑点的位置是变化的）的转动引起，另一部分是爆破切口形成后的自由落体阶段，由于有水平运动初速度，引起质心的平移。

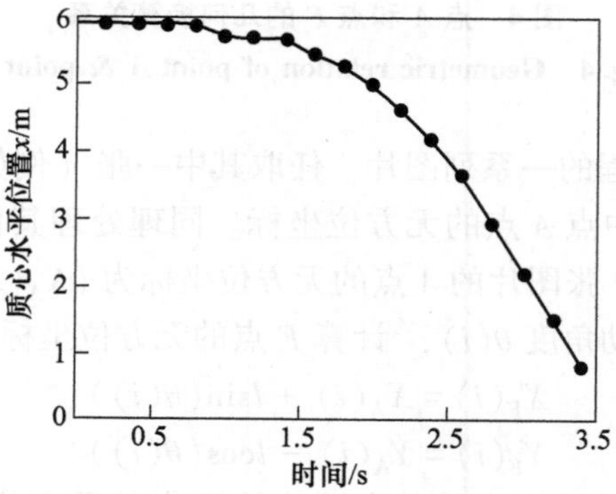

图6 质心水平位置随时间变化
Fig.6 Level position of centroid vs time

质心绕支撑点转动，虽然其转动角度的变化可以确定，但是支撑点的位置在不断变化，故不便将两方面引起的质心的水平运动分量进行分解，这样对质心的水平运动分量进行求导算出速度、加速度的受力状态分析的意义不大，但其为计算倒塌过程的动能变化的一个重要参数。

由图6可见，爆破切口形成阶段（0~1.0s），质心的水平位置变化很小。爆破切口完全形成时（1.0~1.2s），质心水平位置发生了约0.2m的位移；其后0.4s内，质心的水平位置基本没有变化。1.4s以后，也就是上部结构触地以后，地面对上部结构有较强的支撑作用，使上部结构围绕支撑部位转动，导致质心的水平位移越来越大。质心的水平运动变化及其力学机理是分析爆堆堆积范围中的一个重要参数——倾倒长度[11]的依据。

4.2 转动分析

同理处理图片，获得1、2两点的连线与水平轴（X轴）间的夹角的变化，代表着建筑物的转动倾倒过程。转动角度随时间的变化如图7(a)所示，转动角速度随时间的变化如图7(b)所示。

由图7(a)可见，D、C轴两排柱爆炸以后，即0~0.5s爆破切口还没有完全形成，但结构已局部受损，发生不可恢复变形，出现很小的倾角。0.5~1.0s，结构底部竖向承重柱开始破坏，上部结构开始发生明显的转动。1.0s以后，爆破切口形成，转动角度越来越大，最终趋近于30°。从图7(b)可以看出，0~1.6s为加速转动阶段，其中0.6~1.2s内，上部结构已经触地，地面对上部结构有较强的支撑作用，使上部结构围绕支撑部位转动，导致转动加速。1.6s以后，转动角速度逐渐变小，最终消失在爆破灰尘之中。

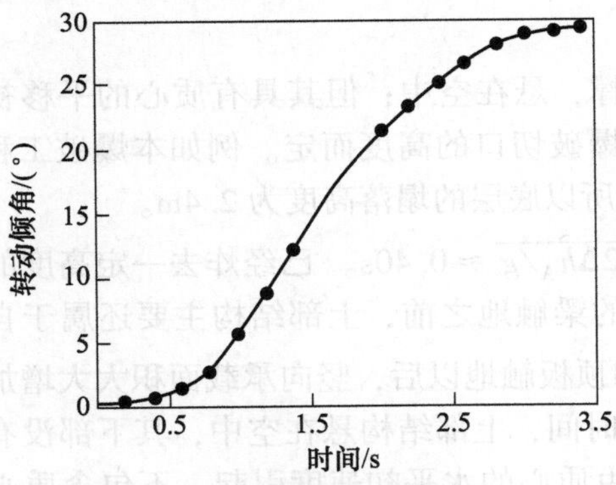

(a) 建筑转动倾角

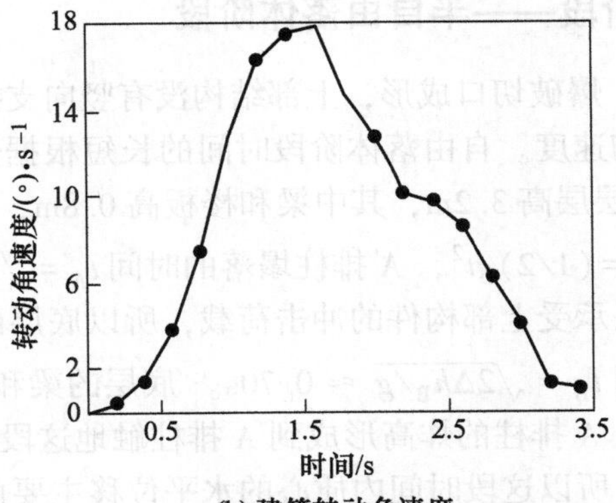

(b) 建筑转动角速度

图 7　建筑物转角和角速度与时间的关系

Fig. 7　Changing of rotating angle and angular velocity for structure with time

5　摄影测量与倒塌机理的对比分析

根据爆破方案、摄影测量数据以及爆破倾倒过程的受力状况，进行对比分析，将此爆破工程的倒塌过程分为以下 4 个阶段。

5.1　第 1 阶段——爆破切口形成阶段

爆破切口形成阶段，因结构特点、起爆顺序、起爆延时不同，其受力方式也不同；另外，结构可能发生局部破坏，其破坏位置和时间的不同也影响着受力方式、倒塌过程和倒塌效果。

例如本爆破工程，未起爆时，各排立柱承受竖向载荷如图 8(a)所示。0~0.5s 之间，D 轴和 C 轴柱已经爆破，B 轴和 A 轴柱还没有爆破。D~B 轴之间的结构为悬出部分，悬臂长为 6.35m（见图 2）；而 A、B 轴之间的支撑部位的跨度仅仅为 5.25m，小于悬臂长度。此时，结构的受力方式发生变化（见图 8(b)），主要由 B 排立柱承受受压载荷，A 排立柱受拉，以平衡重力产生的弯矩。因此，A、B 两轴柱，特别是底层，超过其极限承载能力而发生损伤，发生微弱的平动和转动。0.5~1.0s 之间，B 轴立柱已爆破，已经出现损伤的 A 排柱由受拉状态转变为受压状态（见图 8(c)），发生屈曲破坏，承载能力大大削弱，因此质心的竖向平动分量已经较大；从转动上分析，尽管 A 排柱还没有起爆，但其在 0~0.5s 阶段已经受损伤，能够承载的弯矩很小。其实，即使 A 排立柱没有受损伤，也不足以承担由于重力作用产生的弯矩。所以，A 排柱还没有起爆时，已经受弯矩作用而破坏。从转动分量上看，此时转角由小于 1° 增加到 5°左右（见图 7(a)）。

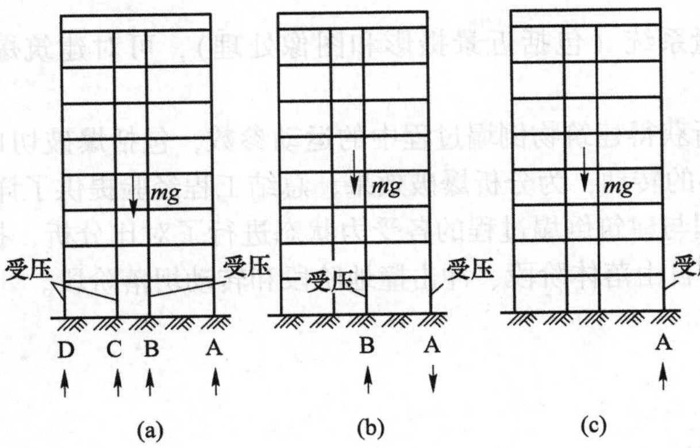

图 8　爆破切口形成时的受力状态

Fig. 8　Force analysis during forming blasting cut

5.2 第2阶段——半自由落体阶段

1.0s时，爆破切口成形，上部结构没有竖向支撑，悬在空中；但其具有质心的平移初速度和围绕质心的转动初速度。自由落体阶段时间的长短根据爆破切口的高度而定。例如本爆破工程，A排柱炸高0.8m，底层层高3.2m，其中梁和楼板高0.8m，所以底层的塌落高度为2.4m。

根据$\Delta h=(1/2)gt^2$，A排柱塌落的时间$t_A=\sqrt{2\Delta h_A/g}\approx0.40$s。已经炸去一定高度的A排柱，触地以后不足以承受上部构件的冲击荷载，所以底层的梁触地之前，上部结构主要还属于自由落体。底层的塌落时间$t_B=\sqrt{2\Delta h_B/g}\approx0.70$s。底层的梁和顶板触地以后，竖向承载面积大大增加，结束自由落体阶段。从A排柱的炸高形成到A排柱触地这段时间，上部结构悬在空中，其下部没有支撑点，没有弯矩作用，所以这段时间内质心的水平位移主要由质心的水平初速度引起，不包含质心围绕支撑点转动而引起的水平位移分量，所以图6中在1.0~1.4s处出现平台，表示此阶段质心的水平位移匀速增加。其后，随着支撑点的出现和支撑位置的变化，质心的水平位移不再匀速增加。此0.4s的平台，与A排柱的下落触地时间0.40s一致。另外，从质心的竖直塌落速度看，1.0~1.6s内塌落加速度最大，并于1.8s时达到最大竖直塌落速度。此过程计0.6~0.8s，与计算的底层塌落时间0.70s基本一致。

由于摄影测量采集到的图片的像素较小、每张图片间的时间差为0.2s（偏大），导致由位移求两次导数获得的加速度不太光滑，根据文献［12］提出的思路分析冲击荷载时误差偏大。

5.3 第3阶段——冲击撞地破坏阶段

冲击撞地阶段，指从底层的梁和顶板触地开始，地面对上部结构有较强的支撑作用，支撑位置处于A、B轴立柱之间。由于此时，上部结构已经有近20°的转角，所以支撑位置靠近B轴柱，并有一定的转动初速度。由于支撑的出现，结构不再整体塌落，质心垂直下落速度减小，这和图5(b)所示情况一致。冲击撞地阶段，支撑部位构件的损坏消耗一部分机械能（包括势能和动能），加上支撑部位面积的不断增加，形成抵抗转动的弯矩，表现为质心的平动速度和围绕质心的转动速度的降低，此过程维持约0.6s，处于1.7~2.3s之间。

5.4 第4阶段——转动坍落阶段

上部结构冲击撞地消耗一部分能量以后，质心的平动和转动速度均减小。一般来说，此时的转动倾角越大，转动速度越大，越有利于结构的翻转。如果此时的转动倾角和绕支撑部位的转动速度不大，质心没有越过支撑部位，就会出现下坐而不倒现象。另外，因结构的薄弱部位不同，可能出现不同的损坏模式和解体程度。转动坍落阶段十分复杂，宜再细分成数个子阶段，但由于灰尘扬起，不便摄影测量分析，所以将此概括为转动坍落阶段（含倾倒后的撞击解体）。

6 结论

（1）利用近景摄影测量系统（包括近景摄影和图像处理），可对建筑爆破拆除倒塌过程作定量分析。

（2）通过摄影测量分析获得建筑物倒塌过程中的运动参数，包括爆破切口上部结构的质心的水平运动、竖直运动和围绕质心的转动，为分析爆破效果、总结工程经验提供了详细数据。

（3）通过摄影测量数据与建筑倒塌过程的各受力状态进行了对比分析，提出将此建筑物的倒塌过程分为爆破切口形成阶段、自由落体阶段、冲击撞地阶段和转动坍落阶段。

参 考 文 献

［1］Wang Zhizhuo. Principles of Photogrammetry（with Remote Sensing）［M］. Beijing：Publishing House of Surveying and Mapping，1990.

［2］顾孝烈. 测量学［M］. 上海：同济大学出版社，1990.

[3] Fraser C S. Developments in Automated Digital Close range Photogrammetry [C]. ASPRS 2000 Proceedings, Washington. D. C, May 22-26, 2000.

[4] 傅建秋，唐涛．广州恒运集团办公楼、宿舍楼、材料库等建筑物爆破拆除设计方案［R］．广东宏大爆破工程有限公司，2004.

[5] Beyer H A. Geometric and Radiometric Analysis of a CCD - Camera based Photogrammtric Close - Range System [R]. Mitteliungen Nr. 51, Institute for Geodesy and Photogrammetry, 1992.

[6] 程效军，罗武．基于非量测数字相机的近景摄影测量［J］．铁路航测，2002（1）：9-11.

[7] 崔晓荣，周听清，贾来兵，等．一次起爆型 FAE 离散与爆轰的自协调研究［J］．实验力学，2006（2）：195-200.

[8] Conny Sjöberg, Uno Dellgar. 拆除爆破高层建筑倒塌过程的研究［C］//第四届国际岩石爆破破碎学术会议论文集［M］．罗斯马尼思 H P．北京：冶金工业出版社，1995：455-460.

[9] 庞维泰，杨人光，周家汉．控制爆破拆除建筑物的解体判据问题［A］//冯叔瑜．土岩爆破文集（第二辑）［M］．北京：冶金工业出版社，1985：147-161.

[10] 庞维泰，金宝堂．构件在冲击载荷作用下的解体判据问题［A］//冯叔瑜．土岩爆破文集（第三辑）［M］．北京：冶金工业出版社，1985：66-74.

[11] 冯叔瑜，张志毅，戈鹤川．建筑物定向倾倒爆破堆积范围的探讨［A］//冯叔瑜爆破论文选集［M］．北京：北京科学技术出版社，1994：127-137.

[12] 崔晓荣，沈兆武，周听清，等．剪力墙结构原地坍塌爆破分析［J］．工程爆破，2006（2）：52-55.

冷却塔拆除爆破切口参数研究

傅建秋[1,3]　王永庆[2,3]　高荫桐[3,4]　王代华[3,4]　彭海明[4]

（1. 北京科技大学，北京，100081；
2. 中国地质大学（北京），北京，100083；
3. 广东宏大爆破股份有限公司，广东 广州，510623；
4. 北京中科力爆炸技术工程有限公司，北京，100080）

摘　要：采用控制爆破技术拆除高大薄壁筒式结构时，爆破切口的形状和大小是决定筒体结构能否按设计顺利倒塌、不发生后坐或偏移现象、保证拆除质量和爆破安全的核心与关键。本文以薄壁双曲线冷却塔拆除爆破为例，通过对切口长度、高度等参数进行理论分析，合理选取切口大小，成功地拆除了两座钢筋混凝土冷却塔，为工程实践提供了理论依据和经验参考。

关键词：筒体结构；拆除爆破；切口参数；理论分析

Research on Cut Parameters for Demolition of the Cooling Tower

Fu Jianqiu[1,3]　Wang Yongqing[2,3]　Gao Yintong[3,4]　Wang Daihua[3,4]　Peng Haiming[4]

（1. Beijing University of Science and Technology，Beijing，100081；
2. China University of Geoscinces（Beijing），Beijing，100083；
3. Guangdong Hongda Blasting Co.，Ltd.，Guangdong Guangzhou，510623；
4. Beijing Zhongkeli Blasting Technique & Engineering Co.，Ltd.，Beijing，100080）

Abstract：Using the controlled demolition technology a big thin wall barrel structure is demolished. It is controlled by the shape and size of the cut to be formed through demolition blasting whether the barrel structure will collapse smoothly or cause recoiling and deflection. So the parameters of the cut become the key factor for guarantee of the quality and security of the demolition blasting practice. This paper presented a successful demolition of two reinforced concrete cooling towers in terms of the discussion and analysis of the parameters like the cut length，height and the cut size by taking the demolition of a thin wall hyperbolic curve cooling tower as an example. The theory and experience achieved could be referred by similar practices.

Keywords：barrel structure；blasting demolition；cut parameter；theoretical analysis

1　引言

热电厂中的双曲线钢筋混凝土结构冷却塔具有高大壁薄、高宽比较小（1.2~1.4）、重心偏低、圆筒直径上大下小、底部直径较大（30~70m）等特点，拆除爆破时易发生后坐或坐而不倒现象。为此，进行爆破设计时，应首先对比优选爆破方案，并在分析冷却塔爆破失稳倒塌机理的前提下，通过力学计算确定切口参数，确保施工质量和爆破安全。

原载于《工程爆破》，2007，13（3）：53-55。

本文以内蒙古乌拉山电厂两座结构相同的 1 号、2 号冷却塔拆除为例，经过对比论证，决定采用定向爆破方案。

2 冷却塔爆破失稳倾倒机理

冷却塔爆破失稳倾倒的机理是：采用控制爆破方法，在塔体下部爆破形成一定尺寸的切口，上部筒体在自身重力形成的倾覆力矩作用下失稳，扭转或偏转而最终倒塌落地破碎。

爆破切口形成后，如上部筒体重力超过了预留支撑体的极限抗压强度，则预留支撑体就会瞬时被压坏而使塔体下坐；如预留支撑体的承载力足够，当上部筒体在重力形成的倾覆力矩超过预留支撑的抗弯强度时，筒体开始倾倒。倾倒初期，预留支撑体截面中性轴两侧一部分受压、一部分受拉。受压区承受倾覆力矩引起的弯曲压力和重力产生的垂直分力的作用；而受拉区承受倾覆力矩引起的拉应力作用，压（拉）应力呈边缘区最大、中性轴处为零的三角形分布。当最大压应力大于材料的极限抗压强度时，该处混凝土被压碎，冷却塔开始倾倒，且承压区扩大。当最大拉应力大于混凝土的极限抗拉强度时，预留支撑体上出现裂缝，钢筋将承担全部拉应力，此后钢筋在塔体倾覆力矩的作用下受拉并产生颈缩断裂（见图 1）。塔体倾倒使爆破切口闭合后，塔体绕支撑面旋转并最终倾倒落地破碎。

冷却塔失稳倾倒须满足以下条件：塔体爆破后倾倒初期预留支撑体截面要有一定的强度，使其不至于立即受压破坏而使筒体提前下坐；切口形成后，重力引起的倾覆力矩必须大于截面的抗弯力矩。

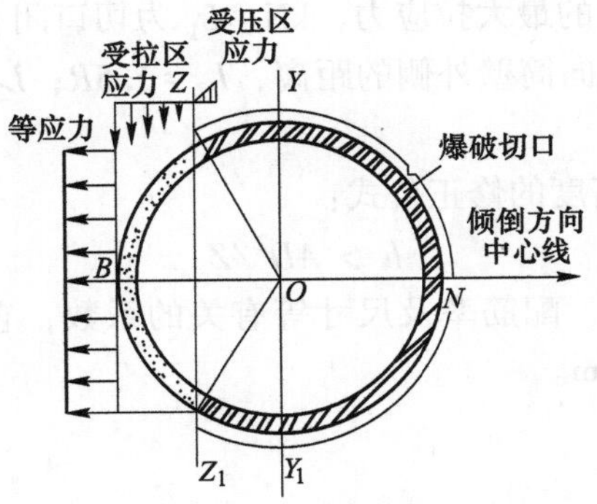

图 1 爆破切口平面图

Fig. 1 Scheme of blasting cut

3 爆破切口参数设计

目前国内采用控制爆破技术已拆除冷却塔大约 20 座，采用的爆破切口可分为“正梯形”、“倒梯形”和由此发展而来的“复合型”。

3.1 切口形状与爆破效果

切口形状和大小直接影响着冷却塔拆除爆破的质量、效果和安全，是爆破设计的核心。切口形状和大小在塔体初始倾倒阶段具有辅助支撑、准确定向、防止折断和后坐以及使其倾倒过程准确、平稳的作用。正梯形切口具有便于施工、易于顺利倒塌、有利于缩小倒塌距离的（一般 $L \leqslant 10\text{m}$）特点；倒梯形切口有利于顺利倒塌，但倒塌距离稍大（L 约 10m）；复合型切口易产生后坐或坐而不倒现象。因此，爆破切口高度应满足 $H \geqslant 6.0\text{m}$ 的要求，适合于原地坍塌，倒塌后破碎效果较好。

3.2 切口参数理论分析

冷却塔采用控制爆破方法拆除，切口形状和大小可用以下理论分析的方法确定。

3.2.1 切口长度计算

（1）材料抗弯曲强度法。

其原理是上部筒体自身重力对预留支撑体偏心引起的倾覆力矩应大于或等于预留支撑体截面的极限抗弯力矩，即：

$$M_G \geqslant M_R \tag{1}$$

式中，M_G 为上部筒体自重对预留支撑体偏心引起的倾覆力矩，kN/m；M_R 为预留支撑体的极限抗弯曲力矩，kN/m。

（2）应力分析检验法。

爆破切口形成瞬间，上部筒体自重造成支座部分偏心受压，应力瞬时重新分布，根据结构力学原理计算出切口角度大小与支座部分应力分布的关系，从而可以判断所选切口角度下高耸筒式能否顺利倒塌。

3.2.2 切口高度计算

冷却塔的爆破切口高度多采用重心偏出原理计算，其基本原理是塔体在倾覆力矩和重力的叠加应力共同作用下，促使切口闭合并确保重心偏移距离大于冷却塔外半径。

根据切口闭合时重心偏移距离大于切口处冷却塔外半径：

$$H > (3/2)R \cdot \tan(R/Z) \tag{2}$$

式（2）是切口闭合后塔身继续倾倒的必要条件，故应进行修正，加入了条件：

$$P_z L_1 > T(L_2 + L_3)\cos\alpha \tag{3}$$

式中，H 为切口高度，m；R 为切口处塔体外半径，m；Z 为塔体中心高度，m；P_z 为切口上部塔身自重，kN；T 为预留截面钢筋能承受的最大拉应力，kN；L_1 为切口闭合时塔身重心偏出切口处外半径的距离，m；L_2 为切口根部到倾倒方向筒壁外侧的距离，$L_2 = 1.5R$；L_3 为切口根部到力 T 的等效作用点的距离，$L_3 = R/4$。

近似简化式（3），得到切口高度的修正公式：

$$h > AD^2/Z \tag{4}$$

式中，A 为与筒体结构、建筑材料、配筋率及尺寸等有关的系数，它与筒体自重成反比、与钢筋强度成正比；D 为切口处筒体的直径，m。

3.3 切口参数实际选择

采用定向控制爆破技术拆除冷却塔时，通常采用经验方法设计爆破切口，随着爆破环境的日趋复杂，拆除爆破的难度也将随之增加。为此，就需要通过理论分析和实践经验相结合的方法，合理选取切口形状、长度和高度。

1号、2号冷却塔间距35m，塔高60m，底部最大直径50m，塔壁厚度为150~300mm。选择正梯形爆破切口，切口位置布置在支撑柱、塔身圈梁和塔壁部位，沿冷却塔周长展开。其切口长度和高度设计如下：

（1）切口长度：冷却塔爆破切口长度根据材料抗拉、抗压和抗弯曲强度理论，并结合经验设计方法选取：

$$L = (\alpha/360)\pi D \tag{5}$$

式中，L 为爆破切口长度，m；L_1 为合理切口长度，m；D 为切口处筒壁外直径，m。

爆破切口长度按式（5）选取，通常情况下切口角度取 $\alpha = 190° \sim 210°$ 为宜，则切口长度为 $L_1 = 82.8 \sim 91.6$m。考虑1号、2号冷却塔结构强度，并根据拆除爆破经验，选取切口长度为86m。

（2）切口高度确定：为保证冷却塔在倾倒过程中具有一定的塌落高度，对1号、2号冷却塔的支撑立柱、塔壁和塔身底圈梁均开设切口，即自高出地面0.3m以上的全部支撑柱开切口；塔壁上缺口高度为 $H = 3.0 \sim 5.0$m，倒塌方向中线两侧各10m部位塔壁的缺口高度不小于5.0m；其他部位不小于3.0m。

（3）定向窗和导向窗：为了确保冷却塔按设计方向倾倒，在爆破切口两端各开设一个三角形定向窗，倾倒中心线方向开设导向窗，塔壁部位导向窗的高度不小于5.0m。

切口高度 H 包括支撑柱高 h_1、塔身底圈梁高 h_2、塔身切口高 h_3 三部分，其中①、③、⑤表示起爆顺序，如图2所示。

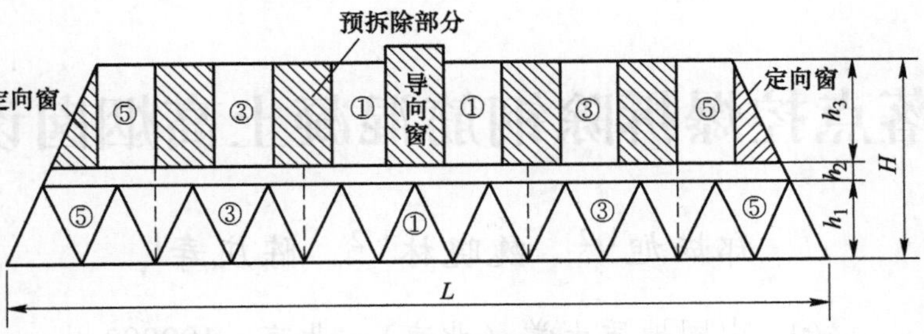

图 2　爆破切口剖面图

Fig. 2　Sectional drawing for blasting cut

4　爆破结果与结论

1 号、2 号冷却塔于 2007 年 4 月 20 日上午 11 时实施爆破拆除。爆破后冷却塔完全按设计方向倒塌，无产生偏移或后坐现象，整体爆堆高约 2m，倒塌距离约 8m，爆堆宽度约 60m；20m 处实际振动速度为 0.6cm/s；个别飞石小于 10m。未对周围建筑设施和环境造成影响。

通过对两座冷却塔爆破拆除及以往类似施工经验，可得出几点体会：

（1）爆破现场的实地勘察和对原设计资料的研究，是正确制定爆破方案的前提。

（2）对预开设的爆破切口形状、高度、大小等进行理论分析，并结合经验方法选择切口参数是确保拆除质量和爆破安全的核心。

（3）认真设计爆破参数是确保施工安全和爆破质量的关键。

（4）冷却塔失稳倒塌或坍塌而破碎、解体是自身重力作用的结果，爆破只是使其结构失去稳定性的手段。

参 考 文 献

[1] 刘殿中．工程爆破实用手册［M］．北京：冶金工业出版社，1999.

[2] 成新法，冯长根．筒形薄壁建筑物爆破拆除切口研究［J］．爆破，1999，16（3）：15-20.

[3] 龙源，纪永适．高耸筒形结构物爆破切口计算原理研究［J］．工程爆破，1995，1（2）：16-21.

[4] 李守巨．定向爆破冷却塔中的力学问题［J］．力学与实践，1996，18（2）：54-56.

[5] 言志信．筒体结构定向倾倒过程分析［J］．力学与实践，1997，19（2）：48-50.

[6] 戴俊．筒形建筑物爆破拆除缺口参数的力学分析［J］．爆破器材，1995，（5）：19-21.

多折定落点控爆拆除钢筋混凝土高烟囱设计原理

郑炳旭[1,2]　魏晓林[1,2]　陈庆寿[1]

（1. 中国地质大学（北京），北京，100083；
2. 广东宏大爆破股份有限公司，广东 广州，510623）

摘　要：以广州纸厂高100m钢筋混凝土烟囱顺利实施定倒向、定落点、多折叠爆破拆除为例，提出了用多体-离散体系统动力分析来描述烟囱在初始失稳后到着地堆积的过程。多体-离散体动力分析方程由变拓扑多体系统动力学方程和离散体动力学方程组成，即变拓扑多体系统动力学方程来描述烟囱在初始失稳后，倾倒旋转和运动解体阶段，n折烟囱段在空中的动力运动，正算则数值模拟各拓扑的运动姿态，逆算烟囱各体间的作用力，以判断烟囱各段间相继的解体，其拓扑切换包括烟囱切口延时爆破的时间切换点、切口闭合的位移切换点和烟囱解体的动力切换点。空中解体后，用离散体系统动力分析方程来描述非完全离散直至完全离散体（含单体和多体）在空中的相互分离、钢筋牵拉、碰撞和滑移等下落运动，数值模拟烟囱各段塌落堆积的过程。现场观测的烟囱连续多折倾倒和解体的姿态以及着地堆积的形态，与数值模拟接近，证明了用多体-离散体动力分析来描述烟囱的爆破倒塌是正确的。

关键词：钢筋混凝土；烟囱；拆除爆破；数值模拟；变拓扑多体系统动力学；离散元

Study on Multifolding Collapsing on Site Blasting Demolition of High Rise Chimney of Reinforced Concrete

Zheng Bingxu[1,2]　Wei Xiaolin[1,2]　Chen Qingshou[1]

（1. China University of Geology（Beijing），Beijing，100083；
2. Guangdong Hangda Blasting Co.，Ltd.，Guangdong Guangzhou，510623）

Abstract: The paper brought forward an idea of using discrete multi-body system dynamics analysis（DMBA）for the description of the piling course of chimney which loses initial stability in its blasting demolition by taking the demolition of a 100m high chimney of reinforced concrete in Guangzhou Paper Mill, in which the directional blasting and multifolding collapsing to designed site were used for the demolition. The equations of DMBA were made up of dynamical equations of varying topological multibody system and discrete body system. The n folding chimney dynamics movement in space was described by dynamical equation of varying to pological multibody system at the period of topple in a whirl and disintegrate moved after initial instability. Bodies movement in topological period was simulated numerically by computing the equation and force between bodies by inverse computing, judged body disintegrate. Varying topology covered the time point of delay blasting cuts, displace point of closing cuts and dynamical changing point of chimney discrete. After the disintearation. the downward movement of discrete bodies（single and multibody）was de scribed by discrete body system dynamics equation, such as separate, steel pulling, crash and slide, process collapsed and collected of chimney bodies was simulated numerically. The condition, that multibod system changes into the initiation of discrete body system, was created by displace topological changing of closing cuts. All the method used in the discussion on the demolition proved to be corrected.

Keywords: reinforced concrete; chimney; demolition blasting; numerical simulation; vary topological multibody dynamics; discrete element

---

原载于《工程爆破》，2007，13（3）：1-7。

2005 年 4 月 22 日，广东宏大爆破工程有限公司成功地对广州纸厂高 100m 钢筋混凝土烟囱，实施了定倒向、定落点爆破拆除。爆前进行了倾倒数值模拟和切口支撑部强度验算，爆破时组织了大型综合科研观测，爆后进行了技术总结，由此推动了高烟囱定落点、多折倾倒控爆项目的研究。现将研究成果综述如下，以供参考。

1 设计要点

1.1 周围环境

该烟囱倒塌环境苛刻，四周环境见图 1。其东面有冷却塔，为最大允许倒塌距离仅 49m，不够烟囱高度的二分之一；其西面 33m 有架空管线；南北向是仓库和锅炉房，分别距离烟囱仅 10m 及 24m。区域内地下水管、油管和电缆沟，纵横交错，因此烟囱只能在东 39m、西 23m、南北仅 9m 的狭小范围内实施定倒向、定落点、多折爆破拆除。由此决定了切口位置，如表 1 所示。切口方向由倒向确定，上切口正东向、烟囱上段向东倒，中切口正西向、其中段向西倾倒，下切口正东向、其下段仍向东倒，因此烟囱形成东西向三折叠倾倒态势。

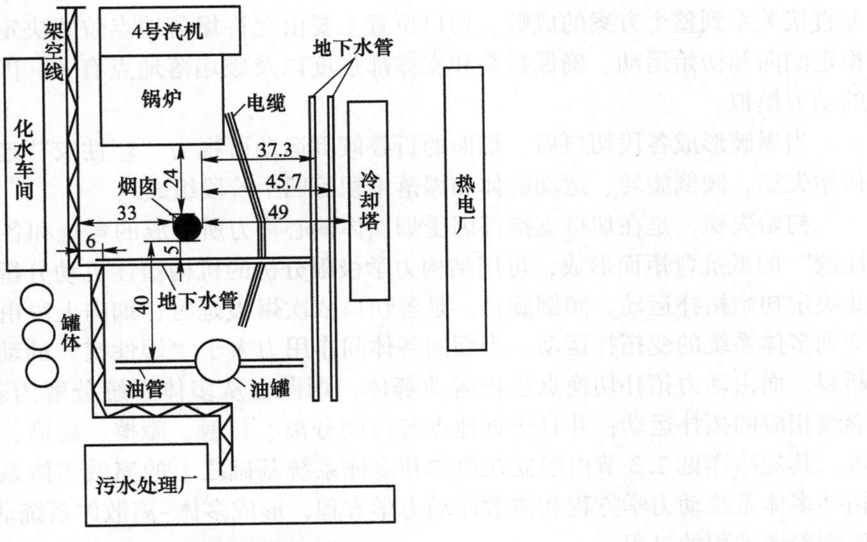

图 1 烟囱四周环境图（单位：m）

Fig. 1 Surrounding of chimney（unit：m）

1.2 烟囱结构及切口

烟囱为钢筋混凝土附内衬结构（C30 混凝土，Ⅰ级钢筋），其切口处尺寸和钢筋分布见表 1。由表可见，上、中、下切口圆心角随切口上的自重压力增大，依次取 235°、230°、220°，上、中切口定向窗角采用尽可能小的 30°，其切口高度适当取小，分别为 1.25m、1.8m，以上措施均增加了切口前剪区抗快速剪切的能力，防止了支撑部的后剪区的剪切，确保了上、中段在微倾阶段的倾倒方向。因而，

表 1 烟囱结构及切口尺寸

Table 1 Measure of structure and cutting of chimney

名称	标高/m	外径/m	壁厚/m	纵筋	环筋	圆心角/(°)	切口高度/m	切口形状
	+0.5	8.0	0.40	双层 ϕ14@150	ϕ14@150	220	2.50	正梯形，底角 45°
下切口	+6.0	7.7	0.35	单层 ϕ14@150	ϕ14@150	220	2.50	正梯形，底角 45°
中切口	+30.2	6.5	0.22	单层 ϕ14@180	ϕ10@150	230	1.80	正梯形，底角 30°
上切口	+60.2	5.0	0.22	单层 ϕ12@150	ϕ10@150	235	1.25	正梯形，底角 30°
烟囱顶	+100.0	3.5	0.22	单层 ϕ12@150	ϕ10@150	—	—	—

稳定了继后烟囱的倾倒方向，维持住支撑部的“塑性铰”，保证了烟囱多折连续倒塌。各切口将烟囱分为上、中、下三段，其力学特征见表2。

表2 各段烟囱力学计算特征

Table 2 Mechanical characteristic of chimney sections

段别	长度/m	重心高/m	质量/kg	对下方切口转动惯量/kg · m^2
下段	24	10.68	498.0×10^3	79965×10^3
中段	30	14.31	373.1×10^3	104150×10^3
上段	40	18.18	336.4×10^3	154900×10^3

2 理论依据

2.1 烟囱折叠倾倒动力模拟

理论分析和工程实践表明，定向定点多折倾倒爆破拆除钢筋混凝土烟囱时，切口位置及其起爆时差直接关系到整个方案的成败。切口位置主要由允许塌落地点位置决定，而起爆时差则与烟囱各段的稳定倒向和初始运动、确保折叠和支撑部强度以及破塌落地点有关。因此，爆前特作了烟囱折叠倾倒的动力模拟。

当爆破形成各段切口后，烟囱的折叠倾倒运动可视为“塑性铰”连接的多体机构的折叠下落，由初始失稳、倾倒旋转、运动解体和塌落堆积等四个阶段组成。

初始失稳，是在切口支撑部因受烟囱体偏心重力所形成的弯矩和各段烟囱体相互作用力大于“塑性铰”的抵抗弯矩而形成，可用结构力学极限分析的机构塑性机动分析的比较法和试算法判断，并由此决定初始拓扑运动。倾倒旋转，是各切口依次爆破延时，烟囱上段由单体倾倒时间拓扑切换点，转变到多体系统的变拓扑运动。当烟囱各体间作用力大于“塑性铰”的动力强度后，切口支撑部将延时断裂，而由动力拓扑切换点逐步运动解体，烟囱也从多体系统分解为若干离散体（含单体和多体），继续相应的拓扑运动；并且于近地点各体间分离、接触、摩擦、碰撞、滑动和堆积，步入塌落堆积阶段，其规律详见2.3节由建立在单体和多体系统基础之上的离散多体系统动力方程来描述。由此，变拓扑多体系统动力学方程和离散体动力学方程，形成多体-离散体系统动力分析来描述烟囱在初始失稳后到着地堆积的过程。

烟囱折叠倾倒各拓扑的多体系统，均遵从以下多体系统动力学方程[1,2]。设自由度为f的烟囱n体系统的独立广义坐标为$\boldsymbol{q} = [q_1, q_2, \cdots, q_f]^{\mathrm{T}}$，则系统中烟囱$\mu$的质心（或任一点）的位置矢量$\boldsymbol{r}_{s\mu}$和构件$\mu$的角位置矢量$\varphi_\mu$为$\boldsymbol{q}$的函数，

$$\begin{cases}\boldsymbol{r}_{s\mu} = r_{s\mu}(q_1, q_2, \cdots, q_f) \\ \boldsymbol{\varphi}_\mu = \varphi_\mu(q_1, q_2, \cdots, q_f)\end{cases} \quad (\mu = 1, 2, \cdots, n) \tag{1}$$

式（1）对时间求导可得到相应速度及角速度的矩阵形式：

$$\begin{cases}\dot{\boldsymbol{r}}_s = \boldsymbol{B}\dot{\boldsymbol{q}} \\ \dot{\boldsymbol{\varphi}} = \boldsymbol{C}\dot{\boldsymbol{q}}\end{cases} \tag{2}$$

式中，$\dot{\boldsymbol{q}} = [\dot{q}_1, \dot{q}_2, \cdots, \dot{q}_f]^{\mathrm{T}}$；$\dot{\boldsymbol{r}}_s = [\dot{r}_{s1}, \dot{r}_{s2}, \cdots, \dot{r}_{sn}]^{\mathrm{T}}$；$\dot{\boldsymbol{\varphi}} = [\dot{\varphi}_1, \dot{\varphi}_2, \cdots, \dot{\varphi}_n]^{\mathrm{T}}$；$\boldsymbol{B} = \mathrm{jacobian}(r_{s\mu}, q)$；$\boldsymbol{C} = \mathrm{jacobian}(\varphi, q)$；$n$为系统中烟囱体数；jacobian为$q$的雅可比矩阵。

式（2）对时间求导可得到相应加速度及角加速度的矩阵形式

$$\begin{cases}\ddot{\boldsymbol{r}}_s = \boldsymbol{B}\ddot{\boldsymbol{q}} + \dot{\boldsymbol{B}}\dot{\boldsymbol{q}} = \ddot{\boldsymbol{r}}_s(\ddot{q}) + \ddot{\boldsymbol{r}}_s(\dot{q}) \\ \ddot{\boldsymbol{\varphi}} = \boldsymbol{C}\ddot{\boldsymbol{q}} + \dot{\boldsymbol{C}}\dot{\boldsymbol{q}} = \ddot{\boldsymbol{\varphi}}(\ddot{q}) + \ddot{\boldsymbol{\varphi}}(\dot{q})\end{cases} \tag{3}$$

式中，$\ddot{\boldsymbol{r}}_s = [\ddot{r}_{s1}, \ddot{r}_{s2}, \cdots, \ddot{r}_{sn}]^{\mathrm{T}}$；$\ddot{\boldsymbol{\varphi}} = [\ddot{\varphi}_1, \ddot{\varphi}_2, \cdots, \ddot{\varphi}_n]^{\mathrm{T}}$；$\ddot{\boldsymbol{q}} = [\ddot{q}_1, \ddot{q}_2, \cdots, \ddot{q}_f]^{\mathrm{T}}$；$\dot{\boldsymbol{B}} = \dfrac{\mathrm{d}}{\mathrm{d}t}(\mathrm{jacobian}(r_{s\mu}, q))$；$\dot{\boldsymbol{C}} = \dfrac{\mathrm{d}}{\mathrm{d}t}(\mathrm{jacobian}(\varphi, q))$。

烟囱筒体的动力学方程如下：

$$\{\boldsymbol{B}^{\mathrm{T}}\mathrm{diag}\boldsymbol{mB}+\boldsymbol{C}^{\mathrm{T}}\mathrm{diag}\boldsymbol{JC}\}\ddot{\boldsymbol{q}}+\{\boldsymbol{B}^{\mathrm{T}}\mathrm{diag}\boldsymbol{mB}+\boldsymbol{C}^{\mathrm{T}}\mathrm{diag}\boldsymbol{JC}\}\dot{\boldsymbol{q}}-\{\boldsymbol{B}^{\mathrm{T}}\boldsymbol{F}+\boldsymbol{C}^{\mathrm{T}}\boldsymbol{M}\}=0 \tag{4}$$

式中，diag$\boldsymbol{m}$ 为烟囱体的质量对角矩阵；diag$\boldsymbol{J}$ 为烟囱体的惯性主矩对角矩阵；$\boldsymbol{F}$ 为烟囱体所受外力主矢矩阵；$\boldsymbol{M}$ 为烟囱体所受残余断面抵抗主矩和外力主矩矩阵，双向折叠的烟囱体上下都有切口时，断面弯矩应相加。

正算式（4）动力学方程，作 n 段烟囱各拓扑运动的姿态的数值模拟。逆算该动力方程，则计算 n 段烟囱体间相互作用力，以判断烟囱解体。由此奠定了任意多折烟囱爆破倒塌运动的理论基础。

纸厂烟囱连续多折的运动可简化为5个拓扑阶段：（1）上缺口爆破，烟囱上段单独倾倒；（2）中缺口爆破，烟囱上、中段双向折叠同时倾倒；（3）下缺口爆破，烟囱上、中、下段连续双向多折倾倒，端弯矩简化为零；（4）烟囱上、中切口闭合，上“铰点”前移至前壁，中“铰点”后移至后壁；（5）烟囱上、中段端切口支撑部剪力大于摩擦力和端强度，钢筋拉出而空中解体。各拓扑的切换点和动力方程初始条件见表3。

表3　拓扑切换点和动力方程初始条件

Table 3　Topological changing points and initial conditions of dynamic equations

拓扑构型	切换点	初始条件	切换点类型
上缺口爆破烟囱上段单独倾倒（拓扑1）	$t=0$	$q_3(t)=q_{3,0}$ $q'_3(t)=0$	时间
中缺口爆破烟囱上、中段同时双向折叠倾倒（拓扑2）	$t=t_1$，$q_{3,1}=q_3(t_1)$ $q'_{3,1}=q'_3(t_1)$	$[q(t)]=[q_{2,0},\ q_{3,1}]$ $[q'(t)]=[0,\ q'_{3,1}]$	时间
下缺口爆破烟囱上、中、下段同时多折双向连续折叠倾倒（拓扑3）	$t=t_2$，$q_{3,2}=q_3(t_2)$ $q'_{3,2}=q'_3(t_2)$	$[q(t)]=[q_{1,0},\ q_{2,1},\ q_{3,2}]$ $[q'(t)]=[0,\ q'_{2,1},\ q'_{3,2}]$	时间
上、中切口闭合，上“铰点”前移至前壁，中“铰点”后移至后壁（拓扑4）	$q_{2,1}=q_2(t_2)$，$q'_{2,1}=q'_2(t_2)$ $t=t_3$，$q_{3,3}=q_3(t_3)-q_{f3}$， $q'_{3,3}=q'_3(t_3)$ $q_{2,3}=q_2(t_3)-q_{f2}$，$q'_{2,3}=q'_2(t_3)$， $q_{1,3}=q_1(t_3)$，$q'_{1,3}=q'_1(t_3)$	$[q(t)]=[q_{1,3},\ q_{2,3},\ q_{3,3}]$ $[q'(t)]=[q'_{1,3},\ q'_{2,3},\ q'_{3,3}]$	空间
上、中切口剪力大于摩擦力和端强度，钢筋拉出，空中解体，段间非完全脱离至完全脱离（拓扑5）	$t=t_4$ $\boldsymbol{q}(t_4)=[q_{1,4},\ q_{2,4},\ q_{3,4}]$ $\boldsymbol{q}'(t_4)=[q'_{1,4},\ q'_{2,4},\ q'_{3,4}]$	离散体： $[q(t)]=[q_{2,4},\ q_{3,4}]$ $[q'(t-\Delta t/2)]=[q'_{2,4},\ q'_{3,4}]$ 多体系统： $[q_1(t)]=q_{1,4}$，$[q'_1(t)]=q'_{1,4}$	段间相互作用力

注：Δt 为离散运动动力分析法的时间步长；拓扑5的多体系统可以为2体折叠或有根单体倾倒；q_{f3}、q_{f2} 分别为“铰点”移动引起质心与“铰点”，上“铰点”与下“铰点”连线改变的倾角量；$q_{3,0}$、$q_{2,0}$、$q_{1,0}$、q_{f3}、q_{f2} 计算见参考文献［4］。

2.2　爆破时差

为了保证折叠倒向准确，烟囱应经微倾阶段，形成大于可保证倒向的最小倾倒角1.5°~2.0°；而另一方面，烟囱在倾倒转动时，所形成的剪切力会破坏切口支撑部的“塑性铰”，下切口必须在支撑部“塑性铰”破坏前起爆，由此保证折叠实现。以上两个原则，都必须经烟囱多体运动数值模拟，来确定倾倒时间，以确定起爆时差。广州纸厂烟囱的切口起爆时差及相应的烟囱倾倒角见表4。从表中可见+30.2m中切口设计1.35s起爆时，烟囱顶段倾倒已大于1.5°，而+6.0m下切口2.4s起爆时，中段已反向倾倒4.09°，由此从设计上分别确保烟囱正东、西向倒向的可靠性。

表 4 烟囱切口起爆时差及其上段倾倒角

Table 4 Blasting delay and toppling angles of upperparts of chimney

切口标高/m	起爆时差/s		顶段烟囱倾倒角/(°)		中段烟囱倾倒角/(°)	
	设计	实际	设计	实际	设计	实际
+60.2	0	0	0	0	0	0
+30.2	1.35	0.067	1.55	0.0036	0	0
+6.0	2.40	1.11	10.35	5.58	-4.09	-3.82

注：各切口均有支撑部形成“塑性铰”的起始倾倒时间 t_0，因此各切口相对起爆时差不必考虑 t_0。

剪切破坏时，根据镇海电厂双折烟囱倒塌过程观测，烟囱的倾倒角在4.1°以上，由于广州纸厂烟囱中、下切口的起爆时差所形成的倾倒角，从表4可见均小于4.1°，因此也不会引起该切口剪坏“塑性铰”。支撑部“塑性铰”的受力状况，可用Ansys有限单元法或钢筋混凝土结构学分析。

2.3 烟囱体的塌落堆积模拟

当烟囱体间相互的拉力和剪力大于“塑性铰”的动强度后，切口支撑部将延时断裂，烟囱单体相继与多体系统由非完全解体到完全解体，其继续的运动已不能用传统的多体系统动力学来描述，而应采用离散体系统动力分析来数值模拟其运动。烟囱单体从多体离散首先形成非完全离散体（见图2），在断开壁间距 $dS<dS_m$（1.2m）时，钢筋从烟囱混凝土壁中抽拔时的拉力 F_s 在 x、y 坐标方向分量 F_{sx}、F_{sy} 及对质心的力矩 M_s 为：

$$\left.\begin{aligned} F_{sx}^i &= F_s\cos\alpha\cdot\operatorname{sign}(x_{i-1,\ j-2}-x_{i,\ j}) \\ F_{sy}^i &= F_s\sin\alpha\cdot\operatorname{sign}(y_{i-1,\ j-2}-x_{i,\ j}) \\ M_s^i &= F_{sx}(y_{i,\ j}-y_c)-F_{sy}(x_{i,\ j}-x_c) \end{aligned}\right\} \tag{5}$$

式中，α 为 F_s 的倾角；$F_s=2500\text{kN}$；i 为体号；j 为角点号；当 $dS\geqslant dS_m$ 后，钢筋从混凝土壁中完全抽脱，非完全离散体转变为完全离散体。

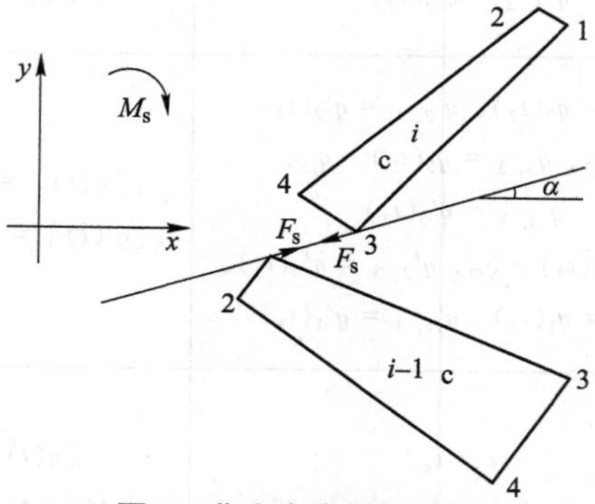

图 2 非完全离散体力图

Fig. 2 Force diagram of incomplete discrete bodies

当各离散体间接触时，其法向增量力 ΔF_n 和切向增量力 ΔF_t 分别由体间相对“重叠”量 Δu_n 和剪切量 Δu_t 引起[5]，即

$$\left.\begin{aligned} \Delta F_n &= k_n\Delta u_n \\ \Delta F_t &= k_t\Delta u_t \end{aligned}\right\} \tag{6}$$

式中，k_n 和 k_t 分别为接触点的法向和切向刚度，$k_n=k_{n0}b$，$k_t=0.7k_{n0}\,b$，b 为接触线长，k_{n0} 为每米接触线长法向刚度，按空心圆筒钢筋混凝土烟囱壁计算，考虑烟囱角点损坏，取较小值 $k_{n0}=4.02\times10^4\text{kN/m}^2$，烟囱两端被嵌入，取 $k_n=0$、$k_t=0$。

各体接触点间不允许有拉力出现，故法向压力 $F_n>0$，而当 F_n 减为零时，则体接触点间脱开。同样剪切力 F_t 的稳定状态由库仑-莫尔定理决定，即

$$\left.\begin{aligned} F_t &\leqslant F_t^{max} \\ F_t^{max} &= F_n\tan\varphi_j + c_j \end{aligned}\right\} \tag{7}$$

式中，φ_j 和 c_j 分别为接触 j 处体间的内摩擦角和内聚力，$\varphi_j=0.611$，$c_j=0$，当 F_t 趋近于 F_t^{max} 时，体间沿接触面滑动。

而单体 i 的动力方程，根据质心运动定律为

$$\left.\begin{aligned} m_i\ddot{u}_x &= \sum_{j=1}^{n_f} F_x^j + F_{sx}^i \\ m_i\ddot{u}_y &= \sum_{j=1}^{n_f} F_y^j + F_{sy}^i - m_i g \\ J_i\ddot{\theta} &= \sum_{j=1}^{n_f} M_j + M_s^i \end{aligned}\right\} \tag{8}$$

式中，$\ddot{u}_x$ 和 $\ddot{u}_y$ 分别为水平和竖直方向单体 i 重心的加速度；F_x^j、F_y^j 分别为 j 接触点上 i 体间水平和竖直方向的作用力；n_f 为 i 体间接触数目；$\ddot{\theta}$ 为重心处的转动角加速度；m_i、J_i 分别为 i 体的质量和转动惯量；M_j 为 j 接触点上接触力对重心的力矩。而多体系统的动力方程仍由式（4）描述。

在同一时步 Δt 内，多体系统拓扑和体间的接触应当不变。单体方程以显式有限差分法，在时步 Δt 向前差分计算，而多体系统采用正算和逆算相结合的隐式方法计算多体动力方程。当体间分离时，Δt 自动调大以节省机时；当体间接触，在计算接触点时间后，多体则插值原多体运动姿态的计算结果，Δt 自动变小，调整 Δt 在允许的"嵌入"量对应的时步之内，以提高计算精度。每完成一时步计算，离散体按距地高度在空中排序。用体姿态计算体间接触，形成通路矩阵和关联矩阵，由此利用图论，简化了体间各种接触类型中力的计算程序。

由此看来上述离散体系统动力分析是建立在单体和多体动力方程基础之上的离散系统元法，它可以模拟建筑机构在空中逐步解体后的姿态、塌落地点、范围和堆积形态，为定点塌落控爆烟囱奠定了技术基础。

3 观测技术与观测结果验证

3.1 综合观测技术

（1）倾倒过程摄像。以两台非测量用摄像机在烟囱倾倒的侧面（南）及正倒向（西）拍摄，拍摄光中轴相互近似垂直，并在各视角内设 6 个已知坐标点。通过解算空间坐标条件方程和畸变差修正，求出烟囱爆后各时刻的三维空间位置，经分阶段曲线拟合后，判断出它们的运动姿态（摄像速度为 30 帧/s）。

（2）支撑部破坏外观群组摄像。在烟囱的+30.2m 中切口支撑部外筒壁 0.7m，于定向窗口角端，中性轴上、中、下位置，设置了 5 个摄像头，如图 3 所示，以分辨 1mm 裂纹，摄像分幅 25 帧/s。由此，显示筒壁混凝土后剪断裂时序。

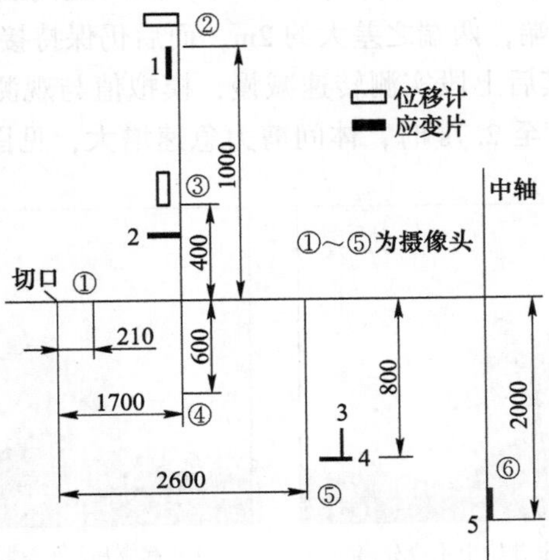

图 3 +30.2m 切口附近测点布置展示图（单位：mm）

Fig. 3 Setting of measure points about cutting on +30.2m (unit: mm)

（3）支撑部应力应变大变形位移及筒体破坏动力响应电测。在中性轴上、中、下位置及支撑部中轴下+28.2m，在钢筋上设置了5个应变片及2个大变形位移计，以了解支撑部破坏时中性轴的变化。并在+30.2m安装了速度传感器，以测量爆破突加载荷、破坏引起的振动动力响应，如图3所示。①~⑤位置各安装1个摄像头，在②号位置的横筋上安装一个测横向变形的位移计；在纵向钢筋上贴上一个应变片1，在③号位置的纵向钢筋上安装一个测纵向变形的位移计；在横向钢筋上贴上一个应变片2，在⑤号位置分别在纵、横向钢筋上各贴一个应变片3、4，在⑥号位置的纵向钢筋（中轴）上贴上一个应变片5。

3.2 观测结果

支撑部破坏外观群组摄像、应力应变、大变形位移及破坏动力响应电测，对揭示支撑部破坏的机理、建立破坏判据、进而防止“塑性铰”破坏、确保折叠实现具有重要意义。观测进一步验证了文献[6]中所阐明的支撑部破坏机理。电测应变及大变形位移在起爆2.26s仍清晰可见，表明上、中、下切口爆破后烟囱三折叠的“塑性铰”是存在的。倾倒过程摄像与多体-离散体系统数值模拟比较，如图4所示。

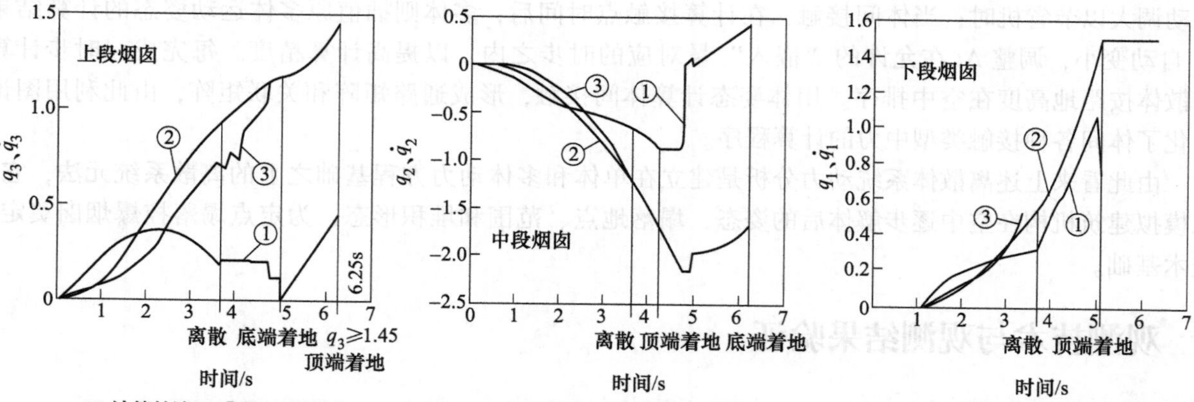

(a) 计算转速$\dot{q}_3$(①线)、倾倒角q_3(②线)、实测q_3(③线)　(b) 计算转速$\dot{q}_2$(①线)、倾倒角q_2(②线)、实测q_2(③线)　(c) 计算转速$\dot{q}_1$(①线)、倾倒角q_1(②线)、实测q_1(③线)

图4　烟囱倾倒过程摄像与数值模拟对比

Fig. 4　Comparison of numerical modeling with photogrammetry of toppling process

从图4中可见，实测中段烟囱比上段转动快，而下段烟囱转动最慢，这与数值模拟是一致的。在图4(a)中从转角实测点推断看，上段烟囱在3.6~3.8s有一转角减慢直至为零的过程，从起爆3.568s和3.768s实摄可见，上、中段烟囱此时脱离（见图5），段间脱离后，上段转速又重新加快至稳定，而中段顶端下落明显快过上段下端，两端之差大约2m，而后仍保持接触状态。而数值模拟中，烟囱上段在1.2s前与观测值很接近，其后上段实测转速减慢，模拟值与观测值分离，但转角变化趋势一致，其最大误差25%，一般为11%，至2.7s时，体间剪力急速增大，见图6，转速变慢，到3.64s，逆算

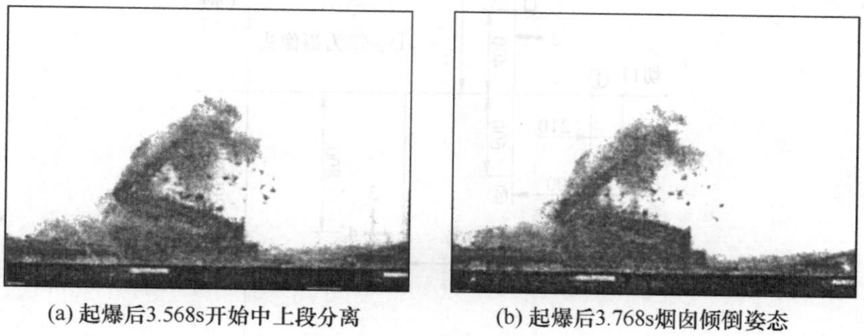

(a) 起爆后3.568s开始中上段分离　(b) 起爆后3.768s烟囱倾倒姿态

图5　烟囱倾倒摄像测量

Fig. 5　Photogrammetry of toppling process of chimney

式（4），转速降至9.76°/s时，多体间上段剪力增至3800kN，中段增至5200kN，而超过其动剪切强度，从而上、中切口依次离散成非完全离散体，低转速维持不变，而后4.3s其转速加快，以上计算均与上述观测结果接近。而中、下段烟囱转角实测值也与数值模拟都很接近，见图4（b）和（c）。在3.64s时各段分离进入第5拓扑，以离散体系统动力法分析，解算式（4）~式（8），得各时刻烟囱姿态见图7（图7（a）为烟囱各段离散为非完全离散姿态），比较实摄图5，计算模拟与实测接近。各体着地后按有根单体倾倒计算，离散塌落数值模拟烟囱堆积见图8，烟囱各段落地实际堆积见图9，从两图中可见塌落堆积相近，实际堆积只因基础分割，将烟囱上、中段分别向东、西由烟囱基础多推移了1~2m，烟囱下段实测比下段按有根体计算值前冲了3.5m。数值计算烟囱上段顶落地时间为6.33s（包含起始倾倒时间 $t_0=0.08$s），与观测落地时间6.3s接近，误差因顶、中段切口着地后按有根刚体计算引起。

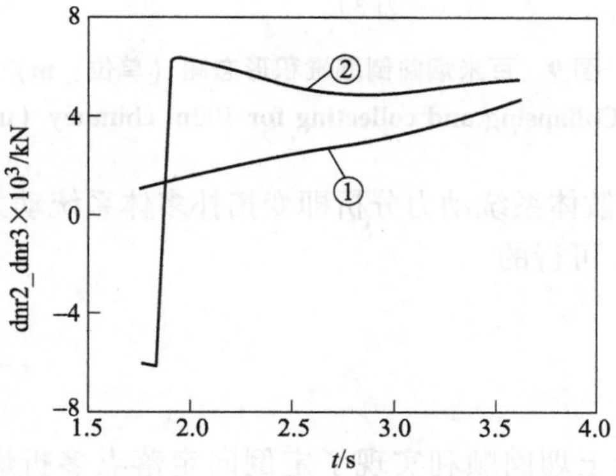

图6 上切口剪力 dnr3(①线)，中切口剪力 dnr2(②线)

Fig. 6 Shear force of upper blasting cut (line①), shear force of middle cut (line②)

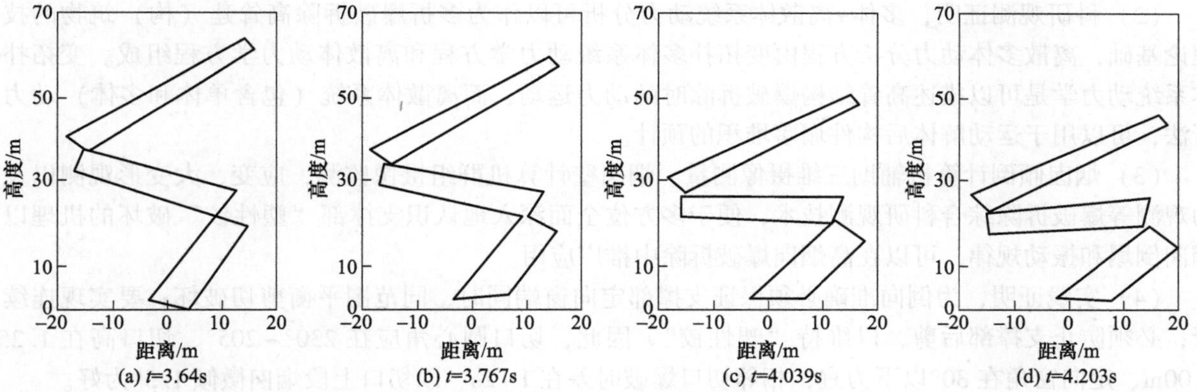

图7 各时刻计算模拟烟囱倾倒各段姿态图

Fig. 7 Appearance of modeling to ppling of chimney sections at time

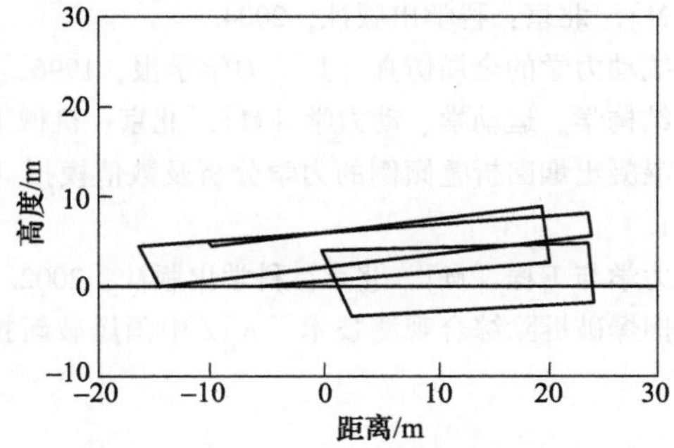

图8 $t=6.253$s 烟囱各段着地姿态

Fig. 8 Parts of chimney to on ground at 6.253s

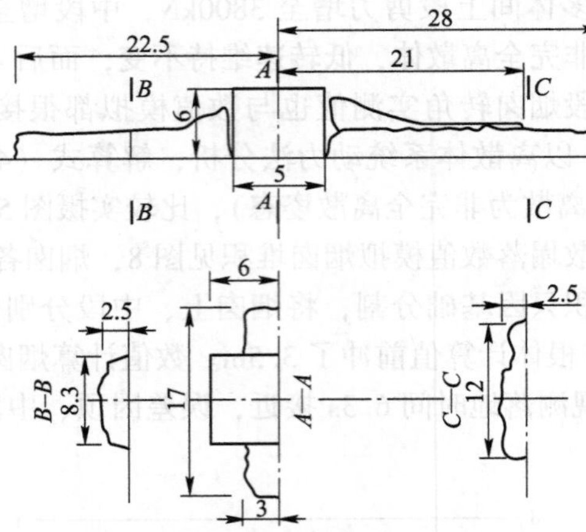

图 9　百米烟囱倒塌堆积形态图（单位：m）
Fig. 9　Collapsing and collecting for 100m chimney（unit：m）

由此观测证明，用多体-离散体系统动力分析即变拓扑多体系统动力学及其离散动力分析法，数值模拟烟囱的多折倾倒是正确的、可行的。

4　结论

广州纸厂 100m 高钢筋混凝土烟囱顺利实现了定倒向定落点多折爆破拆除，开创了高耸建（构）筑物拆除爆破的新技术、新理论，即：

（1）定倒向定落点多折爆破拆除烟囱是可行的，为在苛刻环境下允许倒塌范围狭小、爆破拆除高耸建（构）筑物提供了成功典范。

（2）科研观测证明，多体-离散体系统动力分析可以作为多折爆破拆除高耸建（构）筑物的技术理论基础，离散多体动力分析方程由变拓扑多体系统动力学方程和离散体动力学方程组成。变拓扑多体系统动力学是可以描述高耸结构爆破拆除时的动力运动，而离散体系统（包含单体和多体）动力分析法，可以用于运动解体后构件塌落堆积的预计。

（3）烟囱倾倒计算机辅助三维摄像测量、烟囱壁计算机群组摄像监测，应变、大变形观测以及振动观测等爆破拆除综合科研观测技术，便于多方位全面深入地认识支撑部“塑性铰”破坏的机理以及烟囱倒塌和振动规律，可以在高烟囱爆破拆除中推广应用。

（4）实践证明，为倒向准确必须保证支撑部定向窗端同时、同范围平衡剪切破坏；要实现连续多折，必须防止支撑部后剪，以维持“塑性铰”。因此，切口圆心角应在 230°～205°、切口高在 1.25～2.00m、定向窗角在 30°以下为宜，相邻切口爆破时差在 1～2s、以切口上段烟囱微倾 1.5°为好。

参 考 文 献

[1] 张劲夫，秦卫阳．高等动力学［M］．北京：科学出版社，2004.

[2] 洪嘉振，倪纯双．变拓扑多体系统动力学的全局仿真［J］．力学学报，1996，28（5）：626-633.

[3] 杨廷力．机械系统基本理论——结构学、运动学、动力学［M］．北京：机械工业出版社，1996.

[4] 魏晓林，郑炳旭，傅建秋．钢筋混凝土烟囱折叠倾倒的力学分析及数值模拟［A］//中国爆破新技术［M］．北京：冶金工业出版社，2004：564-571.

[5] 蔡美峰，何满潮，刘东燕．岩石力学与工程［M］．北京：科学出版社，2002.

[6] 郑炳旭，魏晓林，傅建秋．高烟囱爆破拆除综合观测技术［A］//中国爆破新技术［M］．北京：冶金工业出版社，2004：859-867.

复杂环境下双曲冷却塔控制爆破拆除

王永庆[1,2]　高荫桐[2,3]　李江国[3]　刘永强[3]　叶东辉[3]

（1. 中国地质大学（北京），北京，100083；
2. 广东宏大爆破股份有限公司，广东 广州，510623；
3. 北京中科力爆炸技术工程有限公司，北京，100080）

摘　要：高大薄壁双曲线冷却塔拆除爆破技术的核心与关键是爆破方案、爆破参数、安全措施的选取和制定，特别是在复杂环境下，更需要合理选取爆破方案、优化爆破参数，并制定切实可行的安全措施，才能确保冷却塔拆除爆破的成功与安全。遵照上述设计要点和技术关键，成功地爆破拆除了2座高大薄壁双曲线冷却塔。

关键词：冷却塔；拆除爆破；爆破方案；爆破参数

Demolition of a Hyperbolic Curve Cooling Tower in a Complex Environment

Wang Yongqing[1,2]　Gao Yintong[2,3]　Li Jiangguo[3]　Liu Yongqiang[3]　Ye Donghui[3]

(1. China University of Geosciences (Beijing), Beijing, 100083;
2. Guangdong Hongda Blasting Co., Ltd., Guangdong Guangzhou, 510623;
3. Beijing Zhongkeli Blasting Technique & Engineering Co., Ltd., Beijing, 100080)

Abstract: The key of demolition technique of the thin wall hyperbolic curve cooling tower is selection and establishment of the demolition plan, parameters and the security measures, especially in a complex environment. It is necessary to select the demolition plan and to optimize demolition parameters reasonably, and to formulate the security measures practically to guarantee success and security. By applying the abovemain points and the key of technique, two thin wall hyperbolic cooling towers were demolished successfully.

Keywords: cooling tower; blasting demolition; blasting plan; blasting parameter

1　工程概况

内蒙古乌拉山电厂位于包头市西约130km，始建于20世纪70年代，电厂扩建和技术改造时，为满足环保要求，需将2座高大双曲线薄壁冷却塔采用控制爆破方法拆除。

1号、2号冷却塔大小、结构相同，间距35m，塔高60m，底部最大直径50m，塔壁厚度为150~300mm，塔壁底部圈梁宽×高=550mm×800mm，支撑柱部分高4m。

冷却塔周围环境复杂，西侧距变电站约20m，南侧距地下管道约21m，北侧、东侧距围墙分别约10m、8m，如图1所示。

2　爆破方案选择

双曲线冷却塔形状特殊、结构复杂，采用爆破方法拆除时，须充分考虑其结构特征和周围环境，

原载于《爆破》，2007，24（3）：49-51。

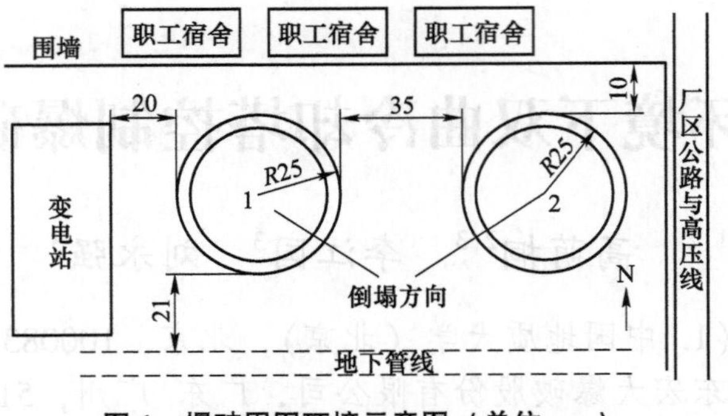

图 1 爆破周围环境示意图（单位：m）

Fig. 1 Demolition environment (unit: m)

并应经技术和安全论证。乌拉山电厂 1 号、2 号冷却塔经研究决定采取定向倒塌方案，即 1 号塔向东南侧倒塌、2 号塔向西南侧倒塌，两塔起爆间隔 0.5s。

为使冷却塔严格按设计方向倒塌，并确保周围建（构）筑物和地下管道的安全，在倒塌方向预先机械开设导向窗，切口两端预先开设定向窗。

3 爆破参数设计

3.1 冷却塔结构特点

冷却塔具有如下结构特点：双曲线形高大薄壁结构，重心偏低；高宽比较小，一般为 1.18~1.33，易产生后坐现象；圆筒直径上大下小，底部直径较大，一般在 30~70m 之间。

3.2 爆破切口设计[1,2]

国内采用控制爆破技术拆除的冷却塔大约有 20 座，采用的爆破切口可分为“正梯形”、“倒梯形”和由此发展而来的“复合型”。

3.2.1 切口形状与特点

爆破切口形状在塔体初始倾倒阶段具有辅助支撑、准确定向、防止折断和后坐，以及使其倾倒过程准确、平稳的作用。正梯形切口具有易于冷却塔倒塌，缩小倒塌距离（一般 $L \leqslant 10$m）特点；倒梯形切口易于冷却塔倒塌，但倒塌距离稍大（约 $L = 10$m）；复合型切口易产生后坐现象，适合于原地坍塌，破碎效果较好。可见，爆破切口的形状和大小直接影响着冷却塔的爆破效果、爆破质量和爆破安全。

根据爆破方案，并经切口形状对比，决定选用正梯形切口。

3.2.2 爆破切口设计

本工程选择正梯形爆破切口，切口位置布置在支撑柱、塔身圈梁和塔壁部位，沿冷却塔周长展开。其切口长度和高度设计如下。

3.2.2.1 切口长度确定

冷却塔爆破切口按重心偏出原理计算，并结合经验设计方法选取[3]。

$$L = \left(\frac{1}{2} - \frac{2}{3}\right)\pi D \tag{1}$$

切口长度可由式（1）计算选取，根据以往冷却塔拆除爆破经验，通常情况下切口角度取 $\alpha =$ 190°~210°为宜，则切口长度为

$$L_h = \frac{190 - 210}{300}\pi D \tag{2}$$

式中，L 为爆破切口长度，m；L_h 为合理切口长度，m；D 为切口处筒壁外直径，m。

3.2.2.2 切口高度确定[4]

切口高度的取值原则，一是切口范围内的混凝土被炸离钢筋骨架后，塔身在自重作用下能保证失

稳；二是塔身倾倒至切口边缘闭合时，冷却塔重心偏距大于外半径；三是切口闭合时，塔身在自重作用下对新支点形成的倾覆力矩应大于余留截面的极限抗弯力矩。

$$H > \frac{2}{3}R\tan\frac{R_b}{Z} \tag{3}$$

式中，H 为切口高度，m；R_b 为切口处冷却塔外半径，m；Z 为塔体中心高度，m。

式（3）是切口闭合后继续倾倒的必要条件，而非充分条件，即不能满足切口闭合时烟囱重力对新支点的倾覆力矩大于余留截面的极限抗弯力矩，需加入修正条件：

$$PL_1 > T(L_2 + L_3)\cos\alpha \tag{4}$$

对式（3）进行近似、简化，最终得到爆破切口高度的修正公式：

$$H > \frac{D^2}{Z} \tag{5}$$

式中，P 为塔体切口上部自重，kg；T 为余留截面钢筋能承受的最大拉力，kN；L_1 为切口闭合时塔身重心偏出切口处外半径的距离，m；L_2 为切口根部到倾倒方向筒壁外侧的距离，$L_2 = 1.5R$；L_3 为切口根部到力 T 的等效作用点的距离，$L_3 = \frac{1}{4}R_b$；A 为与筒体结构、材料、配筋率及尺寸等有关的系数，它与筒体自重成反比，与钢筋强度成正比。

切口高度 H 包括支撑柱高 h_1、塔身底圈梁高 h_2、塔身切口高 h_3 三部分，如图 2 所示。

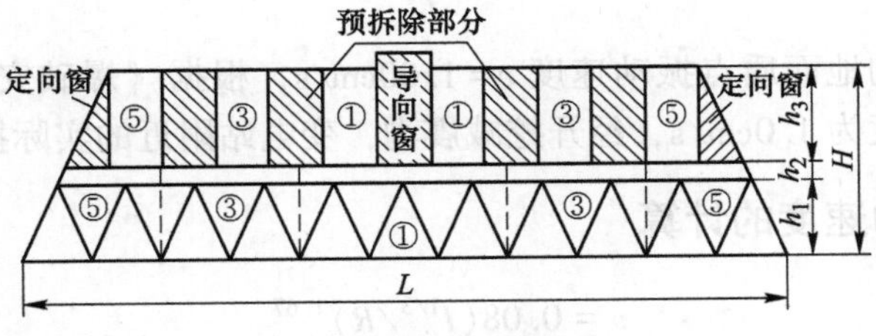

图 2　爆破切口示意图

Fig. 2　Demolition rift

3.3　爆破参数设计

根据切口部位、形状和尺寸，并针对切口内不同结构特点，分别选择爆破参数，见表 1。

表 1　爆破参数汇总表

Table 1　Collection of demolition parameters

切口爆破处		最小抵抗线 W/cm	孔深/cm	孔距/cm	排距/cm	炸药单耗/kg · m⁻³	单孔药量/g	备　注
支撑柱	中上部	22.5	30.0	40.0	—	1.0	60.0~65.0	随壁厚 δ 变而变
	底部	22.5	30.0	40.0	—	1.2	70.0~80.0	
塔壁底圈梁		22.5	30.0	30.0	30.0	1.0	40.0~50.0	
塔壁		15.0	20.0	30.0	25.0	1.0	20.0~30.0	

3.3.1　塔壁爆破参数

炮孔深度按式 $l = \frac{2}{3}\delta$ 计算，切口处塔壁厚度 $\delta_b = 250 \sim 300$mm，孔深取 $l_b = 170 \sim 200$mm；

炮孔间距 $a_b = \delta_b = 300$mm；炮孔排距一般 $b_b = 0.8a_b$，实际取 $b_b = a_b = 300$mm；

取单位体积耗药 $K_b = 1000\text{g/m}^3$，则单孔装药量按式 $q = K_d ab\delta$ 计算，$q_b = 27.0$g。

3.3.2　支撑柱爆破参数

支撑柱爆破参数的计算与塔壁相同，则炮孔深度 $l_z = 300$mm；炮孔间距 $a_z = 400$mm；单孔装药量 $q_z = 63.6$g。

3.3.3 塔壁底圈梁爆破参数

同理，圈梁炮孔深度 $l_q=300mm$；炮孔间距 $a_q=300mm$；单孔装药量 $q_q=40.5g$。

4 爆破网路设计

冷却塔爆破采用非电网路、毫秒微差间隔起爆技术，即塔壁、圈梁和支撑柱采用 1~5 段非电毫秒导爆管雷管顺序起爆。由图 2 可知，①区、③区、⑤区分别布置 1 段、3 段、5 段毫秒导爆管雷管，每区间隔时差 50ms。采用此爆破网路的优点是：既能保证冷却塔按设计方向倒塌，防止起爆瞬间发生后坐现象，还能降低爆破振动，延缓塌落速度，减小触地振动和爆破噪声。

5 爆破安全

5.1 爆破振动速度的计算

$$v = K'K(Q^{1/3}/R)^{\alpha} \tag{6}$$

式中，v 为地面振动速度，cm/s；R 为保护物距爆破区中心的距离，$R=20m$；α 为衰减系数，取 $\alpha=2.0$；K'为修正系数，取 $K'=1.0$；K 为与介质性质爆破条件有关的系数，取 $K=100$；Q 为单段最大药量，$Q=8.0kg$。

经计算，由爆破引起的地面质点振动速度 $v=1.00cm/s$，根据《爆破安全规程》规定，发电厂周围厂房允许的安全振动速度为 1.0cm/s，经开挖减震沟，变电站附近的实际振速要小于 1.00cm/s。

5.2 塌落触地冲击振动速度的计算

$$v = 0.08(I^{1/3}/R)^{1.67} \tag{7}$$

式中，I 为冲量，N·m，$I=M(2gH_t)^{1/2}$；H_t 为冷却塔的下落高度，取 $H_t=27.5m$ 进行近似计算，得到冷却塔塌落触地冲击振动速度 $v_t=0.65cm/s$，小于 0.8cm/s。

经稳定计算和安全校核，技术设计满足安全和质量要求。

6 结论与体会

爆破后冷却塔按设计倒塌，未产生偏移或后坐现象，满足质量和安全要求。整体爆堆高约 2m，倒塌距离约 8m，爆堆宽度约 60m；20m 处实测振动速度为 0.6cm/s；个别飞石飞距小于 10m。

通过对 2 座冷却塔爆破拆除及以往类似施工经验，可得出几点体会：

(1) 对于高大薄壁双曲线冷却塔的拆除爆破，通过现场勘察确定爆破方案，并经精心设计、严格施工是确保施工安全和爆破质量的前提。

(2) 选择适宜的爆破切口形式、长度和高度是保证冷却塔不发生后坐，又能顺利倾倒的关键技术。

(3) 若高大薄壁筒体结构在倒塌过程中发生扭曲，能确保其倒塌，且破碎效果良好。

参 考 文 献

[1] 张建平，高荫桐．冷却塔爆破设计与施工组织设计 [R]．技术设计资料，2007.

[2] 戴俊．筒形建筑物爆破拆除缺口参数的力学分析 [J]．爆破器材，1995 (5)：31-33.

[3] 成新法．筒形薄壁建筑物爆破拆除切口研究 [J]．爆破，1999，16 (3)：15-20.

[4] 龙源．高耸筒形结构物爆破切口计算原理研究 [J]．工程爆破，1995，1 (2)：16-21.

冷却塔拆除爆破失稳数值分析

王永庆[1,2] 高荫桐[2] 张春生[3] 李江国[2] 王代华[2]

（1. 中国地质大学（北京），北京，100083；
2. 广东宏大爆破股份有限公司，广东 广州，510623；
3. 南京市第二道路排水有限公司，江苏 南京，210000）

摘 要：采用控制爆破技术拆除冷却塔时，由于冷却塔具有高宽比较小、重心偏低和底部直径较大等特点，拆除爆破后易发生后坐或坐而不倒现象，为爆破工作造成了一定难度。本文在阐述冷却塔爆破失稳机理的基础上，对开口后的冷却塔进行力学分析，并建立了切口角度和高度的数学模型，从而为工程实践提供理论支持。

关键词：冷却塔；拆除爆破；爆破失稳；数学模型；力学分析

Numerical Analysis on Instability of Cooling Tower in Demolition Blasting

Wang Yongqing[1,2] Gao Yintong[2] Zhang Chunsheng[3] Li Jiangguo[2] Wang Daihua[2]

（1. China University of Geosciences（Beijing），Beijing，100083；
2. Guangdong Hongda Blasting Co.，Ltd.，Guangdong Guangzhou，510623；
3. The Second Highway Drainage Engineer，Co.，Ltd.，Jiangsu Nanjing，210000）

Abstract：When the cooling tower is demolished with control blasting technique，some problems，such as recoiling or squatting down-but-not-collapsing，may occur because of the cooling tower's characteristics，including small height-to-width ratio，low gravity center and large base diameter. In this paper，mechanical analysis of the cooling tower aftermaking a cut is carried out based on the expatiating to the mechanism of cooling tower demolition inst ability. And the mathematical models for the angle and height of the cut are established. The theory used may provide a theoretical support for practical demolition operations.

Keywords：cooling tower；demolition blasting；blasting instability；mathematical model；mechanical analysis

热电厂技术改造时，为满足环保要求，需拆除已废弃的冷却塔。目前国内采用控制爆破技术拆除的冷却塔约20座，爆破切口可分为“正梯形”、“倒梯形”和“复合型”[1]。

冷却塔为双曲线钢筋混凝土结构，具有高大壁薄、高宽比较小（1.18~1.33）、重心偏低、圆筒直径上大下小、底部直径较大（30~70m）等特点。拆除爆破时易发生后坐或坐而不倒现象。所以，需要对开口后的冷却塔进行失稳分析，并建立切口角度和高度的数学模型，使得切口参数设计满足倾倒条件，从而保证拆除爆破的质量和安全。

1 冷却塔爆破失稳倾倒机理

爆破切口参数是影响冷却塔失稳倒塌的关键因素。一般认为，切口形状在塔体初始倾倒阶段具有

原载于《有色金属》（矿山部分），2008，60（1）：38-40，47。

辅助支撑、准确定向、防止折断和后坐，以及使得倾倒过程准确、平稳的作用。本文以正梯形切口为主要研究对象。

冷却塔失稳倒塌或坍塌而破碎、解体是自身重力作用的结果，爆破只是使结构失去稳定性的手段。因此，冷却塔爆破失稳倾倒的机理是：采用控制爆破方法，在塔体底部某一部位爆破形成一定尺寸的切口，上部筒体在重力与支座反力形成的倾覆力矩作用下失稳，沿设计方向偏转并最终倒塌。

爆破切口形成后，如上部筒体重力超过了预留支撑体的极限抗压强度，则预留支撑体就会瞬时被压坏而使塔体下坐，造成塔体爆而不倒或倾倒方向改变。如预留支撑体的承载力足够，则上部筒体在重力和支座反力形成的倾覆力矩作用下，使预留支撑体截面瞬时由全部受压改为偏心受压状态。倾倒初期，预留支撑体截面一部分受压、一部分受拉。受压区同时承受倾覆力矩和重力引起的压应力叠加，同时，受拉区也承受倾覆力矩和重力引起的应力叠加，压（拉）应力呈边缘区最大、中性轴处为零的三角形分布。当最大应力大于材料的极限抗压强度时，该处混凝土被压碎，且承压区扩大。当最大拉应力大于混凝土的极限抗拉强度时，预留支撑体上出现裂缝，钢筋将承担全部拉应力，此后钢筋在塔体倾覆力矩的作用下受拉并产生颈缩断裂。当爆破切口闭合后，塔体绕新的支点旋转并最终倾倒。

由冷却塔失稳倾倒机理可知，爆破的目的是形成爆破切口（见图1），爆破切口才是影响结构失稳倾倒的关键因素。冷却塔倾倒须满足三个条件：一是塔体爆破后，倾倒初期预留支撑体截面要有一定的强度，使其不至于立即受压破坏而使筒体提前下坐；二是切口形成瞬间，重力引起的倾覆力矩必须足够大，能克服截面本身的塑性抵抗力，促使其定向倾倒；三是切口闭合后，重力对新支点必须有足够大的倾覆力矩，使其能克服塔体剩余的塑性抵抗力[2]。

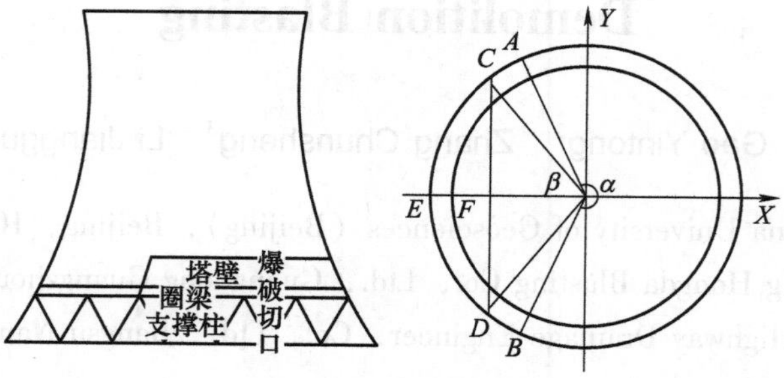

图1　爆破切口示意图

Fig. 1　Demolition cut

2　冷却塔爆破失稳数值分析

2.1　冷却塔受弯破坏的力学特征

钢筋混凝土结构受弯时，抗拉、抗压能力都很强。根据钢筋混凝土理论，构件受弯从加载到破坏可分为个三阶段[3]：

第一阶段为爆破切口刚形成，开始加载到混凝土开裂前，构件以中性轴为界分为受拉区和受压区，钢筋和混凝土都处于弹性工作阶段，共同承受拉、压力，应力与应变大致成正比。

随着弯矩的增加，钢筋和混凝土的应变逐渐增加，混凝土因受拉出现塑性变形，而钢筋仍处于弹性受力状态。当最大拉应力达到混凝土的极限抗拉强度时，混凝土即将开裂。

受压区最大压应力处的混凝土尚未达到极限抗压强度，对于C15~C40混凝土冷却塔，混凝土的极限拉应变为$1.0\times10^{-4}\sim1.5\times10^{-4}$，因此时受拉钢筋与其周围混凝土的应变相同，则相应钢筋的应力为$\sigma_s=20\sim30$MPa，而混凝土的极限抗拉强度仅为1.2~2.5MPa。

第二阶段是从混凝土开裂到钢筋屈服前。当受拉区最大拉应力超过混凝土的极限抗拉强度时，构件某截面上开始出现裂缝，全部拉力由钢筋承担，钢筋拉应力突然增大。因裂缝的开展使中性轴向后移，而在新受拉区裂缝尚未延伸到的部位，混凝土仍承担一部分拉力。

随着弯矩的增加，受压区混凝土的压应变与受拉区钢筋的拉应变亦随之增加。受压区混凝土的塑性性质将越来越明显，应力增速较应变增速相比越来越慢。

第三阶段为破坏阶段。当弯矩继续增加，由于钢筋的屈服，钢筋的应力保持不变而应变骤增，裂缝宽度明显增大并很快延伸，中性轴急剧后退，受压区宽度很快减小，受压区混凝土的压应变增大，塑性特征表现得更为充分。

2.2 冷却塔倾倒条件判断及切口角度数学模型

钢筋混凝土塔体实现定向倾倒需满足：拉应力区倾倒方向反侧一个壁厚的混凝土开裂的应力条件和混凝土开裂后倾覆力矩大于预留支撑体剩余的极限抵抗力矩的弯矩条件[4]。

（1）应力条件。在爆破切口形成瞬间，预留支撑体上最大拉应力处的材料应达到其极限抗拉强度。此处按一个壁厚整体受力考虑，则混凝土开裂破坏的条件为点 F 处的拉应力达到材料的极限抗拉强度，即 $\sigma_F \geqslant f_{bt}$。$\sigma_F$ 按下式计算：

$$\sigma_F = \frac{M_{cp}(r_c - e)}{I} - \frac{mg}{A} \tag{1}$$

F 点处 1 个壁厚材料面积为：

$$S = R_c^2 \arccos\frac{r_c}{R_c} - r_c\sqrt{R_c^2 - r_c^2} \tag{2}$$

则最大抗拉能力为：

$$P_n = Sf_{ct} + Su_0 f_{st} \tag{3}$$

$$f_{bt} = \frac{P_n}{S} = f_{ct} + u_0 f_{st} \tag{4}$$

式中，f_{ct}、f_{st}、f_{bt} 分别为混凝土、钢筋和钢筋混凝土的极限抗拉强度，kPa；u_0 为该处的配筋率；S 为受拉区 1 个壁厚材料面积，m^2；r_c、R_c 分别为切口处塔体的内、外半径，m；σ_F 为切口处最大拉应力，kN；P_n 为切口处材料的抗拉能力，kN；e 为预留支撑截面偏心距，m；M_{cp} 为切口处塔体倾覆力矩，kN/m；I 为钢筋截面的惯性矩，kN/m；A 为与筒体结构、建筑材料、配筋率及尺寸等有关的系数，它与筒体自重成反比，与钢筋强度成正比。

受压区最大压应力应控制在混凝土极限抗压强度范围内，即 $\sigma_{cmax} \leqslant f_{bc}$，这样可以避免因材料分布不均而导致的材料受压破坏不均，影响冷却塔定向倾倒。应力条件数学模型为：

$$\frac{M_{cp}(r_c - e)}{I} - \frac{mg}{A} \geqslant f_{ct} + u_0 f_{st} \tag{5}$$

$$\frac{M_{cp}\left(r_c \cos\dfrac{\alpha}{2} + e\right)}{I} + \frac{mg}{A} \leqslant f_{bc} \tag{6}$$

式中，α 为切口圆心角，(°)；f_{bc} 为混凝土极限抗压强度，kPa。

（2）弯矩条件。混凝土开裂后，倾覆力矩大于余留支撑体的塑性抵抗力矩，即中性轴后退后新倾覆力矩大于新拉应力区的极限抗拉力矩与新压应力区的极限抗压力矩的合力矩。

根据弹塑性假设理论，新拉力区钢筋承受的极限拉应力为：

$$F_{bt} = 2u_0 f_{st}\int_{\pi-\beta_n}^{\pi}\int_{r_c}^{R_c}\frac{-r\cos\theta - e_n}{R_c - e_n} r\mathrm{d}r\mathrm{d}\theta = \frac{u_0 f_{st}}{R_c - e_n}\left[\frac{2}{3}(R_c^3 - r_c^3)\sin\beta_n - (R_c^2 - r_c^2)e_n\beta_n\right] \tag{7}$$

新压力区混凝土承受的极限压应力为：

$$\begin{aligned} F_{bcc} &= 2f_{cc}\int_{\frac{\alpha}{2}}^{\pi-\beta_n}\int_{r_c}^{R_c}\frac{R\cos\theta + e_n}{r_c\cos\dfrac{\alpha}{2} + e_n} r\mathrm{d}r\mathrm{d}\theta \\ &= \frac{f_{cc}}{r_c\cos\dfrac{\alpha}{2} + e_n}\frac{2}{3}(R_c^3 - r_c^3)\left(\sin\beta_n - \sin\frac{\alpha}{2}\right) + (R_c^2 - r_c^2)e_n\left(\pi - \beta_n - \frac{\alpha}{2}\right) \end{aligned} \tag{8}$$

新压力区钢筋承受的极限压应力为：

$$F_{scc} = 2u_0 f_{sc}\int_{\frac{\alpha}{2}}^{\pi-\beta_n}\int_{r_c}^{R_c}\frac{r\cos\theta + e_n}{r_c\cos\frac{\alpha}{2} + e_n}r\mathrm{d}r\mathrm{d}\theta = \frac{F_{bcc}}{f_{cc}}u_0 f_{sc} \tag{9}$$

式中，F_{bt} 为新拉力区钢筋承受的极限拉应力，kN；F_{bcc}、F_{scc} 分别为新压力区混凝土和钢筋承受的极限压应力，kN；e_n 为预留支撑截面偏心距，m；

根据理论力学原理得：$G + F_{bt} = F_{bcc} + F_{bsc}$，即：

$$mg + \frac{u_0 f_{st}}{R_c - e_n}\left[\frac{2}{3}(R_c^3 - r_c^3)\sin\beta_n - (R_c^2 - r_c^2)e_n\beta_n\right]$$

$$= \left(1 + \frac{u_0 f_{sc}}{f_{cc}}\right)\frac{f_{cc}}{r_c\cos\frac{\alpha}{2} + e_n}\left[\frac{2}{3}(R_c^3 - r_c^3)\left(\sin\beta_n - \sin\frac{\alpha}{2}\right) + (R_c^2 - r_c^2)e_n\left(\pi - \beta_n - \frac{\alpha}{2}\right)\right] \tag{10}$$

再由 $e_n = \dfrac{R_c + r_c}{2}\cos\beta_n$ 可求得新中性轴偏心矩 e_n 及对应圆心角的一半 β_n 的解析解。

弹塑性条件下，新拉力区钢筋的极限抗拉力矩为：

$$M_{bt} = 2u_0 f_{st}\int_{\pi-\beta_n}^{\pi}\int_{r_c}^{R_c}\frac{(-r\cos\theta - e_n)^2}{R_c - e_n}r\mathrm{d}r\mathrm{d}\theta = \frac{r_0 f_{st}}{R_c - e_n}\times$$

$$\left[\frac{1}{8}(R_c^4 - r_c^4)(2\beta + \sin2\beta) - \frac{4}{3}e_n(R_c^3 - r_c^3)\sin\beta_n + (R_c^2 - r_c^2)e_n^2\beta_n\right] \tag{11}$$

新压力区混凝土的极限抗压力矩为：

$$M_{bcc} = 2f_{cc}\int_{\frac{\alpha}{2}}^{\pi-\beta_n}\int_{r_c}^{R_c}\frac{(r\cos\theta + e_n)^2}{r_c\cos\frac{\alpha}{2} + e_n}r\mathrm{d}r\mathrm{d}\theta$$

$$= \frac{f_{cc}}{r_c\cos\frac{\alpha}{2} + e_n}\left[\frac{4}{3}e_n(R_c^3 - r_c^3)\left(\sin\beta_n - \sin\frac{\alpha}{2}\right) + (R_c^2 - r_c^2)\,e_n^2\left(\pi - \beta_n - \frac{\alpha}{2}\right) + \right.$$

$$\left.\frac{1}{8}(R_c^4 - r_c^4)\ (2\pi - 2\beta - \alpha - \sin2\beta - \sin\alpha)\right] \tag{12}$$

新压力区钢筋的极限抗压力矩为：

$$M_{bsc} = \frac{M_{bcc}}{f_{cc}}u_0 f_{sc} \tag{13}$$

重力对新中性轴的倾覆力矩为：

$$M_{cpn} = mge_n \tag{14}$$

所以，冷却塔预留支撑体开裂后继续倾倒的弯矩条件为：$M_{cpn} \geqslant M_{bt} + M_{bcc} + M_{bsc}$。

2.3 切口高度的数学模型

冷却塔最小爆破切口高度要满足重心对新支点的倾覆力矩大于预留截面内钢筋对新支点的拉力矩。切口闭合瞬间预留截面内钢筋对新支点的极限弯矩为：

$$M_{tb} = u_0 f_{st}\int_{\frac{\alpha}{2}}^{2\pi-\frac{\alpha}{2}}\int_{r_c}^{R_c}(R_c - r\cos\theta)r\mathrm{d}r\mathrm{d}\theta = u_0 f_{st}\left[\frac{2}{3}(R_c^3 - r_c^3)\sin\frac{\alpha}{2} + R_c(R_c^2 - r_c^2)\left(\pi - \frac{\alpha}{2}\right)\right] \tag{15}$$

切口闭合瞬间，重力对新支点的弯矩为：

$$M_{cpb} = mg\left[\sqrt{\left(-r_c\cos\frac{\alpha}{2}\right)^2 + Z^2}\sin(\alpha_0 + \varphi_0) - \left(-r_c\cos\frac{\alpha}{2}\right) - R_c\right] \tag{16}$$

要保证冷却塔在切口闭合后继续倾倒，必须满足 $M_{cpb} > M_{tb}$，即：

$$mg\left[\sqrt{\left(-r_c\cos\frac{\alpha}{2}\right)^2 + Z^2}\sin(\alpha_0 + \varphi_0) - \left(-r_c\cos\frac{\alpha}{2}\right) - R_c\right] > M_{tb}$$

所以，$\alpha_0 > \arcsin\dfrac{M_{tb} + mg\left(R_c - r_c\cos\dfrac{\alpha}{2}\right)}{mg\sqrt{\left(-r_c\cos\dfrac{\alpha}{2}\right)^2 + Z^2}} - \arctan\dfrac{-r_c\cos\dfrac{\alpha}{2}}{Z}$，当 α_0 取最小值时，得到最小爆破切口高度为：

$$h_{min} = \left(R_c - r_c\cos\frac{\alpha}{2}\right)\sin\alpha_0 \tag{17}$$

3 爆破切口参数选择

通过上述理论分析并结合实践经验，对内蒙古乌拉山电厂 1 号、2 号冷却塔实施了拆除爆破。本工程选择正梯形切口，切口位置布置在支撑柱、塔身圈梁和塔壁部位，沿冷却塔周长展开。

（1）切口长度。冷却塔爆破切口长度根据材料抗拉、抗压和抗弯曲强度理论，并结合经验设计方法选取。通常情况下切口角度取 $\alpha=190°\sim210°$ 为宜，即：

$$L_h = \frac{\alpha}{360}\pi D \tag{18}$$

式中，L_h 为合理切口长度，m；D 为切口处筒壁外直径，m。

（2）切口高度确定。为保证冷却塔在倾倒过程中具有一定的塌落高度，决定对支撑立柱、塔壁和塔身底圈梁均开设切口，即自高出地面 0.3m 以上的全部支撑柱；塔壁上缺口高度为 $H=3.0\sim5.0$m，倒塌方向中线两侧各 10m 部位塔壁的缺口高度不小于 5.0m；其他部位不小于 3.0m。

4 结论

爆破后冷却塔倒塌的方向、长度、宽度完全符合设计要求，没产生后坐现象，对周围建筑设施和环境未造成任何影响。

通过以上理论分析和冷却塔拆除爆破工程实践，可得出以下几点体会：（1）认真勘察爆破现场和仔细研究原设计资料是正确制定爆破方案的前提；（2）在理论分析和计算的基础上，结合经验确定切口参数是确保拆除爆破成功的核心；（3）精心设计爆破参数是确保施工安全和爆破质量的关键。

参 考 文 献

[1] 张建平．冷却塔爆破设计与施工组织设计 [J]．技术设计资料，2007：3.
[2] 戴俊．筒形建筑物爆破拆除缺口参数的力学分析 [J]．爆破器材，1995，24（5）：16-21.
[3] 成新法，冯长根，黄卫东．筒形薄壁建筑物爆破拆除切口研究 [J]．爆破，1999，16（3）：15-20.
[4] 龙源．高耸筒形结构物爆破切口计算原理研究 [J]．工程爆破，1995，1（2）：16-21.

爆破拆除项目的成本管理与控制

李战军　郑炳旭

（广东宏大爆破股份有限公司，广东 广州，510623）

摘　要：基于爆破拆除工程实践，提出了按照工程项目的施工成本构成控制项目成本的方法。同时认为，爆破拆除工程项目的成本管理仅局限于对工程项目的工、料、机的管理与控制是不够的。为达到理想效果，爆破拆除项目的成本控制应该采取事前控制、事中调控、事后总结改进的全过程成本管理办法。对项目成本控制过程应该注意的有关问题提出了看法。

关键词：爆破拆除；成本；项目成本；成本控制

Cost Control on Blasting Demolition Projects

Li Zhanjun　Zheng Bingxu

(Guangdong Hongda Blasting Co., Ltd., Guangdong Guangzhou, 510623)

Abstract: Based on the practice of blasting demolition projects, the methods are given to control the main cost components, which make up the total project cost. At the same time, it is emphasized that the cost control of blasting demolition projects does not only limitin the control of the labor, material and machinery cost used in the projects. In order to obtain the ideal cost－control result, the project cost control should be carried out throughout the whole procedure of the project operation, which includes exante cost-analysis, procedure cost-control and expost evaluation stage. At last, the opinion sare delivered related to the matters which should be seriously noticed in the project cost-control.

Keywords: blasting demolition; cost; project cost; cost control

随着行业竞争日趋激烈，爆破拆除项目的获利空间越来越小。爆破施工企业重视工程项目的成本管理，把项目的成本控制作为重要目标将是明智的选择。结合爆破拆除施工项目运作的经验，探讨爆破拆除项目成本管理中的一些问题。

1　资料积累

根据经验，进行爆破拆除工程项目的成本控制至少需要掌握以下两种基本资料：

（1）以往爆破拆除工程的工程量、施工持续时间、用工情况。

（2）爆破拆除项目所在地的用工价格、可以提供的火工品的种类、安全防护材料的种类、材料供应商的情况及其供货量与价格。

掌握这些资料的目的是对工程项目的成本控制打下坚实基础，做到有的放矢。

2　成本构成控制方法

与一般的建筑工程项目相同，爆破拆除项目的施工成本可以按成本构成分解为人工费、材料费、

原载于《爆破》，2008，25（1）：86-89。

施工机械使用费和其他直接费用，以及施工企业管理费等间接费用。在这几项费用中人工费、材料费和施工机械费显然是爆破拆除项目费用控制的重点[1]。

2.1 人工费的控制

根据爆破拆除工程施工时间紧、突击性较强的特点，爆破拆除作业的人工费用一般较高。人工费理应是爆破拆除项目成本控制的重点，对人工费的控制需要注意以下几个方面：

(1) 掌握基本情况。为了做到心中有数，爆破拆除项目进行前要根据以往类似工程的工程量和用工情况，估算出本次工程的工作量和用工量，作为计算人工费的基础。

(2) 主要工序用工的处理办法。根据爆破拆除工程的特点和施工经验，认为爆破拆除工程的预处理、钻孔和防护等工序若采用一次性全包的方式，可能会遇到不便于控制工程进度、不利于保证工作质量等许多问题。采用预先确定好的工程单价，诸如钻每个炮孔或者钻每米炮孔多少工钱，然后按照工程的实际完成量或者完成数目来确定总的人工费比较便于操作，但采用这一办法，需要把好工序的验收计量关和质量关。

(3) 临时用工。由于爆破拆除项目的工序繁多，大额工作以外的许多零碎工作需要使用临时工。对于这些临时工，可采用记点工的方法来计算人工费。对于这部分开支的管理，关键是要搞好这些临时工的工作督导和调度，避免打临工的工人长时间处于闲置状态，拿工资不干活。

(4) 人工费单价。人工费单价的确定是项目成本管理的基础，人工费单价的确定应参照当地类似工程的用工单价，考虑到季节和工程进度的松紧，以及人力供应情况适当调整。在本地施工时，由于企业有自己常年合作的队伍，对队伍的情况比较了解，这部分单价比较好确定。但为了保证工期和控制最终的人工费价格，施工队伍的报价并非是选择队伍的唯一标准，应结合施工队伍的实力综合考虑，避免耽误工期造成更大的损失。在外埠施工时，因对当地的情况不了解，在选择队伍时应该格外小心，特别是要防止当地的施工队伍结成价格联盟，抬高工程价格。为了避免这种情况，在外地施工时应采取与当地爆破公司合作，或者自己带施工队伍的方法来进行外埠爆破拆除项目的运作。但自带施工队伍在一个陌生的环境里不便于开展工作，会遇到水土不服、难以适应当地气候等诸多问题，再加上交通和劳保费用等，会导致项目成本增加。

(5) 奖罚措施的应用。为了取得较好的综合效益，应根据爆破拆除工程的具体特点，采用人工费与进度和施工质量相挂钩的方法进行奖罚。这需要在工程项目开始前进行事先约定，在结算时，按进度、质量、安全等方面进行考核兑现。

2.2 材料费的控制

爆破拆除项目的材料主要为火工品和防护材料，由于火工品几乎为垄断专营性质，这部分材料费基本上是刚性的，没有什么潜力可挖。能够挖潜力的主要是防护材料，对于这部分材料主要是发挥采购量大的优势，同时推行比价采购的方法。

(1) 采购审核。为了降低材料的采购成本，应该加强对材料采购业务的审核，包括采购地点、材料价格、材料质量的审核等。进行这项工作需要以往工程积累的资料作基础。

(2) 量体裁衣。防护材料是保证爆破拆除工程安全所必需的，但应量体裁衣，避免防护过度。为了防止防护过度，应根据爆破拆除建筑的周围环境合理确定出重点防护区域、一般防护区域和不防护区域，该多用防护材料的地方一定要多用，能减少的防护材料尽量减少。在这一前提下，对所需要的防护材料的量进行估算，既要避免防护材料采购不足，又要避免防护材料采购过量。为了减少防护材料的使用量，对于待爆破拆除的建筑或其周围可以利用又不影响整个爆破效果的设施能不拆的尽量不拆，让它们发挥阻挡爆破飞石或者减振作用，这样可以节省一些防护开支。

(3) 节约使用。严格的材料领发使用制度，是控制材料成本的关键。爆破拆除项目使用的材料种类较少，但应该防止材料外流和保证采购的材料用到位。

2.3 机械费的控制

爆破拆除项目需要油炮机、挖掘机和空气压缩机的协助才能顺利进行。在爆破拆除项目不包清理爆破拆除废渣的前提下，机械设备主要用于爆破拆除项目的预拆除和钻孔环节。为了控制费用，应做到以下几点：

（1）心中有数。爆破项目进行前，应该对项目需要使用机械的地方和设备的使用量进行尽可能准确的估计，以便合理确定进场设备的数量，避免设备闲置。

（2）措施得当。在进行机械预拆除时，采用总量全包或者按照机械台班计算机械使用费这2种方式都行。采用实物量全包的好处是不用对机械作业的全过程进行过多监控，缺点是作为对机械运作不太了解的外行人，很难估算机械使用总量，估算不准就会增加机械使用开支。采用按照台班计算机械使用费的好处是不用对机械使用总量进行事先估算，缺点是需要对机械操作的全过程进行严密监控和准确计时。

（3）合理调度。机械的平衡调度，可以提高机械利用率，加快施工进度和节约费用。预处理阶段，合理的预拆除次序与合理的机械调度，可以有效解决多工序交叉作业中容易出现的作业冲突问题，为整个工程的顺利完成打下基础，并可以节约时间和成本。钻孔阶段，对于施工地点较为分散的施工项目，使用多台小型空压机分散供气，可以避免供气管线过长，较利于操作和避免损耗；对于作业地点较为集中的工地，特别是对于供气压力要求较高的高层建筑拆除工地，采用大型供气设备有利于施工和提高作业效率。

（4）保证设备质量。对外部租赁的机械设备，应在签订租赁合同时，对设备完好率有所约定。在租赁合同中，应对项目进行过程中机械的日常修理、抢修时间及其误工损失的赔偿进行规定，在结算时进行考核；对自有设备要落实专人负责日常的维修和保养，以提高机械设备的完好率。这样可以减少备用设备的数量，进而降低设备的使用费。

（5）搞好废料回收。对于合同中明确规定废料归项目施工方所有的爆破拆除项目，在施工过程中要做好项目产生废料的回收和处理工作，废料回收的所得能够弥补工程成本支出，也可增加项目利润。

2.4 其他直接费用的控制

爆破拆除项目往往需要采取警戒、减振、降尘等措施，以确保安全和效果。对于这些费用应该根据情况区别对待。若是业主要求的项目，应该在工程的造价中考虑这部分支出；若是项目安全必须的费用，该支出的一定要支出，但要对其范围进行估算和限制，争取既达到目的又避免浪费；同时还要研究国家有关法律法规，争取节省。比如按照国家有关规定，公安部门参与一些大型活动的安全保障时不收费，广东省广州市公安部门在执行爆破拆除项目的警戒时不再收取警戒费用，这也可为爆破拆除项目省去部分支出。

3 项目成本全过程管理

对于项目成本的控制主要着眼于人工费、材料费和机械使用费的控制，这是许多企业以往的惯常做法。但工程项目的成本管理仅局限于对工、料、机的管理与控制，实际是工程项目成本管理的一个误区。现代企业管理认为，成本管理的关键是实现成本的全过程管理与控制，应在项目工程管理中建立一套比较科学、严谨、完善的成本管理制度，使成本管理模式由单一的工、料、机管理方式向项目成本的事前控制、事中控制调整、事后总结改进转变。这种对项目成本的全过程管理，将成本管理的触角延伸到影响成本变化的各个环节，由生产经营决定成本，逐渐向成本干预生产经营方向发展，以真正适应市场经济的要求[2]。

3.1 施工前的成本管理与控制

（1）重视投标报价阶段的成本分析。投标报价阶段的成本预测与分析，是投标报价决策的基础，也是中标后项目实施过程中成本核算的基础，但一些施工企业却忽视这一阶段的成本预测与分析，盲目抱着“中标靠低价，盈利靠索赔”的他人经验，压低标价，对业主提出的超出企业承受能力的要求全部接受，导致企业从项目报价伊始，就失去了盈利的保障。为了避免这种现象，企业竞标时就应根据市场情况、企业管理水平和自身能力，分析预测影响成本水平的因素及其结果，在此基础上制定竞标策略，有的放矢地进行竞标，以确保工程项目的预期经济效益。

（2）完善合同文本，避免损失。合同是工程承包商在施工过程中的最高行为准则，承包合同中的多数条款都涉及工程造价，因此，合同条款的约定是工程项目成本管理的重要环节。要签订一份全面、细致、准确的合同，必须在合同签订过程中，对合同文本进行详细审查，并通过谈判争取到合理的合同条款，以确保自己的正当权益。同时还要进行合同风险分析，力争在合同中限制和转化风险，并在合同中为事后的维权奠定基础。爆破拆除项目是高风险工程，在合同签订过程中更应对各种不利后果的可能损失责任，诸如安全费用支付、警戒费用支付、测试费用支付、灾害赔偿、事故赔偿等进行详细的规定，先小人，后君子，防患于未然[3]。

3.2 施工过程中的成本管理与控制

（1）优化施工组织设计，降低成本。施工方案的优化是工程成本有效控制的主要途径。工程中标后，应在投标过程的施工组织设计的基础上，按经济、科学、合理的原则，做好施工组织设计的优化、细化工作，编制出技术上先进、工艺上合理的施工方案。在编制施工方案时，还要充分考虑采用先进的工艺和技术，制订出切实可行的技术节约措施，达到降低工程成本的目的。爆破拆除的工程实践证明，合理的爆破拆除方案，适当的预处理措施和可靠的安全保障措施，是确保爆破拆除项目获利的基础。

（2）抓好进度结算。根据合同条款约定，按时编制进度报表和工程结算资料，报业主并收取进度款，并为竣工验收、回款打基础。

（3）加强材料管理。在爆破拆除工程项目中，材料成本占整个工程成本的30%～40%，有较大的节约潜力。材料管理应从材料的价格、数量、质量及现场的材料管理等方面进行。首先要在保证质量的前提下，实现"降价节支"；第二，根据施工程序及工程进度，做出分阶段的用料计划，这在资金周转困难时尤为重要；第三，加强现场管理，合理堆放，减少二次搬运和损耗；第四，对各种材料，坚持余料回收，废物利用。

（4）计划指导生产。项目运作前要编制出合理的劳力、材料、设备、机具和资金使用计划，提高资产利用率和劳动生产率，使人、财、物的投入按计划满足施工需要，以防工程成本出现人为失控。

（5）加强质安管理，杜绝事故和损失。提高工程质量，是工程建设的中心任务，工程质量低劣，势必造成生产费用支出的增加，成本提高。工程施工中应严格按照施工规范和操作规程组织施工，强化检查和监督，纠正施工过程中的错误，力求一次到位，防止因返工和修补造成的工料浪费和损失。在施工过程中还要严格加强安全管理，爆破拆除项目进行过程中的任何一次人身伤亡事故都可能使项目出现严重亏损。在爆破拆除项目的进行过程中，预处理环节是极易发生安全事故的地方，对这些环节的安全管理要高度重视。

3.3 竣工后的成本管理与控制

（1）加强竣工结算管理。竣工结算是最终确定企业收入的依据，项目部应将施工中收集、整理的各项资料汇总，及时递交结算部门。工程竣工后，企业应及时向业主提供结算资料并办理竣工结算手续。对业主或审计单位提出的不合理意见，要坚持原则，据理力争，必要时可通过上级主管部门的裁定予以解决，保护企业的合法权益。

（2）做好项目成本分析总结。总结经验是为了巩固成绩，揭露矛盾是为了弥补存在的不足。对于已经竣工的工程的成本考核和成本分析是为了发现问题，提高以后项目的运作水平。一个工程项目的结束应该成为下一个项目基础工作的开始，只有这样才能把企业项目的运作建立在一个周而复始的良性循环上。

4 项目成本控制应该注意的问题

4.1 项目经理要具有成本效益观念

成本效益观念是项目经理应该具备的一种内在的理性素质，它体现着项目经理对投入产出的敏感和用人、用财的精明。施工项目中有收益就必然有相应的耗费，控制不适当的耗费是成本管理的主要内容。项目经理应该具备很强的成本效益观念，通过预算和管理运作中的各项成本信息，有效地抑制各种不合理的支出，增加效益。

项目经理要明确自己的职责，和项目部控制成本的重点范围。一般来讲，爆破拆除项目的费用包括以下几个方面：公司管理费用、公司直接用于项目的费用、项目本身的管理费用、用于工程项目的直接费用。用于工程项目的直接费用又分成：直接用于工程实体的消耗，其中包括材料消耗、中小型机械消耗、人工消耗；间接用于工程实体的消耗，其中包括大型机械的消耗、其他的消耗。项目部可控的成本是项目本身的管理费用和用于工程项目的直接费用，其他是公司管理者考虑的问题。对于可控的这部分成本，用于工程项目的直接费用所占比例最大，也最难控制，这部分费用的管理控制工作应该成为项目部日常工作的重点。

4.2 项目成本控制与安全的关系

安全是爆破拆除项目成功实施的前提，因而爆破拆除项目的成本控制是在确保安全的基础上进行的。用于项目安全的必须投入一分钱都不能少，在成本与安全发生矛盾时应该优先保证安全。

4.3 项目成本控制与工期的关系

工期的长短与成本的高低有着非常密切的关系。在一般情况下，项目的工期拉长，其相应的成本就要增加。但在爆破拆除项目的实施过程中，一些措施和工作的进行需要一定的时间保证，不能为了节省成本而无限制的缩短工期，最终得不偿失。

4.4 运用激励机制实施考核奖罚

成本控制的最终目的是追求利润的最大化，它需要扎实的管理基础和全体员工的共同努力。利用激励机制对项目部和责任人实施责任成本考核，奖优罚劣，是十分必要的。公司要对项目部设定总的成本控制目标，项目部要将分项目标以责任状的形式落实到相应的部门与班组，明确责任人和奖罚办法。然后根据工程的进度，按照时间段和工程节点进行考核并实施奖罚，这是成本管理取得实效的重要保证。

总之，项目成本管理是一个复杂的系统工程，是一个动态管理过程。项目管理过程中时刻都应重视成本管理，以便企业获得更大的经济效益，在竞争中立于不败之地。

参 考 文 献

[1] 梁世连，惠恩才．工程项目管理学［M］．2 版．大连：东北财经大学出版社，2004：284-285.

[2] 胡钰．浅谈施工项目成本管理［J］．新疆有色金属，2005（增刊）：97-98.

[3] 徐朝晖，徐炜．浅谈工程项目成本管理与控制［J］．山西建筑，2002（3）：139-140.

钢网屋架体育馆的原地坍塌爆破拆除

崔晓荣[1,2]　傅建秋[1]　陆　华[1]　李战军[1]　肖文雄[1]　唐　涛[1]　罗　勇[1]

（1. 广东宏大爆破股份有限公司，广东 广州，510623；
2. 中国科学技术大学，安徽 合肥，230026）

摘　要：主要介绍了封闭式钢网屋架体育馆的原地坍塌爆破设计方案，并针对其中的两个难点进行了阐述。第1个难点是立柱配筋特殊，需要分析比较各种可能的布孔方式和装药结构，优选出最佳方案，保证各立柱炸开炸透。第2个难点是封闭式钢网架屋面的质量密度低，也就是平均施加在每根立柱的自重荷载小，不利于立柱的折叠坍塌和冲击解体，因此需要对炸高进行合理设计、核算，以确保爆破后立柱屈服失稳。这两个难题的合理解决，为成功爆破奠定了基础。

关键词：拆除爆破；钢网屋架体育馆；原地坍塌；炸高；屈服强度

Blasting Demolition and Collapse in Situ of Thin-shell-roof Gymnasium

Cui Xiaorong[1,2]　Fu Jianqiu[1]　Lu Hua[1]　Li Zhanjun[1]　Xiao Wenxiong[1]　Tang Tao[1]　Luo Yong[1]

（1. Guangdong Hongda Blasting Co., Ltd., Guangdong Guangzhou, 510623;
2. University of Science & Technology of China, Anhui Hefei, 230026）

Abstract: The design scheme of blasting demolition of a close gymnasium and its two technical difficulties was discussed in details. The first challenge of the project was the special cross-section shape and distribution of reinforcing steel bar of the pillars. In order to demolish the pillars with perfect effect, the comparison of several possible location of blasthole and construction of charge and stemming should be made so as to select the optimum scheme responsible for a complete demolition of the pillars. The second challenge was low weight density of the light-steel proof, unfavorable to the folded collapse and shock disaggregation of the gym after ignition due to gravity. And as a result, the blasting stand-off should be designed and verified properly so as to ensure the pillars to lose their balances and collapse. The solving of the two technical difficulties laid a solid foundation for the success of the blasting demolition.

Keywords: blasting demolition; thin-shell-roof gymnasium; collapse in site; blasting stand-off; bending strength

1　工程概况

1.1　结构简介

待爆的辽宁体育馆始建于1975年，处于繁华闹市区。体育馆为钢筋混凝土框（构）架结构，平面布置呈圆形，半径45.5m；封闭式钢网架屋面，屋檐高度为26.4m，拱顶高度30m左右。

体育馆看台共分3层，1层标高为±0.0m、2层为+5.1m、3层为+15.25m。径向自外而内依次为A轴、B轴、E轴、F轴和G轴（370mm厚砖墙），其中AB跨为主体结构的附属结构。环向一圈24跨，各跨的主次梁均由预制构件组装而成。径向，EF跨现浇，为整体框架结构，其他各跨的立柱和梁均为预制构件，组装而成框架。

原载于《工程爆破》，2008，14（1）：48-53，62。

1.2 爆破环境

辽宁体育馆地处交通要塞，东侧 80m 为青年大街，南侧 136m 为繁华的辽展时装城，西侧 78m 为影塔街，北侧 135m 为文艺路。青年大街以西、辽展时装城以北、影塔街以东、文艺路以南的建（构）筑物均要拆迁。拆迁范围之外，周边有重要建筑物，南侧有辽宁省工业展览中心，北侧有辽宁省科学技术馆。辽宁体育馆周边环境如图 1 所示。

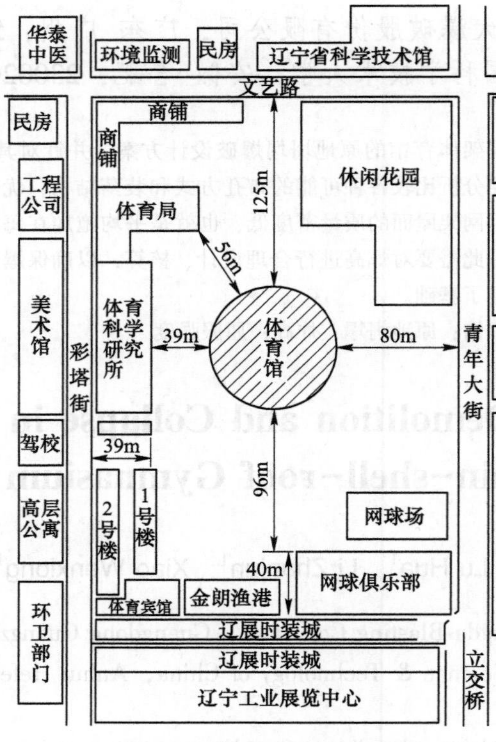

图 1 辽宁体育馆周边环境

Fig. 1 Circumstance chart of Liaoning gym

2 总体爆破拆除方案

2.1 爆破设计思路

考虑到体育馆自身结构的特点及周边环境，决定采用原地坍塌爆破法拆除体育馆主体结构。为了保证结构的坍塌、降低爆堆高度、便于清运工作，决定采取层层炸的原地坍塌爆破方案。原地坍塌爆破可促进上部结构（屋顶的自重密度较小的情况下）冲击下部结构，使下部结构充分压缩解体，降低爆堆高度。

2.2 炸高设计

预处理后，体育馆由环向一圈共 24 榀如图 2 所示的框架构成。屋顶为封闭式钢网架，整体性好。径向 2 跨，EF 跨为现浇的整体框架结构，B 轴立柱与 EF 跨的框架间连接为预制构件组装。环向，各跨的主次梁均由预制构件组装而成。

根据结构特点可以看出，环向各榀框架通过预制梁板连接，整体性比较差。径向各榀框架中，EF 跨框架与 B 轴柱之间通过预制梁板连接，可将 EF 跨和 B 轴柱分离看待。即由一圈共 24 根 B 轴柱，支撑起上部的整体封闭式钢网架。根据上述结构特点和受力情况，使最高的 B 轴柱折叠坍塌是本次爆破的关键。虽然 EF 跨现浇、整体性稍好，但高度不高，不是本次爆破的关键。另外，各榀框架爆破失稳后，其平面以外支撑和约束比较弱，有利于下部钢筋混凝土结构的塌落解体。

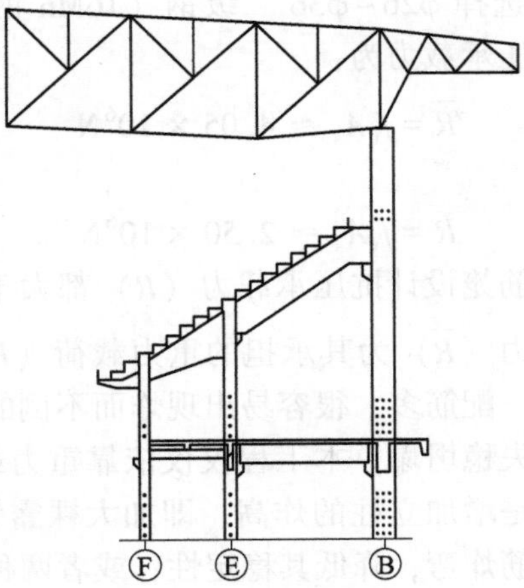

图 2 炸高示意图

Fig. 2 Design of blasting cut height

为了使 B 轴柱发生折叠坍塌，保证爆破效果，采取 3 层全炸，其中 1 层的炸高为 2.0m，2 层的 1.6m，3 层的 0.4m。B 轴柱下端 1、2 层爆破以后，上部残留高度仍有 13.5m 左右，如果一圈 24 根柱同时支撑上部屋架，可以想象爆堆非常高。因此在 3 层仅仅布置两排炮孔，形成转动铰，促使其在屋顶的冲击塌落下发生折叠坍塌。

3 技术设计及核算

根据本工程的结构受力特点，除比较常规的 E、F 轴立柱外，本文仅对截面形状及配筋特殊的 B 轴立柱进行技术设计及核算。

3.1 承载力核算

为了保证 B 轴柱发生折叠坍塌，必须有足够的塌落冲击力和折叠的运动空间。为了形成塌落冲击力，需要在 B 轴柱下端布置炮孔爆破，起爆后混凝土剥落，钢筋裸露。如果 B 轴柱的钢筋没有炸弯，则上部结构的质量必须足以使钢筋笼压屈服，才能保证形成冲击力，否则容易出现炸而不倒的现象；如果 B 轴柱的钢筋炸弯，则有利于裸露钢筋笼的屈服失稳，使钢筋笼的承载力折减。所以，B 轴柱下端部分的炸高需要进行核算。

屋顶网架重 553t，平均每根柱分配的载荷为：$P_1 \approx 23.04$t；B 轴立柱截面尺寸为 500mm×1100mm，每根 B 轴立柱下端爆破以后，假设上端残留 13.5m，自重为：$P_2=\rho V \approx 18.56$t；每根 B 轴柱承担的附加载荷，主要指环向和径向梁板分配的载荷，经计算：$P_3 \approx 150$t。则每根 B 柱下端爆破后裸露的钢筋（笼）承担载荷：$P=P_1+P_2+P_3=191.60\text{t}=1.88\times10^6\text{N}$。

根据 B 轴柱的配筋情况，每根立柱配 14 根 $\phi28$ 的纵筋，纵筋截面积为：$A_s=14\pi r^2 \approx 8.62\times10^3\text{mm}^2$。

由于本工程结构的对称性，可以将 B 柱看成轴心受压构件。根据钢结构设计规范[1,2]，钢筋笼的设计抗压承载力公式为 $R=f_yA_s$；如果考虑钢筋笼的稳定性，其承载能力为 $R=\varphi\cdot f_yA_s$，式中 f_y 为钢筋的屈服强度设计值，φ 为稳定性系数。

本工程中为了保证钢筋（笼）屈服，应该计算其实际承载能力，而非设计承载能力，故不能乘折减系数。计算设计承载能力时，选取钢筋的屈服强度设计值，如 $\phi26\sim\phi36$ 二级钢（16Mn 钢）$f_y=290\text{N/mm}^2$，为 $\phi26\sim\phi36$ 二级钢（16Mn 钢）所测材料屈服强度 $f'_y=315\text{N/mm}^2$ 的适当折减[1]。所以计算实际承载能力时，选取钢筋的材料屈服强度。

根据钢结构设计规范[2,3] 和钢筋混凝土结构设计规范[4,5]，为了结构设计的可靠性，将钢材假设为理想弹塑性，即不考虑钢材屈服后的硬化效应。钻孔爆破立柱、抛出混凝土、裸露出钢筋，为保证上部结构压垮裸露出的钢筋笼，宜选择 $\phi26\sim\phi36$ 二级钢（16Mn 钢）的极限强度 $f_u \geqslant 470\text{N/mm}^2$。则钢筋笼不发生挠曲情况下的极限抗压承载力为：

$$\overline{R} = f_u A_s \approx 4.05 \times 10^6 \text{N}$$

裸露钢筋笼设计抗压承载力：

$$R = f_y A_s \approx 2.50 \times 10^6 \text{N}$$

根据上面的计算，即使裸露钢筋笼设计抗压承载力（R）都大于承担的重力载荷（P），钢筋笼不发生挠曲的情况下的极限抗压承载力（$\overline{R}$）为其承担的重力载荷（P）的 2.15 倍。由此可见，这种大跨封闭式钢网屋架体育馆，自重轻、配筋多，很容易出现炸而不倒的现象。

因此，要使钢筋笼发生挠曲、失稳坍塌，本工程仅仅依靠重力载荷轴心压屈服不行，必须采取降低其稳定性系数的办法。一种办法是增加立柱的炸高，即加大裸露钢筋笼的高度，降低其稳定性；另一种办法是钻孔爆破立柱时，把钢筋炸弯，降低其稳定性；或者两种办法兼备。

根据城市控制爆破的特点，本工程采取适当增加炸高和合理布置炮孔、炸弯钢筋的综合方案，降低钢筋（笼）的稳定性，确保原地坍塌的爆破效果。

3.2 炮孔参数设计

B 轴立柱截面尺寸均为 500mm×1100mm，短边 5 根 $\phi28$ 的钢筋，长边中间有 2 根 $\phi28$ 的钢筋，合计 14 根 $\phi28$ 的钢筋。内外箍筋均为 $\phi8$，间距 300mm。

布孔方式主要考虑到施工的难易程度、工作量大小、施工质量控制、装药效率、装药方式、爆破效果等。下面讨论各种可能的布孔方式和装药结构，以优选最佳方案。

3.2.1 从 B 柱短边钻孔

根据以往经验，从短边钻孔经济可行，但考虑到 B 柱的配筋等实际情况，却不宜从短边钻孔。短边的中间正好有一根 $\phi28$ 的纵筋，不可能垂直钻孔。为了保证效果，往往偏移中心线布孔，避开钢筋，打略偏斜的孔。如果布孔位置在中间纵筋的左侧，则要求钻孔时略向右偏斜；反之，则钻孔时略向左偏斜；且同一根立柱，竖直方向各孔的布孔位置和偏斜方向，最好采取一一相间的两种钻孔方式。这种布孔方式，如果孔深较浅，可以采取；如果钻孔比较深，难以准确控制钻孔偏斜角度，很难保证施工质量。

即使能够准确控制钻孔质量，本工程从短边钻孔也是不可取的。如果炸药单耗取 1kg/m^3，从短边钻孔，单孔装药量为 220g，对于 $\phi32$ 药卷，可取 1.5 个药卷 225g，长度为 30cm。若不采取分层装药，装药原则是炸药正好在柱子的中间，则要求钻孔深度为 70cm，考虑到钻孔的偏斜以及装药后孔口用炮泥填塞，比非进孔侧薄弱，宜增加 2cm 的孔深，即钻孔深度为 72cm，如图 3(a)所示。

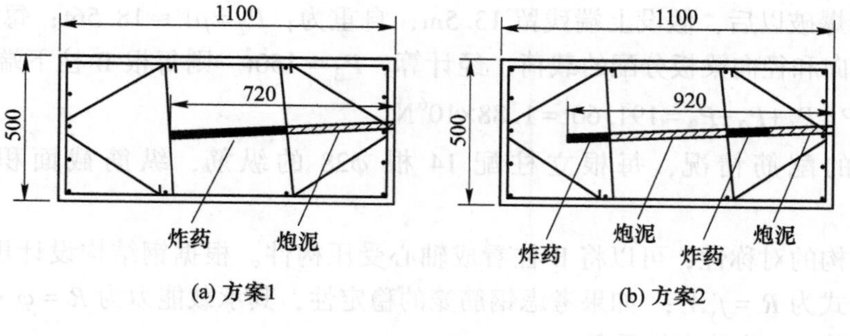

(a) 方案1　　(b) 方案2

图 3　从 B 柱短边钻孔（单位：mm）

Fig. 3　Drilling from the short side of column B (unit: mm)

从图 3（a）可以看出，圆柱形药卷的侧向爆炸威力较大，最小抵抗线为 23cm；圆柱形药卷的两端，爆炸威力较小，最小抵抗线反而大，为 38cm。另外从布筋方式上看，长边中间仅仅两根钢筋，而短边却有 5 根钢筋。此装药方式，使圆柱形药卷侧向的钢筋约束小，而其两端钢筋的约束大，可见这种装药结构不合理。会发生中间的混凝土爆破抛出，而两端的短边没有炸开的现象。

若采用分层装药，如图 3（b）所示，圆柱形药卷的侧向爆炸威力较大，最小抵抗线为 23cm 保持不变；圆柱形药卷的两端爆炸威力较小，最小抵抗线调整为 20cm，则要求钻孔深 90cm，考虑到偏斜的影响，取孔深 92cm。按垂直深度计算，可分两段装药，中间填塞 40cm，可以保证爆破效果，但是钻孔方向偏斜角度和分层装药结构的准确性难以控制，因此该工程不宜从短边钻孔。

3.2.2 从 B 柱长边钻孔

从长边钻孔，根据经验往往等间距布置 3 列炮孔，如图 4（a）所示。表面上看如此钻孔装药，炸药分布均匀，每个炮孔所设计的抵抗线相同，但是忽略了钢筋密度中间疏，两头密的影响。考虑到柱子的配筋特点，长边布置钢筋少、短边布置钢筋多，箍筋直径小、间距大，长边侧对混凝土的约束弱，所以不宜 3 列炮孔等间距布置，而应该将靠边的两列炮孔向边移，如图 4（b）所示。边上两列炮孔，一侧的抵抗线为 20cm，中间一列炮孔的抵抗线为 35cm。边上两列炮孔靠边，有利于炸弯短边的 5 根钢筋；中间一列炮孔因为长边中间的钢筋少，且箍筋间距大、直径小，对爆破的夹制作用小，爆后破碎的混凝土碎碴易于抛出。假如单耗取 $1kg/m^3$，则每孔装药 75g 约 10cm 长药卷，钻孔深度为 30cm，考虑到偏斜及填塞质量影响，钻孔深度取 32cm。

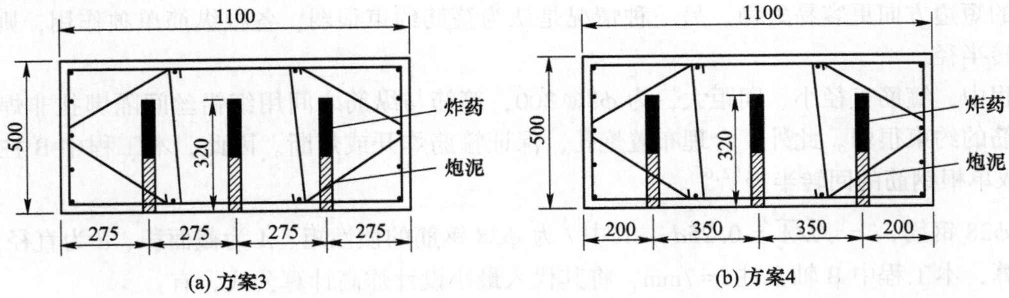

图 4 从 B 柱长边钻孔（单位：mm）

Fig. 4 Drilling from the long side of column B（unit：mm）

不妨将方案 4 与方案 2 作比较。方案 4 中，圆柱形药卷的中轴线与短边纵筋排列的方向平行，也就是说线性装药爆炸威力大的一侧，正好排列着 5 根 $\phi28$ 的钢筋，有利于发挥炸药的威力；方案 2 中，圆柱形药卷的中轴线与短边纵筋排列的方向垂直，线性装药爆炸威力小的端部，反而排列着 5 根 $\phi28$ 的钢筋，所以方案 4 优于方案 2。

3.2.3 布孔方式和装药结构的对比及优选

将上述有关 B 柱的布孔方式和装药结构的优缺点，汇总于表 1。

表 1 B 柱布孔方式和装药结构的对比

Table 1 Comparison of blasthole-distribution and charge-structure for column B

方案	布孔方式，装药结构	钻孔深度/cm	炸药效率	雷管消耗比	施工质量控制	爆破效果
1	从短边钻孔，采取集中装药	72	差	1	较难：钻孔方向偏斜角度的准确控制	差
2	从短边钻孔，采取分层装药	92	一般	2	难：钻孔方向偏斜角度和分层装药结构的准确控制	一般
3	从长边钻孔，各列间距相等	96	一般	3	方便	一般
4	从长边钻孔，各列间距不等	96	优	3	方便	优

选择布孔方式和装药结构，首先考虑保证爆破效果、施工过程中质量控制，其次再考虑钻孔量和爆破器材的消耗。从表 1 不难看出，方案 4 最好，其爆破效果好，便于施工质量控制，炸药分布合理、利用效率高，尽管钻孔总长度略大、消耗雷管较多。

3.3 炸高设计

适当增加立柱的炸高，即增加立柱爆破后裸露钢筋笼的高度，可以降低其起爆后结构（机构）的稳定性。

在保证结构轴心受压屈服的情况下，炸高宜超过其容许长细比极限值，钢结构设计[2]中一般取 $[\lambda]=150$，爆破时宜适当放大，取 $[\lambda]=200$。

$$\lambda_{max}=(l_0/i)_{max}\leqslant[\lambda]$$

式中，l_0 为钢筋笼（或单根钢筋）的计算长度；i 为钢筋笼（或单根钢筋）的回转半径；λ_{max} 为长轴中心线为中轴线和短轴中心线为中轴线计算所得的长细比的最大值。

考虑到爆破裸露钢筋的特点，裸露钢筋（笼）两端嵌入混凝土中，下端为固定端，上端可随上部结构发生错动，有较强的约束，所以计算长度取值为 $l_0=0.7l$，其中 l 为裸露钢筋（笼）的长度。

根据反映压弯构件稳定性的参数，即最大长细比 λ_{max}，判断构件是否失稳。当 $\lambda\geqslant[\lambda]$ 时，才能使钢筋（笼）受压失稳，所以最小设计炸高 $h(h=l)$ 为：

$$h>i\cdot[\lambda]/0.7$$

关于回转半径 i 的计算，一种情况是将钢筋笼看成一个整体，等效为小型格构柱[1]，即纵筋看作格构柱的纵向型钢，箍筋看作缀条、缀板，则 i 取钢筋笼的回转半径，此时箍筋强度、密度足够，对纵筋有很强的约束。如本工程中的 B 柱的钢筋笼看成一个整体，要以长轴中心线为中轴线计算 i，因为沿矩形柱的短边方向更容易失稳。另一种情况是认为箍筋约束很弱，各根纵筋单独作用，则 i 取单根钢筋的回转半径。

本工程中，箍筋直径小、间距大，为 $\phi8@300$，箍筋与纵筋之间用细铅丝间隔绑扎非焊接，所以箍筋对纵筋的约束很弱。此外，合理布置炮孔，保证箍筋炸开或炸断。因此，本工程中 B 柱的计算回转半径 i 取单根钢筋的回转半径[2,6]。

对于 $\phi28$ 钢筋，$i=\sqrt{I/A}=0.25d$，其中 I 为 $\phi28$ 钢筋的惯性矩、A 为截面积、d 为直径。

经计算，本工程中 B 轴立柱 $i=7\text{mm}$，将其代入最小设计炸高计算公式，有：

$$h>i\cdot[\lambda]/0.7=2000\text{mm}=2\text{m}$$

所以，本工程中 B 柱底层仅能布置 6 个孔高，孔距 40cm，考虑到柱根部的约束和上端牛腿的约束，两端很难炸开，故底层裸露钢筋的高度为 2m 左右。为安全可靠起见，在 2 层布置 5 个孔高，孔距 40cm。考虑到与 B 柱相连的构件为预制组装连接，侧向约束较弱，可以将底层和 2 层的炸高联合整体考虑，即 1、2 层均布置炮孔时，炸高为底层最低炮孔至 2 层最高炮孔，实际炸高 $\bar{h}=7.15\text{m}$。

比较实际炸高与最小设计炸高 $\bar{h}>h$，有利于失稳屈服形成塌落空间。

此外为了保证塌落解体，在 3 层布置两排炮孔，在塌落冲击下形成转动铰折叠坍塌，有利于降低爆堆。爆破时差设计上，不采取对称起爆的方式，以形成结构的错动，使 B 柱起爆后裸露的钢筋偏心受压，也有利于失稳。

4 爆破网路设计

4.1 雷管时差确定

由于爆区周边环境复杂，利用高精度毫秒延期导爆管雷管，从时间和空间上分散起爆药量，以减小爆破振动、爆破塌落振动及冲击波，控制爆破危害。

图 5 所示的爆破网路，环向一圈 24 榀框架，从外环（B 轴）向内环（F 轴）起爆，其中 1~12 榀框架中 B 轴立柱为 MS-5，13~24 榀框架中 B 轴立柱为 MS-7，E 轴立柱一圈全为 MS-10，F 轴立柱一圈全为 MS-15。

采取从外环（B 轴）向内环（F 轴）的起爆顺序，主要考虑到有利于爆堆略向外拓展，径向（各榀构架内）形成错动，有利于预制组装的梁板塌落，减小夹制作用，有利于塌落和降低爆堆高度。24 根 B 轴立柱分为两响，采取不对称起爆的方式，形成结构整体的错动，使 B 柱起爆后裸露的钢筋偏心受压，有利于失稳；另外，24 根 B 轴的设计药量是 E、F 轴柱药量之和的 2.5 倍，不对称起爆有利于分散一次齐爆药量，控制爆破危害。

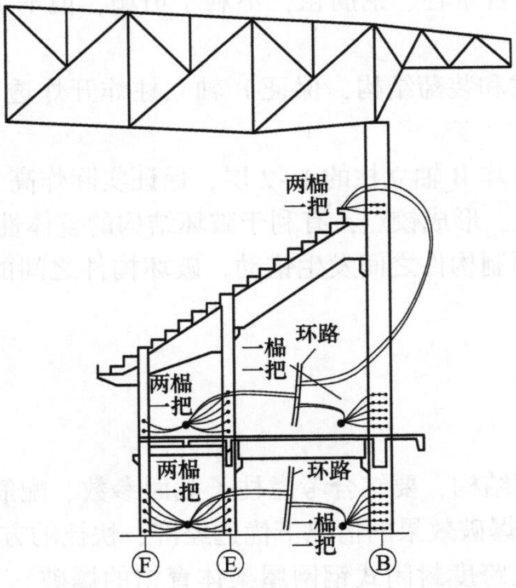

图 5　单榀框架的爆破网路

Fig. 5　Network of ignition

4.2　爆破网路

采用“大把抓”和四通连接联合使用的复式爆破网路。孔内为毫秒延期，孔外“大把抓”用瞬发雷管绑扎。

体育馆由图 5 所示 24 榀构架构成。根据图 5 中“大把抓”的情况，用四通连接“大把抓”引出的导爆管，于 1 层、2 层各形成 1 个封闭回路环，每个回路环有两条导爆管。封闭回路环之间用导爆管搭桥，保证只要一个回路环起爆，就能带动整个网路起爆。最后从主网路导出两根导爆管至起爆站，用击发枪起爆。

5　爆破效果

爆破坍塌过程及效果如图 6 所示。可以看出，爆破效果如设计所预想，封闭式钢网屋架体育馆发生原地坍塌，B 轴立柱发生折叠坍塌，爆堆非常低。

图 6　爆破坍塌过程

Fig. 6　Process of blasting demolition

尽管封闭式钢网屋架体育馆自重轻、钢筋粗，不利于坍塌，但本工程取得理想的爆破效果主要体现在下面几点：

（1）采取了合理的布孔方式和装药结构，保证B轴立柱炸开炸透，钢筋炸弯，有利于钢筋（笼）失稳。

（2）合理的炸高设计，同时炸B轴立柱的1~2层，保证实际炸高大于钢筋的最小失稳长度。

（3）B轴3层布置两排炮孔，形成铰点，有利于破坏结构的整体性，降低爆堆高度。

（4）合理的时差设计，使预制构件之间发生错动，破坏构件之间的连接，克服各构件之间的夹制性，保证塌落失稳的运动空间。

6 结论

（1）立柱的布孔方式及装药结构，要综合考虑柱子截面参数、配筋情况、施工质量控制、工作量大小、爆破器材消耗等，在保证爆破效果的情况下优选经济、快捷的方案。

（2）对于轻型结构（例如大跨度封闭式钢网屋架体育馆的爆破），自重轻、钢筋粗，应对爆破失稳进行核算。如果立柱钻爆以后裸露的钢筋（笼）抗力小于自重载荷，则能够保证轴心受压屈服失稳倒塌；否则需要降低钢筋（笼）的稳定性系数，以保证结构失稳倒塌。

（3）降低钢筋（笼）稳定性系数的办法：一是增加立柱的炸高，即加大裸露钢筋笼的高度；二是钻孔爆破立柱时，把钢筋炸弯；或者两种办法兼备。

（4）炸高的计算：如果箍筋对纵筋的约束很弱，各纵筋可看成个体，以单根纵筋计算炸高；如果箍筋对纵筋的约束很强，宜根据钢筋笼计算炸高再进行适当折减。

致　谢

感谢魏晓林教授、关志中教授、霍永基教授等在爆破方案设计中提出宝贵的建议；感谢辽宁省工程爆破协会杨旭升大校、王明林教授、何庆志教授等专家对爆破设计方案的安全论证。

参考文献

[1] 丁大钧．混凝土结构学［M］．北京：中国铁道出版社，1988.

[2] 欧阳可庆．钢结构［M］．北京：中国建筑工业出版社，1999.

[3] 中华人民共和国建设部，国家质量监督检查检疫总局．GB 50017—2003 钢结构设计规范［S］．北京：中国标准出版社，2003.

[4] 张誉．混凝土结构基本原理［M］．北京：中国建筑工业出版社，2002.

[5] 中华人民共和国建设部，国家质量监督检查检疫总局．GB 50010—2003 混凝土结构设计规范［S］．北京：中国标准出版社，2003.

[6] 宋子康，蔡文安．材料力学［M］．上海：同济大学出版社，2001.

选矿车间设备基础的控制爆破拆除

叶图强[1]　刘　畅[2]

（1. 北京科技大学 土木与环境工程学院，北京，100083；
2. 广东宏大爆破股份有限公司，广东 广州，510623）

摘　要：在复杂环境下，采用控制爆破技术拆除选矿生产车间设备的钢筋混凝土基础。通过控制炸药量、设计合理的爆破参数、采用空隙间隔装药结构、开挖减震沟和适合的安全防护措施等手段，达到了安全爆破拆除的目的。

关键词：钢筋混凝土基础；控制爆破；安全防护；减震措施

Demolition of a Reinforced Concrete Foundation of Equipment in Ore-concentration Plant by Controlled Blasting

Ye Tuqiang[1]　Liu Chang[2]

（1. School of Civil and Environment Engineering，Beijing University of Science and Technology，Beijing，100083；
2. Guangdong Hongda Blasting Co.，Ltd.，Guangdong Guangzhou，510623）

Abstract：A reinforced concrete foundation of equipment in ore-concentration plant with complex environment was demolished by controlled blasting. As taking a series of measures，including to controlling specific explosive consumption，designing rational blasting parameters，adopting air-decking charge in blasting hole，digging vibration-damping ditch and using appropriate safety protection measures，the safe demolition of the foundation by blasting was achieved.

Keywords：reinforced concrete foundation；controlled blasting；safety protection；vibration-damping measures

1　工程概况

云浮硫铁矿棒磨车间的 1 号棒磨机旧基础已不符合当今的规范要求，且经过多年的运行在地面基础的端部产生了一条总长 2.4m，最宽处达 8mm 的裂缝，需要将整个旧基础拆除。旧基础地面以上分为南北两个独立部分，宽 1.1m，长 4m，高 3m；地面以下为一整体基础，厚约 1.5m，体积约 200m^3。地面基础四周配有 ϕ16mm（300mm×300mm）布筋与 ϕ18mm（200mm×200mm，深 2.5m）的地脚螺栓孔；地面以下基础配有 ϕ16mm（300mm×300mm）布筋。

1 号棒磨机旧基础东侧距刚安装的 3 号棒磨机基础 2m，与棒磨机平台柱基础相连；南侧与棒磨机的皮带廊相连；西侧距棒磨机的皮带廊 3.5m；北侧距排水沟 0.30m，距每天都在运行的天车基础 2.5m；基础顶端四周均为棒磨机平台，基础上部的西侧和北侧有数根电缆紧临，需要保护的设施很多，环境十分复杂，环境平面示意如图 1 所示。

原载于《矿业研究与开发》，2008，28（2）：83-85。

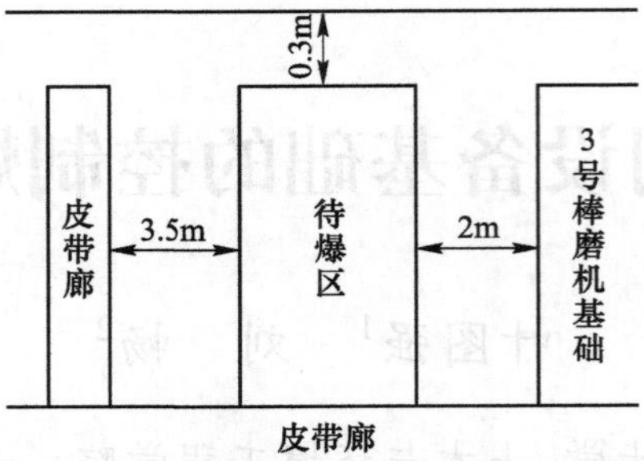

图1 爆区环境平面示意图

2 爆破方案

2.1 爆破要求及施工难点

要求拆除工作（包括爆破、清碴和运输）于10天内全部完成，爆破不能对与之相邻的3号棒磨机基础、天车基础、电缆和其他设施造成损害，不能影响厂区的正常生产。

在如此复杂环境条件下实施爆破拆除，技术难点一是要确保基础爆破后松而不飞，二是要控制爆破震动。

2.2 爆破方案的确定

因南基础的南侧与正在运行的皮带廊紧邻，且高出皮带廊1.5m；北基础的北侧与正在使用的电缆紧邻；西侧除与正在使用的电缆紧邻之外还与一条水沟相邻，因此爆破时均不能在此3个方向上产生飞石或滚石，故选定南北基础之间的空间为装药抵抗线方向，即爆破后混凝土碎块运动的主方向。

生产车间杂散电流强度较高，为避免意外爆炸事故的发生，设计采用非电起爆系统。

根据设计原则[1,2]，结合现场条件及爆破技术要求，设计采用自上而下分层弱松动微差爆破方案。依据地面基础高3m，地下基础高1.5m的实际情况，采用小台阶爆破。共分为3个台阶，地面以上分为两个台阶，每个台阶高度为1.5m，地下分为一个台阶。

2.3 爆破参数设计

炮孔直径$d=36$mm，孔深$l=1.5$m；最小抵抗线$W=450$mm；炮孔间距$a=400$mm，排距$b=400$mm；单位炸药消耗量$q=0.35\sim0.5\text{kg/m}^3$，单孔装药量$Q=106\sim152$g。正式爆破作业之前先进行试爆，根据试爆结果取$q=0.5\text{kg/m}^3$。

炮孔布置按纵向排列，如图2所示，炮孔的最小抵抗线指向内侧，多排孔的布置采用梅花型；装药结构采用分层间隔装药，共分3层，上层装药量$Q_上=40$g，中层装药量$Q_中=50$g，下层装药量$Q_下=60$g，层与层之间采用空气间隔。上部采用湿沙填实，充填长度为50cm。

爆破网路的主体为非电起爆系统，单孔单段孔内微差爆破。起爆方式采用非电毫秒雷管并联的起爆方式，为减少冲击波的危害，每次爆破孔数小于20个孔，总装药量小于3kg。

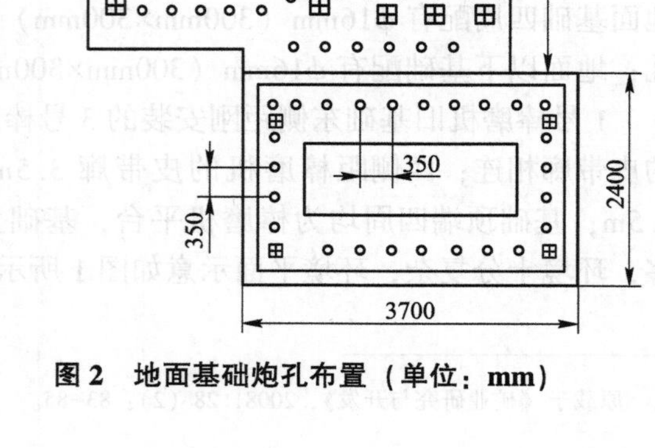

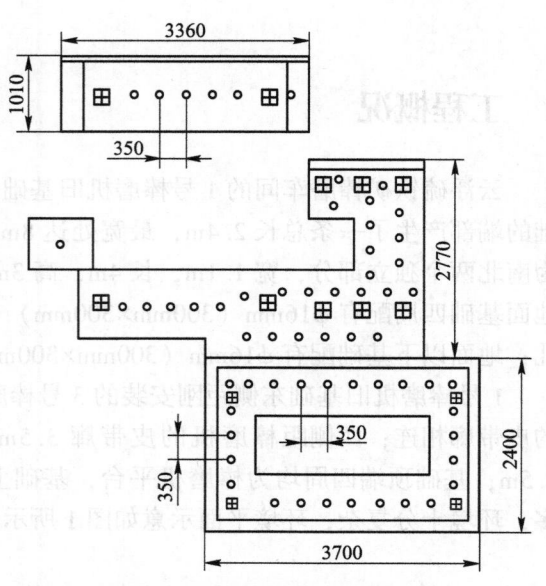

图2 地面基础炮孔布置（单位：mm）

3 减震措施和安全防护

影响爆破震动的因素大致可分为 3 方面：爆源特性（药量大小、爆破方式等）；传播介质特性（地质构造和传播介质的物理力学性质等）；局部场地条件（地形和地质条件等）。国内外大量的观测结果表明，在一定的爆破方式和传播介质条件下，药量和距离是影响震动的主要因素，爆区地质条件、局部场地条件的影响也是明显的[3]。

3.1 减震措施

为了降低爆破震动，结合现场实际情况采取如下措施：

（1）控制单孔装药量，并进行试爆，以调整装药量；

（2）严格控制同段起爆药量和一次爆破总药量；

（3）沿待拆除的基础周围开挖宽 0.5m、深 1.5m 的避震沟，一方面阻隔爆破地震波，另一方面增加爆破体的自由面；

（4）采用空气间隔装药；

（5）严格控制最小抵抗线方向和传爆方向[4,5]。

3.2 安全防护措施

（1）爆破前将前一次的爆碴清理干净，以避免形成挤压爆破，起到降低震作用。

（2）每次爆破施工均要进行防护，采用胶皮带对整个爆破体进行全面防护，并将胶皮带捆绑牢固。

4 方案实施情况及爆破效果

选择试爆的地点应该是相对整个旧基础来说是较安全的地点，震动影响不大，飞石较易防护。首次试爆 6 个孔，采用空隙间隔装药，胶皮带严密覆盖，结果 100g 装药仅产生裂缝，125g 装药部分破碎，150g 装药整孔破碎且松而不飞。分析爆破效果，因群药包作用，爆破效果会比试爆时好，因此决定采用 150g 进行爆破。每次爆破不大于 20 个孔，且单孔单段非电毫秒雷管起爆，起爆前旧基础四周的减震沟用胶皮带进行严密防护。

由于钢筋网的约束，爆破后基础的块度比较均匀，且松而不飞。本次爆破的震动控制和安全防护措施是有效的，尤其是沿待拆除的基础周围开挖避震沟，一方面可阻隔爆破地震波，另一方面可增加爆破体的自由面。选择最小抵抗线方向和控制传爆方向，以及采用空隙间隔装药，均有利于降低爆破震动。在安全防护方面，控制单孔装药量，进行近体防护和重点防护可有效地控制飞石。

参 考 文 献

[1] 刘清荣．控制爆破［M］．武汉：华中工学院出版社，1986.

[2] 田会礼，田运生．部分钢筋混凝土基础分层松动爆破拆除［J］．爆破，2003（4）：75-76.

[3] 李守巨．拆除爆破中的安全防护技术［J］．工程爆破，1995（1）：71-75.

[4] 方向，高振儒，李的林，等．降低爆破地震效应的几种方法［J］．爆破器材，2003（3）：22-26.

[5] 吕淑然，杨军，刘国振，等．露天矿爆破地震效应与降震技术研究［J］．有色金属（矿山部分），2003（3）：30-32.

框架和排架爆破拆除的后坐

魏挺峰　魏晓林　傅建秋

（广东宏大爆破股份有限公司，广东 广州，510623）

摘　要：研究了框架、排架和框剪结构爆破拆除定向倾倒时后坐的机理。当前、中排立柱拆除后，爆破切口层上部的建筑重心总是企图沿重力线以最短距离落地，从而迫使现浇钢筋混凝土框架在切口层的后立柱顶形成塑性铰而机构后坐；排架后柱顶的铰连接后移，形成立柱后倒；装配式框架重心低于后柱的梁端塑性铰，牵拉后柱前倾，其重力分量推着柱根后滑；框剪结构在被剪力墙加固抗弯抗压稳定的立柱支撑下，将迫使结构的重心只能绕柱根做圆弧式下落，结构单向倾倒，其重力分量推动柱根后滑。多跨现浇钢筋混凝土框架，若后两排柱不炸但柱根割筋并削弱，当切口爆破后，框架可能单向倾倒，其重力分量也将推动柱根后滑。以多体动力学方程及其近似解计算结构的后坐值和阻止后坐的抗力，提出了判别立柱后滑的条件，估计了立柱后倒或后滑值。动力学方程后坐值的近似解与数值解仅差5%，为工程所容许。实例计算后坐值和爆堆后沿宽与实测相近，证实了后坐和爆堆后沿计算的原则和方法是正确的，可以应用。

关键词：爆破拆除；框架；排架；框剪结构；后坐计算；后倒及后滑

Back Sitting of Frame & Framed Bent Demolished by Blasting

Wei Tingfeng　Wei Xiaolin　Fu Jianqiu

（Guangdong Hongda Blasting Co.，Ltd.，Guangdong Guangzhou，510623）

Abstract：Behind sitting mechanism of directional topping of frame，framed bent and framed shear wall construction demolished by blasting is studied. After front and central pillars are demolished，weight centre of building above cutting storeys tends to fall along weight line with the shortest distance to grand，causing plastic joint on top above pilla of cutting storeys in cast-in-site reinforced concrete frame to form mechanismic sitting back. Connecting joint on behind pillar top of frame bent is moved back causing pillar to fall back. The weight centre on every floor of fabricated reinforced concrete frame is lower than plastic joints of beam head connected with behind pillar. The behind pillar is drawn and leans forward. The pillar root is pushed by its weight force and slipped back. For framed shear wall construction，which pillar stability resisted of bending and press is hardened by lengthwise and cross shear walls and the construction is supported by behind pillar，the weight centre of construction is forced to fall forward and circle around behind pillar foot. Its root is pushed by its weight force and slips back. For multiple spans of the cast-in-site reinforced concrete frame. which behind 2 pillars is weakened by cutting，its weight centre may be forced to fall forward and circle around behind pillar root. Its pillars root may be pushed by its weight force and slips back. Back sitting and its resistance force of construction is calculated by dynamics equation and its approximate solutions. The judge of condition slipping back of behind pillar is promoted. The falling back and sliding of behind pillar is estimated. The error of back sitting between approximate and numerical solution of dynamics equation is within 5%，which is acceptable in engineering application. The principle and method calculating back sitting and behind width of blasting building heap have been demonstrated to be proper and useful by calculating examples of building demolished by basting.

Keywords：blasting demolition；frame；framed bent；framed shear wall construction；back sitting；falling back and behind sliding

原载于《爆破》，2008，25（2）：12-18。

随着我国城市化进展的加快，爆破拆除建（构）筑物日益受到重视。因这些待拆建（构）筑物大多是在人口稠密、环境复杂的市区或厂区内进行，倒塌空间有限。为了保护相邻建筑结构的安全，有必要研究爆破拆除框架及排架等建筑产生后坐的规律。

建筑物定向倾倒的后坐及后堆规律，长期以来并未引起人们的足够重视，国内、外很少有这方面的系统理论分析和专项研究。1989 年，文献［1］首次提出定向倾倒建筑爆堆的后堆宽度，即钢筋混凝土框架和砖混框架的爆堆后沿宽 B_b。

对单次折叠倾倒

$$B_b = H_2 \tag{1}$$

对 m 次折叠倾倒

$$B_b = H_{1,2} \tag{2}$$

式中，H_2 为切口后沿高，$H_{1,2}$ 为下切口后沿高，一般后沿宽 B_b 为 0.3~0.8m。

显然，以上两式考虑了某些框架后柱根后滑的机理，反映了部分建筑后坐的规律。但是，随着爆破拆除建筑物的增高，框架结构增至 8~14 层，楼高达 24~55m，爆破切口的前沿也高至 3~4 层，而切口后沿高没有加高，仍为 0.3~0.8m，拆除建筑的后坐引起爆堆后沿宽不断增加，甚至可达 4~7m。因此以上两式并没有全面地反映建筑定向倾倒的后坐规律和空中运动的特点。为了弄清爆破拆除框架、排架和框剪结构后坐的规律，试图从结构定向倾倒的力学机理出发，从多体动力学研究其运动特点，探索机构后坐、后柱后倒和柱根后滑的规律以及相关的爆堆后沿宽度，由此确定减小并防止后坐、后倒及后滑的措施。

1 后坐机理

现浇钢筋混凝土框架（包括框架上的仓体）、框剪结构、装配式钢筋混凝土框架和排架在定向倾倒中，后柱在支撑上部结构前倾的同时，也相伴部分结构向后运动，此运动称为后坐，其最大值为后坐值。显然，该后坐是以后柱的支撑为前提。当后柱失去支撑能力时，其上部结构下落称为下坐，将另有论文探讨。根据后坐形成的机理又可分为机构后坐、柱根后滑和支撑后倒，其含义将在以下各节定义。爆堆后沿是后坐的最终结果，爆堆后沿宽总是小于或等于后坐值的。由于后排柱上产生塑性铰的位置不同，后坐的方式也各异。

1.1 现浇钢筋混凝土框架

当切口层前、中排柱逐次延时起爆时，现浇框架的重力从质心向支撑柱传递，形成倾倒力矩 M，在后支撑柱上端 b，由于砖墙拆除，抗弯能力削弱，使倾倒力矩 $M>M_2$，在 b 处产生塑性铰。其中 M_2 为后柱上端“塑性铰”b 处的抵抗弯矩，M_2 小于后跨上各层梁端抵抗弯矩之和，因此框架上体将沿其柱端“铰”b 向前倾倒，如图 1 所示。即

$$M = Pr_2\sin q_2 > M_2 \tag{3}$$

式中，P 为上体重量，r_2、q_2 见图 1。此时，框架对铰 b 动力矩 $M_{d2} = -M_2$，方向与 q_2 倒向一致。同时，在框架后推力 $F = p\cos q_2\sin q_2$ 作用下，当

$$Fl_1 > M_1 + M_{d2} \tag{4}$$

支撑柱将作为下体向后倾倒。式中，M_1 为柱底“铰”抵抗弯矩，从而形成 2 自由度体的折叠机构运动，铰 b 同时后坐，该存在体间连接铰的后坐称为“机构后坐”。其运动规律遵循 2 体运动动力学方程[2]：

$$\left.\begin{aligned}
&J_{b2}\ddot{q}_2 + m_2r_2l_1\cos(q_2-q_1)\ddot{q}_1 + m_2r_2l_1\sin(q_2-q_1)\dot{q}_1^2 = m_2gr_2\sin q_2 + M_2\\
&m_2r_2l_1\cos(q_2-q_1)\ddot{q}_2 + (J_{b1}+m_2l_1^2)\ddot{q}_1 - m_2r_2l_1\sin(q_2-q_1)\dot{q}_2^2 =\\
&m_2gl_1\sin q_1 + m_1gr_1\sin q_1 + M_1 - M_2
\end{aligned}\right\} \tag{5}$$

式中，q_2、q_1、$\dot{q}_2$、$\dot{q}_1$、$\ddot{q}_2$、$\ddot{q}_1$ 分别为上体和下体的欧拉角、角速度和角加速度；m_2、m_1、J_{b2}、J_{b1}、r_2、r_1 分别为上体和下体的质量、对下铰的转动惯量和质心与下铰的距离；l_1 为下体两端塑性铰的距

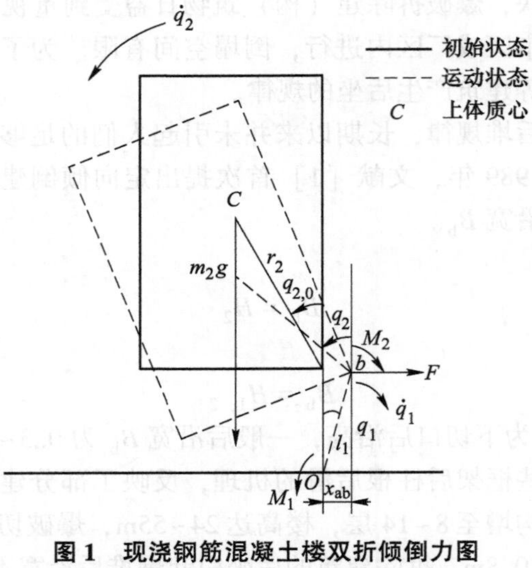

图1 现浇钢筋混凝土楼双折倾倒力图

离；M_2、M_1 分别为上、下铰的抵抗弯矩，正负与 q_2、q_1 的正负方向判断相同。下体可以是单排立柱，当多跨框架后2排立柱组成支撑结构时，下体也可以是其组成的支撑结构。

动力方程的初始条件为

$$t=0,\ q_2=q_{2,0},\ q_1=0,\ \dot{q}_2=\dot{q}_{2,0},\ \dot{q}_1=0 \tag{6}$$

由于式（5）为二阶微分方程，目前还没有解析解，只有数值解。当下体为单排立柱时，铰 b 的机构后坐可以采用文献［3，4］的近似解 q_1 表示。单位弧度计作 rad，即 q_1 的近似解

$$q_{r1}=(a_{r1}\cdot q_{a1}+1)(a_{k1}\cdot q_{a1}+1)q_{a1} \tag{7}$$

$$q_{a1}=-\operatorname{asin}(r_2(\sin q_2-\sin q_{2,0})/l_1) \tag{8}$$

式中，$a_{r1}=-8.85k_r^2+19.98k_r-11.25$；$a_{k1}=-3.84k_{mj}^2+9.44k_{mj}-5.63$；$k_r=(r_2)_c/(r_2)$，$(r_2)=11.8135\text{m}$；$k_{mj}=(m_2/J_{b2})_c/(m_2/J_{b2})$，$(m_2/J_{b2})=5.107\times10^{-3}\text{m}^{-2}$；$(\ )_c$ 为计算框架的参数，$(\ )$ 为典型楼的参数，参见文献［3，4］。

以东莞建丰水泥厂4连体罐爆破拆除为例，数值计算和现场观测结果[3] 如图2所示。切口层上的框架（或罐体）的重心 x_c 总是企图沿重力线方程式（8）落下，迫使立柱上端形成铰 b 而产生机构后坐，并以最短距离向地面下落。以重力线方程式（8）定义的下体欧拉角 q_{a1}，经式（7）修正为 q_{r1} 后，与 l_1 共同计算铰 b 后移 x_{ab} 和框架前趾的着地点[3]。后移 x_{ab} 按前、后两阶段运动：在前趾撞地前，铰 b 后移 $|x_{ab}|$ 随楼房倾倒 q_2 的增大而增大[3]；当前趾着地后，铰 b 以前趾为圆心向前滚动，$|x_{ab}|$ 随 q_2 增大而减小，如图2所示。图2中可见，最大后移 $(|x_{ab}|)_{max}$ 即为框架后坐值 x_b，由此框

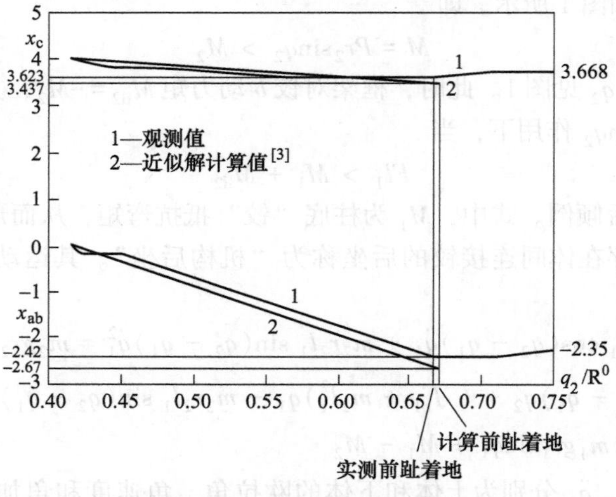

图2 4连体罐上体重心距原后排柱水平距 x_c 和后坐 x_{ab}

架前趾着地点可决定 x_b 值。前趾距地面堆积物高

$$y_s = l_1\cos q_{r1} - b_s\sin(q_2 - q_{2,0}) + h_b\cos(q_2 - q_{2,0}) - y_h \tag{9}$$

式中，b_s 为框架前趾距后排柱的原水平距离，m；h_b 为切口前沿比后柱铰 b 的原高差，m；y_h 为地面堆积物高，m，它包括切口内爆落的楼梁累加厚度、梁间及地面的碎块厚。

机构后坐

$$x_{sb} = l_1 \sin q_{r1} \tag{10}$$

当 $y_s=0$ 时，从式（7）~式（9）计算出 q_2、q_{r1}，再以式（10）计算出 x_{sb}，即为 $(|x_{sb}|)_{max}$，则此 $|x_{sb}|$为后坐值 x_b。

当后支撑不爆破而只切割钢筋或松动爆破时，l_1 为塑性铰 b 的楼梁底下面的立柱长，后立柱爆破并下坐后，l_1 应再减去炸高和撞地破坏的高度。后支撑若爆破撞地，还可能在柱中部形成 a 塑性铰，见图 3，由此形成新的运动。

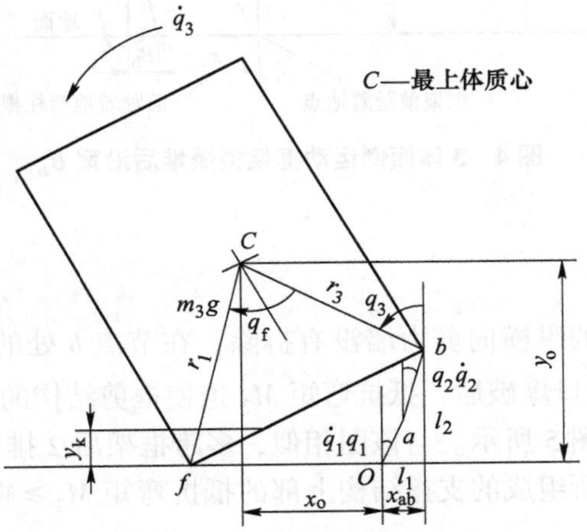

图 3　框架楼 3 体运动示意图

力学分析与现场观测可见，后支撑柱顶塑性铰 b 的位置和柱中部铰 a 的产生可按以下原则确定，即：三角形切口前沿炸到 2~4 层，2 层横墙拆除或低于切口顶层的下层横墙拆除，爆破前、中排支柱后，塑性铰 b 分别发生在 2 层顶梁底的后立柱上或低于切口上楼层的底板顶梁立柱上，如后续论文"减少框架爆破拆除后坐措施（2）"中表 1（简称"后续论文表"）的例 1、例 2、例 3、例 6、例 9 等；框架上的仓体，爆破前、中排立柱后，塑性铰 b 发生在后立柱上，如"后续论文表"的例 7、例 10；大梯形切口。切口上层横墙拆除，塑性铰 b 发生在切口上层顶梁底的柱端，如"后续论文表"的例 4、例 5 等。若后支撑爆破，框架失去支撑，则按有初速（广义）自由落体运动，并依质心运动定律下落[2]。此时后支撑柱若先撞地，框架后柱中部多会折断为 2 体，见图 3。如切口前沿炸到 2~4 层，后立柱根以 3 排（横向）孔爆破时，框架下坐冲击，后立柱中部将断裂形成新的塑性铰 a，如"后续论文表"的例 1~例 6、例 8~例 9 等；而后立柱根以 2 排孔爆破时，框架下坐，后立柱中部有可能产生塑性铰；而单排孔爆破时，框架及仓体下坐冲击，后立柱中部一般不出现塑性铰 a，如"后续论文表"的例 7。当后立柱形成新的塑性铰 a 后，框架将以 3 自由度单开链有根体运动[2]，见图 3；从图 3 中可见，多数框架前趾也快将着地，而 l_1 也因后立柱撞地时下坐缩短，在这种条件下数值计算和现场观测表明，无论是后柱爆后的框架自由落体运动还是 3 自由度单开链有根体运动，上体的运动与 2 自由度有根体运动时的质心和铰 b 位置相近，因此可以用 2 体运动的近似计算来计算框架后立柱爆后的后坐值。

爆堆后沿宽 B_b 不仅与框架后坐有关，而且还与框架前趾着地位置 x_s 以及前滚拉起后立柱时钢筋断开的位置有关，见图 4 所示，x_s 计算可见文献［3］。从图 1、图 3 可见，后立柱爆破柱根 O，炸断了部分钢筋，因此框架前趾着地前滚拉起立柱多在根部断开，若没有坍塌的砖墙，框架前趾着地 x_s 靠前，如"后续论文表"例 7、例 10；框架上的仓体，爆堆后沿宽 B_b 将小于后坐值 x_b，在图 3 中如"后续论文表"例 3 的单跨楼房，当楼房宽 $b_w>(l_1+l_2)$时，式中 l_1、l_2 分别为后立柱折断的下段和上段

长，爆堆后沿宽由后柱根状况决定，即 $B_b < (h_e + h_{cr}) < x_b$，$h_e$ 为后柱炸高，h_{cr} 为下坐柱压碎高度。如果后坐的砖墙坍塌，如“后续论文表”中例2、例6、例7楼房，当 $b_w < (l_1 + l_2)$ 时，B_b 可近似由图4决定，框架前趾着地 x_s 靠后，则爆堆后沿宽 B_b 与后坐值相当；但是，若大梯形切口前沿高达4层，后立柱铰 b 高可达3~4层，有可能铰 b 处是小断面，其钢筋少且混凝土标号也低，因而在 b 处断开，拉起的后立柱顺势向后倾倒，这种连接铰 b 断开所形成后立柱的自身向后倾倒称为“后倒”，从而形成后倒区，爆堆后沿宽将大于后坐 x_b 值，有时可达图3中后立柱 $(l_1 + l_2)$ 长。若拉起的后立柱在 a 处断开，则爆堆后沿宽为图3中后立柱 l_1 长，如“后续论文表”的例4、例5和例8等。

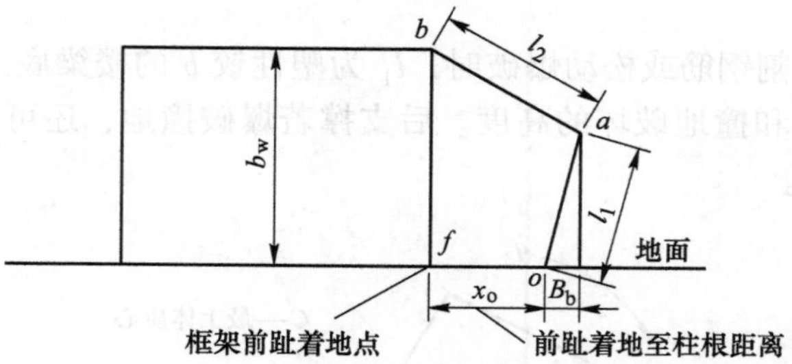

图4 3体倾倒运动框架楼爆堆后沿宽 B_b

1.2 框剪结构及多跨框架

当与后立柱或后中柱相连的纵横向剪力墙没有拆除，在节点 b 处的抵抗弯矩 M_2 并未削弱，$M_2 \geq M$，即式（3）不成立时，当切口爆破后，抵抗弯矩 M_2 迫使框剪结构的重心 C 只能绕柱根 O 向前做圆弧式下落，结构单向倾倒，如图5所示。与该图相似，多跨框架后2排立柱不炸但柱根割筋并削弱时，当前、中跨爆破后，后2立柱所组成的支撑结构上部的抵抗弯矩 $M_2 \geq M$，则框架将绕削弱的后排柱根 O 做圆弧式单向倾倒。

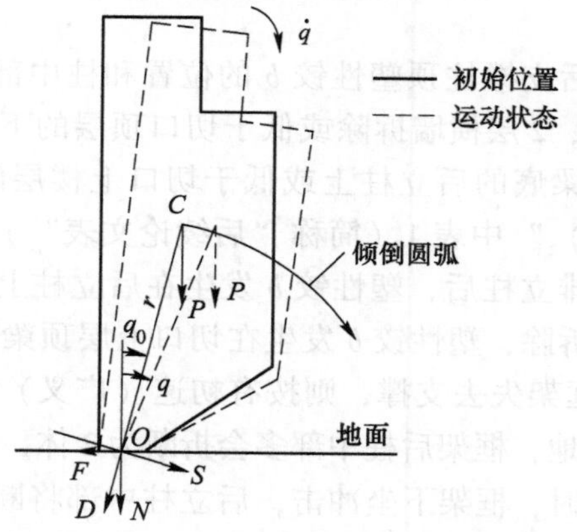

图5 框剪楼房单向倾倒

其建筑倾倒多体系统可简化为具有单自由度 q，底端塑性铰的有根竖直体[4-5]，即动力方程为[5]：

$$J_0 \times \frac{d^2 q}{dt^2} = Pr\sin q - M_f \tag{11}$$

式中，P 为单体的重量，kN；$P = mg$，m 为单体（楼房）的质量，10^3kg；r 为重心到底支铰点的距离，m；J_0 为单体对底支点的惯性矩，$10^3\text{kg}\cdot\text{m}^2$；$M_f$ 为底部的抵抗弯矩，对框剪结构 $M = M_o$；M_o 为框剪楼支撑柱底塑性铰的抵抗弯矩，kN·m，柱根爆破后，$M_o = 0$；q 为重心到底铰连线与竖直线所夹的欧拉角，rad。动力方程式（11）的初始条件为 $t = 0$，$q = q_0$，$\dot{q} = 0$。

随着框剪结构的向前倾倒，支撑柱将遵循式（11）的动力学方程，柱根 O 在径向压力和切向推力的迫使下，沿地面向后滑动，其径向压力

$$D = P[\cos q - (2mr^2/J_0)(\cos q_0 - \cos q)] \tag{12}$$

切向推力

$$S = P(1 - mr^2/J_0)\sin q \tag{13}$$

后滑水平推力

$$F = D \cdot \sin q - S \cdot \cos q \tag{14}$$

对地面竖直压力

$$N = D \cdot \cos q + S \cdot \sin q \tag{15}$$

当框剪结构和多跨框架的

$$F > N \cdot f \tag{16}$$

式中，f 为柱根对地面的静滑动摩擦系数，取0.6。若式（16）成立，则框剪结构或框架的支撑柱向后滑动，称为“后滑”。烟囱及筒体沿基础或其下段的后滑也与此相似，其滑动面为向后倾斜面，详见参考文献［6］。但是，若 $F \leqslant N \cdot f + t_e$，$t_e$ 为柱根钢筋的牵拉力，由于立柱爆破后钢筋还连着，则柱根后滑距离 x_o 多为支撑柱炸高 h_e 与其压碎高度 h_{cr} 之和，即

$$x_o \leqslant h_e + h_{cr} \tag{17}$$

当框剪结构和框架前趾着地，后柱和后中柱同样会随结构前滚而被拉起向前，因此爆堆的后沿宽就可能接近为零。

1.3 装配式钢筋混凝土框架

装配框架梁多以螺栓铰连接在后立柱上，当切口层前、中排立柱爆破拆除后，各层装配梁将绕本层螺栓铰向下倾旋。因各层重心稍高于本层螺栓铰，重心很快下落至本层螺栓铰以下。由于重心总是企图沿重力线下落，因此拉着后立柱向前倾倒，螺栓铰基本上不后坐，如图6所示。但是，后立柱沿地面的滑力 F 仍遵循式（5）动力学方程，而形成的立柱后滑与框剪结构相像，当摩擦力 $F > N \cdot f$ 时，后立柱根部沿地面后滑。由于立柱爆破后钢筋还连接，因此柱根 O 后滑的距离 x_o 及爆堆后沿宽 B_b 多小于（$h_e + h_{cr}$）。

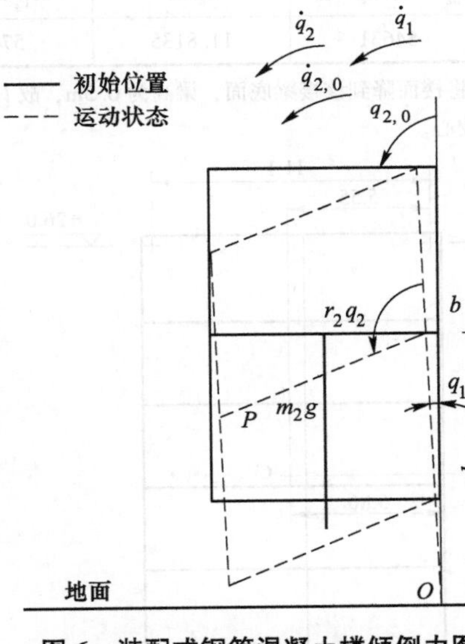

图6 装配式钢筋混凝土楼倾倒力图

1.4 排架

横向倾倒的工厂排架，如图7所示，当前排立柱爆破后，从摄像观测可见，屋盖重心 C 比后立柱顶铰点 b 高，重心 C 总是企图沿重力线下落，推动铰 b 后坐；其后坐的2体运动由屋盖和前立柱 A 为上体，后立柱 B 为下体所组成。2体运动的规律同样遵循式（5）动力学方程，而排架铰 b 的抵抗弯矩 $M_2 \approx 0$，B 柱爆后柱根弯矩 $M_1 = 0$，b 铰的后坐值 x_b 可由式（7）~式（10）计算。若前柱 A 炸高 h_e 不够，当 B 柱爆破着地，重心 C 若高于［$h_c - 2(h_c - l_1)$］$= 2l_1 - h_c$，式中，h_c 为屋盖重心高，则铰 b 点

仍在后坐范围，立柱 B 有可能与屋盖脱离而向后倾倒，称为“后倒”，如图 7 所示。此时的爆堆后沿宽 B_b 将等于后支撑的后倒值，即为 $l_1 - h_e$（B 柱炸高）。

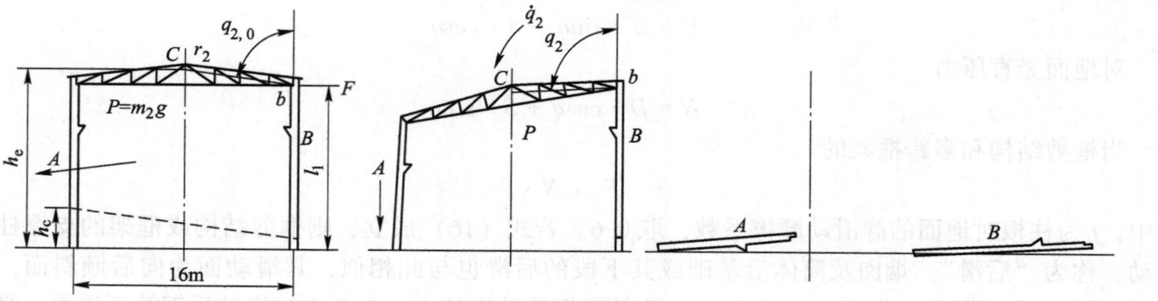

图 7　茂名石化公司原灰碴处理厂排架厂房爆破拆除双体运动力图

纵向倾倒的有行车梁排架，当前、中榀架立柱爆破后，后榀架会在其柱根爆破时成铰，相应的运动计算可分别参照 1.2 节和 1.3 节。

2　现浇钢筋混凝土框架实例计算

以广州恒运电厂办公楼爆破拆除为现浇钢筋混凝土框架倾倒的典型工程，如图 8 所示。该楼 8 层，高 26.4m，3 柱 2 跨分别为 5.25m 和 6.35m，层高 3.3m，炸高 8m，1~2 层墙已全拆，后排滞后中排柱 0.5s 爆破。1~2 层后排柱为下体，第 3 层仅炸前排柱 1.4m，3 层以上的墙均未拆，3 层以上为上体，做如图 1 的双体倾倒运动，纵向单跨计算参数见表 1。

表 1　恒运电厂办公楼爆破拆除典型工程参数

项目	l_1/m	$m_2/\times10^3$kg	$J_{b2}/\times10^3$kg·m^2	r_2/m	M_1/kN·m	M_2/kN·m	$q_{2,0}$/rad
参数	6.1	279	54631	11.8135	574.4	574.4	0.5187

注：本表根据文献［2］中下体高 $l_1 = 6.6$m，将楼面降到该楼梁底面，梁高为 0.5m，故 l_1 改为 6.1m。上体转动后，铰 b 上梁内混凝土破坏，可以近似认为上体 r_2 以楼面为铰心。

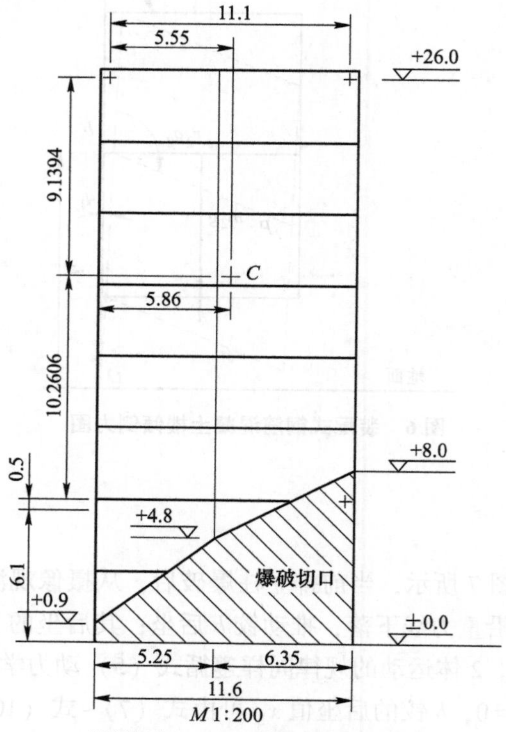

+—测量标志；C—3层以上质心位置

图 8　恒运电厂办公楼爆破拆除横剖面（单位：m）

l_1 按照爆后撞地破碎后的长度=b 铰下后立柱长-爆破高度-撞地破碎段高度×2 计算，得 $l_1=6.1-0.9-0.55\times2=4.1\text{m}$，$y_b\approx1.4\text{m}$，后坐以 2 体运动式（7）~式（10）近似计算，见图 9。由对应 $y_s=0$ 的（$q_2-q_{2,0}$），查 x_{sb} 值得 $x_b=-2.69\text{m}$。以后立柱爆后下落撞地折断为 2 体，应以框架自由下落再 3 自由度单开链有根体运动动力方程进行数值模拟，得 $x_b=-2.68\text{m}$，误差仅 0.4%，近似值为工程所容许。由此可见，应用 2 体运动近似式可以计算框架后柱爆后的下落和 3 自由度体运动的后坐值。而爆堆后沿宽实测值 B_b 见“后续论文表”例 9。观测 $B_b=3.0\text{m}$ 与计算的机构后坐值 x_b 相近，因此 1.1 节提出的现浇框架后坐机理和计算方法是正确的。

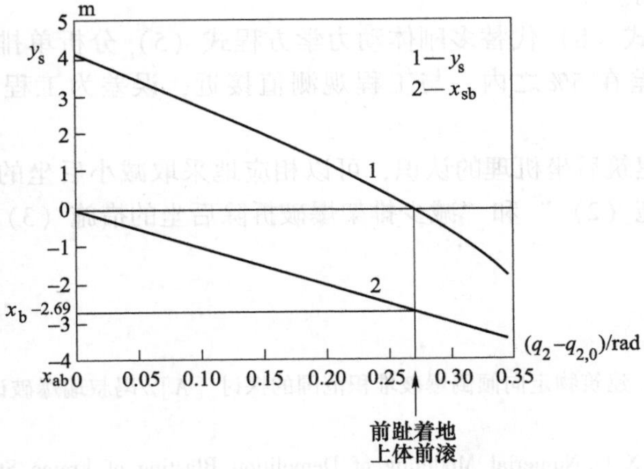

图 9　前趾高 y_s、后坐 x_{sb} 与上体转角（$q_2-q_{2,0}$）的关系

3　结论

框架和排架爆破拆除时的后坐，往往严重危及后邻建筑的安全及决定爆堆后沿的位置。综上所述，对后坐的研究可得如下结论：

（1）经多体系统动力学方程式（5）的分析和现场摄像观测证实，爆破拆除框架和排架的运动可以用 2 体的动力学方程式（5）来描述，框剪结构和多跨框架拆除的单向倾倒运动可以用有根竖直单体动力学方程式（11）来描述，由此决定它们立柱上端铰的机构后坐、其柱的后倒和柱根的后滑。

（2）现浇钢筋混凝土框架和排架，当爆破拆除前、中排柱后，爆破切口上部建筑重心总是企图沿重力线以最短距离落地，由此迫使后立柱或多跨框架的后两柱结构的上端铰后移，形成机构后坐。其后坐值可由动力学方程式（5）计算；单后立柱的后坐也可由动力学方程的近似解式（7）~式（10）计算。当框架前趾着地前滚时，立柱上的铰断裂，其断裂的下柱将顺势后倒。爆堆后沿宽将由下柱的断裂点位置决定。

（3）框剪结构重心后方的支撑柱，若剪力墙加固上节点使其抗弯而不破坏，并且抗压稳定，当切口层前、中排立柱爆破拆除后，框剪结构将绕支撑柱根做单向圆弧倾倒。支撑柱在径向后推力和切向力迫使下，企图推动柱根后滑，其后滑力可从动力学方程解逆算的式（14）、式（15）计算。最大后滑一般小于该柱炸高和下坐破碎高度之和，爆堆后沿宽将因前趾着地后框剪结构前滚而缩减。

（4）现浇多跨框架拆除，若后 2 排柱不抛掷爆破但柱根割筋并削弱，而其所组成支撑结构上部的抵抗弯矩大于框架重心形成的倾倒力矩，则支撑结构可迫使框架以削弱后支撑柱根为圆心做圆弧下落，框架则单向倾倒。支撑柱在径向后推力和切向力迫使下，企图推动柱根后滑。最大后滑一般小于该柱炸高和下坐破碎高度之和，爆堆后沿宽将因前趾着地后框架前滚而缩减。

（5）装配式钢筋混凝土框架，由于爆破切口上各层重心接近后立柱梁端高，切口层前、中排立柱爆破拆除后，当各层质心低于柱对应支撑梁端时，其重心总是企图沿重力线下落，从而向前拉着后柱前倾，因此立柱上端基本不发生后坐。但后立柱柱根却存在径向后推力，推动柱根后滑，其后滑力可由式（14）、式（15）估计。最大后滑一般小于该柱炸高和下坐破碎高度之和。爆堆后沿宽等于最大后滑值。

（6）现浇钢筋混凝土框架的爆堆后沿宽，可以分别由后立柱上端铰的后坐和立柱的后倒决定。框架上的仓体，爆破切口前沿高达2层的单跨框架，当后立柱在柱根断开时，爆堆后沿宽小于后坐值；爆破切口前沿到3层的框架，下坐冲击砖墙坍塌，爆堆后沿宽与后坐值相当；大梯形切口前沿高达3~4层，柱上端的钢筋细、混凝土标号低，在框架下坐冲击下，柱上端断开，后立柱后倒，爆堆后沿宽大于后坐值而近似于后柱断开以下高度。框架厂房所带排架和单排架厂房的爆堆后沿宽，可由后柱上端铰的连接状况决定：连接紧密，能将后柱拉向前倾，爆堆后沿宽与柱根后滑相当，一般等于炸高；连接不紧密，形成后柱后倒，爆堆后沿宽将小于并接近后柱顶铰以下柱高；有爆破中切口时，近似于其柱中切口断开处以下柱高。

（7）以近似式（7）、式（8）代替多刚体动力学方程式（5）分析单排后柱后坐，其后坐近似值与多体动力方程数值解误差在5%之内，与工程观测值接近，误差为工程所容许，计算简单，便于使用。

基于上述对爆破拆除建筑后坐机理的认识，可以相应地采取减小后坐的措施，详见后续论文“减少框架爆破拆除后坐的措施（2）”和“减少排架爆破拆除后坐的措施（3）”。

参考文献

[1] 冯叔瑜，张志毅，戈鹤川．建筑物定向倾倒爆破堆积范围的探讨［A］//冯叔瑜爆破论文集［M］．北京：科学技术出版社，1994.

[2] Wei X L，Fu J O，Wang X G. Numerial Modeling of Demolition Blasting of Frame Structures by Varying－topological Multibody Dynamics［A］//New Development on Engineering Blasting［M］．Beijing：Metallurgical Industry Press，2007：333-339.

[3] 魏晓林，傅建秋，崔晓荣．建筑爆破拆除动力方程近似解研究（2）［J］．爆破，2007，24（4）：1-6.

[4] 魏晓林，傅建秋，李战军．多体-离散体动力学及其在建筑爆破拆除中的应用［A］//庆祝中国力学学会成立50周年大会暨中国力学学术大会论文摘要集（下）［C］．北京：中国力学学会办公室，2007：690.

[5] 傅建秋，魏晓林，汪旭光．建筑爆破拆除动力方程近似解研究（1）［J］．爆破，2007，24（3）：1-6.

[6] 郑炳旭，魏晓林，陈庆寿．钢筋混凝土高烟囱切口支撑部失稳力学分析［J］．岩石力学与工程学报，2007，26（Z1）：3348-3354.

剪力墙结构大楼双向交错折叠爆破

崔晓荣　李战军　王代华　傅建秋　肖文雄

（广东宏大爆破股份有限公司，广东 广州，510623）

摘　要：以青岛远洋宾馆爆破拆除工程为例，分析了剪力墙结构定向爆破切口设计的关键因素，包括切口形状、切口高度、纵向跨度和支撑翻转轴位置等。提出当设计爆破切口高度较低时，梯形爆破切口较三角形爆破切口利于定向倒塌；当定向爆破的纵向跨度较大时，宜采用梯形爆破切口，并前移定向倒塌时的支撑翻转轴。另外，预制楼板的剪力墙结构在嵌入楼板的部位形成薄弱环节，结构的整体性较差，冲击塌落过程中易解体破碎，类似结构爆破设计时要充分考虑此特性。

关键词：拆除爆破；剪力墙结构；定向爆破；原地坍塌爆破

Two-fold Intercross Directional Blasting of Shear-wall Structure

Cui Xiaorong　Li Zhanjun　Wang Daihua　Fu Jianqiu　Xiao Wenxiong

（Guangdong Hongda Blasting Co.，Ltd.，Guangdong Guangzhou，510623）

Abstract：Taking demolition blasting of Qingdao Yuanyang Hotel for example，the key factors of the directional blasting cut，namely the shape of cut，the height of cut，the portrait span of cut and the site of rotation axis，are discussed. When the height of cut is not big enough，the triangle－shape cut is better than the trapezoid－shape one. When the portrait span of cut is too big and the height of cut is not big enough，the trapezoid－shape should be adopted，and the rotation axis should be forward－moved. In addition，the shear－wall structure with lift－slab is more fragile than the cast－in－site one，and this character is should be considered in design of demolition blasting of shear－wall structure with lift-slab.

Keywords：demolition blasting；shear-wall structures；directional blasting；collapse blasting

1　工程概况

拟爆破的青岛远洋宾馆位于青岛市香港中路，系剪力墙结构，预制楼板。大楼东西长 61.2m，南北宽 21.1m，东侧高 45.7m（13 层），西侧高 54.4m（15 层），总建筑面积约 14000m^2。剪力墙的平面布置如图 1 所示，南北方向共 5 个轴，依次为 A~E 轴，其中 A 轴为突出部分，位于大楼的西半侧。C 轴和 D 轴之间为贯通的走廊，为整体结构的薄弱环节。本工程中仅仅对定向爆破切口范围内的南北向剪力墙进行局部预处理，图 1 中黑色填充部分为预处理后保留的剪力墙，未填充部分为预处理的剪力墙。

青岛远洋宾馆四周环境复杂，如图 2 所示。主楼东面 6m 为正在施工的远洋大厦；西面 35m 为青岛国际金融中心，该中心东侧为 10m 宽的通道；主楼南面为附属裙楼（钻爆前用机械拆除），主楼 25m 外依次为香港中路地下管线区、绿化带、非机动车道和机动车道；北面 5m 为地下停车场。

原载于《爆破》，2008，25（2）：43-48。

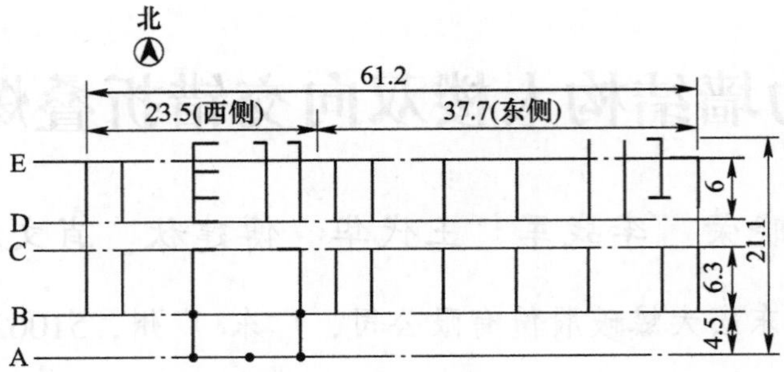

图 1　剪力墙的平面布置图（单位：m）

Fig. 1　Floor plan of shear-wall（unit：m）

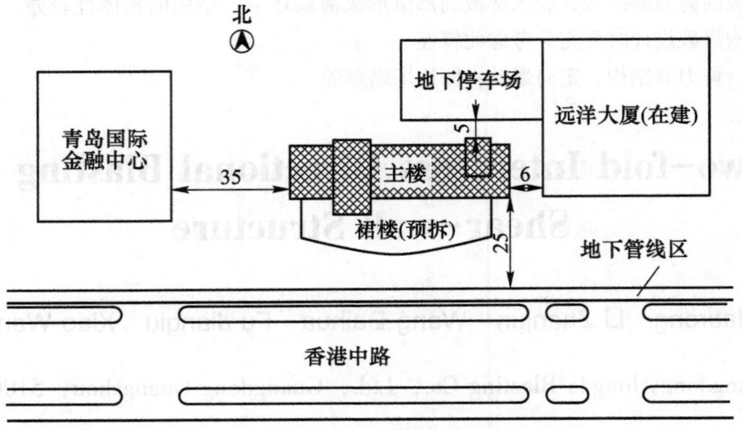

图 2　四周环境图（单位：m）

Fig. 2　Circumstance of Qingdao Yuanyang Hotel（unit：m）

2　爆破设计总思路

根据周边环境，如果采取单切口定向爆破，倾倒长度[1]（指倒塌方向的爆堆长度）将大于允许倒塌范围的长度。大楼高度为54.4m，远大于大楼南侧允许的坍塌范围25m；而大楼北边5m处为地下停车场，更没有倒塌空间。如果采用原地坍塌爆破，能够很好地控制倾倒长度，但是爆堆要向背后和两侧拓展，即所谓的后堆宽度和最大侧堆宽度[1]较大，会危及北侧5m处的地下停车场和东侧6m处的在建远洋大厦。所以，本工程综合运用同向双切口折叠爆破技术、异向双切口折叠爆破技术和原地坍塌爆破技术，成功地控制爆堆范围，包括倾倒长度、最大侧堆宽度和后堆宽度，使其满足周边的倒塌场地要求，确保周边建（构）筑物及设施的安全。

大楼东侧部分（13层），上切口（8~10层）和下切口（1~4层）均向南定向折叠倒塌，将爆堆控制在大楼南侧容许的倒塌范围内。双切口同向折叠爆破，既利用了折叠爆破的原理控制倾倒长度，又利用了定向爆破机理准确定向并控制后坐，控制了爆堆向背后（北侧）和两侧（主要是东侧）的拓展宽度，以免危及北侧的地下停车场和东侧的在建远洋大厦。大楼西侧部分（15层），如上、下2个切口均向南定向折叠倒塌，很难将爆堆控制在大楼南侧20m范围内，所以采取异向双切口折叠爆破技术，上切口（8~10层）向北折叠倒塌，下切口（1~4层）向南折叠倒塌，同时利用大楼西半部分南、北两侧的倒塌场地。

另外，在上、下切口之间的第6层，采取了原地坍塌爆破技术[2]，破坏5~7层结构的整体性，使第6层受冲击解体压缩，进一步控制爆堆南向的倾倒长度，确保香港中路的交通畅通和沿线市政管线的安全。

3 爆破方案设计

3.1 预处理设计

为了实现爆破设计总思路，综合应用同向双切口折叠爆破技术、异向双切口折叠爆破技术，将上切口以上部分（9~13 层）进行预分离，截断主梁并割断钢筋。8 层以上的结构分为 2 部分，东侧部分宽度为 37.7m，西侧部分宽度为 23.5m（见图 1）。上定向切口以上的结构分割为东、西 2 个单体，东侧部分向南定向倾倒，西侧部分向北定向倾倒。考虑到原大楼东、西 2 部分的下定向切口都是向南定向倾倒，1~8 层没有必要进行预先切割分离，可减少工作量。

根据工程的结构特点和周边环境，对爆破切口内的剪力墙进行适当预处理，控制最终爆破的药量，减小爆破噪声、爆破冲击波和爆破振动等爆破危害。本工程系剪力墙结构，与框架结构相比，爆破消耗的雷管和炸药多。另外，考虑到总设计思路，综合运用同向双切口折叠爆破技术、异向双切口折叠爆破技术和原地坍塌爆破技术来控制爆堆。采用双切口折叠爆破技术，其消耗的雷管和炸药是单切口定向爆破的 2 倍。在上、下切口之间的第 6 层，采取了原地坍塌爆破技术，破坏 5~7 层结构的整体性，使第 6 层受冲击解体压缩，进一步控制爆堆的南向拓展范围，又消耗了较多的雷管和炸药。剪力墙结构和倒塌场地的制约，决定了本工程要消耗大量的雷管和炸药，可是周边环境复杂，又要求合理控制各种爆破危害，确保周边建（构）筑物及设施的安全，所以需要对爆破切口内的剪力墙进行适当预处理，减小最终爆破时雷管和炸药的消耗量。

3.2 定向爆破切口设计

大楼东侧部分（高 13 层），上切口（8~10 层）和下切口（1~4 层）均向南定向折叠倒塌，将爆堆控制在大楼南侧的容许倒塌范围内，且不危及北侧的地下停车场和东侧的在建远洋大厦。东侧的同向折叠部分，由南至北依次为 B~F 轴，C 轴和 D 轴之间为贯通的走廊，为结构的薄弱环节。下定向爆破切口，B 轴炸 4 层，C 轴炸 3 层，D 轴炸 2 层，E 轴作为支撑翻转轴，仅仅布置 2 排炮孔进行松动，定向倾倒时形成转角。下定向切口为 4 层，炸高足够，设计成三角形爆破切口。上定向爆破切口，B 轴和 C 轴均炸 3 层，D 轴炸 2 层，E 轴作为支撑翻转轴，仅仅布置 2 排炮孔进行松动，定向倾倒时形成转角。上定向切口比下定向切口少 1 层，B 轴和 C 轴同炸 3 层，形成梯形切口，较三角形切口有利于上部结构的定向倾倒[3,4]。

大楼西侧部分（高 15 层）采取异向双切口折叠爆破技术，上切口（8~10 层）向北折叠倒塌，下切口（1~4 层）向南折叠倒塌，即同时利用大楼西半部分南北两侧的倒塌场地。西侧的异向折叠部分由南至北依次为 A~E 轴，其中 A 轴为突出部分。下爆破切口向南定向，A 轴和 B 轴炸 4 层，C 轴炸 3 层，D 轴炸 2 层，E 轴作为支撑轴，仅仅布置 2 排炮孔进行松动，定向倾倒时形成转角。下定向切口，东西 2 侧均设计为 4 层，但是西侧部分沿倒塌方向的跨度大，共 5 个轴，故 A 轴和 B 轴同炸 4 层，形成梯形爆破切口，比三角形爆破切口更有利于保证定向倒塌效果。上爆破切口向北定向，E 和 D 轴同炸 3 层，C 轴炸 2 层，B 轴作为支撑轴，仅仅在底部布置 2 排炮孔进行松动爆破，定向倾倒时形成转角。A 轴突出部分截断钢筋，并用 1 排炮孔松动爆破混凝土。西侧的上定向切口，南北方向共 5 个轴，跨度大，爆破切口高度较低（3 层），为了保证西侧上部结构的定向倾倒效果，E 和 D 轴同炸 3 层，形成梯形爆破切口，较三角形爆破切口更利于定向倒塌；另外，对突出部分（A 轴）进行割筋处理，将支撑和转动铰前移到 B 轴，也有利于保证定向倒塌的效果。爆破切口布置见图 3。

3.3 解体爆破部位设计

根据剪力墙结构原地坍塌爆破的经验，在有一定塌落高度并破坏结构整体性的前提下，可以利用塌落冲击力破碎剪力墙。此方法既可控制爆堆长度和高度，又大大消耗了结构塌落冲击的能量，从而减小塌落冲击振动。

所以，本工程上、下切口之间的第 6 层，采取了原地坍塌爆破技术，破坏 5~7 层结构的整体性，

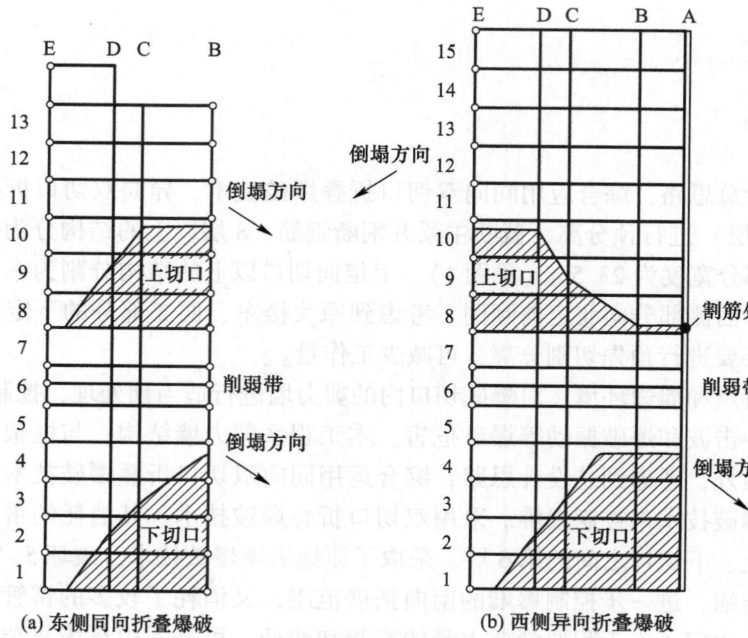

图3　爆破切口布置

Fig. 3　Distribution of blasting cut

使第6层受冲击解体，进一步控制爆堆南向的拓展范围，同时减小塌落冲击振动，保证香港中路的交通畅通和沿线市政管线的安全。

3.4　起爆时差设计

采取从上至下的起爆顺序，上定向切口先于下定向切口起爆。孔内的延期雷管见表1、表2和图4。

表1　东侧同向折叠爆破部分起爆顺序表

Table 1　Ignition sequence of two-fold blasting in the same direction

同向折叠	B轴	C轴	D轴	E轴
上切口	MS-7	HS-2	HS-3	HS-3
下切口	HS-4	HS-5	HS-6	HS-6
削弱带	HS-5	HS-5	HS-5	HS-5

表2　西侧异向折叠爆破部分起爆顺序表

Table 2　Ignition sequence of two-fold blasting in different direction

异向折叠	A~B轴	C轴	D轴	E轴
上切口	HS-3	HS-2	HS-2	MS-7
下切口	HS-4	HS-5	HS-6	HS-6
削弱带	HS-5	HS-5	HS-5	HS-5

3.5　起爆网路设计

考虑到清洁环保爆破的要求，需要挂水袋，填充泡沫，所以不宜采用常规的“大把抓”四通环向连接的复合网路，因为四通不防水。采用防水的树状起爆网路，“大把抓”孔外接力，从而实现一次起爆上万发孔内雷管。

为了操作方便、便于装药和网路检查，孔内延期为设计的延期时差。孔外的接力雷管可采用瞬法

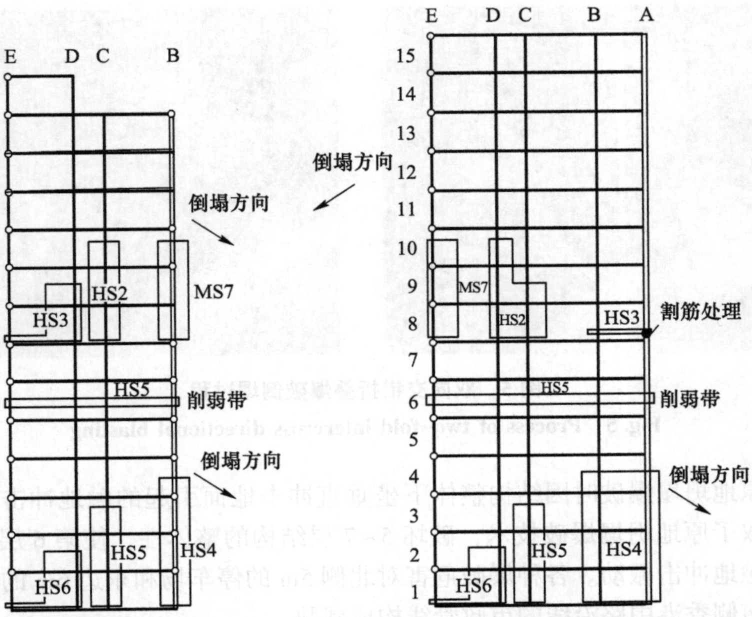

(a) 东侧同向折叠爆破 (b) 西侧异向折叠爆破

图 4 起爆顺序示意图

Fig. 4 Ignition sequence of project

雷管或短延期雷管。如果孔外采用短延期雷管，要保证激发起爆网路与爆轰波传到每个孔内雷管的时间相等，即孔外延期（孔外“大把抓”接力的总延期）相等，才能实现准确的爆破设计时差。

“大把抓”孔外接力起爆网路与“大把抓”四通环向连接[4]起爆网路相比，传爆方向单一，传爆的可靠度稍低。为了克服孔外“大把抓”接力起爆网路的弱点，提高传爆的可靠度，采用双树状“大把抓”接力起爆网路。每个“大把抓”有 2 个雷管，2 个雷管同时起爆下一层的“大把抓”，最底层的“大把抓”起爆孔内雷管。另外，网路交叉连接，每个“大把抓”的 2 个雷管的起爆信号不是从其上层的同一个“大把抓”传来。这样，提高了传爆网路的可靠性，较好地避免了由于孔外传爆某一“大把抓”不爆而导致大片孔内雷管不能顺利起爆的现象。

4 爆破效果分析

青岛远洋宾馆爆破工程综合运用同向双切口折叠爆破技术、异向双切口折叠爆破技术和原地坍塌爆破技术，成功控制了爆堆范围、爆堆高度以及各种爆破危害，克服了起爆药量大和倒塌环境差的难点。

倒塌过程如设计所预期，发生双向交错折叠倒塌，如图 5 所示。大楼的上切口先起爆，8 层以上结构体的东侧向南定向倒塌，西侧向北定向倒塌，在空中形成“Y”型。随后起爆大楼的下切口及削弱带，大楼 1~7 层的东、西两侧均向南定向倒塌。大楼 1~7 层破碎充分，同时体现了定向倒塌和原地坍塌的特性。此综合技术成功控制了爆堆范围，没有砸坏北侧 5m 的停车场和东边 6m 的在建大楼，爆堆距离香港中路的路边 8m，未影响沿途交通和路边绿化带。

本工程中，没有进行爆破处理的第 5 层和第 7 层以及上爆破切口以上部分，均破碎充分。主要因为预制楼板的剪力墙结构在剪力墙嵌入楼板的部位形成薄弱环节，结构的整体性较差，在冲击塌落过程中破碎解体。上定向爆破切口以上部分破碎充分，与合肥的整体现浇剪力墙结构的爆破效果形成鲜明的对比，后者塌落高度更高，但结构整体塌落，没有破碎[2]。

本爆破设计成功分散了一次齐响的药量，利用了塌落缓冲破碎机理，削弱了爆破振动和触地冲击振动。双切口折叠爆破技术，从时间和空间上分散了一次齐响药量，因此减小了爆破振动。另外，双切口折叠爆破技术，分散了结构的质量体，避免了单切口定向爆破时因整体翻转触地而引起的强大冲

图 5　双向交错折叠爆破倒塌过程

Fig. 5　Process of two-fold intercross directional blasting

击振动，也避免了原地坍塌爆破时因结构整体下坐垂直冲击地面引起的触地冲击振动。在上、下切口之间的第 6 层，采取了原地坍塌爆破技术，破坏 5~7 层结构的整体性，使第 6 层受冲击解体，形成缓冲带，进一步削弱触地冲击振动。各种爆破危害对北侧 5m 的停车场和东边 6m 的在建大楼没有产生影响，也没有对大楼南侧香港中路沿线的市政管线构成威胁。

另外，本工程设计的防水型起爆网路，即双保险的“大把抓”孔外接力网路，成功实现了一次起爆 18000 发导爆管雷管，消耗近 1t 炸药，实践验证了起爆网路的防水性能和安全可靠性。

5　经验总结

（1）定向爆破切口设计宜综合考虑切口形状、切口高度、纵向跨度、支撑翻转轴位置等因素。当设计爆破切口高度较低时，梯形爆破切口较三角形爆破切口利于定向倒塌；当定向爆破时的纵向跨度较大时，宜采用梯形爆破切口，并对最后排支撑进行割筋，使定向倒塌时的支撑翻转轴前移，从而保证定向倒塌效果。

（2）预制楼板的剪力墙结构，竖向的剪力墙在嵌入楼板的部位形成薄弱环节，结构的整体性较差，在冲击塌落过程中易解体破碎。所以，预制楼板的剪力墙结构定向爆破时，要确保足够的后部支撑强度，因为剪力墙于嵌入楼板的部位形成薄弱环节，容易导致坐塌；预制楼板的剪力墙结构原地坍塌爆破时，因结构整体性弱，可适当减少钻爆量。

参 考 文 献

［1］冯叔瑜，张志毅，戈鹤川．建筑物定向倾倒爆破堆积范围的探讨［A］//冯叔瑜爆破论文选集［M］．北京：北京科学技术出版社，1994：127-137.

［2］崔晓荣，沈兆武，周听清，等．剪力墙结构原地坍塌爆破分析［J］．工程爆破，2006（2）：52-55.

［3］金骥良．高层建（构）筑物整体定向爆破倒塌的切口参数［J］．工程爆破，2003（4）：1-6.

［4］Wang Hao. Controlled Blasting Demolition of a High Building with Super-thin Wall Structure by Multi-directional Collapsing［A］//Wang Xuguang. New Development on Engineering Blasting. The Asian-Pacific Symposium on Blasting Techniques［C］．Metallurgical Industry Press，2007（S1）：273-277.

大型体育馆建筑原地倒塌控制爆破

陆 华 傅建秋 崔晓荣

（广东宏大爆破股份有限公司，广东 广州，510623）

摘 要：五里河体育馆是目前世界上拆除体育馆中最大型的建筑，总起爆炸药量达到2568kg。通过对超大型体育馆爆破拆除方案、起爆网路、防护措施以及施工组织进行精心设计和施工，严格控制了工程的爆破震动、飞石等不利因素，采用了环保降尘泡沫技术，较大程度地降低了粉尘危害，实现了世界上首次超大规模的环保爆破。本工程的成功爆破，为今后此类大型建筑的环保控制爆破提供了成功的经验。

关键词：大型体育馆；定向控制爆破；环保拆除

Building Collapse in Vertical During Blasting Demolition of Large-scale Gymnasium

Lu Hua Fu Jianqiu Cui Xiaorong

（Guangdong Hongda Blasting Co.，Ltd.，Guangdong Guangzhou，510623）

Abstract： Wulihe gymnasium is the largest building demolished gymnasium in the world，and the total dynamite is 2568 kilograms. In this large gymnasium blasting engineering，blasting vibration and flying rock are severely controlled by demolition blasting design，blasting network，defend measure and construction organization were elaborately designed. More，the blasting engineering is the first super large-scale environm ental protection blasting in the world. Its harm of blasting dust is reduced effectively by adopted environmental protection foam catching dust technology. The results of successful blasting afford useful experiences on controlled blasting of similar large-scale building for the future.

Keywords： large-scale gymnasium；directional controlled blasting；environmental protection demolition

1 工程概况

沈阳五里河体育场始建于1988年，占地面积5万多平方米，设有52个通道，由于不能满足2008年奥运会足球赛场的要求以及城市规划的需求，决定予以爆破拆除。

体育场东距青年大街160m，南距住宅围墙70m，西距明星街最近125m，北侧距文体路120m，距外柱30m还有一条深1.2m的埋置式电缆沟，如图1所示。

体育场东西长230m，南北长253m，呈椭圆形布局，外部造型上东、西两侧看台高于南、北两侧看台，建筑面积：2.6万m^2，6万个座位。看台顶部由悬臂钢梁遮护，共120榀，东、西侧悬臂钢梁长度约34m，高度近40m，重约30余吨；南、北侧悬臂钢梁长度14m，高度约25m，重约10余吨。体育场一共分了20个各自独立的区域，区域间预留伸缩缝。每个区域由6排24~30根柱子支撑，柱子最高35m，最低2.5m，扇形形状。沿径向方向自外而内分为A轴、B轴（局部没有）、C轴、D轴、E轴，环向分为1~100轴，各轴间距不等。钢筋混凝土总量约为1.8万m^3，总残土量约为2.5万m^3。体育场东西向轴线剖面如图2所示。

原载于《爆破》，2008，25（3）：56-60。

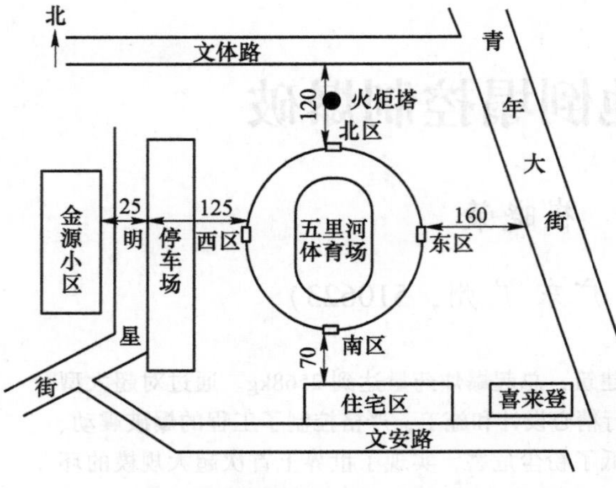

图 1 五里河体育场周边环境示意图（单位：m）

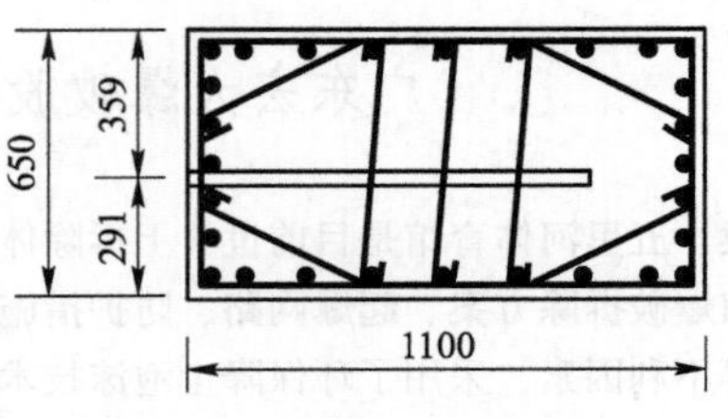

图 2 A 轴首层立柱短边钻孔图（单位：mm）

2 爆破拆除方案的确定

2.1 爆破设计思路

根据体育场的结构特点和爆破拆除要求，为了保证结构的坍塌，降低爆堆高度，以便后续清运工作，决定采用层层炸的原地坍塌方案。原地坍塌方案就是通过爆破的方法来破坏承重结构局部或大部分材料结构，使之失去承载能力，从而使建筑物整体失去稳定性，使结构在自重作用下冲击下部结构，使下部结构充分压缩解体，降低爆堆高度[1]。

体育场的周边环境较为复杂，为了严格控制爆破危害，需要控制最大单响起爆药量和做好防护措施，因此采用延时爆破网路，在每个轴不同位置进行钻孔爆破，以编号 1 轴和 100 轴为起点，沿体育场环向方向按东、西两个方向以一定时差像“多米诺骨牌倒塌”一样逐轴坍塌，单轴单响，在塌落过程中 A 轴往外侧滑移倾倒。

2.2 预拆除

为了减少爆破工程量，方便连线，保证体育馆顺利倒塌，采用人工、机械法将砖隔墙、主建筑物内的小构筑物（记者观察室、休息室等）和附属建筑物进行拆除。因为采用原地倒塌方案，而且工期较紧，为了节省工期，保证体育馆顺利实现原地坍塌，对首层和二层的楼梯也进行了预拆除。

五里河体育场主建筑物为框架结构，预处理只是将非承重隔墙及建筑物内的不影响建筑结构的构筑物进行拆除，对承重结构没有任何削弱，对主建筑结构没有影响。经过预处理后，体育场的重量大大减轻，支撑结构没有变化，在施工中上人活荷载小，没上大型设备，设备荷载也较小，所以经预处理后的建筑结构是稳定的，施工期间是安全的。

3 爆破参数的确定

3.1 原地倒塌方案爆破切口

A 轴立柱最高，高度介于 24.7~35m 不等，B 轴立柱高 20.9m，C 轴立柱高 14.9m，D 轴立柱高 5.7m，E 轴立柱最低，高 2.5m，扇形形状。A 轴立柱有 4~6 层、B 轴有 3~4 层（局部没有 B 轴）、C 轴有 2 层、D 轴和 E 轴均只有一层。为了达到较好的爆破效果，体育场内的各层支撑立柱进行钻孔爆破，混凝土破碎后，钢筋难以支撑上部重量，建筑物发生原地倒塌。

3.2 布孔方式的确定

A 轴立柱尺寸为 600mm×1100mm，A 轴首层立柱配筋图如图 2 和图 3 所示，长短边均为 7 根 $\phi32$ 的钢筋，箍筋：内外箍均为 $\phi10$，间距 100mm。

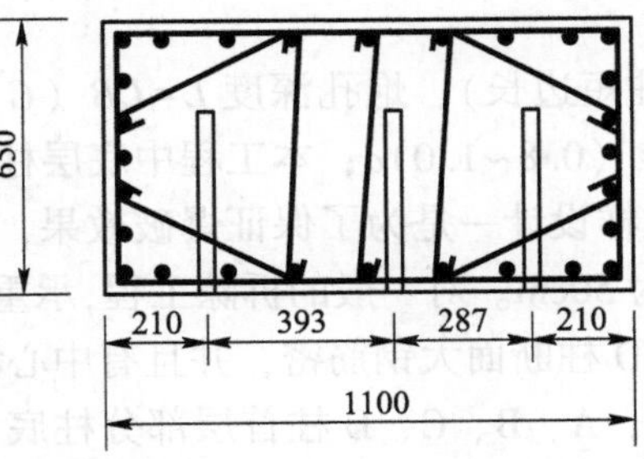

图3 A轴首层立柱配筋图（单位：mm）

布孔方式主要考虑到施工的难易程度、工作量大小、施工质量控制、装药效率和爆破效果等因素。

3.2.1 从长边钻孔

如果从长边钻孔（见图3），从原理上来说，是可行的，因为圆柱形药卷的侧向爆炸威力较大，而短边的纵向钢筋比长边的纵向钢筋要密，可以较为合理地利用炸药的能量破坏立柱，达到使立柱失稳破坏的目的。但是从图3中看到，A柱长边的配筋是对称的，柱中配有一条纵筋，不可能垂直钻孔，另外2个炮孔也因为同样的问题无法对称钻孔，增加了施工布置的难度，爆破效果难以保证。此外从长边钻孔，炮孔个数多，起爆雷管的个数也多。

3.2.2 从短边钻孔

工程实践证明，炮孔深的爆破效果好，炮孔利用率高，爆破破碎方量大，还可缩短每延米的平均钻孔时间，从而加快施工进度和节省费用。对于本工程，如果从短边钻孔（见图2），短边方向正中也有一根$\phi32$的钢筋，一般这种布筋的钻孔为了保证效果，往往偏移中心线布孔，避开钢筋，打略偏斜的孔。这种布孔方式的缺点就在于对于孔深较深的孔，比较难以准确控制钻孔偏斜角度，对施工质量的要求比较高。

两种布孔方式对比于表1。

表1 A柱布孔方式和爆破效果对比表

布孔方式	钻孔长度/m	炸药效率	雷管消耗比	工期	爆破效果
从短边钻孔	2187	高	1	短	优
从长边钻孔	3029.4	低	3	长	差

通过对比可以看出，从短边钻孔无论是从爆破效果还是工程费用方面都优于从长边钻孔，尤其是本工程工程量大，工期紧。因此采用短边钻孔是最可行的，但是要注意严格控制施工质量。

3.3 炮孔参数的选择[2-5]

3.3.1 爆破缺口高度

爆破缺口高度即爆高。为确保钢筋混凝土框架结构物失稳倒塌，必须破碎承重立柱一定高度的混凝土，使其脱离钢筋，当钢筋超过抗压极限强度时必将发生塑性变形而使立柱失稳，进而导致框架倒塌。

理论计算和现有的实践经验表明，为确保钢筋混凝土框架结构爆破时顺利坍塌或倾倒，钢筋混凝土框架结构承重立柱的爆破破坏高度按下式确定：

$$H = K(B + H_{min})$$

式中，B为立柱截面的最大边长；K为与楼房自身条件和爆破条件有关的参数，取K=1.4~2.0，H_{min}为保证失稳的最小爆高，取H_{min}=（30~50）d（d为钢筋直径）。

对于本工程，除了底层和二层的A、B轴层高不变，其余各层各轴层高不同，施工条件较为复杂，因此根据工程现场实际施工条件和爆堆的要求，对不同层数不同尺寸的立柱采用不同的爆高，既要保证施工的安全可靠又要满足控制爆堆高度的要求。

3.3.2 炮孔布置参数

最小抵抗线 $W=B/2$（B 为立柱短边长）；炮孔深度 $L=CB$（C 为边界条件系数，取 0.65~0.75）；孔间距 $a=(1.2\sim2.0)W$；排距 $b=(0.8\sim1.0)a$；本工程中底层柱和二层柱的抵抗线为 20~30cm，上几层立柱抵抗线取为 30~35cm，这样设计一是为了保证爆破效果，二是便于施工，三是在满足爆破效果的同时降低爆破飞石危害；排距为 50cm。对一般的拆除工程，承重立柱的单耗一般在 1.0~1.5kg/m³，对于本工程，由于主要立柱 A 柱、D 柱断面大钢筋密，并且有中心箍筋，经过试爆，单耗取为 $k=1.7\sim2.0\text{kg/m}^3$，其中为了保证爆破效果，A、B、C、D 柱首层部分柱底 4 个孔的单耗为 2.0kg/m³，以确保其完全垮塌。

4 爆破网路设计

4.1 雷管时差确定

五里河体育场周边环境复杂，而且爆破量大，为了减小爆破震动、爆破塌落震动及冲击波等爆破危害，故利用高精度毫秒延期导爆管雷管，从时间和空间上分散药量，控制爆破危害[6]。

如图 4 所示，体育场 120 排立柱共分为 60 个雷管段数，实现单轴单响。以北侧 1 轴、100 轴为起点炮孔内开始起爆，分别向东、西两侧顺序起爆，后排轴与前排轴起爆时差为 110ms。

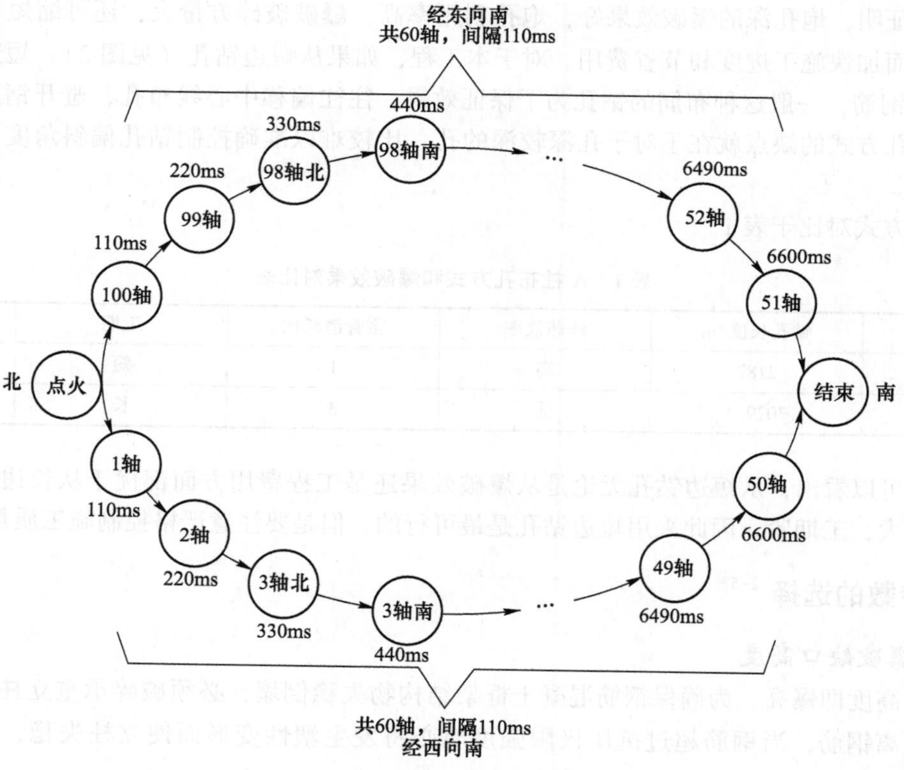

图 4 起爆顺序示意图

4.2 爆破网路

本工程爆破网路采用孔外接力网路，采用“大把抓”和四通连接的复式爆破网路，孔内雷管均采用毫秒 14 段非电雷管（延期时间为 890ms），孔外采用毫秒 5 段（延期时间为 110ms）接力网路。以图 5 为例，将立柱的导爆管用“大把抓”，再绑上 2 发延期时间为 110ms 的导爆管雷管，分东西两侧将 120 排柱顺连起来，在底层形成两个、二层一个，三四层合成一个、顶层一个共 5 个封闭回路环，每个封闭回路环有 2 条导爆管。封闭回路环之间用导爆管搭桥，保证只要一个回路环起爆，就能带动整个网路起爆，最后从主网路导出2根导爆管至起爆站，用起爆器起爆。

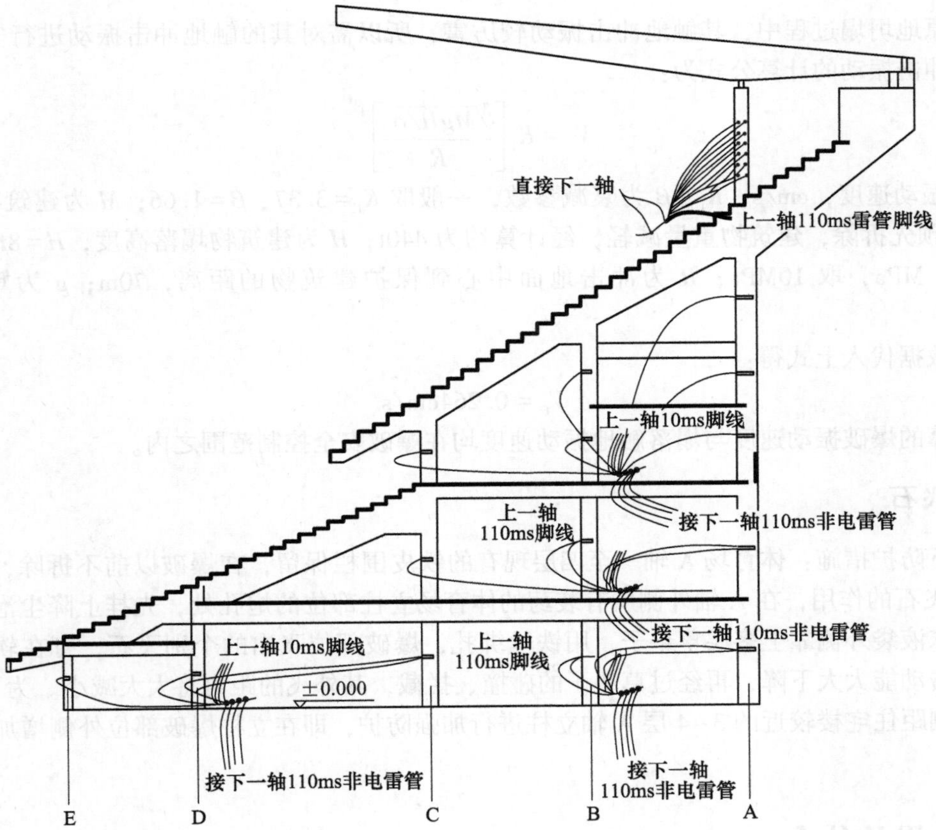

图5 单轴的爆破网路图

针对本工程选择孔外接力网路的优点是：

(1) 本工程总药量达到2.568t，周边环境的复杂性要求严格控制爆破危害，运用孔外接力网路可以灵活地控制爆破时差，分散药量，控制爆破危害。

(2) 本工程有60个雷管段数，延时长、品种多，如果采用孔内延期网路，没有那么多系列的雷管。

(3) 采用孔外延时接力网路，只采用了2个段别的雷管，雷管品种少，装药管理方便。

(4) 本工程采用环保爆破，一二层要充填降尘泡沫，因此在体育场内不能采用不防水的四通网路，采用孔外接力网路可以满足环保爆破的防水要求。

5 爆破安全校核

5.1 爆破振动分析

$$V = K'K(Q^{1/3}/R)^{\alpha}$$

式中，V为保护对象所在地质点振动安全允许速度；K、α为与爆破点至计算保护对象间的地形、地质条件有关的系数和衰减指数，取$K=150$，$\alpha=1.6$；K'为拆除爆破衰减系数，这里取$K'=0.3$；Q为延时爆破最大一段药量，$Q=55.8\text{kg}$；R为爆破振动安全允许距离，m。

距离需要保护的电缆沟为$R=30\text{m}$，其振动速度：$V=1.66\text{cm/s}$。

距离需要保护的住宅楼为$R=70\text{m}$，其振动速度：$V=0.43\text{cm/s}$。

计算所得爆破振动速度小于《爆破安全规程》中的要求值，能够保证周边建（构）筑物的安全。

5.2 触地冲击振动

体育场原地坍塌过程中，其触地冲击振动较厉害，所以需对其的触地冲击振动进行安全论证[6]。建筑物触地冲击振动的计算公式为：

$$V_t = K_t\left[\frac{\sqrt[3]{MgH/\sigma}}{R}\right]^{\beta}$$

式中，V_t 为振动速度，cm/s；K_t、β 为衰减参数，一般取 $K_t = 3.37$，$\beta = 1.66$；M 为建筑物单跨质量，t；由于隔墙预先拆除，建筑物重量减轻，经计算约为 440t；H 为建筑物塌落高度，$H = 8$m；σ 为介质的破坏强度，MPa，取 10MPa；R 为冲击地面中心到保护建筑物的距离，70m；g 为重力加速度，m/s^2。

将有关数据代入上式得：

$$V_t = 0.264\text{cm/s}$$

上式估算的爆破振动速度与塌落触地振动速度均在爆破安全控制范围之内。

5.3 爆破飞石

采取以下防护措施：体育场 A 轴一至四层现有的铁皮围栏保留，在爆破以前不拆除，起到防护 A 至 D 轴爆破飞石的作用，在 A 轴外侧所有装药的体育场立柱部位的炮孔处，先挂上降尘泡沫液袋，然后在降尘泡沫液袋外侧靠上多层草垫子，用铁丝绑扎，爆破部位飞出的个别飞石，打在软绵绵的泡沫袋上，其冲击动能大大下降，再经过草垫子的碰撞、拦截，其外飞的距离将大大减小。为了确保安全，体育场西南侧距住宅楼较近的 3~4 层 A 轴立柱进行加强防护，即在立柱爆破部位外侧增加铁丝网进行防护。

6 爆破效果及体会

起爆后体育馆按照预期的设想原地坍塌，破碎效果良好，严格控制了爆破产生的振动和飞石危害。本工程的成功爆破有以下几点体会：

（1）立柱的爆破效果好，合理的炸高，保证了原地坍塌。

（2）起爆网路的合理设计，安全可靠，实现“多米诺”骨牌逐排逐段坍塌。

（3）时间和空间上分散药量，控制爆破震动和爆破冲击波及爆破噪声危害；“多米诺”骨牌逐排逐段坍塌，控制塌落冲击振动，对周边民居、建筑、设施及地下管线未造成任何破坏和影响。

（4）看台 1~2 层充填降尘降噪环保泡沫，将爆破噪声控制在 80dB 以下，将粉尘漂移距离控制在 400m 范围内。

参 考 文 献

[1] 傅建秋，魏晓林，汪旭光．建筑爆破拆除动力方程近似解研究（1）[J]．爆破，2007，24（1）：1-6.

[2] 中华人民共和国国家标准．GB 6722—2003 爆破安全规程 [S]．北京：中国标准出版社，2004.

[3] 于亚伦．工程爆破理论与技术 [M]．北京：冶金工业出版社，2004.

[4] 冯叔瑜．城市控制爆破 [M]．北京：中国铁道出版社，1985.

[5] 刘殿中．工程爆破使用手册 [M]．北京：冶金工业出版社，1999.

[6] 傅建秋，郑建礼，刘孟龙．洛阳电厂 84.8m 双曲线冷却塔定向爆破拆除 [J]．爆破，2007，24（4）：41-44.

大型联体水泥罐的定向拆除爆破

朱志刚　姬震西　罗伟涛

（广东宏大爆破股份有限公司，广东 广州，510623）

摘　要：位于广州市中心的一大型水泥联体罐，由于广州市城市建设要求，需要进行爆破拆除。由于联体罐宽 20.5m，高 24.5m，高宽比很小，不利于整体定向倒塌；且即使整体定向倒塌成功，爆堆高度仍然有 20.5m，仅仅略小于原罐高的 24.5m，这给清渣带来困难，本次爆破采用了沿东西方向分离联体罐爆破的方法。本文介绍了对西边联体罐进行爆破拆除的设计方案、爆破参数的确定及安全与施工设计，对减少震动及对飞石危害的控制进行了探讨。本次爆破成功地对此联体罐前半部分进行了爆破拆除，确保了周边建筑物的安全，为同类工程提供了一定的参考。

关键词：爆破拆除；水泥罐体；炸高

Directional Demolition Blasting of Large Conjoint Cement Silos

Zhu Zhigang　Ji Zhenxi　Luo Weitao

(Guangdong Hongda Blasting Co., Ltd., Guangdong Guangzhou 510623)

Abstract: The large conjoint cement silos, locating in the center of Guangzhou, need to be demolished by blasting because of the urban planning. As the whole structure, 20.5m wide and 24.5m high, has a small aspect ratio, it is unfavorable for the overall directional collapse, and even if the overall directional collapse is successful, the height of the muckpile would be still 20.5m, which is only slightly less than the height of the silo and would bring troubles to muck removal. Therefore, the project separates the combined silos along the south-north direction into two parts. This paper introduces the blasting demolition design of the west two conjoined silos, blasting parameters and safety and construction design, and discusses the measures for vibration reduction and flying rock control. The first half of the conjoined silos is successfully demolished by blasting, and ensures the safety of surrounding buildings, which could provide a certain reference for similar projects.

Keywords: blasting demolition; cement silos; blasting height

1　工程概况

为配合广州市的城市建设，位于广州市中心的一大型 4 万吨水泥罐体由于体积庞大，需要进行爆破拆除。该罐体筒壁以及上部构筑物总计 32m。原系钢筋混凝土分段浇筑，并在平台上部筒壁下部加了外围墙进行保护，整体结构性比较好。筒体内径为 12.55m，筒壁厚为 20cm。该水泥罐体倒塌半径内向西 150m 左右为交通要路，向东 200m 左右为居民楼，向北 150m 左右靠近花坛和办公室，向南为待拆除建筑物。其具体环境如图 1 所示。

2　爆破方案的设计

2.1　爆破方案的选择

本次爆破水泥罐体直径大，单个罐体内部直径为 12.4m，宽度近 25m；罐顶高 30m，含罐顶上的

原载于《中国爆破新技术Ⅱ》，2008：502-504。

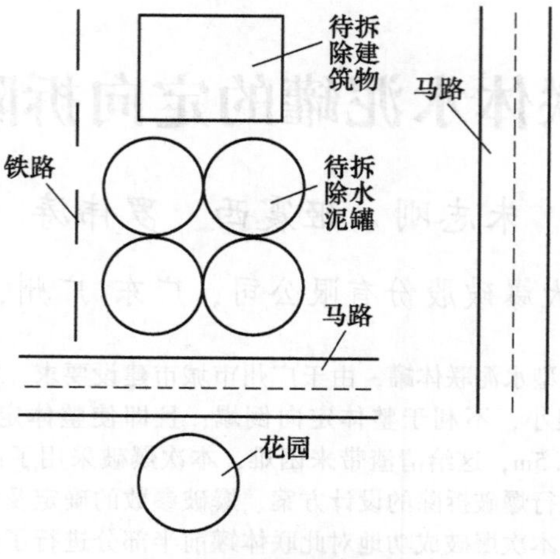

图1 爆区周边环境图

Fig. 1 Surroundings of the blasting area

附属建（构）筑物，高34m，且呈田字形两两相连。罐体下部平台为钢筋混凝土结构，上部为筒体结构，整体性好。从结构特点上看，罐顶上的附属建（构）筑物与圆罐顶板的联系不是很牢靠，四个相连的罐体，宽近25m，高30m，高宽比很小，不利于整体定向倒塌。另外，即使整体定向倒塌成功，爆堆高度仍然有近25m，仅仅略小于原罐的高度，因此，决定先将罐体沿南北方向的中轴线分离成前后两排独立的罐体，前后两排罐体利用炸高差分两次进行定向拆除爆破，均向西侧定向倾倒，在此我们只介绍西边两个联体罐的拆除爆破方案。

2.2 炸高及预处理

由于水泥罐体的支撑柱子较短，支撑筒体的平台钢筋太密，不利于预处理来提高炸高，为加快工程进度，决定只对平台上部罐体筒壁进行爆破拆除，最后将筒壁的炸高确定为6m。为了保证爆破时罐体的顺利倒塌，预处理时将西边两罐体筒壁连接处打断，如图2所示。同时在预处理时由于水泥罐体内水泥渣太多，东西两排罐体的分离宽度分离至平台以上1.5m左右后就无法再分离下去，为了防止出现罐体爆破后下坐及减少钻孔工作量，爆破时在南北对称的两边筒壁上分成了上下两块爆破带，并在预处理时尽量将西边一排炸高提高，具体炸高及设计方案如图3所示。

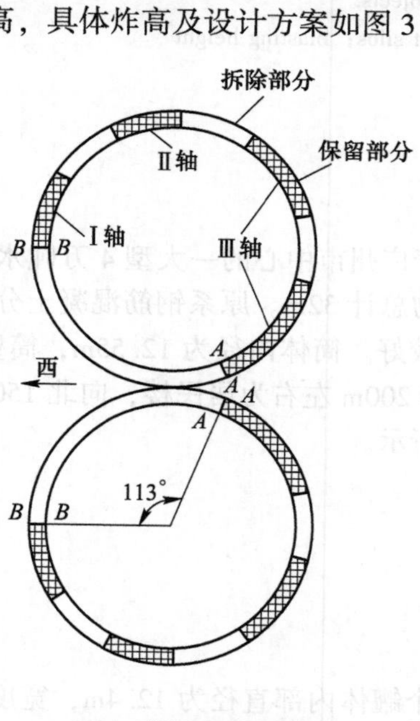

图2 爆破切口示意图

Fig. 2 Sketch of the blasting cut

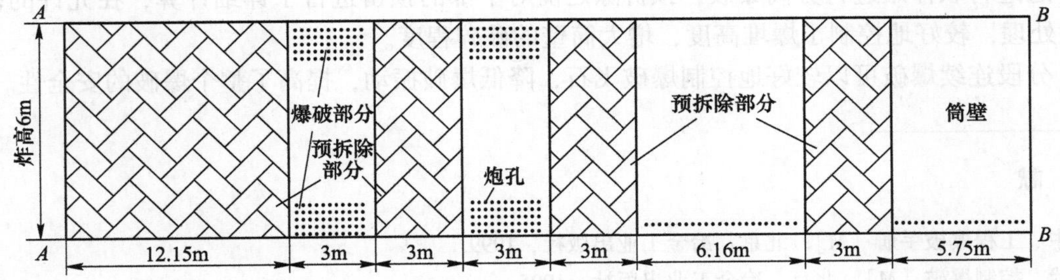

图 3 爆破切口展开图

Fig. 3 Stretch of the blasting cut

2.3 爆破参数

水泥罐体筒壁厚度为 $d=20\text{cm}$，筒壁的最小抵抗线 $W=10\text{cm}$，根据最小抵抗线和临近系数确定筒壁孔距 $b=30\text{cm}$，排距取 $a=25\text{cm}$；孔深的确定以保证药包在壁体中心为原则，取孔深 $l=2/3d=13\text{cm}$。单孔装药量：按体积公式 $q=Kabd$ 确定单孔装药量，设计单耗 $K=3\text{kg/m}^3$，则单孔装药量为 $q=45\text{g}$。设计的具体参数值见表 1。

表 1 爆破参数

Table 1 blasting parameters

孔距 a/cm	排距 b/cm	壁厚 d/cm	最小抵抗线 W/cm	炸药单耗 K/g · cm^{-3}	单孔药耗 q/g
25	30	20	10	3.0	45

3 爆破网路

爆破网路采用孔内毫秒分段孔外四通连接闭合式起爆网路。从西到东Ⅰ轴、Ⅱ轴、Ⅲ轴的爆破区域分别选择 Ms24、Ms27、Ms30 段雷管，立柱炮孔先用“大把抓”（簇联），再用四通连接形成封闭回路环。最后从主网路导出两根导爆管至起爆站，用高能击发枪起爆。

4 爆破振动安全

本次拆除爆破由于在市中心进行，旁边有居民楼，根据《爆破安全规程》（GB 6722—2003）规定，这些建筑的安全振速为 2～3cm/s。根据爆破安全规程，城市拆除爆破时爆破振动对周围建（构）筑物的破坏影响可采用下式[1,2] 计算：

$$R = Q^{\frac{1}{3}}(K_0K_1/v)^{\frac{1}{\alpha}}$$

式中，R 为爆破地震安全允许距离，m；Q 为微差爆破最大一段药量，取为 4.5kg；K_1、α 为场地系数，取为 $\alpha=1.5$，$K_1=200$；K_0 为修正系数，在此取为 $K_0=0.5$。

取居民楼建筑的安全振速为 2cm/s，将上述值代入公式得到安全距离为 $R=22.4\text{m}$，远远小于最近建筑物离爆源的距离，因此此次爆破造成的地震效应不会引起建筑物的安全问题。

5 爆破效果

爆破后罐体按照设计的方向倒塌，前面壁体被完全摔碎，爆破堆积高度、破碎程度达到了预期的控制目标，爆破效果较好。重点关注的北边筒壁防护情况良好，无任何飞石飞出第二层防护网，别的方向的飞石最远距离为 50m 左右。对周边建筑物没有造成任何破坏，通过这次爆破，主要获得体会有：

（1）通过将联体罐进行分离爆破，预拆除之前对下部的预留进行了详细计算，在允许的范围内进行预拆除处理，较好地控制了爆堆高度，增大筒壁的破碎程度。

（2）分段连续爆破可以较好地控制爆破飞石，降低爆破振动，提高了整个爆破的安全性。

参考文献

[1] 刘殿中. 工程爆破手册 [M]. 北京：冶金工业出版社，1999.
[2] 秦明武. 控制爆破 [M]. 北京：冶金工业出版社，1995.

环保清洁爆破拆除技术

李战军　罗　勇

（广东宏大爆破股份有限公司，广东 广州，510623）

摘　要：基于目前爆破拆除降尘现状，在传统的降尘手段的基础上提出了一种环保清洁爆破方法，即将物理与化学降尘手段相结合的综合降尘方法。本文对该法的降尘原理进行了分析研究，将实验确定的泡沫降尘剂进行了捕尘试验，并将之应用于闹市区的爆破工程，得到了理想的环保清洁效果，为建筑物爆破拆除扬尘控制开辟了一条新路，也可为今后类似工程提供重要技术支撑。

关键词：拆除爆破；环保清洁；泡沫剂；降尘

Environmentally Friendly and Clean Blasting Demolition Technology

Li Zhanjun　Luo Yong

（Guangdong Hongda Blasting Co., Ltd., Guangdong Guangzhou, 510623）

Abstract: In view of the current dust removal status in blasting demolition, this paper proposes an environmentally friendly and clean blasting method on the basis of traditional dust removal methods, that is, a comprehensive dust suppression method combining physical and chemical ways. The paper analyzes the principle of the new method, and introduces the dust catcher test of the experimentally confirmed dust control foam and the application of the new method in the downtown blasting engineering, which obtains ideal cleaning effect for environmental protection. The research opens up a new way to control dust of blasting demolition, and can provide an important technical support for future similar projects.

Keywords: blasting demolition; environmentally friendly and clean; foam; dust reduction

1　引言

随着社会的进步和城市建设的发展，爆破拆除在城市发展中的使用越来越多，取得了显著的经济效益和社会效益。在爆破拆除时产生的爆破粉尘污染往往是开放性和随机性的，烟尘的生成具有突发性和随后在空气中扩散、飘移运动的复杂性。爆破时若不采取有效措施，爆破烟尘既污染环境，又危害人体健康，尤其是在人口稠密的市镇区内进行拆除爆破时对周边环境产生的污染问题更严重。随着控制爆破技术的发展和人们对控制爆破要求的不断提高，减少爆破粉尘对环境的污染成了急需解决的技术难题之一。

2　清洁环保降尘的提出

2.1　粉尘产生根源

在爆破过程中，炸药作用于其行为对象使被爆破体产生运动，被爆破体同时又对周围环境产生作用，故拆除爆破产生的扬尘来自[1]：

原载于《中国爆破新技术Ⅱ》，2008：529-534。

（1）炮孔爆破时介质解体破碎产生的粉尘；

（2）建筑触地解体时产生的粉尘；

（3）建筑上的积尘在建筑倒塌过程中被风激起产生的扬尘；

（4）建筑倒塌过程中冲击塌落场地的积尘产生的扬尘。

2.2 爆破降尘现状

为防止粉尘飞扬扩散于空气中，湿润和冲洗初生或沉积的粉尘是最简便的措施，传统的洒水降尘法就是利用的这点。目前爆破拆除中的污染防治的综合措施，主要有[2]：清除建筑物表面的粉尘物、采取湿式爆破方法、预湿建筑物、采取水袋幕帘防尘措施、楼顶蓄水法、在建筑物周边地面蓄水、消防车高压喷水。

根据有关报道，美国在20世纪80年代用爆破方法拆除核设施时，考虑到核污染问题，对爆破拆除扬尘进行了控制。近几年，国外爆破界有关爆破拆除降尘的文字报道极少，但从有关新闻报道中烟尘滚滚的图片上可以看出，国外在爆破拆除旧建筑物时，若非必要，几乎不采用降尘措施，如图1所示。

图1 未经降尘处理的爆破效果

Fig. 1 Blasitng effect without takting measures

国内有重大影响的建筑爆破拆除粉尘治理工作有：2001年5月广州旧体育馆的爆破拆除降尘工作，该工程采用了清理积尘、楼面蓄水、预湿墙体、屋面敷水袋、建筑外设高压管网喷水、搭设防尘排栅和直升机投水弹并产生下向风流等综合防尘技术[3,4]。贵阳市第一商场和新华书店两座建筑物爆破拆除中，根据对粉尘产生根源的分析和一些现场试验，研究并采用了水幕帘降尘技术，即在各爆点悬挂水袋，各层楼的地面建水池灌水顶部悬挂水桶，对建筑物和解体构件预定倒塌的区域进行充分洒水[5]。

以上方法的综合实施，对爆破粉尘控制达到了一定效果，但增加了施工难度，提高了爆破成本，而以这种方式灭尘的水利用率很低，大量的水还可能积聚在爆区附近，给后期施工带来麻烦。

爆破粉尘粒径非常小，通常粒径小于5μm的颗粒数占总颗粒数的96%[6]。文献［7］分析了尘粒起动过程，研究了尘粒粒径对爆破扬尘的影响，认为工程中要尽量避免爆破能量对尘源的冲击，经济可行的办法是增大尘粒，增强尘粒的抗风能力，避免尘粒扬起。为实现这一目的，利用爆炸产生水雾来除尘比较合理，利用炸药爆炸能量雾化、抛撒水，使瞬时形成的水雾通过粉尘粒子与液滴的惯性碰撞、拦截以及凝聚、扩散等作用捕集瞬时形成的大面积粉尘，并在重力作用下沉降最终达到降尘的目的。

有文献从理论上介绍了一种捕尘方法，即依据胶体脱稳原理，利用爆破烟尘气溶胶的特性，提出在工程爆破使用的炸药中添加絮凝剂和发泡助凝剂，使爆烟气溶胶中的部分微粒先相互“架桥”絮凝成许多蛛网状胶团，又与随后生成的泡沫黏结成捕尘“网”再去捕集其余的微粒，在爆烟的内部自发地完成捕尘过程，从而取得较好的除尘净化效果。

2.3 环保清洁爆破降尘方法的提出

一般来说，尘粒间主要存在液桥力、范德华力、静电力等几种相互作用力，在干燥情况下，起主导作用的是范德华力；在湿润情况下，液桥力起主导作用。液桥力的产生可促进尘粒间的凝聚，使小尘粒积聚成大尘粒。同时由于液桥力较大，通过液桥力被黏结起来的粉尘的起动风速大大增强，与干燥尘粒相比，不易被扬起[6]。

环保清洁爆破降尘就是利用物理降尘方法结合化学手段：

（1）采用化学方法改进建筑材料的吸水性能。

（2）通过往水中添加一些具有吸湿、保湿，并且能凝并粉尘的化学物质来大大提高颗粒间的化学作用力，促使扬尘颗粒凝聚。

（3）利用泡沫庞大的总体积和总面积，增加粉尘与捕尘泡沫接触的机会，对粉尘源进行覆盖，隔断粉尘的传播和扩散通道，在爆烟的内部自发地完成捕尘过程，从而达到降尘目的。

3 清洁环保降尘关键技术

3.1 保湿与吸湿

由于被拆除的建筑物往往较高，且体积庞大，因此拆除爆破前的洒水任务相当繁重；同时，建筑材料在吸水的同时，还伴随有失水过程。在干燥空气和高温共同作用下，失水现象尤其严重。为解决此类问题，广东宏大爆破工程有限公司自主研制的宏大1号保湿剂（HDBS-1）应运而生，它具有保湿性、吸湿性、凝并粉尘的性质，可保持建筑材料洒水后保持一定的含水率。在此基础上，还可以在洒水时往水中添加宏大1号增渗剂（HDZS-1），改进建筑材料的吸水性能，尽量减少洒水工作量和用水量。

3.2 泡沫

泡沫具有低密度、大表面积的特点，当泡沫喷洒到建筑或废渣上时造成无缝隙的泡沫体，覆盖和遮断尘源，使粉尘得以润湿和抑制；当泡沫喷射到含尘空气中则形成大量的泡沫离子群，其总体积和总面积很大，从而大大增加了泡沫液和尘粒的接触面和附着力，大大增加了粉尘被拦截、黏附、润湿和沉降的可能，从而起到良好的降尘作用，且耗水量较少。

3.3 泡沫降尘剂配方的确定

一般来说，泡沫高度是衡量泡沫剂起泡性能与稳定性的综合指标，泡沫高者其稳定性也较好。广东宏大爆破工程有限公司科研人员以泡沫高度和表面张力作为衡量配方好坏的指标，选用正交设计方法确定了泡沫降尘剂配方。由于涉及保密原因，泡沫降尘剂配方中各组分未能给出。实验筛选出泡沫降尘剂中各组分的含量是：发泡剂30%左右；润湿剂3%～5%；稳泡剂6%～8%；其他助剂17%～26%；水30%～50%。助剂包括增溶剂、络合剂、缓蚀剂等，主要是为了使发泡剂、润湿剂、稳泡剂等的复配产物性能稳定。

根据实验确定的泡沫降尘剂配方组分及其含量，进行了室外泡沫配置试验。试验结果表明发泡剂具有良好的起泡能力：起泡速度快，形成的泡沫高度高，泡沫的稳定性好，如图2所示。

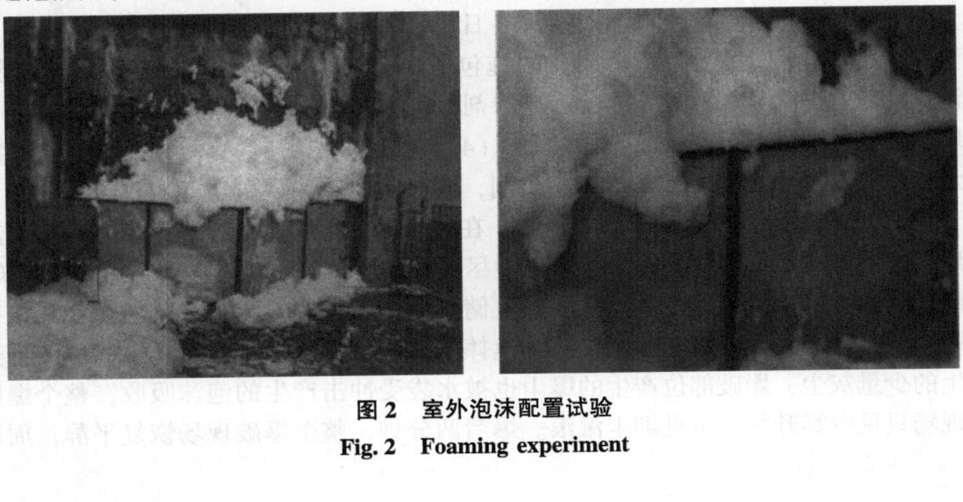

图2　室外泡沫配置试验

Fig. 2　Foaming experiment

3.4 泡沫降尘试验

为了确定泡沫降尘剂的降尘效果，设计了如图 3 所示的实验装置：在发尘装置内装入爆破现场收集到的积尘，在发尘的同时，开动风机将这些尘吹出。在采样点布置采样器，测量在相同的发尘量情况下，采用泡沫降尘、洒水降尘和不采取任何措施三种情况下，采样点的降尘量，然后进行比较。此项试验共进行了 4 次，实验结果见表 1。

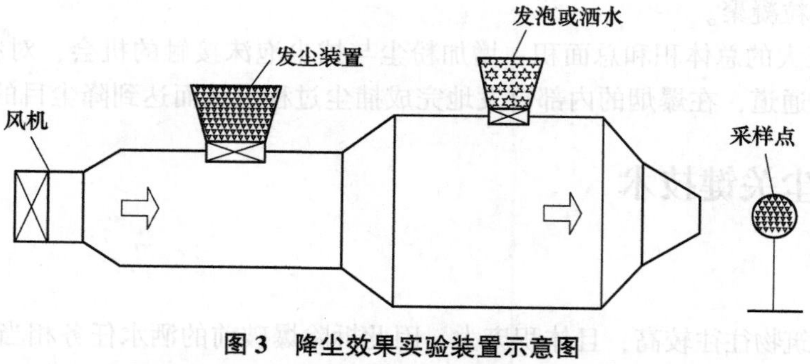

图 3　降尘效果实验装置示意图

Fig. 3　Schematic plan of dust reduction experiment

表 1　降尘效果测定值

Table 1　Experiment results of dust reduction

实验序号	无措施	洒水降尘		泡沫降尘	
	尘量/mg · m^{-3}	尘量/mg · m^{-3}	效率/%	尘量/mg · m^{-3}	效率/%
1	78.9	34.5	56.1	3.4	95.7
2	86.5	35.2	59.3	3.3	96.2
3	122.3	73.6	39.8	15.3	87.5
4	200.4	112.4	43.9	32.3	83.8

从表 1 的实验结果可以看出，泡沫降尘的降尘效率明显高于洒水降尘（洒水降尘的效率不超过 60%，而泡沫降尘的效率均为 83%以上）。由此结果，可以肯定泡沫降尘剂配方的良好降尘效果。但由表中的数值也可以看出，随着发尘量的增加，洒水和泡沫降尘的效率均有所下降，出现这种情况的原因是，随着尘量的增加，泡沫和洒水的供应量没能相应增加，降尘所需泡沫量、水量与泡沫和水的供应量不匹配，从而导致降尘效率下降。

4　环保清洁爆破应用实例

4.1　广东省委三号楼爆破

广东宏大爆破工程有限公司在 2005 年 1 月 20 日爆破广东省委三号楼时，第一次采用了物理方法结合化学方法降尘的环保清洁爆破，具体降尘措施包括：（1）清理建筑上的积尘；（2）在楼房天面、各楼层堵漏洞，砌筑水池储水，并往水中加入增渗剂；（3）将含有增渗剂和保湿剂的水用水管喷向建筑内外所有墙壁，使整个建筑始终处于湿润状态；（4）爆破部位悬挂含有泡沫黏尘剂的水袋；（5）起爆前在天面水池中和各楼层水池中加入泡沫黏尘剂，并在楼房倒塌处营造存水池，并往池中加入泡沫黏尘剂；（6）清理倒塌场地上的废物，清不走的，在上面洒上含保湿剂的水，或用胶布覆盖。（7）起爆前 30min 用人工或空压机做搅拌器在各处水池中尽量制造泡沫，并使之尽量充满待爆建筑物空间。

该楼爆破过程中，各楼层水池中和倒塌场地上储水池中的含有泡沫黏尘剂的水在建筑残骸的冲击下迅速起泡；楼顶水池中的含有泡沫的水在被高速摔下的时候形成片片白沫。这些泡沫迅速吸附了建筑解体时产生的少量灰尘，爆破部位产生的爆尘也被水袋受冲击产生的泡沫吸收，整个爆破过程清晰可见，爆破现场只见白雾升腾，不见烟尘滚滚。爆后两分钟，整个爆破现场恢复平静，周围花草上一尘不染；距爆破现场只有6m的柏油马路和其路边的白色灯罩上也不见灰尘。经广东省广州市环保监测中心现场测定此次爆破产尘量为上风侧47m处0.354mg/m^3；下风侧46m处1.65mg/m^3。爆破时和爆破后现场情况见图4。

(a) 爆破时

(b) 爆破后

图4 爆破时和爆破后现场实况图

Fig. 4 Blasting effect at the scene and after the blasting

4.2 广州市天河城西塔楼爆破

广州市天河城西塔楼周围的环境非常复杂，由于西塔楼地处繁华的商业中心，使得本次爆破拆除工程难度剧增，爆破扬尘问题更是难点。广东宏大爆破工程有限公司经过精心设计，采用了包括高达5m的“泡沫墙”沐浴粉尘、活性水雾包围扬尘、搭建巨型屏蔽墙等三重手段进行环保清洁，其除尘手段同上，爆破效果见图5。

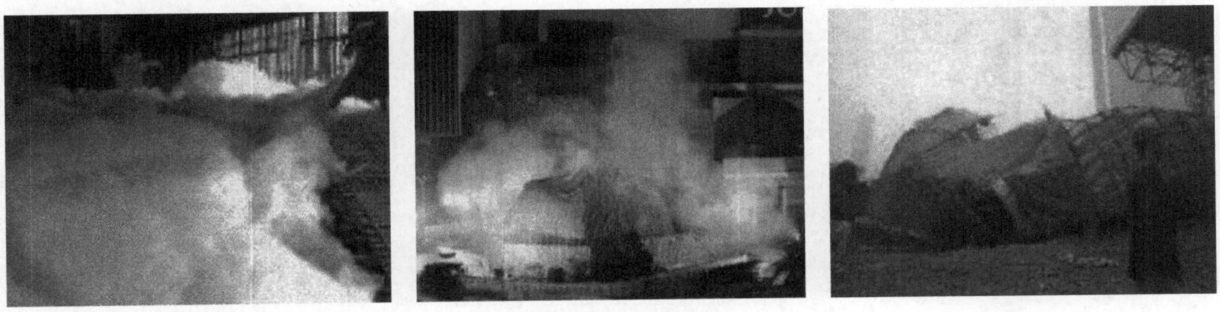

图5 环保爆破效果图

Fig. 5 Blasting effect with cleanliness and environmental protection

本次爆破从起爆到建筑倒塌全过程两三秒钟，最大爆破噪声为70~80dB。飞石飞溅的距离也被成功控制在5m之内。离爆点20m的地铁三号线测点所测到的最大振动速度为0.178cm/s（垂直）和0.184cm/s（水平），在安全范围之内。经过爆后检查，环保监测点空气中悬浮颗粒仅0.5mg/m^3，在现场5m以外的栏杆上都看不到灰尘，本次爆破开创了世界城市清洁爆破的先河，成功实现了无飞石危害、无冲击波影响、低粉尘污染和低噪声污染的爆破效果。

5 体会与建议

环保清洁爆破法为建筑物爆破拆除扬尘控制开辟了新型的环保清洁降尘手段，也可为今后类似工程提供重要的技术支撑，对于爆破粉尘治理技术具有十分重要的意义。尽管该方法的降尘效果很显著，但也存在着以下问题：

(1) 泡沫降尘剂配方中各组分的含量并非一个确定值，而是一个合适的范围，需要根据尘源情况及降尘要求等进行分析研究，以确定最佳配方。

（2）爆破前，待拆除建（构）筑物的电、水、气等已停止供应，这对泡沫的配制、输送带来麻烦，特别是体积、高度大的大型建（构）筑物，需要的泡沫量大，充填泡沫的楼层多，对泡沫搅拌机和空压机功率的要求将更严格。

（3）为全面推广该环保清洁降尘法，还需要对泡沫降尘剂的防冻特性进行进一步研究，以使这种环保清洁爆破能适用于寒冷地区。

（4）该降尘方法仍然是采取的综合治理措施，仍需要加深爆破拆除粉尘治理的基础工作的研究，在工程上的应用还需要完善和解决一系列的技术问题。

参考文献

［1］冯叔瑜，吕毅，杨杰昌，等．城市控制爆破［M］．北京：中国铁道出版社，2000.

［2］周洪文，舒晓春，钟伟华．城市拆除爆破中的污染防治［J］．爆破，2002，19（4）：79-81.

［3］郑炳旭．城市爆破拆除的粉尘预测和降尘措施［J］．中国工程科学，2002，4（8）：69-73.

［4］陈颖尧，吴健光．广州体育馆爆破拆除的粉尘控制［J］．爆破，2001，18（4）：66-68.

［5］池恩安，温远富，罗德丕，等．拆除爆破水幕帘降尘技术研究［J］．工程爆破，2002，8（3）：25-28.

［6］张兴凯．爆破烟尘行为理论及测试［D］．北京：北京科技大学，1995.

［7］李战军，郑炳旭．尘粒起动机理的初步研究［J］．爆破，2003，20（4）：17-20.

摄像测量在建筑拆除力学研究中的应用

魏挺峰　魏晓林　郑炳旭

（广东宏大爆破股份有限公司，广东 广州，510623）

摘　要：建筑物的爆破拆除坍塌是个复杂的力学过程，通过近景摄像测量能精确地认识各时刻建筑物倒塌的姿态变化，为创立建筑拆除动力学奠定了实践的基础。列举了 3 个 100~150m 的高烟囱和 8 层、23 层的框架类两座楼房爆破拆除的摄像测量，采用了三维、二维和一维的直接线性变换法，克服了摄像中的畸变误差；编制了鼠标点击的半自动图像数字化处理计算程序，简化了数字化过程。由此创立了多体离散动力学分析（MBDA），丰富了变拓扑多体系统动力学，在建筑物拆除工程应用中检验了建筑拆除力学是正确的，可以应用的。

关键词：建筑物；爆破拆除；摄像测量

Vseing Photogrammetric Measurement to Study Mechanics Demolishing Bullding

Wei Tingfeng　Wei Xiaolin　Zheng Bingxu

（Guangdong Hongda Blasting Co.，Ltd.，Guangdong Guangzhou，510623）

Abstract：The toppling of building demolished by blasting is process of complexmechanics. The varying posture of toppling building at each time is studied accurately by near-point photogramm etricmeasurement，by that in order to create dynamics demolishing building the practice foundation has been found. In the article the photogrammetric measurement of building demolished by blasting of 3 chimneys high 100~150m，2 frames of 8 storeys and 23 storeys is given an examples. One，two and three-dimensional direct alternative ways are adopted to overcome photographic error. The semiautomatic digital image processing program of computing with mouse action has been edited to be simple. However，multi-discrete dynamics analyses（MBDA）are created. The vary topological multibody system dynamics are richened. The dynamics demolishing building is correct by photogrammetric measurement and can be used.

Keywords：building；demolition by blasting；photogrammetric measurement

建筑物的爆破拆除坍塌是个复杂的力学过程，通过摄影测量能精确地认识各时刻建筑物倒塌的姿态变化。1995 年，文献［1］率先报道了瑞典的 Conny Sjobery 利用 64 帧/s 频率的摄影机，对位于哥德堡的 10 层钢筋混凝土框架的高层建筑物拆除爆破的倒塌过程进行研究。当摄像机在市面出现后，国内开始用摄像来观察建筑物倒塌的过程，但是仅停留在摄像的回放上。随着数字摄像机和计算机技术的发展，简化了图像数字化和判读，通过近景摄像测量，更易于精确地研究建筑物倒塌的姿态变化。1995 年 12 月，广东宏大爆破有限公司在茂名 2 座 120m 高烟囱定向爆破拆除倾倒中，于国内率先以定位摄像编辑机摄像研究了高烟囱拆除倾倒的姿态[2]，2003 年又在镇海电厂 150m 高烟囱爆破折叠拆除[3] 和山东新汉 120m 高烟囱倾倒拆除，以及 2005 年在广州纸厂 100m 高烟囱爆破 3 折叠拆除倒塌[4] 进行了摄影测量。2004 年在广州恒运电厂 8 层框架楼[5] 以及 2007 年在沈阳 23 层天涯宾馆爆破拆除倒塌中进行了摄像测量，准确研究了建筑倒塌的姿态，测定了倒塌中的力学参数，创立了多体离散动力学分析（MBDA），丰富了变拓扑多体系统动力学，为创立建筑拆除动力学奠定了实践的基础。

原载于《中山大学学报》（自然科学版），2008，47（2）：34-38。

1 建（构）筑物倒塌动态摄像测量

要创建新的拆除爆破力学理论，首先要采用现代信息技术、数字技术、结合计算机技术，对爆破拆除进行观测，从观测实践中总结新理论，又从定量观测中检验理论和数值模拟的正确，摒弃缺乏事实基础的逻辑推导和猜想。建筑物倒塌的摄影测量要立足当前不断发展的计算机图像处理技术和数码摄录机，简化过去高速摄影、编辑、数字化仪到判读系统，开发简单、可靠、成本低廉，又满足爆破拆除需要的测量技术，让我国的工程爆破公司都用得起、使用方便、易于推广。

摄影测量技术，在20世纪经历了模拟摄影测量、解析摄影测量[6,7]和数字摄影测量阶段的飞速发展，信息技术和计算机图像处理技术的发展，大大简化了图像信息数字化的过程。现在数字摄像机的图像，已经可以用计算机自动提取观测目标物的像坐标，因而使图像数字化更加容易，设备单一[3]。建（构）筑物倒塌动态摄像属近景摄影测量，用非量测用摄像机测量技术[8]，则更为方便。

1.1 三维摄像测量

以两台非量测用摄像机，在建（构）筑物的侧面及正倒向拍摄，拍摄光中轴尽可能相互垂直摄像，可以实现建筑物倒塌的三维测量。摄像机布置如图1所示，利用待拆建（构）筑物及周围环境，

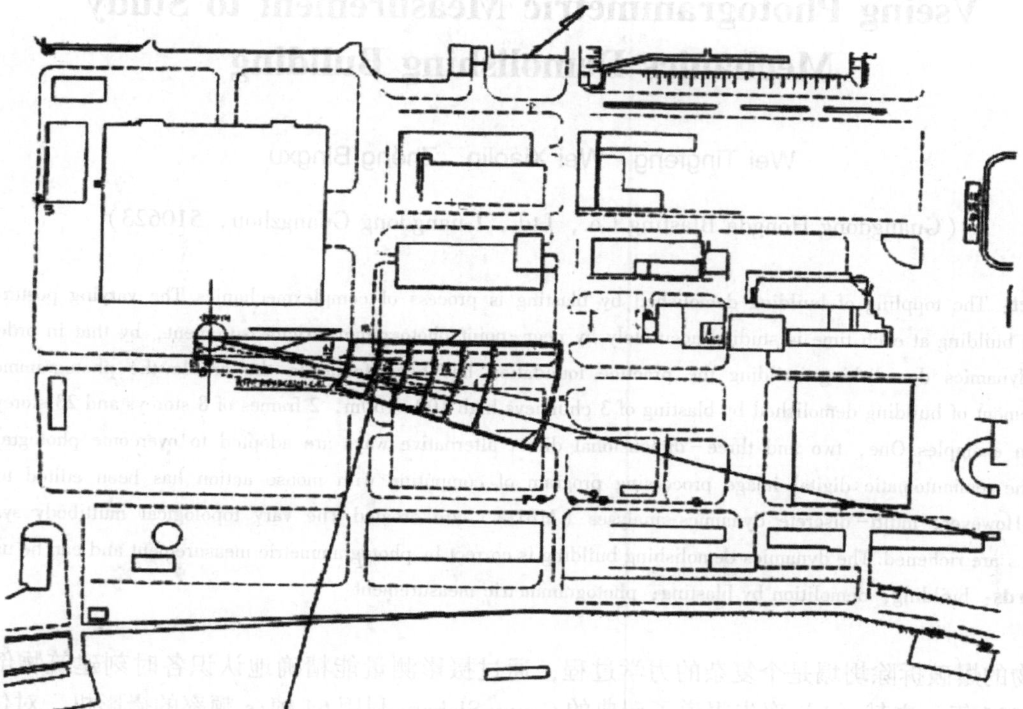

图1 镇海电厂烟囱摄像机布置

Fig. 1 Location of photogrammeter around chimmey at power plant Zhenhai

可容易地分散设置 6 个以上已知坐标点，以解算空间坐标条件方程待定系数。拍摄图像经视频采集卡转为计算机视频文件，并逐幅抓获为静态图像，经鼠标点击半自动数值化后，解算空间坐标共线条件方程组。

当利用摄影测量直接线性变换法时，可选出分布均匀的 6 个以上坐标点空间位置（X、Y、Z），解算空间坐标条件方程，其变换公式为[5]：

$$\begin{cases} x + \dfrac{L_1X + L_2Y + L_3Z + L_4}{L_9X + L_{10}Y + L_{11}Z + 1} = 0 & (1) \\ z + \dfrac{L_5X + L_6Y + L_7Z + L_8}{L_9X + L_{10}Y + L_{11}Z + 1} = 0 & (2) \end{cases}$$

求得 $L_1 \sim L_{11}$ 待定系数，式中 x、z 为已知位置坐标点在摄像平面内的像坐标。

再经畸变差的改正，最后由两像对已知 x、y、z 摄像平面坐标，算出物方空间坐标（X、Y、Z）。

如镇海电厂 150m 高烟囱爆破折叠拆除、山东新汶 120m 高烟囱倾倒拆除以及广州纸厂 100m 高烟囱 3 折叠拆除爆破倒塌的摄影测量，采用了三维摄像技术。

1.2 二维摄像测量

另一种简便近似解算物方坐标方法，可以假设建筑物在 x、z 平面内运动，即用一台非量测用的摄像机，在建筑物的正侧面拍摄的二维摄像测量。该二维平面摄像测量方法忽略了畸变差，这对建筑物的倒塌偏离设计倒向方位 5°以下，还是许可的，并且由此带来的计算误差也与鼠标点击数值化精度相适应。因此式（1）和式（2）中的 Y 为常数，再将 Z 改为 Y，并得到二维直接线性变换解法的公式[9]

$$\begin{cases} x + (L_1X + L_2Y + L_3)/(L_7X + L_8Y + 1) = 0 & (3) \\ y + (L_4X + L_5Y + L_6)/(L_7X + L_8Y + 1) = 0 & (4) \end{cases}$$

只需选出在设计倾倒立面上比较均匀分布的 4 个以上坐标点，求得 $L_1 \sim L_8$ 等 8 个待定系数，并由建筑物目标点的像平面坐标 x、y，解线性代数方程组式（3）、式（4），即解，

$$\begin{cases} X(L_1 + xL_7) + Y(L_2 + xL_8) + (L_3 + x) = 0 & (5) \\ X(L_4 + yL_7) + Y(L_5 + yL_8) + (L_6 + y) = 0 & (6) \end{cases}$$

由此算出建筑物目标点的物方坐标 X、Y。

如广州恒运电厂办公室爆破拆除的近景摄影观测[5]，正侧面如图 2 所示。为了研究爆破拆除框架的倒塌规律，在楼房侧同一平面布置了 5 个测点标志，采用非量测用的数码摄像机在楼正侧面摄影测量，摄速 30 帧/s。在切口上缘测点 5，可见雷管起爆光以作起始时刻，而后倒塌时被下方皮带栈桥遮挡，在楼顶前后对称布置的 1~4 测点，可消除观测误差，便于计算建筑倒塌的姿态，已知测点布置如图 2 所示，其坐标见表 1。

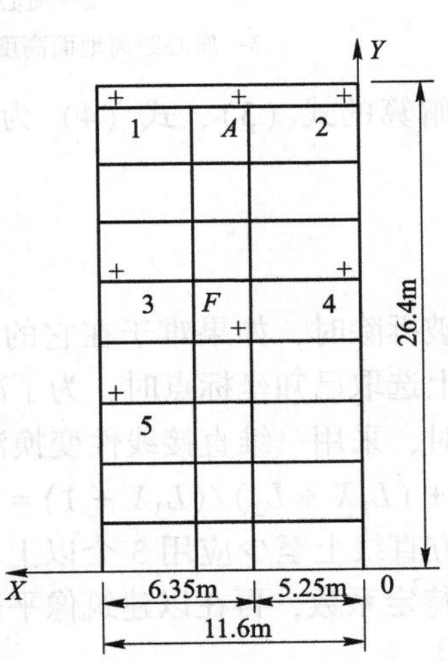

图 2 恒运电厂办公室侧面 1~5 已知物方位坐标点(+)

Fig. 2 Coordinates 1~5 of office of power plant Hengyun

表 1　已知物方位坐标

Table 1　Coordinates designated

测点标号	测点坐标	备　注
1	(0.25，26.0)	1~5 点均用“十字”标记
2	(11.35，26.0)	
3	(0.25，16.4)	
4	(11.35，16.4)	
5	(0.5，10.0)	
A	(5.8，26.0)	1、2 两点的中点，计算获得
F	(5.86，16.86)	计算得爆破切口上部结构的质心

拍摄过程中，摄像机的位置不能改变，因此爆破前所摄已知物方位坐标点坐标，所计算的 $L_1\sim L_8$ 系数，就可以用来从爆破后建筑倒塌时所摄影片中的像坐标，计算其像坐标点的运动物坐标。所计算办公楼框架倒塌转动角，即 1—2 连线转动倾角，见图 3，以 A 点和转动角计算的爆破切口上部结构质心 F 位置，见图 4。

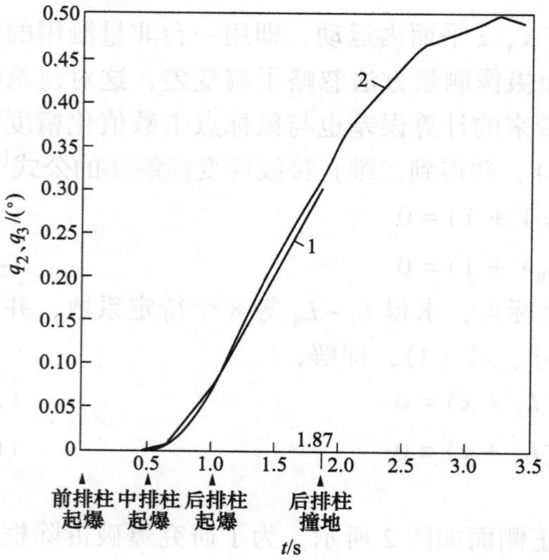

图 3　框架楼倒塌转动角

Fig. 3　Whirling angle of frame building

1—楼顶面转动角数值解；2—楼顶面转动角实测值。

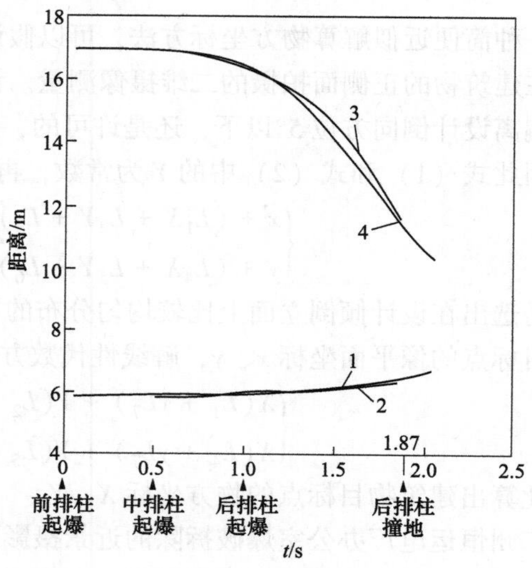

图 4　框架楼倒塌质心位置

Fig. 4　Location of mass centre of frame building toplling

1—质心距原后排柱水平距离数值解，m；

2—质心距原后排柱水平距离实测值，m；

3—质心距离地面高度数值解，m；4—质心距离地面高度实测值，m

当已知控制坐标点多于 4 个时，解算的式（3）、式（4）为超定方程组，可用超定线性方程组来求解 $L_1\sim L_8$ 待定系数。

1.3　一维摄像测量

高层建筑基本上用原地坍塌法爆破拆除时，如果难于在它的周围选出比较均匀分布的 4 个已知坐标点，而只能沿高程在建筑的中轴线上选取已知坐标点时，为了减小式（3）和式（4）的解算物坐标的误差，也可以在建筑竖起塌落观测时，采用一维直接线性变换法，即一维直接线性变换式[5]：

$$x + (L_1X + L_2)/(L_3X + 1) = 0 \tag{7}$$

因此，在高楼中轴线上或竖直物方直线上至少应用 3 个以上已知坐标点，即已知该 3 个点之间彼此的高度距离，以求出 $L_1\sim L_3$ 等 3 个待定系数，再在以建筑像平面坐标 x，以式（7）计算出坍塌楼房目标点的高程 X。

如重庆 23 层米兰大厦原地坍塌倾倒法爆破拆除，采用一维直接线性变换法，读取重心高程时，计算机显示的画面见图 5。

图 5 重庆 23 层米兰大厦爆破拆除第 11.5s 时重心读取计算机画面

Fig. 5 Mass centre of building Milan on photograph readed by computer

求出建筑物爆后各时刻的一维至三维空间位置，经分阶段曲线拟合后，可判读速度和加速度。

2 结论

本文于国内首次采用摄像技术、数字技术，结合计算机技术，对建（构）筑物爆破拆除进行摄像观测。实践证明，采用计算机辅助处理的三维至一维摄像测量技术，使用的设备简单，为 2~1 台非量测用低速相同性能摄像机，计算机鼠标点击半自动数值化程序，以少数初始已知物方位坐标，解算坐标条件方程组，求出目标点坐标，进行判读，软硬件技术成熟，可在建筑物爆破拆除倾倒观测中应用。

通过近景摄像测量，能精确地研究各时刻建筑物倒塌的姿态变化，由此创立了多体离散动力学分析（MBDA）[9]，丰富了变拓扑多体系统动力学，为创立建筑拆除力学奠定了实践基础。

参 考 文 献

[1] Conny Sjoberg. 拆除爆破高层建筑倒塌过程的研究［A］//第四届国际岩石爆破破碎学术会议论文集［M］. 北京：冶金工业出版社，1995：455-460.

[2] 傅建秋，高金石，唐涛. 120 米钢筋混凝土烟囱背部断裂及倾倒过程的观测分析［A］//工程爆破文集第六辑［M］. 深圳：海天出版社，1997：159-163.

[3] 郑炳旭，魏晓林，傅建秋，等. 高烟囱爆破拆除综合观测技术［A］//中国爆破新技术［M］. 北京：冶金工业出版社，2004：859-867.

[4] Zheng Bingxu，Wei Xiaolin. Modeling studies of high-rise structure demolition blasting with multi-folding sequences［A］// New Development on Engineering Blasting［M］. Beijing：Metallurgical Industry Press，2007：236-332.

[5] Wei Xiaolin，Fu Jianqiu，Wang Xuguang. Numerial modeling of demolition blasting of fram estructures by varying-topological multibody dynamics［A］//New Development on Engineering Blasting［M］. Beijing：Metallurgical Industry Press，2007：333-339.

[6] 顾孝烈. 测量学［M］. 上海：同济大学出版社，1990.

[7] 王世俊. 摄影测量学［M］. 北京：测绘出版社，1995.

[8] 释效军，罗武. 基于非量测数字相机的近景摄影测量［J］. 铁路航测，2002（1）：9-11.
Cheng Xiaojun，Luo Wu. Application of close-range photogrammetry by using non-metric digital camera［J］. Railway Air Survey，2002（1）：9-11.

[9] 魏晓林，傅建秋，李战军. 多体-离散体动力学及其在建筑爆破拆除中的应用［A］//庆祝中国力学学会成立 50 周年大会暨中国力学学术大会 2007 论文摘要集（下）［C］. 北京：中国力学学会办公室，2007：690.

百米钢筋混凝土烟囱定向爆破拆除

崔晓荣　王殿国　陆　华

（广东宏大爆破股份有限公司，广东 广州，510623）

摘　要：介绍了电厂100m高钢筋混凝土烟囱的无后坐定向爆破，取相对偏小的爆破切口对应圆心角，提高支撑强度，防止后坐；同时预先割断爆破时支撑部位的受拉钢筋，减小烟囱倾倒的抵抗力矩，确保烟囱的失稳倾倒。

关键词：拆除爆破；定向爆破；烟囱；后坐

Directional Blasting of 100m Reinforced Concrete Chimney

Cui Xiaorong　Wang Dianguo　Lu Hua

（Guangdong Hongda Blasting Co., Ltd., Guangdong Guangzhou, 510623）

Abstract: The directional blasting of 100m reinforced concrete chimney without backlash is introduced. The angle of blasting cutting is smaller than usual to improve the strength of supporting when blasting and avoid backlash, while the steelbar in the pulled region are cut partly before ignition, to reduce the moment resisting dumping of chimney and insure the off-balance of the chimney.

Keywords: demolition blasting; directional blasting; chimney; backlash

1　工程概况

1.1　烟囱介绍

韶关发电厂3~6号机组（4×50MW）建于20世纪60~70年代，根据国家能源政策，“上大压小，节能减排”，拆除原4×50MW机组厂房和烟囱，原址新建4×300MW厂房。需爆破拆除的钢筋混凝土烟囱，100m高，底部外直径9.71m，壁厚520mm；顶部外直径5.66m，壁厚160mm，混凝土标号200号，混凝土体积505.14m^3。烟囱的东西向，±0.0m处各有一个宽1.8m、高2.5m的出灰口，+4.0m处各有一个宽3.7m、高6.5m的烟道口，结构布置沿南北方向的中心线对称。

1.2　周围环境

韶关发电厂二期工程4×50MW机组厂房和烟囱拆除工程周围的环境非常复杂，见图1。烟囱位于厂房北侧，其中心距离厂房的后墙21m。烟囱北侧2.5m为厂区内的明珠路，明珠路南侧埋有电缆、消防水管等，距离烟囱1.5m；明珠路北侧有架空的循环水管，距离烟囱8m。循环水管北为220kV及110kV升压站，距离烟囱29.5m。烟囱南侧为要求拆除的厂房，厂房南侧依次为厂区南环路、电缆沟和厂区铁路，分别距离烟囱108m、113m和128m。

原载于《爆破》，2008，25（4）：56-58，76。

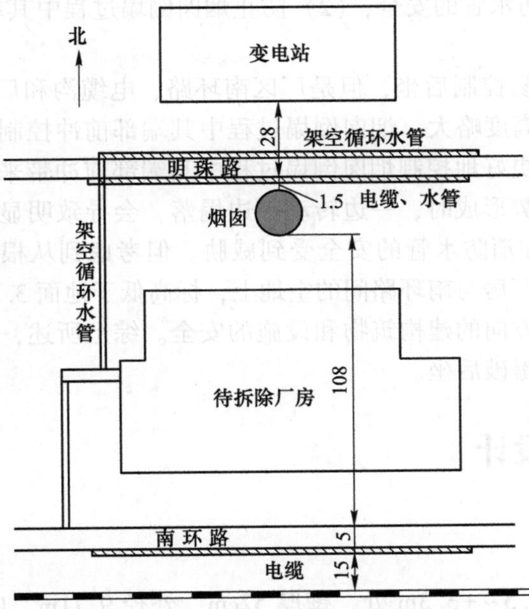

图1 烟囱周边环境图（单位：m）

Fig. 1 Circumstance of the chimney（unit：m）

1.3 工程难点

（1）烟囱北侧1.5m处埋有电缆、消防水管，要求做到无后坐爆破。

（2）烟囱距离其南侧道路、电缆、铁路的距离与其高度相比略大，需要防止定向倒塌时烟囱端部前冲，确保电缆、道路、铁路的安全。

（3）如果烟囱爆破对其北侧的变电站、西侧和北侧的循环水管构成危害，将导致韶关电厂的停止运营。

（4）烟囱周边100m范围内，厂内需要保护的其他建构筑物、设备、管道、电缆等多，高重要性，要求做到精确定向爆破拆除，避免偏斜。

（5）爆破振动和塌落冲击振动需要严格控制，防止触发变电站和主控设备的自动保护装置，导致电厂供电中断。

（6）爆破粉尘需要控制，过多的粉尘会导致变电站跳闸，导致电厂供电中断。

2 爆破方案选择

根据周边环境，烟囱的西侧和北侧明显没有倒塌场地，因为牵涉到重要性特别高的升压站和循环水管的安全，均会导致韶关电厂停止运营。

烟囱向东定向爆破，倒塌长度满足要求。但是，烟囱东西向±0.0m处各有一个宽1.8m、高2.5m的出灰口，+4.0m处各有一个宽3.7m、高6.5m的烟道口，这就意味着烟囱向东定向爆破时，支撑部位有2个大窗口，考虑到出灰口和烟道口对烟囱支撑部位的削弱作用，必然要缩小爆破切口对应的圆心角，导致烟囱倾倒力矩大大缩小，容易出现不倒的事故；如果不考虑出灰口和烟道口对烟囱支撑部位的削弱作用，很容易出现烟囱下坐不倒或者倾倒方向偏斜的事故。即使能够准确向东定向爆破，烟囱倒塌的残体向两侧拓展，并有很大的塌落冲击振动，很难控制紧靠倒塌中心线的道路、电缆、消防水管等的安全。

烟囱向南偏东20°左右或者东偏南20°左右定向爆破，虽有定向倒塌长度，但考虑到烟囱结构上沿南北方向或东西方向对称，倒塌中心线与结构对称中心线不重合，倒塌时容易发生偏转，不太可靠。

烟囱向南定向爆破，倒塌长度和宽度均满足要求，倒塌中心线与结构对称中心线重合，便于精确定向，且烟囱倒塌在厂房的残渣上，减小塌落冲击振动[1]；但是面临2个问题：（1）防止后坐，确保烟囱北侧 1.5m 处的电缆、消防水管的安全；（2）防止烟囱倒塌过程中其端部前冲，威胁南侧的道路、电缆和铁路的安全。

如果从底部爆破，比较容易控制后坐，但是厂区南环路、电缆沟和厂区铁路分别距离烟囱 108m，113m 和 128m，仅仅比烟囱的高度略大，烟囱倒塌过程中其端部前冲控制要求严。如果抬高爆破切口的高度，减小倒塌长度，可以更好地控制烟囱倒塌过程中其端部前冲带来的安全隐患，但是烟囱高位定向爆破，起爆后烟囱倾倒趋势形成时，一边转动一边塌落，会导致明显的后坐和较大的塌落冲击振动，烟囱北侧 1.5m 处的电缆和消防水管的安全受到威胁。但考虑到从根部向南定向爆破时，烟囱的端部正好倒塌在厂房地下室和厂房与南环路间的空地上，标高低于地面 3.5m，正好防止烟囱倒塌过程中其端部前冲，确保烟囱倒塌方向的建构筑物和设施的安全。综上所述，最终选择爆破切口位于烟囱的底部，向南定向爆破，避免爆破后坐。

3 百米烟囱爆破拆除设计

3.1 爆破切口设计

（1）切口区结构尺寸：+0.5～+3.3m 处，壁厚 52cm，外径 9.71m，内径 8.67m，外周长 30.5m；双层钢筋网布置在筒体内侧和外侧。

（2）切口形状：等腰梯形，底角 30°。

（3）切口高度：2.8m。

（4）切口尺寸：根据高烟囱的爆破实践经验、科研测试及理论分析，120～150m 高的钢筋混凝土烟囱定向爆破时，爆破切口对应圆心角宜取 $\alpha=210°\sim230°$[2]；同理计算分析，80～110m 高的钢筋混凝土烟囱定向爆破时，爆破切口对应圆心角宜取 $\alpha=220°\sim235°$。

本工程中烟囱爆破切口对应圆心角取小值，$\alpha=220°$，增加后部支撑部位的强度，有利于防止后坐；但是烟囱爆破切口对应圆心角偏小，烟囱爆破后的重力产生的偏心力矩偏小，后部支撑部位的抵抗力矩变大，所以倾倒力矩变小，不利于失稳倾倒。爆破前割断支撑部位外层纵筋，即支撑部位的受拉侧钢筋，减少烟囱倾倒时支撑部位的抵抗力矩，有利于烟囱失稳倾倒。如图 2 所示，如果爆破切口对应圆心角变大，中和轴后移，烟囱起爆后的偏心距变大，烟囱重力产生的偏心力矩也变大，支撑部位的受压侧的面积变小，支撑部位容易压坏，导致烟囱下坐或后坐。图 2 中支撑部位的受拉侧的钢筋割断与不割断相比，中和轴的位置基本不变，所以烟囱起爆后的偏心距不变，烟囱重力产生的偏心力矩也不变；烟囱支撑部位受压侧没有变化，受拉侧的部分钢筋割断后不能承受拉力，故支撑部位的抵抗力矩变小，有利于烟囱失稳倾倒[3,4]。

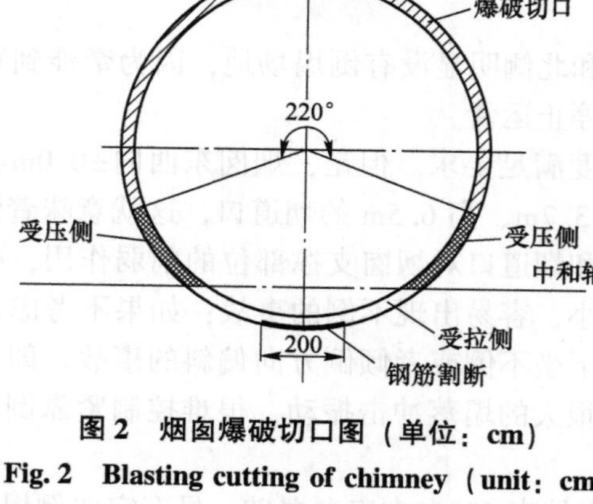

图 2 烟囱爆破切口图（单位：cm）

Fig. 2 Blasting cutting of chimney (unit: cm)

综上所述，爆破切口对应圆心角取偏大值，有利于控制爆破后坐；部分支撑部位的受拉侧的钢筋割断（2m 宽），有利于倾倒。

本工程中，爆破切口对应圆心角 $\alpha=220°$，等腰梯形爆破切口，其下底长 $L=220°/360°\times9.71\times$

3. 14 = 18. 6m，上底长 $S = 10.0$m。

（5）预处理及定向窗的开设：人工用风镐在切口左右两侧各开一个定向窗，为直角三角形，宽 1. 0m，位于出灰口边缘；中间窗（试爆处）宽 4. 0m，高 2. 8m。爆破切口、定向窗、中间窗的位置和尺寸如图 3 所示。

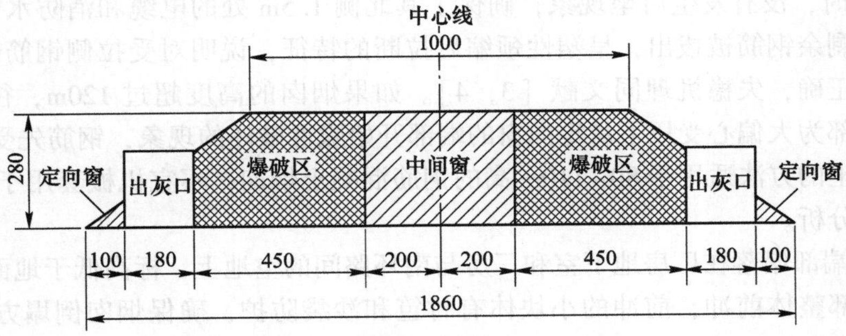

图 3 烟囱爆破切口图（单位：cm）
Fig. 3 Blasting cutting of chimney (unit: cm)

3. 2 烟囱孔网参数设计

矩形布孔，孔距 $a = 40$cm，排距 $b = 35$cm，孔深 $L = 31$cm，炸药单耗 $K = 2000\text{g/m}^3$，单孔药量 $q = 150$g。考虑到从烟囱筒壁外侧向内侧钻孔，烟囱的外层钢筋网比内层钢筋网密，所以设计炮孔深度时，要让炸药中心偏烟囱壁中心外侧 2cm，防止爆破时炸药从烟囱内侧卸能，不利于炸弯粗且密的烟囱外层钢筋。

如图 3 所示，共有 2 个对称的爆破区，每个爆破区布置 8 排炮孔，每排 12 个炮孔，共 96 个炮孔。2 个爆破区共 192 个炮孔，总药量 $Q = 192 \times 150\text{g} = 28800\text{g} = 28.8\text{kg}$。

3. 3 烟囱的爆破网路设计

烟囱起爆网路采用复式闭合导爆管网路，用塑料四通连接元件将每排炮孔中的导爆管雷管连接起来（横向连接），两端再用四通交叉连接起来（纵向连接），构成导爆管网状复式网路，再用非电导爆管雷管引爆爆破网路。

4 爆破安全分析

考虑到周边环境复杂，需要保护的建构筑物、设备、管道、电缆等多，距离近，高重要性。本工程首先从技术上主动减小各种爆破危害，并采取相关安全防护措施[5]：

（1）烟囱选择南向定向爆破，倒塌在厂房的废渣上，减小塌落冲击振动。

（2）采用无后坐爆破技术，烟囱爆破切口对应圆心角取小值，$\alpha = 220°$，增加后部支撑部位的强度，在爆破前割断支撑部位外层纵筋，减少倾倒时的抵抗力矩，确保失稳倾倒。

（3）烟囱的端部正好倒塌在厂房地下室和厂房南侧的空地上，标高低于地面 3. 5m，正好防止烟囱倒塌过程中其端部前冲，确保烟囱倒塌方向的建构筑物和设施的安全。

（4）用现场预先加工的 2 层竹笆中间夹稻草的复合防护材料，包裹装药爆破的立柱和烟囱，进行近体防护，控制飞石。

（5）重要部位，如烟囱的东西两侧，用毛竹搭建排栅，上面挂竹笆和安全网，进行远体防护，进一步控制个别飞石。

（6）爆破前清理烟囱内部的积灰，清理到其范围内的颗粒细的粉煤灰，喷水湿润周围残渣，尽量减少尘源。

（7）在变电站的南侧搭建排栅，挂彩条布，阻挡灰尘。

（8）爆破后，电厂内部的消防车和预先布置在场外的喷水设施立即加压喷水降尘。

5 爆破效果分析

（1）烟囱向南定向爆破，倒塌在厂房的残渣上，减缓了塌落冲击振动，定向准确。

（2）烟囱倒塌时，没有发生后坐现象，确保了其北侧 1.5m 处的电缆和消防水管的安全。本烟囱支撑部位受拉侧的剩余钢筋被拔出，呈塑性颈缩后拉断的特征，说明对受拉侧钢筋部分预割断是适宜的，力学机理分析正确，失稳机理同文献［3，4］。如果烟囱的高度超过 120m，往往发生文献［2］中指出的烟囱支撑部为大偏心受压下从定向窗的端部开始脆性破坏的现象，钢筋先受压折弯后再拉断。因此，控制烟囱后坐的方法适用于 80~110m 高的钢筋混凝土烟囱，不宜机械套用于超过 120m 高的烟囱，需另具体受力分析。

（3）由于烟囱端部塌落在厂房地下室和厂房与南环路间的空地上，标高低于地面 3.5m，阻止了烟囱倒塌过程中其端部整体前冲，前冲的小块体有竹笆和沙袋防护，确保烟囱倒塌方向的道路、电缆、铁路和建构筑物的安全。

（4）烟囱爆破产生的爆破振动、塌落冲击振动和粉尘得到控制，主控室和变电站保持不间断运营。

参 考 文 献

［1］郑炳旭，傅建秋．电厂大跨度厂房及 100m 高烟囱爆破拆除［A］//工程爆破文集（第七辑）［M］．乌鲁木齐：新疆青少年出版社，2001.

［2］郑炳旭，魏晓林，陈庆寿．钢筋混凝土高烟囱切口支撑部失稳力学分析［J］．岩石力学与工程学报，2007（S1）：3348-3354.

［3］张云鹏．烟囱倾倒过程力学分析与计算［J］．工程爆破，1996（2）：26-29.

［4］成新法，冯长根，黄卫东．筒形薄壁建筑物爆破拆除切口研究［J］．爆破，1999，16（3）：15-19.

［5］中华人民共和国国家标准．GB 6722—2003 爆破安全规程［S］．北京：中国标准出版社，2004.

双曲拱桥爆破拆除

姚哲芳[1]　周听清[1]　成永华[2]　曾赞文[1]

（1. 中国科学技术大学 近代力学系，安徽 合肥，230027；
2. 广东宏大爆破股份有限公司，广东 广州，510623）

摘　要：用控制爆破方法拆除了一座长 282m、宽 9.5m 的双曲拱桥。根据双曲拱桥的特点，在拆除爆破过程中所采取的炮孔布置及装药量、起爆网路设计、爆破安全防护措施等技术，可供类似工程参考。

关键词：拱桥拆除；控制爆破；爆破参数；安全防护

Double Arch Bridge Demolition by Controlled Blasting

Yao Zhefang[1]　Zhou Tingqing[1]　Cheng Yonghua[2]　Zeng Zanwen[1]

(1. Department of Modern Mechanics, University of Science & Technology of China, Anhui Hefei, 230027;
2. Guangdong Hongda Blasting Co., Ltd., Guangdong Guangzhou, 510623)

Abstract: The paper discussed a method of controlled blasting employed in demolition of a double arch bridge with a length and width of 282m and 9.5m respectively. The employed borehole layout, detonating network design and measurements of security protection in the blasting demolition were all based on the characteristics of double arch bridge which were of reference value to the demolition of old bridge in future.

Keywords: arch bridge demolition; controlled blasting; blasting parameter; safety protection

1　工程概况

清远市阳山县 S260 线水口旧桥建于 1972 年，为双曲拱桥。桥全长 282m，桥面宽 9.5m，共 7 跨，从北往南跨径分别为 27m、40m、60m、40m、25m、20m、16m，双腹拱。主跨（跨径分别为 40m、60m、40m）拱圈为钢筋混凝土变截面拱肋，分别有 5 根、6 根、5 根梁肋，主拱矢跨比分别为 1/5、1/6、1/5，边跨拱圈为浆砌料石结构，矢跨比分别为 1/3、1/3、1/7、1/8。桥墩为浆砌片石，基础为浆砌片石扩大基础。

旧桥的东侧 100m 处为刚建成的新桥，两桥头临近居民区，有密集的民房；北端第 1 跨（27m）中部东侧离桥 1m 有一钢筋混凝土结构的厕所。周围环境见图 1。

工程要求：保证新桥和周围建筑物的安全，爆堆易于清理，并考虑到爆破后河道过流的要求。

2　爆破设计思路

为了避免爆碴全部落入河道造成河道堵塞和清碴困难，大桥采用控制爆破和机械破碎相结合的拆除方案。因该桥主拱下部结构为浆砌片石墩（台）体积大为独立墩，具有独立承重能力，决定对大桥中间三跨（跨径 40m、60m、40m）采用控制爆破，其余四跨采用机械拆除。考虑到通航河道废碴清理

原载于《工程爆破》，2008，14（4）：46-48。

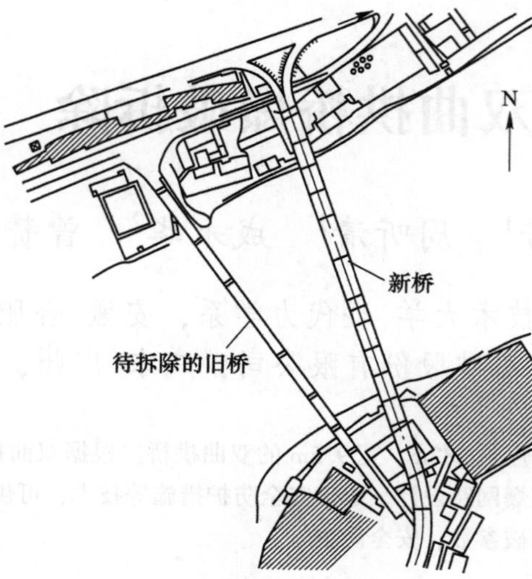

图 1 周围环境图
Fig. 1 Surroundings of the bridge

和水下墩基础拆除的施工，事先在南侧约 80m 河道用砂砾围堰筑成宽 12m 的施工便道。

为确保拱圈及拱上结构能被垂直爆落而不发生任何偏移，采用对称破坏拱肋的中央、两侧和拱脚的施爆方法，使拱圈失稳，从而将拱圈及其以上的拱上梁板、立柱、系梁等所有结构在自重作用下依次沿桥轴线塌落。这样，钻孔工作量少、速度快、防护简单、爆破成本低，爆破安全性也好。因为先爆的拱脚和拱肋一端炸断后绕未施爆端拱脚向下旋转掉落过程中所受的约束为线约束，在接着第二响的拱顶和后续另一端的拱脚起爆后，在沿桥轴线的翻滚力矩作用下保证了整体拱圈只能是沿桥轴线向下塌落。

为了破坏桥结构的稳定性达到好的爆破效果，在施爆前，对搭设在桥墩上的路面铺装板进行预先切割分离；在拱顶处的路面也进行了预先切割分离（如图 2 所示），露出拱波，并且沿桥面横断面方向用风镐在拱波上凿开一条宽 30cm 的切口，这样，拱圈完全靠 5 或 6 根拱肋支撑，只要有足够的破碎长度就能确保拱肋失稳坠落。

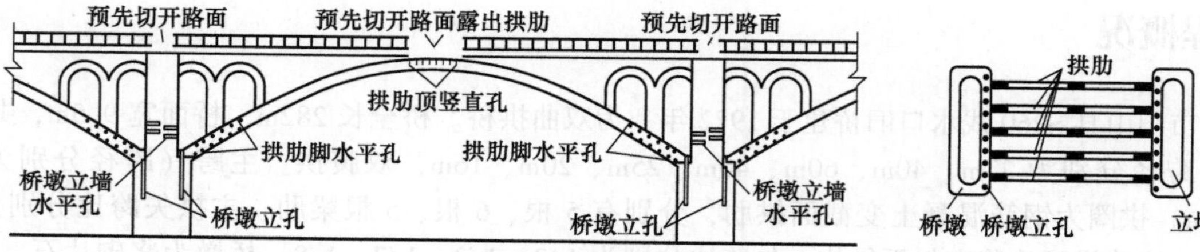

图 2 炮孔布置示意图
Fig. 2 Sketch of borehole layout

3 爆破参数设计

3.1 炮孔布置

在每根拱肋顶部布一排炮孔，如图 2 中的拱肋顶竖直孔，两侧各布两排炮孔，如图 2 中的拱肋脚水平孔。在拱脚和桥墩（台）连接的墩帽上布置一排孔，如图 2 中的桥墩立孔。桥墩立墙两侧各布置 2 排炮孔，相互错开，如图 2 中桥墩立墙水平孔。

3.2 孔网参数与单孔装药量

3.2.1 拱肋

拱肋的有效爆破长度是保证拱肋在爆破后形成塑性铰的关键。

（1）拱肋顶部：拱肋连同其上混凝土覆盖层高度 $H=0.7$m、宽 $B=0.3$m，布一排竖直孔（见图2）。最小抵抗线为 $W=B/2=15$cm，孔距 $a=1.5W=22.5$cm、取 $a=25$cm；孔深 $l=55$cm。炸药单耗 K 取 1200g/m^3，单孔药量 $Q=KHBa=63$g，取60g。

（2）拱肋两侧：高度 $H=0.7$m、宽 $B=0.3$m，梅花式布两排水平孔（见图2）。孔距 $a=30$cm，排距 $b=20$cm，孔深 $l=21$cm，单孔药量 $Q=30$g。

3.2.2 桥墩立墙

根据工程要求，这次爆破主要炸毁桥拱圈和桥面，为了便于爆破后的机械破碎，对桥墩上立墙也进行爆破，以降低其高度。桥墩上立墙为浆砌料石，其截面尺寸两个为 10m×2.8m，一个为 10m×1.4m，爆破采用相同的孔网参数和布药方式。

截面尺寸为 10m×2.8m 的桥墩上立墙，南北双侧各布两排水平孔，孔网参数为 $a\times b=60\text{cm}\times60\text{cm}$，孔深 $l=110$cm；截面尺寸为 10m×1.4m 的桥墩上立墙，北侧布两排水平孔，孔网参数为 $a\times b=60\text{cm}\times60\text{cm}$，孔深 $l=100$cm。如图2所示。

单孔装药量按体积公式计算 $Q=KabH$，不同部位采用不同的用药量系数，计算得到的药量为：立墙中间采用抛掷爆破方式，取 $K=600\text{g/m}^3$，单孔装药量为 $Q=300$g；立墙两侧采用松动爆破方式，取 $K=400\text{g/m}^3$，单孔装药量为 $Q=200$g。

3.2.3 桥墩立孔

炸药爆炸后，为了拱肋和桥墩彻底脱开使桥体坍塌更可靠，在拱肋和桥墩的搭接处布置一排竖直孔。孔距100cm，孔深150cm，K 取 400g/m^3，单孔装药量600g。

3.3 爆破网路

为了减小爆破时一次齐爆药量以降低爆破有害效应，加大桥梁下沉过程的拉、剪作用以加剧桥梁各部件的解体破碎，本次爆破采用分区段、延时起爆技术。将整个桥分为6个区段，从南侧开始按桥墩顺序依次起爆，相邻区段的起爆时差控制为150～230ms，6个区段自南向北分别采用 MS1、MS6、MS9、MS11、MS13 和 MS15 段毫秒雷管。采用复式多通道闭合网路，以保证延时准确、传爆可靠。

4 爆破安全及防范措施

4.1 爆破振动安全允许距离

保护对象所在地质点振动速度由下式计算：

$$v=kk'(\sqrt[3]{Q}/R)^{\alpha}$$

式中，k、α 为与爆破点至保护对象间的地形、地质因素有关的系数和衰减指数；k' 为拆除爆破衰减系数；Q 为同段炸药量；R 为爆破点与保护对象间的距离。

本次爆破工程中经验系数和指数分别取 $k=150$、$k'=0.33$、$\alpha=1.57$，不同段药量对最近距离建筑物的振动速度的计算结果见表1，表明爆破振动不会对周围建筑物造成损坏。

表1 段药量与最近距离建筑物的振动速度

Table 1 Vibrating velocities of nearby buildings caused by different explosives amount

爆破部位	同段药量/kg	保护对象	相对距离/m	振动速度/$\text{cm}\cdot\text{s}^{-1}$
3号墩（MS1）	37.95	新桥	65	0.47
4号墩南（MS6）	50.97	新桥	70	0.49
4号墩北（MS9）	25.2	新桥	70	0.34
5号墩南（MS11）	27.6	厕所	55	0.52
5号墩北（MS13）	48.21	厕所	55	0.45
6号墩南（MS15）	2.1	厕所	15	0.67

4.2 安全防护措施

合理的设计、保证炮孔的填塞长度和填实质量、控制装药量、爆破前在爆破体部位进行覆盖防护，飞石是可以控制在作业区内。本次旧桥爆破采取以下防护措施：

（1）近体防护。在所有装药部位的炮孔处，绑扎多层竹笆，用铁丝轻绕竹笆，铁丝的松紧度以保证竹笆不倒为宜。如此处理爆破部位飞出的个别飞石，经过竹排的碰撞、拦截，其外飞的距离将大大减小。根据多年的经验，采取这样的防护可以使飞石飞溅距离控制在10m之内。

（2）远体防护。为安全起见，在爆破部位周围搭设排栅，排栅上挂竹笆、安全网，进一步阻挡越过近体防护的个别飞石。

5 爆破效果及体会

本次爆破用2号岩石乳化炸药约210kg、雷管1181发、导爆管约2km。起爆后，整个桥体由南向北逐跨解体，最后全部落于江中，爆破飞石、爆破振动对周边建筑物没有造成任何损坏，爆破效果符合设计要求。体会如下：

（1）对于拱形桥体的爆破，原则上拱顶、拱脚爆破后形成铰链，但由于拱波搭接在拱肋上，影响了破碎效果，施工中应加大爆破切口和单位耗药量。

（2）施工中沿拱圈顶部路基及桥墩处路基已被切开，爆破后发现，加速了桥体塌落速度，从而有利于解体。

（3）应掌握好拱顶、拱脚的起爆顺序，应该是拱顶先响、拱脚后响，而且两侧拱脚也必须有时间差。其目的是防止塌落过程中，在拱顶爆破效果不好的情况下，两个半拱肋顶在一起形成稳定平衡体，影响塌落效果。

参 考 文 献

[1] 中国力学学会工程爆破专业委员会．爆破工程［M］．北京：冶金工业出版社，1992.
[2] 陈华腾，钮强，谭胜禹，等．爆破计算手册［M］．沈阳：辽宁人民出版社，1991.
[3] 中华人民共和国国家标准．爆破安全规程（GB 6722—2003）［S］．北京：中国标准出版社，2004.
[4] 施富强，柴俭．三台涪江大桥控爆拆除总体方案设计［J］．工程爆破，2003，9（4）：30-32.
[5] 崔晓荣，沈兆武，王平．多跨拱桥挤压爆破的设计思想［J］．工程爆破，2004，10（4）：50-52.
[6] 范立础．桥梁工程［M］．2版．北京：人民交通出版社，1988.
[7] 龙源，亓秀泉，徐全军，等．控制爆破在江都大桥拆除中的应用［J］．工程爆破，2007，13（4）：66-68.

大型多跨厂房及烟囱定向爆破拆除

崔晓荣　郑炳旭　傅建秋

（广东宏大爆破股份有限公司，广东　广州，510623）

摘　要：采用延时爆破技术，一次定向拆除了大型多跨厂房及烟囱。利用厂房中间的框架结构定向爆破形成的倾倒趋势，前推汽机房，后拉锅炉房，促进框架结构前后两侧排架结构的定向倒塌，从而实现多跨厂房的定向爆破拆除。克服了大型多跨排架结构厂房整体性差、不利于定向倾倒的难题，避免了排架结构后排支撑立柱不倒甚至反倒的问题。合理的延时控制，使烟囱定向倒塌在厂房的废碴上，减缓了塌落冲击振动。本文阐述了厂房及烟囱的爆破参数和延时起爆网路的设计、爆破安全控制与防护措施，成功的经验可供类似工程参考。

关键词：多跨厂房；烟囱；爆破拆除；延时起爆；定向爆破

Directional Blasting Demolition of a Large Workshop with Multi-span and Chimney

Cui Xiaorong　Zheng Bingxu　Fu Jianqiu

（Guangdong Hongda Blasting Co.，Ltd.，Guangdong Guangzhou，510623）

Abstract：Using technology of delay blasting，a large multi－span workshop and a chimney were simultaneously demolished and collapsed in appointed direction. In this blasting，for making a good use of the falling momentum formed during the directional collapse of the cast-in-site workshop which located in the middle of the multi-span workshop，the power generation workshop was pushed，and the boiler workshop was pulled，so that the whole multi－span workshop was induced to fall in the direction of south. This method overcame the difficulty of being unfavorable to a directional collapse resulted from the ill integrated structure in terms of the bent frame structure of the large workshop，and furthermore，avoided the awkward phenomena that the supporting column failed to fall or fell in the opposite direction. The blasting showed that with proper delay time，the chimney was also demolished in appointed direction，collapsing on the debris of the colansed workshop with a relieved vibration. In this paper，the blasting parameters of workshop & chimney，the ignition network with different delay time，the control of side－effect，and the safety measures were discussed. The successful experience of this project has reference to similar engineering.

Keywords：multi-span workshop；chimney；blasting demolition；delay ignition；directional blasting

1　工程概况

1.1　工程情况

韶关发电厂3~6号机组（4×50MW）建于20世纪六七十年代，根据国家能源政策“上大压小、节能减排”，拆除原4×50MW机组厂房和烟囱，原址新建4×300MW机组。厂房东西方向共19跨，每跨7m；南北方向共4跨，由南至北依次为25m、7m、8m和25m。待拆除厂房由汽机房、给水煤仓间和锅炉房组成。最北侧一跨为锅炉房，高48.0m；最南侧一跨为汽机房，高19.8m；位于锅炉房和汽

原载于《工程爆破》，2008，14（14）：29-33。

机房中间的两跨为给水煤仓间。烟囱高 100m，钢筋混凝土结构，东西方向各有一个出灰口和烟道口，结构布置上沿南北方向的中心线对称；烟囱位于厂房北侧，其中心距离厂房的 E 轴 25m。厂房和烟囱的平面布置如图 1 所示。

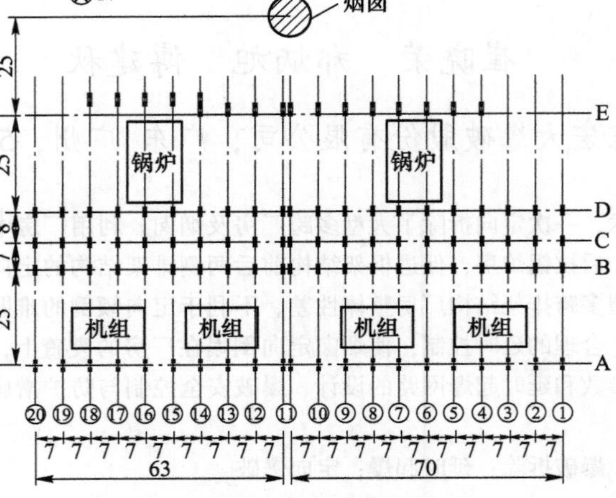

图 1　厂房和烟囱平面布置图（单位：m）

Fig. 1　Distribution of workshop and chimney（unit：m）

1.2　周围环境

韶关发电厂二期工程 4×50MW 机组拆除工程周围的环境非常复杂，见图 2。厂房北侧 30m 为厂区内的明珠路，路边埋有电缆、消防水管等，明珠路的北侧为 220kV 及 110kV 升压站；烟囱距离明珠路南侧埋的电缆和消防水管约 1.5m；厂房南侧 20m 外依次为厂区道路、电缆沟和厂区铁路，铁路距离厂房约 38m；烟囱距离厂房两侧的厂区道路为 108m；厂房东侧有一条南北走向的消防水管，距离锅炉房的东山墙 24m，距离汽机房的东山墙 10m；汽机房东侧 20m 处为 1 号、2 号煤棚；厂房西侧为厂区仓库和检修间等建筑物，距离厂房 25～30m，厂房西侧还有一条架空的南北走向运营的循环水管，循环水管在给水煤仓间处拐弯、距离厂房最近为 5.6m，其他部分距离厂房北侧的锅炉房和南侧的汽机房均为 21m。

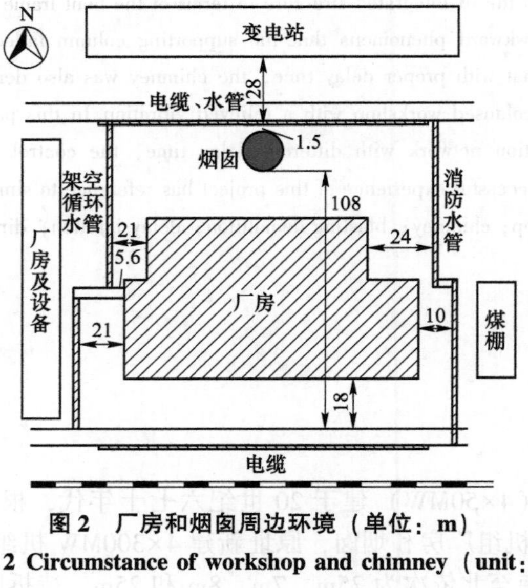

图 2　厂房和烟囱周边环境（单位：m）

Fig. 2 Circumstance of workshop and chimney（unit：m）

1.3　工程难点

（1）厂房结构跨度多，不利于定向爆破倒塌。

（2）距离烟囱根部 1.5m 处有电缆、生活用水供水管等，要求做到无后坐爆破。

（3）环境复杂，需要保护的建构筑物、设备、管道、电缆等重要设施多，距离近。

（4）如果爆破对厂房北侧的变电站、西侧的循环水管构成危害，将导致韶关电厂停止运营。

（5）爆破振动和塌落冲击振动需要严格控制，防止触发变电站和主控设备的自动保护装置，导致电厂供电中断。

（6）爆破粉尘需要控制，过多的粉尘会导致变电站跳闸，导致电厂供电中断。

2 厂房和烟囱爆破拆除设计思路

2.1 爆破方案比选

厂房南侧的汽机房和北侧的锅炉房为排架结构，中间的给水煤仓间为框架结构，也就是说 B 轴、C 轴、D 轴为现浇钢筋混凝土结构，且有连续的储料漏斗，整体性非常好。整体框架结构的给水煤仓间与其南侧的 A 轴构成汽机房，汽机房的屋盖系排架结构，与支撑立柱焊接固定，整体性较差；其与北侧的 E 轴构成锅炉房，锅炉房的屋盖也是排架结构。

考虑主厂房的结构特征和周边倒塌环境，基本可行的爆破方案包括原地坍塌爆破、内聚式坍塌爆破、南向定向爆破三个方案。原地坍塌爆破指整个厂房垂直坍塌；内聚式坍塌爆破指从厂房中间向四周起爆，厂房的中间部分先起爆形成塌落空间后，再起爆四周的立柱，促使后爆的部分向中间倒塌。原地坍塌式爆破和内聚式坍塌爆破，钻孔工作量惊人，且没有施工平台；中间的给水煤间，近 20 个筒仓漏斗，很难实现原地坍塌或内聚式坍塌。另外，原地坍塌爆破必然导致爆堆向厂房四周拓展[1]，内聚式坍塌时排架结构可能会发生反倒，均会危及距离厂房 5.6m 的循环水管，此循环水管关系到电厂的正常运营。厂房南向定向爆破，南侧有足够的倒塌场地，爆堆向两侧拓展的范围小，能够保证最近的循环水管的安全。

烟囱东西方向各有一个出灰口和烟道口，结构布置上沿南北方向的中心线对称。烟囱向南和向东均有倒塌长度，但向东定向倒塌时，烟囱的倒塌中心线与结构的对称线不一致，容易发生偏转，影响其北侧的道路畅通和路边电缆、水管的安全。所以，烟囱也选择南向定向爆破，采用合理的延时爆破技术，使烟囱倒塌在厂房的废碴上，减小塌落冲击振动。

2.2 厂房和烟囱定向爆破的设计思想及要点

厂房中间的给水煤仓间为框架结构，整体性好；其南侧的汽机房和北侧的锅炉房为排架结构，屋盖焊接固定于柱顶，整体性较差。一般情况下，定向爆破时，先起爆的前排立柱拉动后排立柱，形成定向倾倒的趋势；如果先起爆的前排立柱对后排立柱没有拉力或者拉力很小，很难形成整体的定向倾倒趋势，甚至出现后排立柱不倒或反倒的可能[2-4]。大型排架结构的厂房定向爆破时，往往不可避免地出现后排立柱反倒的现象，特别是沿倾倒方向跨度多、跨度大的结构。

本工程中，B～D 轴整体框架结构定向倾倒，前推 A 轴，后拉 E 轴，保证其两侧的排架结构的定向倾倒，让前面的汽机房和后面的锅炉房，借中间的给水煤仓间定向倒塌之势，保证汽机房和锅炉房顺利定向倒塌。

烟囱也选择南向定向爆破，倒塌在厂房的废碴上，减小塌落冲击振动。烟囱的端部正好倒塌在汽机房和汽机房南侧的空地上，标高低于地面 3.5m，正好防止烟囱倒塌过程中其端部前冲，确保烟囱倒塌方向的建构筑物和设施的安全。

厂房和烟囱设计的定向倒塌的爆破倾倒效果如图 3 所示。

3 厂房爆破参数设计

厂房爆破参数的设计，包括预处理的部位、炸高的确定、起爆时差的设计等，均是为了实现厂房整体南向定向倾倒的爆破效果，并落实其爆破方案的相关要点。

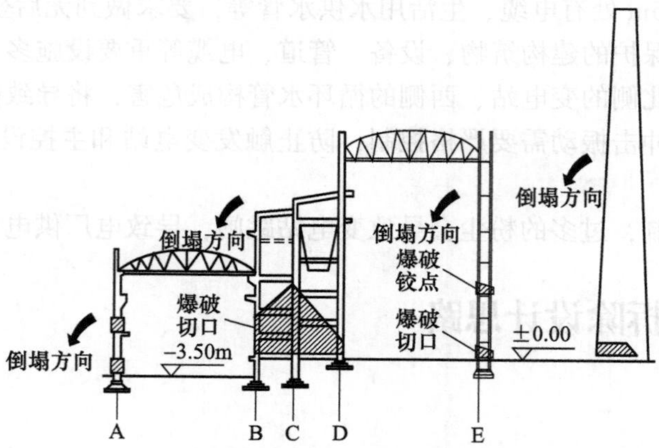

图 3　厂房和烟囱定向爆破倒塌示意图

Fig. 3　Directional collapse of workshop and chimney

3.1　预处理

厂房爆破前要做以下预处理工作：

（1）将汽机房内整体现浇钢筋混凝土汽机座用钻孔爆破拆除，为厂房的倒塌提供坍塌空间；另外，考虑到汽机座基础特别厚大，机械拆除效率低，在厂房内部进行预先爆破拆除，飞石控制、警戒工作相对容易。

（2）锅炉房西侧山墙为钢结构柱和预制板构成，在爆破前要将该山墙自上而下拆除，消除其对爆破倒塌的影响。

（3）汽机房东西两侧、锅炉房东侧的山墙为砖结构，山墙由竖向抗风柱和水平的钢筋混凝土梁构成主要受力体系，对底层的竖向抗风柱和水平的钢筋混凝土梁构成的方格中间的砖墙进行预拆除。此举有利于山墙爆破时的塌落破碎，减小厂房定向倾倒的阻力，减小爆堆侧向拓展宽度，避免对两侧管线的危害。

（4）对爆破切口范围内的非承重砖墙预拆除，同时提供钻孔施工空间。

3.2　炸高设计

为了实现厂房整体向南定向倒塌，各轴线的炸高分别为：A 轴爆破负 1 层和第 2 层，炸高 9.5m；B 轴爆破第 1、2 层，炸高 9.5m；C 轴爆破 1~3 层，炸高 13.5m；D 轴爆破底层，炸高 2.8m；E 轴爆破底层，炸高 1.0m，另外 15m 高处设爆破转铰。

给水煤仓间，即 B~D 轴框架，前排的 B 轴立柱的炸高反而比 C 轴低，主要考虑到 B 轴的 3 层为吊车梁，施工不方便；另外 B 轴南侧为地下室，为其提供了塌落空间。D 轴为给水煤仓间定向倾倒的后排支撑立柱，不宜炸得太高；但 D 轴的炸高太小，不利于利用 B~D 轴框架的倾倒和塌落趋势拉动锅炉房的 E 轴及屋盖向南定向倒塌。综合上述因素，D 轴炸高取 2.8m。

3.3　炮孔布置及单孔装药量

立柱炮孔布置是根据立柱截面尺寸确定，单孔装药量是根据配筋状况、混凝土强度及以往施工经验选择炸药单耗而进行确定。

A 轴、C 轴、D 轴立柱截面 60cm×120cm，短边钢筋粗、密，长边钢筋疏、细，钢筋分布不均匀。综合考虑爆破效果、施工成本等因素[5]，选择从长边不等间距布 3 排炮孔，有利于充分利用炸药的爆炸能量，将短边的纵筋炸弯，保证爆破效果。孔网参数：两侧孔距 23cm、中间孔距 37cm，排距 40cm，孔深 37cm，炸药单耗 $1000g/m^3$，单孔药量 100g。

B 轴立柱截面 60cm×100cm，从长边钻孔，底层重炸，布置 3 排炮孔；2 层轻炸，布置 2 排炮孔；单孔药量 100g。E 轴立柱截面 40cm×60cm，为施工方便，部分短边布置单排炮孔，部分长边布置双排炮孔。

3.4 厂房爆破时差及网路设计

各排立柱炮孔均采用半秒非电导爆管雷管，从 A 轴至 E 轴依次为 HS2、HS3、HS4、HS5、HS6 段，由南向北起爆，相连的两轴间的起爆时差为 0.5s。汽机房的东西两侧的山墙用 HS2 雷管，先于汽机房倾倒趋势形成时起爆，使其错动塌落破碎，减小汽机房翻转阻力。同理，锅炉房的东山墙用 HS5 雷管。

起爆网路采用“大把抓”捆绑 2 发 MS2 段延期非电雷管起爆立柱炮孔内雷管，“大把抓”非电雷管脚线用塑料四通同主线连接，每一排柱为一小循环，排柱与排柱多处搭接成一个大循环，形成闭合复式交叉网路。

4 烟囱的定向爆破设计

4.1 爆破切口设计

（1）切口区结构尺寸：+0.5~+3.3m 处，壁厚 52cm、外径 9.71m、内径 8.67m、外周长 28.6m，双层钢筋网布置在筒体内侧和外侧。

（2）切口形状为等腰梯形，底角 30°，切口高度 2.8m。

（3）切口尺寸：为了防止后坐，切口对应圆心角 $\alpha=220°$，梯形下底长 $L=220°/360°\times4.855\times2\times3.14=18.6$m，上底长 $S=10.0$m。

（4）预处理及定向窗的开设：人工用风镐在切口左右两侧各开一个定向窗，为直角三角形，宽 1.0m，位于出灰口边缘；中间窗（试爆处）宽 4.0m，高 2.8m。爆破切口、定向窗、中间窗的位置和尺寸如图 4 所示。

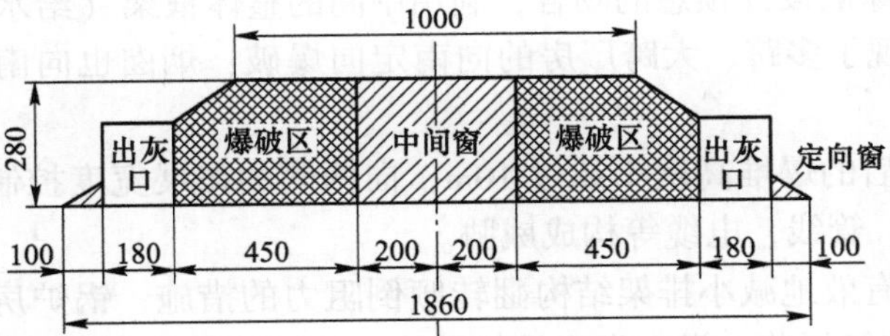

图 4 烟囱爆破切口示意图（单位：cm）

Fig. 4 Blasting cutting of chimney（unit：cm）

4.2 烟囱孔网参数设计

矩形布孔，孔距 40cm，排距 35cm，孔深 31cm，炸药单耗 2000g/m^3，单孔药量 150g。考虑到从烟囱外壁向内壁钻孔，烟囱的外层钢筋网比内层钢筋网密，所以设计炮孔深度时，要让炸药中心偏烟囱壁中心外侧 2cm，防止爆破时炸药从烟囱内侧卸能，不利于炸弯粗且密的烟囱外层钢筋。

每个爆破区布置 8 排炮孔，每排 12 个共 96 个炮孔。两个爆破区共 192 个炮孔，总药量 28.8kg。

4.3 烟囱的爆破网路设计

烟囱炮孔内采用 MS9 段雷管，先与厂房的 A 排立柱起爆，但其倒塌过程较长，烟囱落地时厂房已经完成坍落，厂房残碴对烟囱的塌落冲击起缓冲作用。烟囱起爆网路采用复式闭合导爆管网路，用塑料四通连接元件将每排炮孔中的导爆管连接起来（横向连接），两端再用四通交叉连接（纵向连接），构成导爆管网状复式网路。烟囱的起爆网路与厂房的起爆网路并联后，再用非电导爆管雷管一次引爆。

5 爆破安全分析

考虑到爆破周边环境复杂，需要保护的重要建构筑物、设备、管道、电缆等较多，距离近，本工程首先从技术上主动减小各种爆破危害，并采取相关安全防护措施[6]：

（1）厂房采用定向爆破技术，逐跨起爆，减小了一次齐爆药量，有利于控制爆破振动；厂房逐跨起爆、逐跨塌落，也有利于控制塌落冲击振动。

（2）质量体最大的给水煤间，向南定向倾倒，塌落于汽机房的地下室，有汽机座预爆破拆除的残碴作为缓冲，减小了塌落冲击振动。

（3）烟囱也选择南向定向爆破，倒塌在厂房的废碴上，减小了塌落冲击振动。烟囱的端部正好倒塌在汽机房和汽机房南侧的空地上，标高低于地面 3.5m，正好防止烟囱倒塌过程中其端部前冲，确保了烟囱倒塌方向的建构筑物和设施的安全。

（4）为了防止后坐，烟囱爆破切口对应圆心角 $\alpha=220°$。

（5）用现场预先加工的两层竹笆中间夹稻草的复合防护材料，包裹装药爆破的立柱和烟囱，进行近体防护、控制飞石。重要部位，如厂房的西侧和烟囱的东西两侧，用毛竹搭设排栅，上面挂竹笆和安全网，进行远体防护，进一步控制个别飞石。

（6）爆破前清理厂房内部、周围的残碴，尤其是颗粒细的粉煤灰等，并进行喷水湿润厂房坍塌氛围；在变电站的南侧搭设排栅，挂彩条布，阻挡粉尘；爆破后，电厂内部的消防车和预先布置在场外的喷水设施立即加压喷水降尘。

6 爆破效果分析

（1）爆破倒塌效果与爆破设计预想的吻合，利用中间的整体框架（给水煤间）的定向爆破，前推汽机房、后拉锅炉房，实现了多跨、大跨厂房的向南定向爆破；烟囱也向南定向爆破，倒塌在厂房的残碴上，方向准确。

（2）厂房和烟囱爆破后的爆堆高度不超过 10m，向两侧的拓展宽度控制在 3.5m 范围内，没有对周边要求保护的建构筑物、管线、电缆等构成威胁。

（3）由于采取了多种有效地减小排架结构翻转倾倒阻力的措施，锅炉房的后排立柱（E 轴）3 层以下后坐、3 层以上部分前倾塌落，没有发生排架结构立柱反倒的情况。

（4）厂房和烟囱爆破产生的爆破振动、塌落地面冲击振动和粉尘得到有效控制，主控室和变电站运营正常。

参考文献

[1] 冯叔瑜，张志毅，戈鹤川．建筑物定向倾倒爆破堆积范围的探讨［A］//冯叔瑜爆破论文选集［M］．北京：北京科学技术出版社，1994，127-137.

[2] 郑炳旭，傅建秋．电厂大跨度厂房及 100m 高烟囱爆破拆除［A］//工程爆破文集（第七辑）［M］．乌鲁木齐：新疆青少年出版社，2001.

[3] 杨传嘉，曹治．钢筋混凝土排架的控爆拆除［J］．爆破，1991（1）：19-22.

[4] 陈密元，王希之，薛峰松，等．苛刻条件下高大厂房的爆破拆除［J］．爆破，2008（1）：42-45.

[5] 崔晓荣，陆华，傅建秋，等．钢网屋架体育馆原地坍塌爆破［J］．工程爆破，2008（1）：50-56.

[6] 中华人民共和国标准．GB 6722—2003 爆破安全规程［S］．北京：中国标准出版社，2004.

超大规模起爆网络在拆除爆破中的应用研究

崔晓荣[1,2]　周听清[1]　李战军[2]

（1. 中国科学技术大学 近代力学系，安徽 合肥，230027；

2. 广东宏大爆破股份有限公司，广东 广州，510623）

摘　要：文章通过对比分析电雷管起爆网络和非电导爆管雷管起爆网络的优缺点，认为拆除爆破中的大规模起爆网络宜采用非电导爆管起爆网络。非电导爆管起爆网络中，推荐方便快捷的“大把抓”网络和“大把抓”四通复式网络，前者具有防水功能，后者网络层次分明。实践证明，上述推荐的两种非电起爆网络，能够一次安全可靠地起爆成千上万发雷管。

关键词：拆除爆破；起爆网络；可靠度分析

Application Study on Super Priming Circuit Used in Blasting Demolition

Cui Xiaorong[1,2]　Zhou Tingqing[1]　Li Zhanjun[2]

（1. Department of Modern Mechanics，University of Science & Technology of China，Anhui Hefei，230027；

2. Guangdong Hongda Blasting Co.，Ltd.，Guangdong Guangzhou，510623）

Abstract：According to comparison of electric priming circuit and non－electric shock－conducting tube system，the latter is suggested to be adopted in demolition blasting，especially using thousands of detonators. The non－electric shockconducting tube system，composed of batch nodes only，or batch nodes and 4－way nodes，is used generally，because they are convenient and efficient，and the former is immune to water，while the latter is concise. The engineering practices show that if the two non－electric initiation system discussed above is used properly，thousands of detonators can be primed simultaneously.

Keywords：blasting demolition；priming circuit；reliability analysis

1　引言

城市中高大建（构）筑物的爆破拆除，往往周边环境复杂，允许倒塌的空间狭窄，要求准确地控制爆破倒塌姿态和堆积范围。从要求爆破的高大建（构）筑物的结构特点看，由以往的砖混结构和框架结构转变为框架剪力墙结构、剪力墙结构和筒体结构，与传统的竖向承载构件立柱相比，剪力墙和筒体结构的钢筋混凝土体积增大，而且墙体薄，每发雷管的作用范围小，所以爆破单位体积的钢筋混凝土所消耗的雷管特别多。另外，周边环境复杂，允许倒塌的空间狭窄，越来越多的建（构）筑物采取多切口折叠爆破或原地坍塌爆破技术，与底部单切口定向爆破技术相比，爆破部位增多。

综上所述，新型的高大建（构）筑物的爆破拆除，由于周边环境复杂，要求精确定位，准确地控制爆破倒塌姿态和堆积范围，往往需要消耗大量的雷管和炸药，需要合理设计大规模起爆网络，一次安全起爆成千上万发雷管，并有效控制各种爆破危害效应。

原载于《爆破器材》，2009，38（1）：14-17。

2 超大规模非电起爆网络的特点和适用条件

城市中高大建（构）筑物的爆破拆除，往往要求安全可靠地一次起爆成千上万发雷管，电起爆网络和非电起爆网络各有其优缺点和适用条件。从网络设计要求上看：大规模的电雷管起爆网络，要求每个电雷管能够获得足够的电流，网络连接的施工组织安排、电路的分流分压等均有严格的要求[1,2]；而非电导爆管雷管起爆网络，一般情况下仅仅要求将每发雷管连接到起爆网络中即可，不存在电路分流分压和起爆能量设计的要求。

从网络连接施工组织上看：大规模的电雷管起爆网络的设计要求高，因此网络连接的施工组织安排要求高，操作人员的素质要求高，往往要求爆破工程师亲自操作；而非电导爆管雷管起爆网络，一般情况下仅仅要求将每发雷管连接到起爆网络即可，可以由爆破工程师带领爆破员施工，当然如果组织有序、规范统一，可进一步提高安全可靠度。

从网络施工工作效率上看：大规模的电雷管串联或者并联，雷管脚线的连接施工效率慢，每发孔内雷管有两个连结点；而采用非电导爆管雷管的“大把抓”技术，20~30 发孔内雷管共享一个连接点，工作效率大大提高。

从网络安全可靠度上看：电起爆网络的缺点主要是在各种环境的电干扰下往往容易出现安全事故，对起爆电源的要求高，不确定性较大，但是可以用仪表检查电雷管和对网络进行测试；非电导爆管雷管起爆网络，迄今尚未有监测网络是否正常的有效手段，但是合理设计网络的传爆路径，起爆主干路双重或者多重保险，即使某条支路不通，可从其他路径传播，因此，每发雷管可靠起爆的概率仍然很大[3,4]。

综上所述，拆除爆破中的大规模起爆网络宜采用非电导爆管网络，起爆网络设计简单，施工组织方便，操作效率高且安全可靠。

3 超大规模非电起爆网络形式及可靠性

3.1 四通连接的非电网络

四通连接的非电起爆网络，类似电雷管起爆网络的“串连”“并连”混合结构。每一个节点用四通并联4根导爆管，一般情况下为“一根进、一根出、两根连接孔内爆破雷管”，即从一根导爆管传入爆轰波，通过网络连接点（四通），起爆两发雷管，同时传出爆轰波，到下一个网络连接点。一般情况下，底层的每个网络连接点（四通）起爆2发雷管。如果一个爆破工程，要求一次起爆几万发雷管，网络连接工作量大，工作效率十分低，不推荐使用。该网络防水能力很差，网络被水喷或雨淋后容易出现拒爆现象。

3.2 “大把抓”非电网络

“大把抓”非电起爆网络，一般为树状结构或链式结构，或两者的混合。“大把抓”的树状结构网络如图1所示。起爆网络施工时，从底层到高层，网络底层用1发或2发雷管绑扎孔内雷管的脚线，起爆20~30发导爆管雷管（俗称“大把抓”）；起爆网络中的低层次的起爆雷管脚线梳理后再进行“大把抓”，用高一层次的网络起爆雷管起爆。

“大把抓”的链式结构网络（见图2），网络底层仍然用1发或2发雷管绑扎孔内雷管的脚线，起爆20~30发导爆管雷管；起爆网络的主干路中，不像树状结构那样从高层到低层分枝多，成为“一传多”，往往是“一传一”，有时首尾相连，形成闭路循环。

采用“大把抓”技术，20~30发孔内雷管共享一个连接点，工作效率高。但是起爆网络的主干路部分，起爆网络中的低层次的起爆雷管脚线分散，雷管脚线的长度复杂多变，梳理后再进行“大把抓”困难，且一般有孔外延时，网络层次要求明确。“大把抓”非电起爆网络，具有很强的防水功能，有防水要求时推荐使用本网络结构。

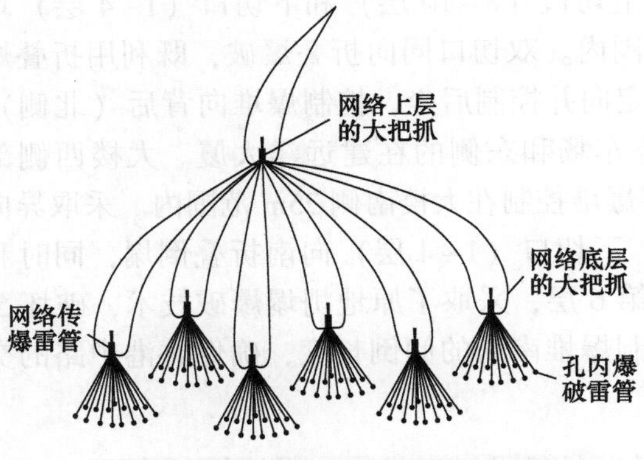

图 1 "大把抓"的树状结构网络

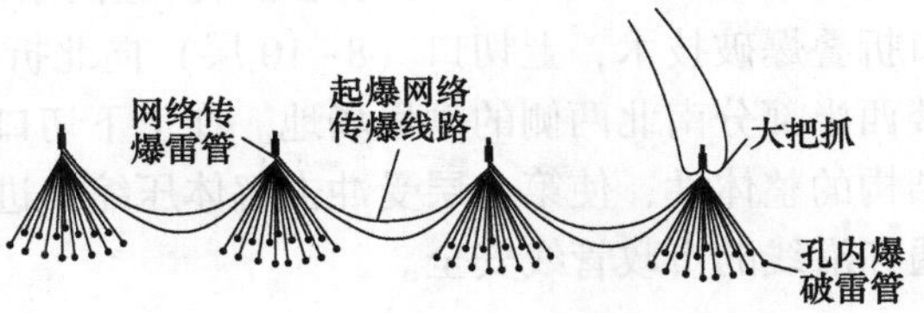

图 2 "大把抓"的链式结构网络

3.3 "大把抓"四通复式网络

"大把抓"四通复式网络，继承了四通连接的非电网络和"大把抓"非电网络的优点，扬长避短，一般为环路结构。网络底层仍然用 1 发或 2 发雷管绑扎孔内雷管的脚线，起爆 20~30 发导爆管雷管；起爆网络的主干路中，采用四通连结，主干路上每一个节点都用四通并联 4 根导爆管，一般情况下为"一根进、一根出、两根连接网络起爆雷管"或"一根进、一根出、一根搭桥，一根联接网络起爆雷管"。前者是从一根导爆管传入爆轰波，通过网络连接点（四通），起爆两发雷管，同时传出爆轰波，到下一个网络连接点，如图 3 所示；后者是从一根导爆管传入爆轰波，通过网络连接点（四通），起爆 1 发雷管，同时传出爆轰波，一根传播到本支路的下个网络连接点，另一根传播到另一条支路的网络连接点，如图 4 所示。

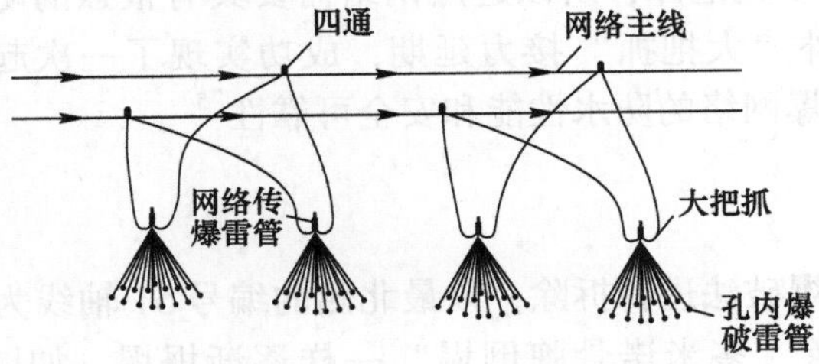

图 3 单链"大把抓"四通复式网络

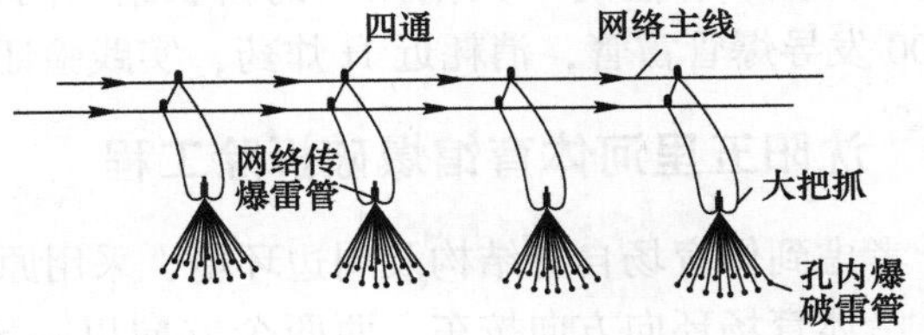

图 4 双链"大把抓"四通复式网络

图 3 和图 4 两种网络连接形式，均属于双保险网络。前者两条支链都传爆失败时，传爆路径改变或发生局部拒爆的现象；后者必须两条支链的搭桥连接的两个节点同时传爆失败时，才发生传爆路径改变或局部拒爆的现象。

如果根据结构布局特点和爆破方案设计的网络支路链条很长，宜采用更安全可靠的双链"大把抓"四通复式网络；如果设计的网络支路链条不是很长，宜采用单链"大把抓"四通复式网络，安全可靠性降低很小，但联网工作量减小近一半，便于施工组织，提高施工质量。

网络的底层采用"大把抓"技术，20~30 发孔内雷管共享一个连接点，工作效率高；起爆网络的主干路部分连结点大大减少后，采用四通连接技术，网络层次简明，施工方便快捷，为一般情况下的首选起爆网络。但是，起爆网络的主线采用了四通，防水功能稍差，网络被水喷或雨淋后，偶尔会出现局部拒爆现象。

4 大规模非电起爆网络的工程实例

4.1 青岛远洋宾馆爆破拆除工程

青岛远洋宾馆爆破拆除工程综合运用同向双切口折叠爆破技术、异向双切口折叠爆破技术和原地坍塌爆破技术，如图5所示。大楼东侧部分（13层），上切口（8~10层）和下切口（1~4层）均向南定向折叠倒塌，将爆堆控制在大楼南侧容许的倒塌范围内。双切口同向折叠爆破，既利用折叠爆破的原理控制了倾倒长度，又利用了定向爆破机理，准确定向并控制后坐，控制爆堆向背后（北侧）和两侧（主要是东侧）的拓展宽度，不危及北侧的地下停车场和东侧的在建远洋大厦。大楼西侧部分（15层），如上下两个切口均向南定向折叠倒塌，很难将爆堆控制在大楼南侧25m范围内。采取异向双切口折叠爆破技术，上切口（8~10层）向北折叠倒塌，下切口（1~4层）向南折叠倒塌，同时利用大楼西半部分南北两侧的倒塌场地。在上下切口之间的第6层，采取了原地坍塌爆破技术，破坏5~7层结构的整体性，使第6层受冲击解体压缩，进一步控制爆堆南向的倾倒长度，确保香港中路的交通畅通和沿线的市政管线安全。

图5 双向交错折叠爆破倒塌过程

本工程采取了防尘降尘措施，预先喷水、挂水袋、填充泡沫，所以起爆网络需要具有很强的防水功能。采用双保险的“大把抓”的树状结构网络，孔外“大把抓”接力延期，成功实现了一次起爆18000发导爆管雷管，消耗近1t炸药，实践验证了该起爆网络的防水性能和安全可靠性[5]。

4.2 沈阳五里河体育馆爆破拆除工程

考虑到体育场自身结构及周边环境，采用原地坍塌爆破法进行拆除。以最北侧的编号51轴线为起点，沿体育场环向方向按东、西两个方向以一定时差像“多米诺骨牌倒塌”一样逐渐坍塌，如图6所示。

图6 五里河体育场爆破瞬间

本工程采取了防尘降尘措施，预先喷水、挂水袋、填充泡沫，所以起爆网络需要具有很强的防水功能。为了实现“多米诺骨牌倒塌”一样逐渐坍塌，从时间上和空间上分散一次齐爆药量，控制爆破危害；同时避免太多规格的孔内延期雷管，施工组织麻烦，所以采用“大把抓”的链式结构网络。本次爆破共钻8500个炮孔，装2568kg炸药，使用14000发雷管。爆破分120响，每排柱一响，逐排逐段原地坍塌，这样就可以减少爆破振动和减缓塌落触地振动。

4.3 合肥维也纳森林花园爆破拆除工程

合肥维也纳森林花园采用“主体结构原地坍塌，上部部分楼层向南微倾”的总设计方案。“主体结构原地坍塌”是为了控制爆堆范围和爆堆高度，避免爆堆不稳定引起的危害，毕竟剪力墙结构爆破解体难度较大；“上部部分楼层向南微倾”主要是为了控制大楼北侧，即靠近黄山路一侧的爆堆堆积范围，充分、合理利用了1号楼南侧20m的空地。此方案可以防止爆堆过高，发生随机的二次倾倒，危害大楼北侧的煤气管道等公共设施。

由于本工程分为A、B、C三个单元，每个单元爆破16层，通过孔内半秒延期、孔外毫秒延期使每个单元、每个楼层均微差接力起爆，像“手风琴”一样逐渐折叠压缩坍塌，如图7所示。考虑到爆破网络的单链比较短，剪力墙结构爆破网络连接工程量特别大，故采用单链的“大把抓”四通复式非电起爆网络。该楼房拆除爆破工程炮孔总数高达53274个，总共使用导爆管雷管58602发，一次起爆成功[6]。

图7 剪力墙折叠压缩爆破的爆堆

4.4 韶关电厂大型多跨厂房爆破拆除工程

本工程中，厂房中间的整体框架结构定向倾倒，前推A轴，后拉E轴，保证其两侧的排架结构的定向倾倒。前面的汽机房和后面的锅炉房，借中间的给水煤仓间定向倒塌的势，保证汽机房和锅炉房顺利定向倒塌。设计的定向倒塌的爆破效果如图8所示。

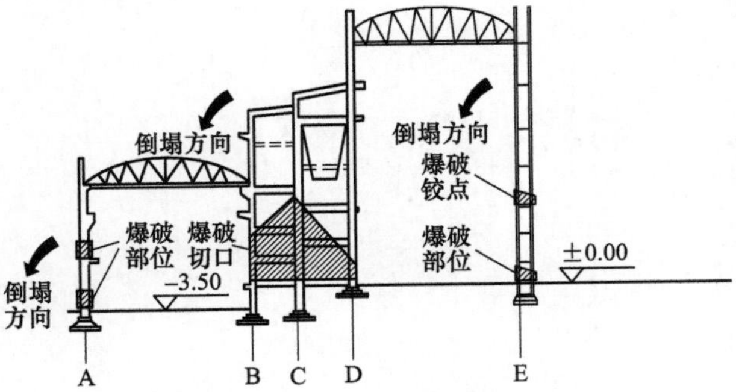

图8 多跨厂房定向爆破倒塌示意图（单位：m）

厂房的层数少，占地面积大，如图8所示的排架多达21榀，横向共140m长。此外，考虑到爆破网络的单链比较长，框架结构爆破网络连接工程量稍小，所以采用双链的“大把抓”四通复式非电起爆网络，提高安全可靠度。爆破网络采用孔内半秒延期、孔外毫秒延期，从南向北起爆，实现了大型多跨厂房的定向爆破。该厂房拆除爆破工程炮孔总数3633个，总共使用导爆管雷管4033发，一次起爆成功。

5 结论

（1）通过以上对比分析电雷管起爆网络和非电导爆管雷管起爆网络的优缺点，认为在实际拆除爆破中的超大规模起爆网络宜采用非电导爆管网络。

（2）非电导爆管网络中，推荐方便快捷的“大把抓”网络和“大把抓”四通复式网络，前者具有防水功能，后者网络层次分明。实践证明上述推荐的两种非电起爆网络，能够一次安全可靠地起爆成千上万发雷管。

参考文献

[1] 顾毅成．爆破工程施工与安全［M］．北京：冶金工业出版社，2004.

[2] 穆连生，宁掌玄，邸春生，等．动力电源起爆 2000 发以上电雷管爆破网络设计与计算［J］．工程爆破，1999，5（2）：10-14.

[3] 梁开水，赵翔．导爆管起爆网络可靠度分析［J］．爆破器材，2006，35（5）：22-24.

[4] 赵翔，黄东方，张万利．导爆管起爆网络连接方式探讨［J］．爆破，2008，35（2）：34-35，48.

[5] 崔晓荣，李战军，王代华，等．剪力墙结构大楼双向交错折叠爆破［J］．爆破，2008，35（2）：43-48.

[6] 崔晓荣，沈兆武，周听清，等．剪力墙结构原地坍塌爆破分析［J］．工程爆破，2006，12（2）：52-55.

13 层框剪结构商务大楼爆破拆除

赖经建　魏晓林　谭卫华

（广东宏大爆破股份有限公司，广东 广州，510623）

摘　要：13 层钢筋混凝土框-剪结构、平面 V 形大楼，3 排柱两跨 43m 高，采用沿中线整体单向（尖端）倾倒爆破拆除。V 型大楼不从中线预破开而整体倾倒，这就是新的拆除尝试。切口朝尖端方向，前排柱中线区炸高 12m，两侧区炸高 8.7m，后排柱炸高 0.3m，且中部、前、中排柱先爆，两侧柱滞后半秒迟爆，楼房顺利倒塌。由此证明，切口中高、两侧低，起爆先中而后侧，先前柱而后柱，爆破参数沿中线对称，就可实现 V 形楼整体倒塌。

关键词：爆破拆除；V 型建筑；框-剪结构；延时爆破

Blasting Demolitiong of a 13-Storey Building in Shear Framework

Lai Jingjian　Wei Xiaolin　Tan Weihua

(Gaungdong Hongda Blasting Co., Ltd., Gaungdong Guangzhou, 510623)

Abstract: Standing at 43m height with two spans and three rows of column, the building was a 13-storey and V-shaped office building in shear framework, which was demolished in the way of collapsing in one direction along its centerline The demolition was characterized by the collapsing intack without the use of presplitting along the centerline, marked a new attempt in this blasting demolition. In the blasting scheme, the precut was oriented to the tip end, with the blasting height being 12m within the centerline zone of the front row and 8.7m in the zone of the two sides. The blasting height for rear column was 0.3m, with central section, front and central columns being blasting in advance half second prior to the blasting for the columns of the two sides. The designation resulted in a perfect collapsing of the building, showing that the considerate blasting scheme could be responsible for a V-shaped building collapsing in tack.

Keywords: blasting demolition; V-shaped building; shear-framework construction; delay blasting

1　工程概况

1.1　周围环境

该楼位于广东中山古镇的中心城区，周围环境比较复杂，如图 1 所示。西、北两侧分别紧靠繁华的东兴东路和新兴大道，距大楼西北 2~3m，平行埋设有光缆和民用高压电缆，深 0.6~1.5m，两侧道路对面是玻璃幕墙灯饰商铺、民房商铺、饭店、歌厅和人民医院等，相距 35~50m，东南方向有 60m 宽空地可提供大楼倾倒。

1.2　大楼结构

爆破拆除的中山古镇商业集团办公大楼建于 20 世纪 90 年代，框-剪结构，建筑物长 32m、宽 9m，

原载于《工程爆破》，2009，15（2）：60-62。

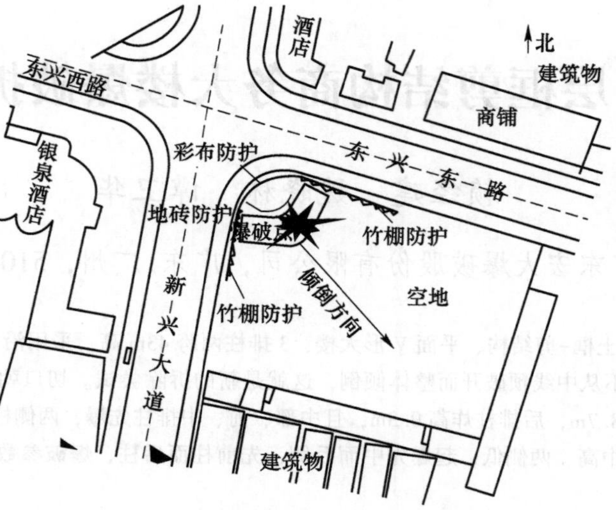

图 1　爆区周围环境示意图

Fig. 1　Sketch of blasting area surroundings

呈平面“V”形，楼 13 层高 43m，底层高 4.5m，其他各层高 3.2m，建筑面积 4000m^2，首层平面布置如图 2 所示。

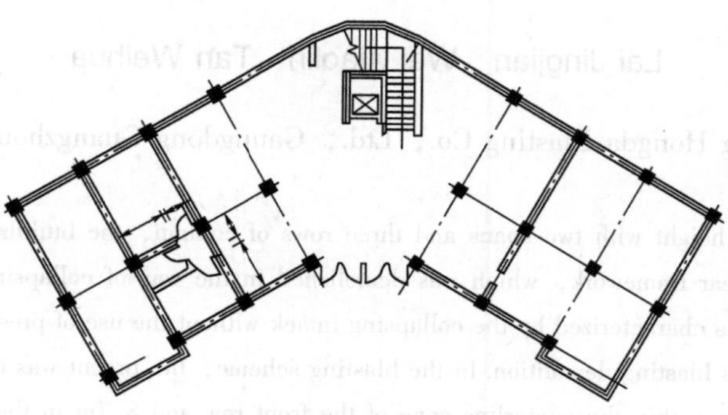

图 2　大楼底层平面

Fig. 2　Plan at first floor of building

2　爆破方案

可供平面 V 型大楼倒塌的空地正位于 V 形尖端方向，选择大楼 V 形中线尖端向倒塌可最小危及两侧道路和对面建筑，应是最安全的倾倒拆除方案。

由于 V 形中线与大楼两侧结构框架平面相交约 30°，要实现大楼沿 V 形中线稳定倾倒，应将大楼两侧的爆破切口也沿中线对称布置，以使两侧结构支撑反力的侧向分量相互抵消，而其沿中线方向的反力分量相互整合，这样既避免了两侧结构可能的侧向倾倒，又能使重力和支撑反力向中线方向集合，促使大楼向 V 形尖端方向整体倒塌。因此爆破切口应沿中线对称布置，保持前柱高而后柱低，形成中线高两侧低。起爆要先中部后两侧，先前柱而后柱，以实现 V 型楼整体向前倾倒。另一方面，沿 V 形中线倾倒，却增大了切口 V 形尖端至 V 形口端后柱的水平距离，从而减小了爆破切口角，削弱了前倾趋势，因此为确保大楼沿中线倾倒维持必要的爆破切口角，就必须增大中线区炸高，只有足够的炸高，才能使倒塌建筑的重心移出到前趾前方，才能保证大楼顺利倒塌。

2.1　立柱爆破切口

（1）C 轴 4~9 柱炸高为 12m，1~2、11~12 柱炸高 8.7m。

（2）B 轴 4、9 柱炸高 9.2m，1~3 和 10~12 炸高 3.9m。

（3）A 轴各柱炸高 0.3m，以实现爆破高度中部高过两侧，前柱高过后柱。

在爆破施工时，对 1~4 层楼体的非承重墙体进行人工预拆除，对 C 轴剪力墙，电梯井筒和楼梯要预拆至 5 层楼，A 轴剪力墙沿地面敲松 0.3m 混凝土以露出钢筋为止，由此确保剪力墙、电梯井筒、楼梯在起爆后能迅速解体，保证大楼主体顺利定向坍塌。

2.2 孔网参数

大楼框架有承重立柱 28 根，包括两根圆柱，大楼平面 V 形三个顶点有剪力墙，分别为承重立柱截面尺寸为 0.4m×0.5m，圆柱直径 0.5m；剪力墙厚 0.2m。

混凝土立柱应从短边布单排孔，孔距 $a=30\text{cm}$，孔深 $L=32\text{cm}$。炸药单耗：$k=1.1\sim1.5\text{kg/m}^3$，从 1~4 层逐层递减，剪力墙、电梯井墙壁炸药单耗 $k=4.0\text{kg/m}^3$。孔网参数见表 1。

表 1 孔网参数及药量

Table 1 Hole net parameters and charging quantities

结 构	控制断面/cm×cm	孔深/cm	单耗/kg·m^{-3}	单孔药量/g
C 轴	40×30	32	1.1~1.5	60~90
B 轴	40×30	32	1.1~1.5	60~90
A 轴	40×30	32	1.1	60
电梯井	20×20	13	4.0	30
A 轴剪力墙	20×20	13	4.0	30
圆柱	ϕ50	35	1.1~1.5	100

2.3 爆破时差

根据爆破方案，起爆顺序应中部先爆、两侧次后，为促使大楼向中心线倾倒，C 轴 12 柱比同排再次后起爆，即 C 轴和 B 轴的 4~9 柱；中部圆柱；电梯井剪力墙及楼梯用半秒差 HS2 段导爆管雷管起爆，C 轴 12 柱和 B 轴 1~3、10~11 柱滞后 0.5s 用半秒 HS3 段雷管起爆。B 轴 12 柱和 A 轴各柱，用半秒 HS4 段雷管起爆。

2.4 爆破网路

采用普通的“大把抓”与四通混合连接爆破网路。先将柱内炮孔导爆管雷管捆扎成一束（不超过 15 根/束），再绑上 2 发 MS1 段导爆管雷管，然后用四通接入本层复式网路，各层复式网线上下又进行至少两路复式联通，然后把起爆主线引至起爆点。每层回路连接网路如图 3 所示。

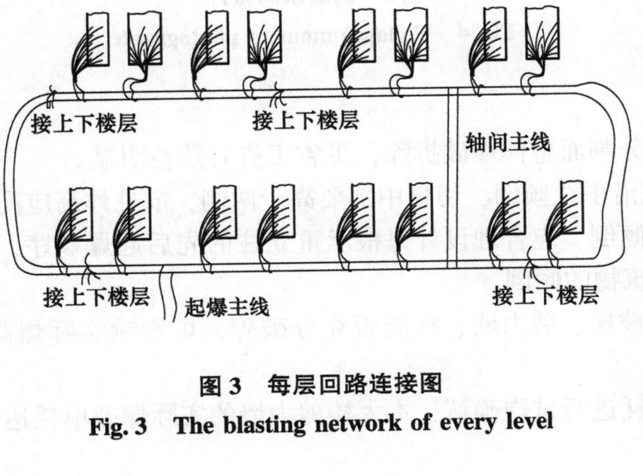

图 3 每层回路连接图

Fig. 3 The blasting network of every level

3 安全防护要求

3.1 防止飞石危害

为防止爆破产生的飞石对周围设施及建筑物的破坏，防护措施如下：

（1）对立柱爆破部位的防护（近体防护）：在立柱的炮孔部位用竹笆夹稻草再夹竹笆包裹，用铁丝绑紧，这样可以使飞石飞溅距离控制在10m之内。

（2）远体防护措施：在爆破楼房外围均搭设外围防护排栅，排栅应高于炮孔位置，排栅上挂安全网。经过近体和远体防护以后，完全可以将飞石控制在排栅安全网之内，有效地防止飞石对四周办公楼和设施的破坏，绝对保证周围办公楼及人员的安全，经爆后检查证实效果良好。

（3）对大楼两侧的光缆和民用高压线，堆积沙包及填高于1.5m的沙堤进行保护。

3.2 爆破振动危害

爆破及塌落振动速度实测如下：在C轴部分和B轴的HS2段，单响最大药量为16.8kg；C轴立柱到两侧过街对面玻璃幕墙商铺距离 $R=39$m 的条件下，采用IDTS3850爆破振动记录仪实测的爆破垂直振动速度为0.45cm/s，爆破坍落振动速度为1.0cm/s，由此可见爆破引起的振速值均在安全范围之内。

4 爆破效果与体会

中山古镇商业集团办公大楼爆破拆除，于2007年2月15日清晨7时安全起爆，如图4所示，爆破飞石完全控制在设计的安全范围以内，爆破定向准确，爆堆正向堆积最长30m，爆堆最高小于9.5m，5层以上楼体及剪力墙完好未解体，光缆及高压电缆安全无损，取得了很好的爆破效果，为V型结构在不分割分离的情况下定向爆破拆除积累了经验。

图4 倒塌瞬间照片

Fig. 4 Collapse moment photograph

几点体会：

（1）V型建筑可以不分割而整体爆破拆除，更省工省时效益明显。

（2）为确保V型建筑沿中线倾倒，切口中部要高于两侧，前柱炸高应高于后柱。

（3）V型建筑沿中线倾倒，应合理设计每根承重立柱的先后起爆顺序，做到先中部后两侧、先前柱而后柱，可以控制好建筑物的倾倒。

（4）爆破切口中部的楼梯、剪力墙、柱能否充分破碎，可影响实际爆高，是拆除成败的关键点，要倍加重视。

（5）要对设计炸药单耗进行试炮确认，本大楼剪力墙的实际爆破单耗达到4kg/m³。

（6）竹笆夹稻草再夹竹笆是近体防护的有效方法，堆沙包与筑小沙堤是保护光缆、电缆的一种简易方法。

参考文献

[1] 中国力学学会工程爆破专业委员会．爆破工程（上、下）[M]．北京：冶金工业出版社，1996.
[2] 冯叔瑜，吕毅，杨杰昌，等．城市控制爆破 [M]．北京：中国铁道出版社，1985.
[3] 尤如海，王宗起．14 层框架办公楼控制爆破拆除 [J]．工程爆破，2005，11（4）：61-63.

90m 高冷却塔爆破机械联合拆除实践

罗伟涛　郑建礼

（广东宏大爆破股份有限公司，广东 广州，510623）

摘　要：通过采用“原地塌坐，机械破壁”爆破拆除双曲线冷却塔的新方法，一次同时爆破“人字柱”，采用较低的炸高，使塔体获得较小的触地冲量原地塌坐，保证塔体的完整性，然后用油炮机自下而上逐层破碎塔体，实现逐层下降的施工方案，为类似爆破工程提供参考。

关键词：双曲线冷却塔；原地塌坐；机械破壁；爆破拆除

Blasting and Machinery United to Demolition of 90m High Cooling Tower

Luo Weitao　Zheng Jianli

（Guangdong Hongda Blasting Co.，Ltd.，Guangdong Guangzhou，510623）

Abstract：A new method of blasting demolition of hyperbolic cooling tower，“in-place collapse，machinery broken”，was adopted to blast all lambdoidalpillars simultaneously. Lower blasting height makes the tower body smaller touchdown impulse and makes sure the wholeness of tower，then using the crusher to broken the tower from up to down step by step，which provides reference for the similar project.

Keywords：hyperbolic cooling tower；in-place collapse；machinery broken；blasting demolition

1　工程概况

吉林省松原市前郭县大唐长山热电厂因改扩建，需拆除原厂区高 90m 的 3500m^2 双曲线冷却塔。该塔北侧 7m 为冷却塔配电室，22m 为 4 号循环水泵房；南侧 16m 为循环水处理间、35m 为污水处理站、55m 为生活消防水泵房和油区消防水泵房；东侧 18m 为灰管；西侧 20m 为水工配电间；西北侧 15m 为空压机室。环境复杂，爆破时应确保周围建筑及供电设施的安全。具体周围环境如图 1 所示。

冷却塔为钢筋混凝土结构，钢筋混凝土总量约 6828m^3。塔筒底部直径 73.546m，最小直径（喉部、位于+72m 水平）38.8m；塔筒壁厚由下向上逐渐减小，最厚 50cm，最薄 14cm；筒壁混凝土标号为 300 号。冷却塔基础为环形基础，基础以上均匀分布 40 对钢筋混凝土人字柱，其标号为 300 号，垂高 5.8m，横断面为正八菱形 45cm×45cm，主筋为 ϕ28mm 16Mn 钢 10 根，箍筋为 ϕ10mm@200mm，其箍筋在柱下端 1m 范围间距为 100mm。人字支柱环梁位于 5.8m 标高，其斜长 2m，在人字梁接点左右各 1.3m 范围配筋较密。冷却塔内部有 9.5m 高的淋水平台，平台下有 130 根淋水平台支撑立柱，平台为预制钢筋混凝土构件，其与塔筒没有结构性的连接。

原载于《爆破》，2009，26（2）：46-47，52。

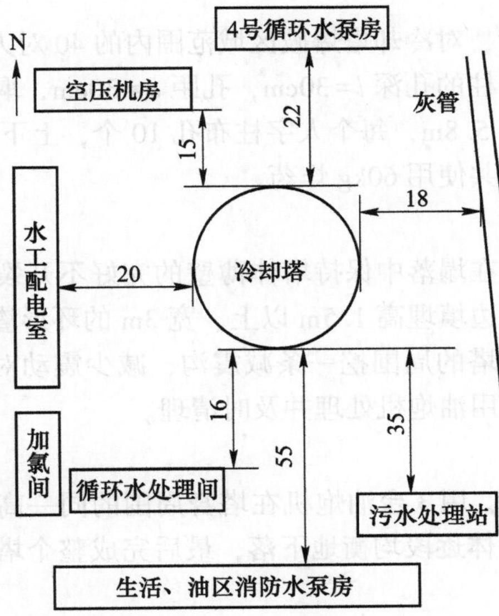

图 1　爆区周围环境示意图（单位：m）

2　爆破拆除设计

2.1　爆破拆除方案的确定

双曲线冷却塔形状特殊、结构复杂，采用爆破方法拆除时，须充分考虑其结构特征和周围环境，并应经技术和安全论证，确保工程的安全。故根据待拆除冷却塔的结构特点和周围环境要求的特殊性及复杂性，决定采取以下爆破拆除方案[1,2]：

借鉴筒体构筑物爆破设计模式，塔筒内淋水立柱、淋水装置在爆破前提前用油炮机处理并及时清理。根据爆体周围环境、塔体结构及工期要求和对振动的限制，一次同时炸断“人字柱”，采用较低的炸高，使塔体获得较小的触地冲量原地塌坐，保证塔体的完整性，然后用油炮机自下而上逐层破碎塔体，逐层下降的施工方案。

2.2　爆破参数选择

2.2.1　爆破部位设计

塔体底部人字形斜立柱炸全高，即 5.8m，如图 2 所示。

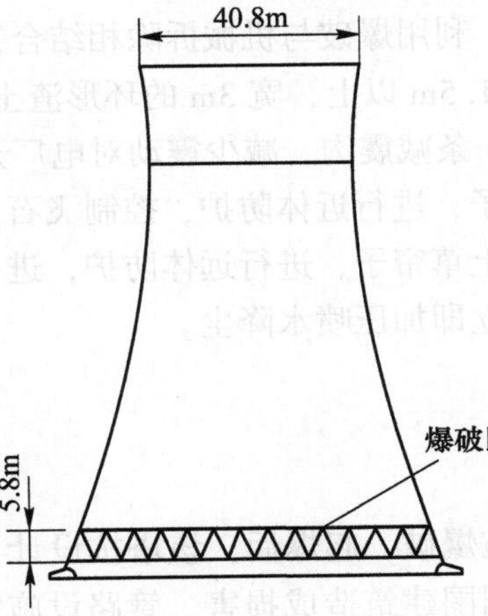

图 2　爆破区域示意图

2.2.2 炮孔布置参数

为有效地增加塔身的下落高度，对冷却塔爆破区域范围内的40对人字柱支撑立柱，每根柱子布置单排炮孔，设计爆破参数为：人字柱的孔深 $l=30\text{cm}$，孔距 $a=30\text{cm}$，取单位体积耗药量 $K=1300\text{g/m}^3$，单孔装药量为 $q=75\text{g}$。人字柱炸高5.8m，每个人字柱布孔10个，上下各布置5个孔。80根人字斜撑立柱共布孔800个。人字斜撑立柱共使用60kg炸药。

2.2.3 爆破前的准备

为保证塔体的可靠垂直塌落并在塌落中保持塔体薄壁的完好不开裂及有效减少落地振动对周围建筑物的影响，在塔底环形池内的周边填埋高1.5m以上、宽3m的环形渣土并压实，作为缓冲垫。为进一步减小塔体的触地震动，在冷却塔的周围挖一条减震沟，减少震动对电厂开关的影响[3,4]。塔筒内淋水立柱、淋水装置在爆破前提前用油炮机处理并及时清理。

2.2.4 塔体塌落后的拆除

双曲线冷却塔整个塔身落地后，用3台油炮机在塔身周围的同一高度进行破碎，每1层的破碎高度在500~1000mm之间，使整个塔体逐段均衡地下落，最后完成整个塔体拆除。为保证安全，油炮机臂杆要加长。

2.2.5 爆破器材及起爆网路

在热电厂施工，为了安全，炸药选取2号岩石硝胺炸药，雷管采用非电毫秒2段导爆管雷管，即MS-2。采用“大把抓”和四通连接联合使用的爆破网路，闭合网路之间多次搭接，形成闭合复式交叉网路，如图3所示。

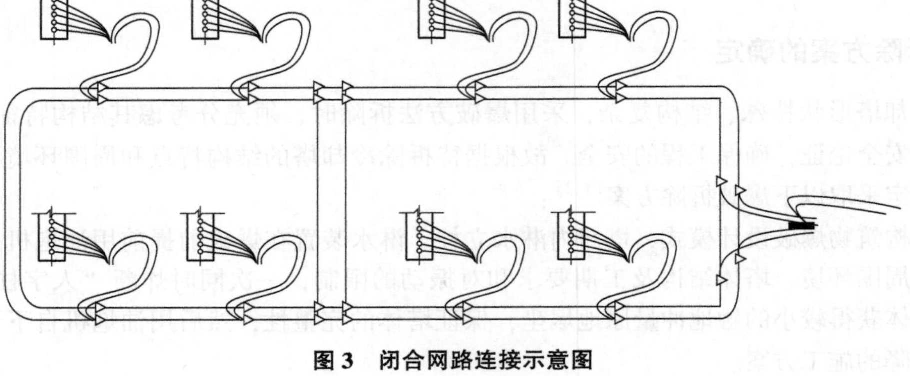

图3 闭合网路连接示意图

3 安全措施

考虑到周边环境复杂，与需要保护的建构筑物、设备、管道等距离近，危险性较大，本爆破工程首先从技术上主动减小各种爆破危害，利用爆破与机械拆除相结合，并采取相关安全防护措施[4,5]：

（1）塔底环形池内的周边填埋高1.5m以上，宽3m的环形渣土并压实，作为缓冲垫为进一步减小塔体的触地震动，在冷却塔的周围挖一条减震沟，减少震动对电厂开关的影响。

（2）在人字柱绑上3层厚的草帘子，进行近体防护，控制飞石。

（3）在周围建构筑物的窗户上挂上草帘子，进行远体防护，进一步控制个别飞石。

（4）爆破后，电厂内部的消防车立即加压喷水降尘。

4 爆破效果

该冷却塔于2007年3月10日实施爆破，起爆后，该塔按设计方案原地塌落，落地后塔身整体结构完好，爆破产生的个别飞石没有对周围建筑造成损害，管路设施完好无损，被保护的主控楼、精密仪器未受到任何影响，电厂开关未出现跳闸现象。

5 结语

（1）在倒塌场地复杂、倒塌范围不足的条件下，选择“原地塌坐，机械破壁”的方法拆除双曲线冷却塔是有效可行的，而且快捷、安全、可靠。

（2）“原地塌坐，机械破壁”拆除双曲线冷却塔的成功关键是：一次性同时炸断“人字柱”，并在塔体坐落过程中，保持塔体薄壁完好不开裂。这为后来用机械拆除塔壁提供了前提条件。

（3）在用油炮机破碎塔壁的过程中，加长臂杆长度，协调渐进是保障施工安全的有效措施。

参 考 文 献

[1] 冯叔瑜．城市控制爆破［M］．北京：中国铁道出版社，1985.
[2] 刘殿中．工程爆破实用手册［M］．北京：冶金工业出版社，1999.
[3] 顾宏伟，赵燕明，李秀地．两道减震沟隔震效果的数值模拟研究［J］．爆破，2007，24（1）：21-25.
[4] 朴志友，崔正荣，赵明生，等．120m 砼烟囱爆破拆除振动测试与分析［J］．爆破，2008，25（1）：79-91.
[5] 中华人民共和国国家标准．GB 6722—2003 爆破安全规程［S］．北京：中国标准出版社，2004.

NOSA 体系在城市爆炸灾害管理中的应用

崔晓荣[1,2]　李战军[1]　傅建秋[1]　沈兆武[2]

（1. 广东宏大爆破股份有限公司，广东 广州，510623；
2. 中国科学技术大学 力学系，安徽 合肥，230026）

摘　要：城市爆炸灾害管理具有风险高、专业性强的特性，任一环节出现一个小小的疏忽，都可能诱发一次大的安全事故。为了提高城市爆炸灾害的管理水平，引进“安健环”风险评估与管理体系。“安健环”风险评估与管理体系包括人身财产安全、职业健康、环境保护三个方面，能够比较全面、科学地评估各种爆炸灾害的风险。该管理体系采用计划、执行、检查、行动（PDCA）的管理模式，强调人性化管理和持续改进的理念，可执行性强。将该体系用于城市爆炸灾害管理中，灾前侧重于对未遂事件的预防和控制，从源头上采取切实可行的措施控制或消除风险，并编制应急救援预案指导灾后救援，确保灾后响应的及时有效，进而达到防止灾害的蔓延，实现高效救援之目的。

关键词：城市爆炸灾害；NOSA 安健环管理体系；风险评估

Application of NOSA System in City Explosion Accident Management

Cui Xiaorong[1,2]　Li Zhanjun[1]　Fu Jianqiu[1]，Shen Zhaowu[2]

（1. Guangdong Hongda Blasting Co.，Ltd.，Guangdong Guangzhou，510623；
2. Department of Mechanics，University of Science & Technology of China，Anhui Hefei，230026）

Abstract：To improve the level of management of explosion accident in city，the risk evaluation system，based on safety，health & environment protection，is presented，which features passive accident management mode in steady of the active one. When one accident occurs，our benefits of safety，health and environment will be infringed all，therefore，everyone should take part in the management of the explosion accident voluntarily. The management of explosion accident in city is not only the responsibility of special manager but also the responsibility of everyone involved. The explosion accident has the characteristics of high risk and strong specialty. Therefore，the effect of management should be improved insistently，otherwise，a small risk is skipped，a large accident may be resulted in. This system is practical，and every task is conducted following the flow of plan，administration，check-up & action（PDCA）. If this risk evaluation system，based on safety，health & environment protection，is used in the management of explosion accident in city，the effect of safety management can be improved obviously and permanently. Through this risk evaluation system，potential risk can be controlled or avoided before accident，and measures can be carried out promptly and efficiently after accident.

Keywords：explosion accident in city；NOSA safety，health and environment protection management system；risk evaluation

城市爆炸灾害不仅会造成局部的人员伤亡和财产损失，而且关系到社会的公共安全和国家的安定团结。基于城市爆炸灾害瞬间发生、破坏严重和影响重大，城市爆炸灾害管理具有风险高、专业性强的特性，宜建立相对独立、完善的管理体系，才能有效控制爆炸源的潜在危险，灾后高效应急救援。

原载于《防灾减灾工程学报》，2009，29（4）：457-461。

一些发达国家建立了“城市应急联动中心”之类的防灾减灾系统，实施城市灾害综合管理，很有效果。目前世界上，美国芝加哥对灾害求救电话做出救援响应的时间最短，平均为 1.2s。而我国目前基本上实行的是分灾类、分部门、分地区的单一减灾管理模式，灾害信息采集渠道分散、应急响应时间较长、综合协调效率较低等问题，极易造成救援延误甚至救援不当。因此，在综合性的防灾减灾系统建立之前，有必要先行建立城市爆炸灾害预警及应急救援系统，并实施先进的管理体系。

将国际上普遍采用的“安健环”风险评估与管理（NOSA）体系，即集安全、健康、环保于一体的综合风险管理体系[1-3] 引入城市爆炸灾害管理，将之作为子系统嵌入城市防灾减灾、应急救援系统中，可以针对爆炸灾害的特性进行高效管理。信息采集方面，纳入城市防灾减灾预警系统，确保信息畅通；应急救援方面，针对爆炸灾害的特性，具体问题具体分析，满足爆炸灾害预警、救援方面更加严格的要求，促进社会和谐发展。本文较全面地阐述了 NOSA 体系在城市爆炸灾害管理中的应用思路。

1 安健环管理的特点

冰山理论有两个含义：一是指事故是不安全行为或者不安全条件不断演变发展的必然后果；二是人们往往注意的、也是容易见到的只是事故本身，而非事故的发展过程和形成因素。海因里希的冰山理论指出，重伤事故、一般事故、未遂事故的比例关系是 1∶29∶100，而未遂事故以下的安全偏离事件的数目更大。这一理论的启示就是，在一般情况下，只有重伤事故和一般事故才能引起人们的注意，只有重伤以上的事故才会引起人们的关注，这是有很大局限性的，而只有看到了“冰山”的底层，才能发现事故形成的因素，才能将事故消除在萌芽时期。冰山理论示意见图 1。

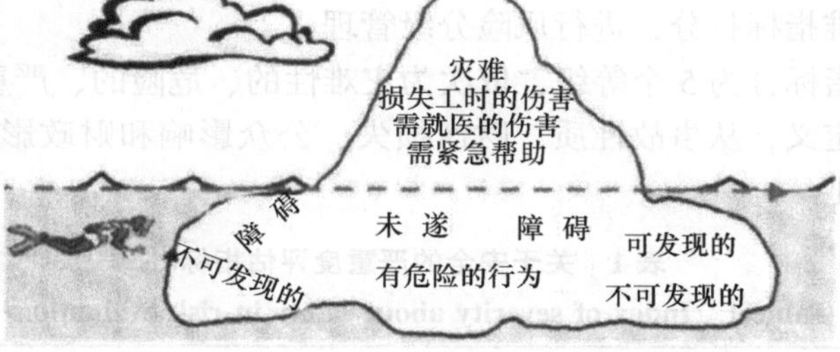

图 1　冰山理论示意图

Fig. 1　Theory of iceberg

传统的安全管理工作是在发生事故后进行原因分析及处理，并没有把危险意识及未遂行为等大量潜在的危险进行有效的控制，因而没有从源头上避免事故的发生，而“NOSA”安健环要做的就是从源头开始杜绝事故发生[4]，故特别适用于城市爆炸灾害的管理。其可以根据爆炸灾害的特点，对潜在的爆炸灾害源进行预警、监测和风险评估，灾前以防为主，心中有数；灾后临阵不乱，正确判别形势，采取合理应急救援措施，控制灾害蔓延，减小生命财产损失，避免救援人员伤亡。

NOSA（National Occupational Safety Association）是“国家职业安全协会”的英文缩写，NOSA 综合五星管理体系是专门针对人身安全设计的，是目前世界上具有重要影响并被广泛认可和采用的一种综合安全风险管理体系。该体系特别强调应综合解决安全、健康、环保问题，特别强调管理过程中员工的积极主动参与，特别注重对风险的认识、控制和管理的有效性（文献［4］）[5,6]。

NOSA 管理体系的核心理念是：一切活动均基于风险能被预知预控；所有意外均可以避免；所有存在的危险皆可得到控制；对环境的影响可以尽量降低；每项工作均顾及安全、健康、环保；通过闭环管理实现持续改进。该体系以风险管理为基础，采用计划、执行、检查、行动（PDCA）的管理模式，强调人性化管理和持续改进的理念，目标是实现安全、健康、环境保护的综合风险管理。该体系有利于实现由事故防范型向安全健康型、由“要我安全”向“我要安全”、由“被动型”安全管理向“主动型”安全管理的转变。

2 安健环管理的执行体系

2.1 危害辨识

安健环风险管理体系中，首先面临的是潜在风险，进行危害辨识，而非传统的已经发生的灾害事故。

危害识别需要具有全面性，尽量不要遗漏潜在的危害和风险。危险和环境因素存在三种状态：正常、异常、紧急，即不仅要考虑正常状态下的情况，还要考虑变工况状态及异常或紧急状态下存在的危险。危险和环境因素存在三种时态：过去、现在、将来，即不仅要考虑目前控制措施情况下的危险，还要考虑过去遗留下来的残余危险以及未来开发、改造活动中可能伴随出现的新危险。

危害辨识还应具有自身完善性，是一个动态的循环管理体系。随着安全管理工作的细化、安全管理水平的提高，新的潜在危害的发现，需要及时补充并进行安全分析。内部或者外部发生新的意外、突发事故，常常得出新的教训和启示，也需要及时补充并进行安全分析。

2.2 风险评估

城市爆炸灾害风险高、专业性强，具有人身财产安全、职业健康、环境三方面的潜在危害，所以需要选择可执行性强、全方位的评估体系。

基于安全、健康、环境三个指标的“安健环”三维风险评估体系，结合风险评估表与风险矩阵标准以及风险矩阵对照表，对工作、活动、运动物体进行风险评估，是一个非常适用于城市爆炸灾害管理的风险评估体系。该体系中，对安全、健康、环境三个方面均进行严重度、发生频率、暴露期三个指标的评估，最后综合三维指标打分，进行风险分级管理。

以安全为例，严重度指标分为5个等级，依次为灾难性的、危险的、严重的、轻微的和可忽略的。各个等级均有相应的明确定义，从事故性质、财产损失、公众影响和财政影响4个方面评估。安全方面的严重度评估指标见表1。

表1 关于安全的严重度评估指标

Table 1 Index of severity about safety in risk evaluation

代号	严重度	事故性质	财产损失	公众影响	财政影响
a	灾难性的	多个伤亡	破坏性财产损失	导致商业停止的压力	永久的财政瘫痪
b	危险的	不幸或多宗伤残	广泛及严重的财产损失	媒体广泛持久的关注和调查	广泛及严重的财政损失
c	严重的	严重或致残伤害	重大的财产损失	地方政府和媒体的关注	重大的财政损失
d	轻微的	轻微伤害	轻微的财产损失	公众投诉	轻微的财政损失
e	可忽略的	急救处理	可忽略的财产损失	个人投诉	可忽略的财政损失

在安全方面，事故发生的频率指标也分为5个等级，依次为频繁的、经常的、偶然的、罕见的、几乎没有的，用事故发生的概率来定量。暴露期指标也分为5个等级，依次为大量的、普遍的、明显的、有限的和可以忽略的；用暴露量，即事故发生后处于危险状态的人数占班组总人数的比例来定义。

健康和环境同样用严重度、发生频率、暴露期三个指标进行评估，分5个等级，只是定性、定量的具体评估标准不同。

根据安全、健康、环境三个方面的评估等级，从三维风险指数矩阵中获得风险指数。根据风险指数的大小，将风险分为5个等级：1级，红色；2级，紫色；3级，黄色；4级，蓝色；5级，绿色。“1级”表示此区域有极高风险，对人身危害极大，不能继续作业，需要立即实施整改计划及实施降低风险的有效的控制措施。“2级”表示此区域存在高风险，对人身有较大危害，不能继续作业，必须在一星期内整改及实施降低风险的有效的控制措施。“3级”表示此区域风险值为中，可以作业，但对人身有可能造成危害，必须在一个月内实施降低风险的有效控制措施。“4级”表示此区域风险值较低，对人身基本上不造成危害，需要引起注意和监测其风险值的变化。“5级”表示此区域风险值很低，对人身无任何危害，只需注意监测其风险值的变化。

风险评估和管理是一个动态的过程，需要分清管理的主次，将风险大的作为管理和控制的主要对象，并采取风险控制措施降低或消除风险，再重新评估剩余风险，如此循环，不断改进和提高。“安健环”风险评估表中，分为原始风险评估和剩余风险评估等内容，见表2。

表2 安健环风险评估表

Table 2 Table of risk evaluation on safety, health and environment

序号	生产设备、工艺流程及作业活动	安健环属性	危险源	可能导致的事故	原始风险评估					安全控制措施	剩余风险评估					建议的控制措施	风险量化	成本/效益分析	确定的控制措施							补充/额外控制措施	评估员姓名	备注
					严重度 S	频率 F	暴露期 e	原始风险值 R	原始风险等级		严重度 S	频率 F	暴露期 e	剩余风险值 R_3	剩余风险等级				消除	取代	隔离	工程	管理	PPE	紧急预案			
1																												
2																												

对各种爆炸灾害进行合理评估，包括石油化工企业爆炸危害、家庭煤气泄漏爆炸危害、城市控制爆破危害、恐怖袭击危害、废弃炮弹危害等。如预测炸弹（含人体炸弹）在各种空间爆炸的影响范围和杀伤半径时，就要根据炸弹在城市广场、地铁站和商场等两面受约束的空间、地下通道、房间等不同条件，分别判别安全救援距离、安全警戒范围、需投入救援资源等。安健环风险评估后，需要根据风险的大小，列出重大安健环因素清单，作为风险管理和控制的重点。合理评估爆炸灾害危害范围，设定恰当的警戒范围，对爆炸灾害实行透明管理，可防止群众的恐惧心理和谣言的扩散，控制灾害后效。

2.3 确定工作任务及执行方案

任何事故的发生都不是由于单一的原因造成的，而是一连串事件的结果，因此事故的发生通常有一定的串联次序，每一事件承接了上一事件的后果。人员的疏忽、措施不完整、不当操作、违反规章制度、管理不严谨、错误的命令等一系列不安全的动作、行为和管理，最终导致事故发生。如果能遵照安健环管理制度、标准和程序，在每个环节都消除事故隐患，那么风险就得到了控制，事故就得以避免。

对城市爆炸灾害的管理工作，不仅包括日常工作安全管理，而且包括应急预案编制，前者为预防，后者为救援，两者缺一不可。

（1）日常工作安全管理。风险初步评估以后，需要进行工作安全分析（Job Safety Analysis），以便采取有效的控制措施，降低风险。首先针对各种潜在的爆炸危险源，将诱发爆炸事故的生产设备、工艺流程及作业活动分解为若干个基本工作步骤，再对各个基本工作步骤进行安健环分析，识别危险源，评估风险，最终采取有效的改进措施，控制风险。

在对潜在爆炸源进行管理、制订风险控制措施时，需遵循如下顺序：消除风险，通过工艺革新、技术改造或组织措施，从源头控制危害或风险；降低风险，采取工程技术措施或管理措施，将风险源与危害承受者隔离；限制风险，制定安全作业制度（包括制订管理性的控制措施），削弱危害或风险的影响。若采用上述方法仍然不能控制残余危害或风险，则采用个体防护装置，并确保其得到使用和维护，以此作为临时性措施，起到个体防护的作用。

（2）应急预案编制及灾后救援。尽管经过危害识别和风险评估，对各种潜在的爆炸事故有了相当程度的认识；经过工作安全分析，并采取有效的改进措施将潜在爆炸源的风险降到了可以接受的程度；且对危险场所和部位也加强了管理和检查，但是由于操作、物料、设施、环境等方面的不安全因素的客观存在，或由于人们对生产过程中的危险认识的局限性，事故发生的可能性也还存在。

为了在重大事故发生后能及时予以控制，防止重大事故的蔓延，有效地组织抢险和救助，应对已初步认定的危险场所和部位进行重大事故危险源的评估。潜在的爆炸灾害源的地点特性、周边的交通情况、周围的建筑物分布、人口分布等均要预先纳入管理体系，做到以防为主；万一发生爆炸灾害，其危险程度、损伤范围、如何组织救援、应投入多少救援物资、寻找哪些专家作为救援工作的技术后盾等，均需心中有数，做到灾前有准备，灾后不慌乱。

有了应急预案，一旦发生城市爆炸灾害，能够迅速调出爆炸灾害预警系统的相关应急救援信息，比较详细地了解爆炸灾害的性质，立即组织有效救援，而不必到现场才开始收集爆炸灾害信息，寻求救援对策，以免失去最佳救援时机。到达现场以后，可再根据预警系统信息和现场勘查，进一步调整救援方案并组织救援工作。

综上所述，制订事故应急救援预案的目的有两个：（1）采取预防措施，使事故控制在局部，消除蔓延条件，防止突发性重大或连锁事故发生；（2）在事故发生后，能迅速有效控制和处理，尽力减轻事故对人员和财产的影响。

2.4 监督检查

在平时对潜在爆炸源的管理和落实风险控制措施时，相关部门要对执行部门完成的相应工作任务进行监督检查，看是否符合要求。若符合要求，则结束此次任务，总结任务完成情况，发现潜在的危险源，并将其反馈到风险库中，提出相应的预控措施，为下一次方案改进提供依据；如不符合要求，则需要继续跟进，要求执行部门按要求完成工作任务。

内部或者外部各种爆炸事故发生以后，常常得出新的教训和启示，需要及时补充并纳入安健环风险管理体系中，通过闭环管理实现持续改进。

3 结论

（1）NOSA 综合五星管理体系为城市爆炸灾害管理提供了一个优良的平台，以危害辨识、风险管理为核心，侧重于对未遂事件的预防和控制。其核心理念是：所有意外均可避免，所有危险均可控制，每项工作均应顾及安全、健康、环保。因此其符合国家的可持续发展、以人为本的方针政策。

（2）NOSA 体系是一套完善的风险管理体系，可执行性强，运用到风险大、专业性强的城市爆炸灾害管理中，能够很好地控制风险，实现由“要我安全”向“我要安全”、由传统的“被动型”安全管理向“主动型”安全管理的转变。该体系强调本质安全，讲究预先评估潜在风险并编制应急救援方案，城市爆炸灾害事故一旦发生后，可有据可依，迅速响应，高效救援。

参 考 文 献

[1] 安扬．南非标准化概要［J］．中国标准化，2005，48（1）：69-72.
An Y. A summary of the standardization of South Africa［J］. China Standardization，2005，48（1）：69-72.

[2] Schreiber W，Kielblock J. Self-contained self-rescuer legislation within the context of the Mine Health and Safety Act of South Africa：a critical analysis［J］. Journal of the Mine Ventilation Society of South Africa，2004，57（4）：119-123.

[3] Q/CSG 10003—2004，中国南方电网发电厂安健环设施标准［S］.

[4] 栗文明，孙艳辉，宋和军．NOSA 综合五星管理系统的应用现状［J］．安全与环境工程，2007，14（4）：89-92.
Li W M，Sun Y H，Song H J. Status quo of the application of NOSA in tegrated five star management system［J］. Safety and Environmental Engineering，2007，14（4）：89-92.

[5] 胡蛟，张结云，朱凯，等．NOSA 五星安健环管理系统在发电企业的综合应用［J］．广东电力，2008，21（2）：77-80.
Hu J，Zhang J Y，Zhu K，et al. Comprehensive application of NOSA five-star safety，health and environment protection management system to power generating enterprises［J］. Guangdong Electric Power，2008，21（2）：77-80.

[6] Li Z X，Li J J，Li C P，et al. Overview of the South African mine health and safety standardization and regulation systems［J］. Journal of Coal Science & Engineering（China），2008，14（2）：329-333.

大型多跨厂房定向爆破拆除

崔晓荣[1]　王殿国[1]　罗　勇[2]　许汉杰[1]

（1. 广东宏大爆破股份有限公司，广东 广州，510623；
2. 淮南矿业集团，安徽 淮南，232001）

摘　要：详细介绍了大型多跨厂房的定向爆破拆除工程，利用厂房中间整体性好的框架结构定向爆破形成的倾倒趋势，前推后拉，促进框架结构前后两侧的排架结构顺利定向倒塌，从而实现多跨厂房的定向爆破拆除。本方法解决了大型多跨排架结构厂房整体性差，不利于定向倾倒的难题，避免了排架结构后排立柱不倒甚至反倒的现象。

关键词：拆除爆破；定向爆破；多跨厂房；排架结构

Directional Blasting of Super Multi-span Workshop

Cui Xiaorong[1]　Wang Dianguo[1]　Luo Yong[2]　Xu Hanjie[1]

（1. Guangdong Hongda Blasting Co.，Ltd.，Guangdong Guangzhou，510623；
2. Huainan Mining Co.，Ltd.，Anhui Huainan，232001）

Abstract：Directional blasting of supermulti－span workshop is dicussed. Namely，making a good use of the trend during the directional collapse of the cast－in－site workshop storing water and coal，located in the middle of the multispan workshop，the workshop of power generation is pushed，and the workshop of boiler is pulled，therefore the whole multi-span workshop collapses in the southen direction. This method overcomes the shortcoming of bent frame in fastness，which does harm to the collapse in appointed direction，and avoids the awkard phenomena that the supporting column stands up or dumps in the opposite direction.

Keywords：demolition blasting；directional blasting；multi-span workshop；bent frame

1　工程概况

1.1　工程简介

某发电厂3~6号机组（4×50MW）建于20世纪60~70年代，根据国家能源政策，“上大压小，节能减排”，拆除原4×50MW机组厂房，原址新建4×300MW厂房。

要求拆除主厂房，包括汽机房、给水煤仓间和锅炉房，东西方向共19跨，每跨7m；南北方向共4跨，由北至南，跨度依次为25m、8m、7m和25m。最北侧1跨为锅炉房，高48.0m；最南侧1跨为汽机房，高19.8m；位于锅炉房和汽机房中间的2跨为给水煤仓间。厂房结构的平面布置如图1所示。

1.2　周围环境

韶关发电厂二期工程4×50MW机组拆除工程周围的环境非常复杂，见图2。厂房北侧30m为厂区

原载于《爆破》，2009，26（3）：61-65。

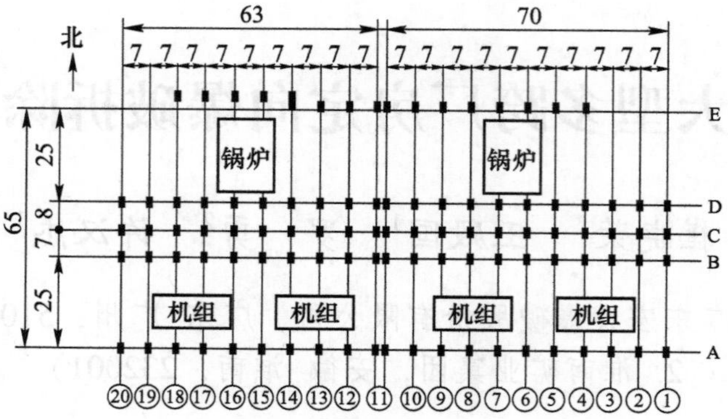

图 1　厂房结构平面布置图（单位：m）

Fig. 1　Structure of workshop（unit：m）

内的明珠路，路边埋有电缆、消防水管等，明珠路的北侧为 220kV 及 110kV 变电站。厂房南侧 22m 外依次为厂区道路、电缆沟和厂区铁路，铁路距离厂房 38m 左右。厂房东侧有 1 条南北走向的消防水管，距离锅炉房的东山墙 24m，距离汽机房的东山墙 10m；汽机房东侧 20m 处为 1 号、2 号煤棚。厂房西侧为厂区仓库和检修间等建筑物，距离厂房 25~30m；厂房西侧还有 1 条架空的南北走向的运营的循环水管，循环水管在给水煤仓间处拐弯，距离厂房最近，为 5.6m；其他部分距离厂房北侧的锅炉房和南侧的汽机房均为 21m。

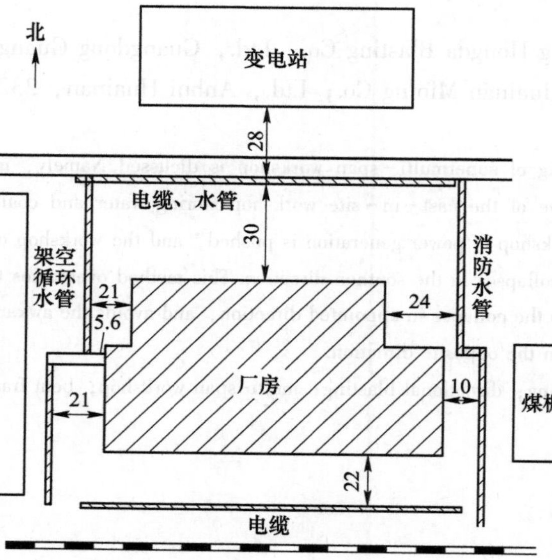

图 2　厂房周边环境图（单位：m）

Fig. 2　Circumstance of workshop（unit：m）

2　厂房爆破拆除设计思路

2.1　厂房结构特点分析

厂房南侧的汽机房和北侧的锅炉房为排架结构，中间的给水煤仓间为框架结构，也就是说 B 轴、C 轴、D 轴为现浇钢筋混凝土结构，且有连续的储煤漏斗，整体性非常好。整体框架结构的给水煤仓间与其南侧的 A 轴构成汽机房，汽机房的屋盖系排架结构；与其北侧的 E 轴构成锅炉房，锅炉房的屋盖也是排架结构；排架屋盖与其两端支撑立柱焊接固定，整体性较差。E 轴为双轴柱，且不在同一条轴线上，E 轴的西侧 4 跨为扩建部分，向北错开 1 个 2m 的柱位。

2.2 爆破方案比选

考虑厂房的结构特征，周边倒塌环境，基本可行的爆破方案包括原地坍塌爆破、内聚式坍塌爆破、向南定向爆破3个方案。

由于厂房高大，且给水煤仓间有近20个高大的筒仓漏斗，进行原地坍塌式爆破，钻眼工作量惊人，且没有施工平台；原地坍塌爆破必然导致爆堆向厂房四周拓展，会危及距离厂房5.6m关系到电厂的正常运营的循环水管。

内聚式坍塌爆破，克服了原地坍塌式爆破的爆堆四周拓展范围大的问题，但考虑到汽机房、锅炉房为排架结构，整体性较差，可能导致内聚式坍塌时排架发生反倒，同样会危及循环水管。内聚式坍塌爆破时，中间先爆的部分需要原地坍塌，形成塌落空间，此部分钻孔量大；周边部分向中间内聚、定向倒塌也非常困难，主要因为内嵌连续储料漏斗的水煤仓间，整体性特别好跨度多，不进行东西向切割解体储料漏斗，很难形成向中间倒塌的内聚趋势。

综上所述，向南定向爆破，南侧有足够的倒塌场地，爆堆向两侧拓展的范围小，能够保证距离仅5.6m的循环水管的安全。另外，厂房南北向仅4跨，跨度少，易于定向爆破。考虑到汽机房和锅炉房均为25m的大跨排架空间，整体性较差，易于坍塌解体，降低对炸高的要求。

2.3 向南定向爆破的设计思想

厂房中间的给水煤仓间为整体性好的框架结构，其南侧的汽机房和北侧的锅炉房均为排架结构，屋盖焊接固定于柱顶，整体性较差。一般情况下，定向爆破时，先起爆的前排立柱拉动后排立柱，形成整体定向倾倒的趋势；如果先起爆的前排立柱对后排立柱没有拉力或者拉力很小，很难形成整体的定向倾倒趋势，甚至出现后排立柱反倒的可能[1-3]。大型排架结构的厂房定向爆破时，往往不可避免地出现后排立柱反倒的现象，特别是沿倾倒方向跨度多、跨度大的结构。

本工程中，厂房中间的整体框架结构定向倾倒，前推A轴，后拉E轴，保证其两侧的排架结构的定向倾倒，让前面的汽机房和后面的锅炉房，借中间的给水煤仓间定向倒塌的势，保证汽机房和锅炉房顺利定向倒塌。设计的定向倒塌的爆破效果如图3所示。

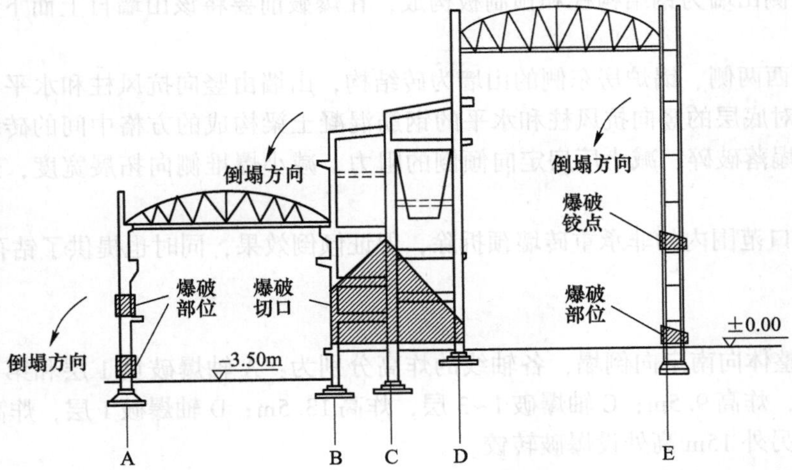

图3 定向爆破倒塌示意图

Fig. 3 Directional collapse of workshop

为了达到上述理想的爆破效果，确保厂房整体向南定向倾倒，需要分别确保相互联系的给水煤仓间和汽机房、锅炉房的顺利定向倾倒。

厂房中间的给水煤仓间，整体框架结构，沿倾倒方向3轴2跨共15m宽，高度30m，具备常规的定向爆破特征，定向爆破时爆破切口满足相应的爆破切口参数即可。

给水煤仓间南侧的汽机房借B~D轴框架结构定向倒塌的势，即利用B~D轴框架结构定向倾倒的趋势，推汽机房的屋架，屋架再推汽机房的A轴立柱，致其整体前翻。另外，汽机房两侧砖山墙爆破解体，错动塌落破碎，先于汽机房倾倒趋势形成时起爆，减小汽机房倒塌翻转的阻力。汽机房借势定向倒塌，合理处理山墙减小定向倒塌阻力，使汽机房顺利整体向南定向倾倒，减小爆堆的侧向拓展宽度，确保西侧的循环水管的安全。

给水煤仓间北侧的锅炉房借 B~D 轴框架结构定向倒塌的势，即利用 B~D 轴框架结构定向倾倒的趋势，拉锅炉房的屋架，屋架再拉锅炉房的 E 轴立柱，致其整体前翻。考虑到锅炉房特别高大，排架屋盖所能承受的拉力毕竟有限，需要进一步减小其定向倾倒的阻力，主要采取下列措施：

(1) E 轴柱 3 层进行松动爆破，形成转动铰，致 E 轴的下段后坐，上段前翻，减小转动惯性矩。

(2) E 轴柱西侧第 4 跨错开的地方，4 柱排列，提高炸高，减小倾倒阻力。

(3) 合理处理山墙，减小翻转阻力：锅炉房西侧山墙，钢结构，预拆除；锅炉房东侧山墙，砖柱，先于汽机房倾倒趋势形成时起爆，错动塌落破碎。

上述措施，确保 E 轴立柱向南定向倒塌，避免反倒危及北侧的变电站；山墙的合理处理，减小了爆堆向两侧的拓展宽度[4]，确保东西两侧的建构筑物和管道的安全。另外，E 轴柱 3 层进行松动爆破，致使 48m 高的 E 轴立柱折叠，即使万一发生反倒的现象，也不至于危及其北侧的变电站。

3 爆破参数设计

厂房爆破参数的设计，包括预处理的部位、炸高的确定、起爆时差的设计等，均是为了实现厂房整体南向定向倾倒的效果，并落实爆破方案的相关要点。

3.1 预处理

在爆破厂房前要做以下预处理工作：

(1) 将汽机房内整体现浇钢筋混凝土汽机座钻孔爆破拆除，为厂房的倒塌提供坍塌空间；另外考虑到汽机座特别厚大，机械拆除效率低，在厂房内部进行预先爆破拆除，飞石控制、警戒工作相对容易。

(2) 锅炉房西侧山墙为钢结构柱和预制板构成，在爆破前要将该山墙自上而下拆除，消除其对爆破倒塌的影响。

(3) 汽机房东西两侧、锅炉房东侧的山墙为砖结构，山墙由竖向抗风柱和水平的钢筋混凝土梁形成主要受力体系，对底层的竖向抗风柱和水平的钢筋混凝土梁构成的方格中间的砖墙进行预拆除；有利于山墙爆破时的塌落破碎，减小厂房定向倾倒的阻力，减小爆堆侧向拓展宽度，避免对两侧管线的危害。

(4) 对爆破切口范围内的非承重砖墙预拆除，保证倾倒效果，同时也提供了钻孔施工空间。

3.2 炸高设计

为了实现厂房整体向南定向倒塌，各轴线的炸高分别为：A 轴爆破负 1 层和第 2 层，炸高 9.5m；B 轴爆破第 1~2 层，炸高 9.5m；C 轴爆破 1~3 层，炸高 13.5m；D 轴爆破 1 层，炸高 2.8m；E 轴爆破 1 层，炸高 1.0m，另外 15m 高处设爆破转铰。

给水煤仓间，即 B~D 轴框架，前排的 B 轴立柱的炸高反而比 C 轴低，主要考虑到 B 轴的 3 层为吊车梁，施工不方便；另外 B 轴南侧为地下室，为其提供了塌落空间。D 轴为给水煤仓间定向倾倒的后排支撑立柱，不宜炸得太高；但 D 轴的炸高太小，不利于利用 B~D 轴框架的倾倒和塌落趋势拉动锅炉房的 E 轴及屋盖向南定向倒塌。综合上述因素，D 轴炸高取 2.8m。

3.3 炮孔布置及单孔装药量

立柱炮孔布置是根据立柱截面尺寸和配筋状况等进行确定。厂房预处理后，其立柱分布如图 1 所示，其中 A 轴 21 个柱，B 轴 21 个柱，C 轴 21 个柱，D 轴 21 个柱，E 轴 34 个柱。各轴柱截面尺寸见表 1。

表 1　厂房立柱的尺寸

Table 1　Cross-section of the columniation

轴　线	立柱截面/cm×cm	立柱数量/根
A 轴	矩形：120×60	21
B 轴	矩形：100×60	21
C 轴	矩形：120×60	21
D 轴	矩形：120×60	21
E 轴	矩形：40×60	17×2

其中，A 轴、C 轴、D 轴立柱截面 60cm×120cm，短边钢筋粗且密，长边钢筋疏且细，钢筋分布不均匀，综合考虑爆破效果、施工成本等因素，选择从长边不等间距布 3 列炮孔，如图 4 所示，有利于充分利用炸药的爆炸能量，将短边的纵筋炸弯，保证爆破效果。孔网参数：两侧孔距 $a=23$cm，中间孔距 $a=37$cm，排距 $b=40$cm，孔深 $L=37$cm，单耗 $K=1000g/m^3$，单孔药量 $Q=100$g。

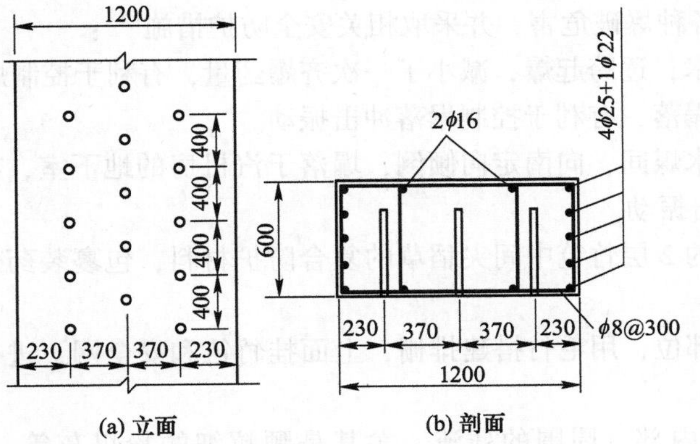

图 4　A 轴、C 轴、D 轴立柱布孔图（单位：mm）

Fig. 4　Blastingholes distribution of columniation in axis A，Cand D（unit：mm）

B 轴也从长边钻孔，底层重炸，布置 3 列炮孔；2 层轻炸，布置 2 列炮孔。E 轴根据施工方便，部分短边布置单列炮孔，部分长边布置双列炮孔。

4　爆破时差及网路设计

各轴立柱炮孔，均采用半秒系列非电导爆管雷管，见表 2。

表 2　雷管消耗表

Table 2　Consumption of detonator of half-second series

立柱位置	雷管段数	延时/ms	雷管数量/发
A 轴	MS-2	500	756
B 轴	MS-3	1000	504
C 轴	MS-4	1500	945
D 轴	MS-5	2000	504
E 轴	MS-6	2500	238
合　计			2947

汽机房的东西两侧的山墙用 MS-2 雷管，先于汽机房倾倒趋势形成时起爆，使其错动塌落破碎，减小汽机房翻转阻力。锅炉房的东山墙用 MS-5 雷管，道理同上。

起爆网路采用“大把抓”、四通复合网路，先用 2 发 MS-2 非电导爆管雷管起爆绑扎“大把抓”，再用四通连接“大把抓”，使每排柱为一小循环，小循环之间多处搭接，形成闭合复式交叉网路。爆破网路联接示意如图 5 所示。

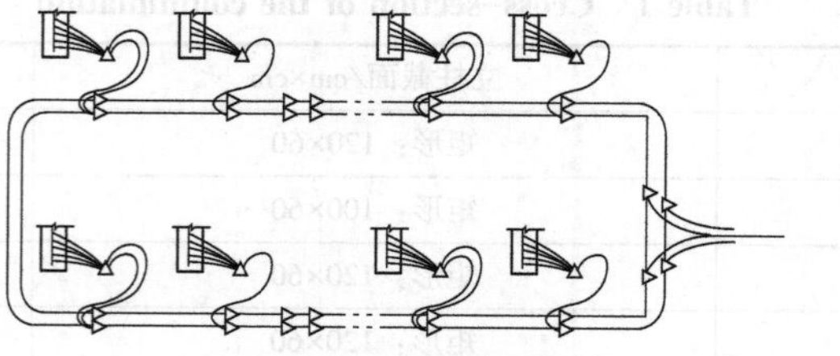

图 5 封闭回路起爆网路

Fig. 5 Schematic plan of blasting circuit

5 爆破安全分析

考虑到周边环境复杂，需要保护的建构筑物、设备、管道、电缆等多，距离近，高重要性。本工程首先从技术上主动减小各种爆破危害，并采取相关安全防护措施[5]：

（1）采用定向爆破技术，逐跨起爆，减小了一次齐爆药量，有利于控制爆破震动。

（2）逐跨起爆，逐跨塌落，有利于控制塌落冲击振动。

（3）质量体最大的给水煤间，向南定向倾倒，塌落于汽机房的地下室，有汽机座预爆破拆除的残渣作为缓冲，减小塌落冲击振动。

（4）用现场预先加工的 2 层竹笆中间夹稻草的复合防护材料，包裹装药爆破的立柱，进行近体防护，控制飞石。

（5）厂房西侧等重要部位，用毛竹搭建排栅，上面挂竹笆和安全网，进行远体防护，进一步控制个别飞石。

（6）爆破前清理厂房内部、周围的残渣，尤其是颗粒细的粉煤灰等，并进行喷水湿润，控制粉尘。

（7）在变电站的南侧搭建排栅，挂彩条布，阻挡粉尘。

（8）爆破后，预先布置在场外的喷水设施和电厂内部的消防车立即加压喷水降尘。

6 爆破效果分析

（1）爆破倒塌效果与爆破设计预想的吻合，利用中间的整体框架（给水煤仓间）的定向爆破，前推汽机房，后拉锅炉房，实现了多跨、大跨厂房的向南定向爆破。

（2）爆破后的爆堆高度不超过 10m，向两侧的拓展宽度控制在 3.5m 范围内，没有对周边要求保护的建构筑物、管线、电缆等构成威胁。

（3）由于采取了多种有效减小排架结构翻转倾倒阻力的措施，锅炉房的后排立柱（E 轴）爆破铰点以下部分后坐，以上部分前倾塌落，没有发生排架结构立柱不倒或反倒的情况。

（4）爆破振动、塌落冲击振动和粉尘等得到有效控制，主控室和变电站保持正常不间断运营。

参 考 文 献

[1] 陈密元，王希之，薛峰松，等．苛刻条件下高大厂房的爆破拆除［J］．爆破，2008，25（1）：42-45.

[2] 郑炳旭，傅建秋．电厂大跨度厂房及 100m 高烟囱爆破拆除［C］//工程爆破文集（第七辑）［M］．乌鲁木齐：新疆青少年出版社，2001.

[3] 杨传嘉，曹治．钢筋混凝土排架的控爆拆除［J］．爆破，1991，8（1）：19-22.

[4] 冯叔瑜，张志毅，戈鹤川．建筑物定向倾倒爆破堆积范围的探讨［C］//冯叔瑜爆破论文选集［M］．北京：北京科学技术出版社，1994：127-137.

[5] GB 6722—2003 爆破安全规程［S］．北京：中国标准出版社，2004.

减少框架爆破拆除后坐的措施（2）

魏挺峰　魏晓林　傅建秋

（广东宏大爆破有限公司，广东 广州，510623）

摘　要：根据“框架和排架爆破拆除后坐（1）”，列举了14项爆破拆除工程，证实了文中所述后坐机制正确，计算方法可用。由此研究了减少框架爆破拆除的后坐措施，即：现浇钢筋混凝土框架，可采用炸断后跨梁端原地坍塌以防后坐，全炸下层柱原地坍塌，逐跨断裂降低前中跨的重心，横向倾倒改纵向倾倒，中柱仅炸底层，下向切口结合后方结构抵抗后坐，适当降低切口高度和延长逐跨断裂起爆时差等措施，均可减小后坐；框剪结构保留横向纵向剪力墙，以维持抗弯抗压的支撑后立柱，迫使结构单向倾倒而防止机构后坐；多跨现浇框架也可保留后2排柱的下部支撑结构，以支撑上部结构而减少下坐和机构后坐。

关键词：爆破拆除；框架；框剪结构；减小后坐措施

Measures for Reducing Backward Action in Explosive Demolition of Frame Structure（2）

Wei Tingfeng　Wei Xiaolin　Fu Jianqiu

（Guangdong Hongda Blasting Co.，Ltd.，Guangdong Guangzhou，510623）

Abstract：According to the document “Back sitting of frame and frame bent by explosivede molition（1）”，we put forward somemeasures to reduce backward collapes in explosive demolition of frame structure. For in situ reinforce concrete frame，the way are collapse in place with back girders end broken，collapse in place with all lower pillar broken，falling the c. g. of front and middle span with broken span by span，changing transverse collapse to lengthways collapse，only broken first floor in middle pillar，downward cutting and back structure，suitable reducing the height of cut and prolonging the delay time during span. For shearwall frame interaction structure，the ways are remain transverse and lengthways shear wall. Formulti-span in situ frame structure remains the substructure of two back row pillars. All the measures validate the mechanism of backward and its calculation method，and approved by 13 engineering examples.

Keywords：demolition blasting；frame；framed shear structure；measurements for reducing back sitting

1　引言

随着我国城市化进展的加快，爆破方法快速拆除建（构）筑物被广泛采用。众所周知，这些待拆建（构）筑物大多是在人口稠密，环境复杂的市区或厂区内，爆破施工环境也日益复杂和苛刻，仅存的空地让位给倒塌的前方，以堆积垮塌的楼房，所余的后方就更加窄狭，其允许建筑运动的空间有的仅为数米，有的乃至缝隙之隔。为了保护待拆建筑后方结构的安全，必须研究防止和减少爆破拆除框架建筑后坐的措施。

论文“框架和排架爆破拆除后坐（1）”以下简称文献［1］，从结构定向倾倒的力学机理出发，研究其运动特点，对结构倾倒的后坐、后柱后倒和柱根后滑以及爆堆后沿宽度进行了数值分析，而本文试图从以上论述和本文表内列举的14个框架类结构的爆破实例，来分析减少并防止框架结构机构后坐、后柱后倒及柱根后滑的措施[1]。

原载于《爆破》，2009，26（3）：32-37，65。

2 后坐实例

近10年，爆破拆除现浇钢筋混凝土框架的后坐和爆堆后沿，实测见表1。从表中可见，前9项各拆除楼有1.5~3.5m机构后坐，爆堆后沿宽在1.0~12m之间，研究其中例7和例9，明确了后坐的机理，并已为文献［1］所证明，以此机理建立了多体动力学方程（6）[1]的相关后坐计算，其与例7观测值相差仅9.4%，为工程所容许。表中例9观测的爆堆后沿宽3.0m，与文献［1］的上述计算后坐值$x_b=-2.69$m，也较相近。因此现浇钢筋混凝土框架的后坐机理应是：当爆破拆除前、中排柱后，爆破切口上建筑重心总是企图沿重力线以最短距离落地，若倾倒力矩大于后柱上端铰b的抵抗力矩，并后推迫使后立柱上端铰b后移，而形成机构后坐[1]。其后坐值可由文献［1］多体动力学方程（6）计算，对单排后立柱后坐可用其近似解式（8）~式（11）计算。对比表中后坐、爆堆后沿宽，和上述框架后坐的机理、计算，可以发现框架的后坐值，后立柱上端铰b的位置，框架前趾撞地时，后柱断开位置等因素，又决定了爆堆后沿宽。因此，表中列举了实例，以说明爆堆后沿宽的这些关系，如框架上的仓体，当前柱爆破，仓体前趾着地而前滚时，若后立柱在柱根断开，爆破拆除时爆堆后沿宽，将小于后坐值x_b，如例7；而单跨楼房，切口较小，下坐冲击坍塌不大时，当框架前趾着地而前滚，若后立柱在柱根断开，当前趾着地位置向前靠时，爆堆后沿宽多小于后坐值x_b，如例2、例3；现浇框架的三角形爆破切口，爆破前倾时，后立柱在柱根断开，下坐冲击砖墙坍塌后，框架前趾着地位置靠后，爆堆后沿宽则与后坐值相当，如例1、例6、例9。若现浇框架大梯形切口，高达3~4层，柱上端b的钢筋细，混凝土标号低，而墙也拆至切口上层，框架前倾冲击下坐最大，不仅后立柱上端铰b后坐，并且柱上端断开，后立柱后倒，同时冲击破坏的砖墙也向后坍塌，其爆堆后沿最宽，将大于后立柱计算后坐值x_b，而等于后柱高度，如例4、例8。表中例10、例13为外单位爆破拆除工程，从中可见，框架的后坐值均小，通过学习研究，体会到以下减少后坐的措施。

表1 现浇框架和排架爆破拆除后坐和爆堆后沿实测

序号	工程名称	结构型式	宽×高/m×m	层数	切口形状	切口尺寸（前沿总高×后中柱高）/m×m	倒塌方式	爆堆后沿宽/m	后坐值/m	备注
1	深圳西丽电子厂1号楼	框	11.5×25.9	8	三角形	13.4×7.2	2体纵向倾倒	3.6	-3.50	
2	深圳西丽电子厂2号楼	框	9.7×25.9	8	三角形	9.1×4.1(后柱)	2~3体横向倾倒	1.0		
3	深圳西丽电子厂3号楼	框	8.0×22.8	8	三角形	4.55×2.8(后柱)	2~3体横向倾倒	1.0		
4	深圳潮味大酒楼	框	16.2×45.0	11	大梯形		2~3体横向倾倒	个别12.0 一般6.0	-3.10	大梯形切口，墙拆除，下坐冲击，后柱折断并后倒
5	深圳南山危楼	框	20.3×30.5	8	大梯形	14.0×7.9	2~3体横向倾倒	5.0	-1.54	大梯形切口，下坐冲击，后柱折断，后墙厂后倒
6	东莞信和农批市场	框	12.0×26.5	7	三角形	12.2×6.0(后柱)	2~3体横向倾倒	2.2	-2.00	
7	东莞建丰4连体仓	框，仓	8.0×24.5	—	三角形	4.2×5.2(后柱)	2~3体倾倒	0.5	-2.42	

续表 1
Continues Table 1

序号	工程名称	结构型式	宽×高/m×m	层数	切口形状	切口尺寸（前沿总高×后中柱高）/m×m	倒塌方式	爆堆后沿宽/m	后坐值/m	备 注
8	中山古镇商业楼	V型框剪	9.0×4.0	13	大梯形	12.4×7.7（V型中部）	2~3体倾倒	6.0~9.0		支撑后柱后墙上铰折断而向后倒，平面V型结构又使后倒向中汇集
9	广州恒运电厂办公楼	框	11.6×30.4	8	三角形	8.0×6.6	2~3体横向倾倒	3.0		
10	云南小龙谭电厂通信楼	框	7.8×27.3	7	三角形切口，并各层梁端松动爆破	8.4×4.2	原地坍塌		没有后坐	见图1
11	上海某仓储A座综合楼	框剪	43.0×67.5	16	1~4层、7~8层、11~12层，各层柱等高从东向西依次延时爆破		原地坍塌后再纵向前倾20~30m		-0.02~-3.00	见3.2节
12	哈尔滨车辆厂综合办公楼	框	26.4×55.0	17	三角形	4层高×底层3.5	2体纵入向倾倒，跨间断裂			见图4
13	南宁航运大厦	框架	13.6×44.39	13	三角形	2层高×0.5	单体纵向倾倒	0	没有后坐	见图5
14	重庆米兰大厦	框架	62.1×33.5	10	大梯形	3层高×0.3	向内纵向坍塌	0	没有后坐	

3 减小后坐措施

3.1 炸断后跨梁端而原地坍塌

比较文献［1］的图1现浇钢筋混凝土楼双拆倾倒力图和图7装配式钢筋混凝土楼倾倒力图可见，若将图1现浇框架与后柱相连的梁端炸断，并将与后柱相靠的横墙拆开，以防止图1后柱的b点成铰，实现图7的梁端成铰，形成低于后柱梁端塑性铰的各层重心，企图沿重力线，以最短距离落地，从而牵拉后柱前倒，实现框架原地坍塌，就可以有效减少后坐。为了进一步降低通过后柱的框架重力径向及切向分量推着柱根后滑，后柱应尽可能少炸，乃至弱松动爆破，以尽量维持立柱的纵筋在柱根牵拉后柱，减少柱根后移，如文献［2］，某7层钢筋混凝土框架楼，将后跨梁端炸断成铰，后墙立柱根松动爆破0.3m，框架爆破倒塌时没有机构后坐、后柱后倒和柱根后移，如图1所示。

3.2 逐跨断裂降低重心

逐跨断裂，降低重心，以增大框架重心与切口层后立柱上端铰b连线的径向初始倾倒角 $q_{2,0}$，由此可减小框架后立柱铰b（见文献［1］的图1）的机构后坐[1]。现以广州恒运电厂办公楼为爆破拆除现浇钢筋混凝土框架倾倒的典型工程，如文献［1］的图9，计算参数见文献［1］的表1，计算的机构后坐 x_b 见本文图2。从图中可见，当 $(q_{2,0})_c/(q_{2,0})$ 从1增大到1.8时，$(q_{2,0})$ 为典型工程的框架上体质心对后立柱上端铰 b 的径向初始倾角，$(q_{2,0})_c$ 是改变后的初始倾倒角 $q_{2,0}$，其机构后坐值 x_b 也从 2.69m 减小到 1.88m，从而减小了后坐。

矩形平面的框架楼房，横向倾倒时 $q_{2,0}$ 较小，$q_{2,0}$ 为框架上体质心对后立柱上端铰 b 的径向初始倾角，而纵向倾倒时 $q_{2,0}$ 较大，并且可以采用纵向逐跨断裂降低重心，进一步增大 $q_{2,0}$，因而可以减少后坐，如文献［1］的表 3 例 1 深圳西丽电子厂 1 号楼的纵向倾倒爆破拆除。逐跨断裂降低框架重心位置，从而增大初始倾倒角 $q_{2,0}$，其计算，可参见文献［3］。从 $q_{2,0}$ 的计算中，可见增大逐跨断裂梁对应柱间的起爆时差，可以进一步增大初始倾倒角 $q_{2,0}$[3]，从而更多地降低重心，减小后坐。

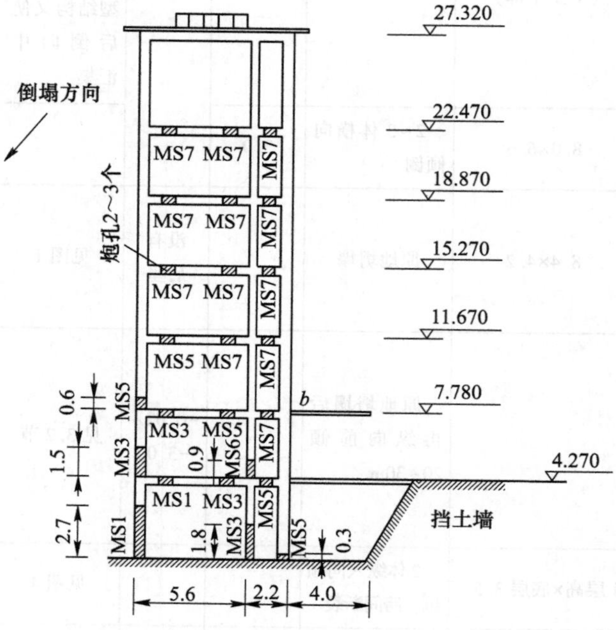

图 1　通信楼爆破高度及段别示意图（单位：m）

（阴影部分为爆破部位）

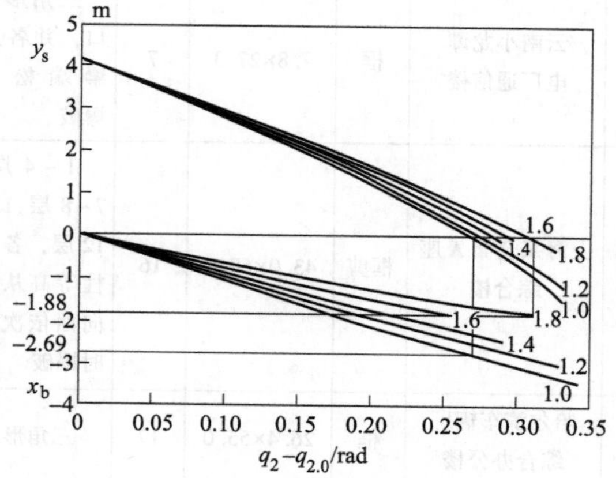

图 2　后坐值 x_b 与 $q_{2,0}$ 关系

（1—y_s[1]；2—x_{sb}[1]；图中实数为 $(q_{2,0})_c/(q_{2,0})$ 值[1]；q_2 为框架上体质心径向转动角；标注符号见文献［1］）

3.3　全炸下层柱而原地坍塌

文献［4］、文献［5］采用了全炸下层柱，而不保留楼层下部后柱及其支撑转动的铰，实现了楼层原地坍塌又减少了后坐。并且爆破下层柱时，又采用逐柱爆破，纵向和横向依次逐跨断裂，以降低跨塌楼房重心，能更大的减小后坐。如文献［5］的 16 层高 67.5m 框剪 A 座楼，起爆拆除时，楼体略有轻微的倾斜，随后原地塌落，由于没有炸断后跨梁端成铰，原地塌落直至最顶部 5、6 层楼体才分别向正倒向、侧倒向倾斜，其先爆的东楼原地坍塌而无后坐，隔 2cm 沉降缝后的西楼，仍保持完好，而爆破西楼原地坍塌时，后坐仅小于 3m。

3.4　中柱仅炸底层

加大或保持前柱炸高，中柱仅炸底层，保留中后柱 2 层以上框架，从而迫使后支撑上端塑性铰 b 产生在底层，如文献［1］中降低 l_1 后支撑高度，由此减小后坐。现以恒运电厂办公楼为例计算降低 l_1 后的后坐，如文献［1］中图 9 所示，中柱炸高从+4.8m 降到底层梁下+2.7m，后排柱不爆破，可将 l_1 从原 4.1m 降为 2.7m，而 $q_{2,0}$ 因后柱塑性铰下移而减小到 $(q_{2,0})_c=\alpha\tan[5.86/(10.2606+3.3+0.6)]=0.3924$，$r_2$ 也相应增至 $(r_2)_c=15.325\text{m}$，从而 $k_r=(r_2)_c/(r_2)=1.297$，$(J_{b2})_c=(J_{b2})-m_2(r_2)^2+m_2(r_2^2)_c=81219\times10^3\text{kg}\cdot\text{m}^2$，$k_{mj}=(J_{b2})/(J_{b2})_c=0.6726$；但框架倾倒时，首先中柱着地，框架重心在中柱前方，地面也没有堆积物，此时文献［1］中式（10）$b_s=5.25\text{m}$，$y_h=0$，再由式

(8)～式（11）计算得机构后坐 $x_b=-2.56$m，由此可见，降低中柱炸高到底层，b 铰后坐相应从原 2.69m 减小到 2.56m，如图 3 所示。从图 3 和文献［1］中图 10 可见，在不降低切口前沿高度而降低中柱炸高到底层，可以适当减小后坐量。又如文献［6］的铁道部哈尔滨车辆厂综合大楼，为 9 柱 8 跨 17 层框架，如图 4 所示，切口前沿①排柱炸到 4 层，而重心以后的⑥、⑦、⑧中排柱及⑨后排柱，从图中可见仅炸到底层[6]，由此减小后坐仅为 1.8m。由此可见，中排⑦、⑧柱距后排柱越近，中柱仅炸底层，后坐也越小。

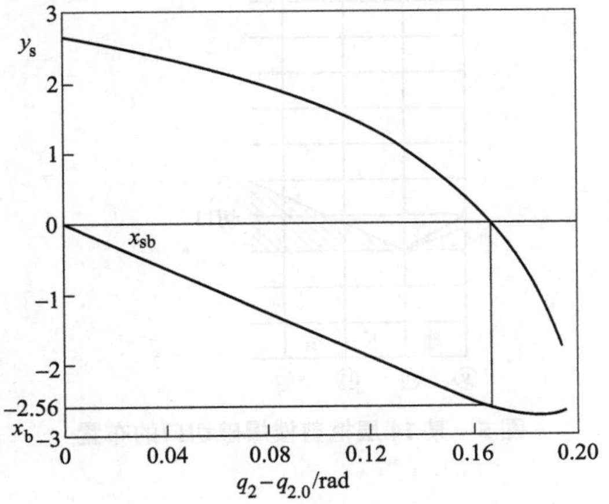

图 3　降低中柱炸高到底层的后坐值 x_b

（$(l_1)_c=2.7$m，$(q_{2,0})_c=0.3924$，$(r_2)_c=15.325$m，$k_r=1.297$，$(J_{b2})_c=81219\times10^3$kg · m^2，$k_{mj}=0.6726$；
标注参数符号意义见文献［1］）

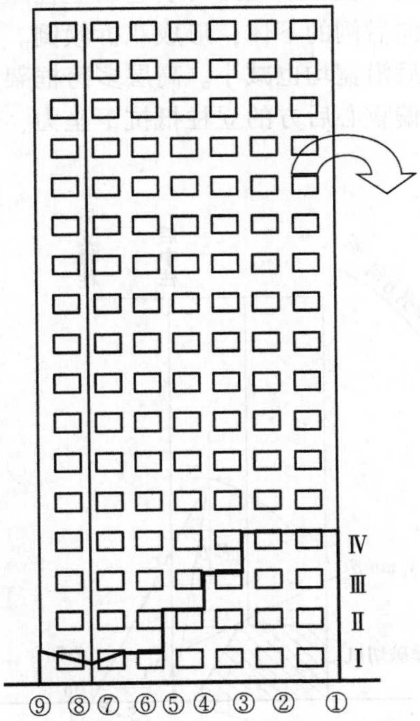

图 4　某 17 层框架楼爆破部位示意图

3.5　框剪结构单向倾倒

某些框剪结构楼，在爆破拆除时，保留了后立柱或后中柱的纵向横向剪力墙，墙体稳定抗压、抗剪，又使立柱上端节点的抵抗弯矩 $M_2\geqslant M$ 倾覆力矩（见文献［1］），框剪结构楼只能绕柱根而向前单向倾倒。如文献［7］的南宁航运大厦 14 层高 47.5m 东楼（包括 1 层地下室），如图 5 所示。从图中可见，建筑物爆破切口后，未分割的剪力墙能抵抗倾覆力矩，其柱根能稳定克服文献［1］的式（13）的径向压力 D 和式（14）的切向推力 S，保证大楼绕其重心后方的⑩轴后中柱支撑点转动，而向前单向倾倒，避免在楼体倒塌前期后坐，仅距 20cm 的后方西楼完好无损。

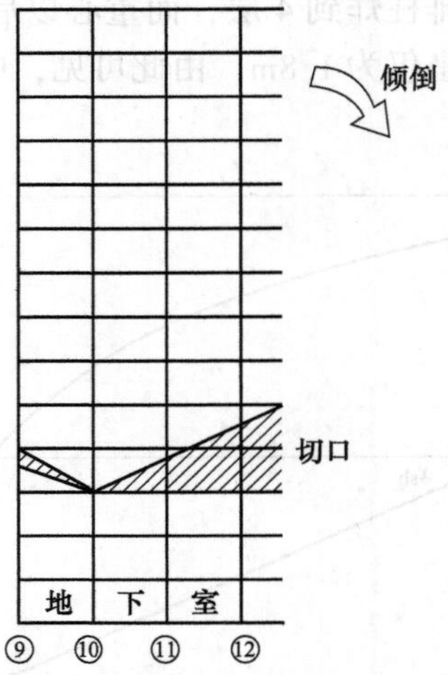

图 5　某 14 层框剪楼爆破切口的布置

3.6　多跨框架单向转双拆倾倒

多跨框架楼后 2 排立柱不炸，而柱根割筋并削弱，当前跨爆破后，若后 2 排立柱有足够的支撑力可阻止框架下坐，但框架绕后排柱根 o 为圆心，框架作圆弧单向倾倒时后中排立柱会压溃，如本文图 6 所示框架单向倾倒初期状况。但是后中柱压断最终可引起后立柱压溃，则切口上框架将转变为向前倾倒的上体，下部后 2 柱底层转变为向后倒的下体，形成双拆倾倒。由于后 2 排立柱抵抗后坐的能力大于单排立柱，因此后坐和相应爆堆后沿宽均也减小。高层多跨框架，当后 2 排立柱不足以抵抗框架的撞地冲击时，将产生严重下坐，而偏重心后方的立柱抵抗下坐力，又促使框架绕重心而前倾旋转，从而在下坐同时形成后坐。

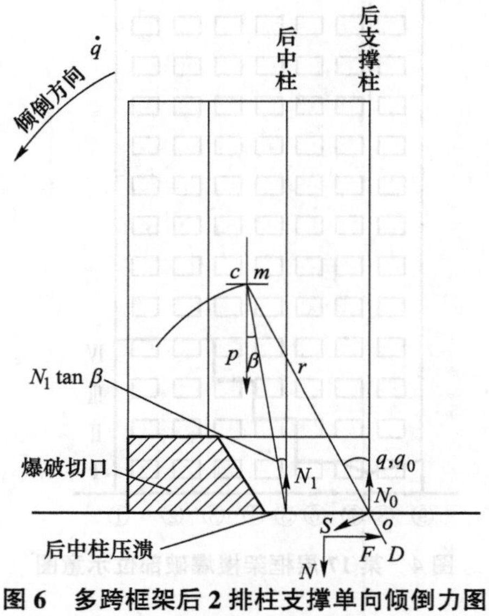

图 6　多跨框架后 2 排柱支撑单向倾倒力图

（c 为切口上楼房质心）

3.7　抵抗后坐

在文献［1］的图 1 中，当铰 b 后方有结构抵抗后坐时，使铰 b 的上方结构单向倾倒[8]，与图 5 框剪结构单向倾倒相似，其水平抗力 R_e 应大于水平推力 F。$F=D\ \sin q-S\cos q$；式中上方结构重心至铰

b 连线的倾倒角 $q=q_2$[1]，D 为径向压力，见文献［1］的式（13）；S 为切向推力，见文献［1］的式（14）；

当 $q_2=q_{m2}$ 时，

$$q_{m2}=\alpha\cos[(\cos q_{2,0}+\sqrt{\cos^2 q_{2,0}+18})/6] \tag{1}$$

F 有最大值

$$F=p(m_2 r_2^2/J_{b2})[(3/2)\sin(2q_{m2})-2\cos q_{2,0}\cdot\sin q_{m2}] \tag{2}$$

以恒运电厂办公楼切口上体参数计算，若阻止铰 b 后坐，所产生的后坐力 F 见本文图 7 所示。从图中可见，当 $q_{m2}=0.5179$，有最大值 $F_{max}=837.6\text{kN}$。当 $R_e\geqslant F_{max}$，后坐将被 R_e 所阻止。如 4 层单跨天河城广场楼，底层柱断面 1.8m×1.8m 而粗大，钢筋粗密，能抵抗后滑力而阻止了后坐。如果 R_e 小于 F_{max}，铰 b 后方结构将遭到 F 力所破坏；如果，后立柱再爆破，则铰 b 后坐的同时再向下冲击，则铰 b 后下方结构将遭到更严重破坏，如广州某宾馆南楼，被该宾馆爆破拆除倾倒的后坐，坐垮南楼前跨。

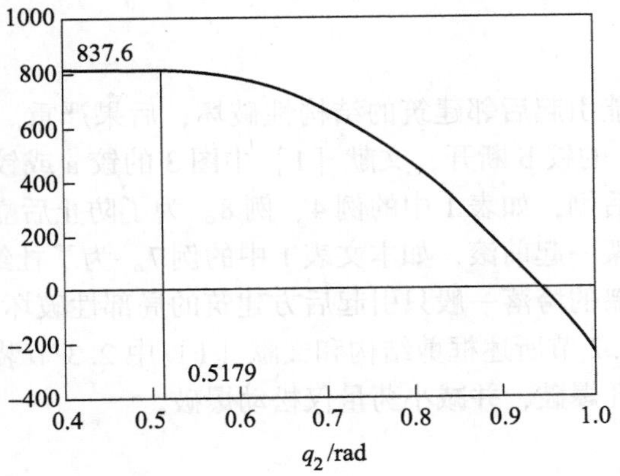

图 7　恒运电厂办公楼上体被阻止后坐所需力 F 与 q_2

3.8　多跨框架向内纵向坍塌

多跨框架向内纵向坍塌倾倒，并内向的连续纵梁，代替 3.7 节抵抗后坐的力，牵拉纵向两侧的边柱以防外移，由于框架内中部先爆原地下塌，又拉动边柱向内倾倒，从而防止了两侧边柱的向外后坐。如重庆米兰大厦 B 栋，楼高 10 层纵向 8 层 9 柱，3 跨 2 排中柱先爆底 3 层，隔 0.5s 后再爆相邻柱。而 A 栋与 B 栋纵向侧仅隔 1.0m 沉降缝，B 栋爆破原地塌落，由于没有向外后坐，爆后 A 栋完好无损。

3.9　下向爆破切口

当框架底层后方或下方有结构抵抗后坐时，可采用下向爆破切口，如本文图 8 所示，靠后的中柱仅炸底层，以保留 2 层以上框架，从而迫使后支撑上端塑性铰 b 产生在底层，而底层铰 b 的后坐，易于被后方高度较低的结构或挡墙阻止。如果后方结构的水平抗力 R_e，大于框架铰 b 的后推力 F，即 $R_e\geqslant F_{max}$，后坐将被 R_e 阻止。式中 F_{max} 可由式（1）、式（2）计算。如果 R_e 小于 F_{max}，则铰 b 的后立柱及后方结构将遭到 F 力所破坏。

3.10　减小切口高度

在确保框架倾倒撞地坍塌或翻转倒地的前提下，适当减小切口前沿高度，也能减小文献［1］图 1 中的铰 b 的机构后坐。以恒运电厂办公楼[1] 为例，当切口前沿高度从 3 层柱+8.0m 下降 1.0m 到 3 层底板上+7.0m 时，从图 9 可见，其铰 b 的机构后坐 x_b 也从原 2.69m 减小到 2.11m。由此可见降低切口前沿高度是可以相应减小后坐，但是必须确保框架撞地时能破坏或翻转，否则框架将炸后不倒而成危楼。

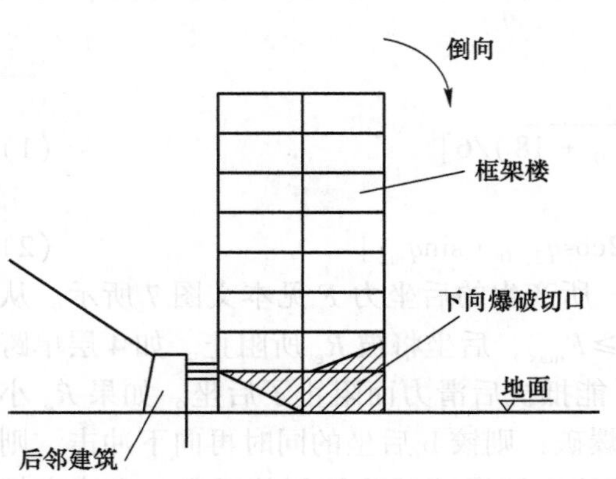

图 8 下向爆破切口

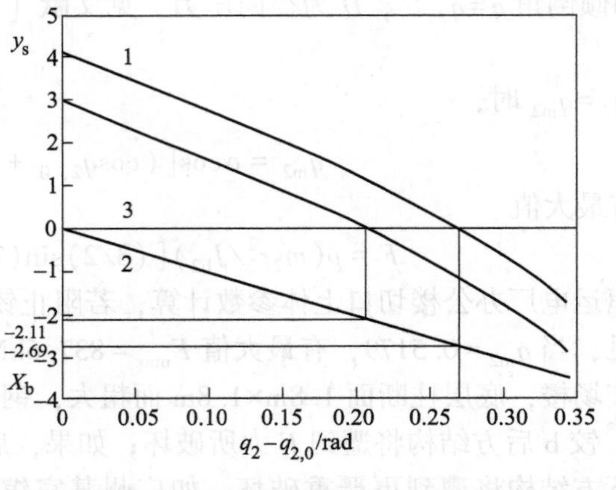

图 9 恒运电厂办公楼减小切口高度时后坐值 x_b 比较

1—切口炸高 8.0m 的 y_s；2—后坐 x_{sb} 曲线；3—切口炸高 7.0m 的 y_s（y_s 为前趾高）

3.11 防止后倒和后滑

上述框架的后坐，将可能引起后邻建筑的结构性破坏，后果严重。而现浇框架前趾着地时后柱的后倒，如见文献［1］中图 1 的铰 b 断开，文献［1］中图 3 的铰 a 或铰 b 断开，使后柱不随框架前趾着地而前滚，反而因拉起而后倒，如表 1 中的例 4、例 8。为了防止后立柱的后倒，可以在柱根 o 处将纵钢筋断开，后立柱将随框架一起前滚，如本文表 1 中的例 7。为了杜绝后墙在后立柱后倾时而向后垮落，可以将后墙预拆除。后墙的垮落一般只引起后方建筑的局部性破坏。

为了防止文献［1］中 2.2 节所述框剪结构和文献［1］中 2.3 节装配式框架的柱根后滑，应尽可能减小后柱炸高，如单排炮孔爆破，并减小药量仅松动爆破。

3.12 增长柱间起爆时差

从 3.2 节分析可知，增长逐跨断裂梁对应柱间的起爆时差，可以增大初始倾倒角，从而更多地降低重心，从而减小后坐，图 4 纵向倾倒的框架楼，段间时差增大到 2s，框架倾倒摄像可见前跨梁明显断裂，下落重心降低，因此后坐也跟随减小。此外，文献［1］2.1 节分析可见，延长后柱起爆时间，也就增长了后柱底铰的抵抗弯矩 M_1 的抵抗时间，也可适当减小后坐。延长起爆时差而减小后坐的效果，可参见文献［1］、文献［8］和文献［10］的相应计算。

4 结论

根据文献［1］“框架和排架爆破拆除的后坐（1）”，研究了减少或防止框架爆破拆除机构后坐，后柱后倒、柱根后滑和减小爆堆后沿宽的措施，即：

（1）现浇钢筋混凝土框架，可以采用炸断后跨梁端而原地坍塌，全炸下层柱原地坍塌，纵向向内坍塌，逐跨断裂，降低前中跨的重心，横向倾倒改为纵向倾倒，框架重心以后的中柱仅炸底层等措施均可减小机构后坐；采用下向切口及后方结构能抵抗机构后坐力时，可以结合防止机构后坐；在确保框架倾倒撞地坍塌或翻转倒地前提下，降低切口前沿高度，以及延长逐跨断裂梁对应柱间的起爆时差，延长后排柱的起爆时间等措施也可以适当减小后坐和爆堆后沿宽。

（2）框剪结构要尽量保留后支撑柱的纵向、横向剪刀墙，在支撑柱上端维持必要的抵抗弯矩和抗压、抗剪稳定，迫使结构只能绕柱根而向前单向倾倒，但是还应防止柱根可能后滑，以实现无后坐倾倒。

（3）多跨现浇钢筋混凝土框架，重心以后的 2 排后立柱不炸而柱根割筋并削弱，在有足够的支撑力阻止框架下坐和抵抗后移时，当前跨柱爆后结构能失稳倾倒，也可能实现向前单向倾倒；但是，当后 2 排立柱两端被结构重载分别压坏形成塑性铰，在上部框架向前倾倒形成的后推力作用下，其底层后 2 柱将向后倾倒而形成上下体的双折运动，底层后 2 柱的上端也将发生机构后坐，但后坐和爆堆后沿宽均较小；当后2排立柱不足以抵抗框架的撞地冲击时，结构将产生严重下坐并伴有后坐。

建筑结构是多种多样，因而减小和防止后坐的措施也因此而异，本文所述仅是抛砖引玉，而其中的错误，望同仁批评指正。

参考文献

[1] 魏挺峰，魏晓林，傅建秋．框架和排架爆破拆除的后坐（1）[J]．爆破，2008，25（2）：12-18.

[2] 沈朝虎．电厂通信楼控制爆破拆除 [J]．爆破，2004，21（4）：60-62.

[3] 傅建秋，魏晓林，汪旭光．建筑爆破拆除动力方程近似解研究（1）[J]．爆破，2007，24（3）：1-6.

[4] 黄士辉．国内城市高层建筑爆破拆除方式的探讨 [J]．工程爆破，2006，12（4）：22-27.

[5] 黄士辉，朱军，朱立昌，等．内爆法（Implosion）拆除68m框剪结构大楼 [J]．工程爆破，2007，13（2）：48-50.

[6] 齐世福，胡良孝，李尚海．17层综合办公大楼定向爆破拆除 [J]．工程爆破，2003，9（3）：29-33.

[7] 赵周能，程贵海，张健平．紧邻被保护建筑的高层楼房定向爆破拆除 [J]．工程爆破，2004，10（4）：40-43.

[8] 魏晓林，傅建秋，崔晓荣．建筑爆破拆除动力方程近似解研究（2）[J]．爆破，2007，24（4）：1-6.

[9] Wei Xiaolin, Fu Jianqiu, Wang Xuguang. Numerial Modeling of Demolition Blasting of Frame Structures by Varying-topological Multibody Dynamics [C] //New Development on Engineering Blasting. Beijing: Metallurgical Industry Press, 2007: 333-339.

[10] 魏晓林，傅建秋，李战军．多体-离散体动力学及其在建筑爆破拆除中的应用 [C]//庆祝中国力学学会成立50周年大会暨中国力学学术大会2007论文摘要集（下）．北京：中国力学学会办公室，2007：690.

同层位无时差双向折叠爆破新技术的应用

邢光武　李战军　傅建秋　郑炳旭

（广东宏大爆破股份有限公司，广东 广州，510623）

摘　要：为解决倒塌场地受到制约的环境下有内通道、预制楼板的高层全剪力墙建筑物的爆破拆除，提出了同楼体同层位无时差（“三同式”）双向折叠爆破新技术，并在爆破拆除工程中进行了验证，成功实现了高层建筑物的上部楼体双向折叠爆破，对今后高层建筑物爆破拆除工程有很好的参考价值。

关键词：爆破拆除；双向折叠；剪力墙；内通道；预制楼板

Research on High Building Demolish by Blasting of Bidirectional Synchronization Collapse on the Same Floor

Xing Guangwu　Li Zhanjun　Fu Jianqiu　Zheng Bingxu

(Guangdong Hongda Blasting Co., Ltd., Guangdong Guangzhou, 510623)

Abstract: The research on high building demolish by blasting of bidirectional synchronization collapse, on the same floor on the same structure at the same time, in order to demolish the high building with shearing force wall which have inner routway and prefabricate floor in complicated surroundings. And the technique have experim ented on demolish by blasting at a high building. It succeeded to realize the blasting of bidirectional synchronization collapse on the upside of the high building. It will provide valuable guidance for demolish blasting for congeneric high buildings.

Keywords: demolition by blasting; bidirectional synchronization collapse; shearing force wall; inner routway; prefab ricate floor

国内折叠爆破从20世纪80年代初开始出现，在近10年内得到较快的发展[1]。

对结构特殊的高层建筑实施“三同式”的双向折叠控制爆破拆除，是我公司研究开发的一项新技术。所谓“三同”是“同一楼体、同一层位、同一时刻”的简称。“结构特殊”是指楼体内每层均有一条上下层对应的内通道，而且全楼均铺设预制空心楼板，这类结构在楼体爆破的动力作用下，内通道出现竖向剪切破坏及结构整体性下降十分突出。此前这项在国内尚无先例的新技术，已在山东省青岛市香港中路的复杂环境下进行了工程验证——成功地拆除了1座15层全剪力墙结构高楼[2]。

1　工程概况

青岛远洋宾馆主楼位于青岛市香港中路，东西长61.2m，南北宽21.1m，主体东侧高45.7m（13层），西侧高54.9m（15层），主体建筑总面积14000m^2。

该楼的结构特点是内通道、预制空心混凝土楼板、全剪力墙结构高层建筑，楼房内的8~11轴（楼梯间）和19~21轴（电梯间）起核心筒作用。剪力墙厚度除楼房1、2层和楼梯间周围的少部分较为特殊外（大于20cm）皆为20cm，混凝土强度为C20，双层钢筋网，4层以下竖筋ϕ10@200，横筋ϕ10@200，4层以上竖筋ϕ8@200，横筋ϕ8@200。预制空心混凝土楼板厚度20cm。

远洋宾馆四周环境复杂[2,3]。主楼东面6m为正在施工的新远洋大厦；主楼西面35m为青岛国际

原载于《爆破》，2009，26（3）：54-57。

金融中心，在娱乐城与青岛国际金融中心之间，为人行通道；主楼南面为附属裙楼（钻爆前用机械预拆除），25m 外依次为香港中路地下管线区（污水管、电信管线、有线电视线路）、绿化带、非机动车道和机动车道，马路对面为“JUSCO”商场；主楼东侧北面 5m 为地下停车场，如图 1 所示。

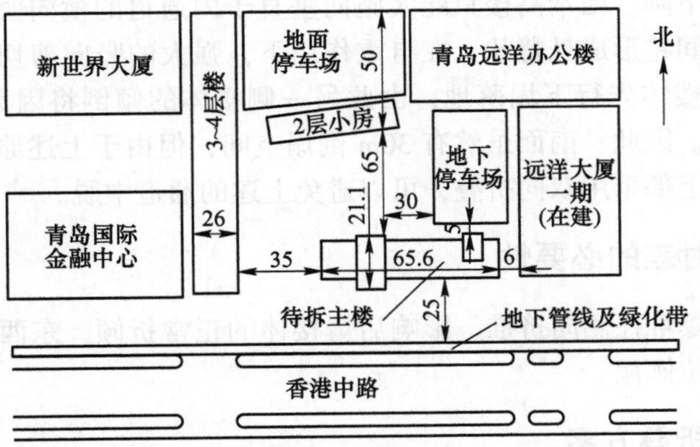

图 1　四周环境平面示意图（单位：m）

2　工程特点

2.1　高层剪力墙建筑

该楼为剪力墙结构，由于剪力墙具有抗剪、抗变形、抗震能力强的特点。因此被建筑业广泛地用于超高层大楼的建设。在采用爆破方法拆除时，全剪力墙结构的墙体均为承重结构，在开设切口和解体（预拆除）时，应保证爆破前施工时大楼的整体稳定性。同时剪力墙为薄壁结构，一般厚度为 20~25cm，炮孔多、抵抗线小，易产生飞石，安全防护要求高。

2.2　楼体结构不同一般

大楼东西两区高度不等，楼体重心偏向一侧。内部有从上到下、纵贯东西的内通道，加以楼体全部为预制空心楼板，在爆破的动力作用下，楼体中部的剪切破坏及楼板松脱导致结构整体性下降十分突出，定向倾倒难度大。

2.3　四周环境复杂

（1）从该楼所处的位置来看，楼房的高度（54.9m）远大于四周允许的倒塌空间（30m），在确保周围设施安全的情况下将其炸倒，需要解决倒塌空间狭小问题。

（2）一般情况下，楼房倒塌时均有后坐现象，该楼东北侧 5m 有地下停车场，为确保它的安全，需要采取措施控制楼房倒塌后坐。

（3）远洋宾馆地处闹市区，其周围民居和办公单位较多，楼房四周交通繁忙，马路正对面为一大型超市，在这种环境下施工，需要严格控制爆破震动、飞石、冲击波等问题。

（4）大楼南侧，香港中路北侧地下，有供水、供电等市政管线（见图 1），这些管线虽埋在地下，但需要考虑爆破拆除对这些管线的危害。

3　方案确定

本工程对象是全剪力墙结构型的高层楼房，楼体中部既有通道，各层楼板又均是预制，加以大楼周边环境复杂，可谓多方难点集于一体，经检索查新，此类工程迄今尚无先例[3,4]。

3.1　上部折叠的必要性

楼房的高度（54.9m）远大于四周允许的倒塌空间（30m），在确保周围设施安全的情况下将其炸倒，需要解决倒塌空间狭小的问题，因此必须在上部采取折叠爆破，以降低楼体高度。

3.2　上部双向折叠的必要性

楼房中部的内通道，在结构上是竖向抗剪强度最薄弱的部位，配以预制的楼板，在爆破动力作用下，楼体的整体性将快速下降。因本高楼只能实施向垂直于内通道的横向倾倒，由于爆口区起爆时差的影响，通道一侧楼体瞬间将形成悬臂状，在自重作用下，强大的竖向剪切力会使通道处过早出现断裂破坏，促使悬出的一侧楼体先行下塌落地，由此另一侧楼体的倾倒将因而受阻，使其解体不充分，甚至形成倾而不倒的恶果。因此，南面虽然有30m倒塌空间，但由于上述原因，不能采取东、西两侧均向南折叠，必须在楼体上部采用双向折叠，可以避免上述的通道中脱。

3.3　上部双向折叠无时差的必要性

为防止因先爆楼体的爆堆往侧向挤推，影响后爆楼体的正常折倾，东西两部同一时刻起爆，可使楼体在同一层位平衡地原位倾塌。

3.4　“三同式”双向折叠方案

根据大楼结构特点，结合倒塌场地环境条件，经反复论证、比选，确定实施的总体方案为设置上、中、下3个爆口，分区实现“折”–“坐”–“倾”。由于与大楼北侧临近的东西两区环境条件差异很大，在工程措施上必须分别处理。根据上述拟定的方案需要，首先将8层以上的楼体，在中间设定部位处，预先实施由上而下横断脱开成东西2部，参见图2。在这2部楼体的下方第8至第10层内，各设1个分别促成南北倒向三角形爆口，实现第8层以上楼体同时“双向折叠”倾倒，这是至为关键的起步；为配合楼体的空中解体，进一步降低楼高，缩短倒距，在中部第6层设置旨在“原位坐塌”的平爆口；下部第1~4层组成1个三角形爆口，确保大楼向南整体“定向倾倒”[3,5]，如图3所示。

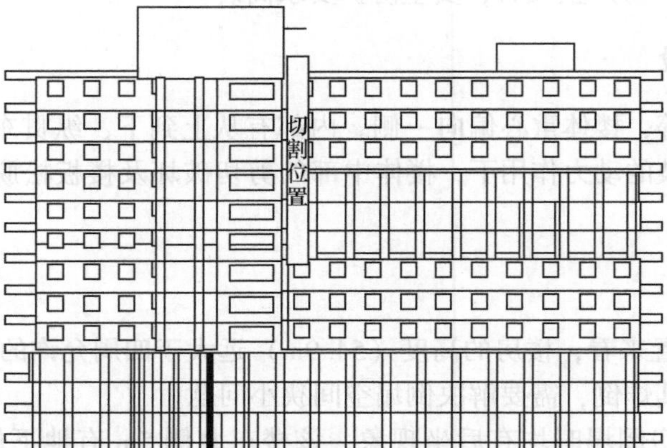

图2　8层以上切割缝示意图

上下切口起爆次序：采用上切口先爆，下切口后爆[4]。

起爆时差及顺序：孔内延期，采用毫秒延期导爆管雷管和半秒延期导爆管雷管，孔外采用瞬发毫秒导爆管雷管。爆破时差及顺序见表1。

表1　爆破时差一览表

部位	东部楼体				西部楼体			
轴位	B轴	C轴	D轴	E轴	A–B轴	C轴	D轴	E轴
上切口	MS–7	MS–2	MS–3	MS–3	MS–3	MS–2	MS–2	MS–7
下切口	MS–4	MS–5	MS–6	MS–6	MS–4	MS–5	MS–6	MS–6
中切口	MS–5	MS–5	MS–5	MS–5	MS–5	MS–5	MS–5	MS–5

采用“簇联”和四通连接联合使用的导爆管爆破网路[6,7]，如图4所示。

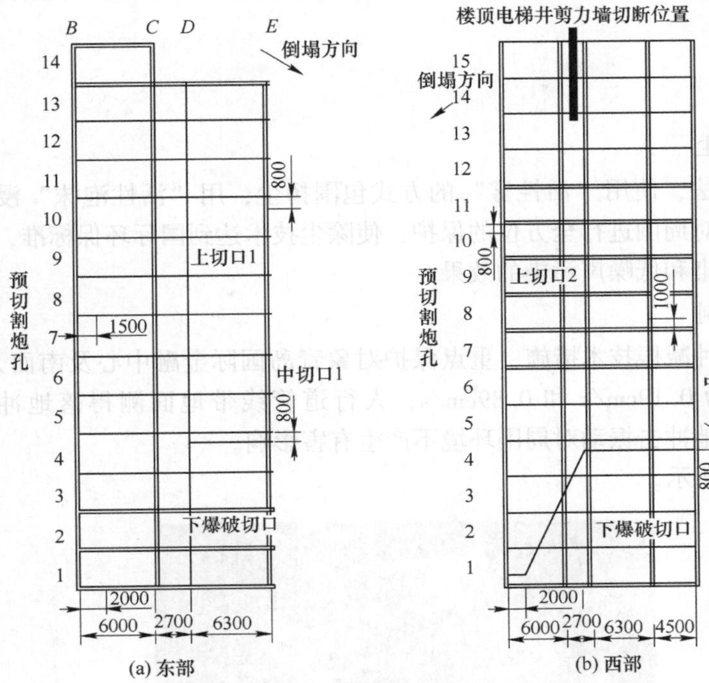

(a) 东部 (b) 西部

图3 爆破切口布置（单位：mm）

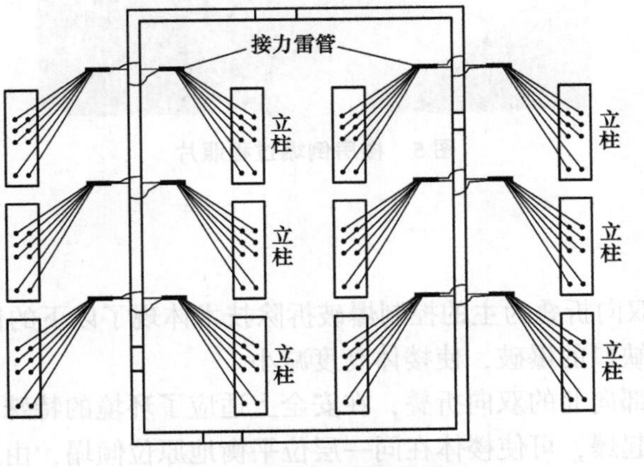

图4 楼层网路连接图

4 爆破施工及爆破危害控制

4.1 预拆除处理

（1）因主楼8层以上部分的倒塌方向不同，爆破前，需要将主楼8层以上部分用人工和机械分成两部分，切缝位置在主楼电梯间的东部，其目的是防止这两部分楼体在倒塌的过程相互拉扯，影响倒塌效果。

（2）将主楼的东西方向、南北方向爆破切口内的部分剪力墙处理成T型和L型柱的框架结构楼房，减少最后起爆的炸药量，削弱楼房的刚度，缩短倒塌距离，减少冲击地面能量，确保爆破效果。

4.2 爆破施工

通过设计，优化孔网参数，在保证稳定的条件下，对切口进行了充分解体（预拆除），简化爆破结构，形成T型或L型剪力墙承重柱。采用沿剪力墙中心纵向钻孔，空气间隔装药，按切口从上而下，切口内自外向内的起爆顺序起爆；采用“簇联”和四通连接联合使用的导爆管爆破网路延时爆破。本次爆破共钻孔17622个，使用雷管17622发，使用乳化炸药550.34kg，共分6响，爆破过程总的延迟时间为2.3s，于2007年1月28日上午7时45分起爆，成功实施了高层建筑同楼体同层位同时刻双向折叠控制爆破。

4.3 爆破危害控制

4.3.1 环保爆破除尘

采用了环保清洁拆除法，使用“活性雾”的方式包围扬尘，用“活性泡沫”浸没塌落的建筑物，并搭建防护荆笆和安全网对周围进行全方位的保护，使除尘技术达到国际环保标准，实现无飞石危害、无冲击波影响、低粉尘污染和低噪声污染的效果。

4.3.2 爆破振动控制

本次爆破通过采取各种减振技术措施，重点保护对象青岛国际金融中心及南面人行道下的管线带的爆破振动最大值分别为0.19cm/s和0.89cm/s，人行道管线带地面测得落地冲击振动最大值为1.76cm/s。爆破振动及落地冲击振动对周围环境不产生有害影响。

楼房倒塌过程如图5所示。

图5 楼房倒塌过程照片

5 结论

（1）本次“三同式”双向折叠为主的控制爆破拆除技术体现了以下的优点：

1）通过在楼体上3个缺口的爆破，使楼体高度减小。

2）实现东部向南、西部向北的双向折叠，在安全上适应了环境的特殊限制。

3）东西两部同一时刻起爆，可使楼体在同一层位平衡地原位倾塌，由此防止了因先爆楼体的爆堆往侧向挤推，影响后爆楼体的正常折倾。

4）起爆网路简单，总爆时间缩短。

（2）成功实现了在国内同类高层建筑中具有结构特殊、环境严控、实施难度很大的拆除爆破。

（3）成功实现了高层建筑物的上部楼体于同一层位、同一时刻实施双向折叠爆破，同时成功实施同向和反向折叠爆破，对今后高层建筑爆破拆除工程有很好的参考价值。

参考文献

[1] 冯叔瑜，张志毅，戈鹤川．建筑物定向倾倒爆堆堆积范围的探讨［C］//冯叔瑜爆破论文选集［M］．北京：北京科学技术出版社，1994：127-137.

[2] 郑炳旭．高层建筑泡沫降尘折叠控制爆破拆除技术研究成果鉴定资料［R］．广州，2007.

[3] 崔晓荣，李战军，王代华，等．剪力墙结构大楼双向交错折叠爆破［J］．爆破，2008，25（2）：43-48.

[4] 金骥良．高层建（构）筑物整体定向爆破倒塌的切口参数［J］．工程爆破，2003（4）：1-6.

[5] 崔晓荣，沈兆武，周听清，等．剪力墙结构原地坍塌爆破分析［J］．工程爆破，2006（2）：52-55.

[6] 余德运，郑德明，赵翔，等．合肥17层高楼爆破网路设计及可靠度分析［J］．爆破，2006，23（1）：52-55.

[7] 李战军，田运生，郑炳旭，等．加速粉尘凝聚减少爆破拆除扬尘的理论与实践［J］．爆破，2005，22（4）：14-17.

爆破拆除高耸建筑定轴倾倒动力方程解析解

魏晓林　郑炳旭　傅建秋

（广东宏大爆破股份有限公司，广东 广州，510623）

摘　要：文章研究了高耸建筑沿底端塑性铰有根竖直体单向倾倒的动力方程，提出了其角速度解析解和角位移近似解析解，并与数值解比较；剪力墙和框剪结构的近似解析解误差比近似解大，但在工程应用范围内，约小于3%，高烟囱的近似解析解误差较小，约小于2%，由于解析式对初始角限制少，但又受底塑性铰的限制，因此可依据情况灵活应用。

关键词：爆破拆除；高耸建筑；动力方程；解析解

Analytical Solution to the Dynamic Equation of Toppling Buildings Demolished by Blasting

Wei Xiaolin　Zheng Bingxu　Fu Jianqiu

（Guangdong Hongda Blasting Co.，Ltd.，Guangdong Guangzhou，510623）

Abstract：This paper studies the analytical velocity solution and approximative analytical shift solution of the dynamic equation，which describes that the vertical rooted body with the basis plastic joint is sloped down. The difference betw-een numerical and approximative analytical solutions is larger than that in the related literature for shear wall and framed shear wall constructions，but is smaller than 3% and in the scope of engineering application. As for the toppling of high chimneys，the difference between numerical and approximative analytical solutions is smaller than 2%. The analytical solution is limited a little in the initial angle but restrained by the basis plastic joint，therefore，it can be applied flexibly according to situations.

Keywords：demolition by blasting；high-rising construction；dynamic equation；analytical solution

近年来，我国城市建设不断加快，爆破拆除了大量的高耸建筑。当拆除建筑环境较复杂，可采用原地坍塌或下坐倾倒爆破拆除方法；当倾倒场地开阔，多采用单切口定轴倾倒拆除。对楼房的下坐倾倒情况，当下坐停止后，仍将形成定底轴倾倒运动。文献［1，2］虽然已提出高耸建筑的单轴倾倒动力方程，但转动角 q 只能数值求解，本文将推导出单轴倾倒动力方程的完全解析解。

1　单轴倾倒解析解

烟囱、剪力墙和框剪结构（重心后方立柱被剪力墙纵横加固而抗弯抗压稳定），及下坐后定底轴倾倒的楼房等高耸建筑所形成的单向倾倒如图1所示，其中实线为初始位置，虚线为运动状态。

该多体系统[1,3] 可简化为具有单自由度 q、底端塑性铰 M_b 的有根竖直体[1]，其动力方程为：

$$J_b \frac{d^2 q}{dt^2} = Pr_c \sin q - M_b \cos \frac{q}{2} \tag{1}$$

式中，P 为单体的重量，$P = mg$，m 为单体的质量；r_c 为质心到底支铰点的距离；J_b 为单体对底支点的惯性矩；M_b 为底塑性铰的抵抗弯矩，当爆破切口闭合后，支撑部钢筋拉断，$M_b = 0$；q 为重心到底铰

原载于《合肥工业大学学报》（自然科学版），2009，32（10）：1466-1468。

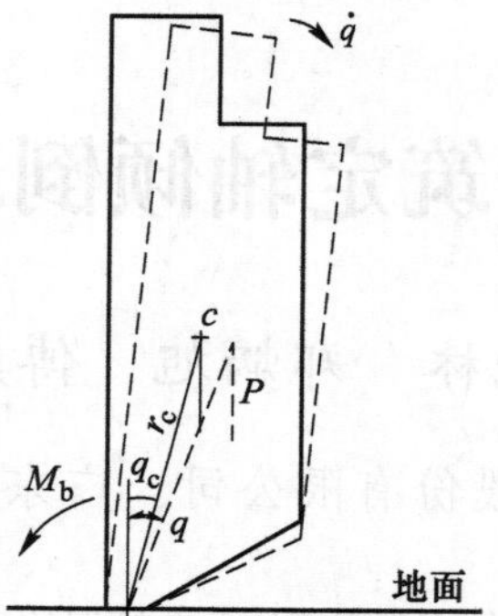

图 1　剪力墙楼房单向倾倒

连线与竖直线的夹角。

爆破拆除时的初始条件是 $t=0$ 时，$q=q_0$，$\dot{q}=\dot{q}_0$，得解析解：

$$\dot{q}=\sqrt{\frac{2Pr_c(\cos q_0-\cos q)}{J_b}+\frac{4M_b[\sin(q_0/2)-\sin(q/2)]}{J_b}+\dot{q}_0^2} \tag{2}$$

令 $m_0=\dot{q}_0^2J_b/(2mgr_c)+\cos q_0+2M_b\sin(q_0/2)/(mgr_c)$，$\sin(q/2)\approx q/2$，$\cos q\approx 1-q^2/2$。得近似解析解：

$$t=\sqrt{J_b/(mgr_c)}\,(\ln(q-M_b/(mgr_c)+\sqrt{2(m_0-1)-2M_bq/(mgr_c)+q^2})-\ln(q_0-M_b/(mgr_c)+\sqrt{2(m_0-1)-2M_bq_0/(mgr_c)+q_0^2})) \tag{3}$$

式（3）的应用范围为：

$$2(m_0-1)-2M_bq_0/(mgr_c)+q_0^2\geqslant 0 \tag{4}$$

$$q_0-M_b/(mgr_c)+\sqrt{2(m_0-1)-2M_bq_0/(mgr_c)+q_0^2}>0 \tag{5}$$

不满足式（4）、式（5），可采用近似解式（6）[2] 和倾倒近似方程式（8）的解析解式（9）计算。

$$t\approx\frac{q_{ds}}{P_{dq}(\dot{q}-\dot{q}_0)+\dot{q}_0} \tag{6}$$

式中，P_{dq} 为平均角速度增量与角速度增量比；$q_{ds}=q-q_0$；当 $q_0\geqslant 0.2$，$\dot{q}_0\leqslant 0.3$ 时：

$$P_{dq}=\lambda_V\exp(a_1q_{ds}^2+a_2q_{ds}+a_3) \tag{7}$$

式中，$a_1=0.909q_0^2-1.07q_0+0.424$；

$a_2=-1.99q_0^2+2.51q_0-1.02$；

$a_3=-0.6971$；

λ_V 为初速度修正系数，当 $\dot{q}_0<0.1$，$\lambda_V=1$，而 $\dot{q}_0\geqslant 0.1$，$\lambda_V=b_1q_\delta^2+b_2q_\delta+b_3$，并且

$b_1=-0.094\dot{q}_0-0.0772$；

$b_2=0.259\dot{q}_0+0.101$；

$b_3=0.9933$；

$q_\delta=q_{ds}-0.3$。

当 $\dot{q}_0=0$，如烟囱，式（1）可简化为近似动力方程：

$$J_b\frac{d^2q}{dt^2}=rPq-M_b \tag{8}$$

近似方程式（8）的解析解为：

$$t=\frac{\ln(q_{mr}+\sqrt{q_{mr}^2-1})}{p_j} \tag{9}$$

式中

$q_{mr} = [q - M_b/(rP)]/[q_0 - M_b/(rP)]$；

$p_j = \sqrt{rP/J_b}$。

计算式（3）所依据的典型建筑为青岛远洋宾馆[2]，剪力墙结构，楼层 13 层，高 49m，宽 16.6m，炸高 7.2m，其 1 榀架（第 17 轴）计算参数如下：$m = 956.7\times10^3$kg，$J_b = 641070\times10^3$kg · m^2，$r_c = 23.1678$m，$M_b = 192$kN · m，$q_0 = 0.2333$rad，$\dot{q}_0 = 0.1$rad/s。

对其进行计算，近似式（3）与数值解误差见表 1。

表 1　近似式(3)与数值解误差

项　目	$\frac{(mr_c/J_b)_c}{mr_c/J_b}$	$\frac{(M_b/J_b)_c}{M_b/J_b}$	$\frac{(q_0)_c}{q_0}$	$\frac{(\dot{q}_0)_c}{q_0}$	q
范　围	0.7~1.5	0~10	0~3	1~3	$\leqslant\frac{\pi}{2}$
最大误差/%	<2.6	<2.8	<10	<2.6	

注：改变计算参数以（　）$_c$表示。

本文提出的近似解式（3）与文献［2］所提出的近似解比较，其 t 的数值解的误差将增大 1.5~5 倍，但从表 1 可见误差仍在工程容许的范围。由于文献［2］提出 q 近似解的应用范围 $q_0>0.2$，一般烟囱切口闭合时 $q_{s0}<0.2$，因而不便切口闭合后的拓扑计算，本文的近似解析式（3）对 q_0 没有限制，使用更加方便。

2　应用实例

以新汶电厂 120m 高钢筋混凝土烟囱为例，数值计算爆破拆除时单向倾倒的姿态。计算条件为烟囱底部切口平均半径 $r_e = 5.3$m，壁厚 0.5m，自重 $P = 2017.5\times9.81 = 19791.7$kN，烟囱重心高 $r_{c1} = 42.68$m，重心对切口前支点距 $r_{c2} = 40.63$m，切口高 $h_b = 2.4$m，烟囱对切口平面惯性矩 $J_{b1} = 7756600\times10^3$kg · m^2，对切口前支点惯性矩 $J_{b2} = 7354892\times10^3$kg · m^2，烟囱材料强度采用强度平均值，受压压力不均系数 0.4[4]，其他计算条件见文献［5］。根据文献［3］（原文式（3）的第 2 圆括号有误，应移至“=”后），可算出中性轴的圆心角之半 $q_s = 0.7166$rad，初始倾倒角 $q_0 = 0.0934$rad，切口拉区钢筋对切口中性轴平均弯矩 $M_b = 13707$kN · m。中性轴对切口的闭合角 $q_{0h} = 0.2526$rad。

当烟囱倾倒切口闭合前为拓扑 1[1,2]，转角 $q_1 = q_0 + q_{0h} = 0.3460$，以式（2）计算倾倒转动角速度 $\dot{q} = 0.1052$rad/s；而切口闭合所需时间 t_1，以式（3）计算，$t_1 = 6.5913$s；切口闭合支点前移为拓扑 2[1,2]，初始角 $q_{s0} = 0.1218$，支撑部钢筋拉断，底抵抗弯矩 $M_b = 0$；烟囱纵轴倒至水平时，倾倒角 $q_2 = \frac{\pi}{2} - q_{0b} = 1.4402$，$q_{0b}$ 为烟囱前支点至烟囱质心线与纵轴夹角，$q_{0b} = a\tan\frac{r_e}{r_{c1} - h_b} = 0.1368$（文献［2］的 q_{0b} 计算有误），同理以式（2）计算转动角速度：

$$\dot{q}_2 = \sqrt{2Pr_{c2}(\cos q_{s0} - \cos q)/J_{b2} + \dot{q}_1^2} = 0.4468\text{rad/s}$$

而烟囱纵轴倒至水平时所需时间 t_2，同理以式（3）计算，$t_2 = 5.7131$s；总倾倒时间 $t = t_1 + t_2 = 6.5913 + 5.7131 = 12.3044$s。

烟囱着地数值解时间 t 为 12.309s，实测烟囱着地时间 12.3s。烟囱倾倒近似解析解、数值解及实测值如图 2 所示。观测在倾倒角 0.92rad，烟囱在 70m 平台已断裂为 2 段，故下段实测转动时间快于图 2 中计算值。

3　结论

本文修正了爆破拆除高耸建筑物单轴倾倒动力方程[2]，推导出方程的完全解析解，以高烟囱倾倒

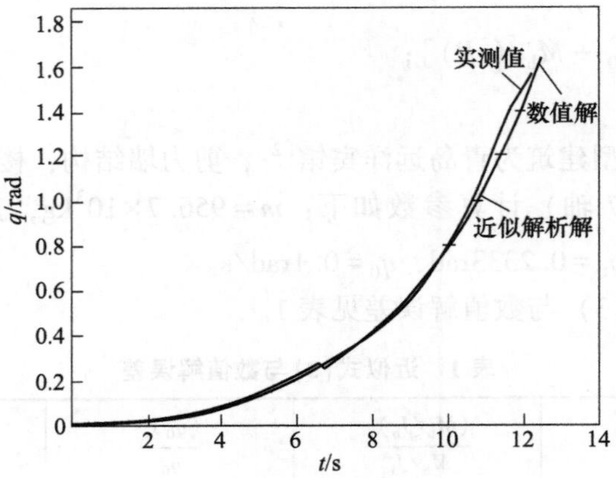

图2 烟囱倾倒角

为例，进行了倾倒姿态计算，其结果与原数值解和实测比较，可以得到以下结论：

烟囱、剪力墙和框剪结构等高耸建筑的单向爆破拆除，其单轴倾倒角速度可由解析式（2）计算，其角位移所需时间可由近似解析式（3）计算。式（3）与数值解的相对误差，在表1的有限范围内，比文献［2］所提出的近似解大，约在10%以内，但由于剪力墙和框剪结构角位移范围小，故应用时实际误差并不大，约在3%以内；对高烟囱实例计算，本文近似解析解的误差比文献［2］所提出的近似解小，约在2%以内。由于式（3）对初始倾倒角 q_0 没有限制，但是 M_b 必须满足式（4）、式（5）的要求，因此，可与文献［2］所提出的近似解根据情况灵活应用。

高耸建筑下坐倾倒，最终将可能演变成单轴倾倒姿态，可以应用本文的动力方程及其解析解计算，而高耸建筑下坐倾倒的运动规律，可参阅文献［6］。

参考文献

［1］魏晓林，傅建秋，李战军．多体-离散体动力学及其在爆破拆除中的应用［C］//庆祝中国力学学会成立50周年大会暨中国力学学术大会2007论文摘要集（下）．北京：中国力学学会，2007：690.

［2］傅建秋，魏晓林，汪旭光．建筑爆破拆除动力方程近似解研究（1）［J］．爆破，2007，24（3）：1-6.

［3］魏晓林，郑炳旭，傅建秋．钢筋混凝土烟囱折叠倾倒的力学分析及数值模拟［C］//中国爆破新技术［M］．北京：冶金工业出版社，2004：564-571.

［4］郑炳旭，魏晓林，陈庆寿．钢筋混凝土高烟囱切口支撑部失稳力学分析［J］．岩石力学与工程学报，2007，25（增1）：3348-3354.

［5］罗伟涛，王铁，邢光武．新汶电厂120m烟囱定向爆破拆除［C］//中国爆破新技术［M］．北京：冶金工业出版社，2004：590-593.

［6］魏挺峰，魏晓林，傅建秋．框架和排架爆破拆除的后坐（1）［J］．爆破，2008，25（2）：12-18.

爆破拆除高耸建筑下坐动力方程

魏晓林　魏挺峰

（广东宏大爆破股份有限公司，广东 广州，510623）

摘　要：文章提出了拆除高楼的定质量无根单体力学模型，用以描述爆破拆除楼房的原地塌落和下坐倾倒运动，推导出该动力方程的解析解和转角近似解析解，经摄像观测证明力学模型正确，动力方程的解比数值解准确，可以在拆除工程中应用。对楼房冲击着地后，以纵中轴地面为定点，随楼下坐，质量散失并倾倒的运动，提出用变质量有根竖直单体动力方程来描述，推导出初始转角和初始转速为零的解析解并归纳出任意初始条件的近似解，经与数值解比较，解析解正确，近似解在所限定的有限域内，误差在16%以内，为工程应用所容许。

关键词：高耸建筑；爆破拆除；下坐倾倒；动力方程

Dynamic Equations for Sitting Down of High Buildings Demolished by Blasting

Wei Xiaolin　Wei Tingfeng

（Guangdong Hongda Blasting Co.，Ltd.，Guangdong Guangzhou，510623）

Abstract：In the paper，the mechanical mode of a single unrooted body with steady mass is proposed for high buildings demolished. The analytical solutions of the mode dynamic equations are deduced. The correctness of the mechanical mode is demonstrated by photogrammetric measurement. The solutions are proved to be more accurate than the numerical solutions and can be used in the practical projects. As the building impacts on the ground，the mass scatters，and its toppling down at the point on the ground can be described by the dynamic equations of a single root body with varying mass. The analytical solutions with the initial zero angle of rotation and the zero velocity of rotation are deduced and approximate solutions with every initial condition are given. Compared with numerical solutions，the analytical solutions are correct and the approximate solutions can be used in a limited scope with the error being less than 16%，which is permitted in engineering application.

Keywords：high building；demolition blasting；sitting down and toppling；dynamic equation

近年来，我国城市建设不断加快，爆破拆除了大量的高耸建筑。由于被拆除建筑的环境大多较为复杂，只能采用原地坍塌或下坐倾倒爆破拆除方法。目前对单轴倾倒高烟囱的动力方程，研究较多，并逐渐成熟[1-4]，但是迄今为止，却很少研究高耸建筑原地坍塌及下坐倾倒的动力方程。

本文将研究该类动力学方程，首先研究切口以上高耸建筑，定质量无根单体[3]原地塌落下坐倾倒的动力方程，然后研究楼房冲击着地，底层结构压碎、质量散失，形成变质量下坐倾倒的动力方程及其解析解和近似解。

1　楼房定质量塌落及倾倒

高层多跨框架类楼房塌落倾倒，如图1所示。

原载于《合肥工业大学学报》（自然科学版），2009，32（10）：1457-1461，1472。

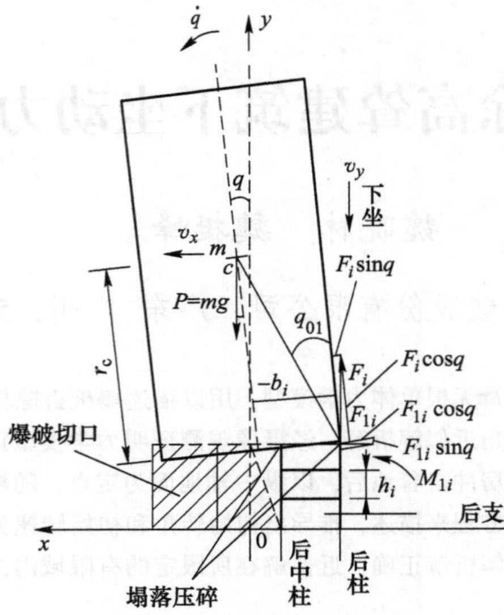

图 1 高层楼塌落倾倒力图

当重心中轴前切口层内各柱爆破拆除后，重心以后柱被楼重在切口上层引发各柱分别压坏，即

$$P\cos^2 q_{02} > N_2 - T_{01} \tag{1}$$

$$P\cos^2 q_{01} > N_1 + N_{a2} \tag{2}$$

式中，N_1、N_2 分别为后和后中排柱的极限支撑力；P 为切口上楼房各层重力；q_{01}、q_{02} 分别为切口上层的后和后中排柱顶与楼房 P 重心连线的欧拉角；T_{01} 为后柱的纵钢筋屈服时的拉力，后柱若割纵钢筋，$T_{01}=0$；N_1、N_2、N_{a2} 均不包含纵钢筋支撑力；N_{a2} 为后中柱的残余支撑力。上述作用使后 2 排柱分别压溃，从而形成楼房初始压坏下坐。

在切口爆破后，楼房因冲击下压，则

$$P > F_{c1} + F_{c2} \tag{3}$$

式中，F_{c1}、F_{c2} 分别为后和后中排柱承受冲击而向持续稳态压碎过渡历程的动抵抗力的常数项，$F_{c1}=S_{1\sigma}$，$F_{c2}=S_{2\sigma}$，S_1、S_2 分别为后和后中柱的支撑横断面积，σ 为支柱承受冲击，而向持续稳定压碎[5]过渡历程的动抵抗应力常数项，由实测冲击而向持续压碎过渡历程的单位体积钢筋混凝土所需的功决定。

随后最终形成切口以上楼房向整体稳态[5] 压碎下坐过渡。再者，如果后两排柱爆破拆除，即 N_1、N_2、F_{c1}、F_{c2} 均为零，切口以上楼房失去了支撑，式（1）~式（3）也可成立，楼房也整体塌落。多体动力学中将以上 2 种整体下坐的楼房，用 F_{c1}、F_{c2} 代替支撑，楼房可看作无根单体模型[3]。

根据单体质心运动定律，切口以上楼房稳态下坐倾倒的动力方程为：

$$\Sigma x = 0,\ m\frac{dv_x}{dt} = \Sigma F_{1i} \tag{4}$$

$$\Sigma y = 0,\ m\frac{dv_y}{dt} = -mg + \Sigma F_i \tag{5}$$

$$\Sigma M_c = 0,\ J_c\frac{d\dot{q}}{dt} = [\Sigma F_i(-b_i) - F_{1i}r_c]\cos q + [\Sigma F_i r_c + \Sigma F_{1i}(-b_i)]\sin q \tag{6}$$

式中，m、r_c、J_c、v_x、v_y、$\dot{q}$ 和 q 分别为切口以上楼房的质量、质心距切口上缘高、惯性主矩、水平向前速度、下落速度（向上为正，向下为负）、转动速度（反时针为正）和转动角（反时针为正）；F_i 为切口内各排支柱在稳态压溃下的竖直动载抵抗力；b_i 为各排柱距离楼房中轴的距离（向前为正，向后为负）；F_{1i} 为未炸支柱向前的水平抵抗力；i 为各排柱的序号。

当未炸柱为 2 排以上并构成切口层内的框架时，其水平抗力 $F_{1i}=C_1M_{1i}/h_i$，M_{1i} 为层内 i 支柱端的抵抗弯矩，h_i 为 i 支柱的层高，$C_1=2$；当未炸柱为悬臂柱时，$C_1=1$；当 $F_{1i}>F_i f$ 时，f 为混凝土间的摩擦系数，取 0.6，$F_{li}=F_i f$。

楼房下落速度 $v_y=10\text{m/s}$ 时，每平方米横断面的空气阻力近似为 $40\sim50\text{N/m}^2$[6]，因此比较 ΣF_i，可以将空气阻力忽略；ΣF_i 的支柱动强度系数可达 1.1，因此 $\Sigma F_i=\Sigma F_{ci}(1-kv_y)=\Sigma F_{ci}(1+k|v_y|)$，$F_{ci}$ 为 i 柱向稳态压碎过渡历程动抵抗力的常数项，$F_{ci}=S_{i\sigma}$，S_i 为 i 柱的横断面积；k 为动载增量系数，可近似认为 0.01，此式的 v_y 与 F_{ci} 方向相反，kv_y 项取负或取绝对值正项。当切口层内爆破的 i 柱未全炸，而所剩余的梁下柱长 h_{uni}，则 $F_{ci}=(S_{i\sigma})h_{uni}/(h_i-h_b)$，$h_b$ 为梁高。

以上动力方程的初始条件为：

$$t=0,\ v_x=0,\ v_y=0,\ x=0,\ y=h_c,\ \dot{q}=0,\ q=0 \tag{7}$$

式中，h_c 为楼房质心距地面高。

由式（4）得解析解：

$$v_x=(\Sigma F_{li}/m)t \tag{8}$$

$$x=(\Sigma F_{li}/m)t^2/2 \tag{9}$$

而由式（5），令 $k_0=k\Sigma F_{ci}$，其解析解：

$$v_y=\left(\frac{m}{k_0}\right)\left(-g+\frac{\Sigma F_{ci}}{m}\right)\left[1-e^{-(k_0/m)t}\right] \tag{10}$$

$$y=\left(\frac{m}{k_0}\right)\left(-g+\frac{\Sigma F_{ci}}{m}\right)\left[\left(\frac{m}{k_0}\right)e^{-(k_0/m)t}-\frac{m}{k_0}+t\right]+h_c \tag{11}$$

$$y=h_c+[(k_0/m)v_y+(-g+\Sigma F_{ci}/m)\times(\ln(-g+\Sigma F_{ci}/m)-\ln(-g+\Sigma F_{ci}/m+k_0v_y/m))]/(k_0/m)^2 \tag{12}$$

将式（6）代入 $M_s=\Sigma F_{ci}[-b_i-k_0(-b_i)v_y]-\Sigma F_{li}r_c$，$M_1=\Sigma F_{ci}(1-k_0v_y)r_c+\Sigma F_{li}(-b_i)$，得解析解：

$$\dot{q}=\sqrt{\frac{2M_s}{J_c}\sin q+\frac{2M_1}{J_c}(1-\cos q)} \tag{13}$$

由于 $q<0.3$，可用 $\cos q\approx1-\frac{q^2}{2}$，$\sin q\approx q-\frac{q^3}{6}\approx q-\frac{q^2}{6}$ 代替，得近似解析解：

$$t=2\sqrt{J_c/(M_1-M_s/3)}\,[\ln(\sqrt{q}+\sqrt{q+a^2})-\ln a] \tag{14}$$

式中，$a^2=2M_s/(M_1-M_s/3)$。

近似解析解与数值解比较，$t>0.05\text{s}$ 后，式（14）在建筑拆除范围内的相对误差小于 0.4%。上述计算及下文图表中的计算参数，来自沈阳 23 层天涯宾馆（D）轴榀架，有关参数如下[6]：$m=3525.5\times10^3\text{kg}$，$H=64.1\text{m}$，$\rho=55\times10^3\text{kg/m}$，$r_c=32.05\text{m}$，$q_{01}=0.27\text{rad}$，$q_{02}=0.045\text{rad}$，$N_1=21060\text{kN}$，$T_{a1}=0\text{kN}$，$N_2=23478\text{kN}$，$N_{a2}=5418\text{kN}$，$F_{c1}=9934.2\text{kN}$，$F_{c2}=11075\text{kN}$，$b_1=-7.35\text{m}$，$b_2=-1.2\text{m}$，$M_{l1}=1553.8\text{kN}\cdot\text{m}$，$M_{l2}=1648.3\text{kN}\cdot\text{m}$，$h_1=4.8\text{m}$，$\sigma=12265\text{MPa}$，$h_{uni}=0.35\text{m}$，$h_b=0.7\text{m}$，$J_c=1270600\times10^3\text{kg}\cdot\text{m}^2$，$J_{d0}=4891300\times10^3\text{kg}\cdot\text{m}^2$，$F_{cs}/\rho=802.1652\text{N}\cdot\text{m/kg}$。

2 楼房塌落质量散失及倾倒

高层楼房切口内支柱被完全压碎，楼房下坐加速到 v_{y0}，原地坍塌的楼房维持 $q_0=0$，$\dot{q}_0=0$，而下坐兼前倾的楼房，转速加速到 $\dot{q}_0$，转角增加到 q_0。如果楼房底层后滑，被地下室所阻止，高楼从中轴将以地面为定点 d，随楼下坐质量散失并倾倒，可看作变质量有根单体模型[2,3]，如图 2 所示。

由于下坐压溃的支柱以楼纵中轴对称，底弯矩 $M=0$，其动力方程为：

$$\Sigma y_r=0,\ \frac{d(\rho y_r v)}{dt}=-\rho y_r g\cos q+F_{cs}+y_r^2\rho\dot{q}^2/2 \tag{15}$$

$$\Sigma M_d=0,\ \frac{d(J_b\dot{q})}{dt}=(\rho y_r^2 g/2)\sin q+M \tag{16}$$

式中，ρ 为楼房沿高度的线质量；F_{cs} 为下坐楼底的径向平均抵抗力，同上节 ΣF_i 计算相仿，为 v_y 从 $v_{y0}\sim0$ 的平均值；y_r 为以 d 为原点的径向坐标的楼房径向 y 值；J_b 为楼房对 d 点的惯性矩，是 y_r 的函数；v 为楼房下坐径向速度。

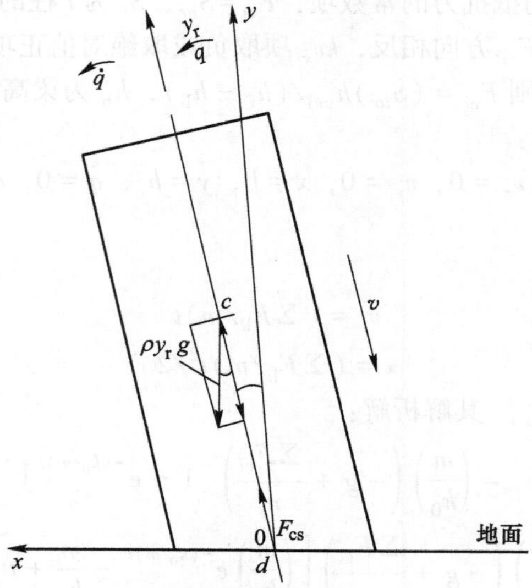

图 2　楼房塌落质量散失倾倒

式（15）、式（16）的初始条件：

$$t=0,\ v_0=v_{y0}\cos q_0,\ q=q_0,\ \dot{q}=\dot{q}_0,\ y_r=h_0,\ J_b=J_{d0} \tag{17}$$

式中，h_0 为楼房切口以上高；J_{d0} 为楼房对中轴切口上缘的惯性矩；v_{y0} 为式（10）的 v_y。

式（15）的解析解为：

$$v=-\left[F_{cs}(1-h_0^2/y_r^2)/\rho+\frac{2}{3}g(h_0^3\cos q_0/y_r^2-y_r\cos q)+(y_r^2-h_0^4/y_r^2)\dot{q}_0^2/4+v_{0s}^2h_0^2/y_r^2\right]^{1/2} \tag{18}$$

当楼房原地坍塌时，即 $q_0=0$，$q=0$，$\dot{q}_0=0$，$\dot{q}=0$，$v_{0s}=v_{y0}$，式（18）为解析解，当塌落倾倒时，将 $q=q_0$（$q_0\neq0$），$\dot{q}=\dot{q}_0$，由此引起的误差由 v_{0s} 调正，式（18）为近似解，调正 v_{0s} 按表 1 选取，v 的近似值与数值解误差，如图 3 和表 1 所示[7]。

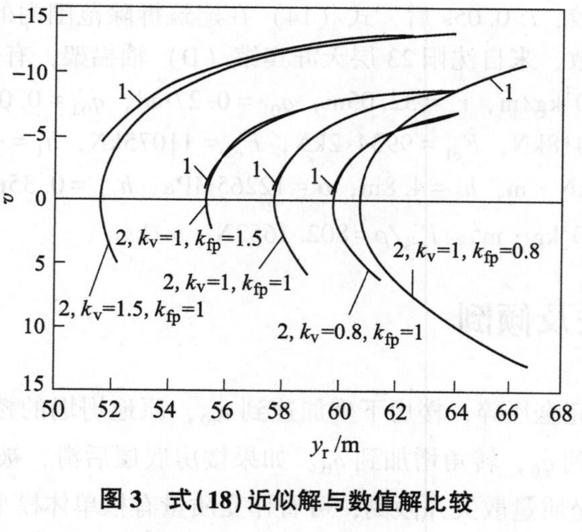

图 3　式(18)近似解与数值解比较

图 3 中 1 所指为近似解，2 所指为数值解，$q_0=0.2411\text{rad}$，$\dot{q}_0=0.2284\text{rad/s}$。图 3、表 1 中，$k_v=\dfrac{(v_0)_c}{v_0}$，$k_{fp}=\dfrac{(F_{cs}/\rho)_c}{F_{cs}/\rho}$，而且分母中 $v_0=-9.201\cos0.2411$，$F_{cs}/\rho=802.1652\text{N}\cdot\text{m/kg}$，$(\quad)_c$ 为结构变化参数值；$v_{0s}=v_0c_vc_{fp}$。

令 $y_s = h_0 - y_r$，并以 $a_0 = h_0^2 v_{0y}^2$，$b_0 = 2gh_0^2\cos q_0 - 2h_0 F_{cs}/\rho - h_0^3 \dot{q}_0^2$，$c_0 = -(F_{cs}/\rho - 2gh_0\cos q_0 + (2/3)g\cos q_0 + (6h_0^2 - 4h_0 - 1)\dot{q}_0^2/4)$，必须 $c_0>0$，并以：

$$(2/3)g\cos q_0 y_s^3 \approx (2/3)g\cos q_0 y_s^2,\ \dot{q}_0^2(-4h_0 y_s^3 - y_s^4)/4 \approx \dot{q}_0^2(-4h_0 - 1)y_s^2/4$$

由此引起的误差用 v_{0y} 来调正，将式（18）积分，得楼房径向下落距离 y_s 所需的时间：

$$t = (h_0/\sqrt{c_0} - b_0/(2c_0^{1.5}))(a\sin((2c_0 y_s - b_0)/\sqrt{b_0^2 + 4a_0c_0}) - a\sin(-b_0/\sqrt{b_0^2 + 4a_0c_0})) + \sqrt{a_0 + b_0 y_s - c_0 y_s^2}/c_0 - \sqrt{a_0}/c_0 \tag{19}$$

表 1　式（18）v_{0s} 和式（19）v_{0y} 的计算参数及 v、t 与数值解误差

q_0，$\dot{q}_0$	<0.1	0.1~0.2*	0.2~0.29
k_v	0.8~1.5	0.8~1.5	0.8~1.5
k_{fp}	0.8~1.5	0.8~1.5	0.8~1.5
c_v	1	$c_v = c_1y_s^2 + c_2y_2 + c_3$； $c_1 = -0.0097k_v^2 + 0.0255k_v - 0.0172$， $c_2 = 0.0033$，$c_3 = 0.9969$	$c_v = c_4y_s^2 + c_5y_2 + c_6$； $c_4 = -0.0119k_v^2 + 0.0352k_v - 0.0276$， $c_5 = 0.00525$，$c_6 = 0.9963$
c_{fp}	1	1	$c_{fp} = c_7y_s + c_8$； $c_7 = -0.0088k_{fp}^2 + 0.0121k_{fp} + 0.0002$， $c_8 = 0.9983$
式(18)$v=0$ 时 y_s 误差(%)	<9	<9	<14 （q<0.25，$\dot{q}_0$<0.25，误差在5%以内）
$v_{0y} = v_0c_vc_{fp}c_f$	c_v、c_{fp} 同上	c_v、c_{fp} 同上	c_v、c_{fp} 同上
c_f	1	1	$c_f = c_9k_{fp}^2 + c_{10}k_{fp} + c_{11}$；$c_9 = 0.42286$， $c_{10} = -1.12378$，$c_{11} = 1.76796$
式（19）$v=0$ 时 t 误差（%）	<9	0~16（t 在 k_v=1.1~1.5 误差最大） y_s 误差 0~5（在 k_v=1.1~1.5 最大）	<16 （q_0<0.25，$\dot{q}_0$<0.25，误差在8%以内）

注：1. * 表示不包括该数值；
　　2. $y_s = h_0 - y_r$。

当楼房原地坍塌时，有：

$$q_0 = 0,\ \dot{q}_0 = 0,\ v_{0y} = v_0,$$

此时式（19）为近似解析解。当楼房塌落倾倒时为近似解，即将 $q = q_0$，$\dot{q} = \dot{q}_0$，由此引起的误差用 v_{0y}（见 a_0）来调正。

式（19）为近似解时，调正 v_{0y} 按表 1 选取，t 的近似值与数值解误差见表 1 和图 4。图 4 中，1 所指为近似解，2 所指为数值解，$q_0 = 0.2411\text{rad}$，$\dot{q}_0 = 0.2284\text{rad/s}$。

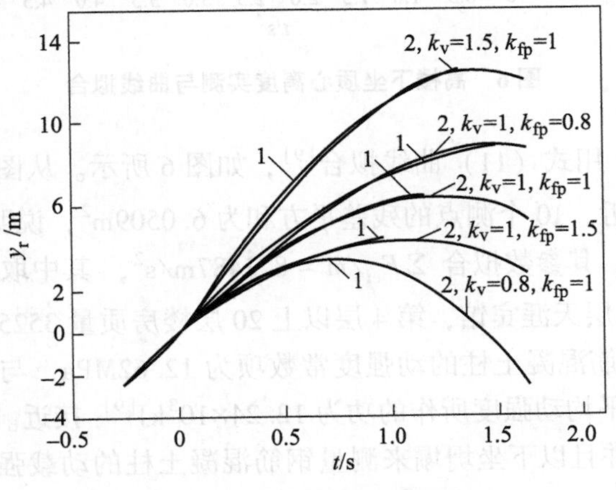

图 4　式(19)近似解与数值解比较

当 $q_0 \geqslant 0.29\text{rad}$，大多高层楼房的重心已前移出前柱支点（前趾），楼房将自重倾倒而无需计算式（18）、式（19）。

3 模型验证及参数实测

验证楼房为爆破拆除某 22 层 78.5m 高的框剪结构楼，其底 3 层为 4 柱 3 跨，纵剖面如图 5 所示。图 5 中未绘 4 层以上楼面，仅示意柱。

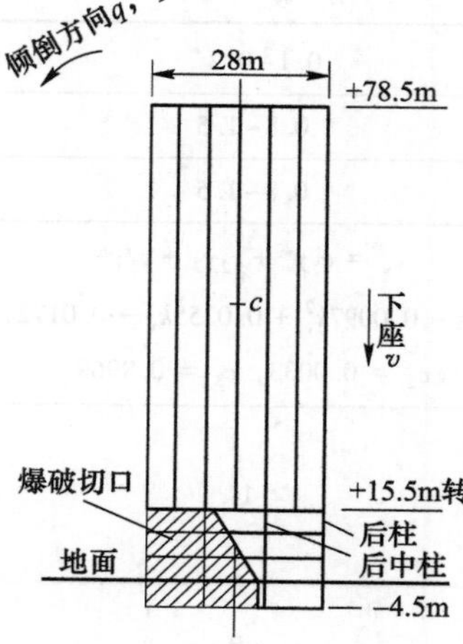

图 5 某框剪楼结构示意图

爆破拆除前面 2 排柱，3 层炸高至 15.5m 和地下室负一层-4.5m，每层炸高 2.5m。3 层顶为转换层，其上 7 柱的后 3 柱切割纵筋，并在中跨炸断主梁以诱发转换层首先压碎，形成切口以上高楼定质量单体下坐。底层后 2 柱，切割纵筋，诱导后柱框架稳态压溃。

摄像实测[7] 切口上楼房质心下落路程 $y(t)$，如图 6 所示。

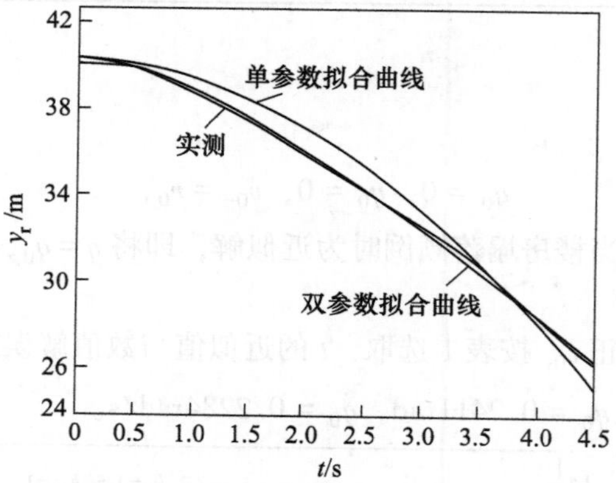

图 6 高楼下坐质心高度实测与曲线拟合

以 $\Sigma F_{ci}/m$ 为单未知数，用式（11）曲线拟合[9]，如图 6 所示。从图 6 中可见，以式（11）的单参数拟合值与实测值较为接近，10 个测点的残差平方和为 6.0509m^2，说明楼房定质量塌落倾倒的无根单体力学模型是接近实际的。其参数拟合 $\Sigma F_{ci}/m = 8.1487\text{m/s}^2$，其中取动载增量系数 $k=0.01$。若按楼高接近结构相似的沈阳 23 层天涯宾馆，第 4 层以上 20 层楼房质量 $3525.5\times10^3\text{kg}$ 计算柱强度，则该 22 层拆除楼后 2 排柱 C30 钢筋混凝土柱的动强度常数项为 12.62MPa，与天涯宾馆下坐实测压碎单位立方米 C30 钢筋混凝土克服平均动强度所作的功为 $12.24\times10^3\text{kJ}$[9] 接近。由此证明以定质量无根单体下落的力学模型是正确的，并且以下坐坍塌来测量钢筋混凝土柱的动载强度是可行的，正确的测量方法可以应用。

若以 $\Sigma F_{ci}/m$ 和 k 为双未知数，用式（11）曲线拟合[8] y，如图6所示。从图6中可见，双参数为 $\Sigma F_{ci}/m = 6.3664\text{m/s}^2$，$k = 0.1316$，其拟合曲线与实测更为接近，10个测点残差平方和为 0.2556m^2，为单参数拟合的4.2%。表明楼房定质量无根单体下落时，后2柱首先非稳态地分别初始压坏，后转为稳态压溃。

综上所述，本文提出的楼房定质量塌落的无根单体力学模型是正确的，认为后支撑柱由分别压坏转为含稳态压溃的混合压坏状态[5] 也是正确的，其对应参数的摄像测量方法是可靠的，所测参数是合理的，均可以在工程中应用。

4 结论

本文提出的拆除高楼下坐倾倒的动力方程，是原地坍塌和下坐倾倒爆破拆除方法的理论基础，为解决该法拆除参数研究提供了新的技术思路，经摄像测量证明原理正确，由此可以得到以下结论：

（1）拆除楼房的定质量无根单体力学模型，可以用来描述爆破拆除楼房原地塌落和下坐倾倒的运动。楼房冲击着地后，当以纵中轴的地面为定点，随楼下坐质量散失并倾倒，可以用变质量竖向有根单体力学模型来描述。本文提出了以上2个力学模型的动力方程组，摄像测量证明是正确的，经实例计算，是可以应用的。

（2）本文所导出的拆除楼房塌落倾倒动力方程的解析解是正确的，而转角 q 的近似解析解，经与数值解比较，在 $q<0.3$ 范围内也是正确的，且比数值解准确，可以应用。

（3）本文所导出的楼房塌落冲击着地质量散失，并以地面定点倾倒的动力方程，当初始转角 q_0 和初始角转速 $\dot{q}_0$ 为零时，有解析解，是正确的。当初始转角 q_0 不为零时，所推导的近似解，只能在本文所限定的有限域内应用，其下坐速度与数值解的误差在14%之内，下坐时间与数值解误差在16%以内，均为工程应用所容许。

（4）楼房下坐时，后短柱的冲击压塌，是由分别初始压坏转为含稳态压溃的混合压碎历程，经测量摄影参数计算证明是符合实际的，其测量方法可以应用。

参考文献

[1] 宋常燕，魏晓林，郑炳旭．爆破拆除砖烟囱内力分析［C］//工程爆破论文集（全国工程爆破学术会议论文选（第七辑））［M］．乌鲁木齐：新疆青少年出版社，2001：433-436.

[2] 魏晓林，郑炳旭，傅建秋．钢筋混凝土烟囱折叠倾倒的力学分析及数值模拟［C］//中国爆破新技术［M］．北京：冶金工业出版社，2004：564-571.

[3] 魏晓林，傅建秋，李战军．多体-离散体动力学及其在建筑爆破拆除中的应用［C］//庆祝中国力学学会成立50周年暨中国力学学术大会2007论文摘要集（下）．北京：中国力学学会办公室，2007：690.

[4] 傅建秋，魏晓林，汪旭光．建筑爆破拆除动力方程近似解研究（1）［J］．爆破，2007，24（3）：1-6.

[5] 林星文，宋宏伟．圆柱壳冲击动力学及耐撞性设计［M］．北京：科学出版社，2005：40-45.

[6] 杨人光，史家堉．建筑物爆破拆除［M］．北京：中国建筑工业出版社，1985：103-105.

[7] 郑炳旭，魏晓林，傅建秋，等．高烟囱爆破拆除综合观测技术［C］//中国爆破新技术［M］．北京：冶金工业出版社，2004：859-867.

[8] 篩定宇，陈阳泉．系统仿真技术与应用［M］．北京：清华大学出版社，2002：178-180.

[9] 魏晓林，傅建秋，刘翼，等．爆破拆除沈阳天涯宾馆观测［R］．广东宏大爆破有限公司，2008.

广州新电视塔基坑支撑梁爆破拆除

刘　翼　魏挺峰

（广东宏大爆破股份有限公司，广东　广州，510623）

摘　要：介绍了大型基坑支撑梁拆除的一般特点以及爆破拆除支撑梁的主要难点，并以广州新电视塔基坑支撑梁爆破拆除为例，介绍了爆破施工的主要技术，指出基坑支撑梁结构的分区、分层爆破顺序是爆破拆除的关键，本实例采用从上到下、从中间往四周、从边到角的拆除顺序，为类似工程提供参考。

关键词：爆破拆除；大型基坑；支撑梁

Explosive Demolition of Foundation Pit Support Beam of Guangzhou New Television Tower

Liu Yi　Wei Tingfeng

（Guangdong Hongda Blasting Co.，Ltd.，Guangdong Guangzhou，510623）

Abstract：This paper introduces the general characteristics and major difficulties in large foundation pit support beam demolition，and as an example of pit support beam demolition of Guangzhou new television tower foundation，we introduce the major technique of blasting construction and put forward the key of explosive demolition is the firing order of dividing foundation pit support structure into zones and layers，that is from up to down，center to around，side to corner，which provides reference to similar engineering.

Keywords：explosive demolition；large-scale foundation pit；support beam

1　引言

我国大量的深基坑工程始于20世纪80年代，由于城市高层建筑的迅速发展，地下停车场、高层建筑埋深、人防等各种需要，高层建筑需要建设一定的地下室。近几年来，超高层建筑的兴建以及城市标志性建筑的兴起，使得城市最高建筑屡屡刷新纪录，如：2003年建成的香港国际金融中心高415m，88层；2004年建成的台北101大楼，共101层，高509m；而广州新电视塔的建成将达到610m。在这些高大建筑屡屡创新的同时，建造它们初期的基坑也屡屡刷新纪录。大型基坑的开挖、支护、拆除成为建造这些标志性建筑前期最紧要的工作，其中支撑梁的拆除是不可或缺的一步。这些支撑梁支撑的基坑往往大、深，拆除支撑梁混凝土量大[1-3]，如：南京市河西奥体中心区域的圆通广场，基坑施工长235m、宽108m，要求拆除上层支撑梁总方量2000m^3；南京河西新城大厦基坑长220m，宽80m，2层混凝土支撑梁方量3000m^3；佛山市第一人民医院肿瘤医疗中心大楼基坑支撑梁2层，每层由3个大型支撑环梁和角支撑梁、浇铸板组成，支撑梁混凝土工程量3600m^3；绍兴柯桥中国轻纺城联合市场基坑30000m^2，钢筋混凝土支撑梁5400m^3。这些大型基坑支撑梁拆除除了方量大外，还有以下几个共同的特点：（1）支撑梁截面为矩形，结构尺寸一般500～12000mm，支撑分1～3道，分层之间用钢架支柱，由围檩、撑梁、腰梁组成，支撑梁累计长度长，混凝土工程量大；（2）支撑梁拆除顺序

原载于《爆破》，2009，26（4）：62-65。

与浇注顺序相反，遵循从下往上分层拆除顺序，而且下层拆完必须等下层结构施工完成才能继续拆除上层，拆除时必须保证施工现场其他施工工序的施工安全；（3）往往给定的拆除工期紧，要求在限定的时间内完成任务。

2 一般拆除方案

根据目前国内外的技术水平和设备状况，内支撑结构拆除可以采用人工风镐、液压机械冲击拆除、机械切割吊装拆除、静态破碎拆除、爆破拆除等拆除方案。

（1）人工风镐拆除法对大量和大断面钢筋混凝土构件来说，施工时间长，投入人力、设备多，尤其是面临高空作业，危险性极大，综合效益差。

（2）液压机械冲击，破碎安全、效率高，但受到跨度、高度等限制，同时底板强度也不足以支撑机械强力的冲击和较大的自重而不可取。

（3）机械切割吊装拆除，造价高，施工期长，基本不适用于此类工程。

（4）而静态破碎施工，其特点是利用装在炮孔中的静态破碎剂的水化反应，使晶体变形、产生体积膨胀，从而缓慢地、静静地将膨胀压力施加给孔壁，经过一段时间（约12h）后过到最大值，将介质破碎。施工简单，用水拌合后注入炮孔即可。但是破碎药剂的作用力远远不如炸药爆破，作用力不到炸药爆破的1%。为了克服梁内多层箍筋对混凝土夹制力，每立方梁体需钻孔量是炸药爆破的4~5倍（炸药爆破的孔距、排距为40~45cm，静态破碎仅为20cm），造价为炸药爆破的2~3倍，且破碎效果并不理想，只会在梁体上产生裂缝，还需用风镐打凿，将混凝土与钢筋分离，所以工期较长，造价高，也不适用于此类工程。

（5）爆破拆除施工方法为以上各种施工方案中造价最低者，只要工作面允许，可全面铺开施工，大大节约工期，而且可调节炸药单耗彻底将混凝土炸碎，与钢筋分离，大大节约劳动力，并有效地节省安全防护成本，所以此类项目宜采用爆破拆除施工方法。

3 爆破拆除支撑梁的主要难点

采用爆破拆除支撑梁也必须克服一定的困难，才能保证项目的顺利完成，主要难点有[4]：

（1）支撑梁累计长度长，钻孔数量多，装药、联线、覆盖工作量大。

（2）作业难度大，人员在支撑梁上钻孔、装药、联线、覆盖属高空作业，时时刻刻需要做好安全保护措施。

（3）工期紧，需要集中投入大量的人员、防护材料、清理机械，保证其他工序顺利进行以及周围施工环境的安全。

（4）控制应力释放，避免受力不均引起支撑断裂、失稳等。

4 大型基坑支撑梁爆破拆除实例

4.1 工程概况

广州新电视塔高610m，位于广州市新的中轴线上。电视塔基坑北面100m为珠江，东面50m为粤粮科所多层框架大楼，西面32m为地铁3号线，南面为1层简易临时工棚，周边环境见图1。电视塔基坑已开挖，为满足塔身施工，中间预留88m直径的圆孔，局部连续墙作为永久基础，而内支撑结构待地下室底板和负1层底板浇注混凝土强度达到设计要求后，即进行分阶段拆除。

内支撑结构为格构型式，见图2，分2层支撑梁，第1层梁顶标高为-3.0m，第2层梁顶标高为-8.0m，2层支撑梁通过钢构柱联接，并支承在岩层上。内支撑结构主要有：（1）围绕圆弧型梁CL_{11}、CL_{12}、CL_{13}（截面1800mm×900mm）；（2）支撑梁CL_2（截面1000mm×800mm）、CL_3、CL_4、CL_5（截面800mm×800mm）；（3）腰梁YL_1、TL_2（第1层截面800mm×800mm，第2层截面1000mm×800mm）

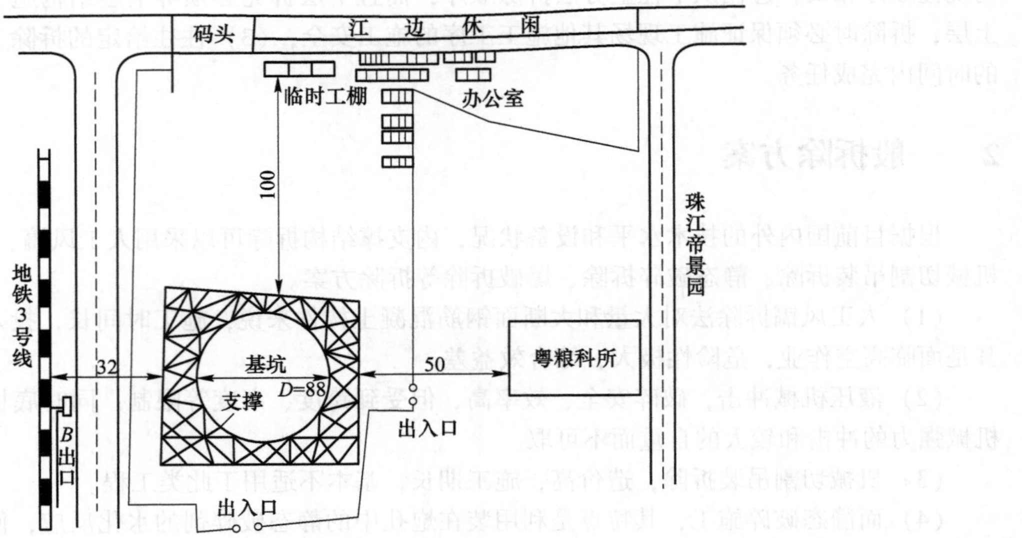

图 1 基坑周围环境图（单位：m）

图 2 支撑梁结构型式图

3 种截面型式梁体。按梁中轴线计，需拆除的内支撑梁结构总长 5036m，内支撑梁总体积 3970m^3，内支撑梁长度截面配筋等数据见表 1。

表 1 内支撑梁长度、截面、配筋表

层序	梁型号	长度/m	截面/mm×mm	体积/m^3	内支撑梁配筋（按单侧计）		
					1 号筋	2 号筋	3 号筋
第 1 层	CL_{11}	131.2	1800×900	212.48	2×18ϕ25	2×13ϕ22	ϕ10@150
	CL_{12}	100.0	1800×900	162.00	2×14ϕ25	2×10ϕ22	ϕ10@150
	CL_{13}	46.3	1800×900	75.00	2×10ϕ25	2×10ϕ22	ϕ10@150
	CL_2	417.4	1000×800	333.90	2×12ϕ25	2×8ϕ22	ϕ10@200
	CL_3	933.5	800×800	597.96	2×8ϕ25	2×8ϕ22	ϕ10@200
	CL_4	231.5	800×800	148.13	2×10ϕ25	2×7ϕ25	ϕ10@200
	CL_5	224.7	800×800	143.81	2×12ϕ25	2×12ϕ22	ϕ10@150
	YL_1	358.4	800×800	229.36	2×10ϕ25	2×6ϕ22	ϕ10@100
	YL_2	75.3	800×800	48.18	2×11ϕ25	2×6ϕ22	ϕ10@100

续表 1

层序	梁型号	长度/m	截面/mm×mm	体积/m³	内支撑梁配筋（按单侧计）		
					1 号筋	2 号筋	3 号筋
第 2 层	CL_{11}	131.2	1800×900	212.48	2×18ϕ25	2×13ϕ22	ϕ10@150
	CL_{12}	100.0	1800×900	162.00	2×14ϕ25	2×10ϕ22	ϕ10@150
	CL_{13}	46.3	1800×900	75.00	2×10ϕ25	2×10ϕ22	ϕ10@150
	CL_2	417.4	1000×800	333.90	2×12ϕ25	2×8ϕ22	ϕ10@200
	CL_3	933.5	800×800	597.96	2×8ϕ25	2×8ϕ22	ϕ10@200
	CL_4	231.5	800×800	148.13	2×10ϕ25	2×7ϕ25	ϕ10@200
	CL_5	224.7	800×800	143.81	2×12ϕ25	2×12ϕ22	ϕ10@150
	YL_1	358.4	800×800	286.70	2×14ϕ25	2×6ϕ22	ϕ10@100
	YL_2	75.3	800×800	60.23	2×16ϕ25	2×6ϕ22	ϕ10@100
合计		5036		3969.89			

注：1 号筋为支撑梁两侧主钢筋，多为 2 排布置；2 号筋为支撑梁上下主钢筋，多为单排布置；3 号筋为支撑梁箍筋，共有 1 个外箍筋和 2 个内箍筋。

4.2 爆破拆除方案

本项基坑支撑梁拆除工程采用爆破拆除，爆破拆除分为 2 个阶段进行，第 1 阶段是地下室底板钢筋混凝土强度达到设计要求后，立即进行第 2 层支撑梁的拆除；第 2 阶段是负 1 层底板钢筋混凝土强度达到设计要求后，立即进行第 1 层支撑梁和钢构柱的拆除。每个阶段拆除顺序是：首先拆除圆弧型梁 CL_{11}、CL_{12}、CL_{13} 和与圆弧型梁相连的支撑梁 CL_3、CL_4，保留基坑 4 个直角斜梁 CL_2 与腰梁 YL_1、TL_2 所围绕的三角形内支撑梁 CL_2、CL_3、CL_4、CL_5；其次，待整个地下室底板或负 1 层底板的混凝土强度达到设计要求后，再拆除三角形 CL_3、CL_4、CL_5 内支撑梁，最后拆除斜梁 CL_2 和腰梁 YL_1、TL_2。其施工流程为：根据方案定出爆破梁体的前后顺序→按钻孔布置图布孔→钻孔→填塞孔口→装药→填塞→连接网路线→测试联通效果→梁体防护覆盖→清场→警戒→起爆→解除警戒→拆除梁体防护覆盖→烧断梁体钢筋→人工、机械打凿个别混凝土→将爆废钢筋收集→再次进入下一段梁体爆破施工。

4.3 爆破设计

4.3.1 炮孔布置

根据经验，爆破钢筋混凝土需炸药单耗 $q=1.0\sim1.1\text{kg/m}^3$。技术参数见表 2。

表 2 各截面梁炮孔参数表

截面/mm×mm	排数	孔距/mm	孔深/mm	最小抵抗线/mm	每孔装药量/g	炸药单耗 $q/\text{kg}\cdot\text{m}^{-3}$
1800×900	3	600	700	300	350	1.08
1000×800	2	400	600	300	350	1.09
800×800	1	500	600	400	350	1.09

按工程量 3969m³ 计算，富余系数 1.20，即 2 号岩石乳胶炸药需 5192kg，毫秒雷管约需 14860 发。

4.3.2 起爆器材

选用先进性和安全性最优的塑料非电导爆管起爆系统，考虑到多条梁体同时起爆，为避免孔外延期造成盲炮，全部采用孔内延期，保证起爆的可靠性，因此选用非电毫秒延期导爆雷管。

4.3.3 起爆网路

按炮孔布置计算，每条梁体最多不超过 40 个炮孔，一般将不多于 24 条的导爆管连成 1 个“大把抓"，有些短梁只有1个"大把抓"，超过24个炮孔（24条导爆管）的梁，将各导爆管扎成2个"大把抓"。每个"大把抓"中间放2个电雷管，电雷管串联与起爆器联接，形成整体起爆网路。

4.4 爆破危害控制

4.4.1 爆破振动

为减弱爆破振动对地铁3号线驱间的危害，必须控制同段起爆药量和段间时差。

同段安全炸药量

$$Q = \left[\left(\frac{v}{kk'}\right)^{\frac{1}{\alpha}} R\right]^3, \text{ kg}$$

式中，v为爆破安全振动速度，钢筋砼框架取5cm/s，地铁要求取2.0cm/s；k，α为与爆破地点地形、地质条件有关系数和衰减指数，k取150，α取1.8；k'为拆除工程的折减系数，k'取0.333；R为距离，m。

爆破梁位最近距地铁驱间约32m，地铁要求按2.0cm/s，控制的同段炸药量为154.27kg，而腰梁和支撑梁长度不超过20m，爆破最大同段药量为13.3kg，加上首先起爆梁体向两端，然后再爆梁体中部。这样可大大减少爆破振动对连续墙和地铁的影响，所以爆破不会影响地铁及周边建筑物安全。

若由于工程需要减少爆破振动，可以在梁体炮孔再分开多个雷管段别，可以使桩孔爆破最大同段药量达到为6.8kg或更少。

4.4.2 个别飞石

放炮前拟爆梁必须认真覆盖，覆盖物为铁皮，其上堆放多层砂包，码放重量每平方米不低于600~800kg，梁的两侧要用铁皮和吊挂砂包遮挡，以免爆破飞石飞出坑外伤人和损坏设备。爆破药量必须使钢筋混凝土松碎，不允许大量混凝土飞出主筋以外。

4.4.3 安全预防措施

在腰梁爆破时，由于腰梁与连续墙联接处为新旧混凝土接口，振动波首先将接口扩张，隔断爆破裂缝往连续墙发展。一般情况保证炮孔到连续墙距离有40cm，就可以保证连续墙不会产生裂缝，若40cm区域的混凝土爆破效果不理想，可采用风镐和炮机打凿剩余的混凝土。

在爆破拆除前先要在地下室和负1层底板混凝土顶面设置观测点，每次爆破后都需对基坑连续墙位移进行观测，及时反映观测结果，指导爆破施工。

4.4.4 安全警戒范围

爆破警戒范围以爆破振动，冲击波、飞石、噪声和粉尘对人体影响半径为界，将界内人员疏散到界外。本次爆破在基坑内-3.0m和-8.0m，四面空旷，冲击波、爆破振动及噪声比较容易得到有效控制，故警戒范围以飞石为主。只要防护覆盖措施完善，基本可好控制飞石在5.0m以内，所此在基坑边及爆破点最近的基坑顶20m范围内警戒，可达到安全目的。

5 结论

本工程如期完成了爆破拆除任务，爆破效果很好，没有发生安全事故。借助大型吊装设备，在2个4天的时间里，分别完成了每层支撑梁的爆破拆除，达到了每天爆破、清除500m^{3}混凝土的高强度施工速度。如何优化爆破设计、有效组织施工，低成本、高效率地达到短时间内爆破拆除大型基坑支撑梁的目的，是此类支撑梁拆除的关键，本项目的实施，可以为类似工程提供借鉴。

参考文献

[1] 范磊，高振儒，郭涛．爆破拆除钢筋混凝土支撑［J］．工程爆破，2005，11（3）：35-37.
[2] 刘君，谭雪刚，朱嘉旺，等．大型深基坑支撑爆破拆除中的技术措施［J］．爆破，2005，22（4）：85-87.
[3] 汪顺庆，杨志，韩光明，等．超大面积钢筋混凝土支撑爆破拆除［J］．工程爆破，2007，13（2）：65-67.
[4] 赵坤，蒋昭镳．钢筋混凝土支撑爆破拆除的设计方法［J］．工程爆破，2000，6（3）：50-53.

联体筒仓爆破拆除的几个问题

温健强　谭卫华　李战军

（广东宏大爆破股份有限公司，广东 广州，510623）

摘　要：根据工程实践，对大型联体筒仓爆破拆除的关键技术进行了研究，认为筒仓材质影响筒仓倾倒的受力状态，拆除筒形联体构筑物的核心是爆破切口形成后产生的倾覆力矩，指出进行倾覆力矩验算和预处理是确保联体筒仓顺利倾倒的重要措施。

关键词：联体筒仓；爆破拆除；定向倾倒

Some Problems in Blasting Demolition of Conjoint Silos

Wen Jianqiang　Tan Weihua　Li Zhanjun

（Guangdong Hongda Blasting Co.，Ltd.，Guangdong Guangzhou，510623）

Abstract：Based on engineering practice，the paper studies the key technology of blasting demolition of large conjoint silos，and believes the material of the silo affects its falling，and the core of demolishing the conjoined structure is the overturning force generated by blast cut. It points out that the overturning force calculation and blast cut pretreatment are important measures to ensure the smooth falling of the connected structure.

Keywords：conjoined silos；blasting demolition；directional falling

在建（构）筑物爆破拆除工程中，有一种稳定性很高的筒形结构构筑物，它们的高宽比接近 1，有时甚至形成单排或者多排整体结构，进一步增加了爆破拆除难度，很容易出现“炸而不倒”的情况。

自 2004 年 8 月以来，广东宏大先后爆破拆除了 100 余座水泥厂筒仓，这些筒仓高低不一，形式各异，通过这些筒仓的爆破拆除，积累了一些经验，现总结介绍给大家，以期对类似问题的解决有所裨益。

1　典型工程及其处理方案

1.1　吴家涌 3 联体筒仓

（1）工程情况。吴家涌水泥一厂 3 联体砖混结构筒仓呈一字形排列，筒仓高 19m，筒仓上部结构高 4.5m，总高程 23.5m；筒仓外径 6.6m，壁厚 30cm。筒仓底部距地面 2m 处有一个厚 45cm 的钢筋混凝土结构承台，该承台由 4 根截面为 50cm×50cm 的钢筋混凝土立柱支撑，与筒仓形成一个整体。

（2）处理办法及效果。采取在每一筒仓底部开设梯形切口，爆破后，依靠重力作用使筒仓群定向倾倒。经校核，取筒仓爆破切口所对应圆心角 $\beta=220°$，在筒仓底部形成的爆破切口高度 $h=3\text{m}$（见图 1，箭头为倒塌方向）。

爆破后，除圈梁外筒仓全被摔碎，效果良好。

原载于《采矿技术》，2010，10（3）：103-105。

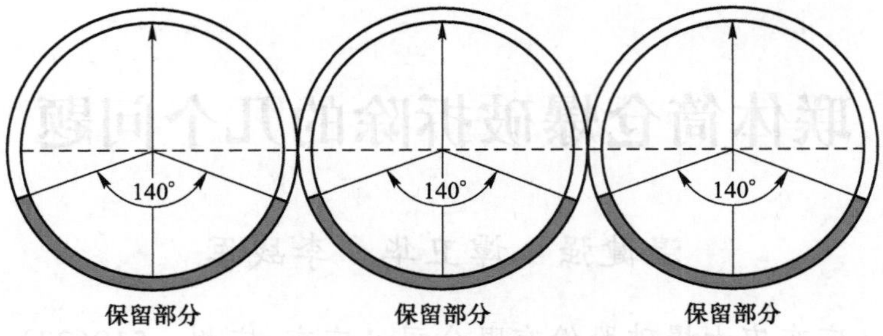

图1　单排3联体筒仓

1.2　潢涌水泥厂8联体筒仓

（1）工程情况。东莞潢涌水泥厂有8联体双排筒仓一组，筒仓体高7m，筒仓底支撑高7m，支撑立柱截面50cm×60cm。筒仓顶有一层楼房连通，筒仓壁厚20cm，筒仓下出口离地面5m，筒仓内径5m。这8个筒仓呈双排一字形布置（见图2）。

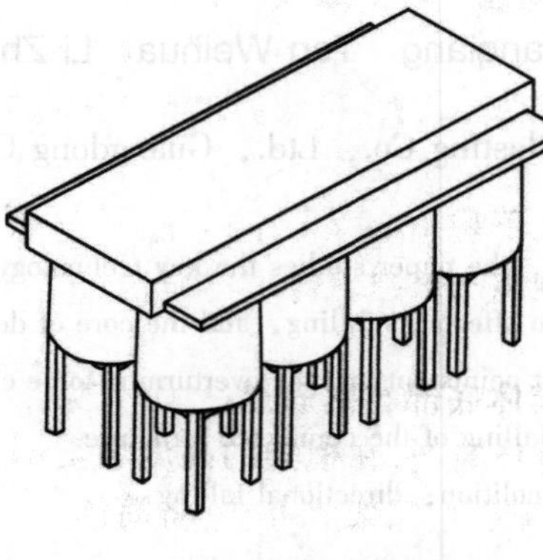

图2　双排8联体筒仓外观

（2）处理办法及效果。这类筒仓群由于筒仓的底部支撑足够高，根据有关验算和施工经验，爆破拆除筒仓底部支撑后，完全能够将筒仓放倒，因此，采取仅爆破支撑柱子的办法即可达到预期目的。

1.3　中堂连体双排10联体筒仓

（1）基本情况。中堂镇群力水泥厂有10个联体双排筒仓一组。筒仓底部支撑立柱高4m，立柱截面为50cm×60cm和立柱截面40cm×50cm，底部支撑排列方式见图3。筒仓体高约10m，筒仓上面有附属建筑高约5m。

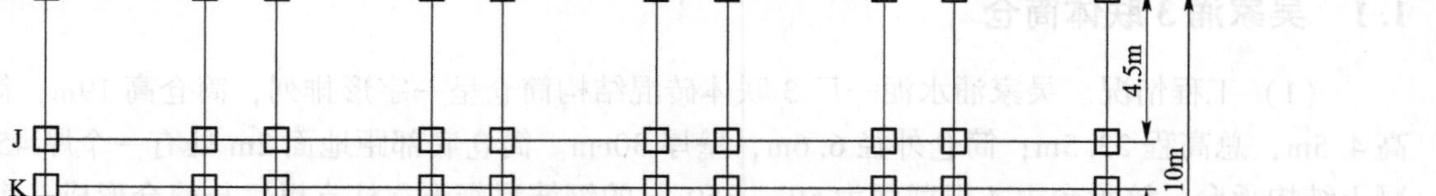

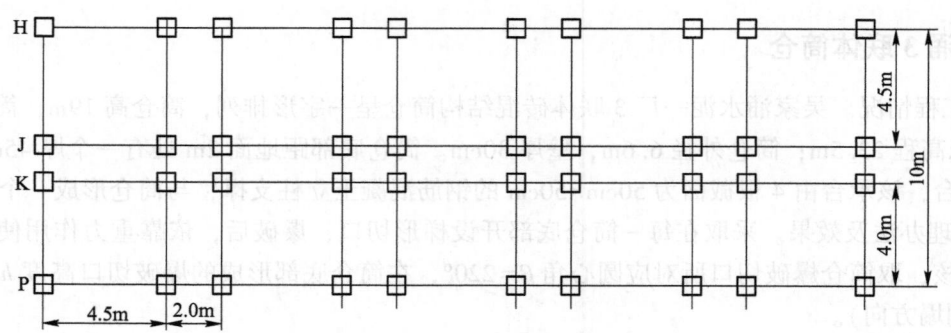

图3　联体双排10筒仓底部支撑排列

（2）处理方案及结果。此型联体筒仓，由于底部支撑较短，经验算，采用10联体筒仓整体爆破，定向倾倒的难度较大。为了确保安全，采用爆破和人工相结合的方法，将10联体筒仓自上而下，从JK柱子之间开一条切缝，把10联体双排筒仓变为单排筒仓后进行定向爆破拆除。爆破后，两排筒仓相继按照预定方向成功倾倒。

2 关键技术与建议

2.1 材质不同筒仓的倾倒受力状态不同

砖混结构筒仓，当爆破切口形成后，筒体余留截面的受力状态表现为由中性轴区分的受拉区和受压区。当受拉截面端点所受的拉应力达到砖砌体或水泥砂浆的抗拉强度时，受拉区开始产生水平张拉裂缝并逐步向倾倒方向延伸[1]。

水泥材质的筒仓，爆破切口形成后，须保证重心在支点外侧，同时确保重力产生的倾覆力矩大于受拉钢筋的抗拉强度，才能使筒仓完全倒塌。

2.2 联体筒仓爆破拆除技术要点

拆除筒形构筑物是以失稳原理为基础，在承重结构的关键部位布置药包，使之失去承载能力，造成结构的整体失稳和定向倒塌[2]。

对于上下均质的混凝土筒体，经常采用在筒体的下部筒壁预先挖洞留柱，最后爆破柱子的方法进行拆除。

对于筒体底部有钢筋混凝土框架，上部布置筒体的单排连体筒仓，在框架的高度满足倒塌要求的情况下，采用爆破框架的办法，将筒体定向倾倒；当框架高度满足不了倾倒要求时，需要在筒体底部挖洞留柱，最后爆柱和底部框架；也可以采用仅在筒体的底部爆破出满足需要的切口，使上部筒体定向倾倒的方式拆除。

当许多个筒仓紧密连接在一起，形成多排整体结构时，为了确保爆破效果，采用将这些联排筒体分离，形成单排或者单个筒体，然后再对这些单排或者单个筒体进行爆破拆除。

2.3 爆破切口高度的确定

为了使筒仓在起爆之后能够顺利倾倒，必须在爆区一侧产生一定高度的爆破切口。对于上下均质的薄壁筒型钢混结构，爆破切口高度的设计首先必须保证切口高度范围内的混凝土在炸药爆炸作用下被炸离钢筋骨架后，纵筋在筒仓自重的作用下能够失稳；当筒仓倾倒至切口闭合时，筒仓的重心偏移距离应大于筒仓的外半径；同时筒仓在其自重作用下形成的倾覆力矩应大于余留支撑截面的抗弯力矩[3]。

如，一组两联体钢混筒仓，筒仓混凝土标号为C30，筒仓外径12.44m，壁厚0.22m，筒仓高24m，上部结构高3.4m，筒仓底部还有一总高度5.3m的钢筋混凝土承台，总高程27.4m。基于上述原则，对爆破切口高度进行理论分析和计算，同时考虑本次定向爆破高宽比为1.78，取爆破切口角度为230°，筒仓底部爆破切口高度取5.6m。本文实例1的砖混结构筒仓，筒仓爆破切口所对应圆心角β=220°筒仓底部爆破切口高度h=3m[4,5]。

2.4 爆破切口的长度

理论上爆破切口的长度应该能满足支撑强度和利于倾倒需要，有时也凭经验选取，通常爆破切口所对应的圆心角度数在220°左右，根据材质变化有所不同。

3 倾覆力矩验算与预处理

对于大型联体钢混结构筒仓，施工前，应对主体结构进行力学分析，进行倾覆力矩计算，根据倾覆力矩的计算结果，确定爆破切口的形状、尺寸、起爆顺序，以保证筒仓群顺利倒塌。

对于稳定性较好的多排筒仓，爆破前的预处理非常关键，这些处理包括筒仓分离，多排变单排，筒仓底部的锥型部分的去除，筒仓倒塌受阻部位的钢筋切割等。

参考文献

[1] 王斌，赵伏军，林大能，等．筒形薄壁建筑物爆破切口形状的有限元分析［J］．采矿技术，2005，5（3）：95-132.
[2] 许沛，杨军，安二峰．爆破拆除筒仓构筑物的倒塌过程动态仿真［J］．工程爆破，2005，11（4）：8-14.
[3] 尹江健，傅光明，赵云．四连体除尘器爆破拆除［J］．采矿技术，2009，9（5）：108-110.
[4] 高文学，刘运通，陈福盛．两联体钢筋混凝土结构筒仓定向爆破拆除［J］．爆破，2003，20（1）：53-55.
[5] 杨年华，张志毅，张嘉林．大型连体筒仓拆除爆破技术［J］．爆破，2003，9（3）：25-28.

拆除爆破的飞石防护

谭卫华　林临勇　庄建康

（广东宏大爆破股份有限公司，广东 广州，510623）

摘　要：分析了拆除爆破飞石产生的原因，认为爆破拆除飞石问题可以通过主动防护、被动防护和设置安全区域的办法进行解决。

关键词：飞石；拆除爆破；爆破安全

Protection of Fly Rock in Explosive Demolition

Tan Weihua　Lin Linyong　Zhuang Jiankang

（Guangdong Hongda Blasting Co.，Ltd.，Guangdong Guangzhou，510623）

Abstract：Through analyzing the reason of fly rock in explosive demolition construction，we think the active and passive body protection measures，safety zone location can avoid the fly rock damages.

Keywords：fly rock；explosive demolition；blasting safety

拆除爆破大多在建筑物密集，人员车辆活动频繁的区域实施。爆破产生飞石的原因复杂，后果严重，任何大意都会酿成一些不良后果，因而，爆破飞石控制得好坏往往是衡量拆除爆破成功与否的一个重要指标。

1　拆除爆破飞石产生的原因

爆破飞石的形成是一个十分复杂的过程，产生爆破飞石的原因很多，概括起来主要有以下几个方面[1,2]。

1.1　对爆破介质物理力学性能了解不够

城市控制爆破的对象较多，不可能通过几次试爆即获得准确的爆破设计依据。另外，即使结构、尺寸等相同的介质，在同样的施工条件下，也存在有的爆破效果好，有的飞石较远的现象。因此，爆破介质内部结构不详，物理力学性能不清是导致飞石超过安全距离的主要原因之一。

1.2　炸药原因

（1）爆破剩余能量产生的飞石，主要是炸药单耗过大，爆破时炸药爆炸的能量除将指定的介质破碎外，还有多余的能量作用于某些碎块上使其获得较大的动能，而飞向远方。

（2）炸药猛度过大，爆速较高，恰遇被爆介质性脆时，则易产生数量少但飞行速度较快、飞行距离较远的爆破飞石。

1.3　设计不当

（1）炮眼位置布置不当。

原载于《爆破》，2010，27（2）：103-105。

（2）爆破参数选择有误，如选取单位炸药消耗量过大。

（3）起爆顺序选择不合理。若选择的起爆顺序不能给后起爆的炮孔创造良好自由破碎条件，后起爆炮眼会因夹制作用太大，形成“冲天炮”而引起飞石事故。

1.4 爆破施工质量原因

（1）不严格按设计位置施工，擅自改变最小抵抗线和装药量，导致实际药量与设计药量不符，引起飞石。

（2）堵塞质量不合格。

（3）施工中操作不慎，折断了起爆线路或连线不合格，造成少数炮孔拒爆，使部分炮孔受到夹制或改变了最小抵抗线大小及方向，容易引起飞石。

2 拆除爆破飞石的控制与防护

2.1 主动控制

通过对引起爆破飞石原因的分析，在设计、施工中可对爆破飞石采取多种措施进行控制，具体可采用以下措施[3,4]：

（1）熟悉被爆体的力学性能和结构特点。在进行爆破设计之前，仔细分析原设计图纸并实地勘察，条件允许的情况下进行小规模试爆以求能够真正了解被爆体的力学性能和结构特点，然后，依据试爆结果修改和完善爆破设计。

（2）优选爆破参数。选取适宜的孔距、排距、最小抵抗线等爆破参数，准确选取炸药单耗。

（3）严格控制装药量，合理布置药包位置。

（4）保证钻眼爆破施工质量。要求尽可能地按爆破设计施工，保证钻眼精度和装药适量，避免出现抵抗线过小及装药量过大。

2.2 被动防护

（1）覆盖防护。重点是炮眼口、最小抵抗线等易产生爆破飞石的部位，它是拆除爆破中的主要防护方法。

（2）近体防护。在爆破体附近设置条笆、竹笆等防护装置，用以遮挡从覆盖防护中飞出的爆破碎块。

（3）结构物落地处铺设软垫层。针对弹射问题，可预先在建筑物或构筑物倒塌或坍塌落地处铺设软垫层，软垫层材料可为土、砂、废旧胶带等，这样能够吸收结构物落地时的冲击能量，避免碎石弹射或降低弹射速度和弹射距离。

2.3 设置安全区

实施良好的爆破防护后，还必须设置爆破安全警戒区。施爆前，所有人员必须撤离到安全警戒区以外。工作人员因工作需要不能撤离或无法撤离时要修建坚固可靠，能抵御飞石冲击的避炮棚。安全警戒区距爆源的最小直线距离必须大于个别飞石的最大飞散距离。

3 工程实例

3.1 工程概况

广州造纸厂100m高烟囱为整体现浇钢筋混凝土筒体结构。烟囱四周环境是：北离锅炉房22m；东离冷却塔49m，冷却塔以东是热电厂，东离造纸大道地下2条钢筋混凝土方形水管距离分别为37.3m和45.7m，东侧15~30m之间还有1条电缆沟；南离地下水管5m，离油罐及油管40m，油罐以南是污水处理厂；西离架空管架 33m，离化水车间 43m。周围环境如图 1 所示。

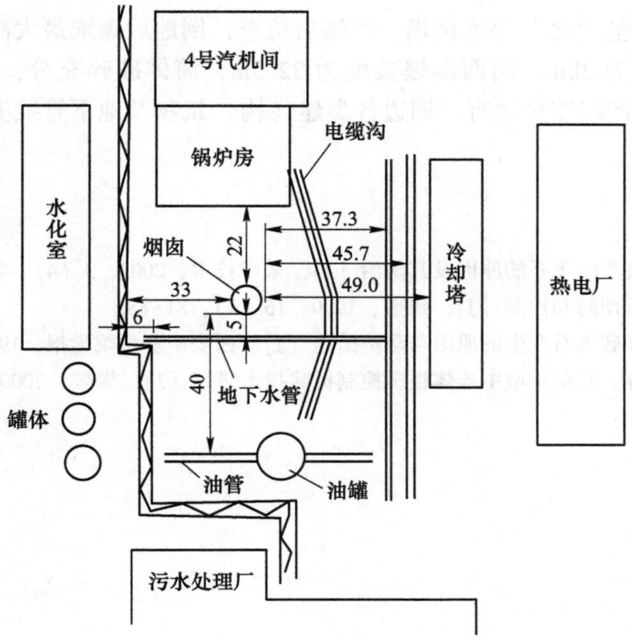

图 1　烟囱周围环境示意图（单位：m）

该 100m 烟囱分别在+60. 2m、+30. 2m、+0. 5m 处开设 3 个爆破切口，进行 3 折叠爆破拆除。由于爆破点高于地面几十米，爆破飞石防护任务很大。

3. 2　烟囱爆破瞬间个别飞石防护的安全措施

切口部位爆破飞石必须加强防护，同时为了防止烟囱倒塌过程中支撑部位破坏时产生碎石飞溅，因而在切口四周全部进行防护，特别是+60. 2m 和+30. 2m 平台处均做重点防护，防止高空飞石飞散距离太远，力争将爆破产生的飞石控制在 20m 范围内。+60. 2m 和+30. 2m 切口采用 3 道防护体：第 1 层为稻草，第 2 层为双层竹笆，第 3 层为安全网。防护体离烟囱外壁 2. 0m，高度为 4. 5m。地面爆破切口采用双层竹笆或密竹排栅进行防护。

3. 3　防止烟囱体着地倒塌时，泥土及碎块侧向飞溅措施

烟囱囱体倾倒水平着地时，对地面的冲击力很大，导致烟囱上半部分破碎较充分，地面松软时，泥土易被侧向抛出，且抛距较大，若不采取措施，着地时烟囱囱体变形形成的压缩空气可能将囱体混凝土碎块抛出。因此设计中在烟囱的倒塌中心线方向，每隔 8~10m 铺设 1 道用沙包垒成的缓冲带，砂包缓冲带宽度 1. 0~2. 0m，高度 1. 0~2. 0m，带长 20m。使囱体塌落着地时不直接与地面接触，而是经过了沙包缓冲带，这样可以大大减少泥土和碎块侧向飞溅距离，力争使侧向飞溅距离控制在 20m 内。

3. 4　冷却塔和架空管道防护措施

为了防止爆破产生的碎块飞石对冷却塔和架空管道的破坏，在这 2 个构（建）筑物前方搭设排栅，排栅挂竹笆等防护材料。冷却塔防护长度为 40m（烟囱倒塌方向中心线左右各 20m），防护高度为 10m；西侧架空管线防护长度为 40m（烟囱倒塌方向中心线左右各 20m），防护高度为 6m。

3. 5　安全警戒范围

本次控制爆破，爆破振动、冲击波、噪声比较容易得到有效控制。由于爆破部位高，要对爆破飞石作重点加强防护、使爆破飞石控制在 20m 左右。按照《爆破安全规程》要求，本次爆破警戒范围确定为烟囱四周 200m。

3.6 爆破效果

爆破后，烟囱按设计呈“之”字形倒塌，经爆后检查，倒地后爆堆最大高度4.5m；自烟囱中心线计算，烟囱向东倒塌长度为28m，向西倒塌长度为22.5m，筒体破碎充分；飞石控制在设计范围内，四周厂房的所有设备和生产线安全运行，周边各类建（构）筑物及地下管线安然无恙。

参考文献

[1] 杨宝全，卢琦．控制爆破产生飞石的原因及其防治［J］．采矿技术，2003，3（4）：76-77.
[2] 康宁．工程爆破中的飞石预防和控制［J］．爆破，1999，16（1）：81-88.
[3] 邵必林，惠鸿斌．拆除爆破飞石产生的原因与防护措施［J］．西安矿业学院学报，1998，18（3）：280-286.
[4] 范磊，郭涛，李裕春，等．复杂环境中连体楼房控制拆除技术研究［J］．爆破，2009，26（4）：53-56.

地面地形对楼房倒塌效果的影响分析

刘　翼　崔晓荣　李战军

（广东宏大爆破股份有限公司，广东　广州，510623）

摘　要： 采用2个爆破切口和3个解体压缩层进行同向折叠和原地坍塌相结合、从下往上依次起爆的方法对沈阳23层的东阳阁进行了爆破拆除，结果有5层楼最后没有完全坍塌。通过反复观察爆破录像，结合爆破设计和爆堆形态，研究楼房倒塌过程，最后得出：楼房倒塌前方5m范围内，由于倒塌前沿建筑垃圾大量堆积，堆积高2~3m，楼房下坐时前面爆渣排出受阻，形成楼体倾倒方向的阻力，而楼房后面的爆渣在楼房后坐挤压下却可以自由地向外挤压，形成不了支撑楼房翻转的反力，最终导致楼房倾倒不顺，出现5层楼最后没有完全坍塌的状况。

关键词： 框架结构；爆破拆除；爆堆形态；地面地形

Analysis of Terrain Affecting on Building Collapse Result

Liu Yi　Cui Xiaorong　Li Zhanjun

（Guangdong Hongda Blasting Co., Ltd., Guangdong Guangzhou, 510623）

Abstract: The Dongyangge hotel with 23 floors in Shenyang was demolished by explosive with equidirectional folding and collapsing in situ and firing from down to up, which has two blast cuts and three disintegrate compress zones, but there are not 5 floors completely collapsed. Through observating blasting TV repeatly and with the blasting design and muck shape, the collapsing process was studied and the results are there was large quantity construction garbage cumulation about 2~3m high, 5m ahead of building. Owing to the ahead resistance caused by no moving of blastmucks during down sitting, and the back blastmucks can freely extrude and then no supporting leading to over turn, so there are 5 floors callapsed imperfectly at last.

Keywords: frame construction; explosive demolition; blastmuck shape; terrain

1　工程概况

沈阳市东阳阁饭店位于沈阳市友好街东侧、北站二路南侧，共有23层，高约76m。该饭店东西长38.6m，南北宽16.4m，为框架-剪力墙结构。框架体系为“肥梁胖柱”型，开间跨度大，立柱的最大截面为95cm×95cm。框架体系内分布电梯、楼梯和剪力墙，结构稳定，刚度大，剪力墙厚度25~35cm。因城市发展的需要，拟进行拆除。沈阳市东阳阁饭店的外观见图1。

2　爆破周围环境

东阳阁饭店四周环境复杂。东面为空地；西面25m为友好街，友好街西20m为在建建筑工地；南面为待拆的4层家具店楼房，距30层高的框架-剪力墙结构的省工商银行大厦81m；北面距待拆的4~5层框架楼房motel128的最近距离为3m，距北站二路为30m。周边环境示意图见图2。

原载于《爆破》，2010，27（3）：113-117。

图 1 东阳阁饭店外观

Fig. 1 Appearance of dongyang hotel

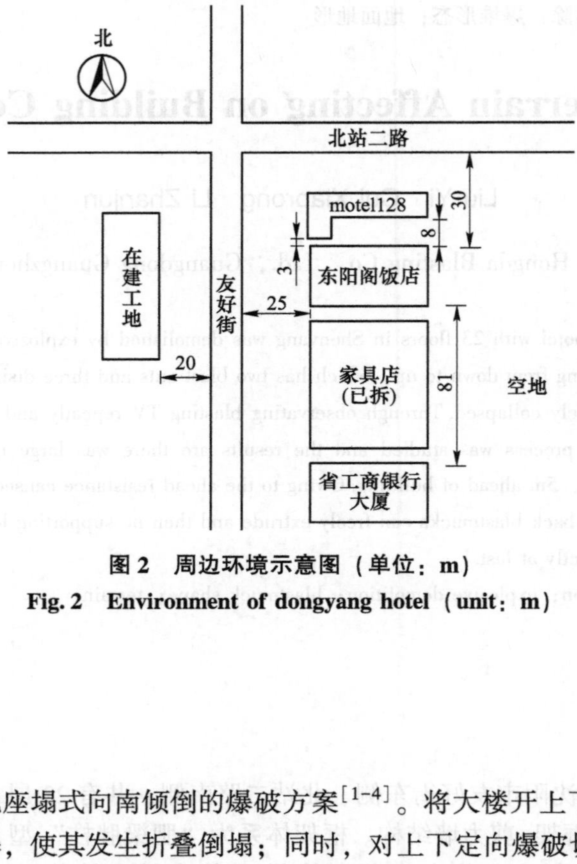

图 2 周边环境示意图（单位：m）

Fig. 2 Environment of dongyang hotel（unit：m）

3 爆破方案

采用双切口折叠、原地座塌式向南倾倒的爆破方案[1-4]。将大楼开上下 2 个定向爆破切口，下切口先起爆，上部切口后起爆，使其发生折叠倒塌；同时，对上下定向爆破切口以上的楼层进行爆破解体，削弱结构的整体性，使其在倒塌的过程中冲击、压缩解体。综合利用“双定向切口折叠”和“爆破解体压缩坍塌效应”，控制爆破坍塌范围。因此，倒地后楼房长度只有 40m 左右，向南倒塌范围控制在 50m 以内，确保省工商银行旁的道路及地下管线不受破坏。

综上考虑，设计 2 个南向定向倒塌爆破切口，下定向倒塌爆破切口为 1~4 层，上定向倒塌爆破切口为 10~12 层；设计 3 个解体爆破部位，解体爆破部位 1 位于第 6~7 层，解体爆破部位 2 位于第 14~15 层，解体爆破部位 3 位于第 18~19 层。如图 3 所示。

其中位于第 6~7 层解体爆破部位 1，高度较低，相对比较好防护，南侧的 1~3 排立柱；位于第 14~15 层和 18~19 层的解体爆破部位，高度高，难防护，仅仅爆破中间的 2~3 排立柱，削弱结构的整体性，使其下坐坍塌。

2 个南向定向倒塌爆破切口，主要用于控制结构定向倾倒的方向，使高楼发生同向折叠倒塌。2 个解体爆破部位，主要利用结构的重力势能冲击压缩削弱楼层，使其发生坍塌，有利于控制爆堆前倾范围，保证倾倒方向的建（构）筑物及设施的安全。

综合运用双切口南向折叠爆破和解体爆破部位下座坍塌，将南向爆堆控制在50m范围内。

4 起爆顺序与起爆网路

总起爆顺序为从下至上起爆。一次点火，孔内实现延期[5]。起爆顺序如图4所示。

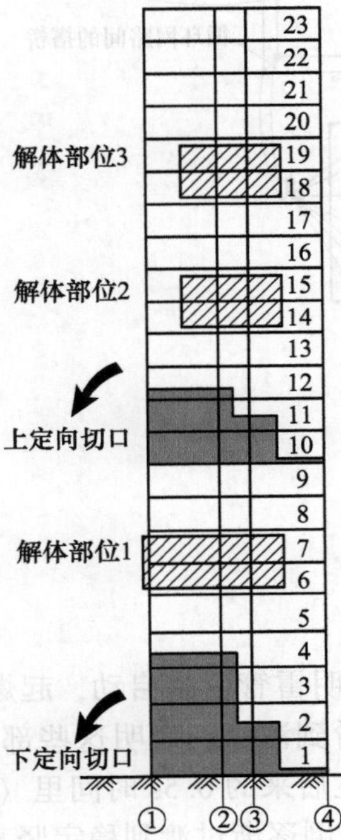

图3 爆破切口示意图

Fig. 3 Sketch of blasting cutting

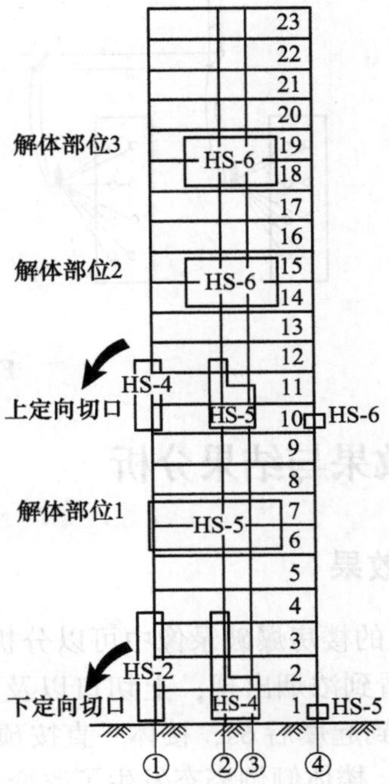

图4 起爆时差图

Fig. 4 Scheme of detonation sequence

考虑到沿倒塌方向，联系①~②跨和③~④跨的联系梁截面尺寸小，跨度小，为结构的薄弱环节，如图5所示。为保证倒塌的效果，定向爆破切口处，中间的③和④轴立柱同时起爆。

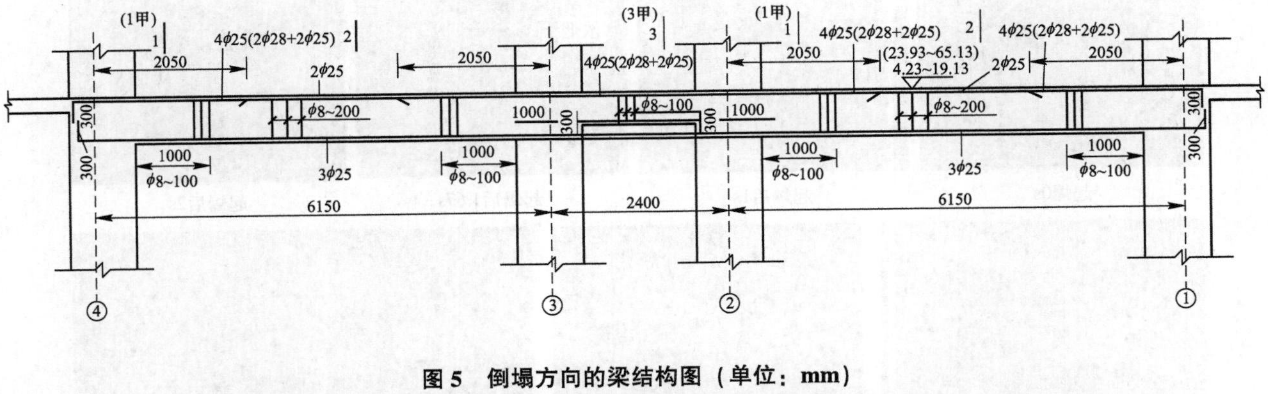

图5 倒塌方向的梁结构图（单位：mm）

Fig. 5 Beam structure drawing for building collapsing (unit: mm)

起爆网路：孔内炸药用非电导爆管雷管起爆，孔外每10个雷管导爆管形成一个“大把抓”，用四通连接“大把抓”引出的雷管脚线，形成封闭的回路。最终从“大把抓”和四通的复式网路形成的封闭回路中引出2条导爆管，形成起爆网路。起爆网路如图6所示。

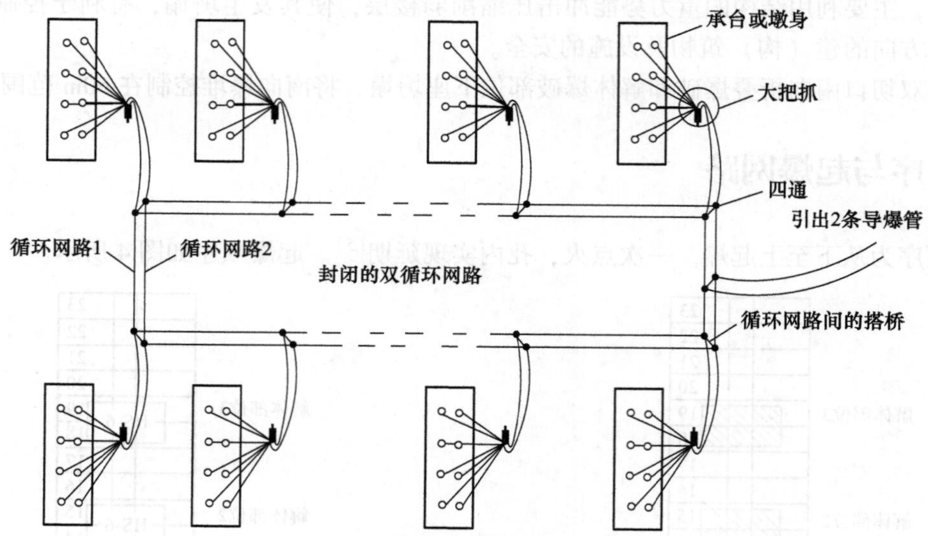

图 6　起爆网路图

Fig. 6　Network of detonation

5　爆破效果与结果分析

5.1　爆破效果

从 30fps 的楼房爆破录像中可以分析得出，当看到闪光时，表明雷管引爆启动，起爆后约 1.67s，下切口可以看到浓烟出现，上切口以及解体部位 3，这时也可以看到浓烟，表明这些部位也已起爆，从起爆后 2s 到起爆后 6s，楼体一直按预定的倒塌方向倾斜，只是在后来的 0.5s 时间里（起爆后 6s 到起爆后 6.5s）楼体倾倒姿态发生了改变，从最初的向南（空地）倾倒逐渐过渡到稳定竖直下落，最后向北（5 层框架楼）微倾，直至楼体 5 层没有倾倒，只是发生了楼层压缩。楼房倒塌过程如图 7、图 8 所示，楼房堆积状态如图 9 所示。

起爆0s　起爆后1s　起爆后1.67s　起爆后2s

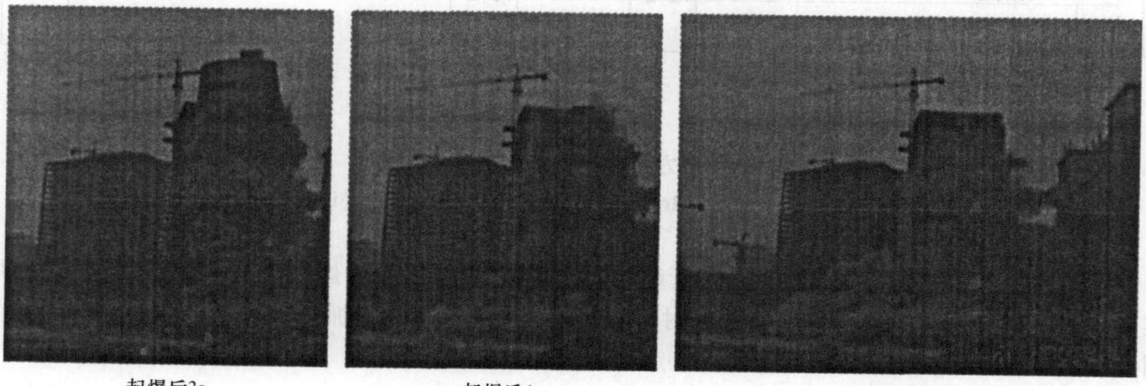

起爆后3s　起爆后4s　起爆后5s

起爆后6s　　起爆后7s　　起爆后8s

图 7　楼房倒塌过程分析图

Fig. 7　Assay plan for building collapsing

图 8　楼房倒塌过程其中 2 图

Fig. 8　Two pictures for building collapsing

图 9　楼房堆积状态图

Fig. 9　Stacking for building collapsing

5.2　结果分析

楼体爆破没有完全倾倒，而且出现了向相反方向的微倾，以致出现了 5 层没有完全解体的堆积状态。最终出现这种危险的状态，从爆破倒塌过程来看，起爆时差设计正确，爆破设计不是造成楼体没有倾倒的原因。虽然楼体在起爆后约 1.67s，上切口、解体部位 3 和下切口同时可以看到浓烟，说明起爆出现了窜爆，设计时差与实际时差出现了偏差，但没有影响楼体向南倒塌的倾向，因为在起爆后 2~6s 的这段时间里，一直保持着向南倾倒的趋势。如图 7 所示，通过反复观察楼体倒塌录像，可以看出楼体向后微倾发生在楼体最后着地至堆积稳定的这段时间里，而且在录像中还可以看到楼体在下落着地的时候，楼体后面出现大量的爆渣排出，而楼体前面爆渣则没有移动。结合爆破前，楼体倒塌前面堆积大量已拆除楼房的建筑垃圾，而且在楼体前 5m 范围内，建筑垃圾堆积高 2~3m，如图 10 所示，由此可以得知，地面地形是造成楼体最后没有倾倒的主要原因。

图 10　楼房爆渣堆积状态分析图

Fig. 10　State assay plan for blasting slag

6 结语

在楼房爆破拆除的实践中，倒塌场地的平顺和倾斜方向对爆堆形态的影响不可忽视[6]。尽管爆破设计完全正确，楼房空中倒塌过程也没出现问题，但在楼房的着地过程中，由于倒塌前沿场地不平，前面爆渣排出受阻，致使倒塌前沿爆渣大量堆积，形成楼体倾倒方向的阻力，后面爆渣由于受楼房下坐挤压不断排出，形成不了楼房翻转的支撑力[7,8]，最终可能导致楼房倾倒不顺，甚至出现反向倾倒。因此，倒塌场地前沿一定范围内清理顺畅对楼房成功爆破至关重要。

参 考 文 献

[1] 崔正荣，赵明生，杜明照．剪力墙结构原地坍塌爆破拆除数值模拟 [J]．爆破，2009，26（3）：62-64.
[2] 罗海萍，谢义林．昌荣大酒店爆破拆除 [J]．爆破，2009，26（3）：71-73.
[3] 梁开水，王斌，曹跃．武汉饭店大楼拆除爆破 [J]．爆破，2002，19（3）：43-45.
[4] 赵建国，周强，陈华腾．炸高在定向控制爆破中的重要应用 [J]．爆破，2002，19（3）：76-77.
[5] 迟明杰，王新生，刘红岩．复杂环境下多层楼房的控制爆破拆除 [J]．爆破，2002，19（3）：51-55.
[6] 杨年华，张志毅，邓志勇，等．复杂环境下高层框架楼定向爆破拆除实例与分析 [J]．爆破器材，2006（6）：30-32.
[7] 魏挺峰，魏晓林，傅建秋．减少框架爆破拆除后坐的措施 [J]．爆破，2009，26（3）：32-37.
[8] 池恩安，乐松．一例砖混结构建筑物爆破拆除失败原因分析 [J]．爆破，2009，26（3）：106-109.

建筑爆破倒塌过程的近景摄影测量分析(Ⅲ)

——测试分析系统

崔晓荣[1,2] 魏晓林[1] 郑炳旭[1] 傅建秋[1] 沈兆武[2]

(1. 广东宏大爆破股份有限公司，广东 广州，510623；
2. 中国科学技术大学 力学系，安徽 合肥，230026)

摘　要：将近景摄影测量分析系统引入工程爆破领域，对建筑物爆破倒塌过程的运动轨迹进行摄影测量分析。本系统分为影像采集、影像解析和专业化的数据后处理三个步骤，最终实现定量分析各种爆破过程及爆破效果的评价参数。实践证明基于非量测用摄影机的建筑爆破倒塌过程的摄影测量分析系统是经济、可行、可靠的，能够满足工程分析的精度要求，有利于剖析机理、总结规律，进而指导工程实践。

关键词：拆除爆破；近景摄影测量；影像采集；影像处理

Close-range Photogrammetry Analysis of Building Collapse(Ⅲ)

—System of Measure and Analysis

Cui Xiaorong[1,2] Wei Xiaolin[1] Zheng Bingxu[1] Fu Jianqiu[1] Shen Zhaowu[2]

(1. Guangdong Hongda Blasting Co., Ltd., Guangdong Guangzhou, 510623;
2. Department of Mechanics, University of Science & Technology of China, Anhui Hefei, 230026)

Abstract: The system of close-range photogrammetry analysis was introduced into the region of engineering blasting, and the movement track of building during the process of blasting demolition was measured and analyzed by the system. By this system composed of image collection, image processing and data post-processing, the process and effect of blasting demolition can be analyzed quantitatively. This quantitative photogrammetry analysis system based on non-metric camera is economical, feasible, and reliable. It can meet precision of engineering analysis and benefit analyzing mechanism, summarizing rule, and guiding engineering practice.

Keywords: blasting demolition; close-range photogrammetry; image collection; image processing

1 引言

近景摄影测量作为摄影测量的一个重要分支，近一二十年以来获得了很大的发展，在高精度三维测量以及变形监测、工业检测等领域有了不少成功的经验。例如，我国已将近景摄影测量应用于文物保护，美国俄亥俄州立大学将近景摄影测量应用于移动测图系统等[1-3]。过去摄影测量系统包括高速摄影、编辑、数字化仪和判读系统等，设备系统庞大、价格昂贵、机械化程度低，很难将此系统引入爆破拆除工程中。因此，以往常常基于现场观看或者应用简易的摄影设备，对建（构）筑物倒塌过程进行定性分析。随着科技的发展，在硬件方面，数码摄影机的性价比越来越高；在软件方面，计算机图像处理技术，特别是图像批处理技术的发展，促使摄影测量系统得到快速发展和普遍应用。

基金项目：中爆协科技计划［中工爆协（2008）第4号］；广东省科技计划资助（2006B37301005）。
原载于《工程爆破》，2010，16（4）：64-69。

建（构）筑物爆破拆除倒塌过程中，各构件的位移、速度、加速度、动能、势能等物理量的变化过程是力学机理分析、工程经验总结、科学模拟计算的重要依据。基于工程实践的摄影测量分析是获得这些参数的最有效方法之一。本文从建（构）筑物爆破拆除工程的特点出发，研究了基于非量测数字摄影机的近景摄影测量分析方法。该方法选用直接线性变换（Direct Linear Transformation，DLT）解法对非量测用的摄影机获得的影像进行解析，获得各点的物方空间坐标，为爆破效果分析提供基础数据。DLT 解法，无需化算到以像主点为原点的坐标仪上的坐标读数，也就是说计算过程中无需内方位元素值和外方位元素的近视值，因此特别适用于非量测相机所设影像的摄影测量处理[4]。

经济可行、方便快捷的摄影测量分析系统，能够方便地获得建（构）筑物倒塌过程的各运动学参数，为分析爆破效果、剖析力学机理、总结工程经验和科学模拟计算提供了评判和比较的依据[5-9]，促进建（构）筑物拆除爆破技术进一步发展和完善，尤其是工程爆破设计的数值化。

2 影像采集系统

传统意义上，摄影测量学主要包括影像获取和影像处理两个过程；但随着计算机的发展以及摄影测量学科的专业化，影像处理的数字化、批量化、集成化、专业化成为研究的热点，并逐渐独立，形成独立的分支和不可或缺的步骤。在信息化和专业化的时代，要将摄影测量的参数转化为专业的行业参数（不再局限于遥感、地理信息等传统领域），使摄影测量分析自动化和集成化，形成友好的可视化界面的数字产品，才能更好地被推广应用。所以，现在往往将摄影测量学的内容分为 3 个步骤，即影像获取、影像处理、专业化的数据后处理。

近景摄影测量，亦称非地形摄影测量，作为摄影测量学的一个分支，是将在近距离拍摄目标的图像，通过加工处理确定静态目标的表面形状和动态目标的活动轨迹。本文仍将近景摄影测量看作包括近景摄影（影像采集）和影像处理两个过程；将专业化比较强的、与工程爆破相结合的数据后处理过程独立开来，更利于将摄影测量分析引入工程爆破界，因为影像获取和影像处理获取的数据是原始数据，有利于同行进一步深入研究和共享资源。当然，随着技术的完善，专业化的数据后处理必须与影像获取、影像处理集成化，形成具有独立知识产权的数字化产品，才能更好地被推广应用。

2.1 摄影设备的选择

近景摄影测量一般使用量测摄影机，它是框标、内方位元素已知并且物镜畸变小的专用仪器，有的还备有外部定向、同步摄影、连续摄影等设备。由于数字摄影测量的发展，摄影测量学的领域更加扩大，只要物体被摄影成像，都可以用摄影测量技术解决某一方面的问题，因此除了使用专用的量测摄影机（如航空摄影机）外，也可以使用非量测用的摄影机[1,5]。

与量测用的摄影机相比，非量测用的摄影机没有框标装置，物镜的畸变差较大；但是随着科技的发展，尤其是高精度光学器件的发展，非量测用的摄影机的系统误差（含物镜畸变差）越来越小，已能够满足近景摄影测量分析的精度要求。另外，由于数码摄影机和计算机的发展，简化了部分数据读取和传输的步骤，减少了人工手动操作的工作量，避免了人为操作误差，从而多快好省地完成图像内方位元素的确定。考虑到专用的量测摄影机及其图像处理系统价格昂贵、应用面窄，尤其是能够处理爆炸等瞬间过程的量测摄影系统，故选择非量测用的摄影机[6-9]。

2.2 摄影的技术要求

专业的航空摄影机（航摄仪）摄影测量过程中，利用飞机作为摄影平台，沿航向连续拍摄不同区域的地形。为了取得比较精确的地形图，需要尽量保持摄影航高不变，且垂直摄影。在地面测量坐标系中，航空摄影机摄影测量时，物点（实际地形）静止不动，航空摄影机的像距和物距（摄影航高）保持不变，等速运动，采集到一系列地形照片；同样，建（构）筑物倒塌过程的近景摄影测量，也需要摄影机的像距和物距保持不变，通常的做法是摄像过程中不移动摄影机，此时物点（爆破倒塌的建、构筑物）在移动，而摄影机定位不变。所以，分析爆破倒塌过程的近景摄影测量系统和成熟的航空摄影机摄影测量系统的基本原理相同，只是参照系不同；如航空摄影中以飞机作为参照物，将相当于静止不动的摄影机拍摄运动的地形，这和位置固定不变的摄影机拍摄建（构）筑物爆破倒塌过程一致，物点运动，摄影机定位不变。所以，可将成熟的航空摄影测量分析的技术要点适当变化并引入近景摄影测量领域，例如，图像采集时的注意要点和图像处理的各种解析方法及误差分析方法。

图像采集过程中，航空摄影要求：(1) 尽量保持摄影航高不变；(2) 相片倾角不大于2°、最大不超过3°，即最好垂直摄影，使物平面和像平面平行，确保摄影比例尺基本一致；(3) 相片旋角不超过6°、最大不超过8°。我们稍作变通，对建（构）筑物倒塌过程近景摄影测量分析中的图像采集相对应地提出如下要求：(1) 摄影过程中，摄影机静止不动；(2) 摄像镜头垂直对准拟爆破的建（构）筑物，最好不要低头或抬头，出现比较明显的相片倾角现象；(3) 相片的旋角要小，建（构）筑物的初始成像（没有爆破时）不要歪斜，即未起爆时建（构）筑物垂直于地面，采集的图像中建（构）筑物要垂直于相片的边框。

航拍时飞机难免航高颠簸、航向弯曲、航速增减，不是理想的沿航向、等航高、匀速运动。非量测用的摄影机测量分析建（构）筑物的爆破倒塌过程，拍摄平台固定不动，便于调整和控制，能方便地采集高质量的图像，所以相片倾角、相片旋角等拍摄参数要比航空摄影的要求高。当然，通过图像解析技术，可以消除相片倾角、相片旋角的负面影响，但是数据处理过程复杂，而且容易引起系统误差，不利于在工程爆破领域推广应用；即利用非量测用的摄影机对建（构）筑物爆破倒塌过程进行近景摄影测量分析。

2.3 图像采集及预处理

摄影前，为了更好地追踪建（构）筑物倒塌过程中的运动轨迹，需要结合后续的影像解析原理和专业化的数据后处理，对关键点和参考点进行标记，减小人为操作误差，方便计算机判读。作为控制点的人工标志，要注意以下几点：(1) 与背景色有明显区别；(2) 适宜的成像尺寸；(3) 标志本身的几何形状不宜复杂，便于精细而明确地定位；(4) 标志在建（构）筑物倒塌过程中，不得相对于附着点移动或脱落。

非量测用的摄影机拍摄的影像文件，通过多媒体图像处理软件将其分解为一幅幅图片。此系列图片具有如下特点：(1) 同一台摄影机获得的系列分幅图片的摄影定位相同；(2) 相连两张图片的间隔时差 δ 相等。如果用我国和欧洲等地的 PAL 标准，每秒 50 帧，则相连两张图片的间隔时差为 $\delta=0.02s$；如果用美国、日本等的 NTSC 标准，每秒 60 帧，则相连两张图片的间隔时差为 $\delta=1/60s$。为了减少图片的处理量，可每 n 张图片抽取一张，则挑选出来的图片的间隔时差为 $n\delta$。当然，如采用高速摄影，图片的间隔时差可以更自由，减小时间间隔可提高分析精度，但数据处理量大、设备成本高。

3 影像解析

3.1 影像解析方法选择

摄影测量学的发展历程划分为三个阶段，即模拟摄影测量阶段、解析摄影测量阶段和数字摄影测量阶段。模拟摄影测量指通过光学的或机械的方法模拟摄影过程，实现摄影过程的几何反转，建立实地的缩小模型，再在该模型的表面进行测量。解析摄影测量指通过解析运算补偿相片系统误差和观测误差，实现高精度、高可靠性的测量，但其数据读取、传输、处理等过程中手工操作比较多。数字摄影测量是解析摄影测量的数字化和集成化，大大减少或避免了手工操作的工作量。近景摄影测量的图像处理同通常的摄影测量类似，也分为模拟法、解析法和数值法，可以获得平面图、立体图、断面图、透视图、等值线图以及包括物点坐标在内的多种物理参数。本文中的图像处理主要指补偿相片系统误差和观测误差的解析原理和数学模型，以及初步数据处理，得到基本的摄影测量数据。其过程通过数码摄像设备及计算机完成。摄影测量数据的专业化后处理过程，即得到工程爆破人员关心的参数过程，不包括在图像解析处理过程中。

在摄影测量学中，为了从所获得的影像中确定被研究物体的位置、形状、大小以及相互关系等信息，除了双像立体测图法，还可以利用物方和像方之间的解析关系式、通过计算来获取，包括双像解析的空间后交-前交方法、双像解析的相对定向-绝对定向方法、双像解析的光束法和DLT解法等。双像立体测图法的历史悠久，同人眼的立体视觉原理，包括模拟法、解析法及数字法，有专用图像采集及后处理设备，系统价格昂贵、专业性强、适用范围狭窄，很难被引入工程爆破界。双像解析的空间后交-前交方法和光束法，需要内方位元素值（内方位元素包括三个参数，即摄影中心 S 到相片的垂距（主距）f 及像主点 O 在框标坐标系中的坐标（x_0，y_0）），故不适用于非量测摄影机所摄影像的摄影测量处理。双像解析的相对定向-绝对定向方法，计算公式比较多，多在航带法解析空中三角测量中应用，即应用于航拍影像的处理。建（构）筑物爆破倒塌过程的近景摄影，摄像过程中相机保持静止，不同于航拍时以飞机作为拍摄平台，所以直接将双像解析的相对定向-绝对定向方法引入，冗余计算量比较多，不宜采用。DLT 解法是建立像点坐标和相应物点物方空间坐标之间直接线性关系的算法。这里的像点坐标指像点在相片上的坐标位置，无需化算到以像主点为原点的坐标仪上的坐标读数，也就是说计算过程中无需内方位元素值和外方位元素的近视值，故特别适用于非量测相机所摄影像的摄影测量处理[4]。因此，选用 DLT 解法来处理非量测用的摄影机所摄的建（构）筑物爆破倒塌过程的图像，并进行测量分析和计算。

3.2 DLT 的数学模型

DLT 解法于 1971 年提出，原则上是从共线条件方程式演绎而来。共线条件方程描述摄影中心 S、像点和物点位于同一直线上的关系式[4]：

$$\left.\begin{aligned} x - x_0 + \Delta x + f\frac{a_1(X - X_s) + b_1(Y - Y_s) + c_1(Z - Z_s)}{a_3(X - X_s) + b_3(Y - Y_s) + c_3(Z - Z_s)} = 0 \\ y - y_0 + \Delta y + f\frac{a_2(X - X_s) + b_2(Y - Y_s) + c_2(Z - Z_s)}{a_3(X - X_s) + b_3(Y - Y_s) + c_3(Z - Z_s)} = 0 \end{aligned}\right\} \tag{1}$$

式中，引入了系统误差改正数（x_0，y_0），假设暂时仅包含坐标轴不垂直性误差和比例尺不一误差引起的线性误差改正数部分。

考虑到后续求解过程中空间线性变换的需要，引入 $l_1 \sim l_{11}$ 共 11 个系数，简称 l 系数（l_1，l_2，…，l_{11}），其赋值见参考文献［4］。$l_1 \sim l_{11}$ 这 11 个系数，它们是相片的 6 个外方位元素（X_s，Y_s，Z_s，φ，ω，κ），3 个内方位元素（主点的坐标系坐标（x_0，y_0）以及所摄相片的 x 向主距 f_x），y 向相对 x 方向的比例尺不一系数 ds（即比例尺不一性）以及 x、y 轴间的不垂直性（即不正交性）$d\beta$ 这 11 个参数的函数。

经推导，则可获得近景摄影测量采用 DLT 的基本公式[4]：

$$\left.\begin{aligned} x + \frac{l_1X + l_2Y + l_3Z + l_4}{l_9X + l_{10}Y + l_{11}Z + 1} = 0 \\ y + \frac{l_5X + l_6Y + l_7Z + l_8}{l_9X + l_{10}Y + l_{11}Z + 1} = 0 \end{aligned}\right\} \tag{2}$$

DLT 的实质就是建立了像点的坐标（x，y）与物方空间坐标（X，Y，Z）的直接线性关系。

3.3 DLT 的求解步骤

DLT 解法的具体解算过程，包括 l 系数的解算和空间坐标（X，Y，Z）的解算两个步骤。当不含多余观测值时，可由式（2）列出求解 l 系数的关系式为：

$$\left.\begin{aligned} Xl_1 + Yl_2 + Zl_3 + l_4 + 0l_5 + 0l_6 + 0l_7 + 0l_8 + xXl_9 + xYl_{10} + xZl_{11} + x = 0 \\ 0l_1 + 0l_2 + 0l_3 + 0l_4 + Xl_5 + Yl_6 + Zl_7 + l_8 + yXl_9 + yYl_{10} + yZl_{11} + y = 0 \end{aligned}\right\} \tag{3}$$

为求解 $l_1 \sim l_{11}$ 这 11 个系数，需要选择 6 个初始控制点，已知它们的空间坐标（X_1，Y_1，Z_1），…，（X_6，Y_6，Z_6），并略去 1 个方程式，代入式（3）可列出 11 个方程，以求解 l 系数（l_1，l_2，…，l_{11}）。

l 系数求解以后，将表征建（构）筑物倒塌过程的控制点的像空间坐标（x，y）（其可通过人工用鼠标在图像上点击获取或通过计算机进行特征匹配提取），代入式（3）列出求解物方空间坐标（X，Y，Z）的关系式：

$$\left.\begin{array}{l}(l_1 + xl_9)X + (l_2 + xl_{10})Y + (l_3 + xl_{11})Z + (l_4 + x) = 0 \\ (l_5 + yl_9)X + (l_6 + yl_{10})Y + (l_7 + yl_{11})Z + (l_8 + y) = 0\end{array}\right\} \quad (4)$$

为求解（X，Y，Z）三个未知数，至少要列出三个方程，即至少应同步拍摄两张相片。两张相片的 l 系数分别为（l_1，l_2，…，l_{11}）及（l'_1，l'_2，…，l'_{11}）。根据式（4），当略去一个方程式时，有以下解（X，Y，Z）的方程组：

$$\begin{bmatrix} l_1 + xl_9 & l_2 + xl_{10} & l_3 + xl_{11} \\ l_5 + yl_9 & l_6 + xl_{10} & l_7 + yl_{11} \\ l'_1 + x'l'_9 & l'_1 + x'l'_9 & l'_1 + x'l'_9 \end{bmatrix} \begin{bmatrix} X \\ Y \\ Z \end{bmatrix} + \begin{bmatrix} l_4 + x \\ l_8 + y \\ l'_4 + x' \end{bmatrix} = 0 \quad (5)$$

从式（5）可以看出，当物点为三维坐标时，必须用两台摄影机同步摄影建（构）筑物倒塌过程，且初始控制点至少为6个，方可进行求解。

前述的DLT解法是一种三维空间坐标的解算方法。从此方法不难推导，当物点为两维空间坐标时（不妨设 $Z=0$），则 l 系数由11个减少为8个，所以求解 l 系数时至少需要4个初始控制点；求解物点坐标（X，Y）时有两个未知数，1个系列的 l 系数可以列出两个方程，所以采用单机摄影。

当然，为了使求解更稳定、补偿操作误差等，可以适当增加控制点的数目，使 l 系数的求解更精确。

4　爆破过程图像的摄影测量分析

根据前面影像采集和影像解析两方面的分析，即近景摄影测量系统的特性，结合建（构）筑物的结构特点、爆破方案、周边摄影环境、关心的参数或问题设定合理的摄影方案，并进行数据后处理。近景摄影测量分析的主要步骤如下：

（1）选择摄影方案。根据建（构）筑物的结构特点和爆破方案，选择单机摄影测量或双机同步摄影测量。理论上讲，双机同步摄影测量为三维空间坐标解析，能够分析建（构）筑物的三维运动倒塌过程，特别是倒塌过程中出现扭转现象时。如果建（构）筑物结构比较对称、定向方向比较准，可以采用单机摄影测量，将摄影测量分析简化为二维空间坐标解析。烟囱、水泥罐、楼房的定向爆破以及烟囱、楼房的同向或反向折叠爆破，爆破倒塌过程中建（构）筑物沿定向方向结构对称、爆破方案对称，不会发生扭转现象，定向方向准确，可以看作竖直方向和定向倒塌方向构成的平面内的两维运动。对于结构不对称或者爆破方案不对称的工程，容易发生偏转或扭转，宜选用双机同步摄影测量，进行三维空间坐标解析。但是根据双机同步摄影测量的基本原理，立体相对的空间解析，要求每一个立体相对的时间同步，且分析的数据量比较大。

（2）选择合理的摄影方向和摄影距离。单机摄影测量时，摄影机要垂直于定向方向，正对着拟爆破的建（构）筑物；双机同步摄影测量时，两台摄影机需要呈一定的拍摄角度，并均能较明显地反映倒塌方向。如果摄影机正对着或背对着定向倒塌方向，摄影图像中定向运动的趋势不明显，数据处理时系统误差比较大，影响分析精度。摄影距离要适当，要求整个爆破倒塌过程中，结构不要移出拍摄视场，同时要求建（构）筑物在视场中尽量成像清晰、大小适中。摄影方向和摄影距离还受到周边环境的影响，需要权衡、合理设定。

（3）布置初始控制点。根据DLT解法的基本原理，两台摄影机同步摄影测量，至少需要6个初始控制点；单机摄影测量，至少需要4个初始控制点。为了使求解更稳定、补偿操作误差等，可以适当增加控制点的数目，使 l 系数的求解更精确。控制点的布置不要过于集中，且爆破倒塌过程中应有较长的跟踪时间。两台摄影机同步摄影测量时，严禁控制点布置在任意方向的同一平面内；单机摄影测量时，严禁控制点布置在任意方向的同一直线上。初始控制点的布置最好结合摄影测量分析的内容和计算过程合理布置。

（4）拍摄建（构）筑物的倒塌过程获得影像文件，再通过多媒体图像处理软件将其分解为一幅幅图片。单机摄影测量时，形成等时差间隔的一幅幅描述爆破倒塌过程的图片。双机摄影测量时，获得等时差间隔的立体相对，每个立体相对的采集时间必须相同。

(5) 追踪图片或立体像对的初始控制点，通过 DLT 解法计算获得控制点的物方空间坐标，形成原始摄影测量数据。

(6) 对原始摄影测量数据进行专业化的后处理，获得建（构）筑物爆破拆除倒塌过程的动力学和运动学参数。其中位移包括构件（或爆破切口以上的结构体）质心的平移和围绕质心转动。位移对时间求导，可获得平移速度和转动速度。速度对时间求导，可获得平移加速度和转动加速度。根据获得基本的力学参数可以建立某一构件（或部分结构体）的运动学和动力学方程：力平衡 $\Sigma F = Ma = M\ddot{r}$，力矩平衡 $\Sigma L = J\alpha = J\ddot{\varphi}$，其中 M 为质量，J 为围绕质心的转动惯量，a 为质心平移加速度，α 为围绕质心的转动加速度，r 为平动位移，φ 为转动角度。

(7) 根据摄影测量分析获得的建（构）筑物倒塌过程的构件（或部分结构体）的运动学和动力学参数可以计算倒塌过程中其受力状况、爆破后坐、倒塌长度、动能、势能、机械能等引申物理量的变化过程[10-12]。例如，针对考虑的同一构件（或部分结构体）：

势能为 $E_p(t) = Mgh(t)$；

动能为 $E_k(t) = \frac{1}{2}M[v(t)]^2 + \frac{1}{2}J[\omega(t)]^2$；

机械能为 $E(t) = E_p(t) + E_k(t) = Mgh(t) + \frac{1}{2}M[v(t)]^2 + \frac{1}{2}J[\omega(t)]^2$；

能量损失率为 $\gamma = \dfrac{E(t)}{E_0} = \dfrac{Mgh(t) + \frac{1}{2}M[v(t)]^2 + \frac{1}{2}J[\omega(t)]^2}{Mgh_0}$。

上式中，M 为质量，$h(t)$ 为质心高度，$v(t)$ 为平移速度，$\omega(t)$ 为转动速度，J 为围绕质心的转动惯量，h_0 为初始时刻的质心高度，均针对考虑的同一构件（或部分结构体）。

(8) 分析这些基本运动学、动力学参数和引申物理量，并结合实际爆破效果，总结和提炼爆破规律，对爆破效果的关键评价因素进行定量分析。例如，爆破后坐和倒塌长度主要与爆破切口以上的结构体的平移和围绕质心的转动相关；构件塌落冲击破碎、解体的程度与构件的撞击速度有关；整体结构的破碎解体程度与机械能的变化和转化有关，机械能损失率大，破碎充分；结构整体的塌落速度及动能与塌落冲击振动的强度相关。

建（构）筑物爆破拆除倒塌过程中，各构件（或部分结构体）的广义质量、广义位移、广义速度、广义加速度以及引申物理量（如爆破后坐、动能、势能、机械能损失率）等物理量的变化过程是力学机理分析、工程经验总结、科学模拟计算的重要依据，能促进建（构）筑物拆除爆破相关研究协调发展，进一步推动摄影测量分析的深度和广度。另外，图像采集、图像解析、专业化数据后处理三个部分是紧密联系、相互制约的，需要统筹安排，以便获得最佳的数据和测试分析结果。

5 结论

(1) 利用近景摄影测量系统（包括图像采集和图像解析），可对建（构）筑物爆破拆除倒塌过程进行定量的摄影测量分析，此系统经济、高效、可行，能够满足工程精度要求。

(2) 图像采集选用非量测用的摄影机，性价比高，经济可行；针对非量测用的摄影机的特点，跟踪初始控制点，用 DLT 解法对影像进行解析，获得各点的物方空间坐标，即原始摄影测量数据，为爆破效果分析提供基础数据。

(3) 根据各点的物方空间坐标随时间的变化，获得建（构）筑物倒塌过程的构件（或部分结构体）的运动学和动力学参数（包括广义质量、广义位移、广义速度、广义加速度），进一步可计算出爆破后坐、动能、势能、机械能损失率等引申物理量。

(4) 建（构）筑物爆破拆除倒塌过程中，各构件（或部分结构体）的基本力学参数以及引申物理量的变化过程，可以定量分析各种爆破效果，为建（构）筑物拆除爆破工程的力学机理分析、工程经验总结、科学模拟计算提供重要依据，促进建（构）筑物拆除爆破相关研究协调发展，进一步推动摄影测量分析的深度和广度。

参考文献

[1] Wang Zhizhuo. Principles of Photogrammetry (with Remote Sensing) [M]. Beijing: Publishing House of Surveying and Mapping, 1990.

[2] 顾孝烈. 测量学 [M]. 上海: 同济大学出版社, 1990.

[3] 王佩军, 徐亚明. 摄影测量学 (测绘工程专业) [M]. 武汉: 武汉大学出版社, 2005.

[4] 冯文灏. 近景摄影测量——物体外形与运动状态的摄影法测定 [M]. 武汉: 武汉大学出版社, 2002.

[5] Clive S, Fraser. Developments in Automated Digital Close-range Photogrammetry [A]//ASPRS 2000 Proceedings [C]. Washington D C, May 22-26, 2000.

[6] 崔晓荣, 郑炳旭, 魏晓林, 等. 建筑爆破倒塌过程的摄影测量分析 (Ⅰ) ——运动过程分析 [J]. 工程爆破, 2007 (3): 8-13.

[7] 崔晓荣, 魏晓林, 郑炳旭, 等. 建筑爆破倒塌过程的摄影测量分析 (Ⅱ) ——后坐及能量转化分析 [J]. 工程爆破, 2007 (4): 9-14.

[8] 程效军, 罗武. 基于非量测数字相机的近景摄影测量 [J]. 铁路航测, 2002 (1): 9-11.

[9] Conny Sjöberg, Uno Dellgar. 拆除爆破高层建筑倒塌过程的研究 [A]//罗斯马尼思 H P. 第四届国际岩石爆破破碎学术会议 [M]. 北京: 冶金工业出版社, 1995: 455-460.

[10] 冯叔瑜, 张志毅, 戈鹤川. 建筑物定向倾倒爆破堆积范围的探讨 [A]//冯叔瑜爆破论文选集 [M]. 北京: 北京科学技术出版社, 1994: 127-137.

[11] 庞维泰, 杨人光, 周家汉. 控制爆破拆除建筑物的解体判据问题 [A]//冯叔瑜. 土岩爆破文集 (第二辑) [M]. 北京: 冶金工业出版社, 1985: 147-161.

[12] 庞维泰, 金宝堂. 构件在冲击载荷作用下的解体判据问题 [A]//冯叔瑜. 土岩爆破文集 (第三辑) [M]. 北京: 冶金工业出版社, 1985: 66-74.

建筑物爆破拆除塌落振动数值模拟研究

王　铁[1]　刘立雷[2]　刘　伟[3]

（1. 广东宏大爆破股份有限公司，广东 广州，510623；
2. 中广核工程有限公司，广东 深圳，518031；
3. 安徽理工大学 化学工程学院，安徽 淮南，232001）

摘　要：结合理论分析和数值模拟，探讨了降低建筑物爆破拆除塌落振动的措施。采用动力有限元分析程序 ANSYS/LS-DYNA，建立了框架结构建筑物爆破拆除塌落振动数值分析模型。对不同拆除方案下的地面质点的振动速度进行了分析比较，结果表明，通过合理设计爆破缺口和起爆时差可以显著降低倒塌过程中塌落振动的影响。

关键词：爆破拆除；塌落振动；动力有限元；数值模拟

Research on Numerical Simulation for Collapse Vibration in Building Explosive Demolition

Wang Tie[1]　Liu Lilei[2]　Liu Wei[3]

（1. Guangdong Hongda Blasting Co., Ltd., Guangdong Guangzhou, 510623;
2. China Nuclear Power Engineering Co., Ltd., Guangdong Shenzhen, 518031;
3. School of Chemistry Engineering, Anhui University of Science and Technology, Anhui Huainan, 232001）

Abstract: Measures to reduce the collapse vibration were discussed with combination of theoretical analysis and numerical simulation. The vibration numericalmodel of a frame structured building collapse due to explosive demolition was built by dynamic finite-element analysis code ANSYS/LS-DYNA. The vibration velocity of ground particle with different demolition scheme were analyzed and compared. The results show that the effect of collapse vibration in explosive demolition can be reduced significantly by reasonable design of blasting cuts and delay time of initiation.

Keywords: explosive demolition; collapse vibration; dynamic finite element; numerical simulation

实践表明，建筑物尤其是高层建筑物爆破拆除塌落引起的地面振动，比爆破本身产生的振动还要大[1]。建筑物塌落振动控制比较困难，这对当前日趋复杂的城市拆除提出极大的挑战。采用理论分析和数值模拟相结合的方法，采用 ANSYS/LS-DYNA 程序建立建筑物爆破拆除的倒塌模型，制定不同的倒塌方案进行计算机预演，探讨爆破缺口形式和延期间隔对建筑物爆破拆除塌落振动效应的影响，为降低塌落振动提供一种新的研究思路。

1　塌落振动产生分析

建筑物倒塌过程分为自由下落、转体倾倒、空间解体、倒塌堆积 4 个阶段，这一系列过程实质上是能量不断转化的过程，在这一过程中，建筑物的势能分别转化为塑性铰的耗能、结构解体的变形能、

原载于《爆破》，2010，27（4）：74-77。

建筑物塌落体撞击地面的触地动能和其他能（如克服风力的能量等），其中建筑物撞击地面的触地动能是引起塌落振动的根源[2]。

设建筑物势能为 E，塑性铰的耗能为 E_1，建筑物结构解体的变形能和其他能为 E_2，建筑物撞击地面的触地动能为 E_3，则有

$$E = E_1 + E_2 + E_3 \tag{1}$$

所以

$$E_3 = E - (E_1 + E_2) \tag{2}$$

待拆建筑物确定后则其势能 E 即为定值，由式（2）可知，塑性铰的耗能 E_1 越大，建筑物结构解体的变形能和其他能 E_2 越大，则建筑物塌落体撞击地面的触地动能 E_3 越小，故塌落引起的振动就会越小。

建筑物倾倒过程中，由于自下而上不同爆破缺口的作用，以及建筑物自身解体之间的相互作用，使得建筑物结构本身分成大小不等塌落单元体，而且这些单元体以不同时刻落地。假设这些单元体个数为 n，第 i 个塌落单元的质量为 m_i，则建筑物塌落体的触地动能应为

$$E_3 = \sum_{i=1}^{n} \frac{1}{2} m_i v_i^2 \tag{3}$$

式中，v_i 为第 i 个塌落单元的触地速度，$v_i = \sqrt{2gh}$；h_i 为第 i 个塌落单元重心到地面的距离，m。

由此可见，合理控制建筑物的构件解体及下落、倾倒顺序，可以降低塌落振动效应。

2 算例

某商场决定采用爆破方法进行拆除，其结构平面图如图 1 所示。商场为 9 层框架结构，长约 66m，宽约 29m，最高标尺 47.55m；底层立柱尺寸有 550mm×600mm、550mm×550mm、550mm×400mm、750mm×1000mm 等几种；楼板为厚 10cm 现浇板。混凝土标号为 C30。采用定向倾倒爆破方案，上、下 2 个缺口，如图 2 所示。

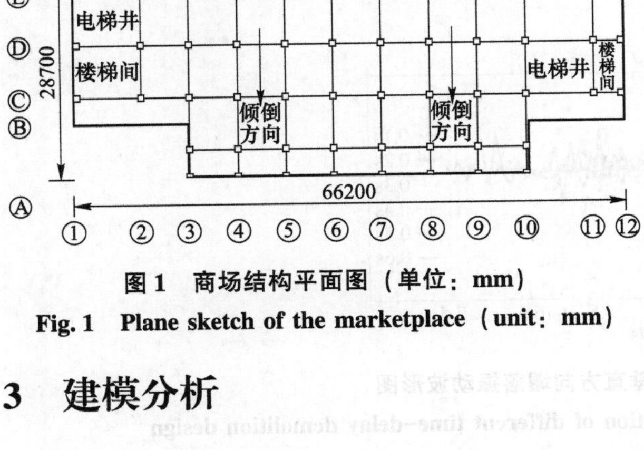

图 1 商场结构平面图（单位：mm）

Fig. 1 Plane sketch of the marketplace (unit: mm)

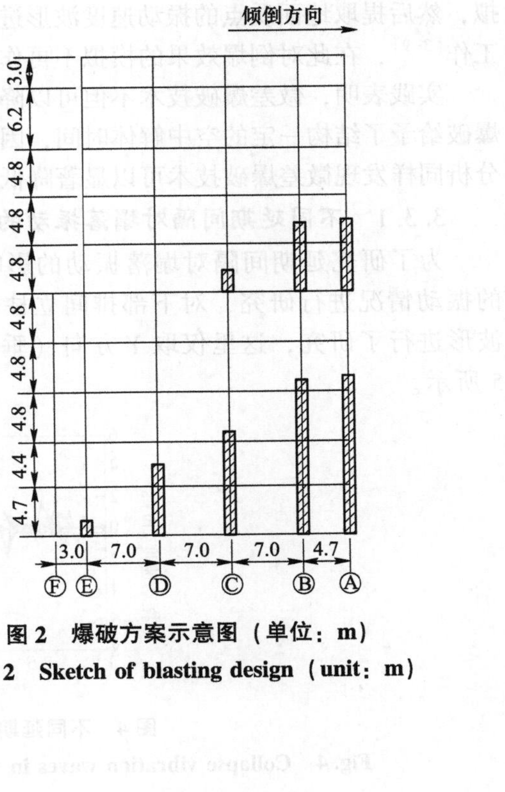

图 2 爆破方案示意图（单位：m）

Fig. 2 Sketch of blasting design (unit: m)

3 建模分析

3.1 有限元建模

采用 ANSYS/LS-DYNA 有限元软件建立框架结构的三维模型，采用 beam 单元建立梁和柱，shell

单元建立楼板单元，材料模型为多段线性弹塑性材料[3]。由于爆破前各楼层的大部分隔墙均被人工拆除，所以不再建立隔墙单元。地面假设为弹塑性，采用 solid164 单元建模。

3.2 波动有限元中的人工边界

用有限元求解在无限域中的波动问题，首先必须从无限域中提取出研究区域，设置人工边界，以吸收达到边界处的应力波。若人工边界设置得不合理，将会在人工边界上产生波的反射，使计算结果与实际情况不符。ANSYS/LS-DYNA9.0 提供了非反射边界条件来表示无限域。在地基模型的 4 个侧面和下底面定义非反射边界条件，阻止波从模型边界处的反射，使建模相对方便合理，结构数值模型及振动计算示意图见图 3。图中节点（编号 100290）距离建筑物倒塌中心线方向 40m。

图 3 框架结构有限元模型

Fig. 3 Finite elementmodel of frame structure

3.3 不同爆破方案的振动效果计算

计算的思路是设计不同的爆破拆除方案，采用有限元分析程序对建（构）筑物的倒塌效果进行模拟，然后提取地面质点的振动速度波形进行比较。对建筑物倒塌过程的模拟国内外学者已经做了大量工作[3-9]，在此对倒塌效果的模拟不再作讨论。

实践表明，微差爆破技术不但可以降低爆破振动，同样也可以降低塌落振动速度，这是因为微差爆破给予了结构一定的空中解体时间，因而倒塌的触地能量在时间上和空间上得到了分散。采用数值分析同样发现微差爆破技术可以显著降低建筑物塌落引起的地面振动效应[8]。

3.3.1 不同延期间隔对塌落振动的影响

为了研究延期间隔对塌落振动的影响，沿倒塌方向取距离建筑物 40m 的底面节点（100290）的振动情况进行研究，对下部排间立柱爆破延期分别为 0.1～0.6s 的爆破拆除方案下的地面振动波形进行了研究，这里仅取 Y 方向（垂直方向）在不同方案下的振动波形进行研究，如图 4 和图 5 所示。

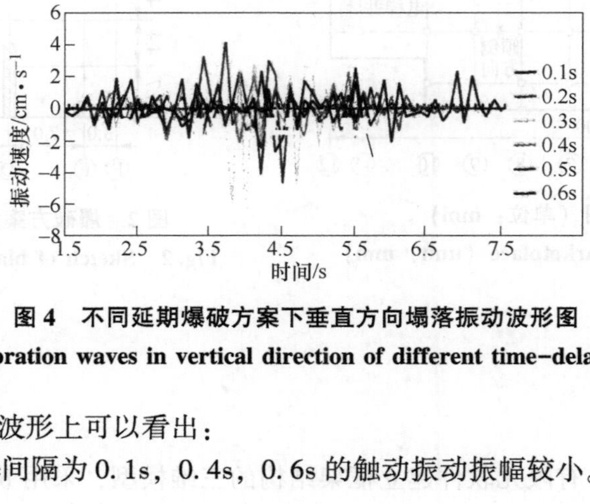

图 4 不同延期爆破方案下垂直方向塌落振动波形图

Fig. 4 Collapse vibration waves in vertical direction of different time-delay demolition design

从各种延期间隔的振动波形上可以看出：

（1）支撑立柱排间起爆间隔为 0.1s，0.4s，0.6s 的触动振动振幅较小。

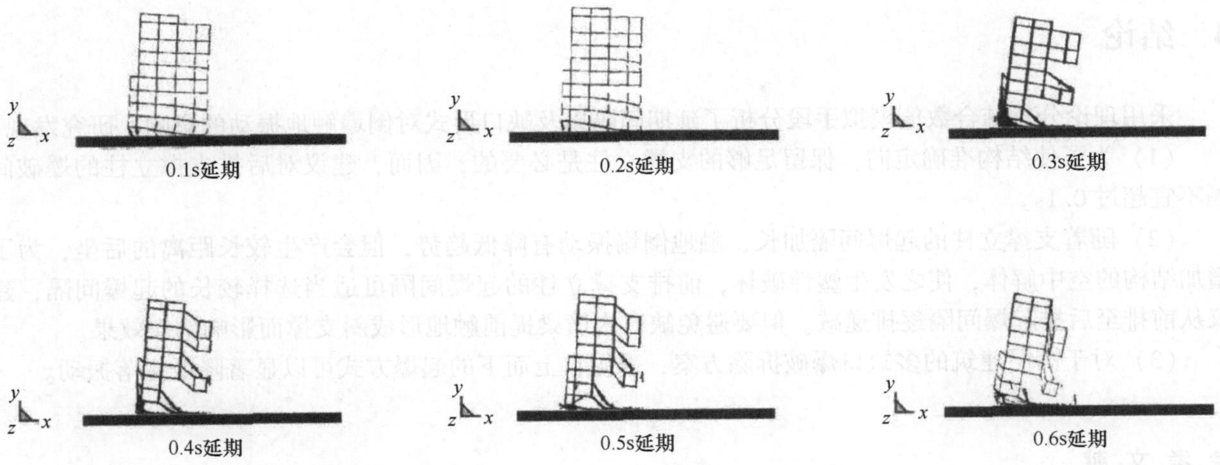

图 5　不同延期拆除方案的倾倒情形

Fig. 5　Collapse of different time-delay demolition design

（2）通过研究倒塌过程发现，延期间隔为 0. 1s 时，爆破缺口形成后，框架结构发生微倾，后排第 1 层支持立柱受到压弯破坏，结构发生下坐，立柱 D、E、F 的抗压、抗弯变形消耗了大部分的结构的势能，随后结构继续下坐、倾倒。在倾倒过程中，空中部分的构件没有发生破坏，基本上是触地倒塌破坏。

（3）延期间隔 0. 4s，结构倒塌过程中部分发生了受弯破坏，发生塑性变形，消耗了大部分势能，因而触地振动也较小。

（4）延期间隔 0. 6s，结构在倒塌过程中构件发生的塑性破坏加剧，消耗大部分结构势能，有效地降低了触地振动，同时，由于立柱间延期间隔加长，后排支持立柱受到压弯破坏较严重，结构后坐距离加大。

3. 3. 2　不同缺口形式塌落振动比较

如图 2 所示，原方案有上下 2 个爆破缺口，我们通过改变上下缺口的形成顺序来比较这 2 种方案下的塌落振动情况。方案设计：立柱间起爆间隔为 0. 5s，上下缺口形成时间间隔亦为 0. 5s，不改变缺口形状。同样取地面节点的垂直振动速度进行研究，振动波形如图 6 所示。

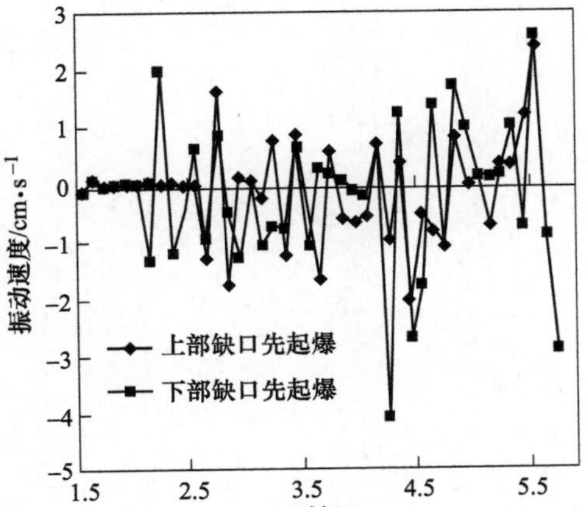

图 6　不同缺口形成顺序下的地面垂直振动波形比较

Fig. 6　Comparison of vertical vibration waves due to different sequence of cuts formation

从振动波形上可以看出，上部缺口先起爆，结构触地时间较晚，但塌落振动峰值明显低于下部缺口先起爆的情形。原因是上部缺口形成后，引起结构上部发生变形、解体、碰撞，都会消耗建筑的势能，造成触底动能降低。

4 结论

采用理论分析结合数值模拟手段分析了延期间隔以及缺口形式对倒塌触地振动的影响。研究发现：

（1）为了使结构准确定向，保留足够的支撑立柱是必要的，因而，建议对后排支撑立柱的爆破间隔不宜超过0.1s。

（2）随着支撑立柱的起爆间隔加长，触地倒塌振动有降低趋势，但会产生较长距离的后坐，为了增加结构的空中解体，使之发生塑性破坏，前排支撑立柱的起爆间隔可适当选择较长的起爆间隔，建议从前排至后排起爆间隔逐排递减。但要避免缺口内横梁提前触地形成斜支撑而影响倒塌效果。

（3）对于高层建筑的多缺口爆破拆除方案，采用自上而下的起爆方式可以显著降低塌落振动。

参考文献

[1] 唐春海．拆除爆破地震效应的研究［D］．北京：北京科技大学，1998.

[2] 田运生．高层建筑物爆破拆除塌落振动分析和控制［J］．爆破器材，2004，33（4）：25-28.

[3] 刘伟，刘立雷．框架结构楼房爆破拆除倒塌过程模拟［J］．工程爆破，2008，14（1）：12-15.

[4] 陆新征，江见鲸．世界贸易中心飞机撞击后倒塌过程的仿真分析［J］．土木工程学报，2001，34（6）：8-10.

[5] 陆新征，张炎圣，江见鲸．基于纤维模型的钢筋混凝土框架爆破倒塌破坏模拟［J］．爆破，2007，24（2）：1-6.

[6] 程纬，孙利民，范立础．ANSYS二次开发功能及其在双层高架桥墩地震倒塌仿真分析中的应用［J］．计算机工程与应用，2002（13）：208-209.

[7] Luccioni B M，Ambrosini R D，Danesi R F. Analysis of building collapse under blast loads［J］．Engineering Structures，2004，26：63-71.

[8] 刘伟．建筑物爆破拆除有限元分析与仿真［D］．武汉：武汉理工大学，2006.

[9] 贾永胜，谢先启，李欣宇，等．建（构）筑物控制爆破拆除的仿真模拟［J］．岩土力学，2008，29（1）：285-288.

冷却塔定向爆破拆除及爆破效果有限元数值模拟

王 铁[1] 刘立雷[2]

（1. 广东宏大爆破股份有限公司，广东 广州，510623；
2. 中广核工程有限公司，广东 深圳，518031）

摘 要：介绍了3000m² 冷却塔的爆破拆除实例，采用动力有限元分析软件ANSYS/LS-DYNA建立了冷却塔爆破拆除三维有限元模型，对爆破倒塌效果进行了模拟。模拟结果与真实情形在倾倒过程与倒塌效果方面有很大相似性。冷却塔结构上窄下宽，重心较低，失稳后重心不容易移出，但由于本身体积和重量都比较大，而塔壁较薄，爆破缺口形成后发生塑性变形而失稳倒塌。

关键词：爆破拆除；有限元；数值模拟；冷却塔

Directional Explosive Demolition of Cooling Tower and Its Numerical Simulation Process

Wang Tie[1] Liu Lilei[2]

（1. Guangdong Hongda Blasting Co.，Ltd.，Guangdong Guangzhou，510623；
2. China Nuclear Power Co.，Ltd.，Guangdong Shenzhen，518031）

Abstract：The explosive demolition project of a 3000m² hyperbolic cooling tower was introduced and the collapse of the cooling tower was simulated with a 3D finite element model built with ANSYS/LS-DYNA software. The simulation result accords with the practice results in the course of blasting. The cooling tower was narrow at top but broad at bottom so as to the center of gravity is not easy to move out，it collapse caused by plasticity distortion due to its large volume and weight but with thin wall.

Keywords：explosive demolition；finite element；numerical simulation；cooling tower

1 工程概况

某发电厂因技术改造，扩大装机容量，需要对原有3000m² 冷却塔进行爆破拆除。冷却塔塔体为双曲线结构，高度84.8m，底部直径68.56m，上部直径38.5m，最小直径35.8m，如图1所示。塔体为钢筋混凝土结构，塔筒壁厚由下至上逐渐减小，最大0.5m，最小0.16m，筒壁混凝土标号为300号（C28），塔底部为环形基础，基础以上均匀分布40对钢筋混凝土人字柱，人字柱垂直高度5.6m，斜长5.92m，截面0.4m×0.4m，主筋ϕ28mm 16Mn钢10根，箍筋为ϕ10@200mm，箍筋在柱上下端1m范围内间距100mm，人字柱混凝土标号为300号。

2 方案设计

2.1 爆破缺口设计

采用正梯形爆破缺口，爆破高度13.3m，爆破圆心角216°。底部人字柱共24对，按爆破圆心角

原载于《爆破》，2011，28（1）：67-70。

216°计算，需要爆破人字柱 24 对。爆破缺口示意图如图 2 所示。

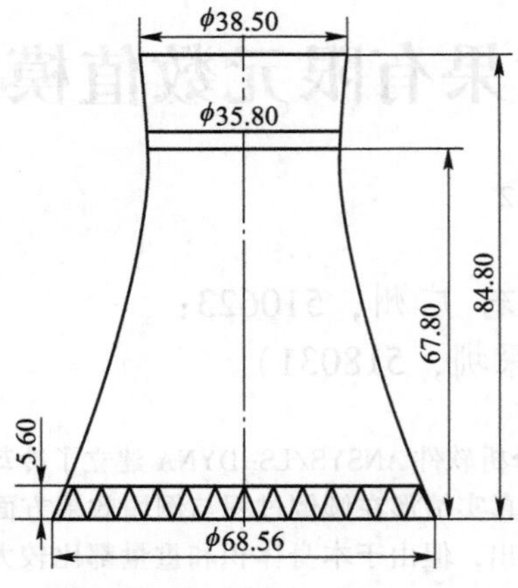

图 1　冷却塔立面图（单位：m）

Fig. 1　Elevation view of cooling tower (unit: m)

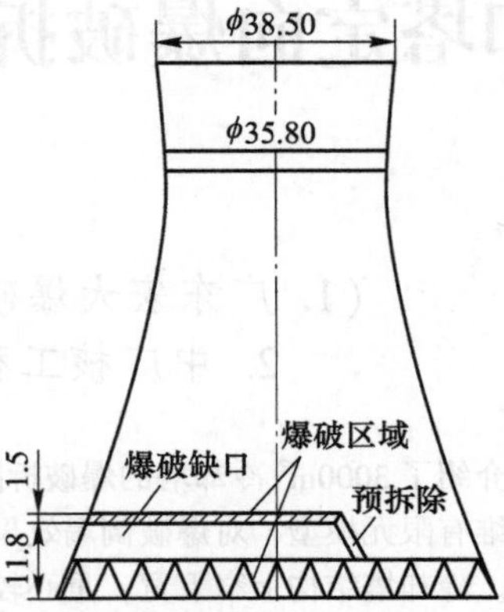

图 2　爆破缺口示意图（单位：m）

Fig. 2　Scheme of blasting cut (unit: m)

2.2　预处理

考虑到结构体形庞大，为减少钻孔工作量，控制一次起爆药量，爆破位置只在梯形缺口的边界进行，梯形缺口以内塔壁不采用大面积爆破[1]。预处理位置见图 3，具体做法：

（1）梯形缺口斜边宽 1.5m 范围采用风镐剔除混凝土。

（2）搭设施工台架至 11.8m，在+11.8～+13.3m 间沿塔筒壁环向布置预处理和爆破相间的板块，预处理、爆破板块均宽 1.5m 高 1.5m。

（3）底部人字柱爆破高度为 2.1m。

（4）为提高塔体触地解体破碎效果，在塔体倒塌方向+13.3m 以上的塔壁上另外切割 11 条宽 1.0m、高 9m 的切割缝。

（5）人字柱+5.6m 上部有 1 条高 2.0m、厚 0.5m 的圈梁，将缺口内的圈梁部分炸断，每隔 15m 设计 1 个炸点，共 7 个炸点，每个炸点宽 1.5m、高 2.3m。

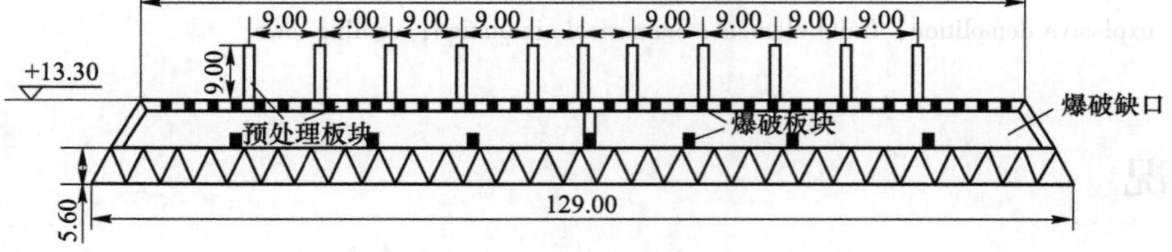

图 3　爆破缺口展开示意图（单位：m）

Fig. 3　Scheme of expanding blasting gap (unit: m)

2.3　爆破参数

2.3.1　塔壁爆破参数

考虑到塔壁配筋及爆破位置处塔壁平均厚度为 25cm，炮孔直径 36mm，孔距 $a=25$cm，排距 $b=25$cm，孔深 $l=16$cm，堵塞长度为炮孔深度的 1/3 左右，炸药单耗 $q=2560\mathrm{g/m^3}$，单孔装药量约 40g。

2.3.2　底部人字柱爆破参数

根据爆破圆心角设计，需要人字柱 24 对。每根人字柱单排布孔，顶部布孔 7 个，底部布孔 3 个，孔距 $a=30$cm，孔深 $l=25$cm，单耗 $q=1500\mathrm{g/m^3}$，单孔装药量 75g。

2.3.3　圈梁爆破参数

每个炸点宽 1.5m 高 2.3m。孔径为 40mm，孔距 $a=30$cm，排距 $b=30$cm，孔深 $l=30$cm，炸药单耗 $q=1560\mathrm{g/m^3}$，单孔装药量 75g。

2.4 爆破网路

本次爆破采用导爆管雷，梯形边爆破板块延期时间为 200ms，其他部位为 600ms。采用“大把抓”和四通连接联合使用的爆破网路。

3 爆破效果及其数值模拟

3.1 爆破效果分析

梯形缺口上底先起爆，约 0.5s 后底部人字柱起爆。爆破缺口形成后，冷却塔先是向缺口一侧倾斜运动，约 2s 后压垮支撑部位的人字柱发生下坐、前冲，背部从圈梁上部折断，最后塔体同地面发生碰撞。图 4 给出了起爆后冷却塔的运动连续图，整个过程历时约 8s。由于冷却塔体形大，塔壁薄，在倒塌过程中发生较大变形，尤其是在 4.0s 以后，冷却塔产生极大的扭曲变形，最后的倒塌高度 4~5m。因此，冷却塔失稳倒塌过程是：梯形上缺口形成后，冷却塔开始发生倾斜，随后底部立柱爆破，此时强大的弯矩作用压垮剩余的支撑柱，冷却塔下坐、倾倒，同时发生扭曲、变形。

图 4 冷却塔爆破倒塌过程

Fig. 4 Collapse of cooling tower after blasting

3.2 倒塌过程数值模拟

为了研究高耸薄壁结构的失稳力学特性（的倒塌运动/变形特性），为今后类似结构拆除提供方案设计及优化提供参考，选用动力有限元分析软件 ANSYS/LS-DYNA，对倒塌过程进行了模拟。研究的重点是炸药爆破缺口形成后建筑物在重力作用下的失稳、倒塌，而不考虑炸药爆炸的过程。因此，在仿真分析中均可做出下列一些基本假设[2]：（1）不考虑炸药产生的空气冲击波对结构的影响；（2）忽略爆破产生的应力在结构内扩散的“波效应”；（3）不考虑布置药包时的钻孔形式对结构构件的影响。

3.2.1 建模方案

冷却塔壁厚随高度变化而不同，建立三维模型更能反映真实的倒塌过程。整个塔体及地基均采用 SOLID164 实体单元，同时为了方便划分网格，利于求解，对底部人字柱作了简化：支撑部位的人字柱简化为具有大致相当承载能力的矩形立柱，缺口部分的人字柱则以实体钢筋混凝土代替，数量和尺寸也作了相应调整，使其接近结构的真实受力情形，不影响分析结果。

钢筋混凝土材料本构关系复杂，尤其是混凝土材料。完全考虑钢筋、混凝土及二者的黏结作用，不仅建模复杂，而且将会耗费大量的计算时间，通常将钢筋混凝土视为单质均匀材料[3,4]。对钢筋混凝土塔体采用整体式模型并定义为 MAT_ BRITTLE_ DAMAGE 脆性材料[5]。密度 2400kg/m^3，弹性模量

25GPa，泊松比 0.2，抗拉强度 1.5MPa，配筋率 0.5%，钢筋弹性模量 210GPa，屈服极限 240MPa，硬化模量 21GPa。地基假设为刚体，这样可以节省计算时间。塔体采用 * MAT_ADD_EROSION 控制材料失效：梯形缺口及预处理部分采用压力失效准则，人字柱采用时间失效准则，冷却塔主体采用主应变失效准则，取钢筋的极限应变 0.025。

3.2.2 倒塌效果模拟

图 5 给出了冷却塔爆破倒塌过程的动力仿真过程，从中可以看出：爆破缺口形成后，塔体先发生定向倾倒，此时支撑部分人字柱尚未失稳破坏，2.0s 后在强大的倾覆力矩的作用下发生受弯破坏，随后塔体加速倾倒。图 6 为倒塌中心线处及其两侧对称支撑柱的单元压力图，从中可以看出，倾倒过程中，单元所受压力小于 8MPa，未超过混凝土抗压强度，可以认为支撑人字柱的失稳是爆破缺口形成后，在强大的倾覆力矩作用下的受弯破坏。仿真过程基本再现了冷却塔倾斜、下坐、对地冲击解体以及折断等一系列过程，模拟结果同现实情形非常相似。

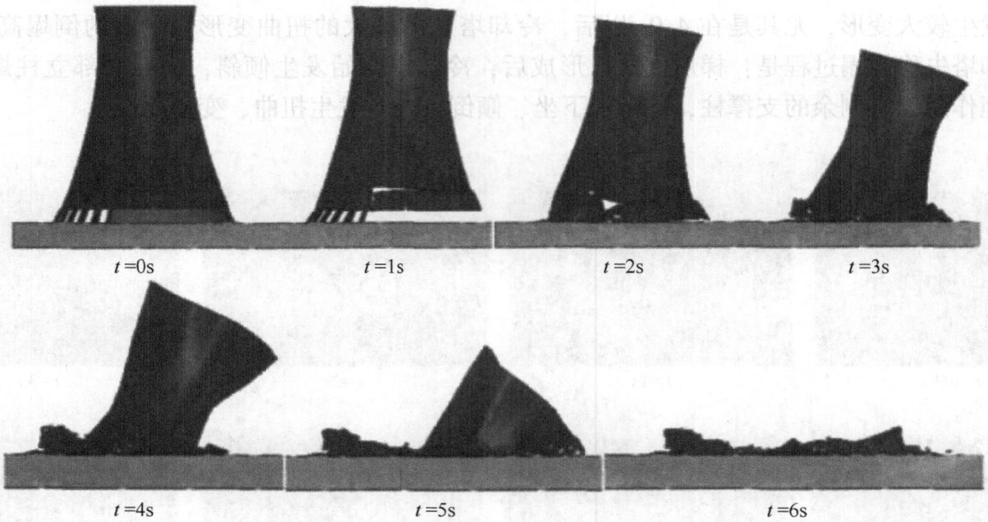

图 5 冷却塔倒塌过程模拟

Fig. 5 Simulation of the cooling tower collapse after blasting

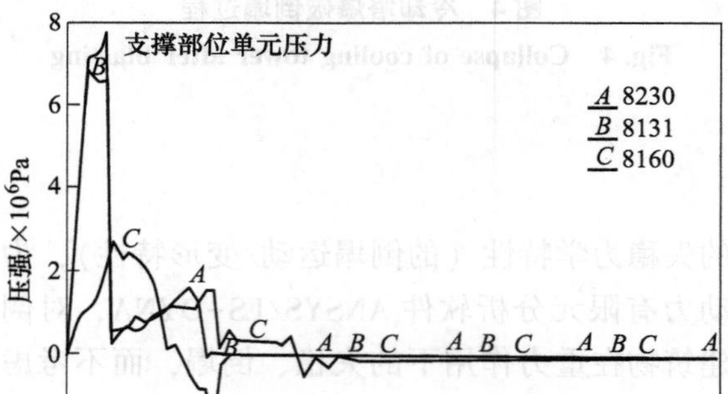

图 6 支撑部分人字柱单元压力图

Fig. 6 Elements pressure of the bear columns

4 结语

(1) 对高大筒体结构，爆破缺口的设计可以灵活施工，例如本冷却塔在按照梯形缺口施工时，只爆破梯形边，降低了炸药用量，节省了施工时间，省时省力安全高效。

（2）冷却塔结构由于塔壁较薄，塔身尺寸较大，在倒塌过程中通常会发生扭曲。

（3）采用动力有限元软件，塑性动力学材料模型可以较为真实地反映冷却塔的前冲、剪切破坏、扭折变形、对地冲击解体等运动过程，采用仿真模型可以为今后类似冷却塔的爆破拆除方案预演及优化提供参考和借鉴。

（4）仿真模型亦有不足之处：首先，地面假设为刚体，不能真实反映冷却塔冲击地面后的破碎解体以及由此产生的冲击震动，通常由于地面多为软弱土层且不平整，对结构的倒塌起到缓冲作用，结构解体尺寸会比较大，实际倒塌过程比仿真过程时间稍长了约 1s。其次，为简化计算模型，节省计算时间，没有考虑风荷载及空气阻力的影响，塔体倾倒速度和方向会受到风力的影响，风力较大时，还可能造成倾倒方向的偏差。

参考文献

[1] 傅建秋，郑建礼，刘孟龙．略阳电厂 84.8m 双曲线冷却塔定向爆破拆除［J］．爆破，2007，24（4）：41-44.

[2] 顾祥林，孙飞飞．混凝土结构的计算机仿真［M］．上海：同济大学出版社，2002.

[3] Luccioni B M，Ambrosini R D，Danesi R F. Analysis of building collapse under blast loads［J］. Engineering Structures，2004，26：63-71.

[4] 陆新正，江见鲸．世界贸易中心飞机撞击后倒塌过程的仿真分析［J］．土木工程学报，2001，34（6）：8-10.

[5] 过镇海．钢筋混凝土原理［M］．北京：清华大学出版社，1999.

薄壁钢筋混凝土水塔的爆破拆除

尤　奎[1]　张计划[1]　张敬刚[2]

（1. 北京中科力爆炸技术工程有限公司，北京，100190；
2. 广东宏大爆破股份有限公司，广东 广州，510623）

摘　要：介绍了薄壁钢筋混凝土水塔的拆除过程和在施工过程中遇到的问题，通过严格管理、科学施工，水塔最终按照预定的正西方向倒塌。为以后同类工程提供参考。

关键词：薄壁；水塔；爆破拆除

Blasting Demolition of Thin-wall Water Tower with Reinforced Concrete Structure

You Kui[1]　Zhang Jihua[1]　Zhang Jinggang[2]

（1. Beijing Zhongkeli Blasting Technique & Engineering Co., Ltd., Beijing, 100190;
2. Guangdong Hongda Blasting Co., Ltd., Gaungdong Guangzhou, 510623）

Abstract: The demolition process of thin-wall reinforced concrete water tower and the problems encountered during its blasting demolition construction progress were introduced. By means of strict management and scientific construction, the water towers was eventually collapsed in accordance with the predetermined direction (due west). All of which provided good references for the similar projects in future.

Keywords: thin-wall; water tower; blasting demolition

1　工程概况

待拆水塔位于河北省某公司家属区，因基建需要，业主决定采用控制爆破技术对水塔进行拆除。

1.1　水塔结构

水塔为薄壁钢筋混凝土结构，横断面为圆环形，顶部有蓄水池。水塔高 40m，塔身外直径为 5.73m，壁厚为 0.2m，单层布筋，竖向主筋为 $\phi18@200$ 钢筋，箍筋为 $\phi10$，塔体内有 1 根输水管及钢结构旋转楼梯，水塔底部正南侧有门，高 2.6m、宽 1.2m。水塔总重约 370t。

1.2　周边环境

水塔三面均有居民楼，仅正西方为空地。水塔东北、西南、西北方向距离居民楼分别为 7m、25m、30m。水塔周围环境如图 1 所示。

2　爆破方案与参数选取

根据水塔周围环境，仅西面有倒塌场地，故确定水塔爆破倒塌方向为正西。为准确地控制水塔起

原载于《工程爆破》，2011，17（4）：30，82-83。

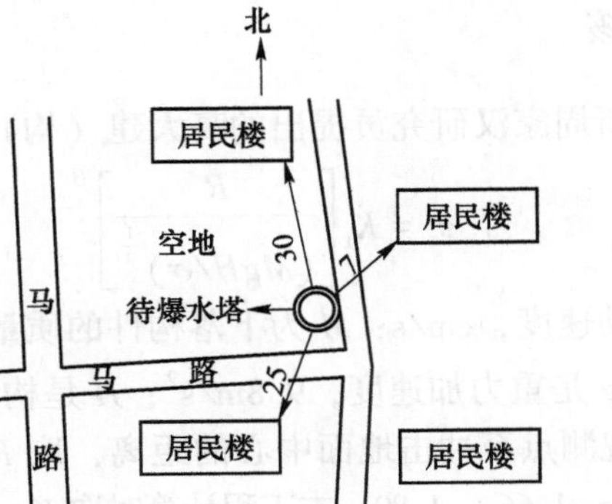

图 1 水塔周边环境示意图（单位：m）

Fig. 1 Scheme of the environments around the water tower (unit: m)

爆后的倒塌方向，在水塔倾倒中心线两侧对称开设定向窗，并将爆破切口内南门两边的门柱提前拆除。

2.1 爆破切口参数

（1）取爆破圆心角 $\theta=216°$，则切口长度 $L=(216/360)\ S=10.8\text{m}$，其中 S 为水塔外周长 18m。

（2）切口高度 $H_p=(1/6\sim1/4)\ D$，其中 D 为水塔直径 5.73m，得 $H_p=0.96\sim1.43\text{m}$，本工程取 $H_p=1.5\text{m}$。爆破切口下边沿在标高+0.5m 处。

爆破切口闭合时，水塔的质心必须偏移至水塔筒体以外才能保证其倾倒可靠性。

爆破切口闭合时，水塔的质心偏移距离为：

$$x=[Z_C^2+(r\sin\alpha_1)^2]^{1/2}\cdot\cos\left(\arctan\frac{Z_C}{r\sin\alpha_1}-\beta\right)-r\sin\alpha_1$$

爆破切口的闭合角 β 为：

$$\beta=\arctan\left(\frac{H_P}{R+r\sin\alpha_1}\right)$$

式中，R、r 分别为水塔底部的外、内半径，取 $R=2.865\text{m}$、$r=2.665\text{m}$；α_1 为定向窗角度，取 $\alpha_1=45°$；Z_C 为水塔相对爆破切口位置的质心高度。将水塔的数值代入，得水塔质心偏移至筒壁以外的距离为：$\Delta x=x-R=3.56\text{m}$。

通过计算可以看出水塔的质心完全能够移至筒壁以外，因此爆破切口高度的设计是合理的。

2.2 爆破参数选择[1]

钻孔深度 $l=0.62\delta=0.12\text{m}$，$\delta$ 为壁厚；炮孔间距 $a=0.2\text{m}$、排距 $b=0.2\text{m}$；炸药单耗取 $K=4000\text{g/m}^3$，单孔装药量 $q=Kab\delta=32\text{g}$，实际单孔药量上面 4 排炮孔取 30g、下面 4 排炮孔取 40g。采用矩形布孔方式，共布置 8 排 240 个炮孔，总装药量为 8400g。

2.3 起爆网路

采用非电起爆网路。下面 4 排为孔内 MS3 段导爆管雷管，上面 4 排为孔内 MS5 段导爆管雷管，孔外导爆管分别组成簇联，由 2 发电雷管连接一组簇联，将电雷管串联组成闭合起爆网路。

3 预处理与安全防护

3.1 预拆除

爆破前将水塔内的输水管、旋转楼梯部分切割。对 2 个三角形的定向窗预先人工开设，并切除钢筋[2]。

3.2 爆破触地振动安全校核

根据中国科学院力学研究所周家汉研究员提出的高大建（构）筑物倒塌落地振动公式[3]：

$$v_t = K_t\left[\frac{R}{(MgH/\sigma)^{\frac{1}{3}}}\right]^{\beta}$$

式中，v_t 为塌落引起的地面振动速度，cm/s；M 为下落构件的质量，$M=\pi R\times\delta\times H\times\rho=3.14\times5.73\text{m}\times0.20\text{m}\times40\text{m}\times2.60\text{t/m}^3\approx370\text{t}$；$g$ 是重力加速度，9.8m/s^2；H 是构件的高度，40m；σ 为地面介质的破坏强度，一般取 10MPa；R 为观测点至冲击地面中心的距离，取 $R=25\text{m}$；K_t、β 为塌落振动速度衰减系数和指数，$K_t=3.37\sim4.09$，$\beta=-1.66\sim-1.80$，本工程计算时取 $K_t=(1/3)\times4.09=1.36$，$\beta=-1.66$。

将以上数据代入公式可得距水塔最近居民楼的振动速度为 $v_t\approx1.30\text{cm/s}$。振速低于安全允许振速标准，满足《爆破安全规程》的要求[4]。

3.3 防护措施

（1）由于水塔体混凝土较脆，在施工过程中部分孔深未达到设计要求，因此填塞的长度不够，为此在防护时用长 2.0m、宽 1.0m、厚 0.015m 的木板贴在水塔壁上，用粗铁丝绑紧。

（2）为降低触地振动，水塔倾倒落地处用土袋堆一带状减振缓冲垫层，并在塔帽落地处挖一深 3m 的减振沟，将挖出的土堆在其周围。

（3）为减小爆破飞石及冲击波对周围民房的影响，在水塔的爆破切口一侧外围 0.5m 处，用土袋沿水塔垒一高 2.5m、宽 1m 的半圆形防护墙[5]。

4 爆破效果

爆破于 2010 年 5 月 26 日 14：00 时起爆，水塔按照设计方向倒塌，整个塔体呈扁平状，塔帽与塔体分离，部分塔帽冲进减振沟中的软土中。水塔爆后效果如图 2 所示。

图 2 爆破效果

Fig. 2 Blasting effect

采用 4850 振动测试仪实测的振速见表 1。

表 1 监测振动速度

Table 1 Vibration velocity monitored

测点	主振频率/Hz	最大振速/$\text{cm}\cdot\text{s}^{-1}$	备 注
1号	4.128	−0.628	塔身中心北侧 32.5m 处
2号	4.627	−1.087	塔身中心西侧 30.0m 处
3号	4.846	−0.683	塔身中心南侧 32.5m 处
4号	4.598	0.877	塔身中心东北侧 39.0m 处

《爆破安全规程》规定钢筋混凝土结构房屋安全允许振速最小为 3cm/s，由表 1 可见爆破塌落振速均在安全范围之内。

通过对爆破视频分析，防护材料最远飞散距离为 5m 左右，爆破飞石没有对周围房屋造成损坏，爆破达到预期效果。

参 考 文 献

[1] 汪旭光，于亚伦．拆除爆破理论与工程实例［M］．北京：人民交通出版社，2008.
[2] 谢瑞峰，傅菊根，宗琦，钢筋混凝土水塔爆破拆除［J］．工程爆破，2009，15（2）：74-75.
[3] 周家汉．爆破拆除塌落振动速度计算公式的讨论［J］．工程爆破，2009，15（1）：1-4.
[4] 中华人民共和国标准．GB 6722—2003 爆破安全规程［S］．北京：中国标准出版社，2004.
[5] 杨年华，薄壁钢筋混凝土烟囱和水塔定向爆破拆除［J］．工程爆破，2005，11（4）：42-45.

建筑爆破倒塌过程的摄影测量分析(Ⅳ)
——数据流分析与程序结构构建

崔晓荣[1,2]　郑炳旭[1]　周听清[2]　沈兆武[2]

(1. 广东宏大爆破股份有限公司，广东 广州，510623；
2. 中国科学技术大学 力学系，安徽 合肥，230026)

摘　要：从概念设计、模块设计、优化设计三个层面分析和论证了建（构）筑物爆破倒塌摄影测量分析系统的可行性和实用性，证明其是一个开放的、自我完善的、具有生命力的系统；通过该系统可对建（构）筑物爆破倒塌的运动过程、能量转化、爆堆形态和动力机理等进行全面系统分析。实践证明，该系统是获得倒塌过程中的各种物理、力学参数的最有效方法之一，是联系爆破工程中力学机理剖析、工程经验总结和科学模拟计算等其他研究方向的纽带，能够促进拆除爆破诸研究方向协调发展和总体提高。

关键词：拆除爆破；软件工程；近景摄影测量；影像处理；程序设计

Photogrammetry Analysis of Building-collapse by Blasting (Ⅳ)
—Data Elow Analysis and Program Frame Design

Cui Xiaorong[1,2]　Zheng Bingxu[1]　Zhou Tingqing[2]　Shen Zhaowu[2]

(1. Guangdong Hongda Blasting Co., Ltd., Guangdong Guangzhou, 510623;
2. Department of Mechanics, University of Science & Technology of China, Anhui Hefei, 230026)

Abstract: The feasibility and practicability of the close-range photogrammetry analysis system of building-collapse by blasting were discussed from three aspects (idea design, module design and optimization design), and this system is open, self-improving and vital. By this system, the movement process, energy transformation, fragment distribution and dynamic mechanism of building-collapse were analyzed comprehensively due to demolition blasting. The system is one of the best way to get the physical and mechanical parameters of demolition blasting buildings, and it is also the link of mechanical analysis, experience sumup and numerical simulation of demolition blasting buildings. Therefore, the method is benefit to the development of other research aspects about demolition blasting buildings.

Keywords: blasting demolition; software engineering; close-range photogrammetry; image processs; program design

1　引言

近景摄影测量作为摄影测量的一个重要分支，近一二十年以来获得了很大的发展，在高精度三维测量以及变形监测、工业检测等领域有了不少成功的经验[1-3]。例如我国已将近景摄影测量应用于文物保护，美国俄亥俄州立大学将近景摄影测量应用于移动测图系统等[4,5]。建（构）筑物爆破拆除倒塌过程中，各构件的位移、速度、加速度、动能、势能等物理量的变化过程是力学机理分析、工程经验总结、科学模拟计算的重要依据。基于工程实践的摄影测量分析，是获得这些参数的最有效方法之一。

基金项目：中爆协科技计划［中工爆协（2008）第4号］；广东省科技计划（2006B37301005）。
原载于《工程爆破》，2011，17（4）：71-78。

国内外还没有将主要应用于大地测量与遥感领域的摄影测量技术系统地引入工程爆破界，以往常常基于现场观看或简易的摄影设备，对建（构）筑物倒塌过程进行定性分析：一是由有经验的爆破工程师进行实地观察，或者观看爆破倒塌过程的摄影录像，根据经验和最终爆破效果主观地、定性地分析爆破倒塌过程；二是通过高速摄影机或摄像机获得建（构）筑物爆破倒塌过程的分幅图像，直接在图像上进行量测获得一些参数。前者仅仅是“摄影”，没有“测量”，是主观的定性分析；后者虽然有“摄影”和“测量”，但所采用的图像处理方法没有消除摄影畸变，误差大，甚至是错误的。

关于建（构）筑物爆破倒塌过程的摄影测量分析，1995 年瑞典的 Conny Sjöberg 和 Uno Dellgar 首次利用 64 帧/s 的摄影机对位于哥德堡的 10 层钢筋混凝土框架建筑物拆除进行了论述[6]，但其摄影测量原理和分析过程表述不详，虽多次在关于爆破新技术的综述文章中[7,8] 将该方法作为亮点提出，但应者寥寥；本文作者[9-11]、魏晓林教授[12,13] 等近几年来也对摄影测量进行系统化的研究，努力构建相对完整的体系，得到些许同行的关注[14] 并获得中爆协科技计划的立项。为了在同行中起到抛砖引玉的作用，吸引更多对摄影测量感兴趣的同仁，彼此借鉴和学习，共享数据，促进摄影测量在工程爆破领域更快、更好地发展。本文利用系统工程和软件工程的基本理念，主要从数据流分析与程序结构构建两方面对建（构）筑物爆破倒塌摄影测量分析方法进行论述。

2　软件系统概念设计

建（构）筑物爆破倒塌过程的近景摄影测量分析系统的数据流分析和程序结构设计，其必须满足“软件工程”的基本要求：

（1）建（构）筑物爆破倒塌过程的近景摄影测量分析，本质是采集工程实践的图像资料，依据图像资料分析总结工程实践中内蕴的自然规律，再将总结出的自然规律应用到工程实践中，所以其必须是一个“从实践中来，到实践中去”的开放的、自我完善的系统。

（2）作为一个程序（或软件）本身，首先需进行功能模块分析和数据流分析，从而勾画出程序的结构体系，包括层次结构和模块结构。

2.1　分析系统的自我完善体系构建

本分析系统的概念设计，参照“NOSA（National Occupational Safety Association）综合安全风险管理体系”的核心思想——PDCA（计划、执行、检查、处理）循环，建立一个可执行性强、持续进步的自我完善体系，如图 1 所示。建（构）筑物爆破倒塌过程的近景摄影测量分析系统的循环提升系统亦分两个循环体系：（1）基于某一工程自身的自循环体系；（2）基于推广应用的外循环体系。

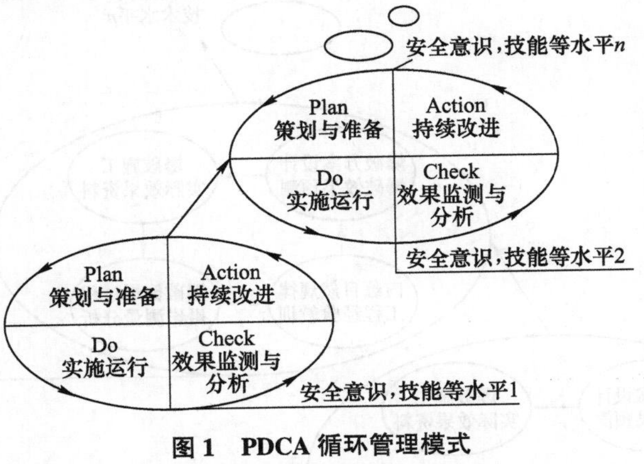

图 1　PDCA 循环管理模式

Fig. 1　Management model of PDCA

2.1.1　自循环体系

对于某一工程自身的近景摄影测量分析，从爆破工程案例中收集图像资料，进行摄影测量分析，获取建（构）筑物爆破倒塌过程的运动学和动力学参数，总结提炼其内蕴的自然规律，分析（或预测）爆破效果，看是否与爆破设计时的预想效果或爆破施工时的实际效果吻合，有哪些地方需要进一步完善和改进，其针对某一工程的自循环体系如图2所示。一个爆破工程案例，其实就是应用已知的爆破工程中的内蕴自然规律和工程经验教训进行爆破方案设计，同时进行爆破效果预测（预计爆破效果是否满足设计意图），再按照既定设计方案组织爆破施工、实施爆破并收集爆破效果资料。建（构）筑物爆破倒塌过程的摄影测量分析，其本质就是对收集到的实际爆破效果资料进行分析，总结提炼工程案例中蕴含的“内蕴自然规律和工程经验教训”，以便更准确地预测爆破效果（如通过科学数值模拟等手段复建）；再将模拟的预测效果与实际的爆破效果（摄影测量分析数据系实际爆破效果的定量描述）对比，进一步完善原已总结出的“内蕴自然规律、工程经验教训”。

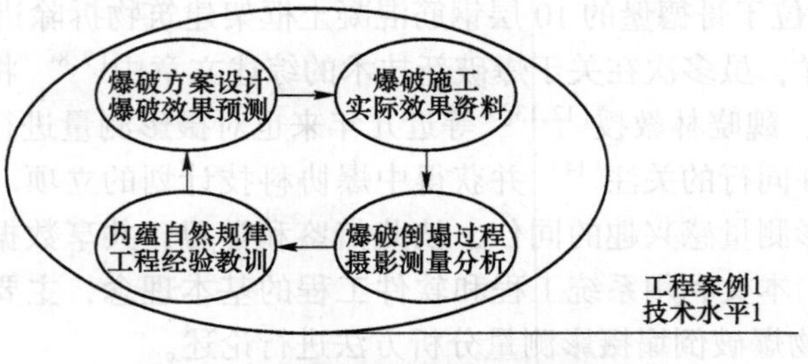

图2　近景摄影测量分析的自循环体系

Fig. 2　Inner circulatory system of close-range photogrammetry analysis

从科学研究方法上看，一般分为理论分析、实验研究（含工程实践）和科学模拟，图2中的“内蕴自然规律、工程经验教训”相当于理论分析，“爆破施工组织、实际爆破效果”相当于实验研究，而“爆破方案设计、爆破效果预测”则相当于“科学模拟”，可见“爆破倒塌过程摄影测量分析”是上述三者形成自循环体系的纽带。从PDCA循环系统方法上看，“爆破方案设计、爆破效果预测”则相当于计划（Plan），“爆破施工组织、实际爆破效果”相当于实施（Do），“爆破倒塌过程摄影测量分析”相当于检查（Check），而“内蕴自然规律、工程经验教训”则相当于处理（Action），构成一个循环促进、持续改进的自循环体系。

2.1.2　外循环体系

外循环就是借助摄影测量这个手段，分析不同的工程案例并总结规律，不断提高爆破技术水平，如图3所示。通过外循环体系，即不同工程案例的摄影测量分析，可促进爆破工程中力学机理剖析、工程经验总结和科学模拟计算等研究领域的协调发展和总体水平提高，同时也促进摄影测量分析技术本身的完善。

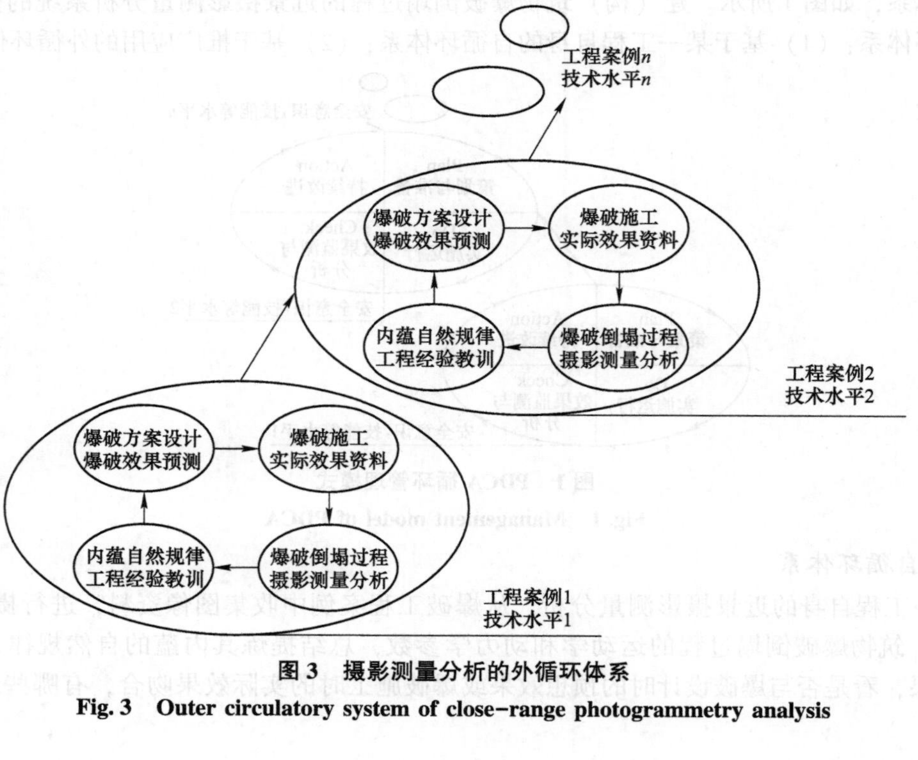

图3　摄影测量分析的外循环体系

Fig. 3　Outer circulatory system of close-range photogrammetry analysis

2.2 软件的层次结构体系设计

摄影测量学主要包括影像获取和影像处理（一般指单张和多张相片的影像处理）两个过程；但随着计算机的发展以及摄影测量学科专业化的发展趋势，影像处理的数字化、批量化、集成化、专业化成为研究的热点并逐渐独立，形成独立的分支和不可或缺的步骤。在信息化和专业化的时代，要将摄影测量的参数转化为行业参数（不再局限于遥感、地理信息等传统领域），使摄影测量分析自动化和集成化，形成界面友好的可视化数字产品，因此将摄影测量学的内容分为3个步骤，即影像获取、影像处理、专业化的数据后处理。建（构）筑物爆破倒塌摄影测量分析软件的结构体系设计也分为3个层次，分别为影像采集层、影像处理层和专业化的数据后处理层，如图4所示。

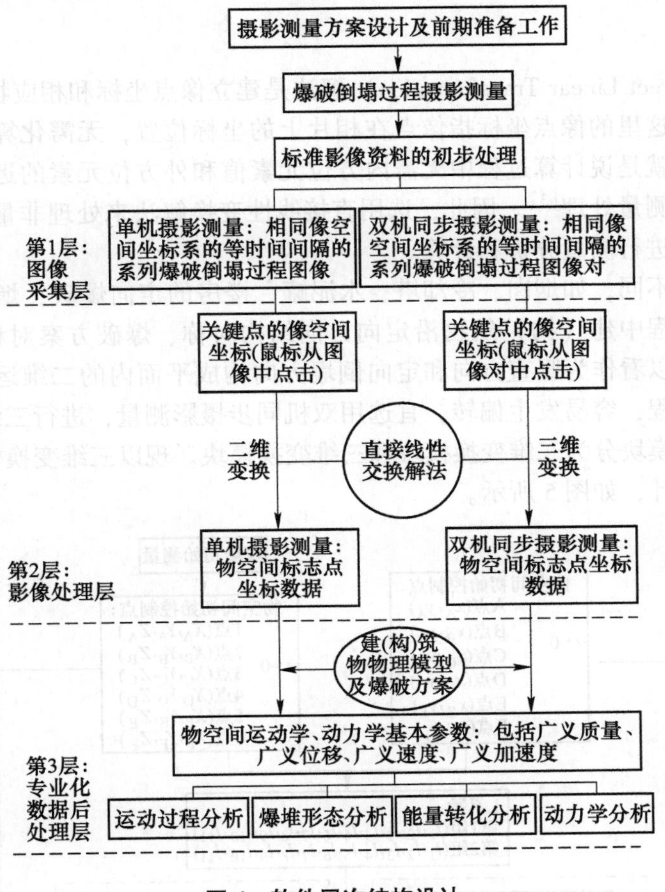

图4 软件层次结构设计

Fig. 4 Structure of close-range photogrammetry analysis software

软件结构体系分层化设计，有利于同行资料的共享（包括标准化的图像资料共享、摄影测量分析的基本数据共享等），起到抛砖引玉的作用。另外，将专业化比较强的、与工程爆破相结合的数据后处理过程相对独立开来，更利于将摄影测量分析技术引入工程爆破界，因为影像获取和影像处理所获取的数据是原始数据（具有共性），有利于同行借助此数据深入研究其他相关领域和研究分支，如将该摄影测量方法应用到不同工程，利用摄影测量分析数据建立力学分析模型等。

3 软件模块设计

基于程序（软件）的层次结构体系设计，定义软件的功能模块，编写程序说明文档，最后编写的程序并调试。软件模块化设计，纵向上随着研究的深入，发现程序需要优化时仅仅对相应的模块进行优化即可；横向上不同特点的工程，仅仅需要修改对应的输入参数模块，即可以顺利进行摄影测量分析。

3.1 图像采集模块

随着科技的发展，在硬件方面，数码摄像机的性价比越来越高；在软件方面，计算机图像批处理技术迅速发展，促使非量测用相机摄影测量分析理论得到快速发展和普遍应用，且其数据资料是通用的，便于共享。

图像采集模块就是通过非量测用数码摄像机对建（构）筑物进行摄影，并通过通用图像处理软件，从影像文件中截取等时间间隔的图片资料。二维分析为记录爆破过程的等时间间隔的系列图片，三维分析则为同步的系列图像对。如果用量测用相机、高速摄影机等进行图像采集，分析效果更佳，但设备较贵；非量测用数码相机已能满足建（构）筑物爆破倒塌过程分析的工程精度要求。

3.2 图像解析模块

直接线性变换（Direct Linear Transformation）解法是建立像点坐标和相应物点物方空间坐标之间直接的线性关系的算法。这里的像点坐标指像点在相片上的坐标位置，无需化算到以像主点为原点的坐标仪上的坐标读数，也就是说计算过程中无需内方位元素值和外方位元素的近视值，特别适用于非量测相机所设影像的摄影测量处理[3]。因此，选用直接线性变换解法来处理非量测用摄影机所摄的建筑爆破倒塌过程的图像，进行测量分析和计算。

考虑到工程实例的不同，如烟囱、冷却塔、水泥罐、楼房的定向爆破，烟囱、楼房的同向或反向折叠爆破，爆破倒塌过程中建（构）筑物沿定向方向结构对称、爆破方案对称，不会发生扭转现象，定向方向不会偏移，可以看作为竖直方向和定向倒塌方向构成平面内的二维运动；对于结构不对称或者爆破方案不对称的工程，容易发生偏转，宜选用双机同步摄影测量，进行三维空间坐标解析。因此，将第 2 层次的图像解析模块分为二维变换模块和三维变换模块。现以三维变换模块为例，分析数据流，进行软件的功能模块设计，如图 5 所示。

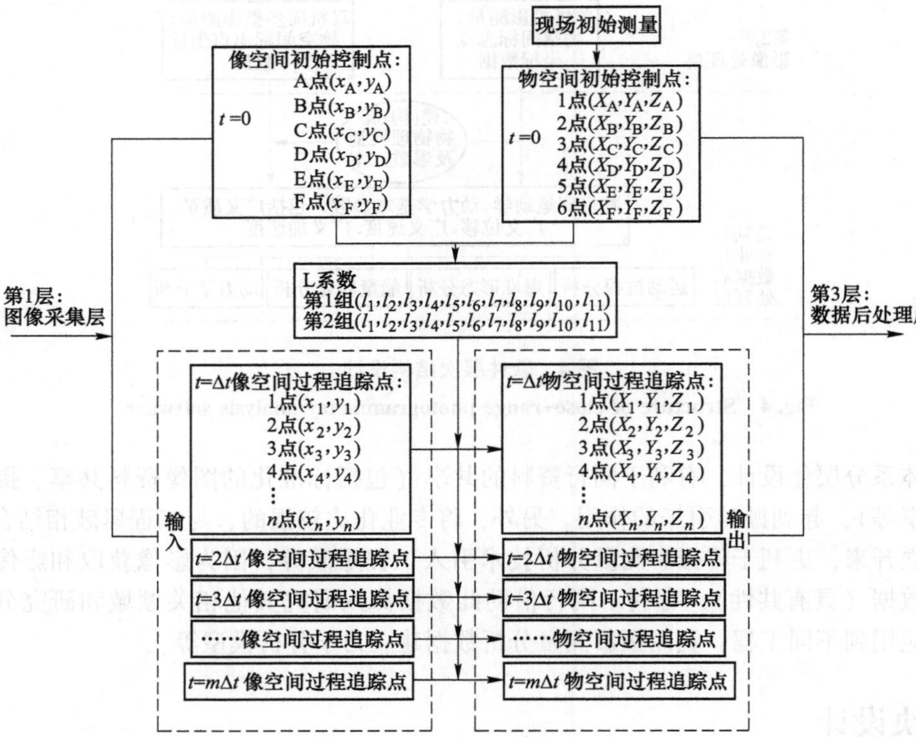

图 5 三维变换模块

Fig. 5 Three-dimension transformation module

二维变换模块的结构设计同图 5，系三维变换的特例，物空间点的 Z 坐标恒等于零，则 l 系数由 11 个减少为 8 个，且仅需 1 个系列的 l 系数，求解 l 系数时需的初始控制点也由 6 个减少为 4 个。

3.3 专业化数据后处理模块

专业化数据后处理共分5个功能模块，其中初始模型构建模块为输入模块，其结合图像解析模块的输出数据，进行专业化的数据后处理，分析建（构）筑物爆破拆除时的运动过程、能量转化、爆堆形态（含爆破后坐）和动力机理，即依次归入运动过程分析模块、能量转化分析模块、爆堆形态分析模块和动力学分析模块，均为输出模块。

（1）初始模型构建模块。通过多刚体运动学的分析，利用摄影测量所获得的关键点的运动轨迹（即位移随时间的变化），可推导出其速度和加速度；再通过空间变换，由摄影测量追踪点的运动参数换算到任何一点的位移、速度和加速度等运动参数。进行动力学分析时，必须建立建（构）筑物的空间模型，计算其广义质量参数（包括质量和转动惯量）。

几何模型建立时，参照国内通用建（构）筑结构设计软件（如PKPM、E-tabs等），由标准构件组成标准楼层，再由标准楼层组合成大楼模型。例如某待拆除21层大楼，1~4层、5~9层、10~18层、19~21层的结构布局相同，则将其分别定义为第1至第4标准层（见图6）。每个标准层（含该层的顶板，不含底板），通过柱、墙、梁、板等组合而成。为了建模方便，亦可引入门窗洞，其长宽高及位置等参数同柱、墙、梁、板等实体构件的定义，但密度和转动惯量定义为负数，即该构件的质量、惯性矩为负值，意味着从整体墙中扣除门窗，留出洞口。

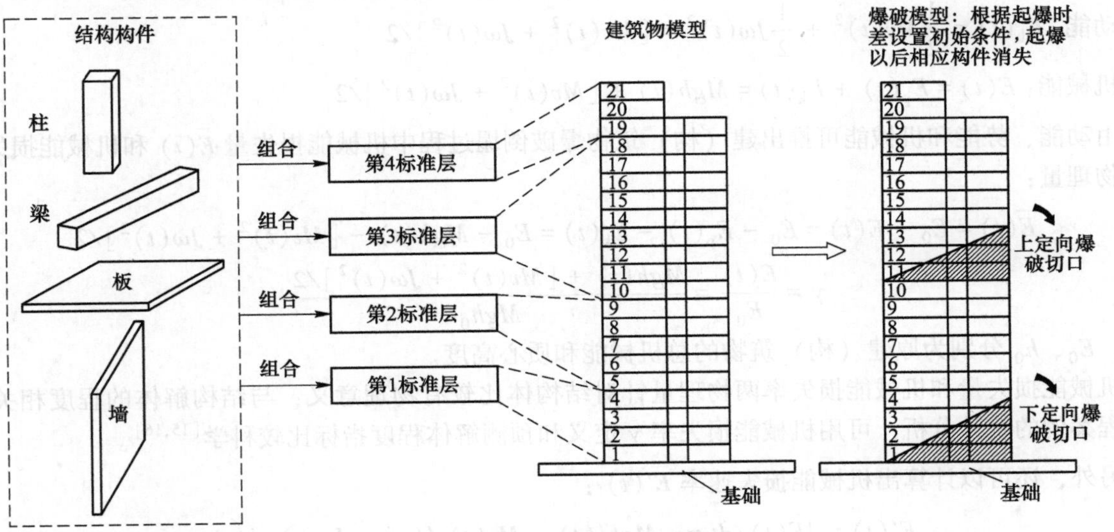

图6 建(构)筑物物理模型构建

Fig.6 Physical model of building

建（构）筑物模型建立以后，按照爆破设计方案中的爆破部位和起爆时差，给相关构件重新赋值，一般情况下将钻孔爆破构件起爆后的密度和转动惯量定义为零。

（2）运动过程分析模块。对摄影测量获得的过程追踪点在物空间内的轨迹变化情况，进行运动学分析，获得建筑物爆破拆除倒塌过程中各构件（或部分结构体）的位移、速度、加速度等物理量的变化过程。位移包括构件（或部分结构体）的质心平移和围绕质心的转动，位移对时间求导可获得平移速度和转动速度，速度对时间求导可获得平移加速度和转动加速度。

根据运动学方程，一个刚体（例如某一构件或者部分结构体）知道其任一点的平移和围绕该点的转动情况，就可以计算出该刚体上任意一点的广义位移、广义速度和广义加速度；但为了动力学分析的方便，还是以其质心来描述该刚体的运动情况比较方便。运动过程分析模块示意图见图7。

对于二维问题的运动过程分析，亦可以在起爆前计算出质心位置，在待爆破拆除建筑上标记，摄影测量时直接对质心进行跟踪；但有时因爆破粉尘等影响，往往追踪质心的历时较短，影响后续分析的精度（普通过程追踪控制点选取比较灵活，宜选在结构体的上部，较晚被爆破粉尘淹没，但要满足摄影测量解析变换的求解收敛要求和精度控制要求）。

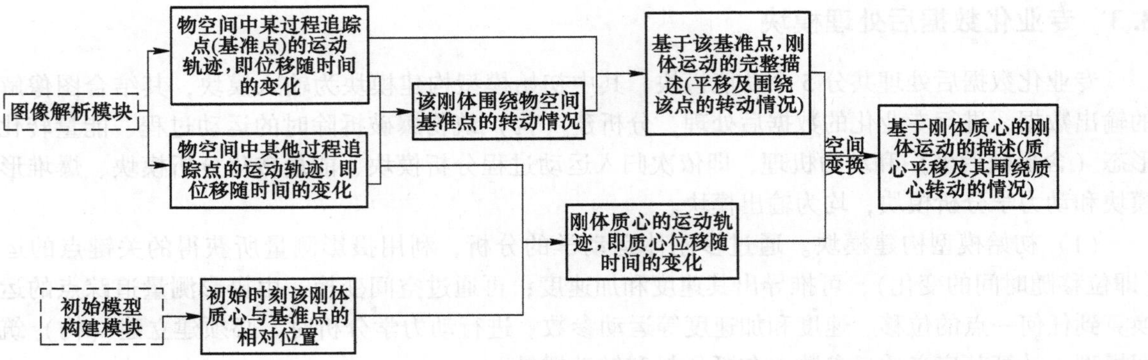

图 7 运动过程分析模块

Fig. 7 Module of movement process analysis

(3) 能量转化分析模块（含塌落冲击振动分析）。基于运动过程分析模块，摄影测量分析获得建（构）筑物倒塌过程的各构件（或部分结构体）的运动学和动力学参数（包括广义质量、广义位移、广义速度、广义加速度），可以计算其倒塌过程中的动能、势能、机械能等引申物理量。例如：

势能：$E_p(t) = Mgh(t)$

动能：$E_k(t) = \frac{1}{2}Mv(t)^2 + \frac{1}{2}J\omega(t)^2 = [Mv(t)^2 + J\omega(t)^2]/2$

机械能：$E(t) = E_p(t) + E_k(t) = Mgh(t) + [Mv(t)^2 + J\omega(t)^2]/2$

由动能、势能和机械能可推出建（构）筑物爆破倒塌过程中机械能损失量 $\overline{E}(t)$ 和机械能损失率 γ 两个物理量：

$$\overline{E}(t) = E_0 - E(t) = E_0 - E_p(t) - E_k(t) = E_0 - Mgh(t) - [Mv(t)^2 + J\omega(t)^2]/2$$

$$\gamma = \frac{E(t)}{E_0} = \frac{Mgh(t) + [Mv(t)^2 + J\omega(t)^2]/2}{Mgh_0}$$

式中，E_0、h_0 分别为原建（构）筑物的总机械能和质心高度。

机械能损失量和机械能损失率两物理量针对结构体比较有物理意义，与结构解体的程度相关。通过工程案例的统计分析，可用机械能损失率 γ 定义和预测解体程度指标比较科学[15,16]。

另外，还可以计算出机械能损失速率 $\overline{E}'(t)$：

$$\overline{E}'(t) = d\overline{E}(t)/dt = -Mgh'(t) - Mv(t)v'(t) - J\omega(t)\omega'(t)$$

机械能损失速率 $\overline{E}'(t)$ 往往与该时刻的塌落冲击力相关，预示着该时刻与触地点接触的构件的能量耗散情况，触地点可根据初始模型模块和运动过程分析模块确定[15,16]。因此，能量分析模块的数据流路径如图 8 所示。

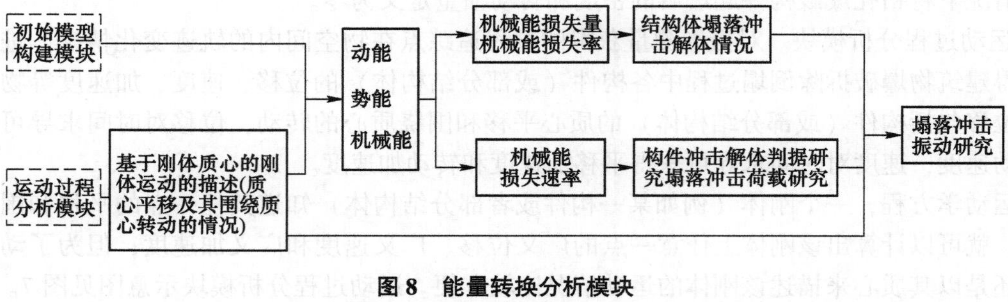

图 8 能量转换分析模块

Fig. 8 Module of energy transformation analysis

(4) 爆堆形态分析模块（含爆破后坐分析）。就爆堆堆积范围而言，在安全方面影响突出的有倾倒长度、最大侧堆宽度和后堆宽度 3 个参数[17]。所谓倾倒长度指爆堆在定向方向的堆积长度，假如建（构）筑物定向倒塌方向有要求保护的对象，需要控制倾倒长度；最大侧堆宽度指爆堆与建筑原址相比侧向的拓展宽度，牵涉到拟爆破建（构）筑物两侧的保护对象的安全；后堆宽度指爆堆与建筑原址相比，背后的拓展宽度（即通常所说的爆破后坐），牵涉到拟爆破建筑物背后的保护对象的安全。当然，爆堆高度和爆堆的稳定性也是评价爆堆的重要参数，随着爆碴破碎机械的发展，对爆堆高度和爆堆稳定性的要求有所降低，但爆堆过高或者不稳定，爆碴清理时存在安全隐患。

以往对爆堆形态描述往往是爆破塌落完毕后的最终结果测量，而利用摄影测量分析技术，可以完整地记录爆堆形状控制点（建筑外形轮廓点）的发展变化情况，是全方位、全过程的监控分析。因此，利用摄影测量可以多块好省地获得爆堆形态分布资料，能够更好地探究爆堆形态控制机理，从而指导后续爆破工程的精准控制爆破设计。

类似于运动过程分析模块，根据物空间中过程追踪点的运动轨迹和爆堆形状控制点（建筑外形轮廓点）与追踪点的相对位置，可计算得到爆堆形状控制点的运动轨迹。由于爆堆形状控制点仅仅关心位移参数，所以其数据流程仅仅为图 7 中的前半部分，直接用各点的距离约束条件和空间解析变换，求解爆堆形状控制点的空间运动轨迹。也可以对爆堆形状控制点（建筑外形轮廓点）直接进行摄影测量追踪定位，但其同样存在质心追踪的缺点，有些点起爆后很快被爆破粉尘淹没，导致无法追踪或者追踪历时短，导致分析误差较大；特别是爆破后坐控制点，往往起爆后就被灰尘淹没，无法直接追踪测量，但其可应用于离散体的追踪测量分析。爆堆形态分析的数据流如图 9 所示。

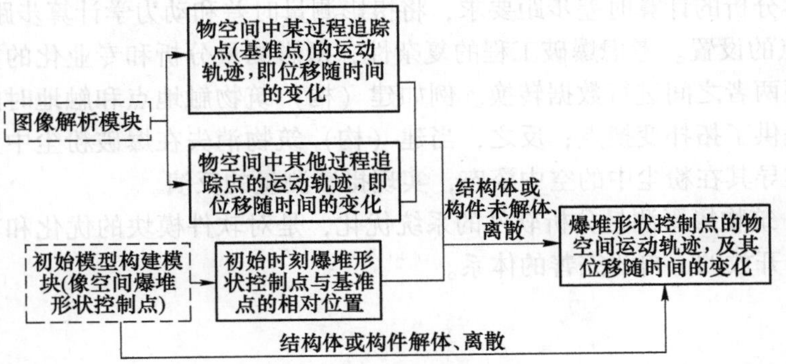

图 9　爆堆形态分析模块

Fig. 9　Module of muckpile form analysis

当然，也可以利用运动过程模块的输出结果“刚体的质心平移及其围绕质心的转动情况”和爆堆形状控制点与刚体质心的相对位置，计算爆堆形状控制点的空间运动轨迹（未离散时），但与图 9 中的流程相比，存在累计误差问题；但其优点是当爆破粉尘淹没追踪控制点后，可将运动学问题（运动过程分析模块）转入动力学分析模块，可继续计算爆堆形状控制点（建筑外形轮廓点）的位移情况。

（5）动力学分析模块。根据获得基本的运动学和动力学参数（包括广义质量、广义位移、广义速度、广义加速度）可以建立动力学和运动学方程如下：

动力学基本方程：力平衡 $\Sigma F = Ma = M\ddot{r}$

力矩平衡 $\Sigma L = J\alpha = J\ddot{\varphi}$

摄影测量中的直接线性变换解法（DLT）和变拓扑多刚体系统动力学计算均为矩阵形式（或张量形式）的计算解析方程，两者统一衔接于 Matlab 计算平台，数据完美对接。摄影测量分析可得出建筑物的实际运动过程，变拓扑多刚体系统动力学计算可以进行事前模拟预测，也可以和摄影测量分析结果对比，分析原力学模拟计算的不足，两者相互促进、共同发展。考虑到篇幅问题，这里不详细介绍动力学分析模块，其原理参见文献［18］，在爆破工程中的应用参见本公司魏晓林教授的相关研究[12,13]，但有待进一步模块化、集成化。

4　软件系统的优化设计

软件的概念设计和模块设计完成以后，还需进行优化设计。根据本公司的大量案例分析和存在的问题分析，优化设计主要集中在以下几个方面：

（1）直接线性变换矩阵的相关性判断。直接线性变换解法的变换矩阵必须线性无关才能求解，所以两台摄影机同步摄影测量时的6个初始控制点严禁布置在同一平面内；单机摄影测量时的4个初始控制点严禁布置在同一直线上。直接线性变换是否可以求解，其实就是对初始控制点是否共线（二维分析）或共面（三维分析）的判断。

（2）直接线性变换求解的稳定性判别。直接线性变换解法的误差大小，关键在于控制点的布置，除了共线或共面的限制外，初始控制点不宜集中，否则 l 系数的求解不稳定、误差较大。关于求解稳定性及误差分析的判断，可以通过像空间到实物空间的逆转变换进行判断，即将像空间的多余控制点变换到物空间，将变换后的物空间坐标与实际坐标进行对比，分析误差是否在工程容许的范围以内。

（3）直接线性变换求解的稳定性优化。尽管在直接线性变换的基本原理，摄影中心 $S(X_s, Y_s, Z_s)$、像点 (x, y) 和物点 (X, Y, Z) 共线方程中引入了系统误差改正数（x_0，y_0）、坐标轴不垂直性误差和比例尺不一误差引起的线性误差改正数部分，但为了使求解更稳定、补偿操作误差等，可以增加误差稳定性分析模块，利用多余控制点（设置初始控制点的个数多于上文中规定的最少控制点数），使 l 系数的求解更精确，相关理论见“双像解析的光束法”[3]。

（4）运动过程的数据拟合。近景摄影测量分析获得的物空间中过程追踪点的运动轨迹（位移参数）是离散的矩阵描述，可利用数据拟合和插值等保证数据的连续和稳定，导出高阶的速度和加速度参数，使满足动力学分析的计算时差步距要求，将摄影测量时差和动力学计算步距统一起来。

（5）拓扑变换点的设置。考虑爆破工程的复杂性，摄影测量分析和专业化的数据后处理中需要设置拓扑变换点，以便两者之间进行数据转换。例如建（构）筑物触地点和触地时间的摄影测量分析判断，为动力学分析提供了拓扑变换点；反之，当建（构）筑物消失在爆破粉尘中无法追踪测量时，可通过动力学计算，推导其在粉尘中的空中姿态，实现摄影测量的反演。

总之，建（构）筑物摄影测量分析软件的系统优化，是对软件模块的优化和功能的添加，不改变其主体结构，是一个开放的、自我完善的体系。

5 结论

（1）本文从概念设计、模块设计、优化设计三个层面分析和论证了建（构）筑物爆破倒塌摄影测量分析系统的可行性和实用性，证明其是一个开放的、自我完善的、具有生命力的系统；且该系统中的摄影测量分析、运动学分析、动力学分析等均采用矩阵描述，数据兼容并完美对接。

（2）关于该软件的数据流分析和程序结构设计方面的论证和分析，进一步证明了建（构）筑物爆破倒塌过程的摄影测量分析方法，是获得倒塌过程中的各种物理、力学参数的最有效方法之一，是联系爆破工程中力学机理剖析、工程经验总结和科学模拟计算等其他研究方向的纽带，促进诸研究方向协调发展和总体提高。

（3）建（构）筑物爆破倒塌过程的近景摄影测量分析方法的自我提高和完善，必须坚持“从实践中来到实践中去”，不断发现问题并解决问题；该方法的完善需要足够的样本空间，靠一个人或者一个团队的力量任重道远。希望本文能够起到抛砖引玉的作用，吸引更多对摄影测量感兴趣的同仁，彼此借鉴和学习，共享资料和数据，促进摄影测量能在工程爆破领域更快、更好地发展。

参考文献

[1] Wang Zhizhuo. Principles of Photogrammetry (with Remote Sensing) [M]. Beijing: Publishing House of Surveying and Mapping, 1990.

[2] 王佩军，徐亚明．摄影测量学（测绘工程专业）[M]．武汉：武汉大学出版社，2005.

[3] 冯文灏．近景摄影测量——物体外形与运动状态的摄影法测定 [M]．武汉：武汉大学出版社，2002.

[4] Fraser C S. Developments in Automated Digital Close range Photogrammetry [C] // ASPRS 2000 Proceedings, Washington. D. C, 2000.

[5] 程效军，罗武．基于非量测数字相机的近景摄影测量 [J]．铁路航测，2002（1）：9-11.

[6] Conny Sjöberg，Uno Dellgar. 拆除爆破高层建筑倒塌过程的研究［C］//第四届国际岩石爆破破碎学术会议. 罗斯马尼思 H P. 北京：冶金工业出版社，1995：455-460.
[7] 汪旭光．爆破器材与工程爆破新进展［J］. 中国工程科学，2002，4（4）：36-40.
[8] 汪旭光．中国工程爆破与爆破器材的现状及展望［J］. 工程爆破，2007，13（4）：1-8.
[9] 崔晓荣，郑炳旭，魏晓林，等．建筑爆破倒塌过程的摄影测量分析(Ⅰ)——运动过程分析［J］. 工程爆破，2007（3）：8-13.
[10] 崔晓荣，魏晓林，郑炳旭，等．建筑爆破倒塌过程的摄影测量分析(Ⅱ)——后坐及能量转化分析［J］. 工程爆破，2007（4）：9-14.
[11] 崔晓荣，魏晓林，郑炳旭，等．建筑爆破倒塌过程的摄影测量分析(Ⅲ)——测试系统分析［J］. 工程爆破，2010（4）：67-72.
[12] 魏晓林，魏挺峰．爆破拆除高耸建筑下坐动力方程［J］. 合肥工业大学学报（自然科学版），2009，32（10）：34-38.
[13] 魏挺峰，魏晓林，郑炳旭．摄像测量在建筑拆除力学研究中的应用［J］. 中山大学学报（自然科学版），2008，147（11）：1457-1461.
[14] 黄士辉．高层建筑不同爆破拆除方式的探讨［C］//第九届全国工程爆破学术会议. 山东青岛，2008.
[15] 庞维泰，杨人光，周家汉．控制爆破拆除建筑物的解体判据问题［A］//冯叔瑜．土岩爆破文集（第二辑）［M］. 北京：冶金工业出版社，1985：147-161.
[16] 庞维泰，金宝堂．构件在冲击载荷作用下的解体判据问题［A］//冯叔瑜．土岩爆破文集（第三辑）［M］. 北京：冶金工业出版社，1985：66-74.
[17] 冯叔瑜，张志毅，戈鹤川．建筑物定向倾倒爆破堆积范围的探讨［A］//冯叔瑜爆破论文选集［M］. 北京：北京科学技术出版社，1994：127-137.
[18] 洪嘉振．计算多体系统动力学［M］. 北京：高等教育出版社，1999.

爆破拆除的泡沫复合降尘机理

魏晓林　郑炳旭　李战军　刘　翼

（广东宏大爆破股份有限公司，广东　广州，510623）

摘　要：描述了流经格栅网孔的爆生尘气液滴群，和风阻气压迫使部分含尘气流从地板水浴流过液层接触，以及在狭窄封闭的廻流中，尘气紊流侵入与原有泡沫混合，均可形成含尘气泡沫和原有泡沫群包围的含尘空间。该气泡（空间）中的粉尘重力沉降在气泡（空间）内壁上，是最佳降尘方式。泡径（空间）越小降尘效率越高。当外向正压格栅阻隔空气条件下，可建立爆前原有泡沫、爆生尘气泡沫和液滴，在流速差时的复合降尘模型，并提出了包含泡沫、液滴、粉尘的一维尘气流动的质量平衡微分方程组，获得了解析解，由此可以得到结论：泡沫降尘暨具有自身捕尘又兼有液滴降尘的双重机理。在泡沫相对稳定期，泡沫具有较高的降尘效率；当泡沫迅速破泡后，变为大量液滴，形成突增性密集水雾，降尘效果也是显著的。泡沫外壁的捕尘机理，主要是截留和惯性碰撞。适当泡径的单泡群，降尘效率较好。在封闭或单侧敞开的一维尘流空间，阻隔空气混入较小的粉尘空间，提高粉尘浓度、泡沫流量和泡沫密度以及单泡的捕尘效率是提高泡沫总的除尘效率的途径。泡沫的降尘实验证明了以上模型是正确的，可用的。

关键词：爆破拆除；爆破粉尘；泡沫复合降尘

Mechanics of Forth Composite Deducting in Demolition by Blasting

Wei Xiaolin　Zheng Bingxu　Li Zhanjun　Liu Yi

（Guangdong Hongda Blasting Co.，Ltd.，Guangdong Guangzhou，510623）

Abstract：In this paper described，dust empty closed in foam and dust gas in bubble are all formed，when drips of liquid and dust gas flow pass though grid mesh，flux on floor though liquid to contact it and the turbulent flow of- dust gas inrushes into inhered foam. It is the best manner that dust sink by gravity on inter wall in gas foam（or gas empty）. The smaller diameter of bubble，the higher efficiency falling dust. When gas positive pressure points without grid mesh，the composite dedusting model to cover former foam before blasting，dust gas foam and drips of liquid can be established. The differential equations of mass balance of one dimensional gas flow to contain foam，drip of liquid and dust are obtained. Its parse solution is got. However，the conclusion can be obtained，that mechanism of foam dedusting double，whish are of own but also of drips of liquid. In forth comparative stability state foam dedusting efficiency is high. Since foam destroys greatly，a lot of drips of liguid have been changed and dense brume of water has been formed abruptly. Its dedusting efficiency is observable. Mechanism of catching dust on outer wall of bubble is mostly cutting and inertia butting. Dedusting efficiency of single bubble of propriety diameter is preferably. The air is obstructed to interfuse into small dust interspace in blockade or odd side open empty. Enhance of dust consistence，boosting foam flux，forth density and efficiency catching dust by odd bubble are approach enhancing dedusting total efficiency. It is proved by experiment of foam dedusting that model is correct and useful.

Keywords：demolition by blasting；blasting dust；forth composite dedusting

从2001年5月，广东宏大爆破股份公司相继在广州旧体育馆拆除以后的多项爆破拆除工程中，使用了泡沫为主的湿式综合降尘，取得了好的效果。但是，爆破拆除中泡沫降尘机理，却尚未清晰，现研究如下。

原载于《爆破》，2012，29（2）33-37。

1 隔阻栅内爆破烟云中的泡沫

爆破拆除混凝土立柱时，泡沫和水雾降尘综合措施如图 1 和图 2 所示。图 1 中爆破的钢筋混凝土立柱，断面 S_c 设为 0.4m×0.6m，从底板以上炸高为 $h_{bc}=2.4$m，炸药单耗的 TNT 当量 0.76kg/m^3。图中围栅结构可见，立柱爆破时，飞石应全部拦截在围栅 r_{s1} 内（可尽量利用预拆除的细钢筋做围栅）。堵塞炮孔爆破剩余能量系数取 0.08，爆破的冲击波超压 $\Delta p>0.3\sim1$MPa，将破坏起泡机生成的原有泡沫[1]。即 $R<0.55$m 的原有泡沫全部破灭，$r=0.55\sim1.0$m 原有泡沫将部分破灭，泡沫破灭生成雾滴而悬浮于围栅内。

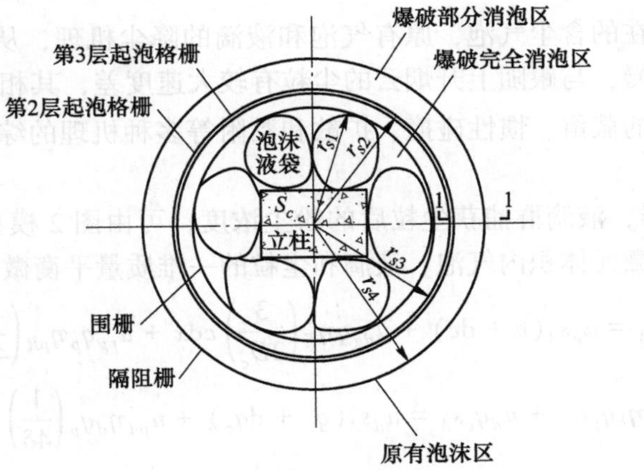

图 1　拦截飞石围栅和泡沫降尘栅平剖图

Fig. 1　Plane of round bar heading off slungshot and foam dedust bar

（$r_{s1}=0.7$m；$r_{s2}=0.8$m；$r_{s3}=0.815$m；$r_{s4}=1.0$m；1—1 剖面见图 2）

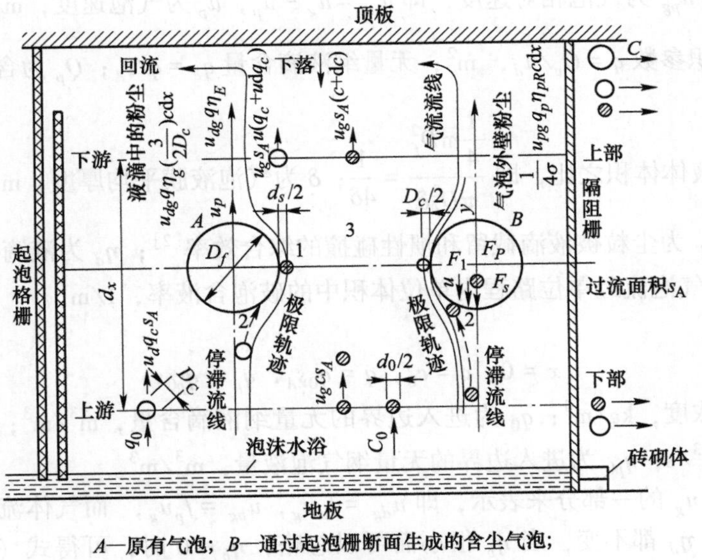

A—原有气泡；B—通过起泡栅断面生成的含尘气泡；

C—通过隔阻栅生成径向外流的含尘气泡；

○—液滴；⊘—尘粒；1—截留；2—惯性碰撞

图 2　气泡复合降尘模型（图 1 中的 1—1 剖面）

Fig. 2　Model of complex dedusting of air bubble

紧跟着爆破，向外的冲击波、飞石和爆生气体撞击破坏含泡沫液水袋，形成水雾流，并和越过围栅粒径小于 2.0mm 的砂粒和水泥石粉尘，通过第 2、3 层起泡格栅，当在格栅上的液滴形成的液膜将尘气包围，生成 6~25mm 泡径的泡沫。调节格栅半径 r_{s2} 和 r_{s3}，可调节爆破烟云的过栅流速，以获得更多的含尘气泡沫。格栅的风阻正压，同时将烟云压向地板含泡沫液的水浴，液层接触生成液滴和含尘气泡，在起泡格栅 r_{s3} 和隔离栅 r_{s4} 之间，与前述泡沫同时被上升烟云吹起。立柱可采用多段小药量从下段向上段的起爆次序，让飞石和爆生气体冲向底板形成廻流，即在 r_{s1} 烟云向下绕流，$r_{s3}\sim r_{s4}$ 间上升，再沿顶板流回入 r_{s1} 的环流。因此在 $r_{s3}\sim r_{s4}$ 间的烟云廻流中，存在上升的含尘气泡，原有气泡、液滴和尘粒。

2 泡沫降尘机理

2.1 泡沫外壁捕尘

在爆破立柱周围，存在的含尘气泡，原有气泡和液滴的降尘机理，从图 2 中可见，气泡和水滴因惯性较大，升速慢，弯流慢，与跟随上升烟云的尘粒有较大速度差，其相对速度分别为 u_{pg} 和 u_{dg}，从而发生气泡和水滴对尘粒的截留、惯性碰撞、扩散和黏附等多种机理的综合降尘[2]，而捕尘的液滴也会被气泡再度捕获。

在 r_{s4} 隔阻栅内气泡群，液滴群捕获尘粒后的粉尘浓度，可由图 2 模型推得。取 dx 位置段的过流断面内，容积 $s_A\mathrm{d}x$，在这微元体积内气泡、液滴和尘粒的一维质量平衡微分方程组为

$$u_g c s_A = u_g s_A(c + \mathrm{d}c) + u_{dg} q \eta_E \left(\frac{3}{2D_c}\right) c\mathrm{d}x + u_{pg} q_p \eta_{pR} \left(\frac{1}{4\delta}\right) c\mathrm{d}x \tag{1}$$

$$u_d \eta_b q_p \mathrm{d}x + u_d q_c s_A = u_d s_A(q_c + \mathrm{d}q_c) + u_{pd} \eta_d q_p \left(\frac{1}{4\delta}\right) q_c \mathrm{d}x \tag{2}$$

$$u_p q_p s_A = u_p s_A(q_p + \mathrm{d}q_p) + u_p \eta_b q_p s_A \mathrm{d}x \tag{3}$$

式中，c 为粉尘浓度，kg/m^3；u_g 为气体速度，m/s；u_d 为液滴速度，m/s；u_{dg} 为气液相对速度，m/s，即 $u_{dg} = u_g - u_d$；$\frac{3}{2D_c}$ 为液滴横截面积与液滴体积之比，即 $\frac{1/4\pi D_c^2}{1/6\pi D_c^3} = \frac{3}{2D_c}$；$D_c$ 为液滴平均直径，m；D_f 为气泡平均直径，m；u_{pg} 为气泡相对速度，即 $u_{pg} = u_g - u_p$，u_p 为气泡速度，m/s；Q_c 为液滴含量，即液滴含量代表的截面积参数 $q = Q_c/u_d$，m^2；无量纲液滴含量 $q_c = q/s_A$；Q_p 为含气泡液量，$q_p = \frac{Q_p}{u_p}$；$\frac{1}{4\delta}$ 为气泡横截面积与其液体体积之比，即 $\frac{\frac{1}{4}\pi D_f^2}{\pi D_f^2 \delta} = \frac{1}{4\delta}$；$\delta$ 为气泡液膜平均厚度，m；u_{pd} 为泡液相对速度，m/s，$u_{pd} = u_d - u_p$；η_E 为尘粒被液滴截留和惯性碰撞的综合效率[2]；η_d 为液滴被气泡截留和惯性碰撞的综合效率[3]；η_b 为气泡流经单位路程内单位体积中的破泡含液率，1/m。

边界条件

$$x = 0,\ c = c_0,\ q = q_0 s_A,\ q_p = q_{p0} s_A \tag{4}$$

式中，c_0 为边界粉尘浓度，kg/m^3；q_0 为进入边界的无量纲液滴含量，m^3/m^3；Q_0 为进入边界的液滴含量，$Q_0 = q_0 s_A u_d$，m^3/s；q_{p0} 为进入边界的无量纲气泡液量，m^3/m^3。

如果 u_{dg} 和 u_{pg} 用 u_g 的一部分来表示，即 $u_{dg} = f_d u_g$，$u_{pg} = f_p u_g$，而气体流量 $Q_g = u_g s_A$，并假设 u_g，f_d，f_p，η_{pR}，η_E，η_d 都不变，当 η_b 很小而可以忽略，$\eta_b \approx 0$ 时，可得式（1）和式（2）联立的解析解

$$c = c_0 \exp\left\{ -\frac{f_d}{f_p - f_d}(1 - f_p) \frac{\eta_E}{\eta_d}\left(\frac{6\delta}{D_c}\right) \frac{Q_0}{Q_p s_A} \cdot \left[1 - \exp\frac{-(f_p - f_d)\eta_d Q_p x}{4(1 - f_d)(1 - f_p)\delta Q_g}\right] - \frac{f_p \eta_{pR} Q_p}{4(1 - f_p)\delta Q_g} x \right\} \tag{5}$$

$$c_0 = Q_{bc}/(V_{sc} + V_{s0} - Q_l - Q_{gg}k_r) \tag{6}$$

式中，Q_{bc} 为立柱爆破的粉尘量，由式（2）计算；V_{sc} 为立柱爆破的烟云体积，m^3；当在隔阻栅 r_{s4} 有限空间内 $V_{sc} = (\pi r_{s4}^2 - s_c)h$，$h$ 为楼层净高，m；s_c 为立柱断面积，m^2；V_{s0} 为室内混入栅内空气体积，m^3；Q_l 为悬吊水袋和围砌盛水体积，m^3；k_r 为爆破冲击波后的残留泡沫比率，取 0.4；Q_{gg} 为原有泡

沫含气量，m^3，Q_{gg} 取 0.5($V_s + V_{s0}$)。

$$q_0 = [Q_{lg}(1 - k_r) + Q_l(1 - f_a)(1 - f_{lp})]/[(V_s + V_{s0} - Q_{gg}k_r)(1 - f_{pg})] \tag{7}$$

式中，f_{lp} 为形成含尘泡沫的水量比率；f_a 为黏附于围栅、格栅和阻隔栅的水量比率；f_{pg} 为生成含尘气泡的空气量比率，取 0.5；Q_{lg} 为栅内原有泡沫含水量，m^3。

$$q_{p0} = [Q_l(1 - f_a)f_{lp} + Q_{lg}k_r]/(V_s + V_{s0} - Q_l) \tag{8}$$

式（1）、式（2）和式（3）等各式，反映了泡沫复合捕尘的机理。从式（5）中可以看出，增大 Q_0 和 Q_p 会增大了 c 的衰减速率，特别是泡沫的截面积参数 $Q_p/4\delta$ 较大，必然引起粉尘浓度 c 大幅度下降，因此泡沫的降尘效率较高。

式（6）~式（8）可见，尽可能缩小隔阻栅的容积 V_{sc}，最大限度地减少混入栅内的空气 V_{s0}，都将提高 q_0、q_{p0}，进而提高 Q_0、Q_p 和 c_0 浓度，从式（5）可见它们都能提高降尘效率，因此隔阻栅降尘是必须的。当顶板下落（1~2s 之间[4]），r_{s4} 内的气体、尘粒、雾滴将通过隔阻栅径向外流，而泡沫则被隔阻栅拦截而破灭，泡沫破灭生成的液滴，在栅格中再次形成液膜，包围通过的尘气，再度形成栅外的含尘气泡，进入室内下部被原有泡沫覆盖。由此，液膜附着在隔阻栅上，以立柱爆破和顶板下落产生的向外正压，同时又阻止室内空气混入栅内廻流的含尘气体中，因此隔阻栅的向外正压隔阻技术是提高泡沫降尘效率的重要措施。

从 η_E 和 η_d 可见，过大的泡沫团直径 D_f，并不能提高捕尘效率 η_{pR}，实验表明最佳降尘率的 D_f 应当适当大于 $150d_p$。因此泡沫群应分离为气泡，才能提高泡沫在空气中的降尘效率。

式（1）~式（3）为包含泡沫、液滴和粉尘的一维尘气流动模型的质量平衡方程组，式（5）是泡沫相对稳定，$\eta_b \approx 0$ 时方程组的解析解。它适合于在封闭的或一侧敞开的一维空间尘流。如上述的隔阻栅的尘气流，一侧敞开切口的从室内外流的一维泡沫尘气流和导尘排栅围逼迫使尘气升空的室外一维泡沫、液滴尘气流，都遵从式（1）和式（2）描述的规律。当尘气流处于急转弯或被拦泡网截留等迅速破泡时刻，泡沫破灭将按微分方程（3）的解 $Q_p = u_p q_{p0} s_A e^{-\eta_{bx}}$ 而急速减少，泡沫将按微分方程（2）转变为大量液滴，形成突增性密集水雾，其降尘的效果是显著的。因此，泡沫降尘既是自身捕尘又兼有液滴降尘的双重机理。

2.2 泡沫内壁降尘

从以上分析可见，爆破初期含尘气泡沫（空间）在隔阻栅 r_{s4} 内，变速升降廻流，而顶板下落，外泄出隔阻栅，经水平流动，沿楼房底层流出建筑物后，则先由导尘排栅迫向升空而后随下塌建筑物上方向下涡流下降廻流。处于气泡内含尘气中尘粒，将遵循重力沉降规律最终沉降黏附在气泡内壁上。其模型见图 2 中 B 气泡，泡内有直径为 d_p 的尘粒，由重力 F_g 和恒加速度 a_g 的惯性力 F_s 而产生的沉降。假定尘粒为球形，粒径在 3~10μm，符合斯托克斯定律的范围[5]，若粒子从气体中分离速度为 u，则受到气体的黏性阻力 F_p，可近似以层流计算，得

$$u = \frac{d_p^2(\rho_p - \rho_g)(g + a_g)}{18\mu} \tag{9}$$

由上式可见，在重力场内恒加速度或匀速运动气泡中，尘粒相对气泡的沉降速度与尘粒的平方成正比。做变加速度的气泡一旦加速结束，a_g 恒定或为 0，尘粒沉降速度将按式（9）而稳定沉降。同理，当尘粒粒径较大，沉降为紊流或在其过渡区，应采用其相应沉降阻力公式[6]。

现以气泡内的含尘气体计算，当 3.3m 楼房层高，梁下室内净高 $h = 2.6$m 下落所需时间大于 $t = \sqrt{2h/g} = 0.728$s 时，大于 10μm 粒径的粉尘经计算都将沉降而黏附在 10mm 泡径的气泡内壁上。因此，在含尘气体中包含的粉尘基本被捕获，由此可见，泡沫包含尘气的降尘效果是最好的。因此可以推断，泡径空间越小捕尘效率越高。

3 实验和讨论

为了验证泡沫降尘效果，在实验室进行了一侧敞开的一维空间尘流的泡沫和水雾降尘比较[7]。见图3。

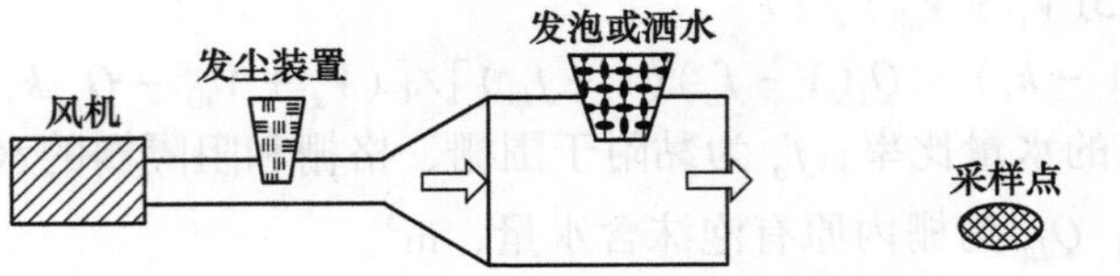

图 3 降尘效果实验装置示意图

Fig. 3 Dedusting experiment

降尘效果测定方法如下：在发尘装置内装入爆破现场收集到的积尘，在发尘的同时，开动风机将这些尘吹出。在采样点布置采样器，测量在相同的发尘量情况下，采用泡沫降尘、洒水降尘和不采取任何措施 3 种情况下，采样点的降尘量，然后进行比较。此项试验共进行了 4 次，实验结果见表 1。

表 1 实验降尘效果测定值

Table 1 Dedusting experimental meansure

实 验	实验序号	1	2	3	4
无措施	尘量 $C_0/\mathrm{mg\cdot m^{-3}}$	78.6	86.5	122.3	200.5
洒水降尘	尘量 $C/\mathrm{mg\cdot m^{-3}}$	34.5	35.2	73.6	112.4
	效率 $\eta_W/\%$	56.1	59.3	39.8	43.9
泡沫降尘	尘量 $C/\mathrm{mg\cdot m^{-3}}$	3.4	3.3	15.3	32.3
	效率 $\eta_F/\%$	95.7	96.2	87.5	83.8

从表 1 中可见，泡沫捕尘的降尘效率明显高于洒水降尘，洒水降尘的效率不超过 60%，泡沫降尘的效率均为 83%以上。而泡沫从表 1 的实验结果可以看出，泡沫和洒水都能降尘，这与式（1）是一致的。从式（1）可见，泡沫的降尘效率与液膜厚度有关[8]，泡沫发泡可达 50~200 倍，直径 10mm 的泡沫，液膜厚 δ 可小于 10μm。当尘粒径 $d_p=40\mu\mathrm{m}$，洒水水雾最佳液滴直径 $D_c=10d_p$，约为 400μm。如果 $\delta=50\mu\mathrm{m}$，略去各自直径最佳捕尘效率 η_{pR} 和 η_E 的差异，则气泡的横截面积与气泡液体体积之比 $\frac{1}{4\delta}$ 为液滴横截面积与液滴体积之比 $\frac{3}{2D_c}$ 的 5/3.75 = 1.33 倍，因此泡沫的降尘效率比水雾高，已为以上实验结果所证明。另外，爆破拆除广东省委机关 3 号楼、广州天河城西塔楼、青岛远洋宾馆时，采用一侧敞开的一维空间尘流泡沫和水雾降尘，也取得显著效果。由此，工程实践和该降尘实验都证明，气泡、液滴复合捕获尘粒模型、方程式（1）、式（2）、式（3）和其解式（5），是正确的。因此，严格执行对爆破体和坍塌点的粉尘封闭、隔阻和导向等措施，将更加改进现行工程中泡沫复合降尘的效果。

4 结语

（1）流经格栅网孔的含液滴群的爆生尘气，和风阻气压迫使部分含尘气流从地板水浴流过与液层接触，以及在狭窄封闭的廻流中，尘气紊流侵入与原有泡沫混合，均可形成含尘气泡沫和原有泡沫群包围的含尘空间。

（2）含尘气泡（空间）中的粉尘，重力沉降在气泡（空间）内壁上，是最佳降尘方式。泡径（空间）越小，降尘效率越高。

（3）提出的包含泡沫、液滴、粉尘的一维尘气流动，泡沫复合降尘模型，及其质量平衡方程组，和其解析解，实验证明是正确的，可以应用。

（4）泡沫降尘暨具有自身捕尘又兼有液滴捕尘的双重机理。在泡沫相对稳定期，泡沫具有较高的降尘效率；当泡沫迅速破泡后，变为大量液滴，形成突增性密集水雾，降尘效果也是显著的。泡沫外壁的捕尘机理，主要是截留和惯性碰撞。

（5）在封闭或单侧敞开的一维尘流空间，隔阻栅的向外正压隔阻技术，阻隔空气混入较小的粉尘空间，是提高泡沫降尘效率的重要措施。适当泡径的单泡群，降尘效率较好。较小的粉尘空间而提高粉尘浓度、泡沫流量和泡沫密度以及提高单泡的捕尘效率是改进泡沫总的除尘效率的途径。

参 考 文 献

[1] 孙来九，吕文舫．超声波消除泡沫的研究［J］．化学工程，1995，23（5）：70-72.
Sun Laijiu，Lü Wenfang. Research eliminating foam by ultrasonic［J］. Chemical Engineering，1995，23（5）：70-72.

[2] 黄本斌，王德明，时国庆，等．泡沫除尘机理的理论研究［J］．工业安全与环保，2008，34（5）：13-15.
Huang Benbin，Wang Deming，Shi Guoqing，et al. Theory research of mechanism dedusting with foam［J］. Industrial Safety and Environmental Defend，2008，34（5）：13-15.

[3] 金龙哲，李晋丰，孙玉福．矿井粉尘防治理论［M］．北京：科学出版社，2010.
Jin Longzhe，Li Jinfeng，Sun Yufu. Theory of preventing and curing dust in mine［M］. Beijing：Science Publishing Company，2010.

[4] 魏晓林．建筑物倒塌动力学及其爆破拆除控制技术［M］．广州：中山大学出版社，2011.
Wei Xiaolin. Dynamics used on building demolition by blasting and controlled theory［M］. Guangzhou：Sun Zhongshan University Publishing Company，2011.

[5] 沈伯雄，鞠美庭．大气污染控制工程［M］．北京：化学工业出版社，2007.
Shen Boxiong，Ju Meiting. Control engineering of atmosphere pollution［M］. Beijing：Chemical Engineering Publishing Company，2007.

[6] 季学李．大气污染控制工程［M］．上海：同济大学出版社，1992.
Ji Xueli. Control engineering of atmosphere pollution［M］. Shanghai：Tongji University Publishing Company，1992.

[7] 李战军．建筑物爆破拆除降尘技术研究［R］．广州：广东宏大爆破股份有限公司（成果鉴定资料），2008.
Li Zhanjun. Technology research of dedust in demolishment of building by blasting［R］. Guangzhou：Guangdong Hongda Blasting Co Ltd（Achievement Datum Appraised），2008.

[8] 支学艺，何锦龙，张红婴．矿井通风与防尘［M］．北京：化学工业出版社，2009.
Zhi Xueyi，He Jinlong，Zhang Hongying. Ventilation and preventing dust in mine［M］. Beijing：Chemical Engineering Publishing Company，2009.

拆除爆破中的大规模起爆网路的可靠性分析

崔晓荣[1]　李战军[1]　周听清[2]　沈兆武[2]

（1. 广东宏大爆破股份有限公司，广东 广州，510623；
2. 中国科学技术大学 近代力学系，安徽 合肥，230027）

摘　要：通过对比分析电雷管起爆网路和非电导爆管雷管起爆网路的优缺点，认为拆除爆破中的大规模起爆网路宜采用非电导爆管网路。非电导爆管网路中，推荐方便快捷、安全可靠的纯“大把抓”网路和“大把抓”、四通复式网路，前者具有防水功能，后者网路层次分明。可靠度计算与工程实践均证明上述推荐的 2 种非电起爆网路，能够一次安全可靠的起爆成千上万发雷管，安全可靠性高。

关键词：拆除爆破；起爆网路；可靠度分析

Reliability Analysis of Large-scale Priming Circuit Used in Blasting Demolition

Cui Xiaorong[1]　Li Zhanjun[1]　Zhou Tingqing[2]　Shen Zhaowu[2]

（1. Guangdong Hongda Blasting Co.，Ltd.，Guangdong Guangzhou，510623；
2. Department of Mechanics，University of Science & Technology of China，Anhui Hefei，230027）

Abstract：According to comparison of electric priming circuit and non-electric nonel tube system，the latter is suggested to be adopted in demolition blasting，especially in the case of large detonators. The non-electric nonel tube system such as batch nodes only，or batch nodes & 4-way nodes，is used generally，because they are convenient and efficient，and the former is immune to water，while the latter is concise. The reliability analysis and engineering practices both show that if the two non-electric nonel tube system discussed above are used properly，thousands of detonators can be primed simultaneously.

Keywords：blasting demolition；priming circuit；reliability analysis

城市中高大建（构）筑物的爆破拆除，往往周边环境复杂，允许倒塌的空间狭窄，要求准确地控制爆破倒塌姿态和爆堆范围。从要求爆破的高大建（构）筑物的结构特点看，由以往的砖混结构和框架结构转变为框架剪力墙结构、剪力墙结构和筒体结构，与传统的竖向承载构件立柱相比，剪力墙和筒体的钢筋混凝土体积增大，而且墙体薄，每发雷管的作用范围小，所以爆破单位体积的钢筋混凝土所消耗的雷管特别多。另外，周边环境复杂，允许倒塌的空间狭窄，越来越多的建（构）筑物采取多切口折叠爆破或原地坍塌爆破技术，与底部单切口定向爆破技术相比，爆破部位显著增加，往往需要消耗大量的雷管和炸药，需要合理设计大规模起爆网路，一次安全起爆成千上万发雷管，并有效控制各种爆破危害效应。由此可见，爆破网路可靠性研究显得十分重要。

1　非电导爆管起爆网路可靠性计算分析

在城市控制爆破拆除过程中，大规模电起爆网路虽历史悠久，但由于网路设计、施工及安全等方

基金项目：广东省科技计划资助（2006B37301005）。
原载于《爆破》，2012，29（2）：110-113。

面的要求严、风险高，因此很少采用[1,2]。如果将安全可靠度设计引入常用的非电导爆管起爆网路的设计和施工中，网路传爆路经层次分明，施工组织有条不紊，可以大大提高网路的可靠性。

起爆网路的传爆可靠度 R 可采用最大路径原则来定量分析，即采用整个网路最远接点处的准爆率来表征整个网路的起爆可靠度[3,4]，用最薄弱的节点表征整个网路，主要考虑到以下几点：（1）起爆网路的传爆可靠度十分重要，关系到整个爆破工程的成败；（2）最薄弱的环节是最需要提高可靠度的地方，有利于低成本优化网路设计；（3）起爆网路设计中，要求各个起爆元件的可靠度均衡，统一了网路传爆可靠度与经济合理性；（4）起爆网路中各个起爆元件的可靠度均衡，网路层次分明有序，便于有序组织施工和网路检查，减小操作引起的可靠度下降。

因此，大规模起爆网路的设计，起爆网路中各个起爆元件的可靠度均衡是最重要，不妨称之为“可靠度均衡原则”。起爆网路的传爆可靠度 R 一般分为主线的传爆可靠度 R_1 和孔内雷管的传爆可靠度 R_2，应分别计算[5,6]。

在可靠度计算时，假设每次爆破使用的爆破元件是同一工厂同一时期生产的同一批产品，导爆管雷管准爆率相同；假设起爆网路连接施工无失误，导爆管雷管起爆后网路传播过程有序，传爆路径与设计意图吻合。

2 各种非电导爆管起爆网路可靠性计算

2.1 纯四通连接的非电网路

纯四通连接的非电起爆网路，类似电雷管起爆网路的“串连”“并连”混合结构。由于使用四通，每个节点的通路有限，纯粹的并联不可能，纯粹的串联有违可靠度均衡原则，网路的可靠度低。

依据可靠度均衡原则，设计出的网路往往分干线和支线 2 个层次，支线如图 1 所示的串连结构，而且各个支线的串联长度差不多。从传爆路径上看，每一个节点用四通并联 4 根导爆管，一般情况下为“一根进、一根出、两根连接孔内爆破雷管”，即从一根导爆管传入爆轰波，通过网路连接点（四通），起爆 2 发雷管，同时传出爆轰波，到下一个网路连接点。

基于最大路径原则，如图 1 所示的支线的传爆可靠度为

$$R_2 = (p_1)^m \tag{1}$$

式中，R_2 为单条支线的可靠度；p_1 为四通传爆的可靠度；m 为支路串联顺序传爆的四通节点数。

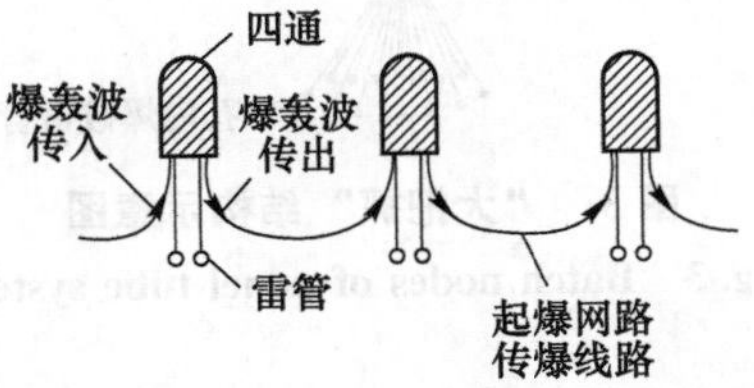

图 1　纯四通连接的非电网路串联支路

Fig. 1　Nonel tube system with 4-way nodes in series

如图 2 所示的干路部分的传爆可靠度为

$$R_1 = (p_1)^n \tag{2}$$

式中，R_1 为单条干线的可靠度；p_1 为四通传爆的可靠度；n 为干路串联传爆的四通节点数。

基于“最大路径原则”计算网路的安全可靠度，如果每条支路有 2 条干线的传播路径（图 2 支路的端部再导出一条干路），所以孔内雷管的安全可靠度为

$$R = p_0 R_2 [1 - (1 - R_1)^2] \tag{3}$$

式中，R 为起爆网路的可靠度；p_0 为雷管的可靠度。

从式（3）可以看出，基于“最大路径原则”，四通传爆和孔内雷管的可靠度一定，支路串联的四通节点数 n 和干路串联的四通节点数 m 决定了孔内雷管的可靠度，证明了“可靠度均衡原则”的正确性，使网路的经济合理性和安全可靠性统一。如果支路串联的四通节点数 n 和干路串联的四通节点数 m 相差太大，甚至数量级的差别，将降低网路的安全可靠度。

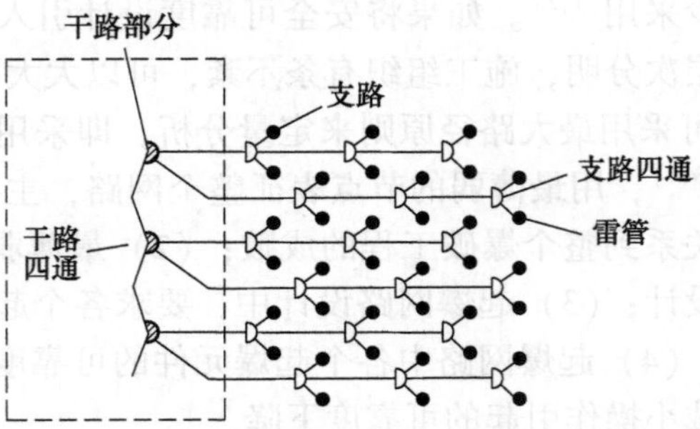

图 2　纯四通连接的非电网路

Fig. 2　Nonel tube system with 4-way nodes

如果一个爆破工程，要求一次起爆几万发雷管，n 和 m 都很大，安全可靠度大大降低，而且网路连接工作量大，工作效率十分低，所以不推荐使用。

2.2　纯“大把抓”非电网路

纯“大把抓”非电起爆网路，一般为树状结构或链式结构，或两者的混合。纯“大把抓”的网路，起爆网路施工时，从底层到高层，网路底层用 1 发或 2 发雷绑扎孔内雷管的脚线，起爆 20~30 发导爆管雷管（俗称“大把抓”）。

一般情况下，拆除爆破中，2 发雷管绑扎孔内雷管的脚线形成“大把抓”，孔内用单发雷管，如图 3 所示。如果两发网路传爆雷管都不响或不能传爆，则整个“大把抓”的孔内雷管都不响。“大把抓”传爆的可靠度为

$$R'_2 = p_1[1-(1-p_0)^2] \tag{4}$$

式中，p_0 为雷管的可靠度，p_1 为“大把抓”传爆的可靠度。

对于底层的“大把抓”，其下一层结构为孔内爆破雷管，因此底层“大把抓”连接的孔内爆破雷管的可靠度为

$$R_2 = p_0 p_1[1-(1-p_0)^2] \tag{5}$$

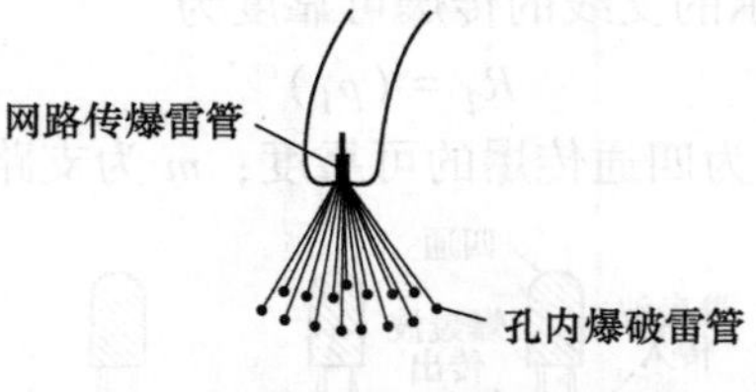

图 3　“大把抓”结构示意图

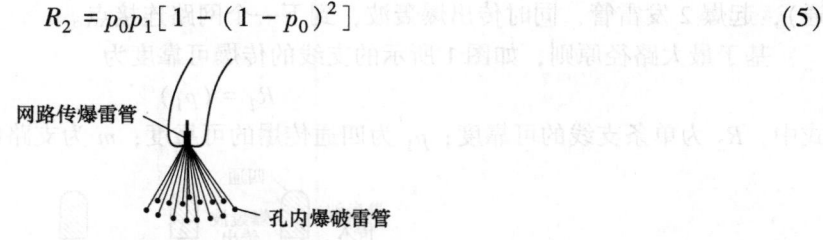

Fig. 3　Batch nodes of nonel tube system

纯“大把抓”的树状结构，起爆网路中的低层次的“大把抓”起爆雷管脚线梳理后再进行“大把抓”，用高一层次的网路起爆雷管起爆。纯“大把抓”的链式结构网路，起爆网路的干路中，不像树状结构那样从高层到低层分枝多，“一传多”，往往是“一传一”。不论是如图 4 所示的树状结构还是如图 5 所示的链状结构，如果起爆站到底层“大把抓”的孔内爆破雷管的传播过程中共有 m 个层次，则孔内雷管的起爆可靠度为

$$R = R_2(R'_2)^{m-1} = p_0\{p_1[1-(1-p_0)^2]\}^m \tag{6}$$

从式（6）不难看出，要起爆相同数量的孔内雷管，树状结构网路与链式结构网路相比，网路底层的“大把抓”的安全可靠度一样，主要是网路主线的安全可靠度不等。一般情况下，树状结构网路比较扁平，即起爆站到底层“大把抓”的传播过程中的层次数（m-1）小，因而安全可靠度略高。

采用“大把抓”技术，20~30 发孔内雷管共享一个连接点，工作效率高；但是起爆网路的干路部分，起爆网路中的低层次的起爆雷管脚线分散，要求的雷管脚线的长度复杂多变，梳理后进行“大把抓”困难，且一般有孔外延时，网路层次要求明确，组织施工比较麻烦。

青岛远洋宾馆爆破拆除工程采用双保险的纯“大把抓”的树状结构网路，孔外“大把抓”接力延

期，成功实现了一次起爆 18000 发导爆管雷管，消耗近 1t 炸药，实践验证了该起爆网路的防水性能和安全可靠性[7]。

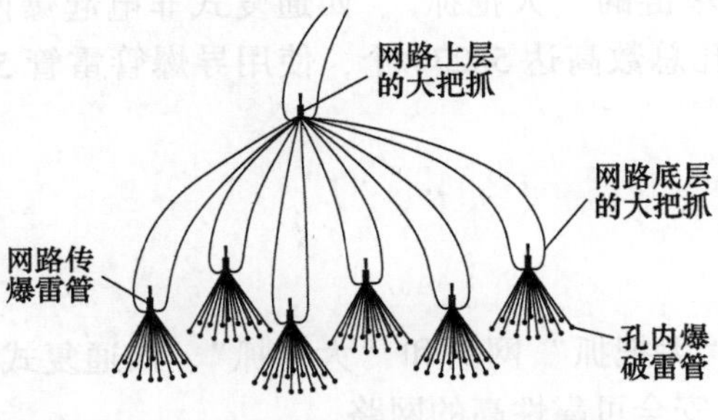

图 4　纯“大把抓”的树状结构网路

Fig. 4　Dendriform structure nonel tube system with batch nodes

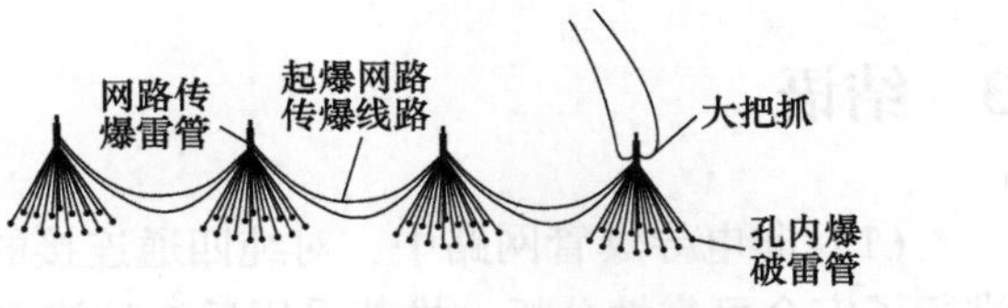

图 5　纯“大把抓”的链式结构网路

Fig. 5　Catenarian structure nonel tube system with batch nodes

2.3　四通、“大把抓”复式网路

四通、“大把抓”复式网路，继承了纯四通连接非电网路和纯“大把抓”非电网路的优点，扬长避短，一般为环路结构。网路底层仍然用 1 发或 2 发雷管绑扎孔内雷管的脚线，起爆 20~30 发导爆管雷管；起爆网路的干路中，采用四通连结，干路上每一个节点用四通并联 4 根导爆管，一般情况下为“一根进、一根出、两根连接网路起爆雷管”或“一根进、一根出、一根搭桥，一根联接网路起爆雷管”。前者从一根导爆管传入爆轰波，通过网路连接点（四通），起爆两发雷管，同时传出爆轰波，到下一个网路连接点；后者从一根导爆管传入爆轰波，通过网路连接点（四通），起爆 1 发雷管，同时传出爆轰波，一根传播到同层次的另外一个网路连接接点，一根传播到下一层次的一个网路连接点。

孔内雷管经过“大把抓”以后，起爆网路中的起爆雷管数（即“大把抓”雷管数）比孔内雷管数小一个数量级。小一个数量级的“大把抓”雷管，再通过纯四通的网路采用“串联”和“并联”的混合结构连接，形成整体网路。往往称四通连接的网路为主线，“大把抓”为底层的支线。起爆网路的主线的安全可靠度计算同“纯四通连接的非电网路”，如图 6 和图 7 所示。

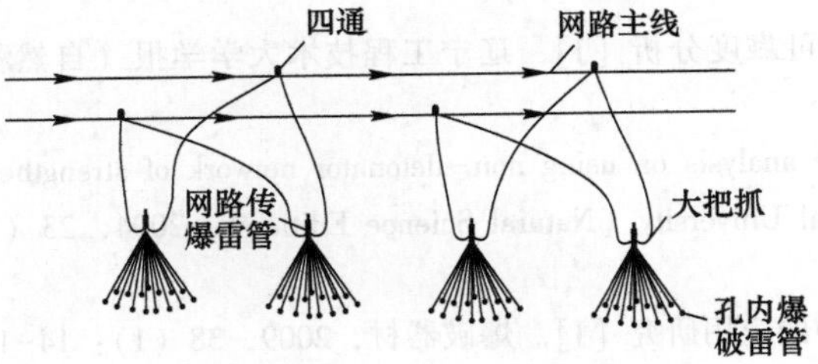

图 6　单链“大把抓”、四通复式网路

Fig. 6　Nonel tube system with batch nodes and 4-way nodes (single chain)

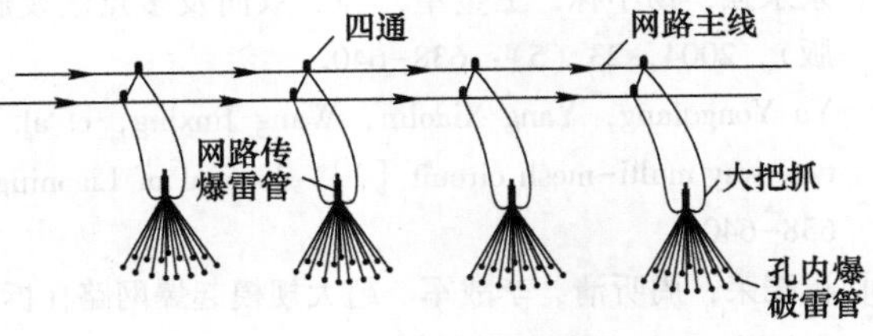

图 7　双链“大把抓”、四通复式网路

Fig. 7　Nonel tube system with batch nodes and 4-way nodes (double chain)

不难看出，四通、“大把抓”复式网路的主线设计，同样要遵循“最大路径原则”和“可靠度均衡原则”，有利于提高网路主线的安全可靠度。

根据本章第 2 小节，复合网路中四通连接部分（主线）的安全可靠度如下

$$R_1 = p_1^m [1 - (1 - p_1^n)^2] \tag{7}$$

式中，p_1 为四通传爆的可靠度；m 为四通网路中支路串联顺序传爆的四通节点数；n 为四通网路中干路串联传爆的四通节点数，干路为 2 条，双保险。

整个复式网路的安全可靠度为网路主线（四通连接）和网路支线（“大把抓”连接）两个层次构成，其安全可靠度如下

$$R' = R_1 R_2$$

网路的底层采用“大把抓”技术，20~30 发孔内雷管共享一个连接点，工作效率高；起爆网路的干路部分，连结点大大减少后，采用四通连接技术，网路层次简明，施工方便快捷。

合肥维也纳森林花园爆破拆除工程，爆破网路采用单链的“大把抓”、四通复式非电起爆网路，孔内半秒延期、孔外毫秒延期。该楼房拆除爆破工程炮孔总数高达 53274 个，使用导爆管雷管 58602 发，一次起爆成功[8]。

3　结语

（1）非电导爆管网路中，对纯四通连接的网路、纯“大把抓”网路和“大把抓”、四通复式网路进行了安全可靠性分析，推荐采用后 2 种施工方便快捷、安全可靠性高的网路。

（2）通过网路底层的“大把抓”技术，将孔内爆破雷管的一次起爆转化为网路底层“大把抓”雷管的一次起爆，数量上减低了一个数量级，减少了联网工作量，提高了安全可靠度。纯“大把抓”网路具有防水功能，“大把抓”、四通复式网路结构层次分明。

参 考 文 献

[1] 顾毅成．爆破工程施工与安全［M］．北京：冶金工业出版社，2004.
Gu Yicheng. Construction and safety of blasting engineering［M］. Beijing：Metallurgy Industry Press，2004.

[2] 穆连生，宁掌玄，邸春生，等．动力电源起爆 2000 发以上电雷管爆破网路设计与计算［J］．工程爆破，1999，5（2）：10-14.
Mu Liansheng，Ning Zhangxuan，Di Chunsheng，et al. Designing and calculating of blasting circuit with more than two thousand caps fired by tri-phase main power［J］. Engineering Blasting，1999，5（2）：10-14.

[3] 梁开水，赵翔．导爆管起爆网路可靠度分析［J］．爆破器材，2006，35（5）：22-24.
Liang Kaishui，Zhao Xiang. Analysis on the reliability of nonel initiating network［J］. Blasting Equipment，2006，35（5）：22-24.

[4] 赵翔，黄东方，张万利．导爆管起爆网路连接方式探讨［J］．爆破，2008，25（2）：34-35，48.
Zhao Xiang，Huang Dongfang，Zhang Wanli. Research on connection mode of nonel priming circuit［J］. Blasting，2008，25（2）：34-35，48.

[5] 余永强，杨小林，王金星，等．双向及多点激发起爆网路可靠度分析［J］．辽宁工程技术大学学报（自然科学版），2004，23（5）：638-640.
Yu Yongqiang，Yang Xiaolin，Wang Jinxing，et al. Reliability analysis on using non-detonator network of strengthening two-way multi-mesh circuit［J］. Journal of Liaoning Technical University（Natural Science Edition），2004，23（5）：638-640.

[6] 崔晓荣，周听清，李战军．超大规模起爆网路在拆除爆破中的应用研究［J］．爆破器材，2009，38（1）：14-17.
Cui Xiaorong，Zhou Tingqing，Li Zhanjun. Application study on super priming circuit used in blasting demolition［J］. Blasting Equipment，2009，38（1）：14-17.

[7] 崔晓荣，李战军，王代华，等．剪力墙结构大楼双向交错折叠爆破［J］．爆破，2008，25（2）：43-48.
Cui Xiaorong，Li Zhanjun，Wang Daihua，et al. Two-fold intercross directional blasting of shear-wall structure［J］. Blasting，2008，25（2）：43-48.

[8] 崔晓荣，沈兆武，周听清，等．剪力墙结构原地坍塌爆破分析［J］．工程爆破，2006，12（2）：52-55.
Cui Xiaorong，Shen Zhaowu，Zhou Tingqing，et al. Blasting collapse analysis of shear-wall structures［J］. Engineering Blasting，2006，12（2）：52-55.

建（构）筑物爆破倒塌过程摄影测量分析系统的优化设计

崔晓荣[1,2]　郑炳旭[1]　沈兆武[2]

（1. 广东宏大爆破股份有限公司，广东 广州，510623；
2. 中国科学技术大学 近代力学系，安徽 合肥，230027）

摘　要：基于近几年来的工程案例的近景摄影测量分析实践中发现的问题，即摄影测量分析的误差控制问题，从相机检校和图像匹配两方面进行研究和解决，以便控制图像采集和图像处理过程中产生的初始赋值误差、摄影过程的定位误差和控制点的过程追踪误差，并基于上述测量误差控制研究的成果对该摄影测量分析系统进行优化设计。

关键词：拆除爆破；近景摄影测量；误差分析；优化设计

Optimization Design of Close-range Photogrammetry Analysis System of Building-collapse due to Blasting Demolition

Cui Xiaorong[1,2]　Zheng Bingxu[1]　Shen Zhaowu[2]

（1. Guangdong Hongda Blasting Co. Ltd.，Guangdong Guangzhou，510623；
2. Department of Modern Mechanics，University of Science & Technology of China，Anhui Hefei，230027）

Abstract: Based on the practices in recent years, which are analyzed by the close-range photogrammetry analysis system of building-collapse due to blasting demolition, the error of the system is very important for its using. By the analysis and controlling of the error, the error of initial evaluation, photography orientation and tracing marking-points all can be mined or avoided through the technology of camera calibration and image matching. And then the system is optimized based on the above technology to reduce error and avoid shortcomings of the original program.

Keywords: blasting demolition；close-range photogrammetry；error analysis；optimization design

1　引言

近景摄影测量作为摄影测量的一个重要分支，近一二十年以来获得了很大的发展，在三维测量以及变形监测、工业检测等领域有了不少成功的经验[1,2]。建（构）筑物爆破拆除倒塌过程中，各构件的位移、速度、加速度、动能、势能等物理量的变化过程是力学机理分析、工程经验总结、科学模拟计算的重要依据，基于工程实践的近景摄影测量分析是获得这些参数的最有效方法之一[3-6]。

国内外的爆破案例分析，一是由有经验的爆破工程师进行实地观察，或者观看爆破倒塌过程的摄影录像，根据自身经验和最终爆破效果主观地、定性地分析建（构）筑物爆破倒塌过程；二是通过高速摄影机或摄像机获得建（构）筑物爆破倒塌过程的分幅图像，直接在图像上进行量测获得一些参数，再乘以同一个比例系数“换算”到真实空间。显然，前者仅仅是“摄影”，没有“测量”，是主观

原载于《中国爆破新技术Ⅲ》，2012：489-496。

的定性分析；后者虽然有“摄影”和“测量”，摄影测量中的图像处理方法中没有消除摄影畸变（数据由二维的图像空间转换到三维的实物空间，解析关系比较复杂，并非一个单一的比例因子），误差很大。

本人近几年来也对摄影测量进行系统的研究，努力构建相对完整的体系[7~10]；随着研究的深入以及剖析案例的增加，觉得近景摄影测量在工程爆破领域中的应用，与传统领域有着本质区别：

（1）摄影测量的传统领域或是“三维”问题（如地形测量、古文物古建筑建模等），或是“运动”问题（运动员起跑、变形监控等），或是两者的结合，但其关注的核心是空间位置和速度，并非加速度。

（2）对于爆破拆除工程，其本质是一个动力学问题，记录建（构）筑物爆破倒塌过程的空间姿态变化仅仅是手段，最终目的是分析其中的力学机理，加速度和力相关，所以摄影测量的关键参数是加速度。

（3）对于一个动力学问题，位移对时间求导得到速度，速度对时间求导得到加速度，当间隔时间（如序列图像中的时差、动力学计算的时间步距等）很小时，在传统领域（主要关心位移和速度）误差可接受，而在工程爆破领域的动力学分析中，误差往往放大了几个数量级，难以再满足工程精度要求。

所以，近景摄影分析系统的各种误差大小是决定其应用到工程爆破领域的成败关键所在。本章基于前文近景摄影测量分析系统的理论体系，对工程实践中发现的问题进行总结分析，优化原程序的结构体系，使其更好地满足动力学分析的精度要求。

2 摄影测量案例分析中存在的问题

2.1 初始赋值误差

基于直接线性变换解法，二维图像解析至少需要 4 个初始控制点的物方空间坐标和像空间坐标，三维图像解析至少需要 6 个初始控制点的物方空间坐标和像空间坐标，才能进行摄影定位，确定相机的内方位元素和外方位元素（尽管在直接线性变换解法的求解过程中，不需要计算出相机的内方位元素和外方位元素就可建立像空间坐标（x，y）与物方空间坐标（x，y，z）的直接线性变换关系，但其本质是由物点、透镜中心、像点的共线方程推导而来，也是一种相机定位方法）。

在初始条件赋值的过程中，物方空间坐标需要现场测设：一是确定摄影测量方案时，首先设定控制点的物方空间坐标，再将其测设到待拆除建（构）筑物的外立面上，在操作过程中遇到测设误差，甚至遇到设定的标志点无法现场测设并标示的情况；二是预先在建（构）筑物的外立面上标示物点（亦可不标示，直接利用建筑外立面的特征点作为初始控制点，如窗户的拐角等），然后现场高精度测量初始控制点的物方空间坐标（因几十年的建筑位移和变形，如果直接从竣工图中获得物点坐标，往往存在较大的误差；为了提高精度，宜用水准仪、全站仪等进行现场测量，当初始控制点或特征点无法直接接触测量时，还需要进行引测，或者利用带无棱镜功能的全站仪进行非接触测量）。无论采用上述何种测设方法，均牵涉到人为操作误差、测量仪器系统误差，且测设过程需要投入较多的人力、物力，需要与现场施工沟通协调。

另外，初始控制点的像空间坐标需要人工从图像中读取（非传统意义上的从图片或者胶片中人工量取），一般通过鼠标直接在图像中点击标志点获取（标注点须大小适宜，且是便于定位的图形符号），电脑自动进行计算机图像坐标系与像平面坐标系间的转换，其中也存在人为操作误差。

因此，直接线性变换解法中的相机定位初始条件赋值过程存在人为操作误差和测设仪器系统误差。

2.2 摄影过程的定位误差

无论采用建（构）筑物爆破倒塌过程的二维摄影测量分析（单机摄影）获得等时间间隔的序列图像，还是三维摄影测量分析（双机同步摄影）获得等时间间隔的序列图像对，均假设建（构）筑物爆破倒塌过程中摄影机定位不变，但事实上摄影机受随机振动、爆破振动、塌落冲击振动等影响，导致相机不断移位。

为了提高相机的成像质量，相机本身和摄影平台的抗振设计，对成像质量有益，并不能修正振动引起的相机定位参数变化。对于目前常用的固体 CCD 相机，成像原理及数据转换、传输等均以光和电的速度传输，各种振动对数据传输和处理的影响可以忽略不计，但各种振动对摄像机定位的影响较大（主要是外方位元素），尤其是爆破振动和塌落冲击振动等振幅较大的振动。

爆破振动和塌落冲击振动的强度往往是大自然的随机振动强度的上千倍，甚至更大，所以初始时刻（未爆破时）的物空间和像空间变换关系如果长时间直接套用到后续时刻（爆破倒塌过程）的空间变换中，存在误差和误差积累问题。爆破拆除时，往往对周边进行爆破警戒，起到大幅度降低环境振动干扰的作用，如限制附近汽车通行、施工设备停止施工并撤离到较远的地方。

为了消除爆破振动和塌落冲击振动对相机定位的影响，在塌落过程中需要进行相机的实时定位，需要寻求新的图像解析理论支持（不再局限于直接线性变换解法）；当然，相机实时精确定位以后，大量数据的像空间到实物空间的变换，仍然可用直接线性变换解法，计算量小。

2.3 控制点（或特征点）的过程追踪误差

直接线性变换解法，要求对控制点（或特征点）进行过程追踪，则牵涉到像空间中对应点的时间和空间匹配。建（构）筑物爆破倒塌过程的二维摄影测量分析，采用单机摄影，获得等时间间隔的序列图像，研究某一标志点（包括初始控制点、特征点等）的空间位置变化情况，需要在时间序列上指向同一点，即相应特征点的匹配；建（构）筑物爆破倒塌过程的三维摄影测量分析，采用双机同步摄影，获得等时间间隔的序列图像对，研究某一标志点的空间位置变化情况，相应特征点的匹配包括同一时刻两张图像的同名像点的匹配以及某一相机获得的不同时刻的序列图像中的同名像点的匹配。上述图像匹配，如果通过鼠标直接在图像中点击获取，电脑自动进行计算机图像坐标系与像平面坐标系间的转换，也存在人为操作误差，并导致动力学分析过程中每一计算步距均存在误差。

为了减小上述误差，一是设计合理的标志，更加容易精确判读（例如回光反射标志等）；二是选择较高性能参数的相机，尤其是像素和动态摄影频率指标，提高图像的分辨率；三是通过一定的图像后处理程序，采用一定的算法，锐化图像，以便更精确地提取特征点；四是通过计算机进行图像特征匹配搜索，代替人工操作，但令人满意的计算机图像匹配效果的前提是前三者的结合。

2.4 误差控制的必要性

对于建（构）筑物爆破倒塌过程的近景摄影测量分析系统，摄影（包括图像获取和图像解析）仅仅是手段，最终目的是剖析工程案例、揭示力学机理（即专业化的数据后处理）。目前，关于近景摄影测量文献中往往对空间位置、运动过程进行分析，给出的位移参数比较光滑，给出的速度参数突变较大，如果再推导加速度参数，数据必然跳动更大，满足不了力学机理分析的要求。

总之，借助计算机视觉原理——性能参数更佳的相机代替人的“眼睛”和运算能力强大的计算机代替人的“大脑”（包括图像自动匹配的操作过程和数据解析计算的分析过程），为近景摄影测量分析技术在工程爆破领域的应用提供了可能性，误差控制是成败的关键。

3 摄影测量分析系统误差控制的相关分析

近景摄影测量分析就是试图通过相机和计算机完成视觉信息的智能处理，代替人类的“眼睛”和“大脑”，进行序列图像的三维运动分析。序列图像是一系列按时间顺序排列的关于活动景物的瞬时图像集合：$\{I(x, y, t_k)|_{k=1,2,\dots}\}$，而瞬时图像是指 t_k 时刻由成像系统获取的图像。对图像序列进行运动分析，各行业领域在图像采集和图像处理过程中产生的误差，例如初始赋值误差、摄影过程的定位误差和控制点的过程追踪误差，都是通过相机检校和图像匹配来控制的。

3.1 摄像机检校

3.1.1 非量测相机检校的特点

摄像机参数（其成像的几何模型）决定了空间物体三维坐标与其图像中对应点之间的相互关系，

在大多数条件下须通过摄像机检校（也称标定）得到。随着各种数字视频技术的快速发展，用非量测数字 CCD 相机直接获取各种静态和动态的数字图像或图像序列，再对被摄物体进行三维模型重建与运动定位成为研究热点之一。

对于计算机视觉和近景摄影测量来说，往往采用非量测 CCD 摄像机，简单而又高精度的检校方法是其研究的关键。非量测数字摄影测量检校与量测用相机的检校区别如下：

（1）数字摄影测量研究中，一般使用性价比较高的非量测 CCD 摄像机，摄像机参数存在较大的非线性镜头畸变；尽管随着精密光学仪器的发展，非量测 CCD 摄像机应用于几何位置确定和运动过程追踪能够满足工程精度要求，但其应用于工程爆破领域（如与加速度相关的动力学分析）有些勉强。

（2）利用数字摄影测量进行三维模型重建、三维动态定位，剖析实际爆破拆除工程案例，牵涉到多方的沟通协调，摄影测量工作往往被看成不重要的辅业，测量人员需要在短时间内收集到足够的满足精度要求的信息，爆破后不可复测、不可弥补，这与传统的主业测量（如古建筑和古文物三维模型重建、变形监控等）是不同的。

（3）数字近景摄影测量研究中，与航摄相比，两摄像机之间的基线长度不可能很长，又受摄影环境的制约，导致系统计算的相对误差较大。

3.1.2 相机检校方法选择

考虑到非量测相机的特点，以及工程爆破现场资料收集的制约条件和验校精度要求，需要选择多快好省的方法，其对摄影测量仪器设备的要求低（如非量测相机、可自由设站等）、测量外业工作少（避免干扰正常爆破施工，减少沟通协调工作量，特别是关键时刻如得不到业主、公安的支持，导致爆破资料收集失败，功亏一篑）、成本投入较低（研究者可自行进行相机检校，避免利用固定试验标定场或者移动实验标定场来标定）、测量精度要求较高、能够处理海量数据。

鉴于传统标定方法的不足，需要在固定试验标定场或者移动试验标定场标定，且也存在人为操作误差（爆破拆除领域，加速度相关的动力学分析，精度要求较高，需要尽量减小或避免人为操作误差）。因此，人们提出了基于主动视觉的摄像机检校方法，是指“已知摄像机的某些运动信息”条件下验校摄像机的方法，它也是一种仅从图像对应点进行检校的方法，且不需要高精度的标定块；但是摄像机的运动信息（相机的内方位元素和外方位元素的变化）的确定，需要特定的摄影平台，且其强项在于物体三维位置的测量，无法消除环境干扰（如爆破振动、塌落冲击振动等）。

基于特征匹配的自检校（Self-Calibration）方法克服了传统方法的缺点，它不需要一个标定物或标定场，仅仅依靠多幅图像对应点之间的关系进行检校。摄像机自检校是 20 世纪 90 年代中后期在计算机视觉领域兴起，其仅需要建立图像对应点间的匹配关系，灵活性强，可以说是处理高精度海量数据的唯一方法。

3.2 图像匹配分析

图像匹配是计算机视觉的核心内容之一，无论是模拟人类双眼工作的立体图像分析，还是序列图像分析中的物体运动分析、从运动中获取物体结构参数以及目标识别等计算机视觉领域的许多研究内容都涉及图像匹配问题。然而，解决这个属于初级计算机视觉的基本问题却是比较困难的。解决图像匹配的方法很多，大致可分为基于区域的图像匹配方法（又称基于灰度的匹配方法）和基于特征的图像匹配方法两大类。

建（构）筑物的近景摄影测量分析，其最终目的不是获得高精度的满幅图像，而是获得力学机理分析中关心的特征点的运动轨迹，故采用基于特征的图像匹配方法，优点如下：

（1）基于特征匹配的自检校（Self-Calibration）方法，自身发展还不够完善，处理海量数据（如局部灰度信息）稳健性较差，而处理基于特征点的稀疏矩阵具有较高的容错和纠错能力，也可人工检验；

（2）基于图像特征的算法，计算量较小，工程爆破领域的研究人员能够较快地掌握，避免依赖于摄影测量领域的专业人才。

4 高精度测量分析系统的优化设计

4.1 基于特征匹配的自检校方法应用

根据上述相机检校和图像匹配的研究和分析，发现基于特征匹配的自检校方法是克服建（构）筑物爆破倒塌过程摄影测量分析时在图像采集和图像处理中产生的初始赋值误差、摄影过程的定位误差和控制点的过程追踪误差的最有效方法之一。

为了避免或者减小初始赋值误差，可通过图片中的特征点的自动匹配，避免初始赋值和人工操作误差。所以，进行摄影测量分析时，要求图像对中的大部分特征点可匹配，故需要一台照相机多次拍摄或者多台摄像机同步拍摄，以获得图像对并进行图像的特征匹配。也就是说二维摄影测量方法需要在初始时刻至少拍摄 2 张图片，辅助进行相机的检校和定位；三维摄影测量方法本来就存在图像匹配问题，只需要算法上的调整。

为了避免或者减小摄影过程的定位误差，尤其是爆破振动和塌落冲击振动对相机的影响，初始时刻的相机自检校和定位参数，不可长时间延续使用。二维摄影测量方法，摄影过程中无法重新初始赋值，也不存在过程图像对的特征匹配与相机自检校，所以需通过三维摄影测量分析才能解决此问题；对于三维摄影测量，塌落过程中存在图像对，类同于初始时刻的图像匹配和相机检校方法，可实现相机的过程重定位。

为了避免或者减小控制点的过程追踪误差，解决方法就是图像对的特征自动匹配，避免人工操作，所以必须两台或多台相机同步摄影，且存在足够的同名像点，进行三维摄影测量分析。

基于上述分析，认为建（构）筑物爆破倒塌过程的摄影测量分析，尤其是力学机理的分析，最好进行三维摄影测量分析。对于特殊情况，如建（构）筑物结构比较对称，定向方向比较准，包括烟囱、水泥罐、楼房的定向爆破以及烟囱、楼房的同向或反向折叠爆破，爆破倒塌过程中建（构）筑物沿定向方向结构对称、爆破方案对称，不会发生扭转现象，可以看作为竖直方向和定向倒塌方向构成平面内的两维运动，用单机摄影测量进行二维空间坐标解析，大大减少数据处理量；但此法仅适用于对位移（如爆破后坐、倒塌长度）比较关注的分析内容，且受结构对称、爆破方案对称、正交摄影等假设条件的制约。

4.2 测量分析系统的程序结构优化

4.2.1 解析模型优化

近景摄影测量的图像解析，可分为基于共线条件方程式的近景相片解析处理方法、直接线性变换解法、基于共面条件方程式的近景相片解析处理方法、近景摄影测量具有某些特点的其他解析处理方法等四大类。其中直接线性变换解法从共线条件方程推导出来，基于共面条件方程式和其他的摄影测量特点的解析处理方法亦离不开光学成像机理的本质描述，即物点、像点和摄影中心三点共线。如共面条件方程式就是描述了双机同步摄影测量时，同一物点通过两个相机摄影中心的两条成像光线（亦称同名光线）与基线（两个相机摄影中心的连线）共面，其本质也有共线条件方程式的含义。

基于共线条件方程式的各种近景相片解析处理方法，是解析法摄影测量中最重要、使用最为广泛的方法，也是数字近景摄影测量分支中的重要运算方法。基于摄影测量精度的要求以及现场的制约，宜采用图像对的空间后方交会-前方交会解法进行相机的自检校和定位；即当在现场无法直接（或不利于）测量外方位元素时，在物方合理地布置控制点（或直接提取特征点），通过后方交会来确定相机的外方位元素，然后按前方交会法或直接线性变换解法求解待定点空间坐标，其双目摄影测量解析坐标模型见图 1，理论推导见文献［3］。

4.2.2 数据模块优化

根据上述关于测量误差的来源及其解决方法分析，对原软件的结构进行优化，优化后的数据流程如图 2 所示。

软件结构体系分层化、模块化设计，有利于软件自身的完善和提升，也有利于同行资料的共享

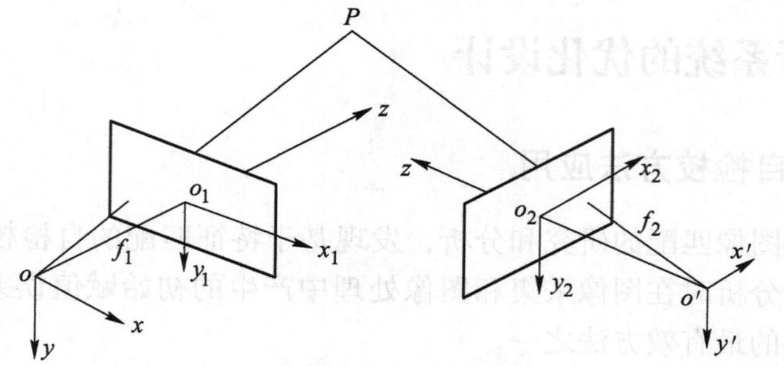

图 1 双目摄影测量解析坐标模型

Fig. 1 Coordinate model of photogrammetry by dual images

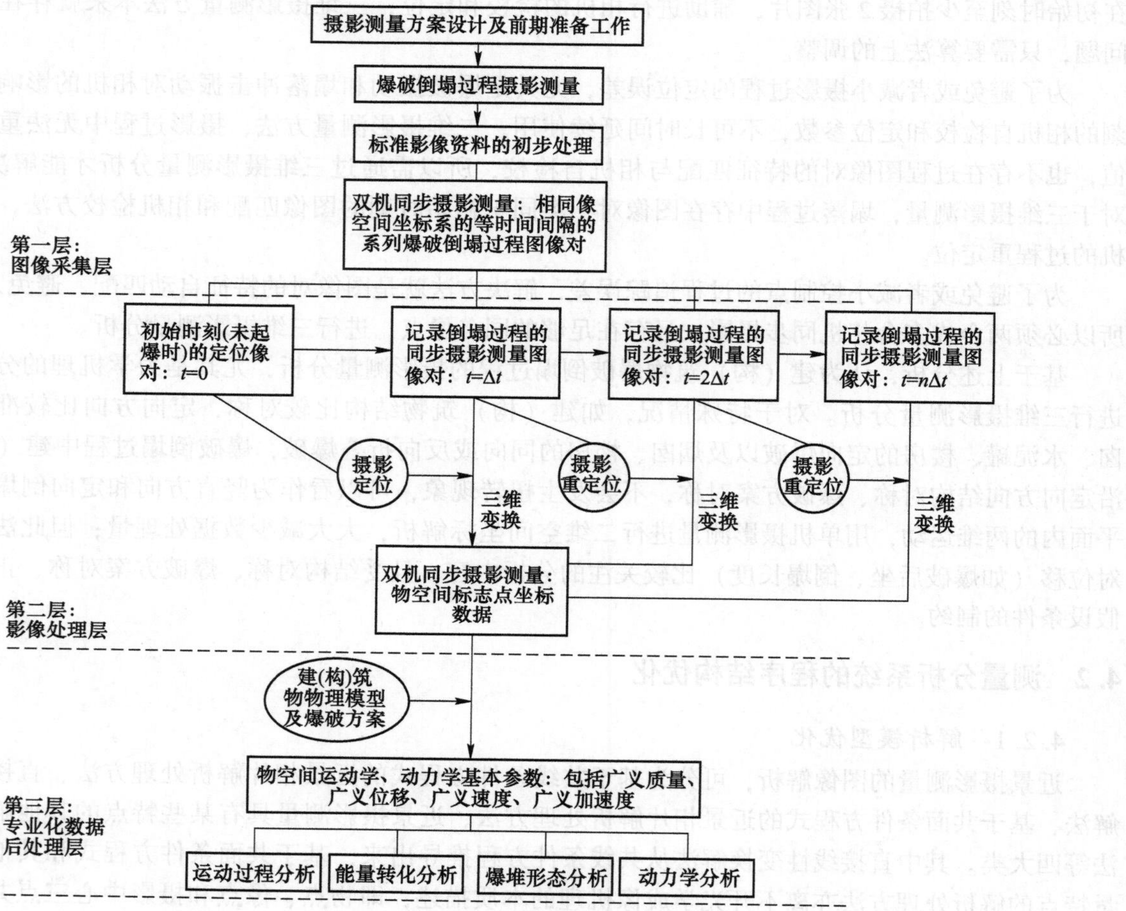

图 2 软件结构的优化设计

Fig. 2 Optimization design of the structure of the programe

（包括标准化的图像资料共享、摄影测量分析的基本数据共享等），起到抛砖引玉的作用。当然，随着本摄影测量技术的完善，专业化的数据后处理必须与影像获取、影像处理集成化，形成用户友好型的可视化产品，才能更好地推广应用。

5 结论

（1）基于摄影测量分析软件的应用，发现在初始赋值、摄影过程的定位和控制点的过程追踪三个过程中存在系统误差和人为操作误差，并对这三种误差产生的原因和特点进行分析，以便寻求避免或减小误差的方法和措施。

（2）根据误差的特性分析，对比各种误差消除和减小的方法，最终选择基于特征匹配的相机自检校法和基于计算机自动搜索的图像特征匹配法来控制和消除误差。

（3）基于上述误差产生的原因和解决方法的研究和分析，对原摄影测量分析系统进行局部优化，以便实现基于特征匹配的相机自检校（在摄影过程中进行相机重定位，避免环境干扰）和基于计算机自动搜索的图像特征匹配法（在数据处理工程中避免繁复的人工操作，避免人为操作误差）。

（4）建（构）筑物爆破倒塌过程的近景摄影测量分析方法的自我提高和完善，必须不断发现问题并解决问题，软件本身的层次化设计和模块化设计为此提供了可能；该方法的完善需要足够的样本空间，靠一个团队的力量任重道远，希望起到抛砖引玉的作用，吸引更多对摄影测量感兴趣的同仁，彼此借鉴和学习，共享资料和数据，促进摄影测量能在工程爆破领域更快、更好地发展。

参考文献

[1] 程效军，罗武，基于非量测数字相机的近景摄影测量［J］. 铁路航测，2002（1）：9-11.

[2] Clive S Fraser. Developments in Automated Digital Close - range Photogrammetry［C］. ASPRS 2000 Proceedings, Washington. D. C，2000.

[3] 王佩军，徐亚明．摄影测量学（测绘工程专业）［M］. 武汉：武汉大学出版社，2005.

[4] 冯文灏．近景摄影测量——物体外形与运动状态的摄影法测定［M］. 武汉：武汉大学出版社，2002.

[5] Wang Zhizhuo. Principles of Photogrammetry（with Remote Sensing）［M］. Beijing：Publishing House of Surveying and Mapping，1990.

[6] Conny Sjöberg，Uno Dellgar. 拆除爆破高层建筑倒塌过程的研究［C］//第四届国际岩石爆破破碎学术会议［M］. 罗斯马尼思 H P. 北京：冶金工业出版社，1995：455-460.

[7] 崔晓荣，郑炳旭，魏晓林，等．建筑爆破倒塌过程的摄影测量分析（Ⅰ）——运动过程分析［J］. 工程爆破，2007，13（3）：8-13，17.

[8] 崔晓荣，魏晓林，郑炳旭，等．建筑爆破倒塌过程的摄影测量分析（Ⅱ）——后座及能量转化分析［J］. 工程爆破，2007，13（4）：9-14.

[9] 崔晓荣，魏晓林，郑炳旭，等．建筑爆破倒塌过程的近景摄影测量分析（Ⅲ）——测试分析系统［J］. 工程爆破，2010，16（4）：67-72.

[10] 崔晓荣，郑炳旭，周听清，等．建筑爆破倒塌过程的近景摄影测量分析（Ⅳ）——数据流分析与程序结构构建［J］. 工程爆破，2011，17（4）：82-89.

双切口爆破拆除楼房切口参数

魏晓林

（广东宏大爆破股份有限公司，广东 广州，510623）

摘　要：双切口同向倾倒拆除楼房，都是上切口先闭合形成有根组合单体，下切口再闭合。由此，应用了多体-离散体动力学和机械能守恒、动量矩定理，考虑了组合单体在地上滚动和上体在下体顶面翻倒的阻尼能量损耗，推导了上体在下体上翻倒和上下体组合整体翻倒时，楼房质心高宽比 η 与上、下切口高和上切口底高与楼宽比 λ_2、λ_1 和 l_j 的关系，即 $\lambda_2 \geqslant 0.22$、$\lambda_1 \geqslant 0.47$、$\eta \geqslant 1.1$ 时，上下体整体可以翻倒；而 $\lambda_2 \geqslant 0.22$、$\lambda_1 \geqslant 0.65$、$\eta \geqslant 1.13$ 时，上体可能在下体上翻倒。具体 η 和 λ_1 关系，可根据 l_j 和 B 从算图中插值得到。

关键词：爆破拆除；双切口；楼房；功能原理；切口参数

Cutting Parameter of Building Demolished by Blasting with Two Cutting

Wei Xiaolin

（Guangdong Hongda Blasting Co.，Ltd.，Guangdong Guangzhou，510623）

Abstract：When building is demolished by double cutting in same direction，compounding mono body with root is all formed while up cutting. Applying with the multibody and discretebody dynamics，energy conservation principle and angular momentum principle，damp dynamic wastage rolling of compounding mono body on ground and up body on down body are took into account. When compounding mono body on ground and up body on down body are toppled，it has been known to relation between contrast η of mass centre highness to wide，contrast λ_1 of down cutting highness to wide，contrast λ_2 of up cutting highness to wide and its bottom highness. That is，while $\lambda_2 \geqslant 0.22$、$\lambda_1 \geqslant 0.47$ and $\eta \geqslant 1.1$，compounding mono body can be toppled，while $\lambda_2 \geqslant 0.22$、$\lambda_1 \geqslant 0.65$ and $\eta \geqslant 1.13$，up body can be toppled on down body. However，the relation η and λ_1 can be found by numerical value inserted from calculating figures.

Keywords：blasting demolition；many cutting frame；building；work and power principle；cutting parameter

1　引言

近年来，多切口拆除楼房的切口参数，长期以来并未引起人们足够重视，国内外还没有这方面的研究。2001 年以来，文献［1，2］从静力学推导了单切口定向整体倾倒楼房的切口参数。但是直至现今，还没有从建筑物倒塌动力学[3,4] 研究双切口拆除楼房的切口高度。因此，为了弄清楼房多切口爆破拆除的规律，本文试图从结构倾倒动力学出发，研究了双切口同向倒塌楼房的上下切口和其位置等参数，与楼房高宽比的关系，并建立判别楼房翻倒的图表。

2　切口参数

剪力墙和剪框结构楼房，当采用双切口同向倾倒时，一般是上切口先闭合，形成有根组合单体倾

原载于《中国爆破新技术Ⅲ》，2012：576-580。

倒，然后下切口才闭合[3,4]。设下切口高 h_{cu1}，爆破下坐（h_e+h_p）后，其高 h_{cud1}，上切口高 h_{cu2}，爆破下坐后高 $h_{cud2}\approx h_{cu2}$，距地高 $l_1=H_1-(h_e+h_p)$，楼宽 B，见图 1；楼房下坐后质心高 h_c，下切口闭合前地面高 h_f，楼面层高 h_{f1}，梁高 h_b。

下切口闭合前的机械能：

$$U=U_o\eta_e-y_c(m_1+m_2)g \tag{1}$$

式中，U_o 为楼房下切口爆破下坐后的机械能；η_e 为上切口闭合前后楼房的机械能比，见文献［5］；m_1 和 m_2 分别是下体和上体的质量；m 为组合单体质量，$m=m_1+m_2$；上下切口闭合时总质心 C 的位置 x_c、y_c，见文献［3］。

$$U_o=y_1m_1g+(l_1+y_2)m_2g+\frac{J_b\dot{q}^2}{2} \tag{2}$$

式中，J_b 为下切口爆破时楼房对中性轴 o 的转动惯量，$10^3\text{kg}\cdot\text{m}^2$；$o$ 坐标 $x_o=a=1.65\text{m}$；$\dot{q}$ 为剪力墙楼房下坐撞地后的转速，见文献［3］中式（7.105），本文简化设 $\dot{q}=0$；y_1，y_2、l_1 分别是楼房下切口爆破下坐时，下、上体质心高和下体高（相应切口底部竖向 y 坐标值），见图 2。

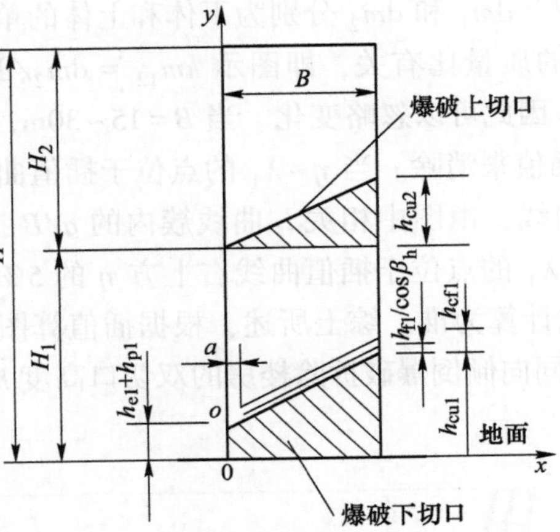

图 1　切口位置

Fig. 1　The position of cuttings

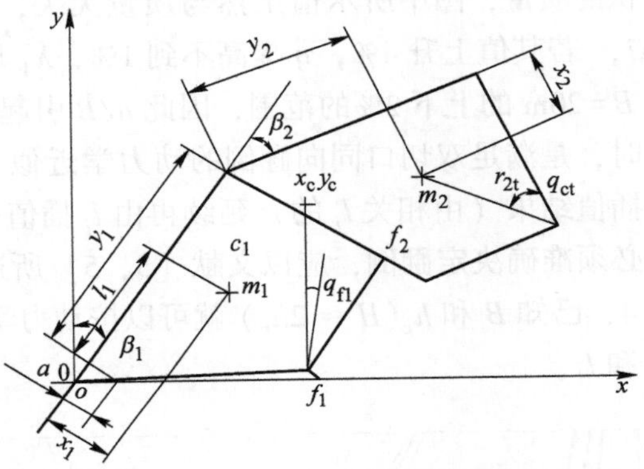

图 2　切口闭合上下体质心位置

Fig. 2　The position of mass centre

$$K_{fw2}=T_2/(r_{2f}m_2g(1-\cos q_{2f})+E_{t2})\geqslant K_{to} \tag{3}$$

式（3）为上体从下体上翻倒的动力学条件，见文献［3，5］；K_{to} 为翻倒保证系数。

式（3）中 T_2 为上体在下切口闭合后的动能，$T_2=J_{c2}\dot{q}_{f1}^2/2+m_2(v_{2cx}^2+v_{2cy}^2)2/$；$r_{2f}$、$r_{2f1}$ 和 q_{2f}、q_{2f1} 分别为上体质心 C_2 到 f_2、f_1 的距离，和 C_2f_2 连线与铅垂线夹角以及 C_2f_1 连线与铅垂线夹角；v_{2cx}、v_{2cy} 分别为上体质心 C_2 在下切口闭合后的速度水平分量和速度竖直分量，见文献［3］中 7.4.1.2 节；J_{c2} 为上体的主惯量；E_{t1}、E_{t2} 分别为下、上切口支撑部钢筋拉断所需做的功，见文献［3］中 7.4.1.2 节；当支撑部未切割钢筋，本文简化设 $E_{t1}=0$，$E_{t2}=0$，并将由此产生的误差考虑到翻倒保证率 K_{to} 中，K_{to} 取 1.725。

$$K_{fw1}=T_{f1}/[r_{f1}(m_1+m_2)g(1-\cos q_{f1})+E_{t1}]\geqslant K_{to} \tag{4}$$

式中，r_{f1} 为质心 C 到 f_1 的距离；q_{f1} 为 r_{f1} 与铅垂线夹角，$R°$；T_{f1} 为下切口闭合后的整体动能，$T_{f1}=J_{f1}\dot{q}_{f1}^2/2$。式（4）为上、下体将共同翻倒的动力学条件，见文献［3，5］。根据动量矩定理，下切口闭合后的转速为：

$$\dot{q}_{f1}=\dot{q}_oJ_c/J_f+(m_1+m_2)r_{f1}(v_x\cos q_{f1}+v_y\sin q_{f1})/J_{f1} \tag{5}$$

式中，$\dot{q}_o$ 为下切口闭合前的转速，$q_o=\sqrt{2U/J_o}$；v_x、v_y 分别是下切口闭合前质心 C 的水平速度和竖直速度，见文献［3］中 7.4.1.2 节；J_c 和 J_{f1} 分别为组合单体的主惯量和对 f_1 点的转动惯量。文献［3］中式（7.41）中有误，其应修改为式（5），并相应修改图 7.14。同理，文献［3］中式（3.32）、式（7.70）也应相应修改。

由式（3）可得

$$(J_{c2}+m_2r_{2f1}^2)m(h_c\eta_e-y_c)[J_c+mr_cr_{f1}\cos(q_o+q_{f1})]^2/[r_{2f}m_2(1-\cos q_{2f})J_oJ_{f1}^2]\geqslant K_{to} \quad (6)$$

由式（4）可得

$$(h_c\eta_e-y_c)[J_c+mr_cr_{f1}\cos(q_o+q_{f1})]^2/[r_{f1}(1-\cos q_{f1})J_oJ_{f1}]\geqslant K_{to} \quad (7)$$

式（6）和式（7）的解，即当不同 $l_J=l_1/B$ 的上切口高（下坐后 $\lambda_2=h_{cud2}/B=0.22$），楼房质心高宽比 $\eta=h_c/B$ 和下切口高宽比 $\lambda_1=[h_{cu1}-(h_e+h_p)]/B=\tan\beta_g$ 的关系，它仅与 K_{to}、转动惯量比 k_j 和 h_f、并也与 a/B 有关，而与 m_2、m 无关。图中计算依据的其他参数，取自青岛 15 层远洋宾馆，见文献［3］。从图中可见，当切口底部切割钢筋时，考虑接触阻尼和翻滚阻力，K_{to} 取 1.725[3,5]，由此，式（7）图 4 的最小 $\eta=h_c/B\geqslant1.04$，$\lambda_1=h_{cud1}/B\geqslant0.47$；而式（6）图 3 的最小 $\eta=h_c/B\geqslant1.02$，$\lambda_1=h_{cud1}/B\geqslant0.65$。图中 M 为同 η 的最大 $K_{to}(\lambda_1)$。H 为爆破下坐和切口形成后楼房质量均布图形楼高（m），H 应以 h_c 再算，由此计算上体高。$k_J=J_{co}/J_{cs}$，J_{co} 为切口形成后楼房主惯量，J_{cs} 为同楼房切口形成后质量均布图形主惯量；当 $k_j=1$ 时，η 和 λ_1 解的关系如图 3 和图 4 所示。绝大多数的楼房 $k_j=0.75\sim1.25$，引起的 η 变化为图示值的 2%内变化；h_f 因 h_b/h_{f1} 而变化，其引起 η 变化较小，图中 $h_b/h_{f1}=0.2121$，而 h_b/h_{f1} 的变化可以忽略。当 $\lambda_2=0.22$，考虑上切口堆积高，上切口角不会大于 0.17$R°$，上切口闭合冲击，能量损失后的 η_e 可取 0.97[5]。dm_1 和 dm_2 分别为下体和上体的单位图形面积的质量，图中所示值虽然与质量无关，但与上下体的质量比有关，即图示 $km_{12}=dm_2/dm_1=0.967$，若其值上升 4%，η 提高不到 1%，λ_1 增大仅 0.02，因此可以忽略变化。当 $B=15\sim30$m，η 变化在 $B=20$m 的上下 2%的范围，因此 a/B 引起的误差应由插值来消除。当 $\eta\sim\lambda_1$ 的点位于插值曲线右上方时，是满足双切口同向翻倒的动力学近似条件。插值曲线，由图中相关 l_j 曲线簇内的 a/B 插值，再从插值结果（由相关 l_j 的）延续再由 l_j 插值获得。而 $\eta\sim\lambda_1$ 的点位于插值曲线右上方 η 的 5%以内时，必须准确决定翻倒，应以文献［3，5］所述方法和公式计算为准。综上所述，根据插值算图 3 和算图 4，已知 B 和 $h_c(H\approx2h_c)$ 就可以按动力学条件设计出同向倾倒爆破拆除楼房的双切口高度 h_{cud1}、h_{cud2} 和 l_1。

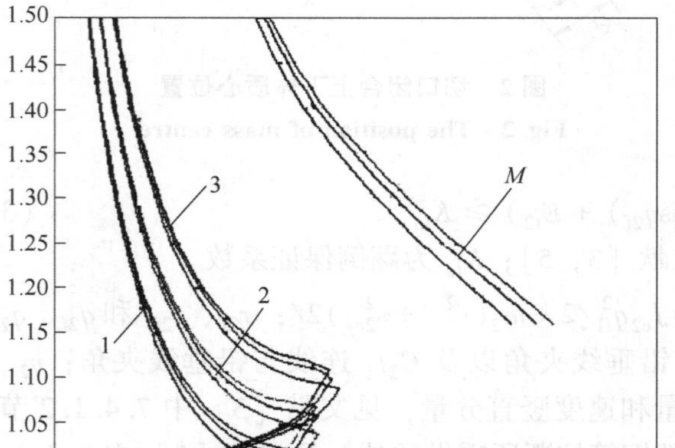

图 3 楼房上体在下体上翻倒的 $\eta-\lambda_1(\lambda_2=0.22)$ 关系

Fig. 3 Relation η-λ_1 of up body toppled on down body

1—$l_j=0.92$；2—$l_j=1.14$；3—$l_j=1.36$

（图中数据为 l_j 的曲线簇，簇中曲线上、中和下分别为 $a/B=0.066$、0.0825 和 0.11；M 为 $l_j=0.92$ 的最大 K_{to}）

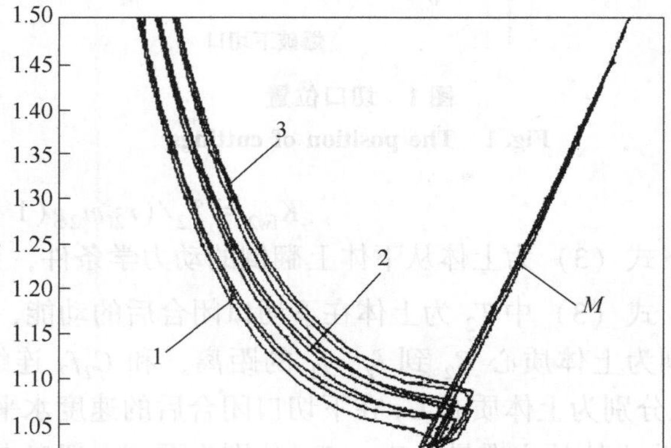

图 4 楼房组合单体翻倒的 $\eta-\lambda_1(\lambda_2=0.22)$ 关系

Fig. 4 Relation η-λ_1 of compounding mono body toppled on ground

1—$l_j=0.92$；2—$l_j=1.14$；3—$l_j=1.36$

（图中数据为 l_j 的曲线簇，簇中曲线上、中和下分别为 $a/B=0.066$、S0.0825 和 0.11；M 为 $l_j=0.92$ 的最大 K_{to}）

从图中可见，减少上切口底高 $l_1(l_j)$，η 也降低，楼房更易翻倒，尤其以上体显著，而 $l_1(l_j)$ 增大，上体更难在下体上翻倒；切口支撑点与楼宽比 a/B 越大，下切口适当地浅，楼房也更易于翻倒。比较图 3 的 η 略小于图 4，可见随着 η 的减少，可能出现上体翻倒而下体并不翻倒爆堆。比较文献［6］单切口的整体翻倒，其最小 $\eta=1.05$，并被实例所证明，若不计算切口内质量，最小 $\eta=1.08$，可见同向双切口较少地提高翻倒能力，双切口主要是减小了爆堆前沿宽，见文献［3，5］。

3 结语

本文应用多体一离散体动力学[3,4] 和机械能守恒、动量矩定理，判断了双切口爆破拆除楼房的倒塌姿态，即双切口同向倾倒拆除楼房，都是上切口先闭合形成有根组合单体后，下切口再闭合。由此，推导了上体在下体上翻倒或上下体组合整体翻倒时，楼房质心高宽比 η 与上、下切口高和上切口底高与楼宽比 λ_2、λ_1 和 l_j 的动力学关系，即 $\lambda_2 \geqslant 0.02$、$\lambda_1 \geqslant 0.47$、$\eta \geqslant 1.1$ 时，上下体整体可以翻倒；而 $\lambda_2 \geqslant 0.22$、$\lambda_1 \geqslant 0.65$、$\eta \geqslant 1.13$ 时，上体可能在下体上翻倒。具体 η 和 λ_1 关系，可根据 l_j 和 B 从算图中插值得到。

参考文献

[1] 金骥良．高耸建筑物定向爆破倾倒设计参数的计算公式［C］//工程爆破文集（第七辑）［M］．乌鲁木齐：新疆青少年出版社，2001：417-421.

[2] 金骥良．高层建（构）筑物整体定向爆破倒塌的切口参数［J］．工程爆破，2003，9（3）：1-6.

[3] 魏晓林．建筑物倒塌动力学（多体-离散体动力学）及其爆破拆除控制技术［M］．广州：中山大学出版社，2011.

[4] 魏晓林，傅建秋，李战军．多体-离散体动力学分析及其在建筑爆破拆除中的应用［C］//庆祝中国力学学会成立50周年大会暨中国力学学术大会2007论文摘要集（下）．北京：中国力学学会办公室，2007：690.

[5] 魏晓林．多切口爆破拆除楼房的爆堆［J］．爆破，2012，29（2）：1-6.

[6] 魏晓林．爆破拆除建筑物整体翻倒的切口参数［J］．爆破，2012，29（4）：1-6.

210m 钢筋混凝土烟囱精细控制拆除爆破

陶铁军[1,2]　高荫桐[3]　宋锦泉[1]　张光权[1,2]

（1. 广东宏大爆破股份有限公司，广东 广州，510623；
2. 北京科技大学 土木与环境工程学院，北京，100083；
3. 北京中科力爆炸技术工程有限公司，北京，100035）

摘　要： 介绍了复杂环境下 210m 高大混凝土烟囱定向拆除爆破的成功经验。烟囱向北偏西 40°方向倒塌，烟囱壁与内衬切口对应的圆心角分别为 216°、220°，切口高度 5.5m，并进行了爆前预处理和开挖减振沟、铺设缓冲垫层等安全防护措施。爆后烟囱按预定方向精准倒塌，附近的办公楼、住宅及其他的建筑物没有任何损伤。工程成功经验能够为类似拆除爆破工程提供参考。

关键词： 钢筋混凝土烟囱；定向控制；拆除爆破；爆破切口；安全防护

Directional Controlled Explosive Demolition of 210m Reinforced Concrete Chimney under Complex Conditions

Tao Tiejun[1,2]　Gao Yintong[3]　Song Jinquan[1]　Zhang Guangquan[1,2]

（1. Guangdong Hongda Blasting Co.，Ltd.，Guangdong Guangzhou，510623；
2. School of Civil and Environmental Engineering，Beijing University of Science and Technology，Beijing，100083；
3. Beijing Zhongkeli Blasting Technique & Engineering Co.，Ltd.，Beijing，100035）

Abstract：The successful experience of 210m reinforced concrete chimney under complex environment was presented The collapse direction of the chimney is N40°E，the corresponding central angle of blasting cut of chimney wall and lining are respectively 216°，220°，and the height of blasting cut is 5.5m. Pretreatment before blasting and safety protection measures are adopted. The chimney was collapsed on the predetermined direction and the precision is high. There are no damage to nearby office buildings，residential and other buildings. The successful experience of this demolition blasting engineering will supply reference to the similar projects.

Keywords：reinforced concrete chimney；directional controlled；demolition blasting；blasting cut；safety protection

钢筋混凝土高烟囱的控制拆除爆破是一项复杂的系统工程，涉及理论计算、参数设计、施工组织、安全防护等多个环节，任何一个方面出现问题都可能出现灾难性的后果，必须从多方面入手开展定向控制爆破技术的全方位研究才能保证钢筋混凝土高烟囱拆除工程顺利而安全的实施[1-8]。按照国家“节能减排、上大压小”的规定，对一大批耗能大、污染严重的电厂企业需进行关停机和改造，有相当数量的高耸构筑物如烟囱、冷却塔、筒仓等要拆除。因此研究出一套安全、可靠、切实可行的高烟囱爆破拆除技术具有十分重要的现实意义。

本文对国电太原第一发电厂 210m 高大混凝土烟囱在定向拆除爆破工程中的具体情况展开研究，其成功经验将为类似工程的实施提供重要参考。

原载于《中国爆破新技术Ⅲ》，2012：688-694。

1 工程概况

210m 钢筋混凝土高烟囱位于国电太原第一热电厂场内，北距厂房、办公楼 274m，东侧为待拆厂房，东北侧最近厂房 159m，南侧距道路 132m 是住房，西北方向距在建楼房 270m。烟囱为整体现浇钢筋混凝土筒体结构，±0.0m 外半径 11.42m，壁厚 70cm；+0.0～+28.5m 壁厚 70cm，+28.5～+47.0m 壁厚 65cm，+47.0～+72.0m 壁厚 60cm，+72.0～+97.0m 壁厚 50cm；+97.0～+135.0m 壁厚 35cm，+135.0～+197.5m 壁厚 24cm，+197.5～+210.0m 壁厚 95cm；烟囱顶部外半径 3.62m。烟囱内衬+0～+60m 以下为钢筋混凝土，厚度为 25cm，+60～+210m 以上烟囱耐火砖内衬厚度 12cm。筒壁与耐火砖之间的空隙 5cm、8cm。烟囱混凝土体积 3581m^3，钢筋重量 360t。总重量约为 8952t。烟囱底部正东和正西方向各有一个宽×高＝1.5m×2.5m 的门洞（即出灰口）。烟囱布筋情况：双层钢筋网，外侧竖筋 ϕ25@200，环筋 ϕ25@200，内侧竖筋 ϕ22@150，环筋 ϕ12@200。烟囱主体结构材料汇总情况见表 1。

表 1　材料汇总表

Table 1　The table of material summary

材料	直径	ϕ25	ϕ22	ϕ20	ϕ18	ϕ16	ϕ14	ϕ12	ϕ6
	重量/t	157	68	31	17	16.5	22.5	48.5	0.12
混凝土	标号	300	250	备注：包括牛腿材料					
	体积/m^3	3280	301						

2 爆破方案设计

根据该烟囱的结构特点，平面布置及相对位置，爆破周围环境条件和发包方对工程施工安全要求，采用定向控制爆破拆除方式使烟囱倾倒在指定方向和范围内，使烟囱向北偏西 40°方向倒塌，烟囱倒塌方向及周围环境如图 1 所示。

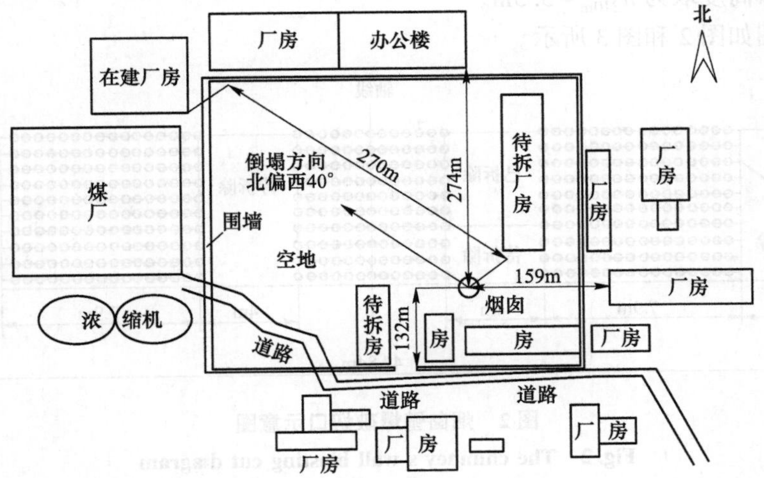

图 1　烟囱倒塌方向及周围环境示意图

Fig. 1　Diagram of the chimney collapse direction and surrounding environment

2.1 爆破切口长度及高度

烟囱爆破拆除设计一般是将倒塌一侧的底部筒壁周长的 1/2～2/3 进行爆破，余下的部分作为支撑，在重力弯矩作用下烟囱本体将失稳向爆破一侧倾倒塌落。由于该烟囱的烟道口尺寸大，不同于一般结构的烟囱，要对爆破切口的大小进行分析计算，校核爆破后支撑部分的强度，防止烟囱下坐造成方向偏离。支撑部分的强度计算公式：

$$\sigma = P/S$$

这里，烟囱体积 $V=3581m^3$，钢筋混凝土容重 2.5t/m³，取钢筋混凝土（不计含5%钢筋的抗压强度差）抗压强度 $\sigma=310kg/cm^2$。计算要求的极限承载面积为 28879cm²，设计取保留段承载面积安全系数为 3，烟囱壁厚为 $\delta=0.7m$，计算要求保留段作为支撑部分的圆周弧长为

$$L = 3S/\delta = 1237.7cm$$

其所对应的圆心角为 62.4°。烟道口对应的圆心角为 7.5°。

根据该烟囱的结构和实际受力情况，以及以往成功经验，烟囱壁与内衬选择切口分别对应的圆心角 α 为 216°、220°，则切口长度为：

（1）烟囱切口下沿为烟道下沿，距地高 0.5m，烟囱外半径为 11.3m，周长 71.4m，切口下沿长度 $L_{1p} = 11.3 \times 2\pi \times 216/360 = 42.84m$。

（2）烟囱内衬处理：距地面 0.5m，内衬内半径 9.3m，周长 58.4cm，切口下沿长度 $L_{2p} = 9.3 \times 2\pi \times 220/360 = 35.7m$。

关于烟囱爆破切口的高度，原则上只要能够满足爆破切口闭合时烟囱重心偏移出支点以外即可。理论计算表明：

$$h_{min} = R^2(1 + \cos\varphi)/H_c$$

式中，h_{min} 为爆破切口的最小高度，m；R 为爆破切口底半径，m；φ 为爆破切口所对应的圆心角的一半，(°)；H_c 为烟囱的重心高度，m。

根据计算可以得到，对于 210m 烟囱 $h_{min} = 11.3^2(1 + \cos105°)/50 = 1.9m$，考虑到爆破后烟囱下坐的可能和适当的安全系数，爆破切口高度宜适当加大。

爆破部位（爆破缺口）的高度的确定与烟囱的材质和筒壁的厚度有关。烟囱拆除爆破要求爆破部位的筒壁瞬间要离开原来的位置，使烟囱失稳。因此设计要求爆破部位的高度 h

$$h \geqslant (3.0 \sim 5.0)\delta$$

式中，δ 为爆破缺口部位的烟囱的壁厚。

钢筋混凝土烟囱钢筋分布密度大，要取增大系数的 1.6 倍。$h \geqslant 2.1 \sim 3.5m$。

本工程爆破切口高度取为 $h_{210m}=5.5m$。

烟囱切口示意图如图 2 和图 3 所示。

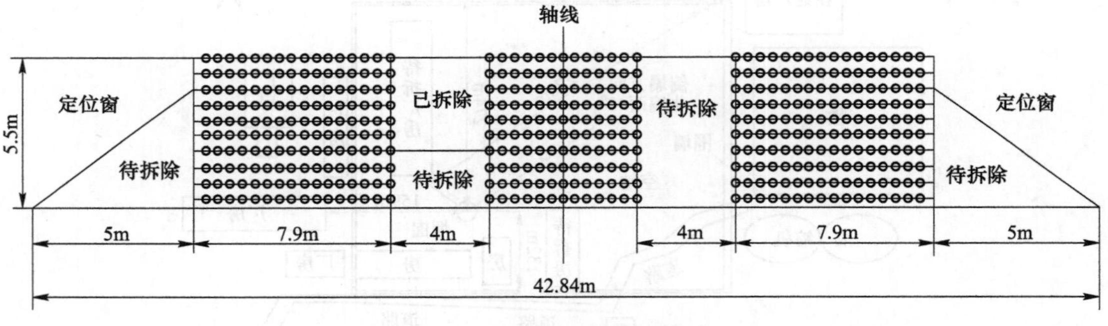

图 2 烟囱壁爆破切口示意图

Fig. 2 The chimney's wall blasting cut diagram

（210m 烟囱距地 0.5m 高，外直径 $D=22.6m$，周长 71.4m，爆破圆心角 216°，定向窗切口角度 30°，爆破长度 42.84m，后侧预留长度 28.56m）

2.2 烟囱爆破孔网参数的确定

烟囱壁参数如下：

（1）最小抵抗线 W：取切口处烟囱壁厚的一半，即 $W=\delta/2=35cm$；

（2）（炮）孔间距 a：$a=(1.5\sim1.8)W$ 或 $a=(0.9\sim0.95)L=45cm$；

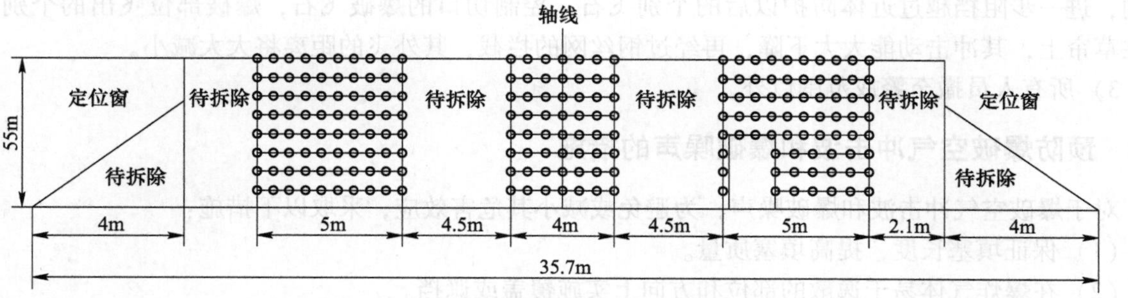

图 3 烟囱内衬爆破切口示意图

Fig. 3 The chimney's inside blasting cut diagram

（内衬直径 D=18.6m，周长 58.4m，爆破圆心角 220°，定位窗切口角度 30°，爆破长度 35.7m，后侧预留长度 22.7m）

（3）孔排距 b：$b=(0.85\sim0.9)a=40$cm；

（4）孔深 L：$L=(0.65\sim0.75)\delta=53$cm；

（5）单孔计算药量 Q：$Q=qab\delta=252$g，设计取 300g。

烟囱内衬参数如下：

（1）最小抵抗线 W：取切口处烟囱壁厚的一半，即 $W=\delta/2=12.5$cm；

（2）（炮）孔间距 a：$a=(1.5\sim1.8)W$ 或 $a=(0.9\sim0.95)L=20$cm；

（3）孔排距 b：$b=(0.85\sim0.9)a=20$cm；

（4）孔深 L：$L=(0.65\sim0.75)\delta=17$cm；

（5）单孔计算药量 Q：$Q=qab\delta=20$g，设计取 50g。

式中，Q 为单个装药量，g；q 为单位体积耗药量，kg/m^3，本工程取 2.0kg/m^3；δ 为筒壁壁厚，m；a、b 分别为药孔的孔距及排距，m。

装药量及详细爆破设计参数见表 2。

表 2 烟囱爆破参数与装药量表

Table 2 The table of chimney blasting parameters and explosive charge

名称	壁厚 δ/cm	抵抗线 W /cm	孔距 a/cm	排距 b/cm	孔深 L/cm	单耗 /kg·m^{-3}	单孔计算药量 Q/g	单孔设计药量 Q/g	药量/kg
烟囱壁	70	35	45	40	53	2.0	252	300	280
烟囱内衬	25	12.5	20	20	17	2.0	20	50	100

本工程钻孔数目约为 2750 个，需导爆管雷管个数为 3400 发，炸药选用乳化炸药，炸药总量为 380kg，导爆管 1500m。

3 安全防护

3.1 预防爆破飞石的措施

对于爆破飞石，采取以下预防措施：

（1）确保实际最小抵抗线不小于设计值，使最小抵抗线方向避开重点保护目标，指向开阔区（西北）。

（2）加强填塞质量，严格控制单耗药量。

（3）采取有效防护措施：

1）对爆破部位的近体防护，有装药部位的炮孔外，在爆破切口四周提前搭起木或竹架子，爆前挂上第一层：草帘，第二层：钢丝网。防护体离烟囱壁 0.2m，高度为 8.0m。

2）远体防护，为防止万一，确保安全，在爆破区域外围 1.5m 搭设密竹排栅，排栅上挂草帘、安全网，进一步阻挡越过近体防护以后的个别飞石，控制切口的爆破飞石，爆破部位飞出的个别飞石，打在草帘上，其冲击动能大大下降，再经过钢丝网的拦截，其外飞的距离将大大减小。

3）所有人员撤至警戒范围以外。

3.2 预防爆破空气冲击波和爆破噪声的措施

对于爆破空气冲击波和爆破噪声，为避免或减小其危害效应，采取以下措施：

（1）保证填塞长度，提高填塞质量。

（2）在爆炸气体易于逸散的部位和方向上实施覆盖或遮挡。

（3）放炮时间尽量避开早晨、傍晚、云层较低的雨天或雾天。

（4）对暴露在外的雷管等爆炸品，用松散的土壤进行掩埋。

（5）选择内部装药、分散布药、微差起爆等合理的爆破方式。

3.3 预防筒体撞击地面产生的落地振动及飞溅碎片的措施

钢筋混凝土烟囱落地撞击地面时会产生比爆破地震波大得多的振动危害效应，并溅起大量飞石。为防止或避免出现烟囱爆破落地破片飞溅伤人伤、物的重大事故，本次爆破施工，在我公司多次安全爆破的经验基础上，拟采取以下技术措施，以确保其安全：

（1）降低烟囱的爆破切口位置。

（2）在210m烟囱倒塌落地的预定撞击点处的地面位置，烟囱倒塌方向200m、150m、100m处挖出来的不含碎石的土壤铺垫在烟囱落地范围内堆积数道堤坝，或铺垫一层大于50cm（近烟囱处50m，烟囱中部及顶部落地处100cm厚）的粉煤灰或沙土，并用土袋或煤灰渣袋垒筑数道（每隔40m一道）一定长度和一定高度的缓冲墙，并在上部垒三层装满细土的土袋或铺满三层草帘，缓冲墙长为烟囱宽的1.2~1.3倍，高约4m，宽约3m，以便减轻或避免烟囱落地撞击振动和飞石的危害。

（3）爆破的安全半径以及人员参观点、点火站和警戒人员所处的位置，应大于正常爆破所需的安全距离（取300m以上）。

实践证明，该方法是行之有效的。采用缓冲墙等措施后，还有效减弱烟囱爆破落地引起的粉尘和噪声。烟囱落地时飞溅破片和落地振动的安全防护措施如图4所示。

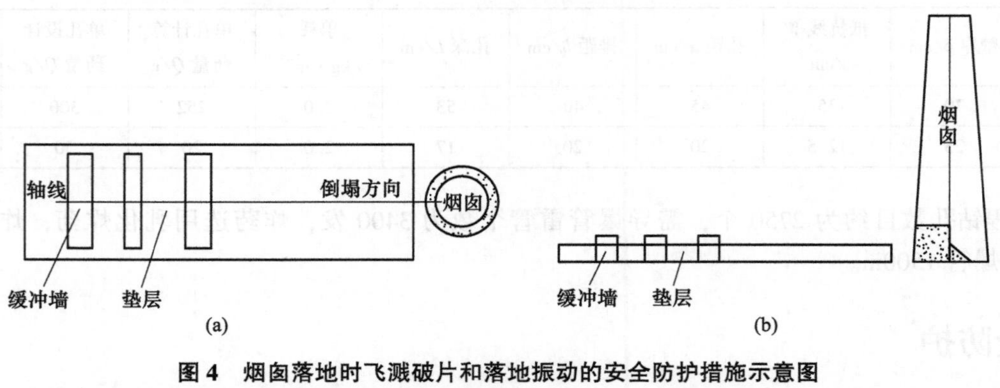

图4 烟囱落地时飞溅破片和落地振动的安全防护措施示意图

Fig. 4 The schematic of safety precautions for spatter fragments and vibration when the chimney is falling

（a）缓冲墙、垫层平面布置示意图；（b）缓冲墙、垫层侧面布置示意图

4 爆破效果与思考

烟囱按预定方向倒塌，倒塌精准，与设计倒塌方向偏差小于2°。爆破期间，厂区内其他发电机组和冷却塔正常运行，附近的办公楼、住宅及其他的建筑物没有任何损伤，爆破拆除工程取得了圆满成功。

通过本工程的成功实施及爆后观察主要有以下几点体会：

（1）高大混凝土烟囱由于自振作用的存在，使其在拆除倒塌过程中出现偏离设计方向的现象。因此在设计过程中切口长度不宜太大，应选取合理的预留支持部位。本次拆除工程中，烟囱壁和内衬的切口所对应的圆心角分别为216°、220°，在控制烟囱倒塌方向的精度上取得了良好的效果。

（2）要做好烟囱拆除的预处理工程。高大混凝土烟囱底部既有竖筋，又有横筋，必须提前做好横筋的预处理工程，剪断拆除部位与保留部位的钢筋，以免在拆除过程中对支撑部位造成影响从而影响倒塌方向。

（3）高大混凝土烟囱在倒塌过程中，由于其高度的原因，其上部在倒塌触地时将携带大量的动能冲量，其所产生的飞石和振动危害不亚于拆除部位炸药爆炸所产生飞石和振动危害，因此既要做好拆除部位的安全防护工作，也要做好烟囱上部在倒塌触地时的安全防护工作。

参 考 文 献

[1] 商键，林大泽．拆除爆破与安全管理［M］．北京：兵器工业出版社，1993.

[2] 冯叔瑜，吕毅，杨杰昌，等．城市控制爆破［M］．北京：中国铁道出版社，1985.

[3] 李守巨．拆除爆破中的安全防护技术［J］．工程爆破．1995，1（1）：71-75.

[4] 朱朝祥，杨建军，蔡伟，等．南京化纤厂 120m 高排气塔爆破拆除［J］．爆破，2008，25（4）：53-55.

[5] 杨元兵，刘国军，梁锐，等．爆破拆除锅炉房及烟囱［J］．爆破，2005，22（1）：65-66.

[6] 马红卫，郑健礼，刘鹏虎．125m 高钢筋砼排气塔定向爆破拆除［J］．爆破，2010，27（4）：85-87.

[7] 叶图强，刘畅，蔡进斌．不允许后坐的建筑物爆破拆除［J］．工程爆破，2007，13（1）：69-72.

[8] 何国敏．复杂环境下 180m 烟囱定向控制爆破拆除［J］．爆破，2011，28（3）：74-77.

210m 烟囱爆破拆除振动监测及分析

刘　翼　魏晓林　李战军

（广东宏大爆破股份有限公司，广东 广州，510623）

摘　要：本文通过太原 210m 烟囱爆破拆除的振动监测，结合监测点现场飞石落地的痕迹，分析了振动波形中各段产生的原因及其特征，提出了在爆破拆除高烟囱设计中振动安全校核的距离取值应注意的问题。通过分析振动波形，首次监测到 210m 烟囱撞地飞石的飞溅初速度及抛射角，为爆破拆除高烟囱飞溅飞石防护提供了科学依据。

关键词：烟囱；爆破拆除；振动监测；飞石

Monitoring and Analysis of Impact Vibration Caused by Demolishing a 210m-High Chimney

Liu Yi　Wei Xiaolin　Li Zhanjun

（Guangdong Hongda Blasting Co.，Ltd.，Guangdong Guangzhou，510623）

Abstract：A 210m reinforced concrete chimney at the first state power plant in Taiyuan city Shanxi province is demolished by blasting. The each section wave feature and its caused reason are analysised by monitoring blasting vibration and studying the landing trace of fly rock from the top chimney by hitting the ground in situ. The problem is put forword that it must be paid attention to when the safe distance is checked for blasting design. It is the first time that the initial velocity and projection angle of the fly rock which splashes by chimney hit the ground are tested. It will provide scientific basis for fly rock protection of blasting demolition chimney.

Keywords：chimney；blasting demolition；blast vibration monitoring；fly rock

1　工程概况

国电太原第一发电厂 210m 高烟囱为整体现浇钢筋混凝土筒体结构，烟囱底部外半径 11.42m，壁厚 70cm；顶部外半径 3.62m，壁厚 19.5cm。烟囱内衬+0～+60m 以下为钢筋混凝土，厚度为 25cm，+60～+210m 以上烟囱耐火砖内衬厚度 12cm。筒壁与耐火砖之间的空隙分别为 5cm 和 8cm。烟囱混凝土体积 3581m^3，钢筋质量 360t，总重约为 8952t。烟囱四周环境为：北距厂房和办公楼 274m，东北侧为待拆厂房，东侧距最近厂房 159m，南侧距道路 132m，西侧距待拆住房 25m，西北方向距在建楼房 270m。烟囱周围环境示意图如图 1 所示。从周围环境分析，烟囱倒塌场地的最大范围西北方向有 270m 左右，有足够烟囱整体倒塌的场地，因此，烟囱爆破拆除采取整体定向倒塌爆破方案。

2　烟囱振动监测

2.1　监测目的

根据爆破安全规程规定，在特殊建（构）筑物附近或爆破条件复杂地区进行爆破时，应进行必要

原载于《中国爆破新技术Ⅲ》，2012：964-971。

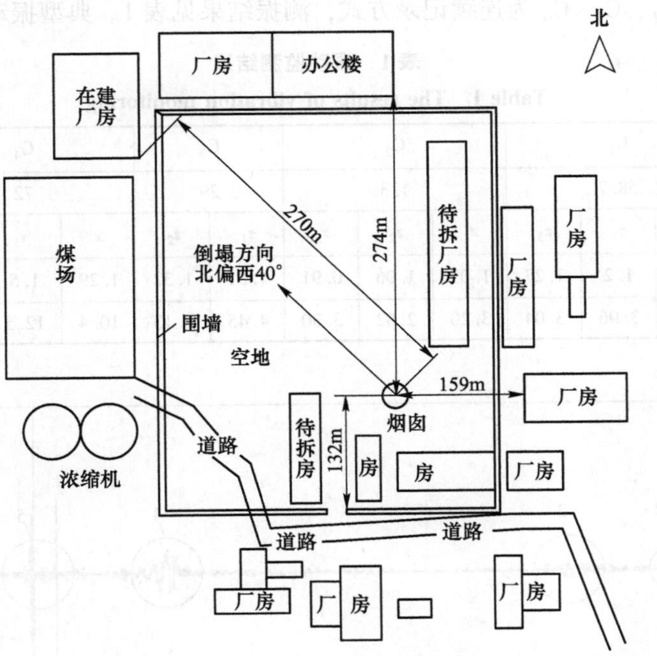

图 1 爆破烟囱周围环境示意图

Fig. 1 The chimney surrounding environment diagram

的爆破振动监测或专门试验，以确保被保护对象的安全。同时通过对烟囱爆破倒塌过程的振动监测，考察烟囱的爆破振动和撞地振动，并与爆破设计中振动安全距离计算进行对比，评估爆破设计中振动安全距离计算参数选取的合理性，为今后爆破设计中振动安全距离计算提供参考依据。

2.2 监测点布置

振动监测点共布置 6 个，重点监测烟囱顶部着地较近的建筑物以及烟囱倒地轴线上的振动，即 4 个监测点（C_4、C_6、C_2、C_5）布置在西北侧的工地周围旁，另外 2 个测振点，各距烟囱倒地轴线东侧 50m，其一（C_1）在距 210m 高烟囱顶部着地点前 10m，另一（C_3）在烟囱顶部着地点后 40m。各测振点的具体坐标用全站仪测量，监测点位置标在烟囱周围环境平面图上，最后测点位置如图 2 所示。

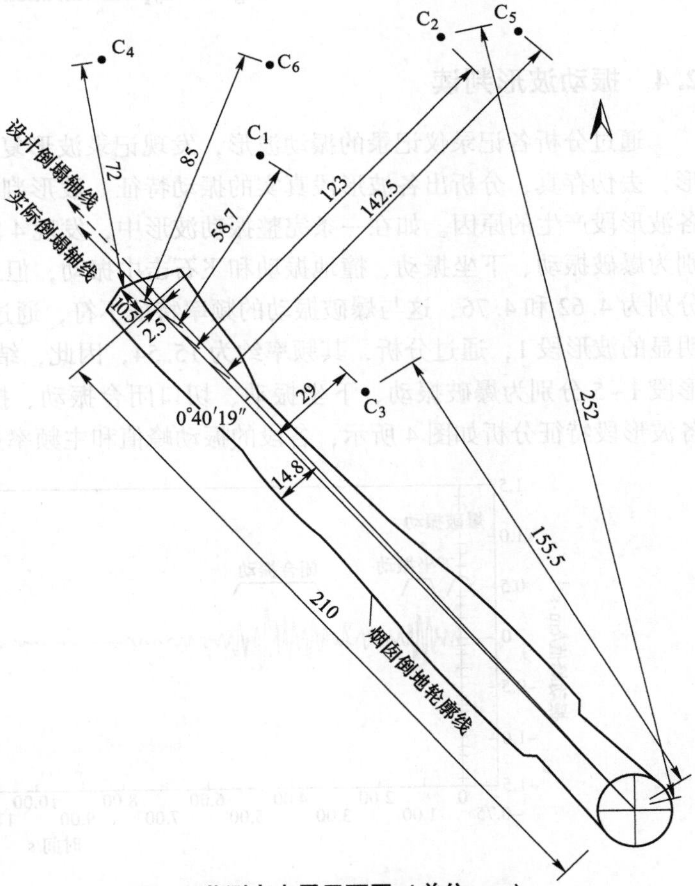

图 2 监测点布置平面图（单位：m）

Fig. 2 Plan of monitoring point (unit: m)

2.3 监测结果

振动测点共布置 6 个，测点 C_1 ~ C_3 全部布置为垂直振动速度传感器，测点 C_4 ~ C_6 为可同时测 x、y、z 三向振动速度的传感器。其中测点 C_1 ~ C_5 都可通过分析辨出振动峰值和主频率，测点 C_6 则无法辨别，视为无效监测点。另外，C_1、

C_3 为分段记录方式，C_2、C_4~C_6 为连续记录方式，测振结果见表 1。典型振动波形如图 3 所示。

表 1　振动监测结果

Table 1　The results of vibration monitoring

测点编号	C_1			C_2			C_3		C_4			C_5		
距离轴线/m	58.7			123			29		72			142.5		
振动方向	z_1	z_2	z_3	z_1	z_2	z_3	z_1	z_2	x	y	z	x	y	z
振动峰值/cm · s^{-1}	1.1	1.2	1.27	1.09	1.06	0.91	1.51	1.32	1.29	1.5	7.75	0.44	0.43	1.31
主频率/Hz	3.07	3.06	3.04	3.20	2.62	3.30	4.45	6.13	10.4	12.5	5.81	5.68	5.68	5.61

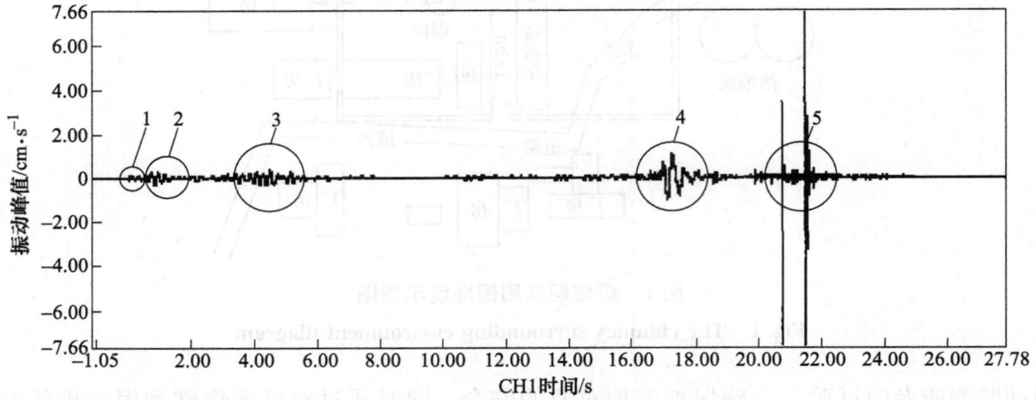

图 3　监测到的典型振动波形图

Fig. 3　Typical vibration waveforms

2.4　振动波形判读

通过分析各记录仪记录的振动波形，发现记录波形复杂，需要仔细分析各段波形，并通过分析波形，去伪存真，分析出各波形段真实的振动特征。波形判读的主要作用是正确区别出有效振动波形和各波形段产生的原因。如在一条完整振动波形中，发现 4 段特征明显的波形，初步判断波形段 2~5 分别为爆破振动、下坐振动、撞地振动和飞石击中振动，但通过频率分析后，波形段 2 与 3 的频率相当，分别为 4.62 和 4.76，这与爆破振动的频率特征不符，通过放大波形段 2 前的波形，发现还有一段特征明显的波形段 1，通过分析，其频率约为 15.54，因此，结合频率特征和时间的先后顺序，可以判断波形段 1~5 分别为爆破振动、下坐振动、切口闭合振动、撞地振动和飞石击中振动。以 C_2 测点为例，各波形段特征分析如图 4 所示，各段的振动峰值和主频率见表 2。

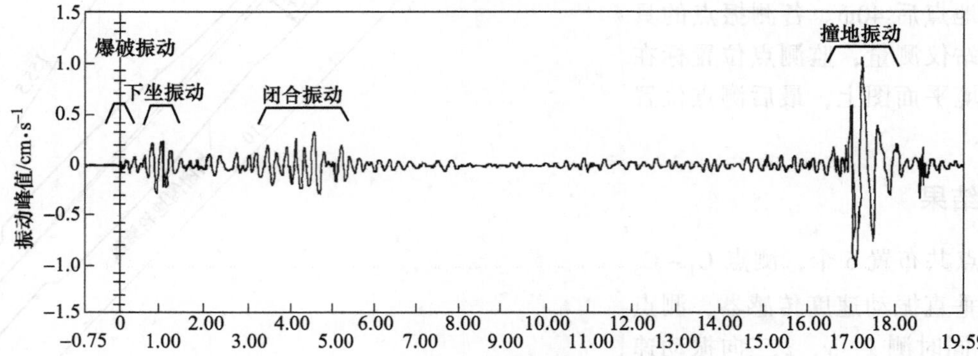

图 4　各振动波形段特征分析图

Fig. 4　Analysis chart of vibration waveforms’feature

表 2 各段波形振动的峰值和频率

Table 2 The peak and frequency of vibration waveforms

通道	爆破振动峰值/$cm \cdot s^{-1}$	爆破主频率/Hz	下坐振动峰值/$cm \cdot s^{-1}$	下坐主频率/Hz	闭合振动峰值/$cm \cdot s^{-1}$	闭合主频率/Hz	撞地振动峰值/$cm \cdot s^{-1}$	撞地主频率/Hz
CH1	0.12	15.87	0.28	4.61	0.35	4.65	1.09	3.20
CH2	0.12	15.38	0.26	4.57	0.31	4.69	1.06	2.62
CH3	0.11	15.38	0.23	4.69	0.25	4.94	0.91	3.3
平均	0.12	15.54	0.26	4.62	0.30	4.76	1.02	3.04

2.5 振动分析[1-6]

从一条完整的振动波形中可以看出，烟囱振动波形包含烟囱爆破振动、烟囱下坐振动、烟囱切口闭合振动、烟囱撞地振动和飞石击中传感器的振动，其中前四段振动波形为有效波形，包含了烟囱从起爆到撞地整个运动过程的振动特征，最后一段波形为飞石击中传感器的振动，波形明显含有飞石击中的振动特征，且测点距离烟囱顶部着地点较近，现场还发现传感器被碎渣击中的痕迹，因此可以判断为无效振动波形，需要在波形分析剔除其最大峰值振动速度，否则混淆振动正确判读。通过振动波形分析，可以得出以下几点结论：

（1）就有效振动波形的振动峰值来看，烟囱的撞地振动最大，烟囱下坐和切口闭合波形次之，爆破振动最小。

（2）从振动方向来看，垂直方向的振动速度最大，水平方向的振动速度较小。

（3）从振动频率来看，撞地振动主频率最小，约为 3Hz，爆破主频率最大，下坐和切口闭合主频率介于两者之间，振动频率从大到小的排列次序与振速峰值排列顺序相反。

2.6 飞石分析

在本次测振过程中，发现测点的传感器四周有不少飞石，传感器有被飞石击中的痕迹，且从波形的振动特征来看，符合传感器受水平力撞击产生的振动波形特征，撞地振动波形中后两段较大的振动波形可以判定为飞石击中的振动波形。飞石击中传感器的运动分析见图 5，其产生的振动波形分析见图 6。从波形的时间轴可以看出，图 6 为图 4 后续波形的放大图，同时也是图 3 中的波形段 4 和 5 的放大图。下面通过测振波形来计算飞石的初速度和抛射角。

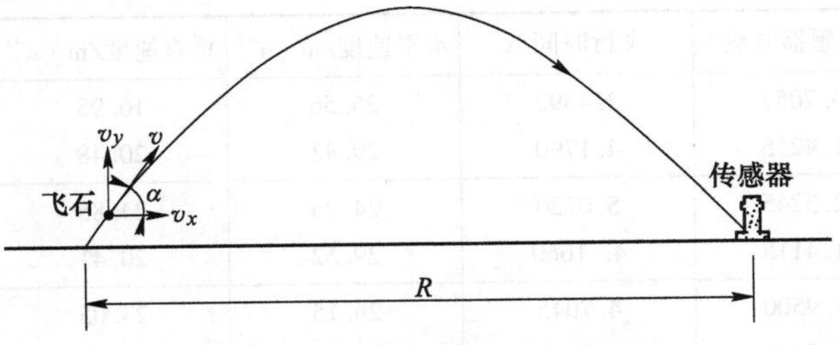

图 5 飞石击中传感器的运动分析

Fig. 5 The motion analysis of flying stone hitting the sensor

通过放大振动波形图，分别读取撞地波形、飞石击中传感器的波峰或波谷所对应的时刻，两个时刻相减，即可求得飞石击中传感器的飞行时间，由于飞石的起点和终点可知，因此可以求得飞石飞行距离，从而求得飞石的飞行初始速度以及抛射角。以测点 C_2 通道 CH1 的振动波形为例，如在图 6 中读得烟囱撞地为 $t_1 = 17.2465$s，飞石击中传感器的时刻为 $t_2 = 20.7057$s，则飞石飞行时间 $\Delta t = 20.7057 - 17.2465 = 3.4592$s，而从测振点布置平面图中可测量得飞石的飞行距离，即烟囱顶部着地点到测振点的距离 123m。

在飞石飞行的水平方向上，$s = v_x t$，则 $v_x = \frac{s}{t}$，则飞石 $v_x = 123/3.4592 = 35.56$m/s；

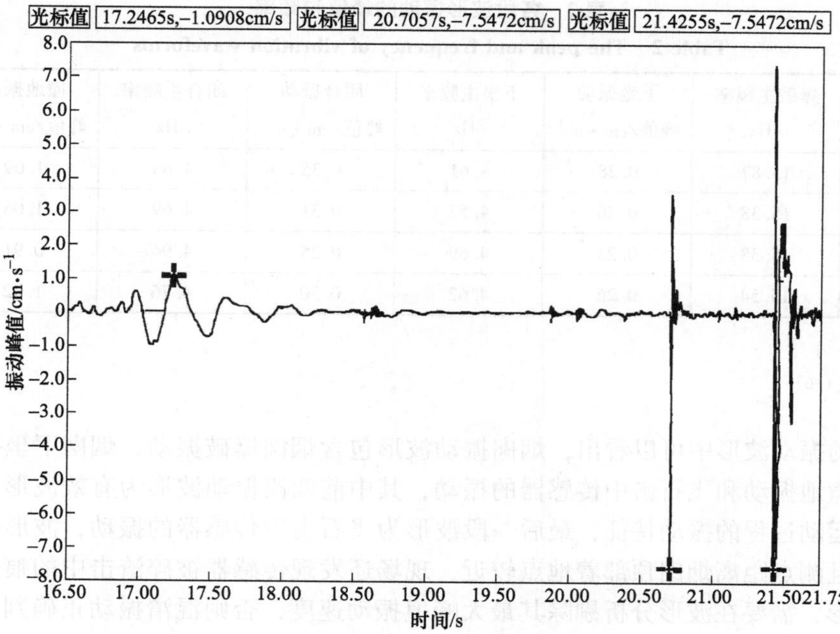

图 6 飞石击中传感器的振动波形

Fig. 6 The vibration waveform of flying stone hitting the sensor

在飞石飞行的竖直方向上，$v_y = gt/2$，则飞石 $v_y = 9.8 \times 3.4592/2 = 16.95\text{m/s}$。

根据 v_x 和 v_y 的值，可计算飞石的抛射角度，假设烟囱撞地点与传感器位于同一水平面上，则飞石初始抛射角与水平面的夹角 $\alpha = \arctan\dfrac{v_y}{v_x}$，即飞石 $\alpha = \arctan\dfrac{v_y}{v_x} = \arctan\dfrac{16.95}{35.56} = 25.48°$，而合速度为：$v = \sqrt{v_x^2 + v_y^2}$，则飞石 $v = \sqrt{v_x^2 + v_y^2} = \sqrt{35.56^2 + 16.95^2} = 39.39\text{m/s}$。

同理可求出测点 C_2 其他通道所测飞石的速度及抛射角度，通过波形分析可知：CH1 通道的传感器被飞石击中 2 次，CH2 通道的传感器被飞石击中 1 次，CH3 通道的传感器被飞石击中 3 次，各通道所求出飞石的抛射初速度和抛射角见表 3。

表 3 测点 C_2 求出的飞石初速度及抛射角

Table 3 The projection angie and initial velocity of flying stones calculated from measuring point C_2

通道	烟囱撞地时刻/s	击中传感器时刻/s	飞行时间/s	水平速度/m·s⁻¹	垂直速度/m·s⁻¹	合速度/m·s⁻¹	抛射角/(°)
CH1	17.2465	20.7057	3.4592	35.56	16.95	39.39	25.50
	17.2465	21.4255	4.1790	29.43	20.48	35.86	34.83
CH2	17.2525	22.3245	5.0720	24.25	24.85	34.72	45.71
	17.2455	21.4115	4. 1660	29.52	20.41	35.89	34.64
CH3	17.2455	21.9500	4.7045	26.15	23.05	34.86	41.41
	17.2455	22.2242	4.9787	24.71	24.40	34.72	44.63
平均				28.27	21.69	35.91	37.49

根据文献［7］，飞石的抛射距离为 $R = \dfrac{2v^2\sin\alpha\cos\alpha}{g}$，式中，$\alpha$ 为抛射角，v 为抛射初速度，R 为抛射距离，g 为重力加速度。假设烟囱撞地点与传感器位于同一水平面上，当 α 等于 45°时，在初速度一定的条件下，飞石的抛射距离最远，最远抛射距离为 $R = v^2/g$，在测点 C_2，距离烟囱顶部距离 123m，当 $R = 123\text{m}$ 时，$v = 34.72\text{m/s}$，这与实测的平均值 35.91m/s 相差很小，因此认为根据文献［7］的计算方法来估计烟囱溅起飞石的速度可行。根据现场的调查，飞石飞行的距离有的达 324m，因此可以推断这次烟囱撞地溅起的飞石速度有的高达 56.35m/s。飞石的抛射范围调查如图 7 所示。烟囱倒地状态如图 8 所示。

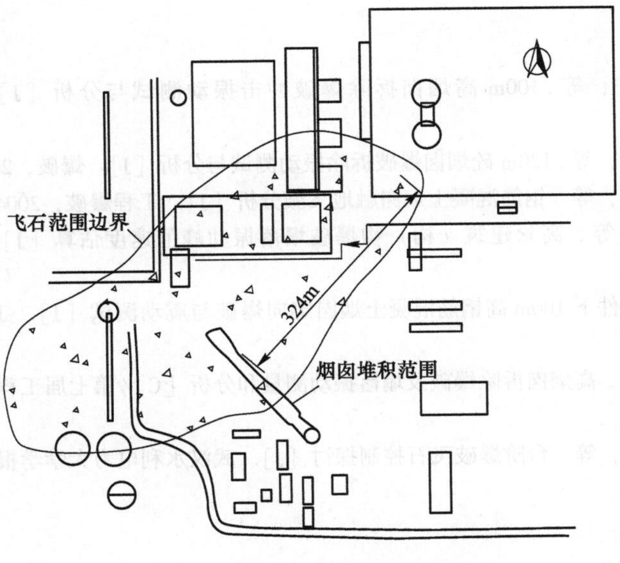

图 7 飞石抛射范围调查图

Fig. 7 The survey figure of flying stones' projectile range

图 8 烟囱倒地状态图

Fig. 8 The state figure of the chimney fallen to the ground

3 结论

通过本次 210m 烟囱爆破拆除的振动监测及波形分析，可以得到以下几点体会：

（1）振动监测结果需通过实测波形并结合现场情况来综合分析，去伪存真，否则得不到客观的规律，甚至得出相反的结论。

（2）振动峰值来看，烟囱的撞地振动最大，烟囱下坐和切口闭合波形次之，爆破振动最小，而振动频率的大小则正好相反。

（3）爆破振动与塌落振动相差很大，振动安全距离计算时需按实际情况分别选取不同的距离来计算，而不是取相同的距离。爆破振动安全校核的距离应从烟囱切口处计算，而塌落振动安全校核的距离应从烟囱顶部着地点计算。

（4）首次通过振动实测到烟囱撞地飞石飞溅的速度，210m 烟囱爆破拆除的飞石抛射初速度高达 56.35m/s，为爆破拆除高烟囱防护飞石飞溅提供科学依据。

参考文献

[1] 沈立晋，汪旭光，于亚伦，等.100m 高烟囱拆除爆破冲击振动测试与分析［J］. 工程爆破，2002，8（4）：16-19.

[2] 朴志友，崔正荣，赵明生，等.120m 砼烟囱爆破拆除振动测试与分析［J］. 爆破，2008，25（1）：79-81，85.

[3] 沈朝虎，张智宇，庙延钢，等. 钢筋混凝土烟囱触地飞溅分析［J］. 工程爆破，2004，10（1）：16-18，34.

[4] 徐全军，武睿星，白帆，等. 高耸建筑（构）物爆破塌落振动峰值速度估算［J］. 工程爆破，2011，17（3）：49-52，91.

[5] 陈德志，丁帮勤. 苛刻条件下 100m 高钢筋混凝土烟囱定向爆破与震动测试［J］. 工程爆破，2003，9（2）：33-35，41.

[6] 周家汉，金保堂，陈善良. 高烟囱拆除爆破及塌落振动测量和分析［C］//第七届工程爆破学术会议论文集，成都，2001：707-712.

[7] 卢文波，赖世骧，李金河，等. 台阶爆破飞石控制探讨［J］. 武汉水利电力大学学报，2000，33（3）：9-12.

非常规和常规切口角爆破拆除砖烟囱的试验分析

宋常燕　伏　岩

（广东宏大爆破股份有限公司，广东 广州，510623）

摘　要：本文分析了砖烟囱切口角的大小对倾倒运动规律的影响，用非常规和常规的切口角实例验证了不同的爆破效果。

关键词：砖烟囱；拆除爆破；爆破切口圆心角

Test Analysis on Unconventional and Conventional Circular Angle of Blasting Cut of Brick Chimney in Demolition Blasting

Song Changyan　Fu Yan

（Guangdong Hongda Blasting Co.，Ltd.，Guangdong Guangzhou，510623）

Abstract：In this paper，the motional regulation of brick chimney is analyzed when toppling. Furthermore，the different blasting effects are tested through using unconventional and conventional circular angles.

Keywords：brick chimney；demolition blasting；unconventional circular angle

1　引言

定向爆破拆除烟囱的技术虽然已经十分成熟，但常常因为爆破切口角不同，而出现各种不同的倒塌情况，宏大爆破公司在一年的时间里，承接了十六座砖烟囱的爆破拆除任务，这些烟囱所处的各种场地条件千差万别，有的受到的制约因素较大，只能允许选择常规的切口角谨慎爆破；有的环境条件相对较好，受爆破场地的制约因素较少，所以，对这些环境条件较好的烟囱选用非常规的爆破切口角进行了爆破试验，得到了一些有用的经验。

2　砖烟囱常规切口角的选取原则的理论分析

砖烟囱砌体极限抗拉，抗压和抗剪性能比钢筋混凝土烟囱差，如果采用适当的切口圆心角进行爆破，让烟囱在自重偏心弯矩作用下，砖烟囱容易沿支撑部中轴拉开，当支撑部中轴拉裂后，根据多体–离散体动力学分析，这时的砖烟囱砌体会降低抗压和抗剪能力。如果选用的烟囱切口圆心角过大，爆破后，很容易引起烟囱的下坐和后坐，从而影响烟囱倒塌的定向准确性。

2.1　最小切口角的确定原则

当爆破切口形成后，支撑面首先弹性变形，烟囱重力对支撑面中轴 O 形成倾倒力矩，促使支撑部倾倒的反方向侧受拉，支撑部拉裂后，由于受到倒向受压区的抵抗，烟囱并不一定会马上倾倒，如果支撑部向极限压缩状态转变，继而在倾倒力矩的作用下，受压面积向倒向侧缩小，压应力 δ_c 增大，直到达到极限抗压强度［δ_c］，如图 1 所示。

原载于《中国爆破新技术Ⅲ》，2012：653–658。

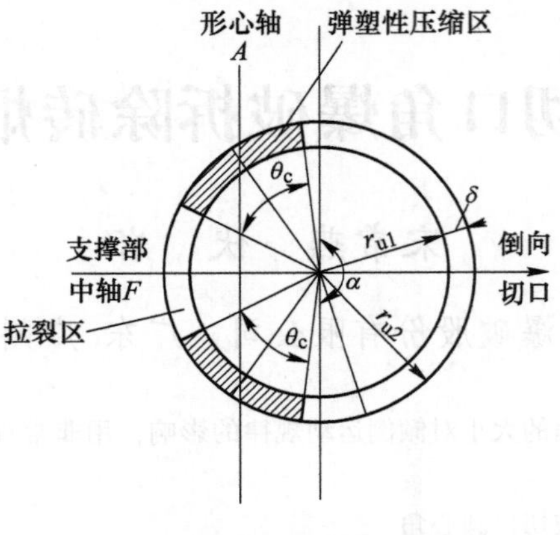

图 1 支撑面弹塑性变形

Fig. 1 Elastic plastic deformation of beairng surface

$$\alpha > \pi - p/\{[\delta_c] \times (r_{u2}^2 - r_{u1}^2)\} \tag{1}$$

式中，α 为开口角，(°)；p 为烟囱自重，kN；$[\delta_c]$ 为极限抗压强度，kN/m^2；r_{u2} 为烟囱的外半径，m；r_{u1} 为烟囱的内半径，m。

由式（1）可见，砌体抗压强度 $[\delta_c]$ 越高，最小切口角 α_{min} 就越大，支撑部位极限压缩时，砖烟囱倾倒的切口圆心角，对砖标号 M10，砂浆标号 M5 的切口圆心角，理论计算值 α 大于 146°，这样就能证明：用机械拆除砖烟囱时，开口角还不到 180°的时候，烟囱也会向开口角方向倒塌。这种依靠烟囱自重压塌支撑部，以增大切口圆心角的方法并不可靠，很容易造成爆而不倒，因此，现在实际工程中常规采用的最小切口角角度为大于 180°。

2.2 最大切口角的确定

实践证明，爆破砖烟囱时，切口角选择过大，很容易形成支座向后剪切，导致烟囱后滑，还容易发生支座部向上剪切，使烟囱向前滑行。烟囱支座砌体的抗剪强度一般小于抗压强度，因此当支承部还未压坏，就有可能被剪切破坏，如图 2 所示，假设剪切面为平面，那么支座剪切破坏的力学条件是：

$$N_H \cdot \sin\alpha_s + R_H \cdot \cos\alpha_s > (N_H \cdot \cos\alpha_s - R_H \cdot \sin\alpha_s) \cdot f + \tau_o \cdot S_{sf} \tag{2}$$

式中，N_H 为支座竖向压力，kN；R_H 为水平向剪力，kN；α_s 为剪切面的倾角，(°)；f 为砌体间的摩擦系数；S_{sf} 为支座的剪切面积，m^2；τ_o 为斜切砖体初始抗剪强度，对 M7.5 砖，取 700kN/m^2。

当式（2）满足时，支座上的烟囱向下后方剪切，烟囱则下坐和后滑，所以过大的切口角将导致支撑部支点距烟囱纵轴距离增大，增加烟囱下部的弯矩，砌体将沿切口两侧垮落，因此，现在实际工程中，一般把最大开口角规定在 240°左右。

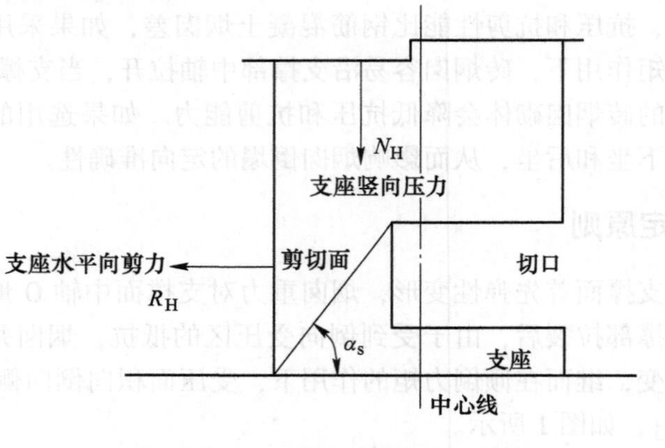

图 2 支座剪切烟囱下坐和后坐的应力

Fig. 2 Chimney stress of supporting when shearing

3 非常规砖烟囱爆破开口角的爆破实验

我们这次所承接的砖烟囱爆破，其高度都在60m以下，烟囱下壁厚在0.45~0.75m之间，底部外半径为1.2~3.0m不等，为厚筒壁结构，它们的砖砌体抗拉强度和抗剪强度较低，当沿灰缝截面破坏时，对M2.5~M7.5砂浆砖砌体，它们的抗拉，抗剪强度都为0.2~0.4MPa。十六座砖烟囱爆破拆除情况见表1。

表1 十六座砖烟囱爆破拆除情况

Table 1 Analysis on 16 brick chimneys in demolition blasting

序号	烟囱位置	外半径/m	壁厚/m	烟囱高度/m	切口圆心角/(°)	切口底高/m	切口高/m	倒塌情况	倒向
1	樟木头厂	2.5	0.62	55	180	0.5	1.2	烟囱后坐1m，底座向后剪切面整齐，倒塌途中折断	定向准确
2	镇龙镇厂	2.4	0.75	58	207	0.65	2	底座见剪切向后滑面，有大块压在底座剪切面上，后坐1m	定向准确
3	东莞牛村	2.25	0.6	58	210	0.45	2	后坐2.5m，切口向上垮高2m，筒体在5~20m处压坏，垮落2.5m大块	定向准确
4	万江新和	2.1	0.48	55	216	0.5	1.2	筒壁上有两道竖向裂缝，爆破时切口向上垮落，支撑部压垮，下坐28m	定向准确
5	麻涌二厂	2.5	0.66	55	220	0.5	2	剪切出3m直径的大块，倒塌中途筒体有折断，后坐1m	定向准确
6	永和厂	1.5	0.49	27	227	0.9	1.8	后滑2.5m，烟囱整体定向倒塌，倒塌过程无折断	定向准确
7	宁西厂	1.45	0.45	15	228	0.35	1.5	支撑部断裂为水平面，没有后坐	定向准确
8	高步镇	2.25	0.72	52	230	0.3	2	切口上方筒体垮落10m后支撑部压塌，垮塌后向2m，小块多	定向准确
9	望牛墩一厂	2.5	0.75	54	240	0.5	2.4	底座剪切后滑2.5m插入土中，筒体向前5m处，斜插入土中，深2m	定向基本准确，偏5°
10	麻涌一厂	2.5	0.62	55	240	0.5	2.4	后坐2m，可见剪切后滑面，筒体剪切大块1.5m×3m	定向基本准确，偏3°
11	平山镇	2.5	0.62	55	240	0.5	2	下坐1m后，随倾倒不倒下坐	定向基本准确，偏6°
12	漳膨厂	2.5	0.62	55m+25m	240	0.5	2.4	后坐1m，剪切3m大块，烟囱顶加高的25m反向滑倒	主体定向准确，上部反倒
13	杜屋厂	1.25	0.58	28	240	0.5	2	后坐2m，倒塌过程中无折断，碎块飞散范围小	定向基本准确，偏5°
14	官洲厂	2.5	0.62	55	240	0.3	2	后坐3m，筒体20m向前折断，插入15m处	定向基本准确，偏9°
15	林村厂	2.5	0.48	55	240	0.5	1.8	后坐3m，筒体下坐并前移	定向基本准确，偏8°
16	农科院	2.5	0.6	58	337	0.5	1.5	筒体原地塌落，开成圆锥体，上部3m高的筒体无定向倒在爆堆上	原地倒塌

3.1 切口角为180°的砖烟囱爆破试验

3.1.1 东莞烟囱爆破拆除

东莞樟木头镇有一砖厂的烟囱需要爆破拆除，该烟囱始建于1970年，烟囱高55m，下部外半径R_2=2.5m，上部外半径R_4=1.2m，上下内半径分别为R_3=0.96m，R_1=1.88m，烟囱自重4925kN，质心高度h_c=20.3m，下部壁厚0.62m，内衬为厚0.24m的浆砌耐火砖，耐火砖与烟囱筒壁之间的距离为0.05m，为防止用180°切口圆心角爆破试验时爆后不倒，我们在烟囱体上方30m处，套上一根较粗的钢丝绳，另一端固定在距烟囱70m远的地面。该烟囱的爆区环境图见图3。

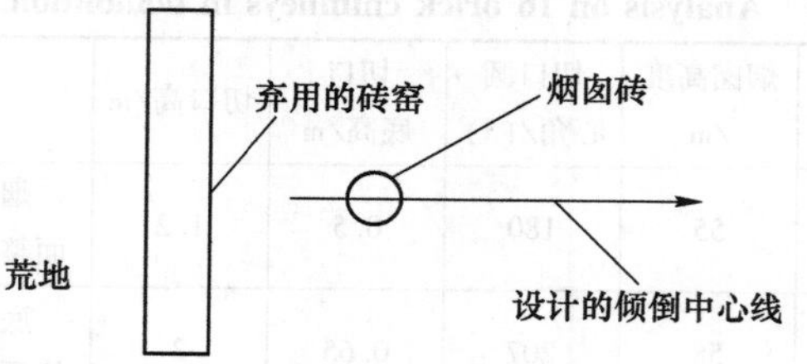

图3 爆区环境图

Fig. 3 The environment around the blasting area

该烟囱四周200m范围内均无需要保护的建筑物，适合做小切口角的爆破实验。

3.1.2 爆破参数的确定

选择矩形切口，爆破切口角选为180°，沿倒塌向的一侧用风镐开两个矩形的定向窗，窗口水平宽各1米，高1.2m。开定向窗的目的是减少主体爆破的夹制作用，同时也保护了支撑部位不受破坏。切口角范围的内衬耐火砖全部用风镐拆除，在地面上0.5m处，开始向上布置五排炮孔，孔距a=0.3m，排距b=0.3m，孔深l=0.38m，共120个孔，以爆破切口中心开始，共分四段，依次为1，2，3，4段起爆，段间间隔时间为25ms，每段炮孔数各为30个。

对于厚壁筒体，炮孔负担的爆破体积为扇形体，单孔药量采用下列公式计算：

$$Q = Kab(R_2 + R_1)\delta/(2R_2)$$

式中，K为炸药单耗，g/m^3，取K=1kg/m^3；R_2=2.5m；R_1=1.88m；δ=0.62m；计算得到每孔药量为Q=49g，取Q为50g。总药量$Q_{总}$=6kg。

3.1.3 爆破飞石的防护

在爆破切口处，覆盖双层竹笆夹浸水的草袋，遮挡住飞石，再用粗铁丝捆扎在烟囱体上，作近体防护，可以有效地阻挡住飞石冲到附近15m的范围。

3.1.4 爆破效果描述

烟囱爆破后0.5s，烟囱开始向设计方向缓慢的倾倒，没有发生后滑和下坐，起爆后3.5s，筒体倾斜了10°，烟囱支撑体发生压碎和下坐现象，爆后5s，下筒体与原来的夹角55°，烟囱转动加快，上半部20m处折断，起爆7.3s后，上段筒体触地，主体爆堆长度约为40m，烟囱后坐1m，顶端有个别块度为0.5m×0.85m的碎块冲出主体爆堆20m远，整个烟囱爆破方向定向准确。

3.2 切口角为337°的大开口角砖烟囱爆破试验

3.2.1 增城农科院试验基地内砖烟囱

增城农科院试验基地内有一条高58m的砖烟囱，需要爆破拆除，该烟囱建于1965年，由于年久失修，在内外温差和风吹雨淋作用下，烟囱中部形成了两条长约3m的纵向裂隙。烟囱下部外半径R_2=2.5m，上部外半径R_4=1.18m，下部壁厚δ=0.6m，上、下内半径分别为R_3=0.9m，R_1=1.9m，内衬为厚0.24m的浆砌耐火砖，耐火砖与烟囱筒壁之间的距离为0.05m。该烟囱四周200m范围内同样也无需要保护的建筑物，适合做大切口角爆破实验，该烟囱的爆区环境图如图4所示。

3.2.2 爆破参数的确定

选择矩形爆破切口，支撑部位保留1m宽，切口部位的周长为$2\pi R_2$ = 15.7m，爆破切口为

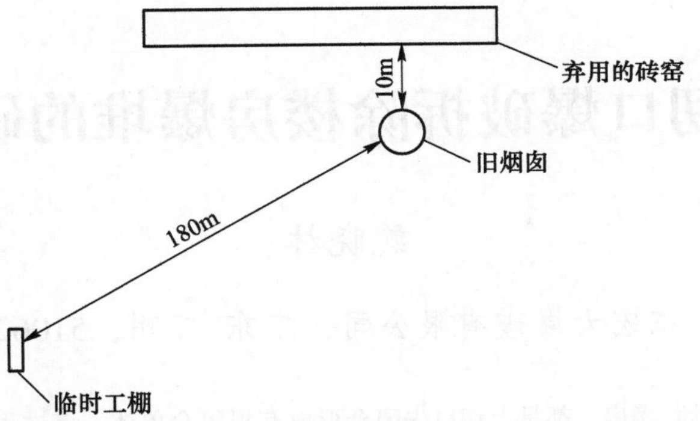

图 4 烟囱爆区环境图

Fig. 4 The environment around the chimney blasting area

360 ×（1 − 1/15.7）= 337°，沿倒塌向的一侧用风镐开两个矩形的定向窗，窗口水平宽各 2m，高 1.5m，正对支撑部位的主爆体位置，也用风镐开出一个宽 2m，高 1.5m 的导向窗，目的是减少一次起爆的炮孔数，开口角范围的内衬耐火砖全部用风镐拆除，在烟囱底高 0.5m 处开始向上布置六排炮孔。孔距a=0.3m，排距b=0.3m，孔深l=0.33m，每孔药量取50g，共120个炮孔。共使用炸药6kg。所有炮孔全部使用一段非电雷管引爆乳化炸药。

爆破飞石的防护：在爆破切口处，覆盖双层竹笆夹浸水的草袋，遮挡住飞石，再用粗铁丝捆扎在烟囱体上，作近体防护。

3.2.3 爆破效果描述

烟囱爆破后，支撑体由于受到自重超5000kN的烟囱重力的垂直压力和大的偏心弯矩作用，1m宽的支撑体迅速压碎，0.5s时，烟囱垂直下坐，爆破切口全部闭合，烟囱闭合处由于受到强烈挤压和冲击，砌体开始向两边飞溅，周围的碎碴以烟囱的中心点为圆心，爆堆范围不断扩大；烟囱的高度也逐渐在增高的爆堆上迅速变矮，当爆堆增高到8m左右时，这时没有解体的烟囱长度只有3m高，并停止了变短，在碴堆上偏倒，上部保留的囱体产生了几条明显的径向裂隙。整个爆破过程持续了8s，最后爆堆散体的形状近似为下底直径宽9m，上底直径5m，高约8m的锥形体。

4 结论

（1）我们用十六次的实验证明：对砌体为极限抗拉，抗压和抗剪性能较弱的砖烟囱爆破，选定180°的切口角，爆破后，也能确保烟囱定向倒塌，如果切口角更小，筒体重心没有移出爆破切口边线之外，不能完全保证砖烟囱每次都能被炸倒，所以对砖烟囱控制爆破而言，切口角不应小于180°。

（2）对 $(1/2)\pi < \alpha \leqslant (2/3)\pi$ 范围内的砖烟囱爆破，随着切口角的变大，烟囱倒塌过程中，受到的偏心弯矩和剪切力也大，倒塌过程中容易出现筒体支撑部位压垮，从而使烟囱出现后坐和后滑，筒体也容易断裂，影响了定向的准确性。

（3）如果切口角超过了240°，容易导致砌体沿切口两侧垮落，支撑部位过早压塌，形成烟囱定向的偏差更大，如果切口角达到337°时，则砖烟囱爆后就形成了原地塌落，这一实验，对没有倒塌距离的地方，具有指导意义；这一结论只适应于砖砌体烟囱，对不容易散体的钢筋混凝土烟囱，倒向就可能不受控制，因此砖烟囱的最大开口角不应超过240°。

参考文献

[1] 魏晓林．建筑物倒塌动力学及其爆破拆除控制技术［M］．广州：中山大学出版社，2011.
[2] 宋常燕，等．爆破拆除砖烟囱倒塌运动和内应力分析［C］//第七届工程爆破学术会议论文集，2001.
[3] 刘殿中．工程爆破实用手册［M］．北京：冶金工业出版社，1999.

多切口爆破拆除楼房爆堆的研究

魏晓林

（广东宏大爆破有限公司，广东 广州，510623）

摘 要：双切口同向倾倒拆除楼房，都是上切口先闭合形成有根组合单体。该过程经双体倾倒动力方程数值计算，在上切口闭合时，由碰撞的冲量矩守恒可知，组合单体的转动动能损失，小于下体不动上体倾倒切口闭合时的能量界限模型，由此可将组合单体的机械能与上切口闭合前的机械能之比 η_e，来计算下切口闭合前的机械能。实例的多种情况 $\eta_e=1\sim0.91$，也大于能量界限模型的 0~8%。而下切口闭合时切口碰撞，组合单体质心与着地点径向动能，因碰撞而消耗；而撞地点的冲量矩却形成了下切口闭合后的转速（上体顶再撞地时也是同理）。考虑到组合单体在地上滚动和上体在下体顶面翻倒的阻尼能量损耗，以阻尼系数 $k_f=1.15$ 表示，再以单体翻倒所需能量比数 K_{fw1}、上体翻倒能量比数 K_{fw2} 和上体沿下体顶面冲击滑动能量比数 $K_{f\beta}$，分别小于保证（或安全）系数 $k_w=1.5$，以及上体翻倒再翻滚能量比数 $K_{wt}<1/k_w$，分别判断整体翻倒、仅上体翻倒下体不翻倒以及上体沿下体顶面滑出和上体翻倒再翻滚等拓扑运动姿态，并列出了以上姿态相应的爆堆尺寸。

关键词：爆破拆除；多切口；楼房；功能原理；爆堆的前沿宽和高

Muckpile of Building Explosive Demolition with Many Cuttings

Wei Xiaolin

（Guangdong Hongda Blasting Co., Ltd., Guangdong Guangzhou, 510623）

Abstract: When the building is demolished by two cuttings in same direction, the compounding mono body with root is all formed while the up cutting is closed. When up cutting is closed, it can be known by numerical calculatior of two bodies dumping dynamical equations and impulse (moment) conservation of collide that kinetic energy losing of compounding mono body is less than energy ambit model, where the down body isn't moved and the up body is dumped and the up cutting is closed. The formula η_e (energy ratio between compounding mono bodies with that before up cutting closed) can be used to calculate the mechanical energy since the down cutting closed. In many instance $\eta_e=1\sim0.91$, which is larger than 0~8% of energy ambit model. When the down cutting is closed and impacted, the kinetic energy is lost in radial between touchdown on ground and mass centre of compounding mono body. However, the rotate speed is formed by impulse moment while the down cutting closed.

Keywords: explosive demolition; many cuttings; building; principle of work and power; the front distance and height of collapse heap

随着我国城市化进程的加快，爆破方法快速拆除建（构）筑物日益受到重视，并被广泛采用。众所周知，在人口稠密、环境复杂的市区进行拆除，为减小爆堆范围，多采用多切口爆破拆除。为了确保建筑物可靠倒塌，同时又必须保护周围环境安全，因此急需研究爆破拆除楼房解体规律和爆堆形态。

拆除楼房解体规律和爆堆形态，长期以来国内外很少有这方面的系统理论分析和专项研究。1989年，文献［1］定性叙述了定向倾倒的拆除建筑运动解体的过程和从经验计算了爆堆的宽度。但是直至现今，还没有从“建筑物倒塌动力学”[2] 定量研究多切口拆除楼房倾倒撞地解体的过程。因此，为了弄清楼房爆破拆除的解体规律，试图从结构倾倒下落的力学机理出发，从撞地前后的多体功能原理，探索多切口解体楼房的运动和爆堆形成过程。

原载于《爆破》，2012，29（3）：15-19，57。

1 双切口爆破拆除楼房的爆堆

1.1 有根组合单体

剪力墙和剪框结构楼房，当采用双切口同向倾倒时，上切口的高度一般在3层以下，比下切口小；若楼房上体（段）的自重接近或者超过楼房下体（段）的自重，当采用下行起爆顺序（先炸上切口）或时差1.0s内的上行起爆（先爆下切口）时，上下切口爆破后，楼房上体的后推力减缓了楼房下体的前倾转动，却加快了上切口的闭合，通常在下切口闭合前，上切口已经闭合，并且楼房上体在空中沿下体前顶面翻落的可能性减少，上、下体在空中就难于完全离散，而形成上下体迭合的楼房有根组合单体着地状态，如图1（b）所示。楼房的这种状态，已为数值模拟所证明。参见文献［2］中6.3.8.3节“剪力墙双体同向倾倒”和第5章“多体-离散体动力学的数值模拟”。

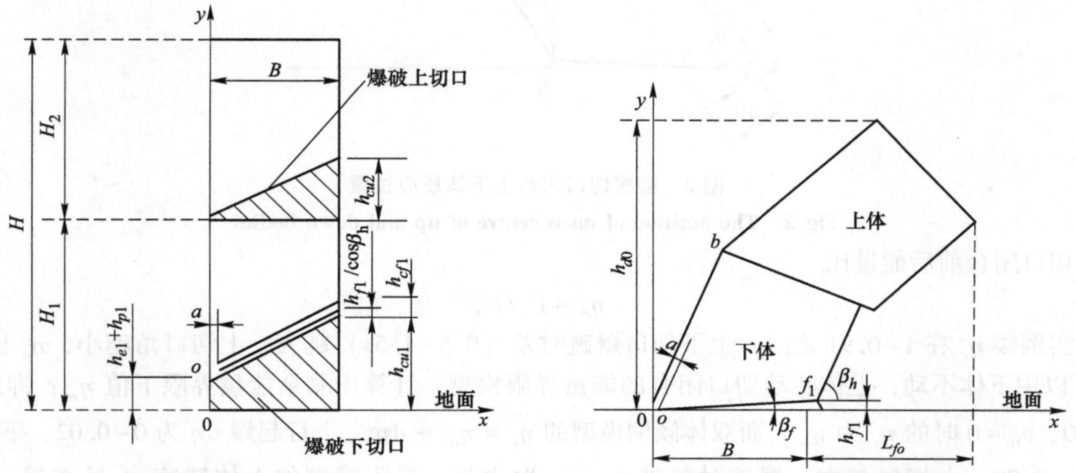

(a) 切口下行起爆　(b) 上切口闭合下体撞地

图1 双切口剪力墙同向倾倒姿态

Fig. 1 Dumping carriage of share wall with 2 cutting in same direction

只要在下切口闭合撞地前，保持唯一的有根组合单体，而该单体仅有一个自由度，根据文献［2］6.5节提出的多体的功能原理，则该自由度单体的机械能略小于多体初始下落的总机械能，其比值为η_e。由此就可以用η_e的总机械能，近似作上、下体落地姿态判断，并最后确定爆堆尺寸。

1.2 爆堆形态和判断

设下切口先爆破h_{e1}，剪力墙竖直下落h_{e1}，楼房撞地下坐h_{p1}（后支撑破坏h_{p1}），楼房总高降至$H-h_{e1}-h_{p1}$，见图1（a），参见文献［2］中7.4.2节“剪力墙下坐及起爆次序”，则剪力墙楼房撞地后的转速$\dot{q}_e$，见文献［2］中式（7.28）。

上切口爆破，上下体同向倾倒，上切口闭合后，由冲量（矩）守恒得有根组合单体转速

$$\dot{q}_e = [(m_1 v_{1c} + m_2 v_{2c})(\sin q_{12}\cos q_{co} + \cos q_{12}\sin q_{co}) r_{co} + \dot{q}_1 J_{c1} + \dot{q}_2 J_{c2}]/J_o \tag{1}$$

式中，m_1和m_2分别为楼房下体和上体的质量，10^3kg；J_{c1}和J_{c2}分别为楼房下体和上体的转动主惯量，$10^3\text{kg}\cdot\text{m}^2$；$\dot{q}_1$和$\dot{q}_2$分别为楼房下体和上体的转速，$s^{-1}$；$v_{1c}$和$v_{2c}$分别为楼房下体和上体的两体质心连线上的速度，m/s；q_{12}为质心连线与铅垂线的夹角；y_{ec}、q_{co}、r_{co}分别为组合单体质心高和对地中性轴o（x坐标a）连线与铅垂线的夹角和距离；J_o为组合单体对o的转动惯量，$10^3\text{kg}\cdot\text{m}^2$；$\dot{q}_1$和$\dot{q}_2$见文献［2］中式（6.72）动力方程和第5章数值求解。

对应机械能

$$U_e = (m_1 + m_2)y_{ec}g + J_o\dot{q}_e^2/2 \tag{2}$$

上切口闭合前的机械能

$$U_o = y_1 m_1 g + (l_1 + y_2)m_2 g + J_b\dot{q}^2/2 \tag{3}$$

式中，J_b 为下切口爆破时楼房对中性轴 o 的转动惯量，$10^3\mathrm{kg\cdot m^2}$；y_1、y_2、l_1 分别是楼房下切口爆破下坐时，上下体质心和下体高（相应切口底部竖向 y 坐标值），如图 2 所示。

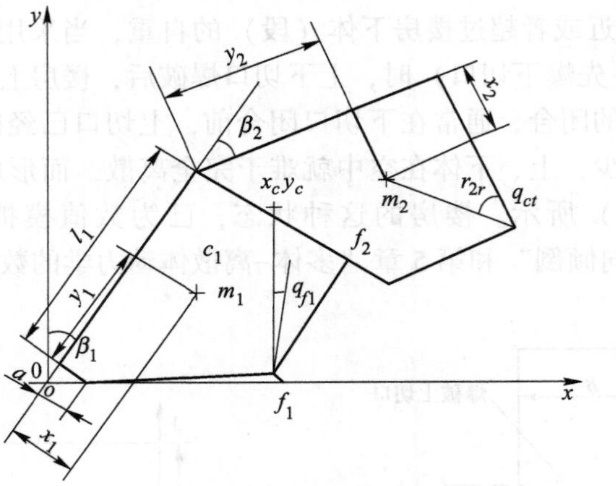

图 2　楼房切口闭合上下体质心位置

Fig. 2　The position of mass centre of up and down bodies

上切口闭合前后能量比

$$\eta_e = U_e/U_o \tag{4}$$

本实例楼 η_e 在 1~0.91 之间，上下切口爆破时差（0.5~1.5s）越大、上切口角越小，η_e 也越大。η_e 也可以用下体不动，上体转动切口闭合的能量界限模型，计算出剩余能量界限下值 η_{ec}；即式（1）中 $\dot{q}_1=0$、$v_{1c}=0$ 时的 η_e 为 η_{ec}，而双体倾倒模型的 $\eta_e = \eta_{ec} + \mathrm{d}\eta$，上行起爆 $\mathrm{d}\eta$ 为 0~0.02，下行起爆 $\mathrm{d}\eta$ 为 0~0.08，上切口越大，爆破时差越小，$\mathrm{d}\eta$ 取大值。界限模型的上体转速 $\dot{q}_2$ 见文献［2］中 6.3.4 节“高耸建筑物的单向倾倒”的显式公式（6.37）求解。当已知 η_{ec} 再推定近似 η_e，就无需式（1）、式（2）和式（4）。

下切口闭合前的机械能

$$U = U_o\eta_e - y_c(m_1 + m_2)g \tag{5}$$

上下切口闭合时的总质心 C 的位置 x_c、y_c，见文献［2］中 7.4.1.2 节。以下 x 坐标，都以中性轴 o 为原点。而机械能形成的转速

$$\dot{q}_0 = \sqrt{2U/J_o} \tag{6}$$

质心 C 水平速度

$$v_x = r_c\dot{q}_0\cos q_0$$

质心 C 竖直速度　(7)

$$v_y = -r_c\dot{q}_0\sin q_0$$

根据对闭合撞地点 f_1 的冲量矩定理，下切口闭合后的转速

$$\dot{q}_{f1} = \dot{q}_0 J_c/J_{f1} + (m_1 + m_2)r_{f1}\cdot(v_x\cos q_{f1} + v_y\sin q_{f1})/J_{f1} \tag{8}$$

式中，q_{f1} 为质心 C 对 f_1 连线的与铅垂线夹角，(°)；文献［2］中式（7.41）应修改为式（8）。同理，文献［2］中式（3.32）、式（7.70）和式（7.109）也应相应修改。J_c 和 J_{f1} 分别为组合单体的主惯量和对 f_1 点的转动惯量。

下切口闭合后的整体动能

$$T_{f1} = J_{f1}\dot{q}_{f1}^2/2 \tag{9}$$

当总质心 C 和 f_1 的坐标满足

$$x_c > x_{f1} \tag{10}$$

上下体共同翻倒

当 $x_c \leqslant x_{f1}$，但

$$K_{fw1} = T_{f1}/\{[r_{f1}(m_1 + m_2)g(1 - \cos q_{f1}) + E_{t1}]K'_f\} \geqslant k_w \tag{11}$$

上下体可能共同翻倒，但也可能上体沿下体顶前角 f_2 翻倒，但下体不翻倒。式中，k_w 为翻倒保证率，取1.5。k_f 为上下体或下体与地面的接触阻尼系数，取1.15。E_{t1}、E_{t2} 分别为下、上切口支撑部钢筋拉断所需做的功，见文献［2］中7.4.1.2节。

若要判断下体也跟随翻倒，在下切口闭合后，由于式（11）成立，上体必定向下翻倒，并可能形成双体运动，这只能通过数值求解双体动力学方程组，才能精确判断下体是否同时翻倒。由于上下体都翻倒的爆堆前沿较宽，满足式（11）时均判断为上下体翻倒的爆堆，留有了充分的爆堆分布较宽的余地，因此在工程上是安全的。

若

$$K_{fw1} \leqslant 1 \tag{12}$$

下体不能翻倒，但还应判断上体是否翻倒。当上体质心 C_2 的 x 坐标

$$x_{2c} > x_{f2} \tag{13}$$

上体翻倒

当 $x_{2c} \leqslant x_{f2}$ 且

$$K_{fw2} = T_2/\{[r_{2f}m_2 g(1 - \cos q_{2f}) + E_{t2}]k_f\} < k_w \tag{14}$$

上体不一定能翻倒

式中，x_{f2} 和 y_{f2} 分别为下切口闭合时，上切口闭合点 f_2 的 x 和 y 坐标值；上体质心 C_2 到 f_2、f_1 的距离，C_2f_2 连线的与铅垂线夹角和 C_2f_1 连线的与铅垂线夹角分别为 r_{2f}、r_{2f1}、q_{2f}、q_{2f1}，和主惯量 J_{c2}，见文献［2］中7.4.1.2节。上体质心 C_2 在下切口闭合后的速度水平分量 v_{2cx} 和速度竖直分量 v_{2cy} 为

$$\begin{aligned} v_{2cx} &= r_{2f1}\dot{q}_{f1}\cos q_{2f1} \\ v_{2cy} &= r_{2f1}\dot{q}_{f1}\sin q_{2f1} \end{aligned} \tag{15}$$

上体在下切口闭合后的动能

$$T_2 = J_{c2}\dot{q}_{f1}^2/2 + m_2(v_{2cx}^2 + v_{2cy}^2)/2 \tag{16}$$

而当 $x_{2c} \leqslant x_{f2}$，且

$$K_{fw2} \geqslant k_w \tag{17}$$

满足式（17）和式（12），上体仍保证翻倒，而下体不能翻倒。

从以上分析可见，增大下、上切口角 β_1 和 β_2，都可以增大 x_c，但以增大 β_1 最为显著，更能满足式（10）；同理增大 β_1 使式（11）和式（17）更易满足，即或下体不翻倒，从式（17）中可见，上体也更易翻倒。因此增大下切口角 β_1，是最主要的促使双切口剪力墙翻倒的措施。

以上各式判断的上体翻倒，在翻倒过程中，当质心 C_2 越过 f_2 竖直线后，都可能沿 f_2 点又同时向下滑动。当上体不能绕下体前顶面翻倒，但也有可能沿下体顶面，向前下方滑动。上切口闭合后，下切口闭合产生冲击，其上体滑动模型，如图3所示。

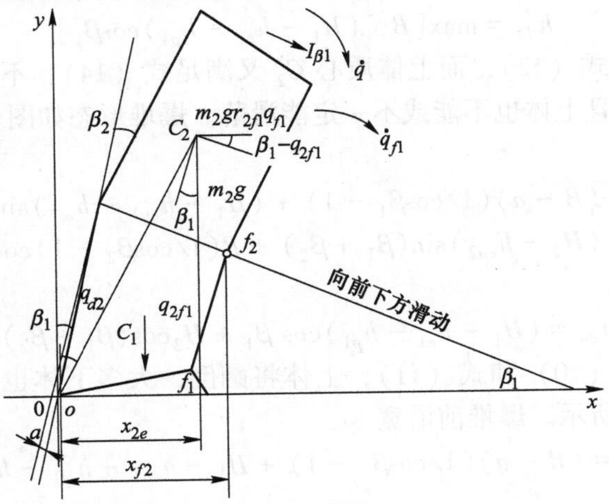

图3 下切口闭合上体沿下体顶面滑动

Fig. 3 Glide of up body on top face of down body while down cutting closed

下切口闭合后，上体沿下体顶面动量为

$$I_{\beta1} = m_2\dot{q}_{f1}r_{2f1}[\cos(q_{2f1}-\beta_1)+f\sin(q_{2f1}-\beta_1)] \tag{18}$$

式中，f 为下体顶面摩擦系数，取 0.6；而动量 $I_{\beta1}$ 引起滑动的动能

$$T_{\beta1} = I_{\beta1}^2/(2m_2) = m_2\dot{q}_{f1}^2r_{2f1}^2[\cos(q_{2f1}-\beta_1)+f\sin(q_{2f1}-\beta_1)]^2/2 \tag{19}$$

上体沿下体顶面滑动，其质心 C_2 滑出 x_{f2} 所需的动能

$$W_{\beta1} = m_2g(f\cos\beta_1-\sin\beta_1)(x_{f2}-x_{2c})/\cos\beta_1+E_{2f} \tag{20}$$

式中，E_{2f} 为滑动拉断上切口支撑部钢筋所需做的功，见文献 [2] 中 7.4.1.2 节。

$$K_{f\beta} = T_{\beta1}/W_{\beta1} \geqslant k_{sw} \tag{21}$$

式中，k_{sw} 为滑动保证系数，取 1.5。满足上式时，上体质心 C_2 将滑出下体顶面。而后上体又同时绕 f_2 下旋转动，而迭落在下体前方。如果式（11）、式（17）和式（21）均满足，则上体翻倒并同时沿下体顶面下滑。如果式（21）不满足，则上体质心 C_2 不会或不一定会滑出下体顶面。

上体沿下体顶面前滑，下体顶面前角点 f_2 多会嵌入上体，下切口闭合引发的上体冲量，将不能抵抗剪力和弯矩的上体纵墙破坏，上体的重载将全部转移到所剩其他支撑构件上，而引发进一步压碎破坏。三切口同向倾倒剪力墙拆除，当中切口上方的中体，沿下体顶面前滑时，中体破坏也最为严重。

当式（12）和式（17）、式（21）满足，上体将翻倒而下体不翻倒。上体翻倒而下体没有翻倒的爆堆形态如图 4 所示。将倾倒楼房原前柱之前的爆堆宽，简称为爆堆前沿宽，即

$$L_{f2} = (B-a)(1/\cos\beta_1-1)+(H_1-h_{cu1}-h_{cf1})\sin\beta_1+y_{f2}\tan\beta_2+H_2-h_{cu2} \tag{22}$$

式中，β_1 和 β_2 分别是下、上体的切口闭合角，rad；H_1 和 H_2 分别为下、上体的体高，m；h_{cu1} 和 h_{cu2} 分别为下、上体的切口高，m；h_{cf1} 为下切口闭合时，前墙破碎高，m；β_h 为下切口闭合时，前墙倾斜角，$\beta_h=\beta_1$；B 为楼宽，m。

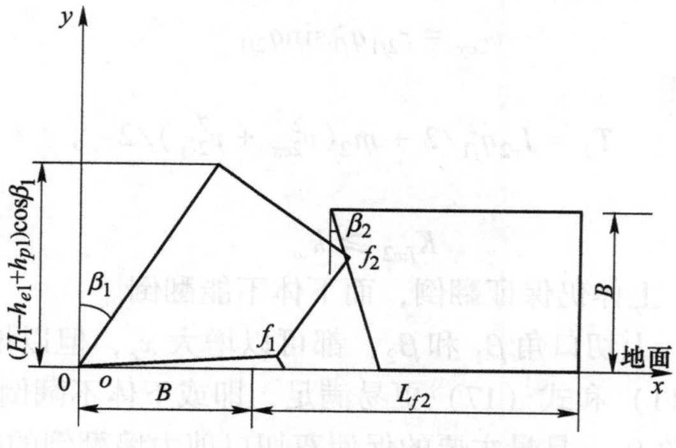

图 4　上体翻倒下体不翻倒爆堆

Fig. 4　Blasting heap of up body dumped and down body no purled

爆堆最大高度

$$h_{d2} = \max[B,\ (H_1-h_{e1}-h_{p1})\cos\beta_1] \tag{23}$$

当楼房整体质心 C 满足式（12），而上体质心 C_2 又满足式（14），不满足式（21）时，上体和下体都不能或不一定能翻倒，且上体也不能或不一定能滑落。爆堆形态如图 1（b）所示。

爆堆前沿宽

$$L_{fo} = (B-a)(1/\cos\beta_1-1)+(H_1-h_{cu1}-h_{cf1})\sin\beta_1+ (H_2-h_{cu2})\sin(\beta_1+\beta_2)+B(1/\cos\beta_2-1)\cos\beta_1 \tag{24}$$

爆堆高度

$$h_{do} = (H_1-h_{e1}-h_{p1})\cos\beta_1+H_2\cos(\beta_1+\beta_2) \tag{25}$$

当楼房整体质心满足式（10）和式（11），上体将翻倒，大多下体也将翻倒。当上体翻倒，下体也翻倒时，爆堆形态如图 5 所示。爆堆前沿宽

$$L_{f1} = (B-a)(1/\cos\beta_1-1)+H_1-h_{cu1}-h_{cf1}-h_{cu2} \tag{26}$$

爆堆最大高

$$h_{d1} = B+2h_{f1} \tag{27}$$

式中，h_{f1} 和 h_{f2} 分别为下、上切口前堆积高，m。

上体从下体上翻倒时，由于上体自重促使下体前顶角向上体内的嵌入，上体楼房切口层多已破坏，实际爆堆 L_{f1} 比式（26）值偏小，实际爆堆 L_{f2} 比式（22）值偏小。

上体下体同时翻倒着地后，还应验算上体楼房，是否可能再向前翻转而楼顶着地，如图 6 所示。

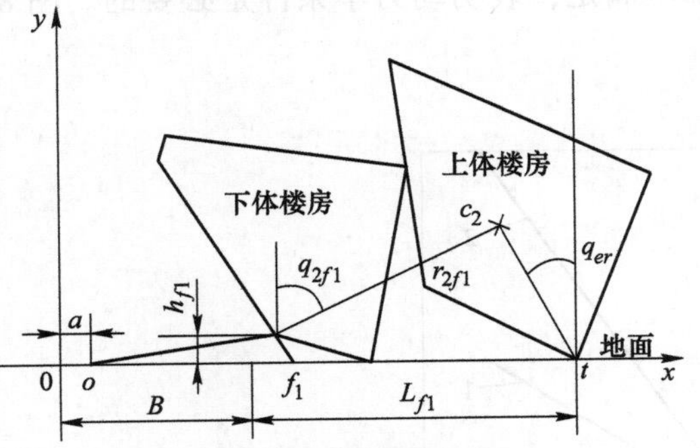

图 5　上下体都翻倒爆堆

Fig. 5　Blasting heap of up and down bodies dumped all

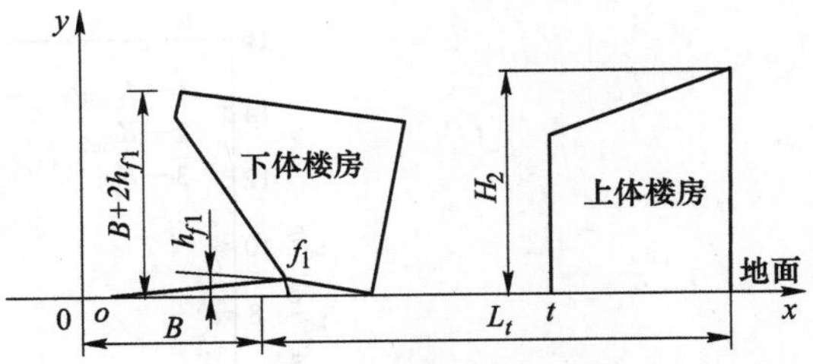

图 6　上下体同时翻倒后上体再翻转

Fig. 6　Dumped again up body since purl of up and down bodies

同理，上体对 t 点的再翻倒动能为 T_{2t}，见文献［2］中 7.4.1.2 节式（7.76）。当

$$K_{wt} = T_{2t}/[r_{2t}m_2g(1 - \cos q_{2t})] < 1/k_{ws} \tag{28}$$

保证上体不可能向前再翻倒。式中，安全系数 $k_{ws} = 1.5$；r_{2t}、q_{2t} 和 J_{t2} 分别为上体 C_2 对 t 点的距离、C_2t 的与铅垂线夹角和对 t 的转动惯量；上体再翻倒的爆堆前沿宽

$$L_t = (B - a)(1/\cos\beta_1 - 1) + H_1 - h_{cu1} - h_{cf1} - h_{cu2} + h_{f2} + B \tag{29}$$

爆堆最大高度

$$h_{dt} = \max(H_2,\ B + 2_{hf1}) \tag{30}$$

双切口同向折叠倾倒后滑的爆堆后沿宽 B_{bd}，可根据文献［2］的 7.4.1.1 节剪力墙后墙后滑距离 B_b 计算。

剪力墙和框剪结构楼房，当欲尽可能缩小倒塌前沿宽 L_f，可采用上下切口反向倾倒，爆堆尺寸可见文献［2］7.4.1.2 节计算。

剪力墙和框剪结构楼房，当采用切口爆破拆除时，工程上多重视最下两切口的状态，而其他切口实际多先闭合，或对爆堆判断影响不大。其运动各体着地位置，倒塌姿态判断和爆堆形态计算，可参照上述双体剪力墙楼房对其判断原理和计算方法进行。

框架楼房，多切口爆破拆除时，其爆堆形态，可按剪力墙双切口爆破拆除时，各体位置、倒塌姿态的力学条件，判断框架楼房各体着地位置，再以文献［2］中 7.5.3 节"框架爆堆及判断"所述，计算框架各个单体着地时，各体破坏状况，和爆堆最终形态。

本节的爆堆范围，是指建筑结构坍塌着地的范围，坍塌时构件运动和破坏所产生的个别飞石范围，还要在计算结构倒塌爆堆范围外推 5~10m，并视构件着地速度和前冲速度而选取。

1.3　实例和讨论

以青岛远洋宾馆的爆破拆除参数为例，参数见文献［2］中 7.4.1.2 节，计算现浇剪力墙楼房双切口同向倒塌并姿态判断。

双切口同向倾倒，采用上行起爆，时差小于 0.5s 时。上切口炸 2 层，下切口分别炸 2、3、4 层，即分别下切口高 $h_{cu1}=6.5$m、9.8m、13.1m；分别对应的下切口角 $\beta_2=0.1851$、0.3584、0.5119；以及分别下切口的前墙堆积物高 $h_{f1}=0.8$m、1.6m、2.4m；上切口高 $h_{cu2}=5.9$m；上切口角 $\beta_2=0.1851$；各切口都下坐一层，K_{fw1}，K_{fw2}，$K_{f\beta}$ 的计算结果如图 7 所示。图中，当下切口炸到 4 层时，$K_{f\beta}$ 为负，表明上体无需做功将自行下落。

而下切口炸层数为 2 层，上切口炸层数分别为 2、3、4 层时，即分别下切口高 $h_{cu1}=6.5$m，$h_{f1}=$

0. 8m，对应的 $\beta_1 = 0.1851$，分别上切口高 $h_{cu2} = 5.9\text{m}$、9. 2m、12. 5m；分别上切口角 $\beta_2 = 0.1851$、0. 3584、0. 5119；分别上切口的前墙堆积物高 $h_{f2} = 0.8\text{m}$、1. 6m、2. 4m；K_{fw1}、K_{fw2}、$K_{f\beta}$ 计算结果如图 8 所示。从图 7 和图 8 可见，上下切口炸 2 层，但如果上下切口下坐一层，楼房虽可翻倒，但难以保证。因此下切口应炸 3 层，可保证楼房翻倒。K_{wt} 计算结果均为负值，表明上体不可能向前再翻倒。以上实例 $K_{f\beta}$ 为正时，静力学条件式（10）和式（13）都不满足，表明动力学条件是必要的。图 8 中小数表明双体模型 η_e 接近能量界限模型的（η_{ec}）。

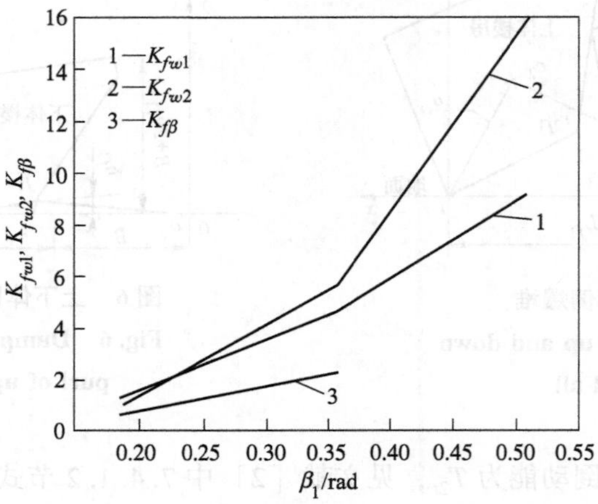

图 7 翻倒率 K_{fw1}、K_{fw2}、$K_{f\beta}$ 与下切口角 β_1 的关系

Fig. 7 Relation between down cutting angle and dumping ratio

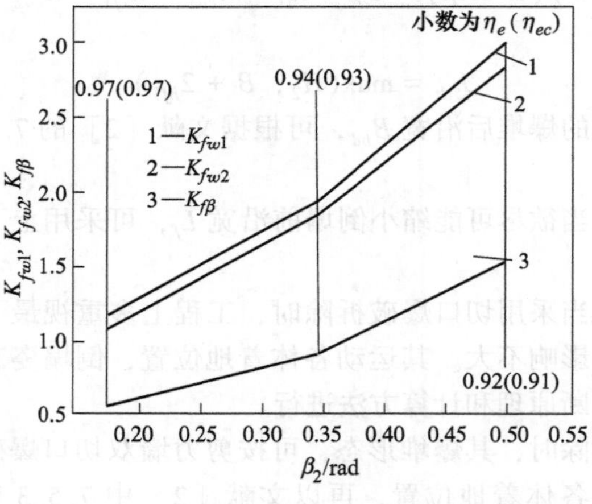

图 8 翻倒率 K_{fw1}、K_{fw2}、$K_{f\beta}$ 与上切口角 β_2 的关系

Fig. 8 Relation between up cutting angle and dumping ratio

增大 β_2 时，都能不同程度增大翻倒率 K_{fw1}、K_{fw2}、$K_{f\beta}$ 从而增强楼房翻倒；K_{wt} 虽然也增大，但是一般未到楼房上体再翻倒程度。另外，增大下切口角 β_1，比增大上切口角 β_2，形成增大翻倒率 K_{fw1}、K_{fw2}、$K_{f\beta}$ 更显著；并且下切口角 β_1 增大，引起 K_{fw2} 增加更快和 $W_{\beta1}$ 为负，致使上体质心已在 f_2 之前，表明上体既翻倒又下滑。倒塌姿态判断后，爆堆尺寸可按本文公式自行计算。

统观以上计算过程[2]，可见多体的功能定理是可以判断爆堆的[3]。建筑机构单开链数体，一般简化后由 1~3 个体所组成，在运动过程中易于形成有根单体，由于多体系统中每个体仅有 1 个自由度，只要在拓扑切换点上，能形成有根单体或有根组合单体，则在该体碰撞以外又不跨越碰撞的范围内机械能是守恒的，而在碰撞内冲量（矩）是守恒的，由此可以计算该体的姿态，从而判断爆堆形态。由于应用功能定理，不需要解动力学方程，并且计算结果与运动中间过程无关，仅取决于该拓扑运动前后状态，因此简化了爆堆计算。

2 结语

应用能量界限模型推断上切口闭合前后机械能比 η_e 和机械能守恒、冲量（矩）守恒原理，判断了多切口爆破拆除楼房的倒塌姿态和爆堆，将爆堆的计算不必数值解算动力方程，而简化为仅用单体的显式公式就可力学分析，和爆堆前沿及高度计算，并经工程计算实例证明是可行的、正确的。

参 考 文 献

[1] 冯叔瑜，张志毅，戈鹤川．建筑物定向倾倒爆破堆积范围的探讨［C］//冯叔瑜爆破论文集［M］．北京：北京科学技术出版社，1994.
Feng S Y，Zhang Z Y，Ge H C. Discuss of blasting heap of building in direction［C］//FENG S Y's blasting corpus. Beijing：Beijing publishing company of science and technology，1994.

[2] 魏晓林．建筑物倒塌动力学（多体-离散体动力学）及其爆破拆除控制技术［M］．中山：中山大学出版社，2011.
Wei X L. Dynamics breaking down of building（Maltibody-discretebody dynamics）and control technology of demolition by blasting［M］．Zhongshan：Zhongshan university publishing company，2011.

[3] 魏晓林，傅建秋，李战军．多体-离散体动力学分析及其在建筑爆破拆除中的应用［C］//庆祝中国力学学会成立50周年大会暨中国力学学术大会2007论文摘要集（下）．北京：中国力学学会办公室，2007：690.
Wei X L，Fu J Q，Lin Z J. Maltibody-discretebody dynamics analyses and applying of construction demolished by blasting［C］//CCTAM2007 Disquisition Abstracts（Ⅱ）. Beijing：CCTAM Office，2007：690.

不规则框剪结构大楼爆破拆除

崔晓荣[1] 郑灿胜[2] 温健强[2] 林临勇[2] 傅建秋[1] 李战军[1]

（1. 广东宏大爆破股份有限公司，广东 广州，510623；
2. 东莞市宏大爆破工程有限公司，广东 东莞，523009）

摘 要：介绍了1幢12层不规则的框剪结构大楼的定向爆破拆除，通过对多种方案的对比分析及优选，对爆破方案进一步优化。提出利用定向爆破初期的倾倒趋势和对后排倾倒翻转支撑构件的方位调整来改变倾倒方向，使原来的向西北倾倒转变成向北或北偏东倾倒，从而达到安全定向爆破倒塌的目的。实践证明，该优化方案达到了预期目的，避免了对周边设备设施的损害，是一个经济、实用的方案。

关键词：拆除爆破；定向爆破；框剪结构大楼；优化设计

Explosive Demolition of Anomalous Frame Shear Structure Building in Complicated Surroundings

Cui Xiaorong[1] Zheng Cansheng[2] Wen Jianqiang[2] Lin Linyong[2] Fu Jianqiu[1] Li Zhanjun[1]

(1. Guangdong Hongda Blasting Co., Ltd., Guangdong Guangzhou, 510623;
2. Dongguan Hongda Blasting Engineering Co., Ltd., Guangdong Dongguan, 523009)

Abstract: A 12-storey anomalous-shape building, with sheer-wall in reinforced concrete frame, was demolished with directional blasting technology. By adjustment and optimization of dumping trend and supporting-column direction during blasting, the dumping direction of the building was chainged in a certain extent, from northwest to north or and north by east, which made little influence on the road nearby. The design of explosive demolition of this anomalous building proves that the technique used in the engineering is economical, feasible and reliable.

Keywords: explosive demolition; directional blasting; frame-shear-wall structures; optimal design

1 工程概况

东莞市虎门镇新联社区的丰泰公司宿舍楼位于滨海大道规划建设范围内，为了确保滨海大道工程的顺利推进，虎门镇镇政府决定对其进行爆破拆除。该楼房为钢筋混凝土框架—剪力墙结构（剪力墙布置在楼梯间周边），平面布置呈不规则的梯形，主体结构高40m（12层），另有5m高的附属装饰构架，楼梯、电梯处局部有凸出部位。

该楼平面结构布置及周边环境如图1所示。南北两边不平行，为长边，两者呈一定的交叉角度，长约48m；东西两边平行，为短边，东侧宽为11m，西侧宽为15m；总建筑面积约8000m^2。该楼东侧80m处为广深高速公路；东南角8m为铁皮钢架简易房；南侧5m有铁皮钢架简易房（位于拆迁范围，但未完成拆迁），24m上空有1组高压电线；西南76m处有建筑物；西侧8m为新泰路（向东北倾斜），路边有电线、电缆等市政管线，新泰路对面有商铺；西北侧43m处为钢架铁皮厂房区域；北侧有一40m宽的荒地，46m处为钢架铁皮厂房。

原载于《爆破》，2012，29（4）：96-98。

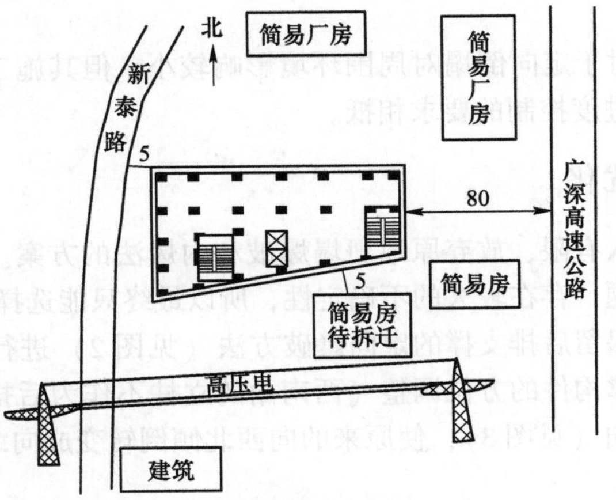

图 1 爆区周围环境图（单位：m）

Fig. 1 Circumstance of building（unit：m）

2 爆破拆除方案比选

2.1 爆破拆除方案分析

该楼房为东西长、南北宽，从结构、周围环境及工期上分析，可供选择的爆破方案有向南定向爆破、向北定向爆破和原地坍塌爆破。

2.1.1 向南定向爆破倒塌

选择向南定向爆破倒塌时，该结构的后排支撑立柱垂直于西侧的新泰路，方向容易控制，安全可靠性较大，但遇到 2 个问题：（1）南侧的简易房虽均处于拆迁范围，但还没有顺利拆迁；（2）因南侧 24m 处有架空的高压电线，距离相对较近但架空高度较高，定向爆破时不会危及高压线路，但须得到供电部门的同意（以往同类工程的施工经验看，涉及高压供电线路时，供电部门会组织有关专家组来论证其施工作业的安全性）才能办理爆破审批手续。

2.1.2 向北定向爆破倒塌

选择向北倒塌时，对新泰路有一定程度的影响，尤其是马路边的电线、电缆等市政设施，主要体现在以下 2 方面：（1）因为该楼房呈不规则的梯形，如果向北定向爆破倒塌，则爆破倒塌的过程中将围绕南侧的后排立柱翻转，而南侧的后排立柱非正东正西向，而是逆时针方向偏 15°左右，导致如采用常规定向爆破倒塌时，将倒向西侧的新泰路；（2）新泰路紧靠该大楼并向东北倾斜，考虑到楼房有近 50m 的高度，如果倒塌长度较长，爆渣也将抛掷到路中心。所以，从结构上分析，该定向爆破容易向西北方向倾斜，不巧的是新泰路又向东北方向倾斜，势必如图 2 所示砸向新泰路，加大向北定向爆破的施工难度和风险。

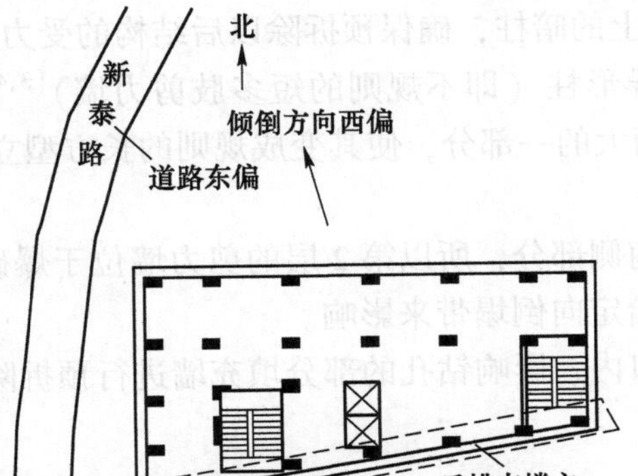

图 2 向北定向爆破分析

Fig. 2 Analysis of north-directional blasting

2.1.3 原地坍塌爆破

原地坍塌爆破[1,2]，相对于定向倒塌对周围环境影响较小，但其施工工艺高，施工成本高，施工工期长，与政府成本控制、进度控制的要求相抵。

2.2 爆破方案的优选与优化

考虑到工期紧，成本投入有限，放弃原地坍塌爆破和内爆法的方案。向南定向爆破，牵涉到复杂的高压电网周边爆破审批问题，存在较大的不确定性，所以最终只能选择向北定向爆破。

经研究分析，对常规的保留后排支撑的定向爆破方法（见图2）进行优化调整，利用爆破初期的倾倒趋势和后排倾倒翻转支撑构件的方位调整（西南角的立柱不作为后排支撑立柱，该位置的后排支撑立柱前移）来改变倾倒方向（见图3），使原来的向西北倾倒转变成向北或北偏东倾倒，从而达到安全向北定向爆破倒塌的目的。

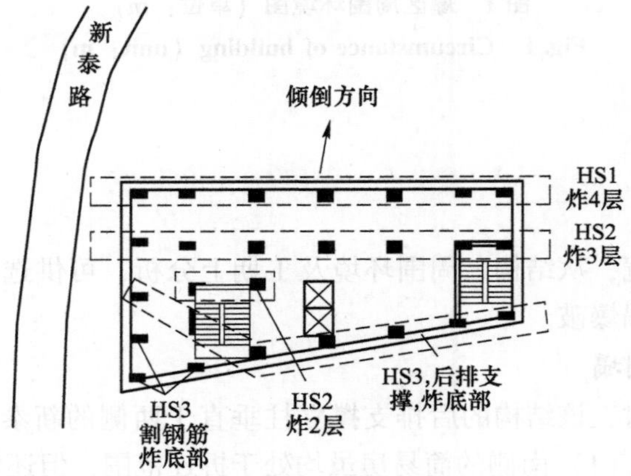

图3 起爆顺序图
Fig. 3 Detonating sequence

3 向北定向爆破方案设计

3.1 预处理设计

基于结构整体稳定和确保施工过程安全的原则，对该大楼进行了如下预处理：

（1）预拆除1~2层的非承重墙，保留大楼南侧的填充墙，对爆破飞石防护有好处。

（2）底层2个楼梯间周边的剪力墙及梯段用液压破碎锤拆除，但楼梯间四角的立柱及横梁保留，没有立柱的保留60cm宽的剪力墙（剪力墙设计时，一般在其端部和转角处设置暗柱，加大纵向受力钢筋、加密箍筋），即结构设计上的暗柱，确保预拆除以后结构的受力形式和承载力变化不大[3,4]。

（3）大楼存在一定数量的异形柱（即不规则的短多肢剪力墙）[3,4]，底层用液压破碎锤对异形柱进行部分预处理，保留承载作用大的一部分，使其变成规则的长方型立柱，以便确保底层的爆破效果，2层及以上不处理。

（4）剪力墙位于该楼房的南侧部分，所以第2层的剪力墙位于爆破切口范围内的很少，所以仅仅进行局部削弱处理[1]，并不会给定向倒塌带来影响。

（5）3~4层仅仅对爆破切口内、影响钻孔的部分填充墙进行预拆除。

3.2 定向爆破切口设计

为了保证爆破效果，尽量减少对西侧马路的影响，定向爆破切口设计时，主要考虑以下2个问题：

（1）尽量减少爆堆的倒塌长度，倒塌长度越长对马路的影响越大；所以爆破切口不宜太矮，适当创造后坐和下坐的条件，促进结构塌落解体，从而减小倒塌长度[5,6]。

（2）通过适当调整后排支撑部位的方位，后排西南角的立柱不作为定向爆破的支撑立柱（割断钢筋后底部适当爆破），西南角略偏中间的立柱作为后排支撑立柱，仅仅在底部进行爆破，与其他后排立柱一起成为定向爆破的后排转动支撑，从而使结构整体向正北或北偏东倾斜，避免或减少对新泰路的影响[5,6]。

基于上述考虑，设计炸高不宜太小，故取4层，即第1排立柱炸4层，中间排立柱炸3层（但两侧靠近马路、不利于防护的立柱炸2层），中间排与后排之间的位于爆破切口内的剪力墙和立柱在2层底部进行爆破，1层全炸，后排倾倒支撑立柱仅仅在底部进行松动爆破。后排支撑立柱的平面布置如图3所示，爆破切口的剖面形状如图4所示。

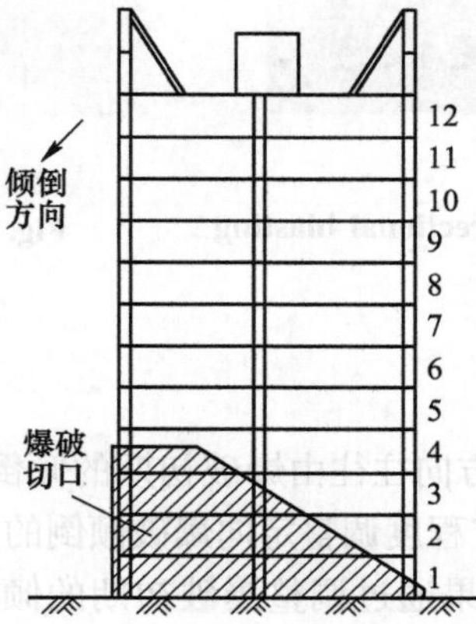

图4 爆破切口示意图

Fig. 4 Sketch of area demolished by explosive

3.3 起爆时差及网路设计

根据类似的定向爆破拆除经验，采用半秒系列非电导爆管雷管，前排采用HS1段，中间排采用HS2段，后排的倾倒支撑立柱采用HS3段，在后排的倾倒支撑立柱外侧的西南角立柱也采用HS3段（其钢筋已经预先剔出并割断，大楼爆破倾倒趋势形成时，该立柱仅混凝土承担拉力，很快被拉断，跟随大楼整体围绕设计保留的倾倒支撑立柱翻转），起爆顺序如图3所示。

爆破网路采用双保险的“大把抓”和四通的复合非电起爆网路，每层形成闭合的回路，各层中间用多条导爆管连接形成整体，再引到起爆站[7,8]。

3.4 爆破安全防护设计

考虑到周边环境比较复杂，有高速公路、市内干道、高压电网等，爆破飞石是安全防护的重点和难点。为了有效控制爆破飞石，通过试爆确定合理的炸药单耗并保证堵塞质量，避免过量炸药或堵塞不佳引起爆破飞石，采取近体防护和远体防护相结合的两道飞石防护措施，即在爆炸的承重构件周边捆绑竹笆覆盖爆破部位进行近体防护，同时在楼房的四周搭建密竹排栅，排栅内侧挂竹笆，进行远体防护。

爆破振动、塌落冲击振动和爆破冲击波等，因总爆破用药量少且采用半秒微差爆破技术，药量分散，爆破时边塌落边解体，均在安全容许范围内。

4 爆破效果分析

起爆后，大楼顺利向北倾斜（垂直于前排立柱，如图5所示），后发生一定程度的下坐和后坐，再继续向前倾倒和塌落，最终倒塌长度仅仅20m左右（见图6），倒塌方向呈正北方向，没有向西侧的新联路倾斜，结构塌落体没有影响到马路路面，路边人行道铺面略有影响，爆后立即清理，迅速恢复全部交通。

图 5 定向倾倒趋势形成

Fig. 5 Dumping trend of building during directional blasting

图 6 爆堆形状

Fig. 6 Shape of slag muck after blasting

5 经验总结

（1）不规则大楼定向爆破，其倾倒方向往往由爆破初期的倾倒趋势和后排倾倒翻转支撑构件的方位决定，通过调整后排支撑的方位，可一定程度调整定向爆破倾倒的方向，使其与设计的倾倒方向吻合。

（2）对于特别不规则的建筑物，如果通过调整爆破初期的倾倒趋势和后排倾倒翻转支撑构件的方位仍很难满足倾倒方向和安全的要求，建议采用原地坍塌爆破法，或者将结构分割成多个规则的单体结构再分别进行定向爆破。

参考文献

[1] 崔晓荣，沈兆武，周听清，等．剪力墙结构原地坍塌爆破分析［J］．工程爆破，2006，12（2）：52-55.

Cui Xiaorong，Shen Zhaowu，Zhou Tingqing et al. Blasting collapse analysis of shear-wall structures［J］. Engineering Blasting，2006，12（2）：52-55.

[2] 黄士辉．国内城市高层建筑爆破拆除方式的探讨［J］．工程爆破，2006，12（4）：22-27.

Huang Shihui. Investigation on methods of blasting demolition of urban highrise in China［J］. Engineering Blasting，2006，12（4）：22-27.

[3] 周克荣，顾祥林，苏小卒．混凝土结构设计（土木工程系列丛书）［M］．上海：同济大学出版社，2001.

[4] 曹万林，胡国振，崔立长，等．钢筋混凝土带暗柱异形柱抗震性能试验及分析［J］．建筑结构学报，2002，23（1）：16-20，26.

Cao Wanlin，Hu Guozhen，Cui Lichang，et al. Experiment and analysis of seismic behavior of the+，L，T shaped columns with conceales columns［J］. Journal of Building Structures，2002，23（1）：16-20，26.

[5] 崔晓荣，郑炳旭，魏晓林，等．建筑爆破倒塌过程的摄影测量分析（Ⅰ）——运动过程分析［J］．工程爆破，2007，13（3）：8-13，17.

Cui Xiaorong，Zheng Bingxu，Wei Xiaolin，et al. Close-range photogrammetry analysis of building-collapse（Ⅰ）—movement of building during blasting demolition［J］. Engineering Blasting，2007，13（3）：8-13，17.

[6] 崔晓荣，魏晓林，郑炳旭，等．建筑爆破倒塌过程的摄影测量分析（Ⅱ）——后坐及能量转化分析［J］．工程爆破，2007，13（4）：9-14.

Cui Xiaorong，Wei Xiaolin，Zheng Bingxu，et al. Close range photogrammetry analysis of building-collapse（Ⅱ）—backlash and energy transform［J］. Engineering Blasting，2007，13（4）：9-14.

[7] 崔晓荣，王殿国，罗勇，等．大型多跨厂房定向爆破拆除［J］．爆破，2009，26（3）：61-65.

Cui Xiaorong，Wang Dianguo，Luo Yong，et al. Directional blasting of super multi-span workshop［J］. Blasting，2009，26（3）：61-65.

[8] 崔晓荣，李战军，周听清，等．拆除爆破中的大规模起爆网路的可靠性分析［J］．爆破，2012，29（2）：110-113.

Cui Xiaorong，Li Zhanjun，Zhou Tingqing，et al. Application study on super priming circuit used in blasting demolition［J］. Blasting，2012，29（2）：110-113.

高大薄壁烟囱支撑部压溃皱褶机理及切口参数设计

魏晓林　刘　翼

（广东宏大爆破股份有限公司，广东 广州，510623）

摘　要：从高大薄壁钢筋混凝土烟囱切口支撑部破坏观测中，总结出钢筋/混凝土复合材料薄壁圆筒轴向压溃折皱模型。由此阐明了烟囱支撑部压溃折皱和切口闭合的机理，计算了皱褶形成堆积体，并支撑烟囱倾倒的过程。说明了切口圆心角应小于厚壁烟囱，即可取 200°～225°；切口高度应达约 10.8m，可使烟囱重心前移越过切口闭合前壁；正梯形切口保留了基础筒壁的横筋拉力，因此烟囱倒向准确概率较高；切口下坐闭合，水平截面已无全厚受拉区，因此后中轴也不需要切割纵筋；30°锐角（初期）对称定向窗，能有序、逐层，并自下而上地，以闭合倒角形成倒轴对称压溃皱褶堆积，由此确保了烟囱的倒向。

关键词：薄壁高大烟囱；爆破拆除；轴向压溃折皱；切口参数

Mechanism of Press Burst with Cockle of Supporting and Cut Parameters of High and Thin Wall Chimney

Wei Xiaolin　Liu Yi

（Guangdong Hongda Blasting Co., Ltd., Guangdong Guangzhou, 510623）

Abstract: Based on breaking of cut area of high and thin-wall reinforced concrete chimney, a model of squashing and wrinkling on thin cylinder of complex steel bar/concrete was presented. The mechanics of squashing and wrinkling and cut closing of chimney was clarified, the process of wrinkling and supporting was obtained. The centre angle was designed as 200°～225°, less than that of thin wall of chimney. The height of cutting was approximately 10.8m, which made the gravity of chimney outside the front wall. The pull force of steel bar is reserved by trapezia cut and apt to fall accurately. Because the pull force did not exist along thick on level section, the vertical bars behind centre axis needed no cutting. The symmetrically directional windows with angle 30°was orderly closed from bottom to top, which kept the collapse direction of chimney rightly.

Keywords: high and thin wall chimney; explosive demolition; squashing and wrinkling; cutting parameter

随着我国经济发展和工业结构的调整，爆破拆除的烟囱高度也不断增高。150m 以下高度的烟囱（以下简称高烟囱），经多次对支撑部破坏的观测[1-4]，失稳倾倒机理已基本清晰，爆破拆除高烟囱的技术措施，也经实际证明可行。2007 年我国爆破拆除 210m 高烟囱，由此进入拆除 180m 以上高度烟囱（以下简称薄壁高大烟囱）的时代。随着烟囱高度的增高，其底半径也加大，但是壁厚与半径之比也相对从大于 0.1 减小到 0.054，筒壁却没相应增厚，而烟囱已成为典型的薄壁结构。爆破这类烟囱，再采取过去厚壁高烟囱的技术措施，就显得不相适应。迫切地要求重新认识薄壁高大烟囱切口支撑部破坏机理。为此，我公司对太原国电 210m 高烟囱爆破拆除进行了观测，获得了对支撑部破坏机理新认识，由此提出了切口参数改进的新措施。

原载于《爆破》，2013，30（1）：75-78，113。

1 支撑部破坏

1.1 高烟囱

高烟囱切口爆破形成后，支撑部在大偏心受压下脆性断裂破坏，支承面被中性轴划分为前侧受压区和后侧受拉区[3]，受压区又可分为最前的混凝土压损极限平衡区和靠中性轴前的压应力增高区，受压区的平均压应力 $\sigma_{cd}=\alpha_c\sigma_{cs}$， 式中，$\sigma_{cs}$ 为混凝土的抗压随机强度均值，α_c 为混凝土受压等效矩形应力图系数[1]，取 1~0.22。随着烟囱倾倒，压损极限平衡区不断扩大，α_c 不断减小，中性轴不断后移，直至压区抗力与烟囱自重和拉区拉力平衡[3]，中性轴稳定，见文献［1］的 2.7.1 和 2.7.2 节，即

$$(q_{s1}-\alpha_0)\cdot\sigma_{cs}\cdot\alpha_c\cdot\delta_c\cdot\lambda\cdot r_e\cdot r_{cs}+\sigma_{s1}\cdot(q_{s1}-\alpha_0)\cdot n_s=N_h/2+\sigma_{ts}\cdot\alpha_0\cdot n_s \tag{1}$$

式中，q_{s1} 为保留支撑部圆心角之半，rad；$q_{s1}=\pi-\alpha/2$；α 为切口圆心角，$R°$；r_e 为切口断面平均半径，m；r_{cs} 为混凝土在筒壁温度作用后的强度折减系数[5]；λ 为支撑部截面的纵向弯曲系数[6]，按文献［1］表 2.4 中 φ_λ 选取，表中 l_o 为切口高度 h_b；σ_{st} 为钢筋随机强度均值；n_s 为每弧度圆心角的钢筋面积 $10^3\mathrm{mm}^2/R°$；σ_{ts} 为钢筋的拔拉脱粘强度；$\delta_c=\delta-2a'_s$，δ 为烟囱切口处壁厚，a'_s 为压区和拉区的钢筋保护层厚；α_0 为移动中性轴对应圆心角之半；N_h 为烟囱自重和质量引起对支座的竖直压力。

由此可见，高烟囱以切口支撑部中性轴稳定后为塑性铰，而受压啮合式破坏，为支撑部破坏和切口闭合的机理。

1.2 高大薄壁烟囱

薄壁高大烟囱在竖直高压下，可从太原国电 210m 高烟囱倾倒摄像发现，爆破后 1s 烟囱下坐；从测振波形可见[7]，爆破 0.7s 后，有约 1s 时段 4.5Hz 的振幅较大的筒壁破坏下坐波形。已明显区别于高烟囱的爆破振波和烟囱倾倒摄像[3,4]，显示了薄壁高大烟囱爆破后，首先下坐破坏的特征，即支撑部已无力支撑其烟囱自重，支撑部中性轴不断后移，并 α_0 减小到[1]

$$r_e(1-\cos\alpha_0)<\delta/2 \tag{2}$$

烟囱将下坐并且支撑部出现折皱屈曲压溃。另外，从应变观测看，爆破切口产生后 0.12s，所安装的 6 个应变计（于定向窗口后 0.5m，从基础筒壁距地 0.38m，向上超过切口顶距地 7.8m，在筒壁内

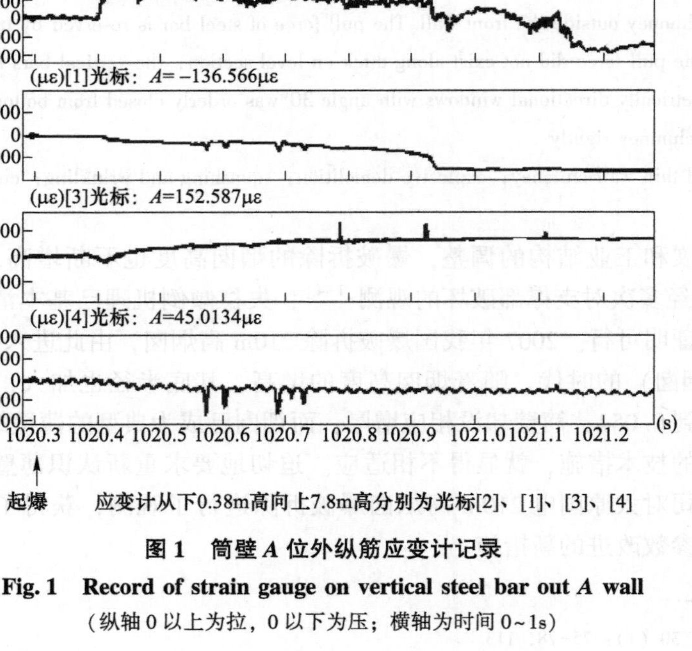

图 1 筒壁 A 位外纵筋应变计记录

Fig. 1 Record of strain gauge on vertical steel bar out A wall

（纵轴 0 以上为拉，0 以下为压；横轴为时间 0~1s）

外纵筋上），均从下向上显示了折皱式屈曲变形，并且在 0.225s 后发展到支撑部中轴，如图 1 和图 2 所示，4 个外横筋应变计也显示屈曲受拉向外凸出，观测见文献［8］。支撑部距地 8m 以下筒壁压塌成皱褶式混凝土块堆积[9]，皱褶半长 2.5~3.0m，水平分布 3~4 条塑性铰线，压塌堆积体高 1.8~2.0m。因此，烟囱支撑部折皱压溃下坐、筒壁塑性屈曲，直至切口闭合，是薄壁高大烟囱支撑部破坏的机理。由此，要使烟囱倾倒稳定，必须自下而上依次序折皱，形成必要的堆积体高。

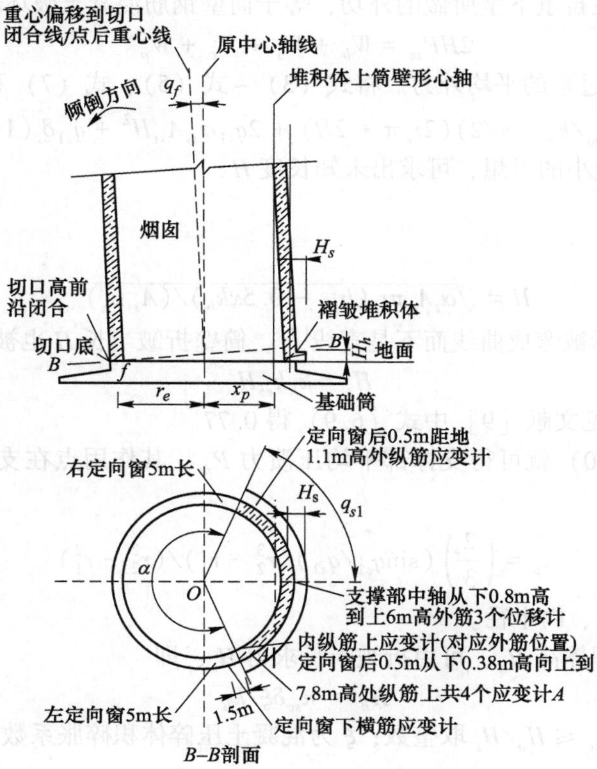

图 2 烟囱支撑部轴向压溃皱褶示意图

Fig. 2 Press burst with cockle on axis of support part of chimney

1.3 筒壁折皱压溃

钢筋混凝土筒壁可看成刚塑性体，皱褶线可看为塑性铰，由此建立钢筋/混凝土筒壁轴向压溃折皱模型，如图 2 所示。当一个皱褶完全被压扁，塑性铰弯曲耗散的能量为[9]

$$W_b = 2q_{s1}M_o(2\pi r_e + 2H) \tag{3}$$

式中，H 为皱褶半长；M_o 为钢筋混凝土筒壁单位环向宽度上的纵向弯曲塑性铰的残余弯矩，当皱褶压区钢筋压折松弛时，压区钢筋应力 $\sigma'_s \approx 0$，参见文献［1］中 2.4.1 节。

$$M_o = \alpha_c\sigma_{cs}x^2/2 + \sigma_{ts}\alpha_t A_s(h_{po} - x) \tag{4}$$

式中，h_{po} 为皱褶截面的有效高度，支撑部破坏时，$h_{po} = \delta - 2a'_s - \phi$；$a'_s$ 为压区和拉区的钢筋保护层厚，筒壁破坏时保护层均已脱落并暴露出钢筋半径 $\phi/2$；x 为混凝土皱褶截面压区高度；α_t 为钢筋的弯曲系数均值[1]；A_s 为单位宽截面拉区的钢筋面积。极限状态下，拉压力近似平衡，$x \cong \sigma_{ts}A_s\alpha_t/(\alpha_c\sigma_{cs})$。

而折皱时，筒壁外凸，横筋拉伸耗散的能量为[9]

$$W_s \approx 2q_{s1}\sigma_{ts}A_{ss}H^2 \tag{5}$$

式中，A_{ss} 为对应筒壁单位纵向高度上的环向钢筋面积。

当向内折叠时，混凝土环向受压，所耗散的能量为

$$W_c \approx 2x_c q_{s1}\alpha_c\sigma_{cs}h_{po}H^2 \tag{6}$$

式中，x_c 为受压区高度，大多小于横筋间距。由于纯弯曲梁，拉力与压力平衡。

$$W_c = W_x \tag{7}$$

当烟囱下压时，混凝土也压坏，其压碎混凝土耗散的能量为

$$W_p = \delta_c(1 - k_h)H(2q_{s1}r_e)\sigma_a r_{cs} \tag{8}$$

式中，k_h 为筒壁压碎的下沉率；σ_a 为压碎混凝土筒壁的平均残余强度，$\sigma_a \approx 0.2\sigma_o$；$\sigma_o$ 为混凝土的峰值强度，即混凝土的标号。

根据能量平衡，烟囱在自重下坐所做的外功，等于筒壁钢筋混凝土破坏耗散的能量，因此有

$$2HP_m = W_b + W_s + W_c + W_p \tag{9}$$

式中，P_m 为完成整个皱褶过程的平均外力。将式（3）~式（5）、式（7）和式（8）代入式（9），得

$$P_m = [q_{s1}\sigma_{ts}\alpha_t A_s(h_{po}/k_h - x/2)(2r_e\pi + 2H) + 2q_{s1}\sigma_{ts}A_{ss}H^2 + q_{s1}\delta_c(1 - k_h)Hr_e\sigma_a r_{cs}]/H \tag{10}$$

根据 H 应使力 P_m 取最小的思想，可求出未知长度 H

$\dfrac{\partial P_m}{H\partial} = 0$，得

$$H = \sqrt{\alpha_t A_s \pi r_e(h_{po} - 0.5xk_h)/(A_{ss}k_h)} \tag{11}$$

由于筒壁纵向钢筋实际被弯成曲线而不是直线[9]，筒壁折皱半长 H 也被压短为

$$H_s = k_h k_{es} H \tag{12}$$

式中，k_{es} 为有效压溃比，见文献［9］中式（6.9）得 0.77。

将式（11）代入式（10）就可得支撑部平均压溃力 P_m，其作用点在支撑部筒壁的形心轴上，距烟囱中心距离

$$x_p = \left(\frac{2}{3}\right)(\sin q_{s1}/q_{s1})(r_2^3 - r_1^3)/(r_2^2 - r_1^2) \tag{13}$$

式中，r_2、r_1 分别为筒底外、内半径。

支撑部形心轴折皱堆积体高 H_h，可由折皱半长求得 H_s，即

$$H_h \approx n_{sc}\delta\xi/k_h \tag{14}$$

式中，n_{sc} 为计算折皱数，$n_{sc} \leqslant H_a/H_s$ 取整数；ξ 为混凝土压碎体积碎胀系数，取 1.05；H_a 为切口顶距地高。

由此可见，薄壁高大烟囱支撑部虽然压溃，但是压溃皱褶的筒壁堆积体，仍可在距筒心 x_p 处，于 H_h 高支撑烟囱倾倒。

2 实例与讨论

2.1 实例验证

以太原国电 210m 高钢筋混凝土烟囱为例，计算支撑部压溃皱褶堆积体，原始参数如下：烟囱质心高 h_c=70.75m；r_e=11.07m，切口中间窗高 H_a=6m（距地）；$h_{po} = \delta - 2a'_s - 0.025 = 0.615$m；$r_{cs} \approx 0.9$；Ⅱ级钢筋，$\sigma_{ts}$=460MPa，$A_s = 2454.5\times10^{-6}\text{m}^2/\text{m}$，$A_{ss} = 3020\times10^{-6}\text{m}^2/\text{m}$，$\alpha_t$=0.8036；C30 混凝土，$\alpha_c\sigma_c \approx \sigma_a = 0.2\times30 = 6$MPa；$H_a$=6m；当 k_h=0.8 时，H_s=2.74m，相应的 H_a/H_s=2.2，折皱数取 n_{sc}=2；H_h=1.84m。爆破烟囱倾倒后，实测 H_s 为 2.6~3.1m，中轴折皱压溃高 7.0m，支撑部实际折皱堆积体高 1.8~2.0m。由此可见实际与计算基本相符，证明了支撑部破坏、切口闭合和压溃折皱的机理，是正确的。

2.2 切口圆心角

从薄壁高大烟囱支撑部破坏的机理可知，为减缓支撑部的压溃，切口圆心角应小于厚壁烟囱，即可取 200°~225°。烟道和出灰口位置也限制切口圆心角再小。

2.3 切口高度

压溃折皱筒壁的平均反力 P_m=42870kN，距中心轴 x_p=8.381m，其形成的转矩，使烟囱在下坐的

过程中倾倒转角 q_e，仅约小于烟囱重心前移越过前壁切口闭合的转角 $q_{fo} = \arctan[\sqrt{(r_e + x_p)^2 - H_h^2} - x_p)/(h_c - H_a)] = 0.168$ 的5%，也即本例烟囱顺利翻倒，主要还是依靠折皱堆积体的压缩和稳定支撑。由此从式（14）可见，足够的切口高 h_b，形成折皱堆积体高 H_h，以支撑烟囱翻倒，应使烟囱转角 $q_e > q_{fo}$，才能使烟囱重心前移越过切口闭合前壁地面，即中间窗高 $h_b \geqslant 10.8$m（距地）；或者按动力学翻倒保证率 $K_{to} \geqslant 5.0$（考虑了液压破碎锤开中间窗），见文献［1］；本例 $K_{to} = 5.5$，烟囱可顺利倾倒。

2.4 切口形状

烟囱前倾必须要堆积体克服其后坐，但是薄壁筒纵向抗弯力很小，仅有定向窗基础筒壁的横筋拉力能抵抗后坐。倒梯形、人字形的下向切口，将定向窗下的横筋切断，而无力限制烟囱后移，致使定向窗后的基础筒壁被外翻弯塌，烟囱也易于从皱褶堆积体上后滑落地。与此相反，定向窗下的横筋拉力测量表明[8]，正梯形切口有利于基础筒壁的横筋拉力克服后坐，从而皱褶堆积体可稳定地支撑烟囱顺利倾倒。

2.5 定向窗

薄壁高大烟囱的30°锐角（初期）定向窗，能有序、逐层，并自下而上地，以闭合倒角引领形成压溃折皱倒向轴对称堆积体，从而支撑烟囱倾倒，确保倒向。因此，定向窗应确保两侧压溃折皱同时、平衡发展，两侧对称同形的锐倒角定向口，是确保烟囱倒向的必要前提。

2.6 预切割纵筋

薄壁高大烟囱切口下坐闭合，水平截面已无全厚受拉区，因此从支撑部下坐压溃的机理，决定了后中轴不需要切割纵筋。预切割高位纵筋，将削弱支撑部压溃皱褶堆积体的抗后剪能力，烟囱易于从堆积体下滑，也难以支撑烟囱倾倒。

3 结语

（1）从高大薄壁钢筋混凝土烟囱切口支撑部破坏观测中，提出了钢筋/混凝土复合材料圆筒轴向压溃折皱模型。由此阐明了烟囱支撑部破坏和切口闭合的机理，定量地解释了折皱形成堆积体，并支撑烟囱倾倒的过程，由此构建了高大薄壁钢筋混凝土烟囱拆除关键技术的理论基础。

（2）由钢筋/混凝土复合材料圆筒轴向压溃折皱模型，表明高大烟囱薄壁支撑部势必压溃，切口圆心角应小于厚壁烟囱，即可取200°~225°。由此计算出确保烟囱动力倾倒的翻倒保证系数 $K_{to} \geqslant 5.0$；或重心前移越过切口闭合前壁的条件，即切口高 $h_b \geqslant 10.8$m。

（3）正梯形切口保留的基础筒壁的横筋拉力，便于克服烟囱前倾产生的后坐，有利于皱褶堆积体稳定地支撑烟囱顺利倾倒。薄壁高大烟囱切口下坐闭合，水平截面已无全厚受拉区，决定了后中轴也不需要预切割纵筋。

（4）30°锐角（初期）定向窗，能有序、逐层，并自下而上地，以闭合倒角引领形成压溃皱褶堆积；轴对称的定向窗，对称平衡地破坏，形成沿倒向轴对称的堆积体，由此确保了烟囱倒向。

参考文献

［1］魏晓林．建筑物倒塌动力学（多体-离散体动力学）及其爆破拆除控制技术［M］．广州：中山大学出版社，2011.

［2］魏晓林，傅建秋，李战军．多体-离散体动力学分析及其在建筑爆破拆除中的应用［C］//庆祝中国力学学会成立50周年大会暨中国力学学术大会2007论文摘要集（下）．北京：中国力学学会办公室，2007：690.

Wei Xiaolin，Fu Jianqu，Li Zhanjun. Analysis of multibody-discretebody dynamics and its applying to building demolition by blasting［C］//Collectanea of discourse abstract of CCTAM2007（Down）. Beijing：China Mechanics Academy Office，2007：690.

［3］郑炳旭，魏晓林，陈庆寿．钢筋混凝土烟囱爆破切口支撑部破坏观测研究［J］．岩石力学与工程学报，2006，25

(S2)：3513-3517.

Zheng Bingxu, Wei Xiaolin, Chen Qingshou. Study on damage surveying of cutting-support of high reinforced concrete chimney demolished by blasting [J]. Chinese Journal of Mechanics and Engineering, 2006, 25 (S2): 3513-3517.

[4] 郑炳旭，魏晓林，傅建秋，等．高烟囱爆破拆除综合观测技术［C］//中国爆破新技术［M］．北京：冶金出版社，2004：857-867.

Zheng Bingxu, Wei Xiaolin, Fu Jianqiu, et al. Comprehensive surveying techniques in blasting demolition of high chimney [C] //New Blasting Techniques in China [M]. Beijing: China Metallurgical Industry Press, 2004: 857-867.

[5] 郑炳旭，魏晓林，陈庆寿．钢筋混凝土高烟囱切口支撑部失稳力学分析［J］．岩石力学与工程学报，2007，25（S1）：3348-3354.

Zheng Bingxu, Wei Xiaolin, Chen Qingshou. Mechanical analysis of cutting-support destabilization of reinforced concrete chimney [J]. Chinese Journal of Mechanics and Engineering, 2007, 25 (S1): 3348-3354.

[6] 曹祖同，丁玲勇，陈云霞．钢筋混凝土特种结构［M］．北京：中国建筑工业出版社，1987.

[7] 刘翼，魏晓林，李战军．210m 烟囱爆破拆除振动监测及分析［R］．广州：广东宏大爆破股份有限公司企业文献，2012.

Liu Yi, Wei Xiaolin, Li Zhanjun. Monitor of vibration and its analysis of chimney high 210m demolished by blasting [R]. Guangzhou: Guangdong Hodar Blasting Co Ltd, 2012.

[8] 魏晓林，刘翼．国电太原第一发电厂 210m 烟囱爆破拆除观测报告［R］．广州：广东宏大爆破股份有限公司企业文献，2012.

Wei Xiaolin, Liu Yi. Surveying report of chimney high 210m demolished by blasting [R]. Guangzhou: Guangdong Hodar Blasting Co Ltd, 2012.

[9] 余同希，卢国兴（澳）．材料与能量的吸收［M］．北京：化学工业出版社，2006.

闹市区内砖混楼房的爆破拆除

罗伟涛　刘　昆　唐洪佩

（广东宏大爆破股份有限公司，广东 广州，510623）

摘　要： 在国家现代化建设潮流中，越来越多位于闹市中心的工厂面临拆迁转产，爆破拆除这些建（构）筑物具有安全、环保、效率高的特点，已成为主要方法，不同结构、形状采取不同的爆破方法。文章介绍了砖混结构楼房爆破拆除方案、爆破参数、预处理、爆破网络及安全防护措施。

关键词： 砖混楼房；定向爆破；爆破拆除；预处理；安全防护

Blasting Demolition of Brick-concrete Buildings in Downtown

Luo Weitao　Liu Kun　Tang Hongpei

(Guangdong Hongda Blasting Co., Ltd., Guangdong Guangzhou, 510623)

Abstract: In the trend of national modernization construction, more and more factories located in downtown needs to be demolished and to change production. Demolition of these buildings by blasting is safe, environmentally friendly, and effective, and has become the leading method in demolition. Different structures and shapes need different blasting methods. This paper introduces the blasting demolition scheme, blasting parameters, pretreatment, blasting network and safety protection measures of brick-concrete buildings.

Keywords: brick-concrete building; directional blasting; blasting demolition; pretreatment; safety protection

随着国家城镇化、现代化建设步伐的加快，城市中心的土地越来越珍贵，寸土千金。同时人们对生活质量越来越重视，绿色环保、低碳生活，周边环境不但影响人们的生活质量，甚至可能影响下一代祖国花朵的健康成长。因此，在粗放经济时代建设在城市内的工厂，不得不面临拆迁甚至关闭破产，这时爆破行业就要担当重任，为城市建设贡献力量。同时对爆破技术有更加高的要求，促使控制定向爆破、精细爆破、环保爆破等技术得到不断进步提高。

1　工程概况

1.1　楼房结构

为加快广州市国际化大都市的建设步伐，减少城市污染源，位于广州市闹市区的一大型水泥厂需整体搬迁拆除。包括多个水泥罐体、厂房、办公楼和宿舍楼，其中六单宿舍楼为 6 层框架砖混结构，中间有一宽 1.8m 的走廊通道，上下楼梯分别设在东西两侧；每层高 3m，总高 18m，共有 10 跨，每跨 3.3m，总长度为 33m，南北 4 排柱子，总宽度为 10.4m；柱子是构造柱，柱子钢筋为 ϕ12mm，4 个角各一根，不是承重柱，间墙是 24 墙，是承重墙。如图 1 所示，所有柱子的截面尺寸为 26cm×26cm。

1.2　周边环境

六单宿舍位于广州水泥厂西厂区钢工路北侧及原厂区外新办公楼（现已拆完）后座，北面约 125m

原载于《2013 年民爆技术论坛论文集》，2013：203-208。

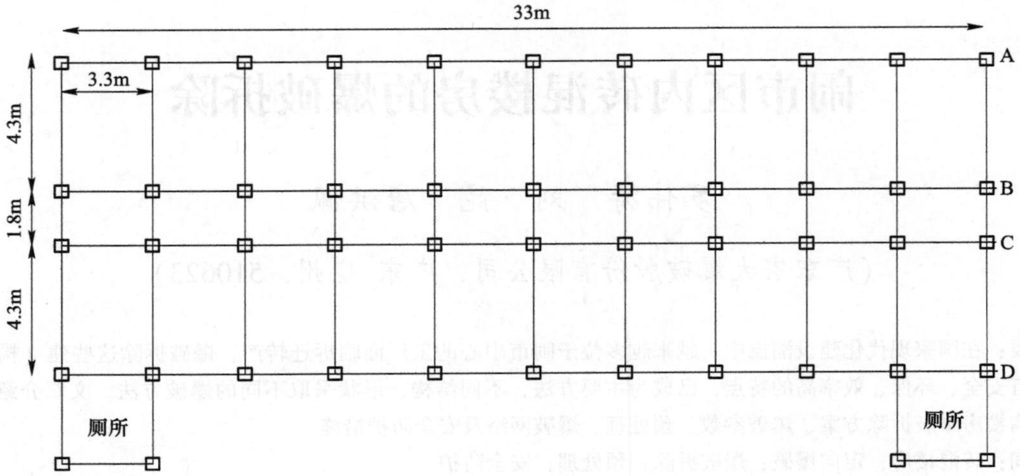

图 1 平面结构示意图

是渣厂和两栋 9 层框架结构宿舍楼，南面约 200m 是广州电石厂，西面 150m 是增埗河，东面约 350m 是市区主干道西湾路（见图 2）。

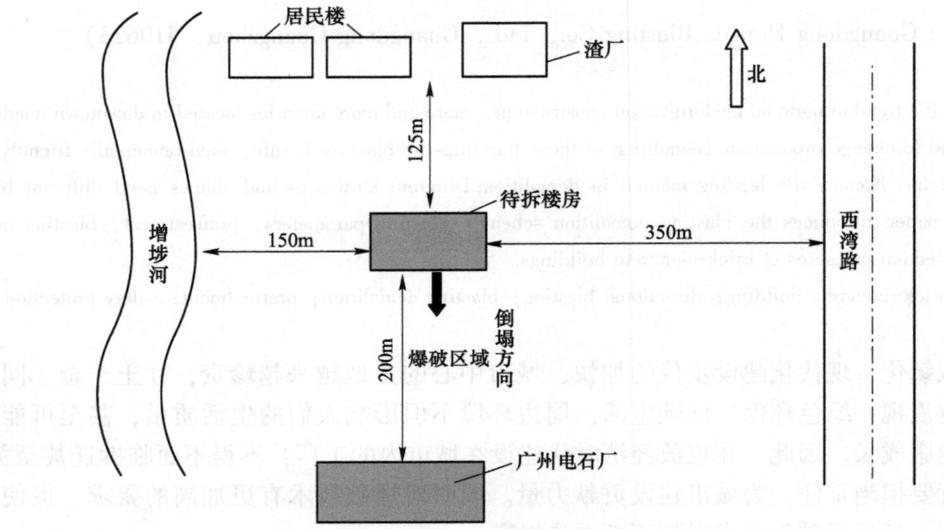

图 2 环境示意图

2 爆破拆除方案的确定

2.1 方案确定

根据该楼房砖混结构特点和周边环境，采取向南倾倒的控制爆破拆除，在倾覆力矩或者自身重力矩的作用下达到定向倾倒的目的，主要考虑到以下两点：

（1）从结构特点上看，楼房原地坍塌爆破拆除，需要高空作业，施工工作量大，消耗的爆破器材多，不利于控制爆破危害和施工工期，且存在较大的安全隐患。

（2）从周边环境看，楼房的北侧有居民房，南侧 200m 范围内没有需要保护建筑物，有足够的倒塌空间，因此决定六单宿舍爆破往南倒塌。

2.2 爆破前预处理

为了使楼房顺利倒塌，减少爆破工作量和炸药用量，以及减少爆破振动，对楼房局部非承重结构进行预处理。

（1）由于此栋楼房是砖混结构，混凝土柱子之间的承重砖墙要进行人工预处理，如图 3 所示。拆除承重砖墙时须按从上至下、从里到外的原则进行。

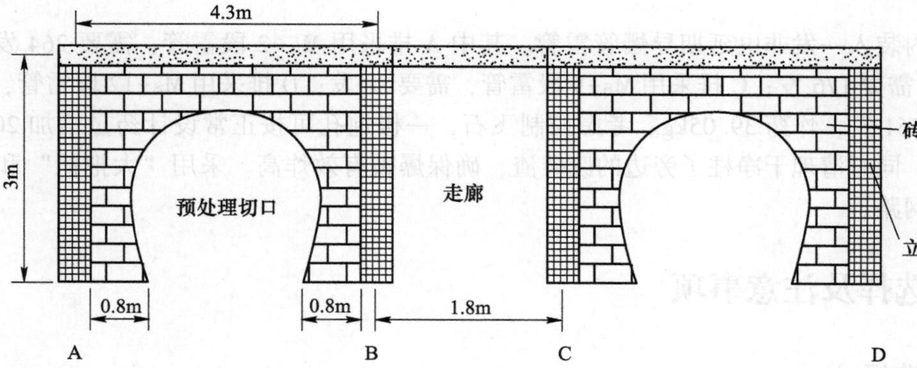

图 3 预处理切口示意图

（2）楼梯的强度较大，对楼房的倒塌方向影响较大，因此，炸高以下的楼梯爆破前进行人工处理，破坏其强度和刚度。

（3）割断楼房内水管及相关设施。

3 爆破参数的确定

倒爆方向为向南，前后总共 4 排柱子，A 排混凝土柱子的炸高 3 层（约 10m），孔距为 25cm，孔深为 17cm，单孔装药 50g；每个砖墙柱钻孔 3 个，孔距为 30cm，孔深为 16cm，单孔装药 100g。

B 排混凝土柱子及砖墙柱的炸高为 2 层，孔深、孔距以及每孔装药量等爆破参数与第 A 排柱子相同。

C 排混凝土柱子及砖墙柱炸高为一层，爆破参数同上。

D 排混凝土柱子及砖墙柱炸高为半层，爆破参数同上。

爆破切口示意图如图 4 所示。

炮孔布置示意图如图 5 所示。

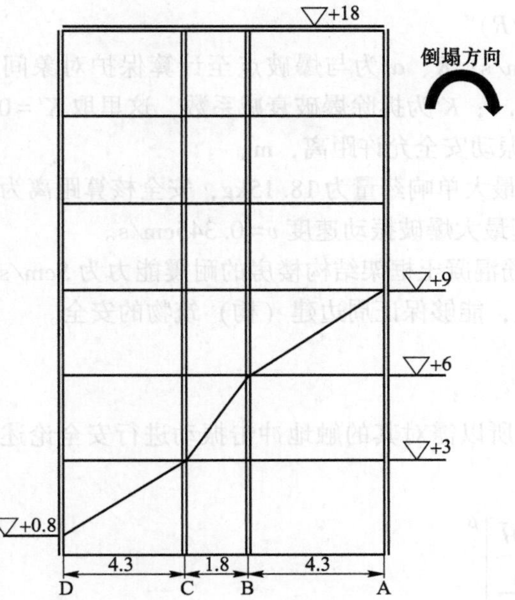

图 4 爆破切口示意图（单位：m）

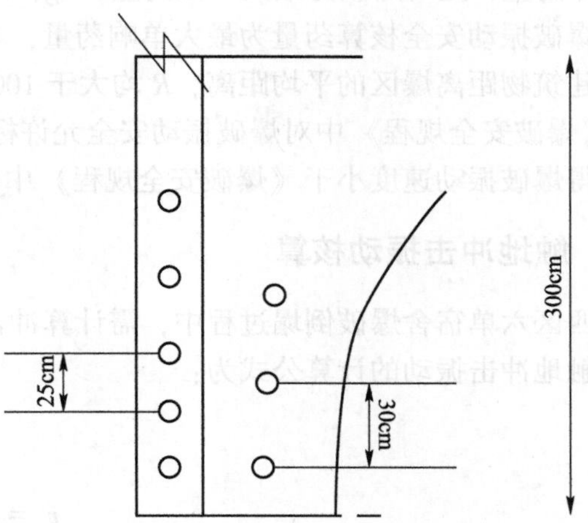

图 5 炮孔布置示意图

4 爆破网路

每个炮孔内装入一发非电延期导爆管雷管。其中A排采用Ms-2段雷管，需要264发；B排采用Ms-5段雷管，需要176发；C排采用Ms-9段雷管，需要88发；D排采用Ms-12段雷管，需要33发。总共需要雷管561发，炸药39.05kg。考虑控制飞石，一楼炮孔可按正常设计药量增加20%来装药施工，其他不变，同时清理干净柱子旁边的废砖渣，确保爆破有效炸高。采用“大把抓”和四通连接联合使用的爆破网路。

5 火工品选择及注意事项

5.1 火工品选择

炸药：选用ϕ32mm的乳化炸药。

雷管：孔内用非电导爆管雷管，按不超过20发非电导爆管雷管标准绑成一把，“大把抓”采用瞬发非电导爆管雷管绑扎，之后用四通连接成爆破网路，用击发枪起爆整个非电导爆管网路。

5.2 注意事项

（1）加工药包时不得随意搓、挪乳化炸药或改变炸药形状，导致改变炸药爆炸性能。

（2）非电导爆管雷管与炸药要紧密接触，非电导爆管雷管聚能穴不得超出炸药外。

（3）选择质量好的非电导爆管雷管，延时误差不得超过规范要求。

（4）“大把抓”绑扎时，要用电工胶布捆绑紧，最外层用厚胶管紧绑，防止起爆后炸断周边起爆网路。

6 爆破安全[1-3]

6.1 爆破振动

按常用的垂直振动速度计算公式（爆破安全规程提供）：

$$v = K'K(Q^{1/3}/R)^{\alpha}$$

式中，v为保护对象所在地质点振动安全允许速度，cm/s；K、α为与爆破点至计算保护对象间的地形、地质条件有关的系数和衰减指数，取$K=150$，$\alpha=1.6$；K'为拆除爆破衰减系数，这里取$K'=0.25$；Q为炸药量，延时爆破为最大一段药量，kg；R为爆破振动安全允许距离，m。

爆破振动安全核算药量为最大单响药量，本工程中最大单响药量为18.15kg，安全核算距离为需要保护建筑物距离爆区的平均距离，R均大于100m。计算最大爆破振动速度$v=0.345$cm/s。

《爆破安全规程》中对爆破振动安全允许标准：钢筋混凝土框架结构楼房的耐震能力为5cm/s。计算所得爆破振动速度小于《爆破安全规程》中的要求值，能够保证周边建（构）筑物的安全。

6.2 触地冲击振动核算

西区六单宿舍爆破倒塌过程中，需计算冲击振动，所以需对其的触地冲击振动进行安全论述。建筑物触地冲击振动的计算公式为：

$$v_t = K_t\left[\frac{\sqrt[3]{\dfrac{MgH}{\sigma}}}{R}\right]^{\beta}$$

式中，v_t为振动速度，cm/s；K_t、β为衰减参数，一般取$K_t=3.37$，$\beta=1.66$；M为建筑物质量，t；H为建筑物塌落高度，这里取15m；σ为混凝土介质的破坏强度，一般取10MPa；R为冲击地面中心到保护建筑物的距离，m；g 为重力加速度，m/s^2。

安全核算距离为需要保护建筑物距离爆破单体的平均距离，R 均大于 100m。西区六单宿舍约 2000t。计算最大触地冲击振动速度 $v_t=0.205cm/s$。

《爆破安全规程》中对爆破振动安全允许标准：钢筋混凝土框架结构楼房的耐震能力为 5cm/s。计算所得爆破触地冲击振动速度小于《爆破安全规程》中的要求值，能够保证周边建（构）筑物的安全。

6.3 爆破飞石控制

合理的设计，保证炮眼的堵塞长度和填塞质量，控制装药量，爆破前在爆破体部位用双层竹笆近体覆盖防护，飞石可以控制在安全有效范围之内。

6.4 安全防护

（1）严格按照防护要求进行近体防护，爆区东西两侧外围用双层竹笆远体防护。

（2）按防护设计的覆盖程序逐层施工，装药联线完成后由技术部验收合格才进行覆盖防护工作。

（3）防护时要注意保护好网络线。

经以上分析计算，爆破振动、坍塌触地冲击振动、爆破飞石等爆破危害对周边建（构）筑物不造成伤害。

7 爆破效果

起爆后，该楼房按照设计预定的方向和顺序安全顺利地倒塌下来，飞石基本控制在设计范围内。由于该楼房是砖混结构，所以灰尘较大。据现场勘察，爆堆平坦，爆堆前面高 11m，后面 9m，最高为中部 14m，原因是中间部分存在走廊通道影响倒塌效果，但整体结构已破坏，均有利于机械拆除，另由于后排柱子钻孔（2 个）装药，起爆后发生后座现象，后座了 1.5m，爆区周围建筑均未受到任何影响，保证了周围建筑及用户的安全。

8 结束语

对于砖混结构的拆除爆破，首先是对整个拆除结构进行分析，分清承重墙和非承重墙，确保爆破前施工过程安全；其次是要做好预处理，减少一次性爆破药量，这样可以达到用最少的炸药把建筑物爆破拆除；同时在确保建筑物整体结构安全稳定的前提下，尽可能把影响倒塌方向的附属结构进行人工或机械处理拆除；根据周边环境，对重点保护建筑方向，除做好远体防护外，还要做好近体加强防护工作，以确保爆破安全顺利完成。

参考文献

[1] 冯叔瑜．城市控制爆破［M］．北京：中国铁道出版社，1985.

[2] 刘殿中．工程爆破实用手册［M］．北京：冶金工业出版社，1999.

[3] 魏晓林．建筑物倒塌动力学（多体-离散体动力学）及其爆破拆除控制技术［M］．广州：中山大学出版社，2011.

11屋高楼中间分离后2块同向定向爆破

王晓帆[1]　赵博深[2]

（1. 广东宏大爆破股份有限公司，广东 广州，510623；
2. 中国矿业大学（北京），北京，100083）

摘　要：在复杂的环境下实施一次定向爆破，拆除了1栋39.1 m高的楼房。通过精心设计，采用了中间分离后2块同向定向爆破技术，达到良好的爆破效果。

关键词：复杂环境；爆破拆除；高层建筑；中间分离

Directional Blasting of an 11-story Building by Separation in the Middle

Wang Xiaofan[1]　Zhao Boshen[2]

（1. Guangdong Hongda Blasting Co., Ltd., Guangdong Guangzhou, 510623;
2. China University of Mining and Technology (Beijing), Beijing, 100083）

Abstract: The paper introduces the directional blasting demolition of a 39.1m high building in a complex environment, and expounds the well-designed method of firstly separating the building into two parts in the middle and then blasting the two parts to fall in the same direction, which achieves a good blasting effect.

Keywords: complex environment; blasting demolition; high-rise building; separation in the middle

1　工程情况

1.1　周边环境

鹤山蓝鸟时装开发中心大楼高度达39.10m，周边环境复杂，允许倒塌和塌落的空间狭窄。大楼北侧100m为空地，东侧15m为山坡，山坡上有民房。南侧80 m为空地。西侧为繁华的人民东路，结构飘出的阳台正下方为人民东路的人行道，人行道上有高压电缆，埋深1m左右，距离结构主体的A轴为2m。周边环境如图1所示。

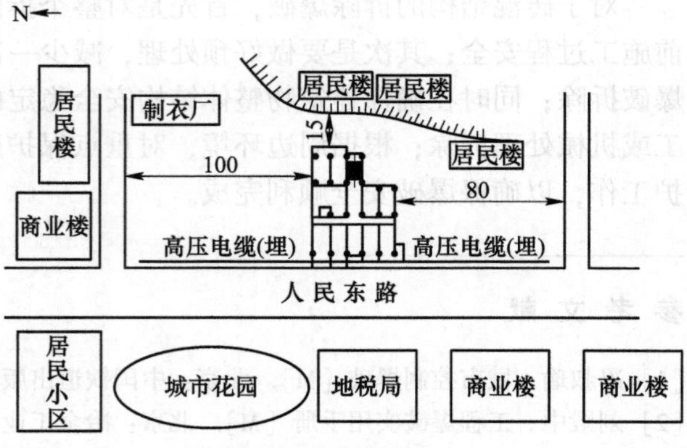

图1　爆破周边环境

1.2　楼房结构

该楼系采用抗震设计的框架墙结构，平面布置呈“L”型，主体结构11层。南北长宽19.5m，东西长28m（其中主体24m，西侧阳台伸出2.5m，东侧阳台伸出1.5m）。从平面布置看，长宽比比较小，近似于方形，如图2所示。

原载于《中国矿业科技汇》，2013：256-258。

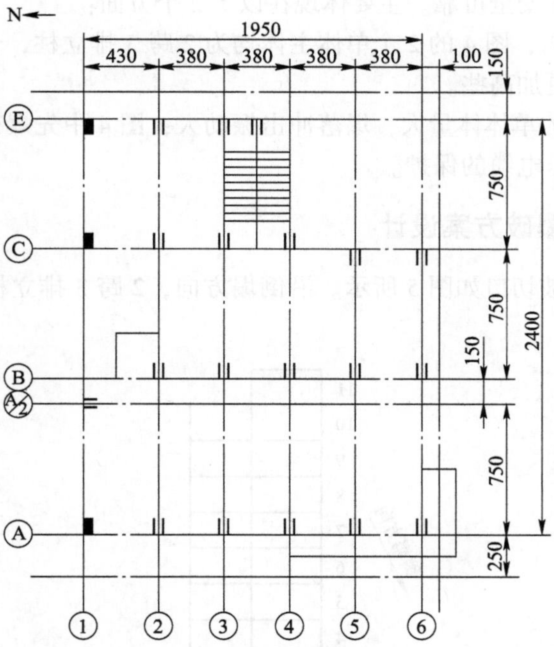

图2 结构平面布置图（单位：mm）

2 爆破技术设计

2.1 拆除方案

根据周边环境和结构特点，既保证爆破效果，又能确保周边建（构）筑物和实施的安全。本工程决定采用中间分离后2块同向定向爆破方案。

该楼的结构特点，平面布置形状很不规则。将不规则的大楼预先分割成图3和图4所示的2个单元，则基本变成比较规则的长方形体。

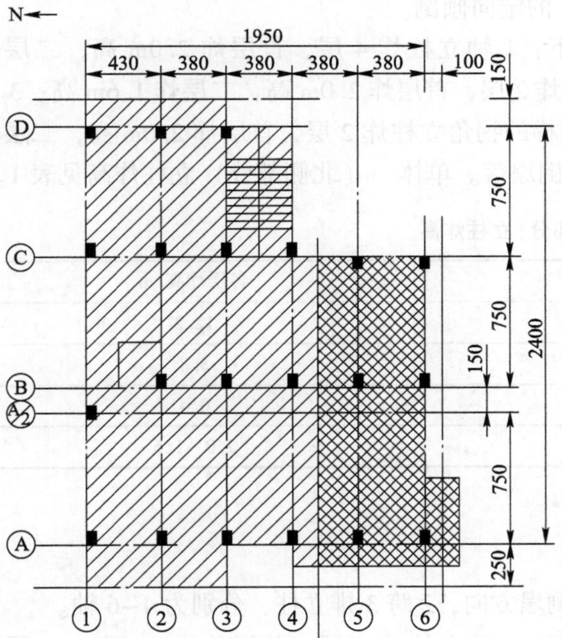

图3 预先分割平面示意图一（单位：mm）

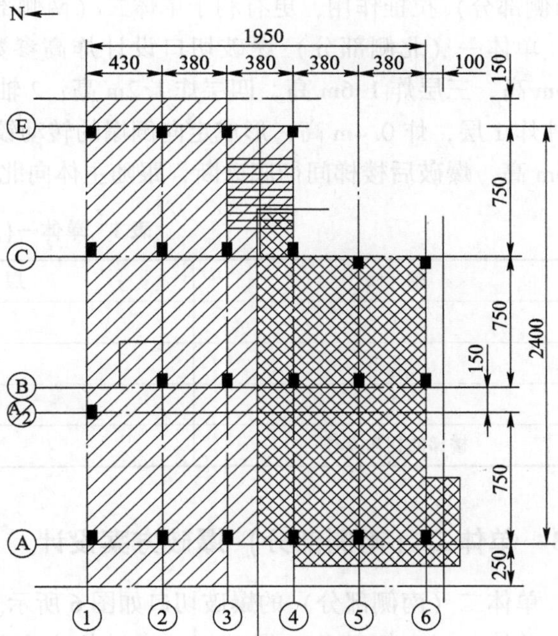

图4 预先分割平面示意图二（单位：mm）

经过比较分析，图 4 更加安全可靠。主要体现在以下 2 个方面：

（1）沿定向爆破倾倒方向，图 4 的 2 个单体主体均为 2 跨 3 排立柱，长宽比适当，单体的稳定性好，技术的可靠性和安全性更加高些。

（2）图 3 中先爆破倒塌的单体体量大，塌落冲击振动大；图 4 中先爆破倒塌的单体体量小些，塌落冲击振动小些，有利于高压电缆的保护。

2.2 单体一(北侧部分)爆破方案设计

单体一(北侧部分)的爆破切口如图 5 所示。沿倒塌方向，2 跨 3 排立柱（不计楼梯的拐角立柱），分别为 1~3 轴。

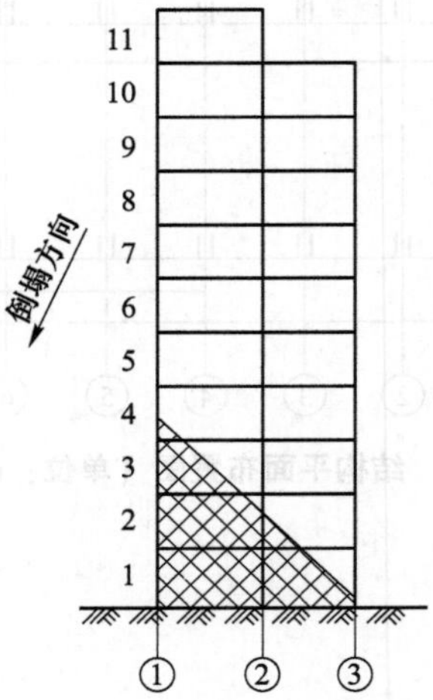

图 5 单体一(北侧部分)的爆破切口

一般情况下，单体一(北侧部分)爆破切口的炸高 3 层足够，但考虑到其与单体二（南侧部分）的相互关系，适当提高炸高，为 4 层。

就单体的定向爆破倒塌而言，单体一（北侧部分）位于单体二（南侧部分）的前方，阻挡单体二（南侧部分）的定向倒塌。如果单体一（北侧部分）的炸高提高，其倾倒和下坐塌落，均对单体二（南侧部分）拉扯作用，更有利于单体二（南侧部分）的定向倾倒。

单体一（北侧部分）爆破切口设计炸高参数如下：1 轴立柱炸 4 层，首层炸 2.0m 高，二层炸 1.6m 高，三层炸 1.6m 高，四层炸 1.2m 高；2 轴立柱炸 2 层，首层炸 2.0m 高，二层炸 1.6m 高；3 轴立柱炸 1 层，炸 0.4m 高，形成定向倒塌的转动铰；楼梯的拐角立柱炸 2 层，首层炸 2.0m 高，二层炸 1.6m 高，爆破后楼梯间彻底砍断，跟随主体向北侧倾倒塌落。单体一（北侧部分）立柱炸高见表 1。

表 1 单体一(北侧部分)立柱炸高

轴 线	层 数	各层炸高/m
1	4	12.2
2	2	5.8
3	1	0.4
楼梯的拐角立柱	2	2.0 +1.6

2.3 单体二（南侧部分）爆破方案设计

单体二（南侧部分）的爆破切口如图 6 所示。沿倒塌方向，2 跨 3 排立柱，分别为 4~6 轴。

单体二（南侧部分）爆破切口设计炸高参数如下：4 轴立柱炸 3 层，首层炸 2.0m 高，二层炸 1.6m 高，三层炸 1.6m 高；2 轴立柱炸 2 层，首层炸 2.0m 高，二层炸 1.6m 高；3 轴立柱炸 1 层，炸 0.4m 高。

3 起爆网络设计

3.1 起爆时差设计

总起爆顺序为从北向南起爆（孔内半秒延期）。最先起爆单体一，后起爆单体二。分散了一次齐响药量，减小了爆破震动和爆破冲击波。

一次点火，孔内孔外均有延期，总延期时间为孔内半秒延期加孔外大把抓毫秒延期。总起爆延期为4.0s。起爆顺序及倒塌方向如图7所示。

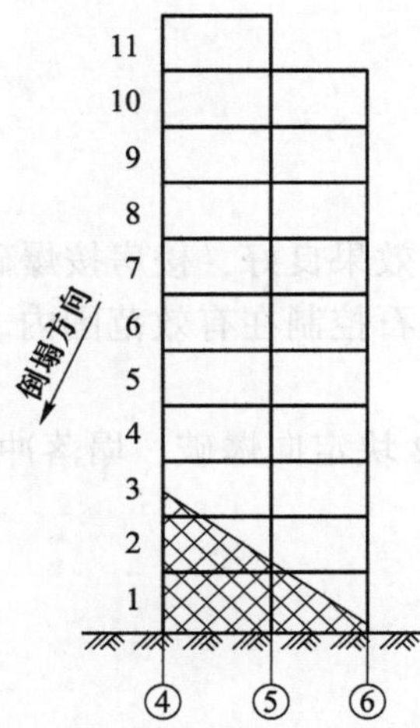

图6 单体二(南侧部分)的爆破切口

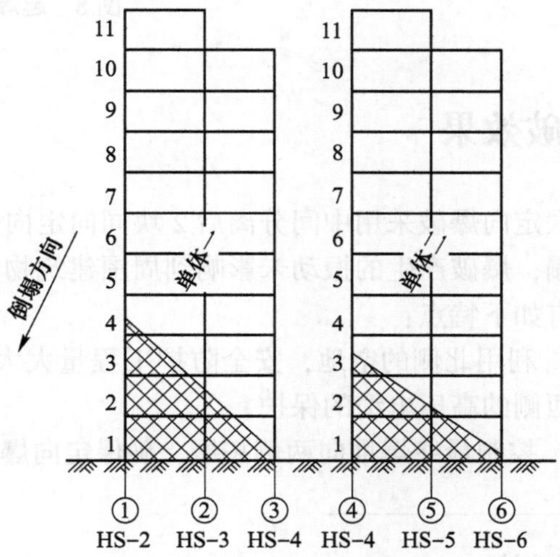

图7 整体起爆顺序及倒塌方向

图7中单体一的4轴2柱用HS-3。

各种型号雷管统计见表2。

表2 各种型号雷管统计

雷管型号	数量/发	备 注
HS-2	80	
HS-3	66	含单体一的4轴2柱
HS-4	58	
HS-5	33	
HS-6	8	
MS-5	50	
合 计	295	

3.2 起爆网络连接

孔内炸药用高安全的非电导爆管雷管起爆；孔内雷管用“大把抓”的雷管起爆；四通连接“大把抓”引出的雷管脚线，形成封闭的回路。

最终从“大把抓”和四通的复式网络形成的封闭回路中引出2条导爆管，形成起爆网络。起爆网络连接如图8所示。

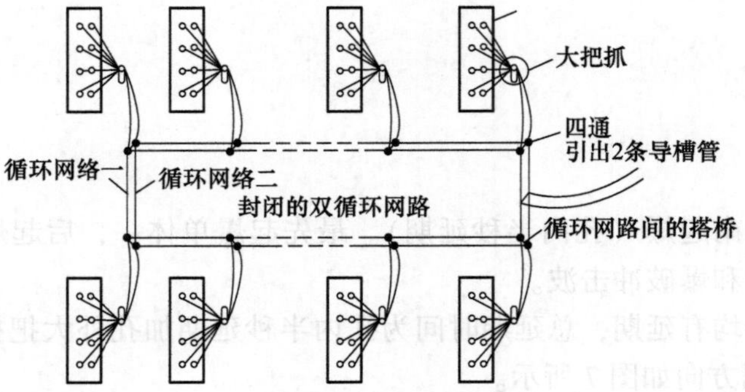

图 8 起爆网络连接示意图

4 爆破效果

本次定向爆破采用中间分离后 2 块同向定向爆破方案，爆破效果效果良好，楼房按爆破设计方向完全倒塌，爆破产生的振动未影响到周围建筑物安全；爆破产生的飞石控制在有效范围内。本次爆破同时还有如下特点：

（1）利用北侧的空地，安全防护工程量大大减少；将大楼分成 2 块定向爆破，塌落冲击振动小，有利于西侧的高压电缆的保护。

（2）控制最终爆堆向两侧拓展，确保定向爆破倒塌和解体充分。

参 考 文 献

[1] 冯叔瑜，吕毅，杨杰昌，等．城市控制爆破［M］．北京：中国铁道出版社，1985.

[2] 刘殿中，杨仕春．工程爆破实用手册［M］．2 版．北京：冶金工业出版社，2003.

[3] 史雅语，金骥良，顾毅成．工程爆破实践［M］．合肥：中国科学技术大学出版社，2002.

[4] 王俊生，张建平，赵宇川．12 层剪力墙结构楼房爆破拆除［J］．工程爆破，2010，16（2）：57-59.

爆破拆除框架跨间下塌倒塌的切口参数

魏晓林

（广东宏大爆破股份有限公司，广东 广州，510623）

摘　要：研究了爆破拆除框架楼房跨间下塌倒塌的动力学条件，即倾倒动能大于克服跨间下塌所需的功，包括阻止翻倒的势能增量、梁柱夹角形变的功和克服翻滚阻力的功。由此推导出跨间下塌倾倒时，楼房爆破下坐后质心高宽比 η 与切口高宽比 λ 的关系。给出了不同跨数和弯矩相似准数 K_t 条件下楼房翻倒的 $\lambda\sim\eta$ 关系图及公式，跨间下塌最终倒塌角（$\varphi_h+\alpha_f$）与 $\lambda\sim\eta$ 的关系图。通过楼房跨间下塌倒塌的实例验证了 $\lambda\sim\eta$ 关系的合理性。

关键词：爆破拆除；跨间下塌；动力学方程；切口参数

Cutting Parameters of Toppling Frame Building Demolished with Collapse in Beam Span by Blasting

Wei Xiaolin

（Guangdong Hongda Blasting Co.，Ltd.，Guangdong Guangzhou，510623）

Abstract: Dynamic condition of toppling frame building demolished with collapse in beam span by blasting was researched. Toppling kinetic energy was larger than the work formed in collapse of beam span to overcome，including potential energy increment of preventing toppling，work resisting angle deformation of beam and column and roiling resistance to overcome. The relation between high-wide ratio η of building mass centre and high-wide ratio λ of cutting since blasting and sitting down was deduced. The relational figure and formula between λ and η and the relational figure between terminal collapse angle（$\varphi_h+\alpha_f$）and $\lambda\sim\eta$ were presented under different spans and the simulated formula value K_t. Some examples of building toppling down with collapse in beam span were listed to demonstrate the relation of $\lambda\sim\eta$.

Keywords: blasting demolition；collapse in beam span；dynamic equation；cutting parameters

1　引言

爆破形成单切口后，框架楼房可在倾倒力矩作用下产生剧烈形变和转动，并绕撞地的切口前趾跨间下塌[1]倾倒。这类倾倒技术是纵向拆除框架楼房的首选，爆破及相关工作量较小，工程成本较低且简单可靠。近年来多位学者[2-4]对其进行了研究，根据质心前移超出切口闭合前趾的情况，建立了框架翻倒的静力学判断式，但却忽略了楼房的转动动能和梁柱间的夹角形变，致使判别翻倒的楼房高宽比偏高，切口角偏大，这对大多数纵向拆除的框架楼房几乎无法实现，且与高宽比较小楼房翻倒的实际情况不符。本文从分析建筑物倒塌的动力学[1,5]角度出发，以楼房动能判断梁柱间夹角剧烈形变的框架倒塌，给出了跨间下塌倒塌的一般判别图和公式。

2　跨间下塌倒塌爆破切口参数

框架切口爆破后，因后 2 排柱的切割钢筋仅炸到底层且松动爆破，框架下坐后绕后中柱底 O 倾倒，

原载于《工程爆破》，2013，19（5）：1-4，13。

如图 1 所示。其质心为 C，CO 为 r_c，初始倾倒角为 q_o，下坐（h_p+h_e）后楼高 H，质心高 h_c，切口高 h_{cu}，下坐后切口高 h_{cud}，三角形切口闭合撞地点为 f，Cf 为 r_f，r_f 与纵轴夹角 q_{fh}，楼宽 B，质心高宽比 $\eta=h_c/B$，切口高宽比 $\lambda=h_{cud}/B$，l_o 为跨宽。

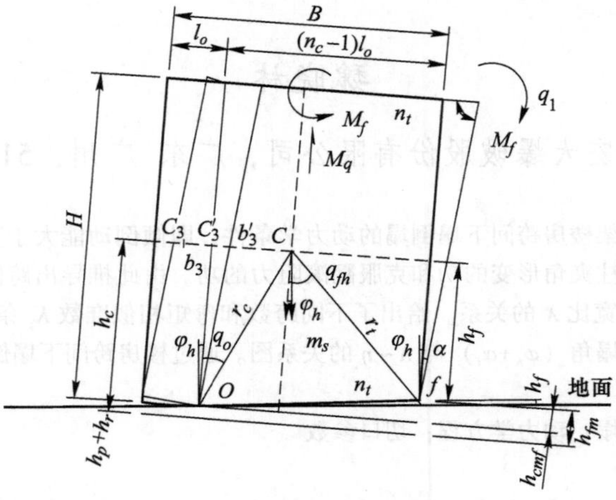

图 1　框架跨间下塌倾倒

Fig. 1　Frame toppling with collapse in beam span

框架前柱撞地后，前跨（若跨序 $j=1$，第 1 跨是楼梯间或剪力墙时，该跨不下塌，跨序 $j=2$ 的跨为模型第 1 跨）的各层跨梁前后两端的抵抗弯矩之和 M_1 无法阻止下塌跨的自重 $(m-m_1)g$ 所生成的下塌弯矩 $(m-m_1)gl_o\cos\varphi_h$ 或前倾抵抗弯矩 $mgh_{lc}\sin\varphi_h$[1]，即

$$M_1 < (m-m_1)gl_o\cos\varphi_h \tag{1}$$

或

$$M_1 < mgh_{lc}\sin\varphi_h \tag{2}$$

式中，m 为楼房质量；m_1 为模型第 1 跨的前柱和前结构质量；l_o 为跨宽；φ_h 为撞地柱与竖直线的夹角；h_{lc} 为楼房质心中轴高，$h_{lc}=(h_c+h_{fc})/2$，h_{fc} 为前柱撞地压溃 h_{cf} 后，质心对应的前柱高，即 $h_{fc}=h_c-h_{cud}-h_{cf}$，$(h_c-h_{cud})$ 为楼房下坐后切口以上的质心柱高，设 $h_{cf}\approx 0$。

由此，当满足式（1）或式（2）时，前跨梁的前后两端将破坏，生成梁端塑性铰，使各跨平行前柱向下塌落，形成框架梁柱夹角剧烈形变的跨间下塌（见图 1）。结构跨间下塌的运动规律和动力学方程详见参考文献［1］。

若要保证框架倒塌，应使倾倒动能 $T>W$，T 中扣除了阻止跨间下塌的势能增量，W 为框架楼房克服梁柱夹角形变和翻滚阻力而消耗的功。

$$W = 2M_{dh}\sin(\alpha_f/2) + M_{dc}\sin\alpha_f + E_b \tag{3}$$

$$T = mgh_{fc}[\cos\varphi_h - \cos(\alpha_f+\varphi_h)] - m_{nc}k_{nc}gr_3[\sin(\alpha_f+\varphi_h) - \sin\varphi_h] + J_{cf}\dot{q}_{cf}^2/2 \tag{4}$$

式中，当下塌跨各梁转动时，M_{dh} 分别为各跨梁前端和后端机构残余弯矩初值[1] 和墙抗剪弯矩 M_f、M_r、M_q 之和，即 $M_{dh}=\sum_{1}^{n_c-1}\sum_{n_l}^{n_t+1}(M_f+M_r+M_q)$，$n_c$ 为从前跨向后计算的跨数，(n_c-1) 为楼层内下塌跨数，n_l 为切口中轴层号，n_t 为楼房顶层号；α_f 为跨间下塌前柱前倾引起框架机构转动的前下塌角，M_{dc} 为底层柱下端抵抗弯矩之和，计算时并入 M_{dh} 中，即 $M_{dc}=0$；h_f 为撞地前趾 f 下堆积物高；φ_h 为前柱撞地角，$\varphi_h=\arctan\lambda-\arctan(h_f/B)$；$m_{nc}k_{nc}$ 为后跨和相连的前柱与墙的质量，m_{nc} 为后跨的质量；r_3 为后跨框架 $m_{nc}k_{nc}$ 质心 C_3 距该跨前柱的距离 C_3b_3；J_{cf} 为前柱破坏后的框架对 f 的转动惯量，J_{cf} 即为 J_f；$\dot{q}_{cf}$ 为框架撞地后的转速，由撞地前转速（后 2 排柱仅爆破到底层，并近似按框剪结构整体转动计算）按动量矩定理计算[1,6]。T 的推导见文献［1］（忽略框架下坐获得的少量动能）和图 1。

$W<T$ 为框架跨间下塌倾倒的动力学条件。E_b 为后跨翻滚和拉断支撑部钢筋所需做的功[1]，简化设 $E_b=0$，并将由此产生的误差包含到倾倒保证率 K_{to} 中。设

$$K_{to} = T/W \tag{5}$$

当 $K_{to}\geqslant 1.7\sim 2.2$（对应 $n_c=3\sim 6$）时，可认为该框架楼将确保倾倒，过大的 K_{to} 也可能使框架整体翻

倒[1]，都达到了拆除的目的和较好的构件破碎效果。本文的跨间下塌模型为简化的近似模型。将式(3)和式(4)代入式(5)，得

$$K_t \leqslant \{(\eta-\lambda)n_c[\cos\varphi_h-\cos(\varphi_h+\alpha_f)]+[\sin\varphi_h-\sin(\varphi_h+\alpha_f)]k_{nc}/2n_c+ [J_c+mr_cr_f\cos(q_o+q_{fb})]^2(\cos q_o-\cos q)r_c/l_oJ_bJ_f\}/2\sin(\alpha_f/2) \tag{6}$$

其中弯矩相似准数为 K_t：

$$K_t = K_{to}M_{dh}/mgl_o \tag{7}$$

式中，m 简化为框架质量，由此引起的误差包含到 K_{to} 中；k_{nc} 为后跨、次后柱、墙质量之和与后跨质量的比；J_c、J_b、J_f 分别为主惯量，对 O、f 的转动惯量；r_c 为质心 C 到 O 的距离；q_o 为切口闭合时 r_c 与竖直线的夹角；r_f 为质心 C 到撞地点 f 的距离；q_{fb} 为前趾撞地破坏后 r_f 与楼的纵轴夹角；现浇楼板钢筋混凝土梁的弯矩 M_f、M_r，按T型梁计算[1]；M_q 为砌体剪力产生的弯矩，按剪-摩强度理论计算，$M_q=(f_vs_q+0.17f_yA_s)/\gamma_{RE}$，$f_v$ 为砌体光面抗剪强度[7]，s_q 为砌体的竖向截面面积，有门窗的墙应按削弱侧移刚度计算[8]（阶梯抗剪截面），A_s 为混凝土梁的钢筋面积，f_y 为钢筋的抗拔强度[1]，γ_{RE} 为承载力抗振调整系数，取 $\gamma_{RE}=0.75$。当 M_q 占 $M_{fr}/2$ 以上时，可以用 $\sin\alpha_f$ 代替式(3)、(6)的 $2\sin(\alpha_f/2)$，其中 $M_{fr}=M_f+M_r$。

方程式(6)和式(7)的联立解，即楼房质心高宽比 $\eta=h_c/B$ 和切口高宽比 λ 仅与 K_{to}、M_{dh}、m、α_f、n_c、l_o、转动主惯量比 k_j 和 h_f 有关。为了减少式(6)的变量，首先求式(6)减式(7)的差为 dT，当 λ 的上凹曲线 $dT(\alpha_f)$ 及其他的最小值大于或等于0时，λ 即为所求的解。由此求解出在各个 n_c、l_o 和 K_t 条件下，最难倾倒的 α_f 及其对应框架翻倒的 $\lambda-\eta$ 和 $\lambda-(\alpha_f+\varphi_h)$ 的关系，即为方程式(6)和式(7)的联立解。图2为框架纵向（次梁方向）跨数为3、4、5、6，跨长 l_o 分别为3.2m、3.5m、3.8m 的 $\lambda-\eta$ 关系。

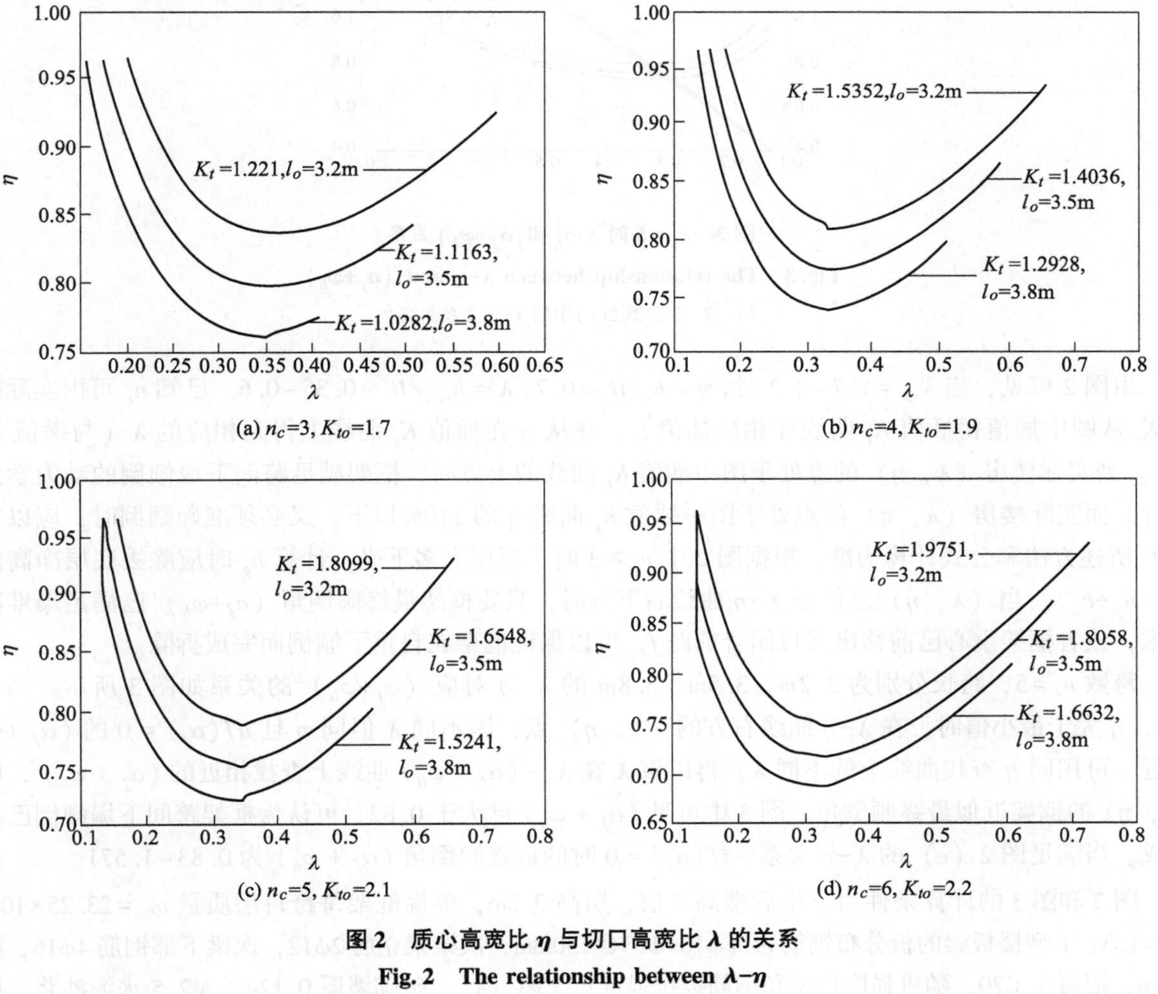

(a) $n_c=3$, $K_{to}=1.7$　(b) $n_c=4$, $K_{to}=1.9$

(c) $n_c=5$, $K_{to}=2.1$　(d) $n_c=6$, $K_{to}=2.2$

图2　质心高宽比 η 与切口高宽比 λ 的关系

Fig. 2　The relationship between $\lambda-\eta$

方程式（6）反映了框架倾倒的姿态关系，其主惯量比 $k_j = J_c/J_{cs}$，J_{cs} 为楼房切口形成后根据质量均布实心图形计算的主惯量，$J_{cs} = (H^2 + B^2)m/12$，式中 $H = 2h_c$；当 $k_j = 1$ 时，η 和 λ 解的关系如图 2 所示。大多数楼房的 $k_j = 0.75 \sim 1.25$，当 $k_j > 1$ 时，η 比图示值小，而 $k_j < 1$ 时，η 比图示值大，分别以 $k_j = 0.75$ 和 1.25 计算，η 仅分别增大和减少 0.01。因此，如图 2 设 $k_j = 1$，由此引起 η 的误差可为工程应用所忽略。因此仅从式（6）的姿态关系看，多数楼房 $k_j \approx 1$，无需建模求 J_c。此外，h_f 随 h_b/h_{fl} 变化而变化，h_f 为前墙堆积物高，h_{fl} 为层高，h_b 为梁高，$h_b/h_{fl} = 0.1818$，变化很小，因此 h_b/h_{fl} 的变化也可以忽略。通过多次计算，证明式（6）中 $\lambda - \eta$ 关系与 l_o、B 无关。

方程式（7）反映框架内的破坏关系，其中 K_t 是 K_{to}、M_{dh}（M_{fr} 和 $n_t - n_l$）、m、l_o 的跨间下塌综合判断指标，K_t 为保证率 K_{to} 和抵抗跨间下塌弯矩与重力弯矩比 M_{dh}/mgl_o 的乘积。K_t 表示抵抗下塌的弯矩 M_{dh} 越大，跨间下塌实现低 η 倾倒越难，而易于形成高 η 的整体翻倒。因此尽可能地减小 M_{dh} 可促使实现跨间下塌，如选择框架沿次梁纵向倾倒，因次梁断面小、钢筋少，抗弯能力弱，则 M_f、M_r 也小；而且框架纵向墙因开窗多、开门多，墙抗剪能力弱，开口墙一旦开裂，将失去抗剪能力，即 $M_q = 0$。原框架楼若有过道跨，楼房沿过道横向倾倒，因过道跨无墙，抗弯能力小，也最易实现跨间下塌。此外，采用大于半秒的延时逐跨爆破立柱，利用各跨自重，空中断裂梁端，破坏墙体，以及对次梁实施爆破等，都是减少 M_{dh}，实现跨间下塌的重要措施。式（7）的 mg 是楼房的总重量，可从土建图获得或估算出，当 $k_j = 1$ 时，求切口参数无需建模，仅从图 2 判断并参考图 3 简化即可。

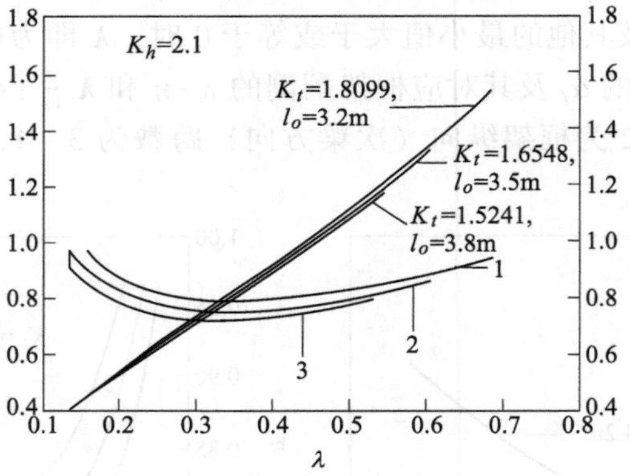

图 3 $n_c = 5$ 时 $\lambda - \eta$ 和 $(\alpha_f + \varphi_h)$ 关系

Fig. 3 The relationship between $\lambda - \eta$ and $(\alpha_f + \varphi_h)$

（1、2、3 为图 2(c) 中的 λ-η 关系曲线）

由图 2 可见，当 $K_{to} = 1.7 \sim 2.2$ 时，$\eta = h_c/B \geqslant 0.7$，$\lambda = h_{cud}/B \approx 0.35 \sim 0.6$。已知 n_c 可由实际楼房的 K_t 从图中插值得插值 K_t 曲线和相应插值 l_o，并从 η 在插值 K_t 曲线上得到相应的 λ（与插值 l_o 无关）。当实际楼房（λ，η）的点处于图中插值 K_t 曲线的上方时，框架满足跨间下塌倾倒的动力学近似条件。而实际楼房（λ，η）的点处于图中插值 K_t 曲线 η 的 110% 以下，又必须准确翻倒时，应以文献［1］所述方法和公式计算为准。根据图 2 中 $n_c \geqslant 3$ 时，底层大多下坐，计算 h_c 时应除去底层净高的下坐（$h_p + h_e$）。当（λ，η）点位于 $\lambda - \eta$ 曲线右下方时，只要框架最终倾倒角（$\alpha_f + \varphi_h$）已满足爆堆高度要求，或者框架重心已前移出切口闭合前趾 f，可以保证框架在自重下倾倒而完成拆除。

跨数 $n_c = 5$，跨长分别为 3.2m、3.5m、3.8m 的 $\lambda - \eta$ 对应（$\alpha_f + \varphi_h$）的关系如图 3 所示。当 $\lambda \geqslant 0.3$，η 大于最小值时，在 $\lambda - \eta$ 曲线右方的（λ，η）点，因不同 λ 但同 η 且 $dT(\alpha_f) = 0$ 的 $(\alpha_f + \varphi_h)$ 相近，可用同 η 查找曲线上的不同 λ，再以该 λ 在 $\lambda - (\alpha_f + \varphi_h)$ 曲线上查找相近的 $(\alpha_f + \varphi_h)$，即得（λ，η）的框架近似最终倾倒角，图 3 中可见 $(\alpha_f + \varphi_h)$ 已大于 0.82，可认为框架跨间下塌倾倒已基本完成。当满足图 2（c）的 $\lambda - \eta$ 关系，$dT(\alpha_f) = 0$ 时的最终倾倒角 $(\alpha_f + \varphi_h)$ 为 0.83～1.571。

图 2 和图 3 的计算条件为下坐后楼高 7 层，层高 3.3m，单榀框架每跨每层质量 $m_o = 23.25 \times 10^3$kg；$k_{nc} = 1.3$；T 型楼板梁的板分布钢筋为（ϕ10+ϕ8）@150mm，次梁架立筋 2ϕ12，次梁下部钢筋 4ϕ16，梁高 0.4m，混凝土 C20，随机强度均值和钢筋拔拉强度见文献［1］；砖砌墙厚 0.12m，M2.5 水泥沙浆，层内

墙高 3.0m，f_v=200kN/m^2，得 M_q=647.9×0.5kN·m（0.5 为门窗削弱抗剪系数），M_f=107.9kN·m，M_r=296.6kN·m。切口内梁柱的弯矩已删除。从以上计算条件可见 λ-η 关系仅与 K_t 和 n_c 有关。

跨间下塌楼房的高宽比实例见表1。楼房高宽比 H/B 在 1.42~2.0 之间，即 η 在 0.71~1.0 之间，切口高比楼宽 λ 为 0.71~1；表中所列 η、λ 包括了下坐高，去除下坐高后，η 为 0.6~0.91，λ 为 0.56~0.77。比较图2和表1的相关数据发现，部分图2中 η 稍大于实例，留足了富余，既是恰当的又是切合实际的。表1中显示跨间下塌[4] 框架楼房倾倒的高宽比小于整体翻倒的剪力墙（包括框剪结构）楼，而倒塌砖混结构高宽比和切口高宽比也小于整体翻倒的框架楼房，因此跨间下塌相对整体翻倒剪力墙楼所需的高宽比是较小的。

表1 爆破拆除现浇楼房跨间下塌高宽比实例

Table 1 Examples of high-wide ration of toppling cast-in-place buildings demolished mith collapse in beam span by blasting

序号	工程实例	结构形式	宽×高 /m×m	层数	模型跨数	高宽比	切口形状	切口尺寸 高×λ/m	倒塌方式	备注
1	深圳西丽电子厂 1#楼	框架	16.5×23.3	7	4	1.41	三角形	13.4×0.78	跨间下塌	j=2
2	深圳南山违建楼	框架	15.35×26.9	8	4	1.75	大梯形	14×0.91	跨间下塌	j=2
3	鹤山兰鸟时装大楼	框架	19.5×39.1	11	5	2	大梯形	15.6×1	前4跨与后跨断开后向前倾倒	j=1
4	广州水泥厂西区砖混楼	砖混	11×18	6	2	1.64	三角形	7.8×0.71	中跨走廊跨间下塌	j=2 未下坐

注：楼宽 B 指第1跨到最后跨后边的平均距离；楼高 H 指楼的平均高度；H/B 为高宽比；实际跨序 j 为模型第1跨。

3 结论

（1）当楼房整体倾倒动能大于倒塌所需新增势能和克服跨间下塌梁柱夹角变形以及翻滚阻力所需的功后，楼房可以倒塌。楼房跨间下塌倒塌的动力学条件如式（6）和式（7）所示。由于模型假设了简化条件，式（6）和式（7）是近似式。

（2）当倾倒保证率 $K_{to}\geqslant 1.7\sim2.2$ 时，楼房爆破下坐后质心高宽比 $\eta\geqslant0.7$，切口高宽比 $\lambda\geqslant0.35$。按跨数 n_c 和弯矩相似准数 K_t，在图2由插值 K_t 曲线，（λ，η）的点位于插值 K_t 曲线上方为框架跨间下塌的动力学近似条件，并参考图3中 λ-η 和最终倾倒角（$\alpha_f+\varphi_h$）的关系，决定楼房倒塌。要求跨间下塌倒塌准确，应以文献［1］所述方法和公式计算为准。

（3）与剪力墙比较，框架结构抵抗侧向力破坏的强度较弱，大部分框架纵向倾倒拆除呈现跨间下塌倒塌，所需的楼房高宽比较小，可按本文提出的高宽比和切口参数近似设计。

（4）对框架结构实施减小抵抗梁柱间夹角形变的弯矩 M_{dh} 是实现跨间下塌的重要措施。

参考文献

［1］魏晓林．建筑物倒塌动力学（多体-离散体动力学）及其爆破拆除控制技术［M］．广州：中山大学出版社，2011.
［2］杨人光，史家堉．建筑物爆破拆除［M］．北京：中国建筑工业出版社，1985.
［3］金骥良．高耸建筑物定向爆破倾倒设计参数的计算公式［C］//工程爆破文集（第七辑）［M］．成都：新疆青少年出版社，2001：417-421.
［4］金骥良．高层建（构）筑物整体定向爆破倒塌的切口参数［J］．工程爆破，2003，9（4）：1-6.
［5］魏晓林，傅建秋，李战军．多体-离散体动力学分析及其在建筑爆破拆除中的应用［C］//庆祝中国力学学会成立50周年大会暨中国力学学术大会2007论文摘要集（下）．北京：中国力学学会办公室，2007：690.
［6］魏晓林．多切口爆破拆除楼房爆堆的研究［J］．爆破，2012，29（3）：15-19，57.
［7］GBJ 33—1988 砌体结构设计规范［S］．北京：中国建筑工业出版社，1989.
［8］郭继武．建筑抗震设计［M］．北京：高等教育出版社，1990.

高薄壁双曲线冷却塔爆破拆除数值模拟

刘志才

（广东宏大爆破股份有限公司，广东 广州，510623）

摘　要：以某高薄壁双曲线冷却塔爆破拆除为例，详细介绍了其数值模拟全过程，其模拟结果与实际较吻合，可以为类似工程数值模拟提供参考。

关键词：冷却塔；数值模拟；爆破拆除

Numerical Simulation of Explosive Demolition of High-thin Wall Hyperbolic Cooling Tower

Liu Zhicai

（Guangdong Hongda Blasting Co.，Ltd.，Guangdong Guangzhou，510623）

Abstract：Taking the explosive demolition of a high-thin wall hyperbolic cooling tower for example，it was described in detail its all course of the numerical simulation，and the simulated results agreed basically with its actual conditions，which provided a reference for the simulation of similar projects.

Keywords：cooling tower；numerical simulation；explosive demolition

1　工程概况

某电厂因改扩建，需拆除高 84.8m、底部直径 68.6m 的双曲线型冷却塔。冷却塔为钢筋混凝土结构，地面以上钢筋混凝土总量约 2032m^3，质量为 4711t。塔筒壁厚由下向上逐渐减小，最大 50cm，最小 16cm。冷却塔基础为环形基础，基础以上均匀分布 40 对钢筋混凝土人字柱，人字柱垂高 5.6m，横断面为 40cm×40cm。人字支柱环梁位于 5.6m 标高，其斜长 2m。冷却塔内部有 8.85m 高的淋水平台，平台下有 130 根淋水平台支撑立柱，平台为预制钢筋混凝土构件，其与塔筒没有结构性的连接。

2　爆破拆除方案

本冷却塔爆破方案借鉴筒体构筑物爆破模式，采用较大的炸高，以获得较大的触地冲能，使坚固的薄壁塔筒触地充分解体，减少 2 次解体工作量。根据爆体周围环境、塔筒结构，采用“预开定向窗，预处理部分塔壁板块、预留部分塔筒支撑爆破板块的定向倒塌”爆破方案，倒塌方向确定为正东方向。爆破缺口为正梯形，缺口圆心角为 216°，炸高 13.3m，缺口长度 111m。

3　数值模拟

针对薄壁双曲线型冷却塔的特点，在爆破拆除前，借助有限元数值模拟方法对该冷却塔的爆破拆除的塌落过程进行研究，为科学合理地设计冷却塔爆破拆除方案提供参考。

原载于《工业建筑》，2013，43（2）：848-851。

3.1 模型假设

为了建模和计算方便，模型在原来结构的基础上做了一些合理的简化。由于冷却塔爆破拆除最关心的是冷却塔爆破切口上方的筒体下坐、坍塌破碎过程，故对非关心部位进行了简化，如：高为5.6m的人字柱简化成0.5m厚的等效强度薄筒体；淋水平台与塔筒没有结构性的连接，模型不对其及其支撑立柱进行建模分析。另外为了能观测冷却塔坍塌的整个撞地过程，建立了地面模型，采用刚体模型，以减少计算量。

3.2 建立模型

根据冷却塔的配筋率随高度的变化，把冷却塔分成5大块分别建模，然后将6个模型块（包括地面）粘贴在一起，得到的模型见图1，冷却塔模型各块尺寸见表1。

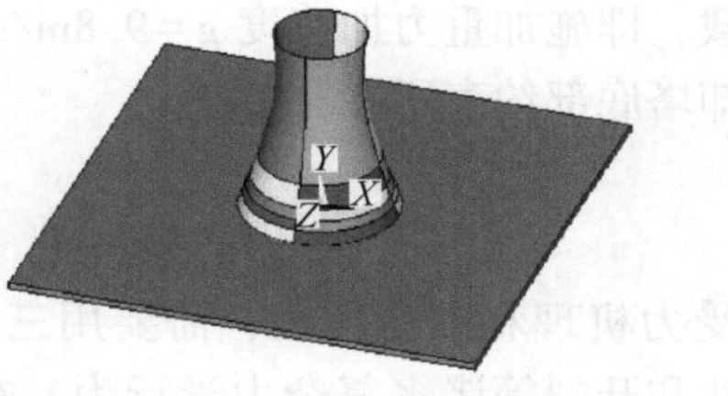

图1 冷却塔的初始模型

表1 冷却塔模型各块尺寸

模型块编号	尺寸/m
1	5.6
2	4.2
3	5
4	10
5	60
6	地面

根据爆破设计，本次模拟采用爆破切口炸高选取为13.3m，切口保留角为144°，图2为爆破切口截面。

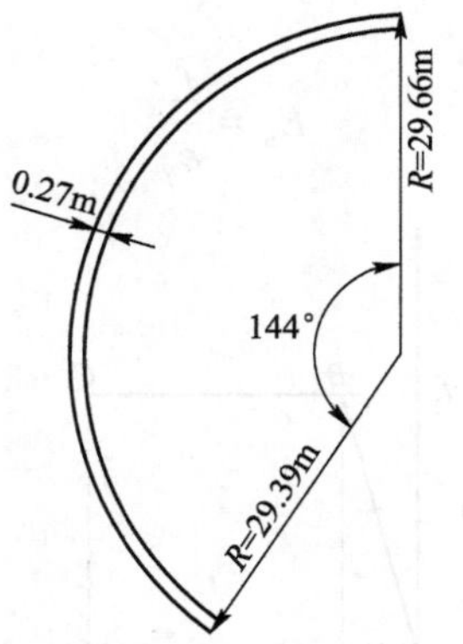

图2 爆破切口截面

3.3 单元划分

为了获到良好的效果，将结构体划分成六面体单元。另外爆破切口部分的单元通过材料属性的修改从整体单元中分离出来，再利用单元失效的方法实现爆破部分的分离，见图3，其中Part 2为形成预处理的切割缝的单元组，Part 5为形成爆破切口的单元组。

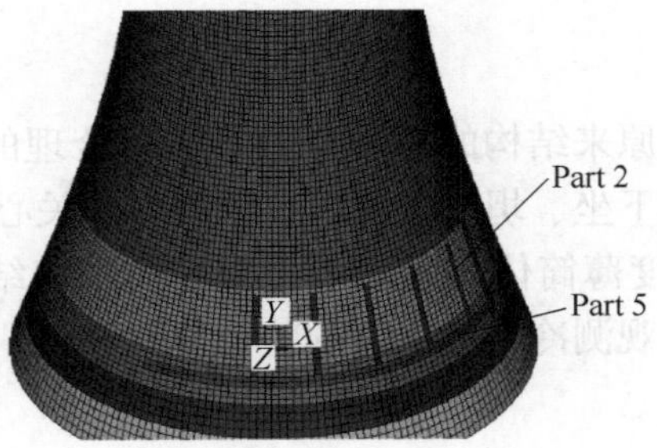

图3 局部单元划分示意图

3.4 施加约束荷载

首先施加冷却塔自身重力荷载，即施加重力加速度 $g=9.8\text{m/s}^2$，其方向与实际重力加速度方向相反。然后施加边界约束条件，冷却塔底部约束所有自由度。

3.5 材料的本构关系

为了详细了解钢筋混凝土的受力机理和破坏过程，需要用三维实体单元进行非线性有限元分析。而混凝土本身同时具有压碎、塑性和开裂等诸多复杂力学行为，在三维条件下，这些力学行为更难确定，给实际应用带来很大困难。

（1）混凝土和钢筋的组合：将钢筋混凝土看作一种复合材料进行分析。

（2）材料模型。

1）钢筋。钢筋的应力-应变关系比较复杂，通常将钢筋的应力、应变关系加以简化，可以得到不同类别钢筋的理想模型。

在结构设计计算中，钢筋采用理想弹塑性模型，如图4所示。将应力-应变曲线简化成两直线 OB 和 BC。斜直线 OB 为理想弹性阶段，斜率为弹性模量 E_s；水平段为理想塑性阶段，B 为弹性的终点，塑性的起点，相应的应力为屈服下限 f_y，应变为 ε_y。BC 段的应力与应变无关，发生流动，C 为流动的终点，对应的应变为 $\varepsilon_{s,h}$。

本构方程为：

$$\sigma=\begin{cases}E_s\varepsilon & \varepsilon\leqslant\varepsilon_y\\ f_y & \varepsilon>\varepsilon_y\end{cases}$$

其中的弹性模量 E_s 为：

$$E_s=\frac{f_s}{\varepsilon_y}$$

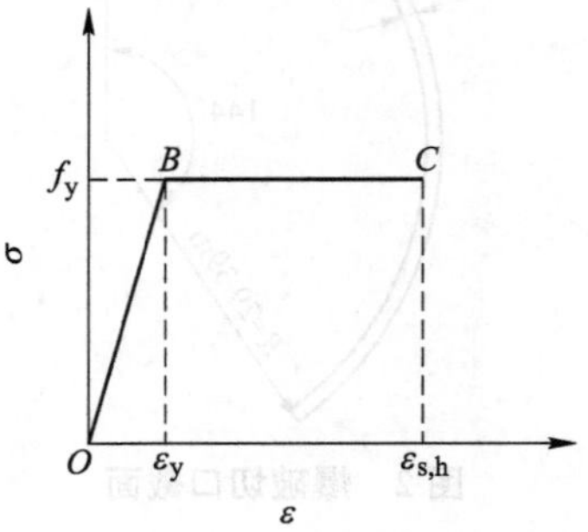

图4 钢筋的应力-应变关系图

2）混凝土。混凝土是由水泥、骨料和水按一定比例配合而成的人工石才。水泥和水组成的水泥浆，结硬形成水泥石（包括水泥结晶体和水泥胶凝体）。水泥石则将骨料黏结起来形成一个整体。骨料和水泥石的水泥结晶体作为骨架，用以承受外荷载。骨架具有弹性性能，水泥石中的水泥胶凝体具有塑性性质，所以，混凝土为弹塑性材料。

考虑箍筋作用后，混凝土的应力应变关系采用 Knta-Park 模型，见图5。

上升段 $$\sigma_c = \left[2\frac{\varepsilon}{\varepsilon_0} - \left(\frac{\varepsilon}{\varepsilon_0}\right)^2\right]\sigma_0 \quad 0 \leqslant \varepsilon \leqslant \varepsilon_0$$

下降段 $$\sigma_c = \left[1 - \frac{0.5(\varepsilon - \varepsilon_0)}{\varepsilon_{50} - \varepsilon_0}\right]\sigma_0 \quad \varepsilon_0 \leqslant \varepsilon$$

其中 $$\varepsilon_{50} = \frac{3 + 0.29\sigma_0}{145.1\sigma_0 - 1000} + \frac{3}{4}\rho''\left(\frac{b''}{s}\right)^{0.5}$$

$$\sigma_0 = 1.35\sigma_{cm}$$

$$\varepsilon_0 = 1.4 \times 0.002$$

式中，σ_0 为应力峰值；ε_0 为应变峰值；ρ''为箍筋的体积比；s 为箍筋间距；b''为受侧限混凝土的宽度，冷却塔的壁厚 δ。

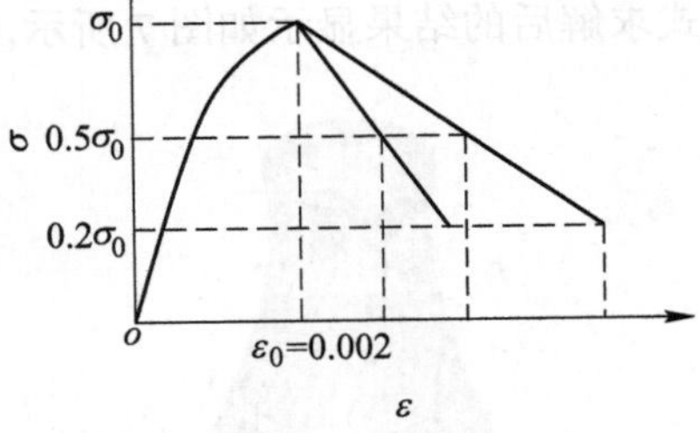

图 5 混凝土考虑箍筋的本构关系

3）钢筋混凝土。钢筋混凝土主要是混凝土承受压应力，钢筋承受拉应力。本文中在钢筋混凝土受压时，采用理想弹塑性模型，即把混凝土模型本构关系的弹性曲线线性化，见图6。考虑到钢筋分布，弹性模量取钢筋混凝土等效的弹性模量，同时考虑钢筋的作用，提高混凝土的屈服应力，屈服应力取综合屈服应力强度。

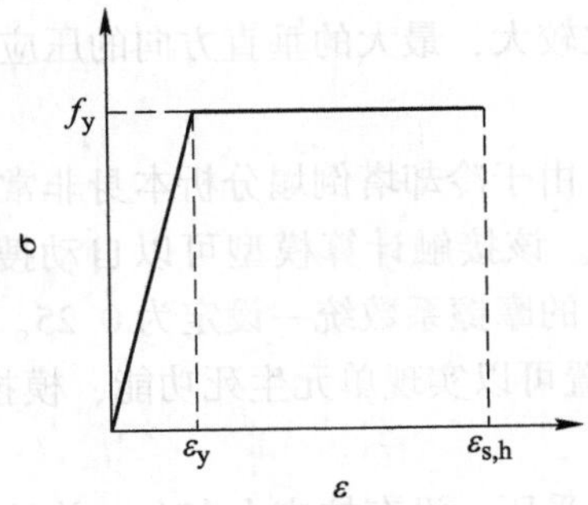

图 6 钢筋混凝土的应力-应变关系

钢筋混凝土受拉时，假设混凝土拉裂，单元即失效，认为在整个受拉过程中，钢筋混凝土始终处于弹性阶段。

（3）基本参数。

采用 ls-dyna 中的 mat_ plastic_ kinematic 模型和 mat_ add_ erosion 模型相结合。用 mat_ plastic_ kinematic 定义材料密度，弹性模量，泊松比和屈服应力等，用 mat_ add_ erosion 定义材料的抗拉强度。同时 mat_ add_ erosion 还可以定义单元失效时间，冷却塔爆破口就是用 mat_ add_ erosion 单元失效形成的。

根据冷却塔实际材料参数折算出模型各块材料参数及力学参数，如表 2 所示。

表 2　模型各块材料参数及力学参数

分块	密度/kg·m^{-3}	弹性模量/GPa	泊松比	抗拉强度/MPa	抗压强度/MPa
1	2350	33.4	0.2	3.00	17.69
2	2760	33.4	0.2	3.50	17.97
3	2840	33.4	0.2	3.70	18.44
4	2940	33.4	0.2	4.05	20.37
5	2940	33.4	0.2	4.00	19.05
6	2400	33.4	0.2	刚体模型（地面）	

3.6　求解及结果分析

3.6.1　隐式求解

在爆破前冷却塔在自身重力作用下，已经有初始应力。如果不考虑初始应力，显式动力求解时候，加重力后振动很明显，严重影响动力求解结果。隐式求解即在 ANSYS 中对冷却塔爆破前进行静力分析，作为动力分析的初始条件。隐式求解后的结果显示如图 7 所示。

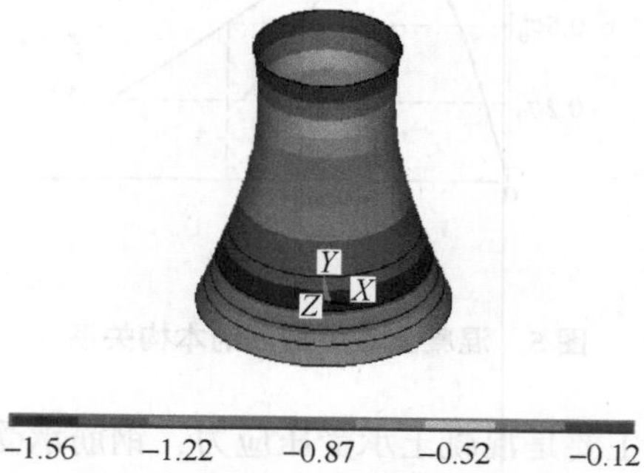

图 7　冷却塔爆破前垂直方向的正应力分布

由图 7 可以看出，初始时刻冷却塔在自重的作用下，形成了初始压应力。初始应力自底部向上是先增大再逐渐减小，此现象是由于冷却塔的外形特点及其截面积变化造成的，是符合应力分布规律的。在高度 14.8~24.8m 处的初始应力比较大，最大的垂直方向的压应力达到了 1.56MPa。

3.6.2　动力计算

用隐式求解的结果初始化模型。由于冷却塔倒塌分析本身非常复杂，因此计算中选用了 LS-DYNA 提供的 auto single face 接触计算模型。该接触计算模型可以自动搜索接触面，判断接触并可以处理侵蚀、断裂等复杂边界变化情况。材料的摩擦系数统一设定为 0.25。

通过对 mat_add_erosion 进行设置可以实现单元生死功能，模拟预拆除以及延时起爆。在 0.2s 时，形成爆破切口，计算在 7.6s 时结束。

在图 8 中可以看出，冷却塔整体受压，没有拉应力存在。并且可以观察到从 0~0.2s 冷却塔的压力分布基本没有变化，这也说明前面应力初始化时的做法是正确的，否则，冷却塔的应力分布将会有很大的非真实振动，影响显式动力分析结果的真实、可靠性。

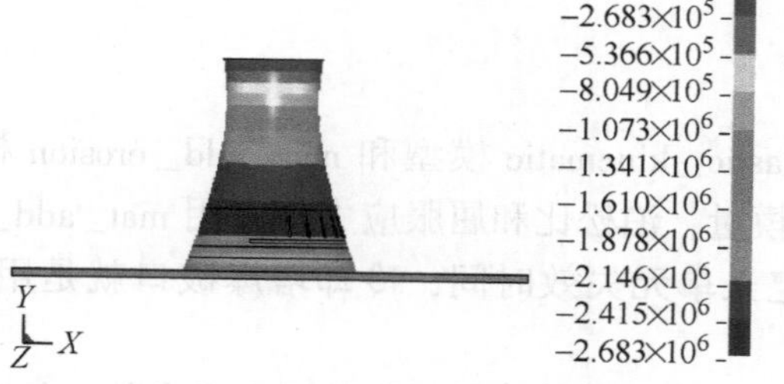

图 8　动力计算时的纵向应力初始化示意图

由图9可以看到，当爆破切口形成时，应力迅速重分布，出现了拉应力区；在切口和切割缝的角点出现应力集中，而这应力集中是冷却塔得以在切口部位产生裂纹、不断破坏的原因，同时这些分散的应力集中部分迅速贯通，并延伸，形成应力集中带。

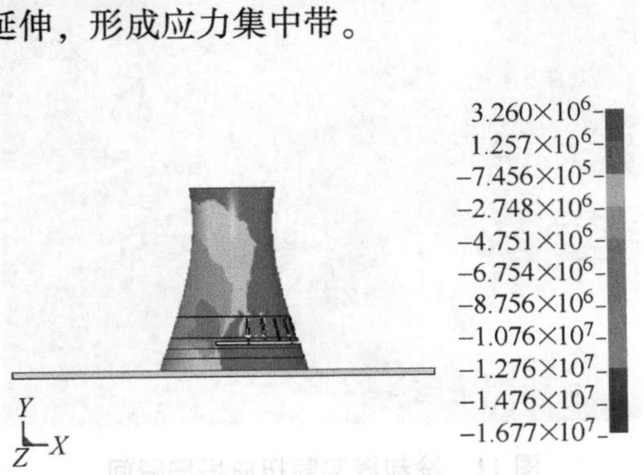

图9　0.25s时(即冷却塔切口形成不久)的总体应力示意图

图10所示的冷却塔在坍塌过程中一系列不同时刻的形态，从图10可以看出：

1）冷却塔筒体在坍塌过程中出现了严重的扭曲，一旦发生扭曲，塔体更容易倒塌及破碎，达到较好的爆破效果。

2）冷却塔坍塌完成的时刻大约是7.5s。

3）从冷却塔模型在坍塌过程可以看出，在高程+11.8m以下筒体依旧保留了一小部分，未被完全破坏。

4）冷却塔发生了严重扭曲，但扭曲后钢筋混凝土破碎状况还没有能够很好地模拟出来。主要因为钢筋混凝土本构关系及其破坏机理十分复杂，考虑到计算的复杂性，进行了适当的简化，选用了理想弹塑性模型。关于混凝土的损伤、破碎等还有待进一步研究。

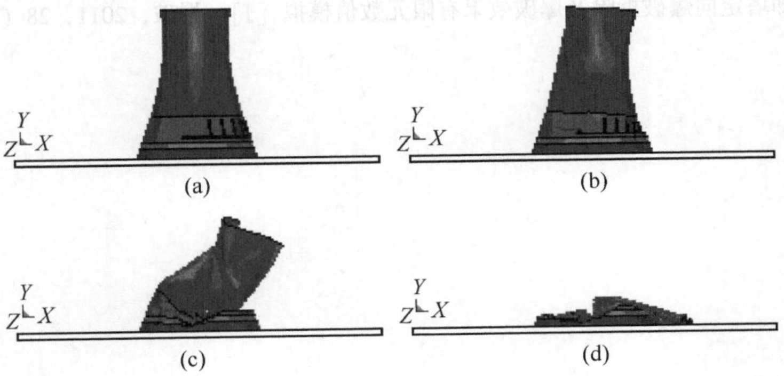

图10　冷却塔在坍塌过程中一系列不同时刻的形态

(a) t=0.19998s；(b) t=1.5s；(c) t=3.7s；(d) t=7.5s

4　爆破设计的改进及爆破效果

根据数值模拟的结果可以看出：在高程+11.8m以下筒体未被完全破坏。因此，实际爆破时对原爆破设计进行了改进，即在圈梁上增加了爆破点，以破坏其整体性，借助上部的撞击力，以及其自身的重力，在塌落中解体破坏，以期获到更好的整体破碎效果。同时考虑钻孔工作量的大小，只是每15m设置了一个爆破点，共设7个爆破点，并对每个爆破点只进行2m范围内钻孔爆破。爆破后，冷却塔发生了扭曲，然后逐渐下塌，爆破效果与数值模拟结果较吻合。冷却塔实际爆破扭曲如图11所示。

图 11　冷却塔实际扭曲坍塌瞬间

5　结论

通过数值模拟指导爆破设计，是一种非常便捷和有效的手段，但是由于材料的不均匀性，致使材料性能参数取值比较困难，在现有的计算机水平条件下，如何才能将爆破拆除的倒塌过程真实地展现出来，需要作一些必要的简化。基于此，本文进行了详细的描述，虽然本文的模拟结果还有不足，但不影响模拟爆破拆除的整体结果，这种处理方法值得类似工程参考。

参 考 文 献

[1] 王永庆，高荫桐，李江国．复杂环境下双曲冷却塔控制爆破拆除［J］．爆破，2007，24（3）：49-51.

[2] 傅建秋，王永庆，高荫桐．冷却塔拆除爆破切口参数研究［J］．工程爆破，2007，13（3）：53-55.

[3] 王铁，刘立雷．冷却塔定向爆破拆除及爆破效果有限元数值模拟［J］．爆破，2011，28（1）：67-70.

反向双切口爆破拆除楼房切口参数研究

魏晓林

（广东宏大爆破股份有限公司，广东 广州，510623）

摘　要：双切口反向倾倒拆除楼房，一般是上切口闭合，形成双体双向运动，上体翻倒，下切口再闭合。由此，应用了多体动力学，考虑了双体在下体顶面翻倒的双体运动和阻尼能耗，推导了上体在下体上翻倒时，楼房上体高宽比 η_2 分别与上、下切口高与宽比和上切口底高与楼宽比 λ_2、λ_1 和 l_j 的关系，即 $\lambda_2 \approx 0.4 \sim 0.7$、$\lambda_1 \approx 0.6 \sim 0.8$、$l_j = 1$，$\eta_2 \geqslant 1.45$ 时，上体可在下体上翻倒。具体 η_2 和 λ_2 关系，可根据主惯量比 k_j 和 λ_1 从算图中插值得到，相应下切口起爆时差可参考上切口闭合时间 t，从另一算图中插值相似时间 t' 得到。

关键词：爆破拆除；楼房；反向多切口；切口参数

Cut Parameter in Explosive Demolition of Building with Two Reverse Cuttings

Wei Xiaolin

（Guangdong Hongda Blasting Co.，Ltd.，Guangdong Guangzhou，510623）

Abstract: When building was demolished by two cuts in reversed direction，two body movements were usually formed since upper cut closed. Based on the multi-body dynamics and considering the damp dynamic wastage rolling of upper body on lower body，when upper body was toppled，the relationship between ratio of upper body height to building width（η_2）and λ_1（ratio of down cutting height to width），λ_2（ ration of upper cutting height to width）and l_j（bottom height to building wide）were deduced. Under the conditions，namely，$\lambda_2 \approx 0.4 \sim 0.7$，$\lambda_1 \approx 0.6 \sim 0.8$，$l_j = 1$ and $\eta_2 \geqslant 1.45$，the upper body on lower body could be toppled. However，the relationship between and can be found by numerical value，k_j，λ_1 inserted from calculating figures. Corresponding firing time interval between upper and lower cuts could be referred to close time t of upper cut and obtained with similar time t' inserted from another calculated figure.

Keywords: explosive demolition；building；more cutting in reverse direction；cutting parameter

近年来，多切口拆除楼房的切口参数，长期以来并未引起人们足够重视，国内外还没有这方面的研究。2001 年以来，参考文献［1，2］，以下简称“文献”，从静力学推导了单切口定向整体倾倒楼房的切口参数。但是直至现今，还没有从建筑物倒塌动力学研究反向双切口拆除楼房的切口高度[3,4]。因此，为了弄清楼房反向多切口爆破拆除的规律，试图从结构倾倒动力学出发，研究了双切口反向倒塌楼房的上下切口和其位置等参数，与楼房高宽比的关系，并建立判别楼房翻倒的图表。

1　切口参数

剪力墙和剪框结构楼房，当采用双切口反向倾倒时，一般是上切口先起爆，延迟 0.8~1.5s，上切口快闭合时，才爆破下切口，形成双切口反向折叠倾倒。当上切口重心翻过前趾闭合点后，上下体折叠倒塌趋势已告完成，由此建立以下模型，见图 1。设下切口高 h_{cu1}，爆破下坐（$h_e + h_p$）后，其下切口高 h_{cud1}，h_e 为下体爆破高，h_p 为下体下坐高；上切口高 h_{cu2}，爆破下坐后高 $h_{cud2} \approx h_{cu2}$；h_1 为爆破

原载于《爆破》，2013，30（4）：99-103。

前上切口底距地高，下切口爆破后上切口底距地高 $l_1 = h_1 - (h_e + h_p)$；H_1 为爆破前楼高，楼房下坐后高为 H。上切口爆破后，上体绕 b 铰逆时针正向倾倒，上切口闭合后，上体绕前趾在下体上的 f 铰继续逆时针正向倾倒，而下体即时起爆后，同时顺时针倾倒，见图 2。上下体能否完成折叠倒势，只需判断上体重心跨过下体后移 f 点即可，而当 $l_1 = B$ 时，B 为楼宽，下体翻倒与否，对下体爆堆范围变化不大。而下体上端塑性铰 f 弯矩 $M_2 = 0$，下体下端塑性铰 O 的弯矩 M_1，通常小于下体重力弯矩 $m_1 g r_1 \sin(q_1 + q_a)$ 的 4%，因此可以忽略，即 $M_1 = 0$，并将其引起的误差包含到保证翻倒富余速度中，简化后上体闭合后双体动力方程如下[3]：

$$\left.\begin{aligned} &J_f\ddot{q}_2 + m_2 r_f l_1\cos(q_2 - q_1)\ddot{q}_1 + m_2 r_f l_1\sin(q_2 - q_1)\dot{q}_1^2 = m_2 g r_f \sin q_2 \\ &m_2 r_f l_1\cos(q_2 - q_1) + (J_{b1} + m_2 l_1)\ddot{q}_1 - m_2 r_f l_1\sin(q_2 - q_1)q_2 = m_2 g l_1 \sin q_1 + m_1 g r_1 \sin(q_1 + q_a) \end{aligned}\right\} \tag{1}$$

式中，m_2、m_1、J_f、J_{b1}、r_f、r_1 分别为上体和下体的质量、对下铰（内接铰）的转动惯量和质心与下铰的距离；l_1 为下体两端塑性铰 O、f 的距离；q_2、q_1、$\dot{q}_2$、$\dot{q}_1$、$\ddot{q}_2$、$\ddot{q}_1$ 分别为上体 r_f 和下体 l_1 与竖直线的夹角（$R° = \mathrm{rad}$）、角速度和角加速度，逆时针为正，顺时针为负；q_a 为 r_1 与 l_1 间的夹角，$q_a = \arctan(B/l_1)$，q_a 以 l_1 为起始线，与 q_1 同向则同符号；动力方程的初始条件为时间

$$t = 0,\ q_2 = -q_f,\ q_1 = q_{1,0},\ \dot{q}_2 = \dot{q}_f,\ \dot{q}_1 = 0 \tag{2}$$

式中，q_f、$\dot{q}_f$ 分别为切口闭合时上体的 r_f 与竖直线夹角和角速度；$q_{1,0}$ 为下体 l_1 的初始角。

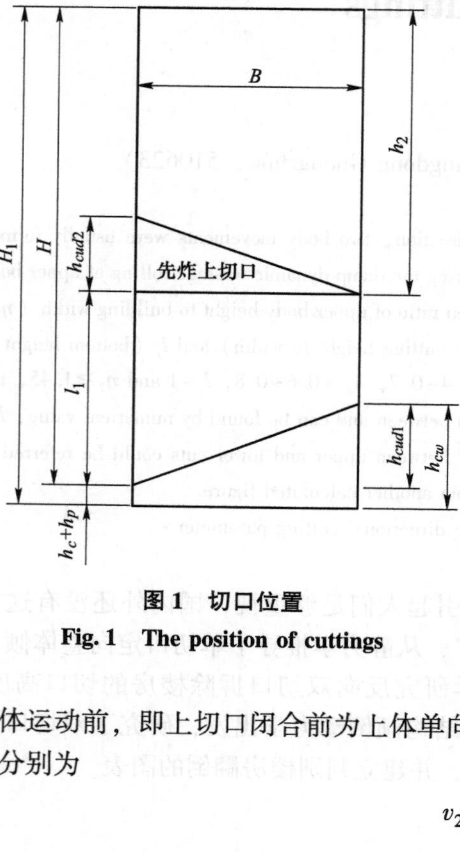

图 1 切口位置

Fig. 1 The position of cuttings

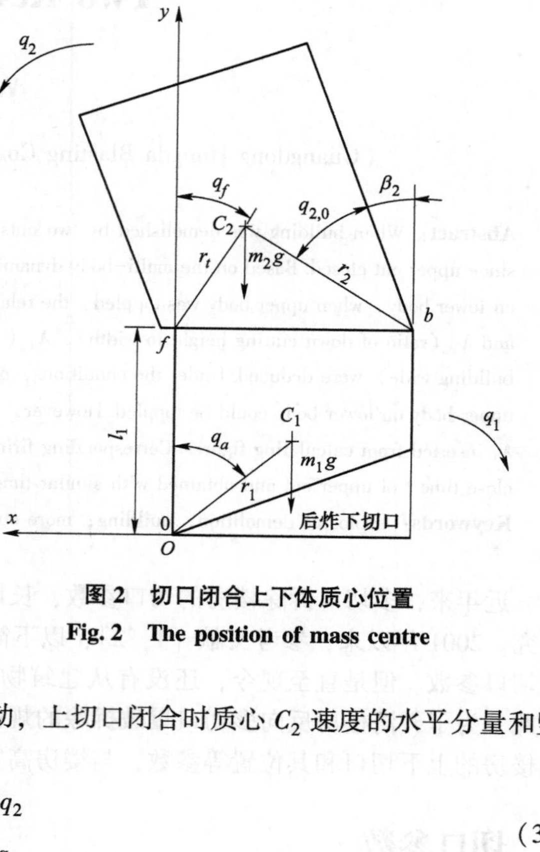

图 2 切口闭合上下体质心位置

Fig. 2 The position of mass centre

双体运动前，即上切口闭合前为上体单向逆时针运动，上切口闭合时质心 C_2 速度的水平分量和竖直分量分别为

$$\begin{aligned} v_{2cx} &= r_2\dot{q}_2\cos q_2 \\ v_{2cy} &= r_2\dot{q}_2\sin q_2 \end{aligned} \tag{3}$$

式中，r_2、J_{b2} 分别为上体质心 C_2 到铰 b 的距离和转动惯量；上切口闭合前 q_2、$\dot{q}_2$ 分别为 r_2 与竖直线的夹角和角速度，$q_2 = q_{2,0} + \beta_2$，β_2 为上切口角，也是上切口闭合前上体转动角、即上体前柱或后柱与竖直线的夹角；$q_{2,0}$ 为 r_2 与后柱的夹角，上切口闭合前上体转速[3]

$$q_2 = \sqrt{\frac{2m_2 g r_2(\cos q_{2,0} - \cos q_2)}{J_{b2}}} \tag{4}$$

令 $m_0 = \cos q_{2,0}$，上切口闭合时间[3]：

$$t\sqrt{\frac{J_{b2}}{m_2 g r_2}}\cdot\left[\ln\left(q_2+\sqrt{2(m_0-1)+q_2^2}\right)-\ln\left(q_{2,0}+\sqrt{2(m_0-1)+q_{2,0}^2}\right)\right] \tag{5}$$

上体刚绕 f 轴整体转动的转速 $\dot{q}_f$，根据质心动量矩守恒定律，并考虑上切口闭合的完全塑性碰撞[3,5]

$$\dot{q}_f=\dot{q}_2 J_{2c}/J_f+(m_2 v_{2cx} r_f \cos q_f+m_2 v_{2cy} r_f \sin q_f)/J_f \tag{6}$$

式中，J_f 为上体对 f 点的转动惯量；$J_f=J_{c2}+m_2 r_f^2$；r_f 为质心 C_2 到下体撞击点 f 的距离；J_{2c} 为上体的主惯量。

$$q_f=\arctan[(B-r_2\sin q_2)/(r_2\cos q_2)] \tag{7}$$

上切口闭合后为双体运动，上体以前趾 f 为轴心逆时针向前继续转动，在顺时针转动的下体上整体翻转。若 $q_f>0$，即上体质心 C_2 在前趾支撑在下体点 f 的后方，上体楼绕过前趾翻倒必须提高质心 C_2，其翻倒条件为方程（1）的解

$$q_2>0,\ \dot{q}_2\geqslant \dot{q}_{2b} \tag{8}$$

式中，$\dot{q}_{2b}$ 为保证翻倒富余速度。下、上切口支撑部钢筋拉断所需做的功分别为 E_{t1}，$E_{t2}=0$，见文献［3］中7.4.1.2节；当支撑部未切割钢筋，均简化设 $E_{t1}=0$，$M_1=0$，并将由此产生的误差考虑到 $\dot{q}_{2b}$ 中，$\dot{q}_{2b}$ 取0.3/s。

满足式（8）的式（1）和式（2）的解，即当不同 $l_j=l_1/B$ 的不同下切口高 λ_1（取下坐后），楼房高宽比 $\eta_h=H/B$ 和 $\eta_2=h_2/B$ 与上切口高宽比 $\lambda_2=h_{cud2}/B$ 的关系，它们仅与转动主惯量比 k_j、λ_1 和 l_j 有关，而与 m_2、m_1 无关，而与 B 相关较少，基本无关。图中计算依据的其他参数，取自青岛15层远洋宾馆[3]，见文献［3］180页，但是，最终证明这些参数也与方程的解无关。由于方程（1）只能数值求解，现将满足式（8）的式（1）和式（2）的解表示于图3。从图中可见，上体高宽比 $\eta_2=h_2/B\geqslant 1.45$，$h_2$ 为上体高，而 $\lambda_2=h_{cud2}/B=0.4\sim0.7$；$\eta_h=\eta_2+l_j$，$\lambda_1=h_{cud1}/B=0.6\sim0.8$，而方程的解与 l_j 关系不大。转动主惯量比 $k_j=J_{co}/J_{cs}$，J_{co} 为切口形成后楼房主惯量，J_{cs} 为同楼房实心主惯量，以简化计算，上体 $J_{cs}=m_2(B^2+h_2^2)/12$；J_{co} 可用像物变换法快速建模计算[3]；绝大多数的楼房的 $k_j=0.75\sim1.25$。图中显示了当 $\dot{q}_{2b}=0.07/s$，$l_j=1$，$k_j=0.85\sim1.15$，$\lambda_1=0.6\sim0.8$ 的 $\lambda_2-\eta_2$（或 η_h）关系。当 $\lambda_2-\eta_2$（或 η_h）的点位于插值曲线右上方的 η_2 时，是满足双切口反向翻倒的动力学近似条件。插值曲线由图中相关 k_j 曲线插值，又从插值结果延续再由 λ_1 插值获得。当 $l_j\neq1$ 时，可按 $l_j=1$ 的 η_2 为基点，以相对差 $d(\eta_2)=0.09d(l_j)$ 调整，式中，$d(l_j)$ 为 l_j 的相对差。而 $\lambda_2-\eta_2$（或 η_h）的点位于图3插值曲线右上方 η_2 的110%以内时，必须准确决定翻倒，应以文献［3，5］所述方法和公式计算为准。插值曲线的误差，是因为方程（1）数值解的误差所引起，并随计算时间间隔，和 m_2（或 η_2）的变化而变化。算图中 $\dot{q}_{2b}$ 已减小到 $\dot{q}_{2b}=0.07/s$，应用时应取 $1.1\eta_2$（相当于 $\dot{q}_{2b}=0.3/s$），以留有余地。综上所

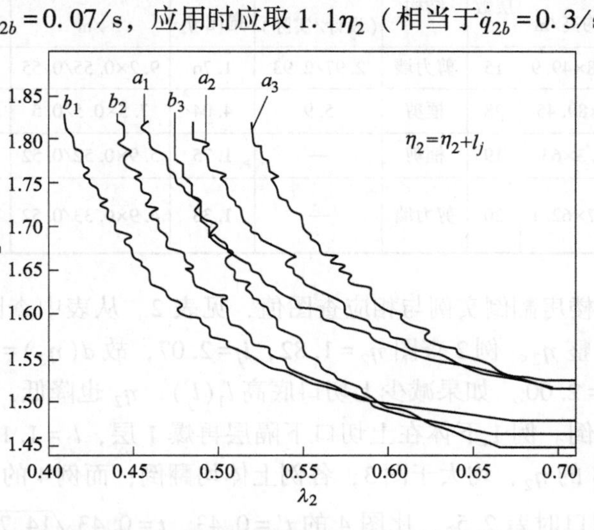

图3 楼房上体反向在下体上翻倒的 $\lambda_2-\eta_2$（或 η_h）关系（$l_j=1$）

Fig.3 Relation $\lambda_2-\eta_2$（η_h）of up body toppled on down body（$l_j=1$）

述，根据插值算图3，已知 B、H(或 h_2) 和 l_j、λ_1 就可以按动力学条件设计出反向倾倒爆破拆除楼房的双切口高度 h_{cud1}、h_{cud2} 和 l_1。下切口的起爆延迟时间 t_i，应接近式（5）表示的上切口闭合时间 t，可从图4查值相似时间 t'，$t=t'\sqrt{B}$。当 $t_i<t$ 时，由于上切口闭合前下体已经转动，致使稍微增大上体翻倒的可能。而当 $t_i>t$ 时，也因上切口闭合后，下体不动，$\dot{q}_2$ 的迅速减小，导致之后上体的翻倒可能降低，见表1和表2。

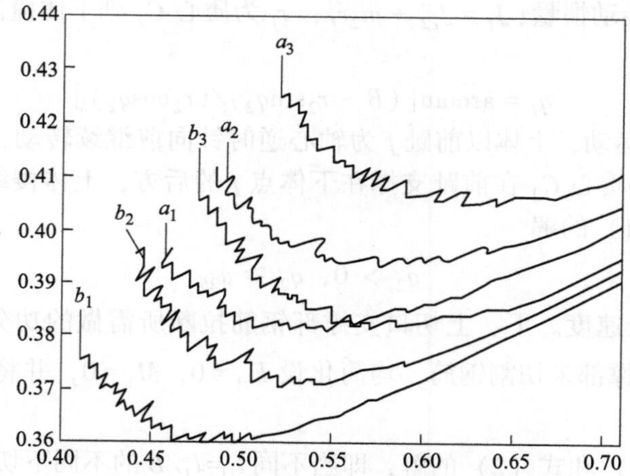

图4　楼房上体反向在下体上翻倒的 λ_2-t' 关系($l_j=1$)

Fig. 4　Relation λ_2-t' of up body toppled on down body (l_j=1)

表1　图3和图4中符号意义

Table 1　Meaning about symbols in figure 3 and 4

曲线	a_1	a_2	a_3	b_1	b_2	b_3
k_j	0.85	1.0	1.15	0.85	1.0	1.15
λ_1	0.6	0.6	0.6	0.8	0.8	0.8

表2　爆破拆除反向多切口楼房翻倒高宽比和起爆时差实例

Table 2　The contract between highness and wide of building demolished by blasting in overturn with 2-3 cutting in reverse direction and the timedifference of cutting blasting

序号	工程名称	平均楼宽×平均高/m	层数	结构	楼高宽比 η_h（设计/实际）	上体高宽比 η_2	上切口高×η_2/η_1 /m	倒塌方式	相邻下切口时差/s	图值 η_2/k_j
1	青岛远洋宾馆西楼	16.8×49.9	15	剪力墙	2.97/2.93	1.76	9.2×0.55/0.55	2折叠翻倒	1.3	1.61/0.75
2	大连金马大厦[6]	15×89.45	28	框剪	5.9	4.04	7.5×0.5/0.5	2折叠翻倒	1.5	≈2.0/≈1
3	武汉框剪楼[7]	11.3×63	19	框剪	—	1.75	5.9×0.52/0.52	3折叠翻倒	1.02	≈1.75/≈1
4	泰安长城小区9号楼[8]	14.7×62.1	20	剪力墙	—	1.33	4.9×0.33/0.52	3折叠上体坐在爆堆上	2.5	≈2.0/≈1

爆破拆除反向多切口楼房翻倒实例与相应查图值，见表2。从表中查图 η_2，因例3和例4为3折叠爆破，因此均未以 l_j 调整 η_2。例2查图 $\eta_2=1.82$，$l_j=2.07$，故 $d(\eta_2)=0.09\times(2.07-1)=0.1$，最终 η_2 为 $1.82\times(1+0.1)=2.00$。如果减少上切口底高 $l_1(l_j)$，η_2 也降低，楼房更易翻倒，而 $l_1(l_j)$ 增大，上体更难在下体上翻倒。例1下体在上切口下隔层再爆1层，$l_j=1.19$ 未调整，η_2 仅作参考。从表中可见，实例1、2和3的 η_2，均大于图3，各例上体均翻倒；而例4的 $\eta_2=1.33$ 却小于图3的2.0，并且中切口起爆迟后上切口时差2.5s，比图4的 $t'=0.43$，$t=0.43\sqrt{14.7}=1.65$s，起爆时差 $t_i=2.5$s 大了很多，致使上体实际并未翻倒而是坐落在爆堆上。由此可见，算图3插值是符合实际的，是可以应用于实际工程中的。此外，从表中可见，各例除例4外，相邻下部切口的起爆时差，略小于图4的 t

值，也基本切合实际。比较其他拆除爆破方式，单切口整体翻倒，和同向双切口整体翻倒[6-9]，其楼房高宽比 $\eta_h=2.08$，而图3中 $\eta_h=\eta_2+l_j=1.45+0.8=2.25$ 却大些，可见反向双切口爆破并不一定提高翻倒能力。反向双切口主要是减小了爆堆前后沿宽，见文献［3，5］。

2 结语

应用多体-离散体动力学判断了反向双切口爆破拆除楼房的倒塌姿态[3,4]，即双切口反向倾倒拆除楼房，都是上切口闭合形成双体运动后，下切口再闭合。由此，推导了上体在下体上反向翻倒时，楼房高宽比 η_h 和上体高宽比 η_2 分别与上、下切口高与宽比和上切口底高与楼宽比 λ_2、λ_1 和 l_j 的动力学关系，即 $\lambda_2\approx0.4\sim0.7$、$\lambda_1=0.6\sim0.8$、$l_j=1.0$、$\eta_2\geqslant1.45$ 时，上体可以在下体上翻倒。具体 λ_2 和 η_2、η_h 关系，可根据转动主惯量比 k_j 和 λ_1 从算图中插值 η_2 得到，并以 l_j 调整。上、下切口起爆时差，也可查图相似时间 t' 计算参考。

参考文献

［1］金骥良．高耸建筑物定向爆破倾倒设计参数的计算公式［C］//工程爆破文集（第七辑）［M］．成都：新疆青少年出版社，2001：417-421.

Jin Jiliang. The computating formulae of the direction blasting collapsing on towering constructing［C］//Engineering Blasting Corpus（Seventh Corpus）. Chengdu：Xinjiang Teenager Press，2001：417-421.

［2］金骥良．高层建（构）筑物整体定向爆破倒塌的切口参数［J］．工程爆破，2003，9（3）：1-6.

Jin Jiliang. The paramenters of blasting cut for directional collapsing of highrise buildings and towering structure［J］. Engineering Blasting，2003，9（3）：1-6.

［3］魏晓林．建筑物倒塌动力学（多体-离散体动力学）及其爆破拆除控制技术［M］．广州：中山大学出版社，2011.

Wei Xiaolin. Dynamics of building toppling（multibody-descretebody dynamics）and its control technique of demolition by blasting［M］．Guangzhou：Zhong Shan University Press，2011.

［4］魏晓林，傅建秋，李战军．多体-离散体动力学分析及其在建筑爆破拆除中的应用［C］//庆祝中国力学学会成立50周年大会暨中国力学学术大会2007论文摘要集（下）．北京：中国力学学会办公室，2007：690.

Wei Xiaolin，Fu Jianqiu，Li Zhanjun. Analysis of multibody-discretebody dynamics and its applying to building demolition by blasting［C］//Collectanea of Discourse Abstract of CCTAM2007（Ⅱ）. Beijing：China Mechanics Academy Office，2007：690.

［5］魏晓林．多切口爆破拆除楼房的爆堆［J］．爆破，2012，29（3）：15-19.

Wei Xiaolin. Muckpile of building explosive demolition with many cutting［J］．Blasting，2012，29（3）：15-19.

［6］陈培灵，李文全，金骥良，等．大连金马大厦双向折叠爆破拆除技术［C］//中国爆破新技术Ⅲ［M］．北京：冶金工业出版社，2012：497-508.

Chen Peiling，Li Wenquan，Jin Jiliang，et al. Demolition of dalian jinma building by two-direction folding blasting technology［C］//New Techniques in China Ⅲ［M］．Beijing：China Metallurgical Industry Press，2012：497-508.

［7］谢先启，韩传伟，刘昌邦．定向与双向三次折叠爆破拆除两栋19层框剪结构大楼［C］//中国爆破新技术Ⅱ．北京：冶金工业出版社，2008：366-370.

Xie Xianqi，Han Chuanwei，Liu Changbang. Demoliting of two 19-storey building of frame and shear wall by direction and bidirection-3-times-folding blasting［C］//New Techniques in China Ⅱ. Beijing：China Metallurgical Industry Press，2008：366-370.

［8］高主珊，孙跃光，张春玉，等．20层剪力墙结构定向与双折叠爆破拆除［J］．工程爆破，2010，16（4）：51-54，25.

Gao Zhushan，Sun Yueguang，Zhang Chunyu，et al. Demolition of 20-storey building with chear wall structure by direction and bidirectional folding blasting［J］．Engineering Blasting，2010，16（4）：51-54，25.

［9］魏晓林．双切口爆破拆除楼房切口参数［C］//中国爆破新技术Ⅲ．北京：冶金工业出版社，2012：576-580.

Wei Xiaolin. Cutting parameter of building demolished by blasting with two cutting［C］//New Techniques in China Ⅲ. Beijing：China Metallurgical Industry Press，2012：576-580.

双栋高层楼房重叠垮落爆破拆除

刘　昆　傅建秋　崔晓荣

（广东宏大爆破股份有限公司，广东 广州，510623）

摘　要：双栋高层建筑重叠垮落爆破拆除具有占地面积小，对周边环境影响较小的优点，但是必须解决爆堆叠加后过高和同一方向爆破振动的叠加效应使得振动加大的问题。作者在广州大源四栋 12 层楼房爆破施工中，为解决这两个问题，采用高切口、大倾斜度切口设计，合理选配延时时间，并且对楼房内剪力墙电梯井、立柱进行预处理的方法，实现了楼房本身解体充分。双栋楼层爆破中，第二栋倒地对前一栋造成二次撞击，降低爆堆高度；利用前栋楼房的爆堆来缓冲第二栋倒地撞击；第二栋楼房落地动能取到最优值，减小楼房爆破振动。

关键词：重叠垮落；爆堆高度；爆破振动；切口

Control of Blasting Demolition of Buildings Overlapping Caving Technology of High-rise Buildings

Liu Kun　Fu Jianqiu　Cui Xiaorong

（Guangdong Hongda Blasting Co., Ltd., Guangdong Guangzhou, 510623）

Abstract: Overlap more tall building demolition blasting caving method is cover an area of an area small, the advantages of less influence on the surrounding environment, but have to solve the problem of too high after blasting heap overlay and superposition of the blasting vibration in the direction of the same effect could make vibration problems. This project in order to avoid these two problems, adopts the high incision, large slope incision design, reasonable selecting delay time, and for building shear wall elevator well, pillar preprocessing method, realized the disintegration of the building itself fully, in the second building to the ground before for a secondary impact, reduce heap blasting height; Use before building blasting heap to buffer a fall on the ground behind the impact, reduce building blasting vibration; Second collapsed building landing kinetic energy to get the optimal value, and reduce building blasting vibration.

Keywords: overlapping caving; blasting; blasting vibration; incision

1　工程概况

1.1　周边环境

随着城市化进程的加快推进，城中村违章建筑现象日益突出。严重影响了城市整体规划。广州市政府选定 2 栋高层违章建筑群进行爆破拆除，以此为契机展开全市的违章建筑治理工作。

该高层建筑群，东面 14m 为高层民居、厂房；北面两座楼前堆积大量建筑用料，35m 为小学校园；南侧为绿地花园；西侧有物流公司停车场，较大的一块空地；周边环境如图 1 所示。

1.2　楼房结构

两栋待拆建筑呈“一”形排列，底层为整体。框架结构每栋南北长 21.4m，5 排立柱；东西宽

原载于《中国爆破新进展》，2014：473-479。

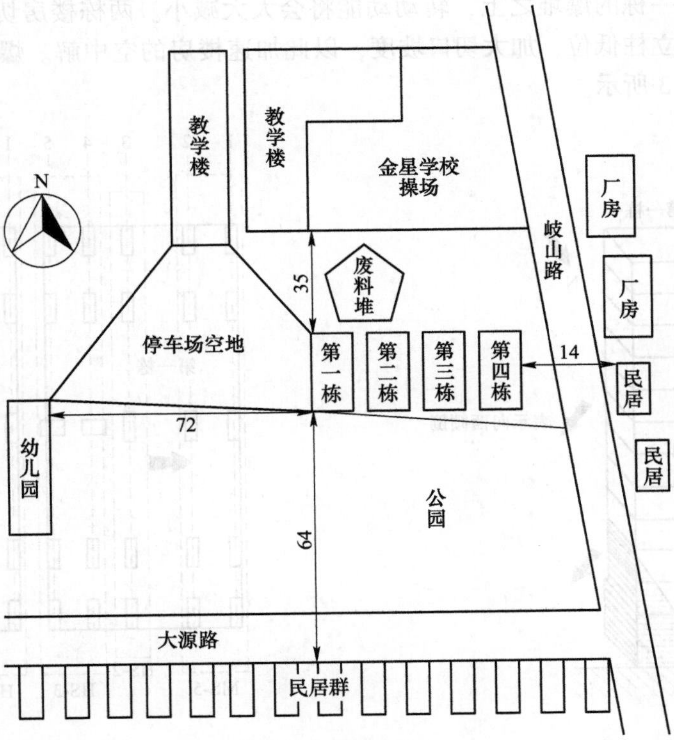

图 1　周边环境示意图（单位：m）

Fig. 1　Sketch map of surroundings (unit: m)

14.6m，5 排立柱，高约 38m，总建筑面积约 8500m^2。第二栋内有两道“L”形剪力墙电梯井，贯穿 1~12 层楼。

1.3　拆除难点分析

（1）倒塌方向。两栋 12 层楼房北面已经堆积大量建筑废料高约 7m，且向北倒塌距离不足，极有可能对学校校舍造成损坏。

（2）爆堆高度控制。最终方案中选定两栋楼房均倒向西侧停车场空地，这将形成爆堆的叠加。

（3）减小爆破振动。两栋建筑距离小学教学楼很近，同时西侧 72m 处还有幼儿园综合楼，减小建筑物爆破和塌落振动至关重要。

2　爆破设计

2.1　倒塌方式

根据现场实际情况分析，两栋楼房向北、南定向倒塌距离不足，会对附近设施造成比较大的损坏。选择向西面空地倒塌是比较理想的，第二栋倒在第一栋楼房的爆堆之上，但是存在爆堆会比较高和爆破振动波叠加振动增大两个突出问题[1-3]。降低爆堆高度通过两种途径：首先，通过对每一栋楼房的切口进行设计，实现单栋楼房充分解体；其次，通过第二栋倒塌触地与第一栋已经形成的爆堆进行撞击完成二次破碎。振动效果的减弱主要通过对第二栋的切口闭合触地瞬间的振动进行有效控制来实现[4]，第二栋是倒在第一栋的爆堆之上，所以第二栋切口的最先着地点处的爆堆要存在一定的空隙为第二栋楼触地提供一定的缓冲空间，来实现降低振动的效果[5,6]。

2.2　切口设计

根据该建筑群向西面定向倒塌，切口高度要尽可能地保证楼房整体解体充分。同时也要考虑到第二栋切口闭合时是在第一栋的爆堆之上，转动动能将会大大减小。两栋楼房切口高度均选择 1~3 层，三角形状，后两排爆破立柱低位，加大切口坡度，以此加速楼房的空中解。爆破切口示意图如图 2 所示，切口起爆顺序如图 3 所示。

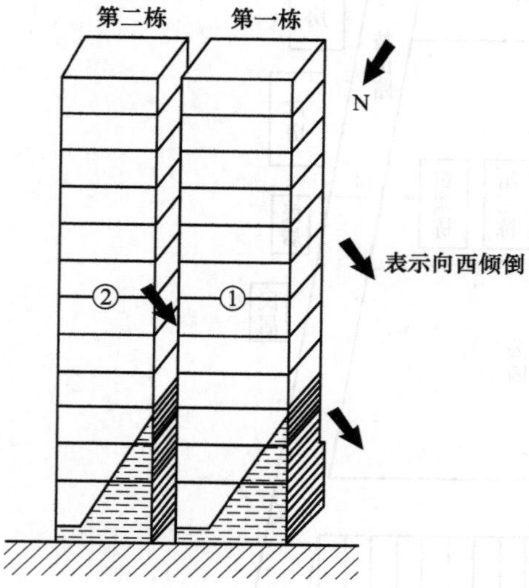

图 2　爆破倒塌切口示意图

Fig. 2　Diagram of blasting

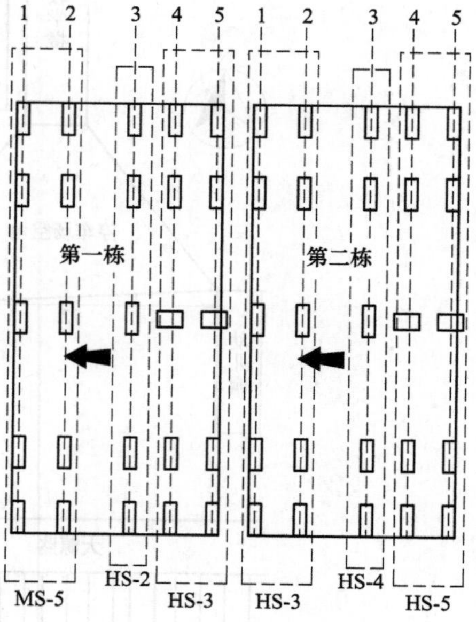

图 3　立柱起爆顺序图

Fig. 3　Diagram of blasting of detonating sequence

2.3　预处理

两栋楼房的预处理工作主要包括以下三个方面：

（1）两栋楼房一层的梁和板连为一体，用人工截断，使其成为两个独立的单体建筑；

（2）爆破切口内的电梯井剪力墙与楼板的连接处打断；

（3）楼梯与楼板连接处破断。

2.4　炮孔及联网参数

炮孔布置采用梅花孔型布置，分为三列（1.2m 宽柱为 5 列），中间一列在立柱宽边中心线上，炮孔直径 38mm，孔深为短边长度的 0.65 倍；炸药单耗确定为 1500~1750g/m^3[7]。楼房建筑切口范围内的立柱类型不一，具体参数见表 1 和表 2。

表 1　爆破参数表

Table 1　Parameter table of blasting hole

序号	立柱尺寸/cm×cm	排距/cm	孔距/cm	孔深/cm	单耗/g·m^{-3}	单孔药量/g
1	80×40	40	20	24	1750	下部 3 孔 100，其他 75
2	90×40	40	25	24	1750	下部 5 孔 100，其他 75
3	90×45	40	25	26	1700	下部 5 孔 100，其他 75
4	80×45	40	20	26	1750	下部 3 孔 100，其他 75
5	90×30	30	25	18	1500	下部 5 孔 750，其他 50
6	80×30	30	20	18	1500	下部 3 孔 75，其他 50
7	120×35	30	20	20	1500	50

表 2　爆破切口工程量统计表

Table 2　Statistics of blasting's quantities

轴线（西侧开始编 1 轴）	每柱孔数	炸高/m	雷管段别（第一栋）	雷管段别（第二栋）
1 轴	第一层 20 孔	2.6	MS-5	HS-3
	第二层 17 孔	2.2		
	第三层 14 孔	1.8		
2 轴	第一层 20 孔	2.6	MS-5	HS-3
	第二层 17 孔	2.2		
	第三层 14 孔	1.8		
3 轴	第一层 20 孔	2.2	HS-2	HS-4
	第二层 14 孔	1.8		
4 轴	第一层 8 个	1.0	HS-3	HS-5
5 轴	第一层 6 个	0.8	HS-3	HS-5

2.5　爆破网路选择

孔内炸药用高安全的非电导爆管半秒雷管起爆；孔内雷管用“大把抓”捆绑的非电导爆管毫秒雷管起爆；用四通和导爆管连接“大把抓”引出的雷管脚线，形成封闭的回路。

最终从“大把抓”和四通的复式网路形成的封闭回路中引出两条导爆管，形成起爆网路，用击发枪进行起爆[8]。起爆网路连接如图 4 所示。

为了减少爆破冲击振动，每一栋楼房采用孔外延期分栋爆破，孔外延期时间不少于 110ms，需采取措施保护好孔外延期雷管。

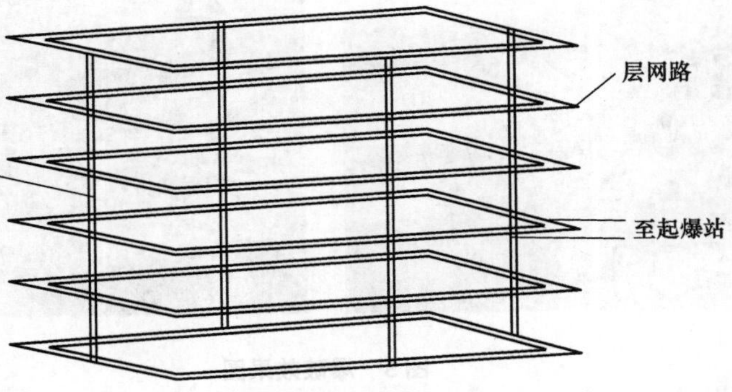

图 4　一栋楼房起爆网路示意图

Fig. 4　A building initiation network diagram

3　爆破振动核算

3.1　爆破振动速度核算

常用的垂直振动速度计算公式[9-11]如下：

$$v = K'K\left(\frac{\sqrt[3]{Q}}{R}\right)^{\alpha}$$

式中，v 为保护对象的质点的最大允许振动速度，cm/s；K，α 为受爆破地点到保护对象之间的地形情况、岩层赋存等条件影响的系数、衰减指数，分别取 $K=150$，$\alpha=1.6$；K' 为拆除爆破衰减系数，这里取 $K'=0.33$；Q 为炸药量，延时爆破为最大一段药量，21kg；R 为爆破振动安全允许距离，m。

爆破振动安全核算药量取第一、第二栋 HS-3 段为最大单响药量，本工程中 $Q=21$kg。

安全核算距离为需要保护楼房距离爆破单体的平均距离，R 取 30.7m。

计算最大爆破振动速度，得 $v=1.05\text{cm/s}$。

3.2 塌落振动的验算

楼房塌落倒地时对地面的冲击也会产生振动，目前楼房塌落振动的计算公式为[5-7]：

$$v_t = K_t\left[\frac{\sqrt[3]{\dfrac{MgH}{\sigma}}}{R}\right]^{\beta}$$

式中，v_t 为振动速度，cm/s；K_t，β 为衰减参数，一般取 $K_t=3.37$，$\beta=1.66$；M 为楼房质量，t，本项目取顶层楼房塌落质量 $21.4\times14.6\times0.5\times2.4=375\text{t}$；$H$ 为楼房质心高度，本项目取顶层楼房塌落高度 26m；σ 为介质的破坏强度，MPa，一般取 10MPa；R 为冲击地面中心到楼房的最近距离，取 30.7m；g 为重力加速度，m/s^2，一般取 9.8m/s^2。

将有关数据代入上式得 $v_t=1.83\text{cm/s}<2\text{cm/s}$，以上计算数据对周围建筑的振动影响是符合要求的。

4 爆破效果

第 1 次爆破的两栋建筑按照预定时差定向向西面空地倒塌，无明显后坐现象，飞石在可控范围以内，未造成校舍、民宅等房屋的损坏。最终爆破效果如图 5 所示。通过录像回放可以发现第二栋建筑切口闭合触地时无明显停顿，缓冲作用明显，顺畅倒地。

图 5 爆破效果图

Fig. 5 The blasting effect

第 2 次爆破与第 1 次爆破相同。第 2 次爆破中的第三、第四两栋建筑与第一、第二栋建筑（9 层）结构相同（如图 1 所示），采用相同爆破参数分别爆破拆除。经测量第三、第四两栋爆堆最高处分别为 6.0m、6.3m；第一、第二栋重叠垮落爆破后的爆堆最高处为 4.5m，爆堆向西长度为 27.5m，爆堆高度明显降低。

5 结论

（1）重叠依次定向爆破拆除楼房可以通过合理的设计切口高度、倾角等经历自身解体破碎、二次撞击破碎来降低爆堆高度。

（2）通过低位爆破、预拆除等手段确保第二栋倒塌建筑触地时，接触爆堆有充裕的缓冲空间以此减小第二栋建筑的触地振动。

（3）重叠依次定向爆破拆除楼房很大程度上降低了对周边环境的依赖，避免了对周边楼房的损坏。

参考文献

[1] 李孝林，王少雄，高怀树．爆破震动频率影响因素分析［J］．辽宁工程技术大学学报，2006，25（2）：204-206.

[2] 许红涛，卢文波．几种爆破震动安全判据［J］．爆破，2002，19（1）：8-10.

[3] 言志信，言浬，江平，等．爆破震动峰值速度预报方法探讨［J］．震动与冲击，2010，29（5）：179-182.

[4] 王永庆，魏晓林，夏柏如，等．爆破震动频率预测研究［J］．爆破，2007，24（4）：17-20.

[5] 崔晓荣，沈兆武，等．剪力墙结构原地坍塌爆破分析［J］．工程爆破，2006，12（2）：52-55.

[6] 黄士辉．国内城市高层建筑爆破拆除方式探讨［J］．工程爆破，2006，12（4）：22-27.

[7] 曹万林，胡国振，崔立长，等．钢筋混凝土带暗柱异形柱抗震性能试验及分析［J］．建筑结构学报，2002，23（1）：16-20，26.

[8] 刘昌邦，王洪刚，贾永胜，等．8层砖混结构楼房的逐段坍塌爆破拆除［J］．爆破，2011，28（4）：66-68.

[9] 张玉明，张奇，白春华，等．爆炸震动测试技术若干基本问题的研究［J］．爆破，2002，19（2）：4-6.

[10] 谢先启，王洪刚，刘昌邦，等．两栋混合结构楼房纵向延时定向倾倒爆破拆除［J］．爆破，2011，28（2）：87-89.

[11] 冶金部安全技术研究所．GB 6722—2003 爆破安全规程［S］．北京：中国标准出版社，2004.

爆破拆除科技发展及多体-离散体动力学

魏晓林

（广东宏大爆破股份有限公司，广东 广州，510623）

摘　要：多体-离散体动力学是爆破拆除科技理论发展的新阶段。研究描述了建筑物爆破拆除科技的发展历程，定义了建筑物倒塌动力学及包含的多体-离散体动力学，突出了与传统多体的不同特点，建立了动力学方程，列举出典型拆除动力学方程实例，求取其解析解和近似解，提出动力学方程的相似性及无量纲规整应用，实现了变拓扑多体-离散体动力学的全局仿真，阐明了与方程运算参数有关的破损材料力学和混凝土构件冲击动力学。应用多体动力学，可简便地将拆除模型导出各类建筑结构各种倒塌方式的切口尺寸、爆堆形态、后坐下坐、起爆次序和分段时差等无量纲表达，为高大建（构）筑物选择合理的倒塌方式、拆除措施和切口参数提供了完整理论和简单实用算法，实现了对爆破拆除的精确控制。

关键词：爆破拆除；建筑物；多体-离散体动力学；精确控制

Scientific Development of Explosive Demolition and Multibody-discretebody Dynamics

Wei Xiaolin

（Guangdong Hongda Blasting Co., Ltd., Guangdong Guangzhou, 510623）

Abstract: The multi-discrete body dynamics was new scientific idea in explosive demolition. The building explosive demolition was described. The dynamics behavior of building toppling down and multi-discrete body dynamics was defined. The dynamic characteristic was different from traditional multi-body system. The dynamic equations and the representative equations of demolition were erected and enumerated, finally the approximate solutions were put forward. The dynamic equations comparability and applications of complete dimensionless were given. The complete chessboard emulating of variable topological multi-discrete body dynamics were performed. The parameters of material mechanics and impact dynamics of concrete component concerning the equation computing were clarified. With the multi-body dynamics, the demolition model was simply educed such as the dimensionless expression of cutting size, shape of muck pile, back and down sitting, firing order and delay time of collapse types of different buildings. In order to choose reasonable collapse scheme, demolition measurements and cutting parameters, the comprehensive theory and simple practical were provided and exact control of demolition by blasting was considered.

Keywords: explosive demolition; building; multi-discrete body dynamics; exact control

拆除爆破一直是我国工程爆破的重要技术，在大量的工程实践中，积累了丰富的经验。工业化和城镇化使建筑从砖砌结构向大量采用钢筋混凝土发展，由此促使建筑向高层、超高层和大型发展，结构形式日趋多样复杂，坚固而失稳后又难于倒塌，因此，急需创建具有中国特色的建筑物爆破拆除力学和技术。

20 世纪 90 年代，以现代信息技术为中心的新技术革命浪潮席卷全球，在科技革命的推动下，爆破拆除领域相继引入了近景摄影测量的数字化判读技术、计算机监控的多头摄像和多点应变测量的综合观测技术、拓展并加深了人们对建筑机构运动姿态、破损材料力学和弹脆性体冲击性质的认识，在计算机数值计算技术孕育下，出现了钢筋混凝土结构破坏倒塌的多体—离散体动力学。

原载于《爆破》，2015，32（1）：93-100，125。

1 建筑物爆破拆除科技的发展阶段

1.1 压杆失稳

传统的压杆失稳原理是将立柱爆破后裸露钢筋部分看作单根主筋的压杆，利用失稳临界应力的方法计算立柱的最小爆破高度。1992 年卢文波提出小型钢架失稳模型[1]，以此确定立柱的最小爆破高度。2000 年张奇提出框架楼房和切口钢筋的变刚度有限元法[2]，计算结构的塑性铰分布，并判断结构初始失稳。

1.2 重心前移静力失稳

显然，结构失稳后切口闭合建筑物不一定倒塌。由此，2003 年金骥良提出建（构）筑物重心前移，超越切口闭合前趾后，建（构）筑物静力翻倒，并推导出切口参数[3]。但是，事实上大量的建筑物在此较小的切口下，也可以翻倒和倒塌，显然，模型忽略了翻塌的动能。

1.3 动能翻塌和动力数值模拟

从大量拆除建筑物翻塌的工程实例中，2007 年作者提出了爆破拆除建筑物的多体—离散体动力学[4]，并以动能翻倒和破坏建筑物的原理出发，建立了建筑物倒塌动力学模型[5]。而且，动力模型的倒塌姿态是地振动、溅飞和粉尘评估的依据。现场观测和工程实践证明，该动力学是正确的和实用的，由此，得到了钱七虎、汪旭光院士的肯定[5,6]。

综上所述，建筑结构向坚固、高层发展，促使爆破拆除从工艺技术走向科学，从粗放走向精确控制，在新科技革命高潮的前夜，建筑物倒塌动力学的端倪已经显现。

2 中国需要的建筑物拆除技术

当前以结构力学和单体力学为基础的静力学设计理论，已经不能满足拆除爆破设计要求，中国是世界水泥和线材生产最大国，绝大多数多层及高层建筑是钢筋混凝土结构，因此，中国需要拆除钢筋混凝土结构的建筑物倒塌动力学和相应的拆除技术。

3 钢筋混凝土结构的建筑物倒塌动力学

钢筋混凝土结构的破坏，必然经历混凝土已经断裂但钢筋还牵拔脱粘的过程，结构力学认为破坏处形成了塑性铰。对倒塌运动的建筑机构[5]，是铰运动副连接的多体系统。因此，结构初始失稳后，必然经历多体系统运动[4]，而后可能多体离散为非完全离散体，直至或直接破坏为完全离散体[5]，并塌落撞地堆积为爆堆。因此，为反映整个倒塌过程，作者将初始失稳的极限分析、变拓扑多体系统动力学、多体离散动力分析和离散体动力分析结合起来，以描述建筑机构的整个倒塌过程。将其全过程的有关动力学，统称为多体—离散体动力学[4]。结合构件冲击动力分析，组成建筑物倒塌动力学[5]。由此可见，变拓扑多体系统动力学分析，是模拟建筑物倒塌必不可少的最重要过程。

3.1 多体系统与爆破拆除相结合

建筑物倒塌应用多体系统的思想是建筑机构与自然断裂生成的铰相结合，构件成为刚塑性体，由此可以建立多体动力学方程，从而为控制拆除建筑倒塌初期的关键运动，奠定了理论基础。

然而，建筑物倒塌动力学又必须将多体动力学的基本原理，与爆破拆除的现实相结合，形成多体-离散体动力学。建筑机构多体系统的特点，首先，建筑结构的支撑构件和立柱，在倒塌过程中会压溃，致使构件的支撑长度变短、质量减少，这部分构件已经不能抽象处理为刚体，而只能分别作为可形变体、变质量体，统称变体，而其他大部分构体仍可维持抽象为刚体。其二，传统的多体系统，其铰是预先加工完成，且体数和动力拓扑又为人所规定，而建筑倒塌机构的铰，是依动力条件由塑性铰自然生成的，相应于铰而自然生成新的体，动力拓扑切换点又是按受力载荷和强度条件而自然决定，其过程为自然拓扑。其三，塑性铰是由体间接触形状、材料和动力性质所决定，实体弯断或接触易形成以中性轴为铰心的转动（裂开或啮合）铰，薄壁筒可形成以筒壁折皱面形心轴的压力铰，弹塑性体冲击形成镦粗面的铰，弹脆性体冲击形成窄曲面铰，钢筋混凝土的塑性转动铰由混凝土的损伤卸载性质形成机构残余弯矩，而混凝土柱冲击压溃由柱端破坏逸散卸载—全压加载循环的破碎功等效强度决定。其四，建（构）筑物是众多梁、柱、墙组成的结构，当转化为机构时，梁、柱形成塑性铰可抽象为若干多体构成的非树系统。由于这些相互平行的同跨梁、同层柱做平行运动，存在很多冗余约束，因此平行梁、柱的非树多体，可简化为一个自由度的虚拟等效动力体来代替，由此建筑机构就可大大简化为树状数个体来处理，而最终可简化处理为1~3个等效动力体和分结构多体[5]，由此大大简化了建模的微分方程和数值积分。随着体数减少和体间关系简化，部分建筑倒塌的动力方程可获得近似解乃至解析解，从而便于实现倒塌过程的公式表示。楼房建筑机构多体由相互平行的梁、柱所组成，是又一特点。最后，过约束的建筑多体离散为非完全离散体，直至或直接完全离散为塌落堆积。也是建筑多体的另一特点。由此看来，建筑机构多体，从传统多体系统的一般概念和普遍原理出发，结合建筑机构的特点，增添了变质量体，自然体，自然铰和自然动力变拓扑、不同特性的铰，以及由相互平行的梁、柱所组成非树系统到单开链多体的简化，从而丰富和发展了多体系统动力学。

3.2 建筑多体动力学方程

Roberson-WittenBurg 法是建立多刚体系统3维动力学方程的普遍方法之一。建筑多体机构树系统中，大部分是平面单开链系统，高耸建筑如烟囱、剪力墙和框架及筒式结构也是单开链系统，其有根体的动力学方程为[5-8]

$$\{\boldsymbol{B}^{\mathrm{T}}\mathrm{diag}\boldsymbol{m}\boldsymbol{B}+\boldsymbol{C}^{\mathrm{T}}\mathrm{diag}\boldsymbol{J}\boldsymbol{C}\}\ddot{\boldsymbol{q}}+\{\boldsymbol{B}^{\mathrm{T}}\mathrm{diag}\boldsymbol{m}\dot{\boldsymbol{B}}+\boldsymbol{C}^{\mathrm{T}}\mathrm{diag}\boldsymbol{J}\dot{\boldsymbol{c}}\dot{\boldsymbol{q}}\}-\{\boldsymbol{B}^{\mathrm{T}}\boldsymbol{F}+\boldsymbol{C}^{\mathrm{T}}\boldsymbol{M}\}=0 \tag{1}$$

式中，$\boldsymbol{q}=[q_1,\ q_2,\ \cdots,\ q_f]^{\mathrm{T}}$ 为自由度为 f 的单开链 n 体系统的独立广义坐标，则系统中体（构件）$\boldsymbol{\mu}$ 的质心（或任一点）的位置矢量 $\boldsymbol{r}_{\mu s}$ 和体（构件）$\boldsymbol{\mu}$ 的角位置 $\boldsymbol{\varphi}_{\mu}$ 为 $\boldsymbol{q}$ 的函数。

$$\left.\begin{aligned}\boldsymbol{r}_{s\mu}&=\boldsymbol{r}_{s\mu}(q_1,\ q_2,\ \cdots,\ q_f)\\ \boldsymbol{\varphi}_{\mu}&=\boldsymbol{\varphi}_{\mu}(q_1,\ q_2,\ \cdots,\ q_f)\end{aligned}\right\},\ \boldsymbol{\mu}=(1,\ 2,\ \cdots,\ n) \tag{2}$$

对式（2）时间求导可得到相应速度及角速度的矩阵形式

$$\left.\begin{aligned}\dot{\boldsymbol{r}}_s&=\boldsymbol{B}\dot{\boldsymbol{q}}\\ \dot{\boldsymbol{\varphi}}&=\boldsymbol{C}\dot{\boldsymbol{q}}\end{aligned}\right\} \tag{3}$$

式中，$\dot{\boldsymbol{q}}=[\dot{q}_1,\ \dot{q}_2,\ \cdots,\ \dot{q}_f]^{\mathrm{T}}$；$\dot{\boldsymbol{r}}_s=[\dot{r}_{s1},\ \dot{r}_{s2},\ \cdots,\ \dot{r}_{sn}]^{\mathrm{T}}$；$\dot{\boldsymbol{\varphi}}=[\dot{\varphi}_1,\ \dot{\varphi}_2,\ \cdots,\ \dot{\varphi}_n]^{\mathrm{T}}$；$\boldsymbol{B}=\mathrm{jacobian}(r_{s\mu},\ q)$；$\boldsymbol{C}=\mathrm{jacobian}(\varphi,\ q)$；$n$ 为系统中体数；jacobian 为 q 的雅可比矩阵。

式（3）对时间求导可得到相应加速度及角加速度的矩阵形式

$$\left.\begin{aligned}\ddot{\boldsymbol{r}}_s&=\boldsymbol{B}\ddot{\boldsymbol{q}}+\dot{\boldsymbol{B}}\dot{\boldsymbol{q}}=\ddot{\boldsymbol{r}}_s(\ddot{\boldsymbol{q}})+\ddot{\boldsymbol{r}}_s(\dot{\boldsymbol{q}})\\ \ddot{\boldsymbol{\varphi}}&=\boldsymbol{C}\ddot{\boldsymbol{q}}+\dot{\boldsymbol{C}}\dot{\boldsymbol{q}}=\ddot{\boldsymbol{\varphi}}(\ddot{\boldsymbol{q}})+\ddot{\boldsymbol{\varphi}}(\dot{\boldsymbol{q}})\end{aligned}\right\} \tag{4}$$

式中，$\ddot{\boldsymbol{r}}_s=[\ddot{r}_{s1},\ \ddot{r}_{s2},\ \cdots,\ \ddot{r}_{sn}]^{\mathrm{T}}$；$\ddot{\boldsymbol{\varphi}}_s=[\ddot{\varphi}_1,\ \ddot{\varphi}_2,\ \cdots,\ \ddot{\varphi}_n]^{\mathrm{T}}$；$\ddot{\boldsymbol{q}}=[\ddot{q}_1,\ \ddot{q}_2,\ \cdots,\ \ddot{q}_f]^{\mathrm{T}}$；$\dot{\boldsymbol{B}}=\dfrac{\mathrm{d}}{\mathrm{d}t}[\mathrm{jacobian}(r_{s\mu},\ q)]$；$\dot{\boldsymbol{C}}=\dfrac{\mathrm{d}}{\mathrm{d}t}[\mathrm{jacobian}(\varphi,\ q)]$。

式（1）中 diag$\boldsymbol{m}$ 为各体的质量对角矩阵；diag$\boldsymbol{J}$ 为各体的惯性主矩对角矩阵；$\boldsymbol{F}$ 为各体所受外力主矢矩阵，建筑倒塌机构体外力在重力场中仅为重力；$\boldsymbol{M}$ 为各体所受抵抗主矩和外力主矩矩阵，即为建筑倒塌机构体各端塑性铰的抵抗弯矩矩阵，体上下外内接铰都是塑性铰时，铰弯矩应相加。

对式（1）动力学方程，作 n 体各拓扑运动的姿态的数值模拟。逆算该动力方程，则计算 n 体间相互作用力，以判断体间解体。由此奠定了任意多折烟囱、剪力墙和框架控制爆破拆除的理论基础。将式（1）代入不同的 n 和 f 值，计算机将以符号运算，自动建模，得到不同拓扑的具体动力学方程。一般式（1）只能数值求解，由于式（1）为隐式二阶常微分方程组，首先将其转化为 $\ddot{\boldsymbol{q}}$ 的显式二阶方程组，即可用按4阶5级龙格-库塔法数值求解。

3.3 动力学方程的解

一般来说，建筑物倒塌动力学（多体动力学）的方程均为二阶常微分方程组，迄今为止，在爆破拆除领域只有个别不完全解析解，更没有近似解，而只能数值求解。爆破拆除建筑机构的倒塌，实质是在重力场的有限域内（小于 π/2），以多个拓扑的多体运动，其倒塌运动的主要拓扑的角有限域有时仅达 0.3，并遵从重力场的力学规律。因此本节将可积分的幂级数主项代替角函数，形成近似动力学方程，可得到解析解，或者从数值解中归纳出近似解，并以典型拆除工程参数为基础，实施案例推理，构建近似解的应用域和确定其相应误差，以便求解和模拟各构体的运动姿态。以下结合案例，列举主要动力学方程，其他见文献［5］。

3.3.1 单跨、多跨悬臂框架梁和连续梁倾倒

这是中国爆破拆除界的经典问题，称之弯矩逐跨解体法[9]，国外也称“内爆法”，即利用建筑物自身的重力产生弯矩和剪力，延时逐次起爆，在水平方向实现逐跨断裂。首次起爆第一跨，而后逐次起爆的后跨，并因前跨的断裂运动，获得了后跨的初始速度和初始位移。其动力学方程的近似解简单，见文献［5］。

3.3.2 高耸建筑的单向倾倒

3.3.2.1 初始单向倾倒

烟囱、剪力墙、框架和框剪结构等高耸建筑物单向倾倒初期，如图 1 所示，可从式（1）多体系统简化得到 $n=1$，$f=1$，底端塑性铰轴的有根竖直体的动力方程为

$$J_b \frac{\mathrm{d}^2 q}{\mathrm{d}t} = P r_c \sin q - M_b \cos(q/2) \tag{5}$$

式中，P 为单体的重量力，kN；$P=mg$，m 为单体的质量，10^3kg；r_c 为质心到底支铰轴的距离，m；J_b 为单体对底支铰轴的惯性矩，$10^3\mathrm{kg}\cdot\mathrm{m}^2$；$M_b$ 为底部塑性铰的抵抗弯矩（机构残余弯矩），kN · m；q 为质心到底铰连线与竖直线的夹角，rad。

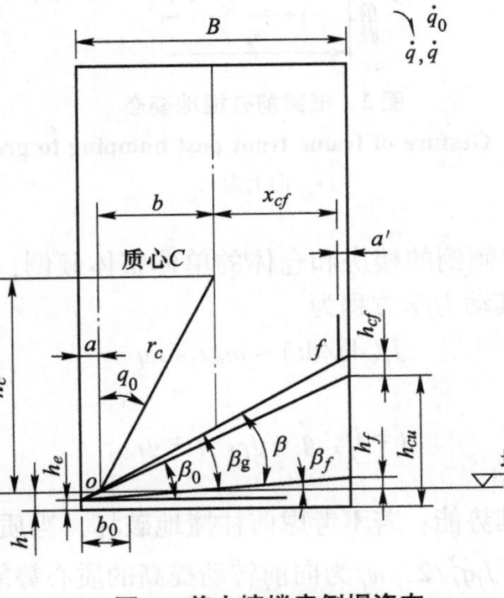

图 1 剪力墙楼房倒塌姿态

Fig. 1 Gesture of shearing building toppling down to ground

爆破拆除时的初始条件是 $t=0$ 时

$$q = q_0,\ \dot{q} = \dot{q}_0 \tag{6}$$

则可得数值解和式（5）的 $\dot{q}$、t 的解析解[4]

$$t = \sqrt{\frac{J_b}{mg_c r}}\left\{\ln\left[q - \frac{M_b}{mg_c r} + \sqrt{2(m_0 - 1) - \frac{2M_b q}{mg_c r} + q^2}\right] - \right.$$

$$\ln\left[q_0 - \frac{M_b}{mg_c r} + \sqrt{2(m_0 - 1) - \frac{2M_b q_0}{mg_c r + q_0^2} + q_0^2}\,\right]\Bigg\} \tag{7}$$

式中，$m = q_0^2(J_b/2mgr_c) + \cos q_0 + 2M_b\sin(q_0/2)/mgr_c$。

3.3.2.2　切口闭合撞地翻塌

框架、框剪和仓体等结构切口爆破，后支撑柱将作为下体向后倾倒，切口层上楼房框架将整结构上体沿其后柱端铰 b 向前倾倒，从而形成 $n=2$，$f=2$ 自由度体的折叠机构运动，如图 2 所示。当切口闭合该建筑物撞地转动（包括上节及图 1），撞地后的转速，根据动量矩守恒原理，撞地后的转速[5]

$$q_f = [\,q_c J_c + m_2 r_f(v_{cx}\cos q_{rf} + v_{cy}\sin q_{rf})\,]/J_f \tag{8}$$

式中，r_f 和 q_{rf} 分别为该建筑物质心 C 至前趾 f 距离和质心到前趾直线与竖直线的夹角；v_{cx}（或 v_{2cx}）和 v_{cy}（或 v_{2cy}）分别为该建筑物质心的水平速度和竖直速度；J_f 为该建筑物对撞地 f 点的转动惯量。撞地前，建筑物还以 q_c 运转，其对质心 C 的惯性主矩为 J_c。

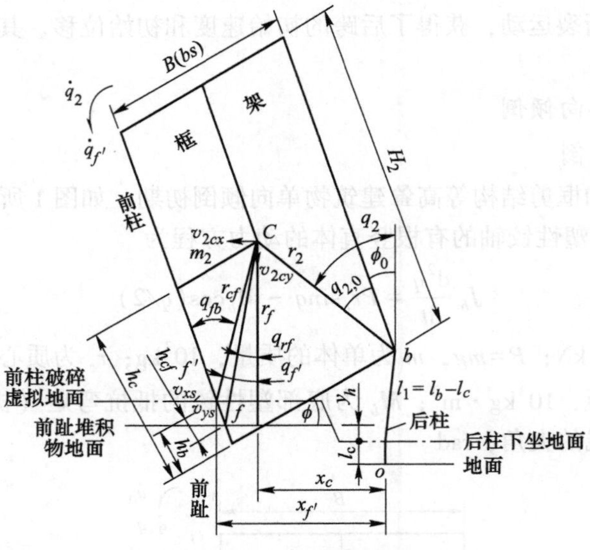

图 2　框架前柱撞地姿态

Fig. 2　Gesture of frame front post bumping to ground

（v_{cy} 向上为+）

该建筑物切口闭合，绕前趾 f 倾倒的楼房和仓体的单体整体倾倒，可简化为 $n=1$，$f=1$ 的具有单自由度 q 的单开链有根体运动，其动力学方程为

$$J_f(\mathrm{d}\dot{q}/\mathrm{d}t) = mgr_f\sin q \tag{9}$$

初始条件

$$t = 0,\ q = q_f,\ \dot{q} = \dot{q}_f \tag{10}$$

式中，q 为 r_f 与竖直线的夹角，rad。

该建筑物转动，提高质心及其势能；若不考虑前柱撞地破坏，当质心距 x_c 不超过前趾撞地点 f 的距离 x_f，即 $x_c \leqslant x_f$，撞地动能 $T_f = J_f\dot{q}_f^2/2$，w_f 为向前转动提高的质心势能；$T_f \geqslant w_f = r_f m_2 g(1-\cos q_f)$。

或者能比翻到保证率

$$K_{to} = T_f/w_f \tag{11}$$

考虑楼房克服滚动阻力、后支撑钢筋拉断、翻倒应留保证富余和计算误差等，取 $K_{10} \geqslant 1.4 \sim 1.5$ 时建筑机构保证翻倒。

当框架和框剪结构，切口闭合后，满足层间侧移或跨间下塌的静力和动力条件时，将分别按各自的动力学方程倒塌[5-10]。

3.3.3　建筑物层间塌落质量散失及倾倒

高层楼房切口内支柱被压碎，如果楼房底层后滑被地下室所阻止，高楼从中轴将以地面为定轴 d，

随楼下坐质量散失并倾倒，可看作变质量有根单体模型[5]，如图 3 所示。其动力方程为[5]

$$\Sigma y_r = 0,\ \frac{\mathrm{d}(\rho y_r v)}{\mathrm{d}t} = -\rho y_r g\cos q + F_{cs} + \frac{y_r^2\rho\dot{q}^2}{2} \tag{12}$$

$$\Sigma M_d = 0,\ \frac{\mathrm{d}(J_b\dot{q})}{\mathrm{d}t} = \frac{\rho y_r^2 g\sin q}{2} + M \tag{13}$$

式中，ρ 为楼房沿高度的线质量，$10^3\mathrm{kg/m}$；F_{cs} 为变质量下坐楼的楼底径向平均抵抗力，kN；y_r 为以 d 为原点的径向坐标的楼房径向高度，m；J_b 为楼房对 d 点的惯性矩，是 y_r 的函数，$10^3\mathrm{kg\cdot m^2}$；v 为楼房下坐径向速度，m/s；底弯矩 $M=0$。式（12）和式（13）的初始条件

$$t=0,\ v=v_0=v_{y0}\cos q_0,\ q=q_0,\ \dot{q}=\dot{q}_0,\ y_r=h_0,\ J_b=J_{d0} \tag{14}$$

式中，h_0 为切口上面楼房高，m；J_{d0} 为楼房对中轴切口上缘的惯性矩，$10^3\mathrm{kg\cdot m^2}$；v_{y0} 为切口高 h_p 闭合楼房撞地时的速度。

整理得有积分因子的全微分方程，其解析解为[5]

$$v = -\sqrt{\frac{F_{cs}\left(1-\dfrac{h_0^2}{y_r^2}\right)}{\rho} + \frac{2}{3}g\left(\frac{h_0^3\cos q_0}{y_r^2} - y_r\cos q\right) + \frac{y^2\dot{q}^2 - \dfrac{h_0^4\dot{q}_0^2}{y_r^2}}{4} + \frac{v_{0s}^2h_0^2}{y_r^2}} \tag{15}$$

当楼房原地坍塌时，即 $q_0=0$，$q=0$，$\dot{q}_0=0$，$\dot{q}=0$，$v_{0s}=v_{y0}$，式（15）为解析解，当塌落倾倒时，将 $q=q_0$（$q_0\neq 0$），$\dot{q}=\dot{q}_0$，由此引起的误差由 v_{0s} 调正，式（15）为近似解，式中 v_{0s} 按表调整[5]。

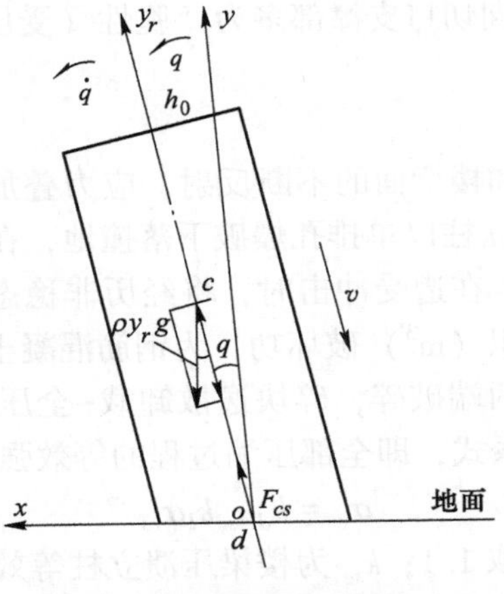

图 3　楼房塌落质量散失倾倒

Fig. 3　Collapsing and mass dissipate of building toppling

3.3.4　建筑物双体倾倒

相当数量的建筑物的倒塌，可归入双体双向倾倒和双体同向倾倒。如整截面剪力墙的双体双向折叠倾倒，其动力学方程可由单开链多体动力学方程式（1）当 $n=2$，$f=2$ 时，当相应双体的倾倒方向 φ_1 和 φ_2 方向相反或方向相同而得到[5]。

3.4　变拓扑多体-离散体全局仿真

多体系统各个物体的联系方式称为系统的拓扑构型，简称拓扑[8]。建筑结构在爆破拆除倒塌时，所形成的机构是拓扑变化的系统，统称变拓扑多体-离散体系统。将各拓扑按时间顺序编程，前拓扑的运动结果为相邻后拓扑的初始条件，即可解算和模拟建筑物倒塌的全过程[5,11,12]。

3.5　动力学方程的相似性质

为了避免拆除爆破重复观测，模型重复实验，工程案例重复数值计算，我们可以将以案例、实验证明正确的数值计算结果，按动力学方程的相似性质，将解及其导出量，无量纲规整化后，建立相似

准则公式或算图，以便在实用中推广。以无量纲矩阵 $\boldsymbol{B}_n=\boldsymbol{B}/B$；$\dot{\boldsymbol{B}}_n=\dot{\boldsymbol{B}}/\dot{\boldsymbol{q}}^{\mathrm{T}}$、$\boldsymbol{F}_n=\boldsymbol{F}/m_2$，$m_2$ 为主构体的质量；$\mathrm{diag}\boldsymbol{m}_n=\mathrm{diag}\boldsymbol{m}/m_2$，$\mathrm{diag}J_n=\mathrm{diag}\boldsymbol{J}/(m_2B^2)$；$\dot{\boldsymbol{C}}_n=\dot{\boldsymbol{C}}/\dot{\boldsymbol{q}}^{\mathrm{T}}$，代入式（1），式中 B（非 $\boldsymbol{B}$ 中的 B）、H 分别为主构体的宽和下坐后高；设体端 $\boldsymbol{M}\approx 0$，$\ddot{\boldsymbol{q}}=\dot{\boldsymbol{q}}\mathrm{d}\dot{\boldsymbol{q}}/\mathrm{d}\boldsymbol{q}$ 代入式（1），积分得 $\dot{\boldsymbol{q}}$ 的隐式表示，当 $\boldsymbol{m}/m_2$ 保持不变时，可见 $\dot{\boldsymbol{q}}$ 与 m_2 无关，$\dot{\boldsymbol{q}}\boldsymbol{B}^{0.5}$ 与 B 无关；由此，式（11）的能比翻倒保证率 K_{to} 也与 m_2 和 B 无关，而仅主要与 $\eta_h=H/B$，$\eta_c=h_c/B$，$\lambda=h_{cud}/B$ 有关，h_c、h_{cud} 分别为主构体的下坐后重心高和切口高；K_{to} 在多数拆除倒塌类型，与主惯量比 $k_j=J_c/J_{cs}$ 关系较少，式中 J_c 为主构体的主惯量，J_{cs} 为主构体质量均布的实心图形计算的主惯量，$J_{cs}=(H^2+B^2)m_2/12$。由此减少无关变量、忽略少关变量，突出主要变量，可以建立 $\lambda-\eta_c$，$\lambda-\eta_h$ 的准则算图。楼房的 k_j 多在 0.75~1.28，个别倒塌方式应用准则算图误差较大，可用像实变换法建模简便计算 k_j 后，再使用 k_j 插值的准则算图。当 $\boldsymbol{M}\neq 0$ 时，可引入无量纲参数 $M/(m_2gl_o)$，l_o 为跨长，而建立准则算图。此外，$\dot{\boldsymbol{q}}\boldsymbol{B}^{0.5}$ 与 B 无关，可推理切口闭合时间的相似比为 $B^{0.5}$。楼房爆堆、后坐，均可按相应准则算图确定。

3.6 构件破损的材料力学

在钢筋混凝土构件正截面力平衡方程组中，采用概率理论的材料强度，即包括以材料标准强度计算出结构安全极限抗力（弯矩）；以混凝土随机强度均值 σ_{cs} 计算出结构失稳抗力（弯矩）[5]；以破损强度计算的机构残余抗力（弯矩）。残余抗力应考虑钢筋采用抗拔拉脱粘强度和钢筋弯曲系数 $\alpha_t=\cos(\theta_p/2)$，式中 θ_p 为塑性铰转动角[5]；并且受压区混凝土的保护层脱落；而且在混凝土的受压区采用破损后的等效矩形应力图系数 α_c，其中以延性破坏设计的钢筋混凝土立柱多为“延性（受拉）破坏”，$\alpha_c=0.8\sim0.9$；钢筋混凝土烟囱切口支撑部多为“脆性（受压）破坏”，$\alpha_c=0.25\sim0.4$。

3.7 混凝土构件冲击动力学

由于撞地的冲击应力波在地面和楼梁面的不断反射，应力叠加接近加倍，首先在层内立柱两端形成压溃破坏区及塑性铰[5]。框架后立柱以单排孔爆破下落撞地，在立柱中部一般不生成塑性区。

钢筋混凝土墙、柱等支撑构件，在遭受冲击时，将经历非稳态压缩、渐近稳态压缩和混合压缩等历程。非稳态压缩柱破坏的单位体积（m^3）破坏功，为钢筋混凝土应力-应变曲线所包围的图形面积。而渐近稳态冲击压缩破碎功，从柱两端破碎，碎块逸散卸载-全压加载的循环破碎机理出发[5]，推导提出了定质量冲击含稳态压溃的关系式，即全部压缩过程的等效强度[5]

$$\sigma_e=k_dk_{sc}k_l\sigma_{cs} \tag{16}$$

式中，k_d 为混凝土动载强度系数，取 1.1；k_{sc} 为楼梁压溃立柱等效接触断面系数，取测 0.74；压溃柱高比 $k_l=$(柱高 − 残柱长)/柱高，取测 0.58；当后柱撞地时，下坐小于层高，仅为层内渐近稳态压缩，$k_l=1$。

楼盖以上楼房的质量比立柱自身质量大 25~50 倍，因此楼房撞地，立柱破坏高必须考虑压缩过程中楼房下落所增加的势能消耗，得底层柱的压碎高度 h_f

$$h_f=m_2v_{2,\,0}^2/[2(s_1\eta-m_2g)] \tag{17}$$

式中，η 为压碎单位体积，m^3；钢筋混凝土所需的比功，$10^3\mathrm{kJ}$，$\eta=\sigma_e$。高层建筑层间叠落支撑强度 σ_{cg} 由观测值和式（15）直算[5]。

4 多体动力学精确控制拆除技术

4.1 楼房切口参数

各类楼房的不同拆除方式，当切口高宽比 λ 爆破后，按式（1）或式（13）倾倒，切口闭合，构架模型，以无量纲准则判断楼房倒塌，如图 4 所示。图中线 a 为单切口剪力墙和框剪结构整体翻倒楼房的 $\lambda-\eta_h$ 准则曲线，$\lambda=h_{cud}/B$，式中 h_{cud} 为下坐后切口高，B 为楼宽，见图 1，$\eta_h=H/B$，H 为下坐后楼高，其中 $K_{to}=1.5$，即 a_1 为保证线，而 a_2 为高风险线，其 $K_{to}=1.1$，后支撑中性轴底铰 o 距后墙

距离 $a=0$；线 b 族为楼房双切口同向倾倒，上切口先闭合形成组合单体翻倒的下切口 $\lambda-\eta_h$ 准则曲线[11]，其中 $\lambda_1=h_{cud1}/B$ 为下切口高宽比，h_{cud1} 为下坐后下切口高，$K_{to}=1.5$，线族 b 的 b_1、b_2 和 b_3 分别为无量纲下体高 $l_j=l_1/B=0.92$、1.14 和 1.36（上切口高宽比 $\lambda_2=h_{cud2}/B=0.22$，$h_{cud2}$ 为上切口高，l_1 下坐后下体高），族内曲线上、中和下分别为 $a/B=0.066$、0.0825 和 0.11。线 c 族为框架和壁式框架楼房跨间下塌破坏倒塌的 $\lambda-\eta_h$ 准则曲线[10]，框架跨数 $n_c=4$，其中 $K_{to}=1.9$，线 c_1、线 c_2 和线 c_3 分别为跨长 l_o（或平均跨长）为 3.2m、3.5m 和 3.8m，其对应无量纲弯矩 $K_t=K_{to}M_{dh}/(mgl_o)$ 分别为 1.5352、1.4036 和 1.2928，式中 M_{dh} 分别为各跨梁前端和后端机构残余弯矩初值和墙抗剪弯矩 M_f、M_r、M_Q 之和；m 为框架楼房质量，10^3kg。线 d 族为框架楼房切口爆破后，后单柱上端形成塑性铰 b，即形成 2 体 2 自由度体运动，见图 2，线 d_1、线 d_2、线 d_3 和线 d_4 分别为框架切口闭合后翻倒的 $\lambda-\eta_h$ 准则曲线，对应主惯量比 $k_j=J_{c2}/J_{co}$ 为 0.75、1.0、1.25、1.5，其中 $K_{to}=1.3\sim1.5$。线 e 族为高层建筑层间塌落质量散失（见图 3）的下坐 $\lambda_p-\eta_r$ 准则曲线，无量纲参数 $\lambda_p=h_p/h_o$，$\eta_r=\gamma_r/h_o$，式中 h_p 为切口高，γ_r 为楼房下坐后爆堆上的高，h_o 为切口上方楼高，当式（15）$q=0$，$q=0$，$v=0$ 时，可推导出无量纲准则方程

$$\lambda_p=F_p(1-\eta_r^2)/2-(1-\eta_r^3)/3 \tag{18}$$

式中，$F_p=K_{to}F_{sp}$，$F_{sp}=S_l\sigma_{cg}/(gh_o\rho)$，$S_l$ 为楼房底层支撑体截面积，σ_{cg} 支撑体的等效动强度，C30 混凝土柱的 $\sigma_{cg}=13.645$MPa，其中坍塌保证率 $K_{to}=1.1$，图中线 e_1、线 e_2、线 e_3、线 e_4、线 e_5、线 e_6 和线 e_7 分别 F_{sp} 为 2.6、2.4、2.2、2.0、1.8、1.6、1.4 的准则方程曲线。读者可按实况和图 4 得插值准则曲线，若拆除工程的［$\lambda(\lambda_1,\ \lambda_p)\cdot\eta(\eta_r)$］坐标点在准则曲线右上方，楼房则倒塌。楼房反向双切口倾倒的准则曲线见文献［13］，抬高切口、下向切口和浅切口复合的切口单向倾倒的 η_h，小于准则曲线 a 为 0.25~0.35，见相关文献。容许高风险的拆除可降低 K_{to}；随着拆除实例增多，能确保成功时，可依据实况降低保证率 K_{to}，相应也降低 η_h 和提高 η_r。

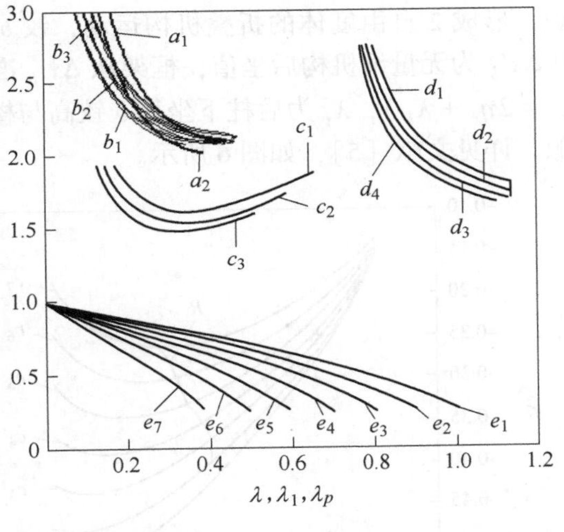

图 4　切口参数［$\lambda(\lambda_1,\ \lambda_p)-\eta(\eta_r)$］关系

Fig. 4　Relation of cutting parameter［$\lambda(\lambda_1,\ \lambda_p)-\eta(\eta_r)$］

4.2　爆堆前沿宽和高

爆堆内多体相互之间及其与地面的连系关系，定义为堆积。结构撞地瞬间形成原生堆积，结构倒地溅起飞石，个别构件前冲并翻转形成次生堆积。原生堆积可以分为Ⅰ~Ⅴ类，既Ⅰ类——整体翻倒堆积，Ⅱ类——跨间下塌堆积，Ⅲ类——层间侧移堆积，Ⅳ类——散体堆积，Ⅴ类——整体倾倒而不翻塌。

根据楼房结构、爆破拆除方式和切口准则算图，基本可以判断爆堆类型。如剪力墙结构、不生成层间侧移和跨间下塌的框剪、框架楼房，单切口爆破倾倒而形成Ⅰ类堆积爆堆，其爆堆前沿宽为

$$L_{gf1} = \Delta x_s + H_1 - h_{cu} - h_{cf} \tag{19}$$

而爆堆高

$$h_{gf1} = B \tag{20}$$

式中，Δx_s 为前柱撞地点与爆前的前柱距离，Δx_s 为正时，撞地点在原前柱前，Δx_s 为负时撞地点在原前柱后；H_1 为楼高；h_{cu} 为楼段切口前沿高；h_{cf} 为楼房撞地时前柱破碎高，可设为切口顶到本层梁底高；B 为楼宽；$\Delta x_s = \Delta x'_s B$，式中 $\Delta x'_s$ 为无量纲前柱撞地点与爆前的前柱距离，框架从 $\Delta x'_s$ 准则算图以楼房重心高宽比 η_c 插值选取，见相应文献，当 $\lambda = 1$ 时，$\eta_c = 0.85 \sim 0.55$（相应楼高宽比 $\eta_h = 2\eta_c + \lambda_l$，$\lambda_l$ 为下坐后后柱 b 铰高与楼宽比 l_1/B），相应 $\Delta x'_s = 0.37 \sim 0.1$。

剪力墙和框剪结构按[5]

$$\Delta x_s = (B - a)(1/\cos\beta - 1) \tag{21}$$

式中，β 为切口角。

层间侧移和跨间下塌的框剪、框架楼房倒塌而形成的Ⅲ类、Ⅱ类爆堆，见文献［5］，Δx_s 同上述。多切口楼房以及下坐楼房爆堆计算原理与以上相似[14]，详见文献［5］。

4.3 楼房的后坐

在定向倾倒中，后柱支撑着上部结构前倾同时，也相伴部分结构向后运动，其最大值为后坐值。显然，该后坐是以后柱的支撑为前提。当支撑后柱失去支撑能力时，其上的结构下落，称为下坐。从后坐形成的机理又可将后坐分为机构后坐、柱根后滑和支撑后倒[5]。爆堆后沿宽是后坐的最终结果。

剪力墙和框剪结构的后滑，是由于向前倾倒时，底铰 o 在径向压力和切向推力的迫使下，遵循动力学程式（5），克服摩擦力而沿地面向后滑动，见图 1。由于后墙或后柱爆破后还有钢筋牵连，则后墙或后柱根后滑距离，将不大于后墙（后柱）炸高 h_e 与冲击压溃高度 h_p 之和。

框架和框剪结构切口爆破，形成 2 自由度体的折叠机构运动，铰 b 同时机构后坐[5]，见图 2。机构后坐值 $\Delta x_b = \Delta x'_b B$，式中 $\Delta x'_b$ 为无量纲机构后坐值，框架从 $\Delta x'_b$ 准则算图 5（表 1），按楼房重心高宽比 η_c 插值选取（相应 $\eta_h = 2\eta_c + \lambda_l$），$\lambda_l$ 为后柱下坐后 b 铰高与楼宽比 l_1/B。横向倾倒的工厂排架的后倒计算原理与以上相似，详见文献［5］，如图 6 所示。

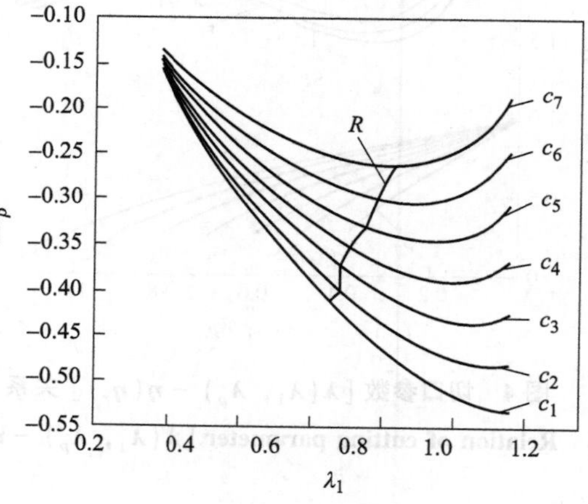

图 5 $\lambda_l - \Delta x'_b$ 关系

Fig. 5 Relation between λ_l-$\Delta x_b'$

（$k_j = 1$；R 边界线右为整体翻倒，$K_{to} = 1.4 \sim 1.6$）

表 1 图 5 中曲线对应的 η_c 值

Table 1 η_c value of curve in figure 5

曲线名称	c_1	c_2	c_3	c_4	c_5	c_6	c_7
η_c	0.85	0.8	0.75	0.7	0.65	0.6	0.55

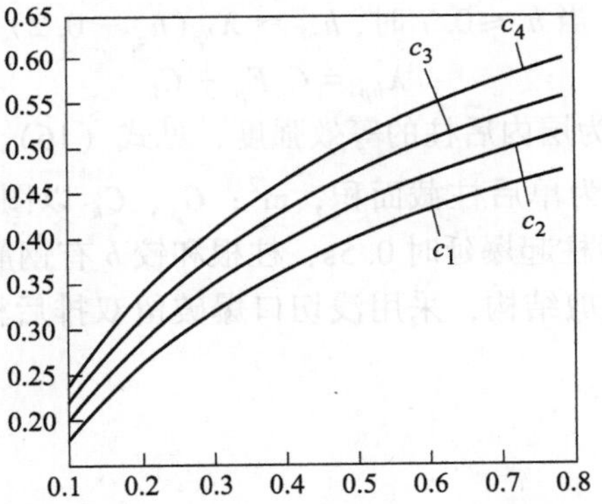

图6 λ-t'关系

Fig. 6 Relation between λ-t'

（曲线 c_1、c_2、c_3 和 c_4 分别 η_c 为 1.0，1.1，1.2 和 1.3）

4.4 起爆次序和时差

正算再逆算方程（1），可得多切口上行起爆次序比较下行起爆易于下坐[5]。切口起爆时差可参考小于式（7）的单切口闭合时间

$$t = t'\sqrt{B(1 + k_j/3)} \tag{22}$$

式中，t'为相似时间函数，$t' = t''/\sqrt{g}$，$s/m^{0.5}$，$t''(\lambda, \eta_c)$ 为无量纲时间，从式（7）算得图7和表2，并从中按前跨断塌后的 λ 和楼房重心平均高宽比 η_c 插值可选取 t'。

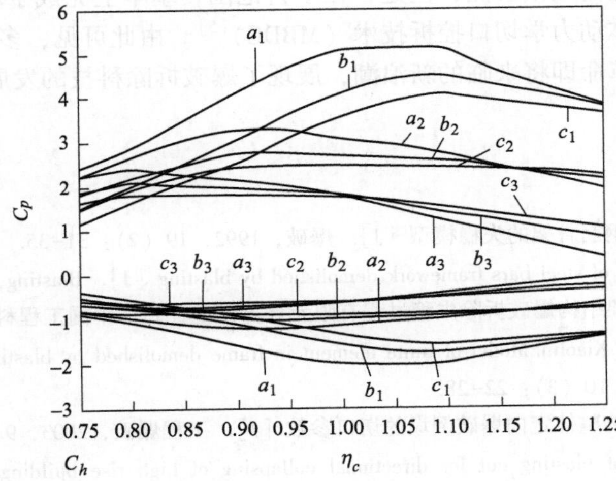

图7 η_c 与 C_p，C_h 关系

Fig. 7 Relation among η_c, C_p and C_h

表2 图7曲线对应 B、l_1 值

Table 2 The value of B and l_1 in figure 7

曲线名称	a_1	a_2	a_3	b_1	b_2	b_3	c_1	c_2	c_3
l_1/m	6.1	6.1	6.1	7.6	7.6	7.6	9.1	9.1	9.1
B/m	10.7	12.0	13.3	10.7	12.0	13.3	10.7	12.0	13.3

4.5 楼房的下坐

切口爆破仅剩后柱时，柱的拟静重载随框架倾倒而减少，但4跨以上框架，重载已达多层间单后柱强度，单细长柱易于折断而楼房下坐[5]。爆破底层内后柱压溃总长，随炸高增高，而加速增长。3

跨以内的框架，由式（17）和动量定理，单后柱无量纲下坐 $\lambda_{hp}=h_{pf}/(h_e-0.2)$ 无相似性，式中 h_{pf} 为较大下坐高，h_e 为炸高，m；当 $h_e\leqslant0.7$ 时，$h_{pf}\approx\lambda_{hp}(h_e-0.2)$ 为拟线性，其中

$$\lambda_{hp}=C_pF_p+C_h \tag{23}$$

式中，无量纲 $F_p=S_l\sigma_e/P$；σ_e 为层内后柱的等效强度，见式（16），C20 混凝土为 15.6MPa，其中 $k_l=1$；P 为楼房重量力，10^6N；S_l 为单后柱截面积，m^2；C_p、C_h 以图 7 中 B、l_1 插值选取；条件为 $k_j=1.25$ 为最大 h_{pf} 的主惯量比，后柱起爆延时 0.5s，柱根和铰 b 有钢筋混凝土柱端弯矩。当 $h_e>0.7$，h_{pf} 为非线性；3 跨以上的框架、框剪结构，采用浅切口爆破留双排后柱，其炸高与压溃总长基本呈线性关系，下坐减少，后坐很少。

4.6 烟囱

高 150m 以下烟囱切口参数按切口啮合倾倒静力学机理决定[5]，而其运动相关参数按以上动力学确定；高 210m 以上的高大薄壁钢筋混凝土烟囱的压溃皱褶倒塌机理和切口参数见文献［15］。

5 结语

建筑物倒塌动力学所包含的多体—离散体动力学，描述建筑物的爆破拆除，机理清晰、正确，符合实际，建立的动力学变拓扑方程组，可获得解析解、近似解和数值解，组合后能全局仿真拆除倒塌过程，动力方程的相似性规整化后，可简便地将它的拆除模型导出各类建筑结构各种倒塌方式的切口尺寸、爆堆形态、后坐下坐、起爆次序和分段时差等无量纲表达，为高大建（构）筑物选择合理的倒塌方式、拆除措施和切口参数提供了完整理论和简单实用算法，为实现对爆破拆除的精确控制奠定了基础，虽然有些计算参数还需继续实测，但是，在学科范围，基本上完成了城市高大建（构）筑物爆破拆除的关键技术，即多体动力学切口控拆技术（MBDC）[5]。由此可见，多体—离散体动力学是爆破拆除的新科技、拆除技术革命即将来临的新浪潮，展现了爆破拆除科技的发展新阶段。

参考文献

［1］卢文波．拆除爆破中裸露钢筋骨架的失稳模型［J］．爆破，1992，19（2）：31-35.
Lu Wenbo. Model lost steady of steel bars framework demolished by blasting［J］. Blasting，1992，19（2）：31-35.
［2］张奇，吴枫，王小林．框架结构爆破拆除失稳过程有限元计算模型［J］．中国工程科学，2005，10（3）：22-28.
Zhang Qi，Wu Feng，Wang Xiaolin. Model of finite element in frame demolished by blasting to lose stability［J］. China Engineering Science，2005，10（3）：22-28.
［3］金骥良．高层建（构）筑物整体定向爆破倒塌的切口参数［J］．工程爆破，2003，9（3）：1-6.
Jin Jiliang. The parameters of blasting cut for directional collapsing of high rise buildings and towering structure［J］. Engineering Blasting，2003，9（3）：1-6.
［4］魏晓林，傅建秋，李战军．多体-离散体动力学分析及其在建筑爆破拆除中的应用［C］//庆祝中国力学学会成立 50 周年大会暨中国力学学术大会 2007 论文摘要集（下）．北京：中国力学学会办公室，2007：690.
Wei Xiaolin，Fu Jianqiu，Li Zhanjun. Analysis of multibody-discretebody dynamics and its applying to building demolition by blasting［C］//Collectanea of Discourse Abstract of CCTAM2007（Ⅱ）. Beijing：China Mechanics Academy Office，2007：690.
［5］魏晓林．建筑物倒塌动力学（多体-离散体动力学）及其爆破拆除控制技术［M］．广州：中山大学出版社，2011.
［6］汪旭光．前言［C］//中国工程科技论坛第 125 场论文集“爆炸合成新材料与高效、安全爆破关键科学和工程技术”．北京：冶金工业出版社，2011.
Wang Xuguang. Foreword［C］//Corpus of China 125 Field Science and Engineering Technology Forum “New Materiel composed by Explosion and Key Science and Engineering Technology of High Effective and Safe Blasting”. Beijing：China Metallurgical Industry Press，2011.
［7］洪嘉振．计算多体系统动力学［M］．北京：高等教育出版社，1999.
［8］杨廷力．机械系统基本理论——结构学、运动学、动力学［M］．北京：机械工业出版社，1996.

[9] 杨人光，史家育．建筑物爆破拆除［M］．北京：中国建筑工业出版社，1985.

[10] 魏晓林．爆破拆除框架跨间下塌倒塌的切口参数［J］．工程爆破，2013，19（5）：1-7.
Wei Xiaolin. Cutting parameters of toppling frame building demolished with collapse in beam span by blasting［J］. Engineering Blasting，2013，19（5）：1-7.

[11] 洪嘉振，倪纯比．变拓扑多体系统动力学的全局仿真［J］．力学学报，1996，28（5）：633-636.
Hong Jiazhen，Ni Chunbi. Whole simulation of varying topological multi-body dynamics［J］. Mechanics Transaction，1996，28（5）：633-636.

[12] 魏晓林．双切口爆破拆除楼房切口参数［C］//中国爆破新技术Ⅲ．北京：冶金工业出版社，2012：576-580.
Wei Xiaolin. Cutting parameter of building demolished by blasting with two cutting［C］//New Techniques in China Ⅲ. Beijing：China Metallurgical Industry Press，2012：576-580.

[13] 魏晓林．双切口反向爆破拆除楼房切口参数［J］．爆破，2013，30（4）：99-103.
Wei Xiaolin. Cutting coefficient of building demolished by blasting with two cutting in reverse direction［J］. Blasting，2013，30（4）：99-103.

[14] 魏晓林．多切口爆破拆除楼房的爆堆［J］．爆破，2012，29（3）：15-19.
Wei Xiaolin. Muckpile of building explosive demolition with many cutting［J］. Blasting，2012，29（3）：15-19.

[15] 魏晓林，刘翼．高大薄壁烟囱支撑部压溃皱褶机理及切口参数设计［J］．爆破，2012，29（3）：75-78.
Wei Xiaolin，Liu Yi. Mechanism of press burst with cockle of supporting and cut parameters of high and thin wall chimney［J］. Blasting，2012，29（3）：75-78.

小高宽比框架结构建筑物拆除爆破数值模拟分析

王 铁[1] 刘 伟[2] 李洪伟[2]

（1. 广东宏大爆破股份有限公司，广东 广州，510623；
2. 安徽理工大学 化学工程学院，安徽 淮南，232001）

摘 要：爆破切口参数对爆破拆除倒塌效果具有重要影响。结合工程案例，采用 ANSYS/LS-DYNA 有限元分析程序建立了 12 层小高宽比框架结构建筑物爆破拆除倒塌的数值分析模型。建筑物梁、柱采用 beam 单元建模，楼板采用 shell 单元建模，钢筋混凝土简化为各向同性均质材料，采用随动硬化材料模型，地面采用 solid 单元、刚体材料模型。对不同切口方案的爆破效果进行了模拟分析。数值模拟及实际爆破效果表明，一定的切口高度是实现建筑物倒塌的必要但非充分条件，应结合合理的预处理及延期间隔获得理想的爆破效果。

关键词：框架结构；爆破拆除；切口参数；数值模拟

Numerical Simulation Analysis of Demolition Blasting of Frame Structure with a Small Aspect Ratio

Wang Tie[1] Liu Wei[2] Li Hongwei[2]

（1. Guangdong Hongda Blasting Co.，Ltd.，Guangdong Guangzhou，510623；
2. School of Chemical Engineering，Anhui University of Science and Technology，Anhui Huainan，232001）

Abstract：Blasting cut parameters have an important influence on the collapse effect of blasting demolition. Combined with engineering cases，the ANSYS/LS-DYNA finite element analysis program is used to establish a numerical analysis model for the collapse of a 12-story frame structure with a small height-width ratio during blasting demolition. Beams and columns of buildings are modeled by beam element，floors are modeled by shell element，reinforced concrete is simplified as isotropic homogeneous material and modeled by kinematic hardening material，and the ground is modeled by solid element and rigid body material. The blasting effect of different cut schemes is simulated and analyzed. Numerical simulation and practical blasting results show that a certain cut height is necessary but not sufficient for building collapse，and reasonable pre-treatment and delay interval should be combined to obtain the ideal blasting effect.

Keywords：frame structure；blasting demolition；cut parameter；numerical simulation

定向倒塌是建筑物控制爆破中最基本的一种拆除形式，其原理是用三角形爆破切口，控制支持立柱起爆顺序，让整个建筑物绕某一定轴旋转一个倾角后失稳倒塌，冲击地面而解体。爆破切口是实现建筑物按预定方案倒塌的关键，对于高宽比较小的建筑物，爆破切口形成后，重心不容易移出，较难实现理想的倒塌效果，因此该类建筑物爆破切口参数值得深入研究。结合工程案例，采用数值模拟方法，从切口高度、延期间隔、预处理措施等方面探讨小高宽比建筑物的爆破拆除。

1 定向倾倒爆破

定向倾倒设计通常采用图 1 所示的爆破缺口设计方案。该方案设计的爆破高度应满足以下 2 个条

原载于《现代矿业》，2015，6：149-150。

件：（1）立柱失稳；（2）倾倒后结构重心移出。对于立柱的失稳计算，经典的理论有压杆失稳模型和小型钢架模型；对于条件（2），需通过计算确定。将框架假设为一平面结构，重心高度为 H，爆破高度为 h，跨度 L，爆破高度为 $H/2$ 时结构具有最大偏心矩，实际爆破高度的选取范围为 $(H-\sqrt{H^2-2L^2})/2 \leqslant h \leqslant H/2(H \geqslant \sqrt{2}L)$。小高宽比建筑物显然不满足该要求，若需要实施定向倾倒爆破，爆破切口应综合考虑高度、立柱起爆顺序及延期间隔等因素，必要时采取切梁断柱、分向切割等方法获得理想的倒塌效果。

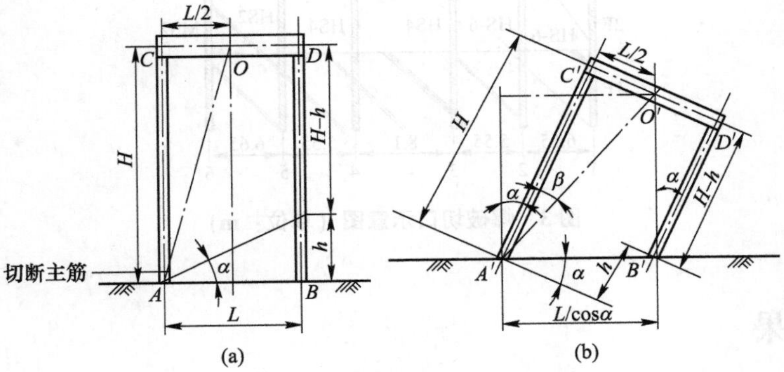

图 1　定向爆破缺口示意图

2 应用实例

2.1 工程概况

需要爆破拆除的建筑物为框架结构，共有 12 层，一层高 6m，其余各层高 3m，每层共有 48 根立柱，立柱截面尺寸分别为 1.4m×0.8m、1.2m×1.2m，梁的截面尺寸为 0.8m×0.4m，楼板厚 0.11m，没有隔墙，电梯井大部分被预先拆除。楼体宽 32m，长 52m。结构平面如图 2 所示。

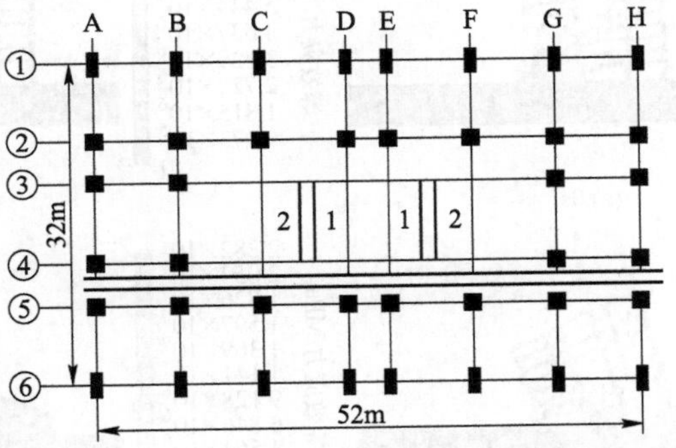

图 2　结构平面

2.2 爆破方案

拟对该建筑物实施定向爆破拆除，向东倒塌，该建筑物高宽比为 1.125，不满足重心移出条件，必须合理设计爆破切口高度、预处理部位及延期间隔。具体切口参数为：（1）缺口高 23m，切口范围为 7 层；（2）采用半秒延期雷管，合理设置起爆顺序；（3）沿倒塌方向，7 层以内的梁上布置炸点；（4）爆破前，在第 4、5 排立柱间，从 1~12 层开凿 20cm 宽的预处理切缝，如图 3 所示。

2.3 有限元模型

采用 ANSYS/LS-DYNA 有限元软件整体建模方法，考虑结构的对称性建立框架结构的 1/2 模型，采用 beam 单元建立梁和柱，shell 单元建立楼板单元，材料模型为多段线形弹塑性材料。爆破前各楼层的大部分隔墙尚未施工，电梯井已被预先拆除，因而模型中不建立隔墙单元。地面假设为刚体，采用 solid164 单元建模。

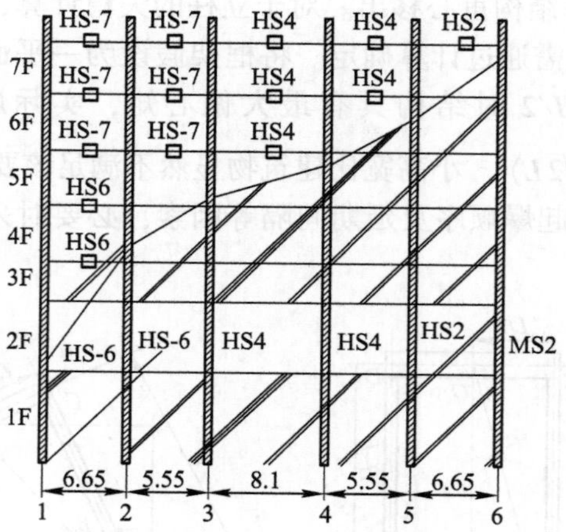

图 3 爆破切口示意图（单位：m）

3 数值模拟结果

3.1 爆破拆除数值模拟结果

起爆后，在重力及延期间隔的作用下，楼房沿切割缝分为 2 部分，运动状态区别明显，前半部分近似自由落体，后半部分转体倾倒，整个过程持续约 6s，倒塌解体充分。数值模拟过程基本反映了倒塌过程中各部分的运动状态，在倒塌经历时间，倒塌长度，堆积高度等方面与真实情况吻合较好，爆破过程数值模拟结果如图 4 所示。

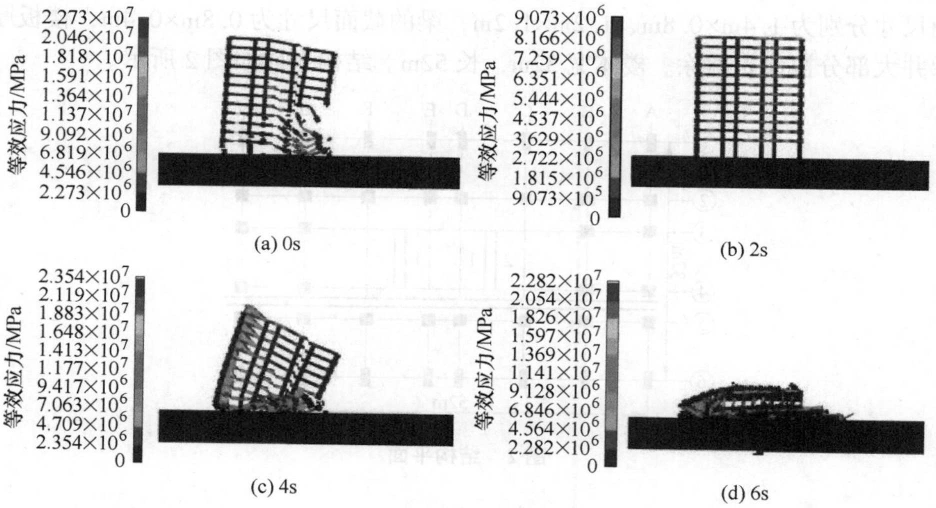

图 4 爆破数值模拟效果

3.2 爆破切口高度对倒塌效果的影响

在不改变原有模型的基础上，模拟了三角形切口高度分别为 9m（2 层）、15m（4 层）、23m（7 层）的爆破方案，切口内立柱同时起爆，切口以外部分不做处理，数值模拟结果见表 1。

表 1 不同方案的爆破数值模拟结果

切口高度/m	堆积高度/m	倒塌长度/m	后坐距离/m	备 注
23	13.0	45.0	4.5	延期网络
23	11.5	46.0	4.5	延期网络

续表 1

切口高度/m	堆积高度/m	倒塌长度/m	后坐距离/m	备　注
23	11.5	59.6	7.2	无延期网络
15	11.2	56.5	2.5	延期网络
15	21.0	56.0	0.0	无延期网络
9	倾而不倒	延期网络		
9	倾而不倒	无延期网络		

由表 1 及相关数值模拟结果可知：（1）切口高度为 23m 时，爆破堆积高度最小，但后坐距离较大；（2）切口高度为 15m 时，虽不满足重心移出条件，但切口形成后造成的初始垂直塌落运动使得梁柱结合部位破坏，形成铰接，建筑物由常静定结构转化为静不定结构，在重力及惯性运动下仍可实现定向倒塌；（3）当切口高度较小时，容易导致爆而不倒；（4）采用延期起爆网络、预留切割缝、增加爆破部位等措施，可以减少倒塌长度和后坐距离。

4　结论

（1）对于小高宽比建筑物，应合理设计切口高度和延期间隔，一定的切口高度是实现建筑物倾倒、构件破坏以及触地撞击破碎的必要条件；合理的延期间隔，不但可以使建筑物内部形成强大的破坏弯矩，还可以使未爆部分的构件产生局部大变形，解体更充分，使建筑物倒塌更彻底。

（2）切口高度和延期间隔对改善建筑物爆破效果、提高爆破安全有重要影响，应进一步研究切口高度与延期间隔共同作用的机理。

爆破拆除楼房时塌落振动的预测

魏晓林　刘　翼

（广东宏大爆破股份有限公司，广东　广州，510623）

摘　要：从十余栋楼房塌落振动综合实测中可见，峰值振速总是由楼房倒塌触地的姿态所决定，即可能发生在后支撑爆破楼房下坐、切口闭合或翻倒触地时，且峰值也不尽相同。由此，在量纲分析中引入重心下落高度，分别建立了楼房下坐、楼房切口闭合冲击和建（构）筑物整体翻倒触地振动的峰值振速经验公式，阐述了相应的楼房、建（构）筑物不同塌落振动原理，并从案例实测振速对数图峰值最大包络线中，摄取公式待定参数 K_t、β，由此分别提出对应的峰值振速算法的计算公式，并阐明参数的物理意义和取值。预测地点振速可先按结构选取，高大烟囱、现浇剪力墙（包括前跨现浇剪力墙的框剪结构及 13 层以上的单向倾倒现浇框剪结构的前方预测点）的塌落峰值振速，选取算法（3）计算峰值振速。框架和其他框剪楼房塌落振动的峰值，可按触地姿态选取算法（1）和算法（2）计算，并选取算法中的较大计算值为预测的峰值振速。由于补充了算法（1）和算法（2），综合算法正确地反映了形成峰值振速的楼房触地位置和撞地冲击时重心改变的高度，因此振动原理较明确，由此提高了预测塌落振动的针对性和准确性。并结合观测实例进行了公式验证，证明了公式的合理性。

关键词：高大建筑物；爆破拆除；触地姿态；塌落振动；峰值振速

Prediction of Collapse Vibration of Building Demolished by Blasting

Wei Xiaolin　Liu Yi

（Guangdong Hongda Blasting Co.，Ltd.，Guangdong Guangzhou，510623）

Abstract: More than ten buildings collapse vibration were comprehensively measured, and peak vibration velocity was always determined by building collapse touchdown attitude, it's likely to occur in rear support sitting down by blasting, incision closure or toppling on ground, and the peak values were not same. Therefore, falling height of the center of gravity was introduced in dimensional analysis, the empirical formula of the peak value of vibration speed of buildings sitting down, incision closure shock and building (structure) overturned wholly on ground were respectively established. Different collapse vibration principle were correspondently described. Formula parameters K_t and β were taken out from the peak envelope line of case in measured velocity logarithmic graph. Formulas respectively corresponding to peak velocity algorithms were proposed, and physical meaning of parameters and values were explained. According to the structure selected, high chimneys, cast-in-place shear wall (including the former cross cast-in-place shear wall ahead of frame and front site of cast-in-situ frame shear wall structure more than 13 storeys), prediction collapse vibration peak velocity was calculated by algorithm (3). Frame and other shear wall frame buildings collapse vibration peak was calculated by touchdown attitude to select algorithm (1) and (2), the vibration velocity greater was selected for the prediction vibration value. Algorithm (1) and (2) were supplemented, integrated new algorithm correctly reflected touchdown position of formation of vibration wave peak of building and the changed height of the center of gravity of impact hit on ground, so the principle of vibration was more explicit and the pertinence and accuracy of collapse vibration predicted would be improved. The observed examples were listed and the rationality of the formulars were proved.

Keywords: High and larger building; Blasting demolition; Touchdown posture; Collapse vibration; Peak vibration velocity

原载于《工程爆破》，2016，22（2）：13-18。

1 引言

拆除爆破工程实践表明，建筑物拆除时塌落振动往往比爆破振动大。为了估算爆破拆除时塌落的振动强度，从20世纪80年代以来，中科院力学所周家汉[1] 进行了大量研究，确立了爆破拆除高烟囱和楼房塌落的峰值振速的计算公式。依据这些公式和相应塌落振动机理，对十余栋楼房和烟囱的塌落振动进行了测量，并结合摄像、应变电测和塌落姿态动力学分析对塌落振动进行了预测。发现楼房的塌落振动与钢筋混凝土烟囱的塌落振动在原理上有所区别，测值的规律上也有差异。

2 塌落振动原理及计算

周家汉[1] 和费鸿禄[2] 研究以及大量建（构）筑物的塌落实测和量纲分析显示，建筑物拆除的塌落振动与重力势能 mgh 有关，即与下落物件的质量 m 和触地速度平方 v^2 有关（$v^2=2gh$），h 为重心下落的高度，并随振动传播的距离 R 的增加而衰减，即塌落振动的衰减公式为：

$$v_t = K[R/(2mgh/\sigma)^{1/3}]^{\beta'} \tag{1}$$

v^2 也可以与 H 成正比，由此，对高 H 的烟囱类高大建（构）筑物塌落振动的公式[3]，改写为：

$$v_t = K_t[R/(mgH/\sigma)^{1/3}]^{\beta'} \tag{2}$$

式中，β'为负衰减指数；K_t、K 为与波传播有关的场地系数；σ 为地面或构件的介质破坏强度，一般取10MPa。式（2）法称为振动预测法（3）。

实践证明，对烟囱类高大建筑（构）物，振速的最大值出现在烟囱单向整体倾倒触地时。分析高210m烟囱单向倾倒爆破拆除塌落振动的波形[4]（见图1）。

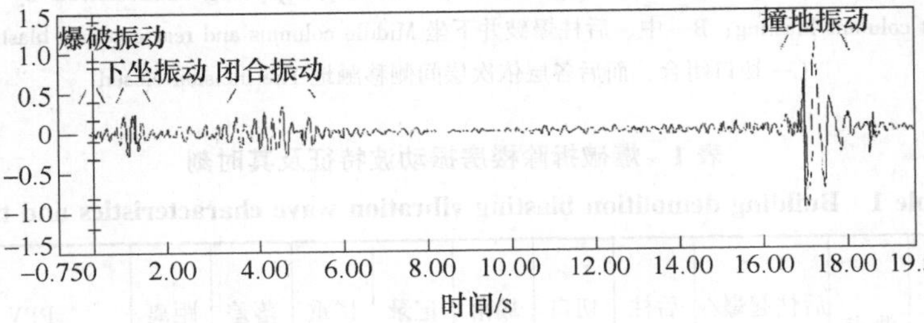

图1 210m 烟囱爆破倾倒塌落振动波形

Fig. 1 Vibration waveform of 210m chimney toppling collapse

图1所示的振动波时程曲线有先后到达的4个波动信号，即0s时的爆破，0.7s的筒壁下坐，3.6~4.5s的切口闭合，最后17.0~18.1s，是烟囱整体触地塌落振动波，其作用时间长，频率低，幅值也最大。但是爆破拆除现浇钢筋混凝土楼房时，却往往并非如此，单向倾倒的楼房，在下坐或切口闭合时，往往比整体倒地的振动还大。如中山古镇11层V形框剪楼单向倾倒爆破拆除塌落振动波形（见图2）。

图2振动波时程曲线有先后到达的5个波动信号，即−0.25~0s时前柱和楼中间中柱爆破的A波；0.5s中柱和楼边前柱起爆的B波；1.0~1.5s后柱和楼边中柱起爆到下坐撞地的C，D波，其波形为主峰D，幅值为0.3244cm/s；而3.2s切口闭合时，E振波为次峰值0.18cm/s；然后振动波幅值减少，5.2s楼房整体翻倒触地的F波，振波幅值再次增大，但幅值仅为0.075cm/s。如省委大院10号楼侧面C1测点的振动波形（见图3）。

与图2相似，图3所示振动波时程曲线有先后到达的4个波动信号，即−0.1~0.1s时前柱爆破的A波；0.2s中柱和后柱起爆并下坐的B波，其波形为主峰0.32cm/s；1.9s切口触地的C波，为次峰值0.26cm/s；而2.7s为层间侧移[5] 底层的上一层闭合时的振波，振速低峰值减少到0.1cm/s，以后振速也更小。10幢楼房爆破拆除振动波形特征见表1。

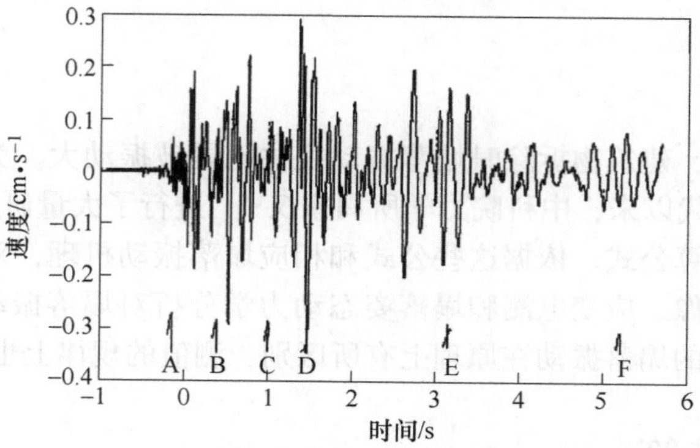

图 2　某 11 层 V 形框剪楼单向倾倒爆破拆除塌落振动波形

Fig. 2　Vibration waveform of 11-storey V shape frame shear building demolition by blasting

A—前、中间中柱爆破 Front and the middle columns blasting；B—边前、中柱爆破 Edge front and middle columns blasting；C，D—边中、后柱爆破并下坐 Side columns and rear columns blasting and sitting down；E—切口闭合 Incision closed；F—楼房翻倒触地 Building toppling on ground

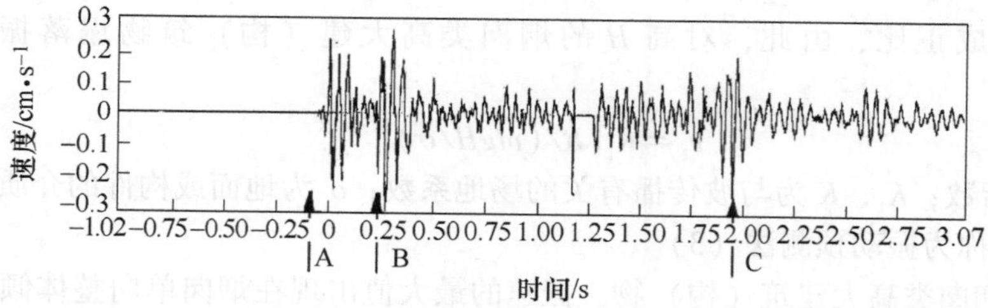

图 3　某框架楼房爆破拆除倾倒层间侧移塌落侧向 C1 点振动波形

Fig. 3　The vibration waveform of 7-storey building toppling demolished by blasting

A—前柱爆破 Front columns blasting；B—中、后柱爆破并下坐 Middle columns and rear columns blasting and sitting down；C—切口闭合，而后各层依次层间侧移触地 The incision closed

表 1　爆破拆除楼房振动波特征及其时刻

Table 1　Building demolition blasting vibration wave characteristics and times

序号	工程名称	结构	塌落方式	测点	后柱起爆/s 雷管/波	后柱波/s	切口闭合/s	塌落波/s	记录波/s	楼重/t	落差/m	距离/m	PPV 时刻/s	PPV /cm·s⁻¹ (括号内在基础)	备注
1	东莞信合	框架	翻倒	侧	0.5/0.5	1.00	2.50	2.95	5.72	1211	26.5/2	36.8	2.95，切口闭合	1.25	
2	恒运电办	框架	翻倒	前	1.0 /1.2	(0.94) 1.72	2.72	4.07	5.57	2441	26.4/2	30.4	4.07，塌落	1.19	
3	省院 10 号	框架	层间侧移	前 C2	0.21/0.2	0.38	1.90	—	3.07	1027	0.6	52.7	0.38，中、后柱下坐两层	0.64	
4	中山古镇	框剪	翻倒	侧	1.0/1.0	1.50	2.70	—	6.40	—	—	46.0	1.5，下坐	0.32	
5	大源 9 层	框剪	跨间下塌	侧 B2C3	1.9/2.1	2.30	2.70 3.10	5.80	7.40	—	—	25.2 (37.3)	2.7，下坐	1.12 (0.65)	参考测点 B3
6	大源 11 层	框剪	跨间下塌	侧 B5C1	0.9/0.7	0.70	2.75	5.30	13.80	—	—	50.0 (64.7)	2.75，切口闭合	0.9，C1 下坐(0.55，切口闭合 B5)	
7	开平水口	框架	层间侧移	侧	1.0/0.7	0.76	1.84	3.15	6.90	—	—	18.0	1.84，下坐	1.18	
8	阳江礼堂	砖混	内塌	后 A1	0.5/0.65	0.65	0.85	0.85	1.30	—	—	15.0	0.65，下坐	1.32	

续表 1

序号	工程名称	结构	塌落方式	测点	后柱起爆/s 雷管/波	后柱波/s	切口闭合/s	塌落波/s	记录波/s	楼重/t	落差/m	距离/m	PPV 时刻/s	PPV /cm · s^{-1}（括号内在基础）	备注
9	天河西塔	框剪	翻倒	后 D	0.5/0.5	0.52	1.20	—	2.47	—	—	20.2	0.52	0.335	地铁
10	青岛远洋	装配剪墙	翻塌	前 C1	2.3	2.30	3.44	—	5.90	8610 (3/12)	4.6	39.5	3.44，切口闭合	1.50	下体

从表 1 中可见，其中 6 幢楼房振动主峰在后柱爆破下坐时，3 幢楼房塌落振动主峰在切口闭合时，1 幢楼房振动主峰在楼房翻倒触地时，且楼房翻倒触地中心距前方测点最近。由此可见，现浇钢筋混凝土楼房塌落振动主峰幅值与楼房的结构、爆破拆除的方式和触地的姿态等因素有关，而触地姿态即是楼房下坐、切口闭合冲击或翻倒触地。

对 8 层以下楼房，后柱的炸高多为 0.9~1.2m，后柱爆破时楼房下坐，较多楼房振动达到峰值，见表 2。

表 2　楼房下坐峰值振速预测方法比较

Table 2　The comparison of prediction methods of peak vibration velocity during building sitting down

例号	工程名称	结构	倒塌方式	层/高度，m	楼重/t	落差/m	距离/m	预测 1PPV /cm · s^{-1}	预算 3PPV /cm · s^{-1}	实测 PPV /cm · s^{-1}	K_t	备注(预算 2) /cm · s^{-1}
1	东莞信合	框架	单倾	7/26.5	1211	1.2	42.2	0.88	2.61	0.52	3.18	1.30
2	恒运电办	框架	单倾	8/26.4	2441	0.9	51.6	0.80	5.17	0.41	2.78	1.39
3	省委 10 号院	框架	单倾	7/24.9	1027	0.6	52.7	0.38	3.34	0.64	9.10	M，0.92
4.1	中山古镇	框剪	单倾	11/36.5	2730	0.3	53.0	0.44	2.67	0.32	3.92	M，1.15
4.2	中山古镇	框剪	单倾	11/36.5	2730	0.3	46.0	0.56	2.51	0.26	2.52	1.15
5.1	青岛远洋	剪墙	双折	14/45.7	8610(7/12)	0.6	53.6	0.89	—	0.89	5.40	上体
5.2	青岛远洋	剪墙	双折	14/45.7	8610(7/12)	0.6	72.6	0.54	—	0.17	1.71	上体
6	天河西塔	框架	单倾	4/18.0	150	1.2	21.2	0.94	0.83	0.335	1.94	M，0.57
7.1	珠海江村	框剪	单倾	22/55.4	12625	0.6~1.2	16.5	2.56	6.40	0.766	1.61	M，1.90
8.1	天涯宾馆	框剪	三折下坐	22/78.5	3163	1.8	100.0	0.65	0.93	0.65	7.82	下体，M0.68
8.2	天涯宾馆	框剪	三折下坐	22/78.5	3678	1.2	100.0	0.57	—	0.57	7.89	上体

注：预测（1）的 $v_t = K_t[(mg2h_e/\sigma)^{1/3}/R]^{\beta}$。式中 h_e 为下坐高，m；R 为爆破后支撑中点的距离，m；$\beta=1.16$；例 1~例 7.1$K_t=5.4$，例 8.1 和 8.2$K_t=7.8$；预测（3）为文献［1］的方法，$K_t=3.37$；$\beta=1.16$；M 为振速最大值。表中备注（预算 2）为切口闭合振速预测算法（2）。

从表 2 中例 7.1 也可见，珠海江村 20 层楼房应变电测，也证明下坐时后柱应变片应力突变而同时塌落振速也最大。文献［2］也得出毫秒延时爆破拆除建筑物时其后坐触地产生的振速更大。随着楼层增高，其宽度也增大，爆破切口也跟随加高，楼房触地冲击势能将加大，因此 8 层以上楼房切口闭合时，多数楼房振动达到峰值。14 层以上的多切口拆除楼房，被切口分割的房体将分别触地冲击，下体切口闭合时，振动达到峰值。倒塌的楼房经后柱爆破下坐，切口闭合冲击，楼房的整体结构已经破坏，各构件带缝钢筋连接，非完全离散[5]，乃至完全离散，翻倒触地时，撞地力分散，因此振动幅值较小。但是，单向倾倒的 20 层以上现浇剪力墙楼房，部分构件体下落高度大，触地势能还高，仍可能形成振速主峰。由此可见，现浇钢筋混凝土楼房塌落振动的峰值振速时刻将依次可能出现在中、后支撑爆破下坐，切口闭合和翻倒触地时，且振动原理有所差异，峰值、次峰也有相互影响。

因此，峰值振速的计算分别对应下坐、切口闭合和整体翻倒三种算法。数幢楼房下坐的峰值振速见表 2。切口闭合的峰值振速见表 3，M 代表楼房塌落振动速度最大值，并将实测 PPV 振速绘入图中。

表 3　楼房切口闭合峰值振速预测方法比较

Table 3　Prediction methods comparison of peak vibration velocity when building incision closed

例号	工程名称	结构	倒塌方式	层/高度 /m	楼重 /t	落差 /m	距离 /m	预测 2PPV /cm·s⁻¹	预算 3PPV /cm·s⁻¹	实测 PPV /cm·s⁻¹	K_t	备注(预算 1) /cm·s⁻¹
1	东莞信合	框架	单倾	7/26.5	1211	6.5	38.8	1.30	2.61	1.25	2.61	0.88
2	恒运电办	框架	单倾	8/26.4	2441	4.0	40.0	1.39	5.17	1.19	2.18	M, 0.80
3.1	青岛远洋	剪墙	双折	14/44.1	8610 (3/12)	4.85	39.5	1.47	2.92	1.50	2.76	下体, M0.89
3.2	青岛远洋	剪墙	双折	14/44.1	8610 (3/12)	4.85	74.1	0.51	0.82	0.16	0.84	下体 0.54
4[6]	中山中人	剪墙	三折	33/106	6314	7.45	50.0	2.28	2.76	0.89	1.05	下体, M1.66
5[7]	温州中人	框剪	三折	22/98	6000	7.25	59.6	1.64	1.01[3]	1.08	1.79	下体, M1.10

注：预测（2）的 $v_t = K_t[(mgH/\sigma)^{1/3}/R]^\beta$。$H$ 为切口高，m，落差为 $H/2$；R 为切口闭合前沿中点距测点距离，m；$K_t = 2.7$；$\beta = 1.16$。预测（3）为文献［1］的方法，$K_t = 3.37$；$\beta = 1.16$；M 为全振动最大值。表中备注（预算 1）为下坐振速预测算法（1）。

首先，根据式（1），作楼房下坐的峰值振速对数图（见图 4），$R' = R/(2mgh_e/\sigma)^{1/3}$，$h_e$ 为爆破引起下坐的支柱炸高，m。

另外，根据式（1）改写，作楼房切口闭合峰值振速对数图（见图 5），$R' = R/(mgH/\sigma)^{1/3}$，$H$ 为切口高，m。

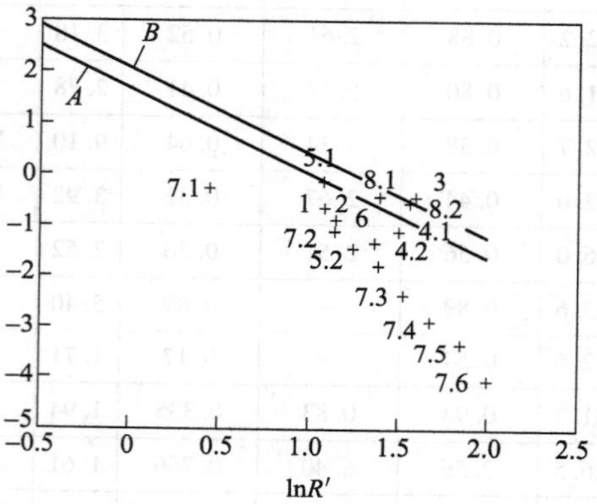

图 4　下坐峰值振速测量值

Fig. 4　PPV measured during sitting down

（A 线 $K_t = 5.4$，$\beta' = -1.66$；B 线 $K_t = 7.8$，$\beta' = -1.66$；图中数字为表 2 例号，7.1~7.6 为例 7 的不同测点）

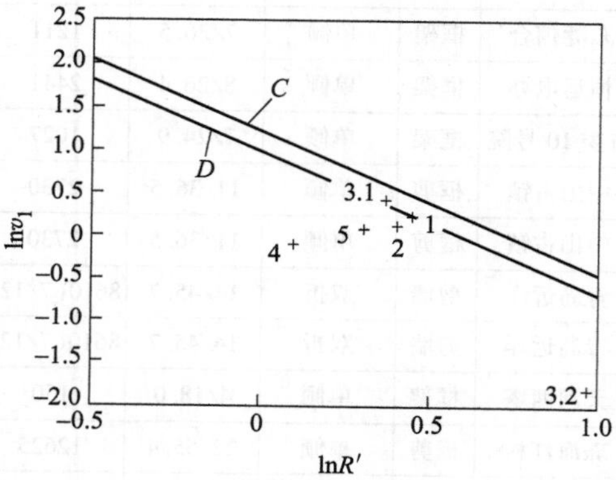

图 5　切口闭合峰值振速测量值

Fig. 5　PPV measured when incision closed

（D 线 $K_t = 2.7$，$\beta' = -1.66$；C 线 $K_t = 3.37$；$\beta' = -1.66$；图中数字为表 3 例号）

由此可以得到楼房塌落振动补充的算法（1）和算法（2），即综合以上图、表可见，若预测塌落振动的公式仍采用式（2），将楼房下坐振动作为预测法（1），则 $H = 2h_e$，R 为爆破引起下坐支撑在地面连线的中点到预测振动目标点的距离，m。而 $K_t = K$ 和 $\beta = -\beta'$，可从图 4 得到，其中倾倒下坐振动峰值 $K_t = 5.4$，塌落下坐 $K_t = 7.8 \sim 9.1$，$\beta = 1.66$。而当切口闭合时，作为切口闭合的峰值振速的预测法（2），H 取切口高；R 为切口前缘闭合触地中心距预测峰值振速点距离，m。而 $K_t = K$ 和 $\beta = -\beta'$ 也可从 5 幢楼房的切口闭合峰值振速对数（图 5）中获得，楼房的切口闭合峰值振动的 $K_t = 2.7$，$\beta = 1.66$。切口闭合的 K_t 值小于下坐振动的 K_t，因为钢筋混凝土楼房下坐撞地后，楼房已有所破坏，刚度降低，重心单位下落 m 的撞地力有所减小而形成。而振动传播的衰减系数 β，在图 4 和图 5 中从多幢楼房测值与文献［1］比较均显得较小，但从珠海江村单幢楼房塌落的振速看，β 仍然较大，因而仍按文献［1］中 $\beta = 1.66$ 计算。此外，楼房整体翻倒触地峰值振速计算仍作为原算法（3），仍按原式（2），文献［1］中 K_t 取 3.37~4.09，H 为楼房（或下体）和烟囱的高度，R 为预测地目标点与塌落中心距离，m，$\beta = -\beta'$，$\beta = 1.66$。由此，将文献［1］中楼房塌落振动的峰值振速计算进行了完善，补充了算法（1）和算法（2），形成了新的楼房塌落振动预测流程和方法。

从上式的分析可见，算法（1）和算法（2）正确反映了形成峰值振速的楼房触地位置和撞地冲击时重心改变的高度，因此将改善式（2）文献［1］仅一个算法（3）的预测值，而更接近实测 PPV 峰值。在表 2 和表 3 比较中可见，算法（1）和算法（2）的预测值绝大多数都比文献［1］的算法（3）的预测值小，且其中较大者都大于实测峰值振速，因此又是安全的。表 2 的例 3 后跨梁端弱，中、后柱下坐两层，其 $K_t=9.1$，略超算法（1）的 $K_t=7.8$，但算法（2）的预测值仍大于实测值；表 2 的例 8.1 和 8.2，也是属下坐两层以上的整体塌落，当楼房底层后柱炸高超过 1.6m 时，就易于发生整体塌落[5]。另外，表 2 的例 6 算法（1）的预测值大于算法（3）是可能的，在靠近楼房两侧和后方 25m 内，预测值会大于算法（3），但是正常的。再以算法（3）的 1/2 改进值预测，其部分预测值接近实测值及其逆算的 K_t，比较准确。但表 2 中的例 2、例 4.1、例 4.2 和例 7.1 的框架、前跨框架的框剪结构塌落振速的计算值比实测峰值振速高出 5.2~9.59 倍。由此可见，算法（2）还是比原公式（2）的文献［1］仅一个算法（3）及其预测值的 1/2 预测，较为准确，且振动原理正确。对于单向倾倒现浇全剪力墙楼房以及前跨有剪力墙的框剪结构，因整体倾倒触地的塌落振动峰值有可能大，且实测案例较少，难以肯定用算法（1）和算法（2），仍按算法（3）预测。

综上所述，当爆破拆除楼房振动预测时，其新流程是框架和框剪楼房按塌落振动补充的算法（1）和算法（2）所对应的条件，分别计算 PPV 振速，再取其最大值，为目标点预测的峰值振速。而烟囱、现浇全剪力墙楼房和前跨有剪力墙的框剪结构及 13 层以上的单向倾倒现浇框剪结构的前方预测点仍按原算法（3）预测。

3 应用实例

现以框架结构的恒运电厂 8 层办公楼单向倾倒爆破拆除为例[8]，预测前方 40m 目标点的峰值振速。当切口闭合时，以算法（2）计算，取楼房切口高 $H=8$m，质量 $m=2441$t，$R=40$m，$\beta=1.66$，$K_t=2.7$，计算峰值振速 $v_2=1.39$cm/s；而当楼房后柱下坐时，按算法（1）计算，取后柱炸高 $h_e=0.9$m，$m=2441$t，$R=51.6$m，$\beta=1.66$，$K_t=5.4$，计算峰值振速 $v_1=0.8$cm/s；而算法（3）不适合框架结构，不进行计算。因 $v_2>v_1$，故预测计算峰值 $v_t=v_2=1.39$cm/s，实测值为 1.19cm/s，小于预测值，因此预测值是安全的。假如采用算法（3）预测，楼高 $H=26.4$m，$m=2441$t，$R=30.8$m，$\beta=1.66$，$K_t=3.37$，计算峰值振速 $v_3=5.17$cm/s；$v_3>v_1$，v_1 也小于 $v_3/2$ 和 $v_3/3$。可见算法（3）不适合框架结构计算，框架结构塌落振波峰值振速可按算法（1）和算法（2）预测并取其较大者。

4 结语

（1）建（构）筑物爆破拆除的塌落振动的峰值振速，可能发生在中、后支撑爆破楼房下坐、切口闭合或翻倒触地时，中科院力学所周家汉的预测目标点峰值振速 $v_t=K_t[(mgH/\sigma)^{1/3}/R]^{\beta}$ 的公式是合适的，其中参数取值除了应考虑建筑结构、拆除方式、土岩性质等因素外，还应考虑倒塌姿态。先按结构选取高大烟囱、现浇剪力墙（包括前跨现浇剪力墙的框剪结构，13 层以上的单向倾倒现浇框剪结构的前方预测点）塌落振动的峰值振速，选取算法（3）计算峰值振速。框架和其他框剪楼房塌落振动的峰值振速可按触地姿态[5]，选取算法（1）和算法（2）计算，并选取算法中的较大计算值为预测的峰值振速。式中，m 为楼房（或下体）、烟囱的质量，10^3kg，σ 为地面介质的破坏强度，一般取 10MPa。由于补充了算法（1）和算法（2），综合算法正确地反映了形成振波峰值振速的楼房触地位置和撞地冲击时重心改变的高度，因此振动原理较明确，提高了预测塌落振动的针对性和准确性。

（2）补充的算法（1）是楼房后支撑爆破的峰值振速，发生在楼房下坐时。楼房倾倒兼塌落 $K_t=5.4\sim6.2$，整栋楼房塌落下坐（或首次下坐底 2 层以上）$K_t=7.8\sim9.2$，$H=2h_e$，h_e 为爆破引起下坐的后支撑炸高，R 为爆破引起下坐支撑在地面连线的中点到预测振动目标点的距离，m；$\beta=1.66\sim1.8$。

（3）补充的算法（2）是框架和框剪楼房切口闭合时的峰值振速，发生在切口闭合时，$K_t=2.7\sim$

3.08，β=1.66~1.8，H为下切口高，m，R为下切口前缘闭合触地中心与预测峰值振速点距离，m。

（4）原算法（3）为高大烟囱、现浇剪力墙（包括前跨现浇剪力墙的框剪结构），倾斜翻倒触地的峰值振速，发生在烟囱和楼房（或下体）翻倒整体触地时。按中科院力学所周家汉的研究文献[1，3]，K_t取3.37~4.09，H为楼房（或下体）和烟囱的高度，R为预测地目标点与翻倒塌落中心距离，m，β=1.66~1.8。

（5）若地面采取挖沟槽等减振措施，K_t值还会降低1/2以上[3]。楼房塌落振动的危害多发生在邻近侧面和近距的后方保护目标，因此为保护该目标，减振沟可挖在塌落楼房的切口闭合侧前后和不会加大下坐的后方。此外，降低爆破后支撑炸高，也可减小下坐振动。

参考文献

[1] 周家汉，陈善良，杨业敏，等．爆破拆除建筑物时震动安全距离的确定［C］//冯叔瑜．工程爆破文集（第三辑）［M］．北京：冶金工业出版社，1988：112-119.

Zhou Jiahan，Chen Shanliang，Yang Yemin，et al. Determine the chocking safety distances in blasting demolition of building［C］//FENG Shuyu. Engineering Blasting Corpus（3rd cir.）［M］. Beijing：Metallurgical Industry Press，1988：112-119.

[2] 费鸿禄，张龙飞，杨智广．拆除爆破塌落振动频率预测及其回归分析［J］．爆破，2014，31（3）：28-31，95.

Fei Honglu，Zhang Longfei，Yang Zhiguang. Forecast of collapsing vibrating frequency of demolition blasting and its regression analysis［J］. Blasting，2014，31（3）：28-31，95.

[3] 周家汉．爆破拆除塌落振动速度计算公式的讨论［J］．工程爆破，2009，15（1）：1-4，40.

Zhou Jiahan. Discussion on calculation formula of collapsing vibration velocity caused by blasting demolition［J］. Engineering Blasting，2009，15（1）：1-4，40.

[4] 刘翼，魏晓林，李战军．210m烟囱爆破拆除振动监测及分析［C］//汪旭光．中国爆破新技术［M］．北京：冶金工业出版社，2012：964-971.

Liu Yi，Wei XiaoLin，Li Zhanjun. Measuring vibration and analysis of chimney high 210m demolished by blasting［M］// Wang Xuguang. New Technology of Blasting Engineering in China. Beijing：Metallurgical Industry Press，2012：964-971.

[5] 魏晓林．建筑物倒塌动力学（多体-离散体动力学）及其爆破拆除控制技术［M］．广州：中山大学出版社，2011.

Wei Xiaolin. Dynamics used on building demolition by blasting & controlled theory［M］. Guangzhou：Zhong Shan University Press，2011.

[6] 朱朝祥，崔允武，曲广建，等．剪力墙结构高层楼房爆破拆除技术［J］．工程爆破，2010，16（4）：55-57，40.

Zhu Chaoxiang，Cui Yunwu，Qu Guangjian，et al. Blasting demolition technique of high building with share wall structure［J］ Engineering Blasting，2010，16（4）：55-57，40.

[7] 曲广建，崔允武，吴岩，等．温州93m高结构不对称楼房拆除爆破［C］//汪旭光．中国典型爆破工程与技术［M］．北京：冶金工业出版社，2006：615-620.

Qu Guangjian，Cui Yunwu，Wu Yan，et al. The asymmetry structure building high 93m demolished by blasting in Wenzhou［C］//Wang Xuguang. Chinese typical blasting engineering and technology［M］. Beijing：Metallurgical Industry Press，2006：615-620.

3 座内部结构复杂的烟囱的爆破拆除

谢钱斌　张先东

（广东宏大爆破股份有限公司，广东 广州，510623）

摘　要：为爆破拆除复杂环境下内部结构复杂、风道距外地面距离较高的 3 座烟囱，对待爆区域内衬预留受力支柱进行预处理，从烟囱底部搭设专业钢管架，拆除预处理部分的内衬，并在预留的受力支柱上布置炮孔，3 座烟囱的内衬均未发生垮塌等危险情况。在烟囱外部装药部分覆盖炮被，焦化生产线附近开挖减振沟，并结合定向爆破技术顺利完成了 3 座烟囱的爆破拆除。3 座烟囱均按照设计倾倒方向倒塌并且成功避免了两烟囱在空中发生碰撞，爆破振动、飞石、烟尘、烟囱的前冲以及后坐等情况均控制在设计范围内，达到了预期的爆破效果，可为今后类似的拆除爆破工程提供参考。

关键词：双层内衬；拆除爆破；倒塌方向；安全措施

Blasting Demolition of 3 Chimneys with Complex Internal Structure

Xie Qianbin　Zhang Xiandong

（Guangdong Hongda Blasting Co.，Ltd.，Guangdong Guangzhou，510623）

Abstract: For the blasting demolition of three chimneys under complex environment, with complicated internal structure and the air flue is at a higher distance from the ground surface, the explosive area of lining weighted pillars were pretreated. Professional steel frame were erected from the bottom of the chimney to remove the pretreatment part of the lining, and the blastholes were arranged in the reserved pillars. Three chimneys lining were not in dangerous situations. Cotton quilt covered the charge part of the chimney outside and the buffering trench near the coking production line was excavated, combined with directional blasting technology, three chimneys blasting demolition completed successfully. Three chimneys collapsed in accordance with the design direction and avoided collision between the two chimneys in the air. Blasting vibration, flying socks, smoke, moving－up and backward collapse were all controlled in the design range. The desired blasting effect was achieved, which canp rovide a reference for similar demolition blasting projects in the future.

Keywords: double lining; demolition blasting; collapse direction; safety measures

为响应国家“节能减排，绿色城市”的号召，将对关停一年多的焦化厂 3 座烟囱进行爆破拆除。拆除爆破的难点在于厂内环境复杂，3 座烟囱内的风道底部距外地面较高，内衬结构复杂，预处理难度较大。

1　工程概况

3 座烟囱从西至东依次编号为 1 号、2 号、3 号，高度分别为 120m、100m、60m。1 号烟囱距离西侧运煤廊桥 50m，距离南侧皮带运输机 140m；2 号烟囱距离东侧焦化生产线 20m，距离南侧皮带运输机 165m；3 号烟囱距离东侧厂房 10m，西侧供暖管道 40m，南侧厂区宿舍 70m。烟囱周边环境如图 1 所示。

原载于《工程爆破》，2017，23（2）：62-66。

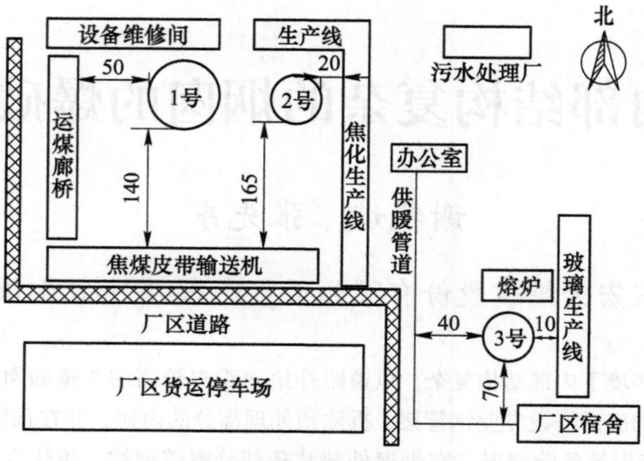

图1　烟囱周边环境平面示意图（单位：m）

Fig. 1　The scheme of chimney's surroundings (unit: m)

1号烟囱为钢筋混凝土、双内衬结构，混凝土标号为C30，烟囱底部外直径8.8m，混凝土筒壁壁厚44cm，外侧混凝土3cm以内布置直径为20mm的竖向及环向钢筋，烟囱风道底部距外地面5m。内衬结构的第一层耐火砖墙厚24cm，第二层为24cm的混凝土砖墙，隔热层为厚12cm的密实发泡材料，且与混凝土结构密切结合。

2号烟囱为砖结构，烟囱底部外径6.9m，筒壁壁厚75cm。烟囱风道底部距外地面4m。内衬由厚度为24cm的耐火砖及12cm厚的独立混凝土砖墙结构的隔热层组成，其中隔热层与烟囱外壁和耐火砖之间均有5.0cm的空隙。

3号烟囱为砖结构，烟囱底部外径5.4m，筒壁厚度60cm，烟囱风道底部距外地面2m，内衬为紧挨筒壁的24cm的耐火砖，烟囱内部有一高6m的“十”字稳定墙。

2　预处理

为确保3座烟囱爆破后按设计方向倾倒，故对3座烟囱上的避雷针接地线、烟囱外部钢梯和管道采用氧焊进行切割处理。

首先采用油炮机在1号、2号烟囱倒塌中心线左右两侧各1.0m的范围内开凿长2.0m、宽2.5m的矩形导向窗，3号烟囱受其自身条件限制，导向窗大小定为长1.0m、宽2.0m；其次，在导向窗的两侧对称凿出水平夹角为30°的直角三角形定向窗。定向窗用油炮机开凿，其周边位置用风镐进行二次修整。

处理烟囱内部复杂的内衬结构时搭建专业的钢制脚手架后，使用风镐进行人工拆除，并且每个烟囱的内衬预留两个“m”形受力支柱。1号烟囱第一层24cm厚度的耐火砖墙从下而上8m为独立结构，故爆破区域完全拆除；对第二层24cm的混凝土砖墙采用预留受力支柱处理爆破区域，在受力支柱上进行钻孔装药（见图2）。

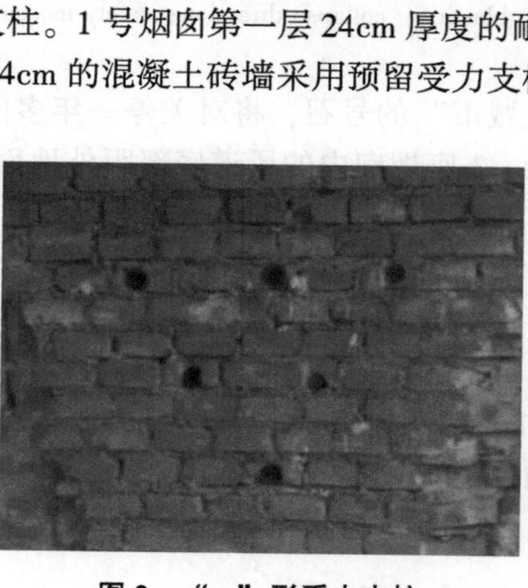

图2　“m”形受力支柱

Fig. 2　The weighted pillar of “m” shape

2 号烟囱的耐火砖和隔热层都是承重结构且存在空隙，故只对爆破区域进行预处理，并在耐火砖的受力支柱上进行钻孔装药，在隔热层与受力支柱的空隙中采用“敷炮”法进行处理。

3 号烟囱内衬裂缝较大，故只对爆破区域的内衬采用“敷炮”法进行预处理，为了保护受力支柱的稳定性，故不钻孔。

3 爆破技术设计

3.1 倒塌方向的确定

烟囱风道的顶部在地面以下，对烟囱的倾倒方向无影响。综合烟囱周围环境考虑，设计 1 号烟囱的倾倒方向为南偏西 30°，烟囱顶部落点距离西侧运煤廊桥 20m，南侧皮带运输机 20m；2 号烟囱的倾倒方向为南偏西 15°，烟囱顶部落点距离西侧运煤廊桥 60m，东侧焦化生产线 30m，南侧皮带运输机 70m；3 号烟囱的倾倒方向为西南方向，烟囱顶部落点距离西侧供暖管道 20m。

3.2 切口部位的确定

切口高度与烟囱的材质和筒壁厚度有关，设计要求切口高度 h 应满足 $h \geqslant (3.0 \sim 5.0)\delta$，$\delta$ 为爆破切口部位的烟囱壁厚[1]。将相关数值代入上式并参照国内外烟囱爆破切口高度，可得爆破切口高度分别为 1.8m、2.0m、1.8m。

根据设计，1 号烟囱布置矩形炮孔，2 号和 3 号烟囱布置梅花形炮孔并进行钻孔作业。

3.3 爆破切口参数[1,2]

考虑到当地大风天气、后坐力和支座反力的影响，确定此次爆破采用“复式”正梯形小切口的爆破切口（见图 3）。

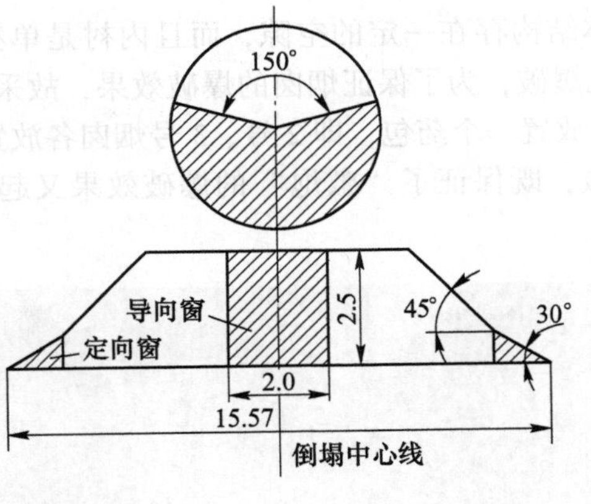

图 3 烟囱爆破切口示意图（单位：m）

Fig. 3 Scheme of the blasting notch of chimney（unit：m）

爆破切口所对应的圆心角通常为 180°~240°。1 号烟囱此处的外直径为 8.5m，混凝土筒壁壁厚为 44cm，爆破切口所对应的圆心角为 210°，爆破切口的底边长 $L=210°/360°\times\pi\times8.5=15.57$m。

2 号烟囱此处的外直径为 6.7m，砖结构烟囱筒壁壁厚为 75cm，爆破切口所对应的圆心角为 210°，爆破切口的底边长 L 为 12.27m。

3 号烟囱此处的外直径为 5.2m，砖结构烟囱筒壁壁厚为 60cm，爆破切口所对应的圆心角为 230°，爆破切口的底边长 L 为 10.43m。

定向窗，导向窗和开口底边是否在同一水平，倾倒中心线两侧的三角形定向窗是否对称决定了 3 座烟囱能否按照设计方向倾倒，故在施工过程中采用全站仪进行多次放点，并确保按设计准确施工。

3.4 爆破技术参数[3]

3.4.1 烟囱的爆破技术参数

1号烟囱内衬结构已进行预处理，爆破区域混凝土筒壁壁厚为44cm。最小抵抗线 W 取切口处烟囱壁厚的一半，即 $W=\delta/2=22$cm；孔距 $a=(1.5\sim1.8)W=33$cm；排距 $b=a=33$cm；孔深 $L=(0.5\sim0.6)\delta=24$cm；单位体积炸药消耗量 $q=1.5\text{kg/m}^3$，钢筋混凝土壁厚在30～50cm时取1.5～2.0kg/m^3；单孔装药量 $Q=qab\delta=72$g，实际装药75g。

2号烟囱爆破区域砖结构筒壁壁厚为75cm；孔网参数为50cm×50cm；最下面3排孔深53cm，上4排孔孔深48cm；实际装药量为最下面3排每孔装药300g，上4排每孔装药200g。

3号烟囱爆破区域砖结构筒壁壁厚为60cm；孔网参数为40cm×40cm；孔深40cm；实际最下面3排每孔装药200g，上4排每孔装药150g。

3.4.2 “m”形支柱爆破技术参数

1号、2号烟囱爆破区域“m”形支柱厚度为24cm，孔网参数为18cm×18cm，孔深15cm，实际单孔装药量 $Q=50$g。烟囱爆破参数见表1。

表1 烟囱爆破参数

Table 1 The chimney blasting parameters

编 号	孔深/cm	孔数/个	设计总装药量/kg
1号烟囱	24	252	18.9
2号烟囱	48	112	30.4
3号烟囱	40	89	20.0

3.4.3 “敷炮”法处理空隙

由于2号烟囱隔热层和筒体结构存在一定的空隙，而且内衬是单独的承重结构无法完全拆除，3号烟囱隔热层裂隙较大无法钻孔爆破，为了保证烟囱的爆破效果，故采用“敷炮”法爆破拆除待爆区域的内衬。每个“m”形支柱后放置一个药包，即2号、3号烟囱各放置两个1.2kg的药包，用特制的空隙填塞物填满空隙并进行包敷，既保证了“敷炮”的爆破效果又起到了减少噪声和防止飞石的效果。“敷炮”效果如图4所示。

图4 敷炮效果

Fig.4 The effect of the cover gun

3.5 起爆网路

为起爆后迅速形成切口，保证烟囱按设计方向倾倒，并且避免各种杂散电流对起爆网路的干扰，使用延时导爆管雷管并采用“簇联”的方式进行连接[4]，孔内均采用MS8段雷管，孔外采用MS2段雷管，用塑料导爆管连接构成复式起爆网路。相邻两座烟囱之间用4条导爆管连接，形成“双保险”，主起爆网路使用两台EF-1000型起爆器起爆（见图5）。

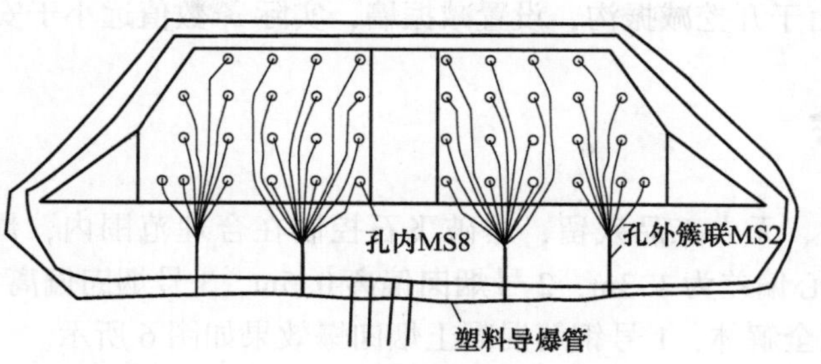

图 5 起爆网路示意图
Fig. 5 Scheme of initiation network

4 安全防护

4.1 高空防倒塌、防坠落

在对内衬进行预处理和部分区域钻孔时存在高空作业，为了防止脚手架倾倒，故在搭建时采用专用材质的钢管并做好尾部支撑防护工作。脚手架的周围使用安全网进行安全防护，现场作业人员必须正确佩戴安全带等防护用具进行作业，确保作业安全。

4.2 飞石防护、塌落振动防护和降噪处理

爆破前用废旧棉被加工 3 层厚的炮被，装药连网工作结束后，在装药位置悬挂炮被并将其淋湿，起爆时可吸收爆破噪声，减少爆破浮尘。同时将废旧铁皮悬挂在炮被上方并采用强力钢丝网进行固定，减缓爆破飞石向周围冲击的初速度，将飞石距离控制在设计范围内；用竹笆和建筑模板等防护，防止飞石破坏建筑物门窗。运煤廊桥的混凝土立柱和供暖管道的钢立柱采用 5 层沙袋堆垒 2m 围绕防护[5,6]。

利用附近的生活垃圾在烟囱倾倒区域设置两道相距 50m 的减振墙，并在减振墙上设置 2m 高的防冲墙，用防护网进行固定。1 号烟囱和 2 号烟囱的减振墙高度相差 1.5m，可防止其在落地时相撞而激起飞石。为了对 2 号烟囱东侧的焦化生产线进行减振保护，在距离 2 号烟囱东侧 10m 处开挖一条长 150m、宽 2m、深 3m 的减振沟。

5 爆破振动和塌落振动

根据修正后的萨道夫斯基公式计算爆破振动速度[7]：

$$v = KK'(Q^{1/3}/R)^{\alpha} \tag{1}$$

式中，v 为爆破振动速度，cm/s；K' 为与爆破地质有关的修正系数；Q 为一次起爆的最大药量，kg；R 为保护目标到起爆中心的距离，m；K、α 为爆破点至保护对象间与地形、地质条件有关的系数和衰减指数。

根据实践经验并对比理论公式，取 $K \cdot K' = 70$，$\alpha = 1.7$，最大段药量为 30.4kg，距离 R 取 20m，求得 $v = 2.8$cm/s，由于采取了减振措施，测得实际爆破振动速度 $v' = 0.15$cm/s，效果较好，满足《爆破安全规程》（GB 6722—2014）规定的安全振速。

按塌落振动公式[7] 计算：

$$v_t = K_t \left[\frac{R}{\left(\frac{MgH}{\sigma} \right)^{\frac{1}{3}}} \right]^{\beta} \tag{2}$$

式中，v_t 为塌落引起的地面振动速度，cm/s；K_t，β 为塌落振动衰减系数，$K_t = 3.37$，$\beta = -1.7$；$M = 1300$t；$g = 10\text{m/s}^2$；$H = 120$m；$\sigma = 10$MPa；R 为塌落的质心至计算点的距离，$R = 100$m。

可得 v_t = 1.17m/s，由于开挖减振沟，设置减振墙，实际 v_t 数值远小于安全允许值3.0m/s。

6 爆破效果和体会

起爆后，发现无盲炮、无火工品残留，爆破飞石控制在合理范围内，周围建筑物和生产线完好。其中，1号烟囱的倾倒中心偏差为1.3m，2号烟囱偏离0.5m，3号烟囱偏离0.3m。总体而言，爆破效果良好。两座砖烟囱已完全解体，1号钢筋混凝土烟囱爆效果如图6所示。

图6 爆破效果
Fig.6 Blasting effect

通过对3座内部结构复杂的高烟囱的成功爆破拆除，有如下体会：

（1）必须确认爆破区域以上的耐火砖是否属于承重结构，采取合理的预处理方式进行安全处理，烟囱内部十字稳定墙必须进行预处理。

（2）爆破区域中部的导向窗具有很大的实用价值，可减少钻孔工作量、炸药使用量和爆破振动。

（3）高烟囱爆破受风载荷影响倾倒中心偏差较大，应进一步计算将具体的影响程度数据化，方便在今后爆破拆除工程中的应用。

（4）减振降尘和防飞石综合防护体系很好地发挥了其自身作用，对环保爆破有一定的积极意义。

（5）采用同段别雷管、小爆破切口，快速成型的爆破切口方式能在最大程度上减小风载荷对烟囱倾倒方向的影响。

（6）“m”形支柱结合“敷炮”法成功解决了耐火砖预处理和空隙泄能问题，保证了隔热墙的成功爆破，从而实现了整个工程的圆满成功。

参考文献

[1] 郑炳旭，傅建秋，王永庆，等. 150m高钢筋混凝土烟囱双向折叠爆破拆除［J］. 工程爆破，2004，10（3）：34-36.
Zheng B X, Fu J Q, Wang Y Q, et al. Demolition of a 150m high reinforced concrete chimney by bidirectional folding blasting［J］. Engineering Blasting, 2004, 10（3）：34-36.

[2] 余兴春，马世明，赵端豪，等. 钢筋混凝土烟囱爆破切口位置设计探讨［J］. 工程爆破，2014，20（2）：29-31，56.
Yu X C, Ma S M, Zhao D H, et al. Discussion on the position design of reinforced concrete chimney blasting cut［J］. Engineering Blasting, 2014, 20（2）：29-31, 56.

[3] 杨年华. 百米以上钢筋混凝土烟囱定向爆破拆除技术［J］. 工程爆破，2004，10（4）：26-30.
Yang N H. Directional blasting technology for demolition of RC chimneys with a height of greater than 100 meters［J］. Engineering Blasting, 2004, 10（4）：26-30.

[4] 汪旭光. 中国典型爆破工程与技术［M］. 北京：冶金工业出版社，2006：1022-1024.
Wang X G. Typical Blasting engineering and technology in China［M］. Beijing: Metallurgical Industry Press, 2006: 1022-1024.

[5] 冯叔瑜，吕毅，杨杰昌，等. 城市控制爆破［M］. 北京：中国铁道出版社，1987：117-141.

Feng S Y，Lü Y，Yang J C，et al. Urban controlled blasting［M］. Beijing：China Railway Publishing House，1987：117-141.

［6］方向，高振儒，李的林，等．降低爆破地震效应的几种方法［J］．爆破器材，2003，6（3）：22-25.

Fang X，Gao Z R，Li D L，et al. Several methods of reducing ground vibration effects from blasting［J］. Explosive Materials，2003，6（3）：22-25.

［7］周家汉．爆破拆除塌落振动速度计算公式的讨论［J］．工程爆破，2009，15（1）：1-5.

Zhou J H. Discussion on calculation formula of collapsing vibration velocity caused by blasting demolition［J］. Engineering Blasting，2009，15（1）：1-5.

2座90m高的双曲线冷却塔爆破拆除

谢钱斌　熊万春

（广东宏大爆破股份有限公司，广东 广州，510623）

摘　要：介绍了2座高90.0m、底部直径73.6m、顶部直径43.0m的钢筋混凝土冷却塔的定向控制爆破拆除。针对冷却塔高度大、自下而上筒壁由厚变薄，整体性强，冷却循环水淋水装置支柱基础呈分离布置的特点，对设计的减荷槽进行结构校核确保稳定后，采用开凿减荷槽的方法，将倾倒方向上炸高以上的筒壁由连续薄壁结构转变成独立薄壁结构，对淋水装置支柱基础进行预拆除；采用计算机软件模拟人字柱的受力分析，选择合理的开口角度和合适的钻孔布置。对人字柱钻孔装药位置使用炮被和竹跳板进行爆破飞石近体防护，收集淋水平台预拆除时的淋水格栅，并利用其多层多孔的特点，用作爆破防护和隔音吸能，使用多段毫秒延时导爆管雷管起爆网路，逐渐对称地形成爆破切口，确保冷却塔在下坐前和下坐的过程中按预定的倾倒方向倒塌并解体，由此实现了2座冷却塔的定向爆破拆除。

关键词：定向倾倒；控制爆破；双曲线冷却塔；安全防护

Blasting Demolition of Two 90m High Hyperbolic Cooling Tower

Xie Qianbin　Xiong Wanchun

（Guangdong Hongda Blasting Co.，Ltd.，Guangdong Guangzhou，510623）

Abstract：The directional controlled blasting demolition of two reinforced concrete cooling towers with the height is 90.0m the bottom diameter is 73.6m and the top diameter is 43.0m is introduced. Aiming at the character that the height of the cooling tower is large，the wall from the bottom to the top is thinner，and the integrity is strong. The cooling water circulating device is separated from the pillar foundation. After the structure of the designed relief tank is checked to ensure stability，the method of excavating the deducting groove is adopted to transform the wall of the cylinder above the height of the blasting direction from a continuous thin-walled structure into a separate thin-walled structure，and the water spraying device is pre-demolition. Computer software is used to simulate the force analysis of the herringbone，and a reasonable opening angle and a suitable drilling arrangement are selected. To use the blasting quilt and bamboo springboard on the person column drilling position to the blasting flystone near protection. Collect the shower grille when the watering platform is pre-demolition，and use the multi-layer porous features of the shower grille for blasting protection and sound insulation. Using a multi-segment millisecond time delay detonating detonator initiation network，progressively symmetrically forming blasting notch to ensure that the cooling tower collapses and disintegrates in the predetermined dumping direction during the pre-sit and sit-down processes，thus achieving the two cooling towers directional blasting demolition.

Keywords：directional collapse；controlled blasting；hyperbolic cooling tower；safe protection

1　工程概况

本工程计划采用爆破拆除方式拆除1号和2号两座3500m^{2}逆流式双曲线自然通风冷却塔，1号冷

基金项目：广东省产学研合作院士工作站资助项目（2013B090400026）
原载于《工程爆破》，2018，24（3）：1-5，20。

却塔东面距离循环水泵房约24.0m，西面距离煤水处理站及输煤综合楼约24.8m，南面距离2号输煤栈桥及采光间约20.8m，北面距离厂区围墙约15.9m、距合水水库约82.7m。

2号冷却塔东面距离灰库及启动锅炉房约35.5m，西面距离煤场干煤棚约43.5m，南面分别有地磅房、入厂煤采样机及煤场值班室，距离厂区围墙约28.4m，距110kV白泡变电站约74.2m，北面距离2号输煤栈桥及采光间约19.2m，1号、2号冷却塔之间距离约45.8m。

本爆破拆除工程中，区域内需重点保护的有循环水泵房、输煤栈桥、灰库、脱硫废水处理站、启动锅炉房、110kV白泡变电站、地磅、入厂煤桥式采样机、干煤棚、输煤综合楼及煤水处理站。

2 爆破拆除方案设计

2.1 工程的主要难点

（1）周边环境很复杂，倒塌空间狭小，需要控制有效的倒塌范围。

（2）安全要求极高，周围很多建（构）筑物需重点保护。

（3）技术难度大。在保证冷却塔周围建（构）筑物安全的前提下，必须对爆破方案进行充分的分析与研究，结合以前类似冷却塔的爆破经验，采取合理的安全与技术措施，将各种爆破危害（爆破振动、冲击塌落振动、爆破冲击波、爆破飞石等）严格控制在安全范围内。

（4）工期短、质量要求高。工期只有70天，工作内容有爆破、设备拆除、建筑废渣清运等，施工期间正处于雨季，需要合理安排、精心组织才能按期完成任务。

2.2 预拆除

为使冷却塔按照设计的方向倒塌，需要在爆破前对冷却塔的塔壁开凿减荷槽，及对淋水平台、淋水装置混凝土柱（梁）、混凝土竖井、圈梁及混凝土爬梯等附属结构进行预拆除，避免由于附属结构支撑影响冷却塔倒塌方向和破碎效果[1]。

冷却塔塔壁较厚，展开面积较大，如果按照切口范围全部钻孔爆破，则钻孔数量很大，装药量较多，钻孔爆破工作量很大，这样既费工也不安全。为了缩短工期，达到与全部爆破同样的倒塌及破碎效果，爆破前对塔壁进行机械预处理，将需要爆破的厚塔壁提前开口，高处塔壁进行开凿减荷槽[2,3]，预处理位置、形状及开缝尺寸如图1所示。

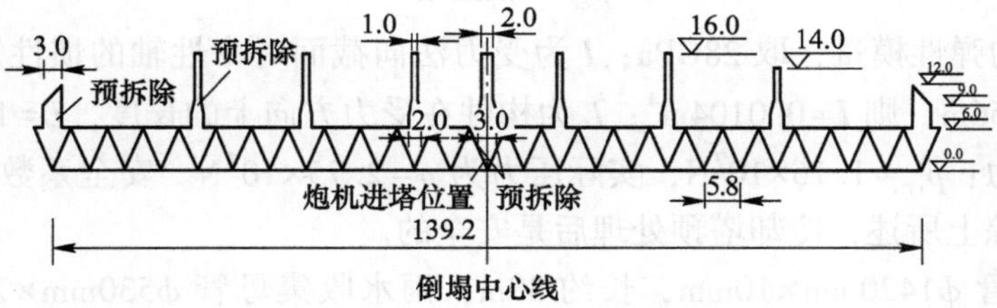

图1 切口尺寸（单位：m）

Fig. 1 Notch size (unit: m)

减荷槽以倒塌方向为中心线，对称布置在倒塌方向两侧，切缝共7条，宽1.0m，切缝最高达到+16.0m标高。倒塌方向左右对称布置三角形定向窗，定向窗位于爆破范围与保留支撑范围结合部[3,6]，预处理后侧立面如图2所示。

2.3 预处理后的安全稳定性校核

预处理后冷却塔是否安全，主要从2个方面进行验算，一是强度验算，即预处理后所有钢筋混凝土质量分摊在剩余支撑面上不会压坏；二是刚度验算。

2.3.1 强度验算

按极限抗压强度验算，验算位置2处，第一是+5.8m处（圈梁处），第二是+16.0m处。+5.8m以

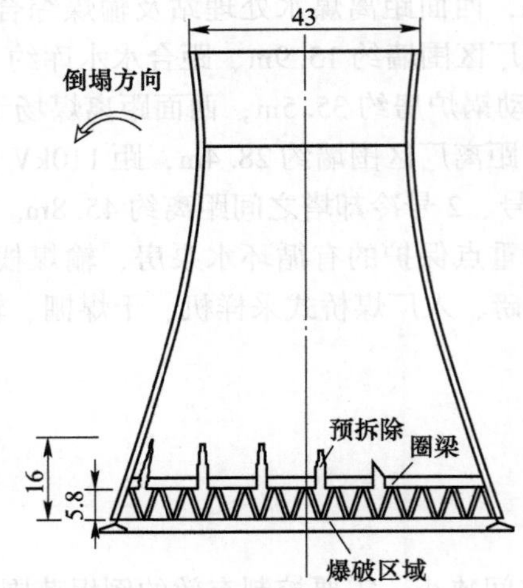

图 2　预处理后侧立面（单位：m）

Fig. 2　Side elevation after pretreatment（unit：m）

上钢筋混凝土质量 6250t，梯形切口 216°，承担的塔体质量为 3750t。6 个 2.0m 宽和 3 个 3.0m 宽的预处理板块长度，其总长为 $6\times2+3\times3=21$m，剩余圈梁平均承受垂直压力为 $3750/[(127.73-21)\times0.49]=72\text{t/m}^2=7.2\text{kg/cm}^2=0.72$MPa，远小于 C30 钢筋混凝土抗压强度，因此预处理后，圈梁不会被压碎。+16.0m 以上钢筋混凝土质量 4500t，梯形切口 216°，承担的塔体质量为 2700t。6 个 1.0m 宽和 3 个 2.0m 宽的预处理板块长度，其总长为 $6\times1+3\times2=12$m，剩余塔壁平均承受垂直压力为 $2700/[(114.9-12)\times0.256]=102.5\text{tf/m}^2=1.025$MPa，远小于 C30 钢筋混凝土抗压强度，因此预处理后，塔壁不会被压坏。

2.3.2　刚度验算

按照材料力学压杆失稳理论验算，验算对象为预处理划分后最长的钢筋混凝土板块，该板块长 16.0m，宽 8.0m，顶部厚 0.256m，底部厚 0.49m，其他板块由于更短，因此更安全。

假定预拆除后筒体仍然处于弹性变形范围内，此时构件可视为上、下两端铰支、两侧自由的约束状况，其失稳时的临界压力值为

$$p_{cr}=\pi EI/L^2 \tag{1}$$

式中，E 为塔壁材料的弹性模量，取 28GPa；I 为受力法向截面对中性轴的惯性矩，$I=(ab)^2/12$，其中，$a=8.0$m，$b=0.256$m，则 $I=0.0104\text{m}^4$；L 为构件在受力方向上的长度，$L=16.0$m。

失稳时的临界压力：$p_{cr}=1.16\times10^7$N，实际压力为 $p=2.75\times10^6$N。安全系数 $S=11.6/2.75=4.22$，预处理后不会失稳。综上所述，冷却塔预处理后是安全的。

水池内循环水母管 ϕ1420mm×10mm，长约 38m；雨水收集母管 ϕ530mm×7.0mm，长约 180m 和 ϕ377mm×6.0mm，长约 50m 采用乙炔切割拆除。

2.4　冷却塔爆破拆除方案

2.4.1　倒塌方向

根据本工程现场周围环境及结合以往类似工程的成功经验，2 座冷却塔采用定向爆破倒塌。其中，1 号冷却塔往西偏北约 30°方向倒塌，2 号冷却塔采用正西方向倒塌，预计倒塌范围及周围环境如图 3 所示。

2.4.2　爆破设计

冷却塔爆破方案借鉴筒体构筑物爆破设计模式，采用较大的炸高，使冷却塔在下坐前和下坐的过程中按预定的倾倒方向倒塌并解体，触地时以获得较大的触地冲能使薄壁塔筒充分解体，减少二次破碎工作量[4]。根据冷却塔周围环境、塔体结构，采用“预开定向窗，高开多条塔壁减荷槽，充分爆破人字柱的定向倒塌”爆破方案，塔筒内淋水立柱、淋水装置在爆破前用油炮机处理。

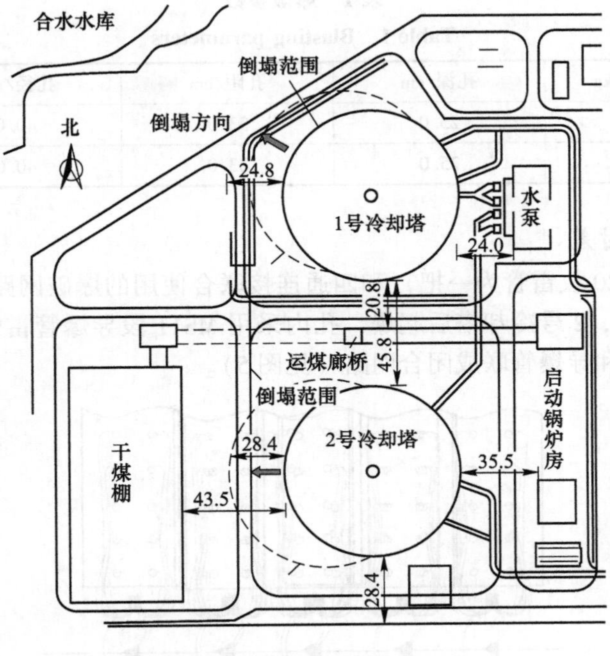

图3　爆区周围环境（单位：m）

Fig. 3　Blasting environment (unit: m)

该冷却塔为轻型薄壁钢筋混凝土结构，上窄下宽，倾倒难度较大，因此，设计应充分考虑：

(1) 因底部直径大，应防止坐而不倒；

(2) 爆破前采取防护措施，防止倒塌方向前的地下水管及生活污水管受冷却塔撞地破坏；

(3) 必须加强防护，控制飞石危及周围建筑；

(4) 钻孔数量多，起爆网路复杂，必须采用可靠的非电毫秒延时起爆技术进行爆破；

(5) 防止倒塌后塌而不碎，爆堆过高难以处理；

(6) 除爆破振动影响外，应考虑落地振动影响。

2.4.3　爆破切口设计

根据高大筒型建筑物拆除的经验[5]，通常爆破切口圆心角取210°~225°，经比较选取216°。本冷却塔+5.8m处塔筒直径为73.6m，爆破切口的上边线 $L_e=3.14\times73.6\times(216/360)=139.2$m，保留支撑板块弧长 $L_l=92.5$m。采用正梯形爆破切口，炸高选为16.0m。

2.4.4　人字柱爆破参数

人字柱直径40cm，均匀分布12根 ϕ25mm 的纵向钢筋。选择布孔直径为40mm，单排孔，通过计算机软件[6]进行受力分析得出上部布孔5个，下部布孔6个，每个炸点炮孔布置如图4所示。最小抵抗线：$W=\phi/2$（ϕ 为立柱直径），孔距 $a=(1.3\sim1.8)W$，孔深 $l=(0.6\sim0.7)\phi$，单孔装药量：

$$Q=qsh \tag{2}$$

式中，Q 为单孔装药量，g；q 为单位体积炸药消耗量，g/m³（一般取2000~3000g/m³）；s 为人字柱横截面积，m²；h 为人字柱高度，m。

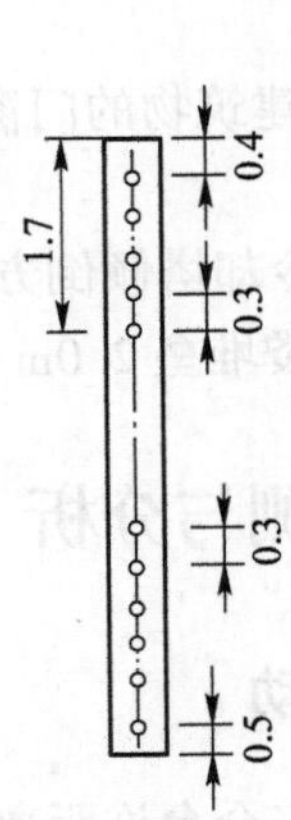

图4　炮孔布置（单位：m）

Fig. 4　Layout of blasting hole (unit: m)

根据理论公式计算和实际施工经验确定[4]：孔距 $a=33$cm，孔深 $l=25$cm，上部炮孔炸药单耗 $q_1=2.41$kg/m³，单孔药量为 $Q_1=100$g，为了确保人字柱内主筋有较大的变形有利于冷却塔失稳倾倒，下部炮孔单孔药量为 $Q_2=150$g，每个人字柱需要消耗炸药量1.4kg。爆破参数见表1。

表1 爆破参数

Table 1 Blasting parameters

序　号	总装药量/kg	孔深/cm	孔距/cm	孔径/mm	雷管段别
1号	61.6	25.0	33.0	40.0	MS7
2号	61.6	25.0	33.0	40.0	MS11

2.4.5 爆破网路与时差

采用“大把抓”（每20枚雷管为一把）和四通连接联合使用的爆破网路。1号冷却塔先起爆，孔内采用MS7段导爆管雷管，2号冷却塔后起爆，孔内采用MS11段导爆管雷管。每把用2枚MS2段导爆管雷管连接，再用四通和导爆管联成闭合网路（见图5）。

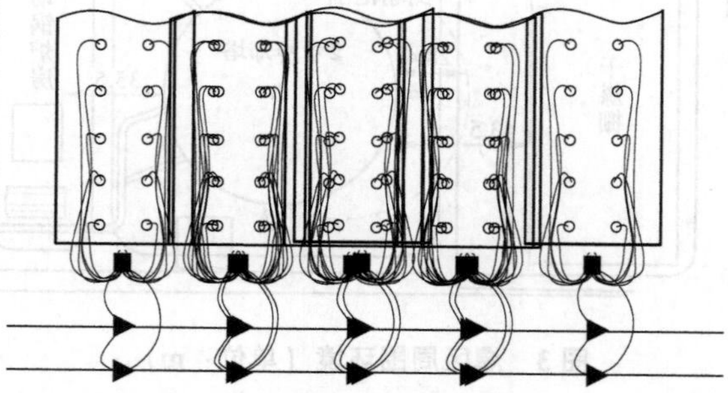

图5 网路连接

Fig. 5 Network connection

2.4.6 试爆

为了达到满意的爆破效果，需要对人字柱上部的炸点部位进行试爆，检验设计爆破效果。根据试爆效果，在冷却塔整体爆破时对装药量进行适当调整。

3 安全防护措施

（1）确保实际最小抵抗线不小于设计值，使最小抵抗线方向避开重点保护目标，指向开阔区。

（2）主动控制。在人字柱的装药位置包裹炮被，绑扎竹跳板，减少爆破飞石向外飞散。

（3）被动控制。在人字柱的竹制脚手架钻孔平台上，密集堆放多孔塑料淋水格栅，用铁丝进行固定。

（4）周围建筑物的门窗用竹跳板围挡后外加塑料淋水格栅，确保达到个别飞石防护和减振防护的作用。

（5）2号冷却塔倾倒方向的干煤棚下方有运煤输送皮带，为了防止爆破飞散物损坏机器设备，在干煤棚外用沙袋堆垒2.0m高的防冲墙。

4 振动监测与分析

4.1 爆破振动

爆破振动安全允许距离，采用《爆破安全规程》（GB 6722—2014）中的公式计算[5]：

$$R=\left(\frac{K}{v}\right)^{\frac{1}{\alpha}}\cdot Q^{\frac{1}{3}} \tag{3}$$

式中，R为爆破振动安全允许距离，m；Q为炸药量，齐发爆破为总药量，延时爆破为最大一段药量，kg；v为保护对象所在地质点振动安全允许速度，cm/s；K、α为与爆破点至保护对象间的地形、地质条件有关的系数和衰减指数，拆除爆破，一般取$K=50$，$\alpha=1.5$。

将上述公式进行转换：当距离 R，最大一段药量 Q，地质地形系数及衰减指数 K、α 确定以后，保护对象位置质点振动速度为 $v = K(Q^{1/3}/R)^{\alpha}$。

爆破振动安全核算药量为最大单响药量，本工程中最大单响药量 $Q=61.6$kg。安全核算距离为需要保护建筑物与爆破体的最近距离，本次爆破保护对象最近建（构）筑物为循环水泵房，冷却塔爆破中心到循环水泵房的距离是 52.0m。经计算，爆破质点振动速度：$v=1.05$cm/s。爆破产生的地震波衰减快，爆破振动频率小于 50Hz，本次爆破产生的振动速度小于《爆破安全规程》（GB 6722—2014）中的允许值，因此，能够保证循环水泵房的安全。

4.2 塌落振动的验算

建筑物塌落倒地时对地面的冲击也会产生振动，目前建筑物塌落振动的计算公式[4] 为

$$v_t = K_t\left(\frac{\sqrt[3]{mgH/\sigma}}{R}\right)^{\beta} \tag{4}$$

式中，v_t 为振动速度，cm/s；K_t、β 为衰减参数，一般取 $K_t=3.37$，$\beta=1.66$；m 为建筑物质量，t；H 为建筑物质心高度，m；σ 为介质的破坏强度，取 10.0MPa；R 为冲击地面中心到建筑物的最近距离，m；g 为重力加速度，m/s^2，一般取 9.8m/s^2。

本次爆破时，切口以上冷却塔质量 4250t，冷却塔质心高度 39.0m，落地点距离最近保护对象为循环水泵房，距离 109.0m。经计算，冷却塔爆破塌落时，产生的最大振动速度 $v_t=1.01$cm/s。本次爆破现场共布置 5 个测点，最大振动速度为：垂直向 0.9cm/s，水平径向 0.95cm/s，水平切向 0.75cm/s；未超过《爆破安全规程》（GB 6722—2014）中对爆破振动安全允许标准值 1.5cm/s，因此，循环水泵房是安全的。

5 爆破效果与体会

2 座 90m 高的钢筋混凝土双曲线冷却塔起爆后按设计的方向倾倒，并发生了扭曲，触地后彻底解体，没有出现后座现象；1 号冷却塔倒塌后完全落入集水池，2 号冷却塔倒塌点距离集水池 15.2m，爆堆最高点高度为 3.5m，冷却塔顶部及爆破飞散物未飞过防冲墙，周围建（构）筑物未损坏；用于现场被动防护的淋水格栅内有爆破飞散物，爆后效果如图 6 所示。

(a) 1号　　(b) 2号

图 6　爆后效果

Fig. 6　Effect of after blasting

（1）在保证筒壁具有足够强度和刚度的情况下，开凿的减荷槽越大越有利于冷却塔爆破后失稳，在倾倒过程中发生扭曲，大部分落入集水池，便于后续清理和填埋工作。

（2）淋水平台上的淋水格栅多层多孔，具有较好的隔声和吸能作用，可有效阻止爆破分散物向外飞散。

（3）利用计算机模拟技术可对冷却塔圈梁和人字柱进行有效分析，实际施工中适当增加预拆除工作，减少圈梁和人字柱的钻孔装药工作，既有利于安全，又有利于缩短工期。

参考文献

[1] 王晓，徐鹏飞，张英才．两座90m高冷却塔控制爆破拆除［J］．工程爆破，2015，21（2）：40-42.
Wang X，Xu P F，Zhang Y C. Controlled blasting demolition two 90m high cooling tower［J］．Engineering Blasting，2015，21（2）：40-42.

[2] 徐鹏飞，褚怀保，张英才．冷却塔在高卸荷槽切口下爆破拆除振动数值分析［J］．工程爆破，2014，20（4）：11-14.
Xu P F，Chu H B，Zhang Y C. Vibration numerical analysis of cooling tower blasting at high unloading slot incision［J］．Engineering Blasting，2014，20（4）：11-14.

[3] 范晓晓，董保立，张纪云，等．两座100m高薄壁结构冷却塔控制爆破拆除［J］．工程爆破，2016，22（4）：52-54，60.
Fan X X，Dong B L，Zhang J Y，et al. Controlled demolition blasting two 100m high thinwalled structure cooling tower［J］．Engineering Blasting，2016，22（4）：52-54，60.

[4] 谢钱斌，张先东．3座内部结构复杂的烟囱的爆破拆除［J］．工程爆破，2017，23（2）：62-66.
Xie Q B，Zhang X D. Blasting demolition of three chimneys with complex internal structure［J］．Engineering Blasting，2017，23（2）：62-66.

[5] 傅建秋，郑建礼，刘孟龙．略阳电厂84.8m双曲线冷却塔定向爆破拆除［J］．爆破，2007，24（4）：41-44，52.
Fu J Q，Zheng J L，Liu M L. Demolition of 84.8m high hyperbolic cooling tower by directional blasting at Lueyang power plant［J］．Blasting，2007，24（4）：41-44，52.

[6] 李洪伟，颜事龙，郭进，等．爆破拆除切口形状对冷却塔爆破效果影响及数值模拟［J］．爆破，2013，30（4）：92-95.
Li H W，Yan S L，Guo J，et al. Numerical simulation of effect of cut paramateters on explosive demolition of the cooling towers［J］．Blasting，2013，30（4）：92-95.

210m 烟囱超高位切口爆破拆除数值模拟与实践

林谋金[1]　薛　冰[1]　傅建秋[2]　李战军[2]　刘　翼[2]

（1. 西南科技大学 环境与资源学院，四川 绵阳，621010；
2. 广东宏大爆破股份有限公司，广东 广州，510623）

摘　要：为了预测烟囱倒塌过程姿态与堆散范围，采用共节点分离式钢筋混凝土模型对 210m 烟囱超高位切口爆破拆除过程进行数值模拟，并与工程实践进行比较。结果表明：数值模拟得到的上段筒体倒塌过程姿态与实际爆破的倒塌过程姿态高度一致，即上段筒体在下坐阶段被下段筒体切掉两段，其中一段掉落在烟囱内部，另一段掉落在与倒塌方向相反的背部，从而使上段筒体长度由爆破前 75m 缩短为着地时 46.73m，与实际倒塌长度 44m 相吻合，模拟计算效果比较理想，其计算结果可为加强烟囱背部周围建筑的安全防护提供参考。

关键词：烟囱爆破拆除；超高位切口；数值模拟；共节点分离式模型；倒塌过程

Application and Numerical Simulation of Blasting Demolition for 210m Chimney with Super-high Incision

Lin Moujin[1]　Xue Bing[1]　Fu Jianqiu[2]　Li Zhanjun[2]　Liu Yi[2]

（1. School of Environment and Resource，Southwest University of Science and Technology，Sichuan Mianyang，621010；2. Guangdong Hongda Blasting Co.，Ltd.，Guangdong Guangzhou，510623）

Abstract：To predict the collapse posture and accumulation range of a 210m chimney with super-high incision. numerical simulation was conducted by common node separate model. Comparison study between the numerical simulation and practical demolition was carried out as well. The results showed that the collapsing process of numerical simulation was same to the practical situation. Two parts of the top end of the chimney were cut off by the bottom end, finally one fell into the chimney and the other one fell down behind the chimney. The chimney length 75m was cut by 46.73m after touching down，corresponding to the demolition result. The accuracy of the numerical simulation is ideal for safety protection of surrounding buildings

Keywords：chimney blasting demolition；superhigh incision；numerical simulation；common node separate model；collapsed process

烟囱一般处于建筑群或人口稠密区，倒塌空间非常有限，随着国内爆破拆除烟囱的高度不断增大，采用低位缺口整体定向爆破方案难以满足倒塌空间的要求，因此需要在烟囱高位进行爆破形成切口。另外，烟囱底部结构不满足爆破要求也可采用高位切口以保证烟囱准确安全倒塌。随着烟囱爆破切口位置高度的增加，烟囱壁厚逐渐减小，加上烟囱本身具有自重大、高细比大等特点，高位爆破拆除时可能会出现压溃、下坐、倾倒等现象，控制拆除难度增大。由于烟囱在爆破拆除的倒塌过程中其本身力学变化过程比较复杂，现场测试与试验研究的难度较大，因此需要在简化基础上对烟囱倒塌过程进行研究，其中，部分工程技术人员对爆破拆除建筑物进行了数值模拟。Luccioni B M 等人对爆炸荷载下钢筋混凝土建筑结构失效破坏进行了模拟研究[1]；迟力源通过数值模拟论证了 250m 超高烟囱在狭窄环境下进行套入式爆破拆除的可行性[2]；徐鹏飞利用 LS-DYNA 软件采用共节点分离式模型对烟囱上

基金项目：西南科技大学博士基金（17zx7138）；广东省产学研合作院士工作站（2013B090400026）
原载于《爆破》，2018，35（3）：103-107，146。

段筒体爆破拆除倒塌过程进行了数值计算[3]；刘将对剪力墙筒体结构爆破拆除进行了数值模拟和力学分析[4]；孙细刚采用有限元软件对双曲线冷却塔爆破拆除倒塌过程进行了动态数值模拟[5]；周俊珍建立了高烟囱空中折断的力学模型与有限元模型[6]，并与实际折断过程进行了对比；王希之结合数值模拟和摄影监测，分析了烟囱高位切口爆破拆除的倒塌过程、支撑部失稳破坏过程及其受力情况[7]。本文尝试采用共节点分离式钢筋混凝土模型，对210m烟囱超高位切口的爆破拆除进行数值模拟，具体分析上段筒体爆破拆除时的支撑部受力情况以及倒塌过程，从而为爆破设计、施工和安全防护提供一定参考。

1 工程概况

1.1 烟囱结构

待拆除烟囱位于韶关电厂内，其为整体现浇钢筋混凝土筒体结构，高度为210m，筒壁为C30混凝土，烟囱筒体底部地坪下5m建有人防工程，+132.5m处设有讯号平台。烟囱底部外半径为11.5m，其壁厚为0.6m；+30m处的外半径为7.9m，其壁厚为0.56m（不包括隔热层和内衬）；烟囱顶部外半径为3.4m，其壁厚为0.18m（不包括隔热层和内衬）。烟道积灰平台坐落在圈梁上，距地面5m，积灰平台以下无耐火砖，圈梁高1m，厚度0.9m。在烟囱积灰平台上东南和西北方向各有一个高11m、宽5.6m的烟道口。烟囱筒壁为双层布筋，外侧竖筋$\phi28$@150、环筋$\phi25$@200，内侧竖筋$\phi14$@150、环筋$\phi12$@200。烟囱混凝土体积约4658m^3（包括隔热层和内衬），总质量约为1.125×10^4t。

1.2 爆破方案

待拆除烟囱东面距离300MW机组输煤栈桥为78m；西面距离围墙为80m；南面距离600MW机组干灰架空管廊为40m，北面距离8、9号机厂房最远仅为95m。由于倒塌场地狭小，本烟囱需要进行一次多段折叠爆破或者分多次定向爆破，其中，现场的倒塌范围满足不了两段折叠或三段折叠，但可采用正东正西方向的四段折叠方案，烟囱四段长度从上到下依次为60m、60m、50m和40m，延期可采用秒延期雷管，但国内生产的秒延期的雷管误差较大，可能达不到预期折叠的效果，甚至造成事故发生，因此考虑多次定向爆破。由于烟囱在+132.5m处有讯号平台，施工时可以利用该平台进行钻孔和防护，而且烟囱周围有95m的倒塌空间，可以满足平台以上77.5m长烟囱段的倒塌长度要求，因此将210m烟囱需分两次爆破，分别在+132.5m、+40m处设置爆破切口，依次爆破，最后在地面用油炮机械拆除剩余部分。+132.5m处爆破缺口的形状为倒梯形，对应圆心角为220°，定向窗底角为30°，缺口高度为2.0m。

2 计算模型

根据烟囱倒塌的特点，采用LS-DYNA模拟烟囱在自重作用下的受力状态与支撑部结构破坏过程，即先在ANSYS环境下建立有限元模型，然后运用大型显示动力分析软件LS-DYNA进行求解。考虑到结构的对称性，取一半结构建模并施加对称约束进行计算，模拟采用共节点分离式模型，充分体现钢筋在结构倒塌过程中的拉应力作用。高位切口形成后，高耸烟囱在自重力作用下，支撑部位通常发生脆性断裂，而烟囱底部一般不会发生破坏，因此建模时，将烟囱模型的底部以及地面施加固定约束，同时将烟囱的爆破切口边沿假设为锯齿状，便于划分成六面体网格，最后把隔热层和内衬的重量等效到钢筋混凝土中，所建整体模型大小与实际结构完全相同，模型的切口形式、尺寸等都按照爆破拆除设计的参数进行建模，如图1所示。

由于混凝土抗压而不抗拉，其抗拉强度较小，很容易发生脆性拉裂破坏。钢筋的抗拉与抗压强度较高，在钢筋混凝土中主要承受拉应力。混凝土采用拉应力破坏与剪切力破坏相结合的准则，钢筋则采用应变失效准则，单元失效后从计算中去除。根据混凝土与钢筋的力学性能特点，混凝土采用*MAT_ BRITTLE_ DAMAGE模型，其中混凝土的弹性模量为30GPa，泊松比为0.2，拉伸极限为5.2MPa，剪切极限为6.2MPa，另外为了将耐火砖的重量等效到混凝土中，混凝土的密度定义为

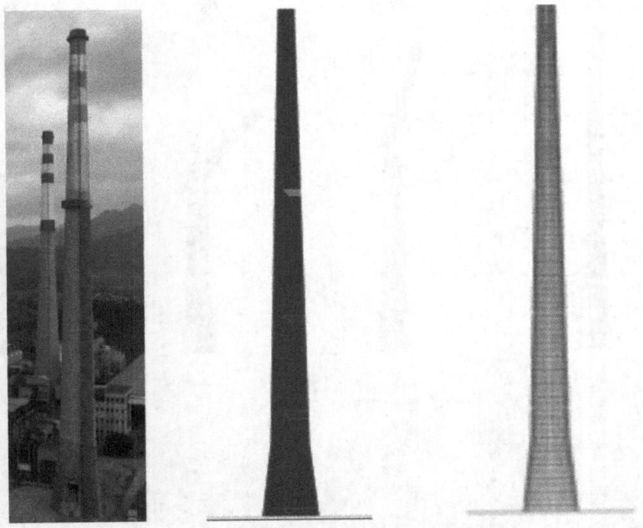

(a) 烟囱实体　(b) 烟囱模型　(c) 内外钢筋模型

图 1　烟囱有限元计算模型

Fig. 1　The FEM calculation model of chimney

3200kg/m^3。钢筋采用 * MAT_ PLASTIC_ KINEMATIC 模型，密度为 7850kg/m^3，弹性模量为 210GPa，泊松比为 0.28，屈服强度为 335MPa，切线模量为 2.5GPa，同时结合 * MAT_ ADD_ EROSION 模型，将钢筋的抗拉失效应变定义为 0.12。施加重力载荷（即施加重力加速度 $g=9.8m/s^2$）一般可以通过向节点组元施加重力加速度或者在 K 文件中增加 * LOAD_ BODY_ Y 关键字来实现。修改 K 文件时添加关键字 * CONTROL_ TERMINATION，设置计算结束时间为 12s，添加关键字 * DATABASE_ BINARY_ D3PLOT 与 * DATABASE_ BINARY_ D3THDT，设置输出间隔时间为 0.1s。烟囱倒塌过程模拟中，单元冲击变形大，接触过程较复杂，因此采用自动侵蚀接触类型（* CONTACT_ ERODING_ SINGLE_ SURFACE），该接触算法能自动搜索接触面，控制接触的深度，即使单元在接触时发生材料失效，接触依然可以继续进行。在定义接触时需设定摩擦系数，模拟时设定的静摩擦系数为 0.5，动摩擦系数为 0.4。

3　数值模拟结果及分析

3.1　倒塌过程

数值计算的结果文件采用 LS-PrePost 进行后处理，然后将模拟计算与实际爆破的倒塌过程以 2s 为间隔进行截图处理并进行比较，最后以烟囱触地破碎为结束时刻，如图 2 所示。

由图 2 可得，数值模拟的上段筒体倒塌过程姿势与实际爆破的倒塌过程姿势高度一致。其中，数值计算的烟囱触地时间为 9.2s，实际爆破的烟囱触地时间为 9.5s，模拟计算的效果理想。根据模拟计算与实际爆破的结果可把高切口烟囱倒塌过程分为切口形成阶段（0s）、大偏心受压脆性断裂倾倒阶段（0.1~3s）、下坐阶段（3.1~6s）、空中下落倾倒阶段（6.1~9.1s）以及触地阶段（9.2s）。由于高烟囱自重较大，其在高位切口爆破拆除过程中，不可避免地会产生下坐。为了进一步研究烟囱倒塌的过程，绘制烟囱顶部竖直方向位移与速度时程曲线如图 3 所示。

由图 3 可得，在切口形成约 3s 内，烟囱顶部竖直位移与速度时程曲线趋于水平线，说明烟囱在自重作用下重心开始偏移并旋转而还没开始下落，处于烟囱大偏心受压脆性断裂阶段。数值计算得到烟囱顶部着地的速度约为 65m/s，而通过现场录像计算得到烟囱顶部着地的速度约为 57m/s，另外由录像可知，上段烟囱以近似平躺的姿势着地，根据能量守恒定理（忽略烟囱破碎消耗的能量）计算可得上段烟囱着地平均速度约为 57.9m/s，即数值模拟与实际爆破的触地速度较为一致。在 3~9.2s 阶段，烟

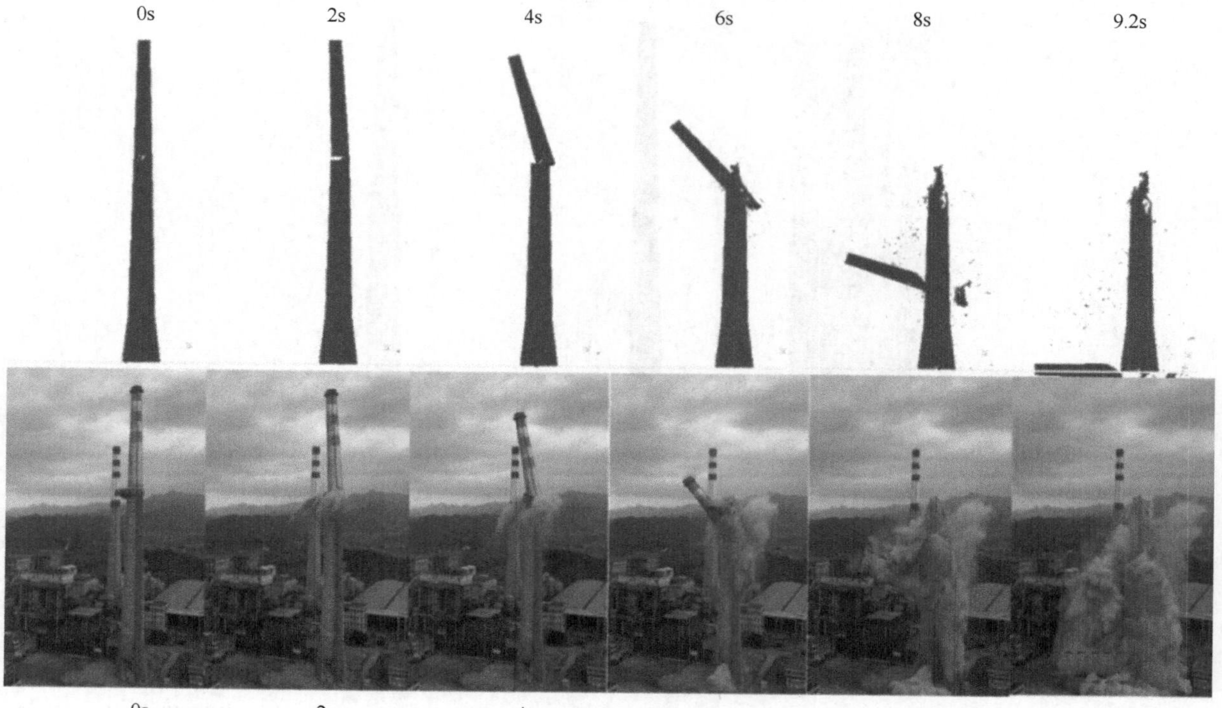

图 2 数值模拟与实际倒塌过程比较

Fig. 2 The compare of collapse process between numerical simulation and practice

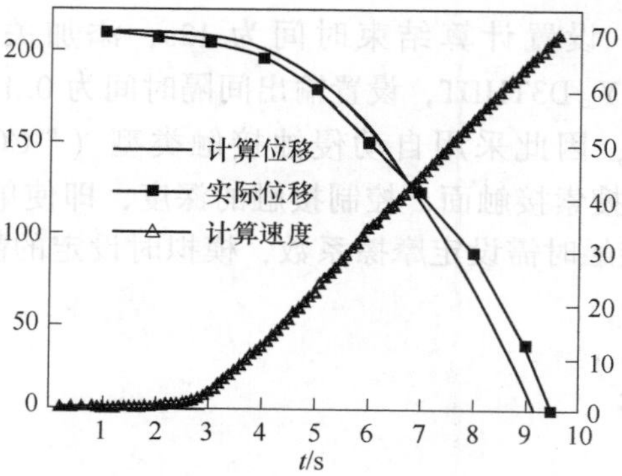

图 3 烟囱顶部竖直方向位移与速度变化曲线

Fig. 3 The curves of displacement and velocity of chimney top

囱顶部的速度处于均匀加速过程，说明烟囱顶部竖直方向的速度在下坐阶段也近似以自由落体的形式进行加速。

模拟计算得到的着地后的上段筒体长度为46.73m，与实际着地的44m相吻合，计算过程显示烟囱的上段筒体在下坐阶段被下段筒体切掉两段，其中一段掉在与倒塌方向相反的背部，另一段掉入烟囱内部，因此上段筒体长度由爆破前75m缩短为着地时的44m。另外，数值模拟得到的上段筒体被切分三段后几乎同时着地，而实际情况是倒塌方向相反的一段先着地，如图4所示。由于数值计算预测到与倒塌方向相反的背部将会掉落一段烟囱，在实际操作过程需要对烟囱后面的关键设备进行防护，因此数值模拟能起到辅助工程设计的作用，从而指导爆破设计、施工和安全防护。

由图4可得，实际倒塌方向与预计倒塌方向偏离15°，其原因非常复杂。烟囱在起爆后产生的倾覆力矩的作用下，在切口初始闭合角处产生应力集中，切口初始闭合角处钢筋混凝土被压剪破坏，压剪裂纹向支撑部后部发展，当支撑部剩余部分不足以支撑烟囱的重量时支撑部被压垮，此时烟囱开始下坐。烟囱开始下坐后，在庞大的自重作用下竖向的位移增长很快，当烟囱产生竖向的位移速度时会形

图 4　实际倒塌与数值模拟倒塌堆散范围比较

Fig. 4　The compare of collapse range between numerical simulation and practice

成很大的竖直向下的冲量，切口上下部分的烟囱在冲量作用下不断破坏。烟囱下坐的过程中，定向倾倒的支撑铰链不断变化，若要烟囱倾倒过程中保持方向的准确性，则需要确保支撑铰链按倾倒轴线对称变化，否则烟囱倾倒方向会产生偏差。从现场录像与数值模拟可以看出，由于烟囱的自重大、筒壁薄，烟囱下坐产生的冲量较大，上段烟囱在下坐 27m 后才与下段筒体脱离，如此大的下坐量，要使烟囱下坐过程中保持对称破坏不大可能。构筑物建设时施工精度不够，存在结构不对称等问题，在倒塌过程中受力非常复杂，而且构筑物经过几十年的风吹日晒，结构被侵蚀后强度也产生不均匀弱化，从而造成烟囱倾倒方向产生偏差。人工开凿的两边定位窗形状有所差异，初始闭合角大小不一致，难以保证设计方案上的精度，从而影响烟囱倾倒方向的准确性。

通过上述分析表明，本次爆破中烟囱的下坐量大是影响烟囱倾倒方向偏差的主要原因，同时预处理开设定位窗的厚度不一样，说明该烟囱的结构不对称也是影响烟囱倒塌方向出现偏差的重要因素。除了上述两个主要因素外，天气条件特别是风速也有可能影响烟囱倾倒方向的准确性，因此在高大烟囱的爆破拆除中，首先可通过爆破设计滞后烟囱开始下坐的时间，使烟囱下坐前获得尽量大的倾倒方向的水平位移和水平速度；其次，要保证施工的精确性，严格按照设计的方案实施，可通过水钻法切割和预切缝爆破法开设定位窗和定向窗以提高施工的精确度，严格控制烟囱结构和质量在倾倒方向轴线上的对称性；最后，为了避免天气的影响可选择在天气晴朗以及风速较小的日期实施爆破。

3.2　支撑部受力分析

爆破切口高度是保证烟囱稳定倒塌的一个重要参数，确定切口高度首先要确保切口形成后切口内裸露的竖向钢筋必须失稳，其次要考虑切口上下沿闭合相撞时，烟囱倾倒足够角度防止相撞时使倾倒方向发生偏离。切口形成后，烟囱开始下坐的时间越晚，下坐前获得的水平方向的速度和位移就越大，这样可使烟囱下坐时重力更大部分作用在使烟囱产生转动加速度，减小支撑部位的压力，烟囱的倾倒方向就不易被改变，因此控制烟囱开始下坐的时间可以减小下坐对烟囱倾倒方向的影响。切口长度对控制烟囱倒塌的方向和距离都有直接影响，爆破切口越长，剩余起支撑作用的筒壁就越短，烟囱在自重作用下就越容易破坏；爆破切口较短时，倾倒较慢，下坐的可能性比前者小，因此在确定切口长度时既要保证形成倾覆力矩又要确保支撑部分有足够强度，防止支撑体过早被压碎或下坐使方向偏离预定方向。通过工程观测和数值模拟分析，发现烟囱开始下坐的时间不尽相同，因此可以通过支撑部受力分析来判断烟囱开始下坐的时间。根据模拟计算结果对支撑部混凝土与钢筋的破坏过程进行分析，如图 5 所示。

由图 5 可得，爆破切口形成后，烟囱在自重和偏心弯矩共同作用下，切口初始闭合角处出现应力集中，支撑部混凝土受拉区在拉应力作用下开始产生一些微小的裂纹，即在 2s 时支撑部中部位置的混凝土被拉断破坏，在 2.5s 时切口初始闭合处的混凝土出现压剪破坏，然后向支撑部中间扩展并迅速与中部的裂纹汇合，在 3s 时整个支撑部的裂纹贯通并完全断裂。另外，支撑部受拉区钢筋在 2s 时支撑部中间的钢筋被拉断并向切口方向发展，在 2.5s 左右切口初始闭合处的钢筋出现破坏然后向支撑部中间扩展，在 3s 时整个支撑部的钢筋整体失稳破坏，烟囱开始下坐，整个支撑部破坏历时较短，显现大偏心受压脆性断裂的特征。

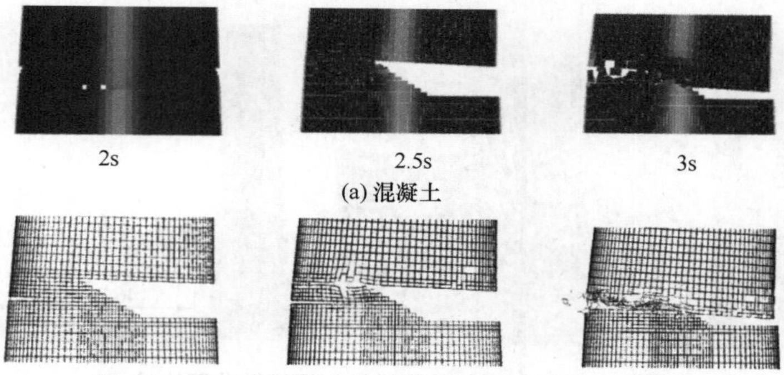

图 5　支撑部混凝土与钢筋的破坏过程

Fig. 5　The failure process of concrete and rebar of support part

4　结论

（1）共节点分离式模型可以体现混凝土和钢筋材料的力学性能差异，数值模拟得到的上段筒体倒塌过程姿势与实际爆破的倒塌过程姿势高度一致，模拟计算的效果理想，其包括切口形成阶段、大偏心受压脆性断裂倾倒阶段、下坐阶段、空中下落倾倒阶段以及触地阶段。

（2）数值计算得到烟囱的上段筒体长度由爆破前75m 缩短为着地时46.73m，与实际倒塌长度44m 具有较好的相似性，即上段筒体在下坐阶段被下段筒体切掉两段，其中一段掉在与倒塌方向相反的背部，另一段掉入烟囱内部。

（3）采用高位切口爆破拆除高烟囱时，烟囱下坐阶段对烟囱定向准确性与倒塌范围有着至关重要的影响，结构对称性差以及施工精度不高也是影响烟囱倒塌方向出现偏差的重要因素。

（4）通过对烟囱超高位切口爆破拆除的倒塌过程进行模拟，可以在爆破前对倒塌过程效果与堆散范围进行预测，从而指导爆破设计、施工和安全防护，数值模拟将成为研究结构爆破拆除力学过程的重要手段并起到辅助工程设计的作用。

参考文献

[1] Luccioni B M, Ambrosini R D, Danesi R F. Analysis of building collapse under blast loads [J]. Engineering Structures, 2004, 26 (1): 63-71.

[2] 迟力源，杨军．250m 超高钢筋混凝土烟囱套入式爆破拆除的数值模拟 [J]．爆破，2015，32（1）：101-105.
Chi Liyuan, Yang Jun. Numerical simulaton of explosive demolition of 250m-high reinforce concrete chimney [J]. Blasting, 2015, 32 (1): 101-105.

[3] 徐鹏飞，刘殿书，张英才，等．钢筋混凝土烟囱高位切口爆破拆除数值模拟研究 [J]．爆破，2016，33（3）：96-100.
Xu Pengfei, Liu Dianshu, Zhang Yingcai, et al. Numerical simulation study on explosive demolition of reinforce concrete chimney with high incision [J]. Blasting, 2016, 33 (3): 96-100.

[4] 刘将．剪力墙筒体结构爆破拆除的力学分析和数值模拟 [D]．青岛：山东科技大学，2009.
Liu Jiang. Mechanical analysis and numerical simulation of shear wall cylinder structure's blasting demolition [D]. Qingdao: Shandong University of Science and Technology, 2009.

[5] 孙细刚，张光雄，王汉军，等．爆破拆除双曲线冷却塔倒塌过程动态仿真 [J]．工程爆破，2009（1）：10-12，84.
Sun Xigang, Zhang Guangxiong, Wang Hanjun, et al. Dynamic simulation of collapse of hyperbolic cooling tower under blasting demolition [J]. Engineering Blasting, 2009 (1): 10-12, 84.

[6] 周俊珍，李科斌．烟囱爆破时空中折断现象的数值模拟 [J]．采矿技术，2014（5）：148-150，160.
Zhou Junzhen, Li Kebin. Numerical simulation of chimney snapped phenomenon under blasting demolition [J]. Mining Technology, 2014 (5): 148-150, 160.

[7] 王希之，吴建源，闫军，等．高耸烟囱爆破拆除数值模拟及分析 [J]．爆破，2013，30（3）：43-48，124.
Wang Xizhi, Wu Jianyuan, Yan Jun, et al. Analysis and numerical simulation of explosive demolition of towering chimney [J]. Blasting, 2013, 30 (3): 43-48, 124.

180m 高的钢筋混凝土烟囱分次定向爆破拆除

焦江南　刘　翼　罗伟涛

（广东宏大爆破股份有限公司，广东 广州，510623）

摘　要：为了顺利爆破拆除 180m 高钢筋混凝土烟囱，受倒塌空间有限制约，制定了分 2 次定向爆破的方案。分别在+90m 和+0. 0m 处开爆破切口，采取先上部切口爆破，后实施下部爆破的顺序，合理选取各项爆破参数，制定了有效的安全防护措施，顺利、圆满地完成了烟囱爆破拆除工程，并达到了预期的爆破效果，验证了高耸建筑物分次爆破拆除的可行性。

关键词：钢筋混凝土烟囱；方案选择；分次定向爆破；定向窗口；高位切口；起爆网路；安全措施

Demolition of 180m High Reinforced Concrete Chimney by Directional Blasting

Jiao Jiangnan　Liu Yi　Luo Weitao

（Guangdong Hongda Blasting Co.，Ltd.，Guangdong Guangzhou，510623）

Abstract：In order to successfully blast the 180m high reinforced concrete chimney，according to the limited collapse spacer a two-stage directional blasting scheme was developed. The blasting notch at +90m and +0. 0m respectively, take the first upper notch blasting，and then carry out the order of lower notch blasting. Reasonable selection various blasting parameters，effective safety protection measures were formulated，and the chimney blasting demolition project was successfully and satisfactorily completed. And the expected blasting effect was achieved，and the feasibility of the blasting demolition of highrise buildings was verified.

Keywords：reinforced concrete chimney；scheme selection；piecewise directional blasting；directional window；high notch；detonation network；safety measures

1　工程概况

待拆 180m 高的烟囱为整体浇筑钢筋混凝土筒体结构，烟囱底部外直径 22m，烟道在烟囱底部东西轴线位置。烟囱位于南干四路、北干四路、新风一路和新风二路围成的区域。烟囱东面距离新风二路 118m，南面距离南干四路围墙 31m，西面距离通讯楼控制室一角仅 4m，北面距离锅炉本体框架管道仅 5m（见图 1）。

2　烟囱爆破方案

2. 1　方案原则

待拆烟囱的周围环境比较复杂，倒塌空间有限，并且距离待保护的建（构）筑物较近，需要严格控制爆破振动及爆破飞石，根据方案确定以下施工原则：

（1）安全第一，当施工难度与安全发生冲突时，优先选择安全。

（2）充分考虑业主的意见，方案应尽量满足业主需要。

原载于《工程爆破》，2018，24（6）：61-64。

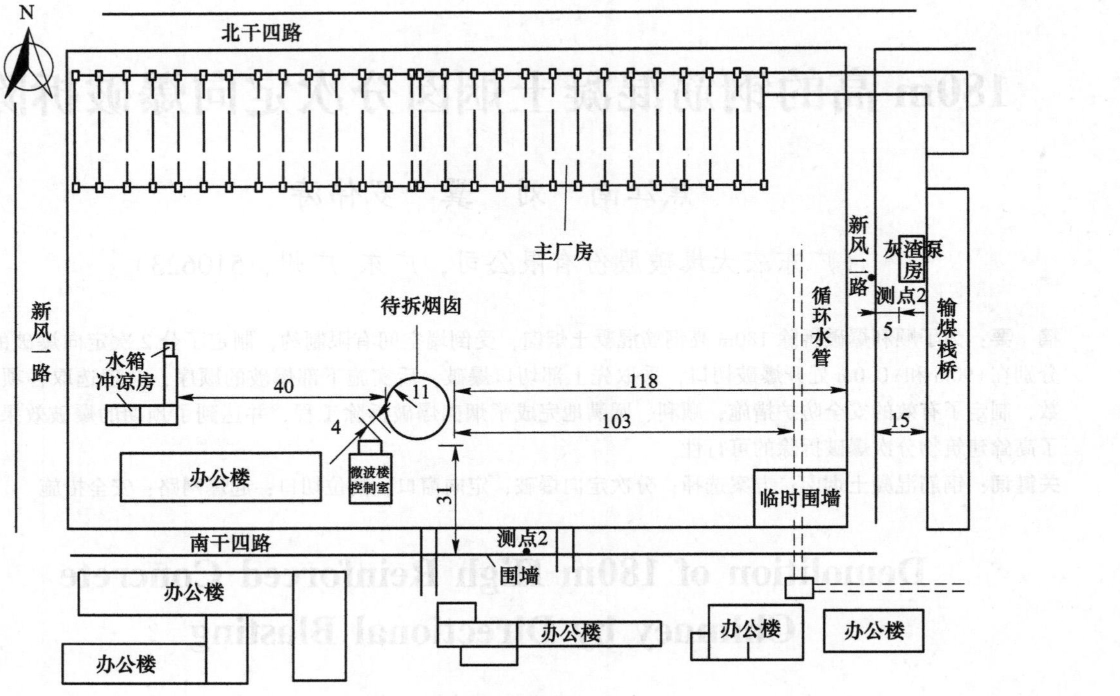

图 1　周围环境（单位：m）

Fig. 1　Surrounding environment (unit: m)

(3) 充分利用现场已有条件。

2.2　倒塌方向

根据场地情况和烟囱的烟道方向（特别是出灰口位置），为避免烟囱倒塌过程中，出现结构不对称和应力集中，烟囱倒塌的轴线定为东西向，即与南干四路平行方向。根据现场环境，东面空地空间最长，但仅有 118m，西面 40m，不能满足烟囱倾倒长度的要求，因此决定分 2 次爆破拆除。

2.3　分次爆破

分次爆破时，在烟囱±0. 0m 和+90m 分别开爆破切口，切口位置如图 2 所示。这 2 个切口不同时爆破，先是上部切口爆破完后，将上段烟囱碎渣清理完毕后，再实施下部爆破。分次爆破的主要目的是

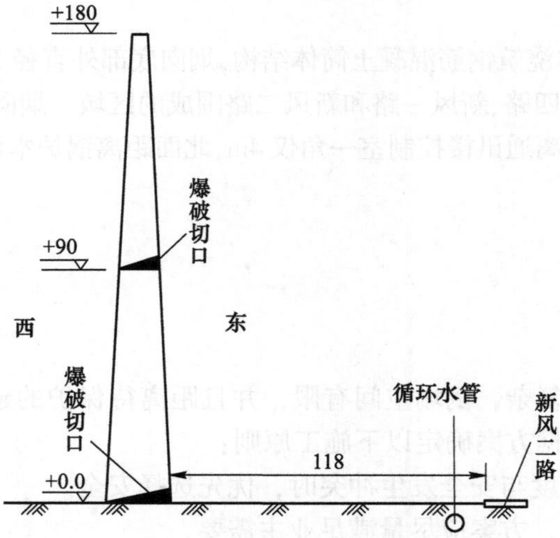

图 2　分次爆破（单位：m）

Fig. 2　Piecewise blasting (unit: m)

分离前后 2 次爆破筒体之间的相互牵扯联系，以便单独实现 2 次单向倾倒爆破，该方法方向控制准确，安全可得到保证。

（1）第 1 次爆破。倒塌方向为东偏北 9.16°，爆破参数见表 1，+90m 处的爆破切口展开如图 3 所示。

表 1 爆破参数

Table 1 Blasting parameters

孔距/cm	排距/cm	孔深/cm	孔数	单孔装药/g	总装药/kg
27	27	18	440	75	33

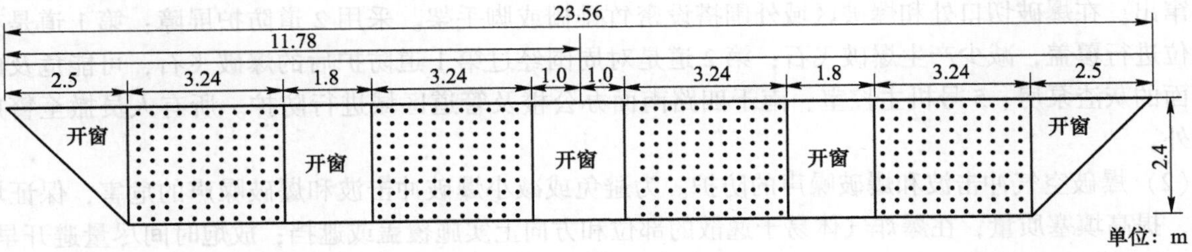

图 3 +90m 处的切口形状及尺寸（单位：m）

Fig. 3 +90m notch shape and size（unit：m）

（2）第 2 次爆破。烟囱往东方向倒塌，爆破参数见表 2，+0m 处的爆破切口展开如图 4 所示。

表 2 爆破参数

Table 2 Blasting parameters

孔距/cm	排距/cm	孔深/cm	孔数	单孔装药/g	总装药/kg
40	40	39	480	150	112

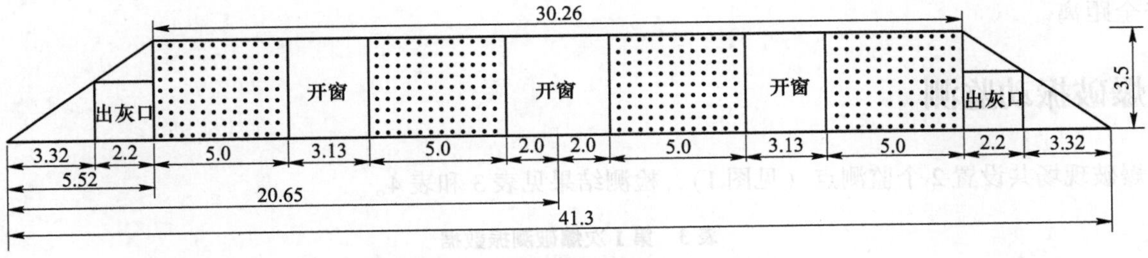

图 4 +0m 处的切口形状及尺寸（单位：m）

Fig. 4 +0m notch shape and size（unit：m）

2.4 起爆网路

炮孔内装乳化炸药，每个炮孔用 1 枚导爆管雷管起爆。孔内用 MS8 段导爆管雷管，以不超过 20 枚孔内导爆管雷管捆扎成一簇，每簇用 2 枚 MS2 段导爆管雷管起爆，用四通和导爆管连接这 2 个 MS2 段导爆管雷管脚线，形成封闭回路。

最后从复式封闭的起爆网路回路中引出 2 条导爆管，起爆网路连接如图 5 所示。

3 安全防护

（1）爆破飞石防护。对于爆破飞石，确保实际最小抵抗线不小于设计值，使最小抵抗线方向避开重点保护目标，指向开阔区；加强填塞质量，严格控制单耗药量，孔口用炮泥封填严密，防止飞石从

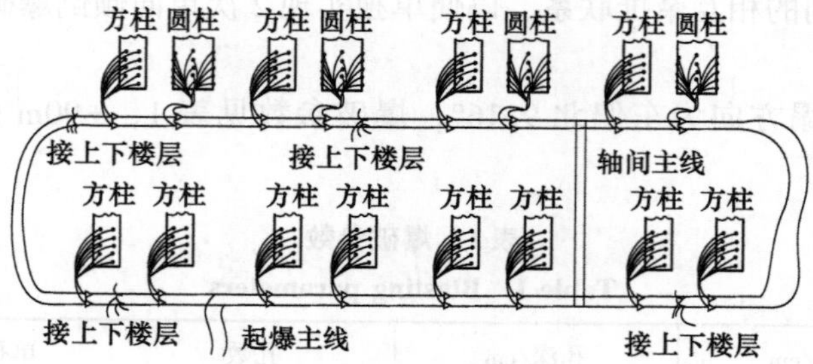

图 5　起爆网路

Fig. 5　Detonation network

孔口窜出。在爆破切口处和爆破区域外围搭设密竹排栅或脚手架。采用 2 道防护屏障：第 1 道是在爆破部位进行覆盖，减少产生爆破飞石；第 2 道是对周围经过第 1 道防护后的爆破飞石，可能危及的烟囱东面的灰渣泵房、5 号机主控室、南干四路南面办公楼及管道区域进行防护。所有人员撤至警戒范围以外。

（2）爆破空气冲击波和爆破噪声的防护。为避免或减小爆破冲击波和爆破噪声的危害，保证填塞长度，提高填塞质量，在爆炸气体易于逸散的部位和方向上实施覆盖或遮挡；放炮时间尽量避开早晨、傍晚、云层较低的雨天或雾天。

（3）爆破振动的防护。根据爆破要求和周围环境情况，按最大振动效应原则，计算并确定一次起爆的最大药量。在施工过程中严格控制一次起爆的最大药量不超限，控制振动效应；采用非电导爆管延时网路，使爆破振动的能量在时空上分散，从而能够有效降低振动强度 1/2～1/3；改变起爆顺序使爆破振动的应力叠加区偏离建筑物。

（4）塌落振动及飞溅碎片的防护。钢筋混凝土烟囱落地撞击地面时产生比爆破地震波大的振动危害，并溅起飞石。为防止或避免出现烟囱落地破片飞溅伤人、伤物的重大事故，必须清除烟囱倒塌方向的杂物和障碍，确认倒塌范围无地下管线；降低烟囱爆破切口位置；上段烟囱爆破时，在烟囱预计倒塌场地铺设缓冲垫层，缓冲垫层长 50m、宽 40m、高 1.5m。铺设位置与缓冲带一致。爆破的安全半径以及人员参观点、起爆站和警戒人员所处的位置，应大于正常爆破所需的安全距离。

4　爆破振动监测

爆破现场共设置 2 个监测点（见图 1），检测结果见表 3 和表 4。

表 3　第 1 次爆破测振数据

Table 3　First blasting vibration data

测点名称	距离/m	最大值/cm·s^{-1}	时刻/s	量程/cm·m^{-1}	灵敏度/V·(m·s)$^{-1}$
测点 1	149	0.18	5.58	37.04	27.0
测点 2	58	0.82	8.11	37.04	27.0

表 4　第 2 次爆破测振数据

Table 4　Second blasting vibration data

测点名称	距离/m	最大值/cm·s^{-1}	时刻/s	量程/cm·m^{-1}	灵敏度/V·(m·s)$^{-1}$
测点 1	58	0.91	8.24	37.04	27.0
测点 2	128	0.75	7.56	37.04	27.0

监测结果表明，2 次烟囱爆破拆除过程中，最大振动速度为 0.91cm/s，未超过《爆破安全规程》[1] 规定的速度 2.5cm/s，振动在安全范围内。

5 爆破效果与分析

180m 高钢筋混凝土烟囱分段爆破均按设计方向倒塌，周围需要保护的对象均没有受到影响，达到了预期的爆破效果（见图6）。

图6 爆破效果
Fig. 6 Blasting effect

上端烟囱倒塌长度 50m，爆破加重力作用断裂 2 块，1 块沿烟囱内壁掉落，1 块沿倒塌中心线左后方外壁掉落，地面砸出一个 2m 左右的深坑，故在以后的工程实践中，需要注意倒塌后方的地下管线，提前做好防护或迁移。

参考文献

[1] 国家安全生产监督管理总局．爆破安全规程：GB 6722—2014［S］．北京：中国标准出版社，2015.
State Administration of Work Safety. Safety regulations for blasting：GB 6722—2014［S］. Beijing：China Standards Press，2015.

[2] 陶铁军，高荫桐，宋锦泉，等．210m 钢筋混凝土烟囱精细控制拆除爆破［C］//汪旭光．中国典型爆破工程与技术［M］．北京：冶金工业出版社，2006：631-635.
Tao T J，Gao Y T，Song J Q，et al. Fine controlled demolition blasting of 210m reinforced concrete chimney［C］//Wang X G. Typical Blasting Engineering and Technology in China［M］. Beijing：Metallurgical Industry Press，2006：631-635.

[3] 何国敏．复杂环境下 180m 烟囱定向控制爆破拆除［J］．爆破，2011，28（3）：74-77.
He G M. Demolition of 180m Chimney by directional controlled blasting in complex environment［J］. Blasting，2011，28（3）：74-77.

[4] 叶图强，刘畅，蔡进斌．不允许后坐的建筑物爆破拆除［J］．工程爆破，2007，13（1）：69-72.
Ye T Q，Liu C，Cai J B. Blasting demolition of buildings not allowed to sit back［J］. Engineering Blasting，2007，13（1）：69-72.

高速公路无铰拱天桥爆破拆除

谢钱斌

（广东宏大爆破股份有限公司，广东 广州，510623）

摘 要：为了沈海高速公路开平至阳江段 K110+254 无铰拱钢筋混凝土（C30 混凝土）跨线天桥顺利爆破拆除，针对该天桥为中承式等截面悬链线无铰肋拱桥，净跨 39m，净高约 6.83m，桥面净宽 10.2m 的结构特点，根据施工要求，采取拱圈钻孔爆破的原地坍塌方案。由于施工作业不能影响桥下高速公路的运营，因此在高速公路路面铺垫缓冲减振层，保护路面不受损坏；拱圈上共设置 10 个爆破切口，拱脚处爆破切口长 3.8m，其他切口长 3.0~3.2m，两侧桥台及立柱在不影响桥下高速公路通行的前提下使用机械破碎。采用计算机软件模拟切割后桥面和拱圈的受力情况，以选择合理的切割位置和合适的钻孔布置。对拱圈钻孔装药位置使用密目网和密竹栅栏进行爆破飞石近体防护，拱顶堆载沙包防护。使用多段毫秒延时导爆管雷管起爆网路，逐渐对称地形成爆破切口，确保桥体按预定的倾倒方向整体坍塌，由此实现了运营中高速公路的无铰拱天桥爆破拆除。

关键词：高速公路；无铰拱桥；控制爆破；原地坍塌；减振防护

Blasting Demolition of Hingeless Arch Overpass Bridge in Expressway

Xie Qianbin

（Guangdong Hongda Blasting Co.，Ltd.，Guangdong Guangzhou，510623）

Abstract：The demolition blasting of reinforced hingeless arch concrete（C30 concrete）overpass bridge in the Kaiping-Yangjiang the K110+254 section of the Shenyang-Haikou expressway，the bridge is a mid-supported cross-section catenary without hinged rib arch bridge with a net span of 39m，the net height is about 6.83m，and the bridge deck has a net width of 10.2m. According to the construction requirements，the in-situ collapse scheme of the arch ring blasting is adopted. Since the construction operation can not affect the operation of the expressway under the bridge，cushioning the vibration reduction layer on the highway pavement to protect the road surface from damage；10 blasting incisions are set on the arch ring，and the blasting incisions at the arch are 3.8m long，other incisions are 3.0~3.2m long，the bridges and columns on both sides use mechanical crushing without affecting the passage of the expressway under the bridge. The computer software is used to simulate the force of the bridge deck and the arch ring after cutting to select a reasonable cutting position and a suitable drilling arrangement. For the drilling position of the arch ring，the dense mesh and the dense bamboo fence are used to carry out the near-body protection of the blasting flying stone，and the top of the arch is loaded with sandbag protection. The multi-segment millisecond delay detonator detonation network is used，and the blasting incision is gradually formed symmetrically to ensure that the bridge body collapses in a predetermined dumping direction，thereby realizing the blasting demolition of the hingeless arch bridge of the running highway.

Keywords：expressway；hingeless arch bridge；controlled blasting；vertical collapse；vibration reduction protection

基金项目：广东省产学研合作院士工作站资助项目（2013B090400026）。
原载于《工程爆破》，2019，25（3）：49-52，75。

1 工程概况

沈海高速公路开平至阳江段，伴随着粤西经济的快速发展，四车道高速公路已不能满足日趋饱和的交通需求。现需要全力加快开平至阳江段高速公路的改、扩建工作。因此广湛高速公路开平至阳江段沿线跨线桥需要拆除扩建。待爆天桥距离广州方向一侧的在建新桥墩最近 30m，距离湛江方向一侧的在建新桥墩最近 150m；天桥北侧距离高压线最近 130m，距离废弃厂房 190m；天桥南侧距离最近输油管道距离为 130m；距最近鱼塘 50m（见图 1）。

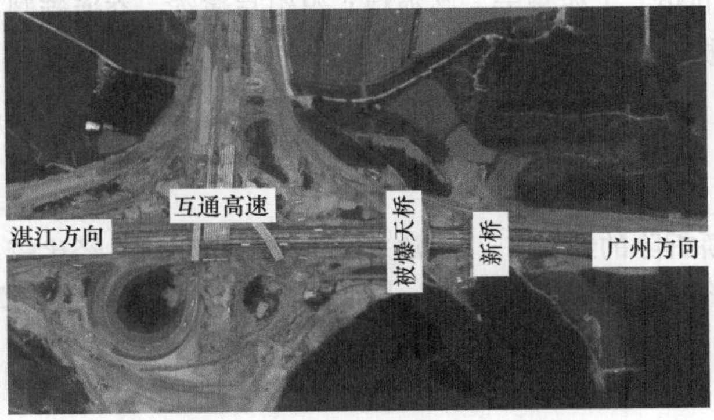

图 1　天桥爆破环境

Fig. 1　Surroundings of the overpass bridge

2　工程施工难点及预处理

（1）因为施工环境十分复杂，堆载场地狭小，所以提前施工应急车道缓冲层时需要精心组织，将堆载高度控制在有效高度内，暴雨季节不污染高速公路路面。

（2）安全要求极高，爆破时，周围在建天桥和扩建高速等众多建（构）筑物需要重点保护，如高压输电线路、输油管道、通信光缆及鱼塘。

（3）技术难度大。在保证待拆除天桥周围建（构）筑物安全的前提下，需要结合以前类似桥梁的爆破拆除经验，运用专业的控制技术，将各种爆破危害（爆破振动、冲击塌落振动、爆破冲击波、爆破飞石等）控制在设计范围内[1]。

（4）施工质量要求高。本工程工期 20d，工作内容有桥面切割、钻孔、铺垫缓冲层、装药爆破、桥体破碎、废渣转载、路面清洗、恢复通行、桥台破碎、弃渣外运等。若在台风暴雨季节施工，还必须精心组织、精确施工，才能按期完成任务。

为防止拱圈爆破后桥体落在桥台上造成桥面悬空，故需要在爆破前对桥面进行切割。通过有限元分析软件 ANSYS/LS-DYNA 进行桥梁爆破拆除的数值模拟[2] 后得知，打孔后拱肋全截面受压，拱脚应力最大，最大应力为 6.9MPa。因为拱肋采用的是 C30 混凝土，有较强的受压能力，所以打孔后拱肋受力是安全的；桥面切割后，桥面板最大压应力为 3.6MPa，桥面受力安全；吊杆最大压应力为 213.3MPa，吊杆受力安全，故天桥预处理后是安全的。

3　爆破方案

根据待拆天桥的受力分析，需要对天桥拱肋进行充分爆破，因此设计时对拱肋爆破拆除借鉴于圆弧形构筑物爆破设计模式。根据待爆体周围环境、桥体结构，采用“桥面切割分离，拱圈钻孔装药爆破，原地坍塌拆除”的爆破方案。为了保护新建天桥及扩建高速公路的安全，在拱顶放置沙包，减少爆破飞石；高速公路交通疏导后，在两侧应急车道设置水泥防撞墩，提前堆载高度 1.5m 的缓冲垫层，以获得较小的触地冲能，防备爆破后桥体下落过程中损坏高速路面，减少二次破碎工作量[3]。两侧桥台及立柱爆破清渣后，用油炮机处理并及时清理[4]。

待拆天桥为双拱无铰钢筋混凝土吊杆结构，拱肋较宽，桥面质量较大，因此，设计应充分考虑各种因素：

（1）拱肋需钻孔数量较多，孔深较大，应确保钻孔后车辆仍能安全通行。

（2）合理确定切割桥面位置，不仅要保证切割后桥面与桥台完全分离，而且应防止切割后出现桥梁倒塌等安全事故。

（3）高速路面必须加强防护，确保缓冲垫层的厚度和质量。

（4）炮孔数量多，采用的起爆网路复杂，须使用非电毫秒延时起爆技术进行爆破[2]。

（5）施工缓冲垫层时间短，工作量大，必须精心组织与演练，交通管制后按设计组织施工。

（6）不仅要考虑爆破振动和对周围建筑物的影响，而且还应考虑桥体塌落引起的振动对周围输油管道和鱼塘的影响。

3.1　爆破切口设计

根据大型无铰拱立交桥拆除的经验[5]，通常采用多个爆破切口，经比较，每拱选取 5 个，共计 10 个。在待拆天桥拱脚处对称布置 4 个爆破切口，长度为 3.8m，桥面以上拱圈对称布置 6 个爆破切口，长度为 3.0~3.2m。

3.2　拱肋爆破参数

拱肋厚 120cm，宽 80cm；根据配筋情况布置 3 排梅花形钻孔，选择布孔直径 φ 为 40mm，钻孔区域的拱顶，拱腰，拱脚布孔方式完全相同，且都是水平孔（见图 2）。最小抵抗线 $W=40$cm，孔距 $a=40$cm，排距 $b=30$cm，孔深 $l=45\sim48$cm，单孔装药量为

$$Q = qabL \tag{1}$$

式中，Q 为单孔装药量，g；q 为单位体积炸药消耗量，g/m^3；a 为孔距，m；b 为排距，m；L 为拱肋宽度，m。

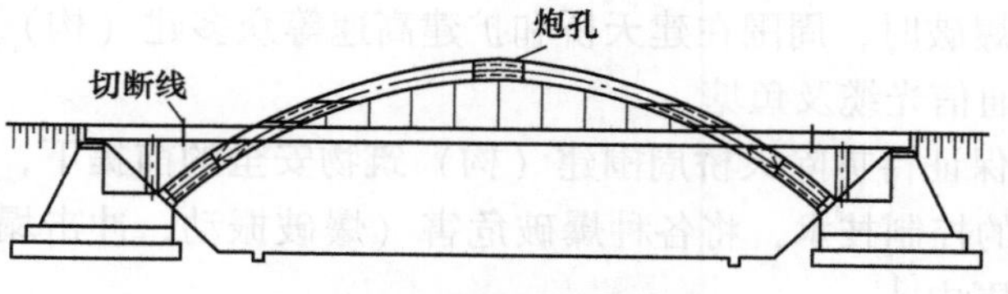

图 2　炮孔布置

Fig. 2　Layout of blasting hole

根据理论公式计算和实际施工经验确定[2-4]：拱脚处和拱腰处孔深 $l_1=48$cm，单孔药量为 $Q_1=300$g；为了确保安全，拱顶预留足够的抵抗线，拱顶处孔深 $l_2=45$cm，单孔药量为 $Q_2=200$g。爆破参数见表 1。

表 1　爆破参数

Table 1　Blasting parameters

位置	总装药量/kg	孔深/cm	孔距/cm	排距/cm	孔数/个	孔径/mm	雷管段别
拱脚	36.0	48.0	40.0	30.0	120	40.0	MS15
拱腰	46.8	48.0	40.0	30.0	156	40.0	MS5
拱顶	13.2	45.0	40.0	30.0	66	40.0	MS5

3.3　爆破网路

爆破网路为簇联和四通连接相结合。拱腰和拱顶孔内采用 MS5 段导爆管雷管，拱脚孔内采用 MS15 段导爆管雷管，孔外延时使用 MS5 段导爆管雷管，连接后形成的闭合网路如图 3 所示。

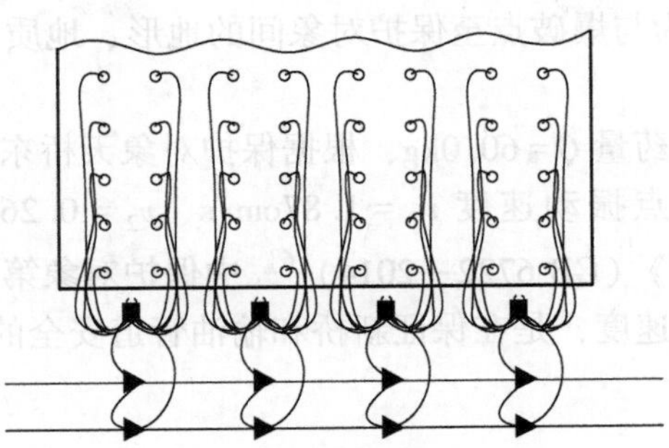

图 3　网路连接

Fig. 3　Blasting network

3.4　爆破安全防护措施

（1）拱顶炮孔最容易产生爆破飞石，严格控制钻孔质量，并确保实际最小抵抗线不小于设计值和东侧 30m 处在建桥梁的安全。

（2）覆盖防护。在装药爆破的位置包裹 20 层密目网，拱肋上堆载 2 层沙包，减少爆破飞石飞散。

（3）近体防护。在桥面钢筋混凝土护栏上钻孔固定外挑式钢管脚手架，在其上安置密竹防护栅栏，形成爆破飞石双层防护层（见图 4）。

图 4　防护效果

Fig. 4　Protective effect

（4）桥下两侧水沟内各埋设 2 条 ϕ200mm 铸铁下水管，以便施工高速路面缓冲垫层和雨季排水。

（5）为了防止缓冲垫层污染高速路面，高速公路交通管制后，首先铺垫 1 层木板，然后铺垫 2 层帆布，在帆布上堆载高度 1.5m 的缓冲垫层。

4　振动监测与安全分析

4.1　爆破振动

爆破振动安全允许距离计算如下[1-3]：

$$R = \left(\frac{K}{v}\right)^{\frac{1}{\alpha}} \cdot Q^{\frac{1}{3}} \tag{2}$$

变换式（2），则保护对象位置质点振动速度为

$$v = K\left(\frac{Q^{\frac{1}{3}}}{R}\right)^{\alpha} \tag{3}$$

式中，R 为爆破振动安全允许距离，m；Q 为延时爆破最大一段药量，kg；v 为保护对象所在地质点振

动安全允许速度，cm/s；K、α 为与爆破点至保护对象间的地形、地质条件有关的系数和衰减指数，拆除爆破，一般取 $K=50$，$\alpha=1.5$。

此次天桥拆除爆破最大单响药量 $Q=60.0$kg，根据保护对象天桥东侧 35m 处的新桥和 130m 处的输油管道的距离，计算出爆破质点振动速度 $v_1=1.87$cm/s、$v_2=0.26$cm/s，现场实际测得最大值为 1.02cm/s，参照《爆破安全规程》（GB 6722—2014）[6] 中保护对象第 2 类的爆破安全质点振动速度允许值，所计算和测得的质点振动速度，是在保证新桥和输油管道安全的爆破振动安全允许范围内。

4.2 塌落振动

建筑物在塌落倒地瞬间对地面的冲击也会产生振动，现广泛应用的塌落振动计算公式为[1-3]

$$v_t = k_t\left(\frac{\sqrt[3]{mgH/\sigma}}{R}\right)^{\beta} \tag{4}$$

式中，v_t 为振动速度，cm/s；k_t、β 为衰减参数，一般取 $k_t=3.37$，$\beta=1.66$；m 为建筑物质量，t；H 为建筑物质心高度，m；σ 为介质的破坏强度，MPa，取 10.0；R 为冲击地面中心到建筑物的最近距离，m；g 为重力加速度，m/s^2，一般取 9.8m/s^2。

天桥拆除爆破时，切口以内桥体质量 855t，桥体质心高度 7.0m，根据落地点与最近保护对象的东侧 35m 处新桥和 130m 处输油管道的距离，计算出桥体落在缓冲垫层上时产生的最大振动速度 $v_t=$ 1.12cm/s。为了实现安全爆破，在爆破点附近共安设 5 台测振仪，实际测得最大振动速度 $v=0.14$cm/s，未超过爆破振动安全允许标准值 1.5cm/s[6]，因此，新建天桥和输油管道是安全的。

本次爆破拆除的跨线天桥，触地时间间隔较短，爆破区域分散，缓冲减振垫层防护效果较好，故有效地减弱了桥体触地所引起的振动。

5 爆破效果与体会

无铰拱钢筋混凝土跨线天桥起爆后按设计的方式倒塌，自由落体在缓冲垫层上，拱肋没有出现向外倾倒的现象；爆堆最高点高度为 2.2m，未出现飞过新桥的个别飞散物，周围建（构）筑物未损坏；密竹栅栏防护起到了有效的作用，爆后效果如图 5 所示。

图 5 爆后效果

Fig. 5 After blasting effect

（1）确保了桥体足够的强度。桥面切割的分离缝宽度越大，越有利于拱肋爆破后，在下落过程中自由落体，全部落在缓冲垫层上，有利于高速路面的保护和后续清理工作。

（2）密目网和密竹栅栏及拱顶沙包共同构成多层防护结构，有效阻止了爆破分散物向外飞散。

（3）利用计算机模拟技术对桥面和拱圈的受力情况进行了力学分析后，适当增加了预拆除工作，减少钻孔装药工作量[1,2]。

（4）在装药时间允许的情况下对桥台和立柱进行钻孔装药，减少了爆破后机械拆除工作，既有利于安全，又有利于缩短工期。

参考文献

［1］程浩伦，邹新宽，赵军，等．上跨高速公路无铰拱桥控制爆破拆除［J］．工程爆破，2016，22（2）：77-79，88.
Cheng H L，Zou X K，Zhao J，et al. Controlling blasting demolition of hingeless arch bridge overpass highway［J］. Engineering Blasting，2016，22（2）：77-79，88.

［2］谢钱斌，张先东．3座内部结构复杂的烟囱的爆破拆除［J］．工程爆破，2017，23（2）：62-66.
Xie Q B，Zhang X D. Blasting demolition of three chimneys with complex internal structure［J］. Engineering Blasting，2017，23（2）：62-66.

［3］谢钱斌，熊万春．2座90m高的双曲线冷却塔爆破拆除［J］．工程爆破，2018，24（3）：44-49.
Xie Q B，Xiong W C. Blasting demolition of two 90m high hyperbolic cooling tower［J］. Engineering Blasting，2018，24（3）：44-49.

［4］傅建秋，郑建礼，刘孟龙．略阳电厂84.8m双曲线冷却塔定向爆破拆除［J］．爆破，2007，24（4）：41-44，52.
Fu J Q，Zheng J L，Liu M L. Demolition of 84.8m-high hyperbolic cooling towe by directional blasting at Lueyang power plant［J］. Blasting，2007，24（4）：41-44，52.

［5］李洪伟，颜事龙，郭进，等．爆破拆除切口形状对冷却塔爆破效果影响及数值模拟［J］．爆破，2013，30（4）：92-95.
Li H W，Yan S L，Guo J，et al. Numerical simulation of effect of cut paramateters on explosive demolition of the cooling towers［J］. Blasting，2013，30（4）：92-95.

［6］国家安全生产监督管理总局．GB 6722—2014爆破安全规程［S］．北京：中国标准出版社，2015.
State Administration of Work Safety. GB 6722—2014 Safety regulations for blasting［S］. Beijing：China Standards Press，2015.

内部结构复杂的高层楼房拆除爆破

谢钱斌

（广东宏大爆破股份有限公司，广东 广州，510623）

摘　要： 针对待拆面粉厂主楼房为7层非对称钢筋混凝土框架全剪力墙结构，内部兼具粮食加工和生活居住功能，楼层布局错综复杂的情况，根据高跨比小不易倾倒的特点，利用有限元分析软件确定预拆除的位置、钻孔数量和试爆位置，对1~2层立柱、剪力墙和楼梯进行部分预拆除，选择三角形切口。采取定向爆破拆除方案，倾倒方向为正南方向，在倒塌位置铺垫缓冲减振层，保护周围建筑物不受损坏；采用大炸高和支座铰链技术，使后2排立柱作为后支座铰链，增加铰链极限承载力，严格控制楼房后坐；对立柱钻孔装药位置使用密目网和密竹栅栏进行爆破飞石近体防护；使用多段毫秒延时导爆管雷管起爆网路，确保楼房按预定的倾倒方向倒塌，由此实现了内部结构复杂的高层楼房拆除爆破。

关键词： 楼房拆除爆破；非对称框架；定向爆破；支座铰链技术；安全防护

Demolition Blasting of High-storey Buildings with Complex Internal Structure

Xie Qianbin

（Guangdong Hongda Blasting Co.，Ltd.，Guangdong Guangzhou，510623）

Abstract：The main building of the flour mill to be dismantled is a 7-story asymmetric reinforced concrete frame full shear wall structure，which has both grain processing and living and living functions，and the floor layout is intricate. According to the characteristics of high span ratio and small dumping，finite element is used. The analysis software determines the position of the pre-removal，the number of holes and the location of the test，and partially pre-demolition the 1~2 pillars，shear walls and stairs，and select the triangular cut. The directional demolition blasting scheme is adopted，the dumping direction is in the south direction，and the damping layer is cushioned in the collapsed position to protect the surrounding buildings from damage；the large two-row column and the support hinge technology are used to make the rear two rows of columns as the rear support hinges. Increase the ultimate bearing capacity of the hinge and strictly control the back seat of the building. For the drilling position of the column the dense mesh and the dense bamboo fence are used to perform the near-body protection of the blasting flying stone. The multi-segment millisecond delay detonator detonation network is used to ensure that the building collapses in a predetermined dumping direction，thereby realizing the demolition blasting of a high-rise building with complicated internal structure.

Keywords：demolition blasting of buildings；asymmetric framework；directional blasting；supporting hinge technology；safety protection

1　工程概况

待拆楼房为汕头市面粉厂，其位于汕头市金平区中山东路与金环南路交叉处，处于闹市区，周边环境复杂。面粉厂南面约42m处有围墙，300m处有一造船厂，楼顶有1万伏高压线，距楼面高度约

基金项目： 广东省产学研合作院士工作站资助项目（2013B090400026）。
原载于《工程爆破》，2019，25（5）：53-58。

5m；北面约100m处为中山东路，车流量大，人员密集，西北角约8m处为一厂用电房（爆破前拉闸停电）；西面约8.5m有一高压线塔，70m处有多栋8层居民楼；东面约30m处为仓库（见图1）。根据设计图纸可知，待拆楼房高约32m，长约80m，宽度介于8~10m之间，总建筑面积约3385m^2；有7种立柱尺寸，3种钢筋规格。根据待拆楼房的结构，由北向南划分为6个轴线（A、C、D、E、G、H），对每个轴线上的立柱由东向西依次用数字进行标号，A轴为$A_1 \sim A_{15}$，C轴为$C_1 \sim C_6$，D轴为$D_{13} \sim D_{15}$，E轴为$E_1 \sim E_6$，G轴为$G_1 \sim G_{15}$，H轴为$H_1 \sim H_{15}$。

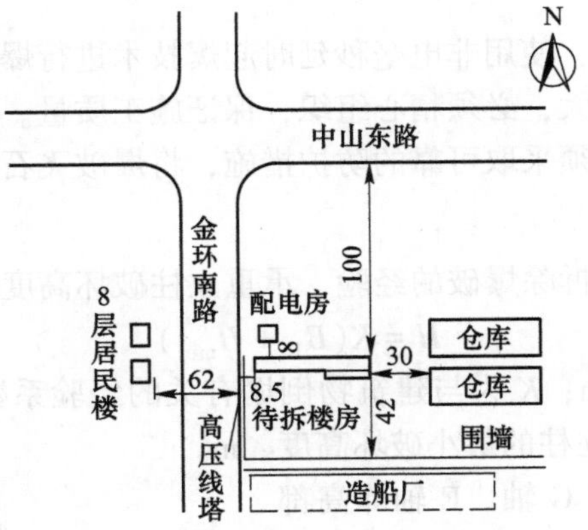

图1 楼房周边环境（单位：m）

Fig.1 Building surrounding environment (unit: m)

2 爆破拆除方案

2.1 工程特点及难点

（1）待拆楼房结构复杂，炮孔布置参数呈现多样化，施工难度较大；结构力学分析难度较大，预拆除的难度较大。

（2）安全要求极高，待拆楼房距离周边居民区和闹市区较近，有众多建（构）筑物需重点保护。爆破时，交通管制工作和喷洒降尘工作需要精心组织。

（3）需采取专业的安全防护措施，将各种爆破危害（爆破振动、冲击塌落振动、爆破冲击波、爆破飞石等）严格控制在设计范围内[1,2]，以减少对2条交通主干道和周围建（构）筑物的影响。

2.2 预处理及安全稳定性校核

电梯井位于$H_8 \sim H_9$间，断面大小为4m×3m，楼梯间位于$A_{12} \sim A_{13}$间，用油炮机进行拆除；为减少钻孔装药量，在爆破前用油炮机对位于爆破切口内2层及以下的剪力墙进行预拆除，使其露出立柱；凿除A轴立柱钢筋表面的混凝土，用乙炔焊切割钢筋；对H_3、H_4，$E_1 \sim E_6$立柱用油炮机以开凿的方式拆除；通过有限元分析软件ANSYS/LS-DYNA进行立柱拆除爆破的数值模拟[2]。预拆除后立柱全截面受压，最大应力为8.0MPa，据建筑设计文件可知，立柱采用C30混凝土浇筑，其抗压强度远大于8.0MPa，故立柱受力安全。此外，2层及以下的剪力墙预拆除后对整栋建筑的受力影响可忽略不计，故楼房预处理后是安全的。

2.3 方案设计

根据现场环境，待拆楼房采用向南定向爆破的倒塌方式，其爆破方案借鉴高宽比的建（构）筑物爆破设计模式。为了防止楼房爆破后出现“坐而不倒”和“楼体后坐”现象，采用大炸高和支座铰链技术[3]，将后A、C、D轴立柱作为后支座铰链，增加铰链极限承载力，严格控制楼房后坐。在倒塌范围内提前堆载高度1.5m的缓冲垫层，触地时以获得较小的触地冲能以减小触地振动。

待拆楼房为非对称钢筋混凝土框架结构，立柱较多，高宽比较小，楼板内预埋钢板等机械基座后整体浇筑混凝土，质量较大，因此，设计应充分考虑这些因素。

（1）大尺寸立柱较多，孔深较大，钻孔位置要求严格，应确保钻孔后仍能保证足够的抵抗线。

（2）合理确定预拆除位置，保证预拆除后楼房结构的安全，并尽量减少钻孔装药量。

（3）在待拆楼房西侧 2m 处开挖深 1.5m 的减振沟，将触地振动减小到最低值，以保护周围建（构）筑物的安全。

（4）需要爆破的炮孔数量多，使用非电毫秒延时起爆技术进行爆破可确保爆破质量[2]。

（5）施工缓冲垫层时工作量大，必须精心组织，保证施工质量。

（6）需要爆破的立柱多，必须采取可靠的防护措施，将爆破飞石距离控制在设计范围内。

2.3.1 爆破切口

根据大型高层建（构）筑物拆除爆破的经验，承重立柱破坏高度计算公式如下[3,5]：

$$H = K(B_1 + H_{\min}) \tag{1}$$

式中，H 为承重立柱破坏高度，m；K 为与建筑物倒塌有关的经验系数，一般取 1.5~2.0；B_1 为立柱截面的长边长，m；$H_{\min}$ 为承重立柱的最小破坏高度，m。

经式（1）计算可得：H 轴、G 轴、E 轴炸高都为 7.2m，D 轴炸高为 3.8m，C 轴炸高为 2.0m，A 轴炸高为 1.0m，经比较采用梯形复式爆破切口大和炸高的设计（见图 2）。

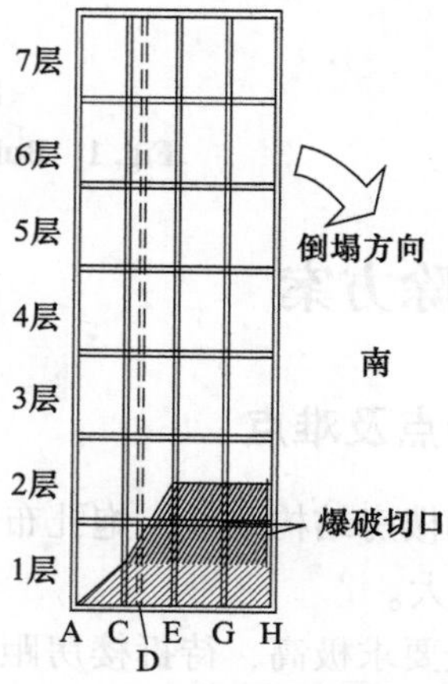

注：A、C、D、E、G、H代表楼内立柱轴线。

图 2 爆破切口

Fig. 2 Blasting notch

2.3.2 爆破参数

待拆楼房的立柱规格尺寸较多，根据配筋图布置钻孔（见图 3），选择布孔直径为 ϕ40mm，采用水钻钻孔。最小抵抗线 $W=\phi/2$（ϕ 为立柱厚度），孔距 $a=(1.3\sim1.8)W$，排距 $b=(0.7\sim0.8)W$，孔深 $l=(0.5\sim0.6)\phi$，单孔装药量计算公式如下[2-4]：

$$Q = qV \tag{2}$$

式中，Q 为单孔装药量，g；q 为单位体积炸药消耗量，g/m^3（取值范围：1700~3000g/m^3）；V 为单个炮孔所负担的爆破体体积，m^3。

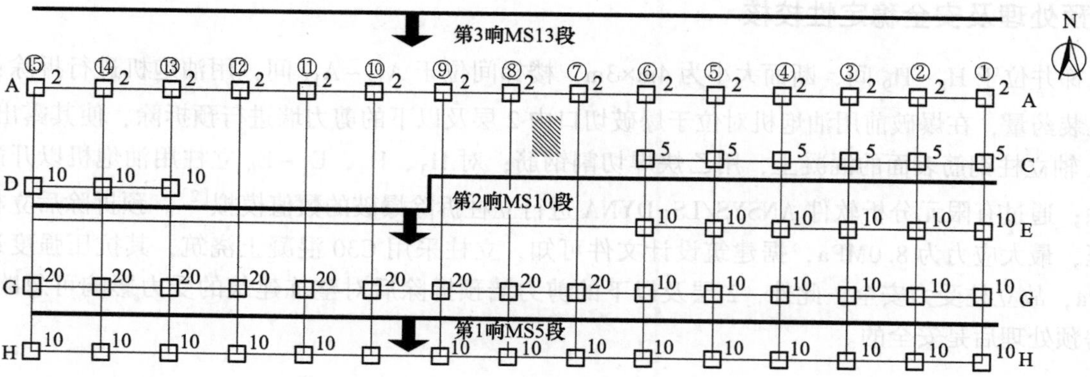

注：①~⑮表示每个轴上的立柱编号；

2、5、10、20表示对应立柱上的炮孔数。

图 3 炮孔布置

Fig. 3 Layout of blasting holes

爆破设计参数在理论公式计算后结合实际施工经验进行修正[4]，立柱参数见表 1。

表 1　立柱爆破参数

Table 1　Column blasting parameters

立柱尺寸/cm×cm	排距/cm	孔距/cm	孔深/cm	排数	单孔装药量/g
45×45	—	35	28	1	100
40×40	—	30	23	1	75
40×70	30	30	24	2	75
30×50	25	30	18	2	50
50×50	25	35	30	2	120
40×80	30	35	25	2	100
80×80	20	30	45	3	150

2.3.3　试爆

为了检验爆破参数设计是否合理，选取位于第 1 层楼的 G_3、D_{13} 立柱进行试爆。根据试爆效果，对单孔装药量进行适当调整，以取得较为理想的爆破效果。调整后的各项爆破参数见表 2。

表 2　爆破参数

Table 2　Blasting parameters

轴线	立柱数目	炮孔个数	单孔装药量/g	总装药量/kg
A	15	30	100	3. 00
C	6	30	75	2. 25
D	3	30	75	2. 25
E	6	60	100	6. 00
G	15	240	100	24. 0
H	15	150	150	22. 5

2.3.4　爆破网路

采用簇联和四通连接相结合的复式爆破网路。H 轴炮孔内采用 MS5 导爆管雷管，E 轴、G 轴炮孔内采用 MS10 导爆管雷管，A 轴、C 轴、D 轴炮孔内采用 MS13 导爆管雷管；炮孔外统一使用 MS2 导爆管雷管进行延时，使用四通和导爆管将 1~2 层楼连成闭合复式网路[1,2,6]。

严格控制各轴立柱间的起爆时间，使待拆除楼房起爆后在空中解体，将 A 轴、C 轴、D 轴立柱作为铰链。同时起爆可有效避免因单排立柱极限承载力能力不足，爆破后无法支撑切口以上楼层的重量，导致楼房后坐严重或下坐等不良现象。

3　爆破安全防护与降尘措施

（1）立柱使用水钻钻孔，严格控制钻孔质量，并确保实际最小抵抗线不小于设计值。

（2）近体防护。立柱装药完成后，柱脚位置用废旧传送带包裹，立柱上部用竹排栅进行覆盖。

（3）被动防护。在楼房 2m 处搭设密竹栅栏，密竹栅栏外铺盖密目网，防护高度高于爆破位置 2m（见图 4）。

（4）用混凝土封堵下水管道，装药前一天进行蓄水，爆破后随着楼房的倾倒可起到除尘效果。

（5）为了防止爆破烟尘影响周围居民，协调 4 台消防车配备高压水炮对楼房进行喷水抑尘；协调 4 台市政除雾霾车，爆破后分别沿中山东路和金环南路进行喷雾降尘。

图4 防护措施

Fig. 4 Protective measures

4 振动监测与安全分析

4.1 爆破振动

爆破振动安全允许距离，采用《爆破安全规程》（GB 6722—2014）中的公式计算[1-4]：

$$R = \left(\frac{K}{v}\right)^{\frac{1}{\alpha}} \cdot Q^{\frac{1}{3}} \tag{3}$$

保护对象位置质点振动速度为：

$$v = K\left(\frac{Q^{\frac{1}{3}}}{R}\right)^{\alpha} \tag{4}$$

式中，R 为爆破振动安全允许距离，m；Q 为延时爆破最大一段药量，取 52.5kg；v 为保护对象所在地质点振动安全允许速度，cm/s；K、α 为与爆破点至保护对象间的地形、地质条件有关的系数和衰减指数，一般取 $K=50$，$\alpha=1.5$。

此次爆破最大单响药量 $Q=52.5$kg，根据施工技术文件要求，本次爆破最近的保护对象为西侧 70m 处居民楼和南侧 42m 处围墙。经式（4）计算，爆破质点振动速度 $v=0.65$cm/s，现场实际测得最大值为 0.42cm/s，两者均小于《爆破安全规程》（GB 6722—2014）中允许的安全质点振动速度 2.0cm/s。爆破产生的地震波衰减快，因此，能够保证被保护建筑物的安全[5]。

4.2 塌落振动

建筑物在塌落倒地瞬间对地面的冲击也会产生振动，现广泛应用的塌落振动的计算公式为[1-4]

$$v_{t} = k_{t}\left(\frac{\sqrt[3]{mgH/\sigma}}{R}\right)^{\beta} \tag{5}$$

式中，v_t 为振动速度，cm/s；k_t、β 为衰减参数，取 $k_t=3.37$，$\beta=1.66$；m 为建筑物质量，t；H 为建筑物质心高度，m；σ 为介质的破坏强度，MPa，取 10.0MPa；R 为冲击地面中心到建筑物的最近距离，m；g 为重力加速度，m/s^2，取 9.8m/s^2。

因为预拆除后待拆楼质量为 1925t，质心高度为 16.0m，落地点到其西侧需要保护的居民楼距离为 70m。由式（5）计算可得最大塌落振动速度 $v_t=0.838$cm/s。本次爆破现场共布置 5 个测点，监测得到实际最大振动速度 $v_t=0.21$cm/s。由于面粉厂为非对称钢筋混凝土框架全剪力墙楼房，爆破区域较为集中，触地时间较短，故触地所引起的振动较大。

爆破现场实际测得的爆破振动和塌落振动数值均小于《爆破安全规程》（GB 6722—2014）中对爆破振动安全允许标准值 2.5cm/s，因此，居民楼和周围建（构）筑物是安全的。

5　爆破效果与体会

待拆楼房起爆后按设计的方式顺利倒塌，楼体落在预先施工的缓冲垫层上，没有出现前倾和后坐的现象；爆堆最高点的高度为6m，周围道路未见爆破飞散物，建（构）筑物未损坏；爆破效果如图5所示。

图5　爆破效果
Fig. 5　Blasting effect

（1）支座铰链技术有利于楼房爆破后按设计方向倾倒，严格控制了后坐现象。

（2）开挖减振沟可有效削弱塌落振动，保护周围建（构）筑物和交通主干道的安全，为今后类似工程提供参考。

（3）本楼房爆破倒地后解体不充分，为破碎清除增加了难度，今后可用油炮机在剪力墙墙体上开凿多条卸荷槽，有利于楼体触地解体。

（4）楼顶蓄水和高压水炮喷水有利于爆破降尘效果，可利于实现环保爆破。

（5）水钻施工与风钻相对比，既能有效控制施工中产生的粉尘对环境造成的污染，又可节约劳动力，实现精准定位，确保了施工质量。

参考文献

[1] 谢钱斌，张先东．3座内部结构复杂的烟囱的爆破拆除［J］．工程爆破，2017，23（2）：62-66.
Xie Q B，Zhang X D. Blasting demolition of three chimneys with complex internal structure［J］．Engineering Blasting，2017，23（2）：62-66.

[2] 谢钱斌，熊万春．2座90m高的双曲线冷却塔爆破拆除［J］．工程爆破，2018，24（3）：44-49.
Xie Q B，Xiong W C. Blasting demolition of two 90m high hyperbolic cooling tower［J］．Engineering Blasting，2018，24（3）：44-49.

[3] 陶明，罗福友，程三建．复杂环境下多排立柱框架楼房爆破拆除技术［J］．工程爆破，2018，24（3）：39-43.
Tao M，Luo F Y，Cheng S J. Demolition blasting technology of multi row column frame buildings in complex environment［J］．Engineering Blasting，2018，24（3）：39-43.

[4] 费鸿禄，刘志东，戴明颖．复杂环境下10层非对称框架结构楼房定向爆破拆除［J］．爆破，2015，32（2）：89-94.
Fei H L，Liu Z D，Dai M Y. Directional blasting demolition of a 10-story asymmetric frame structure building in complex environment［J］．Blasting，2015，32（2）：89-94.

[5] 林谋金，薛冰，傅建秋，等．210m烟囱超高位切口爆破拆除数值模拟与实践［J］．爆破，2018，35（3）：103-107.
Lin M J，Xue B，Fu J Q，et al. Application and numerical simulation of blasting demolition for 210m chimney with super-high incision［J］．Blasting，2018，35（3）：103-107.

[6] 崔晓荣，郑灿胜，温健强，等．不规则框剪结构大楼爆破拆除［J］．爆破，2012，29（4）：95-98.
Cui X R，Zhen C S，Wen J Q，et al. Reliability analysis of large-scale priming circuit used in blasting demolition［J］．Blasting，2012，29（4）：95-98.

180m 烟囱分段爆破拆除振动监测与安全分析

刘　翼　谢守冬　傅建秋

（广东宏大爆破股份有限公司，广东 广州，510623）

摘　要：180m 待拆烟囱处于狭窄范围内，烟囱周围仅正东方向有最大倒塌空间 103m，且东侧边界上有南北走向的地下循环水管，直径 3.2m。经分析决定采用分段爆破，分别在烟囱±0.0m 和+90m 开爆破切口，分两次向东偏北 15°定向爆破。为保证电厂内部运行机组及地下循环水管的安全，爆破前分析了爆破振动和塌落振动对周围几处重要设施的影响，重点分析了塌落振动对地下循环水管可能产生的挤压破坏，振动分析结果表明无论是塌落振动还是爆破振动都在安全允许范围内。爆破过程中在重要设施附近安装传感器进行振动监测，振动监测结果与振动分析相符。本次烟囱爆破拆除和振动安全分析实践表明，在场地不够的情况下，采用分段爆破技术拆除高烟囱是安全可靠的，塌落振动对循环水管的挤压安全分析方法可行。

关键词：钢筋混凝土烟囱；分段爆破；爆破振动；振动监测

Monitoring and Safety Analysis of Blasting Vibration for the Blasting Demolition of 180m Chimney in Sections

Liu Yi　Xie Shoudong　Fu Jianqiu

（Guangdong Hongda Blasting Co., Ltd., Guangdong Guangzhou, 510623）

Abstract: A 180m reinforced concrete chimney was in a narrow scope, around which there was only a maximum collapse space of 103m in the east direction, and there was a south-north underground circulation pipe on the eastern boundary, with a diameter of 3.2m. Segmented blasting was adopted after analysis, with blasting cuts of 0.0m and +90m in the chimney respectively. The chimney was blasted in the direction of 15° to the north by east two times. The safety evaluation of blasting vibration and collapse impact vibration on the several important facilities around the chimney were analyzed before the chimney was blasted, so as to protect the running unit of the power plant and the underground circulating water pipe. In this work, the possible extrusion failure of underground circulating water pipe caused by collapse impact vibration was analyzed. The analysis results show that both collapse impact vibrations and blasting vibrations were within the safe range. During the blasting process, sensors were installed near the important facilities for vibration monitoring, and the results of vibration monitoring were consistent with the vibration analysis. The practice of blasting demolition of chimney and vibration safety analysis showed that it was safe and reliable to demolish high chimneys by using segmented blasting technology when the space was not enough. The method of extrusion safety analysis of collapse impact vibrations on the circulating water pipe was feasible.

Keywords: reinforced concrete chimney; segmented blasting; blasting vibration; vibration monitoring

1　工程概况

粤华发电厂 1~4 号机组 180m 烟囱需要拆除。烟囱底部直径约 21.6m，顶部直径 6.7m，50m、70m、174m 标高处有信号平台。烟囱底部北面距离主厂房 48m，东面距离地下循环水管 103m，循环水管直径 3.2m，循环水管距离新风二路 15m；距离南面南干四路围墙 31m，围墙南面为全厂油区；西南

原载于《爆破》，2020，37（3）：1-6。

面距离全厂微波楼控制室最近距离 4m，西面 62m 为保留的冲凉房。待拆烟囱周围平面图如图 1 所示。

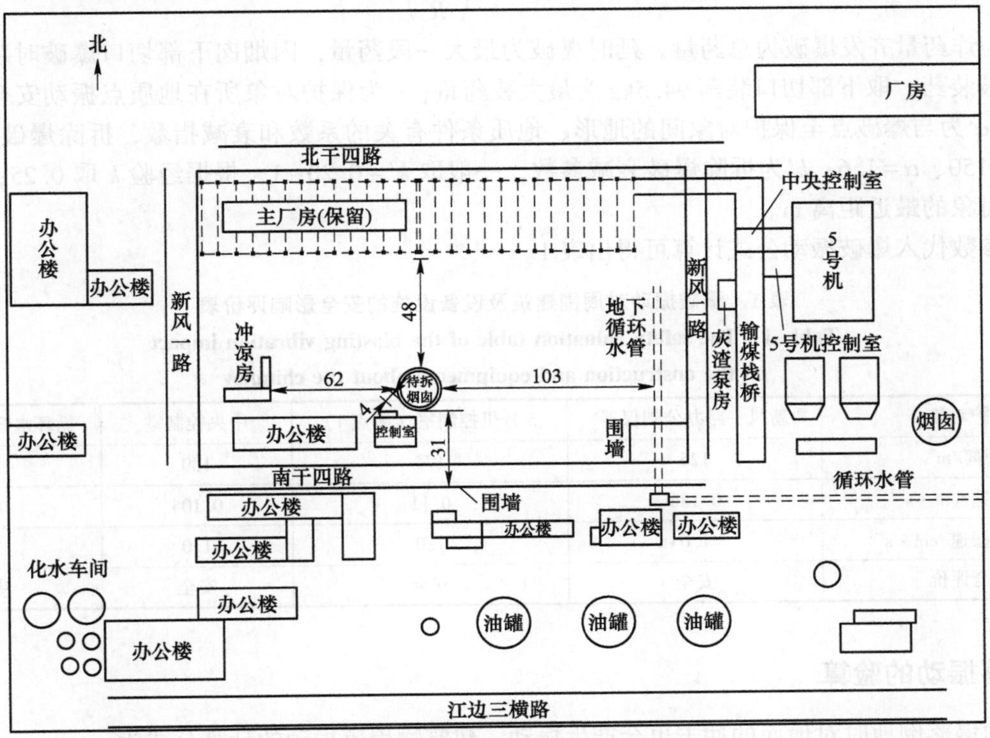

图 1　待拆烟囱周围环境示意图（单位：m）

Fig. 1　Schematic diagram of surrounding environment about the chimney（unit：m）

2　烟囱爆破拆除方案

鉴于烟囱周边环境复杂，倒塌场地狭小，需要将烟囱控制在有效的倒塌范围内，180m 烟囱不能采用在根部爆破的一次倒塌方法，而应采用分次爆破方案。分次爆破方案，即在烟囱±0.0m 和+90m 分别开爆破切口，上部切口爆破完后，将上段烟囱碎渣清理完毕后，过一段时间再实施下部爆破。

在爆破过程中，电厂运行机组及地下循环水管等周围设备设施是重点保护对象，必须做好爆破振动、烟囱倒地的塌落振动对它们危害的安全分析，并采取有效的防范措施。

3　振动安全分析

3.1　爆破振动与塌落振动的比较

建（构）筑物爆破拆除过程中，产生的地面振动主要有两种：一是被拆建（构）筑物构件中药包爆破所产生的爆破振动；二是由于建（构）筑物塌落解体构件对地面撞击造成的塌落振动。爆破振动大小与炸药多少正相关，随传播距离的增加而衰减。塌落振动大小与下落构件的质量和质心高度正相关，随传播距离的增加而衰减。振动监测实践和研究表明[1,2]，绝大多数建（构）筑物爆破拆除，爆破振动和塌落振动都会同时发生，只是由于具体建（构）筑物结构不同，测点与爆破点和触地点的距离不同，两者大小主次会有区别，有的两者甚至相差很大，如烟囱等高耸构筑物的爆破拆除，塌落振动远大于爆破振动，但如果测点与爆破点和触地点的距离相差很大，也有可能爆破振动大于塌落振动，因此，在同一次爆破中，爆破振动和塌落振动的大小比较要具体测点具体分析。下面以烟囱中心为距离起点，分析爆破振动和塌落振动对烟囱周围几处重要建筑（构）物及设备设施的振动影响。

3.2　爆破振动核算

根据《爆破安全规程》（GB 6722—2014）中爆破对保护对象位置质点振动速度公式为[3]

$$v = k \cdot k' \cdot \left(\frac{\sqrt[3]{Q}}{R}\right)^{\alpha}$$

式中，Q 为炸药量齐发爆破为总药量，延时爆破为最大一段药量，因烟囱下部切口爆破时装药大于上部切口爆破装药，取下部切口装药 94.5kg 为最大装药量；v 为保护对象所在地质点振动安全允许速度 cm/s；k、α 为与爆破点至保护对象间的地形、地质条件有关的系数和衰减指数，拆除爆破取经验值，一般取 $k=150$、$\alpha=1.6$；k'为拆除爆破衰减参数，一般取 $k'=0.20\sim1$，根据经验 k 取 0.25；R 为爆破距离保护对象的最近距离 m。

把各参数代入爆破振动公式计算可得出表 1。

表 1　爆破振动对周围建筑及设备设施的安全影响评价表

Table 1　The safety valuation table of the blasting vibration impact on the onstruction and equipmente about the chimney

保护对象	新风一路办公楼仪器	5 号机控制室（测点 1）	中央控制室	循环水管（测点 2）
距离/m	125	174	180	110
爆破振速/$cm \cdot s^{-1}$	0.186	0.11	0.104	0.23
安全允许振速/$cm \cdot s^{-1}$	1.0	1.0	1.0	3.0
安全评价	安全	安全	安全	安全

3.3　塌落振动的验算

建筑物塌落倒地时对地面的冲击也会产生振动，建筑物塌落振动的计算公式为

$$v_t = k \cdot k_t \cdot \left(\frac{\sqrt[3]{MgH/\sigma}}{R}\right)^{\beta}$$

式中，v_t 为振动速度，cm/s；k_t、β 为与地质条件相关的衰减参数，一般取 $k_t=3.37$，$\beta=1.66$；k 为与缓冲措施相关的衰减参数，一般取 $k=0.20\sim1$，由于烟囱爆破时地面采用缓冲带，可以大大减少塌落振动，根据经验 k 取 0.25；M 为建筑物质量，上部烟囱爆破时为 1870t；H 为建筑物质心高度，上部烟囱爆破时为 135m；因上部切口爆破时质心高度和质量乘积大于下部切口爆破时质心高度和质量乘积，所以以上部烟囱爆破计算为主；σ 为介质的破坏强度，一般取 10MPa；g 为重力加速度，一般取 9.8m/s^2；R 为冲击地面中心到保护对象的最近距离，m/s^2。

把各参数代入塌落振动公式计算可得出表 2。

表 2　塌落振动对周围建筑及设备设施的影响表

Table 2　The safety valuation table of the collapse vibration impact on the onstruction and equipmente about the chimney

保护对象	新风一路办公楼仪器	5 号机控制室（测点 1）	中央控制室	6 号机控制室	循环水管（测点 2）
距离/m	200	95	102	257	257
塌落振速/$cm \cdot s^{-1}$	0.11	0.40	0.36	0.09	0.09
安全允许振速/$cm \cdot s^{-1}$	1.0	1.0	1.0	1.0	1.0
安全评价	安全	安全	安全	安全	安全

4　振动对地下循环水管的影响分析

4.1　塌落振动的影响

目前循环水管安全允许振速和标准国家没有规定，尚属空白，根据参考文献和类似工程经验[4-12]，安全允许振速差别很大，有 3cm/s、7cm/s、14cm/s 几种，本工程为严格起见，按 3cm/s 控制。

根据塌落振动公式，以烟囱落地点距离循环水管 20m 为例，代入公式可得塌落振动为 4.9cm/s（地面振速）。由于地震波在土体内沿深度方向是逐渐衰减的，地表振动由于受表面波和反射稀疏波的影响要大一些，地层深度受土体约束作用质点振动则要小一些，衰减规律一般呈负指数规律变化。按负指数曲线计算爆破地震波在深度方向的传播衰减公式为 $v = v_0 e^{-kH}$。式中，v 为深度方向振速，cm/s；v_0 为地面振速，cm/s；k 为衰减系数；H 为距地表深度（取正值），m。根据试验实测数据，运用数理统方法计算得出，$v(H)$ 沿深度方向的衰减系数为：铅垂方向 $k\perp=0.08 \sim 0.09$，水平方向 $k/\!/=0.08 \sim 0.12$。将 $v_0=4.9$. $k=0.09$，$H=6$，代入公式 $v=v_0 e^{-kH}$。可得 $v=2.84$，小于 3.0cm/s，循环水管安全。

4.2 振动挤压的影响

烟囱头部触地后，烟囱冲击地面，冲击应力在回填土层内以不超过 45°的最大应力角向下扩散，由于烟囱头部距离循环水管 20m，因此上部回填土层应力不会直接传向循环水管；由于在回填土层下是淤泥质土，不承受剪切应力，但可传递压应力，因此淤泥质土在受到上部回填土传递来的应力后会向侧面水平挤压，最终可能挤压到循环水管，但在循环水管周围注浆后，凝结为整体，对循环水管起保护作用，循环水管不直接受挤压，因此可消除水平挤压力对循环水管的影响，如图 2 所示。

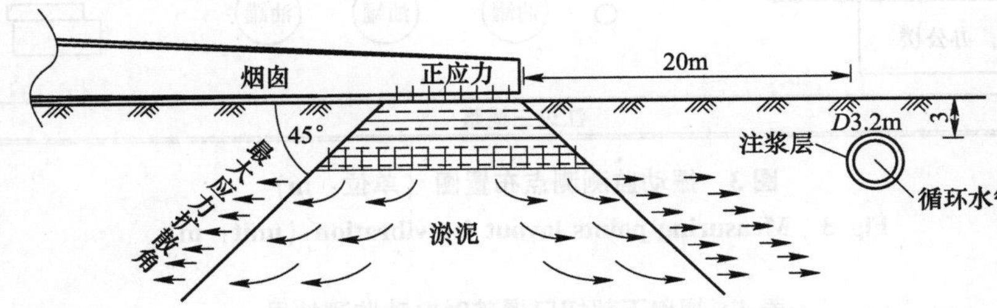

图 2 烟囱冲击地面对循环水管的影响力学分析图

Fig. 2 The mechanical analysis diagram for chimney collapse to the ground impact on the circulating water pipe

5 振动监测

5.1 监测目的

爆破过程中，电厂运行机组及地下循环水管等周围设备设施是重点保护对象，通过振动监测对比爆破减震效果，为电厂运行机组及地下循环水管的安全评价提供证据。

5.2 监测点布置

本次爆破共布置了 2 个监测点，测点 1 布置在运行的 5 号机组建筑物朝烟囱一侧；测点 2 布置在地下循环水管南端，如图 3 所示。

5.3 监测结果

监测结果表明：运行机组附近测点 1 的最大垂直振动速度为 0.75cm/s，小于安全许振速 1cm/s，地下循环水管附近测点 2 最大垂直振动速度为 0.91cm/s，小于安全允许振速 3cm/s。见表 3、表 4 和图 4~图 7。

表 3 烟囱上部切口爆破时振动监测结果

Table 3 The monitoring results of vibration in the upper cut blasting

测点序号	测点位置	距离/m	最大值/cm · s^{-1}	时刻/s	量程/cm · m^{-1}	灵敏度/V · (m · s)$^{-1}$
测点 1	5 号机控制室	149	0.18	5.58	37.04	27.0
测点 2	循环水管旁	58	0.82	8.11	37.04	27.0

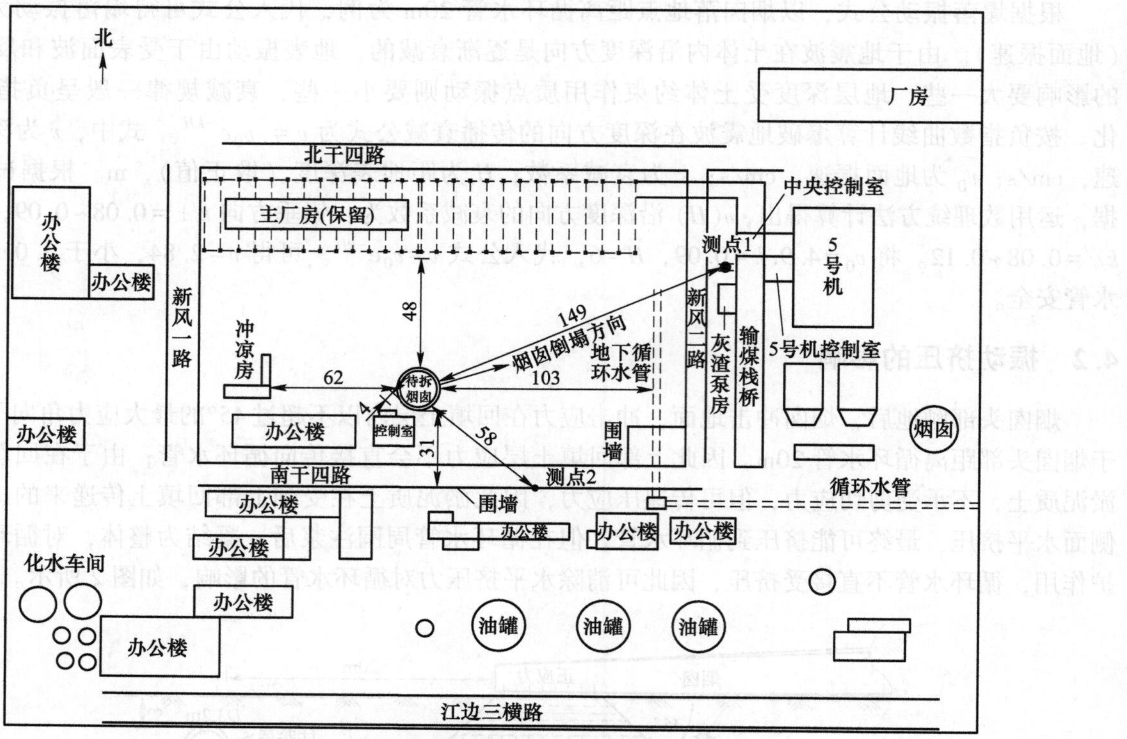

图 3 振动监测测点布置图（单位：m）

Fig. 3 Measuring points layout for vibration (unit: m)

表 4 烟囱下部切口爆破时振动监测结果

Table 4 The monitoring results of vibration in the lower cut blasting

测点序号	测点位置	距离/m	最大值/cm·s^{-1}	时刻/s	量程/cm·m^{-1}	灵敏度/V·(m·s)$^{-1}$
测点 1	5 号机控制室	149	0.75	7.56	37.04	27.0
测点 2	循环水管旁	58	0.91	8.24	37.04	27.0

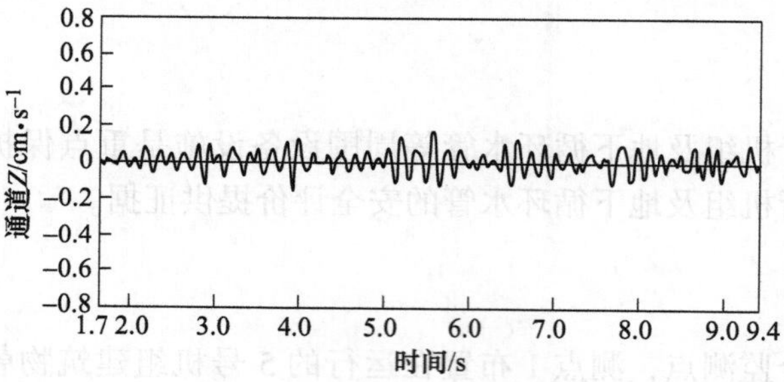

图 4 测点 1 波形图（上切口爆破）

Fig. 4 Waveform of measured point No. 1 in the upper cut blasting

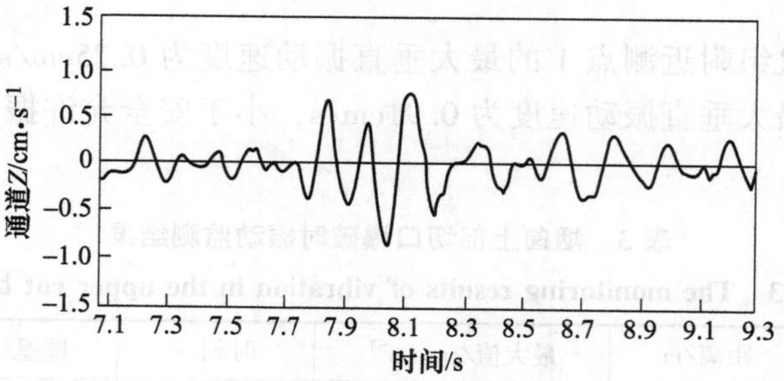

图 5 测点 2 波形图（上切口爆破）

Fig. 5 Waveform of measured point No. 2 in the upper cut blasting

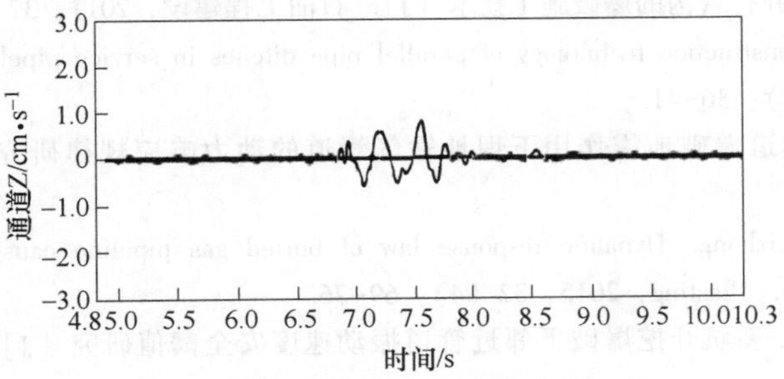

图 6 测点 1 波形图（下切口爆破）

Fig. 6 Waveform of measured point No. 1 in the lower cut blasting

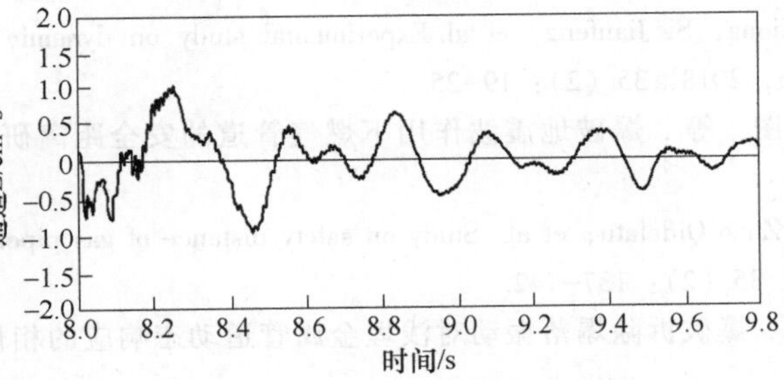

图 7 测点 2 波形图（下切口爆破）

Fig. 7 Waveform of measured point No. 2 in the lower cut blasting

6 结论

180m 烟囱处于狭窄范围内，最大倒塌方向只有 103m，不能采用一次倒塌的定向爆破方式，经多方案对比分析决定采用分段爆破，在烟囱±0. 0m 和+90m 处分别设置爆破切口。烟囱爆破时为保证电厂内部运行机组及地下循环水管等重要设施的安全，对爆破振动进行了安全分析，特别是对附近的地下循环水管进行了振动挤压分析，并在重要设施周围布置了振动监测点，振动监测结果显示，实际振动速度小于安全允许值，保护对象是安全的。通过本次爆破实践和振动监测说明，在场地不够的情况下，采用分段爆破技术进行高烟囱拆除是安全可靠的，可以有效降低振动对周围建筑及设施的破坏风险，塌落振动对循环水管的挤压安全分析方法可行。

参 考 文 献

[1] 季杉，谢伟平，王礼．爆破振动与塌落触地振动特点及传播规律试验研究［J］．振动与冲击，2018，37（11）：195-201.

Ji S，Xie W P，Wang L. Tests for ground vibration characteristics and propagation laws due to blasting and touch down impact［J］．Journal of Vibration and Shock，2018，37（11）：195-201.

[2] 钟明寿，龙源，谢全民，等．龙海大厦拆除爆破塌落振动与爆破振动的对比分析［J］．工程爆破，2009，15（4）：58-61.

Zhong Mingshou，Long Yuan，Xie Quanmin，et al. Comparative analysis of collapse vibration and blasting vibration based on demolition blasting of Longhai building［J］．Engineering Blasting，2009，15（4）：58-61.

[3] 国家安全生产监督管理总局．GB 6722—2014 爆破安全规程［S］．北京：中国标准出版社，2015.

State Administration of Work Safety. GB 6722—2014 Safety regulations for blasting［S］．Beijing：China Standards Press，2015.

[4] 梁向前，谢明利，冯启，等．地下管线的爆破振动安全试验与监测［J］．工程爆破，2009，15（4）：66-68.

Liang Xiangqian，Xie Mingli，Feng Qi，et al. Safety testing and monitoring of blasting vibration on underground pipeline［J］．Engineering Blasting，2009，15（4）：66-68.

[5] 张志强．在役管道近距离并行管沟的爆破施工技术［J］．石油工程建设，2011，37（1）：36-41.
Zhang Zhiqiang. Blasting construction technology of parallel pipe ditches in service pipeline［J］. Petroleum Engineering Construction，2011，37（1）：36-41.
[6] 郑爽英，杨立中．下穿隧道爆破地震作用下埋地输气管道的动力响应规律研究［J］．爆破，2015，32（4）：69-76.
Zheng Shuangying，Yang Lizhong. Dynamic response law of buried gas pipeline caused by blasting seismic waves of undercrossing tunneling［J］. Blasting，2015，32（4）：69-76.
[7] 高坛，周传波，蒋楠，等．基坑开挖爆破下邻近管道振动速度安全阈值研究［J］．安全与环境学报，2017，17（6）：2191-2195.
Gao Tan，Zhou Chuanbo，Jiang Nan，et al. Study on the vibration velocity threshold of the adjacent pipelineunder the blasting excavation of the foundation pit［J］. Journal of Safety and Environment，2017，17（6）：2191-2195.
[8] 钟冬望，黄雄，司剑峰，等．爆破荷载作用下埋地钢管的动态响应实验研究［J］．爆破，2018，35（2）：19-25.
Zhong Dongwang，Huang Xiong，Si Jianfeng，et al. Experimental study on dynamic response of buried pipeline under blasting loads［J］. Blasting，2018，35（2）：19-25.
[9] 郝郁清，程康，赵其达拉图，等．爆破地震波作用下燃气管道的安全距离研究［J］．爆破，2018，35（2）：137-142.
Hao Yuqing，Cheng Kang，Zhao Qidalatu，et al. Study on safety distance of gas pipeline under action of blasting seismic wave［J］. Blasting，2018，35（2）：137-142.
[10] 王敏，龙源，钟明寿，等．爆破拆除塌落振动对浅埋金属管道动态响应的相似性研究［J］．爆破，2018，35（3）：147-153.
Wang Min，Long Yuan，Zhong Mingshou，et al. Similarity study of dynamic response of shallow buried metal pipeline by building vibration in blasting demolition［J］. Blasting，2018，35（3）：147-153.
[11] 张景华，刘钟阳．露天采矿爆破对中缅油气管道振动的影响试验［J］．油气储运，2018，37（7）：816-821.
Zhang Jinghua，Liu Zhongyang. Experiment on the blasting vibration effects of open-pit mining on China Myanmar oil and gas pipeline［J］. Oil & Gas Storage and Transportation，2018，37（7）：816-821.
[12] 夏宇磬，蒋楠，周传波，等．下穿地铁隧道爆破振动作用下给水管道动力响应特性研究［J］．爆破，2019，36（1）：6-13.
Xia Yuqing，Jiang Nan，Zhou Chuanbo，et al. Dynamic response characteristics of water supply pipeline under blasting vibration of undeneath tunnel［J］. Blasting，2019，36（1）：6-13.

井下爆破

Underground Blasting

巷道内爆炸冲击波对动物作用安全标准的研究

王鹤鸣[1]　胡　峰[2]

（1. 广东宏大爆破股份有限公司，广东 广州，510623；
2. 山东矿业学院，山东 青岛，266590）

摘　要：井下爆炸冲击波对人体损伤的安全标准是迫切需要解决的课题，但是由于冲击波对人体损伤界限难以获得，因此在试验巷道内进行了爆炸冲击波对猴子、豚鼠进行损伤性试验，获得了在一定条件下的冲击波强度与动物损伤程度的关系，通过动物与人的类比关系，证明在巷道内爆炸冲击波对人体作用的安全界限远小于地面上 0.02MPa 的限值，其轻微损伤范围在 0.0132~0.0175MPa 之间。

关键词：爆炸冲击波；豚鼠；猴；安全标准

Study on Safety Standard of Explosion Shock Waves on Animals in Roadways

Wang Heming[1]　Hu Feng[2]

（1. Guangdong Hongda Blasting Co.，Ltd.，Guangdong Guangzhou，510623；
2. Shandong University of Science and Technology，Shandong Qingdao，266590）

Abstract：It is urgent to determine the downhole safety standards of explosion shock waves to human body，but since the damage boundary of shock wave to human body is difficult to obtain，the paper carries out the damage experiments of explosion shock waves to monkeys and guinea pigs in the roadway，and obtains the relationship between shock wave intensity and animal injury degree under a certain condition. By the analogy between animals and human beings，it proves that the safety limit of explosion shock waves to human body in the roadway is far less than 0.02MPa，the limit on the ground，and the range of slight damage is 0.0132~0.0175MPa.

Keywords：explosion shock wave；guinea pig；monkey；safety standard

1　概论

井下爆炸冲击波对人体损伤的安全标准是迫切需要解决的课题，但是由于冲击波对人体损伤界限难以获得，因此一直沿用地面上爆炸冲击波对人体作用的安全界限——冲击波压力小于 0.02MPa 作为安全标准。作者认为：由于巷道内爆炸冲击波传播的特殊性，同等药量及同等距离的爆炸冲击波在巷道内传播，其峰值压力，冲量、动压、能量等参数衰减速度远小于在地面上传播的冲击波，因此其损伤情况在巷道内要比在地面上更严重。同时冲击波对人体的损伤还与重复暴露的次数、间隔时间等因素有关。

为此，我们在试验巷道内进行了爆炸冲击波对猴子、豚鼠进行损伤性试验，获得了在一定条件下的冲击波强度与动物损伤程度的关系，通过动物与人的类比关系，证明在巷道内爆炸冲击波对人体作用的安全界限远小于地面上 0.02MPa 的限值，其轻微损伤范围在 0.0132~0.0175MPa 之间。

原载于《爆破》，1992，1：45-49。

2 巷道内爆炸冲击波对动物的致伤机理及伤情分级标准

从力学及生物效应来看，致伤机理可归纳为：爆炸冲击引起动物体内血液动力学的变化；动物体内的碎裂效应；含气及含液组织的内爆效应；对动物体的惯性作用以及由于外界压力的急剧变化而引起的内外压力失衡，从而导致器官损伤的超压作用。

冲击波对人体造成损伤的因素是多方面的，大体可概括为冲击波超压、动压、冲量、正压作用时间，正压上升速率等。一般认为：冲击波压力峰值越高、波峰越陡，正压作用时间越长，造成的损伤越重。但上述因素对动物各类器官所造成的损伤效应是不同的。某一物理量对人体某一类器官的损伤比较显著而对另外一些器官却不明显。例如超压对肺损伤、鼓膜破裂比较显著，而心、肾等内脏损伤则主要是动压的作用。因此爆炸冲击对人体的损伤是多种参数的复合作用。

为了研究的方便，我们沿用医学爆震伤伤情分级标准，即根据动物伤情分为轻度冲击伤、中度冲击伤、重度与极重度冲击伤。

轻度冲击伤指一般听器损伤（如鼓膜穿孔、鼓室少量出血、听小骨骨折等），内脏斑块状出血和体表擦伤等，这种冲击伤常有暂时性的耳鸣和听力减退、胸闷或腹部不适感。

中度冲击伤指内脏的片状出血或血肿、较轻的肺水肿、大片的软组织伤，单纯脱位，个别无明显变位的肋骨骨折、脑震荡等。

重度冲击伤指内脏破裂、骨折、较严重的肺出血、肺水肿等。

极重度冲击伤指同时发生多次严重损伤，主要包括严重的骨损伤、胸腹腔破裂等。

3 巷道内爆炸冲击波对动物伤害效应试验

3.1 试验动物的选择

对动物进行冲击伤试验的最终目的是获得类比到人的损伤值。因此试验动物越与人接近其类比越容易，获得的类比值就越可信。基于这样的目的，我们选用了猴子和豚鼠进行爆炸冲击波的冲击伤试验，选用这两种动物的理由是因为猴子的各项生理指标与人相近，听器结构、形状及内脏组织与人相似，它与人的类比简单、可信。豚鼠的鼓膜对冲击波的损伤程度是比较稳定的，冲击波对其损伤比较明显，且价格低廉。

3.2 试验场地

试验场地使用山东矿业学院爆破研究所地下试验巷道，巷道断面 7.28m^2，其水力直径为 3.04m，巷道布置如图 1 所示。

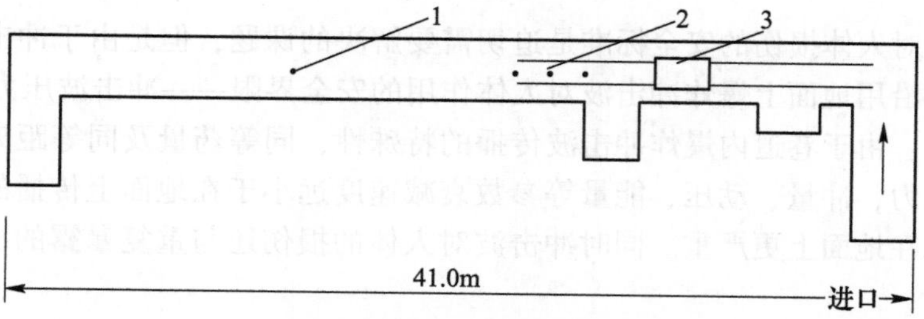

图 1 巷道设备布置图

1—爆源；2—测点；3—防护罐

测试仪器为 DBC-8 瞬态波存仪，TRS-80 计算机，DXY-800A 绘图仪，MP 型传感器，图 2 为测试框图。

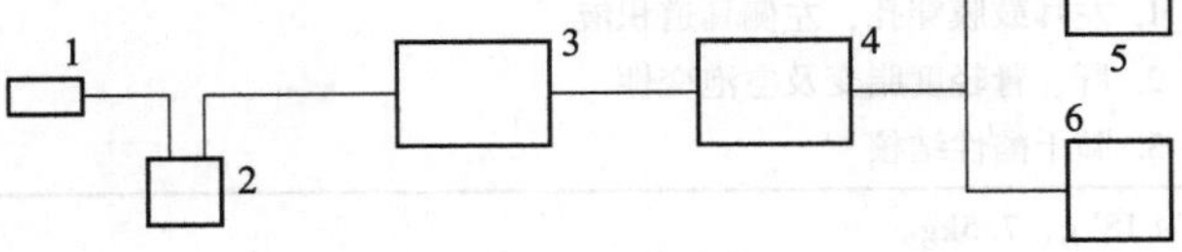

图 2　冲击波测试框图

1—MP 传感器；2—电压放大器；3—DBC-8 瞬态波存仪；4—TRS-80 计算机；5—打印机；6—绘图仪

3.3　豚鼠的伤害性试验

豚鼠均为当天从饲养场领回并将各豚鼠进行称重和编号，然后试验。试验时将豚鼠捆在固定传感器的铁杆上，并保持豚鼠的最突出部位与传感器相平，以便测出动物受压时的真实压力。

32 只豚鼠先后进行了豚鼠平卧、侧向爆源、背向爆源、头向爆源、有反射板的反射压力损伤及钢板防护后损伤试验，微差爆炸冲击波的损伤效应也进行了部分试验，试验后的豚鼠当天送至泰山医学院进行解剖，试验结果见表 1。

表 1　豚鼠受伤情况表

编号	距离/m	药量/g	反射压力/MPa	入射压力/MPa	受试耳数	穿孔耳数
1	3.0	150	$p_{max}=0.0523$ $p_{min}=0.0426$	$p_{max}=0.0238$ $p_{min}=0.0197$	34	26
2	4.0	150×2	0.0422	0.0195	2	2
3	4.5	150×2	0.037	0.0173	2	1
4	5.0	150×2	0.0331	0.0155	2	
5	5.5	150×2	0.0326	0.0153	2	1
6	6.0	150×2	0.0292	0.0138	2	
7	6.5	150×2	0.0286	0.0135	2	2

3.4　恒河猴的伤害性试验

由于猴子的价格昂贵且数量有限，一次试验后即解剖，试验数据不足，所以对其进行 3~4 次重复试验，每次试验后由泰山医学院帮助检查猴子的鼓膜损伤情况，当发现其鼓膜穿孔，即停止试验，进行解剖。实验数据及结果见表 2 和表 3。

表 2　猴子裸爆冲击伤试验表

次数		距离/m	药量/g	反射压力/MPa	入射压力/MPa	伤情
1	大猴	4.5	150	0.0241	0.0117	右耳外耳道充血
	小猴	4.5	150	0.0212	0.0102	左耳出血
2	大猴	4.0	150	0.0278	0.0132	左耳鼓膜下见血
	小猴	4.0	150			左耳穿孔
3	大猴	3.75	150	0.0311	0.0146	左、右耳均穿孔

注：1. 试验 2 为 2 只猴一次爆炸试验，其余均分开。
2. 小猴做到试验 2，见左耳鼓膜穿孔后即停止试验。

表 3　猴子冲击伤试验病理检查表

大猴	1. 双侧鼓膜穿孔 2. 肝、肾、心轻度浊肿 3. 肺见散在出血灶、出血量少，仅见肺泡内积少量血球、血管充血 4. 大、小脑、肠、垂体、脾、胰、睾丸等均未见异常

续表 3

小猴	1. 左耳鼓膜穿孔，左侧耳道积液 2. 肝、肾轻度脂变及空泡变性 3. 肺干酪性结核

注：猴子均为恒河猴，体重分别为 18kg、7.5kg。

4 试验结果分析及人体安全标准

4.1 试验结果分析

由表 1~表 3 可以看出：

（1）从豚鼠的损伤情况来看，当压力值在 0.0135~0.0175MPa 的范围内，其鼓膜穿孔率为 40%，而在 0.0195~0.0238MPa 的压力范围内，穿孔率为 77.8%。

（2）当豚鼠侧向爆源或肚、背向爆源，肺均发生充血以上的损伤，而头向爆源时，肺损伤较轻，这是由于豚鼠体下的支撑板保护了豚鼠的肺部。

（3）豚鼠鼓膜穿孔发生率与其受伤位置有关，头向爆源时，双侧鼓膜均穿孔，而处于其他位置，鼓膜穿孔发生率明显下降。

（4）微差爆炸引起的心肺损伤明显加剧（起爆时差为 15~19ms），而鼓膜穿孔率增加不明显。这说明微差爆炸冲击波对动物内脏的损伤将比对听器损伤更显著。

（5）对照冲击伤分级可以认为在测试的 0.0135~0.0175MPa 的压力范围内，豚鼠已发生了中度冲击伤。在 0.0195~0.024MPa 压力范围内发生了中偏重的损伤。

（6）猴子在爆炸冲击波作用下，鼓膜穿孔压力值十分稳定，其值在 0.0132~0.0146MPa 之间。

4.2 重复受压对动物损伤的影响

为了利用两只猴子获得更多的有效数据，对猴子进行了重复试验，这种情况类似于巷道内的毫秒爆破对人体损伤情况，这种重复试验对猴子损伤变化有何关系？由图 3 可以看出，对于冲击波超压值小于某一定值时，重复次数对死亡率发生的次数增加不明显，只有当大于这个定值后，其发生的次数才会显著增加。对于图 4 表示的肺损伤与重复次数的关系，即使在很低压力作用下（0.003MPa），这种重复作用将使肺损伤发生率显著增加。

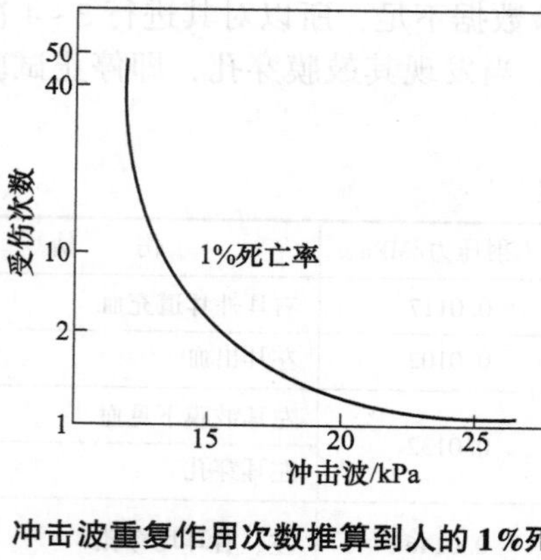

图 3 冲击波重复作用次数推算到人的 1%死亡率曲线

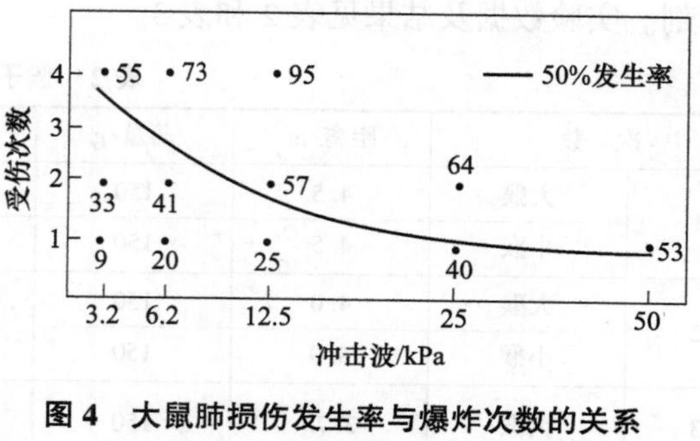

图 4 大鼠肺损伤发生率与爆炸次数的关系

无论这种爆炸冲击波重复作用的次数与猴子损伤程度的增加关系是否显著，可以肯定猴子受损伤的低限值必定要比受冲击波单次作用时小，所以用重复试验所获得的结果作为单次受伤标准是偏向安全的。

4.3 动物与人的类比及安全标准

获得了豚鼠与猴子的损伤界限，我们将此类比到人，以获得在同等条件下的人体安全标准。

4.3.1 豚鼠与人的类比

要将豚鼠与人进行可靠的类比，唯一的方法就是从群体上进行比较，获得在同一爆源下人与豚鼠的受伤对应关系。表4虽是空中开炮所获得的，将它引用到井下爆炸冲击波对人与豚鼠的作用上不完全相同，但可以认为这样对比是可信的，这是因为：（1）井下、地面爆炸冲击波对人与动物的致伤机理、致伤因素均相同。（2）在巷道中传播的爆炸冲击波要比在地面上传播的冲击波具有更大的正压作用时间及冲量，因此在相同压力条件下，井下更容易使豚鼠发生重伤，而对人的影响没有这样显著。

表4 爆炸冲击波压力峰值对人与动物损伤情况

次 数	压力峰值/MPa	爆声/dB	伤 情	
			人	鼠
30	0.0083	166.5	安全	重
30	0.0069	163.2	安全	重
60	0.0126	175.0	基本安全	中
120	0.0103	171.3	安全	重
120	0.0076	165.4	安全	重
1	0.0185	182.7	基本安全	重
1	0.0173	181.3	基本安全	重
1	0.0160	179.8	安全	重
1	0.0126	175.0	安全	中

参照表4可以得到这样的结论：即在豚鼠发生中等伤的压力范围（0.0135~0.0175MPa）内，人发生轻微损伤。

4.3.2 猴子与人的类比

从爆炸冲击波对猴子无损伤安全值来获得人的安全值同样是困难的，这里仅简单地认为猴子的受伤情况与人相似，即作用到猴子身上发生鼓膜破裂的压力值作用到人体也同样发生鼓膜破裂，这样认为的基础是：（1）猴子的内耳、外耳道与人相似，耳朵外形也相似。（2）猴子的各项生理指标与人十分接近。

由表2可知入射压力为0.0135MPa时，小猴左耳发生穿孔，而大猴在此压力作用下未发生鼓膜穿孔现象，只有当冲击波压力增加到0.0146MPa时，双耳同时穿孔，解剖后表明，在此压力作用下大猴已发生轻微冲击伤。由此可以说明，巷道内爆炸冲击波对猴子鼓膜破裂的损伤压力值在0.0132~0.0146MPa之间，即巷道内爆炸冲击波对人耳的损伤值在0.0132~0.0146MPa之间。

由猴子与人及豚鼠与人的类比，我们可以得到这样的结论：井下爆炸冲击波对人体造成轻微损伤的超压值在0.0132~0.0175MPa之间。

参 考 文 献

[1] C.K. 萨文科，等. 井下空气冲击波 [M]. 龙维琪，等译. 北京：冶金工业出版社，1979.
[2] 李玉民. 井下爆炸空气冲击波传播规律和危害性的研究 [J]. 私人通讯，1983.
[3] 黄真. 井下空气冲击波危害性的防护研究 [J]. 私人通讯，1986.
[4] 王正国. 冲击伤 [M]. 北京：人民军医出版社，1983.
[5] 王鹤鸣. 井下近人爆破冲击波效应的初步研究 [J]. 私人通讯，1988.

地下采场扇形深孔宽孔距爆破技术试验研究

宋常燕

（广东宏大爆破股份有限公司，广东 广州，510623）

摘　要：作者就金山店铁矿用崩落法采场扇形深孔宽孔距爆破提出了试验方案，并用爆炸应力波理论分析了这一方案的爆炸机理。经现场试验证实，爆破效果得到改善。

关键词：宽孔距爆破技术；应力波；眉线

Blasting Scheme Experiments of Wide-end Fan Holes in Underground Mine

Song Changyan

（Guangdong Hongda Blasting Co.，Ltd.，Guangdong Guangzhou，510623）

Abstract：The article puts forward wide - end fan holes scheme in Jin Shan Dian Mine；the article analyses the scheme's explosive mechanism with the application of blasting stress waves. After many experiments，the article proves that the blasting effect is good.

Keywords：wide-end blasting technology；stress waves；blow

武汉钢铁（集团）公司金山店铁矿矿体破碎不稳固，粉矿含量高，是一个有名的难采矿山。该矿采用崩落法，每次只崩一排孔。主要爆破参数为：孔底距 2.5m，最小抵抗线 2.4m。爆破后大块率高达 20%~50%，进路眉线破坏 2m 以上。后排扇形孔由于受到前排孔爆破时的后冲作用，所以经常发生变形破坏，严重地影响了顺序回采，使采矿成本上升。为此，作者提出扇形深孔距爆破方案。经试验证明，采用该方案，改善了大块率高、眉线破坏严重的现状，爆破效果得到提高。

1 扇形深孔宽孔距方案的破岩机理

在试验矿块中，宽孔距方案的主要爆破参数为：前排孔最小抵抗线 $W_1=2.2$m，孔底距 $a_1=2.5$m；后排孔 $W_2=0.5$m，$a_2=3.0$m。每次用微差起爆二排扇形炮孔。炮孔布置如图 1 所示。

起爆顺序为：孔 4，5 装 1 段导爆管；孔 2，3，6，7 装 5 段导爆管；孔 1，8 装 8 段导爆管；孔 3，4，5 装 10 段导爆管；孔 2，6 装 15 段导爆管；孔 1，7 装 20 段导爆管。

当前排孔首先起爆的瞬间，爆破应力波以同心圆状从各起爆点向外传播，且为时间与空间的函数。距爆源 3~7 倍药包半径范围内，矿岩质点除受径向应力与切向应力的急剧作用外，同时还将受到爆轰气体的准静态压力与尖劈效应的影响，其质点接近流体状态，可将矿岩破碎成粉末。

在前排孔到自由面的最小抵抗线范围内，如果距爆源距离大于 3~7 倍药包半径，则冲击波将衰减为压缩应力波。以质点 A 所受的应力为例进行分析，孔 4，5 的压缩应力波在自由面上质点 A 处叠加，如图 2 所示。

如果质点 A 处压缩应力波的合力超过该质点处的动抗拉强度，质点 A 处的介质就会被拉裂。根据

原载于《武汉钢铁学院学报》，1995，18（3）：264-266。

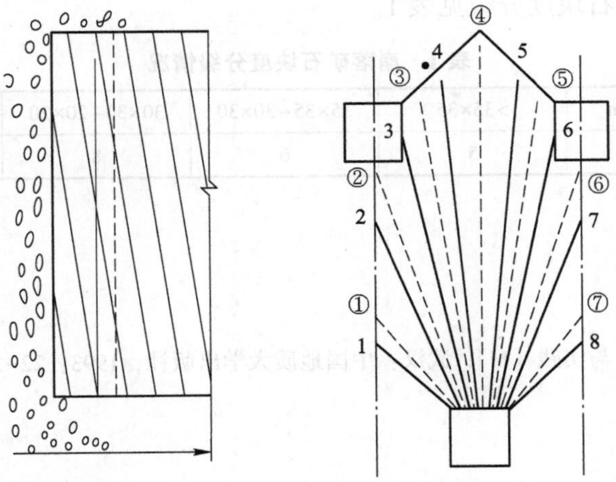

(a) 沿进路方向炮孔图　　(b) 垂直进路方向炮孔图

图 1　炮孔布置图

——前排炮孔；-----后排炮孔

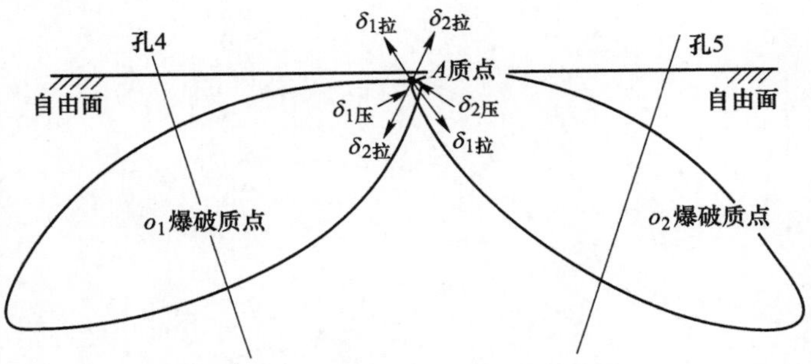

图 2　质点 A 处应力叠加图

应力波衰减规律，与前排最小抵抗线 2. 2m 相对应的合理孔底距可用式（1）计算。

$$2\delta_0[d^2/4W^2 + a^2/4]W/R \geq \delta_0 d^2/4W^2 \tag{1}$$

式中，a 为孔底距，m；δ_0 为爆源处的应力；W 为最小抵抗线，$W=2.2$m；R 为爆破作用半径，$R=\sqrt{a^2+W^2}$，m；d 为药包直径，80mm。

将上述数值代入式（1），得 $a \leq 3.37$m。因此，将前排的孔底距定为 2. 5m 时，能满足拉裂的要求。

第二排孔爆破时，其最小抵抗线仅为 0. 5m，其炮孔密集系数达到 6。由于最小抵抗线较小，沿抵抗线方向的矿体所产生的应力强度因子均大于矿石的断裂韧度，所以这部分矿体很容易破碎。由于爆破产物的能量释放很快，加之第二排孔的爆破参数的变化，故对后排空孔破坏不明显。当第二排孔爆破后，常可看见眉线上保留了半个孔壁，眉线保护良好。

2　爆破参数与试验结果分析

作者在现场爆破试验时，将炮孔的装药密度控制在 0. 8g/cm^3，孔径 80mm，单位炸药消耗量为 0. 37kg/t。前排扇形孔数 8 个，后排孔数 7 个。前排边孔倾角 50°，后排边孔倾角 55°。前排最小抵抗线 2. 2m，孔底距 2. 5m；后排孔最小抵抗线 0. 5m，孔底距 3m。两排孔间微差起爆。

经测定，试验结果为：大块率降至 10%左右；二次爆破炸药单位消耗量减少 50%以上。进路眉线带 0. 4m 以下，眉线较规整。由于每孔均采用孔底起爆，爆破循环的导爆索费用节省达 150 元左右。爆破后块度均匀，消除了悬顶、立墙事故，T_4G 出矿既安全又高效。可见，宽孔距爆破方案可在矿体破碎且粉矿含量高的矿体中使用。

采用该技术所得破碎矿石块度分级见表1。

表1 崩落矿石块度分级情况

大孔距方案崩落块度尺寸/cm×cm	>35×35	35×35~30×30	30×30~20×20	20×20~10×10	<10×10
各块度所占比例/%	5	6	8	20	61

参 考 文 献

[1] 祝树枝，等．近代爆破理论与实践［M］．武汉：中国地质大学出版社，1993：22-23.

无底柱分段崩落法合理结构参数的确定

宋常燕

（广东宏大爆破股份有限公司，广东 广州，510623）

摘 要：用室内模拟放矿实验方法得出了无底柱分段崩落法合理结构参数，运用这一成果可使经济优化、环境改善。

关键词：无底柱分段崩落法；结构参数；研究

Study on Optimized Orebody Parameters of Pillarless Subleved Method

Song Changyan

（Guangdong Hongda Blasting Co.，Ltd.，Guangdong Guangzhou，510623）

Abstract：After some physical imitation experiments，the article finds the optimized orebody parameters of pillarless subleved method now，the technology has been improved economy and safety in the mine.

Keywords：pillarless subleved method；orebody parameters；study

由于无底柱分段崩落法在有些矿山应用时结构参数选取不合理，所以造成矿石的损失贫化较大，长期达不到设计产量，回采成本偏高。在一些高粉矿的矿山，由于每一分段地质条件较差，如果回采周期过长，巷道就容易冒顶塌方，严重危及工作面上的设备和人员，因此必须对这些矿山进行强采强掘。以前由于受采掘设备限制，分段高度一般在12m以下，现在国际和国内采场结构参数在向大的方向发展，为了研究矿岩放矿时的运动规律，我用实验室模拟放矿实验验证了10种主要结构参数，将每种结构参数的贫损指标作目标函数，进行优劣排序，可供矿山设计时选用。

1 放矿模拟的相似条件

用实验室物理模拟放矿实验可研究崩落矿岩的运动规律，预测贫化损失，寻找最佳参数。实验室研究成果能否准确反映生产实际中的规律，则主要取决于室内试验条件与现场的相似程度，还取决于试验方法和手段的准确性。

1.1 几何相似

$$L_{生产}/L_{模型}=C_{几何}$$

式中，$L_{生产}$为生产实际的尺寸；$L_{模型}$为模型的几何尺寸。

根据对生产模拟实验的要求，选用了$C_{几何}=50$的大型模型实验尺寸，该模型长1.2m，宽0.6m，高1m，共布置了5条进路，在模型前板和进路侧部装有有机玻璃来观察放出体形状，见图1。其进路间距可根据需要灵活调整，每条进路上刻着槽，用于模拟不同的放矿步距，用相似的钢条模拟T_4G出矿，铲取深度相当于现场0.5~1m。用白云石作标志颗粒来测量椭球体形状，以寻找放出矿石规律。

原载于《工业安全与防尘》，2001，27（4）：34-36。

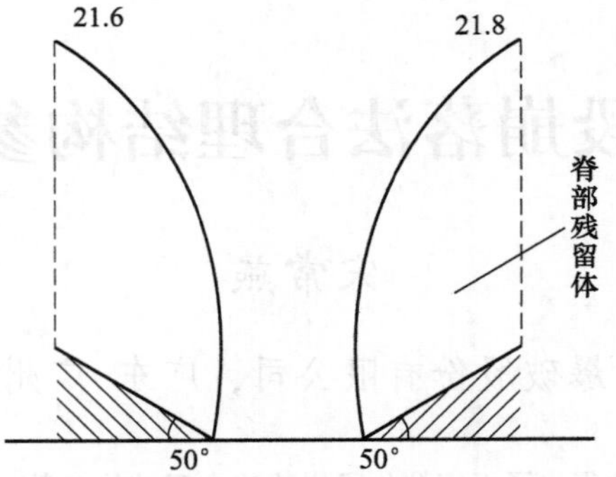

图 1 放矿模型正面

1.2 矿岩块度的选择

模拟试验时，为了便于分选矿岩，同时为了真实反映矿山的矿岩物理、力学特性，选用了金山店铁矿井下的磁铁矿石作实验之用；选用白云石作废石材料。

利用现场照相法，将20cm×20cm的块度尺在现场-75m高分段试验矿块中的八条进路里，对崩落矿岩块度尺寸进行照相分析，对粉矿的尺寸选择参照“金山店铁矿粉矿筛分成果表”加以选择，见表1。室内作废石的白云石其几何尺寸为7mm×7mm以上的占80%，7mm×7mm～4mm×4mm的白云石占20%。

表 1 粉矿尺寸选择

现场尺寸/cm×cm	实验室内矿石尺寸（1：50）/mm×mm	比例/%
>35×35	>7×7	5
35×35～30×30	7×7～6×6	6
30×30～20×20	6×6～4×4	8
20×20～15×15	4×4～3×3	10
15×15～10×10	3×3～2×2	10
10×10～7×7	2×2～1.4×1.4	8
7×7～5×5	1.4×1.4～1×1	10
5×5～2×2	1×1～0.4×0.4	10
2×2～1×1	0.4×0.4～0.2×0.2	8
1×1～0.5×0.5	0.2×0.2～0.1×0.1	5
<0.5×0.5	<0.1×0.1	20

1.3 静力相似

放矿静止角的大小与松散介质的内摩擦系数、块度组成、粉矿含量、湿度、黏结性和放矿过程中的动静压力有关，是反映矿石流动特性的重要指标。

由该模拟实验量得，放矿静止角见表2。

表 2 放矿静止角

测量次数	1	2	3	4	5	6	平均
放矿静止角	72°	75°	74°	76°	82°	76°	75.8°

根据马鞍山矿山研究院现场所测：矿石一般以70°～85°接近放矿口，因此，本次试验结果与生产实际很接近。

自然安息角：用旋转箱自流法测出含水率在3%左右的自然安息角为35.2°，而矿山地质报告中实际资料为40°，比较接近。

试验矿块中崩落矿块粉矿约占20%，含水率为3%~5%，由流动过程可推断，实验室内与现场含水率之比为1∶10较合理，故模拟矿石含水率为3%~5%。

矿石的容重测定：试验的矿石级配完成后其压实容重为2.971g/cm^3；由于受实验本身条件限制，动力相似条件无法与现场完全吻合。

2 立体模拟试验

2.1 试验目的

验证10种主要结构参数的优劣，并加以排序，选取最优参数供金山店铁矿采用，将每种结构参数的贫损指标作为目标函数，来判断其优劣。

2.2 试验方法

在本试验中，为了模拟正常的放出体形状，需要将平面模拟试验中的脊部残留体加在本分段的脊柱上。

测定的进路间距为20cm、24cm，分段高30cm的脊部残留体形状如图2所示。试验内容见表3（表中每种进路规格均为3m×3m，边孔角$\alpha=50°$，放矿截止品位取20%）。

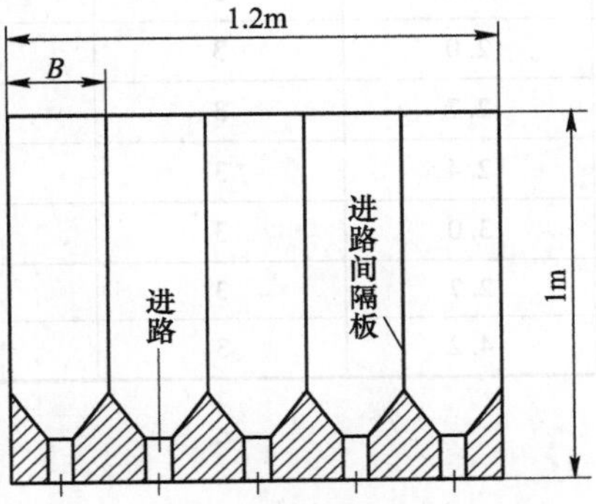

图2 5条进路脊部残留体形状（平均值）

（B为进路间距）

表3 试验内容

编号	试验中的各参数匹配 分段高×进路间距×崩矿步距/m×m×m	编号	试验中的各参数匹配 分段高×进路间距×崩矿步距/m×m×m
Ⅰ	15×10×2.0	Ⅵ	15×12×2.7
Ⅱ	15×10×2.4	Ⅶ	15×12×3.0
Ⅲ	15×10×2.7	Ⅷ	12×10×2.7
Ⅳ	15×10×3.0	Ⅸ	12×12×2.7
Ⅴ	15×12×2.4	Ⅹ	20×10×4.2

表中每组编号共进行了4次试验，取其平均值，试验结果见表4。

表4 各组参数匹配的试验结果

编号	地质矿量/g	回收纯矿量/g	贫化后回收矿岩量/g	纯矿回收率/%	矿石回收率/%	矿石贫化率/%
Ⅰ	10424	5143	5103	49.3	82.5	16.1
Ⅱ	10754	7966	3750	77.7	97.4	17.1
Ⅲ	12492	6899	6875	55.2	93.7	15.4

续表 4

编号	地质矿量/g	回收纯矿量/g	贫化后回收矿岩量/g	纯矿回收率/%	矿石回收率/%	矿石贫化率/%
Ⅳ	13881	7781	4409	56.1	81.7	11.6
Ⅴ	12193	7088	4818	58.0	80.4	17.8
Ⅵ	14428	8924	6000	61.8	87.3	14.9
Ⅶ	16257	9345	5010	57.5	77.1	12.6
Ⅷ	9498	3163	3250	33.3	56.9	15.6
Ⅸ	11390	5808	5654	51.2	82.3	18.3
Ⅹ	21503	3423	6044	16.0	32.5	24.2

通过将采场采切工程量、矿石回收率和贫化率作为目标函数，可对上述 10 组结构参数进行优劣排序，见表 5。

表 5　10 组结构参数优劣排序

名次	分段高/m	进路间距/m	崩矿步距/m	进路高/m	进路宽/m	排面倾角	边孔角
1	15	10	2.4	3	3	90°	50°
2	15	12	2.7	3	3	90°	50°
3	15	10	2.7	3	3	90°	50°
4	15	10	3.0	3	3	90°	50°
5	15	10	2.0	3	3	90°	50°
6	12	12	2.7	3	3	90°	50°
7	15	12	2.4	3	3	90°	50°
8	15	12	3.0	3	3	90°	50°
9	12	10	2.7	3	3	90°	50°
10	20	10	4.2	3	3	90°	50°

3　结论

通过放矿模拟实验的研究，得出无底柱分段崩落法在分段高度为 15m 前提下，进路间距为 10m，崩矿步距为 2.4m，其实最优的崩矿步距存在着一个范围，一般可取 2.4~2.6m，这一结论得到了理论和实际的证实。金山店铁矿−70m 试验矿块中采用了该结构参数后，经济效益明显提高，极大改善了作业环境和提高了生产效率。

多面聚能线性切割器的研究

罗　勇[1,2]　沈兆武[1]　崔晓荣[1,2]

（1. 广东宏大爆破股份有限公司，广东 广州，510623；
2. 中国科学技术大学 力学和机械工程系，安徽 合肥，230026）

摘　要：对聚能切割器定向断裂爆破进行了实验研究，并利用计算机程序进行了模拟，得到的结果与实验符合很好，这将为实际工程提供一条好的技术途径。针对具体工程问题，需要研究岩石的力学性质，设计并制作多面聚能线形切割器，以满足实际工程的需要。

关键词：多面聚能；线性切割器；根底；靶板

Application of Multiple Linear Cavity Effect Cutter

Luo Yong[1,2]　Shen Zhaowu[1]　Cui Xiaorong[1,2]

（1. Guangdong Hongda Blasting Co., Ltd., Guangdong Guangzhou, 510623; 2. Department of Modern Mechanics, University of Science and Technology of China, Ahhui Hefei, 230026）

Abstract: In order to solve the problems of remaining bottom toes in rock blasting and driving underground tunnels, aplan on a new type of multiple cavity effect cutter is brought forward. The results from numerical simulation are consistent with the test data, which will supply an ideal technological approach to practical engineering. For the sake of making a concrete analysis of concrete problems, so long as mechanical properties of rock are studied carefully, multiple cavity effect cutters are designed and made accordingly, the needs of physical problems must be satisfied naturally.

Keywords: multiple cumulative action; linear cutter; bottom toe; target

1　引言

自 1888 年 Munroe C E 首次发现了不带药型罩的“门罗效应”以来，各国学者系统地研究了聚能装药（Shaped Charge）射流形成机理，特别是第二次世界大战后，聚能效应不论是在军事领域，还是在民用工业中，都得到了广泛的应用。随着开采技术的发展，对于需要严格控制裂纹发展的爆破，如用爆破法进行岩土工程或采矿工程中的巷道掘进、饰面石材和玉石料等的开采，为了降低炸药爆炸对炮孔壁的作用，避免在孔壁岩石中形成压碎区，传统的光面爆破采用不耦合装药或空气柱间隔装药[1]。实践证明，对于这类“精雕细刻”开挖工程，无论如何优化光面爆破参数和孔网参数，均不能避免在孔壁上产生随机的径向裂纹，因而使围岩造成损伤，特别是在岩层裂隙发育的条件下，不能获得预期的光爆效果。

为了精确控制光面爆破和预裂爆破中的岩石断裂方向，获得平整的岩石开挖面，提高石料开采的成材率，同时降低巷道围岩受损伤的程度，以便提高其稳定性能，瑞典学者把聚能装药引入岩石爆破，提出了线型聚能装药爆破方法[2]。我国学者对该技术应用在石油开发、硬土或冻土中快速穿孔以及金属切割等方面进行了大量的实验和理论研究，并对装药结构进行了一定的改进[1,3,4]。

原载于《爆破》，2006，23（2）：93-96，101。

但是，线型聚能装药在工程爆破中的应用较圆柱型聚能装药的应用还有较大的差距。为了优化聚能药包的作用效果，在参考前人的研究成果及现场经验之后，对药包的形状及其主要参数重新进行设计，并通过数值模拟以及具体的实验进行验证分析，来探讨线型聚能装药在工程爆破中应用前景。

2 切割器的设计与制作

目前，聚能切割器的制作没有一个统一的标准，只有一些经验和公式，每次使用都是根据工程的需要进行设计制作，使之既具有足够的切割能力达到工程设计的要求，又没有太多的爆炸能量剩余，同时还要便于安放。在前人的研究成果和大量的试验以及多次的工程应用基础上，笔者设计了2 种多面聚能线性切割器作为实验模型（见图 1），装药结构是铸装固体炸药，聚能罩是“V”型和半圆型 2 种，药柱长 75mm，直径为 50mm，4 个线性药型罩与圆柱装药等长并沿圆柱体的轴线对称安放。

(a)

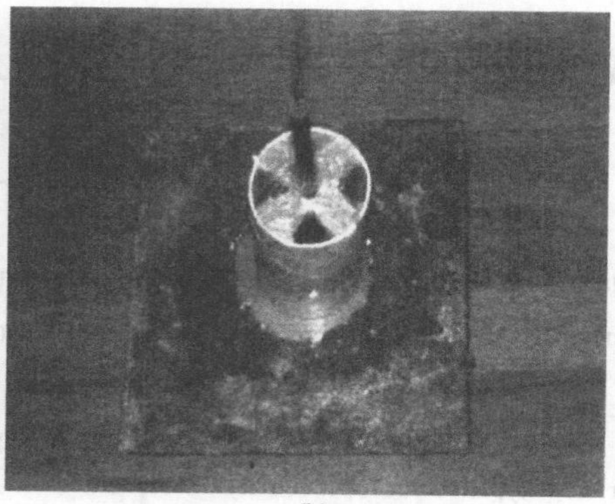
(b)

图 1 多面聚能线性切割器外观

Fig. 1 Photos of two multiple linear cavity effect cutters

实验时选用高能量、高密度、高稳定爆轰炸药（梯恩梯和黑索金按一定比例熔融混合）作为切割器的主装药。为了对该类型切割器的侵彻效果有正确的认识，靶板选用 155mm×155mm×7mm 的 45 号钢板，钢板中间加工一个直径稍微大于药柱直径（50mm）的圆孔，柱状装药固定在钢板圆孔中间部位。

聚能装药一般有个最佳炸高，在 0 至最佳炸高范围内，侵彻深度是随着炸高的增加而加深的，但装药时如果炸高超过最佳炸高，则金属射流会发散，使侵彻深度明显降低[2,5-8]。因此，在岩、土工程实际应用中，由于受到装药量及岩体钻孔孔径大小的限制，为确保炸高在最佳炸高范围内，一般取小炸高。

实验时将梯恩梯和黑索金按一定比例熔融混合，作为切割器的主装药。药形罩材料选用密度高，塑性好的紫铜。半圆形药形罩长 75mm，厚 3mm，半圆外半径 10.8mm，内半径 9.8mm；装药由梯恩梯（40%）/黑索金（60%）加热铸装而成，药柱直径 50mm、高 75mm，药量 167g；装药密度 1.79g/cm^3。楔形药形罩长 75mm，厚 1mm，锥角为 90°，母线长 17mm，装药由梯恩梯（30%）/黑索金（70%）加热铸装而成，药柱直径 50mm、高 75mm，药量 167g，装药密度 1.64g/cm^3。电雷管起爆。在实际加工时将钢板中的圆孔直径加工为 63mm，因而实际炸高为 6.5mm。

3 实验结果

根据设计的切割器，起爆后得到 45 号钢靶板如图 2 所示，结果列入表 1。

表 1　实验结果
Table 1　Test results

Liner	penetration depth/mm					diameter of round hole/mm				cut width/mm
	experiment data (positive or inverted sequence)				mean	ante-burst	post-burst			
							max	min	mean	
Fe (semicircle)	25	22	13	16	19	63	70	66	68	11
Cu (wedge)	25	25	23	22	23.8	63	106	95	100.5	8

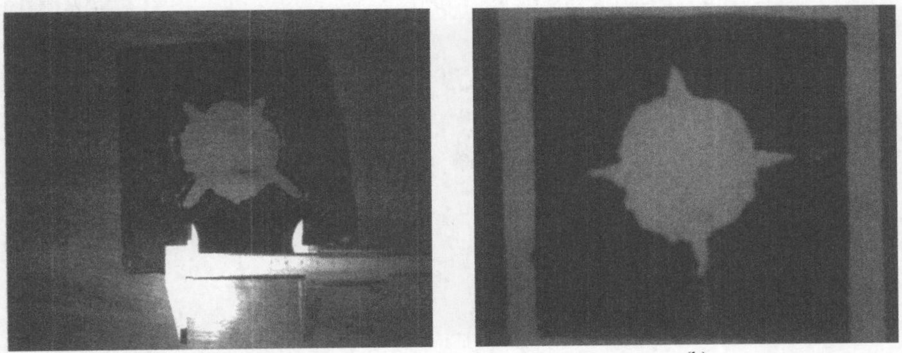

(a)　　(b)

图 2　多面线性聚能切割器侵彻效果
Fig. 2　Penetration effect of multiple linear cutter

从图 2 和表 1 可以看出，半圆形药型罩所形成的射流的切槽孔浅，侵彻深度平均为 19mm，且切槽宽度沿切割深度变化微小，说明其射流形状短粗，头部速度较低，速度梯度小，显然这种射流对切割深度是不利的。楔形药型罩所形成的射流的切槽孔比较深，侵彻深度平均为 23.8mm，是前者的 125.3%。射流冲击钢板后留下的痕迹很明显，切槽宽度沿切割深度变化较快，呈线形变化，这说明射流长度较大，头部直径小，速度较高，速度梯度大，此种射流有利于侵彻深度的提高。二者的扩孔效果差别也很大，带半圆性聚能罩的线形切割器将钢板上的孔（直径 63mm）增大到 68mm，增加了约 8%；而带楔形聚能罩的线形切割器将孔扩至 100.5mm，增加了 59.5%。比较二者的扩充效果，后者是前者的 147.8%，二者的差别是显而易见的。显然，带楔形罩的聚能切割器更有利于实现岩石裂缝扩展的定向控制。

药包 4 个方向的侵彻深度不尽相同的原因，可能是在将炸药、药形罩制成聚能装药时，加工、装配过程中的偏差、缺陷等造成装药结构的对称性变坏，以及在将钢板套在柱状聚能装药上时安放不对称所致的。

4　计算机数值模拟

4.1　计算模型

采用的 LS-DYNA 是目前具有较成熟的 ALE 算法的大型通用有限元程序，其应用领域主要是涉及流体-固体耦合方面的计算。由于设计的线形切割器装药结构的形状、荷载具有对称性，故取四分之一结构进行网格剖分。数值模型由炸药、药型罩、空气和靶板四部分组成。聚能装药基本结构参数为：药型罩材料为铜，厚度为 1.0mm，母线长约为 17mm，药型罩顶角为 90°；聚能装药高 21mm，宽 14mm；炸高为 7mm。聚能装药为梯恩梯（30%）/黑索金（70%）。靶板为普通钢板（长×宽为 155mm×50mm）。

在对模型进行分析的基础上，给出如下的基本假设：炸药、药型罩和壳体材料为均匀连续介质，整个爆炸过程为绝热过程；装药结构为严格的面对称结构，起爆方式点起爆。其中炸药、药型罩和空气 3 种材料采用欧拉网格建模，单元使用多物质 ALE 算法，靶板采用拉格朗日网格建模，并且靶板与空气和药型罩材料间采用耦合算法。如图 3 所示，模型在 xOy 平面内进行模拟。根据文献［9］，一般药型罩采用 STEINBERG 材料模型和 GRUNEISEN 状态方程，靶板采用塑性随动硬化模型，塑性失效应变一般取 20%，炸药采用程序中的 HIGH-EXPLOSIVE-BURN 模型与 JWL 状态方程。靶板与射流相互作用区域的网格密集，而靶板其余部分的网格划分则相对稀疏。图 4 是数值模拟的有限元网格示意图。

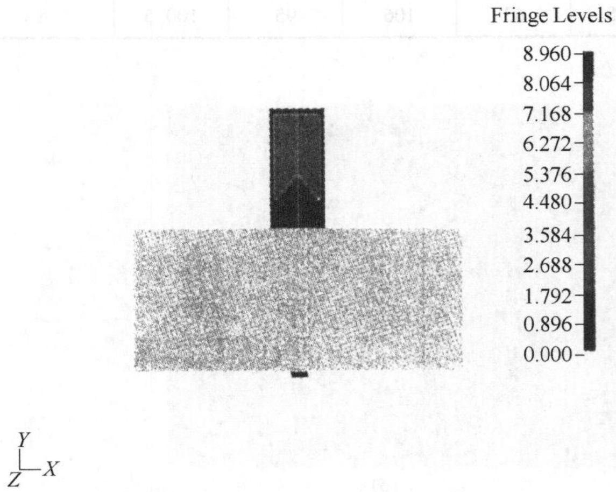

图 3　线型聚能装药计算模型

Fig. 3　Calculation model of linear shaped charge

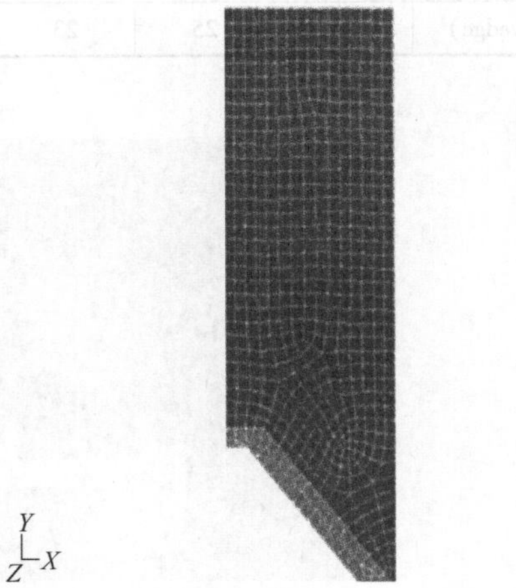

图 4　线型聚能装药有限元网格

Fig. 4　Finite element mesh of linear shaped charge

4.2　聚能射流形成过程的数值模拟

图 5 显示了线型聚能射流形成及侵彻过程中的几个典型瞬态。

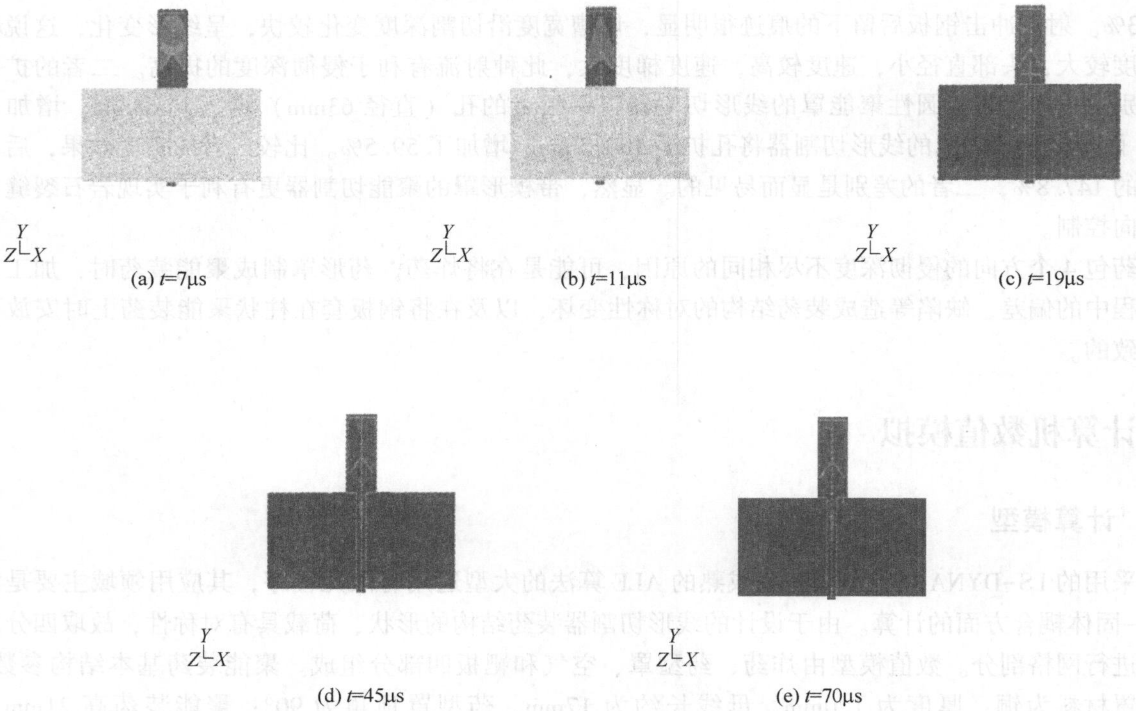

图 5　聚能射流切割钢靶的数值模拟图片

Fig. 5　Photos of blasting with linear shaped charge by numerical simulation

图 5（a）表示炸药起爆后 7. 0μs 时爆轰波刚到达药型罩。图 5（b）表示炸药起爆后 11μs 时药型

罩变形的情况，此时药型罩顶部已部分闭合，药型罩中部正向对称面方向移动，药型罩底部尚未运动；图5（c）表示起爆19μs时金属射流头部接触到靶体，此后射流在不断拉伸变长的同时，对靶体进行侵彻。到70μs时侵彻过程结束，见图5（e），侵彻深度约为22mm，与实验中所得的23.8mm很接近。且切槽宽度沿其深度方向基本呈线性变化，这说明数值计算结果基本符合聚能射流的物理现象和规律，同时也说明了采用的物理模型和算法是合理的。这将为实际工程提供一条好的技术途径。

5 结论

针对岩石爆破、地下隧道掘进过程中的断面成型爆破问题，提出一种新型多面聚能线性切割器，通过实验理论和计算机数值模拟，二者得到的相应的切割深度基本吻合，这将为实际工程提供一条好的技术途径。尽管所选用的靶板材料为钢板，其力学性质和岩爆对象——土岩显然不同，后者的力学性质比前者复杂得多，如流固耦合作用、岩石的动态性能等，都是研究的难点，因此对实际工程中的侵彻对象的力学、机械性能有比较透彻的认识，才能设计制作出能满足工程实际需要的聚能药包。虽然地质条件复杂多变，该切割器广泛应用于实际还需要进一步研究，但本研究为实际岩石爆破工程及地下隧道的掘进过程中断面成型问题，提高工作效率提出了一条好的技术路线。岩石在射流作用下的破碎断裂过程和机理被真实地揭示，将促进破岩方法和破岩工具的发展，从而大大提高工程速度和工程质量，增强人类开发利用地球资源的能力。

参考文献

[1] 朱贤明．减少爆后根底的对策［J］．西部探矿工程，2003，3：112-117.
Zhu Xianming. Coun-termeasures Against Toes After Blasting［J］. West-China Exploratin Engineering，2003，3：112-117.

[2] 张守中．爆炸基本原理［M］．北京：国防工业出版社，1988.

[3] 颜事龙，王尹军．圆形罩线形聚能装药的理论研究［J］．工程爆破，2002，6：6-10.
Yan Shilong，Wang Yinjun. Theoretical Study on Circular Cover Linear Charge［J］. Engineering Blasting，2002，6：6-10.

[4] 祝逢春．线性聚能切割器的设计计算［J］．火工品，2000，1：20-24.
Zhu Fengchun. Design and Calculation of Linear Shaped Charge Cutter［J］. Initiators and Pyrotechnics，2000，1：20-24.

[5] 许维德．流体力学［M］．北京：国防工业出版社，1979.

[6] 贺建平，张可玉，詹发民．带壳聚能装药壳体飞散速度的爆炸动力学算法［J］．爆破，2002，19（2）：9-11.
He Jianping，Zhang Keyu，Zhan Famin. An Explosive Dynamics Arithmetic for Fly Velocity of Shells of Cased Cavity Charge［J］. Blasting，2002，19（2）：9-11.

[7] 张新华，熊自立，刘永．聚能爆炸切割岩体的试验研究成果［J］．中南工学院学报，2000，12：23-27.
Zhang Xinhua，Xiong Zili，Liu Yong. A Study of Tests of Cutting Rock by Energy-collected Explosion［J］. Journal of Central-south Institute of Technology，2000，12：23-27.

[8] Hirt C W，Amsden A A，Cook J L. An Arbitrary Larangian Eulerian Computing Method for All Flow Speeds［J］. Computational Physics，1974，14：227-253.

[9] 曹德青，恽寿榕，丁刚毅，等．用ALE方法实现射流侵彻靶板的三维数值模拟［J］．北京理工大学学报，2000，4：171-173.
Cao Deqing，Yun Shourong，Ding Gangyi，et al. 3D Numerical Simulation of Jet Penetrate Target Using ALE Method［J］. Journal of Beijing Institute of Technology，2000，4：171-173.

深孔控制卸压爆破机理和防突试验研究

罗　勇[1,2]　沈兆武[1]

（1. 中国科学技术大学 力学和机械工程系，安徽 合肥，230027；
2. 广东宏大爆破股份有限公司，广东 广州，510623）

摘　要：针对当前各种局部防突措施的优缺点和局限性，对兼有松动爆破与大直径卸压钻孔爆破两种措施优点的局部防突措施—深孔控制卸压爆破进行了研究。在理论上和利用实验室模型实验对深孔控制卸压爆破中的控制孔的作用进行了研究分析。深孔控制卸压爆破的现场防突试验表明：该法效果明显、工艺简单、经济效益好、安全且适应性强，是一种易于推广的局部防突措施，有着广阔的应用前景。

关键词：控制卸压爆破；防突措施；应力波理论；煤与瓦斯突出

Study on Mechanism and Test of Controlled Stress Relaxation Blasting in Deep Hole

Luo Yong[1,2]　Shen Zhaowu[1]

（1. Department of Modern Mechanics，University of Science and Technology of China，Anhui Hefei，230027；2. Guangdong Hongda Blasting Co.，Ltd.，Guangdong Guangzhou，510623）

Abstract：Aiming at the merits and demerits，limitations of local countermeasures against outbursts，the technique of controlled stress relaxation blast in deep hole，which combines the merits of loosen blasting and large diameter bored blasting，was studied. The effect of control holes of the blasting method was analvzed theoretically and the blasting mechanism of it was discussed and tested by lab and in field. The results of field test show that the method has an obvious effect，simple and convenient technology，high economic returns and high adaptability and security. The technique of controlled stress relaxation blast in deep hole is a good local countermeasure against outburst，which has a promising prospect and is easy to be extended and applied.

Keywords：controlled stress relaxation blasting；countermeasure against outburst；theory of stress wave；coal and methane outburst

随着开采规模的扩大和开采深度的不断增加，煤矿安全生产问题特别是瓦斯问题变得越来越突出，不少原来没有煤与瓦斯突出危险的煤层变为煤与瓦斯突出煤层，尤其在开采低透气性高瓦斯有突出危险煤层中，煤与瓦斯突出更是严重威胁煤矿安全生产。如何安全、经济、有效地防治煤瓦斯突出，目前应用较多的局部防突措施主要有：水力冲孔、煤层注水、大直径卸压钻孔及松动爆破等[1]。

水力冲孔、煤层注水措施一般适用于地应力大、瓦斯压力大、煤质松软、易于粉化和流变的突出煤层。大直径卸压钻孔措施适用于煤质松软的原煤层，但由于直径较大，钻孔时易夹钻、喷瓦斯、喷煤粉。松动爆破仅适用于地应力大、瓦斯压力大、煤质坚硬的煤（岩）层。由于炮眼孔径太小，若装药不能满足要求，则不仅起不到防突的作用，反而有可能诱导突出的发生[1]。鉴于此，若将深孔松动爆破与大直径卸压钻孔两种防突措施适当择优组合，就可以得到一种新的防治煤和瓦斯突出的措施，即根据突出危险程度及煤（岩）强度大小的不同，在煤体中钻大直径深钻孔，比如在巷道中部水平布置3个或5个钻孔，1个或2个孔装药，另外几个孔为控制孔，作为产生爆破裂缝的补偿空间，采用瞬

原载于《力学季刊》，2006，27（3）：469-475。

发电雷管（辅以导爆索）起爆。这种防灾措施称之为深孔控制卸压爆破，由于该法钻孔孔径较大，爆破孔数量少，所以装药易到位，装药时间短；不需专门的钻孔设备，简便易行；并可以充分卸除地应力和瓦斯压力，相应地提高煤体抵抗破坏的强度；而且由于控制孔的存在，可以根据煤的软硬程度，适当调整爆破抵抗线长度，以获得良好的防突效果，所以它既具备松动爆破与大直径卸压钻孔措施的优点，又完全克服了它们两种措施的缺点和局限性。

本文拟对深孔控制卸压爆破进行分析研究，力求使该法能够成为一种工艺简单、效果明显、安全性好的局部防突措施，并得以推广。

1 深孔控制卸压爆破理论分析

深孔控制卸压爆破中的控制孔不仅爆破孔两边各增加了一个辅助自由面，缩小了爆破作用抵抗线的长度，而且使爆破作用的结果发生了根本改变[2]。炮孔中炸药起爆后，爆炸冲击波以柱面波的形式向炮孔周围传播，当任一点至炮孔中心的距离 r 大于炮孔半径 r_b 的 5 倍时，柱面波在该处的曲率影响就可以忽略不计，将该柱面波视为平面波来处理。在深孔松动爆破中，孔间距与孔半径之比至少大于 6，所以在深孔控制卸压爆破中可以将柱面波当成平面波来考虑。平面波对控制孔的作用，可以利用应力波的斜入射原理来进行研究，如图 1 所示。

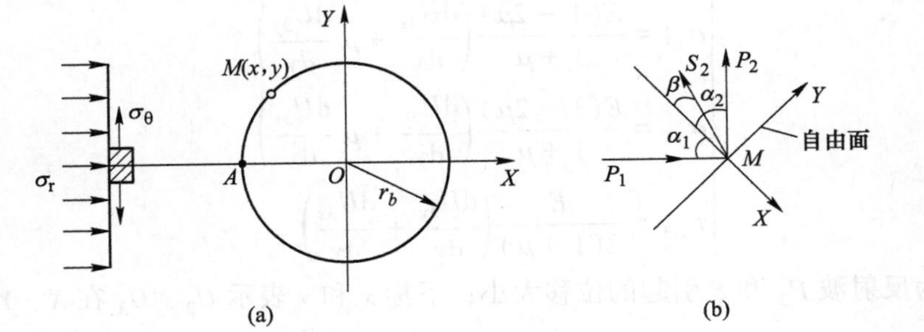

图 1　平面波对控制孔的入射与反射

Fig. 1　Oblique incidence and reflect of plane wave in the wall of control hole

视控制孔中心为坐标原点，取圆上任何一点 M（x，y）来考虑问题，当平面波入射到该点时，可以把以该点为中心的一小段圆弧 ds 看作是与入射平面波成一定角度的微平面。由数学推导可得入射角的大小为

$$\alpha_1 = \pm \arctan\left(\frac{r_b^2 - x^2}{x^2}\right)^{\frac{1}{2}} \tag{1}$$

将图中 M 点取出加以研究，取 M 点切线为 Y 轴，该切线在 M 点的法线为 X 轴，则平面波对 M 点入射问题是一个平面波在自由面上的斜入射问题。设入射波为一纵波 P_1，则在自由面反射后变成一反射纵波 P_2 和一反射横波 S。α_1、α_2、β 分别称为纵波的入射角、反射角及横波的反射角。根据光学和弹性力学理论，可得反射纵波及反射横波的反射系数为

$$\frac{A_2}{A_1} = \frac{\tan\beta\tan^2 2\beta - \tan\alpha_1}{\tan\beta\tan^2 2\beta + \tan\alpha_1} \tag{2}$$

$$\frac{A_3}{A_1} = \frac{4\sin\beta\cos 2\beta\cos\alpha_1}{\tan\beta\sin^2 2\beta\cot\alpha_1 + \cos^2 2\beta} \tag{3}$$

$$\alpha_1 = \alpha_2 \tag{4}$$

$$\beta = \arcsin\left(\frac{\sin\alpha_1}{\sqrt{\dfrac{2(1-\mu)}{1-2\mu}}}\right) \tag{5}$$

式中，A_1、A_2、A_3 分别为入射纵波、反射纵波和反射横波的振幅；μ 为介质泊松比。

设一强度为 $\sigma(t)$ 的平面波对控制孔进行入射，则其沿 X、Y 方向的分量为

$$\sigma_{x1} = -\sigma(t) \tag{6}$$

$$\sigma_{y1} = \frac{\mu}{1-\mu}\sigma(t) \tag{7}$$

根据应力波理论，入射波与反射波在任一点迭加后总强度为

$$\begin{cases} \sigma_{xn} = \sigma_{x1} + \sigma_{x2} + \sigma_{x3} \\ \sigma_{yn} = \sigma_{y1} + \sigma_{y2} + \sigma_{y3} \\ \tau_{xyn} = \tau_{xy2} + \tau_{xy3} \end{cases} \tag{8}$$

式中，σ_{x2}、σ_{y2}和 τ_{xy2} 为反射纵波强度；σ_{x3}、σ_{y3} 和 τ_{xy3} 为反射横波的强度。根据应力波理论和弹性理论，这些参量可由式（9）和式（10）求得

$$\begin{cases} \sigma_{x2} = \dfrac{E(1-2\mu)}{1+\mu}\left(\dfrac{dU_{2x}}{dx} + \mu\dfrac{dU_{2y}}{dy}\right) \\ \sigma_{y2} = \dfrac{E(1-2\mu)}{1+\mu}\left(\dfrac{dU_{2y}}{dy} + \mu\dfrac{dU_{2x}}{dx}\right) \\ \tau_{xy2} = \dfrac{E}{2(1+\mu)}\left(\dfrac{dU_{3y}}{dx} + \dfrac{dU_{2y}}{dx} + \dfrac{dU_{2x}}{dy}\right) \end{cases} \tag{9}$$

$$\begin{cases} \sigma_{x3} = \dfrac{E(1-2\mu)}{1+\mu}\left(\dfrac{dU_{3x}}{dx} + \mu\dfrac{dU_{3y}}{dy}\right) \\ \sigma_{y3} = \dfrac{E(1-2\mu)}{1+\mu}\left(\dfrac{dU_{3y}}{dy} + \mu\dfrac{dU_{3x}}{dx}\right) \\ \tau_{xy3} = \dfrac{E}{2(1+\mu)}\left(\dfrac{dU_{3y}}{dx} + \dfrac{dU_{3x}}{dy}\right) \end{cases} \tag{10}$$

式中，U_2 和 U_3 为反射波 P_2 和 S 引起的位移大小；下标 x 和 y 表示 U_2、U_3 在 X、Y 方向上的分量

$$U_{2x} = -U\frac{A_2}{A_1}\cos\alpha_2,\quad U_{2y} = U\frac{A_2}{A_1}\sin\alpha_2 \tag{11}$$

$$U_{3x} = U\frac{A_3}{A_1}\sin\beta,\quad U_{3y} = U\frac{A_3}{A_1}\cos\beta \tag{12}$$

式中，U 为该平面波入射到控制孔时孔壁上质点产生的位移

$$U = \int_0^t v(t)\,dt = \int_0^t \frac{1}{\rho C}\sigma(t)\,dt \tag{13}$$

式中，$v(t)$ 为质点速度在瞬间波中的分布；t 为持续时间；ρC 为介质的波阻抗。在入射波作用下孔壁质点速度 v 沿孔壁径向和切向的分量 v_r 和 v_θ 以及合速度的方向角 φ 分别为

$$\begin{cases} v = \sqrt{v_r^2 + v_\theta^2} \\ v_r = \dfrac{dU_x}{dt} = v\cos\varphi \\ v_\theta = \dfrac{dU_y}{dt} = v\sin\varphi \\ \varphi = \arctan\left(\dfrac{v_\theta}{v_r}\right) \end{cases} \tag{14}$$

根据以上分析可知，当入射角由 0°变化到 90°时，孔壁上质点的出射速度沿 X 方向的出射速度即 v_r 由大变小，即在孔壁上各点受到应力波入射的时候，沿整个孔壁（任意两点间均）存在一个速度差，因而产生位移差。根据弹性力学知识和应力波理论可知，孔壁上质点的位移差可使在孔壁上产生切向拉伸应力，使得入、反射应力波迭加应力场沿反射波阵面的切线和垂直波阵面方向均处于受拉状态；同时，根据应力波理论可知，由于切向速度 v_θ 沿孔壁产生瑞利波，也会在孔壁上产生沿孔壁最大的切向（拉）应力。

由式（14）可知，入射波向控制孔传播时最先到达的是孔壁上的 A 点，由于对孔壁 A 点处为正入射（$\alpha_1=0$），入射波在该点产生位相角改变180°的完全反射，即孔壁上 A 点处的质点只沿径向运动，而在孔壁切向的速度为0，因而在 A 处造成拉应力集中。由于介质极限抗拉强度一般仅为其抗压强度的1/(10~20)，所以，当爆轰应力波反射产生的拉应力大于介质的极限抗拉强度时，则介质就首先在孔壁与 X 轴交点 $A(-r_b,\ 0)$ 处开始发生断裂，A 点处产生裂缝后，必然在裂缝尖端处产生一新的应力集中且在控制孔壁其他点处产生应力松弛，结果 A 点处裂缝得到继续扩展，直至拉应力集中小于介质的极限抗拉强度时为止，而孔壁其他各点处不产生破坏[2]。由于控制孔的这种“定向致裂”作用，因而可以适当加大炮孔间距，减少钻孔工作量，提高经济效益。

2　深孔控制卸压爆破机理和模型试验

2.1　爆破机理

根据爆炸动力学和弹性动力学理论可知：由爆破孔传播出来的冲击波作用于孔壁时孔壁及周围介质就承受着很大的动载荷，致使炮孔周围的介质产生过度粉碎，产生压缩粉碎圈。在粉碎圈边界上，冲击波衰减成为应力波，并以弹性波的形式向介质周围传播。尽管其强度已低于介质的极限抗压强度，但应力波产生的伴生切向（拉）应力仍有可能大于介质的抗拉强度，使介质拉断，形成与破碎区贯通的径向裂缝。随着应力波的继续传播，其强度逐渐衰减。应力波过后，爆生气体产生准静态应力场，并楔入爆破孔孔壁上已张开的裂隙中，与煤层中的高压瓦斯气体共同作用于裂隙面，在裂隙尖端产生应力集中，使裂隙进一步扩展，进而在爆破孔周围形成径向之字形交叉的裂隙网[3,4]。

因为应力波的传播速度大于裂缝的传播速度，所以当应力波的峰值衰减至小于介质的强度的时候，已形成的裂缝仍然继续扩展着，当应力波传播至控制孔壁时，立即发生应力波的反射。反射拉伸波和径向裂隙尖端处的应力场相互叠加，促使径向裂隙和环向裂隙进一步扩展，大大增大裂隙区的范围。同时，原生裂隙中的瓦斯，由于爆炸应力场的扰动将作用于已产生的裂隙内，使裂隙进一步扩展。由于发生在炮孔连心面方向的裂缝要比发生在其他方向的裂缝要早，所以沿连心面方向的裂缝限制了其他方向裂缝的产生和扩展，使得在沿爆破孔与控制孔连心面方向上的控制孔边缘也产生了裂缝，结果沿爆破孔与控制孔连心线处产生一贯穿裂缝面[4,5]。

综上，由于控制孔的控制导向作用，所以深孔控制卸压爆破的结果是在介质内部的炮孔周围产生一柱状的压缩粉碎圈和一沿爆破孔与控制孔连心线方向的贯穿爆破裂缝面。贯穿爆破裂缝面的产生，是深孔控制卸压爆破实现其防突作用的关键，其防突机理同其他局部措施也不完全相同。

2.2　模型试验

上文对控制孔的作用及其周边围岩的应力情况做了理论分析。为了对控制孔的控制导向作用有更为直观的认识，笔者在实验室进行了模拟实验。本次实验所模拟掘进巷断面尺寸为3000mm×4300mm，炮眼深15000mm。取模型的几何相似比线性相似比例为1∶10；由于炮孔为均匀装药结构，因此可适当缩短炮孔深度，确定模型尺寸为300mm×430mm×500mm，其中孔深300mm，孔径为8mm，孔间距均为80mm。

实验模拟的岩层密度为1.4g/cm^3，抗拉强度为0.6MPa。材料容重相似比为0.6；模型材料选用砂子、石灰、石膏等，改变胶结剂和骨料的组分，可以模拟不同类型的岩层。砂子粒度以0.15~0.5mm为宜。根据材料力学性质相似条件的要求，确定材料相似比为灰∶砂∶水=1∶2∶0.38。

由于矿用炸药爆轰临界直径较大，实验室小药卷爆破难以起爆，所以本次爆破模型试验时，采用RDX（临界直径仅为2~3mm）。鉴于RDX爆速太大，故加入20%的石灰粉末。搅拌均匀后，炸药的爆速为3600m/s，其密度为1.1g/cm^3，与二级煤矿许用炸药相似。为了保证边界条件相似，试验液压加载设备对模型分别从两个方向进行加载，以此来模拟掘进面的受力状况，保证模型表面受力大小及约束条件与掘进工作而约束情况相似，实验模型如图2所示。

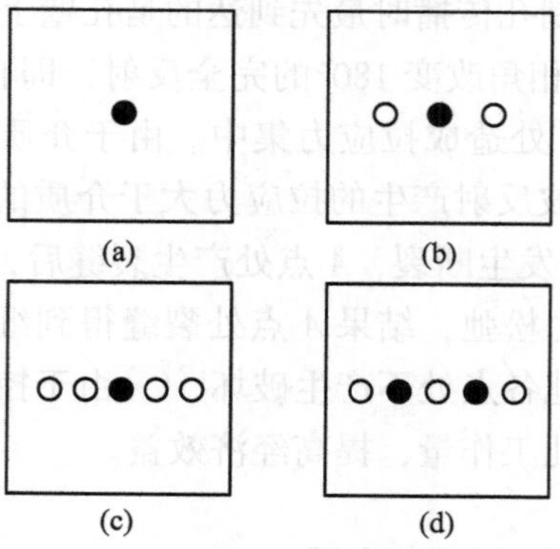

图2 实验室模型试验示意图

Fig. 2 Sketch of tested models

2.3 试验结果分析

单孔起爆，没有控制孔时（见图2（a）），爆破后在模型表面（自由面）产生随机的短裂缝。这是因为在每个方向上，爆破作用抵抗线的长度均相同，爆破能量在每个方向产生的作用效果相等，所以爆破裂经的方向是随机的，爆破前难以预计。

单孔起爆，在爆破孔两边各增加一个控制孔时（见图2（b）），爆破后在模型表面产生了一条贯穿三孔的爆破裂缝面，而且裂缝面的宽度较大。其原因是，控制孔的存在，使得沿连心线方向的抵抗线长度较短，而且由于控制孔表面具有自由面和曲面的双重作用，它可以控制裂缝的产生和扩展，起到控制导向作用，因此爆破后沿连心线方向产生一条完整的裂缝面。

单孔起爆，控制孔数为4个时（见图2（c）），爆破后也生了一条贯穿裂缝面，但裂缝面宽度较窄。其原因是：当离爆破孔较近的两个控制孔贯通的时候，由于控制孔孔壁的表面积远远大于裂缝尖端的表面积，所以当裂缝扩展至控制孔时，裂缝尖端必然产生钝化现象，造成应力松弛。裂缝面要想继续扩展，则必须获得更大的动力。因此导致离爆破孔较远的控制孔没有得到充分的扩展，其裂缝面的宽度不如离爆破孔较近的2个控制孔与爆破孔间的裂缝。

双孔起爆，控制孔数为3个时（见图2（d）），爆破后，沿连心线方向产生一条完整的爆破裂缝面，裂缝扩展较单孔起爆、4个控制孔时为好。其原因是，爆破孔与各控制孔之间的距离相等，显然比单孔起爆、4个控制孔的布置合理。

通过上述试验可以看出：控制孔在深孔控制卸压爆破中具有十分重要的作用，卸压爆破的结果是在模型表面产生一完整的贯穿裂缝面，这与前面理论分析所得结论是完全一致的。

3 深孔控制卸压爆破的防突试验

本研究的主要目的是把带有控制孔的深孔控制卸压爆破法应用于煤层瓦斯防突。实验室的模型实验仅仅对控制孔在该爆破法中的定向作用进行了说明，与现场应用还有很大差距，因而光靠实验室实验不足以说明问题。为了对该爆破法的瓦斯防突效果进行检验，特地在淮南矿业集团公司潘一矿2622（3）下顺槽掘进工作面进行了试验。

3.1 试验条件及方案设计

试验工作面位于C_{13-1}煤层，下顺槽标高为-568m。C_{13-1}煤层倾角5°~8°，煤层平均厚度4.67m，普氏系数f=1.5。C_{13-1}煤层为煤与瓦斯突出煤层，煤层自然瓦斯含量为6~10m^3/t。煤尘具有爆炸危险性，爆炸指数为37%~40%。煤层具有自然发火性，发火期为3~6个月。2622（3）下顺槽断面为4.3m×3.0m。为了解决2622（3）掘进工作面瓦斯问题，结合潘一矿C_{13-1}煤层低透气性、瓦斯有效排放半径和瓦斯有效抽放半径、巷道破碎带范围和松动圈范围以及瓦斯抽放细则，进行了爆破孔和瓦斯抽放孔布置方案设计。试验前所测得破碎圈的直径范围为 100~180mm，松动圈的直径范围为 400~500mm，裂隙圈的直径为 1500~2000mm。根据巷道破碎带范围和松动圈范围、瓦斯有效抽放半径和瓦斯有效排放半径，针对边掘边抽的 2622（3）掘进工作面情况，爆破孔（1~3 号）孔径均为 42mm，孔深 10m；孔 1~12 为控制孔，孔径均为 75mm，其中 10 个孔的孔深为 16m，2 个起前探作用的孔（孔 6 和孔 7）深度为 20m。抽放孔的布置原则是：钻孔在巷道断面四周煤层中 2m 范围内均匀分布。该方案的钻孔技术参数见表 1，钻孔布置如图 3 所示。

表 1　钻孔参数

Tab. 1　Parameters of boreholes

孔　号	孔径/mm	孔深/m	仰角/(°)	偏角/(°)
1	75	16	-10	10
2	75	16	-10	5
3	75	16	-10	0
4	75	16	-10	5
5	75	16	-10	10
6	75	20	0	0
7	75	20	0	0
8	75	16	5	10
9	75	16	5	5
10	75	16	5	0
11	75	16	5	5
12	75	16	5	10
1 号	42	10	0	12
2 号	42	10	0	0
3 号	42	10	0	12

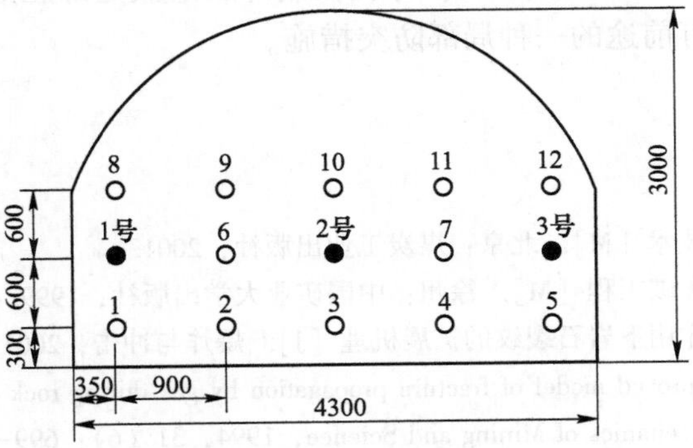

图 3　现场试验钻孔布置示意图（单位：mm）

Fig. 3　Sketch of boreholes plan in field test（unit：mm）

根据该矿实际情况，采用 PT-4733 型水胶炸药，单孔用药量不小于 3kg，最大不超过 5kg，通过比较最终确定有效的爆破炸药量，炸药确定后采用 1m 长加长药卷。采用反向装药，反向起爆，脚线联接方式采用孔内孔间大串联。每组炸药卷之间充填长度不小于 0. 25m 的水炮泥，外口封填长度不小于 0. 4m 的水泡泥，水泡泥外用黏土炮泥填满捣实，并保证黏土炮泥的封堵长度不小于 2m。药卷距离炮眼外口最小距离不小于 5. 5m。选用 8 号法兰壳雷管，雷管脚线长度为 12. 5m，单孔使用 1~2 发雷管附以导爆索。采用 MFB-100 型放炮器进行一次起爆。

3.2 试验考察结果

为了考虑爆破效果，在爆破前后分别检测了2622（3）工作面回风流的瓦斯涌出量、瓦斯抽量及单孔瓦斯抽放量经多次深孔。爆破的检测结果表明：爆破过后工作面瓦斯涌出量增加较大，风流中的瓦斯浓度平均增值为0.19，最大增值为0.42，平均增长率为263%；爆破后的瓦斯抽放量也有所增加，平均增值为0.34m³/min，最大增幅为0.83m³/min，平均增长率为88%。爆破后工作面单孔瓦斯抽放量增加较大。1号钻孔放炮前瓦斯平均为0.033m³/min，放炮后平均为0.0515m³/min，平均增值为0.0185m³/min，平均增长率为56.1%；3号钻孔放炮前平均为0.0307m³/min，放炮后平均为0.0610m³/min，平均增值0.0303m³/min，平均增长率为98.7%；6号钻孔放炮前平均为0.0345m³/min，放炮后平均为0.0618m³/min，平均增值为0.0273m³/min，平均增长率为79.1%。三个钻孔的抽放量平均增长量为77.97%。另外，3号钻孔和6号钻孔增量和增长率均大于1号钻孔，说明深孔控制卸压爆破后，巷道断面中部受爆破影响较大，效果较好。实施深孔控制卸压爆破前的实际进尺平均仅64.5m/月，而实施深孔控制卸压爆破后的实际进尺平均为88.75m/月，增长了37.6%，最大月进尺达104m，这也说明了深孔控制卸压爆破具有较好的效果。

4 结论

通过以上理论分析和试验，可以得到如下结论：

（1）深孔控制卸压爆破防突措施具备松动爆破与大直径卸压钻孔两种措施的优点。通过调整孔网参数，可以使该措施既适用于地应力大、瓦斯压力大的硬煤和岩石巷道；又适用于地应力大、瓦斯压力大的松软煤层。克服了松动爆破与大直径卸压钻孔两种措施的局限性。

（2）深孔控制卸压爆破中控制孔具有补偿爆破裂缝面产生空间的作用以及对裂纹扩展有“定向作用”；卸压爆破的结果是在工作面前方的炮孔周围产生一柱状压缩粉碎圈和一贯穿爆破孔与控制孔的爆破裂缝面。

（3）深孔控制卸压爆破后煤体中裂缝增多，孔隙率提高，排出了大量的瓦斯，残余压力降低，减少了突出的势能，达到了防止突出或减少突出强度的目的。但炮孔和控制孔的数目和位置的确定，还需与爆破实际相结合，依据不同的爆破要求来选取。

（4）通过深孔控制卸压爆破的实践证明：深孔控制卸压爆破是卸压效果明显、工艺简单、经济技术效果好、易于推广、非常有前途的一种局部防突措施。

参 考 文 献

[1] 张铁岗．矿井瓦斯综合治理技术［M］．北京：煤炭工业出版社，2001.

[2] 高尔新，杨仁树，杨小林．爆破工程［M］．徐州：中国矿业大学出版社，1999.

[3] 杨小林，王梦恕．爆生气体作用下岩石裂纹的扩展机理［J］．爆炸与冲击，2001，21（4）：111-112.

[4] Paine A S, Please C P. An improved model of fracture propagation by gas during rock blastin some analytical results［J］. International Journal of Rock Mechanics of Mining and Science，1994，31（6）：699-706.

[5] 钮强．岩石爆破机理［M］．沈阳：东北工学院出版社，1990.

岩溶区河流下隧道爆破施工技术

郑炳旭[1]　刘玲平[2]　李战军[1]

（1. 广东宏大爆破股份有限公司，广东 广州，510623；
2. 广东省安全生产监督管理局，广东 广州，510000）

摘　要：基于西南管线隧道穿越岩溶区河流施工的工程实践，提出了在岩溶区河流下进行隧道施工的对策和合理的施工工艺流程，以及在岩溶区河流下进行隧道爆破施工的方法及其降低爆破震动灾害的措施，介绍了岩溶区河流下隧道施工相关环节应采取的措施。

关键词：隧道施工；爆破；爆破震动；岩溶

Tunnel Blasting Cutting Technology under Rivers in Karst Geological Structure

Zheng Bingxu[1]　Liu Lingping[2]　Li Zhanjun[1]

（1. Guangdong Hongda Blasting Co.，Ltd.，Guangdong Guangzhou 510623；
2. Guangdong Safety Administrative Bureau，Guangdong Guangzhou，510000）

Abstract：Based on the practice of China southwest oil pipe tunnel blasting cutting under river in the karst geological structure，the rational methods and working procedure to deal with problem soccurring in the tunnel construction are presented；furtherm ore，the blasting cutting methods and the measure of the blasting vibration control are put forward；finally the other sides relating to the tunnel blasting cutting are introduced under the harmful geological environment.

Keywords：tunnel construction；blasting；blasting vibration；karst

1　工程概况

国家重点工程西南成品油管道工程全长1690余千米，是西南诸省经济发展的能源生命线。该管道工程途经多处河流，设计有4座穿江隧道，其中有3座隧道位于广西省内，分别为：广西六景郁江穿江隧道、怀远龙江穿江隧道和马头村龙江穿江隧道。这3座隧道设计净宽2.3m，净高2.2m。六景郁江隧道全长506m，25°斜坡段长400m，江底平洞长106m；怀远龙江隧道全长500m，30°斜坡段长260m，江底平洞长240m；马头村龙江隧道全长410m，30°斜坡段长300m，江底平洞长110m。这3座隧道穿越的地层主要有第四纪冲积层、第四系残积层和泥盆纪中统等组成。隧道洞身大部分位于泥盆系中统层，该层属岩溶地质，岩石坚硬，张型裂隙较发育，地质条件复杂，施工难度大。

承担这3座隧道施工的广东宏大爆破股份有限公司，在隧道穿江施工过程中，进行了一系列大胆尝试，积累了丰富的岩溶区水下施工经验，对类似情况下、类似问题的解决具有一定的示范作用。

2　岩溶地质对施工的影响及其施工对策

岩溶地质是石灰岩在大自然长期作用下形成的。这种地质状况下，溶洞、溶沟、溶槽等不良地质

原载于《爆破》，2006，23（3）：31-33。

发育且分布不规则，且往往存在地质断层带。这 3 条穿江隧道施工中遇到的不良地质主要有以下 3 种：

（1）碎裂状石灰岩体。该工程斜井段在穿越石灰岩体的中风化和强风化地层时，遭遇多处碎裂状岩体。此类灾害地质使钻孔成孔困难，并导致渗水甚至引起开挖中塌方。对这类地质情况，一般采取注浆的办法将碎裂的岩石固结成整体，以达到防渗目的。

（2）溶洞与溶沟。在施工过程中，多次碰到大小不等、情况各异的溶洞和溶沟。溶洞和溶沟不但影响隧道的质量，也影响正常钻孔，甚至导致突泥突水，给施工带来极大困难。这种情况，主要采用注浆封堵溶洞与溶沟，对于孤立的小溶洞也可以采取钻孔放水后进行施工。

（3）岩溶裂隙。此种灾害地质，覆盖面积大，渗水严重，是此次施工隧道渗漏的主要根源，是隧道施工中诱发透水事故的主要原因。这类情况，多采用长导管注浆和短导管注浆相结合的办法进行较大范围的注浆封堵。

3　施工流程

严格细致的过程控制，合理的工艺流程是保证工程顺利进行的基础。根据工程实践，认为岩溶区隧道施工按照以下施工流程（见图 1），比较合理。

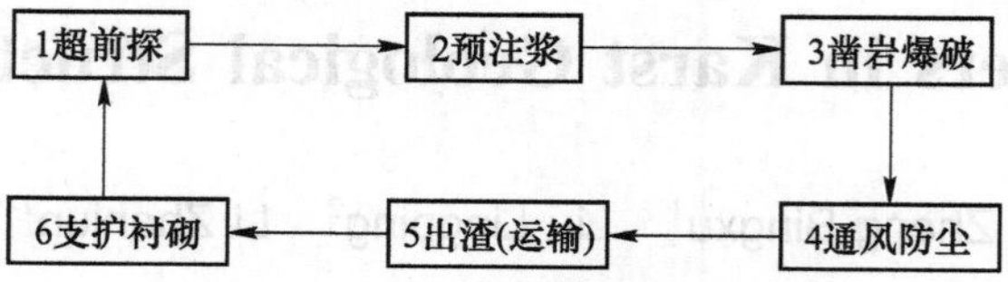

图 1　施工流程图

4　超前探和预注浆

超前探可以获取隧道前方围岩较为准确的地质资料，为制订施工方案提供依据。在这 3 条隧道施工中，采取超前水平钻、工作面浅孔钻探及 TSP203 地球物探方法，获取了大量宝贵的地质资料，避免了盲目施工带来的损失，为工程的安全快速进行打下了基础。

预注浆主要是依靠浆液压力，将软弱破碎围岩的裂缝用浆液充填、固结，达到加固地层和堵水作用。在施工过程中，采用超前钻孔注浆（孔深 10~20m）和浅孔超前注浆（孔深 4~5m）相结合的方法，有效地控制了渗水，保证了工程进度。

5　爆破施工[1,2]

5.1　较好地质条件下的爆破开挖

所谓较好条件指岩石整体性较好，无渗漏水现象，且近距离探孔无不良地质岩体。这类地质情况，采用全断面一次爆破。炮孔布置如图 2 所示；光面爆破参数见表 1；爆破参数见表 2。

表 1　光面爆破参数表

周边眼间距/cm	光爆层厚/cm	相对距离 E/W	线装药密度/kg·m^{-1}	炮孔直径/mm	堵塞长度/cm
50	55~60	0.83	0.18	42	40

表 2　爆破参数表

炮孔类型	炮孔个数	孔深/m	钻孔总长/m	装药系数/%	单孔药量/kg	总装药量/kg	雷管段数
掏槽空孔	4	1.8	7.2	0	0	0	
掏槽孔	5	1.8	9.0	78	1.4	7.0	MS1，MS3
掘进孔	7	1.5	10.5	67	1.0	7.0	MS5，MS7

续表 2

炮孔类型	炮孔个数	孔深/m	钻孔总长/m	装药系数/%	单孔药量/kg	总装药量/kg	雷管段数
底板孔	3	1.5	4.5	80	1.2	3.6	MS9
周边孔	12	1.5	18		0.4	4.8	MS11
合计	30		49.2			22.4	

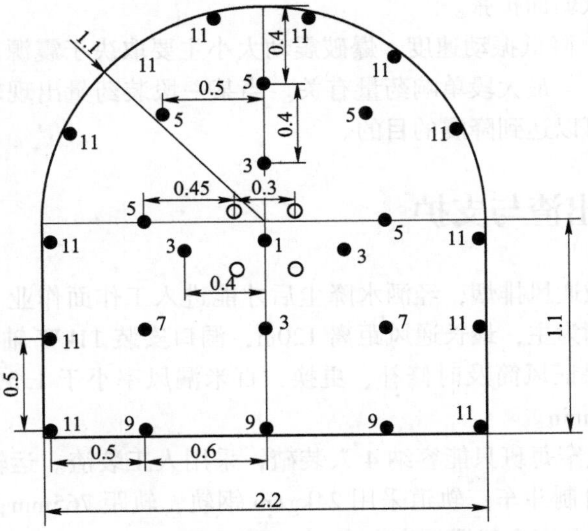

图 2 炮孔布置图（单位：m）

5.2 注浆固结后的碎裂岩体的爆破开挖

碎裂岩体一般由风化造成，岩石相对比较破碎，伴有渗水发生，多位于斜井范围。在此种岩石上钻孔，成孔条件较差。经注浆后，这些碎裂岩体固结成整体，其爆破方法如下：

（1）全断面一次爆破。应控制进尺，一般最大循环进尺不超过 1.0m。即掏槽孔深 1.3m，其他炮孔 1.0m。

（2）分次爆破法。分次爆破法是首先爆破掏槽，形成槽腔后，再爆剩余部分，循环进尺可适当加大，但掏槽孔深不得超过 1.5m。

5.3 注浆封堵和岩溶发育岩体的爆破开挖

岩溶发育地段，多出现溶洞、溶岩裂隙，渗漏水严重，甚至和江水连通，必须采用长导管大范围注浆堵漏，封闭溶洞及裂隙，以保证爆破开挖时不产生透水现象。为了保证开挖爆破时不将已封堵部分震裂，必须严格遵守短进尺、微震动爆破方案。其方法如下：

（1）控制爆破进尺。注浆后 12~24h 爆破，钻孔深度 0.8m，进尺 0.5~0.6m；注浆 24h 以后开挖爆破钻孔深度小于或等于 1.0m，进尺 0.6~0.8m。

（2）爆破开挖顺序。不可进行全断面爆破，开挖分掏槽爆破，掘进爆破，光面爆破 3 步进行。首先爆破掏槽孔，最大一段药量不超过 400g；掘进爆破，是将光面以内的掘进孔进行爆破，最大一段药量不得超过 600g；最后进行光面爆破，最大一段药量不得超过 600g。

6 爆破震动控制

降低爆破震动，减小爆破对岩溶地质构造及注浆加固段的扰动是水下岩溶区爆破开挖必须解决的首要问题，根据施工经验，爆破震动控制可通过以下办法实现。

（1）合理的施工方案。为了保证穿江隧道正常施工，施工方案采取短进尺，微震动的爆破方案，根据不同地质条件，不同防护条件和注浆固结情况，将进尺分别控制在 0.5m、1.0m、1.5m 范围以内，可有效地控制爆破震动灾害。

（2）合理的起爆时差选择。实践表明，对于短进尺隧道爆破，往往是掏槽爆破产生的爆破震动最大，由于隧道开挖断面较小，合理安排起爆时差，可以减少震动的叠加作用。认为在一个循环内，在毫秒 11 段范围内跳段安排 3 次爆破，可以获得良好效果。

（3）分次爆破法。在特殊情况下，尤其是堵漏注浆段，采取分次爆破，先掏槽，清出临空面，视情况不同再分 1 次或 2 次爆完，可有效地降低震动危害，同时可避免爆炸高温高压气体沿岩溶裂隙产生楔入作用，引起裂隙沿软弱面扩张。

（4）减小最大段药量，降低振动速度。爆破震动大小主要取决于震源的能量大小，实践表明，爆破震动峰值与总药量无关，与最大段单响药量有关。当某一段装药量出现较大峰值时，通过增加起爆段数，调整该段的装药量可以达到降震的目的。

7 施工中的通风、出渣与支护

放炮后应立即进行机械通风排烟，经洒水降尘后才能进入工作面作业。斜井独头开挖，采用压入式通风，以稀释和置换炮烟为主，最长通风距离 120m，洞口安装 11kW 轴流风机供风，悬挂 ϕ400mm 复合塑胶软风管送风，并保证风筒及时修补、更换，百米漏风率小于 1.5%，确保工作面粉尘浓度在 2mg/m^3 以下，排烟时间 30min。

由于断面小，掌子面狭窄每班只能容纳 4 人装碴，采用人工装渣。运输采用可调速绞车，提升容量采用单斗 1.2m^3 侧卸式自制斗车；轨道采用 24kg/m 钢轨，轨距 765mm；枕木用松方木制作，间距 700mm。洞内一侧设人行道及安全躲避洞室。

每完成一个开挖进尺后，应立即进行洞周封闭支护，防止裂隙冒涌，可采用 C20 混凝土，浇筑厚度不少于 30cm，并应连同人行踏步一并浇筑。拱墙喷射 C20 混凝土，厚度 8cm，在岩隙及破碎地段应架设钢拱架并加挂钢筋网，钢筋网随岩面铺设，挂网采用 ϕ6 钢筋网 15×15～20×20 方格，并适当加厚喷混凝土至 12～15cm，保证喷面平整，保护层不小于 2cm。锚杆应视情况设置，以防止穿透注浆固结层，而引起再次涌水。

8 体会

（1）岩溶地区隧道施工必须严格遵守“超前探，预注浆，快循环，弱爆破，勤监测，强支护”的施工原则，稳打稳扎，规范施工。

（2）超前探预注浆是隧道施工的关键，施工中应充分考虑喀斯特地质构造特点，采取：洞内与洞外结合，超前中长钻探与浅孔钻孔结合的方案，实施注浆封堵渗水，效果显著。

（3）根据不同地质情况采用对应的爆破开挖控制技术。在岩体完整时采用有利施工进度的长进尺全断面一次爆破，在不良地质情况下分别采用短进尺全断面一次爆破和短进尺分次爆破，同时控制最大单响药量，不可盲目冒进。

（4）在水下岩溶区进行爆破作业要严格控制爆破震动，否则有可能导致事倍功半，前功尽弃。

参 考 文 献

[1] 张正宇．中国爆破新技术［M］．北京：冶金工业出版社，2004.

[2] 于亚伦．工程爆破理论与技术［M］．北京：冶金工业出版社，2004.

聚能爆破在岩石控制爆破技术中的应用研究

罗　勇[1]　崔晓荣[1]　沈兆武[2]

（1. 广东宏大爆破股份有限公司，广东 广州，510623；
2. 中国科学技术大学 力学和机械工程系，安徽 合肥，230027）

摘　要：聚能爆破技术是岩石控制爆破技术中有待开发的领域。根据爆炸力学、岩石断裂力学理论，从当前控制爆破面临的问题入手，对线性聚能药包（Linear shaped charge）在岩石定向断裂爆破中裂纹的产生及扩展进行了研究，并利用自制线性聚能药包在巷道掘进中进行了工程试验。试验结果表明由聚能药包岩石定向断裂爆破有明显的定向作用，裂纹的定向断裂控制效果理想，经济和社会效益明显。

关键词：聚能药包；控制爆破；爆破参数

Application Study on Controlled Blasting Technology with Shaped Charge in Rock Mass

Luo Yong[1]　Cui Xiaorong[1]　Shen Zhaowu[2]

（1. Guangdong Hongda Blasting Co.，Ltd.，Guangdong Guangzhou，510623；2. Department of Modern Mechanics，University of Science and Technology of China，Anhui Hefei，230027）

Abstract：Cumulative explosion is a new controlled blasting technology，which can resolve the problems existing in present control blasting and the status of complex outline shaping blasting in rock masses. According to the dynamics of explosion and fracture mechanics，the initiation mechanism of the crack and its expansion of orientation fracture blasting with linear shaped charge were studied and the shaped charge cutter was designed and tested in field. The satisfactory blasting effects have been achieved，which suggests that the control blasting with linear shaped charge is a good means in directional fracture controlled blasting.

Keywords：shaped charge；controlled blasting；blasting parameters

随着工程爆破技术的迅猛发展，与之相关的巷（隧）道的掘进过程中不可避免地会碰上岩石爆破的问题[1]。然而，巷道断面的成型未能得到很好的解决，使得炮眼利用率偏低，是影响施工质量、速度的主要因素。

第二次世界大战之后，聚能炸药在军工方面得到了极大的重视[2]，同时聚能现象在民用工业技术中的应用也得到了迅猛发展，如石油开发、金属切割、岩石切割爆破等工业领域。研究证明，聚能爆破是一种比较适用于石材切割、巷道成型的爆破方法，它可以产生极大的能量射流，控制预定方向的裂纹的扩展、减少其他方向随机生成的裂纹；能大大提高炮孔的利用率，加快掘进速度，边壁超挖和欠挖大大减少。而且与其他爆破方法相比可采用更大的不耦合系数，这为减少对岩体的损伤创造条件。

另外，许多大型水电工程都要求采用精雕细刻的开挖爆破技术，不仅需要成型规格符合设计要求，而且要尽量减少爆破破坏深度，聚能爆破技术无疑是一项很好的途径。为此，笔者就聚能断裂爆破技术进行了研究，以期解决掘进巷道的断面成型问题。

原载于《力学季刊》，2007，28（2）：234-239。

1 聚能切割器作用机理

根据聚能原理[2-4]，当带楔形罩的聚能炸药被引爆后，由起爆点传播出来的爆轰波到达药型罩罩面时，金属罩由于受到强烈的压缩，迅速向对称面运动，速度很高，结果在对称面上金属发生高速碰撞，从药型罩的内表面挤出一部分高速向前运动的金属来爆轰波连续地向罩底运动，内表面连续地挤出金属，当药型罩全部被压向对称面以后，在对称面上形成一股高速运动的刀片状金属射流和一个伴随金属流低速运动的杵体。这种高速、高能量密度的金属射流与靶子作用时，穿透效果大大超过无罩聚能装药。金属流后的杵体速度低，没有穿透作用。岩石为脆性物质，抗拉强度很低。线型聚能爆炸切割器对岩石的作用之一，就是利用它所生的高速，高能量密度的刀片状金属射流在岩石上开一槽，以控制断裂方向，然后在应力波和爆轰气体的作用下，把岩石拉断。线型聚能爆炸切割器（以下简称切割器）爆炸时，在炮孔连心方向上金属聚能流把岩石打出切割槽，造成应力集中。而高压爆轰气体进入切割槽后起到了“气楔”的作用，使切割槽前端产生裂隙并进一步向前发展。切割器爆轰所引起的径向压缩应力波，在传播过程中，必然会在切向形成伴生拉应力。如果炮孔间距合适，在相邻炮孔内安放切割方向相对的聚能切割器，即切割方向相对且处于炮孔连心面上，则两炮孔内的切割器齐发爆破时，应力波必然在两炮孔连心线中央点相碰并发生迭加作用，形成了切向合成拉应力。在以上几种力的共同作用下，炮孔连心线向上形成裂隙进而贯穿，达到了控制岩石的断裂方向，达到控制爆破的目的。

2 聚能爆破主要爆破参数

目前，聚能切割器的制作没有一个统一的标准，只有一些经验和公式，每次使用都是根据工程的需要进行设计制作，使之既具有足够的切割能力达到工程设计的要求，又没有太多的爆炸能量剩余，同时还要便于安放。在确定爆破参数的过程中，既要考虑到取得良好的爆破效果，又要在经济技术上合理可行。因此，爆破参数确定的合理与否是该方法能否取得成功的技术关键。一般来说，对爆破效果影响最大的参数有钻孔长度、孔间距离、装药结构及装药量、封孔长度等。

聚能药包的金属罩在爆轰波的压挤作用下形成一股速度可达每秒几千米甚至十几千米的高速金属射流[2]，聚能射流的速度和射流对岩体的侵彻速度可通过下面的经验公式[2]计算

$$v_j = v_0 \cdot \frac{\cos\left(\dfrac{\beta}{2} - \alpha - \delta\right)}{\sin\dfrac{\beta}{2}} \tag{1}$$

$$v = \frac{v_j}{1 + \sqrt{\dfrac{\rho_j}{\rho_t}}} \tag{2}$$

这种高温、高能量、高速度的射流很容易使岩石产生具有方向性的切缝，切缝深度L的计算表达式[2,5,6]为

$$L = L_e \left[\frac{k\left(1 + \sqrt{\dfrac{\rho_t}{\rho_j}}\right)}{\sqrt{1 - \dfrac{v_k}{v}}} - 1 \right] \tag{3}$$

式中，L为射流侵彻深度；L_e为有效射流长度；ρ_j、ρ_t分别为射流密度和目标岩体密度；k为实验确定的系数；v_k、v分别为临界速度和射流侵彻速度；v_j为射流速度；v_0为药型罩的闭合速度；α、β、δ分别是药型罩的半锥角、闭合角和变形角。其中k、v_k在文献［2］中可以查到。

从上面可以看出，对于岩石定向切割，金属射流的速度v是关键，而v除了与金属罩几何参数有

关外，药型罩的闭合角β、变形角δ及闭合速度v_0都是一个决定因素。众所周知，这几个决定性因素是与药包结构、炸药性能及药量有关的。因此，为了提高金属射流的速度v，应根据岩石物理力学性质和施工要求，选择合适的炸药品种（高爆速、生成气体量多的炸药），并尽量提高炸药密度。参照聚能药包设计原则并考虑优化炮孔内的装药结构，最终设计出合理的聚能药包参数。

2.1 单孔装药量

为达到理想的工程效果，药量的控制显得更为重要。欲使初始裂纹扩展，单位长度炮孔中的聚能药包的个数n[5] 至少应为

$$n=\frac{V_d}{V_0}\cdot\left(\frac{p_1}{p_k}\right)^{\frac{1}{k}}\cdot\left(\frac{p_k}{p_H}\right)^{\frac{1}{\gamma}} \tag{4}$$

式中，V_d为单位长度炮孔体积；V_0为每个聚能药包的体积；p_1为使初始裂纹扩展所需要的最小的爆生气体准静态压力值（近似为炮孔壁的破坏强度）；p_k为爆生气体膨胀的临界压强，一般取$p_k=200\text{MPa}$；p_H为炸药的平均爆轰压力；γ为爆生气体的局部等熵绝热指数；k为等熵绝热指数。

聚能射流在炮孔壁上形成切缝后，爆生气体进入射流形成的裂缝内并使裂缝尖端产生裂纹并使裂纹朝预定方向扩展。为达到理想的工程效果，药量的控制显得更为重要。根据文献［5］和［7］，得到单孔装药量g的计算公式为

$$q=\frac{1}{4}\pi d_c^2\rho_0 l_e l \tag{5}$$

$$\left(\frac{8K_b\sigma_c}{\rho_0 v_D^2}\right)^{\frac{1}{3}}\left(\frac{r_b}{r_c}\right)\geqslant l_e\geqslant\left(\frac{8K_{ID}}{\rho_0 v_D^2\sqrt{\pi b\cdot F}}\right)^{\frac{1}{3}}\left(\frac{r_b}{r_c}\right) \tag{6}$$

式中，K_b为在体积应力状态下岩体的抗压强度增大系数，取$K_b=10$。σ_c为岩体的单轴抗压强度；F为应力强度因子修正系数，是b与r_b的函数，即$F=F(b/r_b)$，可由相应的表中查出，b为任意时刻裂纹的长度；b_0为初始裂纹的长度；r_b为炮孔半径；ρ_0为炮孔装药密度；v_D为炸药的爆速；r_c为装药半径；l为炮孔深度（堵塞长度除外）；l_e为炮孔装药系数。

2.2 炮孔间距

射流在钻孔壁上形成裂缝后，爆生气体的准静态压力将对裂隙作进一步的扩展。根据爆破理论，其扩展程度由爆生气体的压力和岩体的断裂强度因子确定。当爆生气体开始作用后，随着裂缝的扩展，炮孔内准静态压力逐渐下降，使裂隙尖端的应力强度因子K_I降低。显而易见，应力强度因子降低的速度与切缝的数目有关，切缝数越多，压力和应力强度因子降低越快[5,7]。当满足式$K_I=K_{ID}$（K_{ID}为岩石的动态断裂韧度）时，裂隙止裂；此时，根据止裂判据就可计算出裂隙扩展的最大长度b_{max}，从而确定炮孔间距a。在定向裂隙的扩展过程中，裂隙尖端的应力强度因子计算式为

$$K_I=2p_b\cdot r_b\cdot\frac{1-\dfrac{r_b^2}{b^2}}{(\pi b)^{\frac{1}{2}}} \tag{7}$$

式中，p_b为裂缝止裂时炮孔内爆生气体压强，与炸药药量、装药结构及被爆岩体性质等因素有关，其余符号含义同上。

在这些因素确定后，利用爆炸力学理论易求得p_b。

令$\lambda=\dfrac{b}{r_b}$，$F(\lambda)=2(r_b/\pi)^{\frac{1}{2}}\cdot(1-\lambda^2)\cdot\lambda^{-\frac{1}{2}}$，则式（7）可写为

$$K_I=p_b\cdot F(\lambda) \tag{8}$$

用K_{ID}代替式（8）中的K_I，则

$$K_{ID}=p_b\cdot F(\lambda) \tag{9}$$

代入相关参数，根据止裂判据，就可以求得裂隙扩展到最大长度b_{max}所对应的λ值，记为λ_C，则

最大裂隙长度 b_{max} 可确定为

$$b_{max} = \lambda_C \cdot r_b \tag{10}$$

由于炮孔孔径和聚能射流在孔壁上形成的切槽深度远小于裂隙扩展的最大长度 b_{max}，故可忽略之，确定炮孔间距 a 为

$$a = 2b_{max} \tag{11}$$

2.3 装药结构

炮孔内装药形式分为耦合装药和不耦合装药，在炮孔轴向上的不耦合装药指孔内非连续装药。实践表明，增加不耦合系数对爆破裂纹有着明显的影响，当炮孔内装药径向不耦合系数增大即炸高增加时，孔壁受到的冲击压力减小，应力波的作用被削弱。同时，爆生气体准静态压力的作用将得到加强，这样可以减小粉碎圈的大小而有利于裂纹扩展。工程经验表明，当装药径向不耦合系数为 1 时，炮孔壁上所产生的裂缝总是随机的，不耦合系数过大，也难以取得控制裂缝的良好效果。而裂纹数目随着不耦合系数的增大而减少。因此，在控制爆破中，若不采取合理的不耦合装药结构，会产生较密集的径向裂纹，造成需要扩展的裂纹得不到充分扩展，而不需要扩展的裂纹却扩展了，对爆破效果不利。炮孔轴向方向上不耦合系数一般根据工程经验确定。由于受到装药量及孔径大小的限制，不耦合系数选取还要结合工程实际，工程上一般选取 1.3~1.8。至于炮孔封孔的长度选择，一般采用抗滑稳定性计算并参考工程经验，并保证填塞长度不得小于最小抵抗线的 0.7 倍，封孔材料一般选择密度大、摩擦系数大的略潮的黄泥或水炮泥。

3 工程应用一

某特大型硐室爆破工程，所爆岩台面长度为 2.2m，上控高度为 1.5m，拱高 0.5m，岩体为花岗斑岩，单轴抗压强度为127MPa，抗拉强度为8.2MPa，弹性模量为38GPa，动态断裂韧性为$2.9\times10^6N/m^{3/2}$。岩体局部节理、裂隙发育并有淋水。硐室的边墙与跨拱衔接段以小岩台连接，为保证岩台能够有效地支承大跨度拱底荷载，要求对其进行成型爆破。在使用普通光面爆破未能达到目标的情况下，采用了聚能药包爆破断裂爆破新技术，取得了满意的爆破效果。

聚能药包采用直径 32mm，长 180mm，重 200g 的Ⅱ号岩石乳化炸药药卷（密度 $1.2g/cm^3$）制作。由长 180mm、宽 12mm、厚度 1mm 的紫铜板加工而成锥角为 90°的楔型罩，在标准药卷两侧沿其轴向对称挖两条槽，将楔型罩嵌入其中。即每个聚能药包有两个对称放置药型罩（见图 1），罩开口朝向预裂方向。每个聚能药包长 180mm，药包直径 32mm，装有 105g 炸药。爆破参数为：炮孔直径为 42mm，孔深 1600mm（主爆孔 1800mm）。孔内径向装药不耦合系数为 1.3，炮孔轴向采用不连续装药，用导爆索在炮孔内将药包等间隔串联，装药系数 l_e 取 0.7。堵塞长度根据装药调整，400~500mm。p_b 取岩石的抗拉强度值 8.2MPa，l 取 1100~1200mm。利用止裂条件，将已知参数代入式（7）得孔距为 520mm，取周边眼间距为 500mm。利用式（5）计算得到每孔需装药 693g，故周边孔每孔装 7 个聚能药包，装药量为 735g/孔；主爆孔以梅花形布眼，每个孔内装 8 个聚能药包，装药量为 840g/孔。采用非电毫秒雷管。岩台成型爆破结果如图 2 所示，试验前后经济技术指标对比见表 1。

表 1 经济技术指标对比

Table 1 The comparison results

项　目	实验前（光面爆破）	实验后（聚能药包爆破）
炮眼个数/个	57	45
炮眼深度/m	1.6	1.6
雷管消耗个数/个	57	45
炸药消耗量/kg	48.7	33.9
循环进度/m	1.1	1.5
单位雷管消耗/个	36	24

续表 1

项　　目	实验前（光面爆破）	实验后（聚能药包爆破）
单位炸药消耗/kg	24.9	17.8
周边眼痕率/%	36	100
最大超挖量/mm	180	50

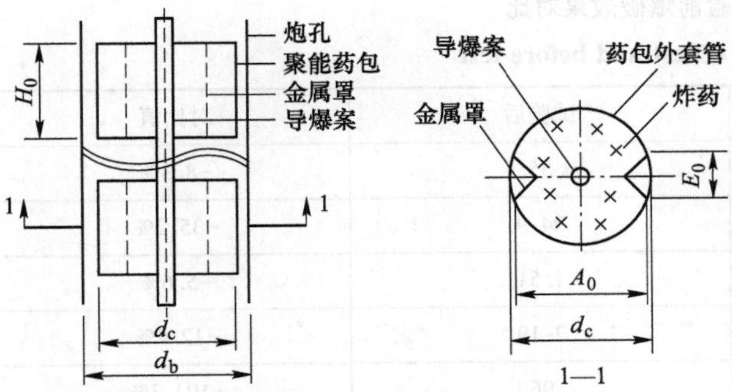

图 1　线性切割器炮孔内放置示意图

Fig. 1　Schematic of linear cavity effect cutter

d_c—药包直径；d_b—炮孔直径；A_0、H_0、E_0—聚能装药尺寸

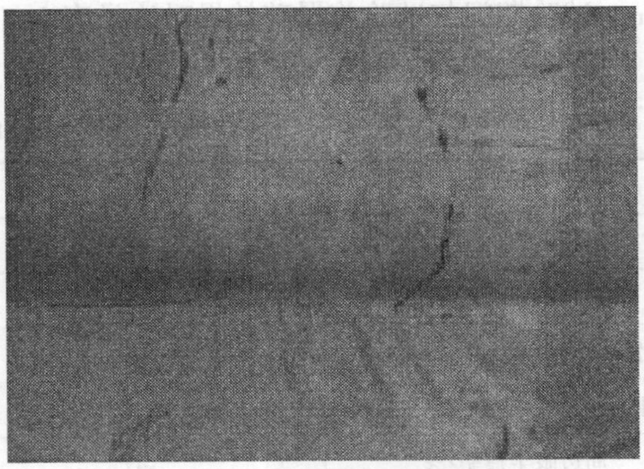

图 2　聚能药包爆破效果图

Fig. 2　Photos of blasting with shaped charge

爆破结果表明，复杂断面（岩台）采用聚能药包预裂爆破效果理想，眼痕率高达100%，超欠挖量小，最大超欠挖量不超过50mm，表面平整度高，巷道成形好。巷道轮廓外爆震裂隙不明显，裂隙范围明显减小，提高了巷道围岩稳定性。应用聚能药包爆破技术使炮眼数目减少，减少了掘进时间，提高了循环进度和工效。将聚能药包爆破同普通光面爆破进行比较，聚能药包爆破有以下优点：周边眼痕率提高，超挖量明显减少，巷道成形好，质量好；循环进度提高，降低了掘进成本；施工更安全，巷道不易发生片帮、冒顶；而且能减少投入，降低掘进成本，是一种值得大力推广的爆破技术。

4　工程应用二

4.1　试验巷道工程地质概况

试验在某矿十三水平东翼电车道（3101 掘进工作面）进行。巷道为直墙半圆拱形断面，净宽 4.5m，净高 3.1m，底洼 200mm 施工，掘进断面积 14.095m^2。该巷道布置在石炭系地层 14C 煤层底板与唐山灰岩之间，主要围岩为灰色粉砂岩，岩石硬度系数 $f=6\sim8$，局部岩层节理发育。

4.2　试验情况

聚能药包是靠聚能作用，将炸药爆炸后的能量沿聚能射流在孔壁上形成的（初始）切缝方向集中释放，从而沿导向切缝方向实现定向断裂爆破，减少次生裂隙，进而达到减轻爆破对围岩震动破坏的目的。因此，只要求周边眼使用聚能药包，并要求楔形罩开口方向与巷道周边轮廓线方向一致，以保证定向断裂爆破效果。

炸药仍选用Ⅱ号岩石乳化炸药。对于周边眼中放置的聚能药包，每个聚能药包有两个对称放置药型罩（见图 1），罩开口朝向预裂方向。药型罩为楔形，仍由长 180mm、宽 12mm、厚度 1mm 的紫铜板加工而成，锥角为 90°。每个药包长 180mm，直径 32mm，装有 105g 炸药。不耦合系数为 1.3；其余炮眼采用直径为 32mm 的普通药卷（非聚能药卷）。炮眼装药后，先充填两卷水炮泥，然后封填长度不少于 600mm 的粘土炮泥，以保证装药质量。起爆器为 MFB-100 型，全断面一次起爆。

由于巷道围岩为中硬粉砂岩，试验前采用楔形掏槽方式，全断面布置 60 个炮眼，掏槽眼深 2.0m，周边及崩落眼深 1.8m。周边眼间距 450mm，最小抵抗线 450mm。因聚能药包具有定向断裂爆破作用，试验中将周边眼间距由原先的 450mm 增大到 550~650mm，其余炮眼深度等参数不变，以便进行爆破效果比较。

4.3 试验效果

2003 年 7 月~2003 年 9 月期间，共进行了 60 个循环的爆破试验，有效试验天数 30 天，累计进尺 115m。试验期间与试验前爆破效果对比见表 2。

表 2 试验期间与试验前爆破效果对比

Table 2 Blasting effect of test and before test

项 目	试验前	试验后	对比值
每循环雷管消耗量/发	60	55	-8.3%
每循环炸药消耗量/kg	38.4	24.9	-35.2%
炸药单位消耗量/kg · m^{-3}	1.60	1.51	-5.6%
雷管单位消耗量/发 · m^{-3}	2.50	2.19	-12.4%
周边眼半痕率/%	47	96	+104.3%
平均喷射混凝土/mm	150	90	-40%
掘进效率/m^3 · 工$^{-1}$	0.92	1.19	+29.3%

4.4 技术经济效益

试验表明，采用聚能定向断裂爆破技术能节省爆破器材，降低出矸量和喷射混凝土量，减少炮眼数目，缩短打眼时间，具有明显的技术经济效益。试验期间共节约炸药费用 349.2 元，节约雷管费用 258 元，节约喷射混凝土费用 8893.4 元，节约排矸费用 473.7 元，节约打眼电费 192.8 元，共计 10167.1 元；除去聚能药包的材料费用 3980 元，共节约费用 6187.1 元，平均每米巷道节约费用 53.8 元。另外，由于采用聚能定向断裂爆破技术，减轻了爆破对巷道围岩的震动破坏，减小了巷道后期维护工作量，间接经济效益更为明显。

4.5 推广应用情况

聚能定向断裂爆破技术试验取得成功后，又在该矿 3102、3201、3202 等掘进工作面推广应用；同时大胆采用了三角柱复式分段掏槽方法，以提高循环进尺。截止到 2004 年 5 月底，累计进尺已达 2780m，创直接经济效益 149564 元，收到了较好效果。

5 结论

（1）应用聚能定向断裂爆破技术，可提高巷道成形质量，缩短打眼时间，减少巷道超挖量和喷射混凝土量，提高了掘进效率和进度，降低了巷道施工成本；同时还减轻了掘进爆破对围岩的震动破坏，减小了巷道后期维护工作量，具有明显的技术经济效益。

（2）聚能爆破的机理是利用切缝的导压作用，合理分配爆炸能量，使孔壁上受到不均匀压力，在预定的方向应力集中生成并扩展裂隙，在其他方向上的作用大大减弱。

（3）聚能爆破技术是爆破技术中有待开发的领域，采用该爆破方法，几乎不影响现场周围的正常生产，缩短了工期，爆破安全系数高。经济和社会效益显著，它的成功应用为该技术的推广积累了丰富经验，为复杂断面的成型爆破开辟了一条有效途径，有非常广阔的应用前景。

（4）需指出的是，聚能药包定向断裂爆破作为一项新技术，尽管在工程爆破实践中已取得了显著效果，但仍需在聚能装置参数设计、爆破参数优化等方面做进一步的研究。

参 考 文 献

[1] 于亚伦．工程爆破理论与技术［M］．北京：冶金工业出版社，2004：260-274.
[2] 张守中．爆炸基本原理［M］．北京：国防工业出版社．1988：531-578.
[3] 纪冲，龙源，杨旭，等．线型聚能切割器在工程爆破中的应用研究［J］．爆破器材，2004，31（1）：31-35.
[4] 张新华，熊自立，刘永．聚能爆炸切割岩体的试验研究成果［J］．中南工学院学报，2000，12：23-27.
[5] 陆守香，林玉印．间隔聚能装药爆破技术与应用［J］．煤炭学报，1997，22（1）：42-46.
[6] 王昌建，颜事龙．半圆形聚能装药爆炸切割的理论探讨［J］．淮南工业学院院报，2000，20（4）：41-45.
[7] 王汉军，付跃升，蓝成仁．定向致裂爆破法在煤矿瓦斯抽放中的应用研究［J］．安全与环境学报，2001，1（4）：50-52.

过江巷道超前预注浆堵水

陈迎军[1] 张广华[2] 周名辉[1] 吴 栩[1]
肖文雄[1] 孙明海[2] 崔建军[2]

（1. 广东宏大爆破股份有限公司，广东 广州，510623；
2. 武警水电一总队，广西 南宁，530021）

摘 要：六景（郁江）过江巷道为西南成品油管道输送工程南宁支线穿越郁江河谷的穿江巷道。巷道穿越地层典型岩溶发育，溶洞连续贯穿，裂隙相互切割成网状，地下水系复杂，且与江水连通。2004 年 4 月 16 日巷道北斜井开挖至 ZK0+73m 处，突发涌水，现场实测涌水量约为 $4300m^3/d$。主要通过介绍注浆堵水及超前预注浆堵水的工程实践，期望为类似工程防治水害提供借鉴的经验。

关键词：注浆堵水；超前预注浆堵水；过江巷道

Pre-grouting for Water Plugging in a River Crossing Tunnel

Chen Yingjun[1] Zhang Guanghua[2] Zhou Minghui[1] Wu Xu[1]
Xiao Wenxiong[1] Sun Minghai[2] Cui Jianjun[2]

(1. Guangdong Hongda Blasting Co., Ltd., Guangdong Guangzhou, 510623;
2. The Hydropower Corps of the People's Armed Police Force, Guangxi Nanning, 530021)

Abstract: The Liuying (Yujiang) river crossing tunnel is a tunnel running under the Yujiang river valley of Nanning branch in the Southwest refined oil pipeline transportation project. The tunnel passes through the typical karst stratum, with interconnected karst caves and crack nets, and the underground water system is complex and connects with rivers. On April 16, 2004, when the north inclined shaft of the roadway was excavated to ZK0+73m, water gushed suddenly, and the measured water on site was about $4300m^3/d$. This paper mainly introduces the practice of grouting and pre-grouting for water plugging, hoping to provide a reference for similar projects to prevent and control water damage.

Keywords: grouting for water plugging; pre-grouting for water plugging; river crossing roadway

1 概述

西南成品油管道输送工程南宁支线六景（郁江）巷道位于南宁—柳州高速公路郁江大桥上游约 180m 处。地面海拔高程 65~68m，江面海拔高程 62. 7m。巷道下穿宽阔的 U 型河谷，江面宽约 200m，河床高程 27. 5m，最大水深 36m，郁江为常年通航的航运干线，水深、流急。

巷道为中石化西南成品油管道输送工程南宁支线穿越郁江河谷而设，巷道净空尺寸为：高 2. 3m，宽 2. 2m。巷道顺河床剖面呈 U 型设置，分别于南北两岸开设 25° 巷道斜井，南、北口斜井长 201. 579m、195. 371m，巷道平巷长 108. 94m，其坡度为 2‰，洞底标高为-16. 392m。

巷道北口自 2004 年 2 月开工以来，从已开挖成洞围岩地质及 TSP-203 物探报告和超前钻探所揭示的地质情况看，巷道北口高岩溶发育，多成连续贯穿溶洞，裂隙相互切割成网状，透水性强。地下水

原载于《西部探矿工程》，2007（8）：140-143。

系复杂，施工中涌水频发。4 月 16 日，巷道北口斜井开挖至 ZK0+73m 处，钻爆作业后巷道左下侧突发涌水。现场观测涌水量约为 4300m^3/d，涌水附带黄泥砂砾突出，并伴有鱼、虾等水生物浮现，表明涌水与江水相通。

2 巷道工作面堵水注浆

因 ZK0+73m 处涌水与江水互通，已不具备洞内工作面注浆堵水的施工条件，遂决定停止排水，转而实施地面钻孔施作巷道帷幕注浆方案。该方案从 5 月 18 日开始至 6 月 19 日结束，经排水检测：堵水率达 70%。随后进入洞内清淤，并实施洞内工作面堵水注浆方案。

2.1 工作面注浆堵水方案

（1）出水点的分布如图 1 所示。

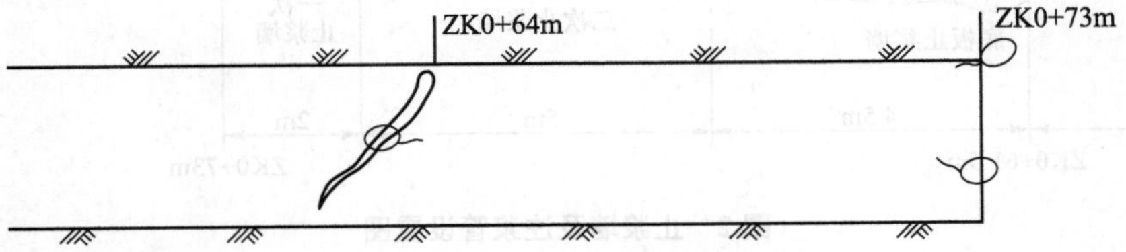

图 1　出水点分布图

（2）注浆堵水原则："由远及近，由外向内，标本兼治，逐级进行，集中封堵"，即先处理巷道内过水裂隙通道，将出水点处周边裂隙注浆封堵加固，逐步缩小注浆范围，以实现围截注浆，最后集中注浆封堵主要出水点，以达封堵涌水的目的。

（3）浆液与配比。为确保注浆堵水效果，根据注浆工程手册中使用浆材的一般规律与要求：必须采用水泥—水玻璃双液浆，该浆液的凝胶时间可在几秒到几分钟，可控可调。浆液配比参数如下：

1）42.5 号普通硅酸盐水泥；

2）水玻璃 35Be′；

3）水泥浆的水灰比（1∶1）~（0.6∶1）；

4）水泥浆与水玻璃体积比（c∶s）为（1∶1）~（1∶0.3）；

5）浆液凝胶时间 45~10s。

（4）注浆压力。根据巷道设计规定，注浆压力为 1~2MPa。为使浆液能较远距离堵塞裂隙过水通道，置换、充填裂隙更为密实，确保巷道安全，故加大注浆压力为 3~4MPa。

（5）止浆墙的设计：

1）在巷道 ZK0+73m 工作面上施作止浆墙。止浆墙初步设计厚度 2m，采用 C25 混凝土全工作面封闭。灌注混凝土之前，先设管引水，再作围堰灌注混凝土。

2）根据巷道 ZK0+64m 处底板裂隙出水情况，在 ZK0+62~ZK0+67m 的 5m 段，须清除原破裂的底板混凝土，并在裂隙涌水处设管引水，考虑到此处底板混凝土结构承受堵水注浆压力较大，增大底板钢筋混凝土厚度至 50cm。

2.2 注浆施工准备工作

（1）材料准备。必须作好材料的准备。现场备足一定数量的新鲜水泥，严禁将潮结的水泥用于注浆施工。在巷道口砌筑了一容积为 12m^3 的水玻璃储浆池，以利注浆时调配使用。如果浆液需要延缓凝胶时间，还须备用少量磷酸氢二钠（工业品）。

（2）止浆墙及底板的施作：在止浆墙施作之前，先用沙袋作成隔水围堰，安设两根 ϕ159mm 的引水管，将出水从管口引至临时水池抽出。止浆墙混凝土分两次施作，一次作半边，等混凝土有了初期强度，再施作另一半止浆墙。

ZK0+64m 处底板清除了破碎混凝土和松石后，在出水裂缝处安设两根 ϕ80mm 的排水管引水，并施作底板钢筋混凝土，完成后还是有小部分水从 ZK0+67m 底板处顺排水管外流出。这说明止浆墙，底板封水效果都不太理想，对注浆堵水极为不利。为此，需进一步放水减压，并需将原设计 2m 厚的止浆墙向外延长 5m。并预先在 ZK0+73m 止浆墙上钻一个 ϕ90mm、7m 深的超前钻孔。做到既可放水减压，又可进行注浆，尽可能把出水堵在裂隙深处。钻孔做好后，再在 ZK0+66～ZK0+71m、5m 段用 C25 混凝土施作止浆墙。具体施作情况见图 2。

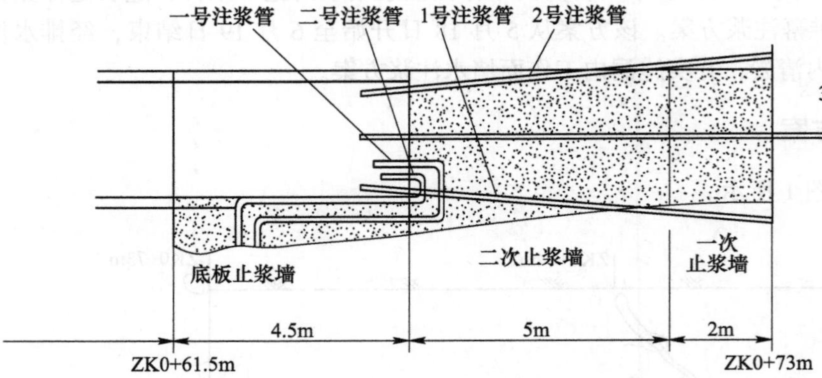

图 2 止浆墙及注浆管设置图

（3）注浆泵站的布置：

1）洞口注浆泵站。以锦西泵为主体的注浆设备在洞口组成一个较固定的泵站，同时水泥浆的拌制和水玻璃的稀释都放在洞口进行，连接两条输浆管到工作面，混合器安置于工作面注浆管头。

2）洞内注浆泵站。一台 KBY-50/70 型双液注浆泵（另一台泵备用）下到 ZK0+64m 处工作面，其注浆浆材通过架设的两条输浆管道，从洞口输送到洞内工作面的储浆桶内。

3）注浆泵站的分工。由于 ZK0+73m 处的裂隙涌水是主要的出水源。而 ZK0+64m 处的出水是通过地层裂隙连通 ZK0+73m 处的出水窜通的，所以 ZK0+73m 涌水是这次注浆堵水的重点。故用注浆压力高、流量大的锦西泵向 ZK0+73m 工作面注浆；安排 KBY 注浆泵在 ZK0+64m 工作面注浆封堵裂隙出水。

（4）各项检查工作。检查所有注浆设备的连接管路配置是否到位，机电设备配置的电路、开关、荷载是否满足需要，甚至电路开关的保险丝都要仔细检查。

2.3 注浆施工和效果检查

（1）注浆施工：在一切准备工作就绪后。将锦西注浆泵的管路接上 ZK0+73m 工作面的 3 号注浆管，同时将 KBY 注浆泵的管路接上 ZK0+64m 工作面的 1 号注浆管。从 7 月 14 日上午 10 时 30 分，两台注浆泵同时开始注浆堵水工作。注浆开始，水泥浆的水灰比为 1∶1，水玻璃浆为 35Be'，水泥浆与水玻璃浆的体积比为 1∶1，经测试，浆液的凝胶时间为 35～40s。在压注 1h 后，将水泥浆的水灰比调整为 0.8∶1，以增加水泥浆的浓度，缩短凝胶时间，水泥浆与水玻璃的体积比不变，经测试，凝胶时间为 30s。此时打开 ZK0+64m 工作面 2 号孔口阀门观测检查，发现二号孔口管已被浆液充填固结。相继打开 ZK0+73m 工作面 1 号、2 号孔口管阀门，发现也被浆液固结封堵，在持续压注 4h 后，ZK0+64m 工作面上 1 号注浆孔注浆压力达到 3MPa，孔口阀门被压坏。于是停止了 ZK0+64m 工作面的注浆。而 ZK0+73m 工作面 3 号注浆孔继续注浆到 19h50min，当注浆压力升到 4MPa，洞口输浆管接头被压坏。随即停止了 ZK0+73m 工作面的注浆，此时巷道工作面的出水已被全部堵住，注浆结束。整个注浆时间为 11h20min。

（2）注浆效果检查：在巷道中轴线上布置一个中深钻孔作检查孔，一是检查注浆堵水效果，二是探查前方的地质情况。通过开挖发现，注浆段岩层中的裂隙皆被浆液结石体填充，裂隙中原有的黄泥被挤压成密实的塑状物，无渗漏水现象。可以说堵水效果极好，堵水率几乎达到百分之百。

3 超前预注浆

在工作面堵水注浆完成后，巷道便开始继续向前掘进。但在高岩溶发育，裂隙破碎、富水的地层中施工，超前预注浆堵水、加固地层是非常必要和有效的施工措施。由于巷道北口斜井段地层溶洞串联重叠，裂隙发育，每开挖掘进 3~5m，就有一个出水裂隙带，尤其是 ZK0+50~ZK0+150m 地段，溶洞裂隙相互连通，大小裂隙切割成网状结构，地下水系错综复杂，且裂隙破碎带都和江水相连，在这种地质环境下施工，超前探预注浆工作尤为重要。

3.1 超前探孔机具的配置

ZQC-20 水平钻机 2 台，巷道南北口各 1 台；2 个 ϕ90mm 气动潜孔冲击器开孔；探孔用 ϕ65mm 气动潜孔冲击器 2 个。

这种沈阳风动工具厂生产的水平钻机，体积小、重量轻，比较适合小断面钻探，其最大钻进深度 20m，基本上能满足巷道掘进超前地质钻探及注浆施工的需要。

3.2 超前探孔的准备

钻探前，应在巷道掘进工作面上施作止水墙（如果工作面围岩较完整，不漏水，可预留止浆岩帽），定好钻孔位置，架设好水平钻机。用 ϕ90mm 钻头开孔，钻进 1.8~2m，安设孔口管，孔口管用 ϕ80mm 钢管制作，管长 2m，管口一端焊上法兰盘连接止水阀门。安装阀门时一定要仔细检查阀门的密封胶圈是否完好，开启关闭是否灵活；安装孔口管时，需将钻孔冲洗干净，在孔壁与管壁之间灌注调好的速凝砂浆。孔口管架设好后，再用 2 根锚杆把孔口管锚固起来，以防注浆压力过大时将孔口管压退出来。

3.3 超前探孔施工

孔口管固结密封砂浆达到强度后，即开始钻凿探孔。一般在岩石比较完整的灰岩地段，钻机的钻速要适中，进钻推进压力可大点，在地质破碎地段钻机的进钻推进压力要减小、且钻速提高，缓慢推进。在钻进过程中要有技术人员专职记录钻孔工作情况，绘制钻孔地质图，以供下一步注浆、掘进施工参考。当钻到出大水，且水压大时，退、卸钻杆一定要特别谨慎，钻机操作要准确规范，以避免水压过大把钻杆顶出，发生危及人身安全的事故。

3.4 超前探孔注浆

超前探孔注浆时，因地层裂隙发育，岩石破碎，出水压力大，要在探孔里作分段式注浆很难，也不适宜。故采用全孔式注浆。

经分析认为：全孔式注浆，浆液的压注扩散是先压注到距孔口最近的裂隙内扩散泄压，钻孔深部裂隙因浆液在前端裂隙扩散泄压，且孔内浆液凝胶时间又快，故浆液只能在孔内凝胶固结，不可能进入深层裂隙中。当第一道裂隙充填满时，第二道裂隙的钻孔通道已被浆液固结，要封堵第二道裂隙，就必须先扫孔再注浆。因此形成同一探孔重复扫孔、注浆的施工方法。从这种方法的实际运用效果来看，对巷道防治水害、改善围岩来说，是真正起到了标本兼治的功效，确保了巷道的安全顺利施工。

3.5 巷道开挖时的周边超前探

因为巷道设计断面小，在巷道掘进中，每循环开挖进尺初步定为 1.5~2m。为防涌水，确保开挖施工安全，每循环必须钻 5 个 5m 深的检查孔。即除中部外，尚需在巷道工作面顶部、左右两侧及底板下部分别钻凿 5 个深 5m、外插角 18°的超前检查探孔。探孔用 T28 风钻钻孔，钻孔孔底距巷道开挖轮廓线外 1.5m。为增大浅孔超前探的探测范围，相邻循环检查孔位置应错开布置。

钻凿检查孔时，若发现突泥、渗水，应立即注浆封堵。在整个巷道平巷地段的掘进过程中，曾有两条大的出水裂隙就是由超前检查孔探到的，由于及时采取预注浆堵水措施，从而避免了淹井事故的发生。实践证明：在上述地质条件下施工，设置超前检查探孔的施工措施是非常必要的，效果也是显著的。为了配合超前检查探孔注浆，我们还研制了涨塞式速封注浆孔口管，该管既结构简单、又经济实用。其结构见图3。

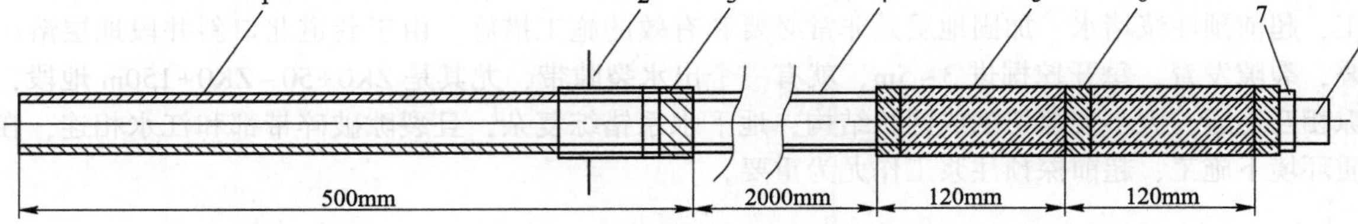

图3 涨塞式速封注浆导管

1—ϕ20钢管螺纹；2—压管螺母；3—压管垫片；4—ϕ25钢管；5—止水胶塞；6—止水胶塞垫片；7—固定螺母；8—ϕ20钢管

4 几点体会

（1）抓住主要矛盾，找出最好的解决办法。我们认为，喀斯特地区的穿江巷道施工，防治水害的发生是安全施工的关键。而防治突水最好的办法就是超前探水。其中最直接、最有效的方法是要充分发挥工作面超前探水与掘进循环施工过程中的周边浅孔超前探水相互结合、互为补充的作用。一旦发现出水，能及时有效地采取预注浆堵水措施，从而可以达到堵水于巷道之外，消除水害事故于萌芽状态之中。

（2）注浆堵水一定要制定一个正确的注浆方案。注浆堵水效果的好坏，取决于注浆方案的正确与否。在制定注浆堵水方案时，一定要根据工程地质和水文地质以及现场实际情况，切实摸清涌水与地质环境的因果关系，有针对性地制定出一个正确而切实可行的注浆方案，切忌盲目施工。

（3）制定必要的保证措施，严格地组织实施。仅有一个正确的注浆方案是不够的，还应制定一个必要的保证措施，并按要求有计划、有步骤地严格组织实施。在实施过程中，一定要结合在注浆施工中所遇到的一些实际问题，予以修正。如原注浆堵水方案里，止浆墙设计厚度为2m，但在实际施工中，由于出水过大，止浆墙混凝土浇注只能分部作业，止浆墙做好后渗漏严重，达不到封闭止水效果，只有加大止浆墙的厚度，才能达到封闭止水的目的。

（4）必须做好充分细致的准备工作。注浆施工，前提是要做到浆材、设备设施的完好配备，工地浆材的库存保有量以及后续供给保障是确保连续注浆施工的关键。机械设备的配件准备要齐全充足，水、电、管、线路的维护一定要设置专人负责。如稍有考虑不周，将会对注浆工作造成一定的损失，甚至是不可挽回的损失。

（5）高岩溶发育地区的水下巷道施工，突水对巷道施工的危害最为显要，能否坚持按照“超前探、预注浆、勤监测、快循环、弱爆破、强支护”方针进行施工是巷道工程成败的关键所在。

参 考 文 献

[1] 黄成光. 公路巷道施工［M］. 北京：人民交通出版社，2005.

爆破卸压技术在防治岩爆中的应用研究

蔡建德[1]　刘建辉[2]　李化敏[3]

（1. 广东宏大爆破股份有限公司，广东 广州，510623；
2. 淮南矿业集团张集煤矿，安徽 淮南，232174；
3. 河南理工大学 能源学院，河南 焦作，454003）

摘　要： 针对某矿三水平皮带下山岩爆的特点，提出采用爆破卸压的方法预防岩爆，并采用数值模拟的方法优选了延伸辅助眼浅孔爆破卸压方案。工程实践、电磁辐射监测表明延伸辅助眼浅孔爆破卸压方法是一种经济、合理、有效防治岩爆的方法，值得在类似的工程中推广。

关键词： 岩爆；爆破卸压；数值模拟；电磁辐射

Application of Relieving Shot in Prevention of Rock Burst

Cai Jiande[1]　Liu Jianhui[2]　Li Huamin[3]

（1. Guangdong Hongda Blasting Co., Ltd., Guangdong Guangzhou, 510623；
2. Zhangji Coal Mine of Huainan Mining Industry, Anhui Huainan, 232174；
3. School of Energy Engineering, Henan Polytechnic University, Henan Jiaozuo, 454003）

Abstract: According to the characteristic of the rock burst in third horizon belt dip-head in a certain coalmine, the idea of preventing the rock burst by relieving shot was put forward, and the scheme of the shallow hole with exten ding the secondary blasting hole was selected through numerical simulation. Engineering practice and electromagnetic radiation monitoring show that the way of extending the secondary blasting hole is a reasonable, economical and efficacious method to prevent the rock burst, and is worth to be used in similar projects.

Keywords: rock burst; relieving shot; numerical simulation; electromagnetic radiation

岩爆是巷道开挖后诱发开挖空间周围岩体突然破坏的一种岩石破裂过程失稳现象，并伴随有受压岩石应变能的突然释放[1]。随着我国矿井开采强度的增大，延伸速度加快，开采深度急剧增加，岩爆已成为诱发矿区灾难地压破坏的又一大触发因素。目前防治岩爆的措施主要有两大类：一是区域性防治措施；一是局部解围措施，应用在工程实践中主要有高压注水法、孔槽卸压法和卸压爆破法[2-4]。

某矿三水平皮带下山掘进过程中，多次发生岩爆及地震动现象，发出巨大声响，工作面岩石甚至被震掉或抛出，严重影响了施工进度，危及工作人员的生命安全，采用实验室岩石物理力学性质试验，结合多种岩爆判据，得出该水平下山地质条件下的岩石具有中等岩爆倾向性。本研究采用钻眼爆破卸压法，改变危险区域内岩体的结构，使得应力集中区域向深部转移，并最大限度地释放岩体内聚集的弹性能，从而避免该水平皮带下山岩爆的发生。

1　工程概述

该矿三水平皮带下山接近某矿区主要大构造—李口向斜轴部，存在较高的残余构造应力，应力集中程度高。皮带下山掘进巷道设计全长1850m，服务年限20年。巷道的上部，穿过已组煤之后沿 L_1、

原载于《爆破》，2008，25（1）：1-4，11。

L_2灰岩施工，巷道所处的L_2灰岩坚硬完整，厚度8m，围岩强度高，弹性模量大，试验单轴抗压强度206.63MPa，弹性模量34.62GPa，属硬脆性岩石，极易形成较大的集中应力和集聚较多的弹性能。该水平皮带下山埋深872~1150m，属深部巷道，埋深超过了普遍认为的发生岩爆的临界深度。因此，无论从地质构造、岩性或埋深角度来看，三水平皮带下山发生岩爆现象有其必然性。地质综合柱状图如图1所示。

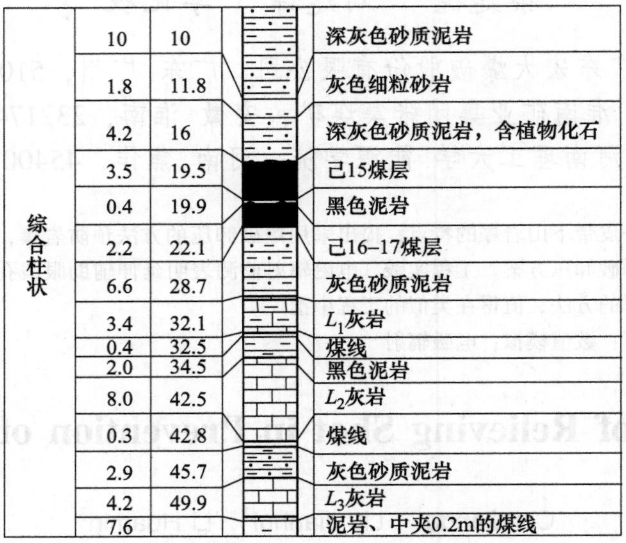
综合柱状
10 10 深灰色砂质泥岩
1.8 11.8 灰色细粒砂岩
4.2 16 深灰色砂质泥岩，含植物化石
3.5 19.5 己15煤层
0.4 19.9 黑色泥岩
2.2 22.1 己16-17煤层
6.6 28.7 灰色砂质泥岩
3.4 32.1 L_1灰岩
0.4 32.5 煤线
2.0 34.5 黑色泥岩
8.0 42.5 L_2灰岩
0.3 42.8 煤线
2.9 45.7 灰色砂质泥岩
4.2 49.9 L_3灰岩
7.6 泥岩、中夹0.2m的煤线

图1 综合柱状图

Fig. 1 The synthesis histogram

2 爆破卸压的原理

在掘进工作面向前推进过程中，巷道上方悬露岩层的重量将要转移到两帮和工作面前方岩体上，在巷道两侧和掘进工作面前方形成应力增高区，在应力增高区以外仍保持原岩应力状态。掘进工作面前方和巷道两帮围岩内的应力分布示意图如图2和图3所示。

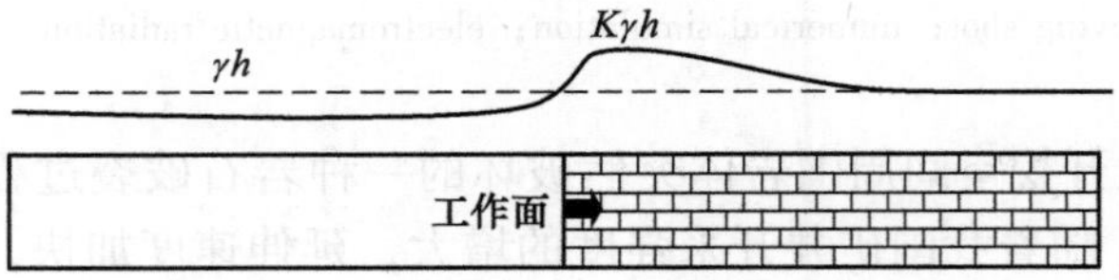

图2 工作面前方支承压力分布示意图

Fig. 2 Distribution map of supporting pressure before driving face

γh—原岩应力；K—应力增高系数

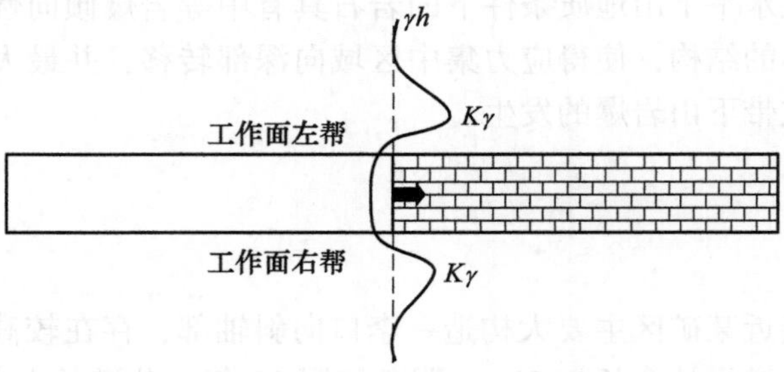

图3 工作面两帮支承压力分布示意图

Fig. 3 Distribution map of supporting pressure in both sides of driving face

由图 2 可以看出，在巷道开挖以后，巷道表面一定深度内会形成一个应力降低区，这主要是由于这部分岩体受到爆破、开挖的影响而破碎或产生裂隙，强度降低，在破碎的围岩区域内应力降低。

爆破卸压是属于围岩弱化法的一种。它主要是通过对围岩的结构进行改造，使设计部位小部分岩体的刚度（变形模量、弹性模量等）降低，钻孔及爆破影响范围内岩体变为弱的传力介质，变形加大，能量释放，使整个围岩内的能量分布状态得到调整，支撑压力峰值向深部转移，应力场得到改善，从而达到防治岩爆的目的[5-8]。卸压爆破后工作面前方围岩内部的应力分布情况如图 4 所示。

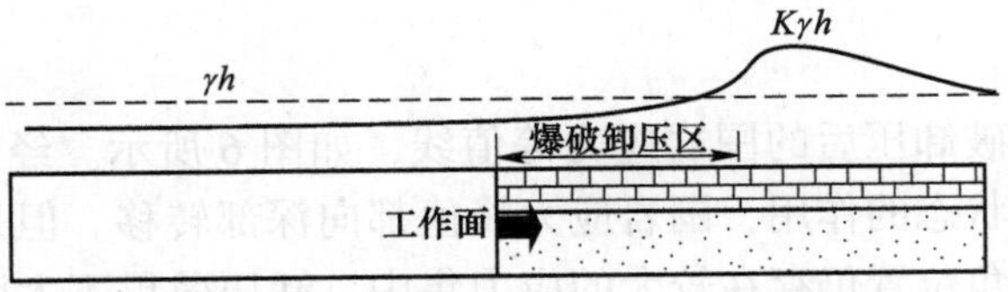

图 4　卸压后工作面前方支承压力分布示意图

Fig. 4　Distribution map of supporting pressure after pressure-relieving with borehole

3　爆破卸压方案的确定

3.1　爆破卸压方案的数值模拟

当预测到掘进工作面有岩爆危险时，采用爆破卸压措施防止岩爆的发生或减轻其发生造成的危害。结合平皮带下山掘进巷道的实际条件，提出 3 种爆破卸压方案。

（1）方案一：15m 中深孔爆破卸压，在巷道中沿 L_2 灰岩上部布置 3 个卸压孔，爆破参数和布置图分别如表 1 和图 5（a）所示。若巷道每天掘进 5m，则每 2 天打眼放炮 1 次，打眼位置与上一次错开，使掘进头前方始终保持有不小于 5m 的爆破松动区。

（2）方案二：10m 中孔爆破卸压，爆破参数和布置图分别如表 1 和图 5（b）所示。若巷道每天掘进 5m，则每隔 1 天打眼放炮 1 次，打眼位置与上一次错开，使掘进头前方始终保持有不小于 5m 的爆破松动区。

表 1　爆破参数表

Table 1　Blasting parameters

方案	孔深/m	钻孔直径/mm	布置参数	每孔装药量/kg	堵塞长度/m
一	15	75	线形布置，间距 1m	30	7
二	10	75	等边三角形布置，间距 1m	22. 5	5
三	3. 6	42	辅助眼布置，28～38 孔眼	3	1. 2

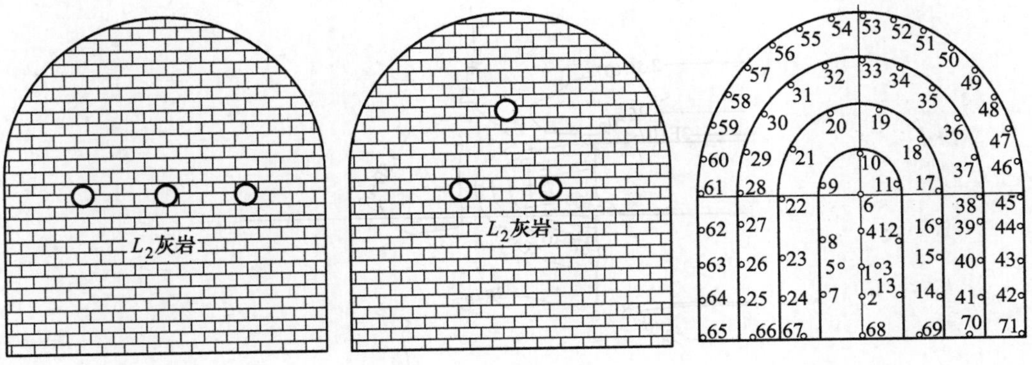

(a)方案一　　(b)方案二　　(c)方案三

图 5　卸压爆破炮眼布置图

Fig. 5　Arrangement plan of pressure-relieving vents

（3）方案三：延伸辅助眼浅孔爆破卸压，爆破参数和布置图分别如表1和图5（c）所示。巷道掘进循环进尺调整为1.2m，始终保持掘进工作面前方有2个循环进尺的爆破松动区。

针对上面所提出的3种爆破卸压方案，分别进行计算机数值模拟，分析爆破卸压后的围岩应力状态。采用的方法是先模拟正常开挖情况，计算稳定平衡后，利用模拟程序可以改变模型材料常数的特点，将爆破破碎区内的围岩岩体力学参数降为原来的1/2再次解算，解算的应力结果就是爆破卸压后的围岩应力状态，钻孔产生的破碎范围由爆破产生的影响半径叠加而成[9-11]。

3.2 数值模拟结果分析

根据模拟结果，绘出爆破卸压后的围岩应力等值线，如图6所示。经过分析比较可以看出，3个方案都起到了改变围岩应力状态的作用，围岩应力峰值都向深部转移。但是，通过爆破卸压效果比较可以看出，方案一在巷道边角位置仍存在较大的应力集中，卸压效果不太明显；方案二卸压后边角应力集中虽小，但打眼施工费时费力；方案三使掘进面前方3m范围内围岩应力最低，消除了掘进工作面左上部的应力集中，该方案具有工程量小，施工难度小，不影响正常的掘进施工等优点，并能起到良好的卸压效果，因此为优选爆破卸压方案。数值模拟爆破卸压后巷道应力分布如图7所示。

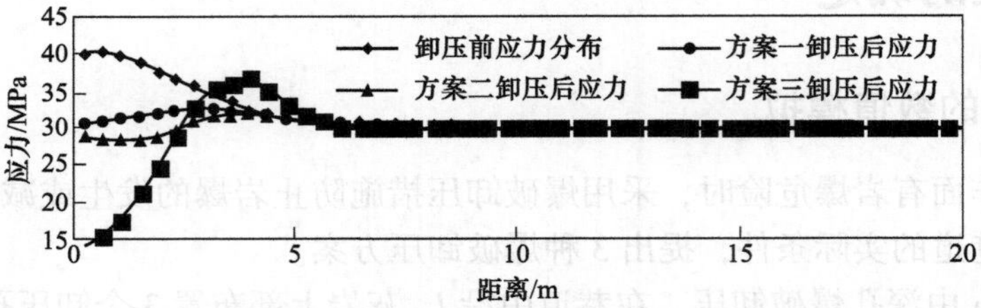

图6 卸压前后掘进工作面前方应力分布变化情况

Fig. 6 Change of stress before and after pressure-relieving

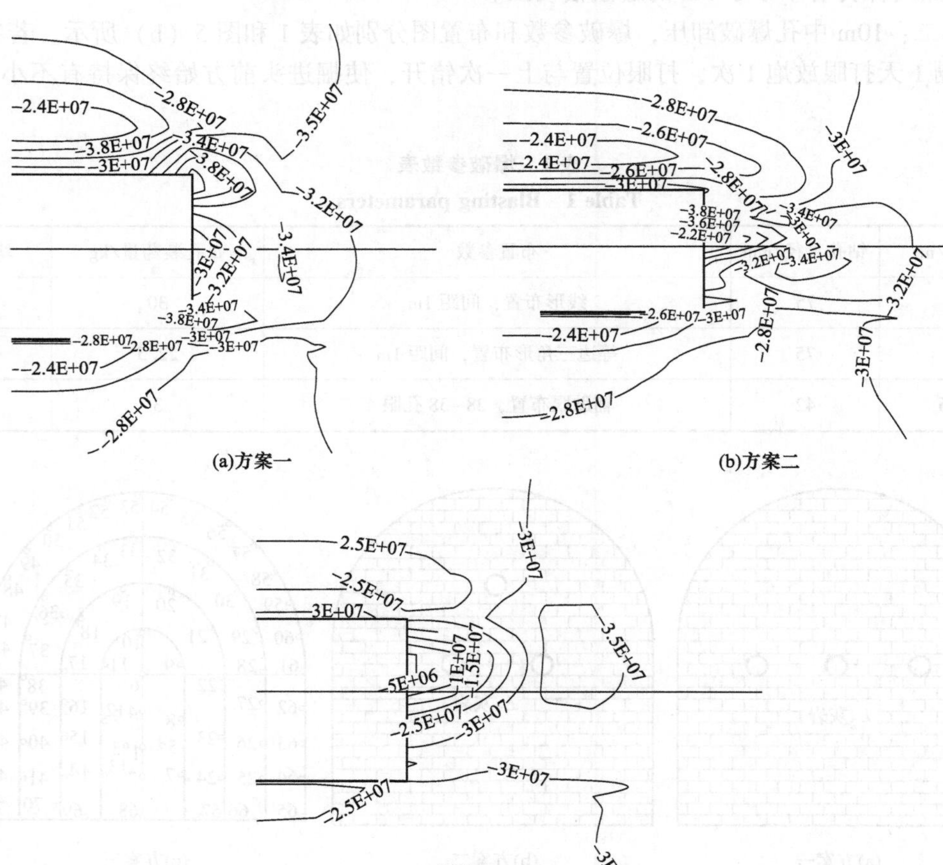

(a)方案一　(b)方案二　(c)方案三

图7 卸压后应力等值线分布图

Fig. 7 Contour chart of stress distribution after pressure-relieving

4　爆破卸压方案的实施及效果检验

4.1　电磁辐射法预测岩爆

应力越大，发生岩爆的危险性就越大。电磁辐射和煤岩体的应力状态相关，应力越大时电磁辐射信号就越强，电磁辐射脉冲就越大，因此，电磁辐射法可以预测岩爆并可检验爆破卸压的效果[11]。

通过5月7日到5月9日对工作面的电磁辐射监测，发现工作面测点的电磁辐射强度幅值比正常值偏大，并达到岩爆发生临界值。同时，在5月7日和5月9日，工作面多次发生岩爆现象，发出响声，并有抛渣现象。因此，决定实施爆破卸压解危措施。

4.2　爆破卸压方案的实施

采用延伸辅助眼爆破卸压措施，炮眼深度3.6m，炮眼与巷道掘进方向一致。具体措施如下：

（1）延伸辅助眼28~38，并先行装药进行爆破卸压。

（2）每孔装药6卷（ϕ35mm水胶药每卷0.5kg，长0.4m），封泥长度1.2m。

从5月10日早班开始实施爆破卸压措施，每循环进尺1.2m，每天进尺2.4m，每个掘进班都首先实施1次爆破卸压，然后再行掘进，始终保持工作面前方有2个循环的爆破卸压范围。

4.3　爆破卸压效果的检验

通过对工作面进行爆破卸压处理，在随后的2个循环生产过程中没有发生岩爆现象。在进行电磁辐射监测中发现，电磁辐射强度幅值有明显的下降，幅值低于临界值，约为20mV，可以认为爆破卸压措施达到了解危效果。爆破卸压前后的电磁辐射变化情况如图8所示。

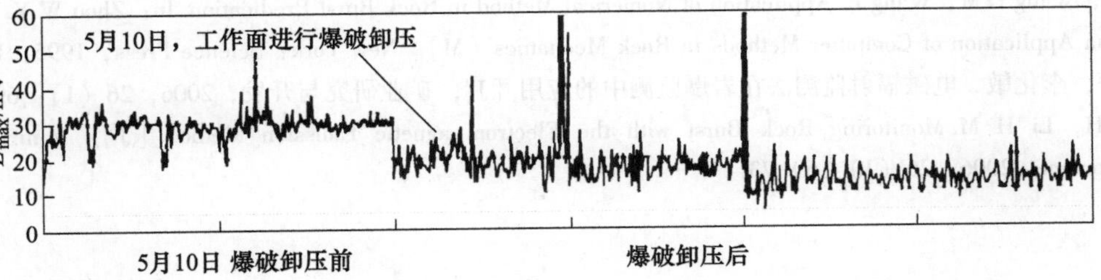

图8　爆破卸压前后工作面右帮电磁辐射变化图

Fig. 8　EME tendency chart of right point in driving face after relieving shot

在三水平皮带下山坚持应用了延伸辅助眼浅孔爆破卸压措施防治岩爆，在随后的皮带下山施工过程中，岩爆发生的次数明显减少，即使发生了岩爆，其强度也很低，大大减轻了其危害性。这说明延伸辅助眼浅孔爆破卸压是一种有效的防治岩爆措施。

5　结论

（1）岩爆的产生是围岩高应力集中的结果，采用钻孔爆破卸压的方法可以改变围岩应力的分布状态，能达到防治岩爆的目的。

（2）采用计算机数值模拟能够优选爆破卸压方案，通过3种模拟方案的比较分析可知，延伸辅助眼浅孔爆破可以避免应力集中，对围岩应力的释放有很好的效果。

（3）通过实践及电磁辐射监测可知，延伸辅助眼浅孔爆破卸压方案是一种经济、合理、效果明显的防治岩爆方法，在今后类似的工程中值得推广。

参考文献

[1] 王善勇．岩爆机理的数值试验研究［D］．沈阳：东北大学，2003.
Wang S Y. Numerical Test of Rock Burst Mechanics［D］. Shenyang：Northeast University，2003.

[2] 熊祖强，贺怀建．深井矿山硬岩巷道岩爆治理方案研究［J］．化工矿物与加工，2006，9（9）：25-37.
Xiong Z Q，He H J. Approch to Controlling Measurements of Rock Burst in Deep Tunnel with Hard Wall Rock［J］. Chemical Mineral and Processing，2006，9（9）：25-37.

[3] 贾明涛，潘长良．深井开采中岩爆灾害研究思路及方法［J］．湖南有色金属，2003，19（3）：1-4.
Jia M T，Pan C L. Study Methods for Rock Burst Disaster in Deep Deposit［J］. Hunan Non ferrous Metals，2003，19（3）：1-4.

[4] Bolstad D D. Rock Bursts and Seismicity in Mines［M］. Rotterdam：A. A. Balkema，1998：371-375.

[5] 李永刚，徐国元．控制巷道岩爆的爆破卸压法［J］．采矿技术，2006，6（4）：23-25.
Li Y G，Xu G Y. Blasting Pressure Relief to Control Rock Burst in Tunnel［J］. Mining Technology，2006，6（4）：23-25.

[6] 韦涌清，潘天林．软岩巷帮松裂爆破卸压及其效果［J］．爆破，1994（2）：40-44.
Wei Y Q，Pan T L. Effect of Soft Rock after Pressure Relief Vent in Twoside of Tunnel［J］. Blasting，1994（2）：40-44.

[7] 钱波．岩爆机理及其防治［J］．凉山大学学报，2001，3（1）：17-21.
Qian P. Rock Burst Principle and Steps to Prevent Rock Burst［J］. Journal of Liangshan University，2001，3（1）：17-21.

[8] 徐则民，黄润秋．岩爆与爆破的关系［J］．岩石力学与工程学报，2003，22（3）：414-419.
Xu Z M，Huang R Q. Relationship between Rock Burst and Blasting［J］. Chinese Journal of Rock Mechanics and Engineering，2003，22（3）：414-419.

[9] 卢旭，张丰．数值模拟在松动爆破卸压技术中的应用［J］．煤炭科学技术，2005，33（8）：21-23.
Lu X，Zhang F. Application of Digital Simulation to Vibration Blasting and Pressure Releasing Technology［J］. Coal Science and Technology，2005，33（8）：21-23.

[10] Lu J Y，Wang C M，Wang B. Application of Numerical Method in Rock Burst Predication. In：Zhou W Y. Rock Mechanics in China Application of Computer Methods in Rock Mechanics［M］. New York：Science Press，1995：162-172.

[11] 刘建辉，李化敏．电磁辐射监测法在岩爆监测中的应用［J］．矿业研究与开发，2006，26（1）：69-73.
Liu J H，Li H M. Monitoring Rock Burst with the Electrom agnetic Emission Method［J］. Mining Research and Development，2006，26（1）：69-73.

超前地质预报在穿江隧道施工中的应用

陆芝进

（广东宏大爆破股份有限公司，广东 广州，510623）

摘　要：介绍了TSP2003超前地质预报系统、掌子面地质编录、水平钻探超前探测在西南成品油管道工程穿江隧道施工中的应用及取得的成果。

关键词：穿江隧道；超前地质预报；TSP2003超前地质预报系统；水平钻探超前探测

Application of Advanced Geological Forecast in Tunnel Construction Across River

Lu Zhijin

（Guangdong Hongda Blasting Co.，Ltd.，Guangdong Guangzhou，510623）

Abstract：This paper introduces the application and achievements of TSP2003 advanced geological forecast system in the tunnel face geology logging and the advance detection by horizontal drilling in the river crossing tunnel construction of the southwest refined oil pipeline project.

Keywords：river crossing tunnel；advance geological prediction；TSP2003 advance geological forecast system；advance detection by horizontal drilling

为缓解西南各省成品油供应的紧张状况，加快西部大开发的步伐，中国石化投资建设一条从广东省茂名市至西南各省区的长输管道。管道主线总长1700多公里，在广西境内多次穿越西江上游各支流。管道过江的途径有江底隧道穿越、管桥跨越、悬索跨越等方法，而隧道穿越法以其成本低运营最安全成为首选。但江底隧道在施工中面临的地质灾害问题比较多，如突泥、突水、塌方、遇溶洞或断层大量涌水等。为了减少或避免这类问题的发生，实现工程快速安全施工，超前地质预报技术起到了积极的作用。通过超前地质预报，及早发现施工前方的异常情况，预报掌子面前方不良地质体的位置，从而为施工方案优化提供依据，为预防事故做好应急准备。可见，超前地质预报为隧道安全施工，避免事故发生，具有重大的社会效益和经济效益。

1　隧道超前地质预报方法

隧道超前地质预报方法主要分为三大类，第一类是与地质测量研究有关的方法，如地面地质调查、水文地质条件预测、节理裂隙统计分析、掌子面地质编录等；第二类是借助仪器间接预测方法，如TSP2003超前地质预报系统、综合物探测试、地质雷达预报、红外线辐射测温超前预报含水体、水平声波剖面预测等；第三类是利用机械设备直接探测方法，如超前导坑揭露、水平钻探超前探测等。

在西南成品油管道穿江隧道施工中采用了TSP203超前地质预报系统作中期预报，结合掌子面地质编录推测作短期预报，再用水平钻探超前探测来验证。

原载于《西部探矿工程》，2008（4）：154-156。

2 超前地质预报在西南成品油管道穿江隧道中的应用

穿江隧道主要集中在广西境内西江上游各支流，分别为龙江的怀远隧道、龙江的马头村隧道、郁江六景隧道、罗江合江隧道。各穿越位置属于低山丘陵孤峰喀斯特地貌。隧道设计从河床底部岩层垂直横穿，洞顶离江底距离一般控制在20~40m左右。施工时分别在两岸开凿洞口，以斜井进入河床底部岩层后再拉平硐，穿越断面呈“U”形或“V”形。

2.1 TSP2003超前地质预报系统的应用

TSP2003超前地质预报系统是瑞士安伯格测量技术公司专门为隧道及地下工程超前地质预报研发的，是目前国内外在这个领域最先进的科技成果。隧道掘进施工期间，我部对各穿江隧道进行了TSP2003地质超前预报，以检测工作面前方的围岩情况，为后续施工提供了参考资料。它的主要任务是较准确地预报掌子面前方100m或更远距离范围内的主要不良地质体的性质、位置和规模，粗略地预报围岩的级别和地下水情况。并可获得地层变化的二维和三维图像，代表性强，可靠程度高。一般情况下其测量间距为100m，对于地质条件特别复杂的洞段，测量间距加密到50m，以保证前后两次的测量结果有足够的重叠范围，相互印证。它的一切工作都在掌子面后面的毛洞中进行，对隧道的连续施工不会有太大的影响，可在隧道掘进的过程中连续不断进行。

2.1.1 检测原理

工作原理是地震波的回波测量原理。人工制造一系列有规则的轻微震源点（通常在隧道的边墙，大约24个炮点布成1条直线）用小量炸药激发产生。当地震波遇到岩石物性界面（断层、溶洞、暗河、岩石破碎带和岩性变化等）时，一部分地震信号反射回来，一部分信号投射进入前方介质。反射的地震信号将被高灵敏度的地震检波器接收。这些回波信号的传播速度、延迟时间、波形、强度和方向与相应的不良地质体的性质和分布状况密切相关，当界面两侧的岩石强度差别越大，反射回来的信号就越强。反射信号的传播时间和反射界面的距离成正比，故而能提供一种直观的量值。TSP203隧道超前地质预报原理见图1。

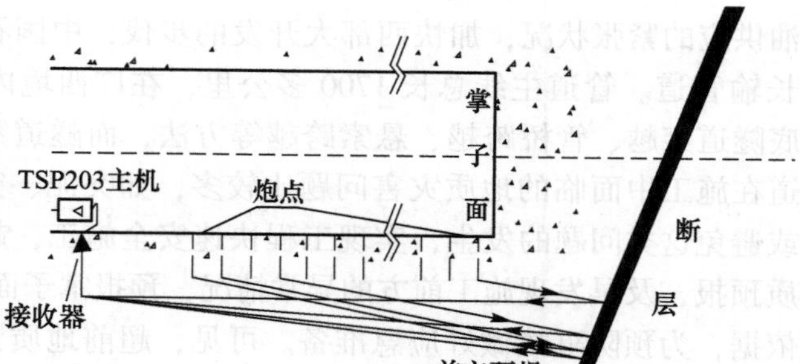

图1 TSP203隧道地质预报原理图

2.1.2 现场检测安装

TSP2003超前地质预报系统是安装在掌子面附近的侧壁边墙上，它是由2个接收自感器孔和24个爆破孔组成。安装步骤如下：

第一步，在距离掌子面55m处的洞壁两侧各钻1个接收传感器对称孔，孔口距隧道地面高度1.0~1.2m，孔身向上倾斜5°~10°，孔深为1.9~2.0m，孔径42~45mm（接收器标准的外部直径为42~43mm，总长2m）。然后，在距离1号接收器20m起，向掌子面方向每隔1.5m钻孔一个，一共钻24个爆破孔。孔口距隧道地面高度1.0~1.2m，孔身向下倾斜10°~20°，钻孔深度为1.5m，孔径38mm。所有钻孔的顶点位置尽可能在与隧道轴线平行的同一直线上；

第二步，钻孔完毕后，逐个测量孔的深度和倾斜度，并做好记录。对不符合要求的进行补钻；

第三步，埋设接收器：用于地震信号采集的接收器分为接受杆和超灵敏三轴传感器两部分，传感器位于接受杆顶部。接收器放在一个特殊的金属套管内，套管通过特制锚固剂旋绞固定在岩体内。埋设接收器前，先清孔，清除孔底虚碴，放入锚固剂，插入套管转动，调节垂直方向，5min 之后则完全凝结固定。待套管与岩层紧密结合以后，插入接收器。注意传感器方向朝向掌子面；

第四步，连线检查：把接收器、检波器（电脑）、起爆器、同步器连接起来，并检查其是否正常工作；

第五步，装药爆破：每孔装药量为 50g，用电雷管引爆炸药。从里向外逐个依次装药联线，起爆器起爆。共激发 24 炮；

第六步，获取成果：通过 MS Windows 平台开发的 TSPwin 软件可以记录压缩波（P 波）和剪切波（S 波）的全部波场，并能计算出预报区域内的岩石力学参数。最终显示出掌子面前方与隧道轴线相交的同相轴及边界位面的 2D、3D 成果图。

2.1.3 检测结果分析

在成果解释中，以 P 波、H 波、SV 波的原始记录分析测段岩体的地质条件。预报分析推断以 P 波剖面资料为主，结合横波资料综合解释。解释中遵循以下准则：

（1）正反射振幅表明硬岩层，负反射振幅表明软岩层。

（2）若 S 波反射较 P 波强，则表明岩层饱含水。

（3）V_p/V_s 增加或 δ 突然增大，常常由于流体的存在而引起。

（4）若 V_p 下降，则表明裂隙或孔隙度增加。

2.2 掌子面地质编录应用

每一开挖循环结束后，都对掌子面的地质情况进行编录。地质编录的主要内容有以下几点：

（1）岩性、地质时代、岩层产状、节理裂隙发育状况、软弱夹层、岩脉穿插情况；

（2）断层及破碎带的形态、产状、宽度及充填物特征；

（3）主要节理裂隙的形态产状规模及相互切割关系；

（4）地下水出水点及出露情况；

（5）不稳定块体的位置、形态、范围、坍塌掉块部位和地段范围；

（6）在地质编录的基础上，对围岩的工程地质学特征、岩石力学特性和工程水文特征等进行初步的定性评价，进而对围岩的稳定状态、初始应力状态等进行评价。

2.3 水平钻探超前探测应用

由于 TSP2003 超前地质预报系统及掌子面的地质编录推测存在间接性和多解性，我部同时使用了水平钻探超前探测进行直接的超前预报。超前探孔每循环原则上设 4 个，钻孔深度一般为 20~30m，外插角 8°~13°，终孔不小于开挖轮廓线 2m，且两循环之间搭接长度不小于 5m。根据钻孔速度变化、钻孔出水的清浊及颜色，来判断对掌子面前方地质情况。因地下岩溶管道分布很不规律，超前探水孔施作的过程中不一定能够探到岩溶管道或溶穴、溶孔、溶隙等不良岩溶地质，因此在施作炮眼时将上下左右中 5 个炮眼加深到 5~8m 进行辅助超前探测。

水平钻探超前探测施工与注浆止水工艺结合进行，当超前探孔至岩溶裂隙涌水时，应停钻立即注浆止水，若涌水大时可采用注浆墙后进行帷幕注浆封堵。注浆后钻检查孔检查效果，达到开挖条件的继续掘进，达不到开挖条件的，利用检查孔继续注浆，直到满足开挖条件。

用超前水平钻探可以最直接地揭示掌子面前方的地质特征，准确率很高。在岩溶发育地段采用长短钻孔相结合，并结合其他探测成果，可取得良好效果。

2.4 隧道超前地质预报成果

隧道超前地质预报成果见表 1。

表1 超前地质预报成果表

隧道名称（长度）	TSP2003超前地质预报系统及掌子面地质编录推断结果	水平钻探超前检验及开挖揭露情况
郁江六景隧道（506m）	南岸：78~97m有溶洞水；97~103m有异常，含裂隙水；150~157m有溶裂水；185~187m裂隙水；250~260m有溶裂水。北岸：80~105m有溶裂水；160~180m有溶裂水	南岸：85m见小股溶洞水及溶洞充填物，99m破碎，弱渗水；159m见大溶洞，涌水很大；192m见连续小溶洞群，涌水时间长，水量大。北岸：110m见溶洞水；155m见溶洞突泥，弱涌水
罗江合江隧道（422m）	南岸：121~127m有异常，含裂隙水；162~165m有异常，含裂隙水。北岸：北岸：95~110m含水	南岸：135m见节理涌水；155m见小断层，弱涌水；200~220m段渗水。北岸：100m见弱节理水
龙江怀远隧道（设计494m，没贯通，只打了238m）	南岸：132~148m有溶裂水；152~166m有溶裂隙水；170~180m有溶裂水；190~200m有溶裂水；230~250m有大异常，含饱和水	南岸：129m见溶洞水及溶洞充填物；165m溶洞充填物，涌水大；170m见连续小溶洞群，涌水时间长，水量很大；187m见破碎，水量大。238m当水平钻到10m时大量突泥、突水，水压3d没下降，并见泥鳅等鱼类涌出。经江面钻探证实，溶洞与江水连通而终止隧道施工，改为管桥跨越
龙江马头村隧道（设计404m，没贯通，只打了243m）	南岸：140~150m有溶裂水；170~175m有溶裂水；180~1200m有大异常，富水段；250~270m有大异常，富水段	南岸：139m见溶洞充填物和溶洞水；165m溶洞充填物，弱涌水；190m见大溶洞，水量大，涌水时间长；243m当水平钻到12m时大量突泥、突水，且水量很大，无法止水。经江面钻探证实，溶洞与江水连通而终止隧道施工，改为管桥跨越

西南成品油管道穿江隧道采用TSP2003超前地质预报结合地质编录、水平钻探超前探测方法对隧道掘进进行超前预报，取得了良好的效果，在施工中成功地避免了多次涌水事故，使4条隧道中的2条顺利贯通。遗憾的是龙江怀远和龙江马头村隧道，因隧道设计埋深过浅，造成江底溶沟直达隧道并与江水连通而放弃。值得庆幸的是通过超前地质预报及早发现了问题，避免了特大涌水事故，确保了人员生命和财产的安全。

3 结束语

穿江底隧道一般设计成斜井形式，不具备自然排水条件，掘进中如何预防大规模涌水是隧道施工成败的关键。超前地质预报技术可以提前预测掘进前方一定距离的富水位置，为施工方案优化提供依据，为预防隧道事故提供预警信息。可见，超前地质预报技术是确保江底隧道施工安全的重要手段，值得大力推广应用。

参考文献

[1] 蔡运胜．TSP型隧道超前地质预报系统及应用［J］．物探与化探，2004，28（2）．
[2] 李勇，孙喜峰，李延．隧道施工地质超前预报方法［J］．地质与资源，2004，13（2）．
[3] 郑浩．隧道超前地质预报方法及其在过江底隧道施工中的应用［J］．科技信息（学术研究），2007，21.

工程爆破中装药不耦合系数的研究

罗　勇[1]　崔晓荣[2]

（1. 淮南矿业集团，安徽 淮南，232001；
2. 广东宏大爆破股份有限公司，广东 广州，510623）

摘　要：在爆炸动力学和岩石力学理论分析的基础上，对工程爆破中不耦合系数在不同的装药条件下进行了计算，得到了相应的计算表达式，并以轴向不耦合系数为例进行了相关的试验研究，得到了良好的效果，对理论分析和工程应用都有一定的参考意义。

关键词：工程爆破；装药；不耦合系数；预裂爆破

Study on the Decoupling Charging Coefficient in Engineering Blasting

Luo Yong[1]　Cui Xiaorong[2]

（1. Huainan Mining Group，Anhui Huainan，232001；
2. Guangdong Hongda Blasting Co.，Ltd.，Guangdong Guangzhou，510623）

Abstract：Based on explosion dynamics theory and analysis in theory of rock mechanics，the decoupling charging coefficients of different conditions in engineering blasting are calculated，and the corresponding expressions and the range of axial decoupling coefficients under different conditions are obtained. The results of field experiment are satisfactory and it has reference meaning to the analysis of theory and applications in engineering blasting.

Keywords：engineering blasting；charging；decoupling coefficient；pre-splitting blasting

在岩石中装药爆破时，在爆炸冲击载荷作用下，岩石的破坏是一个相当复杂的动力学过程[1,2]。爆轰波和高温高压的爆生气体产物撞击孔壁在炮孔周围岩石中激起径向传播的爆炸冲击波。因其具有相当强的冲量和相当高的能量，且峰值压力远高于岩石的动态抗压强度，故受其冲击压缩作用，岩石极度粉碎而形成炮孔周围的粉碎区；同时孔壁岩石质点发生径向外移，爆腔扩大[2,3]。爆生气体对岩石的损伤断裂作用是在爆炸应力波作用后所产生的初始裂隙及损伤场的基础上发生的。

岩石的爆破破坏是爆炸冲击波、应力波和爆生气体共同作用的结果[1]。炸药在岩石中的爆破效果主要与炸药类型、地质条件、装药结构、装药线密度、炮孔间距、岩性等多种因素有关，人们对这些影响因素以及它们之间的相互关系作了较多的分析和研究。另外，装药不耦合系数也是个比较重要的影响因素。为了减少或避免爆炸冲击波和应力波作用于岩石产生的粉碎区以及爆炸空腔的影响，关于装药不耦合系数的研究，取得的比较一致的观点是：采用大的不耦合装药系数[2,3]。文献［4］分析了不耦合装药能够改善爆破效果的主要原因在于两个方面：（1）降低了爆炸时的初始压力，延长了爆炸产物在介质内部的作用时间；（2）减少了使周围介质发生过于破碎和产生塑性变形的能量。这样就使得爆炸冲击波、应力波的作用相对减弱，只在孔壁产生少量微裂纹而不产生或产生很小的粉碎区，而爆生气体作用相对增强，爆生气体迅速膨胀充满炮孔并以准静压力的形式作用于孔壁，形成岩石中的准静态应力场，炮孔之间的贯通就是通过应力波和爆生气体的共同作用实现的。但如何合理确定不耦

原载于《有色金属》（矿山部分），2008，60（4）：39-43。

合系数，对于工程爆破来说还是一个比较棘手的问题。本研究以爆炸气体动力学和岩石力学理论为基础，来寻求解决不同装药条件下的不耦合系数的计算问题。

1 不耦合装药条件下的炮孔压力

炮孔中的不耦合装药分为径向不耦合装药和轴向不耦合装药。两种不耦合装药的作用原理一样，即当炸药爆炸后，产生的高压气体经炸药周围的空气（不耦合介质为空气）缓冲后，压力峰值降低，作用时间延长，其下降幅度与正压作用时间及空气介质有关[5]。

装药爆轰完毕，爆生气体随即开始膨胀，由于膨胀迅速，可以认为与周围岩石没有热交换，因此可以用绝热方程来描述其膨胀规律[1,6]：

$$p\rho^{-k} = PV^{k} = \mathrm{const}(p \geqslant p_k) \tag{1}$$

$$p\rho^{-r} = PV^{r} = \mathrm{const}(p < p_k) \tag{2}$$

式中，p 和 V 为爆生气体膨胀过程的瞬时压强和体积，ρ 为气体密度；k 和 r 分别对应等熵指数和绝热指数，取 $k=3$，$r=1.4$；p_k 为临界压强，$p_k=200\mathrm{MPa}$。

由于爆轰有快速的特点，炸药爆炸瞬间其产生的气体来不及扩散，气体被“局限”于炸药药包的体积范围 V_0 之内[7]。由式（1）得到：

$$\rho_k = \left(\frac{p_0}{p_k}\right)^{k} \rho_0 \tag{3}$$

即：

$$V_k = \left(\frac{p_0}{p_k}\right)^{\frac{1}{k}} V_0 \tag{4}$$

式中，V_k 是气体压力为 p_k 时对应的体积。假设爆生气体先按式（1）后按式（2）的规律膨胀，则由式（1）~式（4）可求得气体充满炮孔瞬间的炮孔孔壁压力为

$$p = p_k\left(\frac{p_0}{p_k}\right)^{\frac{r}{k}}\left(\frac{\rho}{\rho_0}\right)^{r} = p_k\left(\frac{p_0}{p_k}\right)^{\frac{r}{k}}\left(\frac{V_0}{V}\right)^{r} \tag{5}$$

式中，p_0 为平均爆轰压强，其值为 $p_0 = \dfrac{\rho D^2}{2(1+k)}$，其中，$\rho$ 和 D 分别为炸药的密度和爆速。

设 d_c 和 d_b 分别为装药直径和炮孔直径；炮孔除去堵塞段的总长度为 l_b，其对应体积 $V_b = \dfrac{1}{4}\pi d_b^2 l_b$；而炮孔中装药总长度为 l_c，对应的炸药体积 $V_c = \dfrac{1}{4}\pi d_c^2 l_c$。则式（1）又可写成

$$p = p_k\left(\frac{p_0}{p_k}\right)^{\frac{r}{k}}(k_r^2 k_l)^{-r} \tag{6}$$

显然爆生气体的作用效果必须同时考虑其轴向不耦合系数 $k_l = l_b/l_c$ 和径向上的不耦合系数 $k_r = d_b/d_c$。不论是轴向还是径向不耦合装药，由弹性力学和波动理论可知：由于爆生气体作用在炮孔壁上的初始冲击压力而产生的径向拉力 p_r 和切向拉力分别为：

$$p_r = np \tag{7}$$

$$p_\theta = \lambda \quad p_r = \lambda np \tag{8}$$

式中，n 为压力增大系数，取 8~10；λ 为侧压系数，$\lambda = \dfrac{\mu}{1-\mu}$，$\mu$ 为岩石泊松比。

2 炮孔装药不耦合系数的确定

炮孔装药爆破时，孔口采取有效的堵塞措施是必要的。堵塞的一个最显著的特点就是：由于堵塞，延长了爆生气体在炮孔中的存在时间，从而增加了爆炸应力波对岩石的作用时间及爆炸冲量。对于光面爆破、预裂爆破等，其孔间贯穿裂缝的形成主要是爆生气体的准静压作用，爆生气体作用时间延长，爆生裂缝的扩展长度就增加[5,8]。假定炮孔堵塞良好，堵塞物在裂隙贯通之后才冲出，同时保证：

(1) 炮孔壁岩体不产生压缩性破坏，即 $p_r < \eta\sigma_c$，σ_c 为岩石的单轴抗拉强度，η 为体积应力状态下岩石抗压强度增大系数；(2) p_θ 大于岩石的抗拉强度 σ_t，即 $p_\theta > \sigma_t$，也就是 $\lambda_{np} > \sigma_t$；(3) 满足贯穿裂缝能生成的条件[9]：爆生气体膨胀压力作用产生的爆生裂隙长度 a 不小于炮孔间距 b 的一半，即 $a \geqslant \dfrac{b}{2}$，$a = \dfrac{d_b}{2}\left(\dfrac{p}{\sigma_t}\right)^{\frac{1}{2}}$。

2.1 轴向不耦合系数

考虑平均爆轰压力 $p_0 = \dfrac{\rho D^2}{2(1+k)}$，其中，$\rho$ 和 D 分别为炸药的密度和爆速。按照上述三个条件并结合式 (6)，所计算得到的轴向不耦合系数 k_1 分别如下：

$$k_1 > \left(\frac{np_k}{\eta\sigma_c}\right)^{\frac{1}{r}}\left(\frac{p_0}{p_k}\right)^{\frac{1}{k}}\left(\frac{d_c}{d_b}\right)^2 \tag{9}$$

$$k_1 < \left(\frac{\lambda np_k}{\sigma_c}\right)^{\frac{1}{r}}\left(\frac{p_0}{p_k}\right)^{\frac{1}{k}}\left(\frac{d_c}{d_b}\right)^2 \tag{10}$$

$$k_1 \leqslant \left(\frac{d_b^2 p_k}{b^2\sigma_c}\right)^{\frac{1}{r}}\left(\frac{p_0}{p_k}\right)^{\frac{1}{k}}\left(\frac{d_c}{d_b}\right)^2 \tag{11}$$

式中，k 和 r 分别对应等熵指数和绝热指数；p_k 为临界压力；p_0 为平均爆轰压力；d_c 和 d_b 分别为装药直径和炮孔直径；b 为炮孔间距；σ_t 为岩石的抗拉强度；σ_c 为岩石的单轴抗压强度。

2.2 径向不耦合系数

对于径向不耦合系数 k_r 的确定，也可按照上述的三个条件，并结合式 (6) 则有：

$$k_r > \left(\frac{np_0}{\eta\sigma_c}\right)^{\frac{1}{2^r}}\left(\frac{p_0}{p_k}\right)^{\frac{1}{2^k}}\left(\frac{l_c}{l_b}\right)^{\frac{1}{2}} \tag{12}$$

$$k_r < \left(\frac{\lambda np_k}{\sigma_t}\right)^{\frac{1}{2^r}}\left(\frac{p_0}{p_k}\right)^{\frac{1}{2^k}}\left(\frac{l_c}{l_b}\right)^{\frac{1}{2}} \tag{13}$$

$$k_r \leqslant \left(\frac{d_b}{b\sigma_t^2}\right)^{\frac{1}{4^r}}\left(\frac{p_0}{p_k}\right)^{\frac{1}{2^k}}(p_k)^{\frac{1}{2^r}}\left(\frac{l_c}{l_b}\right)^{\frac{1}{2}} \tag{14}$$

式中，l_b 为炮孔除去堵塞段的总长度，l_c 为炮孔中装药总长度。其余符号含义同上。

显然，不论是径向还是轴向不耦合装药，二者都相互影响，且不耦合系数与炸药性能、岩石力学性质、炮孔孔径以及布孔参数等因素相关。在轴向不耦合系数 $k_1 = l_b/l_c$ 已经确定时，可以通过调整径向不耦合系数 $k_r = d_b/d_c$ 来达到更好的爆破效果，反之亦然。在实际应用时，可根据三个条件计算所得到的不同的值进行对比分析，最后确定最理想的值，并可以根据计算得到的数据来调整装药条件与布孔参数。

3 工程应用

3.1 工程实例 1

某矿竖井基岩掘进穿过寒武系片麻岩段光面爆破时采用了轴向不耦合装药结构。井筒掘进直径 6.8m，此段片麻岩主要是混合片麻岩、角闪片麻岩和混合花岗岩等，岩层总厚度 134.5m，实测其部分物理力学性能见表 1[10]。

选用 YT-27 型风动凿岩机，十字型合金钎头，考虑到现场条件及该矿工程经验，炮孔直径定为 42mm，炮孔长度 2000mm，所选炸药为岩石水胶炸药，其密度 1.2g/cm^3，炸药爆速 4500m/s，堵塞长度根据工程经验均确定为 500mm。药卷规格为 ϕ35mm×400mm，480g；第 1~6 段 ms 延期电磁雷管，装药连线不停电，作业时间短，安全可靠。由于药卷直径 d_c 和炮孔直径 d_b 确定，即装药径向不耦合系数 k_r 确定（$k_r=1.2$），现只考虑装药轴向不耦合系数 k_l。

根据所实测的岩石条件，选用不同的装药集中度200~350g/m，抗拉强度大的岩石取较大值。运用上面分析要求，根据前两个条件推得的理论计算公式求解出轴向不耦合系数 k_l，再据第三个条件可得到炮孔间距 b，炮孔间距计算结果见表1。考虑钻孔施工方便，实际炮孔间距与计算值稍有差别。考虑待爆岩石条件，根据理论计算结合工程经验确定出每孔的装药量，然后根据计算得到的轴向不耦合系数的取值范围、药卷的规格（药卷长度），很容易得出适合的轴向不耦合系数使用值，见表1。

表1 岩石的物理力学性能和轴向不耦合系数

Table 1 Physics mechanics properties of rocks and coefficient of axialdecoupling

岩石名称	密度 /kg·m⁻¹	泊松比	抗压强度/MPa	抗拉强度/MPa	轴向不耦合系数		单孔药量/卷	装药集中度 /g·m⁻¹	炮孔间距/mm	
					计算值	使用值			计算值	使用值
混合片麻岩	2728	0.32	80.5	6.8	3.42~4.23	3.75	1.0	230	526	550
角闪片麻岩	2710	0.32	71.5	6.4	3.73~4.62	3.75	1.0	230	533	550
混合花岗岩	2650	0.26	157.5	9.4	2.07~3.33	2.5	1.5	345	436	500

为便于施工，在整个片麻岩段选用的炮孔布置参数基本一致，但装药参数却根据不同的岩石条件而改变（包括周边光爆炮孔），整体爆破效果良好，平均炮眼利用率达90%以上，井帮无明显的超欠挖现象，周边光面爆破成型质量高。由此也证明了对岩石光面爆破空气不耦合装药结构的合理性及计算结果的可行性。

3.2 工程实例2

某铁矿[11]是年采剥总量240万吨、年产铁精粉34万吨的采选联合中型矿山，有两个采场，生产台阶高度10m，两个台阶并段成20m形成最终的边坡，采场相对高差大，海拔在300~600m。采用KQG150Y和KQ150潜孔钻机钻孔（直径150mm）。矿体和上、下盘岩石致密坚硬，裂隙较多，节理发育，矿岩的硬度系数 $f=10\sim14$，抗压、抗剪强度为78.7~222MPa，属于难爆类型。

3.2.1 原预裂爆破技术（径向不耦合装药）

该铁矿自1990年投产以来，起先采场边坡采用径向不耦合装药的预裂爆破技术：炮孔底部为硝铵类散药，药量20kg，用2发导爆管雷管1个起爆药包起爆。紧接其上部是预裂药串，炸药采用2号岩石铵梯卷药，每串药量为22.5kg，下部为7卷一捆，连续10捆；上部为4卷一捆，间隔放置20捆。中间为1根麻绳和2根导爆索由底直到孔口，用两发导爆管雷管起爆导爆索，接着起爆整个药串。由于捆绑的2号岩石药卷直径小于150型潜孔钻的孔径，它们之间有个环柱形空间，这样就形成了径向的不耦合装药（径向不耦合系数为1.4~1.5）。

随着开采台阶的下降，边坡线也相应的增长许多，这种径向不耦合的预裂爆破呈现以下缺点：

（1）预裂边坡爆破后有时出现岩块悬挂在边坡上的情况，主要是炸药量集中在炮孔的底部，使得底部的预裂裂隙形成得较好，而对于台阶上部的爆破作用较小，不能完整地形成裂隙；前排的辅助孔药量较小，爆破后冲作用达不到上部边坡线的位置，以至于出现上述情况。

（2）爆破施工劳动强度大，施工时间长，影响生产。随着开采台阶地下降，边坡线越来越长，预裂爆破的工作量成倍增加，工人因为捆绑预裂药串的劳动强度很大，消耗大量的生产时间。

（3）这种径向不耦合装药结构在现场施工中难以准确实现。因为预裂药串会因为自重作用紧紧靠住孔的下壁，在径向上形成耦合装药，或者形成部分耦合部分不耦合的装药形式，如果再用其他措施来实现不耦合，也就增加了工序和劳动时间，使施工复杂化。

3.2.2 新预裂爆破技术（轴向不耦合装药）

轴向不耦合的预裂爆破技术：炸药采用露天矿用硝铵类散药，每孔药量为40kg，分3段平均分布于炮孔中，底部一段20kg，上部两段各10kg，上部的散药分别用间隔器固定在炮孔中部，每段炸药用2发导爆管雷管起爆，三段共用3个起爆药包，共计6发导爆管雷管。

由于使用的是散药，各段药柱与孔壁充分接触（径向耦合），药柱与药柱之间为气体间隔，孔口堵塞严实，这就形成了气体间隔装药结构，即轴向不耦合装药。新方法的装药结构由于台阶上部两段药柱的药量为20kg，比原来增加了，使得整个炮孔的炸药量相对上移，这样就使得台阶上部的爆破作用增强，因而本台阶上部分岩石形成裂缝后散落下来，就会消除岩块悬挂边坡的情形。其次，新方法的装药结构施工简单，不用捆绑预裂药串，将减轻工人劳动强度，大量减少由于大爆破而影响生产时间。再次，这种装药结构分段的各个药柱与孔壁直接接触（径向耦合），现场施工方便，只是增加了两个间隔器，但容易准确实施。

新的装药技术进行了6次试验，试验共103个预裂孔，边坡线长206m，从铲装完后观察，取得了较好的预裂爆破效果：

（1）6次预裂爆破，铲装后边坡平整光滑，半壁孔痕明显可见，没有出现岩块悬挂在边坡上的情况。

（2）这种预裂的装药方法现场施工简单方便，爆破设计与现场施工准确无误。每个循环比以前相对减少了2~3个小时，减少了爆破影响生产的时间。

（3）从成本角度看，两种方法的预裂爆破每孔消耗的材料和费用见表2。从表中可以看到采用新的预裂爆破技术每孔可节约费用95.32元，6次试验预裂爆破共节约费用9817.96元，这样边坡预裂爆破时每米可节约费用47.66元，降低了生产成本。

表2 两种预裂爆破技术每孔消耗的材料和费用对比表

Table 2 Comparison of econom ical efficiencies between two pre-splitting blastings

材 料	硝铵类散药/kg	2号岩石卷药/kg	导爆管雷管/发	导爆索/m	麻绳/m	间隔器/个	电工胶布/卷	总计/元
原预裂爆破技术	20	23.55	4	20	12	0	6.2	308.63
新预裂爆破技术	40	3.15	6	0	0	2	0.6	213.31

通过6次实验，这种轴向不耦合预裂爆破技术，取得了成功。据统计，该矿每年的边破线长1200m以上，采用新的预裂爆破技术后，每年可节约费用50多万元，节约了大量的生产成本。

3.3 工程实例3

某海军军事基地临时船闸直立边坡采用预裂爆破，根据选定的药卷直径，径向装药不耦合系数均定为3.0左右，而轴向不耦合系数则根据现场实际情况，在计算值范围内选取，如表3所示。

表3 爆破参数

Table 3 Blasting parameters

爆破方法		参 数						
		孔径/mm	孔距/mm	轴向不耦合系数		临空面距离/m	炸药爆速/m·s^{-1}	炸药容量/kg·m^{-3}
				计算值	使用值			
预裂	半无限	76	800~1100	3.57~4.35	4.0~4.2		3500	1080
爆破	有临空面	80~110	800~1100	3.62~4.41		3~18	3400~3600	1080

现场振动监测，采用了以上轴向不耦合系数后，爆破开挖得到了较好的控制，在距爆区边界10m处，爆破岩石质点振动速度控制在10cm/s以内，爆破振速均没有超过规定标准，符合船闸爆破开挖震动控制标准。爆后声波检测和外观检查结果都证明：在临时船闸侧向临空面处，壁面半孔率95%以上，壁面平整光滑，起伏差一般为10~15cm；爆破裂隙少，仅在坡顶“松动区”分布少量爆破裂隙；爆破效果较好。

4 结论

（1）本文对不同装药条件下的不耦合系数的计算进行了研究，得出了炮孔装药的径向不耦合系数和轴向不耦合系数的计算表达式，并在确定装药的径向不耦合系数的情况下，对轴向不耦合装药爆破效果进行了相关试验研究，得到了理想的爆破效果。

（2）径向和轴向两个方向上的不耦合系数均与炸药性能、岩石力学性质、炮孔孔径以及布孔参数等因素相关。在工程应用中可以根据计算得到的数据来调整装药条件与布孔参数。岩石光面爆破时，光面爆破炮孔采用空气垫层装药结构，一方面减少了爆炸压力对孔壁岩石的破坏，另一方面又延长了爆生气体准静压力的作用时间，因而能够获得较为理想的光面爆破效果。在确定装药轴向不耦合系数和光面爆破（预裂）炮孔间距时，要以不造成孔壁岩石压缩性破坏和保证炮孔连心线方向孔壁起裂以及孔间贯通裂缝完全形成为条件，根据岩石情况通过调整以求得两者最好的组合。

参 考 文 献

[1] 宗琦. 爆生气体的准静态破岩特性［J］. 岩石力学，1997，18（2）：73-78.

[2] 宗琦. 爆炸冲击波的动态破岩特性研究［J］. 爆炸与冲击，1997，17（4）：369-374.

[3] 宗琦，曹光保，付菊根. 爆生气体作用裂纹传播长度计算［J］. 阜新矿业学院学报（自然科学版），1994，13（3）：18-21.

[4] 王鸿渠. 多边界石方爆破工程［M］. 北京：人民交通出版社，1994：465.

[5] Heinz Walter Wild. Sprengtchnik in Bergbaul Tunnel-und Stollenbau sowle in Tagbauen und Steinbarûuchen［M］. Belin：Verlag Glûckauf Gmbh. Essen，1984.

[6] 万元林，王树仁. 关于空气不耦合装药初始冲击波压力计算的分析［J］. 爆破，2001，18（1）：14-15.

[7] 张守中. 爆炸基本原理［M］. 国防工业出版社，1988：5.

[8] 宗琦. 炮孔堵塞物运动规律的理论探讨［J］. 爆破，1996，13（1）：8-11.

[9] 柳传明，朱传云，李伟. 预裂爆破轴向不耦合系数的分析计算［J］. 华中师范大学学报，2002，36（1）：47-49.

[10] 宗琦，陆鹏举，罗强. 光面爆破空气垫层装药轴向不耦合系数理论研究［J］. 岩石力学与工程学报，2005，24（6）：140-144.

[11] 吴海军. 轴向不耦合的预裂爆破技术的研究［J］. 矿业快报，2006（6）：573-575.

巷道群保护煤柱二次开采研究

蔡建德[1]　李战军[1]　傅建秋[1]　李化敏[2]

（1. 广东宏大爆破股份有限公司，广东 广州，510623；
2. 河南理工大学 能源学院，河南 焦作，454003）

摘　要：针对某矿巷道群周围保护煤柱过大的问题，采用数值模拟和现场监测的方法对保护煤柱的可采宽度进行了研究。结果表明，保护煤柱在巷道群不受影响的情况下还可继续开采，并根据研究结果提出了合理的保护煤柱宽度。

关键词：巷道群；保护煤柱；数值模拟；现场监测

Research on Secondary Mining of Protective Coal Pillar around Group of Tunnels

Cai Jiande[1]　Li Zhanjun[1]　Fu Jianqiu[1]　Li Huamin[2]

（1. Guangdong Hongda Blasting Co.，Ltd.，Guangdong Guangzhou，510623；
2. School of Energy Engineering，Henan Polytechnic University，Henan Jiaozuo，454003）

Abstract：According to the problem of excessive protective coal pillar around group of tunnels in a certain coal mine，the recoverable coal wedge width is researched by numerical simulation and field engineering monitoring. The results indicated that the protective coal pillarmay go onmining and the group of tunnels can't be damaged and the appro priate coalwedge width is putted forward according to the study results.

Keywords：group of tunnels；protective coal pillar；numerical simulation；field engineering monitoring

某煤矿二水平有 4 条暗斜井服务于整个矿井的生产，4 条巷道均布置在同一水平煤层中，目前两侧各留 240m 左右的煤柱，压煤量达 660 万吨，这对于保障 4 条集中下山的安全稳定、减少维护工程、避免临近工作面的采动影响起到了一定的积极作用，但是随着矿井开采进入中后期，以及煤炭经济形势的好转，煤柱的回收问题对于减少煤炭资源损失、延长矿井的寿命、增加矿井经济效益显得越来越重要。因此，对于该矿而言，在保证巷道群正常使用的情况下怎样尽量多采出煤柱压煤是值得研究的问题。

1　工程概况

该矿 4 条暗斜井从−280m 水平一直延伸到−600m 水平，分别为轨道暗斜井、皮带暗斜井、回风暗斜井、进风暗斜井，其中轨道暗斜井、皮带暗斜井、回风暗斜井之间间隔分别为 20m，回风暗斜井与进风暗斜井间隔为 40m。本文主要研究区域在−600m 水平，巷道群与工作面空间关系见图 1。

开采煤层赋存稳定，地质构造简单，不含夹矸，全区可采，平均煤厚 2. 6m。平均倾角 5°，开采深度 631m；煤层顶板岩层主要为砂岩、中粒砂岩，厚度 4. 8m；煤层底板为黑灰色泥岩，厚度 6. 6m。

原载于《有色金属》（矿山部分），2009，61（2）：7−10。

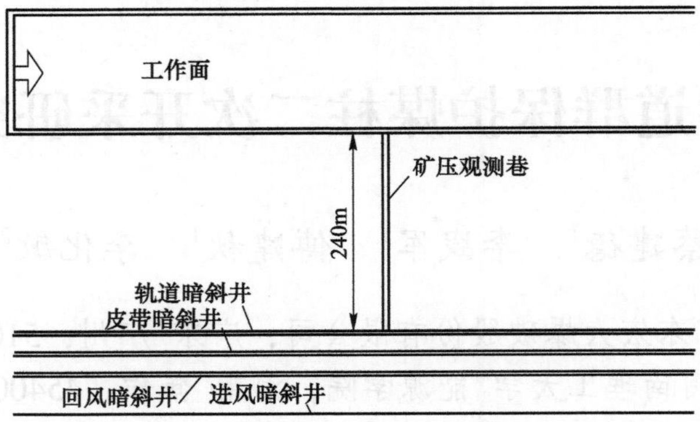

图 1　巷道群与工作面的位置关系图

Fig. 1　The site drawing of the roadway group and working face

2　煤层开采对巷道群影响的数值模拟研究

本文中将所研究区域内同一煤层中 4 条间距不等的平行巷道，简称为巷道群；将主要研究的巷道群与护巷煤柱看成一个因素相互影响的系统。

由于巷道与工作面的空间位置关系不同（见图 1），巷道受到的采动影响程度也不同，为了尽量多采煤又不影响巷道群的正常使用，就要确定开采煤层的不同宽度对巷道群围岩稳定的影响，即煤层开采引起支承力变化对巷道群的影响。为此可采用数值模拟的方法研究开采不同宽度的煤层对巷道群的稳定性影响[1]。

2.1　数值模型的建立

采场上覆及下覆岩层采用摩尔-库仑材料本构模型，煤层采用应变软化材料本构模型，同时对采空区填充了强度较低弹性材料。模拟计算主要考虑深部不同煤柱留宽对巷道群的影响，以及巷道群之间相互应力叠加后的影响。基于此建立的工作面数值模型（见图 2）长（y 方向）、宽（x 方向）、高（z 方向）分别为 380m、100m、100m。

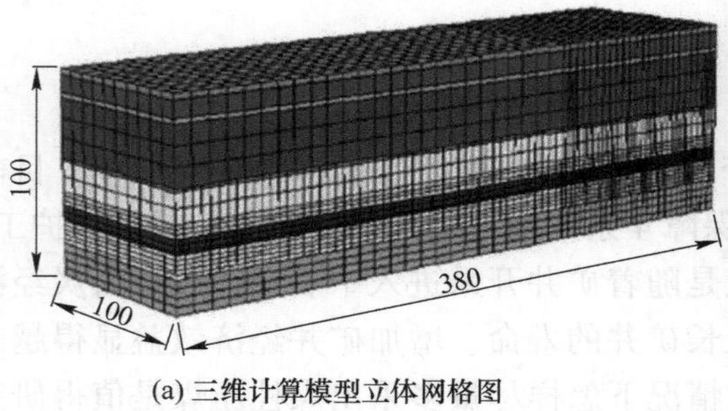

(a) 三维计算模型立体网格图

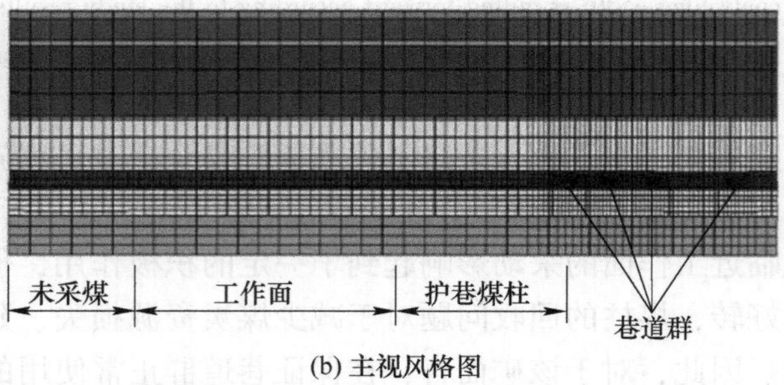

(b) 主视风格图

图 2　三维计算模型

Fig. 2　3D calculation modal

为了简化网格剖分的工作量，同时充分体现各层之间的力学性质的差异，将岩性、力学性质和分层厚度相近或相同的岩层划分合并后为 12 个层组，其模拟的相关参数根据室内岩石力学参数试验和工程类比通过折减的办法来获得[2]，见表 1。

表 1　巷道群数值模拟岩性参数

Table 1　Lithology param eters of roadway group num erical simulation

岩性	厚度/m	容重 /N·m^{-3}	弹性模量 E/GPa	泊松比 μ	体积模量 B/GPa	剪切模量 S/GPa	内聚力 C/MPa	摩擦角 F/(°)	抗拉强度 T/MPa
细砂岩	3.2	2800	5.87	0.12	2.57	2.62	4	42	1.03

续表 1

Continues Table 1

岩性	厚度/m	容重 /N·m^{-3}	弹性模量 E/GPa	泊松比 μ	体积模量 B/GPa	剪切模量 S/GPa	内聚力 C/MPa	摩擦角 F/(°)	抗拉强度 T/MPa
铝质泥岩	8.6	2000	8.66	0.14	4.01	3.8	8	21	4
中粒砂岩	2.4	2500	35.26	0.16	17.29	15.2	17.2	23	10
泥岩	28.7	2000	9.12	0.14	4.22	4	8	21	4
细砂岩	1.6	2800	6.00	0.12	2.63	2.68	4	42	1.03
砂质泥岩	14.6	2535	19.71	0.257	13.52	7.84	4	16	2.15
中粒砂岩	6.5	2500	32.48	0.16	15.92	14	17.2	23	10
砂岩	4.8	2610	13.12	0.247	8.64	4.04	2.3	27	1.07
二$_2$煤	2.6	1447	0.94	0.303	0.80	0.28	1.5	26	0.53
砂质泥岩	6.6	2535	2.46	0.257	1.69	0.76	2.7	30	0.48
粉砂岩	4.4	2300	29.64	0.235	19.45	12	34.7	23	6
底板岩层	16.0	2500	9.54	0.246	3.18	3.83	3.6	35	4

2.2 模拟方案的确定

数值模型计算采用三维模型，如图 3 所示。

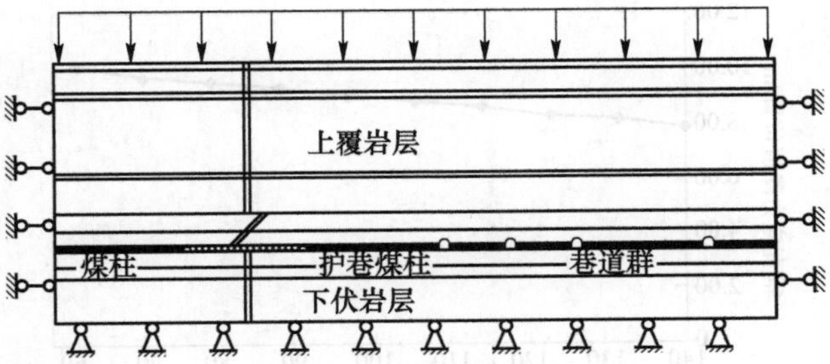

(a)正视图

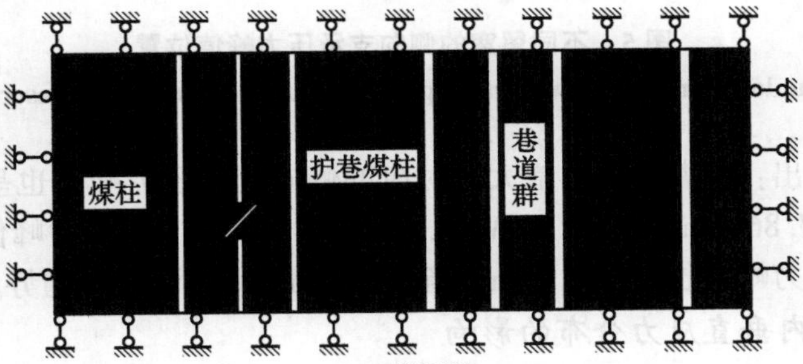

(b)俯视图

图 3 工作面三维力学模型

Fig. 3 3D mechanicalmodel of working face

对工作面宽度计算方案设计时，考虑了两方面的问题：(1) 目前国内综采工作面设备的运输能力(一般输送机 80~350m)，用于确定模拟试验工作面的合理宽度。(2) 采场的采动应力不仅与煤岩性质有关，而且采场宽度以及煤柱宽度等参数也直接影响采场动压的显现。因此，在设计时既要满足巷道的稳定要求，又要最大限度地回收矿产资源，是开采设计考虑的主要因素。

依据单因素试验分析拟定了以下计算方案：

(1) 试验工作面沿模型 y 方向固定开挖 50m。

(2) 试验工作面沿模型 x 方向分别开挖 100m、110m、120m、130m、140m、150m、160m、170m、180m、190m 共十个方案。

因此，共进行了10次数值模拟的稳定性计算和分析。

2.3 数值模拟结果及分析

2.3.1 留宽对采场侧向支承压力的影响

由于工作面的采出，上覆岩层的原始应力状态受到了破坏，采空区上方岩层的重力转移到工作面两侧煤柱上方，达到新的应力平衡[3-4]。煤柱上的应力相当于原始应力加上开采后的附加采动应力，因而使得工作面煤柱一定范围内处于增压区。受到采动的影响，不同留宽情况下的支承压力峰值及距工作面侧方向位置如图4和图5所示。

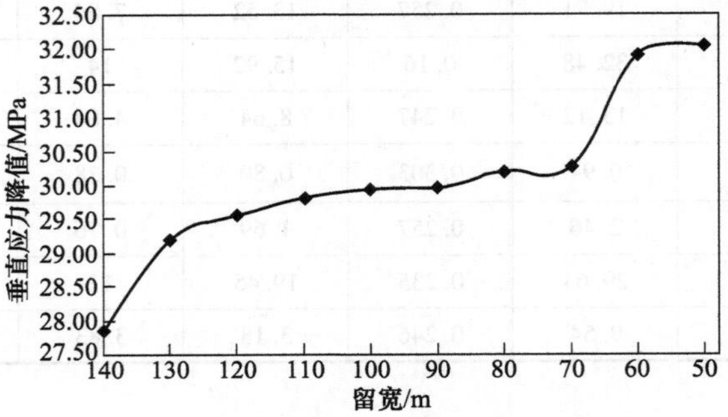

图4 不同留宽的侧向支承压力峰值

Fig. 4 Side abutment pressure hump for different reserved width

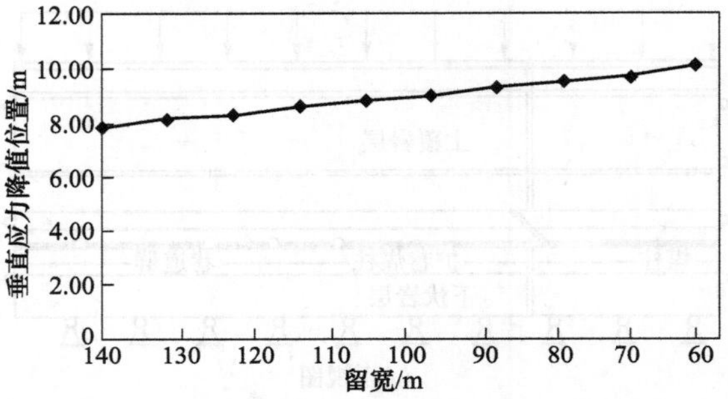

图5 不同留宽的侧向支承压力峰值位置

Fig. 5 The location of side abutment pressure hump for different reserved width

从图4和图5可以看出：随着采宽的增大，对应的侧向支承压力峰值也呈增大的趋势，但增大的幅度并不完全一致，从27.86MPa增至32.05MPa，在留宽70m时支承压力峰值突然增大；随着采宽的增大，对应的侧向支承压力峰值位置从7.84m增至10.08m，呈逐渐增大趋势。

2.3.2 留宽对煤柱内垂直应力分布的影响

数值模拟计算结果显示：由于护巷煤柱240m的模拟宽度一定，因此采宽不同时，对应的留宽也不同。受留宽的影响，煤柱内部垂直应力一直呈现出双峰值分布规律，其一端是受工作面的采动影响，另一端是受巷道群的影响。留宽140m时煤柱内侧向支承压力影响至煤柱内部70m左右，随着留宽的减小，煤柱内部采动影响范围逐渐增加，垂直应力受到采动影响的程度逐渐增加。在采宽120m时，煤柱内部的垂直应力就已受到采动支承压力以及巷道支承压力的叠加影响（见图6）。随后，随着留宽的减小，煤柱内部的垂直应力受到采动支承压力以及巷道支承压力的叠加影响程度也越来越大。

2.3.3 不同留宽对巷道群巷道表面位移收敛量的影响

从模拟不同采宽时，巷道群巷道表面点位移收敛值记录结果来看：总体而言，巷道群各条巷道左帮及顶板受采动的影响较大，随着采宽的增大，具有明显的增大趋势。而巷道底板与右帮受采动影响较小，但其趋势仍是增大的。由于采场位于巷道群左侧，因此，轨道巷受采动影响的程度大于其他巷道，依次为轨道巷、皮带巷、回风巷、进风巷。这是由于采宽的增加，采场侧向支承压力影响范围增大，巷道群中各巷道处于采场侧向支承压力位置不同，其应力叠加影响程度也不相同。

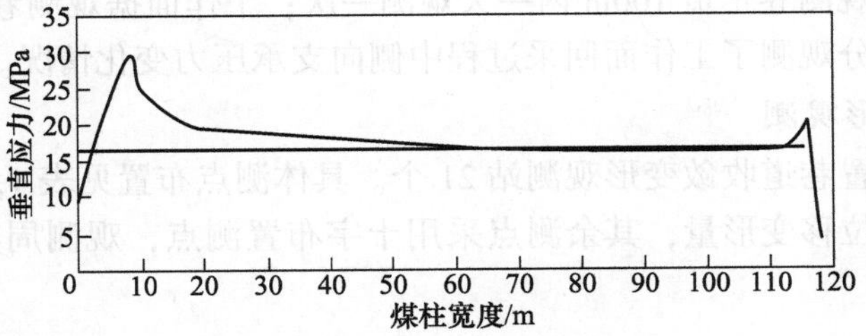

图 6 留宽 120m 时护巷煤柱内垂直应力分布曲线

Fig. 6 Vertical stress curve in entry protection coal pillar while the mining width is 120m

3 采动作用下巷道群稳定性的现场监测研究

为了准确确定巷道群的煤柱留宽，试验采区新掘一条巷道矿压观测巷，位置在开切眼前方 300m，垂直于工作面下副巷，与轨道集中下山贯通，采用锚网支护，如图 1 所示。试验巷道位于回采工作面与巷道群之间的护巷煤柱（煤柱宽度 240m）中，能充分反应工作面开采过程中侧向支承压力的动态分布规律[5-7]。主要有两项观测内容：（1）巷道断面收敛变形观测；（2）回采工作面侧向支承压力观测。

3.1 监测方法

3.1.1 回采工作面侧向支承压力观测

回采工作面侧向支承压力观测是为了确定工作面回采过程中侧向支承压力的范围、压力大小和峰值点位置。观测点布置在矿压观测巷左帮（开切眼方向），如图 7 所示，使用煤电钻打 $d=75$mm，深 5m 的水平钻孔，在孔底安设 ZYJ 型刚性钻孔应力传感器，并用水泥砂浆封孔，安装位置见表 2 和表 3。

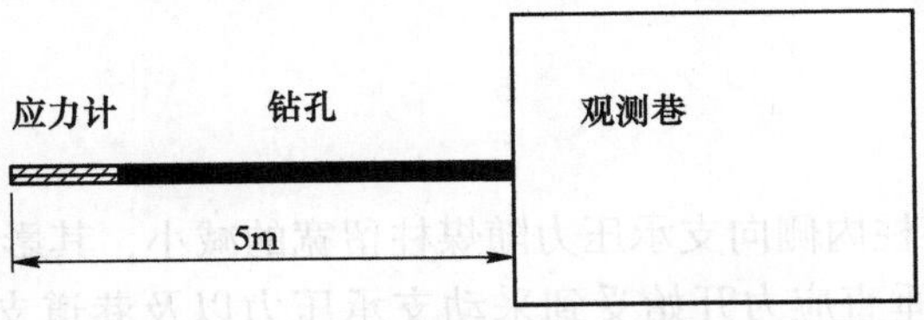

图 7 ZYJ 型刚性钻孔应力传感器安装示意图

Fig. 7 Install schem atic plan of ZYJ model stiff stress feeler search

表 2 ZYJ 型刚性钻孔应力传感器安装位置

Table 2 Location of field mounted of ZYJ model stiff stress feeler search

测点编号	测点个数	间隔/m	分段/m
1~5	5	10	0~50
6~12	6	20	50~190
13~16	5	10	190~240

注：从观测巷内靠近工作面下副巷开始编号。

表 3 观测巷收敛变形观测站布置表

Table 3 Chart of observing station collocation

测点编号	测点个数	间隔/m	分段/m
1~5	5	5	0~20
5~15	10	10	20~120
15~20	6	20	120~240

注：从观测巷与工作面下副巷连接处开始编号。

观测周期：工作面据观测巷正负100m内一天观测一次；工作面据观测巷正负100m以外三天观测一次。历时4个多月，充分观测了工作面回采过程中侧向支承压力变化情况。

3.1.2 巷道收敛变形观测

在矿压观测巷内，布置巷道收敛变形观测站21个。具体测点布置见表4，测点从0开始顺序编号，其中0测点只观测顶底板位移变形量，其余测点采用十字布置测点，观测周期与应力计观测周期同步进行。

3.2 现场监测结果及分析

3.2.1 侧向支承压力监测结果及分析

从监测结果分析可知，煤柱应力的变化沿走向可以分为4个区：(1) 应力稳定区。该区位于观测巷距工作面前方50m以外，该区内煤柱应力基本处于稳定状态。(2) 应力缓慢升高区。在经历应力稳定区后，煤柱的应力有所上升，但上升幅度不大，该区位于观测巷距工作面50~30m的范围内。(3) 应力明显升高区。在该区内，应力有较大幅度的升高趋势，直到应力峰值，此时应力增高系数K达到2.12，峰值位置距煤壁5~10m，采动应力在煤柱内部影响范围在70~90m。该区位于观测巷距工作面30~40m的范围内，同时，在应力增高区域内，工作面推过观测巷道后，煤体并非立即进入卸压状态，而是在相当长时间内仍处于残余支承压力影响范围内。(4) 应力降低区。煤柱应力在达到峰值后，应力开始明显下降，直到工作面远离观测巷。

3.2.2 矿压观测巷收敛观测成果

从表面位移测站的观测结果来看，观测巷围岩的变形受采动影响并不十分明显。然而从测站6，测站11，测站13，测站16和测站19的观测值来看，其收敛总量和收敛速度具有明显的时间效应。并且在工作面推进、推过观测巷时，巷道位移收敛量比较大，速度比较明显。随着与工作面的距离的增大，测站收敛变形值及收敛变形速度呈下降的趋势，巷道矿压显现影响范围在80m附近，这与应力观测结果相一致。

4 结论及建议

数值模拟计算结果得出煤柱内侧向支承压力随煤柱留宽的减小，其影响在煤柱内部≥70m的范围；在采宽120m时，煤柱内部的垂直应力开始受到采动支承压力以及巷道支承压力的叠加影响。现场监测的结果表明工作面采动侧向支承压力在煤柱内部影响范围在70~90m。因此，综合数值模拟和现场监测的结果，在对巷道群不加强支护的开采条件下，建议巷道群周围合理的煤柱留宽为120m。

参 考 文 献

[1] 谢文兵，邓建明，孙厚涛，等．数值模拟在工程实践中的应用分析 [J]．矿山压力与顶板管理，2001 (1)：83-84.
[2] 谢文兵，陈晓祥，郑百生．采矿工程问题数值模拟研究与分析 [M]．徐州：中国矿业大学出版社，2005.
[3] 钱鸣高，石平五．矿山压力与岩层控制 [M]．徐州：中国矿业大学出版社，2003.
[4] 陈炎光，陆士良．中国煤矿巷道围岩控制 [M]．徐州：中国矿业大学出版社，1994.
[5] 刘听成．无煤柱护巷的应用与进展 [J]．徐州：矿山压力与顶板管理，1994 (4)：2-10.
[6] 赵国旭，谢和平，马伟民．宽厚煤柱的稳定性研究 [J]．辽宁工程技术大学学报，2004.23 (1)：38-40.
[7] 崔希民，缪协兴．条带煤柱中的应力分析与沉陷曲线形态研究 [J]．中国矿业大学学报，2000，29 (4)：392-394.

顶板周期来压与采场瓦斯涌出的关系研究

蔡建德[1]　李战军[1]　李化敏[2]

（1. 广东宏大爆破股份有限公司，广东 广州，510623；
2. 河南理工大学 能源学院，河南 焦作，454003）

摘　要：通过现场监测研究了顶板周期来压与采场瓦斯涌出变化之间的关系，并对工作面超前支承压力变化和采空区老顶垮落对瓦斯流动的影响进行了分析。结果表明，支承压力变化影响煤壁瓦斯的涌出，采空区内瓦斯的分布与距工作面距离有关，周期来压时采场瓦斯涌出量的增大是工作面超前支承压力变化和采空区老顶垮落共同作用的结果。

关键词：瓦斯；采空区；顶板周期来压

Relationship between Periodic Roof Weighting and Gas Emission from Stopping Area

Cai Jiande[1]　Li Zhanjun[1]　Li Huamin[2]

（1. Guangdong Hongda Blasting Co.，Ltd.，Guangdong Guangzhou，510623；
2. School of Energy Engineering，Henan Polytechnic University，Henan Jiaozuo，454003）

Abstract：The relationship between periodic roof weighting and gas emission from stopping area was studied by monito-ring on site. The change in front abutment pressure on the working face and impact of roof caving in gob on gas flow from stopping area have been analyzed. Results show that the change in the support pressure has an impact on the gas emission from walls and there's a relationship between gas distribution in gob and the distance away from working face. And it is found that an increase in the gas emission from stopping area during periodic weighting is the result from the change in both front abutment pressure and roof caving in gob.

Keywords：gas；gob；periodic roof weighting

某矿为低瓦斯矿井，但在己二采区开采过程中出现了瓦斯涌出异常现象，采面周期来压期间瓦斯浓度严重超标，致使不得不停止生产进行瓦斯超限处理。经现场调研发现，采面周期来压时采空区顶板发生大面积垮落，工作面出现冲击气流，是造成采面瓦斯浓度超标的直接原因，即周期来压与采场瓦斯的涌出有一定的内在联系，通过研究顶板周期来压与采场瓦斯涌出的关系，可以根据顶板周期来压来达到预防瓦斯灾害的目的。

1　地质概况

某矿己二采区煤层厚2.7~6m，平均5.6m，煤层倾角24°~33°，平均29°，瓦斯的绝对涌出量一般是2~3m^3/min，开采深度为-385~-506m。煤层设计采高3.0m，煤层直接顶是砂质泥岩，局部为泥岩互层，不稳定，平均厚度1m；老顶为中粗粒砂岩，平均厚度6m；其强度经室内煤岩物理力学测定直接顶抗压强度为20.16MPa，老顶抗压强度为70.95MPa，岩性较硬；煤的抗压强度为0.285MPa，煤质

原载于《矿冶工程》，2009，29（2）：12-15。

较软。采用后退式综合机械化采煤工艺，采空区处理采用自行垮落法。

一般情况下，采场瓦斯涌出包括3部分，煤壁瓦斯涌出、落煤瓦斯涌出及采空区瓦斯涌出。对于煤壁瓦斯涌出，当采煤机不断割煤，新鲜煤壁不断暴露，由于煤体内部到煤壁之间存在着瓦斯压力梯度，瓦斯就沿着煤层的破坏裂隙向工作面涌出。采煤机落煤，把煤粉碎成各种块粒状煤，提高了煤的瓦斯解析强度，导致瓦斯涌出量增加；采空区瓦斯由采空区落煤、围岩顶板裂隙和临近煤层涌出的瓦斯等构成，其浓度大小受采空区风流的影响。

己二采区回采己$_{15\sim17}$煤层，该工作面每天推进2m，工作面推进在没有特殊情况下每天落煤1614t，每天落煤造成工作面瓦斯涌出量的变化不大。因此本文将工作面煤壁瓦斯涌出和采空区瓦斯涌出作为瓦斯涌出的主要研究对象。

2 周期来压与采场瓦斯涌出量的监测

2.1 监测方法

为了研究周期来压与采场瓦斯涌出量变化的关系，采用KBJ-2004B型矿用多功能监测系统对己$_{15\sim17}$煤层12071综采面进行了矿山压力与瓦斯浓度监测，12071工作面共89架综采液压支架，根据KBJ-2004B矿用多功能监测仪器的特点，12071工作面共布置5个测站，间距平均分布，每个测站连接3架液压支架共6个支柱，其中2、3、4测站各安装一个瓦斯浓度采集传感器，分站的主机采用通道液压管和支架的支柱连接，主机和主机之间采用电源线相连，最后通过机尾用电话线和地面电脑连接。

2.2 监测结果及分析

本次采用KBJ-2004B型矿用多功能监测系统共连续监测到4次周期来压，统计结果见表1。其中来压前后即时监测的支架压力与工作面瓦斯浓度关系见图1。由于篇幅原因，只给出了其中部分曲线。

表1 工作面周期来压统计

来压次数	时 间	支架平均压力/MPa		瓦斯平均浓度/%		片帮深度/m
		来压前	来压时	来压前	来压时	
第1次	11月10~11日	9	15	0.42	0.52	0.5
第2次	11月20~21日	22	30	0.44	0.57	0.8
第3次	11月28~29日	18	28	0.31	0.38	0.7
第4次	12月23~24日	15	30	0.33	0.48	1.0

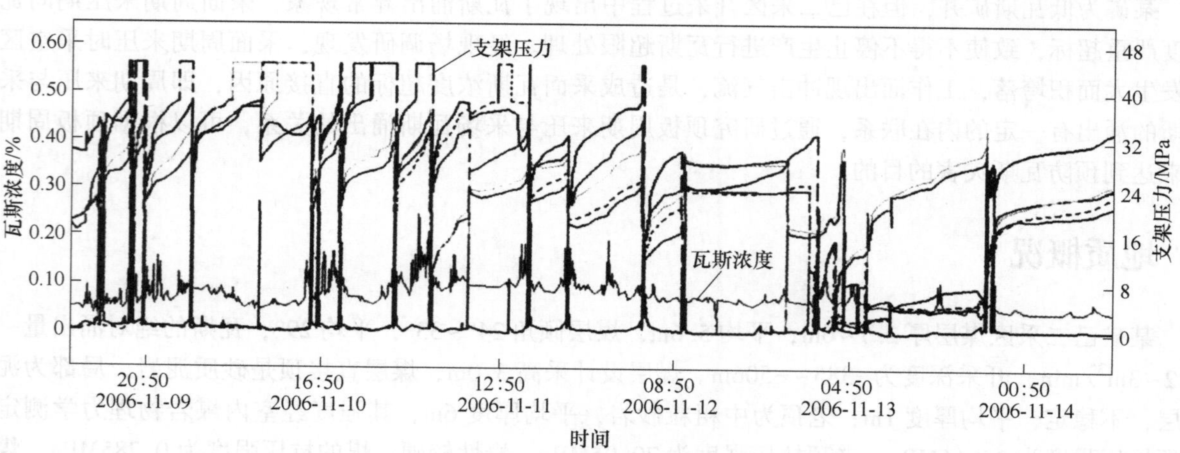

图1 分站三在线即时监测支架压力与工作面瓦斯浓度关系曲线

从现场监测到的4次周期来压与工作面瓦斯浓度监测关系曲线分析可知：该矿12071工作面周期

来压时间为10d左右，根据工作面推进速度（2m/d）计算，工作面周期来压步距大约为20m，周期来压时顶板活动剧烈，工作面片帮严重，支架压力明显增大，瓦斯浓度在随后的1~2d内增大，瓦斯浓度增大趋势时间略滞后于支架压力增大趋势时间。

3 周期来压与采场瓦斯涌出的关系分析

3.1 采场支承压力与煤层瓦斯流动的关系

煤层透气系数λ是煤层瓦斯流动难易程度的标志，瓦斯的流动基本是在等温条件下进行的，其温度等于煤层的温度，它的流动符合达西定律：

$$v = \frac{K}{\mu}\frac{\mathrm{d}p}{\mathrm{d}n} \tag{1}$$

式中，v为瓦斯流速，m/s；K为煤层的渗透率，m^2；μ为瓦斯的动力黏度，Pa·s，对于甲烷气体，$\mu=1.08\times10^{-6}$Pa·s；dp为在dn长度内的压差，Pa；dn为和瓦斯流动方向一致的某一极小长度，m。故一昼夜单位面积上的瓦斯流量为：

$$vA = q \times \frac{p_n}{p} \tag{2}$$

令$A=1\mathrm{m}^2$，则：

$$q = -\frac{BK}{\mu}\frac{p}{p_n}\frac{\mathrm{d}p}{\mathrm{d}n} = -\frac{BK\mathrm{d}P}{2\mu p_n \mathrm{d}n} \tag{3}$$

式中，q为比流量，一个大气压、温度t时，$1\mathrm{m}^2$煤面上流过的瓦斯流量，$\mathrm{m}^3/(\mathrm{m}^2\cdot\mathrm{d})$；$p$为大气压，MPa；$B$为单位换算系数；$p_n$为在位置$n$处的瓦斯压力（绝对压力），MPa；$P$为瓦斯压力$p$的平方，$P=p^2$。

令：

$$\lambda = \frac{BK}{2\mu p_n} \tag{4}$$

则：

$$q = -\lambda\frac{\mathrm{d}P}{\mathrm{d}n} \tag{5}$$

式中，λ即为煤层透气系数，其物理意义为：在$1\mathrm{m}^2$煤体的两侧，当其压力的平方差是$1\mathrm{atm}^2$或$0.01(\mathrm{MPa})^2$时，通过$1\mathrm{m}^2$煤面每日流过的瓦斯量。

从式（5）可知煤层透气系数决定着煤层的瓦斯流量，而煤层透气系数的大小主要取决于煤层内裂隙的大小及其分布。煤层中的裂隙一般包括两部分：一部分是由于煤体内部作用而形成的裂隙；另一部分则是由于煤体受到外部作用而形成的裂隙，也就是煤体所受应力变化作用而产生的裂隙和由于采掘工作引起的新裂隙。很多研究表明[1-5]，煤的孔隙-裂隙系统对地应力的作用非常敏感，当压应力增高时，煤的透气系数下降；反之，压应力减少（卸压）时，煤的透气系数则增大。

在12071工作面前方不同距离采用钻屑法和瓦斯流量计研究工作面支承压力与瓦斯涌出量关系，钻屑量可以反映煤体承受地应力的大小[6]，瓦斯流量计可以测量一定时间内的瓦斯涌出量，经现场测量得出钻屑量与瓦斯涌出量的关系如图2所示。从图2可以看出煤体瓦斯涌出量与承受压应力成反比关系，即在支承压力的大的区域瓦斯涌出量小，支承压力小的区域瓦斯涌出量大。

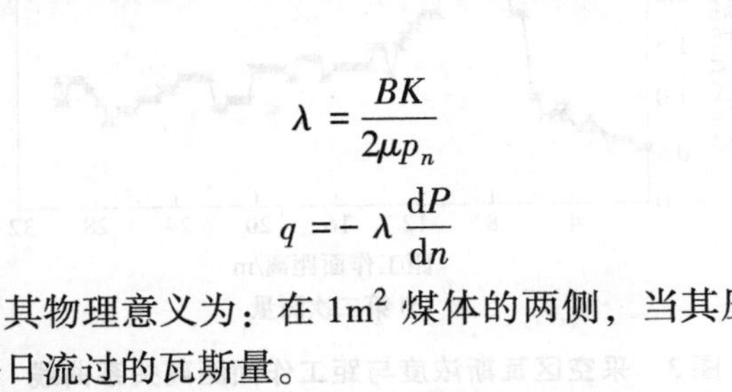

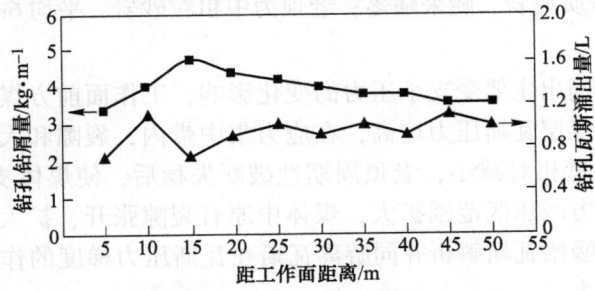

图2 钻孔瓦斯涌出量、钻屑量与距离工作面关系

3.2 采空区顶板垮落与瓦斯流动的关系

随着工作面的推进煤层顶板不断冒落下来形成采空区，采空区上方煤层、岩层产生变形、下沉及断裂等变化形成裂隙、裂纹，从而改变了瓦斯原来的流动状态和赋存状态[7]。瓦斯从煤层及围岩中通过贯穿的空隙空间向采空区流动并大量的分布在采空区范围空间，当顶板垮落时，必定引起采空区内的气体流动，从而影响了瓦斯的流动和涌出[8]。

为了分析采空区顶板垮落与瓦斯流动的关系，采用预埋测管的方法对采空区范围内的瓦斯分布进行测量，具体方法是采用 ϕ6mm 的硬胶管沿着回风巷上帮预埋入采空区，测管进气口周围架木垛保护防止岩块垮落砸坏进气口，测量时随着工作面不断向前推进，进气口逐渐进入采空区，通过测管采用抽气气囊抽取采空区的气样通过分布式光纤瓦斯检定器测定瓦斯浓度，分析距工作面不同距离处采空区瓦斯浓度及其变化规律，经测量得出采空区瓦斯浓度与距工作面距离关系曲线如图 3 所示。

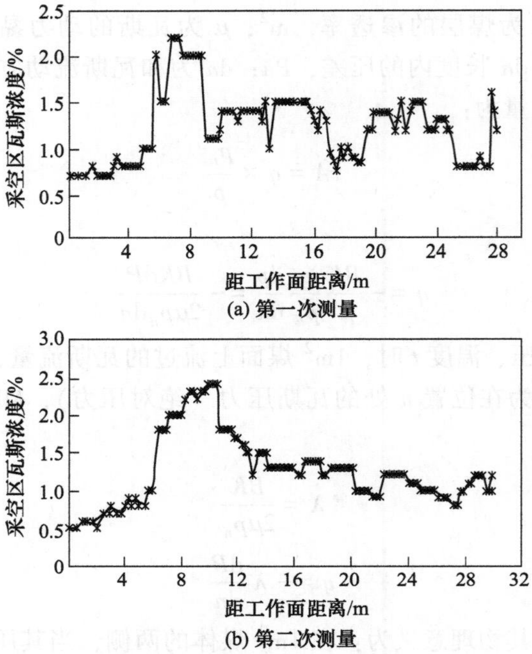

图 3 采空区瓦斯浓度与距工作面距离关系曲线

从图 3 可以看出，从采场到采空区深处方向 6m 处瓦斯浓度变化不大，在 0.8%左右波动；采空区距工作面 6~10m 之间时，瓦斯浓度逐渐增大，最大达到 2.4%；采空区距工作面 10m 以外，瓦斯浓度逐渐减小并趋于稳定状态，瓦斯浓度在 1.4%左右波动。根据工作面周期来压监测结果可知，顶板周期来压步距为 20m，即在周期来压前周期来压步距范围内采空区内分布了大量的瓦斯。周期来压时，采空区顶板大面积垮落，垮落的顶板引起采空区内的气流发生冲击，冲击气流必定使采空区内的瓦斯大量涌向工作面。

3.3 周期来压与采场瓦斯涌出的关系分析

己$_{15\sim17}$煤层直接顶是砂质泥岩，随采随落；老顶为中粗粒砂岩，平均 6m，岩性较硬，呈悬臂梁式周期性垮落。

结果表明，煤壁的瓦斯涌出主要受支承压力的变化影响，工作面前方煤体随工作面超前支承压力的增加，其渗透容积减小，煤层瓦斯压力增高，在应力集中带内，裂隙和大孔隙受压而闭合，可使透气性降低，从而使瓦斯涌出量相对减小，老顶周期性破断失稳后，使煤体支承压力迅速向深部转移，支承压力峰值减小，煤壁前方减压区范围扩大，煤体中原有裂隙张开、扩大，新的裂隙相伴而生，使煤体透气性急剧增高，部分吸附瓦斯解析并同游离瓦斯在瓦斯压力梯度的作用下一起快速大量涌向采场，致使采场瓦斯涌出量增大。

而从采空区瓦斯涌出源来看，周期来压前采空区老顶缓慢下沉，不断把采空区压实，减小采空区的间隙，采空区深部高浓度的瓦斯随着老顶的压实逐渐外移，形成类活塞式的积压效应。周期来压时老顶开始大面积垮落，由于瓦斯容重比空气轻近一倍，采空区内的瓦斯受到老顶垮落气流的冲击影响，采空区瓦斯大量涌向采场，在工作面风量不变的情况下必定造成工作面瓦斯浓度增大。

总之，周期来压时采场瓦斯大量涌出是超前支承压力变化和采空区老顶垮落共同作用的结果。

4 结语

（1）支承压力变化影响煤壁瓦斯的涌出，支承压力增大时，煤体内的裂隙空隙闭合，瓦斯涌出量变小，支承压力减小时，煤体内的裂隙空隙扩展，瓦斯涌出量增大。

（2）采空区内瓦斯的分布与距工作面距离有关系，工作面后方0～6m范围内瓦斯浓度较低，6～10m范围内瓦斯浓度较高，10m以后瓦斯浓度比较稳定，采空区顶板垮落时引起的冲击气流携带大量瓦斯涌向采场。

（3）周期来压时，工作面前方支承压力发生变化致使煤壁瓦斯大量涌出，采空区顶板大面积垮落致使采空区瓦斯大量涌出。即周期来压时采场瓦斯涌出量的增大是工作面超前支承压力变化和采空区老顶垮落共同作用的结果。

参考文献

[1] 谈庆明，俞善炳，朱怀球，等．含瓦斯煤在突然卸压下的开裂破坏［J］．煤炭学报，1997，22（5）：514-518.

[2] 聂百胜，何学秋，王恩元．瓦斯气体在煤孔隙中的扩散模式［J］．矿业安全与环保，2000，27（5）：14-16.

[3] 孙培德．变形过程中煤样渗透率变化规律的实验研究［J］．岩石力学与工程学报，2001，20（增）：1801-1804.

[4] 李树刚，钱鸣高，石平五．煤样全应力应变过程中的渗透系数-应变方程［J］．煤田地质与勘探，2001，29（1）：22-24.

[5] 林柏泉，周世宁．煤样瓦斯渗透率的实验研究［J］．中国矿业学院学报，1987（1）：21-28.

[6] Haramy K Y，Mc Donnel J P，Beckett L A. Control of coal bursts［J］．Mining Enginnering，1988，40（4）：263-267.

[7] 钱鸣高，石平五．矿山压力与岩层控制［M］．徐州：中国矿业大学出版社，2003.

[8] 张东明，刘见中．煤矿采空区瓦斯流动分布规律分析［J］．中国地质灾害与防治学报，2003，14（1）：81-84.

帷幕注浆技术在后河隧道施工中的应用

利启明　闵文军　郑少升

（广东宏大爆破股份有限公司，广东 广州，510623）

摘　要：以工程实例，介绍了帷幕注浆堵水及加固技术在后河隧道出口破碎带施工中的应用，并且较为详实地阐述了注浆方案、参数设计和施工工艺。

关键词：隧道工程；帷幕注浆；治水

Application of Curtain Grouting Technology in Houhe Tunnel

Li Qiming　Min Wenjun　Zheng Shaosheng

（Guangdong Hongda Blasting Co.，Ltd.，Guangdong Guangzhou，510623）

Abstract：This paper introduces the application of the curtain grouting for water plugging and reinforcement technology in the broken belt at the exit of Houhe Tunnel，and expounds the grouting scheme，parameter design and operation technology.

Keywords：tunnel engineering；curtain grouting；water plugging

1　概述

川气东送管道工程后河隧道为下穿河底的过河隧道，隧道全长为707.73m，隧道开挖断面6.02m×4.98m。围岩由侏罗系中统上沙溪庙组砂岩、泥岩、泥质砂岩不等厚互层组成。砂岩为相对富水层，河水位以下的泥砂岩接触带可能发生突水及坍塌。隧道最小埋深27m。另外，在该河建坝前，地质勘察对河床多处进行了爆破，导致了隧道围岩受到破坏。隧道开挖施工中，造成围岩失稳和大规模突水的可能性很大。

2　帷幕注浆原理

帷幕注浆是通过在工作面钻地质探孔和超前注浆孔，对于破碎岩层、砂软石层、中（细、粉）砂层等有一定透水性的地层，采用中低压力将浆液压注到上述地层中的裂隙、裂缝、空隙里凝固后将岩土或颗粒胶结为整体，即渗透注浆；对于颗粒更细的不透水、不透浆液的黏土层，采用高压浆液强行挤压深孔周围，使黏土层劈裂并填充浆液且凝结于其中，从而对黏土层起到挤压加固和增加高强夹层加固的作用，即劈裂注浆。

3　帷幕注浆设计要点

后河隧道富水段采用超前探孔探明地下水的涌水量、压力大小、化学性质及水温等，在此基础上决定注浆设计参数（包括浆液的选用，注浆范围、注浆压力和设计配合比、胶凝时间、注浆量、注浆孔的布置、注浆顺序和注浆方式等）。

原载于《西部探矿工程》，2009（10）：178-180，183。

4 浆液的选用

根据超前探孔揭示的地质条件及涌水情况，堵水注浆选用料源广、价格较便宜的水泥—水玻璃浆液。

水玻璃浓度对浆液凝胶时间有较明显的影响，浓度越大，胶凝时间越长，反之越短。水泥浆浓度（用水灰比表示）的影响则相反，水灰比越小，水泥浓度越大，胶凝时间越短，反之越长。而决定水泥—水玻璃浆液结合体抗压强度的主要因素是水灰比，其影响见表1，从表中可以看出，其他条件相同时，水泥浆浓度越大，抗压强度越高。

浆液配比是决定注浆效果的一个关键因素，水泥与水玻璃浆液的体积比可取（1∶0.5）~（1∶1）（水玻璃模数 n=2.4~3.4，波美度30~40B′e）。

表1 水灰比对水泥—水玻璃浆液结石体抗压强度的影响

水玻璃浓度/B′e	水泥浆浓度（水灰比）	水泥浆与水玻璃体积比	抗压强度/MPa		
			7d	14d	28d
40	0.5∶1	1∶1	20.4	24.4	24.8
40	0.75∶1	1∶1	11.6	11.7	18.5
40	1∶1	1∶1	4.4	10.6	11.3
40	1.25∶1	1∶1	0.9	4.4	9.0
40	1.5∶1	1∶1	0.5	0.9	2.3

5 注浆范围和注浆孔布置

超前探孔揭示涌水量为12m^3/h，注浆范围设计为开挖轮廓线外3m。根据YQ100E型钻机性能，选用每循环注浆段长度20m。注浆孔为平行导坑纵向呈企形辐射状（见图1和图2）。要求注浆孔孔底间距按各个注浆孔的扩散半径互相重叠的原则确定（见图3）。注浆终孔间距按1.5~1.6倍浆液扩散半径决定，一般为2~3m；本次注浆终孔间距选择为3m。

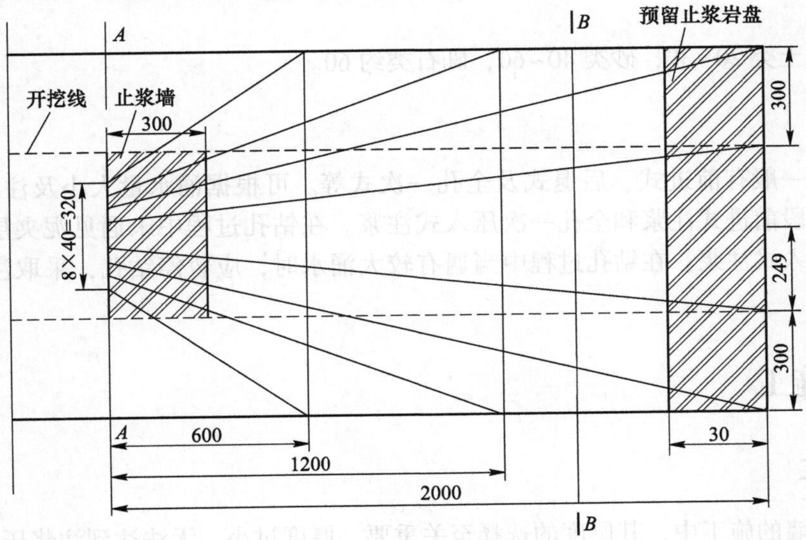

图1 帷幕注浆布置图（单位：mm）

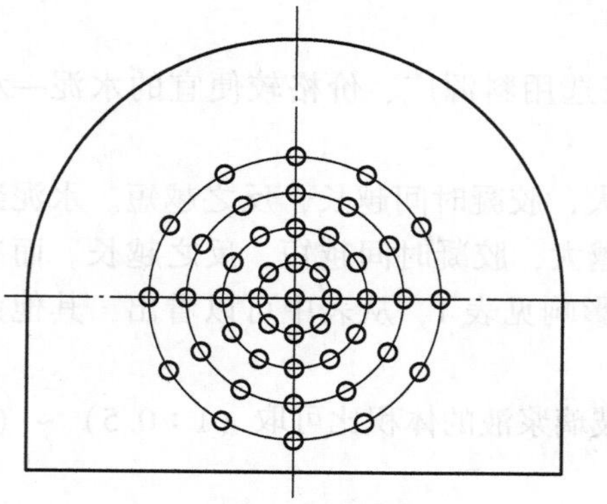

图 2 *A–A* 孔口布置图

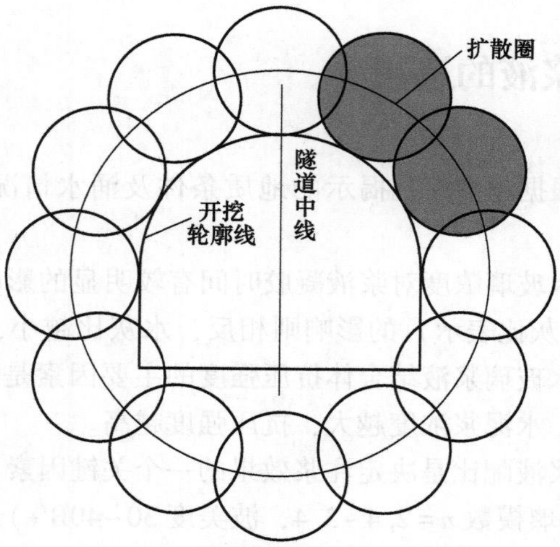

图 3 *B–B* 断面注浆孔扩散圈

6 注浆参数的选择

6.1 注浆压强

注浆压强是促使浆液在地层中流动扩散及填充裂缝的一种动力，必须有足够的压强来克服地下水压和地层裂隙阻力，才能使浆液扩散充填饱满紧密，达到堵水和加固作用。本隧道涌水压强 0.45MPa，注浆压强 1.8MPa。最终压强为涌水压强的 2~3 倍，$p_z=(2\sim3)p$。当涌水压强很小时，注浆最终压强可以按式（1）计算。

$$p_z = p + (2 \sim 4)\text{MPa} \tag{1}$$

式中，p_z 为帷幕注浆的注浆压强；p 为涌水压强，MPa。

注浆最终压强一般为 1.5~4MPa。对于密实性好，颗粒较小的中、细、粉砂及砂黏土，注浆压强可高些。

6.2 总注浆量

总注浆量根据岩体空隙率及浆液在其中的充填率进行估算，一般可按式（2）计算。

$$Q_z = V \times \eta \times a \div 10000 \tag{2}$$

式中，Q_z 为总注浆量；V 为注浆有效范围内岩体体积，m^3；η 为岩体空隙率，%；a 为过去工程实践证明了充填率，%；

其取值为：黏土类 20~30，砂类 40~60，砾石类约 60。

6.3 注浆方式

帷幕注浆方式一般有前进式、后退式及全孔一次式等。可根据涌水量大小及注浆孔的深度选用。本隧道注浆选用分段前进式注浆和全孔一次压入式注浆。在钻孔过程中未遇见泥夹层或涌水，就一钻到底，全孔一次压入式注浆；在钻孔过程中当遇有较大涌水时，应暂停钻孔，采取注一段钻一段的分段前进式注浆。

7 帷幕注浆施工

7.1 止浆墙施工

在混凝土止浆墙的施工中，其厚度的选择至关重要，厚度过小，无法达到注浆压力，且很不安全；厚度过大，造成资源浪费，且影响钻孔速度。止浆墙的厚度主要根据最大注浆压力、隧道开挖断面大小和止浆材料强度确定。本隧道采用平面型混凝土止浆墙。平面型混凝土止浆墙计算经验公式：

$$B = \sqrt{\frac{W \cdot b}{2h \cdot [\sigma]}} \cdot k \tag{3}$$

式中，B 为混凝土止浆墙厚度，m；k 为安全系数，一般取 10~20；W 为作用在墙上的荷载，$W=pS$ (N)；b 为止浆墙宽度，m；h 为隧道高度，m；$[\sigma]$ 为混凝土允许抗压强度，MPa。

采用式 (3)，结合开挖固结情况，后河隧道混凝土止浆墙厚度取 3m 的 C20 混凝土，并与周边围岩通过接缝灌浆连成整体，共同形成良好的止浆体系，该方法可减少混凝土墙体的厚度，加快了施工进度，节约了资源。

7.2 埋设孔口管

固结牢固密实，保证不漏浆、不窜浆的孔口管是决定注浆效果好坏的重要因素，埋设方法为：先用 YQ100E 钻机钻 3.2m 深，再将 3m 长孔口管插入，外露 20~30cm，在注浆管孔口处用胶泥与麻丝缠绕，使之与钻孔孔壁充分挤压塞紧，实现注浆管的止浆和固定。胶泥凝固到有足够的强度后方可进行注浆。

7.3 钻孔

注浆钻孔孔口位置应准确定位，与设计位置的容许偏差为±5cm，偏角符合设计要求，每钻进一段，检查一段，及时纠偏，孔底位置偏移应小于 30cm。钻孔施工顺序应由外向内，同一圈孔间隔施工；钻进过程中遇涌水或岩层破碎造成卡钻，应停止钻进，扫孔后再行施钻；钻进时对孔内情况需进行详细记录。

7.4 制浆

根据选定的浆液配比参数拌制浆液，配制水泥浆或稀释水玻璃时，严防水泥包装纸及其他杂物混入。拌好的浆液在进入贮浆槽及注浆泵之前均应对浆液进行过滤，配制的浆液应在规定时间内注完。

7.5 压水试验

压水试验采用双塞正水法，压力表安装在孔口管回水管上，试验压力取静水压力的 1.5~2.0 倍，试验时每隔 10min 观测一次流量和压力，流量和压力保持相对稳定，流量连续四次读数，其最大值与最小值之差小于最终值的 10%，试验工作即可结束，以最终流量为计算流量。

7.6 钻孔冲洗

当决定钻进孔段需注浆时，必须立即进行冲洗工作，以清除钻孔中的残留岩粉，岩石裂隙中所充填的杂质等。冲孔方式采用压力骤升骤降的放水方式，冲洗结束的标准为：出水管的水洁净后再延续 10min，总冲洗时间不低于 30min。

7.7 注浆顺序和速度

注浆顺序为先外圈再内圈。一般总是先注无水孔，后注有水孔。在无水地段，可以从拱脚起顺序注浆，也可从拱顶起顺序注浆。注浆速度应根据注浆出水量大小而定，一般应从快到慢。

7.8 注浆结束标准

注浆结束标准根据注浆压力和注浆量来控制。当注浆压力逐步升高，达到设计终压时并连续注浆 10min 以上，可结束本孔注浆。单孔注浆量与设计注浆量大致相同，注浆结束时的进浆量在 20~30L/min 以下，则结束本孔注浆。

注浆结束后，钻检查孔检查分析注浆效果，每个注浆循环设 4 个检查孔，检查注浆充填情况，检查孔的深度依据注浆加固范围而定，利用地质钻孔采取岩芯并做水压实验以判断注浆效果。

7.9 注浆效果的判断标准

（1）严重破碎带检查孔出水量小于0.2L/min任一检查孔的出水量小于10L/min。

（2）一般地段检查孔出水量小于0.4L/min，任一检查孔的出水量小于10L/min。

（3）进行压水检查，即在1.0MPa压力下吸水量小于2L/min，如不能达到上述要求，则根据情况进行补孔注浆直到满足要求为止。

7.10 注浆工艺流程

标注孔位→台车就位→定钻孔方向→钻孔→安孔口管→注浆→检查效果。

8 总结

后河隧道工程通过运用帷幕注浆技术，取得了堵水的成功，保护了自然生态环境，保证了工期。通过帷幕注浆实践，总结出要取得堵水成功，必须做好以下工作：

（1）隧道开挖中进行超前探水，提前探明前方地质情况，及时、主动堵水。

（2）注浆孔布置要求孔底间距按各个注浆孔的扩散半径互相重叠的原则确定。

（3）注浆顺序为先外后内，同一圈间隔注浆。

（4）根据经验公式，估算止浆墙厚度，既满足了安全要求，又能节约材料。

参 考 文 献

[1] 崔玖江．水下隧道注浆堵水［M］．北京：人民铁道出版社，1978.

[2] 杨琪．帷幕注浆在隧道施工中的运用［E］．合肥：中铁四局集团公司．

[3] 高巨儒．只堵不排，全方位帷幕注浆在隧道施工中的应用［E］．天津：中铁十八局五公司．

斜井提升无轨运输在隧道施工中的实践应用

利启明　闵文军　郑少升

（广东宏大爆破股份有限公司，广东 广州，510623）

摘　要：结合后河隧道施工实践，总结特殊地质条件下无轨运输比有轨运输更灵活的应用，并对机械的合理配置作了分析。

关键词：后河隧道；斜井提升；无轨运输

Application of Trackless Transport in Inclined Shafts in Tunnel Construction

Li Qiming　Min Wenjun　Zheng Shaosheng

（Guangdong Hongda Blasting Co., Ltd., Guangdong Guangzhou, 510623）

Abstract: This paper, combining with the construction practice of Houhe Tunnel, summarizes the advantages of trackless or hoist transport under special geological conditions compared with track or rail transport, and analyses the rational disposition of equipment.

Keywords: Houhe Tunnel; inclined shaft lifting; trackless transport

1　概述

中石化川气东送管道工程为国家一级重点工程项目，其中沿线不乏穿山和过江隧道的施工，由广东宏大爆破股份有限工程承建的后河过江隧道斜井坡度大、工期紧迫、地质条件复杂、施工难度大、质量要求高，列我国过江隧道施工前列。总结施工中取得的一点经验，针对隧道施工中斜井提升无轨运输的灵活使用，阐述在快速掘进中发挥了不可忽视的作用。

2　工程概况及特点

后河隧道进口段坡度为31.662°，斜长136.52m；出口段坡度为31.525°，斜长为138.31m。其余为平洞，平洞长428.9m。隧道总长度为707.73m。隧道设计开挖岩石量19308m^3（实方），喷射混凝土1603m^3，混凝土衬砌7142m^3。隧道围岩主要是侏罗系中统上沙溪庙砂岩、泥岩、泥质砂岩不等厚互层组成，开挖过程中围岩变化复杂。由于隧道斜井长坡度大给施工带来相当大的难度，而且本工程项目工期相当紧，能否按时完工直接关系到整条管线能否按期投产。在隧道的出渣及材料的运输上，根据施工组织设计和工程本身的状况，决定斜井的提升采用无轨运输方式。隧道出渣及设备、机具、材料的运输，主要由装载机完成。

原载于《西部探矿工程》，2009（10）：184-185，188。

3 提升方案的选择确定

3.1 提升方案选择

根据工程工期的要求，以及有关工程的经验和施工场地的实际情况等，提升方案选择无轨方式。总的部署如下：在斜井施工期间，采用装载机自行装运，井口设卷扬机辅助牵引。卷扬机的主要任务是保障装载机运行安全，在装载机运行中出现故障时能使装载机安全地静止在斜坡上，使装载机能在安全的条件下检修。装载机运行时，即在工作面铲装、斜井中行走过程中，卷扬机随装载机同步运转，作为装载机运行的安全保障。在装载机爬升到井口缓坡处时，确认刹车，抽出连接装置的销子，装载机自行排渣。进入隧道前，装载机停在缓坡处，装上销子，确认连接无误，装载机即可安全下行。考虑到出入口端都有踏步供作业人员进出隧道，卷扬机提升中线应偏离隧道中线30cm，即偏向远离踏步的一侧。根据地面工业场地的实际情况，卷扬机沿隧道提升中线方向布置，其位置的选择，除要满足钢丝绳在卷筒上绕绳的要求外，还要满足装载机回转运行的要求。在斜井开挖完成，进入平洞段约30m后，由于运距越来越大，提升系统优化为采用装载机铲装、两台农用车运输、卷扬机牵引的一套系统。农用车的调车场设在井口缓坡处。和装载机出入井口一样，农用车进入井口缓坡处时，确认刹车，再摘去插销。重车离开缓坡处后，空车即进入，确认和钢丝绳联结牢固，空车下行。用两台农用车作为运载工具，可以最大限度地提高卷扬机的使用效率，运输能力会成倍增加，在掘进循环中，出渣时间将缩短一半以上，从而缩短整个掘进循环时间，增加循环次数，有利于加快施工。

3.2 设备选型

设备选择主要是提升设备（卷扬机）、装载机、农用车和钢丝绳的选择。

提升设备选择：提升设备选择JK-10卷扬机，产于成都四达机械制造有限公司。相关技术参数见表1。

表1 JK-10卷扬机有关参数

序 号	项 目	额定值
1	额定拉力/kN	100
2	额定速度/m·min^{-1}	45
3	卷筒容绳量/m	200
4	电动机功率/kW	90
5	外型尺寸/m×m×m	0.9×2.3×1.3
6	整机重量/kg	7860

运载设备选择：运载设备选用ZL-30F装载机，上海中国龙工产品。相关技术参数见表2。

表2 ZL-30F装载机有关参数

序 号	项 目	额定值	备 注
1	自重/kN	100	
2	斗容量/m^3	1.7	
3	牵引力/kN	78	
4	行驶速度/m·min^{-1}	0~558	后退分三个挡
5	额定载重/kN	30	
6	最大爬坡能力/(°)	30	

农用车选择：农用车选择 DZ3060C1E 型自卸汽车，相关技术参数见表 3。

表 3 农用车有关技术参数

序 号	项 目	额定值	备 注
1	轴距/mm	3725	
2	货箱外型/m×m×m	3.6×2.1×0.6	实际容积约 3.23m^3
3	整车外型/m×m×m	6.3×2.3×2.5	长×宽×高
4	发动机功率/kW	85	
5	额定载重/kg	2450	

钢丝绳的选择：钢丝绳的选择除考虑与卷扬机匹配外，还要达到要求的安全系数。这里选择 6×19 合成纤维芯钢丝绳，公称直径为 $\phi28$，每百米理论重量 270kg，公称抗拉强度 1870MPa，最小破断力总和 486kN。

3.3 强度校核

3.3.1 卷扬机—装载机系统的强度校核

3.3.1.1 卷扬机提升能力校核

（1）装载机总重：

$$G = G_0 + V \times \gamma \times \rho$$

式中，G 为装载机总重，kN；G_0 为装载机自重，$G_0=100$kN；V 为装载容积，$V=1.7m^3$；γ 为岩石松散容重，$\gamma=16kN/m^3$；ρ 为铲斗装满系数，取 0.6。

$$G = 100 + 1.7 \times 16 \times 0.6 = 116.32\text{kN}$$

（2）装载机在斜井底板静止时，沿底板方向向下的合力：

$$F = G \times \sin 31.662° = 116.32 \times \sin 31.662° = 61.06\text{kN} < 100\text{kN}$$

所选 JK10 卷扬机提升能力能够保障装载机在斜井中运行的安全要求。

计算中没有考虑装载机与地面的摩擦和钢丝绳的自重，计算结果偏安全。

3.3.1.2 钢丝绳安全系数核算

安全系数 $$\lambda = \frac{N \times \delta}{F} = 486 \times 1.134/61.06 = 9.03$$

式中，N 为钢丝绳最小破断力总和，kN；δ 为系数，1.134；

所选钢丝绳能满足强度要求。

3.3.1.3 销子抗剪强度校核

销子材质为 45 钢，极限抗剪强度为 $[\sigma_b] = 488$MPa。

销子抗剪强度：

$$\sigma_b = \frac{1000 \times F}{S_b} = \frac{4 \times 100 \times F}{d^2 \times \pi}$$

式中，σ_b 为抗剪强度，MPa；F 为拉力，kN；S_b 为销子截面积，mm^2；d 为销子直径，$d=50$mm。

$$\sigma_b = \frac{4 \times 1000 \times 63.91}{d^2 \times \pi} = 32.57\text{MPa}$$

安全系数 $\lambda = \dfrac{[\sigma_b]}{\sigma} = 15.0 > 13$，销子的抗剪强度能够满足安全使用要求。

通过以上验算，所选提升运输系统能够满足安全要求。

3.3.2 卷扬机—农用车系统的强度校核

3.3.2.1 卷扬机提升能力校核

(1) 农用车载荷后总重：

$$G = G_0 + V \times \gamma \times p$$

式中，G 为装载机总重，kN；G_0 为农用车自重，$G_0=32$kN；V 为装载容积，$V=4.79\text{m}^3$；γ 为岩石松散容重，$\gamma=16\text{kN/m}^3$；ρ 为车箱装满系数，取 0.4。

$$G = 32 + 4.79 \times 16 \times 0.4 = 62.66\text{kN}$$

(2) 农用车在斜井向上运行时，沿底板方向向下的合力：

$$\begin{aligned} F &= G \times \sin 31.662° + G \times \cos 31.662° \times \lambda \\ &= 66.66 \times \sin 31.662° + 62.66 \times \cos 31.662° \times 0.3 \\ &= 48.89\text{kN} < 100\text{kN} \end{aligned}$$

所选 JK10 卷扬机提升能力能够满足提升农用车的安全要求。

计算中没有考虑钢丝绳的自重，计算结果偏差很小。

3.3.2.2 钢丝绳安全系数核算

安全系数 $$\lambda = \frac{N \times \delta}{F} = \frac{486 \times 1.134}{48.89} = 11.27$$

式中，N 为钢丝绳最小破断力总和，kN；δ 为系数，取 1.134。

所选钢丝绳能满足强度要求。

3.3.2.3 销子抗剪强度校核

销子材质为 45 钢，极限抗剪强度为 $[\sigma_b] = 488$MPa。

销子抗剪强度：

$$\sigma_b = \frac{1000 \times F}{S_b} = \frac{4 \times 1000 \times F}{d^2 \times \pi}$$

式中，σ_b 为抗剪强度，MPa；F 为拉力，kN；S_b 为销子截面积，mm^2；d 为销子直径，$d=50$mm。

$$\begin{aligned} \sigma_b &= \frac{4 \times 1000 \times 48.89}{d^2 \times \pi} \\ &= \frac{4 \times 1000 \times 48.89}{50^2 \times 3.14} \\ &= 24.91\text{MPa} \end{aligned}$$

安全系数 $\lambda = \frac{[\sigma_b]}{\sigma} = \frac{488}{24.91} > 13$，销子的抗剪强度能够满足提升农用车的安全要求。

通过以上验算，所选提升运输系统能够满足安全要求。

4 总结

本方案和有轨运输比较，有以下优点：

(1) 装载机能够在工作面自行铲装，在隧道内自行行走，在地面自行排渣，不仅早期投产快，对隧道开挖中的清底工作、地面其他任务等都是有利的。

(2) 节约地面临时设施的搭设工作量和时间，有利于尽早开工。

(3) 在材料下放方面，农用车由于其自身的灵活性，省去了地面搬运和在隧道作业中的大量人力和时间。

(4) 在全面做好各项安全措施的前提下，和有轨运输一样，能满足提升运输的安全要求。

(5) 在平洞中装渣时，不受有轨运输情况下的约束，减少或省去有轨时人工辅助装渣工作，有利于节约装渣时间，从而缩短掘进循环时间，也有利于工期。

(6) 在隧道施工进入平洞后，采用农用车运输，方便灵活，设备利用率高，利于形成快速掘进的局面。

后河隧道施工在方案选择、机械配置等方面都是成功的，为隧道的快速、优质施工提供了有力的保障。斜井提升无轨运输在工期紧、斜井长、坡度大的隧道开挖出渣及材料运输中应用不失为一个好办法，但大坡度斜井提升在施工中仍存在难题需要解决，需在施工实践中进一步探索和研究，进一步提高施工水平和工艺。

参 考 文 献

[1] 煤矿安全规程［S］. 国家安全生产监督管理局，国家煤矿安全监督局发布.

[2] 中铁二局集团有限公司，TB 10204—2002 铁路隧道施工规范［S］. 北京：中国铁道出版社.

[3] 周建奇. 乌鞘岭特长隧道3号斜井施工方案比选及经济技术分析［R］. 中铁二十二局集团有限公司.

软岩巷道地压控制研究

利启明　刘春林

（广东宏大爆破股份有限公司，广东 广州，510623）

摘　要：深井巷道地压的控制是煤矿开采的一个技术难题，对深井巷道围岩的物理力学性质、矿压显现进行了分析，提出治理深井巷道围岩的支护方案，并对该巷道采取锚网索联合支护和锚注的技术措施进行了修复加固的试验研究，试验效果明显，提高了巷道支护强度，控制了动压巷道的破坏，保证了巷道的稳定。

关键词：软岩巷道；地压控制；锚注

Study on Pressure Control in Soft Rock Roadways

Li Qiming　Liu Chunlin

（Guangdong Hongda Blasting Co., Ltd., Guangdong Guangzhou, 510623）

Abstract: The ground pressure control in the deep roadway is a technical problem for coal mining. This paper analyzes the physical and mechanical properties of the surrounding rock and the appearance of pressure in the roadway, puts forward the support plan, and carries out the test of renovation and consolidation of the roadway by the anchor and wire rope combination and bolt grouting. The test result shows that the plan obviously enhances the intensity of support and controls the destruction of dynamic pressure to the roadway, ensuring the stability of the roadway.

Keywords: soft rock roadway; ground pressure control; bolt grouting

我国许多煤矿开采时间较长，新建煤矿和老矿不得不建在地质条件复杂、岩层结构软弱的煤田或向深部开采，因而矿井出现了越来越多的用传统方法难以控制的软岩巷道，巷道围岩体表现出明显的大变形、大地压、长时间持续流变的软岩特性[1-3]。由于围岩体承载能力差，支护方式的选择受到限制，巷道的稳定控制更为困难，多数巷道处于多次返修、多次扩刷、多次支护的境地。巷道围岩控制，特别是巷道的底臌控制，更是国内外煤矿开采中的难题[2,4,5]。如何对巷道围岩特别是底板进行行之有效的加固，使巷道在服务年限内很好地服务于生产，满足安全生产的要求，显得尤为重要。目前国内外煤矿巷道控制措施多种多样[2,3,6,8]，而且发展迅速且多样化，这些方法在特定的地质技术条件下虽取得了一定的技术效果，但却普遍存在施工复杂、支护成本高及可靠性差等缺点。我国煤矿分布广泛，条件各异，围岩地质条件复杂，原岩应力和围岩强度也有较大差异，因此，要求具体条件具体分析，探讨其围岩特点和变形破坏力学机制，并在此基础上提出相应的控制方法。

1　巷道围岩加固措施

从巷道围岩空间状态而言，巷道是由顶板、底板和两帮组成的一个复合结构体，结构的各部分在矿山压力作用下的受力状态不同，其围岩性质也往往存在着很大的差异。当顶板为较弱的页岩、其他部位为砂岩时，巷道顶板岩层发生明显的弯曲和下沉，并直接影响到巷帮上部的稳定，顶板过度弯曲下沉必将导致其断裂和破碎，顶板软弱结构将是巷道支护的重点。当巷道底板结构为软弱岩层时，底

原载于《西部探矿工程》，2011（1）：187-190。

板在水平集中应力作用下的底臌变形十分明显，围岩控制的重点将是底臌；当巷道两帮结构为软弱岩层时，巷道围岩变形主要表现为两帮岩层在垂直集中应力作用下的内移，两帮变形在中部和上部比较突出，巷道支护和让压的重点在两帮。当巷道围岩性质没有显著差异时，围岩各部分都会发生相应的变形，可以采用通常的支护理论于设计方法进行加固支护设计。

无论是回采巷道还是准备巷道，都存在仅有某一局部稳定性差的问题。这种情况下，若仅为了巷道局部的稳定性而采取保守的支护方式会造成浪费，若对该局部考虑不够又容易导致局部破坏从而影响整条巷道的使用，因此有必要针对性地控制局部稳定，另一方面充分发挥稳定部分的自承能力。对局部稳定性差的围岩进行控制有三种方法[2,3,6]：

（1）改善局部围岩应力状态，进行卸压保护；

（2）加固巷道局部围岩；

（3）前两条综合。

2 锚注治理巷道围岩机理分析

锚注治理围岩技术是将锚固与岩体注浆加固有机的结合，同传统的刚性结构支架以及普通的锚杆支护相比，锚注技术是利用空心锚杆兼作注浆管（简称注浆锚杆），通过注浆泵将浆液经注浆锚杆上的注浆孔压入、扩散到岩体的裂隙内，实现锚固、封孔和注浆一体化。由于注浆浆液的压入、渗透、充填、固结等作用能使底板岩体、浆液结石体和锚杆有机地结合成整体，围岩的自承载能力得到充分发挥[2,3,6,8-10]。当巷道围岩存在某些裂隙时，由于注浆浆液易于在裂隙及弱面内渗透流动，且浆液凝结后对裂隙和弱面进行充填排除原先储存在结构空隙中的水分和空气，将被结构面切割的岩块包裹起来，从而改变了岩体各种物相的比例关系，使原来破碎的岩体重新胶结成整体，改变了岩体的力学特性，提高了岩体的黏结力和内摩擦角，增加了岩体的强度和完整性，有效改善了底板的应力状态，较高应力向深部转移，缓解了应力集中。另一方面也改善了工程岩体的水理环境和锚杆的锚固环境，使得巷道的维护环境大大改观。同时注浆也为锚杆提供了可靠的着力基础，改善了锚杆的锚固环境，使锚杆对破碎底板岩层的锚固作用得以发挥，将锚固与注浆结合起来使用，可使锚杆和注浆各自的适用范围得到扩大。

3 工程概况

某矿一采区已进入深部开采，最大采深达 870m，巷道维护越来越困难。该采区某煤层厚 1.5m，抗压强度为 17.02MPa；顶板为细砂岩，厚度 3.1m，抗压强度为 46.92MPa；底板为泥岩，厚度 4.0m，抗压强度为 3.32MPa，泥岩经饱水处理后抗压强度在 1.20MPa，软化系数为 0.36。底板泥岩经饱水后的力学特性发生较大变化，这是由于泥岩内含有遇水容易软化和泥化的矿物成分（主要有伊利石、蒙特土），遇水后强度有大幅度的降低。

该采区的总回风下山布置在采区的护巷煤柱中，沿该煤层掘进，由于煤层厚度有限，回风下山采用沿顶撬底掘进，掘进断面为半圆拱形，净宽 4m，净高 3.2m，支护形式为锚网喷支护，所有锚杆均为全长锚固。锚杆规格为 ϕ20mm×2000mm 的高强度无纵筋左旋螺纹钢锚杆，间排距 600mm×600mm；底角锚杆下扎角度约 45°，为便于施工，同时也起到防止底臌的作用，两帮最下部的锚杆安装角度约 15°，其余锚杆垂直于安装点巷道表面。喷射混凝土标号为 C20，厚度 120mm；网片采用 ϕ6mm 钢筋焊接，规格为 1500mm×800mm，网孔 150mm×150mm，网片搭接长度为 100mm。

该巷道由于上部临近煤层开采而变形剧烈，巷道断面大部分减小到 3.4m×2.8m 左右，局部变形为 2.8m×1.9m，ϕ20mm 的锚杆被从托盘处剪断的现象时有发生，不仅影响生产，还威胁矿山的安全。虽然局部用 U 型钢支架修复，但巷道变形破坏依然严重。为了尽快修复该巷道，并从根本上解决巷道底臌的问题，开展了对该矿深井巷道地压与支护的试验研究。

4 巷道围岩变形破坏的机理分析

根据该矿的具体地质条件、生产情况及该巷道围岩受力分析，结合巷道的变形破坏情况可知，影响巷道围岩稳定性的因素主要有：

（1）该巷道离地表的深度为680~870m，埋深大，围岩所承受的垂直应力和水平应力都很大，这是最主要的影响因素。

（2）巷道开掘后对围岩进行封闭不及时，围岩特别是底板泥岩遇水崩解、软化，强度降低，塑性区增大，因而影响到整个巷道的稳定。

（3）由于上部临近煤层的开采造成的集中应力传递到下部煤层巷道的围岩内，使地应力增大，导致底臌，使巷道难以维护。

5 巷道的支护原理及措施

5.1 支护原理

从上述巷道围岩稳定性的影响因素和巷道实际变形情况可知，要维护巷道的稳定，关键是提高围岩自身的承载能力。原用的支护是锚网喷支护，对围岩力学性能有一定程度的改善，但由于巷道埋深大，水平应力和垂直应力均比较高，围岩的承载能力难以抗拒高应力的影响。因此，需进一步改善围岩的力学性能，提高其承载能力，而采用如下的力学原理和技术措施：

（1）修刷巷道断面，及时封闭围岩，避免顶底板岩石软化、膨胀，减少强度损失。

（2）优化支护参数，增强巷道的支护强度。

（3）注重打好角锚杆，以抑制巷道底臌的发生。

（4）固帮减跨。根据理论研究和众多工程实践表明，通常通过围岩注浆来达到"固帮减跨"的目的，增强围岩力学性能，提高围岩的强度，同时改善锚杆锚固基础；对于节理裂隙发育的软岩，采用锚注加固是一种较好的支护方式。它可以改变围岩的松散结构，提高围岩的黏聚力和内摩擦角，封闭裂隙，阻止水对岩体的侵蚀，使岩体强度得到提高，从而提高了围岩的自承能力。

5.2 支护方案

从巷道围岩控制理论来看，修复并控制住巷道围岩变形需考虑：围岩的应力状态、围岩的赋存状况及力学性能、支护技术。最终目标是降低巷道维护费用、保持巷道围岩稳定、控制围岩变形。针对巷道的维护特点，采用以下技术路线。

5.2.1 修复加固思路

通过对该巷道的变形、破坏情况等调查分析，掌握巷道围岩地应力的分布特征，对原有支护进行优化，最大限度地控制围岩变形，并保持技术、经济上的优越性。

考虑到围岩结构性差流变性强，为使巷道修复加固后满足设计断面要求，修刷断面时将巷道宽度较设计值加大200mm，高度加大100mm。修刷巷道断面后，对巷道顶板和两帮初喷混凝土层为50~60mm，布置锚杆，挂钢筋网并用托盘压紧，复喷混凝土70mm（一次支护）。随后进行矿压监测，待巷道围岩变形基本趋于稳定时，及时进行二次注浆加固（注浆锚杆注浆加固）。巷道底板注浆锚杆垂向布置，底角的注浆锚杆下扎角度约45°，以利浆液扩散至底板岩层之中，并可阻止应力引起的底板变形。

5.2.2 锚注支护参数及注浆施工

锚注修复加固技术所用材料主要包括普通锚杆、注浆锚杆、钢筋网、树脂锚固剂、水泥、水玻璃等[5]。

与原来支护相比，锚杆材质、安装方式及锚固方式不变，钢筋网规格和安装方式也不变；喷浆工艺也不变。所不同的是锚杆直径规格变为ϕ22mm×2200mm，间、排距变为650mm；初锚力60kN，锚固力100kN。顶板每2排锚杆布置一排锚索加强支护，每排2根，锚索长度6.5m，与水平呈60°角安装，安装点与巷帮的水平距离约800mm，安装示意见图1。锚索采用ϕ15.24mm低松弛预应力钢绞线制作，树脂药卷锚固，锚固长度2m；其极限承载力为260.7kN，预应力为100kN。

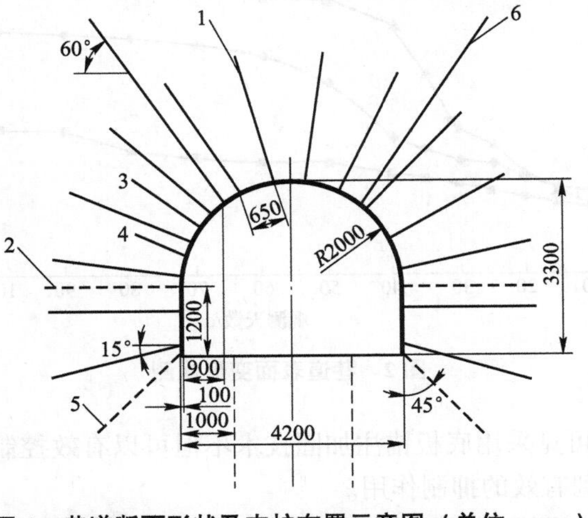

图1　巷道断面形状及支护布置示意图（单位：mm）

1—高强锚杆；2—注浆锚杆；3—钢筋网初喷层；4—复喷层；5—底角注浆锚杆；6—锚索

支护后立即对巷道进行了矿压监测，以确定注浆加固的合理时间，现场实测表明这个时间在一次支护后30~35d。注浆锚杆规格设计为ϕ20mm×2200mm，采用无缝钢管制作，壁厚4mm，杆体上顺序钻有ϕ6mm注浆孔。由于该巷道的顶板支护效果较好，顶板完整性好，经现场试验表明顶板注不进浆液，因此决定只注两帮和底板。注浆锚杆间排距1200mm×1200mm。

注浆浆液采用普通硅酸盐水泥加水玻璃浆液，水泥采用525号普通硅酸盐水泥，水玻璃浓度45Be′，用量为水泥重量的3%~5%。浆液配合比为1∶2∶2，水灰比为（0.7∶1）~（1∶1）。注浆前，先检查、补喷已开裂及损坏的巷道表面混凝土层。注浆时采用自下而上、左右顺序作业的方式，每断面内注浆锚杆自下而上先注底板，再注底角，最后注两帮。注浆锚杆的注浆量在某种程度上取决于岩体裂隙发育情况，因此注浆锚杆单孔注浆量也会有较大差异，单孔注浆量根据工程经验结合概况的实际情况选取，最大注入量每孔200kg。注浆时可根据现场实际情况随时调整注浆压力（不超过2MPa），以底板不变形两帮不跑浆液为限。为了防止围岩注浆泄漏，注浆时在控制注浆压力和注浆量的同时，还要控制注浆时间，注浆时间不宜过长，但应灵活掌握，一般为20~30min。

注浆完毕后，根据观测结果确定是否复注及复注位置，主要是对初次注浆时，注浆效果较差的个别孔或是水泥凝结硬化时产生较大收缩变形部位，通过复注可起到补注和加固作用，从而易于保证施工质量。

6　矿压观测与分析

为了观测巷道围岩的活动规律，检查支护效果，为以后进一步改进和优化支护参数提供第一手材料，锚注加固施工后立即对围岩表面位移进行了观测，以了解巷道顶板下沉量、顶底板移近量和两帮的相对变形量及断面的缩小程度，从而判断巷道围岩的稳定性。对该巷道围岩的变形情况进行为期120d连续观测。选取数据比较完整、分布在不同地段的、从上往下取变形较大，较有代表性的测站的数据进行整理，结果见图2。

该巷道通过提高锚杆支护强度、加长锚杆长度、加强锚索布置、喷浆封闭围岩、注浆锚杆等修复加固技术措施，取得了很好的变形控制效果。从图2中的实测数据可以看出：

（1）近120d的围岩变形监测显示，锚注加固后围岩的变形及变形速度小，巷道顶底板的累计移近量约50mm，底臌量约30mm，占顶底板移近量的60%；两帮的移近量大致相当，累计移近量小于70mm，巷道断面收缩率小于4%。巷道在锚注加固施工后50d后围岩基本处于稳定状态。

（2）锚注是控制深部巷道围岩变形尤其是控制底臌的关键。从监测数据可知，围岩移近速度最大

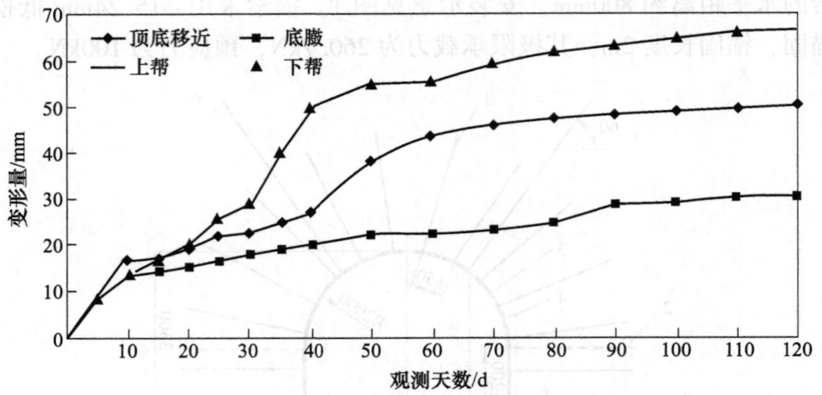

图 2 巷道表面变形观测

值在 1.6~1.98mm/d 之间，可见采用底板锚注加固技术不但可以有效控制巷道底板的变形，同时对巷道的顶板和两帮的变形也得到有效的抑制作用。

另外，经技术人员对该巷道锚杆进行锚固力检测，锚杆（包括注浆锚杆）均达到了设计的 100kN 锚固力的要求；而锚索在安设 24h 后，锚固力最大达到 210kN，平均达到 185kN。显然，锚注+锚杆（索）既加固了围岩，又充分发挥了锚杆的锚固作用，形成了有效的组合拱结构。

7 结论

通过对某采区运输巷进行以锚注修复加固的试验研究，得到以下结论：

（1）该巷道埋深大，巷道围岩变形具有明显的深部矿压特征。应力大，围岩破碎区也大，在高应力作用下变形严重，尤其巷道底臌强烈。

（2）该巷道围岩中富含伊利石和高岭石等遇水膨胀、崩解矿物，因此，作为服务时间较长的巷道，及时封闭围岩是必须采取的支护措施之一。

（3）试验证明，该巷道通过加长锚杆长度、安设加强锚索来提高支护强度，喷浆封闭围岩来提高围岩承载能力等支护手段是行之有效的。

（4）通过近 120d 的监测显示，锚注加固后围岩的变形及变形速度小，巷道顶底板移近量累计约 50mm，底臌量累计约 30mm；两帮的移近量大致相当，累计移近量均小于 70mm，巷道断面收缩率小于4%。锚杆（包括注浆锚杆）和锚索均达到了设计的锚固力的要求，巷道围岩的稳定性得到较好的控制。

参 考 文 献

[1] 何满朝，景海河，孙晓明．软岩工程力学［M］．北京：科学出版社，2002.
[2] 何满潮，孙晓明．中国煤矿软岩巷道工程［M］．北京：科学出版社，2004.
[3] 谭云亮，刘传孝．巷道围岩稳定性预测与控制［M］．北京：中国矿业大学出版社，1999.
[4] 杨新安，陆士良．软岩巷道锚注支护理论与技术研究［J］．煤炭学报，1997，22（1）：32-36.
[5] 杨新安，陆士良，葛家良．软岩巷道锚注支护技术及其工程实践［J］．岩石力学与工程学报，1997，16（2）：171-176.
[6] 侯朝炯，郭励生．煤巷锚杆支护［M］．徐州：中国矿业大学出版社，1999.
[7] 柏建彪，侯朝炯．深部巷道围岩控制原理与应用研究［J］．中国矿业大学学报，2006，35（2）：145-148.
[8] 王襄禹，柏建彪，李伟．高应力软岩巷道全断面松动卸压技术研究［J］．采矿与安全工程学报，2008，25（1）：37-40，45.
[9] 刘文涛，何满潮，齐干，等．深部全煤巷道锚网耦合支护技术应用研究［J］．采矿与安全工程学报，2006，23（3）：272-276.
[10] 柏建彪，侯朝炯，杜木民，等．复合顶板极软煤层巷道锚杆支护技术研究［J］．岩石力学与工程学报，2001，20（1）：53-56.

后河隧道宣汉端硐口段施工安全监测

郑少升　邢光武　周名辉

（广东宏大爆破股份有限公司，广东 广州，510623）

摘　要：后河川气东送管道过河隧道宣汉端为斜井，围岩软弱、破碎，采用短进尺、弱爆破开挖。为确保施工安全，采用了拱顶下沉、水平收敛、围岩与喷混凝土接触压力、锚杆轴力等监控手段。介绍了监测工作及实测数据及相应关系曲线。提出"弱爆破、短进尺、强支护、早封闭、勤监测"的原则，有效控制了围岩的变形。

关键词：过河隧道；软岩地层；监控量测

Safety Monitoring and Measurement of Adit Construction on Xuanhan Side of Houhe Tunnel

Zheng Shaosheng　Xing Guangwu　Zhou Minghui

（Guangdong Hongda Blasting Co., Ltd., Guangdong Guangzhou, 510623）

Abstract: The Houhe tunnel cross a river in Xuanhan side for Sichuan-to-east gas transmission pipe lines is a inclined shaft, which the rock around is broken and weak, so the short footage and the loosing blasting were used to excavate. To ensure construction safety, the tunnel arch top settlement, horizontal convergence, contact pressure from wall rock with sprayed concrete, and axial stress of rock bolt were monitoring. The monitoring and monitored data with its relation curve are introduced. The proposed principle of loosing blasting, short footage, strong supporting, early closing and frequen tmonitoring could effectively control the deformation of wall rock.

Keywords: crossing-river tunnel; soft rock stratum; monitoring and measurement

1　概况

后河隧道为川气东送管道工程下穿后河的过河隧道。隧道宣汉端为倾角 31.662°、斜长 136.52m 的倾斜斜井，硐口及穿越轴线位于自然村落中部，周围民房多为 2 层砖混结构；隧道开口端为倾角 31.525°、斜长 138.31m 的倾斜斜井；河床底为平硐段。隧道全长为 667m。坑底至河床最薄处约 31m，后河两侧河堤高出河床约 42m。

隧道宣汉端 DK1+126～DK1+151 硐口段为浅埋偏压软弱围岩，隧道开挖宽度 6.02m，开挖高度 4.98m，净空面积为 26.81m^2，埋深 6～27m；穿越的地层主要为侏罗系中统上沙溪庙祖泥岩，岩质较软弱，表层风化强烈，岩体破碎，成分以黏土矿物为主，属Ⅴ级围岩，稳定性差。

2　施工方法及初期支护措施

根据设计断面及围岩的实际情况，后河隧道宣汉端硐口段采取全断面钻爆开挖方法[1-3]。为减弱爆破对围岩的破坏并使岩壁表面平整、围岩结构稳定，对周边孔采取预裂爆破[4-9]。主要施工步骤为：

原载于《爆破》，2011，28（2）：109-111。

(1) I12.6号普通热轧工字钢架锁口，超前支护（$\phi 42$小导管注浆，$\phi 22$药卷锚杆）；(2) 预裂爆破；(3) 钻爆开挖（循环进尺1.3m）；(4) 初期支护（I12.6号普通热轧工字钢架@100，$\phi 8$@25×25钢筋网，$\phi 22$锚杆长3.5m，$\phi 42$小导管，C20喷射混凝土厚度24cm）。

3 测点埋设布置

为保证后河隧道宣汉端DK1+126~DK1+151硐口段安全施工，于2007年7月12日宣汉端硐口段DK1+131处埋设了必测和选测断面[3]：其中拱顶下沉测点3个；拱腰的周边收敛测点1对；边墙周边收敛测点1对；左、右侧拱腰，拱顶埋设围岩与喷射混凝土接触压力测点3个；左、右侧拱腰，拱顶埋设钢支撑内力测点3个；左侧拱腰埋设锚杆轴力测点4个；右侧拱腰埋设围岩内部位移测点5个。

4 量测项目分析

4.1 拱顶下沉量测

从拱顶3个测点的下沉变化曲线（见图1）可以看出，拱顶的3个测点的变化曲线基本一致。其中左边测点的拱顶下沉量最大（达5.6mm），中间测点次之，右边测点下沉量最小，表明硐口段明显受到偏压影响。从统计的拱顶下沉（中间测点）与隧道开挖距离关系（见表1）可以得知，隧道开挖面向前推进5~10m时，测点的拱顶下沉变化量不大，只占累计下沉量的30%；当隧道开挖面向前推进至间距10~15m时，测点的拱顶下沉量最大，约占累计下沉量的70%；当开挖面与测点相距超过15m时，测点的拱顶下沉量已基本趋向稳定[1,2-8]。

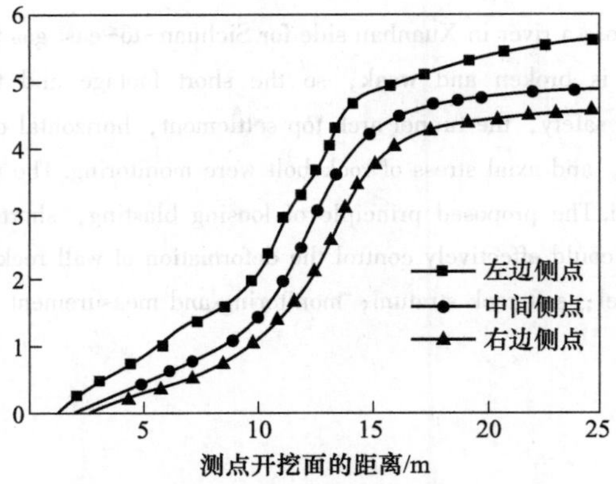

图1 拱顶测点的下沉量随开挖面距离的变化曲线

表1 DK1+131断面拱顶中间测点下沉与隧道开挖面距离关系

距开挖面距离/m	拱顶下沉量/mm	拱顶下沉释放率/%
5	0.46	9.48
10	1.45	29.90
15	4.21	86.80
20	4.77	98.35
25	4.85	100.00

4.2 周边水平收敛量测

DK1+131断面周边水平收敛（上、下测线）随时间变化曲线如图2所示。周边水平收敛（上、下测线）的量测值分别为3.52mm、0.86mm，上测线在隧道开挖10d后基本趋于稳定，下测线在隧道开挖约5d后逐渐趋于稳定。从上测线水平收敛变化特征（见表2）及其随时间变化曲线可以看出：隧道开挖后，上测线前5d收敛变化较缓，后5d收敛的变化速率最大，其收敛量约占累积收敛量的70%，随后基本趋于稳定。下测线收敛变化较小，开挖5d后基本趋于稳定。

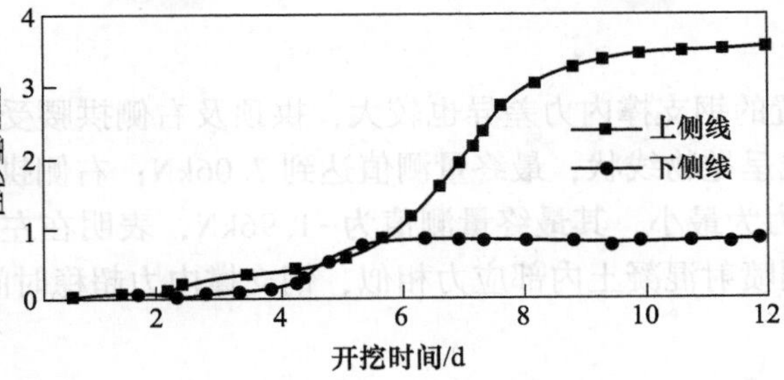

图2　DK1+131断面周边水平收敛随时间变化曲线

表2　DK1+131断面上测线水平收敛变化特征

观测时间	收敛量/mm	占累计收敛量的%	历时/d	平均收敛速率/mm·d^{-1}
20070714	0.13	3.69	2	0.06
20070716	0.27	7.67	2	0.13
20070718	0.65	18.46	2	0.32
20070720	1.89	53.69	2	0.94
20070722	0.52	14.77	2	0.26
20070724	0.06	1.70	2	0.03
合　计	3.52	100.00	12	

4.3　围岩与喷射混凝土接触压力量测

DK1+131断面各个位置的围岩与喷射混凝土接触压力都不大。由于受山体偏压影响，所以各个位置的围岩与喷射混凝土接触压力差异较大。右侧拱腰（C点）的接触压力最大，其变化曲线呈台阶状（图3），该点最终量测值达到0.09MPa；拱顶（B点）的接触压力其次，其最终量测值为时0.03MPa；左侧拱腰（A点）的接触压力为负值，表明其受拉，但其量测值最小，仅为-0.01MPa。从变化曲线的发展趋势看，隧道开挖15d后，围岩与喷射混凝土接触压力已基本趋于稳定（见图3）。

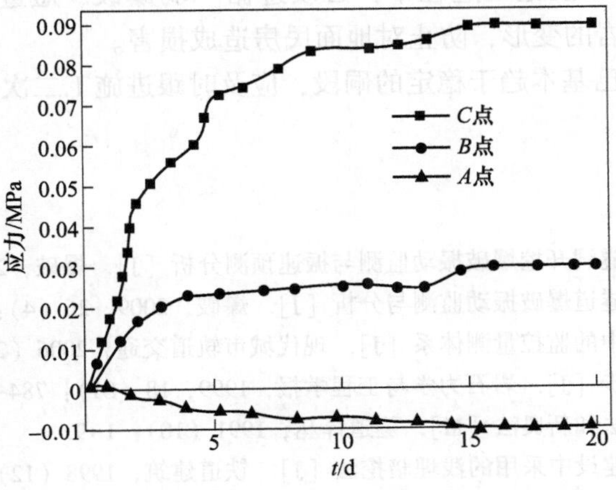

图3　DK1+131断面围岩与喷射混凝土接触压力随时间变化实测结果

4.4　喷射混凝土内部应力量测

受偏压影响，DK1+131断面各个位置的喷射混凝土内部应力差异也较大。其中右侧拱腰的应力最大，其变化曲线呈抛物线状，最终量测值为2.710MPa；拱顶的应力其次，其最终量测值为0.411MPa；

左侧拱腰的应力最小，其最终量测值为-0.04MPa，表明喷射混凝土受到很小的拉力。从变化曲线的发展趋势来看，喷射混凝土内部应力在埋设的18d后基本趋于稳定。

4.5 钢支撑内力量测

DK1+131断面各个位置的钢支撑内力差异也较大，拱顶及右侧拱腰受压，左侧拱腰受拉。其中拱顶的内力最大，其变化曲线呈抛物线状，最终量测值达到7.06kN；右侧拱腰的内力其次，最终量测值为0.61kN；左侧拱腰的应力为最小，其最终量测值为-1.96kN，表明在左侧拱腰位置钢支撑受拉。从变化曲线的发展趋势看，同喷射混凝土内部应力相似，钢支撑内力超稳时间也较长。

4.6 围岩内部位置量测

右侧拱腰处围岩内部的5个测点位移变化值存在一定差异，其中围岩壁面及围岩内部0.9m处测点的位移量基本相同而且其值最大，最终超过0.2mm；围岩内部1.8m处测点的位移量约为0.09mm；围岩内部2.7m处测点的最终位移量为负值，其量测值约为-0.12mm。说明围岩松动圈较小（为0.5~1.5左右），同时也表明开挖方法对围岩扰动较小。

4.7 锚杆轴力量测

DK1+131断面左侧拱腰围岩内部4个测点的锚杆轴力变化基本相似，都是先受拉（正值），后逐渐变为受压（负值）。其中围岩内部3.2m处测点锚杆轴力很小，而且比较稳定，而其余3个测点的受力在埋设初期即增加较快，埋点后的第3天，围岩内部0.5m、1.4m、2.3m处测点的量测值（拉力）分别达到了2.04kN、3.66kN、0.97kN，而且很快达到基本稳定；随着开挖面的逐渐前移，其量测值逐渐减小，并终达到锚杆各个测点很快变为受压。

5 结语

根据现场监测及观测到情况分析，得出如下几点认识和结论：

（1）后河隧道宣汉端硐口段采取全断面钻爆开挖并对周边采取预裂爆破的方法是适宜的。虽然对周边孔采取预裂爆破使施工工序变得相对复杂一些，但是总的看来它对围岩扰动和变形影响较小，对保证该浅埋偏压软弱围岩段的施工安全有利。

（2）后河隧道宣汉端硐口段施工过程中，必须遵循“弱爆破、短进尺、强支护、早封闭、勤监测”的原则，以有效控制围岩的变形，防止对地面民房造成损害。

（3）对开挖后围岩变形已基本趋于稳定的硐段，应及时跟进施工二次衬砌。

参考文献

[1] 刘先林，周传波，张国生．隧洞开挖爆破振动监测与振速预测分析［J］．爆破，2008，25（3）：96-106.
[2] 蔡冻，吴立，梁禹．野山河隧道爆破振动监测与分析［J］．爆破，2009，26（4）：89-93.
[3] 王学理．地铁暗挖车站施工中的监控量测体系［J］．现代城市轨道交通，2006（2）：31-33.
[4] 王建宇．隧道工程的技术进步［J］．岩石力学与工程学报，1999，18（S1）：784-788.
[5] 吴荣樵．隧洞的各种施工方法和新奥法［M］．隧道译丛，1991（10）：1-9.
[6] 刘启深，邵根大．北京地铁建设中采用的浅埋暗挖法［J］．铁道建筑，1998（12）：2-6.
[7] 王梦恕．北京地铁浅埋暗挖施工法［J］．岩石力学与工程学报，1989，8（1）：52-62.
[8] 徐林生．东门关隧道出口新奥法施工监控量测研究［J］．重庆交通学院学报，2006（1）：24-26.
[9] 张知非，戴勤，唐文．新奥法在沿海富水地层超浅埋暗挖隧道施工中的应用［J］．隧道建设，1994（3）：19-28.

掏槽爆破掘进效率的装药研究

邱云信[1]　谢兴华[1]　严仙荣[1]　刘绍瑜[1]　邱明灿[1]　徐雪原[2]

（1. 安徽理工大学 化学工程学院，安徽 淮南，232001；
2. 广东宏大爆破股份有限公司，广东 广州，510623）

摘　要：通过对掏槽爆破的实验研究，利用火药和猛炸药的联合装药方式，改变了以往的单一装药结构，模拟实验的结果表明，联合协同装药结构与单一装药结构的掏槽效果有着显著的区别，前者的掏槽效果要优于后者；同时通过炸药水下的测试结果表明，改进以后的装药结构的冲击波峰值压力的持续时间明显提高，即联合装药的爆炸生成气体量要大于单一装药，为爆破工程上快速高效的掘进提供了理论依据。

关键词：掏槽掘进；水下测试；协同装药；爆破理论

Study on Charge Way in Excavation Efficiency by Cut Blasting

Di Yunxin[1]　Xie Xinghua[1]　Yan Xianrong[1]　Liu Shaoyu[1]　Qiu Mingcan[1]　Xu Xueyuan[2]

(1. School of Chemical Engineering, Anhui University of Science & Technology, Anhui Huainan, 232001;
2. Guangdong Hongda Blasting Co., Ltd., Guangdong Guangzhou, 510623)

Abstract: Through the experimental research of cut blasting, this paper puts forward that the joint, charging way of gunpowder and high explosives is greatly different from the single charge structure, which not only has changed single charge structure in the past, but is better than the later as it is proved. At the same time, the results of underwater explosive test show that its peak pressure duration of the shock wave has increased significantly, that is, the generated gas quantity of explosion of the joint propellant is more than a single charge, which also provide the theoretical basis for the rapid and efficient tunneling of blasting engineer.

Keywords: cut excavation; underwater explosive test; joint charge; blasting theory

掏槽爆破技术是掘进的常用方法，工程上为提高采掘速度和爆破成巷质量，通常在装药的布孔过程中，要求断面周边眼的装药应采用爆速较低、感度较高以及爆轰相对稳定的低威力炸药。而在工程实际爆破中，掏槽孔只有上端部的装药使破碎的矿岩和岩石形成抛掷，而其余柱状药包仅仅产生挤压破碎作用，大大降低了爆破的掘进效果和炸药能量的利用率，分析其原因是单一的工业炸药装药没有爆炸生成足够量的用于抛掷矿岩的气体。而对于抛掷效果，一般认为是爆炸生成的大量气体的压裂以及所形成的膨胀效应而造成的。鉴于此，装药结构及其炸药的选择就尤为重要，正确的装药结构对爆破掘进效果的改善和提高有很大作用。本文介绍了一种新型的协同装药结构，根据实验室的模拟实验，并对其效果进行了分析，对工程实际应用有重要的借鉴意义。

1　实验模型与爆破材料

本文的实验材料主要包括：掏槽用的爆破试件几何尺寸为：500mm×500mm×450mm；爆破试件的材料配比为水泥：沙：水=1：2：0.5；爆破掏槽孔的参数为：炮孔深度 H=120mm，孔径 d=6mm；炮孔之间的距离分别为：50mm、100mm，炮孔向内的倾斜角度为：$\theta=70°$，如图1所示，为了通过爆炸

原载于《淮南职业技术学院学报》，2011，11（6）：23-25。

生成的气体取得更好的爆破效果，装药方式采用不耦合装药，同时实验采用黑索金(RDX)猛炸药和火药(HY)进行模拟联合装药，起爆方式使用自制的纸壳雷管(装药为DDNP)进行起爆，如图2所示。

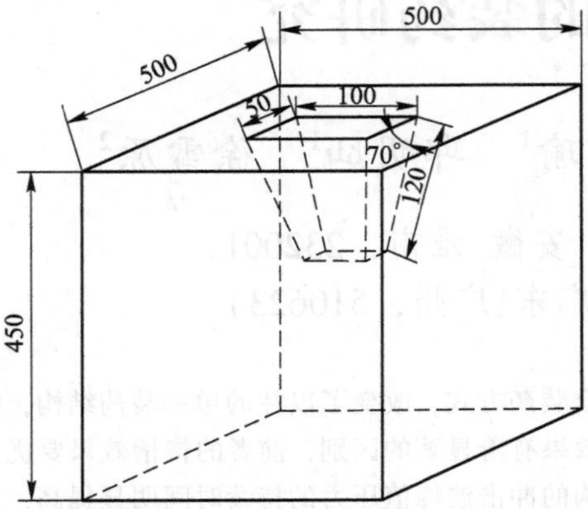

图1　爆炸试块模型尺寸图（单位：mm）

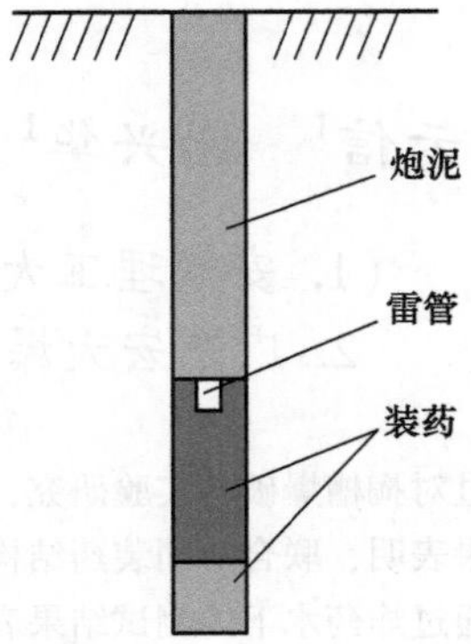

图2　炮孔装药结构图

2　模拟掏槽实验

首先爆破掏槽孔装药量的确定，根据公式：

$$Q_p = f(n) q w^3 \tag{1}$$

式中，Q_p 为单孔装药量，g；$f(n)$ 为爆破作用指数函数，$f(n)=0.4+0.6n^3$（鲍列斯科夫公式）；w 为最小抵抗线，m；q 为单位体积装药量，kg/m^3。

通过抗拉-抗压实验测试，实验试块的单轴抗压强度为50.63MPa，根据同等硬度岩石巷道的爆破掘进的炸药单耗标准取 $q=2.74kg/m^3$；由于掏槽孔要求有较强的抛掷效果，取 $n=1.5$，所以 $f(n)=2.425$；根据炮孔的直径和装药深度本实验取最小抵抗线 $w=30mm$，通过公式（1）计算得到 $Q_p=0.1794g$，考虑到装药密度和掏槽孔的装药系数，修正以后确定单孔装药量为0.4g黑索金（RDX），另外，火药层设计装在炮孔底部。

根据图2的装药结构设计对试块进行装药，考虑到爆破实际工程中的应用，实验试件的外层约束也应具有吸收爆炸应力波的作用，以消除爆破试块的边界效应，本实验中采用水和沙的混合物，同时在钢桶的夹制作用下对试件进行约束。爆破前后的试块效果如图3和图4所示。

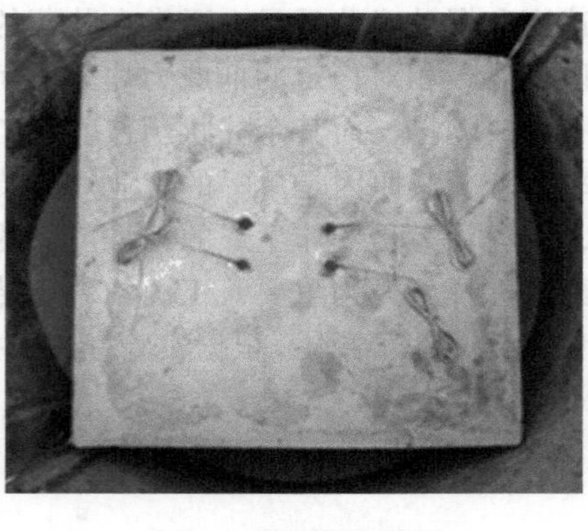

图3　试块爆炸前图

图4　试块爆炸后图

根据炸药爆炸和工程爆破理论，对图4的爆破效果进行了分析，可以得到如下结论，在炸药爆炸开始瞬间，炮孔内的压强没有得到均匀分布，但是由于黑索金爆炸产生的强烈冲击波和大量爆炸产物的作用，使得瞬间扩张形成的空腔产生初始裂纹，紧跟着在装药末端火药也被冲击波引燃，由于火药的反应速度较慢，可以长时间的补充能量和源源不断的气体，这就使得正压作用时间得到了加长，保证了爆破效果，同时由于火药生成气体的静压作用明显，使得炮孔底部的抛掷效果得到了明显的改善。

3 水下测试

为了证明分层装药爆炸的可靠性以及与单一装药的爆破效果区别，根据炸药水下爆炸测试原理进行了水下测试，水下测试系统如图 5 所示。所测得的水下波形如图 6 和图 7 所示，实验采用 8 号瞬发工业电雷管对药包进行起爆。为了更好地观察爆炸的作用过程，采用的装药结构是火药在上层，黑索金在下层的装药设计。

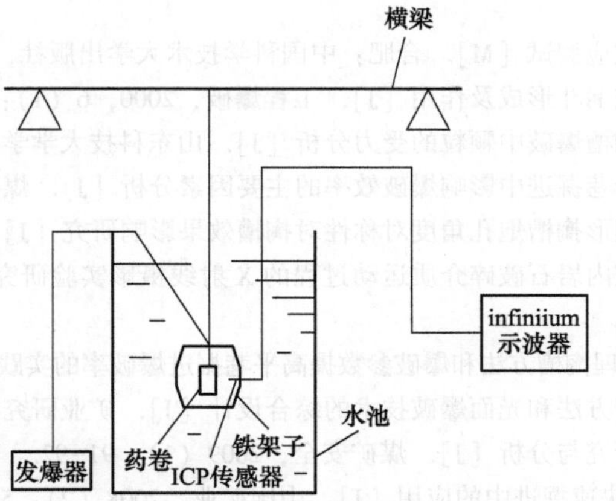

图 5　水下测试系统图

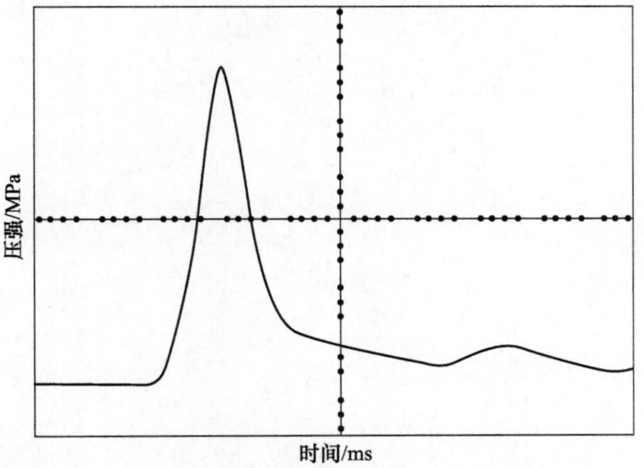

图 6　单一炸药装药起爆形成的波形图

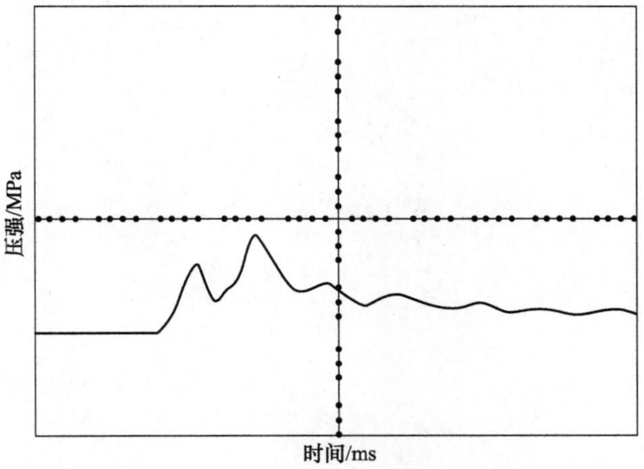

图 7　分层装药起爆形成的波形图

根据图 7 可确定底部的火药和上端部的黑索金都发生了反应，火药发生了燃烧，同时比对两组图片可以发现，协同装药反应的时间和正压持续的时间明显要大于单一的装药的持续时间。另外，从图 6 也可看出，单一装药的波峰上升段比较陡峭，速度很快，时间很短，并且峰值过后压力是一直下降的，而在图 7 中，波峰上升段较图 6 的平缓，并且压力在下降后又再次上升，更进一步加长了作用时间，说明联合装药对正压的作用时间有明显的促进作用。

4 实验结论

在本实验的掏槽爆炸试块模拟实验中，当协同装药的上部装药被 DDNP 引爆后，黑索金几乎在瞬间转变为气态的高温、高压爆炸产物。爆炸生成的产物直接作用于炮孔的孔壁，使炮孔壁受到强烈的冲击和压缩，同时由于岩石的可压缩性，在装药药包的周围形成了一个空腔并继续向外扩张。同时在空腔扩张过程结束时，空腔里爆炸产物对周围介质的作用出现了过度扩张的现象，这导致爆炸试块内部的向心运动并形成空腔周围的环向和轴向裂隙，紧跟着炮孔底部的火药爆炸生成的气体就会通过岩石裂隙发挥它的气楔作用和气体的静压作用，使得掏槽孔底部细小和大块碎石发生了明显的移动，并在大量气体的静压作用下小块碎石发生抛掷。根据炸药爆炸和爆破理论可得知，由于炸药爆炸形成的冲击波压缩相长度和爆炸产物对炮孔壁作用的时间成正比，所以，实验通过采用联合协同装药的方式加长了爆炸过程的正压作用时间，达到了理想的掏槽爆破抛掷和掘进效果。

参 考 文 献

[1] 张立．爆破器材性能与爆炸效应测试［M］．合肥：中国科学技术大学出版社，2006.

[2] 张奇，杨永琦．槽腔顶部爆破漏斗形成及作用［J］．工程爆破，2000，6（1）：21-23.

[3] 逄焕东，林从谋，刘同松．掏槽爆破中颗粒的受力分析［J］．山东科技大学学报，2001，20（4）：99-101.

[4] 东兆星，齐燕军，尹锦明．岩巷掘进中影响爆破效率的主要因素分析［J］．煤矿天地，2007（32）：632.

[5] 梁为民，王以贤，楮怀保．楔形掏槽炮孔角度对称性对掏槽效果影响研究［J］．金属矿山，2009（401）：21-24.

[6] 张奇，杨永琦，王小林．槽腔内岩石破碎介质运动过程的 X 射线摄影实验研究［J］．岩石力学与工程学报，2003（9）：1426-1429.

[7] 雷永健，周传波，饶学治．合理掏槽方法和爆破参数提高平巷掘进爆破率的实践［J］．工程爆破，2006(3)：71-74.

[8] 裴启涛，陈建宏．双楔形掏槽方法和光面爆破技术的综合设计［J］．矿业研究与开发，2009（2）：75-77.

[9] 涂建山．降低炸药消耗量的研究与分析［J］．煤矿安全，2009（1）：91-92.

[10] 闻全，杨立云．光面爆破在快速掘进中的应用［J］．中国矿业，2008（2）：59-61.

深井巷道掘进对相邻巷道扰动规律的分析

蒋孝海

（广东宏大爆破股份有限公司，广东 广州，510623）

摘　要：随着开采深度的不断增大，深井巷道群掘进显现出的矿压相互扰动规律与浅部相比差异很大。朱集煤矿第一水平为-906m，为典型的深井开采矿井，基于朱集矿现场试验，通过理论分析，得出朱集矿巷道群矿压显现的相互扰动规律，研究结果为整个矿区进入深部开采后合理选取有效的巷道围岩控制手段提供了参考依据。

关键词：深部开采；巷道掘进；矿压显现；围岩变形

Analysis of Disturbance Law of Deep Roadway Excavation to the Adjacent Roadway

Jiang Xiaohai

（Guangdong Hongda Blasting Co., Ltd., Guangdong Guangzhou, 510623）

Abstract: With the increasing of mining depth, the mutual disturbance law of mine pressure in the deep roadway group is very different from that in the shallow roadways. The first level of Zhuji Coal mine is −906 m, which is a typical deep mine. Based on the field test in Zhuji Mine and theoretical analysis, the paper obtains the mutual disturbance law of mine pressure in the roadway group in Zhuji Mine. The research results provide a reference for the rational selection of effective control means of surrounding rock in the roadway after the project enters into deep mining.

Keywords: deep mining; roadway excavation; mine pressure appearance; deformation of surrounding rock

近年来，我国采矿业从分散型逐渐向集约型转变，煤矿开拓设计观念也在转变，致使大量煤矿出现多类多条巷道集中布置，呈现出巷道群的布局。该类矿井初期多采用立井单水平多翼开采，开拓巷道拨门后直接进入煤层布置采煤工作面，在工作面回采后期，致使多条大巷及其硐室群受到采动影响，随着开采深度的增加，巷道围岩力学性质恶化，巷道变形越来越剧烈[1-3]。

1　工程概况

朱集东矿井井田面积大，煤层埋藏深，表土层厚，瓦斯大、地温高、地压大，根据井田特点，采用立井、多水平、分组集中大巷、分区通风、集中出煤的开拓方式。

全井田划分为两个生产水平，其中一水平设于-906m，开采 13-1 煤层，在-985m 设一辅助水平，开采 11-2 煤层；二水平标高暂定-1070m，开采 B 组煤。沿井田走向划分为 4 个块段，即东一、东二块段，西一、西二块段，将东一块段划分为南北盘区，矿井投产移交东一（11-2）北盘区。

向东的各条巷从北向南分别是：北岩石回风大巷、东翼胶带机大巷、南岩石回风大巷、北轨道大巷、南轨道大巷。北回风巷与东机巷的平面位置相距 65~45m，大部分与-891m 同一标高；东机巷与南回风巷的平面位置间距是 60m，垂直高差是 15m；南回风巷与北轨巷平面位置间距为 25m，大部分在-906m 标高水平；南、北轨巷间距为 47m，如图 1 所示。

原载于《采矿技术》，2013，13（2）：13-14，34。

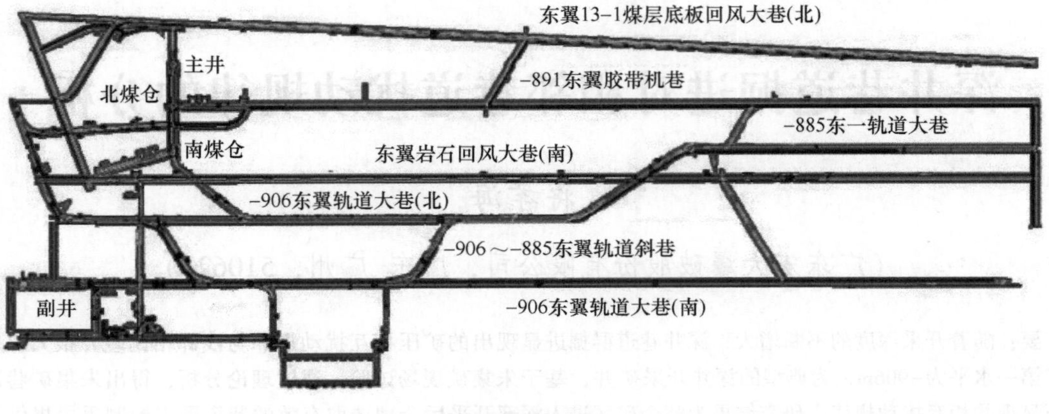

图 1　巷道布置

2　巷道群相互扰动影响规律分析

2.1　施工时间安排及掘进工艺和支护形式

-885m 轨道大巷从 2009 年 7 月开始施工，到 2009 年 11 月底结束，前期采用架 29U 型棚施工，棚距 700mm；后期采用架 36U 型棚施工，棚距 700mm；东翼南岩石回风大巷过-906～-885m 轨道斜巷后，与-885m 轨道大巷平行施工，从 2009 年 9 月到 2009 年 12 月施工到首采面轨道顺槽下方，该巷道采用综掘，支护形式采用架 29U 棚，棚距 700mm，滞后每 3 棚补打 1 根顶部和 2 根肩部锚索。

东翼胶带机大巷在-906～-885m 轨道斜巷的东翼，施工时间从 2009 年 9 月到 2009 年 11 月底，使用炮掘施工，其后面向东施工采用综掘，支护形式都采用架 29U 棚，棚距 700mm，滞后每 3 棚补打 3 根顶部和肩部锚索。

2.2　巷道围岩变形规律

从东翼几条巷道的现场实地观察看，巷道的压力显现主要表现为：顶板下沉、底板鼓起，侧向压力显现不明显。一般在迎头向后 50～100m 矿压显现就十分强烈。架 U 型棚巷道直接表现为顶梁压平；锚网支护巷道表现为拱顶下沉变平。顶板下沉量一般在 0.1～0.3m，局部达 0.5m。底板鼓起一般在 0.3～0.5m，局部达 0.7m。

-885m 轨道大巷岩性主要为花斑泥岩，岩性较差，埋深大，地应力高，受相邻巷道（东翼胶带机巷和东翼南岩石回风大巷）开挖扰动影响，处于应力集中区，巷道变形明显加剧。东翼南岩石回风大巷施工，因滞后-885m 轨道大巷 1～2 月掘进。使-885m 轨道大巷开挖后形成的一次平衡应力再次被破坏。后期改架 36U 型棚施工，锚索及时跟进后，基本满足巷道施工要求。

东翼胶带机大巷滞后-885m 轨道大巷 2 个月进行炮掘作业，施工了 3 个月后改为综掘。炮掘进度慢，炮掘开挖对-885m 轨道大巷的扰动影响非常剧烈，综掘扰动影响相对较小。-885m 轨道大巷在自身围岩还没有稳定，南侧的东翼南岩石回风大巷的开挖，而后的北侧东翼胶带机的开挖使其围岩处于南北两条巷道的应力的叠加区。来压明显，变形极其严重。矿压显现为 29U 型棚拱顶部分多处被压成麻花状大变形。轨道发生倾斜，巷道拱顶下沉，部分 29U 型棚歪斜，部分拱顶处笆片破坏，巷道底鼓严重，底板处出现裂缝，顶板下沉一般达 100～300mm，最大下沉量 500mm，底鼓一般达 300～500mm，最大值达 800mm，两帮收敛一般在 80～200mm。左右补打了顶部和肩部的锚索后，巷道的变形量和变形速度明显变小，这说明采用锚索补强后比单独使用 29U 型棚支护更能限制巷道变形。

2.3　巷道围岩受力破坏分析

随着相邻岩石回风（南）巷和东翼胶带机巷的掘进，因受开挖扰动的影响，监测断面的日变形量、变形速度显著增加，后掘巷道的跟进使先掘巷道围岩中形成了一定程度的剪切应力集中，从而使巷道在剪切应力作用下，其围岩发生剪切应力破坏，当围岩达到强度极限后，巷道表面就会产生变形破坏。在先掘巷道两侧均开挖巷道后，先掘巷道围岩应力的集中系数有所升高，且应力集中范围也相应地有所扩大，这主要是两侧巷道先后开挖后，采动引起的底板应力集中叠加作用的结果。在相邻巷道掘过测站一周时间内，巷道的变形有增大的趋势，同时两侧同时掘进巷道垂直应力对先掘巷道影响都较大，是引起巷道围岩变形的重要因素，先掘巷道受剪切应力的影响也较大；不管是垂直应力变化还是剪切应力变化，都对先掘巷道的围岩变形起到了促进作用[4~7]。另外，测站处的锚索测力计显示巷道肩部的锚索拉力均增大。这也说明岩石回风巷（南）东翼胶带机巷的掘进对巷道产生了很大的扰动影响。

根据安装的锚索测力计监测结果，扰动影响剧烈期间，巷道围岩剪切应力分布不平衡，从而会导致巷道发生剪切破坏变形，顶部锚索受力最大，两肩部锚索受力较小。这说明巷道顶部承受较大的压力。锚索受力最大，顶部达 228.13kN（约 3.8t）。巷道掘出后，围岩应力集中，应力升高超过巷道围岩的强度极限时，巷道便产生变形破坏，巷道围岩处于破裂松动状态（残余强度状态）时，由于这部分围岩已失去自承能力，围岩稳定性差，巷道变形量大，导致支护变得困难。随着时间的推移，变形速度逐渐减小下来，而趋于稳定，应力调整期一般为 3 个月左右。底臌量占巷道变形量的比例较大。

3 结论和建议

（1）设计规范对深部巷道群各大巷的间距、垂距，应根据垂深（大于 800m）作必要的调整。

（2）深部巷道支护采用单一的架 U 型棚已不能满足现场的支护要求，必须采用复合支护的形式，即架 U 型棚+锚索+喷注浆或外锚网（索）内 U 型棚，且锚索支护滞后迎头不得大于 50m。

（3）根据矿压显现和扰动影响的规律，对于巷道群相邻巷道施工时间滞后或超前 4 个月以上，巷道两侧避免同时掘巷。

（4）为了控制底臌量，除了应将底板积水及时排出外，还应增加防治底鼓的技术措施，如在两帮墙角底板上 0.2~0.3m 处施工帮脚锚杆（俯角 30°~45°），以便防止底鼓和两帮的挤出。

参 考 文 献

[1] 郭洪文．深部巷道大松动围岩位移分析及运用［M］．徐州：中国矿业大学出版社，2001.
[2] 谢和平，彭苏萍，何满潮．深部开采基础理论与工程实践［M］．北京：科学出版社，2006.
[3] 苏雪贵．悬移支架工作面采动对巷道支护影响规律研究［J］．太原理工大学学报，2011（1）：18-19，42.
[4] 杨永康．大厚度泥岩顶板煤巷破坏机制及控制对策研究［J］．岩石力学与工程学报，2011（1）：58-67.
[5] 康天合．薄层状碎裂顶板综采切眼锚固参数与锚固效果［J］．岩石力学与工程学报，2004（S4）：4930-4935.
[6] 郝进海．巨厚薄层状顶板回采巷道围岩裂隙演化规律的相似模拟试验研究［J］．岩石力学与工程学报，2004，23（19）：3292-3297.
[7] 张克春，李刚．软岩巷道变形规律的数值模拟研究［J］．矿业研究与开发，2009，29（3）：15-16，23.

大采高超长综放面矿压显现规律探析

廖耀福　开俊俊

（广东宏大爆破股份有限公司，广东 广州，510623）

摘　要：布置大采高超长综放工作面，开采空间和采出空间明显增大，带来的矿压问题也随之变化。对某矿大采高超长工作面的矿压显现规律进行研究，通过矿压观测，总结出该类工作面基本顶来压最大特点是顶板的分段垮落和分段来压，且呈现不对称性，其动载荷远不及关键层来压的动载荷。

关键词：矿压显现；顶板；大采高超长综放工作面

Research on the Law of Mining Pressure in a Fully Mechanized Long Caving Face with a Large Mining Height

Liao Yaofu　Kai Junjun

（Guangdong Hongda Blasting Co.，Ltd.，Guangdong Guangzhou，510623）

Abstract：The fully mechanized long caving face with a large mining height significantly leads to the increase of the mining space and the minded-out space， resulting in the change of mine pressure. Through the observation and analysis of mine pressure appearance law on a fully mechanized long workface with a large mining height， it is concluded that the most important characteristic of the basic term pressure of this kind of working face is the sublevel caving and sublevel pressure of the roof， showing dissymmetry， and the dynamic load is far less than that of the key layer pressure.

Keywords：mine pressure appearance； roof； fully mechanized long caving face with a large mining height

随着我国综放生产技术和综采装备制造技术的日益成熟，大采高超长工作面综放开采也成为我国高效综采的有效技术途径之一[1,2]。综放工作面在大采高情况下长度加大，工作面矿压显现会出现新的特征，为了保证工作面回采安全，对其矿压进行观测，并对其来压规律进行深入研究具有重要意义。

1　工程概况

某矿工作面开采 3 号煤层，走向可采长 937m，倾斜长 280m，煤层厚 5.71～6.15m，平均厚 5.85m，容重为 13.9kN/m^3，煤层坚固性系数为 0.8，地应力为 650～750kPa；整体为向西倾斜的单斜构造，坡度为 0°～5°，平均坡度 3°，煤层含 1 层厚 0.05m 夹矸。瓦斯相对涌出量 5.91m^3/t，无瓦斯、CO_2 突出危险倾向，煤尘具有爆炸性倾向。工作面煤层顶底板岩性见表 1。

表 1　工作面顶底板岩性

名称	岩石名称	厚度/m	岩 性 特 征
基本顶	砂泥岩互层	19.00	灰色，薄—中层状。细粒砂岩为主，夹薄层粉砂岩，粉砂岩中含植物化石，局部炭化，含少量云母片，裂隙较发育，具交错层理和微波状层理
直接顶	细粒砂岩	9.05	灰—深灰色，薄层状，具滑面。性脆、易碎，裂隙较发育，含植物化石，断口参差状

原载于《中州煤炭》，2013（6）：43-44，52。

续表 1

名称	岩石名称	厚度/m	岩 性 特 征
伪顶	泥岩	4.43	灰黑色，薄层状，易碎
直接底	泥岩—粉砂岩	0.30~0.96	深灰色，薄层状，裂隙较发育，中部含云母片，含植物化石印痕，顶部有厚 0.10m 砂质泥岩
基本底	中粒砂岩—细粒砂岩	1.00~3.25	灰色，薄层状，含云母碎片，下部裂隙比较发育，分选差，含杂基，硅质胶结

2　观测仪器布置及观测内容

工作面安装 KJ216 矿压监测系统对液压支架的前、后立柱及平衡千斤顶的初撑力和工作阻力进行在线观测，按 5 线布置测站，每组测站观测 4 组支架，在线观测压力计分别安装在 1 号、2 号、3 号、4 号、46 号、47 号、48 号、49 号、91 号、92 号、93 号、94 号、136 号、137 号、138 号、139 号、178 号、179 号、180 号、181 号支架（见图 1）。另外，在其他支架安装数显式压力表，便于支架作业过程中观测液压支架的初撑力和工作阻力。

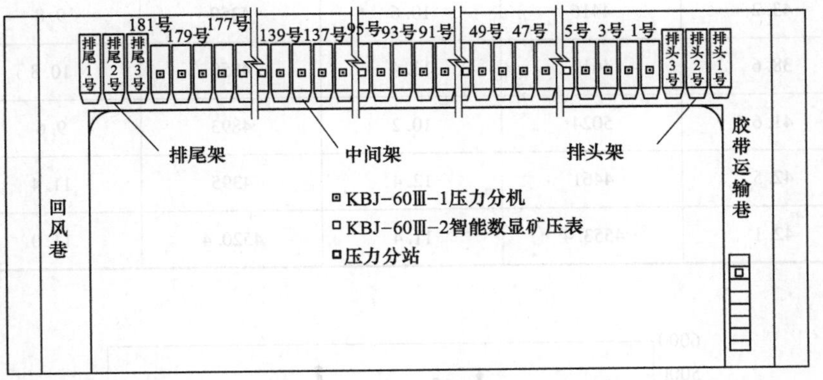

图 1　KJ216 矿压监测系统布置示意

观测内容主要包括工作面支架的初撑力和工作阻力、支架立柱的活柱下缩量、煤壁片帮等。

3　矿压显现分析

3.1　顶煤的破坏与垮落

当工作面推进至 5.5m 时，顶煤初次垮落，垮落高度 2~3m。当工作面运输巷侧推进 11m、回风巷侧推进 7m 时，顶煤全厚度垮落，但块度较大。

工作面开采初期，因推进距离短，采空区顶煤几乎不受上覆岩层力的作用，主要依靠所受重力下沉垮落。随着工作面推进，顶煤中所受拉应力超过其抗拉强度时，顶煤即发生断裂和垮落。顶煤初次垮落后，支承压力的破煤作用不断增大，顶煤的受力状态由三向应力状态向二向应力状态过渡，同时也为顶煤的继续垮落开出了自由面，因此进入正常推进阶段，顶煤可随采随冒[3]。由于顶板压力较小，顶煤块度较大。在基本顶初次断裂后，顶煤经支架的反复支撑，即可破碎成运输块度而从放煤口放出。

3.2　直接顶活动规律

该超长综放面直接顶的垮落规律和顶煤的垮落规律类似，直接顶的垮落滞后顶煤 6m 左右。顶煤初次垮落后，工作面继续推进，采空区大块矸石增多，由此知直接顶开始垮落。初垮期间工作面也有一定程度的矿山压力显现，其强度小于基本顶来压时的强度。

3.3 基本顶矿压显现

随工作面的不断推进及顶煤和直接顶的不断垮落，基本顶的悬跨度不断增大。根据实测，基本顶的初次垮落步距为35~45m。基本顶来压主要表现有：支架工作阻力增高、增阻量增大、支架安全阀开启增多、顶板断裂声不断等。且沿工作面长度方向出现不同步特性，即工作面加长以后，基本顶来压呈现中间段超前、两端头落后的特征，并且工作面上、中、下部基本顶来压步距也不一致[4]。据现场实测，基本顶的初次破断具有不对称性，其破断的中心不在岩梁跨度的中心，而是形成2块前长后短的岩块。由工作面矿压观测得到的基本顶来压统计数值见表2。以136号支架为例，工作阻力与推进距离对应情况如图2所示。

表2 基本顶来压统计数值

支架号	初次来压		第1次周期来压		第2次周期来压	
	步距/m	工作阻力/kN	步距/m	工作阻力/kN	步距/m	工作阻力/kN
4号	44.6	4247	12.3	4096	13.4	4187
49号	43.2	4416	10.6	4359	9.8	4268
94号	38.6	4619	11.4	4859	10.8	4751
136号	41.6	5024	10.2	4893	9.6	4825
181号	42.5	4461	12.4	4395	11.4	4219
平均	42.1	4553.4	11.4	4520.4	11.0	4450

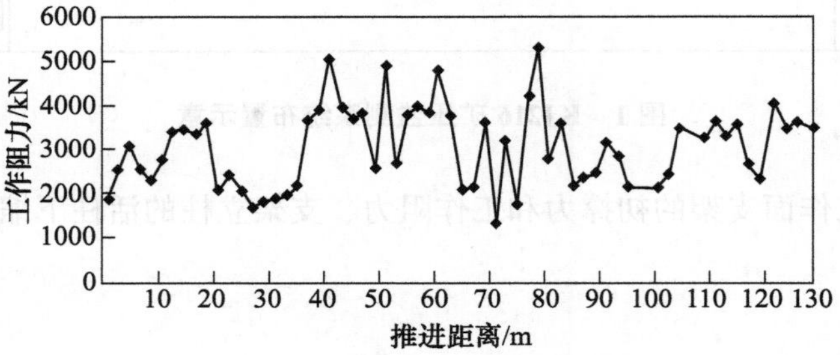

图2 工作阻力与推进距离对应情况

沿工作面方向矿压分布呈抛物线规律，特征为中部区域矿压显现最为剧烈，支架载荷最大，距离中部较近的下部和上部矿压显现较大，机尾区域矿压显现最为缓和，支架载荷最小。

当工作面推进到基本顶的极限跨距时，基本顶分别在两端和中部发生断裂。基本顶在断裂后回转过程中形成力矩所产生的支承压力主要由煤壁来承担，因此基本顶的来压首先表现为煤壁片帮，随基本顶进一步回转和下沉，作用在支架上的载荷范围增大，支架阻力也急剧上升。

工作面支架额定工作阻力值为8000kN，实测最大5024kN，占额定值的62.8%。由此可见，和一般综放面一样，超长综放面支架工作阻力不高，支架阻力有一定的富余量，即使在工作面顶板来压时，仍富余38.2%。

在煤层层位、厚度、顶底板岩层结构、力学性质与强度、采高、支架结构形式与技术参数均相同的情况下，将超长工作面（280m）与一般工作面（180m）进行比较。表3中数据结果表明，随着工作面长度的增加，其围岩变形及应力明显增大。基本顶的下沉量前者是后者的1.89倍，而应力则为1.58~1.77倍。这意味着超长工作面的来压步距将明显小于一般工作面的来压步距。工作面液压支架来压时的动载系数见表4。

表 3　工作面基本顶变形及应力变化情况

工作面推进距离/m	最大下沉量/mm		最大走向应力/MPa		最大倾向应力/MPa	
	超长面	一般面	超长面	一般面	超长面	一般面
25	66.0	33.5	14.00	7.89	9.28	5.34
38	106.0	56.0	21.20	13.40	12.50	7.66

表 4　工作面支架来压时的动载系数

支架号	9 号	67 号	87 号	130 号	167 号	平均
基本顶来压动载系数	1.32	1.35	1.16	1.12	1.33	1.256
关键层来压动载系数	1.67	1.79	1.48	1.55	1.69	1.636

由现场实测可知，关键层来压时，煤壁片帮深度在 1.1m 以上，支架迅速增阻，速度达 400N/h，安全阀开启率 22%，地表下沉量达 0.94m，超前 61m。由此可知，回采工作面矿山压力显现程度主要受上覆主关键层破断的影响[5]。

4　结语

（1）直接顶的垮落滞后顶煤一段距离。

（2）超长工作面开采过程中基本顶的来压沿工作面出现不同步性，其最大的特点是顶板的分段垮落和分段来压，且呈现不对称性；基本顶来压的动载荷远不及关键层来压的动载荷。

（3）工作面加长后，直接顶和基本顶的垮落步距减小，这一点有利于工作面初采阶段顶煤的放出，基本顶的周期来压步距缩小也有利于顶煤的破碎，但矿压显现更加剧烈。

（4）工作面的矿压显现程度主要受上覆关键层破断的影响。

参 考 文 献

[1] 丁斌．超长综放面矿压规律与支架适应性分析［J］．矿山压力与顶板管理，2005，11（4）：99-101.
[2] 马占国，缪协兴．超长工作面矿压显现规律的研究［J］．矿山压力与顶板管理，2000，6（4）：13-14.
[3] 钱鸣高，石平五．矿山压力与岩层控制［M］．徐州：中国矿业大学出版社，2003.
[4] 姜福兴．矿山压力与岩层控制［M］．北京：煤炭工业出版社，2004.
[5] 钱鸣高，缪协兴．岩层控制中的关键层研究［J］．煤炭学报，1996，21（3）：225-230.

高地应力软岩巷道沿空留巷煤帮控制技术

刘　昆

（广东宏大爆破股份有限公司，广东广州，510623）

摘　要：为了探究深井高地应力软岩条件下沿空留巷煤帮控制技术，以朱集矿 11111 工作面轨道巷为研究对象，采用数值模拟和帮部应力实测的方法对留巷过程中煤帮破坏形式、应力状态、弹塑性分布情况等进行研究。对预测破坏严重区域进行加固补强处理，采用三排走向锚索梁加固特定部位的措施对巷道进行加固处理，即在非回采侧煤帮的中部和巷道底角控制煤帮的变形，现场观测结果表明：工作面前方巷道两帮移近量较大，最大值 513mm，工作面后方巷道两帮移近量较小，最大值 432mm。

关键词：深井留巷；软岩巷道；煤帮变形；煤帮控制

Rib Control Technology of Gob-side Entry Retaining in High Stress Soft Rock Roadway

Liu Kun

（Guangdong Hongda Blasting Co.，Ltd.，Guangdong Guangzhou，510623）

Abstract：In order to explore the control technique of gob-side entry retaining rib under the condition of high stressed soft rock，taking the No. 11111 coal mining face of Zhuji Mine as a study object，the numerical simulation and rib stress measurement were applied to study the rib damage form and stress state and plastic stress distribution in gob-side entry retaining. A reinforcement enhanced treatment was conducted in the predicted serious failure area. A measure with three rows of the anchor beams for the special location reinforcement was conducted for the reinforcement treatment and was applied to control one sidewall deformation at the middle section of the gateway sidewall non mining behind and at the floor corner along the gateway. The site observation results showed that the displacement of two ribs of roadway in the front of working face was large，the maximal value was 513mm，and displacement of two ribs of roadway in the behind of working face was small，the maximal value was 432mm.

Keywords：deep mine gob-side entry retaining；soft rock roadway；ribdeformation；rib control

目前我国立井深度平均每年以 8～12m 速度向深部延伸。我国东部矿井的向下延伸速度更快，平均每年达 10～25m[1]。在深井条件下沿空留巷技术在应用中常表现出异于浅部矿井的矿压显现规律，且成功案例较少。巷旁、巷内支护材料的发展无法满足深井沿空留巷技术的发展[2]。因此，对深部复杂条件下的沿空留巷技术的研究意义重大。而留巷期间巷道围岩破坏机理的研究及控制技术的创新，已成为沿空留巷在深井条件下亟待解决的问题。20 世纪 80 年代，在淮南矿区将这项技术与瓦斯治理结合起来，并开始大量的深部沿空留巷试验研究[3]。目前针对沿空留巷的研究多集中在巷旁、巷内顶板支护。康红普等人[4] 基于数值模拟与井下试验研究成果，指出巷内基本支护、加强支护与巷旁支护在沿空留巷过程中是一个系统，相互制约。深部沿空留巷地应力大、采动影响强烈，煤体破坏范围大，是深部与浅部留巷的明显区别。巷旁支护材料由原来的煤矸石、木垛逐步被高强度的膏体材料、粗骨料钢筋纤维等高强度充填材料所代替[5]。顶板支护通过工程实践以三高锚杆支护技术为基础提出了使用动态的“一优化三强化”的顶板支护体系[6,7]。王卫军等人[8,9] 对巷道底鼓做了大量研究，得出顶

原载于《煤炭科学技术》，2013，41（10）：38-41。

板加固、煤帮加固对控制底鼓的影响。但是在整个系统中针对煤帮的研究相对较少，沿空留巷中煤帮的稳定对维护顶板稳定、治理底鼓有重要作用，基于此，笔者提出了高应力软岩巷道沿空留巷煤帮支护技术，以期达到保证沿空留巷顺利实施的目的。

1 工程概况

淮南朱集矿 11111 工作面平均开采深度 910m，煤层平均厚度 1.26m，平均采高为 1.80m，煤层倾角 2°~5°，下距 11-1 煤 4.4m。煤层直接顶板为平均厚 9.87m 的泥岩。基本顶为平均厚 3.67m 的细砂岩。11111 工作面轨道巷采用沿空留巷技术，巷道沿煤层顶板掘进，断面尺寸 4.8m×2.8m，11111 工作面轨道巷煤帮上部为 1.2m 厚的煤层，下部为 1.6m 泥岩。

采前的支护形式及参数如图 1 所示。巷道顶板和两帮均采用 ϕ22mm-M24 型锚杆，长度分别为 2800mm、2000mm，均采用 Z2360 型锚固剂。采用长度 4800mm 的 M5 型钢带，与钢带配套的高强度托盘规格为 150mm×143mm×8mm，并采用 ϕ6mm 钢筋网与钢塑网联合支护，钢筋网规格为 2600mm×1000mm，钢塑网的规格为 5400mm×1000mm。锚杆预紧力 60~80kN，锚固力不低于 120kN，锚杆预紧力矩不小于 300N·m。采用规格 ϕ21.8mm×6300mm 的锚索，钢带采用 20 号槽钢，3.4m 布置 4 孔，孔中心距 1.0m，与槽钢配套的高强度平钢板规格为 140mm×100mm×15mm，采用 1 支 K2360 型和 3 支 Z2360 型锚固剂。回采后充填墙体长宽高为 3.0m、3.0m、1.8m，留巷宽度为 4.6m。充填材料的基本组分为水泥、粉煤灰、砂石骨料、复合外加剂和水。沿空留巷充填墙体 1d 后抗压强度为 0.5~3.0MPa，3d 后抗压强度 2.5~5.6MPa，7d 后抗压强度 5.5~8.7MPa，28d 后抗压强度 11.4~15.8MPa，最终抗压强度 20.0MPa。

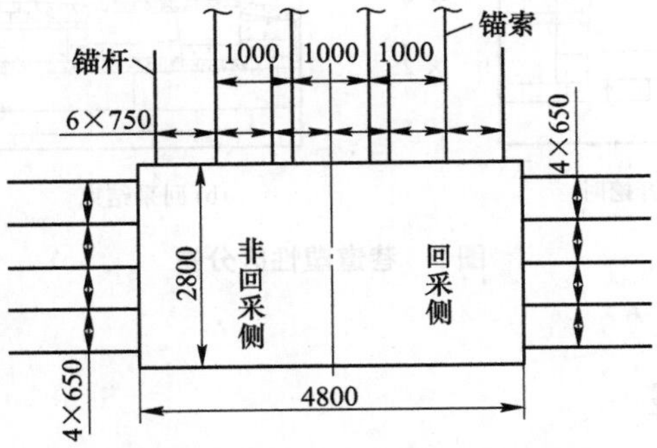

图 1 掘进期间支护参数示意图（单位：mm）

2 沿空留巷数值模拟分析

计算模型尺寸 220m×127m，巷道尺寸 4.8m×2.8m。根据地应力测试结果：垂直应力 19MPa，最大水平主应力 22MPa，最小水平主应力 17MPa。设计模型上边界加垂直应力 17.12MPa，模型初始水平应力 18.00MPa，垂直应力 19.00MPa。巷道围岩服从摩尔-库仑准则，根据朱集矿煤岩力学参数建立 UDEC 试验模型（见表 1），巷道开挖后采用锚网梁的支护形式，在进行数值模拟分析时采用锚杆（索）的支护形式，数值计算以复合顶板条件为例。支护参数和充填墙体尺寸均和现场保持一致。

表 1 煤岩力学参数

岩 层	弹性模量/GPa	剪切模量/GPa	黏聚力/MPa	内摩擦角/(°)	密度/kg·m^{-3}
粉砂岩	4300	4100	18.0	45	2500
泥岩	4900	3800	15.0	37	2550
细砂岩	7100	6500	20.8	51	2700
煤	4100	3600	5.0	22	1420
砂质泥岩	5500	4200	16.0	42	2620

(1) 巷道垂直应力分布。巷道开挖垂直应力分布如图2所示，巷道非回采煤帮所受的垂直应力在回采后明显增大，非回采侧应力峰值一部分向上方岩层的浅部转移，非回采侧岩体深2m处出现应力集中区，应力达40MPa。回采侧应力峰值向墙体采空区侧转移，墙体与采空区交界顶板应力值最大，分布在采空区边缘地带，顶底板应力有所减小；充填墙体所受垂直应力较大。回采充填对巷道围岩应力场影响很大，从根本上改变了原应力场以开挖巷道为中心的对称结构，造成应力场分流，大部分受影响而向肩角处转移，而小部分则向充填墙体转移，造成墙体应力集中和非回采帮角发生破坏的现象。

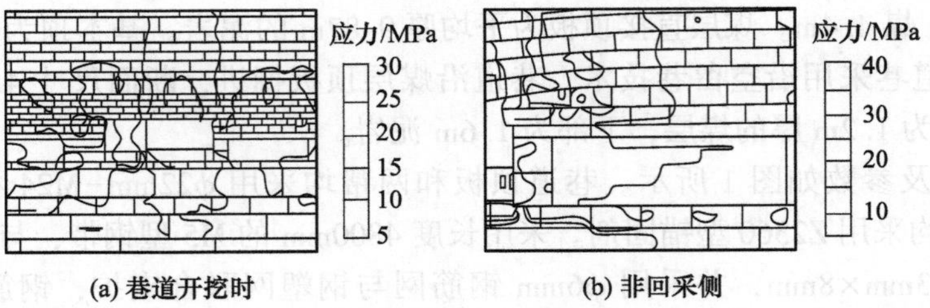

图2 垂直应力分布

(2) 弹塑性区对比。非回采侧帮部塑性区范围主要集中在煤帮上方。回采并充填完毕，随着时间推移充填墙体强度上升；非回采侧帮部上方煤体塑性区范围明显增大，并向深部延伸。围岩重新达到平衡后非回采侧煤帮中上方塑性区范围至围岩深部2.5m处（见图3）。

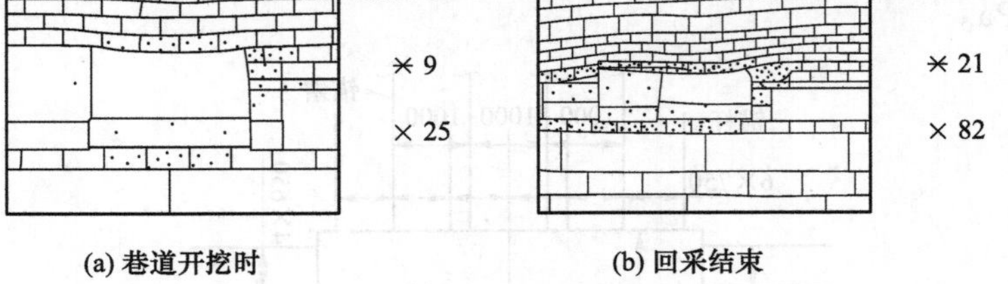

图3 巷道塑性区分布

3 沿空留巷工业性试验

采前煤帮侧采用两排走向锚索梁加固，每3排钢带布置1套锚索梁，分别距底板800mm、1500mm，如图4所示。11号工字钢梁长2.4m，其中部开孔孔径32mm，每孔配140mm×100mm×50mm小垫板。锚索孔垂直巷帮钻孔，孔深5.0m，每孔采用3支Z2360型树脂药卷加长锚固，锚索外露小于200mm。锚索预紧力80~100kN，锚固力不低于200kN。锚索梁超前回采工作面200m施工。

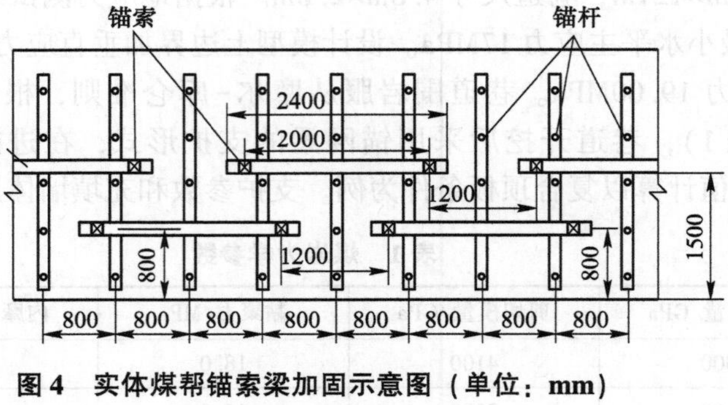

图4 实体煤帮锚索梁加固示意图（单位：mm）

回采过后巷帮下部距底板0.5~1.0m内产生滑移，导致巷帮失稳。对巷道顶板维护极其不利。设计在距底板0.8m、1.5m处补打走向锚索梁，保证每排钢带间有1根锚索。由前期短距离沿空留巷段实体煤帮变形特征可知：煤帮受采前工作面的超前侧向支承压力，以及基本顶初次来压后顶板旋转的影响很大，加之巷道属于半煤岩巷，导致非回采侧上方 1m 煤体（巷道高度 2.8m）发生形变，挤入巷道内并出现与顶板交接现象。这种显现与数值模拟围岩变形效果一致。最终采取在距顶板 400mm 处的巷帮加打 1 排锚索梁，上仰 20°施工，起到提高煤体间的摩擦力，减小非回采侧煤帮滑移挤出量的作用。

4 沿空留巷矿山压力观测

4.1 巷道表面位移监测

巷道表面位移监测站布置在工作面前方 78m 处，观测结果如图 5 所示。由图 5 可知，工作面前方支承压力的影响范围可分为：60m 以外微弱影响区、60~40m 影响增强区、小于 40m 剧烈影响区。

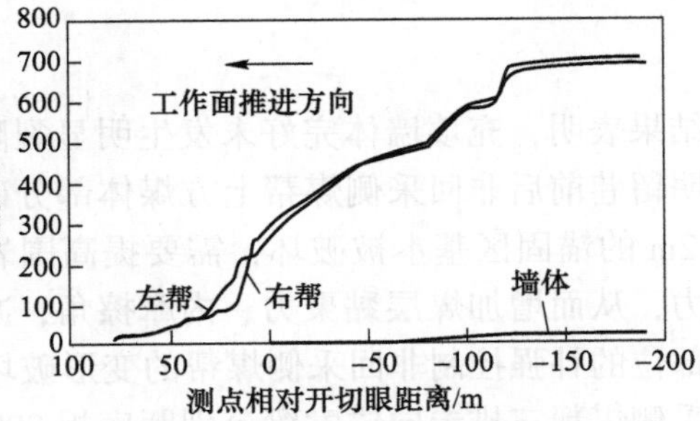

图 5 巷道两帮及墙体变形量

（1）工作面前方矿山压力显现。工作面前方 78~60m，巷道表面变形较小，变形速度也较为平缓，两帮变形速度不超过 10mm/d，巷道两帮变形量 50mm；工作面前方 60~40m，巷道表面变形速度明显增大，两帮变形速度在工作面前方 40m 处增大至 39mm/d，巷道两帮变形量 75mm；在工作面前方 40~0m，超前支承压力影响剧烈，围岩变形速度急剧增加，两帮变形速度呈垂直上升趋势，最大达到 89mm/d。当工作面回采至测站安装处巷道两帮变形量 513mm。由观测结果可得，采动影响期间的加强支护有效地控制了两帮的变形，顶板完整性较好，为后期的沿空留巷打下了良好基础。

（2）工作面后方沿空留巷段矿山压力显现。1）煤层直接顶厚度为平均 9m 的厚层泥岩，垮冒及时，且可以充满采空区并接顶。工作面后方留巷段小于 20m 范围内，厚层直接顶垮落，上覆岩体产生旋转、下沉和破坏是顶板下沉的主要原因。留巷段 9m 时巷道围岩变形速度达到峰值，两帮变形速度 22mm/d，主要是非回采侧煤帮的变形；工作面后方留巷 130m 时两帮变形速度稳定，留巷 190m 处两帮变形量为 432mm；非回采侧煤帮整体形态较好，趋于稳定。基本顶在巷道上的三角块结构也已经形成，逐渐稳定，降低了巷道周围的围岩应力[10]。随着矸石的逐渐压实，三角块发生平移下沉，使煤壁产生损坏，支承压力影响范围向深部延伸，峰值进一步内移[10,11]。2）巷道两帮变形主要是非回采侧煤帮的变形，充填墙体未发生大的变形。至工作面后方留巷 220m，墙体向巷道内移近仅 20mm。墙体能在顶板回转下压过程中提供足够的切顶工作阻力。

4.2 巷道非回采侧煤帮应力监测

非回采侧煤帮岩体不同深度应力值与至回采工作面距离关系可知，将非回采侧煤帮围岩按照岩体深度分为 3~10m 浅部围岩和 10~18m 深部围岩。

（1）随工作面推进非回采侧垂直应力显现规律：1）深部围岩在工作面前方 105m 处开始垂直应力显现，并随着与工作面距离的减小而增大，到工作面后方留巷 5m 处，围岩深度 15m 处达到最大垂直应力 26.75MPa，随后垂直应力突然下降。2）浅部围岩在工作面前方 80m 处开始垂直应力显现，垂直应力增加速度大于深部围岩。在工作面前方 20m 左右浅部围岩垂直应力峰值达到一个较平衡阶段，随工作面推进垂直应力值变化较小。3）自深、浅部围岩垂直应力受工作面推进影响，开始发生变化，到工作面后方留巷 5m 范围内，深、浅部围岩应力均达到峰值区，即出现双峰值现象，分别集中在围岩深度 15 和 6m 附近。4）峰值转移。深部围岩在出现最大垂直应力值 26. 75MPa 后，垂直应力峰值发生转移，与浅部的垂直应力峰值发生重合，峰值点仍然在 6m 深围岩附近围岩处；浅部垂直应力高峰区范围向深部扩大，工作面后方留巷 90m 处，峰值有向深部转移至 9~12m 的趋势。另外，12m 和 9m 深围岩应力上升速度最大。

（2）水平应力显现规律：1）深、浅部围岩的水平应力基本上都是在工作面前方 100m 处开始显现，并随着与工作面距离的减小而逐渐增大，深部围岩水平应力在工作面前方 20m 处增大速度变大，直到工作面后方留巷 30m 处，15m 深处围岩增大到 50. 2MPa；2）浅部围岩的水平应力增速小，在邻近工作面时达到峰值随后开始降低。

工作面后方留巷 1000m 范围内断面尺寸基本保持 3. 5m×2. 0m，有效保证通风断面在 $6m^2$ 以上，非回采侧煤帮未出现大范围下滑、挤出等变形。

5　结语

根据长期矿山压力观测的结果表明，充填墙体完好未发生明显裂隙、旋转等破坏现象，未向巷道里发生明显位移。模拟结果表明留巷前后非回采侧煤帮上方煤体部分破坏最为明显，出现应力集中和大范围的塑性区，掘进期间的 2m 的锚固区基本被破坏，需要提高围岩的承载性能。减小煤帮的变形量，可通过提高煤帮的支护阻力，从而增加煤层黏聚力、内摩擦角，减小极限平衡区的宽度。通过优化墙体宽度和煤帮侧两大关键部位的补强控制非回采侧煤帮的变形破坏。现场采用高强钢绞线配合 11 号工字钢梁对煤帮补强。非回采侧煤帮三排走向锚索梁分别距底板 800mm、1500mm 和 2400mm 施工，该措施对控制帮部非均匀变形极为关键，取得了良好效果。

参考文献

[1] 何满潮，袁和生．中国煤矿锚杆支护理论与实践［M］．北京：科学出版社，2004：50-100.

[2] 华心祝．我国沿空留巷支护技术发展现状及改进建议［J］．煤炭科学技术，2006，34（12）：78-81.

[3] 袁亮．低透气煤层群首采关键层卸压开采采空侧瓦斯分布特征与抽采技术［J］．煤炭学报，2008，32（12）：1362-1367.

[4] 康红普，牛多龙．深部沿空留巷围岩变形特征与支护技术［J］．岩土力学与工程学报，2010，29（10）：1977-1984.

[5] 郭育光，柏建彪，侯朝炯．沿空留巷巷旁充填体主要参数研究［J］．中国矿业大学学报，1992，21（4）：1-11.

[6] 杨百顺．顾桥矿深井开采沿空留巷顶板控制技术研究［M］．徐州：中国矿业大学出版社，2008：3-5.

[7] 张璨，张农，许兴亮，等．高地应力破碎软岩巷道强化控制技术研究［J］．采矿与工程安全学报，2010，27（1）：13-18.

[8] 王卫军，冯涛．加固两帮控制深井巷道底鼓的机理研究［J］．岩石力学与工程学报，2005，24（5）：808-811.

[9] 王卫军，侯朝炯，柏建彪，等．综放沿空巷道顶煤受力变形分析［J］．岩土工程学报，2001，23（2）：209-211.

[10] 柏建彪．沿空掘巷围岩控制［M］．徐州：中国矿业大学出版社，2006：10-100.

[11] 孙恒虎，赵炳利．沿空留巷的理论与实践［M］．北京：煤炭工业出版社，1993：20-100.

煤矿井上下对照图比例尺自动转换算法研究

张　莹[1,3]　张鹏鹏[2]　毛善君[1]　李　梅[1]　邹　宏[2]　曾裕群[4]

（1. 北京大学遥感与地理信息系统研究所，北京，100871；
2. 北京龙软科技股份有限公司，北京，100092；
3. 军事交通学院，天津，300161；
4. 广东宏大爆破股份有限公司，广东 广州，510623）

摘　要：煤矿常用 1∶2000 和 1∶5000 比例尺的井上下对照图，这 2 套比例尺的图形要素基本一致，只是表达方式与内容取舍有所不同。为了改变传统的需要人工判断、分别填绘 2 套图形等繁琐的工作方法，利用 Longruan GIS 3.2 平台的功能和数据，研究了井上下对照图比例尺自动转换算法以及点、线实体拓扑关系建立、线实体点坐标抽稀、注记符号分层显示等问题，开发实现了比例尺自动转换的功能模块。经过在煤矿实际应用，结果表明：该算法效果良好，提高了技术人员的制图效率。

关键词：井上下对照图；比例尺转换；拓扑关系；线抽稀；注记符号分层

Algorithm Research of Scale Auto-conversion for Coal Mine Ground and Underground Contrast Maps

Zhang Ying[1,3]　Zhang Pengpeng[2]　Mao Shanjun[1]　Li Mei[1]　Zou Hong[2]　Zeng Yuqun[4]

(1. Institute of Sensing & GIS, Peking University, Beijing, 100871;
2. Beijing Longruan Technologies Inc., Beijing, 100092;
3. Military Transportation University, Tianjin, 300161;
4. Guangdong Hongda Blasting Co., Ltd., Guangdong Guangzhou, 510623)

Abstract: Coal mine ground and underground contrast maps were generally both 1∶2000 and 1∶5000 scales, applying to different application requirements. The graphics elements of different scales were basically the same, but the trade-offs of expression and content of the map features were different. The traditional method was complicated which required users draw different maps by their own knowledge. Based on the data and functions of Longruan GIS 3.2 platform, we had posed the idea that different scale maps could be automatically converted based on the topological relationship of point, line and rarefying of line, symbol layering in this paper. At last, we achieved scale automatic conversion function on GIS platform. The practical application proved the me thod was good, efficient and helpful for mapping the coal mine ground and underground contrast maps.

Keywords: ground and underground contrast maps; scale conversion; topological relation; rarefying of line; symbol layering

井上下对照图是煤矿重要的基本矿图之一，广泛应用于煤矿生产采掘、安全管理等领域[1]。煤矿井上下对照图是反映矿区地面的地物地貌和井下的采掘工程之间空间位置关系的综合性图形。井上下对照图一般是在井田区域地形图上，分别按照 1∶2000、1∶5000 的比例尺绘制地形等高线、地表工业广场、村庄河流、井口位置、井下主要开采水平重要巷道、回采工作面、井田技术边界线、保护煤柱

基金项目：国家科技重大专项资助项目（2011ZX05040-005-011）。
原载于《煤炭科学技术》，2014，42（2）：94-97。

围护带、断层、陷落柱、积水区等内容[2]。由于不同比例尺的图形要素基本一致，只是地图要素的表达方式与内容的取舍有所不同，目前图形绘制需要人工判断并分别填绘和维护更新2套图件[3,4]，工作重复且繁琐。随着地理信息系统在煤矿行业的普及和应用[5]，基于GIS的矿图绘制和管理方式正逐步取代传统的CAD绘图方式。地理信息系统运用其特有的空间数据管理及拓扑数据结构，为井上下对照图的比例尺自动变换提供了新的思路。笔者采用GIS相关技术和方法，对煤矿井上下对照1：2000和1：5000图之间自动转换的算法进行了研究，包括点、线实体拓扑关系建立、线实体点坐标抽稀、文字注记分层显示、图例符号显示自动转换等，并开发实现比例尺自动转换的相关功能，为改进目前以井上下对照图为代表的传统多比例尺多套图形维护的工作方式，提升工作效率和管理水平，提出了一条新的思路。

1 比例尺自动转换数据类型

要实现比例尺自动转换，首先要对矿图中的数据模型和数据结构进行设计。通过对1：2000、1：5000比例尺井上下对照图的制图要素和流程进行分析、对比可以看出，地图要素中的数学要素、地理要素和修饰要素基本一致。数学要素采用大地坐标系，地理要素包含房屋、涵洞、沟渠、井筒、地物界线、窑洞、铁路、无滩陡岸、斜坡、边界、注记、桥、围墙、池塘、公路、陡坎、等高线等实体对象，以及井田边界、钻孔、高程点、控制点、井口、风化氧化带、煤层分叉合并线、煤层露头、煤巷、岩巷、井下测量导线点[6] 等煤矿专用制图要素。

比例尺自动转换功能的实现涉及点、线、文本等实体类型的数据模型定制开发，以及拓扑关系建立、空间几何分析等诸多GIS特性，需要地理信息系统开发环境的支持。Longruan GIS 3.2平台是一套煤矿专业地理信息系统软件，该平台针对煤矿信息化管理工作实际情况和特点，采用面向服务的架构体系开发而成，一方面提供了基本绘图、编辑、制图打印等强大的类似CAD辅助制图功能，另一方面提供了面向煤矿的实体模型表达、空间数据存储和管理、拓扑关系构建及空间分析等GIS特色功能。针对井上下对照图中的内容，比例尺转换时可以抽象为以下数据类型。

（1）点状地物。对于房屋、涵洞、钻孔、控制点等点状地物，比例尺转换时其几何尺寸根据制图规范的规定实现，但是对于相关联的注记的取舍、分隔线等内容除了尺寸上的变化外，还需要自动调整相对位置[7]，这样转换前后才能保持一致、美观。针对该类对象，通过建立实体结构及拓扑关联关系的方法来实现转换，图形对象除了保存自身的数据外，还需要保存与其他相关图形元素的关联关系，在比例尺变换时同步进行转换和位置调整。

（2）线状地物。对于地物界线、铁路、公路、陡坎、井田边界、等高线等线状地物，比例尺转换时需要解决2个方面的问题：1）保持线型显示尺寸、线宽的效果，需要对线型符号的大小、线宽按制图规范进行调整，同时在从大比例尺向小比例尺转换时还需要对线状对象（如等值线）的几何坐标进行抽稀处理，避免转换后线实体局部显示过密的问题。2）针对陡坎、河堤等复杂类型线状对象，由于其构成不仅是简单的线坐标和线型符号，而且排列的图例符号几何尺寸有差异，转换时就需要建立其构成元素间的弧段拓扑关系，实现自动同步更新。

（3）面状地物。对于池塘、风氧化带等面状地物[8]，比例尺转换时根据制图规范对符号填充、线宽等的要求，自动删除原来的填充，并根据制图比例尺重新生成。

（4）修饰型注记。对于图签、经纬网以及其他各种文本注记，比例尺变换时，一方面根据制图规范要求的不同，对文字大小、位置进行调整[9]；另一方面根据所在图层及表达主题的不同，选择性设置属性标识，自动实现1：2000、1：5000比例尺下不同的显示要求。

2 比例尺转换的关键算法

2.1 点对象实体结构及拓扑关系建立

对于钻孔、小柱状、房屋、井筒等点状类型的对象，除了要显示点符号自身外，一般都会有辅助的注记及修饰性信息，比例尺转换时，除了点符号大小需要变化外，其相关的其他对象也需要同步变换。

以钻孔为例，钻孔本身除了见煤点和孔口符号外，还包括周围的钻孔名称、孔口标高、底板标高、煤厚、钻孔质量等注记信息，以及标高注记间的修饰线等。根据制图规范要求，比例尺转换前后钻孔符号和各注记间相对位置要合适、美观。例如 1：2000 比例尺下正常显示的钻孔“ZK2805”（见图 1（a）），转换到 1：5000 比例尺下时，如果只对符号大小、注记大小等进行比例缩放，虽然大小满足了尺寸要求，但对象间位置错位明显（见图 1（b））。

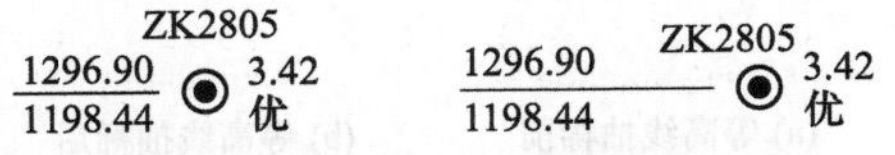

(a)比例尺转换前钻孔　(b)比例尺转换后钻孔

图 1　不考虑制图综合的比例尺自动转换效果

因此，针对钻孔这样的组合型对象，就需要通过实体化的复合结构存储数据，建立各子对象间的拓扑关联关系，在比例尺变换时，通过实体自身数据和关联关系，自动调整相关对象的大小、位置等几何特征，达到自动转换的效果，内部码、比例尺、钻孔注记模板代码、钻孔名称、孔口平面坐标、见煤点平面坐标、孔口标高、煤层底板标高、煤层厚度…分别记作 ID、SCALE、TPID、NAME、KKZB、JMZB、KKBG、MCDB、HD…各注记标识。

钻孔组成对象间建立拓扑关联后，再进行比例尺变换时，除了按照对应比例尺下对文本大小进行修改外，还可以自动对元素间的相对位置进行调整，转换效果前后一致，如图 2 所示。

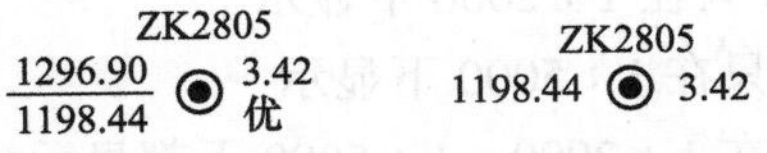

(a) 转换前钻孔　(b) 转换后钻孔

图 2　考虑了制图综合的比例尺自动转换效果

2.2　复杂线状对象图例自动排列变换

陡坎、河堤等井上下对照图中常见的线状图形对象具有形状复杂的特点，各比例尺下对于线型符号的排列有不同的制图规范要求。以陡坎为例（见图 3（a）），其符号的上沿实线表示陡坎的上棱线，短线表示陡坎坡面。在比例尺变换时，陡坎线上的短线符号不仅需要根据比例尺调整显示大小，还需要根据疏密间隔要求重新排列。

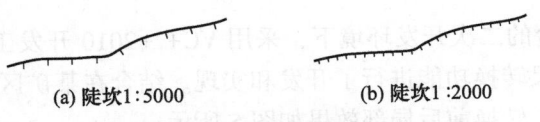

(a) 陡坎1：5000　(b) 陡坎1：2000

图 3　线状图例排列比例尺变换示意图

由于传统手动绘制陡坎的方式非常繁琐，笔者采用了实体化的方式，设计完整的陡坎线几何信息和拓扑关联信息数据结构，内部码、陡坎线上点数、陡坎线点坐标…棱线内部码、排列标识、排列图例代码分别记作 ID、POINT_NUM、POINT_COOR…LINE_IID、SIDE_FLAG、SYM_ID，通过数据模型的支持，在比例尺变换时自动实现陡坎线及其符号的重新排列转换后的效果如图 3（b）所示。

2.3　等高线抽稀算法

对于线状实体，比例尺变换时，除了要实现线型、线宽显示尺寸的一致外，还需要对线上点坐标的疏密度进行调整。线上点抽稀处理本质上是点坐标压缩的过程[10]，经典的点压缩算法有道格拉斯-普克法、垂距法、光栏法、最小角度法等。井上下对照图中需要抽稀处理的内容主要是等值线类型的实体，由于这类线一般具有曲线平滑的特性，通过比较几种压缩算法的特点，笔者采用道格拉斯-普克法进行抽稀处理[11,12]。

道格拉斯–普克算法的基本思路是对每一条曲线的首末 2 点虚连一条直线，求其间所有点到直线的垂直距离，并找到最大距离值 d_{max}，用 d_{max} 与阈值常量 d_{const} 进行比较：（1）若 $d_{max}<d_{const}$，则舍弃 2 点间的坐标；（2）若 $d_{max} \geqslant d_{const}$，则保留 d_{max} 对应的坐标点，并以该点为界，把曲线分成 2 段，递归使用以上循环。

经过对多个煤矿的井上下对照图从 1∶2000 转换到 1∶5000 效果来看，算法中阈值常量 d_{const} = 0.5m 时，基本就能达到比较好的抽稀效果，转换前后对比如图 4 所示。

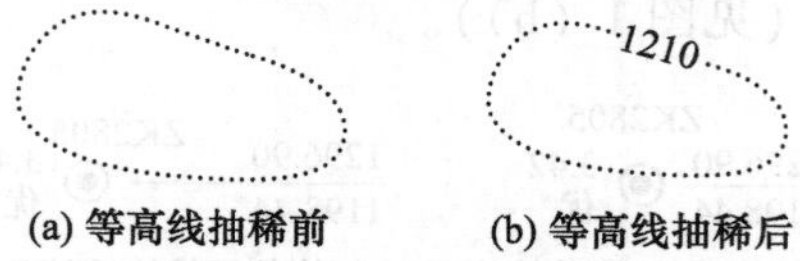

(a) 等高线抽稀前　　(b) 等高线抽稀后

图 4　线抽稀算法效果

2.4　文本注记分级显示规则

井上下对照图中注记型的文本内容比较多，1∶2000、1∶5000 比例尺下各自突出展示的内容有所区别，自动转换时除了对文本大小、位置进行调整外，还需要对文本注记[13] 按照制图规范、显示主题的重要程度等要求分级、分层处理，避免局部注记过密，甚至相互压盖的情况[14]。

（1）根据 1∶2000、1∶5000 比例尺制图规范，对图件中的文本进行分层处理，并选择性标识如下属性：

enum EScaleShownFlag：

{EScaleShownFlag_2k=0x01，//只在 1∶2000 下显示

EScaleShownFlag_5K=0x02，//只在 1∶5000 下显示

EScaleShownFlag_All=0x03，//在 1∶2000，1∶5000 下都显示}

在比例尺变换时，系统自动根据文本注记属性值做相应尺寸转换或不显示。

（2）对于图形内容特别复杂的井上下对照图，如果比例尺变换后符号和注记出现重叠压盖现象，可以设置图层的显示优先级属性，地貌高程点、水准测量基准点、钻孔、工矿符号（在用）、交通附属符号、水系符号分别为 10、20、30、40、50、60，在比例尺变换时，自动根据优先级（属性值越小，优先级越高）属性显示相应内容。

3　井上下对照图比例尺自动转换系统实现

在 Longruan GIS 3.2 平台的二次开发环境下，采用 VC+ +2010 开发工具，基于上文所述的思路和算法，对井上下对照图比例尺转换功能进行了开发和实现。结合在某矿区 1∶2000、1∶5000 井上下对照图的实际应用，效果良好，转换前后局部效果如图 5 所示。

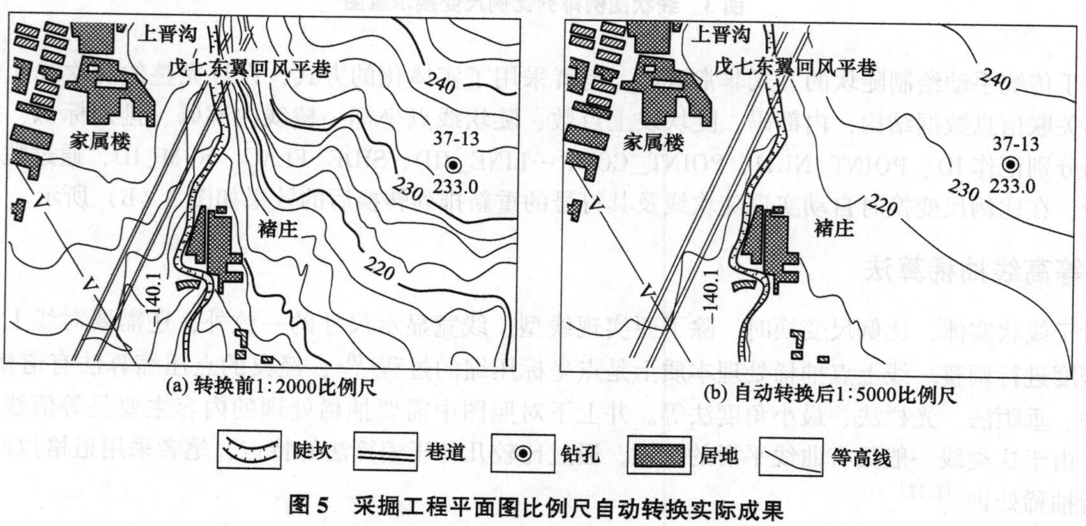

图 5　采掘工程平面图比例尺自动转换实际成果

4 结语

针对目前煤矿井上下对照图自动绘制过程中存在的问题，分析并总结了比例尺自动转换的思路和关键算法，结合 GIS 的实体模型方法，建立了钻孔、小柱状、控制点、建筑物、桥梁等复杂点状对象及巷道、陡坎、等值线等线状对象等拓扑数据模型，研究了线实体点坐标压缩算法及注记分层控制显示和防压盖处理等问题，完成了煤矿井上下对照图比例尺自动转换功能的开发。实际应用效果表明，基于 GIS 技术方法实现井上下对照图的比例尺自动转换是有效、可行的。

参 考 文 献

[1] 张勇，赵国建，张玉庆．矿井各种生产用图之间相互关系的研究［J］．煤炭科学技术，1998，26（8）：45-47，44.

[2] 刘俊荷．矿图［M］．北京：煤炭工业出版社，2011.

[3] 王建学，杨本生，武梅良．矿图数字化及其主要方法［J］．煤炭科学技术，2004，32（5）：43-45.

[4] 林在康．采矿 CAD 开发及编程技术［M］．徐州：中国矿业大学出版社，1998.

[5] 徐黔，马小计，石琨．矿业地理信息系统及数字矿山若干问题探讨［J］．煤炭科学技术，2003，31（8）：55-57.

[6] 李钢，陈开岩，何学秋，等．矿井通风系统巷道自动绘制方法研究［J］．煤炭科学技术，2006，34（6）：50-53.

[7] 邬伦，刘瑜．地理信息系统：原理、方法和应用［M］．北京：科学出版社，2002：273-280.

[8] 田青文．地图制图学概论［M］．武汉：中国地质大学出版社，1995.

[9] 樊红，杜道生，张祖勋．地图注记自动配置规则及其实现策略［J］．武汉测绘科技大学学报，1998，24（2）：154-157.

[10] 卢英水，李乃良．基于特征点的高程点自动抽稀法［J］．测绘与空间地理信息，2008，31（2）：170-174.

[11] 王净，江刚武．无拓扑矢量数据快速压缩算法的研究与实现［J］．测绘学报，2003（5）：173-177.

[12] 刘晓红，李树军．矢量数据压缩的角度分段道格拉斯算法研究［J］．四川测绘，2005，25（2）：51-52.

[13] 何燕珠，徐志俊．数字地图制图综合探讨［J］．地矿测绘，2009，25（4）：44-46.

[14] 边馥苓．地理信息系统原理与方法［M］．北京：测绘出版社，1996.

深孔锅底爆破在立井施工中的应用

苏　洪[1,2,3]　洪斌鹏[3]　龚　悦[1]

（1. 安徽理工大学 化学工程学院，安徽 淮南，232001；
2. 广州宏大爆破股份有限公司，广东 广州，510623；
3. 湖南涟邵建设工程有限责任公司，湖南 娄底，417000）

摘　要：大红山井筒深达1279m，地质条件复杂，对施工进度要求较高。通过对立井爆破中掏槽爆破、光面爆破和锅底爆破中的关键技术问题进行分析和研究，最终采用两阶混合掏槽、大直径深孔、锅底、光面爆破技术，提高了爆破效果，加快了施工进度，为类似条件下井筒爆破施工提供了理论依据和技术支持。

关键词：掏槽爆破；光面爆破；锅底爆破

Application of Deep-hole Pot Bottom Blasting in Vertical Shaft Construction

Su Hong[1,2,3]　Hong Binpeng[3]　Gong Yue[1]

（1. School of Chemical Engineering，Anhui University of Science and Technology，Anhui Huainan，232001；
2. Guangdong Hongda Blasting Co.，Ltd.，Guangdong Guangzhou，510623；
3. Hunan Lianshao Construction Engineering Co.，Ltd.，Hunan Loudi，417000）

Abstract：The depth of Dahongshan shaft is up to 1279m，and the geological conditions are complex，which requires high construction progress. Through the analysis of the key technical problems in cut blasting，smooth blasting and pot bottom blasting，the two-layer mixed cut blasting，large-diameter deep hole blasting，pot bottom blasting and smooth blasting technology are adopted to improve the blasting effect and speed up the construction progress，which could provide a theoretical basis and technical support for shaft blasting construction under similar conditions.

Keywords：cut blasting；smooth blasting；pot bottom blasting

在矿山建设中立井施工是最重要的工程之一，工程质量好坏和进度快慢直接影响着矿井建设的质量和周期。立井掘进主要的方法是钻孔爆破法，深孔爆破技术增加循环进尺度，便于发挥大型凿井设备的作用，锅底爆破便于清渣和排水，2种技术结合使用，从而提高了工程进度，节约了成本，经济效益显著。

1　工程概况

大红山二期废石箕斗井井口地表处标高为+1200m，井底标高为-79m，井深达1279m。井筒掘进直径为6.3m。岩石坚固系数$f=8\sim10$，井筒正常涌水量小于$10m^3/h$。井筒设计永久支护混凝土厚400mm。

采用SZJ-5.6型伞钻打孔，配套6台YGZ-70型凿岩机，10t吊葫芦吊挂在翻矸平台下。钻孔前，采用提升机下放伞钻至吊盘下（转挂至专用伞钻提吊稳车上），连接风水管，打开伞钻撑杆撑牢井壁，

原载于《现代矿业》，2014（2）：125-127，134。

试钻、钻孔。装岩设备为 HZ-6 中心回转抓岩机，工作能力为 $50m^3/h$。

采用的乳化炸药主要技术参数：药卷长度为 200mm，药卷直径为 40mm，炸药密度为 $1.1 \sim 1.2g/cm^3$，每卷药重 0.375kg。为了满足深孔的起爆，选用 7m 长脚线，1~9 段半秒延期导爆管雷管。

2 深孔爆破

2.1 掏槽爆破

立井爆破中最关键的技术之一就是掏槽爆破，掏槽的好坏直接影响着其他炮孔的爆破效果[1]。因此，必须合理选择掏槽方式和掏槽参数，使岩石完全破碎，形成槽洞，达到较高的槽眼利用率。

2.1.1 掏槽爆破形式

立井掏槽爆破形式归纳起来分为三大类：斜孔掏槽、直孔掏槽和混合掏槽[2]。

斜孔掏槽是一种掏槽方向倾斜于工作面的掏槽方式，适用于各类岩石，多采用楔形掏槽和锥形掏槽。斜孔掏槽一般炮孔数目较少，炸药用药量小，可以充分利用自由面，并且由于爆炸气体在岩石中作用时间长，炸药较集中，能充分利用爆炸能量，易将被破碎的岩石抛出，形成更大的掏槽腔，取得良好的爆破效果，但是斜孔爆破的钻孔方向难以掌握，要求钻孔工人具有熟练的技术水平，炮孔深度受掘进断面的限制，小断面掘进爆破并不适用，爆破下岩石的抛掷距离较远，抛出的爆碴分散，容易损坏支护和设备，不利于出碴。

直孔掏槽是一种掏槽方向垂直于工作面的掏槽方式，能够克服斜孔掏槽受巷道断面大小限制等缺点，爆破效果也较为理想，但是直孔掏槽炮孔较多，炸药用药量大。在直孔掏槽中使用较多的是两阶掏槽孔同深和两阶掏槽孔不同深 2 种，安徽理工大学专门对两阶掏槽孔同深和两阶掏槽孔不同深的情况进行了对比试验研究[3]，结果表明两阶槽孔同深的槽腔体积增大，炮孔利用率明显提高。

混合掏槽是两种以上的掏槽方式混合使用，一般为直孔掏槽和斜孔掏槽混合形式，2 种掏槽方式的结合使用正好弥补了各自的缺点，而且爆破效果也非常好。

大红山二期废石箕斗井采用混合掏槽形式，两阶直、斜孔掏槽，一阶斜孔插角为 82°。

2.1.2 掏槽爆破参数

（1）掏槽孔布置。掏槽爆破主要是利用炸药爆炸对岩石的破裂作用，使槽腔内的岩石充分破裂，因此可以利用裂隙圈半径公式确定炮孔间距 d 和炮孔布置圈径 D，通常 $d<r$，$D<2r$，r 为破裂区半径。根据爆炸应力波计算破裂区半径[2]：

$$r = \left(b \frac{p_1}{S_T}\right)^{1/a} r_b \tag{1}$$

式中，a 为应力波衰减系数，$a = 2 - \dfrac{\gamma}{1-\gamma}$，$\gamma$ 为岩石泊松比；S_T 为岩石动载抗拉强度，MPa；b 为切向应力与径向应力的比值，$b = \dfrac{\gamma}{1-\gamma}$；$r_b$ 为炮孔半径，mm；p_1 为作用于孔壁的初始径向峰值应力，N。

耦合装药时：

$$p_1 = \frac{1}{4}\rho_e D_e^2 \frac{2\rho_m C_p}{\rho_e D_e + \rho_m C_p} \tag{2}$$

不耦合装药时：

$$p_1 = \frac{1}{8}\rho_e D2_e \left(\frac{r_c}{r_b}\right)^6 n \tag{3}$$

式中，ρ_e 为炸药密度，kg/m^3；D_e 为炸药爆速，m/s；ρ_m 为岩石密度，kg/m^3；C_p 为纵波波速，m/s；r_c、r_b 分别为装药半径和炮孔半径，mm；n 为爆炸生成气体碰撞岩壁时产生的应力增大倍数，8~11。

由于掏槽孔炮孔直径为 50mm，药卷直径为 45mm，不耦合装药，因此按式（3）计算孔壁的初始径向峰值应力，然后代入式（1）中计算，得出结论：在 2m 的圈径内都会产生裂隙。

大红山项目部采用 SZJ-5.6 型伞钻打孔机，最小打孔圈径为 1.6m，经过工程实践中的微调，最终确定一阶掏槽孔圈径为 1600mm，共 8 个炮孔，炮孔间距为 614mm；两阶掏槽孔圈径为 1800mm，共 8 个炮孔，炮孔间距为 688mm。掏槽孔布置均在裂隙区范围内。爆破参数见表 1。

表 1　大红山废石箕斗井爆破设计参数

名　称	序号	圈径/m	孔数/个	孔距/mm	孔深/m		装药量/卷		起爆顺序
					垂深	小计长度	单孔	小计	
掏槽孔	1~8	1.6	8	614	4.5	36	14	112	Ⅰ
掏槽孔	9~16	1.8	8	688	4.5	36	14	112	Ⅱ
辅助孔	17~26	2.8	11	789	4.5	49.5	12	132	Ⅲ
辅助孔	27~40	4.0	16	785	4.5	72	12	192	Ⅳ
辅助孔	41~58	5.2	20	816	4.5	90	10	200	Ⅴ
周边孔	59~99	6.2	33	595	4.5	148.5	8	264	Ⅵ

（2）掏槽药量。掏槽爆破不仅要破碎岩体，而且还要把破碎的岩体抛出槽腔，形成新的自由面和掏槽腔，所以掏槽爆破的单位炸药用药量要比其他炮孔的多。掏槽药量理论上可通过体积药量计算，并在理论计算量的基础上加 20%~40%。

$$Q = \frac{\pi D^2 \eta l_b q}{4N} \tag{4}$$

式中，Q 为单个槽孔装药量，kg；η 为炮孔利用率，%；l_b 为炮孔深度，m；q 为炸药单耗，kg/m^3；N 为炮孔数，个。

综合考虑钻孔速度和钎杆磨损情况，确定炮孔深度为 4.5m，圈径按 1.8m 计算，炸药单耗确定为 3.0kg/m^3，按式（4）理论计算单孔装药量为 4.0kg，因为掏槽孔比一般炮孔药量多，经过现场试验和理论计算，最终确定掏槽孔的单孔装药量为 5.2kg。

（3）辅助孔参数。辅助孔的作用是进一步扩大掏槽爆破形成的自由面，破碎岩石，形成较大体积的爆破漏斗。由于辅助孔爆破之前，已经有了掏槽孔爆破所形成的自由面，所以辅助孔的单孔用药量较掏槽孔有所减少，但减少过多会出现岩石破碎不均，产生大块岩石，影响抓岩清渣的效率。通过试炮，确定最优单孔装药量为 4.5kg，共 12 卷药卷。因为破裂区的半径约为 1m，所以辅助孔圈径以 1m 左右的增幅增加。三圈辅助孔的圈径分别为 2.8m，4.0m，5.2m。详细爆破参数见表 1。

2.2　光面爆破

光面爆破是一种爆破后使断面岩体表面平整光滑的控制爆破技术，它的好坏直接影响断面成型规整及能否减少爆破冲击波和应力波对周边围岩的影响，因此井筒爆破均应采用光面爆破技术，在实际施工过程中必须在理论知识的基础上对光面爆破参数进行优化。

2.2.1　炮孔间距

光面爆破产生机理为相邻两炮孔装药同时起爆后，爆炸应力波由炮孔向四周传播，在各自炮孔壁上产生初始裂隙，然后在爆生气体“气楔”作用下使裂隙延伸扩大，最后贯穿形成平整断面。因此，合理的炮孔间距应保证贯穿裂隙完全形成。炮孔间距可用下式求解：

$$d_1 = 2r_k + \left(\frac{p_b}{S_T}\right) d_b \tag{5}$$

式中，d_1 为周边孔间距，m；p_b 为爆炸气体充满炮孔时的静压，N；r_k 为每个炮孔产生的裂缝长度，mm；d_b 为周边孔直径，mm。

现场多依据经验公式：

$$d_1 = (10 \sim 15) d_b \tag{6}$$

根据药卷直径为 40mm，取炮孔直径为 45mm，由式（6）作指导，通过现场试炮，确定按 $d_1 = 13d_b$ 计算最优，得到 $d_1 = 585$mm，考虑到药孔平均分布，最终确定 $d_1 = 590$mm。

2.2.2 最小抵抗线和炮孔邻近系数

周边孔的最小抵抗线决定着光爆层岩石能否适当地破碎，而确定周边孔的最小抵抗线在于合理地选择装药邻近系数 m。根据工程实践经验，m 值应该根据工程中岩石的坚固性来选择，一般情况，$m=0.8\sim1.0$。经理论研究和工程实践表明光爆炮孔密集系数可以适当增大，但也不宜超过 1.2[4]。

最小抵抗线可通过下式求得：

$$W=\frac{q_b}{qd_1l_b} \tag{7}$$

式中，W 为最小抵抗线，m；l_b 为炮孔长度，m；q_b 为炮孔内的装药量，kg；d_1 为周边孔间距，m；q 为爆破系数，相当于单位耗药量，对 $f=4\sim10$ 的岩石，q 的变化范围为 $2\sim5\text{kg/m}^3$。

周边孔每孔为 8 卷药卷，炮孔内装药量 q_b 为 3kg，炸药单耗 q 确定为 3.0kg/m^3，d_1 为 590mm，l_b 为 4.5m，通过计算可得最小抵抗线 $W=0.4\text{m}$。在工地通过单炮孔爆破漏斗实验，确定最小抵抗线 $W=0.5\text{m}$。

2.2.3 装药结构和起爆方式

周边孔的作用主要是形成规整的断面和稳定的围岩，所以周边孔一般采用不耦合装药结构。不耦合装药结构又大致分为径向间隙不耦合和轴向垫层不耦合装药。轴向垫层不耦合装药结构多以水、空气和柔性材料为间隔介质。研究表明采用轴向垫层不耦合装药结构能够获得较好的光面爆破效果，是一种较为理想的光面爆破装药形式[4]。

周边孔的起爆方式分为正向起爆和反向起爆，正向起爆即为起爆药位于炮孔上部，反向起爆为起爆药位于炮孔下部。

大红山废石箕斗井周边孔采用反向装药结构，孔内用水炮泥装填，孔口用炮泥堵塞。炸药爆炸时，水炮泥相当于水雾和空气，由于空气介质的存在，降低了冲击波的峰值压力，减少了药柱周围围岩的过破碎，同时空气介质增加了爆生气体在岩石内的作用时间和应力场强度，炸药的能量得到充分利用，使岩石破碎均匀，周边孔孔痕完整，岩壁规整无裂缝。

3 锅底爆破

近年来，工程单位为了提高井巷的掘进速度，提出了一种新的爆破技术：炮孔由井筒中心向外逐圈提高落底高度，使每个循环爆破后形成类似于锅底形工作面，统称为锅底爆破。井巷施工中影响井巷掘进速度的一个重要因素就是清渣和排水排浆工作费时，锅底爆破后废石和水浆自动集中于锅底中央，提高了集渣速度、清底质量和排水排浆效率。锅底爆破还具有扩大自由面、减少岩石夹制作用，提高其他炮孔的炮孔利用率等一系列优点[5]，所以在工程实践中被广泛应用。

大洪山废石箕斗井采用锅底爆破，分区、划片钻孔，一圈斜掏槽孔落底高度为 0.3m，二圈掏槽孔落底高度为 0.4m，一圈辅助孔落底高度为 0.65m，二圈辅助孔落底高度为 0.9m，三圈辅助孔落底高度为 1.2m，周边孔落底高度为 1.45m。锅底爆破示意如图 1 所示。

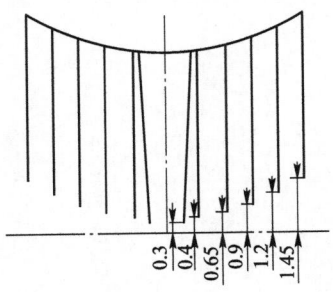

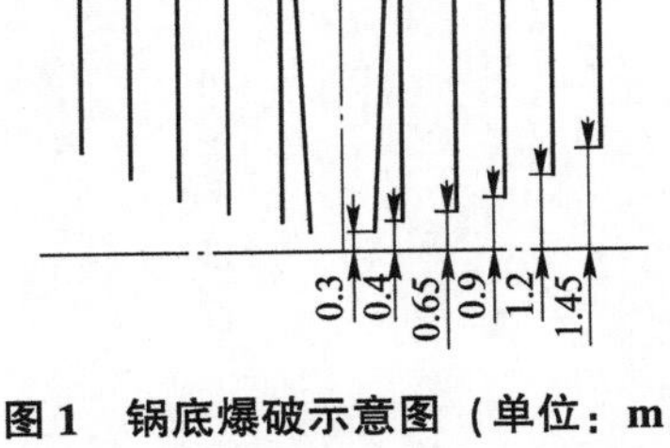

图 1 锅底爆破示意图（单位：m）

大红山废石箕斗井共钻 6 圈炮孔，炮孔总数为 89 个，炮孔总长 400.5m，总装药量为 371.4kg。掏槽孔 2 圈：一圈掏槽孔圈径为 1600mm，8 个孔，深 4.5m；二圈掏槽孔圈径为 1800mm，8 个孔，深

4.5m。辅助孔3圈：一圈辅助孔圈径为2800mm，9个孔，深4.5m；二圈辅助孔圈径为4000mm，13个孔，深4.5m；三圈辅助孔圈径为5200mm，18个孔，深4.5m。周边孔圈径为6200mm，孔距为590mm，孔深4.5m，33个炮孔。周边孔孔底落在掘进轮廓线上，辅助孔均匀布置于掏槽孔和周边孔之间。采用两阶直、斜孔掏槽，大直径深孔，锅底，弱冲，光面爆破。炮孔布置如图2所示。爆破参数详见表1。

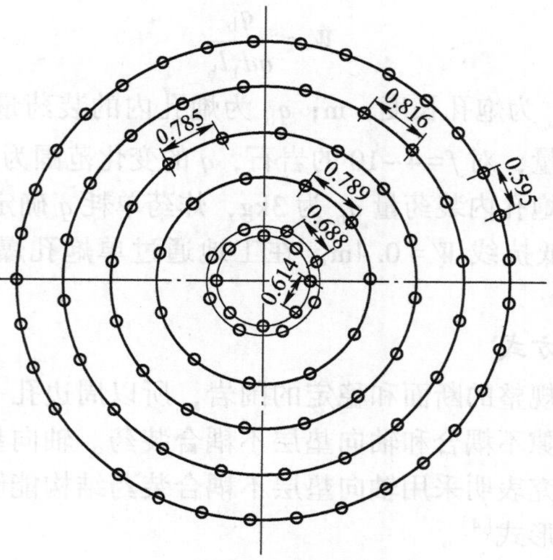

图2 炮孔布置（单位：m）

4 结语

通过对深孔爆破和锅底爆破的关键技术的研究，提出了切实可行的技术参数，在大红山立井施工中应用，炮孔利用率达到90%左右，循环进尺达到4.0m，周边孔孔痕率达到83%，取得了令人满意的爆破效果。立井深孔锅底爆破技术大大提高了井巷掘进速度和效率，对今后类似条件下的井筒爆破施工具有较好的借鉴作用。

参考文献

[1] 王文龙．钻孔爆破［M］．北京：煤炭工业出版社，1989.
[2] 杨小林，林从谋．地下工程爆破［M］．武汉：武汉理工大学出版社，2009.
[3] 宗琦，刘积铭．立井深孔直孔分段掏槽破岩作用和参数设计［J］．爆破，1993，10（4）：49-53.
[4] 徐颖，宗琦．光面爆破软垫层装药参数理论分析［J］．煤炭学报，2000，25（6）：610-613.
[5] 王汉军．锅底形中深孔爆破技术在立井施工中的应用［J］．建井技术，2000，21（3）：29-31.

孙疃矿底板破坏的数值模拟及现场实测

李文敏　陈晶晶　黄东兴　杨志雄

（广东宏大爆破有限公司大宝山项目部，广东 韶关，512000）

摘　要：结合淮北孙疃煤矿的工程地质条件，利用 FLAC^{3D} 数值模拟软件的流固耦合功能，对孙疃煤矿 1028 工作面进行数值模拟，数值模拟分析得到底板最大破坏深度为 24m，承压水导升高度为 12m，工作面不会发生突水事故。同时布置钻孔在孙疃矿 1028 工作面上回风巷上，以对煤层底板进行现场电阻率 CT 探测，探测结果分析得到煤层底板的最大破坏深度为 17m，底板仍然具有完整隔水层，不会发生突水，将得到的实测结果与数值模拟结果进行对比，得出数值模拟结果与现场实测相近。

关键词：流固耦合；数值模拟；底板实测；电阻率 CT 探测

The Numerical Simulation and Field Measurement of the Floor Damage in Suntuan Coal Mine

Li Wenmin　Chen Jingjing　Huang Dongxing　Yang Zhixiong

（The Dabaoshan Proiect Department，Guangdong Hongda Blasting Co.，Ltd.，Guangdong Shaoguan，512000）

Abstract: Combined with the engineering geological conditions of Suntuan Coal Mine in Huaibei，and by using FLAC^{3D} numerical simulation software of fluid - structure interaction function，the numerical simulation is carried out on the Suntuan Coal Mine 1028 working face，the numerical simulation analysis for floor maximum damage depth is 24m，confined water guide to rise height is 12m，and working face water inrush accidents will not occur. Meanwhile，the borehole on Suntuan Coal Mine 1028 working face return air lane is arranged，to conduct site resistivity CT detection of coal floor. By analyzing the detection results，it concludes that the largest coal floor damage depth is 17m，the floor is still full of water -resisting laver，and water inrush will not occur. The test results are compared with the numerical simulation results，and the results of numerical simulation and field measurement are much close.

Keywords: fluid-structure interaction；numerical simulation；backplane measured；the resistivity CT detection

淮北矿业集团的孙疃煤矿 1028 工作面开采煤层为 10 号煤层，厚度为 0.8~4.5m，平均厚度 H=3.4m。煤层倾角 17°，普氏系数 f=2，煤的分类为焦煤及肥煤，可采指数为 61%，煤层的变异系数为 18%，煤层地质构造简单且稳定，煤层顶底板主要为泥岩、粉砂岩，有些局域顶底板均为细砂岩；煤层距离下部的承压含水层 51.69~68.31m，平均 58.38m，根据地面钻孔观测资料，含水层为强富含水性，平均承压水水压为 4MPa[1]。

根据工作面现在推进到的位置，与工作面附近钻孔所涉及的岩层层位，选择距离实验测试现场较近的孙疃矿井 20-3 钻孔柱状（见表 1），作为数值模拟所需的各岩层的标准地质资料[2]。为了便于数值计算，将柱状图内岩层厚度不足 1m 的岩层合并到其上或者其下的岩层内，这对数值模拟结果的影响是可以接受的[3]。

原载于《矿业工程研究》，2014，29（1）：53-57。

表 1　1028 工作面顶底板柱状数据

层序号	深度/m	伪厚/m	真厚/m	真厚累计/m	岩石名称
124	481.0	4.75	4.50	462.31	细砂岩
125	482.60	1.50	1.45	463.76	粉砂岩
126	486.70	3.10	2.99	466.75	中砂岩
127	486.70	1.00	0.96	467.72	粉砂岩
128	489.70	3.00	2.90	470.62	细砂岩
129	500.55	10.85	10.48	481.10	粉砂岩
130	501.28	0.73	0.68	481.78	10 煤
131	501.37	0.09	0.08	481.86	泥岩
132	502.67	1.30	1.21	483.07	10 煤
133	502.77	0.10	0.09	483.17	泥岩
134	503.82	1.05	0.96	484.15	10 煤
135	505.10	1.28	1.19	485.34	泥岩
136	612.10	7.00	6.58	491.88	砂泥岩互渗
137	523.20	11.10	10.36	502.24	细砂岩
138	531.60	8.40	7.94	510.18	中砂岩
139	534.58	2.98	2.78	512.96	粉砂岩
140	538.62	4.24	3.96	516.92	中砂岩
141	539.12	0.30	0.28	517.20	碳质泥岩
142	548.09	8.97	8.37	525.67	泥岩
143	557.50	9.41	8.78	534.36	粉砂岩
144	567.49	9.99	9.33	543.68	泥岩
145	571.29	3.80	3.55	547.23	灰岩

1　FLAC^{3D} 数值计算模型的建立

1.1　建立网格

计算模型中煤层倾角取 17°，采高 H=3.4m，工作面长 L=180m，综采放顶煤。为更符合工作面现场实际，消除数值边界效应，煤层走向以及倾向的端部各加入 60m 的护巷煤柱。故数值模拟的计算模型的倾向和走向长度都有 300m。数值模拟中计算模型分为 18 层，顶板 9 层，底板 8 层，煤层 1 层，模型垂直高度设置为 200m。具体计算模型如图 1 所示。数值模型顶部，施加垂直向下的均布载荷，其大小为顶部至地表的岩体自重。根据“见方跨落”的实践经验：工作面推进长度近似于工作面长度时，矿山压力的显现最为明显，因此数值模拟中工作面开挖长度 S=180m 时，终止计算[4]。

图 1　数值计算模型网格图

1.2 边界条件

力学边界：模型的左右前后固定水平移动，允许发生垂直方向移动[5]。模型底部各个方向的位移设置为零。顶部不设置位移限制。模型内部应力设置为顶部的均布载荷加上其下面每层岩层的自重。模型内部水平应力为垂直应力乘以侧压系数 0.75[5]。

流体边界：数值模型的除了底部均为不透水边界，底部设置为透水边界，是为了表现下部含水层的富含水性。压力水头边界定在模型内部含水层的顶部，大小按该工作面现场实际而设定为 $p=4\text{MPa}$。含水层的初始饱和度设为 1，含水层以上的各岩层初始饱和度为 0，各岩层的渗透系数换算为 FLAC^{3D} 的迁移系数取 $K=1\times10^{-9}\text{m}^{-2}/(\text{Pa}\cdot\text{s})$ [6]。

初始计算设定：先对模型进行力学计算，达到初始应力平衡后，再打开流体计算，使模型内部同时达到力学与流体平衡，这样初始计算完成。然后进行开挖计算，每一步开挖之后，开始流-固耦合计算，达到平衡以后，再进行下一步开挖[7-9]。

2 数值模拟结果分析

2.1 工作面推进 50m 时底板破坏

工作面推进 50m 时工作面周边塑形区范围如图 2 所示。

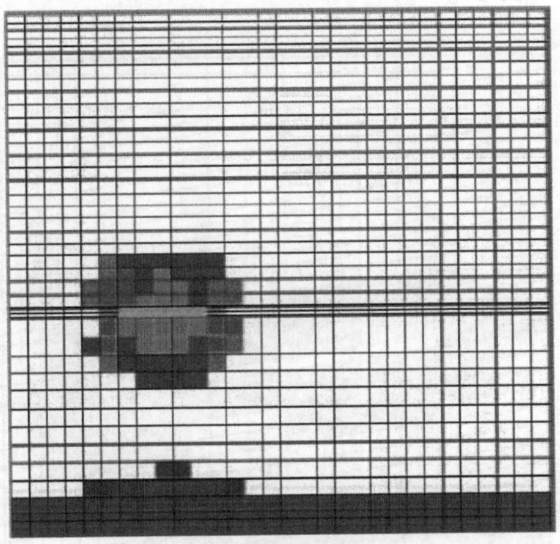

(a) 工作面走向

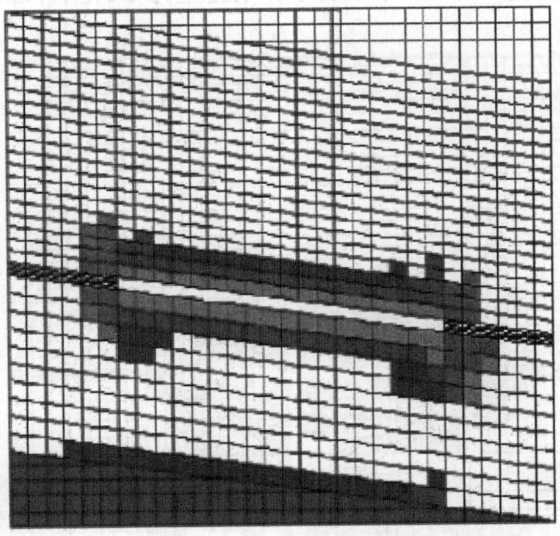

(b) 工作面倾向

图 2 工作面推进 50m 时工作面周边塑性区范围

从图 2（a）可以看出，工作面推进 50m 时，走向方向上底板破坏深度为 24m，采空区下方底板岩体随着深度的增加破坏程度减少，底板深度 0~12m 范围内发生比较大的张拉性破坏：其中 0~6m 范围内的底板岩层完全失去隔水能力，6~12m 范围内只工作面两端面下方具有一定的隔水能力。底板深度 12~18m 范围破坏相对较小，底板深度 18~24m 破坏更小。工作面前方煤壁下方岩体 0~12m 发生较大的剪切破坏。承压水导升最高处位于采空区中部下方，由于孔隙水压力作用，使得含水层上方岩层发生张裂破坏高度为 12m。从图 2（b）可以看出，倾斜方向上最大破坏深度发生工作面下端面，同时底板破坏也呈现出层状破坏的形式，底板 0~6m 发生彻底的张拉性破坏，6~12m 张拉破坏程度相对较小。

2.2 工作面推进 100m 时底板破坏

工作面推进 100m 时工作面周边塑形区范围如图 3 所示。

从图 3（a）可以看出，工作面推进 100m 时，采空区下方底板破坏范围增大了，破坏程度有加深，破坏深度为 24m。从图 3（b）可以看出，工作面推进 100m 时，下端面煤体下方底板岩体破坏程度很深，因为挤压而发生的剪切破坏达到距离煤壁 20m 深处，承压水导升高度虽未发生变化，但由于工作面推进底板卸压范围的增加，导致承压水导升范围发生增加。

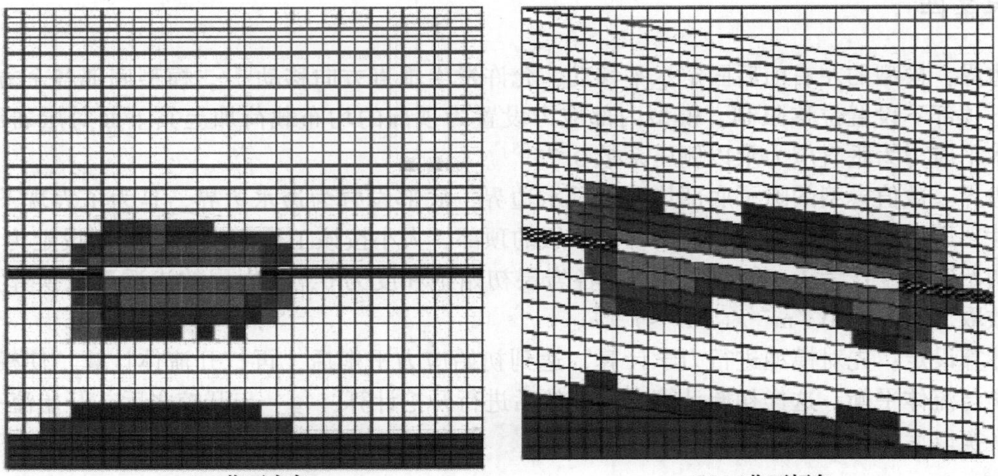

(a) 工作面走向　　(b) 工作面倾向

图 3　工作面推进 100m 时工作面周边塑性区范围

2.3　工作面推进 140m 时底板破坏

工作面推进 140m 时工作面周边塑形区范围如图 4 所示。

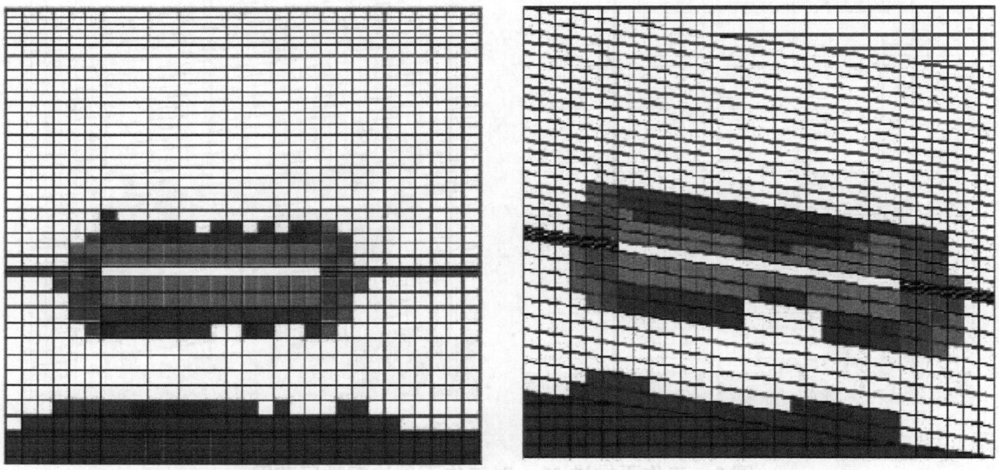

(a) 工作面走向　　(b) 工作面倾向

图 4　工作面推进 140m 时工作面周边塑性区范围

从图 4（a）可以看出，工作面推进 140m 时，采空区下方 0~12m 的底板发生完全的张拉性破坏，彻底失去隔水能力。12~24m 的底板发生较为强烈的破坏，但仍然具有一定的隔水能力，底板破坏深度为 24m。从图 4（b）可以看出倾斜方向上，工作面中部底板破坏程度及深度相对加深，工作面下端面破坏深度及破坏程度最大。

2.4　工作面推进 180m 时底板破坏

工作面推进 180m 时工作面周边塑形区范围如图 5 所示。

从图 5（a）可以看出，采空区下方 0~12m 底板发生完全的张拉性破坏，失去隔水能力；12~18m 发生较为大的张拉性破坏，隔水能力已经很弱；12~18m 距离煤壁较近的底板岩层破坏程度大于采空区中部下方底板岩层。从图 5（b）可以看出工作面上下端面破坏深度一样，但下端面底板破坏程度更深，下端面下方的承压水导升破坏带张拉性破坏程度要大于上端面，因此可以推断下端面发生突水可能性更大。

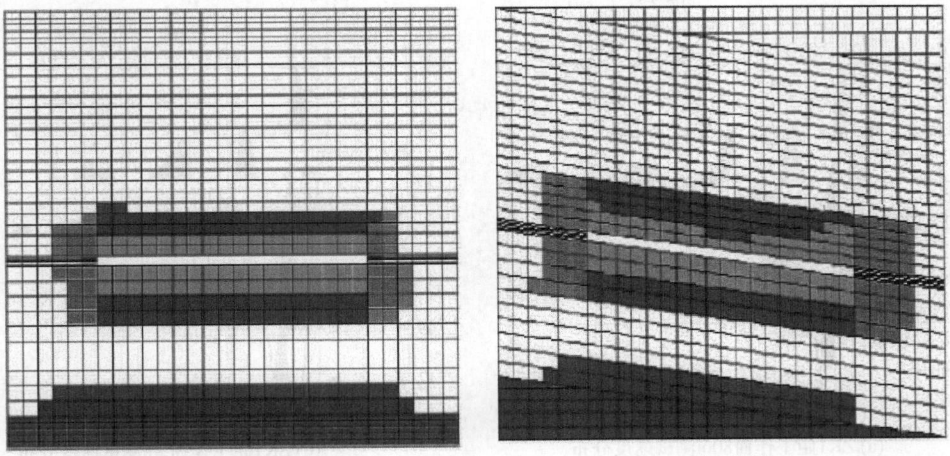

(a)工作面走向　　(b)工作面倾向

图 5　工作面推进 180m 时工作面周边塑性区范围

3　底板破坏实测

3.1　钻孔 CT 探测系统布置

为获得合理有效底板破坏结果，结合 1028 工作面实际地质条件，本次探测以 1028 工作面风巷为钻孔实施地点，共布置 2 个底板钻孔，两孔水平间距 5m。图 7 中 ZK1 主要探测深部裂隙发育规律，ZK2 主要探测浅部裂隙发育规律[10,11]。施工测试钻孔平面布置图和剖面布置图如图 6 所示。

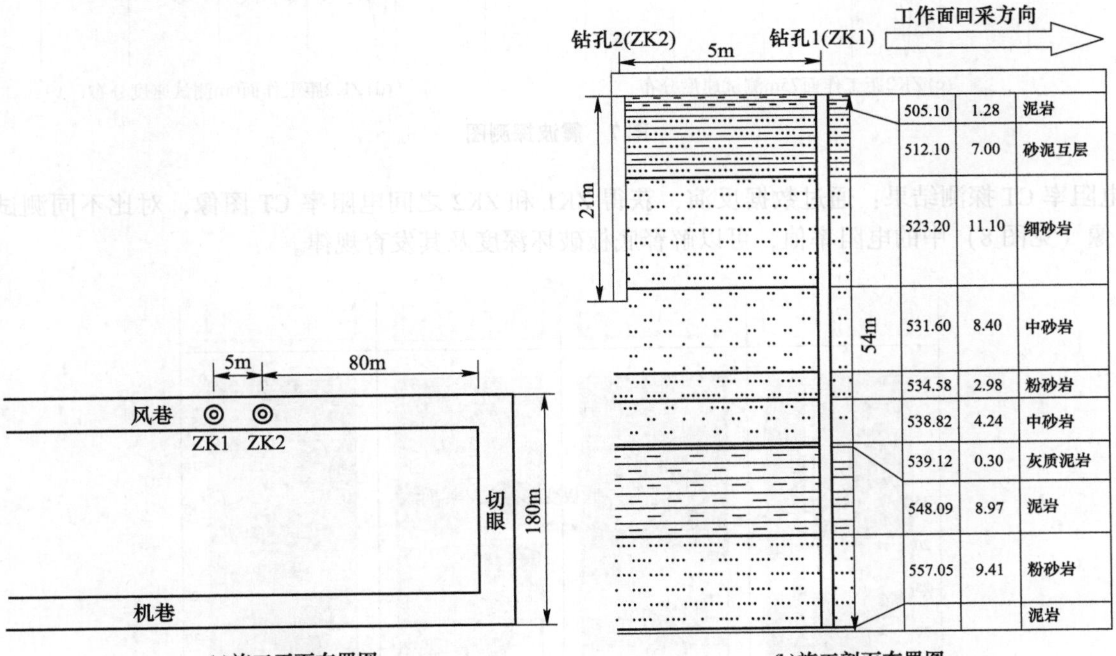

(a)施工平面布置图　　(b)施工剖面布置图

图 6　钻孔施工图

3.2　震波检层探测结果

如图 7 所示，依据工作面回采进度，工作面距 ZK2 为 75m（点在工作面前方为正，反之为负）实施现场钻孔第一次数据采集，后续结合工作面回采进度情况，共实施 3 次测试，分别为工作面距 ZK2 点 31m、0m、−25m。

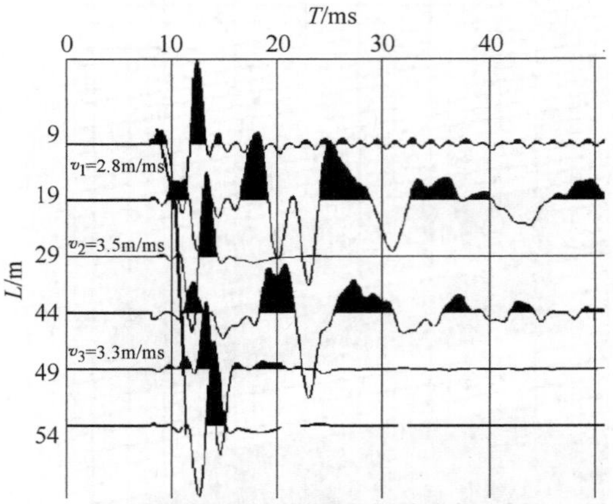

(a) ZK1距工作面80m测试速度分布

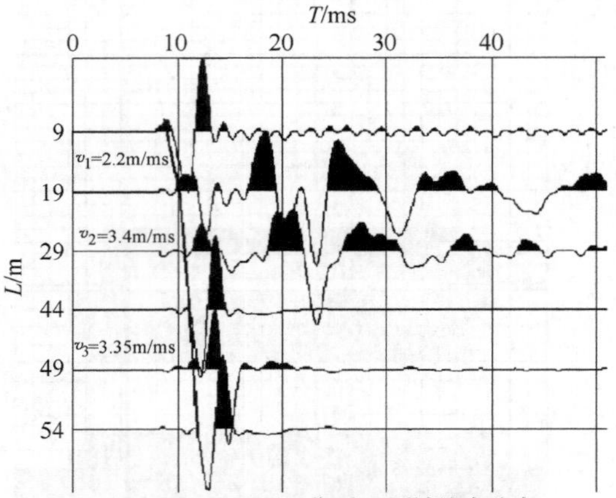

(b) ZK1距工作面5m测试速度分布

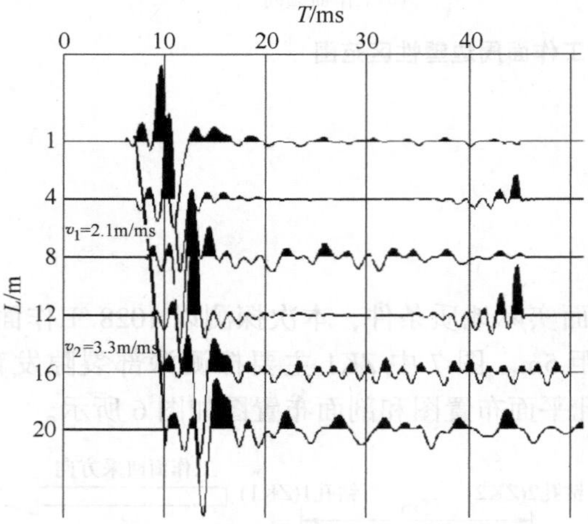

(c) ZK2距工作面75m测试速度分布

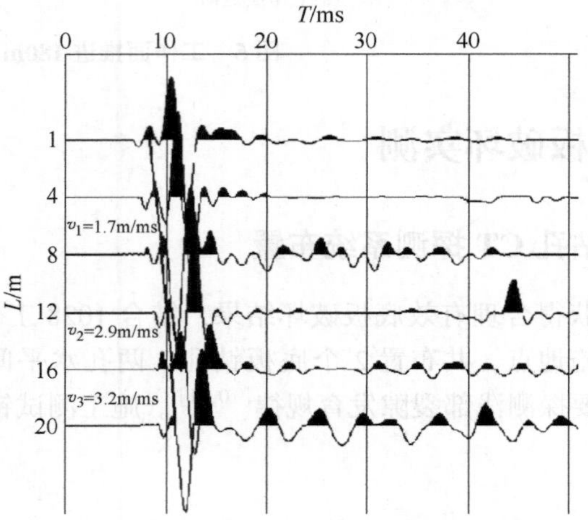

(d) ZK2距工作面0m测试速度分布

图7 震波探测图

电阻率CT探测结果：通过数据反演，获得ZK1和ZK2之间电阻率CT图像，对比不同测试时间CT图像（见图8）中的电阻率值，可以解释底板破坏深度及其发育规律。

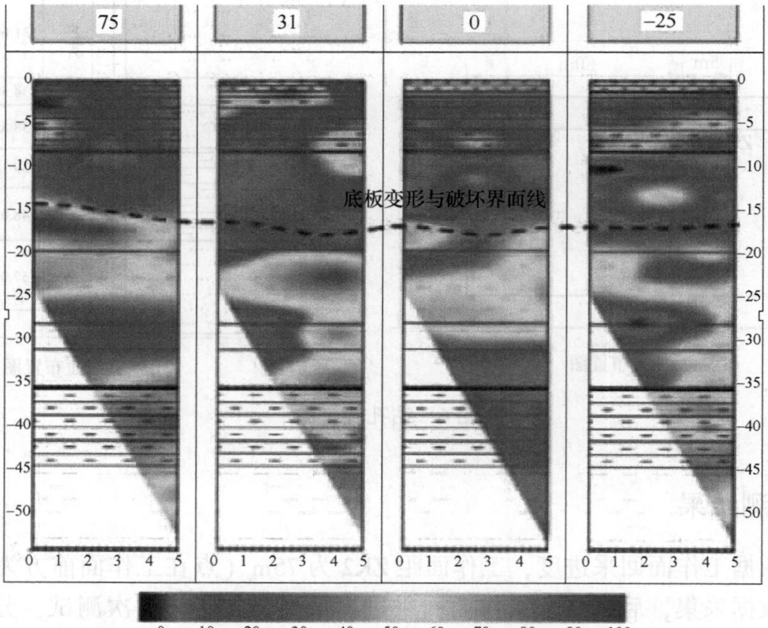

图8 4次测试电阻率分布对比解释图

1028 工作面底板钻孔检测，震波检层和直流电阻率 CT 测试结果如下：

（1）底板破坏分为 4 个等级：底板 0~10m 发生塑性程度破坏较深，10~19m 发生塑性破坏程度相对较浅，19m 以下煤层底板未发生破坏。

（2）底板破坏带深度为 19m，岩层中垂向裂隙和横向裂隙发育明显。

4 结论

（1）底板的最大破坏深度为 24m，承压水导升高度为 12m，且工作面不会发生底板突水。

（2）底板的破坏程度分为 4 个等级：0~12m 发生较为强烈的张拉破坏；12~18m 破坏相对较小；18~24m 张拉破坏更小；24m 以下岩层不发生破坏。

（3）底板的破坏深度为 17m。

（4）数值模拟与现场实测结论相近。

参 考 文 献

[1] 高召宁，孟祥瑞．采动条件下煤层底板变形破坏特征研究［J］．矿业安全与环保，2010，6（37）：17-20.

[2] 虎维岳，朱开鹏，黄选明．非均布高压水对采煤工作面底板隔水层破坏特性及其突水条件研究［J］．煤炭学报，2010，35（7）：1110-1114.

[3] 李凯，茅献彪，李明，等．含水层水压对底板断层突水危险性的影响［J］．力学季刊，2011，32（2）：262-265.

[4] 张华磊，王连国．采动底板附加应力计算及其应用研究［J］．采矿与安全工程学报，2011，28（2）：45-47.

[5] 徐志英．岩石力学［M］．北京：中国水利水电出版，2002.

[6] 李洪兵，谷新建，宋嘉栋，等．郑家坡铁矿隔水矿柱厚度的确定［J］．矿业工程研究．2013，28（1）：34-38.

[7] Zhang J C，Mao B，Roegiers J C，et al. Experimental determination of stress-persmeability relationship［J］．Pacific Rock 2000 Girard Liebman，2012，21（3）：817-822.

[8] Sonley M，Homand F，Pepa S，et al. Damage-induced persmeabiliy changes in granite：a case example at the URL in Canada［J］．International Journal of Rock Mecbaiiics & Mining Sciences，2001，（38）：97-310.

[9] Roif Malmken，Kolllmeier M. Fiirite element simulation for rock salt with dilatancy boundary coupled to fluid generation［M］．Computer Metalloids Apple Engrge，2001.

[10] Li L，Holt R M. Simulation of flow in sandstone with fluid coupled particle model［C］//Rock Mechanics in the National Interest. Swats Zeitinger Lessee，2001.

[11] 赵兴东．谦比希矿深部开采隔离矿柱稳定性分析［J］．岩石力学与工程学报，2010（s1）：2016-2622.

大跨度双连拱隧道施工方案对比优化分析

胡雪罗[1]　张新星[2]

（1. 湖南涟邵建设工程集团有限责任公司，湖南 娄底，417000；
2. 长沙理工大学，湖南 长沙，410004）

摘　要：针对隧道的特点，模拟了三种不同施工方案的隧道开挖过程，得到了不同方案下的围岩应力、中隔墙应力、拱腰、拱顶及地表沉降，并从安全储备、施工难易程度、施工工期及工程投资等方面进行了三方案的对比分析，从而优化本隧道的施工方案，并为同类工程提供参考。

关键词：大跨度双连拱隧道；施工方案；施工力学；对比分析

Contrastive and Optimized Analysis on the Construction Scheme of Longspan Double-arched Tunnel

Hu Xueluo[1]　Zhang Xinxing[2]

（1. Hunan Lianshao Construction Engineering Group Co.，Ltd.，Hunan Loudi，417000；
2. Changsha University of Science and Technology，Hunan Changsha，410004）

Abstract：According to the feature of tunnel，tunnel excavation has prepared three different kinds of construction schemes. Under different schemes，surrounding rock stress，mid - board stress，haunch，arch and ground surface settlement are obtained. The three schemes are compared and analyzed from the aspects of safety stock，construction complexity，construction period and construction investment in order to optimize the construction scheme for this tunnel and provide reference for similar projects.

Keywords：longspan double-arched tunnel；construction scheme；construction mechanics；contrastive analysis

1　概况

依托工程为双向 6 车道双连拱隧道，隧道（单洞）路面净宽 1.0+3×3.75+0.5＝12.75m，隧道（单洞）净宽 14.96m，隧道进出口桩号分别为 K11+565、K11+835，隧道处于下坡路段，纵坡坡度 1.1%。

隧道所处区域地形起伏较小，隧道顶部有较明显的人工填土迹象，且填土成分的差异较大，人工填土以下分别为全风化砂岩、强风化砂岩和中风化砂岩，整体结构较为松散，强风化岩石较为破碎，稳定性较差。根据地质勘察报告，发现该层有较发育的软弱夹层，厚度一般为 3~11cm，软硬不均，夏季雨水充沛时，强度较低，秋冬干旱季较硬。综合考虑地下水情况，地勘报告认为隧道进口段 K11+565~K11+645、出口段 K11+765~K11+835 围岩为Ⅵ级，隧道中间段 K11+645~K11+765 围岩Ⅲ级。洞顶埋深为 6.1~14.9m，属于浅埋隧道。

根据本隧道的具体设计情况，隧道支护采用复合式衬砌，根据勘察设计文件，隧道设计的总体原则按新奥法原理设计，以锚杆、喷射混凝土、钢筋网、钢架组成初期支护的联合支护体系，以模板砌筑钢筋混凝土作为二次衬砌。具体设计参数为：初期支护，格栅钢架间距 0.75m，$\phi 6$ 钢筋网 20cm×

原载于《北方交通》，2014（4）：104-107。

20cm，$\phi 25$ 锚杆，长 4.0m，间距 1.0m×1.0m，喷射混凝土厚度 0.3m；二次衬砌，隧道四周均 0.6m。隧道断面尺寸如图 1 所示。

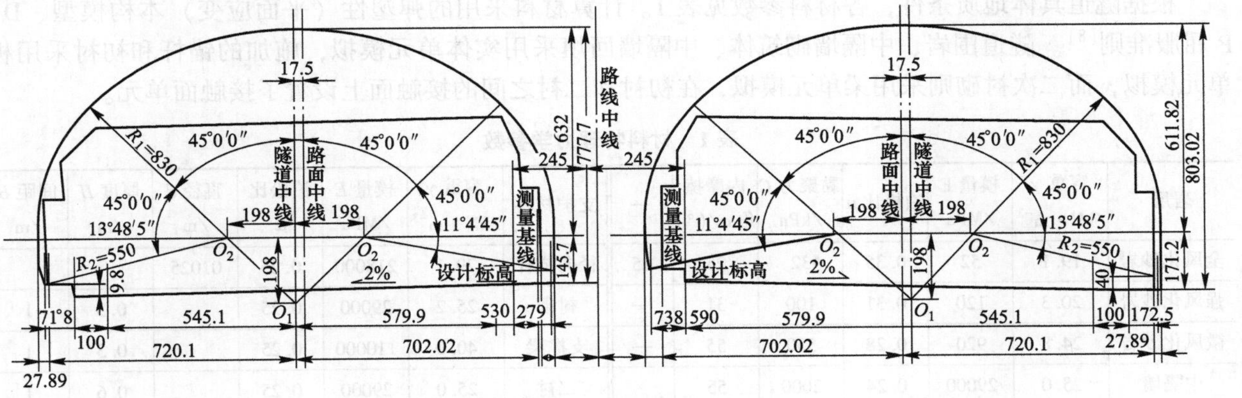

图 1　隧道断面尺寸图（单位：cm）

2　施工方案拟定

施工方案综合考虑施工安全性（包括围岩稳定性、中隔墙稳定性、拱顶及地表位移等）、施工难易程度、施工工期等因素拟定。本次方案优化仅针对Ⅳ级围岩段的施工方案，根据新奥法施工原理，本隧道Ⅳ级围岩段的施工方案初步拟定三个方案[1-4]，如图 2 所示。

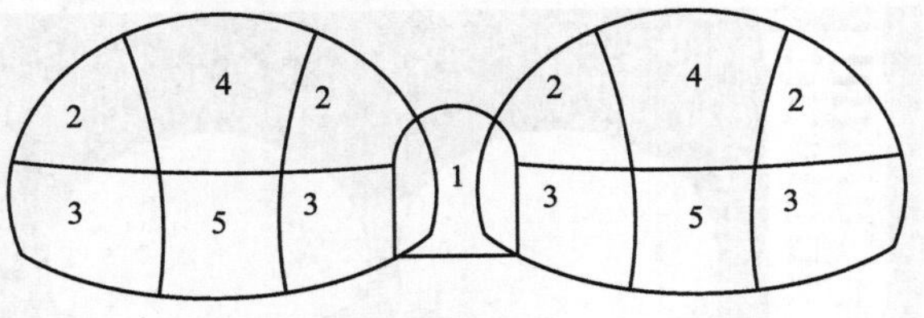

(a) 方案1

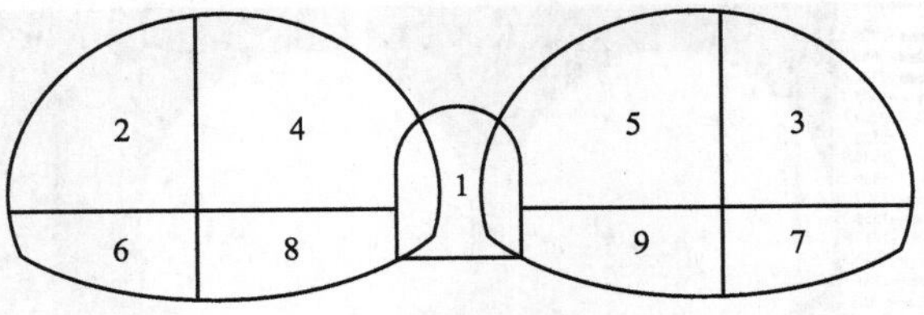

(b) 方案2

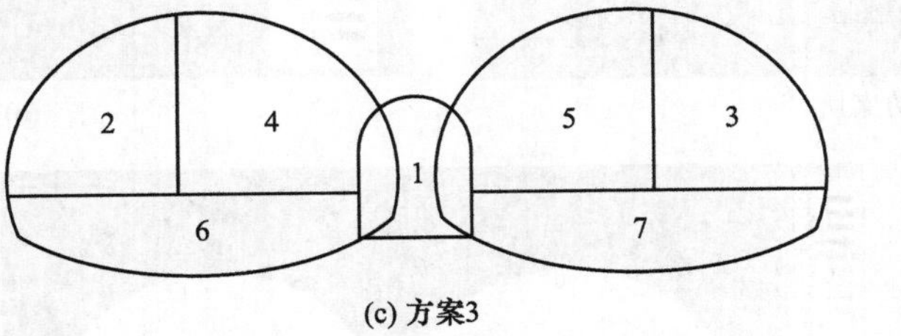

(c) 方案3

图 2　各施工方案示意图

方案 1 开挖断面分为 5 个部分（实际数值模拟时，考虑到支护、回填等因素，模拟时共 8 个施工步）；方案 2 开挖断面分为 9 个部分（模拟时共 10 个施工步）；方案 3 开挖断面分为 7 个部分（模拟时共 8 个施工步）。

3　数值计算模型及主要计算参数

3.1　计算模型

为了便于对比，三种方案均选择同一计算断面。模型大小以边界条件不影响计算结果为原则[5-7]，根据地质资料，本隧道穿越区段岩土层主要包括全风化砂岩、强风化砂岩、弱风化砂岩和微风化砂岩。计算模型采用三角形单元，上部边界采用自由边界，底部水平、竖直方向均约束，两侧边界仅水平方向约束。

3.2 计算参数

根据隧道具体地质条件，各材料参数见表1。计算材料采用的弹塑性（平面应变）本构模型、D-P屈服准则[8]。隧道围岩、中隔墙砌筑体、中隔墙回填采用实体单元模拟，施加的锚杆和初衬采用板单元模拟，而二次衬砌则采用梁单元模拟，在初衬和二衬之间的接触面上设置了接触面单元。

表1 材料物理力学参数

岩层	容重γ /kN·m^{-3}	模量E /MPa	泊松比μ	黏聚力C /kPa	内摩擦角φ/(°)	—	支护材料	容重γ /kN·m^{-3}	模量E /MPa	泊松比 μ	直径d /m	厚度H /m	间距B /m
全风化砂岩	19.1	52	0.35	32	25	25	径向锚杆	79.1	218000	0.25	0.025		
强风化砂岩	20.3	120	0.31	100	31	—	衬砌	25.2	29000	0.25		0.3	1
微风化砂岩	24.8	920	0.28	550	55	—	支撑梁	40.0	110000	0.25		0.3	1
中隔墙	25.0	29000	0.24	2000	55		二衬	25.0	29000	0.25		0.6	1

4 各方案计算结果分析

4.1 围岩竖直应力分析[9]

各方案建立模型计算后，可得到最后施工步完成后，即施加二衬后的围岩竖直应力云图，如图3所示。

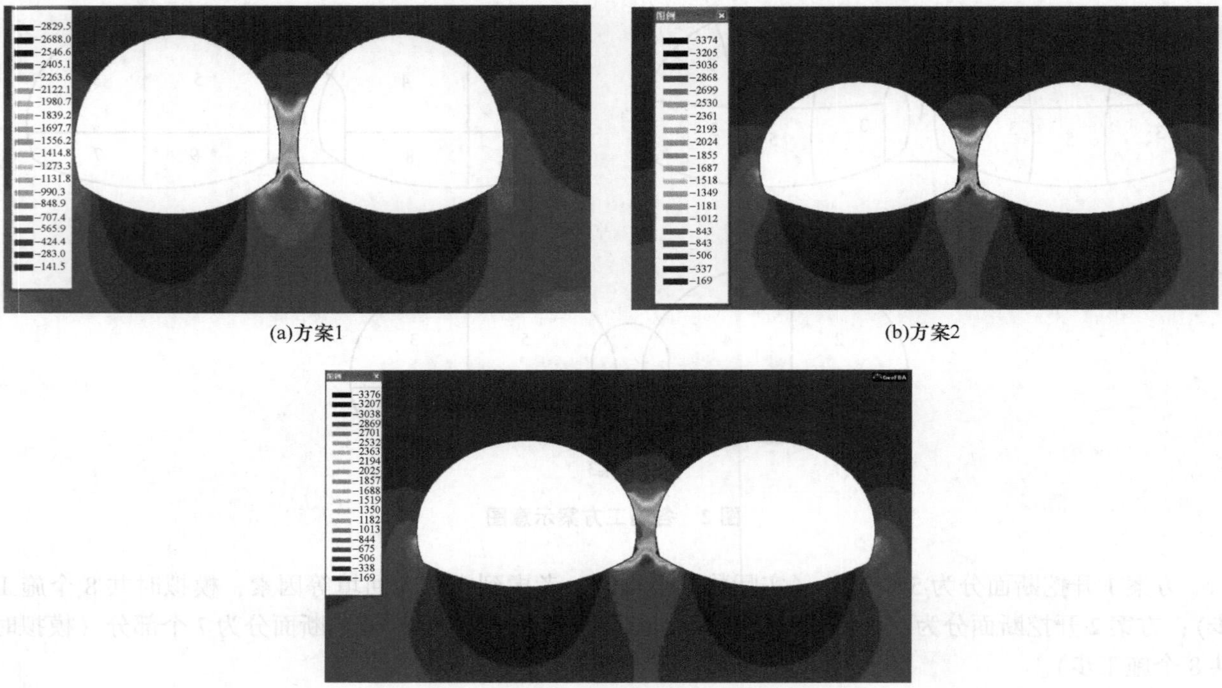

(a)方案1 (b)方案2 (c)方案3

图3 施工结束后围岩竖直应力云图

各方案在隧道左右洞进行二次衬砌后，衬砌支护已经成拱闭合状，拱顶、拱底的应力均较小，拱腰处应力较大，左右洞围岩应力呈对称分布，方案1围岩应力（除中隔墙外）未见明显的应力集中，方案2、方案3在左右洞室的拱腰至拱角之间有较小的应力集中区，面积约为2m^2，数值应力大小-1300~-1400kPa。方案1除中隔墙外，围岩最大竖直应力出现在两侧拱脚处，大小为-1131kPa，方案2除中隔墙外，围岩最大竖直应力出现拱腰至拱角之间，大小为-1349kPa，方案3除中隔墙外，围岩最大竖直应力出现在拱腰至拱角之间，大小为-1350kPa。

4.2 中隔墙应力分析

施工结束后，各方案中隔墙竖直应力云图如图4所示。

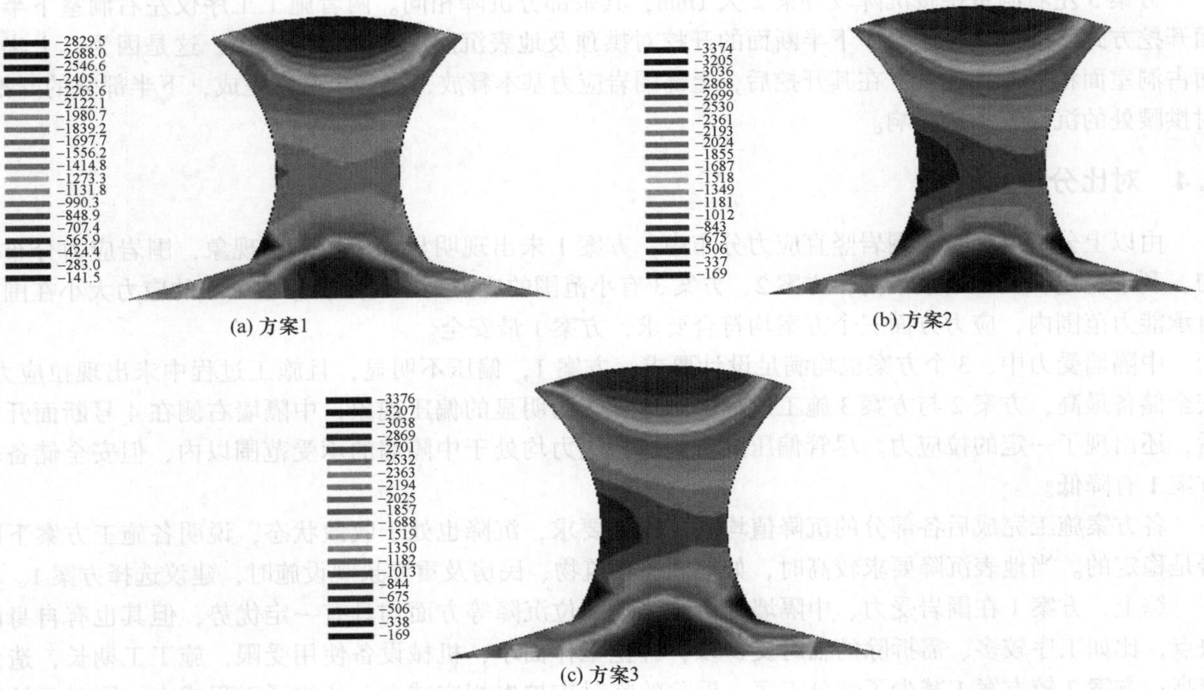

(a) 方案1　(b) 方案2　(c) 方案3

图4　施工结束后中隔墙竖直应力云图

方案1，由于施工时，两侧洞室断面对称开挖，整个施工过程中，中隔墙应力未见明显的偏压现象，施工结束后，中隔墙中部竖直应力大小为-2458kPa，左下部角隅处，见有小面积的应力集中，应力大小为-2829kPa。

方案2，由于施工时左右洞开挖断面并不是同时对应施工，导致中隔墙产生较为明显的偏压，特别是4号断面开挖后，中隔墙中部左侧竖向最大竖直应力为-3554kPa，而中隔墙右侧对应位置，最大竖直应力为566kPa，为拉应力，两侧产生较大的偏压。随着5号断面的开挖（即右洞内侧壁导洞开挖），这种偏压现象迅速缓解，到施工结束时，中隔墙中部左侧应力最大值为-2875kPa，右侧为-2599kPa，偏压已不明显，并在中隔墙承载能力范围内，右侧拉应力也消失。同方案1相同，方案2施工结束后，左右侧下部角隅处均出现了小面积的应力集中。

方案3，由于施工方案同方案2较为相似，不同的是，左右洞室下部断面是否一次开挖。从开挖至施工结束，方案3中隔墙竖直应力分布及发展规律都与方案2类似，施工结束时，中隔墙中部左侧应力最大值为-2877kPa，右侧为-2602kPa。

4.3 拱顶、拱腰及地表沉降

对拱顶、拱腰及地表沉降监测、分析及预测是新奥法施工中的重要一项，因此，位移对比分析也是方案选址的重要依据。根据计算结果，各方案施工结束后拱顶、拱腰及地表位移见表2。

表2　拱顶、拱腰及地表沉降　(mm)

施工方案	最大地表沉降	左洞室拱顶沉降	右洞室拱顶沉降	左洞室拱腰沉降	右洞室拱腰沉降
方案1	3.9	4.3	4.3	1.2	1.2
方案2	6.2	6.7	6.7	2.1	2.1
方案3	6.2	6.7	6.7	2.2	2.2

由表2可知，三种方案的各部位沉降均满足设计要求。方案1的最大地表沉降、左右洞室拱顶沉降、拱腰沉降均最小，这主要是因为，方案1施工工序较方案2、方案3多，每次开挖的面积小，对围岩的扰动小，施工工序得当以及必要的初期支护给围岩稳定及沉降都带来了积极影响。

方案3左右洞室拱腰沉降较方案2大1mm，其余部分沉降相同。两者施工工序仅左右洞室下半断面开挖方式不同，这也说明，下半断面的开挖对拱顶及地表沉降的影响非常微小，这是因为，上半断面占洞室面积百分比较大，在其开挖后，上部围岩应力基本释放，沉降也基本完成，下半部分的开挖，对拱腰处的沉降有一定影响。

4.4 对比分析

由以上分析可得，在围岩竖直应力分布中，方案1未出现明显的应力集中现象，围岩应力分布均匀，利于稳定，安全系数最高，方案2、方案3有小范围的应力集中现象，集中区域的应力大小在围岩自承能力范围内，应力方面三个方案均符合要求，方案1最安全。

中隔墙受力中，3个方案也均满足设计要求，方案1，偏压不明显，且施工过程中未出现拉应力，安全储备最高，方案2与方案3施工过程中产生了较为明显的偏压现象，中隔墙右侧在4号断面开挖后，还出现了一定的拉应力。尽管偏压及右侧的拉应力均处于中隔墙的承受范围以内，但安全储备较方案1有降低。

各方案施工完成后各部分的沉降值均满足设计要求，沉降也处于收敛状态，说明各施工方案下围岩是稳定的。当地表沉降要求较高时，如地表有建筑物、民房及重要景观设施时，建议选择方案1。

综上，方案1在围岩受力、中隔墙受力，关键部位沉降等方面均具有一定优势，但其也有自身的缺点，比如工序较多、需拆除的临时支护多，开挖工作面小，机械设备使用受限，施工工期长，造价较高；方案2较方案1减少了部分工序，拆除的临时支护也相应减少，节约了工程成本，同时开挖面增大利于机械施工，工期也较方案1短，但施工开挖面大，对围岩扰动大，安全储备较方案1低；方案3相对方案2工序又有减少，因此，初期支护、施工工期、工程投资均有所减小。方案3是最经济的方案。

由表3可知，方案3是最经济可行的方案，因此本隧道Ⅳ级围岩段的施工方案建议选择方案3。

表3 各施工方案比选表

(mm)

施工方案	围岩安全储备	施工难易程度	施工工期	关键部位沉降	工程投资	备注
方案1	高	困难	长	小	大	
方案2	较高	较困难	较长	较小	较大	
方案3	较高	一般	较短	较小	较小	推荐采用

5 结论

通过以上分析，可得到如下结论：

(1) 三种施工方案下大跨度双连拱隧道围岩的应力、位移等参数均满足设计要求，说明三种方案在技术上都是可行的。

(2) 方案1在施工全过程中，中隔墙应力的偏压最小，且未出现拉应力，其安全储备最高。

(3) 综合考虑施工工期、工程投资等因素，建议选择最经济可行的方案3。

参考文献

[1] 樊解清．昆石高速公路三车道隧道浅埋地段开挖方法的浅析［J］．公路，2002（11）：138-140.

[2] 卢耀宗，杨文武．莲花山大跨度连拱隧道施工方法研究［J］．中国公路，2001（4）：75-77.

[3] 丁文其，王晓形，等．龙山浅埋大跨度连拱隧道施工方案优化分析［J］．岩石力学与工程学报，2005（22）：

4042-4047.
[4] 陈斌，李泳伸，伍祥林，等．石梯沟连拱隧道的施工对策［J］．西部探矿工程，2001（1）：54-55.
[5] 潘昌实．隧道力学数值方法［M］．北京：中国铁道出版社，1995.
[6] 邓建，朱合华，丁文其．不等跨连拱隧道施工全过程的有限元模拟［J］．岩土力学，2004，25（3）：477-480.
[7] 刘劲勇．连拱隧道围岩与支护结构稳定性研究［D］．武汉：武汉理工大学，2005.
[8] 王建秀，朱合华．连拱隧道的关键技术及进展［C］//2003 年全国公路隧道学术会议论文集，2003：60-67.
[9] 李军．大跨度公路隧道动态施工围岩稳定性数值分析［D］．南京：河海大学，2006.

回风斜井溶洞塌方段施工技术

刘金生

（湖南涟邵建设工程(集团)有限责任公司，湖南 娄底，417000）

摘　要：天成煤矿回风斜井溶洞塌方段施工中，先注浆充填加固塌方区，形成人工假顶。接着以超前注浆管棚+11号矿用工字钢支架+局部锚杆+双层钢筋网+喷射混凝土作初期支护，先拱后墙；钢筋混凝土碹作二次支护，分段施工，安全顺利地通过了塌方段。实践证明，注浆充填加固、超前管棚支护，是处理溶洞大塌方的一种比较安全可靠的施工技术。

关键词：斜井；溶洞塌方段；超前注浆管棚；工字钢支架；人工假顶

Construction Technology of Roof Falling Section in Karst Cave of Mine Air Returning Inclined Shaft

Liu Jinsheng

(Hunan Lianshao Construction Engineering (Group) Co., Ltd., Hunan Loudi, 417000)

Abstract: In a construction of a roof falling section in a karst caving of the Mine Air Returning Shaft of Tiancheng Mine, a grouting operation was firstly applied to backfill and reinforce the falling area in order to form an artificial roof. Following the grouting operation, the advance grouting pipe shed+No. 11 mine H type steel support+local bolts+double steel meshes+shotcreting were applied as the initial support of the mine inclined shaft for the arch roof and the sidewalls. A reinforced concrete was lined as the secondary support of the mine inclined shaft. With the sectional construction, the mine inclined shaft was safety and successfully passed through the falling section. The practices showed that the grouting backfill and reinforcement and the advance pipe shed support could be a quite safety and reliable construction technology to treat the large falling area of the karst cave.

Keywords: mine inclined shaft; roof falling section of karst cave; advance grouting and pipe shed; H type steel support; artificial roof

1　工程概况

天成煤矿回风斜井全长1210m，倾角25°，净宽4.8m，净高4.2m，净断面积17.7m^2；基岩段掘进断面积19m^2，设计采用锚网喷支护。井筒近地表段岩溶发育，采取“先探后掘”措施施工。根据工作面钻探资料，K0+76m～K0+105m段施工中，将遇到复杂溶洞群，溶洞处顶板距地表最近只有23m左右。根据钻探揭示，溶洞内主要为淤泥与黏土及石块，部分为空的干溶洞。钻孔内未见明显涌水。

根据具体情况，溶洞段掘进以人工挖掘为主，钻爆法辅助；初期支护为超前注浆管棚（见图1）+钢格栅支架[1] +局部锚杆+喷射混凝土，先拱后墙；二次支护为钢筋混凝土碹，分段施工。当施工至K0+86m处时，地质情况变得较为复杂，溶洞面积增大，压力较大。当在超前注浆管棚护顶下开挖后，准备架设钢格栅支架时，左拱上方突然涌泥来压，发生垮塌。随后中间来压并垮塌，掘进方向垮塌长度约1.5m，宽约5m。靠近塌方段，长约5m的井筒初期支护变形。之后，垮塌仍未停止，逐步垮塌冒

原载于《建井技术》，2014，35（2）：10-13。

落至地表，与地面已干涸的落水洞边的充填区相通，高度约 23m。冒落的淤泥中含有大块孤石，工作面涌水量约 $5m^3/h$。拱顶上方淤泥中的大块孤石下沉来压，是引起垮塌的主要原因。

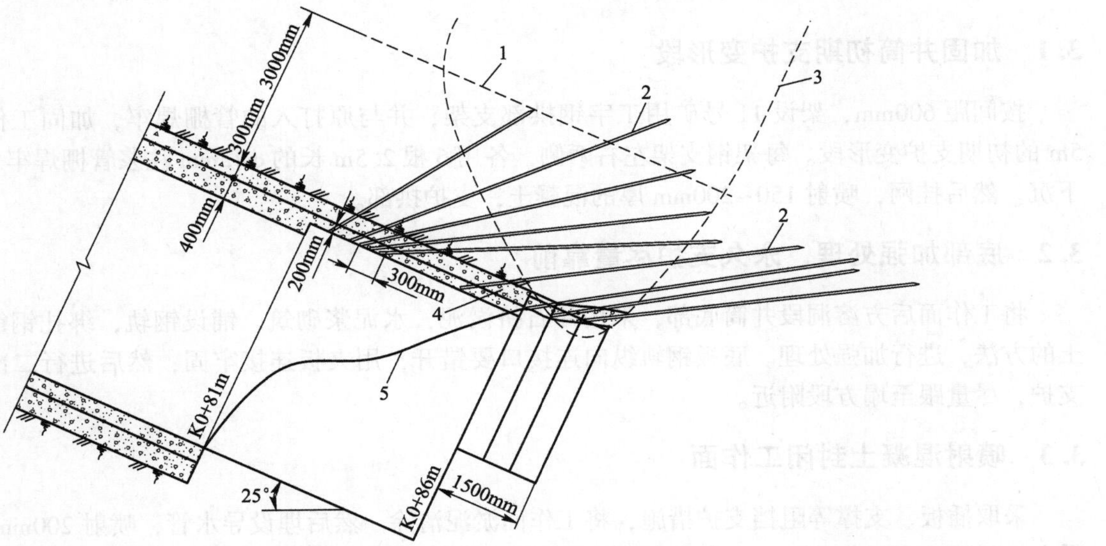

图 1　回风斜井溶洞塌方段超前注浆管棚支护示意图

1—注浆充填加固边线；2—超前注浆管棚，$\phi 42mm \times 4mm$，长 3m；3—塌方区轮廓线；4—原钢格栅支架+喷射混凝土；5—工作面淤泥堆积线

2 处理方案

首先加固回风斜井初期支护变形段；并对工作面后方溶洞段的井筒底部进行处理，提高承载力。其次进行钢筋混凝土砌碹支护，施工至塌方段附近。最后喷射混凝土，封闭工作面；并注浆充填加固塌方区，形成人工假顶[2]。接着以超前注浆管棚[3]+11 号矿用工字钢支架+局部锚杆+双层钢筋网+喷射混凝土作初期支护，先拱后墙；钢筋混凝土碹作二次支护，分段施工，通过塌方段，如图 2 所示。

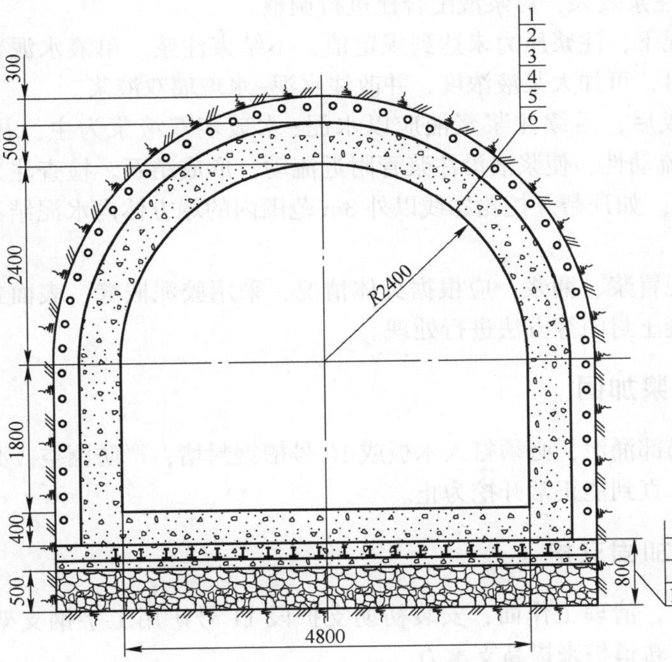

图 2　回风斜井溶洞塌方段处理后的支护情况（单位：mm）

1—$\phi 42mm \times 4mm$ 超前注浆管棚，长 3m；2—11 号矿用工字钢支架，间距 500mm；3—双层 $\phi 6.5mm$ 钢筋网，网孔规格 100mm×100mm；4—$\phi 20mm \times 2m$ 树脂锚杆（局部位置安装）；5—C20 喷射混凝土，厚 300mm；6—拱墙钢筋混凝土（C30），厚 500mm；7—C30 混凝土，厚 300mm；8—30kg/m 钢轨，间距 300mm，纵向铺设；9—14 号工字钢，间距 1.5m，横向铺设；10—C15 片石混凝土，厚 500mm

3 施工方法

3.1 加固井筒初期支护变形段

按间距600mm，架设11号矿用工字钢拱部支架，并与原打入的管棚焊牢，加固工作面后方长约5m的初期支护变形段。每架钢支架左右两侧，各用6根2.5m长的ϕ42mm注浆管棚焊牢、固定，防止下沉。然后挂网，喷射150~200mm厚的混凝土，支护拱部。

3.2 底部加强处理，永久支护尽量靠前

将工作面后方溶洞段井筒底部，采用片石挤淤泥，水泥浆砌筑，铺设钢轨，绑扎钢筋，浇筑混凝土的方法，进行加强处理。底板钢轨纵向连接口要错开，用夹板连接牢固；然后进行二次混凝土砌碹支护，尽量跟至塌方段附近。

3.3 喷射混凝土封闭工作面

采取插板、支撑等阻挡支护措施，将工作面淤泥清除。然后埋设导水管，喷射200mm厚的C20混凝土，封闭整个工作面。

3.4 注浆充填加固

按从上到下，从外向内的顺序，打注浆孔，安装注浆管，采用单液水泥浆和水泥-水玻璃双液浆，对塌方区及后方已支护段帮顶，进行注浆充填加固[4]，充填加固范围为开挖轮廓线以外3m。通过打检查孔，检查注浆充填加固效果。视具体情况，确定是否需要补注、复注。最下层注浆管同时也是超前注浆管棚，环向按200mm间距布置。

开始注浆时，注浆压力为0.5~0.8MPa。根据经验，塌方段充填加固，注浆压力宜为1~2MPa。根据检查孔情况、浆液注入量及跑浆情况，调整注浆压力与浆液凝固时间，提高注浆效率。单液水泥浆配合比（水：水泥）为1：1、0.75：1、0.6：1和0.5：1；水泥-水玻璃双液浆配合比（水泥浆：水玻璃）为1：0.5。根据注浆效果，对浆液配合比进行调整。

在确定不跑浆的情况下，注浆压力未达到规定值，不结束注浆。单液水泥浆注入量达到塌方区一定体积，且压力不上升时，可加大浆液浓度，并改注水泥-水玻璃双液浆。

塌方区充填注浆完成后，后续注浆浆液应以水泥-水玻璃双液浆为主，并缩短浆液凝固时间至1min以内，以控制浆液流动性，使浆液沿注浆管附近流动，形成结石。检查注浆充填加固效果时，按终孔间距1.0m打检查孔。如顶帮开挖轮廓线以外3m范围内的塌方体内水泥结石明显较多，开挖有把握时，才可结束注浆。

注浆过程中，如发现冒浆、漏浆，应根据具体情况，采用胶泥嵌缝，表面封堵，低压、浓浆、限流、间歇注浆，喷射混凝土封闭等方法进行处理。

3.5 试开挖和补充注浆加固

清淤泥时，如发现局部涌泥，必须打入木板或10号槽钢封堵，严防漏空。必要时，喷射混凝土封闭，继续注浆充填加固，直到能正常开挖为止。

3.6 初期支护段墙部加固支护

注浆达到预期效果后，清理工作面，安装初期支护段11号矿用工字钢支架棚腿。底部为软地层时，棚腿下铺设钢管桩、轨道桩来提高支承力。

3.7 二次钢筋混凝土砌碹施工

井筒底部按上述方法处理好后，将二次钢筋混凝土砌碹支护施工至迎头。因靠近溶洞段的井筒初

期支护变形，二次钢筋混凝土碹厚度变小，二次砌碹施工时，双层钢筋量不变，适当调整钢筋间距，以保证钢筋保护层厚度达到设计要求。因有11号矿用工字钢支架加强支护，总体支护强度是可靠的。

3.8 向前掘进超前支护段，先拱后墙通过塌方区

（1）采用人工环形开挖，即沿井筒断面拱部周边，开挖500mm左右深的环形槽，中间留核心土，开挖空间能方便架设11号矿用工字钢支架即可。塌方区首次开挖时，工作面开挖出一定高度后，可喷射混凝土封闭。必要时，可在喷射混凝土前，沿巷道轴线方向，在断面中、上部打入适量的长2.5m、直径42mm的钢管，间排距均为300mm，与喷射混凝土形成整体，防止迎头暴露高度大而垮塌。

（2）环形空间开挖出来后，按中腰线，架设11号矿用工字钢支架，铺好钢筋网。每架工字钢支架，在两帮拱基线以上500mm高度附近，打6根2.5m长的ϕ42mm注浆锁脚管棚，管棚与钢支架用钢筋焊接牢固。

（3）工字钢支架架设好后，在支架上打超前注浆管棚，向前方注浆充填加固。管棚长3m，直径42mm，环向间距200mm。局部有漏泥时，可在2根注浆管棚之间打入10号槽钢棚。然后挂双层钢筋网，喷射300mm厚的C20混凝土作初期支护。工字钢支架之间，纵向用ϕ16mm螺纹钢筋连接（焊接）牢靠，间距500mm。初期支护拱部超前墙部1.5~2m，视断面下部开挖稳定性情况而定。井筒两墙底板加固处理方法同上。

超前管棚施工时，可先用凿岩机配ϕ50mm钎头钻孔，用大锤或风镐将超前管棚打入或顶入孔中，风镐钎尾前端焊接厚度较大、直径大于钢管的钢板。管棚尾部焊接加强圈筋，防止变形。

（4）继续按照上述工序，循环作业，直至通过塌方区5m以上。施工中，如遇到大块孤石，或部分断面为岩石，需要爆破时，应多打眼，少装药，每孔装药量不得超过0.5卷，严格控制装药量；或采用分次装药、分次放炮的方法掘进，防止对支护体造成破坏，引发冒顶。

（5）进行井筒底部加强处理，分段完成钢筋混凝土砌碹二次支护施工，通过塌方区。通过后，井筒仍在溶洞段，按上述方法，继续向前施工。根据溶洞段稳定性，适当调整超前注浆管棚、工字钢支架排距等支护参数。

4 施工安全注意事项

（1）进入塌方区附近作业，必须有专人观察顶板及后方开裂处变化情况。发现异常，立即撤出人员。

（2）找顶必须安排有经验的人员负责，并注意保持退路通畅，特别要防止淤泥中的孤石突然滚落伤人。当顶部有大块孤石时，顶板压力大，必须及时增加点柱等临时支护。当发现工字钢支架变形、顶板开裂变形明显增大，并伴有异常响声；涌泥、淋水突然增加等大冒顶征兆时，必须立即撤出人员，进行观察和处理。

（3）质量是安全的保证，必须确保施工质量。垮塌超挖部分，喷射混凝土充填必须密实，禁止空帮空顶。

（4）清理淤泥时，每班必须设专人负责查看安全状况，观察是否有淤泥涌出。发现险情，立即撤出人员，进行处理。

（5）在工作面10m范围内，备齐板材及3~5m长的圆木等支护材料，以便发现异常情况时，能及时进行处理。人工清理淤泥时，工作面必须配备竹夹板与木板，并采取防滑措施，以便突然涌泥时，快速撤出人员。

5 施工效果与体会

天成煤矿回风斜井采用上述方法施工，安全顺利地通过了溶洞塌方段。通过实践，有如下体会：

（1）过溶洞施工前，必须对溶洞产状、充填物性质、水文情况进行探测，了解清楚。探测时，如果能做到钻探、物探、长短探相结合，效果会更好。施工时，对顶部溶洞充填物中的大块孤石，要特

别小心，及时处理。

（2）通过溶洞塌方段时，切不可盲目追求进度，支护必须安全可靠，以免造成隐患。

（3）实践证明，注浆充填加固、超前管棚支护，是处理溶洞大塌方的一种比较安全可靠的施工技术。

参 考 文 献

[1] 王全胜，张家林，孙国庆．铁峰山隧道塌方处理技术［J］．施工技术，2006（8）：73-74.
[2] 刘洪林，柏建彪，马述起，等．断层破碎顶板冒顶巷道修复技术研究［J］．煤炭工程，2011（4）：76-78.
[3] 张华清．超前管棚注浆加固技术在斜井穿过中厚流砂层施工中的应用［J］．建井技术，2013（3）：4-6.
[4] 蒋卫星，田罡，张小明．超前小导管注浆在隧道塌方处理中的应用［J］．黑龙江交通科技，2009（4）：98-99.

超千米竖井快速施工技术

欧立明

（湖南涟邵建设工程(集团)有限责任公司，湖南 娄底，417000）

摘　要：以玉溪大红山矿业有限公司二期工程废石箕斗竖井井筒深度1279m为例，介绍了施工设备与施工方案、快速施工技术要点、施工组织与管理及安全措施，顺利完成了国内最深竖井建设任务，工程质量优良。

关键词：超千米竖井；快速施工；施工组织

Fast Construction Technology for Shafts Over 1000m

Ou Liming

(Hunan Lianshao Construction Engineering Group Co., Ltd., Hunan Loudi, 417000)

Abstract: Taking the 1279m waste rock skip shaft of Phase II of Yuxi Dahongshan Mining Co., Ltd. as an example, the paper introduces the construction equipment and construction plan, rapid construction technical points, construction organization and management and safety measures. The shaft, as the deepest in China, is successfully completed and the project quality is excellent.

Keywords: over kilometer shaft; rapid construction; construction organization

矿山井巷工程开拓过程中，井筒施工是全部开拓工作的起点，也是所有工作中的重点和难点。采用立井开拓的矿井，其井筒工程工程量仅占矿井建设总工程量的3.5%～5%，但其建设工期却占总工期的40%左右。加快立井施工速度，是缩短矿井建设工期的关键。我国目前已建成的千米竖井，最深的是金川集团有限公司二矿区18行副立井，该井筒深度1165.5m。玉溪大红山矿业有限公司二期工程废石箕斗竖井井筒深度1279m，是云南省乃至全国目前最深的立井。箕斗竖井位于该公司400万吨/年地下采矿矿体的东南侧、小庙沟废石场的西北侧，是该矿深部二期采矿工程的主要开拓工程，用做深部二期采矿系统持续生产Ⅰ号铜矿带及Ⅲ、Ⅳ矿体部分废石的提升通道。涟邵建工集团在对该废石箕斗竖井施工过程中，取得了多项施工佳绩，刷新了立井施工纪录。

1　工程概况

箕斗竖井井筒直径5.5m，净断面23.76m^2，掘进直径6.3m，掘进断面30.19m^2，混凝土支护壁厚350mm，设计深度1279m，其中井颈段20m。施工采用短段掘砌混合作业的施工方法，掘砌段高控制在4m。井筒施工中，根据实际情况，对含水层涌水采用注浆封闭处理，边掘砌边注浆，使施工中井壁涌水量小于0.1m^3/h，基本实现了打干井的目标，极大地改善了工人的劳动作业环境。

2　施工设备与施工方案

2.1　施工设备

深立井施工中，凿井配套设备的机械化水平是决定井筒施工速度和施工质量的关键因素，凿井设

原载于《第三届全国数字矿山高新技术成果交流会论文集》，2014：53-61。

备的合理选型与配备至关重要，箕斗竖井施工设备的选型基本参照国内先进的立井施工混合作业设备配套原则，保证了各施工设备之间的能力与性能相互匹配，机械化水平相协调，主要表现在“五大一钻”，其中，五大指的是大井架、大绞车、大吊桶、大抓岩机、大模板；一钻指的是伞形钻架，图1为箕斗竖井的地面井架。实践证明，完善合理的机械设备配套是快速成井的主要因素。箕斗竖井选用的凿井设备见表1。

图1 箕斗竖井的地面井架

表1 主要施工机械设备一览表

设备名称	数量	规格型号
凿井井架/架	1	V型钢管井架
主提升机/台	2	主提JK-2.5/20（前期）；主提JK-3.5/20（后期）
吊桶/个	4	$3m^3$、$2m^3$座钩式吊桶，$2.4m^3$、$2m^3$底卸式吊桶
伞形钻架/架	1	SZJ-5.6型伞钻
凿岩机/台	6	YGZ-70凿岩机
抓岩机/台	1	HZ-6型中心回转抓岩机
模板/套	1	MJY型（模高4m，段高4m）整体下滑金属模板
搅拌机/台	1	JS-1000搅拌机配自动给料输送机及电子计量系统
注浆系统/套	1	RD-100型钻机/2TGZ-120/105型注浆泵
通风机/台	1+2	ZBKJ 2×15对旋式风机（前期）；ZBKJ 2×30对旋式风机（后期）
风筒/趟	1	D600风筒
翻矸车辆	1	翻矸平台座钩式自动翻矸

2.2 施工方案

2.2.1 钻孔爆破

0~4m井颈施工，采用全断面分次爆破开挖，挖掘机装矸，并采用液压整体钢模支护：4~30m井颈施工，由于井底离地表浅，尽量采取放小炮的方式开挖。30.0m以下段井筒采用SZJ-5.6型伞钻打眼，配套凿岩机YGZ-70型6台，深4.5m复式直眼掏槽中深孔光面爆破。爆破器材雷管选用8号半秒延期电雷管和7m长脚线的半秒延期非电导爆管，2号岩石乳化炸药，连续装药结构，反向起爆。

根据井筒掘进直径6.3m，$f=8\sim10$进行爆破设计，施工中根据岩石情况及时调整，并经试验选取最佳爆破参数，炮眼布置图如图2所示，爆破参数见表2，爆破效果见表3。

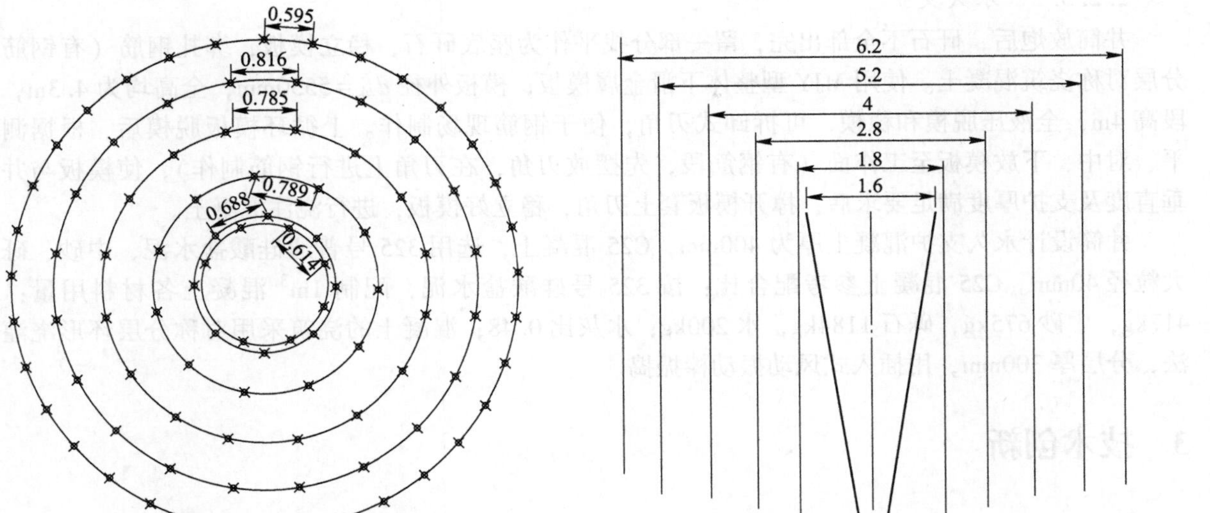

图 2 箕斗竖井井筒炮孔布置图

表 2 爆破参数

名称	圈径/m	序号	孔数/个	孔距/mm	孔深/m		装药量/卷		起爆顺序
					垂深	小计长度	每孔	小计	
掏槽孔	1.6	1~8	8	628	4.5	36	14	112	Ⅰ
掏槽孔	1.8	9~16	8	707	4.5	36	14	112	Ⅱ
辅助孔	2.8	17~26	11	977	4.5	49.5	12	132	Ⅲ
辅助孔	4.0	27~40	16	966	4.5	72	12	192	Ⅳ
辅助孔	5.2	41~58	20	907	4.5	90	10	200	Ⅴ
周边孔	6.2	59~99	33	590	4.5	148.5	8	264	Ⅵ
合计			96			432		379.5kg	

表 3 爆破效果

指 标 名 称	数量	指 标 名 称	数量
炮孔利用率/%	84	单位体积炸药消耗/kg · m^{-3}	3.2
循环进尺/m	3.8	单位体积雷管消耗/个 · m^{-3}	0.81
循环岩石实体/m^3	118.5	单位进尺炸药消耗/kg · m^{-1}	99.9
每循环炸药消耗量/kg	379.5	单位进尺雷管消耗/个 · m^{-1}	25.3
每循环雷管消耗/个	96	单位原岩炮孔长度/m · m^{-3}	3.6

2.2.2 装岩及清底

采用 HZ-6 中心回转抓岩机装岩，工作能力为 50m^3/h。加强排水工作，为抓岩创造条件，注意处理好危岩与瞎炮，为下阶段作业创造条件，为配合中心回转抓岩机出碴，吊盘与吊挂设施设计成能满足吊盘可随时升降的配套系统。

抓岩机和人力并用，互相配合，加快清底速度。集中力量，采用多台风镐等工具加快清底工作。同时应做好工序转换前的准备工作。

2.2.3 井壁支护

2.2.3.1 临时支护

一般不考虑临时支护，当围岩稳定性、整体性差，影响安全生产时，采用（锚）喷混凝土临时支护。

2.2.3.2　永久支护

井筒放炮后，矸石不全部出完，留一部分找平作为座底矸石，稳立模板，绑扎钢筋（有钢筋段），分层对称浇筑混凝土。使用MJY型整体下滑金属模板，模板外径$d_{外}=5550$mm，全高均为4.3m，掘砌段高4m，全液压脱模和稳模，可拆卸式刃角，便于钢筋现场制作。上循环模板脱模后，根据测量找平、对中，下放模板至工作面（有钢筋段，先摆放刃角，在刃角上进行钢筋制作），使模板与井筒的垂直度及支护厚度满足要求后，撑开模板套上刃角，稳立好模板，进行浇注混凝土。

井筒设计永久支护混凝土厚为400mm，C25混凝土，选用325号普通硅酸盐水泥、中砂、砾石最大粒径40mm。C25混凝土参考配合比：按325号硅酸盐水泥，配制1m^{3}混凝土各材料用量：水泥417kg，中砂675kg，砾石1184kg，水200kg；水灰比0.48；混凝土的浇筑采用对称分层环形浇灌的方法，分层厚300mm，用插入式风动振动棒振捣。

3　技术创新

竖井施工系统中的技术创新，如改进抓斗抓尖、竖井钢模的升降集中控制、竖井钢模油缸防爆装置、井筒无缝砌壁、电子计量配料搅拌系统等，提高了生产系统的安全性、施工速度和施工质量。

3.1　改进抓斗机抓尖

抓斗机抓尖部分的局部调质处理在技术上是十分复杂的，为保证抓尖表面堆焊物的热处理效果，又不影响母材、固定套和内抓尖这三种材料的机械性能，采取了综合热处理攻关工艺，经检验各项指标均达到设计要求，图3为改进前后的抓斗机抓尖。抓片采用Mn56钢组焊而成，为整体式等强度结构，抓尖为内抓尖和外表堆焊物高耐磨合金焊条组成的复合耐磨性结构，内抓尖表面堆焊物采用ϕ182焊条。竖井岩石的普氏系数$f=10\sim12$，未经堆焊处理的抓尖磨损一半长度的进尺长度为20~50m，堆焊处理后的抓尖磨损一半长度的进尺长度为80~100m，大大提高了装岩出矸的效率。

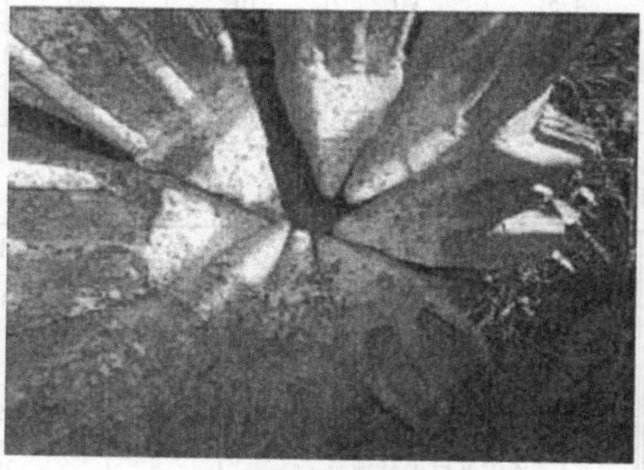
(a) 改进前的抓尖

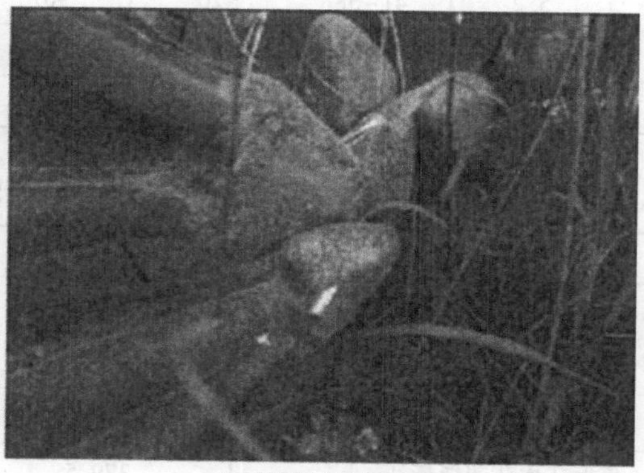
(b) 改进后的抓尖

图3　改进前后的抓斗机抓尖

3.2　竖井钢模的升降集中控制

竖井施工中三层吊盘用六台25t稳车（包括四台吊桶稳绳）悬吊，模板用3台16t稳车悬吊。在实际施工中必须用六台或三台同步提升或下放同一设备（吊盘或模板）。为减轻劳动强度，提高效率，采用自制的稳车集中控制操作系统，即实行多台稳车既能同步上升和下降，又能在施工过程中单台操作，以使设备在井筒中始终处于平稳状态。图4为钢模升降的集中控制系统。

3.3　竖井钢模油缸防爆装置

为了保证竖井中隔板和二次衬砌的整体性和稳定性，模板设备非常重要。经分析计算，设计了中隔板和二次衬砌一体化液压滑升模板设备，其中竖井二次衬砌为单侧滑模施工，中隔板为双侧滑模施

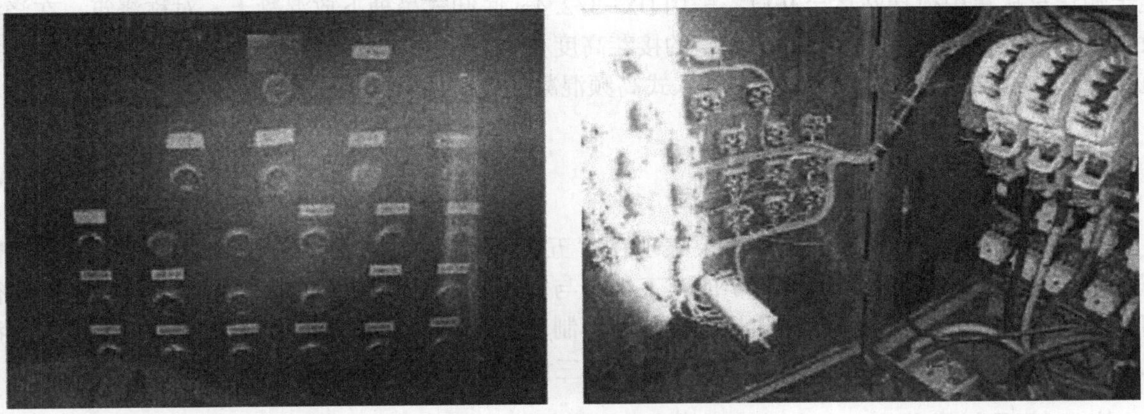

图 4 钢模升降的集中控制系统

工。模板设计中为了提高利用率，保证强度、刚度及整体稳定性，整个滑升模板设计为钢结构，其主体结构包括操作平台、提升架、围圈、辐射梁、模板、辅助盘、液压系统和支承杆等。由于本竖井采用爆破进尺，爆破飞石经常砸损钢模板液压系统，故对钢模板液压系统进行防爆处理，在液压系统的表面加设可拆装的弧形钢板。

3.4 井筒无缝砌壁

采用 MJY 型整体金属刃角下行模板砌壁，为方便脱立模，缩短立模时间，在模板上口设 8 根工字钢导向，在浇灌口上设环形斜面板，保证接茬严密，砌壁模板有效高度为 3.8m。冬季施工，用热水拌制混凝土，确保入模温度不低于 15℃。在过基岩段含水层时添加防水剂，提高井壁防水能力。

3.5 电子计量配料

地面设混凝土搅拌站，配料选用微电脑控制的 PLD-8005 双向式配料机，搅拌采用并列的两台 JS-1000 型搅拌机，均靠近井口布置。配料搅拌系统的电子计量具有操作方便、配料准确的特点，完全满足井筒快速筑壁的要求。经该系统配置的混凝土强度全部达到设计要求。

4 快速施工技术要点

4.1 最优打眼设备及爆破技术

竖井施工速度与爆破效果有直接联系，而爆破效果由打眼设备及爆破技术所决定。对于深竖井施工，打眼宜优选伞形钻架，配 YGZ-70 型导轨式高频凿岩机凿岩。SZJ-5.6 型伞钻对于井筒净直径为 5~6m 的情况是适宜的。宜采用中深孔光面爆破技术，乳化炸药，反向连续式装药结构，选用 8 号半秒延期电雷管和 7m 长脚线的半秒延期非电导爆管。

4.2 最优装矸与排矸设备的配套

立井快速施工的每一循环中，出矸时间往往占 40%~50%，如何缩短出矸占用的时间是快速施工得以实现的重要因素。优选 HZ-6 型中心回转抓岩机配合改进抓尖，其出矸速度快，而且经堆焊处理的抓尖其耐磨性很好，减少了维修费用和时间耗损。为保证立井快速施工，采用座钩式自动翻矸装置，自卸式汽车排矸，从而做到最优装矸与排矸设备的配套。

4.3 最优砌壁模板及下料工艺的配套

砌壁模板是竖井施工具有工艺特征的关键设备。模板性能好坏直接影响到施工速度的快慢有质量的好坏。采用 MJY 型整体金属刃角下行模板砌壁，该模板具有脱模能力强、刚度大、变形小、立模方便等优点，地面由 3 台稳车悬吊。模板直径根据井筒直径来选型，段高一般为 3~5m。砌壁混凝土由混凝土输送车从集中搅拌站运至井口，采用DX-3/2.4m底卸式吊桶下放混凝土，对称浇筑，在浇灌口上设环形斜面板，确保新浇井壁和老井壁的接茬高度在10cm左右，做到新老井壁接茬严密，提高井壁浇筑质量，加快浇筑速度，ZNQ-50型插入式高频混凝土振捣器，振捣混凝土。

5 施工组织与管理

竖井井筒施工机械化配套的核心主要表现在"五大一钻"，在井筒断面较小的情况下对各种机械设备有序安排使用，需要有严密、科学的施工组织与管理，这也是确保实现快速施工的关键，实行了掘砌滚班作业制、机电维修包机制和超前维护保养制，大大减少了机电设备故障；同时由于狠抓掘砌正规循环作业和辅助作业的配合，使得掘、砌运转三大系统协调一致，实现了快速施工。

5.1 施工管理制度化

为了有效控制井筒工程施工的质量、进度和实现安全施工，组建高效精干、机制灵活、运转流畅的项目部，采用工业监控电视及计算机辅助施工管理，提高施工管理水平。对施工机具和设备实行了包机制，施工机具和设备使用结束后，立即进行检修和保养，以备下一个循环使用，杜绝机具带病作业，从而保证正常循环。作业层采用专业化综合施工队形式，对固定工序和关键岗位的人员实现相对固定，以提高操作水平。强化职业技能培训和安全技术培训工作，定期组织开展技术比武，不断提高员工的操作技术水平。实行承包人、组室负责人风险抵押金制度。实行考核评分制，充分调动承包人、管理人员的积极性。

5.2 施工工序管理

竖井井筒施工工序复杂，且由于受到工作面可用空间较小的条件限制，各工序间一般不能实行平行作业，所以在井筒快速施工中各工序的衔接是一个不容忽视的问题，作业过程中，将打眼爆破、出矸找平、立模砌壁、出矸清底四个主要工序细化分解，将作业时间尽可能地合理压缩，是缩短施工循环时间的有效途径。制定好各道工序所能达到的最低用时标准，施工中按该标准认真执行并考核。除机电维修人员以外，掘砌各工种人员一律实行滚班制作业，改变通常按工时交接班为按工序交接班，按循环图表要求控制作业时间，保证正规循环作业。

6 安全措施

始终坚持"安全第一，预防为主；全员参与，持续改进"的方针，严格执行安全管理制度，消除违章作业等不安全因素，杜绝人身死亡事故、群伤事故和重大设备伤害事故。从开工至井筒到底，未发生人身安全事故。

6.1 安全管理及制度

项目部配置安全副经理一名，专职安全员一名，各施工班组各配置一名群安员，专职安全员及群安员受安全副经理直接管辖，在项目经理领导下，开展各项安全管理工作。

建立健全安全生产责任制和岗位责任制及各项技术操作规程严格做到持证上岗。认真组织好每周一次的安全日活动和每月的定期安全大检查发现问题，严格按"三定"要求整改。严格执行"一工程一措施"制度，坚决制止"三违"。认真搞好交接班，全面推广光爆技术，加强井筒围岩管理，及时搞好临时支护，严防片帮伤人。强化安全技术培训，定期组织施工安全知识学习，不断提高职工知灾、识灾、抗灾、处理灾害的能力。及时编报灾害预防和处理计划，并切实贯彻执行。坚持党、政、工、青齐抓共管，全面落实业务保安，做到防患于未然。

6.2 安全技术措施

（1）个人安全预防。每个员工下井均需戴安全帽，穿工作服、工作胶鞋，立井井筒及硐室高空作业必须配戴安全保险带。员工下井严禁喝酒，严禁在井下打架闹事，严禁休息不好及带情绪下井，各工种人员严禁在井下和各工作岗位睡觉或打磕睡。立井下井必须服从井口信号工安排，不得抢乘吊桶，进入吊桶后应将保险带扣在吊桶臂上的钢丝绳上，严禁超员乘坐吊桶。做好“自保、互保、联保”工作。

（2）爆破安全管理。建立健全火工产品领退、贮存、运输制度，做到随用随领。装配引药必须在安全可靠的专用地点进行。爆破材料库和爆破材料发放硐室附近30m范围内，严禁放炮。在井筒运送爆破材料和装药时，除负责装药放炮的人员、信号工、看盘工和水泵司机外，其他人员都必须撤到地面安全地点。装药前，必须切断井下一切电源，一切导电体提到10m以上，防止杂散电源干扰引爆。放炮前所有人撤到安全地点以外，放炮员发出放炮信号，至少等5秒后方可启炮。

（3）设备安全操作管理。针对各类设备、设施建立安全管理制度及岗位责任制及操作规程，并挂牌明示。提升装置的各部分（包括吊桶、天轮、井架、钢丝绳、钩头及连接装置等）及提升绞车各部分（包括滚筒、制动装置、深度指示器防过卷装置、限速器、传动装置、电机和控制设备以及各保护和闭锁装置等），每天必须由各分管专职人员检查一次，每月还必须由公司机电部门组织检查一次。严格停、送电制度，停、送电必须有专人负责审批。年初应编制防雷电计划，消灭雷击事故。电气设备装设三大保护装置。严禁中性点直接接地的变压器直接向井下供电。

（4）防治水安全管理：加强地质测量工作，做好预测预报，为施工提供可靠的水文地质资料。坚持“有疑必探，先探后掘”的探水原则。采取“防、排、堵、截”，综合治水的方法，以防、堵为主，努力实现打干井。探钻前，必须搞好安全防务工作，安全梯能正常使用，排水能力$>40m^3/h$，并保持设备完好，防止淹井事故。孔口管按设计安设好防喷装置。探水时，应由测量和负责防探水人员亲临现场指挥。

7　文明施工

建设文明地，开展文明施工是竖井项目施工中的一个重要内容，为不断提高工程质量和经济效益，降低物质消耗，保证安全生产，起着非常重要的作用。建立文明施工保证体系，做到文明施工，文明工地、文明生活管理，创建“文明施工先进单位”，塑造工地良好形象。图5为箕斗竖井项目部办公与学习地点，环境整洁，堪称园林式。

图5　项目部办公与学习地点

施工现场按照设计，绘制施工总平面布置图的示意牌板，放置在施工场地的主要入口处，其上标明工程名称、工程量、开竣工日期，施工单位及工程负责人等。搞好场区内的材料堆放和设备存放。办公室做到墙面整洁，图表、资料张贴悬挂整齐，办公室、办公用具摆放有序。支护用混凝土严格按照配合比进行搅拌，计量准确，用水清洁，混凝土搅拌站附近保持整洁，散落的材料及时清理，运送混凝土做到不撒不漏。井口与井筒内的各种悬吊设备，安全设施及管线的卡固件保证符合施工设计及规范要求。

8 结语

目前，国内800多米深的一对年产1.8Mt的矿井一般需要3~5年时间建成投产。大红山铁矿废石箕斗竖井通过机械化施工作业线的配套使用，使复杂地质条件下的井筒施工成井进尺上了一个新台阶，实现连续优质快速施工，整个竖井正常段井筒建设工期14个月，平均月进尺83.5m，其中连续六个月进尺均超过100m，最高月进尺达到110.5m，生产安全无事故，顺利完成了这一国内最深竖井建设任务，工程质量优良。采用的改进抓斗机抓尖、竖井钢模的升降集中控制、竖井钢模油缸防爆装置、井筒无缝砌壁、电子计量配料搅拌系统等新技术，为千米竖井的施工技术和管理累积了丰富经验，采用先进的施工工艺和选用适宜的机械配套方式是深竖井安全快速优质施工的保证。

潘三矿新西风井冻结基岩段爆破技术研究

胡坤伦[1]　闫大洋[1,2]　杨　帆[1]　姚　栋[1]

（1. 安徽理工大学 化学工程学院，安徽 淮南，232001；
2. 广东宏大爆破股份有限公司，广东 广州，510623）

摘　要：潘三矿新西风井井筒风化基岩段采用冻结法施工，通过优选爆破器材和钻眼机具，优化爆破参数和爆破网络设计，保证了施工的快速、顺利进行，减少了爆破对冻结管和井壁的扰动，有效地解决了施工中的实际问题，取得了良好的效果。其研究结果可为其他冻结基岩段的爆破提供一定的参考。

关键词：冻结基岩段；爆破技术；爆破参数优化

Blasting Technology Research of New West Wind Shaft Freezing Rock in Pansan Mine

Hu Kunlun[1]　Yan Dayang[1,2]　Yang Fan[1]　Yao Dong[1]

（1. School of Chemical Engineering，Anhui University of Science and Technology，Anhui Huainan，232001；2. Guangdong Hongda Blasting Co.，Ltd.，Guangdong Guangzhou，510623）

Abstract：Pansan mine new west wind wells wellbore weathered bedrock section of freezing method construction，through the optimization of blasting equipment and drilling machines，optimization of blasting parameters and blasting network design，to ensure the construction quickly and smoothly，reduce the blasting disturbance of frozen pipe and borehole wall，effectively solve the practical problems in the construction，achieved good effect. The results can provide other blasting of frozen bedrock section provides a certain reference.

Keywords：freezing basement rock section；blasting echnology；blasting parameter optimization

对于冻结井，环境条件发生很大变化，在基岩段进行钻爆施工时，除保证爆破效果、成型质量和循环进尺外，还要保证冻结管和井壁不会因爆破影响而破坏。因此要控制爆破药量，优化爆破参数，采用浅孔或中深孔爆破方式，以减少爆破振动对冻结管和井壁的影响。

潘三矿新西风井井筒在掘砌至冻结段407m处，向下施工至441.2m时，揭露风化基岩，此段采用冻结法施工。为保证施工的快速、顺利并减少对冻结管和井壁的扰动，拟采用浅孔松动爆破法施工。

1　工程概况

潘三矿井隶属淮南矿业集团，是淮南矿区的一座大型煤矿。矿井中央设有主、副、矸石井3个井筒，东、西边界各设1个边界回风井。新西风井井筒设计深度653.2m，井筒穿过新生界第四系地层后进入煤系地层。第四系表土层441.25m，其中表土层厚12.3m，表土层下厚428.95m，主要由黏土、砂质黏土和砂组成。基岩厚度269.2m，以泥岩、细砂岩为主，有局部为天然焦和火成岩。井筒设计净直径7.0m，井筒施工采用“上冻下注”的施工方法。表土段采用冻结法施工，其中冻结表土层441.2m，冻结基岩71.8m，冻结深度508m。

原载于《煤炭技术》，2014，33（6）：122-124。

冻结基岩段设计净半径 4.4m、荒半径 5.3m，采用双层钢筋砼支护，混凝土强度 C70，支护厚度 850mm。

为了加快基岩段的掘进速度且不破坏冻结管和井壁，选用合理的爆破器材和钻孔机具，优化爆破参数和爆破网络设计，冻结基岩段爆破技术的研究结果表明：冻结基岩段掘进速度大幅提高，冻结管和井壁安全完好，取得了良好的技术经济效果。

2 爆破方案

2.1 钻孔机具

普通的气腿式凿岩机在冻结基岩段打孔，卡钻情况严重，钻孔速度慢。因此，选用 YT27 气腿式凿岩机，该凿岩机具有吹洗炮孔功能强、转钎力矩大、钻孔速度快等特点，适宜在中硬或坚硬岩石上湿式钻凿向下和倾斜凿孔。配套采用 ϕ42mm“一”字形钎头和 ϕ25mm 中空六角合金钢成品钎杆，钎杆长 2.0~2.5m。

2.2 爆破器材

冻结基岩段岩石的硬度较高，要选择高威力、高爆速炸药。同时由于冻结段岩石温度较低，为防止炸药低温拒爆，炸药应具有良好的抗冻性。通过试验研究，在无瓦斯的情况下选用岩石乳化炸药。为降低爆破振动对冻结管和冻结壁的影响，采用煤矿许用毫秒延期电雷管，380V 动力电源，全断面一次起爆。

2.3 爆破参数设计

2.3.1 炮孔深度

增大炮孔深度，可提高每循环进尺，但随着炮孔深度的增大，岩石的夹制作用也增大。随着钻孔深度的增大，钻孔速度会明显下降，掏槽孔太深也会降低掏槽效果。因此，综合循环和施工组织形式，确定掏槽孔深度 2.2m，辅助孔与周边孔深度均为 2.0m。

2.3.2 掏槽方式

在立井钻爆施工中，随着炮孔深度的增加，岩石的抗爆作用也会大大增强，致使炮孔底部的岩石不易破碎，从而降低了爆破效率。为了克服这一难题，施工中常采用斜孔掏槽或直孔掏槽。由于钻凿设备与施工条件的限制，斜孔掏槽的角度不易控制，并且破碎的岩石常常抛掷过高，容易崩坏吊盘等凿井设备，使其应用受到一定的限制，而直孔掏槽能够克服上述缺点，掏槽效果比较理想。淮南矿业学院等单位研究表明，二阶直孔掏槽既有较好的掏槽效果，同时又降低破碎岩块高度和爆破振动，是比较合理的掏槽方式。

2.3.3 爆破参数

井筒采用短段掘砌松动爆破法施工，选用浅孔爆破技术。炮孔布置成 6 圈同心圆形，其中：

（1）掏槽孔孔深 2.2m，圈径 1.6m，布置 8 个炮孔，孔距 600mm。

（2）辅助孔孔深 2.0m，共布置 4 圈炮孔。第 1 圈圈径 3.6m，布置 14 个炮孔，孔距 800mm；第 2 圈圈径 5.6m，布置 22 个炮孔，孔距 800mm，第 3 圈圈径 7.6m，布置 30 个炮孔，孔距 800mm；第 4 圈圈径 9.2m，布置 36 个炮孔，孔距 800mm。

(3）井筒最内圈冷冻管圈径 12m，为减少爆破对冷冻管的扰动，周边孔布置圈径 10.4m，距最内圈冷冻管 1.8m，孔深 2.0m，共布置 55 个孔，孔距 600mm。

现场具体试验炮孔布置如图 1 所示，爆破参数见表 1。

表 1 冻结基岩段爆破参数

圈别	炮孔名称	孔数/个	孔深/m	炮孔倾角/(°)	孔距/mm	圈径/m	装药量		装药系数	起爆顺序
							kg/孔	kg/圈		
1	掏槽孔	8	2.2	75	600	1.6	1.35	10.8	0.82	I

续表 1

圈别	炮孔名称	孔数/个	孔深 /m	炮孔倾角 /(°)	孔距 /mm	圈径 /m	装药量 kg/孔	装药量 kg/圈	装药系数	起爆顺序
2	辅助孔	14	2.0	90	800	3.6	1.125	15.75	0.75	Ⅱ
3	辅助孔	22	2.0	90	800	5.6	1.05	23.1	0.6	Ⅱ
4	辅助孔	30	2.0	90	800	7.6	1.05	31.5	0.6	Ⅲ
5	辅助孔	36	2.0	90	800	9.2	0.9	32.4	0.5	Ⅳ
6	周边孔	55	2.0	90	600	10.4	0.6	33.0	0.3	Ⅴ
合计		165	331.6					146.55		

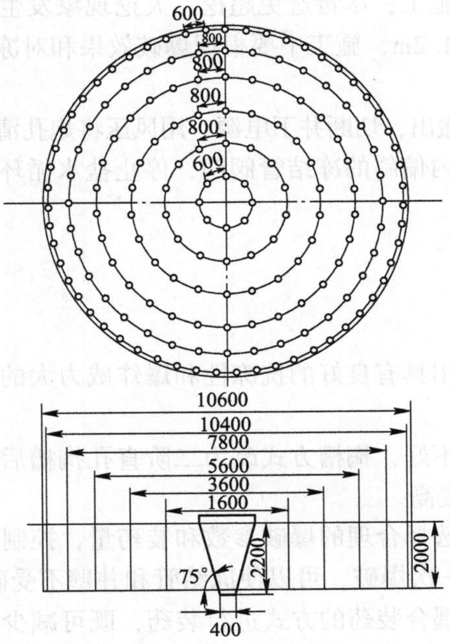

图 1　冻结基岩段和冻实段炮孔布置示意图

周边孔在布置时要参照冻结孔偏斜情况进行必要调整。对于向内偏斜的冻结孔，其对应的周边孔与其距离应≥1.2m，其他炮孔均为垂直布置。

2.3.4　爆破网络设计

由于立井掘进不同于巷道掘进，其断面大，必须采取全断面一次爆破。爆破设计 1 次起爆雷管个数 165 发，每发雷管电阻 $r=4\Omega$，采用横截面 $25mm^2$、长度 700m 的电缆传爆，连接线采用横截面面积为 $4mm^2$、长 30m 的铁线。

主线电阻　$R_1 = r_1L/S = 0.0184 \times 700/25 = 0.5152\Omega$

连接线电阻　$R_2 = r_2L/S = 0.132 \times 30/4 = 0.99\Omega$

式中，L 为长度，m；S 为横截面面积，mm^2；r_1、r_2 为电阻系数，$r_2 = 0.132mm^2\Omega/m$，$r_1 = 0.0184mm^2\Omega/m$。

（1）爆破网络采用全并联，用 380V 动力电源起爆。电爆网络总电阻

$$R = R_1 + R_2 + \frac{r}{N} = 0.5152 + 0.99 + \frac{4}{165} = 1.5294\Omega$$

电爆网络电流　$I = U/R = 380/1.5294 = 248.46A$

通过每个雷管的电流　$i = I/N = 248.46/165 = 1.506A$

（2）爆破网络采用全串联，用 MFB FD-200 电容式发爆器起爆（发爆能力 200 发，最大外接负载 1220Ω，峰值电压≥2500V）。

电爆网络总电阻 $R = R_1 + R_2 + mr = 0.5152 + 0.99 + 165 \times 4 = 661.5052\Omega$

电爆网络电流 $I = U/R = 2500/661.5052 = 3.78\text{A}$

式中，N 为并联支路数；m 为串联电雷管个数；U 为起爆电源的起爆电压，V；i 为通过每个电雷管的电流，A。

2 种爆破网络设计均能正常起爆，且满足立井掘进施工的要求。

3 安全技术措施

（1）钻孔前必须对工作面进行安全检查，及时清除模板、吊盘上浮矸、混凝土块等。必须使钎杆立直，且要和机头保持一致，防止风钻摆动过大伤人。

（2）钻孔严格按照爆破图表施工，尽量避免超挖、欠挖现象发生，超挖不得大于 150mm。炮孔布置必须保证周边孔距冻结管大于 1.2m，施工中要根据爆破效果和对冻结管和井壁的影响情况及时调整爆破参数。

（3）装药前将井下机具安全撤出，切断井下电源，用风压将炮孔清除干净，保证封泥长度符合要求。

（4）放炮前，关闭几个向井内偏斜的冻结管阀门，停止盐水循环。放炮后，应检查冻结管的破损情况，观察是否有盐水漏出。

4 爆破效果分析

（1）在无瓦斯的情况下，选用具有良好的抗冻性和爆炸威力大的岩石乳化炸药，能够满足立井冻结基岩段岩石爆破的要求。

（2）由于原来掏槽爆破效果不好，掏槽方式改为二阶直孔掏槽后，炮孔利用率显著提高，爆破效果明显好转，循环进尺得到显著提高。

（3）根据冻结基岩段条件，选择合理的爆破参数和装药量，控制好起爆时差，在冻结基岩段爆破中周边眼布置在荒径上，全断面一次爆破，可以使冻结管和井壁不受破坏。

（4）掏槽孔和辅助孔采用不耦合装药的方式进行装药，既可减少超欠挖量，又能很好地保护井筒围岩的稳定性，有利于支护工作和安全生产。

5 结语

在潘三矿新西风井冻结基岩段的掘进施工中，通过选用合理的爆破器材和钻孔机具，优化爆破参数和爆破网络设计。既保证冻结管和井壁安全完好，又加快冻结基岩段掘进速度，同时为其他冻结基岩段的爆破提供了一定的参考。

参 考 文 献

[1] 邓光辉，钱会军，王鹏越．立井冻结基岩段的深孔爆破技术探讨［J］．江苏煤炭，2002（2）：15-16.
[2] 杨星林，赵建希．冻结基岩段爆破工法［J］．科教文汇，2008（5）：195.
[3] 丁立东，沈仁为．丁集矿副井冻结段爆破技术［J］．江西煤炭科技，2006（1）：26-27.
[4] 陈殿芬．立井冻结基岩段深孔爆破施工实践［J］．山东煤炭科技，2006（4）：5.
[5] 曹光保，徐华生，傅菊根．立井掘进冻结砾石层爆破技术初步研究［J］．煤矿爆破，2006，74（3）：11-13.
[6] 王鹏鸣．浅谈平煤矿冻结基岩段爆破技术［J］．安徽化工，2013，39（3）：62-64.
[7] 王汉军，杨仁树，李清．深部岩巷爆破机理分析和爆破参数［J］．煤炭学报，2007，32（4）：373-376.
[8] 胡坤伦，杨仁树，徐晓峰，等．煤矿深部岩巷掘进爆破试验研究［J］．辽宁工程技术大学学报，2007，26（6）：856-858.
[9] 单仁亮，马军平，赵华，等．分层分段直眼掏槽在石灰岩井筒爆破中的应用研究［J］．岩石力学与工程学报，2003，22（4）：636-640.

深井强采动影响下软岩巷道控制技术研究

刘　昆　李战军　崔晓荣

（广东宏大爆破股份有限公司，广东　广州，510623）

摘　要： 以朱集煤矿位于软岩中的底板巷为工程案例。该巷道顶板岩层破碎，原支护体系失效，在临近工作面回采的强动压下，为保证巷道仍可使用，通过对原有支护体系支护状况的分析及围岩破坏程度的分级，提出采用高密度的短锚索加强层状破碎顶板的整体性形成刚性梁结构，联合单体支柱被动支护，有效控制了巷道顶板垮落、整体下沉现象，保证了整条巷道的有效通风面积。为大范围顶板破碎，锚索无法生根的中等跨度以下软岩巷道加固提供了工程范例。

关键词： 深井开采；软岩巷道；短锚索梁；巷道支护

Research on Control Technology of Soft Rock Roadway under the Influence of Deep Intensive Mining

Liu Kun　Li Zhanjun　Cui Xiaorong

（Guangdong Hongda Blasting Co., Ltd., Guangdong Guangzhou, 510623）

Abstract: With broken roof strata and unavailable supporting system, the floor roadway located in the soft rock of Zhuji coal mine was taken as an engineering case. In order to ensure the utilization of roadway under the intensive pressure of adjacent mining face, the previous support system status was analyzed and the damage degree of the surrounding rocks was classified. Then short anchor beam in high-density was adopted to strengthen the broken roof strata as a reinforcing beam, which effectively prevented the roof collapse and overall subsidence, combining with the passive support of individual prop. Meanwhile, effective ventilation in the whole roadway was ensured, providing engineering reinforcement examples of soft rock roadway in middle span when anchor cable was unavailable in a wide range of roof breakage.

Keywords: deep mining; soft rock roadway; short anchor beam; roadway support

随着开采深度的不断增加，巷道围岩的破坏形式明显不同于浅部岩层，表现为多塑性破坏，蠕变破坏突出，扰动影响易放大等[1-3]。使得绝大多数单一锚杆、锚索支护在控制深部岩层破坏的实践中失效[4,5]。因此软岩巷道的支护已经成为当下深部煤炭开采的突出问题，对此难题的研究也在不断深入，例如柏建彪教授强调在深部软岩巷道控制中突出泄压作用，U 型棚不能够释放足够的变形能，采用主动爆破一定厚度的围岩，使围岩与支架之间留有一定的变形空间、释放变形能，并将高应力向深部转移等[6,7]。但是巷道的支护并不是一个单一的问题，在生产过程中多数巷道受到剧烈的扰动，比如本文涉及的巷道受到工作面回采的扰动剧烈影响。在围岩破碎范围很大的情况下使得普通的二次加固形式效果甚微。

1　工程概况

朱集矿 1111（1）工作面轨道底板瓦斯抽排巷设计标高为-927～-965m，设计长度 1767m，1111

原载于《矿业研究与开发》，2014，34（3）：34-37。

(1) 工作面轨道底抽巷与顺槽、采煤工作面的层位关系如图 1 所示。1111 (1) 工作面为瓦斯突出煤层，掘进期间底板巷掩护顺槽掘进，工作面形成以后采用“Y”形通风，工作面回采完毕后底板巷保留作为回风巷道使用。

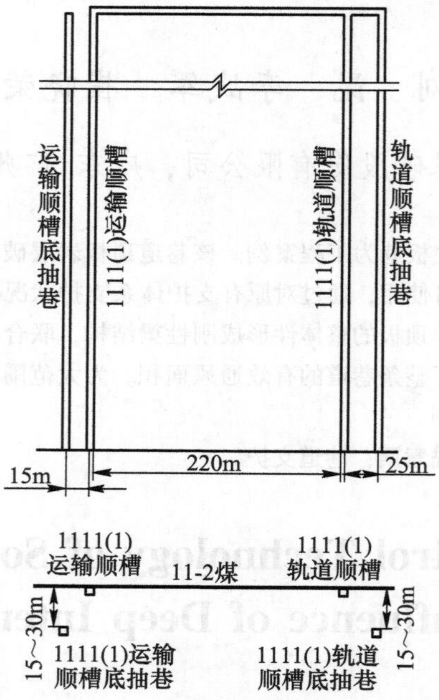

图 1　1111(1)工作面底抽巷与顺槽的层位关系

轨道底板巷断面尺寸为 4.4m×2.8m，应力解除法地应力测试分析得出的铅直应力为 19MPa，最大水平应力为 22MPa，与 1111 (1) 工作面轨道顺槽底抽巷平行。

巷道顶底板均为大于 7m 的泥岩，泥岩为灰~灰绿色，泥质结构，厚层状、块状，局部含薄层粉砂岩或砂质包体，见表 1。

表 1　底抽巷岩层柱状图解析

序号	柱状图	厚度	名称	岩性描述
1		1.33	11-2煤	黑色，粉末状，以亮煤为主
2		2.76	泥岩	灰黑色，层状，偶见裂隙，泥质结构
3		0.79	11-1煤	同11-2煤
4		2.61	泥岩	性脆，同序号2
5		1.53	细砂岩	灰白色，致密，块状含炭质，见黄铁矿
6		9.73	泥岩	断口平坦，见滑面，同序号2

2　初期岩层支护分析

2.1　掘进期间巷道概述

轨道顺槽底板巷在轨道顺槽侧下方平距 25m，法距 15~30m。超前轨道顺槽 130m 施工。掘进期间顶板支护形式：锚杆采用Ⅲ级左旋无纵筋螺纹钢高强锚杆，规格 M24ϕ22mm×2500mm，共 6 根，间排距 800mm×800mm，M5 型钢带，长 2.8m。每根钢带 4 组孔，孔间距 800mm。锚索规格 ϕ21.8mm×6200mm，布置成“2323”形式，排距 800mm，钢带：11 号工字钢，两边长 2m，布置 3 孔，孔中心距 800mm；中间长 2m，布置 2 孔，孔中心距 1600mm。

在深部软岩巷道中经过长期观测，总结得出轨道顺槽掘进工作面滞后 45m 底板巷时，受扰动影响围岩位移变化开始变得明显，日位移量为 3mm/d，轨道顺槽掘进工作面超前 120m 时，底板巷围岩位移量基本稳定不再变化。

至上方工作面形成底板巷累计顶板位移量为282mm，顶板肩角处锚杆受剪切作用切断现象普遍，顶板锚索被拉断数量占总量的1/3。

2.2 锚索受力拉拔试验

对巷道顶板不同区域的锚索进行拉拔试验，结果见表2。

表2 底抽巷顶板锚索拉拔试验

张拉测试类型	数量	锚索具体位置	锚索外观	锚索支护现状	锚索张拉过程
定量张拉（40MPa）	5根	距7号联巷132m面向切眼左肩窝处	单体锚索外露254mm，尾端略微鼓胀，外露部分与顶板垂直，使用3个托盘	顶板表层岩层极其破碎，片帮、网兜严重，弧形肩角处钢筋梯子梁弯曲褶皱严重，顶板成“V”型折断	缓慢张拉至39MPa，保持39MPa 30s，有少许碎石掉落
		距7号联巷132m面向切眼右肩窝处	单体锚索外露280mm，外露部分与顶板有一定夹角，托盘紧贴弧形肩角弯曲，使用3个托盘		缓慢张拉至37MPa，保持37MPa 30s内降至35MPa稳定
		距7号联巷132m面向切眼顶板正中	单体锚索外露289mm，外露部分与顶板垂直，使用3个托盘		缓慢张拉至40MPa，保持40MPa 30s内稳定

由表2可知，锚索的支护状态多数已经达到极限值的临界状态（40MPa），在动态扰动的影响下锚索承受的临界值将会降低。由此可以判定在受工作面回采的巨大动压影响下，顶板会整体垮落或大部分坍塌，预保留底板巷道必须进行加固处理。

2.3 深部岩层窥视试验

巷道掘进期间围岩破坏形式及破坏的范围确定通过深部岩层窥视完成。窥视结果显示，岩层根据破坏情况不同可分为6类（见图2），即严重破坏、非常破坏、中等破坏、较破坏、裂缝裂隙发育和完整围岩[8,9]。

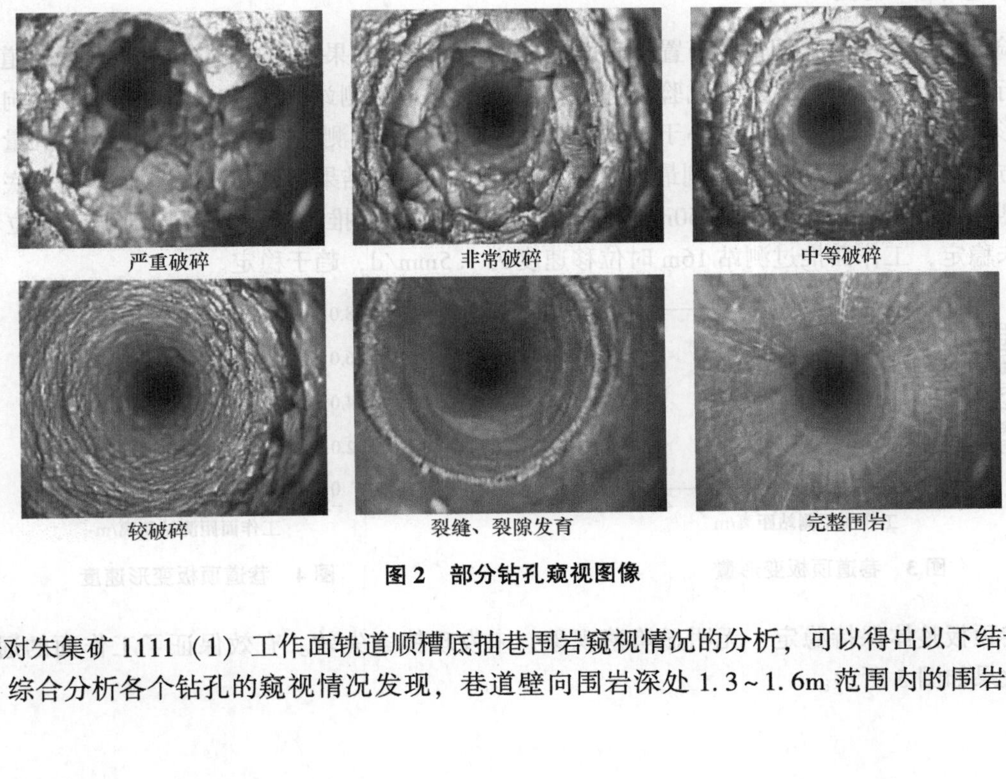

图2 部分钻孔窥视图像

根据对朱集矿1111（1）工作面轨道顺槽底抽巷围岩窥视情况的分析，可以得出以下结论：

（1）综合分析各个钻孔的窥视情况发现，巷道壁向围岩深处1.3~1.6m范围内的围岩严重破碎，可视为承载强度较低的松散破碎体。

（2）整体观察窥视结果，围岩严重破坏区、破坏区和裂隙的发育区距离巷道壁的垂距基本是相等的，在一条直线上。

（3）从监测钻孔内最大破坏深度看，顶板围岩 3.6m 以内破坏比较严重；而随着钻孔深度增加，围岩破坏情况趋向缓和。因此可以认为顶部围岩破坏区为 3.6m。

（4）巷道非回采侧顶板和回采侧顶板破坏基本一致。非回采侧顶板发现已施工的 5.7m 深度钻孔围岩均表现为明显的不同程度的破坏，回采侧顶板在 5.1m 以后并未发现明显裂隙；非回采侧顶板和回采侧顶板的围岩较破碎均在 3.6m 范围内。

（5）随着探测深度的增加，围岩破碎或者裂隙圈逐渐由严重破碎或非常破碎到中等破碎再变化到裂隙最后到完整围岩；且破碎或裂隙圈主要沿垂直于钻孔轴线的方向形成，说明围岩破碎主要是由巷道开挖以及支护强度不足而引起的。

3 软岩巷道控制技术

3.1 支护方案

根据巷道围岩破碎的程度和范围和传统的支护思想采用超长的锚索进行悬吊，原 6.2m 锚索无法稳固生根，使用更长的锚索施工难度和进度上不允许，而且在接下来的动压影响下超长的锚索支护体系的支护效果有待商榷；高强锚杆支护，将使巷道围岩表面形成的岩层承载环泄压能力明显减弱。使用高密度的短锚索、大托盘护表配合单体支柱支护，形成刚性梁顶板，避免了上述问题。具体支护方案为：

（1）主动锚索补强（大托盘配长锚索，400mm×400mm×15mm 平钢板配长 300mm 的 11 号工字钢平放，也可采用 ϕ300mm 碟形锚索托盘，锚索采用 ϕ22mm×4300mm），每根锚索使用 2 支 Z2360 树脂药卷，预紧力为 150~200kN，锚索间排距为 1000mm×1000mm。

（2）走向挑单体支柱+Π 形钢梁棚+木托梁：单体（纵向 3 排，排距为 1.2m，3m 一组，1 组 3 柱或采用每根 1m 的钢梁，每梁 1 柱）每根工作阻力不低于 10t。每 300m 左右设置泵站一处，用于单体液压支柱补液。

3.2 底板巷矿压观测

为了验证修复方案的合理性，布置了表面位移观测站线，结果见图 3 和图 4。对两段巷道的矿压观测数据进行整理、对比分析，发现试验段巷道在工作面回采距测站大于 130m 时受采动影响较小，巷道围岩变形不大，但当工作面回采小于 130m 开始到工作面推过测站 16m 区域内顶板下沉量明显，在工作面前方 30m 处顶板下沉速度达到最大值 7.5mm/d。有观测结果可以得出工作面推进对底板巷的扰动最为剧烈的区域是在工作面前方 60m 至工作面平齐。工作面推过观测站因扰动引起的位移明显下降，但并未稳定，工作面推过测站 16m 时位移速度为 1.5mm/d，趋于稳定。

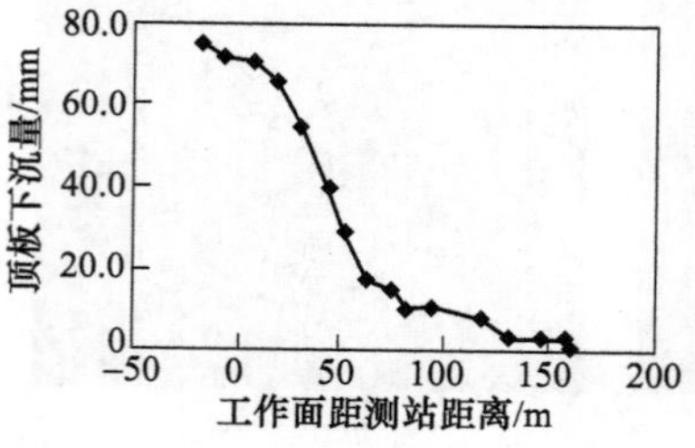

图 3 巷道顶板变形量

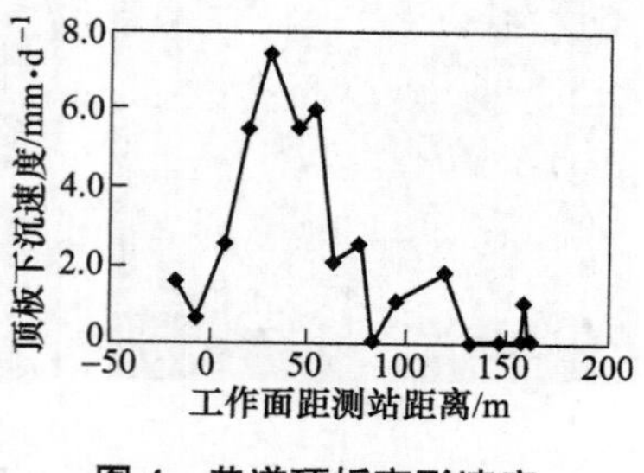

图 4 巷道顶板变形速度

底板巷顶板整体保持稳定，无明显垮落现象，未发现锚索失效。有效保证了工作面的通风断面。整体支护效果如图 5 所示。

图 5　巷道加固控制效果

4　结论

（1）软岩动压扰动范围。底板巷受轨道顺槽掘进影响的范围是超前轨道顺槽掘进工作面 50m，滞后 130m；底板巷采煤工作面剧烈采动影响范围是超前采煤工作面 60m，滞后大于 16m。

（2）破碎围岩巷道的加固返修可以采用高密度的短锚索形成岩层梁体，避免传统加固思想追求超长锚索在岩层中稳定生根，悬吊岩层。

（3）刚性岩梁在软岩巷道受到扰动影响下有效地完成泄压和支护作用。表明短锚索构建的刚性岩梁可以很好地适应软岩的动压扰动，更好地发挥泄压作用。

参 考 文 献

[1] 何满潮，谢和平，彭苏萍，等．深部开采岩体力学研究［J］．岩石力学与工程学报，2005，24（16）：2803-2813.

[2] 孙晓明，何满潮．深部开采软岩巷道耦合支护数值模拟研究［J］．中国矿业大学学报，2005，34（2）：166-169.

[3] 柏建彪，王属镶．深部软岩巷道支护原理及应用［J］．岩石力学与工程学报，2008，30（5）：632-635.

[4] 颜立新．软煤层碎胀顶板巷道高预应力短锚索支护技术［J］．煤炭科学技术，2010，38（8）：40-43.

[5] 康红普，王金华．煤巷锚杆支护理论与成套技术［M］．北京：煤炭工业出版社，2007.

[6] 吴志祥，赵英利，梁建军，等．预应力注浆锚索技术在加固大巷中的应用［J］．煤炭科学技术，2001，29（8）：10-12.

[7] 张军成，吴拥政，等．应力异常区软弱顶板巷道全锚索支护技术［J］．煤炭科学技术，2012，40（6）：8-11.

[8] 李夕兵，古德生．深井坚硬矿岩开采中高应力的灾害控制与碎裂诱变［C］//香山科学会议．科学前沿与未来（第六集）［M］．北京：中国环境科学出版社，2002：101-108.

壁后注浆在宝山铅锌矿箕斗主井施工中的应用

刘阳平　闫黎宏　王少文

（湖南涟邵建设工程（集团）有限责任公司，湖南 娄底，417000）

摘　要：宝山铅锌矿箕斗主井井筒存在白云岩和灰岩强透水层，且有断层破碎带与本场地内地下水连通，井筒内多处有溶洞及裂隙。针对该竖井渗漏水严重的现象，采取了壁后注浆治理措施。对漏水段较长的井筒，由下而上逐段进行；在对注浆孔注浆的同时，周边设置泄压排水孔，保证加固围岩和封堵水体的效果。实践证明，该井筒壁后注浆有效地将地下含水层的涌水封堵于壁后，同时还起到了加固井壁的作用。

关键词：主井；强透水层；壁后注浆；施工工艺

Application of Back-wall Grouting in Main Skip Shaft Construction in Baoshan Lead-Zinc Mine

Liu Yangping　Yan Lihong　Wang Shaowen

（Hunan Lianshao Construction Engineering（Group）Co., Ltd., Hunan Loudi, 417000）

Abstract: There are strong permeable layers of dolomite and limestone, fault fracture zones connected with the underground water, and many caves and cracks in the main skip shaft of Baoshan Lead-Zinc Mine. Grouting behind the wall is adopted to treat the serious water leakage in it. For the shaft with long water leakage section, grout from bottom to top, and when grouting holes, drill pressure relief and drainage holes around them to ensure the effect of reinforcing surrounding rock and sealing water. The practice proves that the grouting behind the wall can effectively block the water gushing from the underground aquifer behind the wall and reinforce the shaft wall.

Keywords: main shaft; strong permeable layer; back-wall grouting; construction technology

1　工程概况

宝山铅锌矿区位于有色金属之乡的湖南省郴州市桂阳县城区宝岭山。该矿箕斗主井设计井筒净直径4.50m，井口标高+402m，井底标高-430m，井筒全深832m。

宝山矿区处于南岭东西向构造带北缘，耒阳-临武南北向构造带中段，构造地质条件比较复杂。处于宝岭向斜的南翼，其间一逆断层F38穿过，走向与宝岭向斜一致，倾角75°~80°。根据钻孔揭露，出露地层反复出现，另外还穿过一断层破碎带；岩石裂隙节理较发育，部分岩层风化很强烈，并且发育有多处溶洞。井筒内白云岩、灰岩为主要的强透水层，其他各层均为弱透水层。断层破碎带为本场地内地下水的主要连通带水层，井筒内多处有溶洞及裂隙。在箕斗井施工过程中，-240m以下多次出现出水和突水，最大涌水量达95.4m^3/h，总排水量达75313m^3。井筒施工至标高从+315m至+296m涌水量呈一个增长态势发展，判断为溶洞裂隙存积水，此段注浆段高为35m，消耗水泥159.65t。标高+262.3m处，在井筒东北方向离井筒中心点2m位置出现一个出水点，涌水量达到16.33~19.89m^3/h，水有时大时小现象，没有压力，在此处进行第二次工作面注浆，注浆段高为35m，消耗水泥125t。在井筒+203m放炮之后出现了150m^3/h的强涌水，出水位置在井筒正南边+203.7m井壁裂隙上，为黄色

原载于《采矿技术》，2014，14（4）：72-73，97。

泥沙浆水，井底实测稳定涌水为25m^3/h，说明水为溶洞里有限的存积水，本次共排水2.38万m^3，在此进行第三次工作面注浆堵水，注浆段高为45m，历时26d，消耗水泥103t。

2 壁后注浆施工

2.1 注浆材料及设备选择

注浆材料采用水泥-水玻璃双液浆，水玻璃模数M为2.8~3.1，水玻璃溶液浓度为35~40Be，水泥浆水灰比W/C为0.75：1（质量比），水泥浆：水玻璃为1：1（体积比），注浆压强为2~6MPa，浆液扩散半径为0.5~1.3m。

注浆设备选择ZBQ50/6风动注浆泵，其参数为：额定流量50L/min，额定工作压力6MPa。注浆孔口管采用长1~1.5m的钢管，钢管头部200~300mm，车呈鱼鳞竹节状，头部端头车丝安装高压闸阀，尾端300mm左右周边钻孔，作为浆液泄出孔。

2.2 注浆参数确定

（1）浆液的扩散半径。注浆过程中，浆液的扩散范围是不规则的，但是注浆过程中，注浆压力、注入量和浆液浓度等参数可以由人为控制和调整，以控制浆液的扩散范围。通常情况下，含水层裂隙开度为5~40mm时，浆液有效扩散半径为5~9m，结合多年井筒工作面预注浆的施工经验，采用单液水泥浆，扩散半径可按5m计算。

浆液扩散过程中把钻孔周围一定范围内的水挤走，并使相邻钻孔的浆液及周围的岩体固结成一体，达到固结围岩和止水效果。采用钻1段、注1段的钻、注交替方式进行钻孔注浆施工。每次钻孔注浆分段长度3~5m。前进式分段注浆可采用水囊式止浆塞或孔口管法兰盘进行止浆。

（2）注浆压强。壁后注浆压强一般应稍大于注浆管道阻力和静水压力为宜，同时必须小于井壁能够承受的压力。根据《采矿工程设计手册》中有关规定，结合注浆位置，确定注浆压力为3.6~4.6MPa。

（3）注浆孔布置及要求。由于井壁接茬多，岩石裂隙发育，淋水严重且没有大的出水点，故采用密孔法，“五花”式深浅孔配合布孔法，依次开孔，先用深孔放水泄压，再用浅孔低压注浆，以加固井壁及围岩，最后用深孔高压注浆封水。对于集中出水点漏水处采用直接造孔。

布置注浆孔时应使相邻的两个孔固结浆液的径向分布有一定程度的交叉，使多余的浆液部分充填结构体间的空隙。孔间距参数决定着堵水的效果。注浆孔布置一般间排距3m，出水点较多的部位布孔间排距为2m。注浆孔深度控制在1~2m之间，深孔数控制在总孔数的1/3。孔的排列方式一般有按行排列和三角形排列两种（见图1）。

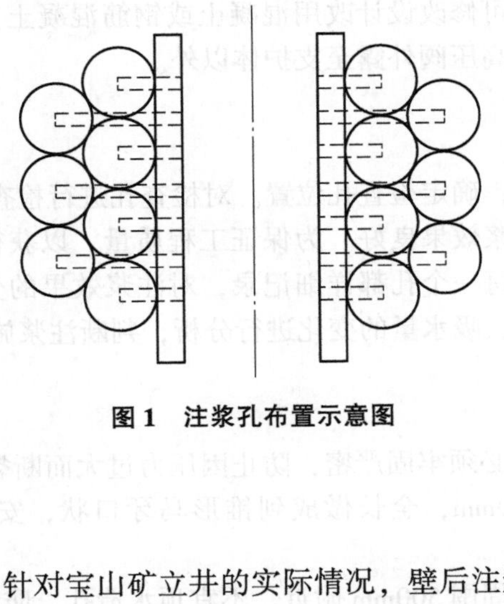

图1 注浆孔布置示意图

2.3 注浆原则

（1）先浅后深，先固后注。针对宝山矿立井的实际情况，壁后注浆的施工顺序应根据含水层的厚度分段进行，对漏水段较长的井筒，应由下而上逐段进行。分段进行浅孔注浆以改善围岩结构，避免遇水膨胀变形，提高其自身抗压强度，最后使注浆孔以井筒为中轴自下而上实施壁后深孔注浆，实现堵水加固围岩的目的。

（2）注泄结合，充分注浆。无论浅孔注浆还是深孔注浆，为保证加固围岩和封堵水体的效果，以及井壁的安全，必须在对注浆孔注浆的同时，周边设置泄压排水孔。

（3）注浆孔的数量根据堵水需要确定，各注浆孔的有效扩散半径应相交，注浆孔一般应错开排列，均匀布置。

（4）壁后注浆的压力宜比静水压大 4~6MPa，在岩石裂隙中的注浆压力可适当提高。

2.4 壁后注浆工艺流程

风钻开孔至孔深时，安装孔口管→安设高压阀门→用 ϕ32mm 钻头从阀门内套孔穿透外壁进入注浆层位→关闭阀门并连接好注浆设施→打开阀门→开启注浆泵进行压水→注入一定浆液后封孔→关闭阀门→换孔。待浆液养护一段时间后，检查孔口是否漏水，如有漏水，再从阀门内套孔复注，直到达到堵水要求。

2.5 注浆施工

注浆前必须进行静水压力测定、压水冲孔、耐压试验。

沿裂隙位置用风钻配 ϕ42mm 钻头打 3 个以上眼（包括导水孔），眼位尽量错开，眼深 1~1.5m，钻孔必须穿过裂隙面并打出水来，采用纱布将孔口管缠紧打入眼中并安装好高压闸阀。其中一个孔注浆，另外几个孔高压阀全部打开泄水。

先将注浆软管连接到涌水量最大的孔口管注浆，其他孔高压阀打开泄水，先注清水冲洗裂隙面，然后，再注浆，当其他孔出浆后（其中至少一个出全浆），立即停止注浆并关闭高压阀，迅速将注浆软管与涌水量较小的孔口管高压阀连接并注浆，依此顺序进行，直到最后一个孔，当最后一个孔出全浆，且浆液浓度不再变稀时，静注 5~8min，同时缓慢关闭高压阀，并观测巷壁承压情况，如巷壁有变形，应立即迅速再打开高压阀泄压，继续静注，直到巷壁稳定，再缓慢关闭闸阀，结束注浆。

注浆时应控制注浆压力，先小后大，同时注意观测井壁承压情况，注浆效果不佳时，可在浆液中掺加锯木灰等封堵裂隙。

注浆浓度从小到大。根据孔口进浆量，调节注浆机流量，控制进浆的速度。对于注入浆液的流量，通过吸浆阀门和吸水阀门的调节来控制。

淋水段及有涌水出水点的巷道注浆前必须先将巷道支护好再注浆。支护前必须沿裂隙打眼，插入导管将水引出再支护，导管可使用注浆孔口管，采用纱布缠紧打入眼内防止周边漏水并装高压闸阀及软管泄水。淋水段支护时，应将支护厚度在原设计基础上加大，喷混凝土段应改为锚网喷支护，以加大巷道支护承压能力，有条件的可修改设计改用混凝土或钢筋混凝土支护，支护前应将裂隙位置观测或标记好，支护时应确保导水管高压阀外露至支护体以外。

2.6 注浆效果检验

注浆结束后，根据注浆状况，确定检查孔位置。对检查孔进行检查，检查孔深不小于 3m。在已注浆段内，进行钻孔检查，发现注浆效果良好。为保证工程质量，以获得良好的封堵效果，应从施工一开始，到注浆结束，对全过程的每一个孔都详细记录，对注浆效果的分析提供资料。然后对每个孔注浆中注浆压力、流量、浆液浓度，吸水量的变化进行分析，判断注浆施工是否合格。

2.7 关键技术要点

（1）注浆管和连接丝头焊接必须牢固严密，防止因压力过大而断裂或漏浆。

（2）孔口管长度为 350~400mm，全长做成到锥形马牙口状，安装时保证孔口管在井壁上固定牢固。

（3）造孔位置选择在出水点周围 500mm 附近，不宜顶水造孔，防止因出水点附近混凝土结构疏松导致孔口管固定不牢固。

（4）造孔深度一般在 1.5~2m 之间，对于水量较大的出水点，可加深注浆孔，加大隔水层厚度，在第一次注浆效果不明显时，可二次套孔复注。

（5）注浆作业前必须压水冲孔、试压，检查孔口管和阀门固定情况。

（6）注浆过程中根据进浆量和注浆压力的变化，调节进浆浓度。

（7）拌制好的单液浆放置时间不得超过 2h，添加膨胀剂后的浆液放置时间不得超过 1h。

（8）注浆作业前，必须仔细研究各层位的地质资料，以便确定注浆参数。在施工过程中，对含水层位在井壁上作出明显标志，以方便注浆作业。

3 结论

（1）实施壁后注浆后，该井筒内的涌水量降至 $2m^3/h$ 以下。实践证明，井筒壁后注浆是一种有效的防治水方法，壁后注浆可有效地将地下含水层的涌水封堵于壁后，同时还可起到加固井壁的作用。

（2）施工成本每延米单价减少 1500 元，经济效益非常明显，并且新方案施工更加方便，提高了支护质量，降低了维护成本，防治水质量可以得到保障。

参 考 文 献

[1] 张荣立，何国纬，李铎，等．采矿工程设计手册（下册）［M］．北京：煤炭工业出版社，2003.
[2] 匡永志，蒙光林，马春德，等．壁后注浆固结技术在破碎岩体中施工主水仓的应用［J］．矿业研究与开发，2011，31（2）：32-34.
[3] 欧涛，许喜雷．超千米立井井筒壁后注浆工艺［J］．山东煤炭科技，2012（2）：84-85.
[4] 高陆军，王辉．壁后注浆技术在深地层、高地压井巷工程中的应用［J］．能源技术与管理，2013，38（4）：75-77.
[5] 刘书杰，张基伟．井下巷道围岩加固的地面预注浆工艺研究［J］．采矿技术，2013，13（3）：53-54.

超深孔光面爆破在立井施工中的试验与研究

苏　洪[1,2]　颜事龙[1]　李萍丰[2,3]

（1. 安徽理工大学 化学工程学院，安徽 淮南，232001；
2. 广东宏大爆破股份有限公司，广东 广州，510623；
3. 湖南涟邵建设工程有限责任公司，湖南 娄底，417000）

摘　要：为了提高立井掘进爆破效果，采用理论分析和现场试验，对立井爆破中掏槽爆破、光面爆破等关键技术问题进行了分析和研究，并成功把超深孔光面爆破应用于立井掘进中。试验结果表明：超深孔光面爆破中较合理的掏槽方式是二阶单斜眼掏槽，较优的装药结构是孔底水间隔装药。

关键词：超深孔爆破；光面爆破；立井；二阶掏槽；间隔装药

Research Ultra-deep Hole Smooth Blasting in Mine Shaft Construction

Su Hong[1,2]　Yan Shilong[1]　Li Pingfeng[2,3]

（1. School of Chemical Engineering，Anhui University of Science and Technology，Anhui Huainan，232001；
2. Guangdong Hongda Blasting Co.，Ltd.，Guangdong Guangzhou，510623；
3. Hunan Lianshao Construction Engineering Co.，Ltd.，Hunan Loudi，417000）

Abstract：In order to improving the shaft excavation blasting effects，we studied on the key technical problems of cutting blasting and smooth blasting by using theoretical analysis and field tests，and successfully applied ultra-deep hole smooth blasting in vertical shaft excavation. The results show that the reasonable cutting form is double oblique and the reasonable smooth blasting charging structure is bottom of the hole interval decoupled charge.

Keywords：ultra-deep hole blasting；smooth blasting；mine shaft；double cutting form；interval decoupled charge

1　工程概况

广东宏大、湖南涟邵分公司中标贵州武陵矿业李家湾锰矿立井项目。李家湾锰矿位于贵州省松桃县乌罗镇，对外交通便利，井口标高+871.0m，井底标高-200m，井筒全深1071.0m，井筒净直径为6.0m，掘进直径6.6m，净面积为28.26m^2，掘进面积为34.19m^2，采用混凝土砌筑支护形式，井筒支护厚度为350mm，混凝土强度等级为C30。井筒穿过多种岩层，主要有含炭质粉砂岩、炭质页岩、白云岩等，岩石硬度集中在f=4~8，涌水量不大。

2　现场试验

2.1　可行性试验

李家湾项目部开始时使用4.7m钎杆，打4.3m孔深，通过近45d统计平均进尺度为3.93m，炮孔

基金项目：国家自然科学基金煤炭联合基金（51134012）；工业和信息化部科技合作项目（安(科)-2013-04）。
原载于《煤炭技术》，2014，33（8）：52-55。

利用率高达91.4%，爆破效果良好。由于项目部采用4.2m高钢模，每次需浇筑4.2m，但每循环进尺只有3.93m左右，因此隔6、7个掘支循环则需要连炮，这就增加了工期。如果进尺度能达到4.2m以上则无须连炮，甚至还有可能连模，缩短工期。因此项目部决定试验5.7m钎杆打5m以上孔深来增加进尺度，改用4.5m整体滑落式钢模，缩短工期。

炮孔深度的增加首先带来最直接的问题是钻孔时间的增加，有资料表明，在相同凿岩条件下，采用同一根钎子钻孔，炮孔每增加1m，其钻孔速度就下降4%~10%。因此，如果采用5.7m钎杆后钻孔时间大幅增加，不能缩短施工周期，就没继续研究的必要。为此项目部统计了同钻95个炮孔4.3m孔深和5.3m孔深的时间。表1为不同孔深打孔时间表。

表1　不同孔深打孔时间数据统计

序　号	4.3m孔深/h	5.3m孔深/h
1	2.87	3.23
2	3.02	3.18
3	2.64	3.42
4	2.53	3.32
5	2.48	2.98
6	2.43	3.01
平均	2.69	3.19

由表1可以看出孔深由4.3m增加到5.3m时，平均打孔时间增加0.5h，在可以接受的范围内，对整体工期影响不大。

2.2　初步试验方案

2.2.1　爆破参数初设

翻阅相关资料，我国立井爆破的施工中很少有炮孔深度达到5m以上的成功施工案例可以查询，这给初步试验方案的设定带来无资料可查的难题。经过多次探讨确定初步试验方案为基于4.7m钎杆打4.3m炮孔能取得良好的爆破效果，决定在原有爆破参数基础上增加装药量，采用单阶直孔掏槽，增加周边孔孔数，周边孔径向不耦合装药。具体爆破参数见表2。

表2　初步试验爆破参数表

名　称	圈径/m	序号	孔数	孔距/mm	孔深/m		装药量		起爆顺序
					垂深	小计长度	每孔/卷	小计/kg	
掏槽孔	1.6	1~8	8	628	5.3	42.4	11	55.00	Ⅰ
辅助孔	2.8	9~18	10	879	5.3	53.0	11	68.75	Ⅱ
辅助孔	4.4	19~38	20	691	5.3	106.0	9	112.5	Ⅲ
辅助孔	5.3	39~64	26	640	5.3	137.8	9	146.25	Ⅳ
周边孔	6.6	65~98	34	609	5.3	180.2	5	106.25	Ⅴ
合计			98			519.4		488.75	

2.2.2　爆破效果统计

通过对20次爆破效果进行分析，平均进尺只能达到4.4~4.6m，炮孔利用率为81.5%。靠近周边孔附近出现了孔口大块，基本上无光面爆破效果，超欠挖现象严重，给支护和出渣带来了难度，炸药单耗达到3.25kg/m^3，爆破效果较差。

2.2.3　爆破效果分析

立井爆破只有单一自由面，爆破条件极差。掏槽爆破作用即为后续爆破提供新的自由面，对整体爆破效果起着决定性作用。本试验采用单阶直孔掏槽，随着炮孔孔深加大，岩石的“夹制”作用急剧增大，单阶掏槽已经不能够形成足够掏槽腔、为后续爆破提供良好自由面的要求，故试验进尺有限。

周边孔只采用径向不耦合装药，虽然起到一定光面作用，但是装药过于集中在炮孔下部，炸药爆炸后能量在炮孔内轴向分布不均，上部岩石吸能较少，故孔口岩石容易产生大块。

2.3　最终试验方案

2.3.1　掏槽方式及爆破参数

掏槽爆破是利用爆破后岩石的破碎作用形成掏槽腔，为后续爆破提供新自由面。立井掏槽分为2类：直孔掏槽和斜孔掏槽。掏槽效果的好坏直接影响到后续炮孔的爆破效果。根据掏槽爆破机理和上次试验失败教训，结合打孔设备自身特点（钻孔设备采用SYZ6-9型六臂伞钻打孔，最小打孔圈径只有1.6m）采用二阶圆形掏槽。方案1采用二阶双直孔掏槽，方案2采用二阶双斜孔掏槽，方案3采用二阶单斜孔掏槽。具体试验方案见表3。

表3　掏槽方案

方案	掏槽方式	一阶掏槽孔				二阶掏槽孔				进尺/m
		孔深/m	圈径/m	倾角/(°)	装药/卷	孔深/m	圈径/m	倾角/(°)	装药/卷	
方案1	二阶双直孔	5.3	1.6	90	8	5.3	2.0	90	8	4.83
方案2	二阶双斜孔	5.3	1.6	83	8	5.3	2.0	85	8	4.98
方案3	二阶单斜孔	5.3	1.6	83	8	5.3	2.0	90	8	5.04

3种掏槽方案较单直孔掏槽爆破效果均有所提高，其中二阶单斜孔效果最好，进尺达到了5.04m。分析其原因主要是斜孔掏槽由于孔底距离较近，装药相对集中，单位体积岩石获得的爆破能量大，利于克服岩石的夹制作用，获得较大掏槽腔。斜孔掏槽整体看更像大V字形爆破漏斗，炸药起爆后更有利于岩石的抛掷、爆破漏斗的形成。二阶双斜孔掏槽爆破效果不稳定，出现了“丢炮”现象，主要是因为双斜孔掏槽打孔难度极大，不容易控制打孔角度，有可能二阶掏槽孔的孔底位置落到了一阶掏槽孔附近，一阶掏槽孔先爆后会对二阶掏槽药卷“压实”，破坏药柱形状，改变炸药性能，造成丢炮现象。二阶掏槽孔对岩石的抛掷过高，吊盘升至40m以上会出现多次飞石打坏吊盘现象。因此根据掏槽爆破机理和岩石破裂理论，结合试验效果和打孔难易程度，最后决定采用方案3二阶单斜孔掏槽方式，掏槽孔两级，两级孔间距100mm，一级掏槽孔圈径1.6m，孔8个，孔间距628mm，采用斜孔掏槽方式，斜插角为83°；二级掏槽孔圈径2.0m，孔8个，孔间距785mm，直孔，二级掏槽孔孔深均为5.3m，具体爆破参数见图1和表4。

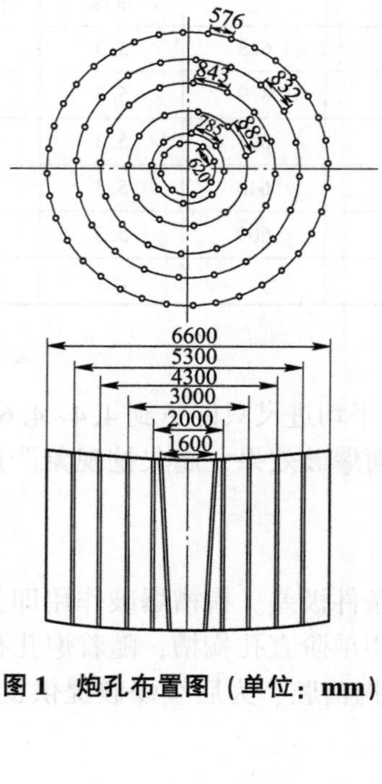

图1　炮孔布置图（单位：mm）

表 4　最终试验爆破参数表

名　称	圈径/m	序号	孔数	孔距/mm	孔深/m		装药量		起爆顺序
					垂深	小计长度	每孔/卷	小计/kg	
掏槽孔	1.6	1~8	8	628	5.3	42.4	10	50	Ⅰ
掏槽孔	2.0	9~16	8	785	5.3	42.4	10	50	Ⅱ
辅助孔	3.1	17~27	11	885	5.3	58.3	8	55	Ⅲ
辅助孔	4.3	28~43	16	843	5.3	84.8	8	80	Ⅳ
辅助孔	5.3	44~63	20	832	5.3	106.0	8	100	Ⅴ
周边孔	6.6	64~99	36	576	5.3	190.8	5	112.5	Ⅵ
合计			99			524.7		447.5	

2.3.2　周边孔光面爆破参数和装药结构

井筒光面爆破的实质是使炮孔之间产生贯穿裂隙。当相邻两炮孔炸药同时起爆后，爆炸应力波由炮孔向四周传播，在相邻炮孔中间产生初始裂隙，然后在爆轰产物和气体冲击波作用下使裂隙延伸扩大，最后贯穿形成平整断面。因此，合理的炮孔间距应保证贯穿裂隙完全形成。只有当炮孔间距不大于抵抗线时才能获得良好的光面爆破效果。根据光面爆破机理，结合我公司在全国的百条立井施工经验，确定光面爆破光爆层厚度为650mm，孔距为576mm，炮孔密集系数为0.89，每炮孔装5卷药。具体爆破参数见表4。

分析上次试验光爆孔容易产生“大块”现象，认为其主要原因为药卷过于集中孔底，爆炸后能量在孔内轴向分布不均。采用孔底间隔装药可以提高装药中心位置，使药卷爆破能量在炮孔轴向分布更加均匀。考虑到现场施工的难易程度和工程成本，决定采用孔底竹条间隔装药，选取200mm、400mm、600mm、800mm 4种间隔长度进行试验，具体装药结构如图2（a）所示。

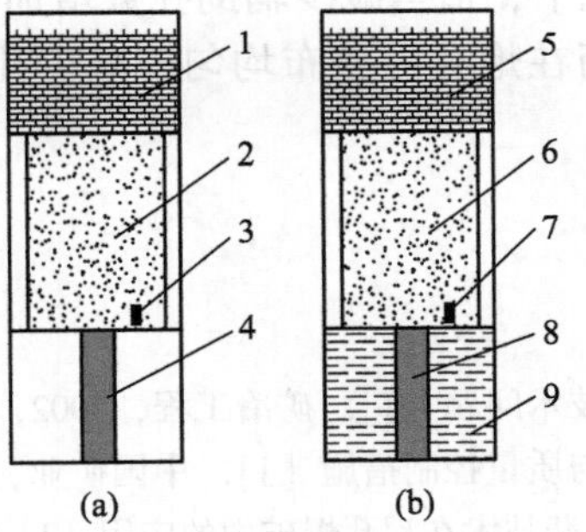

图 2　周边孔装药结构

1，5—炮泥；2，6—炸药；3，7—雷管；4，8—竹条；9—水

通过试验效果可以看出，随着间隔长度的增加，孔口大块率逐渐降低，当间隔长度达到600mm时，已无孔口大块产生，但随着间隔长度的增加，又一问题出现，即炮孔底部出现“根底”，并且随着间隔长度的增加“根底”现象越来越严重。分析其原因主要是因为孔底竹条间隔药卷底部大部分是空气，由于空气是极易压缩物质，且密度较小，爆破初始冲击波压力峰值降低，冲击波阵面压力衰减的也很快，不足以“撕裂”周围岩石。

为了消除“大块”和“根底”，最终决定采用孔底水间隔装药。由于水的密度比空气大，且不易被压缩，所以爆破初始冲击波压力峰值比空气间隔时大得多，并且充水腔还受到高温高压气团膨胀而产生的水压作用，水中积蓄的能量将一起释放。在高温高压的影响下，水还会变成水蒸气，形成“气楔”作用，有利于裂隙的进一步扩展，因此水间隔装药消除了“根底”现象，使岩石破裂更加均匀。

由于采用孔底水间隔装药，为了便于施工，在地面上把竹条和药卷捆扎好再带入井下，间隔长度为600mm，具体装药结构如图2（b）所示。

2.3.3　施工概况

井筒采用SYZ6-9型伞钻打孔，配6台YGZ-70型独立回转凿岩机钻凿炮孔，钎杆长度为5.7m，钎杆为六角中空，钻头直径为55mm，钻头为Y形。伞钻不打孔时采用10t吊葫芦吊挂在翻矸平台下。井筒采取分区、划片钻孔，每台钻负责一个区域，各台钻由井帮向中心或由中心向井帮顺序钻孔，相邻2台钻钻孔顺序相反。先选几个定位定向孔打孔，插入定向棍指向，再根据定向棍指定方向打其他孔，采用木塞堵塞已钻钻孔，以防碎石落入炮孔内无法吹出造成废孔。所有炮孔打完后，将伞钻提至井口并转挂至翻矸平台下，再采用压风吹孔，将炮孔内的碎石及积水吹出孔外，以便于装药。

爆破器材采用淮北雷鸣科化股份有限公司生产的岩石水胶炸药T-220，药卷直径45mm，药卷长度400mm，炸药密度1.18~1.25g/cm^3，猛度大于12mm，炸药爆速大于4.0×10^{3}m/s。非电雷管为导爆管雷管，延期时间为毫秒延期，段别分别为1、2、3、4、5、6段。

3 爆破效果分析

采用上述措施以后，取得了良好的爆破效果。通过对近40次爆破效果进行统计分析得出：单循环进尺得到明显提高，由以前的4.4~4.6m达到了现在的5.04m，平均炮孔利用率达到95%。炸药单耗也由以前的3.25kg/m^{3}降到了现在的2.59kg/m^3。周边光面爆破效果良好，孔痕率达到40%~70%，基本无超欠挖现象，也无“大块”出现。掘进速度大幅增加，创造了月成井150m的记录，受到了业主方武陵矿业的高度评价，并给予了一定物质奖励。

4 结语

（1）超深孔光面爆破用于立井施工，可以增加进尺度，加快施工进度，减少支护难度和成本。

（2）二阶单斜孔掏槽相比于单阶掏槽和二阶双直孔掏槽更有利于掏槽腔的形成，为后续爆破提供更好的自由面。

（3）在炮孔总数基本不变的情况下，适当减少辅助孔数增加掏槽孔数有助于提高爆破效果。

（4）孔底水间隔装药可以使炸药在炮孔内分布均匀，减少孔口大块和消除孔底“根底”，降低间隔装药成本，提高光面爆破效果。

参 考 文 献

[1] 宗琦，涂耀辉．立井深孔爆破的若干技术问题［J］．矿冶工程，2002，22（2）：20-23.

[2] 胡红利．岩巷施工光面爆破参数选择与质量控制措施［J］．中国矿业，2007，16（6）：63-65.

[3] 张楚灵，姜建明，黄铁平．底部间隔装药技术在深孔爆破中的应用［J］．化工矿物与加工，2001，30（7）：30-32.

[4] 郭保国．金源煤矿副井井筒基岩段快速施工［J］．煤炭技术，2004（9）：82-83.

铝土矿综掘机过硬岩区弱爆破法理论研究

李萍丰[1]　任才清[2]

（1. 湖南涟邵建工(集团)有限责任公司，湖南 娄底，417000；

2. 国防科技大学指挥军官基础教育学院，湖南 长沙，410072）

摘　要：综掘机应用在铝土矿地下井巷施工中，是提高铝土矿地下开采效益的有效方法。针对铝土矿硬岩区对综掘机施工的影响，提出一种弱爆破法，分析了弱爆破法的定义和特点，对弱爆破法的技术体系和支撑条件做了理论分析，为开展铝土矿综掘机过硬岩区弱爆破法实践提供了参考。

关键词：铝土矿；综掘机；井巷掘进；弱爆破法

Theoretical Study on Weak Blasting of Supporting the Fully Mechanized Roadheader in Hard Rock Area of Bauxite

Li Pingfeng[1]　Ren Caiqing[2]

（1. Hunan Lianshao Construction Engineering Group Co., Ltd., Hunan Loudi, 417000;

2. College of Basic Education for Commanding Officers, National University of Defense Technology, Hunan Changsha, 410072）

Abstract: The fully mechanized roadheader is an effective method to improve the efficiency of underground mining of bauxite in underground tunneling. In view of the influence of hard rock area of bauxite on the roadheader operation, this paper puts forwards a weak blasting method, and analyzes its definition and characteristics and its technical system and supporting conditions theoretically, which could provide a reference for the practice of weak blasting method in hard rock area of bauxite to support the fully mechanized roadheader.

Keywords: bauxite; fully mechanized roadheader; tunneling; weak blasting

随着经济发展对金属铝的需求与日俱增，如何高效、快速、经济地开采出生产金属铝的原料铝土矿，成为保证经济持续发展的重要内容。我国虽然蕴藏储量规模丰富的铝土矿资源，但这些资源大多埋藏较深，不适合传统的露天方法开采。使用综掘机打通地下开采通道，确保地下开采效益，已经成为铝土矿地下开采的重要方式。限于综掘机的工作性能，掘进过程中一旦遇到硬岩区域，采用弱爆破法辅助综掘机施工，是行之有效的办法。本文结合湖南涟邵建设工程（集团）有限责任公司在大竹园铝土矿井巷施工中综掘机应用实践，对铝土矿综掘机过硬岩区弱爆破法进行初步理论研究。

1　工程背景

湖南涟邵建工（集团）有限责任公司根据大竹园铝土矿项目工程巷道施工中，在国内率先采用了综掘机进行铝土矿井巷施工。生产实践中，曾遇到硬岩区域导致综掘机无法作业的现实，当采用常规爆破方法进行硬岩处置时，由于要避免飞石、爆破振动、冲击波等危害效应对综掘机造成破坏，必须要将综掘机吊出，待爆破完毕后重新安装使用。这一过程，不仅造成了较长时间的工期耽搁，也占用

原载于《采矿技术》，2014，14（5）：77-78，101。

了较多的经济成本。由此可见，针对综掘机过硬岩区的现状，采用弱爆破方法对贴近综掘机作业面的硬岩进行爆破，既不需要挪动综掘机，又能使硬岩内部松动满足综掘机施工的需要，将是一种非常实用的方法。

2　弱爆破法的定义和特点

弱爆破法是在特殊地质条件和施工环境下，为控制爆破危害，通过一定的爆破参数设计，达到松动爆破效果的一种控制爆破方法。其主要具有如下特征：

（1）实现松动爆破效果。弱爆破法的应用，主要是利用炸药在岩石内部的爆炸效应，使岩体内部形成裂隙，将坚硬一体的岩石破裂，以便达到综掘机可以直接切割的目的。因此，弱爆破法的目的是实现松动爆破。

（2）严格控制爆破危害。弱爆破法施工的过程中，主要目的是在不移动作业面近距离的综掘机的情况下，对硬岩实施破坏。这要求爆破过程中，不会产生明显飞石，同时爆破振动、冲击波等有害效应也不会产生危及综掘机的后果。因此，弱爆破法是低强度爆破。

（3）综合经济效益突出。弱爆破的结果是施工过程快速、附带危害小、成本较低、消耗较少，特别是地下爆破时，能够创造迅速进入其他工序作业的友好环境和条件，实现综合经济效益的提升。

3　弱爆破法的技术体系

铝土矿综掘机过硬岩区弱爆破法，并没有脱离传统岩石爆破理论和实践，其实现途径是在传统爆破理论基础和技术条件上，通过对爆破过程中的精确控制来达到预期效果的。鉴于此，弱爆破法的技术体系应包括目标、关键技术、技术支撑条件、过程评估和监理等内容。

3.1　弱爆破法的目标

从弱爆破的定义来看，弱爆破法的目标包括：低爆破危害效应，甚至无爆破危害效应，表现为无飞石、低振动、低冲击波；爆破环境要求低，在复杂的环境下可以实施，表现为实施过程中不需考虑周边环境的限制；结果是岩石产生裂隙，满足机械切割条件，表现为内部产生裂隙，符合机械施工要求。

3.2　弱爆破法的关键技术

铝土矿综掘机过硬岩区弱爆破法的实施，以爆破方案的定量化设计为核心、以施工过程的精细实施和爆破过程的精细管理为基础，共同围绕弱爆破的目的相互作用。

爆破方案的定量化设计，包括对爆破区域轮廓面的孔网参数和装药量计算、炸药类型的准确选取、装药结构的合理设计、起爆系统和起爆网路的准确设计，同时对给定硬岩条件下所选取爆破方案产生的效果准确预测，对爆破产生的危害效应准确预测。

施工过程的精细实施，包括测量放样的精确、钻孔定位的精确、爆破对象条件变化的及时反馈、爆破参数的及时优化，以及爆破施工中的炸药装填、炮孔堵塞、网路连接和起爆作业的高质量。

爆破过程的精细管理，包括科学评估爆破的难度，根据爆破对象的岩性、规模、重要程度、影响因素等确定爆破作业级别；通过爆破方案的评估确保爆破效果；通过严格的监理确保爆破方案的落实；通过严格的人员培训确保爆破施工的质量等。

3.3　弱爆破法的技术支撑条件

要确保弱爆破法的效果能够落实，必须依靠先进的理念、配套的技术、匹配的爆破器材和必须的设备。

先进的理念是指形成弱爆破法的理念更新，把弱爆破法提升到系统工程的角度，摆脱单纯的为爆破而爆破的认识，从综合效益的角度认清弱爆破法的地位和作用。

配套的技术是指要在爆破实施过程中，能根据爆破对象的差异，制定出科学合理的爆破方案和施工方法，并能够通过计算机模拟等技术对爆破效果进行预测。

匹配的爆破器材是指要从使用炸药的物理、化学、爆炸性能等方面考虑其适用性，从起爆器材的精度、安全性能、可靠性能上确保爆破效果的实现。

此外，还要有适应爆破设计的必备设备，如钻孔机具、定位设备，通过机械化、自动化实施高质量的辅助施工。

3.4 弱爆破法的过程评估

对爆破过程进行评估，既是履行国家和行业规定的具体内容，也是确保弱爆破法效果的重要内容。根据弱爆破法的特点，其过程评估应包含6个方面的内容。

过程评估的基础：包括爆破设计和爆破施工单位的资质是否符合要求；从事爆破作业的工程技术人员、爆破员、安全员和保管员等爆破作业人员的资质、数量是否满足要求；爆破设计依据的资料是否充分、完整、可靠。

爆破设计的评估：是否依据准确的施爆客观条件；爆破方案优化程度；爆破能量的控制设计；爆破效果的模拟结果。

爆破施工的评估：设计人员参与施工程度；施工质量的检查、验收的规范性；有无必备的防护措施；施工机械的先进程度。

爆破过程管理的评估：作业人员是否持证上岗；爆破器材的安全管理；爆破作业的质量管理；爆破作业的职能、职责管理；应急管理，等等。

经济效益评估：炸药的匹配性；炸药的数量；单耗的控制；起爆器材的品种、数量；爆破成本的估算；附带成本的估算。

爆破危害效应的评估：爆破飞石的预测、预防；爆破振动预测、预防；爆破冲击波的预测、预防；爆破毒害气体的预测、预防；对作业环境危害的预测、预防，等等。

4 综掘机过硬岩区弱爆破法的注意事项

实施弱爆破时，主要目的是为综掘机掘进创造条件。因此，在进行爆破作业时，要根据综掘机的性能特点，使爆破后，硬岩区域能够形成可机械切割条件，又不会产生过度破碎，形成薄弱层。

炸药爆炸能量的释放是影响爆破效果的关键。在实施弱爆破作业时，要根据硬岩岩性的特点，选择装药的品种，同时围绕爆炸能量的小量、多次、间隔释放，确保硬岩的裂隙形成。同时，还要通过炮孔的堵塞、孔网参数的调整和施工质量，控制爆炸能量释放。

在爆破危害的控制中，爆破飞石的控制是关键，必须抓好爆破设计、施工质量和过程管理等环节，确保能够实现基本无飞石的效果，而且要对综掘机进行预先防护。

5 结论

铝土矿综掘机过硬岩区弱爆破法依托现有技术、设备、器材，从理论上是可行的，能够为综掘机使用效能的提高创造条件。然而，实际实施过程中，爆破客观条件对爆破的影响是复杂的，也是不可精确预测的。铝土矿综掘机过硬岩区弱爆破法还需要通过大量的实践，在实践中不断总结、提高，以便形成更加科学完善的理论支撑体系。

参 考 文 献

[1] 谢先启，卢文波．精细爆破［J］．工程爆破，2008，9（3）：1-7.

[2] 田立，等．松动爆破处理综掘巷道硬岩的研究［J］．煤矿爆破，2013（1）：24-26.

[3] 王友新．斜井岩巷综掘机机械化配套快速施工［J］．煤炭科技，2010，29（12）：108-111.

[4] 汪旭光．爆破手册［M］．北京：冶金工业出版社，2010.

[5] 谢先启．精细爆破［M］．武汉：华中科技大学出版社，2010.

小井径超千米竖井快速施工的质量与安全管理

黄明健　王少文

（湖南涟邵建设工程（集团）有限责任公司，湖南　娄底，417000）

摘　要：随着浅部资源已逐渐枯竭，我国已建成的千米竖井逐年增多。目前对超深竖井井筒快速施工技术研究较多，但较少涉及竖井施工的质量与安全管理问题，在安全优质的条件下，缩短井筒建设工期具有重大的意义。结合大红山铁矿 1279m 深小井径废石箕斗竖井连续优质快速施工，阐述了小井径超深井筒施工中确保施工质量和安全的管理举措，强调“全员参与，持续改进”的方针和文明施工，对超千米竖井的施工管理具有重要的借鉴意义。

关键词：超深竖井；快速掘进；施工质量；施工安全；安全管理

Quality and Safety Management of Fast Construction of Small Diameter Shafts Over 1000m in Depth

Huang Mingjian　Wang Shaowen

（Hunan Lianshao Construction Engineering Group Co.，Ltd.，Hunan Loudi，417000）

Abstract：Since the shallow resources is closed to exhausted，mining companies in our country have built more and more shafts over a thousand meters in depth year by year. At present，most researches are on the rapid construction technology of ultra-deep shafts，but few involve the quality and safety management of shaft construction. In the promise of safety and high quality，it is of great significance to shorten the construction period of shaft. Combined with the continuous high quality and fast construction of the 1279m deep small diameter skip shaft in Dahongshan Iron Mine，this paper expounds the management measures to ensure quality and safety in the construction of small diameter and super deep shafts，emphasizes the policy of “full participation and continuous improvement” and civilized construction，which is of great reference significance for the construction management of over kilometer shafts.

Keywords：ultra-deep shaft；fast driving；construction quality；construction safety；safety management

随着浅部资源已逐渐枯竭，国内外各类矿山已逐渐进入深部开采，相应地，我国目前已建成的千米竖井逐年增多，甘肃金川集团有限公司二矿区 18 行副竖井深度 1165.5m[1]，徐州张小楼煤矿主、副井筒全深分别为 1078m 和 1095m[2]，国内最深竖井是辽宁本溪龙新矿业有限公司思山岭铁矿风井[3]，井筒深度 1458m，净直径 7.5m。对于新建竖井开拓矿井，其井筒施工是所有矿井建设工作的起点，同时也是所有工作的难点和重点，也是缩短矿井建设总工期的关键[4]。目前对超深竖井井筒快速施工技术研究较多，但较少涉及竖井施工的质量与安全管理问题[5]，应该看到，安全生产是保证施工工期的基本条件，安全与质量是任何建设工程项目施工中永恒的主题，只有在安全优质的条件下施工，缩短竖井井筒建设工期才是有意义的。

玉溪大红山矿业有限公司二期工程废石箕斗竖井井筒深度 1279m，井筒净直径 5.5m，相同井径条件下，是目前云南省乃至全国金属矿最深的立井。该竖井井筒断面小深度大，但整个竖井正常段井筒建设工期 14 个月，平均月进尺 83.5m，其中连续六个月进尺均超过 100m，最高月进尺达到 110.5m，没有发生轻伤以上的施工安全事故，刷新了云南省竖井施工新纪录，实现了连续优质快速施工。该箕

原载于《采矿技术》，2014，14（5）：17-19，24。

斗竖井施工之所以能高效与优质，一方面与其施工机械合理配套、技术创新等因素有关，另一方面是与科学合理有效地进行组织管理是密不可分的。

1 工程概况

大红山铁矿箕斗竖井位于玉溪大红山矿业有限公司年产400万吨/年深部矿井二期采矿系统的主要开拓工程，用于该二期采矿系统的废石提升通道。井筒净直径5.5m，净断面23.76m^2，掘进直径6.3m，掘进断面30.19m^2，混凝土支护壁厚350mm，设计深度1279m，其中井颈段30m。井筒围岩硬度系数$f=8\sim10$。

井筒采取短掘短砌混合作业，中深孔爆破，实行正规循环滚班作业，掘砌段高4m；前期采用一台3.5m双筒绞车和一台2.5m单筒绞车提升，后期采用一台3.5m双筒绞车和一台3m单筒绞车提升，均配3m^{3}吊桶，伞钻打眼，0.6m^{3}中心回转式抓岩机出矸；建立JS-1000强制式搅拌机配以先进的电子自动计量装置的混凝土集中搅拌站，采用底卸式吊桶下料；应用整体下滑金属模板砌壁；采用凿井设备井壁固定等工艺，充分减少设备布置空间和措施工程；组织多工序混合作业方式，提高正规循环。

2 质量与安全管理的组织机构

为有效控制井筒工程施工的质量、进度和实现安全施工，组建了高效精干、机制灵活、运转流畅的项目部，大红山铁矿箕斗竖井项目部组织结构如图1所示，采用工业监控电视及计算机辅助施工管理，提高施工管理水平。为消除工程质量通病，严格按照ISO 9000质量体系的要求，在项目部设置质量监督检查办，由项目部技术副经理担任质量监督检查办主任，质量监督检查办公室人员配备2~3名质监员。

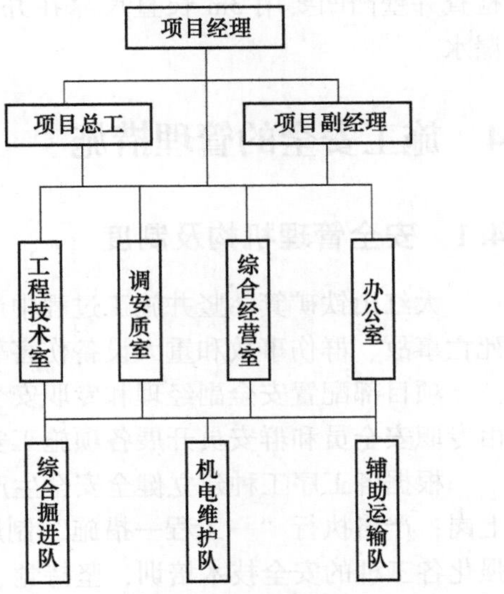

图1 项目部组织机构

3 施工质量的管理措施

3.1 施工质量保证体系

大红山铁矿箕斗竖井井筒断面较小，对各种工种须有序安排以确保施工质量，因此，针对本工程，建立以项目经理为核心的质量管理体系，成立全面质量管理小组（QC），设置专职质检员，同时进行全员全过程的管理，各工序班组设兼职质检员。

项目经理对项目部承担的所有工程质量负全责；项目部分管质量的技术副经理对工程质量控制运行过程负责；掘进队班队长对本队及本班施工质量负责；机电负责人及机电技术人员对设备设施运行质量负责；测量人员测量计算成果必须经过两人复核才能作为施测依据，必须采用一、二级导线控制；技术人员应认真审核图纸并组织施工人员进行现场交底；项目部专职质检查员应经常对工程质量日常检查并有权开出质量罚款单；班组兼职质检员对日常质量检查结果应做好质检日志并协助技术人员组织对现场工程实体质量进行每5天一次工程质量验收。

3.2 施工质量技术保证措施

大红山铁矿箕斗竖井施工过程中对工程缺陷等质量事故做到事事追查及改正，并对整个竖井施工全过程进行质量分析、质量监控，把工程质量问题控制在施工萌芽状态。

（1）凿岩爆破质量控制。凿岩爆破施工根据现场条件变化对编制的爆破设计方案进行完善和修改，严格按爆破图表进行打孔、装药，实行定人、定钻、定孔位、定时间和定质量的“五定”措施，要求炮孔准、平、直、齐，炮泥优选黄泥材料，确保堵塞质量；爆破后周边残孔率大于70%，两茬炮之间围岩台阶型误差控制在150mm以内。

（2）混凝土施工质量控制。混凝土拌制前，应对所用水泥，砂石等原材料进行质量检验。在搅拌站通过电子计量装置来控制砼配合比，成品混凝土要取样和试验；砌壁立模稳模时，设置专职测量人员检查以确保模板中线、水平度和垂直度符合要求，定期检查、校对混凝土模板，发现尺寸变形及时调整，以保证砌壁规格；混凝土浇灌时，分层浇灌分层震捣，保证砌壁接茬质量，施工全程按规定对混凝土进行及时养护。

（3）机电安装质量控制。机电设备须严把设备材料进场关，检验设备型号、规格、数量符合设计要求，三证齐全。小井径井筒快速施工机电安装应设置以下重要的质量控制点：确保提升机十字中心线、井筒提升中心线与井架天轮中心线的位置匹配，提升机和天轮的平行度、水平度、竖直度等符合要求，确保各管线的焊接质量及密封性，机电安装确保绝缘预防短路。

3.3 施工质量检测

工程质量标准以国家、行业有关建筑工程施工及验收规范为依据，大红山铁矿箕斗竖井建成后达到的质量要求：建成后井筒总涌水量小于$6m^3/h$，井壁不得有明显出水点；井壁平整不得有错茬现象，检查井壁凸凹要用3m长直尺靠在井壁任何一处，直尺与井壁间隙不得超过3cm；井壁接茬密实不漏水。

4 施工安全的管理措施

4.1 安全管理机构及制度

大红山铁矿箕斗竖井施工过程中严格执行安全管理制度，消除违章作业等不安全因素，杜绝人身死亡事故、群伤事故和重大设备伤害事故，从开工至井筒到底，未发生人身安全事故。

项目部配置安全副经理和专职安全员各一名，施工班组各配置一名群安员，在安全副经理管理下，由专职安全员和群安员开展各项施工安全管理。

根据各工序工种建立健全安全生产责任制和岗位责任制及相关技术操作规程，关键工序必须持证上岗；严格执行“一工程一措施”制度，每周每月进行定期和不定期的安全检查，坚决制止“三违”；强化各工种的安全技术培训，坚持党、政、工、青齐抓共管，定期组织施工安全知识学习和考核，提高各工序作业人员识灾、防灾的能力，做到防患于未然。

4.2 安全管理措施

（1）个人安全预防。各工序作业人员下井均须戴安全帽等个人防护用品并须配戴安全保险带；严禁下井人员喝酒，保持良好精神状态，严禁井下睡觉或打磕睡，严禁在井下打闹；竖井上下，须文明乘坐吊桶，及时扣靠保险带，须服从井口信号工安排，严禁超员乘坐；在员工间形成“自保、互保、联保”的良好氛围。

（2）爆破安全管理。爆破是竖井施工的关键工序，执行火工品领退制度，做到随用随领；在井筒运送爆破材料和装药时，只允许放炮人员、信号工、看盘工和水泵司机在井下，其他人员都须撤至地面；装药前，必须切断井下总电源，为防止杂散电流引起早爆，金属设施须提高10m以上；放炮前所有人员撤到安全地点，发出放炮信号5s之后才可引爆。

（3）设备安全操作管理。根据各工序设备设施操作规程施工，相关制度规范须挂牌明示；专职人员须每天检查吊桶、天轮、井架、钢丝绳、钩头等提升装置和提升绞车的各部分，每天一检，公司机电部门每月还须组织检查一次；严格执行停、送电审批制度，停、送电必须经由分管副经理负责审批；为杜绝雷击事故，年初须编制防雷电计划，做好防雷电部署；所有电气设备都配有三大保护装置；井下供电严禁采用中性点直接接地的变压器。

（4）防治水安全管理。根据水文地质资料，坚持“有疑必探，先探后掘”的探水原则，采取以防、堵为主的综合治水方法，努力实现打干井；探水打钻前，须做好安全防务工作，水泵排水能力大

于 $40m^3/h$，安全梯通畅，孔口管安设好突水防喷装置，防止突水淹井事故；探水时，应由水文地测人员和防探水负责人亲临现场指挥。

（5）预防措施及紧急预案。大红山铁矿箕斗竖井项目部成立应急领导小组，随时应对和处置各种突发情况。安全、生产副经理负责处置突发情况全过程的安全监督把关，保证方案、措施及其现场实施的绝对安全可靠；井下一旦发生突发情况，现场人员应立即向当班班队长和值班领导汇报，同时向项目部地面调度值班室汇报。项目经理作为应急处理的总指挥，接到紧急报告后，应迅速到达指挥岗位，立即启动应急处置预案，展开有关救援与抢险的组织指挥工作。应急领导小组成员接到警报后，应立即停止工作，向指挥中心集结，同时安排本单位或部门人员做好职责范围内的一切准备工作。

（6）安全培训和监督。项目部组织定期和不定期的安全培训，对各工种职工进行安全基本知识和技术安全教育，使各工种职工既有安全基本知识又有本工种的安全知识，其主要内容是：机械设备、电气作业、高空作业、防爆防尘等安全基本知识；本工种的技术安全规程；个人劳动防护用品的安全使用知识。同时，建立施工安全监督及举报制度，适当奖励举报人，并严厉处罚对举报人报复的人员。

5 文明施工

建设文明工地，开展文明施工是竖井项目施工的重要管理举措，这对于降低施工材料消耗，保证施工安全生产，起着非常重要的作用。建立文明施工保证体系，做到文明施工、文明工地、文明生活管理，创建“文明施工先进单位”，塑造工地良好形象。

在该箕斗竖井施工现场，绘制各施工单元的平面布置图的示意牌板，放置在各相应主要入口处，标明工程名称、工程量、开竣工日期和工程负责人等；搞好场区内的材料堆放和设备存放。办公场所墙面整洁，办公用具摆放有序，施工图表及资料张贴悬挂整齐；支护用混凝土严格按照配合比进行搅拌，计量准确，用水清洁，混凝土搅拌站附近散落的材料及时清理，运送混凝土做到不撒不漏，保持搅拌站整洁；井口与井筒内的各种悬吊设备整齐有序，安卡固件保证符合要求。

6 结论

大红山铁矿箕斗竖井快速施工的实质是在保证施工安全和工程质量的前提下，充分利用机械化装备合理配套发挥出的高能高效，经过严格的施工组织与管理来缩短井筒建设工期。大红山铁矿废石箕斗竖井在小井径超深的情况下能够实现快速施工，与有效的施工工序管理有关，和严密、科学的施工质量与安全管理更是密切相关的。该箕斗竖井施工过程中始终坚持“安全第一，预防为主；质量为本，顾客至上；全员参与，持续改进”的质量和安全方针，为快速掘进奠定了基础。

参考文献

[1] 沈毅，万战胜，汤丽立．复杂地质条件下千米竖井快速施工技术研究［J］．路基工程，2010，10（3）：236-239.
[2] 田晓，万援朝．千米立井深孔爆破［J］．煤炭科学技术，1999，27（2）：25-27.
[3] 张传余，唐燕林，鲍胜芳．超大超深立井施工设备选型及布置［J］．采矿技术，2013，13（6）：103-106.
[4] 赵兴东．井巷工程［M］．北京：冶金工业出版社，2010.
[5] 何二兵，吴官宏，许彩艳．金元水电站小断面、深竖井施工安全管理［J］．云南水力发电，2013，29（2）：81-83.

中深孔爆破技术在小断面超深竖井中的应用

陈迎军[1,2]　席　鹏[3]　欧阳广[1]　熊有为[1]　万　文[4]

（1. 湖南涟邵建设工程(集团)有限责任公司，湖南 娄底，417000；
2. 广东宏大爆破股份有限公司，广东 广州，510623；
3. 宁夏天宏爆破有限公司，宁夏 银川，750021；
4. 湖南科技大学 能源与安全工程学院，湖南 湘潭，411201）

摘　要：中深孔爆破施工方法是竖井快速施工的有效途径，结合大红山铁矿 1279m 小断面箕斗竖井中深孔爆破技术的应用情况，对钻装机具、掏槽形式、爆破参数、起爆方式等关键技术措施进行分析。SJZ-5.6 型伞钻对于井筒净直径 5~6m 的情况是适宜的；二阶直斜眼掏槽方式能提高爆破效率；导爆管雷管及电磁雷管爆破网路可提高准爆率。中深孔爆破技术有力保障了该超深竖井的优质快速施工，连续六个月进尺均超过 100m，该箕斗竖井的爆破经验可为同等围岩条件下的小断面超深井筒掘进爆破施工提供理论与技术支持。

关键词：超深竖井；中深孔爆破；快速掘进；掏槽方式

Application of Medium-length Hole Blasting Technique in Small-section Super-deep Shaft

Chen Yingjun[1,2]　Xi Peng[3]　Ouyang Guang[1]　Xiong Youwei[1]　Wan Wen[4]

(1. Hunan Lianshao Construction Engineering Co., Ltd., Hunan Loudi, 417000;
2. Guangdong Hongda Blasting Co., Ltd., Guangdong Guangzhou, 510623;
3. Ningxia Tianhong Blasting Co., Ltd., Ningxia Yinchuan, 750021;
4. School of Energy and Safety Engineering, Hunan University of Science and Technology, Hunan Xiangtan, 411201)

Abstract: The medium-length hole blasting was an effective way in high-speed construction of shaft. Combined with the application of medium-ength hole blasting technique in the 1279-meter small-section shaft in the Dahongs-han Iron Mine, the key technical measures such as drilling and loading equipment, cut-hole pattern, blasting parameters and firing mode were discussed, which showed that the SJZ-5.6 type shaft drill rig was suitable for the shaft with 5~6m net diameters, the second order direct inclined cutting mode could enhance the blasting efficiency, and the probability of explosion got improved by use of the non-electric detonator and electromagnetic detonator blasting network. The medium-length hole blasting technique was a strong gurantee for the high quality and rapid construction of the over-deep shaft, which kept the tunneling digging amount more than 100 meters per month for six continuous months. The blasting experience provided theoretical and technique support for super-deep small-section shaft blasting construction under the similar wall rock conditions.

Keywords: super-deep shaft; medium-length hole blasting; rapid excavation; cut pattern

---

基金项目：国家自然科学基金项目（51174088）；湖南省教育厅青年项目（12B045）。
原载于《爆破》，2014，31（3）：76-79。

井筒施工是矿山井巷开拓工程的起点，对于竖井开拓的新建矿井，井筒施工工程量虽然仅占矿井建设总工程量的5%左右，但其施工工期却占总工期的40%左右，因而也成为矿井建设所有工作的重点和难点[1]。加快立井施工速度，是缩短矿井建设工期的关键，竖井掘进中深孔爆破技术的应用又是提高竖井掘进速度和经济效益的重要条件之一。

1 工程概况

大红山铁矿是昆钢集团公司的重要铁矿石原料基地，箕斗竖井是该公司深部二期采矿工程的主要开拓工程，位于小庙沟废石场的西北侧，用做深部二期采矿系统持续生产Ⅰ号铜矿带及Ⅲ、Ⅳ矿体部分废石的提升通道。箕斗竖井井心坐标 $X=65375.0$，$Y=65289.2$，井口地表处标高+1200m，井底标高−79m，井深达1279m，井筒净直径5.5m，掘进直径6.3m，掘进断面30.19m²。该箕斗竖井井筒断面积较小，相同断面条件下，是目前云南省乃至全国金属矿山最深的立井[2]，其围岩硬度系数 $f=8\sim10$，井筒环境温度≤35℃，井筒正常涌水量小于10m³/h，井筒施工中，对含水层段井筒采用壁后注浆和无缝砌壁等方法进行处理，使涌水量控制在0.5m³/h左右，改善了劳动作业环境，这是该竖井实现快速掘进的前提保证。

2 凿岩施工机械装备

深竖井施工中，井筒施工速度和施工质量的关键因素取决于施工配套设备的机械化水平，因此对其机械化配套设备的合理选型至关重要。该小断面箕斗竖井施工设备实现了大井架、大绞车、大吊桶、大抓岩机、大模板为主体的机械化配套，基本符合国内竖井施工设备配套先进的原则。

2.1 钻眼机具选择

箕斗竖井井筒施工的前期需要安装凿井井架、稳车等地面装备，因此不同深度井筒的钻孔机具有所不同。0~4m井颈施工，YT-26手持钻机打孔，采用全断面分次爆破开挖，挖掘机装矸，并采用液压整体钢模支护；4~30m井颈施工，由于井底离地表浅，仍采用手持钻机打孔，并尽量采取放小炮的方式开挖；30.0m以下段井筒采用SJZ-5.6型伞钻打孔。SJZ-5.6型伞钻以压缩空气为动力，所有动作实现机械化，是提高中深孔爆破施工机械化水平的先进凿岩设备[3]，其配有5台YGZ-70型导轨式独立回转凿岩机，钻孔精度高，能适应不同硬度的岩石，整机噪声低，可满足小断面深井中深孔爆破钻孔需求。

2.2 装岩设备选择

深竖井爆破掘进中，装岩是繁重而费时的工序，采用HZ-6型中心回转式抓岩机，代替长绳悬吊抓岩机，提高了抓岩工作效率，抓斗容量0.6m³，工作能力为50m³/h，可适应大块坚硬岩石的抓取，抓岩的机械化程度高。抓岩机采用一台JZ-16/1000型凿井稳车悬吊，并固定在吊盘下盘主梁上；为配合中心回转抓岩机抓岩出渣，吊盘与吊挂设施设计成能满足吊盘可随时升降的配套系统。为加快清底速度，人力和抓岩机并用，互相配合，集中力量，采用多台风镐等工具加快清底工作，同时应做好工序转换前的准备工作。

3 爆破参数确定

3.1 掏槽形式及其参数

深竖井爆破掘进，掏槽孔布置是关键，目前，通常采用的掏槽形式主要有斜孔（圆锥形）掏槽、直孔（直孔桶形）掏槽2种。现场应用最广泛的掏槽形式是直孔掏槽[4]，单阶掏槽一般适用于 $f<6$ 的岩石中，炮孔较深或在中硬岩石和硬岩条件下爆破以二阶或三阶掏槽为好。但根据我公司及相关单位

竖井施工经验[5]，如果条件允许宜优选斜孔掏槽，因为这种掏槽形式孔底距离近，装药相对集中，单位体积岩石获得的爆破能量大，可为崩落孔提供较大面积的自由面，炮孔和炸药消耗较少，爆破效果较理想；但在硬岩爆破施工中，应控制好斜孔掏槽的角度，否则会影响爆破效果，同时更应防范爆破飞石崩坏井内凿井设施。通过以上分析，为充分利用以上两种形式的掏槽优点，根据相关经验[6,7]，决定大红山箕斗竖井采用二阶槽孔同深、直斜孔掏槽方式：第一阶与第二阶掏槽孔在平面内呈星形布置，深度均为4.5m，其中一阶掏槽孔倾斜角度82°，圈径1.6m，布置8个炮孔，孔距620mm；二阶掏槽孔圈径1.8m，布置8个炮孔，孔距710mm。

3.2 周边光爆孔参数

周边孔的光面爆破效果是确保井筒成型、减少井壁围岩损伤的关键。光面爆破要求周边孔同时起爆，利用爆炸应力波和爆生气体在炮孔间产生贯穿裂缝，因此需采用合理的周边孔间距 E、最小抵抗线 W、炮孔密集系数 m 和不耦合系数 A，通常将炮孔间距与最小抵抗线之比称为炮孔密集系数 m，即

$$m = E/W$$

式中，m 为炮孔密集系数；E 为炮孔间距；W 为最小抵抗线。

合理炮孔密集系数要确保贯通裂缝的形成，但该系数不宜过小，保证孔间裂隙贯通同时不能使抵抗线方向的阻力过大，否则会影响光爆层岩石的爆破，根据理论和现场实际，合理的抵抗线为炮孔间距的1~1.5倍[6]，结合我公司经验，大红山箕斗竖井选用 $W=500$mm，$E=590$mm，$m=1.18$。周边光爆孔孔口布置在井筒掘进断面轮廓线上，孔底落在轮廓线以外100mm。周边光爆孔药量少且集中在孔底，为径向间隙不耦合装药，根据相关井筒施工经验，大红山箕斗竖井采用 ϕ55mm 炮孔和 ϕ35mm 药卷，即不偶合装药系数 $A=1.57$。

3.3 辅助孔参数

辅助孔要求均匀地分布在掏槽孔和周边孔之间，大红山箕斗竖井钻孔施工中的辅助孔间距控制在900mm左右，布置有三圈，圈径分别为2.8m、4.0m和5.2m。

3.4 炮孔布置

根据井筒围岩 $f=8\sim10$ 坚固特性，进行炮孔布置设计，并经试验选取最佳爆破参数，炮孔布置图如图1所示，爆破参数见表1，实际爆破效果见表2。施工中根据岩石情况及时调整，使炮孔利用率稳定在80%以上，取得较好的经济效益。

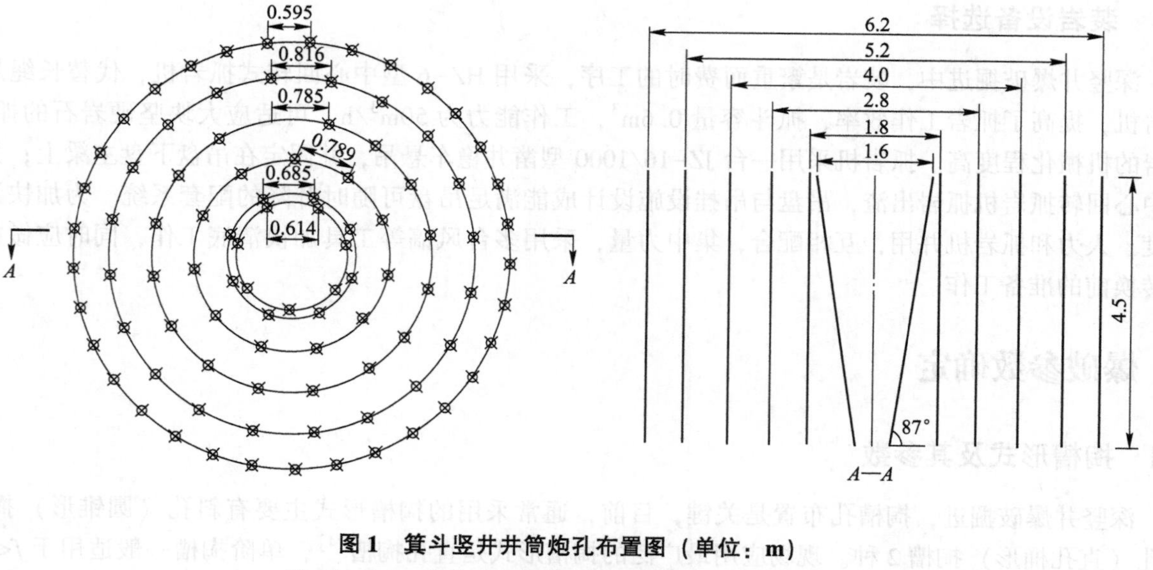

图1 箕斗竖井井筒炮孔布置图（单位：m）

Fig. 1 Layout chart of blast holes of shaft (unit: m)

表 1 爆破参数

Table 1 Blasting parameters

名称	圈径/m	序号	孔数/个	孔距/mm	孔深/m		装药量/卷		起爆顺序
					垂深	小计长度	每孔	小计	
掏槽孔	1.6	1~8	8	628	4.5	36.0	14	112	Ⅰ
掏槽孔	1.8	9~16	8	707	4.5	36.0	14	112	Ⅱ
辅助孔	2.8	17~27	11	977	4.5	49.5	12	132	Ⅲ
辅助孔	4.0	28~43	16	966	4.5	72.0	12	192	Ⅳ
辅助孔	5.2	44~63	20	907	4.5	90.0	10	200	Ⅴ
周边孔	6.2	64~96	33	590	4.5	148.5	8	264	Ⅵ
合计			96			432		379.5kg	

表 2 实际爆破效果

Table 2 Actual blasting effect

指标名称	数量	指标名称	数量
炮孔利用率/%	84	单位体积炸药消耗/kg·m^{-3}	3.2
循环进尺/m	3.8	单位体积雷管消耗/个·m^{-3}	0.81
循环岩石实体/m^3	118.5	单位进尺炸药消耗/kg·m^{-1}	99.9
每循环炸药消耗量/kg	379.5	单位进尺雷管消耗/个·m^{-1}	25.3
每循环雷管消耗/个	96	单位原岩炮眼长度/m·m^{-3}	3.6

4 装药与起爆技术

4.1 装药技术

根据硬岩坚固致密的特性，选用高威力乳化炸药，有两种规格的炸药，掏槽孔和辅助孔选用直径 ϕ40mm、炸药密度 1.1~1.2g/cm^3、每卷药重 0.375kg、药卷长 200mm；周边孔选用直径 ϕ35mm、每卷药重 0.200kg、每卷长 200mm 的药卷。

炸药装填方式分为反向装药和正向装药两种，我公司现场实践和相关工程都表明[5]，反向装药结构在中深孔爆破中优势明显，故箕斗竖井所有炮孔均采用反向装药。同时，加强炮孔的堵塞质量，炮泥采用黄泥或砂黏土材料，周边孔堵塞长度不小于 400mm，掏槽孔、崩落孔填塞长度不小于 1000mm。

4.2 起爆技术

竖井井筒内有淋水且机电设备较多，为了避免电器设备易漏电和杂散电流大等因素的影响，选用 1~9 段半秒延期导爆管雷管，为了满足中深孔的起爆，选用 7m 长导爆管脚线；同时选用新型的长脚线电磁雷管作为激发元件。联线时，采用簇并联方式，10 发导爆管为一簇，每一簇导爆管中心用一个电磁雷管传爆，并选用 U-1KV-3×25+1×10 型电缆放炮，长度 1400m，起爆电磁雷管采用 FBG-100 矿用隔爆型高频发爆器。

5 结论

竖井掘进中深孔爆破技术能增加循环进尺并减少辅助作业时间，大红山铁矿小断面超深箕斗竖井掘进通过机械化施工作业线的配套使用，实现了连续优质快速施工，正常情况下，井筒 21.75h 完成一个循环，循环进尺 3.8m，正常循环率为 0.85，整个竖井正常段井筒建设工期 14 个月，平均月进尺 83.5m，其中连续六个月进尺均超过 100m，最高月进尺达到 110.5m。大红山铁矿小断面超深箕斗竖井中深孔爆破的成功实践，主要是对钻装机具、掏槽形式、爆破参数等方面进行了优选：

（1）SJZ-5.6 型伞钻对于井筒净径为 5~6m 的小断面情况是适宜的，有效地解决了硬岩爆破成孔问题，降低了整机噪声，并采用 HZ-6 型中心回转式抓岩机装岩，进一步减轻工人体力劳动强度，提高了工效，每个掘砌循环时间比以往缩短了近 3h。

（2）改进的二阶槽孔同深、直斜孔掏槽方式及其爆破参数，在小断面井筒条件下，不仅提高爆破效率，而且破碎块度均匀，降低了爆破飞石的冲击。

（3）采用导爆管雷管及电磁雷管爆破网路，提高网路的准爆性，可适应井下潮湿环境，装药速度快。

参考文献

[1] 赵兴东．井巷工程［M］．北京：冶金工业出版社，2010.

[2] 施云峰，冯旭东，魏金山．硬岩立井井筒钻眼爆破施工新技术［J］．爆破，2012，29（3）：54-57.
Shi Yunfeng，Feng Xudong，Wei Jinshan. New technology of drilling and blasting construction on hard rock vertical shaft［J］. Blasting，2012，29（3）：54-57.

[3] 丁养红，许兴玉，张霆．SJZ5.5 型伞钻在立井井筒施工中的应用［J］．建井技术，2008，29（4）：36-38.
Ding Yanghong，Xu Xingyu，Zhang Ting. Application of SJZ-5.5 umbrella driller to vertical shaft construction.［J］. Mine Construction Technology，2008，29（4）：36-38.

[4] 倪世顺．立井混合作业深孔爆破技术研究与应用［J］．爆破，2003，20（S1）：46-50.
Ni Shishun. Research and application in combined shaft operation of the deep bore blasting technique［J］. Blasting，2003，20（S1）：46-50.

[5] 单仁亮，马军平，赵华，等．分层分段直眼掏槽在石灰岩井筒爆破中的应用研究［J］．岩石力学与工程学报，2003，22（4）：636-640.
Shan Renliang，Ma Junping，Zhao Hua，et al. Application of staged burn-cut in shaft blasting in limestone［J］. Chinese Journal of Rock Mechanics and Engineering，2003，22（4）：636-640.

[6] 李廷春，王超，胡兆峰，等．巨厚砾岩层爆破掘进快速建井技术［J］．爆破，2013，30（4）：45-49.
Li Tingchun，Wang Chao，Hu Zhaofeng，et al. Technology of blasting and excavation fast mine construction in giant thick ravel stratum［J］. Blasting，2013，30（4）：45-49.

[7] 韩博，张乃宏．立井井筒基岩段深孔爆破技术参数优化分析［J］．煤炭工程，2012，22（3）：29-32.
Han Bo，Zhang Naihong. Analysis on parameter optimization of blasting technology for deep Borehole in base rock section of mine shaft［J］. Coal Engineering，2012，22（3）：29-32.

立井工作面预注浆施工

王职责　吴新光

（湖南涟邵建设工程（集团）有限责任公司，湖南　娄底，417000）

摘　要： 宝山铅锌矿主井深832m，净直径4.5m。井深606.1~636.1m段细砂岩含水层，涌水量达100m³/h，采用工作面预注浆技术堵水加固，注浆段高35m，在工作面构筑止浆垫，分段下行压入式注浆，注浆终压8MPa。浆液以单液水泥浆为主；双液浆在注浆结束时，用于封孔。注浆后，该含水层涌水量降到了1.8m³/h，堵水率达98.2%，取得了良好的效果。

关键词： 立井；含水层；工作面预注浆；止浆垫

Pre-grouting Operation at Mine Shaft Sinking Face

Wang Zhize　Wu Xinguang

（Hunan Lianshao Construction Engineering Group Co., Ltd., Hunan Loudi, 417000）

Abstract: A mine main shaft of Baoshan Lead and Zinc Mine had a depth of 832m and a net diameter of 4.5m. At a section of 606.1~636.1m of the mine shaft, there was a fine sandstone aquifer and a water flow was 100m³/h. A pre-grouting technology at the mine shaft sinking face was applied to the water sealing and reinforcement. A grouting section was 35m in height. A concrete plug was built at the mine shaft sinking face. A sectional downward pressurized grouting was applied and the final pressure of the grouting was 8MPa. The grout was a single cement grout mainly and a double grout would be applied to seal the borehole when the grouting operation was terminated. After the grouting conducted, the water flow of the aquifer was reduced to 1.8m³/h, the water sealing rate was at 98.2% and a excellent effect was obtained.

Keywords: mine shaft; aquifer; pre-grouting at sinking face; concrete plug

1　工程概况

宝山铅锌矿区位于有色金属之乡湖南省郴州市桂阳县城区的宝岭山。其主井深832m，净直径4.5m，掘进断面20.43m²。井筒施工所穿岩层，主要为砂岩、白云岩和石灰岩。砂岩、石灰岩为主要含水层，且溶洞、裂隙、断层发育，导水性强，地表水与地下水直接联系，给井筒施工造成较大影响。另外，在井深719.41~722.42m位置，有一处3.01m厚的溶洞。

主井施工至606.1m深时，进行了工作面止浆垫浇筑和2号、4号孔探水。4号孔探至止浆垫以下31m（井深669.9m）处时，未见出水。2号孔探至止浆垫以下28m处时，探出近100m³/h的涌水，压力高达4MPa。从2013年7月4日至2013年8月10日，2号孔共排水约4万立方米。2号孔正常涌水量为60~70m³/h，水压约4MPa，水质较清，水温29℃。

根据井筒特点、地质资料和涌水量，主井施工中，应采取防、排、堵、截的综合防治水措施，坚持“有疑必探，先探后掘”的防治水原则，并保证排水能力[1]。针对井筒探水情况，决定采用工作面预注浆技术来封堵含水层涌水。

原载于《建井技术》，2014，35（5）：16-18。

2 注浆方案设计

此次工作面预注浆，是针对井筒工作面探水情况，对井深 606.1~636.1m 段细砂岩含水层进行堵水加固。

2.1 布孔方式

工作面注浆孔为径向斜孔，沿井壁均匀布置，开孔位置距井壁 0.5m，外倾角 12°，终孔位置在井筒荒径外 3m 处。注浆孔数 N 按下式计算：

$$N = \pi(D - 2A)/L$$

式中，D 为井筒净直径，4.5m；A 为注浆孔布置圈至井壁距离，取 0.5m；L 为注浆孔间距，取 0.8m。经计算，$N \approx 13.7$，取 16 个。

注浆孔布置如图 1 所示。

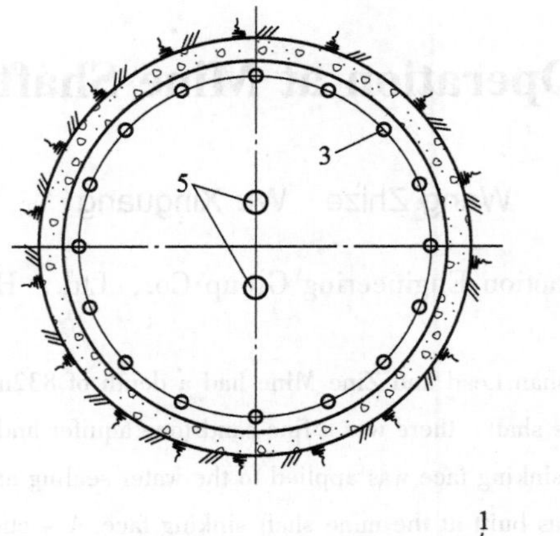

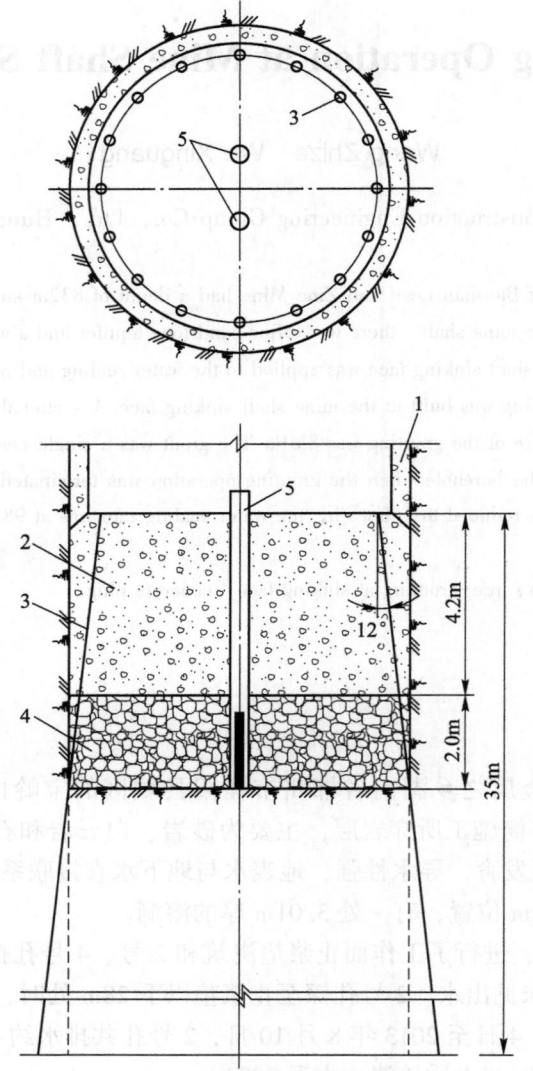

图 1 主井工作面注浆孔布置

1—混凝土井壁；2—混凝土止浆垫；3—注浆孔；4—碎石滤水层；5—预埋的抽水钢管

注浆孔分三序间隔施工，各序孔数目相同，交叉布孔。先施工一序孔，二序孔作为检查孔。二序孔未探到水，注浆终止；探到水，继续注浆，三序孔作为检查孔。一序孔沿井壁均匀布置，二、三序孔分别在一、二序孔基础上，等距离加密布置。各孔斜插钻进，确保钻孔穿过纵向裂隙。

2.2 注浆段高

含水层厚度为 30m。结合工程实际情况，确定注浆段高为 35m。注浆后，掘进 30m，预留 5m 岩帽。

2.3 浆液扩散半径

根据多年立井工作面预注浆施工经验，结合具体情况，采用单液水泥浆，浆液扩散半径可按 5m 考虑。

2.4 注浆压力

注浆终压按含水层静水压力的 2 倍考虑，取 8MPa。注浆压力达到终压后，继续注 10min，再停注。

2.5 浆液注入量

浆液注入量，按照浆液扩散半径 5m 及岩石裂隙率，进行粗略计算。考虑到涌水量较大，注浆以单液水泥浆为主；双液浆在注浆结束时，用于封孔。所用水玻璃浓度为 40Be′，模数 2.8~3.1[2]。如二次打钻扫孔后，普通水泥浆液注浆效果不佳，可改注超细水泥浆液，以提高堵水率。

2.6 浆液浓度

浆液浓度，可根据注浆前压水试验时的钻孔最大吸水量来选择，见表 1。

表 1 浆液浓度选择

钻孔最大吸水量/L · min^{-1}	浆液浓度（水灰比）
60~80	1：0.4~1：0.5
80~150	1：0.5
150~200	1：0.8 或 1：1
>200	双液浆

试验发现，该注浆工程，单液水泥浆水灰比为 1：0.4~1：1，水泥浆与水玻璃质量比为 0.5~1 较为合适。

浆液在井下配制。根据井下压水试验结果，选择水泥浆液水灰比。注浆时，浆液先稀后浓。若注浆压力不上升，吸浆量变化不大，应逐渐加大浓度；反之，若注浆压力上升较快，吸浆量变小，可降低浆液浓度，以保证有足够的注入量。涌水量较大时，应及时用双液浆封堵。注浆结束后，要注入一定量的清水，把管路冲洗干净。待孔内浆液终凝后，再扫孔，并重新做压水试验。当吸水量小于 20L/min 时，可不再注浆；大于 20L/min，应复注。

3 注浆施工

3.1 钻注设备及布置

选用 RD-100 型潜孔钻机及 ϕ127mm 钻头开孔，安装孔口管；选用 ϕ90mm 钻头配 ϕ50mm 钻杆，施工注浆孔。在井筒工作面布置 2TGZ-120/105 型注浆泵和搅拌机，以及清水桶、水玻璃桶、水泥浆桶各 1 个，井下现场配制浆液。水泥、水玻璃用吊桶下放至工作面。

3.2 止浆垫施工

碎石滤水层厚度根据涌水大小和涌水位置，确定为 2.0m。在碎石中预埋 2 根 3.2m 长的 ϕ500mm 钢管，其上部焊接法兰，内部各置 1 台矿用污水泵，将工作面积水先排至吊盘水箱中，再由吊盘上的卧泵排至地面或腰泵房。

井筒工作面碎石找平后，在工作面安装 ϕ108mm×3.2m 孔口管，上部焊接法兰，各用3根2m长的锚杆焊接固定。再在碎石层面上铺1层彩条布，彩条布上铺1层油毡，并随井壁上铺0.5m。止浆垫厚度4.2m，用C30混凝土浇筑。混凝土中掺入水泥重量5%的速凝剂，以缩短混凝土凝固期，提高早期强度。

3.3　注浆作业

注浆施工顺序：钻孔→遇水注浆→扫孔钻进→遇水注浆→钻注至全深→注浆封孔→扫孔→遇水注浆→扫孔至全深。

钻孔出水后，提出钻具，连接好注浆系统，关闭进浆阀和泄压阀，待压力稳定后，读出压力表数据。然后打开泄浆阀，如出水较少，可用普通秒表或容积法测量钻孔涌水量；如出水较多，则用吊桶量测钻孔涌水量。

注浆开始之前，先进行压水试验，检查钻孔吸水量，以确定浆液起始浓度。压水试验压力应控制在注浆终压范围内。压水试验持续1~20min无异常，即可注浆。

采用分段下行压入式注浆，涌水量超过 $3m^3/h$，停钻即注；待浆液终凝后，扫孔钻进。扫孔钻进时，如仍有 $3m^3/h$ 以上的涌水，需进行复注，直到钻孔涌水量不超过 $3m^3/h$ 后，方可继续钻注新孔。

注浆时，注浆压力应先低后高，低压注浆优先。因为低压注浆量大，高压注浆量少；且高压注浆时，易将岩石压碎，堵塞裂隙，须慎用[3]。同时，应先注单液浆。当单液浆注不进去时，再注双液浆封孔。双液浆在地面试配，应尽量延长其凝固时间，但要确保其凝固后的强度[4]。

4　注浆效果

宝山铅锌矿主井井深606.1~636.1m段细砂岩含水层工作面预注浆后，井筒向下掘进时，工作面涌水量由原 $100m^3/h$ 减少到了 $1.8m^3/h$，注浆堵水率达98.2%；注浆工期提前3个月以上。注浆时，没有发生止浆垫上浮破坏、上方井壁被浆液鼓坏等现象，表明注浆终压确定为8MPa是合适的。注浆后，井筒掘砌综合平均月进尺为70m左右，节省人工、电费等排水费用达20余万元，取得了良好的技术经济效益。

参 考 文 献

[1] 邝健政. 岩土注浆理论与工程实例 [M]. 北京：科学出版社，2001：120.
[2] 刘玉祥. 水泥-水玻璃双液注浆中的最优参数选择 [J]. 矿冶，2005，14 (4)：1-4.
[3] 冯旭海，赵国栋. 立井地面综合注浆技术研究与应用综述 [J]. 建井技术，2012，33 (6)：8-11.
[4] 张坤锋，陈春芝，李再朋，等. 立井工作面预注浆施工 [J]. 建井技术，2013，34 (1)：16-17.

立井中增设马头门施工技术

韩天宇　朱家和　赵天图

（湖南涟邵建设工程集团有限责任公司，湖南 娄底，417000）

摘　要：以李家湾锰矿主井-110m 中段措施单马头门为例，利用光面爆破控制了超欠挖，定制的钢模板可以重复使用，节约了材料，降低了工程成本，比计划提前 5 天完成；通过此次施工，对井下同类型的马头门光面爆破提供了成功的经验和技术支持。

关键词：马头门；光面爆破；施工技术

Construction Technology of Adding Shaft Insets in Vertical Shafts

Han Tianyu　Zhu Jiahe　Zhao Tiantu

（Hunan Lianshao Construction Engineering Group Co., Ltd., Hunan Loudi, 417000）

Abstract: Taking the shaft inset in the middle stage of −110m of the main shaft of the Lijiawan Manganese mine as an example, smooth blasting is applied to control over and under excavation, and the customized steel template can be reused, which saves materials, and reduces the cost of the project. The project is completed 5 days ahead of schedule. This practice could provide successful experience and technical support for smooth blasting of the same type of shaft insets.

Keywords: shaft inset; smooth blasting; construction technology

1　工程概况

李家湾锰矿矿区位于贵州省铜仁市松桃苗族自治县南西方向，平距约 42km，主井井口标高+871m，井底标高-250m，井筒深度 1121m，井筒净直径 5.5m，掘进直径 6.1m，支护厚度 300mm，井筒已完成-170m 中段措施单马头门、-200m 中段计量硐室及-250m 井底联道。在主井落底并且井筒钢模已经拆除的情况下，应甲方要求在井筒-110m 增设一措施单马头门，方位为 274°，长度为 11m，直墙三心拱，墙高 3353～1900mm，拱高 1467mm，净宽 4400mm，C30 混凝土支护长度 5000mm，厚度 300mm。

2　马头门施工方案

马头门是竖井与井底车场重要的连接部位，位置比较重要，李家湾锰矿该段岩石为层状结构，层间结构差且井筒钢模已经拆除，给马头门施工带来相当大的难度，为保证施工安全与进度，决定利用吊盘搭台子做作业平台，采用超前支护，为尽量减小对井壁的破坏，采用预裂爆破的方法。放炮后进行找顶喷浆临时支护，矸子由人工配合耙矸机耙入井筒井底，待马头门掘砌完成后再落盘至井底由中心回转式抓岩机装入吊桶出矸子。

原载于《中国科技信息》，2015（3）：128-129。

3 马头门施工方法

3.1 施工准备

因主井井筒已完成支护落底并且井筒钢模已经拆除，施工马头门前从井底把吊盘起上来，边起吊盘边拆除风水管路，使上吊盘停在-106.5m处，风水管路拆到-90m左右。然后在中吊盘和下吊盘用竹排搭保护层，防止吊盘上的设备被岩石砸坏，上吊盘利用$\phi45$钢管与木方子、竹排搭台子做作业平台，如图1所示，每层吊盘放置两个灭火器。

图1 作业平台实物图

3.2 方向与标高控制

方向：利用全站仪在井口放好方位，然后在封口盘上打眼，放两根钢丝到马头门顶板位置，在已砌筑完成的井壁上对称布置两个临时标桩控制马头门施工方向（由于精度较差，后期平巷施工前，必须进行陀螺仪定向），利用标桩吊线及井筒中心垂线放线进行马头门开挖，随着马头门开挖掘进的同时，临时标桩向马头门内移动。

标高：从-170m中段措施单马头门已有的标高点拉钢尺反向引至方位点的临时标桩上，再拉钢尺把马头门的顶板及底板标高做好，画出轮廓线。

3.3 马头门爆破

该段为微风化含砾黏土岩，裂隙不发育，层状结构，层间结合较差，新鲜岩石易风化，岩体工程稳定性差并且井筒已经完成支护，为控制超欠挖，减小对井壁冲击破坏决定采用光面爆破。

光面爆破是一种先进的、科学的爆破方法，可使掘出的巷道轮廓光洁，便于采用锚喷支护；围岩裂隙少、稳定性高；超挖量小。同时光面爆破对工程施工具有成本低、工效高、质量好的特点。根据施工图纸的要求，在巷道和地下工程掘进爆破后，形成规整、光滑表面；轮廓线以外的岩石不受扰动或破坏很小，尽可能地保持围岩自身强度。这种人为控制的爆破方法，就叫作光面爆破，简称光爆。

光面爆破的国家质量标准如下：

（1）孔痕率：硬岩不应小于80%，中硬岩不应小于50%。

（2）周边不应欠挖，平均线性超挖值应小于150mm。

（3）围岩面不应有明显的炮震裂缝。

只有通过合理选择爆破参数、严格控制装药量、按照顺序起爆及利用岩石抗拉强度远远低于其抗压强度的特性有效地组织爆破应力，才能达到预想的效果。

马头门每次打孔放炮之前，用已做好的方向点及标高点，利用拉线挂坡度规的方法在工作面画好轮廓线，指引打孔施工。马头门爆破掘进采用2号岩石乳化炸药，药卷直径32mm，长度200mm，单卷重0.2kg，炮孔采用7655式凿岩钻机打38mm炮孔，所有预裂孔在轮廓线内50mm处打孔。掏槽采用8孔楔形掏槽，长度2700mm，间距400mm，排间距1200mm，角度84°，装6卷药；拱部周边孔长度2500mm，间距350mm，装4卷药，墙部周边孔长度2500mm，间距500mm，装4卷药，间距500mm，空气间隔500mm装药；辅助孔长度2500mm，间距550mm、650mm，装5卷药；底孔长度2500mm，间距500mm，在距底板50mm处打孔，下插角度2°，装6卷药。具体炮孔布置图见图2，爆破参数表见表1。

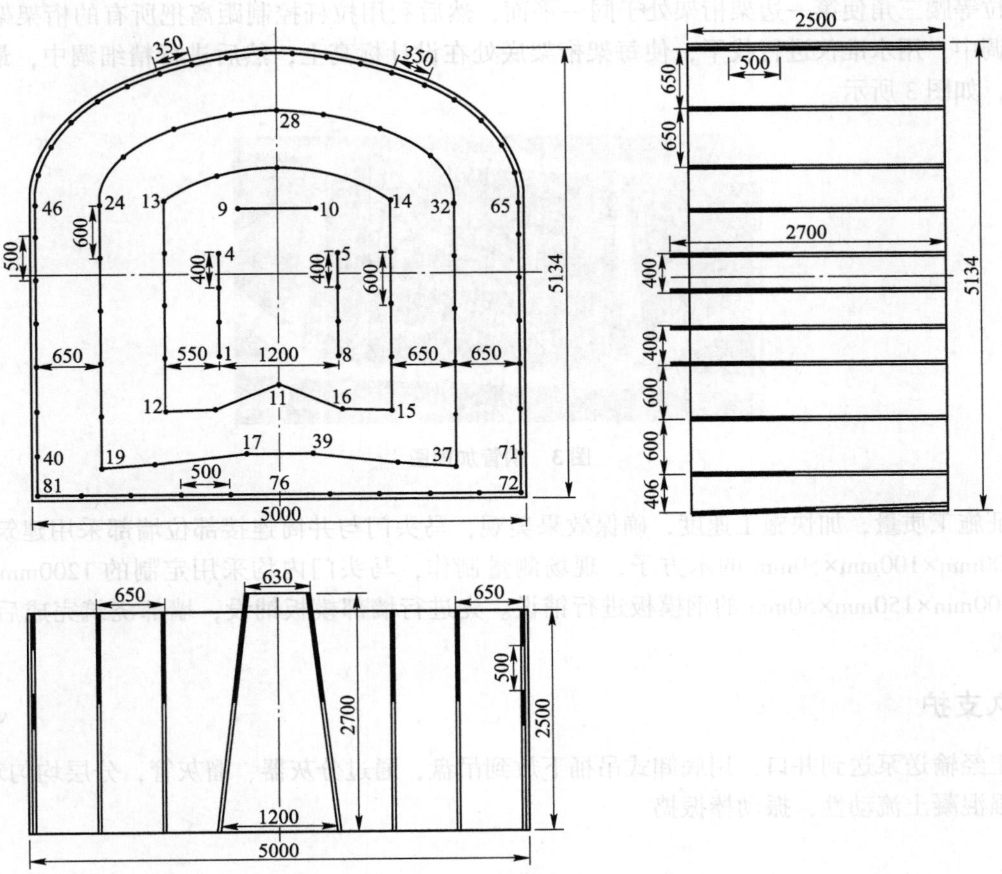

图2 马头门炮孔布置图（单位：mm）

表1 爆破参数表

孔号	孔名	孔数	孔深	角度	药量		起爆顺序
					卷/孔	质量/kg	
1~8	掏槽孔	8	2.7	84°	6	1.2	Ⅰ
9~16	辅助孔	18	2.5	90°	5	1.0	Ⅱ
17~39	辅助孔	23	2.5	90°	5	1.0	Ⅲ
40~71	周边孔	32	2.5	90°	4	0.8	Ⅳ
72~81	底孔	11	2.5	90°	6	1.2	Ⅴ
	合计	81	231.6		447	89.4	

3.4 临时支护

马头门掘进后，围岩原生应力遭到破坏，为达到新的应力平衡，必然会产生压力，而埋藏深度越大的岩层，构造应力的量级也越大，喷浆能迅速封闭围岩，减少岩石风化，能有效地支护松散破碎的岩层，确保工作面工人安全。为保证施工质量，喷浆前先用高压水冲洗岩面，确保喷射的混凝土与岩面黏结性好，预埋控制喷射混凝土厚度的标志，确保混凝土喷射厚度。

3.5 桁架架设与模板安装

首先把下吊盘落到马头门底板位置，然后由机修工利用角铁把吊盘固定好。桁架均用16号槽钢制作。拉杆采用80mm圆钢制作。马头门架设6架桁架。桁架架设：第一架桁架固定在吊盘上，利用中线调中，拉等腰三角使第一边架桁架处于同一平面，然后利用拉杆控制距离把所有的桁架架好，边架桁架边粗调中，用水准仪进行找平，使每架桁架底处在设计标高上，然后进行精细调中，最后用 $\phi45$ 钢管加固，如图3所示。

图3 钢管加固图

为保证施工质量，加快施工速度，确保效果美观，马头门与井筒连接部位墙部采用建筑模板，拱部采用2000mm×100mm×50mm的木方子，现场测量制作，马头门内均采用定制的1200mm×200mm×50mm、1200mm×150mm×50mm的钢模板进行铺设。先进行墙部模板铺设，墙部浇筑完成后再进行拱部模板铺设。

3.6 永久支护

混凝土经输送泵送到井口，用底卸式吊桶下放到吊盘，通过分灰器、溜灰管，分层均匀对称浇灌，配风管加强混凝土流动性，振动棒振捣。

4 结语

李家湾锰矿主井-110m中段措施单马头门所处部位岩体工程稳定性较差，利用光面爆破控制了超欠挖，定制的钢模板可以重复使用，从而节约了材料，降低了工程成本；在施工工期上，仅用十天完成掘支，比计划提前5天完成；在施工质量上，马头门拆除模板后，所有断面尺寸符合要求，未发现有麻面、蜂窝，混凝土观感好，与井筒接口比较平整，达到业主要求。通过此次施工，对井下同类型的马头门光面爆破提供了成功的经验和技术支持。

千米竖井掘进施工难点及解决方法

韩天宇　王永柱

（湖南涟邵建设工程（集团）有限责任公司，湖南 娄底，417000）

摘　要：随着国内浅部矿产资源的枯竭，矿山相继转入深井开采，千米级竖井建设逐年增多。通过理论与实践相结合，对井筒支护、岩爆防治、通风降温、防水、排水、施工机械配套等问题进行探讨和分析，提出有效的解决措施。结果表明，改善施工环境，合理配置机械设备，既保证施工安全，又加快了施工进度。

关键词：深井开采；岩爆；通风降温；防水；排水

Excavation Difficulties of Kilometer Shafts and Solutions

Han Tianyu　Wang Yongzhu

（Hunan Lianshao Construction Engineering Group Co.，Ltd.，Hunan Loudi，417000）

Abstract：With the exhaustion of domestic shallow mineral resources，mining companies have turned into deep mining，and the construction of kilometer deep shafts increases year by year. This paper discusses and analyzes shaft support，rock burst prevention，ventilation and cooling，water proofing，drainage，and construction machinery matching based on the combination of theory and practice，and puts forward effective measures. The results show that improving the construction environment and rationally allocating mechanical equipment can ensure the construction safety，and speed up the construction progress.

Keywords：deep mining；rock burst；ventilation and cooling；water proofing；drainage

矿产资源由浅部向深部开发是客观的必然发展规律，国外很多矿山早已进入深部开采，南非 Drief-ontein 金矿开采于地面 2500m 以下，瓦乐瑞富矿开采深度已达 4800m；国内目前亦有很多千米深井，如山东淄博唐口矿主井、副井、风井，贵州铜仁李家湾锰矿主井、副井，辽宁本溪思山岭铁矿与大台沟铁矿也有多条千米级竖井在建设中。随着开采深度的增加，地质条件越来越复杂，出现突发性地质灾害、作业环境恶化等一系列问题。我国深井建井技术尚处于起步阶段，通过解决相关技术难题，不仅可以使施工更加安全、快速，也使我国深井施工技术迈向一个新台阶。

1　支护及岩爆防治

当井筒开挖后，爆破会对井壁产生影响，使一定范围内的围岩松动、出现裂缝，岩石的整体强度与承载能力会降低。随着井筒深度增加，地压越来越大，岩石在载荷的作用下，发生变形，随载荷的不断增加，或在载荷作用下随着时间的增长，岩石变形就会逐渐增大，最终导致岩石破坏[1]，即岩爆。岩爆有抛掷、弹射、剥落等形式，严重危害井下工作人员和设备的安全。

目前我国深井基本是混凝土支护，但支护前可能发生岩爆，单纯的混凝土支护不能对井下工作人员起到保护作用，且混凝土为刚性结构，随着井筒服务年限的增加，岩石变形逐渐增大，混凝土支护很难适应。为预防岩爆的发生，保证施工与后期井筒的安全，采用机械式涨壳预应力中空注浆锚杆与楔缝式锚杆间隔使用，与钢筋网对井壁进行初支护（见图 1），若围岩破碎或暴露时间较长，则需进行喷浆，最后进行混凝土支护。

原载于《现代矿业》，2015（8）：230-232。

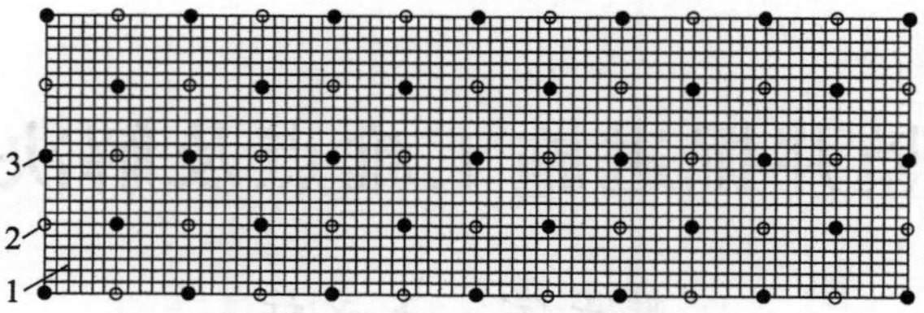

图 1 井壁锚网喷支护展开示意图

1—钢筋网；2—楔缝式锚杆；3—机械式涨壳预应力中空注浆锚杆

锚杆的间距根据浆液的扩散半径确定，而浆液的有效扩散半径与围岩裂隙状态、裂隙开度、注浆材料的流动性、注浆压力等诸多因素有关，根据注浆试验和矿山类比法，确定锚杆间距为600~1000mm。

目前以董方庭教授为首研究的围岩松动圈的支护在平巷中广泛运用。当竖井开挖后，同样会产生围岩松动圈，并且随着井筒深度增加，压力增大，产生松动圈的时间就会减少，当围岩应力超过围岩强度而未进行支护时，就会发生地质灾害[2]。围岩松动圈的最主要属性是其厚度，可以通过超声波围岩松动圈测试仪或多点位移计进行测量，围岩松动圈的厚度就是锚杆要锚固的长度，通过工程类比法，确定锚杆长度为1500~2000mm。

机械式涨壳预应力中空注浆锚杆与楔缝式锚杆都属于预应力锚杆，预应力锚杆可以有效抑制节理面间的剪切变形和提高岩体的整体强度，完整或质量好的岩石具有较高的承载能力，当井筒爆破后，井壁受到爆破震动影响，产生变形、裂隙，会严重降低开挖附近围岩的整体强度，楔缝式锚杆与机械式涨壳预应力中空注浆锚杆打入围岩后，后者进行注浆，注浆液充填于岩石裂隙与弱节理面，改善围岩物理力学性质和其所处的不良状态，使锚杆全长范围内的围岩形成一个整体，加强围岩的自身承载能力，最后按设计要求进行混凝土支护（见图2）。

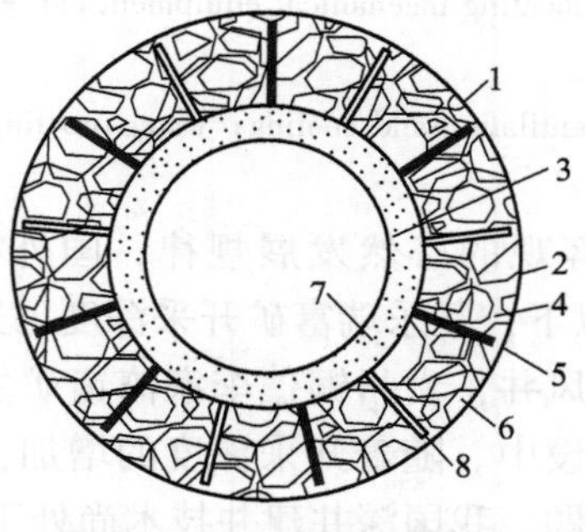

图 2 井筒支护横剖示意图

1—锚杆支护界线；2—开挖界线；3—井筒净断面界线；4—注浆料；
5—机械式涨壳预应力中空注浆锚杆；6—围岩；7—混凝土；8—楔缝式锚杆

注浆效果与注浆材料的选择关系很大，小于岩石颗粒的注浆液有利于进入岩石裂隙和弱节理面，更好地胶结围岩。综合目前的注浆材料，选择有机化学材料最适合，可以充分充填岩隙[3]，提高其抗压能力，并减少井壁渗水。

2 通风降温

随着井筒深度不断加大，围岩温度不断升高，加上爆破产生的热量、机械设备放热等致使井筒内温度不断升高。在高温环境下工作，人体可能出现无力、口渴、脉搏加快、体温升高、水盐平衡失调等症状，降低工作效率。最常见的降温方式是通风。

目前市场上采用最多的是布风筒，质量轻，运输方便，价格低廉，但易破损，漏风严重，更换不方便。贵州铜仁李家湾锰矿主井深1121m，井口及吊盘以上30m左右采用布风筒，方便接风筒和起落盘，中间采用玻璃钢风筒，较好地解决了漏风问题。玻璃钢风筒分为2节，大头套小头，采用麻绳加固体胶处理（见图 3），连接处存在漏风现象。后对其进行改造，采用螺丝连接，并在连接处放入胶皮，使其密闭，改造后通风效果大大改善，完全满足通风需要。

图 3　玻璃钢风筒

应对竖井井筒热害，还可以研制冷却服保护井下工作人员，通过冷却服内的物质吸收热量来防止热环境对人体的伤害；最有效的防护措施是采用制冷空调，把空调安装在吊盘上，调节和改善井下作业的气候条件。

3　防水及排水

立井施工中地下水严重影响施工进度与质量，随着井筒深度的不断增加，地质结构也比较复杂，含水层水量比较大、压强高，而受水泵限制，千米立井深部排水存在问题。为保证安全施工，预防淹井事故，在立井不同高度增设水泵房或利用马头门做临时水泵房，若涌水量较小，可以用吊桶排水，若涌水量较大，用吊桶排水同时，抽水到水泵房，再排到井口。若涌水相当大，采用冻结法施工或注浆法施工。

湖南涟邵建设工程（集团）有限责任公司承包马城铁矿 3 号主井，基岩段-499~-653m 为细砂岩含水层，井筒施工至-510m 工作面时，涌水量达 120m^3/h，细砂岩含水层存在裂隙细小、浆液扩散半径小、注浆压力大等问题，通过湖南宝山铅锌矿箕斗主井的探索与实践，提出了双层圈椎形帷幕减量法注浆施工，此方法浆液扩散半径增大 3.2~3.5 倍，在井壁以外按先初期强度高的水泥-水玻璃胶结体，后初期强度低的水泥胶结体的顺序依次凝结填塞裂隙，浆液胶结体抗压强度大。由于布孔较密，浆液扩散半径大，注浆量少，浆液胶结体在井筒以外含水层中形成一个椎形帷幕，将含水层的水封堵在井筒掘进轮廓线以外，以较少的浆液注入量达到封堵含水层涌水效果；采用双圈错位布孔，有利于寻找更多的裂隙，提高注浆效果；采用防喷钻进技术，在防喷装置的保护下进行钻进，一旦突水，可在不拔出钻杆的情况下关闭防喷装置，保证了施工人员安全，防止淹井事故的发生。

4　机械配套

竖井施工机械合理配套是提高进度的重要保证[4]。根据竖井的规格、地质条件、施工队伍的水平合理优化各工序设备，相互协调，减少闲置时间，增加效率。

竖井施工每一循环中，出矸时间占到 40%~50%，根据井口大小合理配置抓岩机、吊桶及提升机的选型，充分发挥抓岩机抓矸能力；井壁砌筑高度大，可以有效提高掘进速度，但钢模高度要与伞钻打眼深度相匹配，伞钻一次爆破深度稍大于一次井壁砌筑高度，这样无需打连炮，甚至还可能打连模（浇筑完混凝土直接出矸，再进行浇筑）。

李家湾锰矿主井井口标高为+871m，井底标高为-250m，井筒深 1121m，净直径为 5.5m，掘进净直径为 6.1m，双钩提升，主提型号为 2JKZ-3.0/15.5，配功率为 1000kW、电压为 10kV 电动机，3m^3 吊桶；副提型号为 JK-3/18.5，配功率为 1000kW、电压为 10kV 电动机，3m^3 吊桶；井下采用 HZ-6 型中心回转式抓岩机；凿岩爆破采用 SYJ5.6 型伞钻，六角中空钻杆长 4.7m，直径为 25mm，钎尾为

159mm，钻头为Y型，直径为55mm；浇筑井口采用2台0.75m^{3}搅拌机，井下采用MJY型整体下滑式金属模板，段高为4.35m。2014年3月掘支超过150m，连续8个月掘支超过110m。通过实践证明，此套机械的性能得到充分发挥，各机械闲置时间大大减少，加快了施工进度，创造了可观的经济效益。

在井筒直径允许的情况下，采用多钩提升，大直径提升机配大吊桶，井下采用大方量抓岩机能有效提高出矸效率，减少机械闲置时间；在岩石条件允许的情况下，采用打深孔（5m左右）的伞钻，配段高4m左右的整体下滑式金属模板，井口采用大方量搅拌机，能有效提高浇筑效率，从而加快施工进度；其次同一功能的稳车尽量选择同一厂家型号，确保速度相同，避免发生钢丝绳打绞事故。

5 结语

我国深井建设尚处在萌芽阶段，在浅部工程中形成的理论、设计和技术体系进入深部状态已经部分或严重失效[5]，所以还有很多技术难题需要探索和解决。通过李家湾锰矿的实践，竖井施工采用玻璃钢风筒，很好地解决了传统风筒漏风严重问题，有效降低井筒内温度，改善作业环境，提高作业效率；李家湾的机械配套和马城铁矿的注浆法创新为千米立井设备选型、防治水提供了经验，加快了施工速度，创造了可观的经济效益。随着凿岩深度增加，岩石的夹制作用越来越大，有效爆破深度就会缩小，为提高稳模效率，减少井筒内钢丝绳数量，需要研制新型自动调平的钢模。立井施工逐步向节能、高效、安全及保证有良好的工作环境发展。

参 考 文 献

[1] 蔡美峰．岩石力学与工程［M］．北京：科学出版社，2002.
[2] 陈大力．锚杆支护新技术与产品选型、设计及事故防范处理实务全书［M］．北京：中国知识出版社，2005.
[3] 刘永文，王新刚，冯春喜，等．灌浆材料与施工工艺［M］．北京：中国建材工业出版社，2008.
[4] 温洪志，杨福辉，黄成麟．大强煤矿千米立井井筒快速施工技术［J］．煤炭工程，2012（12）：27-30.
[5] 何满潮．深部软岩工程的研究进展与挑战［J］．煤炭学报，2014，39（8）：1409-1417.

中深孔全断面切缝管定向断裂爆破技术应用研究

鲁军纪[1,2]　褚怀保[3]　叶红宇[3]

（1. 湖南涟邵建设工程（集团）有限责任公司，湖南 娄底，417000；
2. 中南大学 软件学院，湖南 长沙，410083；
3. 河南理工大学 土木工程学院，河南 焦作，454000）

摘　要：分析了切缝管定向断裂爆破裂纹的形成与扩展机理，在切缝处应力集中和压力差共同作用下形成初始裂纹，而后的裂纹扩展经历了切向拉伸应力作用下的扩展阶段、爆生气体驱动压力作用下裂纹稳态扩展和爆生气体驱动下的宏观裂纹扩展3个阶段。在理论分析的基础上结合工程实际，提出了切缝管药包定向断裂复合楔形掏槽爆破和周边孔切缝管药包定向断裂爆破技术。现场应用效果表明：切缝管爆破可提高炮孔利用率和孔痕率，降低爆破对围岩的扰动损伤，改善掏槽爆破和周边爆破效果，有利于提高巷道掘进速度。

关键词：岩巷；中深孔全断面；切缝管；定向断裂爆破

Research on Middle-deep Hole Directional Fracture Blasting Technology of Cut Tube in the Whole Section

Lu Junji[1,2]　Chu Huaibao[3]　Ye Hongyu[3]

（1. Hunan Lianshao Construction Engineering （Group） Co., Ltd., Hunan Loudi, 417000;
2. College of Software, Central South University, Hunan Changsha, 410083;
3. School of Civil Engineering, Henan Polytechnic University, Henan Jiaozuo, 454000）

Abstract: The formation and propagation mechanism of directional fracture blasting crack of the slit tube were analyzed. The initial cracks were formed under stress concentration and pressure difference at cut joints. Then the crack propagation process experienced the growth stage under the action of the tangential tensile stress, steady crack propagation phase and mac-roscopic crack propagation caused by detonation gas driving pressure. On the basis of theoretical analysis and engineering practice, the directional fracture blasting technology of joint-cutting cartridge in composite wedge cut holes and peripheral holes were proposed. The spot application indicated that the cut tube blasting can improve the utilization rate and hole mark rate of blast holes, reduce the blasting disturbance damage to surrounding rock and improve the effect of cut blasting and perimeter blasting. In brief, it is conducive to quicken speed of roadway drivage.

Keywords: rock roadway; the full section of middle-depth hole; cut tube; directional fracture blasting

在矿井建设过程中，爆破法依然是目前掘进破岩的主要手段。试验和实践表明，炸药爆炸释放的能量在实现掘进岩石破碎和破裂的同时有很大一部分不可避免地消耗在爆破有害效应的转化中，即不可避免地对围岩造成一定的损伤[1-3]。这种损伤影响主要体现在两个方面：一是对岩石力学性能的劣化，使围岩的强度降低；二是在围岩内形成新的裂隙或者促使围岩中原裂纹进一步扩展，降低围岩的完整性。最终两者必将影响围岩的稳定性，增加巷道支护难度和后期运营过程中的维修维护成本。

基金项目：国家自然科学基金项目（编号：50874039），河南省骨干教师项目（编号：0624210002），河南理工大学博士基金项目（编号：72103/001/036）。
原载于《金属矿山》，2015（8）：44-47。

在目前采掘矛盾日益凸显的状况下，增加炮孔深度全断面一次起爆的中深孔全断面爆破技术在巷道掘进中得到了越来越广泛的应用，但在现有的爆破技术条件下，往往存在炮孔利用率低、循环进尺小、矸石堆积在工作面、根底残留严重、巷道成型质量差、围岩扰动损伤大等问题，严重影响巷道掘进速度，在下山巷道爆破掘进过程中这些问题更为突出[4,5]。因此，提高巷道掘进速度，对保证矿井正常接续和生产具有非常重要的现实意义。

为了提高下山巷道的掘进速度，控制爆破对围岩的扰动损伤，在定向断裂爆破理论分析的基础上提出切缝管药包定向断裂复合楔形掏槽爆破和周边孔切缝管药包定向断裂爆破技术，并进行现场中深孔全断面爆破应用，为切缝管定向断裂爆破技术在岩巷快速掘进中的推广应用提供理论和应用基础。

1 切缝管定向断裂爆破裂纹的形成与扩展

切缝管定向断裂爆破是定向断裂控制爆破技术的一种，是将炸药装入具有一定强度和密度的管内，在管壳上开不同角度、数量和形状的切缝，调控炸药爆炸能量的释放方向，控制介质中爆破裂纹的形成位置和扩展过程。

1.1 切缝管定向断裂爆破初始裂纹的形成

切缝管的存在使炮孔内壁介质波阻抗发生改变，改变应力波的传播规律。药包在切缝管内不耦合装药时，药包爆炸瞬间转化为高温高压的爆轰产物，爆轰产物膨胀挤压周围空气产生空气冲击波，空气冲击波向外传播，在切缝管处作用于切缝管产生冲击波，传播至管壳与岩石分界面发生反射和透射，透射波作用于岩石介质；在切缝处空气冲击波直接作用于岩石介质。药包在切缝管内耦合装药时，爆轰产物膨胀挤压管壳在管壳内产生冲击波，传播至管壳与岩石分界面发生反射和透射，透射波作用于岩石介质；在切缝处爆轰产物直接挤压炮孔壁，在岩石中产生冲击波。

耦合装药条件下，假设应力波垂直入射，波的反射部分和透射部分的应力大小[6]为

$$\sigma_R = \sigma \frac{\rho_2 c_2 - \rho_1 c_1}{\rho_2 c_2 + \rho_1 c_1},\quad \sigma_T = \sigma_I \frac{2\rho_2 c_2}{\rho_2 c_2 + \rho_1 c_1} \tag{1}$$

式中，σ_I、σ_R、σ_T 分别为入射、反射和透射应力，Pa；$\rho_1 c_1$、$\rho_2 c_2$ 分别为 2 种介质的波阻抗，MPa · s/m。

岩石介质的波阻抗大于切缝管的波阻抗，由式（1）可知，炸药爆炸后作用于切缝处炮孔内壁上的透射应力大于切缝管内壁的透射应力，同时，切缝管是一种可塑性材料，其塑性变形会吸收一部分冲击波能量，使非定向方向的冲击能量得到衰减。由于切缝宽度很小，所以，切缝方向炮孔壁可认为是受线性分布力 σ_1，非定向方向由于切缝管的存在承受均布面力 σ_2，则有 $\sigma_1>\sigma_2$。从切缝处取单元体，其受力情况如图 1 所示。

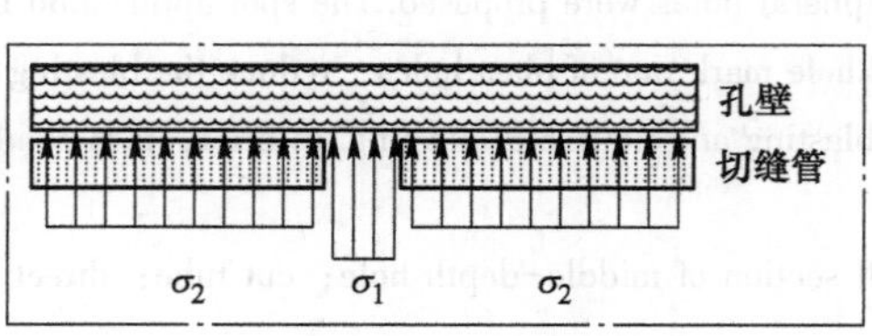

图 1 切缝孔壁处力学模型

Fig. 1 Mechanics mode of cut holes wall

单元体在 σ_1 和 σ_2 形成的压力差下发生剪切破坏，在炮孔壁上形成初始裂纹，而且，在切缝处有较强的应力集中，应力强度因子为非定向方向的 3.75~5.4 倍，也促使切向方向的初始裂纹形成。

1.2 切缝管定向断裂爆破裂纹扩展

初始裂纹形成后，切缝方向裂纹的扩展可分为 3 个阶段：切向拉伸应力作用下的扩展、爆生气体驱动压力作用下裂纹稳态扩展、爆生气体驱动下的宏观裂纹扩展。

（1）爆炸应力波作用下切向拉伸应力作用下的裂纹扩展。初始裂纹形成后，爆炸冲击波迅速衰减为压缩应力波，爆炸应力波作用下，岩石表现为强脆性，可用纯脆性损伤断裂准则作为应力波作用下岩石的损伤断裂判据，根据 Lematire 等效应力概念[7]，当等效应力 σ_e 达到岩石的动态断裂应力 σ_u 时岩石断裂，裂纹扩展。岩石发生切向拉伸破坏，径向裂隙进一步扩展。

（2）爆生气体驱动压力作用下裂纹稳态扩展。爆炸应力波进一步衰减后，切向拉伸应力不能使岩石介质发生拉伸破坏，爆炸应力波作用下裂纹扩展终止。高温高压的爆生气体随机充满炮孔及形成的裂纹内，对于岩石内部的爆破问题，可简化为二维轴对称平面应变问题来分析，假设在所有裂纹内爆生气体的流动规律相同，在不具体考虑裂纹间的相互影响下以平均效应代替，且将此裂纹扩展看作Ⅰ型裂纹扩展问题，则岩石中裂纹的稳态失稳条件为切向应力等于岩石动态抗拉强度[6,8]。

（3）爆生气体压力场作用下的宏观裂纹扩展。$\sigma_\theta \geqslant \sigma_d$ 后初始裂纹稳态扩展，随后爆生气体充满到初始形成的径向裂隙中，在近区以气体驱动的模式使裂纹扩展，由应力强度因子准则来确定裂纹扩展区域。当应力场强度因子 K_I 大于等于岩石断裂韧度 K_{IC} 时裂纹会进一步扩展[9]。

1.3 切缝管定向断裂爆破参数

（1）炮孔间距。利用切缝管定向断裂爆破时，为实现只在炮孔之间连线方向形成贯通裂纹，而在炮孔壁的其余方向不出现拉伸裂纹，可将切缝缝口朝向炮孔之间连线方向上，根据文献，当裂尖应力强度因子 $K_I \geqslant K_{IC}$ 时，裂纹开始起裂[10]。令

$$K_I = 2r_0 P \frac{2rr_0 + r_0^2}{\sqrt{(r + r_0)\pi}} = K_{IC}$$

$$\sigma_\theta = bP \leqslant \sigma_t \tag{2}$$

式中，r 为切缝外爆破裂纹长度；r_0 为炮孔半径；P 为炮孔压力，MPa；b 为侧压力系数，$b = \mu/(1-\mu)$；μ 为岩石泊松比；σ_t 为岩石动态抗拉强度，MPa。取 $P = \gamma\sigma_t/b$，$\gamma = 0.8 \sim 0.9$。由此求得与岩石性质和炮孔半径 r_0 有关的裂纹长度 r 的表达式为

$$\frac{bK_{IC}}{2\gamma r_0 \sigma_t} = \frac{2rr_0 + r_0^2}{(r + r_0)^2\sqrt{\pi(r + r_0)}} \tag{3}$$

$$A(r + r_0)^{2.5} - r^2 - 2rr_0 = 0$$

$$A = bK_{IC}\frac{\sqrt{\pi}}{2\gamma\sigma_t r_0} \tag{4}$$

所以炮孔间距

$$a = 2(r + r_0) \tag{5}$$

（2）光爆层厚度。为保证光爆层效果，应根据岩石性质选择炮眼密集系数 m，一般取 $m = 0.8 \sim 1.0$，其中硬岩取大值，软岩取小值。这样光爆层厚度 W 为

$$W = a/m \tag{6}$$

注意切缝管定向断裂爆破炮孔密集系数 m 的取值在这里有所不同。

（3）线装药系数和线装药密度。在计算炮孔线装药系数和线装药密度时假定炮孔采用不耦合装药，炮孔内爆轰产物膨胀过程遵循以下规律[11]：

$$P_c = \rho_0 D^2/8,\quad P/P_K = (V_c/V_b)^k (P_c/P_K)^{M/N} \tag{7}$$

式中，P_c 为爆轰产物平均压力；ρ_0 为炸药密度；D 为炸药爆速；P_K 为爆轰产物膨胀时的临界压力，一般取 100MPa；V_b 为炮孔体积；V_c 为装药体积；M 为低压阶段（$P_K \geqslant P$）的爆轰产物膨胀指数，取 $M = 1.4$；N 为高压阶段（$P_K \leqslant P$）的爆轰产物膨胀指数，取 $N = 3.0$。

结合 $P = \gamma\sigma_t/b$，可得炮孔线装药密度和线装药系数

$$q = \zeta\rho_0\pi d_c^2/4$$

$$\zeta = [\gamma\sigma_t/(bP_K)]^{1/M}(P_K/P_c)^{1/N}(d_b/d_c)^2 \tag{8}$$

式中，q 为线装药密度；ζ 为线装药系数；d_b 为炮孔直径；d_c 为装药直径。

2 中深孔全断面切缝管定向断裂爆破技术应用

某下山巷道掘进断面宽4400mm，边墙高2200mm，拱部开挖高度1467mm，开挖断面14.77m^2，坡度15%。巷道岩石普氏系数f=8~10；YTP-28型风钻人工抱钻打眼，全断面中深孔爆破掘进，锚喷网支护，选用柳工ZL50C（ZL40B）轮式装载机和8t自卸汽车装运工作面废石，利用分段联道岔口作装碴点。但爆破效果不够理想，炮孔利用率仅为60%~70%；周边孔成形质量较差，炮孔半孔率仅为60%左右，且半孔痕分布严重不均；钻孔工作量大；同时循环总药量过大，爆破掘进施工对巷道围岩的损伤过大，严重影响巷道围岩的稳定性，致使后期巷道运营过程中的维修和维护费用提高，矿井采掘矛盾日益突出。因此，如何提高岩巷掘进速度，实现矿井高效快速掘进生产目标成了亟待解决的问题。

为改善爆破效果，提高掘进速度，提出了中深孔全断面切缝管定向断裂爆破方案，掏槽孔采用二级楔形耦合药包切缝管定向断裂爆破，周边孔采用不耦合药包切缝管定向断裂爆破。切缝管定向断裂楔形掏槽爆破是在掘进工作面布置两阶楔形掏槽孔，一阶掏槽孔装入相应材质的切缝管，切缝宽度0.5mm，切缝沿上下排炮孔连心线方向对称开设，两端炮孔内切缝管切缝垂直开设，如图2和图3所示。

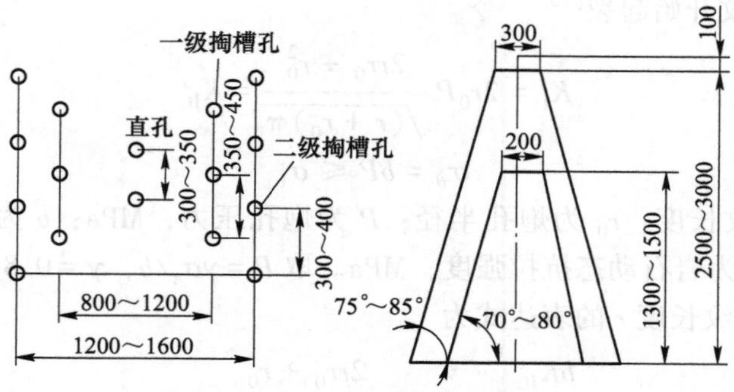

图2 中深孔楔形切缝药包定向断裂掏槽爆破炮孔布置（单位：mm）

Fig. 2 Layout of directional fracture cut blasting holes of middle-deep hole wedge joint-cutting cartridge（unit：mm）

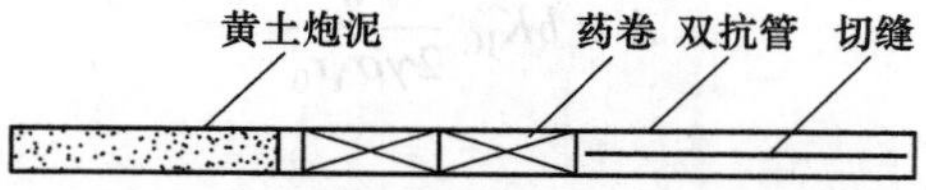

图3 一级楔形掏槽孔定向断裂装药结构

Fig. 3 Directional fracture charging constitution of level-1 wedge cut hole

周边孔中提出采用定向断裂周边光面爆破技术，周边孔装药结构如图4所示，切缝管长0.5m，水泡泥填塞，剩余炮孔用黄土炮泥填塞。

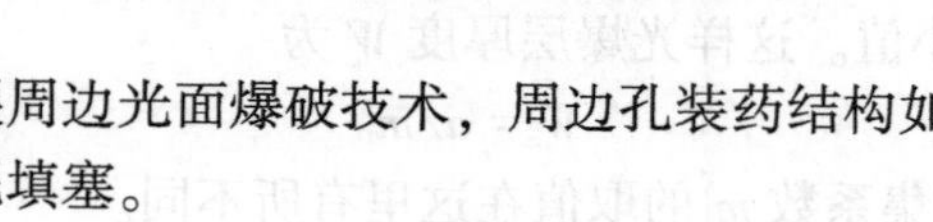

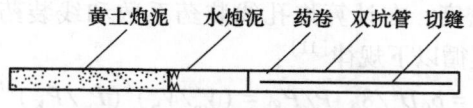

图4 周边孔切缝管定向断裂装药结构

Fig. 4 Directional fracture charging constitution of cut tube in peripheral holes

3 现场应用爆破效果

在定向断裂爆破裂纹扩展机理基础上，对爆破参数进行优化设计，周边孔间距500mm，光爆层厚度500mm（确保周边孔爆破后光爆层岩石可充分破碎，以降低周边孔装药爆炸后产生的应力波发射对围岩的扰动损伤）；一级掏槽孔孔口距 800mm，二级掏槽孔孔口距 1400mm，同时中间的直孔布置为 2 个，爆破器材选 ϕ32mm×200mm 乳化炸药，1~5 段 3m 脚线非电毫秒雷管，反向连续装药，磁电雷管、专用启爆器实行长距离引爆，联线方式为分组并联方式，放炮母线选用铝芯塑胶线，放炮安全距离不小于 200m。斜坡道炮孔布置如图 5 所示。

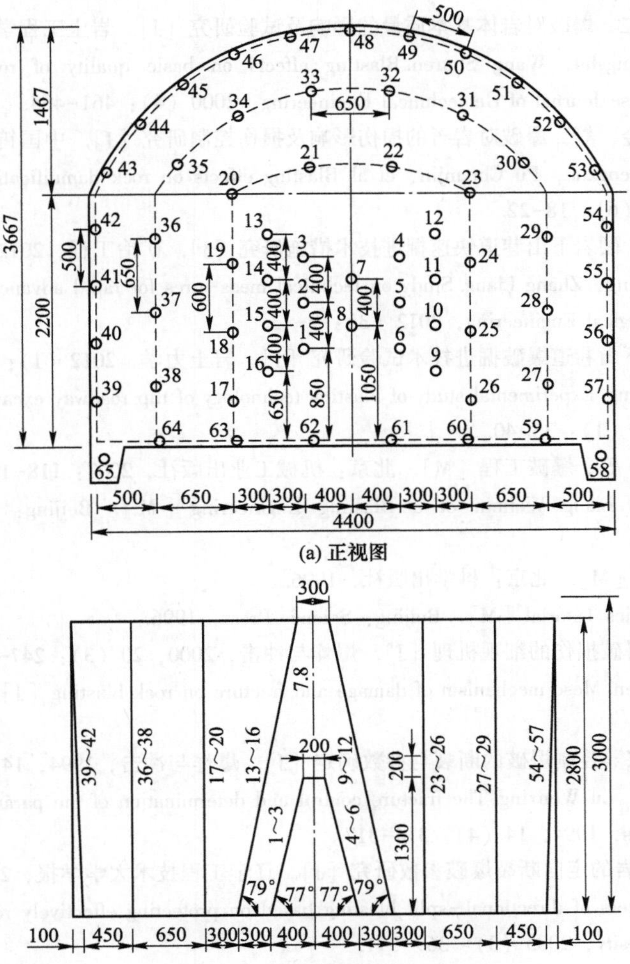

(a) 正视图

(b) 俯视图

图 5　斜坡道炮孔布置（单位：mm）

Fig. 5　Layout of blastholes at ramp（unit：mm）

1~65—炮孔编号；1~6—一级掏槽孔；7~8—直孔；9~16—二级掏槽孔

现场效果：通过利用提出的切缝管药包定向断裂复合楔形掏槽爆破和周边孔切缝管药包定向断裂爆破技术使炮眼利用率达到 90%以上，每循环进尺达 2. 5m，大大提高了巷道掘进速度；孔痕率 85%以上，爆破成形规整，有效控制了损伤，确保了围岩稳定性，为后期支护创造了良好条件；爆后岩块均匀，大块率低，提升了爆后装岩速度。

4　结论

（1）初始裂纹的形成是切缝处应力集中和压力差所致，而后的裂纹扩展过程包括切向拉伸应力作用下的扩展、爆生气体驱动压力作用下裂纹稳态扩展和爆生气体驱动下的宏观裂纹扩展 3 个阶段。

（2）切缝管药包定向断裂复合楔形掏槽爆破和周边孔切缝管药包定向断裂爆破技术可提高炮孔利用率和孔痕率，改善掏槽爆破效果，有益于提高巷道掘进速度；对周边围岩扰动损伤较少，使周边围岩裂隙少、整体性高，巷道周边和迎头面成型较好；且后期修边支护工作量大大减少，维护维修费用降低。

参考文献

[1] 杨小林，侯爱军，梁为民，等．隧道掘进爆破的损伤机理与振动危害［J］．煤炭学报，2008（4）：400-404.
Yang Xiaolin，Hou Aijun，Liang Weimin，et al. Damage mechanism and vibration effects in tunnel blasting［J］．Journal of China Coal Society，2008（4）：400-404.

[2] 杨小林，王梦恕，王树仁．爆破对岩体基本质量的影响及试验研究［J］．岩土工程学报，2000（4）：461-464.
Yang Xiaolin，Wang Mengshu，Wang Shuren. Blasting effects on basic quality of rock mass and its experimental investigations［J］．Chinese Journal of Geotechnical Engineering，2000（4）：461-464.

[3] 张志呈，肖正学，蒲传金，等．爆破对岩石的损伤影响及损伤控制研究［J］．中国钨业，2006（6）：18-22.
Zhang Zhicheng，Xiao Zhengxue，Pu Chuanjin，et al. Blasting effects on rock damnification and its control［J］．China Tungsten Industry，2006（6）：18-22.

[4] 李廷春，刘洪强，张亮．硬岩下山巷道快速掘进技术措施研究［J］．矿冶工程，2012（3）：9-13.
Li Tingchun，Liu Hongqiang，Zhang Liang. Study on technical meas-ures for rapid advancement of hard rock dip roadway［J］．Mining and Metallurgical Engineering，2012（3）：9-13.

[5] 李廷春，刘洪强．煤矿下山巷道爆破掘进技术试验研究［J］．岩土力学，2012（1）：35-40.
Li Tingchun，Liu Hongqiang. Experimental study of blasting technology of dip roadway excavation in coal mine［J］．Rock and Soil Mechanics，2012（1）：35-40.

[6] 戴俊，王小林，梁为民，等．爆破工程［M］．北京：机械工业出版社，2007：118-134.
Dai Jun，Wang Xiaolin，Liang Weimin et al. Blasting Engineering［M］．Beijing：China Machine Press，2007：118-134.

[7] Lmaitre J. 损伤力学教程［M］．北京：科学出版社，1996.
Lmaitre J. Damage Mechanics Tutorial［M］．Beijing：Science Press，1996.

[8] 杨小林，王树仁．岩石爆破损伤的细观机理［J］．爆炸与冲击，2000，20（3）：247-252.
Yang Xiaolin，Wang Shuren. Meso mechanism of damage and fracture on rock blasting［J］．Explosion and Shock Waves，2000，20（3）：247-252.

[9] 朱瑞赓，李新平，陆文兴．控制爆破的断裂与参数确定［J］．爆炸与冲击，1994，14（4）：314-317.
Zhu Ruigeng，Li Xinping，Lu Wenxing. The fracture control and determination of the parameters in control blasting［J］．Explosion and Shock Waves，1994，14（4）：314-317.

[10] 戴俊．基于有效保护围岩的定向断裂爆破参数研究［J］．辽宁工程技术大学学报，2005（3）：369-371.
Dai Jun. Study on parameters of directional-split blasting based on protecting effectively remaining rock［J］．Journal of Liaoning Technical University，2005（3）：369-371.

[11] 马芹永．光面爆破炮眼间距及光面层厚度的确定［J］．岩石力学与工程学报，1997（6）：590-594.
Ma Qinyong. Definition of hole-space and burden in smooth blasting［J］．Chinese Journal of Rock Mechanics and Engineering，1997（6）：590-594.

全尾砂胶结充填技术在坝头钼矿的应用

龙云刚

（福建省新华都工程有限责任公司，福建 上杭，364200）

摘　要：简述了坝头钼矿的基本情况及全尾砂胶结充填系统工艺流程。通过全尾砂胶结充填，矿山的回采率提高至86%，减少了尾砂向尾矿库的排放量，延长了尾矿库的使用寿命，达到了预期的效果，使矿山整体效益得到了大幅度提高，并有效保护了矿区地表生态环境。

关键词：全尾砂胶结充填；地压控制；回采率；生态环境

Application of the Unclassified Tailings Cementing and Backfilling Technology in Batou Molybdenum Mine

Long Yungang

（Fujian Xinhuadu Engineering Co.，Ltd.，Fujian Shanghang，364200）

Abstract：This paper briefly describes the basic situation of Batou Molybdenum Mine and the process flow of the unclassified tailings cementing and filling system. Through the backfilling of the cemented unclassified tailings，the recovery rate of the mine is increased to 86%，and the tailings to the tailings pounds is reduced，prolonging the service life of tailings ponds. As a result，the expected effect is achieved，the overall benefit of the mine is greatly improved，and the surface ecological environment of mining area is effectively protected.

Keywords：full tailings cementing and backfilling；ground pressure control；recovery rate；ecological environment

矿山开采为国家的基础建设提供了必不可少的原材料，但开采过程中也难免会带来负面效应，主要是资源损失、地表塌陷、排放废石及排放尾砂[1] 等。随着国家经济的飞速发展和科技水平的不断提高，采矿工艺逐步实现了无轨化和自动化[2]。经空场采矿法、充填采矿法、崩落采矿法进行对比分析，充填采矿法具有回采率高、作业安全、保护地表环境等优点[3]，尤其是对于复杂地质条件下的难采矿体，充填采矿法更能发挥其优势。

矿产资源不可再生，为综合利用矿产资源，提高矿石回采率，并有效控制采场地压活动，保护矿区地表不受破坏，对矿山实施全尾砂胶结充填技术，已刻不容缓。

1　矿山概况

坝头钼矿位于福建省古田县北西方向直线距离约22km，隶属于凤埔乡管辖。矿体主要赋存于似斑状黑云母二长花岗岩体内，为隐伏矿体，矿体呈似层状，舒缓波状起伏，倾角平缓，一般倾角5°左右，局部10°~15°，矿体规模较大，8线至37线连续长度1040m，北西至南东倾向方向宽80~450m，一般宽340m。

矿山的生产规模为处理矿石量90万吨/年，一期开采795m中段以上矿体，设计4个中段，分别为795m、835m、865m、900m中段，采用平硐溜井开拓。矿块布置为垂直走向布置，选择的采矿方法主

原载于《山东工业技术》，2015（18）：271-272。

要为阶段矿房法（嗣后充填），以795中段1104阶段矿房法为例，如图1所示。分两个步骤回采，第一步骤回采矿柱，采宽10m，出矿结束后及时采用全尾砂胶结充填；第二步骤回采矿房，采宽20m，出矿结束后及时采用全尾砂充填，每个采场均设计两个充填井，便于充填接顶。

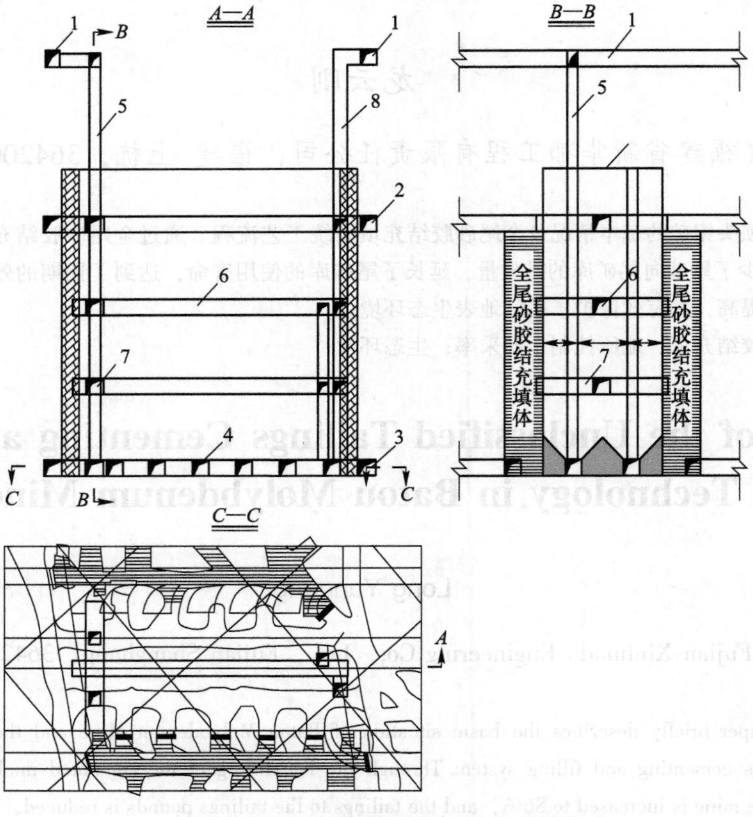

图1 795m中段1104阶段矿房法（嗣后充填）

1—865中段充填巷；2—835中段沿脉巷；3—795中段沿脉巷；4—出矿进路；
5—切割井（充填井）；6—分层凿岩巷；7—分层切割槽；8—采场人行天井

2 全尾砂充填系统工艺流程

坝头钼矿充填站建于尾矿库东侧800m处，标高980m，在充填系统各组成中，按其功能分为全尾砂储存供料线、充填胶储存供料线、调浓水供给线、充填料浆制备与输送、自动化控制系统等。充填作业通过充填钻孔向井下输送充填料，充填系统工艺流程如图2所示。

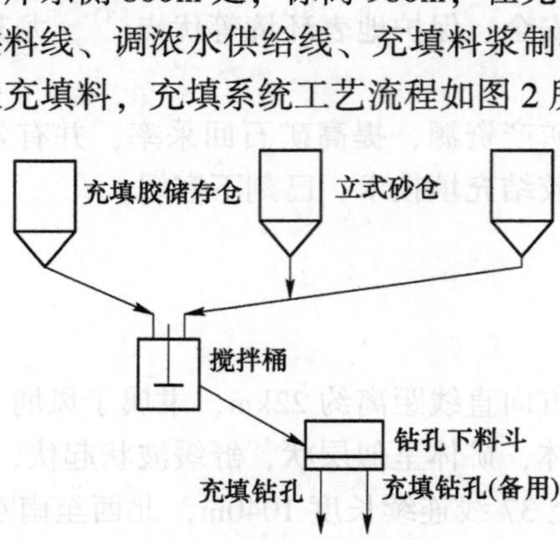

图2 充填系统工艺流程图

2.1 全尾砂储存供料线

采用选厂浮选全尾砂作为充填集料，坝头钼矿选厂每天处理矿石量为3000t，产生尾砂为2985t，尾砂浓度约22%~25%，尾砂浆流量451m^3/h。尾砂经砂泵输送至二级泵站砂池，再经二级泵站接力输送到充填站两个立式砂仓进行分级，粗颗料尾砂流入砂仓，细颗料尾砂流入尾矿库。砂仓尺寸均为ϕ8.8m×18m，直立部分高13.6m，底部为ϕ8.8m的半球形，单个砂仓容积约为1100m^3，两个砂仓交替使用，以充分发挥系统生产能力。

2.2 充填胶储存供料线

选用充填胶作为胶结材料，充填胶经公路运输到矿山充填站后，通过吹灰管吹卸转运到充填胶储存仓中。为防止垃圾等杂物混入充填胶储存仓中，在吹灰管上安装过滤装置。充填胶储存仓直径6.50m，锥底角约60°，总高13m，圆柱体高8.2m，有效容积330m^3，可储存充填胶430t，能满足矿山充填系统连续运行的要求。

充填胶给料量通过核子秤计量，以满足采场不同部位选用不同灰砂比的要求。

2.3 调浓水供给线

在矿山充填站东部山坡标高998m处建设了450m的高位水池，通过清水泵加压后，为充填作业提供生产用水，用于冲洗搅拌桶、清洗充填管道、调节充填料浆浓度、打扫充填站环境卫生以及消防用水使用。在充填作业过程中，如出现充填料浆浓度过高，不能满足充填倍线要求时，可通过调浓水供给线来调节料浆浓度。

2.4 充填料浆制备与输送

全尾砂浆、充填胶及调浓水混入搅拌桶（搅拌桶配套电机功率为45kW，处理能力达80~100m^3/h）进行充分搅拌。充填料各组分经搅拌桶搅拌均匀后形成浓度合适、流动性较好的充填料浆，之后经安装有充填料浆流量计、充填料浆浓度计的测量管进入充填钻孔下料斗，经充填钻孔及井下充填主管、充填支管自流输送到井下各中段采空区。在钻孔下料斗中用ϕ10mm钢筋制作安装格筛网，以防止石块等杂物误入充填钻孔造成堵塞管道；为便于充填开始、结束或处理堵管事故时冲洗管道，在下料斗中还安装有冲洗水闸阀。

2.5 充填系统自动控制

为了确保充填料浆达到需要的浓度、流量以及配比的要求并保持稳定运行，充填站控制室配置完善的PLC自动化控制系统，便于对各项运行参数进行检测和调节。

3 矿山充填实际应用

3.1 充填准备工作

3.1.1 采场准备

采场出矿结束后，及时将各出矿穿、出矿进路进行钢筋混凝土封堵，混凝土强度等级为C25，封堵墙位置尽量选在采空区边界4m以外的巷道断面相对较小且围岩较稳固部位，为提高封堵墙的稳固性，在巷道周边预先施工锚杆，浇筑时将锚杆浇筑在混凝土中。每道封堵墙中部均设置一个规格为400mm×1800mm的滤水窗口，窗口中安装土工布滤水层，滤水层外侧采用ϕ10圆钢钢筋网加固，以提高滤水层的受力能力，防止漏浆。

3.1.2 充填管道敷设

主充填管道选用ϕ133×8的锰钢管，从充填站钻孔到900m中段充填硐室，经四沿主运输巷道和37线天井到865m、835m中段敷设，分别承担835m中段采空区和795m中段采空区的充填料浆的输送，充填支管则通过三通闸阀与充填主管连接，沿各采场充填联络巷道敷设到采场充填井。充填管道均通过锚杆固定在巷道壁面上，敷设过程中，尽量避免出现弯曲，以便于充填料浆输送顺畅。充填管道敷设如图3所示。

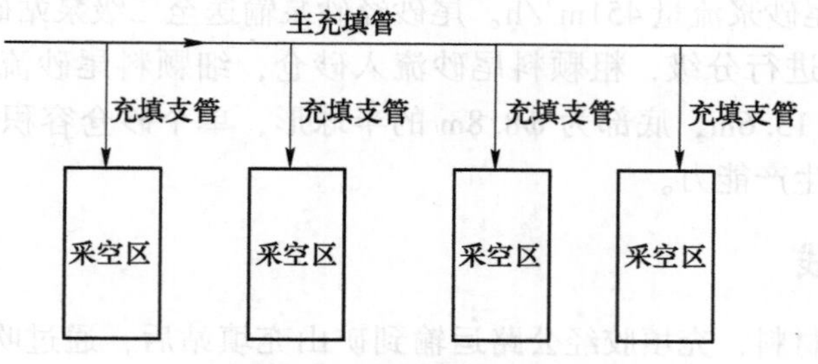

图3 充填管道敷设图

3.1.3 滤水管安装

在采场端部各设置4条滤水管，从采场上水平中段充填井联络巷道下放至下水平中段封堵墙之外巷道，滤水管采用管卡固定在 ϕ10mm 钢丝绳上，管卡每隔3~5m设置一个，滤水管及钢丝绳固定于采场顶部的锚杆上。

3.2 充填作业

每次充填前后均应用清水冲洗管路，以便使放砂管、搅拌桶、充填下料斗、充填钻孔及井下充填管道均得到充分清洗和润滑，冲洗时间以采场充填管出料口见到清水后为准。在每个采场底部充填阶段，必须严格控制单次最大充填高度，保证采场混凝土封堵挡墙的稳定性，底部充填时，单次最大充填高度不得超过0.8m，待充填体凝固达到一定强度后再继续充填。若充填料面最低处超过充填封堵墙最高点后，并且采场充填体表面无积水的前提下，一次充填高度可调整到1.0~1.5m。为便于充填系统连续作业，提高充填效率，每天均准备有两个采场循环充填。

根据采场部位选择充填灰砂比，采场底部6m段采用1：4灰砂比进行充填，然后按灰砂比1：6再充填6m，中部采用1：8灰砂比进行充填，中上部采用灰砂比1：6进行充填，顶部4m段则采用1：4灰砂比进行充填接顶，接顶时尽量一次充满，使充填体支撑顶板。通常情况下，充填料浆的浓度应尽量高些，但过高的浓度其流动性较差，容易造成充填管道堵塞，不利于充填接顶，为此应选择流动性较好且不会有太多积水存在的充填料浆浓度作为最佳浓度。充填料浆输送到空区后基本在充填体表面无积水，且流动性较好，不易产生离析现象，这时浓度对充填接顶极为有利[4]。为避免充填漏浆事故的发生，每次充填前，先检查通信系统及充填管路是否正常，在充填时，充填工均应时刻保持与充填站的紧密联系，并加强管路巡查，发现问题及时处理，确保充填作业安全顺利进行。

4 结论

全尾砂胶结充填技术在坝头钼矿的应用，充分回收了国家矿产资源，有效控制了矿山开采过程中的地压活动，实现了矿山安全生产，并创造了良好的经济效益和社会效益。

（1）嗣后全尾砂胶结充填，为第二步骤矿房回采创造了安全有利条件，且回采率提高至86%。

（2）采用全尾砂胶结充填技术，控制了采场顶板冒落和片帮，有效控制了采场地压活动，防止了地表塌陷，对保护矿区地表不受破坏起到了关键的作用。

（3）选厂排放的尾砂有50%用于井下充填，有效节约了尾矿库库容，减少了对地表耕地、林地的破坏，保护了地表生态环境。

（4）坝头钼矿全尾砂充填的成功经验，可以在国内其他类似矿山得到应用，具有广泛的推广价值。

参 考 文 献

[1] 周爱民．有色矿山采矿技术新进展［J］．采矿技术，2006，06（3）：1-7，48.
[2] 李红零，吴仲雄．我国金属矿开采技术发展趋势［J］．有色金属（矿山部分），2009，61（1）：8-10.
[3] 陈劲松．几种充填采矿法的特点及适用条件［J］．新疆工学院学报，2000，21（3）：199-202.
[4] 赵国彦，胡修章．管道输送充填接顶技术的探讨［J］．长沙矿山研究院季刊，1992，12（2）：8-13.

贵州李家湾锰矿主副井转平巷开拓通风改造方案

李萍丰　朱家和　胡运飞

（湖南涟邵建设工程（集团）有限责任公司，湖南 娄底，417000）

摘　要：文章详细介绍了李家湾锰矿改绞（竖井转平巷施工）后的通风系统的改造方案，以期对类似矿山施工提供参考。

关键词：锰矿井；改绞；通风改造

Retrofit Scheme of Ventilation for Main-auxiliary Shaft Change to Drift in Lijiawan Manganese Ore, Guizhou Province

Li Pingfeng　Zhu Jiahe　Hu Yunfei

（Hunan Lianshao Construction Engineering（Group）Co., Ltd., Hunan Loudi, 417000）

Abstract: This paper introduced a reform plan of ventilation after the changing winch（Main-auxiliary shaft change to drift）in Lijiawan manganese ore. In order to provide reference for similar mine construction.

Keywords: manganese mine; changing winch; ventilation reform

1　矿区概况

1.1　地形地貌气候概况

矿区内属亚热带温暖湿润季风气候，冬冷夏凉，雨量充足，年降雨量为1378mm，每年5~8月为雨季，月降雨量多在272.1~445.9mm之间，5~8月多暴雨，为丰水期，12月至次年3月降雨量少，为枯水期。年均气温16.3℃，最冷月是1月，平均气温为2.9℃，最热月是7月，平均气温为24.7℃，年平均气温14.2℃。矿区受地貌影响。全年主导风向为偏南风。主要矿产为锰矿，无瓦斯，含硫量低。主副井海拔标高871m，主井井深1121m，副井井深1071m。

1.2　工程概况

二期由主副井施工的中段平巷工程包括：-50m、-110m、-170m中段平巷（长约2900m）；-20m、-80m、-140m副中段平巷（长约2550m）；-50m、-110m及-170m中段车场；溜井系统（含硐室、联络斜巷等）等。主副井落底后，副井进行永久井筒装备安装。主井用1个多月进行临时改绞，改成临时箕斗加罐笼提升系统，然后，开始-110m中段、-170m中段及-200m溜井系统掘进。

在主副井与风井贯通之前，由于系统通风尚未形成，竖井1000多米深，再加上独头掘进平巷，通风路径长，地温较高，同时掘进的工作面有5个之多，通风非常困难。目前，主井副井各有轴流式对旋风机4×22kW，采用玻璃钢风筒，压入式通风，风阻较大，如不对通风进行改造，将严重影响井下掘进工作。

原载于《企业技术开发》，2015，34（15）：15-18。

2 通风方案的选择

2.1 通风方式的初步比较选择

结合李家湾锰矿实际生产情况，在主副井未贯通前主要用压入式通风，主副井井底联道贯通后，在井底联道中间砌一堵风墙，中间安置风机，由副井进风，主井出风，形成初步的负压通风，结合中段局扇通风，构成基建期平巷开拓期的通风系统。

2.1.1 掘进工作面需风量 ΣQ_{ni}

（1）按排出炮烟计算，见表1。

$$Q_{\mathrm{p}} = \frac{18}{t}\sqrt{ALS} \quad (\mathrm{m^3/min})$$

式中，t 为通风时间，取 30min；A 为一次爆破的炸药量，kg；L 为巷道长度，m；S 为巷道断面积，m^2。

表1 按排出炮烟计算

中　段	掘进类型	巷道长度/m	断面积/m^2	排烟时间/min	掘进台班数	一次放炮药量/kg	需风量/$m^3 \cdot min^{-1}$
-110 中段	东沿	1750	6.46	30	1	32.3	362.5666
	西沿	1200	6.46	30	1	32.3	300.2337
-140 中段	东沿	1750	6.46	30	1	32.3	362.5666
	西沿	1200	6.46	30	1	32.3	300.2337
-170 中段	东沿	1750	6.46	30	1	32.3	362.5666
	西沿	1200	6.46	30	1	32.3	300.2337
矿石溜井	天井	1100	5	30	1	25	222.486
-200 皮带道	石门掘进	1250	16.1	30	1	80.5	763.6901
总计							$2975m^3/min$ ($49.58m^3/s$)

（2）按掘进工作面同时工作的最多人数计算，见表2。

$$Q_{\mathrm{nr}} = 4N \quad (\mathrm{m^3/min})$$

式中，4 代表《安全规程》规定的以人数为单位的供风标准，$m^3/(min \cdot 人)$；N 为掘进工作面同时工作的最多人数，人。

表2 按工作人数计算

中　段	编　号	规格/m^2	面积/m^2	同时工作的最多人数/人	需风量/$m^3 \cdot min^{-1}$
-110 中段	东沿	2.8×2.767	6.46	8	32
	西沿	2.8×2.767	6.46	8	32
-140 中段	东沿	2.8×2.767	6.46	8	32
	西沿	2.8×2.767	6.46	8	32
-170 中段	东沿	2.8×2.767	6.46	8	32
	西沿	2.8×2.767	6.46	8	32
矿石溜井	天井	2.25×2.25	5	4	16
-200 皮带道	石门掘进	5×3.5	16.1	8	32
总计					$240m^3/min$ ($4m^3/s$)

（3）按最低排尘风速计算，见表3。

掘进工作面排尘需风量为：

$$Q_{nC} = Sv_{min} \quad (m^3/s)$$

式中，S 为独头巷道的过风断面积，m^2；v 为独头巷道要求的最低排尘风速，可取0.15~0.5m/s。

表3　按最低排尘风速计算

中段	编号	规格/m^2	面积/m^2	最低排风速 /$m \cdot s^{-1}$	需风量 /$m^3 \cdot s^{-1}$	中段小计 /$m^3 \cdot s^{-1}$
110中段	东沿	2.8×2.767	6.46	0.25	1.615	
	西沿	2.8×2.768	6.46	0.25	1.615	
-140中段	东沿	2.8×2.769	6.46	0.25	1.615	
	西沿	2.8×2.770	6.46	0.25	1.615	
-170中段	东沿	2.8×2.771	6.46	0.25	1.615	
	西沿	2.8×2.772	6.46	0.25	1.615	
矿石溜井	天井	2.8×2.773	5	0.25	1.25	
-200皮带道	石门掘进	2.8×2.774	16.1	0.25	4.025	
		总计			897.9m^3/min（14.97m^3/s）	

按排出炮烟计算需风量为49.58m^3/s，根据计划横道图，以上8个工作面最多同时施工的工作面5个，考虑“三八”工作制、各中段交错提升、放炮施工，同时，放炮的工作面最多不超过3个，所以，实际排除炮烟需风量：49.58×3/8=18.59（m^3/s）；按工作面同时工作的最多人计算需风量为3.07m^3/s；按最低风速计算为14.97m^3/s。经比较，最大风量值18.59m^3/s。

2.1.2　硐室需风量

变电硐室、水泵房、机修硐室需风量：

$$Q = 0.008 \Sigma P \quad (m^3/s)$$

式中，ΣP 为同时工作的电动机功率之和，kW。

由于变电硐室、水泵房等硐室非独立供风，不考虑，机修硐室电焊氧焊、气割等需风量，根据采矿手册取经验值需风量1~1.5m^3/s，按1.5m^3/s考虑。

2.1.3　总需风量

（1）按各用风点风量相加并计入漏风进行计算，则矿井需风量为：

$$\begin{aligned} Q_m &= (\Sigma Q_{wi} + \Sigma Q_{ni} + \Sigma Q_{ri} + \Sigma Q_{oi})K_m \\ &= (18.59 + 1.5) \times 1.1 \\ &= 22.1 m^3/s \end{aligned}$$

式中，ΣQ_{wi} 为各回采工作面需风量之和；ΣQ_{ni} 为各掘进工作面需风量之和；ΣQ_{ri} 为各硐室需风量之和；ΣQ_{oi} 为其他巷道需风量之和；K_m 为矿井通风系数，取1.1。

（2）按同时工作最多人数（每人每分钟4m^3/min）计算，则矿井需风量为：

$$\begin{aligned} Q_m &= 4N_m K_m (m^3/min) \\ &= 4 \times 100 \times 1.1 \\ &= 440 (m^3/min) \\ &= 7.33 (m^3/s) \end{aligned}$$

式中，N_m 为矿井井下同时工作的最多人数100人。取较大者，即22.1m^3/s为矿井需风量。

（3）以上为通风困难时期需风量，但目前工作面总数为3个，同时，放炮排烟最多不超过2个，而且目前刚开始掘进，排烟距离短，排烟快，需风量小，综合考虑，前期需风量可按60%考虑。所以，通风困难时期需风量为22.11×60%=13.27m^3/s。

2.2　通风困难时期风量分配和阻力计算

2.2.1　各中段的需风量

各中段的需风量，见表4。

表 4 风量分配 (m^3/s)

中 段	掘支工作需风量	硐室风量	中段总计	×1.1
-110 中段	4	0	4	4.4
-140 中段	4	0	4	4.4
-170 中段	4	1.5	5.5	6.05
矿石溜井	2		2	2
-200 皮带道	4.6		4.6	4.6
总合计				$1326.6m^3/min$ $(22.11m^3/s)$

2.2.2 风阻计算

风阻计算，见表5。

表 5 矿井巷百米摩擦阻力系数计算表

巷道名称	支护形式	摩擦阻力系数 $a/NS^2 \cdot m^{-2}$	井巷断面 S/m^2	井巷断面 S^3/m^6	井巷周长 P/m	百米风阻 R100 $/NS^2 \cdot m^{-8}$
主井	混凝土	0.004	23.75	13396.48438	17.27	0.000515658
副井	混凝土	0.004	28.26	22569.21598	18.84	0.000333906
-110m 中段	喷混凝土	0.006	6.46	269.586136	10.12	0.022523413
-140m 中段	喷混凝土	0.006	6.46	269.586136	10.12	0.022523413
-170m 中段	喷混凝土	0.006	6.46	269.586136	10.12	0.022523413
矿石溜井	喷混凝土	0.006	5	125	9	0.0432
-200m 皮带道	混凝土	0.004	16.1	4173.281	15.85	0.001519188
井底联道	喷混凝土	0.014	8.36	584.277056	11	0.026357359

2.2.3 风速检验

井巷风速不能太小，也不能太大。既要保证有效地排除有害气体和浮沉，同时又要创造适宜的气候条件。对此，相应的行业规程有如下规定：

专门升降物料的井筒，允许最大风速为12m/s。

升降人员与物料的井筒，允许最大风速为8m/s。

架线电机车巷道，允许最小风速1m/s，最大允许风速为8m/s。

回采工作面、掘进中的巷道允许最小风速为0.25m/s，允许最大风速为4m/s。经验算，风速符合规定。

2.2.4 通风阻力计算

通风阻力按风阻最大的一条回风路线算，局部风阻取沿程阻力的15%，见表6。

通风容易时期阻力计算，见表7。

中段掘进通风阻力计算，见表8。

中段局部通风阻力计算，见表9。

表 6 通风困难时期阻力计算

序号	始末节点	井巷名称	支护形式	百米风阻 R100	长度 $L/\times100m$	井巷风量 $/m^3 \cdot s^{-1}$ Q	井巷风量 Q^2	井巷摩擦阻力/Pa	累计阻力 /Pa
1	1-2	副井 871m 至-110m	混凝土	0.00417	9.81	22.11	488.8521	20.01616732	20.02
2	2-3	副井-110m 至-170m	无	0.00417	0.6	22.11	488.8521	9.277092142	29.29
3	3-4	副井-170m 至-200m	混凝土	0.00417	0.3	22.11	488.8521	0.170811439	29.46
4	4-5	副井井底联道	混凝土	0.00417	0.72	22.11	488.8521	2.699780418	32.16
5	5-6	皮带道	混凝土	0.001519	0.23	22.11	488.8521	0.170811439	32.33

续表 6

序号	始末节点	井巷名称	支护形式	百米风阻 R100	长度 $L/\times100$m	井巷风量/$m^3\cdot s^{-1}$ Q	Q^2	井巷摩擦阻力/Pa	累计阻力/Pa
6	6-7	主井-200m 至-170m	混凝土	0.00645	0.3	22.11	488.8521	0.945301267	33.28
7	7-8	主井-170m 至-110m	混凝土	0.00645	0.6	22.11	488.8521	1.890602534	35.17
8	8-9	主井-110m 至 871m	混凝土	0.00645	9.81	22.11	488.8521	30.91135142	66.08
	局部风阻		×15%					9.912287698	75.99
	合 计								75.99

表 7 通风容易时期阻力计算

序号	始末节点	井巷名称	支护形式	百米风阻 R100	长度 $L/\times100$m	井巷风量/$m^3\cdot s^{-1}$ Q	Q^2	井巷摩擦阻力/Pa	累计阻力/Pa
1	1-2	副井 871m 至-110m	混凝土	0.00417	9.81	13.27	176.0929	7.210166328	7.21
2	2-3	副井-110m 至-170m	无	0.00417	0.6	13.27	176.0929	0.440988766	7.65
3	3-4	副井-170m 至-200m	混凝土	0.00417	0.3	13.27	176.0929	0.220494383	7.87
4	4-5	副井井底联道	混凝土	0.00417	0.72	13.27	176.0929	0.529186519	8.40
5	5-6	皮带道	混凝土	0.001519	0.23	13.27	176.0929	0.061529206	8.46
6	6-7	主井-200m 至-170m	混凝土	0.00645	0.3	13.27	176.0929	0.340513708	8.80
7	7-8	主井-170m 至-110m	混凝土	0.00645	0.6	13.27	176.0929	0.681027417	9.48
8	8-9	主井-110m 至 871m	混凝土	0.00645	9.81	13.27	176.0929	11.13479827	20.62
	局部风阻		×15%					3.092805689	23.71
	合 计								23.71

表 8 局部通风阻力计算

进尺	始末节点	井巷名称	支护形式	百米风阻 R100	长度 $L/\times100$m	井巷风量/$m^3\cdot s^{-1}$ Q	Q^2	井巷摩擦阻力/Pa	累计阻力/Pa	加局部阻力(15%)
300m	1-2	风筒		33.91	3	2	4	406.92	407.52	611.28
	2-3	巷道	无	0.05017	3	2	4	0.60198941		
500m	1-2	风筒		33.91	5	2	4	678.2	679.20	1018.8
	2-3	巷道	无	0.05017	5	2	4	1.00331569		
700m	1-2	风筒		33.91	7	2	4	949.48	950.88	1426.32
	2-3	巷道	无	0.05017	7	2	4	1.40464197		
1000m	1-2	风筒		33.91	10	2	4	1356.4	1358.41	2037.62
	2-3	巷道	无	0.05017	10	2	4	2.00663138		
1200m	1-2	风筒		33.91	12	2	4	1627.68	1630.09	2445.14
	2-3	巷道	无	0.05017	12	2	4	2.40795766		

表 9 局部通风阻力计算

需风地点	始末节点	井巷名称	支护形式	百米风阻 R100	长度 $L/\times100$m	井巷风量/$m^3\cdot s^{-1}$ Q	Q^2	井巷摩擦阻力/Pa	累计阻力/Pa	加局部阻力(15%)
-110 东沿	1-2	风筒		33.91	7.5	2	4	1017.3	1018.80	1528.2
	2-3	巷道	无	0.05017	7.5	2	4	1.50497353		
-110 西沿	1-2	风筒		33.91	12	2	4	1627.68	1630.09	2445.14
	2-3	巷道	无	0.05017	12	2	4	2.40795766		

续表 9

需风地点	始末节点	井巷名称	支护形式	百米风阻 R100	长度 $L/\times 100m$	井巷风量/$m^3 \cdot s^{-1}$		井巷摩擦阻力/Pa	累计阻力/Pa	加局部阻力（15%）
						Q	Q^2			
-140 东沿	1-2	风筒		33.91	7.5	2	4	1017.3	1018.80	1528.2
	2-3	巷道	无	0.05017	7.5	2	4	1.50497353		
-140 西沿	1-2	风筒	无	33.91	12	2	4	1627.68	1630.09	2445.14
	2-3	巷道		0.05017	12	2	4	2.40795766		
-170 东沿	1-2	风筒	无	33.91	7.5	2	4	1017.3	1018.80	1528.2
	2-3	巷道		0.05017	7.5	2	4	1.50497353		
-170 西沿	1-2	风筒	无	33.91	12	2	4	1627.68	1630.09	2445.14
	2-3	巷道	无	0.05017	12	2	4	2.40795766		

2.3 风机选型

2.3.1 风机风量

（1）通风容易时期风机风量：

$$Q_f = KQ_m = 1.15 \times 13.27 = 15.26m^3/s$$

（2）通风困难时期风机风量：

$$Q_f = KQ_m = 1.15 \times 22.11 = 25.43m^3/s$$

2.3.2 通风阻力

（1）通风容易时期，通风阻力：

$$H_f = h_t + h_n + h_r + H_v = 23.71 + 50 + 100 = 173.71(Pa)$$

$$H_{f易} = h_t + H_n + h_r + h_v = 1728.45 + 120 + 0 = 1848.45(Pa)$$

$$H_{f难} = h_t + H_n + h_r + h_v = 2775.99 + 120 + 0 = 2895.99(Pa)$$

式中，h_t 为矿井总阻力，取困难时期 Pa；H_n 为与扇风机通风方向相向自然风压，50Pa；h_r 为扇风机装置阻力，取 100Pa；h_v 为出口动压损失，$h_v = 0.5 \times 1.4 \times 0.9^2 = 0.6$Pa。可忽略不计。

（2）通风困难时期，通风阻力：

$$H_f = h_t + h_n + h_r + H_v = 75.99 + 50 + 100 = 226(Pa)$$

$$H_{f易} = h_t + H_n + h_r + h_v = 1728.45 + 120 + 0 = 1848.45(Pa)$$

$$H_{f难} = h_t + H_n + h_r + h_v = 2775.99 + 120 + 0 = 2895.99(Pa)$$

式中，h_t 为矿井总阻力，取困难时期 Pa；H_n 为与扇风机通风方向相向自然风压，50Pa；h_r 为扇风机装置阻力，取 100Pa；h_v 为出口动压损失，$h_v = 0.5 \times 1.4 \times 0.9^2 = 0.6$Pa。可忽略不计。

2.3.3 风机、电机的选择

方案 1（根据风量风阻选择最优风机）：

根据矿井需风量及通风阻力计算结果，通风容易时期优选 K40-6-No 11 风机，电机功率 7.5kW。通风困难时，优选 K40-6-No 12，电机功率 15kW。综合考虑，选择 40-6-No 12 型风机，但考虑前期运营成本，电机更换成 Y160M-6 型电机，功率 7.5kW，后期根据现场观测，再更换电机。选择由于目前李家湾没有此型号风机，需要购买。

方案 2（利用原有风机）：

考虑一期竖井施工原有对旋式局部通风机数台，单台最大风量 $9.5m^3/s$，最大风压 2650Pa，额定功率 22kW。风压大但风量小，至少两台以上并联才能满足风量要求。

方案 2 耗电大，长期来说，耗电比新买 1 台风机还贵，综合考虑，选方案 1，选择 40-6-No 12 型风机，电机更换成 Y160M-6 型，功率 7.5kW，风机叶片角度可调式，原有风机可作为备用风机。

3 通风立体图

通风立体图，如图1所示。

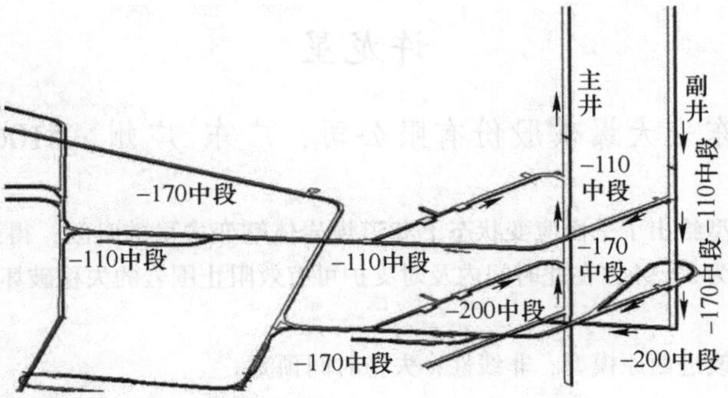

图1 通风立体图

参考文献

[1] 卢义玉，王克全，李晓红．矿井通风与安全［M］．重庆：重庆大学出版社，2006.
[2]《采矿设计手册》编辑委员会．采矿设计手册［M］．北京：中国建筑工业出版社，1987.
[3] 朱润生，陈继福．通风与安全技术［M］．北京：化学工业出版社，2006.
[4] 严建华．矿井通风技术［M］．北京：煤炭工业出版社，2009.
[5] 胡汉华．矿井通风系统设计——原理、方法与实例［M］．北京：化学工业出版社，2010.
[6] AQ 2007.2-2006 金属非金属矿山安全标准化规范［S］.
[7] 刘杰，谢贤平．多风机多级机站通风节能原理初探［J］．有色金属（矿山部分），2010，62（5）：71-74.

巷道煤岩体蠕变失稳时间预测研究

许龙星

（广东宏大爆破股份有限公司，广东 广州，510623）

摘　要：利用改进西原模型给出了平面应变状态下巷道煤岩体蠕变失稳的时间，得到余吾煤业 S2206 顺槽开挖阶段巷道蠕变失稳时间为 52.9h，在此时间内及时支护可有效阻止围岩的失稳破坏，保证巷道的正常开挖和煤矿的安全生产。

关键词：煤岩体；蠕变；改进西原模型；非线性；失稳时间预测

Research on the Prediction of Creep Collapsing Time of Coal and Rock Mass in Mine Roadway

Xu Longxing

（Guangdong Hongda Blasting Co.，Ltd.，Guangdong Guangzhou，510623）

Abstract：Using the improved Nishihara model，the prediction formula of creep collapsing time of coal and rock mass in roadway under plane strain state was obtained. By calculation，the creep collapsing time of No. S2206 mining roadway at excavation stage is 52.9h. By roadway timely supporting within 52.9h，the instability failure of surrounding rock can be effectively prevented and the mine safety production can also be guaranteed.

Keywords：coal and rock mass；creep；improved Nishihara model；nonlinear；prediction of instability time

目前，国内学者针对蠕变失稳的预测开展了广泛的研究工作。陈有亮和孙钧[1] 对平均值序列采用灰色预测方法建立了蠕变断裂时间预测模型，并提出了岩石的流变断裂准则；鲜学福[2] 通过对均质各向同性的煤岩体蠕变特性分析，以西原模型为基础，获得了在静载荷作用下含瓦斯煤层裸露面煤体发生蠕变失稳的时间预测；姜永东[3,4] 研究了边坡岩体的蠕变失稳时间，提出了工程岩体蠕变断裂失稳的两步计算法。上述研究主要采用西原模型，但西原模型难以描述岩石非线性加速蠕变阶段的流变特性，而改进西原模型[5-7] 不仅可充分反映岩石初期蠕变、等速蠕变阶段的流变特性，还可以很好地描述岩石加速蠕变阶段的蠕变规律。据此，本文以改进西原模型为基础，推导围岩体在平面应变状态下的蠕变本构方程，并给出蠕变失稳预测的时间预测值。

1　改进西原模型

岩石试件的蠕变曲线主要由衰减蠕变阶段、等速蠕变阶段和加速蠕变阶段三个阶段组成。为描述岩石的加速蠕变阶段，邓荣贵，周德培[8] 等引入一个非线性黏滞元件代替西原模型中的线性牛顿体，得到改进西原模型，如图 1 所示。该模型不仅能描述衰减蠕变、等速蠕变，而且可以描述加速蠕变过程。

当恒定载荷小于屈服应力时，改进西原模型中非线性牛顿体表现为与线性牛顿体相同的特性，模型变为西原模型，模型可以描述岩石发生衰减蠕变和等速蠕变的过程，如图 2 所示；当恒定载荷超过

原载于《陕西煤炭》，2016（1）：30-32。

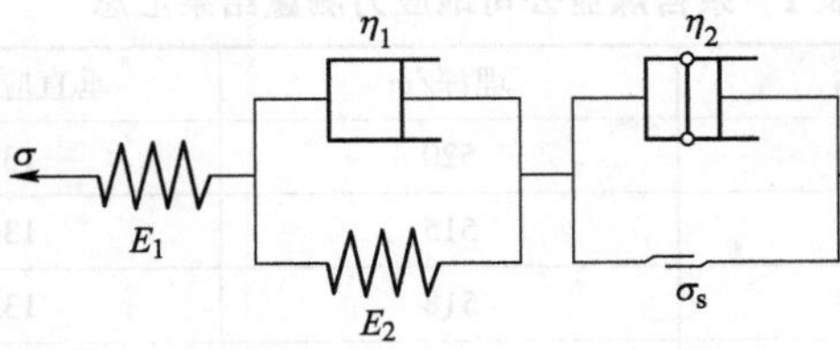

图 1　改进西原模型

E_1—弹性模量；E_2—黏弹性模量；η_1，η_2—模型的黏滞系数；σ_s—屈服应力

屈服应力作用时，模型中的非线性牛顿体被触发，可描述加载初期岩石的衰减蠕变、等速蠕变及其加速蠕变过程，进入加速蠕变后，将很快导致其发生非线性蠕变破坏，如图 3 所示。

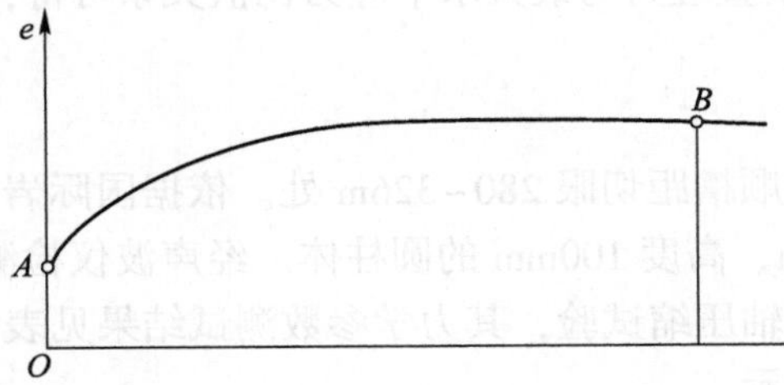

图 2　蠕变特性曲线 *a*

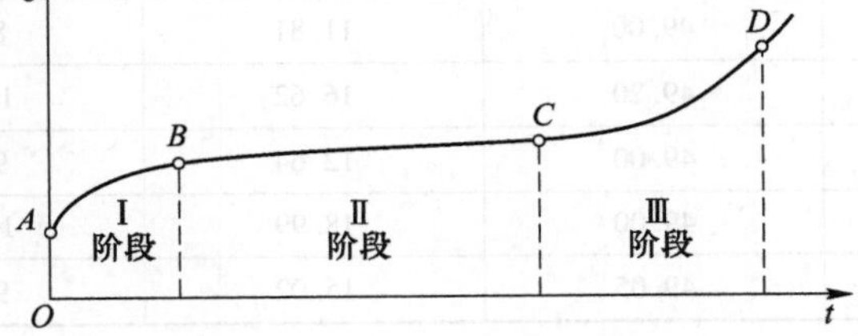

图 3　蠕变特性曲线 *b*

2　巷道蠕变失稳时间预测

2.1　工程背景

山西潞安集团余吾煤业 S2206 进风顺槽位全长 1688m，开口于南二 1 号回风下山延伸段，沿 3 号煤层顶板掘进，整体为一褶曲构造，巷道最高点位于巷道中部背斜轴部，标高 437.5m，最低点位于巷道与辅助切眼相交处，标高为 407.3m，经常出现局部或大范围巷道失稳的情况，特别处于断层破碎带的巷道失稳更加严重。巷道出现失稳破坏的主要表现形式为：硐室四周开裂、变形，巷道底臌明显，两帮、顶底板收敛剧烈等软岩大变形特征。

2.2　地应力现场实测资料

从建井初期开始，余吾煤业进行两次水压致裂地应力测试工作的地点及结果见表 1。表中可见，余吾煤业 3 号煤层最大主应力为垂直应力，中间主应力、最小主应力为近水平方向，而且垂直应力与最大水平主应力比值在 1.07~2.14 之间，这说明余吾矿的原岩应力场是以垂直应力为主导的。使用线性回归分析的方法，对 7 个测点原岩应力值进行回归分析，可得到最大主应力（垂直应力）随深度变化的回归方程

$$\sigma_1 = 0.0265H - 0.0058 \tag{1}$$

式中，H 为测点埋深，m。

表 1　余吾煤业公司地应力测量结果汇总

序　号	南翼测站	埋深/m	垂直应力/MPa	最大水平主应力/MPa
1	胶带大巷	520	13.78	9.59
2	胶带大巷	515	13.65	6.56
3	胶带大巷	518	13.73	6.41
4	S2203 回风巷	538	14.26	10.1
5	2201 回风巷	535	14.18	9.95
6	下山岔口	540	14.31	13.31

S2206 进风顺槽距切眼 280~326m 处，最高点标高 437.5m，最低点标高为 407.3m。代入式（1）得，σ_1=10.78~11.59MPa，根据垂直应力与最大水平应力比值关系可得，σ_2=5.03~10.08MPa。

2.3　改进西原模型参数确定

煤样取自余吾煤业 S2206 进风顺槽距切眼 280~326m 处。依据国际岩石力学学会（ISRM）试验规程，将煤样加工成 20 个直径 50mm、高度 100mm 的圆柱体。经声波仪检测，从中选取波速在 55~60μs 之间的 8 个试件。其中 4 个用于单轴压缩试验，其力学参数测试结果见表 2；另外 4 个试件用于单轴蠕变试验，其蠕变试验曲线如图 4 所示。

表 2　煤样单轴压缩力学性质试验结果

序号	高度/mm	直径/mm	抗压强度/MPa	弹性模量/GPa	泊松比
1	83.30	49.00	11.81	8.88	0.31
2	99.70	49.20	16.62	10.88	0.23
3	99.10	49.00	12.64	9.56	0.34
4	93.70	49.00	18.99	10.58	0.28
平均值	93.95	49.05	15.02	9.97	0.29

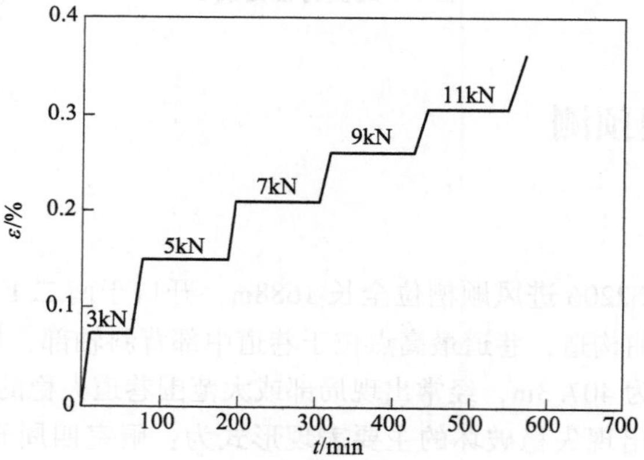

图 4　蠕变曲线图

2.4　巷道煤岩体蠕变失稳的时间预测

岩石的蠕变实验研究表明[9-11]，当外载荷产生的应力大于其屈服应力（长期强度）时，经长时间加载，岩石将会发生蠕变失稳破坏。地下工程围岩的临空面一般处于二向应力（或应变）状态，围岩临空面将沿其法向方向膨胀变形，从而导致围岩临空面发生断裂失稳。地下工程掘进巷道裸露侧煤岩体受力可视为平面应变问题来处理。

根据现场监测数据以及试验得到的蠕变曲线，可得，围岩蠕变参数为：E_1 = 9.97GPa，η_1=2.28GPa · h，η_2=31.6GPa · h。

S2206煤巷围岩属Ⅳ到Ⅴ级，此类围岩巷道自稳时间是1~3d。根据前述实验结果，可得出蠕变失稳时间$t=52.9$h。可见，预测得到的巷道煤岩体蠕变失稳破坏时间符合此类围岩巷道自稳时间，在此时间内及时对巷道围岩体进行支护可有效阻止围岩的蠕变失稳破坏，保证巷道的正常开挖和煤矿的安全生产。

3 结语

本文针对巷道煤岩体蠕变失稳的特性，基于改进西原模型，用于余吾煤业S2206进风顺槽煤巷围岩的蠕变失稳时间预测，得到其蠕变失稳时间为52.9h，预测结果符合围岩分级表中的围岩自稳时间。可见，该模型能较准确地预测巷道煤岩体的蠕变失稳时间，为掘进巷道最佳支护时间的确定提供了理论计算依据。

参考文献

[1] 陈有亮，孙钧．岩石的蠕变断裂特性分析［J］．同济大学学报（自然科学版），1996，24（5）：504-509.
[2] 鲜学福，李晓红，姜德义，等．瓦斯煤层裸露面蠕变失稳的时间预测研究［J］．岩土力学，2005，26（6）：841-844.
[3] 姜永东．三峡库区边坡岩土体蠕滑与控制的现代非线性科学研究［D］．重庆：重庆大学，2006.
[4] 姜永东，鲜学福，杨春和，等．巷道岩体蠕变断裂失稳区预测研究［J］．岩土工程学报，2008，30（6）：906-910.
[5] 齐亚静，姜清辉，王志俭，等．改进西原模型的三维蠕变本构方程及其参数辨识［J］．岩石力学与工程学报，2012，31（2）：347-355.
[6] 邹友平，邹友峰，郭文兵，等．改进的西原模型及其稳定性分析［J］．河南理工大学学报（自然科学版），2005，24（1）：22-24.
[7] 曹树刚，边金，李鹏，等．岩石蠕变本构关系及改进的西原正夫模型［J］．岩石力学与工程学报，2002，21（5）：632-634.
[8] 邓荣贵，周德培，张倬元，等．一种新的岩石流变模型［J］．岩石力学与工程学报，2001，20（6）：780-784.
[9] 范翔宇，张千贵，艾巍，等．煤岩储气层岩石蠕变特性与本构模型研究［J］．岩石力学与工程学报，2013，32（2）：3732-3739.
[10] 姜永东，鲜学福，熊德国，等．砂岩蠕变特性及蠕变力学模型研究［J］．岩土工程学报，2005，27（12）：1478-1481.
[11] 赵宝云，刘东燕，郑颖人，等．红砂岩单轴压缩蠕变试验及模型研究［J］．采矿与安全工程学报，2013，（5）：744-747.

薄煤层综合机械化采煤技术的研究与实践

李战军[1]　李小波[1,2]

（1. 广东宏大爆破股份有限公司，广东 广州，510623；
2. 北京广业宏大矿业设计研究院，北京，101318）

摘　要：介绍了薄煤层综合机械化采煤工艺在薄煤层工作面的成功实践，薄煤层采煤全部实现机械化，既降低了劳动强度，又提高了生产能力和工效，能取得较好经济效益的同时也能提高采煤过程中的安全性。薄煤层综合机械化采煤工艺在北京京煤集团有限责任公司木城涧煤矿的成功实践，也对我国薄煤层综合机械化采煤技术的发展起到了推进作用，具有一定的社会效益。

关键词：薄煤层；综合机械化；采煤技术

Research and Practice of Fully Mechanized Coal Mining Technology in Thin Coal Seam

Li Zhanjun[1]　Li Xiaobo[1,2]

（1. Guangdong Hongda Blasting Co.，Ltd.，Guangdong Guangzhou，510623；
2. Beiiing Guangye Hongda Mining Industry Design and Research Institute，Beijing，101318）

Abstract：The authors introduced successful practices of fully mechanized coal mining technology in working face of thin coal seam，which achieving full mechanization in thin coal seam，reducing labor intensity，improving productivity and work efficiency，gaining better economic efficiency and also improving safety of mining process. The successful practice of thin seam fully mechanized mining technology in Muchengjian Coal Mine，Beijing Jingmei Group promoting development of thin coal seam fully mechanized mining technologes in China，and it has certain social benefits.

Keywords：thin coal seam；fully mechanization；coal mining technology

目前薄煤层开采方法主要有两种，一是炮采，即采用放炮落煤、人工装煤和单体液压支柱支护方式，该方式生产效率极低，安全保障度差，工人劳动强度很大；二是高档普采，即采用采煤机落煤并装煤，单体液压支柱支护顶板，该方式减少了打孔放炮和人工攉煤的工序，在一定程度上降低了工人的劳动强度，但工作面顶板控制比较困难且工作面用人多，安全保障度较差，生产能力很难得到充分发挥。目前我国大部分薄煤层工作面采用放炮落煤和人工装煤的方式采煤，只有很少一部分采用高栏普采方式，而薄煤层综采技术仍属空白。在以薄煤层开采为主的地区，能实现薄煤层综采尤为重要。因此，我国四川和京西等地部分煤矿一直在积极研究薄煤层综合机械化采煤技术，并将其应用于实践，取得了很好的效果。

1　实现薄煤层综采的技术途径

现有的综采设备包括：

（1）螺旋钻采煤机。螺旋钻采煤机是在用于露天开采的螺旋钻机基础上改造而成的，主要作用于

原载于《中国煤炭》，2016，42（1）：67-70。

工作面开采时单产水平低的情况，不能用于矿井主采工作面，目前主要用于回收边角煤。

（2）刨煤机。刨煤机具有工作效率高、结构简单以及维护方便等优点。我国曾对采用刨煤机开采薄煤层进行了一些试验，发现刨煤机开采效果受煤层厚度、倾角、顶底板条件以及特殊地质构造的影响很大，因此没有得到推广应用。

（3）爬底式单滚筒采煤机。四川达竹煤电（集团）有限责任公司于2006年进行了爬底式单滚筒采煤机普采试验，发现该机组的适应性很差，不适应现代采煤机生产技术的发展要求。

（4）支护设备。目前我国已有一系列适用于不同地质条件、不同配套设备的薄煤层工作面液压支架产品。但这些支架的调高范围较小，对薄煤层的适应能力差，无法满足薄煤层对行人、过机及过煤空间的要求。

（5）刮板输送机。目前通常使用的工作面刮板输送机基本能够满足矿区的生产需求，但这些刮板输送机大多槽宽大、中板厚且距底板位置高，若应用于薄煤层工作面，则会减少行人空间和刮板输送机的过煤断面。因此，刮板输送机不适合在薄煤层工作面应用。

总之，采用现有的综采设备难以实现薄煤层综采。必须从设备结构、配套、参数和自动化等方面进行全方位研究，关键技术是薄煤层综采液压支架、采煤机、刮板输送机的研制，综采设备的总体配套及高效综采生产工艺。

2 薄煤层综合机械化采煤工艺的实践

2.1 薄煤层工作面概述

木城涧煤矿+570m水平六石门五槽西二壁工作面为薄煤层工作面，其走向平均长度为630m，倾向平均长度为105m，煤层厚度为0.3～1.5m，平均厚度为1.1m，煤层总体走向为N135°E，倾向45°，倾角7°～15°，平均倾角为11°，其煤层顶板情况见表1。

表1 煤层顶底板情况表

顶板名称	岩石名称	厚度/m	岩性特征
老顶	中细粒砂岩	5～20 10	中细粒粉砂岩，局部相变为粉砂岩，一般上细下粗
直接顶	粉砂岩	2～5 3.5	细层粉砂岩，灰色，泥质胶结
伪顶	粉砂岩	0～0.5 0.3	含炭粉砂岩，黑灰色，薄层状
直接底	粉砂岩	2～5 4	细层粉砂岩，灰色，坚硬性脆
老底	粉砂岩	5～20 8	厚层粉砂岩，灰色，含方解石

2.2 三机配套设备选型及主要技术参数

经三机配套选型最终确定设备见表2。

表2 三机配套设备选型及厂家

配套设备	型号	厂家
采煤机	MG200/458-BWD型交流变频电牵引采煤机	辽源煤矿机械制造有限责任公司
液压支架	ZY3400/07/17型掩护式液压支架	北京鑫华源机械制造有限责任公司
刮板输送机	SGZ630/220型刮板输送机	中煤张家口煤矿机械有限责任公司

2.3 采煤工艺

本工作面采用走向长壁后退式开采、全部垮落法处理采空区的综采方法。工作面层面布置示意图如图1所示。

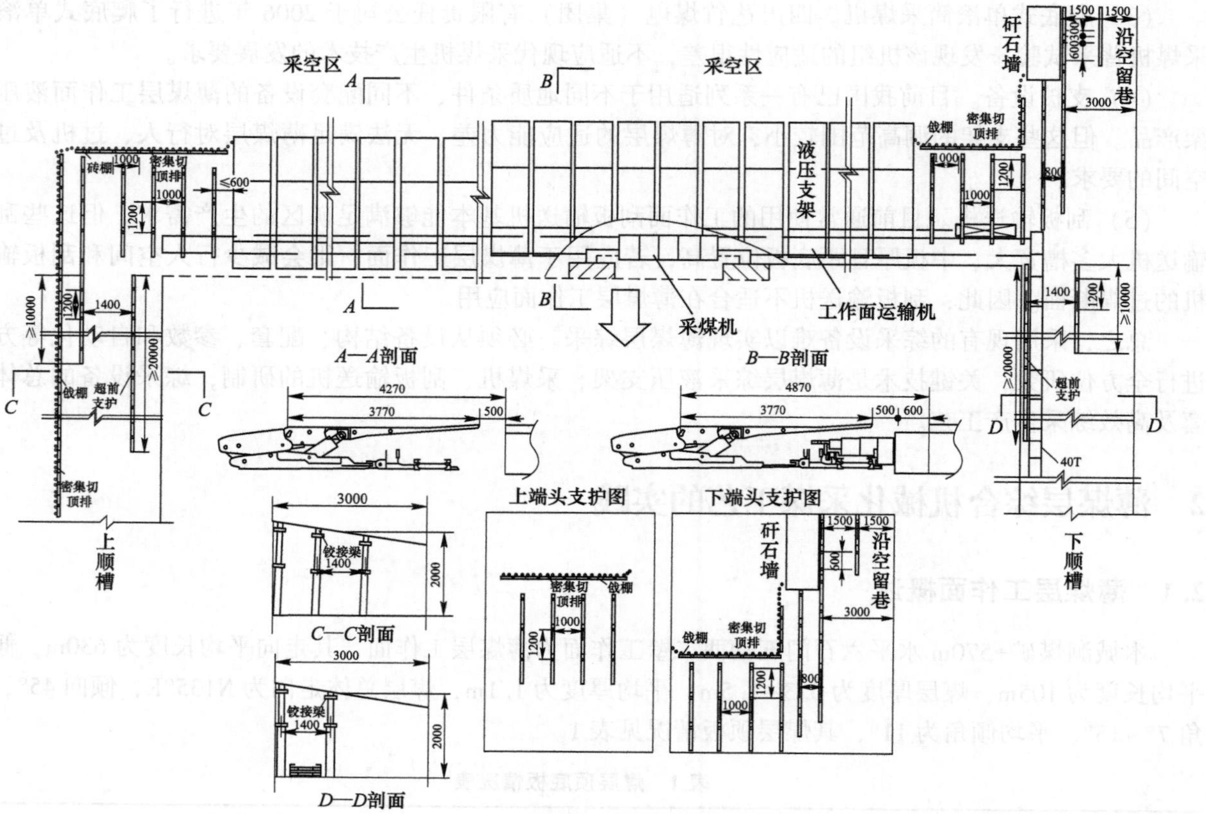

图1 工作面层面布置示意图（单位：mm）

本工作面的回采工艺是薄煤层综合机械化采煤，回采程序（工艺流程）为采煤机上端头斜切进刀→采煤机下行割煤至下端头并追机移架→采煤机上行装浮煤并由下向上追机推溜→采煤机上行割三角煤，如此循环回采。

本工作面利用采煤机滚筒落煤，采用上端部斜切进刀单向割煤，截深0.6m，机组往返一次进一刀。循环进度为0.6m，进刀距离为33m。采煤机割下的煤利用滚筒配合运输机上的铲煤板将煤装入运输机。

采煤机割下的煤通过工作面刮板输送机、SGB620/40型刮板运输机、DSJ800/55型带式输送机，将煤运至煤仓再采用1T矿车将煤运输到+570m的水平罐笼。

2.4 应用效果与效益分析

此薄煤层综采工作面安装好后，从初采到第一次搬家，共计采出原煤80938.37t，每月具体完成情况见表3。

表3 生产情况统计

序号	完成产量/t	备 注	序号	完成产量/t	备 注
1	1039.04	本月开始初采	7	6127.43	
2	7360.68		8	5544.79	
3	12148.04		9	5787.56	
4	10992.47		10	7020.81	
5	8584.23		11	10108.80	
6	6224.53	工作面过旧巷	合计	80938.37	

此工作面采用综采工艺和炮采工艺时的劳动组织分析分别见表4和表5。

表4　综采工艺时劳动组织表　（人）

岗位（工种）	班组				合计
	生产一班（割煤）	生产二班（割煤）	生产三班（干杂活）	检修班	
班长	1	1	1	1	4
副班长	1（兼）	1（兼）	1（兼）	1（兼）	4
泵站司机	1	1	1		3
采煤司机	2	2			4
溜子司机	2	2			4
胶带司机	2（兼巡视胶带）	2（兼巡视胶带）			4
拉架推溜	4（兼清浮煤）	4（兼清浮煤）			8
上下端头回柱	6	6	4		16
看电缆	2	2			4
跟班检修工	1	1			2
码矸石			5（兼搞料）		5
打孔放炮			3		3
缩40T			2		2
干其他杂活			2		2
检修采煤机				3	3
检修溜子				2	2
检修皮带				3	3
检修支架				2	2
检修泵、开关				3	3
总计	20	20	18	16	74

注：检修班和干杂活生产班一起上班，跟班检修工属于检修班，干杂活生产班和机修班里均有采煤司机、溜子司机和皮带司机；经计算，一个圆班综采队需要74人，算上轮休，另外配备一名队长，综采队需要105人。

表5　炮采工艺时劳动组织表　（人）

工　种	打孔班 一班	出煤班 二班	回柱班 三班	实际人数
班长	1	1	1	3
副班长	1（兼）	1（兼）	1（兼）	3
打孔工	18			18
放炮员	1（兼）			1
刮板运输机司机		6		6
回柱工			14	14
攉煤工		22		22
泵站司机	1	1	1	3
接车工		2		2
班机修工	1	1	2	4
听顶工	1（兼）	1（兼）	1（兼）	3
小计	21	33	18	72

注：经计算，一个圆班炮采队需要72人，算上轮休，另外配备一名队长，炮采队需要102人。

由表4和表5可以看出，此工作面采用综采工艺和炮采工艺时所需的人数几乎差不多，但采用综采工艺时最多一天可以割煤6刀，平均每天割煤4刀，每天的推进度为2.4m；而采用炮采工艺时，每天的推进度为 1.2m，即每天的产量只有综采时的一半，所以炮采工艺的工效也只有综采工艺的一半。同时，炮采时工人的劳动强度远远大于综采时工人的劳动强度，综采也比炮采安全得多，所以采用薄煤层综合机械化采煤工艺达到了提高单产和效益、减轻工人劳动强度的目的，取得了较好的社会效益和经济效益。

3 结语

薄煤层综合机械化采煤工艺在薄煤层工作面的成功实践，使薄煤层采煤全部实现机械化起到了积极推进作用，此工艺能降低劳动强度，提高生产能力和工效，能取得较好的经济效益，同时也能提高采煤过程中的安全性。薄煤层综合机械化采煤工艺虽然有很多优点，但也存在一些不足，比如薄煤层工作面的巷道相对来说矮小、空间有限、液压支架、采煤机和刮板运输机的运输和安装比较费劲，同时在生产过程中设备坏了维修也不方便，还有工作面煤层不够 1.0m 高时，为了保证液压支架可以顺利通过，需要在工作面进行铲底响炮等。

然而实践证明，薄煤层综合机械化采煤工艺的应用利大于弊，此工艺的成功实践对我国薄煤层综合机械化采煤技术的发展起到了推进作用，具有一定的社会效益。

参 考 文 献

[1] 苏俊彦．薄煤层综采技术的研究与应用［J］．工矿自动化，2011（9）．
[2] 刘栋．薄煤层和薄煤层的采煤工艺［J］．煤炭技术，2008（6）．
[3] 冯孝慈，逯明建．薄煤层综采机械化装备配套及关键技术问题的研究［J］．中国煤炭，2003（2）．
[4] 孙文华．煤矿综采新工艺新技术与机械设备选型实用手册［M］．北京：中国知识出版社，2010．
[5] 胡美红．薄煤层综采“三机”设备配套技术研究［J］．煤矿机械，2009（10）．

探讨千米深立井快速施工技术

黄寿强

（湖南涟邵建设工程（集团）有限责任公司，湖南 娄底，417000）

摘　要：介绍了贵州武陵矿业李家湾锰矿千米主、副立井工程施工，该工程采用立井机械化配套作业线、正规循环滚班制作业方式快速施工，主井基岩段连续 8 个月成井 901.95m，平均月成井 118.2m，最高月成井 151.9m，创国内立井井筒快速施工新纪录。

关键词：千米深井；机械化配套；正规循环；快速施工

Discussion on Rapid Construction Technology of Kilometer-Depth Shaft

Huang Shouqiang

（Hunan Lianshao Construction Engineering（Group）Co.，Ltd.，Hunan Loudi，417000）

Abstract：The paper introduces the construction of kilometer - depth main and assistant shaft project of Lijiawan manganese ore of Guizhou Wuling Mining. This project uses shaft mechanization matching operating line，and standard cycling shifts operation methods for rapid construction. In consecutive 8months，the shaft forming of basement section of main shaft is 901.95m，average 118.2m per month，and maxim shaft-forming in one month is 151.9m. This is a new record for rapid construction of shaft in China.

Keywords：kilometer-depth shaft；mechanization matching；standard cycling；rapid construction

李家湾锰矿是由重庆乌江实业集团和贵州省地矿局合资开发，一期工程静态投资 6.3 亿元，最终规模达到 90 万吨/年，采用立井开拓。涟邵建工集团承建李家湾锰矿开采项目主副井井巷及安装工程，其中主井井径 5.5m，井深 1121m，副井井径 6m，井深 1071m，6 对双向马头门。主要建设内容有主副井井筒掘支、马头门掘支、部分中段、车场、采切系统、井架制作、安装，披绳挂罐、提升系统及供电系统等永久设备安装调试、地面设备设施安装及其配套土建工程。主副井工程均采用立井机械化配套作业线施工，2014 年主井井筒基岩段连续 8 个月成井 901.95m，平均月成井 118.2m，最高月成井 151.9m，最高日成井 8.7m，比合同工期提前 75 天落底。副井井筒基岩段连续 8 个月平均月成井超 100m，比合同工期提前 58 天落底。该工程创国内立井井筒快速施工新纪录，主井连续 8 个月超 110m。

1　水文地质

（1）场地水文地质条件。工作区内溪沟较发育，主要以南部为主，南部水量丰富，流量受季节变化较大；北部为碳酸盐岩溶地貌，地表径流不发育，以地下暗流为主。区内主要溪流为寨郎沟、毛溪沟及盖白沟，皆汇入乌罗坝子合为一条，于大河坝村寨北东平距约 200m 处汇入地下暗河，工作区生产和生活用水有保障。

（2）地质构造。矿区内地表褶皱不发育，主要表现为猴子坳向斜的南西翼，整体地层产状倾向北东，仅在主要断层附近表现为一些拖拉挠曲现象，矿区内在 F1 断层及 F8 断层一带表现明显，断层对

原载于《矿业工程》，2016，14（1）：3-6。

地表产状影响较大，F1 断层南东则倾向北东，倾角 25°～50°，F1 断层北西则倾向近北，倾角 30°～50°。矿区内构造较发育，受构造影响，地层产状变化较大，尤以断层附近表现突出，主要以北东向、北东东向及北西向为主[1]。

（3）地层岩性。工作区地层划属华南地层大区扬子地层区黔东北小区，区内出露地层：元古界蓟县系、青白口系、南华系、震旦系；古生界寒武系、奥陶系；新生界第四系。

（4）场地岩土工程地质特征。主副井沿轴线依次穿越第四系碎石土、寒武系下统杷榔组粉砂质黏土岩、页岩，变马冲组粉砂岩，粉砂质黏土岩、页岩，九门冲组灰岩、炭质页岩；震旦系上统留茶坡组硅质岩，下统陡山坨组白云岩，页岩；南华系上统南坨组含砾砂岩、含砾黏土岩，南华系下统大塘坡组二三段粉砂质黏土岩、炭质页岩。

2 凿井机械化配套施工方案

采取短掘短砌混合作业，深孔光面爆破，实行正规循环滚班作业，掘砌段高 4.35m；主井采用一台 2JK-3/15.5m 型绞车，一台 JK-3/18.5 型绞车均提 $3m^3$ 吊桶提升施工；DXSJZ6.7 型伞钻打孔，HZ-6 型中心回转式抓岩机装岩；建立 JS-1000 强制式搅拌机（两台）配以先进的电子自动计量装置的混凝土集中搅拌站，采用两个 $2.4m^3$ 底卸式吊桶下料，在混凝土中掺入缓凝剂，减缓混凝土的凝固时间，应用整体下滑金属模板砌壁，稳车地面集中控制起落等工艺，组织多工序混合作业方式，提高正规循环率。立井井筒施工工艺框图见图 1，凿井工艺流程模型图见图 2。

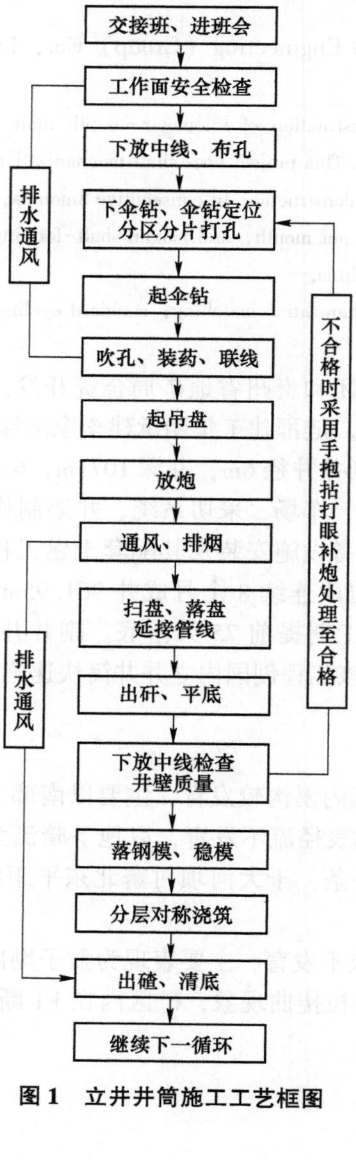

图 1 立井井筒施工工艺框图

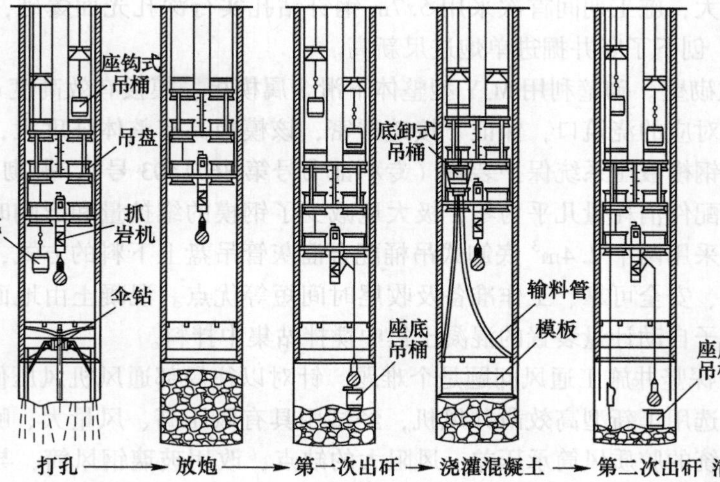

图 2 凿井工艺流程模型图

3 基岩正常段井筒掘进施工

(1) 提升吊挂系统。主井采用一台 2JK-3/15.5m 型绞车，一台 JK-3/18.5 型绞车均提 $3m^3$ 吊桶提升施工，加大了提升能力，增强了施工安全和灵活性。井筒吊挂系统为 15 台凿井稳车，采取集中控制技术，既提高了吊盘、模板等起落速度，又大为增强了平稳程度与安全性。为方便使用，移伞钻悬挂梁至井筒南北中心线上，并在翻矸平台下加工安装一个伞钻维修和起落的吊挂平台，这样使伞钻能够顺利起落，减少了伞钻起落时间，加快了掘进速度。

(2) 抓岩运输系统。立井施工过程中，出矸是各工序中耗时最长，出矸的效率对生产进度影响很大，项目部针对金属矿山岩石硬，抓斗易磨损的状况，对抓尖采用 D172 电焊条堆焊成型，对抓片的耳环加焊抓斗的废旧耐磨套进行加固处理，大力提高了抓岩效率，减少配件费用和维修工作量。实际使用当中，一只抓斗完成 240m 掘进量方才更换，相当于以往 5 个抓斗才能完成的工作量。翻矸平台设两套坐钩式翻矸装置，矸石直接翻入矸石仓，地面自卸式汽车运输，相比落地式矸石仓减少了装载机铲运，使出矸、运矸效率进一步提升。

(3) 伞钻凿岩深孔光爆。主井井筒采用 DXSJZ5.6 型伞钻打孔，配套 YGZ-70 型高频凿岩机 5 台。辅助孔和周边孔深 4.3m，净进尺 3.9m，使用 T220 水胶炸药，为了满足深孔的起爆，选用 7m 长脚线，1~6 段半秒及秒延期导爆管雷管爆破。采用大直径深孔光面、光底、锅底、弱冲、减震爆破，采用二阶直、斜孔掏槽，反向连续装药。施工中根据岩石情况及时调整，并经试验选取最佳爆破参数，炮孔利用率达到 0.9。炮孔布置图见图 3。

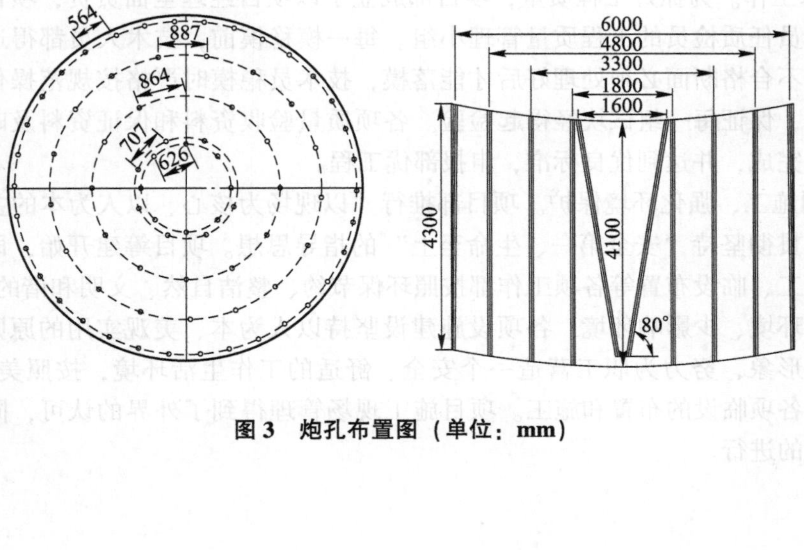

图 3 炮孔布置图（单位：mm）

副井井径相对较大，施工期间首次采用5.7m钢钎钻孔实行深孔光面爆破，爆破效率达93%，单炮进尺最高达5.3m，创下了竖井掘进单炮进尺新高。

（4）大模板高效砌壁。砌壁利用MJY型整体下滑金属模板，模板有效高度4.15m，在模板下行设计刃脚，上行设计相对应的浇筑口，保证了接碴严密，该模板具有整体强度大，不易变形的特点。采用公司专利产品竖井钢模液压系统保护装置（专利证书号第3671503号），掘砌450m井筒未更换过一次油管及油缸，钢模配件消耗量几乎为零，极大地减少了钢模的维护量和影响时间，保证了生产的正常。改进下料方式，采用两个2.4m^3底卸式吊桶配合溜灰管吊盘上下料的方式，不必在钢模上架工作平台，具有工序简单、安全可靠、工作准备及收尾时间短等优点。混凝土由地面两台JS-1000强制式搅拌机配以先进的电子自动计量装置的混凝土集中搅拌站集中拌料。

（5）通风系统。深竖井施工通风问题是个难题，针对以往局部通风机风压低、风量小、噪声大的缺点，经多方调研，选用了新型高效凿井风机，经试用具有风压高、风量大、噪声低的优良特点，效果良好。同时针对传统的胶质风筒承压差、风阻大的缺点，改用玻璃钢风筒，与以往使用的普通PVC双壁波纹管相比，虽然价格略高，但具有风阻更小，强度高、有效面积大的特点。采用经改进的通风系统后，在同样设备功率条件下施工到800多米时井下通风状况较以往施工井深400m时还要好，有效地改善了井下施工作业条件[2]。

（6）设备管理及保养维修。根据李家湾锰矿主副井筒均为千米深井且井筒装备高度机械化的特点，项目部建立了各项设备使用和管理制度，制定设备的维护保养月、年度计划，定人定责定岗定机挂牌管理，建立维修保养日志，确保设备正常运转。对主要设备必须根据公司规定的大、中、小修期限定期检修，并制定周密的配件等供应计划。从而保证这两个井筒的机械化设备能够高效、正常运转。

4 项目组织管理

（1）项目组织管理及劳动力配备。项目部下辖生产技术部、调度室、安全质量部、计划经营部、综合办公室，设综合掘进队，机电维修队，管辅52人，直接工40人（仅为主井井筒施工人员）。作业人员分凿眼班、出碴班、浇砼班，实行正规循环滚班作业方式。

（2）控制工序节点，实行绩效考核。为保证竖井快速施工，项目部在保证安全的前提下，生产上专门制定工序达标激励考核办法，详细分解每一道工序，制订合理的达标时间，达标后给生产班组一定的奖励，金额不大，却极大地促进了职工的生产热情和积极性，交接班时间大大缩短，工作效率大大提高。项目部对机电队、绞车司机、技术部、铲车司机、信号工等一些管辅部门实行绩效考核工资，将工资分为基础工资、安全工资、进度工资几部分，将工资直接与安全进度挂钩，如果各部门哪项工作不到位，就会被考核，收入就会受到影响。进一步加强了对职工岗位职责的约束，提高了职工的自觉性和责任心，树立了全心全力为生产一线服务的思想，使正规循环作业时间由规定的23.5h缩短到约18h。

（3）质量技术工作。为抓好工程质量，项目部成立了以项目经理全面负责，项目总工同时主抓质量工作，工程技术员任质检员的工程质量管理小组。每一模稳模前，技术人员都得通知监理单位下井验模检查断面，对不合格断面必须处理好后才能落模，技术员稳模时严格按规范操作。混凝土配比试验严格按要求制作，保证每一组试块经得起检验。各项质量验收资料和保证资料及时跟进报验，现主副井井筒均已验收完成，并达到优良标准，申报部优工程。

（4）安全文明施工、强化环境保护。项目部推行“以现场为核心、以人为本的主动预防型”安全管理理念，并始终贯彻坚持“安全第一、生命至上”的指导思想。项目筹建开始，即推行标准化项目建设管理，现场施工、临设布置等各项工作都按照环保节约、整洁自然、文明和谐的标准来严格要求。尽可能做到不破坏环境、少影响环境，各项设施建设坚持以人为本、美观实用的原则。创建文明、规范的项目现场管理形象，努力为职工营造一个安全、舒适的工作生活环境，按照美观、实用、环保、节约的标准来进行各项临设的布置和施工。项目施工现场管理得到了外界的认可，同时也有效地促进了项目管理规范化的进行。

5 综合机械化配套创高效益

在项目部科学组织，精心施工，全体员工齐心协力下，利用机械化快速施工技术，实现主副井生产齐头并进，连续实现主井8个月平均月进尺超110m，副井超100m。其中主井井筒比合同工期提前75天落底，副井井筒比合同工期提前58天落底，获得业主提前落底奖励。施工过程中业主也多次进行表彰，得到了业主、监理及社会各界的一致肯定和好评，也体现了涟邵建工在千米深竖井施工中超强实力。缩短施工工期则直接节省了人工工资、施工辅助费用，也降低了建设单位建井周期，减少了贷款利息支出等，直接减少项目各项费用支出近六百万，创造了较高的经济和社会效益。

6 结语

（1）千米深立井施工采用大绞车配大吊桶、大伞钻、大抓岩机、大模板综合机械化配套作业，是加快施工进度，提高劳动生产效率，确保施工安全的关键。

（2）依靠科技创新，积极推广运用新技术，新工艺，新材料，把科研成果转化为生产力，优化施工方案，降低工程成本，以求最大经济效益，是千米深立井快速高效施工的保证。

（3）强有力的项目管理班子，经验丰富的施工队伍，精心组织、精心管理是项目高效运转、保证快速施工的根本。

（4）循环作业是千米深立井施工实现安全、优质、持续快速、管理科学化的重要途径。

参 考 文 献

[1] 路耀华，崔增祁．中国煤矿建井技术［M］．徐州：中国矿业大学出版社，1995.

[2] 范雨炯，陈运．千米立井综合机械化配套施工［J］．建井技术，2014（3）：14-16.

缓倾斜矿体残矿回收方案设计

龙云刚

（福建省新华都工程有限责任公司，福建 上杭，364200）

摘　要：为综合利用矿产资源，延长矿山服务年限，残矿回收工作得到矿山企业高度重视。根据西朝钼矿地质构造情况，对顶板岩体的沉降变形及顶板沿倾向滑移进行监测，结合对矿山地压的监测结果与采场中矿柱间距优化分析，在现有切割上山施工混凝土连续人工矿柱进行残矿回收。通过对708中段 V_1 试验矿块的残矿回收，按吨矿利润96.4元计算，可获利润近8万元，为矿山企业创造良好的经济效益，同时也为后续残矿的回收工作提供了指导经验。

关键词：地压监测；人工矿柱；残矿回收

Residual Ore Recovery Scheme Design of Gently Inclined Orebody

Long Yungang

（Fujian Xinhuadu Engineering Co.，Ltd.，Fujian Shanghang，364200）

Abstract：In order to comprehensively utilize mineral resources and prolong the service life of mines，mining enterprises attach great importance to the recovery of residual ore. Based on the geological structure of Xichao Molybdenum Mine，the subsidence deformation of roof rock mass and roof slippage along the dip are monitored. Combined with the monitoring results of ground pressure and the optimization analysis of pillar spacing in the stope，continuous concrete artificial pillars are constructed on the existing cut mountain for residual ore recovery. In the recovery in Section 708V_1，the profit of the residual ore，calculated by 96.4 yuan per ton，is nearly 80,000 yuan，which creates good economic benefits for the mining enterprise，and provides guiding experience for the follow-up recovery of residual ore.

Keywords：ground pressure monitoring；artificial pillar；residual ore recovery

矿产资源是国民经济和社会发展的重要物质基础，矿产资源不可再生，随着市场经济的快速发展，矿产资源的消耗量也越来越大。为综合利用已探明的矿产资源，延长矿山服务年限，实施残矿回收工作对矿山企业来说刻不容缓。

1　矿山概况

西朝钼矿属脉型单钼矿床，共计有 V_1、V_2、M_3 3条矿脉，V_1 为主矿脉，平均厚1.33m，倾角为10°~25°，平均品位为0.811%，矿石密度为2.62t/m^3，松散系数为1.6。矿体顶底板围岩主要由似斑状中细粒二长花岗岩组成，局部是闪长岩，矿区内断裂构造发育，尤其是成矿后的几组断裂构造对岩、矿层的连续性和稳固性破坏很大。岩、矿的层理裂隙也十分发育，层理裂隙面往往有水渗出，并含有泥质灰岩或高品位的极薄辉钼矿，局部矿岩体稳固性较差。

西朝钼矿采用平硐+斜坡道联合开拓，平硐以上先采下中段，后采上中段；平硐以下先采上中段，

原载于《现代矿业》，2016（2）：37-38。

后采下中段。根据矿脉的赋存情况，中段高度为10~25m。采用浅孔房柱法与削壁充填法相结合的采矿方法，采区和矿房沿矿脉走向布置，采区走向长50~80m，倾向长40~70m，采场高度约2m。每个采区掘一条采准回风井与上中段平巷贯通，每个采区内布置5~8个矿房，矿房宽8~10m，矿房中留规则点柱，点柱规格为3m×3m，利用本采场或相邻采场低品位矿石及废石进行干式充填。

2 残矿回采条件

2.1 矿山地压监测

在残矿回收设计前，先对矿山进行70d地压监测。根据现场地压显现特点，对顶底板之间人工矿柱变形（见图1）和顶板岩体沿倾向下滑变形进行监测。监测结果显示，人工矿柱竖向变形为0.3mm；顶板下滑位移严重区段位移值较小，最大为1.5mm，最小为0.8mm，可以认为没有明显下滑。从监测得到的顶板沉降和顶板压力来看，矿山地压没有剧烈活动的迹象。

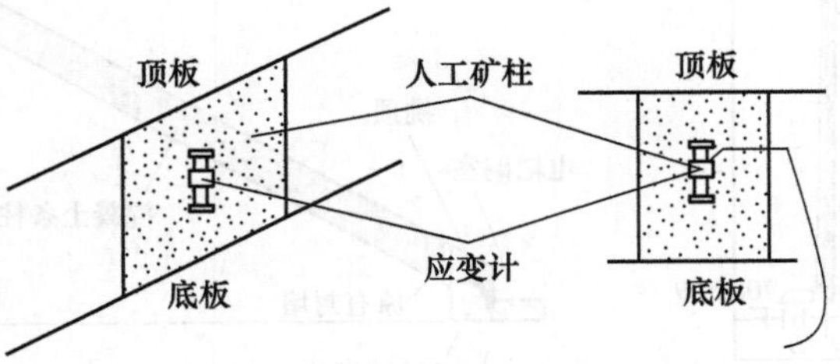

图1 混凝土应变计观测示意图

2.2 矿柱间距优化分析

通过对塑性区分析，在回采过程中，宽2m的C20混凝土人工矿柱均处于弹性状态，但采场顶板和底板在次生应力作用下，均产生塑性流动，顶板塑性区的影响范围为6~10m，底板塑性区的影响范围为4~8m。塑性区的范围随矿柱间距的减小而减小，当矿柱的间距小于8m时，采场的顶底板仅出现拉应力塑性区，进而产生塑性流动；当矿柱的间距大于10m时，采场的顶底板会同时出现剪应力塑性区和拉应力塑性区。单纯从塑性区展开范围来看，矿柱的间距越小越安全，不宜大于8m，从经济的角度出发，间距越小混凝土的用量就越大，回采的成本就越高。因此，采场中混凝土人工矿柱的间距宜取8~10m，正好与原开采设计切割上山间距相符。

3 残矿回收方案

根据对矿山地压监测结果及采场中矿柱间距的优化分析，综合考虑残矿回收的安全性、经济性，选择残矿品位较高、矿量较大、未发生过大的地压活动的708m中段V_1矿块为试验地点。

3.1 混凝土条带状矿柱的构筑

为回采切割上山两侧的堆砌充填体和矿石点柱，首先沿现有切割上山在采场施工2条混凝土条带状人工连续矿柱，混凝土等级为C20，以保证回采残矿时的安全。

3.2 堆砌充填体的回收

两条混凝土条带状人工矿柱养护1个月后，即可开始残矿回采。回采顺序为由下而上，采用30kW电耙绞车倒运矿石。为保证安全，初始开挖的矿房宽度不大于4m，并在矿房两侧安装木支柱，木支柱间距为1m，排距为2m，最终向上开挖至728m中段与V_1沿脉巷道贯通；之后再回收两侧的充填体和矿柱，当遇到留下的原岩矿柱时，采用爆破法回收。

3.3 底柱回收

由于采场不规则布置，顶底柱间距不等，根据井下实际情况，顶柱暂不考虑回收，主要回收底柱。在安全的前提条件下，为获得最大的经济效益，首选在矿体厚1m以上的底柱进行回收，根据现场实际情况，采用隔一采一的方式。在条件许可时，也可全部回采，但要加快回收进度，保障作业安全，并与其他点柱、矿柱回收协调进行。回收底柱矿石时，在梨形矿柱两边以原有出矿口砌钢筋混凝土预制块支撑顶板，矿柱内侧（即倾向方向上底柱的上侧）以木支柱进行临时支护，以确保作业安全。

底柱回收顺序：首先用片石或混凝土将出矿口填满；在采场内沿梨形矿柱内侧支木柱；在沿脉巷道内用浅眼爆破回收出矿口之间的梨形矿柱；回收完毕，在梨形矿柱处用混凝土预制块垛支撑顶板，防止垮落。V_1 矿块残矿回收示意如图2所示。

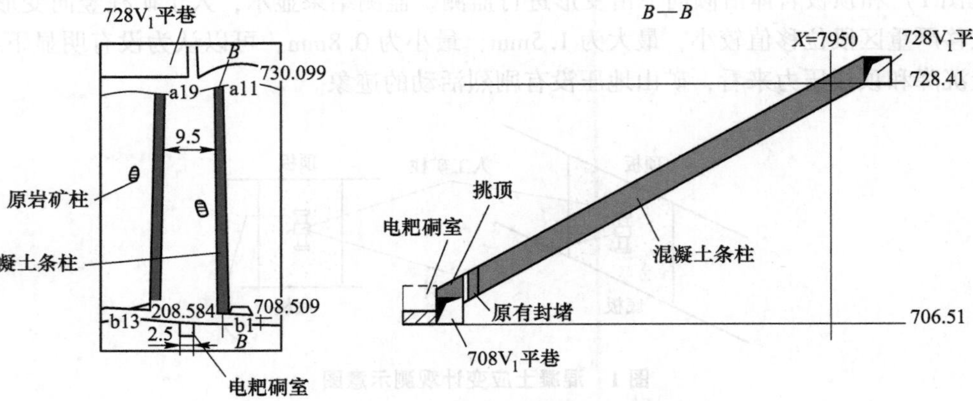

图2 708~728V_1 矿块残矿回收示意图（单位：m）

4 应用效果

矿房水平投影面积为302m^2，采空区高2m，充填体和点柱体体积按占空区体积的80%计算，松散密度为1.6t/m^3，计算回收充填体及点柱矿量为773t，回收底柱矿量为47t。充填体及点柱综合按品位0.3%、单价300元/t计算，收益为231900元，回收底柱按品位0.8%、单价800元/t计算，收益为37600元。回收充填体及底柱采矿费用为22448元；混凝土带状人工矿柱2条，每条30m，费用为168000元；最终可获得利润79052元，吨矿利润为96.4元。残矿回收主要技术经济指标见表1。

表1 残矿回收主要技术经济指标

回收矿量/t	总成本/元	总收入/元	成本/元·t^{-1}	收入/元·t^{-1}	利润/元·t^{-1}
820	190448	269500	232.25	328.66	96.40

5 结语

通过对西朝钼矿708m中段 V_1 试验矿块残矿回收条件进行分析，得到可行的设计方案，并进行试验，取得了很好的经济效益和社会效益，减少资源损失，提高资源利用率，为后续残矿回收提供了指导。

阶段矿房嗣后充填采矿法在坝头钼矿的应用

龙云刚

（福建省新华都工程有限责任公司，福建 上杭，364200）

摘　要：分析了坝头钼矿开采技术条件并对该矿的采矿方法进行了选择，对矿区内主要矿体（Ⅰ号、Ⅱ号、Ⅸ号矿体）采用阶段矿房嗣后充填采矿法进行回采，并从采场构成要素、采准切割工作、矿房回采、采场出矿及空区处理方面对该采矿工艺进行了探讨。通过阶段矿房嗣后充填采矿法的应用，坝头钼矿的生产能力达到了设计要求，现场作业条件得到了很大改善，可供类似矿山参考。

关键词：开采技术条件；阶段矿房采矿法；嗣后充填；采空区

Application of Sublevel Room Stoping and Delayed Backfilling in Batou Molybdenum Mine

Long Yungang

（Fujian Xinhuadu Engineering Co.，Ltd.，Fujian，Shanghang，364200）

Abstract：The paper analyzes the technical mining conditions and the mining method selected for the Batou Molybdenum mine，the sublevel stoping and delayed backfilling technology in the main ore body（Ore Body Ⅰ#，Ⅱ#，Ⅸ#），and discusses the mining process from the aspects of constituent elements of stope，stope preparation，stopping，ore handling and goaf treatment. The production capacity of Batou Molybdenum Mine has reached the design requirements and the site operation conditions have been greatly improved through the application of the sublevel stoping and delayed backfilling mining method，which can be a reference for similar mining operation.

Keywords：technical mining conditions；sublevel room stoping；delayed backfilling method；goaf

1　矿山开采技术条件

坝头钼矿位于福建省古田县城北西方向直距约22km处，隶属风埔乡管辖。地理坐标：东经118°39′9.55″~118°40′22.7″，北纬26°45′42.5″~26°46′48.14″。矿区属中低山地貌，主要山脊走向NW—近SN，海拔标高最高1113.8m，最低725m，相对高差388.8m，地势西北高，东南低，地形切割深，坡度较大，呈V型和U型山谷，悬崖峭壁林立，植被极为发育。矿区内共分83个矿体，其中主要矿体9个，编号为Ⅰ、Ⅱ、Ⅲ、Ⅳ、Ⅴ、Ⅵ、Ⅶ、Ⅸ、Ⅺ号，零星的工业矿体37个，零星的低品位矿体37个。Ⅰ、Ⅱ、Ⅸ号矿体规模较大，沿走向、倾向分布较稳定，矿体倾角10°~35°，总体倾角约12°，厚度变化较大。Ⅰ号矿体为区内最主要的矿体，赋存于岩体上部，工业矿层（332）+（333）钼金属资源量1051.54t，占矿区总资源量的67.20%，一般厚5.05~17.63m，平均厚12.02m，其中单工程单层见矿最大厚35.26m，钼矿体分布于似斑状黑云母二长花岗岩岩体内，地表出露较差，主要为隐伏矿体。Ⅱ号矿体地表在东矿段出露较好，以其为标志矿层，与开采区对比，东西矿段之间矿层呈背型分布。西矿段矿层受背型北西翼的原生层节理控制，大部分倾角较缓，呈舒缓波状展布，沿走向和倾向均存在分枝复合现象，总体呈似层状、透镜状沿花岗岩原生层节理分布，矿化强度与岩石破碎程度、

原载于《现代矿业》，2016（3）：18-19，27。

节理裂隙发育程度有关。矿段容矿岩石及顶底板围岩普遍为似斑状中—细粒黑云母二长花岗岩，属坚硬工程地质岩组。根据钻探揭露情况，岩芯一般多呈长柱状、柱状，岩石完整性好，RQD 值平均 81%，岩石抗压强度大于 60MPa，岩体质量指标值为 0.345，岩体质量属优。坑道揭露矿体及其顶底板围岩普遍稳固性较好，未见支护现象，总体工程地质条件属简单类型。

2　采矿方法选择

若采用崩落法回采，为形成正常的回采条件和防止围岩大量崩落造成安全事故，在崩落矿石层上部须覆以岩石作为覆盖层。因矿体倾角缓，须形成与矿体水平面积相当的岩石覆盖层，根据国内采用崩落法生产的矿山资料，岩石覆盖层厚度正常值约 20m，而主矿体平均厚仅 12.02m，覆盖层的凿岩爆破量与回采爆破量基本相当，矿石回采成本高、效率低，矿区地表森林资源较丰富，经济植物以松、杉、竹为主，地表不允许陷落，因此该方法不适用。

根据矿体的赋存特征和开采技术条件，以Ⅰ、Ⅱ、Ⅸ号矿体为首采对象，对厚度不小于 8m 的矿体，选择阶段矿房嗣后充填采矿法[1] 进行回采（见图 1），该部分资源量约占设计利用资源量的 90%；对厚 4~8m 的矿体，采用浅孔房柱法，该部分资源量约占设计利用资源量的 10%。

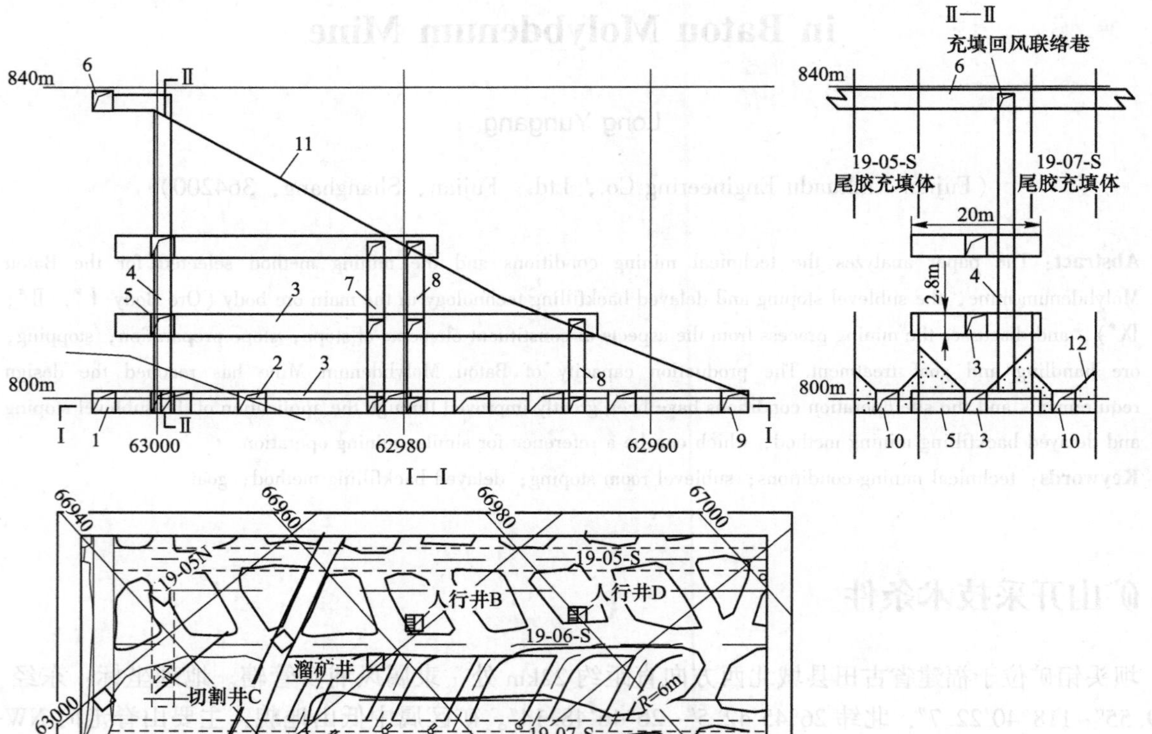

图 1　795-1906-S 阶段矿房嗣后充填采矿法设计

1—下盘运输巷；2—出矿进路；3—分段凿岩巷；4—切割井；5—切割横巷；6—835 运输巷；7—采场溜矿井；8—人行设备井；9—上盘运输巷；10—出矿穿脉；11—矿体界线；12—堑沟

3　阶段矿房嗣后充填采矿法

3.1　采场构成要素

矿房按垂直于矿体走向布置，按 2 个步骤回采，一步骤回采矿柱，二步骤回采矿房。矿房宽 20m，矿柱宽 10m，长度为矿体水平厚度，高度为矿体垂直厚度，每 4 个矿房划为 1 个盘区，先回采矿柱，矿柱回采完毕后进行尾胶充填，尾胶充填体达到养护期后，可回采矿房，矿房回采后进行分级尾砂充填。

3.2 采准切割

在矿体上下盘分别掘进运输平巷，垂直于上下盘运输平巷掘进铲运机出矿巷道（出矿穿脉），在出矿巷道沿矿体走向掘进出矿进路，进路间距6~8m，利用一分层凿岩巷道掘进堑沟巷道。在矿房中央掘进1条人行设备井和1条采场溜矿井，从人行设备井每隔10m垂高掘进分段凿岩巷道。切割天井布置于矿房一侧的中间部位，以切割天井为自由面沿矿房宽度方向爆破形成切割槽。开堑沟在堑沟巷道中钻凿上向扇形炮孔，与落矿同次分段形成。以795-1906-S采场为例，采场总工程量664m，采切比4.8m/kt[2]，采切工程量见表1。

表1 采切工程量

工程名称	总长/m	数量/个	断面面积/m^2	工程量/m^3
上下盘运输巷道	50	2	7.8	390.0
出矿穿脉	150	2	7.8	1170.0
出矿进路	126	14	7.8	982.8
分段凿岩巷道	175	3	7.8	1365.0
溜井	22	1	4.0	88.0
人行设备天井	36	2	4.0	144.0
切割天井	40	1	4.0	160.0
切割横巷	60	3	7.8	468.0
充填回风巷	5	1	4.0	20.0

3.3 矿房回采

沿矿房长度由矿房一侧向另一侧推进。利用YGZ-90型凿岩机配CTC141凿岩台车在分段凿岩巷道中钻凿上向扇形中深孔，孔径55mm，最小抵抗线1.5m，孔底距2m，边孔角42°，炮孔排距1.5m，采用铵油炸药，FZY-1装药器装药，耦合连续装药方式。对于坚硬的矿岩，需用炮泥堵塞，炮泥堵塞长度不低于0.8m，装药密度1g/cm^3[3]。以切割槽为自由面分次爆破，一次爆破3~5排炮孔，采用毫秒微差爆破方式，非电导爆管雷管引爆。为确保通风质量，所有分段凿岩巷道中的中深孔都凿完，并经地质、测量、采矿技术人员验收合格后，方可进行中深孔爆破装药设计[4]。

3.4 采场出矿

采用EST—2D电动铲运机出矿，将矿石运至矿石溜井，铲运机运输距离不大于200m[5]。出矿过程中若遇大块矿石，采用爆破方式处理，二次爆破在采场出矿进路中进行。

3.5 采空区处理

采场回采完毕后，利用选矿厂的尾砂充填采空区，充填前，首先布置好泄水口，然后对采场通向中段运输巷道的所有出口用钢筋混凝土封堵。矿柱以1：5的灰砂比胶结充填，矿房用分级全尾砂充填。

4 结论

（1）阶段矿房嗣后充填采矿法实施后，出矿能力可达到3000t/d，采矿工效得到了保障。

（2）凿岩爆破、出矿作业均在巷道中进行，人员无需进入空区下方作业，避免了安全事故的发生。

（3）阶段矿房嗣后充填采矿法的实施既提高了矿石回采率，有效控制了地压活动，又节约了尾矿库库容。

（4）根据中深孔爆破效果，逐步调整排距、孔底距以及单孔装药量，逐步优化爆破参数，可获取最佳的爆破效果。

（5）对于两步骤矿房回采，建议采用澳瑞凯高精度导爆管逐孔起爆技术，以改善爆破效果，减少爆破振动对尾胶充填体的破坏，降低因充填体垮方造成的矿石二次贫化。

参 考 文 献

[1] 李公堂．舞阳铁矿区阶段矿房嗣后充填采矿法的应用［J］．现代矿业，2014（11）：41-42.

[2] 殷埠桥．分段空场嗣后充填采矿法初探［J］．有色金属：矿山部分，1997（11）：33-35.

[3] 王晓峰，王卫东，张华涛，等．改善分段凿岩中深孔爆破质量的措施［J］．河南科技，2011（8）：16-19.

[4] 谢永生．分段空场嗣后充填采矿法在巴基斯坦杜达铅锌矿的研究［J］．有色金属工程，2012（2）：17-20.

[5] 郭金锋．分段空场嗣后充填采矿方法的试验研究［J］．江西有色金属，2000（9）：5-8.

空场嗣后充填采矿法在上西坑钼矿的应用

龙云刚

（福建省新华都工程有限责任公司，福建 上杭，364200）

摘 要：根据上西坑钼矿开采技术条件，从采场构成要素、采准切割工作、回采工艺、采场通风及空区处理等方面对矿区内主要矿体Ⅳ1进行了阐述。通过空场嗣后充填采矿法的应用，生产能力达到了计划要求，各项技术经济指标达到了预期目标，地压活动得到了有效控制，确保了安全生产。

关键词：开采条件；空场采矿法；嗣后充填；采空区处理

Application of Open Stoping and Delayed Backfilling Method in Shangxikeng Molybdenum Mine

Long Yungang

（Fujian Xinhuadu Engineering Co.，Ltd.，Fujian Shanghang，364200）

Abstract：Based on the technical mining conditions of Shangxikeng Molybdenum Mine，the paper describes the main orebody IV1 in the mine from the aspects of stope composition factors，stoping preparation，stoping，stope ventilation and goaf treatment. Through the application of open stoping and delayed backfilling method，the production capacity reaches the planned requirements，the technical and economic indicators reaches the expected goals，and the ground pressure is effectively controlled to ensure the safety in production.

Keywords：mining conditions；open stoping；delayed backfilling；goaf treatment

分段空场嗣后充填采矿法主要适用于倾斜-急倾斜、厚大且较为连续稳定矿体的地下开采，具有生产能力大、安全可靠等优点，已在国内外许多矿山推广应用[1-4]。上西坑钼矿设计采选规模 30 万吨/年，采用平硐开拓方式。为降低采矿作业成本，提高生产效率，根据矿床开采技术条件和矿体的赋存状态，矿山采用了空场（分段空场法与无底柱浅孔留矿法相结合）嗣后充填采矿法进行回采。

1 矿山概述

上西坑钼矿为平硐开拓，共设置 5 层平硐，分别为 850m，800m，750m，700m，650m 平硐，主平硐设在 650m 水平，平硐口在 18 线附近。主平硐内设 3 条矿石溜井，与其他 4 层平硐连接。矿石溜井分别布置在 10 线、2 线、5 线附近，井下所有矿石经溜井集中到 650m 水平运到地表，主平硐是人员、材料、设备的进入通道，并兼作矿井进风口。另在 2 线、5 线附近各有一条通往地表的副平硐，担负 650m 中段的废石运输，兼作进风井。700m、750m、800m、850m 各中段均设 2 个平硐出口，各平硐之间均与主溜井连接，在 7 线附近设主通风天井，与各平硐口形成对角式通风，采用机械抽出式通风方式。

2 矿床开采技术条件

矿段内岩体由坚硬的黑云斜长变粒岩及少量片麻花岗岩等变质岩组成，岩石结构类型主要为层状、

原载于《现代矿业》，2016（5）：27-28。

条带状或块状。受风化、构造影响，矿段岩石自上而下呈由碎裂至完整、由软弱至坚硬的渐变关系。矿段内浅部Ⅳ、Ⅴ级结构面尤为发育，Ⅱ、Ⅲ级结构面较少，矿体及围岩稳固性良好，矿床开采条件较好。

坑道在施工过程中，一般仅局部小规模有顶板崩塌、掉块，主要发生于构造破碎和裂隙发育密集带中，尚未见到较弱夹层引起的崩塌现象。

矿体及其顶底板岩性单一，主要为黑云斜长变粒岩，R_a = 117.5~136.8MPa，属坚硬岩石。矿体及其顶底板围岩稳固性好，矿段坑道围岩稳固性为稳固~基本稳固。

矿床工程地质条件属以坚硬半坚硬块状、条带状岩类为主的脉状矿床的简单类型。矿床水文条件简单，正常涌水量 729m^3/d，最大涌水量 769m^3/d。

矿体赋存状态，$Ⅳ_1$ 主矿体出露连续且稳定，沿走向及倾向均未出现分叉尖灭等现象，矿体虽受后期脉岩侵入破坏，但均为局部，破坏性不大，矿体仍保持完整性和连续性。矿体以 0 线为界，0 线以南倾角较陡，为 75°~80°，局部直立；0 线以北倾角变缓，为 6°~75°，少量为 50°，矿体沿走向有扭曲现象。

3 采矿方法选择

根据矿床开采技术条件和矿体赋存状态，选择空场嗣后充填采矿法开采。采场沿走向布置，采场长 50~60m，中段高 50m，不留底柱，顶柱 6~8m，间柱 6~8m，回采率为 82.2%。对于水平厚度大于 8m 的矿体采用分段空场采矿法（中深孔落矿，约占 35%），如图 1 所示，对于水平厚度小于 8m 的矿体采用浅孔留矿采矿法（约占 65%），如图 2 所示。

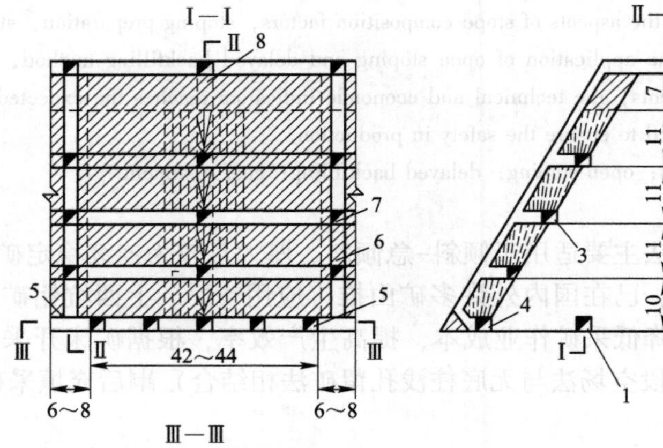

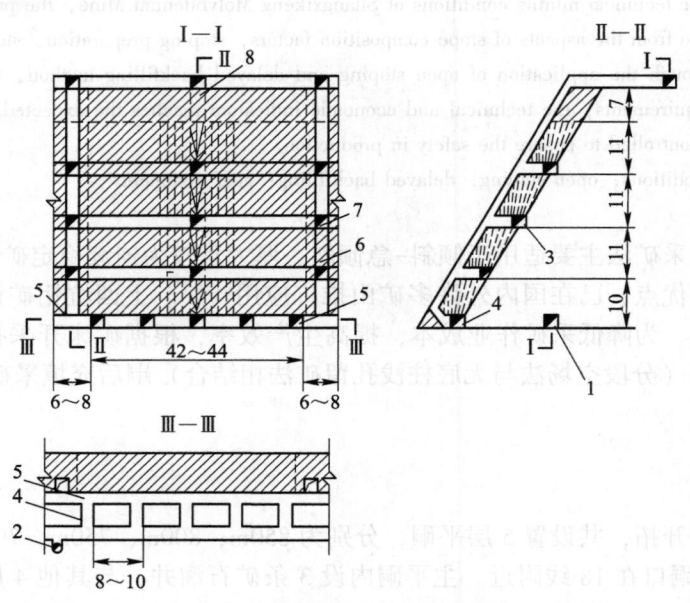

图 1 分段空场采矿法（单位：m）

1—运输平巷；2—溜矿井；3—凿岩巷道；4—堑沟巷道；5—出矿巷道；6—人行天井；7—联络巷；8—切割天井

4 采矿工艺

4.1 分段空场法

（1）采场构成。采场沿走向布置，采场长 50m，宽为矿体厚度，中段高度 50m，顶柱 6~8m，间柱 6~8m，不留底柱。

（2）采准切割。采切工作主要有掘进人行材料天井、分段凿岩巷道、沿脉出矿巷道、出矿进路、

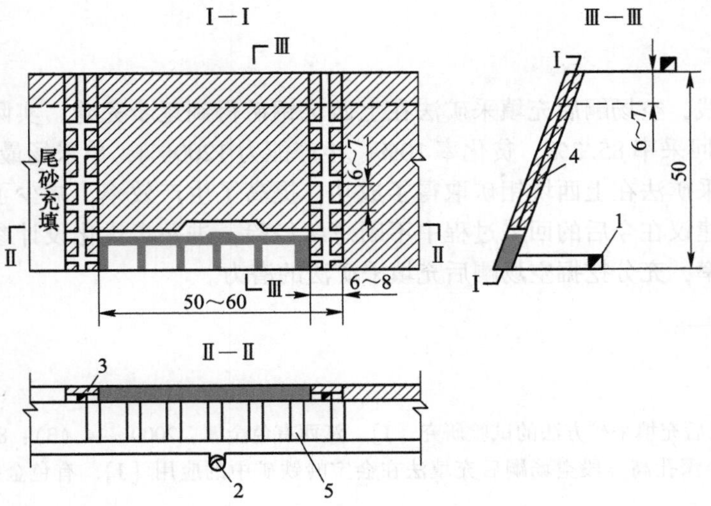

图 2 浅孔留矿采矿法（单位：m）

1—沿脉巷道；2—溜井；3—人行天井；4—凿岩联络道；5—出矿进路

放矿溜井、切割天井等。人行材料天井隔 50m 在间柱中布置一条，分段凿岩高度 13~15m，距中段沿脉 6~7m 高处掘沿脉出矿巷道及出矿进路，在沿脉出矿巷道中每隔 100m 掘一条放矿溜井。

（3）回采工艺。用 YGZ-90 型凿岩机钻凿垂直上向扇形炮孔。回采时，一般以布置在采场中央的切割天井为自由面向两端后退式回采。出矿采用 1.5m^3 柴油铲运机，矿石由放矿溜井放至中段沿脉矿车中。

（4）采场通风。新鲜风流经沿脉→人行材料井→凿岩联络平巷→上中段回风道。

（5）主要技术经济指标。采场综合生产能力 250~300t/d，凿岩效率 30m/(台·班)，采切比 21.5m/kt，铲运机出矿效率 200t/(台·班)，损失率 20%，贫化率 14%。

4.2 无底柱浅孔留矿法

（1）采场构成。采场沿矿体走向布置，采场长 50m，宽为矿体厚度，中段高 50m，顶柱 6~8m，间柱 6~8m，不留底柱。

（2）采准切割。掘进人行材料天井及联络道，沿脉出矿巷道、出矿进路、放矿溜井，切割平巷等。

（3）回采工艺。采用 YT-27 凿岩机施工水平炮眼，炮眼倾角 0°~5°。分层回采工作面呈梯段式布置，分层回采高度 1.8~2m。采用人工装药，分段微差爆破，非电导爆管起爆，二次破碎在采场内进行。穿内出矿，采用 Z-17A 装岩机出矿，每次出采矿量的 1/3，各出矿穿必须出矿均匀，保证矿石均匀下降，采场工作面平整。

（4）采场通风。新鲜风流经沿脉→人行材料天井→凿岩联络平巷→上中段回风道。独头巷道掘进以及通风困难地点采用局扇通风。

（5）主要技术经济指标。采场综合生产能力：矿房 100~120t/d，凿岩效率 35~40t/(台·班)，采切比 18.5m/kt，铲运机出矿效率 200t/(台·班)，损失率 16%，贫化率 8%。

4.3 采空区处理

采空区采用分级尾砂充填，尾砂充填浓度为 70%。从选厂排放的尾砂，经 590m 分级站的旋流器分级，38μm 粒级以上的沉砂进入储砂池，溢流出的细颗粒尾砂返回尾砂库。沉砂经搅拌配料制成不小于 50%浓度的砂浆，用水隔离泵输送到充填站的立式砂仓，砂仓上部设有溢流管道，立式砂仓储满后进行造浆充填。根据采矿工艺要求，经水力造浆后沉砂成 70%以上浓度的砂浆，自流输送到井下充填地点充填。

5 结论

经多年的回采实践，空场嗣后充填采矿法在上西坑钼矿得到逐步完善，实际采矿技术指标为：综合采切比 15.5m/kt，回采率 85.3%，贫化率 10%，生产能力 1200t/d，单采场最大出矿能力达 600t/d。因此，空场嗣后充填采矿法在上西坑钼矿取得了成功，提高了生产效率，减少了采准切割工程量，降低了采矿作业成本。建议在今后的回采过程中不断总结经验，进一步优化设计参数，加强安全生产管理，提高设备出矿效率，充分挖掘空场嗣后充填采矿法的潜力。

参考文献

[1] 郭金峰．分段空场嗣后充填采矿方法的试验研究 [J]．江西有色金属，2000，14 (3)：8-10.
[2] 綦晓磊，宋肖杰．中深孔高分段空场嗣后充填法在会宝岭铁矿中的应用 [J]．有色金属（矿山部分）2013，65 (3)：21-23.
[3] 谢永生．分段空场嗣后充填采矿法在巴基斯坦杜达铅锌矿的研究 [J]．有色金属工程，2012，2 (1)：38-43.
[4] 肖保峰，姚香．阿舍勒铜矿深孔阶段空场嗣后充填采矿法试验与应用 [J]．采矿技术，2006，6 (3)：195-198.

可调节整体方形模板在方形竖井中的开发及应用

李建国　王祖辉

(湖南涟邵建设工程(集团)有限责任公司，湖南 娄底，417000)

摘　要：为满足地下岩体工程的需要，方形竖井越来越多地得到应用。对于短掘短砌混合作业的方形竖井井筒施工，传统常规井筒砌壁支护工艺制约着其施工质量和进度。新型开发的可调节整体方形模板由4组直角组合模板及其连接装置组成，实际工程应用表明，其整体刚度高和防爆能力强，可适应凿岩钻爆要求，能适应方形竖井的超欠挖，脱模立模省时省力，砌壁平整光滑且模板不走样，这对方形竖井安全优质快速施工具有重要的借鉴意义。

关键词：方形竖井；可调节整体方形模板；工程应用；井筒掘砌

Development and Application of Adjustable Integral Square Molds in Square Shafts

Li Jianguo　Wang Zuhui

(Hunan Lianshao Construction Engineering (Group) Co., Ltd., Hunan Loudi, 417000)

Abstract: Square shafts are applied more and more to meet the needs of underground rock engineering. Because of the square shaft construction characteristics of short driving and short lining, the conventional shaft wall support technology restricts the construction quality and progress. The newly developed adjustable integral square mold is composed of four groups of right-angle combination molds and their connecting devices. The practical engineering application shows that the template is of high overall stiffness and explosion-proof ability. It meets the requirements of rock drilling and blasting, can adapt to the over and under excavation of the square shaft, and saves time and effort in taking off and setting the mold. The wall built is smooth and well-shaped. This paper could be used as an important reference for the safe, high quality and rapid construction of the square shaft.

Keywords: square shaft; adjustable integral square template; engineering application; shaft driving and lining

为满足地下岩体工程的需要，地下方形竖井越来越多，如四川嘉陵江枢纽工程船闸项目方形竖井[1]、锦屏一级水电站大坝电梯竖井[2]等，方形竖井作为地下岩体井巷，其成巷施工要遵循井巷掘砌作业方式，短掘短砌混合作业是方形竖井常用的施工方法。因方形竖井断面形状特殊，要保证方形竖井在安全优质的条件下实现快速施工，不仅要求凿岩爆破成形效果好[1]，而且对井筒砌壁支护工艺也提出了很高的要求。

现浇混凝土支护是保证矿山竖井井筒井壁质量的重要环节，目前圆形竖井砌壁因井筒截面边界连续光滑，多采用整体金属模板现浇混凝土砌壁支护[3,4]，但方形竖井有4个直角的影响，其砌壁支护时通常采用散装散拼的传统常规脚手架支模和滑升模板施工[5]，因为模板整体性差，存在用工较多、劳动强度大、井壁混凝土表面易拉裂的缺点，同时，井筒凿岩爆破，产生大量飞石、强烈的冲击波和爆破震动，在受限空间里，易使滑升模板的铰链结构或角模连接结构损坏造成支拆模板困难，这些都严重制约着方形竖井井筒施工质量和进度。为解决相关问题，针对方形井筒施工开发设计了一种能适应方形竖井的可调节整体方形金属模板，该模板整体刚度大且防爆能力强，液压油缸脱模立模，省时省力，具有砌壁方便、节省用工和施工质量好的优点。

原载于《采矿技术》，2016，16（5）：27-28，49。

1 可调节整体方形模板技术参数

可调节整体方形模板由4组直角组合模板及其联接装置组成，相邻2组直角组合模之间的联接装置主要包括T型板、搭接槽钢、限位千斤顶及液压油缸等，图1所示为可调节整体方形模板截面示意，图2所示为可调节整体方形模板内部展开平面示意。可调节整体方形模板结构参数为非标准设备，可根据具体施工的方形竖井设计净断面尺寸进行定制加工，以云南玉溪大红山铁矿1号铜矿带150万吨/年地下溜破系统2号方形电梯井为例来说明主要技术参数。

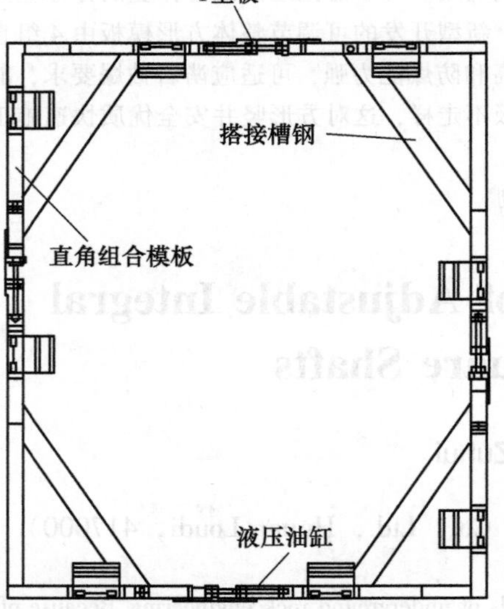

图1 可调节整体方形模板截面

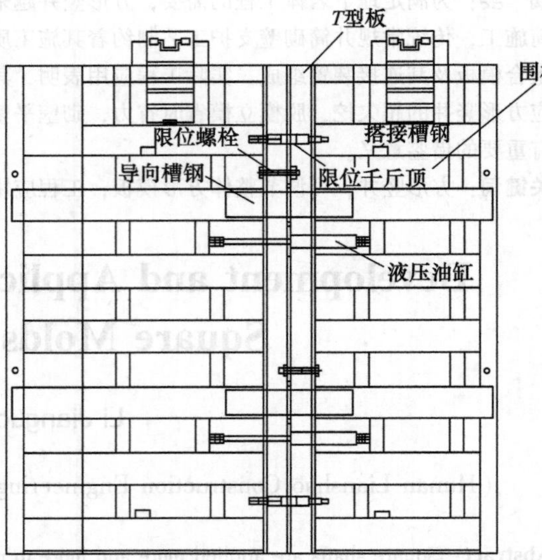

图2 可调节整体方形模板展开平面

方形电梯井的净断面尺寸为4500mm×3200mm，混凝土砌壁高度设计为3000mm，相应的可调节整体方模横截面尺寸的调节伸缩范围为（4600～4300）mm×（3300～3000）mm，整体方模结构高度为3000mm。

整体方模包括4组直角组合模板，模板的围板采用6mm厚钢板，连接筋板采用10mm厚钢板，横肋用20号槽钢，型号［20a，间距为205mm，模板厚度106mm，顶部加强采用70mm角钢，直角导向槽钢采用［18a槽钢和10mm厚钢板。

搭接丁字板采用10mm厚钢板，宽度为550mm，导向槽钢采用［18a槽钢和10mm厚钢板制成，长700mm；通过两块导向槽钢压盖将两组直角组合模板和T型板联接在一起；T型板需用4块，整体方模有4处伸缩口。每处伸缩口布置两个并联液压油缸，两个限位千斤顶，三个限位螺栓；总共安装8个油缸，采用一个手动二位二通进行控制，限位千斤顶的内直径为50mm，外直径为60mm，限位螺栓直径为15mm。

2 可调节整体方形模板施工工艺

2.1 施工工艺流程

可调节整体方形模板施工工艺流程见图3。

2.2 施工工艺操作要点

（1）施工准备及整体方模制作。根据方形井筒断面情况确定整体方模的规格，绘制设计图纸并按要求进行人工、机械、材料组织，编制整体方模制作与施工方案。制作加工原则：满足刚度要求，坚

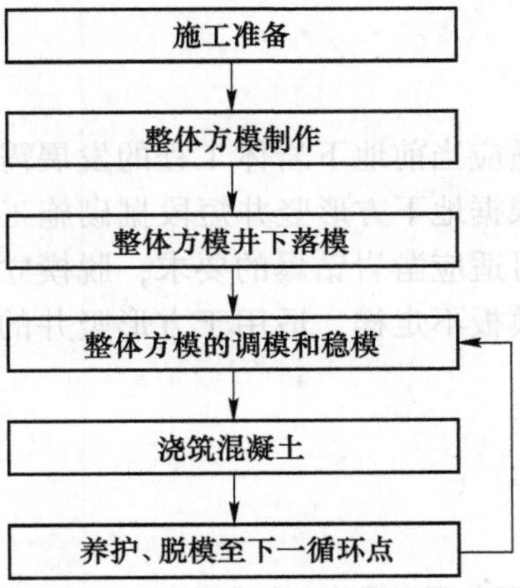

图 3　可调节整体方形模板施工工艺流程

固耐用，经济合理；支模尺寸应比设计断面大 20~40mm，保证净断面尺寸不得小于设计值且不大于设计值 50mm；符合节约资源与保护环境的要求。不同方形竖井的工程情况会不一致，但这种整体方模的结构计算简单，一般施工技术人员都能够完成。

（2）整体方模井下落模。方形井筒掘至井口以下 10m 位置时，停止掘进，将制作好的整体方模拆分，按编号顺序吊至方形井底随吊盘一起组装；下放中垂线，检查井筒掘进断面，欠挖处采用风镐或补炮处理，然后，平整工作面，平整时，井筒周边应尽量控制在一个水平面，将上循环整体方模松模，采用稳车悬吊下放整体方模至井底碴面上。

（3）整体方模的调模和稳模。整体方模落底后暂不座实碴面，根据 4 个直角下放的 4 根中垂线，人力推动模板将模板调至设计位置，并调平调直模板，落模座实碴面。将气动液压泵用吊桶下至工作面，接通风路、油路，使整体方模液压油缸撑开，将模板撑开靠牢，支起限位千斤顶，搭好浇筑工作台。检查整体方模的标高，平整度偏差控制在 10mm 以内，由质检人员和监理对整体方模结构尺寸、搭接缝宽度，垂直度等进行质量验收，监理验收合格后，方可进入下一道工序施工。稳立好整体方模后，钢模悬吊绳必须处于拉紧状态。

（4）浇筑混凝土。搭好浇注工作台，开始浇注混凝土；采用混凝土运送罐车将料运至井下方形井井口，井筒采用溜灰管下料；混凝土的浇筑采用对称分层环形浇灌的方法，分层厚 300mm，必须对称浇灌以防钢模一侧混凝土堆积太多挤压整体方模造成跑模；用插入式风动振动棒振捣，接茬口处理待吊盘下落至该位置时，在吊盘上处理。

（5）养护脱模至下一循环点。将混凝土养护至强度能保证其表面及棱角不因拆模而受损的条件下，依据井内温度情况、混凝土强度等级确定脱模时间；脱模时，先放松模板悬吊钢丝绳 100mm，下放气动液压泵到工作面，接通风、油路，松开限位千斤顶，联动收缩液压油缸使方模脱离井壁，稳车下放整体方模至下一循环支承点。

3　可调节整体方形模板应用

云南玉溪大红山铁矿Ⅰ号铜矿带 150 万吨/年工程溜破系统布置于矿体西南翼、箕斗竖井旁，2 号方形电梯井井筒高度约 100m，其主要服务 140m、100m、130m、48m 水平，井筒断面为方形，净断面尺寸为 4. 5m×3. 2m。采用可调节整体方形模板进行施工作业，2 号电梯井施工工期为 3 个月，综合平均月进尺达到 35m，砌壁质量好，模板及配件清洁保养后可周转使用，节省了人工费用、材料费用等施工成本 31 万元，在安全优质的条件下实现快速施工，取得了很好的经济效益和社会效益。另外，大红山铁矿 400 万吨/年二期废石提升系统 1 号方形电梯竖井施工时，净断面尺寸为 2. 75m×3. 7m，综合平均月进尺达到 49m，也实现了安全优质的快速施工。

4 结论

可调节整体方形模板的开发是适应当前地下岩体工程的发展需要，是对传统的方形竖井砌壁支护施工工艺的革新。工程实践表明，根据地下方形竖井短段掘砌施工作业特点开发的可调节整体方形模板，其整体刚度高和防爆能力强，可适应凿岩钻爆的要求，脱模立模省时省力，能适应方形竖井受限空间内的超欠挖，砌壁平整光滑且模板不走样，适用于方形竖井的快速施工，应用前景广阔，可带动方形竖井建井技术向前发展。

参考文献

[1] 李泽华，蒲加顺，王永辉，等．方形竖井预裂爆破一次成型施工工艺［J］．四川水利，2009，323（1）：95-97.
[2] 周振兴，李宇．锦屏一级电站电梯竖井整体液压自动爬升模板设计［J］．四川水利，2012（3）：26-27.
[3] 黄明健，王军华，谢海鹏．大红山铁矿箕斗竖井的快速施工技术［J］．采矿技术，2014，14（4）：47-50.
[4] 刘建超，李宗旭．立井变径金属模板的研制和应用［J］．建井技术，2012，33（2）：40-42.
[5] 杜林，王治华．液压滑升模板工艺在陕西麟北煤业冻结主井的应用［J］．煤炭与化工，2014，37（2）：107-109.

矿山方形井快速施工关键技术与安全管理

何端华[1]　王祖辉[2]

（1. 湖南省新宁县安全生产监督管理局，湖南 新宁，422700；
2. 湖南涟邵建设工程（集团）有限责任公司，湖南 娄底，417000）

摘　要：矿山方形井施工时，直角井壁往往制约着其施工质量和进度。大红山矿业有限公司二期 400 万吨/年废石提升系统采用方形电梯井，根据方形竖井作业特点，选用改进的施工设施设备并对其进行合理配套，通过改进的可调节整体方形金属模板、空孔二阶桶形掏槽光面爆破、提吊稳车集中控制、井壁悬挂等多项关键技术，同时，依靠科学的安全管理，实现了矿山方形竖井安全优质条件下的快速施工。

关键词：方形竖井；金属模板；安全管理；井筒掘进

Key Technology and Safety Management of Quick Construction of Square Shafts

He Duanhua[1]　Wang Zuhui[2]

（1. Hunan Xinning County Administration of Work Safety，Hunan Xinning，422700；
2. Hunan Lianshao Construction Engineering（Group）Co.，Ltd.，Hunan Loudi，417000）

Abstract：The shaft wall often restricts the construction quality and progress of square shaft in mine. The 4 million t/a waste rock lifting system of Phase II of Dahongshan Mining Co.，Ltd. adopts square elevator shafts. According to operation features of square shafts，the project improves the construction facilities and supporting equipment. The rapid construction of square shafts under the condition of safety and quality is realized by taking the key technologies of the improved adjustable integral square metal model，second-order bucket cut smooth blasting with empty holes as auxiliary holes，central control of Shaft Sinking Winches，hanging pipes with Shaft Sinking Winches，and the scientific safety management.

Keywords：square shaft；metal model；safety management；shaft driving

地下矿山中断面形状为正方形或长方形的方形竖井越来越多，如电缆竖井、电梯竖井及通风竖井等，矿山方形井的成巷施工仍要遵循井巷掘砌作业方式[1,2]。对于圆形断面井筒施工，井筒断面周边光滑连续，对施工设备选型及布置有利，其掘、砌、运转等工序系统能够协调运作，较容易实现快速施工[3,4]。但是，方形竖井受四个直角井壁的影响，井筒成型困难，爆破、砌壁等各项工作效率和能力受限。传统方形井模板施工方法存在整体性差、用工较多、施工工期较长的缺点[5]。安全生产是保证施工工期的基本条件，矿山方形井施工具有特殊性，因此，探讨矿山方形井的快速施工技术和安全管理是很有意义的。

玉溪大红山矿业有限公司二期 400 万吨/年废石提升系统布置于矿体西南，其 2 号电梯井井筒断面为方形，为废石箕斗井底清理废石的服务通道，也是−22m 水平及−79m 水平工作面施工人员和材料上下的通道。方形电梯井井筒高度约 244m，净断面 4.9m×3.8m，支护厚度 300mm，采用 C30 号混凝土支护。岩石硬度系数 $f=8\sim10$，涌水量小于 $5m^3/h$。该方形井井筒施工工期为 5 月，综合平均月进尺 49m，砌壁平整光滑，在安全优质的条件下实现了快速施工。

原载于《采矿技术》，2017，17（2）：40-42，57。

1 方形竖井快速施工机械化配套

矿山方形竖井井筒施工采用短段掘砌混合作业法施工，施工机械化配套水平对方形井筒施工速度及质量所起的作用与众多立井井筒快速施工是相同的，即合理的机械设备配套是实现快速优质施工的重要保证。大红山铁矿2号方形电梯井井筒施工机械设备选型借鉴了立井施工设备配套先进经验，并充分考虑方形井筒的施工局限性，所采用的井筒施工机械设备见表1。

表1 方形井筒施工装备

机械名称	型号规格	数 量
提升天轮	φ1.5	1
提升机	10t 凿井绞车（盘形闸）	1
提升天轮	φ1.5	1
稳车	JZ2-10/600	6
稳车	JZ2T-10/700	1
局扇	ZBKJ2×15	1
可调节整体方模	模高 3m	1
吊桶	$3m^3$	1
长绳悬吊抓岩机	HS-4	1
悬吊天轮	φ0.6	4
吊盘	2层，层高 4m	1
调度绞车	JD-11.4	1
翻矸门小绞车	1.5t	1
井盖门绞车	1t	1
铲车	ZL-40	1

2 矿山方形竖井快速施工方案

方形竖井施工仍采用立井短掘短砌混合作业施工方法，可分为施工准备、井筒准备段和井筒正常段施工三个步骤，工艺流程见图1。

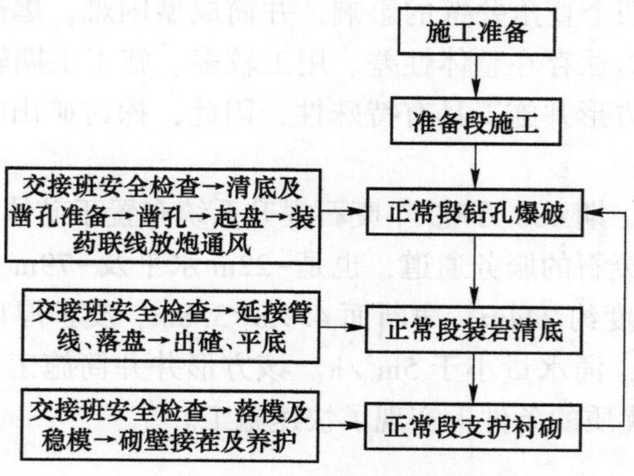

图1 矿山方形竖井施工工艺流程图

2.1 施工准备

方形竖井施工进场前，做到通车、通水、通电、通信等“四通”，施工用料从斜坡道及废石箕斗竖井两通道下放至工作面，井筒矸石则通过辅助斜坡道运至地表废石场；供水从二期斜坡道岔口接水；供电从二期工程配电硐室搭电；通信方面，井口、井下安装矿用安全电话。在矿山方形电梯井施工之前，需完成电梯井的上部工程施工，以便布置凿井稳车和天轮平台。

2.2 井筒准备段施工

形成方形井筒正掘条件之前，必须施工一定深度的井筒准备段以配合吊盘、封口盘安装，该电梯井准备段高度不少于23m。

井筒准备段施工采用HS-4型长绳悬吊抓岩机抓岩，主提升稳车提$3m^3$吊桶上下人员材料施工。为防止爆破砸坏天轮平台，在天轮平台钢梁下焊接铁板，并采用放小炮或分次爆破方式以减小爆破冲击，凿岩设备为YT-28风钻，孔深2m。井口采用钢梁、木板简易封口施工。抓岩机抓岩后，提至机房硐室水平以上，采用调度绞车将抓斗拉至机房硐室卸碴，再采用装载机将碴转运至汽车出碴。采用木模板支护，支护段高3m，在井壁悬挂溜灰管下放混凝土，分层对称浇筑。井筒掘至井口以下23m位置时，停止掘进，安装钢模稳车并组装可调节整体方形金属模板，安装吊盘稳车并组装自制双层吊盘，然后上提吊盘，利用吊盘在机房硐室安装翻矸平台及翻矸溜槽，最后，将吊盘落至井口以下，安装井口封口盘，完善吊挂系统形成正掘条件。

2.3 井筒正常段施工

方形井筒正常段施工的工序主要有钻孔爆破、装岩清底和支护衬砌，各工序滚班循环作业。

（1）钻孔爆破。为了提高方形竖井施工进度，在方形电梯井施工中，采用了适当增加炮孔深度、提高掏槽效率等措施增加每掘进循环进尺的方式以加快施工进度。采用YT-28风钻打孔，各孔均先采用2m钢钎打孔，然后采用2.5m钢钎套孔加深，钻孔深度2.5m，采取分区、划片钻孔，各台钻由井帮向中心或由中心向井帮顺序钻孔。采用大并联方式联线爆破，装药联线后起吊盘。井筒内钢丝绳悬吊电缆放炮，采用LR-Z型发爆器井口远距离启爆磁电雷管爆破。在通风上采用了大功率对旋式风机配ϕ600mm双抗胶质风筒通风排烟。

（2）装岩清底。矿山方形竖井净径通常较小，只能布置一台抓岩机装岩，在方形电梯井施工中，采用HS-4长绳悬吊抓岩机配$0.4m^3$抓斗装岩。受井筒净断面限制，提升吊桶无法配置很大，大红山方形电梯井断面净尺寸4.9m×3.8m，经优化布置，采用1台10t凿井绞车（盘形闸）提升2个$3m^3$吊桶出矸石，翻矸平台座钩式翻矸，翻矸平台翻矸卸矸至机房硐室。井底清底工作采用抓岩机和人力并用，互相配合，采用多台风镐清底辅助清底加快清底工作。

（3）支护衬砌。采用可调节整体方形金属模板砌壁，模高3m，砌筑段高3m。砌筑所需的混凝土在地面配好，采用运送罐车将料运至方形井筒井口，搭好浇注工作台，采用溜灰管下料。混凝土的砌壁浇筑采用对称分层环形浇灌的方法，分层厚300mm，以防钢模一侧混凝土堆积挤压整体方模造成跑模。用插入式风动振动棒振捣，在吊盘上处理，接茬必须饱满密实，保证接茬质量。

3 方形竖井快速施工关键技术

3.1 空孔二阶桶形掏槽光面爆破

方形竖井爆破进尺易受到4个拐角的夹制作用，掏槽孔的布置极为重要，根据众多类似工程经验[2]，掏槽孔中心留设不装药的空孔，空孔直径等于或大于装药掏槽孔直径，作为装药掏槽孔爆破时的辅助自由面和破碎体的补偿空间，因此，在炮孔布置上采用直孔桶形掏槽方式，即采用空孔二阶桶形掏槽光面爆破，有效地提高了方形井筒掘进爆破效果。为减少超欠挖，周边孔距比常规光面炮孔间距要小，并在拐角布置导向孔。炮孔布置详见图2。爆破效果详见表2。方形井筒施工中根据岩石情况及时调整，选取最佳爆破参数。

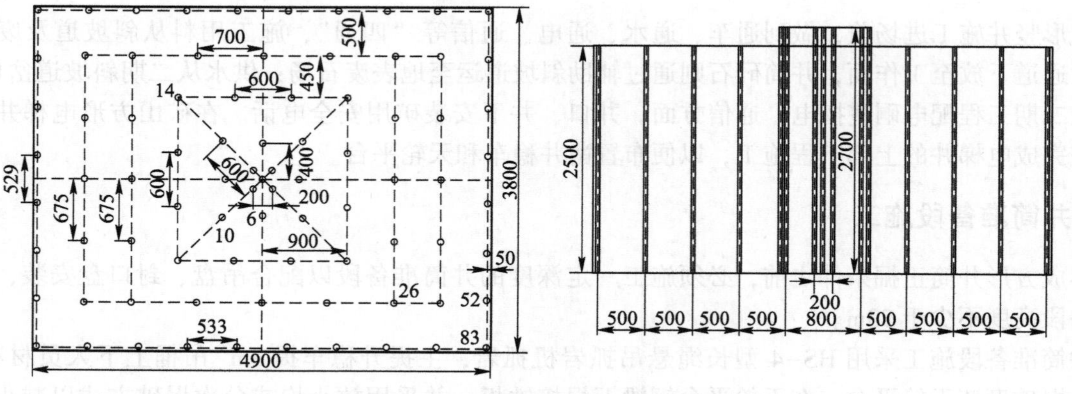

图 2　方形竖井井筒炮孔布置（单位：mm）

表 2　爆破效果

炮孔利用率/%	循环进尺/m	循环岩石实体/m³	每循环炸药消耗量/kg	每循环雷管消耗/个	单位体积炸药消耗/kg·m⁻³	单位体积雷管消耗/个·m⁻³	单位进尺炸药消耗/kg·m⁻¹	单位进尺雷管消耗/个·m⁻¹	单位原岩炮孔长度/m·m⁻³
85%	2.1	40.7	76.4	83	1.88	2.04	36.4	39.5	5.16

3.2　可调节整体方形金属模板

为实现矿山方形竖井井筒的快速优质施工，将传统组合式散装木模板或钢模板进行整体化创新设计，研制出可调节整体方形金属模板进行砌壁。根据方形竖井断面的实际尺寸定制可调节整体方模，整体方模主要由 4 组直角组合金属模板、搭接 T 型板、搭接槽钢、液压油缸、限位千斤顶和限位螺栓构成[5]，10mm 厚钢板卷焊而成，模高 3m，如图 3 所示。玉溪大红山矿业有限公司二期废石提升系统方形电梯井断面净尺寸 4.9m×3.8m，方模有 4 个脱模收缩口，调节伸缩范围为（5000～4700）mm×(3900～3600)mm，方模调节伸缩主要通过液压油缸实现。

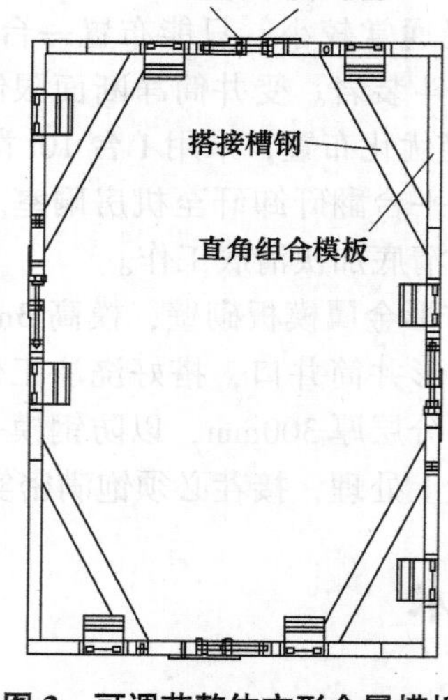

图 3　可调节整体方形金属模板

3.3　提吊稳车集中控制

在方形竖井井口信号室设集中控制系统，所有吊盘及溜灰管、风水管、排水管提吊稳车（包括管线悬吊稳车）启动开关在信号室，设置成既能联动又能分动的集中控制装置起吊吊盘，吊盘至距井底工作面 20m 以上。实践表明，集中控制起落吊盘时间与不同步起落相比缩短 1h 以上。

3.4 管线井壁悬挂技术

压风管、排水管、供水管、胶质风筒均采用稳车悬挂，解决了传统井壁悬挂需单独占用掘进循环时间的问题，在井口进行管线延接，井口以下及吊盘以上 10~15m 供压风、供水管、排水管均采用软管连接，在井口、吊盘上预留部分软管可减少钢管延接次数，大大地缩短吊盘起落时间，从而节省方形井筒施工时间。

4 矿山方形井快速施工安全管理

（1）安全管理机构及制度。为了有效控制安全生产过程，专门建立了以安全副经理和专职安全员为主的安全管理部，施工班组再增设一名群安员，专职安全员和群安员在安全副经理的指挥领导下，开展各项施工安全管理工作，每周每月都有定期和不定期的安全检查，坚决制止“三违”，并健全安全生产责任制。

（2）设备安全操作管理。所有机电设备包机到人，专职人员须每天检查各工序设备设施，挂牌管理；项目部机电部门定期检查提升装置和提升绞车的运行情况，所有电气设备都配有过流保护、漏电保护和保护接地装置；整体方形模板实行定期检查、校对，应稳定牢固，拼接严密，无松动，螺栓紧固可靠，以防施工过程中发生位移，发现规格尺寸有变化应及时进行调整。

（3）顶板安全管理。坚持敲帮问顶制度，根据竖井施工特点，人员乘坐吊桶到达作业面时，先检查井筒井壁是否有松矸浮石，发现松矸浮石及时处理，在处理过程中选择没有松、浮石的位置站人，严格执行顶板分级管理的安全确认程序。每次检查形成台账，确保安全再进行作业面风水管连接等工作。

（4）爆破安全管理。放炮必须有专职放炮员负责，经过专门培训合格后，并持证上岗。执行爆破物品清退制度，在施工现场使用雷管炸药时，严格执行当班领取当班清的规定；在井筒装药时，除放炮人员、信号工外，其他人员都须撤至井筒口；雷管炸药入井前，工作面的电气设施提离装药点 20m 左右；爆破后通风 30min，炮烟吹散，及时清扫各层盘，然后放炮员、安全员等进入工作面检查爆破情况，确认安全后方可通知其他人员入井出渣。

（5）个人安全预防。作业人员须先检查、熟悉工作地点的管线、安全状况，然后因地制宜地采取安全作业方法。作业人员须系上安全带、戴上安全帽、穿上工作鞋，严禁穿拖鞋或胶底布鞋上岗；乘坐吊桶上下井筒时，严禁在井下打闹，须扣靠保险带，服从井口信号工安排，严禁饮酒下井。

5 结论

矿山方形竖井工程与其他圆形竖井工程相比，其施工方法相对复杂、工程难度大。因此，根据方形竖井作业特点，选用改进的施工设施设备并对其进行合理配套，采取了可调节整体方形金属模板、空孔二阶桶形掏槽光面爆破、提吊稳车集中控制、井壁悬挂等多项技术创新，解决了方形竖井工程砌壁、爆破、提升等问题，同时，依靠科学的组织管理和严密的安全措施，实现了矿山方形竖井安全优质条件下的快速施工。

参考文献

［1］周振兴，李宇．锦屏一级电站电梯竖井整体液压自动爬升模板设计［J］．四川水利，2012（3）：26-27.
［2］李泽华，蒲加顺，王永辉，等．方形竖井预裂爆破一次成型施工工艺［J］．四川水利，2009，323（1）：95-97.
［3］黄明健，王军华，谢海鹏．大红山铁矿箕斗竖井的快速施工技术［J］．采矿技术，2014，14（4）：47-50.
［4］张传余，唐燕林，鲍胜芳．超大超深立井施工设备选型及布置［J］．采矿技术，2013，13（6）：103-106.
［5］李建国，王祖辉．可调节整体方形模板在方形竖井中的开发及应用［J］．采矿技术，2016，16（5）：27-29.

竖井井壁涌水分段截导水防治技术

何端华[1]　李传明[2]

（1. 湖南省新宁县安全生产监督管理局，湖南 新宁，422700；
2. 湖南涟邵建设工程(集团)有限责任公司，湖南 娄底，417000）

摘　要：井筒井壁涌水会影响井筒施工进度及其安全稳定，针对大红山铁矿 1 号电梯井井壁涌水问题，提出了分段壁后截导水防治技术。该防水技术防水分段高度为 8~10m，在混凝土井壁后布置环形截水槽和隔水层，通过导引水管路将井筒含水层涌水引离井壁。分段截导水防治技术是对井筒涌水的超前治理，对井壁没有任何损害，工程实践表明，该技术施工简单，防治水效果显著，能获得很好的经济效益和社会效益。

关键词：井壁涌水；分段截导水；隔水层

Prevention and Control Technology of Segmented Water Diversion in Gushing Section of Shaft Wall

He Duanhua[1]　Li Chuanming[2]

(1. Hunan Xinning County Administration of Work Safety, Hunan Xinning, 422700;
2. Hunan Lianshao Construction Engineering (Group) Co., Ltd., Hunan Loudi, 417000)

Abstract: Water gushing from shaft walls will affect the shaft construction and its safety and stability. Aiming at the problem of 1# elevator shaft wall water gushing in Dahongshan Iron Mine, the paper proposes the prevention and control technology by water diversion behind subsection wall. Each section is 8~10m high, arranging the annular intercept chute and waterproof layer behind the concrete shaft wall to guide gushing water away from the shaft wall through the water chutes. The segmented water diversion technology for water prevention and control is an advanced treatment of water gushing in the shaft, without any damage to the shaft wall. The engineering practice shows that the technology is simple in construction, but has remarkable effect of water prevention and control, which can obtain good economic and social benefits.

Keywords: water gushing from shaft wall; subsection water intercept; waterproof layer

竖井施工过程中，因地质条件、季节性和工程质量等原因，会出现井筒井壁涌水或渗水现象，井壁涌水不仅恶化工作环境，影响施工进度，还会腐蚀井筒支护衬砌和井筒装备，影响井壁安全稳定[1,2]。目前国内对于竖井井壁涌水治理通常采用壁后注浆堵水、壁前截水槽、风筒布挡水、井壁返修及井壁围堰导水等措施[3-5]，以上措施存在工期长且工程量大或被动防治的问题。针对小断面竖井施工工期紧张又具有井壁涌水问题的情况，大红山铁矿溜破系统多条暗竖井施工中创新采用了分段壁后截导水防治技术，使得竖井井壁淋涌水问题得到了有效的解决，施工投资少，治理效果显著。

1　工程概况

云南玉溪大红山铁矿Ⅰ号铜矿带 150 万吨/年采矿工程溜破系统 1 号电梯井为方形竖井，位于溜井南侧，其井筒净断面为 3.7m×3.2m，设计 300mm 厚的混凝土，井筒高度约 200m。该电梯竖井采用短

原载于《采矿技术》，2017，17（3）：56-57，65。

段掘砌，考虑到井筒高度大且井筒上下联道已形成，采用反井钻机小导硐施工方法。根据反井钻机钻孔资料显示，该电梯竖井围岩多为白云石大理岩夹炭质板岩、片岩，块状、薄层状，微风化，岩石质量较差，岩体多呈块状结构，节理裂隙发育，含基岩风化裂隙，水量丰富，连续涌水点分布长度达100m左右，涌水类型主要为基岩裂隙水，且与溜井、380水平巷道水力联系紧密，预测整个井筒平均涌水量将达到20m^3/h。

考虑电梯竖井涌水段长度较大且涌水点分散，采用壁后注浆堵水工期长，因此决定采用分段壁后截导水防治技术将井壁围岩涌水导入140水仓，以保证井筒混凝土支护质量。

2 竖井分段截导水防治方案

大红山铁矿溜破系统1号电梯井的涌水段长度长，为保证防治水效果，首先对涌水段井筒采用分段截水，每8~10m高度为一个分段，每个分段底部在设计掘进断面以外井壁全周长设置一个环形截水槽，每一分段的涌水全部流入该分段底部截水槽内，再在截水槽内预埋集中引水管，将环形截水槽内的水引到混凝土外，并与混凝土外的导水管相接，图1所示为电梯井分段截导水方案。当施工吊盘下落到该分段时再将上下分段导水管连接起来，按上述方法将井壁涌水一直往下引至电梯井井底140水仓内。

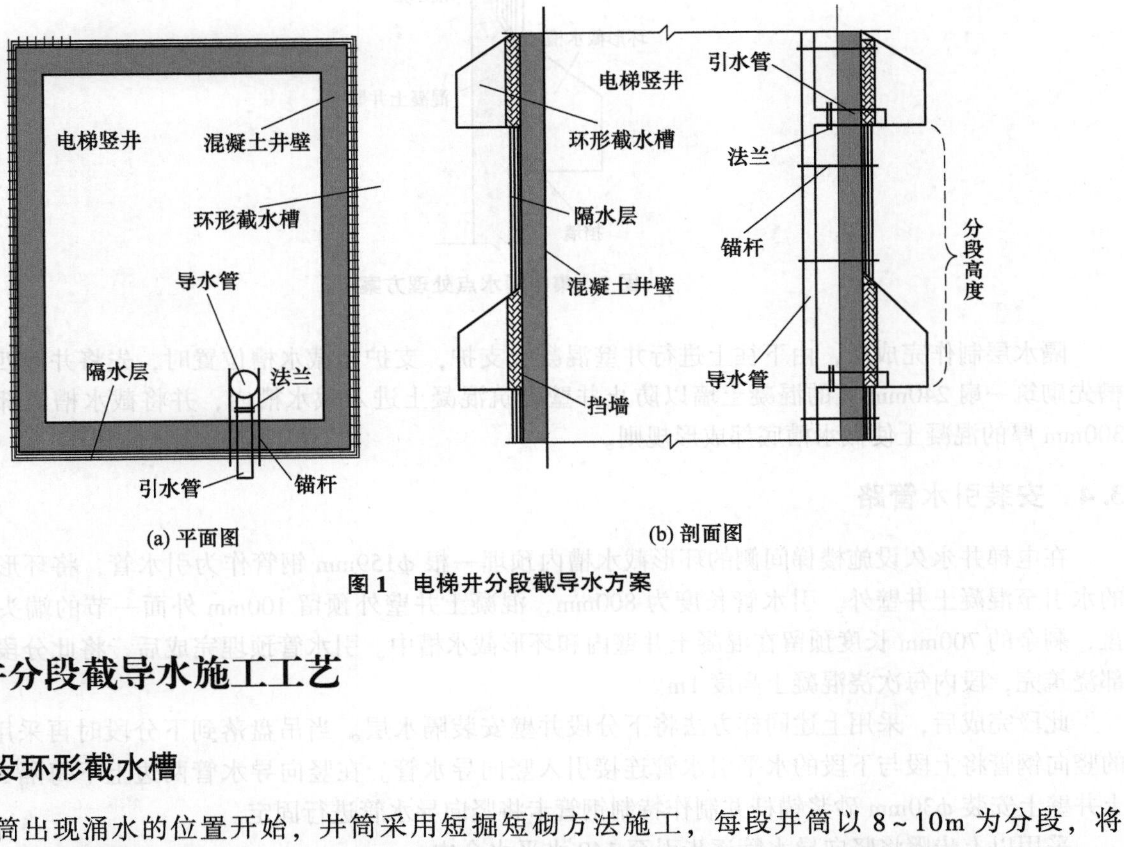

图1 电梯井分段截导水方案

3 竖井分段截导水施工工艺

3.1 布设环形截水槽

从井筒出现涌水的位置开始，井筒采用短掘短砌方法施工，每段井筒以8~10m为分段，将井筒一个分段掘进完成后，在每一分段底部混凝土井壁后的围岩中设置一圈高600mm×深800mm（不含混凝土300mm支护厚度）的环形截水槽，环形截水槽的距电梯井井底工作面应保持有2m以上的距离。

3.2 铺设操作平台

环形截水槽成形后，利用ϕ50mm钢管与扣件从电梯井井底搭设钢管架至分段的起点位置，管架的布置尺寸间距为1m×1m。在钢管架顶层用木板（长2000mm×宽300mm×厚50mm）铺设一个平台作为安装隔水层的操作平台。

3.3 制作隔水层

为了保证混凝土质量和尽量减少涌水渗出混凝土井壁外，混凝土井壁四周采用表面覆有3mm厚钢板的30mm厚松木板将混凝土与岩壁隔离开作为隔水层。松木板隔水层可将此分段涌水全部引入到底部环形截水槽中。为防止涌水从每块隔水松木板之间的搭接处缝隙中渗出，在松木板搭接处两侧各采用一块不小于400mm宽的搭接木板将缝隙封闭，并将两块搭接木板连接起来，松木板与两搭接木板之间的搭接长度不低于200mm，搭接木板在井壁上打眼安装ϕ14mm×120mm的膨胀螺栓固定，每个膨胀螺栓之间的间距为200mm，膨胀螺栓的上下间距为600mm。

对集中涌水点埋设ϕ32mm的引水钢管，并接1.5寸的引水胶管直接将涌水引入环形截水槽内，如图2所示。因上下相邻分段之间的连接不方便用木板预留连接，相邻分段之间的连接处采用厚5mm×宽1000mm×长3000mm的胶皮连接，将胶皮一头用钢钉固定在上一分段的底部的松木板上，另一头预留在混凝土挡墙外300m处，以便与下段松木板隔水层连接，每块胶皮的搭接不小于300mm。

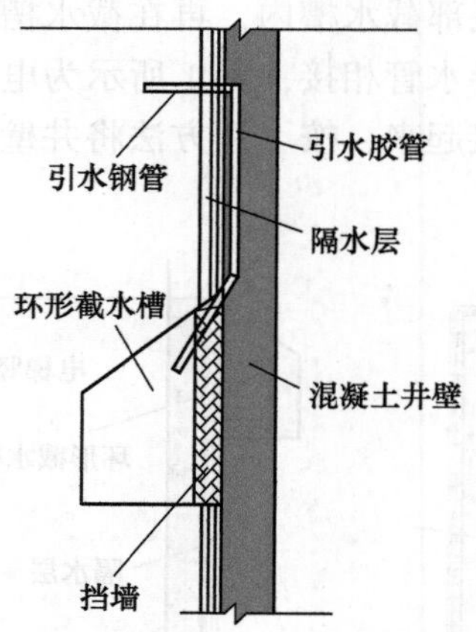

图2 集中涌水点处理方案

隔水层制作完成后，由下往上进行井壁混凝土支护，支护至截水槽位置时，先将井筒四周的截水槽先砌筑一扇240mm宽的混凝土墙以防止井壁砌筑混凝土进入截水槽内，并将截水槽底部铺设一层300mm厚的混凝土使截水槽底部成形规则。

3.4 安装引水管路

在电梯井永久设施楼梯间侧的环形截水槽内预埋一根ϕ159mm钢管作为引水管，将环形截水槽内的水引至混凝土井壁外。引水管长度为800mm，混凝土井壁外预留100mm外面一节的端头焊接法兰盘，剩余的700mm长度预留在混凝土井壁内和环形截水槽中。引水管预埋完成后，将此分段混凝土全部浇筑完，段内每次浇混凝土高度1m。

此段完成后，采用上述同样方法将下分段井壁安装隔水层。当吊盘落到下分段时再采用ϕ159mm的竖向钢管将上段与下段的水平引水管连接引入竖向导水管。在竖向导水管两边上下每隔3m的混凝土井壁上安装ϕ30mm砂浆锚杆并制作特制钢管卡将竖向导水管进行固定。

采用以上步骤将竖向导水管逐步引至140水平水仓内。

表1所列为每100m涌水段截导水施工所需的材料消耗情况。

表1 每100m涌水段截导水施工材料消耗

材料名称	规格/mm	数量
钢管	ϕ159	108m
松木板	2000×900×30	2664m^2
胶皮	δ5	400m^2
膨胀螺栓	ϕ14×120	10000个

续表 1

材料名称	规格/mm	数　量
胶管	$\phi40$	300m
钢管	$\phi32$	50m
法兰盘	$\phi159$	30 个
锚杆	$\phi30\times1000$	80 根
法兰盘螺栓	$\phi16\times70$	240 个
钢管	$\phi50$	300m
木板	2000×300×50	15 块
扣件		150 个
钢钉	70	1000
钢板	$\delta5$	$20m^2$

4　结论

分段壁后截导水防治技术是针对竖井施工通过含水层段的主动治水方法，与国内传统井壁治水措施相比，具有施工简单，治理效果显著的特点，溜破系统 1 号电梯井采用该技术处理后，竖井井壁基本无水，有效地解决了井壁涌水问题。分段壁后截导水防治技术将环形截水槽布置在井壁后的围岩内部，对含水层涌水导流的效率高，治水效果直接有效，同时截水槽没有影响电梯竖井的正常使用面积，对竖井提升有利；该技术是对井筒涌水的超前治理，相关防水设施与竖井井壁同时砌筑，对井壁没有任何损害，增加的工程量小，能获得很好的经济效益和社会效益。

参 考 文 献

[1] 孙丙山，张跃，朱洪利，等．站街煤矿立井井筒施工综合防治水技术［J］．煤炭技术，2014，33（7）：248-250.
[2] 仝洪昌，李国栋，闫昕岭．立井井筒大段高、大涌水条件下的壁后注浆治水技术［J］．建井技术，2008，29（3）：7-9.
[3] 刘阳平，闰黎宏，王少文．壁后注浆在宝山铅锌矿箕斗主井施工中的应用［J］．采矿技术，2014，14（4）：72-74.
[4] 王职责，吴新光．立井工作面预注浆施工［J］．建井技术，2014，35（5）：16-18.
[5] 蔡连君，孔令杰，谢安．环形水槽截水技术在治理井筒淋水中的应用［J］．中州煤炭，2011（12）：83-84.

立井基岩爆破对井壁和冻结管的爆破振动观测

张耿城

（广东宏大爆破股份有限公司，广东 广州，510623）

摘　要：用爆破法进行立井基岩爆破时，由于基岩与井壁是紧密接触，所以爆破振动从基岩能够很好地传递给井壁。因此可通过振动强度的测试，来判断爆破对临近冻结管和已浇井壁的影响程度，及时调整爆破参数和爆破方法，保证冻结管和已浇井壁安全。

关键词：立井基岩；井壁；冻结管；爆破振动

Vertical Shaft Bedrock Blasting of Frozen Tube Wall and Blasting Vibration Observation

Zhang Gengcheng

（Guangdong Hongda Blasting Co.，Ltd.，Guangdong Guangzhou，510623）

Abstract：Using the vertical shaft bedrock in blasting method，due to the bedrock and borehole wall is close contact，so the blasting vibration from bedrock is good to the wall. So by the strength of the vibration test，judging blasting near the frozen pipe and has the influence degree of the water wall，timely adjusted blasting parameters and blasting method，to ensure that the frozen pipe and has water the wall safe.

Keywords：vertical shaft bedrock；borehole；frozen pipe；blast vibration

用爆破法进行立井基岩爆破时，炸药大部分能量用于岩石的破碎和抛掷，但是总有一部分能量会转换为地震波，从爆源以波的形式向外传播，经过周围围岩达到地表，引起周围岩体和地表振动，振动强度随着爆心距的增加而减弱[1]。因此可通过振动强度的测试，来判断爆破对临近冻结管和已浇井壁的影响程度，及时调整爆破参数和爆破方法，保证冻结管和已浇井壁安全。

在井筒基岩段爆破，由于基岩与井壁是紧密接触，所以爆破振动从基岩能够很好地传递给井壁[2]。通过测试井壁口爆破振动速度，把测试数据进行分析、回归处理，即可推算出距离爆破点不同距离的振动速度，再根据《爆破安全规程》的规定，可以判定爆破振动对井壁和冻结管的影响程度[3]。

1　测试仪器

测试所用仪器为四川拓普测控科技有限公司生产的 UBOX20016 和 UBOX20056 测振仪和记录仪[4]。

测试仪器沿井口圆周布置三台爆破振动测试仪器。每台测试仪器分别布置径向、切向和垂直方向三个测震仪，可同时测量径向、切向和垂直三个方向的质点振动速度。

2　爆破振动允许标准

根据《爆破安全规程》（GB 6772—2003）提供了不同建筑物所允许的爆破振动值见表 1。

原载于《广东化工》，2017，44（10）：70，73-74。

表 1 爆破振动安全允许标准

Table 1 Allow the blasting vibration safety standards

序号	保护对象类别	安全允许振速/cm·s^{-1}		
		<10Hz	10~50Hz	50~100Hz
1	土窑洞、土坯房、毛石房屋	0.5~1.0	0.7~1.2	1.1~1.5
2	一般砖房、非抗震的大型砌块建筑物	2.0~2.5	2.3~2.8	2.7~3.0
3	钢筋混凝土结构房屋	3.0~4.0	3.5~4.5	4.2~5.0
4	一般古建筑与古迹	0.1~0.3	0.2~0.4	0.3~0.5
5	水工隧道		7~15	
6	交通隧道		10~20	
7	矿山巷道		15~30	
8	水电站及发电厂中心控制室设备		0.5	
9	新浇大体积混凝土 龄期：初凝~3d 龄期：3~7d 龄期：7~28d		2.0~3.0 3.0~7.0 7.0~12	

注：1. 表列频率为主振频率，系指最大振幅所对应波的频率。

2. 频率范围可根据类似工程或现场实测波形选取。选取频率时亦可参考下列数据：硐室爆破<20Hz；深孔爆破 10~60Hz；浅孔爆破 40~100Hz。

3 测试结果

爆破试验工作从 2011 年 8 月 18 日开始，测试工作从 8 月 19 日开始至 8 月 24 日共进行 4 次，其结果见表 2~表 5，测振仪记录的振动波形见图 1~图 4。

（1）测试日期 2011 年 8 月 19 日，基本条件：药量 90.8kg，炮孔 87 个，孔深 2.5m，最大段药量约为 29.5kg。距离爆破点约 445m（见表 2 和图 1）。

表 2 2011 年 8 月 19 日 B、D 测点结果

Table 2 On August 19，2011 B，D the results of measuring points

通道名	最大振速/cm·s^{-1}	主振频率/Hz	振动持续时间/s
B 南侧 * CH1 * 横向	0.293	15.869	1.945
B 南侧 * CH2 * 纵向	0.332	36.011	1.947
B 南侧 * CH3 * 垂直	0.889	15.869	1.81
D 北侧 * CH1 * 横向	0.557	16.479	1.277
D 北侧 * CH2 * 纵向	0.896	16.479	1.268
D 北侧 * CH3 * 垂直	3.692	16.479	1.946

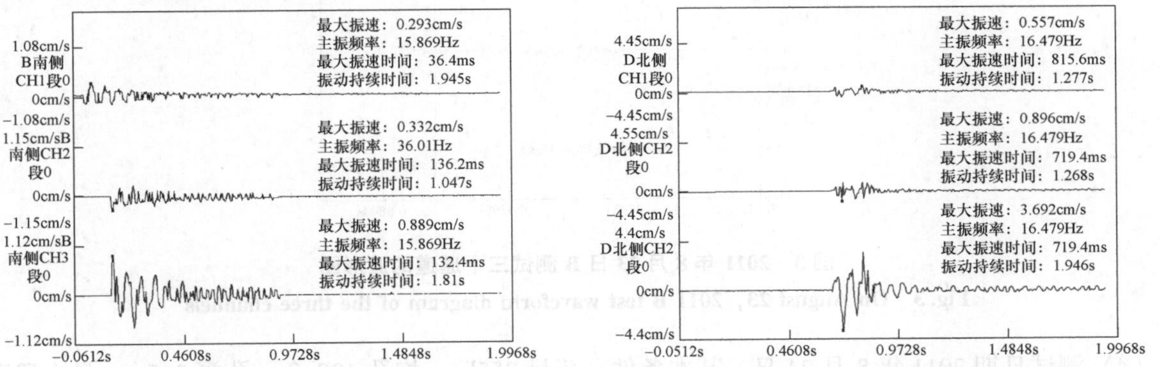

图 1 2011 年 8 月 19 日 B、D 测试三个通道的波形图

Fig. 1 On August 19，2011 B，D test waveform diagram of the three channels

（2）测试日期2011年8月20日，基本条件：药量94.1kg，炮孔94个，孔深2.5m，最大段药量约为30.5kg。距离爆破点约448m（见表3和图2）。

表3　2011年8月20日B测点结果

Table 3　On August 20，2011 B，the result of measuring points

通道名	最大振速/cm·s^{-1}	主振频率/Hz	振动持续时间/s
B南侧*CH1*横向	0.293	15.869	1.919
B南侧*CH2*纵向	0.411	15.869	1.949
B南侧*CH3*垂直	1.333	17.361	1.948

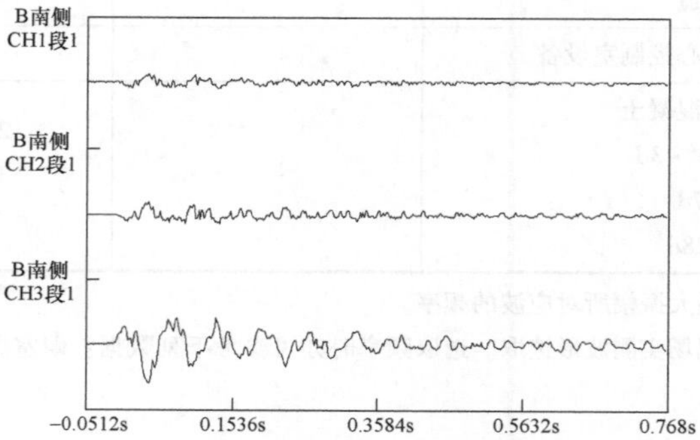

图2　2011年8月20日B测试三个通道的波形图

Fig. 2　On August 20，2011 B test waveform diagram of the three channels

（3）测试日期2011年8月23日，基本条件：药量200kg，炮孔117个，孔深3m，最大段药量约为64.9kg。距离爆破点约456m（见表4和图3）。

表4　2011年8月23日B测点结果

Table 4　On August 23，2011 B the result of measuring points

通道名	最大振速/cm·s^{-1}	主振频率/Hz	振动持续时间/s
B东侧*CH1*横向	0.428	34.18	0.335
B东侧*CH2*纵向	0.876	29.297	0.438
B东侧*CH3*垂直	2.359	63.477	1.283

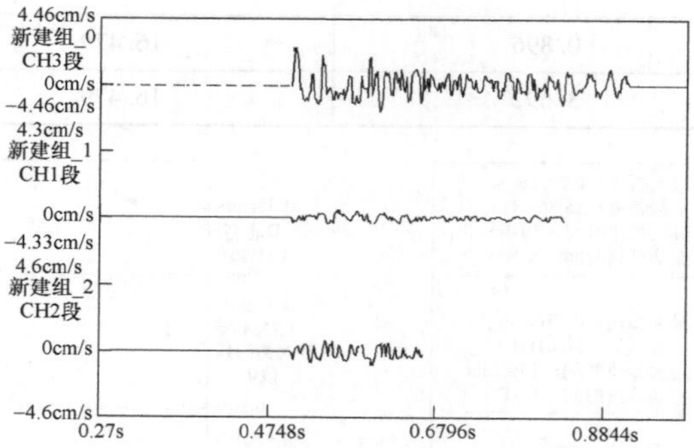

图3　2011年8月23日B测试三个通道的波形图

Fig. 3　On August 23，2011 B test waveform diagram of the three channels

（4）测试日期2011年8月24日，基本条件：药量255kg，炮孔130个，孔深3.5m，最大段药量约78.5kg。距离爆破点约460m（见表5和图4）。

表5　2011年8月24日B测点结果

Table 5　On August 24, 2011 B the result of measuring points

通道名	最大振速/cm·s^{-1}	主振频率/Hz	振动持续时间/s
B北侧*CH1*横向	0.46	25.024	0.978
B北侧*CH2*纵向	0.634	39.063	1.948
B北侧*CH3*垂直	0.385	18.921	1.949

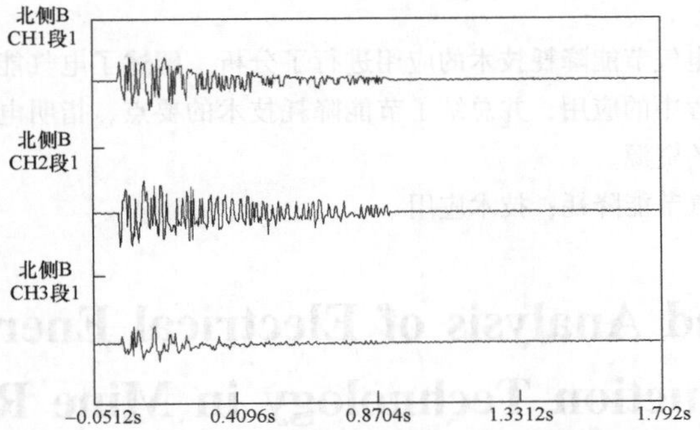

图4　2011年8月24日B测试三个通道的波形图

Fig. 4　On August 24, 2011 B test waveform diagram of the three channels

4　测试结果

从爆破振动测试结果来看，在测试条件相同的情况下，测点纵向速度小于切向振动速度，而垂直速度最大，所测的爆破振动速度最大值为3.69cm/s。爆破结果没有引起已浇井壁破坏，也没有对冻结管造成任何影响。

参 考 文 献

[1] 陈俊庆．安托山深孔爆破振动测试与分析［J］．工程爆破，2004，10（2）：70-72.
[2] 彭德红．某石料厂石材开采爆破震动测试与分析［J］．爆破，2005，22（4）：32-34.
[3] 马芹永，韩博，卢小雨．立井井筒基岩段深孔爆破振动测试与分析［J］．煤炭科学技术，2012，40（1）：23-25.
[4] 张智宇，庙延钢，杨旻．TOPBOX振动自记仪在爆破振动测试中的应用［J］．爆破，1998，15（4）：62-65.

矿山改造工程中电气节能降耗技术的应用分析

李　飞

(湖南涟邵建设工程(集团)有限责任公司，湖南　娄底，417000)

摘　要：对矿山改造工程中电气节能降耗技术的应用进行了分析，阐述了电气能耗的原因。详细介绍了电气节能降耗技术在矿山改造工程中的应用，并总结了节能降耗技术的要点，指明电气节能降耗的重大意义，旨在降低矿山改造的成本，节约资源。

关键词：矿山改造工程；电气节能降耗；技术应用

Application and Analysis of Electrical Energy Saving and Consumption Reduction Technology in Mine Renovation Project

Li Fei

(Hunan Lianshao Construction Engineering (Group) Co., Ltd., Hunan Loudi, 417000)

Abstract: Application of electrical energy saving and consumption reduction technology for a mine renovation project is analyzed and reasons behind big electrical consumption is illustrated. Application of electrical energy saving and consumption reduction technology in mine renovation project is introduced in detail and key points of this technology is summarized. How important to save energy and reduce electrical consumption is pointed out in order to reduce the cost of mine renovation and to conserve resources.

Keywords: mine renovation project; electrical energy saving and cost saving; technology application

随着经济建设的不断发展，我国越来越注重能源的节约，不断地推出节能环保政策，对矿山改造工程的电气节能降耗方面也提出了一定的要求。电力是矿山生产的主要能源，在这样的情况下采取什么样的方法降低矿山改造工程中的能源消耗显得尤为重要。想要实现矿山改造功能的节能降耗，就要对矿山改造过程中产生能源消耗的原因进行具体的分析，再从这些问题入手，提出相应的解决措施。同时，在矿山改造的过程之中还要引进一些先进科学的施工技术，这样不仅能够在一定程度上减少矿山的能源消耗，还能在一定程度上提升矿山的经济效益。电气节能降耗技术在应用于矿山改造工程时，要多方面的矿山改造工程进行详细的分析，从矿山改造工程中的电动机能耗到改造工程的照明系统等都要进行具体的分析，这样才能够提出合理有效的节能降耗措施。

1　矿山改造工程中电气能耗分析

（1）矿山改造工程中的电动机能耗。在矿山改造工程中主要是利用发电机设备对把电能转化为机械能供矿山改造使用，因为矿山改造工程是一项复杂的大型工程，所以在改造工程中会使用许多大型的机械设备，这些大型机械设备的耗电量极大，所以对发电机的功率要求也非常高。同时在矿山改造工程施工的过程中如果出现发电机故障，就可能出现漏电问题，这样不仅会导致不必要的电力耗费，还极有可能出现安全事故。其次，发电机老化也是耗电的一个重要原因，发电机老化会导致发电机性

原载于《矿业工程》，2017，15（3）：65-67。

能变差，从而消耗大量不必要的电力。

（2）矿山改造工程中供配电系统耗能严重。矿山改造工程拥有完善的供配电系统，改造工程的用电都是由此系统控制，所以供配电系统是矿山改造工程电气能耗的关键。供配电系统主要是通过供电线路和变压器对整个矿山改造工程进行供电。而供电系统中的变压器会受到电流运行的影响，一旦电流运行超过一定的荷载能力，变压器就会变热，相应的变压器能耗随之增加，所以变压器的容量是供电系统能耗的关键。在进行变压器选择时一定要对供电系统电流进行计算，保证所选择的变压器能够负荷供电系统的电流[1]。

在矿山改造工程中需要铺设大量的供电路线，保证众多设备的正常运行。一旦供电路线发生损坏，就极容易导致电能损耗。同时线路的铺设一定要经过科学的设计，否则会产生不必要的能耗，因为不同的配电方式会产生不同的能耗，在进行线路铺设时可参照表1对配电方式进行计算，保证线路铺设的科学性[2]。

表1　不同配电方式的损耗比

配电方式	接线示意图	损耗计算公式	损耗比	备　注
单相二线制	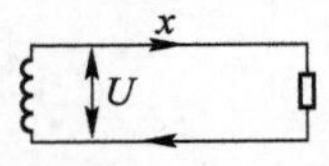	$\Delta P_x = 2\left(\frac{P}{U}\right)^2 RL$	100	假定导线截面相等，$\cos\phi=1$ 时， ΔP_x—线损； P—照明负荷容量，kW； U—电源电压，V； u—$U/\sqrt{3}$ I—线电流，A； i—$I/\sqrt{3}$ R—单位长度电阻，Ω/m； L—配线距离，m。
二相三线制	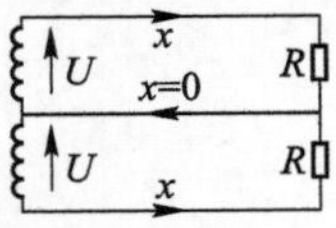	$\Delta P_x = \frac{1}{2}\left(\frac{P}{U}\right)^2 RL$	25	
三相三线制	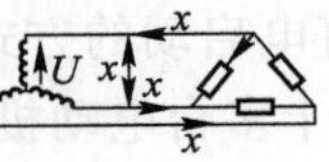	$\Delta P_x = \left(\frac{P}{U}\right)^2 RL$	50	
三相四线制	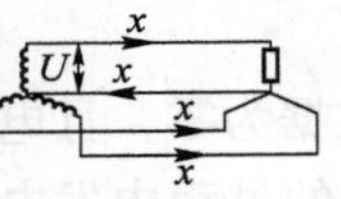	$\Delta P_x = \frac{1}{3}\left(\frac{P}{U}\right)^2 RL$	16.7	

（3）矿山改造工程中照明系统的能耗。由于矿山内部没有自然光，所以在矿山改造工程中需要强大的照明系统来保证施工的正常进行。由于矿山改造工程浩大，工期较长，所以照明系统的能耗非常大。通常情况下矿区内都采用高压汞灯和白炽灯照明，使用这些灯不仅照明效果不好，耗电量也极大。所以应该响应国家绿色环保照明的号召，防止不必要的能耗产生。

2　矿山改造工程中电气节能降耗技术的应用

2.1　选择适合的电动机

电动机节能是矿山改造工程中电气节能降耗的关键，所以在选择发动机时一定要根据矿山改造工程的具体情况选择合适的发动机。鉴于在矿山改造工程中使用的大型设备耗电量都很大，所以尽量选择大功率的发电机，满足设备运行的供电需求。同时要对电动机的运行加强管理，保证电动机在运行中一旦出现问题，就得到关注和解决，避免发动机带着问题长期运行，导致耗电增加。

2.2　选择不同的变压器

根据相关资料得知，不同的变压器会在实际的运行过程中产生不同的能耗，所以在矿山改造工程中应该根据工程的实际情况选择不同级别的变压器，这样既能保证工程的正常运行，又能在很大程度上减少变压器的能耗。但是在大部分矿山在进行改造前都是使用同一种规格的老式变压器，所以在进行矿山改造时要对这些不合格的变压器进行更换，目前最适合矿山改造工程的变压器是型号为S11的变压器。S11变压器是基于传统变压器结合大量的矿山改造工程实施情况研究出来的新型变压器。这种变压器最大的优势是：减少变压器在正常运行中出现的空载能耗，同时使空载电流在一定程度上下降[3]。

另外，在变压器能耗的计算中变压器消耗的电能与变压器中的铁损与铜损呈正相关系，所以减小变压器能耗的关键在于变压器的铁心和铜线。图1所示为变压器铁心示意图。在使用S11变压器之前，变压器功率因数比较小，所以变压器的运行损耗会不断增加，从而导致铁心损耗增加。应用S11变压器能够在很大程度上降低铁损，减少变压节能器的功率，达到节约电能的效果。

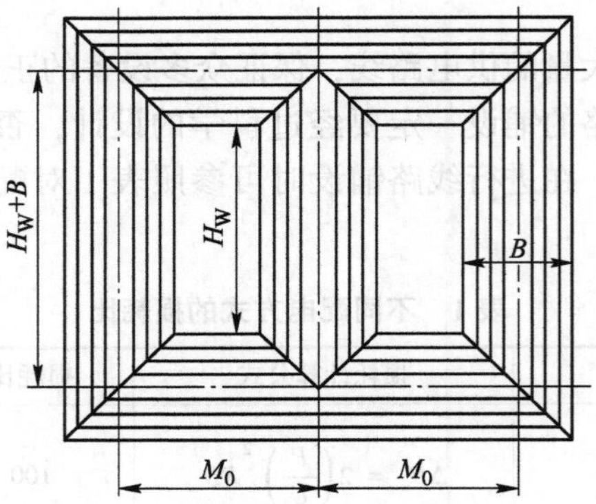

图1 变压器铁心示意图

2.3 在矿山改造工程中运用高效的拖动装置

（1）直电启动，在矿山改造工程的实际施工时，一般都是采用直电启动的方式使用风机和水泵。这种方式是调速节能技术的主要表现方式，在直电启动时同时应用二十多台电动机处理变频器，将功率因数在一定范围内调小，达到节约能源消耗的目的。同时还能在很大程度上保证施工质量，为矿山改造工程的实施奠定良好的基础[4]。

（2）软启动装置，软启动装置能够保证电流在电动机启动时的数据为零，且电流一直在额定电流之内。使用软启动装置主要是为了弥补直电启动的缺陷。在直电启动的过程中发电机的启动电流会在很大程度上超过额定电流，从而对发电机装置和供电电网产生巨大的冲击，非常容易对发动机装置和供电电网造成破坏，从而增加能耗[5]。但是使用软启动装置就能十分有效的解决此问题，起到保护发动机装置设备和供电电网的作用，在减小能源消耗的同时节省发动机装置设备的维修更换费用。

2.4 改善矿山改造工程中的照明系统

想要对矿山改造工程中的照明系统进行改善，就必须响应国家绿色环保节能的号召，对矿山改造工程中的照明设备进行更换。根据相关的资料可知高压汞多灯比高压钠灯耗电61.9%，这是因为高压钠灯的设计原理就是希望利用恒功率达到绿色照明的效果，所以可使用高压钠灯对高压汞灯进行更换。同时白炽灯的耗电量比紧凑型的荧光灯耗电量要多出76%，而且白炽灯的照明效果远不如紧凑型荧光灯，所以在更换白炽灯时可选用紧凑型的荧光灯。通过以上两种照明设备的更换能够非常有效地减少因为照明产生的电力消耗[6]。

3 矿山改造工程中电气节能降耗的意义

（1）提高资金使用率。在矿山的日常运作中需要用到大量的资金，其中不必要的能源消耗会造成严重的资金浪费，所以节能降耗能够有效地节约资金。将剩余资金投到技术研究上面，促进我国矿山开采技术的发展。

（2）促进矿山的发展。我国矿山开采的技术水平已发展到了一个比较高的层次，所以想要促进我国煤矿企业的发展就必须对矿山进行改造，从节能降耗方面入手，增强我国煤矿企业的竞争力。大量的矿山改造工程证明，在对矿山进行节能降耗改造之后，矿山的生产能力会明显增强，生产成本也会在一定程度上降低，从而大大增强煤矿企业的竞争力。同时，煤矿企业的安全用电也得到了一定的保障，在这个层面上促进了我国煤矿企业朝健康、稳定、可持续的方向发展。

（3）推动国家节能环保政策的落实。我国属于发展中国家，还需要加快经济建设的脚步，但是在我国的经济建设过程中产生了非常严重的能源消耗，对此国际上提出了绿色节能环保的政策，大力倡导节能环保，希望各个企业能够响应绿色节能环保政策，并在实际的生产中将其落实，为我国的经济建设节约能源。

4 结语

矿山改造工程中主要存在的能耗是电动机能耗、供配电系统耗能严重和照明系统的能耗，想要达到节能降耗的目标必须针对这几个问题采取相应的解决措施。文中主要对矿山改造工程中电气节能降耗技术进行了研究，提出了选择适合的电动机、选择不同的变压器、在矿山改造工程中运用高效的拖动装置和改善矿山改造工程中的照明系统等措施，实现节能降耗的目标。

参考文献

[1] 王冬梅，沈高明．矿山改造工程过程中电气节能降耗技术的运用 [J]．科技与企业，2012，11：144.
[2] 牛敬平．矿山改造工程过程中电气节能降耗技术的运用 [J]．黑龙江科技信息，2015，17：99.
[3] 林福海．超临界 1000MW 机组节能降耗技术的应用研究 [D]．济南：山东大学，2013.
[4] 王炜鹏．淄博市引黄供水工程水厂节能改造分析与设计 [D]．济南：山东大学，2015.
[5] 曹明宣．惠州 LNG 电厂凝结水泵变频调速节能改造项目研究 [D]．广州：华南理工大学，2010.
[6] 白利军．煤层气地面开采供电系统直流微网与节能关键技术研究 [D]．北京：中国矿业大学（北京），2016.

故障诊断技术对矿山机械维修的相关分析

吴新光

（湖南涟邵建设工程（集团）有限责任公司，湖南 娄底，417000）

摘 要：分析了故障诊断技术的必要性，阐述了故障诊断技术方面的原理方法，总结了故障诊断技术的具体应用，旨在促进矿山工程的顺利进行。

关键词：故障诊断技术；矿山机械；维修

Analysis of Fault Diagnosis Technique for Maintenance of Mine Machinery

Wu Xinguang

（Hunan Lianshao Construction Engineering（Group）Co.，Ltd.，Hunan Loudi，417000）

Abstract：This paper analyzes the necessity of fault diagnosis technique and discusses the principle and methods of fault diagnosis technique. To promote successful proceeding of mine project，actual application of fault diagnosis technique is summarized.

Keywords：fault diagnosis technique；mine machinery；maintenance

由于矿山地区可能会出现地理位置条件复杂，地面不平整，地势崎岖等状况，相比于其他类型的工程来说，矿山工程的机械设备较为容易发生故障，又因为地理上的特征，难以在第一时间发现故障的具体位置，使得维修工作难以展开，影响了工作程序的有序进行。因此，故障诊断技术也就显得更加的重要，它能协助工程维修人员发现故障出现的具体位置，以便在第一时间展开维修工作。

1 故障诊断技术概况

1.1 故障诊断技术概况

要了解什么是故障诊断技术，前提是需要明白什么才能被称作故障。当矿山工程的机械设备的运转一切正常，能够支持矿山工程的正常运转而不会造成任何损失时，矿山机械应该是工作正常的状态。当矿山机械内部出现了一定程度的损害，使得机械设备效率降低或缺点被放大，但还是能进行工作，不至于影响到整个机械工程的进展，这时，还没有到机械故障的程度。如果机械设备内部出现的问题使得机械设备完全无法参与工程的工作，干扰到了机械工程的正常运转，机械本身也丧失了它应该具备的能力，这时就能被称作出现了故障。故障诊断技术就是在故障发生之前，能够对可能发生的故障进行检测以便让工作人员进行维修保护。

1.2 故障诊断技术的工作原理

要了解故障诊断技术的工作原理，首先就要了解它是如何做到提前发现机械设备的故障的。一般来说，在矿山工程之中，都会对工程中机械设备的参数进行检测管理。通过对检测得到的机械设备参

原载于《矿业工程》，2017，15（4）：47-48。

数分析，能让我们了解机械设备是否是在正常的参数范围内进行工作的，参数是否发生了异常，是否可能出现故障，是哪个部分可能出现问题。在得知这些信息之后，我们就可以做出具体的防范措施，将机械设备故障能够造成的损害压制在最小的范围之内。

故障诊断技术，就是一种以计算机技术、信息技术等综合网络技术为基础的，通过对机械设备现在的运行状况的检测，获取机械设备的运行参数，再通过对运行参数的分析来判断机械设备的具体工作情况，对可能会出现或现存的机器故障进行识别，并做出相应的对策。

1.3 故障诊断技术的工作过程

首先，是对设备运行的状态信号进行检测；其次是从设备的状态信号中提取设备运行的具体参数；然后对具体参数进行具体分析，对机械设备的现有缺陷和即将可能出现的故障做出判断；最后是做出相应决策，决定即将采取什么样的措施来解决机械设备现有的问题和防止机械设备可能出现的故障。

1.4 故障诊断技术的具体运用

（1）历史记录的参考。参考历史记录，是曾经经常被用到的矿山机械设备故障诊断的方法之一，具有直观、简洁等特点。编成历史记录，需要对历史记录进行统计，通过对机械设备出现过的故障特征、原因和故障处理方式等数据进行编成，建立历史记录的数据库。通过参考大量的历史记录，能够在机械设备发生故障时在第一时间找到可参照的处理方式，同时还能在机械设备参数进行判断的过程中有一定的辅助作用。

（2）小波神经网络技术的应用。小波分析是在20世纪80年代中期发展出的为了对地震信号进行分析提出的数学理论和方法。小波神经网络则是在1992年被提出来的基于小波变换构成的神经网络模型，将小波变换与神经网络进行有机结合，集成二者的优点。在矿山工程的机电设备方面，小波神经网络技术能够在诊断方面给予较为明显的协助。通过建立非线性系统并利用机械设备在故障发生到故障源头的非线性的映射关系在计算机中的分析处理，得出故障部位的诊断结果。

（3）振动检测诊断。选择正确的振动测量点和需要进行振动测量的参数，比如速度、频率、位移等，利用传感器获得相关的数据。在选择振动测量点的过程之中，由于矿山工程的机械设备中，大型设备占了较大的比重，而大型设备本身的振动点又较多，因此在进行振动测量点的选择时，要选择出能够全面反映出振动状态的测量点。然后通过振动检测得到振动数据，在电子信息设备上将振动数据转化为数字信号，最后利用计算机对数字信号进行相关的分析处理，得出诊断结果。

（4）油液检测。油液检测是通过对油液介质的物理、化学成分变化的观察来对机械的运行状态进行相关的判断。因为在机械设备的运行过程中，设备的磨损和污染会对油液的成分造成相应的影响，不同的机械磨损方式与磨损状态，会造成不同的影响。油液的变化和油液中存在的金属微粒杂质的变化，在辅助对机械磨损的程度和现在的磨损阶段的认知上，有着重要的参考作用。

1.5 故障诊断技术的特点

（1）有明确的目的。在明确目的的驱使之下，工作人员能够更加快捷地确定出机械运行的状态并对相关部位的故障情况做出检测，并据此快速分析出故障原因，制作出有效的维修方案。故障诊断技术的目的也十分简单，就是对机械故障进行预防，并对机械故障的具体位置做出检测，以保障矿山工程的有效运行。

（2）专业性强。由于在矿山工程中所使用到的机械设备，其构成较为复杂，且大型机械较多，在具体位置上的故障诊断较难，使得故障诊断工作对相关工作人员的专业性要求较高。在工作过程中，工作人员需要有专业的相关知识，才能对复杂的机械设备的修理步骤有所理解。工作人员专业知识的不足，不仅会妨碍到维修工作的顺利进行，甚至会干扰到整个矿山工程的运作。

2 故障诊断技术的实例

上述所说的有关故障诊断技术的利用，只是在理论层面上的具体应用。在实际的运用过程中，故障诊断技术会受到多种因素的影响，因此必须根据实际情况做出有效的调整。下面举出几个例子加以说明。

（1）地下铲运机的故障诊断。地下铲运机是目前矿山工程活动中在矿下工程中比较常用的机器。由于地理条件的限制，矿下环境极其复杂，使得一旦铲运机发生故障，对它的故障诊断进行就相对困难，同时在预防故障方面也难以进行。得益于计算机等电子技术的发展，对地下铲运机的故障诊断现在已经有了新的方法。现在，一般都主要分析地下铲运机的机器特征指标，因为对于地下铲运机来说，机器特征指标是它的主要技术参数，提供的数据与地下铲运机内部各个部件有着密切的联系。通过对机器特征指标的分析，可以获得大量与地下铲运机运行状态相关的数据信息，以便于故障诊断技术对其进行检测与判断。

（2）液压凿岩机的故障诊断。液压凿岩机是在矿山工程中十分高效、普遍的设备。它的特点在于技术程度上的密集。液压凿岩机的内部结构，相比其他机械设备来说，更加的复杂，其对于故障监测和定期维修维护的要求也较高。在液压凿岩机发生故障时，往往需要花费大量的时间进行修理，在这期间的生产效率就会受到一定的影响，因此故障诊断技术对液压凿岩机的故障预防就显得极其重要。

液压凿岩机的工作流程，主要是通过液压油来进行，联系前面提到的油液检测，对液压油必须要引起重视。首先，在选择液压油的时候，就要选择高质量的产品来保证液压凿岩机工作流程的顺利进行，并延长其使用寿命。重视对液压油的成分与污染变化的关注，这代表着液压凿岩机的设备情况的变化，且如果液压油受到高度污染，也会直接影响到液压凿岩机的设备情况。

在液压凿岩机的众多参数之中，冲击频率也是十分重要的参数。对冲击频率参数的检测，能够在一定程度上得知液压凿岩机的工作状态，对于机器的故障预防检测有着重要的作用。由于技术上的发展，液压凿岩机冲击频率测试仪的出现能够更加简便地得到冲击频率的相关数据，以便实现对液压凿岩机工作状态的检验。

3　结语

故障诊断技术的合理运用以及普遍程度，对于我国矿山工业工程的有序进行和整体实力的提高，有着重要的作用。但也不能过于依赖电子技术的发展，在工作过程中就要注意对机器的保养和正确的操作方式，这样才能有利于故障诊断技术的合理运用。

爆炸荷载下缺陷介质裂纹扩展规律数值分析研究

王雁冰[1]　雷　谦[2]　杨仁树[1,3]　许　鹏[1]

(1. 中国矿业大学(北京) 力学与建筑工程学院，北京，100083；
2. 湖南涟邵建设工程(集团)有限责任公司，湖南 长沙，410000；
3. 深部岩土力学与地下工程国家重点实验室，北京，100083)

摘　要：利用爆炸加载数字激光动态焦散线试验系统，同时借助ABAQUS有限元分析中内聚力模型数值计算方法，研究了爆炸应力波作用下缺陷介质裂纹扩展规律，并将试验结果与数值计算结果进行了对比。研究表明：在爆炸应力波作用下预制缺陷两端产生了两条翼裂纹A、B，扩展长度基本相同，方向垂直于预制缺陷。两条翼裂纹的扩展基本是对称的，只是在尾端发生轻微翘曲；翼裂纹扩展速度先增大至峰值又振荡减小，之后又增大至第二个较小的峰值，然后又减小，这种变化趋势和裂纹尖端应力强度因子 K_{I} 保持一致；扩展角 β 为85°时，计算结果较为接近试验，内聚力模型为动态裂纹扩展的研究提供了一种有效的方法。

关键词：动态焦散线；内聚力模型；应力强度因子；数值计算

Numerical Simulation Research of Crack Propagation in Media Containing Flaws under Explosive Load

Wang Yanbing[1]　Lei Qian[2]　Yang Renshu[1,3]　Xu Peng[1]

(1. School of Mechanics and Architecture Engineering, China University of Mining and Technology (Beijing), Beijing, 100083;
2. Hunan Lianshao Construction Engineering (Group) Co., Ltd., Hunan Changsha, 410000;
3. State Key Laboratory for Geomechanics and Deep Underground Engineering, Beijing, 100083)

Abstract: The test system of digital laser dynamic caustics under explosive stress wave was used to study the law of crack propagation in media containing flaws under the explosive stress wave with CZM numerical methods in the ABAQUS finite element analysis, and comparison between the test results and numerical calculation results were also conducted. The results showed that two wing cracks A, B were generated at both ends of the prefabricated flaw under explosive stress wave; the extended length was basically similar and the direction was perpendicular to the prefabricated flaw. Crack propagation of the two wings was substantially symmetrical, just a little minor warping at the end. The velocity of wing crack showed the same trend with crack tip stress intensity factor K_{I}. When the extended angle β is 85°, the numerical calculation result is closer to the test; the cohesive model provided an effective method for the study of the dynamic crack propagation.

Keywords: dynamic caustics; cohesive model; stress intensity factor; numerical calculation

爆炸作用下含缺陷介质的动态断裂近年来引起了人们的广泛关注，其动态断裂行为往往与静态时有较大差异。当爆炸产生的应力波与裂纹、孔洞等缺陷相互作用时，裂尖的应力强度将会因介质结构和缺陷模式的变化而不断发生改变，并且产生不同的起裂和止裂条件以及动态扩展力学行为。同时，

基金项目：国家自然科学基金-煤炭联合基金重点项目（51134025）；深部岩土力学与地下工程国家重点实验室自主重点课题（GDUEZB201401）；国家留学基金建设高水平大学公派研究生项目（201306430033）。

原载于《爆破》，2017，34（3）：1-6，24。

正在运动中裂纹的也对应力波的传播起到不同的散射作用，因此存在着各种应力波与缺陷间复杂的相互作用关系。在工程岩体爆破中，缺陷如断层、层理、节理、裂隙对应力波的传播有着重要的影响。所以，研究缺陷对爆炸荷载下裂纹扩展的影响有着重要的意义。

利用动焦散，Theocaris、Kalthoff 研究了含预制缺陷简支梁的裂纹尖端的动态应力强度因子、动态断裂韧性以及断裂机理[1,2]；Zehnder 研究了钢质材料的梁模型在中心横向冲击荷载下的裂纹起裂和扩展情况，指出动态断裂韧性与裂纹扩展速度有关[3]；杨仁树、岳中文等人研究了爆炸荷载下缺陷介质裂纹扩展的动态行为[4,5]；利用动光弹，Corran 研究了冲击荷载下含裂纹简支梁中裂纹尖端等差条纹模式和应力波在介质中的传播机理[6]；Kobayashi 研究了动态撕裂试件中，裂纹尖端的动态应力强度因子、裂纹扩展速度以及动态能量释放率[7]。还有许多学者将动焦散与动光弹结合在一起，Fang 研究了在应力波与裂纹相互作用机理；姚学锋研究了含偏置裂纹三点弯曲梁的动态断裂行为[8,9]。

利用数字激光动态焦散线实验系统（DLDC），结合数值计算，研究了爆炸应力波作用下缺陷介质裂纹扩展规律。

1 爆炸加载数字激光动焦散试验

焦散线方法是利用几何光学的映射关系[10]，将物体中应力集中区域的复杂变形状态，转换成简单而清晰的阴影光学图形，如图 1 所示。图 2 所示为透射式焦散线试验系统光路[10]。

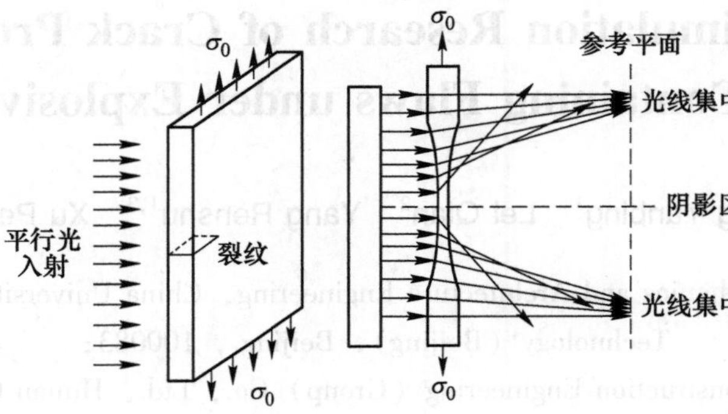

图 1 焦散线成像示意图

Fig. 1 Schematic diagram of caustics formation

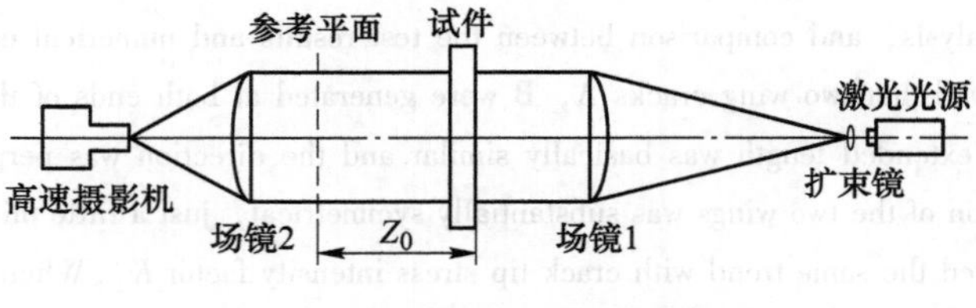

图 2 透射式焦散线试验系统光路

Fig. 2 Schematic diagram of transmission caustics experimental system

动态载荷下复合型扩展裂纹尖端的动态应力强度因子[11]

$$K_{\mathrm{I}} = \frac{2\sqrt{2\pi}F(v)}{3g^{5/2}z_0 C d_{eff}} D_{\max}^{5/2} \tag{1}$$

式中，$D_{\max}$ 为沿裂纹方向的焦散斑最大直径；z_0 为参考平面到物体平面的距离；C 为材料的应力光学常数；d_{eff} 为试件的有效厚度，对于透明材料，板的有效厚度即板的实际厚度；g 为应力强度数值因子；K_{I} 为动态载荷作用下，复合型扩展裂纹尖端的Ⅰ型动态应力强度因子；$F(v)$ 为由裂纹扩展速度引起的修正因子。

2 数值计算理论

Dugdalel 和 Barenblatt 先后于 1960 年和 1962 年首次提出了内聚力模型的概念[12-14]。在该模型里，他们把裂纹分为两部分：一部分是裂纹表面，不受任何应力作用；另一部分则作用有应力，称为“内聚力”，如图 3 所示。

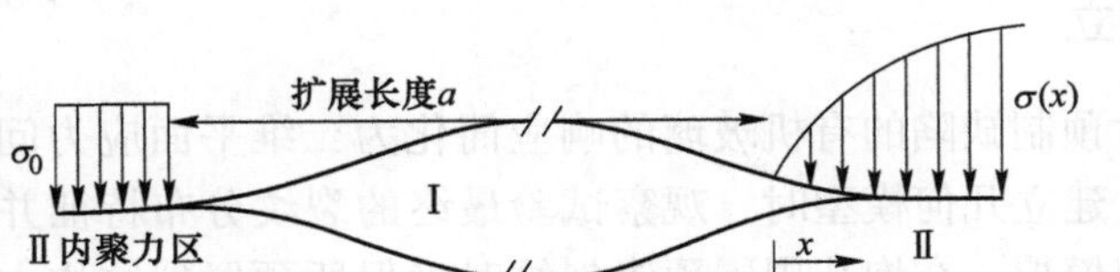

图 3 Dugdale（左）和 Barenblatt（右）的模型

Fig. 3 The model of Dugdale (left) and Barenblatt (right)

ABAQUS 中黏聚单元的基本概念是：黏聚单元承受载荷将两个部件连接在一起，直至黏聚单元的应力和变形足够引起破坏到失效为止。当黏聚单元失效时，它会消耗一些能量，这些能量等于失效面上的临界断裂能 G_c。对于 ABAQUS 中使用的三者之间的关系，黏结单元为可恢复的线弹性行为直至拉伸变形超过 δ_0，破坏发生；当变形超过材料的变形失效位移阈值 δ_f 时单元失效。此时失效阈值越大，材料延展性更好。使用应力强度因子外推法计算应力强度因子[15]，图 4 是对裂纹尖端应力分布的描述。

3 试验及结果简介

3.1 试验描述

试验中使用的试件材料为有机玻璃（PMMA），尺寸为 300mm×300mm×6mm，它有较高的焦散光学常数 c 及光学各向同性，所以产生单焦散曲线，有利于对焦散图像的分析，提高分析结果的精度。有机玻璃的动态力学参数：$C_P=2320\text{m/s}$，$C_S=1260\text{m/s}$，$E_d=6.1\text{GN/m}^2$，$v_d=0.31$，$|C_t|=85\mu\text{m}^2/\text{N}$。为了研究爆炸应力波与缺陷介质的相互作用，在有机玻璃板中预制一个贯穿整个板厚的裂纹，长 50mm。预制炮孔，炮孔垂直预制缺陷，炮孔壁与预制缺陷近端距离为 25mm，如图 5 所示，炮孔直径为 6mm，在炮孔正对预制缺陷的方向切一个小槽，切槽角度为 60°，切槽深度为 1mm。装入 130mg 叠氮化铅单质炸药。炮孔中插上起爆信号探针，将试件固定在加载架上，炮孔两侧用铁夹夹紧，设置高速摄影机的拍照时间间隔为 10μs。

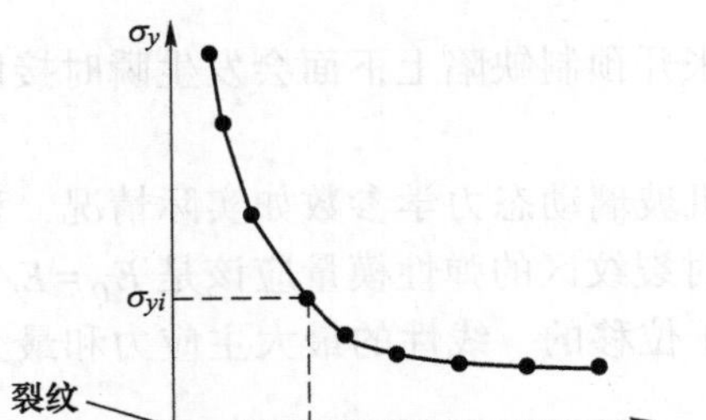

图 4 裂尖前端的应力分布

Fig. 4 Stress distribution at crack tip

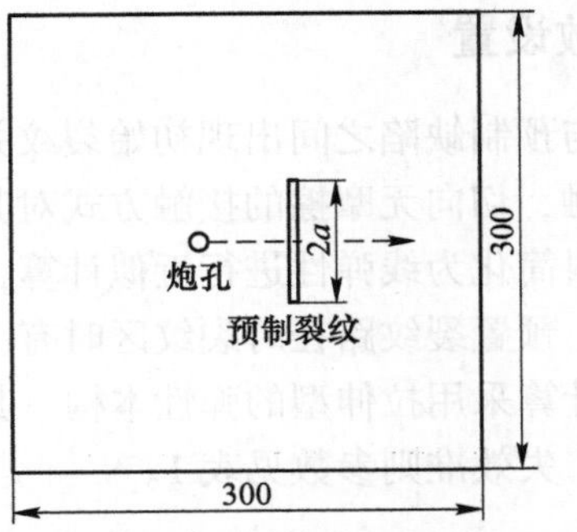

图 5 试件几何尺寸示意图（单位：mm）

Fig. 5 Size of specimens (unit: mm)

3.2 试验结果

图 6 为含预制缺陷爆生裂纹扩展轨迹图。由图很直观地看到炸药爆炸后沿切缝方向垂直预制缺陷

面产生一条初始裂纹，初始裂纹并没有穿透预制缺陷，而是在预制缺陷两端产生了 2 条翼裂纹 A 和 B，长度分别为和 24. 3mm 和 25. 5mm，2 条翼裂纹弯曲扩展和初始裂纹基本同方向，2 条翼裂纹的扩展基本是对称的，只是在尾端发生轻微翘曲。

4　数值计算及结果简介

4.1　有限元模型的建立

将爆炸载荷作用下含预制缺陷的有机玻璃的响应简化为二维平面应力问题，建立与试验模型尺寸完全相同的有限元模型。建立几何模型时，观察试验最终的裂纹分布特征并根据此特征来对炮孔周围主裂纹进行尽可能的近似模拟，在炮孔周围预置裂纹时确保所预置裂纹均大于实际裂纹尺寸。此外在预制缺陷处预置不同“裂纹扩展角”（β=75°、80°、85°）的翼裂纹，以便于对各个角度裂纹扩展轨迹、扩展速度及动态应力强度因子进行比较分析。模拟冲击波超压时，采用目前普遍使用的冲击波超压计算公式计算其峰值，采用半梯形波进行计算。为了尽可能地避免单元尺寸效应对计算结果的影响，对黏聚单元周边网格进行加密，远离部分网格划分相对稀疏；为了使模型黏聚裂纹区域网格尽可能细分，且避免模型整体节点数目过多增加，对几何模型进行了适当的分割处理，图 7 所示为 β=75°有限元分析模型及网格划分示意图。

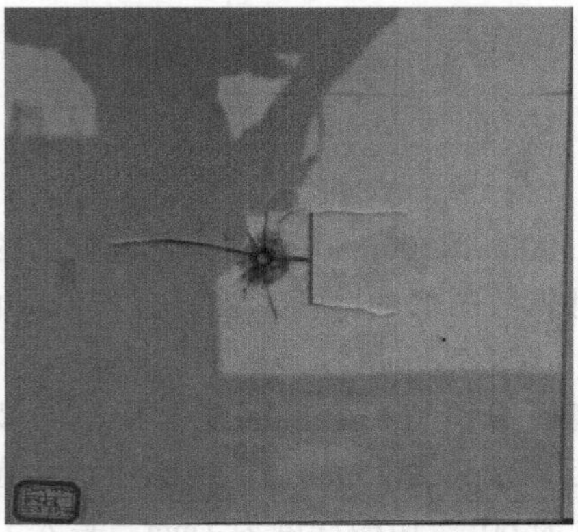

图 6　缺陷介质爆生裂纹扩展图

Fig. 6　Crack propagation in material with flaw

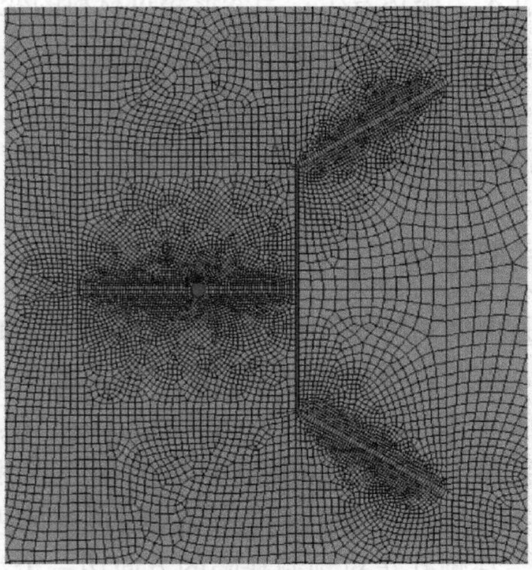

图 7　模型及网格划分示意图（β=75°）

Fig. 7　Model and mesh diagram

4.2　参数设置

炮孔与预制缺陷之间出现初始裂纹并且贯通，贯通后张开预制缺陷上下面会发生瞬时接触。采用法向硬接触，切向无摩擦的接触方式对其进行了近似处理。

将材料简化为线弹性进行近似计算，模型计算所需有机玻璃动态力学参数如实际情况，稍微有所不同的是，预置裂纹路径时裂纹区时有一定宽度 D 的，此时裂纹区的弹性模量应该是 $E_D=E/D$。黏聚单元模型计算采用拉伸型的弹性本构，其失效准则采用基于位移的、线性的最大主应力和最大主应变失效准则，失效准则参数见表 1。

表 1　裂纹初始化和扩展准则

Table 1　Crack initiation and evolution law

最大主应力失效准则/N·m^{-2}		最大主应变失效准则	
最大法向主应力	2.6×10^6	最大法向主应变	5.0×10^{-5}
第一法向主应力	2.6×10^6	第一法向主应变	5.0×10^{-5}

续表 1
Continues Table 1

最大主应力失效准则/$N\cdot m^{-2}$		最大主应变失效准则	
第二法向主应力	2.6×10^{6}	第二法向主应变	5.0×10^{-5}
失效应变	5.5×10^{-5}		
模型复合比	0.25		

4.3 数值计算结果

有限元几何模型建立时为了比较真实地反映爆炸后能量耗散及应力波对有机玻璃板的破坏情况，对炮孔周围主裂纹数目及其扩展路径、扩展方向等进行了尽可能接近的处理，所预置裂纹的长度均大于试验结果对应裂纹长度，有限元计算结果最终图片如图 8 所示。但是有限元近似模拟过程中对于非黏聚单元区域并未进行失效分析，即炮孔周围破碎区未能准确模拟，此外对炮孔周围主裂纹区域也只是进行近似模拟，近似为一直线扩展。图 8 中可以直观地看出扩展角 β 为 85°时最终的裂纹分布比较接近试验结果。

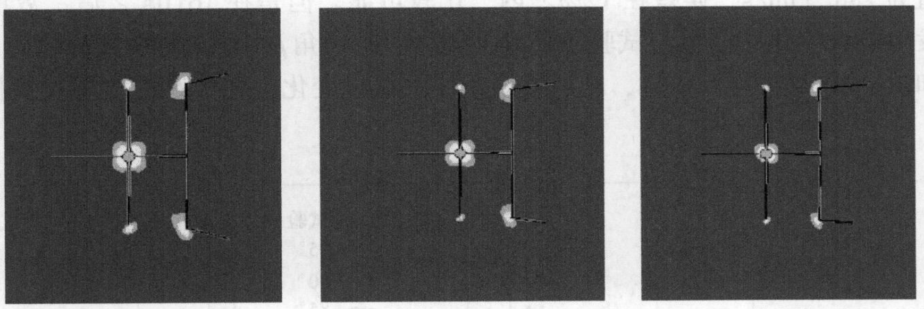

(a) 75°　(b) 80°　(c) 85°

图 8　裂纹扩展轨迹
Fig. 8　Trajectory of crack propagation

5　结果比较与分析

5.1　裂纹尖端随时间变化比较

图 9 所示为翼裂纹 B 裂尖随时间变化的数值计算与试验结果比较曲线。扩展角 β 为 75°时翼裂纹 B 在 101μs 时开始扩展，80°时在 56μs 开始扩展，85°时在 71μs 开始扩展，试验结果表明，50μs 时裂纹已经开始扩展。出现这种差别的主要原因是：尽管在裂尖单元划分得很细，但是还是有一定尺寸的，

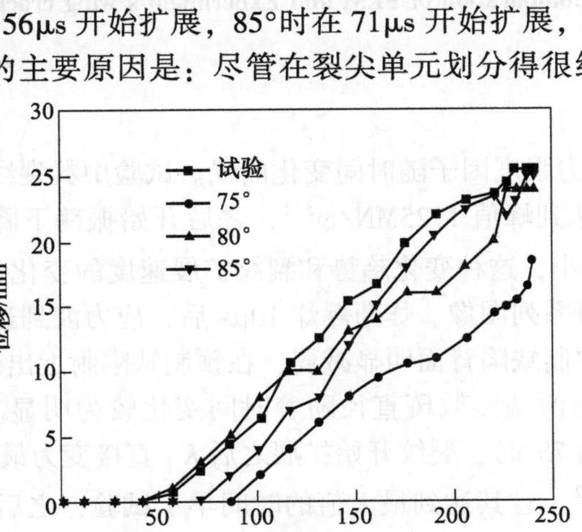

图 9　翼裂纹 B 尖端位置变化比较曲线
Fig. 9　The varied Comparation of the tip position for wing crack B

单元失效是整个单元一起失效，在单元所积聚能量还不足以使整个单元失效之前，裂纹是不会出现的，这也是有限单元法只能近似模拟裂纹扩展的主要原因之一，此外裂纹开始扩展时是有一定角度的，未能对角度做到精确模拟也是其发生的原因。试验所得裂纹最终长度的上限为25.5mm，数值计算所得75°、80°及85°时最终裂纹长度分别为18.52mm、24.04mm和25.03mm，可以看出85°的误差相对较小。扩展角为80°和85°时翼裂纹B裂尖变化时程曲线比较接近试验结果，裂纹刚开始扩展时扩展角β为80°时最接近试验结果，但到116μs时开始出现较大差异，到160μs时扩展角β为85°时裂纹虽然相对试验较长，但其扩展趋势趋于一致。

5.2 裂纹扩展速度比较

图10所示为翼裂纹B扩展速度的数值计算结果与试验比较曲线。由试验结果可知，翼裂纹B裂纹起裂后速度逐渐增大，100μs时，翼裂纹B扩展速度达到峰值288.33m/s，随后裂纹扩展速度逐渐振荡下降并在200μs时出现第二个小峰值182.86m/s。与试验结果类似，数值计算所得裂纹扩展速度曲线均出现振荡。扩展角β为75°时，数值计算所得裂纹扩展速度较小，但是在裂纹停止扩展时，数值计算所得裂纹扩展速度迅速增大，与试验现象明显不符。扩展角β为80°时，裂纹开始扩展时，其扩展速度值及其变化趋势与试验吻合得较好，数值计算所得裂纹扩展速度最大值为323.88m/s，试验所得裂纹扩展速度最大值为288.33m/s，误差在12%之内，比较可靠。但是在161μs之后，数值计算所得裂纹扩展速度曲线发生较大变化，其值与试验结果偏差较大。扩展角β为85°时裂纹起裂后，扩展速度增加很快，在86μs时达到峰值400.73m/s，之后逐渐减小并振荡变化，在146μs之后裂纹扩展速度误差变得很小。

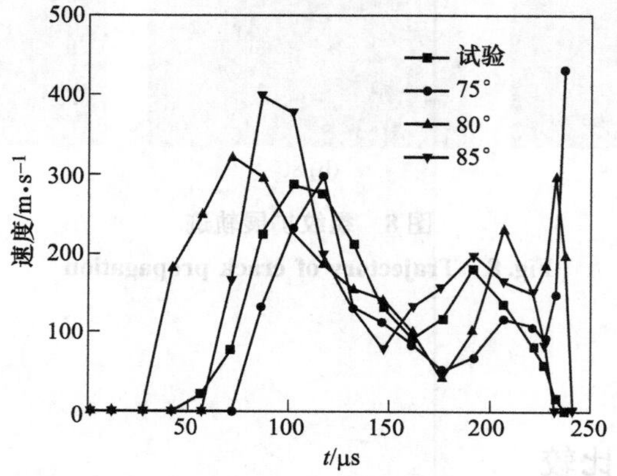

图10 翼裂纹B扩展速度的数值计算结果与试验比较曲线

Fig. 10 The varied Comparation of FEM and Experiment's wing crack B propagating velocity

5.3 应力强度因子比较

图11所示为翼裂纹B应力强度因子随时间变化曲线。试验中翼裂纹B开始扩展后，应力强度因子K_{I}开始逐渐增加，130μs时达到峰值1.25MN/m$^{3/2}$，之后开始振荡下降，180μs时达到第二个小峰值0.97MN/m$^{3/2}$，之后又振荡减小，这种变化趋势和裂纹扩展速度的变化趋势保持一致。图12为含预制缺陷的翼裂纹尖端动态焦散斑系列图像。炸药爆炸10μs后，应力波到达预制缺陷处，应力波的波形开始发生变化，应力波条纹在预制缺陷背面明显减弱，在预制缺陷附近出现紊乱现象。在20μs时预制缺陷两端出现焦散斑。预制缺陷两端焦散斑直径随着时间变化较为明显。50μs时，两条翼裂纹开始扩展。数值计算中，扩展角β为75°时，裂纹开始扩展之后K_{I}直接变为最大值，其大小为1.42MN/m$^{3/2}$，大于实验最大值1.25MN/m$^{3/2}$，且其达到最大值的时间早于试验，之后Ⅰ型应力强度因子减小并振荡变化。K_{I}的大小变化关系在161μs前与实验结果比较接近。扩展角β为80°时，裂纹开始扩展后，应力强度因子K_{I}迅速增长，高于试验结果，且达到最大值时间早于试验结果，峰后降为0.7MN/m$^{3/2}$左右，之后一直在其附近变化发展。数值计算所得K_{I}峰值为1.73MN/m$^{3/2}$。扩展角β为85°时，裂纹开

始扩展后，K_I 大于试验结果，且其一直在增长，试验所得 K_I 达到最大值时数值计算结果同样为最大值，数值计算所得值为 1.69MN/m$^{3/2}$，试验结果为 1.25MN/m$^{3/2}$，差值较大的原因主要是数值计算裂纹扩展时间晚于试验，此刻已经积聚很多能量，所以开始扩展后其扩展时速度很快，应力强度因子也快速增长。K_I 在达到峰值之后其变化与试验相同，且具体数值比较接近。

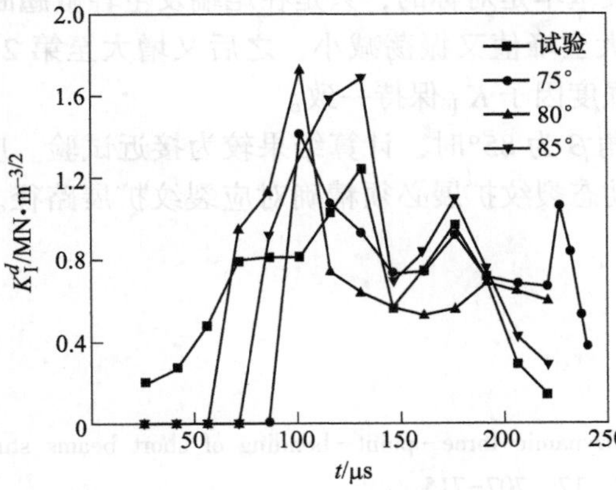

图 11 翼裂纹 B 应力强度因子–时间曲线

Fig. 11 Curves of wing crack B's stress intensify factor vs. time

图 12 所示为动态焦散斑系列图像。裂纹扩展过程中，应力强度因子 K_I 不断发生变化，这些现象产生的机理是爆炸应力波在遇到预制缺陷自由面后发生反射，反射波场性质与多种因素有关，在一定条件下易造成预制缺陷面拉伸破坏，所以应力波发生衰减，预制缺陷后面看不到明显的应力波波峰，在预制缺陷两端产生波的绕射，波的叠加作用产生应力集中，致使翼裂纹产生。炸药起爆后，产生了膨胀波（P 波）与剪切波（S 波），在传播过程中，它们相互分离，独立传播。平面问题中 P 波以爆源为中心向外传播，以切缝方向最强，而 S 波在传播过程中波型较为紊乱，它们在预制缺陷两端的绕射、散射，导致预制缺陷两端的应力状态十分复杂。当爆炸载荷作用 10μs 左右时，P 波开始与预制缺陷作用，表现为沿切缝方向产生的定向初始裂纹贯穿至预制缺陷面。随着爆炸应力波在预制缺陷两端的散射，预制缺陷两端的应力状态不断发生变化，其应力集中程度也随之而发生增强或减弱，主要表现为预制缺陷两端的焦散斑形状和面积的变化，预制缺陷两端的应力场变化呈现振荡性。

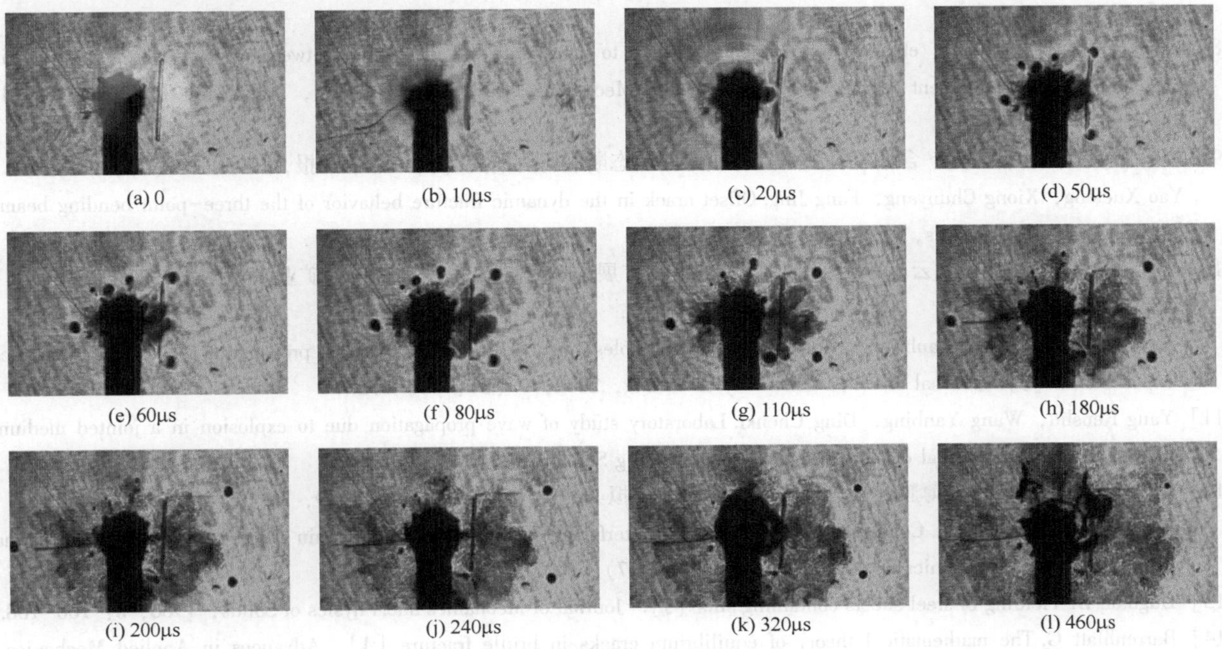

(a) 0 (b) 10μs (c) 20μs (d) 50μs

(e) 60μs (f) 80μs (g) 110μs (h) 180μs

(i) 200μs (j) 240μs (k) 320μs (l) 460μs

图 12 动态焦散斑系列图像

Fig. 12 Serial-gram of dynamical caustics

6 结论

（1）在爆炸应力波作用下预制缺陷两端产生了两条翼裂纹 A、B，扩展长度基本相同，方向垂直于预制缺陷。两条翼裂纹的扩展基本是对称的，只是在尾端发生轻微翘曲。

（2）翼裂纹扩展速度先增大至峰值又振荡减小，之后又增大至第 2 个较小的峰值，然后又减小，这种变化趋势和裂纹尖端应力强度因子 K_I 保持一致。

（3）数值计算表明，扩展角 β 为 85°时，计算结果较为接近试验。应力强度因子值与裂纹扩展角是紧密联系的，要想精确模拟动态裂纹扩展必须精确对应裂纹扩展路径。内聚力模型为动态裂纹扩展的研究提供了一种有效的方法。

参 考 文 献

[1] Theocari P, Andrianopoulous N. Dynamic three-point-bending of short beams studied by caustics [J]. International Journal of Solids Structures, 1977, 17: 707-715.

[2] Kalthoff J. On the measurement of dynamic fracture toughness-A review of recent work [J]. International Journal of Fracture, 1985, 27: 277-298.

[3] Zehnder A, Rosakis A. Dynamic fracture initiation and propagation in 4340 steel under impact loading [J]. International Journal of Fracture, 1990, 43: 271-285.

[4] 杨仁树，杨立云，岳中文，等．爆炸载荷下缺陷介质裂纹扩展的动焦散试验 [J]. 煤炭学报，2009, 34 (2): 187-192.
Yang Renshu, Yang Liyun, Yue Zhongwen, et al. Defect medium under explosion load crack propagation of dynamic caustics test [J]. Journal of Coal, 2009, 34 (2): 187-192.

[5] 岳中文，杨仁树，郭东明，等．爆炸应力波作用下缺陷介质裂纹扩展的动态分析 [J]. 岩土力学，2009, 30 (4): 949-954.
Yue Zhongwen, Yang Renshu, Guo Dongming, et al. Under the action of explosion stress wave defect medium crack propagation of dynamic analysis [J]. Rock and soil mechanics, 2009, 30 (4): 949-954.

[6] Corran R, Mines R, Ruiz C. Elastic impact loading of notched beams and bars [J]. International Journal of Fracture, 1983, 23 (2): 129-144.

[7] Kobashy A, Chan C. A dynamic photoelastic analysis of dynamic-tear-test specimen [J]. Exp Mech, 1976 (16): 176-181.

[8] Fang J, Qi J, Jing Z D, et al. An experimental method to investigate the interaction between stress waves and cracks in polycarbonate [J]. Recent Advances in Experimental Mechanics, Silva Gomes (eds), Balkeman, Rotterdam, 1994, 593-598.

[9] 姚学锋，熊春阳，方竞．含偏置裂纹三点弯曲梁的动态断裂行为研究 [J]. 力学学报，1996, 28 (6): 661-669.
Yao Xuefeng, Xiong Chunyang, Fang Jing. Offset crack in the dynamic fracture behavior of the three-point bending beams [J]. Journal of mechanics, 1996, 28 (6): 661-669.

[10] 杨仁树，王雁冰，杨立云，等．双孔切槽爆破裂纹扩展的动焦散实验 [J]. 中国矿业大学学报，2012, 41 (6): 868-872.
Yang Renshu, Wang Yanbing, Yang Liyun. Double holes cut blasting of the crack propagation of dynamic caustics experimental [J]. Journal of China University of Mining, 2012, 9 (6): 868-872.

[11] Yang Renshu, Wang Yanbing, Ding Chenxi. Laboratory study of wave propagation due to explosion in a jointed medium [J]. International Journal of Rock Mechanics and Mining Science, 2016, 81: 70-78.

[12] 闫亚宾，尚福林．PZT 薄膜界面分层破坏的内聚力模拟 [J]. 中国科学 G 辑，2009, 39 (7): 1007-1017.
Yan Yabin, Shang Fulin. Cohesive zone modelling of interfacial delamination in PZT thin films [J]. Science in China Series G-Physics Mechanics & Astronomy, 2009, 39 (7): 1007-1017.

[13] Dugdale D. Yielding of steel sheets containing slits [J]. Journal of Mechanics and Physics of Solids, 1960, 8: 100-108.

[14] Barrenblatt G. The mathematical theory of equilibrium cracks in brittle fracture [J]. Advances in Applied Mechanics, 1962, 7: 55-125.

[15] 庄茁．基于 ABAQUS 的有限元分析和应用 [M]. 北京：清华大学出版社，2009.

超前探水注浆堵水技术在竖井施工中的运用与改进

谢伟华

（湖南涟邵建设工程（集团）有限责任公司，湖南 长沙，410000）

摘　要：云南楚雄矿冶有限公司牟定郝家河铜矿主、副井工程，两井全深处于多个连通性极强的强含水层中，最大涌水量分别达 146m³/h 和 160m³/h，该项目因受水患影响工程曾一度停工近一年，原施工单位被迫退场。我公司于 2011 年 10 月应邀承接后续井筒工程施工，通过对井筒水文地质条件的深入了解和分析，结合以往多个水大矿井治水经验，制定了适应该矿井含水岩层构造特点的治水方案，经过严密组织实施，使超前探水注浆堵水技术在深竖井工程施工中得以成功运用，从而消除了井筒水患影响，确保了工程的正常快速推进。

关键词：超前探水注浆堵水技术；深竖井工程；运用与改进

Application and Improvement of Advanced Water Injection Grouting Water Plugging Technology in Shaft Construction

Xie Weihua

（Hunan Lianshao Construction Engineering（Group）Co.，Ltd.，Hunan Changsha，410000）

Abstract: Yunnan Chuxiong Mining Co. Ltd. Monding Haojiahe copper the main and auxiliary project，two wells in full depth multiple connectivity of strong strong aquifer，the maximum water inflow was 146m³/h and 160m³/h respectively，the project was affected by the flooding project was shut down for nearly a year，the original construction unit was forced to exit. My company in October 2011 to undertake follow-up shaft engineering construction，through in-depth understanding and analysis of the wellbore hydrogeological conditions，combined with a number of previous water mine experience，develop suitable to flood control scheme of mine water rock structural characteristics，through rigorous organization and implementation，to advance water probing grouting technology can be successful used in the deep shaft construction，thus eliminating the influence of wellbore flood engineering，ensure the normal rapid advance.

Keywords: advanced water exploration grouting water plugging technology; deep shaft project; application and improvement

1　工程概况

1.1　工程概况

郝家河铜矿主、副井为该矿深部采矿的技改重点项目。主井井口标高为 1792.3m，井底标高为 1070m，井深 722.3m，净径 ϕ4.9m。副井井口标高为 1801.6m，井底标高为 1010m，井深 791.6m，净径 ϕ4.5m，在 1210m、1140m 设有运输水平。

该项目于 2009 年 9 月正式启动后，原施工单位当分别将主、副井井筒施工至井深 390m 和 254m 时，遇突水停掘，直至 2011 年 9 月终止合同退场。

原载于《世界有色金属》，2017（21）：226-228。

1.2 工程、水文地质特征

主井井筒所处地段多为薄层~中厚层状强风化泥岩、石英砂岩、泥岩结构，块状构造，节理裂隙极为发育，风化强烈。

井筒共穿过四个主要含水层，井筒涌水为承压裂隙水，具有水量、水压大的特点，涌水量在30~150m^3/h，静水压力为1.5~3.0MPa，井筒在1400m标高处最大涌水量高达146m^3/h。同时，井筒还穿越多条断层破碎带，形成上与地表河流连通、下与承压含水层沟通。

副井井筒穿过的地层与主井相似，在1584~1547m标高段岩体极度破碎，为强风化泥岩，井壁围岩自稳能力差，遇水膨胀、崩解，下段岩层相对较好。

井筒共穿过三个主要含水层，分别在1230.5~1208.1m、1208.1~1146.2m和1146.2~1057.0m标高段，破碎带和节理裂隙为井筒地下水的主要导水通道，施工时井筒涌水量最高时达160m^3/h。

2 井筒工作面注浆堵水实施方案

我公司2011年10月接手主、副井后续工程施工后，通过对井筒地质资料的深入了解和分析，结合多个水大矿井治水的成功经验，制定出了分阶段治水方案：

第一阶段，对原施工单位已成井部分采取壁后注浆方法进行封堵处理，以减少井壁淋水对下段井筒施工的影响；

第二阶段，运用超前探注堵水技术根治工作面下方水患，满足井筒正常施工条件，并采取分段注浆堵水与井筒掘砌交替作业、快速转换的方式，确保工程的正常顺利推进。

2.1 井筒工作面预注浆实施技术方案

2.1.1 混凝土止浆垫的施工和止浆岩帽的预留

（1）井筒首次注浆施工时，为了将工作面涌水隔离在井底，按施工规范要求施工混凝土止浆垫。止浆垫为锅底型结构，C35混凝土强度等级，止浆垫厚度由下式计算，实际施工时为3~3.5m：

$$B_d = P_0 r/[\sigma] + 0.3$$

式中，B_d为止浆垫厚度，m；P_0为注浆终压，MPa；r为井筒掘进半径，m；$[\sigma]$为混凝土的允许抗压强度，MPa。$[\sigma]=f_{3-7}/\gamma k$，其中$f_{3-7}$为混凝土3~7天的极限抗压强度，MPa。一般取28d强度的2/3；γk为荷载系数，一般取2~3。

止浆垫施工时采用碎石作滤水层，并预埋$\phi500\times8$吸水钢筒，将工作面涌水全部收集到吸水钢筒内用潜水泵排出，同时按注浆布孔设计安装$\phi108\times5$孔口管（长3~3.5m），孔口管用$\phi36$、$L=1.5$m圆钢锚杆进行焊接加固处理。

待混凝土止浆垫达到75%的抗压强度（3~7天）后，对止浆垫进行注浆加固，并辅以YT-28风钻打眼和埋设$\phi32$、$L=1.5\sim2$m小注浆管进行注浆加固补强，以增加承压能力并防止出现漏浆的现象。

满足承压和密闭要求后对预埋的孔口管进行扫孔加深和加固（4~6m深度范围），使止浆垫和岩层共同形成一个承压整体，具备抵御注浆终压时的承压能力，同时通过孔口管的压注水试验（保证注水压力≥注浆终压）以进一步检验止浆垫的强度和防漏性能。

（2）对于后续的各连续注浆段，主要采取预留止浆岩帽的方法，止浆岩帽的预留厚度一般为5m左右。但当井底工作面岩性破碎、承压能力较低，无法利用其作为止浆岩帽时，需要施工混凝土止浆垫，止浆垫厚度以2.0m为宜，同样进行注浆加固处理，但可取消滤水层和吸水钢筒。

2.1.2 探、注机具的选用

（1）钻孔机具：选用开山牌KQD-100风动潜孔钻机，配$\phi120$、$\phi90$钻头，分别用于开孔埋设$\phi108$孔口管和$\phi90$注浆孔钻进，该钻机经改进加固后，在$f=8\sim10$岩层中，一次钻深可达到60~75m，满足既操作轻便灵活，又能实现大段高深孔探注施工的要求。

（2）注浆机具：选用辽宁葫芦岛2TGZ-120/105型双液调速高压注浆机（吸浆量240~120L/min，

注浆压 4~10.5MPa，电机功率 11kW）。该机型具有能力大、运行可靠、维护简单方便等优点。

（3）浆液制作机具：选用 C-350 型滚筒式搅拌机在地面制作水泥浆液，井筒内悬吊一趟 ϕ89mm×3.5mm 专用管路用于输送所需的水泥注浆液，满足注浆连续、快速作业要求。

2.1.3 钻、注参数的确定

（1）注浆段高。一次钻注段高根据钻注机具能力、围岩结构和月进指标要求综合确定，本工程中主井一次钻注段高为 55m、副井为 75m，满足一个月完成一个钻注、掘砌循环要求。

（2）注浆孔布置。由于井筒裂隙发育的无序性和径向及水平裂隙共存的特点，为使注浆孔能有效穿透含水裂隙和确保注浆效果，注浆孔按两圈布置，内圈为铅垂孔，外圈为径向切向孔，布孔方式见图 1。

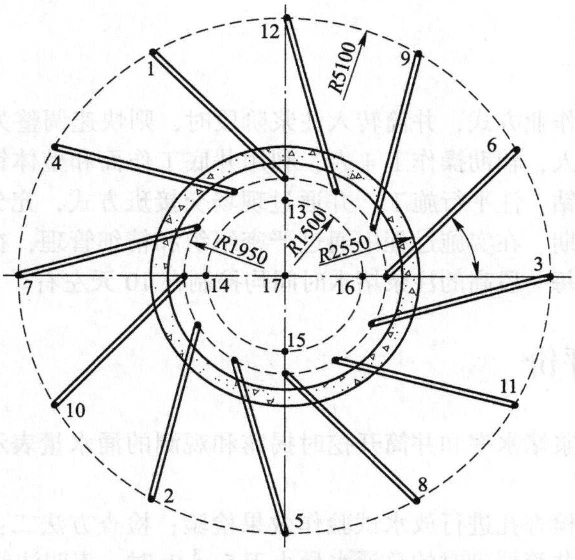

图 1 竖井注浆孔布置示意图

外圈孔布置距混凝土井壁约 0.3m，共均匀布置 8~12 个径向切向斜孔，孔底超出井壁荒帮 2.5m，使注浆孔尽量与岩层多处裂隙相交，在注浆后形成井筒注浆帷幕；内圈孔与外圈孔相距 0.5m，共均匀布孔 4 个；深孔探注完成后，在井中位置施工注浆检查孔，对本次注浆段高内的注浆效果进行检验。

（3）注浆材料。注浆液以单液水泥浆为主，双液浆为辅。正常注浆时为单液水泥浆，当止浆垫（止浆岩帽）封堵加固时和达到注浆终压封孔时采用水泥浆和水玻璃双液浆。水泥采用 P0.42.5 普硅水泥，配比（3∶1）~（1∶1），根据吸浆量和注浆压力的变化情况调整。

水玻璃模数为 2.8、波美度为 40Be′，双液注浆时，水泥浆液配比（水灰比）为（2∶1）~（1∶1），水泥浆与水玻璃的体积比为 CS=（1∶0.5）~（1∶1）。

（4）注浆压力。由注浆孔的静水压力决定，注浆终压为静水压力的 3 倍以上，以保证堵水效果。

（5）浆液扩散半径。根据井筒穿过的岩层类型、岩性、构造断裂及风化裂隙的走向、倾向、裂隙宽度、裂隙充填物的情况等确定，一般为 6~8m。

（6）水量、水压测量和压水试验。注浆前对已施工好的注浆孔进行压水试验以及涌水量测定，根据压水试验的压力和流量选择注浆参数和确定浆液消耗量。压注清水的时间为 30min（在围岩极为破碎段可适当增加洗孔及压注清水的时间），通过压水试验同时可检查注浆设备及管路的完好状况，并可冲洗岩石裂隙中的充填物，以提高浆液的充填密度及结石强度。

2.2 钻注施工方法及要点

（1）注浆孔必须按设计要求埋设和布置，并采用锚杆加固以承压；止浆垫施工时，其厚度和强度必须满足设计要求，并嵌于井壁底部混凝土内，同时应配一定数量的钢筋以增强混凝土的抗压强度。

止浆垫与井壁岩帮之间采用小注浆管进行注浆加固，防止止浆垫渗漏和跑浆。

（2）钻孔前，为避免在钻进过程中钻孔突水造成淹井事故，事先必须在孔口管上端安装好 64MPa

高压闸阀，实现带阀钻孔，保证在钻孔突水的紧急情况下能及时拔出钻杆并关闭闸阀堵水。

（3）对注浆孔进行分组和编号，采取对称或间隔钻孔方式，按先外圈孔、后内圈孔、最后中心孔的顺序施工，如钻孔内水量较小可一次钻至终孔深度；当钻孔总涌水量超过井筒泵排能力时应停止钻进，并采取分段钻、注的方法进行施工。

（4）注浆开始时先以单液浆为主，然后再根据注浆压力和吸浆量的变化逐渐加浓浆液，浆液配比控制在（2：1）~（1：1）；当吸浆量大、压力不上升时改用配比为（1：0.5）~（1：1）的双液注浆，以控制浆液的扩散半径，在达到注浆终孔压力后进行封孔。对未达到终孔深度而先期注浆的钻孔，待注浆结束达到设计强度（6~8h）后再行扫孔、钻进和注浆直至终孔深度。

（5）注浆结束后应根据注浆效果检验，决定是否需要增加探、注孔进行补探和补注。

3 施工组织

井筒掘砌阶段采用滚班作业方式，井筒转入注浆阶段时，则快速调整为“三八”制作业方式，每班安排钻孔、注浆技术工6人，辅助操作工4人，利用井底工作面和整体钢模平台形成多台设备布置空间，实现多机同时作业和钻、注平行施工，并通过现场交接班方式，充分提高工作面钻、注施工的工作效率、尽量缩短注浆工期。在实施过程中通过严密组织和精细管理，在确保注浆堵水效果与作业安全的前提下，主、副两井每一段高的注浆堵水时间均控制在10天左右。

4 注浆效果检验及评价

注浆堵水效果通常用注浆堵水率和井筒开挖时揭露和观测的涌水量表示。注浆后要求井筒总涌水量应小于$5m^3/h$。

检查方法一：利用中心检查孔进行放水试验作效果检验；检查方法二：在井筒开挖过程中观测工作面的涌水量，在注浆段内井筒掘砌时的总涌水量小于$5m^3/h$时，表明注浆效果明显。

主井从1400m标高开始，通过6个段高的注浆和井筒掘砌交替施工，于2013年1月18日实现安全落底，井筒竣工时测得的总漏水量为$1.74m^3/h$；副井从1547m标高开始，通过7个段高的注浆和井筒掘砌交替施工，于2013年7月顺利落底，井筒竣工时测得的总漏水量为$1.03m^3/h$；主、副两井均取得了较好的注浆效果。

5 结语

在郝家河铜矿主、副竖井运用超前探水注浆堵水技术根治水患、实现井筒快速施工的实践表明：

（1）先进技术手段的运用及其针对现场实际的改进和完善是成功的关键。针对主、副井筒裂隙发育的无序性，采取了双层、径向和切向相结合的布孔方式，使注浆孔能有效穿透各含水裂隙，确保了注浆质量和效果；在注浆技术上重点解决好止浆垫（或止浆岩帽）的渗漏问题，防止注浆时跑浆是注浆堵水成败的关键。

在注浆工艺上，通过优选注浆设备和材料、浆液配比及终孔压力等参数，在保证注浆治水效果的同时，使浆液扩散半径和注浆量得到合理控制，达到既满足井筒治水要求、又节省注浆成本和时间的目的；在钻孔技术上，选用轻型风动潜孔钻具、大胆改进其性能及操作工艺，实现了轻便操作、大钻深、大段高钻注作业的目标，减少了注浆循环次数，加快了井筒施工速度；在浆液配制方面，采用地面集中拌制、井内管路连续输送方式，大大提高了注浆效率，同时减轻了员工的劳动强度。

（2）拥有综合素质与实力胜任的施工团队是成功之本。担负该工程建设的施工团队，经历过多个重难点工程的长期磨炼，是一支既胜任竖井快速掘砌施工又熟练掌握钻注治水工艺、综合素质和实力强劲的队伍。面对水文地质条件复杂的井巷工程，可实现井巷掘砌施工和工作面探注堵水作业的快速转换和无缝连接，最大限度地实现井巷的连续正常作业，不因遇水而中断施工。

（3）施工过程的严密组织和精细管理是成功的保障。为确保注浆质量和作业过程安全，我们针对井筒钻、注的特点和要求，制定了专门的安全和质量保证措施，健全了整套安全、质量保障体系，作业过程严格执行内部工序验收和作业安全确认制度，从而保证了注浆效果、实现了施工安全。为加快井筒钻、注治水的速度，我们充分利用工作面的空间条件，在平面和立体空间上布置多机钻、注平行作业，提高了探水注浆堵水的工作效率，为井筒按期完工赢得了宝贵时间。

参 考 文 献

[1] GB 213—1990 矿山井巷工程施工及验收规范 [S].
[2] 崔云龙. 最新简明建井工程手册 [M]. 北京：煤炭工业出版，2009.
[3] GB 50653—2011 有色金属矿山井巷工程施工规范 [S].
[4] 张永成. 注浆技术 [M]. 北京：煤炭工业出版社，2012.

基于爆破漏斗试验的 VCR 一次成井爆破实践

胡桂英　郑文强

（广东宏大爆破有限公司 巴基斯坦塔尔煤田项目部）

摘　要：为了采用 VCR 一次成井爆破技术形成充填井，用于处理地下采空区，以 C. W. Livingston 爆破漏斗理论为依据，在某矿山进行单孔爆破漏斗试验，得到试验条件下临界埋深为 1.91m，并根据试验做出爆破漏斗特征曲线，得出在装药量为 3kg 的条件下，最佳埋深及爆破漏斗半径分别为 1.07m 及 1.32m。根据相似理论，确定该矿区矿岩条件下 VCR 一次成井爆破的分层高度为 3m，炮孔间距为 2m，成功爆破形成了 32m 高深井。

关键词：采空区；爆破漏斗；VCR；最佳埋深；分层高度；炮孔间距

Application of Blasting Crater Test in Shaft Excavation by VCR One Blasting Technique

Hu Guiying　Zheng Wenqiang

（Pakistan Thar Coalfield Project Department，Hongda Blasting Co.，Ltd.）

Abstract: In order to adopt VCR one blasting technique to form the filling shaft, so as to deal with the underground goaf, based on the C. W. Livingston crater theory, single hole blasting crater test is done in a mine, the critical depth is 1.91m under the test conditions. Based on the blasting crater test results. blasting crater characteristics curves are drawn, when the dynamite dosage is 3kg, the optimal depth and radius of blasting crater are 1.07m and 1.32m respectively. Based on the similarity theory, the study result indicated that the under the ores and rock geological conditions of the mine, the shaft with the depth of 32m is formed by using VCR one blasting technique which the corresponding stratification height is 3m and hole spacing is 2m.

Keywords: goaf; blasting crater; VCR; optimal depth; stratification height; hole spacing

某大型矿山由原来的地下开采转为露天开采，先前长时间地下开采遗留了许多规模大、错综复杂的地下空区，成为目前矿山生产的重大安全隐患，影响着台阶工作面人员和设备设施的安全。在空区顶板厚度能满足稳定性要求前，如何安全有效地治理采空区，避免采空区坍塌造成危害是矿山企业必须解决的技术难题。经过研究决定，拟采用 VCR 爆破形成充填天井，用废石充填采空区。

对于 VCR 一次成井爆破技术而言，选择与岩石性质与炸药特性相匹配的孔网参数是爆破成功的关键，而爆破漏斗试验是确定其参数的基本方法[1]。美国矿业学院的 C. W. Livingston 通过一系列的爆破漏斗试验，并基于能量平衡理论，于 20 世纪 50 年代，提出了爆破漏斗理论[2]。在同种岩石条件下，根据 C. W. Livingston 爆破漏斗理论确定应变能系数、最佳埋深、最佳孔距等参数，再根据立方根比例定律，计算爆破漏斗试验参数，从而得到实际爆破参数。

目前，爆破漏斗试验在岩石爆破参数的确定中得到了广泛的应用，并取得良好的应用效果[3-12]。本文借鉴已有的研究，在该矿区进行爆破漏斗试验，为 VCR 一次成井爆破参数确定提供依据，并最终实施成井工程。

原载于《现代矿业》，2018（4）：58-60，64。

1 爆破漏斗试验的理论基础

C. W. Livingston 爆破漏斗理论是学习研究爆破现象的重要理论，主要是爆破产生的能量使需要的岩体破坏。爆破漏斗试验的主要方法是保持炸药包的重量不变，通过改变炸药的埋深确定爆破后的漏斗体积。地表岩石恰好发生破坏并产生隆起，炸药包的埋深称为临界埋深。临界深度与装药量之间的关系为

$$L_e = EQ^{1/3} \tag{1}$$

式中，Q 为装药量，kg；L_e 为是临界埋深，m；E 为应变能系数，m/kg$^{1/3}$，当炸药和岩石性能一定时，应变能系数 E 是一个常数。

最佳埋深与装药量的关系为

$$L_a = \Delta_0 EQ^{1/3} \tag{2}$$

式中，Δ_0 为最佳埋深比，即最佳埋深与临界埋深的比值；L_a 为最佳埋深，m；其他符号意义同前。

根据 C. W. Livingston 弹性应变方程的演变过程，同一岩性，相同性质炸药，大直径和小直径之间的相似关系为

$$L_a/L_b = (Q_a/Q_b)^{1/3} \tag{3}$$

$$r_a/r_b = (Q_a/Q_b)^{1/3} \tag{4}$$

式中，Q_a 为爆破漏斗试验的装药量，kg；Q_b 为实际工程的装药量，kg；L_a 为爆破漏斗试验的最佳埋深，m；L_b 为实际工程的最佳埋深，m；r_a 为爆破漏斗试验的漏斗半径，m；r_b 为实际工程的漏斗半径，m。

2 爆破漏斗现场试验

2.1 钻孔参数

首先采用铲车清理台阶工作面浮渣，保证平整，为了保证相邻爆破漏斗之间不受影响，根据国内类似矿山的试验结果，炮孔垂直自由面布置，采用潜孔钻机钻凿 ϕ140mm 炮孔，钻孔深度为 100~200mm，共 20 个炮孔，相邻炮孔间距为 1.5m。测量仪器采用 3m 钢圈尺。爆破前在台阶面画好 100mm×100mm 网格。

2.2 装药爆破

基于钻孔的质量，选取 19 个点进行试验。采用矿山现行使用的 2 号岩石乳化炸药，药卷直径为 32mm，长 200mm，质量为 200g/卷，每个炮孔试验装药量为 3kg。对个别较深的炮孔，装药前用炮泥做一定调整。炸药装入炮孔后，用炮棍压实，并量取埋深值，再在孔口堵塞岩粉，并捣鼓密实。采用非电毫秒雷管起爆孔内导爆索起爆系统。

2.3 爆破漏斗试验结果及分析

爆破后，在地表出现爆破漏斗，通过人工开挖，形成了一个一定直径和深度的爆坑。用卷尺测量出各爆破漏斗的爆破深度，按辛卜生法求出各个爆破漏斗断面面积 s_i，爆破漏斗体积 V 计算公式为[11]

$$V = \frac{B}{3}[(s_1 + s_2)] + 2(s_1 + s_2 + \cdots + s_n) + \sum_{i=1}^{n} \sqrt{s_i s_i + 1} \tag{5}$$

式中，V 为爆破漏斗的体积，m^3；B 为测点之间距离，m；s_i 为爆破漏斗的各断面面积，m^2。

经计算和统计，19 个试验点成功爆破漏斗有 14 个，其他 5 个由于埋深过大，未爆破成功。各炮孔试验数据及结果见表 1。

表1 单孔爆破漏斗试验数据及结果

炮孔编号	孔深/m	充填长度/m	装药长度/m	炸药埋深/m	漏斗体积/m^3	最佳埋深比 Δ	单位炸药爆破体积 V/Q	备注
1号	1.07	0.90	0.17	0.99	2.03	0.52	0.68	形成爆破漏斗
2号	2.25	2.08	0.17	2.17	0	1.13	—	无漏斗
3号	1.17	1.00	0.17	1.09	2.01	0.57	0.67	形成爆破漏斗
4号	1.18	1.01	0.17	1.10	2.75	0.57	0.92	形成爆破漏斗
5号	1.19	1.02	0.17	1.11	2.64	0.58	0.88	形成爆破漏斗
6号	2.24	2.07	0.17	2.16	0	1.13	—	无漏斗
7号	0.91	0.74	0.17	0.83	0.33	0.43	0.11	形成爆破漏斗
8号	1.17	1.00	0.17	1.09	1.62	0.57	0.54	形成爆破漏斗
9号	2.48	2.31	0.17	2.40	0	1.25	—	无漏斗
10号	1.79	1.62	0.17	1.71	0.32	0.89	0.11	形成爆破漏斗
11号	2.37	2.20	0.17	2.29	0	1.20	—	无漏斗
12号	1.99	1.82	0.17	1.91	0	1.00	—	地面隆起
13号	0.92	0.75	0.17	0.84	1.04	0.44	0.35	形成爆破漏斗
14号	1.05	0.88	0.17	0.97	0.98	0.51	0.33	形成爆破漏斗
15号	2.13	1.96	0.17	2.05	0	1.07	—	无漏斗
16号	1.32	1.15	0.17	1.24	1.34	0.65	0.45	形成爆破漏斗
17号	1.16	0.99	0.17	1.07	2.10	0.56	0.70	形成爆破漏斗
18号	1.59	1.42	0.17	1.51	0.88	0.79	0.29	形成爆破漏斗
19号	1.07	0.90	0.17	0.99	2.32	0.52	0.77	形成爆破漏斗

由表1可知，当炸药埋深为1.91m时，地面刚刚鼓包隆起，确定该矿区在2号岩石乳化炸药爆破作用下的临界埋深 L_e 为1.91m，根据式（1），计算出的应变能系数 E 为1.32m/kg$^{1/3}$。利用回归分析对试验数据进行处理，得出爆破漏斗体积与炸药埋深的特征曲线，如图1所示。

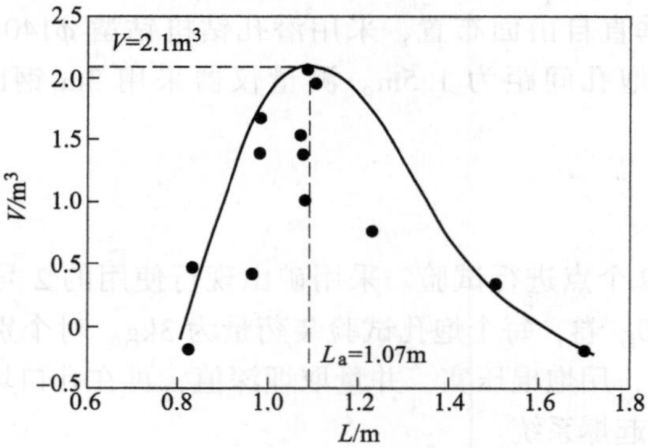

图1 爆破漏斗体积与炸药埋深的特征曲线

当爆破漏斗体积最大时，炸药的埋深为最佳埋深，此时爆破炸药单耗最小。由图1可以看出，当炸药装药量为3kg时，炸药最佳埋深为1.07m，根据式（2）可以计算出最佳埋深比为0.56。在最佳埋深时，爆破漏斗半径由下式计算：

$$V_0 = \frac{1}{3}\pi r_0^2\left(L_a + \frac{L_c}{2}\right) \tag{6}$$

式中，V_0 为爆破漏斗的最大体积，m^3；L_c 为炸药装药长度，m；r_0 为爆破漏斗半径，m；其他符号意义同前。

爆破漏斗最大体积为2.1m^3，可以算出爆破漏斗半径 r_0=1.32m。

3 工程应用

矿区以硅卡岩型矿岩为主，其岩体致密且坚硬，硬度系数为14~16，岩体松散系数约1.5，岩层稳固性好，能满足一次爆破成井试验的要求。试验地点空区位于1352m水平以下32m，根据空区扫描分析，该采空区长36.9m，宽24.2m，高12m。

根据矿区现有凿岩设备，选用牙轮钻机钻 ϕ250mm 炮孔。根据单孔爆破漏斗试验数据以及利文斯顿弹性应变方程的演变过程，确定分层高度为3m，炮孔间距为2m。参照国内外VCR爆破效果，药包长径比确定为4。分层装药长度为1m，分层装药量为54kg。为减少岩石的夹制性，采用圆形布孔方式，内外布置2层炮孔，设计天井断面为6.8m×6.8m。炮孔布置如图2所示。

爆破采用2号岩石乳化炸药，药卷直径为90mm，质量为3kg/卷，共设置9个爆破分层，分层间微差时间确定为200ms。爆破时充分利用上下2个自由面，其中，第8分层为2个装药层，起爆顺序为第1分层→第2分层→第3分层→第4分层→第5分层→第6分层→第7分层和第9分层→第8分层（2层药柱同时起爆）。装药结构如图3所示。

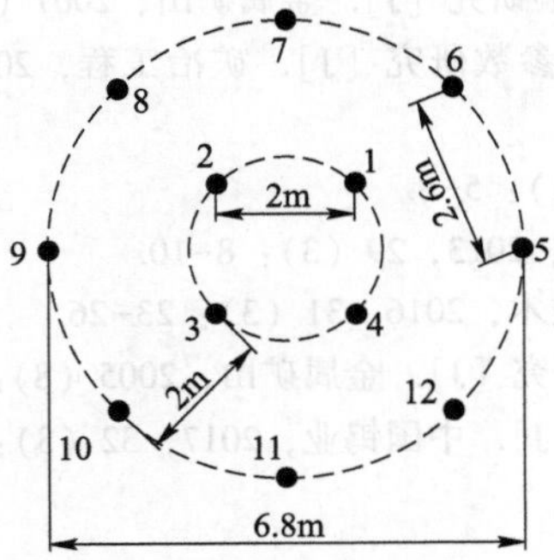

图2 炮孔布置

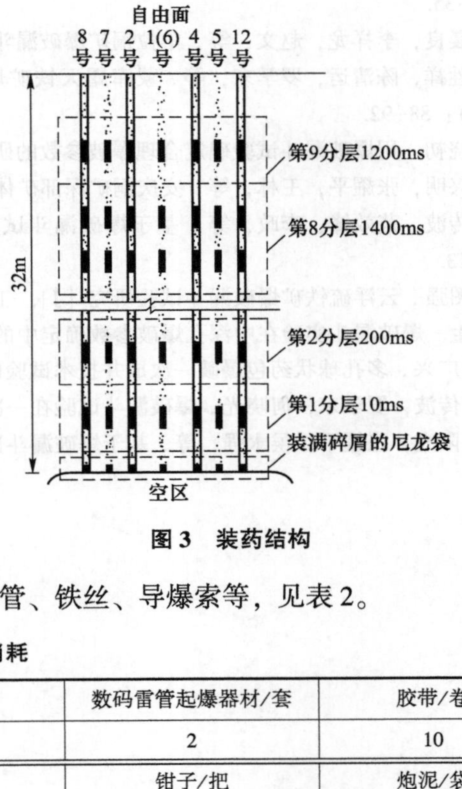

图3 装药结构

主要消耗材料为2号岩石乳化炸药、澳瑞凯导爆管雷管、铁丝、导爆索等，见表2。

表2 主要材料消耗

ϕ90mm 乳化炸药/kg	澳瑞凯数码雷管/发	起爆器/发	数码雷管起爆器材/套	胶带/卷
7000	168	144	2	10
编织袋/个	测绳/根	细铁丝/m	钳子/把	炮泥/袋
50	3	500	2	若干

注：编织袋为堵塞、装药用，测绳为50m规格。

爆破后形成了一个通达采空区的天井，井壁光滑，达到了预期的效果，说明本次现场爆破试验成功。爆破后的成井效果见图4。

图4 爆破后的成井效果

4 结语

（1）由爆破漏斗试验得出装药量为3kg时，临界埋深为1.91m，最佳埋深为1.07m，爆破漏斗最大体积为2.1m^3，漏斗半径为1.32m。

（2）根据相似定理，爆破漏斗试验获得的参数结合矿山实际，推算出VCR一次成井爆破参数为分层高度3m，炮孔间距2m，分层装药长度1m，分层装药量54kg。

（3）将利文斯顿爆破漏斗理论运用于一次成井爆破参数确定中，通过在成井附近进行一系列爆破漏斗试验，最后确定了VCR一次成井爆破的参数，并进行了现场一次成井爆破，取得了良好的效果。

参 考 文 献

[1] 孙再东，李寿喜，彭建华. VCR法爆破参数选择与爆破漏斗试验［J］. 矿业研究与开发，1984（4）：20-29.
[2] 郑瑞春. Livingston爆破漏斗理论与Bond破碎功理论及其在岩石爆破性分级中的应用［J］. 爆破，1989（1）：32-35.
[3] 宋晨良，李祥龙，赵文，等. 羊拉铜矿爆破漏斗实验［J］. 工程爆破，2017，23（2）：77-81.
[4] 肖胜祥，陈清运，罗学东，等. 蒙库露天铁矿爆破漏斗试验及其应用研究［J］. 武汉工程大学学报，2011，33（9）：88-92.
[5] 高晓初. 用爆破漏斗试验确定合理爆破参数的研究［J］. 爆破器材，1992（2）：5-9.
[6] 王兴明，张耀平，王林，等. 安庆铜矿深部矿体爆破漏斗小型工业试验研究［J］. 金属矿山，2007（10）：34-36.
[7] 周传波，范效锋，李政，等. 基于爆破漏斗试验的大直径深孔爆破参数研究［J］. 矿冶工程，2006，26（2）：9-13.
[8] 叶图强. 云浮硫铁矿爆破漏斗试验研究［J］. 工程爆破，2014，20（1）：5-8.
[9] 张生. 爆破漏斗实验在中深孔爆破参数确定中的应用［J］. 现代矿业，2013，29（3）：8-10.
[10] 刘广兴. 多孔球状药包爆破一次成井技术试验研究［J］. 露天采矿技术，2016，31（3）：23-26.
[11] 周传波，罗学东，何晓光. 爆破漏斗试验在一次爆破成井中的应用研究［J］. 金属矿山，2005（8）：20-23.
[12] 欧阳光，张耀平，侯永强，等. 基于爆破漏斗试验的爆破参数研究［J］. 中国钨业，2017，32（3）：27-30.

CO_2 致裂增透机理及影响因素模拟分析

张兵兵　崔晓荣　陈晶晶

（广东宏大爆破股份有限公司，广东 广州，510623）

摘　要：分析了 CO_2 致裂增透机理，总结出 CO_2 致裂增透技术的优点，通过建立地应力与煤层裂隙扩展相互作用力学模型，推导出煤层裂隙与应力之间的关系公式。在此基础上，采用 $FLAC^{3D}$ 数值模拟软件模拟了地应力及煤体普氏系数对致裂半径的影响规律。数值模拟结果表明，垂直应力越大，裂隙扩展范围越小；煤体普氏系数越大，裂隙扩展范围越大。

关键词：地应力；煤层裂隙；普氏系数；CO_2 致裂增透；数值模拟

Simulation Analysis of CO_2 Fracturing and Anti-reflection Mechanism and Its Influencing Factor

Zhang Bingbing　Cui Xiaorong　Chen Jingjing

（Guangdong Hongda Blasting Co.，Ltd.，Guangdong Guangzhou，510623）

Abstract：The authors analyzed CO_2 fracturing and anti-reflection mechanism and obtained the advantages of CO_2 fracturing and anti-reflection technology，deduced the relation formula between the coal seam fissure and the stress by establishing a mechanical model of the interaction between the ground stress and the seam fissure extension. Based on the achievement，the influence of the ground stress and the coal Protodyakonov coefficient on the fracturing radius was simulated by $FLAC^{3D}$ numerical simulation software. The results showed that the larger the vertical stress，the smaller the fissure extension range，and the larger the coefficient of coal，the greater the fissure extension range.

Keywords：ground stress；coal seam fissure；Protodyakonov coefficient；CO_2 fracturing and anti - reflection；numerical simulation

CO_2 致裂增透技术源于国外，最早用于大型水库、堤坝附近的爆破工作，可适用于易燃、可燃材料的处理，且不属于传统的爆破范畴，应用范围较广。近年来国内很多学者逐渐认识到了 CO_2 致裂增透技术的优越性，通过改进技术和致裂装置的不断更新升级，将这项致裂增透技术引入到了煤炭开采领域。该技术具备安全可靠的特点，适用于低透气性煤层，可有效地增加裂隙扩展范围，从而提高煤体的透气性。

孙可明等人模拟分析了不同爆生气体压力作用下的 CO_2 致裂过程，认为致裂产生的裂隙扩展范围与超临界 CO_2 爆生气体压力有关；曹运兴在潞安矿区的5所煤矿进行了 CO_2 致裂增透的现场试验，认为煤层受致裂钻孔的影响，产生了一个复杂且具有高渗透性的裂缝网络，对于提高瓦斯抽采效率作用效果良好；王兆丰在河南九里山煤矿进行了液态 CO_2 相变致裂试验，致裂后各项评价指标较致裂前都有了很大提高，增透效果显著；郭爱军等在寺家庄某进风巷进行了瓦斯钻孔施工及 CO_2 致裂孔布置试验，试验表明：致裂孔周边位置瓦斯浓度较低，瓦斯抽采效果好，形成了以致裂孔为中心的内侧瓦斯浓度降低区和外侧瓦斯浓度升高区。

综上所述，CO_2 致裂增透技术应用在低透气性煤层中，加速了煤层原生裂隙的扩展发育。但对于

原载于《中国煤炭》，2019，45（1）：123-128。

CO_2 致裂增透技术的影响因素方面，相关的研究资料较少，尤其是地应力与煤体普氏系数的影响。因此，开展地应力及煤体普氏系数与 CO_2 致裂增透效果的数值模拟研究有着一定的研究意义。

1 CO_2 致裂增透机理

煤层卸压可采用爆破的方式进行处理，而爆破可分为物理爆破与化学爆破。传统的化学爆破主要为炸药爆破，其利用炸药在介质中产生强大的冲击波来实现破碎煤岩体的目的。但在一些特殊区域如高瓦斯煤层，炸药爆破则不能适用，故需要一种更为有效的卸压方式。而新型的 CO_2 致裂增透技术属于物理爆破的一种，具有安全可靠的特性，不会在煤层中产生火花及引起煤层瓦斯爆炸，可较好地达到卸压增透的效果。

在高压状态，气态的 CO_2 可转化为液态，可利用特有的致裂管装置进行储存。受外界引爆装置的影响，在受热状态下，液态的 CO_2 迅速向气态转化，体积迅速膨胀，巨大的能量在有限的致裂管中沿着释放孔向煤层中急剧释放，可在一定程度上破坏煤体的原生结构，形成一定区域的裂隙扩展区，使得部分裂隙形成相互贯通，进而达到致裂的效果。由于 CO_2 致裂的压力小于炸药的破坏能力，且致裂压力可通过调节致裂管实现，处于可控范围，不会破坏煤体的主体结构。液态 CO_2 引爆后，会在致裂钻孔周围产生不同区域，如图 1 所示。

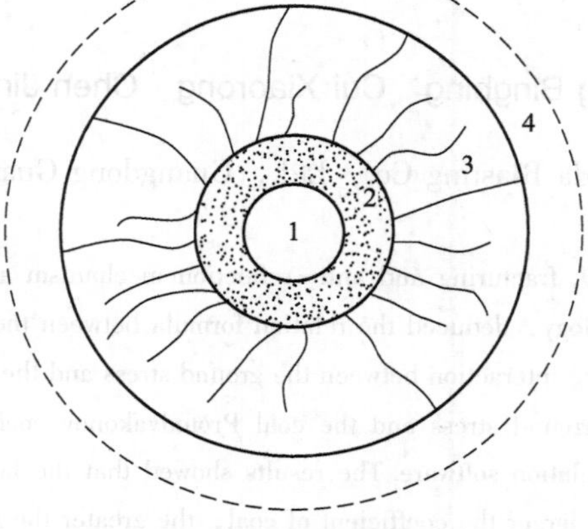

图 1 致裂形成的区域

1—钻孔；2—破碎区；3—裂隙区；4—震动区

裂隙区的范围越大，致裂的效果越好。但裂隙的扩展不仅受到致裂压力的影响，同时还要受到地应力与煤层普氏系数的制约，因此，有必要开展地应力与煤层普氏系数对 CO_2 致裂效果影响规律的研究。

2 应力对煤层裂隙的影响

2.1 应力与煤体渗透能力的关系

CO_2 致裂增透效果受应力的影响较大，而煤层的应力又与煤层埋深密切相关。当煤层埋深较大时，相对于浅埋煤层而言，煤体的渗透能力下降幅度较大。当保持煤层瓦斯压力不变时，应力与煤体渗透率存在一定的联系，即垂直应力越高，煤体的渗透能力越低。随着应力的增加，煤层将呈现难以渗透的趋势。故应力的存在，一定程度上阻碍了煤层裂隙的进一步扩展。

2.2 应力对煤层裂隙扩展的力学分析

应力越高，导致煤体透气性能力越低，进而影响到煤层裂隙的扩展发育程度。故对应力与煤层裂隙扩展二者之间的关系进行力学分析有着一定的意义。由于煤层受围岩压力的不断影响，故可建立如

图 2 所示的煤层裂隙扩展模型，分析煤体裂隙扩展与应力之间的关系。

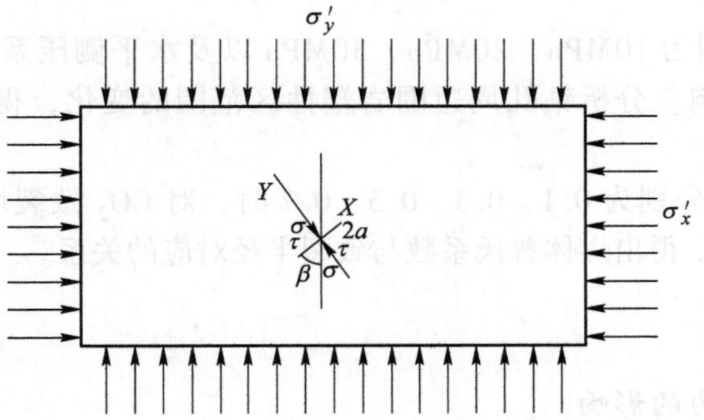

图 2　煤体裂隙扩展模型

简化后，在应力作用下Ⅰ、Ⅱ型裂纹的应力强度因子满足：

$$\begin{cases} K_{\text{I}} = -\dfrac{\sigma'_y}{2}\sqrt{\pi a}\left[(1+K)-(1-K)\cos 2\beta\right] \\ K_{\text{II}} = -\dfrac{\sigma'_y}{2}\sqrt{\pi a}\left[(1-K)\sin 2\beta\right] \end{cases} \tag{1}$$

式中，σ'_y 为垂直应力，MPa；K 为侧压系数；β 为裂隙与垂直应力的夹角，(°)；K_{I}、K_{II} 为应力作用下裂纹的Ⅰ型和Ⅱ型应力强度因子，$\text{MPa}\cdot\text{m}^{1/2}$；$a$ 为裂隙长度的一半，m。

由式（1）可以得出，随着应力的增加，对应的应力强度因子呈现不断减小的趋势，阻碍了致裂产生的裂隙进一步扩展发育。故如何有效地降低煤层地应力大小，对煤层进行卸压处理，是必须要解决的一项工作。

3　CO_2 致裂增透效果数值模拟分析

3.1　数值模型的建立

某煤矿胶带下山煤层巷道埋深为 400m，煤层平均煤厚为 6.05m，煤层倾角仅为 3°，可认为是近水平煤层。致裂孔直径选取 94mm，处于计算域中心，且单个 CO_2 致裂器长度为 1.5m，装入液态 CO_2 质量为 1.5kg。采用 FLAC^{3D} 模拟软件建立煤层液态 CO_2 爆破动力有限差分数值模型时，计算域为 10m×10m×5m，采用模型参数转化后的 Mohr-Coulomb 准则，先施加应力，对 CO_2 致裂孔进行静力计算，此时的边界条件为固定模型四周及底部。再对致裂裂隙扩展进行动力计算，此时的边界条件为模型四周和底部为黏弹性自由边界场。煤层的相关力学参数：密度为 2500g/cm^3，弹性模量为 622MPa，泊松比为 0.25，内聚力为 2.25MPa，内摩擦角为 47°，抗压强度 σ_c 为 4.57MPa，抗拉强度 σ_t 为 0.48MPa。对应的 CO_2 致裂模型如图 3 所示。

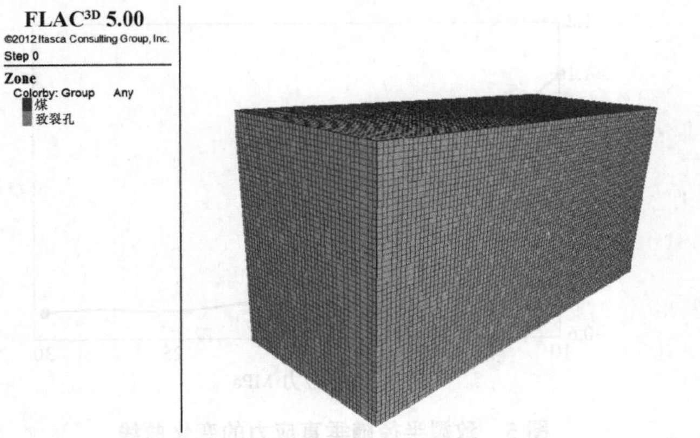

图 3　CO_2 致裂增透模型

3.2 数值模拟方案

（1）模拟垂直应力分别为10MPa、20MPa、30MPa以及水平侧压系数分别为0.5、1、1.5、2对 CO_2 致裂增透效果的影响。分析钻孔周边围岩塑性区范围的变化，得出应力与致裂半径对应的关系。

（2）模拟煤体普氏系数分别为0.1、0.3、0.5、0.7时，对 CO_2 致裂增透效果的影响。分析钻孔周边围岩塑性区范围的变化，得出煤体普氏系数与致裂半径对应的关系。

3.3 数值模拟结果分析

3.3.1 不考虑水平应力的影响

不同垂直应力对致裂效果的影响规律如图4所示。致裂半径随垂直应力的变化曲线如图5所示。

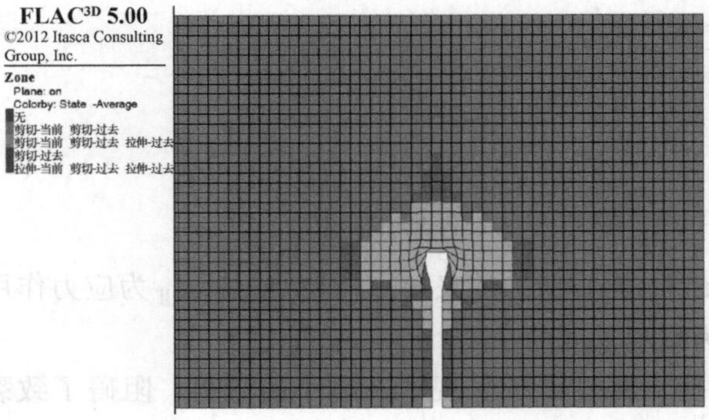

(b) 20MPa

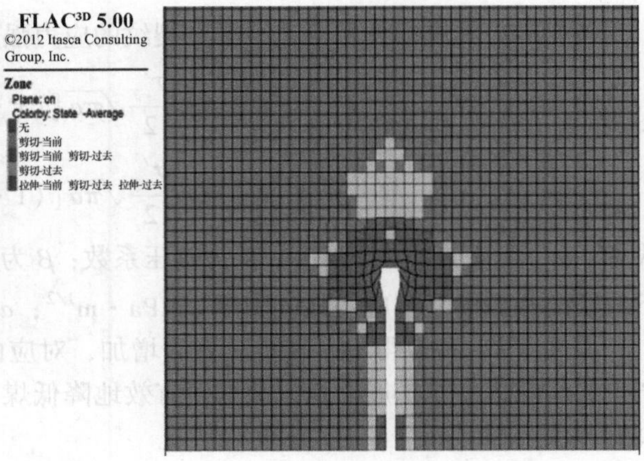

(b) 20MPa

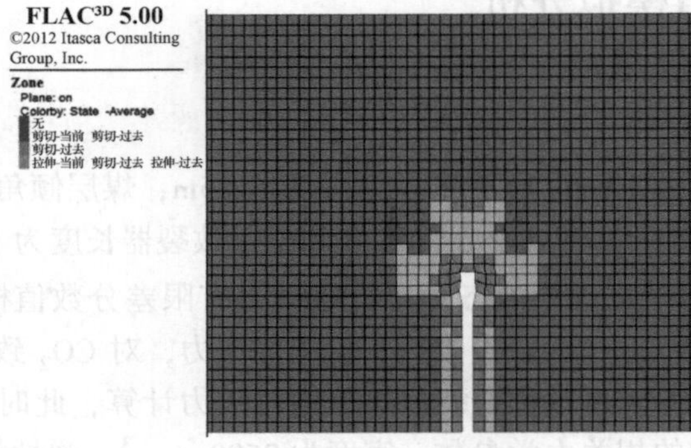

(c) 30MPa

图4 垂直应力对致裂效果的影响规律

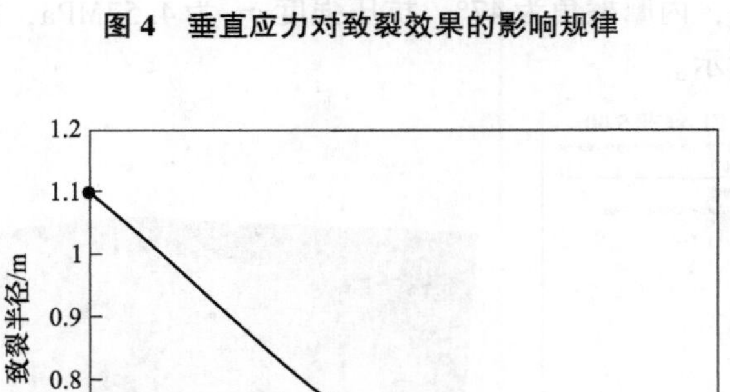

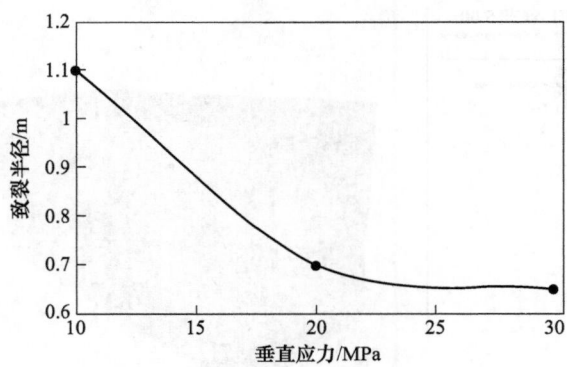

图5 致裂半径随垂直应力的变化曲线

由图5可知，单致裂孔作用下，当应力为10MPa时，CO_2致裂半径可达1.1m；且随着地应力增加，致裂半径范围逐渐减少，表明垂直应力对煤层致裂增透效果的阻碍作用增强，一定程度上验证了理论分析的正确性；垂直应力分别为10MPa、20MPa、30MPa时对应的致裂半径分别为1.1m、0.7m、0.65m。另外，随着应力的增加，致裂半径减小幅度逐渐降低。通过对塑性区变化情况的分析，可得致裂影响区域随垂直应力的增加逐渐减小。

3.3.2 考虑水平应力的影响

在煤层实际赋存中，煤层不仅受垂直应力的影响，同时还受水平应力的作用，因此研究不同水平侧压系数对致裂半径的影响，更切合实际情况。由于巷道埋深约为400m，固定地应力为10MPa，分析不同的水平侧压系数，即 $\lambda_x=\lambda_y=0.5$、1.0、1.5、2.0时，致裂半径随水平应力的变化关系。水平侧压系数对致裂效果的影响规律如图6所示。

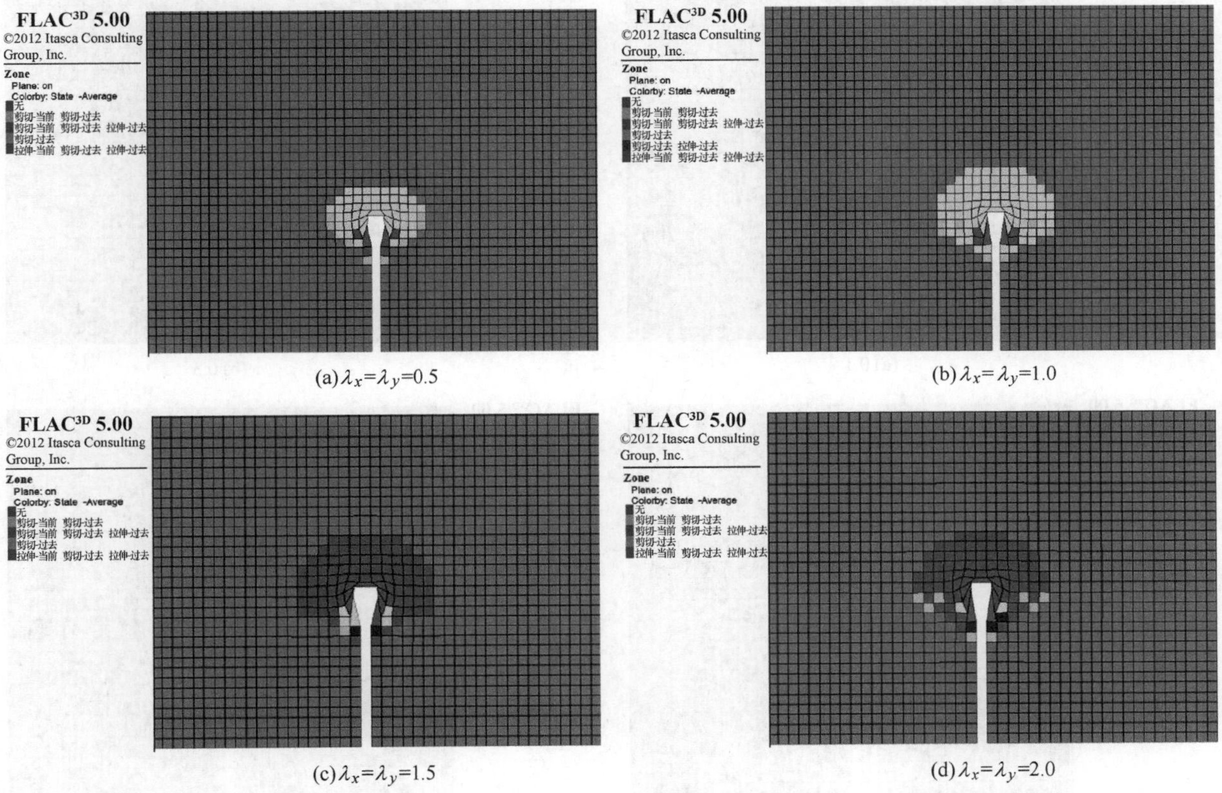

图6 水平侧压系数对致裂效果的影响规律

致裂半径随水平侧压系数的变化曲线如图7所示。由图7可以看出，随着水平侧压系数 λ_x 的增加，即煤层水平应力的增加，侧压系数为0.5时对应的裂隙区范围为1.2m，当侧压系数增加至2.0时

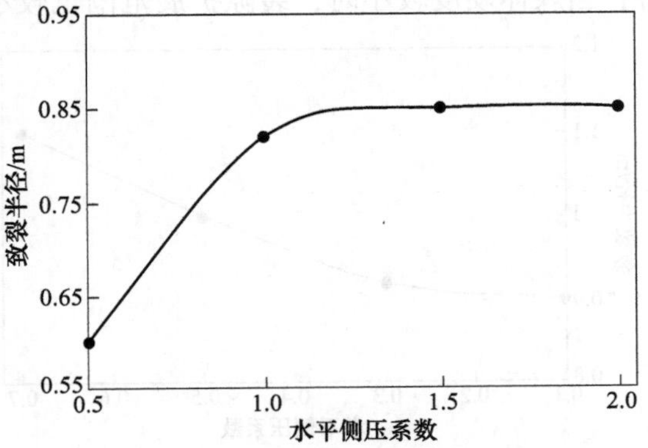

图7 致裂半径随水平侧压系数的变化曲线

裂隙区的范围为 1.7m，表明侧压系数的增加，有利于水平方向裂隙的扩展发育，但当水平侧压系数大于 2 时，曲线趋于平缓，即裂隙半径逐渐趋于稳定。水平侧压系数为 0.5、1、1.5、2 时，对应的致裂半径分别为 0.6m、0.82m、0.85m、0.85m。

3.3.3 煤体普氏系数的影响

煤体是一个复杂结构，煤层自身赋存状态的不同，导致原始裂隙发育程度也不相同。为了研究煤层自身属性对致裂效果的影响，分析了不同煤体普氏系数对致裂效果的影响，主要观察对应的塑性区变化情况，模拟结果有助于更好解释不同煤体自身赋存状态对致裂半径的影响。普氏系数对致裂效果的影响规律如图 8 所示。

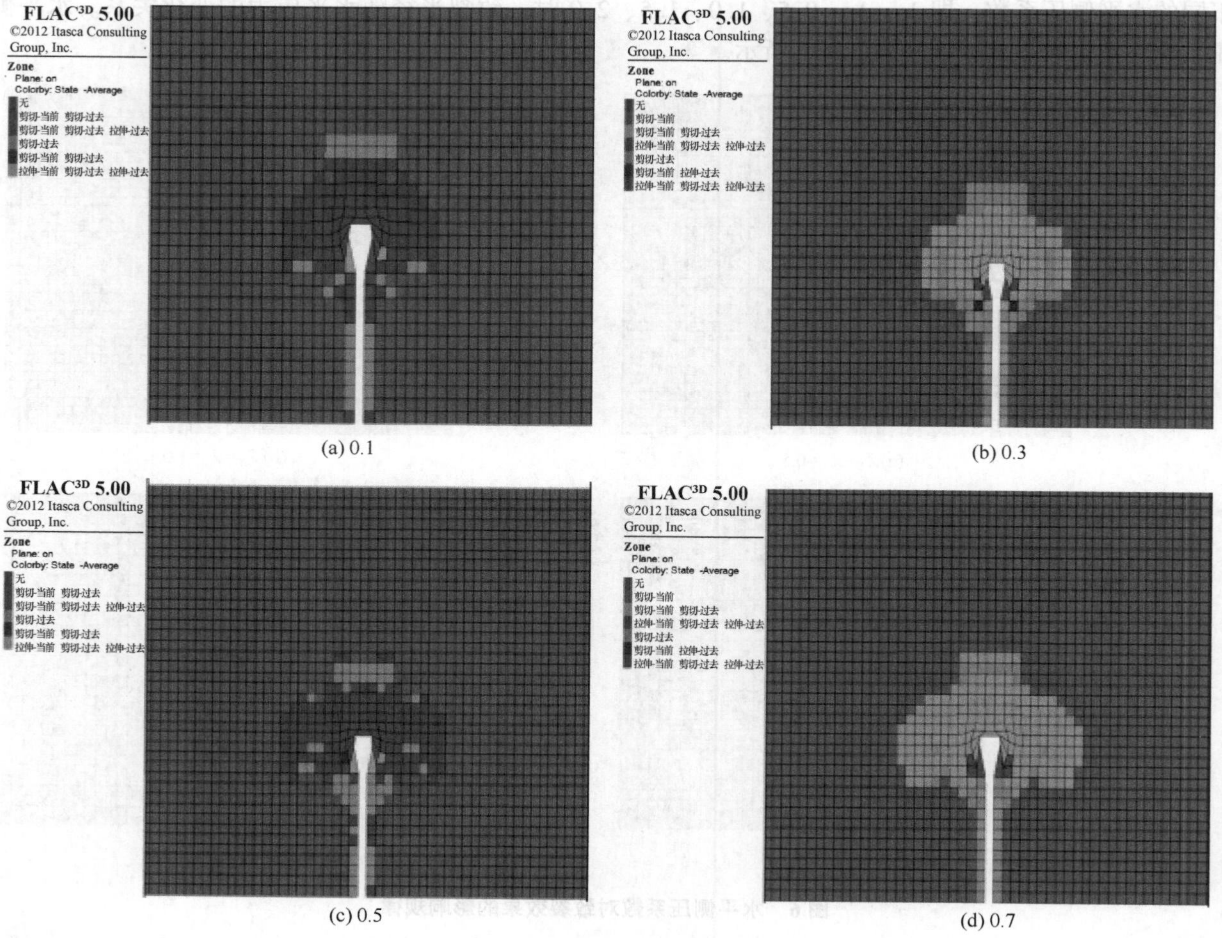

图 8 普氏系数对致裂效果的影响规律

致裂半径随普氏系数的变化曲线如图 9 所示。由图 9 可以看出，随着煤体普氏系数的增加，煤层塑性区的范围呈现增加的趋势；当煤体硬度较小时，裂隙扩展范围也较小，究其原因在于，煤体松软

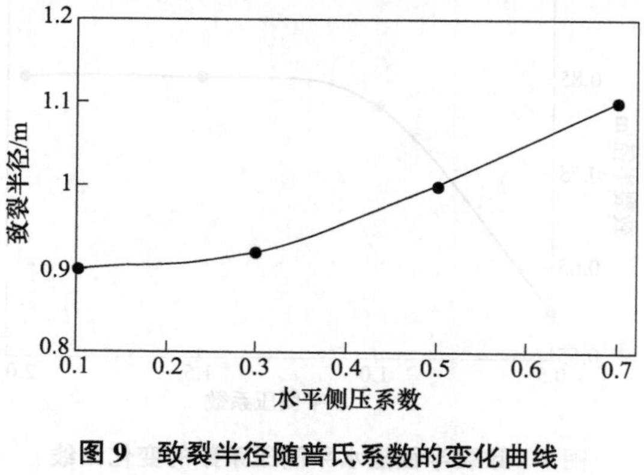

图 9 致裂半径随普氏系数的变化曲线

时原生裂隙发育程度较高，CO_2 致裂产生的冲击波和爆生气体压力峰值较低，冲击波衰减速率快，产生的裂隙区影响区域小；若煤体硬度增加时，煤体受致裂的影响范围越大，裂隙扩展程度扩大，但随着普氏系数的增加，致裂影响半径的增加幅度呈缓慢增加的趋势；普氏系数增至一定程度后，致裂半径影响范围将趋于稳定不变。煤体普氏系数分别为 0.1、0.3、0.5、0.7 时对应的致裂半径分别为 0.9m、0.92m、1.0m、1.1m。

4 结论

（1）分析了 CO_2 致裂增透技术的优点及作用机理，研究了应力与煤层透气性的关系，建立了地应力与煤层裂隙扩展相互作用力学模型，得出垂直应力的存在阻碍了煤层裂隙的进一步扩展发育，需要进行有效的卸压处理。

（2）建立了 CO_2 致裂增透的数值模拟模型，给出了数值模拟方案。并对不同地应力作用下的塑性区、致裂半径的变化情况进行了分析。得出随着垂直应力增加，煤层裂隙的扩展范围不断减小，而水平应力越大，越有利于水平裂隙的扩展。当应力大到一定程度时，致裂半径随应力的变化趋于平缓。

（3）采用数值模拟的方法分析了煤体普氏系数对 CO_2 致裂增透的影响规律，随着煤体普氏系数的增加，煤层塑性区的范围呈现增加的趋势。普氏系数增至一定程度后，致裂半径影响范围将趋于稳定不变。

参考文献

[1] Singh S P. Non－explosive applications of the PCF concept for underground excavation [J]. Tunneling and Underground Space Technology，1998（3）：1-12.

[2] 罗朝义，江泽标，郑昌盛，等．低透煤层 CO_2 相变致裂增透解吸技术的应用 [J]．西安科技大学学报，2018（1）：59-64.

[3] 郭金刚．CO_2 致裂增透强化瓦斯抽采试验研究 [J]．煤炭技术，2017（11）：157-159.

[4] 王兆丰，孙小明，陆庭侃，等．液态 CO_2 相变致裂强化瓦斯预抽试验研究 [J]．河南理工大学学报（自然科学版），2015（1）：1-5.

[5] 邹永洺．煤与瓦斯突出煤层 CO_2 相变致裂增透技术试验研究 [J]．煤矿安全，2018（3）：5-8.

[6] 赵龙，王兆丰，孙矩正，等．液态 CO_2 相变致裂增透技术在高瓦斯低透煤层的应用 [J]．煤炭科学技术，2016，44（3）：75-79.

[7] 孙可明，辛利伟，王婷婷，等．超临界 CO_2 气爆煤体致裂规律模拟研究 [J]．中国矿业大学学报，2017，46（3）：501-506.

[8] 孙可明，辛利伟，张树翠，等．超临界 CO_2 气爆致裂规律实验研究 [J]．中国安全生产科学技术，2016，12（7）：27-31.

[9] Cao Yunxing，Zhang Junsheng，Zhai Hong，et al. CO_2 gas fracturing：A novel reservoir stimulation technology in low permeability gassy coal seams [J]．Fuel，2017，203（9）：197-207.

[10] 周建伟，王晓蕾，李云．深孔控制 CO_2 预裂爆破在煤巷掘进消突中的应用 [J]．煤炭技术，2014，33（9）：30-32.

[11] 王兆丰，李豪君，陈喜恩，等．液态 CO_2 相变致裂煤层增透技术布孔方式研究 [J]．中国安全生产科学技术，2015（9）：11-16.

大红山铜矿主溜井修复技术方案研究

黄明健　王祖辉

（湖南涟邵建设工程（集团）有限责任公司，湖南　长沙，410011）

摘　要：针对大红山铜矿溜井破坏情况，分析造成溜井破坏的原因，有针对性地提出3种溜井修复技术方案，分别为：主溜井修复加固方案；600～550m间新建溜井和矿石下放至550m水平转运方案；北部新建溜井，从600m直接下放至原溜井下段方案。根据该矿井的具体情况，确定该矿井溜井修复方案为主溜井加固方案，实践表明，所选方案经济可行。

关键词：大红山铜矿；主溜井；修复方案

Study on Restoration Technology of Main Chute in Dahongshan Copper Mine

Huang Mingjian　Wang Zuhui

（Hunan Lianshao Construction Engineering（Group）Co., Ltd., Hunan Changsha, 410011）

Abstract: In view of the failure of the chute in Dahongshan Copper Mine, this paper analyzes the causes of the failure, and puts forward three kinds of chute repair schemes. The first is to repair and reinforce the main chute; the second is to build a new chute between 600～550m and horizontally transfer the ore to 550m; the third is to build a new chute in the north, and directly lower the chute to the next section of the original 600m. Based on the specific situation of the shaft, the main chute reinforcement scheme is determined, and the practice shows that the selected scheme is economical and feasible.

Keywords: Dahongshan Copper Mine; main chute; repair scheme

溜井是地下金属矿山最重要的采矿工程之一，井下开采的全部矿岩都由此集中贮藏和转运，它的稳定畅通与否对矿山生产影响极大。由于溜井工程环境复杂，又长期受冲击载荷作用，稳定条件恶劣，一些生产能力大且矿岩软破的矿山都存在主溜井严重变形破坏问题。主溜井破坏，轻者需停产长时间进行返修，严重者井筒报废，影响生产，给矿山造成巨大的经济损失。因此，探讨溜井合理的修（维）复方法，对矿山安全正常生产具有重要意义。

溜井是服务年限较长、运行环境恶劣的矿山井巷，变形破坏现象普遍存在，但破坏程度却因矿岩性质、原岩应力环境、卸矿方式、使用条件和维护方法的不同而有较大的差异[1,2]。国内外的溜井变形破坏问题较为突出[3-7]。因此，溜井系统的稳定性问题已成为人们广泛关注的焦点。影响溜井稳定性的因素很多[8,9]，主要原因有工程地质条件、矿石的冲击、爆破影响、受开挖影响而产生的应力集中、支护不合理因素等，应尽量从设计、施工与管理方面规避与克服这些因素，确保溜井系统在其设计服务期内的稳定性和可靠运行。

本文针对大红山铜矿现状、主溜井目前现状及存在的一些问题进行分析，针对主溜井存在的一些问题，结合该矿区地质条件，研究主溜井破坏修复的合理方案。

基金项目：河北省自然科学基金项目（E2016209388）。

原载于《采矿技术》，2019，19（2）：33-36。

1 基本概况

1.1 大红山矿基本概况

大红山铜矿是中国铝业旗下的金属矿山，位于云南省玉溪市新平彝族傣族自治县戛洒镇，是目前我国西南地区品位较高，储量较大，投资效益好，同时被国家列为“八五”计划重点建设工程的唯一铜矿。大红山铜矿自 1997 年 7 月投产开始，到目前矿石溜井累计已过矿量 2700 余万吨。一期设计生产规模 2400t/d，开采对象为 535m 标高以上矿体（上部区段）。

1.2 主溜井使用现状

该矿矿石主溜井 520~560m 标高段被砸成“大窟窿”，最大部位宽达 14m，由于影响到了 550，535 矿石卸矿车场的安全，2005 年矿山对矿石主溜井进行了系统加固，540m 标高以下采用 24kg/m 钢轨进行加固，溜井直径 5m，540~560m 标高段采用钢筋砼衬砌，溜井直径为 3.5m。检修加固的主溜井设施约在 2 年左右就被砸坏（见图 1），之后对 550m、535m 矿石卸矿车场进行了多次局部的检修加固，以维持生产的安全运行。

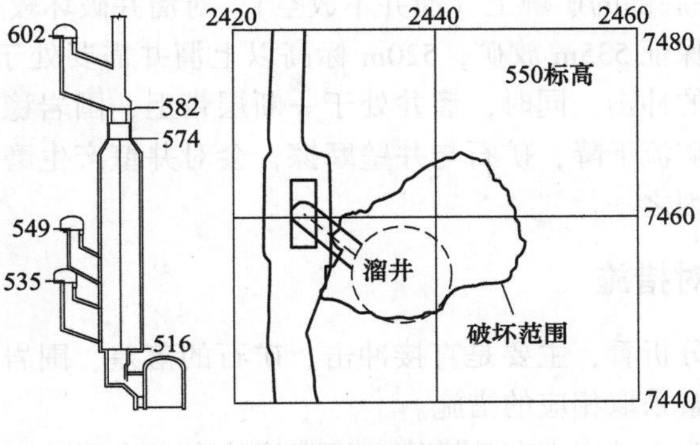

图 1 修复前的主溜井

目前，溜井被砸坏的程度较 2005 年又有扩大，溜井损坏较大的地段在 520~575m 标高之间，溜井损坏段总体呈“大肚子”状，损坏最大部位宽度超过 20m。

从图 1 可知，550m 水平，溜井的西南角已贴近 550m 车场卸矿硐室（实际上已贯穿，修复过），溜井的东南角距二期箕斗斜井卸矿信号硐室仅有 4m 之隔；535m 水平，溜井实际上已打穿 550m 车场卸矿硐室和平巷。

目前，一期的 535m 中段、550m 中段、600m 以上中段预计采出矿石量 1000 余万吨，其箕斗斜井要从 180m 分流 3000t/a 的矿石从一期 535m 车场进入一期破碎系统。西部矿段 180m 及其以上中段设计有 19 年的服务年限。二期辅助斜井改造后，将用作二期矿石的提升，其矿石提升后由一期 550m 车场进入一期破碎系统，辅助斜井提升能力 2500t/d 左右。

1.3 主溜井修复的必要性

一期矿石主溜井被矿石冲击损坏、断面扩大后，在 550m 和 535m 水平矿石井的西侧，溜井实际井壁距离矿石卸载硐室和平巷已很近，有的部位是打穿后进行支护修复的，与溜井间实际只有支护体间隔，由于 600m 等较高处的矿石对溜井井壁冲击较大，下部 550m 和 535m 等水平矿石卸载硐室或平巷与溜井之间的较薄井壁或支护体很容易被砸坏，而矿石卸载硐室或平巷内又经常有人员作业和车辆运行，因此很不安全。在 550m 水平矿石井的东侧，溜井实际井壁距离二期箕斗斜井的设施也较近，如果一期矿石井断面因冲击继续扩大，将影响到二期箕斗斜井的安全。

一期矿石主溜井和废石井相距 25m，矿石卸载线布置于二者之间，由于主溜井和废石井均损坏，断面扩大，使得支撑矿石卸载线的岩体变得较薄，影响到矿石卸载线的安全。主溜井和废石井损坏后断面扩大，实际上是形成了两个相距较近的空区，且矿石井所处的区域是一断层带，围岩稳固性相对较差，如果溜井损坏不能得到遏制，可能会引起较大的塌方，危及到相邻设施的安全，冲击损坏部位再向下发展，还将影响到500m水平破碎硐室、变电硐室等设施的安全。综上所述，考虑到该矿的持续与安全生产的要求，需对主溜井进行相应修复，以消除安全隐患。

2 主要设计方案及技术

2.1 溜井损坏原因分析

从大量的实践经验看，矿石对溜井的直接冲击是造成溜井损坏的主要原因[7,8]。在矿石的直接冲击点，再强的支护一般都难于抵挡矿石冲击的破坏。实际生产中，如468m水平采一号胶带卸载点，矿流前方用钢轨做成的支挡设施都要经常更换。从一期矿石实测断面看，550m水平卸矿斜溜道方向为东南向，矿石井的东南面524~540m标高范围受550m卸矿的冲击损坏较大，600m水平卸矿斜溜道方向为东北向，矿石井的东北面540~574m标高范围受600m卸矿的冲击损坏较大，矿石冲击到井壁后反弹，又会冲击到对侧，使对侧产生损坏。

从实际损坏的程度看，600m及以上矿石因其下落时势能较大，对溜井的冲击损坏较大，550m则次之，535m因主要砸在溜井底部的矿堆上（溜井不放空），对溜井破坏较小。

从生产实际情况看，要保证535m放矿，520m标高以上溜井需要处于空仓状态，这样520m标高部分就暴露出来受上部卸矿的冲击。同时，溜井处于一断层带上，围岩稳固性相对较差，溜井井壁易被砸坏。在储矿段，放矿时矿流下降，矿石与井壁摩擦，会对井壁产生磨损。支护和加固的方式选择不合适，也是溜井损坏的原因之一。

2.2 避免溜井损坏的应对措施

从上述溜井损坏的原因分析看，主要是直接冲击、矿石的落差、围岩稳固性、是否空仓、加固方式等因素，可以针对上述因素采取相应的措施。

对直接冲击，一是采取改变矿流方向的措施，将直接冲击变为不冲击或减少冲击；二是在受冲击位置设置粉矿堆；三是调整设计，将受冲击的部位放置到冲击范围之外；四是设置加固设施，如衬钢板、衬钢轨、衬锰钢板等以抵抗冲击。对矿石落差较大的情况，可将溜井设置成分段溜井的型式，减小落差。围岩稳固性较差时应采取支护措施，并加固。同时，在日常生产过程中，有条件时尽量满仓放矿。

2.3 溜井修复方案

根据上述分析，拟采用如下3种溜井检修方案：一是主溜井修复加固方案（简称修复加固方案）；二是600~550m间新建溜井、矿石下放至550m水平转运方案（简称550m转运方案）；三是北部新建溜井，从600m直接下放至原溜井下段方案（简称新建溜井直接下放方案）。

2.3.1 主溜井修复加固方案

在600m中段卸矿斜溜口下口处设置溜井锁口段，在锁口段上端设置粉矿堆；在溜井断面受冲击破坏较大的地段，采用直径较大的圆形断面对溜井进行衬砌，壁后用毛石混凝土进行充填；各中段斜溜口处，有条件时设置粉矿堆；在生产中采取调整措施，使640m及其以上中段的矿石不直接卸入矿石溜井，改为下放到600m后再转运进入矿石溜井或分流从其他系统运走。

将640m及其以上中段的矿石分流运走或在600m将溜井分段，主要是要减小卸矿高差，减小矿石对溜井井壁的冲击；在600m中段卸矿斜溜口下口处设置溜井锁口，并在600m中段斜溜口及锁口段上端设置粉矿堆，使600m中段卸入溜井的矿石在粉矿堆上缓冲后，以近乎垂直下落的方式进入下部溜井，减少对下部溜井井壁的冲击；对溜井损坏段进行衬砌，并进行壁后充填，避免溜井损坏继续扩大；溜井衬砌采用较大的断面，尽量避开600m中段卸入由锁口处下落的矿石、550m和535m中段由斜溜道卸入的矿石对井壁的冲击；在溜口处、锁口段上端设置粉矿堆能避免矿石的直接冲击，并对下落矿石有缓冲作用。

从溜井的实测断面分析可得，损坏段主要在520~580m标高之间，损坏的程度为中间较大，两端较小，实测断面不规则。为保证生产安全，需对溜井进行衬砌，对于溜井衬砌，有2个方案：

(1) 只对溜井的东西两面进行衬砌，西面的衬砌保护550m、535m中段卸载线，东面的衬砌保护箕斗斜井，这一方案是在溜井的东西两侧各设置一面墙体，墙体自稳性差，需向岩体打锚索来保证墙体不至倾覆，且工程量较大，施工难度较大；

(2) 用圆形断面衬砌，这一方案能避免上一方案的缺点，经分析，认为采用圆形断面对溜井进行衬砌较为合适。该方案修复工艺流程如图2所示。

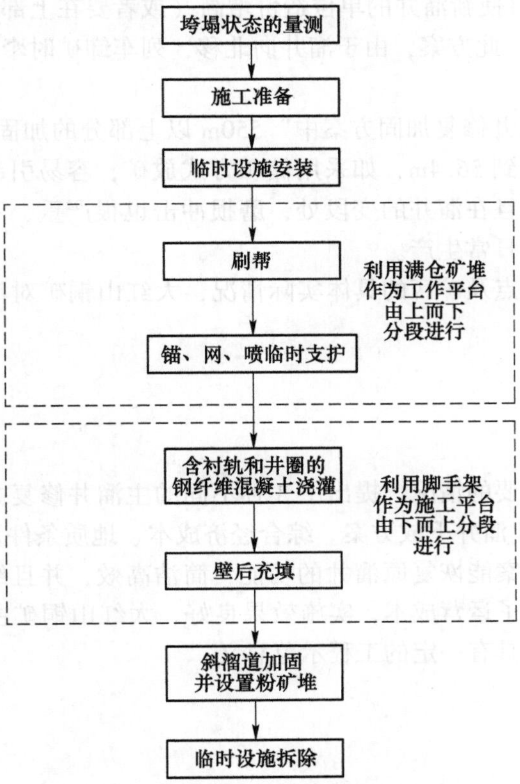

图2 修复工艺流程

采用该方案可恢复原溜井功能，溜井功能简捷高效、结构合理、抗冲击磨损性能强。同时，溜井修复后的运营成本较为合理，在可承受的范围之内。

2.3.2 550m转运方案

该方案只对原矿石溜井550m以下部分进行修复加固，550m以上部分进行封闭，600m及以上中段矿石通过550~600m之间新建一条矿石溜井下放至550m中段，通过增加少量巷道、完善550m中段车场，将矿石转运至550m卸矿硐室卸入加固好的原矿石溜井。原溜井516~543m间的修复加固方案同以上矿石溜井修复加固方案，在543m处用钢筋混泥土盖板进行封闭，溜井周边至550m的空区用毛石混凝土加固，550m以上至600m这部分空区用废石回填。

550m中段矿石转运能力紧张，由于转运线路长度有限，以两列车（由10t电机车牵引$2m^3$侧卸式矿车，每列车12个车厢）运行较妥，但矿石运量只有4000t/d左右，还有2000t/d矿石量要通过其他方式分流。此外，二期辅助斜井提升的原矿在550m采用$2m^3$侧卸式矿车双机牵引转运矿石；550m中段、575m中段2~3年内仍需利用550m运输。在此条件下溜井车场列车数量将多达4~5列，运行难度极大，不能满足矿石转运要求。因此，此方案不但增加矿石转运成本，也增加了作业环节和生产管理的困难。

采用该方案的工期短一些，对矿山生产进度的影响也较小，但其缺点是，550m中段矿石转运能力紧张，只有4000t/d左右，还有2000t/d左右的矿石量要通过其他方式分流。此外，与二期辅助斜井矿石转运列车冲突大，不能满足矿石运输的要求。

2.3.3 新建溜井直接下放方案

在主溜井的北部新建溜井，将600m及以上的矿石通过新建溜井直接下放到约518m标高、进入下段修复和加固的溜井。该方案对原溜井550m以下部分用“溜井修复加固方案”的方式进行修复加固，对上部550~600m之间的损坏部分用废石进行充填。新建溜井由直溜井段（直径3.5m，高度31m）和斜溜道段（直径5m，角度60°，斜长56.4m）组成。

该方案由于550m以下的原溜井段要进行修复加固，新溜井的上部垂直段只能采用正掘法从600m水平往下施工，下部斜溜道段需待原溜井下段修复加固后再从下往上施工，不能使用吊罐法施工，故工期较长，达220d左右，而且使新溜井的单位造价增高（或者要在上部垂直段与下部斜溜道的联结处增加斜溜道段出渣措施工程）。此方案，由于溜井向北移，列车卸矿时牵引机头已进入弯道段，容易产生车辆掉道，卸矿可靠性差。

采用该方案可以省去“溜井修复加固方案中”550m以上部分的加固工程，有利于减少工程费用。但该方案下段斜溜道太长，达到56.4m，如采用储矿方式放矿，容易引起斜溜道堵塞，不用储矿方式放矿，斜溜道的磨损严重，而且在溜井的变段处，磨损冲击也很严重，不易维护。同时该方案具有工期长的特点，严重影响矿井的日常生产。

综合上述3种方案的优缺点及矿区的具体实际情况，大红山铜矿对溜井修复采用主溜井加固修复的方案。

3 结论

根据大红山铜矿主溜井主要的情况，提出了3种不同的主溜井修复方案，分别为：主溜井加固修复方案、550m转运方案及新建溜井下放方案。综合经济成本、地质条件及时间考虑，采用主溜井加固修复方案更为适合，采用该方案能恢复原溜井的功能，简洁高效，并且结构合理，耐冲击性较强。实践表明，采用该方案有效节省了运营成本，实施效果良好，大红山铜矿主溜井的修复可为国内外类似主溜井修复提供有效的借鉴，具有一定的工程示范意义。

参考文献

[1] 明世祥．地下金属矿山主溜井变形破坏机理分析［J］．金属矿山，2004，331（1）：5-8.

[2] 朱家桥．程潮铁矿东区地址灾害浅析［J］．岩石力学与工程学报，1999，18（5）：592-595.

[3] Hadjigeorgious J，Lessard J F，Mercier-Langevin F. Ore pass practice in Canadian mines［J］. The Journal of the South African Institute of Mining and Metallurgy，2005，105（12）：809-816.

[4] Gardner L J，Fernandes N D. Ore pass rehabilitation-case studies from impala platinum limited［J］. Journal of the South African Institute of Mining and Metallurgy，2006，106（1）：17-24.

[5] Hadjigeorgious J，Stacey T R. The absence of strategy in orepass planning，design，and management［J］. Journal of the South African Institute of Mining and Metallurgy，2013，113（10）：795-801.

[6] 李长洪，蔡美峰，乔兰，等．某矿主溜井塌落破坏成因分析及防治对策［J］．中国矿业，1999，8（6）：37-39.

[7] 陈得信，王克宏，王兴国．盘区脉外溜井破坏原因分析及井筒维护［J］．有色金属：矿山部分，2009，61（3）：15-18.

[8] 韩永志，郭宝昆．尖山铁矿溜井设计及结构参数确定［J］．中国矿业，1994，2（51）：164-169.

[9] 高义军，吕力行．高深溜井反漏斗柔性防护方法［J］．矿冶，2012，21（1）：8-10.

暗竖井小导硐反井钻机快速施工技术

黄明健　王祖辉

（湖南涟邵建设工程（集团）有限责任公司，湖南 长沙，410011）

摘　要： 以云南普朗铜矿进风暗竖井施工为例，介绍了该技术的施工方案。暗竖井小导硐反井钻机施工技术通过改进反井钻机进行小导硐施工，再利用该小导硐通风排矸进行正掘扩挖成井，采取了加固反井钻机扩孔中心管、反井钻机钻孔防偏斜、宽孔距小抵抗线毫秒光面爆破、钢模液压系统保护装置等多项新技术措施提高了施工效率、安全和质量，依靠科学的组织管理和严密的安全措施，确保了暗竖井在安全优质条件下的快速施工。

关键词： 暗竖井；反井钻机；快速施工

Fast Construction Technology of the Counter Drilling Rig for Small Adits in Dark Shafts

Huang Mingjian　Wang Zuhui

（Hunan Lianshao Construction Engineering（Group）Co.，Ltd.，Hunan Changsha，410011）

Abstract： Taking the construction of the air inlet shaft of Pulang Copper Mine in Yunnan Province as an example，the paper introduces the construction scheme of fast construction technology of the counter drilling rig for small adits. The construction technology improves the counter drilling rig to drive small adits，and then use the small adits to ventilate and transfer waste rocks to excavate and expand the adits to shafts. It adopts new technical measures，like reinforced central tubes for adit expansion，drilling deflection prevention of the counter drilling rig，wide space and small burden millisecond smooth blasting，and protection of steel mould hydraulic system，to improve the construction efficiency，safety and quality. Scientific management and strict security measures ensure the fast construction in the dark shaft under the condition of safety and high quality.

Keywords： dark shaft；counter drilling rig；fast construction

矿产资源深部开采是目前矿山企业发展的大趋势，暗竖井是矿山深部开拓延深工程的重要组成部分，优质快速地实现暗竖井施工是矿井建设的重点和难点。暗竖井施工的传统方法是自上而下一次全断面凿岩爆破成巷，其主要难点在于提升出碴、通风和排水，尤其是低出碴率已成为限制施工速度的重要问题，不但工程成本高，而且存在较大的安全隐患[1]。具有下部联络道的暗竖井工程多见于矿山各类溜井、进回风井等，对于此类暗竖井可采用导硐法施工。反井钻机的应用使暗竖井导硐法施工进入了一个新的阶段，在缩短工期、降低安全隐患等方面具有显著优势[1-3]。但是，暗竖井反井钻机施工中还存在钻机扩孔精度不够、爆破扩挖堵塞、衬砌接口不整齐等诸多问题，制约了暗竖井优质快速施工的实现[4]。暗竖井小导硐反井钻机施工技术是对具有下部联络道的暗竖井井筒施工中总结出的成功技术，在云南迪庆普朗铜矿、云南大红山铁矿等多个暗竖井建设中得到了很好的应用。

云南迪庆有色金属有限责任公司普朗铜矿一期采选工程一标段溜破系统进风暗竖井水平标高为3720m至3600m，进风井底部通过联络道与大件道相通，设计断面为圆形，掘进断面直径为5.6m，断面积为24.62m²，井筒高度约120m，支护方式采用素混凝土支护，支护厚度300mm，岩石坚硬，其硬

原载于《采矿技术》，2019，19（3）：102-104，107。

度系数f为9，密度为2.68t/m^3，工程地质和水文地质复杂程度均为中等。该进风暗竖井井筒施工工期为3个月，综合平均月进尺40m，井筒对中准确，砌壁平整光滑，在安全优质的条件下实现了快速施工。

1 暗竖井反井钻机施工机械化配套

具有下部联络道的暗竖井井筒施工采用反井钻机导硐扩孔与人工正向短段掘砌混合作业法施工，合理的机械设备配套是实现快速优质施工的重要保证[5]。普朗铜矿进风暗竖井井筒施工机械设备选型借鉴了立井施工设备配套先进经验[6]，并充分考虑反井钻机施工的特点，所采用的井筒施工机械设备见表1。

表1 暗竖井筒施工装备表

机械名称	型号规格	数 量
反井钻机	LM200	1
提升绞车	JTB-1.2	1
稳车	JM-5T	3
稳车	JM-3T	1
稳车	JM-1T	1
提升天轮	ϕ1.5m	1
混凝土喷射机	PZ-6	1
吊盘	15.5m^2	1
吊罐	1.2m	1
凿岩机	YTP-26	4
压风机	FBD No.6.3/2×22kW	1
模板	MJY型整体下滑金属模板	1
混凝土搅拌机	JZM500	1
混凝土运输车	HBT60-13-90ES	2
出渣车	东风	4

2 暗竖井小导硐反井钻机施工方案

暗竖井小导硐反井钻机施工可分为小导硐反井钻机施工和正向扩刷短掘短砌混合作业施工两个步骤，工艺流程如图1所示。

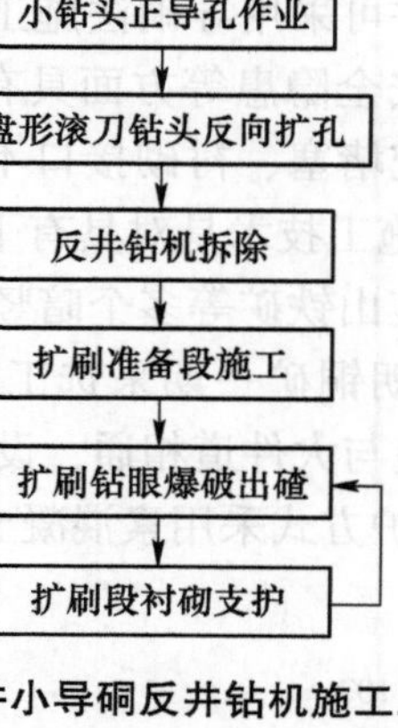

图1 暗竖井小导硐反井钻机施工工艺流程

2.1 小导硐反井钻机施工

（1）反井钻机安装准备。在进行反井钻机施工前，暗竖井的上部和下部联络道应已形成，并能方便提供固定电源供电及施工用水和压风，在暗竖井井口布置反井钻机主机位置浇筑混凝土基础，用43kg/m 钢轨直接铺设至井口上方的混凝土基础上，并在旁边搭设泵站和钻具存放场地，轨道下部布置循环池和循环泵等；反井钻机基本就位后，接通工作电源，启动钻机车；安装一台 15kW 通风机并用 ϕ600mm 的胶质风筒接至井口钻机位置进行通风，保证施工人员在良好的通风条件下工作。

（2）小钻头正导孔作业。在进行小钻头正导孔施工前，先开孔钻进，深度约为 5m；待开孔结束后拆去扶正器和开孔钻杆，采用带导向的综合式异径钻具，换上正常钻进的直径 244mm 小钻头；用钻机辅助设备连接钻杆，接好钻杆后，开启泥浆泵供洗井液和冷却用水，开始从上往下开孔钻进；直径244mm 小钻头正导孔开始钻进时采用高转速低钻压，动力水龙头的转速使用快速挡，钻压为 2~5MPa。

（3）盘形滚刀钻头反向扩孔。小钻头正导孔钻穿岩层后，暗竖井下出口位置用卸扣器将直径244mm 正导孔小钻头及其配套钻杆换下，用吊车或装载机将直径 1200mm 盘形滚刀钻头运至贯通的正导孔下方，将上下提吊块分别和盘形滚刀钻头、导孔钻杆固定；采用低钻压和低转速钻进，待盘形滚刀钻头全部钻进时再加压，当盘形滚刀钻头钻至距基础 1.4m 时，要降低钻压慢速钻进，慢慢地扩刷小导硐，直至盘形滚刀钻头露出地面。

（4）反井钻机拆除。反井钻机撤场时，除盘形滚刀钻头由暗竖井上部工作面撤场外，其余部件撤场方法与进场方案相同，但拆除步骤与安装步骤基本相反；盘形滚刀钻头不能直接提出井口，应将盘形滚刀钻头卡固在钢轨上、拆掉反井钻机的前后斜拉杆和各种油管，将主机车从钻架上拆掉，将钻架主机车和一些辅助设备拆下；将扩孔钻头吊装牢，并拆掉轨道，将盘形滚刀钻头提出孔外，运到井上，全部钻孔工作结束，并做好小导硐保护。

2.2 正向扩刷短掘短砌

（1）扩刷准备段施工。小导硐掘进完成以后，先从上往下掘进长度 5m 的暗竖井井筒为扩挖准备段，打眼过程中采用架管扣件将反井掘砌的小导硐封闭，确保施工安全；待该准备段井筒掘进完成后进行暗竖井井口段的支护，支护完成后，在暗竖井井口安装封口盘；进行简易井架和稳车等生产辅助系统的安装，井架采用 I25 工字钢制作，打地锚杆固定井架，人员及材料的提升采用直径 1.2m 吊罐；对生产系统进行安全调试，形成正常作业条件。

（2）扩刷钻眼爆破出碴。在小导硐与暗竖井设计断面周边间根据实际地质情况、扩挖厚度进行钻孔爆破，使用 4 台 YTP-26 手持式钻机打眼；安装一台 JTB-1.2 型绞车作为主提升，风水管通过稳车从暗竖井井口下放至工作面；打眼、装药、联线完成后，人员、设备撤出工作面，拆除吊篮并用钢丝绳上提至暗竖井井口；井筒内钢丝绳悬吊电缆放炮，采用 LR-Z 型发爆器井口远距离起爆磁电雷管爆破；爆破扩刷产生的矸石，自由掉落至暗竖井井底联络道，用铲车将矸石铲起倒入汽车车厢，再由汽车运至排矸场。

（3）扩刷段支护衬砌。支护前，对扩挖段围岩进行安全检查，敲帮问顶确保顶、边帮无松石浮石后，进行作业面风水管连接等工作；采用整体下滑金属模板，模板砌筑，模板高度 3m，砌筑段高 2.8m；稳模后，搭接部分套牢老模混凝土，在该搭接铁板高度内沿井筒周边均匀预留几个浇注漏斗，采用活动铁板封口，浇注满后将铁板合拢封口，确保接茬密实。

3 反井钻机快速施工关键技术

3.1 改进反井钻机实现小导硐施工

在云普朗铜矿进风暗竖井施工中，对 LM200 型反井钻机进行改进优化，将内圈扩孔盘刀适当外移并将盘形滚刀钻头由 ϕ1400mm 更换为 ϕ1200mm 以保证盘刀受力均匀及提高钻机扭矩，缩小导硐直径，大大加快了导硐贯通时间；同时采用合金稳定条加固扩孔中心管以防止钻头断裂，如图 2 所示，经过加固后的扩孔钻头在后期施工中基本不断裂，从而保证了施工进度，降低施工成本；另外，将原操作台配置 ϕ6mm 供油管和 ϕ10mm 回油管，改为 ϕ10m 供油管和 ϕ6 回油管后，供油量足，动作灵敏。为控制反井钻机钻孔偏斜，要保证安装质量，基础平整坚实，并把好换径关，换径时，采用带导向的综合式异径钻具；采用钟摆钻具、偏重钻铤等组合式钻具，增强钻具的稳定性和导正作用，从而提高了防斜能力。

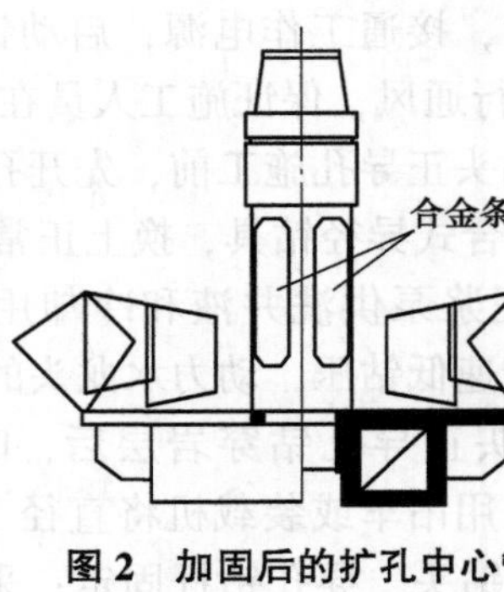

图 2 加固后的扩孔中心管

3.2 宽孔距小抵抗线毫秒光面爆破

暗竖井扩刷时，小导硐起溜井作用，导硐直径和爆碴块度匹配才能保证扩挖时顺利出碴，因导硐直径限制，控制爆破块度成为工艺的关键。有小导硐的暗竖井钻爆法由于不需要掏槽，开挖断面又比较大，有两个临空面，类似台阶爆破，爆破设计时借鉴台阶爆破法，采用宽孔距小抵抗线毫秒光面爆破，在保持炮孔负担面积不变的前提下，加大孔距、增大孔深、减小抵抗线，即增大密集系数的爆破技术，结合竖井扩挖钻孔爆破，保证了暗竖井扩挖爆破时小导硐不堵塞，井筒成形质量好，有效地提高了井筒掘进爆破效果。云南迪庆普朗铜矿溜破系统进风暗竖井爆破扩刷时，正常情况下炮孔深度为3m，炮孔利用率为 0.83，布置炮孔 3 圈（见图 3），爆破效果详见表 2。

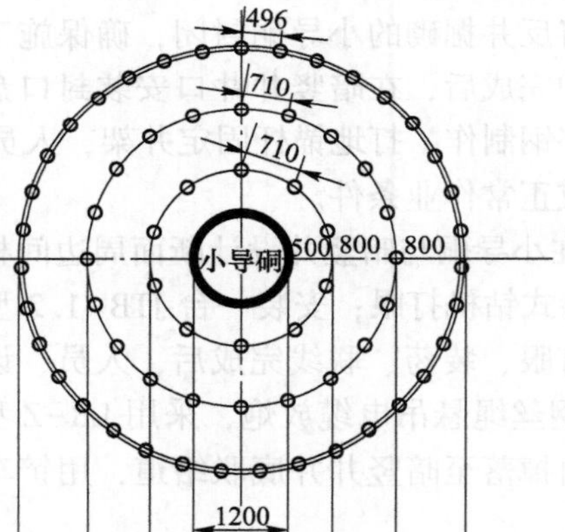

图 3 暗竖井扩刷井筒炮孔布置

表 2 爆破效果表

指标名称	数 量	指标名称	数 量
炮孔利用率	83%	单位体积炸药消耗	1.62kg/m^3
循环进尺	2.5m	单位体积雷管消耗	1.11 个/m^3
循环岩石实体	58.75m^3	单位进尺炸药消耗	38kg/m

续表 2

指标名称	数量	指标名称	数量
每循环炸药消耗量	95kg	单位进尺雷管消耗	26 个/m
每循环雷管消耗	65 个	单位原岩炮孔长度	2.49m/m^3

3.3 改进整体下滑金属模板

为实现暗竖井井筒砌壁的快速优质施工，将金属模板进行整体改进，采用的 MJY 型整体金属刃角下行模板的上口布置 8 根导向工字钢，施工中能方便脱立模，大大缩短立模时间；金属模板采用 10mm 厚钢板卷焊而成，以抵抗爆破冲击，整个钢模预留一条搭接缝，采用液压伸缩油缸调节模板的伸缩；为防液压伸缩油缸爆破时被砸坏，对支拆钢模的液压系统增设防爆装置，确保整体钢模的爆破冲击安全，降低维修成本，提高工作效率[5]，图 4 所示为钢模液压系统保护装置；砌壁时，采用浇筑口无缝搭接技术，搭接高度 200mm，使新、老之间接口不留缝隙。

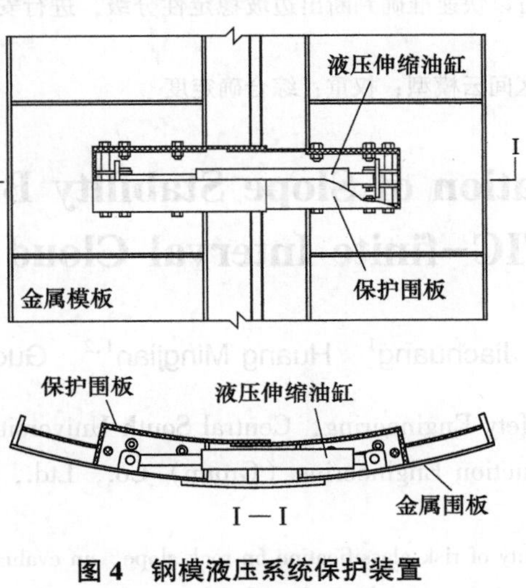

图 4 钢模液压系统保护装置

4 结论

暗竖井施工主要难点在于提升出碴、通风和排水，不但工程成本高而且存在较大的安全隐患，因此对于具有下部联络道的暗竖井可采用导硐法施工。暗竖井小导硐反井钻机施工技术通过改进施工设施设备并对其进行合理配套[6]，解决了暗竖井施工过程中反井导硐、扩刷爆破、砌壁等各项工作效率和施工速度问题，同时，依靠科学的组织管理和严密的安全措施，实现了矿山暗竖井安全优质条件下的快速施工。该技术适应当前矿山开采趋势，适用具有下部联络道的暗竖井在安全优质条件下施工，应用前景广阔，可带动暗竖井施工技术向前发展。

参考文献

[1] 张小荣．反井钻机与人工正向扩刷在煤仓施工中的应用［J］．煤炭技术，2016，35（12）：65-68.
[2] 张启文．利用反井钻机快速施工煤仓［J］．建井技术，2018，39（3）：7-9.
[3] 王彬彬．深竖井反井法先导孔快速施工技术研究［J］．铁道建筑技术，2017（3）：93-97.
[4] 杨致许．利用反井钻机施工进风井［J］．建井技术，2017，38（6）：13-16.
[5] 黄明健，王军华，谢海鹏．大红山铁矿箕斗竖井的快速施工技术［J］．采矿技术，2014，14（4）：47-50.
[6] 何端华，王祖辉．矿山方形井快速施工关键技术与安全管理［J］．采矿技术，2017，17（2）：40-42.

基于 CRITIC-有限区间云模型的边坡稳定性评价

王加闯[1]　黄明健[1,2]　过　江[1]

（1. 中南大学 资源与安全工程学院，湖南 长沙，410083；
2. 湖南涟邵建工(集团)有限责任公司，湖南 长沙，410011）

摘　要：针对岩质边坡危险性分级的不确定性，选取坡高、坡角岩体结构特征、岩石单轴抗压强度等 12 项定量评价指标构建评价体系。根据有限区间云模型的相关概念和计算模型，求出露天采场边坡实测数据的云模型特征参数，利用正向云发生器生成云滴图进行量性概念的转化，通过改进的 CRITIC 法确定指标权重，进而求出不同采场隶属于不同危险等级的综合隶属度，实现边坡稳定性等级的划分。研究结果表明：评价结果与实际相符，利用 CRITIC 算法求取的权重值，可以考虑各评价指标的综合信息量以及指标间的相关性系数，使评判结果更具有准确性；同时可以快速准确判断出边坡稳定性分级，进行安全预测，为评价边坡的稳定性提供了新思路。

关键词：边坡；CRITIC；有限区间云模型；权重；综合确定度

Evaluation of Slope Stability Based on CRITIC-finite Interval Cloud Model

Wang Jiachuang[1]　Huang Mingjian[1,2]　Guo Jiang[1]

（1. School of Resources & Safety Engineering，Central South University，Hunan Changsha，410083；
2. Hunan Lianshao Construction Engineering（Group）Co.，Ltd.，Hunan Changsha，410011）

Abstract：Aiming at the uncertainty of risk classification on rock slope，an evaluation system was constructed through selecting 12 quantitative evaluation indexes such as slope height，structure characteristics of slope angle rock，rock uniaxial compressive strength，etc. According to the relevant concepts and calculation models of finite interval cloud model，the characteristic parameters of cloud model based on the measured data of open-pit stope slope were obtained. The conversion of quantitative concepts was carried out by the cloud droplet graph generated using the normal cloud generator，and the index weights were determined through the improved CRITIC method，thus the comprehensive membership degree of different stopes attaching to different risk levels were calculated，so as to realize the division of slope stability levels. The results showed that the evaluation results were consistent with the actual situation. The weight values obtained by CRITIC algorithm can consider the comprehensive information amount of each evaluation index and the correlation coefficient between the indexes，which makes the judgment results more accurate，meanwhile，the slope stability classification can be judged quickly and accurately to conduct the safety prediction，which provides new ideas for evaluating the stability of slopes.

Keywords：slope；CRITIC；finite interval cloud model；weight；comprehensive certainty degree

近几年基建设施规模日益完善，边坡稳定性成为建设过程中比较重要的一环，其稳定性评价成为决定工程施工成败的重要因素。影响边坡稳定性的因素的不确定性、危险性等级分级标准的不确定性以及影响因子权系数求取的不确定性，这些使得边坡的稳定性等级分类和工程治理充满着不确定性。为此学界专家学者基于这种不确定性问题提出了多种理论来探讨边坡的稳定性。

基金项目：国家自然科学基金项目（51774321）。
原载于《中国安全生产科学技术》，2019，15（6）：113-119。

宋盛渊等人[1] 利用突变理论模型剖析了边坡系统的内在机制；胡军等人[2] 提出了 BP 神经网络的耦合模型；戴兴国[3]、闫长斌[4] 构建了边坡稳定性评价的距离判别赋权模型，弥补了马氏距离法忽略指标重要性存在差异的缺陷；杨文东等人[5] 根据指标隶属不同稳定性等级的特征建立了岩质边坡稳定性的云模型评估方法；赵军等人[6] 基于实际评价指标的综合信息量，提出基于改进的熵权计算权重方法的云模型评价模型。这些理论和模型在一定程度上完善了边坡稳定性的评价体系，但由于影响边坡稳定性因素的复杂性，仍难以克服自身存在的缺陷：突变理论模糊数学模型没有考虑指标权重，只是衡量了指标的相对重要性，仍然掺杂着人为主观性；可拓模型仍采用了主观赋值权重的方法，在计算过程中会忽略一些重要的约束条件；耦合的神经网络算法计算复杂，获取的样本代表性不强，拟合速度难以控制；距离判别赋权模型对样本数据依赖性强。

本文引用结合实际评价指标服从均匀分布和正态分布的有限区域云模型[7]。传统的云模型在边界为单边区间时即形如［0，C］或［C，∞）区间时，其边缘的指标分布仍如传统正态分布一样，这种理论下的模拟结果，往往会和实际情况存在偏差，因此引入了有限区间的云模型；运用 CRITIC 算法[8] 计算指标权重，可以考虑各指标间的相关性，使计算结果更具有准确性。

1 云模型理论

云模型是由李德毅等人[9] 提出的一种处理模糊问题的概念模型，其是从隶属度的角度出发处理数据的模糊性和随机性。现已应用于生产生活的多个领域，并取得了良好的效果[10,11]。

1.1 云的基本概念

云模型是利用 3 个数学符号表示的不确定关系，进而进行定性与定量转化的一种模糊模型[9]。传统的云模型通常处理的是指标分布近似趋于正态分布，但在工程实践中，传统的正态云模型很难正确的描述出模拟对象的特征，故本文采用经修改的有限区间下的云模型。

设 U 是一个精确数值表示的定量集合，其中，$U=\{x\}$，C 是 U 上的定性概念，若存在任意的定量元素，且 x 存在 1 个稳定倾向的随机数 $\mu(x)=(0,1)$ 在定性概念 C 上的 1 次随机实现，其中[12]：

$$\mu: U \to [0, 1],\ \forall x \in U,\ x \to \mu(x) \tag{1}$$

则 x 在集合 U 上的分布称为云，每 1 个点（x，$\mu(x)$）称为 1 个云滴。

1.2 数字特征

通常云模型概念的支撑，主要用 3 个基本云模型数字特征值加以表述，即期望 E_x、熵 E_n、超熵 H_e[9]。期望 E_x 代表了定性概念的中间位置，决定了云滴分布的位置；熵 E_n 表示在论域区间被定性概念表述的云滴的取值范围，反映了基本概念的模糊性和随机性；超熵 H_e，也就是熵的熵，表示熵的不确定性，在云图中，通常表示云的厚度，超熵越大，云越厚。

在边坡稳定性评价过程中，指标危险性等级的划分并没有统一标准，可以参考文献［13］，根据危险性等级的分布可知，存在量值区间形如［$C_{\min}^k$，+∞］和［0，$C_{\max}^k$］，此时的指标变量不再服从传统的云模型分布，所以 $\mu(x)$ 在边缘模糊区间应转变为确定度为 1 的均匀分布，通常用半升梯形云和半降梯形云描述。由无限区间正态密度函数的性质易证出有限区间［γ］阶正态密度函数与无限区间［γ］阶正态分布密度函数具有相同的方差和期望，可得出相应云特征参数的计算方程为[14]：

$$E_x^k = \frac{C_{\max}^k + C_{\min}^k}{2} \tag{2}$$

$$E_n^k = \frac{C_{\max}^k - C_{\min}^k}{2\sqrt{[\gamma]+3}} \tag{3}$$

$$H_e^k = \lambda E_n^k \tag{4}$$

式中，C_k 为 k 等级的半区间长度；$C_{\max}^k$ 与 $C_{\min}^k$ 分别为等级区间的上下界值；［γ］为有限区间内正态密度函数的阶数，取 γ 的最大整数；λ 为经验值，可根据指标变量的模糊阀度做适当调整，本文暂取

0.01。设指标界限值同属于2个等级的确定度为0.5，其正态分布函数阶数的算法记为：

$$[\gamma] = \frac{\lg 0.5}{\lg\left\{1 - \left[\frac{2(C^k - E_x^k)}{\xi_k}\right]^2\right\}} \tag{5}$$

式中，ξ_k 为等级区间 k 的端点值；当评价指标类型为指标值越大，等级区间增加时，则等级 k 的左、右半区间长度 ξ_k^l，ξ_k^r 为：

$$\xi_k^l = E_x^k - C_{\min}^{k-1} \tag{6}$$

$$\xi_k^r = C_{\max}^{k+1} - E_x^k \tag{7}$$

同理亦可求出指标值越大，等级区间越小型指标属于等级 k 的左、右半区间长度：

$$\xi_k^l = E_x^k - C_{\min}^{k+1} \tag{8}$$

$$\xi_k^r = C_{\max}^{k-1} - E_x^k \tag{9}$$

1.3 云发生器

正向云发生器是云模型从理论到实际应用的关键，是利用云特征参数 N（E_x，E_n，H_e）产生云滴即 P（x_i，μ_i）（i=1，2，3，…，n），进而将定性分析向定量计算的转化过程；以正向云发生器为载体，利用云模型特征参数，结合指标等级特征和想要生成的云滴数 N（本文取 N=5000），通过 Matlab 编程即可进行拟合。当指标处于两端等级云均值之间的区间里时，该数学概念模型可以有如下定义：设 U 是1个精确数值表示的定量集合，其中，$U=\{x\}$，C 是 U 上的定性概念，存在任意的定量元素 x，且 x 存在1个稳定倾向的随机数 $\mu(x)=[0，1]$ 在定性概念 C 上的1次随机实现。若 x 满足：$x \sim [E_x，E_n{}^2]$，x 服从在特定有限区间里的正态分布，即 x 对 C 的确定度满足：

$$\mu = \exp\left[\frac{-(x-E_x)^2}{2E_n'^2}\right] \tag{10}$$

当指标远离期望 E_x，此时 x 服从确定度为1的均匀分布。综上所述，x 服从的分布为式（11），本文 $k_{\max}=5$：

$$\begin{cases} \mu_A(x) = 1 & x \in (0,\ E_x^{K_{\min}}] \cup [E_x^{k_{\max}},\ C_{\max}^{K_{\max}}) \\ \mu_A(x) = \exp\left[\frac{-(x-E_x)^2}{2En'^2}\right] & x \in \text{其他} \end{cases} \tag{11}$$

式中，$E_x^{K_{\min}}$ 表示左边缘区间的期望值；$E_x^{k_{\max}}$ 表示右边缘区间的期望值；$C_{\max}^{K_{\max}}$ 表示右边缘区间的最大值。传统云模型与有限区间云模型如图1所示。图1中横坐标 X（x_1，x_2，…，x_n）为定性概念在论域中这一次对应的数值，纵坐标隶属度 $\mu(x_i)$ 为（x_{1i}，x_{2i}，…，x_{ni}）属于这个语言值的程度的量度，图1中的每个点 *drop*（x_{1i}，x_{2i}，…，x_{ni}，μ_i）为云滴，表示该云滴的语言值在数量上的一次具体实现。不同曲线分别代表不同的评价级等。

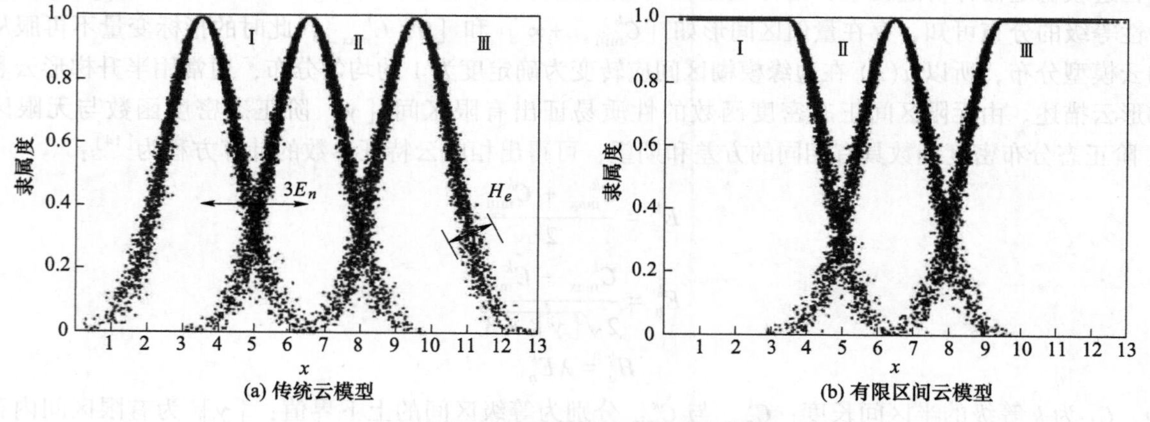

图1 传统云模型与有限区间云模型

Fig. 1 Traditional cloud model and finite interval cloud model

2 有限区域云模型和改进 CRITIC 法赋权模型的构建

所谓权重，是指在评价过程中，影响问题因素的重要程度，这种重要程度可以通过定性概念描述，也可以用定量数值表示。定性描述的权重充满着主观性，因此在实际生产中的指标权重，通常会用具体的算法表示。传统求权算法通常只考虑指标信息量大小忽略了指标的相关性，因此本文主要采用另一种客观赋权法—CRITIC 算法[8]。

2.1 边坡稳定性评价计算框架及流程

（1）根据众多学者和地质研究人员的边坡稳定性分析工作，建立滑坡评价指标的危险性等级划分标准；（2）求出分类指标的云特征参数利用云发生器绘制云滴图，生成云模型；（3）根据样本实测数据计算各指标对应的各级别确定度；（4）利用改进的 CRITIC 算法计算各指标权重；（5）计算综合权重值，按照最大隶属度原则确定边坡危险等级。

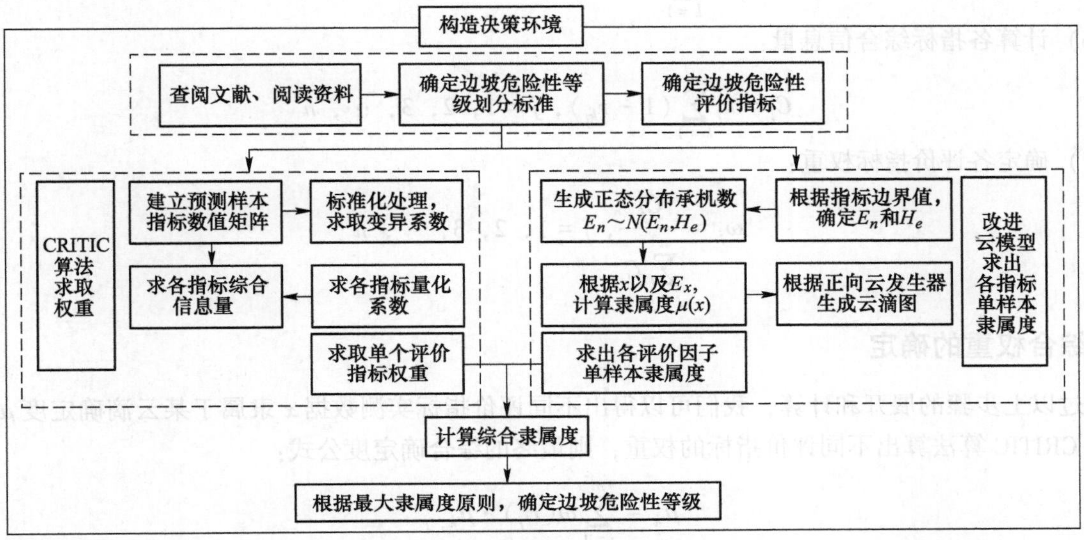

图 2 边坡稳定性评价流程

Fig. 2 Procedure of slope stability evaluation stability evaluation flow chart

2.2 CRITIC 法赋权算法

CRITIC 算法是由 Diakoulaki[15] 在 1995 年提出的一种客观赋值法。这种方法通常用以下 2 个量来反映：指标间的相关系数及指标内的变异大小。通常相关系数越大，指标间的冲突性越小，体现的信息量重复性越强，指标所占权重也就越小；指标内的变异大小，通常用指标变异性进行量化，用指标的标准差来衡量，标准差越大，对象之间的差异就越大，指标所占权重就越大。

基于以上 2 个量，不难看出，基于 CRITIC 算法所得到的权重大小，既考虑了评价指标间的相关性，又考虑了评价指标内的变异性，即体现的信息量，因此，优越于信息熵算法只考虑指标信息量大小，所得权重也更加准确、客观。设评价对象 m 个，评价指标 n 个，其主要步骤如下[9]：

（1）利用初始数据，建立预测样本指标数值矩阵：

$$\boldsymbol{X} = (x_{ij})_{m \times n} \tag{12}$$

式中，x_{ij} 为第 i 个评价对象第 j 个指标所对应的原始数值。

（2）根据 Z-score 方法，对式（12）矩阵 $\boldsymbol{X}$ 中的指标值进行标准化处理：

$$x_{ij}^* = \frac{x_{ij} - \overline{x_{ij}}}{s_j},\ i = 1,\ 2,\ \cdots,\ m;\ j = 1,\ 2,\ \cdots,\ n \tag{13}$$

根据该算法，上述公式中 2 个参数：

$$\overline{x_j} = \frac{1}{m}\sum_{i=1}^{m} x_{ij},\ s_j = \sqrt{\frac{1}{m-1}\sum_{i=1}^{m}(x_{ij} - \overline{x_j})} \tag{14}$$

式中，$\overline{x_j}$ 为第 j 个指标均值；s_j 为第 j 个指标的标准差。

（3）求指标的变异系数：

$$v_j = \frac{s_j}{\overline{x_j}},\ j = 1,\ 2,\ \cdots,\ n \tag{15}$$

式中，v_j 为第 j 个指标的变异系数。

（4）利用步骤 2）得到标准化矩阵 X^*，利用统计学概念计算相关系数，得到相关系数矩阵：

$$R = (r_{kl})_{n\times n},\ k = 1,\ 2,\ \cdots,\ n;\ l = 1,\ 2,\ \cdots,\ n \tag{16}$$

式中，r_{kl} 为第 K 个指标和第 l 个指标间的相关系数。

（5）求各指标表示独立性程度的概念—量化系数：

$$\eta_j = \sum_{k=1}^{n}(1 - r_{kj}),\ j = 1,\ 2,\ \cdots,\ n \tag{17}$$

（6）计算各指标综合信息量：

$$C_j = \nu_j \sum_{k=1}^{n}(1 - r_{kj}),\ j = 1,\ 2,\ 3,\ \cdots,\ n \tag{18}$$

（7）确定各评价指标权重：

$$\omega_j = \frac{C_j}{\sum_{j=1}^{n} C_j},\ j = 1,\ 2,\ 3,\ \cdots,\ n \tag{19}$$

2.3 综合权重的确定

经过以上步骤的展开和计算，我们可以得出不同评价指标实测数据 x 隶属于某云滴确定度 $\mu(x)$，再结合 CRITIC 算法算出不同评价指标的权重，则最终的综合确定度公式：

$$\mu_k = \sum_{j=1}^{m} \omega(E_j) \cdot \mu_{k,\ j} \tag{20}$$

式中，$\mu_{k,j}$ 为样本的第 j 个指标的实测值所在 k 的确定度；$\omega(E_j)$ 为样本第 j 个评价指标所占权重大小。

根据最终的综合确定度，按照最大隶属度原则，确定样本的隶属等级：

$$L = \max(\mu_1,\ \mu_2,\ \mu_3,\ \cdots,\ \mu_k) \tag{21}$$

3 工程实例

3.1 评价指标的选取

边坡的稳定性受自身的复杂特点和工程技术的影响，最主要的因素主要包括边坡所在位置的地质地貌、水文结构和外部环境如人类的生产活动、地质灾害、降水量等。到目前为止，决定边坡稳定性的因素，在学界和地质工程界并没有统一标准。根据建立的分级标准应满足代表性、关联性、易量化、易获取和存异性 5 个原则，参考相关文献［13］，特选定单轴抗压强度（R_c）X1、弹性模量（E_m）X2、泊松比（μ）X3、岩体结构特征（R_{QD}）X4、岩土黏聚力（C）X5、内摩擦角（φ）X6、日最大降雨量 X7、最大地应力 X8、地下水状态 X9、边坡高度 X10、边坡角 X11 和岩体声波速度 X12 为评价因子。

由于边坡稳定性影响因素的随机性和模糊性会随着时间和环境的变化而改变。分级标准的基础通常与岩质边坡的实际情况、不连续的地质情况有关。一般情况下，由于工程背景的不同，许多潜在因素也会对实际工况产生影响。结合文献［16］露天采场的实际情况，参照工程岩体分类标准将边坡分为 5 个等级，分别为极稳定（Ⅰ）、稳定（Ⅱ）、基本稳定（Ⅲ）、不稳定（Ⅳ）和极不稳定（Ⅴ）。具体指标的分类标准见表 1，边坡指标实测值见表 2。

表 1　单因素边坡稳定性评价指标

Table 1　Single factor evaluation indexes of slope stability

等级	X1/MPa	X2/GPa	X3	X4/%	X5/MPa	X6/(°)	X7/mm	X8/MPa	X9	X10/m	X11/(°)	X12/×10 cm · min^{-1}
Ⅰ	150~200	33~60	0~0.2	90~100	2.1~3	60~90	0~20	0~2	0~25	0~30	0~10	5~7.5
Ⅱ	125~150	20~33	0.2~0.5	75~90	1.5~2.1	50~60	20~40	2~8	25~50	30~45	10~20	4~5
Ⅲ	90~125	6~20	0.25~0.3	50~75	0.7~1.5	39~50	40~60	8~14	50~100	45~60	20~40	2.5~4
Ⅳ	40~90	1.3~6	0.3~0.35	30~50	0.2~0.7	27~39	60~100	14~20	100~125	60~80	40~60	2~2.5
Ⅴ	10~40	0~1.3	0.35~0.5	0~30	0.05~0.2	0~27	100~150	20~25	125~150	80~100	60~80	0~2

表 2　指标实测值

Table 2　Measured values of indexes

样本编号	X1/MPa	X2/GPa	X3	X4/%	X5/MPa	X6/(°)	X7/mm	X8/MPa	X9	X10/m	X11/(°)	X12/×10 cm · min^{-1}
1	52.6	2.3	0.27	90	17.8	31.8	6.06	6.18	10	48	60	3.7
2	53	2.0	0.21	85	17.8	35.6	6.06	8.73	10	67	44	3.789
3	61.6	1.9	0.18	90	23.1	24.6	6.06	9.05	9	76	38	3.847
4	60.04	1.9	0.19	92	23.1	24.6	6.06	10.18	9.5	45	54	3.896

3.2　云滴图的生成

根据有限区域云模型理论和分级标准，依据式（2）~式（9）确定云特征参数，生成云滴图如图 3 所示。横坐标表示评价指标，纵坐标表示不同取值的评价指标所确定的确定度，即隶属度。

根据 2.1 节的计算方法，利用改进的 CRITIC 算法进行计算，根据公式（14）可计算出各指标的均值和方差，同时利用式（15）求出变异系数，根据初始指标的实测值，计算出标准化后数据所对应的指标之间的相关系数，利用式（19）可求出各评价指标的权重，见表 3。

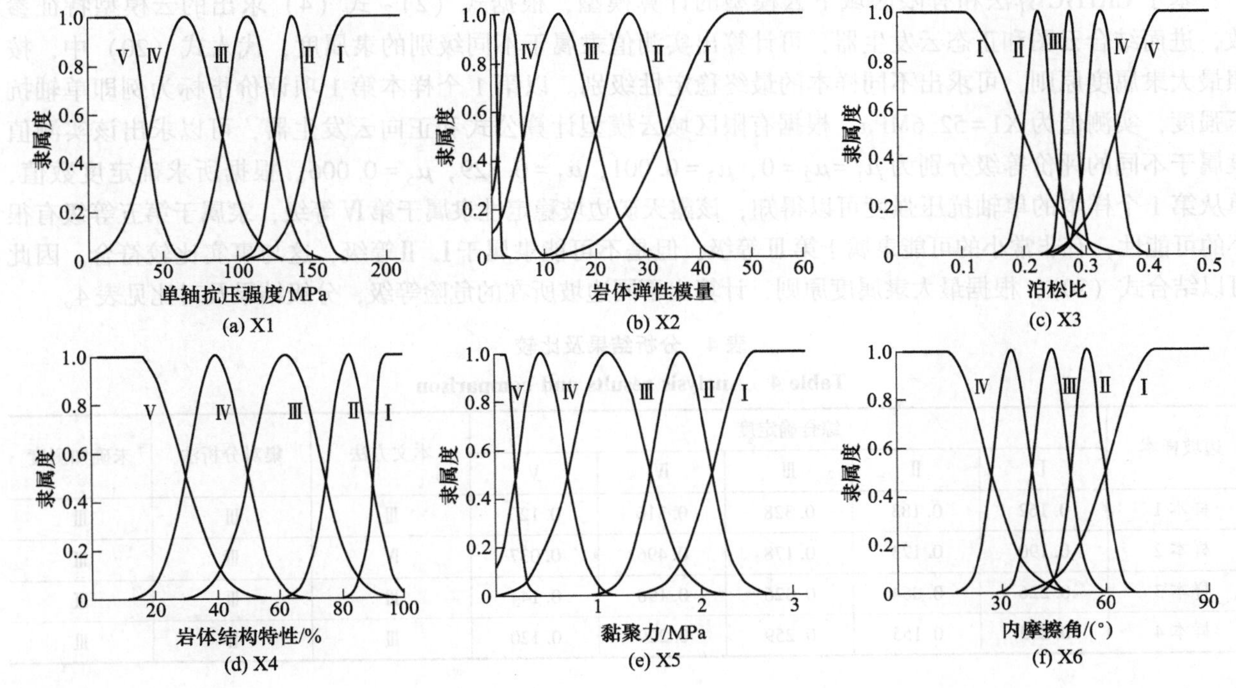

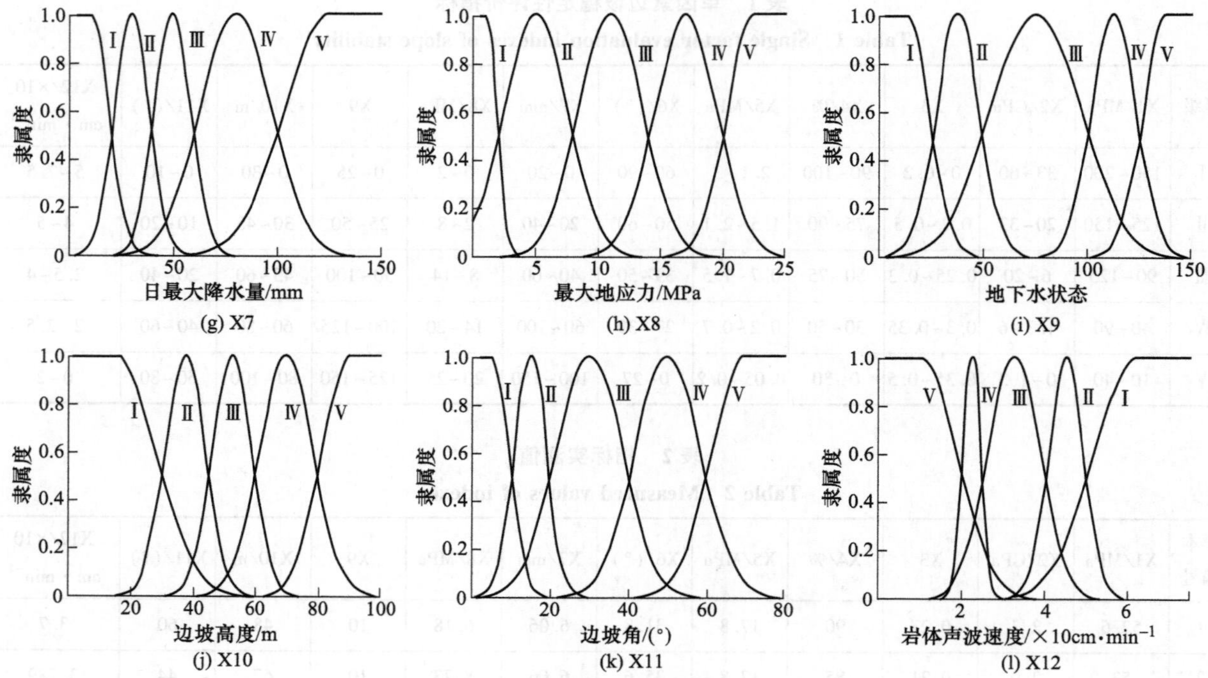

图3 评价指标隶属于各级别的云滴图

Fig. 3 Cloud droplet graph of evaluation indexes attaching to each level

表3 各评价指标权重

Table 3 Weights of each evaluation index

评价指标	X1/MPa	X2/GPa	X3	X4/%	X5/MPa	X6/(°)	X7/mm	X8/MPa	X9	X10/m	X11/(°)	X12/×10 cm · min^{-1}
指标权重	0.050	0.069	0.140	0.02	0.089	0.145	0.001	0.120	0.037	0.183	0.134	0.013

3.3 预测结果及分析

基于 CRITIC 算法和有限区域下云模型的计算模型，根据式（2）~式（4）求出的云模型特征参数，进而结合云图和正态云发生器，可计算出实测值隶属于不同级别的隶属度，代入式（20）中，按照最大隶属度原则，可求出不同样本的最终稳定性级别。以第 1 个样本第 1 项评价指标为例即单轴抗压强度，实测值为 X1=52.6MPa，根据有限区域云模型计算公式和正向云发生器，可以求出该实测值隶属于不同的评价等级分别为 $\mu_1=\mu_2=0$，$\mu_3=0.001$，$\mu_4=0.829$，$\mu_5=0.006$。根据所求确定度数值，单从第 1 个样本的单轴抗压强度可以得知，该露天矿边坡稳定性隶属于第Ⅳ等级，隶属于第五等级有很小的可能性，有非常小的可能隶属于第Ⅲ等级，但是不可能隶属于Ⅰ，Ⅱ等级，这与事实比较符合。因此可以结合式（20），根据最大隶属度原则，计算出不同边坡所在的危险等级，分级结果及对比见表 4。

表4 分析结果及比较

Table 4 Analysis results and comparison

边坡样本	综合确定度					本文方法	集对分析法	未确知测度
	Ⅰ	Ⅱ	Ⅲ	Ⅳ	Ⅴ			
样本 1	0.162	0.183	0.328	0.316	0.120	Ⅲ	Ⅲ	Ⅲ
样本 2	0.190	0.173	0.178	0.496	0.037	Ⅳ	Ⅲ	Ⅲ
样本 3	0.226	0.064	0.326	0.198	0.144	Ⅲ	Ⅲ	Ⅲ
样本 4	0.233	0.155	0.259	0.229	0.120	Ⅲ	Ⅱ	Ⅲ

根据最终权重结果和确定度分析，相对于其他方法[16]，基于 CRITIC 算法的有限区域云模型方法相对保守。样本 1，3，4 危险性等级处于第Ⅲ等级，即基本稳定状态，但是样本 1 和样本 4 对于等级Ⅳ有一定的倾向性，可以对边坡的治理和防护提供一定的参考；样本 2 根据最大隶属度原则，该样本危险性处在第Ⅳ等级，即不稳定状态，根据实测数据可知，相对于其他样本，样本 2 的 X6（内摩擦角）因素较大，而且根据权重计算，该影响因素所占权重较大，因此对边坡的稳定性有一定的影响。对于不稳定样本和有不稳定倾向的样本应该采取一定的防护措施，如使用锚索和喷射混凝土加以牢固，或者利用网格梁支护等措施进行处理，做好边坡稳定性工作的预防工作，防止发生危险事故。

4 结论

（1）利用 CRITIC 算法计算权重，选取某铜矿山露天边坡，经对实测数据关联度的计算，提高了评价指标权重的准确性。根据最终评价结果分析，利用该算法不仅可以进行安全现状评价，也可以在得到危险性等级的同时，了解样本危险性等级的倾向性，达到安全预测的目的。

（2）针对边坡稳定性评价的不确定性，选取某铜矿山露天边矿的 4 个剖面，着重选取了 12 个影响边坡稳定性的不安全因素（评价指标），使得评价结果更为合理，评价指标体系更加完善，提高了评价的可信度。

（3）根据传统正态云模型，结合改进的有限区域云模型，使评价指标的隶属度更加合理准确，弥补了传统模型下理论分布与实际部分不符的情况，摆脱了传统理论模型下模拟结果可能超出实际范围的风险；同时结合 CRITIC 求权算法，使得模拟结果与实际情况更加符合。结合多种分析方法可知，该方法预测结果相对准确，对分析露天矿边坡稳定性问题提供了可行的定量分析方法。

参考文献

[1] 宋盛渊，王清，潘玉珍，等. 基于突变理论的滑坡危险性评价 [J]. 岩土力学，2014，35（S2）：422-428.
Song Shengyuan，Wang Qing，Pan Yuzhen，et al. Evaluation of landslide susceptibility degree based on catastrophe theory [J]. Rock and Soil Mechanics，2014，35（S2）：422-428.

[2] 胡军，董建华，王凯凯，等. 边坡稳定性的 CPSO-BP 模型研究 [J]. 岩土力学，2016，34（S）：577-582.
Hu Jun，Dong Jianhua，Wang Kaikai，et al. Research on CPSO-BP model of slope stability [J]. Rock and Soil Mechanics，2016，34（S）：577-582.

[3] 戴兴国，张彪，闫泽正. 有限云模型和距离判别法在边坡稳定性评价中的应用 [J]. 铁道科学与工程学报 [J]，2018，15（1）：71-78.
Dai Xingguo，Zhang Biao，Yan Zezheng. Application of finite cloud model and distance discrimination inslope stability evaluation [J]. Journal of Railway Science and Engineering，2018，15（1）：71-78.

[4] 闫长斌. 边坡稳定性预测的粗糙集-距离判别模型及其应用 [J]. 工程地质学报，2016，24（2）：204-210.
Yan Changbin. Rough set-distance discriminant analysis model of slopestability predictionandits application [J]. Journal of Engineering Geology，2016，24（2）：204-210.

[5] 杨文东，杨栋，谢全敏. 基于云模型的边坡风险评估方法及其应用 [J]. 华中科技大学学报（自然科学版），2018，46（4）：30-34.
Yang Wendong，Yang Dong，Xie Quanmin. Study on slope risk assessment method based on cloud model and its application [J]. Journal of Huazhong University of Science and Technology（Natural Science Edition），2018，46（4）：30-34.

[6] 赵军，宋扬. 改进熵权-正态云模型在边坡稳定性评价中的应用 [J]. 水电能源科学，2016，34（4）：120-122，165.
Zhao Jun，Song Yang. Slope stability evaluation based on improved entropy weight-cloud model [J]. Water Resources and Power：2016，34（4）：120-122，165.

[7] 张彪，戴兴国. 基于有限区间云模型和距离判别赋权的岩体质量分类模型 [J]. 水文地质工程地质，2017，44（5）：150-157.
Zhang Biao，Dai Xingguo. A classification model of rock mass based on finite interval cloud model and distance discrimination [J]. Hydrogeology and Engineering Geology，2017，44（5）：150-157.

[8] 过江，张为星，赵岩. 岩爆预测的多维云模型综合评判方法 [J]. 岩石力学与工程学报，2018，37（5）：1199-1206.

Guo Jiang，Zhang Weixing，Zhao Yan. A multidimensional cloud model for rockburst prediction [J]. Chinese Journal of Rock Mechanics and Engineering，2018，37（5）：1199-1206.

[9] 李德毅，孟海军，史雪梅. 隶属云和隶属云发生器 [J]. 计算机研究与发展，1995（6）：15-20.

Li Deyi，Meng Haijun，Shi Xuemei. Subordinate clouds and affiliated cloud generators [J]. Journal of Computer Research and Development，1995（6）：15-20.

[10] 关晓吉. 基于可拓联系云模型的隧道塌方风险等级评价方法 [J]. 中国安全生产科学技术，2018，14（11）：186-192.

Guan Xiaoji. Evaluation method on risk grade of tunnel collapse based on extension connection cloud model [J]. Journal of Safety Science and Technology，2018，14（11）：186-192.

[11] 李志超，周科平，林允. 基于 RS-云模型的硫化矿石自燃倾向性综合评价 [J]. 中国安全生产科学技术，2017，13（9）：126-131.

Li Zhichao，Zhou Keping，Lin Yun. Comprehensive evaluation on spontaneous combustion tendency of sulfide ore based on RS-cloud model [J]. Journal of Safety Science and Technology，2017，13（9）：126-131.

[12] Li D Y，Han J W，Shi X M，Knowledge represen-tation and discovery based on liguistic atoms [J]. Knowledge-based System，1998（10）：431-440.

[13] 王新民，康虔，秦健春，等. 层次分析法-可拓学模型在岩质边坡稳定性安全评价中的应用 [J]. 中南大学学报（自然科学版），2013，44（6）：2455-2462.

Wang Xinmin，Kang Qian，Qin Jianchun，et al. Application of AHP-extenics model to safety evaluation of rock slope stability [J]. Journal of Central South University（Science and Technology），2013，44（6）：2455-2462.

[14] 汪明武，朱宇，李亚峰，等. 基于非对称联系云的边坡稳定性评价 [J]. 山地学报，2017，35（3）：340-345.

Wang Mingwu，Zhu Yu，Li Yafeng，et al. An asymmetric connection cloud model for the evaluation of slope stability [J]. Mountain Research，2017，35（3）：340-345.

[15] DIAKOULAKI D，MAVROTAS G，PAPAYANNAKIS L. Determining objective weights in multiple criteria problems，the critic method [J]. Computers and Operations Research，1995，22（7）：763-770.

[16] 黄丹，史秀志，邱贤阳，等. 基于多层次未确知测度-集对分析的岩质边坡稳定性分级体系 [J]. 中南大学学报（自然科学版），2017，48（4）：1057-1064.

Huang Dan，Shi Xiuzhi，Qiu Xianyang，et al. Stability gradation of rock slopes based on multilevel uncertainty measure-set pair analysis theory [J]. Journal of Central South University（Science and Technology），2017，48（4）：1057-1064.

高天井一次成井技术及工程应用

闫小兵

（湖南涟邵建设工程（集团）有限责任公司，湖南 长沙，410000）

摘　要：坚硬岩层中施工切割天井多采用普通法或吊罐法，其施工速度及安全性问题长期以来难以得到有效解决。针对高天井成井技术的难题，提出了高天井一次成井技术，并应用于会宝岭铁矿，成功实现了会宝岭铁矿 70m 高矿房切割天井施工，施工速度是原施工方法的 17.5 倍，而费用仅约为原施工方法的 70%，可在类似工程中推广应用。

关键词：高天井；一次成井；安全高效

Technology of High Raise Construction by One Blasting and Its Application

Yan Xiaobing

（Hunan Lianshao Construction Engineering（Group）Co., Ltd., Hunan Changsha, 410000）

Abstract: It usually applies the conventional method or the cage lift method for driving raises in the hard rock stratum, but the construction speed and safety problems are difficult to be solved for a long time. Aiming at the problems of high raise driving technology, the paper proposes the one-time blasting technology and it is applied in Huibaoling Iron Mine. The operation of the 70 m high room cutting raise is successful. The construction speed is 17.5 times of the original construction method, and the cost is only about 70% of the original. The technology could be popularized and applied in similar projects.

Keywords: high raise; driving by one blasting; safe and effective

切割天井施工是切割槽爆破过程中的一道非常重要工序，施工比较困难，且作业环境恶劣，是矿山生产过程中的难题[1]。切割天井的施工作业主要根据现场条件、所采用的采矿方法、矿山机械化程度、采矿装备水平及矿山的产量等要素共同确定，综合考虑各种因素，选取技术上便于实施、安全性能较高、经济上较为合理、施工工期较短且对采矿生产影响较小的方法。

目前对于切割天井的施工一般采用普通法或吊罐法[2-8]。当采用吊罐法进行切割天井施工时，一般采用水平吊罐法[9]，采用该方法开展切割天井施工时，施工过程中需要不断将施工设备搬运至切割水平面，其施工十分复杂，并且劳动强度极大，上水平施工时，通风比较困难，存在较大的施工安全隐患，同时，施工出渣较为困难，需通过漏斗运出。当采用普通法施工掘进天井时[10]，该方法劳动强度较大，作业安全不能得到很好的保证，作业工期较长，总体施工成本较高，不利于矿区的生产衔接，严重影响井下高效采矿。因此在生产实际应用中需要结合矿井的具体情况，采用符合实际情况的切割天井施工方法。

会宝岭铁矿主要采用阶段矿房大矿段深孔落矿嗣后充填高效采矿法（FCM 法）进行采矿。FCM 法采矿阶段高度 70m，采用中深孔与大孔径深孔组合一次性回采全阶段矿石，此方法要求切割天井同样为矿房高度 70m，高天井安全施工是一项重大技术难题。现阶段会宝岭铁矿切割天井的施工方法主要为吊罐法，此方法施工切割天井受限因素多，施工进度慢，安全性低，且安全监管难度大，因此会宝

原载于《采矿技术》，2019，19（4）：43-45。

岭铁矿一直在寻求一种安全高效的高切割天井施工方法。相对于一次成井技术，反井钻机技术施工出的天井断面较小，仍旧需要人员进入天井进行扩刷作业，安全问题没能得到彻底解决，而一次成井技术可解决高天井施工中的各类问题。

1 工程概况

会宝岭铁矿 13127 矿房高度 70m，切割天井布置于矿房的西南侧，断面 3m×3m，高 66m，采用高天井一次成井法施工。13127 矿房矿体呈陡倾斜的层状、似层状，产于山草峪组变质地层中，含矿岩石为条带状磁铁角闪石英岩、磁铁石英角闪岩等，粒状变晶结构，条带状构造。矿体稳定，连续性好，较完整，裂隙不甚发育，物理力学强度高，饱和单轴抗压强度 112～229MPa，抗剪强度 24.4～17.0MPa，为极坚硬岩类。矿体 TFe 品位 31.36%，MFe15.9%。矿石中主要铁矿物为磁铁矿，矿石结构构造以条纹条带状为主，少量致密块状构造。矿石的自然类型按主要铁矿物划分属磁铁矿石。主要分布于角闪石或石英晶粒之间，少量分布于角闪石之内或其边缘。钢灰色、灰黑色，他形-半自形粒状，粒径 0.01～1.0mm，个别可达 4mm，集合体呈浸染状、团粒状、条带状、薄层状，部分颗粒长轴方向与条带一致，个别颗粒被压扁拉长。13127 矿房矿体平均倾角为 82°。

2 高天井一次成井技术实施方案

2.1 工艺原理

一次成井技术按成井爆破次数分为一次爆破成井和分层爆破成井，按使用药包类型分为平行空孔掏槽爆破成井和球状药包爆破成井[2]。分层爆破成井按一次成井高度 10m 为界分为高分层爆破成井和低分层爆破成井。本文高天井一次成井施工方案为平行空孔掏槽分层爆破成井，爆破顺序由下往上逐层爆破。在天井施工过程中，首先在天井上口位置安装钻机钻凿炮孔，所有炮孔一次钻凿完成；炮孔钻凿完成后从炮孔的上口进行装药爆破作业，爆破分层进行，直至将天井全部爆破完成；爆渣从天井下口位置采用铲运设备运出，以确保高天井内不存渣，爆破时有足够的补偿空间。在整个施工过程中，无需施工人员进入高天井内部，从根本上解决了人员进入高天井内施工时坠落、窒息、浮石伤人等安全问题。

2.2 爆破炮孔参数确定

高天井一次成井技术中爆破炮孔参数是关键。13127 矿房切割天井高 66m，炮孔布置时必须考虑钻机施工炮孔的精度，加大炮孔直径才能拉远炮孔间距为钻机施工提供有利条件。本方案为矿房内拉槽切割天井，以切割槽宽度为基准切割天井布置为方形，在现场施工中，以井筒形状需求为准可适当调整周边孔位置以控制井筒形状。

会宝岭铁矿 FCM 法采矿深孔直径为 165mm，为了利用现有施工设备，高切割天井的炮孔直径定为 165mm，以有利钻孔施工原则，确定加大补偿孔的直径，补偿孔直径为 300mm。炮孔施工采用 CK-150 潜孔钻机，直径 165mm 的炮孔施工速度约为 40m/(台·班)。直径 300mm 的炮孔先施工 165mm 的炮孔，然后换用 300mm 的钻头进行扩孔。高切割天井炮孔采用螺旋掏槽方式布置，共计施工 9 个孔，方形天井炮孔布置如图 1 所示。

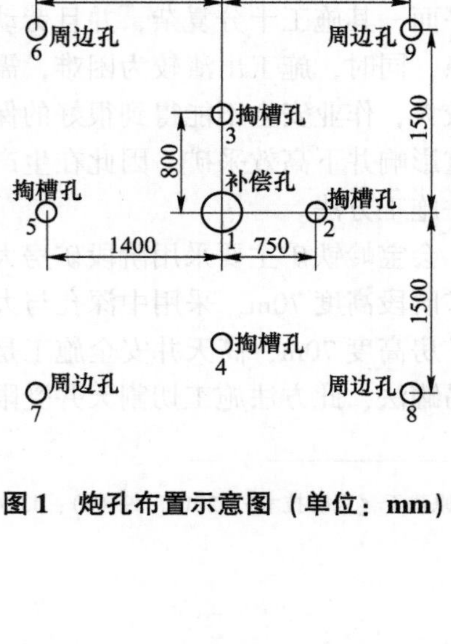

图 1 炮孔布置示意图（单位：mm）

由图 1 计算 2 号孔的补偿系数为：

$$K = (V_0 + V_1)/V_0 = 1.7 \tag{1}$$

式中，K 为补偿系数；V_0 为待爆岩体体积；V_1 为补偿空间。

同理计算其余各孔的补偿系数，验算可知炮孔布置满足补偿空间要求，炮孔布置合理。

2.3 爆破施工作业

依据在相同岩层条件下的矿房深孔爆破实践经验，该高天井爆破装药形式采用不耦合连续装药。装药时先将炮孔下口封堵严实，再装入直径100mm的药包,使用导爆索全程穿过药包,将导爆索引出孔口,药包装好后对炮孔进行堵塞。待全部炮孔装药完成后,使用导爆管雷管连接导爆索形成起爆网路。

（1）高天井炮孔下口堵塞。高天井炮孔下口堵塞有木楔法、木塞法、托盘法等多种形式，但操作过程均较复杂，适用条件有一定局限性。本着操作简便、成本低廉的原则，使用了混凝土吊盘法。首先在炮孔装药前制作混凝土吊盘，混凝土吊盘直径应略小于炮孔直径，以便吊入孔内，制作好的混凝土吊盘待其凝固后备用。装药时使用铁丝将混凝土吊盘放至孔底，然后就地取材，将钻孔作业时产生的矿粉直接装入炮孔，堵塞至设计高度。下口堵塞高度一般不超过炮孔最小抵抗线，可有效防止爆破过程中岩体内部爆碎而下自由面岩体不抛出的问题。

（2）装药。爆破使用2号岩石乳化炸药，将导爆索绑扎在直径100mm的药包上，随药包放入炮孔内，每次爆破时将药包从孔口放入，使用吊绳依次将药包吊装至孔底，达到设计装药高度时停止装药，每次爆破装药高度约5m。

（3）高天井炮孔上口堵塞。装药完成后，按爆破设计将矿粉装入炮孔，堵塞至设计高度，炮孔上口堵塞高度一般略大于炮孔最小抵抗线，以防止爆破时将装药部位以上炮孔破坏，影响后续爆破。炮孔装填过程中将混凝土吊盘铁丝、药包吊绳、导爆索等固定在孔口横杆上，防止坠入孔内。装药结构如图2所示。

（4）联线起爆。所有分层炮孔装填完成后，使用延期时间为半秒的导爆管雷管联接孔口的导爆索，组成起爆网路，远程起爆。

（5）爆破效果。每次爆破分层装药高度为5.5m（含堵塞段），经爆破后实测进尺平均能达到5.2m。爆破后切割天井周边平滑，切割天井成形良好。

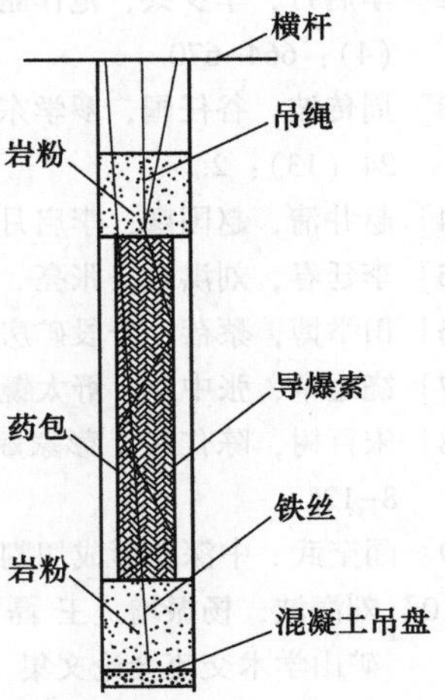

图2　装药结构示意图及装药现场

3　安全经济效益分析

3.1　安全性分析

普通法、吊罐法施工天井，人员进入高天井后将面临中毒窒息、片帮冒顶、坠罐等多重危险，安全管控难度大，难以从本质上实现安全生产。高天井一次成井技术施工天井过程，全程无需人员进入天井内部，可从根本上解决普通法施工天井的安全问题。

3.2　施工速度分析

高天井一次成井技术施工工期短，与普通法施工天井普遍采用单班作业制相比，其每天一个作业循环，进尺2m，施工一条70m的天井至少需要35d。但采用高天井一次成井技术施工，共需要钻孔10个（钻孔9个，扩孔1个），合计钻孔长度700m，钻孔施工时间为6d，爆破作业时间为14d，天井施工总时间为20d。

由此对比可知一次成井法施工天井的速度为普通法的1.75倍。

3.3　经济性分析

高天井一次成井法与普通法施工天井相比，后者单价约为800元/m^3，施工一条断面为3m×3m，高70m的天井费用共计50万元。而高天井一次成井法施工天井钻孔费用约为10万元，人工费为1.5万元，火工品费用为23万元，施工同样规格的天井总费用约为34.5万元。高天井一次成井技术施工天井的费用约为普通法的70%。

4 结论

高天井一次成井技术在FCM会宝岭铁矿的成功应用表明，该技术安全、经济、高效，具有较大的社会经济效益，该技术可为国内外类似的工况施工提供技术支撑，可在类似的天井、溜井施工中推广应用。

参考文献

[1] 罗佳，詹进，林卫星，等．李楼铁矿切割天井形成方案试验研究［J］．有色金属（矿山部分），2016，68（2）：69-72.

[2] 李启月，李夕兵，范作鹏，等．深孔爆破一次成井技术与应用实例分析［J］．岩石力学与工程学报，2013，32（4）：664-670.

[3] 周传波，谷任国，罗学东．坚硬岩石一次爆破成井掏槽方式的数值模拟研究［J］．岩石力学与工程学报，2005，24（13）：2.

[4] 赵井清，赵国彦，李启月，等．基于深孔预裂的球状药包爆破一次成井技术［J］．爆破，2013，30（3）：49-53.

[5] 李廷春，刘洪强，张亮．超深孔一次和分段爆破成井技术试验［J］．爆破，2012，29（3）：61-64.

[6] 田举博，蔡蓓．分段矿房嗣后充填法在李楼铁矿的应用［J］．金属矿山，2012（6）：19-21.

[7] 饶运章，张中亚，舒太镜，等．会宝岭铁矿全尾砂废石复合充填体沉降试验［J］．金属矿山，2015（11）：37-41.

[8] 宋百树，陈仁敏，彭家斌，等．萨热克铜矿分段空场嗣后充填采场结构参数优化［J］．现代矿业，2016（1）：8-12.

[9] 闻奎武．中深孔形成切割天井的设想［J］．有色矿冶，2002，18（1）：12-15.

[10] 刘海波，杨振增，王磊，等．浅析普通法天井施工方法［C］//鲁冀晋琼粤川辽七省金属（冶金）学会第十九届矿山学术交流会论文集（采矿技术卷），济南，2012.

基于岩体波速和Hoek-Brown准则的初始地应力场参数计算模型研究

欧　哲[1]　杨家富[2]　王　铁[2]　张光权[1]　邹　明[1]

(1. 宏大国源(芜湖)资源环境治理有限公司，安徽 芜湖，241200；
2. 广东宏大爆破股份有限公司，广东 广州，510623)

摘　要： 在初始地应力场参数计算中引入岩体波速，通过基于岩体波速的Hoek-Brown准则建立初始地应力场中水平地应力 σ_H 的取值范围 $\Delta\sigma_H$ 计算模型，并通过实测地应力数据验证了 $\Delta\sigma_H$ 计算模型的合理性。在 $\Delta\sigma_H$ 计算模型的基础上，推导出了 σ_H/σ_V（水平地应力/垂直地应力）的取值范围 $\Delta(\sigma_H/\sigma_V)$ 计算模型，并通过 $\Delta(\sigma_H/\sigma_V)$ 计算模型从岩体稳定性的角度对 σ_H/σ_V 在地壳表面和深部的分布现象进行合理解释。通过 $\Delta(\sigma_H/\sigma_V)$ 计算模型给出的 σ_H/σ_V 的取值下限 $(\sigma_H/\sigma_V)_{min}$ 和取值上限 $(\sigma_H/\sigma_V)_{max}$ 算出侧压系数 λ，并给出了侧压系数 λ 与深度 h 之间的函数关系 $\lambda=ah^b+1$。

关键词： 岩体波速；Hoek-Brown准则；初始地应力场；水平地应力；侧压系数；非线性函数关系

Study on Parameter Calculation Model of Initial Ground Stress Fields Based on the Wave Velocity of a Rock Mass and the Hoek-Brown Criterion

Ou Zhe[1]　Yang Jiafu[2]　Wang Tie[2]　Zhang Guangquan[1]　Zou Ming[1]

(1. Hongda Guoyuan (Wuhu) Resources and Environment Management Ltd., Anhui Wuhu, 241200;
2. Guangdong Hongda Blasting Co., Ltd., Guangdong Guangzhou, 510623)

Abstract: The wave velocity of a rock mass and the Hoek-Brown criterion are introduced to enable the building of a calculation model of the range of values of horizontal geostresses (σ_H) in an initial ground stress field. The rationality of this calculation model is evaluated by the measured geostress data. Based on the $\Delta\sigma_H$ calculation model, a $\Delta(\sigma_H/\sigma_V)$ calculation model of the values range of the ratio of the horizontal and vertical geostresses (σ_H/σ_V) is deduced; this model is then used to provide a reasonable explanation of the σ_H/σ_V distribution of phenomenon in the surface and deep of earth's crust is given from the perspective of rock mass stability. The coefficient of horizontal pressure (λ) is calculated via the lower ($(\sigma_H/\sigma_V)_{min}$) and upper ($(\sigma_H/\sigma_V)_{max}$) limits of σ_H/σ_V, which is given by the $\Delta(\sigma_H/\sigma_V)$, and comparative analysis of the calculated and measured values of λ is performed. Results show that the calculated and measured λ present consistent characteristics in a shallow rock mass but significant differences in a deep rock mass. Thus, the $\Delta(\sigma_H/\sigma_V)$ calculation model is applicable to λ calculations in shallow rock mass engineering. The calculated λ presents obvious nonlinear variation features along the depth (h) direction, and the functional relationship $\lambda=ah^b+1$ between λ and h is given by setting up appropriate boundary conditions; this functional relationship is confirmed by curve fitting. The fitting results show a very high fitting correlation coefficient for $\lambda=ah^b+1$, which means it can describe the functional relationship between λ and h well. This functional relationship can be used for initial geostress field evaluations and provides the necessary initial geostress field conditions for simulating deformation and failure of excavated rock masses.

Keywords: rock mass wave velocity; Hoek-Brown criterion; initial ground stress field; horizontal geostress; coefficient of horizontal pressure; nonlinear function relation

---

原载于《地震工程学报》，2017，39 (3)：488-495。

地应力是引起矿山、水利水电、土木建筑和各种地下或露天岩土开挖工程变形和破坏的根本作用力。构造应力场和自重应力场是现今地应力场的主要组成部分[1]。岩体初始地应力场则是指在没有进行任何地面或地下工程之前，天然岩体中各个位置及各个方向存在的应力空间分布状态，它在地质年代上是随着时间和空间而不断变化的非稳定场，但相对于工程建设而言，完全可以把它看成是一个相对稳定的应力场[2]。

在实测地应力基础上加以反演分析[3-10]是提供初始地应力场最常用的方法，但由于地应力测量成本较高，且对场地要求较严格，在工程地质条件较为复杂的场地常遇到地应力测量数据稀少，甚至无法测得有效数据的情况，导致难以反演分析出合理的初始地应力场。当地应力测量遇到阻碍时，可采用估算的方法来评估初始地应力场。地应力可分解成垂直地应力和水平地应力，在工程岩体开挖前地形较为平缓的情况下，垂直地应力可以通过岩体平均重度乘以岩体深度来估算[11]，而水平地应力则很难通过类似的方法估算出来[12,13]。因此合理估算出水平地应力的大小是完成初始地应力场评估的关键所在。

岩体波速与地应力相比有着测量成本低、测量成功率高、场地适应性强等诸多优势，本文通过对基于岩体波速的 Hoek-Brown 准则[15]的研究，根据该准则给出的岩体稳定性条件建立初始地应力场中水平地应力 σ_H 取值范围的计算模型，并通过实测的水平地应力 σ_H 验证了计算模型的合理性。由 σ_H 的取值范围，推导出了水平地应力与垂直地应力之比 σ_H/σ_V 的取值范围，并据此从岩体稳定性的角度对 σ_H/σ_V 在地壳表面和深部的分布现象进行合理解释。通过 σ_H/σ_V 的取值范围计算出侧压系数 λ，并给出其和深度 h 之间的函数关系，为初始地应力场评估提供依据。

1 基于岩体波速的Hoek-Brown 准则

1.1 广义 Hoek-Brown 准则

Hoek 和 Brown 于 1980 年提出了节理岩体强度经验公式——Hoek-Brown 准则[16]，并得到了极为广泛的应用，已形成了确定节理岩体强度参数的一个通用方法。广义 Hoek-Brown 准则是 E. Hoek 等[17]针对最初的强度准则在实际应用过程中出现的问题进行的修正，具体表达式如下：

$$\sigma_1 = \sigma_3 + \sigma_c\left(m_b\frac{\sigma_3}{\sigma_c} + s\right)^a \tag{1}$$

式中，σ_1、σ_3 分别为岩体破坏时的最大和最小主应力；σ_c 为岩石单轴抗压强度；m_b、s 均为与岩体特性有关的材料参数；a 为表征节理岩体的常数。估算 m_b、s 和 a 三个参数的计算公式[17]为：

$$\left.\begin{aligned} m_b &= m_i\exp\left(\frac{GSI-100}{28-14D}\right)\\ s &= \exp\left(\frac{GSI-100}{9-3D}\right)\\ a &= \frac{1}{2}+\frac{1}{6}\left(e^{\frac{-GSI}{15}}-e^{-\frac{20}{3}}\right)\end{aligned}\right\} \tag{2}$$

式中，m_i 为完整岩石经验常数，与岩石类型有关，主要反映岩石的软硬程度，可通过查表取值[18]，岩石越硬取值越大；地质强度指标 GSI 的确定主要受岩体的岩性、结构和不连续面等条件的控制，是通过对路堑、洞脸及钻孔岩芯等表面开挖或暴露的岩体进行肉眼观察来描述和评价，再通过查表取值[19]；D 为岩体扰动参数，它的取值范围从未扰动岩体的 $D=0$ 至强扰动岩体的 $D=1$[17]。

1.2 基于岩体波速的 Hoek-Brown 准则

在用 Hoek-Brown 准则解决相关岩体工程问题的过程中，准确地给出待定参数 m_b、s 和 a 的取值是其中一项重要的环节。由式（2）可知，只要给出 GSI 值和 D 值，以上3个待定参数即可确定。夏开宗等[15]分析了已有的 GSI 值和 D 值量化方法的利弊，在 Barton、E. Hoek 等研究成果的基础上，建立了岩体波速与 GSI 值和 D 值之间的关系式：

$$GSI = 15V_{ud} - 7.5 \tag{3}$$

$$D = 2\left[1 - \frac{10^{(V_{ud}-3.5)/3}}{10^{(V_d-3.5)/3}}\right] \tag{4}$$

式中，V_{ud}、V_d 分别为未扰动岩体及扰动岩体的波速，岩体波速单位均为km/s，其中式（4）也可写成如下形式：

$$D = 2(1 - R_s) \tag{5}$$

式中，$R_s = 10^{(V_u-V_{ud})/3}$ 表示岩体受扰动后波速的下降程度，$R_s = 1$ 对应 $D=0$ 的情形，表示岩体未受任何扰动或扰动极小；当 $R_s = 0.5$ 对应 $D=1$ 的情形，表示岩体遭受强烈扰动。

将式（3）~式（5）代入式（2）即得到基于岩体波速的Hoek-Brown准则：

$$\left.\begin{aligned} m_b &= m_i \exp\left(\frac{15V_{ud} - 107.5}{28R_s}\right) \\ s &= \exp\left(\frac{15V_{ud} - 107.5}{3 + 6R_s}\right) \\ a &= \frac{1}{2} + \frac{1}{6}\left(e^{\frac{7.5-15V_{ud}}{15}} - e^{-\frac{20}{3}}\right) \end{aligned}\right\} \tag{6}$$

2　水平地应力的取值范围研究

2.1　建立计算模型

在未受扰动之前，岩体在初始地应力场中大部分处于极限平衡状态或稳定状态。根据Hoek-Brown准则的破坏判据可知，岩体在天然状态若要保持稳定，其内部应力场应满足以下条件：

$$\sigma_1 \leqslant \sigma_3 + \sigma_c\left(m_b\frac{\sigma_3}{\sigma_c} + s\right)^a \tag{7}$$

式中，σ_c 可由室内单轴试验给出，同种岩性的 σ_c 差别很小。其他待定参数 m_b、s 和 a 均可由式（6）计算给出，其中 V_{ud} 在未扰动岩体中的变化率通常低于10%[14]，按测量次数求取平均值即可；由 R_s 的物理含义和计算公式可知，在未扰动岩体中 $R_s=1$；通过查阅相关文献［20-23］中未扰动岩体的声波测量数据可以发现，V_{ud} 一般为4~5km/s，代入 a 的计算公式可得其取值为0.505~0.502，此时可按照狭义Hoek-Brown准则取 $a=0.5$。将 $R_s=1$ 和 $a=0.5$ 代入式（6）和（7）可得：

$$\left.\begin{aligned} m_b &= m_i \exp\left(\frac{15V_{ud} - 107.5}{28}\right) \\ s &= \exp\left(\frac{15V_{ud} - 107.5}{9}\right) \\ a &= \frac{1}{2} \end{aligned}\right\} \tag{8}$$

$$\sigma_1 \leqslant \sigma_3 + \sqrt{m_b\sigma_c\sigma_3 + s\sigma_c^2} \tag{9}$$

在地壳岩体中，除在大断层附近外，一般情况下垂直地应力 σ_V 与水平地应力 σ_H 都是主应力[11]。在此考虑两种不同的情况：$\sigma_H<\sigma_V$ 和 $\sigma_H>\sigma_V$。

（1）当 $\sigma_H<\sigma_V$ 时，水平地应力为最小主应力，即 $\sigma_H=\sigma_3$，而 $\sigma_V=\sigma_1$，由式（9）可以得到此时未扰动岩体的稳定条件为：

$$\sigma_V \leqslant \sigma_H + \sqrt{m_b\sigma_c\sigma_H + s{\sigma_c}^2} \tag{10}$$

求解关于 σ_H 的不等式（10）可得：

$$\left(\sigma_V + \frac{1}{2}m_b\sigma_c\right) - \sqrt{m_b\sigma_c\sigma_V + \frac{1}{4}m_b^2\sigma_c^2 + s\sigma_c^2} \leqslant \sigma_H \leqslant \left(\sigma_V + \frac{1}{2}m_b\sigma_c\right) + \sqrt{m_b\sigma_c\sigma_V + \frac{1}{4}m_b^2\sigma_c^2 + s\sigma_c^2} \tag{11}$$

（2）当 $\sigma_H>\sigma_V$ 时，水平地应力为最大主应力，即 $\sigma_H=\sigma_1$，而 $\sigma_V=\sigma_3$，由式（9）可以得到此时未扰动岩体的稳定条件为：

$$\sigma_H \leqslant \sigma_V + \sqrt{m_b\sigma_c\sigma_V + s\sigma_c^{\ 2}} \tag{12}$$

若未扰动岩体在上述两种情况下均保持稳定状态，则 σ_H 需同时满足式（11）和（12），即落在式（11）和（12）的交集之内，通过分析比较式（11）和（12）不等号左右两侧的大小关系可知，两者的交集应为：

$$\left(\sigma_V + \frac{1}{2}m_b\sigma_c\right) - \sqrt{m_b\sigma_c\sigma_V + \frac{1}{4}m_b^2\sigma_c^2 + s\sigma_c^2} \leqslant \sigma_H \leqslant \sigma_V + \sqrt{m_b\sigma_c\sigma_V + s\sigma_c^2} \tag{13}$$

式（13）给出的是岩体初始地应力场中水平地应力取值范围的计算模型。其中垂直地应力 σ_V 通过上部覆盖岩体的平均重度乘以其深度来计算，可表示为：

$$\sigma_V = \gamma h \tag{14}$$

式中，γ 为覆盖岩体的平均重度；h 为深度。将式（14）代入式（13）可得：

$$\left(\gamma h + \frac{1}{2}m_b\sigma_c\right) - \sqrt{m_b\sigma_c\gamma h + \frac{1}{4}m_b^2\sigma_c^2 + s\sigma_c^2} \leqslant \sigma_H \leqslant \gamma h + \sqrt{m_b\sigma_c\gamma h + s\sigma_c^{\ 2}} \tag{15}$$

2.2 计算模型的验证

式（15）不等号左右两侧分别为水平地应力的取值下限和上限，可分别记为 σ_{Hmin} 和 σ_{Hmax}，即：

$$\sigma_{Hmin} \leqslant \sigma_H \leqslant \sigma_{Hmax} \tag{16}$$

式（16）不等号左右两侧相减可得：

$$\Delta\sigma_H = \sqrt{m_b\sigma_c\gamma h + s\sigma_c^2} + \sqrt{m_b\sigma_c\gamma h + \frac{1}{4}m_b^2\sigma_c^2 + s\sigma_c^2} - \frac{1}{2}m_b\sigma_c \geqslant \sqrt{m_b\sigma_c\gamma h + s\sigma_c^2} \tag{17}$$

式（17）中 $\Delta\sigma_H$ 为水平地应力取值范围的大小，其与 m_b、σ_c、s、γ 和 h 之间均成单调递增的函数关系。由式（8）可知 m_b、s 和 V_{ud}、m_i 之间亦成单调递增的函数关系，因此 $\Delta\sigma_H$ 是关于 m_i、V_{ud}、σ_c、γ 和 h 的单调递增函数。

岩石按坚硬程度可分为硬质岩和软质岩两个大类。查阅《工程地质手册（第四版）》[24] 可知，随着岩石坚硬程度的增大，m_i、V_{ud}、σ_c 和 γ 的数值均有随之增大的趋势，由式（17）可知，此时 $\Delta\sigma_H$ 也会随之而增大。在未扰动岩体中，m_i 的取值为 5~15，V_{ud} 为 4~5km/s，σ_c 为 20~100MPa，γ 为 0.02~0.03mN/m^3。将 m_i、V_{ud}、σ_c 和 γ 的取值区间同步等分成 5 段，即得到 m_i、V_{ud}、σ_c 和 γ 的 6 组数据（表 1）。给定深度 h，将每组数据代入式（15）和式（17）中可得出 6 组 σ_{Hmin}、σ_{Hmax} 和 $\Delta\sigma_H$。根据单调函数的连续性可知，6 组 σ_{Hmin}、σ_{Hmax} 和 $\Delta\sigma_H$ 之间包含了在未扰动岩体中以硬质岩为主、以软质岩为主和两者均衡这 3 种情况下，深度为 h 时水平地应力的取值范围。

表 1 计算模型参数分组取值

Table 1 Grouping values of calculation model parameters

组数	V_{ud}/km·s^{-1}	m_i	σ_c/MPa	γ/mN·m^{-3}
1	5.0	15	100	0.030
2	4.8	13	84	0.028
3	4.6	11	68	0.026
4	4.4	9	52	0.024
5	4.2	7	36	0.022
6	4.0	5	20	0.020

深度 h 的计算范围取 0~3000m，每隔 200m 按照表 1 给出的 6 组参数计算出每组对应的 σ_{Hmin} 和 σ_{Hmax}，计算结果如图 1 所示。分析计算结果可知，地表附近的水平地应力较小，取值范围在 0~20MPa 间，随着深度的增加，水平地应力的取值范围 $\Delta\sigma_H$ 不断扩大，岩体坚硬程度越大，$\Delta\sigma_H$ 扩大的速度越

快，这说明在同一深度条件下，硬质岩内的水平地应力大小较软质岩内更复杂，随机性更强。G. Ranalli 等[25] 综合了前人的资料，将 150 多个岩石地应力测量数据按地质构造环境划分成 3 类：地盾区、褶皱带和沉积层，研究了水平地应力随深度的分布特点［图 2（a）］。为了方便比较，将图 1 中水平地应力为 0~100MPa 的部分截出［图 2（b）］。在图 2（a）中找出两个水平地应力最小值，将二者相连确定一条直线，将其作为水平地应力的下限边界；再找出两个水平地应力最大值，同样连成一条直线作为水平地应力的上限边界。在图 2（b）中将位于两侧的第 6 组数据点 σ_{Hmin} 和 σ_{Hmax} 分别相连，所得的两条曲线为水平地应力的下限边界和上限边界。当埋深为 500m 时，图 2（a）和（b）中水平地应力的上限边界值均在 100MPa 左右；当埋深为 2750m 时，图 2（a）和（b）中水平地应力的下限边界值均在 10MPa 左右；在地表附近，图 2（a）和（b）中水平地应力大部分均在 0~20MPa 间。根据以上分析可知，本文计算出的水平地应力取值范围与实测的水平地应力分布范围具有很好的一致性，由此可以证明水平地应力取值范围计算模型是合理的。

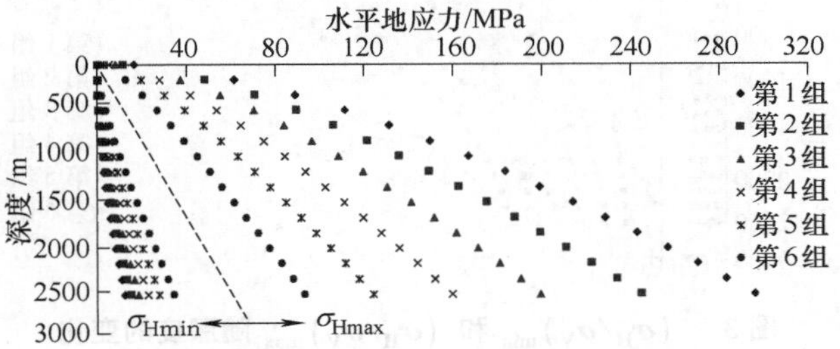

图 1 σ_{Hmin} 和 σ_{Hmax} 随深度的变化

Fig. 1 The chang of σ_{Hmin} and σ_{Hmax} with depth

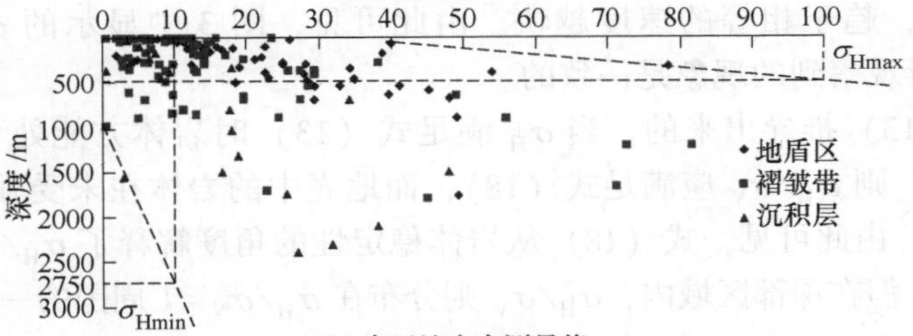

(a) 水平地应力测量值

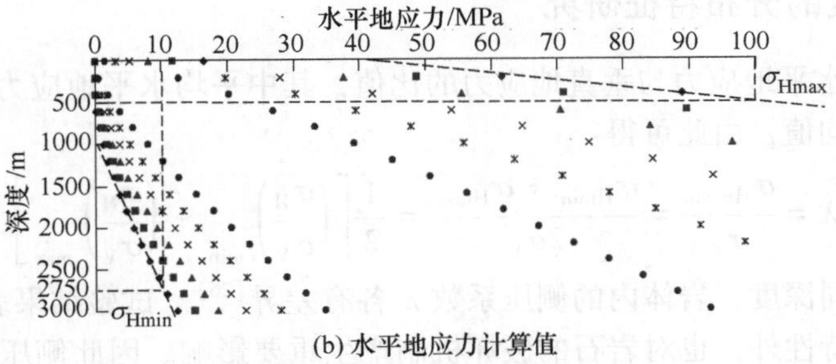

(b) 水平地应力计算值

图 2 水平地应力测量值和计算值对比

Fig. 2 Comparison of measured value and calculated value of horizontal in-situ stress

3 侧压系数沿深度的分布特征研究

3.1 $\sigma_{\mathrm{H}}/\sigma_{\mathrm{V}}$ 的取值范围研究

E. Hoek 和 E. T. Brown[26] 通过对世界各地的地应力现场测量结果进行统计分析，发现在地壳浅部区域内 $\sigma_{\mathrm{H}}/\sigma_{\mathrm{V}}$（水平地应力/垂直地应力）的值分布在一个很广的范围内，但在深部区域内，该却分

布在直线 $\sigma_H/\sigma_V=1$ 周围一个狭小的范围内。关于 σ_H/σ_V 随深度变化这一现象已有许多学者进行了探讨[27-34]，建立了多个模型，并利用这些模型分析、讨论了该现象，但对此现象给出合理解释的却很少。

将式（13）中所有量同时除以 σ_V 可得：

$$\left(1+\frac{m_b\sigma_c}{2\sigma_V}\right)-\sqrt{\frac{m_b\sigma_c}{\sigma_V}+\frac{m_b^2\sigma_c^2}{4\sigma_V^2}+\frac{s\sigma_c^2}{\sigma_V^2}}\leqslant\frac{\sigma_H}{\sigma_V}\leqslant 1+\sqrt{\frac{m_b\sigma_c}{\sigma_V}+\frac{s\sigma_c^2}{\sigma_V^2}} \tag{18}$$

式（18）即为 σ_H/σ_V 的取值范围计算模型。将表 1 中的 6 组数据代入式（18），令 $\sigma_V=\gamma h$，即可算出在不同深度所对应的 σ_H/σ_V 的取值下限 $(\sigma_H/\sigma_V)_{min}$ 和取值上限 $(\sigma_H/\sigma_V)_{max}$，计算结果如图 3 所示。

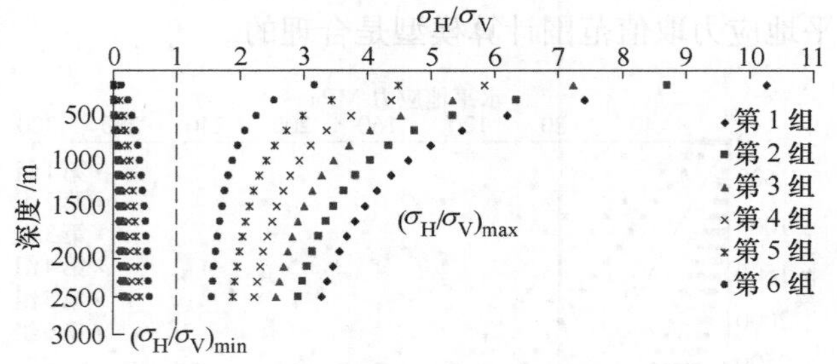

图 3 $(\sigma_H/\sigma_V)_{min}$ 和 $(\sigma_H/\sigma_V)_{max}$ 随深度的变化

Fig. 3 The change of $(\sigma_H/\sigma_V)_{min}$ and $(\sigma_H/\sigma_V)_{max}$ with depth

由图 3 可知，靠近地表区域的 σ_H/σ_V 分布在较大的取值范围内，随着深度 h 的增加，σ_H/σ_V 及其取值范围均不断减小。由式（18）可知，当深度 $h\to\infty$ 时，$\sigma_H/\sigma_V=1$，$\Delta(\sigma_H/\sigma_V)=0$，即 σ_H 和 σ_V 趋于相等，且岩石越软，趋于相等的速度越快。由此可见，图 3 中显示的 σ_H/σ_V 随深度的变化与 E. Hoek 和 E. T. Brown 所观察到的现象是一致的。

式（18）是从式（13）推导出来的，当 σ_H 满足式（13）时岩体方能处于稳定状态，同理可知，岩体若要保持稳定状态，则 σ_H/σ_V 应满足式（18），而地壳中的岩体在未受强烈扰动时，大部分应处于稳定或极限平衡状态。由此可见，式（18）从岩体稳定性的角度解释了 σ_H/σ_V 在地壳浅部区域内分布在一个较广的范围内，但在深部区域内，σ_H/σ_V 则分布在 $\sigma_H/\sigma_V=1$ 周围的一个狭小范围内这一现象。

3.2 侧压系数沿深度的分布特征研究

侧压系数 λ 是平均水平地应力与垂直地应力的比值，其中平均水平地应力为最大水平地应力与最小水平地应力的算术平均值，由此可得：

$$\lambda=\frac{\sigma_{Hmean}}{\sigma_V}=\frac{\sigma_{Hmin}+\sigma_{Hmax}}{2\sigma_V}=\frac{1}{2}\left[\left(\frac{\sigma_H}{\sigma_V}\right)_{min}+\left(\frac{\sigma_H}{\sigma_V}\right)_{max}\right] \tag{19}$$

对于不同地区、不同深度，岩体内的侧压系数 λ 各有差异[26]。试验结果表明[35]，侧压系数 λ 除影响岩石的变形和强度特性外，也对岩石的破坏机制产生重要影响。因此侧压系数 λ 不仅是评估初始地应力场的重要参数，也是岩石力学特性研究中必须考虑的重要因素。

Hoek 和 Brown[26] 研究了世界各地 120 个现场应力测量的数据，根据数据所在地区分类编制了侧压系数 λ 随深度 h 的变化图［图 4（a）］。根据之前已计算出的 6 组 $(\sigma_H/\sigma_V)_{min}$ 和 $(\sigma_H/\sigma_V)_{max}$ 按式（20）算出 6 组侧压系数 λ，每组 λ 用样条曲线连接［图 4（b）］。类似于图 2（a），在图 4（a）中用曲线勾勒出侧压系数 λ 沿深度的大致分布范围，左侧曲线为 λ 的下限边界，右侧曲线为 λ 的上限边界。对应到图 4（b）中，λ 的下限边界和上限边界则分别为第 6 组曲线和第 1 组曲线。在图 4（a）和 4（b）中，λ 在地壳浅部区域分布范围较广，随着深度 h 的增加，图 4（a）中的 λ 值逐渐在直线 $\lambda=1$ 附近的区域内振动，而图 4（b）中的 λ 值则逐渐趋近于 1。

当深度 h 等于 500m、1000m 和 3000m 时，图 4（a）中侧压系数 λ 所对应的上限取值分别为 3.50、2.50 和 1.50，图 4（b）中侧压系数 λ 所对应的上限取值分别为 3.35、2.50 和 1.65。在同深度条件下，λ 相差小于 10%，且两图中上限边界曲线的线型很相似。由此可见，通过式（18）、式（19）给出的 λ 上限边界与现场测量数据反映出的 λ 上限边界较为一致。

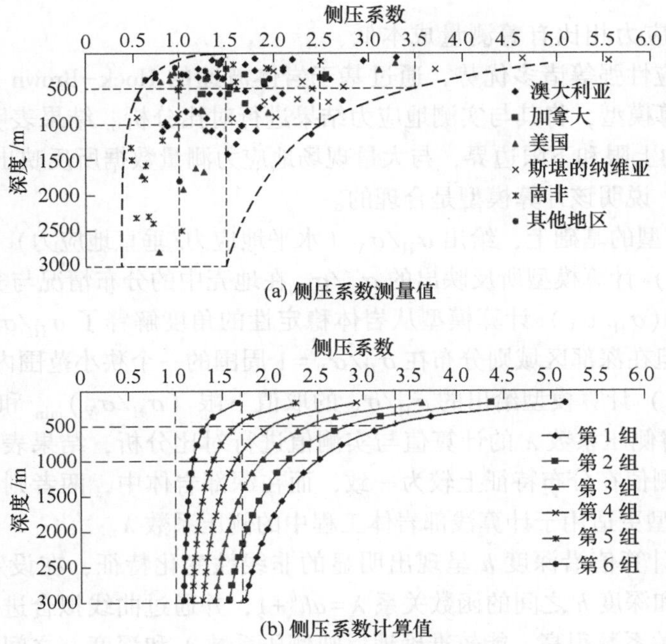

(a) 侧压系数测量值

(b) 侧压系数计算值

图 4　侧压系数测量值和计算值对比

Fig. 4　Comparison of measured value and calculated value of coefficient of horizontal pressure

但对于下限边界，图 4（a）和（b）却有所偏差。主要原因是当深度 h 超过 1000m 后，图 4（a）中出现多个测点 λ 小于 1 的情况，即垂直地应力超过了水平地应力。而图 4（b）中随着深度的增加，λ 会逐渐趋近于 1，却未出现小于 1 的情况。由此可见，式（18）适用于地表岩体侧压系数 λ 的计算，而对于深部岩体，其计算结果可能会产生较大的误差。

3.3　侧压系数与深度之间的函数关系研究

侧压系数 λ 与深度 h 之间的函数关系在初始地应力场的评估中起着重要的作用，为应力历史分析、应力区划分和应力场计算等工作提供了依据。例如通过数值分析软件计算岩体的初始地应力场时，通常需要输入侧压系数 λ 与深度 h 之间的函数关系作为计算条件。

在对侧压系数 λ 沿深度 h 的分布特征研究中发现，由式（19）计算出的 λ 并非通常所认为的沿深度呈线性分布，而是呈非线性分布，如图 4（b）中的 6 条曲线所示。因此设定 λ 与 h 之间的函数关系是非线性的，且需满足边界条件：（1）当 $h\to\infty$ 时，地应力场为静水压力场，即 $\lambda=1$；（2）当 $h\to 0$ 时，即地表附近，此时 $\sigma_V\to 0$，即 $\lambda\to\infty$。在工程应用中，通常将 λ 用 h 的函数表示，以 h 为横坐标，λ 为纵坐标，给出 λ 和 h 之间的函数关系式为：

$$\lambda = ah^b + 1(a > 0,\ b < 0) \tag{20}$$

式中，a 和 b 均为待定常数。当 $h\to\infty$ 时，$\lambda=1$，满足边界条件（1），当 $h\to 0$ 时，$\lambda\to\infty$，满足边界条件（2），因此式（20）可作为 λ 和 h 的关系函数。在图 4（b）中选取第 4 组曲线的数据作为拟合对象，拟合结果如图 5 所示。从拟合结果可以看出，式（20）的拟合相关系数很高，能准确地反映 λ 和 h 之间的函数关系。

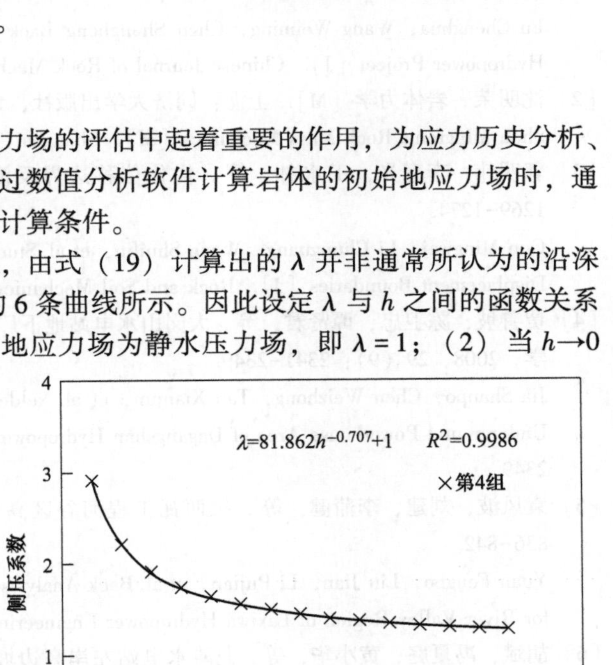

图 5　λ 和 h 的非线性拟合结果

Fig. 5　Result of nonlinear fitting of λ and h

4 结论

（1）岩体波速与地应力相比有着测量成本低、测量成功率高、场地适应性强等诸多优势，通过基于岩体波速的 Hoek-Brown 准则推导出水平地应力 σ_H 的取值范围 $\Delta\sigma_H$ 计算模型，将其与实测地应力结果进行对比分析。结果表明，由 $\Delta\sigma_H$ 计算模型给出的 σ_H 在地壳中分布的上限和下限边界，与大量现场地应力测量数据所反映出的 σ_H 的上限和下限边界均具有较好的一致性，说明该计算模型是合理的。

（2）在 $\Delta\sigma_H$ 计算模型的基础上，给出 σ_H/σ_V（水平地应力/垂直地应力）的取值范围 $\Delta(\sigma_H/\sigma_V)$ 计算模型。由 $\Delta(\sigma_H/\sigma_V)$ 计算模型所反映出的 σ_H/σ_V 在地壳中的分布情况与实测的 σ_H/σ_V 在地壳中的分布情况非常相似。$\Delta(\sigma_H/\sigma_V)$ 计算模型从岩体稳定性的角度解释了 σ_H/σ_V 在地壳浅部区域分布在一个较广的范围内，但在深部区域则分布在 $\sigma_H/\sigma_V=1$ 周围的一个狭小范围内这一现象。

（3）通过 $\Delta(\sigma_H/\sigma_V)$ 计算模型给出的 σ_H/σ_V 的取值下限 $(\sigma_H/\sigma_V)_{min}$ 和取值上限 $(\sigma_H/\sigma_V)_{max}$ 算出了侧压系数 λ，并将侧压系数 λ 的计算值与实测值进行对比分析，结果表明：在浅部岩体中，侧压系数 λ 的计算值与实测值在分布特征上较为一致，而在深部岩体中，两者则可能出现较大差异。因此，$\Delta(\sigma_H/\sigma_V)$ 计算模型更适用于计算浅部岩体工程中的侧压系数 λ。

（4）侧压系数 λ 的计算值沿深度 h 呈现出明显的非线性变化特征，在设定适当边界条件的基础上，给出了侧压系数 λ 和深度 h 之间的函数关系 $\lambda=ah^b+1$，并通过曲线拟合进行了验证。拟合结果表明，$\lambda=ah^b+1$ 的拟合相关系数很高，能较准确地反映侧压系数 λ 和深度 h 之间的函数关系。此函数关系式可用于初始地应力场评估，为模拟岩体的开挖变形破坏提供必要的初始地应力场条件。

参 考 文 献

[1] 付成华，汪卫明，陈胜宏．溪洛渡水电站坝区初始地应力场反演分析研究［J］．岩石力学与工程学报，2006，25（11）：2305-2312.

Fu Chenghua，Wang Weiming，Chen Shenghong. Back Analysis Study on Initial geostress Field of Dam Site for Xiluodu Hydropower Project［J］. Chinese Journal of Rock Mechanics and Engineering，2006，25（11）：2305-2312.

[2] 沈明荣．岩体力学［M］．上海：同济大学出版社，1999.

Shen Mingrong. Rock Mass Mechanics［M］. Shanghai：Tongji University Press，1999.

[3] 郭明伟，李春光，王水林，等．优化位移边界反演三维初始地应力场研究［J］．岩土力学，2008，29（5）：1269-1274.

Guo Mingwei，Li Chunguang，Wang Shuilin，et al. Study on Inverse Analysis of 3-D Initial Geostress Field with Optimized Displacement Boundaries［J］. Rock and Soil Mechanics，2008，29（5）：1269-1274.

[4] 贾善坡，陈卫忠，谭贤君，等．大岗山水电站地下厂房区初始地应力场 Nelder-Mead 优化反演研究［J］．岩土力学，2008，29（9）：2341-2349.

Jia Shanpo，Chen Weizhong，Tan Xianjun，et al. Nelder-Mead Algorithm for Inversion Analysis of In-situstress Field of Underground Powerhouse Area of Dagangshan Hydropower Station［J］. Rock and Soil Mechanics，2008，29（9）：2341-2349.

[5] 袁风波，刘建，李蒲健，等．拉西瓦工程河谷区高地应力场反演与形成机制［J］．岩土力学，2007，28（4）：836-842.

Yuan Fengbo，Liu Jian，Li Pujian，et al. Back Analysis and Multiple-factor Influencing Mechanism of High Geostress Field for River Valley Region of Laxiwa Hydropower Engineering［J］. Rock and Soil Mechanics，2007，28（4）：836-842.

[6] 胡斌，冯夏庭，黄小华，等．龙滩水电站左岸高边坡区初始地应力场反演回归分析［J］．岩石力学与工程学报，2005，22（11）：4055-4064.

Hu Bin，Feng Xiating，Huang Xiaohua，et al. Regression Analysis of Initial Geostress Field for Left Bankhigh Slope Region at Longtan Hydropower Station［J］. Chinese Journal of Rock Mechanics and Engineering，2005，22（11）：4055-4064.

[7] 梅松华，盛谦，冯夏庭．龙滩水电站左岸地下厂房区三维地应力场反演分析［J］．岩石力学与工程学报，2004，23（23）：4006-4011.

Mei Songhua, Sheng Qian, Feng Xiating, et al. Back Analysis of 3D In-situ Stress Field of Underground Powerhouse Area of Longtan Hydropower Station [J]. Chinese Journal of Rock Mechanics and Engineering, 2004, 23 (23): 4006-4011.

[8] 金长宇，马震岳，张运良．神经网络在岩体力学参数和地应力场反演中的应用［J］．岩土力学，2006，27（8）：1263-1266.

Jin Changyu, Ma Zhenyue, Zhang Yunliang, et al. Application of Neural Network to Back Analysis of Mechanical Parameters and Initial Stress Field of Rockmasses [J]. Rock and Soil Mechanics, 2006, 27 (8): 1263-1266.

[9] 易达，陈胜宏，葛修润．岩体初始应力场的遗传算法与有限元联合反演法［J］．岩土力学，2004，25（7）：1077-1080.

Yi Da, Chen Shenghong, Ge Xiurun. Method of Backanalysis Combining Genetic Algorithm with Finite Element method to Initial Stress Field of Rock Mass [J]. Rock and Soil Mechanics, 2004, 25 (7): 1077-1080.

[10] 董志高，吴继敏，施志群，等．某水电站地下厂房区初始地应力场回归分析［J］．河海大学学报（自然科学版），2003，31（5）：543-546.

Dong Zhigao, Wu Jimin, Shi Zhiqun. et al. Regression Analysis Ofinitial Geostress for an Underground Power Plant Region [J]. Journal of Hohai University: Natural Sciences, 2003, 31 (5): 543-546.

[11] Hoek E, Brown E T. Underground Excavations in Rock [M]. London, UK: The Institution of Mining and Metallurgy, 1980: 93-101.

[12] Roman D C, Moran S C, Power J A, et al. Temporal and Spatial Variation of Local Stress Fields Before and After the 1992 Eruptions of Crater Peak Vent, Mount Spurr Volcano, Alaska [J]. Bulletin of the Seismological Society of American, 2004, 94: 2366-2379.

[13] Bohnhoff M, Grosser H. Dresen G. Strain Partitioning and Stress Rotation at the North Anatolian Fault Zone from Aftershock Focal Mechanisms of the 1999 Izmit $M_W = 7.4$ Earthquake [J]. Geophysical Journal International, 2006, 166 (1): 373-385.

[14] 马莎，崔江利，陈尚星，等．RQD 和 v_P 合理取值分析与计算［J］．华北水利水电学院学报，2003，24（3）：46-49.

Ma Sha, Cui Jiangli, Cheng Shangxing, et al. Analysis and Calculation of Reasonable Selection of RQD and v_P [J]. Journal of North China Institute of Water Conservancy and Hydroelectric Power, 2003, 24 (3): 46-49.

[15] 夏开宗，陈从新，刘秀敏，等．基于岩体波速的 Hoek-Brown 准则预测岩体力学参数的方法及工程应用［J］．岩石力学与工程学报，2013，23（7）：1458-1466.

Xia Kaizong, Chen Congxin, Liu Xiumin, et al. Estimation of Rock Mass Mechanical Parameters Based on Ultrasonic Velocity of Rock Mass and Hoek-Brown Criterion and Its Application to Engineering [J]. Chinese Journal of Rock Mechanics and Engineering, 2013, 23 (7): 1458-1466.

[16] 宋建波，张倬元，于远忠，等．岩体经验强度准则及其在地质工程中的应用［M］．北京：地质出版社，2002.

Song Jianbo, Zhang Zhuoyuan, Yu Yuanzhong, et al. Experience of Rock Mass Strength Criterion and Its Application in Geological Engineering [M]. Beijing: Geology Press, 2002.

[17] Hoek E, Carranza - Torres C, Corkum B. Hoek - Brown Failure Criterion [C] // Proceedings of NARMS - TAC Conference. Toronto: [s. n.], 2002: 267-273.

[18] Marinos P, Hoek E. GSI: A Geologically Friendly Tool for Rock Mass Strength Estimation [C]//Proceedings of the 2000 International Conference on Geotechnical and Geological Engineering. Melbourne, Australian: [s. n.], 2000: 1422-1442.

[19] Hoek E, Marinos P, Benissi M. Applicability of the Geological Strength Index (GSI) Classification for Very Weak and Sheared Rock Masses [J]. Bulletin of Engineering Geology and the Environment, 1998, 57 (2): 151-160.

[20] 韩爱果．坝基岩体质量量化分级及图形展示［D］．成都：成都理工大学，2002.

Han Aiguo. Quantized Quality Classification of Dam Foundation Rock Mass and Its Diagrammatic Representation [D]. Chengdu: Chengdu University of Technology, 2002.

[21] 巨广宏．高拱坝建基岩体开挖松弛工程地质特性研究［D］．成都：成都理工大学，2011.

Ju Guanghong. Study on Engineering Geological Properties of Excavating Unloading Relaxation Rock Mass in High Arch Dam Foundation [D]. Chengdu: Chengdu University of Technology, 2011.

[22] 朱继良．大型岩石高边坡开挖的地质-力学响应及其评价预测［D］．成都：成都理工大学，2006.

Zhu Jiliang. Geology-Mechanics Responses and Evaluation of Large-Scale High Rock Slope Excavation [D]. Chengdu: Chengdu University of Technology, 2006.

[23] 朱泽奇．坚硬裂隙岩体开挖扰动区形成机理研究［D］．武汉：中国科学院武汉岩土力学研究所，2008.

Zhu Zeqi. Study on Formation Mechanism of Excavation Disturbed Zone of Hard Fractured Rockmass [D]. Wuhan: Wuhan Institute of Rock and Soil Mechanics The Chinese Academy of Sciencse, P. R. China, 2008.

[24] 常士骠，张苏民，等．工程地质手册［M］．4版．北京：中国建筑工业出版社，2007.

Chang Shibiao, Zhang Suming, et al. Engineering Geology Manual [M]. Fourth Edition. Beijing: China Building Industry Press, 2007.

[25] Ranall G. Geotectonic Relevance of Rock-stress Determinations [J]. Tectonophysics, 1975, 29 (1-4): 1-4.

[26] Hoek E, Brown E T. Trends in Relationships between Measured In-Situ Stresses and Depth [J]. Int J Rock Mech Min Sci & Geomech Abstr, 1978, 15: 93-101.

[27] Flesh L M, Holt W E, Haines A J, et al. Dynamics of the Pacific-North American Plate Boundary in the Western United States [J]. Science, 2000, 287: 834-836.

[28] Townend J, Zoback M D. Regional Tectonic Stress Near the San Andreas Fault in Central and Southern California [J]. Geophysical Research Letters, 2004, 31: L15 S11. doi: 10. 1029/2003 GL018918.

[29] Becker T W, Hardebeck J L, Anderson G. Constraints on Fault Slip Rates of the Southern California Plate Boundary from GPS Velocity and Stress Inversions [J]. Geophysical Journal International, 2005, 160 (2): 634-650.

[30] Balfour N J, Savage M K, Townend J. Stress and Crustal Anisotropy in Marborough, New Zealand: Evidence for Low Fault Strength and Structure-controlled Anisotropy [J]. Geophysical Journal International, 2005, 163 (3): 1073-1086.

[31] Boness N L, Zoback M D. Mapping Stress and Structurally Controlled Crustal Shear Velocity Anisotropy in California [J]. Geology, 2006, 34 (10): 825-828.

[32] Boness N L, Zoback M D. A Multiscale Study of the Mechanisms Controlling Shear Velocity Anisotropy in the San Andreas Fault Observatory at Depth [J]. Geophysics, 2006, 71 (5): F131-F146.

[33] Lund B, Townend J. Calculating Horizontal Stress Orientations with Full or Partial Knowledge of the Tectonics Stress Tensor [J]. Geophysical Journal International, 2007, 170 (3): 1328-1335.

[34] 朱哲明，胡荣，李业学．利用岩石断裂强度来估算地下岩体水平应力的范围［J］．岩石力学与工程学报，2012，31（8）：1721-1728.

Zhu Zheming, Hu Rong, Li Yexue. Evaluation of Range of Horizontal Streeees of Underground Rock Mass by Using Rock Fracture Strength [J]. Chinese Journal of Rock Mechanics and Engineering, 2012, 31 (8): 1721-1728.

[35] 张哲，唐春安，于庆磊，等．侧压系数对圆孔周边松动区破坏模式影响的数值试验研究［J］．岩土力学，2009，30（2）：413-418.

Zhang Zhe, Tang Chunan, Yu Qinglei, et al. Numerical Simulation on Influence Coefficient of Lateral Pressure on Broken Zone of Circular Aperture [J]. Rock and Soil Mechanics, 2009, 30 (2): 413-418.

基于RS-改进云模型的岩爆倾向性预测

黄明健[1,2] 王加闯[2] 过 江[2]

(1. 湖南涟邵建工(集团)有限责任公司，湖南 长沙，410011；
2. 中南大学 资源与安全工程学院，湖南 长沙，410083)

摘 要：针对岩爆倾向性预测的模糊性和不确定性，提出了基于粗糙集理论和改进的云模型相结合的预测模型。在原有云模型的基础上，提出模糊区间的概念，进而对云模型的定义加以完善，对于云模型特征参数的求取也进行了改善。结合粗糙集理论的基本知识，把求解权重问题转变为求取属性重要度问题，进而求得综合权重，根据最大隶属度原则确定岩爆等级。选取岩石单轴抗压强度 σ_c、岩石抗拉强度 σ_t、切向应力 σ_θ、弹性变形能 W_{et} 为评价因子，以国内外40组数据为学习样本，通过冬瓜山铜矿岩爆实测数据为待测样本验证其准确性。经计算，通过该模型确定的岩爆等级与实际岩爆等级基本相符，说明该模型具有较好的预测性和科学性，也为岩爆倾向性预测问题提供了新的思路。

关键词：云模型；模糊区间；粗糙集理论；岩爆倾向性

Application of RS and Improved Cloud Model on Predicting the Rockburst Propensity

Huang Mingjian[1,2] Wang Jiachuang[2] Guo Jiang[2]

(1. Hunan Lianshao Construction Engineering (Group) Co., Ltd., Hunan Changsha, 410011;
2. School of Resources and Safety Engineering, Central South University, Hunan Changsha, 410083)

Abstract: For the fuzziness and uncertainty of rock burst tendency prediction, this paper proposed a prediction model based on the combination of rough set theory and improved cloud model. Based on the original cloud model, the concept of fuzzy interval was proposed in order to improve the definition of cloud mode, and the evaluation of the cloud model's characteristic parameters were also improved. Combining the basic knowledge of rough set theory, the problem of solving weights was turned into the problem of attribute importance in order to obtain weight, and the rock burst level was determined according to the principle of maximum membership degree. Rock uniaxial compressive strength σ_c, rock tensile strength σ_t, tangential stress σ_θ, and elastic deformation energy W_{et} were selected as the evaluation factors, and 40 sets of data at home and abroad were chosen as learning samples to verify the accuracy of the sample to be tested by the measured data of rock burst in Dongguashan Copper Mine. After calculation, the rock burst grade determined by the model was roughly consistent with the actual rock burst grade, indicating that the model had good predictability and scientific, and also providing a new idea for the rock burst tendency prediction problem.

Keywords: cloud model; fuzzy interval; rough set theory; rock burst tendency

岩爆又称冲击地压，是指地下硐室在开挖过程中，处在高地应力状态的硬脆性岩体，由于硐体周围应力集中而引起弹性应变能突然、快速的释放，在其极限平衡状态下受到破坏时，向自由空间突然释放能量的动力失稳现象[1,2]，是一种采矿或隧道开挖活动诱发的地震。岩爆灾害具有突发性、难控制性和破坏范围大等特点，通常会伴随着围岩的剥离、岩体剥落和弹射、较大的粉尘和空气冲击波，很容易造成群死群伤事故[3]。我国岩土工程建设规模大、难度高，因此岩爆灾害发生的频率和强度也呈

原载于《有色金属》(矿山部分)，2019，71 (5)：93-101。

不断上升的趋势。如何在地下工程和岩土工程实践中正确地对岩爆等级进行预测成为必须解决的问题。

针对岩爆问题的不确定性，国内外学者对岩爆倾向性预测做了大量的研究工作，并提出了多种岩爆分级预测方法，如理想点法[4]、模糊综合评价方法[5]、神经网络法[6]、距离判别法[7]、等效数值法[8]、云模型法[9]、遗传算法[10,11]、可拓模型[12]等。这些理论和模型在一定程度上完善了岩爆预测分级评价体系，但是部分方法无法克服自身缺陷，特别是由于实际工况和岩爆发生原因的复杂性，这些理论和实际的生产仍有部分偏差：主成分分析法在进行替代过程时，可能会造成部分指标反映的信息被忽略，对原始问题的评价缺乏全面性；熵值法计算前提是指标间不存在相关性，否则会对评价对象进行重复评价，使得计算结果有失偏差；可拓模型仍采用了主观赋值权重的方法，在计算中可能会忽略一些重要的约束条件；神经网络算法获取的样本代表性不强，而且拟合速度难以控制，很容易造成偏差；传统的正态云模型可能会忽略指标之间的相关性，而且指标的分布并不是完全服从正态分布。

鉴于以上算法存在的部分缺陷，本文提出了基于粗糙集理论和改进的正态云模型，即部分区间服从正态分布的有限区域云模型[7]。由于岩爆预测存在着模糊性和随机性，利用传统的正态云模型在处理单区间边界的参数分布时，不会考虑实际情况和模型分布的偏差，这种情况求取的计算结果往往与实际工程存在差异，影响预测结果的准确性。在对岩爆等级进行分类评价时，指标权重的确定是对象评价的关键，传统的客观求取权重的方法虽然以客观数据为基础，但是结果解释性较差，为此本文选取基于粗糙集理论的权重确定方法[13]，这种方法不需要任何的先进经验，即可完成权重的计算，再结合改进的云模型，可以使岩爆分级结果更为准确、客观，为岩爆预测方法提供新思路。

1 理论基础

1.1 云模型理论

云模型理论是由李德毅等人[14]提出的一种处理模糊问题的抽象模型，它是从隶属度的角度出发处理数据的模糊性和随机性，通过将定性描述与定量数据进行分析转换，进而获得想要的结果。该方法已经应用在实际生产的多个领域，并取得了良好的效果。

1.1.1 云的基本概念

存在一个精确数值表示的定量集合 $U=\{x\}$，U 为论域（1 维、2 维或多维），小区间 A_k 是论域 U 中的模糊集合，K 为论域分割的等级区间数，C 是 A_k 上的定性概念，A_k 中存在任意元素 x，且每对应一个 $x\in A_k$，都有一个稳定倾向的随机数作为映射 μ：$x\to\mu_A(x)$，在定性概念 C 上随机实现，$\mu_A(x)$ 叫作 x 对概念 C 的确定度，也可称为隶属度，$\mu_A(x)$ 在论域 U 上的分布称为云模型，$\mu_A(x)\in(0,1)$，即：

$$\mu:\ U\to[C_{\min}^{kl},\ C_{\max}^{kr}],\ A_k\subseteq U,\ \forall x\in A_k,\ x\to\mu_A(x) \tag{1}$$

$\mu_A(x)$ 在每个模糊集合 A_k 上的分布称为云，每个点（$x,\mu(x)$）称为一个云滴，其中，$C_{\min}^{kl}$ 表示在所分割的模糊等级区间最小的对应的最小数值，通常为 0；$C_{\max}^{kr}$ 表示所分割的模糊等级区间最大的对应的最大值，针对单边区间［$C_{\min}^{kr}$，$+\infty$），可取 $k-1$ 区间的期望值 E_x^{kr-1}，进而再求出该区间期望值；或者可以通过考虑数据的上限和下限来确定默认边界参数（当岩爆等级与评价指标呈正相关时，k_l、k_r 分别表示最小、最大的模糊等级区间，反之为最大、最小模糊等级区间）。

1.1.2 数字特征

通常云模型概念的支撑，主要利用三个数字特征值来加以表述[14]，即期望 E_x、熵 E_n、超熵 H_e。期望 E_x 表征数据参数在论域空间的中心值，从几何意义上讲，表示图像最高点对应的随机数值，决定了云滴分布的位置；熵 E_n 表示在论域区间被定性概念表述的云滴的取值范围，反映了基本概念的模糊性和随机性，该值也决定了云滴的混乱程度，云图某一量度宽度越大，代表云滴的取值范围越大，那么其定性概念就越模糊，云滴的离散程度越大，反之亦然；超熵 H_e，也就是熵的熵，表示熵的不确定性，在云图中，通常可以确定云的厚度，超熵越大，云越厚。

在云模型中，每滴云满足：$x\sim N(E_x,\ {E_n}'^2)$，其中 ${E_n}'\sim N(E_n,\ H_e^2)$，则 x 对 C 的确定度为：

$$\mu(x)=\exp\left[\frac{-(x-E_x)^2}{2E'^2_n}\right] \tag{2}$$

边界值 C^k，是两个级别的过渡值，同时隶属于两个模糊区间的隶属度是相等的[15]，即：

$$\exp\left[-\frac{(C^k_{\max}-C^k_{\min})^2}{8E_n^2}\right]=0.5 \tag{3}$$

针对岩爆危险性分级区间，存在量值模糊边缘区间即 $A_{kr}=[0,\ C^{kl}_{\max}]$ 和 $A_{kl}=[C^{kr}_{\min},\ \infty)$，此时的指标变量不再服从传统的云模型分布，所以 $\mu_A(x)$ 在边缘模糊区间 A_{kr} 和 A_{kl} 上应转变为确定度为1的均匀分布，通常用半升梯形云和半降梯形云描述。由无限区间正态密度函数的性质易证出：有限区间［γ］阶正态密度函数与无限区间［γ］阶正态分布密度函数具有相同的方差和期望，可得出相应集对云特征参数的计算方程为：

$$\begin{aligned}E^k_x&=\frac{C^k_{\max}+C^k_{\min}}{2}\\E^k_n&=\frac{C^k_{\max}-C^k_{\min}}{2\sqrt{[\gamma]+3}}\\H^k_e&=\lambda E^k_n\end{aligned} \tag{4}$$

式中，C^k 为 k 等级的半区间长度；$C^k_{\max}$ 与 $C^k_{\min}$ 分别为等级区间的上下界值；［γ］为有限区间内正态密度函数的阶数，取 γ 的最大整数；λ 为经验值，可根据指标变量的模糊阈度做适当调整，本文暂取0.01。由式（3）可知，指标界限值同属于两个等级的确定度为0.5，则其正态分布函数阶数的算法记为：

$$[\gamma]=\frac{\lg 0.5}{\lg\left\{1-\left[\frac{2(C^k-E^k_x)}{\xi_k}\right]^2\right\}} \tag{5}$$

式中，ξ_k 为等级区间 k 的端点值；当评价指标类型为指标值越大，等级区间增加时，等级 k 的左、右半区间长度 ξ^l_k、ξ^r_k 为：

$$\begin{aligned}\xi^l_k&=E^k_x-C^{k-1}_{\min}\\\xi^r_k&=C^{k+1}_{\max}-E^k_x\end{aligned} \tag{6}$$

同理也可求出指标值越大，等级区间越小型指标属于等级 k 的左、右半区间长度：

$$\begin{aligned}\xi^l_k&=E^k_x-C^{k+1}_{\min}\\\xi^r_k&=C^{k-1}_{\max}-E^k_x\end{aligned} \tag{7}$$

1.1.3 云发生器

云发生器是将定性概念转化为定量数据的重要媒介，包括正向云发生器和逆向云发生器，本文选用正向云发生器作为定性向定量转化的手段。根据云特征参数 $N(E_x,\ E_n,\ H_e)$，利用正向云发生器在模糊区间 A_k 生成云滴图。对于每个云滴 $P(x_i,\ \mu_A(x))$ $(i=1,\ 2,\ \cdots,\ n)$，n 是模糊区间 A_k 中所要产生的云滴数，$N=n_1+n_2+n_k$ 表示在整个论域区间 U 中产生的总云滴数（本文中 $N=5000$）。当指标处在等级云均值区间时，即 $x\in[E^{kl}_x,\ E^{kr}_x]$，$x$ 对 C 的确定度为 $\mu(x)=\exp[-(x-E_x)^2/2E'^2_n]$，当指标远离等级区间均值时 x 不再属于正态分布，而是属于确定度为1的均匀分布，结合两种分布情况，有：

$$\begin{cases}\mu_A(x)=1,\ x\in(0,\ E^{kl}_x]\cup[E^{kr}_x,\ C^{kr}_{\max})\\\mu_A(x)=\exp(-(x-E_x)^2/2\times {E_n}'^2),\ x\in[E^{kl}_x,\ E^{kr}_x]\end{cases} \tag{8}$$

式中，E^{kl}_x 表示边界模糊区间 k_l 对应的均值，E^{kr}_x 表示边界模糊区间 k_r 对应的均值；$C^{kr}_{\max}$ 表示模糊区间 k_r 的最大边界值。传统云模型与有限区间云模型图示如图1所示。

1.2 粗糙集理论

1.2.1 决策表

粗糙集理论是利用一个四元组 $S=(U,\ A,\ V,\ f)$ 来描述一个知识系统[16]：S 表示一个信息表达

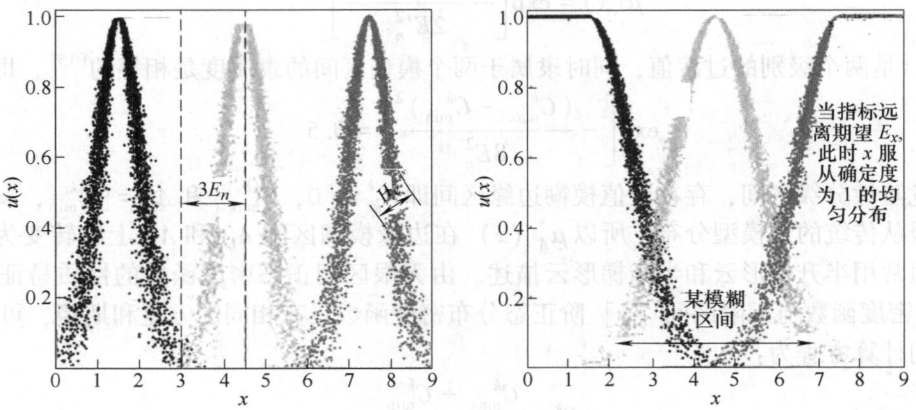

图 1　传统云模型与改进云模型

Fig. 1　Traditional cloud model and finite-interval cloud model

系统，也可称为信息系统；U 代表所要研究对象的非空集合，即研究对象论域 $U=\{x_i\}$，x_i 表示论域中的单个研究对象；A 表示研究对象的属性集合，包括用来描述 x_i 主要特征的条件属性 C（c_1，c_2，…，c_n）和决策属性 D（d_1，d_2，…，d_m），$A=C\cup D$，$C\cap D=\Phi$；V 表示属性集合 A 对应的属性值；f 表征一个信息函数，可以对每个对象进行属性赋值，对于 U 中的任意元素 x，都有 f：A（C，D）→ V（c，d）。通过该系统及其属性进而将评价对象和评价指标进行关联，利用信息函数转化的属性值来对评价对象进行描述，再利用粗糙集运算，进而求出各指标权重完成对评价系统的评价。信息系统 S 称为决策表。

1.2.2　不可辨识关系和上下近似

根据粗糙集理论知识，一个知识库表征的是一个关系系统，记作序偶 $K=(U, R)$，K 称作一个近似空间，关系 R 是论域 U 上的一个等价关系，称为 K 上的难辨别关系[17]，简称难辨关系，记为：

$$IND(R)=\{(x, y)\in U\times U \mid \forall a\in A, f(x, a)=f(y, a)\} \tag{9}$$

U/IND（R）称为 U 的划分，其中任意的元素称为等价类。

粗糙集理论通常会利用上近似集合和下近似集合进行描述一个粗糙集。对于一个给定的知识表达系统，可得以下定义：若 X 是论域 U 的任意非空子集，$X\subseteq U$ 存在一个不可辨认关系 IND（R），则集合 X 的 R 上下近似集合可分别表示为（下近似集合也称作正域）：

$$\begin{aligned}\overline{R}&=\cup\{Y\in U/IND(R)\mid X\cap Y\neq\varphi\}\\ \underline{R}&=\cup\{Y\in U/IND(R)\mid Y\in X\}\end{aligned} \tag{10}$$

1.2.3　知识依赖度与属性重要度

表征岩爆等级程度的评价指标，也称作条件属性，在岩爆等级分析中，对于某个评价对象属性的表示，可以利用正域加以衡量。属性知识在多大程度上依赖其正域，通常利用知识依赖度表示：设 $K=(U, R)$ 表示一个知识库，其中 P 和 Q 都是 R 的子集，则 Q 对 P 的依赖度可表示为[16]：

$$\alpha=\gamma_P(Q)=\frac{1}{|U|}\sum_{i=1}^{m}|pos_P(Q)|,\ 0\leqslant\alpha\leqslant 1 \tag{11}$$

式中，pos_P（Q）表示 Q 在 P 下的正域，$|U|$ 和 $|pos_P(Q)|$ 表示所含元素的个数。当 $\gamma_P(Q)=1$ 时，称 Q 完全依赖于 P；当 $\gamma_P(Q)=0$ 时，称 Q 完全独立于 P；当 $\gamma_P(Q)$ 介于 0~1 时，称 Q 粗糙依赖于 P。

在决策表中，若 $U/C=\{x_1, x_2, \cdots, x_n\}$，$U/D=\{Y_1, Y_2, \cdots, Y_n\}$，若对任意 $c_i\subseteq C$，则 c_i 对决策属性 D 的重要性为：

$$\sigma_{CD}(c_i)=\gamma_c(D)-\gamma_{C-c_i}(D) \tag{12}$$

2 RS-改进云模型的岩爆预测及计算流程

利用RS-改进云模型进行岩爆预测，要选取适当的评价指标体系及其相对应的评价标准，通过粗糙集理论进行指标权重的计算；再利用相应的评价指标标准，计算各等级云特征参数，利用云发生器生成云模型图；根据样本实测数据计算各指标对应的各级别确定度；最后计算综合权重值，按照最大隶属度原则确定岩爆危险性等级。评价流程图如图2所示。

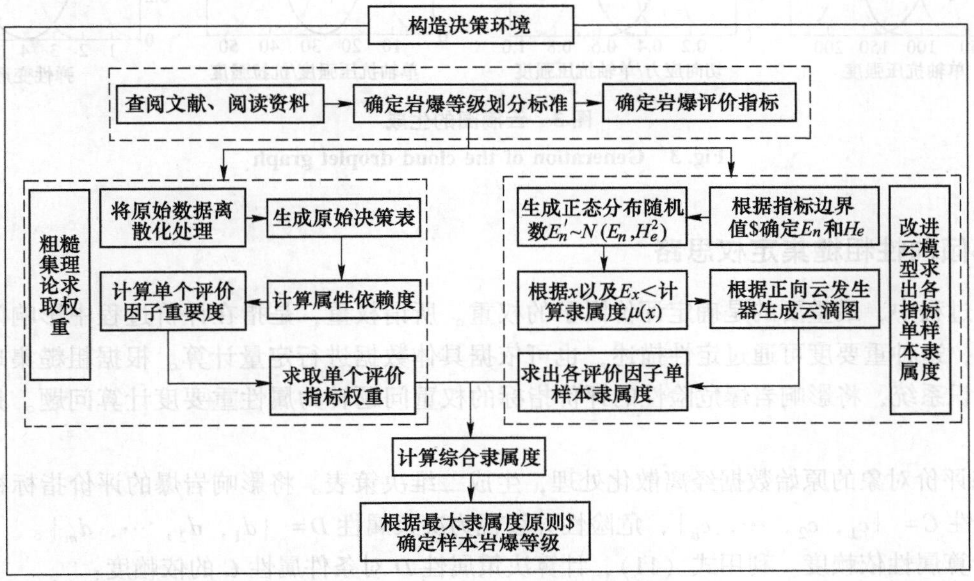

图2 岩爆倾向性评价流程图

Fig. 2 Rockburst tendency evaluation flow chart

2.1 评价指标的选取及分类标准的确定

影响岩爆等级的因素众多，评价指标的选取会反映整个评价过程是否合理，指标过多会使评价过程复杂，且有些实测数据不易获取，评价指标过少则会使得评价结果不严谨。从影响岩爆产生的内部因素和外部因素综合考虑，围岩应力、岩性和能量是影响岩爆等级的主要因素，参考相关文献，本文选取岩石单轴抗压强度σ_c、岩石抗拉强度σ_t、切向应力σ_θ、弹性变形能W_{et}作为主要评价因子[18-20]。

参照相关研究及分类标准，可以将岩爆烈度分为四个等级[7]：一级（无岩爆），主要表现为岩壁没有出现撕裂、碎石崩落等现象，无声发射现象，不需要采取任何安全措施；二级（微弱岩爆）：岩壁表面松脱、剥落掉块，需要采取安全措施并要进行安全监管措施；三级（中等岩爆）：硐室、巷道壁岩石出现块状剥落并伴有偶尔的抛射现象，时常发出尖锐的弹射声，可能引起人员伤亡和财产损失，要采取实施监控措施，做好隔离防护工作；四级（剧烈岩爆）：大块岩体剥落、围岩急剧变形，爆坑大量出现，极易发生群死群伤事故，必须采取相关的安全防护措施。具体分类标准见表1。

表1 岩爆倾向性等级划分

Table 1 Rockburst tendency classification

岩爆等级	σ_c/MPa	σ_θ/σ_c	σ_c/σ_t	W_{et}
无岩爆	<80	<0.3	>40.0	<2.0
弱岩爆	80~120	0.3~0.5	26.7~40.0	2.0~4.0
中等岩爆	120~180	0.5~0.7	14.5~26.7	4.0~6.0
强烈岩爆	>180	>0.7	<14.5	>6.0

基于表格中的评价标准，参照公式（4）~式（7），可计算云特征参数E_x、H_e、E_n，根据求得的云

模型特征参数值，利用 MATLAB 模拟器，通过正向云发生器生成各评价指标云滴图，具体生成图如图 3 所示。

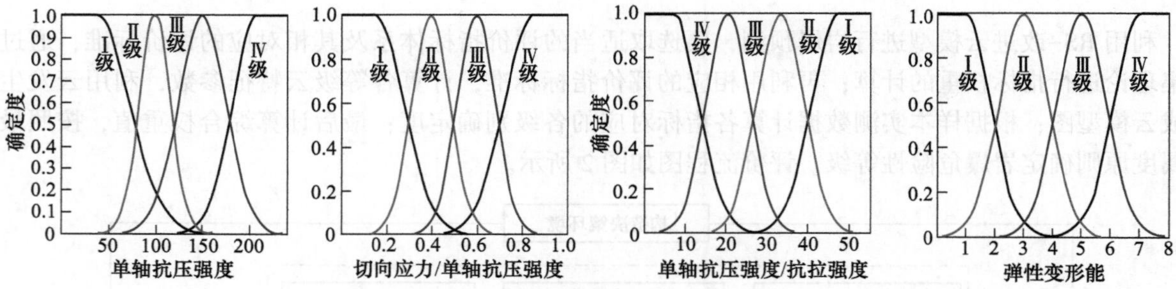

图 3 云滴图的生成

Fig. 3 Generation of the cloud droplet graph

2.2 岩爆倾向性粗糙集定权思路

在评价过程中，最重要的是确定评价因子的权重。所谓权重，是指在评价过程中影响问题的因素的重要程度，这种重要度可通过定性描述，也可依据具体数据进行定量计算。根据粗糙集理论，通过构造一个知识系统，将影响岩爆危险性的评价指标的权重问题转为属性重要度计算问题。具体定权步骤如下[16]：

（1）将评价对象的原始数据经离散化处理，生成二维决策表。将影响岩爆的评价指标视为决策表中的条件属性 $C=\{c_1, c_2, \cdots, c_n\}$，危险性分级视为决策属性 $D=\{d_1, d_2, \cdots, d_m\}$。

（2）计算属性依赖度。利用式（11），计算决策属性 D 对条件属性 C 的依赖度：

$$\gamma_c(D)=\frac{|pos_c(D)|}{|U|}=\frac{\sum_{i=1}^{m} pos_c(d_i)}{|U|} \tag{13}$$

在剔除某一属性 c_i 后，决策属 D 对条件属性集 $c-c_i$ 的依赖度为：

$$\gamma_{c-c_i}(D)=\frac{|pos_{c-c_i}(D)|}{|U|}=\frac{\sum_{i=1}^{m}|pos_{c-c_i}(d_i)|}{|U|} \tag{14}$$

（3）计算单个评价因子重要度：

$$\sigma_{CD}(c_i)=\gamma_c(D)-\gamma_{c-c_i}(D) \tag{15}$$

（4）归一化处理。通过归一化运算，计算出不同条件属性的权重系数，即不同评价指标的权重：

$$t=\frac{\gamma_c(D)-\gamma_{c-c_i}(D)}{\sum_{i=1}^{m}\left[\gamma_c(D)-\gamma_{c-c_i}(D)\right]} \tag{16}$$

2.3 综合权重的确定

经过上述步骤的计算与分析，我们可以得出不同的条件属性（评价指标）实测值 x 隶属于不同模糊区间 A_k 的确定度 $\mu(x)$，结合粗糙集理论的定权方法，进而求出最终的综合确定度公式：

$$\mu_{A_k}=\sum_{i=1}^{m}\omega(E_i)g\mu_{k,\ i} \tag{17}$$

式中，$\mu_{k,i}$ 为待测样本的第 i 个指标的实测值所在等级 k 的确定度；$\omega(E_i)$ 为待测样本第 i 个评价指标所占权重的大小。

根据最终的确定度，按照最大隶属度原则，确定样本岩爆的隶属等级：

$$L=\max(\mu_1, \mu_2, \cdots, \mu_k) \tag{18}$$

3 岩爆预测应用

为考察该模型优良性，本文从文献［21］中选取40组国内外岩爆实测数据作为训练样本进行有效性检验。$U\{x_1, x_2, \cdots, x_{40}\}$ 表示研究对象的论域；$A = C\{c_1, c_2, c_3, c_4\} \cup D\{d\}$ 表示决策对象的属性集合，其中：$c_1(\sigma_c)$、$c_2(\sigma_\theta/\sigma_c)$、$c_3(\sigma_c/\sigma_t)$、$c_4(W_{et})$ 为条件属性，为计算方便，根据不同影响因素的分类标准，取聚类数为4，各因素因实际测量值不同分别取｛1，2，3，4｝对应实际值由低到高变化；$D(d_1, d_2, d_3, d_4)$ 为决策属性，｛1，2，3，4｝分别对应实际岩爆等级Ⅰ（无岩爆），Ⅱ（微弱岩爆），Ⅲ（中等岩爆），Ⅳ（剧烈岩爆）。具体的实测值、原始决策表见表2。

表2 原始决策表

Table 2 Original decision table

实例序号	条件属性				岩爆等级	U	A				D
	σ_c	σ_θ/σ_c	σ_c/σ_t	W_{et}			c_1	c_2	c_3	c_4	
1	180.00	0.27	21.69	5.00	Ⅲ	1	3	1	3	3	3
2	175.00	0.36	24.14	5.00	Ⅲ	2	3	2	3	3	3
3	180.00	0.42	21.69	5.00	Ⅲ	3	3	2	3	3	3
4	180.00	0.32	21.69	5.00	Ⅲ	4	3	2	3	3	3
5	236.00	0.38	28.43	5.00	Ⅲ	5	4	2	2	3	3
6	130.00	0.38	21.67	5.00	Ⅲ	6	3	2	3	3	3
7	140.00	0.77	17.50	5.50	Ⅳ	7	3	4	3	3	4
8	178.00	0.11	31.23	7.40	Ⅰ	8	3	1	2	4	1
9	115.00	0.10	23.00	5.70	Ⅰ	9	2	1	3	3	1
10	176.00	0.31	24.11	9.30	Ⅲ	10	3	2	3	4	3
11	120.00	0.40	80.00	5.80	Ⅲ	11	2	2	1	3	3
12	115.00	0.55	76.67	5.70	Ⅲ	12	2	3	1	3	3
13	110.00	0.45	73.33	5.70	Ⅲ	13	2	2	1	3	3
14	82.56	0.37	12.70	3.20	Ⅱ	14	2	2	4	2	2
15	128.60	0.69	9.74	4.90	Ⅳ	15	3	3	4	3	4
16	237.10	0.05	13.43	6.90	Ⅰ	16	4	1	4	4	1
17	256.50	0.22	13.57	9.10	Ⅲ	17	4	1	4	4	3
18	225.60	0.40	13.12	7.30	Ⅳ	18	4	2	4	4	4
19	171.50	0.36	7.59	7.50	Ⅱ	19	3	2	4	4	2
20	54.20	0.63	4.48	3.17	Ⅱ	20	1	3	4	2	2
21	138.40	0.78	17.97	1.90	Ⅳ	21	3	4	3	1	4
22	198.00	0.35	8.84	4.68	Ⅱ	22	4	2	4	3	2
23	171.30	0.61	7.58	7.27	Ⅳ	23	3	3	4	4	4
24	237.16	0.44	13.43	6.38	Ⅳ	24	4	2	4	4	4
25	304.21	0.35	14.56	10.57	Ⅳ	25	4	2	4	4	4
26	54.20	0.47	21.77	3.17	Ⅱ	26	1	2	3	2	2
27	147.09	0.49	13.40	6.53	Ⅲ	27	3	2	4	4	3
28	160.00	0.14	30.77	2.22	Ⅰ	28	3	1	2	2	1
29	160.00	0.13	30.77	2.22	Ⅰ	29	3	1	2	2	1
30	160.00	0.08	30.77	2.22	Ⅰ	30	3	1	2	2	1
31	170.00	0.44	15.04	9.00	Ⅲ	31	3	2	3	4	3

续表 2
Continues Table 2

实例序号	条件属性				岩爆等级	U	A				D
	σ_c	σ_θ/σ_c	σ_c/σ_t	W_{et}			c_1	c_2	c_3	c_4	
32	123.00	0.35	20.50	5.00	Ⅲ	32	3	2	3	3	3
33	165.00	0.38	17.55	9.00	Ⅲ	33	3	2	3	4	3
34	88.70	0.34	23.97	6.60	Ⅲ	34	2	2	3	4	3
35	128.61	0.82	9.89	5.76	Ⅳ	35	3	4	4	3	4
36	304.00	0.35	33.33	5.76	Ⅲ	36	4	2	2	3	3
37	306.58	0.34	22.06	6.38	Ⅳ	37	4	2	3	4	4
38	52.00	0.14	14.05	1.30	Ⅰ	38	1	1	4	1	1
39	99.70	0.25	20.77	3.80	Ⅰ	39	2	1	3	2	1
40	99.70	0.15	20.77	3.80	Ⅰ	40	2	1	3	2	1

根据前文粗糙集理论知识，对表中数据按照条件属性和决策属性进行划分，则有：

$U/IND\ (C) = \{x_1, x_2, x_3, \cdots, x_{40}\}$

$U/IND\ (D) = \{\{x_8, x_9, x_{16}, x_{28}, x_{29}, x_{30}, x_{38}, x_{39}, x_{40}\}, \{x_{14}, x_{19}, x_{20}, x_{22}, x_{26}\}, \{x_1, x_2, x_3, x_4, x_5, x_6, x_{10}, x_{11}, x_{12}, x_{13}, x_{17}, x_{27}, x_{31}, x_{32}, x_{33}, x_{34}, x_{36}\}, \{x_7, x_{15}, x_{18}, x_{21}, x_{23}, x_{24}, x_{25}, x_{35}, x_{37}\}\}$

依次去掉一个条件属性后，对论域等价划分得（由于篇幅有限，本文仅以条件属性 c_1 为例，简述计算方法）：

$U/IND\ (c-c_1) = \{\{x_1, x_9\}, \{x_2, x_3, x_4, x_6, x_{32}\}, \{x_5, x_{36}\}, \{x_7\}, \{x_8\}, \{x_{10}, x_{25}, x_{31}, x_{33}, x_{34}, x_{37}\}, \{x_{11}, x_{13}\}, \{x_{12}\}, \{x_{14}\}, \{x_{15}\}, \{x_{16}, x_{17}\}, \{x_{18}, x_{19}, x_{24}, x_{27}\}, \{x_{20}\}, \{x_{21}\}, \{x_{22}\}, \{x_{23}\}, \{x_{26}\}, \{x_{28}, x_{29}, x_{30}\}, \{x_{32}\}, \{x_{35}\}, \{x_{38}\}, \{x_{39}, x_{40}\}\}$

计算在条件属性 c_1 下，决策属性 D 的正域为：

$POC_{C-C1}\ (D) = \{x_2, x_3, x_4, x_5, x_6, x_7, x_8, x_{11}, x_{12}, x_{13}, x_{14}, x_{15}, x_{20}, x_{21}, x_{22}, x_{23}, x_{26}, x_{28}, x_{29}, x_{30}, x_{32}, x_{35}, x_{36}, x_{38}, x_{39}, x_{40}\}$

计算在剔除决策属性 c_1，决策属性对条件属性 $C-C_1$ 的依赖度为：

$$\gamma_{C-C_1}(D) = \frac{|POS_{C-C_1}(D)|}{|U|} = \frac{16}{40}$$

计算条件属性 c_1 对决策属性的重要度为：

$$\sigma_{CD}(c_1) = \gamma_C(D) - \gamma_{C-C_1}(D) = \frac{24}{40}$$

同理，按照上述步骤计算，可得出条件属性 C 对决策属性 D 的重要度分别为 0.273、0.261、0.227、0.239。根据权重计算，再结合云模型求解的不同指标隶属于不同岩爆等级的重要度，根据式（17）即可算出不同实例样本的岩爆等级判定结果。

本文以样本 1 为代表数据，简述 RS-改进云模型的岩爆等级预测方法。样本 1 的条件属性 c_2 切向应力与单轴抗压强度比的实测值为 0.27，根据云模型的基本概念以及公式，可计算出隶属于四种岩爆程度的确定度分别为：$\mu_1=0.63$，$\mu_2=0.31$，$\mu_3=\mu_4=0$。单从 c_2 基本数值来看，该样本隶属于第一等级，但是由于 c_2 评价因素所占权重不是很大，所以样本最终的隶属岩爆等级与通过这一条件属性计算有所偏差，经过最终的综合隶属度计算，该样本隶属于第三等级中等岩爆，与实际岩爆等级相符，因此分析时，绝不能拘于某一评级因子的隶属度。按照上述步骤进行计算，可计算出 40 组样本数据隶属于各岩爆等级的隶属度，并根据最大隶属度原则确定最终岩爆等级。实测样本隶属各等级的隶属度及最终评判结果见表 3（注：* 为误判）。

表3　实际样本隶属各级岩爆等级的综合确定度

Table 3　The actual sample is subject to the comprehensive determination of the rockburst level of each level

实例序号	综合确定度				本文预测结果	实际岩爆等级	距离判别分析	交叉估计
	μ_1	μ_2	μ_3	μ_4				
1	0.165	0.124	0.598	0.331	Ⅲ	Ⅲ	Ⅲ	Ⅲ
2	0.068	0.305	0.588	0.195	Ⅲ	Ⅲ	Ⅲ	Ⅲ
3	0.028	0.298	0.607	0.194	Ⅲ	Ⅲ	Ⅲ	Ⅲ
4	0.110	0.203	0.598	0.275	Ⅲ	Ⅲ	Ⅲ	Ⅲ
5	0.053	0.312	0.424	0.230	Ⅲ	Ⅲ	Ⅲ	Ⅳ
6	0.055	0.356	0.664	0.078	Ⅲ	Ⅲ	Ⅲ	Ⅲ
7	0.004	0.025	0.117	0.653	Ⅳ	Ⅳ	Ⅳ	Ⅳ
8	0.581	0.212	0.181	0.253	Ⅰ	Ⅰ	Ⅰ	Ⅰ
9	0.482	0.229	0.260	0.321	Ⅰ	Ⅰ	Ⅰ	Ⅰ
10	0.112	0.217	0.343	0.235	Ⅲ	Ⅲ	Ⅲ	Ⅲ
11	0.054	0.299	0.395	0.125	Ⅲ	Ⅲ	Ⅲ	Ⅲ
12	0.026	0.244	0.475	0.076	Ⅲ	Ⅲ	Ⅲ	Ⅲ
13	0.048	0.270	0.457	0.090	Ⅲ	Ⅲ	Ⅲ	Ⅲ
14	0.187	0.643	0.106	0.208	Ⅱ	Ⅱ	Ⅱ	Ⅱ
15	0.009	0.086	0.226	0.562	Ⅳ	Ⅳ	Ⅳ	Ⅳ
16	0.723	0.001	0.107	0.193	Ⅰ	Ⅰ	Ⅰ	Ⅰ
17	0.227	0.026	0.420	0.094	Ⅲ	Ⅲ	Ⅲ	Ⅲ
18	0.034	0.261	0.095	0.629	Ⅳ	Ⅳ	Ⅳ	Ⅳ
19	0.070	0.588	0.205	0.224	Ⅱ	Ⅱ	Ⅱ	Ⅱ
20	0.259	0.248	0.264	0.205	Ⅱ～Ⅲ*	Ⅱ	Ⅱ	Ⅱ
21	0.140	0.130	0.055	0.455	Ⅳ	Ⅳ	Ⅳ	Ⅳ
22	0.072	0.547	0.287	0.252	Ⅱ	Ⅱ	Ⅱ	Ⅱ
23	0.000	0.011	0.465	0.540	Ⅲ～Ⅳ	Ⅳ	Ⅳ	Ⅳ
24	0.018	0.230	0.174	0.493	Ⅳ	Ⅳ	Ⅳ	Ⅳ
25	0.079	0.193	0.115	0.212	Ⅳ	Ⅳ	Ⅳ	Ⅳ
26	0.270	0.454	0.293	0.025	Ⅱ	Ⅱ	Ⅱ	Ⅱ
27	0.009	0.155	0.482	0.363	Ⅲ	Ⅲ	Ⅲ	Ⅲ
28	0.350	0.364	0.287	0.299	Ⅰ	Ⅰ	Ⅰ	Ⅰ
29	0.348	0.363	0.287	0.298	Ⅰ～Ⅱ*	Ⅰ	Ⅰ	Ⅰ
30	0.310	0.362	0.287	0.260	Ⅱ*	Ⅰ	Ⅰ	Ⅰ
31	0.019	0.233	0.349	0.215	Ⅲ	Ⅲ	Ⅲ	Ⅲ
32	0.086	0.365	0.622	0.110	Ⅲ	Ⅲ	Ⅲ	Ⅲ
33	0.051	0.258	0.423	0.179	Ⅲ	Ⅲ	Ⅲ	Ⅲ
34	0.184	0.476	0.239	0.306	Ⅲ	Ⅲ	Ⅲ	Ⅲ
35	0.009	0.067	0.291	0.381	Ⅳ	Ⅳ	Ⅳ	Ⅳ
36	0.094	0.170	0.441	0.162	Ⅲ	Ⅲ	Ⅲ	Ⅲ
37	0.082	0.238	0.282	0.278	Ⅲ～Ⅳ*	Ⅳ	Ⅳ	Ⅳ
38	0.742	0.041	0.102	0.384	Ⅰ	Ⅰ	Ⅰ	Ⅰ
39	0.490	0.260	0.354	0.211	Ⅰ	Ⅰ	Ⅰ	Ⅰ
40	0.440	0.329	0.354	0.282	Ⅰ	Ⅰ	Ⅰ	Ⅰ

经与实际岩爆等级和其他方法[22]对比，本文所介绍的RS-改进云模型岩爆预测模型的预测结果与实际岩爆等级基本一致，且评判结果更加保守，具有一定的准确性。但是，由于岩爆问题具有一定的模糊性和不确定性，所以不能仅仅依据几个物理量来对实际的岩爆等级进行判定，还需要参考研究目标的地质地貌、内外环境和具体施工情况进行分析。例如样本序号27，根据本文构建模型和最大隶属度原则，该样本隶属于Ⅲ等级的可能性最大，隶属于Ⅳ等级的可能性和隶属于Ⅱ等级的数值相近，但是绝不可能隶属于第Ⅰ、Ⅱ等级，而此样本的实际岩爆等级为Ⅲ级中等岩爆，可以得出这样的结论：即使实际爆破等级为中等岩爆，但是不排除转向强烈岩爆这种情况的发生，所以预测结果具有一定的预见性和保守性。

4 工程实例

为检验本模型有效性和可行性，本文依托铜陵冬瓜山铜矿岩爆实测数据为待测样本。冬瓜山铜矿是铜陵有色金属集团控股有限公司的主要矿山，矿床为层控式矽卡岩型深埋矿床，埋深大于700m，因此矿区原岩应力和矿岩强度比较高，所以在矿山开采过程中，岩爆的预测和预防已经是一项重大课题，而岩爆预测和防治必须建立在矿岩岩爆倾向性研究的基础之上。

在高应力作用下，冬瓜山矿在基建和生产期间在井巷施工中曾多次发生以岩石弹射为主要特征的岩爆破坏事件，为此岩爆倾向性预测也成为矿山防震减灾的一项重要技术手段。本文以冬瓜山-480~-730m主矿体矽卡岩的物理力学性质为依据，具体评价指标见表4。

表4 冬瓜山岩爆实测数据

Table 4 Rockburst measured data of Dongguashan mine

矿石类型	σ_c	σ_θ/σ_c	σ_c/σ_t	W_{et}	实际岩爆等级
矽卡岩	190.30	0.554	11.11	3.97	Ⅲ

根据前文所述方法，首先将指标分类的判别标准临界值代入公式（4）~式（7）求出云模型的数字特征，根据正向云发生器，将指标实测值代入公式（2），求出不同指标下实测值对应的危险程度的隶属度$\mu(x)$；根据粗糙集理论，将实测值生成具体的原始决策表，参照公式（13）~式（16），求取各评价因子的权重，再根据式（17）求出样本的最终隶属度，确定实际工程的岩爆等级。经计算，依据粗糙集理论结合改进的云模型求出的冬瓜山岩爆等级与实际情况相符，说明该模型可行，为岩爆预测提供了新的途径。

5 结论

（1）根据岩爆问题的模糊性和复杂性，通过对云模型的基本概念加入模糊区间的定义，使得传统云模型在定义上更加直观；将云模型特征参数求取方式上加以改进，使得求取结果与实际情况更加符合，强化了计算结果的准确性。

（2）选取岩石单轴抗压强度σ_c、岩石抗拉强度σ_t、切向应力σ_θ、弹性变形能W_{et}作为主要评价因子，以国内外40组数据为学习样本，通过冬瓜山铜矿岩爆实测数据为待测样本验证其准确性。经计算，通过该模型确定的岩爆等级与实际岩爆等级大致相符，具有较好的预测性和科学性，为岩爆倾向性预测问题提供了新的思路。

（3）粗糙集理论在求解权重问题时，可以通过对条件属性进行约简，求出条件属性对决策属性的重要度，进而使求取的权重更加客观、具体，减少评价过程的片面性。

（4）利用粗糙集理论求取权重，所选取的数据应该具有代表性和客观性，避免评价结果的片面性；同时在对数据离散化处理之前，还可以利用多种方法对数据进行预处理，从而取其均值作为最终的指标权重，使评价结果更具有科学性。

参 考 文 献

[1] 王迎超，靖洪文，张强，等．基于正态云模型的深埋地下工程岩爆烈度分级预测研究［J］．岩土力学，2015，36（4）：1189-1194.

[2] 李果，周承京，张勇，等．地下工程岩爆研究现状综述［J］．水利水电科技进展，2013，33（3）：77-83，94.

[3] 贾义鹏，吕庆，尚岳全．基于粒子群算法和广义回归神经网络的岩爆预测［J］．岩石力学与工程学报，2013，32（2）：343-348.

[4] 贾义鹏，吕庆，尚岳全，等．基于粗糙集—理想点法的岩爆预测［J］．浙江大学学报（工学版），2014，48（3）：498-503.

[5] 张晓燕．基于模糊综合评价的岩爆危险性预测［D］．邯郸：河北工程大学，2017.

[6] 张乐文，张德永，李术才，等．基于粗糙集理论的遗传—RBF神经网络在岩爆预测中的应用［J］．岩土力学，2012，33（增刊1）：270-276.

[7] 张彪，戴兴国．基于指标距离与不确定度量的岩爆云模型预测研究［J］．岩土力学，2017，38（增刊2）：257-265.

[8] 姜大威，杨涛．基于等效数值法的岩爆烈度预测研究［J］．水资源与水工程学报，2014，25（1）：210-213.

[9] 董源，裴向军，张引，等．基于组合赋权—云模型理论的岩爆预测研究［J］．地下空间与工程学报，2018，14（增刊1）：409-415.

[10] 胡敏，陈建宏，陆玉根．基于遗传算法和BP神经网络岩爆预测［J］．矿业研究与开发，2011，31（5）：90-94.

[11] 李亚丽．基于粗糙集与遗传算法的岩爆倾向性预测方法研究［J］．采矿与安全工程学报，2012，29（4）：527-533.

[12] 胡建华，尚俊龙，周科平．岩爆烈度预测的改进物元可拓模型与实例分析［J］．中国有色金属学报，2013，23（2）：495-502.

[13] 叶回春，张世文，黄元仿，等．粗糙集理论在土壤肥力评价指标权重确定中的应用［J］．中国农业科学，2014，47（4）：710-717.

[14] 李德毅，孟海军，史雪梅．隶属云和隶属云发生器［J］．计算机研究与发展，1995（6）：15-20.

[15] 李志超，周科平，林允．基于RS-云模型的硫化矿石自燃倾向性综合评价［J］．中国安全生产科学技术，2017，13（9）：126-131.

[16] 周志远，沈固朝．粗糙集理论在情报分析指标权重确定中的应用［J］．情报理论与实践，2012，35（9）：61-65.

[17] 杨启贤．粗糙集及其应用简介［J］．贵州师范大学学报（自然科学版），1988（2）：38-46.

[18] 周科平，雷涛，胡建华．深部金属矿山RS-TOPSIS岩爆预测模型及其应用［J］．岩石力学与工程学报，2013，32（增刊2）：3705-3711.

[19] 蓝昌金．深部空区群作用下小厂坝铅锌矿岩爆危险性评估及安全回采技术研究［J］．有色金属（矿山部分），2019，71（2）：12-19.

[20] 潘震，李克钢，牛勇．动静组合加载下岩石动力学特性研究现状及岩爆机理分析［J］．矿冶，2018，27（2）：5-8.

[21] 郝杰，侍克斌，王显丽，等．基于模糊C-均值算法粗糙集理论的云模型在岩爆等级评价中的应用［J］．岩土力学，2016，37（3）：859-866，874.

[22] 王吉亮，陈剑平，杨静，等．岩爆等级判定的距离判别分析方法及应用［J］．岩土力学，2009，30（7）：2203-2208.

企业管理

Enterprise Management

从人力资源会计到人力资本会计

王丽娟

（广东宏大爆破股份有限公司，广东 广州，510623）

摘　要：文章通过对人力资源和人力资本概念的分析，认为人力资源会计应该创新为人力资本会计。并从核算对象、产权主体、收益权、会计理论等方面来进行论证，认为企业的人力资源不应该再认为是企业的一项投资，而应该看作是人力资本所有者对企业的一项投资，人力资本所有者应取得的相应权益，会计理论和会计实务也应该据此有所创新，才能适应知识经济时代下的企业发展。

关键词：人力资源会计；人力资本会计；创新

From Human Resource Accounting to Human Capital Accounting

Wang Lijuan

（Guangdong Hongda Blasting Co.，Ltd.，Guangdong Guangzhou，510623）

Abstract: Through the concept analysis of human resources and human capital, the article believes the human resources accounting should be innovated as the human capital accounting. It demonstrates this point from accounting object, ownership, profit right, accounting theory, and thinks the enterprise human resources should not be considered as an investment of an enterprise, but as the human capital owner's investment to the enterprise. The human capital owner should get corresponding rights and interests, and the accounting theory and accounting practice should be innovated accordingly so as to meet the requirements of enterprise development in the era of knowledge.

Keywords: human resource accounting; human capital accounting; innovation

1　人力资源与人力资本有着本质上的区别

人力资源（Human Resource）通常的含义是指一定范围内人口总体中所蕴含的劳动能力的总和。对具体一个企业而言，人力资源是指企业员工天然拥有的、并自由支配的各种能力与技能，侧重于反映人的实体形态、劳动技能等因素的自然存量，换言之，着重反映人的自然属性及这种存量的数量。人力资本是指人们花费在人力保健、教育、培训等方面的开支所形成的资本。这种资本，就其实体形态来说，是活的人体所拥有的体力、健康、经验、知识和技能及其他精神存量的总称。它侧重反映的是可以在未来特定经济活动中给有关经济行为主体带来剩余价值或利润收益，它是可以作为获利手段使用的“资本”，着重反映人的社会属性和质量，是一种无形形态。

从抽象意义上讲，二者具有一定的相通性，这一相通性主要体现在生产力自然属性这一层面上，因为二者都强调人的知识、技能、健康等因素。但是，人力资本更侧重于反映以“人”为中心的一系列生产关系，从根本上讲，人力资本反映的是人的社会属性一面。因此，从会计学的角度来看，人力资本会计更能准确反映人力资本投资所带来的产权界定、资本保值增值、投资收益分配及企业权益框架的安排等问题。

原载于《经济师》，2016（10）：1。

2 核算对象的不同

显而易见，人力资源会计的核算主体是人力资源，而人力资本会计的核算主体是人力资本。既然人力资源与人力资本有着本质的区别，因而两者的核算对象也有着明显的区别。将人力资源作为核算对象的人力资源会计，主要反映的是企业所拥有的人力资源的数量，并将一般员工、管理者、技术层、企业家视作同质的人力资源，采用统一的模式核算其成本、计量其价值。事实上，不同层的人力资源在同一外在约束条件下对经济增长的贡献差异是客观存在的，人力资源会计采用统一的模式核算其成本、计量其价值，显然不能准确反映人力资源的异质性。

如果将人力资本作为核算对象，人力资本会计将会更加注重人力资本的质量。在知识经济下，从真正推动经济发展的动力来看，人力资源的技术含量远远高于人力资源自然存量。根据不同层次的人力资本的不同，可以反映人的能力差异，反映人的素质要素的稀缺性，并通过人力资本会计的核算，科学合理实现企业内部人力资源的优化和配置。

3 产权主体的创新

人力资源会计的产生，就是为了计量、报告企业人力资源存量及其增减变化，目的是为利益相关者提供人力资源成本及价值方面的信息。从其本质上来，无论是将人力资源作为长期投资还是作为无形资产，都无法完整的体现人力资源的产权问题。

人力资本是凝结在每个活的人体身上的体力、健康、经验、知识和技能及其他精神存量的总称，是由人们花费在人力保健、教育、培训等方面的开支所形成的资本。由此可见，人力资本的形成是借助于家庭、教育和医疗保健等自身再生产活动来实现的。一个人的特定人力资本，需要以这个具体的个人为核心和内在动因，由家庭、企业、学校、医疗卫生机构和政府提供一定的社会经济条件和人文环境，经过长期的抚养、保健、教育和培训等活动，才能最终形成。人力资本的形成，并不在于某个具体的企业，人力资本的所有者，也不可能是某个企业。人力资源资本的所有者无疑是劳动者本人。在知识经济时代，劳动者的智能因素成为经济增产的核心力量，人力资源会计关注的是人力资源的成本、价值信息，而人力资本会计更加关注人力资本的产权问题。投资与产权界定和权益分配是不可分离。人力资源会计始终未能摆脱“资本雇佣劳动”的理论束缚，只不过是扩大了会计这一决策支持系统的信息容量，模糊了人力资源的产权问题。而人力资本会计的创新意义在于明确人力资本的产权，其不仅反映人力资源的成本、价值信息，而且应进一步计量、报告人力资本所有者权益。

4 收益权的问题

收益权源于产权。在物质稀缺时代，“资本雇佣劳动”，作为生产要素创新的最大“获益者”，物质资本所有者无疑成为剩余索取权的享有者，取得了最大的收益。人力资源会计比传统会计理论有新的发展，但就收益权问题上，仍未能摆脱物质资本产权的局限，人力资源无论是作为长期投资或是无形资产，都属于物质资本所有者所有。物质所有者凭借物质资本所有权而独享剩余，人力资本所有者仅仅获取劳动补偿价值而远离剩余价值，从而使人力资源会计仍侧重于对物质资本的核算、报告，只不过增加了人力资源的成本和价值信息而已。明确人力资源和人力资本在会计角度上的区别，就相当于明确了人力资本的所有权和收益权的问题。人力资本会计认为：人力资本所有者应该与物质资本的所有者一起成为企业剩余权益的索取者。当人力资本取代物质资本成为技术创新与价值增值的核心力量，成为真正意义上的稀缺资源的时候，“资本雇佣劳动”这一传统理念已不再符合时代要求，人力资本会计更能体现企业的产权结构、反映产权关系、维护产权意志。

5 从人力资源会计到人力资本会计，显示了会计理论和会计实务的创新

在人力资源会计的传统理论中，都采纳了这样一个思路：“企业吸收人力资源是企业进行的一项投资”，往往通过借记发展成本、招募成本等，贷记银行存款，以反映人力资源的取得和发展所发生的成本，然后再通过借记人力资产，贷记发展成本等，来结转并确认人力资源这项资产。在人力资源会计中，仍局限于按照取得成本或价值对人力资源进行计量，并未能探讨人力资源的本质。

基于以上对人力资源和人力资本的分析，我们认为人力资本会计更能体现会计理论和会计实务的创新。企业在吸收人力资源时应该转换思路，不要将之理解为企业的投资，而将之理解为人力资本所有者对企业的特殊投资。这无疑是对传统人力资源会计理论的挑战。既然人力资本参与到企业中是不可或缺的，而人力资本不可分割地属于其载体，人力资本所有者对其人力资本拥有自然的控制权，而且人力资本所有者自身代表的先进生产力、管理能力和掌握的知识技能不可能让渡给企业，企业要想合法地使用人力资本所有者的劳动，就必须像使用债权人和所有者投入的物质资本的同时必须赋予债权人、所有者一定的权益一样，也必须使人力资本所有者也成为权益持有者。那么，人力资本所有者是何类权益持有者呢？我们认为人力资本所有者应该是混合权益索取者，因为：一方面人力资本所有者平时从企业中定期取得固定报酬，所以体现为固定权益索取者；另一方面由于企业对人力资本一定程度上具有排他性的占有特性，企业合法地占有了人力资本的超额效用即利润，因此，人力资本这种稀缺要素的所有者应该拥有剩余价值的索取权。

既然人力资本所有者也成为权益持有者，那么现代会计学的权益理论必须要进行创新，现在的会计平衡式“资产=负债+所有者权益”，已经不能准确反映人力资本所有者应取得的权益，应该拓展为“资产=财务负债+人力负债+财务资本权益+人力资本权益”。

从人力资源会计到人力资本会计，不仅仅是一个概念的问题，它反映了企业经营理念的变化，体现了会计理论的发展和创新，将对知识经济时代的企业发展带来深远的影响。本文只是简单地从人力资源和人力资本的概念出发，探讨了从人力资源会计到人力资本会计的问题，有待于会计理论和会计实务工作者作更深层次的研究和探索。

企业推行绩效考核的困难与对策

李战军

（广东宏大爆破股份有限公司，广东 广州，510623）

摘　要：根据企业推行绩效考核的经历，认为在企业推行绩效考核是显效的，同时指出在企业推行绩效考核不是一项轻松的事。认为在企业推行绩效考核面临基础资料不足、传统文化影响、急功近利、员工难以参与以及考核结果难以反馈等困难，提出了在企业推行绩效考核应加强考核者与被考核者之间的沟通，要兼顾东西方文化的差异，要尽量用少而精的考核指标，要以激励为主，要兼顾考核指标的公平性，并要根据情况对考核指标体系进行不断修正等建议。

关键词：企业；考核；绩效考核

Difficulties of Implementing Performance Appraisal in Enterprises and Countermeasures

Li Zhanjun

（Guangdong Hongda Blasting Co.，Ltd.，Guangdong Guangzhou，510623）

Abstract：Based on the experience of implementing performance assessment in the enterprise，the paper believes that it is effective but not easy to implement it. It points out the factors that stop its implementation，like insufficient basic information，traditional cultural influence，eagerness for quick implementation and positive effect，difficult participation of employees and difficult feedback of appraisal results. It proposes that the enterprise should strengthen the communication between examiners and examinees，consider the differences between eastern and western cultures，try to use fewer and better assessment indicators，give priority to motivation，take into account the fairness of assessment indicators，and constantly revise the assessment indicator system according to the situation for the implementation of performance appraisal.

Keywords：enterprise；assessment；performance appraisal

我公司是一个从事矿山开采及爆破相关业务的国有相对控股的股份制公司。现公司总人数近千人，年总产值近5亿元，公司下设行政中心、企管中心、运营中心、营销中心、研发中心和财务中心六大职能部门。我公司于2005年末在公司内推行绩效管理，对公司中层正职以下人员进行绩效考核。在推行绩效考核的近两年时间内，我们享受过绩效考核的好处，也体会了推行绩效考核的艰难，其间，我公司对绩效考核指标进行了两次大的调整，对一般员工的绩效考核采用了三种考核方法。

1　我们推行绩效考核的历程、遇到的困难与对策

1.1　历程

我公司绩效考核的推行经历了以下几个主要阶段，2005年11月至12月，进行绩效考核推行前的宣传教育；2006年1月至2月，进行绩效考核指标体系的设置，指标体系的设置由咨询公司、我公司

原载于《湖北经济学院学报》（人文社会科学版），2008，5（2）：61-62。

企管中心和其他部门（中心）主管共同完成；2006年3月开始，在全公司推广使用绩效考核制度。

1.2 初期的考核办法

2006年9月前，我们公司的绩效考核办法是：

（1）首先确定出员工和部门经理的基准工资。一般员工的月工资=保底工资+绩效挂钩工资=70%×基准工资+30%×基准工资；部门经理的月工资=保底工资+绩效挂钩工资=60%×基准工资+40%×基准工资。

（2）绩效考核实行百分制，最高分为100分。每个部门（中心）的员工的绩效考核，由各部门经理根据考核标准确定的各项绩效分值进行，每月进行一次。员工绩效考核得分乘以其绩效挂钩工资，加上其保底工资，就是其当月工资。部门经理的保底工资，按月发放；绩效工资每季度发放一次，每个部门经理的绩效分数由每季度一次的公司员工大会通过360度考核确定。

1.3 考核初期遇到的问题及第一次考核指标调整

2006年8月，我们发现2006年4—7月全公司一般员工的绩效分低于70分的很少，有些部门员工的绩效分均在85分以上，甚至一些表现较差，或者工作有重大失误的员工的分数也并不是很低，这说明绩效考核反映的信息严重失真。根据这一情况，2006年9月我们对一般员工的绩效考核办法进行第一次调整。此次调整我们将一般员工绩效工资由员工绩效得分直接决定变为由绩效等级决定。具体做法是将一段员工工资分为四个档，并有意将工资档次拉开，这四个档分别为A档，享受1.2的系数；B档，享受1.1的系数；C档，享受0.8的系数；D档，享受0.5的系数。同时，我们还规定每个月每个部门要有15%的人数为D档，A+B档的比例总额控制在部门人数的25%以内。这样，员工的当月工资=保底工资+绩效挂钩工资=70%×基准工资+30%×基准工资×档次系数；大部分员工只能得到C档，享受到0.8的调整系数。中层部门经理的考核办法不变。

1.4 第一次考核指标调整后遇到的新问题及改进措施

2007年1月，我们对绩效考核实行以来的情况进行了总结。我们认为，绩效考核在保障我们公司总体目标的实现方面，在收入的分配方面还是能够发挥一定的作用。但由于指标设置不尽合理、对绩效考核过程中可能发生的问题估计不足，出现了普通员工对绩效考核的评价低，一些中层干部在绩效考核时走过场的不正常现象。对于按照档次系数确定绩效工资的做法，大部分员工认为这样做在公平方面较原有办法有进步，但由于大部分员工只能够得到C档（享受0.8的系数），公司有通过绩效考核克扣员工工资的嫌疑。另外，由于硬性规定每个月每个部门要有15%的人数得D档，这就使得绩效考核为D档的员工的情绪低落，各部门经理也认为强制分档不利于部门团结。

根据上述情况，我们公司领导班子对绩效考核制度进行了认真思考，公司领导认为绩效考核本身没有错，绩效考核制度应该继续坚持。但对问题的原因要深挖，对于推行绩效考核时的一些做法要反思，不对的做法要修正。经过公司中层以上干部多次研讨、分析，最后在加强交流沟通的基础上，根据大多数员工的意见，我们对一般员工的考核指标又进行了第二次大的调整。将原来的各档次的系数调整为：A档，享受1.4的系数；B档，享受1.2的系数；C档，享受1.0的系数；D档，享受0.5的系数，并取消了各个档次的强制比例分配规定。为了平衡各部门的绩效考核情况，我们还规定部门经理对A档员工只有提名权，每月初的公司（中层）部门经理会议对A档员工的确定有决定权。这样基本上平息了员工的不满情绪，并进一步保证了绩效考核的公正性。经过这次调整，我们发现部门经理在绩效考核时的走过场行为基本消失了，员工对绩效考核的抵触情绪也明显减少了，公司的一些制度、措施的推进也顺畅多了。

2 企业推行绩效考核难的原因分析

根据我公司推行绩效考核的实践，我们认为在企业中推行有效的绩效考核不是一件容易的事，企业推行绩效考核困难的原因主要有以下几个方面。

2.1 基础资料欠缺

现在很多企业都强调绩效考核的重要，但却不知推行绩效考核需要完整的人力资源管理平台，比如职位分析、职位评价、素质测评等相关体系的基础资料。我国企业普遍缺乏这些资料，一些国内知名的大公司都缺乏这方面的基础资料，更不要说成长历史短、规模小的中小型企业。这是我国企业推行绩效考核的一大困难问题。

2.2 传统文化的影响

由于受“大锅饭”条件下的组织文化的影响，我国企业在过去较长时间内执行平均分配，缺乏有效的绩效考核制度，所以使很多人一下子接受不了被别人考核的做法，一些管理者也认为考核别人是得罪人。另外，一些中层管理人员习惯于中庸的文化氛围，在对其他同事的评估中总是乐于当老好人，从而使考核信息不准。

2.3 绩效考核急功近利

绩效考核是企业人力资源绩效管理的手段之一，它不能解决企业管理中的一切问题。但由于种种原因的夸大宣传，使许多企业领导认为只要实行了绩效考核就可以解决企业管理中的一切问题。在这种高期望值的推动下，出现了绩效考核的推行操之过急，指标设置的随意性较大，甚至采用高压政策强之推行绩效考核等不当作法，这也为绩效考核过程中一些问题的发生埋下了隐患。

2.4 考核者主观作用的影响

公司对部门员工的绩效考核，主要靠各部门的经理完成，各部门的领导在给部门的员工打分时完全靠他自己的感受。有些管理者对员工的评价高于实际，使绩效考核过宽，绩效考核初期，我们某些部门的员工得分均在90分以上。与此相反，有些管理者对本部门员工的评价低于实际表现，本部门的得分均在70分左右，导致出现考核过严倾向。这样，绩效考核的公平、公正性就失去了。

2.5 员工参与难

绩效管理的关键作用就是员工绩效的不断提升和技能的不断提高。作为绩效管理的重要一环，绩效考核需要一般员工的广泛参与。但现实中两方面的因素容易导致员工事实上的参与难，首先企业高层领导总是认为绩效考核是一个管理问题，是企业中高层的事情，在心理上拒绝一般员工的参与；另一方面，许多一般员工觉得自己干好自己的工作就行了，管理是公司上层的事情，自己位卑言轻说了也不算，即使让他们参与他们也不愿意多表态。这两方面的心理因素容易导致员工参与难。

2.6 绩效结果反馈难

绩效考核中有一个反馈性原则，即考核主管应在考核结果出来后与每一个考核对象进行反馈面谈。其重要意义在于，不但指出被考核者的优点与不足并达到一致，更重要的是要制订改进计划并落实到书面，以杜绝不良绩效的再次发生。但很多企业的主管人员一方面缺乏沟通技巧的训练，使得反馈质量难以保证，特别是对于那些绩效考核较差的员工，由于怕伤及上下级之间的关系，这种反馈或者绩效面谈可能更难以进行。另一方面绩效反馈难以持之以恒，特别是对于一些重复性的问题，主管人员会认为反复面谈是浪费时间，面谈进行过几次后，这些主管就可能以各种借口回避反馈，最终置之不理。

3 在企业推行绩效考核应注意的问题

通过绩效考核的实施，我们认为企业绩效考核的推行必须注意处理好以下几个方面的问题：

（1）推行绩效考核要十分注意考核者与被考核者之间的沟通。通过沟通使员工充分了解了企业的绩效管理的目标、绩效考核的作用。让员工明确了现代企业管理需要积极向上的企业文化，“大锅饭”

式的平均分配办法，不利于企业发展。同时让员工认识到现代考核的目的并不在于奖惩，而是在于有效地把个人目标和组织目标结合起来，以获得组织和个人的双赢。

（2）绩效考核指标的设置要广泛征求员工意见。绩效考核指标的制定和修正要广泛地征求一般员工的意见，增加绩效考核的透明度，让员工知道公司的绩效考核是怎样进行的，考核指标是如何得出的，考核结果有什么用处。我们认为在绩效考核中员工的参与越多，越利于绩效考核工作的进行。

（3）要重视东西方文化的差异。绩效考核是来自西方发达国家的一种行之有效的管理办法，但这种方法在西方的成功实施与发展，是基于西方的文化。将这种基于西方文化的先进管理方法引入我们中国使用，不能完全照搬，应该顾及中国的国情进行适当修正调整，否则容易出现水土不服，也难以奏效。

（4）绩效考核指标的设置要少而精。绩效考核应该抓住关键问题，绩效考核指标设置不宜太多，要针对不同的员工建立个性化的考核指标，如果什么都想考核，就有可能变成什么都考核不到。另外，指标的实现难度要体现平均先进，我们发现指标定得过高，激励作用反而降低。考核指标应该将量化与定性指标相结合，不要为了便于考核而将所有指标都强行量化。

（5）绩效考核应该以激励为主。绩效考核是一把“双刃剑”，正确的绩效评估，能激起员工的工作积极性，可以激活整个组织，但是如果做法不当，可能会产生许多意想不到的后果。企业的管理者在绩效考核过程中应尽力去了解、发现员工对考核的不满，进而寻找不满的原因，并制定措施解决不满，以实现考核者与被考核者、组织与个体之间的良性互动。

（6）对不同考核对象要顾及考核制度的可比性和公平性。一个企业具有不同类型的人员，显然对这些不同的人员应采用不同的考核指标体系、不同的考核周期、甚至不同的考核方法。但企业作为一个整体，其所有人员的考核理应容纳在一个统一的制度下，体现同一个考核理念，以免给人造成不公平的感觉。但在采用不同的考核操作时，应该注意各部门之间指标的可比性和公平性。

（7）发现问题及时修正。绩效考核是管理手段之一，在运用绩效考核手段时要允许失误，发现失误后要进行及时调整。为了尽快发现失误，要加强员工与绩效考核管理部门的沟通，并要建立起相应的快速反馈与申诉机制，只有这样才能及时发现并修正问题。另外，绩效考核的指标体系也不能长期不变，要根据环境的变化和企业目标的变化作出相应的调整。

爆破拆除项目的成本控制探讨

郑炳旭 李战军

（广东宏大爆破股份有限公司，广东 广州，510623）

摘 要： 基于爆破拆除工程实践，提出了按照工程项目的施工成本构成控制项目成本的方法。认为爆破拆除工程项目的成本管理仅局限于对工程项目的工、料、机的管理与控制是不够的。为达到理想效果，爆破拆除项目的成本控制应该采取事前控制、事中调控、事后总结改进的全过程成本管理办法。对项目成本控制过程应该注意的有关问题提出了看法。

关键词： 爆破拆除；成本；成本控制

Cost Control on Blasting Demolition Projects

Zheng Bingxu Li Zhanjun

（Guangdong Hongda Blasting Co., Ltd., Guangdong Guangzhou, 510623）

Abstract: Based on blasting demolition engineering practice, the paper proposes the method of controlling project cost according to construction cost composition of an engineering project. It believes it is not enough to limit the cost management of blasting demolition projects to the management and control of labor, material and machinery. In order to achieve the ideal effect, the cost control of blasting demolition projects should adopt the whole process cost management method of controlling in advance, adjusting in the construction and summarizing and improving after the project. It also puts forward some problems that should be paid attention to in the process of project cost control.

Keywords: blasting demolition; cost; cost control

1 引言

随着爆破拆除行业的竞争日趋激烈，爆破拆除项目的获利空间越来越小，爆破施工企业重视工程项目的成本管理，把项目的成本控制作为重要目标，将是一种不得已的选择。爆破拆除项目的成本控制，也理应成为工程项目管理的重要工作之一。本文结合爆破拆除施工项目运作的经验，就爆破拆除项目成本管理的一些问题进行了探讨，以期对类似问题的研究有所裨益。

2 按照施工成本构成控制项目成本的方法

与一般的建筑工程项目相同，爆破拆除项目的施工成本可以按成本构成分解为人工费、材料费、施工机械使用费、其他直接费和施工企业管理费等间接费用。在这几项费用中人工费、材料费和施工机械费显然是爆破拆除项目费用控制的重点[1]。

2.1 人工费的控制

根据爆破拆除工程施工时间紧、突击性较强的特点，爆破拆除作业的人工费用一般较高。人工费

原载于《中国爆破新技术Ⅱ》，2008：847-851。

理应是爆破拆除项目成本控制的重点，对人工费的控制需要注意以下几个方面：

（1）掌握基本情况。为了做到心中有数，爆破拆除项目进行前要根据以往类似工程的工程量和用工情况，估算出本次工程的工作量和用工量，作为计算人工费的基础。

（2）主要工序用工的处理办法。根据爆破拆除工程的特点，爆破拆除工程的预处理、钻孔和防护等工序若采用一次性全包的方式可能会遇到不便于控制工程的进度、不利于保证工作质量等许多问题。采用预先确定好的工程单价，然后按照工程的实际完成量或者完成数目再来确定总的人工费比较便于操作，但采用这一办法，需要把好工序的验收计量关和质量关。

（3）临时用工。由于爆破拆除项目的工序繁多，大额工作以外的许多零碎工作需要使用临时工。对于这些临时工，可采用记点工的方法来计算人工费。对于这部分开支的管理，关键是要搞好这些临时工的工作督导和调度，避免打临工的工人长时间处于闲置状态，拿工资不干活。

（4）人工费单价。人工费单价的确定是项目成本管理的基础，人工费单价的确定应参照当地类似工程的用工单价，考虑到季节和工程进度的松紧，以及人力供应情况适当调整。在本地施工时，由于企业有自己常年合作的队伍，对队伍的情况比较了解，这部分单价比较好确定。但为了保证工期和控制最终的人工费价格，施工队伍的报价并非是选择队伍的唯一标准，应结合施工队伍的实力综合考虑，避免误了工期造成更大的损失。在外埠施工时，因对当地的情况不了解，在选择队伍时应该格外小心，特别是要防止当地的施工队伍结成价格联盟，抬高工程价格。为了避免这种情况，我们在外地施工时通常采用与当地的爆破公司合作，或者自己带施工队伍的方法来进行外埠爆破拆除项目的运作。但是自带的施工队伍在一个陌生的环境里不便于开展工作，会遇到水土不服、难以适应当地气候等诸多问题，再加上交通和劳保费用等，会导致项目成本增加。

（5）奖罚措施的应用。为了取得较好的综合效益，应根据爆破拆除工程的具体特点，采用人工费与进度和施工质量相挂钩的方法进行奖罚。

2.2 材料费的控制

爆破拆除项目的材料主要为火工品和防护材料，由于火工品几乎为垄断专营性质，这部分材料费基本上是刚性的，没有什么潜力可挖；能够挖潜力的主要是防护材料。对于这部分材料主要是发挥采购量大的优势，同时推行比价采购的方法。

（1）采购审核。为了降低材料的采购成本，应该加强对材料采购业务的审核，包括采购地点的审核、材料价格的审核、材料质量的审核等。进行这项工作需要以往工程积累的资料作基础。

（2）量体裁衣。防护材料是爆破拆除工程的安全保证所必须的，但应量体裁衣，避免防护过度。为了防止防护过度，应根据爆破拆除建筑的周围环境合理确定出重点防护的区域，一般防护的区域和不防护的区域，该多用防护材料的地方一定要多用，能减少的防护材料尽量减少。

（3）节约使用。严格的材料领发使用制度，是控制材料成本的关键。爆破拆除项目使用的材料种类较少，但应该防止材料外流和保证采购到工地的材料用到位。

2.3 机械费的控制

爆破拆除项目的进行需要油炮机、挖掘机和空气压缩机的协助才能顺利进行。在爆破拆除项目不包括清理爆破拆除废渣的前提下，机械设备主要用于爆破拆除项目的预拆除和钻孔环节。为了控制费用，应做好以下几方面的工作：

（1）心中有数。爆破项目进行前，应该对项目需要使用机械的地方和设备的使用量进行尽可能准确的估计，以便合理确定进场设备的数量，避免设备闲置。

（2）措施得当。在进行机械预拆除时，采用实物量全包的好处是不用对机械作业的全过程进行过多监控，缺点是对于机械使用总量的估算困难；采用按照台班计算机械使用费的好处是不用对机械使用总量进行事先估算，缺点是需要对机械操作的全过程进行严密监控和准确计时。

（3）合理调度。预处理阶段，合理的预拆除次序与合理的机械调度，可以有效解决多工序交叉作业中容易出现的作业冲突问题，为整个工程的顺利完成打下基础，并可以节约时间和成本。钻孔阶段，对于施工地点较为分散的施工项目，使用多台小型空压机分散供气，可以避免供气管线过长，较利于操作和避免损耗；对于作业地点较为集中的工地，特别是对于供气压力要求较高的高层建筑拆除工地，采用大型供气设备有利于施工和提高作业效率。

（4）保证设备质量。对外部租赁的设备机械，应在签订租赁合同时，对设备完好率有所约定，在结算时进行考核；对自有设备要落实专人负责日常的维修和保养，以提高机械设备的完好率。

（5）搞好废料回收。对于合同约定废料归项目施工方所有的爆破拆除项目，在施工过程中要做好项目产生废料的回收和处理工作，以增加项目利润。

2.4 其他措施费的控制

爆破拆除项目往往需要采取警戒、减震、降尘等措施，以确保安全和效果。对于这些费用应该根据情况区别对待，若是业主要求的项目，应该在工程的造价中考虑这部分支出；若是项目安全必须的费用，该支出的一定要支出，但要对其范围进行估算和限制，争取既达到目的又避免浪费。

3 对项目的成本进行全过程管理

对于项目成本的控制主要着眼于人工费、材料费和机械使用费的控制，这也是许多企业以往的惯常做法。但是现代企业管理认为成本管理的关键是实现成本的全过程管理与控制，使成本管理模式由单一的工、料、机管理方式向项目成本的事前控制、事中控制调整、事后总结改进转变，以真正适应市场经济的要求[2]。

3.1 施工前的成本管理与控制

（1）重视投标报价阶段的成本分析。投标报价阶段的成本预测与分析是投标报价决策的基础，也是中标后项目实施过程中成本核算的基础，为了确保项目利润，企业竞标时就应根据市场情况、企业管理水平和自身能力，分析预测影响成本水平的因素及其结果，在此基础上制定竞标策略，以确保工程项目的预期经济效益。

（2）完善合同文本，避免损失。合同是工程承包商在施工过程中的最高行为准则，承包合同中的多数条款都涉及工程造价。在合同签订过程中，要对合同文本进行详细审查，并通过谈判确保自己的正当权益，并在合同中为事后的维权奠定基础[3]。

3.2 施工过程中的成本管理与控制

（1）优化施工组织设计，降低成本。施工方案的优化是工程成本有效控制的主要途径，工程中标后，应按经济、科学、合理的原则，做好施工组织设计的优化细化工作。在编制施工方案时，还要充分考虑采用先进的工艺和技术，制定出切实可行的技术节约措施，达到降低工程成本的目的。

（2）抓好进度结算。根据合同条款约定，按时编制进度报表和工程结算资料，报业主并收取进度款，并为竣工验收、回款打基础。

（3）加强材料管理。在爆破拆除工程项目中，材料成本约占整个工程成本的30%~40%。材料管理应从材料的价格、数量、质量及现场的材料管理等方面进行。首先，要在保证质量的前提下，实现“降价节支”；第二，根据施工程序及工程进度，做出分阶段的用料计划，这在资金周转困难时尤为重要；第三，加强现场管理，合理堆放，减少二次搬运和损耗；第四，对各种材料，坚持余料回收，废物利用。

（4）计划指导生产。项目运作前要编制出合理的劳力、材料、设备、机具和资金使用计划，提高资产利用率和劳动生产率，使人、财、物的投入按计划满足施工需要，以防工程成本出现人为失控。

（5）加强治安管理，杜绝事故和损失。

3.3 竣工后的成本管理与控制

（1）加强竣工结算管理。竣工结算是最终确定企业收入的依据，项目部应将施工中收集、整理的各项资料汇总，及时递交结算部门。工程竣工后，企业应及时向业主提供结算资料并办理竣工结算手续。对业主或审计单位提出的不合理意见，要坚持原则，据理力争，必要时可通过上级主管部门的裁定予以解决，保护企业的合法权益。

（2）做好项目成本分析总结。总结经验是为了巩固成绩，揭露矛盾是为了弥补存在的不足。对于已经竣工的工程的成本考核和成本分析是为了发现问题，提高以后项目的运作水平。一个工程项目的结束应该成为下一个项目基础工作的开始，只有这样才能把企业项目的运作建立在一个周而复始的良性循环上。

4　项目成本控制应该注意的问题

4.1　项目经理要具有成本效益观念

项目经理要明确自己的职责和项目部控制成本的重点范围。一个项目部可控的成本是项目本身的管理费用和用于工程项目的直接费用，其他是公司管理者考虑的问题。对于可控的这部分成本，用于工程项目的直接费用所占比例最大，也最难控制，这部分费用的管理控制工作应该成为项目部日常工作的重点。

4.2　项目成本控制与安全的关系

安全是爆破拆除项目成功实施的前提，因而爆破拆除项目的成本控制是在确保安全的基础上进行的，用于项目安全的必须投入一分钱都不能少，在成本与安全发生矛盾时应该优先保证安全。

4.3　项目成本控制与工期的关系

工期的长短与成本的高低，有着非常密切的关系。但在爆破拆除项目的实施过程中，不能为了节省成本而无限制的缩短工期，以免最终得不偿失。

4.4　运用激励机制实施考核奖罚

成本控制的最终目的是追求利润的最大化，它需要扎实的管理基础和全体员工的共同努力。利用激励机制对项目部和责任人实施责任成本考核，奖优罚劣，是十分必要的。公司要对项目部设定总的成本控制目标，项目部要将分项目标以责任状的形式落实到相应的部门与班组，明确责任人和奖罚办法。然后根据工程的进度，按照时间段和工程节点进行考核并实施奖罚，这是成本管理取得实效的重要保证。

总之，项目成本管理是一个复杂的系统工程，是一个动态管理过程。项目管理过程中时刻都应重视成本管理，以便企业获得更大的经济效益，在竞争中立于不败之地。

参 考 文 献

[1] 梁世连，惠恩才．工程项目管理学［M］．2 版．大连：东北财经大学出版社，2004：284-290.

[2] 胡钰．浅谈施工项目成本管理［J］．新疆有色金属，2005（增刊）：97-98.

[3] 徐朝晖，徐炜．浅谈工程项目成本管理与控制［J］．山西建筑，2002（3）：139-140.

论激励机制在现代企业管理中的应用

付　宣

（湖南涟邵建设工程(集团)有限责任公司，湖南　娄底，417000）

摘　要：21世纪是知识经济的时代，企业间的竞争不只停留在物质方面上的竞争，知识产权，人力资源方面的竞争，这其中又以人才因素最为重要。而企业可以通过建立完善的激励机制并将其很好地应用到现代企业管理中来，一方面可以鼓舞员工的士气、提升员工的综合素质、增强组织凝聚力，另一方面也有利于吸引高技术人才的加盟。笔者从现代企业管理中应用激励机制的必要性出发，并就目前企业在激励机制的应用方面所存在的问题进行分析，同时提出解决问题的对策与建议。

关键词：激励机制；现代企业管理；应用；问题；对策与建议

On the Application of Incentive Mechanism in Modern Enterprise Management

Fu Xuan

（Hunan Lianshao Construction Engineering（Group）Co.，Ltd.，Hunan Loudi，417000）

Abstract：The 21st century is the era of knowledge economy. The competition between enterprises not only stays in the material aspects，but also in intellectual property rights and human resources，in which competent personnel are the most important. Enterprises can establish a perfect incentive mechanism and apply it to modern enterprise management. On the one hand，it can encourage the momentum of employees，improve the comprehensive quality of employees，and enhance the cohesion of the organization. On the other hand，it is conducive to attracting high-tech talents to join. The author starting from the necessity of applying incentive mechanism in modern enterprise management，analyzes the problems existing in the application of incentive mechanism in their enterprise，and puts forward countermeasures and suggestions to solve the problems.

Keywords：incentive mechanism；modern enterprise management；application problems；countermeasures and suggestions

所谓激励机制是指一个组织系统中的管理者通过合理利用各种资源与手段，引导、激发、强化被管理者的工作动机，使员工努力去完成组织的任务，实现组织目标的管理过程。企业激励机制，又称员工激励制度，是通过一套理性化的制度来反映员工与企业相互作用的体现方式。它是企业管理者依据法律法规、价值取向、文化环境等，对员工的行为从物质、精神等方面进行激发和鼓励，在企业管理中调动企业员工生产和工作的积极性，增强其对企业的向心力、凝聚力的一种机制。

1　激励机制应用于现代企业管理中的必要性及作用

人力资源是第一资源，知识资本成为企业创造效益的推动力。尤其在当今社会，离开人才，企业单位均将寸步难行，因此在企业竞争日趋激烈的今天，为了在竞争中创造更大效益并独占鳌头，企业需要更加高效地开发和利用组织中的人力资源，才能显示出其独有的竞争实力。正如美国学者劳伦

原载于《中国外资》，2012（7）：22-23。

斯·彼得（Laurence J. Peter）在对员工晋升的相关现象研究中指出：在各种组织中，雇员总是趋向于晋升到不称职的位置。这种单纯的“根据绩效决定晋升”的激励机制是片面的。因此如何合理、高效、科学地应用员工激励机制来充分调动所有员工的工作积极性，突显人力资源的优势，成为保证企业在激烈的市场竞争环境中立于不败之地的关键因素之一。

一般而言，激励机制对企业的作用呈现为三种状态，即助长性、致弱性、疲惫性。故应当把握好企业员工激励机制使用的“度”，其实践标准在于：增强企业员工激励机制的积极作用；规避企业员工激励机制的消极作用；预防企业员工激励机制的疲惫作用。

2 目前企业在激励机制的应用方面所存在的问题

2.1 激励机制缺乏科学性且结构不合理

一方面，我国企业采用基本报酬形式为工资加奖金的形式，这种激励方式的力度较小，效果不明显。另一方面，不少企业都存在主要企业经营者个人成功论。将企业经营的成功和经济效益的提高归功于企业经营者的个人决策，企业薪酬管理部门积极主张给经营管理者不断加薪，在企业管理层实行经营者年薪的同时，中层干部实行“小年薪”。与此形成鲜明对照的是将普通员工工资幅度的低增长或零增长作为企业“降低人工成本、提高经济效益”的重要措施和手段。

2.2 绩效考核机制的缺乏

绩效考核，是指一个组织，运用特定的指标，采用科学的方法，对工作实绩，以及由此带来的诸多效果，做出价值判断，并给予相应的惩罚过程。它是科学的评价个体的劳动成果，激发个体努力的必要条件，对于发挥企业的激励机制的效用起到比较关键的作用，然而当前我们不少企业单位并未建立绩效考核机制，有的企业虽然已经建立绩效考核机制，但未制定详尽的实施细则，使之成为空架子，并不能发挥其应用的作用，这就严重地制约了企业激励机制在企业管理中的实施效果。

2.3 重物质激励而轻精神激励

改革开放以前，行政晋升和精神激励为企业对员工的主要激励方式，其要求企业从业人员（包括企业的管理层）要有不计报酬的奉献精神。但是随着市场经济的形成，企业体制的改革，物质激励逐步取代精神激励成为企业所采用的主要激励方式，而精神激励逐步淡出企业管理层的视线。现在企业管理层一味的只注重对员工采取物质激励措施，在实现企业的最大利润的同时挖空心思的满足员工物质需求。在这种重物质激励而轻精神激励的激励机制中，使员工仅仅只关注物质财富，并在其驱使下逐步的散失了精神财富而沦为劳动的机器。

2.4 激励机制忽视员工个体的差异性

著名心理学学家马斯洛把人的需要由低到高分为五个层次，即：生理需要、安全需要、社交和归属需要、尊重需要、自我实现需要。并认为人的需要有轻重层次之分，在特定时刻，满足最主要的需要就比满足其他需要更迫切。但我国企业管理水平不高，很多企业决策者缺乏对员工人生追求的正确认识，不考虑员工需要的差异性，在激励时候不分层次、不分对象、不分时期，只重整体目标而不重层次需要，造成了激励效果与期望值相差甚远。

3 完善激励机制在现代企业管理中应用的具体对策与建议

3.1 建立科学的薪酬分配机制

建立与现代企业制度相适应的工资收入分配制度即薪酬管理制度，要坚持以按劳分配为主体，多种分配方式并存的原则。可推行岗位工资制。所谓岗位工资制就是通过科学的岗位设置、定员定岗和岗位测评，以岗定薪。要以岗位测评为依据，参照劳动力市场工资指导价位合理确定岗位工资标准和工资差距，提高关键性管理、技术岗位和高素质短缺人才岗位的工资水平。岗位工资标准要与企业经济效益相联系，随之上下浮动，员工个人工资根据其劳动贡献大小能增能减。企业内部实行竞争上岗，人员能上能下，岗变薪变。岗位工资制可以有多种形式，如岗位绩效工资制，岗位薪点工资制、岗位等级工资制、岗位技能工资等。

3.2 完善绩效考核机制

企业在建立了激励机制之后，需要建立适当的绩效考核办法并使其完善进而形成科学的考核体系，这样可以让两者相得益彰。具体来讲，绩效考核可从两方面入手：一方面，针对不同的工作性质确立基本的工作定额，并针对员工目标任务的完成情况，给出相应等级的评定；另一方面，企业的运营过程中，时常会面临各种需要特殊方法解决的问题，对于这类问题解决的主要参与者，以为企业做出特殊贡献进行详细的记载。这两方面的都将作为员工以晋升、奖金审定的重要依据。同时在制定好详细的绩效考核实施细节，做到公开、公平、公正。

3.3 采取物质激励与精神激励并举

全面薪酬体系是基于员工各方面需求而制定的一种比较科学的激励机制。薪酬分为“物质”和“精神”的，给予先进模范人物奖金、物品、晋级、提职固然能起到一定作用，但精神性激励能使激励效果产生持续、强化的作用。故要把物质激励与精神激励有机地结合起来。精神激励具体形式为：一是情感激励。情感激励是管理者疏导员工情绪的有效方法，它不需要付出多大的代价，只需在适当的时候，给予员工发恰当鼓励、嘉许。二是榜样激励。榜样是一种无形的力量，企业管理者应该身先士卒，发挥带头表率作用，敬业爱岗，开拓进取。在工作过程中不仅要注意工作的方式方法，而且要使工作出效率、出成绩，这样才能带领员工走出一条效益最大化的工作路子来。

3.4 根据个体差异性推行差别激励措施

根据员工的道德水准、知识层次以及性格的等不同，体现出个员工的个体差异性。如：年轻的员工对工作的期许比较高，容易跳槽，而对于中年员工来说主要由于是来自家庭的经济压力，其在跳槽方面相对比较谨慎，因此较为稳定；知识层次低的员工一般更趋向于基本物质生活的满足，而对于知识层次高具有较高学历的员工，其在满足物质要求的同时对精神要求也比较看重。由此可见企业实施的激励机制要想取得较好的效用（即充分调动员工的工作热情和积极性）这就需要我们的企业在制定激励机制的时候将个体的差异性考虑其中，有针对性地根据不同的实施对象采用不用的激励方式。

4 结语

激励机制作为现代企业管理的重要组成部分，其能否得到企业的很好的应用并使其发挥应有的功效，成为影响企业从当前激烈的市场竞争环境胜出的关键因素之一。当前我们企业在激励机制的建设和完善过程中还存在不少问题，特别需要这四方面的建设，即建立科学的薪酬分配机制；完善绩效考核机制；采取物质激励与精神激励并举；尊重员工个体差异，推行差别激励原则。

参 考 文 献

[1] 姜东洋．浅谈激励理论在我国私营企业中的应用［J］．齐齐哈尔职业学院学报，2009（2）：63-66.
[2] 刘士党．论我国企业人力资源管理与激励机制建设［J］．郑州经济管理干部学院学报，2006（4）：19-22.
[3] 陈瑾瑜．激励机制在现代企业管理中的运用［J］．科技情报开发与经济，2003（10）：240-241.
[4] 尼燕．激励机制在现代企业管理中的应用［J］．财税与会计，2003（12）：29.
[5] 林军．民营企业激励机制的缺陷及完善对策［J］．甘肃教育学院学报（社会科学版），2002（3）：4-6.

施工企业项目管理及成本控制

付　宣

（湖南涟邵建设工程（集团）有限责任公司，湖南　娄底，417000）

摘　要：项目管理作为施工企业管理的不可或缺的组成部分，本文从施工企业项目管理中造价成本控制出发，简述了影响项目管理造价成本控制的主要内容，同时指出当前我们施工企业在项目管理方面所存在的主要问题及挑战，并对其进行分析总结出解决和完善项目管理及成本控制的重要措施，以期对大家能有所借鉴。

关键词：施工企业；项目管理；成本控制；问题与挑战；完善措施

Construction Enterprise Project Management and Cost Control

Fu Xuan

（Hunan Lianshao Construction Engineering（Group）Co., Ltd., Hunan Loudi, 417000）

Abstract: Since project management is an integral part of construction enterprise management, this article starts from the cost control of the construction enterprise project management, introduces the main content affecting cost control, at the same time points out the main problems and challenges existing in the project management of construction enterprises, and through analysis sums up the solution to improve the project management and cost control, with a view to provide a reference for other study.

Keywords: construction enterprise; project management; cost control; problems and challenges; perfection measures

1　施工企业项目管理中成本控制的主要内容

1.1　有效利用目标管理的方法来对工程的造价成本进行控制

成本首先是依照工程的施工图纸来进行测算，测算之后再根据原始目标来进行确定，它的计算是由利润减去工程造价、目标成本以及税金。一旦定下了单位工程的最低利润额，就要对该项目进行公开地招标，并签订好相关合同，以便运用合同来起到约束双方的作用。

1.2　采用四级承包的承包方法

先由项目经理根据中标利润或者是说核定利润，与项目的施工单位之间签订好相应的工程承包合同，再由各个工长把其承包的指标，以任务书的形式分配给下面的施工队，最后接到了任务的施工队，再对施工人员进行合理安排，让大家都能保质保量的完成相关任务。

1.3　保证采购和外包质量

项目经理以其公司代理人的身份，与公司内外部的施工、配件加工、生产以及经营单位间，签订诸如材料采购或者是外包工程等方面的合同，充分运用好法律和经济相结合的手段，对相关单位和项目经理部的各项职责进行规范，同时对基础管理措施进行强化，从而为实现成本目标保驾护航。

原载于《企业研究》，2012（14）：174-175。

1.4 明确组织结构

对于组织结构一定要明确，并派专人对分工进行严格的管理，在技术上也要反复对施工方案进行筛选和比较，并通过先进的动态化经济管理方式来对成本进行控制，对每一笔支出都要进行严格的审核，对于在节约成本方面有着贡献的组织或者是个人给予一定的奖励。

2 当前我们施工企业在项目管理方面所存在的主要问题及挑战

2.1 项目管理无体系，项目管理的随意性大

目前，规模比较小的企业尚停留在经验管理的阶段，在公司层面尚没有比较规范的项目体系，有的企业用一些简单的公司层面的制度来代替项目管理体系；一些成规模的企业虽然建立了项目管理体系，但是这些项目管理体系还不系统，或者重视一个方面，忽视另一方面，体系前后联系不畅通，体系没有环环相扣，很多环节不细致，无法达到操作层面。

2.2 内部核算不够细致，随意性大

目前国内多数建筑项目往往都要招标，许多建筑施工企业在对外营销的时候十分注重项目的组织、技术方案、企业的能力和信誉。一旦项目接下来，项目开始阶段变得非常随意，项目组织、目标责任、施工组织方案等还是停留在投标阶段的水平，且项目的内部核算也较为粗糙，甚至一些企业投标的时候做给客户看，实际实施的时候忘记了当初的承诺。从项目管理的角度看，项目前期的准备工作是至关重要的，项目开始阶段的随意性，预示着项目未来的结果。

2.3 没有成本策划和全过程的成本控制

笔者把施工项目管理成本方面的问题总结为5个方面：(1) 缺少成本策划，甚至预算也比较粗糙。(2) 没有成本过程管理的细化制度，或者制度没法操作，不能发挥作用。(3) 有制度，但是人为因素凌驾于制度之上，导致成本失控。(4) 相关成本环节故意弯曲成本实际，损公肥私。(5) 没有考核制度或者成本与项目组利益相关性太弱。

2.4 不重视对施工技术总结

对于工程企业而言，技术来自于项目，服务于项目。脱离项目，工程企业的技术管理就成为无源之水，无柄之木。一些企业没有专门的技术部门，即使有也是流于形式。技术难以支持项目，成为项目保证进度，提升质量，控制成本的手段，项目往往依靠自己的经验和摸索来解决问题。由于项目主要依赖于个人，在某些项目上比较成熟的技术，又难以应用于其他项目，成为企业发展的动力。

3 完善项目管理及成本控制的重要措施

3.1 项目管理体系的系统化

对于大型企业而言，多数建立了系统化的项目管理体系，而国内多数的中小型施工企业，无论是对项目管理体系的理解，还是在项目管理体系的建设方面，都处于起步的阶段。而施工企业项目管理体系的建设已经较为有成熟的经验可以借鉴，无论是成型的项目管理的理论还是施工企业自身的运作经验，或者参照行业其他企业的成熟经验，都能支持施工企业完成项目管理体系制度的设计。

3.2 建立健全造价审计管理制度

众所周知，良好的规章制度是实现工作顺利进展的重要保障，工程造价审计工作要想真正地提高质量控制水平，就要注重不断地完善与工程造价审计工作的相关的管理制度，从而得事半功倍的成效。

具体来说，第一，要建立健全造价档案管理制度。工程合同、施工图纸、工程验收资料、材料价格信息以及招投标文件等相关的资料都包含在工程造价信息里，信息量大而且重要性强，这就要求审计人员要从工程建设初期就开始搜集和整理相关的造价信息资料，并且在保证工程造价审计质量的基础上不断地创新工作理念和方式，为造价档案管理制度的不断完善打下坚实的基础。

3.3 建立起完善的成本控制体系

要想从根本上对项目工程的成本进行控制，就必须建立起一套完善的成本控制体系，使其能对相关工作进行指导，让所有工程项目的成本控制都能做到有章可循、有法可依，让成本控制不再是空谈。一般来说，成本控制体系可以分为以下4个主要层次：（1）造价编制人员与项目部人员，应该在工程项目的全过程中，积极融入一些可以相互牵制、相互制约的制度，建立起一道以防为主的监控防线。（2）工作人员在对其相关的工作事项进行处理的时候，要清楚自己是否具有处理该事项的权力，以及处理之后如果发生意外，将要承担怎样的责任。（3）要是一般的业务或者是直接接触客户的业务，务必要仔细进行复核。而对于较为重要的业务则一定要有职能部门进行签认，并且要切实做到专人专用，让专业人才能在本职岗位上发挥最大的作用。还有就是要及时把结算和监督的过程，反馈给负责财务的专业人员。（4）要把纪检、稽查以及审计部门作为基础，成立起直属于公司且相对独立的项目审计小组，通过运用监督审查和常规稽查等的手段，全面实施对工程项目在造价方面的成本控制，同时建立起以查为主的监督防线。

3.4 管理体系关注系统控制和全过程控制

项目管理体系要有一种系统的思维，项目管理的每一个方面都应该有系统和全过程的思维，要关注质量/进度/成本的内在逻辑性。在项目管理的过程中，企业需要关注两个核心的环节：（1）不断地强化项目相关负责人的责任制度和执业资格制度。要想使得项目工程质量得到最大程度上的保障，项目相关负责人员具备相关的执业资格是工作的前提，并且强化项目相关负责人的责任制度，对责任进行细分，做到有章可循有法可依。（2）强调项目过程的检查，将项目具体的实施过程细分为：事前、事中、事后，分别做好这三过程的检查，确保每一个过程按时按量按质的完成。

3.5 完善考核奖惩制度，注重对施工技术的总结

一方面，不断地完善考核奖惩制度，相关部门要定期或者不定期地对施工项目的参与人员进行考核，对工程的施工质量进行层层控制，通过尝试实行“专业负责人把关否决制”等方式保证考核工作的科学合理性，并且通过将工作业绩的考核与员工的奖惩结合的形式，最大限度地调动员工的工作热情和主动积极性。另一方面，注重对施工技术的总结，施工企业可成立专门的施工技术讨论小组，并定期开展技术总结讨论会议，总结出项目施工技术方面所存在的问题以及新的突破，不断地总结优化施工技术，利用不断提升的技术能力来提升施工质量提高施工企业的竞争力。

4 结语

项目管理及成本控制是施工企业的管理关键环节，尽管当前我们的施工企业在项目管理及成本控制方面仍然还面临不少问题与挑战，但是我们可以究其原因找出相应的解决对策，通过不断的发现问题解决问题来完善我们的项目管理实施的质量提升成本控制的能力，这不仅可以为我们施工企业健康运行保驾护航，同时也可以提升客户的满意度，进而提升企业的综合竞争能力。

参 考 文 献

[1] 范玮．施工企业成本管理中存在的问题及对策［J］．经营管理者，2009（16）：116.
[2] 周增容．浅谈施工企业如何加强责任成本管理［J］．中小企业管理与科技，2011（4）：6.
[3] 亚林．施工企业成本管理中存在的问题及对策［J］．经济师，2006，33（20）：253-254.
[4] 张丽霞．浅议施工企业成本管理中存在的问题及其对策［J］．中国高新技术业，2009（2）：134-135.
[5] 胡春海．施工项目管理问题及对策浅析［J］．现代经济信息，2009（7）：105-107.

浅析营业税改征增值税对建筑行业的影响

曾小容

（广东宏大爆破股份有限公司，广东 广州，510623）

摘　要：营业税改征增值税试点方案的颁布以及2012年的上海交通运输业和服务业开始开展营业税改增值税的试点，正式拉开了营改增的序幕。2012年8月1日，对试点进行了大幅度的扩大并且涉及了建筑行业。本文结合建筑业的爆破企业的行业特点，分析营业税改增值税对建筑业发展的影响。

关键词：营业税；增值税；建筑业

A Brief Analysis of the Impact of Value-added Tax Replacing Business Tax on Construction Industry

Zeng Xiaorong

（Guangdong Hongda Blasting Co., Ltd., Guangdong Guangzhou, 510623）

Abstract: The promulgation of the pilot plan to replace business tax with value-added tax and the pilot practice in transportation industry and service industry in Shanghai in 2012, officially opened the prelude of replacing business tax with value-added tax. On August 1, 2012, the pilot was significantly expanded and involved the construction industry. Combined with the characteristics of blasting enterprises in construction industry, this paper analyzes the influence of replacing business tax with value-added tax on the development of construction industry.

Keywords: business tax; value-added tax; construction industry

1　建筑业实施营业税改征增值税的可行性分析

1.1　传统的纳税方式存在的弊端

传统的纳税方式并没有将建筑业包括在征收增值税的范围之内。但增值税法中明确指出：销售资产货物并同时提供建筑业劳务的行为要分别核算。对于货物的销售额需要缴纳增值税；对于那些不属于增值税应税劳务的营业额，需要缴纳营业税。对于建筑行业的爆破企业而言主要的经济业务为：复杂环境深孔爆破、拆除爆破及城市控制爆破工程施工。由于在从事生产过程中，需要采用大型机械拆除各类建筑物、构筑物，涉及设备的安装，按照增值税法的要求原则上应该缴纳增值税。但是不属于增值税征管部门的管理范围，不能够提供缴纳增值税的发票，许多企业为了自身的利益就偷税漏税。纳税人提供建筑业劳务时，营业额应当包括：工程所用的原材料、设备及其他物资和动力价款。营业税和增值税的规定不明确导致企业存在重复缴纳营业税和增值税的现象。

目前增值税的征收范围是除建筑业之外的第二产业，然而建筑行业已经涉及生产的全部过程，包括资金的筹集，原材料的采购，半成品的生产以及产品成品的销售，完全符合缴纳增值税的条件。对于企业自身的经营发展而言，营业税改征增值税会大大地降低企业所缴纳税款总和。

对于爆破企业而言，设备的成本比较高，需要购置大批的原料。这些物资都是纳税人所提供的，

原载于《中国乡镇企业会计》，2013（6）：78-79。

大大地降低了企业采购新设备的频率。固定资产的进项税不能够扣除，严重地影响了企业技术的更新与新设备的引进，不利于建筑业向着环境友好型的产业发展，造成了资源的大量的浪费，环境的污染，不利于建筑业长远的发展。

1.2 建筑企业发展需求

近几年建筑业迅速发展市场规模不断地扩大，成为了推进国民经济飞速发展的三大支柱之一。随着我国经济建设需求的不断增加，建筑业成为拉动内需的主要产业。建筑业也由原来的专业承包商转变为目前的商品化生产方式。建筑业不仅从事生产也从事销售等一系列的经济活动。建筑业不同于其他的工业生产技术，其具有生产周期较长、流动性较强、安全质量水平要求较高等特点。

爆破企业增值税的缴纳情况比较混乱，纳税方式不统一。企业出于自身利益的考虑会完全采用按“消费型”的方式缴纳增值税，这种纳税方式对于期初货存（如引爆原料）不需要缴纳增值税，严重的减少了国家的征税金额，影响国家的财政收入。有的爆破企业采用按“生产型”的方式缴纳增值税，需要按一定的比例缴纳大量的税款，对于企业而言经济压力比较大。企业如果按照“收入型”的方式缴纳增值税需要扣除固定资产折旧费，但是固定资产折旧费的计算可操作性不强，不利于征管部门的实施。

2 实行营业税改增值税对建筑行业的影响

2.1 对于企业税收负担率的影响

首先，目前大多数建筑企业考虑到资源的有限性和工程的高效性，采用的是将工程分包给专业公司。税法中指出总的承包公司要替分包公司代缴税款，但是实际生产过程中分包公司与承包公司之间的关系比较复杂，有些企业既是承包公司又是分包公司，会存在重复缴纳税款的现象。营业税改征增值税明确指出：税款的缴纳是按照销项税与进项税的差额。在整个纳税过程需要总承包公司与分包公司提供纳税的发票，有效地避免了企业重复缴纳税款的现象，减轻了企业的纳税负担。

其次，爆破企业的合作公司规模和实力层次不齐。采购原料时供应商的选择，会在很大程度上影响纳税金额。许多供应商不具备开据发票的能力，使进项税额抵扣比较低。营业税改征增值税试点方案中明确指出在确定纳税的比率时，要充分考虑建筑企业的规模大小，企业的财务核算和纳税金额等因素。对于某些大规模的爆破企业而言，进项税与销项税基本相同。需要采取相同的纳税比率，来实现不同行业间纳税金额的无差别化。对于小规模的企业税率由3%提高到4%，提高幅度不大对于企业的财务没有很大的影响。

最后，营业税改征增值税，有效地避免了营业税与增值税重复缴纳的现象。对于爆破企业而言，需要缴纳增值税的情况是：为工地提供爆破设备以及爆破设备的租赁等。从事相关的工程作业的时候，所用的原材料、物资以及人工费都应该作为税收金额。营业税缴纳主要是指企业从事与建筑、安装等其他相关的工程作业，其应缴纳的税收金额应该将设备的价值包括在内。

2.2 对于企业发展的影响

（1）营业税改征增值税给企业的发展带来了机遇，和企业需要采取相应的经营战略

首先，营业税改征增值税，规定对于购买的机械设备可以作为进项税抵扣。有利于企业引进先进的机械设备，提高了资源的有效利用效率，优化了企业的产业结构。其次，营改增规定，可以从销项税中抵扣固定资产的进项税，便于税款的征收管理。企业为了寻求更大的利益，将不断的扩大经营范围。爆破企业可以参与原料的生产、产品的加工等，实现企业的多元化发展。再次，营业税改征增值税规定，对于企业销售的任何货物包括固定资产在内，必须缴纳一定比例的销售金额的税款。这一规定可以有效地避免了企业通过大量的采购货物，然后转手赚取高额的税率差的做法。最后，营业税改征增值税，降低了企业资产总额。在企业净资产不变的情况下，极大地提高了企业规避风险的能力。

（2）营业税改征增值税给建筑企业带来的负面影响

建筑业的特殊性，决定了营业税改征增值税不可能一帆风顺。就目前而言，营业税改征增值税在以下方面存在弊端。首先，建筑行业在大多数情况下扮演的是买方，合同上的价款都不利于企业的经营收入。营业税改增值税降低了企业缴纳的税款比率，在很大程度上降低了建筑业的企业排名，严重影响了企业的资质评定。

其次，营业税改征增值税严重影响了企业的总资产。主要是因为对于爆破企业而言，需要大批购置原材料。这些都可以作为进项税抵扣，导致了企业账目上都是价外税。

再次，随着营业税改征增值税改革的深入，建筑行业之间的竞争不断的加剧。企业为了自身的发展，会采取不正当的竞争手段，不利于企业之间的合作共赢。

最后，营业税改征增值税在一定程度上对于消费者造成了消极的影响，导致建筑企业在低利润的情况下筹资比较困难，投资的目的性不强。

2.3 对于企业财务的影响

营业税改征增值税给会计人员的工作提出了更高的要求。

首先，增值税相比营业税而言，征收的环节更加复杂。需要进行的核算项目更加细致，要填写和开据专门的发票，特别是劳务和物资采购提供业务，需要根据业务的特点开据相关的发票，必须明确发票的开据时间。

其次，建筑行业是一个特殊的行业，需要将工程外包或者是设立施工项目部。在这期间需要签订大量的合同，有些合同涉及了营业税与增值税的缴纳方法，这需要财务相关人员对合同的合理性进行严格的评价。营业税的发票是具有时间限制的，要注意发票的认证期间和抵扣期间。防止出现发票的逾期，影响企业的正常收入。

最后，《营业税改征增值税的试点方案》中指出企业税款的缴纳是按照销项税与进项税而非企业的营业额来计算。进项税与销项税虽然计算方法比较复杂，但是对于建筑企业来讲可以科学合理的计算出产品的价值，增强建筑业的核心竞争力。

营业税改征增值税极大地改善了企业现金流运转，主要是因为营业税改征增值税极大地降低了企业的税负。征收营业税时，按照施工过程中所提供的服务量或劳务量，支付一定比例的现金。现在实施的《增值税暂行条例》中明确指出，纳税人只有在进行货物的销售以及与销售款项相关的业务或者取得销售款凭证时才需要缴纳增值税。营业税改征增值税大大地降低了税负，企业在相同的业务量下，需要缴纳的税款明显减少。税款的减少在很大程度上减少了现金流的盈亏的波动，有利于企业实现资金的高速运转。

3 总结

从目前营业税改征增值税的实施效果来看，营改增符合我国经济的发展需要，有利于增强企业的国际竞争力；营改增解决了企业税收管理中存在的问题，化解了纳税人与征税人之间的矛盾；营改增取消了企业的差异性，有利于企业之间的公平竞争；营改增极大地优化了建筑业的产业结构，促进了企业的综合全面的发展。总之，营业税改征增值税给企业发展带来了挑战的同时也给企业提供了大量的发展机遇。

参 考 文 献

[1] 于艳芹．对建筑业营业税改征增值税的现实研究［J］．财经界，2011（5）：225-226.
[2] 贾康．为何我国营业税要改征增值税［J］．财会研究，2012（1）：25.
[3] 郭梓楠，蔡树春，汤仲才．建筑业改征增值税的难点与影响因素［J］．税务研究，2000（3）：41-45.

浅析我国上市公司内部控制问题

曾小容

（广东宏大爆破股份有限公司，广东 广州，510623）

摘　要：上市公司的财务信息不仅仅关系到本企业的正常运营和发展，也会对投资者的利益产生重大影响，甚至会影响整体经济的运行。本文将分析上市公司完善内部控制的重要作用，指出目前部分上市公司内部控制存在的问题，并对具体问题给出可行性的解决对策，为我国上市公司完善内部控制体系建设提供参考和借鉴。

关键词：上市公司；内部控制；完善对策

A Brief Analysis of Internal Control Problems of Listed Companies in China

Zeng Xiaorong

（Guangdong Hongda Blasting Co.，Ltd.，Guangdong Guangzhou，510623）

Abstract：The financial information of listed companies is not only related to the normal operation and development of the enterprise，but also have a significant impact on the interests of investors，and even affect the operation of the overall economy. This paper will analyze the important role of improving internal control in listed companies，point out the problems existing in internal control of some listed companies，and give feasible solutions to specific problems，so as to provide a reference for the listed companies in our country to improve the internal control system construction.

Keywords：listed company；internal control；improve countermeasures

1　引言

我国的上市公司指的是在国家相关证券监管机构的监督和审批下，通过发行股票或者债券并在指定的证券交易市场交易的公司。经过改革开放几十年的发展，我国上市公司已经成为整体国民经济发展的主力，为我国市场经济的繁荣与发展作出了重要的贡献。上市公司的内部控制体系建设与投资者的利益紧密相关，一直是上市公司内部管理的重点，也是社会和相关监管部门所关注的焦点。随着本世纪几家著名跨国企业相继因内部控制的失效而导致企业欺诈和舞弊行为，给全球经济的稳定发展蒙上了一层阴影，也让上市公司的管理者及时意识到企业内部控制的重要性。我国政府一直都很重视对上市公司内部控制建设的引导和监督，先后出台了多部与上市公司紧密相关的内部控制指导政策，有效地规范了我国上市公司内部控制建设。本文将以我国上市公司的内部控制为研究对象，为我国上市企业完善内部控制体系建设提供有价值的参考建议。

2　上市公司完善内部控制的重要作用分析

企业内部控制指的是企业为实现一定的经营管理目标，保证企业资产的完整性以及会计信息的真

原载于《会计师》，2013（8）：55-57。

实性，在企业内部设立的一种自我约束、自我调整的管理机制。完善的内部控制体系对上市公司至关重要，其作用表现在以下几个方面：

（1）完善的内部控制可以保证企业财务信息的真实性。

上市公司的财务信息是企业高层管理者决策的主要依据，也是投资者了解企业的最主要手段。企业财务信息的真实性将决定着企业的生存和发展，通过完善企业的内部控制体系，可以有效地保证我国上市公司财务信息的真实性，维护广大投资者的利益。

（2）完善的内部控制体系可以有效提高企业运营效率。

我国上市公司的规模一般都很大，企业管理者很难保证企业的高效运营。通过在企业内部建立完善的内部控制系统，可以合理地分配企业的职权，增加企业内部的沟通与交流，降低企业的运行成本，提高企业的运行效率。

（3）完善的内部控制体系可以有效地降低企业运行的风险。

在当前市场经济条件下，企业的运行面临着一系列的内外部风险，上市企业受到各方面因素的影响，其面临的风险更是进一步被放大。上市公司完善企业内部控制体系建设，强化对内部职权的监督与审计，及时发现和纠正企业的管理实务，可以有效降低企业运行的内外部风险。

3 当前部分上市公司内部控制建设存在的问题

我国上市公司经过几十年的发展和完善，大部分企业的内部控制体系已经相当完善，国家相关监督管理部门也制定了比较完善的上市公司内部控制建设规范，为我国上市公司的内部控制建设作出了很好的引导和规范。但部分上市公司内部控制建设依然存在着问题，主要表现在以下几个方面：

（1）对内部控制认识不足，内部控制流于形式。

随着我国市场经济的发展，我国资本市场日趋完善，大部分上市公司已经意识到企业内部控制的重要作用，并采取了相应的措施来完善企业的内部控制，部分企业甚至请专业的管理咨询公司来完善企业的内部控制。但需要指出的是，有一部分上市公司完善内部控制的目的仅仅是改善企业对外形象，没有认识到企业内部控制的本质和内涵。同时，部分上市公司虽然拥有比较完善的内部控制体系，但并没有对员工进行必要的培训和教育，仅仅是利用企业的规章制度的绩效考核机制监督员工的行为，没有让员工真正了解到企业内部控制对上市公司以及每一位员工的作用，员工不能积极主动参与到企业内部控制建设之中，直接导致了企业内部控制流于形式，不能够在日常工作中落实。

（2）股权结构不合理，内部控制环境不佳。

控制环境是企业内部控制体系的基础，是有效实施内部控制的保障，直接影响着内部控制的贯彻执行、经营目标及整体战略目标的实现。但部分上市公司在企业内部出现“一股独大”的现象，特别是一些大型的国有企业，国有股在整体股权中占得比重过高，直接导致了经营权越位和内部人控制的现象，严重破坏了企业内部控制的完整性。同时，部分上市公司没有按照内部控制的基本原则设置组织结构，独立董事也不能发挥其真正作用，企业的文化建设以及相应的绩效评价体系都存在着一定的问题，破坏了企业内部控制环境。

（3）风险管理意识淡薄，风险管理水平低下。

与非上市公司相比，上市公司所面临的内外部环境更加复杂，对企业的风险管理意识以及风险管理水平也就更高。我国财政部等部门已经出台多部政策法规引导上市公司的内部控制建设，并在政策和法规中着重强调了风险管理对上市公司的重要作用。但受我国经济长期稳定发展的影响，风险管理意识淡薄，对外部市场环境过于乐观。同时，部分上市公司风险管理水平低下，没有在相关风险发生之前采取必要的规避措施，直接导致企业在日常运行过程中存在着巨大的隐患。

（4）内部审计不规范，内部监督不严格。

规范的内部审计和严格的内部监督是上市公司完善内部控制机制的保证。完善的内部审计和监督工作可以有效地保证上市公司在日常经营管理过程中的规范性，保证上市公司内部控制的有效性。但目前我国部分上市公司的内部审计和监督不尽完善，直接导致企业内部控制形同虚设，其具体表现在以下两个方面：第一，部分上市公司认为内部审计和监督仅仅是企业排查隐患和纠正错误的措施，没有将企业的内部审计和监督与企业的日常经营相结合，忽视了事前和事中的控制。第二，缺乏专业的内部审计人员。我国的上市公司一般规模都较大，内部审计和监督涉及的业务广泛，这就需要内部审计和监督人员具有专业的理论知识和工作经验，但我国部分上市公司的内部审计与监督工作多由财务管理人员兼任，缺乏专业的内部审计人员。

4 完善我国上市公司内部控制的对策

上市公司的内部控制不仅仅关系到企业的运转效率和成本，还关系到企业的稳定运行。针对目前我国部分上市公司内部控制存在的问题，可以从以下几个方面具体解决：

（1）提升对内部控制的认识，强化企业内部控制的落实。

上市公司的内部控制建设直接关系到企业的对外形象以及公信力，但部分上市公司在内部控制建设过程中出现了本末倒置的现象，认为企业的内部控制建设就是为了对外形象，而不是为了企业的安全稳定运行，直接导致内部控制流于形式。针对这种情况，我国上市公司的高层管理人员需要首先意识到完善的内部控制系统对企业的重要作用，了解到内部控制的本质和内涵。另外，上市公司还需要加强对员工的教育和宣传，让员工了解到企业的内部控制于每一位员工日常工作的关系，将内部控制落实到企业的日常运营管理工作之中，保证企业内部控制的有效性。

（2）完善企业股权结构，改善企业内部控制环境。

在成熟的市场经济体制之下，上市公司的股权一般都比较分散，通过分散的股权结构，可以有效地保证各股东之间的制约平衡，保证企业内部控制的有效性。经过几十年的发展，我国上市公司的股权结构已经日趋完善，但我国的经济体制与西方国家存在着一定的差别，国有经济在整体国民经济中占有很重要的地位。因此，我国国有上市公司需要依据实际情况完善企业的股权结构，对于一般竞争市场，可以逐步坚持国有股份，直至股权结构达到合理的状况；对于关系到国计民生的垄断行业，可以在保持国有股份控制的前提下，逐步对民间资本放开，逐步改善股权结构。另外，我国上市公司还需要完善内部职权设置，建立起良好的企业文化，发挥独立董事的作用，在企业内部建立起完善的绩效考评体系，彻底改善企业的内部控制环境。

（3）强化风险管理意识，提高风险管理水平。

长期以来，我国经济一直处于高速稳定发展状态，我国的上市公司也遇到了前所未有的发展机遇，这就导致部分上市公司风险意识薄弱。随着近几年国际经济危机的爆发和传播，我国上市公司遇到了前所未有的困难和风险，这就对上市公司的风险管理水平提出了更高要求。因此，我国上市公司需要强化风险管理意识，在企业内部设立专门的风险管理部门，在企业风险发生之前采取必要的措施规避风险。另外，我国上市公司还需要向发达国家企业学习，从国外引入先进的风险管理方法，提高我国上市公司的风险管理水平。

（4）完善上市公司内部审计，强化企业内部监督。

随着我国市场经济的完善，我国上市公司的规模也不断地扩大，企业的内部审计和内部监督对内部控制的作用更加凸显，针对目前我国部分上市公司内部审计和监督所存在的问题，需要从以下两个方面予以完善。第一，扩展上市公司内部审计的职能和作用。当前我国大部分上市公司的内部审计主要是事后对财务报表的审计，缺乏事前分析和事中控制，内部审计部门必须主动扩展职能和作用，加强对企业日常管理工作的评价和分析。第二，提高内部审计和监督的地位，培养专业的内审人员。随着上市公司规模的增长，内部审计与监督对企业的作用也就更加明显，企业对内部审计人员的工作能力也提出了更高的要求，我国上市公司必须培养一批具有高水平的专业内审队伍。

参考文献

[1] 王英杰．论上市公司内部控制有效性的若干思考［J］．中国市场，2011（9）：28，31.

[2] 帅忠越．我国上市公司内部控制审计相关问题探析［J］．现代商贸工业，2011（15）：159-160.

企业集团财务控制问题研究
——基于企业财务目标的视角

方健宁

（广东宏大爆破股份有限公司，广东 广州，510623）

摘　要：企业集团在我国作为一种新的经济组织形式，集各种优势于一体，然而集团的兴衰，与集团管控息息相关。财务控制是集团管控的核心，是企业集团发展的生命线，财务控制出现了问题，将影响整个集团发展。当前我国企业集团财务控制还存在许多问题，本文以 H 集团公司为例，分析了我国企业集团在财务控制方面出现的问题，并提出了相关建议。

关键词：企业集团；财务控制；财务目标

Study on Financial Control of Enterprise Group
—Based on the Perspective of Corporate Financial Objectives

Fang Jianning

（Guangdong Hongda Blasting Co.，Ltd.，Guangdong Guangzhou，510623）

Abstract：Enterprise Group as a new form of economic organization in our country，sets a variety of advantages in one，but the rise and fall of the group is closely related to the management and control of the group. Financial control is the core of group management and control and the lifeline of enterprise group development. Problems in financial control will affect the development of the whole group. At present，there are still many problems in the financial control of enterprise groups in our country. Taking H Group company as an example，this paper analyzes the problems in the financial control of enterprise groups in our country and puts forward relevant suggestions.

Keywords：enterprise group；financial control；financial goals

1　相关概念

1.1　企业集团

企业集团作为一种新的经济组织形式，其组织形式源于欧美等发达国家的垄断财团，首次在日本应用。在全球化条件下，企业集团以各种形式存在，但无论以何种形式出现，企业集团对本国经济都产生了重大的影响，是一个国家、地区财政收入的主力军。

企业集团宏观上是指为了适应市场经济和内部组织的需要，通过重组、合并、购买、收购等形式，通过资金与技术共享，形成的母子公司，以达到整合各方面的资源，增强核心竞争力的作用。微观上是指具有一定组织结构、管理相对集中、资源要素能够得到很好分配的，在一定时期内能够降低交易成本、实现共同抵御风险的多个企业的聚集。

1.2　集团管控

集团管控的概念国内外学者给出了不同的概念，但归结起来，主要包括以下四点：一是母公司和

原载于《会计师》，2013（11）：34-36。

子公司之间的关系；二是通过采取各种措施实施控制，是一种控制行为；三是整合内部资源和流程，实现治理规范、管控有效的目标；四是一个庞大的系统工程，集团公司在管理控制方面发挥着服务和支持的作用。

综合借鉴国内外相关文献，本文认为集团管控是集团总部即母公司通过完善各项规章制度、履行监督责任、整合相关资源和内部流程、实施各项控制，达到治理规范和管控有效，最终目标达到资源共享和有效使用，实现企业集团的可续发展。

1.3 财务控制

财务控制是内部控制的重要组成部分，在企业内部控制中占有举足轻重的作用。概括起来，财务控制主要是指依托企业财务管理的目标，对投入的资金及收益进行监督，通过对企业财务的管理实现财务预算，优化资本结构，实现资本保值增值。确保依法经营、实现资本保值升值、优化资源配置结构是财务控制的目标。在财务控制中，要有目的性、坚持及时性、经济性、客观性、灵活性、简明性。

企业集团的财务控制指集团股东为保证整个企业集团财务目标的实现而由集团公司股东代表大会、董事会和监事会对财务资源进行制约和监督的一种管理方法。目前，要考虑集团母公司的财务目标在各子公司的实现，依据决策权的不同，集团财务管控模式可分为集权型财务管控、分权型财务管控和混合型财务管控模式。

2 企业集团财务控制的意义

（1）实现企业集团财务目标的需要。集团财务目标如何实现，是集团管控方面的重点研究对象。财务管控要以财务目标为重点，企业分散之后，财务环境有所不同，如何使各分散的子公司与集团财务的总体目标相一致，实践中，要以企业价值最大化作为企业财务管控的重要依据，不断加强集团财务管控，实现整个企业集团价值的最大化。集团财务管控是实现集团价值最大化的必要条件。

（2）有利于集团整体战略目标的实现。财务管控，是内部控制的重要环节，内部控制是企业战略的中心环节，良好的内部控制可以及时纠正执行过程中的问题，通过财务管控可以对企业的战略目标产生深远影响，间接实现对企业人、财、物的控制，从而实现对各子公司战略的影响，使各子公司在战略目标上与集团的目标相一致，形成增长的合力，从而实现企业集团的可持续发展。

（3）有利于企业集团绩效评价的实施。通过对财务的控制，可以直接评价各子公司的经营状况、经营成果、各子公司委托代理人的受托履职情况。企业集团财务控制的实施，为企业建立科学、合理、完善的绩效评价指标体系提供了数据支持。

（4）有利于集团内部控制体系的完善。财务控制是内部控制的重要载体，内部控制的完善，可以起到优化资源配置，节省成本，提高效率的作用。通过对整个企业集团财务的控制，达到优化企业集团内部控制环境，严格管理、科学控制，使内部控制体系更加完善。

3 企业集团财务控制现状分析

随着企业集团的不断发展，也日益暴露出许多问题，H 集团公司是我国的大型企业集团，世界500强企业，在我国的企业集团中具有很强的代表性，本文将以 H 集团公司为例，来分析我国企业集团财务控制的现状。

3.1 资金使用效率不高

2010—2012 年度，H 公司年均净资产收益率为 7.99%，营业利润率为 6.23%，资产报酬率为5.46%，成本费用利润率为 4.23%，现金流量净利率为 7.96%，与同行业的企业集团相比处于中下游水平，现金流量也出现问题。随着 H 集团公司规模的不断扩大，企业集团资金缺口不断扩大，资金出现困难，周转不及时，致使企业集团承受巨大财务风险，子公司较多，投资较为分散，无法利用规模优势，投入与产出比较低，导致资金使用效率低下。

3.2 企业集团的财务控制力较弱

H集团公司资产规模年均增长20.64%，而归属于母公司的净利润年均增长3.07%，净利润增长远远不及资产规模的增长。企业集团虽有财务管理制度，但是财务管理制度执行力较差，集团公司给子公司财务上赋予较大的自主权，使管理分散，以至于对财务控制的能力下降，最终导致子公司与集团公司的财务目标不一致。企业集团不能发挥其应有的财务控制作用。

3.3 公司治理结构不健全，缺乏监督机制

H集团公司涉及财务控制制度主要包括预算与资金管理制度、内部控制与稽核管理制度、预算管理与风险控制制度。但是从财务制度看，H集团公司无财务监督机制，体系不够健全，企业集团财务控制缺乏监督与管理。在财务控制模式的选择上，是集权的财务管理模式还是分权管理模式，整个集团界定不清，以至财务目标不明确，H集团公司的财务目标和资产规模与财务控制模式极不匹配。

3.4 财务目标不明确，信息质量不高

H集团财务会计质量不高，对于一些应该披露的信息未披露，导致信息不全面。目前企业集团内部也存在一些信息传递上的问题，如母公司与子公司使用的软件不一致，采用的会计财务目标不一致，经常在计量核算方面出现偏差。信息技术的应用上也存在不少问题，信息报送失真、延缓等，导致信息质量低下，财务控制不及时。

4 企业集团加强财务控制的措施

4.1 健全财务控制的相关制度

伴随着企业集团财务活动的日益增多和经济的不断发展，财务控制越来越重要，因此要在财务控制的各个环节中严格执行相应的控制制度，规范财务行为，坚决杜绝不合规行为。实施财务总监委派制，集团公司对子公司派出财务管理人员，直接管理子公司的财务工作。财务总监作为集团经营管理的重要一员，协调集团公司与子公司之间的关系，监督子公司财务目标的实现，确保集团公司财务目标在子公司及时执行。财务控制是内部控制的关键，建立健全财务控制评价体系，对于减少财务风险具有重要意义。应当由企业集团主管部门进行牵头工作，多个部门联合协作，建立财务控制评价机制与体系，起到监督与激励的作用。及时出台统一的财务监督办法，避免因为行业、部门的差异而造成监督无序，真正健全完善相关的财务控制制度。

4.2 积极发挥资本市场的作用

随着市场经济的不断发展，资本市场越来越发达，资金的融通变得越来越方便。要积极利用好资本市场这只无形的手，充分发挥资本市场的作用，对企业集团财务和人力资源进行整合，加强企业集团财务控制。借鉴资本市场的成功经验，通过兼并、借壳、收购、发行新股、增发等手段，巧妙运用市场资金，实现企业集团整体价值的最大化，以达到财务控制的目的。

4.3 完善集团治理结构

我国企业治理结构是以股东大会为基础，董事会与监事会共同发挥作用。董事会负责重大事项的决定，监事会行使监督权，两者相互制约。当前，我国企业治理结构相对完善，董事会、监事会及下设专门委员会设置齐全，但是在发挥作用上好多都是形同虚设，基本上是由董事会做决定，监事会起不到监督作用，各专门委员会发挥的作用也较小。董事会要尽职尽责，发挥其应有的职责，在董事资格的审定方面要严格限制，选出熟悉行业经营、从事本行业多年并具有实际管理经验的后备人才。建立相互制衡机制，充分发挥监事会和独立董事的作用，突出核心，以集团发展战略为核心，完善集团管控模式，加强财务控制。严格实行政企分开，充分发挥市场这只看不见手的作用，增强企业集团的

核心竞争力。总之，完善治理结构，形成相互制约、相互监督、相互促进的集团治理结构。

4.4 实行以集权为主的财务控制模式

我国的企业集团发展迅速，但相比国外的企业集团，我国企业集团在规模、效益、盈利、管理方面还有很大的差距，我国企业集团一般采用集权的财务控制模式或分权的财务控制模式，这些都不利于企业集团的长远发展，根据我国企业集团发展现状，单纯的分权与集权都不利于企业集团的发展。过度集权，子公司的财务受限，不能发挥其财务主体的作用；过度分权，集团管控形同虚设，无法达到应有的效果。所以现阶段我国企业集团应选择以集权为主、分权为辅的财务控制模式，这样对于一些重大的决策集中在集团公司，子公司还具有一定的灵活性，可充分调动各子公司的积极性，又能在重大决策上不失误，有利于资源的合理调配和企业集团的长期可持续发展，有利于控制财务风险，降低经营风险。

4.5 提高财务信息质量

财务信息系统在财务控制的过程中发挥着重要的作用，财务信息是财务控制的前提，财务信息能否有效的传递直接影响整个财务控制系统的正常运行。企业集团应加大软硬件建设的力度，建立财务控制网络系统，包括资金流转、事项报批、申请批复等。集团公司随时监督各子公司的财务状况，随时发现和处置问题。在控制过程中，信息不对称是发生失控的重要原因。因此要严把财务信息质量关，从源头抓起，在财务信息产生过程中，严格依据相关财务会计制度，做到相关、准确、真实和有效。

参 考 文 献

[1] 王吉鹏，杨涛，王栋．集团财务管控［M］．北京：中信出版社，2008.
[2] 张延波．企业集团财务战略与财务政策［M］．北京：经济管理出版社，2002.
[3] 荆新．王化成．财务管理学［M］．北京：中国人民大学出版社，2002.

中小上市公司财务预警问题初探

方健宁

（广东宏大爆破股份有限公司，广东 广州，510623）

摘　要：中小上市公司是支撑我国国民经济持续健康发展的重要力量，同时也是我国最具活力和生命力的一个群体。然而随着市场竞争日趋激烈，受国内外经济形势的影响，中小上市公司正面临着越来越严峻的挑战，很多企业因为资金链断裂而倒闭。本文正是以中小上市公司为研究对象，探讨了其建立财务预警系统的可行性和必要性，结合A公司案例对其财务风险进行了分析，建议中小上市公司应建立财务预警组织、分析机制，尽量降低企业的财务风险。

关键词：财务预警；中小上市公司；财务预警系统的应用

Preliminary Study on Financial Early Warning of Small and Medium-sized Listed Companies

Fang Jianning

（Guangdong Hongda Blasting Co.，Ltd.，Guangdong Guangzhou，510623）

Abstract: Small and medium-sized listed companies are an important force supporting the sustainable and healthy development of the national economy, as well as a group with the most vitality in our country. However, with the increasingly fierce market competition, small and medium-sized listed companies affected by the economic situation at home and abroad, are facing more and more severe challenges, and many enterprises have to close because of the break of the capital chain. This paper taking small and medium-sized listed companies as the research object, discusses the feasibility and necessity of establishing a financial early warning system, and takes the case of A Company to analyze its financial risks to suggest that small and medium-sized listed companies should establish financial early warning organization and analysis mechanism to reduce the financial risks of enterprises.

Keywords: financial early warning; small and medium-sized listed companies; application of financial early warning system

1　研究背景

近年来，我国中小上市公司发展迅速，成为了市场经济中重要的组成部分，促进了地方的经济发展，解决了大批人员的就业问题。然而中小上市公司生存、发展正面临诸多不确定性，国家宏观经济形势、地方政府的政策以及环保等方面都使得公司经营风险加大，而其中一个不容忽视的问题就是财务风险的隐蔽性。据阿里软件运营中心《中小企业调查报告》统计显示，80%的中小企业在开业的五年内倒闭，而倒闭的主要原因是资金链断裂。任何危机的发生都不是一蹴而就的。因此，中小企业上市公司必须尽快建立财务预警系统，通过财务预警体系及时发现企业生产经营情况和财务状况的变化，及早发现财务危机信号，及时规避财务风险，实现企业的可持续发展。

原载于《当代会计》，2014（7）：35-36。

2 中小企业上市公司财务预警系统分析

财务预警系统能够对企业的财务风险和经营风险预先判断和分析，通过财务预警分析报告将风险及时通知各利益相关者，及时找到财务风险发生的原因，找出生产经营、财务管理和筹融资决策中不易暴露的问题和薄弱环节，而这些是对企业财务报表及相关经营资料进行分析后的结果。我国的中小上市公司虽然通过了证监会的审查，成功上市，具备了一定的规模和资质，但大多存在管理者管理经验不足、企业发展较为缓慢的问题。因此，中小上市公司需要通过完善的财务预警体系来增强自身抗风险能力。当中小企业成功上市后，其要面临很多监管制度的制约，企业的许多经营方针也公布于众，由于大多数中小上市公司涉猎的是新兴行业，这一行业一般门槛较低，竞争对手较多，其上市会成为这一行业的领头羊，同时也是其他企业竞相模仿的对象。因此，中小上市公司面临的风险也随之加大，通过建立财务预警体系可以加强中小企业上市公司管理者对财务危机的重视程度。完善的上市公司财务预警系统应当能够与公司其他经营管理活动相互支持，并以此为指引，完善中小上市公司的财务危机防控体系，做到对上市公司经营过程中存在的经营管理风险的及时治理和对财务危机的有效防控。

财政部等 2008 年 5 月发布的《企业内部控制基本规范》以及 2010 年 4 月 26 日发布的《企业内部控制配套指引》，标志着上市公司经营管理水平的全面提升的同时，也意味着完善的上市公司财务预警机制构建的前提条件已经基本完备。

《企业内部控制基本规范》规定了上市公司的基本组织架构，包括：股东（大）会、董事会、监事会、经理层、审计委员会、内部审计机构等。规范的上市公司治理结构解决了在财务预警系统中各个部门的职责及如何参与财务预警的问题。《企业内部控制配套指引》就上市公司发展战略的制定提出：上市公司的战略规划应当根据发展目标制定，在确定发展阶段和各阶段发展程度的基础上，确定每个发展阶段的具体目标。明确的发展战略为上市公司财务预警工作的有序、有效展开提供了着力点。此外，上市公司的预算工作和信息系统相对比较完善，为上市公司财务预警工作企业层面与业务层面的对接提供了有效途径。

3 中小上市公司财务预警系统的建立

为使财务预警系统充分发挥其应有的作用，中小企业上市公司要进一步完善和健全财务预警体系，从组织结构、人员配备、经费支持等方面保障公司财务预警工作的正常开展。作为成功上市的中小企业，其组织机构相对完善，可以让企业的内部审计部门承担财务预警工作，将财务预警与企业的内部审计结合在一起，同时由于其专业的相关性，可以在一定程度上保证预警工作的独立性和结论的客观公正性。财务预警体统要实行责任到人的机制，这样可以培养员工的责任意识，也可避免发生问题后相互推卸责任的情况发生，并结合有效的奖惩制度，促使负责人提高警惕，提高其财务风险意识。

企业进行财务预警是建立在财务信息的广泛性和相关性之上的，搜集到的信息质量直接关系到企业财务预警的实施效果。财务信息质量除了要满足我国会计准则中对财务信息真实性、有效性和可靠性的要求外，还要具备分析宏观经营环境和财务环境的能力。此外，企业还应对收集的信息进行识别，去除错误信息，保证信息的真实可靠。

之后，需要对信息进行分析，中小上市公司应建立财务预警分析机制。可以采用 SWOT 分析方法，来确定企业的威胁和优势，而主要应该分析其威胁，即其财务风险。财务风险分析可以从经营风险、筹资风险、投资风险、资金回收风险进行分析。可采用流动比率、速动比率、现金比率、资产负债率、长期资本负债率、利息保障倍数、产权比率、权益乘数、长期负债比率、营业利润率、资产报酬率等反映业偿债能力、发展能力、营运能力、盈利能力、获现能力的指标，通过这些指标来识别企业是否存在财务状况恶化的迹象。中小上市公司可以通过内部讨论、专家咨询、集体决策，也可以聘请专业咨询机构，逐步建立和完善自己的财务预警处理机制。采取相应的应急措施、补救或者改进方案，尽量争取短时间内化解危机，将类似的财务风险控制在萌芽状态。

4 财务预警系统在A公司的应用

A公司为1992年成立的一家制药公司，经营范围涉及原料药、制剂、卫生材料、玻璃管、药用玻璃瓶等。公司生产多达500余种产品远销海内外。上文所述的财务预警系统需要结合公司的财务报表进行分析，可以进行年度甚至于月度的财务预警分析，这是在基本的财务分析的基础上进行的。

4.1 A公司偿债能力

A公司2012年流动比率为1.153，2013年流动比率为1.1417，比上一年有所增加。2012年速动比率为0.3317，2013年速动比率为0.297，A公司2013年的速动比率比2012年下降了0.0347，是因为2013年A公司的应收票据有所增加，A上市公司的短期偿债能力较差，存在一定的风险。下一步，A公司应该加强对应收账款的日常管理，及时回笼资金，提高其短期偿债能力。应收票据可以反映企业的信贷及销售政策，这与当前A公司所处的销售市场存在较大关联，如果市场是供大于求，A公司采用这一措施无可厚非，这一措施可以保证公司产品在市场的占有率。从流动性上看，负债中流动负债比重偏大，公司一年内的偿债压力比较大，若A公司生产经营产生的现金流量不足以偿还即将到期的短期债务，下一步会加大财务违约风险，有可能造成短时间内资金缺乏，引发财务危机。企业当前现金比率为10.58%，可动用现金的偿债能力较弱。

就长期偿债能力而言，企业2013年的资产总额比2012年有所增大，但股东权益增长率却小于2012年，2013年资产负债率也高于2012年的资产负债率，表明企业应该注意资产和负债的比重，在公司规模日渐发展的同时控制负债过度状态的发生。合理的资产负债结构有助于企业的发展，企业应当在自身能力许可的范围内合理举债，这样既可以发挥财务杠杆的避税作用，又可以为企业的发展提供足够的资金。

4.2 A公司盈利能力

A公司2013年净资产收益率1.13%比行业平均净资产收益率7.18%低6%多；主营业务利润为3.05亿元，比行业平均2.5亿元高22%；A公司2013年每股收益为0.032元，行业平均为0.24元；A公司2013年经营毛利率8.73%，行业平均为9.77%。通过上述数据比较得知：A公司主营业务利润要好于同行业一般水平，但其他指标却并不理想。A公司的净资产收益率逐年下降，表明企业的盈利能力及成长能力较弱，产品在市场的竞争力不强。A公司的主营业务毛利率较好，成本费用率一直很高，近年来呈逐年上升的趋势，成本费用利润率低于行业平均水平。因此，A公司应该做好生产成本的计划、控制和实施工作，严格控制企业的生产成本费用，同时也要控制销售费用。企业主营业务利润率比2012年有所增加，分析其原因主要是A公司生产经营规模扩大所致。A公司还应当提高生产技术水平，努力提高原材料的利用率，降低生产成本。2013年公司利润下降，从生产经营方面看主要是产品价格的持续下降，使A公司面临巨大的生产经营压力。主要产品价格下降引起A公司的利润下降，公司应当分析主要产品价格下降的原因，是由于公司自身的生产技术已经落后于社会平均水平，还是这一产品的市场供需关系发生了较大的变动。对此A公司应调整其产品结构，对高销量产品扩大产量，以满足市场需求。对一些利润低、成本费用高的产品逐渐停止生产。

从偿债能力、盈利能力和资产管理能力以及企业的发展能力来看，A企业的财务状况都存在着较高的财务风险，故A公司的管理层应当对企业未来的发展进行充分而全面的考虑，为公司的长远发展作出正确的决策。

5 结论

财务风险是每一个企业生存发展过程中必须面临的课题，其贯穿于企业的整个生产经营过程，这就要求企业在生产经营、投资、筹资、收益分配过程中要充分认识风险的存在性。我国相关制度的建立健全为中小上市公司建立财务预警系统提供了先决条件，中小上市公司应该抓住这一机遇，对公司的组织结构进行调整，建立起适合自身的财务预警系统，以此提升企业管理层的财务风险意识，根据企业所处的市场环境、国家宏观经济政策以及消费群体的消费观念，优化企业的资源配置，调整企业的经营方向，作出有利于企业持续健康发展的经营决策。

参 考 文 献

[1] 雷振华，肖东生，谢丽金．基于模糊层次分析法的中小企业财务预警实证研究［J］．财会通讯，2011（12）：146-147.

[2] 权思勇．创新型企业财务预警系统研究［D］．上海：东华大学，2012.

[3] 艾健明．企业财务危机预警研究［J］．财会研究，2002（7）：103-104.

[4] 张友裳．财务预警系统管理研究［M］．北京：中国人民大学出版社，2004.

木城涧煤矿安全培训管理信息系统

赵红泽[1]　白玉奇[1]　杨富强[1]　赵博深[1,2]
孙健东[1]　杨　曌[1]　李泽荃[1]

(1. 中国矿业大学(北京)资源与安全工程学院，北京，100083；
2. 广东宏大爆破股份有限公司，广东 广州，510623)

摘　要：在分析安全培训管理业务流程及组织机构的基础上，采用3层架构的开发模式，应用数据库协同技术、数据库同步技术、射频卡识别技术等，开发了木城涧煤矿安全培训管理信息系统。系统运用射频卡读取数据作为数据来源，并通过电子大屏幕、页面等方式在客户端显示，实现了多方式、多类别的数据可视化查询、统计和分析。

关键词：煤矿安全；安全培训；培训体系；信息系统；数据库同步技术

Safety Training Management Information System for Muchengjian Coal Mine

Zhao Hongze[1]　Bai Yuqi[1]　Yang Fuqiang[1]　Zhao Boshen[1,2]
Sun Jiandong[1]　Yang Zhao[1]　Li Zequan[1]

(1. School of Resources and Safety Engineering, China University of Mining and Technology (Beijing), Beijing, 100083; 2. Guangdong Hongda Blasting Co., Ltd., Guangdong Guangzhou, 510623)

Abstract: On the basis of analyzing business process and organization of safety training management, using a three-tier development model, collaborative database technology, database synchronization technology, radio frequency card identification technology, etc, the article developed safety training information system for Muchengjian Coal Mine. System using RF card to read data as a data source, through electronic screen, page and other ways, the data is displayed in the client, which achieved a multi-mode, multi-class data visualization query, statistics and analysis.

Keywords: coal mine safety; safety training; training system; information system; database synchronization technology

安全技术培训既是煤矿安全生产的前提，又是煤矿安全生产的保证[1,2]。近些年来，安全培训管理信息化已成为煤矿进行安全技术培训的一个重要手段[3]。

木城涧煤矿拥有员工7000余人，有固定培训场所6处，其他不确定培训场所30余处，木城涧煤矿已制定了详细的培训积分考核标准，但由于培训场所的分散以及员工数量众多，传统的“经验式”培训造成了培训工作效率低、员工参与培训的积极性差、培训数据真实性低、信息共享差和数据分析汇总能力差等[4,5]。在此背景下，北京昊华能源有限公司木城涧煤矿与中国矿业大学（北京）联合开发了木城涧煤矿安全培训管理信息系统。

1　安全培训体系及业务流程

系统应用木城涧煤矿局域网，供其下属的木坑、千坑、大台井3个坑井使用，结合木城涧煤矿现

基金项目：中央高校基本科研业务专项资金资助项目（2013QZ04）。
原载于《煤矿安全》，2014（8）：133-135。

有的员工培训积分考核标准以及相关考核规则，实现了该矿安全培训信息实时录入，培训、违章、纠违、员工安全档案、矿井事故、奖惩等信息的实时查询、下载及统计分析。

木城涧员工积分类型按照安全培训和违章情况分为2个独立的部分：培训积分、违章扣分。2部分积分独立核算，制定各自独立考核标准[6]。

（1）培训积分来源及培训分类。木城涧煤矿员工安全培训积分来源共分为以下7部分：日常安全培训积分、师徒积分、2日1题培训积分、月出勤合格积分、讲师积分、纠违积分、现场培训积分。根据培训内容将安全培训分为以下4类：日常安全培训、2日1题培训、师徒培训、违章培训。根据培训类型将安全培训分为以下4类：Ⅰ类、Ⅱ类、Ⅲ类、Ⅳ类。不同类型、不同内容的培训其积分不同，员工的总积分是以上各类培训积分的总和，最终通过不同类职务、工种的积分考核标准进行考核。

（2）培训积分考核标准。根据木城涧煤矿员工培训现状，制定相应的培训积分考核标准，对员工进行考核。其中，月度考核将个人月度培训考核积分标准的90%作为考核点进行考核，季度考核、年度考核无考核点，设置月度考核点，使员工在1年内根据实际工作任务合理安排时间参加培训，促进培训工作的人性化、合理化[7,8]。根据职务、工种、部门等，将积分考核标准分为5大类，第1类：矿副总以上领导（安监站站长、总工程师、岩石副矿长、机运副矿长、运销副矿长、3坑井长及其他主管安全、生产、技术的副总工程师以上领导）；第2类：除第1类外的矿其他副总工程师以上领导；第3类：矿采掘、开拓、机电、运输、通风单位行政正职、安全副职；第4类：除以上人员外其他技术员以上管理人员；第5类：普通员工。员工积分考核标准见表1。

表1 木城涧煤矿员工积分考核标准表

员工培训考核标准分类	员工培训考核积分标准/分		
	月度	季度	年度
第1类	19	57	228
第2类	5	25	100
第3类	15	45	180
第4类	5	15	60
第5类	11	33	132

（3）违章扣分及其标准。从木城涧煤矿实际违章情况出发，制定违章扣分考核标准，对违章人进行考核。从类别角度将违章分为3大类：行为、操作、违纪[9]；从级别角度将违章分为：特级、一级、二级、三级；从工序角度将违章分为：顶板管理、支架支护、机电运输、一通三防等14类；从工艺角度将违章分为：打眼、放炮、综掘、综采、岩石掘进、煤巷掘进等12类[10]。违章扣分依据不同级别、类别违章制定违章扣分标准。依据实际情况，将员工违章扣分考核标准统一定为6分/0.5年，即员工0.5年内违章扣分达到或超过6分时，员工考核不合格。其中不同级别违章扣分标准见表2。

表2 木城涧煤矿分级别违章扣分标准表

违章级别	特级	一级	二级	三级
违章扣分标准/分	5	3	1	0.5

（4）安全培训组织机构。安全培训管理信息系统依托于矿、坑井、科段3个级别，由各级相应的安全培训组织机构组成，其中违章扣分部分主要依托于矿安监部以及下属3坑井的安监站组成，进行不同种类的安全培训及积分核算。

（5）安全培训业务流程。业务流程包括信息采集、信息的统计分析。系统在形成安全培训报表的同时，也在网页客户端、大屏幕等发布信息，实现对安全培训数据的管理。安全培训基本流程如图1所示。

信息采集：主要包括采集员工基本信息、员工安全档案、违章及纠违信息、安全培训信息。其中，安全培训信息的采集通过射频卡获取，同时，系统开发了文件上传的功能，如员工基本信息、师徒培训信息、员工安全档案信息等按照指定格式上传即可完成信息采集，根据采集到的信息计算员工培训积分。

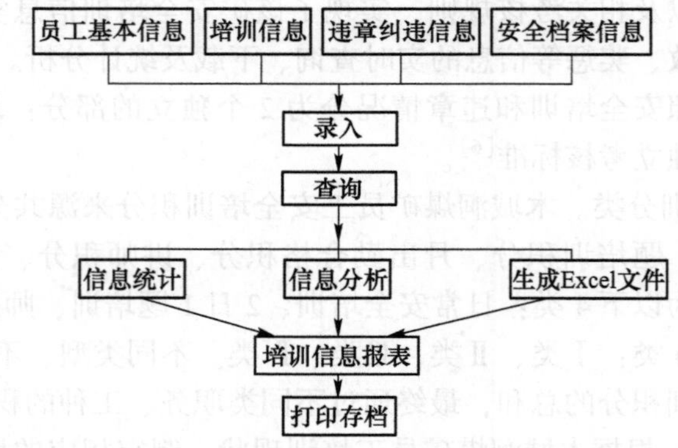

图1　木城涧煤矿安全培训系统基本流程图

信息的统计分析：按照月度、季度、年度、职务、工种、部门等多种方式统计分析员工安全培训、违章及纠违等相关信息。根据统计信息和员工考核标准，分部门、分职务、分工种统计，将考核情况进行多向比较，并制订下一步培训计划。结合员工培训积分，系统自动计算其当月培训工资。对于连续3个月培训未合格及当月有违章记录但并未参加培训的员工进行告警提醒并取消其下井资格。

2　系统设计

2.1　系统功能模块

根据现场的实际需求分析，员工安全培训系统共分为6大模块：员工培训信息管理模块、违章及纠违管理信息模块、安全档案信息模块、统计分析模块、信息管理模块、人员及用户管理模块。

员工培训信息管理模块主要完成的业务是培训信息采集及员工单次培训积分计算，主要包括：培训计划信息、日常培训信息、培训补考信息、参加培训情况信息、师徒培训积分信息、月出勤积分信息等。其中日常培训通过设定培训计划，应用射频卡采集人员培训信息（签到、签退）并结合员工日常培训考试成绩计算其积分，只有当员工签到、签退、考试均合格时，员工才能获取当次培训的积分。

违章及纠违信息管理模块主要实现的功能是采集、查询违章及违章扣分信息，同时实现违章人未培训告警功能，此模块主要有纠违查询，以及违章扣分信息管理等。

安全档案管理模块实现的主要功能是建立全矿员工的安全档案，方便其查询、管理员工的个人信息以及违章、纠违、奖惩情况等。

统计分析模块主要实现的功能是对安全培训信息及违章纠违信息按照月、季、半年、年度、职务、工种、部门等统计，此外，还包括考核标准制定及管理、员工培训工资、积分未达标人员原因分析等。

信息管理模块主要功能是管理不同分类下的违章类型、培训类型以及部门和队班等。人员及用户管理模块主要实现的功能是对员工信息及用户信息的管理，主要包括人员信息上传、人员信息下载、人员信息查询、用户注册、用户管理、权限管理、新员工发卡、培训射频卡管理等。

2.2　系统数据库

系统数据库分为2部分：硬件设备（刷卡设备）系统数据以及软件系统（安全培训系统）数据库，硬件系统数据库应用射频卡识别技术通过刷卡进行数据采集，主要包括刷卡信息表、卡号信息表、部门信息表等。应用数据库同步技术，将硬件数据库中的数据同步到软件系统中进行处理。软件系统数据库主要包括：人员信息表、用户信息表、刷卡原始记录表、培训计划表、日常培训积分表、师徒培训积分表等。软件系统通过对硬件系统所采集的数据结合培训计划形成人员日常培训积分、讲师积分，然后将其他不同种类的积分来源汇总统计，形成人员总积分，最终依据积分考核标准，对员工进行考核后，生成员工培训工资、告警等。

系统由射频卡系统和安全培训系统构成，采用数据库同步技术的方式，应用了基于触发器法和基于控制表变化法实现同步，最终实现射频卡系统数据与安全培训系统数据的实时交互、同步更新。

3 结语

木城涧煤矿员工培训管理信息系统为培训考勤管理提供了一个良好的平台，实现了培训考勤考核整个过程的规范化、严格化；实现了安全生产纠违与培训考勤的智能化、高效化的结合；实现了不同来源积分整合，多种考勤机制相结合的目标；实现了对培训考勤积分灵活多样化的录入、查询、统计分析等功能；为各级领导、各部门提供了全面、准确的培训考勤、违章、纠违等信息；在实际应用中反映出系统各项功能较为实用、流程直观、操作简单等特点，提高了煤矿安全管理的科学性和有效性，达到超前防范，保障煤矿的安全生产。

参 考 文 献

[1] 杨振宏．国内外企业安全培训调查及模式的探讨［J］．中国安全科学学报，2009，19（5）：61-66.

[2] 陈素明．以能力建设为基础的现代培训［M］．北京：中国石化出版社，2006.

[3] 姚敏，田水承，张少杰．煤矿安全培训教育问题浅析［J］．陕西煤炭，2010（6）：64-66.

[4] 罗云，徐得蜀．注册安全工程师手册［M］．北京：化学工业出版社，2004.

[5] 安宇，张红莹，邵长宝．矿工不安全行为预控方法的研究［J］．煤炭工程，2011（8）：131-134.

[6] 马建雯．煤矿安全培训质量的评估与提高的探讨［J］．能源与环境，2011（4）：135-138.

[7] 张喜君．企业培训系统的设计与实现［D］．天津：天津大学，2005.

[8] 段淼．企业新型安全考评与激励机制探讨［J］．安全，2007（4）：13.

[9] 程卫民，周刚，王刚，等．人不安全行为的心理测量与分析［J］．中国安全科学学报，2009（6）：29-34.

[10] 白原平，傅贵，关志刚，等．我国煤炭企业事故预防策略的分析和改进［J］．煤炭科学技术，2009，37（2）：50-52.

混合所有制经济的具体运用与思考

李萍丰　陈迎军　刘阳平　付　宣　王祖辉

（湖南涟邵建设工程（集团）有限责任公司，湖南 娄底，417000）

摘　要：目前，混合所有制经济理论学说及实践主要运用于公司层面，为将此理论精髓进一步延伸扩展和创新。本文将以我公司项目内部模拟股份制经营模式为背景案例，从微观角度阐述混合所有制经济在公司内部管理体制上如何灵活有效运用，起到什么作用，以便更好地理解与运用混合所有制经济核心理论。

关键词：混合所有制；具体运用；管理创新

Specific Utilization and Thoughts of Mixed Ownership Economy

Li Pingfeng　Chen Yingjun　Liu Yangping　Fu Xuan　Wang Zuhui

（Hunan Lianshao Construction Engineering（Group）Co., Ltd., Hunan Loudi, 417000）

Abstract: At present, the theory and practice of mixed ownership economy are mainly applied in the company level. In order to further extend and innovate the essence of this theory, this paper will take the internal simulation of the joint-stock business model in the project of our company as the background case, and explain how the mixed ownership economy can be used flexibly and effectively in the internal management system of the company from a micro perspective and the role it plays, so as to better understand and apply the core theory of the mixed ownership economy.

Keywords: mixed ownership; specific utilization; management innovation

1　公司产权发展现状

湖南涟邵建设工程（集团）有限责任公司（简称涟邵建工）创始于1953年，成立于2001年，由湖南省国有大型企业湖南涟邵矿业集团有限责任公司（简称湖南涟邵）出资组建，主营矿山建井、采矿业务，为了适应市场机制，企业历经几次产权变更。

2006年5月，公司股份制改革，国退民进，国有独资企业变更为国有参股公司；2012年公司战略引进上市公司广东宏大爆破股份有限公司（简称宏大爆破，股票代码：002683）进行资本重组，涟邵建工成为宏大爆破控股子公司，并力推机制灵活的“混合所有制经营模式”，宏大爆破持股51%，公司高管和核心中坚层持股49%，股本相对集中，公司核心管理层与公司命运捆绑联系在一起，成为利益共同体。

2013年，公司将混合所有制经营模式进一步延伸扩展和创新，使其运用于项目管理层面，设计一种虚拟产权多元化的项目内部模拟股份制经营模式。

2　混合所有制经济在我公司进一步延伸扩展和创新运用

2.1　问题的提出

我公司是建筑施工企业，主营矿山建井、采矿业务，项目是公司生存的基石，也是公司价值创造

原载于《管理观察》，2014（32）：113-115。

之源，项目运作的效果决定了公司整体经营状况及发展前景，为此，采用何种项目经营模式，能有效激发项目部潜能，使项目部管理层收益与项目运作好坏紧密相联，从而达到企业和员工双赢?

混合所有制经济在公司层面的运用，通过股权激励机制，将公司核心管理团队个人利益与公司整体利益紧密相联，从而在公司体制顶层设计上，解决了公司层面，核心管理团队与公司的责、权、利关系，但此体制未能触及项目层面，我公司项目管理一般采取内部承包经营机制，承包人（即项目经理）象征性的缴纳3万~5万元的风险抵押金，公司以其项目部指标完成状况进行业绩考核，项目管理层的责任与收益都相对控制在一定范围，项目实际运作的好坏与项目管理者没有很大的联系，仅是薪酬发放的一种手段，为此，这种项目管理制度未能将个人利益与项目利益紧密相联。

项目管理体制设计上存在问题，势必影响项目运作的效果，为此，如何改变?项目缺乏活力的关键因素是什么?问题已摆在案头，下一步就是该怎么做、怎么解决问题?

2.2 总体解决方案及思路

混合所有制经济关键词。我公司通过梳理与领悟，紧紧抓住混合所有制经济几个关键词，并运用于项目管理实践中：基本经济制度，标准的现代企业制度下的股份制，完善公司治理结构，转换企业经营机制，员工持股，资本所有者和劳动者利益共同体。

方案总体思路。项目管理尝试推行混合所有制经济，设计一种虚拟产权多元化的项目内部模拟股份制经营模式，将项目设置一定额度的模拟股本，由公司和项目部经营团队共同作为项目模拟投资者(股东)，认购该项目股份，两投资者形成以“出资”为纽带的产权利益关系，组合而成相对独立的工程项目部非法人经济组织，股东按各自的投资额所占模拟总股本比例对项目超额利润分配和对项目全过程承担经营风险，股东以其投入的股本金和收益对该工程项目承担有限责任。

制度创新点。项目内部模拟股份制经营模式是对混合所有制经济，理论精髓进一步延伸扩展和创新的运用成果，设置项目股份，明确项目责、权、利，将公司和项目部经营团队利益捆绑，形成利益共同体，从而激发项目部经营团队积极性，确保项目运作效果。

项目内部模拟股份制经营模式关键词：虚拟产权、设置股份、公司控股、员工持股、按股分配、个人有限责任、公司无限责任、激励与约束并存。

2.3 混合所有制经济在项目管理层面的具体创新运用

项目内部模拟股份制经营模式的建立，关键要解决5个问题：公司与模拟股份制项目部关系界定、模拟股份的设置、股东的构成范围、持股比例分配、股利分配与兑现。

公司法人与内部模拟股份制项目部的关系。因项目内部模拟股份制并不完全是独立法人的股份制，仅仅是公司借鉴股份制理论，将其运用于公司项目内部管理的一种模拟经营模式，且对项目经营团队采取保护措施，个人承担有限责任，公司承担无限责任，故为便于操作，就必须界定清公司与项目部的关系。在项目内部模拟股份制经营模式下，公司行使出资人监管、表决、收益等股东权益。

项目模拟股份的设置。为此，公司根据《中华人民共和国公司法》相关规定，参照公司设立需投入注册资本的原则，根据公司目前年生产能力实际投资额估算，同时考虑个人股东经济承受力，将模拟项目总股本额统一设置为四个区间，各项目中标后，再根据各自合同产值规模套用区间股本标准，以此作为各项目设置模拟总股本的依据。

项目股东构成范围。为保证项目内部模拟股份制真正起到激励功能，防止投机行为，故对项目股东进行了严格限制，规定项目股份只设两股，为公司法人股和项目经营团队自然人个人股，项目经营团队个人股只限于本项目部员工参股，强制性规定不准公司外部其他合作者参加入股，也不准公司机关和其他项目部所有人员参股。

项目股本比例设置。为确保公司对项目控制绝对话语权，故在项目股本比例设置上进行了持股比例分配限制，具体根据项目实际情况，由公司与项目经营团队牵头人即项目经理直接协商谈判而定，但原则上项目经营团队个人股所持比例不得高于项目总股本的40%，其中项目经理本人所持股份比例占项目经营团队个人总股本的40%~50%，其他项目班子成员占项目经营团队个人股本的35%~45%，项目技术管理骨干中优选不超过5人占项目经营团队个人股本的15%。

项目班子配备。为确保股份激励，使项目个人股份相对集中，公司根据项目产值规模对项目班子人数进行了相对控制，具体规定如下：

项目级别	年产值 M/千万元	项目班子人数 R
一级	$M \geqslant 5000$	4人
二级	$2000 \leqslant M < 5000$	3人
三级	$M < 2000$	2人

项目内部股利分配及兑现。股利分配牵系着每位股东的切身利益，是股东投资入股的根本出发点，分配是否合理、公正，是股东关注的焦点，但一定要体现责、权、利对等的原则，模拟股份制项目部必须完成公司下达的目标利润，同时需收回相应工程款，才可分配兑现项目股利。

项目特殊事项的处理因项目股利分配是以一个独立施工合同完结为前提，公司针对项目实际情况，对特殊事项作了如下规定：

（1）新入个人股东所缴股本金缴公司；在本项目增加持股比例或金额的个人股东需增缴股本金，增缴款亦缴交公司；从原项目的个人股东调任另一项目的个人股东其持股比例或数量增加的，应增缴款并缴交公司。

（2）对于参加项目模拟股份制的个人股东，不论其经历过几个尚未清算的项目的任职，其缴交股本金总额应等于其任职项目部的最大股本额。

（3）项目经理的红利所得及亏损承担，与其在项目的任职时间相对应；其他个人股东的红利所得及亏损承担，与其任职时间相对应。

（4）项目完工后，原则上应在两个月之内完成设备的拆除，三个月内完成项目的结算工作，项目经营团队的考核工资计算时间，按《项目经理经营目标责任书》上约定的时间计算，没有约定的按照公司相关规定执行。

（5）项目经营期间，发生特殊事项，股东需变更，则优先采用内部股份转让，经对方股东认可，若未能成交，则以项目清算为原则。

（6）若项目经营期间，股东自身原因需中途退出，且其未能内部股份转让者，则进行项目清算，若发生项目经营亏损，则按其所持股比例承担亏损，若清算中途赢利，则只无息退回其投入的股本金。

2.4 股份制公司治理理论在项目层面实践运用的再思考

混合所有制经济是现代企业管理制度下的股份制，而公司治理是衡量股份制运作是否规范的一个关键点。我公司根据项目管理实际需要，并结合股份制特点，提出了以下项目治理思路：

（1）项目治理结构简化，公司作为项目控股股东，拥有股东会和董事会类似权力机构的批准、决定重大事项议案权，以及监事会的监管职责；模拟股份制项目部拥有重大事项提议权，以及项目日常经营权。项目经理作为个人股东牵头人，其受其他个人股东委托，全权行使个人股权力，并主张权益。

（2）在方案源头设计上，就对购股范围、购股金额均有严格限制，确保制度激励功能，以及保证公司对项目部绝对控股权。

（3）方案明确规定公司与模拟股份制项目部两者关系，经济上以“出资”为纽带，按股获益，公司主要行使出资人监管、重大事项决策、收益等股东权益；行政管理上是“上下级”隶属关系。

（4）以契约形式规范了项目运营模式，明确了项目部的权责，以及激励目标和内容，以此作为模拟股份制项目部激励分红的依据。

（5）项目经理身份特殊，其具有三重身份：代表公司、项目管理者、股东，某种意义上讲其身份利益角色混晰，是多方利益代表者，若各方利益冲突时，更多依赖于其个人道德与心灵契约。针对此特点，我公司制订了项目经理权责清单一览表，明确规定项目经理该做什么，不该做什么，从制度上保证项目经理依规履职，定好位，做好事。

我公司推行的项目内部模拟股份制经营模式，在制度设计上，仍保留了浓厚的行政管理色彩，强化了公司绝对话权语，这样，就造成了一股独大，相应弱化了个人股表达意愿，这与股份制运作初衷有一定偏差；另外，项目经理身份混晰，利益角色不明；以及从保护弱者角度考虑，制度设计为自然人个人股承担出资额有限责任，而公司法人股承担项目无限责任，在法定上，风险与收益并不对等；这也是有待探讨与思考的问题。

3 混合所有制经济在我公司运用示意图

混合所有制经济在我公司运用示意图，如图 1 所示。

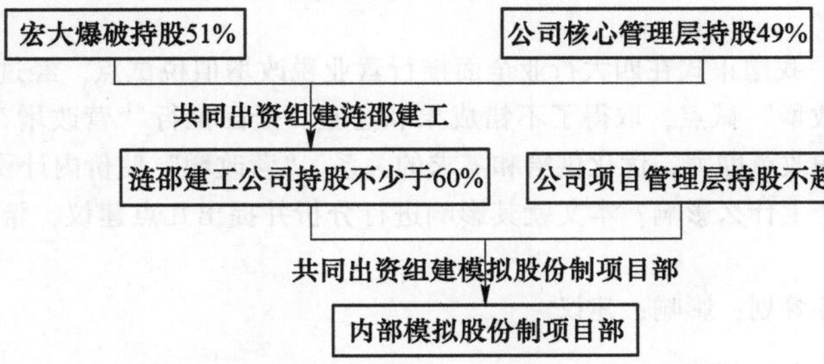

图 1 混合所有制经济在我公司运用示意图

4 结束语

混合所有制就是现代企业制度下的股份制，其本质是产权主体多元化，已成为我国深化国企改革的基本方向与重头戏，但从目前来讲，混合所有制经济理论学说及实践运用都停留在公司层面，而我公司不但在公司层面推行了混合所有制产权经营模式，同时将此理论精髓进一步延伸扩展和创新运用，设计了一种项目内部模拟股份制经营模式，在项目管理体制上解决了项目缺乏活力的根源，从而，以产权为纽带的整体布局，在公司得到全面铺开，保证了公司、公司核心管理层、公司项目管理层三个独立主体各自需求和利益，同时，三者命运捆绑相联，成为了不可分割的利益共同体。

试论“营改增”对会计与税务筹划影响

唐桂森

（广东宏大爆破股份有限公司，广东 广州，510623）

摘　要：2016年5月1日起，我国正式在四大行业全面推行营业税改增值税试点。经过四年的上海交通运输业和部分现代服务业的“营改增”试点，取得了不错成果和经验。全面推行“营改增”，除了降低纳税企业的税负，更是为了供给侧结构改革助力，优化供给和需求的关系。“营改增”使价内计税变成价外计税，那么对企业会计和税务筹划又会产生什么影响？本文就其影响进行分析并提出几点建议，希望对“营改增”的试行有所帮助。

关键词：营改增；会计；税务筹划；影响；建议

On the Influence of “Replacing Business Tax with Value-added Tax” on Accounting and Tax Planning

Tang Guisen

（Guangdong Hongda Blasting Co.，Ltd.，Guangdong Guangzhou，510623）

Abstract：Our government officially implemented the pilot project of replacing business tax with value-added tax in the four major industries from May 1，2016. After four years of pilot practice in Shanghai's transportation industry and some modern service industries，it has achieved good results and experience. The comprehensive implementation of “replacing business tax with value-added tax” is to reduce the tax burden of taxpayers，and even to facilitate the supply-side structural reform and optimize the relationship between supply and demand. “Replacing business tax with value-added tax” changes the in-price tax into the off-price tax，so what impact will it have on enterprise accounting and tax planning? This paper analyzes its influence and puts forward some suggestions，hoping to be helpful for the trial implementation of “replacing business tax with value-added tax”.

Keywords：replacing business tax with value-added tax；accounting；tax planning；influence；advice

1　引言

“营改增”的内容和意义本文就不细说，简单谈谈其影响。在2012年至2015年四年间，一直强调减税的作用，据数据统计，试点四年累计减税6412亿元。并预计2016年将达到5000亿元。在2016年《政府工作报告》上也明确要求，全面实施“营改增”后，要所有行业税负只增不减。这不仅是改革的目标之一，更是一项重大的政治任务。而除了减税，“营改增”更多有助于供给侧改革，优化我国现有的经济结构。在试点中，“营改增”将各行各业纳入增值税抵扣链条，避免了重复征税。有利于拉长产业链，扩大需求，从而带动就业。

2　“营改增”对会计的影响

“营改增”对企业会计核算主要有两方面的影响，一是税务会计，税务会计是根据现有的收税法

原载于《纳税》，2017（7）：13。

规来进行税务管理，“营改增”后，价内计税换成价外计税，这就使会计管理要复杂许多。所以在会计科目上，一般纳税人企业会在原有的“应交税费”科目下设置一个新的二级明细科目。这也需要企业的会计人员认真解读“营改增”的相关法规，参考借鉴早期试点地的会计经验。二是企业税负在改制前，在核算企业的实际成本和进项税额的处理上，会采取价税分离的方式单独核算。而变为增值税后，便要将进项与销项进行抵扣后，再计算实际成本。这也要求会计人员认真地做好各种记录，重要的一些记录不能出错。如营业额、进项税额、销项税额、实际抵扣额和应纳税额等数据的整理和归纳。

3 “营改增”对企业税务筹划工作的影响

增值税是与企业密切相关的，在研究“营改增”后的增值税税务筹划应该站在纳税人的角度而不是负税人，是基于企业承担增值税的税负。企业税务筹划目的主要是减税，首先在增值税纳税时，要注意三个时间点：一是企业收款的时间，包括预收款，二是合同约定的收款时间，三是开具增值税发票的时间。在缴纳增值税的时候，并不是以开具发票的标准。而是在那三个时间点中，哪一个最先发生，就在那个时间点计算缴纳增值税。若计算错误，会使企业受到滞纳金及罚金等额外支出。其次企业在响应“营改增”政策的同时，应该深入了解其适用的范围，其中最主要的是要清楚兼营与混合销售的区别。兼营是指企业或个体既从事货物销售工作，同时也从事加工修理、服务等方面的工作；针对这种情况，应该对各个工作领域进行差别征税，不同的工作适合不同的税率。混合销售则是指一项销售行为既涉及服务业包含了货物，因此被称作混合销售。开展生产、零售或者批发工作的个体或者企业的混合销售行为应依法缴纳货物增值税，其他企业或个体的混合销售行为则应缴纳相应的服务增值税。最后，是在纳税人的身份和计税方法的选择上面。增值税的纳税人主要可以分为一般纳税人和小规模纳税人两种，不同纳税人的计税方法存在着一定的差异，这两类可以在一定的条件下进行转换，从而使用不同的纳税方法。对于计税方法的选择，不同的选择就意味着不同的赋税结果。因此纳税人应该收集全面的信息之后，再制定出完整、可行的税务筹划方案，根据企业的实际情况选择合适的计税方法，做出正确的决策。

4 对全面“营改增”后企业会计及税务筹划工作提出的几点建议

4.1 加强对财务人员的专业培训，提高其职业道德素养

国家为了降低企业的税负，出台了“营改增”政策；在“营改增”政策的实施和推广过程中，中央不断对已有的政策进行修订、完善，陆陆续续地出台了一系列方针政策，其中不乏针对各个行业的优惠政策。因此，企业的财务会计人员需要拥有较高的专业素养，能够及时地跟进、理解中央的各项政策方针，对方针政策有较强的反映能力和风险规避能力，能够及时发现风险并进行合理的规避。所以，企业就需要加强对财务人员的培训，从理论知识到实践能力，再到职业道德素养的培养，提高从业人员的专业技能和职业道德素养，以更好地满足于新形势下财务管理的需求。

4.2 选择正确的合作商，严格管理发票

随着我国市场经济体制改革的深入及经济全球化趋势的不断影响，国内不少的企业都借此机会得到了较大的发展。各个行业的产业分工不断精细化，涉及的步骤和链条也越来越多；其中有不少的环节涉及增值税，特别是企业在进购大宗的材料或商品的时候。这些因素都会导致增值税课税、纳税环节复杂化。因此，企业在选择合作企业的时候，首先应该对该企业进行严格的、全方位的考察，尽量避免那些信誉较低、产业链复杂的企业。对合作企业的生产经营过程进行严格的把控，对其每一项活动进行及时、针对性的梳理，充分利用“营改增”背景下的优惠政策方针，加强对企业发票的管理，使增值税的抵扣作用能够得到有效的发挥，减少企业的税负，提高企业的整体经济效益。

4.3 加强对“营改增”政策的认识

虽然目前“营改增”政策的推广进行得如火如荼，已经有不少的企业充分地认识到了该项政策带来的经济效益，并且愿意积极响应国家的号召开展“营改增”活动。但是就目前的情况来看，依然有一小部分企业尚未认识到“营改增”的益处，仍然希望采用原来的税收政策进行税收管理。针对以上的情况，首先中央应该加大对“营改增”政策的宣传力度，组织企业组织中的高层管理者深入学习相关的知识，然后管理者再积极组织财务人员学习相关的法律法规，形成良好的认知，提高整个企业的重视程度。不仅如此，企业的相关工作人员应该根据当前的新形势，转变原有的税务筹划、财务管理理念，创新税务筹划方法和财务管理方式。

参 考 文 献

[1] 施羚爽．论全面推开“营改增”以及对会计与税务筹划的影响［J］．现代国企研究，2016（18）：41.
[2] 孙卫．浅谈“营改增”税改对企业税负及财务指标的影响［J］．财会研究，2012（18）：17-18.

浅析国有企业全面薪酬体系设计

李彦军

（广东宏大爆破股份有限公司，广东 广州，510623）

摘　要：本文着重探讨了国有企业薪酬管理特点，并以某企业为例，系统介绍了全面薪酬管理体系设计的方法和内容，最后指出全面薪酬体系实施中的注意事项。

关键词：人力资源管理；国有企业；全面薪酬管理；体系设计

A Brief Analysis of the Overall Salary System Design of State-owned Enterprises

Li Yanjun

（Guangdong Hongda Blasting Co.，Ltd.，Guangdong Guangzhou，510623）

Abstract：This paper focuses on the characteristics of compensation management in state - owned enterprises，and taking some enterprise as an example，systematically introduces the method and content of comprehensive compensation management system design，and finally points out the matters needing attention in the implementation of comprehensive compensation system.

Keywords：human resource management；state-owned enterprises；total compensation management；system design

伴随着市场经济体制的不断发展推动，改革开放下国际洪流的强力竞争，跨国企业先进理念和激励政策的不断导入，自身不断学习成长，我国企业的薪酬管理专业化水平有很大提高。但就国有企业薪酬管理而言，因经营活动受诸多传统文化及固有体制影响，具有鲜明特点。

1　国有企业薪酬管理特点及问题

1.1　企业薪酬自主权小

国有企业在当前我国大中型企业构成中占据着重要席位，是推动我国经济发展的重要力量，但国有企业本身在薪酬管理上的自主权很小。尽管我国目前已逐步将各项权利下放到企业，但一直以来计划经济模式使得国有企业的运营形成思维定势，人事调派任职等仍与行政级别关系千丝万缕，国有企业的高管薪酬水平与企业经营效益挂钩并不明显，大多数国有企业的员工工资总额及各项奖金福利等执行既有规定，灵活调整空间较小。

1.2　福利保障性薪酬比例较大

大多数国有企业员工的薪资构成中，各类津贴、补贴科目较细且占较大比例，体现岗位价值本身的基本工资部分差异并不明显，体现工作表现的绩效薪酬比重较少或流于形式。其结果是极易形成固定工资收入，“铁饭碗”思想严重，员工存有安全感的同时易失去竞争意识，工作动力不能充分激发，从而影响国有企业工作效率。

原载于《现代国企研究》，2017（6）：42。

1.3 薪酬分配相对固化、个体差异小

国有企业的员工薪酬实际分配仍存在严重的平均主义，并未体现明显差别，如此也造成另一程度的不公，即：忽视员工的能力素质、业绩表现和贡献等个体差异，反而会使较优秀员工的工作热情受到打击，从而造成国有企业优秀人才流失。

2 国有企业全面薪酬体系设计

2.1 全面薪酬体系概念及内容

全面薪酬体系是以员工激励为导向的整体性、系统性薪酬设计，通常分为货币性薪酬和非货币性薪酬两部分。货币性薪酬包括岗位薪酬、绩效薪酬、公共福利、个性化薪酬等。非货币性薪酬包括员工荣誉、重点培养机会、参与决策、职业发展等；也可分为短期薪酬和长期薪酬等。

2.2 全面薪酬体系设计举例

为更清晰、简明地说明全面薪酬体系设计，笔者以某国有企业为例（以下简称 H 公司）进行分析。该企业以股份制改革契机，建立并完善了全面薪酬管理体系，体系的突破极大激发了员工工作热情，释放了潜能和企业竞争活力，创造出业绩连年复合式高增长的奇迹。

2.2.1 薪酬前期准备

为保障效果，H 公司在体系设计前便定调了薪酬策略，同时聘请知名咨询公司联合人力资源部门展开调研分析，就企业战略、组织架构、部门职能及编制、各岗位说明书等进行细致、系统梳理，就历史工资总额及分配比例、水平构成、行业数据等进行详细分析，并采取积点法展开岗位价值评估。经多次研讨修正后确定了 15 个薪级与 10 个薪档的宽带式薪酬，并对中高层管理人员、销售、研发、生产作业人员等设计了不同的薪酬福利结构及绩效激励办法。

2.2.2 薪酬结构设计

薪酬结构设计是全面薪酬体系设计中至关重要的一环，也是体现企业薪酬特点及薪酬竞争力的核心部分。结合自身特点，H 公司针对不同类别人员设计薪酬结构见表 1。

表 1 薪酬结构设计

人员类别		工 资		福 利		奖 金		
		岗位基本	浮动绩效	法定	公司公共	特色部分	短期激励	长期激励
公司高管（本部）		√	65%~100%	√	√		高管经营业绩奖 超额利润奖	股权激励
公司中层（本部）		√	40%~55%	√	√			股权激励
其他人员（本部）	营销类	√	—	√	√		销售奖励	
	科研类	√	20%~30%	√	√		科研奖励	
	专业职能类	√	20%~30%	√	√		年终 N 薪+总经理特别奖	
项目部	经营管理层	√	项目季度绩效考核奖	√	√	项目津贴	项目经营绩效奖 项目超额利润奖	股权激励
	其他人员	√	项目季度绩效考核奖	√	√	项目津贴	项目经营绩效奖分成	
特殊人才		首席专家、教授级专家、顾问及其他特殊人才等可不按照以上薪酬结构，约定年薪制						

2.2.3 考核激励挂钩模式

组织/团队绩效方面：将企业/部门/项目绩效考核结果分别折算成考核分数或系数，分数或系数高

低直接影响相应团队奖金额度，超额完成考核目标的，可获取超额奖励。个人绩效方面：将员工个人绩效考核结果等级分布为优良中差并折算成考核系数，进而影响个人奖金高低。对个人考核优异次数达到一定条件的，加薪重点考虑，对于个人考核比较差且达到一定次数的给予降薪处理等。同时，绩效考核结果还与团队、个人评优评先等荣誉挂钩，与员工选拔晋升等机会挂钩。

2.2.4 职业通道挂钩模式

实施全面薪酬体系的同时，H公司建立了岗位与任职资格等级有机结合的“双通道”薪酬发展机制，在企业内部为员工设置了五大类别、多个职种发展通道，员工可定期按各通道内任职资格等级评定结果调整薪酬。如此，改变了以往“升官才能发财”的单一模式，普通员工走专业技术通道同样可获得较高甚至更高的报酬。

2.2.5 其他特色

H公司充分认识到货币性薪酬不是全部，在生产活动中，充分发挥非货币性薪酬的积极作用。如：对一线员工带薪休假的人文关怀和特色处理；定期组织员工健康体检，额外提供职工商业保险；关注员工学习和发展，对考取相关证照者给予激励及特色补贴；鼓励员工参与公司决策并提出合理化建议；组织丰富的业余活动；成立大爱基金，组织特殊人员关爱及慰问等，让员工“不为家庭分心”“不为生活操心”，努力提升员工幸福指数与归属感。

3 国有企业全面薪酬体系实施注意事项

国有企业全面薪酬体系设计涉及因素较多，实非一朝一夕之功，需充分考虑天时、地利、人和等各个方面，不能急于求成。在诸多因素中，优先需解决的是薪酬分配体制问题，能否顺利打破固有格局是全面薪酬体系成功实施的关键；另一点需注意在制定和实施过程中，上下及时沟通和必要的宣传培训，这也是保证薪酬体系成功实施的关键。

参 考 文 献

[1] 姚凯．企业薪酬系统设计与制定［M］．成都：四川人民出版社，2008.
[2] 顾英伟，张志强．企业全面薪酬体系研究［J］．现代管理科学，2007（8）：96-98.

我国爆破行业发展面临的问题与思考

宋锦泉　郑炳旭

（广东宏大爆破股份有限公司，广东 广州，510623）

摘　要：针对行业发展存在的相关问题与困难，为适应新形势的要求，从国内外经济形势的发展现状出发，阐述了国际经济全球化面临的挑战以及国内经济减速等影响我国爆破行业发展的新形势，对我国爆破行业的发展现状困难与机遇进行了深入分析，特别是对以互联网、大数据和云计算为代表的信息技术以及人工智能的发展对爆破行业即将带来的深刻影响进行了探讨。对当前影响我国爆破行业发展的外部环境、内部机制、监管尺度等相关问题进行了深入思考，提出了调整爆破行业结构、促进企业转型升级、推进企业信息化建设和国际化进程等解决之道，并对主管部门、行业组织如何在推进行业结构调整、企业转型升级中发挥更大作用提出建议。

关键词：我国爆破行业；新形势；信息技术；人工智能；共享经济；结构调整；转型升级；发展思考

Problems and Thinking on the Development of Blasting Industry in China

Song Jinquan　Zheng Bingxu

（Guangdong Hongda Blasting Co.，Ltd.，Guangdong Guangzhou，510623）

Abstract：In view of the related problems and difficulties in the development of the industry，in order to meet the development requirements of the new situation，from the development of the domestic and international economic situation，the international economic globalization challenges and the domestic economic slowdown and so on，the impact of China's blasting industry development of the new situation is elaborated. The difficulties and opportunities of the development of blasting industry in China is analyed deeply. Especially the internet，large data and cloud computing as the representative of the information technology and artificial intelligence development，the profound impact of the blasting industry is discussed deeply. The external environment，internal mechanism，supervision scale and so on which affect the development of blasting industry is discussed deeply. Adjusting of the blasting industry structure，promote enterprise transformation and upgrading，and promote enterprise information construction and internationalization process and other solutions are proposed，and put forword suggestion of the authorities，industry organizations how to promote the restructuring of the industry，enterprise transformation and upgrading to play a greater role.

Keywords：China's blasting industry；new trend；information technology；artificial intelligence；share the economy；structural adjustment；upgrade；development thinking

当前，国际上，形势风云变幻，保护主义开始抬头，经济全球化面临严峻挑战，加大了爆破行业走向国际的风险；在我国，工业化、信息化、城镇化和农业现代化的深入实施，“一带一路”倡议持续推进，为爆破行业的发展创造了更大的空间。同时，信息技术和人工智能的进步也给爆破行业的发展注入了新的动力，一些新的监管措施、新的规范、标准的出台也给爆破行业的发展提出了新的要求。爆破行业如何更好地适应新形势的发展，成了我们必须认真思考的现实问题。

原载于《工程爆破》，2017，23（5）：91-94。

1 爆破发展面临的新形势

1.1 国内外经济形势

近年来国际形势风云变幻，经济全球化和产业自动化所造成的社会经济体系面临重新洗牌，英国脱欧、美国特朗普上台等黑天鹅事件频频发生，冲击着原本十分脆弱的国际经济秩序和发展格局，世界经济增长乏力，大宗商品价格低迷，特别是保护主义开始抬头，产业全球化和贸易自由化受到空前挑战。

我国经济运行由高速发展转换到了中高速发展，其本质是增长动力的转换与接续，从追求速度、效益的高增长模式向质量效益型转化[1]。传统产业出现了增速陡降、效益下滑、压力加大的情况，爆破行业影响明显。2013~2016 年的 4 年间，我国爆破消耗的工业炸药分别为 439 万吨、432 万吨、368 万吨、354 万吨；工业雷管 17.7 亿枚、16.6 亿枚、12.5 亿枚、11.2 亿枚。

认识我国经济新常态，适应新常态，引领新常态是当前和今后一个时期我国经济发展的大逻辑，特别是随着钢铁、煤炭等行业以化解产能为重点供给侧结构改革全面铺开，爆破行业必须加强对新常态的认识。必须通过转变增长方式、整合市场资源、转换发展模式、借力科技创新、提升发展质量，切实提高行业的科技创新能力和推进行业结构调整和企业转型升级。

1.2 一批新的行业法规、标准及规定付诸实施

众所周知，爆破是以民用爆炸物品的使用为核心。近年来，随着科技进步、社会发展、人们安全意识和环保意识的提高以及国内外反恐的需要，国家加强了对民用爆炸物品流通和使用的监管，相关部门先后制订、修订、出台并实施了一系列的法律法规、部门规章、国家及行业标准、制度和规定。这些文件及时出台和实施对规范爆破作业行为、引导爆破行业的健康良性发展发挥了积极作用。但每一件相关文件的出台或多或少给爆破行业带来一些影响，如何更好地贯彻、执行、适应和领会这些新实施的法律法规、标准与规定是爆破行业每个企业及每个涉爆人员必须面对的现实问题。

近年来，出台实施的与爆破行业密切相关的法律法规、部门规章、标准及规定主要如下[2]：

2006 年 9 月 1 日实施的《民用爆炸物品安全管理条例》、2009 年 8 月 1 日实施的《民用爆炸物品储存库治安防范要求》（GA 837—2009）和《小型民用爆炸物品储存库安全规范》（GA 838—2009）、2012 年 6 月 1 日实施的《爆破作业单位资质条件和管理要求》（GA 990—2012）和《爆破作业项目管理要求》（GA 991—2012）、2012 年 8 月 1 日实施的《土方与爆破工程施工及验收规范》（GB 50201—2012）、2014 年 12 月 25 日发布的《关于放开民爆器材出厂价有关问题的通知》（发改价格〔2014〕2936 号）、2015 年 1 月 1 日《建筑业企业资质标准》（建市〔2014〕159 号）（取消了 19 个专业承包资质类别，其中包括土石方工程专业承包企业资质和爆破与拆除工程专业承包企业资质）、2015 年 7 月 1 日实施的《爆破安全规程》（GB 6722—2014）、2015 年出台并实施的《民用爆炸物品从严管控十条规定》、2016 年 1 月 1 日实施的《爆破作业人员资格条件和管理要求》（GA 53—2015）；相关法律有 2014 年 12 月 1 日施行新的《安全生产法》、2016 年 1 月 1 日施行的《反恐怖主义法》和于 2017 年 10 月 1 日施行的《民法总则》。

1.3 新技术、新工艺、新材料、新设备的研发与应用

伴随着国民经济的发展和科技水平的进步，我国爆破行业的发展进入了一个新阶段。近年来在中国爆破行业协会的积极推动下，我国爆破行业在新技术、新工艺、新材料、新设备的研发与应用等方面获得重大进展，特别是精细爆破、高台阶抛掷爆破、浅埋隧道降振爆破、高大建筑物拆除爆破、抗震救灾抢险爆破、爆破挤淤、水下炸礁、爆炸加工等方面的理论研究与工程实践都取得重要突破。在现场混装爆破、中深孔台阶爆破、电子雷管研发与推广应用、远程测振技术以及民用爆炸物品末端管控等方面也得到较好发展[3]。这些创新成果极大地促进了我国爆破行业的科技发展与进步，为我国爆破行业的结构调整和企业转型升级奠定了良好的技术基础。

2 我国爆破行业发展面临的问题

2.1 爆破企业“小、散、低”的现象

据不完全统计，我国现有爆破作业单位近15000家，其中营业性爆破企业2600余家，营业性企业中一级160余家、二级企业270余家。营业性企业每家的年平均营业收入不足5000万元，年超过一亿元的不到10%，炸药年使用量超过2万吨的营业性企业屈指可数。规模较小、分布不均、技术水平普遍较低。许多规模较小的爆破公司特别是原从事爆破器材销售的改转公司存在着技术力量薄弱、管理不到位、制度不健全，容易形成安全隐患，直接危及爆破安全及行业的发展。我国爆破行业的分布与集中度与国外先进国家相比还存在较大差距[4]（见表1~表3）。

表1 全球2014年工业炸药消耗量

Table 1 The total industrial explosives consumption of the world in 2014 （万吨）

序号	地区、国家	炸药消耗	序号	地区、国家	炸药消耗
1	中国	430	6	非洲	120~130
2	美国	300	7	南美洲	80~100
3	北美地区（美国以外）	30	8	印度	80
4	欧洲	130	9	亚洲其他地区	30~50
5	澳洲	100~120	总计	1300~1500	

表2 美国爆破企业工业炸药耗量

Table 2 The industrial explosives consumption of American blasting companies （万吨）

序号	主要企业	市场份额/%	年 份		
			2011	2012	2013
1	Orica	30~35	300	328	305
2	IPL	30~35			
3	Austin 及其他小规模企业	30~35			

表3 澳大利亚爆破企业构成

Table 3 Blasting companies constitute in Australia

序号	主要企业	市场份额/%	特 点
1	Orica	55~60	民爆产品、钻孔以及爆破等服务
2	Dyno	40~45	民爆产品、钻孔、爆破服务
3	Maxam	2~5	爆破器材，爆破设计及爆破服务
4	Downer Edi、Blast Tech 等	1~2	炸药生产线、提供起爆器材及爆破服务

2.2 爆破企业创新能力不足

技术创新是可持续发展的主要动力。目前，我国爆破行业总体处于整个产业价值链的中低端，在施工能力过剩、生产要素成本刚性上升的情况下，企业的竞争优势不再来自规模和数量，而是来自技术、管理、效率以及商业模式等。因此，创新将成为企业转型升级和可持续发展的主要源泉和动力。

领先的跨国爆破企业均将创新与企业核心战略变革、战略资源的获得及核心人才价值相结合，形成良好的创新激励机制和创新文化，以客户为中心，持续地推进创新活动，不断地实现技术上或商业模式上的创新，从而获得核心竞争力。而我国大部分爆破企业在科研开发方面投入较低，内部创新体系简单，人员配备不合理，激励机制不到位，严重限制了企业的竞争力。

2.3 爆破行业市场体制还不完善不健全

目前，在我国爆破行业，市场体制还有许多不完善、不健全的地方，存在与行业结构优化趋势相矛盾的一面。如政策完全执行度不高，地方保护主义还在一些地方盛行。近年来成立的资质不同、规模各异的爆破公司涌向市场，但真正能够提供较好爆破服务的实力公司很少，更加剧了市场的乱象。

3 我国爆破行业发展的思考

爆破行业如何走出困境，实现华丽转身，笔者认为以下几方面值得重视。

3.1 调整爆破行业结构，推进企业整合与重组

我国爆破企业和从业人员众多，良莠不齐，面对这种情况，应以压缩技术水平低、安全保障弱、生产规模小的企业数量来对我国爆破行业结构进行调整，有实力的企业应充分利用自己的技术、资金和营销优势，通过外部整合与内部整改相结合，运用市场手段，推进行业内企业整合与重组。并在整合与重组中触发新的增长动力，推行现代企业制度，建立规模化、专业化爆破队伍，达到提质增效的目的。

3.2 加强改革创新，实现企业转型升级

"把创新摆在国家发展全局的核心位置"是党中央在十八届五中全会提出的发展观念。观念决定思路，思路决定出路。自2012年"两个标准"实施以来，爆破企业进入全面市场化竞争态势，同时也倒逼企业通过改革方式、创新途径增强企业的核心竞争力。

从发展趋势看，技术创新、安全高效、节能环保、智能无人化是爆破行业追求的方向。就目前来说，爆破企业技术与装备的升级换代、安全管理水平的切实提高、经营理念与模式的创新等是爆破企业实现转型升级重要抓手。

3.3 全面推进爆破行业信息化建设

2013年7月，习近平视察中国科学院时指出："大数据是工业社会的'自由'资源，谁掌握了数据，谁就掌握了主动权"[5]。近年来，随着互联网（物联网）、云计算、大数据为典型代表的信息技术快速发展、相互协作，大数据决策、在线监测、远程维护得到迅猛发展，信息技术已成为全球新一轮科技革命和产业变革的核心驱动和经济发展的主要引擎，也必将助力行业升级，给行业带来巨大的变革与创新。信息技术的发展促进了在线化、数字化施工方式，让生产资料的利用更加集约高效；促进产业链上、下游企业加强开放合作，打破了不同行业发展的组织边界；促进企业商业设计、组织形式、服务方式和科技创新的有机融合，以及不同行业跨界合作，加速行业间的融合发展；促进企业在加强国际人才、技术、资本等方面的流动和融合；促进施工设备、办公室、社会资本、先进技术等社会资源快速调度，实现资源使用权的高效流动和资源的优化配置；促进移动服务、精准营销、就近提供、个性定制、资源共享、线上线下融合等爆破企业服务模式创新。同时，借助人工智能，通过案例学习，形成智能爆破设计系统与实施体系，进一步提高爆破作业的发展水平。

3.4 持续推进爆破企业国际化

我国爆破企业要有比肩国际一流企业的雄心，不断扩大国际视野，向世界一流爆破企业看齐，加强与国际先进爆破企业交流与合作，学习国际企业先进技术与管理理念，努力打造成世界级爆破企业。在追求国际化进程中，要主动融入全球爆破产业市场，融入到经济全球化和区域经济一体化进程中，为企业的发展寻求更大的发展空间，在全球范围内进行资源的有效配置，提升企业在国际上的竞争力。

澳瑞凯公司在爆破器材、矿山爆破领域聚焦于"客户驱动"的新技术、新应用的开发和改进，每年投入研发的费用占到销售额的2%以上，进行大量的技术创新和服务模式创新，是我国爆破企业学习与比拼的标杆。

“一带一路”是我国一个长远的对外经济战略，是我国同中亚、东南亚、南亚、西亚、东非以及欧洲经贸和文化交流的大通道。西方学者预测，“一带一路”规划未来20~30年仅在基础设施方面投入将超过20万亿美元。其战略目标的实施，将是一个长远和持续的过程，也必将有效带动我国爆破国际化。

北方爆破科技有限公司在缅甸的莱比塘铜矿是国家“一带一路”倡议的重大项目，项目总投资10.65亿美元，年采剥总量2760万立方米。在纳米比亚湖山铀矿的项目，是中国在非洲最大的实业投资项目，是中国与非洲经贸合作的标志性工程，总投资近50亿美元。爆破总量为85805万立方米。

广东宏大爆破股份有限公司巴基斯坦塔尔煤田剥离项目是中国机械设备工程股份有限公司投资的煤电一体化项目，年产量380万吨的露天煤矿，总投资20亿美元。

水电十四局在厄瓜多尔的辛克雷水电站，总投资23亿美元，总装机150万kW，在斯里兰卡的卡卢河大坝工程，总投资10多亿美元。

这些爆破企业走向国外的成功案例有一个共同的特点，就是紧跟国家战略、随着央企走出去，例如北方爆破科技有限公司是随北方公司和中广核集团走出去的，广东宏大爆破股份有限公司和中铁十四局分别是随国机集团和中国电建走出去的。因此，找一个合适的战略合作伙伴也相当重要。

3.5 主管部门、行业组织的更大作为

爆破行业是一个跨领域、多学科交叉的特殊行业，也是高危行业。主管部门及相关机构出台了一系列政策措施，加强了对爆破行业的监管力度。主要集中在两个方面：一方面确保生产安全；另一方面防止民用爆炸物品流失。由于爆破作业的特殊性，爆破企业及从业人员按照相关要求，在防止民用爆炸物品流失的环节上做了大量防范工作，并进行了大量投入（如末端管控等），客观上也为国家反恐维稳、为社会公共安全做出了重大贡献，有关部门也应在企业税费减免上有所考虑。

这些年来，主管部门、行业组织在促进行业转型升级、推进行业科技进步、创新发展方面做了大量卓有成效的工作。特别是中爆协开展了大量的学术研讨与技术交流，组织修订了《爆破安全规程》、编写出版了大型工具书《爆破手册》和爆破作业人员培训教材、评审了行业科技奖和爆破优秀人才、编写了《中长期科学与技术发展纲要》以及进行的行业标准编写与工法评审，极大地推动了爆破科学发展与技术进步。希望行业组织继续发挥桥梁纽带作用，在主管部门的支持下，帮助爆破企业解决一些诸如安全生产许可证办理等实际问题、推动诸如创新型人才和创新型企业的评选、推进在重点高校、重点科研院所、重点爆破企业单位建立以爆破为主要研究内容或研究方向的省部级工程中心、省部级重点实验室、省部级企业技术中心、省部级科技创新中心，适当时候升级到国家级，推进建立企业创新联盟，并由点到面，带动全行业加快科技创新，在促进爆破企业转型升级及爆破行业的结构调整中有更大作为。

参考文献

[1] 周跃辉. 经济新常态的本质是增长动力的转换［J］. 行政管理改革，2015（8）：61-65.
Zhou Y H. The nature of the new economic norm is the transformation of the growth momentum［J］. Administration Reform, 2015（8）：61-65.

[2] 公安部治安管理局. 爆炸物品安全监管常用执法规范选编（修订本）［M］. 北京：群众出版社，2016.
Ministry of Public Security Authority. Law enforcement standard compilation of commonly used explosives safety regulation (revised edition)［M］. Beijing：Masses Publishing House，2016.

[3] 汪旭光. 中国爆破新进展［M］. 北京：冶金工业出版社，2014.
Wang X G. New progress of blasting in China［M］. Beijing：Metallurgical Industry Press，2014.

[4] Finance. cnr. cn/gundong［EB/OL］.（2017-03-12）. http：//523652194. shtml.

[5] 国家大数据战略［EB/OL］.（2015-11-12）. http：//news. cnr. cn/native/gd/20151112/t20151112 5204901521. shtml.

国企重组并购案例实战与剖析
——以湖南涟邵建设工程(集团)有限责任公司为例

李萍丰　黄明健　黄寿强　付　宣

(湖南涟邵建设工程(集团)有限责任公司，湖南　娄底，417000)

摘　要：企业重组一般面临三个问题，一是能不能成功牵手重组？二是重组后能不能有效整合？三是整合后能不能发展壮大？本案以此为主线，探寻地方国企涟邵建工的产权变革，以创新发展之路为背景案例，从微观角度阐述一个地方国企如何结合自身实际，进行顶层设计，突破发展瓶颈，解决企业发展难题，这对地方国企改革可起到借鉴与启示作用。

关键词：地方国企；产权变革；机制创新；探索发展

State-owned Enterprise Reorganization and Merger Practice and Analysis
—Taking Hunan Lianshao Construction Engineering (Group) Co., Ltd, as an Example

Li Pingfeng　Huang Mingjian　Huang Shouqiang　Fu Xuan

(Hunan Lianshao Construction Engineering Group Co., Ltd., Hunan Loudi, 417000)

Abstract: Enterprise restructuring usually faces three problems. First, can a company successfully hand in hand reorganize with others? Second, can the reorganization be effectively integrated? Third, can the integration develop and grow? Taking these as the main line, this case explores the road of property rights reform and innovative development of the local state-owned enterprise, Lianshao Construction Engineering Co., Ltd., and it expounds from the micro perspective how a local state-owned enterprise combines its own reality to carry out top-level design, breaks through the development bottleneck and solves the problems of enterprise development, which can serve as a reference and inspiration for the reform of local state-owned enterprises.

Keywords: local state-owned enterprises; property rights reform; mechanism innovation; exploration and development

1　案例背景

湖南涟邵建设工程（集团）有限责任公司（简称涟邵建工）是国家高新技术企业，创始于1953年，成立于2001年，由湖南省国有大型企业湖南省煤业集团涟邵实业有限公司（简称湘煤涟邵）出资组建，企业性质为国有独资公司，地处湖南中部小城娄底，是一家典型的地方国企，主营矿山建设及采矿的国家总承包一级施工企业，后经企业产权改革，成为上市公司广东宏大爆破股份有限公司（简称宏大爆破）控股全资子公司。涟邵建工的成长发展与其他内地国企一样，面临如下瓶颈：

1.1　方向模糊，缺乏战略指引

涟邵建工创始之初为国有独资公司，主要定位服务于煤矿，业务以煤矿基建为主，随着公司不断

原载于《现代商业》，2018（4）：151-153。

发展，功能定位及业务单一成为公司短板，但因控股股东湘煤涟邵以煤为主，在股东决策层面，公司经营难以转向，市场越来越受限，而企业实际经营者对此无决策权，这样存在决策与公司实际发展有偏差，同时，企业经营者也无法领悟自己在公司中的价值和使命是什么？难以身临其境，缺乏创业激情。

1.2 思想保守，缺乏创新意识

思想保守，缺乏创新意识是内地国企通病，涟邵建工也不例外，涟邵建工人吃苦、耐劳、实干，但谨慎保守，具有国企情怀，求稳，求安逸，慢节奏，斗志和冒险精神不强，不利于企业的创新发展。

1.3 平台制约，发展动力不足

涟邵建工属内地地方国企，虽然在当地小有名气，但受地域限制，苦于发展平台不高，一直难以突破性发展，停滞于仅自给自足，略有盈余、小步发展的状态，无法在行业奠定自己的地位。

1.4 资金薄弱，对外扩张乏力

涟邵建工属多家国有企业成建制资源整合改组而成，主要是承接前身国企的人力和公司资质优良资源，但无房产等实物资产，缺乏融资渠道。而企业的发展，特别是施工企业新上项目前期都需要源源不断地投入资金，一个新上项目一般都需投入上千万元，这给涟邵建工带来很大压力，同时也无力扩张，只能保守运营。

公司发展面临瓶颈，如何破局，摆在案头，下一步就是该怎么做、怎么解决？为此，从产权源头入手，宏大爆破与国有投资人湘煤涟邵和涟邵建工站在公司发展高度，敢于打破，进行了一系列顶层设计，推动了公司改革。

2 重组并购及创新方案的设想与构建

2.1 宏大爆破成功牵手重组涟邵建工的理由

（1）宏大爆破视角看涟邵建工

业务互补：涟邵建工地采与宏大露采形成战略协同。

资质优势：矿山工程施工总承包一级。

人才优势：国家一级建造师 50 人，二级建造师 87 人。

地采市场：涟邵建工一直专注矿建领域，地采市场广，具有一定行业影响力。

文化沉淀深厚：吃的苦、霸的蛮、干的活，具有湘军精神。

（2）涟邵建工视角看宏大爆破

上市平台：融资平台、营销品牌、社会影响力。

创新理念：勇于创新，敢于放权，规范治理，开放包容。

激励方案：以公司战略为指引，搭建合伙创业平台，推行股权激励模式。

股权分散：由宏大爆破重组可改变原有体制下零散股权布局状况，建立合理股权结构，利于公司发展。

文化特色：绩效、高效、创新文化 ，具有广东前沿视角。

2.2 总体解决方案及思路

（1）方案总体思路。从体制上入手，敢于破局，大力推行产权多元化的混合所有制经济，彻底打破国有独资僵化体制，优化股权结构，形成以产权为纽带的整体布局。在公司层面，确保国有资产保值增值的前提下，实行国有股有序减持或退出，战略引进公司合作伙伴，并构建公司核心管理团队股权激励计划；在公司内部项目管理层面，尝试推行一种虚拟产权多元化的项目内部模拟股份制经营模式，将项目设置一定额度的模拟股本，由公司和项目部经营团队共同作为项目模拟投资者（股东），认购该项目股份，形成以“出资”为纽带的产权利益关系。

（2）方案创新点。涟邵建工以产权为核心的变革，在公司从上而下全面铺开，不但在公司层面推行了混合所有制经济模式，而且将此理论精髓进一步延伸扩展和创新，在公司内部项目管理层面得到具体运用，设计了项目内部模拟股份制经营模式，其本质与混合所有制经济相吻合，主要是利用项目内部虚拟产权关系，设置项目股份，明确项目责、权、利。这样，涟邵建工构建了以股本为纽带的网状产权利益模式，将公司、公司核心管理层、公司项目管理层三个独立主体，命运捆绑相联，成为不可分割的利益共同体。

项目内部模拟股份制经营模式关键词：虚拟产权、设置股份、公司控股、员工持股、增量考核、按股分配、个人有限责任、公司无限责任、激励与约束并存。

2.3 方案具体运作

2.3.1 公司层面的变革

（1）明确方案功能定位。首先宏大爆破站在战略高度，明确重组收购涟邵建工的目的不是控制涟邵建工，也不是两家企业简单的资源整合，而是如何更好更快地助推涟邵建工更高发展，与宏大露采形成战略协同。

（2）顶层设计，构建合伙创业平台。从股权设置入手，力推机制灵活的“混合所有制经营模式”，宏大爆破持股51%，公司高管和核心中坚层持股49%，股本相对集中，公司核心管理层与公司命运捆绑联系在一起，成为利益共同体。

（3）宏大涟邵文化的融合与认同。涟邵建工有自己优良的企业文化底蕴，员工吃苦耐劳、艰苦奋斗、爱岗敬业、乐于奉献、把企业利益举过头顶的精神值得发扬；宏大爆破控股涟邵建工后，宏大带来的理念敢于担当、团结进取，不畏艰难，奋勇开拓的精神同样值得发扬。两者之间并没有矛盾，而是互补的，通过提炼、融合，形成了一种全新的企业文化，给企业带来巨大的凝聚力。

（4）充分信任，平稳过渡。宏大爆破重组收购涟邵建工后，采取果断有效的措施，从组织上及时调整好新的领导班子，让能适应上市需要又适合新形势要求的同志及时充实到领导团队，同时又充分信任与放权，仅委派4人参与公司管理，实行本土管理，大胆任用涟邵建工原有班子，人、财、物放权，董事长、财务总监仍由涟邵建工执掌；宏大爆破主要委派管理者勇挑重担，胜任公司总经理并任单位法人代表，确保了执行力与责任匹配，同时，融入公司文化，并从公司薄弱环节入手，重抓营销、科技创新，有效实现了重大突破，以此得到大家认同和肯定，树立了威信。这样，通过组织保障，从而有效地形成了指挥力，确保了公司平稳、高效发展。

（5）充分授权，规范治理。以公司战略为指引，建立规范的公司治理结构，决策权与经营权相分离，董事会与经营层以经营目标责任书为接口，依章程行事，做到责任与权利匹配。在公司运作上采用国有企业的规范管理，和民营企业的灵活机制两者相结合，继承国有企业的管理思路，理顺管理职责，明确管理行为，同时，突破国有企业僵化体制，偏平化管理，紧贴前沿，嗅觉市场，敏锐决断，敢于创新，在变中求进。

（6）高度重视，全力支持。涟邵建工每一步成长，都离不开广业及宏大爆破各级领导的支持。收购之初，宏大爆破就把握有利时机，问诊市场脉博，对涟邵建工实行精准支持，在资金、营销、品牌短板上不断输血和共享资源，这样，通过多年发展，使涟邵建工的设备、市场占有率大大提升，使之完全具备成为国内一流的矿山施工企业条件。

（7）本方案解决的问题。通过股权激励机制，将公司核心管理团队个人利益与公司整体利益紧密相联，从而在公司体制顶层设计上，解决了公司层面，核心管理团队与公司的责、权、利关系，保证公司总体目标的统一性及导向性，同时公司提供平台，让员工与公司共同成长发展。

2.3.2 混合所有制经济在公司进一步延伸扩展和创新运用

（1）理论延伸扩展和创新。目前，混合所有制经济理论学说及实践主要运用于公司层面，为将此理论精髓进一步延伸扩展和创新，涟邵建工不但在公司层面推行了混合所有制产权经营模式，而且在公司内部项目管理层面得到具体运用，取得了较好成效。

（2）混合所有制经济在项目管理层面创新运用成效。

1）管理创新主要成效：项目内部模拟股份制经营模式的推行，在项目管理体制上解决了项目缺乏活力的根本原因，就是项目经营者身份有所变化，通过持有项目股份，使其成为既是劳动者，也是资本持有者，在完成公司目标利润后，与公司同股同利，真正成为产权受益人，共享项目收益。

2）两种不同项目管理体制前后运用效果比较。

① 生产施工进度明显提高。项目内部模拟股份制经营模式运行以前，公司月生产计划在4万方以下，推行模拟股份制以后，公司月产能达到5万方以上，比运用前产能增加48.34%，月施工进尺均超额完成计划目标，达到116.37%，比运用前提高19个百分点，可见，新的经营模式拉动了公司生产整体上升势头。

② 安全状况更好。公司安全生产状况可控，特别是项目内部模拟股份制经营模式运行以后，较新模式运行前，工伤发生率降低了40%，可见，由于新的经营模式将个人利益与公司利益捆绑，安全就是效益的意识更浓，制度的利益导向，确保了个人行为，维护了公司整体利益。

③ 盈利水平提高。新管理制度出台后，大部分项目部综合盈利率达11.59%，目标责任成本较以往降低了12.95%，项目盈利能力大大增强，可见，新的经营模式将个人利益与公司利益融为一体，激发了项目管理层创业热忱，经营观念大有改观，从而推动了公司整体经营状况呈良性发展态势。

3 公司重组并购后创新成效

3.1 战略更清晰

涟邵建工依托矿建优势，专注矿业服务，产业布局明确定位为地下矿业服务板块平台，涟邵建工将致力于成为宏大矿业服务总板块中“地采龙头板块”，与宏大地面“露采板块”相呼应，两者产业优势互补，形成“1+1>2”的强强联合产业格局，以成为全国矿山工程服务前三甲为目标，形成地下矿山建、采、运营一体化的商业模式，与宏大露天矿山业务形成战略协同。

3.2 多方共创共赢

宏大爆破（收购方）：涟邵建工良好的发展态势，提高了宏大系的市场占有率，相应扩大了宏大系的盈利规模水平，助力拉升了宏大市值，股东获得较好的回报。

涟邵建工（被收购方）：公司凭借宏大平台，发展迅速，逐步成为业界领先，国内信誉好、具有竞争力的矿山工程施工企业之一。

员工（被收购方个体）：在完成一定目标前提下，1∶4左右的原始股本回购激励方案，大大激发了员工创业热忱，并使员工得到了较为可观的回报。

社会价值：宏大爆破作为国有上市企业，社会责任第一，涟邵建工以此为担当，为当地政府创造年上千万税收，在所处小城市贡献颇大，支持了当地发展。

3.3 机制更灵活

基于法人治理模式，建立了现代企业制度，经营权和决策权分离，建立短期与长期相结合的绩效考核机制，充分调动经营团队和员工的积极性。混合所有制经济的推行，全新的股权结构，重新定位员工持股激励功能，使产权人责任更为明晰，企业活力及社会影响力不断增强，发展加速。

3.4 产业布局更具广度

随着国家产业政策调整，公司顺势而为，从整体业务布局入手，改变了公司过于单一的产业格局，重新定位为矿山建设、合同采矿、矿山运营一体化整包服务商。公司在做强做实建井核心主业的同时，以建井为导入口，集中公司资源，快速进入并着力发展采矿业务板块，有效形成新的稳定持久业务市场，与建井板块共同构成公司两大支柱产业；寻机稳步培育发展基础设施建设板块，形成新的利润增长点。这样，公司着力构建形成了产业布局更宽，业务更稳，风险更可控的产业新格局。

3.5 市场更贴切

注重品牌建设，打造核心技术：公司通过与湖南科技大学、国防科技大学、江西理工大学等高校合作，并聘请宋振琪院士、蔡美峰院士、刘放来设计大师、于立仁院长为公司高级顾问，公司的研发工作成效显著。现已获得18个专利拥有权（其中一个发明专利，17个实用新型专利）并在国内外各级刊物上发表学术论文23篇；已通过八部省级工法；多项科研成果被评为省部级科学技术奖；已被认定为国家高新技术企业。这些研发成果的取得，将能更好地为现场提供技术支持，降低工程成本，提升公司的市场竞争力和社会影响力。

3.6 发展更迅速

2012年公司年产值规模3亿元，而到2016年末止，公司年产值规模已突破9亿元，年增速达24%以上。2013年，公司在全国煤炭建设工程处（公司）矿建施工综合实力排名中位居第10名，首次跨进全国前十强，2015年位居第4名。近年来，公司综合实力排名每年上升5个名次，特别是2013年，从第20名跃至第10名，真正实现了快速平稳发展，彰显了涟邵建工较强的市场竞争力。

3.7 员工更幸福

在硬环境方面，为了提高公司影响力，和增强员工幸福指数，公司将总部办公地整体搬迁至长沙，坐拥省府优势资源，交通更便捷，人文环境更具广度，员工就医、养老及小孩读书更享大城市政策红利，员工安居乐业，员工幸福感增强；在软环境方面，公司遵循道德为先，唯才是举，用人所长的人才理念，营造一个宽松的职业环境，提供一个宽广的发展平台，建立了合伙创业激励机制，并清晰构建员工职业发展通道，让员工充分施展自己的本领，实现自己的人生价值，同时，公司致力于打造“学习型企业”，培育学习型文化，推崇全员终生学习，鼓励并提供机会让员工学习再深造，这样，员工更有追求，更有精神动力，获得感相应增强。

4 结束语

涟邵建工的变革，经历了内地国企改革相似的阵痛，企业的迷惘，以及员工的困惑和恐惧，但最终成功了，企业更上了一个台阶。纵观涟邵建工重组成功案例，有以下几点启示：

（1）必须明确重组的目的，为何要重组，以及重组是为了什么？这是必须先解决的问题。宏大爆破和涟邵建工各自厘清自身发展瓶颈，不破则不立，只有破局方可突围，为此，宏大爆破拉开布局，并全力助推涟邵建工发展，做到重组一个企业就是帮助被重组企业做大、做强，而不是去控制被重组企业。

（2）多方受益才是根本。检验一个方案的好坏，最直接的就是相关利益方是否共享利益、和谐发展。涟邵建工重组后，宏大爆破就是通过股权激励机制，将公司核心管理团队个人利益与公司整体利益紧密相联，从而在公司体制顶层设计上，确保员工与公司共同成长发展，共享利益。

（3）建立完善的法人治理结构，有规有矩，依章行事。公司决策与经营相分离，通过责任与契约对接，明确权责，充分授权、高度信任，严明考核，做到规范管理，灵活运作。

（4）文化的有效融合。重组各方均有不同的生活背景和独特的文化渊源，这样，重组并不意味着文化的取代，而是更好的融合，相互取长补短。宏大爆破与涟邵建工通过提炼、融合，将宏大的敢想、高效、创新文化和涟邵的吃苦、朴实、稳重文化有效融合，形成了一种全新的宏大涟邵企业文化，文化的生生不息，将成为企业持续发展的动力源泉。

H 公司项目虚拟股份制应用研究

余彩凤

（广东宏大爆破股份有限公司，广东 广州，510623）

摘　要：作为矿山民爆企业的 H 公司，历经几十年的发展，奠定了一定的资本和业务基础，但在发展的进程中，动力不足，严重制约着公司的转型升级。当前，矿山民爆行业已进入新常态，外部市场正不断发生变化。H 公司必须要不断调整，探寻破局，一方面是支撑外部市场的开拓机制；另一方面是优化企业内部的管理，充分调动员工的积极性，从根本上有效地提升企业的效益，进而促进企业的发展。本文通过分析 H 公司的项目管理现状，结合项目虚拟股份制，提出了 H 公司项目虚拟股份制的实施方案，通过项目虚拟股份制的实践应用，激活了项目员工的创业激情，寻找出一个创新突破的发展之道。

关键词：项目；虚拟股份制；应用研究

Research on Virtual Shareholding System Application in H Company Projects

Yu Caifeng

（Guangdong Hongda Blasting Co.，Ltd.，Guangdong Guangzhou，510623）

Abstract：After decades of development，H Company as a mining and civil explosives enterprise，has laid a certain capital and business foundation，but it lacks motivation in the process of development，seriously restricting the company's transformation and upgrading. At present，the mine civil explosives industry has entered a new normal，and the external market is constantly changing. H Company must constantly adjust and explore solutions. On the one hand，it should support the development mechanism of external market. On the other hand，it should optimize the internal management of enterprises，and fully mobilize the enthusiasm of employees，fundamentally and effectively improving the efficiency of enterprises，and then promoting the development of enterprises. By analyzing the current situation of project management of H Company and combining with the virtual shareholding system，this paper puts forward the implementation plan of virtual shareholding system in the projects of H Company. Through the practice and application of virtual shareholding system in the projects，the entrepreneurial passion of project staff is activated and a development path of innovation and breakthrough is found.

Keywords：project；virtual shareholding system；application research

1　H 公司的基本情况

H 公司成立于 1988 年，是集矿山开采、民爆物品生产、矿山一体化服务等于一体的矿山民爆服务企业。H 公司一直以来重业务轻管理，现阶段的项目运营管理不能很好地对公司业务发展提供有效的支撑，且尚未充分发挥其价值，企业核心能力的培育滞后于组织的发展和战略变化，在当前经济新常态下面临较大的管理风险。

原载于《企业改革与管理》，2018（7）：46-47。

2 H公司项目管理现状

H公司现主要项目分布于宁夏、内蒙古、新疆等区域，公司对各项目以年合同金额实行分级管理，采用项目经理负责制，授权项目部经营班子全面负责项目的安全、质量及经营目标管理，项目考核与奖惩以《项目经营目标责任书》及《项目安全生产管理目标责任书》为依据。

目前，H公司在项目管理实施过程中，存在一些诸如对项目部的激励不到位、项目部与公司职责权限不清、成本管理和员工薪酬需要进一步明确等问题。项目经理负责制下的施工项目管理内部没有形成利益共同体，激励作用不能得以有效发挥，对项目本身的效益、公司的总体效益带来很大的影响。

3 项目虚拟股份制的应用思路

3.1 总体思路

项目虚拟股份制是指结合施工项目管理的特点，将虚拟股份制在施工项目中具体实施应用：将项目设置一定额度的虚拟股本，由公司和项目部自然人共同作为项目虚拟投资者（股东），认购该项目股份，形成以“出资”为纽带的产权利益关系。通过利用项目内部虚拟产权关系，设置项目股份，明确项目责、权、利，构建以股本为纽带的网状产权利益模式，将公司、项目部捆绑关联，成为不可分割的利益共同体，激发了项目人员的主动性和创造性，从而实现企业、项目、个人利益的共同增值。

3.2 建构公司与项目新的管理模式

在项目内部虚拟股份制经营模式下，公司与项目部的经济关系，不仅是垂直的经济管理与被管理关系，而且是以“出资”为纽带的虚拟股份制下的股东关系，公司行使出资人监管、表决、收益等股东权益。公司将本公司的管理规定、政策和相关的经济管理指标，通过《项目经营目标责任书》及《项目安全管理目标责任书》来明确各责任主体之间的权利、义务关系。

3.3 方案的具体应用

3.3.1 股权配置

在项目内部以“虚拟股东”的方式设置股本，采取货币入股的形式，由公司根据项目特点和管理需要，按项目年均合同产值规模大小情况，由公司统一分档设置，合理确定公司和项目部经营团队的虚拟股本金额和比例。

项目股份设置为公司法人股和项目团队自然人个人股，其中项目团队个人股只限于本项目部员工参股。

3.3.2 项目股本比例设置

公司与项目团队所持比例为6：4。其中项目部参股人在所持股份占项目团队总股的比例原则上见表1和表2。

表1 项目经营团队总股总表

项目参股人	项目经理	项目副经理、总工程师	项目中层及骨干
所占比例	30%~40%	30%~35%	30%~35%（含5%预留份额）

表2 项目经营团队分配表

经营班子人数	项目经理	项目副经理、总工程师	项目中层及骨干
3人	40%	30%	30%（含5%预留份额）
4人	35%	32.5%	32.5%（含5%预留份额）
5人	30%	35%	35%（含5%预留份额）

注：实际股本比例设置根据项目实际情况商定，5%预留份额为项目预留股份。

股东出资方法：货币资金，股东在签订出资协议后，一个月内一次性出资到位。

3.3.3 利润分配

由公司确定目标利润指标，对完成目标利润并实现超额盈利的项目部，依据持股比例对超额利润部分进行相应分红；除不可控因素外，项目经营团队完不成《项目经营目标责任书》所约定指标的，项目经营团队的最高赔款额为所投项目虚拟股本金的总额。

3.3.4 项目内部股利分配及兑现

(1) 项目股利兑现条件。

一是工程项目通过竣工验收并移交，办理完项目内、外结算，项目内部除业主、公司资金往来外，其他债权债务均已处理完毕，公司即对该项目实行总体绩效考核即终结性绩效考核。但是，对于合同工期较长的工程，以目标责任成本所确定的考核期限为一个周期，对项目部作周期性的绩效考核；二是项目经营成果经过公司审计，终结性或周期性绩效考核已完成；三是项目已完成目标利润。

以上三个条件需同时满足，公司确定项目剩余应收业主工程款（包括质保金）即项目尾款金额后，按各股东所持项目股份比例对超额利润进行分配。公司与项目团队对超额利润分配比例是55∶45，兑现项目分红。

(2) 项目股利兑现支付办法

股本红利按项目尾款金额的回收比例进行及时兑现，原则上兑现次数不超过三次，即回收比例超过30%，兑现一次，回收比例超过70%，再兑现一次，项目尾款全部收回则兑现剩余股本红利。

4 项目虚拟股份制创新应用成效

4.1 实现收益共享

H公司项目虚拟股份制通过在试点运营后，项目管理体制上解决了项目缺乏活力的根本原因，就是项目管理者身份有所变化，通过持有项目股份，使其成为既是劳动者，也是资本持有者，在完成公司目标利润后，与公司同股同利，真正成为产权受益人，共享项目收益。

4.2 创新激励机制

项目虚拟股份制完善了施工项目管理中的激励机制，将个人利益与公司利益融为一体，激发了项目管理层创业热忱，股东按各自的投资额所占虚拟总股本比例对项目超额利润分配和对项目全过程承担投资风险，股东以其投入的股本金和收益对该工程项目承担有限责任，其核心是管理改进，是一种激励与约束并存的机制。

4.3 推动精细化管理

项目虚拟股份制，优化了项目管理的组织架构，精干了员工队伍，一定程度上降低了人工成本。同时，由于新的项目管理模式将个人利益与项目利益融为一体，项目管理人员无论从观念上还是实际工作上，有了积极的促进，增强了员工的责任意识和风险意识，整体项目施工进度、安全生产、成本控制等都得到了有效提升，推动了整体项目的精细化管理，促进了公司整体经营状况的良性发展态势。

4.4 打造合伙创业平台

项目内部虚拟股份制经营模式的实施，是合伙创业的一个具体表现形式。通过探索和完善项目经理负责制施工条件下的项目管理机制，明确项目部的责、权、利，强化项目管理团队的责任意识和风险意识，夯实项目部各层级的主体责任，激发项目部管理团队精细管理、降本增效的主动性和创造性，打造企业和项目管理团队责任利益共同体，促进项目利润最大化、职工收入多元化，达到企业和员工双赢的目的。

5 结语

项目虚拟股份制，是企业内部创新管理的手段。项目虚拟股份制的实施，促使施工项目的管理成本、管理效率及项目管理扁平化都上了一个新的台阶。项目虚拟股份制释放了施工项目管理的创新动力，将公司、公司的项目管理人员的需求和利益凝聚在一起，形成了责任利益的共同体，既有效地优化了项目管理，又给予了员工更多的归属依附感，优化了激励机制，有效地实现了项目的最大收益，提升公司的整体效益。但项目虚拟股份制并不是适应所有的工程施工项目，在未来的研究发展中，项目虚拟股份制在工程领域实施上，必须根据所处行业的环境、企业的发展阶段、具体项目的特点具体而定。

参考文献

[1] 龚炜．模拟股份制：如何让项目部变动车组［J］．施工企业管理，2016（7）：18.
[2] 狄海飞．因地制宜地面对具体难题［J］．施工企业管理，2016（12）：80-81.
[3] 宫禄尧．建筑项目模拟股份制应用研究［J］．建筑经济，2015，36（9）：12-14.
[4] 姜明，黄佳兴．项目模拟股份制解决了机制体制问题［J］．建筑，2013（19）：27-29.
[5] 刘彦．试论模拟股份制在施工企业项目管理中的应用［J］．经营管理者，2014（8）：312-313.

现金周转期指标的应用研究
——以宏大爆破为例

黄锦泉

（广东宏大爆破股份有限公司，广东 广州，510623）

摘　要：现金周转期自身具有高度的概括性，涵盖了企业的“购产销”等多环节，同时又是衡量企业营运资金绩效评价的最常用指标。但在实务应用中，现金周转期往往被直接忽略，或者作为企业营运能力的参考指标。笔者结合多年工作经验，在本文中对现金周转期进行修订，并以宏大爆破为案例对象，提出较为完善的现金周转期应用框架，提供有效的借鉴。

关键词：现金周转期；应用框架；宏大爆破

Research on the Application of Cash Turnover
—Ratio in Hongda Blasting

Huang Jinquan

（Guangdong Hongda Blasting Co.，Ltd.，Guangdong Guangzhou，510623）

Abstract：The cash turnover ratio（CTR）has a high degree of generality，covering the multiple links of the enterprise “purchasing，production and marketing”，and is the most commonly used indicator to evaluate the enterprise working capital performance. However，CTR is often ignored or only used as a reference index of enterprise operation capacity in practical application. The author revises CTR with years of work experience in this paper，and puts forward a more comprehensive CTR application framework by taking Hongda Blasting Company as the case object，which could provide an effective reference.

Keywords：cash turnover ratio；application framework；Hongda blasting

1　现金周转期的应用框架

本文以广东宏大爆破股份有限公司（以下简称“宏大爆破”）为对象，提出现金周转期的应用框架。

1.1　业务板块特征

结合年度财务报告，宏大爆破的主营业务主要包括矿山工程服务（简称“矿服”）和民爆器材生产销售（简称“民爆”）两大板块。矿服板块和民爆板块的“生产建设”环节存在明显不同，对现金周转期的影响也产生差异。事实上，不同业务板块（或行业）由于生产过程在物流、资金流存在着明显的差异性，导致不同板块（或行业）的现金周转期存在明显差异，所以有必要基于业务板块角度进行分析。对于宏达爆破而言，行业特征分析如下：

矿服板块的特征主要包括：第一，行业的高危性。矿服所涉及的炸药属于易爆危险品，爆破技术

原载于《企业改革与管理》，2018（15）：39-40。

属于特殊技能，这一特征导致与普通服务业（如旅游业）相比，矿服板块进入的门槛较高。第二，行业依赖性强。宏大爆破所属的矿服与宏观经济保持密切关系，直接为采掘业服务，严重依赖于矿产资源的走势和资源性产品的价位，这一特征导致矿服板块的销售环节与行业走势相关，进而对现金周转期产生影响。第三，周期较长。矿服板块所提供的服务往往随着客户的采掘而同步进行，由此直接导致矿服的生产周期延长，最终导致矿服板块现金周转期长这一特征的形成。

民爆板块主要特征有：第一，技术壁垒，与普通的生产加工制造业相比，民爆产品的生产对员工的技能要求更高，存在一定的技术壁垒。第二，实施许可生产制。鉴于民爆产品的高危性和炸药的特殊性，国务院和工信部（主管部门）均发布相应的条例和实施办法对炸药、爆破物等生产、储存、销售进行规范，实施许可生产制。第三，行业依赖性强，主要分析同上。

宏大爆破以澳大利亚的澳瑞凯公司为标杆企业，同样积极凭借领先的爆破技术，由爆破服务领域向上游——民爆器材产品的研发、生产、销售领域延伸，符合国际上矿山民爆一体化服务的发展趋势。

1.2 环节分析

现金周转期是企业采购环节、生产环节和销售环节等的现金转换情况的有机结合，因此，从现金周转期的构成角度出发，对现金周转期的应用分析应当从三个环节进行。现金周转期的具体分析过程如下。

根据表1，宏大爆破的现金周转期在不断增加，尤其近两年来大幅增加。结合企业正常的经营流程，根据买方市场的需求，首先编制销售计划，其次为生产计划和采购计划。所以，不同环节分析先后顺序为：

（1）销售环节。根据表1，可以清晰地看到宏大爆破在销售环节的现金周转期在不断增加，资金转换效率在不断降低。

宏大爆破以大中型露天矿山为主要业务领域。矿产资源是支撑人类社会发展最根本性和最基础性的资源，在可预见的未来是不可替代的。但目前以煤炭、钢铁为代表的传统资源型企业处于行业周期的低谷，宏大爆破随之处于行业低谷期。从财务报告相关数据来看，自2012年上市以来，宏大爆破的营业收入增长率依次为0.45%、81.74%、15.08%、-11.59%、6.88%，但是应收款项（即应收票据与应收账款之和）的增长率依次为57.56%、118.63%、28.49%、26.70%、25.26%。据此可以看出，在行业低谷期，宏大爆破营业收入与应收款项的增长率存在失衡，具体而言，形成的营业收入大量以应收款项形式存在，从而延迟现金收回期限，进而导致现金转换效率降低。

表1 宏大爆破历年现金周转期信息表 （天）

年　份	采购环节	生产环节	销售环节	现金周转期
2012	79.39	82.40	66.88	69.89
2013	64.43	57.04	74.13	66.74
2014	83.86	73.21	102.77	92.11
2015	110.12	114.31	149.27	153.45
2016	109.51	122.64	176.17	189.30

数据来源：根据宏大爆破历年财务报告整理而得。

（2）生产环节。根据表1，宏大爆破在生产环节的现金周转期在2012年至2014年间呈现波动状态，但于2015年呈现大幅增加，2016年进一步增加。这单一数据显示宏大爆破在生产环节的现金周转期在不断降低。

根据宏大爆破年报信息，宏大爆破的存货包括了原材料、在产品、库存商品、周转材料、工程施工等，其中工程施工项目在存货中占比极高，历年来在83%和92%这一区间内变化。结合宏大爆破的业务性质，宏大爆破通常提供现场服务，主要的业务收入确定需要结合客户和自身两方面的工作进度。然而，对于宏大爆破而言，客户的工程进度却处于不可控因素。此外，存货项下的“工程施工”主要由于与客户签订合同、尚未完成的项目造成。因此，宏大爆破由于存在大量的“工程施工”所导致其在生产环节的现金周转期处于较高水平，说明宏大爆破在生产环节的现金转换情况处于较好水平。

（3）采购环节。宏大爆破在采购环节的现金周转期虽然在 2013 年有所降低，但整体而言，其处于增长。

相对于应付款项的规模，预付款项的规模较小，所以暂不予考虑。宏大爆破的应付款项（即应付票据和应付账款之和）自 2012 年以来便处于高水平增长，增长率分别为 59.83%、40.19%、51.41%、-6.08%、27.48%。应付款项的不断增加，意味着宏大爆破可以低成本，甚至无成本地占用上游资金。与营业收入增长率相比，应付款项的增长率较高，由此导致宏大爆破在采购环节的现金周转期不断增加。因此，对于宏大爆破而言，其在生产环节的现金周转期在不断增加，导致其可以更有效地利用他方资金。

根据以上内容，可以清晰地看到，宏大爆破在采购、生产、销售等不同环节的现金周转期存在差异。与此同时，宏大爆破的资产、负债等规模也存在差异，因此，本文采用了现金转换率这一指标。现金转换率为企业相应的现金周转期与生产环节的现金周转期的比值。宏大爆破的现金转换率为 0.85、1.17、1.26、1.34、1.54。据此，宏大爆破的现金转换效率在不断降低。自 2012 年以来，采购环节与生产环节的现金周转期之比依次为 0.96、1.13、1.15、0.96、0.89，而销售环节与生产环节的现金周转期之比依次 0.81、1.30、1.40、1.31、1.44。基于此，宏大爆破的现金转换率的上升，主要是由销售环节的现金周转期的上升所导致。

2 结论与对策

综上所述，本文利用现金周转期这一指标对宏大爆破进行分析，主要得出以下方面的结论：第一，宏大爆破整体的现金周转期在上升，现金转换效率在降低。第二，宏大爆破在销售环节的现金周转期的上升，是导致其现金转换效率降低的重要因素。第三，宏大爆破虽然进一步利用上游供应商资金，但相对于自身的生产环节而言，却有所减缓。最后，宏大爆破虽然在生产环节的现金周转期有所上升，但并不能说明在生产环节的现金周转期的下降。

为了有效降低宏大爆破的现金周转期，可以采取以下几方面措施：第一，合理管理应收账款。从年度报告和以上分析可知，宏大爆破的大规模应收账款是导致销售环节现金周转期上升的重要原因。第二，提高产品的适销性。在行业低谷期，宏大爆破应当在矿业服务、民爆器材产品制造、小型军工制造等领域利用低成本扩张，保持并扩大市场份额。第三，标准化。工作流程标准化在各行业已经证明可以有效地提高工作效率，缩短工期。因此，宏大爆破也应当积极实施标准化工作流程。

3 总结

本文以宏大爆破为案例对象，探析了现金周转期的改进与应用。事实上，现金周转期指标自身具有高度的概括性和综合性。因此，财务人员应当有效利用指标分析企业的经营状况、发现问题。本文提出的现金周转期的框架如图 1 所示。

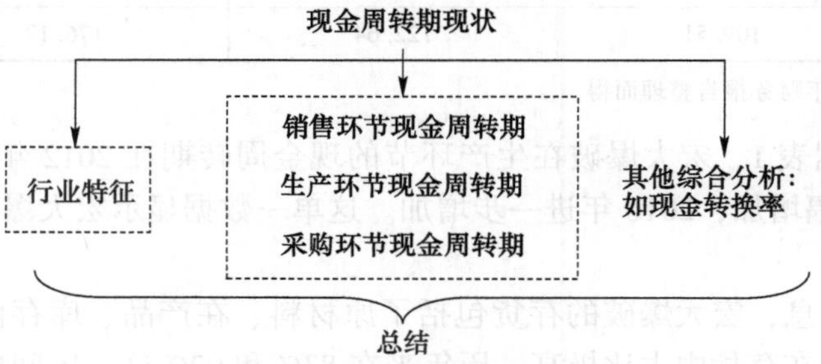

图 1 现金周转期应用框架

对于现金周转期而言，财务人员需要关注行业特征，注重现金周转期的系统性，从财务和非财务角度对现金周转期进行分析，同时利用现金转换率等进行其他综合分析。

参 考 文 献

[1] 王竹泉，逄咏梅，孙建强．国内外营运资金管理研究的回顾与展望［J］．会计研究，2007（2）：85-90.
[2] 胡钧，王生升．资本的流通过程：资本周转［J］．改革与战略，2013，29（2）：18-26.
[3] 雷雪勤．现金周转期指标运用的优化研究［J］．绿色财会，2015（12）：20-23.

集团人力资源薪酬激励策略优化研究

余彩凤

（广东宏大爆破股份有限公司，广东 广州，510623）

摘　要：薪酬激励在企业中是常用激励员工、留住人才的方法，其也是人力资源管理中较为有效的一种管理手段，对企业留住人才、寻求长期发展有着十分重要的作用。本文主要研究的是集团人力资源薪酬激励策略优化。

关键词：人力资源；薪酬激励；策略

Research on the Optimization of Incentive Pay Plan of Group Human Resources

Yu Caifeng

（Guangdong Hongda Blasting Co.，Ltd.，Guangdong Guangzhou，510623）

Abstract：Incentive pay is commonly used in enterprises to motivate employees and retain talented personnel，and is also a rather effective management means in human resources management，playing an important role in retaining talents and seeking long-term development for enterprises. This paper mainly studies the optimization of the incentive pay plan for group human resources.

Keywords：human resources；incentive pay；strategy

本公司是一家规模较大的上市企业，旗下涉猎众多，拥有矿山、民爆等多家子公司，高级管理人才以及财务人员多以总公司外派为主。在这样的背景下，公司对于人才的需求较大，如何吸引人才、留住人才成为了公司人力资源管理的重中之重。

1　人力资源薪酬激励存在的问题

（1）缺乏对人力资源管理的认识。人力资源管理对公司留住人才、发挥人才的最大功效有着十分重要的作用，而人力资源管理中最主要的目的就是提高员工的工作积极性，从而提高工作效率，为企业创造更大的效益。但是就目前实际情况来看，企业管理人员对人力资源管理的认知存在偏差，无法意识人力资源管理的重要性，更别提将公司人力资源与战略发展相结合。久而久之则会使人力资源管理与实际工作情况相脱节，薪酬激励政策也就无法发挥应有的效用。

（2）人力资源薪酬管理制度缺乏规划。人力资源管理是一项动态的、持久的工作，在开展工作过程中，管理要求、薪酬分配等都会跟着人员变动和公司发展要求而不断变化。虽然是动态管理工作，但是并不意味着人力资源管理就可以没有制度规范。但就目前的实际情况来看，企业人力资源管理缺乏一定的制度规划，尤其是在薪酬管理制度这一方面，薪酬激励奖惩制度一旦制定完成，后期很少变动，多为按部就班的进行实施。此种管理制度规划导致薪酬激励奖惩制度与员工实际需求、企业实际发展情况相脱节，对员工失去吸引力，无法起到激励员工的作用。长此以往，陈旧落后的规划制度会

原载于《环渤海经济瞭望》，2019（7）：155。

导致企业在市场中失去竞争力，从而无法吸引留住人才，导致企业人才大量流失，出现较大的人才缺口，最终致使企业退出市场竞争。

（3）薪酬激励制度缺乏公平性。就目前实际情况来看，企业薪酬激励制度在运行过程中去缺乏公平性原则。首先体现在制度方面的不公平，在制定员工激励制度时，虽然对员工进行分级奖励，但是分级标准不科学、不公平，从而致使薪酬激励制度无法在公平公正的状态下进行实施；其次体现在评判方面的不公平上，就目前的情况来看，影响员工考核的因素较多，如年度工作目标迟迟未能确定、绩效考核受考核者主观影响大、考核指标不合理、员工工作绩效差异不能客观表现等，以上因素均会使薪酬激励失去了应有的作用。

（4）薪酬激励策略单一。薪酬激励本身就是通过薪资报酬来激发员工的工作积极性。公司现有的激励方式十分单一，再加之管理人员对开展激励工作的怠慢，激励制度不创新等，导致企业的薪酬激励策略更为单一。长此以往，薪酬激励策略对员工的吸引力就会下降，员工在单一激励策略下很难进行高质高效的工作，对企业的长期发展十分不利。

2 提升人力资源薪酬激励策略

（1）提升对人力资源管理的认识。首先，要从高层管理人员入手，转变高层管理人员对人力资源管理的错误认知，加强人力资源管理意识，只有企业内部人员从上至下转变对人力资源管理的错误认知才能够真正使人力资源管理工作得到顺利的展开；其次要加强相关人力资源管理工作人员的管理意识，提升其对人力资源管理的认识，从而做好人力资源管理工作。

（2）及时调整规划薪酬激励制度。首先，在调整相关的薪酬激励制度之前要对员工的诉求以及企业经营的实际情况有深入透彻的了解，只有在此基础上对现有的薪酬激励制度进行调整才真正有利于企业发展；其次在相关制度完成调整且得到实施的过程中，要对制度进行实时的分析和监控，及时发现制度中与实际情况有出入的地方，并进行再一次的完善和调整，经过不断调整出来的薪酬激励制度才能够发挥其真正的效用，从而彻底激励员工工作效率和工作积极性。

（3）薪酬激励需公平公正。在进行员工绩效考核评价的过程中，要始终坚持公平、公正、公开的原则。首先在绩效考核制度上，不仅要对不同能力和水平的员工进行分类，更要统一分类标准，让分层分类的考核标准更加科学，只有这样的考核才是真正公平公正；其次在进行考核的过程中要加强监管力度，坚决杜绝走后门事件发生，保证考核工作的公平公正，使薪酬制度能够真正发挥其效果。

（4）薪酬激励多样化。薪酬激励制度虽然是以薪资报酬为主的激励制度，但是在实际操作过程中可让激励形式更多元化，将进修、培训、晋升、员工福利等等都纳入激励制度中，让薪酬激励更加多样化，具有更强的吸引力。

3 结语

综上所述，要想让薪酬激励政策在企业经营管理的过程中发挥真正的效用，需要从意识形态到制度方式进行彻底的优化转变，让员工能够在激励中找到成就感，实现自我提升，从而促进企业的长远发展。

参 考 文 献

［1］鲍苏娥．薪酬激励在人力资源管理中的重要性及其应用［J］．上海轻工业，2005（2）：39-41.

［2］耿春莉．人力资源薪酬激励策略优化研究［J］．信息记录材料，2017（6）：186-187.

大数据下企业加强会计信息化风险管控的对策建议

许　锋

（广东宏大爆破股份有限公司，广东　广州，510623）

摘　要：随着信息化技术水平的提高以及在大数据资源共享时代的推动下，企业的会计信息化水平也在不断提高，并促进了财务会计管理效率的提升。企业会计信息化时代的到来，对于企业发展来说，既是机遇又是挑战，会计信息化水平的提升，在促进企业管理完善的同时，也随之出现一些问题。本文基于大数据时代背景下会计信息化所带来的影响，分析了影响目前企业会计信息化风险管控的因素，并提出一些合理化的建议，来帮助企业更好地适应大数据时代会计信息化。

关键词：大数据；会计信息化；风险管控建议

Countermeasures and Suggestions for Enterprises to Strengthen the Risk Control of Accounting Informatization under Big Data

Xu Feng

（Guangdong Hongda Blasting Co.，Ltd.，Guangdong Guangzhou，510623）

Abstract：With the advancing of information technology and in the era of big data resource sharing，accounting information of enterprises is also constantly improving，which promotes the improvement of financial accounting management efficiency. The advent of enterprise accounting informatization age is both an opportunity and a challenge for the development of enterprises. The upgrading of accounting informatization promotes the improvement of enterprise management，but at the same time brings some problems. Based on the impact of accounting informatization in the era of big data，this paper analyzes the factors that affect the risk control of accounting informatization in enterprises，and puts forward some reasonable suggestions to help enterprises better adapt to accounting informatization in the era of big data.

Keywords：big data；accounting informatization；risk management suggestions

随着互联网信息技术水平的提高，促使计算机新技术不断产生，人们也逐渐进入了大数据时代。大数据时代的到来，推动了企业的运营管理模式的优化升级，而会计信息作为企业经营管理中重要的信息数据，实现会计信息化对于企业发展来说至关重要。

1　大数据下企业会计信息化的相关内容

（1）大数据下的会计信息化系统是指运用云计算的各种先进处理技术，利用大数据共享平台，使会计信息的海量数据能够发挥其更多的利用价值。会计信息化风险管控的优点如下：1）有利于对企业会计信息数据等实施动态监管，使得会计收益信息更加真实可靠；2）所有会计业务数据可以利用数据共享平台随时计算和取用，从而有效降低企业的会计成本；3）主要侧重会计数据的分析，有利于为企业管理层提供相关数据信息，促进其科学决策。

（2）大数据下的会计信息化系统，在促进会计信息交流的同时又存在一些风险问题。主要有如下几点：一是大数据共享平台操作系统的稳定性较弱；二是系统在身份安全管理方面存在漏洞；三是数

原载于《企业改革与管理》，2019（14）：112-113。

据库加密方式存在缺陷。这些潜在的风险因素对于企业的发展来说都是不利的，同时也会制约会计信息系统的升级优化。

2 大数据背景下企业会计信息化风险管控的影响因素

2.1 大数据共享平台建设滞后，会计信息化系统不完善

会计信息化系统必须依赖于大数据共享平台建设，大数据共享平台建设的好坏会直接影响到会计信息系统的服务水平。目前，我国的云计算发展方面还不够成熟，还存在一些技术问题，许多国内企业通过引进国外的云计算平台来进一步完善企业的会计信息化系统建设，这在一定程度上会增加企业会计信息化管理的成本。由于我国大数据共享平台建设较为滞后，许多企业对于大数据平台的会计信息化系统不够了解，这严重制约了国内会计信息化系统在企业间的推广使用。再加上，国内在进行大数据平台会计信息化系统推广时，对于售后技术支持方面不到位，企业无法根据企业管理特点或者运营的实际情况对大数据共享平台进行进一步的调整，导致企业会计信息化无法与大数据共享平台建设相适应，从而阻碍了企业的发展。目前，会计信息化系统较为复杂、开发周期长、风险大，其在研发资金和技术水平上的投入大，只有具备优化会计信息化系统能力、高适应性、高拓展性，能够灵活满足企业需求的大数据共享平台，才能适应企业会计信息化的发展。

2.2 大数据共享平台安全性能低，会计信息化管控存在漏洞

保证会计信息的安全，是会计信息化系统语言重点关注的内容，只有安全的大数据共享平台，才能更好地维系会计系统各方面的正常运作。在我国，绝大部分企业对于利用数据共享平台来存储和计算企业会计信息和管理数据还存在担心，认为相应网络平台在身份安全认证以及数据库加密技术等方面还存在漏洞，会严重威胁企业的运营。就目前大数据共享平台的安全性能水平来看，企业在利用会计信息系统登录数据共享平台时，很有可能会遭遇黑客袭击而感染危险病毒，导致企业相关信息丢失或者被盗用。同时，还有些企业会计管理人员相关的安全意识淡薄，在系统密码设置方面的安全系数低，这就更容易造成企业的会计信息数据丢失，企业运营发展陷入困境。现阶段，许多企业的数据共享平台建设在数据专业加密技术方面仍存在许多不足之处，安全性能低，无法为企业会计数据信息的安全提供保障，不利于企业会计信息化体系的完善。

2.3 缺乏完善的大数据共享平台的运行标准和法律法规

大数据时代的到来，企业也越来越重视会计信息的信息化建设，从而也促进了会计信息系统的发展完善。目前，虽然我国也在会计信息化标准方面做出了相应的努力，通过推广和应用 XBRL 语言来进一步提高会计软件和相关服务质量，推动企业会计信息化，规范信息化环境下的会计工作，但是目前的互联网会计体系还不足以支撑 XBRL 语言在企业会计管理体系中的运用。由此可见，我国在会计信息化标准以及相应立法支持会计信息化发展方面做得还不够。如果企业要想在大数据背景下实现会计信息化，就必须让网络环境下的大数据共享平台有法可依，必须利用健全的法律法规制度来维护网络平台的信息交流的安全性，保证企业经济权益不受到损害。目前，我国在信息安全立法方面的进度仍然较为缓慢，再加上行业标准和相应法律的不健全，会计信息化系统应用操作不规范，这不仅容易给网络不法分子制造机会，还会损害公司利益，阻碍会计信息化系统的健康发展。

3 大数据下企业加强会计信息化风险管控的对策建议

3.1 搭建完善的大数据共享平台，提高会计业务水平

随着网络信息技术的不断更新优化，大数据共享平台首先需要在开发设计上下功夫，促进系统技术更新优化，搭建自主研发、独立的大数据共享平台，逐渐改变国外平台垄断的局面，进一步降低企

业的会计信息化管理成本。其次，大数据共享平台的构建还可以采用政府、金融机构以及开发机构三方合作的模式，充分利用政府和金融机构在资金技术上的优势，推动会计信息化系统升级优化，为企业带来服务水平高、安全性能强的数据共享平台，从而提高企业会计业务水平。

3.2 完善会计信息风险防御体系，提高风险防范能力

目前在大数据时代下，由于网络平台安全性能方面的不足，会计信息很容易丢失，企业须采取必要措施来防范风险。首先，在风险防范的技术层面：1）先进的身份验证技术，对于相应的会计数据信息等进行密码、浏览权限设定，只有拥有相应的用户名以及密码的企业相关人员，才能通过身份验证获取信息数据，这有利于阻止违法犯罪人员的进入，在一定程度上保证了信息的安全；2）特定的信息交流方式，企业会计信息管理人员在信息传输时通过特殊的编译功能，将相关信息数据转换为企业特定的编码之后，再进行数据传输和交流，同时在信息节流的各个环节必须验证浏览人员的身份信息，这有利于降低信息在交流过程中被破译的风险；3）计算机防火墙技术，利用保护计算机网络安全的技术性措施，构建相应的网络通信监控系统，构造会计信息防护网来阻挡来自外部的网络入侵。其次，在风险防范的管理层面，大数据时代背景下，在应用会计信息系统时，需要针对相关应用人员进行安全培训，提高会计从业人员信息安全防范意识，还要加强网络信息安全管理，将信息安全监控贯穿会计信息管理的全过程，严格防范数据的泄露。

3.3 完善会计信息系统相关标准和相关立法

随着大数据背景下会计信息化的发展，政府及各级单位也越来越重视企业会计信息系统的完善。可以利用政府牵头、各单位积极配合的方式，制定相关标准以规范会计信息化发展环境，并制定符合我国国情以及企业会计业务发展的相关法律法规，主要从监督、管控、以及惩治等方面，促进会计信息化系统的建设和完善。

3.4 加强会计从业人员网络安全防范意识，提高其综合素质

首先，企业要积极开展加强网络安全防范意识的主题活动，增强会计从业人员对于其信息化系统安全性的认识。其次，要积极引进会计知识与计算机知识兼具的复合型人才，构建一支综合素质水平高的会计信息化管理队伍，提升会计从业人员的业务水平。最后，企业还可以加大对会计从业人员的培养力度，不断提高其综合能力，开展绩效考核制度，充分调动会计从业人员的积极性，更好地适应大数据背景下会计信息化的发展。

4 结束语

大数据下的企业会计信息化系统，对于企业的未来发展越来越重要。它不仅可以提高企业会计业务水平，还有利于促进企业风险管控体系的完善，推动企业持续健康发展。与此同时，大数据下企业会计信息化风险管控也会面临新技术带来的挑战，国家和企业都必须要积极采取相应的管控措施来应对，完善会计信息化系统相关标准和法律法规，进一步提高会计信息化管控水平，为会计信息化的持续发展提供保障。

参考文献

[1] 黄爱明．大数据时代下会计信息化存在的风险及防范措施分析［J］．财会学习，2019（8）：148.
[2] 沈琴波．大数据时代会计信息化面临的风险及对策［J］．纳税，2019（7）：154.
[3] 刘杰，李吟珍．大数据时代背景下如何提高会计信息化水平［J］．现代经济信息，2019（2）：73.

谈施工项目安全管理中人的因素

樊运学

（广东宏大爆破股份有限公司，广东 广州，510623）

摘　要：探讨了施工项目安全管理中项目经理、管理人员、普通员工 3 个层次的不同作用，指出了充分发挥各自作用应该注意的问题。认为做好施工项目安全管理工作需要以人为本；注重发挥培训的作用；注重安全观念的转变；对涉及安全管理的诸要素进行全过程、全方位、全天候的动态管理。

关键词：施工项目；安全管理；项目管理

Human Factors in Safety Management of Construction Projects

Fan Yunxue

（Guangdong Hongda Blasting Co.，Ltd.，Guangdong Guangzhou，510623）

Abstract：This paper discusses the different roles of project managers，management personnel and ordinary staff in safety management of construction projects，and points out the problems that should be paid attention to when giving full play to their roles. It believes the safety management of construction projects should be people-oriented，focusing on the role of training，paying attention to change the safety concept，and dynamically manage all elements involved in the safety management during the whole process in an all-direction and all-weather manner.

Keywords：construction project；safety management；project management

1　引言

施工项目安全管理涉及施工中的人、物、环境等诸多因素，但要及时消除潜在的危险因素，消除或避免事故的发生，达到保护从业人员和财产安全的目标，确保施工的顺利进行，人的因素起着关键作用。通常，工程施工项目的正常运作需要决策者、管理者和普通职工共同努力才能顺利进行，由于所处的岗位不同，他们在施工项目安全管理中所负担的责任和扮演的角色也不同，因而，充分认识施工项目安全管理中人的因素的重要性，对决策者、管理者和作业者所扮演的角色进行准确分析、定位，是施工项目安全管理成功实施的基础。基于上述观点，结合工作经验，本文对施工项目安全管理中项目经理、管理者和作业者的作用进行了探讨[1]。

2　项目经理在安全管理中的作用

项目经理是施工项目安全生产的第一责任人，也是直接指挥者和决策人。他的安全管理理念在施工项目生产中往往是决定性的因素。从施工项目的安全管理制度的制订到制度的落实，从安全措施的制定到安全措施费用的投入，无不关系着施工项目安全管理的成败，当然，作为施工项目的第一安全责任人，谁也不希望项目发生安全事故，更不希望项目因安全事故而失败。项目经理应该说都是重视安全的，只是重视程度不同，这从处理以下 3 个方面的矛盾中可以反映出来。

原载于《露天采矿技术》，2009（6）：59-61。

（1）安全与进度的矛盾。施工项目的工期都是比较紧张的，业主对工期的要求是刚性的，而且工期的缩短，意味着工程费用的减少。作为项目经理对施工进度是十分在意的，这很正常，但是，往往因为过分注重进度，安全问题容易被忽略，隐患不能及时消除，设备带病作业，事故也就如影相随了。安全与进度发生矛盾时，要突出安全生产的基础地位，失去安全保障的生产是一种赌博，只有保证安全的进度才是有效的。扎实有效的安全管理才能极大促进施工的进度[2]。

（2）效益与安全费用投入的矛盾。企业是追求效益的，没有效益就没有企业的发展，而施工项目要保证安全生产，安全费用的投入是必不可少的，看起来这是一对矛盾，其实安全和效益的目标是高度一致和统一的。足额有效的安全费用投入是施工项目安全生产的必要条件，保证了施工安全，项目的效益才能谈起。安全费用是决不能省的，省下的是小钱，发生事故而损失的是大钱，当然，这不是算经济账的问题。国家法律明确规定了安全费用要足额投入专款专用。因安全费用投入不足发生事故就是犯罪。项目经理在项目管理掌舵的同时，对安全生产重视不够，不能认清安全与经营效益、施工管理紧密相连的关系，必然导致安全投入不足，安全措施不力，导致安全事故频发，最终的结果就不仅仅是企业效益降低了，更是企业赖以生存的基础的动摇[3]。

（3）严格管理与人情的矛盾。规章制度是刚性的，完善的规章制度才能有效规范和约束人的行为，消除人为因素造成的不安全。但是，还是有个别人会违犯规定，甚至受到处罚，包括少数的管理人员也会偶尔放松要求，在实际执行中往往不会理想化，被管者的不理解，受处罚者的抵触情绪，这个关系那个人情的，都影响着制度执行的力度。项目经理必须率先垂范，遵守好规章制度，并给下属的管理人员充分的信任和授权，大胆地管理，放心地管理，消除人情顾虑，深入落实各项规章制度，长此以往，才能使大家养成习惯于在各项管理制度下规范工作，安全第一的要求才能真正成为员工从事施工生产的出发点和归宿。

3 管理人员对安全管理的作用

管理人员是施工项目安全管理的中坚力量，上级精神的贯彻和规章制度的执行依靠的就是强有力的管理人员队伍，特别是业务素质好、管理能力强的安全管理人员。管理人员要深入施工第一线，坚持跟班检查、带班制度，切忌走马观花，指手划脚，要走一路，查一路，管一路，做到腿勤、耳勤、眼勤、手勤，对危险因素和隐患做到早发现、早汇报、早处理，强化现场管理。但是，目前施工项目中合格的安全管理人员是匮乏的，严重缺乏管理能力强、现场经验丰富并富有现代安全管理理念的管理人员。造成这种现状的原因有3个：第一是长期从事安全管理的老员工，现场经验丰富，但文化程度低，不善于学习，不愿意参加安全培训，一切都是凭经验；第二是新培养的新人，接受新知识能力强，但是现场经验不足，处理现场问题的能力差，需要一个较长的培养过程；第三是现行安全人员培训取证制度不严，不少的安全培训机构和部门没能把培训当成提高企业安全管理整体水平的重要一环，不是照本宣科就是泛泛而谈，脱离实践，参加培训的人员也是应付了事，只图得个上岗合格证，因为没有此证不能上岗。这就造成了大批的安全管理人员难以在岗位上有效发挥安全管理作用[4]。

安全管理不是背规范条文，而是管人，是处理人与人之间的关系，因此要求安全管理人员不仅需要有丰富的安全管理经验，自身管理能力过硬，还要敢管、会管、愿管。一个害怕得罪人的安全管理人员是不称职的，一个方法简单粗暴不会教育人的安全管理人员只会造成被管理者口服心不服。相同违规事件的屡禁不绝也是管理的失败。

安全管理不仅仅是少数安全管理人员和安全机构的事，每个岗位、每位员工都负有安全职责。特别是其他管理部门及人员也要积极参与，协助安全管理部门及人员做好安全工作。缺乏全员的参与，安全管理不会有生气、不会出现好的管理效果。所以，必须坚持管生产同时管安全，形成全员参与的群众性安全管理氛围才是根本之策。

4 作业人员在安全管理中的作用

目前在工地第一线作业的工人中，绝大多数是来自农村的农民工，人员流动频繁，文化素质参差不齐，缺乏专业技术训练、专业技能培训，缺乏质量安全意识和对自身权利的保护意识，随时随地活动于危险因素的环境之中，随时受到自身行为失误和危险状态的威胁和伤害，这就决定了施工过程是个危险大、突发性强、容易发生伤亡事故的生产过程，如果不能从这里严格把关，势必造成现场安全生产混乱，安全事故隐患丛生或事故频发。

项目从开工之初就应接合工程的特点，制定详细而严格的操作规程和安全管理制度，用制度来规范所有员工的行为，并严格加强监管，确保制度的落实和执行。但是，再有效的监管也只是外部因素，必须通过各种安全培训教育，特别是入场教育、安全交底和班前交底等措施，努力提高一线作业人员的安全意识，强化其遵守规程的自觉性，把安全政策法规与安全行为准则化为人们的自觉行为规范，减少人为因素的失误，消除“三违”行为，生产安全事故才能有效遏制。增强员工的安全防护和自我保护能力，提高出现危险时的应急反应能力，及时采取有效的自我保护措施，将危害降到最低。有效提高一线员工的安全素质体现了施工项目管理安全的整体水平，是消除安全事故的关键，更是一个长期的教育过程。作为管理者，不能因为难见效果而放弃，农民工安全素质的提升是整个社会安全理念的进步[5]。

5 结语

（1）安全管理的核心是以人为本，把安全第一、生命至上的理念贯穿于施工生产的过程中，是做好施工项目安全管理的前提。

（2）安全培训是施工项目安全管理工作的重要组成部分，是提高全体劳动者安全素质的重要手段。安全培训务必求真务实，从实际出发，形成长效机制。

（3）安全管理要注意观念转变，把安全规范变成员工的行为准则，把“要我安全”转变成“我要安全”，形成群众性的安全管理氛围并根据施工项目的进展，不间断地摸索新的规律和特点，总结安全管理的新办法与实用经验。

（4）安全管理工作是长期的、艰巨的和复杂的，是施工活动中各要素的全过程、全方位、全天候的动态管理。安全管理必须做到横向到边，纵向到底，不留死角，不出现盲点和空白，确保施工项目的安全顺利进行。

参 考 文 献

[1] 隋鹏程，陈宝智，隋旭．安全原理［M］．北京：化学工业出版社，2005.
[2] 中华人民共和国国务院令（第 393 号）．建设工程安全生产管理条例［Z］//建设工程安全生产管理条例释义［M］．北京：知识产权出版社，2004.
[3] 纪东方，孙建新．企业安全投入与创效的对接［J］．施工企业管理，2009（1）：94-95.
[4] 高爱．安全生产教育培训：期待在创新中超越［J］．现代职业安全，2008（5）：32-33.
[5] 本书编委会．企业安全生产管理指导书［M］．北京：中国工人出版社，2006.

对露天矿山安全管理人员的思考

樊运学

（广东宏大爆破股份有限公司，广东 广州，510623）

摘　要：根据露天矿山工程的特点，分析露天矿山工程中对安全管理人员的能力要求，进一步对当前露天矿山工程中安全管理人员的现状进行分析，查找存在的突出问题和原因，提出改进的方法措施，具有一定的普遍性，期望对工程施工安全管理工作有一定的促进作用。

关键词：露天矿山；安全管理；培训

Thoughts on Safety Management Personnel of Open-pit Mines

Fan Yunxue

（Guangdong Hongda Blasting Co.，Ltd.，Guangdong Guangzhou，510623）

Abstract：Based on the characteristics of the open-pit mine engineering, the paper analyzes the requirement of open-pit mine engineering on the competence of safety management personnel, further discusses the current status of safety management personnel, revealing the existing problems and reasons, and puts forward improvement measures. The research result is of a certain universality, and expects for a certain improvement for engineering construction safety management.

Keywords：open-pit mine；safety management；training

1　引言

随着经济建设的快速发展，对矿产资源的需求也迅猛增加。为加大开采规模，提高对矿产资源的综合利用，近来，新开工项目中露天开采越来越多，不少的井工采矿项目也改成了露天开采，这对施工安全管理工作提出了新的要求。完善的制度，规范的管理是做好安全管理工作的基础，而制度的落实执行，施工秩序的规范所依靠的是强有力的安全管理人员队伍。安全管理人员的能力和水平决定了施工项目安全管理的成败。本文结合露天矿山施工安全管理的实际，谈谈对安全管理人员的几点思考。

2　露天矿山工程对安全管理人员的要求

露天矿山工程具有开采规模大，机械设备多，人员复杂，安全隐患多的特点，对一个合格的安全管理人员的能力要求也是多方面的：必须有丰富的安全管理实践经验；对矿山作业过程、作业设备有详细的了解，对容易产生隐患的节点和位置了如指掌；对“三违”现象敢管、会管、愿管，才能在安全管理岗位上发挥应有的作用。

（1）露天矿山开采大规模采用机械设备，机械化程度很高，作为安全管理人员应该具备相应的专业知识，对各种机械设备的安全性能都要有充分的了解，这样在安全检查中才能发现问题，及时解决问题。比如一台运输车辆从身边通过，从一点儿异常的响声中就能判断出车辆的轮胎中间夹有石头，

原载于《露天采矿技术》，2012（1）：91-92，97。

轮胎缝里夹石头很容易造成轮胎破损爆胎，引起安全事故，早发现早解决就能轻易避免事故的发生。还涉及爆破作业、采空区、过火区、高边坡、高排场等，安全隐患很多，安全管理人员要必须熟悉各种隐患的防范、措施和管理方法，做到防患于未然，使各种危险因素保持在可控范围内。

（2）在施工过程中，施工机械设备发生一些小的摩擦、碰撞是难免的，一旦车辆发生擦撞，就会堵塞运输道路，如果不能及时解决问题疏通交通，就会造成运输系统的瘫痪，影响施工的正常进行。安全管理人员必须第一时间赶到现场，搜集证据，分析原因，划分责任，有效协调事故双方当事人，尽快达成一致意见，移走车辆，疏通交通，把影响降到最小。安全管理人员需要有事故处理的经验，有公平、公正、快速解决矛盾纠纷的能力。

（3）露天矿山施工点多面广，安全管理人员要深入施工第一线，不停奔走于各个施工现场，要走一路，查一路，管一路，做到腿勤、耳勤、眼勤、手勤；夏天的烈日，冬日的严寒，还有噪声和灰尘等危害因素，没有吃苦精神是不行的。

（4）在安全管理过程中，所有的检查和整改过程都是需要记录的，并按规定存档备案，这也是安全管理规范化的要求。安全管理人员要多面发展，有一定的文字功底，有能力做好文案内业，虽然专职文员可以将文字工作做得更好，但是，那些脱离现场管理实际的文案是没有意义的。

3 目前露天矿山安全管理人员的现状

（1）一些长期从事安全管理的老员工，现场经验丰富，特别是在处理矛盾纠纷中更是得心应手，但文化程度低，不善于学习，不愿意学习，一切都是凭老经验、老套路，管理方法和手段相对比较落后，技术含量不高，管理理念仍停留在最初级状态，没有超前意识，没有发展观念，不适合发展中的现代安全管理要求的，这也限制了其能力的进一步提升。在对待安全管理内业文档方面，态度更是离谱，自己不会，不但不努力学习改进，反而极力排斥，认为那些都是形式，花花架子，只是增加安全管理的负担，同规范管理化的要求相差很远。

（2）一些新补充的从事安全管理的新员工，一般都受到良好的教育，文化知识水平高，安全管理理论扎实，接受新知识新观念能力强，但是欠缺现场管理经验，特别是处理矛盾纠纷方面能力很弱。安全管理不仅需要理论知识，更多是现场纠正人的“三违”行为，妥善处理和解决矛盾与纠纷，是处理人与人之间的关系。不会在管理过程中较好地处理好人的关系，管理效果会大打折扣的。安全管理人员不但会管，还要敢管，一个害怕得罪人的安全管理人员是不称职的；一个方法简单粗暴不会教育人的安全管理人员只会造成被管理者口服心不服，造成各方关系的紧张，相应会增加管理工作的难度[1]。

（3）非专业人员多，新工程开工，安全管理人员不够。为应急就找其他专业的人员充实进来，没有经过系统的培训和过往的安全管理从业经历，只对工作做个简单交代就上岗了，仅凭个人对安全工作的简单理解，只能在工作中边干边学边提高，致使工作很难开展，更别谈高水平的管理了。

4 造成这种现状的主要原因

（1）长期以来，因为安全管理工作并不能直接产生效益，造成对安全工作重视不够，认识不高，在人员安排上，从事安全管理的人员往往没有什么专业特长，把安全管理人员等同于“万金油”，安全管理不能做专、做精，对安全工作要求不高，抱着一种侥幸心理，凑凑合合把工程做完，不出事儿就行。安全管理给人的印象就是得罪人，没有什么技术含量，不出事显不出来成绩，出了事全是不足，出力不讨好，造成大家都不愿意管安全，出色的安全管理人才也日益匮乏。

（2）缺乏良好的教育培养机制和长远规划。施工企业不注重安全人才的培养，认为只要有相应的上岗作业证就可以合法上岗，只要不出事就是完成工作目标；对内业资料要么荒废不做，要么只做一下表面文章，作为万一发生事故时减轻责任的砝码，没有认识到完善内业资料的重要意义。其实资料是实际安全管理工作的历史记录，是安全管理工作的真实反映，完善的内业资料和到位的管理工作是相辅相成的，不应该是两层皮。其实做好内业对搞好系统化安全管理具有极大的促进作用。不少的安全培训教育机构也没把培训教育当成提高企业安全管理整体水平的重要一环，所谓培训不是照本宣科就是泛泛而谈，没有针对性和实用性，参加培训人员也是应付了事，最多是提高一下参训人员的安全管理法律知识，对实际管理能力的提升作用不大，造成施工项目从事安全管理的人员虽然持证上岗，而真正业务好、会管理的人员却严重不足[2]。

5 改进措施

（1）转变对安全管理工作的认识，把安全管理岗位提高到一个前所未有的新高度；提高安全管理人员的薪酬待遇，吸引更多的有能力有前途的人才踊跃从事安全管理工作，调动在职安全人员的积极性[3]。

（2）从政府部门到培训机构认真落实我国的教育培训制度，确立分级培训，严格考核，合格发证，持证上岗的培训机制，使安全教育培训工作法制化、正规化和有序化；从教学内容到教学形式，一切从实际需要出发，注重培训效果，切实发挥安全培训的职能作用。

（3）施工企业强化对安全管理人员的挑选和培养。首先是挑选合适做安全管理的人员，不但有一定的专业素养和敬业精神，还要有一定性格特征，在安全管理中，既能和工人打成一片，保持良好的群众基础，又能坚持强悍的管理风格，管理效果才能事半功倍。目前露天矿山工程的分包挖运队伍一般都不是很正规，组织不力，纪律性涣散，没有安全管理人员的强有力的执行力度，各项制度很难深入落实。企业内部要有针对性地进行培养，采取以老带新的方式，发挥传帮带作用，各工地间要组织适当的人员交流，借鉴学习其他项目的成功经验，克服自身存在的不足，或联系外单位进行互相参观学习，拓展安全管理的空间。同时开展广泛的学习实践活动，购置学习资料，创造有利条件，方便大家学习提高[4,5]。

6 结语

安全管理人员是工程项目安全顺利进行的可靠保障。特别是大型露天矿山工程，建立一支有力高效的安全管理人员队伍，完善落实安全管理工作的各项规章制度，是项目取得长久效益的基础。作为安全管理人员，既要搞好当前施工项目的管理工作，又要与时俱进，适应科技进步和社会发展的需要，不断学习专业知识，提高安全管理水平。企业要有长远的目标和规划，重视、重用和激励人才，培养、选拔和吸引人才，使安全管理人才成为企业发展的宝贵财富，为企业的发展壮大保驾护航。

参考文献

[1] 宋红霞．人的不安全行为的分析和控制［J］．建筑安全，2011（2）：39-41.
[2] 本书编委会．企业安全生产管理指导书［M］．北京：中国工人出版社，2006.
[3] 马选林，袁子文，许雁超．庙沟铁矿采场安全管理措施及效果［J］．矿业工程，2010（3）：50-51.
[4] 白虎．露天煤矿安全生产工作方式的探索［J］．露天采矿技术，2010（S1）：86-87.
[5] 陈柒叁．矿山企业的安全教育培训［J］．现代企业文化，2011（2）：63-64.

木桶原理在露天矿施工安全管理中的应用

樊运学

（广东宏大爆破股份有限公司，广东 广州，510623）

摘　要：结合河南舞钢露天矿的实际，深入分析项目施工中存在的不安全因素，从3个方面阐述了木桶原理在安全管理工作中的应用，一是针对项目中存在的各种不安全因素，应用木桶原理进行有效管理；二是运用木桶原理深入分析施工中人员的不同特点，发挥其在安全管理中的不同作用；三是木桶原理在项目施工全过程中的应用。

关键词：木桶原理；露天矿山；安全管理；不安全因素

Application of Barrel Principle in Operation Safety Management of Open Pit Mines

Fan Yunxue

（Guangdong Hongda Blasting Co.，Ltd.，Guangdong Guangzhou，510623）

Abstract：Combined with the operation practice of the Wugang open-pit mine in Henan Province，this paper deeply analyzes the unsafe factors in the project construction，and expounds the application of the barrel principle in the safety management from three aspects. The first is to use it for effective management of various unsafe factors in the project. The second is to use it to explore of the different characteristics of operation personnel so as to play different roles in safety management. The third is to use it in the whole process of project operation.

Keywords：barrel principle；open-pit mine；safety management；unsafe factor

木桶原理也叫木桶定律或短板理论，是由美国管理学家彼得提出的。其核心内容是：由多块木板构成的木桶，其价值在于能够盛水多少，但决定木桶盛水量的关键因素不是其最长的那块木板，而是最短的那块木板。一只木桶要想尽可能多地盛水，每块木板都必须维持“足够高”的高度且无破损，如果其中有一块较短或者下面有破洞，这只桶的盛水量就会大打折扣，甚至根本无法装水。

将一个施工项目作为研究对象，项目施工安全管理工作的相关内容组成的有机整体就是一个所谓的“木桶”，各相关内容就是“木桶”上的一块块木板，“木桶”的容水量就是项目的安全目标。一个项目要想安全顺利地进行，首先要想方设法找出安全管理工作的薄弱环节，查找工作漏洞，并采取及时有效的措施，变短板为长板，使项目的安全管理工作总体保持较高的水平。本文从河南舞钢露天矿的安全管理实践出发，从3个方面阐述木桶原理在露天矿山安全管理中的应用，力求对露天矿山的安全管理工作有所帮助。

1　木桶原理在不安全因素管理方面的应用

工程项目中潜在的不安全因素是指人的不安全行为和物的不安全状态以及组织管理上的缺陷，是造成人的伤害和物的损失的先决条件，在一定条件下，不安全因素将促发事故，造成不可挽回的损失。做好安全工作的第一步，首先要认真辨析施工现场和施工过程中存在或将会产生的各种不安全因素和

原载于《采矿技术》，2012，12（2）：68-70。

危险源，深入分析其可能造成危害的严重性和发生的可能性，综合分析其危害程度，从中找出安全管理工作中的“短板”，抓住主要矛盾，在技术上、管理上和物质上采取措施，有针对性地做好防控工作，消除或控制施工过程中的各种不安全因素，从而将可能发生的危害降到最低[1]。

河南舞钢露天矿具有开采规模大、施工设备多、施工强度高、施工人员复杂等特点，几百台机械设备在有限的空间里作业，人、机密度大，交叉作业比较严重，随着工程的进展，负挖越来越大，高边坡、长坡道形成的不安全因素日益突出，同时，高排场也对安全构成较大威胁。项目部深入实际，对目前已存在以及将来有可能产生的各种不安全因素和危险源进行了详尽的分析和风险评估，综合论证认为，行车安全和爆破作业是施工过程中最大的不安全因素，是一定时期内安全管理工作的重中之重。

运输车辆来往行驶在采区作业面和排渣场或堆矿场之间，车辆密度大，坡道多，运输道路的一侧是高边坡，另一侧是断崖，而且，为环保要求还要定时进行洒水降尘，刚洒过水的路面较滑，更增加了发生行车安全事故的可能性，极易造成人身伤害和财产损失。为此，项目部有针对性地采取了以下防范措施：首先从新司机入职入手，要求驾驶证必须达到B2级以上，有二年以上驾驶经验；第二是实行理论入门制，每个新入职的司机都要经过为期20学时的针对性安全教育培训和安全交底，考试合格方可录用；第三是实行为期二周的岗前实习制，上岗第一周是跟车学习，熟习运输道路情况和作业现场的规则要求，向老司机学习不同情况下的驾驶技巧和处理方法，第二周为随车实习，在老司机的指导下进行驾驶作业，要求牢记各项规范和要求，灵活处置运输过程中遇到的各种问题，期满后，带车老司机签署合格意见后方可正式独立上车；第四是完善挖运作业的各项规程和制度，司机定岗定车，严禁私自换车换岗，杜绝无证驾驶和未经培训直接上车，同时，严格落实施工现场安全管理规定，严禁超速和超载，严格落实车辆点检制度，严禁车辆带病出勤。通过以上措施，项目自开工以来，没有发生严重的行车安全和人员伤亡事故，使行车安全这块“短板”始终保持了相当的高度，为项目安全目标的实现作出了贡献。

爆破作业是项目安全工作的第二块“短板”，虽然发生事故的可能性很小，可是，一旦发生爆破安全事故，造成的后果和影响将十分严重，也是项目安全防控的重点。项目部结合作业人员的素质和矿区周边环境、施工进度等情况，采取了3个方面的管控措施，第一是重视爆破从业人员的教育和培养，建立一支稳定的业务能力强、思想素质硬的“爆破四员”队伍，强化“爆破四员”队伍的管理，将“爆破四员”人员纳入专业人才数据库管理，同时，加强爆破辅助工的管理，特别是做好入场教育和平时的安全教育、法制教育，改变以往不太重视辅助工的现象。在入职、年终和年度安全教育时，对所有涉爆人员都要进行严格的教育培训并考试，考试合格方准上岗。第二是强化爆破作业规范和技术要求的落实，做到爆破设计科学合理，装药过程规范安全，清场联网组织有序，安全警戒负责有力，爆后检查认真仔细，火工品管理严格程序等，从爆破作业的各个环节保证了爆破作业安全无事故。第三是从细节抓起，从每一件小事做起，从班前活动到员工的思想动态，每个环节都深入细致地开展。爆破队的员工如果身体不适就要强制休息，禁止带病上班，因为在生病状态下会精神困倦，反应迟钝，很容易犯常规性错误[2]。

2 木桶原理在分析施工人员因素方面的应用

安全事故主要是人与物两个主要因素结合造成的，而人的因素是最根本的，因为物的不安全状态的背后，实质上还是隐含着人的不安全行为，如工作技能不足、“三违现象”等，人的因素是安全生产的决定性因素。参与项目施工的人员分布在不同的工作岗位上，所有人围绕着一个目标就是安全生产，大家为这个目标紧密联系在一起，结合成一个集体，这就是“木桶”，每一个员工都是“木桶”上的一块“木板”，“木桶”的容水量就是项目的安全目标，不同岗位的员工在安全生产中的作用不同，相应的“木板”宽度也不同，但每个岗位的安全生产责任都是同等重要的，再窄的“木板”不够高或产生了破洞，也会影响整个木桶的效用。

根据在安全生产中的不同作用，可将员工分为决策层、管理层和执行层3个层面，以项目经理为代表的决策层对项目的安全管理工作起着决定性的作用，安全管理工作的重视程度、安全费用的投入和安全措施的制定等都直接决定着安全管理工作的成败。管理人员是各项管理制度、安全规程的落实监管层，没有强有力的管理人员队伍，所有的安全制度都将流于形式，再好的制度得不到贯彻也是没用的。执行层主要是一线的作业人员，他们是规程制度的最终落实者，在作业过程中，他们时刻都面临着各种不确定的危险因素，只有提高安全意识，杜绝侥幸心理，严格遵守安全制度和操作规程，消除各种安全隐患，才能保证自身不受伤害，也不伤害别人[3]。

项目部首先对每个工作层面进行分析研究，查找制约项目安全水平的主要因素，是安全资金不充足，还是制度落实不到位，以及职责分工不明确等，逐层面分环节列出对安全工作不利的因素。比如检查中发现部分安全制度修订不及时，与现实情况有一定的差距，安全部门结合实际及时进行了修订。在工作层面内，具体到单个的人，分岗位、全方位查找问题和不足，辨析安全工作中的“短板”，然后有针对性地提出解决方法或改进措施，消除不安全因素，比如：个别年龄偏大的司机精力不足，上晚班容易发困，对行车安全造成威胁，项目部及时进行了调整，晚班尽可能选用年轻的司机，减少事故发生的可能性。

为消除“短板”，在对员工进行全员和分层次培训教育的同时，项目部专门抽调经验丰富的管理人员对安全素养相对较差员工，进行重点帮教。在班组内，根据员工文化水平、思想道德素质和业务技能参差不齐的客观情况，创新性地提出了班组长及新老员工互帮联保的安全管理模式，以老带新，跟踪帮教，现场帮教，及时纠正新员工在工作中存在的不足，并根据员工的实际表现安排相应的工作内容，形成了群众性的帮教网络，起到了很好的帮教、帮促作用，项目的总体安全水平得到明显提高[4]。

水桶的长久储水量，还取决于木板之间的紧密程度，如果木板之间配合不好，出现缝隙，最终将导致漏水。工程项目的安全成效则取决于全体员工团结协作的密切程度，员工之间如果没有良好的配合意识，不能做好互相的补位和衔接，工作之中很容易出现漏洞，形成安全隐患，比如交接班时，上一班对存在的问题交接不够清楚就会直接影响下一班的施工安全。作业过程中，有时互相之间提个醒就能避免一次事故的发生，比如，运输车辆的轮胎间很容易夹带石块，而车内的司机又不容易发现，如果及时提醒司机处理掉，就能避免爆胎的发生[5]。

为落实安全管理人人有责的原则，项目部将全部员工都纳入到了安全管理的范围，一级对一级、个人对部门都签订了安全责任书，每个部门、每个人都肩负着明确的安全责任，使大家时时刻刻都牢记自己在安全生产中的责任和作用，激发大家潜在的积极性、创造性和主动性，努力做到人人讲安全，时时做安全，群管群治，互帮联保，形成了人人管安全、人人要安全的群众性氛围。

3 木桶原理在项目施工全过程中的应用

安全工作贯穿于施工的全过程，施工过程中的每时每刻都要保证安全，如果将整个项目工期的安全目标作为一个“木桶”的话，那么，工期内的每分每秒都是组成这个“木桶”的一块块“木板”，如果某个时刻因作业人员的失误产生了安全隐患，那么，那一时刻就形成一块较短的“木板”，如果引发安全事故，将影响整个安全目标的实现。为保证项目施工安全顺利进行，我们从以下 3 个方面努力：

（1）保持安全管理工作的持久性。安全工作的持久性关键是建立安全管理工作长效机制，其重点是落实各项安全管理制度和安全规程，特别是落实安全生产责任制，使每个人都充分认识到自身在安全生产中的作用和责任，提高思想认识，自觉遵守各种安全规章和要求，并逐步转化为员工自觉的规范化行为，这样，安全管理工作才能进入理想化通道。制度和规程的建立要切合实际，要全面详细而规范，并随着施工的进展和环境的变化而逐步完善和改进，而且要有一定的超前性，对未来可能发生的情况有一定的预见性，能够始终在制度的框架内对各种不安全因素做出有效防范。项目施工的过程是一个各种不安全因素不断出现的过程，只有将不安全因素控制在安全范围内，才能最大程度地避免事故的发生，确保安全目标的实现。

（2）保证安全管理工作的有效性。在宏观层面，安全管理不能搞“运动式”，上级机关或政府部门要检查了，就紧一阵儿，安全工作就搞得轰轰烈烈，全面突击整改，检查过去了，就松一阵儿，降低了工作标准和要求，各种隐患就会悄然滋生，危险也在悄悄逼近，安全形势也就变得危险了。安全管理要保持连贯性的“平推”模式，从开工的第一天起就要高标准严要求，狠抓落实，规范施工秩序，使项目施工高效安全运行，在项目施工的全过程中不能有任何放松。在微观层面，安全管理应该是全方位、全时制的，不能只局限于作业期间，非工作时间也要有相应的纪律约束，并深入做好员工的思想工作，了解员工的思想动态，解决员工在生活、工作中遇到的问题，确保员工不带思想包袱上岗，不带情绪作业，从而大大减少工作中的失误，有效防止隐患的发生。

（3）提高安全管理工作的针对性。在季节性、重大节假日和不同的施工阶段，安全管理工作的重点是不同的，为此，要根据新情况、新问题和新要求，制定具体的、有针对性的安全管理措施，对事故高发人群、高发环节和部位进行重点防范，不能教条地坚持安全管理的“平推”模式，平均用力，没有了重点，就难以保证安全管理的效果，容易形成安全管理工作中的“短板”，影响项目安全目标的完成。

4 结束语

木桶原理在安全管理中的应用，将极大地促进项目的安全管理工作，提升安全管理工作的总体效果，同时，应站在全局的制高点上，结合实际，调动一切积极因素，充分发挥全体员工的主动性和创新性，并吸取其他单位在安全管理中的好经验、好做法，克服安全管理工作中的薄弱环节，堵塞漏洞，弥补不足，及时提高安全管理上的“短板”，依靠团队的作用，打造安全管理的“铁桶”。

参 考 文 献

[1] 陈宝智．安全原理［M］．2版．北京：冶金工业出版社，2002.
[2] 许雁超．庙沟铁矿采场安全管理措施及效果［J］．矿业工程，2010（3）：50-51.
[3] 樊运学．谈施工项目安全管理中人的因素［J］．露天采矿技术，2009（6）：59-61.
[4] 兰泽全，张立俊，马汉鹏，等．“木桶理论”在煤矿安全管理中的应用［J］．煤矿安全，2010（5）：141-143.
[5] 孙广忠．木桶原理在煤矿安全管理中的应用［J］．山东煤炭科技，2010（3）：228，230.

高频率使用的电子地磅设置

刘 翼 徐雪原 刘春林

（广东宏大爆破股份有限公司，广东 广州，510623）

摘 要：本文以一个大型采石场的电子地磅设置为例，介绍了高频率使用电子地磅的总平面布置、基础结构设计、混凝土浇筑、电缆架设等过程的设置原则以及需要注意的问题。这是在没有设计标准可以参考的条件下，根据实际使用条件来进行设置的，值得类似工程参考。

关键词：高频率使用；电子地磅；设置

Institution of Electron Weighting Platform on High Frequency Service Condition

Liu Yi Xu Xueyuan Liu Chunlin

（Guangdong Hongda Blasting Co.，Ltd.，Guangdong Guangzhou，510623）

Abstract：This paper took the institution of electron weighting platform at a large－scaled quarry for example. It introduced that the institution principle and attention problem such as the general arrangement and structural design of foundation and concrete pouring and cable erection etc on high frequency service condition. It totally sourced from practice by no ready design reference . It will be worth to reference for similar engineering.

Keywords：high frequency service；electron weighting platform；institution

1 引言

在青岛一大型采石场工地，需要再安装一台电子地磅，以缓解之前已有的三台电子地磅的过磅压力。该电子地磅设置地点距离最近的爆破点不到 60m，设置场地为堆填弃渣，距离最近的用电约 500m。该电子地磅过磅频率要求达到每分钟 1～2 车，为两班连续过磅，平均每天过磅 1000～2000 车。在这样的条件下，没有设计标准可以参考，虽然有些论文[1-5]提供了类似基础结构设计强度要求，但是其设计参数选取复杂（如文献［1］地基允许承载力计算 $R = N_B V_B B + N_D V_D D + N_C C$ 中的系数选取）和标准要求较低（如文献［4］中钢筋混凝土基础受压强度不低于 18MPa；文献［3］中地基承载力要求不低于 100kPa，这是判断软地基的最高承载力），在特殊条件下不实用，只能从实际情况出发，根据已经设置的三台电子地磅运行情况来参考进行设计，为避免三台电子地磅运行中出现同样的问题，设计中重点考虑以下几点：电子地磅的平面布置，主要是电子地磅与爆破点之间的距离；电子地磅的基础结构，要保证在运行期限内，基础不变形，不影响电子地磅的正常使用功能；基础的浇筑及预埋件准确，保证电子地磅能安装准确；磅房布置及结构，要保证磅房里面工作人员在工作时的安全。下面以青岛一大型采石场的电子地磅布置为例，详细说明设置原则及其中应该注意的问题。

2 地磅总平面布置

高频率使用的电子地磅是指电子地磅的使用频率非常高，平均过磅每分钟 1～2 次，汽车过往频

原载于《称重知识》，2012，41（1）：46-49。

繁，为了减少使用过程中的麻烦，电子地磅和称重系统在建设前应充分考虑到以后运行可能出现的状况，避免建成后使用起来不安全、不方便。从已经运行的情况来看，电子地磅在平面布置时需主要注意以下几个方面：首先布置电子地磅的位置，应考虑电子地磅位置与运输起点和终点的位置关系，在阶段工期内通过该电子地磅的出料量能尽可能大，充分发挥该电子地磅的过磅能力，该位置要求通过的车辆运输路线短，电子地磅场地开阔，有足够的空间保证运输回车，离出料现场的爆破点要有一定的安全距离，避免爆破危及称重人员的安全；电子地磅的走向布置，要求方便汽车转向、顺路，尽量布置成与出料方向一致；磅房的布置，磅房的观察窗口应正对地磅中段，距离地磅最近的边缘至少5m，因为据运行的地磅情况来看，由于过往车辆频繁，司机称重时过磅匆忙，将汽车开偏导致翻车的事故曾发生过两起，几十吨重的石料可能直接压塌磅房，危机磅房人员的生命，因此磅房应该距离地磅有一定的安全距离。地磅房最好设置在汽车前进方向的左侧，这样方便司机和称重人员的交流，避免由于视线遮挡发生意外事故。地磅平面布置图，如图1所示。

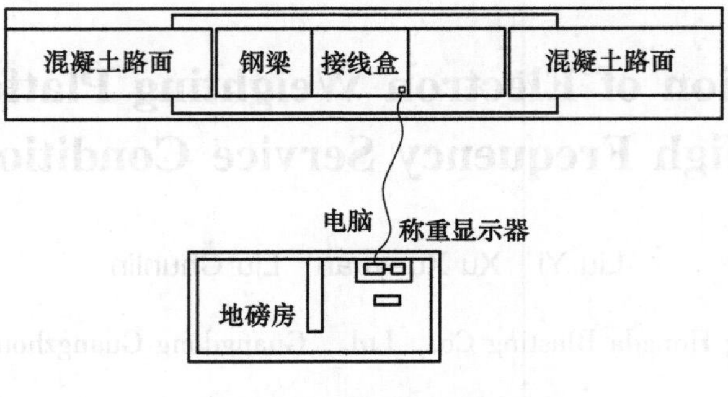

图1　地磅平面布置图

3　基础结构设计

电子地磅的基础建造原则是要保证电子地磅在使用过程中不发生变形、沉降、破损，从而保证电子地磅的正常使用。为了保证这一结果，必须考虑电子地磅基础要有足够的强度和刚度，以及引道要经久耐磨。电子地磅基础的结构设计目前为止国家和行业尚未有一个标准，即使是地磅供应商，也只负责安装及提供一般的基础结构设计，而不能保证按照这一结构设计施工后地磅使用绝对可靠，因为地磅使用的场地和频率差别很大，因此，地磅的基础结构必须根据实际条件自己来设计，绝不能照搬供应商的基础结构设计图纸来施工。在没有基础结构设计标准的情况下，我们在类似条件下基础结构设计的基础上加大了结构强度，然后根据新建地磅的运行情况调整新的基础结构设计。根据新建地磅的运行情况，在沙石堆填的场地上，浇筑30cm厚的素混凝土垫层和30cm厚的钢筋混凝土基础可以满足频率每分钟1~2车、使用期限1~2年的使用要求。地磅基础结构立面图，如图2所示。

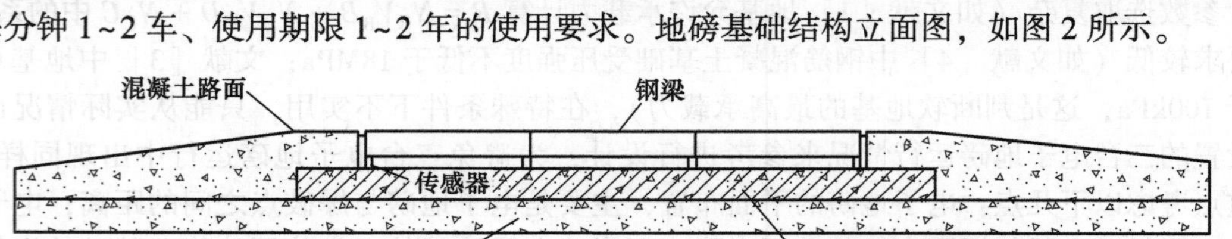

图2　地磅基础结构立面图

4　测量放线

电子地磅建造是否符合安装要求，测量放线和多次校正是关键。测量放线和校模主要有：基坑开挖放线、基础混凝土支模放线、基础混凝土校模和引道混凝土浇筑校模。

4.1 基坑开挖放线

根据地磅的结构设计高度，地磅和基础总高 1.05m，为了使运输车上、下地磅容易，地磅上顶面高出旁边通行路面 0.4~0.5m 即可。因此，地磅基础部分需要向下挖基坑，将基础埋于地面以下。根据地磅总平面布置，在地面上粗略的放出地磅位置、磅房位置及大小尺寸，以便基础开挖，基坑大小比素混凝土垫层四周宽 15cm 即可。在开挖过程中，测量人员跟踪开挖的深度、平整度和界限尺寸，保证不超挖、不欠挖。基坑挖好后，就可浇筑素混凝土垫层。

4.2 基础混凝土支模放线

素混凝土垫层凝固 1~2 天后，就可进行钢筋混凝土基础放线。钢筋混凝土基础每边宽出箱梁 25cm，而素混凝土垫层每边宽出钢筋混凝土基础 10cm。在素混凝土垫层表面用钉子找出两个点以确定长度方向的中心线，然后根据这两点用墨线弹出地磅基础的中心线，寻找中心线时要保证随后放出的基础边线都在垫层的范围内并均匀地分布，避免有的超出垫层，有的距离边界有多余。宽度方向的中心线要在保证垂直长度方向的中心线的前提下，也要保证宽度方向的边线均匀分布在垫层基础上。放好线后，按照已经弹在垫层上的边线进行支模。

4.3 基础混凝土校模

支好模后需要进行校模，主要控制钢筋混凝土面层的平整度，以保证整个钢筋混凝土水平面高低不相差 3mm。为达到这个结果，测量员需进行多次校模：支模时需要跟踪校模，模板固定后需要进行校模，浇筑前还需进行校模，混凝土浇筑后、凝固前还需进行最后校模。

4.4 引道混凝土浇筑校模

地磅基础的浇筑是否符合安装要求，引道混凝土的浇筑至关重要，因为引道混凝土的浇筑既要保证水平面的平整度、混凝土两端之间的平行距离和混凝土端面的垂直度，混凝土还要受预埋件最后植入的扰动。钢筋混凝土基础浇筑完后 1~2 天，可以进行两端引道混凝土的放线，按照放线支模、固定模板，这时校模是关键，着重注意四个方面：绝对距离、矩形形状、平整度和端面垂直度。考虑地磅的安装缝隙 2cm，引道混凝土端面之间的距离比标准地磅至少长 2cm，最多不超过 4cm；其平行距离误差不大于 5mm，矩形对角线长度误差在 5mm 以内；两端混凝土上表面平整度误差在 3mm 以内；混凝土端面垂直，垂直度偏差小于 5°。这 4 个方面要随浇筑进程及时校正，浇筑完后凝固前也要校正，确保混凝土最后成型符合地磅安装要求。

5 混凝土浇筑

根据结构和施工工艺不同，地磅混凝土浇筑有素混凝土垫层浇筑、钢筋混凝土基础浇筑和引道混凝土浇筑。

5.1 素混凝土垫层浇筑

由于基础较厚，为保证电子地磅不高出地面很多，地磅基础一般都在地面以下，因此，素混凝土垫层浇筑前，需要用挖掘机挖出一个长方形的基坑出来，基坑宽度每边比地磅箱梁宽出 50cm，长度为地磅箱梁与引道长度之和，为了保证垫层规整，基坑四周可以用砖砌墙，墙后用沙土填埋。在实际施工中，为了减少素混凝土的用量，引道下面的素混凝土垫层长度可以缩短，但素混凝土的总长度至少每端比箱梁长 2m，基坑如果规整，素混凝土垫层可以直接浇筑在基坑里，而不需要支模。

5.2 钢筋混凝土浇筑

素混凝土垫层凝固后，在上面按照设计尺寸放线，架起钢筋网，钢筋网为纵横向 $\phi20@200$，支起模板，绑上塑料套管，浇筑一个 0.3m×4m×12m 的长方体钢筋混凝土块。

5.3 箱梁两端混凝土浇筑

由于支模困难，箱梁两端的引道混凝土不能一起与底面钢筋混凝土同时浇筑，因此需要等基础混凝土凝固一段时间后单独支模浇筑，浇筑时两角钢之间的距离和预埋件的位置准确与否是关键，需要重点校正。

6 预埋件的安装

电子地磅的基础里面有一些预埋件，这些预埋件需要在基础混凝土浇筑前预制好，主要包括以下几种预埋件：限位挡板、传感器垫板、接零镀锌杆、穿线孔和引道端面护角角钢。接零镀锌杆可以在素混凝土垫层浇筑时埋入，也可在垫层浇筑后、钢筋混凝土浇筑前在设计位置打入。穿线孔在钢筋混凝土浇筑前用塑料管预埋在设计位置，堵塞塑料管两端保证混凝土凝固后塑料管可导通即可。传感器垫板厚 2cm，面积 20cm×20cm，垫板一侧焊四个长 20cm 的 ϕ16mm 钢筋，垫板在钢筋混凝土浇筑时预埋在混凝土表面，保持混凝土表面高差不超过 3mm。护角角钢和限位挡板都是在最后浇筑引道两端混凝土时预埋的，限位挡板板厚 1cm，面积 15cm×15cm，在板一侧也焊有四个长 20cm 的 ϕ16mm 钢筋。角钢长 3m（与钢梁同宽），规格为 10cm 的等边角钢，角钢预埋前还需焊上四五个用 ϕ2cm 钢筋做的钢脚架，钢脚架在混凝土浇筑时可以固定角钢位置，运行当中，由于角钢焊在钢脚架上，可以避免角钢从引道一角脱落，实现护角的作用。

7 磅房建筑结构选择

磅房的建筑结构形式可以有板房、砖房和钢筋混凝土房。板房适用于地磅使用时间较短的临时情况，成本低，建造时间快；钢筋混凝土房成本较高，要求使用时间较长；砖房介于两者之间。根据本项目地磅使用时间较短，属于临时建筑，可以使用板房，现场也有 2 个磅房建成了板房，但是根据新建地磅距离爆破点较近的缘故，为了工作人员和磅房的安全，磅房建成预制板屋顶砖房比较合算。

8 磅房用电的电缆架设

在地磅实际使用过程中，地磅用电架设也是一个不容忽视的问题。由于地磅周围场地开阔，运输车辆过往频繁，加之其他施工设备如挖掘机、装载机也经常出入，因此，为了安全起见，避免过往设备拉扯架空电缆，在地磅附近的电缆要埋入地下，有的还需要加套管，电缆经过的其他地方也要视具体情况决定架空还是埋入地下。

9 总结

地磅的设置主要包括地磅的总平面布置和地磅基础的结构设计。由于电子地磅使用的环境条件各不相同，地磅的总平面布置需根据实际情况来布置，主要考虑地磅在项目工期内的使用效率和使用安全，充分发挥该地磅的过磅能力，安全考虑包括地磅与爆破点的距离、过往车辆对磅房的意外撞击以及过磅车辆侧翻对磅房压塌造成内部人员伤亡。地磅的基础结构设计主要考虑地磅在工期要求的使用周期内不发生变形、沉降、破损，保证电子地磅的正常使用。由于地磅的使用频率较高，地磅基础结构设计不能按照地磅供应商的现成图纸来施工，需要根据实际使用条件提高结构设计标准。本文通过一大型采石场的实例，介绍了根据地磅高强度使用的条件，从现场实际出发，对地磅的布置和基础结构进行了设计，并在实际使用中得到验证，可以为类似工程提供参考。

参考文献

[1] 姜波．浅谈电子汽车衡基础的结构与设计［J］．衡器，1999，28（3）：25-27.
[2] 盛巍．安装基础对电子汽车衡准确称重的影响［J］．衡器，2002，31（3）：34-35.
[3] 韩晓莹．谈电子衡器在基础土建施工中的注意问题［J］．工业计量，2004（增刊）：280-281.
[4] 徐建生，黄震．大中型衡器基础故障分析［J］．冶金自动化，2010（S2）：280-282.
[5] 肖兴华，朱忠琼，李丽华．一种大型衡器快捷的校准方法［J］．工业计量，2011，21（2）：27-28.

安全管理工作的成效关键在于执行力的高低

吴　凡

（广东宏大爆破股份有限公司，广东　广州，510623）

摘　要：安全生产管理关键是如何提高执行力，文中从制度建设等各个方面论述了提高执行力的方法。

关键词：安全生产；重点；提高；热炉法则；执行力

The Key to Safety Management Lying in Execution Force

Wu Fan

（Guangdong Hongda Blasting Co.，Ltd.，Guangdong Guangzhou，510623）

Abstract：The key to safety production management is to improve the executive force. The article discusses the method of improving the executive force from the system construction and other aspects.

Keywords：safety production；key；improve；hot stove rule；executive force

1　引言

一个企业的持续发展，安全是关键。安全是企业的命脉，是企业永恒的主题，没有了安全生产，企业的生存将不复存在。安全管理工作的成效关键在于执行力的高低。所谓执行力，就是指通过有效的方法把决策转化为结果的能力。近年来，因建材行业形势的发展，受经济利益的驱动，较多其他行业转战矿山领域，如矿山企业不提高执行力，就难以实现安全生产的持续稳定好转。从矿山企业到施工项目，从施工项目到施工班组，从施工班组到个人行为都是影响一个团队整体执行力高低的因素。因此执行力也存在着“木桶效应”，每一个人和每一个环节的执行力高低都能影响整个团队的执行力。再高的目标，再好的措施得不到执行和落实，最终结果得不到实现，一切的一切将会变得毫无意义。

马克思说：“一步实际行动胜过一打纲领。”毛泽东说过：“什么东西只有抓得很紧，毫不放松，才能抓住。抓得不紧，等于不抓。”从中不难看出，只有坚持把各项工作往深里做、往实里做，坚持具体抓、抓具体，抓住不放、一抓到底的结果才会体现出想要的效果。要实现企业安全生产目标、任务，需要每一个人付出艰辛的努力，需要全体员工形成团结一致的执行力。执行力高低决定着各项安全措施落实的程度。

2　提高执行力要有完善的安全规章制度

《中华人民共和国安全生产法》第四条明确规定，“生产经营单位必须遵守本法和其他有关安全生产的法律、法规，加强安全生产管理，建立、健全安全生产责任制，完善安全生产条件，确保安全生产”。一个企业首先要有章可循，有法可依，“无规矩不成方圆”。制度建设不完善，就难以规范行为运行，就难以提高执行力和落实力。只有完善安全规章制度的内容，才能做到用制度规范工作和操作

原载于《露天采矿技术》，2013（2）：82-83。

行为，用制度界定行为对错，用制度评价是否正确履行了安全职责和取得的成绩。

制度是一个标准而不是一张网，仅凭制度创造不出效益，一个不能生发制度文化的制度不可能衍生尽责意识。如何将强制性的制度升华到文化层面，使员工普遍认知、认可、接受以达到自觉自发自动按照制度要求规范其行为，完成他律到自律的转化，是构建制度文化真正内涵。完善施工企业安全生产管理制度，是提升安全生产执行力的基础。没有完善的安全生产管理制度，在施工中就会遇到这样那样的问题，找不到相应的人员去落实，容易造成安全管理的缺位。因此，只有完善安全生产管理制度，将相应职责落实每一个人，让其知道自己的职责与义务，才能为下一步提高安全生产执行力提供依据。

3 提高执行力与企业中每个人的关系

(1)“领导”的职责无非两条，一是“领”，二是“导”。所谓“领”，就是要率先垂范，以身作则，不搞特权，充分发挥领导的模范和带头作用。所谓“导”，就是要在“领”的基础上，把握方向和大局，及时解决遇到的各种矛盾和问题，纠正出现的偏差和错误，积极引导广大员工朝着正确的方向前进，促进企业的安全发展。安全规章制度建立完善后，领导干部要带头执行各项决策和规章制度，其执行力状况如何，领导干部通过以身作则的良好个人安全行为，使员工真正感知到安全生产的重要性，感受到领导做好安全的示范性，感悟到自身做好安全的必要性。利用执行文化的磁场效应，来磁化员工，通过对员工进行潜移默化的熏陶，逐渐让所有员工从意识深处习惯并认同执行观念和执行方式，促使每一位员工从根本上改变自己的不安全行为，保证各项规章制度在执行过程中不走样。领导一定要坚持原则，对各种违章行为敢抓敢管，无情的管理是最大的有情，严格管理是对员工生命的尊重，放松管理就会害人误事。

(2) 提高执行力基层班组是关键。班组在执行中发挥着承上启下的作用，是制度措施落实的直接指挥者、执行者和监督者。纪律要严明、态度要坚决、处罚要严厉，才能保证制度的真正去落实。提高班组执行力对于班组安全管理有助于形成班组凝聚力，有助于提高班组竞争力，有助于开拓班组创造力，有助于加强班组战斗力。

(3) 普通员工的本职就是落实，就是执行。要进一步提高安全意识、责任意识和学习意识，加强理论知识和业务技能学习，全面提高自身素质，充分发扬“蜜蜂”那种兢兢业业、任劳任怨的精神，扎实高效地干好自己的本职工作，不折不扣地落实上级精神。

4 提高执行力要层层落实安全生产责任制

许多安全生产法规制度“严不起来，落实不下去”，关键是安全责任制没有落实。安全生产责任制是岗位责任制的重要组成部分，是做好安全工作的基本准则，应覆盖全体员工和各个岗位，覆盖企业生产经营和管理的全过程，使每个员工对自己负责的工作区域及其相关人员、每台设备、工具用具的安全状况了如指掌，能够精确执行规章制度，准确无误地进行操作，正确处置异常情况。形成一级抓一级，一级向一级负责，确保政令畅通、令行禁止，使安全生产的各项规章制度得到完全正确的执行。

如果所有员工都把执行安全生产规章制度作为自己的行为准则，就不会有“三违”行为发生，就会做到“三不伤害”。一个员工不论在什么岗位、进行什么操作，认真履行岗位职责、严格执行规章制度和操作规程是义不容辞的责任，也是《安全生产法》规定的义务。安全工作就是不找任何借口的执行，只要全体员工在工作中都不折不扣的严格执行制度、严格遵守规定，就会提高整个企业的执行力，各项安全措施就会变成实实在在的行动，安全目标就一定能够实现。

5 提高执行力要在从严处理上下功夫

(1) 利用安全检查制度和奖惩制度推动执行力。在加强教育和落实责任制的同时，还须狠下决心加大查办处理力度，通过严查严处形成威慑力。要坚决查处“三违行为”。大力推进属地管理，岗位员工要对岗位操作涉及区域内的安全工作负责，包括对分管区域内的设备、作业、人员的安全负责，做到“谁的岗位谁负责，谁的区域谁负责，谁的属地谁负责”，每个人都是本岗位上的“一把手”，出了问题都要追究“一把手”的责任。强化监督，对工程重点工作跟踪督查，及时发现问题，纠正“以会议落实会议，以文件落实文件”“制度写在纸上，贴在墙上，挂在嘴上”等不实行为，督促各项工作“从口上落到脚下”“从会上落到会下”；要严格执行问责机制，追究相关人员的责任，坚决治理“慢做、懒做、不做、乱做”等行为，体现“做好做坏不一样”“做好则奖，不做则罚”。

（2）利用“热炉”法则推动执行力。热炉规则能指导管理者有效地训导员工，这是因触摸热炉与实行训导之间有许多相似之处而得名（这里所说的“热炉”是能烫伤手的）。二者相似之处在于：

首先，当你触摸热炉时，你得到即时的反应，在瞬间感受到灼痛，使大脑毫无疑问地在原因与结果之间形成联系。其次，你得到了充分的警告，使你知道一旦接触热炉会发生什么问题。再次，其结果具有一致性。每一次接触热炉，都会得到同样的结果——你被烫伤。最后，其结果不针对某个具体人，无论你是谁，只要接触热炉，都会被烫伤。每个单位都有自己的规章制度，单位中的任何人触犯了都要受到惩罚。

6 结论

安全执行力是提高矿山企业安全管理水平的基础，没有安全执行力的施工现场将会是一片混乱，安全隐患无人消除，加大事故发生的可能性，最终导致事故的发生，造成人员伤亡、财产损失，企业也失去了社会信誉，甚至破产倒闭。因此，提高企业安全生产执行力成为了安全管理工作的重点，有助于提升企业的安全管理水平。

通过完善安全管理制度，进行有效沟通，落实安全生产责任制，从严处理违章，充分利用“热炉”法则，达到最终提升安全生产执行力，塑造良好的安全生产执行力文化，不断提高安全管理水平，为企业安全施工保驾护航。

参考文献

[1] 张健．强化执行力是矿井安全发展的保证［J］．陕西煤炭，2010（6）：120-121.

浅谈某小型尾矿库尾砂处理方案

王佩佩

（广东宏大爆破股份有限公司，广东 广州，510623）

摘　要：以某小型尾矿库尾砂处理为例，根据工程实际确定了不同的回采方案，然后进行方案比选，最终确定了合理的回采方案，并对该方案的具体实施过程进行了叙述。对尾矿砂处理不仅排除了尾矿库潜在的安全隐患，同时也促进了下部被压资源的回收工作，提高资源利用率。

关键词：尾矿库尾砂；回采；处理方案

Discussion on Tailings Treatment Scheme of a Small Tailings Pond

Wang Peipei

（Guangdong Hongda Blasting Co.，Ltd.，Guangdong Guangzhou，510623）

Abstract：Taking the tailings treatment of a small tailings pond as an example，the paper provides different stoping schemes based on the engineering practice，determines the most reasonable scheme with comparison and selection，and describes the specific implementation process of the scheme. The tailings treatment not only eliminates the potential safety hazards of the tailings pond，but also is beneficial for the recovery of the lower compressed resources，improving the utilization rate of resources.

Keywords：tailings in the tailings pond；stoping；treatment scheme

1　概述

杨泉尾矿库位于舞钢市八台镇杨泉村东南部，中加矿业发展有限公司扁担山露天矿境界中部偏东，由原开源公司利用此处扁担山和小虎山之间形成的天然山谷修建而成。尾矿坝修筑在山谷下游，坝高约 17m，顶部长约 275m，总库容量约 30 万立方米。

整个尾矿库现已报废，坝底原地表的平均标高约+95m，库体现被尾矿砂填充，坝顶标高基本在+107～+112m。2009 年 12 月，中加矿业公司对此库区进行过整平，由于后来库区北部小选厂继续排水和自然降雨，库区低凹处又一次形成水塘。2010 年底，中加公司对小虎山选矿厂强行拆除，后期尾矿库积水主要来自降雨汇水。

尾矿库下游为杨泉村，尾矿坝离最近农户房屋约 20m。尾矿库东北部为小虎山，南部是经山寺矿排土场，为了确保扁担山露天矿顺利开工，必须对此处尾矿砂进行清理外运。

2　回采方案

由于该尾矿库已经停止排弃多年，表层尾矿砂已经风化固结，不存在任何水域，而且方案回采时间选在枯水季节，因此在方案的设计上未考虑排水问题。该尾矿砂所在区域平面图如图 1 所示，断面图如图 2 所示。

原载于《露天采矿技术》，2013（9）：99-101。

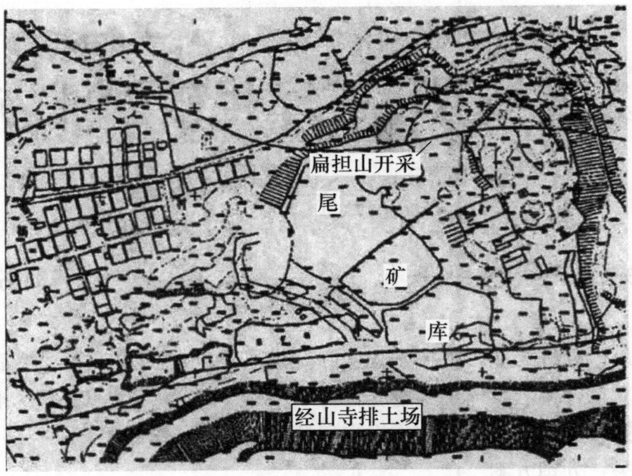

图 1　尾矿库所在区域平面图

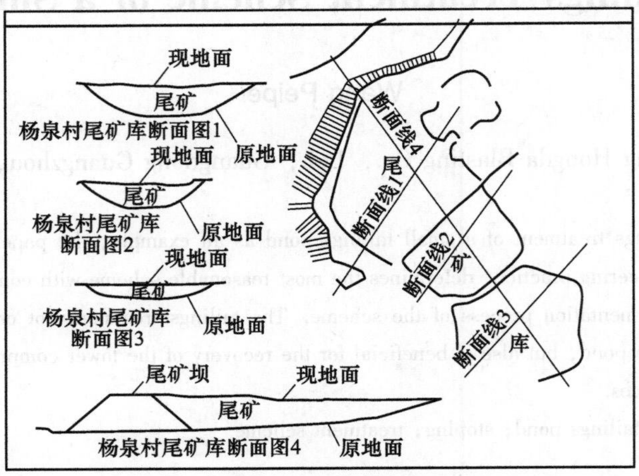

图 2　尾矿库区域断面图

2.1　方案 1

根据对施工现场的认真勘察和对相关图纸资料的仔细查阅，同时考虑施工安全和实际施工要求，计划在扁担山开采前从库区上游和坝体下部同时向库区开挖。开挖总体原则由浅至深，由外向内，先疏干，后开挖。

库区上游开挖位置选在尾矿库最浅处，沿库区底部山谷修筑道路，道路尽可能靠两边修筑。工作面最低处开挖积水坑，设移动泵站，疏干工作面积水和库区渗水。排水管线布置在道路北部，经澄淀处理后排出库区。

坝体下部开挖时可视杨泉村征地和搬迁情况灵活布置施工道路和作业面，若在开挖前已完成征地事宜，则可以利用杨泉村现有道路，初始工作面设在坝体两边。若征地问题没有解决，杨泉村道路不能利用，则需先从库区上游南部修筑道路至坝体下部，再挖坝体，先挖坝体西南角，形成初始工作面，再向坝体北部和库区内部推进。开挖坝体时宜上下分层，每层厚度为 3~6m 不等，视施工具体情况而定，不能一次开挖到底，开挖过程中需随时观察库区泥沙变化，防止泥石灾害发生。坝体下部设排水沟和澄淀池，将库区渗水澄清处理后排出库区。

在开挖时，如遇到湿软泥沙，挖机无法进入库区进行挖装，可以先从附近采场或排土场运来干沙和碎石，拌入尾矿砂，使库区泥沙相对含水量降低，能够满足装车运输要求后再运出。此外，如果时间和工期要求允许，可以先挖部分干砂，遇到稀软泥沙时暂停施工，等待自然风干后再挖装，如此反复交替施工，直到尾矿砂全部清理完毕。施工示意图见图 3。

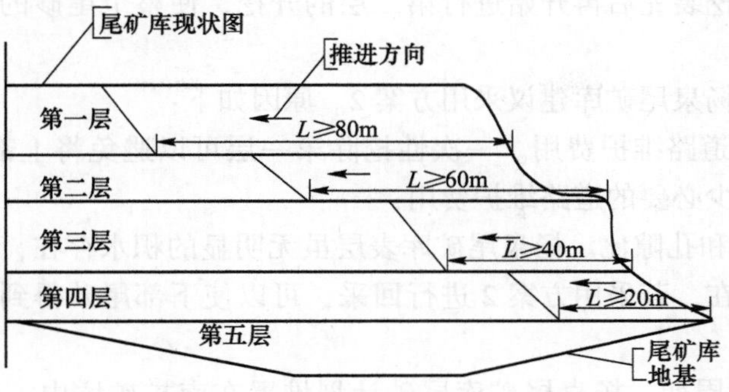

图 3　方案 1 施工示意图

2.2　方案 2

方案 1 在施工过程中将坝体整体划分成不同厚度的工作平台，然后将几个平台同时进行开挖，按照此设计思路也可以在第一层剥离时将方案 1 进行更改。方案 1 在进行第一层剥离时是将第一层剥离到一定距离后开始进行剥离下一台阶，然后将两个台阶同时推进。以此类推，等到第二层剥离到一定距离后开始第三层的剥离。更改后的方案是将第一层彻底剥离完毕之后再进行第二层及以下各层的剥离，即先将第一层剥离完，然后开始进行第二层的剥离，等到第二层剥离到一定安全距离后开始进行第三层剥离，第二层及第二层以下各层仍然按照方案 1 的剥采方式施工。施工示意图如图 4 所示。

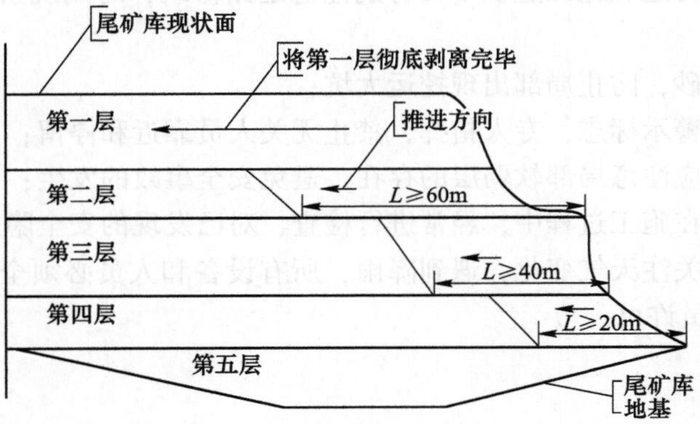

图 4　方案 2 施工示意图

3　方案比较

3.1　方案 1

优点：方案 1 采用流水作业形式，多个采剥面同时工作，大大减少了挖运时间，具有较高的工作效率。

缺点：(1) 软土层属于高压缩性土，它的含水量高，孔隙比大，是尾矿库中的软弱层，对清运工作影响非常大，常常因为此种原因而导致工期无法顺利完成；(2) 同时作业的挖运作业面较多，这就需要较多的机械设备，从而导致投入比较高的成本。

3.2　方案 2

优点：挖运第二层包括尾粉质黏土（软土层），先一次性挖除第一层可避开将软土层作为运输车的路面层，减少道路维护费用；先将第一层挖运完后开始挖运第二层，这样第二层就得到了足够的晾晒时间，减少其含水率，降低孔隙比，以利于第二层的开挖，同时也可以使工期进度得到保障；多个作业面同时施工，减少了工期总的时间，提高了劳动效率。

缺点：单独将第一层挖装完后再开始进行第二层的开挖，使整个尾砂的装运时间延长，对于工期较紧的工程项目不太适用。

综合上述分析，对于杨泉尾矿库建议采用方案2。原因如下：

（1）方案2可以减少道路维护费用。一次性挖除第一层可以避免将上部软弱层作为开采运输面，这样在运输过程中就会减少必要的道路维护费用；

（2）降低下部含水率和孔隙比。杨泉尾矿库表层虽无明显的积水存在，但由于尾矿库闭库时间较短，难免内部会有水分存在。若采用方案2进行回采，可以使下部尾砂得到一些晾晒时间，从而降低其含水率和孔隙比；

（3）延长了尾矿回采周期。杨泉尾矿库尾砂计划堆置在南扩矿坑内，这需要南扩竣工后方可进行。按照南扩目前的开采进度和剩余量，南扩闭坑至少还需3~4个月。先剥离第一层的少量尾砂，不但可以使下部尾砂得到晾晒时间，还可以延缓尾砂排弃时间，为南扩顺利闭坑创造更多的时间。

4 安全措施

安全措施如下：

（1）尾砂回采过程中，应及时进行钎探工作，作为勘察的有效补充，并根据钎探结果调整分层厚度，避免软土层处在两个开挖层之间；

（2）施工过程中必须严格按要求对周边保留设计要求的边坡和台阶；

（3）机械在松软地面行进和施工过程中要特别注意道路修筑，时刻观察现场动态，发现隐患及时采取有效措施；

（4）保持均匀挖除尾砂，防止局部出现挖运大坑；

（5）施工区域设安全警示标志，专人指挥，禁止无关人员靠近和停留；

（6）尾砂回采过程中应注意局部软弱层的存在，避免安全事故的发生；

（7）安全检查人员应在施工过程中，经常进行检查，对已发现的安全隐患及时处理；

（8）施工期间需密切关注天气变化，遇到降雨，所有设备和人员必须全部撤离施工区域，雨后复工需得到安全技术管理人员许可。

5 施工步骤

施工步骤如下：

（1）提前对库区水进行疏干，防止周边汇水进入库区，在库区周围修设排水沟，达到库区不积水目的，另外在东南部挖排水沟渠，将水导出。

（2）由测量人员完成数据采集和放线工作。

（3）安排人员和设备修筑施工道路，同时安装排水管线。

（4）安排设备进行开挖，将泥沙运往指定地点，作业区形成初始工作面。

（5）向库区内部开挖，同时修路排水，将尾矿砂全部运往指定地点，并按要求堆放。

（6）竣工验收。

6 道路修筑

由于库区内泥土和尾矿砂特别松软，车辆设备无法在其上部正常行走或施工，为防止设备陷入或非正常损坏，在开挖过程中应该对场内道路进行修筑。

道路修筑方法：下部采用块石铺设路基，其上铺设一定厚度碎石整平层，表面铺石屑细沙磨耗层。下部路基块石石料可选用经山寺排土场废石或经山寺露天矿南扩工程剥离废石。整平层碎石选用一选厂废石，石屑细沙选用经山寺西部强风化碎石。

7 施工设备及回采工期

杨泉尾矿库尾砂主要排往南扩矿坑内，前期上层的部分尾砂排往 2 号排土场顶层，平均运距为 2km，选用的运输设备为 25t 自卸汽车、1.6m^3 挖掘机、推土机和装载机。

为保证施工安全，在不影响扁担山正常开工的前提下宜安排在枯水季节进行施工，视施工难度计划 3~5 个月完成全部尾矿砂处理工作。

8 结语

杨泉尾矿库虽然已经闭库，但是在安全上仍然存在一定的危险性，是一个潜在的危险源。对该尾矿库进行回采不但有利于消除安全隐患，而且还可以促进下部被压资源的回采工作。本文在分析工程实际情况的基础上，提出了不同的回采方案，并进行方案比较，最终确定了合理的尾砂处理方案，可为相关工程人员提供参考。

参 考 文 献

[1] 王立彬，袁子有，车群，等．尾矿库尾砂回采方案分析［C］//第四届尾矿库安全运行技术高峰论坛文集．2011：51-54.

[2] 姜仁义，杨旭．论尾矿库闭库后及其开发利用中的安全问题［C］//第四届尾矿库安全运行技术高峰论坛文集．2011：116-118.

关于爆破施工企业员工安全教育的探讨

樊运学

（广东宏大爆破股份有限公司，广东 广州，510623）

摘　要：爆破施工属于高危行业，爆破施工企业的安全管理工作是企业的生命线，做好员工的安全教育工作是安全管理工作的基础。结合多年爆破作业的管理实践，从安全教育的方法、内容、注意事项 3 个方面，对爆破施工企业的安全教育工作进行了探讨，旨在对做好爆破施工企业的安全管理工作有所帮助。
关键词：爆破；安全教育；火工品；安全管理

Discussion on Safety Education of Employees in Blasting Operation Enterprises

Fan Yunxue

（Guangdong Hongda Blasting Co.，Ltd.，Guangdong Guangzhou，510623）

Abstract：Since blasting operation belongs to the high risk industry，the safety management in blasting operation enterprises is the lifeline of the enterprises，and the safety education of employees is the basis of safety management. Combining with the years' management practice of blasting operation，this paper discusses the safety education of blasting operation enterprises from the three aspects，methods，contents and matters needing attention of safety education，aiming at being helpful to the safety management of blasting operation enterprises.
Keywords：blasting；safety education；explosive materials；safety management

爆破施工属于高危行业，作业中所使用的火工品具有极大的危险性，如果发生事故，将造成重大人员伤亡和财产损失，并可能产生严重的社会影响，危害社会的和谐与稳定。统计显示，酿成事故的主要原因是人为操作失误或违章操作，由于人的不安全行为所导致的事故造成的死亡人数占比达到70%以上，因此，控制人的不安全行为是防止事故的重中之重，安全教育就是控制人的不安全行为的最有效、最直接的方法，认真做好安全教育工作，是开启项目安全管理的金钥匙。本文作者结合多年的爆破施工项目管理实践，详细阐述了爆破施工企业在员工安全教育工作中的方法、内容和注意事项等，对改善爆破施工企业的安全管理工作有较大促进作用和借鉴意义。

安全教育是以安全生产为目的，按照一定要求对员工的思想和行为施以有计划的影响活动，是施工企业安全管理工作的基础，是保证安全生产的重要手段。通过扎实有效的安全教育工作，提高全体员工作业中的安全思想意识和安全操作技能，增强对安全法规、规章制度和安全技术措施执行的自觉性，杜绝“三违”现象，防范各种事故发生的可能性。安全教育的重点是安全思想教育，解决员工从“要我安全”到“我要安全”转变的内在动力，对于各项安全要求来说，是化被动遵守为主动接受。

1　安全教育的方法

爆破施工企业的员工可分为特种作业工种和辅助工种等，特种作业人员按照国家相关法律规定应

原载于《采矿技术》，2013，13（6）：135-138。

经过具有资质的相关部门进行培训、考核，考试合格，持证上岗，但是，这只是最基本的要求，还要参加企业内部的各种安全教育和培训。直接接触使用火工品的“爆破四员”历来是安全教育的重点对象，而辅助工种因为不需要持证上岗，在安全教育时往往容易被忽略，不能引起足够的重视。与爆破作业相关的每个人都是安全作业过程中的重要一环，都应该同等对待，严格要求。安全教育在实施过程中按照教育的方式和内容不同，大致可分为经常性教育、集中教育和专项教育。

1.1 经常性教育

经常性教育是项目施工过程中经常开展的一项安全教育活动，是安全教育常态化的具体形式，也是安全教育工作的重点。安全教育工作没有一劳永逸的，施工过程中会不断出现新情况新问题，安全知识不断在更新，技术水平不断在进步，人的认知也在不断变化之中，所以，安全教育工作必须常抓不懈，经常性进行，经常性教育可分为员工入场时的“三级”安全教育、班组活动教育、安全日活动和施工现场的随机性教育。

1.1.1 “三级”安全教育

“三级”安全教育是项目开工或工人新入职时进行的公司级、项目级和班组级安全教育，是企业安全生产教育制度的基本形式。这是员工入职的第一次正规的安全教育，也是员工在以后的工作中自我要求和自我约束的起点，将影响其整个施工作业历程，所以，“三级”安全教育必须高标准严要求，认真落实到位，三个级别缺一不可，教育内容全面覆盖。“三级”安全教育要突出重点，克服注重形式而忽视效果的弊端，特别是班组级教育要有针对性和实用性，对遵章守纪、岗位安全操作规程、岗位之间的工作衔接、职业健康和劳动防护用品（用具）的性能及正确使用方法做出具体的要求和安全注意事项，务必在以后的工作中认真落实执行。教育的形式除了理论讲解之外，可以多采用实地观摩的方式，增加直观印象，强化记忆效果。有的单位“三级”安全教育的内容陈旧过时，缺少针对性和适时地调整、补充，教育形式单一，总是采用课堂讲授式，显得枯燥单调，缺乏吸引力，这都难以激发受教育者的内在需求，使教育流于形式，严重影响教育的效果。

通过“三级”安全教育后应使员工在思想认识上有一个较大提高，在安全操作技能上适应施工作业的要求，为检验教育的效果，还应进行书面考试，考试成绩 80 分以上为合格，否则进行第二次学习、考试，补考再不及格者，应调离岗位或辞退。

普通作业人员离开岗位一年后重新上岗或调整工作岗位也要进行严格的项目和班组两级安全教育，并经书面考试合格方可上岗。

1.1.2 班组活动教育

班组活动教育是施工过程中开展的班前后安全活动及每周进行一次的安全会议讲评，是安全管理的一个重要环节，是使员工遵章守纪、实现安全生产的途径。班组上班前，由班组长组织全班人员总结前一天的安全施工情况，对存在的问题进行讲评，结合当天的任务特点、本班作业中的危险点和应采取的对策等，进行作业安全交底教育，并进行每天一题活动，复习强化以前学习的安全知识和内容。通过班组教育活动，对当前施工任务提出具体的安全要求，指出防范重点。

1.1.3 安全日活动

每周固定时间进行的安全教育活动，以项目部或以班组为单位组织进行，目的是强化员工的安全意识，不断改进和完善项目和班组的安全管理工作。主要内容为学习贯彻上级有关安全生产会议和文件精神、事故通报、安全快报，以及安全规定和安全措施等，总结分析一周来安全工作情况，布置下周安全工作计划和措施，及时了解和掌握安全生产情况，及时发现事故隐患，消除不安全因素，达到防微杜渐、警钟长鸣、预防为主的目的。安全日活动要尽量从解决本岗位的问题出发，力求实效，不搞形式。

1.1.4 随机性教育

安全管理工作是一种动态的过程，施工过程中出现的“三违”现象和不安全因素也具有随机性，难以事先预料，在作业过程中，不管是管理人员还是作业人员，只要发现“三违”现象和不安全因素，都要以高度的责任感和对同事负责的态度予以指正或向上级汇报，并现场对当事人进行必要的安全教育，因为这种教育具有针对性和及时性，往往会取得显著的效果，这也是群众性安全管理工作人人管、时时抓的重要体现。

1.2 集中教育

集中教育是项目部根据国家和公司的相关要求在年度安全教育计划中安排的员工集中性安全教育活动，包括项目部年度全员安全教育、班组长和安全监控员年度职业安全教育、季节性安全教育等。

（1）项目部年度全员安全教育是为了提高全员的安全意识和安全技能，一般在每年的5月份进行，要求项目部所有员工全员参与，保证教育的学时、内容和效果，因故缺课的要进行补课，每人要写出学习体会，最后还要进行书面考试，考试成绩作为个人年度绩效参考。

（2）班组长和安全监控员年度职业安全教育是对班组长和安全监控员的安全再教育过程，以保持他们高度的安全责任意识和优良的安全技能，不断提高他们的安全理论水平和思想认识。班组长和安全监控员是安全管理工作的基层管理者，他们对身边的员工和部属有很大的影响和导向作用，打铁还需自身硬，他们首先应该率先垂范以身作则，为大家树立一个榜样，才有能力和资格去指导、帮助他人。

（3）季节性安全教育是指项目部根据季节气候或节假日情况进行的阶段性安全教育，提出有针对性的安全要求、安全防范重点和措施，例如：每逢夏季到来之前，爆破施工企业都会对员工进行夏季爆破作业防雷雨、防洪、防滑坡等安全教育，提出防范安全事故的重点和措施，增强对事故的预防能力。

1.3 专项教育

专项教育是推行新的生产技术、使用新的设备前，以及高危险分项工程施工前按制定的安全措施和要求对施工人员进行的安全教育。专项教育有特定的受教育群体，目的性很明确，针对性很强，必须认真落实到位，否则不能施工作业。

2 安全教育的内容

安全教育是一个系统化的工程，以全面提高员工的安全意识和安全技能为目的，掌握本职工作所需的安全生产知识，增强事故预防和应急处理能力。爆破施工企业员工的安全教育内容应包括爆破知识与安全规程、法律法规、规章制度、职业健康安全、民爆物品管理法规和相关法律、应急技能、安全技术、应急措施和应急预案等，针对不同的群体应有所侧重，以便取得较好的教育效果。

（1）对各级管理人员应重点进行安全思想和安全法制方面的教育，包括：国家有关安全的方针、政策、法律、法规和公司安全管理制度、安全生产管理职责、安全管理知识、安全生产技术和规程、安全文化、职业卫生知识、有关事故案例剖析及事故应急处理措施等，主要解决管理人员在施工管理工作中安全意识淡薄和安全技能不足问题，从而发挥管理人员在安全管理中的中坚作用，真抓实干，将各项安全管理措施和规章制度落实到实处。

（2）对专业人员和特种作业人员除了按要求参加政府专业部门组织的相关安全资格教育外，还应重点进行职业健康安全法规、安全技术、职业卫生和安全文化、安全技能及本项目、本班组、本岗位的危险因素、安全注意事项、岗位安全职责，典型事故案例的剖析、抢救与和应急处理措施等，做到安全责任心高、安全技能强，并能正确处置在施工中遇到的紧急情况和意外事故。对于涉爆人员的教育除了爆破安全技能以外，还应加强对《民用爆炸物品安全管理条例》《治安管理处罚条例》和《中华人民共和国刑法》等有关爆炸物品管理的法律法规条文与相关案例进行学习，提高对爆炸物品管理的认识，自觉遵守相关的法律法规。

（3）对一般作业人员，主要进行法律法规、规章制度、劳动纪律、岗位安全技能、职业健康、安全注意事项和典型事故案例分析等方面的教育培训，重点是提高员工的安全思想认识和岗位安全技能，做到不违章作业、不违反劳动纪律，在不伤害他人的同时也不被他人所伤害，作业人员是各项规章制度的执行者，也往往是事故的直接受害者，在教育中必须晓之以理，动之以情，形成心灵的共鸣，使广大员工把安全作为工作、生活中的"第一需求"，实现安全工作"要我安全→我要安全→我懂安全→我会安全"的转变，使安全规范真正变成职工的自觉行动。

3 安全教育的形式

每个人都有安全的需要，不希望事故降临到自己的头上，这是安全教育与个体需要之间的契合点，安全教育满足了员工的心理需求，应该受到的积极的响应才对，可是，现实中，安全教育的效果难说十分理想，根本原因是安全教育的方法和形式不足，不能在员工的思想上产生共鸣，激发员工内在的学习动力。

安全教育的形式应多种多样，丰富多彩，以课堂宣讲为主，以小组讨论和座谈会为辅，宣讲过程中穿插讨论会、问答提问和影像资料，配合以现场参观实习、实际操作演练和岗位比武等实际内容，让大家有一个直观的印象，同时，结合典型安全案例的分析讲解，让理论和实际结合起来，特别是发生在身边的事故案例更具说服力和警示作用。为营造浓厚的教育学习氛围，应利用现有条件开办板报宣传栏、悬挂宣传条幅和标语、张贴宣传图表、开展安全知识竞赛等，扩大安全教育的广度和深度，使安全教育深入人心，使教育效果持久长效。

现实中，还可根据人的性格、年龄、文化素养和认知能力的不同而使用不同的安全教育方式和方法。如：老工人经验丰富，但可塑性小，不易接受新东西，应侧重组织他们进行事故案例分析，总结经验教训，鼓励他们传授技术，多学新经验，参观新技术、新成果展览等。青年人不够成熟，可塑性大，接受新知识快，但耐久性差，情绪起伏大，对他们必须强化培训，引导他们参加各种安全表演、读书、竞赛、安全文艺活动及安全小组活动，以寓教于乐的形式使年轻人在潜移默化中养成安全习惯，形成安全行为。不论采用何种方式，关键在于引起思想的共鸣，使外在的压力变成内在的动力，取得较好的安全教育效果。

4 安全教育的注意事项

安全教育是安全管理工作的重要内容，是一种常态化的管理过程，贯穿于施工作业的全过程，在具体实施过程中应注意以下几点：

（1）安全教育培训给成本让路。以资金紧缺为借口，减少参加安全教育培训所必需的费用和人数，以工作忙没有时间为托辞，压缩培训人员应该参加培训教育的时间，甚至出现"没有上岗资格人员让他人临时顶替一下"等现象，在安全培训上存在侥幸心理，为以后的安全生产埋下祸根。

（2）安全教育搞平均主义、"一刀切"。对于受教育人员而言，应依据个人岗位、素质，在受教育要求方面宜有深有浅，要优选安全教育培训内容。切实提高培训内容的针对性、培训对象的层次性和培训形式的多样性，并不是员工不懂的知识、技能都需要员工在有限的时间内掌握，应有轻重缓急之分，选择项目目前、近期或中期急需的知识技能进行安全教育。在整体工作中突出重点，针对一定时期的安全重点进行重点教育，做好重点防范措施，在抓好重点的同时抓好一般，以重点带一般。

（3）安全教育必要时才进行。安全教育应保持主动性，始终坚持预防为主的方针，应经常分析本单位安全生产情况，总结经验，查找薄弱环节，有针对性地制定措施，展开安全教育工作，并保持一定的预见性，防患于未然，做到不安全不生产，先安全后生产，保持安全工作波浪式前进、螺旋式上升，不能等发生了事故才去搞突击整顿教育，亡羊补牢。

（4）不注重安全教育的系统性。安全教育工作不是单纯的教育，而是以安全为目的的全方位的系统工作。有的员工因为工作中产生了矛盾，生活中出了问题，其思想就会发生波动，情绪受到影响，不可避免地反映到安全生产上来，这就需要发挥思想工作的优势，经常深入群众，关心群众疾苦，了解职工情绪，做好说服引导工作，帮助他们解决实际问题，克服困难，进而把事故隐患消灭在萌芽状态，从关心员工入手是做好安全教育工作的关键。

（5）忌轰轰烈烈的形式主义。安全教育讲究的是实效，有的人就喜欢表面上的热热闹闹，动不动就搞得声势浩大，甚至不惜花重金聘请专家开讲座，而不管讲的内容是否是员工所需要的，看起来有声有色，实际上毫无用处，教育要抵制走形式、走过场、雷声大雨点小的行为，从实际出发，从员工需求出发，提高教育的针对性和实效性，保障施工项目的安全高效进行。

5 结语

安全教育不仅是安全知识和安全技能的教育，更是安全理念的教育，是一种融入员工生活的企业文化，需要从思想上、心态上去宣传、教育和引导，使员工树立正确的安全价值观，不能抓抓停停，一劳永逸，而是一项长期的工作和任务，须贯穿项目施工生产的全过程。通过安全教育使员工的安全意识得到提升，达到“要我安全—我要安全—我会安全”的转变，由安全教育的客体转变为安全教育的主体。对全体员工进行安全教育是企业的责任，接受教育是每位员工的权利与义务，在教育实践中，作为一名员工还要发扬创造性，勇于探索，开拓进取，不断探索安全教育的新思路、新方法，努力推进企业的安全教育活动，保障企业的施工生产安全高效进行。

参 考 文 献

[1] 张英明，张元岩．安全教育效果、方式的探讨［J］．建筑安全，2007（4）：58-59.
[2] 陈宝智．安全原理［M］．北京：冶金工业出版社，2008.
[3] 编委会．施工现场安全教育教案［M］．北京：中国建筑工业出版社，2006.
[4] 孟燕华，许素睿．安全管理人员安全健康培训教程［M］．2 版．北京：化学工业出版社，2010.
[5] 王凯全，等．安全管理学［M］．北京：化学工业出版社，2011.

尾矿地表膏体堆存工艺

王晓帆

（广东宏大爆破股份有限公司，广东 广州，510623）

摘　要：分析了传统尾矿地表处置方法的危害性及尾矿膏体堆存优势，分别从膏体制备、膏体输送、膏体排放（或沉积）等方面详细讨论了尾矿地表膏体堆存工艺的技术原理，在此基础上进一步讨论了尾矿地表膏体堆存效果的影响因素。研究表明：（1）自然条件、堆积角度、排放浓度、布料厚度、排放周期、排放口布置是影响尾矿地表膏体堆存效果的主要因素；（2）尾矿地表膏体堆存坝体稳定性好、环境污染较少，是尾矿地表处置的有效方法。

关键词：尾矿；膏体堆存；膏体制备；膏体输送；膏体排放

Tailings Paste Stockpiling Technology on the Ground

Wang Xiaofan

（Guangdong Hongda Blasting Co.，Ltd.，Guangdong Guangzhou，510623）

Abstract：The paper analyzes the harmfulness of traditional tailings disposal method on the ground and the advantages of stockpiling tailings paste，expands the technical principle of tailings paste stockpiling process on the ground from the aspects of paste preparation，paste transportation and paste discharge（or deposition），and further discusses its influence factors. The results show as follow. Firstly，natural conditions，accumulation angle，discharge concentration，fabric thickness，discharge cycle and discharge outlet layout are the main factors affecting the effect of tailings paste stockpiling on the ground. Secondly，it is an effective method for tailings disposal on the ground with good stability and less environmental pollution.

Keywords：tailings；paste stockpiling；paste preparation；paste transport；paste discharge

由于尾矿具有含水高、水分不易快速蒸发等特性，传统尾矿处置方式存在诸多不足：（1）传统尾矿地表处置方式的尾矿库内含水多、所需库容大、占地面积大，且后期不易复垦、尾砂浆中含水过多、水分流失严重，因而对于水资源缺乏的矿山来讲，传统尾矿地表处置方式的应用受到限制[1,2]；（2）尾矿中含有的选矿过程中残留的重金属离子，易随水下渗并造成地下水和环境污染；（3）尾矿库表面的尾矿干燥后，易形成扬尘和沙尘暴等灾害；（4）水是尾矿库灾害的"罪魁祸首"，许多溃坝事故都是由库内含水过多所致[3,4]。为进一步推动尾矿堆存工艺的发展，本研究对尾矿地表膏体堆存工艺的技术原理及尾矿膏体堆存效果的影响因素进行分析。

1　尾矿地表高浓度处置方式

1.1　干式堆存

干式堆存是运用浓缩机和压滤机将尾砂浆浓缩成干滤饼，并通过汽车或皮带运送至尾矿库进行堆存的尾矿处置工艺。该方法可最大限度地减少库内含水量，减少环境污染，减小占地面积，增强坝体稳定以及大幅提高水资源利用率[5-7]。但该工艺的不足在于：（1）尾矿干堆前期投入大，且服务年限

原载于《现代矿业》，2017（3）：210-212。

较短；(2) 尾矿压滤工艺能耗大、运营成本高；(3) 尾矿压滤干堆工艺对于氰化炭浆工艺有效，而采用浮选法生产的矿山一般效益不明显，致使该工艺的应用受到限制。

1.2 膏体堆存

在传统堆存方式、干式堆存方式的基础上发展而来的膏体堆存工艺是指将尾砂浆浓缩至膏体状态进行堆存，可提高尾矿库的水资源利用率，减少环境污染以及增强坝体稳定性（见表1)。膏体不同于不具有流动性的滤饼，滤饼仅能依靠皮带和汽车运输，而膏体具有良好的流动性、可塑性和稳定性，可通过管道进行长距离输送。

表1 传统低浓度堆存和膏体堆存相关指标对比

项 目	浓度/%	料浆中水量/$m^3 \cdot t^{-1}$	回收率/%	水回收/m^3	水损失/$m^3 \cdot t^{-1}$
传统低浓度堆存	25	3.00	33	0.99	2.01
膏体堆存	65	0.54	5	0.03	0.51

膏体堆存工艺相对于传统堆存工艺、干式堆存工艺而言，优势如下：

(1) 起始土方工作量与成本大幅降低。在膏体堆存有利条件或尾矿径流和腐蚀不会造成环境影响的条件下，无需修建四周坝、地下排水系统或澄清池等。南非 De Beers 中心处理工厂仅使用一个较低的四周拦截坝来控制尾矿沉积，未修建其余设施；爱尔兰 Aughinish 铝精炼厂尾矿库的四周坝是由破碎岩块堆积而成，赤泥在其中以台阶的形式沉积，由于无需修建地下排水和澄清系统，故大大节省了成本。

(2) 占地面积减少。经浓缩加工后，尾矿排放的起始浓度更高，密度更高，强度也更高，从而使得堆存高度增加，缩小了总占地面积。然而在堆存加高的过程中，须确保有充分的干燥时间，从而使得尾矿在干燥过程中得以充分固结，获得更高的强度。澳大利亚 Alcoa 矿山采用的干堆技术，不仅依靠阳光进行自然干燥，还采用两栖螺旋拖拉机和低地压力推土机完成沉积、翻泥、破壳和平地等作业，确保尾矿充分干燥。

(3) 增加尾矿存储设施稳定性。无水存储池在很大程度上增加了尾矿存储设施的稳定性。没有自由水便意味着孔隙水压力大大减小。Williams 指出，澳大利亚 Peak、Elura 尾矿库内尾矿饱和度基本低于 100%，仅有很少一部分尾矿饱和，故浸润面（尾矿 100%饱和）不会出现。

(4) 通过干燥增加强度。浓缩尾矿的密度较传统矿浆高，相应地水分含量少，不排水剪切应力也更高。此外，由于多层沉积可使得孔隙水能够快速蒸发，故而能够进一步提高不排水剪应力。

(5) 运营成本相应减少。相较于环型坝和山谷坝，尾矿浓缩排放无需连续加高四周坝、改变排放口，坝体建设量也相对减少。

(6) 降低复垦和闭库难度。确保尾矿坝体稳定性，有助于降低复垦难度。澳大利亚相关研究人员曾试图减小坝体的沉积角来增加坝体稳定性，但不可避免地增加了土方工作量。对于浓缩尾矿来讲，沉积角较小，故而满足地表机械设备行走条件，同时尾矿浓缩排放产生的矿堆地形也较平缓、连续。

2 尾矿膏体堆存工艺

2.1 膏体制备

膏体制备是指将选厂排出的低浓度料浆通过深锥浓缩机浓缩至膏体的整个过程。膏体制备系统主要包括絮凝剂制备系统（也有部分矿山不添加絮凝剂)、深锥浓缩系统等。利用絮凝剂制备系统可将絮凝剂干粉和水按一定比例混合制成絮凝剂。将絮凝剂添加至尾砂浆中，可在很大程度上加快尾砂颗粒沉降，提高底流浓度。絮凝剂制备系统基本都为智能操作系统，可实时获得相关监测数据。近年来，在商业脱水浓缩机的设计和装备研发与应用方面均取得了较大进展：(1) 加拿大铝业有限公司进行了一些早期研发工作，由于环境保护、土地短缺和水资源保护等原因，开发、完善了深锥型浓缩机，该设备已在一些国家的氧化铝工厂应用了约20年；(2) 根据智利某矿山的半工业试验结果，取浓缩机的处理量（单位面积处理能力）为 25t/($m^2 \cdot d$)，采用 6 台直径 25m 的深锥型浓缩机串联成两个系列是可行的；(3) 秘鲁 Cobriza 矿山实践表明，连续获得浓度为 76%以上的底流具有可行性。

2.2 膏体输送

膏体输送是指将深锥浓缩机底流的膏体料浆通过管道运输方式输送至尾矿库进行排放的过程。膏体输送分自流和泵压两种方式，在距离、高差允许时，应优先考虑自流输送方案。设备选型时应考虑日处理量、料浆特性、地形、距离、环境、投资、维修等因素[8]。当采用泵压运输方式时，泵送能力及类型取决于流量、距离及排放点与浓缩机的高差。除了提供必要的驱动力外，泵压输送还需保证一天 24h 都能顺畅运行，减小摩擦损失，避免料浆在管道中分层离析造成管道堵塞。尾矿料浆输送所使用的泵型主要有离心泵和容积泵，其中容积泵包括往复泵、活塞泵和柱塞泵[8]。离心泵具有转速高、重量轻、流量大、结构简单、性能平稳和方便操作维修等特点。但当扬程要求高、介质黏度较大时，宜选用往复泵。长距离输送主要选用活塞泵。由于活塞与活塞缸紧密接触，容积效率接近 1，故活塞泵的工作效率高达 85%~90%，由于工作效率基本为常数，不随流量而变化，因此活塞泵是一种高效浆体泵[8]。浆体管道输送工艺的发展是一个从短距离到长距离、低浓度到高浓度、小管径到大管径、非均质流到伪均质流、紊流到层流的过程，该趋势是基于降低能耗、减轻磨损等目标进行的。

2.3 膏体排放

膏体料浆经管道输送至尾矿库，通过排放口排入尾矿库中，借助自然条件进行干燥、固结，使含水率迅速降至最低，从而获得更高的强度，该过程为膏体沉积。根据排放口布置方式的不同，可将膏体排放方式分为中央式、四周式和山谷式排放 3 类。

2.3.1 中央排放式

中央排放式是指将排放口置于中央，膏体由其顶端排出，并形成一定的锥体（见图 1）。目前，该方式为全球范围内应用最广泛的方法。中央式排放形成的堆积体坡度较缓，多余的水可顺坡度流下，四周设置溢流沟，便于回收。可设置单一排放口，也可设置多排放口，单排放口工艺简单，多排放口更有利于膏体的蒸发和固结。

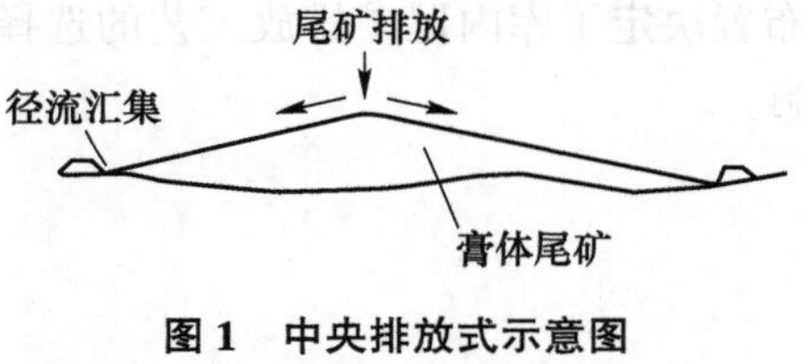

图 1 中央排放式示意图

2.3.2 四周排放式

四周排放式是将多个排放口均匀散布于四周，形成四周高、中间低的“凹”形体（见图 2）。该方式应用需有合适的地形，即有一段较平缓且较窄的山沟。在特定地形条件下，四周式排放较中央式排放实用，如盆地由于地形为凹形，可在盆地四周直接安置排放口进行排放，如此可充分利用地形优势，降低坝体的堆积高度；若将排放口置于盆地中央，则大大增加了排料塔的加高难度。

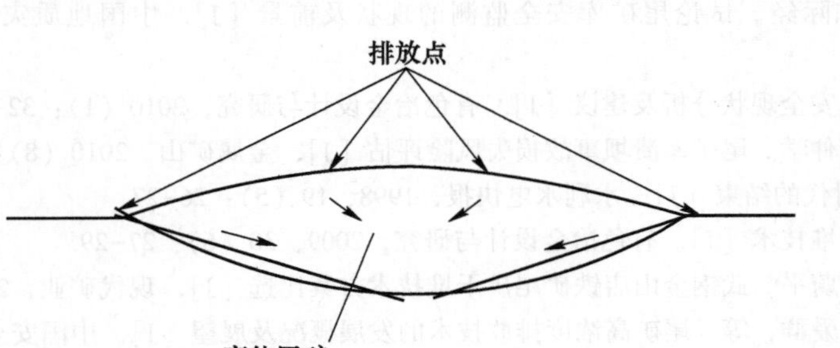

图 2 四周排放式示意图

2.3.3 山谷排放式

对于山谷地形，平原地区四周排放式和中央排放式则不适用，故仅能将排放口置于海拔最高处，由上至下进行排放，在下游设置拦截坝，该排放方式称为山谷排放式，如图 3 所示。该方式可选择在山谷下游分期筑坝，或一次性筑坝。由于形成的坡度较大，山谷排放稳定性不如中心式排放和四周式排放。

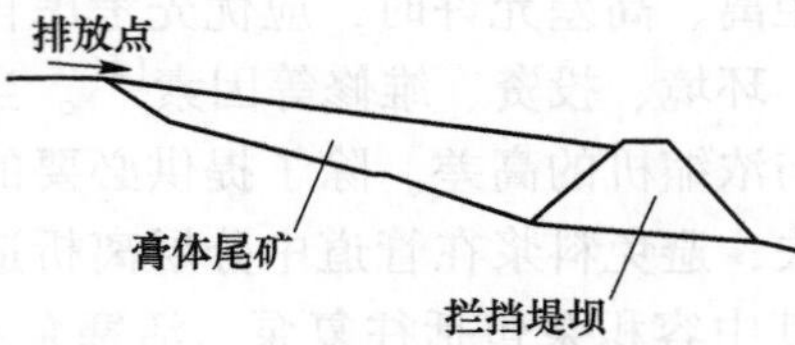

图 3 山谷排放式示意图

3 尾矿膏体堆存效果影响因素

（1）自然条件。膏体尾矿排入尾矿库后，需借助自然条件进行迅速干燥，故膏体堆存受到自然条件的影响较大，即阳光强烈、通风状况良好的地带以及降雨量小于蒸发量的地区较有利于膏体堆存。

（2）堆积角度。不同类型、不同浓度的膏体尾矿会形成不同堆积角，堆积角对尾矿库总容积、尾矿蒸发固结作用、坝体稳定性等方面具有重要影响。

（3）排放浓度。膏体排放浓度对膏体尾矿堆存效果的影响较大，即排放浓度决定了膏体尾矿的初始含水率。膏体作为具有一定黏度的浆体，不同浓度的膏体自流将会形成不同大小的坡度。

（4）布料厚度。布料厚度对膏体尾矿的蒸发作用影响较大，据 Bulyanhulu 矿山实践，布料厚度不宜超过 30cm，是因为布料过厚易导致蒸发不充分，从而影响膏体强度的提高。

（5）排放周期。排放周期决定了上层膏体尾矿的蒸发时间，蒸发时间越长，膏体尾矿蒸发得越彻底，更有利于膏体强度的提升。一般来讲，排放周期可根据尾矿库的容积、生产排矿量等因素计算得出。

（6）排放口布置。排放口的布置决定了库内尾矿排放工艺的选择，对尾矿库容积、库内膏体尾矿蒸发固结程度等因素具有重要影响。

4 结语

详细分析了尾矿膏体地表堆存工艺的技术原理，并就尾矿膏体堆存效果的影响因素进行了分析，对于该工艺的进一步推广应用有一定的借鉴价值。

参 考 文 献

[1] 张培安. 浅谈尾矿库的安全技术管理 [J]. 有色矿山，2003，32（2）：32-35.
[2] 李青石，李庶林，陈际经. 试论尾矿库安全监测的现状及前景 [J]. 中国地质灾害与防治学报，2011（1）：100-106.
[3] 袁永强. 我国尾矿库安全现状分析及建议 [J]. 有色冶金设计与研究，2010（1）：32-34.
[4] 束永保，李培良，李仲学. 尾矿库溃坝事故损失风险评估 [J]. 金属矿山，2010（8）：156-158.
[5] S. 摩克逊. 尾矿坝时代的结束 [J]. 水利水电快报，1998，19（5）：26-27.
[6] 罗敏杰. 浅谈尾矿干堆技术 [J]. 有色冶金设计与研究，2009，30（6）：27-29.
[7] 杨强胜，朱君星，段蔚平. 武钢金山店铁矿尾矿干堆技术方案比选 [J]. 现代矿业，2015（12）：186-187.
[8] 杨盛凯，王洪江，吴爱群，等. 尾矿高浓度排放技术的发展概况及展望 [J]. 中国安全生产科学技术，2010（5）：28-33.